高等代数典型问题与方法

GAODENG DAISHU DIANXING WENTI YU FANGFA

樊启斌　编著

高等教育出版社·北京

内容简介

　　本书面向数学专业核心基础课高等代数教学，精选了近年来的全国高等学校硕士研究生入学考试题，特别是"双一流"建设高校的试题，同时还包含了全国大学生数学竞赛、Putnam 数学竞赛、IMC 国际数学竞赛等历届试题中与高等代数有关的试题。全书融汇了作者本人多年从事高等代数教学的感悟与经验，采用典型分类、多点强化、翻转解析、灵活点评等方法，帮助读者理解基本概念、熟悉基本理论、掌握基本方法，从而提高解题能力、培养创新思维。

　　本书叙述严谨、题型丰富、可读性强，可作为学习高等代数的辅导读物或考研与竞赛复习的资料，也可供高等学校教师作为教学参考书。

图书在版编目（C I P）数据

高等代数典型问题与方法 / 樊启斌编著 . -- 北京：高等教育出版社，2021. 8（2022. 10重印）
　ISBN 978-7-04-030078-9

　Ⅰ . ①高… Ⅱ . ①樊… Ⅲ . ①高等代数 - 思想方法
Ⅳ . ① O15

中国版本图书馆 CIP 数据核字（2020）第 208142 号

策划编辑　兰莹莹	责任编辑　高　旭	封面设计　张　志	版式设计　马　云
插图绘制　李沛蓉	责任校对　陈　杨	责任印制　刘思涵	

出版发行	高等教育出版社	网　　址	http://www.hep.edu.cn
社　　址	北京市西城区德外大街4号		http://www.hep.com.cn
邮政编码	100120	网上订购	http://www.hepmall.com.cn
印　　刷	唐山市润丰印务有限公司		http://www.hepmall.com
开　　本	787mm×1092mm　1/16		http://www.hepmall.cn
印　　张	42.25		
字　　数	1020 千字	版　　次	2021 年 8 月第 1 版
购书热线	010-58581118	印　　次	2022 年 10 月第 5 次印刷
咨询电话	400-810-0598	定　　价	79.00 元

本书如有缺页、倒页、脱页等质量问题，请到所购图书销售部门联系调换
版权所有　侵权必究
物 料 号　30078-00

前言

数学的学习,最激动人心的,莫过于成功地"破解"了一道又一道高难度的习题,特别是一些具有一定挑战性的难题。有些范围并不固定甚至刁钻的问题,往往让热爱数学的人体会到绝处逢生的喜悦,有些也不免令人望而生畏而败下阵来,真可谓"引无数英雄竞折腰"。许多成功的数学家无不在他们的大学时代特别是在学习一些数学基础课程时即领略到解决数学问题的奥妙,并由此踏上了终其一生的数学之旅。正因如此,笔者不揣浅陋,愿意将自己编写的这本《高等代数典型问题与方法》奉献给广大读者。全书叙述严谨、内容精练、可读性强、适用面广,融汇了我本人多年从事高等代数教学的感悟与教学经验的积累,既非"锦囊",也非"宝典",就是一本普普通通的教学参考书。

本书按照教育部颁布的《数学与应用数学专业规范和教学基本要求》高等代数部分和《全国大学生数学竞赛考试大纲》高等代数部分组织编写,在保证贯彻执行教学基本要求的前提下,既有利于在读本科学生用作学习指导书、任课教师提升高等代数课程教学质量,也着眼于广大考研或者参加数学竞赛的读者循序渐进地、系统地复习备考,帮助读者理解基本概念、熟悉基本理论、掌握基本方法,在巩固和强化基础知识的前提下,进一步提高数学修养与科学的思维品质,提高灵活运用代数与几何方法解决综合问题的能力。

本书的主要特征可概括为以下 5 点:

1. 问题驱动。本书精选了近 2000 道高等代数试题,主要包括近年来的全国高等学校硕士研究生入学考试题,特别是包含了不少"双一流"建设高校的原创题和压轴题,精选了全国大学生数学竞赛、Putnam 数学竞赛、IMC 国际数学竞赛等历届试题中与高等代数有关的试题。不仅题型丰富、覆盖面宽、代表性强,而且大多数试题都具有灵活性和综合性。本书的一个重要特征就是"问题驱动",倡导面向问题寻求有效的解决方法。既有典型分类,又强调交叉兼容,摒弃简单模拟。我的教学实践表明,问题驱动教学是行之有效的。许多学生在面对高难度习题时似有"会当凌绝顶,一览众山小 "的气魄,往往能够通过潜心钻研找到非常好的解题方法。

2. 翻转解析。数学问题虽然千姿百态、形形色色,但往往不少难易悬殊且各具特色的问题却存在着千丝万缕的联系。本书对问题的处理并不只停留在"解决问题"上,而是采用翻转解析的方式引导读者分析特点、总结规律、不断演绎,使之与众多的相关问题或已知结论建立起"亲缘关系",以期收到举一反三、融会贯通的效果,进而提高概括能力与迁移能力,激励科学创新。

3. 多点强化。高等代数与其他数学基础课程一样，也具有理论的深刻性、内容的丰富性、方法的灵活性。为了充分体现这些特点，本书对有些典型问题和重要方法采取分散讲解、多点强化的方式。例如，特征值的 8 大指标：代数重数、几何重数、极小重数、初等因子次数、初等因子个数、Jordan 块的总个数、指定阶数的 Jordan 块个数、幂零指数。又如，矩阵的 9 种分解：满秩分解、QR 分解、极分解、奇异值分解、Jordan 分解、Voss 分解、Fitting 分解、Jordan-Chevalley 分解、Cholesky 分解。这种立体的处理方式有利于揭示深刻的理论背景，突出重要的思想方法。

4. 灵活评注。本书对选作例题的每一道试题均给出详尽解答，有的还给出了多种解法，有的解法更增强了本书的原创性特色。特别，本书对许多试题或解答还做了不拘形式的点评或注释，主要包括问题的引申和推广，或同类题、相似题的分析和比较，或同一问题的代数表述与几何特征的有机联系，或多种解法的优劣点评，或试题来源、背景的简单介绍。目的是使读者开阔眼界，加深对问题的理解，注重揭示内在规律，培养和提高创新思维和能力。

5. 数字资源。本书的第 10 章精选了国内外大学生数学竞赛的部分高等代数试题并给出解答，这些试题都强调基础，讲究技巧，富于原创；书末给出了各章思考与练习题的部分提示与解答。这两部分都是本书的重要内容，作为数字资源放在网上，读者可通过扫描二维码进行在线阅读。这种新形态图书，不仅极大地提升了图书容量，而且便于查阅、浏览和交流。

迄今，我已主编或编写出版不同类型的书籍和教材 30 余部，其中完全由我本人独立编著的有 4 部。值本书正式出版之际，谨向支持和帮助过我的各位专家、学者、编辑表示诚挚的谢意！特别是许多为本书提供了原创性试题和建设性意见的教授朋友们，更使本书得以充分展示和延伸数学问题与数学技能的无穷魅力，在此一并致谢！最后，我要感谢武汉大学数学与统计学院、弘毅学堂的学生，我们曾经或正在共同演绎着高等代数典型问题与方法的精彩，你们充满智慧、崇尚科学，给我留下了许多美好的回忆，无数个课堂内外的生动案例让我们一次又一次地领略到：数学是美妙的，数学是神奇的，数学就是诗和远方。

限于编者的水平，本书虽经多次修正，但其中的疏漏和不当之处仍在所难免，恳请读者批评指正。

编著者

2021 年 2 月于珞珈山

目录

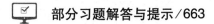

第 1 章

多项式

多项式是代数学最基本的研究对象之一,其理论不仅与讨论高次方程的根有关,而且是其他数学分支的重要基础.多项式理论中的一些重要定理与方法不依赖于高等代数的其他内容而自成体系,又为高等代数的其他问题提供必要的理论支撑.在当今信息时代,多项式理论在计算机科学、现代通信、密码学等领域都有应用.

§1.1　多项式的整除

基本理论与要点提示

1.1.1　数域 K 上一元多项式的全体记为 $K[x]$,称为多项式环.

1.1.2　带余除法　设 $f(x),g(x)\in K[x]$,且 $g(x)\neq 0$,则存在唯一的 $q(x)$ 及 $r(x)\in K[x]$ 使

$$f(x)=q(x)g(x)+r(x),$$

其中 $r(x)=0$ 或 $\deg r(x)<\deg g(x)$.若 $r(x)=0$,则称 $g(x)$ 整除 $f(x)$,记为 $g(x)\mid f(x)$.

1.1.3　设 $f(x),g(x)\in K[x]$,则 $g(x)\mid f(x)$ 且 $f(x)\mid g(x)\Leftrightarrow$ 存在 $c\neq 0\in K$ 使 $f(x)=cg(x)$.

1.1.4　设 $f(x),g(x),h(x)\in K[x]$,满足 $f(x)\mid g(x)$ 且 $g(x)\mid h(x)$,则 $f(x)\mid h(x)$.

1.1.5　设 $g(x)\mid f_i(x)(i=1,2,\cdots,s)$,则对任意的 $u_i(x)\in K[x]$,有 $g(x)\,\Big|\,\sum\limits_{i=1}^{s}u_i(x)f_i(x)$.

1.1.6　多项式的整除性与系数所在域的扩张无关.即:若数域 K 与 $\overline{K}$ 满足 $K\subseteq\overline{K}$,又 $f(x),g(x)\in K[x]$,$g(x)\neq 0$,则在 $K[x]$ 中 $g(x)\mid f(x)$ 当且仅当在 $\overline{K}[x]$ 中 $g(x)\mid f(x)$.

典型问题解析

【例1.1】　设多项式 $f(x)=(x+1)^{k+n}+2x(x+1)^{k+n-1}+\cdots+(2x)^k(x+1)^n$,其中 k,n 都是正整数,证明:$x^{k+1}\mid[(x-1)f(x)+(x+1)^{k+n+1}]$.

【证】　注意到 $f(x)=(x+1)^n[(x+1)^k+2x(x+1)^{k-1}+\cdots+(2x)^k]$ 及乘法公式

$$(a-b)(a^n+a^{n-1}b+\cdots+ab^{n-1}+b^n)=a^{n+1}-b^{n+1},$$

因此,有

$$f(x)[(x+1)-2x]=(x+1)^n[(x+1)^{k+1}-(2x)^{k+1}],$$

即 $(x-1)f(x)+(x+1)^{k+n+1}=(2x)^{k+1}(x+1)^n$.所以 $x^{k+1}\mid[(x-1)f(x)+(x+1)^{k+n+1}]$.

【例1.2】(中国科学院大学①,2007年;河南师范大学,2017年)　设 m,n,p 都是非负整数,证明:$(x^2+x+1)\mid(x^{3m}+x^{3n+1}+x^{3p+2})$.

【证】　(方法1)对任意非负整数 k,由于 $(x^3-1)\mid(x^{3k}-1)$,所以 $(x^2+x+1)\mid(x^{3k}-1)$.注意到

$$x^{3m}+x^{3n+1}+x^{3p+2}=(x^{3m}-1)+x(x^{3n}-1)+x^2(x^{3p}-1)+(x^2+x+1),$$

因此,有 $(x^2+x+1)\mid(x^{3m}+x^{3n+1}+x^{3p+2})$.

---

① 硕士研究生入学考试题,下同.

(方法 2)设 ω_1,ω_2 是 x^2+x+1 的两个根,则 $\omega_i^2+\omega_i+1=0$,且 $\omega_i^3=1(i=1,2)$. 因此

$$\omega_i^{3m}+\omega_i^{3n+1}+\omega_i^{3p+2}=\omega_i^2+\omega_i+1=0,$$

即 $(x-\omega_i)\mid(x^{3m}+x^{3n+1}+x^{3p+2})$. 因为 $(x-\omega_1,x-\omega_2)=1$,所以

$$x^2+x+1=(x-\omega_1)(x-\omega_2)\mid(x^{3m}+x^{3n+1}+x^{3p+2}).$$

【例 1.3】(云南大学,2008 年) 设 $f(x),g(x),h(x),p(x)$ 均为实系数多项式,且满足

$$(x^2+1)h(x)+(x-1)f(x)+(x-1)g(x)=0, \qquad ①$$
$$(x^2+1)p(x)+(x+1)f(x)+(x+2)g(x)=0. \qquad ②$$

证明:$f(x),g(x)$ 均被 x^2+1 整除.

【证】 (方法 1) 由 $(x+2)\times$①$-(x-1)\times$②得

$$(x^2+1)[(x+2)h(x)-(x-1)p(x)]=-(x-1)f(x),$$

因此 $(x^2+1)\mid(x-1)f(x)$. 但 $(x^2+1,x-1)=1$,所以 $(x^2+1)\mid f(x)$.

同理可证 $(x^2+1)\mid g(x)$.

(方法 2) 将 $x=\mathrm{i}$ 代入①,②得

$$\begin{cases}(\mathrm{i}-1)f(\mathrm{i})+(\mathrm{i}-1)g(\mathrm{i})=0,\\(\mathrm{i}+1)f(\mathrm{i})+(\mathrm{i}+2)g(\mathrm{i})=0,\end{cases}$$

解得 $f(\mathrm{i})=g(\mathrm{i})=0$,所以 $(x-\mathrm{i})\mid f(x),(x-\mathrm{i})\mid g(x)$.

类似地,将 $x=-\mathrm{i}$ 代入①,②可得 $f(-\mathrm{i})=g(-\mathrm{i})=0$,所以 $(x+\mathrm{i})\mid f(x),(x+\mathrm{i})\mid g(x)$.

因为 $(x+\mathrm{i},x-\mathrm{i})=1$,所以 $(x+\mathrm{i})(x-\mathrm{i})\mid f(x)$,即 $(x^2+1)\mid f(x)$. 同理 $(x^2+1)\mid g(x)$.

【例 1.4】(南京航空航天大学,2000 年) 利用综合除法将 $2x^4+x^3+7x^2-8x+14$ 表示成

$$ax(x-1)(x-2)(x-3)+bx(x-1)(x-2)+cx(x-1)+dx+e,$$

求出 a,b,c,d 和 e(必须列出综合除法算式).

【解】 利用综合除法(算式如图 1.1 所示),得 $a=2,b=13,c=24,d=2$ 和 $e=14$.

0	2	1	7	−8	14
		0	0	0	0
1	2	1	7	−8	14=e
		2	3	10	
2	2	3	10	2=d	
		4	14		
3	2	7	24=c		
		6			
	2	13=b			

图 1.1

【例 1.5】 设 m 是大于 1 的正整数,多项式 $f(x)=x^{m-1}+x^{m-2}+\cdots+x+1$,试求所有满足 $f(x)\mid[f(x^m)+c]$ 的常数 c.

【解】 当 $c=-m$ 时,因为

$$f(x^m)-m=(x^{m(m-1)}-1)+(x^{m(m-2)}-1)+\cdots+(x^m-1)$$

$$=(x^m-1)\left[\sum_{i=0}^{m-2}x^{mi}+\sum_{i=0}^{m-3}x^{mi}+\cdots+1\right],$$

所以$(x^m-1)\mid[f(x^m)-m]$. 而$f(x)\mid(x^m-1)$,因此$f(x)\mid[f(x^m)-m]$.

反之,若常数c满足$f(x)\mid[f(x^m)+c]$,则

$$f(x)\mid[f(x^m)-m+(c+m)],$$

从而有$f(x)\mid(c+m)$. 由于$\deg f>0$,所以$c+m=0$,即$c=-m$.

因此$c=-m$是满足$f(x)\mid[f(x^m)+c]$的唯一常数.

【例1.6】(北京邮电大学,2002年;宁波大学,2018年)　证明:$(x^d-1)\mid(x^n-1)$的充分必要条件是$d\mid n$(这里,记号$d\mid n$表示正整数d整除正整数n).

【证】　设$n=md+r$,其中$0\leqslant r<d$,则

$$x^n-1=x^{md+r}-1=x^r[(x^d)^m-1]+(x^r-1).$$

因为$(x^d-1)\mid[(x^d)^m-1]$,所以$(x^d-1)\mid(x^n-1)\Leftrightarrow(x^d-1)\mid(x^r-1)\Leftrightarrow r=0\Leftrightarrow d\mid n$.

【例1.7】(重庆大学,2013年)　证明:$(x^m-1,x^n-1)=x^d-1$当且仅当$(m,n)=d$.

【证】　设$(m,n)=d$,则存在$u,v\in\mathbb{Z}$,使$d=mu+nv$. 显然,$uv<0$,不妨设$u>0,v<0$.

又根据上一题可知,$(x^d-1)\mid(x^m-1)$,且$(x^d-1)\mid(x^n-1)$. 故$(x^d-1)\mid h(x)=(x^m-1,x^n-1)$.

因为$x^{mu}-1=x^{d-nv}-1=x^{-nv}(x^d-1)+(x^{-nv}-1)$,且$h(x)\mid(x^{mu}-1)$,$h(x)\mid(x^{-nv}-1)$,所以$h(x)\mid x^{-nv}(x^d-1)$. 而$(h(x),x^{-nv})=1$,故$h(x)\mid(x^d-1)$. 于是$h(x)=c(x^d-1)$,其中$c\neq 0$. 注意到$h(x)$与$x^d-1$都是首项系数为1的多项式,所以$c=1$. 因此,有

$$(x^m-1,x^n-1)=h(x)=x^d-1.$$

反之,设$(x^m-1,x^n-1)=x^d-1$,下证$(m,n)=d$. 为此,令$(m,n)=e$,则由已证得的事实,有$(x^m-1,x^n-1)=x^e-1$,所以$x^d-1=x^e-1$,$d=e$. 故$(m,n)=d$.

【例1.8】(华东师范大学,1993年)　设m,n是两个大于1的正整数,多项式

$$f(x)=x^{m-1}+x^{m-2}+\cdots+x+1,$$
$$g(x)=x^{n-1}+x^{n-2}+\cdots+x+1.$$

证明:$(f(x),g(x))=1$当且仅当$(m,n)=1$.

【证】　(方法1) 利用结论:$(x^m-1,\ x^n-1)=x^d-1\Leftrightarrow(m,n)=d$. 取$d=1$,则

$$(f(x),g(x))=1\Leftrightarrow(x^m-1,x^n-1)=x-1\Leftrightarrow(m,n)=1.$$

(方法2) 充分性. 设ω是一个n次本原单位根,则$\omega,\omega^2,\cdots,\omega^{n-1}$是$g(x)$的全部根.

对于$1\leqslant k\leqslant n-1$,若$f(\omega^k)=0$,则由$x^m-1=(x-1)f(x)$可知$(\omega^k)^m=1$,从而$n\mid km$. 但$(m,n)=1$,所以$n\mid k$. 矛盾. 说明$g(x)$的根都不是$f(x)$的根,因此$(f(x),g(x))=1$.

必要性. 设$(m,n)=d>1$,且$m=m_1d,n=n_1d$,其中$1\leqslant n_1<n$. 因为

$$(\omega^{n_1})^m=(\omega^n)^{m_1}=1,$$

而$\omega^{n_1}\neq 1$,所以ω^{n_1}又是$f(x)$的根. 此与$(f(x),g(x))=1$矛盾. 故$(m,n)=1$.

【例1.9】(南京航空航天大学,2004年)　设$f(x)=x^7+2x^6-6x^5-8x^4+19x^3+9x^2-22x+8$,$g(x)=x^2+x-2$,将$f(x)$表示成$g(x)$的方幂和,即将$f(x)$表示成

$$f(x)=c_k(x)[g(x)]^k+c_{k-1}(x)[g(x)]^{k-1}+\cdots+c_1(x)g(x)+c_0(x),$$

其中 $\deg c_i(x)<\deg g(x)$ 或 $c_i(x)=0, i=0,1,\cdots,k$.

【证】 反复作带余除法,每次都用 $g(x)$ 作为除式,第 i 次的余式与商式分别记为 $c_i(x)$ 与 $q_i(x)$,再将 $q_i(x)$ 作为下一次带余除法的被除式,直至余式等于 0 为止.

$$\begin{aligned}f(x)&=(x^5+x^4-5x^3-x^2+10x-3)g(x)+c_0(x)\quad(\text{其中 } c_0(x)=x+2)\\&=[(x^3-3x+2)g(x)+c_1(x)]g(x)+c_0(x)\quad(\text{其中 } c_1(x)=2x+1)\\&=\{[(x-1)g(x)+c_2(x)]g(x)+c_1(x)\}g(x)+c_0(x)\quad(\text{其中 } c_2(x)=0)\end{aligned}$$

记 $c_3(x)=x-1$,则有

$$f(x)=c_3(x)[g(x)]^3+c_2(x)[g(x)]^2+c_1(x)g(x)+c_0(x).$$

【注】 一般地,可证:若 $f(x),p(x)\in K[x]$,且 $\deg p\geqslant 1$,则存在唯一的多项式序列 $a_0(x),a_1(x),\cdots,a_s(x)$,使得对 $0\leqslant i\leqslant s$,有 $\deg a_i<\deg p$ 或者 $a_i(x)=0$,且

$$f(x)=a_s(x)[p(x)]^s+\cdots+a_1(x)p(x)+a_0(x).$$

进一步,两边同除以 $[p(x)]^{s+1}$,得

$$\frac{f(x)}{[p(x)]^{s+1}}=\frac{a_s(x)}{p(x)}+\cdots+\frac{a_1(x)}{[p(x)]^s}+\frac{a_0(x)}{[p(x)]^{s+1}}.$$

这就是微积分学中部分分式积分法的理论基础(参见本章例 1.55).

【例 1.10】(上海交通大学,2003 年) 假设 $f_0(x^5)+xf_1(x^{10})+x^2f_2(x^{15})+x^3f_3(x^{20})$ 能被 $x^4+x^3+x^2+x+1$ 整除. 证明:$f_i(x)(i=0,1,2,3)$ 能被 $x-1$ 整除.

【证】 设 ω_k 为 5 次单位根,即

$$\omega_k=\cos\frac{2k\pi}{5}+\mathrm{i}\sin\frac{2k\pi}{5},\quad k=0,1,\cdots,4,$$

则 $\omega_k^5=1$,且 $x^4+x^3+x^2+x+1=\prod\limits_{k=1}^{4}(x-\omega_k)$,所以

$$(x-\omega_k)\ \Big|\ \sum_{j=0}^{3}x^jf_j(x^{5(j+1)}),\quad k=1,2,3,4.$$

由此得到

$$\begin{cases}f_0(1)+\omega_1f_1(1)+\omega_1^2f_2(1)+\omega_1^3f_3(1)=0,\\f_0(1)+\omega_2f_1(1)+\omega_2^2f_2(1)+\omega_2^3f_3(1)=0,\\f_0(1)+\omega_3f_1(1)+\omega_3^2f_2(1)+\omega_3^3f_3(1)=0,\\f_0(1)+\omega_4f_1(1)+\omega_4^2f_2(1)+\omega_4^3f_3(1)=0.\end{cases}$$

这是关于 $f_0(1),f_1(1),f_2(1),f_3(1)$ 的齐次线性方程组,其系数行列式是一个 Vandermonde 行列式. 因为 $\omega_1,\omega_2,\omega_3,\omega_4$ 互不相等,系数行列式不等于0,所以方程组只有零解:$f_j(1)=0$,即 $x-1$ 可整除 $f_j(x)$,$j=0,1,2,3$.

【例 1.11】(中国科学院,2002 年;西南大学,2006 年) 设 $\sum\limits_{i=0}^{n-1}x^iP_i(x^{in})=P(x^n)$,且 $(x-1)\mid P(x)$,其中 $P_i(x)(0\leqslant i\leqslant n-1)$,$P(x)$ 均为实系数多项式. 证明:

(1) $P_i(x)=0, 1\leqslant i\leqslant n-1$;

(2) $P(x)=0$;

(3) $P_0(1)=0$.

【证】 因为$(x-1)\mid P(x)$,所以 $P(1)=0$. 设 ω_j 为 n 次单位根,即 $\omega_j^n=1,j=0,1,\cdots,n-1$. 由于 $P(\omega_j^n)=P(1)=0$,以及题设 $\sum\limits_{i=0}^{n-1}x^iP_i(x^{in})=P(x^n)$,所以

$$P_0(1)+\omega_jP_1(1)+\omega_j^2P_2(1)+\cdots+\omega_j^{n-1}P_{n-1}(1)=0,\ 0\leqslant j\leqslant n-1.$$

由此解得 $P_0(1)=P_1(1)=P_2(1)=\cdots=P_{n-1}(1)=0$(参见上一题.)

设 $P_{n-1}(x)=\sum\limits_{t=0}^{s}a_tx^t$,任取其中一项 $a_mx^m(m\geqslant1)$,考虑 $x^{n-1}P_{n-1}(x^{(n-1)n})$ 中对应的项

$$a_mx^{n-1+m(n-1)n}. \tag{①}$$

易知,对于$1\leqslant i<n-1$,多项式 $x^iP_i(x^{in})$ 都不含上述同类项. 事实上,若存在某个 $x^iP_i(x^{in})$ 含有这样的项 cx^{i+kin},其中 k 是 $P_i(x)$ 中的某个方幂 x^k 的次数,则比较同类项的次数可得

$$i+kin=n-1+m(n-1)n.$$

由此得

$$\frac{n-1-i}{n}=ik-m(n-1),$$

即真分数与整数相等,矛盾.

同理,$P(x^n)$中也不含①的同类项. 若不然,则存在 $P(x)$ 中的方幂 x^k,使得同类项次数为

$$kn=n-1+m(n-1)n,$$

由此得

$$\frac{n-1}{n}=k-m(n-1),$$

也导致矛盾. 这就证明了①的系数 $a_m=0$. 再由 $P_{n-1}(1)=0$ 知,$a_0=0$,因此 $P_{n-1}(x)=0$.

类似可证,$P_1(x)=P_2(x)=\cdots=P_{n-2}(x)=0$. 于是 $P(x)=0$. 这就证得(1),(2),(3).

【例 1.12】(北京师范大学,1993 年) 设$f(x)$是一个次数大于 0 的复系数多项式,且满足条件$f(f(x))=[f(x)]^n$,这里 n 是某一正整数. 证明$f(x)=x^n$.

【证】 设 $\deg f(x)=k$,则可设$f(x)=a_kx^k+\cdots+a_1x+a_0$, 其中 $a_k\neq0$. 因为

$$f(f(x))=a_k[f(x)]^k+\cdots+a_1f(x)+a_0,$$

所以 $\deg f(f(x))=\deg[f(x)]^k=k^2$. 又 $\deg(f(x))^n=kn$, 所以 $k^2=kn,k=n$. 根据 $f(f(x))=[f(x)]^n$,得

$$[f(x)]^n=a_n[f(x)]^n+\cdots+a_1f(x)+a_0,$$

由此可得:$a_n=1$, $a_{n-1}=\cdots=a_1=a_0=0$. 因此,$f(x)=x^n$.

【注】 如果$f(x)$ 的次数 $\deg f(x)=0$,那么$f(x)=c$,其中 $c\neq0$ 为常数. 由条件 $f(f(x))=[(f(x))^n]$知, $c=c^n$, 故 $c^{n-1}=1$, 其解为 $n-1$ 次单位根:

$$c_j=\cos\frac{2j}{n-1}\pi+\mathrm{i}\sin\frac{2j}{n-1}\pi,\quad j=0,1,\cdots,n-2.$$

【例 1.13】(中山大学,2009 年;兰州大学,2011 年)　设$f(x)\in F[x]$是一个次数大于零的多项式. 证明:$f(x)$不可约的充分必要条件是:由"$f(x)$整除两个多项式的乘积"可推出"$f(x)$必整除其中的一个".

【证】　必要性. 设$f(x)$在 F 上不可约,且$f(x)\mid(g(x)h(x))$,其中 $g(x),h(x)\in F[x]$. 如果$f(x)\nmid g(x)$,那么$(f(x),g(x))=1$,所以$f(x)\mid h(x)$.

充分性. 设$f(x)\mid(g(x)h(x))$可推出$f(x)\mid g(x)$或$f(x)\mid h(x)$,下证$f(x)$在 F 上不可约. 若不然,则$f(x)=a_1(x)a_2(x)$,其中$0<\deg a_i(x)<\deg f(x)$,$i=1,2$. 于是$f(x)\mid(a_1(x)a_2(x))$,从而有$f(x)\mid a_1(x)$或$f(x)\mid a_2(x)$,矛盾. 所以$f(x)$在 F 上不可约.

【例 1.14】(复旦大学竞赛试题,2009 年;燕山大学,2013 年)　设$f(x)$是数域 K 上的一个次数大于 0 的一元多项式. 证明:$f(x)$是一个不可约多项式 $p(x)$的幂(即存在正整数 m,使得$f(x)=p^m(x)$)的充分必要条件是,对任意的多项式 $g(x)$和 $h(x)$,若$f(x)\mid(g(x)h(x))$,则必有$f(x)\mid g(x)$或$f(x)\mid h^n(x)$,其中 n 是某个正整数.

【证】　必要性. 设$f(x)=p^m(x)$,且对任意 $g(x),h(x)\in K[x]$, $f(x)\mid(g(x)h(x))$,若$f(x)\nmid g(x)$,则$f(x)$和 $h(x)$不互素,故 $p(x)\mid h(x)$. 取 $n=m$,就有$f(x)\mid h^n(x)$.

充分性. 用反证法. 假设对任意不可约多项式 $p(x)$及正整数 m,有$f(x)=p^m(x)h(x)$,其中$\deg h(x)>0$,且 $p(x)\nmid h(x)$. 取 $g(x)=p^m(x)$,则$f(x)\mid(g(x)h(x))$,但$f(x)\nmid g(x)$. 根据题设,存在正整数 n,使得$f(x)\mid h^n(x)$,从而 $p(x)\mid h^n(x)$,所以 $p(x)\mid h(x)$,矛盾. 因此$f(x)$必为某个不可约多项式的幂.

§1.2　最大公因式与互素

基本理论与要点提示

1.2.1　对于 $K[x]$中的任意两个多项式$f(x)$,$g(x)$,在 $K[x]$中一定存在最大公因式 $d(x)$,且存在 $u(x),v(x)\in K[x]$使得 $d(x)=u(x)f(x)+v(x)g(x)$.

1.2.2　多项式$f(x),g(x)\in K[x]$互素的充分必要条件是存在 $u(x),v(x)\in K[x]$使得

$$u(x)f(x)+v(x)g(x)=1.$$

1.2.3(Bézout 定理)　设$f(x),g(x)\in K[x]$的次数分别为 m,n,且$(f(x),g(x))=1$,则存在唯一的 $u(x),v(x)\in K[x]$使 $u(x)f(x)+v(x)g(x)=1$,且 $\deg u(x)\leqslant n-1$,$\deg v(x)\leqslant m-1$.

1.2.4　设$f(x)\mid(g(x)h(x))$,且$(f(x),g(x))=1$,则$f(x)\mid h(x)$.

1.2.5　设$f_1(x)\mid g(x)$,$f_2(x)\mid g(x)$,且$(f_1(x),f_2(x))=1$,则$(f_1(x)f_2(x))\mid g(x)$.

1.2.6　设 $p(x)\in K[x]$是不可约多项式,则对$f(x)\in K[x]$,$(p(x),f(x))=1$或 $p(x)\mid f(x)$.

1.2.7　设 $p(x)\in K[x]$是不可约多项式,$f(x),g(x)\in K[x]$,则由 $p(x)\mid(f(x)g(x))$一定能推出 $p(x)\mid f(x)$或 $p(x)\mid g(x)$.

典型问题解析

【例 1.15】(中山大学,2008 年)　设$f(x)=x^4+x^3-3x^2-4x-1$,$g(x)=x^3+x^2-x-1$,

求 $u(x),v(x)$ 使 $u(x)f(x)+v(x)g(x)=(f(x),g(x))$.

【解】 直接对 $f(x),g(x)$ 利用辗转相除法(如图 1.2 所示),

$q_2(x)=$ $-\frac{1}{2}x+\frac{1}{4}$	$g(x)=x^3+x^2-x-1$ $x^3+\frac{3}{2}x^2+\frac{1}{2}x$	$f(x)=x^4+x^3-3x^2-4x-1$ $x^4+x^3-x^2-x$	$x=q_1(x)$
	$-\frac{1}{2}x^2-\frac{3}{2}x-1$ $-\frac{1}{2}x^2-\frac{3}{4}x-\frac{1}{4}$	$r_1(x)=-2x^2-3x-1$ $-2x^2-2x$	$\frac{8}{3}x+\frac{4}{3}$ $=q_3(x)$
	$r_2(x)=-\frac{3}{4}x-\frac{3}{4}$	$-x-1$ $-x-1$	
		$r_3(x)=0$	

图 1.2

得 $(f(x),g(x))=x+1$,且 $f(x)=q_1(x)g(x)+r_1(x)$, $g(x)=q_2(x)r_1(x)+r_2(x)$. 所以

$$\begin{aligned}(f(x),g(x))&=-\frac{4}{3}r_2(x)=-\frac{4}{3}(g(x)-q_2(x)r_1(x))\\&=-\frac{4}{3}g(x)+\frac{4}{3}q_2(x)(f(x)-q_1(x)g(x))\\&=\frac{4}{3}q_2(x)f(x)-\frac{4}{3}(1+q_1(x)q_2(x))g(x).\end{aligned}$$

取 $u(x)=\frac{4}{3}q_2(x)=-\frac{2}{3}x+\frac{1}{3}$, $v(x)=-\frac{4}{3}(1+q_1(x)q_2(x))=\frac{2}{3}x^2-\frac{1}{3}x-\frac{4}{3}$,则

$$u(x)f(x)+v(x)g(x)=(f(x),g(x)).$$

【例 1.16】(天津大学,1998 年) 设 $f(x)=x^3+(1+k)x^2+2x+2l$ 与 $g(x)=x^3+kx^2+l$ 的最大公因式是一个二次多项式,求 k,l 的值.

【解】 (方法 1) 令 $d(x)=(f(x),g(x))$, $h(x)=f(x)-g(x)=x^2+2x+l$,则 $\deg d(x)=\deg h(x)=2$,且 $d(x)\mid h(x)$. 注意到 $d(x),h(x)$ 都是首 1 多项式,所以 $d(x)=h(x)$.

现在令 $g(x)=(x-c)h(x)$,并将右端展开,比较系数即可解得 $\begin{cases}k=3,\\l=-2\end{cases}$ 或 $\begin{cases}k=2,\\l=0.\end{cases}$ 将这两组解分别代入 $f(x),g(x)$ 的表达式,经验证两组解都满足条件.

(方法 2) 用待定系数法. 设 $(f(x),g(x))=x^2+ax+b$,则

$$f(x)=(x-p)(x^2+ax+b),$$
$$g(x)=(x-q)(x^2+ax+b).$$

将上述二式的右端展开,并分别比较系数,得

$$\begin{cases}a-p=1+k,\\b-ap=2,\\-bp=2l,\end{cases}\qquad\begin{cases}a-q=k,\\b-aq=0,\\-bq=l.\end{cases}$$

解得$(k,l,a,b)=(3,-2,2,-2)$或$(2,0,2,0)$. 相应地有

$$(f(x),\ g(x))=x^2+2x-2 \text{ 或 } x^2+2x.$$

【例 1.17】(北京师范大学,2013 年;上海交通大学,2002 年)　设$f(x),g(x)\in F[x]$,而$a,b,c,d\in F$,且$\begin{vmatrix} a & b \\ c & d \end{vmatrix}\neq 0$. 证明:$(f(x),g(x))=(af(x)+bg(x),cf(x)+dg(x))$.

【证】　设$f_1(x)=af(x)+bg(x)$, $g_1(x)=cf(x)+dg(x)$, 并记$(f(x),g(x))=d(x)$,$(f_1(x),g_1(x))=d_1(x)$,则$d(x)\mid f_1(x)$,$d(x)\mid g_1(x)$,从而$d(x)\mid d_1(x)$.

另一方面,因为$ad-bc\neq 0$,所以由$f_1(x)=af(x)+bg(x)$,$g_1(x)=cf(x)+dg(x)$可解得

$$f(x)=a_1f_1(x)+b_1g_1(x),\quad g(x)=c_1f_1(x)+d_1g_1(x),$$

其中$a_1=\dfrac{d}{ad-bc}$,$b_1=\dfrac{-b}{ad-bc}$,$c_1=\dfrac{-c}{ad-bc}$,$d_1=\dfrac{a}{ad-bc}$. 同理可证,$d_1(x)\mid d(x)$.

又$d(x)$,$d_1(x)$均为首 1 多项式,故$d(x)=d_1(x)$,即$(f(x),g(x))=(f_1(x),g_1(x))$.

【例 1.18】(华南理工大学,2018 年)　设$f(x),g(x)\in P[x]$,$d(x)=(f(x),g(x))$,且$\deg\dfrac{f(x)}{d(x)}\geqslant 1$,$\deg\dfrac{g(x)}{d(x)}\geqslant 1$,则存在唯一的$u(x),v(x)\in P[x]$使得$u(x)f(x)+v(x)g(x)=d(x)$,其中$\deg u(x)<\deg\dfrac{g(x)}{d(x)}$,$\deg v(x)<\deg\dfrac{f(x)}{d(x)}$.

【证】　令$f_1(x)=\dfrac{f(x)}{d(x)}$,$g_1(x)=\dfrac{g(x)}{d(x)}$,则只需证:存在唯一的$u(x),v(x)\in P[x]$,使得$u(x)f_1(x)+v(x)g_1(x)=1$,其中$\deg u(x)<\deg g_1(x)$,$\deg v(x)<\deg f_1(x)$.

存在性. 由$(f_1(x),g_1(x))=1$知,存在$u_1(x),v_1(x)\in P[x]$使得

$$u_1(x)f_1(x)+v_1(x)g_1(x)=1. \tag{①}$$

注意到$\deg f_1(x)\geqslant 1$,$\deg g_1(x)\geqslant 1$,所以$g_1(x)\nmid u_1(x)$,且$f_1(x)\nmid v_1(x)$. 利用带余除法,存在$u(x),v(x)\in P[x]$,使得

$$u_1(x)=p(x)g_1(x)+u(x),\quad \deg u(x)<\deg g_1(x),$$
$$v_1(x)=q(x)f_1(x)+v(x),\quad \deg v(x)<\deg f_1(x).$$

代入①式,得

$$u(x)f_1(x)+v(x)g_1(x)+[p(x)+q(x)]f_1(x)g_1(x)=1.$$

比较上式两端的次数知,必有$p(x)+q(x)=0$. 于是有

$$u(x)f_1(x)+v(x)g_1(x)=1.$$

唯一性. 若$u_2(x),v_2(x)\in P[x]$,使得

$$u_2(x)f_1(x)+v_2(x)g_1(x)=1,$$

且$\deg u_2(x)<\deg g_1(x)$,$\deg v_2(x)<\deg f_1(x)$. 将上述二式相减,得

$$[u(x)-u_2(x)]f_1(x)+[v(x)-v_2(x)]g_1(x)=0. \tag{②}$$

于是$g_1(x)\mid[u(x)-u_2(x)]f_1(x)$. 因为$(f_1(x),g_1(x))=1$,所以$g_1(x)\mid[u(x)-u_2(x)]$. 但

$$\deg[u(x)-u_2(x)]<\deg g_1(x),$$

因此$u(x)-u_2(x)=0$,即$u(x)=u_2(x)$. 再由②式即得$v(x)=v_2(x)$.

【例1.19】 求多项式$f(x)$,$g(x)$,使得$x^m f(x)+(1-x)^n g(x)=1$.

【解】 因为x^m和$(1-x)^n$互素,所以适合等式的$f(x)$,$g(x)$一定存在. 根据上一题结论,可设$\deg f(x)\leqslant n-1$,$\deg g(x)\leqslant m-1$,且$f(x)$,$g(x)$唯一. 因此,可令$f(x)=\sum_{i=0}^{n-1}a_i(1-x)^i$,$g(x)=\sum_{j=0}^{m-1}b_jx^j$. 代入等式,显然有$a_0=1$,$b_0=1$,且

$$a_i=\frac{(-1)^i}{i!}f^{(i)}(1),\quad i=1,2,\cdots,n-1;$$

$$b_j=\frac{1}{j!}g^{(j)}(0),\quad j=1,2,\cdots,m-1.$$

再利用Leibniz公式对原式求k阶导数,得

$$\sum_{i=0}^{k}\mathrm{C}_k^i\frac{m!}{(m-k+i)!}x^{m-k+i}f^{(i)}(x)+\sum_{i=0}^{k}(-1)^{k-i}\mathrm{C}_k^i\frac{n!}{(n-k+i)!}(1-x)^{n-k+i}g^{(i)}(x)=0.\quad ①$$

现在,设$1\leqslant k\leqslant n-1$,则$n-k+i\geqslant 1$,其中$i=0,1,2,\cdots,k$. 在①式中令$x=1$,得

$$\sum_{i=0}^{k}\mathrm{C}_k^i\frac{m!}{(m-k+i)!}f^{(i)}(1)=0.$$

由此可知$\sum_{i=0}^{k}(-1)^i\mathrm{C}_m^{k-i}a_i=0$. 进而解得$a_i=\mathrm{C}_{m+i-1}^i$,$i=0,1,2,\cdots,n-1$. 于是

$$f(x)=\sum_{i=0}^{n-1}\mathrm{C}_{m+i-1}^i(1-x)^i.$$

同理,设$1\leqslant k\leqslant m-1$,则$m-k+i\geqslant 1$,其中$i=0,1,2,\cdots,k$. 在①式中令$x=0$,得

$$\sum_{i=0}^{k}(-1)^{k-i}\mathrm{C}_k^i\frac{n!}{(n-k+i)!}g^{(i)}(0)=0.$$

由此可知$\sum_{i=0}^{k}(-1)^i\mathrm{C}_n^{k-i}b_i=0$. 进而解得$b_j=\mathrm{C}_{n+j-1}^j$,$j=0,1,2,\cdots,m-1$. 因此

$$g(x)=\sum_{j=0}^{m-1}\mathrm{C}_{n+j-1}^jx^j.$$

【注】 由于原题对$f(x)$,$g(x)$的次数没有限制,所以也可有如下简捷解法. 因为

$$(1-x^m)^n=\sum_{k=0}^{n}(-1)^k\mathrm{C}_n^kx^{mk}=1-x^m\sum_{k=1}^{n}(-1)^{k-1}\mathrm{C}_n^kx^{(k-1)m},$$

$$(1-x^m)^n=(1-x)^n(1+x+x^2+\cdots+x^{m-1})^n,$$

所以,只需取$f(x)=\sum_{k=1}^{n}(-1)^{k-1}\mathrm{C}_n^kx^{(k-1)m}$,$g(x)=(1+x+x^2+\cdots+x^{m-1})^n$,即得

$$x^mf(x)+(1-x)^ng(x)=1.$$

【例1.20】(湖南省竞赛试题,2006年) 设

$$f(x)=a_0+a_1x+a_2x^2+a_{10}x^{10}+a_{11}x^{11}+a_{12}x^{12}+a_{13}x^{13}\quad(a_{13}\neq 0)$$

和

$$g(x)=b_0+b_1x+b_2x^2+b_3x^3+b_{11}x^{11}+b_{12}x^{12}+b_{13}x^{13}\quad(b_3\neq 0)$$

是两个复系数多项式. 证明它们的最大公因式的次数最多为6.

【证】 令$d(x)=(f(x),g(x))$,则$d(x)\mid f(x)$,$d(x)\mid g(x)$. 将$f(x)$,$g(x)$表示为

$$f(x)=f_1(x)+x^{10}f_2(x),$$
$$g(x)=g_1(x)+x^{10}g_2(x),$$

其中

$$f_1(x)=a_0+a_1x+a_2x^2,\qquad f_2(x)=a_{10}+a_{11}x+a_{12}x^2+a_{13}x^3,$$
$$g_1(x)=b_0+b_1x+b_2x^2+b_3x^3,\quad g_2(x)=b_{11}x+b_{12}x^2+b_{13}x^3.$$

注意到(利用恒等式 $x^{10}f_2(x)g_2(x)=x^{10}g_2(x)f_2(x)$ 即得)

$$f(x)g_2(x)-g(x)f_2(x)=f_1(x)g_2(x)-f_2(x)g_1(x),$$

所以 $d(x)\mid[f_1(x)g_2(x)-f_2(x)g_1(x)]$. 因为 $a_{13}b_3\neq0$,所以

$$\deg(f_1(x)g_2(x)-f_2(x)g_1(x))=\deg(f_2(x)g_1(x))=6,$$

因此,$\deg d(x)\leqslant6$.

【例 1.21】 设 $f(x),g(x)\in F[x]$,且 $f(x)\neq0$.

(1) 证明:若 $(f(x),g(x))=1$,则对任意的 $h(x)\in F[x]$,有

$$(f(x),g(x)h(x))=(f(x),h(x)).$$

(2) 问:若存在 $h(x)\in F[x]$,满足 $(f(x),g(x)h(x))=(f(x),h(x))$,则是否一定有 $(f(x),g(x))=1$? 为什么?

(3) 问:若对任意 $h(x)\in F[x]$,满足 $(f(x),g(x)h(x))=(f(x),h(x))$,则是否一定有 $(f(x),g(x))=1$? 为什么?

【解】 (1) 因 $(f(x),g(x))=1$,故存在 $u(x),v(x)\in F[x]$,使 $u(x)f(x)+v(x)g(x)=1$,从而 $u(x)h(x)f(x)+v(x)g(x)h(x)=h(x)$. 可见,$f(x)$ 与 $g(x)h(x)$ 的任一公因式也必为 $f(x)$ 与 $h(x)$ 的公因式,反之亦然. 所以 $(f(x),g(x)h(x))=(f(x),h(x))$.

(2) 否. 例如,$f(x)=x^2-1$,$g(x)=x+1$,$h(x)=(x-1)^2(x+1)$,则

$$(f(x),g(x)h(x))=(f(x),h(x))=x^2-1,$$

但 $(f(x),g(x))=x+1\neq1$.

(3) 是. 依题设,取 $h(x)=1$,即得 $(f(x),g(x))=1$.

【例 1.22】(华中师范大学,1994 年) 设 M 为 $F[x]$ 中一切形如 $u(x)f(x)+v(x)g(x)$ 的非零多项式所构成的集合,其中 $f(x),g(x)$ 是 $F[x]$ 中两个给定的非零多项式,$u(x),v(x)$ 是 $F[x]$ 中任意的多项式. 证明:M 非空,且 M 中次数最低的多项式都是 $f(x),g(x)$ 的最大公因式.

【证】 这里,$M=\{u(x)f(x)+v(x)g(x)\mid u(x),v(x)\in F[x]\}$.

因为 $f(x)\in M$,所以 M 非空.

令 $d(x)=(f(x),g(x))$,则存在 $u_0(x)$,$v_0(x)\in F[x]$,使得

$$d(x)=u_0(x)f(x)+v_0(x)g(x),\quad 可见\ d(x)\in M.$$

现在,任取 $h(x)\in M$,且次数最低. 由于

$$h(x)=u(x)f(x)+v(x)g(x),\quad u(x),v(x)\in F[x],$$

并且 $d(x)\mid f(x)$,$d(x)\mid g(x)$,所以 $d(x)\mid h(x)$,存在 $q(x)\in F[x]$,使得 $h(x)=d(x)q(x)$,故 $\deg d(x)\leqslant\deg h(x)\leqslant\deg d(x)$,可见 $\deg q(x)=0$,$q(x)=c\neq0$. 于是,$h(x)=cd(x)$ 是 $f(x)$ 与 $g(x)$ 的最大公因式.

【例1.23】(东南大学,2005年) 设 F 是一数域,多项式 $f(x),g(x)\in F[x]$ 具有性质:当 $h(x)\in F[x]$,且 $f(x)\mid h(x),g(x)\mid h(x)$ 时,必有 $f(x)g(x)\mid h(x)$. 证明:$(f(x),g(x))=1$.

【证】 用反证法. 设 $(f(x),g(x))=d(x)$,且 $\deg d>0$,则 $f(x)=d(x)u(x)$, $g(x)=d(x)v(x)$,其中 $(u(x),v(x))=1$,且 $\deg u<\deg f$. 于是 $f(x)\mid g(x)u(x)$. 又 $g(x)\mid g(x)u(x)$,故由题设知 $(f(x)g(x))\mid(g(x)u(x))$. 这显然是不可能的. 所以 $(f(x),g(x))=1$.

【例1.24】(北京航空航天大学,2002年) 证明:当且仅当 $(f(x),g(x))=1$, $(f(x),h(x))=1$ 时,有 $(f(x),g(x)h(x))=1$.

【证】 设 $(f(x),g(x))=1,(f(x),h(x))=1$,则存在多项式 $p(x),q(x),u(x),v(x)$,使

$$p(x)f(x)+q(x)g(x)=1, \quad ①$$

$$u(x)f(x)+v(x)h(x)=1. \quad ②$$

把上述①式两边同乘 $v(x)h(x)$,再代入②式,得

$$[p(x)v(x)h(x)+u(x)]f(x)+[q(x)v(x)]g(x)h(x)=1,$$

所以 $(f(x),g(x)h(x))=1$.

反之,若 $(f(x),g(x)h(x))=1$,则存在多项式 $u(x),v(x)$,使

$$u(x)f(x)+v(x)g(x)h(x)=1.$$

所以 $(f(x),g(x))=1,(f(x),h(x))=1$.

【例1.25】(南京航空航天大学,2005年) 设 $d(x)=(f(x),g(x)),f(x)\mid h(x)$,且 $g(x)\mid h(x)$,证明:$f(x)g(x)\mid d(x)h(x)$.

【证】 首先,由 $d(x)=(f(x),g(x))$,有 $f(x)=u(x)d(x),g(x)=v(x)d(x)$,且 $(u(x),v(x))=1$. 又由 $f(x)\mid h(x)$,可设 $h(x)=f(x)p(x)=u(x)p(x)d(x)$. 因为 $g(x)\mid h(x)$,所以 $v(x)d(x)\mid u(x)p(x)d(x)$. 再由 $(u(x),v(x))=1$ 可知 $v(x)\mid p(x)$. 设 $p(x)=q(x)v(x)$,则

$$d(x)h(x)=d(x)f(x)p(x)=d(x)f(x)q(x)v(x)=f(x)g(x)q(x),$$

因此,$f(x)g(x)\mid d(x)h(x)$.

【例1.26】(上海交通大学,2007年) 设 $f(x),g(x)$ 为数域 F 上的多项式. 证明 $(f(x),g(x))=1$ 当且仅当 $(f(x)g(x),f(x)+g(x))=1$.

【证】 充分性. 设 $(f(x)g(x),f(x)+g(x))=1$,并设 $d(x)=(f(x),g(x))$,则 $d(x)$ 是 $f(x)g(x),f(x)+g(x)$ 的一个公因式,于是 $d(x)\mid 1$,从而 $d(x)=1$,即 $(f(x),g(x))=1$.

必要性.(方法1)设 $(f(x),g(x))=1$,则存在多项式 $u(x),v(x)$,使得

$$u(x)f(x)+v(x)g(x)=1.$$

由此可得

$$[u(x)-v(x)]f(x)+v(x)[f(x)+g(x)]=1,$$

$$[v(x)-u(x)]g(x)+u(x)[f(x)+g(x)]=1.$$

将上述二式相乘,得

$$p(x)f(x)g(x)+q(x)[f(x)+g(x)]=1,$$

其中

$$p(x)=-[u(x)-v(x)]^2,\quad q(x)=f(x)[u(x)]^2+g(x)[v(x)]^2.$$

因此

$$(f(x)g(x),f(x)+g(x))=1.$$

（方法 2）设$(f(x)g(x),f(x)+g(x))=d(x)$,则

$$d(x)\mid f(x)g(x),\quad d(x)\mid [f(x)+g(x)],$$

从而

$$d(x)\mid [(f(x)+g(x))g(x)-f(x)g(x)],$$

即 $d(x)\mid [g(x)]^2$. 同理 $d(x)\mid [f(x)]^2$.

据题设,$(f(x),g(x))=1$,有$([f(x)]^2,[g(x)]^2)=1$. 因此 $d(x)=1$.

（方法 3）用反证法. 假设$(f(x)g(x),f(x)+g(x))=d(x)$,且 $\deg d(x)\geqslant 1$. 取 $d(x)$的一个不可约因式 $p(x)$,则 $p(x)\mid f(x)g(x)$,且

$$p(x)\mid [f(x)+g(x)]. \quad ①$$

若 $p(x)\mid f(x)$,则由①式有 $p(x)\mid g(x)$, 故 $p(x)\mid (f(x),g(x))$,与$(f(x),g(x))=1$矛盾. 同理,若 $p(x)\mid g(x)$,则 $p(x)\mid f(x)$,从而 $p(x)\mid (f(x),g(x))$,此与$(f(x),g(x))=1$矛盾.

因此$(f(x)g(x),f(x)+g(x))=1$.

【例 1.27】 证明:数域 F 上的非零多项式 $f_1(x),f_2(x),f_3(x)$ 两两互素的充分必要条件是存在多项式 $u(x),v(x),w(x)\in F[x]$,使得

$$u(x)f_1(x)f_2(x)+v(x)f_1(x)f_3(x)+w(x)f_2(x)f_3(x)=1.$$

【证】 充分性显然,只证必要性. 因为$(f_1(x),f_2(x))=1$,$(f_1(x),f_3(x))=1$,所以$(f_1(x),f_2(x)f_3(x))=1$. 故存在 $g(x),h(x)\in F[x]$,使

$$g(x)f_1(x)+h(x)f_2(x)f_3(x)=1. \quad ①$$

又因为$(f_2(x),f_3(x))=1$,所以存在 $r(x),s(x)\in F[x]$,使

$$r(x)f_2(x)+s(x)f_3(x)=1.$$

上式两边同乘 $g(x)f_1(x)$,并与①式相加,得

$$[g(x)r(x)]f_1(x)f_2(x)+[g(x)s(x)]f_1(x)f_3(x)+h(x)f_2(x)f_3(x)=1.$$

令 $u(x)=g(x)r(x)$,$v(x)=g(x)s(x)$,$w(x)=h(x)$,即得

$$u(x)f_1(x)f_2(x)+v(x)f_1(x)f_3(x)+w(x)f_2(x)f_3(x)=1.$$

【例 1.28】(北京邮电大学,2003 年) 设 $f(x),g_1(x),g_2(x),g_3(x)$ 是数域 F 上的多项式,已知 $g_i(x)\mid f(x)$,$i=1,2,3$. 试问下列命题是否成立,并说明理由:

（1）如果 $g_1(x),g_2(x),g_3(x)$ 两两互素,那么一定有 $g_1(x)g_2(x)g_3(x)\mid f(x)$;

（2）如果 $g_1(x),g_2(x),g_3(x)$ 互素,那么一定有 $g_1(x)g_2(x)g_3(x)\mid f(x)$.

【解】（1）结论成立,兹证明如下. 据题设,可令 $f(x)=g_i(x)h_i(x)$,$i=1,2,3$. 又因为 $g_1(x),g_2(x),g_3(x)$ 两两互素,所以存在 $u(x),v(x),w(x)\in F[x]$,使

$$u(x)g_1(x)g_2(x)+v(x)g_1(x)g_3(x)+w(x)g_2(x)g_3(x)=1.$$

将上式两边同乘 $f(x)$,得

$$g_1(x)g_2(x)g_3(x)[u(x)h_3(x)+v(x)h_2(x)+w(x)h_1(x)]=f(x).$$

所以 $g_1(x)g_2(x)g_3(x)\mid f(x)$.

(2) 结论不成立,兹举例如下. 令 $g_1(x)=g_2(x)=x, g_3(x)=x+1, f(x)=x(x+1)$,则 $g_i(x), f(x)$ 满足题设条件,但 $g_1(x)g_2(x)g_3(x)=x^2(x+1)$ 不能整除 $f(x)$.

【例 1.29】(中国科学院大学,2007 年)　设多项式 $f(x), g(x), h(x)$ 只有非零常数公因子,证明:存在多项式 $u(x), v(x), w(x)$,使得 $u(x)f(x)+v(x)g(x)+w(x)h(x)=1$.

【证】　设 $d(x)=(f(x),g(x))$,则存在 $u_1(x), v_1(x)$,使得

$$u_1(x)f(x)+v_1(x)g(x)=d(x). \qquad ①$$

又根据题设,$(f(x),g(x),h(x))=1$,所以 $(d(x),h(x))=1$,故存在 $u_2(x), w(x)$,使得

$$u_2(x)d(x)+w(x)h(x)=1. \qquad ②$$

将①式代入②式,得

$$u_1(x)u_2(x)f(x)+u_2(x)v_1(x)g(x)+w(x)h(x)=1.$$

令 $u(x)=u_1(x)u_2(x), v(x)=u_2(x)v_1(x)$,则

$$u(x)f(x)+v(x)g(x)+w(x)h(x)=1.$$

【例 1.30】(首都师范大学,2005 年)　设 $(f(x),g(x))$ 表示数域 F 上多项式 $f(x)$ 和 $g(x)$ 的首项系数是 1 的最大公因式. 证明:如果 $(f_1(x),f_2(x))=1$,那么对任意 $g(x)\in F[x]$,有

$$(f_1(x)f_2(x),g(x))=(f_1(x),g(x))(f_2(x),g(x)).$$

【证】　设 $(f_1(x)f_2(x),g(x))=d(x)$, $(f_i(x),g(x))=d_i(x)$, $i=1,2$. 显然, $d_i(x)$ 是 $f_1(x)f_2(x)$ 和 $g(x)$ 的一个公因式,所以 $d_i(x)\mid d(x), i=1,2$. 又据题设 $(f_1(x),f_2(x))=1$,易知 $(d_1(x),d_2(x))=1$. 因此 $d_1(x)d_2(x)\mid d(x)$.

另一方面,由于 $d_i(x)\mid g(x), i=1,2$, 知 $d_1(x)d_2(x)\mid g(x)$, 所以 $d_1(x)d_2(x)$ 是 $f_1(x)f_2(x)$ 和 $g(x)$ 的一个公因式,于是有 $d(x)\mid d_1(x)d_2(x)$.

因为 $d(x)$ 和 $d_1(x)d_2(x)$ 都是首 1 多项式,所以 $d(x)=d_1(x)d_2(x)$,即

$$(f_1(x)f_2(x),g(x))=(f_1(x),g(x))(f_2(x),g(x)).$$

【例 1.31】(华东师范大学,2008 年)　设 $\varphi(x)$ 是有理数域上的一个不可约多项式, $x_1, x_2,\cdots,x_s$ 是 $\varphi(x)$ 在复数域上的根, $f(x)$ 是任一个有理系数多项式,使 $f(x)$ 不能被 $\varphi(x)$ 整除. 证明:存在有理系数多项式 $h(x)$,使

$$\frac{1}{f(x_i)}=h(x_i),\quad i=1,2,\cdots,s.$$

【证】　因为 $x_1,x_2,\cdots,x_s$ 是 $\varphi(x)$ 的复数根,所以 $\varphi(x_i)=0(1\leqslant i\leqslant s)$. 又 $\varphi(x)$ 是有理数域上的不可约多项式, $f(x)$ 不能被 $\varphi(x)$ 整除,所以 $f(x_i)\neq 0(1\leqslant i\leqslant s)$, 且 $(f(x),\varphi(x))=1$. 故存在 $h(x), g(x)\in\mathbb{Q}[x]$,使得

$$h(x)f(x)+g(x)\varphi(x)=1.$$

将 $x_1,x_2,\cdots,x_s$ 代入上式,即得 $\dfrac{1}{f(x_i)}=h(x_i)$, $i=1,2,\cdots,s$.

【例1.32】(浙江大学,2006年) 设 P 是一个数域,$f_i=f_i(x)\in P[x]$,$g_i=g_i(x)\in P[x]$,$i=1,2$. 求证:$(f_1,g_1)(f_2,g_2)=(f_1f_2,f_1g_2,g_1f_2,g_1g_2)$.

【证】 (方法1) 设$(f_1,g_1)=d_1$,$(f_2,g_2)=d_2$,则 d_1d_2 是f_1f_2,f_1g_2,g_1f_2,g_1g_2 的一个公因式,且存在多项式 u_1,v_1,u_2,v_2,使得

$$u_1f_1+v_1g_1=d_1,\quad u_2f_2+v_2g_2=d_2.$$

将上述二式相乘,得

$$u_1u_2f_1f_2+u_1v_2f_1g_2+v_1u_2g_1f_2+v_1v_2g_1g_2=d_1d_2.$$

由此可知,f_1f_2,f_1g_2,g_1f_2,g_1g_2 的任一公因式都是 d_1d_2 的因式,所以 d_1d_2 是它们的首项系数为1的最大公因式,即

$$(f_1,g_1)(f_2,g_2)=(f_1f_2,f_1g_2,g_1f_2,g_1g_2).$$

(方法2) 一般地易证:若 $a,b,c,d\in P[x]$,则$(a,b,c,d)=((a,b),(c,d))$. 所以

$$\begin{aligned}(f_1f_2,f_1g_2,g_1f_2,g_1g_2)&=((f_1f_2,f_1g_2),(g_1f_2,g_1g_2))\\&=(f_1(f_2,g_2),g_1(f_2,g_2))\\&=(f_1,g_1)(f_2,g_2).\end{aligned}$$

【例1.33】(北京师范大学,2000年) 设$f_1(x)$,$f_2(x)$是数域 F 上两个多项式,证明:$f_1(x)$与$f_2(x)$互素的充分必要条件是对 F 上任意两个多项式 $r_1(x)$,$r_2(x)$,存在 F 上多项式 $q_1(x)$,$q_2(x)$,使得

$$q_1(x)f_1(x)+r_1(x)=q_2(x)f_2(x)+r_2(x).$$

【证】 充分性. $\forall r_1(x)\in F[x]$,令 $r_2(x)=1+r_1(x)$,则存在 $q_1(x)$,$q_2(x)\in F[x]$,使

$$q_1(x)f_1(x)+r_1(x)=q_2(x)f_2(x)+r_2(x),$$

即

$$q_1(x)f_1(x)-q_2(x)f_2(x)=1,$$

所以$f_1(x)$与$f_2(x)$互素.

必要性. 设$(f_1(x),f_2(x))=1$,则存在 $u(x)$,$v(x)\in F[x]$,使

$$u(x)f_1(x)+v(x)f_2(x)=1.$$

对任意 $r_1(x)$,$r_2(x)\in F[x]$,将上式两边同乘 $r_2(x)-r_1(x)$,得

$$u(x)(r_2(x)-r_1(x))f_1(x)+v(x)(r_2(x)-r_1(x))f_2(x)=r_2(x)-r_1(x).$$

取 $q_1(x)=u(x)(r_2(x)-r_1(x))$,$q_2(x)=v(x)(r_1(x)-r_2(x))$,即得

$$q_1(x)f_1(x)+r_1(x)=q_2(x)f_2(x)+r_2(x).$$

【例1.34】 设$f(x)$,$g(x)$是数域 P 上两个互素的多项式,其次数分别为 m 及 n,而 $r_1(x)$,$r_2(x)$是数域 P 上的两个多项式,其次数分别小于 m,n.

(1) 求证:存在数域 P 上唯一的一个次数小于 $m+n$ 的多项式$f(x)$,使$f(x)$除$f(x)$余式为 $r_1(x)$,且 $g(x)$除$f(x)$余式为 $r_2(x)$;

(2) 设$f(x)=x^n+1$,$g(x)=x^n-1$,$r_1(x)=x^m+1$,$r_2(x)=x^m-1$,其中 $m<n$,求满足(1)中条件的多项式$f(x)$.

【解】 (1) 先证存在性. 因为$(f(x),g(x))=1$,所以存在 $u(x)$,$v(x)\in P[x]$,使得

$$u(x)f(x)+v(x)g(x)=1,$$

两边同时乘 $r_2(x)-r_1(x)$ 并移项,得

$$u(x)f(x)[r_2(x)-r_1(x)]+r_1(x)=v(x)g(x)[r_1(x)-r_2(x)]+r_2(x).\qquad ①$$

利用带余除法,存在 $q_1(x),q_2(x),h_1(x),h_2(x)\in P[x]$,使得

$$u(x)[r_2(x)-r_1(x)]=q_1(x)g(x)+h_1(x),$$
$$v(x)[r_1(x)-r_2(x)]=q_2(x)f(x)+h_2(x),$$

其中 $\deg h_1(x)<\deg g(x)=n,\deg h_2(x)<\deg f(x)=m$. 故由①式得

$$f(x)g(x)[q_1(x)-q_2(x)]+f(x)h_1(x)+r_1(x)=g(x)h_2(x)+r_2(x),$$

比较上式两边的次数,得 $q_1(x)=q_2(x)$. 令

$$F(x)=f(x)h_1(x)+r_1(x)=g(x)h_2(x)+r_2(x),$$

则 $F(x)\in P[x]$,且 $\deg F(x)<m+n$. 这就证明了 $F(x)$ 的存在性.

再证唯一性. 设 $G(x)$ 也是如题所述的多项式,即存在 $h_3(x),h_4(x)\in P[x]$,使得

$$G(x)=f(x)h_3(x)+r_1(x)=g(x)h_4(x)+r_2(x),$$

则

$$F(x)-G(x)=f(x)[h_1(x)-h_3(x)]=g(x)[h_2(x)-h_4(x)],$$

故 $f(x)\mid[F(x)-G(x)]$, $g(x)\mid[F(x)-G(x)]$. 由 $(f(x),g(x))=1$ 知 $(f(x)g(x))\mid[F(x)-G(x)]$. 注意到 $\deg[F(x)-G(x)]<\deg[f(x)g(x)]$,因此 $F(x)=G(x)$. 唯一性得证.

(2) 注意到 $f(x)-g(x)=2=r_1(x)-r_2(x)$,所以

$$-f(x)+r_1(x)=-g(x)+r_2(x).$$

取 $h_1(x)=h_2(x)=-1$,则 $f(x)=f(x)h_1(x)+r_1(x)=g(x)h_2(x)+r_2(x)$ 即为所求.

【例1.35】(上海交通大学,2004年) 假设 $f_1(x)$ 与 $f_2(x)$ 为次数不超过3的首项系数为1的互异多项式,又设 x^4+x^2+1 整除 $f_1(x^3)+x^4f_2(x^3)$. 试求 $f_1(x)$ 与 $f_2(x)$ 的最大公因式.

【解】 设 $x^6-1=0$ 的6个根为 $\omega_k=\omega^k$,其中 $\omega=\cos\frac{2\pi}{6}+\mathrm{i}\sin\frac{2\pi}{6},k=0,1,\cdots,5$,则

$$x^4+x^2+1=(x-\omega_1)(x-\omega_2)(x-\omega_4)(x-\omega_5),$$

所以 $(x-\omega_k)$ 整除 $f_1(x^3)+x^4f_2(x^3)$, 这等价于 $f_1(\omega_k^3)+\omega_k^4f_2(\omega_k^3)=0,k=1,2,4,5$. 注意到 $\omega_1^3=\omega_5^3=-1,\omega_2^3=\omega_4^3=1$,联立上述4个方程,可解得 $f_1(-1)=f_2(-1)=f_1(1)=f_2(1)=0$. 于是,$f_1(x)$ 与 $f_2(x)$ 有公因式 $(x+1)(x-1)=x^2-1$.

因为 $f_1(x)$ 与 $f_2(x)$ 为次数不超过3的互异的首1多项式,所以 $(f_1(x),f_2(x))=x^2-1$.

【例1.36】 设 $f(x),g(x),h(x)\in F[x]$,且 $g(x)$ 与 $h(x)$ 互素. 试证明:存在 $r(x),s(x)\in F[x]$,使得 $f(x)=g(x)r(x)+h(x)s(x)$,且 $\deg r(x)<\deg h(x)$.

【证】 利用带余除法,存在 $q_0(x),r_0(x)\in F[x]$,使

$$f(x)=q_0(x)h(x)+r_0(x),\qquad ①$$

其中 $\deg r_0(x)<\deg h(x)$. 因为 $(g(x),h(x))=1$,所以存在 $u(x),v(x)\in F[x]$,使

$$u(x)g(x)+v(x)h(x)=r_0(x).\qquad ②$$

再对 $u(x)$ 利用带余除法,存在 $q(x),r(x)\in F[x]$,使

$$u(x)=q(x)h(x)+r(x),\qquad ③$$

其中 $\deg r(x)<\deg h(x)$. 把②式代入①式并结合③式,即得

$$f(x)=g(x)r(x)+h(x)s(x),$$

其中 $s(x)=q_0(x)+g(x)q(x)+v(x)$.

【例 1.37】 设 $f(x),g(x)$ 都是 $F[x]$ 中的非零多项式,且 $g(x)=p^m(x)g_1(x)$,这里 $m\geqslant 1$. 又设 $(p(x),g_1(x))=1$, $p(x)\nmid f(x)$. 证明:存在多项式 $f_1(x),r(x)\in F[x]$,使得 $r(x)\neq 0$, $\deg r(x)<\deg p(x)$,且满足

$$\frac{f(x)}{g(x)}=\frac{r(x)}{p^m(x)}+\frac{f_1(x)}{p^{m-1}(x)g_1(x)}.$$

【证】 因为 $(p(x),g_1(x))=1$,所以存在 $u(x),v(x)\in F[x]$,使得

$$u(x)p(x)+v(x)g_1(x)=1. \qquad ①$$

等式两边同乘 $f(x)$,得

$$u(x)p(x)f(x)+v(x)g_1(x)f(x)=f(x). \qquad ②$$

对 $v(x)f(x),p(x)$ 利用带余除法,存在 $q(x),r(x)\in F[x]$,使

$$v(x)f(x)=q(x)p(x)+r(x),\quad \deg r(x)<\deg p(x), \qquad ③$$

其中 $r(x)\neq 0$. 这是因为,若不然,则 $p(x)\mid v(x)f(x)$,但由①式说明 $(p(x),v(x))=1$,所以 $p(x)\mid f(x)$,此与题设条件 $p(x)\nmid f(x)$ 矛盾. 把③式代入②式得

$$r(x)g_1(x)+p(x)[q(x)g_1(x)+u(x)f(x)]=f(x). \qquad ④$$

令 $f_1(x)=q(x)g_1(x)+u(x)f(x)$,则 $f_1(x)\in F[x]$. 用 $g(x)=p^m(x)g_1(x)$ 同时除④式两边,即得

$$\frac{f(x)}{g(x)}=\frac{r(x)}{p^m(x)}+\frac{f_1(x)}{p^{m-1}(x)g_1(x)}.$$

【注】 若去掉条件"$p(x)\nmid f(x)$",就无需要求 $r(x)\neq 0$. 见本章练习 1.63,即中国科学院大学 2016 年试题.

§1.3　因式分解与重根

基本理论与要点提示

1.3.1　设 $f(x)\in K[x]$, $\deg f(x)\geqslant 1$,则 $f(x)$ 有标准分解式 $f(x)=a[p_1(x)]^{r_1}[p_2(x)]^{r_2}\cdots[p_s(x)]^{r_s}$,其中 a 是 $f(x)$ 的首项系数, $p_1(x),p_2(x),\cdots,p_s(x)$ 是互异的首一不可约多项式, $r_1,r_2,\cdots,r_s$ 是正整数.

1.3.2　实数域上的不可约多项式只可能是一次或二次多项式,而且二次不可约多项式的复数根是一对共轭虚根.

1.3.3　如果不可约多项式 $p(x)$ 是 $f(x)$ 的 k 重因式 $(k\geqslant 1)$,那么 $p(x)$ 是导数 $f'(x)$ 的 $k-1$ 重因式. 特别地,多项式 $f(x)$ 的单因式不是它的导数 $f'(x)$ 的因式.

1.3.4　不可约多项式 $p(x)$ 是 $f(x)$ 的重因式当且仅当 $p(x)$ 是 $f(x)$ 与 $f'(x)$ 的公因式.

1.3.5　设 $f(x),g(x)\in K[x]$ 的次数都不超过 n,且存在 $n+1$ 个互异的数 $a_1,a_2,\cdots,a_{n+1}\in K$ 使得 $f(a_i)=g(a_i)$, $1\leqslant i\leqslant n+1$,则 $f(x)=g(x)$.　(可称之为:多项式唯一性定理.)

1.3.6 a 是 $f(x)$ 的 k 重根($k\geqslant 1$)当且仅当 $f(a)=f'(a)=\cdots=f^{(k-1)}(a)=0$ 而 $f^{(k)}(a)\neq 0$.

典型问题解析

【例 1.38】 设多项式 $d(x),f(x),g(x),h(x)\in K[x]$ 满足 $\left(\dfrac{g(x)}{(f(x),g(x))},h(x)\right)=d(x)$，且 $p(x)=(f(x),d(x))$ 的次数不小于 1，试证明 $g(x)$ 有重因式.

【证】 令 $q(x)=(f(x),g(x))$，则由题设条件，存在 $d_1(x),g_1(x)\in K[x]$ 使得

$$d(x)=d_1(x)p(x),\quad g(x)=d(x)q(x)g_1(x).$$

于是，有

$$g(x)=p(x)q(x)d_1(x)g_1(x).$$

这表明 $p(x)\mid g(x)$. 又 $p(x)\mid f(x)$，所以 $p(x)\mid q(x)$，故由上式得

$$g(x)=p^2(x)d_1(x)g_1(x)q_1(x),$$

其中 $q_1(x)\in K[x]$. 注意到 $\deg p(x)\geqslant 1$，因此 $p(x)$ 是 $g(x)$ 的至少二重因式.

【例 1.39】 求 a 和 b 的值，使得 $f(x)=x^3-5x^2+7x+a$ 和 $g(x)=x^3-8x+b$ 有两个公共根.

【解】 设 γ,δ 是 $f(x)$ 和 $g(x)$ 的两个公共根，则 $f(x)$ 和 $g(x)$ 在复数域上可分解为

$$f(x)=(x-\alpha)(x-\gamma)(x-\delta)=(x-\alpha)h(x),$$
$$g(x)=(x-\beta)(x-\gamma)(x-\delta)=(x-\beta)h(x),$$

其中 $h(x)=(x-\gamma)(x-\delta)$. 将上述二式相减，得

$$5x^2-15x-a+b=(\alpha-\beta)h(x).$$

比较上式两边，得 $\alpha-\beta=5$，且 $h(x)=x^2-3x+\dfrac{1}{5}(b-a)$.

进一步，由 $(x-\alpha)h(x)=f(x)$ 可得

$$(2-\alpha)h(x)=f(x)-(x-2)h(x)=\frac{1}{5}[(a-b+5)x+(3a+2b)],$$

这就意味着只能有 $\alpha=2,a-b+5=0,3a+2b=0$. 由此解得 $a=-2,b=3$.

【例 1.40】 已知 $f(x)=x^3+6x^2+3px+8$，试确定 p 的值，使 $f(x)$ 有重根，并求其根.

【解】 $f'(x)=3x^2+12x+3p$. 利用辗转相除法，求使 $(f(x),f'(x))\neq 1$ 的 p 值. 因为

$$f(x)=q_1(x)f'(x)+r_1(x),$$

其中 $q_1(x)=\dfrac{1}{3}(x+2)$，$r_1(x)=2(p-4)(x-1)$.

(1) 当 $p=4$ 时，$(f(x),f'(x))=x^2+4x+4$. 此时，$f(x)=(x+2)^3$ 有三重根：$-2,-2,-2$.

(2) 当 $p\neq 4$ 时，则继续上面的辗转相除，得

$$f'(x)=q_2(x)r_1(x)+r_2(x),$$

其中 $q_2(x)=\dfrac{3}{2(p-4)}(x+5)$，$r_2(x)=3p+15$.

因此，当 $p=-5$ 时，$(f(x),f'(x))=x-1$，即 $x-1$ 是 $f(x)$ 的二重因式. 用 $(x-1)^2$ 除 $f(x)$ 得商式 $x+8$，故 $f(x)=(x-1)^2(x+8)$，此时 $f(x)$ 的三个根为 $1,1,-8$.

【例 1.41】(北京大学,2009 年) 设多项式$f(x)$的所有复根都是实数，且实数 a 是$f'(x)$的一个重根. 证明 a 也是$f(x)$的根.

【证】 设$f(x)\in K[x]$为 n 次多项式. 根据题设,$f(x)$有标准分解式

$$f(x)=c(x-a_1)^{r_1}(x-a_2)^{r_2}\cdots(x-a_s)^{r_s},$$

其中 $a_1<a_2<\cdots<a_s$ 是互不相同的实数,$r_i\geqslant 1,i=1,2,\cdots,s$, $\sum_{i=1}^{s} r_i=n$. 易知

$$(f(x),f'(x))=(x-a_1)^{r_1-1}(x-a_2)^{r_2-1}\cdots(x-a_s)^{r_s-1},$$

所以 $a_1,a_2,\cdots,a_s$ 分别是$f'(x)$的 $r_1-1,r_2-1,\cdots,r_s-1$ 重实根. 另一方面,根据 Rolle 定理,在区间$(a_1,a_2),(a_2,a_3),\cdots,(a_{s-1},a_s)$内,又至少各有$f'(x)$的一个实根,设为 $b_1,b_2,\cdots,b_{s-1}$. 注意到 $\deg f'(x)=n-1$,而

$$(r_1-1)+(r_2-1)+\cdots+(r_s-1)+s-1=n-1,$$

所以$f'(x)$不可能再有其他的根. 因此,$b_1,b_2,\cdots,b_{s-1}$ 均为$f'(x)$的单根.

因为实数 a 是$f'(x)$的一个重根,所以 a 等于某个 $a_i(1\leqslant i\leqslant s)$,这表明 a 是$f(x)$的根.

【例 1.42】 证明:若 $q\neq 0$,则 $x^n+px^{n-m}+q(n>2,\ n>m>0)$不可能有重数大于 2 的重根.

【证】 令 $f(x)=x^n+px^{n-m}+q$, 则

$$f'(x)=nx^{n-1}+p(n-m)x^{n-m-1}=x^{n-m-1}[nx^m+p(n-m)].$$

注意到 $x=0$ 是$f'(x)$的根但不是$f(x)$的根,而 $nx^m+p(n-m)=0$ 只有单根,因此$f(x)=0$ 不可能有重数大于 2 的重根.

【例 1.43】(华中师范大学,2011 年) 设$f(x),g(x)\in\mathbb{C}[x]$是两个互素的多项式,证明:$[f(x)]^2+[g(x)]^2$ 的重根是$[f'(x)]^2+[g'(x)]^2$ 的根.

【证】 设 x_0 是$[f(x)]^2+[g(x)]^2$ 的重根,则

$$\begin{cases}[f(x_0)]^2+[g(x_0)]^2=0, & ①\\ f(x_0)f'(x_0)+g(x_0)g'(x_0)=0. & ②\end{cases}$$

由②式得

$$[f(x_0)f'(x_0)]^2=[g(x_0)g'(x_0)]^2. \qquad ③$$

因为$f(x),g(x)$互素,所以$f(x_0)\neq 0,g(x_0)\neq 0$. 把①式代入③式并消去$[f(x_0)]^2$,得

$$[f'(x_0)]^2+[g'(x_0)]^2=0,$$

因此,x_0 是$[f'(x)]^2+[g'(x)]^2$ 的根.

【例 1.44】(北京科技大学,2008 年) 证明:数域 F 上的一个 n 次多项式$f(x)$能被它的导数$f'(x)$整除的充分必要条件是$f(x)=a(x-b)^n$,其中 $a,b\in F$ 且 $a\neq 0$.

【证】 充分性显然,下面只证必要性,采用两种方法.

(方法 1) 由于 $\deg f(x)=1+\deg f'(x)$, $f'(x)\mid f(x)$, 可设$f(x)=c(x-b)f'(x)$. 于是

$$\frac{f(x)}{(f(x),f'(x))}=c(x-b).$$

可见,$x-b$ 是$f(x)$的唯一的首一不可约因式. 因此,$f(x)=a(x-b)^n$.

(方法 2) 考虑$f(x)$的标准分解式:

$$f(x)=ap_1^{r_1}(x)p_2^{r_2}(x)\cdots p_s^{r_s}(x),$$

其中 $p_1(x),p_2(x),\cdots,p_s(x)$ 是 F 上互不相同的首一不可约多项式，$r_i\geqslant 1,i=1,2,\cdots,s$，则

$$f'(x)=p_1^{r_1-1}(x)p_2^{r_2-1}(x)\cdots p_s^{r_s-1}(x)g(x),$$

其中 $g(x)$ 不能被所有 $p_i(x)$ 整除，$i=1,2,\cdots,s$. 由 $f'(x)\mid f(x)$ 知 $g(x)\mid p_1(x)p_2(x)\cdots p_s(x)$，又 $p_i(x)\nmid g(x),i=1,2,\cdots,s$，因此 $g(x)=c\neq 0$. 设 $\deg p_i(x)=m_i,i=1,2,\cdots,s$，则

$$m_1r_1+m_2r_2+\cdots+m_sr_s=n,$$

$$m_1(r_1-1)+m_2(r_2-1)+\cdots+m_s(r_s-1)=n-1,$$

所以 $m_1+m_2+\cdots+m_s=1$. 这只有 $s=1,m_1=1,r_1=n$. 于是 $f(x)=a(x-b)^n$.

【例 1.45】(南京理工大学,2006 年)　设 $f(x)\in F[x]$. 已知 $a\in F$ 是三阶导数 $f'''(x)$ 的一个 k 重根，其中 k 为正整数. 证明：a 是 $g(x)=\dfrac{1}{2}(x-a)[f'(x)+f'(a)]-f(x)+f(a)$ 的一个 $k+3$ 重根.

【证】　根据题设，存在 $h(x)\in F[x]$，使得 $f'''(x)=(x-a)^kh(x)$，且 $h(a)\neq 0$. 因为

$$g'(x)=\frac{1}{2}(x-a)f''(x)+\frac{1}{2}[f'(a)-f'(x)],$$

$$g''(x)=\frac{1}{2}(x-a)f'''(x)=\frac{1}{2}(x-a)^{k+1}h(x),$$

$$g'''(x)=\frac{1}{2}(x-a)^k[(k+1)h(x)+(x-a)h'(x)],$$

而 $(x-a)\nmid h(x)$，所以 a 是 $g'''(x)$ 的 k 重根，因而是 $g(x)$ 的一个 $k+3$ 重根.

【例 1.46】　设 $f(x)\in F[x]$，$\deg f(x)=n$，且 $f(k)=\dfrac{k}{k+1},k=0,1,\cdots,n$. 求 $f(n+1)$.

【解】　令 $g(x)=(x+1)f(x)-x$，则 $\deg g(x)=n+1$，且 $g(k)=0$，$k=0,1,\cdots,n$. 因此

$$g(x)=cx(x-1)(x-2)\cdots(x-n).$$

其中 c 是常数. 令 $x=-1$，代入上式，并利用 $g(-1)=1$，得 $c=\dfrac{(-1)^{n+1}}{(n+1)!}$. 故

$$f(x)=\frac{1}{x+1}\left(x+\frac{(-1)^{n+1}}{(n+1)!}x(x-1)(x-2)\cdots(x-n)\right).$$

于是

$$f(n+1)=\frac{n+1+(-1)^{n+1}}{n+2}=\begin{cases}1, & n\text{ 为奇数},\\ \dfrac{n}{n+2}, & n\text{ 为偶数}.\end{cases}$$

【例 1.47】　证明：$(1+x^2+x^4+\cdots+x^{2n})\mid(1+x^4+x^8+\cdots+x^{4n})$ 的充分必要条件是 n 为偶数.

【证】　令 $f(x)=1+x^2+x^4+\cdots+x^{2n}$，$g(x)=1+x^4+x^8+\cdots+x^{4n}$，则

$$(x^2-1)f(x)=x^{2n+2}-1,$$

$$(x^4-1)g(x)=x^{4n+4}-1.$$

因为 $x^{2n+2}-1 \mid x^{4n+4}-1$，所以 $f(x) \mid (x^2+1)g(x)$.

注意到 $x=\pm i$ 是 x^4-1 的根但不是 $g(x)$ 的根，且 $x=\pm i$ 不是 $x^{2n+2}-1$ 的根等价于 n 为偶数，因此若 $f(x) \mid g(x)$，则 $x=\pm i$ 不是 $f(x)$ 的根，从而也不是 $x^{2n+2}-1$ 的根，所以 n 为偶数. 反之，若 n 为偶数，则 $x=\pm i$ 不是 $f(x)$ 的根，所以 $(f(x),x^2+1)=1$，因此 $f(x) \mid g(x)$.

【例 1.48】 证明：$(1+x+x^2+\cdots+x^m) \mid (1+x^n+x^{2n}+\cdots+x^{mn})$ 的充分必要条件是

$$(m+1,n)=1.$$

【证】 记 $f(x)=1+x+x^2+\cdots+x^m$，$g(x)=1+x^n+x^{2n}+\cdots+x^{mn}$，则 $\forall m,n\in\mathbb{Z}_+$，有

$$(x-1)f(x)=(x^{m+1}-1) \mid (x^{(m+1)n}-1)=(x^n-1)g(x). \qquad ①$$

令 $d=(m+1,n)$，则 $(x^{m+1}-1,\ x^n-1)=x^d-1$.（见本章例 1.7） ②

充分性. 若 $(m+1,n)=1$，则 $(x^{m+1}-1,\ x^n-1)=x-1$，由此可知 $(f(x),\ x^n-1)=1$. 又根据①式知 $f(x) \mid (x^n-1)g(x)$，所以 $f(x) \mid g(x)$.

必要性. 设 $f(x) \mid g(x)$，即 $\dfrac{x^{m+1}-1}{x-1} \,\Big|\, \dfrac{x^{(m+1)n}-1}{x^n-1}$，则存在 $h(x)\in\mathbb{Z}[x]$，使得

$$(x-1)(x^{(m+1)n}-1)=(x^{m+1}-1)(x^n-1)h(x). \qquad ③$$

若 $(m+1,n)=d\neq1$，则由②式可知 $(x^{m+1}-1)(x^n-1)$ 含有因式 $(x^d-1)^2$，因而③式右端必有异于 $x=1$ 的重根，但③式左端的多项式 $x^{(m+1)n}-1$ 无重根，矛盾. 故 $(m+1,n)=1$.

【例 1.49】 设 $1,\omega_1,\omega_2,\cdots,\omega_{n-1}$ 是 x^n-1 的所有不同的复数根. 求证：

$$(1-\omega_1)(1-\omega_2)\cdots(1-\omega_{n-1})=n.$$

【证】 据题设，$1,\omega_1,\omega_2,\cdots,\omega_{n-1}$ 是 x^n-1 的 n 个根，所以

$$x^n-1=(x-1)(x-\omega_1)(x-\omega_2)\cdots(x-\omega_{n-1}).$$

另一方面，有

$$x^n-1=(x-1)(x^{n-1}+x^{n-2}+\cdots+x+1),$$

所以

$$(x-\omega_1)(x-\omega_2)\cdots(x-\omega_{n-1})=x^{n-1}+x^{n-2}+\cdots+x+1.$$

取 $x=1$ 代入上式，得 $(1-\omega_1)(1-\omega_2)\cdots(1-\omega_{n-1})=n$.

【例 1.50】（北京大学，1992 年） 试就实数域和复数域两种情形，求 $f(x)=x^n+x^{n-1}+\cdots+x+1$ 的标准分解式.

【证】 考虑 $g(x)=(x-1)f(x)=x^{n+1}-1$，则

$$g(x)=(x-1)(x-\omega)(x-\omega^2)\cdots(x-\omega^n),$$

其中 $\omega=\cos\dfrac{2\pi}{n+1}+i\sin\dfrac{2\pi}{n+1}$，满足 $\omega^{n+1}=1$. 因此，$f(x)$ 在复数域上的标准分解式为

$$f(x)=(x-\omega)(x-\omega^2)\cdots(x-\omega^n).$$

因为 $\overline{\omega^k}=\omega^{n+1-k}(0<k<n+1)$，所以，$f(x)$ 在实数域上的标准分解式可分为两种情形：

（1）当 n 为偶数即 $n=2m$ 时，有

$$f(x)=\left(x^2-2x\cos\frac{2\pi}{2m+1}+1\right)\left(x^2-2x\cos\frac{4\pi}{2m+1}+1\right)\cdots\left(x^2-2x\cos\frac{2m\pi}{2m+1}+1\right);$$

（2）当 n 为奇数即 $n=2m+1$ 时，有

$$f(x)=(x+1)\left(x^2-2x\cos\frac{\pi}{m+1}+1\right)\left(x^2-2x\cos\frac{2\pi}{m+1}+1\right)\cdots\left(x^2-2x\cos\frac{m\pi}{m+1}+1\right).$$

【例 1.51】 证明：$\cos\frac{\pi}{2n+1}\cos\frac{2\pi}{2n+1}\cdots\cos\frac{n\pi}{2n+1}=\frac{1}{2^n}$，其中 n 为任意自然数.

【证】 根据上题情形(1)可得

$$x^{2n+1}-1=(x-1)\prod_{k=1}^{n}\left(x^2-2x\cos\frac{2k\pi}{2n+1}+1\right).$$

令 $x=-1$，代入上式得

$$-2=-2^{n+1}\prod_{k=1}^{n}\left(1+\cos\frac{2k\pi}{2n+1}\right)=-2^{2n+1}\prod_{k=1}^{n}\cos^2\frac{k\pi}{2n+1}.$$

等式两边同除以 -2^{2n+1}，得

$$\frac{1}{2^{2n}}=\prod_{k=1}^{n}\cos^2\frac{k\pi}{2n+1}=\left(\prod_{k=1}^{n}\cos\frac{k\pi}{2n+1}\right)^2.$$

把上式两边同时开方即得所证.

【注】 若直接利用上题情形(1)的结果，则可证得

$$\sin\frac{\pi}{2n}\sin\frac{2\pi}{2n}\cdots\sin\frac{(n-1)\pi}{2n}=\frac{\sqrt{n}}{2^{n-1}}.$$

【例 1.52】 分解因式：$f(x)=x^6+4x^5+8x^4+10x^3+8x^2+4x+1$.

【解】 先利用综合除法，可知 $x=-1$ 是 $f(x)$ 的二重根，即 $(x+1)^2$ 是 $f(x)$ 的一个因式，同时也确定了 $f(x)$ 的另一个因式 $g(x)=x^4+2x^3+3x^2+2x+1$. 所以

$$f(x)=(x+1)^2(x^4+2x^3+3x^2+2x+1).$$

再对 $g(x)$ 分解因式. 注意到 $g'(x)=4x^3+6x^2+6x+2$，利用辗转相除法，得

$$d(x)=(g(x),g'(x))=x^2+x+1.$$

因为 $d(x)$ 是有理数域上的不可约多项式，所以 $d(x)$ 是 $g(x)$ 的二重因式. 于是有

$$f(x)=(x+1)^2(x^2+x+1)^2.$$

【例 1.53】 证明：多项式 $f(x)=a_nx^n+a_{n-1}x^{n-1}+\cdots+a_1x+a_0$ 能被 $(x-1)^{k+1}$ 整除的充分必要条件是

$$\begin{cases}a_0+a_1+a_2+\cdots+a_n=0,\\ a_1+2a_2+\cdots+na_n=0,\\ a_1+4a_2+\cdots+n^2a_n=0,\\ \cdots\cdots\cdots\cdots\\ a_1+2^ka_2+\cdots+n^ka_n=0.\end{cases} \quad ①$$

【证】 必要性. 设 $(x-1)^{k+1}\mid f(x)$，则 1 是 $f(x)$ 的至少 $k+1$ 重根，所以

$$f(1)=f'(1)=\cdots=f^{(k)}(1)=0.$$

因为$f'(x)=a_1+2a_2x+\cdots+na_nx^{n-1}$，所以

$$\begin{cases}a_0+a_1+a_2+\cdots+a_n=0,\\ a_1+2a_2+\cdots+na_n=0.\end{cases}$$

由于1是$xf'(x)=a_1x+2a_2x^2+\cdots+na_nx^n$的至少$k$重根，所以1是

$$(xf'(x))'=a_1+2^2a_2x+\cdots+n^2a_nx^{n-1}$$

的至少$k-1$重根，故

$$a_1+2^2a_2+\cdots+n^2a_n=0.$$

如此继续下去，直至1是

$$(x(a_1+2^{k-1}a_2x+\cdots+n^{k-1}a_nx^{n-1}))'=a_1+2^ka_2x+\cdots+n^ka_nx^{n-1}$$

的至少1重根，故

$$a_1+2^ka_2x+\cdots+n^ka_n=0.$$

这就证得①式.

充分性. 设①式成立，则$f(1)=0$. 由$f'(x)=a_1+2a_2x+\cdots+na_nx^{n-1}$，知$f'(1)=0$. 又

$$f'(x)+xf''(x)=(xf'(x))'=a_1+2^2a_2x+\cdots+n^2a_nx^{n-1},$$

所以$f'(1)+f''(1)=0$，从而$f''(1)=0$. 又易知

$$\begin{aligned}f'(x)+3xf''(x)+x^2f'''(x)&=(x(f'(x)+xf''(x)))'\\&=a_1+2^3a_2x+\cdots+n^3a_nx^{n-1},\end{aligned}$$

所以$f'(1)+3f''(1)+f'''(1)=0$，从而$f'''(1)=0$. 如此继续下去，直到求得$f^{(k)}(1)=0$. 因此，1是$f(x)$的至少$k+1$重根，即$(x-1)^{k+1}\mid f(x)$.

【例 1.54】(华南理工大学，2006 年) 设$f(x)$，$g(x)$是数域F上的多项式，证明：$f(x)\mid g(x)$当且仅当对于任意大于1的自然数n，有$f^n(x)\mid g^n(x)$.

【证】 若$f(x)\mid g(x)$，则存在$h(x)\in F[x]$，使得$f(x)h(x)=g(x)$，$f^n(x)h^n(x)=g^n(x)$，所以$f^n(x)\mid g^n(x)$. 欲证其逆命题，设$f(x)$，$g(x)$的标准分解式分别为

$$f(x)=ap_1^{r_1}(x)p_2^{r_2}(x)\cdots p_s^{r_s}(x),$$
$$g(x)=bp_1^{t_1}(x)p_2^{t_2}(x)\cdots p_s^{t_s}(x),$$

其中a，b分别是$f(x)$，$g(x)$的首项系数，$p_1(x)$，$p_2(x)$，$\cdots$，$p_s(x)$是互异的首一不可约多项式，r_j，$t_j(j=1,2,\cdots,s)$是非负整数，则

$$f^n(x)=a^np_1^{nr_1}(x)p_2^{nr_2}(x)\cdots p_s^{nr_s}(x),$$
$$g^n(x)=b^np_1^{nt_1}(x)p_2^{nt_2}(x)\cdots p_s^{nt_s}(x).$$

如果$f^n(x)\mid g^n(x)$，那么$0\leqslant nr_j\leqslant nt_j$，从而$0\leqslant r_j\leqslant t_j(j=1,2,\cdots,s)$. 因此$f(x)\mid g(x)$.

【例 1.55】 设$f(x)$，$g(x)\in\mathbb{R}[x]$，$\deg g(x)<\deg f(x)$，试证明：分式$\dfrac{g(x)}{f(x)}$可被分解为形如$\dfrac{b}{(x-a)^e}$或$\dfrac{cx+d}{(x^2+sx+t)^e}$的部分分式之和，即

$$\frac{g(x)}{f(x)}=\sum_{i=1}^{m}\sum_{h_i=1}^{e_i}\frac{b_{i,h_i}}{(x-a_i)^{h_i}}+\sum_{j=1}^{n}\sum_{k_j=1}^{r_j}\frac{c_{j,k_j}x+d_{j,k_j}}{(x^2+s_jx+t_j)^{k_j}},$$

其中 $x^2+s_jx+t_j$ 是 $f(x)$ 在 $\mathbb{R}[x]$ 中的二次不可约因式，$j=1,2,\cdots,n$.

【证】 设 $f(x)$ 的标准分解式为 $f(x)=c\prod_{i=1}^{e}[p_i(x)]^{r_i}$，其中 $p_i(x)\in\mathbb{R}[x]$ 是互不相同的一次或二次不可约因式，令 $f_i(x)=\dfrac{f(x)}{[p_i(x)]^{r_i}}$，则 $(f_1(x),f_2(x),\cdots,f_e(x))=1$，故存在 $u_i(x)\in\mathbb{R}[x]$，使得

$$u_1(x)f_1(x)+u_2(x)f_2(x)+\cdots+u_e(x)f_e(x)=g(x),$$

即

$$\frac{g(x)}{f(x)}=\frac{u_1(x)}{[p_1(x)]^{r_1}}+\frac{u_2(x)}{[p_2(x)]^{r_2}}+\cdots+\frac{u_e(x)}{[p_e(x)]^{r_e}}. \qquad ①$$

根据例 1.9 的附注，对上式右端的每一个分式，有

$$\frac{u_i(x)}{[p_i(x)]^{r_i}}=\frac{a_{r_i-1}(x)}{p_i(x)}+\cdots+\frac{a_1(x)}{[p_i(x)]^{r_i-1}}+\frac{a_0(x)}{[p_i(x)]^{r_i}}, \qquad ②$$

其中 $\deg a_{k_i}(x)<\deg p_i(x)=1$ 或 $2(k_i=0,1,\cdots,r_i-1)$. 把②式代入①式即得所证.

【例 1.56】 设 $f(x)$ 是复数域上首项系数为 1 的 n 次多项式，如

$$\frac{f(x)}{(f'(x),f(x))}=(x-b_1)(x-b_2),\quad 其中\ b_1\neq b_2,$$

且 $x-b_1$ 是 $f'(x)$ 的 k 重因式，这里 $f'(x)$ 是 $f(x)$ 的一阶导数. 问 $f(x)=$？为什么？

【解】 因为 $\dfrac{f(x)}{(f'(x),f(x))}$ 与 $f(x)$ 具有完全相同的不可约因式，又 $x-b_1$ 是 $f'(x)$ 的 k 重因式，所以 $f(x)=(x-b_1)^{k+1}(x-b_2)^r$，其中 $r=n-k-1\geqslant 1$.

【例 1.57】(中国科学院大学，2012 年) 证明：多项式 $f(x)=1+\dfrac{x}{1!}+\dfrac{x^2}{2!}+\cdots+\dfrac{x^n}{n!}$ 没有重根.

【证】 显然，$f(x)=f'(x)+\dfrac{x^n}{n!}$，而 $(f(x),f'(x))=1$，所以 $f(x)$ 无重根.

【例 1.58】(南京大学，2001 年) 设 F,f_1 是数域，且 $F\subset F_1$，$f(x),g(x)\in F[x]$.

(1) 证明：如果在 $F_1[x]$ 中有 $g(x)\mid f(x)$，则在 $F[x]$ 中也有 $g(x)\mid f(x)$；

(2) 证明：$f(x),g(x)$ 在 $F[x]$ 中互素当且仅当 $f(x)$ 与 $g(x)$ 在 $F_1[x]$ 中互素；

(3) 证明：设 $f(x)$ 是数域 F 上的不可约多项式，则 $f(x)$ 的根全是单根.

【证】 (1) 利用带余除法，存在 $q(x),r(x)\in F[x]$，使得

$$f(x)=q(x)g(x)+r(x),$$

其中 $\deg(r(x))<\deg(g(x))$ 或 $r(x)=0$. 因为 $F\subset F_1$，所以上式在 $F_1[x]$ 中也成立. 若在 $F[x]$ 中 $g(x)$ 不能整除 $f(x)$，则 $r(x)\neq 0$. 于是在 $F_1[x]$ 中 $g(x)$ 不能整除 $f(x)$，矛盾. 故结论成立.

(2) 必要性显然，故只需证充分性即可. 设 $f(x)$ 与 $g(x)$ 在 $F_1[x]$ 中互素，则存在 $u(x),v(x)\in F_1[x]$，使得

$$u(x)f(x)+v(x)g(x)=1.$$

设在 $F[x]$ 中，$(f(x),g(x))=d(x)$，则存在 $p(x),q(x)\in F[x]$，使得 $f(x)=d(x)p(x)$，$g(x)=d(x)q(x)$. 代入上式，得

$$(u(x)p(x)+v(x)q(x))d(x)=1.$$

可见，$\deg d(x)=0$，即 $d(x)$ 为常数. 因为 $d(x)$ 为首项系数为 1 的多项式，所以 $d(x)=1$，即在 $F[x]$ 中，$f(x)$ 与 $g(x)$ 互素.

(3) 因为 $f(x)$ 是数域 F 上的不可约多项式，所以 $(f(x),f'(x))=1$. 由(2)可知，在 F 的任意扩域 F_1 上仍有 $(f(x),f'(x))=1$. 现取 $F_1=\mathbb{C}$，可知 $f(x)$ 在复数域上没有重根，即 $f(x)$ 的根全是单根.

【例 1.59】 试求使得 $(x^2+x+1)\mid[(x+1)^m-x^m-1]$ 的所有正整数 m.

【解】 设 ω 是 x^2+x+1 的任一根，则 $\omega^2+\omega+1=0$，且 $\omega^3=1$.

因为 $(x^2+x+1)\mid[(x+1)^m-x^m-1]$，所以 ω 也是 $(x+1)^m-x^m-1$ 的根，故

$$(\omega+1)^m-\omega^m-1=0,\quad 或\quad (-1)^m\omega^{2m}-\omega^m-1=0. \qquad ①$$

(1) 当 $m=3k$ 时，由于 $\omega^m=\omega^{2m}=1$，所以①式不可能成立.

(2) 当 $m=3k+1$ 时，由于 $\omega^m=\omega$，$\omega^{2m}=\omega^2$，所以

$$①式左端=\begin{cases}\omega^2-\omega-1=2\omega^2\neq 0, & 若\ 3k+1\ 为偶数,\\ -\omega^2-\omega-1=0, & 若\ 3k+1\ 为奇数.\end{cases}$$

此时 k 为偶数，故 $m=6n+1$，其中 $n\in\mathbb{Z}_+$.

(3) 当 $m=3k-1$ 时，由于 $\omega^m=\omega^2$，$\omega^{2m}=\omega$，所以

$$①式左端=\begin{cases}\omega-\omega^2-1=2\omega\neq 0, & 若\ 3k-1\ 为偶数,\\ -\omega-\omega^2-1=0, & 若\ 3k-1\ 为奇数.\end{cases}$$

此时 k 为偶数，故 $m=6n-1$，其中 $n\in\mathbb{Z}_+$.

综上所述，当且仅当 $m=6n\pm1\ (n\in\mathbb{Z}_+)$ 时，$(x^2+x+1)\mid[(x+1)^m-x^m-1]$.

【例 1.60】 设 $f(x)=x^{3m}-x^{3n+1}+x^{3p+2}$，$g(x)=x^2-x+1$，其中 m,n,p 为非负整数. 求证：$g(x)\mid f(x)$ 的充分必要条件是 m,n,p 同为奇数或同为偶数.

【证】 设 ω 是 $g(x)$ 的根，即 $g(\omega)=\omega^2-\omega+1=0$，则 $\omega^3+1=(\omega+1)(\omega^2-\omega+1)=0$，所以 $\omega^3=-1$. 把 ω 代入 $f(x)$，得

$$f(\omega)=\omega^{3m}-\omega^{3n+1}+\omega^{3p+2}=(-1)^m-(-1)^n\omega+(-1)^p\omega^2,$$

由此可见，当且仅当 $(-1)^m=(-1)^n=(-1)^p$ 时，$f(\omega)=0$. 故 $g(x)\mid f(x)\Leftrightarrow m,n,p$ 同为奇数或同为偶数.

【例 1.61】(清华大学，2000 年；西北大学，2016 年) 试求 7 次多项式 $f(x)$，使得 $f(x)+1$ 能被 $(x-1)^4$ 整除，而 $f(x)-1$ 能被 $(x+1)^4$ 整除.

【解】 因为 $x=1$ 是 $f(x)+1$ 的 4 重根，所以 $x=1$ 是 $f'(x)$ 的 3 重根. 同理可知 $x=-1$ 是 $f'(x)$ 的 3 重根. 又因为 $\deg f'(x)<\deg f(x)=7$，故 $\deg f'(x)=6$，于是可设

$$f'(x)=a(x-1)^3(x+1)^3=a(x^6-3x^4+3x^2-1),\ 其中\ a\ 待定.$$

从而有

$$f(x)=a\left(\frac{1}{7}x^7-\frac{3}{5}x^5+x^3-x\right)+b.$$

又由已知 $f(1)=-1$, $f(-1)=1$, 可得

$$a\left(\frac{1}{7}-\frac{3}{5}\right)+b=-1,\qquad a\left(-\frac{1}{7}+\frac{3}{5}\right)+b=1.$$

解得 $a=\frac{35}{16}$, $b=0$. 因此 $f(x)=\frac{5}{16}x^7-\frac{21}{16}x^5+\frac{35}{16}x^3-\frac{35}{16}x$.

【例 1.62】(北京大学,2002 年) 对于任意非负整数 n,令 $f_n(x)=x^{n+2}-(x+1)^{2n+1}$. 证明:

$$(x^2+x+1,f_n(x))=1.$$

【证】 用反证法. 若 $(x^2+x+1,f_n(x))\neq 1$,则存在多项式 $x-a$,使得

$$x-a\mid x^2+x+1,\quad x-a\mid f_n(x).$$

于是得 $a^2+a+1=0$, $f_n(a)=0$,从而有 $a^3=1$. 但

$$\begin{aligned}f_n(a)&=a^{n+2}-(a+1)^{2n+1}=a^{n+2}-(-a^2)^{2n+1}=a^{n+2}+a^{4n+2}\\&=a^{n+2}(1+a^{3n})=2a^{n+2}\neq 0,\end{aligned}$$

矛盾. 因此 $(x^2+x+1,f_n(x))=1$.

§1.4　整系数多项式与不可约

基本理论与要点提示

1.4.1　设 $f(x),g(x)\in\mathbb{Z}[x]$ 是两个本原多项式,则 $f(x)g(x)$ 仍是本原多项式.

1.4.2　设 $f(x)\in\mathbb{Z}[x]$,如果 $f(x)$ 在 $\mathbb{Q}$ 上可分解成两个次数较低的多项式的乘积,那么 $f(x)$ 必可分解成两个次数较低的整系数多项式的乘积.

1.4.3　设 $f(x)\in\mathbb{Z}[x]$,且在 $\mathbb{Q}$ 上可分解为 $f(x)=g(x)h(x)$. 如果 $g(x)$ 是本原多项式,那么必有 $h(x)\in\mathbb{Z}[x]$.

1.4.4　设 $f(x)=a_nx^n+\cdots+a_1x+a_0\in\mathbb{Z}[x]$ 存在一有理根 $\frac{r}{s}$,其中 r,s 互素,则 $s\mid a_n$, $r\mid a_0$. 特别地,若 $f(x)$ 的首项系数 $a_n=1$,则 $f(x)$ 的有理根都是整数根,且是 a_0 的因子.

1.4.5　Eisenstein 判别法　设 $f(x)=a_nx^n+\cdots+a_1x+a_0\in\mathbb{Z}[x]$,且存在一个素数 p 使得

(1) $p\nmid a_n$;　(2) $p\mid a_{n-1},a_{n-2},\cdots,a_0$;　(3) $p^2\nmid a_0$,

则 $f(x)$ 在 $\mathbb{Q}$ 上不可约.

典型问题解析

【例 1.63】(东南大学,2004 年) 设 $a_1,a_2,\cdots,a_n$ 为互不相同的整数,令

$$f(x)=(x-a_1)(x-a_2)\cdots(x-a_n)-1.$$

(1) 求证 $f(x)$ 在有理数域 $\mathbb{Q}$ 上不可约;(**北京大学,1983 年;兰州大学,2010 年**)

(2) 对于整数 $t\neq -1$,问 $g(x)=(x-a_1)(x-a_2)\cdots(x-a_n)+t$ 在有理数域 $\mathbb{Q}$ 上是否可约?为什么?

【解】 (1) 用反证法. 设$f(x)$在$\mathbb{Q}$上可约,则$f(x)$可分解成次数小于n的整系数多项式$u(x)$与$v(x)$之积,即$f(x)=u(x)v(x)$. 由已知,$f(a_j)=-1$,有

$$u(a_j)v(a_j)=-1,$$

从而$u(a_j)=1,v(a_j)=-1$,或$u(a_j)=-1,v(a_j)=1$. 因此

$$u(a_j)+v(a_j)=0,\quad j=1,2,\cdots,n.$$

这就是说,次数小于n的多项式$u(x)+v(x)$有n个不同的根,故$u(x)+v(x)=0$,因此

$$f(x)=-(u(x))^2.$$

但$f(x)$是首一多项式,而$-(u(x))^2$的首项系数为负数,二者不可能相等. 故假设不成立.

(2) 若$t\neq-1$,则$g(x)$在$\mathbb{Q}$上可能可约,也可能不可约.

例如,令$a_1=4,a_2=2,t=1$,则$g(x)=(x-3)^2$,即$g(x)$在$\mathbb{Q}$上可约;

又如,令$a_1=1,a_2=2,t=2$,则$g(x)=x^2-3x+4$,显然$g(x)$在$\mathbb{Q}$上不可约.

【例 1.64】(四川大学,2001 年) 设$a_1,a_2,\cdots,a_n$是n个互不相同的整数. 证明:

$$f(x)=(x-a_1)(x-a_2)\cdots(x-a_n)+1$$

在有理数域上不可约或是某一有理系数多项式的平方.

【证】 设$f(x)$在$\mathbb{Q}$上可约,则$f(x)=g(x)h(x)$, 其中$g(x),h(x)\in\mathbb{Z}[x]$,且$0<\deg g$, $\deg h<n$. 由$f(a_j)=1$,知$g(a_j)=h(a_j)$,$1\leqslant j\leqslant n$. 从而,有$g(x)=h(x)$,故$f(x)=[g(x)]^2$.

若n为奇数,则上述结果导致矛盾,因此$f(x)$在$\mathbb{Q}$上不可约;

若n为偶数,令$n=2m$,则$\deg g=m$. 于是

$$(x-a_1)(x-a_2)\cdots(x-a_{2m})=[g(x)+1][g(x)-1].$$

根据因式分解的唯一性定理,不妨设(对$a_1,a_2,\cdots,a_n$适当排序,并要求$a_1<a_3<\cdots<a_{2m-1}$)

$$g(x)+1=(x-a_1)(x-a_3)\cdots(x-a_{2m-1}),$$
$$g(x)-1=(x-a_2)(x-a_4)\cdots(x-a_{2m}).$$

现在,把$a_2,a_4,\cdots,a_{2m}$代入上述第一个式子,并注意到$g(a_{2k})=1$,得

$$2=(a_{2k}-a_1)(a_{2k}-a_3)\cdots(a_{2k}-a_{2m-1}).$$

这里$a_{2k}-a_1>a_{2k}-a_3>\cdots>a_{2k}-a_{2m-1}$,而$k=1,2,\cdots,m$. 上式说明,2 以$m$种方式分解为$m$个互不相同整数的乘积. 这只有两种可能:

(1) $m=1,a_2-a_1=2$. 此时$n=2$,且

$$f(x)=(x-a_1)(x-a_1-2)+1=(x-a_1-1)^2.$$

(2) $m=2,a_2-a_1=2,a_2-a_3=1;a_4-a_1=-1,a_4-a_3=-2$. 此时$n=4,a_2=a_1+2,a_3=a_1+1,a_4=a_1-1$. 因此

$$\begin{aligned}f(x)&=(x-a_1)(x-a_1-2)(x-a_1-1)(x-a_1+1)+1\\&=[(x-a_1)(x-a_1-1)-1]^2.\end{aligned}$$

综上所述,当$n=2$或 4 时$f(x)$为一整系数多项式的平方,其他情形$f(x)$在$\mathbb{Q}$上不可约.

【注】(浙江大学,1999 年) 设$a_1,a_2,\cdots,a_n$是n个互不相同的整数. 证明:$f(x)=(x-a_1)(x-a_2)\cdots(x-a_n)+1$在有理数域上可约的充分必要条件是$f(x)$可表示为一整系数多项式的平方.

【例 1.65】(浙江大学,2007 年) 设$f(x)=(x-a_1)^2(x-a_2)^2\cdots(x-a_n)^2+1$,其中$a_1$,

$a_2,\cdots,a_n$ 是互不相同的整数. 证明 $f(x)$ 是有理数域上的不可约多项式.

【证】 用反证法. 假设 $f(x)$ 在 $\mathbb{Q}$ 上可约,则 $f(x)=g(x)h(x)$, 其中 $g(x),h(x)\in\mathbb{Z}[x]$, 且 $0<\deg g(x),\deg h(x)<2n$. 由已知, $f(a_j)=1$, 所以 $g(a_j)h(a_j)=1$, 从而

$$g(a_j)=h(a_j)=\pm 1,\quad j=1,2,\cdots,n.$$

注意到 $f(x)$ 无实根,则 $g(x)$ 和 $h(x)$ 均无实根. 因此 $g(a_1),\cdots,g(a_n),h(a_1),\cdots,h(a_n)$ 这 $2n$ 个数只可能同取1或者同取-1,不妨设它们同为1,则 $g(x)-1$ 与 $h(x)-1$ 都有 n 个不同的根 $a_1,a_2,\cdots,a_n$. 由于 $g(x)-1$ 与 $h(x)-1$ 的次数之和为 $2n$,所以 $g(x)-1$ 与 $h(x)-1$ 的次数均为 n. 因此,可设

$$g(x)-1=a\prod_{j=1}^{n}(x-a_j),\quad h(x)-1=b\prod_{j=1}^{n}(x-a_j),$$

其中 $a,b\in\mathbb{Z}$,则

$$f(x)=g(x)h(x)=ab\prod_{j=1}^{n}(x-a_j)^2+(a+b)\prod_{j=1}^{n}(x-a_j)+1.$$

比较系数,得 $ab=1,a+b=0$. 此与 $a,b\in\mathbb{Z}$ 矛盾. 故假设不成立,所以 $f(x)$ 在 $\mathbb{Q}$ 上不可约.

【例1.66】(北京大学,2014年) 问多项式 $f(x)=\prod_{i=1}^{2013}(x-i)^2+2014$ 在有理数域上是否可约? 证明你的结论.

【解】 $f(x)$ 在 $\mathbb{Q}$ 上不可约,兹证明如下. 假设 $f(x)$ 在 $\mathbb{Q}$ 上可约,则有 $f(x)=g(x)h(x)$,即

$$g(x)h(x)=\prod_{i=1}^{2013}(x-i)^2+2014,$$

其中 $g(x),h(x)\in\mathbb{Z}[x]$ 都是恒正的首一多项式, $\deg g(x),\deg h(x)\geqslant 1$, 且 $g(x)$ 和 $h(x)$ 必有一个,不妨设 $g(x)$ 满足 $\deg g(x)\leqslant 2013$. 记 $I=\{1,2,\cdots,2013\}$,显然,有

$$g(i)h(i)=2014,\quad \forall i\in I,$$

所以 $g(i)$ 和 $h(i)$ 都是2014的正因子. 我们注意到,2014的全部正因子只有如下8个:

$$S=\{1,2,19,38,53,106,1007,2014\},$$

所以必存在某个 $m\in S$,使得 $g(x)$ 对 I 中至少252个互异的整数 $a_1,a_2,\cdots,a_{252}$ 都取值 m. 于是

$$g(x)=p(x)\prod_{i=1}^{252}(x-a_i)+m,$$

其中 $p(x)\in\mathbb{Z}[x]$. 现在,若存在某个 $k\in I-\{a_1,a_2,\cdots,a_{252}\}$ 使得 $g(k)=m_1\in S$,而 $m_1\neq m$,则

$$\prod_{i=1}^{252}(k-a_i)\,\Big|\,(m-m_1),$$

即 $m-m_1$ 有252个不同的整数因子,这不可能. 故 $g(k)=m$, $\forall k\in I$(又见本题附注),因此

$$g(x)=\prod_{i=1}^{2013}(x-i)+m.$$

由此说明 $\deg h(x)=2013$. 同理,可知 $h(x)=\prod_{i=1}^{2013}(x-i)+n$, 其中 $n\in S$. 则

$$g(x)h(x)=\prod_{i=1}^{2013}(x-i)^2+(m+n)\prod_{i=1}^{2013}(x-i)+mn.$$

与 $f(x)$ 比较系数,得 $m+n=0,mn=2014$. 矛盾. 故假设不成立,所以 $f(x)$ 在 $\mathbb{Q}$ 上不可约.

【注】 证明 $g(1)=g(2)=\cdots=g(2013)$ 的另一简便方法:对于 $k=1,2,\cdots,1009$,易知

$$1004\mid[g(k+1004)-g(k)].$$

注意到任意 $g(i)\in S$ 以及 S 中元素的特征,所以只能有 $g(k)=g(k+1004)$.

【例 1.67】(北京航空航天大学,2004 年) 设 $f(x)=a_nx^n+a_{n-1}x^{n-1}+\cdots+a_1x+a_0$ 是一个整系数多项式. 证明:如果存在一个素数 p,使得

(1) p 不能整除 a_n;

(2) $p\mid a_{n-1},a_{n-2},\cdots,a_0$;

(3) p^2 不能整除 a_0.

那么多项式 $f(x)$ 在有理数域上是不可约的.

【证】 本题即证 Eisenstein 判别法,用反证法. 假设 $f(x)$ 在有理数域上可约,则 $f(x)$ 可分解成两个次数较低的整系数多项式的乘积:

$$f(x)=(b_mx^m+b_{m-1}x^{m-1}+\cdots+b_0)(c_lx^l+c_{l-1}x^{l-1}+\cdots+c_0),\tag{①}$$

其中 $m,l<n,l+m=n$. 因此

$$a_n=b_mc_l,\quad a_0=b_0c_0.$$

由于 $p\nmid a_n$,所以 $p\nmid b_m$ 且 $p\nmid c_l$. 又由于 $p\mid a_0,p^2\nmid a_0$,所以 p 整除 b_0,c_0 两者之一,且只能整除其中之一. 不妨设 $p\mid b_0$ 但 $p\nmid c_0$. 由于 $b_0,b_1,\cdots,b_m$ 不能全被 p 整除,设其中第一个不能被 p 整除的是 $b_k(1\leqslant k\leqslant m<n)$. 比较①式两边 x^k 的系数,得

$$a_k=b_kc_0+b_{k-1}c_1+\cdots+b_0c_k,$$

其中当 $i>l$ 时设 $c_i=0$. 因为 $p\mid a_k,b_{k-1},\cdots,b_0$,所以 $p\mid b_kc_0$,故 $p\mid b_k$ 或 $p\mid c_0$. 矛盾.

【例 1.68】(清华大学,2001 年)

(1) 叙述并证明关于整数系数多项式不可约性的“艾森斯坦(Eisenstein)判别法”;

(2) 此判别法有哪些推广? 尽量多地叙述之.

【解】 (1) 证明详见上一题.

(2) 本题属于“发散型”问题,没有统一的答案. 例如,下述命题可作为备选答案之一:

记 $R=F[t]$ 是关于不定元 t 的数域 F 上的一元多项式环,设多项式

$$f(t,x)=a_n(t)x^n+a_{n-1}(t)x^{n-1}+\cdots+a_1(t)x+a_0(t),$$

其中 $a_i(t)\in R,i=0,1,\cdots,n$. 如果存在一个不可约多项式 $p(t)\in R$,使得 $p(t)\nmid a_n(t)$;$p(t)\mid a_i(t),i=0,1,\cdots,n-1$;$p^2(t)\nmid a_0(t)$,那么多项式 $f(t,x)$ 在 $R[x]$ 中是不可约的.

【例 1.69】(华东师范大学,1999 年;上海交通大学,2006 年) 设 p 是素数,多项式 $f(x)=x^{p-1}+x^{p-2}+\cdots+x+1$,证明:$f(x)$ 在有理数域上不可约.

【证】 令 $x=y+1$,得

$$g(y)=f(y+1)=\frac{(y+1)^p-1}{y}=y^{p-1}+C_p^1y^{p-2}+\cdots+C_p^{p-1}.$$

当 $1\leqslant k<p$ 时,在组合数

$$C_p^k = \frac{p(p-1)\cdots(p-k+1)}{k!}$$

中，分子含有因子 p，分母不含因子 p，所以 $p \mid C_p^k(k<p)$. 但是 $p^2 \nmid C_p^{p-1}=p$. 由 Eisenstein 判别法，$g(y)$ 在有理数域$\mathbb{Q}$ 上不可约，因而 $f(x)$ 在$\mathbb{Q}$ 上也不可约.

【例 1.70】 证明：多项式 $f(x)=(p-1)x^{p-2}+(p-2)x^{p-3}+\cdots+2x+1$ 在有理数域上不可约，其中 p 为大于 2 的素数.

【证】 令 $g(x)=x^{p-1}+x^{p-2}+\cdots+x+1$，则 $f(x)=g'(x)$. 作代换 $x=y+1$，注意到

$$g(y+1)=\frac{(y+1)^p-1}{(y+1)-1}=\frac{y^p+C_p^1y^{p-1}+\cdots+C_p^{p-2}y^2+C_p^{p-1}y}{y}$$

$$=y^{p-1}+C_p^1y^{p-2}+\cdots+C_p^{p-2}y+C_p^{p-1},$$

于是，有

$$f(y+1)=(p-1)y^{p-2}+(p-2)C_p^1y^{p-3}+\cdots+2C_p^{p-3}y+C_p^{p-2}.$$

当 $1\leqslant k\leqslant p-2$ 时，组合数

$$C_p^k = \frac{p(p-1)\cdots(p-k+1)}{k!}$$

的分子含有因子 p，分母不含因子 p，所以 $p \mid C_p^k(k<p)$. 但是 p^2 不能整除常数项 $C_p^{p-2}=C_p^2=\frac{p(p-1)}{2}$. 根据 Eisenstein 判别法，$f(y+1)$ 在有理数域上不可约，因而 $f(x)$ 也不可约.

【例 1.71】（华中师范大学，2002 年） 设 p 是素数，a 是整数，$f(x)=ax^p+px+1$，且 $p^2 \mid (a+1)$，证明：$f(x)$ 没有有理根.

【证】 我们证明 $f(x)$ 在有理数域$\mathbb{Q}$ 上不可约. 为此，作代换 $x=y+1$，得

$$g(y)=f(y+1)=a(y+1)^p+p(y+1)+1$$

$$=ay^p+apy^{p-1}+\cdots+p(a+1)y+(a+p+1)$$

$$=b_py^p+b_{p-1}y^{p-1}+\cdots+b_1y+b_0,$$

其中 $b_p=a, b_{p-1}=ap,\cdots,b_1=p(a+1), b_0=(a+1)+p$.

因为 $p^2 \mid (a+1)$，所以存在 $t\in\mathbb{Z}$，使得 $a+1=p^2t$，可见 $p\nmid a$，即 $p\nmid b_p$. 又显然有

(1) $p \mid b_{p-1}, b_{p-2},\cdots,b_1,b_0$；

(2) $p^2\nmid b_0$.

利用 Eisenstein 判别法，可知 $g(y)$ 在$\mathbb{Q}$ 上不可约，所以 $f(x)$ 在$\mathbb{Q}$ 上不可约.

【例 1.72】（南开大学，1981 年） 设整系数多项式 $f(x)=a_{2n+1}x^{2n+1}+\cdots+a_{n+1}x^{n+1}+a_nx^n+\cdots+a_1x+a_0$，存在素数 p，使 a_{2n+1} 不能被 p 整除，$a_{2n},\cdots,a_{n+1}$ 能被 p 整除，$a_n,a_{n-1},\cdots,a_1$，a_0 能被 p^2 整除，但 a_0 不能被 p^3 整除，则此多项式在有理数域上是不可约的.

【证】 用反证法. 假设 $f(x)$ 在有理数域上可约，则 $f(x)$ 可分解成两个整系数多项式的乘积：

$$f(x)=(b_mx^m+b_{m-1}x^{m-1}+\cdots+b_0)(c_lx^l+c_{l-1}x^{l-1}+\cdots+c_0), \quad ①$$

其中 $0<m,l<2n+1, l+m=2n+1$.

由于 $p \mid a_0=b_0c_0$，可设 $p \mid b_0$（$p \mid c_0$ 时同理可证）. 因为 $p\nmid a_{2n+1}=b_mc_l$，所以 $p\nmid b_m$. 因此 $b_0,b_1,\cdots,b_m$ 不能全被 p 整除. 设其中第一个不能被 p 整除的是 $b_s(0<s\leqslant m<2n+1)$. 比较①式两边 x^s 的系数，得

$$a_s=b_sc_0+b_{s-1}c_1+\cdots+b_0c_s, \tag{②}$$

这里，若 $i>l$，则令 $c_i=0(i=l+1,l+2,\cdots,s)$. 因为 $p \mid a_s,b_{s-1},\cdots,b_0$，所以 $p \mid b_sc_0$，故 $p \mid c_0$.

同理，再考虑①式两边 x^{s+1} 的系数，可知 $p \mid c_1$. 如此继续下去，可知 $p \mid c_2,\cdots,p \mid c_{2n-s+1}$.

若 $s\leqslant n$，则由②式可知，$p^2 \mid b_sc_0$（因 $p^2 \mid a_s,p^2 \mid b_{s-1}c_1,\cdots,b_0c_s$），所以 $p^2 \mid c_0$. 而 $a_0=b_0c_0$，故 $p^3 \mid a_0$，此与 $p^3\nmid a_0$ 矛盾.

若 $s>n$，则 $t=2n-s+1\leqslant n$. 此时，对 t 利用上一种情形的 s 的结果. 因为 $p^2 \mid a_t$，所以仍由②式得 $p^2 \mid c_0$，亦与 $p^3\nmid c_0$ 矛盾. 因此，$f(x)$ 在有理数域上不可约.

【例 1.73】（北京大学，1991 年） 设 $f(x)=6x^4+3x^3+ax^2+bx-1$，$g(x)=x^4-2ax^3+\frac{3}{4}x^2-5bx-4$，其中 a,b 是整数，试求出使 $f(x)$，$g(x)$ 有公共有理根的全部 a，b，并求出相应的有理根.

【解】 令 $h(x)=4g(x)$，则 $h(x)=4x^4-8ax^3+3x^2-20bx-16$，且 $h(x)$ 与 $g(x)$ 有相同的根，故只需讨论 $f(x)$ 与 $h(x)$ 的公共有理根. 因为 $f(x)$ 可能的有理根为：

$$\pm1,\ \pm\frac{1}{2},\ \pm\frac{1}{3},\ \pm\frac{1}{6},$$

$h(x)$ 可能的有理根为：

$$\pm1,\ \pm2,\ \pm4,\ \pm8,\ \pm16,\ \pm\frac{1}{2},\ \pm\frac{1}{4},$$

所以它们公共有理根的可能范围是 $\pm1,\pm\frac{1}{2}$.

（1）若 $f(1)=0,h(1)=0$，则 $\begin{cases}a+b=-8,\\8a+20b=-9.\end{cases}$ 解得 $a=-\frac{151}{12}$，$b=\frac{55}{12}$. 由于 a,b 不是整数，所以 $x=1$ 不是 $f(x)$ 与 $h(x)$ 的公共有理根.

（2）若 $f(-1)=0,h(-1)=0$，则 $\begin{cases}a-b=-2,\\8a+20b=9.\end{cases}$ 解得 $a=-\frac{31}{28}$，$b=\frac{25}{28}$. 可见 $x=-1$ 也不是 $f(x)$ 与 $h(x)$ 的公共有理根.

（3）若 $f(-\frac{1}{2})=0,h(-\frac{1}{2})=0$，则 $\begin{cases}a-2b=4,\\a+10b=15.\end{cases}$ 解得 $a=\frac{35}{6}$，$b=\frac{11}{12}$. 可见 $x=-\frac{1}{2}$ 也不是 $f(x)$ 与 $h(x)$ 的公共有理根.

（4）若 $f(\frac{1}{2})=0,h(\frac{1}{2})=0$，则 $\begin{cases}a+2b=1,\\a+10b=-15.\end{cases}$ 解得 $a=5$，$b=-2$.

由此可见，只有 $x=\frac{1}{2}$ 是 $f(x)$ 与 $g(x)$ 的公共有理根，此时 $a=5$，$b=-2$.

【例 1.74】(北京大学,2000 年)　设 $f(x)$ 和 $p(x)$ 都是首项系数为 1 的整系数多项式，且 $p(x)$ 在有理数域 $\mathbb{Q}$ 上不可约. 如果 $p(x)$ 与 $f(x)$ 有公共复根 α,证明:

(1) 在 $\mathbb{Q}[x]$ 中,$p(x)$ 整除 $f(x)$;

(2) 存在首项系数为 1 的整系数多项式 $g(x)$,使得 $f(x)=p(x)g(x)$.

【证】　(1) 用反证法. 假设在 $\mathbb{Q}[x]$ 中,$p(x)$ 不能整除 $f(x)$,则 $(p(x),f(x))=1$,故存在 $u(x),v(x)\in\mathbb{Q}[x]$,使得

$$u(x)p(x)+v(x)f(x)=1.$$

将 α 代入上式两边,得

$$0=u(\alpha)p(\alpha)+v(\alpha)f(\alpha)=1,$$

矛盾. 所以在 $\mathbb{Q}[x]$ 中,$p(x)\mid f(x)$.

(2) 由(1)可知,存在 $h(x)\in\mathbb{Q}[x]$,使得 $f(x)=p(x)h(x)$. 令 $h(x)=\dfrac{b}{a}g(x)$,其中 $a,b\in\mathbb{Z}$,且 $(a,b)=1$,而 $g(x)$ 是本原多项式,则

$$f(x)=\frac{b}{a}p(x)g(x).$$

因为 $f(x)$,$p(x)g(x)$ 都是本原多项式,所以 $a=b=1$. 又 $f(x)$ 和 $p(x)$ 的首项系数为 1,故 $g(x)$ 也是首项系数为 1 的整系数多项式.

【例 1.75】　设复数 α 是 $\mathbb{Q}[x]$ 中某个非零多项式的根,令

$$S=\{f(x)\in\mathbb{Q}[x]\mid f(\alpha)=0\}.$$

(1) 证明:S 中存在唯一的首一多项式 $p(x)$,使得 S 中的任一 $f(x)$ 都可被 $p(x)$ 整除;

(2) 证明:上述的 $p(x)$ 在有理数域 $\mathbb{Q}$ 上不可约;

(3) 设 $\alpha=\sqrt{2}+\sqrt{3}$,请给出一个这样的 $p(x)$.

【解】　(1) 据题设,S 非空. 因为多项式次数是非负整数,所以 S 中存在次数最低的多项式. 设 $p(x)$ 是 S 中次数最低的首一多项式,则 $p(\alpha)=0$. 对任意 $f(x)\in S$,根据带余除法,可令

$$f(x)=p(x)g(x)+r(x),$$

其中 $g(x),r(x)\in\mathbb{Q}[x]$,且 $r(x)=0$ 或 $\deg r(x)<\deg p(x)$. 因为 $r(\alpha)=f(\alpha)-p(\alpha)g(\alpha)=0$,所以 $r(x)=0$. 否则与 $p(x)$ 的取法矛盾. 这就证明了,$f(x)$ 可被 $p(x)$ 整除.

再证唯一性. 设 $p_1(x)$ 是 S 中的另一个首一多项式,可整除任意 $f(x)\in S$,则 $p_1(x)\mid p(x)$ 且 $p(x)\mid p_1(x)$. 由于 $p_1(x)$ 与 $p(x)$ 都是首一多项式,所以 $p_1(x)=p(x)$.

(2) 假设 $p(x)=p_1(x)p_2(x)$,其中 $p_1(x),p_2(x)\in\mathbb{Q}[x]$,$\deg p_i(x)<\deg p(x)$,$i=1,2$. 因为 $p(\alpha)=0$,所以 $p_1(\alpha)=0$ 或 $p_2(\alpha)=0$. 此与 $p(x)$ 的取法矛盾. 所以 $p(x)$ 在 $\mathbb{Q}$ 上不可约.

(3) 设整系数多项式 $p(x)\in\mathbb{Z}[x]$ 以 $\alpha=\sqrt{2}+\sqrt{3}$ 为根,则 $-\sqrt{2}-\sqrt{3}$,$\sqrt{2}-\sqrt{3}$,$-\sqrt{2}+\sqrt{3}$ 也是 $p(x)$ 的根. 于是可令

$$p(x)=(x-\sqrt{2}-\sqrt{3})(x+\sqrt{2}+\sqrt{3})(x-\sqrt{2}+\sqrt{3})(x+\sqrt{2}-\sqrt{3})=x^4-10x^2+1.$$

下证 $p(x)$ 在有理数域 $\mathbb{Q}$ 上不可约,分为两种情形:

若 $p(x)$ 在 $\mathbb{Q}$ 上可分解为一个一次式与一个三次式之积,则 $p(x)$ 有有理根,且必为 ±1,但

±1 显然都不是 $p(x)$ 的根.

若 $p(x)$ 在 $\mathbb{Q}$ 上可分解为两个二次式之积,则 $p(x)$ 可分解为 $\mathbb{Z}[x]$ 中的两个二次式之积,即

$$p(x)=x^4-10x^2+1=(x^2+ax+b)(x^2+cx+d),$$

其中 $a,b,c,d\in\mathbb{Z}$. 比较上式两边的系数得

$$a+c=0,\quad ac+b+d=-10,\quad ad+bc=0,\quad bd=1.$$

当 $b=d=1$ 时,可得 $a^2=12$,但 a 是整数,矛盾;当 $b=d=-1$ 时,则有 $a^2=8$,也不可能.

综上所述,$p(x)=x^4-10x^2+1$ 是 $\mathbb{Q}$ 上的不可约多项式,且以 $\sqrt{2}+\sqrt{3}$ 为根.

【例 1.76】(华东师范大学,2000 年) 设 $f(x)$ 是整系数多项式,且 $f(1)=f(2)=f(3)=p$(p 为素数),试证明:不存在整数 m,使 $f(m)=2p$.

【证】 据题设条件,$f(1)=f(2)=f(3)=p$,可设

$$f(x)=(x-1)(x-2)(x-3)g(x)+p,$$

其中 $g(x)\in\mathbb{Q}[x]$. 注意到 $(x-1)(x-2)(x-3)$ 为本原多项式,所以 $g(x)\in\mathbb{Z}[x]$.

假设存在整数 m 使 $f(m)=2p$,则

$$(m-1)(m-2)(m-3)g(m)=p.$$

因为 p 是素数,所以上式左边的 4 个因子中必有一个是 p 或 $-p$,其他 3 个因子均为 ±1. 不妨设 $m-1=p$ 或 $-p$,则由 $m-2=\pm1$ 有 $m=3$ 或 $m=1$,矛盾. 因此不存在整数 m 使 $f(m)=2p$.

【例 1.77】 设 $f(x)$ 是整系数多项式,x_1 和 x_2 是两个不同的整数,且 $f(x)$ 在 x_1 与 x_2 的值为 ±1. 证明:当 $|x_1-x_2|>2$ 时,$f(x)$ 没有有理根;当 $|x_1-x_2|\leqslant2$ 时,$f(x)$ 若有有理根,则只能是 $\frac{x_1+x_2}{2}$.

【证】 设 $\frac{q}{p}$ 是 $f(x)$ 的有理根,$(p,q)=1$,则 $x-\frac{q}{p}$ 是 $f(x)$ 的因式,从而 $px-q$ 是 $f(x)$ 的因式,即存在 $g(x)\in\mathbb{Q}[x]$ 使得 $f(x)=(px-q)g(x)$. 注意到 $px-q$ 是本原多项式,可知 $g(x)\in\mathbb{Z}[x]$. 令 $x=x_1$,得 $f(x_1)=(px_1-q)g(x_1)=\pm1$,所以 $px_1-q=\pm1$. 同理 $px_2-q=\pm1$,因此 $p(x_1-x_2)=\pm2$.

若 $|x_1-x_2|>2$,则显然 $p(x_1-x_2)\neq\pm2$,所以 $f(x)$ 没有有理根.

若 $|x_1-x_2|\leqslant2$,不妨设 $x_1>x_2$,$p>0$,则 $p(x_1-x_2)=2$,从而 $px_1-1=px_2+1=q$. 所以

$$\frac{q}{p}=\frac{x_1+x_2}{2}.$$

因此,若 $f(x)$ 有有理根,则只能是 $\frac{x_1+x_2}{2}$.

【例 1.78】(华东师范大学,1997 年) 证明:一个非零复数 α 是某一有理系数非零多项式的根的充分必要条件是存在一个有理系数多项式 $f(x)$,使 $f(\alpha)=\frac{1}{\alpha}$.

【证】 必要性. 设 $g(x)$ 是一个次数最低的以 α 为根且首项系数为 1 的有理系数多项式,

$$g(x)=x^n+a_1x^{n-1}+\cdots+a_n,$$

由 $g(x)$ 的选取可知 $a_n\neq 0$,且 $g(\alpha)=0$. 令

$$f(x)=-\frac{1}{a_n}x^{n-1}-\frac{a_1}{a_n}x^{n-2}-\cdots-\frac{a_{n-1}}{a_n},$$

则 $f(x)$ 是有理系数多项式,且

$$f(\alpha)=-\frac{1}{\alpha}\left(\frac{1}{a_n}\alpha^n+\frac{a_1}{a_n}\alpha^{n-1}+\cdots+\frac{a_{n-1}}{a_n}\alpha\right)=-\frac{1}{\alpha}\left(\frac{g(\alpha)-a_n}{a_n}\right)=\frac{1}{\alpha}.$$

充分性. 设存在一个有理系数多项式 $f(x)$,使得 $f(\alpha)=\dfrac{1}{\alpha}$,令 $g(x)=xf(x)-1$,则 $g(x)$ 是非零的有理系数多项式,且 $g(\alpha)=\alpha f(\alpha)-1=0$.

【例 1.79】(首都师范大学,2004 年) 给定有理数域 $\mathbb{Q}$ 上的多项式 $f(x)=x^3+3x^2+3$.

(1) 证明:$f(x)$ 为 $\mathbb{Q}$ 上的不可约多项式;

(2) 设 α 是 $f(x)$ 在复数域 $\mathbb{C}$ 内的一个根,定义

$$\mathbb{Q}[\alpha]=\{a_0+a_1\alpha+a_2\alpha^2 \mid a_0,a_1,a_2\in\mathbb{Q}\}.$$

证明:对于任意 $g(x)\in\mathbb{Q}[x]$,有 $g(\alpha)\in\mathbb{Q}[\alpha]$;

(3) 证明:若 $\beta\in\mathbb{Q}[\alpha]$ 且 $\beta\neq 0$,则存在 $\gamma\in\mathbb{Q}[\alpha]$,使得 $\beta\gamma=1$.

【证】 (1) 取 $p=3$,利用 Eisenstein 判别法即可.

(2) 利用带余除法,设 $g(x)=q(x)f(x)+r(x)$,其中 $q(x),r(x)\in\mathbb{Q}[x]$,且 $\deg r(x)<3$ 或者 $r(x)=0$. 用 α 代替式中的 x,并注意到 $f(\alpha)=0$,则 $g(\alpha)=r(\alpha)\in\mathbb{Q}[\alpha]$.

(3) 因为 $\beta\in\mathbb{Q}[\alpha]$,$\beta\neq 0$,所以存在非零多项式 $g(x)=b_0+b_1x+b_2x^2\in\mathbb{Q}[x]$,使得

$$\beta=g(\alpha)=b_0+b_1\alpha+b_2\alpha^2.$$

由于 $f(x)$ 在 $\mathbb{Q}[x]$ 中不可约,且 $\deg g(x)<\deg f(x)$,所以 $(f(x),g(x))=1$. 于是,存在多项式 $u(x),v(x)\in\mathbb{Q}[x]$,使得

$$f(x)u(x)+g(x)v(x)=1.$$

用 α 代替上式中的 x,则 $g(\alpha)v(\alpha)=1$. 再由(2)知,$v(\alpha)\in\mathbb{Q}[\alpha]$. 令 $\gamma=v(\alpha)$,即得 $\beta\gamma=1$.

【例 1.80】(华东师范大学,1998 年) 设 $f(x)=x^3+ax^2+bx+c$ 是整系数多项式. 证明:若 $ac+bc$ 为奇数,则 $f(x)$ 在有理数域上不可约.

【证】 用反证法. 假设 $f(x)$ 在有理数域 $\mathbb{Q}$ 上可约,则 $f(x)$ 在 $\mathbb{Z}[x]$ 中可约. 因为 $\deg f(x)=3$,所以 $f(x)$ 可分解为

$$f(x)=x^3+ax^2+bx+c=(x+p)(x^2+qx+r),$$

其中 $p,q,r\in\mathbb{Z}$. 把等式右边展开并比较两边的系数,得

$$a=p+q,\quad b=pq+r,\quad c=pr.$$

因为 $(a+b)c=ac+bc$ 为奇数,所以 $a+b,c$ 都是奇数. 又由 $c=pr$ 知 p,r 都是奇数. 注意到

$$a+b=(p+r)+(p+1)q,$$

而 $p+r,p+1$ 都为偶数,所以 $a+b$ 是偶数,矛盾. 因此 $f(x)$ 在 $\mathbb{Q}$ 上不可约.

【例1.81】(西北大学,2005年;浙江大学,2003年) 设$f(x)$是一个整系数多项式,证明:若存在一个偶数a及一个奇数b,使得$f(a)$与$f(b)$都是奇数,则$f(x)$没有整数根.

【证】 用反证法. 假设$f(x)$有整数根m,则$(x-m)\mid f(x)$,即存在$g(x)\in\mathbb{Z}[x]$,使得

$$f(x)=(x-m)g(x).$$

据题设,$f(a)=(a-m)g(a)$与$f(b)=(b-m)g(b)$均为奇数,但这是不可能的,因为由$a-m$与$b-m$必有一个偶数可推知,$(a-m)g(a)$与$(b-m)g(b)$至少有一个为偶数. 矛盾. 因此$f(x)$不可能有整数根.

【例1.82】(浙江大学,2005年) 设整系数多项式$f(x)$的次数是$n=2m$或$n=2m+1$(其中m为正整数). 证明:如果有$k(\geqslant 2m+1)$个不同的整数$a_1,a_2,\cdots,a_k$使$f(a_i)$取值为1或-1,那么$f(x)$在有理数域上不可约.

【证】 用反证法. 假设$f(x)$在有理数域$\mathbb{Q}$上可约,则存在$g(x),h(x)\in\mathbb{Z}[x]$,使得$f(x)=g(x)h(x)$,其中$1\leqslant\deg g(x),\deg h(x)<\deg f(x)$. 由于$\deg f(x)=2m$或$2m+1$,所以$g(x)$与$h(x)$中至少有一个的次数不大于$m$,不妨设$\deg g(x)\leqslant m$. 注意到$f(a_i)=g(a_i)h(a_i)=1$或$-1$,所以$g(x)$在这$k(\geqslant 2m+1)$个不同的整数$a_1,a_2,\cdots,a_k$处取值1或$-1$,因而$g(x)$在至少$m+1$个不同的整数同时取值1或$-1$,故$g(x)=1$或$-1$,矛盾. 因此,$f(x)$在$\mathbb{Q}$上不可约.

【例1.83】(中国科学院大学,2017年;华东师范大学,2002年) 设$f(x)$为实系数多项式. 证明:如果对任何实数c都有$f(c)\geqslant 0$,那么存在实系数多项式$g(x)$和$h(x)$,使得

$$f(x)=(g(x))^2+(h(x))^2.$$

【证】 考虑$f(x)$的标准分解式:$f(x)=a\varphi(x)\psi(x)$,其中$a\in\mathbb{R}$,而

$$\varphi(x)=(x-a_1)^{k_1}(x-a_2)^{k_2}\cdots(x-a_s)^{k_s},$$

$$\psi(x)=\prod_{j=1}^{t}(x^2+p_jx+q_j)^{r_j},$$

这里,$k_1,k_2,\cdots,k_s,r_1,r_2,\cdots,r_t$是正整数,而$p_j^2-4q_j<0,1\leqslant j\leqslant t$. 由于$\psi(x)$没有实根,而实系数多项式的复根必成对出现,所以存在多项式$\psi_1(x),\psi_2(x)\in\mathbb{R}[x]$,使得

$$\psi(x)=[\psi_1(x)+\mathrm{i}\psi_2(x)][\psi_1(x)-\mathrm{i}\psi_2(x)]=[\psi_1(x)]^2+[\psi_2(x)]^2.$$

对于$\varphi(x)$,不妨设$a_1<a_2<\cdots<a_s$,下证$k_1,k_2,\cdots,k_s$均为偶数. 假设某个k_j是奇数,则x在a_j的附近变化时$f(x)$变号,但$f(c)\geqslant 0$对一切$c\in\mathbb{R}$成立,矛盾. 于是$\varphi(x)=[\varphi_1(x)]^2$,其中$\varphi_1(x)=(x-a_1)^{\frac{k_1}{2}}(x-a_2)^{\frac{k_2}{2}}\cdots(x-a_s)^{\frac{k_s}{2}}\in\mathbb{R}[x]$.

再由题设条件,$f(c)\geqslant 0$对一切$c\in\mathbb{R}$成立,可知$a\geqslant 0$. 因此,有

$$f(x)=(g(x))^2+(h(x))^2,$$

其中$g(x)=\sqrt{a}\varphi_1(x)\psi_1(x)$,$h(x)=\sqrt{a}\varphi_1(x)\psi_2(x)\in\mathbb{R}[x]$.

【例1.84】(北京邮电大学,2018年;湖南大学,2008年) 设$f(x)$是有理数域上的n次多项式$(n\geqslant 2)$,并且在有理数域上不可约,已知$f(x)$的一根的倒数也是$f(x)$的根. 证明:$f(x)$的每一根的倒数也都是$f(x)$的根.

【证】 只需考虑$f(x)$是首项系数为1的多项式. 设$f(x)=x^n+a_{n-1}x^{n-1}+\cdots+a_1x+a_0$,其中$a_{n-1},\cdots,a_1,a_0\in\mathbb{Q}$. 据题设存在一个数$\beta$,使得

$$f(\beta)=f(\frac{1}{\beta})=0.$$

我们证明$a_0\neq0$. 为此,令

$$S=\{\psi(x)\in\mathbb{Q}[x]\mid\psi(\beta)=0\},$$

下证$f(x)$是S中次数最低的,从而是唯一的.

设S中次数最低且首项系数为1的多项式为$h(x)$,则$h(\beta)=0$. 根据带余除法,存在$g(x),r(x)\in\mathbb{Q}[x]$,使得

$$f(x)=g(x)h(x)+r(x),$$

其中$r(x)=0$或$\deg r(x)<\deg h(x)$. 由于$r(\beta)=0$,以及$h(x)$在S中次数最低,所以$r(x)=0$,$f(x)=g(x)h(x)$. 因为$f(x)$在$\mathbb{Q}$上不可约,所以$g(x)$为非零常数. 但$f(x)$,$h(x)$的首项系数都是1,所以$f(x)=h(x)$.

若$a_0=0$,则$x^{n-1}+a_{n-1}x^{n-2}+\cdots+a_1\in S$,矛盾. 所以$a_0\neq0$. 现在,由$f\left(\frac{1}{\beta}\right)=0$可得

$$\beta^n+\frac{a_1}{a_0}\beta^{n-1}+\cdots+\frac{a_{n-1}}{a_0}\beta+\frac{1}{a_0}=0.$$

注意到$f(x)$的唯一性,将上式与$f(\beta)=\beta^n+a_{n-1}\beta^{n-1}+\cdots+a_1\beta+a_0=0$比较,得

$$a_0=\pm1,a_k=\pm a_{n-k},k=1,2,\cdots,n-1.$$

因此,对于$f(x)$的任一根γ,即$f(\gamma)=0$,易知$f\left(\frac{1}{\gamma}\right)=0$.

【例1.85】 设$f(x)=a_nx^n+\cdots+a_1x+a_0$为整系数多项式,证明:若$a_n,a_0$为奇数且$f(1)$,$f(-1)$至少有一个为奇数,或者$a_n,a_0,f(1),f(-1)$都不能被3整除,则$f(x)$没有有理根.

【证】 用反证法. 假设$f(x)$有有理根$\frac{r}{s}$,其中$(r,s)=1$,则存在$g(x)\in\mathbb{Q}[x]$,使得$f(x)=(sx-r)g(x)$. 因为$(sx-r)$是本原多项式,所以$g(x)$是整系数多项式.

对于情形一:a_n,a_0为奇数且$f(1)$,$f(-1)$至少有一个为奇数,由$s\mid a_n$,$r\mid a_0$可知r,s都为奇数,故$s-r$与$s+r$均为偶数,从而$f(1)=(s-r)g(1)$与$f(-1)=-(s+r)g(-1)$也均为偶数,矛盾.

对于情形二:$a_n,a_0,f(1),f(-1)$都不能被3整除,由$s\mid a_n$,$r\mid a_0$可知r,s都不能被3整除,于是有$3\mid(s-r)$或$3\mid(s+r)$,故$f(1)=(s-r)g(1)$与$f(-1)=-(s+r)g(-1)$有一个能被3整除,矛盾.

因此$f(x)$没有有理根.

【例1.86】 设$p_1,p_2,\cdots,p_n$是互不相同的素数,n是大于1的正整数. 证明:

(1) $\sqrt[n]{p_1p_2\cdots p_n}$是无理数;(**兰州大学,2017年**)

(2) 若α是多项式$f(x)=x^n-p_1p_2\cdots p_n$的根,则$\alpha$的有理系数多项式全体构成一个数域.

【证】 (1) 考虑整系数多项式$f(x)=x^n-p_1p_2\cdots p_n$,取素数$p_1$,利用Eisenstein判别法,

知$f(x)$在有理数域$\mathbb{Q}$上不可约. 因为$r=\sqrt[n]{p_1p_2\cdots p_n}$是$f(x)$的一个根,所以$r$是无理数.

(2) 令$\mathbb{Q}[\alpha]$表示α的有理系数多项式全体构成的集合,显然$\mathbb{Q}[\alpha]$中包含0和1,且对加、减、乘这3种运算封闭. 下证$\mathbb{Q}[\alpha]$对除法运算封闭.

$\forall g(\alpha),h(\alpha)\in\mathbb{Q}[\alpha]$,且$g(\alpha)\neq 0$. 根据题设$\alpha$是$f(x)$的根,知$f(x)\nmid g(x)$. 又由(1)的证明过程知,$f(x)$在$\mathbb{Q}$上不可约,所以$(f(x),g(x))=1$,故存在$u(x),v(x)\in\mathbb{Q}[x]$,使得

$$f(x)u(x)+g(x)v(x)=1.$$

用α代替x,得$g(\alpha)v(\alpha)=1$,故$\dfrac{h(\alpha)}{g(\alpha)}=h(\alpha)v(\alpha)\in\mathbb{Q}[\alpha]$. 于是,$\mathbb{Q}[\alpha]$是一个数域.

【例 1.87】 证明:整系数多项式$f(x)=x^n+a_1x^{n-1}+\cdots+a_{n-1}x+a_n$有整数根的充分必要条件为存在$2(n-1)$个整数$b_i,c_i$满足下列条件:

(1) $a_i=b_i+c_i,1\leqslant i\leqslant n-1$;

(2) $\dfrac{1}{c_1}=\dfrac{b_1}{c_2}=\dfrac{b_2}{c_3}=\cdots=\dfrac{b_{n-2}}{c_{n-1}}=\dfrac{b_{n-1}}{a_n}$.

【证】 必要性. 设$f(x)$有整数根λ,则$(x-\lambda)\mid f(x)$,故

$$\begin{aligned}f(x)&=(x-\lambda)(x^{n-1}+b_1x^{n-2}+\cdots+b_{n-2}x+b_{n-1})\\&=x^n+(b_1-\lambda)x^{n-1}+(b_2-\lambda b_1)x^{n-2}+\cdots+(b_{n-1}-\lambda b_{n-2})x-\lambda b_{n-1},\end{aligned}$$

其中$b_1,b_2,\cdots,b_{n-1}$都是整数. 令$c_1=-\lambda,c_{i+1}=-\lambda b_i,1\leqslant i\leqslant n-2$,代入上式,并比较等式两边的系数,得$a_1=b_1+c_1,a_2=b_2+c_2,\cdots,a_{n-1}=b_{n-1}+c_{n-1}$,且

$$\frac{1}{c_1}=\frac{b_1}{c_2}=\frac{b_2}{c_3}=\cdots=\frac{b_{n-2}}{c_{n-1}}=\frac{b_{n-1}}{a_n}.$$

充分性. 设整数b_i,c_i满足题设条件(1)和(2),令$c_1=-\lambda$,则由条件(2)可得

$$c_2=-\lambda b_1,c_3=-\lambda b_2,\cdots,c_{n-1}=-\lambda b_{n-2},a_n=-\lambda b_{n-1}.$$

再由条件(1)并根据必要性的证明,有

$$\begin{aligned}f(x)&=x^n+(b_1-\lambda)x^{n-1}+(b_2-\lambda b_1)x^{n-2}+\cdots+(b_{n-1}-\lambda b_{n-2})x-\lambda b_{n-1}\\&=(x-\lambda)(x^{n-1}+b_1x^{n-2}+\cdots+b_{n-2}x+b_{n-1}).\end{aligned}$$

因此$f(x)$有整数根$\lambda=-c_1$.

【例 1.88】(清华大学,2011 年) 设n为正整数,试讨论x^4+n在什么情形下是有理数域上的不可约多项式.

【解】 结论:x^4+n在有理数域$\mathbb{Q}$上可约当且仅当$n=4m^4(m\in\mathbb{Z})$. 下面给予证明.

充分性. 当$n=4m^4$时$(m\in\mathbb{Z})$,因为

$$\begin{aligned}x^4+n&=(x^4+4m^2x^2+4m^4)-4m^2x^2=(x^2+2m^2)^2-4m^2x^2\\&=(x^2+2mx+2m^2)(x^2-2mx+2m^2),\end{aligned}$$

所以x^4+n在$\mathbb{Q}$上可约.

必要性. 设x^4+n在$\mathbb{Q}$上可约,则x^4+n或者至少有一个一次因式,或者有两个二次不可约因式. 对于前一种情形,则x^4+n必有有理根. 但x^4+n可能的有理根均为n的因子,这显然不可能. 对于后一种情形,x^4+n可分解成2个整系数二次多项式的乘积,故可设

$$x^4+n=(x^2+a_1x+b_1)(x^2+a_2x+b_2),$$

其中 $a_1,b_1,a_2,b_2\in\mathbb{Z}$. 比较上述式子两边的系数,得

$$\begin{cases}a_1+a_2=0,\\a_1a_2+b_1+b_2=0,\\a_1b_2+a_2b_1=0,\\b_1b_2=n.\end{cases}$$

由此易知,$a_1\neq0$,$b_1=b_2$,且 $a_1^2=b_1+b_2=2\sqrt{n}$,于是有 $n=4m^4(m\in\mathbb{Z})$.

【例 1.89】 设 $\varphi(x)=(x-a_1)(x-a_2)\cdots(x-a_n)$,其中 $a_1,a_2,\cdots,a_n(n\geqslant5)$ 是互不相同的整数. 证明:若 $ax^2+bx+1\in\mathbb{Z}[x]$ 在有理数域 $\mathbb{Q}$ 上不可约,则 $f(x)=a[\varphi(x)]^2+b\varphi(x)+1$ 在 $\mathbb{Q}$ 上也不可约.

【证】 用反证法. 假设 $f(x)$ 在 $\mathbb{Q}$ 上可约,则存在 $g(x),h(x)\in\mathbb{Z}[x]$,$\deg g,\deg h\geqslant1$,使得

$$f(x)=g(x)h(x),$$

其中 $\deg g(x)\leqslant n$. 由于 $f(a_k)=1$,即 $g(a_k)h(a_k)=1$,故 $g(a_k)$ 与 $h(a_k)$ 同取 1 或同取 -1,$k=1,2,\cdots,n$.

如果 $h(x)$ 对 $a_1,a_2,\cdots,a_n$ 中的至少 4 个整数取值为 1,那么 $h(x)$ 对其余 $n-4$ 个整数取值就不能为 -1(见本题附注 1),所以 $h(a_k)=1$,$k=1,2,\cdots,n$. 如果 $h(x)$ 对 $a_1,a_2,\cdots,a_n$ 中的至多 1 个整数取值为 1,由于 $\deg h(x)\geqslant n\geqslant5$,那么 $h(x)$ 就至少对其中 4 个整数取值为 -1,易证 $h(x)$ 对其余整数取值就不能为 1,所以 $h(a_k)=-1$,$k=1,2,\cdots,n$. 因此,有

$$g(a_k)=1,\ k=1,2,\cdots,n\quad\text{或}\quad g(a_k)=-1,\ k=1,2,\cdots,n.$$

可见 $g(x)-1$ 与 $g(x)+1$ 有 n 个不同的根,所以 $\deg g(x)\geqslant n$. 这就证得 $\deg g(x)=\deg h(x)=n$,并且有

$$g(x)=c(x-a_1)(x-a_2)\cdots(x-a_n)\pm1,$$
$$h(x)=d(x-a_1)(x-a_2)\cdots(x-a_n)\pm1,$$

其中 c,d 分别为 $g(x),h(x)$ 的首项系数. 因此,有

$$a[\varphi(x)]^2+b\varphi(x)+1=(c\varphi(x)\pm1)(d\varphi(x)\pm1),$$

这与 ax^2+bx+1 在 $\mathbb{Q}$ 上不可约矛盾. 所以 $f(x)$ 在 $\mathbb{Q}$ 上不可约.

【注1】 不妨设 $h(a_i)=1(1\leqslant i\leqslant4)$,那么 $h(x)=p(x)\prod_{i=1}^{4}(x-a_i)+1$,其中 $p(x)\in\mathbb{Z}[x]$. 若存在某个 $a_j(5\leqslant j\leqslant n)$ 使得 $h(a_j)=-1$,则 $p(a_j)\prod_{i=1}^{4}(a_j-a_i)=-2$,所以至少有 4 个不同的整数同为 2 或 1 的因子. 矛盾. 因此,对任意 $a_j(5\leqslant j\leqslant n)$,都有 $h(a_j)\neq-1$.

【注2】 顺便指出,这里 $n\geqslant5$ 不可再改进. 例如,$n=4$,$\varphi(x)=x(x-1)(x-2)(x-3)$. 考虑 $a=-1$,$b=1$,则 ax^2+bx+1 在 $\mathbb{Q}$ 上不可约. 但由于 $\varphi(x)+1=[p(x)]^2$,其中 $p(x)=x^2-3x+1$,因此 $a[\varphi(x)]^2+b\varphi(x)+1=[p(x)+\varphi(x)][p(x)-\varphi(x)]$,命题结论不成立.

§1.5　多元多项式

基本理论与要点提示

1.5.1　对称多项式基本定理　设$f(x_1,x_2,\cdots,x_n)$是数域K上的n元对称多项式，则存在唯一的n元多项式$g(x_1,x_2,\cdots,x_n)$，使得$f(x_1,x_2,\cdots,x_n)=g(\sigma_1,\sigma_2,\cdots,\sigma_n)$.（注：这里的数域$K$可放宽为整数集$\mathbb{Z}$或一般数环上，详见文献[34].）

1.5.2　Vieta 定理　对于数域K上任意n次多项式$f(x)=a_0x^n+a_1x^{n-1}+\cdots+a_{n-1}x+a_n$，其中$a_0\neq 0$，设$x_1,x_2,\cdots,x_n$是$f(x)$在复数域中的$n$个根，则

$$-\frac{a_1}{a_0}=x_1+x_2+\cdots+x_n=\sigma_1,$$

$$\frac{a_2}{a_0}=x_1x_2+x_1x_3+\cdots+x_{n-1}x_n=\sigma_2,$$

$$\cdots$$

$$(-1)^i\frac{a_i}{a_0}=\sum_{1\leqslant k_1<k_2<\cdots<k_i\leqslant n}x_{k_1}x_{k_2}\cdots x_{k_i}=\sigma_i,$$

$$\cdots$$

$$(-1)^n\frac{a_n}{a_0}=x_1x_2\cdots x_n=\sigma_n.$$

1.5.3　Newton 公式　设$s_k=x_1^k+x_2^k+\cdots+x_n^k,k=0,1,2,\cdots$. 当$1\leqslant k\leqslant n$时，有

$$s_k-\sigma_1s_{k-1}+\sigma_2s_{k-2}+\cdots+(-1)^{k-1}\sigma_{k-1}s_1+(-1)^kk\sigma_k=0;$$

当$k>n$时，有

$$s_k-\sigma_1s_{k-1}+\sigma_2s_{k-2}+\cdots+(-1)^n\sigma_ns_{k-n}=0.$$

典型问题解析

【例 1.90】（中南大学，2004 年）　证明：若方程$x^3+px+q=0$的两个根α与β有关系式$\alpha\beta+\alpha+\beta=0$，则$-q=(p-q)^2$.

【证】　设方程$x^3+px+q=0$的第三个根为γ，利用根与系数的关系（Vieta 定理），知

$$\begin{cases}\alpha+\beta+\gamma=0,\\ \alpha\beta+\alpha\gamma+\beta\gamma=p,\\ \alpha\beta\gamma=-q.\end{cases}$$

由此与条件$\alpha\beta+\alpha+\beta=0$联立，即可得$-q=(p-q)^2$.

【例 1.91】　设α,β同为方程$x^2+px+q=0$和$x^{2n}+p^nx^n+q^n=0$（n为正偶数）的两个相异非零根. 证明：$\dfrac{\beta}{\alpha},\dfrac{\alpha}{\beta}$为方程$x^n+1+(x+1)^n=0$的根.

【证】　因为α,β是$x^2+px+q=0$的根，及根与系数的关系，所以$\alpha+\beta=-p$. 注意到n为正偶数，故$(\alpha+\beta)^n=p^n$.

又因为 α,β 是 $x^{2n}+p^nx^n+q^n=0$ 的根,所以 α^n,β^n 是 $x^2+p^nx+q^n=0$ 的根. 再由根与系数的关系得 $\alpha^n+\beta^n=-p^n$. 于是 $\alpha^n+\beta^n+(\alpha+\beta)^n=0$. 等式两边分别除以 α^n 和β^n,得

$$\left(\frac{\beta}{\alpha}\right)^n+1+\left(\frac{\beta}{\alpha}+1\right)^n=0,$$

$$\left(\frac{\alpha}{\beta}\right)^n+1+\left(\frac{\alpha}{\beta}+1\right)^n=0.$$

因此$\dfrac{\beta}{\alpha},\dfrac{\alpha}{\beta}$是方程 $x^n+1+(x+1)^n=0$ 的根.

【例 1.92】 设 $\alpha_1,\alpha_2,\alpha_3$ 是三次方程 $x^3+ax^2+bx+c=0$ 在复数域上的 3 个根,求一个三次方程,使其 3 个根为 $\alpha_1^3,\alpha_2^3,\alpha_3^3$.

【解】 令$(y-\alpha_1^3)(y-\alpha_2^3)(y-\alpha_3^3)=y^3-py^2+qy-r$, 则

$$p=\alpha_1^3+\alpha_2^3+\alpha_3^3=\sigma_1^3-3\sigma_1\sigma_2+3\sigma_3,$$
$$q=\alpha_1^3\alpha_2^3+\alpha_1^3\alpha_3^3+\alpha_2^3\alpha_3^3=\sigma_2^3-3\sigma_1\sigma_2\sigma_3+3\sigma_3^2,$$
$$r=\alpha_1^3\alpha_2^3\alpha_3^3=\sigma_3^3.$$

其中 $\sigma_1,\sigma_2,\sigma_3$ 是关于 x_1,x_2,x_3 的 3 元初等对称多项式在点$(\alpha_1,\alpha_2,\alpha_3)$处的值.

利用根与系数的关系得 $\sigma_1=-a,\sigma_2=b,\sigma_3=-c$. 所以

$$p=-a^3+3ab-3c,\ q=b^3-3abc+3c^2,\ r=-c^3.$$

于是,所求方程为

$$y^3+(a^3-3ab+3c)y^2+(b^3-3abc+3c^2)y+c^3=0.$$

【例 1.93】 设 $\lambda_1,\lambda_2,\lambda_3$ 是多项式$f(x)=x^3+x^2+x+2$ 的 3 个根,$g(x)=x^2+x+1$. 求一个有理系数多项式 $p(x)$使得 $g(\lambda_1),g(\lambda_2),g(\lambda_3)$是 $p(x)$的根.

【解】 由 Vieta 定理,$\sigma_1=-1,\sigma_2=1,\sigma_3=\lambda_1\lambda_2\lambda_3=-2\neq0$. 因为$f(x)-2=xg(x)$,所以

$$g(\lambda_i)=\frac{f(\lambda_i)-2}{\lambda_i}=-\frac{2}{\lambda_i},\quad i=1,2,3.$$

于是

$$p(x)=(x-g(\lambda_1))(x-g(\lambda_2))(x-g(\lambda_3))=\left(x+\frac{2}{\lambda_1}\right)\left(x+\frac{2}{\lambda_2}\right)\left(x+\frac{2}{\lambda_3}\right)$$
$$=-\frac{1}{2}(\sigma_3x^3+2\sigma_2x^2+4\sigma_1x+8)=x^3-x^2+2x-4.$$

【例 1.94】(复旦大学竞赛试题,2010 年) 设 $n\geqslant2$ 是自然数,$p\geqslant3$ 是素数. 证明:x^n+x+p 是有理数域$\mathbb{Q}$ 上的不可约多项式.

【证】 记$f(x)=x^n+x+p$. 首先,由 $p\geqslant3$ 易知,若 α 为$f(x)$的一个复数根,则有$|\alpha|>1$. 因若不然,即$|\alpha|\leqslant1$,则由$f(\alpha)=0$ 得 $p=|\alpha^n+\alpha|\leqslant|\alpha|^n+|\alpha|\leqslant2$,矛盾.

假设$f(x)$在$\mathbb{Q}$ 上可约,则存在 $g(x),h(x)\in\mathbb{Z}[x]$,使得$f(x)=g(x)h(x)$,其中

$$g(x)=a_mx^m+\cdots+a_1x+a_0,\quad h(x)=b_lx^l+\cdots+b_1x+b_0.$$

所以 $p=a_0b_0,m+l=n$ 且 $m\geqslant1,l\geqslant1$. 若$\beta_1,\beta_2,\cdots,\beta_m$ 为 $g(x)$的全部复数根,则也是$f(x)$的复

数根. 因此, $|\beta_i|>1$, $i=1,2,\cdots,m$. 根据 Vieta 定理,有

$$|a_0|=|a_m||\beta_1||\beta_2|\cdots|\beta_m|>|a_m|=1.$$

同理, $|b_0|>1$. 此与 p 为素数矛盾. 因此, $f(x)$ 是 $\mathbb{Q}$ 上的不可约多项式.

【例 1.95】 证明:实系数三次多项式 $f(x)=x^3+a_1x^2+a_2x+a_3$ 的根都在左半平面(即根的实部为负数)当且仅当 a_1,a_2,a_3 均为正数并且满足 $a_3<a_1a_2$.

【证】 必要性. 设 $f(x)$ 的三个根 x_1,x_2,x_3 都在左半平面,即根的实部为负数,则 $f(x)$ 至少有一个负实根,不妨设为 x_1. 所以 x_2,x_3 或均为负实数,或为实部为负数的共轭复数. 因此,总有 $x_2+x_3=b<0$, $x_2x_3=c>0$. 根据 Vieta 定理,有

$$a_1=-x_1-x_2-x_3=-(x_1+b)>0,$$

$$a_2=x_1x_2+x_1x_3+x_2x_3=bx_1+c>0,$$

$$a_3=-x_1x_2x_3=-cx_1>0.$$

进一步,显然有

$$a_1a_2=-(x_1+b)(bx_1+c)=a_3-b(bx_1+c+x_1^2)>a_3.$$

充分性. 设 a_1,a_2,a_3 均为正数,且 $a_3<a_1a_2$,则 $f(x)$ 的根不可能为 0 或正实数. 因此, $f(x)$ 至少有一个负实根,不妨设为 x_1. 如果 $f(x)$ 的另外两根 x_2,x_3 均为负实数,那么结论已成立. 故只需考虑 x_2,x_3 为一对共轭复根,即 $x_2=p+\mathrm{i}q$, $x_3=p-\mathrm{i}q$,其中 $q\neq0$. 仍由 Vieta 定理,有

$$a_1=-x_1-x_2-x_3=-(x_1+2p)>0,$$

$$a_2=x_1x_2+x_1x_3+x_2x_3=2px_1+p^2+q^2>0,$$

$$a_3=-x_1x_2x_3=-x_1(p^2+q^2)>0.$$

若 $p\geqslant0$,则

$$\begin{aligned}a_1a_2&=-(x_1+2p)(2px_1+p^2+q^2)\\&=a_3-2p(2px_1+p^2+q^2+x_1^2)\\&\leqslant a_3,\end{aligned}$$

导致矛盾. 所以 $p<0$. 因此, $f(x)$ 的根都在左半平面,即根的实部为负数.

【例 1.96】(清华大学,1998 年) 试求多项式 $f=x^3+px+q$ 的判别式 $D(f)$,其中 p,q 为实数.(即用 f 的系数表出 $D(f)$. 判别式定义为 $D(f)=(x_1-x_2)^2(x_1-x_3)^2(x_2-x_3)^2$,而 x_1,x_2,x_3 为 f 的复根.)

【解】 先将对称多项式 $D(f)$ 化为初等对称多项式 $\sigma_1,\sigma_2,\sigma_3$ 的多项式. 根据 $D(f)$ 的首项 $x_1^4x_2^2$ 作表如下:

指数组			对应的单项式
4	2	0	$\sigma_1^2\sigma_2^2$
4	1	1	$\sigma_1^3\sigma_3$
3	3	0	σ_2^3
3	2	1	$\sigma_1\sigma_2\sigma_3$
2	2	2	σ_3^2

由此可设

$$D(f)=\sigma_1^2\sigma_2^2+a\sigma_1^3\sigma_3+b\sigma_2^3+c\sigma_1\sigma_2\sigma_3+d\sigma_3^2.$$

再利用 Vieta 定理，得 $\sigma_1=x_1+x_2+x_3=0$. 因此我们不必考虑含有 σ_1 的单项式，即

$$D(f)=b\sigma_2^3+d\sigma_3^2.$$

分别以 $(x_1,x_2,x_3)=(1,-1,0)$ 及 $(2,-1,-1)$ 代入（注意必须满足条件 $x_1+x_2+x_3=0$），得 $b=-4,d=-27$. 因为 $\sigma_2=p,\sigma_3=-q$，所以

$$D(f)=-4\sigma_2^3-27\sigma_3^2=-4p^3-27q^2.$$

【例 1.97】 设多项式 $f(x)=a_0x^n+a_1x^{n-1}+\cdots+a_{n-1}x+a_n(a_0\neq0)$ 的 n 个根为 $\alpha_1,\alpha_2,\cdots,\alpha_n$. 证明 $f(x)$ 有重根的充分必要条件是

$$Q=\begin{vmatrix} s_0 & s_1 & \cdots & s_{n-1} \\ s_1 & s_2 & \cdots & s_n \\ \vdots & \vdots & & \vdots \\ s_{n-1} & s_n & \cdots & s_{2n-2} \end{vmatrix}=0.$$

其中 $s_k=\alpha_1^k+\alpha_2^k+\cdots+\alpha_n^k(k=0,1,2,\cdots,2n-2)$.

【证】 $f(x)$ 的判别式为

$$\begin{aligned} D(f) &= a_0^{2n-2}\prod_{1\leqslant j<i\leqslant n}(\alpha_i-\alpha_j)^2 \\ &= a_0^{2n-2}\begin{vmatrix} 1 & 1 & \cdots & 1 \\ \alpha_1 & \alpha_2 & \cdots & \alpha_n \\ \vdots & \vdots & & \vdots \\ \alpha_1^{n-1} & \alpha_2^{n-1} & \cdots & \alpha_n^{n-1} \end{vmatrix}^2 = a_0^{2n-2}\begin{vmatrix} s_0 & s_1 & \cdots & s_{n-1} \\ s_1 & s_2 & \cdots & s_n \\ \vdots & \vdots & & \vdots \\ s_{n-1} & s_n & \cdots & s_{2n-2} \end{vmatrix} \\ &= a_0^{2n-2}Q. \end{aligned}$$

因此，$f(x)$ 有重根的充分必要条件是 $D(f)=0$，即 $Q=0$.

【例 1.98】（四川大学，2007 年） 设 x_1,x_2,x_3 是多项式 $f(x)=x^3+ax+1$ 的全部复根.

（1）求行列式 $\begin{vmatrix} x_1 & x_2 & x_3 \\ x_2 & x_3 & x_1 \\ x_3 & x_1 & x_2 \end{vmatrix}$ 的值；

（2）求 $f(x)$ 的判别式 $D(f)=(x_1-x_2)^2(x_1-x_3)^2(x_2-x_3)^2$ 的值；

（3）设 $s_k=x_1^k+x_2^k+x_3^k$，求行列式 $\begin{vmatrix} s_0 & s_1 & s_2 \\ s_1 & s_2 & s_3 \\ s_2 & s_3 & s_4 \end{vmatrix}$ 的值.

【解】 （1）先求出行列式（设为 Δ）的展开式，再表示为初等对称多项式的多项式，即

$$\Delta=3x_1x_2x_3-x_1^3-x_2^3-x_3^3=3\sigma_1\sigma_2-\sigma_1^3.$$

根据 Vieta 定理，知 $\sigma_1=0,\sigma_2=a,\sigma_3=-1$，所以 $\Delta=0$.

（2）根据本章例 1.96 知，$D(f)=-4a^3-27$.

（3）根据本章例 1.97 知，所求行列式的值为 $D(f)=-4a^3-27$.

【例 1.99】 设 α,β,γ 是多项式 $f(x)=x^3+ax^2+bx+c\in K[x]$ 在复数域上的 3 个根，且 $\alpha+\beta,\beta+\gamma,\gamma+\alpha$ 都不等于 0. 试求 $\dfrac{\alpha^2+\beta^2}{\alpha+\beta}+\dfrac{\beta^2+\gamma^2}{\beta+\gamma}+\dfrac{\gamma^2+\alpha^2}{\gamma+\alpha}$.

【解】 根据 Vieta 定理，可知

$$\alpha+\beta+\gamma=-a,\quad \alpha\beta+\beta\gamma+\gamma\alpha=b,\quad \alpha\beta\gamma=-c.$$

因为

$$\alpha^2+\beta^2+\gamma^2=(\alpha+\beta+\gamma)^2-2(\alpha\beta+\beta\gamma+\gamma\alpha)=a^2-2b,$$

所以

$$\frac{\alpha^2+\beta^2}{\alpha+\beta}=\frac{\gamma^2-a^2+2b}{a+\gamma}=(\gamma-a)+\frac{2b}{a+\gamma}.$$

根据对称性，得

$$\frac{\beta^2+\gamma^2}{\beta+\gamma}=(\alpha-a)+\frac{2b}{a+\alpha},\quad \frac{\gamma^2+\alpha^2}{\gamma+\alpha}=(\beta-a)+\frac{2b}{a+\beta}.$$

于是，有

$$\begin{aligned}
\text{原式}&=(\alpha+\beta+\gamma)-3a+2b\left(\frac{1}{a+\alpha}+\frac{1}{a+\beta}+\frac{1}{a+\gamma}\right)\\
&=-4a+2b\,\frac{(a+\beta)(a+\gamma)+(a+\alpha)(a+\gamma)+(a+\alpha)(a+\beta)}{(a+\alpha)(a+\beta)(a+\gamma)}\\
&=-4a+2b\,\frac{3a^2+2a(\alpha+\beta+\gamma)+(\alpha\beta+\beta\gamma+\gamma\alpha)}{a^3+a^2(\alpha+\beta+\gamma)+a(\alpha\beta+\beta\gamma+\gamma\alpha)+\alpha\beta\gamma}\\
&=-4a+\frac{2b(a^2+b)}{ab-c}\\
&=\frac{4ac+2b^2-2a^2b}{ab-c}.
\end{aligned}$$

【例 1.100】 设多项式 x^5+9 除以 $(x-1)^4$ 的余式为 $r(x)$，记 $g(x)=\dfrac{1}{5}r(x)$.

(1) 求 $r(x)$ 的表达式；

(2) 问 $g(x)$ 在有理数域上是否可约？为什么？

(3) 设 $\alpha_1,\alpha_2,\alpha_3$ 是 $g(x)$ 在复数域上的 3 个根，试求

$$F(\alpha_1,\alpha_2,\alpha_3)=(\alpha_1^2+\alpha_1\alpha_2+\alpha_2^2)(\alpha_2^2+\alpha_2\alpha_3+\alpha_3^2)(\alpha_1^2+\alpha_1\alpha_3+\alpha_3^2)$$

的值.

【解】 (1) 直接作除法，得 $r(x)=5(2x^3-4x^2+3x+1)$.

(2) $g(x)=2x^3-4x^2+3x+1$ 在有理数域上不可约. 若不然，则 $g(x)$ 必有一次因式，因而有有理根. 但 $g(x)$ 的所有可能的有理根是 $\pm1,\pm\dfrac{1}{2}$，而

$$g(1)=2\neq0,\quad g(-1)=-8\neq0,$$

$$g\left(\frac{1}{2}\right)=\frac{7}{4}\neq0,\quad g\left(-\frac{1}{2}\right)=-\frac{7}{4}\neq0,$$

可见，$g(x)$ 没有有理根，因此 $g(x)$ 在有理数域上不可约.

(3) 先将对称多项式 F 化为初等对称多项式 $\sigma_1,\sigma_2,\sigma_3$ 的多项式. 根据 F 的首项 $\alpha_1^4\alpha_2^2$ 作表如下:

指数组			对应的单项式
4	2	0	$\sigma_1^2\sigma_2^2$
4	1	1	$\sigma_1^3\sigma_3$
3	3	0	σ_2^3
3	2	1	$\sigma_1\sigma_2\sigma_3$
2	2	2	σ_3^2

由此可设

$$F=\sigma_1^2\sigma_2^2+a\sigma_1^3\sigma_3+b\sigma_2^3+c\sigma_1\sigma_2\sigma_3+d\sigma_3^2.$$

分别取$(\alpha_1,\alpha_2,\alpha_3)$的4组不同的值,并算出 F 及$(\sigma_1,\sigma_2,\sigma_3)$的相应值,再代入上式,得

$(\alpha_1,\ \alpha_2,\ \alpha_3)$			F	$(\sigma_1,\ \sigma_2,\ \sigma_3)$			a,b,c,d 的关系式
1	1	0	3	2	1	0	$b=-1$
1	1	−1	3	1	−1	−1	$a+1=c+d$
2	−1	−1	27	0	−3	2	$d=0$
2	−1	1	21	2	−1	−2	$4(a+1)=c$

解得 $a=b=-1,c=d=0$, 故

$$F=\sigma_1^2\sigma_2^2-\sigma_1^3\sigma_3-\sigma_2^3.$$

再根据 Vieta 定理,得 $\sigma_1=2,\sigma_2=\dfrac{3}{2},\sigma_3=-\dfrac{1}{2}$,所以

$$F=2^2\times\left(\frac{3}{2}\right)^2-2^3\times\left(-\frac{1}{2}\right)-\left(\frac{3}{2}\right)^3=\frac{77}{8}.$$

【例 1.101】(北京大学竞赛试题,2003 年)　设方程 $x^3-x^2-4x+1=0$ 在复数域内的3个根是 $\alpha_1,\alpha_2,\alpha_3$,求 $F=\alpha_1^3\alpha_2+\alpha_1\alpha_2^3+\alpha_2^3\alpha_3+\alpha_2\alpha_3^3+\alpha_1\alpha_3^3+\alpha_1^3\alpha_3$ 的值.

【解】　先将 F 化为初等对称多项式 $\sigma_1,\sigma_2,\sigma_3$ 的多项式. 根据 F 的首项 $\alpha_1^3\alpha_2$ 作表如下:

指数组			对应的单项式
3	1	0	$\sigma_1^2\sigma_2$
2	2	0	σ_2^2
2	1	1	$\sigma_1\sigma_3$

由此可设 $F=\sigma_1^2\sigma_2+a\sigma_2^2+b\sigma_1\sigma_3$. 利用待定系数法,得 $a=-2,b=-1$. 再根据 Vieta 定理,知 $\sigma_1=1,\sigma_2=-4,\sigma_3=-1$. 所以

$$F=\sigma_1^2\sigma_2-2\sigma_2^2-\sigma_1\sigma_3=-35.$$

【例 1.102】 设 $x+y+z=0$，且 $xyz\neq 0$，求 $\frac{x^2}{yz}+\frac{y^2}{xz}+\frac{z^2}{xy}$ 的值.

【解】 设 $\sigma_1,\sigma_2,\sigma_3$ 是 x,y,z 的初等对称多项式，则 $\sigma_1=x+y+z=0$，$\sigma_3=xyz\neq 0$，且

$$f(x,y,z)=\frac{x^3+y^3+z^3}{xyz}=\frac{\sigma_1^3+a\sigma_1\sigma_2+b\sigma_3}{\sigma_3}=b,$$

其中 a,b 是待定系数(不必求出). 由此可见，无论 x,y,z 取何值，只要 $x+y+z=0$，且 $xyz\neq 0$，则 $f(x,y,z)$ 为定值. 现在，取 $x=2,y=z=-1$，则 $x+y+z=0$，且 $xyz\neq 0$，因此

$$f(x,y,z)=f(2,-1,-1)=\frac{2^2}{(-1)(-1)}+\frac{(-1)^2}{2(-1)}+\frac{(-1)^2}{2(-1)}=3.$$

【例 1.103】 解方程组 $\begin{cases}x+y+z+w=10,\\ x^2+y^2+z^2+w^2=30,\\ x^3+y^3+z^3+w^3=100,\\ xyzw=24.\end{cases}$

【解】 设 $s_k=x^k+y^k+z^k+w^k$，σ_k 是关于 x,y,z,w 的四元初等对称多项式，$k=1,2,3,4$，则由题设知 $s_1=\sigma_1=10$，$s_2=30$，$s_3=100$，$\sigma_4=24$. 根据 Newton 公式可得 $\sigma_2=35$，$\sigma_3=50$(也可用待定系数法，得 $s_2=\sigma_1^2-2\sigma_2$，$s_3=\sigma_1^3-3\sigma_1\sigma_2+3\sigma_3$，进而解得 σ_2,σ_3).

根据 Vieta 定理，求解原方程组等价于求方程 $x^4-\sigma_1x^3+\sigma_2x^2-\sigma_3x+\sigma_4=0$ 即

$$x^4-10x^3+35x^2-50x+24=0$$

的根. 这是整系数方程，先考虑可能的有理根：±1，±2，±3，±4，±6，±8，±12，±24. 经检验，有且仅有 $x_1=1,x_2=2,x_3=3,x_4=4$ 是方程的根，即原方程组的一组解.

【例 1.104】 设 x_1,x_2,x_3 是方程 $x^3-6x^2+ax+a=0$ 的三个根，求使得

$$(x_1-1)^3+(x_2-2)^3+(x_3-3)^3=0$$

的所有实数 a，并对每个这样的 a，求出相应的 x_1,x_2,x_3.

【解】 根据 Vieta 定理，知 $x_1+x_2+x_3=6$，即

$$(x_1-1)+(x_2-2)+(x_3-3)=0.$$

利用恒等式 $s_3=\sigma_1^3-3\sigma_1\sigma_2+3\sigma_3$ 或

$$x^3+y^3+z^3=(x+y+z)^3-3(x+y+z)(xy+yz+zx)+3xyz,$$

取 $x=x_1-1,y=x_2-2,z=x_3-3$ 代入，并结合题设条件得

$$(x_1-1)(x_2-2)(x_3-3)=0.$$

所以 $x_1=1$ 或 $x_2=2$ 或 $x_3=3$.

(1) 若 $x_1=1$，则 $a=\frac{5}{2}$，此时原方程为 $x^3-6x^2+\frac{5}{2}x+\frac{5}{2}=0$，解之得

$$x_1=1,\ x_2=\frac{1}{2}(5+\sqrt{35}),\ x_3=\frac{1}{2}(5-\sqrt{35});$$

(2) 若 $x_2=2$，则 $a=\frac{16}{3}$，此时原方程为 $x^3-6x^2+\frac{16}{3}x+\frac{16}{3}=0$，解之得

$$x_1=2+\frac{2}{3}\sqrt{15},\ x_2=2,\ x_3=2-\frac{2}{3}\sqrt{15};$$

(3) 若 $x_3=3$,则 $a=\frac{27}{4}$,此时原方程为 $x^3-6x^2+\frac{27}{4}x+\frac{27}{4}=0$,解之得

$$x_1=\frac{3}{2}(1+\sqrt{2}),\ x_2=\frac{3}{2}(1-\sqrt{2}),\ x_3=3.$$

【例 1.105】 设多项式 $f_n(x)=x^n+a_1x^{n-1}+\cdots+a_{n-1}x+a_n$ 的所有复数根的 k 次幂之和为 $s_k(f_n)$,试证明:当 $1\leqslant k\leqslant m\leqslant n$ 时,$s_k(f_n)=s_k(f_m)$.

【证】 设 $f_n(x)$ 的诸复数根为 $\alpha_1,\alpha_2,\cdots,\alpha_n$,而 $f_m(x)=x^m+a_1x^{m-1}+\cdots+a_{m-1}x+a_m$ 的诸复数根为 $\beta_1,\beta_2,\cdots,\beta_m$,则

$$s_k(f_n)=\alpha_1^k+\alpha_2^k+\cdots+\alpha_n^k,$$
$$s_k(f_m)=\beta_1^k+\beta_2^k+\cdots+\beta_m^k.$$

注意到当 $1\leqslant j\leqslant m\leqslant n$ 时,$f_n(x)$ 与 $f_m(x)$ 中 j 次幂的系数同为 a_j,所以由根与系数的关系可知,关于 $\alpha_1,\alpha_2,\cdots,\alpha_n$ 的 n 元初等对称多项式的前 m 个与关于 $\beta_1,\beta_2,\cdots,\beta_m$ 的 m 元初等对称多项式相同,即

$$\sigma_1=-a_1,\sigma_2=a_2,\cdots,\sigma_m=(-1)^m a_m.$$

现在将对称多项式 $s_k(f_n)$ 与 $s_k(f_m)$ 表示为 $\sigma_1,\sigma_2,\cdots,\sigma_m$ 的多项式. 因为 $s_k(f_n)$ 与 $s_k(f_m)$ 的首项的指数向量分别为

$$\overbrace{(k,0,\cdots,0)}^{n\text{维}}\quad\text{与}\quad\overbrace{(k,0,\cdots,0)}^{m\text{维}},$$

所以可作表如下(指数组左、右栏分别为 n 维,m 维向量):

指数组		对应的单项式
$(k,0,0,\cdots,0)$	$(k,0,0,\cdots,0)$	σ_1^k
$(k-1,1,0,\cdots,0)$	$(k-1,1,0,\cdots,0)$	$\sigma_1^{k-2}\sigma_2$
$(k-2,2,0,\cdots,0)$	$(k-2,2,0,\cdots,0)$	$\sigma_1^{k-4}\sigma_2^2$
$(k-2,1,1,0,\cdots,0)$	$(k-2,1,1,0,\cdots,0)$	$\sigma_1^{k-3}\sigma_3$
…	…	…
$(1,1,\cdots,1,0,\cdots,0)$	$(1,1,\cdots,1,0,\cdots,0)$	σ_k

由此可设

$$s_k(f_n)=\sigma_1^k+a_1\sigma_1^{k-2}\sigma_2+a_2\sigma_1^{k-4}\sigma_2^2+\cdots+a_p\sigma_k,$$
$$s_k(f_m)=\sigma_1^k+b_1\sigma_1^{k-2}\sigma_2+b_2\sigma_1^{k-4}\sigma_2^2+\cdots+b_p\sigma_k,$$

其中 $a_1,a_2,\cdots,a_p,b_1,b_2,\cdots,b_p$ 是待定系数. 任取 $\beta_1,\beta_2,\cdots,\beta_m$ 的 p 组值代入上述第 2 式,再用

$$(\alpha_1,\alpha_2,\cdots,\alpha_n)=(\beta_1,\beta_2,\cdots,\beta_m,0,\cdots,0)$$

相应的 p 组值代入第 1 式,经计算可得 $a_j=b_j$, $j=1,2,\cdots,p$. 因此 $s_k(f_n)=s_k(f_m)$.

【例 1.106】 设三次方程 $x^3+ax^2+bx+c=0$ 的三个根是某个三角形的内角的正弦. 证明:

$$a(4ab-a^3-8c)=4c^2.$$

【证】 在 $\triangle ABC$ 中,因为 $A+B+C=\pi$,所以

$$\sin C=\sin(A+B)=\sin A\cos B+\cos A\sin B,$$

即 $\sin C-\sin A\cos B=\cos A\sin B$. 两边同时平方并整理,得

$$\sin^2A-\sin^2B+\sin^2C=2\sin A\sin C\cos B.$$

再对上式两边同时平方并整理,得

$$\sin^4A+\sin^4B+\sin^4C-2(\sin^2A\sin^2B+\sin^2B\sin^2C+\sin^2A\sin^2C)=-4\sin^2A\sin^2B\sin^2C.$$

记 $x_1=\sin A,x_2=\sin B,x_3=\sin C$,利用待定系数法易知

$$x_1^4+x_2^4+x_3^4-2(x_1^2x_2^2+x_2^2x_3^2+x_1^2x_3^2)=\sigma_1^4-4\sigma_1^2\sigma_2+8\sigma_1\sigma_3,$$

其中 $\sigma_1,\sigma_2,\sigma_3$ 是关于 x_1,x_2,x_3 的三元初等对称多项式. 于是,有

$$\sigma_1^4-4\sigma_1^2\sigma_2+8\sigma_1\sigma_3=-4\sigma_3^2.$$

根据 Vieta 定理,得 $\sigma_1=-a,\sigma_2=b,\sigma_3=-c$,代入上式即得 $a(4ab-a^3-8c)=4c^2$.

【例 1.107】 设 $f(x)=(x-x_1)(x-x_2)\cdots(x-x_n)=x^n-\sigma_1x^{n-1}+\cdots+(-1)^n\sigma_n$,再令

$$s_k=x_1^k+x_2^k+\cdots+x_n^k(k=0,1,2,\cdots).$$

(1) 证明:

$$x^{k+1}f'(x)=(s_0x^k+s_1x^{k-1}+\cdots+s_{k-1}x+s_k)f(x)+g(x), \quad ①$$

其中 $g(x)=0$ 或 $\deg g(x)<n$.

(2) 利用上式证明 Newton 公式:当 $k=1,2,\cdots,n$ 时,有

$$s_k-\sigma_1s_{k-1}+\sigma_2s_{k-2}+\cdots+(-1)^{k-1}\sigma_{k-1}s_1+(-1)^kk\sigma_k=0; \quad ②$$

当 $k>n$ 时,有

$$s_k-\sigma_1s_{k-1}+\sigma_2s_{k-2}+\cdots+(-1)^n\sigma_ns_{k-n}=0. \quad ③$$

【证】 (1) 用对数法对 $f(x)$ 求导,得 $f'(x)=\sum\limits_{i=1}^{n}\dfrac{f(x)}{x-x_i}$,所以

$$\begin{aligned}x^{k+1}f'(x)&=\sum_{i=1}^{n}\frac{x^{k+1}f(x)}{x-x_i}=\sum_{i=1}^{n}\frac{x^{k+1}-x_i^{k+1}}{x-x_i}f(x)+\sum_{i=1}^{n}\frac{x_i^{k+1}f(x)}{x-x_i}\\&=\sum_{i=1}^{n}\sum_{j=0}^{k}x^{k-j}x_i^jf(x)+g(x)=\sum_{j=0}^{k}x^{k-j}\Big(\sum_{i=1}^{n}x_i^j\Big)f(x)+g(x)\\&=(s_0x^k+s_1x^{k-1}+\cdots+s_{k-1}x+s_k)f(x)+g(x),\end{aligned}$$

其中 $g(x)=\sum\limits_{i=1}^{n}\dfrac{x_i^{k+1}f(x)}{x-x_i}$. 显然,若 $g(x)\neq0$,则 $\deg g(x)<n$.

(2) 因为 $f(x)=x^n-\sigma_1x^{n-1}+\cdots+(-1)^{n-1}\sigma_{n-1}x+(-1)^n\sigma_n$,所以

$$f'(x)=nx^{n-1}-(n-1)\sigma_1x^{n-2}+\cdots+(-1)^{n-1}\sigma_{n-1}.$$

代入①式,得

$$\begin{aligned}&x^{k+1}[nx^{n-1}-(n-1)\sigma_1x^{n-2}+\cdots+(-1)^{n-1}\sigma_{n-1}]\\&=(s_0x^k+s_1x^{k-1}+\cdots+s_{k-1}x+s_k)(x^n-\sigma_1x^{n-1}+\cdots+(-1)^n\sigma_n)+g(x).\end{aligned}$$

比较上式两端 x^n 的系数,并注意到 $g(x)=0$ 或 $\deg g(x)<n$,于是当 $k\leqslant n$ 时,有

$$(-1)^k(n-k)\sigma_k = s_k - \sigma_1 s_{k-1} + \sigma_2 s_{k-2} + \cdots + (-1)^{k-1}\sigma_{k-1}s_1 + (-1)^k\sigma_k s_0,$$

再注意到 $s_0=n$,即得②式;当 $k>n$ 时,有

$$0 = s_k - \sigma_1 s_{k-1} + \sigma_2 s_{k-2} + \cdots + (-1)^n \sigma_n s_{k-n},$$

即得③式.

【例 1.108】 设 $s_k=x_1^k+x_2^k+\cdots+x_n^k(k=1,2,\cdots,n)$,$\sigma_1,\sigma_2,\cdots,\sigma_n$ 是关于 $x_1,x_2,\cdots,x_n$ 的初等对称多项式,证明:对于 $1\leqslant k\leqslant n$,有

$$s_k = \begin{vmatrix} \sigma_1 & 1 & & & \\ 2\sigma_2 & \sigma_1 & 1 & & \\ 3\sigma_3 & \sigma_2 & \sigma_1 & \ddots & \\ \vdots & \vdots & \vdots & \ddots & 1 \\ k\sigma_k & \sigma_{k-1} & \sigma_{k-2} & \cdots & \sigma_1 \end{vmatrix},\quad \sigma_k = \frac{1}{k!}\begin{vmatrix} s_1 & 1 & & & \\ s_2 & s_1 & 2 & & \\ s_3 & s_2 & s_1 & \ddots & \\ \vdots & \vdots & \vdots & \ddots & k-1 \\ s_k & s_{k-1} & s_{k-2} & \cdots & s_1 \end{vmatrix}.$$

【证】 采用两种方法. 每种方法只证其中一个等式,另一个等式同理可证,请读者完成.

(方法 1) 用 Cramer 法则,只证第一个等式. 根据 Newton 公式,当 $1\leqslant k\leqslant n$ 时,有

$$\begin{cases} s_1 = \sigma_1, \\ \sigma_1 s_1 - s_2 = 2\sigma_2, \\ \sigma_2 s_1 - \sigma_1 s_2 + s_3 = 3\sigma_3, \\ \cdots\cdots\cdots\cdots \\ \sigma_{k-1}s_1 - \sigma_{k-2}s_2 + \cdots + (-1)^{k-2}\sigma_1 s_{k-1} + (-1)^{k-1}s_k = k\sigma_k. \end{cases}$$

这可视为以 $s_1,s_2,\cdots,s_k$ 为未知量的线性方程组,由此求解 s_k. 显然,其系数行列式

$$D = \begin{vmatrix} 1 & & & & \\ \sigma_1 & -1 & & & \\ \sigma_2 & -\sigma_1 & 1 & & \\ \vdots & \vdots & \ddots & \ddots & \\ \sigma_{k-1} & -\sigma_{k-2} & \cdots & (-1)^{k-2}\sigma_1 & (-1)^{k-1} \end{vmatrix} = (-1)^{\frac{1}{2}k(k-1)},$$

而

$$D_k = \begin{vmatrix} 1 & & & & \sigma_1 \\ \sigma_1 & -1 & & & 2\sigma_2 \\ \sigma_2 & -\sigma_1 & 1 & & 3\sigma_3 \\ \vdots & \vdots & \ddots & \ddots & \vdots \\ \sigma_{k-1} & -\sigma_{k-2} & \cdots & (-1)^{k-2}\sigma_1 & k\sigma_k \end{vmatrix},$$

将第 j 列乘 $(-1)^{j-1}$,$j=2,3,\cdots,k-1$,再将最后一列经 $k-1$ 次相邻两列对换至第一列,得

$$D_k = (-1)^{\frac{1}{2}k(k-1)}\begin{vmatrix} \sigma_1 & 1 & & & \\ 2\sigma_2 & \sigma_1 & 1 & & \\ 3\sigma_3 & \sigma_2 & \sigma_1 & \ddots & \\ \vdots & \vdots & \vdots & \ddots & 1 \\ k\sigma_k & \sigma_{k-1} & \sigma_{k-2} & \cdots & \sigma_1 \end{vmatrix}.$$

根据 Cramer 法则，得

$$s_k=\frac{D_k}{D}=\begin{vmatrix}\sigma_1 & 1 & & & \\ 2\sigma_2 & \sigma_1 & 1 & & \\ 3\sigma_3 & \sigma_2 & \sigma_1 & \ddots & \\ \vdots & \vdots & \vdots & \ddots & 1\\ k\sigma_k & \sigma_{k-1} & \sigma_{k-2} & \cdots & \sigma_1\end{vmatrix}.$$

（方法 2）对 k 作归纳法，只证第二个等式. $k=1$ 时，$\sigma_1=s_1$；$k=2$ 时，因为 $s_2=\sigma_1^2-2\sigma_2$，所以 $\sigma_2=\frac{1}{2}(s_1^2-s_2)=\frac{1}{2}\begin{vmatrix}s_1 & 1\\ s_2 & s_1\end{vmatrix}$，等式成立. 假设对所有阶数小于等于 $k-1$ 的行列式等式均成立，当阶数为 k 时，把右边的行列式按最后一行展开，得

$$右边=\frac{1}{k!}\left[(-1)^{k+1}s_k(k-1)!\ +\sum_{j=1}^{k-1}(-1)^{k+j+1}s_{k-j}M_{k-j}\right], \qquad ①$$

其中 M_{k-j} 是 s_{k-j} 的余子式，$1\leqslant j\leqslant k-1$. 利用归纳假设，有

$$M_{k-j}=\left|\begin{array}{ccccc|cccc} s_1 & 1 & & & & & & & \\ s_2 & s_1 & 2 & & & & & & \\ \vdots & \vdots & \ddots & \ddots & & & & & \\ s_{j-1} & s_{j-2} & \cdots & s_1 & j-1 & & & & \\ s_j & s_{j-1} & \cdots & s_2 & s_1 & & & & \\ \hline s_{j+1} & s_j & \cdots & s_3 & s_2 & j+1 & & & \\ s_{j+2} & s_{j+1} & \cdots & s_4 & s_3 & s_1 & j+2 & & \\ \vdots & \vdots & & \vdots & \vdots & \vdots & \ddots & \ddots & \\ s_{k-1} & s_{k-2} & \cdots & s_{k-j+2} & s_{k-j+1} & s_{k-j-1} & \cdots & s_1 & k-1 \end{array}\right|$$

$$=j!\sigma_j(j+1)(j+2)\cdots(k-1)=(k-1)!\ \sigma_j.$$

代入①式，并利用 Newton 公式，得

$$右边=\frac{(-1)^{k+1}}{k}\left[s_k+\sum_{j=1}^{k-1}(-1)^j s_{k-j}\sigma_j\right]=\sigma_k.$$

因此，对一切 $1\leqslant k\leqslant n$，等式成立.

【例 1.109】 计算多项式 $f(x)=x^9+x^7+x^3+x^2+x-1$ 的所有根的平方和、立方和及 9 次方的和.

【解】 设 $x_1,x_2,\cdots,x_9$ 是 $f(x)$ 的根，$s_k=x_1^k+x_2^k+\cdots+x_9^k$，$k=1,2,\cdots,9$，则容易知道

$$s_2=x_1^2+x_2^2+\cdots+x_9^2=\sigma_1^2-2\sigma_2,$$

$$s_3=x_1^3+x_2^3+\cdots+x_9^3=\sigma_1^3-3\sigma_1\sigma_2+3\sigma_3,$$

其中 $\sigma_1,\sigma_2,\cdots,\sigma_9$ 是 $x_1,x_2,\cdots,x_9$ 的初等对称多项式. 根据 Vieta 定理，知

$$\sigma_1=0,\sigma_2=1,\sigma_3=\sigma_4=\sigma_5=0,\sigma_6=1,\sigma_7=-1,\sigma_8=\sigma_9=1.$$

所以 $s_2=-2$，$s_3=0$.

注意到 $s_9+s_7+s_3+s_2+s_1-9=0$，即 $s_9+s_7=11$，为了求 s_9，只需求 s_7. 易知

$$s_7=x_1^7+x_2^7+\cdots+x_9^7=a\sigma_2^2\sigma_3+b\sigma_3\sigma_4+c\sigma_2\sigma_5+d\sigma_7,$$

其中 a,b,c,d 是待定系数（因 $\sigma_1=0$，已略去含有 σ_1 的单项式）. 取$(x_1,x_2,\cdots,x_9)$的特殊值

(注意必须满足条件 $\sigma_1=x_1+x_2+\cdots+x_9=0$)可解得 $a=7,b=-7,c=-7,d=7$. 因此

$$s_7=7\sigma_2^2\sigma_3-7\sigma_3\sigma_4-7\sigma_2\sigma_5+7\sigma_7=-7.$$

故 $s_9=11-s_7=18$.

【注】 本题若利用 Newton 公式求解,则简洁得多. 因为

$$\begin{aligned}s_7&=\sigma_1s_6-\sigma_2s_5+\sigma_3s_4-\sigma_4s_3+\sigma_5s_2-\sigma_6s_1+7\sigma_7\\&=-\sigma_2s_5+7\sigma_7=-s_5-7,\end{aligned}$$

所以需先求 s_5. 而

$$s_5=\sigma_1s_4-\sigma_2s_3+\sigma_3s_2-\sigma_4s_1+5\sigma_5=0,$$

因此 $s_9=11-s_7=11-(-7)=18$.

【例 1. 110】 设 $x_1,x_2,\cdots,x_n$ 是多项式 $f(x)=x^n+x^{n-1}+\cdots+x+1$ 的所有根,求 $\sum\limits_{1\leqslant i<j<k\leqslant n}x_i^3x_j^3x_k^3$ 的值,其中 $n>8$.

【解】 这里,$f(x_1,x_2,\cdots,x_n)=\sum\limits_{1\leqslant i<j<k\leqslant n}x_i^3x_j^3x_k^3$ 是9次齐次对称多项式,首项为 $x_1^3x_2^3x_3^3$,所以可作表如下:

可能的指数组(n 维向量)												对应的单项式
3	3	3	0	0	0	0	0	0	0	$\cdots$	0	σ_3^3
3	3	2	1	0	0	0	0	0	0	$\cdots$	0	$\sigma_2\sigma_3\sigma_4$
3	3	1	1	1	0	0	0	0	0	$\cdots$	0	$\sigma_2^2\sigma_5$
3	2	2	2	0	0	0	0	0	0	$\cdots$	0	$\sigma_1\sigma_4^2$
3	2	2	1	1	0	0	0	0	0	$\cdots$	0	$\sigma_1\sigma_3\sigma_5$
3	2	1	1	1	1	0	0	0	0	$\cdots$	0	$\sigma_1\sigma_2\sigma_6$
3	1	1	1	1	1	1	0	0	0	$\cdots$	0	$\sigma_1^2\sigma_7$
2	2	2	2	1	0	0	0	0	0	$\cdots$	0	$\sigma_4\sigma_5$
2	2	2	1	1	1	0	0	0	0	$\cdots$	0	$\sigma_3\sigma_6$
2	2	1	1	1	1	1	0	0	0	$\cdots$	0	$\sigma_2\sigma_7$
2	1	1	1	1	1	1	1	0	0	$\cdots$	0	$\sigma_1\sigma_8$
1	1	1	1	1	1	1	1	1	0	$\cdots$	0	σ_9

由此可设

$$\begin{aligned}F=\sigma_3^3+b_1\sigma_2\sigma_3\sigma_4+b_2\sigma_2^2\sigma_5+b_3\sigma_1\sigma_4^2+b_4\sigma_1\sigma_3\sigma_5+b_5\sigma_1\sigma_2\sigma_6+\\b_6\sigma_1^2\sigma_7+b_7\sigma_4\sigma_5+b_8\sigma_3\sigma_6+b_9\sigma_2\sigma_7+b_{10}\sigma_1\sigma_8+b_{11}\sigma_9,\end{aligned}$$

其中 $\sigma_1,\sigma_2,\cdots,\sigma_n$ 是关于 $x_1,x_2,\cdots,x_n$ 的 n 元初等对称多项式,$b_1,b_2,\cdots,b_{11}$ 是待定系数.

取$(x_1,x_2,\cdots,x_n)=(1,1,1,1,0,\cdots,0),(1,1,1,-1,0,\cdots,0)$,得

$$\begin{cases}6b_1+b_3=-15,\\b_3=3\end{cases}\Rightarrow\begin{cases}b_1=-3,\\b_3=3.\end{cases}$$

取$(x_1,x_2,\cdots,x_n)=(1,1,1,1,1,0,\cdots,0),(1,1,1,1,-1,0,\cdots,0),(1,1,1,-1,-1,0,\cdots,0)$,得

$$\begin{cases}20b_2+10b_4+b_7=27,\\-4b_2+6b_4+3b_7=-39,\\4b_2-2b_4+b_7=15\end{cases}\Rightarrow\begin{cases}b_2=3,\\b_4=-3,\\b_7=-3.\end{cases}$$

取$(x_1,x_2,\cdots,x_n)=(1,1,1,1,1,1,0,\cdots,0),(1,1,1,1,1,-1,0,\cdots,0)$,得

$$\begin{cases}9b_5+2b_8=-15,\\b_5=-3\end{cases}\Rightarrow\begin{cases}b_5=-3,\\b_8=6.\end{cases}$$

取$(x_1,x_2,\cdots,x_n)=(1,1,1,1,1,1,1,0,\cdots,0),(1,1,1,1,1,1,-1,0,\cdots,0)$,得

$$\begin{cases}7b_6+3b_9=12,\\25b_6+9b_9=48\end{cases}\Rightarrow\begin{cases}b_6=3,\\b_9=-3.\end{cases}$$

取$(x_1,x_2,\cdots,x_n)=(1,1,1,1,1,1,1,1,0,\cdots,0),(1,1,1,1,1,1,1,1,1,0,\cdots,0)$,得

$$b_{10}=-3,\quad b_{11}=3.$$

因此,有

$$\begin{aligned}F=\sigma_3^3+3(&-\sigma_2\sigma_3\sigma_4+\sigma_2^2\sigma_5+\sigma_1\sigma_4^2-\sigma_1\sigma_3\sigma_5-\sigma_1\sigma_2\sigma_6+\\&\sigma_1^2\sigma_7-\sigma_4\sigma_5+2\sigma_3\sigma_6-\sigma_2\sigma_7-\sigma_1\sigma_8+\sigma_9).\end{aligned}$$

当$x_1,x_2,\cdots,x_n$为$f(x)=x^n+x^{n-1}+\cdots+x+1$的根时,利用 Vieta 定理,知

$$\sigma_1=\sigma_3=\sigma_5=\sigma_7=\sigma_9=-1,$$
$$\sigma_2=\sigma_4=\sigma_6=\sigma_8=1.$$

于是

$$\begin{aligned}F&=(-1)^3+3[-(-1)+(-1)+(-1)-(-1)-(-1)-\\&\quad 1-(-1)+2(-1)-(-1)-(-1)+(-1)]\\&=-1.\end{aligned}$$

§1.6 综合性问题

【例 1.111】(大连理工大学,2007 年) 设$f(x)$,$g(x)$和$h(x)$都是实数域上的多项式.证明:如果$f^2(x)=xg^2(x)+xh^2(x)$,那么$f(x)=g(x)=h(x)=0$.

【证】 据题设,显然$g(x)=0$.因若不然,则可取$x_0<0$,使得$g(x_0)\neq0$,所以

$$f^2(x_0)=x_0g^2(x_0)+x_0h^2(x_0)\leqslant x_0g^2(x_0)<0,$$

而$f^2(x_0)\geqslant0$,矛盾.故$g(x)=0$.

同理,$h(x)=0$.因此,$f^2(x)=0$,从而有$f(x)=0$.

【例 1.112】(浙江大学,2016 年) 设$P[x]$是数域P上的一元多项式的全体,$f_1(x),f_2(x),\cdots,f_n(x)$和$g_1(x),g_2(x),\cdots,g_m(x)$是$P[x]$中的两组多项式,且它们生成的子空间相同.证明:

(1) $P[x]$不是该数域P上的有限维线性空间;

(2) $f_1(x),f_2(x),\cdots,f_n(x)$的最大公因子等于$g_1(x),g_2(x),\cdots,g_m(x)$的最大公因子.

【证】 这里,只证(2).据题设,子空间$L(f_1(x),f_2(x),\cdots,f_n(x))=L(g_1(x),g_2(x),\cdots,g_m(x))$,则对于$j=1,2,\cdots,m$,存在$k_{1j},k_{2j},\cdots,k_{nj}\in P$,使得

$$g_j(x)=k_{1j}f_1(x)+k_{2j}f_2(x)+\cdots+k_{nj}f_n(x).$$

设$d_1(x)$是$f_1(x),f_2(x),\cdots,f_n(x)$的首一最大公因子,则$d_1(x)\mid f_i(x)$,$i=1,2,\cdots,n$.根据上式可知$d_1(x)\mid g_j(x)$.如果$d_2(x)$是$g_1(x),g_2(x),\cdots,g_m(x)$的首一最大公因子,

那么 $d_1(x)\mid d_2(x)$.

同理,有 $d_2(x)\mid d_1(x)$. 因为 $d_1(x),d_2(x)$ 都是首一的,所以 $d_1(x)=d_2(x)$.

【例1.113】(西北大学,2014年)　求满足 $f(x^2)=f(x)f(x+1)$ 的非常数多项式 $f(x)$.

【解】　若 $\deg f(x)=0$,即 $f(x)=c$ 为常数,则由题设条件 $f(x^2)=f(x)f(x+1)$ 知 $c=c^2$,故 $c=0$ 或 1. 所以 $f(x)=0$ 或 $f(x)=1$. 下面考虑 $\deg f(x)\geqslant 1$ 的情形.

设 α 是 $f(x)$ 的根,即 $f(\alpha)=0$,则

$$f(\alpha^2)=f(\alpha)f(\alpha+1)=0,\quad f(\alpha^4)=f(\alpha^2)f(\alpha^2+1)=0,\quad \cdots$$

这就表明 $\alpha^2,\alpha^4,\alpha^8,\cdots$,都是 $f(x)$ 的根. 于是,存在正整数 $j,k(j\neq k)$ 使得 $\alpha^{2j}=\alpha^{2k}$. 所以 $\alpha=0$ 或 $|\alpha|=1$,即 α 是单位根. 另一方面,因为

$$f((\alpha-1)^2)=f(\alpha-1)f(\alpha)=0,$$

所以 $(\alpha-1)^2,(\alpha-1)^4,\cdots$ 也都是 $f(x)$ 的根. 同理可知,$|\alpha-1|=0$ 或 1.

如果 $f(x)$ 仅有零根,那么 $f(x)=x^n$. 此与题设条件 $f(x^2)=f(x)f(x+1)$ 矛盾. 所以 $f(x)$ 必有非零根 $\alpha\neq 0$. 显然 $\alpha\neq -1$,因若不然,则 $\alpha-1=-2$ 不是单位根,矛盾. 又若 $\alpha\neq 1$,可令 $\alpha=\cos\theta+\mathrm{i}\sin\theta$,则由 $|\alpha-1|=1$,得 $\theta=\dfrac{\pi}{3}$ 或 $\dfrac{5\pi}{3}$,所以 $\alpha=\dfrac{1}{2}\pm\mathrm{i}\dfrac{\sqrt{3}}{2}$. 但 α^2 也是 $f(x)$ 的根,而

$$|\alpha^2-1|^2=\left(-\frac{1}{2}-1\right)^2+\frac{3}{4}=3,$$

与 $|\alpha^2-1|=0$ 或 1 矛盾. 因此 $f(x)$ 的根仅有 0 和 1,故可设 $f(x)=ax^m(x-1)^n$. 代入题设等式,可得 $a=1,m=n$. 所以 $f(x)=x^n(x-1)^n$.

综合上述,所求多项式为 $f(x)=x^n(x-1)^n$.

【例1.114】(北京邮电大学,2004年;华东师范大学,2015年)　证明下面的方程组在复数域内只有零解:

$$\begin{cases}x_1+x_2+\cdots+x_n=0,\\ x_1^2+x_2^2+\cdots+x_n^2=0,\\ \cdots\cdots\cdots\cdots\\ x_1^n+x_2^n+\cdots+x_n^n=0.\end{cases}$$

【证】　设 $(x_1,x_2,\cdots,x_n)$ 是方程组在复数域内的任一解,考虑 n 次多项式

$$f(x)=(x-x_1)(x-x_2)\cdots(x-x_n)=x^n-\sigma_1x^{n-1}+\cdots+(-1)^n\sigma_n,$$

其中 $\sigma_1,\sigma_2,\cdots,\sigma_n$ 是 $x_1,x_2,\cdots,x_n$ 的初等对称多项式. 令

$$s_k=x_1^k+x_2^k+\cdots+x_n^k(k=0,1,2,\cdots),$$

则 $s_1=s_2=\cdots=s_n=0$. 对于 $1\leqslant k\leqslant n$,利用 Newton 公式

$$s_k-\sigma_1s_{k-1}+\sigma_2s_{k-2}+\cdots+(-1)^{k-1}\sigma_{k-1}s_1+(-1)^kk\sigma_k=0,$$

可得 $\sigma_k=0$,因此 $f(x)=x^n$,即 $f(x)$ 的根 $x_1=x_2=\cdots=x_n=0$. 故所给方程组只有零解.

【例1.115】　将 $(x+y+xy)(y+z+yz)(z+x+zx)+xyz$ 分解因式.

【解】　将题设式子展开,对于每一个齐次分量,分别用初等对称多项式的多项式表示为

$$x^2y^2z^2=\sigma_3^2;$$
$$2(x^2y^2z+x^2yz^2+xy^2z^2)=2xyz(xy+yz+zx)=2\sigma_2\sigma_3;$$
$$x^2y^2+y^2z^2+z^2x^2+3(x^2yz+xy^2z+xyz^2)=\sigma_2^2+\sigma_1\sigma_3;$$
$$x^2y+y^2z+z^2x+xy^2+yz^2+zx^2+3xyz=\sigma_1\sigma_2.$$

因此,有

$$\begin{aligned}\text{原式}&=\sigma_3^2+2\sigma_2\sigma_3+\sigma_2^2+\sigma_1\sigma_3+\sigma_1\sigma_2=(\sigma_2+\sigma_3)(\sigma_1+\sigma_2+\sigma_3)\\&=(xy+yz+zx+xyz)(x+y+z+xy+yz+zx+xyz).\end{aligned}$$

【例 1.116】(四川大学,2011 年) 设数域 F,S 满足 $F\subset S$,$f(x)$ 为 F 上的 n 次多项式,$f(x)$ 在 S 上有 n 个根 $x_i(1\leqslant i\leqslant n)$,则 $\prod\limits_{1\leqslant i<j\leqslant n}(x_i-x_j)^2\in F$.

【证】 设 $f(x)=a_0x^n+a_1x^{n-1}+\cdots+a_{n-1}x+a_n$,其中 $a_i\in F(0\leqslant i\leqslant n)$,$a_0\neq 0$. 又设 $\sigma_1,\sigma_2,\cdots,\sigma_n$ 是关于 $x_1,x_2,\cdots,x_n$ 的初等对称多项式,根据 Vieta 定理,$\sigma_i=(-1)^i\dfrac{a_i}{a_0}$,$i=1,2,\cdots,n$.

另一方面,存在数域 F 上的 n 元多项式 g,使得 $f(x)$ 的判别式 $D(f)$ 可表示为

$$D(f)=a_0^{2n-2}\prod_{1\leqslant i<j\leqslant n}(x_i-x_j)^2=g(\sigma_1,\sigma_2,\cdots,\sigma_n).$$

所以

$$\prod_{1\leqslant i<j\leqslant n}(x_i-x_j)^2=\frac{1}{a_0^{2n-2}}g\left(-\frac{a_1}{a_0},\frac{a_2}{a_0},\cdots,(-1)^n\frac{a_n}{a_0}\right)\in F.$$

【例 1.117】(北京大学,2012 年) 设 $x_1,x_2,\cdots,x_n$ 是 n 次有理系数多项式 $f(x)$ 在复数域上的全部根,对任意有理系数多项式 $g(x)$,问 $\prod\limits_{i=1}^{n}g(x_i)$ 是否一定为有理数?证明你的结论.

【解】 是. 这是因为,$\prod\limits_{i=1}^{n}g(x_i)$ 展开后必为有理数域$\mathbb{Q}$上的若干个关于 $x_1,x_2,\cdots,x_n$ 的 n 元齐次对称多项式 $f_j(x_1,x_2,\cdots,x_n)$ 之和,再对其中每一项 $f_j(x_1,x_2,\cdots,x_n)$ 按上例的方法论述即可.

【例 1.118】 某化工厂计划每年的排污量比上一年减少一个相同的比率,使未来四年的总排污量等于其中第一年排污量的 $\dfrac{40}{27}$ 倍. 请你算一算,该化工厂排污量每年减少的比率是多少?

【解】 设该化工厂排污量每年减少的比率为 x,第一年的排污量为 a,根据题意,得

$$a+a(1-x)+a(1-x)^2+a(1-x)^3=\frac{40}{27}a.$$

令 $y=1-x$,并约去 a,则上述方程可化为

$$27y^3+27y^2+27y-13=0.$$

易知,方程的有理根为 $y=\dfrac{1}{3}$,而另外两根为一对共轭虚根. 于是,有 $x=1-y=\dfrac{2}{3}$.

因此,该化工厂排污量每年减少的比率为 $\dfrac{2}{3}$.

【注】 在确定整系数多项式$f(x)$的有理根时,可参考如下的一般方法和步骤:

(1) 根据$f(x)$的首项系数a_n和常数项a_0,列出$f(x)$的所有可能的有理根$\frac{q}{p}$,其中p是a_n的正因子,q是a_0的因子,且p与q互素;

(2) 计算$\frac{f(1)}{p-q}$与$\frac{f(-1)}{p+q}$,去除不能使$\frac{f(1)}{p-q}$与$\frac{f(-1)}{p+q}$同为整数的$\frac{q}{p}$(见本章练习1.56);

(3) 对余下的有理数$\frac{q}{p}$,利用综合除法逐一验证.

【例1.119】(华东师范大学,2009年) 设$f(x)=(x-a_1)(x-a_2)(x-a_3)(x-a_4)+1$,其中$a_i$为整数($1\leqslant i\leqslant 4$),且$a_1<a_2<a_3<a_4$. 证明:$f(x)$在有理数域上可约当且仅当$a_4-a_1=3$.

【证】 设$f(x)$在$\mathbb{Q}$上可约,则$f(x)=g(x)h(x)$, 其中$g(x),h(x)\in\mathbb{Z}[x]$,且$0<\deg g,\deg h<4$. 由$f(a_j)=1$,知$g(a_j)=h(a_j)$,$1\leqslant j\leqslant 4$. 从而$g(x)=h(x)$,故$f(x)=[g(x)]^2$,即

$$(x-a_1)(x-a_2)(x-a_3)(x-a_4)=[g(x)+1][g(x)-1].$$

根据因式分解的唯一性,并注意到$a_1<a_2<a_3<a_4$,可得

$$g(x)-1=(x-a_1)(x-a_4),$$
$$g(x)+1=(x-a_2)(x-a_3).$$

两式相减,得

$$(x-a_2)(x-a_3)-(x-a_1)(x-a_4)=2.$$

现在,比较上式两边的系数,得

$$a_2+a_3=a_1+a_4,\quad a_2a_3-a_1a_4=2.$$

由此解得$a_3-a_1=2$,$a_4-a_3=1$. 所以$a_4-a_1=3$.

反之,若$a_4-a_1=3$,则$a_2-a_1=1$,$a_3-a_1=2$. 于是

$$f(x)=(x-a_1)(x-a_1-1)(x-a_1-2)(x-a_1-3)+1.$$

记$y=x-a_1-1$,则

$$\begin{aligned}f(x)&=(y+1)y(y-1)(y-2)+1=(y^2-y)(y^2-y-2)+1\\&=(y^2-y-1)^2=[(x-a_1-1)^2-x+a_1]^2.\end{aligned}$$

【例1.120】(南京大学,2002年) 设线性方程组

$$\begin{cases}a_1^{n-1}x_1+a_1^{n-2}x_2+\cdots+a_1x_{n-1}+x_n=-a_1^n,\\a_2^{n-1}x_1+a_2^{n-2}x_2+\cdots+a_2x_{n-1}+x_n=-a_2^n,\\\cdots\cdots\cdots\cdots\\a_n^{n-1}x_1+a_n^{n-2}x_2+\cdots+a_nx_{n-1}+x_n=-a_n^n,\end{cases}$$

其中$a_1,a_2,\cdots,a_n$为互不相等的数.

(1) 证明这个方程组有唯一解;

(2) 求出这个方程组的唯一解.

【解】 (1) 方程组的系数行列式为

$$D=\begin{vmatrix} a_1^{n-1} & a_1^{n-2} & \cdots & a_1 & 1 \\ a_2^{n-1} & a_2^{n-2} & \cdots & a_2 & 1 \\ \vdots & \vdots & & \vdots & \vdots \\ a_n^{n-1} & a_n^{n-2} & \cdots & a_n & 1 \end{vmatrix},$$

经过列与列的对调,化为一个 n 阶 Vandermonde 行列式. 由题设 $a_1,a_2,\cdots,a_n$ 互不相等,所以

$$D=(-1)^{\frac{1}{2}n(n-1)}\begin{vmatrix} 1 & a_1 & \cdots & a_1^{n-2} & a_1^{n-1} \\ 1 & a_2 & \cdots & a_2^{n-2} & a_2^{n-1} \\ \vdots & \vdots & & \vdots & \vdots \\ 1 & a_n & \cdots & a_n^{n-2} & a_n^{n-1} \end{vmatrix}=(-1)^{\frac{1}{2}n(n-1)}\prod_{1\leqslant j<i\leqslant n}(a_i-a_j)\neq 0.$$

根据 Cramer 法则,方程组有唯一解.

(2) 设方程组的唯一解为 $(x_1,x_2,\cdots,x_n)$,那么 $a_1,a_2,\cdots,a_n$ 是一元 n 次方程

$$\lambda^n+x_1\lambda^{n-1}+\cdots+x_{n-1}\lambda+x_n=0$$

的 n 个互不相同的根. 再根据 Vieta 定理,得

$$\begin{cases} x_1=-(a_1+a_2+\cdots+a_n), \\ x_2=(-1)^2(a_1a_2+a_1a_3+\cdots+a_1a_n+a_2a_3+\cdots+a_{n-1}a_n), \\ \cdots\cdots\cdots\cdots \\ x_n=(-1)^n a_1a_2\cdots a_n. \end{cases}$$

【例 1.121】(北京大学,2007 年) 设 n 阶复方阵 $\boldsymbol{A}$ 满足:对于任意正整数 k,都有 $\operatorname{tr}(\boldsymbol{A}^k)=0$. 求 $\boldsymbol{A}$ 的特征值.

【解】 设 $\lambda_1,\lambda_2,\cdots,\lambda_n$ 是 $\boldsymbol{A}$ 的全部特征值,则 $\boldsymbol{A}$ 的特征多项式为

$$\Delta(\lambda)=(\lambda-\lambda_1)(\lambda-\lambda_2)\cdots(\lambda-\lambda_n)=\lambda^n-\sigma_1\lambda^{n-1}+\cdots+(-1)^n\sigma_n,$$

其中 σ_j 是 $\lambda_1,\lambda_2,\cdots,\lambda_n$ 的 j 次初等对称多项式($1\leqslant j\leqslant n$).

因为 $\lambda_1^k,\lambda_2^k,\cdots,\lambda_n^k$ 是 $\boldsymbol{A}^k$ 的全部特征值,所以

$$s_k=\lambda_1^k+\lambda_2^k+\cdots+\lambda_n^k=\operatorname{tr}(\boldsymbol{A}^k)=0,\quad \forall k\in\mathbb{Z}_+.$$

对于 $1\leqslant k\leqslant n$,利用 Newton 公式

$$s_k-\sigma_1s_{k-1}+\sigma_2s_{k-2}+\cdots+(-1)^{k-1}\sigma_{k-1}s_1+(-1)^k k\sigma_k=0,$$

可得 $\sigma_k=0$,从而有 $\Delta(\lambda)=\lambda^n$. 因此,$\boldsymbol{A}$ 的特征值 $\lambda_1=\lambda_2=\cdots=\lambda_n=0$.

【例 1.122】 设 $P[x]$ 为数域 P 上的一元多项式环,α 为一复数,令

$$M=\{f(\alpha)\mid f(x)\in P[x]\}.$$

证明:M 为数域的充分必要条件是 α 为 $P[x]$ 中某个不可约多项式的根.

【证】 必要性. 设 M 为数域,任取 $f(x)\in P[x]$,$\deg f(x)\geqslant 1$,$f(x)$ 的标准分解式为

$$f(x)=ap_1(x)^{r_1}p_2(x)^{r_2}\cdots p_s(x)^{r_s},$$

其中 $p_1(x),p_2(x),\cdots,p_s(x)\in P[x]$ 是两两互异的首一不可约多项式,$r_1,r_2,\cdots,r_s\geqslant 1$.

若 $f(\alpha)=0$,则存在某个 $p_i(x)\in P[x]$ 使得 $p_i(\alpha)=0$,即 α 为不可约多项式 $p_i(x)$ 的根.

若 $f(\alpha)\neq 0$,则 $\dfrac{1}{f(\alpha)}\in M$,故存在 $g(x)\in P[x]$ 使得 $g(\alpha)=\dfrac{1}{f(\alpha)}$. 令 $h(x)=f(x)g(x)-1$,

则 $\deg h(x)\geqslant 1$ 且 $h(\alpha)=0$. 根据上述已证得的情形,α 为 $P[x]$ 中某个不可约多项式的根.

充分性. 设 α 为不可约多项式 $p(x)\in P[x]$ 的根,下证 M 为数域. 取 $f(x)=0,1\in P[x]$,则 $f(\alpha)=0,1\in M$. 又 M 显然对加、减、乘法运算封闭,故只需证 M 对除法运算封闭.

对任意 $f(\alpha),g(\alpha)\in M,f(\alpha)\neq 0$,由于 $p(x)$ 不可约,可知 $(p(x),f(x))=1$,故存在 $u(x),v(x)\in P[x]$ 使得

$$u(x)p(x)+v(x)f(x)=1.$$

将 α 代入上式,得 $v(\alpha)f(\alpha)=1$. 注意到 $v(\alpha)\in M$,因此 $\dfrac{g(\alpha)}{f(\alpha)}=g(\alpha)v(\alpha)\in M$. 故 M 为数域.

【例 1.123】 设本原多项式 $f(x)$ 在有理数域 $\mathbb{Q}$ 上不可约. 证明:$f(x^2)$ 在 $\mathbb{Q}$ 上可约的充分必要条件是存在整数 $k\neq 0$ 及整系数多项式 $g(x)$ 和 $h(x)$,使得 $kf(x)=g^2(x)-xh^2(x)$.

【证】 充分性显然,只证必要性. 设 $f(x^2)$ 在 $\mathbb{Q}$ 上可约,则存在不可约多项式 $p(x)\in\mathbb{Z}[x]$ 使得 $p(x)\mid f(x^2)$,从而 $p(-x)\mid f(x^2)$.

如果 $(p(x),p(-x))=1$,那么 $p(x)p(-x)\mid f(x^2)$. 令 $p(x)=g(x^2)+xh(x^2)$,其中 $g(x),h(x)\in\mathbb{Z}[x]$,则 $p(x)p(-x)=g^2(x^2)-x^2h^2(x^2)$,所以 $g^2(x)-xh^2(x)\mid f(x)$. 注意到 $f(x)$ 是本原的且不可约,所以 $f(x)=\pm[g^2(x)-xh^2(x)]$.

如果 $(p(x),p(-x))\neq 1$,那么由 $p(x)$ 不可约有 $p(x)\mid p(-x)$. 但 $\deg p(x)=\deg p(-x)$,所以 $p(x)=\pm p(-x)$. 下面再分两种情形讨论:

(Ⅰ)$p(x)=p(-x)$. 此时,必有 $p(x)=g(x^2)$,故 $g(x)\mid f(x)$. 但 $f(x)$ 是本原的且不可约,所以 $f(x)=\pm g(x)$. 由此得 $f(x^2)=\pm p(x)$ 是不可约的,矛盾.

(Ⅱ)$p(x)=-p(-x)$. 此时,必有 $p(x)=xh(x^2)$. 但 $p(x)$ 不可约,只能有 $h(x^2)=a$(非零整数). 故 $p(x)=ax\mid f(x^2)$. 由此说明 $x\mid f(x)$. 仍由 $f(x)$ 是本原的且不可约,得 $f(x)=\mp x=\pm[g^2(x)-xh^2(x)]$,其中 $g(x)=0,h(x)=1$.

综上所述,得 $kf(x)=g^2(x)-xh^2(x)$,其中 $k=\pm 1$. 必要性得证.

【例 1.124】(北京大学,2007 年) 把实数域 $\mathbb{R}$ 看成有理数域 $\mathbb{Q}$ 上的线性空间,$b=p^3q^2r$,这里的 $p,q,r\in\mathbb{Q}$ 是互不相同的素数. 判断向量组 $1,\sqrt[n]{b},\sqrt[n]{b^2},\cdots,\sqrt[n]{b^{n-1}}$ 是否线性相关? 说明理由.

【解】 向量组 $1,\sqrt[n]{b},\sqrt[n]{b^2},\cdots,\sqrt[n]{b^{n-1}}$ 是线性无关的,可用反证法证之. 若不然,则存在不全为零的 $k_0,k_1,k_2,\cdots,k_{n-1}\in\mathbb{Q}$,使得

$$k_0\cdot 1+k_1\sqrt[n]{b}+k_2\sqrt[n]{b^2}+\cdots+k_{n-1}\sqrt[n]{b^{n-1}}=0.$$

令

$$f(x)=k_{n-1}x^{n-1}+\cdots+k_1x+k_0,$$

则 $f(x)\in\mathbb{Q}[x]$,$1\leqslant\deg f(x)\leqslant n-1$,且 $x=\sqrt[n]{b}$ 是 $f(x)$ 的一个根.

另一方面,对于多项式 $g(x)=x^n-b$,有 $g(\sqrt[n]{b})=0$. 取素数 r,利用 Eisenstein 判别法,易知 $g(x)$ 在有理数域 $\mathbb{Q}$ 上不可约.

注意到不可约多项式与任一多项式或者整除或者互素,而 $g(x)\nmid f(x)$,所以 $(g(x),f(x))=1$,故存在 $u(x),v(x)\in\mathbb{Q}[x]$,使得

$$u(x)g(x)+v(x)f(x)=1.$$

把 $x=\sqrt[n]{b}$ 代入上式,得 $0=1$. 矛盾.

因此,向量组 $1,\sqrt[n]{b},\sqrt[n]{b^2},\cdots,\sqrt[n]{b^{n-1}}$ 在有理数域$\mathbb{Q}$ 上是线性无关的.

【注】 本题即证明了:实数域$\mathbb{R}$ 作为有理数域$\mathbb{Q}$ 上的线性空间是无限维的.

【例 1.125】 设$f(x),g(x)\in\mathbb{Z}[x]$都是整系数首一多项式,且在复数域上可分解为

$$f(x)=\prod_{i=1}^{m}(x-a_i),\quad g(x)=\prod_{i=1}^{n}(x-b_i).$$

证明:若存在 $u(x),v(x)\in\mathbb{Z}[x]$,使得$f(x)u(x)+g(x)v(x)=1$,则$\left|\prod_{i=1}^{m}\prod_{j=1}^{n}(a_i-b_j)\right|=1$.

【证】 一般地,考虑任一整系数多项式 $p(x)\in\mathbb{Z}[x]$,对整系数 m 元对称多项式

$$q(x_1,x_2,\cdots,x_m)=\prod_{i=1}^{m}p(x_i)\in\mathbb{Z}[x_1,x_2,\cdots,x_m],$$

利用基本定理,存在 $\varphi\in\mathbb{Z}[x_1,x_2,\cdots,x_m]$,使得

$$q(x_1,x_2,\cdots,x_m)=\varphi(\sigma_1,\sigma_2,\cdots,\sigma_m),$$

其中 $\sigma_1,\sigma_2,\cdots,\sigma_m$ 是 m 元初等对称多项式. 根据 Vieta 定理,知

$$f(x)=x^m-c_1x^{m-1}+\cdots+(-1)^mc_m,$$

且 $q(a_1,a_2,\cdots,a_m)=\varphi(c_1,c_2,\cdots,c_m)$. 因为$f(x)$的系数 $c_1,c_2,\cdots,c_m\in\mathbb{Z}$,所以 $\prod_{i=1}^{m}p(a_i)\in\mathbb{Z}$.

另一方面,由$f(x)u(x)+g(x)v(x)=1$ 得,$g(a_i)v(a_i)=1,i=1,2,\cdots,m$,所以

$$\prod_{i=1}^{m}g(a_i)\prod_{i=1}^{m}v(a_i)=1.$$

据前述结论知 $\prod_{i=1}^{m}g(a_i)$,$\prod_{i=1}^{m}v(a_i)$ 均为整数,因此 $\prod_{i=1}^{m}g(a_i)=\pm1$ 即$\left|\prod_{i=1}^{m}\prod_{j=1}^{n}(a_i-b_j)\right|=1$.

【例 1.126】 设$f_1(x),f_2(x),\cdots,f_n(x)\in\mathbb{R}[x]$是 $n(\geqslant2)$个非零实系数多项式,且

$$(f_1(x),f_2(x),\cdots,f_n(x))=1.$$

证明:存在 $n(n-1)$个多项式 $a_{ij}(x)\in\mathbb{R}[x]$,$2\leqslant i\leqslant n,1\leqslant j\leqslant n$,使得

$$\begin{vmatrix} f_1(x) & f_2(x) & \cdots & f_n(x)\\ a_{21}(x) & a_{22}(x) & \cdots & a_{2n}(x)\\ \vdots & \vdots & & \vdots\\ a_{n1}(x) & a_{n2}(x) & \cdots & a_{nn}(x)\end{vmatrix}=1.$$

【证】 对 n 用数学归纳法.

当 $n=2$ 时,由于$(f_1(x),f_2(x))=1$,所以存在 $u_1(x),u_2(x)\in\mathbb{R}[x]$,使得

$$u_1(x)f_1(x)+u_2(x)f_2(x)=1,$$

取 $a_{21}(x)=-u_2(x),a_{22}(x)=u_1(x)$,则

$$\begin{vmatrix} f_1(x) & f_2(x)\\ a_{21}(x) & a_{22}(x)\end{vmatrix}=\begin{vmatrix} f_1(x) & f_2(x)\\ -u_2(x) & u_1(x)\end{vmatrix}=1,$$

结论成立. 假设 $n=k$ 时,结论成立,即如果

$$(f_1(x),f_2(x),\cdots,f_k(x))=1,$$

则存在 $k(k-1)$ 个多项式 $a_{ij}(x)\in\mathbb{R}[x]$,$2\leqslant i\leqslant k,1\leqslant j\leqslant k$,使得

$$\begin{vmatrix} f_1(x) & f_2(x) & \cdots & f_k(x) \\ a_{21}(x) & a_{22}(x) & \cdots & a_{2k}(x) \\ \vdots & \vdots & & \vdots \\ a_{k1}(x) & a_{k2}(x) & \cdots & a_{kk}(x) \end{vmatrix}=1.$$

令上式左端的行列式中 $f_j(x)$ 的代数余子式为 $A_j(x)$,$j=1,2,\cdots,k$,把行列式按第一行展开,得

$$\sum_{j=1}^{k}f_j(x)A_j(x)=1, \qquad ①$$

由此说明,

$$(A_1(x),A_2(x),\cdots,A_k(x))=1. \qquad ②$$

当 $n=k+1$ 时,设 $f_1(x),f_2(x),\cdots,f_k(x),f_{k+1}(x)$ 满足

$$(f_1(x),f_2(x),\cdots,f_k(x),f_{k+1}(x))=1,$$

记 $d(x)=(f_1(x),f_2(x),\cdots,f_k(x))$,则 $(d(x),f_{k+1}(x))=1$. 对 $g_j(x)=\dfrac{f_j(x)}{d(x)}$,$j=1,2,\cdots,k$ 利用归纳假设,此时①式为 $\sum\limits_{j=1}^{k}f_j(x)A_j(x)=d(x)$,而根据②式可得

$$(A_1(x)f_{k+1}(x),A_2(x)f_{k+1}(x),\cdots,A_k(x)f_{k+1}(x),d(x))=1. \qquad ③$$

若 $(f_1(x),f_2(x),\cdots,f_k(x))=1$,则对 $f_1(x),f_2(x),\cdots,f_k(x)$ 利用归纳假设,并记 $\sum\limits_{j=1}^{k}f_j(x)A_j(x)=d(x)$,此时仍有③式. 于是存在 $b_j(x)\in\mathbb{R}[x]$,$j=1,2,\cdots,k+1$,使得

$$\sum_{j=1}^{k}b_j(x)A_j(x)f_{k+1}(x)+b_{k+1}(x)d(x)=1.$$

现在令 $a_{k+1,j}(x)=-b_j(x)(j=1,2,\cdots,k)$,$a_{k+1,k+1}(x)=b_{k+1}(x)$,$a_{i,k+1}(x)=0(i=2,3,\cdots,k)$,于是有(先按最后一列,再按最后一行展开)

$$\begin{vmatrix} f_1(x) & f_2(x) & \cdots & f_k(x) & f_{k+1}(x) \\ a_{21}(x) & a_{22}(x) & \cdots & a_{2k}(x) & a_{2,k+1}(x) \\ \vdots & \vdots & & \vdots & \vdots \\ a_{k1}(x) & a_{k2}(x) & \cdots & a_{kk}(x) & a_{k,k+1}(x) \\ a_{k+1,1}(x) & a_{k+1,2}(x) & \cdots & a_{k+1,k}(x) & a_{k+1,k+1}(x) \end{vmatrix}$$

$$=f_{k+1}(x)\sum_{j=1}^{k}b_j(x)A_j(x)+b_{k+1}(x)d(x)=1.$$

故当 $n=k+1$ 时,结论成立. 根据归纳法原理,命题得证.

【例 1.127】(四川大学,2009 年) 证明:数域 F 上的任意一个 n 元多项式都可以表示成一次齐次多项式方幂的线性组合.

【证】 对 n 作归纳法. 当 $n=2$ 时,$f(x_1,x_2)=\sum\limits_{n_1,n_2}a_{n_1,n_2}x_1^{n_1}x_2^{n_2}$,只需对其中的任一单项式,

不妨简记为 $x^r y^s$(无需考虑系数),证明结论成立. 为此,可设

$$x^r y^s = k_0(x+y)^{r+s} + k_1(x+2y)^{r+s} + \cdots + k_s[x+(s+1)y]^{r+s}. \qquad ①$$

将等式右边展开,比较可知,①式成立当且仅当下述线性方程组有解:

$$\begin{cases} k_0 + k_1 + \cdots + k_s = 0, \\ k_0 + 2k_1 + \cdots + (s+1)k_s = 0, \\ \cdots\cdots\cdots\cdots \\ k_0 + 2^s k_1 + \cdots + (s+1)^s k_s = \dfrac{1}{C_{r+s}^s}. \end{cases}$$

显然,其系数行列式不为零. 根据 Cramer 法则,上述方程组有唯一解. 故 $n=2$ 时结论成立.

假设对变量个数 $\leqslant n-1$ 的多项式结论成立. 对于 n 元多项式 $f(x_1,x_2,\cdots,x_n)$,我们有

$$f(x_1,x_2,\cdots,x_n) = \sum_s f_s(x_1,x_2,\cdots,x_{n-1})x_n^s, \qquad ②$$

其中 $f_s(x_1,x_2,\cdots,x_{n-1})$ 是变量个数不超过 $n-1$ 的多项式. 根据归纳假设,可用一次齐次多项式方幂的线性组合表示为

$$f_s(x_1,x_2,\cdots,x_{n-1}) = \sum_r a_{rs}(c_{s1}x_1 + c_{s2}x_2 + \cdots + c_{s,n-1}x_{n-1})^r,$$

代入②式,得

$$f(x_1,x_2,\cdots,x_n) = \sum_s \sum_r a_{rs}(c_{s1}x_1 + c_{s2}x_2 + \cdots + c_{s,n-1}x_{n-1})^r x_n^s. \qquad ③$$

将上式右端的每一个括号视为一个变量,记为 z_s,对二元单项式 $z_s^r x_n^s$ 利用已证明的事实,有

$$z_s^r x_n^s = k_0(z_s + x_n)^{r+s} + k_1(z_s + 2x_n)^{r+s} + \cdots + k_s[z_s + (s+1)x_n]^{r+s}.$$

代入③式右端,即为 $x_1,x_2,\cdots,x_n$ 的一次齐次式方幂的线性组合. 因此,命题得证.

【例 1.128】(中国剩余定理) 设 $p_1(x),p_2(x),\cdots,p_n(x)\in K[x]$ 是 n 个两两互素的多项式,$g_1(x),g_2(x),\cdots,g_n(x)\in K[x]$ 是任意 n 个多项式,则存在 $f(x)\in K[x]$ 使得

$$\begin{cases} f(x) \equiv g_1(x) \pmod{p_1(x)}, \\ f(x) \equiv g_2(x) \pmod{p_2(x)}, \\ \cdots\cdots\cdots\cdots \\ f(x) \equiv g_n(x) \pmod{p_n(x)}. \end{cases}$$

【证】 先证对每个 $1\leqslant i\leqslant n$,存在 $f_i(x)\in K[x]$ 使得 $f_i(x)$ 可被 $p_j(x)\,(j\neq i)$ 整除但被 $p_i(x)$ 除的余数为 1,亦即

$$\begin{cases} f_i(x) \equiv 0 \pmod{p_j(x)}, \\ f_i(x) \equiv 1 \pmod{p_i(x)}. \end{cases} \qquad ①$$

为此,记 $\varphi_i(x) = \prod\limits_{1\leqslant j\leqslant n, j\neq i} p_j(x)$,由于 $p_i(x)$ 与每个 $p_j(x)\,(j\neq i)$ 都互素,所以 $p_i(x)$ 与它们的乘积 $\varphi_i(x)$ 也互素. 故存在 $u_i(x)\in K[x]$ 使得

$$u_i(x)\varphi_i(x) \equiv 1 \pmod{p_i(x)}.$$

令 $f_i(x)=u_i(x)\varphi_i(x)$,则 $f_i(x)$ 满足①式.

现在,取 $f(x) = \sum\limits_{i=1}^{n} g_i(x)f_i(x)$,则对每个 $1\leqslant i\leqslant n$,有

$$f(x)\equiv g_i(x)\quad(\bmod p_i(x)).$$

【注】 同理可证:设 $a_1,a_2,\cdots,a_n$ 是 n 个两两互异的实数,$b_1,b_2,\cdots,b_n$ 是 n 个任意实数,则使得 $f(a_i)=b_i(1\leqslant i\leqslant n)$ 且次数不超过 $n-1$ 的唯一的多项式 $f(x)\in\mathbb{R}[x]$ 为

$$f(x)=\sum_{i=1}^{n}b_i\prod_{1\leqslant j\leqslant n,j\neq i}\frac{x-a_j}{a_i-a_j}.$$

这个多项式称为 Lagrange 插值多项式.(**中国科学院,2003 年;湘潭大学,2014 年**)

【例 1.129】 证明:$\sum\limits_{k=1}^{n}\cot^2\dfrac{k\pi}{2n+1}=\dfrac{n(2n-1)}{3}$,其中 n 为任意正整数.

【证】 利用 de Moivre 公式:$(\cos\alpha+\mathrm{i}\sin\alpha)^m=\cos m\alpha+\mathrm{i}\sin m\alpha$,及 Newton 二项式定理,将左边展开并比较等式两边的虚部系数(考虑 $m=2n+1$),得

$$\sin m\alpha=\sum_{p=0}^{n}\mathrm{C}_m^{2p+1}(-1)^p\cos^{m-2p-1}\alpha\sin^{2p+1}\alpha,$$

其中 C_m^{2p+1} 为组合数. 取 $\alpha=\dfrac{k\pi}{2n+1},k=1,2,\cdots,n$,则 $\sin\alpha\neq0$. 将上式两边除以 $\sin^{2n+1}\alpha$,得

$$\sum_{p=0}^{n}\mathrm{C}_{2n+1}^{2p+1}(-1)^p(\cot^2\alpha)^{n-p}=0.$$

这就是说,$\cot^2\dfrac{k\pi}{2n+1},k=1,2,\cdots,n$ 是方程

$$\mathrm{C}_{2n+1}^{1}x^n-\mathrm{C}_{2n+1}^{3}x^{n-1}+\cdots+(-1)^n\mathrm{C}_{2n+1}^{2n+1}=0$$

的 n 个根. 根据 Vieta 定理(即根与系数的关系),得

$$\sum_{k=1}^{n}\cot^2\frac{k\pi}{2n+1}=\frac{\mathrm{C}_{2n+1}^{3}}{\mathrm{C}_{2n+1}^{1}}=\frac{n(2n-1)}{3}.$$

【例 1.130】 证明多项式 $f(x)=\alpha_1x^{p_1}+\alpha_2x^{p_2}+\cdots+\alpha_kx^{p_k}$ 的每一个不等于零的 $k-1$ 重根都满足方程

$$\alpha_1x^{p_1}\varphi'(p_1)=\alpha_2x^{p_2}\varphi'(p_2)=\cdots=\alpha_kx^{p_k}\varphi'(p_k),$$

其中 $\varphi(t)=(t-p_1)(t-p_2)\cdots(t-p_k)$. 反之,满足上述方程的都一定是 $f(x)$ 的 $k-1$ 重根.

【证】 设 $x_0\neq0$ 是 $f(x)$ 的 $k-1$ 重根,则 $f(x_0)=f'(x_0)=\cdots=f^{(k-2)}(x_0)=0$,于是有

$$\begin{cases}\alpha_1x_0^{p_1}+\alpha_2x_0^{p_2}+\cdots+\alpha_kx_0^{p_k}=0,\\ p_1\alpha_1x_0^{p_1}+p_2\alpha_2x_0^{p_2}+\cdots+p_k\alpha_kx_0^{p_k}=0,\\ \cdots\cdots\cdots\cdots\\ p_1^{k-2}\alpha_1x_0^{p_1}+p_2^{k-2}\alpha_2x_0^{p_2}+\cdots+p_k^{k-2}\alpha_kx_0^{p_k}=0.\end{cases}$$

这就是说,$\boldsymbol{\xi}=(\alpha_1x_0^{p_1},\alpha_2x_0^{p_2},\cdots,\alpha_kx_0^{p_k})$ 是 k 元齐次线性方程组

$$\begin{cases}x_1+x_2+\cdots+x_k=0,\\ p_1x_1+p_2x_2+\cdots+p_kx_k=0,\\ \cdots\cdots\cdots\cdots\\ p_1^{k-2}x_1+p_2^{k-2}x_2+\cdots+p_k^{k-2}x_k=0\end{cases}\qquad①$$

的非零解. 另一方面,易知 $\boldsymbol{\eta}=(M_1,-M_2,\cdots,(-1)^{k-1}M_k)$ 是上述方程组的一个非零解,其中 M_j 是划掉系数矩阵

$$A=\begin{pmatrix}1 & 1 & \cdots & 1\\ p_1 & p_2 & \cdots & p_k\\ \vdots & \vdots & & \vdots\\ p_1^{k-2} & p_2^{k-2} & \cdots & p_k^{k-2}\end{pmatrix}$$

的第 j 列所得到的 $k-1$ 阶行列式,$j=1,2,\cdots,k$. 注意到 $\operatorname{rank}(\boldsymbol{A})=k-1$,所以方程组①的基础解系仅含一个解向量,故 $\boldsymbol{\xi}=c\boldsymbol{\eta}$,其中 c 为非零常数.

现考虑如下 k 阶 Vandermonde 行列式

$$D=\begin{vmatrix}1 & 1 & \cdots & 1\\ p_1 & p_2 & \cdots & p_k\\ \vdots & \vdots & & \vdots\\ p_1^{k-2} & p_2^{k-2} & \cdots & p_k^{k-2}\\ p_1^{k-1} & p_2^{k-1} & \cdots & p_k^{k-1}\end{vmatrix},$$

设 Δ_j 是 D 的 (k,j) 元的代数余子式,$j=1,2,\cdots,k$,因为 $D\neq 0$,$\Delta_j=(-1)^{k+j}M_j\neq 0$,且

$$\frac{D}{\Delta_j}=\prod_{s\neq j}(p_j-p_s)=\varphi'(p_j),$$

所以 $\boldsymbol{\eta}=(-1)^{k+1}(\Delta_1,\Delta_2,\cdots,\Delta_k)$. 于是,由 $\boldsymbol{\xi}=c\boldsymbol{\eta}$ 即得

$$\alpha_1x_0^{p_1}\varphi'(p_1)=\alpha_2x_0^{p_2}\varphi'(p_2)=\cdots=\alpha_kx_0^{p_k}\varphi'(p_k).$$

反之,若 x_0 满足上述方程,则将上述过程倒推回去即知 x_0 是多项式 $f(x)$ 的 $k-1$ 重根.

§1.7 思考与练习

1.1(北京大学,2008 年) 设 $f(x)$ 是整系数多项式,且 $f(0),f(1),\cdots,f(n-1)$ 都不能被 n 整除,证明:$f(x)$ 没有整数根.

1.2(厦门大学,2012 年;哈尔滨工业大学,2009 年) 设 P 是一个数域,$f(x),g(x)\in P[x]$. 证明:若 $(f(x),g(x))=1$,则 $(f(x)g(x),f(x)+g(x))=1$.

1.3(Putnam 数学竞赛试题,1963 年) 设 x^2-x+a 可整除 $x^{13}+x+90$,试确定整数 a 的值.

1.4(深圳大学,2011 年) 设 F 是一数域,在多项式环 $F[x]$ 中 $x+1$ 整除多项式 $f(x^{2n+1})$. 证明:$x^{2n+1}+1$ 也整除 $f(x^{2n+1})$.

1.5(兰州大学,2015 年) 设 P 是数域,m 是任一正整数,证明:如果在 $P[x]$ 中,$(x-a)\mid f(x^m)$,那么 $(x^m-a^m)\mid f(x^m)$.

1.6 设 $f(x)=x^2-4x+a$,且存在唯一的一个三次首一多项式 $g(x)$,使得 $f(x)\mid g(x)$ 及 $g(x)\mid (f(x))^2$,试求 a 和 $g(x)$.

1.7(北京科技大学,2009 年) 设 $a_1,a_2,\cdots,a_n$ 是 n 个非负整数,试求多项式 $\sum\limits_{i=1}^{n}x^{a_i}$ 被 x^2+x+1 整除的充分必要条件.

1.8(华南理工大学,2013 年) 设 P 是一个数域,$f(x),g(x)\in P[x]$,且 $\deg g\geqslant 1$. 证明:存在唯一的多项式序列 $f_0(x),f_1(x),\cdots,f_r(x)$,使得对 $0\leqslant i\leqslant r$ 有 $\deg f_i<\deg g$ 或者 $f_i(x)=0$,且

$$f(x)=f_0(x)+f_1(x)g(x)+f_2(x)g^2(x)+\cdots+f_r(x)g^r(x).$$

1.9(华东师范大学,1996 年) 设 $f(x),g(x)$ 是数域 F 上的两个一元多项式,k 为给定的正整数. 求证:如果 $f^k(x)\mid g^k(x)$,那么 $f(x)\mid g(x)$.

1.10 试求 a 的值,使多项式 x^3+ax+1 与 x^2+ax+1 有非平凡的公因式.

1.11(北京邮电大学,2012 年) 设 $f(x)=x^{2m}+2x^{m+1}-23x^m+x^2-22x+90$, $g(x)=x^m+x-6$,其中 m 是大于 2 的自然数. 证明 $(f(x),g(x))=1$.

1.12(华东师范大学,2013年)　设多项式 $f(x)=x^4-x^3+2x^2-x+1$, $g(x)=x^3-2x^2+2x-1$,求 $f(x)$, $g(x)$ 的首一最大公因式 $(f(x),g(x))$ 以及多项式 $u(x)$, $v(x)$,使得

$$(f(x),g(x)) = u(x)f(x) + v(x)g(x).$$

1.13(南京航空航天大学,2012年)　设 $f(x)=x^2+x+1$, n 是自然数.证明:

(1) $f(x)\mid[x^{n+2}+a(x+1)^{2n+1}]$ 的充分必要条件是 $a=1$,这里"$\mid$"表示整除;

(2)对任意多项式 $g(x)$, $(f(x),g(x))=1$ 的充分必要条件是 $(f^n(x),g^n(x))=1$.

1.14(哈尔滨工业大学,2005年)　设 $f(x)$, $g(x)$ 都是实数域 $\mathbb{R}$ 上的多项式, $a\in\mathbb{R}$.

(1)证明: $[g(x)-g(a)]\mid[f(g(x))-f(g(a))]$;

(2)问 $(x^3-a)\mid[f(x^3)-f(a)]$ 是否成立.为什么?

1.15(山东大学,2001年)　设 $f(x)$ 与 $g(x)$ 是有理系数多项式,且 $(f(x),g(x))=1$,令

$$\varphi(x) = (x^3-1)f(x) + (x^3-x^2+x-1)g(x),$$
$$\psi(x) = (x^2-1)f(x) + (x^2-x)g(x),$$

求 $(\varphi(x),\psi(x))$.

1.16(中山大学,2013年)　设 $f(x)=x^3$, $g(x)=(1-x)^2$.

(1)求 $u(x)$, $v(x)$,使得 $(f(x),g(x))=u(x)f(x)+v(x)g(x)$;

(2)设 $r_1(x)=x+2$, $r_2(x)=1$,求一多项式 $h(x)$ 使得下列同余方程式成立:

$$h(x)\equiv r_1(x)\ (\mathrm{mod}\ f(x)),\quad h(x)\equiv r_2(x)\ (\mathrm{mod}\ g(x)).$$

1.17(南京大学,2011年)　设 m, n 为正整数, $d=(m,n)$ 为 m, n 的最大公因数, a 是非零复数.证明:多项式 x^m+a^m 与 x^n+a^n 的最大公因式

$$(x^m+a^m,x^n+a^n)=\begin{cases}x^d+a^d, & 当\dfrac{m}{d},\dfrac{n}{d}都为奇数,\\ 1, & 当\dfrac{m}{d}或\dfrac{n}{d}为偶数.\end{cases}$$

1.18　设多项式 $f(x)\in K[x]$ 的次数大于0.证明: $f(x)$ 是某个不可约多项式的方幂当且仅当对任意非常数多项式 $g(x)\in K[x]$,或者 $(f(x),g(x))=1$,或者 $f(x)\mid g^n(x)$,其中 n 是某个正整数.

1.19(兰州大学,2010年)　设 $f(x)$, $g(x)$ 都是多项式且 $F(x)=\dfrac{f(x)}{(f(x),g(x))}$ 和 $G(x)=\dfrac{g(x)}{(f(x),g(x))}$ 的次数都大于零.证明:唯一地存在多项式 $u(x)$ 和 $v(x)$ 使得

$$u(x)f(x)+v(x)g(x) = (f(x),g(x)),$$

并且 $\deg u(x)<\deg G(x)$, $\deg v(x)<\deg F(x)$.

1.20(南京大学,2010年)　求 t 的值使 $f(x)=x^3+tx^2+3x+1$ 有重根,并求出重根及其重数.

1.21(大连理工大学,2009年)　设实系数多项式 $f(x)=x^4-6x^3+ax^2+bx+2$ 有4个实根,证明: $f(x)$ 至少有一个根小于1.

1.22(华南理工大学,2011年)　设 x_0 是数域 P 上的多项式 $u(x)=f(x)g'(x)-f'(x)g(x)$ 的 k 重根,记 $v(x)=f(x_0)g(x)-f(x)g(x_0)$ 为非零多项式.证明: x_0 是数域 P 上多项式 $v(x)$ 的 $k+1$ 重根,反之亦然.

1.23　求证:整系数多项式 $f(x)$ 与 $g(x)$ 相等的充分必要条件是存在大于 $f(x)$, $g(x)$ 的所有系数绝对值2倍的某一正整数 t,使得 $f(t)=g(t)$.

1.24　试确定 p, q, k 的值,使得多项式 x^4+px^k+q 有三重根 $(0<k<4)$.

1.25(中山大学,2009年)　求一个次数最低的多项式 $f(x)\in F[x]$,使得它被 $(x-1)^2$ 除所得余式为 $2x$,而被 $(x-2)^3$ 除余式为 $3x$.

1.26(四川大学,2002年)　证明:多项式 $f(x)=x^5-5x+1$ 在有理数域 $\mathbb{Q}$ 上不可约.

1.27(西南大学,2008年)　证明:关于任意素数 p,多项式 $f(x)=px^4+2px^3-px+(3p-1)$ 在有理数域上不可约.

1.28(安徽大学,2007年)　设 $f(x)$ 是一个2007次整系数多项式, $a_1,a_2,\cdots,a_{2008}$ 是彼此不同的整数,且 $f^2(a_i)=1$, $i=1,2,\cdots,2008$.证明: $f(x)$ 在有理数域 $\mathbb{Q}$ 上不可约.

1.29(华南理工大学,2006年)　设 $f(x)=x^4+x^3+x^2+x+1$.

(1)将 $f(x)$ 在实数域上分解因式;

(2)证明 $f(x)$ 在有理数域上不可约,并由此证明 $\cos\dfrac{2\pi}{5}$ 不是有理数.

1.30（丘成桐竞赛试题，2010年） 证明：多项式$f(x)=x^6+3ax^4+3x^3+3ax^2+1$在有理数域上不可约，其中$a$是一个正整数.

1.31（华东师范大学，2004年） 求所有整数m，使得x^4-mx^2+1在有理数域上可约.

1.32（Putnam数学竞赛试题，2003年） 令$f(z)=az^4+bz^3+cz^2+dz+e=a(z-r_1)(z-r_2)(z-r_3)(z-r_4)$，其中$a,b,c,d,e$是整数，$a\neq0$. 证明：若$r_1+r_2$是有理数，且$r_1+r_2\neq r_3+r_4$，则$r_1r_2$是有理数.

1.33（四川大学，2002年） 设α,β,γ是三次方程$x^3+3x-1=0$的根，求$\alpha^4+\beta^4+\gamma^4$的值.

1.34 设a,b是方程$x^4+x^3-1=0$的两个根，证明ab是方程$x^6+x^4+x^3-x^2-1=0$的一个根.

1.35（北京大学，2009年） 解方程组$\begin{cases}x+y+z=2,\\(x-y)^2+(y-z)^2+(z-x)^2=14,\\x^2y^2z+xy^2z^2+x^2yz^2=2.\end{cases}$（提示：等价于求解方程$x^3-2x^2-x+2=0$，可知$x_1=1,x_2=2,x_3=-1$即原方程组的一组解.）

1.36（浙江大学，2011年） 求解下列方程组：

$$\begin{cases}x_1+x_2+x_3+x_4=6,\\x_1^2+x_2^2+x_3^2+x_4^2=10,\\x_1^3+x_2^3+x_3^3+x_4^3=18,\\x_1^4+x_2^4+x_3^4+x_4^4=34.\end{cases}$$

（提示：考虑多项式$f(x)=x^4-6x^3+13x^2-12x+4$. 可解得：$x_1=x_2=1,x_3=x_4=2$.）

1.37 求解n元方程组：

$$\begin{cases}x_1+x_2+\cdots+x_n=a,\\x_1^2+x_2^2+\cdots+x_n^2=a,\\\cdots\cdots\cdots\cdots\\x_1^n+x_2^n+\cdots+x_n^n=a.\end{cases}$$

并求$y_n=x_1^{n+1}+x_2^{n+1}+\cdots+x_n^{n+1}$的值，其中$a\in\mathbb{C}$.

1.38（大连市竞赛试题，2011年） 已知三次方程$x^3+px^2+qx+r=0$有三个正根. 求证：这三个根分别为一个三角形的三个内角的余弦值的充分必要条件是：$p^2-2q-2r=1$.

1.39（华东师范大学，2011年） 证明：三次方程$x^3-a_1x^2+a_2x-a_3=0$的三个根成等差数列的充分必要条件是$2a_1^3-9a_1a_2+27a_3=0$.

1.40（华东师范大学，2011年；北京科技大学，2005年） 求出所有满足条件$(x-1)f(x+1)=(x+2)f(x)$的非零实系数多项式$f(x)$.

1.41（中山大学，2008年） 设$f(x)=a_nx^n+a_{n-1}x^{n-1}+\cdots+a_1x+a_0\in F[x]$，其中$a_n\neq0,a_0\neq0$. 令$g(x)=a_0x^n+a_1x^{n-1}+\cdots+a_{n-1}x+a_n$. 证明：$f(x)$不可约当且仅当$g(x)$不可约.

1.42（四川大学，2003年） 把对称多项式$f(x_1,x_2,\cdots,x_n)=x_1^4+x_2^4+\cdots+x_n^4$表示成初等对称多项式的多项式.

1.43 设p是一个素数，$n_1,n_2,\cdots,n_p$都是正整数，d是$n_1,n_2,\cdots,n_p$的最大公因子. 证明：多项式$\dfrac{x^{n_1}+x^{n_2}+\cdots+x^{n_p}-p}{x^d-1}$在$\mathbb{Q}[x]$中不可约.

1.44（南京师范大学，2010年） 设整系数多项式$f(x)=x^4+ax^2+bx-3$，记$(f(x),g(x))$为$f(x)$和$g(x)$的首项系数为1的最大公因式，$f'(x)$为$f(x)$的导数. 若$\dfrac{f(x)}{(f(x),f'(x))}$为二次多项式，求$a^2+b^2$的值.

1.45（湖南省竞赛试题，2008年） 设$f(x)$是实系数多项式.

(1) 证明：x_0是$f(x)$的一个重根当且仅当$f(x_0)=f'(x_0)=0$；

(2) 设$2x^3+3x^2-12x+a=0$有重根，试确定常数a；

(3) 设$p(x),q(x)$均为多项式. 证明：若$\dfrac{p(x)}{q(x)}$有极值，则存在常数λ使得$p(x)-\lambda q(x)$有重根；

(4) 上述逆命题是否成立？若成立，请给出证明；若不成立，请给出反例.

1.46（湖南师范大学，2010年） 设$F[x]$表示数域F上的全体多项式集合，c是$F[x]$中的某一非零多项式的根，令

$$I=\{f(x)\in F[x]\mid f(c)=0\}.$$

证明:存在多项式 $p(x)\in I$,使得 I 中任一 $f(x)$ 都有 $p(x)\mid f(x)$,且 $p(x)$ 是 $F[x]$ 中的不可约多项式.

1.47(华东师范大学,2008 年)　易知,当 a,b 是不全为零的有理数时,成立等式 $\dfrac{1}{a+b\sqrt{2}}=\dfrac{\begin{vmatrix}1 & b\\ \sqrt{2} & a\end{vmatrix}}{\begin{vmatrix}a & b\\ 2b & a\end{vmatrix}}$.

(1)证明:当 a,b,c 是不全为零的有理数时,有 $\dfrac{1}{a+b\sqrt[3]{2}+c\sqrt[3]{4}}=\dfrac{\begin{vmatrix}1 & b & c\\ \sqrt[3]{2} & a & b\\ \sqrt[3]{4} & 2c & a\end{vmatrix}}{\begin{vmatrix}a & b & c\\ 2c & a & b\\ 2b & 2c & a\end{vmatrix}}$;

(2)应用上述公式,将根式 $\dfrac{1}{1-3\sqrt[3]{2}-2\sqrt[3]{4}}$ 的分母有理化;

(3)请将(1)中的公式推广到一般情形.

1.48(深圳大学,2012 年)　设 F 是一数域,$d(x)$ 是 F 上一非零多项式,称 F 上多项式 $f(x)$ 与 $g(x)$ 模 $d(x)$ 同余,如果 $d(x)$ 整除 $f(x)-g(x)$,并且记作

$$f(x)\equiv g(x)\quad(\bmod d(x)).$$

对一取定的多项式 $p(x)\in F[x]$,若存在 $q(x)\in F[x]$ 使得 $p(x)q(x)\equiv 1\ (\bmod d(x))$,则称 $q(x)$ 为 $p(x)$ 模 $d(x)$ 的逆元.

(1)给出 $p(x)$ 模 $d(x)$ 的逆元存在的一个充分必要条件;

(2)设 $p(x)=x^3+2x^2-x+4$,$d(x)=x^2+1$,求一个 $p(x)$ 模 $d(x)$ 的逆元.

1.49(四川大学,2010 年)　设 $\boldsymbol{A}$ 为数域 F 上的 n 阶方阵,$\lambda_1,\lambda_2,\cdots,\lambda_n$ 是 $\boldsymbol{A}$ 的全部复特征值.证明:对任意非负整数 k,数 $s_k=\sum\limits_{i=1}^{n}\lambda_i^k$ 属于 F.

1.50(上海交通大学,2018 年;南京大学,2002 年)　证明多项式 $f(x)=1+x+\dfrac{x^2}{2!}+\cdots+\dfrac{x^p}{p!}$ 在有理数域上不可约,其中 p 为一素数.

1.51(华中师范大学,2014 年)　证明:实系数多项式环 $\mathbb{R}[x]$ 中的不可约多项式的次数为 1 或者 2.

1.52(复旦大学竞赛试题,2008 年)　设 $f_1(x)$,$f_2(x)$ 是数域 K 上互素的多项式.证明:对次数小于 $\deg f_1(x)$ 的多项式 $g_1(x)$ 和次数小于 $\deg f_2(x)$ 的多项式 $g_2(x)$,必存在 $g(x)\in K[x]$,使得下述带余除法中的余项分别是 $g_1(x)$ 和 $g_2(x)$:

$$\begin{cases}g(x)=f_1(x)q_1(x)+g_1(x),\\ g(x)=f_2(x)q_2(x)+g_2(x).\end{cases}$$

1.53(西北大学,2015 年)　设多项式

$$f(x)=x^3-(a_1+a_2+a_3)x^2+(a_1a_2+a_1a_3+a_2a_3)x-(a_1a_2a_3+1),$$

其中 a_1,a_2,a_3 是互不相同的整数,证明:$f(x)$ 在有理数域上不可约.

1.54(浙江大学,2011 年)　设 $(x^2+x+1)\mid[f_1(x^3)+xf_2(x^3)]$,且 n 阶方阵 $\boldsymbol{A}$ 有一个特征值等于 1.证明:$f_1(\boldsymbol{A})$ 和 $f_2(\boldsymbol{A})$ 都不是可逆矩阵.

1.55(厦门大学,2014 年)　设 $f(x)$ 是实数域 $\mathbb{R}$ 上的首一多项式且无实根.求证:存在多项式 $g(x)$ 和 $h(x)$,使得 $f(x)=g^2(x)+h^2(x)$,且 $\deg g(x)>\deg h(x)$.

1.56(中国科学院,2011 年)　设 $\dfrac{p}{q}$ 是既约分数,$f(x)=a_nx^n+a_{n-1}x^{n-1}+\cdots+a_1x+a_0$ 是整系数多项式,而且 $f\left(\dfrac{p}{q}\right)=0$.证明:(1)$p\mid a_0$ 而 $q\mid a_n$;(2)对任意整数 m,有 $(p-mq)\mid f(m)$.

1.57 已知多项式$f(x)=x^4-6x^3+18x^2-30x+25$的两根之和为4,求它的所有根.

1.58 设$f(x)=a_nx^n+\cdots+a_1x+a_0\in\mathbb{Z}[x]$,其中$a_0$是素数,整数$n>1$,且

$$a_0>|a_1|+|a_2|+\cdots+|a_n|.$$

证明:$f(x)$是有理数域上的不可约多项式. (提示:参见本章例1.94.)

1.59 设n次多项式$f(x)=x^n+(a+b)x^{n-1}+(a^2+ab+b^2)x^{n-2}+\cdots+(a^n+a^{n-1}b+\cdots+b^n)$,其中$a,b\in K$. 试求$f(x)$的$n$个根的方幂和$s_1,s_2,\cdots,s_n$.

1.60(浙江大学,2016年) 设k是整数,α是方程$x^4+4kx+1=0$的一个根,$\mathbb{Q}$表示有理数域. 问$\mathbb{Q}[\alpha]=\{a_0+a_1\alpha+a_2\alpha^2+a_3\alpha^3\mid a_i\in\mathbb{Q}\}$是否是数域? 如果是,请给予证明;假如不是,请说明理由.

1.61 试将分数$\dfrac{a^2-3a-1}{a^2+2a+1}$的分母有理化,其中$a$是方程$x^3+x^2+3x+4=0$的根.

1.62(中国科学院,2015年) 设$f(x)=(x-x_1)(x-x_2)\cdots(x-x_n)$,再令

$$s_k=x_1^k+x_2^k+\cdots+x_n^k(k=0,1,2,\cdots).$$

(1)证明:如果$x_1,x_2,\cdots,x_n$两两互异,那么$[f'(x)]^2-f(x)f''(x)$无实根;

(2)证明:如果

$$x^{k+1}f'(x)=(s_0x^k+s_1x^{k-1}+\cdots+s_{k-1}x+s_k)f(x)+g(x),$$

那么$\deg g(x)<n$或$g(x)=0$.

1.63(中国科学院大学,2016年) 设多项式$g(x)=p^k(x)g_1(x)$,这里$k\geqslant1$,多项式$p(x)$与$g_1(x)$互素. 证明:对任意多项式$f(x)$,有

$$\frac{f(x)}{g(x)}=\frac{r(x)}{p^k(x)}+\frac{f_1(x)}{p^{k-1}(x)g_1(x)},$$

其中$r(x),f_1(x)$都是多项式,$r(x)=0$或$\deg r(x)<\deg p(x)$. (提示:参见本章例1.37.)

1.64 求证:次数大于零的有理系数多项式必可表为两个有理数域上不可约多项式之和.

1.65(丘成桐竞赛试题,2010年) (1)计算有理数:$\cos\dfrac{\pi}{7}\cos\dfrac{2\pi}{7}\cos\dfrac{3\pi}{7}$;

(2)对于素数$p\geqslant7$,证明$\displaystyle\prod_{n=1}^{(p-1)/2}\cos\frac{n\pi}{p}$是一个有理数,并确定其值.

1.66 设a,b,c,x,y,z为复数,$\dfrac{x}{a}+\dfrac{y}{b}+\dfrac{z}{c}=1,\dfrac{a}{x}+\dfrac{b}{y}+\dfrac{c}{z}=0$,证明:$\left(\dfrac{x}{a}\right)^2+\left(\dfrac{y}{b}\right)^2+\left(\dfrac{z}{c}\right)^2=1$.

1.67 设$a_i\in\mathbb{C},1\leqslant i\leqslant6$,令$p_k=\dfrac{1}{k}\displaystyle\sum_{i=1}^{6}a_i^k,k=1,2,\cdots$. 证明:若$p_1=p_3=0$,则$p_2p_5=p_7$.

1.68(Hermite定理) 设$n(\geqslant2)$个非零多项式$f_1(x),f_2(x),\cdots,f_n(x)\in K[x]$的首一最大公因式为$d(x)$. 证明:存在$n$阶方阵$\boldsymbol{A}$,使得其元素$a_{ij}(x)\in K[x]$,且$a_{1j}(x)=f_j(x),1\leqslant j\leqslant n$,行列式$\det\boldsymbol{A}=d(x)$.

1.69 设$\alpha_1,\alpha_2,\alpha_3,\alpha_4$是方程$x^4-5x^2+2x-1=0$的根,计算$\displaystyle\sum_{i=1}^{4}\sum_{\substack{j=1\\(j\neq i)}}^{4}\alpha_i^2\alpha_j^4$的值.

1.70 证明:多项式$f(x)=x^3+ax^2+bx+c$某一根的平方等于其他两根平方和的充分必要条件是$a^4(a^2-2b)=2(a^3-2ab+2c)^2$.

1.71 设x_0是多项式$f(x)=x^3+px+q$的根,求多项式$g(t)=t^2-x_0t-\dfrac{p}{3}$的根.

第 2 章

行列式

行列式是一个重要的数学工具,其理论起源于求解线性方程组. 在高等代数中,求矩阵的秩、求逆矩阵、判断向量组的线性相关性、求矩阵的特征值、判断实二次型的正定性等问题都离不开行列式的计算. 在几何、分析、微分方程等数学分支中行列式也有重要应用.

§2.1 行列式的计算

基本理论与要点提示

2.1.1 行列式性质

(1) 行列式与它的转置行列式相等.

(2) 互换行列式的两行(列), 行列式变号.

(3) 有一行(列)的元素全是零, 或有两行(列)的对应元素成比例的行列式必为零.

(4) 行列式中某行(列)的公因子可以提到行列式符号的外面.

(5) 把行列式的某行(列)的各元素乘同一数加到另一行(列)对应的元素上去, 行列式不变.

(6) 若两个 n 阶行列式 D_1, D_2 除第 i 行(列)外, 其余对应的行(列)完全相同, 则 D_1+D_2 可表成一个 n 阶行列式, 其第 i 行(列)的元素为 D_1 与 D_2 的第 i 行(列)对应元素的和, 而其余各行(列)则与 $D_1(D_2)$ 的对应行(列)完全相同.

(7) 奇数阶反对称矩阵的行列式必为零.

2.1.2 行列式降阶

(1) 行列式按行(列)展开 设 n 阶方阵 $\boldsymbol{A}$ 中元素 a_{ij} 的代数余子式为 A_{ij},则

$$\sum_{k=1}^{n} a_{ik}A_{jk} = \delta_{ij}\det \boldsymbol{A} = \begin{cases}\det \boldsymbol{A}, & i=j,\\ 0, & i\neq j.\end{cases} \qquad ①$$

或

$$\sum_{k=1}^{n} a_{ki}A_{kj} = \delta_{ij}\det \boldsymbol{A} = \begin{cases}\det \boldsymbol{A}, & i=j,\\ 0, & i\neq j.\end{cases} \qquad ②$$

其中 δ_{ij} 为 Kronecker 符号. 称①式为按行展开, ②式为按列展开.

(2) Laplace 展开定理 在 n 阶方阵 $\boldsymbol{A}$ 中任意取定 k 行($1\leqslant k<n$),则这 k 行元素所构成的一切 k 阶子式(共有 C_n^k 个!)及其代数余子式的乘积之和等于 $\det \boldsymbol{A}$.

(3) 降阶公式 设 $\boldsymbol{A}\in K^{m\times m}, \boldsymbol{B}\in K^{m\times n}, \boldsymbol{C}\in K^{n\times m}, \boldsymbol{D}\in K^{n\times n}$. (本书约定,用 $\boldsymbol{O}$ 表示零矩阵, $\boldsymbol{E}$ 或 $\boldsymbol{I}$ 表示单位矩阵,其阶数根据上下文往往是不言自明的.)

(3.1) 若 $\boldsymbol{A}$ 可逆,则 $\begin{vmatrix}\boldsymbol{A} & \boldsymbol{B}\\ \boldsymbol{C} & \boldsymbol{D}\end{vmatrix} = |\boldsymbol{A}|\,|\boldsymbol{D}-\boldsymbol{C}\boldsymbol{A}^{-1}\boldsymbol{B}|$. 特别地,有 $\begin{vmatrix}\boldsymbol{A} & \boldsymbol{O}\\ \boldsymbol{C} & \boldsymbol{D}\end{vmatrix} = |\boldsymbol{A}|\,|\boldsymbol{D}|$;

(3.2) 若 $\boldsymbol{D}$ 可逆,则 $\begin{vmatrix}\boldsymbol{A} & \boldsymbol{B}\\ \boldsymbol{C} & \boldsymbol{D}\end{vmatrix} = |\boldsymbol{A}-\boldsymbol{B}\boldsymbol{D}^{-1}\boldsymbol{C}|\,|\boldsymbol{D}|$. 特别地,有 $\begin{vmatrix}\boldsymbol{A} & \boldsymbol{B}\\ \boldsymbol{O} & \boldsymbol{D}\end{vmatrix} = |\boldsymbol{A}|\,|\boldsymbol{D}|$;

(3.3) 若 $\boldsymbol{A},\boldsymbol{D}$ 均可逆,则 $|\boldsymbol{A}-\boldsymbol{B}\boldsymbol{D}^{-1}\boldsymbol{C}| = \dfrac{|\boldsymbol{A}|}{|\boldsymbol{D}|}|\boldsymbol{D}-\boldsymbol{C}\boldsymbol{A}^{-1}\boldsymbol{B}|$;

(3.4) 特别地,有 $|\boldsymbol{E}_m-\boldsymbol{B}\boldsymbol{C}| = |\boldsymbol{E}_n-\boldsymbol{C}\boldsymbol{B}|$,其中 $\boldsymbol{E}_m$ 为 m 阶单位矩阵.

2.1.3　行列式的乘法规则

两个 n 阶行列式的乘积等于一个新的 n 阶行列式,即

$$\begin{vmatrix} a_{11} & a_{12} & \cdots & a_{1n} \\ a_{21} & a_{22} & \cdots & a_{2n} \\ \vdots & \vdots & & \vdots \\ a_{n1} & a_{n2} & \cdots & a_{nn} \end{vmatrix}\begin{vmatrix} b_{11} & b_{12} & \cdots & b_{1n} \\ b_{21} & b_{22} & \cdots & b_{2n} \\ \vdots & \vdots & & \vdots \\ b_{n1} & b_{n2} & \cdots & b_{nn} \end{vmatrix}=\begin{vmatrix} c_{11} & c_{12} & \cdots & c_{1n} \\ c_{21} & c_{22} & \cdots & c_{2n} \\ \vdots & \vdots & & \vdots \\ c_{n1} & c_{n2} & \cdots & c_{nn} \end{vmatrix},$$

其中 $c_{ij}=\sum_{k=1}^{n} a_{ik}b_{kj}$,$i,j=1,2,\cdots,n$.

2.1.4　几种典型计算方法

(1) 降阶法　即把高阶行列式转化为低阶行列式的计算. 通常总是先结合行列式的性质, 把行列式的某行(列)或几行(列)的元素变换成尽可能多的零, 然后再展开.

(2) 升阶法　将 n 阶行列式增加一行一列变成 $n+1$ 阶行列式,使之更易于计算.

(3) 递推法　将 n 阶行列式 D_n 用与其形状完全相同的较低阶的行列式 D_{n-1} 与 D_{n-2} 来表示,经过递推求得 D_n. 在利用数学归纳法时往往与递推法结合使用.

(4) 利用 Vandermonde 行列式.

典型问题解析

【例 2.1】　记四阶行列式

$$\begin{vmatrix} x-2 & x-1 & x-2 & x-3 \\ 2x-2 & 2x-1 & 2x-2 & 2x-3 \\ 3x-3 & 3x-2 & 4x-5 & 3x-5 \\ 4x & 4x-3 & 5x-7 & 4x-3 \end{vmatrix}$$

为 $f(x)$,求函数 $f(x)$ 的全部零点.

【解】　利用行列式性质及降阶公式(或 Laplace 展开定理),有

$$f(x)\xlongequal[j=2,3,4]{c_j-c_1}\begin{vmatrix} x-2 & 1 & 0 & -1 \\ 2x-2 & 1 & 0 & -1 \\ 3x-3 & 1 & x-2 & -2 \\ 4x & -3 & x-7 & -3 \end{vmatrix}\xlongequal{c_4+c_2}\left|\begin{array}{cc:cc} x-2 & 1 & 0 & 0 \\ 2x-2 & 1 & 0 & 0 \\ \hdashline 3x-3 & 1 & x-2 & -1 \\ 4x & -3 & x-7 & -6 \end{array}\right|$$

$$=\begin{vmatrix} x-2 & 1 \\ 2x-2 & 1 \end{vmatrix}\begin{vmatrix} x-2 & -1 \\ x-7 & -6 \end{vmatrix}=5x(x-1).$$

可见, 函数 $f(x)$ 的全部零点为 0,1.

【例 2.2】(南京大学,2008 年)　设 $\boldsymbol{A}$ 是一个 n 阶方阵,$\boldsymbol{a}$ 是一个 n 维列向量. 证明:如果 $\begin{vmatrix} \boldsymbol{A} & \boldsymbol{a} \\ \boldsymbol{a}^{\mathrm{T}} & \beta \end{vmatrix}=0$, 那么 $\begin{vmatrix} \boldsymbol{A} & \boldsymbol{a} \\ \boldsymbol{a}^{\mathrm{T}} & \alpha \end{vmatrix}=(\alpha-\beta)\,|\boldsymbol{A}|$.

【证】　利用行列式的性质,拆项得

$$\begin{vmatrix} \boldsymbol{A} & \boldsymbol{a} \\ \boldsymbol{a}^{\mathrm{T}} & \alpha \end{vmatrix}=\begin{vmatrix} \boldsymbol{A} & \boldsymbol{a}+\boldsymbol{0} \\ \boldsymbol{a}^{\mathrm{T}} & \beta+(\alpha-\beta) \end{vmatrix}=\begin{vmatrix} \boldsymbol{A} & \boldsymbol{a} \\ \boldsymbol{a}^{\mathrm{T}} & \beta \end{vmatrix}+\begin{vmatrix} \boldsymbol{A} & \boldsymbol{0} \\ \boldsymbol{a}^{\mathrm{T}} & \alpha-\beta \end{vmatrix},$$

其中 **0** 为 n 维零向量. 对上式最后一个行列式利用“四分块”降阶公式,得

$$\begin{vmatrix} \boldsymbol{A} & \boldsymbol{a} \\ \boldsymbol{a}^{\mathrm{T}} & \alpha \end{vmatrix} = 0 + |\boldsymbol{A}|(\alpha-\beta) = (\alpha-\beta)|\boldsymbol{A}|.$$

【例 2.3】　计算 n 阶行列式

$$D_n = \begin{vmatrix} \lambda & x & x & x & \cdots & x \\ y & \alpha & \beta & \beta & \cdots & \beta \\ y & \beta & \alpha & \beta & \cdots & \beta \\ \vdots & \vdots & \vdots & \vdots & & \vdots \\ y & \beta & \beta & \beta & \cdots & \alpha \end{vmatrix}.$$

【解】　利用分块降阶法. 先把第 2 行的−1 倍加到第 3 行直至第 n 行,得

$$D_n = \begin{vmatrix} \lambda & x & x & x & \cdots & x \\ y & \alpha & \beta & \beta & \cdots & \beta \\ 0 & \beta-\alpha & \alpha-\beta & 0 & \cdots & 0 \\ \vdots & \vdots & \vdots & \vdots & & \vdots \\ 0 & \beta-\alpha & 0 & 0 & \cdots & \alpha-\beta \end{vmatrix}.$$

再把第 3 列直至第 n 列都加到第 2 列,得

$$D_n = \begin{vmatrix} \lambda & (n-1)x & x & x & \cdots & x \\ y & \alpha+(n-2)\beta & \beta & \beta & \cdots & \beta \\ 0 & 0 & \alpha-\beta & 0 & \cdots & 0 \\ \vdots & \vdots & \vdots & \vdots & & \vdots \\ 0 & 0 & 0 & 0 & \cdots & \alpha-\beta \end{vmatrix}$$

$$= \begin{vmatrix} \lambda & (n-1)x \\ y & \alpha+(n-2)\beta \end{vmatrix} \begin{vmatrix} \alpha-\beta & 0 & \cdots & 0 \\ 0 & \alpha-\beta & \cdots & 0 \\ \vdots & \vdots & & \vdots \\ 0 & 0 & \cdots & \alpha-\beta \end{vmatrix}$$

$$= (\alpha-\beta)^{n-2}[\lambda\alpha + (n-2)\lambda\beta - (n-1)xy].$$

【例 2.4】(上海交通大学,2013 年;西安交通大学,2005 年)　求由下述行列式所表示的一元多项式 $f(x)$ 的最高次幂项:

$$f(x) = \begin{vmatrix} a_1 & a_2 & a_3 & a_4 & \cdots & a_n \\ a_n & a_1 & a_2 & a_3 & \cdots & a_{n-1} \\ a_{n-1} & x & a_1 & a_2 & \cdots & a_{n-2} \\ \vdots & \vdots & \ddots & \ddots & \ddots & \vdots \\ a_3 & x & \cdots & x & a_1 & a_2 \\ a_2 & x & \cdots & x & x & a_1 \end{vmatrix},$$

其中 $a_1, a_2, \cdots, a_n$ 为数域 P 中的数.

【解】　注意到多项式 $f(x)$ 的最高次幂为 x^{n-2},唯一对应的子式为

$$\Delta_{n-2}=\begin{vmatrix} x & a_1 & a_2 & \cdots & a_{n-3} \\ x & x & a_1 & \cdots & a_{n-4} \\ \vdots & \vdots & \ddots & \ddots & \vdots \\ x & x & \cdots & x & a_1 \\ x & x & \cdots & x & x \end{vmatrix},$$

其对角线上元素的乘积即 x^{n-2}. 可考虑对原行列式的第 1 行与第 2 行利用 Laplace 展开定理. 因为 Δ_{n-2} 是子式 $\begin{vmatrix} a_1 & a_n \\ a_n & a_{n-1} \end{vmatrix}$ 的余子式,所以展开式中包含 x^{n-2} 的项应为

$$\begin{vmatrix} a_1 & a_n \\ a_n & a_{n-1} \end{vmatrix}(-1)^{(1+2)+(1+n)}\Delta_{n-2}=(-1)^n(a_1a_{n-1}-a_n^2)\Delta_{n-2}.$$

故 $f(x)$ 的最高次幂项为 $(-1)^n(a_1a_{n-1}-a_n^2)x^{n-2}$.

【例 2.5】(北京大学,2017 年)　设 $\boldsymbol{\alpha}_1,\boldsymbol{\alpha}_2,\cdots,\boldsymbol{\alpha}_n,\boldsymbol{\beta}_1,\boldsymbol{\beta}_2,\cdots,\boldsymbol{\beta}_n\in F^n$ 是数域 F 上的 $2n$ 个列向量. 用 $|\boldsymbol{\alpha}_1,\boldsymbol{\alpha}_2,\cdots,\boldsymbol{\alpha}_n|$ 表示以 $\boldsymbol{\alpha}_1,\boldsymbol{\alpha}_2,\cdots,\boldsymbol{\alpha}_n$ 为列向量的矩阵的行列式. 证明:

$$|\boldsymbol{\alpha}_1,\boldsymbol{\alpha}_2,\cdots,\boldsymbol{\alpha}_n||\boldsymbol{\beta}_1,\boldsymbol{\beta}_2,\cdots,\boldsymbol{\beta}_n|=\sum_{i=1}^{n}|\boldsymbol{\alpha}_1,\cdots,\boldsymbol{\alpha}_{i-1},\boldsymbol{\beta}_1,\boldsymbol{\alpha}_{i+1},\cdots,\boldsymbol{\alpha}_n||\boldsymbol{\alpha}_i,\boldsymbol{\beta}_2,\cdots,\boldsymbol{\beta}_n|.$$

【证】　(方法 1) 记 $\boldsymbol{A}=(\boldsymbol{\alpha}_1,\boldsymbol{\alpha}_2,\cdots,\boldsymbol{\alpha}_n)$, $\boldsymbol{B}=(\boldsymbol{\beta}_1,\boldsymbol{\beta}_2,\cdots,\boldsymbol{\beta}_n)$. 构造分块矩阵

$$\boldsymbol{M}=\begin{pmatrix} \boldsymbol{A} & \boldsymbol{C} \\ \boldsymbol{O} & \boldsymbol{B} \end{pmatrix},$$

其中 $\boldsymbol{C}$ 为任意 n 阶方阵. 利用"四分块"降阶公式,得

$$|\boldsymbol{M}|=|\boldsymbol{A}||\boldsymbol{B}|=|\boldsymbol{\alpha}_1,\boldsymbol{\alpha}_2,\cdots,\boldsymbol{\alpha}_n||\boldsymbol{\beta}_1,\boldsymbol{\beta}_2,\cdots,\boldsymbol{\beta}_n|. \qquad ①$$

另一方面,取 $\boldsymbol{C}$ 的第 1 列为 $-\boldsymbol{\beta}_1$,其他列均为零向量,即 $\boldsymbol{C}=(-\boldsymbol{\beta}_1,\boldsymbol{0},\cdots,\boldsymbol{0})$,将行列式 $|\boldsymbol{M}|$ 的第 i 行加到第 $n+i$ 行,$i=1,2,\cdots,n$,再对前 n 行利用 Laplace 展开定理,得

$$\begin{aligned}|\boldsymbol{M}|&=\begin{vmatrix} \boldsymbol{A} & \boldsymbol{C} \\ \boldsymbol{O} & \boldsymbol{B} \end{vmatrix}=\left|\begin{array}{cccc:cccc} \boldsymbol{\alpha}_1 & \boldsymbol{\alpha}_2 & \cdots & \boldsymbol{\alpha}_n & -\boldsymbol{\beta}_1 & \boldsymbol{0} & \cdots & \boldsymbol{0} \\ \boldsymbol{\alpha}_1 & \boldsymbol{\alpha}_2 & \cdots & \boldsymbol{\alpha}_n & \boldsymbol{0} & \boldsymbol{\beta}_2 & \cdots & \boldsymbol{\beta}_n \end{array}\right| \\ &=\sum_{i=1}^{n}(-1)^{n-i+1}|\boldsymbol{\alpha}_1,\cdots,\boldsymbol{\alpha}_{i-1},\boldsymbol{\alpha}_{i+1},\cdots,\boldsymbol{\alpha}_n,-\boldsymbol{\beta}_1||\boldsymbol{\alpha}_i,\boldsymbol{\beta}_2,\cdots,\boldsymbol{\beta}_n| \\ &=\sum_{i=1}^{n}|\boldsymbol{\alpha}_1,\cdots,\boldsymbol{\alpha}_{i-1},\boldsymbol{\beta}_1,\boldsymbol{\alpha}_{i+1},\cdots,\boldsymbol{\alpha}_n||\boldsymbol{\alpha}_i,\boldsymbol{\beta}_2,\cdots,\boldsymbol{\beta}_n|. \qquad ②\end{aligned}$$

比较①式与②式,即得所证等式.

(方法 2) 记 $d=|\boldsymbol{A}|$, $d_i=|\boldsymbol{\alpha}_1,\cdots,\boldsymbol{\alpha}_{i-1},\boldsymbol{\beta}_1,\boldsymbol{\alpha}_{i+1},\cdots,\boldsymbol{\alpha}_n|$,则所证等式左边可化为

$$L=d|\boldsymbol{\beta}_1,\boldsymbol{\beta}_2,\cdots,\boldsymbol{\beta}_n|=|d\boldsymbol{\beta}_1,\boldsymbol{\beta}_2,\cdots,\boldsymbol{\beta}_n|,$$

等式右边可化为

$$R=\sum_{i=1}^{n}d_i|\boldsymbol{\alpha}_i,\boldsymbol{\beta}_2,\cdots,\boldsymbol{\beta}_n|=\left|\sum_{i=1}^{n}d_i\boldsymbol{\alpha}_i,\boldsymbol{\beta}_2,\cdots,\boldsymbol{\beta}_n\right|.$$

欲证 $L=R$,只需证 $d\boldsymbol{\beta}_1=\sum\limits_{i=1}^{n}d_i\boldsymbol{\alpha}_i$. 为此,令 $\boldsymbol{\beta}_1=(b_1,b_2,\cdots,b_n)^{\mathrm{T}}$, $\boldsymbol{\alpha}_i=(a_{1i},a_{2i},\cdots,a_{ni})^{\mathrm{T}}$,矩阵 $\boldsymbol{A}$ 的 (i,j) 元 a_{ij} 的代数余子式为 A_{ij}, $i,j=1,2,\cdots,n$. 将行列式 d_i 按第 i 列展开,得

$$d_i=\sum_{k=1}^{n}b_kA_{ki}.$$

利用代数余子式的性质,向量 $\sum\limits_{i=1}^{n}d_i\boldsymbol{\alpha}_i$ 的第 j 个分量为

$$c_j=\sum_{i=1}^{n}d_ia_{ji}=\sum_{i=1}^{n}\sum_{k=1}^{n}b_kA_{ki}a_{ji}=\sum_{k=1}^{n}b_k\sum_{i=1}^{n}a_{ji}A_{ki}=\sum_{k=1}^{n}b_k\delta_{jk}d=db_j,$$

因此,向量 $d\boldsymbol{\beta}_1=\sum\limits_{i=1}^{n}d_i\boldsymbol{\alpha}_i$,从而有 $L=R$.

【例 2.6】(复旦大学,2016 年) 设 $\boldsymbol{A}=(a_{ij})_{n\times n}$,其中 $a_{ij}=\max\{i,j\}$,求行列式 $\det\boldsymbol{A}$.

【解】 对于 $i=2,3,\cdots,n$,依次将第 i 行的-1 倍加到第 $i-1$ 行,得

$$\det\boldsymbol{A}=\begin{vmatrix}1&2&3&\cdots&n\\2&2&3&\cdots&n\\3&3&3&\cdots&n\\\vdots&\vdots&\vdots&&\vdots\\n&n&n&\cdots&n\end{vmatrix}=\begin{vmatrix}-1&0&0&\cdots&0&0\\-1&-1&0&\cdots&0&0\\-1&-1&-1&\cdots&0&0\\\vdots&\vdots&\vdots&&\vdots&\vdots\\-1&-1&-1&\cdots&-1&0\\n&n&n&\cdots&n&n\end{vmatrix}$$

$$=(-1)^{n-1}n.$$

【例 2.7】(大连理工大学,2004 年) 计算 n 阶行列式

$$D_n=\begin{vmatrix}1&1&\cdots&1&2-n\\1&1&\cdots&2-n&1\\\vdots&\vdots&&\vdots&\vdots\\1&2-n&\cdots&1&1\\2-n&1&\cdots&1&1\end{vmatrix}.$$

【解】 将 D_n 的第二列至第 n 列都加到第一列,再将第一列的-1 倍加到其他各列,得

$$D_n=\begin{vmatrix}1&1&\cdots&1&2-n\\1&1&\cdots&2-n&1\\\vdots&\vdots&&\vdots&\vdots\\1&2-n&\cdots&1&1\\1&1&\cdots&1&1\end{vmatrix}=\begin{vmatrix}1&0&\cdots&0&1-n\\1&0&\cdots&1-n&0\\\vdots&\vdots&&\vdots&\vdots\\1&1-n&\cdots&0&0\\1&0&\cdots&0&0\end{vmatrix}$$

$$=(-1)^{\frac{n^2+n-2}{2}}(n-1)^{n-1}.$$

【例 2.8】(北京科技大学,2008 年) 计算行列式 $|\boldsymbol{A}|$,其中

$$\boldsymbol{A}=\begin{pmatrix}1&2&\cdots&n-1&n+x\\1&2&\cdots&(n-1)+x&n\\\vdots&\vdots&&\vdots&\vdots\\1&2+x&\cdots&n-1&n\\1+x&2&\cdots&n-1&n\end{pmatrix}.$$

【解】 从第二行至第 n 行都减去第一行，再把所有列都加到最后一列，得一上三角行列式，即可直接写出结果.

$$|\boldsymbol{A}|=\begin{vmatrix}1&2&\cdots&n-1&n+x\\0&0&\cdots&x&-x\\\vdots&\vdots&&\vdots&\vdots\\0&x&\cdots&0&-x\\x&0&\cdots&0&-x\end{vmatrix}=\begin{vmatrix}1&2&\cdots&n-1&x+\dfrac{n(n+1)}{2}\\0&0&\cdots&x&0\\\vdots&\vdots&&\vdots&\vdots\\0&x&\cdots&0&0\\x&0&\cdots&0&0\end{vmatrix}$$

$$=(-1)^{\frac{n(n-1)}{2}}\left(x+\frac{n(n+1)}{2}\right)x^{n-1}.$$

【例 2.9】(华东师范大学,2002 年) 计算 n 阶行列式

$$D_n=\begin{vmatrix}x&4&4&\cdots&4\\1&x&2&\cdots&2\\1&2&x&\cdots&2\\\vdots&\vdots&\vdots&&\vdots\\1&2&2&\cdots&x\end{vmatrix}.$$

【解】 (方法 1) 从第 n 列开始直至第 3 列，各列都减去前一列，第 2 列减去第 1 列的 2 倍；再把所得结果的第 1 行加上其他各行的 2 倍；最后按第 1 行展开，得

$$D_n=(x+2n-2)(x-2)^{n-1}.$$

(方法 2) 先把第 1 列乘 2，再把第 1 行除以 2，即得

$$D_n=\frac{1}{2}\begin{vmatrix}2x&4&4&\cdots&4\\2&x&2&\cdots&2\\2&2&x&\cdots&2\\\vdots&\vdots&\vdots&&\vdots\\2&2&2&\cdots&x\end{vmatrix}=\begin{vmatrix}x&2&2&\cdots&2\\2&x&2&\cdots&2\\2&2&x&\cdots&2\\\vdots&\vdots&\vdots&&\vdots\\2&2&2&\cdots&x\end{vmatrix}$$

$$=(x+2n-2)(x-2)^{n-1}.$$

【例 2.10】(浙江大学,2001 年) 设 $n\geqslant 2$，计算 n 阶行列式 $D_n=\det(a_{ij})$，其中 $a_{ij}=|i-j|$，$i,j=1,2,\cdots,n$.

【解】 从最后一行起，依次将后一行减去前一行，再将所得行列式的最后一列加到前面的每一列，得一上三角行列式，即可直接写出结果.

$$D_n=\begin{vmatrix}0&1&2&\cdots&n-2&n-1\\1&0&1&\cdots&n-3&n-2\\2&1&0&\cdots&n-4&n-3\\\vdots&\vdots&\vdots&&\vdots&\vdots\\n-2&n-3&n-4&\cdots&0&1\\n-1&n-2&n-3&\cdots&1&0\end{vmatrix}=\begin{vmatrix}0&1&2&\cdots&n-2&n-1\\1&-1&-1&\cdots&-1&-1\\1&1&-1&\cdots&-1&-1\\\vdots&\vdots&\vdots&&\vdots&\vdots\\1&1&1&\cdots&-1&-1\\1&1&1&\cdots&1&-1\end{vmatrix}$$

$$=\begin{vmatrix} n-1 & n & n+1 & \cdots & 2n-3 & n-1 \\ 0 & -2 & -2 & \cdots & -2 & -1 \\ 0 & 0 & -2 & \cdots & -2 & -1 \\ \vdots & \vdots & \vdots & & \vdots & \vdots \\ 0 & 0 & 0 & \cdots & -2 & -1 \\ 0 & 0 & 0 & \cdots & 0 & -1 \end{vmatrix}=(-1)^{n-1}(n-1)2^{n-2}.$$

【例 2.11】 计算行列式 $D=\begin{vmatrix} (a+b)^2 & c^2 & c^2 \\ a^2 & (b+c)^2 & a^2 \\ b^2 & b^2 & (c+a)^2 \end{vmatrix}$.

【解】 将 D 的第一列与第二列都减去第三列,并提取前两列的公因子 $(a+b+c)$,得

$$D=(a+b+c)^2\begin{vmatrix} a+b-c & 0 & c^2 \\ 0 & b+c-a & a^2 \\ b-a-c & b-a-c & (c+a)^2 \end{vmatrix} \qquad ①$$

$$\xlongequal{r_3-r_1-r_2}(a+b+c)^2\begin{vmatrix} a+b-c & 0 & c^2 \\ 0 & b+c-a & a^2 \\ -2a & -2c & 2ac \end{vmatrix}.$$

将第三列加上第一列的 c 倍,再利用对角线法则展开,得

$$\begin{aligned} D&=(a+b+c)^2\begin{vmatrix} a+b-c & 0 & ac+bc \\ 0 & b+c-a & a^2 \\ -2a & -2c & 0 \end{vmatrix} \\ &=2ac(a+b+c)^2[a(a+b-c)+(a+b)(b+c-a)] \\ &=2abc(a+b+c)^3. \end{aligned}$$

【注】 上述①式表明所给行列式 D 必含有因子 $(a+b+c)^2$. 受此启发,我们也可通过分析 D 的所有可能的因子来确定 D 的值. 事实上,若取 $a=0$,则第一列与第三列成比例,此时 $D=0$. 所以 D 中必含有因子 a. 同理,D 中必含有因子 b,c.

注意到行列式 D 显然是一个关于 a,b,c 的三元六次齐次多项式,故可设

$$D=abc(a+b+c)^2(k_1a+k_2b+k_3c).$$

观察上式中含 a^4bc 的项,其系数是 k_1. 另一方面,若按行列式定义直接展开 D,则 a^4bc 应含于 D 的对角元素 $(a+b)^2,(b+c)^2,(c+a)^2$ 之乘积中. 因此,通过比较系数可得 $k_1=2$. 同理,可求出 $k_2=k_3=2$. 于是,有 $D=2abc(a+b+c)^3$.

这种"分析因子"技巧,对于计算某些有较多元素都是字母的行列式往往行之有效. 本章例 2.40 的方法 2 即运用了这一技巧.

【例2.12】(东南大学,2000年)　求 n 阶行列式

$$D_n=\begin{vmatrix}2a & a^2 & & & \\ 1 & 2a & a^2 & & \\ & \ddots & \ddots & \ddots & \\ & & 1 & 2a & a^2 \\ & & & 1 & 2a\end{vmatrix}.$$

【解】　把 D_n 的第1列乘 $-\frac{1}{2}a$ 加到第2列,再把第2列乘 $-\frac{2}{3}a$ 加到第3列,……如此下去,直至把第 $n-1$ 列乘 $-\frac{n-1}{n}a$ 加到第 n 列,得

$$D_n=\begin{vmatrix}2a & 0 & & & \\ 1 & \frac{3}{2}a & a^2 & & \\ & \ddots & \ddots & \ddots & \\ & & 1 & 2a & a^2 \\ & & & 1 & 2a\end{vmatrix}=\cdots=\begin{vmatrix}2a & 0 & & & \\ 1 & \frac{3}{2}a & 0 & & \\ & 1 & \frac{4}{3}a & \ddots & \\ & & \ddots & \ddots & 0 \\ & & & 1 & \frac{n+1}{n}a\end{vmatrix}$$

$$=(n+1)a^n.$$

【例2.13】(兰州大学,2008年;北京邮电大学,2009年)　计算 n 阶行列式

$$D_n=\begin{vmatrix}a+b & ab & & & \\ 1 & a+b & ab & & \\ & 1 & a+b & \ddots & \\ & & \ddots & \ddots & ab \\ & & & 1 & a+b\end{vmatrix}.$$

【解】　把 D_n 按第1行展开,得

$$D_n=(a+b)D_{n-1}-ab\begin{vmatrix}1 & ab & & & \\ 0 & a+b & ab & & \\ & 1 & a+b & \ddots & \\ & & \ddots & \ddots & ab \\ & & & 1 & a+b\end{vmatrix}_{n-1}$$

$$=(a+b)D_{n-1}-abD_{n-2},$$

所以有递推公式

$$D_n-aD_{n-1}=b(D_{n-1}-aD_{n-2}).$$

由此逐次递推,得

$$D_n-aD_{n-1}=b^2(D_{n-2}-aD_{n-3})=\cdots=b^{n-2}(D_2-aD_1).$$

注意到

$$D_1=a+b,\quad D_2=\begin{vmatrix}a+b & ab\\ 1 & a+b\end{vmatrix}=a^2+ab+b^2,$$

所以

$$D_n-aD_{n-1}=b^n. \qquad ①$$

根据对称性,有

$$D_n - bD_{n-1} = a^n. \quad ②$$

若 $a=b$(此时也可见上例),则 $D_n=a^n+aD_{n-1}$,由此递推,得

$$\begin{aligned}D_n &= a^n + a(a^{n-1} + aD_{n-2}) = 2a^n + a^2D_{n-2} = \cdots \\ &= (n-1)a^n + a^{n-1}D_1 \\ &= (n+1)a^n.\end{aligned}$$

若 $a\neq b$,则由①与②可解得

$$D_n = \frac{b^{n+1} - a^{n+1}}{b-a}.$$

【例 2.14】(中国科学院,2006 年) 已知 α,β,γ 为实数,求

$$A = \begin{pmatrix} \alpha & \beta & & & \\ \gamma & \alpha & \beta & & \\ & \ddots & \ddots & \ddots & \\ & & \gamma & \alpha & \beta \\ & & & \gamma & \alpha \end{pmatrix} \in \mathbb{R}^{n\times n}$$

的行列式的值.

【解】 显然,若 $\beta=0$ 或 $\gamma=0$,则 $\det A=\alpha^n$. 因此,下设 $\beta\gamma\neq 0$.

把 $D_n=\det A$ 按第 1 行展开,得

$$D_n=\alpha D_{n-1}-\beta\gamma D_{n-2}.$$

令 $p+q=\alpha$,$pq=\beta\gamma$,则 p,q 是二次方程 $x^2-\alpha x+\beta\gamma=0$ 的根. 故有如下递推公式

$$D_n - pD_{n-1} = q(D_{n-1} - pD_{n-2}).$$

由此逐次递推,得

$$D_n-pD_{n-1} =q^2(D_{n-2}-pD_{n-3})=\cdots=q^{n-2}(D_2-pD_1).$$

注意到

$$D_1=\alpha=p+q,\quad D_2=\begin{vmatrix}\alpha & \beta \\ \gamma & \alpha\end{vmatrix}=\alpha^2-\beta\gamma=p^2+pq+q^2,$$

所以

$$D_n - pD_{n-1} = q^{n-2}[p^2 + pq + q^2 - p(p+q)] = q^n. \quad ①$$

根据对称性,有

$$D_n - qD_{n-1} = p^n. \quad ②$$

若 $\alpha^2=4\beta\gamma$,则 $p=q$,所以 $D_n=p^n+pD_{n-1}$. 由此递推,得

$$D_n = (n+1)p^n = (n+1)\left(\frac{\alpha}{2}\right)^n.$$

若 $\alpha^2\neq 4\beta\gamma$,则 $p\neq q$. 联立①式与②式可解得

$$D_n = \frac{p^{n+1} - q^{n+1}}{p-q} = \frac{(\alpha + \sqrt{\alpha^2 - 4\beta\gamma})^{n+1} - (\alpha - \sqrt{\alpha^2 - 4\beta\gamma})^{n+1}}{2^{n+1}\sqrt{\alpha^2 - 4\beta\gamma}}.$$

【例 2.15】(华中师范大学,1994 年)　计算 $n+1$ 阶行列式

$$D_{n+1}=\begin{vmatrix} a & -1 & 0 & \cdots & 0 & 0 \\ ax & a & -1 & \cdots & 0 & 0 \\ ax^2 & ax & a & \cdots & 0 & 0 \\ \vdots & \vdots & \vdots & & \vdots & \vdots \\ ax^{n-1} & ax^{n-2} & ax^{n-3} & \cdots & a & -1 \\ ax^n & ax^{n-1} & ax^{n-2} & \cdots & ax & a \end{vmatrix}.$$

【解】（方法 1）先把第 2 列乘 a 加到第 1 列,并提出第 1 列的公因子 $x+a$,再按第 1 行展开,得

$$\begin{aligned} D_{n+1} &= (x+a)D_n=(x+a)^2D_{n-1}=\cdots=(x+a)^{n-1}D_2 \\ &= (x+a)^{n-1}\begin{vmatrix} a & -1 \\ ax & a \end{vmatrix}=a(x+a)^n. \end{aligned}$$

（方法 2）将第 2 列的 $-x$ 倍加到第 1 列,第 3 列的 $-x$ 倍加到第 2 列……第 $n+1$ 列的 $-x$ 倍加到第 n 列,得

$$D_{n+1}=\begin{vmatrix} a+x & -1 & 0 & \cdots & 0 & 0 \\ 0 & a+x & -1 & \cdots & 0 & 0 \\ 0 & 0 & a+x & \cdots & 0 & 0 \\ \vdots & \vdots & \vdots & & \vdots & \vdots \\ 0 & 0 & 0 & \cdots & a+x & -1 \\ 0 & 0 & 0 & \cdots & 0 & a \end{vmatrix}=a(x+a)^n.$$

【例 2.16】(南京大学,2015 年)　计算行列式 $|\boldsymbol{A}|$,其中

$$\boldsymbol{A}=\begin{pmatrix} 1+a_1^2 & a_1a_2 & \cdots & a_1a_n \\ a_2a_1 & 1+a_2^2 & \cdots & a_2a_n \\ \vdots & \vdots & & \vdots \\ a_na_1 & a_na_2 & \cdots & 1+a_n^2 \end{pmatrix}.$$

【解】（方法 1）把 $|\boldsymbol{A}|$ 添加一行、一列后成为 $n+1$ 阶行列式,且保持 $|\boldsymbol{A}|$ 的值不变.

$$|\boldsymbol{A}|=\begin{vmatrix} 1 & a_1 & a_2 & \cdots & a_n \\ 0 & 1+a_1^2 & a_1a_2 & \cdots & a_1a_n \\ 0 & a_2a_1 & 1+a_2^2 & \cdots & a_2a_n \\ \vdots & \vdots & \vdots & & \vdots \\ 0 & a_na_1 & a_na_2 & \cdots & 1+a_n^2 \end{vmatrix} \xlongequal[i=1,2,\cdots,n]{r_{i+1}-a_i\times r_1} \begin{vmatrix} 1 & a_1 & a_2 & \cdots & a_n \\ -a_1 & 1 & 0 & \cdots & 0 \\ -a_2 & 0 & 1 & \cdots & 0 \\ \vdots & \vdots & \vdots & & \vdots \\ -a_n & 0 & 0 & \cdots & 1 \end{vmatrix}$$

$$\xlongequal[j=1,2,\cdots,n]{c_1+a_j\times c_{j+1}} \begin{vmatrix} 1+\sum\limits_{k=1}^n a_k^2 & a_1 & a_2 & \cdots & a_n \\ 0 & 1 & 0 & \cdots & 0 \\ 0 & 0 & 1 & \cdots & 0 \\ \vdots & \vdots & \vdots & & \vdots \\ 0 & 0 & 0 & \cdots & 1 \end{vmatrix}=1+\sum_{k=1}^n a_k^2.$$

（方法 2）利用降阶公式：$|E_n+B_{n\times m}C_{m\times n}|=|E_m+C_{m\times n}B_{n\times m}|$，其中 $n\geqslant m$.

记 $\boldsymbol{\alpha}=(a_1,a_2,\cdots,a_n)^{\mathrm{T}}$，取 $B=\boldsymbol{\alpha}$，$C=\boldsymbol{\alpha}^{\mathrm{T}}$，$m=1$，则

$$|A|=|E_n+\boldsymbol{\alpha}\boldsymbol{\alpha}^{\mathrm{T}}|=|E_1+\boldsymbol{\alpha}^{\mathrm{T}}\boldsymbol{\alpha}|=1+\sum_{k=1}^{n}a_k^2.$$

【注】 这里的方法 1 即“升阶法”，与降阶法相比，这是一种逆向思维，通过适当添加行与列也可简化计算.

【例 2.17】（南京理工大学，2005 年；首都师范大学，2009 年） 设

$$A_n=\begin{pmatrix}1+a_1 & 1 & \cdots & 1\\ 1 & 1+a_2 & \cdots & 1\\ \vdots & \vdots & & \vdots\\ 1 & 1 & \cdots & 1+a_n\end{pmatrix}$$

是 n 阶方阵且 $a_i\neq 0$，$i=1,2,\cdots,n$. 求 A_n 的行列式 $|A_n|$.

【解】（方法 1）利用升阶法. 构造 $n+1$ 阶行列式 D_{n+1}，使 $D_{n+1}=|A_n|$. 因此，有

$$|A_n|=D_{n+1}=\begin{vmatrix}1 & 1 & 1 & \cdots & 1\\ 0 & 1+a_1 & 1 & \cdots & 1\\ 0 & 1 & 1+a_2 & \cdots & 1\\ \vdots & \vdots & \vdots & & \vdots\\ 0 & 1 & 1 & \cdots & 1+a_n\end{vmatrix}$$

$$\xlongequal[i=1,2,\cdots,n]{r_{i+1}-r_1}\begin{vmatrix}1 & 1 & 1 & \cdots & 1\\ -1 & a_1 & 0 & \cdots & 0\\ -1 & 0 & a_2 & \cdots & 0\\ \vdots & \vdots & \vdots & & \vdots\\ -1 & 0 & 0 & \cdots & a_n\end{vmatrix}$$

$$\xlongequal[j=1,2,\cdots,n]{c_1+\frac{1}{a_j}c_{j+1}}\begin{vmatrix}1+\sum\limits_{j=1}^{n}\dfrac{1}{a_j} & 1 & 1 & \cdots & 1\\ 0 & a_1 & 0 & \cdots & 0\\ 0 & 0 & a_2 & \cdots & 0\\ \vdots & \vdots & \vdots & & \vdots\\ 0 & 0 & 0 & \cdots & a_n\end{vmatrix}$$

$$=a_1a_2\cdots a_n\left(1+\sum_{j=1}^{n}\frac{1}{a_j}\right).$$

（方法 2）对阶数 n 用数学归纳法. 当 $n=2$ 时，

$$|A_2|=a_1a_2\left(1+\frac{1}{a_1}+\frac{1}{a_2}\right).$$

假设结论对 $n-1$，有

$$|A_{n-1}|=a_1a_2\cdots a_{n-1}\left(1+\sum_{j=1}^{n-1}\frac{1}{a_j}\right),$$

则对 n，

$$|\boldsymbol{A}_n|=\begin{vmatrix}1+a_1 & 1 & \cdots & 1+0\\ 1 & 1+a_2 & \cdots & 1+0\\ \vdots & \vdots & & \vdots\\ 1 & 1 & \cdots & 1+a_n\end{vmatrix}$$

$$=\begin{vmatrix}1+a_1 & 1 & \cdots & 1\\ 1 & 1+a_2 & \cdots & 1\\ \vdots & \vdots & & \vdots\\ 1 & 1 & \cdots & 1\end{vmatrix}+\begin{vmatrix}1+a_1 & 1 & \cdots & 0\\ 1 & 1+a_2 & \cdots & 0\\ \vdots & \vdots & & \vdots\\ 1 & 1 & \cdots & a_n\end{vmatrix}.$$

将上式右端第一个行列式化为三角行列式，第二个按最后一列展开，得

$$\begin{aligned}|\boldsymbol{A}_n|&=a_1a_2\cdots a_{n-1}+a_n|\boldsymbol{A}_{n-1}|\\&=a_1a_2\cdots a_{n-1}+a_1a_2\cdots a_{n-1}a_n\left(1+\sum_{j=1}^{n-1}\frac{1}{a_j}\right)\\&=a_1a_2\cdots a_n\left(1+\sum_{j=1}^{n}\frac{1}{a_j}\right).\end{aligned}$$

【例 2.18】(华东师范大学，1998 年；湖南大学，2010 年)　计算行列式：

$$D=\begin{vmatrix}2^n-2 & 2^{n-1}-2 & \cdots & 2^3-2 & 2\\ 3^n-3 & 3^{n-1}-3 & \cdots & 3^3-3 & 6\\ \vdots & \vdots & & \vdots & \vdots\\ n^n-n & n^{n-1}-n & \cdots & n^3-n & n^2-n\end{vmatrix}.$$

【解】　利用升阶法. 将 D 添上一行一列，然后将第一列加到后面各列，得

$$D=\begin{vmatrix}1 & 0 & 0 & \cdots & 0 & 0\\ 2 & 2^n-2 & 2^{n-1}-2 & \cdots & 2^3-2 & 2^2-2\\ 3 & 3^n-3 & 3^{n-1}-3 & \cdots & 3^3-3 & 3^2-3\\ \vdots & \vdots & \vdots & & \vdots & \vdots\\ n & n^n-n & n^{n-1}-n & \cdots & n^3-n & n^2-n\end{vmatrix}$$

$$=\begin{vmatrix}1 & 1 & 1 & \cdots & 1 & 1\\ 2 & 2^n & 2^{n-1} & \cdots & 2^3 & 2^2\\ 3 & 3^n & 3^{n-1} & \cdots & 3^3 & 3^2\\ \vdots & \vdots & \vdots & & \vdots & \vdots\\ n & n^n & n^{n-1} & \cdots & n^3 & n^2\end{vmatrix}$$

$$=n!\begin{vmatrix}1 & 1 & 1 & \cdots & 1 & 1\\ 1 & 2^{n-1} & 2^{n-2} & \cdots & 2^2 & 2\\ 1 & 3^{n-1} & 3^{n-2} & \cdots & 3^2 & 3\\ \vdots & \vdots & \vdots & & \vdots & \vdots\\ 1 & n^{n-1} & n^{n-2} & \cdots & n^2 & n\end{vmatrix}.$$

将第 j 列与后面的 $n-j$ 列逐次交换，$j=2,3,\cdots,n-1$，化为 Vandermonde 行列式，得

$$D=n!\,(-1)^{\frac{(n-2)(n-1)}{2}}\begin{vmatrix}1&1&1&\cdots&1&1\\1&2&2^2&\cdots&2^{n-2}&2^{n-1}\\1&3&3^2&\cdots&3^{n-2}&3^{n-1}\\\vdots&\vdots&\vdots&&\vdots&\vdots\\1&n&n^2&\cdots&n^{n-2}&n^{n-1}\end{vmatrix}=(-1)^{\frac{n^2+n+2}{2}}\prod_{1\leqslant j<i\leqslant n+1}(i-j).$$

【例 2.19】(南开大学,2003 年) 计算下列行列式的值：

$$D=\begin{vmatrix}a_1+b_1c_1&a_2+b_1c_2&\cdots&a_n+b_1c_n\\a_1+b_2c_1&a_2+b_2c_2&\cdots&a_n+b_2c_n\\\vdots&\vdots&&\vdots\\a_1+b_nc_1&a_2+b_nc_2&\cdots&a_n+b_nc_n\end{vmatrix},$$

其中 $n\geqslant3$.

【解】 （方法 1）利用行列式的乘法规则,并注意到 $n\geqslant3$,得

$$D=\begin{vmatrix}1&b_1&0&\cdots&0\\1&b_2&0&\cdots&0\\\vdots&\vdots&\vdots&&\vdots\\1&b_n&0&\cdots&0\end{vmatrix}\cdot\begin{vmatrix}a_1&a_2&\cdots&a_n\\c_1&c_2&\cdots&c_n\\0&0&\cdots&0\\\vdots&\vdots&&\vdots\\0&0&\cdots&0\end{vmatrix}=0.$$

（方法 2）利用升阶法. 把行列式 D 添加一行与一列,得

$$D=\left|\begin{array}{c:cccc}1&c_1&c_2&\cdots&c_n\\\hdashline 0&a_1+b_1c_1&a_2+b_1c_2&\cdots&a_n+b_1c_n\\0&a_1+b_2c_1&a_2+b_2c_2&\cdots&a_n+b_2c_n\\\vdots&\vdots&\vdots&&\vdots\\0&a_1+b_nc_1&a_2+b_nc_2&\cdots&a_n+b_nc_n\end{array}\right|.$$

把第一行乘 $-b_i$ 加到第 $i+1$ 行($i=1,2,\cdots,n$),得

$$D=\begin{vmatrix}1&c_1&c_2&\cdots&c_n\\-b_1&a_1&a_2&\cdots&a_n\\-b_2&a_1&a_2&\cdots&a_n\\\vdots&\vdots&\vdots&&\vdots\\-b_n&a_1&a_2&\cdots&a_n\end{vmatrix}.$$

再一次升阶,并把第一列依次乘 a_j 加到第 $j+2$ 列($j=1,2,\cdots,n$),得

$$D=\left|\begin{array}{c:ccccc}1&0&0&0&\cdots&0\\\hdashline 0&1&c_1&c_2&\cdots&c_n\\-1&-b_1&a_1&a_2&\cdots&a_n\\-1&-b_2&a_1&a_2&\cdots&a_n\\\vdots&\vdots&\vdots&\vdots&&\vdots\\-1&-b_n&a_1&a_2&\cdots&a_n\end{array}\right|=\begin{vmatrix}1&0&a_1&a_2&\cdots&a_n\\0&1&c_1&c_2&\cdots&c_n\\-1&-b_1&0&0&\cdots&0\\-1&-b_2&0&0&\cdots&0\\\vdots&\vdots&\vdots&\vdots&&\vdots\\-1&-b_n&0&0&\cdots&0\end{vmatrix}.$$

注意到 $n\geqslant3$,利用 Laplace 展开定理,得 $D=0$.

【例 2.20】(中南大学,2010 年) 设 $a,b,p_1,p_2,\cdots,p_n\in\mathbb{R}$,$a\neq b$. 求行列式的值:

$$D=\begin{vmatrix} p_1 & a & a & \cdots & a \\ b & p_2 & a & \cdots & a \\ b & b & p_3 & \cdots & a \\ \vdots & \vdots & \vdots & & \vdots \\ b & b & b & \cdots & p_n \end{vmatrix}.$$

【解】 (方法 1) 把 D 记为 D_n,按第 n 列拆项,得

$$D_n=\begin{vmatrix} p_1 & a & \cdots & a+0 \\ b & p_2 & \cdots & a+0 \\ \vdots & \vdots & & \vdots \\ b & b & \cdots & a+(p_n-a) \end{vmatrix}=\begin{vmatrix} p_1 & a & \cdots & a \\ b & p_2 & \cdots & a \\ \vdots & \vdots & & \vdots \\ b & b & \cdots & a \end{vmatrix}+(p_n-a)D_{n-1}$$

$$=a(p_1-b)(p_2-b)\cdots(p_{n-1}-b)+(p_n-a)D_{n-1}.$$

再把 D_n 按第 n 行拆项(或根据对称性),可得

$$D_n=b(p_1-a)(p_2-a)\cdots(p_{n-1}-a)+(p_n-b)D_{n-1}.$$

联立上述二式,消去 D_{n-1},即得

$$D_n=\frac{af(b)-bf(a)}{a-b},$$

这里 $f(t)=(p_1-t)(p_2-t)\cdots(p_n-t)$.

(方法 2) 先升阶,再按第一列拆项,可得

$$D=\begin{vmatrix} 1 & a & a & \cdots & a \\ 0 & p_1 & a & \cdots & a \\ 0 & b & p_2 & \cdots & a \\ \vdots & \vdots & \vdots & & \vdots \\ 0 & b & b & \cdots & p_n \end{vmatrix}=\frac{1}{a-b}\begin{vmatrix} a-b & a & a & \cdots & a \\ b-b & p_1 & a & \cdots & a \\ b-b & b & p_2 & \cdots & a \\ \vdots & \vdots & \vdots & & \vdots \\ b-b & b & b & \cdots & p_n \end{vmatrix}=\frac{1}{a-b}(\Delta_1-\Delta_2).$$

把 Δ_1 的第 1 列的-1 倍依次加到第 $2,3,\cdots,n+1$ 列,再按第 1 行展开,得

$$\Delta_1=\begin{vmatrix} a & a & a & \cdots & a \\ b & p_1 & a & \cdots & a \\ b & b & p_2 & \cdots & a \\ \vdots & \vdots & \vdots & & \vdots \\ b & b & b & \cdots & p_n \end{vmatrix}=\begin{vmatrix} a & 0 & 0 & \cdots & 0 \\ b & p_1-b & a-b & \cdots & a-b \\ b & 0 & p_2-b & \cdots & a-b \\ \vdots & \vdots & \vdots & & \vdots \\ b & 0 & 0 & \cdots & p_n-b \end{vmatrix}=af(b);$$

把 Δ_2 的第 1 行的-1 倍依次加到第 $2,3,\cdots,n+1$ 行,再按第 1 列展开,得

$$\Delta_2=\begin{vmatrix} b & a & a & \cdots & a \\ b & p_1 & a & \cdots & a \\ b & b & p_2 & \cdots & a \\ \vdots & \vdots & \vdots & & \vdots \\ b & b & b & \cdots & p_n \end{vmatrix}=\begin{vmatrix} b & a & a & \cdots & a \\ 0 & p_1-a & 0 & \cdots & 0 \\ 0 & b-a & p_2-a & \cdots & 0 \\ \vdots & \vdots & \vdots & & \vdots \\ 0 & b-a & b-a & \cdots & p_n-a \end{vmatrix}=bf(a).$$

于是,所求行列式

$$D=\frac{af(b)-bf(a)}{a-b}.$$

（方法 3）考虑 n 阶行列式

$$G(t)=\begin{vmatrix} p_1-t & a-t & a-t & \cdots & a-t \\ b-t & p_2-t & a-t & \cdots & a-t \\ b-t & b-t & p_3-t & \cdots & a-t \\ \vdots & \vdots & \vdots & & \vdots \\ b-t & b-t & b-t & \cdots & p_n-t \end{vmatrix},$$

易知 $G(t)$是关于 t 的一次多项式，即 $G(t)=ct+D$（其中 c 的意义参见本章例 2.55）. 注意到 $G(a)=f(a)$，$G(b)=f(b)$，即 $ac+D=f(a)$，$bc+D=f(b)$. 解此关于 c，D 的方程组，得

$$D=\frac{af(b)-bf(a)}{a-b}.$$

【例 2.21】（兰州大学，2009 年；北京邮电大学，2008 年；江苏大学，2004 年）

计算 $n(\geqslant 2)$阶行列式

$$D_n=\begin{vmatrix} x & a & a & \cdots & a & a \\ -a & x & a & \cdots & a & a \\ -a & -a & x & \cdots & a & a \\ \vdots & \vdots & \vdots & & \vdots & \vdots \\ -a & -a & -a & \cdots & x & a \\ -a & -a & -a & \cdots & -a & x \end{vmatrix}.$$

【解】　仿照上一题的方法，得

$$D_n=\frac{(x+a)^n+(x-a)^n}{2}.$$

【例 2.22】（中南大学，2006 年）　计算 $n+1$ 阶行列式

$$D_{n+1}=\begin{vmatrix} 1 & 0 & 0 & \cdots & 0 & 1 \\ 1 & \mathrm{C}_1^1 & 0 & \cdots & 0 & x \\ 1 & \mathrm{C}_2^1 & \mathrm{C}_2^2 & \cdots & 0 & x^2 \\ \vdots & \vdots & \vdots & & \vdots & \vdots \\ 1 & \mathrm{C}_{n-1}^1 & \mathrm{C}_{n-1}^2 & \cdots & \mathrm{C}_{n-1}^{n-1} & x^{n-1} \\ 1 & \mathrm{C}_n^1 & \mathrm{C}_n^2 & \cdots & \mathrm{C}_n^{n-1} & x^n \end{vmatrix}.$$

【解】　从第 n 行开始直至第一行，依次将每一行乘−1 加到其下一行，并利用组合公式 $\mathrm{C}_{n-1}^k+\mathrm{C}_{n-1}^{k-1}=\mathrm{C}_n^k$，再按第一列展开并提取最后一列的公因子 $x-1$，可得

$$D_{n+1}=(x-1)\begin{vmatrix}1&0&0&\cdots&0&1\\1&C_1^1&0&\cdots&0&x\\1&C_2^1&C_2^2&\cdots&0&x^2\\\vdots&\vdots&\vdots&&\vdots&\vdots\\1&C_{n-2}^1&C_{n-2}^2&\cdots&C_{n-2}^{n-2}&x^{n-2}\\1&C_{n-1}^1&C_{n-1}^2&\cdots&C_{n-1}^{n-2}&x^{n-1}\end{vmatrix}=(x-1)D_n.$$

再对 D_n 作类似处理,得 $D_n=(x-1)D_{n-1}$. 如此递推下去,可得

$$D_{n+1}=(x-1)^2D_{n-1}=\cdots=(x-1)^{n-1}D_2.$$

因为 $D_2=\begin{vmatrix}1&1\\1&x\end{vmatrix}=x-1$,所以 $D_{n+1}=(x-1)^n$.

【例 2.23】(深圳大学,2008 年) 计算 n 阶行列式

$$D=\begin{vmatrix}1&2&3&4&\cdots&n\\1&1&2&3&\cdots&n-1\\1&x&1&2&\cdots&n-2\\1&x&x&1&\cdots&n-3\\\vdots&\vdots&\vdots&\vdots&&\vdots\\1&x&x&x&\cdots&1\end{vmatrix}.$$

【解】 从第 2 行开始直至第 n 行,把每一行乘-1 后加到上一行,得

$$D=\begin{vmatrix}0&1&1&\cdots&1&1\\0&1-x&1&\cdots&1&1\\0&0&1-x&\cdots&1&1\\\vdots&\vdots&\vdots&&\vdots&\vdots\\0&0&0&\cdots&1-x&1\\1&x&x&\cdots&x&1\end{vmatrix}$$

$$=(-1)^{n+1}\begin{vmatrix}1&1&1&\cdots&1&1\\1-x&1&1&\cdots&1&1\\0&1-x&1&\cdots&1&1\\\vdots&\vdots&\vdots&&\vdots&\vdots\\0&0&0&\cdots&1-x&1\end{vmatrix}_{n-1}.$$

再从第 2 行开始直至第 $n-1$ 行,把每一行乘-1 后加到上一行,得

$$D=(-1)^{n+1}\begin{vmatrix}x&0&0&\cdots&0&0\\1-x&x&0&\cdots&0&0\\\vdots&\vdots&\vdots&&\vdots&\vdots\\0&0&0&\cdots&x&0\\0&0&0&\cdots&1-x&1\end{vmatrix}_{n-1}$$

$$=(-1)^{n+1}x^{n-2}.$$

【例 2.24】(北京工业大学,2005 年) 计算 n 阶行列式

$$D=\begin{vmatrix} a+1 & a+2 & a+3 & \cdots & a+n \\ a+2 & a+3 & a+4 & \cdots & a+1 \\ a+3 & a+4 & a+5 & \cdots & a+2 \\ \vdots & \vdots & \vdots & & \vdots \\ a+n & a+1 & a+2 & \cdots & a+n-1 \end{vmatrix}.$$

【解】 从 D 的最后一行开始,每一行都减去其前一行,得

$$D=\begin{vmatrix} a+1 & a+2 & a+3 & \cdots & a+n \\ 1 & 1 & \cdots & 1 & 1-n \\ 1 & \iddots & \iddots & \iddots & 1 \\ \vdots & \iddots & \iddots & \iddots & \vdots \\ 1 & 1-n & 1 & \cdots & 1 \end{vmatrix}.$$

把上述行列式的各列都加到第一列,并按第一列展开,得

$$D=\frac{1}{2}n(2a+n+1)\begin{vmatrix} 1 & \cdots & 1 & 1-n \\ \vdots & \iddots & \iddots & 1 \\ 1 & \iddots & \iddots & \vdots \\ 1-n & 1 & \cdots & 1 \end{vmatrix}_{n-1}.$$

把各行都加到第一行,再把第一行都加到其他各行,得

$$D=\frac{1}{2}n(2a+n+1)\begin{vmatrix} -1 & -1 & \cdots & -1 & -1 \\ 0 & \cdots & 0 & -n & 0 \\ \vdots & \iddots & \iddots & \iddots & 0 \\ 0 & \iddots & \iddots & \iddots & \vdots \\ -n & 0 & 0 & \cdots & 0 \end{vmatrix}_{n-1}$$

$$=\frac{1}{2}n(2a+n+1)(-1)^{n-1}n^{n-2}(-1)^{\frac{1}{2}(n-1)(n-2)}$$

$$=\frac{1}{2}(-1)^{\frac{1}{2}n(n-1)}(2a+n+1)n^{n-1}.$$

【例 2.25】(北京大学,2012 年) 证明下面的行列式不为零:

$$\begin{vmatrix} 1 & 2 & 3 & \cdots & 2010 & 2011 \\ 2^2 & 3^2 & 4^2 & \cdots & 2011^2 & 2012^2 \\ 3^3 & 4^3 & 5^3 & \cdots & 2012^3 & 2012^3 \\ \vdots & \vdots & \vdots & & \vdots & \vdots \\ 2010^{2010} & 2011^{2010} & 2012^{2010} & \cdots & 2012^{2010} & 2012^{2010} \\ 2011^{2011} & 2012^{2011} & 2012^{2011} & \cdots & 2012^{2011} & 2012^{2011} \end{vmatrix}.$$

【证】 记这个行列式为 D,并将 D 按定义展开,一共 2011! 项,其中由 D 的所有副对角元构成的一项为

$$T=(-1)^{2010+2009+\cdots+2+1}2011\times 2011^2\times\cdots\times 2011^{2011}=-2011^{2011\times 1006},$$

其他各项均含有因子 2012,因此

$$D = T + 2012k,\quad 其中\ k \in \mathbb{Z}.$$

注意到 T 为奇数，所以 $D \neq 0$.

【例 2.26】(浙江大学,2009年) 设 $A=\begin{pmatrix} 2a_1b_1 & a_1b_2+a_2b_1 & \cdots & a_1b_n+a_nb_1 \\ a_2b_1+a_1b_2 & 2a_2b_2 & \cdots & a_2b_n+a_nb_2 \\ \vdots & \vdots & & \vdots \\ a_nb_1+a_1b_n & a_nb_2+a_2b_n & \cdots & 2a_nb_n \end{pmatrix}$,计算 A 的行列式.

【解】 若 $n=1$,则 $\det A=2a_1b_1$;若 $n=2$,则

$$\det A = \begin{vmatrix} 2a_1b_1 & a_1b_2+a_2b_1 \\ a_2b_1+a_1b_2 & 2a_2b_2 \end{vmatrix} = -(a_1b_2-a_2b_1)^2;$$

当 $n \geqslant 3$ 时,利用行列式的乘法规则,得

$$\det A = \begin{vmatrix} a_1 & b_1 & 0 & \cdots & 0 \\ a_2 & b_2 & 0 & \cdots & 0 \\ \vdots & \vdots & \vdots & & \vdots \\ a_n & b_n & 0 & \cdots & 0 \end{vmatrix} \cdot \begin{vmatrix} b_1 & b_2 & \cdots & b_n \\ a_1 & a_2 & \cdots & a_n \\ 0 & 0 & \cdots & 0 \\ \vdots & \vdots & & \vdots \\ 0 & 0 & \cdots & 0 \end{vmatrix} = 0.$$

【例 2.27】 计算行列式:

$$D = \begin{vmatrix} a & b & c & d \\ -b & a & -d & c \\ -c & d & a & -b \\ -d & -c & b & a \end{vmatrix}.$$

【解】 注意到 D 的转置行列式等于 D,利用行列式的乘法规则,得

$$D^2 = \begin{vmatrix} a & b & c & d \\ -b & a & -d & c \\ -c & d & a & -b \\ -d & -c & b & a \end{vmatrix} \begin{vmatrix} a & -b & -c & -d \\ b & a & d & -c \\ c & -d & a & b \\ d & c & -b & a \end{vmatrix}$$

$$= \begin{vmatrix} a^2+b^2+c^2+d^2 & 0 & 0 & 0 \\ 0 & a^2+b^2+c^2+d^2 & 0 & 0 \\ 0 & 0 & a^2+b^2+c^2+d^2 & 0 \\ 0 & 0 & 0 & a^2+b^2+c^2+d^2 \end{vmatrix}$$

$$= (a^2+b^2+c^2+d^2)^4.$$

所以 $D=\pm(a^2+b^2+c^2+d^2)^2$. 若按行列式定义展开,则 D 中 a^4 的系数为 1. 因此

$$D = (a^2+b^2+c^2+d^2)^2.$$

【例 2.28】(湘潭大学,2006 年) 计算 $n(n\geqslant 2)$ 阶行列式:

$$D=\begin{vmatrix}\sin(2\alpha_1) & \sin(\alpha_1+\alpha_2) & \cdots & \sin(\alpha_1+\alpha_n)\\ \sin(\alpha_2+\alpha_1) & \sin(2\alpha_2) & \cdots & \sin(\alpha_2+\alpha_n)\\ \vdots & \vdots & & \vdots\\ \sin(\alpha_n+\alpha_1) & \sin(\alpha_n+\alpha_2) & \cdots & \sin(2\alpha_n)\end{vmatrix}.$$

【解】 当 $n>2$ 时,利用公式 $\sin(x+y)=\sin x\cos y+\cos x\sin y$,及行列式乘法规则,得

$$D=\begin{vmatrix}\sin\alpha_1 & \cos\alpha_1 & 0 & \cdots & 0\\ \sin\alpha_2 & \cos\alpha_2 & 0 & \cdots & 0\\ \vdots & \vdots & \vdots & & \vdots\\ \sin\alpha_n & \cos\alpha_n & 0 & \cdots & 0\end{vmatrix}\begin{vmatrix}\cos\alpha_1 & \cos\alpha_2 & \cdots & \cos\alpha_n\\ \sin\alpha_1 & \sin\alpha_2 & \cdots & \sin\alpha_n\\ 0 & 0 & \cdots & 0\\ \vdots & \vdots & & \vdots\\ 0 & 0 & \cdots & 0\end{vmatrix}=0.$$

当 $n=2$ 时,直接计算得

$$D=\begin{vmatrix}\sin(2\alpha_1) & \sin(\alpha_1+\alpha_2)\\ \sin(\alpha_2+\alpha_1) & \sin(2\alpha_2)\end{vmatrix}=-\sin^2(\alpha_1-\alpha_2).$$

【例 2.29】(南开大学,2004 年,2014 年) 设 n 阶行列式

$$\begin{vmatrix}a_{11} & a_{12} & \cdots & a_{1n}\\ a_{21} & a_{22} & \cdots & a_{2n}\\ \vdots & \vdots & & \vdots\\ a_{n1} & a_{n2} & \cdots & a_{nn}\end{vmatrix}=1,$$

且满足 $a_{ij}=-a_{ji},i,j=1,2,\cdots,n$. 对于任意常数 b,求 n 阶行列式

$$\begin{vmatrix}a_{11}+b & a_{12}+b & \cdots & a_{1n}+b\\ a_{21}+b & a_{22}+b & \cdots & a_{2n}+b\\ \vdots & \vdots & & \vdots\\ a_{n1}+b & a_{n2}+b & \cdots & a_{nn}+b\end{vmatrix}.$$

【解】 (方法 1) 令 $\boldsymbol{A}=(a_{ij})_{n\times n}$,则 $\boldsymbol{A}$ 是反对称矩阵,$a_{ii}=0,i=1,2,\cdots,n$. 因为奇数阶反对称矩阵的行列式为 0,所以由 $\det\boldsymbol{A}=1$ 知,n 必为偶数. 记所求的行列式为 D,并将 D 升阶,把第 1 行的 -1 倍加到其他各行,再拆项,有

$$D=\begin{vmatrix}1 & b & b & \cdots & b\\ 0 & a_{11}+b & a_{12}+b & \cdots & a_{1n}+b\\ 0 & a_{21}+b & a_{22}+b & \cdots & a_{2n}+b\\ \vdots & \vdots & \vdots & & \vdots\\ 0 & a_{n1}+b & a_{n2}+b & \cdots & a_{nn}+b\end{vmatrix}=\begin{vmatrix}1 & b & b & \cdots & b\\ -1 & a_{11} & a_{12} & \cdots & a_{1n}\\ -1 & a_{21} & a_{22} & \cdots & a_{2n}\\ \vdots & \vdots & \vdots & & \vdots\\ -1 & a_{n1} & a_{n2} & \cdots & a_{nn}\end{vmatrix}$$

$$=\begin{vmatrix}1 & b & b & \cdots & b\\0 & a_{11} & a_{12} & \cdots & a_{1n}\\0 & a_{21} & a_{22} & \cdots & a_{2n}\\\vdots & \vdots & \vdots & & \vdots\\0 & a_{n1} & a_{n2} & \cdots & a_{nn}\end{vmatrix}+\begin{vmatrix}0 & b & b & \cdots & b\\-1 & 0 & a_{12} & \cdots & a_{1n}\\-1 & a_{21} & 0 & \cdots & a_{2n}\\\vdots & \vdots & \vdots & & \vdots\\-1 & a_{n1} & a_{n2} & \cdots & 0\end{vmatrix}.$$

上式右端第二个行列式提出第一行的公因子 b 后是一个 $n+1$(奇数)阶反对称矩阵,其行列式因而为0,而第一个行列式按第一列展开后即 $\det \boldsymbol{A}$,因此 $D=\det \boldsymbol{A}=1$.

(方法2) 因为 $\det \boldsymbol{A}=1$,所以 n 必为偶数. 对于 $\boldsymbol{A}$ 的代数余子式 A_{ij},其转置行列式各行乘-1 得$(-1)^{n-1}A_{ji}$,所以 $A_{ij}=-A_{ji}$,$i,j=1,2,\cdots,n$. 根据本章例2.55(1)的结论,有

$$\begin{vmatrix}a_{11}+b & a_{12}+b & \cdots & a_{1n}+b\\a_{21}+b & a_{22}+b & \cdots & a_{2n}+b\\\vdots & \vdots & & \vdots\\a_{n1}+b & a_{n2}+b & \cdots & a_{nn}+b\end{vmatrix}=\begin{vmatrix}a_{11} & a_{12} & \cdots & a_{1n}\\a_{21} & a_{22} & \cdots & a_{2n}\\\vdots & \vdots & & \vdots\\a_{n1} & a_{n2} & \cdots & a_{nn}\end{vmatrix}+b\sum_{i=1}^{n}\sum_{j=1}^{n}A_{ij}=1.$$

【注】 由此可知:偶数阶反对称矩阵的代数余子式也构成反对称矩阵. 更多关于反对称矩阵的典型问题,详见第9章§9.3.

【例2.30】(中国科学技术大学,2011年;湖南师范大学,2011年) 证明:n 阶行列式

$$D_n=\begin{vmatrix}\cos\alpha & 1 & 0 & \cdots & 0 & 0\\1 & 2\cos\alpha & 1 & \cdots & 0 & 0\\0 & 1 & 2\cos\alpha & \cdots & 0 & 0\\\vdots & \vdots & \vdots & & \vdots & \vdots\\0 & 0 & 0 & \cdots & 2\cos\alpha & 1\\0 & 0 & 0 & \cdots & 1 & 2\cos\alpha\end{vmatrix}=\cos n\alpha.$$

(注:湖南师范大学2011年的试题为计算题.)

【证】 对 n 用第二归纳法. 当 $n=1$ 时,$D_1=\cos\alpha$;当 $n=2$ 时,$D_2=\begin{vmatrix}\cos\alpha & 1\\1 & 2\cos\alpha\end{vmatrix}=2\cos^2\alpha-1=\cos 2\alpha$,等式也成立. 假设结论对一切 $n\leqslant k$ 的 n 阶行列式 D_n 成立,对于 $k+1$ 阶行列式,按最后一列展开,得

$$\begin{aligned}D_{k+1}&=2\cos\alpha D_k-\begin{vmatrix}\cos\alpha & 1 & 0 & \cdots & 0 & 0\\1 & 2\cos\alpha & 1 & \cdots & 0 & 0\\0 & 1 & 2\cos\alpha & \cdots & 0 & 0\\\vdots & \vdots & \vdots & & \vdots & \vdots\\0 & 0 & 0 & \cdots & 2\cos\alpha & 1\\0 & 0 & 0 & \cdots & 0 & 1\end{vmatrix}_k\\&=2\cos\alpha D_k-D_{k-1}=2\cos\alpha\cos k\alpha-\cos(k-1)\alpha\\&=\cos(k+1)\alpha.\end{aligned}$$

根据归纳法原理,对于任意自然数 n,有 $D_n=\cos n\alpha$.

【例 2.31】 计算 n 阶行列式

$$D_n=\begin{vmatrix} x_1y_1 & x_1y_2 & x_1y_3 & \cdots & x_1y_{n-1} & x_1y_n\\ x_1y_2 & x_2y_2 & x_2y_3 & \cdots & x_2y_{n-1} & x_2y_n\\ x_1y_3 & x_2y_3 & x_3y_3 & \cdots & x_3y_{n-1} & x_3y_n\\ \vdots & \vdots & \vdots & & \vdots & \vdots\\ x_1y_{n-1} & x_2y_{n-1} & x_3y_{n-1} & \cdots & x_{n-1}y_{n-1} & x_{n-1}y_n\\ x_1y_n & x_2y_n & x_3y_n & \cdots & x_{n-1}y_n & x_ny_n \end{vmatrix}.$$

【解】 先从 D_n 的第一行提出公因子 x_1，第 n 列提出公因子 y_n，再把所得行列式的第一行乘 $-x_i$ 依次加到第 i 行($i=2,3,\cdots,n$)，得

$$D_n=x_1y_n\begin{vmatrix} y_1 & y_2 & y_3 & \cdots & y_{n-1} & 1\\ x_1y_2-x_2y_1 & 0 & 0 & \cdots & 0 & 0\\ x_1y_3-x_3y_1 & x_2y_3-x_3y_2 & 0 & \cdots & 0 & 0\\ \vdots & \vdots & \vdots & & \vdots & \vdots\\ x_1y_{n-1}-x_{n-1}y_1 & x_2y_{n-1}-x_{n-1}y_2 & x_3y_{n-1}-x_{n-1}y_3 & \cdots & 0 & 0\\ x_1y_n-x_ny_1 & x_2y_n-x_ny_2 & x_3y_n-x_ny_3 & \cdots & x_{n-1}y_n-x_ny_{n-1} & 0 \end{vmatrix}$$

$$=x_1y_n(-1)^{n+1}(x_1y_2-x_2y_1)(x_2y_3-x_3y_2)\cdots(x_{n-1}y_n-x_ny_{n-1})$$

$$=x_1y_n\prod_{i=1}^{n-1}(x_{i+1}y_i-x_iy_{i+1}).$$

【例 2.32】(上海交通大学,2004 年) 求下面多项式的所有根(若有重根,请指出其重数)：

$$f(x)=\begin{vmatrix} x-3 & -a_2 & -a_3 & \cdots & -a_n\\ -a_2 & x-2-a_2^2 & -a_2a_3 & \cdots & -a_2a_n\\ -a_3 & -a_3a_2 & x-2-a_3^2 & \cdots & -a_3a_n\\ \vdots & \vdots & \vdots & & \vdots\\ -a_n & -a_na_2 & -a_na_3 & \cdots & x-2-a_n^2 \end{vmatrix}.$$

【解】 先求 $f(x)$ 的表达式. 采用三种方法.

(方法 1) 直接化为三角行列式. 把第一行乘 $-a_i$ 加到第 i 行($i=2,3,\cdots,n$)，再把第 j 列乘 a_j 都加到第一列($j=2,3,\cdots,n$)，得

$$f(x)=\begin{vmatrix} x-3 & -a_2 & -a_3 & \cdots & -a_n\\ -(x-2)a_2 & x-2 & 0 & \cdots & 0\\ -(x-2)a_3 & 0 & x-2 & \cdots & 0\\ \vdots & \vdots & \vdots & & \vdots\\ -(x-2)a_n & 0 & 0 & \cdots & x-2 \end{vmatrix}$$

$$=\begin{vmatrix} x-3-\sum_{j=2}^{n}a_j^2 & -a_2 & -a_3 & \cdots & -a_n\\ 0 & x-2 & 0 & \cdots & 0\\ 0 & 0 & x-2 & \cdots & 0\\ \vdots & \vdots & \vdots & & \vdots\\ 0 & 0 & 0 & \cdots & x-2 \end{vmatrix}$$

$$=(x-2)^{n-1}\left[(x-3)-\sum_{k=2}^{n}a_k^2\right].$$

（方法2）利用升阶法，化为箭形行列式.

$$f(x)=\begin{vmatrix}1 & 1 & a_2 & a_3 & \cdots & a_n\\ 0 & x-3 & -a_2 & -a_3 & \cdots & -a_n\\ 0 & -a_2 & x-2-a_2^2 & -a_2a_3 & \cdots & -a_2a_n\\ 0 & -a_3 & -a_3a_2 & x-2-a_3^2 & \cdots & -a_3a_n\\ \vdots & \vdots & \vdots & \vdots & & \vdots\\ 0 & -a_n & -a_na_2 & -a_na_3 & \cdots & x-2-a_n^2\end{vmatrix}$$

$$=\begin{vmatrix}1 & 1 & a_2 & a_3 & \cdots & a_n\\ 1 & x-2 & 0 & 0 & \cdots & 0\\ a_2 & 0 & x-2 & 0 & \cdots & 0\\ a_3 & 0 & 0 & x-2 & \cdots & 0\\ \vdots & \vdots & \vdots & \vdots & & \vdots\\ a_n & 0 & 0 & 0 & \cdots & x-2\end{vmatrix}.$$

按第一行展开，得

$$f(x)=(x-2)^{n-1}\left[(x-2)-1-\sum_{k=2}^{n}a_k^2\right].$$

（方法3）利用公式：$|\lambda\boldsymbol{E}_m-\boldsymbol{HG}|=\lambda^{m-n}|\lambda\boldsymbol{E}_n-\boldsymbol{GH}|$，其中 $m\geqslant n,\boldsymbol{H}\in K^{m\times n},\boldsymbol{G}\in K^{n\times m}$.令 $a_1=1$，并取 $\boldsymbol{H}^{\mathrm{T}}=\boldsymbol{G}=(a_1,a_2,\cdots,a_n)$，则

$$f(x)=\begin{vmatrix}x-2-a_1^2 & -a_1a_2 & -a_1a_3 & \cdots & -a_1a_n\\ -a_2a_1 & x-2-a_2^2 & -a_2a_3 & \cdots & -a_2a_n\\ -a_3a_1 & -a_3a_2 & x-2-a_3^2 & \cdots & -a_3a_n\\ \vdots & \vdots & & & \vdots\\ -a_na_1 & -a_na_2 & -a_na_3 & \cdots & x-2-a_n^2\end{vmatrix}$$

$$=|(x-2)\boldsymbol{E}_n-\boldsymbol{HG}|=(x-2)^{n-1}|(x-2)-\boldsymbol{GH}|$$

$$=(x-2)^{n-1}\left[(x-2)-1-\sum_{k=2}^{n}a_k^2\right].$$

因此，$f(x)$的全部根为

$$x_1=x_2=\cdots=x_{n-1}=2,\quad x_n=3+\sum_{k=2}^{n}a_k^2.$$

【例 2.33】 计算 $n+1$ 阶三对角行列式

$$D_{n+1}=\begin{vmatrix}x & 1 & & & \\ n & x & 2 & & \\ & n-1 & x & \ddots & \\ & & \ddots & \ddots & n\\ & & & 1 & x\end{vmatrix}.$$

【解】 将行列式 D_{n+1} 记为 $D_{n+1}(x)$. 先将各行都加上后面所有的行(即先将第 2,第 3,…,第 $n+1$ 行都加到第 1 行;然后将第 3,…,第 $n+1$ 行都加到第 2 行;如此下去,直至把第 $n+1$ 行加到第 n 行),再提取第一行的公因子,得到

$$D_{n+1}(x)=(x+n)\begin{vmatrix}1 & 1 & 1 & \cdots & 1 & 1\\ n & x+n-1 & x+n & \cdots & x+n & x+n\\ 0 & n-1 & x+n-2 & \cdots & x+n & x+n\\ \vdots & \vdots & \vdots & & \vdots & \vdots\\ 0 & 0 & 0 & \cdots & x+1 & x+n\\ 0 & 0 & 0 & \cdots & 1 & x\end{vmatrix}.$$

对上式右边的行列式,从最后一列开始直至第 2 列,把每一列都减去前面的一列,然后按第一行展开,则

$$D_{n+1}(x)=(x+n)D_n(x-1).$$

再利用此式,得

$$D_n(x-1)=(x+n-2)D_{n-1}(x-2),$$

代入上式,得

$$D_{n+1}(x)=(x+n)(x+n-2)D_{n-1}(x-2).$$

继续递推下去,并注意到 $D_1(x-n)=x-n$,于是有

$$\begin{aligned}D_{n+1}(x)&=(x+n)(x+n-2)(x+n-2\cdot 2)\cdots(x+n-2(n-1))D_1(x-n)\\ &=\prod_{k=0}^{n}(x+n-2k).\end{aligned}$$

【例 2.34】(武汉大学,2004 年;上海交通大学,2008 年) 设 $a_1a_2\cdots a_n\neq 0$,计算 n 阶行列式

$$D=\begin{vmatrix}0 & a_1+a_2 & a_1+a_3 & \cdots & a_1+a_n\\ a_2+a_1 & 0 & a_2+a_3 & \cdots & a_2+a_n\\ a_3+a_1 & a_3+a_2 & 0 & \cdots & a_3+a_n\\ \vdots & \vdots & \vdots & & \vdots\\ a_n+a_1 & a_n+a_2 & a_n+a_3 & \cdots & 0\end{vmatrix}.$$

【解】 (方法 1) 利用升阶法. 在 D 的第一行之前增加一行,第一列之前增加一列,使其扩充成为 $n+1$ 阶行列式 D_{n+1},且 $D_{n+1}=D$. 为此,构造 D_{n+1} 如下:

$$D=D_{n+1}=\begin{vmatrix}1 & a_1 & a_2 & a_3 & \cdots & a_n\\ 0 & 0 & a_1+a_2 & a_1+a_3 & \cdots & a_1+a_n\\ 0 & a_2+a_1 & 0 & a_2+a_3 & \cdots & a_2+a_n\\ \vdots & \vdots & \vdots & \vdots & & \vdots\\ 0 & a_n+a_1 & a_n+a_2 & a_n+a_3 & \cdots & 0\end{vmatrix}.$$

将行列式的第 1 行乘 -1 分别加到其余各行,得

$$D=\begin{vmatrix}1 & a_1 & a_2 & a_3 & \cdots & a_n\\ -1 & -a_1 & a_1 & a_1 & \cdots & a_1\\ -1 & a_2 & -a_2 & a_2 & \cdots & a_2\\ \vdots & \vdots & \vdots & \vdots & & \vdots\\ -1 & a_n & a_n & a_n & \cdots & -a_n\end{vmatrix}.$$

再一次升阶,有

$$D=D_{n+2}=\begin{vmatrix}1 & 0 & 0 & 0 & \cdots & 0\\ 0 & 1 & a_1 & a_2 & \cdots & a_n\\ a_1 & -1 & -a_1 & a_1 & \cdots & a_1\\ a_2 & -1 & a_2 & -a_2 & \cdots & a_2\\ \vdots & \vdots & \vdots & \vdots & & \vdots\\ a_n & -1 & a_n & a_n & \cdots & -a_n\end{vmatrix}$$

$$\xlongequal[j=3,4,\cdots,n+2]{c_j-c_1}\begin{vmatrix}1 & 0 & -1 & -1 & \cdots & -1\\ 0 & 1 & a_1 & a_2 & \cdots & a_n\\ a_1 & -1 & -2a_1 & 0 & \cdots & 0\\ a_2 & -1 & 0 & -2a_2 & \cdots & 0\\ \vdots & \vdots & \vdots & \vdots & & \vdots\\ a_n & -1 & 0 & 0 & \cdots & -2a_n\end{vmatrix}.$$

把第 3 列至第 $n+2$ 列乘$\frac{1}{2}$都加到第 1 列,再把第 $j+2$ 列乘$-\frac{1}{2a_j}$都加到第 2 列($j=1,2,\cdots,n$),然后利用 Laplace 展开定理,得

$$D=\begin{vmatrix}1-\frac{n}{2} & \frac{1}{2}\sum_{j=1}^{n}\frac{1}{a_j} & -1 & -1 & \cdots & -1\\ \frac{1}{2}\sum_{j=1}^{n}a_j & 1-\frac{n}{2} & a_1 & a_2 & \cdots & a_n\\ 0 & 0 & -2a_1 & 0 & \cdots & 0\\ 0 & 0 & 0 & -2a_2 & \cdots & 0\\ \vdots & \vdots & \vdots & \vdots & & \vdots\\ 0 & 0 & 0 & 0 & \cdots & -2a_n\end{vmatrix}$$

$$=\begin{vmatrix}1-\frac{n}{2} & \frac{1}{2}\sum_{j=1}^{n}\frac{1}{a_j}\\ \frac{1}{2}\sum_{j=1}^{n}a_j & 1-\frac{n}{2}\end{vmatrix}\begin{vmatrix}-2a_1 & 0 & \cdots & 0\\ 0 & -2a_2 & \cdots & 0\\ \vdots & \vdots & & \vdots\\ 0 & 0 & \cdots & -2a_n\end{vmatrix}$$

$$=(-2)^{n-2}a_1a_2\cdots a_n\left((n-2)^2-\sum_{i,j=1}^{n}\frac{a_i}{a_j}\right).$$

（方法 2）利用公式：$|\lambda\boldsymbol{E}_m-\boldsymbol{HG}|=\lambda^{m-n}|\lambda\boldsymbol{E}_n-\boldsymbol{GH}|$，其中 $m\geqslant n,\boldsymbol{H}\in K^{m\times n},\boldsymbol{G}\in K^{n\times m}$。为此，先把所给行列式变形为

$$D=\left|\begin{pmatrix}-2a_1&&&\\&-2a_2&&\\&&\ddots&\\&&&-2a_n\end{pmatrix}+\begin{pmatrix}a_1&1\\a_2&1\\\vdots&\vdots\\a_n&1\end{pmatrix}\begin{pmatrix}1&1&\cdots&1\\a_1&a_2&\cdots&a_n\end{pmatrix}\right|.$$

现取 $\boldsymbol{A}=\mathrm{diag}(-2a_1,-2a_2,\cdots,-2a_n)$，$\boldsymbol{B}^{\mathrm{T}}=\begin{pmatrix}a_1&a_2&\cdots&a_n\\1&1&\cdots&1\end{pmatrix}$，$\boldsymbol{C}=\begin{pmatrix}1&1&\cdots&1\\a_1&a_2&\cdots&a_n\end{pmatrix}$，则

$$\begin{aligned}D&=|\boldsymbol{A}+\boldsymbol{BC}|=|\boldsymbol{A}||\boldsymbol{E}_n+\boldsymbol{A}^{-1}\boldsymbol{BC}|=|\boldsymbol{A}||\boldsymbol{E}_2+\boldsymbol{CA}^{-1}\boldsymbol{B}|\\&=(-2)^na_1a_2\cdots a_n\begin{vmatrix}1-\dfrac{n}{2}&-\dfrac{1}{2}\sum\limits_{j=1}^{n}\dfrac{1}{a_j}\\-\dfrac{1}{2}\sum\limits_{i=1}^{n}a_i&1-\dfrac{n}{2}\end{vmatrix}\\&=(-2)^{n-2}a_1a_2\cdots a_n\left((n-2)^2-\sum_{i,j=1}^{n}\frac{a_i}{a_j}\right).\end{aligned}$$

【例 2.35】（复旦大学，2004 年） 计算行列式：

$$D_n=\begin{vmatrix}x_1&a_2&\cdots&a_n\\a_1&x_2&\cdots&a_n\\\vdots&\vdots&&\vdots\\a_1&a_2&\cdots&x_n\end{vmatrix},$$

其中 $x_i\neq a_i,i=1,2,\cdots,n$.

【解】 令 $x_n=(x_n-a_n)+a_n$，对第 n 列拆项，得

$$D_n=\begin{vmatrix}x_1&a_2&\cdots&a_n\\a_1&x_2&\cdots&a_n\\\vdots&\vdots&&\vdots\\a_1&a_2&\cdots&a_n\end{vmatrix}+\begin{vmatrix}x_1&a_2&\cdots&a_{n-1}&0\\a_1&x_2&\cdots&a_{n-1}&0\\\vdots&\vdots&&\vdots&\vdots\\a_1&a_2&\cdots&x_{n-1}&0\\a_1&a_2&\cdots&a_{n-1}&x_n-a_n\end{vmatrix}.$$

把上述第一个行列式从第一行直至第 $n-1$ 行都减去最后一行，把第二个行列式按最后一列展开，得到

$$\begin{aligned}D_n&=\begin{vmatrix}x_1-a_1&0&\cdots&0&0\\0&x_2-a_2&\cdots&0&0\\\vdots&\vdots&&\vdots&\vdots\\0&0&\cdots&x_{n-1}-a_{n-1}&0\\a_1&a_2&\cdots&a_{n-1}&a_n\end{vmatrix}+(x_n-a_n)D_{n-1}\\&=(x_1-a_1)(x_2-a_2)\cdots(x_{n-1}-a_{n-1})a_n+(x_n-a_n)D_{n-1}.\end{aligned}$$

利用递推方法，并注意到 $D_2=(x_1-a_1)a_2+(x_2-a_2)x_1$，于是

$$D_n=\prod_{k=1}^{n}(x_k-a_k)\left(\sum_{i=1}^{n}\frac{a_i}{x_i-a_i}+1\right).$$

【例 2.36】(上海交通大学,2002 年)　计算行列式：

$$D=\begin{vmatrix} x+a_1 & a_2 & \cdots & a_n \\ a_1 & x+a_2 & \cdots & a_n \\ \vdots & \vdots & & \vdots \\ a_1 & a_2 & \cdots & x+a_n \end{vmatrix}.$$

【解】（方法 1）利用上一题的结果,得 $D=x^n+x^{n-1}\sum_{i=1}^{n}a_i$.

（方法 2）利用公式：$|\lambda\boldsymbol{E}_m-\boldsymbol{AB}|=\lambda^{m-n}|\lambda\boldsymbol{E}_n-\boldsymbol{BA}|$,其中 $m\geqslant n,\boldsymbol{A}\in K^{m\times n},\boldsymbol{B}\in K^{n\times m}$.

$$D=\left|x\boldsymbol{E}_n+\begin{pmatrix}1\\1\\\vdots\\1\end{pmatrix}(a_1,a_2,\cdots,a_n)\right|=x^{n-1}\left|x\boldsymbol{E}_1+(a_1,a_2,\cdots,a_n)\begin{pmatrix}1\\1\\\vdots\\1\end{pmatrix}\right|$$

$$=x^{n-1}\left(x+\sum_{i=1}^{n}a_i\right).$$

【例 2.37】　计算 n 阶行列式

$$D=\begin{vmatrix} 1+a_1 & 1 & 1 & \cdots & 1 \\ 2 & 2+a_2 & 2 & \cdots & 2 \\ 3 & 3 & 3+a_3 & \cdots & 3 \\ \vdots & \vdots & \vdots & & \vdots \\ n & n & n & \cdots & n+a_n \end{vmatrix}.$$

【解】　记 $D=D_n$,将 D_n 按第 n 列拆开成两个行列式,再把第 1 个行列式的第 n 列乘 -1 加到其他各列得到一个上三角行列式,并把第 2 个行列式按第 n 列展开,得

$$D_n=\begin{vmatrix} 1+a_1 & 1 & 1 & \cdots & 1 \\ 2 & 2+a_2 & 2 & \cdots & 2 \\ 3 & 3 & 3+a_3 & \cdots & 3 \\ \vdots & \vdots & \vdots & & \vdots \\ n & n & n & \cdots & n \end{vmatrix}+\begin{vmatrix} 1+a_1 & 1 & 1 & \cdots & 0 \\ 2 & 2+a_2 & 2 & \cdots & 0 \\ 3 & 3 & 3+a_3 & \cdots & 0 \\ \vdots & \vdots & \vdots & & \vdots \\ n & n & n & \cdots & a_n \end{vmatrix}$$

$$=na_1a_2\cdots a_{n-1}+a_nD_{n-1}.$$

对 $D_{n-1},D_{n-2},\cdots,D_2$ 重复上述步骤,归纳可得

$$\begin{aligned} D_n &= na_1a_2\cdots a_{n-1}+a_n((n-1)a_1a_2\cdots a_{n-2}+a_{n-1}D_{n-2}) \\ &= na_1a_2\cdots a_{n-1}+(n-1)a_1a_2\cdots a_{n-2}a_n+a_{n-1}a_nD_{n-2} \\ &= \cdots \\ &= na_1a_2\cdots a_{n-1}+(n-1)a_1\cdots a_{n-2}a_n+\cdots+2a_1a_3\cdots a_n+a_2\cdots a_nD_1. \end{aligned}$$

因为 $D_1=1+a_1$,所以

$$D_n=na_1a_2\cdots a_{n-1}+(n-1)a_1\cdots a_{n-2}a_n+\cdots+2a_1a_3\cdots a_n+a_2a_3\cdots a_n+a_1a_2\cdots a_n$$

$$=\begin{cases}0, & a_1,a_2,\cdots,a_n \text{ 至少两个为零},\\ ka_1\cdots a_{k-1}a_{k+1}\cdots a_n, & a_1,a_2,\cdots,a_n \text{ 中仅 } a_k=0,\\ \left(1+\sum\limits_{k=1}^{n}\dfrac{k}{a_k}\right)\prod\limits_{j=1}^{n}a_j, & a_1a_2\cdots a_n\neq 0.\end{cases}$$

【例 2.38】(山西师范大学,2008 年) 计算 $f(x+1)-f(x)$,其中

$$f(x)=\begin{vmatrix}1&0&0&0&\cdots&0&x\\1&2&0&0&\cdots&0&x^2\\1&3&3&0&\cdots&0&x^3\\\vdots&\vdots&\vdots&\vdots&&\vdots&\vdots\\1&n&C_n^2&C_n^3&\cdots&C_n^{n-1}&x^n\\1&n+1&C_{n+1}^2&C_{n+1}^3&\cdots&C_{n+1}^{n-1}&x^{n+1}\end{vmatrix}.$$

【解】 注意到 x 方幂位于行列式最后一列,根据行列式的性质,得

$$f(x+1)-f(x)=\begin{vmatrix}1&0&0&0&\cdots&0&1\\1&2&0&0&\cdots&0&2x+1\\1&3&3&0&\cdots&0&3x^2+3x+1\\\vdots&\vdots&\vdots&\vdots&&\vdots&\vdots\\1&n&C_n^2&C_n^3&\cdots&C_n^{n-1}&nx^{n-1}+C_n^2x^{n-2}+\cdots+1\\1&n+1&C_{n+1}^2&C_{n+1}^3&\cdots&C_{n+1}^{n-1}&(n+1)x^n+C_{n+1}^2x^{n-1}+\cdots+1\end{vmatrix}.$$

将第一列乘-1,第二列乘$-x$,第三列乘$-x^2$,$\cdots$,第 n 列乘$-x^{n-1}$,都加到最后一列,得

$$\begin{aligned}f(x+1)-f(x)&=\begin{vmatrix}1&0&0&0&\cdots&0&0\\1&2&0&0&\cdots&0&0\\1&3&3&0&\cdots&0&0\\\vdots&\vdots&\vdots&\vdots&&\vdots&\vdots\\1&n&C_n^2&C_n^3&\cdots&C_n^{n-1}&0\\1&n+1&C_{n+1}^2&C_{n+1}^3&\cdots&C_{n+1}^{n-1}&(n+1)x^n\end{vmatrix}\\&=(n+1)!\ x^n.\end{aligned}$$

【例 2.39】 证明:行列式

$$\begin{vmatrix}C_{r+1}^r&C_{r+1}^{r+1}&0&\cdots&0&0\\C_{r+2}^r&C_{r+2}^{r+1}&C_{r+2}^{r+2}&\cdots&0&0\\\vdots&\vdots&\vdots&&\vdots&\vdots\\C_{n-2}^r&C_{n-2}^{r+1}&C_{n-2}^{r+2}&\cdots&C_{n-2}^{n-2}&0\\C_{n-1}^r&C_{n-1}^{r+1}&C_{n-1}^{r+2}&\cdots&C_{n-1}^{n-2}&C_{n-1}^{n-1}\\C_n^r&C_n^{r+1}&C_n^{r+2}&\cdots&C_n^{n-2}&C_n^{n-1}\end{vmatrix}=C_n^r.$$

【证】 对行列式的阶数 $n-r$ 用数学归纳法.

当 $n-r=1$ 时，左边 $=|C_{r+1}^r|=C_n^r$，结论成立. 假设行列式的阶数小于 $n-r$ 时结论都成立，下证对于阶数为 $n-r$ 的行列式结论也成立. 为此，记等式左边的行列式为 $D_{n,r}$，将 $D_{n,r}$ 按最后一列展开，并利用归纳假设，得

$$D_{n,r}=C_n^{n-1}C_{n-1}^r-C_{n-1}^{n-1}\begin{vmatrix} C_{r+1}^r & C_{r+1}^{r+1} & 0 & \cdots & 0 \\ C_{r+2}^r & C_{r+2}^{r+1} & C_{r+2}^{r+2} & \cdots & 0 \\ \vdots & \vdots & \vdots & & \vdots \\ C_{n-2}^r & C_{n-2}^{r+1} & C_{n-2}^{r+2} & \cdots & C_{n-2}^{n-2} \\ C_n^r & C_n^{r+1} & C_n^{r+2} & \cdots & C_n^{n-2} \end{vmatrix}.$$

继续上述作法，逐次展开即得

$$D_{n,r}=C_n^{n-1}C_{n-1}^r-C_n^{n-2}C_{n-2}^r+\cdots+(-1)^{n-r+1}C_n^rC_r^r.$$

注意到，$C_n^kC_k^r=C_n^rC_{n-r}^{k-r}$，$k=r,r+1,\cdots,n-1$，因此

$$D_{n,r}=C_n^r[C_{n-r}^1-C_{n-r}^2+\cdots+(-1)^{n-r-1}C_{n-r}^{n-r}]=C_n^r.$$

【例 2.40】(中国科学院大学,2016 年;兰州大学,2012 年;丘成桐竞赛试题,2012 年)

计算 n 阶 Cauchy 行列式：

$$D_n=\begin{vmatrix} \frac{1}{a_1+b_1} & \frac{1}{a_1+b_2} & \cdots & \frac{1}{a_1+b_n} \\ \frac{1}{a_2+b_1} & \frac{1}{a_2+b_2} & \cdots & \frac{1}{a_2+b_n} \\ \vdots & \vdots & & \vdots \\ \frac{1}{a_n+b_1} & \frac{1}{a_n+b_2} & \cdots & \frac{1}{a_n+b_n} \end{vmatrix}.$$

（注：丘成桐竞赛试题为证明题，见文献[23].）

【解】　(方法 1)将第 1 行至 $n-1$ 行都减去第 n 行，并提出各行的公因子，再提出各列的公因子，得

$$D_n=\frac{\prod_{i=1}^{n-1}(a_n-a_i)}{\prod_{j=1}^{n}(a_n+b_j)}\begin{vmatrix} \frac{1}{a_1+b_1} & \frac{1}{a_1+b_2} & \cdots & \frac{1}{a_1+b_n} \\ \vdots & \vdots & & \vdots \\ \frac{1}{a_{n-1}+b_1} & \frac{1}{a_{n-1}+b_2} & \cdots & \frac{1}{a_{n-1}+b_n} \\ 1 & 1 & \cdots & 1 \end{vmatrix}.$$

将第 1 列至 $n-1$ 列都减去第 n 列，并提出各行的公因子，再提出各列的公因子，得

$$D_n=\frac{\prod_{i=1}^{n-1}(a_n-a_i)\prod_{j=1}^{n-1}(b_n-b_j)}{\prod_{j=1}^{n}(a_n+b_j)\prod_{i=1}^{n-1}(a_i+b_n)}\begin{vmatrix} \frac{1}{a_1+b_1} & \cdots & \frac{1}{a_1+b_{n-1}} & 1 \\ \vdots & & \vdots & \vdots \\ \frac{1}{a_{n-1}+b_1} & \cdots & \frac{1}{a_{n-1}+b_{n-1}} & 1 \\ 0 & \cdots & 0 & 1 \end{vmatrix}.$$

将最后一个行列式按第 n 行展开，得

$$D_n=\frac{\prod_{i=1}^{n-1}(a_n-a_i)\prod_{j=1}^{n-1}(b_n-b_j)}{\prod_{j=1}^{n}(a_n+b_j)\prod_{i=1}^{n-1}(a_i+b_n)}D_{n-1}.$$

利用上述递推式，并直接计算出 D_2，最后可得

$$D_n=\frac{\prod_{1\leqslant j<i\leqslant n}(a_i-a_j)(b_i-b_j)}{\prod_{i=1}^{n}\prod_{j=1}^{n}(a_i+b_j)}.$$

（方法 2）若 $a_i=a_j$ 或 $b_i=b_j(i\neq j)$，即两行（或两列）相同，则 $D_n=0$. 因此 D_n 含有因子

$$\prod_{1\leqslant j<i\leqslant n}(a_i-a_j)(b_i-b_j). \qquad ①$$

将 D_n 的每一行的公分母都作为公因子提到行列式符号之外，得到

$$D_n=\frac{1}{\prod_{i=1}^{n}\prod_{j=1}^{n}(a_i+b_j)}D_n',$$

显然，行列式 D_n' 也含有①的因子 $\prod_{1\leqslant j<i\leqslant n}(a_i-a_j)(b_i-b_j)$.

另一方面，由于 D_n' 的 (i,j) 元为 $\prod_{\substack{k=1\\k\neq j}}^{n}(a_i+b_k)$，所以每一个 a_i 在 D_n' 的展开式中的次数都为 $n-1$. 故可设

$$D_n'=\lambda\prod_{1\leqslant j<i\leqslant n}(a_i-a_j)(b_i-b_j),$$

其中 λ 为常数. 为确定 λ 的值，令 $a_i=-b_i(i=1,2,\cdots,n)$，此时 D_n' 成为对角行列式，故

$$D_n'=\prod_{\substack{i,j=1\\i\neq j}}^{n}(a_i-a_j)=\prod_{1\leqslant j<i\leqslant n}(a_i-a_j)(b_i-b_j).$$

可见，$\lambda=1$. 因此

$$D_n=\frac{\prod_{1\leqslant j<i\leqslant n}(a_i-a_j)(b_i-b_j)}{\prod_{i=1}^{n}\prod_{j=1}^{n}(a_i+b_j)}.$$

§2.2 Vandermonde 行列式的应用

基本理论与要点提示

n 阶 Vandermonde 行列式为

$$D_n=\begin{vmatrix}1&1&\cdots&1\\x_1&x_2&\cdots&x_n\\x_1^2&x_2^2&\cdots&x_n^2\\\vdots&\vdots&&\vdots\\x_1^{n-1}&x_2^{n-1}&\cdots&x_n^{n-1}\end{vmatrix}=\prod_{1\leqslant j<i\leqslant n}(x_i-x_j),$$

其主要特点是各行元素的方幂逐行递增. 行列式等于 $x_1,x_2,\cdots,x_n$ 这 n 个元素的所有可能的差 $x_i-x_j(1\leqslant j<i\leqslant n)$ 的连乘积. 各列具有上述特征的行列式也是 Vandermonde 行列式.

典型问题解析

【例 2.41】(北京邮电大学,2017 年;华中师范大学,2012 年)　计算行列式:

$$D_{n+1}=\begin{vmatrix} a^n & (a-1)^n & \cdots & (a-n)^n \\ a^{n-1} & (a-1)^{n-1} & \cdots & (a-n)^{n-1} \\ \vdots & \vdots & & \vdots \\ a & a-1 & \cdots & a-n \\ 1 & 1 & \cdots & 1 \end{vmatrix}.$$

【解】　将 D_{n+1} 的第 $n+1$ 行依次与第 $n,n-1,\cdots,1$ 行互换,再将新的行列式的第 $n+1$ 行依次与第 $n,n-1,\cdots,2$ 行互换,如此下去,总共经过 $n+(n-1)+\cdots+2+1=\dfrac{1}{2}n(n+1)$ 次行与行的互换,最后得一 Vandermonde 行列式

$$\begin{aligned} D_{n+1} &=(-1)^{\frac{1}{2}n(n+1)}\begin{vmatrix} 1 & 1 & \cdots & 1 \\ a & a-1 & \cdots & a-n \\ \vdots & \vdots & & \vdots \\ a^{n-1} & (a-1)^{n-1} & \cdots & (a-n)^{n-1} \\ a^n & (a-1)^n & \cdots & (a-n)^n \end{vmatrix} \\ &=(-1)^{\frac{1}{2}n(n+1)}\prod_{0\leqslant j<i\leqslant n}[(a-i)-(a-j)] \\ &=\prod_{0\leqslant j<i\leqslant n}(i-j)=\prod_{k=1}^{n}k!. \end{aligned}$$

【例 2.42】(安徽大学,2007 年)　计算行列式:

$$D_n=\begin{vmatrix} 1 & a_1 & a_1^2 & \cdots & a_1^{n-2} & a_1^{n-1}+\dfrac{S}{a_1} \\ 1 & a_2 & a_2^2 & \cdots & a_2^{n-2} & a_2^{n-1}+\dfrac{S}{a_2} \\ \vdots & \vdots & \vdots & & \vdots & \vdots \\ 1 & a_n & a_n^2 & \cdots & a_n^{n-2} & a_n^{n-1}+\dfrac{S}{a_n} \end{vmatrix},$$

其中 $S=a_1+a_2+\cdots+a_n$,而 $a_i\neq 0,i=1,2,\cdots,n$.

【解】　先拆项,再利用 Vandermonde 行列式计算.

$$D_n=\begin{vmatrix} 1 & a_1 & a_1^2 & \cdots & a_1^{n-1} \\ 1 & a_2 & a_2^2 & \cdots & a_2^{n-1} \\ \vdots & \vdots & \vdots & & \vdots \\ 1 & a_n & a_n^2 & \cdots & a_n^{n-1} \end{vmatrix}+\begin{vmatrix} 1 & a_1 & a_1^2 & \cdots & a_1^{n-2} & \dfrac{S}{a_1} \\ 1 & a_2 & a_2^2 & \cdots & a_2^{n-2} & \dfrac{S}{a_2} \\ \vdots & \vdots & \vdots & & \vdots & \vdots \\ 1 & a_n & a_n^2 & \cdots & a_n^{n-2} & \dfrac{S}{a_n} \end{vmatrix}$$

$$=\prod_{1\leqslant j<i\leqslant n}(a_i-a_j)+\frac{S}{\prod\limits_{k=1}^{n}a_k}\begin{vmatrix}a_1&a_1^2&\cdots&a_1^{n-2}&a_1^{n-1}&1\\a_2&a_2^2&\cdots&a_2^{n-2}&a_2^{n-1}&1\\\vdots&\vdots&&\vdots&\vdots&\vdots\\a_n&a_n^2&\cdots&a_n^{n-2}&a_n^{n-1}&1\end{vmatrix}$$

$$=\prod_{1\leqslant j<i\leqslant n}(a_i-a_j)+(-1)^{n-1}\frac{S}{\prod\limits_{k=1}^{n}a_k}\begin{vmatrix}1&a_1&a_1^2&\cdots&a_1^{n-1}\\1&a_2&a_2^2&\cdots&a_2^{n-1}\\\vdots&\vdots&\vdots&&\vdots\\1&a_n&a_n^2&\cdots&a_n^{n-1}\end{vmatrix}$$

$$=\left[1+(-1)^{n-1}\frac{S}{\prod\limits_{k=1}^{n}a_k}\right]\prod_{1\leqslant j<i\leqslant n}(a_i-a_j).$$

【例 2.43】(南开大学,2002 年) 计算行列式:

$$D=\begin{vmatrix}1&x_1&x_1^2&\cdots&x_1^n\\1&x_2&x_2^2&\cdots&x_2^n\\\vdots&\vdots&\vdots&&\vdots\\1&x_n&x_n^2&\cdots&x_n^n\\0&-2&-2&\cdots&-2\end{vmatrix}.$$

【解】 先拆项,再利用 Vandermonde 行列式计算.

$$D=\begin{vmatrix}1&x_1&x_1^2&\cdots&x_1^n\\1&x_2&x_2^2&\cdots&x_2^n\\\vdots&\vdots&\vdots&&\vdots\\1&x_n&x_n^2&\cdots&x_n^n\\-2&-2&-2&\cdots&-2\end{vmatrix}+\begin{vmatrix}0&x_1&x_1^2&\cdots&x_1^n\\0&x_2&x_2^2&\cdots&x_2^n\\\vdots&\vdots&\vdots&&\vdots\\0&x_n&x_n^2&\cdots&x_n^n\\2&-2&-2&\cdots&-2\end{vmatrix}$$

$$=-2\begin{vmatrix}1&x_1&x_1^2&\cdots&x_1^n\\1&x_2&x_2^2&\cdots&x_2^n\\\vdots&\vdots&\vdots&&\vdots\\1&x_n&x_n^2&\cdots&x_n^n\\1&1&1&\cdots&1\end{vmatrix}+2(-1)^n\prod_{i=1}^{n}x_i\begin{vmatrix}1&x_1&x_1^2&\cdots&x_1^{n-1}\\1&x_2&x_2^2&\cdots&x_2^{n-1}\\\vdots&\vdots&\vdots&&\vdots\\1&x_{n-1}&x_{n-1}^2&\cdots&x_{n-1}^{n-1}\\1&x_n&x_n^2&\cdots&x_n^{n-1}\end{vmatrix}$$

$$=-2\prod_{i=1}^{n}(1-x_i)\prod_{1\leqslant j<i\leqslant n}(x_i-x_j)+2(-1)^n\prod_{i=1}^{n}x_i\prod_{1\leqslant j<i\leqslant n}(x_i-x_j)$$

$$=2\left[-\prod_{i=1}^{n}(1-x_i)+(-1)^n\prod_{i=1}^{n}x_i\right]\prod_{1\leqslant j<i\leqslant n}(x_i-x_j).$$

【例 2.44】(武汉大学,2014 年;中国科学院大学,2013 年) 求下面的 $n+1$ 阶行列式:

$$D=\begin{vmatrix} s_0 & s_1 & s_2 & \cdots & s_{n-1} & 1 \\ s_1 & s_2 & s_3 & \cdots & s_n & x \\ s_2 & s_3 & s_4 & \cdots & s_{n+1} & x^2 \\ \vdots & \vdots & \vdots & & \vdots & \vdots \\ s_n & s_{n+1} & s_{n+2} & \cdots & s_{2n-1} & x^n \end{vmatrix}.$$

其中 $s_k=x_1^k+x_2^k+\cdots+x_n^k$, $k=0,1,2,\cdots$.

【解】 (方法 1)利用行列式的乘法规则及 Vandermonde 行列式,得

$$D=\begin{vmatrix} 1 & 1 & \cdots & 1 & 1 \\ x_1 & x_2 & \cdots & x_n & x \\ x_1^2 & x_2^2 & \cdots & x_n^2 & x^2 \\ \vdots & \vdots & & \vdots & \vdots \\ x_1^n & x_2^n & \cdots & x_n^n & x^n \end{vmatrix}\begin{vmatrix} 1 & x_1 & \cdots & x_1^{n-1} & 0 \\ 1 & x_2 & \cdots & x_2^{n-1} & 0 \\ \vdots & \vdots & & \vdots & \vdots \\ 1 & x_n & \cdots & x_n^{n-1} & 0 \\ 0 & 0 & \cdots & 0 & 1 \end{vmatrix}$$

$$=\prod_{j=1}^{n}(x-x_j)\prod_{1\leqslant j<i\leqslant n}(x_i-x_j)\prod_{1\leqslant j<i\leqslant n}(x_i-x_j)$$

$$=\prod_{j=1}^{n}(x-x_j)\prod_{1\leqslant j<i\leqslant n}(x_i-x_j)^2.$$

(方法 2)从最后一行到第二行,每一行减去上一行的 x 倍,再按最后一列展开,得

$$D=(-1)^n\begin{vmatrix} s_1-xs_0 & s_2-xs_1 & \cdots & s_n-xs_{n-1} \\ s_2-xs_1 & s_3-xs_2 & \cdots & s_{n+1}-xs_n \\ \vdots & \vdots & & \vdots \\ s_n-xs_{n-1} & s_{n+1}-xs_n & \cdots & s_{2n-1}-xs_{2n-2} \end{vmatrix}$$

$$=\begin{vmatrix} \sum_{i=1}^{n}(x-x_i) & \sum_{i=1}^{n}(x-x_i)x_i & \cdots & \sum_{i=1}^{n}(x-x_i)x_i^{n-1} \\ \sum_{i=1}^{n}(x-x_i)x_i & \sum_{i=1}^{n}(x-x_i)x_i^2 & \cdots & \sum_{i=1}^{n}(x-x_i)x_i^n \\ \vdots & \vdots & & \vdots \\ \sum_{i=1}^{n}(x-x_i)x_i^{n-1} & \sum_{i=1}^{n}(x-x_i)x_i^n & \cdots & \sum_{i=1}^{n}(x-x_i)x_i^{2n-2} \end{vmatrix}.$$

利用行列式的乘法规则及 Vandermonde 行列式,得

$$D=\begin{vmatrix} x-x_1 & x-x_2 & \cdots & x-x_n \\ (x-x_1)x_1 & (x-x_2)x_2 & \cdots & (x-x_n)x_n \\ \vdots & \vdots & & \vdots \\ (x-x_1)x_1^{n-1} & (x-x_2)x_2^{n-1} & \cdots & (x-x_n)x_n^{n-1} \end{vmatrix}\begin{vmatrix} 1 & x_1 & \cdots & x_1^{n-1} \\ 1 & x_2 & \cdots & x_2^{n-1} \\ \vdots & \vdots & & \vdots \\ 1 & x_n & \cdots & x_n^{n-1} \end{vmatrix}$$

$$=\prod_{j=1}^{n}(x-x_j)\prod_{1\leqslant j<i\leqslant n}(x_i-x_j)^2.$$

【例 2.45】(山东大学,2006 年;南京理工大学,2006 年) 计算 n 阶行列式

$$D=\begin{vmatrix} 1 & 1 & \cdots & 1 \\ x_1 & x_2 & \cdots & x_n \\ x_1^2 & x_2^2 & \cdots & x_n^2 \\ \vdots & \vdots & & \vdots \\ x_1^{n-2} & x_2^{n-2} & \cdots & x_n^{n-2} \\ x_1^n & x_2^n & \cdots & x_n^n \end{vmatrix}.$$

【解】 (方法 1)在 D 中增加一行和一列,凑成 $n+1$ 阶 Vandermonde 行列式:

$$D_{n+1}=\begin{vmatrix} 1 & 1 & \cdots & 1 & 1 \\ x_1 & x_2 & \cdots & x_n & y \\ \vdots & \vdots & & \vdots & \vdots \\ x_1^{n-2} & x_2^{n-2} & \cdots & x_n^{n-2} & y^{n-2} \\ x_1^{n-1} & x_2^{n-1} & \cdots & x_n^{n-1} & y^{n-1} \\ x_1^n & x_2^n & \cdots & x_n^n & y^n \end{vmatrix}.$$

$$=\prod_{k=1}^{n}(y-x_k)\prod_{1\leqslant j<i\leqslant n}(x_i-x_j). \qquad ①$$

这是关于变量 y 的恒等式. 一方面,将上式左边 D_{n+1} 按第 $n+1$ 列展开,得 y 的 n 次多项式:

$$D_{n+1}=A_{1,n+1}+yA_{2,n+1}+\cdots+y^{n-1}A_{n,n+1}+y^nA_{n+1,n+1},$$

其中 $A_{k,n+1}$ 是 D_{n+1} 的$(k,n+1)$元的代数余子式$(1\leqslant k\leqslant n+1)$,且 y^{n-1} 的系数为

$$A_{n,n+1}=(-1)^{n+n+1}D=-D.$$

另一方面,对于①式的右边,因为

$$\prod_{k=1}^{n}(y-x_k)=y^n-\sum_{k=1}^{n}x_ky^{n-1}+\cdots+(-1)^n\prod_{k=1}^{n}x_k,$$

所以,y^{n-1} 的系数应为 $-\sum\limits_{k=1}^{n}x_k\prod\limits_{1\leqslant j<i\leqslant n}(x_i-x_j)$. 因此,有

$$D=\sum_{k=1}^{n}x_k\prod_{1\leqslant j<i\leqslant n}(x_i-x_j).$$

(方法 2) 根据 Vieta 定理(或用归纳法)可得

$$(x-x_1)(x-x_2)\cdots(x-x_n)=x^n-\sigma_1x^{n-1}+\sigma_2x^{n-2}-\cdots+(-1)^n\sigma_n,$$

其中 $\sigma_1,\sigma_2,\cdots,\sigma_n$ 是关于 $x_1,x_2,\cdots,x_n$ 的初等对称多项式. 因此,对于 $1\leqslant k\leqslant n$,有

$$\sigma_1x_k^{n-1}=x_k^n+\sigma_2x_k^{n-2}-\cdots+(-1)^n\sigma_n.$$

对 $1\leqslant i\leqslant n-1$,将行列式 D 的第 $n-i$ 行的$(-1)^{i+1}\sigma_{i+1}$ 倍加到第 n 行,并提取公因子 σ_1,得

$$D=\begin{vmatrix} 1 & 1 & \cdots & 1 \\ x_1 & x_2 & \cdots & x_n \\ x_1^2 & x_2^2 & \cdots & x_n^2 \\ \vdots & \vdots & & \vdots \\ x_1^{n-2} & x_2^{n-2} & \cdots & x_n^{n-2} \\ \sigma_1x_1^{n-1} & \sigma_1x_2^{n-1} & \cdots & \sigma_1x_n^{n-1} \end{vmatrix}=\sigma_1\begin{vmatrix} 1 & 1 & \cdots & 1 \\ x_1 & x_2 & \cdots & x_n \\ x_1^2 & x_2^2 & \cdots & x_n^2 \\ \vdots & \vdots & & \vdots \\ x_1^{n-2} & x_2^{n-2} & \cdots & x_n^{n-2} \\ x_1^{n-1} & x_2^{n-1} & \cdots & x_n^{n-1} \end{vmatrix}=\sum_{k=1}^{n}x_k\prod_{1\leqslant j<i\leqslant n}(x_i-x_j).$$

【注】 类似地,这种方幂指数跳跃的情形出现在行列式的其他行或列,如何计算呢?参见本章练习2.21和2.29题.

【例2.46】 计算n阶行列式

$$D_n=\begin{vmatrix}1 & x_1(x_1-a) & x_1^2(x_1-a) & \cdots & x_1^{n-1}(x_1-a)\\ 1 & x_2(x_2-a) & x_2^2(x_2-a) & \cdots & x_2^{n-1}(x_2-a)\\ \vdots & \vdots & \vdots & & \vdots\\ 1 & x_n(x_n-a) & x_n^2(x_n-a) & \cdots & x_n^{n-1}(x_n-a)\end{vmatrix}.$$

【解】 构造$n+1$阶行列式(将D_n升阶)

$$D=\begin{vmatrix}1 & x_1-a & x_1(x_1-a) & x_1^2(x_1-a) & \cdots & x_1^{n-1}(x_1-a)\\ 1 & x_2-a & x_2(x_2-a) & x_2^2(x_2-a) & \cdots & x_2^{n-1}(x_2-a)\\ \vdots & \vdots & \vdots & \vdots & & \vdots\\ 1 & x_n-a & x_n(x_n-a) & x_n^2(x_n-a) & \cdots & x_n^{n-1}(x_n-a)\\ 1 & y-a & y(y-a) & y^2(y-a) & \cdots & y^{n-1}(y-a)\end{vmatrix}.$$

按最后一行展开,得到关于y的多项式

$$D=(-1)^n\prod_{k=1}^{n}(x_k-a)\prod_{1\leqslant j<i\leqslant n}(x_i-x_j)+(-1)^{n+1}(y-a)D_n+\cdots. \quad ①$$

另一方面,依次将D的第1列乘a加到第2列,第2列乘a加到第3列,…,第n列乘a加到第$n+1$列,得一$n+1$阶Vandermonde行列式

$$D=\begin{vmatrix}1 & x_1 & x_1^2 & x_1^3 & \cdots & x_1^n\\ 1 & x_2 & x_2^2 & x_2^3 & \cdots & x_2^n\\ \vdots & \vdots & \vdots & \vdots & & \vdots\\ 1 & x_n & x_n^2 & x_n^3 & \cdots & x_n^n\\ 1 & y & y^2 & y^3 & \cdots & y^n\end{vmatrix}=\prod_{k=1}^{n}(y-x_k)\prod_{1\leqslant j<i\leqslant n}(x_i-x_j). \quad ②$$

比较①式与②式,若$a=0$,则由对应的一次项系数得

$$D_n=\prod_{1\leqslant j<i\leqslant n}(x_i-x_j)\left(\sum_{k=1}^{n}x_1\cdots x_{k-1}x_{k+1}\cdots x_n\right);$$

若$a\neq0$,则由对应的常数项得

$$D_n=\frac{1}{a}\left[\prod_{k=1}^{n}x_k-\prod_{k=1}^{n}(x_k-a)\right]\prod_{1\leqslant j<i\leqslant n}(x_i-x_j).$$

【例2.47】(南京师范大学,2007年) 设$P_i(x)=x^i+x^{i-1}+\cdots+x+1\ (i=0,1,\cdots,n-1)$. 计算行列式

$$D_n=\begin{vmatrix}P_0(1) & P_0(2) & \cdots & P_0(n)\\ P_1(1) & P_1(2) & \cdots & P_1(n)\\ \vdots & \vdots & & \vdots\\ P_{n-1}(1) & P_{n-1}(2) & \cdots & P_{n-1}(n)\end{vmatrix}.$$

【解】 显然 $P_i(x)-P_{i-1}(x)=x^i(0<i<n)$. 把 D_n 的第一行的-1 倍加到其他各行,得

$$D_n=\begin{vmatrix} P_0(1) & P_0(2) & \cdots & P_0(n) \\ P_1(1)-P_0(1) & P_1(2)-P_0(2) & \cdots & P_1(n)-P_0(n) \\ \vdots & \vdots & & \vdots \\ P_{n-1}(1)-P_0(1) & P_{n-1}(2)-P_0(2) & \cdots & P_{n-1}(n)-P_0(n) \end{vmatrix}$$

$$=\begin{vmatrix} 1 & 1 & \cdots & 1 \\ 1 & 2 & \cdots & n \\ \vdots & \vdots & & \vdots \\ 1 & 2^{n-1} & \cdots & n^{n-1} \end{vmatrix}=\prod_{1\leqslant j<i\leqslant n}(i-j)=\prod_{k=1}^{n}(k-1)!.$$

【例 2.48】(西北大学,2014 年;江苏大学,2007 年) 计算行列式

$$D_{n+1}=\begin{vmatrix} a_1^n & a_1^{n-1}b_1 & a_1^{n-2}b_1^2 & \cdots & a_1b_1^{n-1} & b_1^n \\ a_2^n & a_2^{n-1}b_2 & a_2^{n-2}b_2^2 & \cdots & a_2b_2^{n-1} & b_2^n \\ \vdots & \vdots & \vdots & & \vdots & \vdots \\ a_{n+1}^n & a_{n+1}^{n-1}b_{n+1} & a_{n+1}^{n-2}b_{n+1}^2 & \cdots & a_{n+1}b_{n+1}^{n-1} & b_{n+1}^n \end{vmatrix},$$

其中 $a_1a_2\cdots a_{n+1}\neq 0$.

【解】 从第 i 行提出因子 $a_i^n(i=1,2,\cdots,n+1)$,得

$$D_{n+1}=\prod_{i=1}^{n+1}a_i^n\begin{vmatrix} 1 & \dfrac{b_1}{a_1} & \left(\dfrac{b_1}{a_1}\right)^2 & \cdots & \left(\dfrac{b_1}{a_1}\right)^n \\ 1 & \dfrac{b_2}{a_2} & \left(\dfrac{b_2}{a_2}\right)^2 & \cdots & \left(\dfrac{b_2}{a_2}\right)^n \\ \vdots & \vdots & \vdots & & \vdots \\ 1 & \dfrac{b_{n+1}}{a_{n+1}} & \left(\dfrac{b_{n+1}}{a_{n+1}}\right)^2 & \cdots & \left(\dfrac{b_{n+1}}{a_{n+1}}\right)^n \end{vmatrix}$$

$$=\prod_{i=1}^{n+1}a_i^n\prod_{1\leqslant j<i\leqslant n+1}\left(\frac{b_i}{a_i}-\frac{b_j}{a_j}\right)=\prod_{1\leqslant j<i\leqslant n+1}(b_ia_j-b_ja_i).$$

【例 2.49】 计算 n 阶行列式

$$D_n=\begin{vmatrix} \dfrac{1-a_1^nb_1^n}{1-a_1b_1} & \dfrac{1-a_1^nb_2^n}{1-a_1b_2} & \cdots & \dfrac{1-a_1^nb_n^n}{1-a_1b_n} \\ \dfrac{1-a_2^nb_1^n}{1-a_2b_1} & \dfrac{1-a_2^nb_2^n}{1-a_2b_2} & \cdots & \dfrac{1-a_2^nb_n^n}{1-a_2b_n} \\ \vdots & \vdots & & \vdots \\ \dfrac{1-a_n^nb_1^n}{1-a_nb_1} & \dfrac{1-a_n^nb_2^n}{1-a_nb_2} & \cdots & \dfrac{1-a_n^nb_n^n}{1-a_nb_n} \end{vmatrix}.$$

【解】 利用公式 $1-x^n=(1-x)(1+x+x^2+\cdots+x^{n-1})$,及行列式的乘法规则,得

$$D_n=\begin{vmatrix}1 & a_1 & a_1^2 & \cdots & a_1^{n-1}\\1 & a_2 & a_2^2 & \cdots & a_2^{n-1}\\\vdots & \vdots & \vdots & & \vdots\\1 & a_n & a_n^2 & \cdots & a_n^{n-1}\end{vmatrix}\cdot\begin{vmatrix}1 & 1 & \cdots & 1\\b_1 & b_2 & \cdots & b_n\\b_1^2 & b_2^2 & \cdots & b_n^2\\\vdots & \vdots & & \vdots\\b_1^{n-1} & b_2^{n-1} & \cdots & b_n^{n-1}\end{vmatrix}$$

$$=\prod_{1\leqslant j<i\leqslant n}(a_i-a_j)(b_i-b_j).$$

【例 2.50】(中国科学技术大学夏令营试题,2013 年)　计算行列式

$$D_n=\begin{vmatrix}1 & \cos\varphi_1 & \cos 2\varphi_1 & \cdots & \cos(n-1)\varphi_1\\1 & \cos\varphi_2 & \cos 2\varphi_2 & \cdots & \cos(n-1)\varphi_2\\\vdots & \vdots & \vdots & & \vdots\\1 & \cos\varphi_n & \cos 2\varphi_n & \cdots & \cos(n-1)\varphi_n\end{vmatrix}.$$

【解】　先计算 D_4 再推广到 D_n. 利用三角函数的倍角公式,得

$$D_4=\begin{vmatrix}1 & \cos\varphi_1 & 2\cos^2\varphi_1-1 & 4\cos^3\varphi_1-3\cos\varphi_1\\1 & \cos\varphi_2 & 2\cos^2\varphi_2-1 & 4\cos^3\varphi_2-3\cos\varphi_2\\1 & \cos\varphi_3 & 2\cos^2\varphi_3-1 & 4\cos^3\varphi_3-3\cos\varphi_3\\1 & \cos\varphi_4 & 2\cos^2\varphi_4-1 & 4\cos^3\varphi_4-3\cos\varphi_4\end{vmatrix}.$$

显然,上述行列式可化为 Vandermonde 行列式. 所以

$$D_4=8\begin{vmatrix}1 & \cos\varphi_1 & \cos^2\varphi_1 & \cos^3\varphi_1\\1 & \cos\varphi_2 & \cos^2\varphi_2 & \cos^3\varphi_2\\1 & \cos\varphi_3 & \cos^2\varphi_3 & \cos^3\varphi_3\\1 & \cos\varphi_4 & \cos^2\varphi_4 & \cos^3\varphi_4\end{vmatrix}=8\prod_{1\leqslant j<i\leqslant 4}(\cos\varphi_i-\cos\varphi_j).$$

推广到 n 阶情形. 根据上述计算易知,对于 $k\geqslant 3$,有

$$\cos k\theta=2^{k-1}\cos^k\theta+P_{k-2}(\cos\theta),\qquad ①$$

其中 $P_{k-2}(\cos\theta)$ 是关于 $\cos\theta$ 的一个 $k-2$ 次多项式. 这可用数学归纳法证之. 因此,有

$$D_n=2^{\frac{(n-1)(n-2)}{2}}\begin{vmatrix}1 & \cos\varphi_1 & \cos^2\varphi_1 & \cdots & \cos^{n-1}\varphi_1\\1 & \cos\varphi_2 & \cos^2\varphi_2 & \cdots & \cos^{n-1}\varphi_2\\\vdots & \vdots & \vdots & & \vdots\\1 & \cos\varphi_n & \cos^2\varphi_n & \cdots & \cos^{n-1}\varphi_n\end{vmatrix}$$

$$=2^{\frac{(n-1)(n-2)}{2}}\prod_{1\leqslant j<i\leqslant n}(\cos\varphi_i-\cos\varphi_j).$$

【注】　公式①也可利用 Euler 公式 $e^{i\theta}=\cos\theta+i\sin\theta$ 及二项式定理得到:

$$\cos k\theta+i\sin k\theta=(\cos\theta+i\sin\theta)^k$$
$$=\cos^k\theta+iC_k^1\cos^{k-1}\theta\sin\theta-C_k^2\cos^{k-2}\theta\sin^2\theta+\cdots.$$

比较等式两端的实部,并利用公式 $2^{k-1}=1+C_k^2+C_k^4+\cdots$,得

$$\cos k\theta=\cos^k\theta-C_k^2\cos^{k-2}\theta\sin^2\theta+C_k^4\cos^{k-4}\theta\sin^4\theta-\cdots=2^{k-1}\cos^k\theta+P_{k-2}(\cos\theta).$$

§2.3 代数余子式问题

基本理论与要点提示

一个 n 阶方阵 $\boldsymbol{A}$ 共有 n^2 个代数余子式,均由 $\boldsymbol{A}$ 的 $n-1$ 阶子式带上适当的符号得到.

(1) 若计算 $\boldsymbol{A}$ 的某个元素的代数余子式,则可直接利用定义计算;

(2) 若计算 $\boldsymbol{A}$ 中某一行(列)的若干个元素的代数余子式的代数和,则可利用公式:

$$\sum_{k=1}^{n} a_{ik}A_{jk}=\begin{cases}\det \boldsymbol{A}, & 当\ i=j,\\ 0, & 当\ i\neq j\end{cases}$$

或

$$\sum_{k=1}^{n} a_{ki}A_{kj}=\begin{cases}\det \boldsymbol{A}, & 当\ i=j,\\ 0, & 当\ i\neq j.\end{cases}$$

(3) 若计算 $\boldsymbol{A}$ 的全部代数余子式之和,则应考虑利用 $\boldsymbol{A}$ 的伴随矩阵. 但有时也需要作特别处理.

典型问题解析

【例 2.51】(南京大学,2009 年) 设

$$D=\begin{vmatrix} a_{11} & a_{12} & \cdots & a_{1n}\\ a_{21} & a_{22} & \cdots & a_{2n}\\ \vdots & \vdots & & \vdots\\ a_{n1} & a_{n2} & \cdots & a_{nn}\end{vmatrix},$$

A_{ij} 为 a_{ij} 的代数余子式,$1\leqslant i,j\leqslant n$. 证明:如果 D 的某行的元素全为 1,那么 $D=\sum\limits_{1\leqslant i,j\leqslant n} A_{ij}$.

【证】 根据代数余子式的性质,$\forall\, i,k=1,2,\cdots,n$,有

$$\sum_{j=1}^{n} a_{kj}A_{ij}=\begin{cases}D, & k=i,\\ 0, & k\neq i.\end{cases}$$

为确定起见,不妨设 D 的第 k 行的元素全为 1, 则由上式可知

$$\sum_{j=1}^{n} A_{ij}=\begin{cases}D, & i=k,\\ 0, & i\neq k.\end{cases}$$

因此, $\sum\limits_{i=1}^{n}\sum\limits_{j=1}^{n} A_{ij}=D$, 即得所证.

【例 2.52】 设四阶矩阵

$$\boldsymbol{A}=\begin{pmatrix} 2 & 0 & 1 & 8\\ -2 & 1 & 4 & -7\\ 3 & 0 & 5 & -9\\ a & b & c & d\end{pmatrix},$$

而 A_{ij} 是 $\boldsymbol{A}$ 的 (i,j) 元的代数余子式($i,\ j=1,2,3,4$). 试计算:

(1) $2A_{14}-2A_{24}+3A_{34}-3A_{44}$；

(2) $A_{41}+A_{42}+A_{43}+A_{44}$.

【解】 这里,应考虑利用代数余子式的性质进行计算.

(1) 记 $\boldsymbol{A}=(a_{ij})$. 因为 $a_{11}A_{14}+a_{21}A_{24}+a_{31}A_{34}+a_{41}A_{44}=0$，所以

$$2A_{14}-2A_{24}+3A_{34}-3A_{44}=-(a+3)A_{44}$$
$$=-(a+3)(-1)^{4+4}\begin{vmatrix}2&0&1\\-2&1&4\\3&0&5\end{vmatrix}=-7(a+3).$$

(2) 由于 A_{ij} 与 a_{ij} 的值无关,现构造一个新的矩阵

$$\boldsymbol{B}=\begin{pmatrix}2&0&1&8\\-2&1&4&-7\\3&0&5&-9\\1&1&1&1\end{pmatrix},$$

易知 $|\boldsymbol{B}|=-217$. 另一方面,$\boldsymbol{A}$ 与 $\boldsymbol{B}$ 仅第4行的元素不同,它们的代数余子式 $A_{41},A_{42},A_{43},A_{44}$ 完全相同. 将 $|\boldsymbol{B}|$ 按第4行展开,即得

$$A_{41}+A_{42}+A_{43}+A_{44}=|\boldsymbol{B}|=-217.$$

【例2.53】(云南大学,2010年)　设四阶行列式

$$D=\begin{vmatrix}3&-5&2&d\\a&b&c&d\\a^2&b^2&c^2&d^2\\a^4&b^4&c^4&d^4\end{vmatrix},$$

计算 $A_{11}+A_{12}+A_{13}+A_{14}$,其中 A_{ij} 是元素 a_{ij} 的代数余子式.

【解】 由于 A_{ij} 与 a_{ij} 的值无关,现构造一个新的行列式

$$D_1=\begin{vmatrix}1&1&1&1\\a&b&c&d\\a^2&b^2&c^2&d^2\\a^4&b^4&c^4&d^4\end{vmatrix},$$

直接计算(或参考本章例2.45),知

$$D_1=(a-b)(a-c)(a-d)(b-c)(b-d)(c-d)(a+b+c+d).$$

另一方面,D_1 与 D 仅第一行的元素不同,它们第一行的代数余子式 $A_{11},A_{12},A_{13},A_{14}$ 完全相同. 将 D_1 按第一行展开,即得

$$A_{11}+A_{12}+A_{13}+A_{14}=D_1=(a-b)(a-c)(a-d)(b-c)(b-d)(c-d)(a+b+c+d).$$

【例2.54】(西北大学,2015年)　设 $\boldsymbol{A}=(a_{ij})$ 为 n 阶方阵,证明:行列式 $\det\boldsymbol{A}$ 所有元素的代数余子式之和 $\sum\limits_{i=1}^{n}\sum\limits_{j=1}^{n}A_{ij}$ 等于行列式

$$D=\begin{vmatrix} 1 & 1 & \cdots & 1 \\ a_{21}-a_{11} & a_{22}-a_{12} & \cdots & a_{2n}-a_{1n} \\ \vdots & \vdots & & \vdots \\ a_{n1}-a_{11} & a_{n2}-a_{12} & \cdots & a_{nn}-a_{1n} \end{vmatrix}.$$

【解】 将行列式 D 升阶,并把第一列乘 a_{1j} 加到第 $j+1$ 列($j=1,2,\cdots,n$),得

$$D=\begin{vmatrix} 1 & 0 & 0 & \cdots & 0 \\ 0 & 1 & 1 & \cdots & 1 \\ 1 & a_{21}-a_{11} & a_{22}-a_{12} & \cdots & a_{2n}-a_{1n} \\ \vdots & \vdots & \vdots & & \vdots \\ 1 & a_{n1}-a_{11} & a_{n2}-a_{12} & \cdots & a_{nn}-a_{1n} \end{vmatrix}=\begin{vmatrix} 1 & a_{11} & a_{12} & \cdots & a_{1n} \\ 0 & 1 & 1 & \cdots & 1 \\ 1 & a_{21} & a_{22} & \cdots & a_{2n} \\ \vdots & \vdots & \vdots & & \vdots \\ 1 & a_{n1} & a_{n2} & \cdots & a_{nn} \end{vmatrix}.$$

将上式最右边的行列式按第一列展开,得

$$D=\begin{vmatrix} 1 & 1 & \cdots & 1 \\ a_{21} & a_{22} & \cdots & a_{2n} \\ a_{31} & a_{32} & \cdots & a_{3n} \\ \vdots & \vdots & & \vdots \\ a_{n1} & a_{n2} & \cdots & a_{nn} \end{vmatrix}+\begin{vmatrix} a_{11} & a_{12} & \cdots & a_{1n} \\ 1 & 1 & \cdots & 1 \\ a_{31} & a_{32} & \cdots & a_{3n} \\ \vdots & \vdots & & \vdots \\ a_{n1} & a_{n2} & \cdots & a_{nn} \end{vmatrix}+\cdots+(-1)^n\begin{vmatrix} a_{11} & a_{12} & \cdots & a_{1n} \\ 1 & 1 & \cdots & 1 \\ a_{21} & a_{22} & \cdots & a_{2n} \\ \vdots & \vdots & & \vdots \\ a_{n-1,1} & a_{n-1,2} & \cdots & a_{n-1,n} \end{vmatrix},$$

再把上式中的第一个行列式按第一行展开,其余各个行列式都按第二行展开,即得所证.

【例 2.55】(浙江大学,2006 年) (1) 把行列式

$$D=\begin{vmatrix} a_{11}+x & a_{12}+x & \cdots & a_{1n}+x \\ a_{21}+x & a_{22}+x & \cdots & a_{2n}+x \\ \vdots & \vdots & & \vdots \\ a_{n1}+x & a_{n2}+x & \cdots & a_{nn}+x \end{vmatrix}$$

表示为按 x 的方幂排列的多项式;(**西北大学,2015 年**)

(2) 证明:如果把行列式所有的元素都加上同一个数,那么这个行列式所有元素的代数余子式之和不变.

【解】 (1) 记矩阵 $\boldsymbol{A}=(a_{ij})$. 把行列式 D 的第一行乘-1 加到其他各行,得

$$D=\begin{vmatrix} a_{11}+x & a_{12}+x & \cdots & a_{1n}+x \\ a_{21}-a_{11} & a_{22}-a_{12} & \cdots & a_{2n}-a_{1n} \\ \vdots & \vdots & & \vdots \\ a_{n1}-a_{11} & a_{n2}-a_{12} & \cdots & a_{nn}-a_{1n} \end{vmatrix}.$$

将上式右边的行列式按第一行拆项,得

$$D=\begin{vmatrix} a_{11} & a_{12} & \cdots & a_{1n} \\ a_{21}-a_{11} & a_{22}-a_{12} & \cdots & a_{2n}-a_{1n} \\ \vdots & \vdots & & \vdots \\ a_{n1}-a_{11} & a_{n2}-a_{12} & \cdots & a_{nn}-a_{1n} \end{vmatrix}+\begin{vmatrix} x & x & \cdots & x \\ a_{21}-a_{11} & a_{22}-a_{12} & \cdots & a_{2n}-a_{1n} \\ \vdots & \vdots & & \vdots \\ a_{n1}-a_{11} & a_{n2}-a_{12} & \cdots & a_{nn}-a_{1n} \end{vmatrix}$$

$$= |\boldsymbol{A}| + x\begin{vmatrix} 1 & 1 & \cdots & 1 \\ a_{21}-a_{11} & a_{22}-a_{12} & \cdots & a_{2n}-a_{1n} \\ \vdots & \vdots & & \vdots \\ a_{n1}-a_{11} & a_{n2}-a_{12} & \cdots & a_{nn}-a_{1n} \end{vmatrix}.$$

记 A_{ij} 是矩阵 $\boldsymbol{A}$ 中元素 a_{ij} 的代数余子式($1\leqslant i,j\leqslant n$),根据上一例的结果,得

$$D = |\boldsymbol{A}| + x\sum_{i=1}^{n}\sum_{j=1}^{n}A_{ij}. \qquad ①$$

(2) 将行列式 D 中(i,j)元的代数余子式记为 D_{ij},只需证明所有 D_{ij} 之和与 x 无关即可.事实上,根据例2.54的证明过程,即得

$$\sum_{i=1}^{n}\sum_{j=1}^{n}D_{ij} = \begin{vmatrix} 1 & a_{11}+x & a_{12}+x & \cdots & a_{1n}+x \\ 0 & 1 & 1 & \cdots & 1 \\ 1 & a_{21}+x & a_{22}+x & \cdots & a_{2n}+x \\ \vdots & \vdots & \vdots & & \vdots \\ 1 & a_{n1}+x & a_{n2}+x & \cdots & a_{nn}+x \end{vmatrix} = \begin{vmatrix} 1 & a_{11} & a_{12} & \cdots & a_{1n} \\ 0 & 1 & 1 & \cdots & 1 \\ 1 & a_{21} & a_{22} & \cdots & a_{2n} \\ \vdots & \vdots & \vdots & & \vdots \\ 1 & a_{n1} & a_{n2} & \cdots & a_{nn} \end{vmatrix}$$

$$= \sum_{i=1}^{n}\sum_{j=1}^{n}A_{ij}.$$

【注】 注意到$|\boldsymbol{A}|$是行列式 D 的所有元素都加上数$-x$ 得到,故由①式得

$$|\boldsymbol{A}| = D - x\sum_{i=1}^{n}\sum_{j=1}^{n}D_{ij}. \qquad ②$$

将②式代入①式也可证得(2)的结论.

【例 2.56】 证明:对任意 $n^2(n\geqslant 2)$ 个互异的数,可经适当排序为 $a_1,a_2,\cdots,a_{n^2}$,使得

$$\begin{vmatrix} a_1 & a_2 & \cdots & a_n \\ a_{n+1} & a_{n+2} & \cdots & a_{2n} \\ \vdots & \vdots & & \vdots \\ a_{n^2-n+1} & a_{n^2-n+2} & \cdots & a_{n^2} \end{vmatrix} \neq 0.$$

【证】 对 n 作归纳法. $n=2$ 时,只需讨论4个数 a_1,a_2,a_3,a_4 均不为0的情形,并可使得 $a_1+a_2\neq 0$. 若 $\begin{vmatrix} a_1 & a_2 \\ a_3 & a_4 \end{vmatrix}=0$,则存在 $k\neq 0,\pm 1$ 使得 $a_1=ka_2$,$a_3=ka_4$. 此时,有 $\begin{vmatrix} a_1 & a_2 \\ a_4 & a_3 \end{vmatrix}=a_2a_4(k^2-1)\neq 0$,结论成立. 下设 $n-1$ 时结论成立,证 n 时也成立,用反证法.

假设对 n^2 个数的任一排序,对应的行列式都等于0,我们导出矛盾. 先确定行列式 D,使得第一行 $a_1,a_2,\cdots,a_n$ 满足 $a_1+a_2+\cdots+a_n\neq 0$,记 a_i 在 D 中的代数余子式为 $A_i(1\leqslant i\leqslant n)$,则 $a_1A_1+a_2A_2+\cdots+a_nA_n=0$. 根据归纳假设,可设 $A_1\neq 0$. 再将 $a_i(2\leqslant i\leqslant n)$ 与 a_1 对换,其余 n^2-2 个元素的位置不变,得到一个新的行列式,则有 $a_iA_1+\cdots+a_1A_i+\cdots+a_nA_n=0$. 二式相减可得$(a_1-a_i)(A_1-A_i)=0$. 因为 $a_1\neq a_i$,所以 $A_i=A_1$,从而有

$$a_1A_1+a_2A_2+\cdots+a_nA_n=(a_1+a_2+\cdots+a_n)A_1\neq 0,$$

矛盾. 因此结论得证.

【例 2.57】 设 $A=\begin{pmatrix} a_{11} & a_{12} & \cdots & a_{1n} \\ a_{21} & a_{22} & \cdots & a_{2n} \\ \vdots & \vdots & & \vdots \\ a_{n1} & a_{n2} & \cdots & a_{nn} \end{pmatrix}$，且 $\begin{cases} a_{i1}+a_{i2}+\cdots+a_{in}=0, \\ a_{1j}+a_{2j}+\cdots+a_{nj}=0 \end{cases}$ $(i,j=1,2,\cdots,n)$. 证明：矩阵 A 的所有元素的代数余子式相等.

【证】 先考虑 A 的第一行的代数余子式. 对于 $j=2,3,\cdots,n$，有

$$A_{1j}=(-1)^{1+j}\begin{vmatrix} a_{21} & \cdots & a_{2,j-1} & a_{2,j+1} & \cdots & a_{2n} \\ a_{31} & \cdots & a_{3,j-1} & a_{3,j+1} & \cdots & a_{3n} \\ \vdots & & \vdots & \vdots & & \vdots \\ a_{n1} & \cdots & a_{n,j-1} & a_{n,j+1} & \cdots & a_{nn} \end{vmatrix}.$$

把第 2 列直至第 $n-1$ 列都加到第 1 列，并注意到 $a_{i1}+a_{i2}+\cdots+a_{in}=0(i=2,3,\cdots,n)$，得

$$A_{1j}=(-1)^{1+j}\begin{vmatrix} -a_{2j} & a_{22} & \cdots & a_{2,j-1} & a_{2,j+1} & \cdots & a_{2n} \\ -a_{3j} & a_{32} & \cdots & a_{3,j-1} & a_{3,j+1} & \cdots & a_{3n} \\ \vdots & \vdots & & \vdots & \vdots & & \vdots \\ -a_{nj} & a_{n2} & \cdots & a_{n,j-1} & a_{n,j+1} & \cdots & a_{nn} \end{vmatrix}.$$

再把第 1 列的负号提出，并将第 1 列依次与第 2 列，第 3 列……第 $j-1$ 列互换，得

$$A_{1j}=(-1)^{2+j}(-1)^{j-2}\begin{vmatrix} a_{22} & \cdots & a_{2,j-1} & a_{2j} & a_{2,j+1} & \cdots & a_{2n} \\ a_{32} & \cdots & a_{3,j-1} & a_{3j} & a_{3,j+1} & \cdots & a_{3n} \\ \vdots & & \vdots & \vdots & \vdots & & \vdots \\ a_{n2} & \cdots & a_{n,j-1} & a_{nj} & a_{n,j+1} & \cdots & a_{nn} \end{vmatrix}=A_{11}.$$

对于 A 的第 $i(i=2,3,\cdots,n)$ 行的代数余子式 A_{ij}，重复上述过程，得 $A_{ij}=A_{i1}, j=2,3,\cdots,n$.

同理，利用 $a_{1j}+a_{2j}+\cdots+a_{nj}=0(j=2,3,\cdots,n)$ 可证 $A_{i1}=A_{11}, i=2,3,\cdots,n$.

因此 $A_{ij}=A_{11}, i,j=1,2,\cdots,n$，即 A 的所有元素的代数余子式全相等.

【例 2.58】（北京工业大学，2012 年） 将 n（自然数 $n\geqslant 2$）阶实方阵 A 的第一行的 -1 倍加到其他各行，得到矩阵 A_1，再将 A_1 的第一列的 -1 倍加到其他各列，得到矩阵 A_2，再将 A_2 的第一行、第一列删掉，得到矩阵 A_3. 记 $f(X)=X^{\mathrm{T}}A^*X$，其中行向量 $X^{\mathrm{T}}=(x_1,x_2,\cdots,x_n)$，$A^*$ 是 A 的伴随矩阵. 证明：当 $x_i=1(i=1,2,\cdots,n)$ 时，有 $f(X)=|A_3|$.

【证】 记 $A=(a_{ij})$，可将题中所述变换表示为

$$PAP^{\mathrm{T}}=\left(\begin{array}{c:ccc} a_{11} & a_{12}-a_{11} & \cdots & a_{1n}-a_{11} \\ \hdashline a_{21}-a_{11} & & & \\ \vdots & & A_3 & \\ a_{n1}-a_{11} & & & \end{array}\right),$$

其中 n 阶方阵

$$P=\begin{pmatrix} 1 & 0 & \cdots & 0 \\ -1 & 1 & \cdots & 0 \\ \vdots & \vdots & & \vdots \\ -1 & 0 & \cdots & 1 \end{pmatrix}.$$

又设 $\boldsymbol{J}$ 表示元素全为 1 的 n 阶方阵，则

$$\boldsymbol{P}(\boldsymbol{A}+\boldsymbol{J})\boldsymbol{P}^{\mathrm{T}}=\left(\begin{array}{c|ccc} a_{11}+1 & a_{12}-a_{11} & \cdots & a_{1n}-a_{11} \\ \hline a_{21}-a_{11} & & & \\ \vdots & & \boldsymbol{A}_3 & \\ a_{n1}-a_{11} & & & \end{array}\right).$$

对上式两边取行列式，并注意到 $|\boldsymbol{P}|=1$，所以

$$|\boldsymbol{A}+\boldsymbol{J}|=\left|\begin{array}{c|ccc} a_{11} & a_{12}-a_{11} & \cdots & a_{1n}-a_{11} \\ \hline a_{21}-a_{11} & & & \\ \vdots & & \boldsymbol{A}_3 & \\ a_{n1}-a_{11} & & & \end{array}\right|+\left|\begin{array}{c|ccc} 1 & 0 & \cdots & 0 \\ \hline a_{21}-a_{11} & & & \\ \vdots & & \boldsymbol{A}_3 & \\ a_{n1}-a_{11} & & & \end{array}\right|$$

$$=|\boldsymbol{A}|+|\boldsymbol{A}_3|. \qquad ①$$

另一方面，根据本章例 2.55(1)，有

$$|\boldsymbol{A}+\boldsymbol{J}|=|\boldsymbol{A}|+\sum_{i=1}^{n}\sum_{j=1}^{n}A_{ij}. \qquad ②$$

其中 A_{ij} 是矩阵 $\boldsymbol{A}$ 中元素 a_{ij} 的代数余子式$(1\leqslant i,j\leqslant n)$. 比较①式与②式的右端，即得

$$f(\boldsymbol{X})=\sum_{i=1}^{n}\sum_{j=1}^{n}A_{ij}=|\boldsymbol{A}_3|.$$

【例 2.59】 设 n 阶行列式

$$D=\begin{vmatrix} a_{11} & a_{12} & \cdots & a_{1,n-1} & 1 \\ a_{21} & a_{22} & \cdots & a_{2,n-1} & 1 \\ \vdots & \vdots & & \vdots & \vdots \\ a_{n1} & a_{n2} & \cdots & a_{n,n-1} & 1 \end{vmatrix},$$

把 D 的第 i 行换成 $x_1,x_2,\cdots,x_{n-1},1$，而其他行不变得到新的行列式记为 $D_i(i=1,2,\cdots,n)$，求证：$D=D_1+D_2+\cdots+D_n$.

【证】 令 A_{ij} 是 D 中元素 a_{ij} 的代数余子式，$i,j=1,2,\cdots,n$，则

$$\sum_{i=1}^{n}D_i=\begin{vmatrix} x_1 & x_2 & \cdots & x_{n-1} & 1 \\ a_{21} & a_{22} & \cdots & a_{2,n-1} & 1 \\ \vdots & \vdots & & \vdots & \vdots \\ a_{n1} & a_{n2} & \cdots & a_{n,n-1} & 1 \end{vmatrix}+\begin{vmatrix} a_{11} & a_{12} & \cdots & a_{1,n-1} & 1 \\ x_1 & x_2 & \cdots & x_{n-1} & 1 \\ \vdots & \vdots & & \vdots & \vdots \\ a_{n1} & a_{n2} & \cdots & a_{n,n-1} & 1 \end{vmatrix}+\cdots+$$

$$\begin{vmatrix} a_{11} & a_{12} & \cdots & a_{1,n-1} & 1 \\ a_{21} & a_{22} & \cdots & a_{2,n-1} & 1 \\ \vdots & \vdots & & \vdots & \vdots \\ a_{n-1,1} & a_{n-1,2} & \cdots & a_{n-1,n-1} & 1 \\ x_1 & x_2 & \cdots & x_{n-1} & 1 \end{vmatrix}$$

$$\begin{aligned}&=(x_1A_{11}+x_2A_{12}+\cdots+x_{n-1}A_{1,n-1}+A_{1n})+\\&\quad(x_1A_{21}+x_2A_{22}+\cdots+x_{n-1}A_{2,n-1}+A_{2n})+\cdots+\\&\quad(x_1A_{n1}+x_2A_{n2}+\cdots+x_{n-1}A_{n,n-1}+A_{nn})\\&=x_1\sum_{i=1}^{n}A_{i1}+x_2\sum_{i=1}^{n}A_{i2}+\cdots+x_{n-1}\sum_{i=1}^{n}A_{i,n-1}+D.\end{aligned}$$

注意到 a_{ij} 的代数余子式 A_{ij} 与 a_{ij} 的取值无关,所以

$$\sum_{i=1}^{n} A_{i1} = \begin{vmatrix} 1 & a_{12} & \cdots & a_{1,n-1} & 1 \\ 1 & a_{22} & \cdots & a_{2,n-1} & 1 \\ \vdots & \vdots & & \vdots & \vdots \\ 1 & a_{n2} & \cdots & a_{n,n-1} & 1 \end{vmatrix} = 0.$$

同理可知, $\sum_{i=1}^{n} A_{i2} = 0,\cdots,\sum_{i=1}^{n} A_{i,n-1} = 0$. 因此,$D_1+D_2+\cdots+D_n=D$.

【例 2.60】(上海师范大学,2002 年)　设 $a_{ij}\in\mathbb{R}$(实数域),$i,j=1,2,\cdots,n$,行列式

$$D = \begin{vmatrix} a_{11} & a_{12} & \cdots & a_{1n} \\ a_{21} & a_{22} & \cdots & a_{2n} \\ \vdots & \vdots & & \vdots \\ a_{n1} & a_{n2} & \cdots & a_{nn} \end{vmatrix}$$

中至少有一个元素 $a_{ij}\neq 0$. 证明:若 D 的一切元素 a_{ij} 的代数余子式 $A_{ij}=a_{ij}$,则 $D^{n-2}=1$.

【证】　据题设 $A_{ij}=a_{ij}$,且存在 $a_{ij}\neq 0$. 按 a_{ij} 所在的列展开行列式,得

$$D = \sum_{i=1}^{n} a_{ij}A_{ij} = \sum_{i=1}^{n} a_{ij}^2 > 0.$$

另一方面,因为行列式 D 与其转置行列式 D^{T} 相等,所以由行列式乘法规则,得

$$D^2 = DD^{\mathrm{T}} = \begin{vmatrix} a_{11} & a_{12} & \cdots & a_{1n} \\ a_{21} & a_{22} & \cdots & a_{2n} \\ \vdots & \vdots & & \vdots \\ a_{n1} & a_{n2} & \cdots & a_{nn} \end{vmatrix} \begin{vmatrix} A_{11} & A_{21} & \cdots & A_{n1} \\ A_{12} & A_{22} & \cdots & A_{n2} \\ \vdots & \vdots & & \vdots \\ A_{1n} & A_{2n} & \cdots & A_{nn} \end{vmatrix}$$

$$= \begin{vmatrix} D & 0 & \cdots & 0 \\ 0 & D & \cdots & 0 \\ \vdots & \vdots & & \vdots \\ 0 & 0 & \cdots & D \end{vmatrix} = D^n,$$

因此,$D^{n-2}=1$.

§2.4　综合性问题

【例 2.61】　设 $a_1,a_2,\cdots,a_n$ 是 n 个 n 位自然数,其中 a_i 的个位、十位……n 位上的数字依次为 $a_{i1},a_{i2},\cdots,a_{in}$,$i=1,2,\cdots,n$,又设行列式

$$d = \begin{vmatrix} a_{11} & a_{12} & \cdots & a_{1n} \\ a_{21} & a_{22} & \cdots & a_{2n} \\ \vdots & \vdots & & \vdots \\ a_{n1} & a_{n2} & \cdots & a_{nn} \end{vmatrix}.$$

证明:$a_1,a_2,\cdots,a_n$ 的最大公因数 r 整除 d.

【证】　因为 r 是 $a_1,a_2,\cdots,a_n$ 的最大公因数,所以存在自然数 $k_1,k_2,\cdots,k_n$,使得 $a_i=rk_i$,$i=1,2,\cdots,n$. 把行列式 d 的第 2 列乘 10,第 3 列乘 10^2,……第 n 列乘 10^{n-1},都加到第 1 列,

再提取第1列的公因数 r，得

$$d=\begin{vmatrix} a_1 & a_{12} & \cdots & a_{1n} \\ a_2 & a_{22} & \cdots & a_{2n} \\ \vdots & \vdots & & \vdots \\ a_n & a_{n2} & \cdots & a_{nn} \end{vmatrix}=r\begin{vmatrix} k_1 & a_{12} & \cdots & a_{1n} \\ k_2 & a_{22} & \cdots & a_{2n} \\ \vdots & \vdots & & \vdots \\ k_n & a_{n2} & \cdots & a_{nn} \end{vmatrix}.$$

显然，上式右边的行列式为整数，因此 r 整除 d.

【例 2.62】 设 n 阶行列式 D 中有 k 行和 j 列的交叉处的元素全为 0，证明：若 $k+j>n$，则 $D=0$.

【证】 经过行与行、列与列的对调，使得 $k\times j$ 个零元素位于行列式的左上角，即

$$D=\pm\begin{vmatrix} 0 & \cdots & 0 & * & \cdots & * \\ \vdots & & \vdots & \vdots & & \vdots \\ 0 & \cdots & 0 & * & \cdots & * \\ * & \cdots & * & * & \cdots & * \\ \vdots & & \vdots & \vdots & & \vdots \\ * & \cdots & * & * & \cdots & * \end{vmatrix}=\pm\begin{vmatrix} a_{11} & a_{12} & \cdots & a_{1n} \\ a_{21} & a_{22} & \cdots & a_{2n} \\ \vdots & \vdots & & \vdots \\ a_{n1} & a_{n2} & \cdots & a_{nn} \end{vmatrix},$$

其中 $a_{st}=0,1\leqslant s\leqslant k,1\leqslant t\leqslant j$. 根据行列式的定义，有

$$D=\pm\sum_{i_1i_2\cdots i_n}(-1)^{\tau(i_1i_2\cdots i_n)}a_{1i_1}\cdots a_{ki_k}a_{k+1,i_{k+1}}\cdots a_{ni_n}.$$

对于和式中的任意项 $a_{1i_1}\cdots a_{ki_k}a_{k+1,i_{k+1}}\cdots a_{ni_n}$，如果其列下标 $i_1,i_2,\cdots,i_k$ 均取自于后 $n-j$ 列，由于它们取不同的列，那么必有 $k\leqslant n-j$，此与条件 $k+j>n$ 矛盾，所以 $i_1,i_2,\cdots,i_k$ 中至少有一个位于前 j 列，即 $a_{1i_1},\cdots,a_{ki_k}$ 中必有一个为 0，因此 $a_{1i_1}\cdots a_{ki_k}a_{k+1,i_{k+1}}\cdots a_{ni_n}=0$，从而 $D=0$.

【例 2.63】（华中师范大学，1994 年） 设 n 阶行列式

$$D_n=\begin{vmatrix} 1 & -1 & -1 & \cdots & -1 & -1 \\ 1 & 1 & -1 & \cdots & -1 & -1 \\ \vdots & \vdots & \vdots & & \vdots & \vdots \\ 1 & 1 & 1 & \cdots & 1 & -1 \\ 1 & 1 & 1 & \cdots & 1 & 1 \end{vmatrix},$$

试求 D_n 的展开式中正项的项数.

【解】 根据定义，D_n 的展开式共有 $n!$ 项，每一项是 1 或 −1. 设正项与负项的个数分别为 x,y，则有 $\begin{cases} x+y=n!, \\ x-y=D_n, \end{cases}$ 解得 $x=\dfrac{1}{2}(D_n+n!)$.

另一方面，将 D_n 的第 n 行分别加到其他各行，得

$$D_n=\begin{vmatrix} 2 & 0 & 0 & \cdots & 0 & 0 \\ 2 & 2 & 0 & \cdots & 0 & 0 \\ \vdots & \vdots & \vdots & & \vdots & \vdots \\ 2 & 2 & 2 & \cdots & 2 & 0 \\ 1 & 1 & 1 & \cdots & 1 & 1 \end{vmatrix}=2^{n-1}.$$

因此 $x=\frac{1}{2}(2^{n-1}+n!)$.

【例 2.64】(中山大学,2008 年) 求下列行列式:

$$\sum_{j_1j_2\cdots j_n}\begin{vmatrix} a_{1j_1} & a_{1j_2} & \cdots & a_{1j_n} \\ a_{2j_1} & a_{2j_2} & \cdots & a_{2j_n} \\ \vdots & \vdots & & \vdots \\ a_{nj_1} & a_{nj_2} & \cdots & a_{nj_n} \end{vmatrix},$$

这里,$\sum$是对 $1,2,\cdots,n$ 的所有全排列 $j_1j_2\cdots j_n$ 求和.

【解】 记 $\boldsymbol{A}=(a_{ij})$,令 $\tau(j_1j_2\cdots j_n)$表示排列 $j_1j_2\cdots j_n$ 的逆序数,则

$$\sum_{j_1j_2\cdots j_n}\begin{vmatrix} a_{1j_1} & a_{1j_2} & \cdots & a_{1j_n} \\ a_{2j_1} & a_{2j_2} & \cdots & a_{2j_n} \\ \vdots & \vdots & & \vdots \\ a_{nj_1} & a_{nj_2} & \cdots & a_{nj_n} \end{vmatrix}=\sum_{j_1j_2\cdots j_n}(-1)^{\tau(j_1j_2\cdots j_n)}\det\boldsymbol{A}=0,$$

这里,由于奇排列的个数与偶排列的个数相等,都等于$\frac{n!}{2}$,所以和式为 0.

【例 2.65】(北京大学,2018 年) 试确定所有 3 阶(0,1)行列式(即所有元素只能是 0 或 1 的行列式)的最大值,请给出证明及取得最大值的一个构造.

【解】 任取一个 3 阶(0,1)行列式 $D=|a_{ij}|$,按第 1 行展开,得

$$D=a_{11}\begin{vmatrix} a_{22} & a_{23} \\ a_{32} & a_{33} \end{vmatrix}+a_{12}\begin{vmatrix} a_{23} & a_{21} \\ a_{33} & a_{31} \end{vmatrix}+a_{13}\begin{vmatrix} a_{21} & a_{22} \\ a_{31} & a_{32} \end{vmatrix}\leqslant 3.$$

下面证明 $D\neq 3$. 若不然,则必有 $a_{11}=a_{12}=a_{13}=1$,且

$$\begin{vmatrix} a_{22} & a_{23} \\ a_{32} & a_{33} \end{vmatrix}=\begin{vmatrix} a_{23} & a_{21} \\ a_{33} & a_{31} \end{vmatrix}=\begin{vmatrix} a_{21} & a_{22} \\ a_{31} & a_{32} \end{vmatrix}=1.$$

由 $\begin{vmatrix} a_{22} & a_{23} \\ a_{32} & a_{33} \end{vmatrix}=1$,有 $a_{22}=a_{33}=1$. 由 $\begin{vmatrix} a_{23} & a_{21} \\ a_{33} & a_{31} \end{vmatrix}=1$,有 $a_{23}=a_{31}=1$. 所以

$$\begin{vmatrix} a_{21} & a_{22} \\ a_{31} & a_{32} \end{vmatrix}=a_{21}a_{32}-a_{22}a_{31}=a_{21}a_{32}-1\leqslant 0.$$

矛盾. 因此 $D\leqslant 2$. 进一步,使得 $D=2$ 的一个 3 阶(0,1)行列式为 $\begin{vmatrix} 1 & 1 & 0 \\ 0 & 1 & 1 \\ 1 & 0 & 1 \end{vmatrix}=2$.

【例 2.66】(华东师范大学,2005 年) 证明:如果 n 阶行列式 D_n 的所有元素为 1 或−1,那么当 $n\geqslant 3$ 时,有

$$|D_n|\leqslant(n-1)(n-1)!.$$

【证】 对行列式的阶数用数学归纳法. 当 $n=3$ 时,设

$$D_3=\begin{vmatrix} a_{11} & a_{12} & a_{13} \\ a_{21} & a_{22} & a_{23} \\ a_{31} & a_{32} & a_{33} \end{vmatrix}.$$

（方法1）首先变换 D_3 的行使其第一列全变为1. 例如，若 $a_{i1}=-1$，则用-1乘第 i 行. 同样，再对列作变换将 a_{12}，a_{13} 变为-1. 然后将第一列分别加到第2，3列上，得

$$D_3=\pm\begin{vmatrix} 1 & 0 & 0 \\ 1 & b_{22} & b_{23} \\ 1 & b_{32} & b_{33} \end{vmatrix},$$

其中 b_{ij} 只可能取0或2，于是 $|D_3|\leqslant 4=(3-1)!\ (3-1)$.

（方法2）根据行列式定义，D_3 的展开式共6项，且6项之积为-1，显然其中必至少有一项为1一项为-1，因此 $|D_3|\leqslant 4=(3-1)!\ (3-1)$.

假设对于 $n-1$ 阶行列式结论成立，下证对于 n 阶行列式 D_n 结论成立. 事实上，对于 D_n 的任一元素 a_{ij} 的代数余子式 A_{ij}，根据归纳假设，有 $|A_{ij}|\leqslant(n-2)!\ (n-2)$，所以

$$|D_n|\leqslant\sum_{j=1}^{n}|a_{1j}A_{1j}|\leqslant n(n-2)!\ (n-2)\leqslant(n-1)!\ (n-1).$$

【注】 同理可证：若 D_n 的所有元素为1或-1，则当 $n\geqslant 3$ 时，有 $|D_n|\leqslant\frac{2}{3}n!$.（显然，这相比原题中的不等式对 $|D_n|$ 的上界有所改进.）

【例2.67】（中国科学技术大学，2007年） 设 $\boldsymbol{A}=(a_{ij})$ 是 n 阶实方阵，满足条件：$a_{ii}>0(1\leqslant i\leqslant n)$，$a_{ij}<0(i\neq j,1\leqslant i,j\leqslant n)$，且 $\sum\limits_{i=1}^{n}a_{ij}>0(1\leqslant j\leqslant n)$. 证明：$\det\boldsymbol{A}>0$.

【证】 对矩阵的阶数 n 用归纳法. 当 $n=2$ 时，$\det\boldsymbol{A}=a_{11}a_{22}-a_{12}a_{21}>0$ 结论成立. 假设所述结论对于 $n-1$ 阶方阵成立，下证对于 n 阶方阵 $\boldsymbol{A}=(a_{ij})$ 亦成立.

把行列式 $\det\boldsymbol{A}$ 的第一列乘$-\frac{a_{1j}}{a_{11}}$加到第 j 列上去（$j=2,3,\cdots,n$），得

$$\det\boldsymbol{A}=\left|\begin{array}{c:cccc} a_{11} & 0 & 0 & \cdots & 0 \\ \hdashline a_{21} & b_{22} & b_{23} & \cdots & b_{2n} \\ \vdots & \vdots & \vdots & & \vdots \\ a_{n1} & b_{n2} & b_{n3} & \cdots & b_{nn} \end{array}\right|=a_{11}\begin{vmatrix} b_{22} & b_{23} & \cdots & b_{2n} \\ \vdots & \vdots & & \vdots \\ b_{n2} & b_{n3} & \cdots & b_{nn} \end{vmatrix},$$

其中 $b_{ij}=a_{ij}-\frac{a_{i1}a_{1j}}{a_{11}}(2\leqslant i,j\leqslant n)$. 上述这个 $n-1$ 阶行列式仍满足题设条件：

（1）$b_{ii}=a_{ii}-\frac{a_{i1}a_{1i}}{a_{11}}=\frac{a_{11}a_{ii}-a_{i1}a_{1i}}{a_{11}}>0$（因为 $a_{11}>|a_{i1}|$，$a_{ii}>|a_{1i}|$）；

（2）当 $i\neq j$ 时，有 $b_{ij}=a_{ij}-\frac{a_{i1}a_{1j}}{a_{11}}<0$（因为 $a_{ij}<0$，$-a_{i1}a_{1j}<0$）；

（3）$\sum\limits_{i=2}^{n}b_{ij}=\sum\limits_{i=2}^{n}a_{ij}-\sum\limits_{i=2}^{n}\frac{a_{i1}a_{1j}}{a_{11}}>-a_{1j}-\frac{a_{1j}}{a_{11}}\sum\limits_{i=2}^{n}a_{i1}=-\frac{a_{1j}}{a_{11}}\sum\limits_{i=1}^{n}a_{i1}>0$（因为 $a_{1j}<0$）

所以由归纳假设

$$\begin{vmatrix} b_{22} & b_{23} & \cdots & b_{2n} \\ \vdots & \vdots & & \vdots \\ b_{n2} & b_{n3} & \cdots & b_{nn} \end{vmatrix} > 0,$$

于是,有 $\det \boldsymbol{A}>0$.

【注】 注意到转置矩阵 $\boldsymbol{A}^{\mathrm{T}}$ 的元素"对角占优"(见第 3 章例 3.85),可直接得到结论.

【例 2.68】(武汉大学,1998 年) 设 $n\geqslant 3$,$f_1(x),f_2(x),\cdots,f_n(x)$ 是关于 x 的次数$\leqslant n-2$ 的多项式,$a_1,a_2,\cdots,a_n$ 为任意数. 证明:行列式

$$\begin{vmatrix} f_1(a_1) & f_2(a_1) & \cdots & f_n(a_1) \\ f_1(a_2) & f_2(a_2) & \cdots & f_n(a_2) \\ \vdots & \vdots & & \vdots \\ f_1(a_n) & f_2(a_n) & \cdots & f_n(a_n) \end{vmatrix} = 0.$$

请举例说明条件"次数$\leqslant n-2$"是不可缺少的.

【解】 (1)(方法 1)分两种情形证明. 当 $a_1,a_2,\cdots,a_n$ 中至少有两个数相同时,则行列式有两行相同,因而等于 0;当 $a_1,a_2,\cdots,a_n$ 互不相同时,令

$$F(x)=\begin{vmatrix} f_1(x) & f_2(x) & \cdots & f_n(x) \\ f_1(a_2) & f_2(a_2) & \cdots & f_n(a_2) \\ \vdots & \vdots & & \vdots \\ f_1(a_n) & f_2(a_n) & \cdots & f_n(a_n) \end{vmatrix}.$$

由于 $f_1(x),f_2(x),\cdots,f_n(x)$ 的次数$\leqslant n-2$,因此多项式 $F(x)$ 的次数$\leqslant n-2$. 但 $F(x)$ 显然有 $n-1$ 个互不相同的根:$a_2,a_3,\cdots,a_n$,所以 $F(x)\equiv 0$,从而 $F(a_1)=0$.

(方法 2)记 $f_j(x)=\sum\limits_{i=0}^{n-2} c_{ij}x^i$,$j=1,2,\cdots,n$,则

$$\begin{vmatrix} f_1(a_1) & f_2(a_1) & \cdots & f_n(a_1) \\ f_1(a_2) & f_2(a_2) & \cdots & f_n(a_2) \\ \vdots & \vdots & & \vdots \\ f_1(a_n) & f_2(a_n) & \cdots & f_n(a_n) \end{vmatrix} = \left|\begin{pmatrix} 1 & a_1 & \cdots & a_1^{n-2} \\ 1 & a_2 & \cdots & a_2^{n-2} \\ \vdots & \vdots & & \vdots \\ 1 & a_n & \cdots & a_n^{n-2} \end{pmatrix}\begin{pmatrix} c_{01} & c_{02} & \cdots & c_{0n} \\ c_{11} & c_{12} & \cdots & c_{1n} \\ \vdots & \vdots & & \vdots \\ c_{n-2,1} & c_{n-2,2} & \cdots & c_{n-2,n} \end{pmatrix}\right|.$$

注意到等式右边矩阵乘积的秩$\leqslant n-1<n$,所以行列式等于 0.

(2)若 $f_1(x),f_2(x),\cdots,f_n(x)$ 不满足条件"次数$\leqslant n-2$",则所述行列式不一定为 0. 例如:设 $f_1(x)=1$,$f_2(x)=x,\cdots,f_n(x)=x^{n-1}$,则对于互不相等的 $a_1,a_2,\cdots,a_n$,有

$$\begin{vmatrix} 1 & a_1 & a_1^2 & \cdots & a_1^{n-1} \\ 1 & a_2 & a_2^2 & \cdots & a_2^{n-1} \\ \vdots & \vdots & \vdots & & \vdots \\ 1 & a_n & a_n^2 & \cdots & a_n^{n-1} \end{vmatrix} = \prod_{1\leqslant j<i\leqslant n}(a_i-a_j)\neq 0.$$

【例 2.69】(北京大学,2016 年) 计算行列式

$$D=\begin{vmatrix} 1^{50} & 2^{50} & 3^{50} & \cdots & 100^{50} \\ 2^{50} & 3^{50} & 4^{50} & \cdots & 101^{50} \\ 3^{50} & 4^{50} & 5^{50} & \cdots & 102^{50} \\ \vdots & \vdots & \vdots & & \vdots \\ 100^{50} & 101^{50} & 102^{50} & \cdots & 199^{50} \end{vmatrix}.$$

【解】 显然,这是上一题的特殊情形,可考虑如下行列式:

$$F(x)=\begin{vmatrix} x^{50} & 2^{50} & 3^{50} & \cdots & 100^{50} \\ (x+1)^{50} & 3^{50} & 4^{50} & \cdots & 101^{50} \\ (x+2)^{50} & 4^{50} & 5^{50} & \cdots & 102^{50} \\ \vdots & \vdots & \vdots & & \vdots \\ (x+99)^{50} & 101^{50} & 102^{50} & \cdots & 199^{50} \end{vmatrix},$$

易知,多项式 $F(x)$ 的次数 $\leqslant 50$. 但 $F(x)$ 至少有 99 个互异的根:$2,3,\cdots,100$,所以 $F(x)\equiv 0$,从而 $D=F(1)=0$.

【例 2.70】(中国科学院大学,2017 年) 计算行列式

$$D=\begin{vmatrix} 1-a_1 & a_2 & & & \\ -1 & 1-a_2 & a_3 & & \\ & \ddots & \ddots & \ddots & \\ & & -1 & 1-a_{n-1} & a_n \\ & & & -1 & 1-a_n \end{vmatrix}.$$

【解】 利用升阶法. 考虑 $n+1$ 阶行列式

$$\Delta=\begin{vmatrix} 1 & a_1 & & & & \\ -1 & 1-a_1 & a_2 & & & \\ & -1 & 1-a_2 & a_3 & & \\ & & \ddots & \ddots & \ddots & \\ & & & -1 & 1-a_{n-1} & a_n \\ & & & & -1 & 1-a_n \end{vmatrix}.$$

依次将 Δ 的第一行加到第二行,第二行加到第三行,……第 n 行加到第 $n+1$ 行,即得 $\Delta=1$.

另一方面,将 Δ 按第一行展开,得 $\Delta=D+a_1D'$,即 $D=1-a_1D'$,其中 D' 是 Δ 的右下角的 $n-1$ 阶子式. 由此递推下去,可得

$$D=1-a_1+a_1a_2-a_1a_2a_3+\cdots+(-1)^n a_1a_2\cdots a_n.$$

【例 2.71】(浙江大学,2008 年) 设 $D_1=\begin{vmatrix} x_1 & x_2 & \cdots & x_n \\ x_1^2 & x_2^2 & \cdots & x_n^2 \\ \vdots & \vdots & & \vdots \\ x_1^n & x_2^n & \cdots & x_n^n \end{vmatrix}$,$D_i=\begin{vmatrix} 1 & 1 & \cdots & 1 \\ x_1 & x_2 & \cdots & x_n \\ \vdots & \vdots & & \vdots \\ x_1^{i-2} & x_2^{i-2} & \cdots & x_n^{i-2} \\ x_1^{i} & x_2^{i} & \cdots & x_n^{i} \\ \vdots & \vdots & & \vdots \\ x_1^n & x_2^n & \cdots & x_n^n \end{vmatrix}$,$i=2,3,\cdots$,

n.求 $\sum_{i=1}^{n} D_i$.

【解】 考虑如下 $n+1$ 阶行列式

$$D(y)=\begin{vmatrix}1 & 1 & 1 & \cdots & 1\\ y & x_1 & x_2 & \cdots & x_n\\ \vdots & \vdots & \vdots & & \vdots\\ y^{i-1} & x_1^{i-1} & x_2^{i-1} & \cdots & x_n^{i-1}\\ y^i & x_1^i & x_2^i & \cdots & x_n^i\\ \vdots & \vdots & \vdots & & \vdots\\ y^n & x_1^n & x_2^n & \cdots & x_n^n\end{vmatrix},$$

将行列式 $D(y)$ 按第一列展开,并利用题设,可得

$$D(y)=\sum_{i=0}^{n}(-y)^i D_{i+1}, \qquad ①$$

其中

$$D_{n+1}=\begin{vmatrix}1 & 1 & \cdots & 1\\ x_1 & x_2 & \cdots & x_n\\ x_1^2 & x_2^2 & \cdots & x_n^2\\ \vdots & \vdots & & \vdots\\ x_1^{n-1} & x_2^{n-1} & \cdots & x_n^{n-1}\end{vmatrix}.$$

另一方面,对 $D(y)$ 和 D_{n+1} 分别利用 Vandermonde 行列式可得

$$D(y)=\prod_{k=1}^{n}(x_k-y)\prod_{1\leqslant j<i\leqslant n}(x_i-x_j),\quad D_{n+1}=\prod_{1\leqslant j<i\leqslant n}(x_i-x_j).$$

代入①式,并取 $y=-1$,得

$$\sum_{i=1}^{n} D_i=D(-1)-D_{n+1}=\left[\prod_{k=1}^{n}(x_k+1)-1\right]\prod_{1\leqslant j<i\leqslant n}(x_i-x_j).$$

【例 2.72】(中国科学院,2005 年) 给定一单调递减序列 $b_1>b_2>\cdots>b_p>0$,定义

$$\beta=\left(p!\ \frac{p}{p-1}\right)^{\frac{1}{\min\limits_{1\leqslant k\leqslant p-1}(b_k-b_{k+1})}},$$

假设复数 $a_i,i=1,2,\cdots,p$ 满足 $|a_i|>\beta|a_{i+1}|,i=1,2,\cdots,p-1$,且 $|a_p|\geqslant1$. 证明行列式

$$D=\begin{vmatrix}a_1^{b_1} & a_1^{b_2} & \cdots & a_1^{b_p}\\ a_2^{b_1} & a_2^{b_2} & \cdots & a_2^{b_p}\\ \vdots & \vdots & & \vdots\\ a_p^{b_1} & a_p^{b_2} & \cdots & a_p^{b_p}\end{vmatrix}$$

的绝对值有上下界如下:

$$\frac{1}{p}\prod_{i=1}^{p}|a_i|^{b_i} < |D| < 2\prod_{i=1}^{p}|a_i|^{b_i}.$$

【证】　根据行列式的定义，D 为 $p!$ 个乘积项的代数和，即

$$D=\sum_{i_1i_2\cdots i_p}(-1)^{\tau(i_1i_2\cdots i_p)}a_{i_1}{}^{b_1}a_{i_2}{}^{b_2}\cdots a_{i_p}{}^{b_p},$$

其中 $i_1i_2\cdots i_p$ 是自然数 $1,2,\cdots,p$ 的全排列，$\tau(i_1i_2\cdots i_p)$ 是 $i_1i_2\cdots i_p$ 的逆序数，则

$$\prod_{i=1}^{p}|a_i|^{b_i}-S\leqslant|D|\leqslant\prod_{i=1}^{p}|a_i|^{b_i}+S, \qquad ①$$

其中 $S=\sum\limits_{\substack{i_1i_2\cdots i_p\\ \neq 12\cdots p}}\left(\prod\limits_{j=1}^{p}|a_{i_j}|^{b_j}\right)$ 是 $(p!-1)$ 个乘积项的和. 对于每一个乘积项，容易证明：

$$\prod_{j=1}^{p}|a_{i_j}|^{b_j}\leqslant\frac{p-1}{p!\,p}\prod_{i=1}^{p}|a_i|^{b_i}, \qquad ②$$

于是有

$$S\leqslant\frac{p-1}{p!\,p}(p!-1)\prod_{i=1}^{p}|a_i|^{b_i}=\left(1-\frac{1}{p}-\frac{p-1}{p!\,p}\right)\prod_{i=1}^{p}|a_i|^{b_i}.$$

将上式代入①式即得所证.

【注】　这里，给出②式的一种证法. 令 $d=\min\limits_{1\leqslant k\leqslant p-1}(b_k-b_{k+1})$，则②式即

$$\prod_{j=1}^{p}\left|\frac{a_{i_j}}{a_j}\right|^{b_j}\leqslant\frac{p-1}{p!\,p}=\left(\frac{1}{\beta}\right)^{d}.$$

对 p 用数学归纳法. 注意，参数 β,d 都与 p 的取值有关. 当 $p=2$ 时，有

$$\left|\frac{a_2}{a_1}\right|^{b_1}\left|\frac{a_1}{a_2}\right|^{b_2}=\left|\frac{a_2}{a_1}\right|^{b_1-b_2}<\left(\frac{1}{\beta}\right)^{d}=\frac{2-1}{2!2},$$

结论成立. 假设 $p=k-1$ 时结论成立，当 $p=k$ 时，若 $i_1=1$，则归结为 $p=k-1$ 的情形，故只需考虑 $i_1>1$. 由于 $\beta>1$，$b_1-b_2>d$，所以

$$\left|\frac{a_{i_1}}{a_1}\right|^{b_1}\leqslant\left|\frac{a_2}{a_1}\right|^{b_1}=\left|\frac{a_2}{a_1}\right|^{b_1-b_2}\left|\frac{a_2}{a_1}\right|^{b_2}<\left(\frac{1}{\beta}\right)^{d},$$

于是，利用归纳假设得

$$\prod_{j=1}^{k}\left|\frac{a_{i_j}}{a_j}\right|^{b_j}=\left|\frac{a_{i_1}}{a_1}\right|^{b_1}\cdot\prod_{j=2}^{k}\left|\frac{a_{i_j}}{a_j}\right|^{b_j}\leqslant\left(\frac{1}{\beta}\right)^{d}\frac{(k-1)-1}{(k-1)!\,(k-1)}\leqslant\left(\frac{1}{\beta}\right)^{d}.$$

根据归纳法原理，对于任意正整数 p，不等式成立.

【例 2.73】　(1) 已知 α,β,γ 是一个三角形的三个内角，求证：

$$\cos^2\alpha+\cos^2\beta+\cos^2\gamma+2\cos\alpha\cos\beta\cos\gamma=1.$$

(2)(**大连市竞赛试题，2011 年**)已知三次方程 $x^3+px^2+qx+r=0$ 有三个正根. 求证：这三个正根恰为一个三角形三个内角的余弦值的充分必要条件是：$p^2-2q-2r=1$.

【证】　(1)设 a,b,c 分别是三角形的内角 α,β,γ 所对的边，则 $a,b,c,\alpha,\beta,\gamma$ 均为实数，且

$$\begin{cases} a = b\cos\gamma + c\cos\beta, \\ b = c\cos\alpha + a\cos\gamma, \\ c = a\cos\beta + b\cos\alpha \end{cases} \quad 或 \quad \begin{cases} -a + b\cos\gamma + c\cos\beta = 0, \\ a\cos\gamma - b + c\cos\alpha = 0, \\ a\cos\beta + b\cos\alpha - c = 0. \end{cases}$$

因为 a,b,c 均不为零,所以齐次线性方程组

$$\begin{cases} -x_1 + \cos\gamma x_2 + \cos\beta x_3 = 0, \\ \cos\gamma x_1 - x_2 + \cos\alpha x_3 = 0, \\ \cos\beta x_1 + \cos\alpha x_2 - x_3 = 0 \end{cases}$$

有非零解(a,b,c),其系数矩阵的行列式为0,即

$$\begin{vmatrix} -1 & \cos\gamma & \cos\beta \\ \cos\gamma & -1 & \cos\alpha \\ \cos\beta & \cos\alpha & -1 \end{vmatrix} = 0.$$

将上述行列式展开并整理,即得

$$\cos^2\alpha + \cos^2\beta + \cos^2\gamma + 2\cos\alpha\cos\beta\cos\gamma = 1. \qquad ①$$

(2) 必要性. 设 x_1,x_2,x_3 为所给方程的三个正根,α,β,γ 是一个三角形的三个内角,且 $x_1=\cos\alpha, x_2=\cos\beta, x_3=\cos\gamma$,利用①式得

$$x_1^2 + x_2^2 + x_3^2 + 2x_1x_2x_3 = 1, \qquad ②$$

用关于 x_1,x_2,x_3 的初等对称多项式表示即 $\sigma_1^2-2\sigma_2+2\sigma_3=1$.

根据 Vieta 定理,有 $\sigma_1=-p, \sigma_2=q, \sigma_3=-r$,代入上式即得

$$p^2 - 2q - 2r = 1. \qquad ③$$

充分性. 设③式成立,则由 Vieta 定理,知 x_1,x_2,x_3 满足②式. 因为 $x_i>0$,所以 $x_i<1, i=1,2,3$. 现在,记 $x_1=\cos\alpha, x_2=\cos\beta, x_3=\cos\gamma$,其中 $0<\alpha,\beta,\gamma<\frac{\pi}{2}$. 因此,①式成立. 于是有

$$(\cos\alpha\cos\beta + \cos\gamma)^2 = \sin^2\alpha\sin^2\beta, \quad 即 \quad \cos\alpha\cos\beta + \cos\gamma = \sin\alpha\sin\beta.$$

由此得 $\alpha+\beta+\gamma=\pi$. 这就表明,x_1,x_2,x_3 恰为一个三角形三内角 α,β,γ 的余弦值.

【例 2.74】 已知 a,b,c 为3个互异的实数,且 $a+b+c>0$. 设 M 表示一些3阶方阵的集合,这些矩阵每行每列的元素都恰由 a,b,c 构成,求 $\max\{\det \boldsymbol{A} \mid \boldsymbol{A}\in M\}$ 以及相应矩阵的个数.

【解】 注意到互换矩阵的行或列只改变行列式的符号,不妨先固定 $\boldsymbol{A}$ 的第一行元素依次为 a,b,c. 下面再考虑 $\boldsymbol{A}$ 的第二行:

若将第一个元素取为 b,则只能有 $\boldsymbol{A}=\begin{pmatrix} a & b & c \\ b & c & a \\ c & a & b \end{pmatrix}$,若取为 c,则只能有 $\boldsymbol{A}=\begin{pmatrix} a & b & c \\ c & a & b \\ b & c & a \end{pmatrix}$. 对于前一种情形,$\det \boldsymbol{A}=3abc-(a^3+b^3+c^3)$,对于后一种情形,$\det \boldsymbol{A}=a^3+b^3+c^3-3abc$. 因为 $a+b+c>0$,所以

$$\max\{\det \boldsymbol{A} \mid \boldsymbol{A}\in M\} = a^3 + b^3 + c^3 - 3abc.$$

因为 $\boldsymbol{A}$ 的第一行元素只能是 a,b,c 的6种可能的排列,对应每一种排列得到一个最大值,所以这样的矩阵共有6个.

【例 2.75】 (Euler 四面体问题)请用四面体的 6 条棱长表示其体积.

【解】 以四面体 $O-ABC$ 的顶点 O 为原点建立如图 2.1 所示的直角坐标系. 设顶点 A,B,C 的坐标分别为

$$(a_1,b_1,c_1),(a_2,b_2,c_2),(a_3,b_3,c_3),$$

并设 6 条棱长分别为 l,m,n,p,q,r. 因为四面体 $O-ABC$ 的体积 V 等于由向量 $\overrightarrow{OA},\overrightarrow{OB},\overrightarrow{OC}$ 按右手系张成的平行六面体体积 V_6 的 $\frac{1}{6}$,而

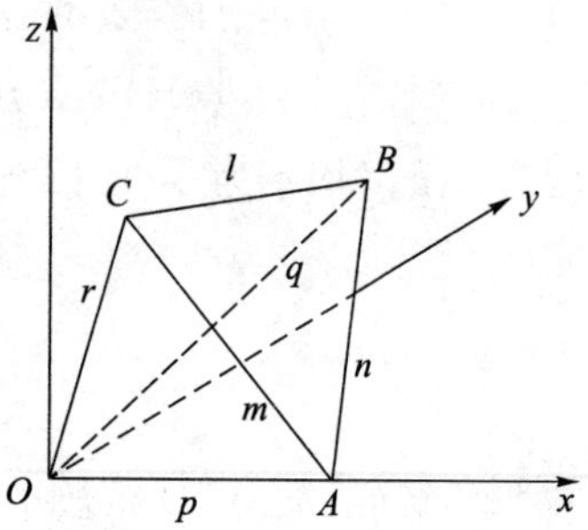

图 2.1

$$V_6=(\overrightarrow{OA},\overrightarrow{OB},\overrightarrow{OC})=\begin{vmatrix}a_1&b_1&c_1\\a_2&b_2&c_2\\a_3&b_3&c_3\end{vmatrix},$$

所以根据行列式的乘法规则可得

$$36V^2=(\overrightarrow{OA},\overrightarrow{OB},\overrightarrow{OC})^2=\begin{vmatrix}a_1&b_1&c_1\\a_2&b_2&c_2\\a_3&b_3&c_3\end{vmatrix}\begin{vmatrix}a_1&a_2&a_3\\b_1&b_2&b_3\\c_1&c_2&c_3\end{vmatrix}$$

$$=\begin{vmatrix}a_1^2+b_1^2+c_1^2&a_1a_2+b_1b_2+c_1c_2&a_1a_3+b_1b_3+c_1c_3\\a_2a_1+b_2b_1+c_2c_1&a_2^2+b_2^2+c_2^2&a_2a_3+b_2b_3+c_2c_3\\a_3a_1+b_3b_1+c_3c_1&a_3a_2+b_3b_2+c_3c_2&a_3^2+b_3^2+c_3^2\end{vmatrix}$$

$$=\begin{vmatrix}\overrightarrow{OA}\cdot\overrightarrow{OA}&\overrightarrow{OA}\cdot\overrightarrow{OB}&\overrightarrow{OA}\cdot\overrightarrow{OC}\\\overrightarrow{OB}\cdot\overrightarrow{OA}&\overrightarrow{OB}\cdot\overrightarrow{OB}&\overrightarrow{OB}\cdot\overrightarrow{OC}\\\overrightarrow{OC}\cdot\overrightarrow{OA}&\overrightarrow{OC}\cdot\overrightarrow{OB}&\overrightarrow{OC}\cdot\overrightarrow{OC}\end{vmatrix}. \qquad ①$$

根据余弦定理,得

$$\overrightarrow{OA}\cdot\overrightarrow{OB}=|\overrightarrow{OA}||\overrightarrow{OB}|\cos(\overrightarrow{OA},\overrightarrow{OB})=\frac{1}{2}(p^2+q^2-n^2).$$

同理可得

$$\overrightarrow{OA}\cdot\overrightarrow{OC}=\frac{1}{2}(p^2+r^2-m^2),$$

$$\overrightarrow{OB}\cdot\overrightarrow{OC}=\frac{1}{2}(q^2+r^2-l^2).$$

将以上三式一并代入①式,得

$$V=\frac{1}{6}\begin{vmatrix}p^2&\frac{1}{2}(p^2+q^2-n^2)&\frac{1}{2}(p^2+r^2-m^2)\\\frac{1}{2}(p^2+q^2-n^2)&q^2&\frac{1}{2}(q^2+r^2-l^2)\\\frac{1}{2}(p^2+r^2-m^2)&\frac{1}{2}(q^2+r^2-l^2)&r^2\end{vmatrix}^{\frac{1}{2}}.$$

此即 Euler 四面体体积公式.

【例 2.76】(湖南省竞赛试题,2006 年) 设 $\boldsymbol{A}=(a_j^{\lambda_k})$ 是一个 n 阶方阵,满足

$$0<a_1<a_2<\cdots<a_n,\quad 0<\lambda_1<\lambda_2<\cdots<\lambda_n.$$

证明:$\boldsymbol{A}$ 的行列式 $\det\boldsymbol{A}>0$.

【证】 对矩阵的阶数 n 用归纳法. 当 $n=1$ 时,$\det\boldsymbol{A}=a_1^{\lambda_1}>0$. 假设 $n-1$ 时结论成立,下证对于满足条件的 n 阶方阵 $\boldsymbol{A}=(a_i^{\lambda_j})$ 结论成立. 先把 $\det\boldsymbol{A}$ 的各列分别提取公因子 $a_1^{\lambda_1},a_1^{\lambda_2},\cdots,a_1^{\lambda_n}$,并记 $b_i=\dfrac{a_i}{a_1},2\leqslant i\leqslant n$,再从倒数第一列开始,依次将各列减去前一列,并按第一行展开,最后对各列利用 Lagrange 中值定理,得

$$\det\boldsymbol{A}=a_1^{\lambda_1}a_1^{\lambda_2}\cdots a_1^{\lambda_n}\begin{vmatrix}1&1&\cdots&1\\b_2^{\lambda_1}&b_2^{\lambda_2}&\cdots&b_2^{\lambda_n}\\\vdots&\vdots&&\vdots\\b_n^{\lambda_1}&b_n^{\lambda_2}&\cdots&b_n^{\lambda_n}\end{vmatrix}=a_1^{\lambda_1}a_1^{\lambda_2}\cdots a_1^{\lambda_n}\begin{vmatrix}1&0&\cdots&0\\b_2^{\lambda_1}&b_2^{\lambda_2}-b_2^{\lambda_1}&\cdots&b_2^{\lambda_n}-b_2^{\lambda_{n-1}}\\\vdots&\vdots&&\vdots\\b_n^{\lambda_1}&b_n^{\lambda_2}-b_n^{\lambda_1}&\cdots&b_n^{\lambda_n}-b_n^{\lambda_{n-1}}\end{vmatrix}$$

$$=a_1^{\lambda_1}a_1^{\lambda_2}\cdots a_1^{\lambda_n}\prod_{2\leqslant j\leqslant n}(\lambda_j-\lambda_{j-1})\begin{vmatrix}b_2^{\xi_2}\ln b_2&b_2^{\xi_3}\ln b_2&\cdots&b_2^{\xi_n}\ln b_2\\b_3^{\xi_2}\ln b_3&b_3^{\xi_3}\ln b_3&\cdots&b_3^{\xi_n}\ln b_3\\\vdots&\vdots&&\vdots\\b_n^{\xi_2}\ln b_n&b_n^{\xi_3}\ln b_n&\cdots&b_n^{\xi_n}\ln b_n\end{vmatrix}$$

$$=a_1^{\lambda_1}a_1^{\lambda_2}\cdots a_1^{\lambda_n}\prod_{2\leqslant j\leqslant n}(\lambda_j-\lambda_{j-1})\ln b_j\begin{vmatrix}b_2^{\xi_2}&b_2^{\xi_3}&\cdots&b_2^{\xi_n}\\b_3^{\xi_2}&b_3^{\xi_3}&\cdots&b_3^{\xi_n}\\\vdots&\vdots&&\vdots\\b_n^{\xi_2}&b_n^{\xi_3}&\cdots&b_n^{\xi_n}\end{vmatrix},\qquad ①$$

其中 $\lambda_{j-1}<\xi_j<\lambda_j,j=2,3,\cdots,n$. 因为 $0<\xi_2<\xi_3<\cdots<\xi_n$ 且 $1<b_2<b_3<\cdots<b_n$,所以对最后这个 $n-1$ 阶行列式归纳假设的条件成立,可见①式的各因子均大于 0,于是 $\det\boldsymbol{A}>0$.

【注】 这里,补充解释上述对行列式各列利用 Lagrange 中值定理的过程. 为此,记

$$D_{n-1}=\begin{vmatrix}b_2^{\lambda_2}-b_2^{\lambda_1}&b_2^{\lambda_3}-b_2^{\lambda_2}&\cdots&b_2^{\lambda_n}-b_2^{\lambda_{n-1}}\\b_3^{\lambda_2}-b_3^{\lambda_1}&b_3^{\lambda_3}-b_3^{\lambda_2}&\cdots&b_3^{\lambda_n}-b_3^{\lambda_{n-1}}\\\vdots&\vdots&&\vdots\\b_n^{\lambda_2}-b_n^{\lambda_1}&b_n^{\lambda_3}-b_n^{\lambda_2}&\cdots&b_n^{\lambda_n}-b_n^{\lambda_{n-1}}\end{vmatrix},$$

对其第一列拆项,得 $D_{n-1}=f(\lambda_2)-f(\lambda_1)$,其中

$$f(t)=\begin{vmatrix}b_2^{t}&b_2^{\lambda_3}-b_2^{\lambda_2}&\cdots&b_2^{\lambda_n}-b_2^{\lambda_{n-1}}\\b_3^{t}&b_3^{\lambda_3}-b_3^{\lambda_2}&\cdots&b_3^{\lambda_n}-b_3^{\lambda_{n-1}}\\\vdots&\vdots&&\vdots\\b_n^{t}&b_n^{\lambda_3}-b_n^{\lambda_2}&\cdots&b_n^{\lambda_n}-b_n^{\lambda_{n-1}}\end{vmatrix}.$$

对 $f(t)$ 在区间 $[\lambda_1,\lambda_2]$ 上利用 Lagrange 中值定理,并利用行列式求导法则,得

$$D_{n-1}=(\lambda_2-\lambda_1)f'(\xi_2)=(\lambda_2-\lambda_1)\begin{vmatrix} b_2^{\xi_2}\ln b_2 & b_2^{\lambda_3}-b_2^{\lambda_2} & \cdots & b_2^{\lambda_n}-b_2^{\lambda_{n-1}} \\ b_3^{\xi_2}\ln b_3 & b_3^{\lambda_3}-b_3^{\lambda_2} & \cdots & b_3^{\lambda_n}-b_3^{\lambda_{n-1}} \\ \vdots & \vdots & & \vdots \\ b_n^{\xi_2}\ln b_n & b_n^{\lambda_3}-b_n^{\lambda_2} & \cdots & b_n^{\lambda_n}-b_n^{\lambda_{n-1}} \end{vmatrix},$$

其中 $\lambda_1<\xi_2<\lambda_2$. 同理,依次对第 2 列直至 $n-1$ 列利用 Lagrange 中值定理,得

$$D_{n-1}=\prod_{2\leqslant j\leqslant n}(\lambda_j-\lambda_{j-1})\begin{vmatrix} b_2^{\xi_2}\ln b_2 & b_2^{\xi_3}\ln b_2 & \cdots & b_2^{\xi_n}\ln b_2 \\ b_3^{\xi_2}\ln b_3 & b_3^{\xi_3}\ln b_3 & \cdots & b_3^{\xi_n}\ln b_3 \\ \vdots & \vdots & & \vdots \\ b_n^{\xi_2}\ln b_n & b_n^{\xi_3}\ln b_n & \cdots & b_n^{\xi_n}\ln b_n \end{vmatrix},$$

其中 $\lambda_{j-1}<\xi_j<\lambda_j, j=2,3,\cdots,n$.

【例 2.77】 设 $a_1,a_2,\cdots,a_n$ 是正整数. 证明:n 阶行列式

$$D_n=\begin{vmatrix} 1 & a_1 & a_1^2 & \cdots & a_1^{n-1} \\ 1 & a_2 & a_2^2 & \cdots & a_2^{n-1} \\ \vdots & \vdots & \vdots & & \vdots \\ 1 & a_n & a_n^2 & \cdots & a_n^{n-1} \end{vmatrix}$$

能被 $1^{n-1}2^{n-2}\cdots(n-2)^2(n-1)$ 整除.

【证】 注意到 $2^{n-2}\cdots(n-2)^2(n-1)=2!3!\cdots(n-1)!$,故只需证 $2!3!\cdots(n-1)!$ 可整除 D_n. 从第 n 列开始直到第 3 列,将其前面每一列的某个倍数加到这一列,可得

$$D_n=\begin{vmatrix} 1 & a_1 & a_1(a_1-1) & \cdots & a_1(a_1-1)\cdots(a_1-n+2) \\ 1 & a_2 & a_2(a_2-1) & \cdots & a_2(a_2-1)\cdots(a_2-n+2) \\ \vdots & \vdots & \vdots & & \vdots \\ 1 & a_n & a_n(a_n-1) & \cdots & a_n(a_n-1)\cdots(a_n-n+2) \end{vmatrix}.$$

再将第 3 列提取公因子 2!,第 4 列提取公因子 3!……第 n 列提取公因子 $(n-1)!$,得

$$D_n=2!3!\cdots(n-1)!\begin{vmatrix} 1 & a_1 & \binom{a_1}{2} & \cdots & \binom{a_1}{n-1} \\ 1 & a_2 & \binom{a_2}{2} & \cdots & \binom{a_2}{n-1} \\ \vdots & \vdots & \vdots & & \vdots \\ 1 & a_n & \binom{a_n}{2} & \cdots & \binom{a_n}{n-1} \end{vmatrix}.$$

所以 D_n 能被 $1^{n-1}2^{n-2}\cdots(n-2)^2(n-1)$ 整除.

§2.5　思考与练习

2.1(北京工业大学,2009 年)　设 2009 阶实方阵 $\boldsymbol{A}=(a_{ij})$ 中的元素满足:$i+j=2010$ 时,a_{ij} 是奇数;$i+j>2010$ 时,a_{ij} 是偶数. 则行列式 $|\boldsymbol{A}|$ 的值(　　).

(A) 等于零　(B) 不等于零　(C) 不确定　(D) 前三个选项都不正确

2.2 已知 n 阶($n\geqslant 3$)行列式 $|\boldsymbol{A}|=a$，将 $|\boldsymbol{A}|$ 中的每一列减去其余的各列所得到的行列式记为 $|\boldsymbol{B}|$，试求 $|\boldsymbol{B}|$ 的值.

2.3(中国科学院大学,2011 年) 设 n 阶方阵 $\boldsymbol{A}_n=(|i-j|)_{1\leqslant i,j\leqslant n}$，其行列式记为 D_n. 试证明：$D_n+4D_{n-1}+4D_{n-2}=0$. 并由此求出行列式 D_n.

2.4(华中师范大学,2014 年) 计算 n 阶行列式的值：

$$D(x)=\begin{vmatrix}1+x & x & \cdots & x\\ x & 2+x & \cdots & x\\ \vdots & \vdots & & \vdots\\ x & x & \cdots & n+x\end{vmatrix}.$$

2.5(北京邮电大学,2007 年) 计算行列式

$$D_n=\begin{vmatrix}a_1+b_1 & a_2 & a_3 & \cdots & a_n\\ a_1 & a_2+b_2 & a_3 & \cdots & a_n\\ a_1 & a_2 & a_3+b_3 & \cdots & a_n\\ \vdots & \vdots & \vdots & & \vdots\\ a_1 & a_2 & a_3 & \cdots & a_n+b_n\end{vmatrix},$$

其中 $b_1b_2\cdots b_n\neq 0$.

2.6 给定 n^2 个数，将它们任意排成一个 n 阶方阵. 试证明：所有这些方阵的行列式至多有 $\dfrac{(n^2)!}{(n!)^2}$ 个不同的值.

2.7(上海师范大学,2006 年) 计算 n 阶行列式

$$D_n=\begin{vmatrix}1 & 2 & 3 & \cdots & n-1 & n\\ 2 & 3 & 4 & \cdots & n & 1\\ 3 & 4 & 5 & \cdots & 1 & 2\\ \vdots & \vdots & \vdots & & \vdots & \vdots\\ n-1 & n & 1 & \cdots & n-3 & n-2\\ n & 1 & 2 & \cdots & n-2 & n-1\end{vmatrix}.$$

2.8(中国科学院大学,2007 年) 计算 n 阶行列式

$$D_n=\begin{vmatrix}2\cos\alpha & 1 & 0 & \cdots & 0 & 0\\ 1 & 2\cos\alpha & 1 & \cdots & 0 & 0\\ 0 & 1 & 2\cos\alpha & \cdots & 0 & 0\\ \vdots & \vdots & \vdots & & \vdots & \vdots\\ 0 & 0 & 0 & \cdots & 2\cos\alpha & 1\\ 0 & 0 & 0 & \cdots & 1 & 2\cos\alpha\end{vmatrix}.$$

2.9(华中师范大学,2013 年) 设 $D=|a_{ij}|_{n\times n}$ 是一个 n 阶行列式，且每个 a_{ij} 均为整数. 设 b_{ij} 为 a_{ij} 被 2013 除的余数，即 $a_{ij}=2013q_{ij}+b_{ij}$，这里 q_{ij} 为整数，$0\leqslant b_{ij}<2013$，$1\leqslant i,j\leqslant n$. 设 $D_1=|b_{ij}|_{n\times n}$ 是 (i,j) 元为 b_{ij} 的 n 阶行列式. 证明：2013 整除 $D-D_1$.

2.10 计算下述行列式 D_1 与 D_2 的乘积，并由此计算 D_1. 其中

$$D_1=\begin{vmatrix}a & b & c & d\\ b & a & d & c\\ c & d & a & b\\ d & c & b & a\end{vmatrix},\quad D_2=\begin{vmatrix}1 & 1 & 1 & 1\\ 1 & 1 & -1 & -1\\ 1 & -1 & 1 & -1\\ 1 & -1 & -1 & 1\end{vmatrix}.$$

2.11 设 $\boldsymbol{A}=(a_{ij})$，$\boldsymbol{B}=(b_{ij})$ 为 n 阶方阵，其元素满足 $b_{ij}=\sum\limits_{k=1}^{n}a_{ik}-a_{ij}$，$1\leqslant i,j\leqslant n$. 证明：

$$|\boldsymbol{B}|=(-1)^{n-1}(n-1)|\boldsymbol{A}|.$$

2.12(北京航空航天大学,2008年)　计算 n 阶行列式

$$D_n=\begin{vmatrix} a_1 & x & & \cdots & & x \\ x & a_2 & x & & & \\ & x & a_3 & \ddots & & \vdots \\ \vdots & & \ddots & \ddots & \ddots & \\ & & & \ddots & a_{n-1} & x \\ x & & \cdots & & x & a_n \end{vmatrix}.$$

2.13(华中科技大学,2010年)　计算 n 阶行列式

$$\begin{vmatrix} 1-x & x & & & \\ -1 & 1-x & x & & \\ & \ddots & \ddots & \ddots & \\ & & -1 & 1-x & x \\ & & & -1 & 1-x \end{vmatrix}.$$

2.14(重庆大学,2008年)　计算 n 阶行列式

$$D_n=\begin{vmatrix} 1 & x_1(x_1-1) & x_1^2(x_1-1) & \cdots & x_1^{n-1}(x_1-1) \\ 1 & x_2(x_2-1) & x_2^2(x_2-1) & \cdots & x_2^{n-1}(x_2-1) \\ \vdots & \vdots & \vdots & & \vdots \\ 1 & x_n(x_n-1) & x_n^2(x_n-1) & \cdots & x_n^{n-1}(x_n-1) \end{vmatrix}.$$

2.15(大连理工大学,2009)　证明:

$$\begin{vmatrix} 1 & 1 & \cdots & 1 & 1 \\ 1 & C_2^1 & \cdots & C_{n-1}^1 & C_n^1 \\ 1 & C_3^2 & \cdots & C_n^2 & C_{n+1}^2 \\ \vdots & \vdots & & \vdots & \vdots \\ 1 & C_n^{n-1} & \cdots & C_{2n-3}^{n-1} & C_{2n-2}^{n-1} \end{vmatrix}=1,$$

其中 C_r^k 表示组合数.

2.16(兰州大学,2010年)　求 n 阶行列式的值:

$$D=\begin{vmatrix} 1+x_1 & 1+x_1^2 & \cdots & 1+x_1^n \\ 1+x_2 & 1+x_2^2 & \cdots & 1+x_2^n \\ \vdots & \vdots & & \vdots \\ 1+x_n & 1+x_n^2 & \cdots & 1+x_n^n \end{vmatrix}.$$

2.17(北京师范大学,1994年)　设 $n\geqslant 3, f_1(x), f_2(x), \cdots, f_n(x)\in F[x]$. 证明:若存在 F 中的 n 个不同的数 $a_1, a_2, \cdots, a_n$,使

$$\begin{vmatrix} f_1(a_1) & f_1(a_2) & \cdots & f_1(a_n) \\ f_2(a_1) & f_2(a_2) & \cdots & f_2(a_n) \\ \vdots & \vdots & & \vdots \\ f_n(a_1) & f_n(a_2) & \cdots & f_n(a_n) \end{vmatrix}\neq 0,$$

则 $f_1(x), f_2(x), \cdots, f_n(x)$ 中一定存在 $f_i(x)$,它的次数大于等于 $n-1$.

2.18(兰州大学,2010 年) 计算行列式

$$D_n=\begin{vmatrix} x & b & b & \cdots & b \\ a & x & b & \cdots & b \\ a & a & x & \cdots & b \\ \vdots & \vdots & \vdots & & \vdots \\ a & a & a & \cdots & x \end{vmatrix}.$$

2.19(复旦大学,2005 年;北京师范大学,2002 年) 设 $s_k=x_1^k+x_2^k+\cdots+x_n^k$, $k=0,1,2,\cdots$. 计算行列式

$$D=\begin{vmatrix} s_0 & s_1 & s_2 & \cdots & s_{n-1} \\ s_1 & s_2 & s_3 & \cdots & s_n \\ s_2 & s_3 & s_4 & \cdots & s_{n+1} \\ \vdots & \vdots & \vdots & & \vdots \\ s_{n-1} & s_n & s_{n+1} & \cdots & s_{2n-2} \end{vmatrix}.$$

2.20 设 n 阶方阵 $\boldsymbol{A}=(a_{ij})$,其中 $a_{11}\neq0,n\geqslant2$. 又设 $n-1$ 阶方阵 $\boldsymbol{B}=(b_{ij})$,其中

$$b_{ij}=\det\begin{pmatrix} a_{11} & a_{1,j+1} \\ a_{i+1,1} & a_{i+1,j+1} \end{pmatrix},\quad i,j=1,2,\cdots,n-1.$$

试证明:$\det\boldsymbol{A}=a_{11}^{2-n}\det\boldsymbol{B}$.

2.21 计算 n 阶行列式($1\leqslant k\leqslant n-2$)

$$D_n=\begin{vmatrix} 1 & a_1 & \cdots & a_1^k & a_1^{k+3} & \cdots & a_1^{n+1} \\ 1 & a_2 & \cdots & a_2^k & a_2^{k+3} & \cdots & a_2^{n+1} \\ \vdots & \vdots & & \vdots & \vdots & & \vdots \\ 1 & a_n & \cdots & a_n^k & a_n^{k+3} & \cdots & a_n^{n+1} \end{vmatrix}.$$

2.22(南京师范大学,2008 年) 求 n 阶方阵 $\boldsymbol{A}=(a_{ij})$ 的行列式 $|\boldsymbol{A}|$,其中 $a_{ij}=\dfrac{\alpha_i^n-\beta_j^n}{\alpha_i-\beta_j}$ $(i,j=1,2,\cdots,n)$.

2.23 证明:非奇异反对称矩阵的所有元素的代数余子式之和等于 0.

2.24 设 $\boldsymbol{A}$ 是 n 阶方阵,行列式 $\det\boldsymbol{A}=1$,而 $\det(\boldsymbol{A}+\boldsymbol{J})=2$,其中 $\boldsymbol{J}$ 是所有元素都为 1 的 n 阶方阵. 求证:伴随矩阵 $\boldsymbol{A}^*$ 的所有元素之和等于 1.

2.25 求 $n+1$ 阶行列式的值:

$$D=\begin{vmatrix} r_1 & a & \cdots & a & 1 \\ b & r_2 & \cdots & a & 1 \\ \vdots & \vdots & & \vdots & \vdots \\ b & b & \cdots & r_n & 1 \\ 1 & 1 & \cdots & 1 & 0 \end{vmatrix}.$$

2.26(汕头大学,2004 年) 计算 $2n$(n 为正整数)阶行列式的值:

$$\begin{vmatrix} 1+a & \cdots & n & n+1 & \cdots & 2n-a \\ \vdots & & \vdots & \vdots & & \vdots \\ 1 & \cdots & n+a & n+1-a & \cdots & 2n \\ 1 & \cdots & n-a & n+1+a & \cdots & 2n \\ \vdots & & \vdots & \vdots & & \vdots \\ 1-a & \cdots & n & n+1 & \cdots & 2n+a \end{vmatrix}.$$

2.27(中国科学院大学,2018 年) 设 n 阶方阵 $\boldsymbol{M}_n=(|i-j|)_{1\leqslant i,j\leqslant n}$,令 $D_n=\det\boldsymbol{M}_n$.

(1) 计算 D_4;

(2) 证明 D_n 满足递推关系式 $D_n=-4D_{n-1}-4D_{n-2}$；

(3) 求 n 阶方阵 $\boldsymbol{A}_n=\left(\left|\frac{1}{i}-\frac{1}{j}\right|\right)_{1\leqslant i,j\leqslant n}$ 的行列式 $\det\boldsymbol{A}_n$.

2.28(南京大学,2016 年) 计算 n 阶行列式

$$D_n=\begin{vmatrix} \sin\alpha & 1 & 0 & \cdots & 0 & 0 \\ 1 & 2\sin\alpha & 1 & \cdots & 0 & 0 \\ 0 & 1 & 2\sin\alpha & \cdots & 0 & 0 \\ \vdots & \vdots & \vdots & & \vdots & \vdots \\ 0 & 0 & 0 & \cdots & 2\sin\alpha & 1 \\ 0 & 0 & 0 & \cdots & 1 & 2\sin\alpha \end{vmatrix}.$$

2.29(华东师范大学,2007 年;四川大学,2001 年) 计算行列式

$$D_n=\begin{vmatrix} 1 & 1 & \cdots & 1 \\ x_1 & x_2 & \cdots & x_n \\ x_1^2 & x_2^2 & \cdots & x_n^2 \\ \vdots & \vdots & & \vdots \\ x_1^{n-3} & x_2^{n-3} & \cdots & x_n^{n-3} \\ x_1^{n-1} & x_2^{n-1} & \cdots & x_n^{n-1} \\ x_1^n & x_2^n & \cdots & x_n^n \end{vmatrix}.$$

2.30 设 $P_k(x)=x^k+c_{k1}x^{k-1}+c_{k2}x^{k-2}+\cdots+c_{k,k-1}x+c_{kk}$. 计算行列式

$$D_n=\begin{vmatrix} 1 & P_1(a_1) & P_2(a_1) & \cdots & P_{n-1}(a_1) \\ 1 & P_1(a_2) & P_2(a_2) & \cdots & P_{n-1}(a_2) \\ \vdots & \vdots & \vdots & & \vdots \\ 1 & P_1(a_n) & P_2(a_n) & \cdots & P_{n-1}(a_n) \end{vmatrix}.$$

2.31(中山大学,2015 年) 计算 n 阶实方阵 $\boldsymbol{B}=(b_{ij})$ 的行列式,其中 $b_{ij}=f_j(a_i)$,$f_j(x)$ 为首一的 $j-1$ 次实系数多项式,$a_1,a_2,\cdots,a_n$ 为两两不同的实数.

2.32 证明:

$$\begin{vmatrix} c_0 & c_1 & c_2 & \cdots & c_{n-1} \\ c_{n-1}\mu & c_0 & c_1 & \cdots & c_{n-2} \\ c_{n-2}\mu & c_{n-1}\mu & c_0 & \ddots & \vdots \\ \vdots & \vdots & \ddots & \ddots & c_1 \\ c_1\mu & c_2\mu & \cdots & c_{n-1}\mu & c_0 \end{vmatrix}=\prod_{k=0}^{n-1}f(\sqrt[n]{\mu}\,\omega_k),$$

其中 $f(x)=c_0+c_1x+\cdots+c_{n-1}x^{n-1}$,$\omega_k=\mathrm{e}^{\mathrm{i}\frac{2k\pi}{n}}(k=0,1,\cdots,n-1)$.(参见第 6 章例 6.60.)

2.33(武汉大学,2013 年) 求 n 阶行列式 D_n 的所有元素的代数余子式之和,其中

$$D_n=\begin{vmatrix} 33 & 1 & 1 & \cdots & 1 \\ 0 & 61 & 1 & \cdots & 1 \\ 0 & 0 & 1 & \cdots & 1 \\ \vdots & \ddots & \ddots & \ddots & \vdots \\ 0 & \cdots & 0 & 0 & 1 \end{vmatrix}.$$

2.34(中国科学院,2015 年) 设 n 阶方阵 $\boldsymbol{A}_n=(a^{|i-j|})_{n\times n}$,求 $\det\boldsymbol{A}_n$ 和 $\det\boldsymbol{A}_n^*$.

2.35 设 $\boldsymbol{A}=(a_{ij})$ 是 n 阶方阵,A_{ij} 是元素 a_{ij} 的代数余子式,证明:

$$\begin{vmatrix} a_{11}-a_{12} & a_{12}-a_{13} & \cdots & a_{1,n-1}-a_{1n} & 1 \\ a_{21}-a_{22} & a_{22}-a_{23} & \cdots & a_{2,n-1}-a_{2n} & 1 \\ a_{31}-a_{32} & a_{32}-a_{33} & \cdots & a_{3,n-1}-a_{3n} & 1 \\ \vdots & \vdots & & \vdots & \vdots \\ a_{n1}-a_{n2} & a_{n2}-a_{n3} & \cdots & a_{n,n-1}-a_{nn} & 1 \end{vmatrix} = \sum_{i=1}^{n}\sum_{j=1}^{n}A_{ij}.$$

2.36(南开大学,2006 年) 设 $\boldsymbol{A}=\begin{pmatrix} 1 & -1 & -1 & -1 \\ -1 & 1 & -1 & -1 \\ -1 & -1 & 1 & -1 \\ -1 & -1 & -1 & 1 \end{pmatrix}$,又 A_{ij} 为 $\boldsymbol{A}$ 中的(i,j)元素在$|\boldsymbol{A}|$中的代数余子式,试求 $\sum\limits_{i=1}^{4}\sum\limits_{j=1}^{4}A_{ij}$.

2.37 已知 $a_i>0,b_i>0,i=1,2,\cdots,n$. 证明:行列式

$$D_n=\begin{vmatrix} a_1 & b_1 & & & \\ -1 & a_2 & b_2 & & \\ & \ddots & \ddots & \ddots & \\ & & -1 & a_{n-1} & b_{n-1} \\ & & & -1 & a_n \end{vmatrix}>0.$$

2.38 设 $\omega_1,\omega_2,\cdots,\omega_n$ 是 n 个 n 次单位根,证明:

$$\begin{vmatrix} \omega_1 & a & \cdots & a \\ a & \omega_2 & \cdots & a \\ \vdots & \vdots & & \vdots \\ a & a & \cdots & \omega_n \end{vmatrix}=(-1)^{n-1}[(n-1)a^n+1].$$

2.39 设 $\boldsymbol{A}_k=(a_{ij}^k)$ 为 n 阶方阵,其中 k 为任意正整数,$a_{ij}=\cos(i-j),i,j=1,2,\cdots,n$. 试证明:对任意 $n\geqslant 6$,都有 $\det\boldsymbol{A}_4=0$.

2.40(华东理工大学,2006 年) 计算 n 阶行列式

$$D_n=\begin{vmatrix} \dfrac{x_1}{x_1-1} & x_1 & x_1^2 & \cdots & x_1^{n-1} \\ \dfrac{x_2}{x_2-1} & x_2 & x_2^2 & \cdots & x_2^{n-1} \\ \vdots & \vdots & \vdots & & \vdots \\ \dfrac{x_n}{x_n-1} & x_n & x_n^2 & \cdots & x_n^{n-1} \end{vmatrix}.$$

2.41(中南大学,2018 年) 计算行列式

$$D=\begin{vmatrix} 1^3 & 2^3 & 3^3 & 4^3 \\ 2^3 & 3^3 & 4^3 & 5^3 \\ 3^3 & 4^3 & 5^3 & 6^3 \\ 4^3 & 5^3 & 6^3 & 7^3 \end{vmatrix}.$$

第 3 章

线性方程组

线性方程组具有广泛应用,科学技术和工程中的大量问题往往归结为求解线性方程组.特别是计算机的迅速发展,使得求解含有成千上万个未知量的线性方程组成为可能,而这依赖于建立了统一的、程序化的求解线性方程组的有效算法.线性方程组是线性代数的理论基础,是研究线性代数其他内容的有力工具,在线性代数中占有重要地位.

§3.1 向量组的线性相关性

基本理论与要点提示

3.1.1 向量组线性相关的若干结论

(1) 向量组 $\boldsymbol{\alpha}_1,\boldsymbol{\alpha}_2,\cdots,\boldsymbol{\alpha}_m(m\geqslant 2)$ 线性相关的充分必要条件是 $\boldsymbol{\alpha}_1,\boldsymbol{\alpha}_2,\cdots,\boldsymbol{\alpha}_m$ 中至少有一个向量可由其余 $m-1$ 个向量线性表示;

(2) 若向量组 $\boldsymbol{\alpha}_1,\boldsymbol{\alpha}_2,\cdots,\boldsymbol{\alpha}_m$ 线性无关,而向量组 $\boldsymbol{\beta},\boldsymbol{\alpha}_1,\boldsymbol{\alpha}_2,\cdots,\boldsymbol{\alpha}_m$ 线性相关,则 $\boldsymbol{\beta}$ 可由 $\boldsymbol{\alpha}_1,\boldsymbol{\alpha}_2,\cdots,\boldsymbol{\alpha}_m$ 线性表示,且表示式是唯一的;

(3) 对于 m 个 n 维向量 $\boldsymbol{\alpha}_1,\boldsymbol{\alpha}_2,\cdots,\boldsymbol{\alpha}_m\in K^n$,若 $m>n$,则这 m 个向量必线性相关;

(4) 若 $\boldsymbol{\alpha}_1,\boldsymbol{\alpha}_2,\cdots,\boldsymbol{\alpha}_r$ 线性相关,则 $\boldsymbol{\alpha}_1,\cdots,\boldsymbol{\alpha}_r,\boldsymbol{\alpha}_{r+1},\cdots,\boldsymbol{\alpha}_m$ 也线性相关;(可简述为:相关组增加个数仍相关.)

(5) 若 r 维向量组线性无关,则将它的每个向量添加 $n-r$ 个分量所成的 n 维向量组也线性无关.(可简述为:无关组扩充分量仍无关.)

3.1.2 极大无关组的性质

(1) 向量组的任一极大无关组与向量组本身等价;

(2) 向量组的任意两个极大无关组所含向量的个数相同;

(3) 对于向量组 A:$\boldsymbol{\alpha}_1,\boldsymbol{\alpha}_2,\cdots,\boldsymbol{\alpha}_r$ 与向量组 B:$\boldsymbol{\beta}_1,\boldsymbol{\beta}_2,\cdots,\boldsymbol{\beta}_s$,若向量组 A 线性无关,且向量组 A 可由向量组 B 线性表示,则 $r\leqslant s$;

(4) 等价的线性无关组所含向量的个数相同;

(5) 等价的向量组具有相同的秩;

(6) 设向量组 A 的秩为 r_1,向量组 B 的秩为 r_2,若向量组 A 可由向量组 B 表示,则 $r_1\leqslant r_2$;

(7) 向量组线性无关的充分必要条件是它所含向量的个数等于它的秩.

3.1.3 向量组的秩与矩阵的秩的关系

(1) 矩阵的秩,与其行向量组的秩(即行秩),列向量组的秩(即列秩),此三秩相等;

(2) 对一个矩阵施行初等行(列)变换,不改变该矩阵的列(行)向量之间的线性关系;

(3) 若矩阵 $\boldsymbol{A}$ 经有限次初等行(列)变换变成矩阵 $\boldsymbol{B}$,则 $\boldsymbol{A}$ 的行(列)向量组与 $\boldsymbol{B}$ 的行(列)向量组等价.

3.1.4 求向量组的秩与极大无关组

对于具体给出的向量组 $\boldsymbol{\alpha}_1,\boldsymbol{\alpha}_2,\cdots,\boldsymbol{\alpha}_m$,求秩与极大无关组的通常做法是:

先以 $\boldsymbol{\alpha}_1,\boldsymbol{\alpha}_2,\cdots,\boldsymbol{\alpha}_m$ 作为列向量构造矩阵 $\boldsymbol{A}$,再利用初等行变换将 $\boldsymbol{A}$ 化为行阶梯矩阵 $\boldsymbol{T}$,则 $\boldsymbol{T}$ 的主元(即每个非零行的首非零元)的个数 r 就是向量组的秩.若 $\boldsymbol{T}$ 的主元的列下标为 $j_1,j_2,\cdots,j_r$,则 $\boldsymbol{\alpha}_{j_1},\boldsymbol{\alpha}_{j_2},\cdots,\boldsymbol{\alpha}_{j_r}$ 就是向量组的一个极大无关组.

典型问题解析

【例 3.1】(数学一[①],2014 年) 设 $\boldsymbol{\alpha}_1,\boldsymbol{\alpha}_2,\boldsymbol{\alpha}_3$ 均为 3 维向量,则对任意常数 k,l,向量组$\boldsymbol{\alpha}_1+k\boldsymbol{\alpha}_3,\boldsymbol{\alpha}_2+l\boldsymbol{\alpha}_3$ 线性无关是向量组 $\boldsymbol{\alpha}_1,\boldsymbol{\alpha}_2,\boldsymbol{\alpha}_3$ 线性无关的(　　).

(A) 必要非充分条件　　(B) 充分非必要条件

(C) 充分必要条件　　(D) 既非充分也非必要条件

【解】 应选(A). 事实上,设 $\lambda_1(\boldsymbol{\alpha}_1+k\boldsymbol{\alpha}_3)+\lambda_2(\boldsymbol{\alpha}_2+l\boldsymbol{\alpha}_3)=\mathbf{0}$,则

$$\lambda_1\boldsymbol{\alpha}_1+\lambda_2\boldsymbol{\alpha}_2+(k\lambda_1+l\lambda_2)\boldsymbol{\alpha}_3=\mathbf{0}.$$

若 $\boldsymbol{\alpha}_1,\boldsymbol{\alpha}_2,\boldsymbol{\alpha}_3$ 线性无关,则 $\lambda_1=0,\lambda_2=0$. 所以 $\boldsymbol{\alpha}_1+k\boldsymbol{\alpha}_3,\boldsymbol{\alpha}_2+l\boldsymbol{\alpha}_3$ 线性无关.

反之,若 $\boldsymbol{\alpha}_1+k\boldsymbol{\alpha}_3,\boldsymbol{\alpha}_2+l\boldsymbol{\alpha}_3$ 线性无关,则不一定有 $\boldsymbol{\alpha}_1,\boldsymbol{\alpha}_2,\boldsymbol{\alpha}_3$ 线性无关. 例如,设

$$\boldsymbol{\alpha}_1=(1,0,0),\boldsymbol{\alpha}_2=(0,1,0),\boldsymbol{\alpha}_3=(0,0,0).$$

显然,对任意常数 k,l,向量组$\boldsymbol{\alpha}_1+k\boldsymbol{\alpha}_3,\boldsymbol{\alpha}_2+l\boldsymbol{\alpha}_3$ 线性无关,但 $\boldsymbol{\alpha}_1,\boldsymbol{\alpha}_2,\boldsymbol{\alpha}_3$ 线性相关.

因此,$\boldsymbol{\alpha}_1+k\boldsymbol{\alpha}_3,\boldsymbol{\alpha}_2+l\boldsymbol{\alpha}_3$ 线性无关是 $\boldsymbol{\alpha}_1,\boldsymbol{\alpha}_2,\boldsymbol{\alpha}_3$ 线性无关的必要条件但非充分条件.

【例 3.2】 设 $\boldsymbol{\alpha}_1,\boldsymbol{\alpha}_2,\cdots,\boldsymbol{\alpha}_s$ 均为 n 维列向量,$\boldsymbol{A}$ 是 $m\times n$ 矩阵,下列选项正确的是(　　).

(A) 若 $\boldsymbol{\alpha}_1,\boldsymbol{\alpha}_2,\cdots,\boldsymbol{\alpha}_s$ 线性相关,则 $\boldsymbol{A\alpha}_1,\boldsymbol{A\alpha}_2,\cdots,\boldsymbol{A\alpha}_s$ 线性相关

(B) 若 $\boldsymbol{\alpha}_1,\boldsymbol{\alpha}_2,\cdots,\boldsymbol{\alpha}_s$ 线性相关,则 $\boldsymbol{A\alpha}_1,\boldsymbol{A\alpha}_2,\cdots,\boldsymbol{A\alpha}_s$ 线性无关

(C) 若 $\boldsymbol{\alpha}_1,\boldsymbol{\alpha}_2,\cdots,\boldsymbol{\alpha}_s$ 线性无关,则 $\boldsymbol{A\alpha}_1,\boldsymbol{A\alpha}_2,\cdots,\boldsymbol{A\alpha}_s$ 线性相关

(D) 若 $\boldsymbol{\alpha}_1,\boldsymbol{\alpha}_2,\cdots,\boldsymbol{\alpha}_s$ 线性无关,则 $\boldsymbol{A\alpha}_1,\boldsymbol{A\alpha}_2,\cdots,\boldsymbol{A\alpha}_s$ 线性无关

【解】 应选(A). 事实上,由 $\boldsymbol{\alpha}_1,\boldsymbol{\alpha}_2,\cdots,\boldsymbol{\alpha}_s$ 线性相关,存在不全为零的数 $k_1,k_2,\cdots,k_s$,使得

$$k_1\boldsymbol{\alpha}_1+k_2\boldsymbol{\alpha}_2+\cdots+k_s\boldsymbol{\alpha}_s=\mathbf{0}.$$

两边左乘 $\boldsymbol{A}$,得 $k_1\boldsymbol{A\alpha}_1+k_2\boldsymbol{A\alpha}_2+\cdots+k_s\boldsymbol{A\alpha}_s=\mathbf{0}$, 所以 $\boldsymbol{A\alpha}_1,\boldsymbol{A\alpha}_2,\cdots,\boldsymbol{A\alpha}_s$ 线性相关. 这也表明选项(B)不正确.

当 $\boldsymbol{\alpha}_1,\boldsymbol{\alpha}_2,\cdots,\boldsymbol{\alpha}_s$ 线性无关时,若取 $\boldsymbol{A}$ 为单位矩阵,则 $\boldsymbol{A\alpha}_1,\boldsymbol{A\alpha}_2,\cdots,\boldsymbol{A\alpha}_s$ 线性无关,说明选项(C)不正确;若取 $\boldsymbol{A}$ 为零矩阵,则 $\boldsymbol{A\alpha}_1,\boldsymbol{A\alpha}_2,\cdots,\boldsymbol{A\alpha}_s$ 线性相关,说明选项(D)不正确.

【例 3.3】(清华大学,2006 年) 设 $\boldsymbol{\alpha}_1,\boldsymbol{\alpha}_2,\cdots,\boldsymbol{\alpha}_s$ 是一组线性无关的向量. 问 $\boldsymbol{\alpha}_1+\boldsymbol{\alpha}_2,\boldsymbol{\alpha}_2+\boldsymbol{\alpha}_3,\cdots,\boldsymbol{\alpha}_{s-1}+\boldsymbol{\alpha}_s,\boldsymbol{\alpha}_s+\boldsymbol{\alpha}_1$ 是否线性无关? 请证明之.

【解】 设 $k_1,k_2,\cdots,k_s$ 是一组数, 满足条件

$$k_1(\boldsymbol{\alpha}_1+\boldsymbol{\alpha}_2)+k_2(\boldsymbol{\alpha}_2+\boldsymbol{\alpha}_3)+\cdots+k_s(\boldsymbol{\alpha}_s+\boldsymbol{\alpha}_1)=\mathbf{0},$$

则有

$$(k_s+k_1)\boldsymbol{\alpha}_1+(k_1+k_2)\boldsymbol{\alpha}_2+\cdots+(k_{s-1}+k_s)\boldsymbol{\alpha}_s=\mathbf{0}.$$

据题设 $\boldsymbol{\alpha}_1,\boldsymbol{\alpha}_2,\cdots,\boldsymbol{\alpha}_s$ 线性无关, 于是有

$$\begin{cases} k_1 \qquad\qquad + k_s = 0, \\ k_1 + k_2 \qquad\quad = 0, \\ \cdots\cdots\cdots\cdots \\ \qquad\quad k_{s-1} + k_s = 0. \end{cases} \qquad ①$$

① 指全国硕士研究生统一招生考试题,下同.

这是关于 $k_1,k_2,\cdots,k_s$ 的齐次线性方程组,其系数行列式为 s 阶行列式

$$D=\begin{vmatrix}1&0&0&\cdots&0&1\\1&1&0&\cdots&0&0\\0&1&1&\cdots&0&0\\\vdots&\vdots&\vdots&&\vdots&\vdots\\0&0&0&\cdots&1&0\\0&0&0&\cdots&1&1\end{vmatrix}=1+(-1)^{s+1}=\begin{cases}2, & 若 s 为奇数,\\0, & 若 s 为偶数.\end{cases}$$

若 s 为奇数, 则 $D=2\neq0$, 故方程组①只有零解, 即 $k_1,k_2,\cdots,k_s$ 全为零. 此时向量组 $\boldsymbol{\alpha}_1+\boldsymbol{\alpha}_2,\boldsymbol{\alpha}_2+\boldsymbol{\alpha}_3,\cdots,\boldsymbol{\alpha}_{s-1}+\boldsymbol{\alpha}_s,\boldsymbol{\alpha}_s+\boldsymbol{\alpha}_1$ 线性无关.

若 s 为偶数, 则 $D=0$, 故方程组①有非零解. 此时向量组 $\boldsymbol{\alpha}_1+\boldsymbol{\alpha}_2,\boldsymbol{\alpha}_2+\boldsymbol{\alpha}_3,\cdots,\boldsymbol{\alpha}_{s-1}+\boldsymbol{\alpha}_s,\boldsymbol{\alpha}_s+\boldsymbol{\alpha}_1$ 线性相关.

【例 3.4】(华东师范大学,2001 年) 设 $\boldsymbol{\beta}_1=\boldsymbol{\alpha}_1+\boldsymbol{\alpha}_2,\boldsymbol{\beta}_2=\boldsymbol{\alpha}_2+\boldsymbol{\alpha}_3,\cdots,\boldsymbol{\beta}_{n-1}=\boldsymbol{\alpha}_{n-1}+\boldsymbol{\alpha}_n,\boldsymbol{\beta}_n=\boldsymbol{\alpha}_n+\boldsymbol{\alpha}_1$. 试证:

(1) 当 n 为偶数时,$\boldsymbol{\beta}_1,\boldsymbol{\beta}_2,\cdots,\boldsymbol{\beta}_n$ 线性相关;

(2) 当 n 为奇数时,$\boldsymbol{\beta}_1,\boldsymbol{\beta}_2,\cdots,\boldsymbol{\beta}_n$ 线性无关 $\Leftrightarrow$ $\boldsymbol{\alpha}_1,\boldsymbol{\alpha}_2,\cdots,\boldsymbol{\alpha}_n$ 线性无关.

【证】 (1) 当 n 为偶数时,由于

$$(\boldsymbol{\alpha}_1+\boldsymbol{\alpha}_2)-(\boldsymbol{\alpha}_2+\boldsymbol{\alpha}_3)+\cdots+(\boldsymbol{\alpha}_{n-1}+\boldsymbol{\alpha}_n)-(\boldsymbol{\alpha}_n+\boldsymbol{\alpha}_1)=\mathbf{0},$$

即 $\boldsymbol{\beta}_1-\boldsymbol{\beta}_2+\cdots+\boldsymbol{\beta}_{n-1}-\boldsymbol{\beta}_n=\mathbf{0}$,所以 $\boldsymbol{\beta}_1,\boldsymbol{\beta}_2,\cdots,\boldsymbol{\beta}_n$ 线性相关.

(2) 当 n 为奇数时,详见上一例的解答.

【例 3.5】(哈尔滨工业大学,2006 年) 设向量 $\boldsymbol{\beta}_1=4\boldsymbol{\alpha}_1+\boldsymbol{\alpha}_2+\boldsymbol{\alpha}_3+\boldsymbol{\alpha}_4,\boldsymbol{\beta}_2=\boldsymbol{\alpha}_1+4\boldsymbol{\alpha}_2+\boldsymbol{\alpha}_3+\boldsymbol{\alpha}_4,\boldsymbol{\beta}_3=\boldsymbol{\alpha}_1+\boldsymbol{\alpha}_2+4\boldsymbol{\alpha}_3+\boldsymbol{\alpha}_4,\boldsymbol{\beta}_4=\boldsymbol{\alpha}_1+\boldsymbol{\alpha}_2+\boldsymbol{\alpha}_3+4\boldsymbol{\alpha}_4$. 证明:向量组 $\boldsymbol{\beta}_1,\boldsymbol{\beta}_2,\boldsymbol{\beta}_3,\boldsymbol{\beta}_4$ 线性无关的充分必要条件是向量组 $\boldsymbol{\alpha}_1,\boldsymbol{\alpha}_2,\boldsymbol{\alpha}_3,\boldsymbol{\alpha}_4$ 线性无关.

【证】 所述向量之间的关系式可用形式矩阵等式表示为

$$(\boldsymbol{\beta}_1,\boldsymbol{\beta}_2,\boldsymbol{\beta}_3,\boldsymbol{\beta}_4)=(\boldsymbol{\alpha}_1,\boldsymbol{\alpha}_2,\boldsymbol{\alpha}_3,\boldsymbol{\alpha}_4)\boldsymbol{A},$$

其中矩阵 $\boldsymbol{A}$ 为

$$\boldsymbol{A}=\begin{pmatrix}4&1&1&1\\1&4&1&1\\1&1&4&1\\1&1&1&4\end{pmatrix}.$$

易知 $\det\boldsymbol{A}=189\neq0$,所以 $\boldsymbol{A}$ 是可逆矩阵,从而有

$$(\boldsymbol{\alpha}_1,\boldsymbol{\alpha}_2,\boldsymbol{\alpha}_3,\boldsymbol{\alpha}_4)=(\boldsymbol{\beta}_1,\boldsymbol{\beta}_2,\boldsymbol{\beta}_3,\boldsymbol{\beta}_4)\boldsymbol{A}^{-1}.$$

这就表明,向量组 $\boldsymbol{\alpha}_1,\boldsymbol{\alpha}_2,\boldsymbol{\alpha}_3,\boldsymbol{\alpha}_4$ 与向量组 $\boldsymbol{\beta}_1,\boldsymbol{\beta}_2,\boldsymbol{\beta}_3,\boldsymbol{\beta}_4$ 等价. 于是,向量组 $\boldsymbol{\beta}_1,\boldsymbol{\beta}_2,\boldsymbol{\beta}_3,\boldsymbol{\beta}_4$ 线性无关的充分必要条件是向量组 $\boldsymbol{\alpha}_1,\boldsymbol{\alpha}_2,\boldsymbol{\alpha}_3,\boldsymbol{\alpha}_4$ 线性无关.

【例 3.6】 设向量组 $\boldsymbol{\alpha}_1,\boldsymbol{\alpha}_2,\cdots,\boldsymbol{\alpha}_m$ 线性无关, 向量组 $\boldsymbol{\beta},\boldsymbol{\alpha}_1,\cdots,\boldsymbol{\alpha}_m(\boldsymbol{\beta}\neq\mathbf{0})$ 线性相关,证明:$\boldsymbol{\beta},\boldsymbol{\alpha}_1,\boldsymbol{\alpha}_2,\cdots,\boldsymbol{\alpha}_m$ 中有且仅有一个向量 $\boldsymbol{\alpha}_i(1\leqslant i\leqslant m)$ 可由其前面的向量线性表示.

【证】 先证 $\boldsymbol{\alpha}_i$ 的存在性. 因为向量组 $\{\boldsymbol{\beta},\boldsymbol{\alpha}_1,\boldsymbol{\alpha}_2,\cdots,\boldsymbol{\alpha}_m\}$ 线性相关, 所以存在一组不全

为零的数 $k,k_1,\cdots,k_m$，使

$$k\boldsymbol{\beta}+k_1\boldsymbol{\alpha}_1+\cdots+k_m\boldsymbol{\alpha}_m=\mathbf{0}. \qquad ①$$

设在①式中依从右到左的顺序第一个不为零的数为 k_i，则 $k_i\neq k$. 因为如若不然，有 $k_1=k_2=\cdots=k_m=0$，这时①式成为 $k\boldsymbol{\beta}=\mathbf{0}$，此与 $k\neq 0$，$\boldsymbol{\beta}\neq\mathbf{0}$ 矛盾. 于是①式成为

$$k\boldsymbol{\beta}+k_1\boldsymbol{\alpha}_1+\cdots+k_i\boldsymbol{\alpha}_i=\mathbf{0}\quad(1\leqslant i\leqslant m). \qquad ②$$

因为 $k_i\neq 0$，所以②式可变为

$$\boldsymbol{\alpha}_i=-\frac{1}{k_i}(k\boldsymbol{\beta}+k_1\boldsymbol{\alpha}_1+\cdots+k_{i-1}\boldsymbol{\alpha}_{i-1}),$$

即 $\boldsymbol{\alpha}_i$ 可由其前面的向量 $\boldsymbol{\beta},\boldsymbol{\alpha}_1,\cdots,\boldsymbol{\alpha}_{i-1}$ 线性表示.

再证 $\boldsymbol{\alpha}_i$ 的唯一性(用反证法). 假设 $\boldsymbol{\beta},\boldsymbol{\alpha}_1,\boldsymbol{\alpha}_2,\cdots,\boldsymbol{\alpha}_m$ 中有两个不同的向量 $\boldsymbol{\alpha}_i,\boldsymbol{\alpha}_j(i<j)$，可分别由其前面的向量线性表示：

$$\boldsymbol{\alpha}_i=k\boldsymbol{\beta}+k_1\boldsymbol{\alpha}_1+\cdots+k_{i-1}\boldsymbol{\alpha}_{i-1}, \qquad ③$$

$$\boldsymbol{\alpha}_j=l\boldsymbol{\beta}+l_1\boldsymbol{\alpha}_1+\cdots+l_{j-1}\boldsymbol{\alpha}_{j-1}. \qquad ④$$

因为 $\boldsymbol{\alpha}_1,\boldsymbol{\alpha}_2,\cdots,\boldsymbol{\alpha}_m$ 线性无关，所以 $k\neq 0$. 由③式有

$$\boldsymbol{\beta}=-\frac{1}{k}(k_1\boldsymbol{\alpha}_1+\cdots+k_{i-1}\boldsymbol{\alpha}_{i-1})+\frac{1}{k}\boldsymbol{\alpha}_i.$$

将上式代入④式，则有

$$\boldsymbol{\alpha}_j=\frac{1}{k}[(kl_1-lk_1)\boldsymbol{\alpha}_1+\cdots+(kl_{i-1}-lk_{i-1})\boldsymbol{\alpha}_{i-1}+(kl_i+l)\boldsymbol{\alpha}_i]+l_{i+1}\boldsymbol{\alpha}_{i+1}+\cdots+l_{j-1}\boldsymbol{\alpha}_{j-1},$$

这表明 $\boldsymbol{\alpha}_1,\boldsymbol{\alpha}_2,\cdots,\boldsymbol{\alpha}_j$ 线性相关，从而 $\boldsymbol{\alpha}_1,\cdots,\boldsymbol{\alpha}_j,\cdots,\boldsymbol{\alpha}_m$ 线性相关，此与题设条件矛盾，故假设不成立. 唯一性得证.

【例 3.7】(北京大学,2010 年)　设向量组 $\boldsymbol{\alpha}_1,\boldsymbol{\alpha}_2,\cdots,\boldsymbol{\alpha}_s$ 线性无关,并且可由向量组 $\boldsymbol{\beta}_1,\boldsymbol{\beta}_2,\cdots,\boldsymbol{\beta}_t$ 线性表示. 证明:必存在某个向量 $\boldsymbol{\beta}_j(j=1,2,\cdots,t)$ 使得向量组 $\boldsymbol{\beta}_j,\boldsymbol{\alpha}_2,\cdots,\boldsymbol{\alpha}_s$ 线性无关.

【证】　取 $\boldsymbol{\beta}_1,\boldsymbol{\beta}_2,\cdots,\boldsymbol{\beta}_t$ 的一个极大无关组 $\boldsymbol{\beta}_{j_1},\boldsymbol{\beta}_{j_2},\cdots,\boldsymbol{\beta}_{j_r}$,则向量组 $\boldsymbol{\alpha}_1,\boldsymbol{\alpha}_2,\cdots,\boldsymbol{\alpha}_s$ 可由 $\boldsymbol{\beta}_{j_1},\boldsymbol{\beta}_{j_2},\cdots,\boldsymbol{\beta}_{j_r}$ 线性表示. 因为 $\boldsymbol{\alpha}_1,\boldsymbol{\alpha}_2,\cdots,\boldsymbol{\alpha}_s$ 线性无关,所以 $s\leqslant r$,且 $\boldsymbol{\alpha}_2,\boldsymbol{\alpha}_3,\cdots,\boldsymbol{\alpha}_s$ 线性无关.

假设对任意 $\boldsymbol{\beta}_{j_i}(i=1,2,\cdots,r)$,向量组 $\boldsymbol{\beta}_{j_i},\boldsymbol{\alpha}_2,\cdots,\boldsymbol{\alpha}_s$ 线性相关,则 $\boldsymbol{\beta}_{j_i}$ 可由 $\boldsymbol{\alpha}_2,\cdots,\boldsymbol{\alpha}_s$ 线性表示,所以向量组 $\boldsymbol{\beta}_{j_1},\boldsymbol{\beta}_{j_2},\cdots,\boldsymbol{\beta}_{j_r}$ 可由 $\boldsymbol{\alpha}_2,\cdots,\boldsymbol{\alpha}_s$ 线性表示. 因此这两个向量组等价,从而

$$\operatorname{rank}(\boldsymbol{\beta}_{j_1},\boldsymbol{\beta}_{j_2},\cdots,\boldsymbol{\beta}_{j_r})=\operatorname{rank}(\boldsymbol{\alpha}_2,\boldsymbol{\alpha}_3,\cdots,\boldsymbol{\alpha}_s),$$

于是有 $r=s-1$,矛盾. 故存在某个 $\boldsymbol{\beta}_{j_i}(i=1,2,\cdots,r)$ 使得向量组 $\boldsymbol{\beta}_{j_i},\boldsymbol{\alpha}_2,\cdots,\boldsymbol{\alpha}_s$ 线性无关.

【例 3.8】(武汉大学,2006 年)　设 $\boldsymbol{A}=(\boldsymbol{\alpha}_1,\boldsymbol{\alpha}_2,\cdots,\boldsymbol{\alpha}_r)$ 是 $n\times r$ 矩阵,$\boldsymbol{B}=(\boldsymbol{\beta}_1,\boldsymbol{\beta}_2,\cdots,\boldsymbol{\beta}_s)$ 是 $n\times s$ 矩阵,$\operatorname{rank}(\boldsymbol{A})=r$,$\operatorname{rank}(\boldsymbol{B})=s$. 证明:若 $r+s>n$,则必存在非零向量 $\boldsymbol{\xi}$,使得 $\boldsymbol{\xi}$ 既可由 $\boldsymbol{\alpha}_1,\boldsymbol{\alpha}_2,\cdots,\boldsymbol{\alpha}_r$ 线性表示,又可由 $\boldsymbol{\beta}_1,\boldsymbol{\beta}_2,\cdots,\boldsymbol{\beta}_s$ 线性表示.

【证】　考虑向量组 $\boldsymbol{\alpha}_1,\boldsymbol{\alpha}_2,\cdots,\boldsymbol{\alpha}_r,\boldsymbol{\beta}_1,\boldsymbol{\beta}_2,\cdots,\boldsymbol{\beta}_s$,因为向量的个数 $r+s$ 大于向量的维数 n,所以必线性相关,故存在不全为零的数 $k_1,k_2,\cdots,k_r,\lambda_1,\lambda_2,\cdots,\lambda_s$,使得

$$k_1\boldsymbol{\alpha}_1+k_2\boldsymbol{\alpha}_2+\cdots+k_r\boldsymbol{\alpha}_r+\lambda_1\boldsymbol{\beta}_1+\lambda_2\boldsymbol{\beta}_2+\cdots+\lambda_s\boldsymbol{\beta}_s=\mathbf{0}.$$

令 $\boldsymbol{\xi}=k_1\boldsymbol{\alpha}_1+k_2\boldsymbol{\alpha}_2+\cdots+k_r\boldsymbol{\alpha}_r=-\lambda_1\boldsymbol{\beta}_1-\lambda_2\boldsymbol{\beta}_2-\cdots-\lambda_s\boldsymbol{\beta}_s$，下证 $\boldsymbol{\xi}\neq\mathbf{0}$. 若不然,则

$$k_1\boldsymbol{\alpha}_1+k_2\boldsymbol{\alpha}_2+\cdots+k_r\boldsymbol{\alpha}_r=\mathbf{0},$$

$$\lambda_1\boldsymbol{\beta}_1+\lambda_2\boldsymbol{\beta}_2+\cdots+\lambda_s\boldsymbol{\beta}_s=\mathbf{0}.$$

因为 $\operatorname{rank}(\boldsymbol{A})=r,\operatorname{rank}(\boldsymbol{B})=s$,所以 $\boldsymbol{\alpha}_1,\boldsymbol{\alpha}_2\cdots,\boldsymbol{\alpha}_r$ 线性无关,$\boldsymbol{\beta}_1,\boldsymbol{\beta}_2,\cdots,\boldsymbol{\beta}_s$ 线性无关. 于是有 $k_1=k_2=\cdots=k_r=0$,且 $\lambda_1=\lambda_2=\cdots=\lambda_s=0$,这和 $k_1,k_2,\cdots,k_r,\lambda_1,\lambda_2,\cdots,\lambda_s$ 不全为零矛盾. 故 $\boldsymbol{\xi}\neq\mathbf{0}$.

因此存在非零向量 $\boldsymbol{\xi}$,使得 $\boldsymbol{\xi}$ 既可由 $\boldsymbol{\alpha}_1,\boldsymbol{\alpha}_2,\cdots,\boldsymbol{\alpha}_r$ 线性表示,又可由 $\boldsymbol{\beta}_1,\boldsymbol{\beta}_2,\cdots,\boldsymbol{\beta}_s$ 线性表示.

【例 3.9】(天津大学,2004 年) 设 $\boldsymbol{A}_{n\times m}=(\boldsymbol{\alpha}_1,\boldsymbol{\alpha}_2,\cdots,\boldsymbol{\alpha}_m)$,$\boldsymbol{B}_{n\times m}=(\boldsymbol{\beta}_1,\boldsymbol{\beta}_2,\cdots,\boldsymbol{\beta}_m)$,其中 $\boldsymbol{\alpha}_1,\boldsymbol{\alpha}_2,\cdots,\boldsymbol{\alpha}_m$ 线性无关,则 $\boldsymbol{\beta}_1,\boldsymbol{\beta}_2,\cdots,\boldsymbol{\beta}_m$ 线性无关的充分必要条件是(　　).

(A) 向量组 $\boldsymbol{\alpha}_1,\boldsymbol{\alpha}_2,\cdots,\boldsymbol{\alpha}_m$ 可由向量组 $\boldsymbol{\beta}_1,\boldsymbol{\beta}_2,\cdots,\boldsymbol{\beta}_m$ 线性表示

(B) 向量组 $\boldsymbol{\beta}_1,\boldsymbol{\beta}_2,\cdots,\boldsymbol{\beta}_m$ 可由向量组 $\boldsymbol{\alpha}_1,\boldsymbol{\alpha}_2,\cdots,\boldsymbol{\alpha}_m$ 线性表示

(C) 向量组 $\boldsymbol{\alpha}_1,\boldsymbol{\alpha}_2,\cdots,\boldsymbol{\alpha}_m$ 与向量组 $\boldsymbol{\beta}_1,\boldsymbol{\beta}_2,\cdots,\boldsymbol{\beta}_m$ 等价

(D) 矩阵 $\boldsymbol{A}$ 与矩阵 $\boldsymbol{B}$ 等价

【解】 应选(D). 因为 $\boldsymbol{\alpha}_1,\boldsymbol{\alpha}_2,\cdots,\boldsymbol{\alpha}_m$ 线性无关 $\Leftrightarrow\operatorname{rank}(\boldsymbol{\alpha}_1,\boldsymbol{\alpha}_2,\cdots,\boldsymbol{\alpha}_m)=\operatorname{rank}\boldsymbol{A}=m$,所以

$$\begin{aligned}\boldsymbol{\beta}_1,\boldsymbol{\beta}_2,\cdots,\boldsymbol{\beta}_m\text{ 线性无关 }&\Leftrightarrow\operatorname{rank}(\boldsymbol{\beta}_1,\boldsymbol{\beta}_2,\cdots,\boldsymbol{\beta}_m)=m\\&\Leftrightarrow\operatorname{rank}\boldsymbol{B}=\operatorname{rank}\boldsymbol{A}=m\\&\Leftrightarrow\text{矩阵 }\boldsymbol{A}\text{ 与 }\boldsymbol{B}\text{ 等价.}\end{aligned}$$

另一方面,(A)(B)(C)均不是 $\boldsymbol{\beta}_1,\boldsymbol{\beta}_2,\cdots,\boldsymbol{\beta}_m$ 线性无关的必要条件. 例如:

$$\boldsymbol{\alpha}_1=(1,0,0,0)^{\mathrm{T}},\quad\boldsymbol{\alpha}_2=(0,1,0,0)^{\mathrm{T}},$$
$$\boldsymbol{\beta}_1=(0,0,1,0)^{\mathrm{T}},\quad\boldsymbol{\beta}_2=(0,0,0,1)^{\mathrm{T}},$$

则 $\boldsymbol{\alpha}_1,\boldsymbol{\alpha}_2$ 线性无关,且 $\boldsymbol{\beta}_1,\boldsymbol{\beta}_2$ 线性无关,但(A)(B)(C)均不成立.

【例 3.10】 已知 n 维向量组

$$(\text{Ⅰ}):\boldsymbol{\alpha}_1,\boldsymbol{\alpha}_2,\cdots,\boldsymbol{\alpha}_s,\qquad(\text{Ⅱ}):\boldsymbol{\beta}_1,\boldsymbol{\beta}_2,\cdots,\boldsymbol{\beta}_t,$$

且 $\operatorname{rank}(\boldsymbol{\alpha}_1,\boldsymbol{\alpha}_2,\cdots,\boldsymbol{\alpha}_s)=\operatorname{rank}(\boldsymbol{\beta}_1,\boldsymbol{\beta}_2,\cdots,\boldsymbol{\beta}_t)=r$,则(　　).

(A) 当 $s=r$ 时,向量组(Ⅰ)与(Ⅱ)等价

(B) 当 $s=t=r$ 时,向量组(Ⅰ)与(Ⅱ)等价

(C) 当 $\operatorname{rank}(\boldsymbol{\alpha}_1,\boldsymbol{\alpha}_2,\cdots,\boldsymbol{\alpha}_s,\boldsymbol{\beta}_1,\boldsymbol{\beta}_2,\cdots,\boldsymbol{\beta}_t)=r$ 时,向量组(Ⅰ)与(Ⅱ)等价

(D) 当 $\operatorname{rank}(\boldsymbol{\alpha}_1,\boldsymbol{\alpha}_2,\cdots,\boldsymbol{\alpha}_s,\boldsymbol{\beta}_1,\boldsymbol{\beta}_2,\cdots,\boldsymbol{\beta}_t)=2r$ 时,向量组(Ⅰ)与(Ⅱ)等价

【解】 应选(C). 记向量组(Ⅲ):$\boldsymbol{\alpha}_1,\boldsymbol{\alpha}_2,\cdots,\boldsymbol{\alpha}_s,\boldsymbol{\beta}_1,\boldsymbol{\beta}_2,\cdots,\boldsymbol{\beta}_t$.

分别取(Ⅰ)和(Ⅱ)的一个极大无关组(Ⅰ_0):$\boldsymbol{\alpha}_{i_1},\boldsymbol{\alpha}_{i_2},\cdots,\boldsymbol{\alpha}_{i_r}$ 与(Ⅱ_0):$\boldsymbol{\beta}_{j_1},\boldsymbol{\beta}_{j_2},\cdots,\boldsymbol{\beta}_{j_r}$,则向量组(Ⅰ)与($\text{Ⅰ}_0$)等价,向量组(Ⅱ)与($\text{Ⅱ}_0$)等价.

如果 rank(Ⅲ)$=r$,那么向量组(Ⅰ_0)与(Ⅱ_0)都是(Ⅲ)的一个极大无关组. 这表明向量组(Ⅰ_0)与(Ⅱ_0)等价. 因此,向量组(Ⅰ)与(Ⅱ)等价.

另一方面,考虑向量组

$$(\text{Ⅰ}):\quad\boldsymbol{\alpha}_1=(1,0,0,0)^{\mathrm{T}},\quad\boldsymbol{\alpha}_2=(0,1,0,0)^{\mathrm{T}},$$
$$(\text{Ⅱ}):\quad\boldsymbol{\beta}_1=(0,0,1,0)^{\mathrm{T}},\quad\boldsymbol{\beta}_2=(0,0,0,1)^{\mathrm{T}},$$

则 $\operatorname{rank}(\boldsymbol{\alpha}_1,\boldsymbol{\alpha}_2)=\operatorname{rank}(\boldsymbol{\beta}_1,\boldsymbol{\beta}_2)=2,\operatorname{rank}(\boldsymbol{\alpha}_1,\boldsymbol{\alpha}_2,\boldsymbol{\beta}_1,\boldsymbol{\beta}_2)=4$. 但(A)(B)(D)均不成立.

【例3.11】(重庆大学,2006年)　设向量组 $\boldsymbol{\alpha}_1,\boldsymbol{\alpha}_2,\cdots,\boldsymbol{\alpha}_m$ 线性无关，向量 $\boldsymbol{\beta}_1$ 可由 $\boldsymbol{\alpha}_1,\boldsymbol{\alpha}_2,\cdots,\boldsymbol{\alpha}_m$ 线性表示，而向量 $\boldsymbol{\beta}_2$ 不能由 $\boldsymbol{\alpha}_1,\boldsymbol{\alpha}_2,\cdots,\boldsymbol{\alpha}_m$ 线性表示. 证明：对于任意常数 l，向量组 $\boldsymbol{\alpha}_1,\boldsymbol{\alpha}_2,\cdots,\boldsymbol{\alpha}_m,l\boldsymbol{\beta}_1+\boldsymbol{\beta}_2$ 总线性无关.

【证】　设有数 $k_1,k_2,\cdots,k_m,k$，使

$$k_1\boldsymbol{\alpha}_1+k_2\boldsymbol{\alpha}_2+\cdots+k_m\boldsymbol{\alpha}_m+k(l\boldsymbol{\beta}_1+\boldsymbol{\beta}_2)=\boldsymbol{0},$$

则必有 $k=0$. 因若 $k\neq 0$，则由上式知 $\boldsymbol{\beta}_2$ 可由 $\boldsymbol{\alpha}_1,\boldsymbol{\alpha}_2,\cdots,\boldsymbol{\alpha}_m,\boldsymbol{\beta}_1$ 线性表示，但依题设 $\boldsymbol{\beta}_1$ 可由 $\boldsymbol{\alpha}_1,\boldsymbol{\alpha}_2,\cdots,\boldsymbol{\alpha}_m$ 线性表示，从而 $\boldsymbol{\beta}_2$ 可由 $\boldsymbol{\alpha}_1,\boldsymbol{\alpha}_2,\cdots,\boldsymbol{\alpha}_m$ 线性表示，与已知条件矛盾，故 $k=0$. 从而有

$$k_1\boldsymbol{\alpha}_1+k_2\boldsymbol{\alpha}_2+\cdots+k_m\boldsymbol{\alpha}_m=\boldsymbol{0}.$$

又 $\boldsymbol{\alpha}_1,\boldsymbol{\alpha}_2,\cdots,\boldsymbol{\alpha}_m$ 线性无关，故 $k_1=k_2=\cdots=k_m=0$. 因此 $\boldsymbol{\alpha}_1,\boldsymbol{\alpha}_2,\cdots,\boldsymbol{\alpha}_m,l\boldsymbol{\beta}_1+\boldsymbol{\beta}_2$ 线性无关.

【例3.12】　设 $\boldsymbol{\alpha}_1,\boldsymbol{\alpha}_2,\cdots,\boldsymbol{\alpha}_s,\boldsymbol{\beta}$ 为 $s+1$ 个 n 维向量 $(s>1)$，且 $\boldsymbol{\beta}=\boldsymbol{\alpha}_1+\boldsymbol{\alpha}_2+\cdots+\boldsymbol{\alpha}_s$. 证明：向量组 $\boldsymbol{\beta}-\boldsymbol{\alpha}_1,\boldsymbol{\beta}-\boldsymbol{\alpha}_2,\cdots,\boldsymbol{\beta}-\boldsymbol{\alpha}_s$ 线性无关的充分必要条件是 $\boldsymbol{\alpha}_1,\boldsymbol{\alpha}_2,\cdots,\boldsymbol{\alpha}_s$ 线性无关.

【证】　因为 $\boldsymbol{\beta}-\boldsymbol{\alpha}_i$ 可用 $\boldsymbol{\alpha}_1,\boldsymbol{\alpha}_2,\cdots,\boldsymbol{\alpha}_s$ 线性表示，$i=1,2,\cdots,s$，用矩阵表示即

$$\begin{aligned}(\boldsymbol{\beta}-\boldsymbol{\alpha}_1,\boldsymbol{\beta}-\boldsymbol{\alpha}_2,\cdots,\boldsymbol{\beta}-\boldsymbol{\alpha}_s)&=(\boldsymbol{\alpha}_1,\boldsymbol{\alpha}_2,\cdots,\boldsymbol{\alpha}_s)\begin{pmatrix}0&1&\cdots&1\\1&0&\ddots&\vdots\\\vdots&\ddots&\ddots&1\\1&\cdots&1&0\end{pmatrix}\\&=(\boldsymbol{\alpha}_1,\boldsymbol{\alpha}_2,\cdots,\boldsymbol{\alpha}_s)\boldsymbol{P},\end{aligned}$$

易知 $\det\boldsymbol{P}=(s-1)(-1)^{s-1}\neq 0$，所以 $\boldsymbol{\beta}-\boldsymbol{\alpha}_1,\boldsymbol{\beta}-\boldsymbol{\alpha}_2,\cdots,\boldsymbol{\beta}-\boldsymbol{\alpha}_s$ 线性无关 $\Leftrightarrow\boldsymbol{\alpha}_1,\boldsymbol{\alpha}_2,\cdots,\boldsymbol{\alpha}_s$ 线性无关.

【例3.13】(数学三,1999年)　设向量 $\boldsymbol{\beta}$ 可由向量组 $\boldsymbol{\alpha}_1,\boldsymbol{\alpha}_2,\cdots,\boldsymbol{\alpha}_m$ 线性表示，但不能由向量组(Ⅰ)：$\boldsymbol{\alpha}_1,\boldsymbol{\alpha}_2,\cdots,\boldsymbol{\alpha}_{m-1}$ 线性表示，记向量组(Ⅱ)：$\boldsymbol{\alpha}_1,\boldsymbol{\alpha}_2,\cdots,\boldsymbol{\alpha}_{m-1},\boldsymbol{\beta}$，则(　　)

(A) $\boldsymbol{\alpha}_m$ 不能由(Ⅰ)线性表示，也不能由(Ⅱ)线性表示

(B) $\boldsymbol{\alpha}_m$ 不能由(Ⅰ)线性表示，但可由(Ⅱ)线性表示

(C) $\boldsymbol{\alpha}_m$ 可由(Ⅰ)线性表示，也可由(Ⅱ)线性表示

(D) $\boldsymbol{\alpha}_m$ 可由(Ⅰ)线性表示，但不可由(Ⅱ)线性表示

【解】　应选(B). 事实上，据题设有 $\boldsymbol{\beta}=k_1\boldsymbol{\alpha}_1+k_2\boldsymbol{\alpha}_2+\cdots+k_m\boldsymbol{\alpha}_m$，这里 $k_m\neq 0$，否则 $\boldsymbol{\beta}$ 可由向量组(Ⅰ)线性表示，与题设矛盾. 所以有

$$\boldsymbol{\alpha}_m=-\sum_{i=1}^{m-1}\frac{k_i}{k_m}\boldsymbol{\alpha}_i+\frac{1}{k_m}\boldsymbol{\beta},$$

即 $\boldsymbol{\alpha}_m$ 可由向量组(Ⅱ)线性表示. 故可排除(A)(D).

另一方面，如果 $\boldsymbol{\alpha}_m$ 可由(Ⅰ)线性表示，设为 $\boldsymbol{\alpha}_m=\sum\limits_{i=1}^{m-1}l_i\boldsymbol{\alpha}_i$，那么

$$\boldsymbol{\beta}=\sum_{i=1}^{m-1}k_i\boldsymbol{\alpha}_i+k_m\boldsymbol{\alpha}_m=\sum_{i=1}^{m-1}(k_i+k_ml_i)\boldsymbol{\alpha}_i,$$

即 $\boldsymbol{\beta}$ 可由(Ⅰ)线性表示，与题设矛盾，故可排除(C). 因此(B)是唯一正确选项.

【例 3.14】(南开大学,2012 年) 设向量组 $\boldsymbol{\alpha}_1,\boldsymbol{\alpha}_2,\cdots,\boldsymbol{\alpha}_m$ 线性无关，而 $\boldsymbol{\alpha}_2,\boldsymbol{\alpha}_3,\cdots,\boldsymbol{\alpha}_{m+1}$ 线性相关. 证明 $\boldsymbol{\alpha}_1$ 不能由 $\boldsymbol{\alpha}_2,\boldsymbol{\alpha}_3,\cdots,\boldsymbol{\alpha}_{m+1}$ 线性表示.

【证】 因为 $\boldsymbol{\alpha}_1,\boldsymbol{\alpha}_2,\cdots,\boldsymbol{\alpha}_m$ 线性无关,所以 $\boldsymbol{\alpha}_2,\boldsymbol{\alpha}_3,\cdots,\boldsymbol{\alpha}_m$ 也线性无关. 又 $\boldsymbol{\alpha}_2,\boldsymbol{\alpha}_3,\cdots,\boldsymbol{\alpha}_{m+1}$ 线性相关,因此 $\boldsymbol{\alpha}_{m+1}$ 可由 $\boldsymbol{\alpha}_2,\boldsymbol{\alpha}_3,\cdots,\boldsymbol{\alpha}_m$ 线性表示,设为

$$\boldsymbol{\alpha}_{m+1}=k_2\boldsymbol{\alpha}_2+k_3\boldsymbol{\alpha}_3+\cdots+k_m\boldsymbol{\alpha}_m. \qquad ①$$

假设 $\boldsymbol{\alpha}_1$ 可由 $\boldsymbol{\alpha}_2,\cdots,\boldsymbol{\alpha}_m,\boldsymbol{\alpha}_{m+1}$ 线性表示,令

$$\boldsymbol{\alpha}_1=\lambda_2\boldsymbol{\alpha}_2+\cdots+\lambda_m\boldsymbol{\alpha}_m+\lambda_{m+1}\boldsymbol{\alpha}_{m+1},$$

则由①式得

$$\begin{aligned}\boldsymbol{\alpha}_1&=\lambda_2\boldsymbol{\alpha}_2+\cdots+\lambda_m\boldsymbol{\alpha}_m+\lambda_{m+1}(k_2\boldsymbol{\alpha}_2+\cdots+k_m\boldsymbol{\alpha}_m)\\&=(\lambda_{m+1}k_2+\lambda_2)\boldsymbol{\alpha}_2+\cdots+(\lambda_{m+1}k_m+\lambda_m)\boldsymbol{\alpha}_m,\end{aligned}$$

这表明 $\boldsymbol{\alpha}_1,\boldsymbol{\alpha}_2,\cdots,\boldsymbol{\alpha}_m$ 线性相关,矛盾. 所以 $\boldsymbol{\alpha}_1$ 不能由 $\boldsymbol{\alpha}_2,\boldsymbol{\alpha}_3,\cdots,\boldsymbol{\alpha}_{m+1}$ 线性表示.

【例 3.15】(武汉大学,2014 年) 设向量组 $\boldsymbol{\beta}_1,\boldsymbol{\beta}_2,\cdots,\boldsymbol{\beta}_s$ 可由向量组 $\boldsymbol{\alpha}_1,\boldsymbol{\alpha}_2,\cdots,\boldsymbol{\alpha}_s,\boldsymbol{\alpha}_{s+1}$ 表示为

$$\boldsymbol{\beta}_i=\boldsymbol{\alpha}_i+t_i\boldsymbol{\alpha}_{s+1}\quad(i=1,2,\cdots,s). \qquad ①$$

已知向量 $\boldsymbol{\alpha}_{s+1}\neq\mathbf{0}$. 试证明:如果对任意一组实数 $t_1,t_2,\cdots,t_s$ 向量组 $\boldsymbol{\beta}_1,\boldsymbol{\beta}_2,\cdots,\boldsymbol{\beta}_s$ 线性无关,那么 $\boldsymbol{\alpha}_1,\cdots,\boldsymbol{\alpha}_s,\boldsymbol{\alpha}_{s+1}$ 必线性无关.

【证】 用反证法. 假设 $\boldsymbol{\alpha}_1,\cdots,\boldsymbol{\alpha}_s,\boldsymbol{\alpha}_{s+1}$ 线性相关,则有不全为零的数 $k_1,\cdots,k_s,k_{s+1}$ 使

$$k_1\boldsymbol{\alpha}_1+\cdots+k_s\boldsymbol{\alpha}_s+k_{s+1}\boldsymbol{\alpha}_{s+1}=\mathbf{0}.$$

据 $\boldsymbol{\alpha}_{s+1}\neq\mathbf{0}$ 易知 $k_1,\cdots,k_s$ 不全为零. 记 $\boldsymbol{Y}=(k_1,\cdots,k_s,k_{s+1})^{\mathrm{T}}$,将①式用矩阵形式表示为

$$(\boldsymbol{\beta}_1,\boldsymbol{\beta}_2,\cdots,\boldsymbol{\beta}_s)=(\boldsymbol{\alpha}_1,\cdots,\boldsymbol{\alpha}_s,\boldsymbol{\alpha}_{s+1})\boldsymbol{T}, \qquad ②$$

其中 $\boldsymbol{T}$ 为 $(s+1)\times s$ 矩阵,即

$$\boldsymbol{T}=\begin{pmatrix}1&0&\cdots&0\\0&1&\cdots&0\\\vdots&\vdots&&\vdots\\0&0&\cdots&1\\t_1&t_2&\cdots&t_s\end{pmatrix}.$$

考虑含有 s 个未知数的方程组 $\boldsymbol{TX}=\boldsymbol{Y}$,对其增广矩阵施行初等行变换,有

$$(\boldsymbol{T},\boldsymbol{Y})\longrightarrow\begin{pmatrix}\boldsymbol{E}_s&*\\\mathbf{0}&k_{s+1}-\sum\limits_{i=1}^{s}k_it_i\end{pmatrix}.$$

可见,只需取一组 $t_1,t_2,\cdots,t_s$,使得 $\sum\limits_{i=1}^{s}k_it_i=k_{s+1}$,从而 $\operatorname{rank}(\boldsymbol{T},\boldsymbol{Y})=\operatorname{rank}\boldsymbol{T}=s$,故 $\boldsymbol{TX}=\boldsymbol{Y}$ 有解,设这个解为 $\boldsymbol{X}_0=(c_1,c_2,\cdots,c_s)^{\mathrm{T}}$,即 $\boldsymbol{TX}_0=\boldsymbol{Y}$,且 $\boldsymbol{X}_0\neq\mathbf{0}$. 对②式两边右乘 $\boldsymbol{X}_0$,得

$$\sum_{i=1}^{s}c_i\boldsymbol{\beta}_i=\sum_{i=1}^{s+1}k_i\boldsymbol{\alpha}_i=\mathbf{0},$$

即存在一组 $t_1,t_2,\cdots,t_s$,使 $\boldsymbol{\beta}_1,\boldsymbol{\beta}_2,\cdots,\boldsymbol{\beta}_s$ 线性相关,与题设矛盾. 因此,$\boldsymbol{\alpha}_1,\cdots,\boldsymbol{\alpha}_s,\boldsymbol{\alpha}_{s+1}$ 线性无关.

【注 1】 注意到 $k_1,k_2,\cdots,k_s$ 不全为零,不妨设 $k_l\neq0\,(1\leqslant l\leqslant s)$,令

$$t_i=\begin{cases}0, & i\neq l,\\ \dfrac{k_{s+1}}{k_l}, & i=l,\end{cases}$$

对于这一组 $t_1,t_2,\cdots,t_s$ 有 $\sum\limits_{i=1}^{s}k_i\boldsymbol{\beta}_i=\sum\limits_{i=1}^{s+1}k_i\boldsymbol{\alpha}_i=\mathbf{0}$,也导致矛盾.

【注2】 本题的逆命题"若 $\boldsymbol{\alpha}_1,\cdots,\boldsymbol{\alpha}_s,\boldsymbol{\alpha}_{s+1}$ 线性无关,则$\boldsymbol{\beta}_1,\boldsymbol{\beta}_2,\cdots,\boldsymbol{\beta}_s$ 线性无关."也正确. 请读者给出其证明.

【例3.16】(哈尔滨工业大学,2005年) 设 $\boldsymbol{\alpha}_1,\boldsymbol{\alpha}_2,\cdots,\boldsymbol{\alpha}_r$ 是一组线性无关的向量,$\boldsymbol{\beta}_i=\sum\limits_{j=1}^{r}k_{ij}\boldsymbol{\alpha}_j,i=1,2,\cdots,r.$ 证明:$\boldsymbol{\beta}_1,\boldsymbol{\beta}_2,\cdots,\boldsymbol{\beta}_r$ 线性相关的充分必要条件是矩阵

$$\begin{pmatrix}k_{11}&k_{12}&\cdots&k_{1r}\\k_{21}&k_{22}&\cdots&k_{2r}\\\vdots&\vdots&&\vdots\\k_{r1}&k_{r2}&\cdots&k_{rr}\end{pmatrix}$$

不可逆.

【证】 记

$$\boldsymbol{K}=\begin{pmatrix}k_{11}&k_{12}&\cdots&k_{1r}\\k_{21}&k_{22}&\cdots&k_{2r}\\\vdots&\vdots&&\vdots\\k_{r1}&k_{r2}&\cdots&k_{rr}\end{pmatrix},\quad \boldsymbol{x}=\begin{pmatrix}x_1\\x_2\\\vdots\\x_r\end{pmatrix},$$

则向量组$\boldsymbol{\beta}_1,\boldsymbol{\beta}_2,\cdots,\boldsymbol{\beta}_r$ 线性无关$\Leftrightarrow$ $\sum\limits_{i=1}^{r}x_i\boldsymbol{\beta}_i=\mathbf{0}$ 只有零解$\Leftrightarrow$ $\sum\limits_{j=1}^{r}\left(\sum\limits_{i=1}^{r}k_{ij}x_i\right)\boldsymbol{\alpha}_j=\mathbf{0}$ 只有零解$\Leftrightarrow$方程组 $\boldsymbol{K}^{\mathrm{T}}\boldsymbol{x}=\mathbf{0}$ 只有零解(因 $\boldsymbol{\alpha}_1,\boldsymbol{\alpha}_2,\cdots,\boldsymbol{\alpha}_r$ 线性无关)$\Leftrightarrow$ $\boldsymbol{K}$ 是非奇异的.

因此,向量组$\boldsymbol{\beta}_1,\boldsymbol{\beta}_2,\cdots,\boldsymbol{\beta}_r$ 线性相关的充分必要条件是矩阵 $\boldsymbol{K}$ 不可逆.

【注】 更一般地,有 $\operatorname{rank}\{\boldsymbol{\beta}_1,\boldsymbol{\beta}_2,\cdots,\boldsymbol{\beta}_r\}=\operatorname{rank}\boldsymbol{K}$. 参见第5章例5.22及其附注.

【例3.17】 设 $\boldsymbol{\alpha}_1,\boldsymbol{\alpha}_2,\cdots,\boldsymbol{\alpha}_n$ 是 K^n 的一个基,$\boldsymbol{\alpha}_{n+1}=k_1\boldsymbol{\alpha}_1+k_2\boldsymbol{\alpha}_2+\cdots+k_n\boldsymbol{\alpha}_n$,其中 $k_1,k_2,\cdots,k_n$ 全不为零. 证明:$\boldsymbol{\alpha}_1,\boldsymbol{\alpha}_2,\cdots,\boldsymbol{\alpha}_n,\boldsymbol{\alpha}_{n+1}$ 中的任意 n 个向量都构成 K^n 的一个基.

【证】 只需证 $\boldsymbol{\alpha}_1,\boldsymbol{\alpha}_2,\cdots,\boldsymbol{\alpha}_{i-1},\boldsymbol{\alpha}_{i+1},\cdots,\boldsymbol{\alpha}_n,\boldsymbol{\alpha}_{n+1}$ 线性无关即可. 因为

$$\begin{aligned}|\boldsymbol{A}|&\overset{\text{def}}{=\!=\!=}|\boldsymbol{\alpha}_1,\cdots,\boldsymbol{\alpha}_{i-1},\boldsymbol{\alpha}_{i+1},\cdots,\boldsymbol{\alpha}_n,\boldsymbol{\alpha}_{n+1}|\\&=\left|\boldsymbol{\alpha}_1,\cdots,\boldsymbol{\alpha}_{i-1},\boldsymbol{\alpha}_{i+1},\cdots,\boldsymbol{\alpha}_n,\sum_{l=1}^{n}k_l\boldsymbol{\alpha}_l\right|\\&\overset{c_n-k_j\times c_j}{=\!=\!=\!=\!=}|\boldsymbol{\alpha}_1,\cdots,\boldsymbol{\alpha}_{i-1},\boldsymbol{\alpha}_{i+1},\cdots,\boldsymbol{\alpha}_n,k_i\boldsymbol{\alpha}_i|\\&=k_i|\boldsymbol{\alpha}_1,\cdots,\boldsymbol{\alpha}_{i-1},\boldsymbol{\alpha}_{i+1},\cdots,\boldsymbol{\alpha}_n,\boldsymbol{\alpha}_i|\neq 0,\end{aligned}$$

所以 $\boldsymbol{\alpha}_1,\boldsymbol{\alpha}_2,\cdots,\boldsymbol{\alpha}_{i-1},\boldsymbol{\alpha}_{i+1},\cdots,\boldsymbol{\alpha}_n,\boldsymbol{\alpha}_{n+1}$ 线性无关.

【例3.18】 设 $\boldsymbol{\alpha}_1,\boldsymbol{\alpha}_2,\cdots,\boldsymbol{\alpha}_n$ 是 K^n 中的向量组,试证明下述命题相互等价:

(1) 向量组 $\boldsymbol{\alpha}_1,\boldsymbol{\alpha}_2,\cdots,\boldsymbol{\alpha}_n$ 线性无关；

(2) K^n 中的任一向量都可由 $\boldsymbol{\alpha}_1,\boldsymbol{\alpha}_2,\cdots,\boldsymbol{\alpha}_n$ 线性表示；

(3) K^n 中的自然基向量 $\boldsymbol{\varepsilon}_1,\boldsymbol{\varepsilon}_2,\cdots,\boldsymbol{\varepsilon}_n$ 可由$\boldsymbol{\alpha}_1,\boldsymbol{\alpha}_2,\cdots,\boldsymbol{\alpha}_n$ 线性表示.

【证】 采用循环证法:(1)⇒(2)⇒(3)⇒(1).

(1)⇒(2) 因为 $\dim(K^n)=n$,且 $\boldsymbol{\alpha}_1,\boldsymbol{\alpha}_2,\cdots,\boldsymbol{\alpha}_n$ 线性无关,所以 $\boldsymbol{\alpha}_1,\boldsymbol{\alpha}_2,\cdots,\boldsymbol{\alpha}_n$ 是 K^n 的一个基,故 K^n 中的任一向量都可由$\boldsymbol{\alpha}_1,\boldsymbol{\alpha}_2,\cdots,\boldsymbol{\alpha}_n$ 线性表示.

(2)⇒(3) 显然.

(3)⇒(1) (方法1)用反证法. 假设 $\boldsymbol{\alpha}_1,\boldsymbol{\alpha}_2,\cdots,\boldsymbol{\alpha}_n$ 线性相关,则其中至少有一个向量,不妨设为 $\boldsymbol{\alpha}_1$,可由其余向量 $\boldsymbol{\alpha}_2,\boldsymbol{\alpha}_3,\cdots,\boldsymbol{\alpha}_n$ 线性表示. 由于 $\boldsymbol{\varepsilon}_1,\boldsymbol{\varepsilon}_2,\cdots,\boldsymbol{\varepsilon}_n$ 可由 $\boldsymbol{\alpha}_1,\boldsymbol{\alpha}_2,\cdots,\boldsymbol{\alpha}_n$ 线性表示,因而可由 $\boldsymbol{\alpha}_2,\boldsymbol{\alpha}_3,\cdots,\boldsymbol{\alpha}_n$. 注意到向量组 $\boldsymbol{\varepsilon}_1,\boldsymbol{\varepsilon}_2,\cdots,\boldsymbol{\varepsilon}_n$ 线性无关,得 $n\leqslant n-1$,矛盾. 因此,$\boldsymbol{\alpha}_1,\boldsymbol{\alpha}_2,\cdots,\boldsymbol{\alpha}_n$ 线性无关.

(方法2) 因为 $\boldsymbol{\varepsilon}_1,\boldsymbol{\varepsilon}_2,\cdots,\boldsymbol{\varepsilon}_n$ 可由 $\boldsymbol{\alpha}_1,\boldsymbol{\alpha}_2,\cdots,\boldsymbol{\alpha}_n$ 线性表示,所以 $n=\operatorname{rank}\{\boldsymbol{\varepsilon}_1,\boldsymbol{\varepsilon}_2,\cdots,\boldsymbol{\varepsilon}_n\}\leqslant \operatorname{rank}\{\boldsymbol{\alpha}_1,\boldsymbol{\alpha}_2,\cdots,\boldsymbol{\alpha}_n\}\leqslant n$,由此得 $\operatorname{rank}\{\boldsymbol{\alpha}_1,\boldsymbol{\alpha}_2,\cdots,\boldsymbol{\alpha}_n\}=n$,因此 $\boldsymbol{\alpha}_1,\boldsymbol{\alpha}_2,\cdots,\boldsymbol{\alpha}_n$ 线性无关.

【例 3.19】 已知向量组(Ⅰ)：$\boldsymbol{\alpha}_1,\boldsymbol{\alpha}_2,\boldsymbol{\alpha}_3$；(Ⅱ)：$\boldsymbol{\alpha}_1,\boldsymbol{\alpha}_2,\boldsymbol{\alpha}_3,\boldsymbol{\alpha}_4$；(Ⅲ)：$\boldsymbol{\alpha}_1,\boldsymbol{\alpha}_2,\boldsymbol{\alpha}_3,\boldsymbol{\alpha}_5$. 设各向量组的秩分别为 rank(Ⅰ)= rank(Ⅱ)= 3，rank(Ⅲ)= 4. 证明：向量组$\{\boldsymbol{\alpha}_1,\boldsymbol{\alpha}_2,\boldsymbol{\alpha}_3,\boldsymbol{\alpha}_5-\boldsymbol{\alpha}_4\}$的秩为4.

【证】 因为 rank(Ⅰ)= rank(Ⅱ)= 3，所以 $\boldsymbol{\alpha}_1,\boldsymbol{\alpha}_2,\boldsymbol{\alpha}_3$ 线性无关，而 $\boldsymbol{\alpha}_1,\boldsymbol{\alpha}_2,\boldsymbol{\alpha}_3,\boldsymbol{\alpha}_4$ 线性相关，故 $\boldsymbol{\alpha}_4$ 可由 $\boldsymbol{\alpha}_1,\boldsymbol{\alpha}_2,\boldsymbol{\alpha}_3$ 唯一地线性表示，即存在数 $\lambda_1,\lambda_2,\lambda_3$，使

$$\boldsymbol{\alpha}_4=\lambda_1\boldsymbol{\alpha}_1+\lambda_2\boldsymbol{\alpha}_2+\lambda_3\boldsymbol{\alpha}_3. \qquad ①$$

设有数 k_1,k_2,k_3,k_4，使得

$$k_1\boldsymbol{\alpha}_1+k_2\boldsymbol{\alpha}_2+k_3\boldsymbol{\alpha}_3+k_4(\boldsymbol{\alpha}_5-\boldsymbol{\alpha}_4)=\mathbf{0}.$$

将①式代入上式并整理，得

$$(k_1-\lambda_1k_4)\boldsymbol{\alpha}_1+(k_2-\lambda_2k_4)\boldsymbol{\alpha}_2+(k_3-\lambda_3k_4)\boldsymbol{\alpha}_3+k_4\boldsymbol{\alpha}_5=\mathbf{0}.$$

由 rank(Ⅲ)= 4 知，$\boldsymbol{\alpha}_1,\boldsymbol{\alpha}_2,\boldsymbol{\alpha}_3,\boldsymbol{\alpha}_5$ 线性无关，所以

$$\begin{cases}k_1 - \lambda_1k_4=0,\\ k_2-\lambda_2k_4=0,\\ k_3-\lambda_3k_4=0,\\ k_4=0.\end{cases}$$

解得 $k_1=k_2=k_3=k_4=0$. 故 $\boldsymbol{\alpha}_1,\boldsymbol{\alpha}_2,\boldsymbol{\alpha}_3,\boldsymbol{\alpha}_5-\boldsymbol{\alpha}_4$ 线性无关，即其秩为4.

【例 3.20】(数学二,2000 年) 已知向量组$\boldsymbol{\beta}_1=\begin{pmatrix}0\\1\\-1\end{pmatrix}$，$\boldsymbol{\beta}_2=\begin{pmatrix}a\\2\\1\end{pmatrix}$，$\boldsymbol{\beta}_3=\begin{pmatrix}b\\1\\0\end{pmatrix}$与向量组 $\boldsymbol{\alpha}_1=\begin{pmatrix}1\\2\\-3\end{pmatrix}$，$\boldsymbol{\alpha}_2=\begin{pmatrix}3\\0\\1\end{pmatrix}$，$\boldsymbol{\alpha}_3=\begin{pmatrix}9\\6\\-7\end{pmatrix}$具有相同的秩,且$\boldsymbol{\beta}_3$ 可由 $\boldsymbol{\alpha}_1,\boldsymbol{\alpha}_2,\boldsymbol{\alpha}_3$ 线性表示，求 a,b 的值.

【解】 易知,$\boldsymbol{\alpha}_1,\boldsymbol{\alpha}_2$ 线性无关,$\boldsymbol{\alpha}_3=3\boldsymbol{\alpha}_1+2\boldsymbol{\alpha}_2$,所以向量组 $\boldsymbol{\alpha}_1,\boldsymbol{\alpha}_2,\boldsymbol{\alpha}_3$ 的秩为 2,且 $\boldsymbol{\alpha}_1,\boldsymbol{\alpha}_2$ 是它的一个极大无关组.

（方法1）　由于向量组$\boldsymbol{\beta}_1,\boldsymbol{\beta}_2,\boldsymbol{\beta}_3$与$\boldsymbol{\alpha}_1,\boldsymbol{\alpha}_2,\boldsymbol{\alpha}_3$具有相同的秩，故$\boldsymbol{\beta}_1,\boldsymbol{\beta}_2,\boldsymbol{\beta}_3$线性相关，从而行列式

$$|\boldsymbol{\beta}_1,\ \boldsymbol{\beta}_2,\ \boldsymbol{\beta}_3|=\begin{vmatrix}0&a&b\\1&2&1\\-1&1&0\end{vmatrix}=-(a-3b)=0,\quad \text{解得 } a=3b.$$

又$\boldsymbol{\beta}_3$可由$\boldsymbol{\alpha}_1,\boldsymbol{\alpha}_2,\boldsymbol{\alpha}_3$线性表示，从而可由$\boldsymbol{\alpha}_1,\boldsymbol{\alpha}_2$线性表示，故$\boldsymbol{\alpha}_1,\boldsymbol{\alpha}_2,\boldsymbol{\beta}_3$线性相关. 于是，有

$$|\boldsymbol{\alpha}_1,\ \boldsymbol{\alpha}_2,\ \boldsymbol{\beta}_3|=\begin{vmatrix}1&3&b\\2&0&1\\-3&1&0\end{vmatrix}=2b-10=0,\quad \text{解得 } b=5.$$

于是得$a=15,\ b=5$.

（方法2）　因$\boldsymbol{\beta}_3$可由$\boldsymbol{\alpha}_1,\boldsymbol{\alpha}_2,\boldsymbol{\alpha}_3$线性表示，故线性方程组$x_1\boldsymbol{\alpha}_1+x_2\boldsymbol{\alpha}_2+x_3\boldsymbol{\alpha}_3=\boldsymbol{\beta}_3$即

$$\begin{pmatrix}1&3&9\\2&0&6\\-3&1&-7\end{pmatrix}\begin{pmatrix}x_1\\x_2\\x_3\end{pmatrix}=\begin{pmatrix}b\\1\\0\end{pmatrix}$$

有解. 对其增广矩阵$(\boldsymbol{\alpha}_1,\ \boldsymbol{\alpha}_2,\ \boldsymbol{\alpha}_3,\ \boldsymbol{\beta}_3)$施行初等行变换，有

$$\left(\begin{array}{ccc:c}1&3&9&b\\2&0&6&1\\-3&1&-7&0\end{array}\right)\longrightarrow\left(\begin{array}{ccc:c}1&3&9&b\\0&1&2&\dfrac{2b-1}{6}\\0&0&0&\dfrac{3b}{10}-\dfrac{2b-1}{6}\end{array}\right),$$

由非齐次线性方程组有解的条件知$\dfrac{3b}{10}-\dfrac{2b-1}{6}=0$，解得$b=5$.

又由题设知，向量组$\boldsymbol{\beta}_1,\boldsymbol{\beta}_2,\boldsymbol{\beta}_3$的秩也是2，则行列式

$$|\boldsymbol{\beta}_1,\ \boldsymbol{\beta}_2,\ \boldsymbol{\beta}_3|=\begin{vmatrix}0&a&5\\1&2&1\\-1&1&0\end{vmatrix}=15-a=0,\quad \text{由此解得 } a=15.$$

【例3.21】　设$b\neq0$，讨论向量组

$$\begin{aligned}\boldsymbol{\alpha}_1&=(1,a_{11},a_{12},\cdots,a_{1n}),\\ \boldsymbol{\alpha}_2&=(b,1,a_{22},\cdots,a_{2n}),\\ \boldsymbol{\alpha}_3&=(b^2,b,1,a_{33},\cdots,a_{3n}),\\ &\cdots\\ \boldsymbol{\alpha}_{n+1}&=(b^n,b^{n-1},b^{n-2},\cdots,1)\end{aligned}$$

的线性相关性.

【解】　考虑以$\boldsymbol{\alpha}_1,\boldsymbol{\alpha}_2,\boldsymbol{\alpha}_3,\cdots,\boldsymbol{\alpha}_{n+1}$为行向量的$n+1$阶方阵的行列式

$$D_{n+1}=\begin{vmatrix}1&a_{11}&a_{12}&\cdots&a_{1n}\\b&1&a_{22}&\cdots&a_{2n}\\b^2&b&1&\cdots&a_{3n}\\\vdots&\vdots&\vdots&&\vdots\\b^n&b^{n-1}&b^{n-2}&\cdots&1\end{vmatrix}.$$

易知,$D_{n+1}=\prod\limits_{k=1}^{n}(1-ba_{kk})$. 所以,当 $1-ba_{kk}\neq 0$ 即 $a_{kk}\neq\dfrac{1}{b}(k=1,2,\cdots,n)$ 时,$D_{n+1}\neq 0$,向量组 $\boldsymbol{\alpha}_1,\boldsymbol{\alpha}_2,\boldsymbol{\alpha}_3,\cdots,\boldsymbol{\alpha}_{n+1}$ 线性无关;否则,向量组 $\boldsymbol{\alpha}_1,\boldsymbol{\alpha}_2,\boldsymbol{\alpha}_3,\cdots,\boldsymbol{\alpha}_{n+1}$ 线性相关.

【例 3.22】(东南大学,2005 年) 已知向量组 $\boldsymbol{\alpha}_1,\boldsymbol{\alpha}_2,\cdots,\boldsymbol{\alpha}_s$ 线性无关. 问:当参数 t_1,t_2 满足什么条件时,向量组 $\boldsymbol{\beta}_1=t_1\boldsymbol{\alpha}_1+t_2\boldsymbol{\alpha}_2,\boldsymbol{\beta}_2=t_1\boldsymbol{\alpha}_2+t_2\boldsymbol{\alpha}_3,\cdots,\boldsymbol{\beta}_{s-1}=t_1\boldsymbol{\alpha}_{s-1}+t_2\boldsymbol{\alpha}_s$ 是线性无关的?

【解】 显然,如果 $t_1=0$ 且 $t_2=0$,那么 $\boldsymbol{\beta}_1,\boldsymbol{\beta}_2,\cdots,\boldsymbol{\beta}_{s-1}$ 都是零向量,当然线性相关.

下设 $t_1\neq 0$ 或 $t_2\neq 0$. 向量组 $\boldsymbol{\alpha}_1,\boldsymbol{\alpha}_2,\cdots,\boldsymbol{\alpha}_s$ 与向量组 $\boldsymbol{\beta}_1,\boldsymbol{\beta}_2,\cdots,\boldsymbol{\beta}_{s-1}$ 之间有如下关系式

$$(\boldsymbol{\beta}_1,\boldsymbol{\beta}_2,\cdots,\boldsymbol{\beta}_{s-1})=(\boldsymbol{\alpha}_1,\boldsymbol{\alpha}_2,\cdots,\boldsymbol{\alpha}_s)\boldsymbol{T},$$

其中,$\boldsymbol{T}$ 为如下 $s\times(s-1)$ 矩阵

$$\boldsymbol{T}=\begin{pmatrix}t_1&0&\cdots&0\\t_2&t_1&\ddots&\vdots\\0&t_2&\ddots&0\\\vdots&\ddots&\ddots&t_1\\0&\cdots&0&t_2\end{pmatrix}.$$

注意到矩阵 $\boldsymbol{T}$ 的前 $s-1$ 行和后 $s-1$ 行构成的子式分别为

$$\begin{vmatrix}t_1&0&\cdots&0\\t_2&t_1&\ddots&\vdots\\\vdots&\ddots&\ddots&0\\0&\cdots&t_2&t_1\end{vmatrix}=t_1^{s-1},\quad\begin{vmatrix}t_2&t_1&\cdots&0\\0&t_2&\ddots&\vdots\\\vdots&\ddots&\ddots&t_1\\0&\cdots&0&t_2\end{vmatrix}=t_2^{s-1},$$

所以,当 $t_1\neq 0$ 或 $t_2\neq 0$ 时,$\operatorname{rank}\boldsymbol{T}=s-1$. 设 $x_1\boldsymbol{\beta}_1+x_2\boldsymbol{\beta}_2+\cdots+x_{s-1}\boldsymbol{\beta}_{s-1}=\mathbf{0}$,则

$$(\boldsymbol{\alpha}_1,\boldsymbol{\alpha}_2,\cdots,\boldsymbol{\alpha}_s)\boldsymbol{T}\boldsymbol{x}=(\boldsymbol{\beta}_1,\boldsymbol{\beta}_2,\cdots,\boldsymbol{\beta}_{s-1})\boldsymbol{x}=\mathbf{0},$$

其中 $\boldsymbol{x}=(x_1,x_2,\cdots,x_{s-1})^{\mathrm{T}}$. 因为 $\boldsymbol{\alpha}_1,\boldsymbol{\alpha}_2,\cdots,\boldsymbol{\alpha}_s$ 线性无关,所以 $\boldsymbol{T}\boldsymbol{x}=\mathbf{0}$,从而 $\boldsymbol{x}=\mathbf{0}$. 于是 $\boldsymbol{\beta}_1,\boldsymbol{\beta}_2,\cdots,\boldsymbol{\beta}_{s-1}$ 线性无关.

【例 3.23】(北京航空航天大学,2004 年) 设向量组 $\{\boldsymbol{\alpha}_1,\boldsymbol{\alpha}_2,\cdots,\boldsymbol{\alpha}_m\}$,$\{\boldsymbol{\beta}_1,\boldsymbol{\beta}_2,\cdots,\boldsymbol{\beta}_m\}$,$\{\boldsymbol{\gamma}_1,\boldsymbol{\gamma}_2,\cdots,\boldsymbol{\gamma}_m\}$ 的秩分别为 s_1,s_2,s_3,其中 $\boldsymbol{\gamma}_i=\boldsymbol{\alpha}_i-\boldsymbol{\beta}_i,i=1,2,\cdots,m$. 证明:$s_1\leqslant s_2+s_3$, $s_2\leqslant s_1+s_3$, $s_3\leqslant s_1+s_2$.

【证】 因为 $\boldsymbol{\gamma}_i=\boldsymbol{\alpha}_i-\boldsymbol{\beta}_i,i=1,2,\cdots,m$,所以向量组 $\{\boldsymbol{\gamma}_1,\boldsymbol{\gamma}_2,\cdots,\boldsymbol{\gamma}_m\}$ 可由向量组 $\{\boldsymbol{\alpha}_1,\boldsymbol{\alpha}_2,\cdots,\boldsymbol{\alpha}_m,\boldsymbol{\beta}_1,\boldsymbol{\beta}_2,\cdots,\boldsymbol{\beta}_m\}$ 线性表示,故

$$\begin{aligned}s_3&=\operatorname{rank}\{\boldsymbol{\gamma}_1,\boldsymbol{\gamma}_2,\cdots,\boldsymbol{\gamma}_m\}\leqslant\operatorname{rank}\{\boldsymbol{\alpha}_1,\boldsymbol{\alpha}_2,\cdots,\boldsymbol{\alpha}_m,\boldsymbol{\beta}_1,\boldsymbol{\beta}_2,\cdots,\boldsymbol{\beta}_m\}\\&\leqslant\operatorname{rank}\{\boldsymbol{\alpha}_1,\boldsymbol{\alpha}_2,\cdots,\boldsymbol{\alpha}_m\}+\operatorname{rank}\{\boldsymbol{\beta}_1,\boldsymbol{\beta}_2,\cdots,\boldsymbol{\beta}_m\}\\&=s_1+s_2.\end{aligned}$$

同理,由 $\boldsymbol{\alpha}_i=\boldsymbol{\beta}_i+\boldsymbol{\gamma}_i$ 可证:$s_1\leqslant s_2+s_3$, 由 $\boldsymbol{\beta}_i=\boldsymbol{\alpha}_i-\boldsymbol{\gamma}_i$ 可证 $s_2\leqslant s_1+s_3$.

【例 3.24】(武汉大学,2011 年)　已知 m 个向量 $\boldsymbol{\alpha}_1,\boldsymbol{\alpha}_2,\cdots,\boldsymbol{\alpha}_m$ 线性相关,但其中任意 $m-1$ 个向量都线性无关. 证明:

(1) 若 $k_1\boldsymbol{\alpha}_1+k_2\boldsymbol{\alpha}_2+\cdots+k_m\boldsymbol{\alpha}_m=\mathbf{0}$,则系数 $k_1,k_2,\cdots,k_m$ 或者全为零,或者全不为零;

(2) 若 $a_1\boldsymbol{\alpha}_1+a_2\boldsymbol{\alpha}_2+\cdots+a_m\boldsymbol{\alpha}_m=\mathbf{0}$,且 $b_1\boldsymbol{\alpha}_1+b_2\boldsymbol{\alpha}_2+\cdots+b_m\boldsymbol{\alpha}_m=\mathbf{0}$,其中 $b_1\neq 0$,则

$$\frac{a_1}{b_1}=\frac{a_2}{b_2}=\cdots=\frac{a_m}{b_m}.$$

【证】　(1) 若 $k_i\neq 0(1\leqslant i\leqslant m)$,则结论成立;若存在某个 $k_i=0$,则

$$k_1\boldsymbol{\alpha}_1+\cdots+k_{i-1}\boldsymbol{\alpha}_{i-1}+k_{i+1}\boldsymbol{\alpha}_{i+1}+\cdots+k_m\boldsymbol{\alpha}_m=\mathbf{0}.$$

因为 $\boldsymbol{\alpha}_1,\boldsymbol{\alpha}_2,\cdots,\boldsymbol{\alpha}_m$ 中任意 $m-1$ 个向量都线性无关,所以 $k_1=\cdots=k_{i-1}=k_{i+1}=\cdots=k_m=0$.

(2) 据题设 $b_1\neq 0$,则由(1)知,$b_i\neq 0(2\leqslant i\leqslant m)$. 如果 $a_1=0$,那么 $a_i=0(2\leqslant i\leqslant m)$,结论成立. 设 $a_1\neq 0$,则由题设两个等式可得

$$(b_1a_2-a_1b_2)\boldsymbol{\alpha}_2+(b_1a_3-a_1b_3)\boldsymbol{\alpha}_3+\cdots+(b_1a_m-a_1b_m)\boldsymbol{\alpha}_m=\mathbf{0}.$$

因为 $\boldsymbol{\alpha}_2,\boldsymbol{\alpha}_3,\cdots,\boldsymbol{\alpha}_m$ 线性无关,所以

$$b_1a_2-a_1b_2=0,\ b_1a_3-a_1b_3=0,\ \cdots,\ b_1a_m-a_1b_m=0,$$

即得 $\dfrac{a_1}{b_1}=\dfrac{a_2}{b_2}=\cdots=\dfrac{a_m}{b_m}$.

【例 3.25】(南京航空航天大学,2016 年)　设有向量组

$$(\text{Ⅰ}):\boldsymbol{\alpha}_1=\begin{pmatrix}1\\1\\a\end{pmatrix},\boldsymbol{\alpha}_2=\begin{pmatrix}-2\\a\\4\end{pmatrix},\boldsymbol{\alpha}_3=\begin{pmatrix}-2\\a\\a\end{pmatrix};\quad(\text{Ⅱ}):\boldsymbol{\beta}_1=\begin{pmatrix}1\\1\\a\end{pmatrix},\boldsymbol{\beta}_2=\begin{pmatrix}1\\a\\1\end{pmatrix},\boldsymbol{\beta}_3=\begin{pmatrix}a\\1\\1\end{pmatrix}.$$

(1) 求 a 的值,使得向量组(Ⅰ)线性相关;

(2) 求 a 的值,使得向量组(Ⅰ)不能由向量组(Ⅱ)线性表示;

(3) 在题(1)和(2)同时成立的情况下,将向量 $\boldsymbol{\gamma}=(1,-2,-5)^{\mathrm{T}}$ 用 $\boldsymbol{\beta}_1,\boldsymbol{\beta}_2,\boldsymbol{\alpha}_3$ 线性表示.

【解】　(1) 令 $\boldsymbol{A}=(\boldsymbol{\alpha}_1,\boldsymbol{\alpha}_2,\boldsymbol{\alpha}_3)$,则行列式 $\det\boldsymbol{A}=0\Leftrightarrow$ 向量组(Ⅰ)线性相关. 易知

$$\det\boldsymbol{A}=\begin{vmatrix}1&-2&-2\\1&a&a\\a&4&a\end{vmatrix}=(a+2)(a-4).$$

令 $\det\boldsymbol{A}=0$,解得 $a=-2$ 或 $a=4$.

(2) 令 $\boldsymbol{B}=(\boldsymbol{\beta}_1,\boldsymbol{\beta}_2,\boldsymbol{\beta}_3)$,由于向量组(Ⅰ)不能由(Ⅱ)线性表示,所以向量组(Ⅱ)线性相关. 因若不然,则任一 $\boldsymbol{\alpha}_i$ 可由向量组(Ⅱ)线性表示,矛盾. 因此,$\det\boldsymbol{B}=0$. 易知

$$\det\boldsymbol{B}=\begin{vmatrix}1&1&a\\1&a&1\\a&1&1\end{vmatrix}=-(a-1)^2(a+2).$$

令 $\det\boldsymbol{B}=0$,解得 $a=-2$ 或 $a=1$.

当 $a=1$ 时,$\boldsymbol{\alpha}_3=(-2,1,1)^{\mathrm{T}}$,$\boldsymbol{\beta}_1=\boldsymbol{\beta}_2=\boldsymbol{\beta}_3=(1,1,1)^{\mathrm{T}}$. 显然,$\boldsymbol{\alpha}_3$ 不能由 $\boldsymbol{\beta}_1,\boldsymbol{\beta}_2,\boldsymbol{\beta}_3$ 线性表示,所以 $a=1$ 符合题意.

当 $a=-2$ 时,把 $(\boldsymbol{B},\boldsymbol{A})$ 化为简化行阶梯矩阵,有

$$(\boldsymbol{B},\boldsymbol{A})=\left(\begin{array}{ccc:ccc}1&1&-2&1&-2&-2\\1&-2&1&1&-2&-2\\-2&1&1&-2&4&-2\end{array}\right)\to\left(\begin{array}{ccc:ccc}1&0&-1&1&-2&0\\0&1&-1&0&0&0\\0&0&0&0&0&1\end{array}\right).$$

由此可见，$\boldsymbol{\alpha}_3$ 不能由 $\boldsymbol{\beta}_1,\boldsymbol{\beta}_2,\boldsymbol{\beta}_3$ 线性表示，所以 $a=-2$ 也符合题意.

(3) 若(1)和(2)同时成立，则 $a=-2$. 此时，把$(\boldsymbol{\beta}_1,\boldsymbol{\beta}_2,\boldsymbol{\alpha}_3,\boldsymbol{\gamma})$ 化为简化行阶梯矩阵，有

$$(\boldsymbol{\beta}_1,\boldsymbol{\beta}_2,\boldsymbol{\alpha}_3,\boldsymbol{\gamma})=\left(\begin{array}{ccc:c}1&1&-2&1\\1&-2&-2&-2\\-2&1&-2&-5\end{array}\right)\to\left(\begin{array}{ccc:c}1&0&0&2\\0&1&0&1\\0&0&1&1\end{array}\right).$$

注意到初等行变换不改变列向量之间的线性关系，所以有 $\boldsymbol{\gamma}=2\boldsymbol{\beta}_1+\boldsymbol{\beta}_2+\boldsymbol{\alpha}_3$.

§ 3.2 Cramer 法则的应用

基本理论与要点提示

Cramer 法则　如果数域 K 上的含有 n 个未知量 n 个方程的线性方程组

$$\begin{cases}a_{11}x_1+a_{12}x_2+\cdots+a_{1n}x_n=b_1,\\a_{21}x_1+a_{22}x_2+\cdots+a_{2n}x_n=b_2,\\\cdots\cdots\cdots\cdots\\a_{n1}x_1+a_{n2}x_2+\cdots+a_{nn}x_n=b_n\end{cases}$$

的系数行列式 $D\neq0$，那么此方程组有唯一解$\left(\dfrac{D_1}{D},\dfrac{D_2}{D},\cdots,\dfrac{D_n}{D}\right)$，其中 D_j 是把 D 中第 j 列的元素换成方程组的常数项 $b_1,b_2,\cdots,b_n$ 而成的行列式$(j=1,2,\cdots,n)$，即

$$D_j=\begin{vmatrix}a_{11}&\cdots&a_{1,j-1}&b_1&a_{1,j+1}&\cdots&a_{1n}\\a_{21}&\cdots&a_{2,j-1}&b_2&a_{2,j+1}&\cdots&a_{2n}\\\vdots&&\vdots&\vdots&\vdots&&\vdots\\a_{n1}&\cdots&a_{n,j-1}&b_n&a_{n,j+1}&\cdots&a_{nn}\end{vmatrix}.$$

特别地，当 $b_i=0\ (i=1,2,\cdots,n)$ 时，如果系数行列式 $D\neq0$，那么方程组只有零解；反之，如果方程组有非零解，那么必有 $D=0$.

典型问题解析

【例 3.26】(华中科技大学，2005 年)　解线性方程组

$$\begin{cases}x_1+a\,x_2+a^2x_3=a^3,\\x_1+b\,x_2+b^2x_3=b^3,\\x_1+c\,x_2+c^2x_3=c^3,\end{cases}$$

其中 a,b,c 是互不相等的常数.

【解】　利用 Cramer 法则求解. 因为系数行列式

$$D=\begin{vmatrix}1&a&a^2\\1&b&b^2\\1&c&c^2\end{vmatrix}=(c-b)(c-a)(b-a)\neq0,$$

所以方程组有唯一解. 又

$$D_1=\begin{vmatrix}a^3 & a & a^2\\ b^3 & b & b^2\\ c^3 & c & c^2\end{vmatrix}=abcD,$$

$$D_2=\begin{vmatrix}1 & a^3 & a^2\\ 1 & b^3 & b^2\\ 1 & c^3 & c^2\end{vmatrix}=-(ab+ac+bc)D,$$

$$D_3=\begin{vmatrix}1 & a & a^3\\ 1 & b & b^3\\ 1 & c & c^3\end{vmatrix}=(a+b+c)D,$$

故

$$x_1=\frac{D_1}{D}=abc,\ x_2=\frac{D_2}{D}=-ab-ac-bc,\ x_3=\frac{D_3}{D}=a+b+c.$$

【注】 本例的一般情形及其解法详见第 1 章例 1.120.

【例 3.27】(浙江大学,2010 年) 设 $f(x)$ 是复系数一元多项式,对任意整数 n 有 $f(n)$ 仍是整数. 证明 $f(x)$ 的系数都是有理数. 举例说明存在不是整系数的多项式满足对任意整数 n 有 $f(n)$ 仍是整数.

【解】 设复系数一元多项式

$$f(x)=a_0+a_1x+a_2x^2+\cdots+a_mx^m(a_m\neq 0),$$

取 $x_k=k(k=0,1,\cdots,m)$,代入上式,得

$$\begin{cases}a_0+a_1x_0+a_2x_0^2+\cdots+a_mx_0^m=f(x_0),\\ a_0+a_1x_1+a_2x_1^2+\cdots+a_mx_1^m=f(x_1),\\ \cdots\cdots\cdots\cdots\\ a_0+a_1x_m+a_2x_m^2+\cdots+a_mx_m^m=f(x_m).\end{cases} \quad ①$$

这是关于 $m+1$ 个未知量 $a_0,a_1,\cdots,a_m$ 的非齐次线性方程组,其系数行列式

$$D=\begin{vmatrix}1 & x_0 & x_0^2 & \cdots & x_0^m\\ 1 & x_1 & x_1^2 & \cdots & x_1^m\\ \vdots & \vdots & \vdots & & \vdots\\ 1 & x_m & x_m^2 & \cdots & x_m^m\end{vmatrix}=\prod_{0\leqslant j<i\leqslant m}(x_i-x_j)=\prod_{k=1}^{m}k!\neq 0.$$

根据 Cramer 法则,线性方程组①有唯一解 $a_i=\dfrac{D_i}{D}(i=0,1,\cdots,m)$,其中

$$D_i=\begin{vmatrix}1 & x_0 & \cdots & x_0^{i-1} & f(x_0) & x_0^{i+1} & \cdots & x_0^m\\ 1 & x_1 & \cdots & x_1^{i-1} & f(x_1) & x_1^{i+1} & \cdots & x_1^m\\ \vdots & \vdots & & \vdots & \vdots & \vdots & & \vdots\\ 1 & x_m & \cdots & x_m^{i-1} & f(x_m) & x_m^{i+1} & \cdots & x_m^m\end{vmatrix}.$$

因为 D_i 的元素均为整数,所以 D_i 为整数,从而 a_i 为有理数.

例如,$f(x)=1+\frac{1}{2}x+\frac{1}{2}x^2$ 的系数不是整数,显然满足对任意整数 n 有 $f(n)$ 仍是整数.

【例 3.28】(武汉大学,1994 年) 试利用线性方程组理论证明:一元 n 次多项式不能有多于 n 个互异的根.

【证】 采用反证法. 假定存在一个 n 次多项式

$$f(x)=a_0+a_1x+a_2x^2+\cdots+a_nx^n(a_n\neq 0),$$

有 $n+1$ 个互异的根 $x_0,x_1,\cdots,x_n$(当 $i\neq j$ 时,$x_i\neq x_j$),那么

$$\begin{cases}a_0+a_1x_0+a_2x_0^2+\cdots+a_nx_0^n=0,\\ a_0+a_1x_1+a_2x_1^2+\cdots+a_nx_1^n=0,\\ \cdots\cdots\cdots\cdots\\ a_0+a_1x_n+a_2x_n^2+\cdots+a_nx_n^n=0.\end{cases} \tag{①}$$

这可以视为关于 $n+1$ 个未知量 $a_0,a_1,\cdots,a_n$ 的齐次线性方程组,其系数行列式

$$D=\begin{vmatrix}1 & x_0 & x_0^2 & \cdots & x_0^n\\ 1 & x_1 & x_1^2 & \cdots & x_1^n\\ \vdots & \vdots & \vdots & & \vdots\\ 1 & x_n & x_n^2 & \cdots & x_n^n\end{vmatrix}=\prod_{0\leqslant j<i\leqslant n}(x_i-x_j)\neq 0.$$

根据 Cramer 法则,齐次线性方程组①只有零解,从而 $a_n=0$,与已知矛盾.

【例 3.29】(南开大学,2010 年) 证明:如果一个球面的球心(x_0,y_0,z_0)至少有一个坐标是无理数,那么该球面上任意不在同一平面的四点中至多三个点的坐标都是有理数.

【证】 用反证法. 设球面的方程为

$$(x-x_0)^2+(y-y_0)^2+(z-z_0)^2=\rho^2.$$

假设此球面上存在四点 $M_i(x_i,y_i,z_i)$,$i=1,2,3,4$,不在同一平面上但它们的坐标都是有理数. 代入上式并相减,得

$$(x_2-x_1)\left(x_0-\frac{x_2+x_1}{2}\right)+(y_2-y_1)\left(y_0-\frac{y_2+y_1}{2}\right)+(z_2-z_1)\left(z_0-\frac{z_2+z_1}{2}\right)=0,$$

$$(x_3-x_1)\left(x_0-\frac{x_3+x_1}{2}\right)+(y_3-y_1)\left(y_0-\frac{y_3+y_1}{2}\right)+(z_3-z_1)\left(z_0-\frac{z_3+z_1}{2}\right)=0,$$

$$(x_4-x_1)\left(x_0-\frac{x_4+x_1}{2}\right)+(y_4-y_1)\left(y_0-\frac{y_4+y_1}{2}\right)+(z_4-z_1)\left(z_0-\frac{z_4+z_1}{2}\right)=0,$$

即

$$\begin{cases}(x_2-x_1)x_0+(y_2-y_1)y_0+(z_2-z_1)z_0=D_1,\\ (x_3-x_1)x_0+(y_3-y_1)y_0+(z_3-z_1)z_0=D_2,\\ (x_4-x_1)x_0+(y_4-y_1)y_0+(z_4-z_1)z_0=D_3,\end{cases}$$

其中

$$\begin{cases} D_1 = \dfrac{1}{2}(x_2^2 + y_2^2 + z_2^2 - x_1^2 - y_1^2 - z_1^2), \\ D_2 = \dfrac{1}{2}(x_3^2 + y_3^2 + z_3^2 - x_1^2 - y_1^2 - z_1^2), \\ D_3 = \dfrac{1}{2}(x_4^2 + y_4^2 + z_4^2 - x_1^2 - y_1^2 - z_1^2). \end{cases}$$

这就说明,球心的坐标(x_0,y_0,z_0)是非齐次线性方程组

$$\begin{cases} (x_2 - x_1)x + (y_2 - y_1)y + (z_2 - z_1)z = D_1, \\ (x_3 - x_1)x + (y_3 - y_1)y + (z_3 - z_1)z = D_2, \\ (x_4 - x_1)x + (y_4 - y_1)y + (z_4 - z_1)z = D_3 \end{cases} \qquad ①$$

的一个解. 因为M_1,M_2,M_3,M_4四点不在同一平面上,所以方程组①的系数行列式

$$\begin{vmatrix} x_2 - x_1 & y_2 - y_1 & z_2 - z_1 \\ x_3 - x_1 & y_3 - y_1 & z_3 - z_1 \\ x_4 - x_1 & y_4 - y_1 & z_4 - z_1 \end{vmatrix} \neq 0,$$

根据 Cramer 法则,方程组①有唯一解,即(x_0,y_0,z_0). 又方程组①的系数均为有理数,所以解向量$(x_0,y_0,z_0)\in\mathbb{Q}^3$,此与题设条件矛盾. 因此结论成立.

§3.3　齐次线性方程组

基本理论与要点提示

数域K上的含有n个未知量m个方程的齐次线性方程组$\boldsymbol{Ax}=\boldsymbol{0}$,也记为$\sum\limits_{j=1}^{n} x_j\boldsymbol{\alpha}_j=\boldsymbol{0}$,其中$\boldsymbol{\alpha}_1,\boldsymbol{\alpha}_2,\cdots,\boldsymbol{\alpha}_n$为系数矩阵$\boldsymbol{A}$的列向量.

3.3.1　解空间与基础解系

(1) 齐次方程组$\boldsymbol{Ax}=\boldsymbol{0}$的所有解的集合$S$构成$K^n$的一个子空间,称为该方程组的解空间. 非零解空间$S$的一个基称为该方程组的基础解系;

(2) 齐次方程组$\boldsymbol{Ax}=\boldsymbol{0}$的解空间$S$的维数$\dim S=n-\operatorname{rank}\boldsymbol{A}$.

3.3.2　齐次方程组有非零解的条件及通解

齐次方程组$\boldsymbol{Ax}=\boldsymbol{0}$有非零解的充分必要条件是$\operatorname{rank}\boldsymbol{A}<n$. 此时它的通解为

$$\boldsymbol{x} = k_1\boldsymbol{\xi}_1 + k_2\boldsymbol{\xi}_2 + \cdots + k_{n-r}\boldsymbol{\xi}_{n-r},$$

其中$r=\operatorname{rank}\boldsymbol{A}$, $k_1,k_2,\cdots,k_{n-r}\in K$为任意常数, $\boldsymbol{\xi}_1,\boldsymbol{\xi}_2,\cdots,\boldsymbol{\xi}_{n-r}$为方程组的一个基础解系.

3.3.3　求齐次方程组基础解系的方法

利用 Gauss 消元法求解齐次方程组$\boldsymbol{Ax}=\boldsymbol{0}$的一般原理:设系数矩阵$\boldsymbol{A}$的秩$\operatorname{rank}\boldsymbol{A}=r$,用初等行变换将$\boldsymbol{A}$化成简化行阶梯矩阵$\boldsymbol{T}$,不妨设$\boldsymbol{T}$的$r$个主元位于$\boldsymbol{T}$的前$r$列,即

$$T=\begin{pmatrix}1&0&\cdots&0&b_{1,r+1}&\cdots&b_{1n}\\0&1&\cdots&0&b_{2,r+1}&\cdots&b_{2n}\\\vdots&\vdots&&\vdots&\vdots&&\vdots\\0&0&\cdots&1&b_{r,r+1}&\cdots&b_{rn}\\0&0&\cdots&0&0&\cdots&0\\\vdots&\vdots&&\vdots&\vdots&&\vdots\\0&0&\cdots&0&0&\cdots&0\end{pmatrix}.$$

分别取自由未知量$(x_{r+1},x_{r+2},\cdots,x_n)$为下列 $n-r$ 个单位向量：

$$\begin{pmatrix}x_{r+1}\\x_{r+2}\\\vdots\\x_n\end{pmatrix}=\begin{pmatrix}1\\0\\\vdots\\0\end{pmatrix},\begin{pmatrix}0\\1\\\vdots\\0\end{pmatrix},\cdots,\begin{pmatrix}0\\0\\\vdots\\1\end{pmatrix},$$

相应地,即可求得方程组 $\boldsymbol{Ax}=\boldsymbol{0}$ 的一个基础解系为

$$\boldsymbol{\xi}_1=\begin{pmatrix}-b_{1,r+1}\\-b_{2,r+1}\\\vdots\\-b_{r,r+1}\\1\\0\\\vdots\\0\end{pmatrix},\boldsymbol{\xi}_2=\begin{pmatrix}-b_{1,r+2}\\-b_{2,r+2}\\\vdots\\-b_{r,r+2}\\0\\1\\\vdots\\0\end{pmatrix},\cdots,\boldsymbol{\xi}_{n-r}=\begin{pmatrix}-b_{1n}\\-b_{2n}\\\vdots\\-b_{rn}\\0\\0\\\vdots\\1\end{pmatrix}.$$

典型问题解析

【例 3.30】　设 $\boldsymbol{A}$ 是 $m\times n$ 矩阵, $\boldsymbol{B}$ 是 $n\times m$ 矩阵, 则线性方程组$(\boldsymbol{AB})\boldsymbol{x}=\boldsymbol{0}$(　　).

(A) 当 $n>m$ 时仅有零解　　(B) 当 $n>m$ 时必有非零解

(C) 当 $m>n$ 时仅有零解　　(D) 当 $m>n$ 时必有非零解

【解】　这里,未知数向量 $\boldsymbol{x}$ 是 m 维的. 因为 $\operatorname{rank}(\boldsymbol{AB})\leqslant\operatorname{rank}\boldsymbol{A}\leqslant\min\{m,n\}$, 所以当 $m>n$ 时 $\operatorname{rank}(\boldsymbol{AB})<m$, 方程组$(\boldsymbol{AB})\boldsymbol{x}=\boldsymbol{0}$ 有非零解. 故应选(D).

【例 3.31】(数学一,2003 年)　设有齐次线性方程组 $\boldsymbol{Ax}=\boldsymbol{0}$ 和 $\boldsymbol{Bx}=\boldsymbol{0}$,其中 $\boldsymbol{A},\boldsymbol{B}$ 均为 $m\times n$ 矩阵,现有 4 个命题:

① 若 $\boldsymbol{Ax}=\boldsymbol{0}$ 的解均是 $\boldsymbol{Bx}=\boldsymbol{0}$ 的解,则 $\operatorname{rank}\boldsymbol{A}\geqslant\operatorname{rank}\boldsymbol{B}$;

② 若 $\operatorname{rank}\boldsymbol{A}\geqslant\operatorname{rank}\boldsymbol{B}$,则 $\boldsymbol{Ax}=\boldsymbol{0}$ 的解均是 $\boldsymbol{Bx}=\boldsymbol{0}$ 的解;

③ 若 $\boldsymbol{Ax}=\boldsymbol{0}$ 与 $\boldsymbol{Bx}=\boldsymbol{0}$ 同解,则 $\operatorname{rank}\boldsymbol{A}=\operatorname{rank}\boldsymbol{B}$;

④ 若 $\operatorname{rank}\boldsymbol{A}=\operatorname{rank}\boldsymbol{B}$,则 $\boldsymbol{Ax}=\boldsymbol{0}$ 与 $\boldsymbol{Bx}=\boldsymbol{0}$ 同解.

以上命题中正确的是(　　).

(A) ① ②　　(B) ① ③　　(C) ② ④　　(D) ③ ④

【解】　本题可先找出一个正确项,以缩小选择范围.

若齐次方程组 $\boldsymbol{Ax}=\boldsymbol{0}$ 与 $\boldsymbol{Bx}=\boldsymbol{0}$ 同解,则它们的解空间相同,所以 $n-\operatorname{rank}\boldsymbol{A}=n-\operatorname{rank}\boldsymbol{B}$,即

rank $\boldsymbol{A}$ = rank $\boldsymbol{B}$. 因此命题③成立，故可排除选项(A)(C). 反之，当 rank $\boldsymbol{A}$ = rank $\boldsymbol{B}$ 时，不能推出 $\boldsymbol{Ax}=\boldsymbol{0}$ 与 $\boldsymbol{Bx}=\boldsymbol{0}$ 同解. 例如：

$$\begin{pmatrix}1&2\\0&0\end{pmatrix}\begin{pmatrix}x_1\\x_2\end{pmatrix}=\begin{pmatrix}0\\0\end{pmatrix},\quad \begin{pmatrix}2&1\\0&0\end{pmatrix}\begin{pmatrix}x_1\\x_2\end{pmatrix}=\begin{pmatrix}0\\0\end{pmatrix},$$

虽然 rank $\boldsymbol{A}$ = rank $\boldsymbol{B}$ = 1，但 $\boldsymbol{Ax}=\boldsymbol{0}$ 与 $\boldsymbol{Bx}=\boldsymbol{0}$ 显然不同解，所以命题④不正确，由此又可排除选项(D). 故应选(B).

【例 3.32】 求 λ 的值，使齐次线性方程组

$$\begin{cases}(\lambda+3)x_1+x_2+2x_3=0,\\ \lambda x_1+(\lambda-1)x_2+x_3=0,\\ 3(\lambda+1)x_1+\lambda x_2+(\lambda+3)x_3=0\end{cases}$$

有非零解，并求出其一般解.

【解】 易知，方程组的系数行列式为

$$D=\begin{vmatrix}\lambda+3&1&2\\ \lambda&\lambda-1&1\\ 3\lambda+3&\lambda&\lambda+3\end{vmatrix}=\lambda^2(\lambda-1).$$

所以，当 $\lambda=0$ 或 $\lambda=1$ 时齐次方程组有非零解.

进一步，当 $\lambda=0$ 时，对方程组的系数矩阵施行初等行变换，得

$$\begin{pmatrix}1&0&1\\0&1&-1\\0&0&0\end{pmatrix}.$$

此时，方程组的一般解为 $\boldsymbol{x}=k(-1,1,1)$；

当 $\lambda=1$ 时，系数矩阵可化为

$$\begin{pmatrix}1&0&1\\0&1&-2\\0&0&0\end{pmatrix}.$$

于是，可求得方程组的一般解为 $\boldsymbol{x}=k(-1,2,1)$，其中 k 为任意常数.

【例 3.33】(南开大学，2005 年) 设齐次线性方程组

$$\begin{cases}x_2+ax_3+bx_4=0,\\ -x_1+cx_3+dx_4=0,\\ ax_1+cx_2-ex_4=0,\\ bx_1+dx_2-ex_3=0\end{cases}$$

的一般解以 x_3,x_4 为自由未知量.

(1) 求 a,b,c,d,e 满足的条件；

(2) 求齐次线性方程组的基础解系.

【解】 (1) 对方程组的系数矩阵施行初等行变换，得

$$\begin{pmatrix} 0 & 1 & a & b \\ -1 & 0 & c & d \\ a & c & 0 & -e \\ b & d & -e & 0 \end{pmatrix} \longrightarrow \begin{pmatrix} 1 & 0 & -c & -d \\ 0 & 1 & a & b \\ 0 & 0 & bc-ad-e & 0 \\ 0 & 0 & 0 & ad-bc-e \end{pmatrix},$$

显然,欲使方程组的一般解以 x_3,x_4 为自由未知量,必需$\begin{cases} bc-ad-e=0, \\ ad-bc-e=0, \end{cases}$亦即$\begin{cases} ad=bc, \\ e=0. \end{cases}$

(2) 当 a,b,c,d,e 满足(1)的条件时,根据上述初等变换结果可得方程组的基础解系为

$$\boldsymbol{\xi}_1=(c,-a,1,0)^{\mathrm{T}},\quad \boldsymbol{\xi}_2=(d,-b,0,1)^{\mathrm{T}}.$$

【例 3.34】(中国科学院,2005 年) 设四元齐次线性方程组(Ⅰ)为$\begin{cases} x_1+x_3=0, \\ x_2-x_4=0. \end{cases}$又已知某齐次线性方程组(Ⅱ)的通解为 $k_1(0,1,1,0)+k_2(-1,2,2,1)$.

(1) 求线性方程组(Ⅰ)的基础解系;

(2) 问线性方程组(Ⅰ)和(Ⅱ)是否有非零公共解?若有,则求出所有的非零公共解,若没有,则说明理由.

【解】 (1) 由已知,方程组(Ⅰ)的系数矩阵为$\begin{pmatrix} 1 & 0 & 1 & 0 \\ 0 & 1 & 0 & -1 \end{pmatrix}$,故(Ⅰ)的基础解系可取为 $(1,0,-1,0)$, $(0,1,0,1)$.

(2) 有非零公共解.

将方程组(Ⅱ)的通解代入方程组(Ⅰ),则有

$$\begin{cases} -k_2+k_1+2k_2=0, \\ k_1+2k_2-k_2=0. \end{cases}$$

解得 $k_1=-k_2$. 当 $k_1=-k_2\neq 0$ 时,则向量

$$\begin{aligned} k_1(0,1,1,0)+k_2(-1,2,2,1) &= k_2[(0,-1,-1,0)+(-1,2,2,1)] \\ &= k_2(-1,1,1,1) \end{aligned}$$

满足方程组(Ⅰ)(显然是(Ⅱ)的解). 因此(Ⅰ)与(Ⅱ)有非零公共解,所有非零公共解是

$$k(-1,1,1,1),$$

其中 k 是不为零的任意常数.

【例 3.35】(西安电子科技大学,2005 年) 设四元齐次线性方程组(Ⅰ)为

$$\begin{cases} 2x_1+3x_2-x_3=0, \\ x_1+2x_2+x_3-x_4=0. \end{cases}$$

已知另一四元齐次线性方程组(Ⅱ)的基础解系为

$$\boldsymbol{\alpha}_1=(2,-1,a+2,1)^{\mathrm{T}},\quad \boldsymbol{\alpha}_2=(-1,2,4,a+8)^{\mathrm{T}}.$$

(1) 求方程组(Ⅰ)的一个基础解系;

(2) 问当 a 为何值时,方程组(Ⅰ)与(Ⅱ)有非零公共解?在有非零公共解时,求出全部非零公共解.

【解】 (1) 由已知,方程组(Ⅰ)的系数矩阵为$\begin{pmatrix} 2 & 3 & -1 & 0 \\ 1 & 2 & 1 & -1 \end{pmatrix}$,可用初等行变换化为

$\begin{pmatrix}1 & 0 & -5 & 3\\ 0 & 1 & 3 & -2\end{pmatrix}$，故（Ⅰ）的基础解系可取为

$$\boldsymbol{\beta}_1=(5,-3,1,0)^{\mathrm{T}},\quad \boldsymbol{\beta}_2=(-3,2,0,1)^{\mathrm{T}}.$$

（2）显然，方程组（Ⅰ）与（Ⅱ）有非零公共解等价于 $k_1\boldsymbol{\beta}_1+k_2\boldsymbol{\beta}_2=k_3\boldsymbol{\alpha}_1+k_4\boldsymbol{\alpha}_2$，且 k_1,k_2 不同时为零. 这又归结为关于 k_1,k_2,k_3,k_4 的齐次线性方程组

$$（Ⅲ）：\quad k_1\boldsymbol{\beta}_1+k_2\boldsymbol{\beta}_2-k_3\boldsymbol{\alpha}_1-k_4\boldsymbol{\alpha}_2=\mathbf{0}$$

有非零解，且 k_1,k_2 不同时为零.

对（Ⅲ）的系数矩阵施行初等行变换，有

$$\boldsymbol{A}=\begin{pmatrix}5 & -3 & -2 & 1\\ -3 & 2 & 1 & -2\\ 1 & 0 & -a-2 & -4\\ 0 & 1 & -1 & -a-8\end{pmatrix}\longrightarrow\begin{pmatrix}1 & 0 & -a-2 & -4\\ 0 & 1 & -1 & -a-8\\ 0 & 0 & a+1 & -(a+1)\\ 0 & 0 & 0 & a+1\end{pmatrix},$$

可见，当 $a\neq -1$ 时，$\operatorname{rank}\boldsymbol{A}=4$，方程组（Ⅲ）仅有零解；当 $a=-1$ 时，$\operatorname{rank}\boldsymbol{A}=2$，方程组（Ⅲ）有非零解. 易知，其通解为

$$(k_1,k_2,k_3,k_4)=c_1\boldsymbol{\eta}_1+c_2\boldsymbol{\eta}_2,$$

其中 c_1,c_2 取任意常数，而

$$\boldsymbol{\eta}_1=(1,1,1,0),\quad \boldsymbol{\eta}_2=(4,7,0,1).$$

注意到$\begin{cases}k_1=c_1+4c_2,\\ k_2=c_1+7c_2,\end{cases}$所以 k_1,k_2 同时为零当且仅当 c_1,c_2 同时为零.

综上所述，当且仅当 $a=-1$ 时，方程组（Ⅰ）与（Ⅱ）有非零公共解，且全部非零公共解为 $k_1\boldsymbol{\beta}_1+k_2\boldsymbol{\beta}_2$，其中 k_1,k_2 取不同时为零的任意常数.

【例 3.36】（华南理工大学，2015 年）　已知齐次线性方程组

$$（Ⅰ）：\begin{cases}x_1+2x_2+3x_3=0,\\ 2x_1+3x_2+5x_3=0,\\ x_1+x_2+ax_3=0\end{cases}\quad 和\quad （Ⅱ）：\begin{cases}x_1+bx_2+cx_3=0,\\ 2x_1+b^2x_2+(c+1)x_3=0\end{cases}$$

同解，求 a,b,c 的值.

【解】　注意到齐次方程组（Ⅱ）的未知量个数大于方程的个数，所以（Ⅱ）必有非零解. 据题设（Ⅰ）与（Ⅱ）同解，因此（Ⅰ）也有非零解. 对（Ⅰ）的系数矩阵 $\boldsymbol{A}$ 作初等行变换，得

$$\boldsymbol{A}=\begin{pmatrix}1 & 2 & 3\\ 2 & 3 & 5\\ 1 & 1 & a\end{pmatrix}\longrightarrow\begin{pmatrix}1 & 0 & 1\\ 0 & 1 & 1\\ 0 & 0 & a-2\end{pmatrix}.$$

因为 $\operatorname{rank}\boldsymbol{A}<3$，所以 $a=2$. 此时，可求得方程组（Ⅰ）的一个基础解系为 $\boldsymbol{\eta}=(1,1,-1)^{\mathrm{T}}$.

将 $\boldsymbol{\eta}=(1,1,-1)^{\mathrm{T}}$ 代入方程组（Ⅱ），可得 $b=0,c=1$ 或 $b=1,c=2$.

当 $b=0,c=1$ 时，（Ⅱ）的系数矩阵 $\boldsymbol{B}=\begin{pmatrix}1 & 0 & 1\\ 2 & 0 & 2\end{pmatrix}$，$\operatorname{rank}\boldsymbol{B}<\operatorname{rank}\boldsymbol{A}$，可见方程组（Ⅱ）与方程组（Ⅰ）不同解.

当 $b=1,c=2$ 时，（Ⅱ）的系数矩阵 $\boldsymbol{B}=\begin{pmatrix}1 & 1 & 2\\ 2 & 1 & 3\end{pmatrix}\rightarrow\begin{pmatrix}1 & 0 & 1\\ 0 & 1 & 1\end{pmatrix}$，所以（Ⅱ）与（Ⅰ）同解.

综上所述，当且仅当 $a=2,b=1,c=2$ 时，方程组（Ⅰ）与方程组（Ⅱ）同解.

【例 3.37】(电子科技大学,2010 年) 已知齐次线性方程组

$$(\text{Ⅰ})\quad \begin{cases} x_1+x_2+x_4=0, \\ ax_1+a^2x_3=0, \\ ax_2+a^2x_4=0 \end{cases}$$

的解满足方程

$$(\text{Ⅱ})\quad x_1+x_2+x_3=0.$$

(1) 求 a 的值;

(2) 求方程组(Ⅰ)的通解.

【解】 (1) 先求方程组(Ⅰ)的解,再代入方程(Ⅱ),以确定 a 的值.

当 $a=0$ 时,(Ⅰ)成为 $x_1+x_2+x_4=0$. 它的解显然不可能都满足(Ⅱ).

例如:$x_1=x_3=2$, $x_2=x_4=-1$ 是(Ⅰ)的解,但不是(Ⅱ)的解. 说明 $a=0$ 不合要求.

当 $a\neq0$ 时,对(Ⅰ)的系数矩阵施行初等行变换,可得

$$\boldsymbol{A}=\begin{pmatrix}1&1&0&1\\a&0&a^2&0\\0&a&0&a^2\end{pmatrix}\longrightarrow\begin{pmatrix}1&0&0&1-a\\0&1&0&a\\0&0&1&\dfrac{a-1}{a}\end{pmatrix}.$$

故方程组(Ⅰ)的通解为

$$\boldsymbol{x}=c\left(a-1,-a,\frac{1-a}{a},1\right)^{\mathrm{T}}.$$

再将 $\boldsymbol{x}$ 代入(Ⅱ),得 $(a-1)-a+\dfrac{1-a}{a}=0$, 解得 $a=\dfrac{1}{2}$.

(2) 此时,方程组(Ⅰ)的通解为 $\boldsymbol{x}=c\left(-\dfrac{1}{2},-\dfrac{1}{2},1,1\right)^{\mathrm{T}}$, 其中 c 是任意常数.

【例 3.38】(上海师范大学,2005 年) 设有齐次线性方程组

$$\begin{cases}(1+a)x_1+x_2+\cdots+x_n=0, \\ 2x_1+(2+a)x_2+\cdots+2x_n=0, \\ \cdots\cdots\cdots\cdots \\ nx_1+nx_2+\cdots+(n+a)x_n=0\end{cases}\qquad(n\geqslant2)$$

试问 a 取何值时, 该方程组有非零解? 并求出其通解.

【分析】 本题是方程的个数与未知量的个数相同的齐次线性方程组,可考虑对系数矩阵直接用初等行变换化为行阶梯形矩阵,再讨论其秩是否小于 n,进而判断是否有非零解;也可直接计算系数矩阵的行列式,根据题设条件行列式的值必为零,由此对参数 a 的可能取值进行讨论. 这里只给出第一种解法.

【解】 对方程组的系数矩阵作初等行变换

$$\boldsymbol{A}=\begin{pmatrix}1+a&1&\cdots&1\\2&2+a&\cdots&2\\\vdots&\vdots&&\vdots\\n&n&\cdots&n+a\end{pmatrix}\xrightarrow[(i=2,3,\cdots,n)]{r_i-ir_1}\begin{pmatrix}1+a&1&\cdots&1\\-2a&a&\cdots&0\\\vdots&\vdots&&\vdots\\-na&0&\cdots&a\end{pmatrix}\overset{\text{记}}{=\!=}\boldsymbol{B}.$$

（1）当 $a=0$ 时，$\operatorname{rank}\boldsymbol{A}=1<n$，故方程组有非零解，其同解方程组为

$$x_1+x_2+\cdots+x_n=0.$$

由此得基础解系为

$$\boldsymbol{\eta}_1=(-1,1,0,\cdots,0)^{\mathrm{T}},\ \boldsymbol{\eta}_2=(-1,0,1,\cdots,0)^{\mathrm{T}},\ \cdots,\ \boldsymbol{\eta}_{n-1}=(-1,0,0,\cdots,1)^{\mathrm{T}}.$$

于是方程组的通解为

$$\boldsymbol{x}=c_1\boldsymbol{\eta}_1+c_2\boldsymbol{\eta}_2+\cdots+c_{n-1}\boldsymbol{\eta}_{n-1},\quad \text{其中 } c_1,c_2,\cdots,c_{n-1} \text{ 为任意常数.}$$

（2）当 $a\neq 0$ 时，继续对矩阵 $\boldsymbol{B}$ 作初等行变换，有

$$\boldsymbol{B}\longrightarrow\begin{pmatrix}1+a&1&\cdots&1\\-2&1&\cdots&0\\\vdots&\vdots&&\vdots\\-n&0&\cdots&1\end{pmatrix}\xrightarrow[i=2,3,\cdots,n]{r_1-r_i}\begin{pmatrix}a+\dfrac{n(n+1)}{2}&0&\cdots&0\\-2&1&\cdots&0\\\vdots&\vdots&&\vdots\\-n&0&\cdots&1\end{pmatrix}$$

可见，当 $a=-\dfrac{n(n+1)}{2}$ 时，$\operatorname{rank}\boldsymbol{A}=n-1<n$，故方程组有非零解，其同解方程组为

$$\begin{cases}-2x_1+x_2=0,\\-3x_1+x_3=0,\\\cdots\cdots\cdots\cdots\\-nx_1+x_n=0.\end{cases}$$

由此解得基础解系为

$$\boldsymbol{\eta}=(1,2,\cdots,n)^{\mathrm{T}}.$$

因此，方程组的通解为

$$\boldsymbol{x}=c\boldsymbol{\eta},\quad \text{其中 } c \text{ 为任意常数.}$$

【例 3.39】（厦门大学，2011 年；数学三，2002 年）　设齐次线性方程组为

$$\begin{cases}ax_1+bx_2+bx_3+\cdots+bx_n=0,\\bx_1+ax_2+bx_3+\cdots+bx_n=0,\\\cdots\cdots\cdots\cdots\\bx_1+bx_2+bx_3+\cdots+ax_n=0,\end{cases}$$

其中 $a\neq 0$，$b\neq 0$，$n\geqslant 2$. 试讨论 a,b 为何值时，方程组仅有零解、有无穷多个解？在有无穷多个解时，求出一般解，并用基础解系表示一般解.

【解】　方程组的系数行列式

$$|\boldsymbol{A}|=\begin{vmatrix}a&b&b&\cdots&b\\b&a&b&\cdots&b\\b&b&a&\cdots&b\\\vdots&\vdots&\vdots&&\vdots\\b&b&b&\cdots&a\end{vmatrix}=[a+(n-1)b](a-b)^{n-1}.$$

（1）当 $a\neq b$ 且 $a\neq(1-n)b$ 时，方程组仅有零解.

（2）当 $a=b$ 时，对系数矩阵 $\boldsymbol{A}$ 作初等行变换，有

$$A=\begin{pmatrix} a & a & a & \cdots & a \\ a & a & a & \cdots & a \\ \vdots & \vdots & \vdots & & \vdots \\ a & a & a & \cdots & a \end{pmatrix} \xrightarrow[r_1\times\frac{1}{a}]{\substack{r_i-r_1\\(i=2,3,\cdots,n)}} \begin{pmatrix} 1 & 1 & 1 & \cdots & 1 \\ 0 & 0 & 0 & \cdots & 0 \\ \vdots & \vdots & \vdots & & \vdots \\ 0 & 0 & 0 & \cdots & 0 \end{pmatrix}.$$

所以方程组的基础解系为

$$\boldsymbol{\alpha}_1=(-1,1,0,\cdots,0)^{\mathrm{T}},\ \boldsymbol{\alpha}_2=(-1,0,1,\cdots,0)^{\mathrm{T}},\ \cdots,\ \boldsymbol{\alpha}_{n-1}=(-1,0,0,\cdots,1)^{\mathrm{T}}.$$

于是方程组的一般解是

$$\boldsymbol{x}=c_1\boldsymbol{\alpha}_1+c_2\boldsymbol{\alpha}_2+\cdots+c_{n-1}\boldsymbol{\alpha}_{n-1},\text{其中 } c_1,c_2,\cdots,c_{n-1} \text{ 为任意常数}.$$

(3) 当 $a=(1-n)b$ 时，对系数矩阵 $\boldsymbol{A}$ 作初等行变换，有

$$A=\begin{pmatrix} (1-n)b & b & \cdots & b \\ b & (1-n)b & \cdots & b \\ \vdots & \vdots & & \vdots \\ b & b & \cdots & (1-n)b \end{pmatrix} \xrightarrow[j=1,2,3,\cdots,n]{c_j\times\frac{1}{b}} \begin{pmatrix} 1-n & 1 & \cdots & 1 \\ 1 & 1-n & \cdots & 1 \\ \vdots & \vdots & & \vdots \\ 1 & 1 & \cdots & 1-n \end{pmatrix}$$

$$\xrightarrow[r_1\leftrightarrow r_n]{r_1+r_2+\cdots+r_n} \begin{pmatrix} 1 & 1 & \cdots & 1 & 1-n \\ 1 & 1-n & \cdots & 1 & 1 \\ \vdots & \vdots & & \vdots & \vdots \\ 1 & 1 & \cdots & 1-n & 1 \\ 0 & 0 & \cdots & 0 & 0 \end{pmatrix} \xrightarrow[i=2,3,\cdots,n-1]{r_i-r_1} \begin{pmatrix} 1 & 1 & \cdots & 1 & 1-n \\ 0 & -n & \cdots & 0 & n \\ \vdots & \vdots & & \vdots & \vdots \\ 0 & 0 & \cdots & -n & n \\ 0 & 0 & \cdots & 0 & 0 \end{pmatrix}$$

$$\xrightarrow[i=2,3,\cdots,n-1]{r_i\times\left(-\frac{1}{n}\right)} \begin{pmatrix} 1 & 1 & \cdots & 1 & 1-n \\ 0 & 1 & \cdots & 0 & -1 \\ \vdots & \vdots & & \vdots & \vdots \\ 0 & 0 & \cdots & 1 & -1 \\ 0 & 0 & \cdots & 0 & 0 \end{pmatrix} \xrightarrow[i=2,3,\cdots,n-1]{r_1-r_i} \begin{pmatrix} 1 & 0 & \cdots & 0 & -1 \\ 0 & 1 & \cdots & 0 & -1 \\ \vdots & \vdots & & \vdots & \vdots \\ 0 & 0 & \cdots & 1 & -1 \\ 0 & 0 & \cdots & 0 & 0 \end{pmatrix}.$$

所以方程组的基础解系为

$$\boldsymbol{\beta}=(1,1,\cdots,1)^{\mathrm{T}}.$$

因此,方程组的一般解为 $\boldsymbol{x}=c\boldsymbol{\beta}$,其中 c 为任意常数.

【例 3.40】(北京交通大学,2005 年) 已知线性方程组

$$(\text{Ⅰ})\quad \begin{cases} a_{11}x_1+a_{12}x_2+\cdots+a_{1,2n}x_{2n}=0, \\ a_{21}x_1+a_{22}x_2+\cdots+a_{2,2n}x_{2n}=0, \\ \cdots\cdots\cdots\cdots \\ a_{n1}x_1+a_{n2}x_2+\cdots+a_{n,2n}x_{2n}=0 \end{cases}$$

的一个基础解系为

$$(b_{11},b_{12},\cdots,b_{1,2n})^{\mathrm{T}},\ (b_{21},b_{22},\cdots,b_{2,2n})^{\mathrm{T}},\ \cdots,\ (b_{n1},b_{n2},\cdots,b_{n,2n})^{\mathrm{T}}.$$

求线性方程组

$$(\text{Ⅱ})\quad \begin{cases} b_{11}y_1+b_{12}y_2+\cdots+b_{1,2n}y_{2n}=0, \\ b_{21}y_1+b_{22}y_2+\cdots+b_{2,2n}y_{2n}=0, \\ \cdots\cdots\cdots\cdots \\ b_{n1}y_1+b_{n2}y_2+\cdots+b_{n,2n}y_{2n}=0 \end{cases}$$

的通解,并说明理由.

【解】　将方程组（Ⅰ），（Ⅱ）的系数矩阵分别记为 $\boldsymbol{A}=(a_{ij})_{n\times 2n}$，$\boldsymbol{B}=(b_{ij})_{n\times 2n}$. 据题设，知 $\boldsymbol{B}$ 的 n 个行向量为（Ⅰ）：$\boldsymbol{Ax}=\boldsymbol{0}$ 的一个基础解系，即 $\boldsymbol{AB}^{\mathrm{T}}=\boldsymbol{O}$，且 rank $\boldsymbol{B}=n$，所以 $\boldsymbol{BA}^{\mathrm{T}}=\boldsymbol{O}$，且 rank $\boldsymbol{A}=2n-\mathrm{rank}\,\boldsymbol{B}=n$，即 $\boldsymbol{A}$ 的 n 个行向量为（Ⅱ）：$\boldsymbol{By}=\boldsymbol{0}$ 的一个基础解系. 于是，线性方程组（Ⅱ）的通解为

$$\boldsymbol{y}=c_1\begin{pmatrix}a_{11}\\a_{12}\\\vdots\\a_{1,2n}\end{pmatrix}+c_2\begin{pmatrix}a_{21}\\a_{22}\\\vdots\\a_{2,2n}\end{pmatrix}+\cdots+c_n\begin{pmatrix}a_{n1}\\a_{n2}\\\vdots\\a_{n,2n}\end{pmatrix},$$

其中 $c_1, c_2, \cdots, c_n$ 为任意常数.

【例 3.41】（浙江大学，2003 年）　设 $\boldsymbol{\alpha}_1,\boldsymbol{\alpha}_2,\cdots,\boldsymbol{\alpha}_s$ 是 $\mathbb{R}^n$ 中 s 个线性无关的向量. 证明：存在含 n 个未知量的齐次线性方程组，使得 $\boldsymbol{\alpha}_1,\boldsymbol{\alpha}_2,\cdots,\boldsymbol{\alpha}_s$ 是它的一个基础解系.

【解】　设 $\boldsymbol{\alpha}_i=(a_{i1},a_{i2},\cdots,a_{in}),i=1,2,\cdots,s$. 考虑 n 元齐次线性方程组

$$(\text{Ⅰ})\quad\begin{cases}a_{11}x_1+a_{12}x_2+\cdots+a_{1n}x_n=0,\\a_{21}x_1+a_{22}x_2+\cdots+a_{2n}x_n=0,\\\cdots\cdots\cdots\cdots\\a_{s1}x_1+a_{s2}x_2+\cdots+a_{sn}x_n=0.\end{cases}$$

由于 $\boldsymbol{\alpha}_1,\boldsymbol{\alpha}_2,\cdots,\boldsymbol{\alpha}_s$ 线性无关，所以（Ⅰ）的系数矩阵的秩为 s，其基础解系含 $n-s=r$ 个解向量. 现设 $\boldsymbol{\beta}_j=(b_{j1},b_{j2},\cdots,b_{jn}),j=1,2,\cdots,r$ 是（Ⅰ）的一个基础解系，并构造 n 元齐次方程组

$$(\text{Ⅱ})\quad\begin{cases}b_{11}y_1+b_{12}y_2+\cdots+b_{1n}y_n=0,\\b_{21}y_1+b_{22}y_2+\cdots+b_{2n}y_n=0,\\\cdots\cdots\cdots\cdots\\b_{r1}y_1+b_{r2}y_2+\cdots+b_{rn}y_n=0.\end{cases}$$

显然，方程组（Ⅱ）的基础解系含 $n-r=s$ 个解向量. 由 $\boldsymbol{\beta}_1,\boldsymbol{\beta}_2,\cdots,\boldsymbol{\beta}_r$ 是（Ⅰ）的解易知，$\boldsymbol{\alpha}_1,\boldsymbol{\alpha}_2,\cdots,\boldsymbol{\alpha}_s$ 是（Ⅱ）的解，因而是（Ⅱ）的一个基础解系.

【注】　上述证明可用矩阵方式叙述如下. 这里，不妨设 $\boldsymbol{\alpha}_1,\boldsymbol{\alpha}_2,\cdots,\boldsymbol{\alpha}_s$ 是列向量，并令 $\boldsymbol{A}=(\boldsymbol{\alpha}_1,\boldsymbol{\alpha}_2,\cdots,\boldsymbol{\alpha}_s)$，由于 $\boldsymbol{\alpha}_1,\boldsymbol{\alpha}_2,\cdots,\boldsymbol{\alpha}_s$ 线性无关，所以 rank $\boldsymbol{A}=s$，齐次线性方程组 $\boldsymbol{A}^{\mathrm{T}}\boldsymbol{x}=\boldsymbol{0}$ 的基础解系含 $n-s$ 个解向量，设它的一个基础解系为 $\boldsymbol{\beta}_1,\boldsymbol{\beta}_2,\cdots,\boldsymbol{\beta}_{n-s}$，则

$$\boldsymbol{A}^{\mathrm{T}}\boldsymbol{\beta}_j=\boldsymbol{0},\quad j=1,2,\cdots,n-s.$$

令 $\boldsymbol{B}=(\boldsymbol{\beta}_1,\boldsymbol{\beta}_2,\cdots,\boldsymbol{\beta}_{n-s})$，则 rank $\boldsymbol{B}=n-s$，且 $\boldsymbol{A}^{\mathrm{T}}\boldsymbol{B}=\boldsymbol{O}$，或 $\boldsymbol{B}^{\mathrm{T}}\boldsymbol{A}=\boldsymbol{O}$，故 $\boldsymbol{\alpha}_1,\boldsymbol{\alpha}_2,\cdots,\boldsymbol{\alpha}_s$ 都是含 n 个未知量的齐次线性方程组 $\boldsymbol{B}^{\mathrm{T}}\boldsymbol{y}=\boldsymbol{0}$ 的解，因而是 $\boldsymbol{B}^{\mathrm{T}}\boldsymbol{y}=\boldsymbol{0}$ 的一个基础解系.

【例 3.42】（东南大学，2004 年；华南理工大学，2014 年）　已知齐次线性方程组

$$\begin{cases}(a_1+b)x_1+a_2x_2+\cdots+a_nx_n=0,\\a_1x_1+(a_2+b)x_2+\cdots+a_nx_n=0,\\\cdots\cdots\cdots\cdots\\a_1x_1+a_2x_2+\cdots+(a_n+b)x_n=0,\end{cases}$$

其中 $\sum\limits_{i=1}^{n}a_i\neq 0$. 试讨论 $a_1,a_2,\cdots,a_n$ 和 b 满足何种条件时，

(1) 方程组仅有零解;

(2) 方程组有非零解. 此时,用基础解系表出所有解.

【解】 方程组系数矩阵 $\boldsymbol{A}$ 的行列式为

$$|\boldsymbol{A}|=\begin{vmatrix} a_1+b & a_2 & \cdots & a_n \\ a_1 & a_2+b & \cdots & a_n \\ \vdots & \vdots & & \vdots \\ a_1 & a_2 & \cdots & a_n+b \end{vmatrix}=b^{n-1}\left(b+\sum_{i=1}^{n}a_i\right).$$

(1) 当 $b\neq0$ 且 $b+\sum\limits_{i=1}^{n}a_i\neq0$ 时,rank $\boldsymbol{A}=n$,方程组仅有零解.

(2) 当 $b=0$ 时,$|\boldsymbol{A}|=0$,方程组有非零解. 此时,原方程组的同解方程组为

$$a_1x_1+a_2x_2+\cdots+a_nx_n=0.$$

因为 $\sum\limits_{i=1}^{n}a_i\neq0$,所以至少有一个 $a_i\neq0$,不妨设 $a_1\neq0$. 可解得方程组的一个基础解系为

$$\boldsymbol{\xi}_1=\begin{pmatrix} -\dfrac{a_2}{a_1} \\ 1 \\ 0 \\ \vdots \\ 0 \end{pmatrix},\ \boldsymbol{\xi}_2=\begin{pmatrix} -\dfrac{a_3}{a_1} \\ 0 \\ 1 \\ \vdots \\ 0 \end{pmatrix},\ \cdots,\ \boldsymbol{\xi}_{n-1}=\begin{pmatrix} -\dfrac{a_n}{a_1} \\ 0 \\ 0 \\ \vdots \\ 1 \end{pmatrix}.$$

故方程组的通解为 $\boldsymbol{x}=k_1\boldsymbol{\xi}_1+k_2\boldsymbol{\xi}_2+\cdots+k_{n-1}\boldsymbol{\xi}_{n-1}$,其中 $k_1,k_2,\cdots,k_{n-1}$ 为任意常数.

当 $b=-\sum\limits_{i=1}^{n}a_i$ 时,$|\boldsymbol{A}|=0$,方程组有非零解. 此时,$b\neq0$. 对系数矩阵 $\boldsymbol{A}$ 施行初等行变换,有

$$\boldsymbol{A}\to\begin{pmatrix} -1 & 1 & 0 & \cdots & 0 \\ -1 & 0 & 1 & \cdots & 0 \\ \vdots & \vdots & \vdots & & \vdots \\ -1 & 0 & 0 & \cdots & 1 \\ 0 & 0 & 0 & \cdots & 0 \end{pmatrix}.$$

由此得方程组的同解方程组为

$$x_2=x_1,x_3=x_1,\cdots,x_n=x_1.$$

所以方程组的一个基础解系为 $\boldsymbol{\xi}=(1,1,\cdots,1)$,通解为 $\boldsymbol{x}=k\boldsymbol{\xi}$,其中 k 为任意常数.

【例 3.43】 设 $\boldsymbol{A},\boldsymbol{B}$ 为 n 阶方阵,且 rank $\boldsymbol{A}$+rank $\boldsymbol{B}<n$,证明齐次线性方程组 $\boldsymbol{Ax}=\boldsymbol{0}$ 与 $\boldsymbol{Bx}=\boldsymbol{0}$ 有非零公共解.

【证】 因为 rank $\begin{pmatrix}\boldsymbol{A}\\ \boldsymbol{B}\end{pmatrix}\leqslant$ rank $\boldsymbol{A}$+rank $\boldsymbol{B}<n$,所以齐次方程组 $\begin{pmatrix}\boldsymbol{A}\\ \boldsymbol{B}\end{pmatrix}\boldsymbol{x}=\boldsymbol{0}$ 有非零解,这等价于方程组 $\boldsymbol{Ax}=\boldsymbol{0}$ 与 $\boldsymbol{Bx}=\boldsymbol{0}$ 有非零公共解.

【例 3.44】 设 $\boldsymbol{A}$ 是 $m\times n$ 矩阵,$\boldsymbol{B}$ 是 m 阶可逆矩阵,证明:若 $\boldsymbol{A}^{\mathrm{T}}$ 的列向量组是齐次线性方程组 $\boldsymbol{Cx}=\boldsymbol{0}$ 的一个基础解系,则 $(\boldsymbol{BA})^{\mathrm{T}}$ 的列向量组也是 $\boldsymbol{Cx}=\boldsymbol{0}$ 的一个基础解系.

【证】　因为 $\boldsymbol{A}^{\mathrm{T}}$ 的列向量组是方程组 $\boldsymbol{Cx}=\boldsymbol{0}$ 的一个基础解系,所以 $\operatorname{rank}(\boldsymbol{A}^{\mathrm{T}})=m$,$\boldsymbol{CA}^{\mathrm{T}}=\boldsymbol{O}$,且 $\boldsymbol{Cx}=\boldsymbol{0}$ 的基础解系含 m 个解向量.

因为 $\boldsymbol{B}$ 是可逆矩阵,所以 $\operatorname{rank}((\boldsymbol{BA})^{\mathrm{T}})=\operatorname{rank}(\boldsymbol{A}^{\mathrm{T}})=m$,即 $(\boldsymbol{BA})^{\mathrm{T}}$ 的列向量组线性无关. 又 $\boldsymbol{C}(\boldsymbol{BA})^{\mathrm{T}}=\boldsymbol{O}$,即 $(\boldsymbol{BA})^{\mathrm{T}}$ 的列向量都是 $\boldsymbol{Cx}=\boldsymbol{0}$ 的解. 于是,$(\boldsymbol{BA})^{\mathrm{T}}$ 的列向量组是 $\boldsymbol{Cx}=\boldsymbol{0}$ 的一个基础解系.

【例 3.45】(华中师范大学,2000 年;厦门大学,2010 年)　设 $\boldsymbol{A}\in P^{m\times n}$,$\boldsymbol{\eta}_1,\boldsymbol{\eta}_2,\cdots,\boldsymbol{\eta}_{n-r}$ 是齐次线性方程组 $\boldsymbol{AX}=\boldsymbol{0}$ 的一个基础解系,$\boldsymbol{B}=(\boldsymbol{\eta}_1,\boldsymbol{\eta}_2,\cdots,\boldsymbol{\eta}_{n-r})$. 证明:如果 $\boldsymbol{AC}=\boldsymbol{O}$(其中 $\boldsymbol{C}\in P^{n\times t}$),那么存在唯一的矩阵 $\boldsymbol{D}$,使 $\boldsymbol{C}=\boldsymbol{BD}$.

【证】　先证 $\boldsymbol{D}$ 的存在性. 设 $\boldsymbol{C}=(\boldsymbol{\alpha}_1,\boldsymbol{\alpha}_2,\cdots,\boldsymbol{\alpha}_t)$,则由 $\boldsymbol{AC}=\boldsymbol{O}$ 可知

$$\boldsymbol{A\alpha}_j=\boldsymbol{0},\quad j=1,2,\cdots,t.$$

即 $\boldsymbol{\alpha}_1,\boldsymbol{\alpha}_2,\cdots,\boldsymbol{\alpha}_t$ 均为齐次方程组 $\boldsymbol{AX}=\boldsymbol{0}$ 的解,故可由 $\boldsymbol{AX}=\boldsymbol{0}$ 的基础解系 $\boldsymbol{\eta}_1,\boldsymbol{\eta}_2,\cdots,\boldsymbol{\eta}_{n-r}$ 线性表示. 设 $\boldsymbol{\alpha}_j=d_{1j}\boldsymbol{\eta}_1+d_{2j}\boldsymbol{\eta}_2+\cdots+d_{n-r,j}\boldsymbol{\eta}_{n-r}$,$j=1,2,\cdots,t$,则

$$(\boldsymbol{\alpha}_1,\boldsymbol{\alpha}_2,\cdots,\boldsymbol{\alpha}_t)=(\boldsymbol{\eta}_1,\boldsymbol{\eta}_2,\cdots,\boldsymbol{\eta}_{n-r})\begin{pmatrix} d_{11} & d_{12} & \cdots & d_{1t}\\ d_{21} & d_{22} & \cdots & d_{2t}\\ \vdots & \vdots & & \vdots\\ d_{n-r,1} & d_{n-r,2} & \cdots & d_{n-r,t}\end{pmatrix}.$$

令 $\boldsymbol{D}=(d_{ij})_{(n-r)\times t}$,则 $\boldsymbol{C}=\boldsymbol{BD}$.

再证 $\boldsymbol{D}$ 的唯一性. 设另有 $(n-r)\times t$ 矩阵 $\boldsymbol{D}_1$ 使 $\boldsymbol{C}=\boldsymbol{BD}_1$,则 $\boldsymbol{BD}=\boldsymbol{BD}_1$,即 $\boldsymbol{B}(\boldsymbol{D}-\boldsymbol{D}_1)=\boldsymbol{O}$,所以 $\boldsymbol{D}-\boldsymbol{D}_1$ 的列向量均为齐次线性方程组 $\boldsymbol{BX}=\boldsymbol{0}$ 的解. 因为 $\operatorname{rank}\boldsymbol{B}=n-r$,所以 $\boldsymbol{BX}=\boldsymbol{0}$ 仅有零解,故 $\boldsymbol{D}-\boldsymbol{D}_1=\boldsymbol{O}$,即 $\boldsymbol{D}_1=\boldsymbol{D}$.

【例 3.46】　设 $\boldsymbol{\alpha}_1,\boldsymbol{\alpha}_2,\cdots,\boldsymbol{\alpha}_k\in\mathbb{R}^n$ 是齐次线性方程组 $\boldsymbol{Ax}=\boldsymbol{0}$ 的基础解系,$s,t\in\mathbb{R}$. 又设

$$\boldsymbol{\beta}_1=s\boldsymbol{\alpha}_1+t\boldsymbol{\alpha}_2,\ \cdots,\ \boldsymbol{\beta}_{k-1}=s\boldsymbol{\alpha}_{k-1}+t\boldsymbol{\alpha}_k,\ \boldsymbol{\beta}_k=s\boldsymbol{\alpha}_k+t\boldsymbol{\alpha}_1.$$

试问:s,t 满足什么关系时,使得 $\boldsymbol{\beta}_1,\boldsymbol{\beta}_2,\cdots,\boldsymbol{\beta}_k$ 是方程组 $\boldsymbol{Ax}=\boldsymbol{0}$ 的基础解系;反之,当 $\boldsymbol{\beta}_1,\boldsymbol{\beta}_2,\cdots,\boldsymbol{\beta}_k$ 是方程组 $\boldsymbol{Ax}=\boldsymbol{0}$ 的基础解系时,这个关系必须成立.

【解】　显然,$\boldsymbol{\beta}_1,\boldsymbol{\beta}_2,\cdots,\boldsymbol{\beta}_k$ 都是方程组 $\boldsymbol{Ax}=\boldsymbol{0}$ 的解. 因为 $\boldsymbol{Ax}=\boldsymbol{0}$ 的基础解系含有 k 个解向量,所以 $\boldsymbol{\beta}_1,\boldsymbol{\beta}_2,\cdots,\boldsymbol{\beta}_k$ 是 $\boldsymbol{Ax}=\boldsymbol{0}$ 的基础解系当且仅当 $\boldsymbol{\beta}_1,\boldsymbol{\beta}_2,\cdots,\boldsymbol{\beta}_k$ 线性无关.

易知,向量组 $\boldsymbol{\alpha}_1,\boldsymbol{\alpha}_2,\cdots,\boldsymbol{\alpha}_k$ 与向量组 $\boldsymbol{\beta}_1,\boldsymbol{\beta}_2,\cdots,\boldsymbol{\beta}_k$ 之间有关系式:

$$(\boldsymbol{\beta}_1,\boldsymbol{\beta}_2,\cdots,\boldsymbol{\beta}_k)=(\boldsymbol{\alpha}_1,\boldsymbol{\alpha}_2,\cdots,\boldsymbol{\alpha}_k)\boldsymbol{T},$$

其中,$\boldsymbol{T}$ 为如下 k 阶方阵

$$\boldsymbol{T}=\begin{pmatrix} s & 0 & \cdots & 0 & t\\ t & s & \ddots & \vdots & 0\\ 0 & t & \ddots & 0 & \vdots\\ \vdots & \ddots & \ddots & s & 0\\ 0 & \cdots & 0 & t & s\end{pmatrix}.$$

因为 $\boldsymbol{\alpha}_1,\boldsymbol{\alpha}_2,\cdots,\boldsymbol{\alpha}_k$ 线性无关,所以 $\boldsymbol{\beta}_1,\boldsymbol{\beta}_2,\cdots,\boldsymbol{\beta}_k$ 线性无关的充分必要条件是 $\boldsymbol{T}$ 非奇异.

经计算,矩阵 $\boldsymbol{T}$ 的行列式为

$$\det\boldsymbol{T}=s^k+(-1)^{k+1}t^k.$$

于是，$\boldsymbol{\beta}_1,\boldsymbol{\beta}_2,\cdots,\boldsymbol{\beta}_k$ 是方程组 $\boldsymbol{Ax}=\boldsymbol{0}$ 的基础解系当且仅当 $s^k+(-1)^{k+1}t^k\neq 0$.

【例 3.47】(湖南大学，2011 年) 设 $\boldsymbol{A},\boldsymbol{B}$ 分别为 $m\times n$ 与 $n\times m$ 矩阵，$\boldsymbol{C}$ 为 n 阶可逆矩阵，且 $\operatorname{rank}\boldsymbol{A}=r<n$, $\boldsymbol{A}(\boldsymbol{C}+\boldsymbol{BA})=\boldsymbol{O}$. 证明：

(1) $\operatorname{rank}(\boldsymbol{C}+\boldsymbol{BA})=n-r$;

(2) 线性方程组 $\boldsymbol{Ax}=\boldsymbol{0}$ 的通解为 $\boldsymbol{x}=(\boldsymbol{C}+\boldsymbol{BA})\boldsymbol{z}$，其中 $\boldsymbol{z}$ 为任意的 n 维列向量.

【证】 (1) 由 $\boldsymbol{A}(\boldsymbol{C}+\boldsymbol{BA})=\boldsymbol{O}$，知 $\operatorname{rank}\boldsymbol{A}+\operatorname{rank}(\boldsymbol{C}+\boldsymbol{BA})\leqslant n$，所以 $\operatorname{rank}(\boldsymbol{C}+\boldsymbol{BA})\leqslant n-r$.

另一方面，注意到 $\operatorname{rank}\boldsymbol{C}=n$，且 $\operatorname{rank}(\boldsymbol{BA})\leqslant\operatorname{rank}\boldsymbol{A}$，所以

$$\operatorname{rank}(\boldsymbol{C}+\boldsymbol{BA})\geqslant\operatorname{rank}\boldsymbol{C}-\operatorname{rank}(\boldsymbol{BA})\geqslant n-\operatorname{rank}\boldsymbol{A}=n-r.$$

因此 $\operatorname{rank}(\boldsymbol{C}+\boldsymbol{BA})=n-r$.

(2) 由 $\operatorname{rank}\boldsymbol{A}=r<n$，可知 $\boldsymbol{Ax}=\boldsymbol{0}$ 有基础解系，并且其任一基础解系含 $n-r$ 个解. 又由条件 $\boldsymbol{A}(\boldsymbol{C}+\boldsymbol{BA})=\boldsymbol{O}$ 及(1)的结论，可知 $\boldsymbol{C}+\boldsymbol{BA}$ 的列向量都是 $\boldsymbol{Ax}=\boldsymbol{0}$ 的解，且其中任意 $n-r$ 个线性无关的列向量构成 $\boldsymbol{Ax}=\boldsymbol{0}$ 的一个基础解系. 注意到该基础解系与 $\boldsymbol{C}+\boldsymbol{BA}$ 的列向量组是等价的，所以 $\boldsymbol{Ax}=\boldsymbol{0}$ 的通解 $\boldsymbol{x}$ 可由 $\boldsymbol{C}+\boldsymbol{BA}$ 的列向量组线性表示，即 $\boldsymbol{x}=(\boldsymbol{C}+\boldsymbol{BA})\boldsymbol{z}$，其中 $\boldsymbol{z}$ 为任意的 n 维列向量.

【注】 本题(1)的另一有效证法：因为 $\boldsymbol{A}(\boldsymbol{C}+\boldsymbol{BA})=\boldsymbol{O}$，所以 $\operatorname{rank}\boldsymbol{A}+\operatorname{rank}(\boldsymbol{C}+\boldsymbol{BA})\leqslant n$. 若 $\operatorname{rank}\boldsymbol{A}+\operatorname{rank}(\boldsymbol{C}+\boldsymbol{BA})<n$，则由本章例 3.43 知，方程组 $\boldsymbol{Ax}=\boldsymbol{0}$ 与 $(\boldsymbol{C}+\boldsymbol{BA})\boldsymbol{x}=\boldsymbol{0}$ 有非零公共解 $\boldsymbol{x}_0$，即 $\boldsymbol{Ax}_0=\boldsymbol{0}$, $(\boldsymbol{C}+\boldsymbol{BA})\boldsymbol{x}_0=\boldsymbol{0}$，从而有 $\boldsymbol{Cx}_0=\boldsymbol{0}$. 因为 $\boldsymbol{C}$ 为可逆矩阵，所以 $\boldsymbol{x}_0=\boldsymbol{0}$，矛盾. 因此 $\operatorname{rank}\boldsymbol{A}+\operatorname{rank}(\boldsymbol{C}+\boldsymbol{BA})=n$.

【例 3.48】(北京大学，2007 年) 设 $\boldsymbol{A},\boldsymbol{B}$ 都是 $m\times n$ 矩阵，线性方程组 $\boldsymbol{Ax}=\boldsymbol{0}$ 与 $\boldsymbol{Bx}=\boldsymbol{0}$ 同解，则 $\boldsymbol{A}$ 与 $\boldsymbol{B}$ 的列向量组是否等价？行向量组是否等价？若是，则给出证明；若否，则举出反例.

【解】 第 1 个结论不成立. 例如：若 $\boldsymbol{A}=\begin{pmatrix}1&0\\0&0\end{pmatrix}$, $\boldsymbol{B}=\begin{pmatrix}1&0\\1&0\end{pmatrix}$，则方程组 $\boldsymbol{Ax}=\boldsymbol{0}$ 与 $\boldsymbol{Bx}=\boldsymbol{0}$ 同解，但 $\boldsymbol{A}$ 与 $\boldsymbol{B}$ 的列向量组显然不等价. 第 2 个结论成立，兹证明如下：

因为方程组 $\boldsymbol{Ax}=\boldsymbol{0}$ 与 $\boldsymbol{Bx}=\boldsymbol{0}$ 同解，所以 $\operatorname{rank}\boldsymbol{A}=\operatorname{rank}\boldsymbol{B}$. 记 $r=n-\operatorname{rank}\boldsymbol{A}$，先考虑 $r\geqslant 1$ 的情形. 任取 $\boldsymbol{Ax}=\boldsymbol{0}$ 的一个基础解系(当然也是 $\boldsymbol{Bx}=\boldsymbol{0}$ 的一个基础解系)构成 $n\times r$ 矩阵 $\boldsymbol{C}$，则 $\operatorname{rank}\boldsymbol{C}=r$，且 $\boldsymbol{AC}=\boldsymbol{O}$, $\boldsymbol{BC}=\boldsymbol{O}$.

考虑齐次线性方程组 $\boldsymbol{C}^{\mathrm{T}}\boldsymbol{x}=\boldsymbol{0}$，其解空间 S 的维数 $\dim S=n-r=\operatorname{rank}\boldsymbol{A}$. 因为 $\boldsymbol{C}^{\mathrm{T}}\boldsymbol{A}^{\mathrm{T}}=\boldsymbol{O}$，所以 $\boldsymbol{A}$ 的行向量都是 $\boldsymbol{C}^{\mathrm{T}}\boldsymbol{x}=\boldsymbol{0}$ 的解，因此 $\boldsymbol{A}$ 的行空间 $W_{\boldsymbol{A}}$ 是 S 的一个子空间，即 $W_{\boldsymbol{A}}\subseteq S$. 注意到 $\dim W_{\boldsymbol{A}}=\operatorname{rank}\boldsymbol{A}=\dim S$，故 $W_{\boldsymbol{A}}=S$.

同理，$\boldsymbol{B}$ 的行空间 $W_{\boldsymbol{B}}=S$. 于是有 $W_{\boldsymbol{A}}=W_{\boldsymbol{B}}$，这就表明 $\boldsymbol{A}$ 与 $\boldsymbol{B}$ 的行向量组等价.

若 $r=0$，则 $\operatorname{rank}\boldsymbol{A}=\operatorname{rank}\boldsymbol{B}=n$，即 $\boldsymbol{A}$ 与 $\boldsymbol{B}$ 都是列满秩的，故存在 m 阶可逆矩阵 $\boldsymbol{P}_1,\boldsymbol{P}_2$，使得

$$\boldsymbol{P}_1\boldsymbol{A}=\begin{pmatrix}\boldsymbol{E}_n\\\boldsymbol{O}\end{pmatrix},\quad \boldsymbol{P}_2\boldsymbol{B}=\begin{pmatrix}\boldsymbol{E}_n\\\boldsymbol{O}\end{pmatrix},$$

令 $\boldsymbol{P}=\boldsymbol{P}_2^{-1}\boldsymbol{P}_1$，则 $\boldsymbol{P}$ 是可逆矩阵，且 $\boldsymbol{PA}=\boldsymbol{B}$. 由此易知，$\boldsymbol{A}$ 与 $\boldsymbol{B}$ 的行向量组等价.

【注】 由此可得：设 $\boldsymbol{A},\boldsymbol{B}$ 都是 $m\times n$ 矩阵，则齐次线性方程组 $\boldsymbol{Ax}=\boldsymbol{0}$ 与 $\boldsymbol{Bx}=\boldsymbol{0}$ 同解的充

分必要条件是存在 m 阶可逆矩阵 $\boldsymbol{P}$ 使得 $\boldsymbol{PA}=\boldsymbol{B}$.

这里,我们给出必要性的另一证法. 注意到,此时有 $\operatorname{rank}\boldsymbol{A}=\operatorname{rank}\boldsymbol{B}=r$,不失一般性,可设 $\boldsymbol{A}=\begin{pmatrix}\boldsymbol{A}_1\\ \boldsymbol{A}_2\end{pmatrix}$, $\boldsymbol{B}=\begin{pmatrix}\boldsymbol{B}_1\\ \boldsymbol{B}_2\end{pmatrix}$,其中 $\boldsymbol{A}_1,\boldsymbol{B}_1$ 均为行满秩的 $r\times n$ 矩阵,因此存在 $(m-r)\times r$ 矩阵 $\boldsymbol{C},\boldsymbol{D}$ 使得 $\boldsymbol{A}_2=\boldsymbol{CA}_1,\boldsymbol{B}_2=\boldsymbol{DB}_1$. 因为 $\boldsymbol{Ax}=\boldsymbol{0}$ 与 $\boldsymbol{Bx}=\boldsymbol{0}$ 同解,所以 $\boldsymbol{A}_1\boldsymbol{x}=\boldsymbol{0}$ 与 $\boldsymbol{B}_1\boldsymbol{x}=\boldsymbol{0}$ 也同解,因而 $\boldsymbol{A}_1\boldsymbol{x}=\boldsymbol{0}$, $\boldsymbol{B}_1\boldsymbol{x}=\boldsymbol{0}$,及 $\begin{pmatrix}\boldsymbol{A}_1\\ \boldsymbol{B}_1\end{pmatrix}\boldsymbol{x}=\boldsymbol{0}$ 都同解,且 $\operatorname{rank}\begin{pmatrix}\boldsymbol{A}_1\\ \boldsymbol{B}_1\end{pmatrix}=r$. 由此可知,存在 r 阶方阵 $\boldsymbol{Q}$ 使得 $\boldsymbol{QA}_1=\boldsymbol{B}_1$. 注意到 $\boldsymbol{A}_1$ 与 $\boldsymbol{B}_1$ 的行向量组都是线性无关的,易知 $\boldsymbol{Q}$ 是可逆矩阵. 于是,有

$$\boldsymbol{A}=\begin{pmatrix}\boldsymbol{E}_r & \boldsymbol{O}\\ \boldsymbol{C} & \boldsymbol{E}_{m-r}\end{pmatrix}\begin{pmatrix}\boldsymbol{A}_1\\ \boldsymbol{O}\end{pmatrix},\quad \boldsymbol{B}=\begin{pmatrix}\boldsymbol{E}_r & \boldsymbol{O}\\ \boldsymbol{D} & \boldsymbol{E}_{m-r}\end{pmatrix}\begin{pmatrix}\boldsymbol{B}_1\\ \boldsymbol{O}\end{pmatrix}=\begin{pmatrix}\boldsymbol{E}_r & \boldsymbol{O}\\ \boldsymbol{D} & \boldsymbol{E}_{m-r}\end{pmatrix}\begin{pmatrix}\boldsymbol{Q} & \\ & \boldsymbol{E}_{m-r}\end{pmatrix}\begin{pmatrix}\boldsymbol{A}_1\\ \boldsymbol{O}\end{pmatrix}.$$

令 $\boldsymbol{P}=\begin{pmatrix}\boldsymbol{E}_r & \boldsymbol{O}\\ \boldsymbol{D} & \boldsymbol{E}_{m-r}\end{pmatrix}\begin{pmatrix}\boldsymbol{Q} & \\ & \boldsymbol{E}_{m-r}\end{pmatrix}\begin{pmatrix}\boldsymbol{E}_r & \boldsymbol{O}\\ -\boldsymbol{C} & \boldsymbol{E}_{m-r}\end{pmatrix}$,则 $\boldsymbol{P}$ 是 m 阶可逆矩阵,且 $\boldsymbol{PA}=\boldsymbol{B}$.

【例 3.49】(中国科学院,2006 年;山东大学,2015 年)　设有 n 元齐次线性方程组

$$\begin{cases}a_{11}x_1+a_{12}x_2+\cdots+a_{1n}x_n=0,\\ a_{21}x_1+a_{22}x_2+\cdots+a_{2n}x_n=0,\\ \cdots\cdots\cdots\cdots\\ a_{n-1,1}x_1+a_{n-1,2}x_2+\cdots+a_{n-1,n}x_n=0,\end{cases}$$

其系数矩阵 $\boldsymbol{A}$ 划去第 j 列后的 $n-1$ 阶子式记为 $M_j(j=1,2,\cdots,n)$. 试证明:

(1) $(M_1,-M_2,\cdots,(-1)^{n-1}M_n)$ 是方程组的一个解;

(2) 如果 $\operatorname{rank}\boldsymbol{A}=n-1$,那么方程组的解均为$(M_1,-M_2,\cdots,(-1)^{n-1}M_n)$ 的倍数.

【证】　(1) 对于 $i=1,2,\cdots,n-1$,考虑 n 阶行列式

$$D=\begin{vmatrix}a_{i1} & a_{i2} & \cdots & a_{in}\\ a_{11} & a_{12} & \cdots & a_{1n}\\ a_{21} & a_{22} & \cdots & a_{2n}\\ \vdots & \vdots & & \vdots\\ a_{n-1,1} & a_{n-1,2} & \cdots & a_{n-1,n}\end{vmatrix}.$$

显然 $D=0$. 另一方面,将 D 按第一行展开得 $a_{i1}M_1-a_{i2}M_2+\cdots+a_{in}(-1)^{n-1}M_n=0$. 因此

$$\boldsymbol{\eta}_0=(M_1,-M_2,\cdots,(-1)^{n-1}M_n)$$

是所述齐次线性方程组 $\boldsymbol{Ax}=\boldsymbol{0}$ 的解.

(2) 因为 $\operatorname{rank}\boldsymbol{A}=n-1$,所以 $\boldsymbol{A}$ 中至少有一个 $n-1$ 阶子式 $M_j\neq 0$,即 $\boldsymbol{\eta}_0\neq\boldsymbol{0}$,且齐次方程组 $\boldsymbol{Ax}=\boldsymbol{0}$ 的基础解系含 $n-\operatorname{rank}\boldsymbol{A}=1$ 个解向量. 因此,$\boldsymbol{Ax}=\boldsymbol{0}$ 的任一解均为 $\boldsymbol{\eta}_0$ 的倍数.

【例 3.50】　设 $\boldsymbol{A},\boldsymbol{B}$ 都是数域 F 上的$(n-1)\times n$ 矩阵,且都是行满秩的. 对 $i=1,2,\cdots,n$,用 a_i 表示 $\boldsymbol{A}$ 中划去第 i 列所得的 $n-1$ 阶子式,b_i 表示 $\boldsymbol{B}$ 中划去第 i 列所得的 $n-1$ 阶子式. 又设齐次线性方程组 $\boldsymbol{Ax}=\boldsymbol{0}$ 与 $\boldsymbol{Bx}=\boldsymbol{0}$ 同解,求证:n 维向量$(a_1,a_2,\cdots,a_n)$与$(b_1,b_2,\cdots,b_n)$的对应分量成比例.

【证】 记 $\boldsymbol{\alpha}=(a_1,-a_2,\cdots,(-1)^{n-1}a_n)$，$\boldsymbol{\beta}=(b_1,-b_2,\cdots,(-1)^{n-1}b_n)$，因为 rank $\boldsymbol{A}=$ rank $\boldsymbol{B}=n-1$，所以 $\boldsymbol{A}$ 与 $\boldsymbol{B}$ 中都必存在一个 $n-1$ 阶子式非零，故 $\boldsymbol{\alpha}\neq\boldsymbol{0}$，且 $\boldsymbol{\beta}\neq\boldsymbol{0}$. 设 W 是 $\boldsymbol{Ax}=\boldsymbol{0}$ 与 $\boldsymbol{Bx}=\boldsymbol{0}$ 的共同的解空间，则 dim $W=n-$rank $\boldsymbol{A}=1$. 又易知 $\boldsymbol{\alpha},\boldsymbol{\beta}\in W$(详见上一例的解答)，所以 $\boldsymbol{\alpha},\boldsymbol{\beta}$ 是线性相关的. 于是，存在 $k\in F$，使得 $\boldsymbol{\alpha}=k\boldsymbol{\beta}$，即 $\boldsymbol{\alpha}$ 与 $\boldsymbol{\beta}$ 的对应分量成比例.

【例 3.51】(南开大学,2004 年) 设

$$\boldsymbol{A}=\begin{pmatrix} a_{11} & a_{12} & \cdots & a_{1n} \\ a_{21} & a_{22} & \cdots & a_{2n} \\ \vdots & \vdots & & \vdots \\ a_{n-1,1} & a_{n-1,2} & \cdots & a_{n-1,n} \end{pmatrix}$$

的行向量组是线性方程 $x_1+x_2+\cdots+x_n=0$ 的解. 令 M_i 表示 $\boldsymbol{A}$ 中划掉第 i 列的 $n-1$ 阶行列式($i=1,2,\cdots,n$).

(1) 证明：$\sum\limits_{i=1}^{n}(-1)^iM_i=0\Leftrightarrow\boldsymbol{A}$ 的行向量组不是 $x_1+x_2+\cdots+x_n=0$ 的基础解系；

(2) 令 $\sum\limits_{i=1}^{n}(-1)^iM_i=1$，求 M_i.

【解】 (1) 记 n 维行向量 $\boldsymbol{\xi}=(1,1,\cdots,1)_{1\times n}$，$\boldsymbol{A}$ 的行向量组为 $\boldsymbol{\alpha}_1,\boldsymbol{\alpha}_2,\cdots,\boldsymbol{\alpha}_{n-1}$. 又设

$$\boldsymbol{B}=\begin{pmatrix} 1 & 1 & \cdots & 1 \\ a_{21} & a_{22} & \cdots & a_{2n} \\ \vdots & \vdots & & \vdots \\ a_{n-1,1} & a_{n-1,2} & \cdots & a_{n-1,n} \end{pmatrix}=\begin{pmatrix}\boldsymbol{\xi}\\ \boldsymbol{A}\end{pmatrix}.$$

因为 $\boldsymbol{\alpha}_1,\boldsymbol{\alpha}_2,\cdots,\boldsymbol{\alpha}_{n-1}$ 都是 $x_1+x_2+\cdots+x_n=0$ 的解，而 $\boldsymbol{\xi}$ 不是 $x_1+x_2+\cdots+x_n=0$ 的解，所以 $\boldsymbol{\xi}$ 不能由 $\boldsymbol{\alpha}_1,\boldsymbol{\alpha}_2,\cdots,\boldsymbol{\alpha}_{n-1}$ 线性表示，因此 rank $\boldsymbol{B}=1+$rank $\boldsymbol{A}$. 于是

$$\sum_{i=1}^{n}(-1)^iM_i=0\Leftrightarrow|\boldsymbol{B}|=0\Leftrightarrow \text{rank }\boldsymbol{B}<n\Leftrightarrow\text{rank }\boldsymbol{A}<n-1,$$

这又等价于 $\boldsymbol{\alpha}_1,\boldsymbol{\alpha}_2,\cdots,\boldsymbol{\alpha}_{n-1}$ 线性相关，因而不是 $x_1+x_2+\cdots+x_n=0$ 的基础解系.

(2) 据题设 $\sum\limits_{i=1}^{n}(-1)^iM_i=1$，所以

$$|\boldsymbol{B}|=\sum_{i=1}^{n}(-1)^{1+i}M_i=-1.$$

设 n 维向量 $\boldsymbol{b}^{\mathrm{T}}=(n,0,\cdots,0)_{1\times n}$，易知 $\boldsymbol{B\xi}^{\mathrm{T}}=\boldsymbol{b}$. 因为 $\boldsymbol{B}$ 可逆，所以 $\boldsymbol{B}^{-1}\boldsymbol{b}=\boldsymbol{\xi}^{\mathrm{T}}$，即 $\boldsymbol{B}^*\boldsymbol{b}=-\boldsymbol{\xi}^{\mathrm{T}}$.

注意到 $\boldsymbol{B}^*$ 第一列的元素即 $\boldsymbol{B}$ 的第一行元素的代数余子式，比较 $\boldsymbol{B}^*\boldsymbol{b}=-\boldsymbol{\xi}^{\mathrm{T}}$ 的每一行，得 $n(-1)^{1+i}M_i=-1$，即

$$M_i=\frac{(-1)^i}{n},\quad i=1,2,\cdots,n.$$

【例 3.52】(北京大学,1997 年;武汉大学,2009 年;华南理工大学,2011 年) 设 $\boldsymbol{A},\boldsymbol{B}$ 是数域 P 上的 n 阶方阵，$\boldsymbol{X}$ 是未知量 $x_1,x_2,\cdots,x_n$ 所构成的 $n\times1$ 矩阵. 已知齐次线性方程组 $\boldsymbol{AX}=\boldsymbol{0}$ 和 $\boldsymbol{BX}=\boldsymbol{0}$ 分别有 l,m 个线性无关的解向量，这里 $l\geqslant0,m\geqslant0$. 证明：

(1) $(\boldsymbol{AB})\boldsymbol{X}=\boldsymbol{0}$ 至少有 $\max(l,m)$ 个线性无关的解向量；

(2) 如果 $l+m>n$,那么$(\boldsymbol{A}+\boldsymbol{B})\boldsymbol{X}=\boldsymbol{0}$ 必有非零解；

(3) 如果 $\boldsymbol{AX}=\boldsymbol{0}$ 和 $\boldsymbol{BX}=\boldsymbol{0}$ 无公共的非零解向量,且 $l+m=n$,那么 P^n 中任一向量 $\boldsymbol{\alpha}$ 都可唯一地表示成 $\boldsymbol{\alpha}=\boldsymbol{\beta}+\boldsymbol{\gamma}$,这里$\boldsymbol{\beta},\boldsymbol{\gamma}$ 分别是 $\boldsymbol{AX}=\boldsymbol{0}$ 和 $\boldsymbol{BX}=\boldsymbol{0}$ 的解向量.

【证】 (1) 由题设,$l\leqslant n-\operatorname{rank}\boldsymbol{A}$,$m\leqslant n-\operatorname{rank}\boldsymbol{B}$,而 $\operatorname{rank}(\boldsymbol{AB})\leqslant\min(\boldsymbol{A},\boldsymbol{B})$,所以

$$n-\operatorname{rank}(\boldsymbol{AB})\geqslant\max(n-\operatorname{rank}\boldsymbol{A},n-\operatorname{rank}\boldsymbol{B})\geqslant\max(l,m).$$

另一方面,方程组$(\boldsymbol{AB})\boldsymbol{X}=\boldsymbol{0}$ 有 $n-\operatorname{rank}(\boldsymbol{AB})$个线性无关的解向量. 故所证结论成立.

(2) 因 $l+m>n$,所以 $\operatorname{rank}(\boldsymbol{A}+\boldsymbol{B})\leqslant\operatorname{rank}\boldsymbol{A}+\operatorname{rank}\boldsymbol{B}\leqslant(n-l)+(n-m)<n$,因此齐次方程组$(\boldsymbol{A}+\boldsymbol{B})\boldsymbol{X}=\boldsymbol{0}$ 必有非零解.

(3) 设 $\boldsymbol{\alpha}_1,\boldsymbol{\alpha}_2,\cdots,\boldsymbol{\alpha}_l$ 与$\boldsymbol{\beta}_1,\boldsymbol{\beta}_2,\cdots,\boldsymbol{\beta}_m$ 分别是 $\boldsymbol{AX}=\boldsymbol{0}$ 和 $\boldsymbol{BX}=\boldsymbol{0}$ 的线性无关的解,又设

$$\lambda_1\boldsymbol{\alpha}_1+\lambda_2\boldsymbol{\alpha}_2+\cdots+\lambda_l\boldsymbol{\alpha}_l+\mu_1\boldsymbol{\beta}_1+\mu_2\boldsymbol{\beta}_2+\cdots+\mu_m\boldsymbol{\beta}_m=\boldsymbol{0},$$

则

$$\lambda_1\boldsymbol{\alpha}_1+\lambda_2\boldsymbol{\alpha}_2+\cdots+\lambda_l\boldsymbol{\alpha}_l=-\mu_1\boldsymbol{\beta}_1-\mu_2\boldsymbol{\beta}_2-\cdots-\mu_m\boldsymbol{\beta}_m$$

是 $\boldsymbol{AX}=\boldsymbol{0}$ 和 $\boldsymbol{BX}=\boldsymbol{0}$ 的公共解. 由题设,得

$$\lambda_1\boldsymbol{\alpha}_1+\lambda_2\boldsymbol{\alpha}_2+\cdots+\lambda_l\boldsymbol{\alpha}_l=\boldsymbol{0},\quad \mu_1\boldsymbol{\beta}_1+\mu_2\boldsymbol{\beta}_2+\cdots+\mu_m\boldsymbol{\beta}_m=\boldsymbol{0},$$

所以

$$\lambda_1=\lambda_2=\cdots=\lambda_l=0,\quad \mu_1=\mu_2=\cdots=\mu_m=0.$$

所以$\boldsymbol{\alpha}_1,\boldsymbol{\alpha}_2,\cdots,\boldsymbol{\alpha}_l,\boldsymbol{\beta}_1,\boldsymbol{\beta}_2,\cdots,\boldsymbol{\beta}_m$ 线性无关. 又 $l+m=n$,所以 $\boldsymbol{\alpha}_1,\boldsymbol{\alpha}_2,\cdots,\boldsymbol{\alpha}_l,\boldsymbol{\beta}_1,\boldsymbol{\beta}_2,\cdots,\boldsymbol{\beta}_m$ 是 P^n 的一个基,对于 P^n 中的任一向量 $\boldsymbol{\alpha}$,都可由这个基线性表示,设为

$$\boldsymbol{\alpha}=k_1\boldsymbol{\alpha}_1+k_2\boldsymbol{\alpha}_2+\cdots+k_l\boldsymbol{\alpha}_l+t_1\boldsymbol{\beta}_1+t_2\boldsymbol{\beta}_2+\cdots+t_m\boldsymbol{\beta}_m,$$

令

$$\boldsymbol{\beta}=k_1\boldsymbol{\alpha}_1+k_2\boldsymbol{\alpha}_2+\cdots+k_l\boldsymbol{\alpha}_l,\quad \boldsymbol{\gamma}=t_1\boldsymbol{\beta}_1+t_2\boldsymbol{\beta}_2+\cdots+t_m\boldsymbol{\beta}_m,$$

则 $\boldsymbol{\alpha}=\boldsymbol{\beta}+\boldsymbol{\gamma}$,且$\boldsymbol{\beta},\boldsymbol{\gamma}$ 分别是 $\boldsymbol{AX}=\boldsymbol{0}$ 和 $\boldsymbol{BX}=\boldsymbol{0}$ 的解向量.

下证唯一性. 设 $\boldsymbol{\alpha}=\boldsymbol{\beta}_1+\boldsymbol{\gamma}_1=\boldsymbol{\beta}_2+\boldsymbol{\gamma}_2$,其中$\boldsymbol{\beta}_i,\boldsymbol{\gamma}_i$ 分别是 $\boldsymbol{AX}=\boldsymbol{0}$ 和 $\boldsymbol{BX}=\boldsymbol{0}$ 的解$(i=1,2)$,则$\boldsymbol{\beta}_1-\boldsymbol{\beta}_2=\boldsymbol{\gamma}_2-\boldsymbol{\gamma}_1$ 是 $\boldsymbol{AX}=\boldsymbol{0}$ 和 $\boldsymbol{BX}=\boldsymbol{0}$ 的公共解,因而$\boldsymbol{\beta}_1-\boldsymbol{\beta}_2=\boldsymbol{\gamma}_2-\boldsymbol{\gamma}_1=\boldsymbol{0}$,故$\boldsymbol{\beta}_1=\boldsymbol{\beta}_2,\boldsymbol{\gamma}_2=\boldsymbol{\gamma}_1$.

【例 3.53】(北京大学,2005 年)　设数域 K 上的 n 阶方阵 $\boldsymbol{A}$ 的(i,j)元为 a_i-b_j.

(1) 求$|\boldsymbol{A}|$;

(2) 当 $n\geqslant 2$ 时, $a_1\neq a_2,b_1\neq b_2$,求齐次线性方程组 $\boldsymbol{AX}=\boldsymbol{0}$ 的解空间的维数和一个基.

【解】 (1) 显然,当 $n=1$ 时, $|\boldsymbol{A}|=a_1-b_1$. 当 $n=2$ 时, 有

$$|\boldsymbol{A}|=\begin{vmatrix}a_1-b_1 & a_1-b_2\\ a_2-b_1 & a_2-b_2\end{vmatrix}=(a_1-a_2)(b_1-b_2).$$

当 $n>2$ 时, 注意到矩阵 $\boldsymbol{A}$ 可表示成两个 n 阶矩阵的乘积 $\boldsymbol{A}=\boldsymbol{BC}$,其中

$$\boldsymbol{B}=\begin{pmatrix}a_1 & -1 & 0 & \cdots & 0\\ a_2 & -1 & 0 & \cdots & 0\\ \vdots & \vdots & \vdots & & \vdots\\ a_n & -1 & 0 & \cdots & 0\end{pmatrix},\quad \boldsymbol{C}=\begin{pmatrix}1 & 1 & \cdots & 1\\ b_1 & b_2 & \cdots & b_n\\ 0 & 0 & \cdots & 0\\ \vdots & \vdots & & \vdots\\ 0 & 0 & \cdots & 0\end{pmatrix},$$

所以$|\boldsymbol{A}|=|\boldsymbol{B}||\boldsymbol{C}|=0$.

(2) 设 W 表示方程组 $\boldsymbol{AX}=\boldsymbol{0}$ 的解空间. 分为两种情形考虑:

当 $n=2$ 时，由于 $|\boldsymbol{A}|\neq 0$,所以 $\boldsymbol{AX}=\boldsymbol{0}$ 只有零解,即 $W=\{\boldsymbol{0}\}$,故 $\dim W=0$,W 不存在基.

当 $n>2$ 时，因为 $\operatorname{rank}\boldsymbol{A}\leqslant\operatorname{rank}\boldsymbol{B}\leqslant 2$,且 $\boldsymbol{A}$ 的左上角的二阶子式 $(a_1-a_2)(b_1-b_2)\neq 0$,所以 $\operatorname{rank}\boldsymbol{A}=2$,因此 $\dim W=n-2$. 此时,显然有 $\boldsymbol{CX}=\boldsymbol{0}$ 的解空间 $W_1\subseteq W$,且 $\dim W_1=n-2$,这表明 $W_1=W$,故只需解方程组 $\boldsymbol{CX}=\boldsymbol{0}$ 即可. 对矩阵 $\boldsymbol{C}$ 施行初等行变换,有

$$\boldsymbol{C}\longrightarrow\begin{pmatrix}1 & 0 & \dfrac{b_2-b_3}{b_2-b_1} & \cdots & \dfrac{b_2-b_n}{b_2-b_1}\\ 0 & 1 & \dfrac{b_3-b_1}{b_2-b_1} & \cdots & \dfrac{b_n-b_1}{b_2-b_1}\\ 0 & 0 & 0 & \cdots & 0\\ \vdots & \vdots & \vdots & & \vdots\\ 0 & 0 & 0 & \cdots & 0\end{pmatrix}.$$

由此可解得 $\boldsymbol{CX}=\boldsymbol{0}$ 的基础解系亦即 W 的一个基为

$$\boldsymbol{\eta}_3=\left(\frac{b_3-b_2}{b_2-b_1},\frac{b_1-b_3}{b_2-b_1},1,0,\cdots,0\right)^{\mathrm{T}},$$

$$\boldsymbol{\eta}_4=\left(\frac{b_4-b_2}{b_2-b_1},\frac{b_1-b_4}{b_2-b_1},0,1,\cdots,0\right)^{\mathrm{T}},$$

$$\cdots$$

$$\boldsymbol{\eta}_n=\left(\frac{b_n-b_2}{b_2-b_1},\frac{b_1-b_n}{b_2-b_1},0,\cdots,0,1\right)^{\mathrm{T}}.$$

【注】 当 $n>2$ 时，也可直接利用 Gauss 消元法求得方程组 $\boldsymbol{AX}=\boldsymbol{0}$ 的基础解系.

§3.4 非齐次线性方程组

基本理论与要点提示

3.4.1 几个相关命题的等价性

对于数域 K 上的 n 元非齐次线性方程组 $\boldsymbol{Ax}=\boldsymbol{\beta}$ 或 $\sum\limits_{j=1}^{n}x_j\boldsymbol{\alpha}_j=\boldsymbol{\beta}$,其中 $\boldsymbol{\alpha}_1,\boldsymbol{\alpha}_2,\cdots,\boldsymbol{\alpha}_n$ 是系数矩阵 $\boldsymbol{A}$ 的列向量. 显然，以下几种说法是等价的：

(1) 方程组 $\boldsymbol{Ax}=\boldsymbol{\beta}$ 有解；

(2) 向量 $\boldsymbol{\beta}$ 可由向量组 $\boldsymbol{\alpha}_1,\boldsymbol{\alpha}_2,\cdots,\boldsymbol{\alpha}_n$ 线性表示；

(3) 向量组 $\boldsymbol{\alpha}_1,\boldsymbol{\alpha}_2,\cdots,\boldsymbol{\alpha}_n$ 与向量组 $\boldsymbol{\alpha}_1,\boldsymbol{\alpha}_2,\cdots,\boldsymbol{\alpha}_n,\boldsymbol{\beta}$ 等价；

(4) $L(\boldsymbol{\alpha}_1,\boldsymbol{\alpha}_2,\cdots,\boldsymbol{\alpha}_n)=L(\boldsymbol{\alpha}_1,\boldsymbol{\alpha}_2,\cdots,\boldsymbol{\alpha}_n,\boldsymbol{\beta})$；

(5) $\dim L(\boldsymbol{\alpha}_1,\boldsymbol{\alpha}_2,\cdots,\boldsymbol{\alpha}_n)=\dim L(\boldsymbol{\alpha}_1,\boldsymbol{\alpha}_2,\cdots,\boldsymbol{\alpha}_n,\boldsymbol{\beta})$；

(6) $\operatorname{rank}(\boldsymbol{\alpha}_1,\boldsymbol{\alpha}_2,\cdots,\boldsymbol{\alpha}_n)=\operatorname{rank}(\boldsymbol{\alpha}_1,\boldsymbol{\alpha}_2,\cdots,\boldsymbol{\alpha}_n,\boldsymbol{\beta})$；

(7) $\operatorname{rank}\boldsymbol{A}=\operatorname{rank}(\boldsymbol{A},\boldsymbol{\beta})$.

3.4.2 非齐次线性方程组有解的条件

非齐次线性方程组 $\boldsymbol{Ax}=\boldsymbol{\beta}$ 有解的充分必要条件是 $\operatorname{rank}\boldsymbol{A}=\operatorname{rank}(\boldsymbol{A},\boldsymbol{\beta})$. 确切地说,当 $\operatorname{rank}\boldsymbol{A}=\operatorname{rank}(\boldsymbol{A},\boldsymbol{\beta})=n$ 时，方程组有唯一解；当 $\operatorname{rank}\boldsymbol{A}=\operatorname{rank}(\boldsymbol{A},\boldsymbol{\beta})<n$ 时，方程组有无穷多个解；当 $\operatorname{rank}\boldsymbol{A}\neq\operatorname{rank}(\boldsymbol{A},\boldsymbol{\beta})$ 时，方程组无解.

相应地，当 $\operatorname{rank} \boldsymbol{A}=\operatorname{rank}(\boldsymbol{A},\boldsymbol{\beta})=n$ 时，$\boldsymbol{\beta}$ 可由向量组 $\boldsymbol{\alpha}_1,\boldsymbol{\alpha}_2,\cdots,\boldsymbol{\alpha}_n$ 线性表示，且表达式唯一；当 $\operatorname{rank} \boldsymbol{A}=\operatorname{rank}(\boldsymbol{A},\boldsymbol{\beta})<n$ 时，$\boldsymbol{\beta}$ 可由 $\boldsymbol{\alpha}_1,\boldsymbol{\alpha}_2,\cdots,\boldsymbol{\alpha}_n$ 线性表示，但表达式不唯一；当 $\operatorname{rank} \boldsymbol{A}\neq\operatorname{rank}(\boldsymbol{A},\boldsymbol{\beta})$ 时，$\boldsymbol{\beta}$ 不能由 $\boldsymbol{\alpha}_1,\boldsymbol{\alpha}_2,\cdots,\boldsymbol{\alpha}_n$ 线性表示.

3.4.3　非齐次线性方程组的解的结构

(1) 将方程组 $\boldsymbol{Ax}=\boldsymbol{\beta}$ 的常数项 $\boldsymbol{\beta}$ 换为 $\boldsymbol{0}$ 得到 $\boldsymbol{Ax}=\boldsymbol{0}$，称之为 $\boldsymbol{Ax}=\boldsymbol{\beta}$ 的导出组；

(2) 若 $\boldsymbol{\xi}_1,\boldsymbol{\xi}_2,\cdots,\boldsymbol{\xi}_{n-r}$ 为方程组 $\boldsymbol{Ax}=\boldsymbol{\beta}$ 的导出组的一个基础解系，则方程组的通解为

$$\boldsymbol{x}=\boldsymbol{\eta}_0+k_1\boldsymbol{\xi}_1+k_2\boldsymbol{\xi}_2+\cdots+k_{n-r}\boldsymbol{\xi}_{n-r},$$

其中 $r=\operatorname{rank} \boldsymbol{A}$，$\boldsymbol{\eta}_0$ 为方程组 $\boldsymbol{Ax}=\boldsymbol{\beta}$ 的一个特解，而 $k_1,k_2,\cdots,k_{n-r}$ 为任意常数.

典型问题解析

【例 3.54】(中国科学技术大学,2010 年)　求如下线性方程组的通解：

$$\begin{cases} x_1+x_2+x_3+x_4+x_5=1, \\ 3x_1+2x_2+x_3+x_4-3x_5=-2, \\ x_2+2x_3+2x_4+6x_5=5, \\ 5x_1+4x_2+3x_3+3x_4-x_5=0. \end{cases}$$

【解】　对方程组的增广矩阵施行初等行变换，化为简化的行阶梯形矩阵：

$$\left(\begin{array}{cccccc:c} 1 & 0 & -1 & -1 & -5 & -4 \\ 0 & 1 & 2 & 2 & 6 & 5 \\ 0 & 0 & 0 & 0 & 0 & 0 \\ 0 & 0 & 0 & 0 & 0 & 0 \end{array}\right).$$

因此，方程组的通解为

$$\boldsymbol{x}=\begin{pmatrix} -4 \\ 5 \\ 0 \\ 0 \\ 0 \end{pmatrix}+k_1\begin{pmatrix} 1 \\ -2 \\ 1 \\ 0 \\ 0 \end{pmatrix}+k_2\begin{pmatrix} 1 \\ -2 \\ 0 \\ 1 \\ 0 \end{pmatrix}+k_3\begin{pmatrix} 5 \\ -6 \\ 0 \\ 0 \\ 1 \end{pmatrix},$$

其中 k_1,k_2,k_3 为任意常数.

【例 3.55】(武汉大学,2013 年)　设 $\boldsymbol{\alpha}_1,\boldsymbol{\alpha}_2,\boldsymbol{\alpha}_3$ 是线性方程组

$$\begin{cases} x-3y+z=2, \\ 2x+y+tz=-1, \\ 7x\qquad-2z=-1 \end{cases}$$

的 3 个互异的解向量.

(1) 试求参数 t 的值；

(2) 证明：$\boldsymbol{\alpha}_1-\boldsymbol{\alpha}_2,\boldsymbol{\alpha}_1-\boldsymbol{\alpha}_3$ 线性相关.

【解】　(1) 因为 $\boldsymbol{\alpha}_1,\boldsymbol{\alpha}_2,\boldsymbol{\alpha}_3$ 是方程组的互不相同的解，所以 $\boldsymbol{\alpha}_1-\boldsymbol{\alpha}_2$ 与 $\boldsymbol{\alpha}_1-\boldsymbol{\alpha}_3$ 都是对应的导出组的非零解，其系数矩阵的行列式 $|\boldsymbol{A}|=0$. 易知 $|\boldsymbol{A}|=-21(t+1)$，解得 $t=-1$.

(2) 当 $t=-1$ 时，对导出组的系数矩阵 $\boldsymbol{A}$ 作初等行变换，得

$$\begin{pmatrix} 1 & -3 & 1 \\ 2 & 1 & -1 \\ 7 & 0 & -2 \end{pmatrix}\xrightarrow[r_3-7r_1]{r_2-2r_1}\begin{pmatrix} 1 & -3 & 1 \\ 0 & 7 & -3 \\ 0 & 21 & -9 \end{pmatrix}\xrightarrow{r_3-3r_2}\begin{pmatrix} 1 & -3 & 1 \\ 0 & 7 & -3 \\ 0 & 0 & 0 \end{pmatrix}.$$

可见，rank $\boldsymbol{A}=2$，其基础解系只含 $3-2=1$ 个非零解，因此 $\boldsymbol{\alpha}_1-\boldsymbol{\alpha}_2,\boldsymbol{\alpha}_1-\boldsymbol{\alpha}_3$ 线性相关.

【例 3.56】(数学一，2009 年) 设 $\boldsymbol{A}=\begin{pmatrix}1&-1&-1\\-1&1&1\\0&-4&-2\end{pmatrix},\boldsymbol{\xi}_1=\begin{pmatrix}-1\\1\\-2\end{pmatrix}$.

(1) 求满足 $\boldsymbol{A}\boldsymbol{\xi}_2=\boldsymbol{\xi}_1,\boldsymbol{A}^2\boldsymbol{\xi}_3=\boldsymbol{\xi}_1$ 的所有向量 $\boldsymbol{\xi}_2,\boldsymbol{\xi}_3$；

(2) 对(1)中的任意向量 $\boldsymbol{\xi}_2,\boldsymbol{\xi}_3$，证明 $\boldsymbol{\xi}_1,\boldsymbol{\xi}_2,\boldsymbol{\xi}_3$ 线性无关.

【解】 (1) 对矩阵$(\boldsymbol{A},\boldsymbol{\xi}_1)$施行初等行变换，得

$$(\boldsymbol{A},\boldsymbol{\xi}_1)=\left(\begin{array}{ccc:c}1&-1&-1&-1\\-1&1&1&1\\0&-4&-2&-2\end{array}\right)\longrightarrow\left(\begin{array}{ccc:c}1&0&-\dfrac{1}{2}&-\dfrac{1}{2}\\0&1&\dfrac{1}{2}&\dfrac{1}{2}\\0&0&0&0\end{array}\right),$$

由此可解得 $\boldsymbol{\xi}_2=\left(-\dfrac{1}{2}+\dfrac{k}{2},\dfrac{1}{2}-\dfrac{k}{2},k\right)^{\mathrm{T}}$，其中 k 为任意常数.

再对矩阵$(\boldsymbol{A}^2,\boldsymbol{\xi}_1)$施行初等行变换，得

$$(\boldsymbol{A}^2,\boldsymbol{\xi}_1)=\left(\begin{array}{ccc:c}2&2&0&-1\\-2&-2&0&1\\4&4&0&-2\end{array}\right)\longrightarrow\left(\begin{array}{ccc:c}1&1&0&-\dfrac{1}{2}\\0&0&0&0\\0&0&0&0\end{array}\right),$$

故可解得 $\boldsymbol{\xi}_3=\left(-\dfrac{1}{2}-a,a,b\right)^{\mathrm{T}}$，其中 a,b 为任意常数.

(2) 由(1)的结果，有

$$|\boldsymbol{\xi}_1,\boldsymbol{\xi}_2,\boldsymbol{\xi}_3|=\begin{vmatrix}-1&-\dfrac{1}{2}+\dfrac{k}{2}&-\dfrac{1}{2}-a\\1&\dfrac{1}{2}-\dfrac{k}{2}&a\\-2&k&b\end{vmatrix}=-\dfrac{1}{2}\neq 0,$$

所以 $\boldsymbol{\xi}_1,\boldsymbol{\xi}_2,\boldsymbol{\xi}_3$ 线性无关.

【例 3.57】(北京师范大学，2006 年) 当 a,b 取何值时，线性方程组

$$\begin{cases}ax_1+(b+1)x_2+2x_3=1,\\ax_1+(2b+1)x_2+3x_3=1,\\ax_1+(b+1)x_2+(b+4)x_3=2b+1\end{cases}$$

有解？并求解.

【解】 对方程组的增广矩阵施行初等行变换，得

$$\left(\begin{array}{ccc:c}a&b+1&2&1\\a&2b+1&3&1\\a&b+1&b+4&2b+1\end{array}\right)\longrightarrow\left(\begin{array}{ccc:c}a&1&1&1\\0&b&1&0\\0&0&b+2&2b\end{array}\right).$$

（1）当 $a\neq0,b\neq0,b\neq-2$ 时，方程组有唯一解 $\left(\dfrac{4-b}{a(b+2)},-\dfrac{2}{b+2},\dfrac{2b}{b+2}\right)^{\mathrm{T}}$；

（2）当 $b=-2$ 时，方程组无解；

（3）当 $b=0$ 时，方程组有无穷多解，其通解为 $(0,1,0)^{\mathrm{T}}+k(1,-a,0)^{\mathrm{T}}$，$k$ 为任意常数；

（4）当 $a=0,b\neq0,b\neq-2$ 时，方程组的增广矩阵可进一步化为

$$\left(\begin{array}{ccc:c}0&1&1&1\\0&0&3&b\\0&0&0&b-4\end{array}\right).$$

若 $b\neq4$，则方程组无解；若 $b=4$，则方程组有无穷多解，其通解为 $\left(0,-\dfrac{1}{3},\dfrac{4}{3}\right)^{\mathrm{T}}+k(1,0,0)^{\mathrm{T}}$，其中 k 为任意常数.

【例 3.58】（武汉大学，2011 年；数学一，2008 年） 设 n 元线性方程组 $\boldsymbol{Ax}=\boldsymbol{b}$，其中

$$\boldsymbol{A}=\begin{pmatrix}2a&1&&\\a^2&2a&\ddots&\\&\ddots&\ddots&1\\&&a^2&2a\end{pmatrix}_{n\times n},\quad \boldsymbol{x}=\begin{pmatrix}x_1\\x_2\\\vdots\\x_n\end{pmatrix},\quad \boldsymbol{b}=\begin{pmatrix}1\\0\\\vdots\\0\end{pmatrix}.$$

（Ⅰ）证明行列式 $|\boldsymbol{A}|=(n+1)a^n$；

（Ⅱ）当 a 为何值时，该方程组有唯一解，并求 x_1；

（Ⅲ）当 a 为何值时，该方程组有无穷多解，并求通解.

【解】（Ⅰ）利用归纳法或降阶法易证，留给读者作为练习.

（Ⅱ）当 $a\neq0$ 时，方程组的系数行列式 $|\boldsymbol{A}|=0$，故方程组有唯一解. 用 $\boldsymbol{b}$ 替换 $|\boldsymbol{A}|$ 的第一列，得行列式 $D_1=na^{n-1}$. 根据 Cramer 法则，$x_1=\dfrac{D_1}{|\boldsymbol{A}|}=\dfrac{n}{(n+1)a}$.

（Ⅲ）当 $a=0$ 时，方程组为

$$\begin{pmatrix}0&1&&\\&0&\ddots&\\&&\ddots&1\\&&&0\end{pmatrix}\begin{pmatrix}x_1\\x_2\\\vdots\\x_n\end{pmatrix}=\begin{pmatrix}1\\0\\\vdots\\0\end{pmatrix}.$$

此时有无穷多解，其通解为 $\boldsymbol{x}=(0,1,0,\cdots,0)^{\mathrm{T}}+k(1,0,0,\cdots,0)^{\mathrm{T}}$，其中 k 为任意常数.

【例 3.59】（西南大学，2007 年） 问 λ 为何值时，线性方程组

$$\begin{cases}\lambda x_1+x_2+x_3+x_4=1,\\x_1+\lambda x_2+x_3+x_4=\lambda,\\x_1+x_2+\lambda x_3+x_4=\lambda^2,\\x_1+x_2+x_3+\lambda x_4=\lambda^3\end{cases}$$

没有解？有唯一解？有无穷多解？

【解】 线性方程组的增广矩阵为

$$(\boldsymbol{A},\boldsymbol{\beta})=\left(\begin{array}{cccc:c}\lambda & 1 & 1 & 1 & 1\\ 1 & \lambda & 1 & 1 & \lambda\\ 1 & 1 & \lambda & 1 & \lambda^2\\ 1 & 1 & 1 & \lambda & \lambda^3\end{array}\right),$$

系数矩阵的行列式 $|\boldsymbol{A}|=(\lambda-1)^3(\lambda+3)$.

(1) 当 $\lambda\neq1$ 且 $\lambda\neq-3$ 时, $\operatorname{rank}\boldsymbol{A}=\operatorname{rank}(\boldsymbol{A},\boldsymbol{\beta})=4$,方程组有唯一解.

(2) 当 $\lambda=1$ 时, $\operatorname{rank}\boldsymbol{A}=\operatorname{rank}(\boldsymbol{A},\boldsymbol{\beta})=1<4$,方程组有无穷多解.

(3) 当 $\lambda=-3$ 时, $\operatorname{rank}\boldsymbol{A}=3$,而 $\operatorname{rank}(\boldsymbol{A},\boldsymbol{\beta})=4$,所以方程组没有解.

【例 3.60】(南京大学,2016 年;南京理工大学,2009 年) 讨论当 a,b 取何值时,线性方程组

$$\begin{cases}x_1+x_2+x_3+x_4+x_5=1,\\ 3x_1+2x_2+x_3+x_4-3x_5=a,\\ x_2+2x_3+2x_4+6x_5=3,\\ 5x_1+4x_2+3x_3+3x_4-x_5=b\end{cases}$$

有解?无解?并求出有解时的一般解.

【解】 对方程组的增广矩阵施行初等行变换,化为简化的行阶梯形矩阵:

$$\left(\begin{array}{ccccc:c}1 & 0 & -1 & -1 & -5 & -2\\ 0 & 1 & 2 & 2 & 6 & 3\\ 0 & 0 & 0 & 0 & 0 & a\\ 0 & 0 & 0 & 0 & 0 & b-2\end{array}\right)$$

(1) 当 $a\neq0$ 或 $b\neq2$ 时,方程组无解;

(2) 当 $a=0$ 且 $b=2$ 时,方程组有解. 此时,易知方程组的一般解为

$$\boldsymbol{x}=\begin{pmatrix}-2\\3\\0\\0\\0\end{pmatrix}+k_1\begin{pmatrix}1\\-2\\1\\0\\0\end{pmatrix}+k_2\begin{pmatrix}1\\-2\\0\\1\\0\end{pmatrix}+k_3\begin{pmatrix}5\\-6\\0\\0\\1\end{pmatrix},$$

其中 k_1,k_2,k_3 为任意常数.

【例 3.61】(北京邮电大学,2007 年;北京科技大学,2010 年) 已知向量

$$\boldsymbol{\alpha}_1=\begin{pmatrix}1\\0\\2\\3\end{pmatrix},\ \boldsymbol{\alpha}_2=\begin{pmatrix}1\\1\\3\\5\end{pmatrix},\ \boldsymbol{\alpha}_3=\begin{pmatrix}1\\-1\\a+2\\1\end{pmatrix},\ \boldsymbol{\alpha}_4=\begin{pmatrix}1\\2\\4\\a+8\end{pmatrix},\ \boldsymbol{\beta}=\begin{pmatrix}1\\1\\b+3\\5\end{pmatrix}.$$

(1) a,b 为何值时, $\boldsymbol{\beta}$ 不能表示成 $\boldsymbol{\alpha}_1,\boldsymbol{\alpha}_2,\boldsymbol{\alpha}_3,\boldsymbol{\alpha}_4$ 的线性组合?

(2) a,b 为何值时, $\boldsymbol{\beta}$ 可由向量组 $\boldsymbol{\alpha}_1,\boldsymbol{\alpha}_2,\boldsymbol{\alpha}_3,\boldsymbol{\alpha}_4$ 线性表示?并写出线性表示式.

【解】 设 $\boldsymbol{\beta}=x_1\boldsymbol{\alpha}_1+x_2\boldsymbol{\alpha}_2+x_3\boldsymbol{\alpha}_3+x_4\boldsymbol{\alpha}_4$,则

$$\begin{cases} x_1+x_2+x_3+x_4=1, \\ x_2-x_3+2x_4=1, \\ 2x_1+3x_2+(a+2)x_3+4x_4=b+3, \\ 3x_1+5x_2+x_3+(a+8)x_4=5. \end{cases} \qquad ①$$

对上述方程组的增广矩阵施行初等行变换,有

$$\boldsymbol{B}=\left(\begin{array}{cccc:c} 1 & 1 & 1 & 1 & 1 \\ 0 & 1 & -1 & 2 & 1 \\ 2 & 3 & a+2 & 4 & b+3 \\ 3 & 5 & 1 & a+8 & 5 \end{array}\right) \to \left(\begin{array}{cccc:c} 1 & 2 & 0 & 3 & 2 \\ 0 & 1 & -1 & 2 & 1 \\ 0 & 0 & a+1 & 0 & b \\ 0 & 0 & 0 & a+1 & 0 \end{array}\right).$$

易见,当 $a=-1$, $b\neq 0$ 时,rank $\boldsymbol{B}=3\neq 2=$rank $\boldsymbol{A}$($\boldsymbol{A}$ 为方程组①的系数矩阵),方程组①无解;当 $a\neq -1$, b 任意时,rank $\boldsymbol{A}=$rank $\boldsymbol{B}=4$,方程组①有唯一解

$$x_1=-\frac{2b}{a+1},\ x_2=\frac{a+b+1}{a+1},\ x_3=\frac{b}{a+1},\ x_4=0;$$

当 $a=-1$, $b=0$ 时,rank $\boldsymbol{A}=$rank $\boldsymbol{B}=2$,方程组①有无穷多解,其通解为

$$\boldsymbol{x}=(0,1,0,0)^{\mathrm{T}}+k_1(-2,1,1,0)^{\mathrm{T}}+k_2(1,-2,0,1)^{\mathrm{T}},$$

其中 k_1,k_2 为任意常数. 于是,有

(1) 当 $a=-1$, $b\neq 0$ 时,$\boldsymbol{\beta}$ 不能表示成 $\boldsymbol{\alpha}_1,\boldsymbol{\alpha}_2,\boldsymbol{\alpha}_3,\boldsymbol{\alpha}_4$ 的线性组合;

(2) 当 $a\neq -1$, b 任意时,$\boldsymbol{\beta}$ 有 $\boldsymbol{\alpha}_1,\boldsymbol{\alpha}_2,\boldsymbol{\alpha}_3,\boldsymbol{\alpha}_4$ 的唯一的线性表示式,且

$$\boldsymbol{\beta}=-\frac{2b}{a+1}\boldsymbol{\alpha}_1+\frac{a+b+1}{a+1}\boldsymbol{\alpha}_2+\frac{b}{a+1}\boldsymbol{\alpha}_3+0\boldsymbol{\alpha}_4;$$

(3) 当 $a=-1$, $b=0$ 时,$\boldsymbol{\beta}$ 可由 $\boldsymbol{\alpha}_1,\boldsymbol{\alpha}_2,\boldsymbol{\alpha}_3,\boldsymbol{\alpha}_4$ 线性表示,表示式有无穷多个,且

$$\boldsymbol{\beta}=(-2k_1+k_2)\boldsymbol{\alpha}_1+(1+k_1-2k_2)\boldsymbol{\alpha}_2+k_1\boldsymbol{\alpha}_3+k_2\boldsymbol{\alpha}_4,$$

其中 k_1,k_2 为任意常数.

【例 3.62】(南开大学,2012 年) 试求出线性方程组

$$\begin{cases} x_1+a_1x_2+a_1^2x_3=a_1^3, \\ x_1+a_2x_2+a_2^2x_3=a_2^3, \\ x_1+a_3x_2+a_3^2x_3=a_3^3, \\ x_1+a_4x_2+a_4^2x_3=a_4^3 \end{cases}$$

存在解的充分必要条件,并在有解时求出其通解,其中 a_1,a_2,a_3,a_4 为参数.

【解】 方程组的增广矩阵 $\boldsymbol{A}$ 的行列式是 Vandermonde 行列式:

$$\det \boldsymbol{A}=\begin{vmatrix} 1 & a_1 & a_1^2 & a_1^3 \\ 1 & a_2 & a_2^2 & a_2^3 \\ 1 & a_3 & a_3^2 & a_3^3 \\ 1 & a_4 & a_4^2 & a_4^3 \end{vmatrix}=\prod_{1\leqslant j<i\leqslant 4}(a_i-a_j).$$

若 a_1,a_2,a_3,a_4 两两不等,则 $\det \boldsymbol{A}\neq 0$, rank $\boldsymbol{A}=4$. 但方程组系数矩阵的秩 $\leqslant 3<$rank $\boldsymbol{A}$,此时方程组无解. 因此,方程组有解的必要条件是 a_1,a_2,a_3,a_4 至少有两个相等.

(1) 当 $a_1\neq a_2\neq a_3=a_4$ 时(不考虑对称情形,下同),同解方程组为

$$\begin{cases}x_1+a_1x_2+a_1^2x_3=a_1^3,\\x_1+a_2x_2+a_2^2x_3=a_2^3,\\x_1+a_3x_2+a_3^2x_3=a_3^3.\end{cases}$$

易知,其系数行列式不等于零. 利用 Cramer 法则,方程组的唯一解为(见例 3.26)

$$x_1=a_1a_2a_3,\quad x_2=-a_1a_2-a_3a_1-a_2a_3,\quad x_3=a_1+a_2+a_3.$$

(2)当 $a_1\neq a_2=a_3=a_4$ 时,同解方程组为

$$\begin{cases}x_1+a_1x_2+a_1^2x_3=a_1^3,\\x_1+a_2x_2+a_2^2x_3=a_2^3.\end{cases}$$

此时,容易求得其通解为

$$(x_1,x_2,x_3)=k(a_1a_2,-a_1-a_2,1)+(-a_1^2a_2-a_1a_2^2,a_1^2+a_1a_2+a_2^2,0),$$

其中 k 为任意常数.

(3)当 $a_1=a_2=a_3=a_4$ 时,同解方程组为

$$x_1+a_1x_2+a_1^2x_3=a_1^3.$$

此时,容易求得其通解为

$$(x_1,x_2,x_3)=k_1(-a_1,1,0)+k_2(-a_1^2,0,1)+(-a_1^3,0,0),$$

其中 k_1,k_2 为任意常数.

综上所述,方程组有解当且仅当 a_1,a_2,a_3,a_4 至少有两个相等,且(1)(2)(3)分别给出了方程组有解时的唯一解或通解.

【例 3.63】(上海交通大学,2005 年) 下面的 n 元线性方程组何时无解,有唯一解,有无穷多组解?有解时,求出解.

$$\begin{pmatrix}a&1&\cdots&1\\1&a&\cdots&1\\\vdots&\vdots&&\vdots\\1&1&\cdots&a\end{pmatrix}\begin{pmatrix}x_1\\x_2\\\vdots\\x_n\end{pmatrix}=\begin{pmatrix}a_1\\a_2\\\vdots\\a_n\end{pmatrix}.$$

【解】 将原方程组表为矩阵形式:$\boldsymbol{Ax}=\boldsymbol{b}$,易知 $|\boldsymbol{A}|=(a+(n-1))(a-1)^{n-1}$. 可见,需讨论 a 是否取值 1 或 $-(n-1)$.

(1)当 $a=1$ 时,若 $a_1=a_2=\cdots=a_n$,则 $\operatorname{rank}\boldsymbol{A}=\operatorname{rank}(\boldsymbol{A},\boldsymbol{b})=1$,方程组有无穷多解,其通解为

$$\boldsymbol{x}=(a_1,0,\cdots,0)+k_1(1,-1,0,\cdots,0)+k_2(1,0,-1,\cdots,0)+\cdots+k_{n-1}(1,0,\cdots,0,-1),$$

其中 $k_1,k_2,\cdots,k_{n-1}$ 为任意常数;若 $a_i\neq a_1(i\neq 1)$,则 $\operatorname{rank}\boldsymbol{A}<\operatorname{rank}(\boldsymbol{A},\boldsymbol{b})$,方程组无解.

(2)当 $a\neq-(n-1)$ 时,对方程组的增广矩阵$(\boldsymbol{A},\boldsymbol{b})$作初等行变换,先把第 2 至 n 行都加到第 1 行,再把第 1 行乘$\dfrac{1}{a+n-1}$,然后把第 2 至 n 行都减去第 1 行,得

$$(\boldsymbol{A},\boldsymbol{b})\longrightarrow\begin{pmatrix}a+n-1&a+n-1&\cdots&a+n-1&\sum\limits_{i=1}^n a_i\\1&a&\cdots&1&a_2\\\vdots&\vdots&&\vdots&\vdots\\1&1&\cdots&a&a_n\end{pmatrix}$$

$$\longrightarrow\begin{pmatrix} 1 & 1 & \cdots & 1 & \dfrac{\sum_{i=1}^{n}a_i}{a+n-1} \\ 0 & a-1 & \cdots & 0 & a_2-\dfrac{\sum_{i=1}^{n}a_i}{a+n-1} \\ \vdots & \vdots & & \vdots & \vdots \\ 0 & 0 & \cdots & a-1 & a_n-\dfrac{\sum_{i=1}^{n}a_i}{a+n-1} \end{pmatrix}.$$

显然,当 $a\neq1$ 时,$\operatorname{rank}\boldsymbol{A}=\operatorname{rank}(\boldsymbol{A},\boldsymbol{b})=n$,此时方程组有唯一解. 易知

$$x_i=\frac{a_i}{a-1}-\frac{\sum_{i=1}^{n}a_i}{(a-1)(a+n-1)}\quad(i=1,2,\cdots,n).$$

(3) 当 $a=-(n-1)$ 时,若 $\sum_{i=1}^{n}a_i\neq0$,则 $\operatorname{rank}\boldsymbol{A}<\operatorname{rank}(\boldsymbol{A},\boldsymbol{b})$,方程组无解;若 $\sum_{i=1}^{n}a_i=0$,则 $\operatorname{rank}\boldsymbol{A}=\operatorname{rank}(\boldsymbol{A},\boldsymbol{b})=n-1$,方程组有无穷多解,此时不难求得其通解为

$$\boldsymbol{x}=\left(k-\frac{a_1}{n},k-\frac{a_2}{n},\cdots,k-\frac{a_n}{n}\right),$$

其中 k 为任意常数.

【例 3.64】(华东师范大学,2005 年) 讨论 $b_1,b_2,\cdots,b_n(n\geqslant2)$ 满足什么条件时下列方程组有解,并求解.

$$\begin{cases} x_1+x_2=b_1, \\ x_2+x_3=b_2, \\ \cdots\cdots\cdots\cdots \\ x_{n-1}+x_n=b_{n-1}, \\ x_n+x_1=b_n. \end{cases}$$

【解】 对方程组的增广矩阵$(\boldsymbol{A},\boldsymbol{b})$施行初等行变换,化为简化行阶梯形矩阵:

$$(\boldsymbol{A},\boldsymbol{b})\rightarrow\left(\begin{array}{cccccc|c} 1 & 0 & 0 & \cdots & 0 & 1 & b_n \\ 0 & 1 & 0 & \cdots & 0 & -1 & c_2 \\ 0 & 0 & 1 & \cdots & 0 & 1 & c_3 \\ \vdots & \vdots & \vdots & & \vdots & \vdots & \vdots \\ 0 & 0 & 0 & \cdots & 1 & (-1)^{n-2} & c_{n-1} \\ 0 & 0 & 0 & \cdots & 0 & 1+(-1)^{n-1} & c_n \end{array}\right),$$

其中 $c_k=b_{k-1}-b_{k-2}+\cdots+(-1)^{k-2}b_1+(-1)^{k-1}b_n,k=2,3,\cdots,n$.

当 n 为奇数时,$1+(-1)^{n-1}=2$,系数矩阵的行列式 $\det\boldsymbol{A}\neq0$,方程组有唯一解

$$\boldsymbol{x}=\left(b_n-\frac{c_n}{2},c_2+\frac{c_n}{2},c_3-\frac{c_n}{2},\cdots,c_{n-1}+\frac{c_n}{2},\frac{c_n}{2}\right)^{\mathrm{T}};$$

当 n 为偶数时，$1+(-1)^{n-1}=0$，$\operatorname{rank} \boldsymbol{A}=n-1$，所以方程组有解的充分必要条件是

$$\operatorname{rank}(\boldsymbol{A},\boldsymbol{b})=n-1 \Leftrightarrow c_n=0，即\ b_1-b_2+\cdots+b_{n-1}-b_n=0.$$

此时，方程组的通解为

$$\boldsymbol{x}=(b_n,c_2,\cdots,c_{n-1},0)^{\mathrm{T}}+k(1,-1,\cdots,1,-1)^{\mathrm{T}},$$

其中 k 为任意常数.

【例 3.65】(南京大学，2011 年)　设 n 阶方阵 $\boldsymbol{A}=(\boldsymbol{\alpha}_1,\boldsymbol{\alpha}_2,\cdots,\boldsymbol{\alpha}_n)$ 的前 $n-1$ 个列向量线性相关，后 $n-1$ 个列向量线性无关，$\boldsymbol{\beta}=\boldsymbol{\alpha}_1+\boldsymbol{\alpha}_2+\cdots+\boldsymbol{\alpha}_n$.

(1) 证明：方程组 $\boldsymbol{AX}=\boldsymbol{\beta}$ 必有无穷多解；

(2) 求方程组 $\boldsymbol{AX}=\boldsymbol{\beta}$ 的通解.

【解】　(1) 由于 $\boldsymbol{\alpha}_2,\cdots,\boldsymbol{\alpha}_n$ 线性无关，所以 $\boldsymbol{\alpha}_2,\cdots,\boldsymbol{\alpha}_{n-1}$ 线性无关. 又 $\boldsymbol{\alpha}_1,\boldsymbol{\alpha}_2,\cdots,\boldsymbol{\alpha}_{n-1}$ 线性相关，所以 $\boldsymbol{\alpha}_1$ 可由 $\boldsymbol{\alpha}_2,\cdots,\boldsymbol{\alpha}_{n-1}$ 唯一地线性表示，即存在唯一的一组数 $k_2,\cdots,k_{n-1}$，使得

$$\boldsymbol{\alpha}_1=k_2\boldsymbol{\alpha}_2+\cdots+k_{n-1}\boldsymbol{\alpha}_{n-1}=k_2\boldsymbol{\alpha}_2+\cdots+k_{n-1}\boldsymbol{\alpha}_{n-1}+0\boldsymbol{\alpha}_n. \qquad ①$$

这就表明 $\operatorname{rank} \boldsymbol{A}=n-1$. 此外，注意到 $\boldsymbol{\beta}$ 可由 $\boldsymbol{\alpha}_1,\boldsymbol{\alpha}_2,\cdots,\boldsymbol{\alpha}_n$ 线性表示，可见

$$\operatorname{rank}(\boldsymbol{A},\boldsymbol{\beta})=\operatorname{rank}(\boldsymbol{\alpha}_1,\boldsymbol{\alpha}_2,\cdots,\boldsymbol{\alpha}_n,\boldsymbol{\beta})=\operatorname{rank}(\boldsymbol{\alpha}_2,\cdots,\boldsymbol{\alpha}_n)=\operatorname{rank} \boldsymbol{A}.$$

因此，方程组 $\boldsymbol{AX}=\boldsymbol{\beta}$ 必有无穷多解.

(2) 根据(1)的结论，齐次方程组 $\boldsymbol{AX}=\boldsymbol{0}$ 的基础解系只包含一个解. 又由①式可得

$$(\boldsymbol{\alpha}_1,\boldsymbol{\alpha}_2,\cdots,\boldsymbol{\alpha}_{n-1},\boldsymbol{\alpha}_n)\begin{pmatrix}-1\\k_2\\\vdots\\k_{n-1}\\0\end{pmatrix}=\boldsymbol{0} \quad 或 \quad \boldsymbol{A}\begin{pmatrix}-1\\k_2\\\vdots\\k_{n-1}\\0\end{pmatrix}=\boldsymbol{0}$$

故向量 $(-1,k_2,\cdots,k_{n-1},0)^{\mathrm{T}}$ 为齐次方程组 $\boldsymbol{AX}=\boldsymbol{0}$ 的基础解系. 再由

$$\boldsymbol{\beta}=\boldsymbol{\alpha}_1+\boldsymbol{\alpha}_2+\cdots+\boldsymbol{\alpha}_n=(\boldsymbol{\alpha}_1,\boldsymbol{\alpha}_2,\cdots,\boldsymbol{\alpha}_n)\begin{pmatrix}1\\1\\\vdots\\1\end{pmatrix}=\boldsymbol{A}\begin{pmatrix}1\\1\\\vdots\\1\end{pmatrix}$$

知，$(1,1,\cdots,1)^{\mathrm{T}}$ 为非齐次方程组 $\boldsymbol{AX}=\boldsymbol{\beta}$ 的一个特解. 于是 $\boldsymbol{AX}=\boldsymbol{\beta}$ 的通解为

$$\boldsymbol{X}=(1,1,\cdots,1)^{\mathrm{T}}+c(-1,k_2,\cdots,k_{n-1},0)^{\mathrm{T}},$$

其中 c 为任意常数.

【例 3.66】(南京理工大学，2003 年)　设 $\boldsymbol{A}=(\boldsymbol{A}_1,\boldsymbol{A}_2,\cdots,\boldsymbol{A}_n)\in P^{n\times n}$，线性方程组 $\boldsymbol{AX}=\boldsymbol{b}$ 有通解 $\boldsymbol{X}=\boldsymbol{\eta}_0+k_1\boldsymbol{\xi}_1+\cdots+k_s\boldsymbol{\xi}_s$，其中 $\boldsymbol{\eta}_0=(1,1,\cdots,1)^{\mathrm{T}}$，$\boldsymbol{\xi}_i=(\underbrace{1,\cdots,1}_{i个},0,\cdots,0)^{\mathrm{T}}$，$i=1,2,\cdots,s$. 又设 $\boldsymbol{B}=(n\boldsymbol{A}_n,(n-1)\boldsymbol{A}_{n-1},\cdots,2\boldsymbol{A}_2,\boldsymbol{A}_1)$，求 $\boldsymbol{BX}=\boldsymbol{b}$ 的通解.

【解】　据题设有 $\boldsymbol{B}=\boldsymbol{AC}$，其中

$$\boldsymbol{C}=\begin{pmatrix} & & & 1\\ & & 2 & \\ & \iddots & & \\ n & & & \end{pmatrix}.$$

易知 $\boldsymbol{C}$ 可逆,且

$$\boldsymbol{C}^{-1}=\begin{pmatrix} & & & \frac{1}{n} \\ & & \iddots & \\ & \frac{1}{2} & & \\ 1 & & & \end{pmatrix}.$$

所以 $s=n-\text{rank}\,\boldsymbol{A}=n-\text{rank}\,\boldsymbol{B}$,且 $\boldsymbol{AX}=\boldsymbol{b}\Leftrightarrow\boldsymbol{BC}^{-1}\boldsymbol{X}=\boldsymbol{b}$,及 $\boldsymbol{AX}=\boldsymbol{0}\Leftrightarrow\boldsymbol{BC}^{-1}\boldsymbol{X}=\boldsymbol{0}$. 又 $\boldsymbol{C}^{-1}\boldsymbol{\xi}_1,C^{-1}\xi_2,\cdots,\boldsymbol{C}^{-1}\boldsymbol{\xi}_s$ 是线性无关的,于是 $\boldsymbol{BX}=\boldsymbol{b}$ 的通解为

$$\boldsymbol{X}=\boldsymbol{C}^{-1}\boldsymbol{\eta}_0+k_1\boldsymbol{C}^{-1}\boldsymbol{\xi}_1+k_2\boldsymbol{C}^{-1}\boldsymbol{\xi}_2+\cdots+k_s\boldsymbol{C}^{-1}\boldsymbol{\xi}_s,$$

其中 $k_1,k_2,\cdots,k_s\in P$, $\boldsymbol{C}^{-1}\boldsymbol{\eta}_0=\left(\frac{1}{n},\cdots,\frac{1}{2},1\right)^{\mathrm{T}}$,而

$$\boldsymbol{C}^{-1}\boldsymbol{\xi}_i=\left(0,\cdots,0,\frac{1}{i},\cdots,\frac{1}{2},1\right)^{\mathrm{T}},\quad i=1,2,\cdots,s.$$

【例 3.67】 设 4 阶方阵 $\boldsymbol{A}=(\boldsymbol{\alpha}_1,\boldsymbol{\alpha}_2,\boldsymbol{\alpha}_3,\boldsymbol{\alpha}_4)$,已知非齐次线性方程组 $\boldsymbol{Ax}=\boldsymbol{\alpha}_5$ 的通解为

$$k(2,0,-3,1)^{\mathrm{T}}+(1,2,-1,0)^{\mathrm{T}},$$

其中 $k\in\mathbb{R}$. 试问:(1) $\boldsymbol{\alpha}_2$ 可否由 $\boldsymbol{\alpha}_3,\boldsymbol{\alpha}_4,\boldsymbol{\alpha}_5$ 线性表示?(2) $\boldsymbol{\alpha}_2$ 可否由 $\boldsymbol{\alpha}_1,\boldsymbol{\alpha}_3,\boldsymbol{\alpha}_4$ 线性表示?若可以表示,则写出一般表示式;若不能表示,则说明理由.

【解】 由题设,知 $\boldsymbol{\alpha}_5=(2k+1)\boldsymbol{\alpha}_1+2\boldsymbol{\alpha}_2-(3k+1)\boldsymbol{\alpha}_3+k\boldsymbol{\alpha}_4$.

(1) 可以表示. 这只需在上式中令 $\boldsymbol{\alpha}_1$ 的系数 $2k+1=0$ 即可. 此时,$k=-\frac{1}{2}$, 且有

$$\boldsymbol{\alpha}_2=-\frac{1}{4}\boldsymbol{\alpha}_3+\frac{1}{4}\boldsymbol{\alpha}_4+\frac{1}{2}\boldsymbol{\alpha}_5.$$

(2) 不能表示. 根据所给通解的结构,知 $\text{rank}\,\boldsymbol{A}=3$,即向量组 $\boldsymbol{\alpha}_1,\boldsymbol{\alpha}_2,\boldsymbol{\alpha}_3,\boldsymbol{\alpha}_4$ 的秩为 3,且 $2\boldsymbol{\alpha}_1-3\boldsymbol{\alpha}_3+\boldsymbol{\alpha}_4=\boldsymbol{0}$ 即 $\boldsymbol{\alpha}_4=-2\boldsymbol{\alpha}_1+3\boldsymbol{\alpha}_3$.

若 $\boldsymbol{\alpha}_2$ 可由 $\boldsymbol{\alpha}_1,\boldsymbol{\alpha}_3,\boldsymbol{\alpha}_4$ 线性表示,设为 $\boldsymbol{\alpha}_2=k_1\boldsymbol{\alpha}_1+k_3\boldsymbol{\alpha}_3+k_4\boldsymbol{\alpha}_4$,则 $\boldsymbol{\alpha}_2=(k_1-2k_4)\boldsymbol{\alpha}_1+(k_3+3k_4)\boldsymbol{\alpha}_3$,即 $\boldsymbol{\alpha}_2$ 可由 $\boldsymbol{\alpha}_1,\boldsymbol{\alpha}_3$ 线性表示,因而 $\text{rank}(\boldsymbol{\alpha}_1,\boldsymbol{\alpha}_2,\boldsymbol{\alpha}_3,\boldsymbol{\alpha}_4)\leqslant 2$,矛盾. 故 $\boldsymbol{\alpha}_2$ 不能由 $\boldsymbol{\alpha}_1,\boldsymbol{\alpha}_3,\boldsymbol{\alpha}_4$ 线性表示.

【例 3.68】(华南理工大学,2000 年) 设线性方程组

$$(\mathrm{I})\quad\begin{cases} a_{11}x_1+a_{12}x_2+\cdots+a_{1n}x_n=b_1, \\ a_{21}x_1+a_{22}x_2+\cdots+a_{2n}x_n=b_2, \\ \cdots\cdots\cdots\cdots \\ a_{n1}x_1+a_{n2}x_2+\cdots+a_{nn}x_n=b_n. \end{cases}$$

的系数矩阵 $\boldsymbol{A}$ 的秩等于矩阵

$$\boldsymbol{B}=\begin{pmatrix} a_{11} & a_{12} & \cdots & a_{1n} & b_1 \\ a_{21} & a_{22} & \cdots & a_{2n} & b_2 \\ \vdots & \vdots & & \vdots & \vdots \\ a_{n1} & a_{n2} & \cdots & a_{nn} & b_n \\ b_1 & b_2 & \cdots & b_n & 0 \end{pmatrix}$$

的秩. 证明方程组(Ⅰ)有解. 问逆命题是否成立? 为什么?

【解】 记向量 $\boldsymbol{b}=(b_1,b_2,\cdots,b_n)^{\mathrm{T}}$,则方程组(Ⅰ)的增广矩阵为$(\boldsymbol{A},\boldsymbol{b})$. 因为

$$\operatorname{rank}\boldsymbol{A}\leqslant\operatorname{rank}(\boldsymbol{A},\boldsymbol{b})\leqslant\operatorname{rank}\begin{pmatrix}\boldsymbol{A} & \boldsymbol{b}\\ \boldsymbol{b}^{\mathrm{T}} & \boldsymbol{0}\end{pmatrix}=\operatorname{rank}\boldsymbol{B}=\operatorname{rank}\boldsymbol{A}.$$

于是有 $\operatorname{rank}\boldsymbol{A}=\operatorname{rank}(\boldsymbol{A},\boldsymbol{b})$,所以方程组(Ⅰ)有解.

逆命题不成立. 例如,线性方程组$\begin{cases}x_1+2x_2=1,\\ 3x_1+4x_2=3\end{cases}$有解,这里

$$\boldsymbol{A}=\begin{pmatrix}1 & 2\\ 3 & 4\end{pmatrix},\quad \boldsymbol{B}=\begin{pmatrix}1 & 2 & 1\\ 3 & 4 & 3\\ 1 & 3 & 0\end{pmatrix}.$$

易知 $\operatorname{rank}\boldsymbol{A}=2$,$\operatorname{rank}\boldsymbol{B}=3$,所以 $\operatorname{rank}\boldsymbol{A}\neq\operatorname{rank}\boldsymbol{B}$.

【例 3.69】(武汉大学,2005 年) 设 $\boldsymbol{A}$ 是 $m\times n$ 矩阵,$\boldsymbol{\beta}=(b_1,b_2,\cdots,b_m)^{\mathrm{T}}$ 是 m 维列向量,证明下述命题相互等价:

(1) 线性方程组 $\boldsymbol{Ax}=\boldsymbol{\beta}$ 有解;

(2) 齐次方程组 $\boldsymbol{A}^{\mathrm{T}}\boldsymbol{x}=\boldsymbol{0}$ 的任一解$(x_1,x_2,\cdots,x_m)^{\mathrm{T}}$ 必满足 $x_1b_1+x_2b_2+\cdots+x_mb_m=0$;

(3) 线性方程组 $\begin{pmatrix}\boldsymbol{A}^{\mathrm{T}}\\ \boldsymbol{\beta}^{\mathrm{T}}\end{pmatrix}\boldsymbol{x}=\begin{pmatrix}\boldsymbol{0}\\ 1\end{pmatrix}$ 无解,其中 $\boldsymbol{0}$ 是 n 维零向量.

【证】 采用循环证法:(1)⇒(2)⇒(3)⇒(1).

(1)⇒(2). 设 $\boldsymbol{A\xi}=\boldsymbol{\beta}$, $\boldsymbol{x}=(x_1,x_2,\cdots,x_m)^{\mathrm{T}}$,且 $\boldsymbol{A}^{\mathrm{T}}\boldsymbol{x}=\boldsymbol{0}$,则$\boldsymbol{\beta}^{\mathrm{T}}\boldsymbol{x}=\boldsymbol{\xi}^{\mathrm{T}}\boldsymbol{A}^{\mathrm{T}}\boldsymbol{x}=0$, 即

$$x_1b_1+x_2b_2+\cdots+x_mb_m=0.$$

(2)⇒(3). 若方程组 $\boldsymbol{A}^{\mathrm{T}}\boldsymbol{x}=\boldsymbol{0}$ 的任一解 $\boldsymbol{x}$ 都使得$\boldsymbol{\beta}^{\mathrm{T}}\boldsymbol{x}=0$,则 $\boldsymbol{A}^{\mathrm{T}}\boldsymbol{x}=\boldsymbol{0}$ 与$\begin{pmatrix}\boldsymbol{A}^{\mathrm{T}}\\ \boldsymbol{\beta}^{\mathrm{T}}\end{pmatrix}\boldsymbol{x}=\boldsymbol{0}$ 同解,因而方程组$\begin{pmatrix}\boldsymbol{A}^{\mathrm{T}}\\ \boldsymbol{\beta}^{\mathrm{T}}\end{pmatrix}\boldsymbol{x}=\begin{pmatrix}\boldsymbol{0}\\ 1\end{pmatrix}$ 无解.

(3)⇒(1). 若线性方程组$\begin{pmatrix}\boldsymbol{A}^{\mathrm{T}}\\ \boldsymbol{\beta}^{\mathrm{T}}\end{pmatrix}\boldsymbol{x}=\begin{pmatrix}\boldsymbol{0}\\ 1\end{pmatrix}$ 无解,则 $\operatorname{rank}\begin{pmatrix}\boldsymbol{A}^{\mathrm{T}}\\ \boldsymbol{\beta}^{\mathrm{T}}\end{pmatrix}<\operatorname{rank}\left(\begin{array}{c:c}\boldsymbol{A}^{\mathrm{T}} & \boldsymbol{0}\\ \boldsymbol{\beta}^{\mathrm{T}} & 1\end{array}\right)$, 即

$$\operatorname{rank}(\boldsymbol{A},\boldsymbol{\beta})<\operatorname{rank}\left(\begin{array}{c:c}\boldsymbol{A} & \boldsymbol{\beta}\\ \boldsymbol{0} & 1\end{array}\right)\leqslant\operatorname{rank}\begin{pmatrix}\boldsymbol{A}\\ \boldsymbol{0}\end{pmatrix}+\operatorname{rank}\begin{pmatrix}\boldsymbol{\beta}\\ 1\end{pmatrix}=\operatorname{rank}\boldsymbol{A}+1,$$

故 $\operatorname{rank}\boldsymbol{A}\leqslant\operatorname{rank}(\boldsymbol{A},\boldsymbol{\beta})\leqslant\operatorname{rank}\boldsymbol{A}$, 于是有 $\operatorname{rank}\boldsymbol{A}=\operatorname{rank}(\boldsymbol{A},\boldsymbol{\beta})$,方程组 $\boldsymbol{Ax}=\boldsymbol{\beta}$ 有解.

【例 3.70】(北京师范大学,1998 年) 证明:含有 n 个未知量 $n+1$ 个方程的线性方程组

$$\begin{cases} a_{11}x_1 + a_{12}x_2 + \cdots + a_{1n}x_n = b_1, \\ a_{21}x_1 + a_{22}x_2 + \cdots + a_{2n}x_n = b_2, \\ \cdots\cdots\cdots\cdots \\ a_{n1}x_1 + a_{n2}x_2 + \cdots + a_{nn}x_n = b_n, \\ a_{n+1,1}x_1 + a_{n+1,2}x_2 + \cdots + a_{n+1,n}x_n = b_{n+1} \end{cases}$$

有解的必要条件是

$$\begin{vmatrix} a_{11} & a_{12} & \cdots & a_{1n} & b_1 \\ a_{21} & a_{22} & \cdots & a_{2n} & b_2 \\ a_{n1} & a_{n2} & \cdots & a_{nn} & b_n \\ a_{n+1,1} & a_{n+1,2} & \cdots & a_{n+1,n} & b_{n+1} \end{vmatrix} = 0. \qquad ①$$

这个条件充分吗？若这个条件充分，则给出一个证明；若你认为不是充分条件，请举出反例.

【解】 据题设方程组有解，所以其系数矩阵 $\boldsymbol{A}$ 的秩（$\leqslant n$）等于增广矩阵 $\overline{\boldsymbol{A}}$ 的秩，于是有 $\det \overline{\boldsymbol{A}}=0$，即条件①成立. 反之，条件①不是充分的，例如：对于 $n=2$ 时的方程组

$$\begin{cases} x_1 + x_2 = 1, \\ x_1 + x_2 = 2, \\ 2x_1 + 2x_2 = 3, \end{cases}$$

显然，条件①成立，但方程组无解.

【例 3.71】（北京大学，2001 年） 设 ω 是复数域 $\mathbb{C}$ 上的本原 n 次单位根（即 $\omega^n=1$，而当 $0<t<n$ 时，$\omega^t\neq 1$），s,b 都是正整数，且 $s<n$. 令

$$\boldsymbol{A}=\begin{pmatrix} 1 & \omega^{b} & \omega^{2b} & \cdots & \omega^{(n-1)b} \\ 1 & \omega^{b+1} & \omega^{2(b+1)} & \cdots & \omega^{(n-1)(b+1)} \\ \vdots & \vdots & \vdots & & \vdots \\ 1 & \omega^{b+s-1} & \omega^{2(b+s-1)} & \cdots & \omega^{(n-1)(b+s-1)} \end{pmatrix},$$

任取 $\boldsymbol{\beta}\in\mathbb{C}^s$，判断线性方程组 $\boldsymbol{AX}=\boldsymbol{\beta}$ 有无解？有多少解？写出理由.

【解】 显然，$\boldsymbol{A}$ 的前 s 列所构成的子式 D 是一个 Vandermonde 行列式，所以

$$D=\prod_{0\leqslant j<i\leqslant s-1}(\omega^{b+i}-\omega^{b+j}).$$

据题设条件可知，$\omega^{b},\omega^{b+1},\cdots,\omega^{b+s-1}$ 是 s 个两两不等的复数，所以 $D\neq 0$. 因此，$\operatorname{rank}\boldsymbol{A}=s$，且 $\forall\boldsymbol{\beta}\in\mathbb{C}^s$，$\operatorname{rank}(\boldsymbol{A},\boldsymbol{\beta})=s<n$. 这就表明，$n$ 元线性方程组 $\boldsymbol{AX}=\boldsymbol{\beta}$ 有解，且有无穷多解.

【例 3.72】（北京理工大学，2003 年） 设复数 ω 满足 $\omega^n=1$，但对 $0<k<n$，$\omega^k\neq 1$. 令

$$\boldsymbol{A}=\begin{pmatrix} 1 & \omega^{t} & \omega^{2t} & \cdots & \omega^{(n-1)t} \\ 1 & \omega^{t+1} & \omega^{2(t+1)} & \cdots & \omega^{(n-1)(t+1)} \\ \vdots & \vdots & & & \vdots \\ 1 & \omega^{t+s-1} & \omega^{2(t+s-1)} & \cdots & \omega^{(n-1)(t+s-1)} \end{pmatrix},$$

这里 s,t 都是正整数，且 $s<n$. 任取 $s\times 1$ 复矩阵 $\boldsymbol{b}$ 和 $n\times 1$ 复矩阵 $\boldsymbol{c}$，分别讨论线性方程组 $\boldsymbol{AX}=\boldsymbol{b}$ 和 $\boldsymbol{A}^{\mathrm{T}}\boldsymbol{Y}=\boldsymbol{c}$ 的解的情况.

【解】 根据上一题的解答，rank $\boldsymbol{A}=s$，且 $\forall \boldsymbol{b}\in\mathbb{C}^s$，$\operatorname{rank}(\boldsymbol{A},\boldsymbol{b})=s$. 所以方程组 $\boldsymbol{AX}=\boldsymbol{b}$ 有解，且有无穷多解.

另一方面，rank $\boldsymbol{A}^{\mathrm{T}}=s$. 设 $W\subset\mathbb{C}^n$ 是由 $\boldsymbol{A}^{\mathrm{T}}$ 的列向量组所张成的子空间，$\forall \boldsymbol{c}\in\mathbb{C}^n$，若 $\boldsymbol{c}\in W$，则 $\operatorname{rank}(\boldsymbol{A}^{\mathrm{T}},\boldsymbol{c})=\operatorname{rank}\boldsymbol{A}^{\mathrm{T}}=s$，所以线性方程组 $\boldsymbol{A}^{\mathrm{T}}\boldsymbol{Y}=\boldsymbol{c}$ 有唯一解；若 $\boldsymbol{c}\notin W$，则 rank $\boldsymbol{A}^{\mathrm{T}}<\operatorname{rank}(\boldsymbol{A}^{\mathrm{T}},\boldsymbol{c})$，此时方程组 $\boldsymbol{A}^{\mathrm{T}}\boldsymbol{Y}=\boldsymbol{c}$ 无解.

【例 3.73】(北京大学，1991 年) 已知 $D=|a_{ij}|_{n\times n}\neq 0$. 试证明：线性方程组

$$(\mathrm{I})\quad\begin{cases}a_{11}x_1+a_{12}x_2+\cdots+a_{1n}x_n=b_1,\\a_{21}x_1+a_{22}x_2+\cdots+a_{2n}x_n=b_2,\\\cdots\cdots\cdots\cdots\\a_{n1}x_1+a_{n2}x_2+\cdots+a_{nn}x_n=b_n,\\c_1x_1+c_2x_2+\cdots+c_nx_n=d.\end{cases}$$

与

$$(\mathrm{II})\quad\begin{cases}a_{11}x_1+a_{21}x_2+\cdots+a_{n1}x_n=c_1,\\a_{12}x_1+a_{22}x_2+\cdots+a_{n2}x_n=c_2,\\\cdots\cdots\cdots\cdots\\a_{1n}x_1+a_{2n}x_2+\cdots+a_{nn}x_n=c_n,\\b_1x_1+b_2x_2+\cdots+b_nx_n=d.\end{cases}$$

或都有唯一解，或都没有解.

【证】 令 $\boldsymbol{A}=(a_{ij})_{n\times n}$，则 rank $\boldsymbol{A}=n$. 又记 $\boldsymbol{\beta}=(b_1,b_2,\cdots,b_n)^{\mathrm{T}}$，$\boldsymbol{\gamma}=(c_1,c_2,\cdots,c_n)^{\mathrm{T}}$，则方程组(Ⅰ)和(Ⅱ)的增广矩阵分别为

$$\boldsymbol{B}=\begin{pmatrix}\boldsymbol{A}&\boldsymbol{\beta}\\\boldsymbol{\gamma}^{\mathrm{T}}&d\end{pmatrix}\quad 与\quad \boldsymbol{B}^{\mathrm{T}}=\begin{pmatrix}\boldsymbol{A}^{\mathrm{T}}&\boldsymbol{\gamma}\\\boldsymbol{\beta}^{\mathrm{T}}&d\end{pmatrix}.$$

注意到(Ⅰ)和(Ⅱ)的系数矩阵的秩均等于 n，且 $\boldsymbol{B}\longrightarrow\begin{pmatrix}\boldsymbol{A}&\boldsymbol{\beta}\\\boldsymbol{0}&d-\boldsymbol{\gamma}^{\mathrm{T}}\boldsymbol{A}^{-1}\boldsymbol{\beta}\end{pmatrix}$，于是有：

若 $d=\boldsymbol{\gamma}^{\mathrm{T}}\boldsymbol{A}^{-1}\boldsymbol{\beta}$，则 rank $\boldsymbol{B}=\operatorname{rank}(\boldsymbol{B}^{\mathrm{T}})=n$，此时方程组(Ⅰ)和(Ⅱ)都有唯一解；

若 $d\neq\boldsymbol{\gamma}^{\mathrm{T}}\boldsymbol{A}^{-1}\boldsymbol{\beta}$，则 rank $\boldsymbol{B}=\operatorname{rank}(\boldsymbol{B}^{\mathrm{T}})=n+1$，此时方程组(Ⅰ)和(Ⅱ)都没有解.

【例 3.74】(重庆大学，2005 年) 设 $\boldsymbol{A}$ 为 n 阶方阵，$\boldsymbol{A}^*=(A_{ij})$ 为 $\boldsymbol{A}$ 的伴随矩阵且 $A_{11}\neq 0$，又设 $\boldsymbol{b}\neq\boldsymbol{0}$ 为 n 维列向量. 证明：$\boldsymbol{AX}=\boldsymbol{b}$ 有无穷多个解 $\Leftrightarrow$ $\boldsymbol{b}$ 是 $\boldsymbol{A}^*\boldsymbol{X}=\boldsymbol{0}$ 的解.

【证】 ($\Rightarrow$) 设 $\boldsymbol{AX}=\boldsymbol{b}$ 有无穷多个解，则 rank $\boldsymbol{A}=\operatorname{rank}(\boldsymbol{A},\boldsymbol{b})<n$，所以 $|\boldsymbol{A}|=0$. 因此，$\boldsymbol{A}^*\boldsymbol{b}=\boldsymbol{A}^*\boldsymbol{AX}=|\boldsymbol{A}|\boldsymbol{X}=\boldsymbol{0}$，即 $\boldsymbol{b}$ 是 $\boldsymbol{A}^*\boldsymbol{X}=\boldsymbol{0}$ 的解.

($\Leftarrow$) 设 $\boldsymbol{b}\neq\boldsymbol{0}$ 是 $\boldsymbol{A}^*\boldsymbol{X}=\boldsymbol{0}$ 的解，则 rank $\boldsymbol{A}^*<n$. 又 $\boldsymbol{A}^*\neq\boldsymbol{O}$，所以 rank $\boldsymbol{A}^*=1$，从而有 rank $\boldsymbol{A}=n-1$，且 $\boldsymbol{A}^*\boldsymbol{A}=|\boldsymbol{A}|\boldsymbol{E}=\boldsymbol{O}$，即 $\boldsymbol{A}$ 的列向量组是 $\boldsymbol{A}^*\boldsymbol{X}=\boldsymbol{0}$ 的解. 又 $\boldsymbol{A}^*\boldsymbol{X}=\boldsymbol{0}$ 的基础解系含 $n-1$ 个解，所以 $\boldsymbol{b}$ 可由 $\boldsymbol{A}$ 的列向量组线性表示，这就表明 rank $\boldsymbol{A}=\operatorname{rank}(\boldsymbol{A},\boldsymbol{b})<n$，于是 $\boldsymbol{AX}=\boldsymbol{b}$ 有无穷多个解.

【例 3.75】(四川大学，2000 年) 设 $\boldsymbol{A}$ 是一个 n 阶方阵，$\boldsymbol{A}^*$ 是 $\boldsymbol{A}$ 的伴随矩阵，且存在 n 维非零列向量 $\boldsymbol{\alpha}$ 满足 $\boldsymbol{A\alpha}=\boldsymbol{0}$. 证明：非齐次线性方程组 $\boldsymbol{A}^*\boldsymbol{X}=\boldsymbol{\alpha}$ 有解 $\Leftrightarrow$ rank $\boldsymbol{A}=n-1$.

【证】 因为齐次方程组 $\boldsymbol{AX}=\boldsymbol{0}$ 有非零解 $\boldsymbol{\alpha}$,所以 $\operatorname{rank}\boldsymbol{A}<n$,从而 $\operatorname{rank}\boldsymbol{A}^*\leqslant 1$.

($\Rightarrow$) 设 $\boldsymbol{A}^*\boldsymbol{X}=\boldsymbol{\alpha}$ 有解,则 $\boldsymbol{A}^*\neq\boldsymbol{O}$,故 $\operatorname{rank}\boldsymbol{A}^*=1$. 因此 $\operatorname{rank}\boldsymbol{A}=n-1$.

($\Leftarrow$) 设 $\operatorname{rank}\boldsymbol{A}=n-1$,则 $\operatorname{rank}\boldsymbol{A}^*=1$,且 $\boldsymbol{AA}^*=|\boldsymbol{A}|\boldsymbol{E}=\boldsymbol{O}$,即 $\boldsymbol{A}^*$ 的列向量组是齐次线性方程组 $\boldsymbol{AX}=\boldsymbol{0}$ 的解. 又 $\boldsymbol{A\alpha}=\boldsymbol{0}$,所以 $\boldsymbol{\alpha}$ 构成 $\boldsymbol{AX}=\boldsymbol{0}$ 的基础解系,这就表明 $\boldsymbol{A}^*$ 的列向量组可由 $\boldsymbol{\alpha}$ 线性表示,于是 $\boldsymbol{A}^*\boldsymbol{X}=\boldsymbol{\alpha}$ 有解.

【例 3.76】(华东师范大学,2005 年) 设 $\boldsymbol{\gamma}_0$ 是数域 K 上非齐次线性方程组 $\boldsymbol{AX}=\boldsymbol{B}$ 的特解, $\boldsymbol{\eta}_1,\boldsymbol{\eta}_2,\cdots,\boldsymbol{\eta}_s$ 是该方程组的导出组的基础解系,则以下命题中错误的是(　　).

(A) $\boldsymbol{\gamma}_0,\boldsymbol{\gamma}_0-\boldsymbol{\eta}_1,\boldsymbol{\gamma}_0-\boldsymbol{\eta}_2,\cdots,\boldsymbol{\gamma}_0-\boldsymbol{\eta}_s$ 是 $\boldsymbol{AX}=\boldsymbol{B}$ 的一组线性无关解向量;

(B) $\boldsymbol{AX}=\boldsymbol{B}$ 的每个解均可表为 $\boldsymbol{\gamma}_0,\boldsymbol{\eta}_1,2\boldsymbol{\eta}_2,\cdots,s\boldsymbol{\eta}_s$ 的线性组合;

(C) $2\boldsymbol{\gamma}_0+\boldsymbol{\eta}_1+\boldsymbol{\eta}_2+\cdots+\boldsymbol{\eta}_s$ 是 $\boldsymbol{AX}=\boldsymbol{B}$ 的解;

(D) $\boldsymbol{AX}=\boldsymbol{B}$ 的每个解均可表为 $\boldsymbol{\gamma}_0,\boldsymbol{\gamma}_0+\boldsymbol{\eta}_1,\boldsymbol{\gamma}_0+\boldsymbol{\eta}_2,\cdots,\boldsymbol{\gamma}_0+\boldsymbol{\eta}_s$ 的线性组合.

【解】 选项(A)(B)显然正确. 选项(D)也正确,这是因为 $\boldsymbol{AX}=\boldsymbol{B}$ 的每个解均可表为

$$\boldsymbol{X}=\boldsymbol{\gamma}_0+\sum_{j=1}^{s}k_j\boldsymbol{\eta}_j=\left(1-\sum_{j=1}^{s}k_j\right)\boldsymbol{\gamma}_0+\sum_{j=1}^{s}k_j(\boldsymbol{\gamma}_0+\boldsymbol{\eta}_j).$$

故只有选项(C)是错误的. 事实上,因为 $2\boldsymbol{\gamma}_0$ 不是 $\boldsymbol{AX}=\boldsymbol{B}$ 的特解,而 $\boldsymbol{\eta}_1+\boldsymbol{\eta}_2+\cdots+\boldsymbol{\eta}_s$ 是导出组 $\boldsymbol{AX}=\boldsymbol{0}$ 的解,所以 $2\boldsymbol{\gamma}_0+\boldsymbol{\eta}_1+\boldsymbol{\eta}_2+\cdots+\boldsymbol{\eta}_s$ 不是 $\boldsymbol{AX}=\boldsymbol{B}$ 的解.

【例 3.77】(上海大学,2005 年) 设 $\boldsymbol{\beta}$ 是非齐次线性方程组 $\boldsymbol{Ax}=\boldsymbol{b}$ 的一个解, $\boldsymbol{\alpha}_1,\boldsymbol{\alpha}_2,\cdots,\boldsymbol{\alpha}_{n-r}$ 是其导出组的一个基础解系. 求证:

(1) $\boldsymbol{\alpha}_1,\boldsymbol{\alpha}_2,\cdots,\boldsymbol{\alpha}_{n-r},\boldsymbol{\beta}$ 线性无关;

(2) $\boldsymbol{\beta}+\boldsymbol{\alpha}_1,\boldsymbol{\beta}+\boldsymbol{\alpha}_2,\cdots,\boldsymbol{\beta}+\boldsymbol{\alpha}_{n-r},\boldsymbol{\beta}$ 也线性无关.

【证】 (1) 据题设有 $\boldsymbol{A\beta}=\boldsymbol{b}\neq\boldsymbol{0}$,且 $\boldsymbol{A\alpha}_j=\boldsymbol{0}$, $j=1,2,\cdots,n-r$. 设

$$k_1\boldsymbol{\alpha}_1+k_2\boldsymbol{\alpha}_2+\cdots+k_{n-r}\boldsymbol{\alpha}_{n-r}+k_0\boldsymbol{\beta}=\boldsymbol{0}.$$

对上式两边左乘 $\boldsymbol{A}$,得

$$\sum_{j=1}^{n-r}k_j\boldsymbol{A\alpha}_j+k_0\boldsymbol{A\beta}=\boldsymbol{0},\quad 即\quad k_0\boldsymbol{b}=\boldsymbol{0}.$$

因为 $\boldsymbol{b}\neq\boldsymbol{0}$,所以 $k_0=0$,从而有

$$k_1\boldsymbol{\alpha}_1+k_2\boldsymbol{\alpha}_2+\cdots+k_{n-r}\boldsymbol{\alpha}_{n-r}=\boldsymbol{0}.$$

由于 $\boldsymbol{\alpha}_1,\boldsymbol{\alpha}_2,\cdots,\boldsymbol{\alpha}_{n-r}$ 线性无关,可得 $k_1=k_2=\cdots=k_{n-r}=0$. 因此 $\boldsymbol{\alpha}_1,\boldsymbol{\alpha}_2,\cdots,\boldsymbol{\alpha}_{n-r},\boldsymbol{\beta}$ 线性无关.

(2) 设

$$k_1(\boldsymbol{\beta}+\boldsymbol{\alpha}_1)+k_2(\boldsymbol{\beta}+\boldsymbol{\alpha}_2)+\cdots+k_{n-r}(\boldsymbol{\beta}+\boldsymbol{\alpha}_{n-r})+k_0\boldsymbol{\beta}=\boldsymbol{0},$$

则

$$(k_0+k_1+\cdots+k_{n-r})\boldsymbol{\beta}+k_1\boldsymbol{\alpha}_1+k_2\boldsymbol{\alpha}_2+\cdots+k_{n-r}\boldsymbol{\alpha}_{n-r}=\boldsymbol{0}.$$

由(1)已证得的结论, $\boldsymbol{\beta},\boldsymbol{\alpha}_1,\boldsymbol{\alpha}_2,\cdots,\boldsymbol{\alpha}_{n-r}$ 是线性无关的,所以

$$k_0+k_1+\cdots+k_{n-r}=0,k_1=k_2=\cdots=k_{n-r}=0.$$

从而 $k_1=k_2=\cdots=k_{n-r}=k_0=0$. 因此 $\boldsymbol{\beta}+\boldsymbol{\alpha}_1,\boldsymbol{\beta}+\boldsymbol{\alpha}_2,\cdots,\boldsymbol{\beta}+\boldsymbol{\alpha}_{n-r},\boldsymbol{\beta}$ 线性无关.

【例 3.78】(武汉大学,2015 年) 设 $\boldsymbol{A}$ 为数域 F 上的 $m\times n$ 矩阵,$\boldsymbol{b}$ 为 F^m 中的非零列向量,$\operatorname{rank}\boldsymbol{A}=\operatorname{rank}(\boldsymbol{A},\boldsymbol{b})=r<n$. 又设 S 为非齐次线性方程组 $\boldsymbol{Ax}=\boldsymbol{b}$ 的解集合. 证明:

(1) S 中必存在 $n-r+1$ 个线性无关的向量 $\boldsymbol{\eta}_1,\boldsymbol{\eta}_2,\cdots,\boldsymbol{\eta}_{n-r+1}$;

(2) $\boldsymbol{\beta}\in S$ 的充分必要条件是存在 $k_i\in F(1\leqslant i\leqslant n-r+1)$, $\sum\limits_{i=1}^{n-r+1}k_i=1$,使得 $\boldsymbol{\beta}=\sum\limits_{i=1}^{n-r+1}k_i\boldsymbol{\eta}_i$.

【证】 (1) 因为 $\operatorname{rank}\boldsymbol{A}=\operatorname{rank}(\boldsymbol{A},\boldsymbol{b})=r<n$,所以非齐次方程组 $\boldsymbol{Ax}=\boldsymbol{b}$ 有解 $\boldsymbol{\eta}$,齐次方程组 $\boldsymbol{Ax}=\boldsymbol{0}$ 有基础解系 $\boldsymbol{\xi}_1,\boldsymbol{\xi}_2,\cdots,\boldsymbol{\xi}_{n-r}$. 容易证明:

$$\boldsymbol{\eta},\boldsymbol{\eta}+\boldsymbol{\xi}_1,\boldsymbol{\eta}+\boldsymbol{\xi}_2,\cdots,\boldsymbol{\eta}+\boldsymbol{\xi}_{n-r}$$

是方程组 $\boldsymbol{Ax}=\boldsymbol{b}$ 的 $n-r+1$ 个线性无关的解. 记这个向量组为 $\boldsymbol{\eta}_1,\boldsymbol{\eta}_2,\cdots,\boldsymbol{\eta}_{n-r+1}$ 即得所证.

(2) 充分性显然,只证必要性. 设 $\boldsymbol{\beta}\in S$,由于

$$\boldsymbol{\eta}_2-\boldsymbol{\eta}_1,\boldsymbol{\eta}_3-\boldsymbol{\eta}_1,\cdots,\boldsymbol{\eta}_{n-r+1}-\boldsymbol{\eta}_1$$

是线性无关的,因而是 $\boldsymbol{Ax}=\boldsymbol{0}$ 的基础解系. 故有

$$\begin{aligned}\boldsymbol{\beta}&=\boldsymbol{\eta}_1+k_2(\boldsymbol{\eta}_2-\boldsymbol{\eta}_1)+k_3(\boldsymbol{\eta}_3-\boldsymbol{\eta}_1)+\cdots+k_{n-r+1}(\boldsymbol{\eta}_{n-r+1}-\boldsymbol{\eta}_1)\\&=\left(1-\sum_{i=2}^{n-r+1}k_i\right)\boldsymbol{\eta}_1+k_2\boldsymbol{\eta}_2+\cdots+k_{n-r+1}\boldsymbol{\eta}_{n-r+1}\\&=k_1\boldsymbol{\eta}_1+k_2\boldsymbol{\eta}_2+\cdots+k_{n-r+1}\boldsymbol{\eta}_{n-r+1},\end{aligned}$$

其中 $k_1=1-\sum\limits_{i=2}^{n-r+1}k_i$,因而 $\sum\limits_{i=1}^{n-r+1}k_i=1$.

【例 3.79】(厦门大学,2003 年) 设 $\boldsymbol{A}$ 是数域 F 上的 $m\times n$ 矩阵,$\boldsymbol{b}$ 是 F 上的 m 维非零列向量,$\boldsymbol{\eta}$ 是线性方程组 $\boldsymbol{AX}=\boldsymbol{b}$ 的一个解,$\boldsymbol{\xi}_1,\boldsymbol{\xi}_2,\cdots,\boldsymbol{\xi}_s$ 是对应的齐次线性方程组 $\boldsymbol{AX}=\boldsymbol{0}$ 的一个基础解系. 求证:$\boldsymbol{\eta},\boldsymbol{\eta}+\boldsymbol{\xi}_1,\boldsymbol{\eta}+\boldsymbol{\xi}_2,\cdots,\boldsymbol{\eta}+\boldsymbol{\xi}_s$ 是 $\boldsymbol{AX}=\boldsymbol{b}$ 的全体解集合的一个极大线性无关组.

【证】 首先,$\boldsymbol{\eta},\boldsymbol{\eta}+\boldsymbol{\xi}_1,\boldsymbol{\eta}+\boldsymbol{\xi}_2,\cdots,\boldsymbol{\eta}+\boldsymbol{\xi}_s$ 显然都是 $\boldsymbol{AX}=\boldsymbol{b}$ 的解. 其次,设

$$k_0\boldsymbol{\eta}+k_1(\boldsymbol{\eta}+\boldsymbol{\xi}_1)+k_2(\boldsymbol{\eta}+\boldsymbol{\xi}_2)+\cdots+k_s(\boldsymbol{\eta}+\boldsymbol{\xi}_s)=\boldsymbol{0},$$

则有 $\left(\sum\limits_{i=0}^{s}k_i\right)\boldsymbol{\eta}+\sum\limits_{i=1}^{s}k_i\boldsymbol{\xi}_i=\boldsymbol{0}$. 两边左乘 $\boldsymbol{A}$,注意到 $\boldsymbol{\eta}$ 是 $\boldsymbol{AX}=\boldsymbol{b}$ 的解,$\boldsymbol{\xi}_1,\boldsymbol{\xi}_2,\cdots,\boldsymbol{\xi}_s$ 是 $\boldsymbol{AX}=\boldsymbol{0}$ 的解,那么 $\left(\sum\limits_{i=0}^{s}k_i\right)\boldsymbol{b}=\boldsymbol{0}$, $\sum\limits_{i=0}^{s}k_i=0$,从而有 $\sum\limits_{i=1}^{s}k_i\boldsymbol{\xi}_i=\boldsymbol{0}$. 因为 $\boldsymbol{\xi}_1,\boldsymbol{\xi}_2,\cdots,\boldsymbol{\xi}_s$ 线性无关,所以 $k_1=k_2=\cdots=k_s=0$,进而 $k_0=0$. 因此 $\boldsymbol{\eta},\boldsymbol{\eta}+\boldsymbol{\xi}_1,\boldsymbol{\eta}+\boldsymbol{\xi}_2,\cdots,\boldsymbol{\eta}+\boldsymbol{\xi}_s$ 线性无关.

另一方面,若 $\boldsymbol{\gamma}$ 是 $\boldsymbol{Ax}=\boldsymbol{b}$ 的解,则 $\boldsymbol{\gamma}-\boldsymbol{\eta}$ 是导出组 $\boldsymbol{Ax}=\boldsymbol{0}$ 的解,所以存在 $k_i\in F,i=1,2,\cdots,s$,使得 $\boldsymbol{\gamma}-\boldsymbol{\eta}=\sum\limits_{i=1}^{s}k_i\boldsymbol{\xi}_i$,于是

$$\boldsymbol{\gamma}=\boldsymbol{\eta}+\sum_{i=1}^{s}k_i\boldsymbol{\xi}_i=\left(1-\sum_{i=1}^{s}k_i\right)\boldsymbol{\eta}+\sum_{i=1}^{s}k_i(\boldsymbol{\eta}+\boldsymbol{\xi}_i).$$

因此 $\boldsymbol{\eta},\boldsymbol{\eta}+\boldsymbol{\xi}_1,\boldsymbol{\eta}+\boldsymbol{\xi}_2,\cdots,\boldsymbol{\eta}+\boldsymbol{\xi}_s$ 是 $\boldsymbol{AX}=\boldsymbol{b}$ 的解集合的一个极大无关组.

【例 3.80】(南京航空航天大学,2016 年) 已知非齐次线性方程组

$$\begin{cases}x_1+x_2+x_3+x_4=-1,\\4x_1+3x_2+5x_3-x_4=-1,\\ax_1+x_2+3x_3+bx_4=1\end{cases}$$

有三个线性无关的解.

（1）证明方程组系数矩阵 $\boldsymbol{A}$ 的秩为2；

（2）求 a,b 的值；

（3）求方程组在超平面 $x_3-x_4=0$ 上的模（长度）最小的特解.

【解】（1）设 $\boldsymbol{\xi}_1,\boldsymbol{\xi}_2,\boldsymbol{\xi}_3$ 是方程组的三个线性无关的解，则 $\boldsymbol{\xi}_1-\boldsymbol{\xi}_2,\boldsymbol{\xi}_1-\boldsymbol{\xi}_3$ 是对应的齐次方程组 $\boldsymbol{Ax}=\boldsymbol{0}$ 的两个解. 易证：$\boldsymbol{\xi}_1-\boldsymbol{\xi}_2,\boldsymbol{\xi}_1-\boldsymbol{\xi}_3$ 是线性无关的，因此 $\boldsymbol{Ax}=\boldsymbol{0}$ 的解空间的维数为 $4-\operatorname{rank}\boldsymbol{A}\geqslant 2$，即 $\operatorname{rank}\boldsymbol{A}\leqslant 2$. 又 $\boldsymbol{A}$ 中有二阶子式不为0，可知 $\operatorname{rank}\boldsymbol{A}\geqslant 2$. 所以 $\operatorname{rank}\boldsymbol{A}=2$.

（2）对方程组的增广矩阵 $\overline{\boldsymbol{A}}$ 施行初等行变换，得

$$\overline{\boldsymbol{A}}=\left(\begin{array}{cccc|c}1&1&1&1&-1\\4&3&5&-1&-1\\a&1&3&b&1\end{array}\right)\to\left(\begin{array}{cccc|c}1&0&2&-4&2\\0&1&-1&5&-3\\0&0&4-2a&4a+b-5&4-2a\end{array}\right)=\boldsymbol{B}.$$

因为方程组有解，$\operatorname{rank}\overline{\boldsymbol{A}}=\operatorname{rank}\boldsymbol{A}=2$，所以 $4-2a=0,4a+b-5=0$. 解得 $a=2,b=-3$.

（3）此时，有 $\boldsymbol{B}=\left(\begin{array}{cccc|c}1&0&2&-4&2\\0&1&-1&5&-3\\0&0&0&0&0\end{array}\right)$，可得原方程组的通解为

$$\begin{aligned}\boldsymbol{x}&=(2,-3,0,0)^{\mathrm{T}}+k_1(-2,1,1,0)^{\mathrm{T}}+k_2(4,-5,0,1)^{\mathrm{T}}\\&=(2-2k_1+4k_2,-3+k_1-5k_2,k_1,k_2)^{\mathrm{T}},\end{aligned}$$

其中 k_1,k_2 为任意常数. 因此，方程组在超平面 $x_3-x_4=0$ 上的解为

$$\boldsymbol{x}=(2+2k_1,-3-4k_1,k_1,k_1)^{\mathrm{T}}.$$

由于 $\|\boldsymbol{x}\|^2=22k_1^2+32k_1+13$. 易知，当 $k_1=-\dfrac{8}{11}$ 时，模 $\|\boldsymbol{x}\|$ 取最小值. 此时，方程组的解为

$$\boldsymbol{x}=\left(\frac{6}{11},-\frac{1}{11},-\frac{8}{11},-\frac{8}{11}\right)^{\mathrm{T}}.$$

【例3.81】（南开大学，2009年） 设 $\boldsymbol{A}=(a_{ij})_{n\times n},\boldsymbol{B}=(b_{ij})_{n\times n}$ 为数域 P 上的 n 阶方阵，满足条件 $b_{ij}=b^{i-j}a_{ij}$，其中 b 为一非零常数. 作线性方程组（Ⅰ）：$\boldsymbol{AX}=\boldsymbol{C}$ 及（Ⅱ）：$\boldsymbol{BX}=\boldsymbol{D}$. 试证明方程组（Ⅰ）对任何 $\boldsymbol{C}\in P^{n\times 1}$ 有解当且仅当方程组（Ⅱ）对任何 $\boldsymbol{D}\in P^{n\times 1}$ 有解.

【证】 据题设易知 $\boldsymbol{HA}=\boldsymbol{BH}$，其中 $\boldsymbol{H}=\operatorname{diag}(1,b,\cdots,b^{n-1})$. 因为 $\boldsymbol{H}$ 是可逆矩阵，所以 $\operatorname{rank}\boldsymbol{A}=\operatorname{rank}\boldsymbol{B}$.

如果方程组（Ⅰ）对任何 $\boldsymbol{C}\in P^{n\times 1}$ 有解，那么取 $\boldsymbol{C}=\boldsymbol{\varepsilon}_i$（单位矩阵 $\boldsymbol{E}$ 的第 i 列），设（Ⅰ）的解为 $\boldsymbol{X}_i\in P^{n\times 1},i=1,2,\cdots,n$，于是有

$$\boldsymbol{A}(\boldsymbol{X}_1,\boldsymbol{X}_2,\cdots,\boldsymbol{X}_n)=(\boldsymbol{\varepsilon}_1,\boldsymbol{\varepsilon}_2,\cdots,\boldsymbol{\varepsilon}_n)=\boldsymbol{E}.$$

因此 $\boldsymbol{A}$ 为可逆矩阵，即 $\operatorname{rank}\boldsymbol{A}=\operatorname{rank}\boldsymbol{B}=n$. 此时，$\forall\boldsymbol{D}\in P^{n\times 1}$，有 $\operatorname{rank}(\boldsymbol{B},\boldsymbol{D})=\operatorname{rank}\boldsymbol{B}=n$，故方程组（Ⅱ）有解.

同理可证，若方程组（Ⅱ）对任何 $\boldsymbol{D}\in P^{n\times 1}$ 有解，则方程组（Ⅰ）对任何 $\boldsymbol{C}\in P^{n\times 1}$ 也有解.

§3.5　综合性问题

【例 3.82】　设 $\boldsymbol{\alpha}_1=\begin{pmatrix}a_1\\a_2\\a_3\end{pmatrix}$, $\boldsymbol{\alpha}_2=\begin{pmatrix}b_1\\b_2\\b_3\end{pmatrix}$, $\boldsymbol{\alpha}_3=\begin{pmatrix}c_1\\c_2\\c_3\end{pmatrix}$（其中 $a_i^{\ 2}+b_i^{\ 2}\neq0$, $i=1,2,3$），则 3 条直线

$$a_1x+b_1y+c_1=0,\quad a_2x+b_2y+c_2=0,\quad a_3x+b_3y+c_3=0$$

相交于一点的充分必要条件是(　　).

(A)　$\boldsymbol{\alpha}_1,\boldsymbol{\alpha}_2,\boldsymbol{\alpha}_3$ 线性相关　　(B)　$\boldsymbol{\alpha}_1,\boldsymbol{\alpha}_2,\boldsymbol{\alpha}_3$ 线性无关

(C)　$\text{rank}\ (\boldsymbol{\alpha}_1,\boldsymbol{\alpha}_2,\boldsymbol{\alpha}_3)=\text{rank}\ (\boldsymbol{\alpha}_1,\boldsymbol{\alpha}_2)$　　(D)　$\boldsymbol{\alpha}_1,\boldsymbol{\alpha}_2,\boldsymbol{\alpha}_3$ 线性相关，$\boldsymbol{\alpha}_1,\boldsymbol{\alpha}_2$ 线性无关

【解】　记

$$\overline{\boldsymbol{A}}=(\boldsymbol{\alpha}_1,\boldsymbol{\alpha}_2,\boldsymbol{\alpha}_3)=\begin{pmatrix}a_1&b_1&c_1\\a_2&b_2&c_2\\a_3&b_3&c_3\end{pmatrix},\quad \boldsymbol{A}=(\boldsymbol{\alpha}_1,\boldsymbol{\alpha}_2)=\begin{pmatrix}a_1&b_1\\a_2&b_2\\a_3&b_3\end{pmatrix}.$$

所给 3 条直线相交于一点 $\Leftrightarrow$ 线性方程组

$$\begin{cases}a_1x+b_1y+c_1=0,\\a_2x+b_2y+c_2=0,\\a_3x+b_3y+c_3=0,\end{cases}\quad 即\quad \begin{cases}a_1x+b_1y=-c_1,\\a_2x+b_2y=-c_2,\\a_3x+b_3y=-c_3\end{cases}$$

有唯一解 $\Leftrightarrow \text{rank}\ \overline{\boldsymbol{A}}=\text{rank}\ \boldsymbol{A}=2$，即 $\text{rank}(\boldsymbol{\alpha}_1,\boldsymbol{\alpha}_2,\boldsymbol{\alpha}_3)=\text{rank}(\boldsymbol{\alpha}_1,\boldsymbol{\alpha}_2)=2$. 故向量组 $\boldsymbol{\alpha}_1,\boldsymbol{\alpha}_2,\boldsymbol{\alpha}_3$ 线性相关，而 $\boldsymbol{\alpha}_1,\boldsymbol{\alpha}_2$ 线性无关. 因此应选(D).

选项(A)(B)显然不正确，而(C)只是必要条件，但不是充分条件(因为秩可为 1 或 2).

【例 3.83】(南京理工大学,2010 年;重庆大学,2006 年)　已知平面上三条不同直线的方程分别为

$$l_1:\quad ax+2by+3c=0,$$
$$l_2:\quad bx+2cy+3a=0,$$
$$l_3:\quad cx+2ay+3b=0.$$

证明这三条直线交于一点的充分必要条件为 $a+b+c=0$.

【证】　必要性. 设三直线 l_1,l_2,l_3 交于一点 (x_0,y_0)，则线性方程组

$$\begin{cases}ax+2by+3cz=0,\\bx+2cy+3az=0,\\cx+2ay+3bz=0\end{cases}$$

有非零解 $(x_0,y_0,1)$，其系数矩阵的行列式

$$|\boldsymbol{A}|=\begin{vmatrix}a&2b&3c\\b&2c&3a\\c&2a&3b\end{vmatrix}=-6(a+b+c)(a^2+b^2+c^2-ab-ac-bc)$$

$$=-3(a+b+c)[(a-b)^2+(b-c)^2+(c-a)^2]=0,$$

但 $(a-b)^2+(b-c)^2+(c-a)^2\neq0$，故 $a+b+c=0$.

充分性. 由 $a+b+c=0$ 及上述证明可知, $|\boldsymbol{A}|=0$, 故向量组

$$\boldsymbol{\alpha}_1=\begin{pmatrix}a\\b\\c\end{pmatrix},\ \boldsymbol{\alpha}_2=\begin{pmatrix}2b\\2c\\2a\end{pmatrix},\ \boldsymbol{\alpha}_3=\begin{pmatrix}3c\\3a\\3b\end{pmatrix}$$

线性相关, 而向量组 $\boldsymbol{\alpha}_1,\boldsymbol{\alpha}_2$ 线性无关. 所以 $\boldsymbol{\alpha}_3$ 可由 $\boldsymbol{\alpha}_1,\boldsymbol{\alpha}_2$ 唯一地线性表示, 即线性方程组

$$\begin{cases}ax+2by+3c=0,\\bx+2cy+3a=0,\\cx+2ay+3b=0\end{cases}$$

有唯一解, 即三直线 l_1,l_2,l_3 交于一点.

【例 3.84】 设直线 L_1 与 L_2 的一般方程为

$$L_1:\ \begin{cases}A_1x+B_1y+C_1z+D_1=0,\\A_2x+B_2y+C_2z+D_2=0,\end{cases}\qquad ①$$

$$L_2:\ \begin{cases}A_3x+B_3y+C_3z+D_3=0,\\A_4x+B_4y+C_4z+D_4=0,\end{cases}\qquad ②$$

请给出并证明 L_1 与 L_2 平行(但不重合)的充分必要条件.

【解】 设 $\boldsymbol{\xi}_1$ 与 $\boldsymbol{\xi}_2$ 分别是直线 L_1 与 L_2 的方向向量, 令 $\boldsymbol{P}$ 与 $\boldsymbol{Q}$ 分别为线性方程组

$$\begin{cases}A_1x+B_1y+C_1z+D_1=0,\\A_2x+B_2y+C_2z+D_2=0,\\A_3x+B_3y+C_3z+D_3=0,\\A_4x+B_4y+C_4z+D_4=0\end{cases}\qquad ③$$

的系数矩阵与增广矩阵, 则 $L_1 /\!/ L_2$(但不重合)$\Leftrightarrow \operatorname{rank}\boldsymbol{P}=2$ 且 $\operatorname{rank}\boldsymbol{Q}=3$. 兹证明如下:

必要性. 设 $L_1/\!/L_2$(但不重合), 则 $\boldsymbol{\xi}_1/\!/\boldsymbol{\xi}_2$, 且方程组③无解, $\operatorname{rank}\boldsymbol{P}<\operatorname{rank}\boldsymbol{Q}$. 注意到方程组①与②对应的齐次方程组的解空间分别是 $L(\boldsymbol{\xi}_1)$ 与 $L(\boldsymbol{\xi}_2)$, 所以方程组③对应的齐次方程组的解空间 $W=L(\boldsymbol{\xi}_1)\cap L(\boldsymbol{\xi}_2)=L(\boldsymbol{\xi}_1)$. 因此, 有

$$\operatorname{rank}\boldsymbol{P}=3-\dim W=3-\dim L(\boldsymbol{\xi}_1)=2,$$

从而有 $\operatorname{rank}\boldsymbol{Q}=3$.

充分性. 设 $\operatorname{rank}\boldsymbol{P}=2$, $\operatorname{rank}\boldsymbol{Q}=3$, 则方程组③无解. 所以 L_1 与 L_2 无公共点. 又因为

$$\dim W=3-\operatorname{rank}\boldsymbol{P}=1,$$

且 $W\subseteq L(\boldsymbol{\xi}_1)$, $W\subseteq L(\boldsymbol{\xi}_2)$, 所以 $L(\boldsymbol{\xi}_1)=W=L(\boldsymbol{\xi}_2)$, 这表明 $\boldsymbol{\xi}_1/\!/\boldsymbol{\xi}_2$. 因此 $L_1/\!/L_2$(但不重合).

【例 3.85】(大连理工大学, 2007 年; 重庆大学, 2004 年) 设

$$\boldsymbol{A}=\begin{pmatrix}a_{11}&a_{12}&\cdots&a_{1n}\\a_{21}&a_{22}&\cdots&a_{2n}\\\vdots&\vdots&&\vdots\\a_{n1}&a_{n2}&\cdots&a_{nn}\end{pmatrix}$$

为实数域上的矩阵, 证明:

(1) 如果 $|a_{ii}|>\sum\limits_{j\neq i}|a_{ij}|$, $i=1,2,\cdots,n$, 那么 $\det\boldsymbol{A}\neq 0$;

(2) 如果 $a_{ii}>\sum\limits_{j\neq i}|a_{ij}|$, $i=1,2,\cdots,n$, 那么 $\det \boldsymbol{A}>0$.

【证】 (1) 用反证法. 假设 $\det \boldsymbol{A}=0$,则齐次线性方程组

$$\begin{cases} a_{11}x_1 + a_{12}x_2 + \cdots + a_{1n}x_n = 0, \\ a_{21}x_1 + a_{22}x_2 + \cdots + a_{2n}x_n = 0, \\ \cdots\cdots\cdots\cdots \\ a_{n1}x_1 + a_{n2}x_2 + \cdots + a_{nn}x_n = 0 \end{cases}$$

必有非零解$(c_1, c_2, \cdots, c_n)$. 设

$$|c_k|=\max\{|c_1|,|c_2|,\cdots,|c_n|\},$$

则$|c_k|\neq 0$. 将$(c_1, c_2, \cdots, c_n)$代入原方程组,其中第 k 个等式为

$$a_{k1}c_1+a_{k2}c_2+\cdots+a_{kk}c_k+\cdots+a_{kn}c_n=0,$$

即

$$a_{kk}c_k = -a_{k1}c_1 - \cdots - a_{k,k-1}c_{k-1} - a_{k,k+1}c_{k+1} - \cdots - a_{kn}c_n,$$

所以

$$|a_{kk}|\leqslant \sum_{j\neq k}|a_{kj}|\left|\frac{c_j}{c_k}\right|\leqslant \sum_{j\neq k}|a_{kj}|.$$

此与题设不等式矛盾. 因此 $\det \boldsymbol{A}\neq 0$.

(2) 将矩阵 $\boldsymbol{A}$ 的元素(对角元除外)都乘 t,构造如下行列式:

$$f(t)=\begin{vmatrix} a_{11} & ta_{12} & \cdots & ta_{1,n-1} & ta_{1n} \\ ta_{21} & a_{22} & \cdots & ta_{2,n-1} & ta_{2n} \\ \vdots & \vdots & & \vdots & \vdots \\ ta_{n-1,1} & ta_{n-1,2} & \cdots & a_{n-1,n-1} & ta_{n-1,n} \\ ta_{n1} & ta_{n2} & \cdots & ta_{n,n-1} & a_{nn} \end{vmatrix}.$$

对任意 $t\in[0,1]$,显然有

$$a_{ii} > \sum_{j\neq i}|a_{ij}|\geqslant \sum_{j\neq i}|ta_{ij}|, i = 1,2,\cdots,n,$$

所以,$f(t)\neq 0$(参见第(1)题的结论).

此外,$f(t)$展开后是 t 的一个连续实函数,且$f(0)=a_{11}a_{22}\cdots a_{nn}>0$ 及$f(1)=\det \boldsymbol{A}$.

若$f(1)=\det \boldsymbol{A}<0$,则由连续函数的介值定理知,必存在 $t_0\in(0,1)$,使得$f(t_0)=0$,此与上面结论矛盾. 因此,$f(1)=\det \boldsymbol{A}>0$.

【例 3.86】(汕头大学,2004 年) 设 $\boldsymbol{A}_1$ 为 $1\times n$ 矩阵,$\boldsymbol{A}_1\neq \boldsymbol{O}$. 如 $\boldsymbol{A}_1\boldsymbol{x}=\boldsymbol{0}$ 有非零解,取其中一个 $\boldsymbol{\alpha}_1$,令 $\boldsymbol{A}_2=\begin{pmatrix}\boldsymbol{A}_1\\ \boldsymbol{\alpha}_1^{\mathrm{T}}\end{pmatrix}$,其中 $\boldsymbol{\alpha}_1^{\mathrm{T}}$ 表示 $\boldsymbol{\alpha}_1$ 的转置. 如 $\boldsymbol{A}_2\boldsymbol{x}=\boldsymbol{0}$ 有非零解,再取其中一个 $\boldsymbol{\alpha}_2$,令 $\boldsymbol{A}_3=\begin{pmatrix}\boldsymbol{A}_2\\ \boldsymbol{\alpha}_2^{\mathrm{T}}\end{pmatrix}$,如此得 $\boldsymbol{A}_1,\boldsymbol{A}_2,\cdots$,直到 $\boldsymbol{A}_r\boldsymbol{x}=\boldsymbol{0}$ 只有零解为止. 问是否存在 $\boldsymbol{A}_1$,使得 $\boldsymbol{A}_1,\boldsymbol{A}_2,\cdots$为无穷序列? 为什么? 若序列有限,可否确定 r 的上界?(若能确定,则给出上界.)

【解】 若 $\boldsymbol{A}_1$ 为复数矩阵,则存在 $\boldsymbol{A}_1\neq \boldsymbol{O}$,使得 $\boldsymbol{A}_1,\boldsymbol{A}_2,\cdots$为无穷序列. 例如,取 $1\times n$ 矩阵$\boldsymbol{A}_1=(1,\mathrm{i},0,\cdots,0)$,以及 $\boldsymbol{\alpha}_1^{\mathrm{T}}=\boldsymbol{\alpha}_2^{\mathrm{T}}=\cdots=(1,\mathrm{i},0,\cdots,0)$,其中 $\mathrm{i}=\sqrt{-1}$为虚数单位,则 $\boldsymbol{A}_1,\boldsymbol{A}_2,\cdots$是满足所述条件的无穷序列.

若 $\boldsymbol{A}_1$ 为实数矩阵,则不存在 $\boldsymbol{A}_1\neq\boldsymbol{O}$,使得 $\boldsymbol{A}_1,\boldsymbol{A}_2,\cdots$ 为无穷序列. 此时,r 的上界为 n. 下面用归纳法证明:对任意正整数 $r\leqslant n$,且 $\operatorname{rank}\boldsymbol{A}_r=r$. 事实上,当 $r=1$ 时,显然 $\operatorname{rank}\boldsymbol{A}_1=1$. 假设 $\operatorname{rank}\boldsymbol{A}_r=r<n$,即 $\operatorname{rank}(\boldsymbol{A}_r^{\mathrm{T}})=r$,则 $\boldsymbol{A}_r^{\mathrm{T}}$ 的列向量组 $\boldsymbol{\alpha}_0=\boldsymbol{A}_1^{\mathrm{T}},\boldsymbol{\alpha}_1,\cdots,\boldsymbol{\alpha}_{r-1}$ 线性无关. 设 $\boldsymbol{\alpha}_r$ 是 $\boldsymbol{A}_r\boldsymbol{x}=\boldsymbol{0}$ 的非零解,即 $\boldsymbol{A}_r\boldsymbol{\alpha}_r=\boldsymbol{0}$,则根据 $\boldsymbol{A}_r$ 的构造可知 $\boldsymbol{\alpha}_j^{\mathrm{T}}\boldsymbol{\alpha}_r=\boldsymbol{\alpha}_r^{\mathrm{T}}\boldsymbol{\alpha}_j=0,j=0,1,\cdots,r-1$. 考虑

$$k_0\boldsymbol{\alpha}_0+k_1\boldsymbol{\alpha}_1+\cdots+k_{r-1}\boldsymbol{\alpha}_{r-1}+k_r\boldsymbol{\alpha}_r=\boldsymbol{0},$$

对上式两边同时左乘 $\boldsymbol{\alpha}_r^{\mathrm{T}}$,得 $k_r\boldsymbol{\alpha}_r^{\mathrm{T}}\boldsymbol{\alpha}_r=0$,由于 $\boldsymbol{\alpha}_r\neq\boldsymbol{0}$,所以 $k_r=0$,代入上式并利用 $\boldsymbol{\alpha}_0,\boldsymbol{\alpha}_1,\cdots,\boldsymbol{\alpha}_{r-1}$ 的线性无关性,得 $k_0=k_1=\cdots=k_{r-1}=0$. 因此 $\boldsymbol{\alpha}_0,\boldsymbol{\alpha}_1,\cdots,\boldsymbol{\alpha}_{r-1},\boldsymbol{\alpha}_r$ 线性无关,从而 $\operatorname{rank}(\boldsymbol{A}_{r+1})=r+1$. 可见,$\boldsymbol{A}_{n-1}\boldsymbol{x}=\boldsymbol{0}$ 有非零解,而 $\boldsymbol{A}_n\boldsymbol{x}=\boldsymbol{0}$ 只有零解. 这就证明了对于任意 $1\times n$ 实矩阵 $\boldsymbol{A}_1\neq\boldsymbol{O},\boldsymbol{A}_1,\boldsymbol{A}_2,\cdots,\boldsymbol{A}_r$ 当 $r=n$ 时是满足条件的序列.

【例 3.87】(浙江大学,2001 年)　设 $\boldsymbol{A}$ 为 $m\times n$ 实矩阵,$\boldsymbol{b}$ 是 $m\times 1$ 矩阵.

(1) 证明: $\operatorname{rank}(\boldsymbol{A}^{\mathrm{T}}\boldsymbol{A})=\operatorname{rank}\boldsymbol{A}$;(**苏州大学,2012 年**)

(2) 设 $\boldsymbol{x}=(x_1,x_2,\cdots,x_n)^{\mathrm{T}}$,证明: 线性方程组 $\boldsymbol{A}^{\mathrm{T}}\boldsymbol{A}\boldsymbol{x}=\boldsymbol{A}^{\mathrm{T}}\boldsymbol{b}$ 有解.(**华东师范大学,2014 年**)

【证】　(1) 显然,齐次方程组 $\boldsymbol{A}\boldsymbol{x}=\boldsymbol{0}$ 的解必为 $\boldsymbol{A}^{\mathrm{T}}\boldsymbol{A}\boldsymbol{x}=\boldsymbol{0}$ 的解. 反之,设 $\boldsymbol{X}$ 为 $\boldsymbol{A}^{\mathrm{T}}\boldsymbol{A}\boldsymbol{x}=\boldsymbol{0}$的解,可取实的 n 维向量,则 $\boldsymbol{X}^{\mathrm{T}}\boldsymbol{A}^{\mathrm{T}}\boldsymbol{A}\boldsymbol{X}=0$. 令 $\boldsymbol{A}\boldsymbol{X}=\boldsymbol{Y}=(y_1,y_2,\cdots,y_n)^{\mathrm{T}}$,那么 $\boldsymbol{Y}^{\mathrm{T}}\boldsymbol{Y}=0$,即

$$y_1^2+y_2^2+\cdots+y_n^2=0.$$

注意到 $\boldsymbol{Y}$ 是实向量,所以 $y_1=y_2=\cdots=y_n=0$,即 $\boldsymbol{A}\boldsymbol{X}=\boldsymbol{0}$.

由此可见,齐次线性方程组 $\boldsymbol{A}^{\mathrm{T}}\boldsymbol{A}\boldsymbol{x}=\boldsymbol{0}$ 与 $\boldsymbol{A}\boldsymbol{x}=\boldsymbol{0}$ 同解,具有相同的解空间. 于是

$$n-\operatorname{rank}(\boldsymbol{A}^{\mathrm{T}}\boldsymbol{A})=n-\operatorname{rank}\boldsymbol{A},\quad\text{即}\quad\operatorname{rank}(\boldsymbol{A}^{\mathrm{T}}\boldsymbol{A})=\operatorname{rank}\boldsymbol{A}.$$

(2) 考虑方程组 $\boldsymbol{A}^{\mathrm{T}}\boldsymbol{A}\boldsymbol{x}=\boldsymbol{A}^{\mathrm{T}}\boldsymbol{b}$ 的增广矩阵,由于$(\boldsymbol{A}^{\mathrm{T}}\boldsymbol{A},\boldsymbol{A}^{\mathrm{T}}\boldsymbol{b})=\boldsymbol{A}^{\mathrm{T}}(\boldsymbol{A},\boldsymbol{b})$,所以

$$\operatorname{rank}(\boldsymbol{A}^{\mathrm{T}}\boldsymbol{A})\leqslant\operatorname{rank}(\boldsymbol{A}^{\mathrm{T}}\boldsymbol{A},\boldsymbol{A}^{\mathrm{T}}\boldsymbol{b})\leqslant\operatorname{rank}(\boldsymbol{A}^{\mathrm{T}})=\operatorname{rank}\boldsymbol{A}.$$

利用(1)的结论,有 $\operatorname{rank}(\boldsymbol{A}^{\mathrm{T}}\boldsymbol{A},\boldsymbol{A}^{\mathrm{T}}\boldsymbol{b})=\operatorname{rank}(\boldsymbol{A}^{\mathrm{T}}\boldsymbol{A})$. 因此,方程组 $\boldsymbol{A}^{\mathrm{T}}\boldsymbol{A}\boldsymbol{x}=\boldsymbol{A}^{\mathrm{T}}\boldsymbol{b}$ 有解.

【注】　对于复矩阵 $\boldsymbol{A}$,结论不成立. 例如: $\boldsymbol{A}=\begin{pmatrix}1&\mathrm{i}\\ \mathrm{i}&-1\end{pmatrix},\boldsymbol{b}=\begin{pmatrix}1\\0\end{pmatrix}$, 则 $\boldsymbol{A}^{\mathrm{T}}\boldsymbol{A}=\boldsymbol{O},\boldsymbol{A}^{\mathrm{T}}\boldsymbol{b}=\begin{pmatrix}1\\ \mathrm{i}\end{pmatrix}$. 显然,$\operatorname{rank}(\boldsymbol{A}^{\mathrm{T}}\boldsymbol{A})\neq\operatorname{rank}\boldsymbol{A}$,且 $\boldsymbol{A}^{\mathrm{T}}\boldsymbol{A}\boldsymbol{x}=\boldsymbol{A}^{\mathrm{T}}\boldsymbol{b}$ 无解. 此外,第 8 章例 8.22 给出了(1)的另一证明.

【例 3.88】　设 $f\in C^1[x_0,x_2],x_0<x_1<x_2$,问是否存在次数不超过 2 的多项式 $P(x)$,满足

$$P(x_0)=f(x_0),\quad P'(x_1)=f'(x_1),\quad P(x_2)=f(x_2)?$$

若存在,则求出所有的 $P(x)$;若不存在,则给出一个反例.

【解】　设 $P(x)=a+bx+cx^2$,则由条件有

$$\begin{cases}a+x_0b+x_0^2c=f(x_0),\\ \qquad b+2x_1c=f'(x_1),\\ a+x_2b+x_2^2c=f(x_2).\end{cases}$$

因此,多项式 $P(x)$存在当且仅当上述关于 a,b,c 的非齐次线性方程组有解.

对方程组的增广矩阵$(\boldsymbol{A},\boldsymbol{\beta})$施行初等行变换,得

$$(\boldsymbol{A},\boldsymbol{\beta})=\left(\begin{array}{ccc:c}1&x_0&x_0^2&f(x_0)\\0&1&2x_1&f'(x_1)\\1&x_2&x_2^2&f(x_2)\end{array}\right)\longrightarrow\left(\begin{array}{ccc:c}1&x_0&x_0^2&f(x_0)\\0&1&2x_1&f'(x_1)\\0&0&h&k\end{array}\right),$$

其中 $h=x_0+x_2-2x_1$，$k=\dfrac{f(x_0)-f(x_2)}{x_0-x_2}-f'(x_1)$. 下面分三种情形讨论：

（1）若 $h\neq 0$，则 rank $\boldsymbol{A}=3$，此时方程组有唯一解. 继续作初等行变换，得

$$(\boldsymbol{A},\boldsymbol{\beta})\longrightarrow\left(\begin{array}{ccc:c}1&0&0&\dfrac{x_0f(x_2)-x_2f(x_0)}{x_0-x_2}+\dfrac{kx_0x_2}{h}\\0&1&0&f'(x_1)-\dfrac{2kx_1}{h}\\0&0&1&\dfrac{k}{h}\end{array}\right),$$

由此可得 $a=\dfrac{x_0f(x_2)-x_2f(x_0)}{x_0-x_2}+\dfrac{kx_0x_2}{h}$，$b=f'(x_1)-\dfrac{2kx_1}{h}$，$c=\dfrac{k}{h}$.

（2）若 $h=k=0$，则 rank $\boldsymbol{A}=\text{rank}(\boldsymbol{A},\boldsymbol{\beta})=2$，方程组有无穷多解. 此时，有

$$(\boldsymbol{A},\boldsymbol{\beta})\longrightarrow\left(\begin{array}{ccc:c}1&0&-x_0x_2&f(x_0)-x_0f'(x_1)\\0&1&2x_1&f'(x_1)\\0&0&0&0\end{array}\right),$$

因此，方程组的通解为

$$(a,b,c)=(x_0x_2,-2x_1,1)t+(f(x_0)-x_0f'(x_1),f'(x_1),0),$$

其中 t 为任意常数.

（3）若 $h=0$ 且 $k\neq 0$，则 rank $\boldsymbol{A}=2$，rank$(\boldsymbol{A},\boldsymbol{\beta})=3$，所以方程组无解，即多项式 $P(x)$ 不存在.

例如，考虑 $f(x)=\sin x$，$x_0=0$，$x_1=\dfrac{\pi}{4}$，$x_2=\dfrac{\pi}{2}$，则 $h=0$，$k=\dfrac{2}{\pi}-\dfrac{\sqrt{2}}{2}\neq 0$. 若存在满足条件的多项式 $P(x)=a+bx+cx^2$，则只能 $a=0$，且 $\dfrac{2}{\pi}=\dfrac{\sqrt{2}}{2}$，矛盾. 因此，$P(x)$ 不存在.

【例 3.89】（四川大学，2006 年） 设线性方程组 $\boldsymbol{AX}=\boldsymbol{\beta}$ 有解，其中 $\boldsymbol{A}=(a_{ij})_{m\times n}$ 是数域 F 上的矩阵，$\boldsymbol{X}=(x_1,x_2,\cdots,x_n)^{\mathrm{T}}$，$\boldsymbol{\beta}=(b_1,b_2,\cdots,b_m)^{\mathrm{T}}$. 对于某个 $k(1\leqslant k\leqslant n)$，证明：该方程组的任意解的第 k 个分量都为 0 的充分必要条件是，划去增广矩阵 $(\boldsymbol{A},\boldsymbol{\beta})$ 的第 k 列后秩要减少 1.

【证】 充分性. 把矩阵 $\boldsymbol{A}$ 按列分块为 $\boldsymbol{A}=(\boldsymbol{\alpha}_1,\boldsymbol{\alpha}_2,\cdots,\boldsymbol{\alpha}_n)$，那么划去增广矩阵 $(\boldsymbol{A},\boldsymbol{\beta})$ 的第 k 列后秩要减少 1 就意味着 $\boldsymbol{\alpha}_k$ 不能由 $\boldsymbol{\alpha}_1,\cdots,\boldsymbol{\alpha}_{k-1},\boldsymbol{\alpha}_{k+1},\cdots,\boldsymbol{\alpha}_n,\boldsymbol{\beta}$ 线性表示.

设 $\boldsymbol{X}_0=(c_1,c_2,\cdots,c_n)^{\mathrm{T}}$ 是方程组 $\boldsymbol{AX}=\boldsymbol{\beta}$ 的任一解，其中 $c_k\neq 0$，则

$$\boldsymbol{\beta}=\boldsymbol{AX}_0=c_1\boldsymbol{\alpha}_1+c_2\boldsymbol{\alpha}_2+\cdots+c_n\boldsymbol{\alpha}_n=\sum_{i=1}^{n}c_i\boldsymbol{\alpha}_i,$$

$$\boldsymbol{\alpha}_k=\frac{1}{c_k}\boldsymbol{\beta}+\sum_{i\neq k}\left(-\frac{c_i}{c_k}\right)\boldsymbol{\alpha}_i,$$

即 $\boldsymbol{\alpha}_k$ 可由 $\boldsymbol{\alpha}_1,\cdots,\boldsymbol{\alpha}_{k-1},\boldsymbol{\alpha}_{k+1},\cdots,\boldsymbol{\alpha}_n,\boldsymbol{\beta}$ 线性表示，矛盾. 因此 $c_k=0$.

必要性. 方程组 $\boldsymbol{AX}=\boldsymbol{\beta}$ 有解$\Leftrightarrow$rank $\boldsymbol{A}$ =rank$(\boldsymbol{A},\boldsymbol{\beta})\Leftrightarrow\boldsymbol{\beta}$ 可由 $\boldsymbol{\alpha}_1,\boldsymbol{\alpha}_2,\cdots,\boldsymbol{\alpha}_n$ 线性表示.

用反证法. 假设划去增广矩阵 $(\boldsymbol{A},\boldsymbol{\beta})$ 的第 k 列后秩不会减少，则划去 $\boldsymbol{A}$ 的第 k 列后秩也不变，这就意味着 $\boldsymbol{A}$ 的第 k 列 $\boldsymbol{\alpha}_k$ 可由其余列 $\boldsymbol{\alpha}_1,\cdots,\boldsymbol{\alpha}_{k-1},\boldsymbol{\alpha}_{k+1},\cdots,\boldsymbol{\alpha}_n$ 线性表示，设为

$$\boldsymbol{\alpha}_k = l_1\boldsymbol{\alpha}_1 + \cdots + l_{k-1}\boldsymbol{\alpha}_{k-1} + l_{k+1}\boldsymbol{\alpha}_{k+1} + \cdots + l_n\boldsymbol{\alpha}_n. \qquad ①$$

对于方程组 $\boldsymbol{AX}=\boldsymbol{\beta}$ 的任一解 $\boldsymbol{X}_0=(c_1,c_2,\cdots,c_n)^{\mathrm{T}}$，其中 $c_k=0$，有

$$\boldsymbol{\beta} = c_1\boldsymbol{\alpha}_1 + \cdots + c_{k-1}\boldsymbol{\alpha}_{k-1} + c_{k+1}\boldsymbol{\alpha}_{k+1} + \cdots + c_n\boldsymbol{\alpha}_n. \qquad ②$$

于是，由①式和②式得

$$(l_1+c_1)\boldsymbol{\alpha}_1 + \cdots + (l_{k-1}+c_{k-1})\boldsymbol{\alpha}_{k-1} - \boldsymbol{\alpha}_k + (l_{k+1}+c_{k+1})\boldsymbol{\alpha}_{k+1} + \cdots + (l_n+c_n)\boldsymbol{\alpha}_n = \boldsymbol{\beta}.$$

这就是说，$\boldsymbol{X}_1=(l_1+c_1,\cdots,l_{k-1}+c_{k-1},-1,l_{k+1}+c_{k+1},\cdots,l_n+c_n)^{\mathrm{T}}$ 是方程组 $\boldsymbol{AX}=\boldsymbol{\beta}$ 的一个解，且第 k 个分量为-1(不为零)，矛盾．必要性得证.

【例3.90】(华东师范大学,2008年;南昌大学,2013年)　设 $\boldsymbol{A}$ 是数域 K 上的一个 $m\times n$ 矩阵，$\boldsymbol{B}$ 是一个 m 维非零列向量．令

$$W=\{\boldsymbol{\alpha}\in K^n \mid 存在\ t\in K, 使得\ \boldsymbol{A\alpha}=t\boldsymbol{B}\}.$$

(1) 证明：W 关于 K^n 的运算构成 K^n 的一个子空间；

(2) 设线性方程组 $\boldsymbol{AX}=\boldsymbol{B}$ 的增广矩阵的秩为 r，证明 W 的维数 $\dim W=n-r+1$；

(3) 对于非齐次线性方程组

$$\begin{cases}2x_1 - x_2 + x_3 + 3x_4 = -1,\\ x_1 + 2x_2 + 3x_3 - x_4 = 2,\\ 4x_1 + 3x_2 + 7x_3 + x_4 = 3,\end{cases}$$

求 W 的一个基.

【解】　(方法1)(1) 显然，W 包含 K^n 中的零向量，所以 W 是 K^n 的非空子集.

任取 $\boldsymbol{\alpha}_1,\boldsymbol{\alpha}_2\in W$，则存在 $t_1,t_2\in K$，使得 $\boldsymbol{A\alpha}_1=t_1\boldsymbol{B}$，$\boldsymbol{A\alpha}_2=t_2\boldsymbol{B}$．所以

$$\boldsymbol{A}(\boldsymbol{\alpha}_1+\boldsymbol{\alpha}_2)=\boldsymbol{A\alpha}_1+\boldsymbol{A\alpha}_2=t_1\boldsymbol{B}+t_2\boldsymbol{B}=(t_1+t_2)\boldsymbol{B}.$$

故 $\boldsymbol{\alpha}_1+\boldsymbol{\alpha}_2\in W$．又对任意 $k\in K$，有

$$\boldsymbol{A}(k\boldsymbol{\alpha}_1)=k\boldsymbol{A\alpha}_1=(kt_1)\boldsymbol{B},$$

所以 $k\boldsymbol{\alpha}_1\in W$．因此，$W$ 关于 K^n 的运算构成 K^n 的一个子空间.

(2) 若 $\operatorname{rank}\boldsymbol{A}<\operatorname{rank}(\boldsymbol{A},\boldsymbol{B})=r$，则 $\operatorname{rank}\boldsymbol{A}=r-1$，且当 $t\neq0$ 时非齐次方程组 $\boldsymbol{AX}=t\boldsymbol{B}$ 无解．因此 W 就是 $\boldsymbol{AX}=\boldsymbol{0}$ 的解空间 S，从而 $\dim W=n-\operatorname{rank}\boldsymbol{A}=n-r+1$；

若 $\operatorname{rank}\boldsymbol{A}=\operatorname{rank}(\boldsymbol{A},\boldsymbol{B})=r$，则方程组 $\boldsymbol{AX}=t\boldsymbol{B}$ 对任意 $t\in K$ 都有解，故 $\boldsymbol{AX}=\boldsymbol{0}$ 的解空间 S 是 W 的真子空间．因此，存在 $\boldsymbol{\alpha}\in W$，$t\in K$ 且 $t\neq0$，使 $\boldsymbol{A\alpha}=t\boldsymbol{B}$．于是，有 $\boldsymbol{A}\left(\dfrac{1}{t}\boldsymbol{\alpha}\right)=\boldsymbol{B}$，即 $\dfrac{1}{t}\boldsymbol{\alpha}\in W$ 是 $\boldsymbol{AX}=\boldsymbol{B}$ 的一个特解．设 $\boldsymbol{\eta}_1,\boldsymbol{\eta}_2,\cdots,\boldsymbol{\eta}_{n-r}$ 是齐次方程组 $\boldsymbol{AX}=\boldsymbol{0}$ 的基础解系，则 $\boldsymbol{A\eta}_j=\boldsymbol{0}$ $(j=1,2,\cdots,n-r)$，且 $\dfrac{1}{t}\boldsymbol{\alpha},\boldsymbol{\eta}_1,\boldsymbol{\eta}_2,\cdots,\boldsymbol{\eta}_{n-r}$ 线性无关．另一方面，若 $\boldsymbol{\beta}\in W$，则 $\boldsymbol{\beta},\dfrac{1}{t}\boldsymbol{\alpha},\boldsymbol{\eta}_1,\boldsymbol{\eta}_2,\cdots,\boldsymbol{\eta}_{n-r}$ 线性相关，所以 $\dim W=n-r+1$.

(3) 根据(2)的证明过程可知，W 的基可由 $\boldsymbol{AX}=\boldsymbol{B}$ 的一个特解与 $\boldsymbol{AX}=\boldsymbol{0}$ 的一个基础解系构成．对线性方程组 $\boldsymbol{AX}=\boldsymbol{B}$ 的增广矩阵施行初等行变换，得

$$\left(\begin{array}{cccc|c}2&-1&1&3&-1\\1&2&3&-1&2\\4&3&7&1&3\end{array}\right)\longrightarrow\left(\begin{array}{cccc|c}1&2&3&-1&2\\0&1&1&-1&1\\0&0&0&0&0\end{array}\right)\longrightarrow\left(\begin{array}{cccc|c}1&0&1&1&0\\0&1&1&-1&1\\0&0&0&0&0\end{array}\right).$$

因此，$\dim W=n-\operatorname{rank}(\boldsymbol{A},\boldsymbol{B})+1=3$，并且可解得 W 的一个基为

$$\boldsymbol{\xi}_1=(0,1,0,0)^{\mathrm{T}},\quad \boldsymbol{\xi}_2=(-1,-1,1,0)^{\mathrm{T}},\quad \boldsymbol{\xi}_3=(-1,1,0,1)^{\mathrm{T}}.$$

（方法 2）（1）同方法 1.

（2）考虑 $n+1$ 元齐次线性方程组 $(\boldsymbol{A},\boldsymbol{B})\boldsymbol{Y}=\boldsymbol{0}$，据题设，其解空间 U 的维数为

$$\dim U=(n+1)-\operatorname{rank}(\boldsymbol{A},\boldsymbol{B})=n-r+1.$$

任取 $\boldsymbol{\alpha}\in W$，则存在 $t\in K$，使 $\boldsymbol{A\alpha}=t\boldsymbol{B}$. 所以 $\begin{pmatrix}\boldsymbol{\alpha}\\-t\end{pmatrix}$ 是齐次方程组 $(\boldsymbol{A},\boldsymbol{B})\boldsymbol{Y}=\boldsymbol{0}$ 的解. 于是，存在由 W 到 U 的映射

$$\varphi:\quad \boldsymbol{\alpha}\longrightarrow\begin{pmatrix}\boldsymbol{\alpha}\\-t\end{pmatrix}.$$

显然，$\varphi:W\to U$ 是一个双射. 又 $\forall\boldsymbol{\alpha}_1,\boldsymbol{\alpha}_2\in W$，存在 $t_1,t_2\in K$，使得 $\boldsymbol{A\alpha}_1=t_1\boldsymbol{B}$，$\boldsymbol{A\alpha}_2=t_2\boldsymbol{B}$，则

$$\boldsymbol{A}(\boldsymbol{\alpha}_1+\boldsymbol{\alpha}_2)=(t_1+t_2)\boldsymbol{B}.$$

所以

$$\varphi(\boldsymbol{\alpha}_1+\boldsymbol{\alpha}_2)=\begin{pmatrix}\boldsymbol{\alpha}_1+\boldsymbol{\alpha}_2\\-t_1-t_2\end{pmatrix}=\begin{pmatrix}\boldsymbol{\alpha}_1\\-t_1\end{pmatrix}+\begin{pmatrix}\boldsymbol{\alpha}_2\\-t_2\end{pmatrix}=\varphi(\boldsymbol{\alpha}_1)+\varphi(\boldsymbol{\alpha}_2),$$

$$\varphi(k\boldsymbol{\alpha}_1)=\begin{pmatrix}k\boldsymbol{\alpha}_1\\-kt_1\end{pmatrix}=k\begin{pmatrix}\boldsymbol{\alpha}_1\\-t_1\end{pmatrix}=k\varphi(\boldsymbol{\alpha}_1).$$

这就表明，$\varphi:W\to U$ 是一个同构映射. 从而有 $\dim W=\dim U=n-r+1$.

（3）由(2)的证明可知，W 与如下齐次线性方程组的解空间同构：

$$\begin{cases}2x_1-x_2+x_3+3x_4-x_5=0,\\ x_1+2x_2+3x_3-x_4+2x_5=0,\\ 4x_1+3x_2+7x_3+x_4+3x_5=0.\end{cases}$$

经直接计算，此方程组的一个基础解系为

$$\boldsymbol{\eta}_1=(0,1,0,0,-1)^{\mathrm{T}},\quad \boldsymbol{\eta}_2=(-1,-1,1,0,0)^{\mathrm{T}},\quad \boldsymbol{\eta}_3=(-1,1,0,1,0)^{\mathrm{T}}.$$

于是，$\boldsymbol{\eta}_1,\boldsymbol{\eta}_2,\boldsymbol{\eta}_3$ 在映射 φ 下的原像为

$$\boldsymbol{\xi}_1=(0,1,0,0)^{\mathrm{T}},\quad \boldsymbol{\xi}_2=(-1,-1,1,0)^{\mathrm{T}},\quad \boldsymbol{\xi}_3=(-1,1,0,1)^{\mathrm{T}}.$$

即为 W 的一个基.

【例 3.91】（华东理工大学，2001 年） （1）证明：若 n 阶方阵 $\boldsymbol{T}=(t_{ij})$ 主对角线上的元 t_{ii} 均不为零，则存在向量 $\boldsymbol{Y}=(y_1,y_2,\cdots,y_n)^{\mathrm{T}}$，使 $\boldsymbol{TY}$ 的每个分量都不为零；

（2）若线性方程组 $\boldsymbol{Ax}=\boldsymbol{0}$ 的一个解 $\boldsymbol{x}_0$ 的各个分量都不为零，则称 $\boldsymbol{x}_0$ 为 $\boldsymbol{Ax}=\boldsymbol{0}$ 的一个强非零解. 试证：$\boldsymbol{Ax}=\boldsymbol{0}$ 有强非零解的充分必要条件是 $\boldsymbol{A}$ 的任一列向量均可表示为其余列向量的线性组合.

【证】 （1）不妨设 $\boldsymbol{T}=(t_{ij})\in F^{n\times n}$，考虑 n 维向量空间 $F^{n\times 1}$ 的子空间

$$W_i=\{\boldsymbol{Y}\in F^{n\times 1}\mid(t_{i1},t_{i2},\cdots,t_{in})\boldsymbol{Y}=0\},\quad i=1,2,\cdots,n.$$

由 $t_{ii}\neq 0$ 知，$\dim W_i=n-1$，即 W_i 是 $F^{n\times 1}$ 的真子空间. 根据第 5 章例 5.34，存在 $\boldsymbol{Y}_0\in F^{n\times 1}$，使得

$$\boldsymbol{Y}_0\notin W_1\cup W_2\cup\cdots\cup W_n.$$

因此，$\boldsymbol{TY}_0$ 的每个分量都不为零.

（2）必要性. 设 $\boldsymbol{A}=(a_{ij})\in F^{n\times n}$，$\boldsymbol{\eta}_0=(x_1,x_2,\cdots,x_n)^{\mathrm{T}}$ 为 $\boldsymbol{Ax}=\boldsymbol{0}$ 的一个强非零解，把 $\boldsymbol{A}$ 按列

分块为 $\boldsymbol{A}=(\boldsymbol{\alpha}_1,\boldsymbol{\alpha}_2,\cdots,\boldsymbol{\alpha}_n)$，则由 $\boldsymbol{A\eta}_0=\boldsymbol{0}$ 得

$$x_1\boldsymbol{\alpha}_1+x_2\boldsymbol{\alpha}_2+\cdots+x_n\boldsymbol{\alpha}_n=\boldsymbol{0}.$$

对于 $i=1,2,\cdots,n$，因为 $x_i\neq 0$，所以

$$\boldsymbol{\alpha}_i=\sum_{\substack{k=1\\k\neq i}}^{n}\left(-\frac{x_k}{x_i}\right)\boldsymbol{\alpha}_k,$$

即 $\boldsymbol{A}$ 的任一列向量 $\boldsymbol{\alpha}_i$ 均可表为其余列向量的线性组合.

充分性. 由于 $\boldsymbol{A}=(\boldsymbol{\alpha}_1,\boldsymbol{\alpha}_2,\cdots,\boldsymbol{\alpha}_n)$ 的任一列向量均可由其余列向量线性表示，故可设

$$\boldsymbol{\alpha}_i=\sum_{\substack{k=1\\k\neq i}}^{n}t_{ki}\boldsymbol{\alpha}_k,\quad i=1,2,\cdots,n.$$

现在，记

$$\boldsymbol{T}=\begin{pmatrix}1&-t_{12}&-t_{13}&\cdots&-t_{1,n-1}&-t_{1n}\\-t_{21}&1&-t_{23}&\cdots&-t_{2,n-1}&-t_{2n}\\\vdots&\vdots&\vdots&&\vdots&\vdots\\-t_{n-1,1}&-t_{n-1,2}&-t_{n-1,3}&\cdots&1&-t_{n-1,n}\\-t_{n1}&-t_{n2}&-t_{n3}&\cdots&-t_{n,n-1}&1\end{pmatrix},$$

则 $\boldsymbol{AT}=\boldsymbol{O}$. 因为 $\boldsymbol{T}$ 的任一主对角元均不为零，所以存在 $\boldsymbol{Y}_0\in F^{n\times 1}$，使得 $\boldsymbol{TY}_0$ 的每个分量都不为零. 令 $\boldsymbol{\eta}_0=\boldsymbol{TY}_0$，则 $\boldsymbol{A\eta}_0=\boldsymbol{ATY}_0=\boldsymbol{0}$. 因此，$\boldsymbol{\eta}_0$ 是 $\boldsymbol{Ax}=\boldsymbol{0}$ 的一个强非零解.

【例 3.92】 把函数 $\frac{x}{\ln(1+x)}$ 展开成幂级数时得到

$$\frac{x}{\ln(1+x)}=1+h_1x+h_2x^2+\cdots.$$

证明：展开式的系数 $\{h_n\}$ 可以用行列式表示为

$$h_n=\begin{vmatrix}\frac{1}{2}&1&0&\cdots&0&0\\\frac{1}{3}&\frac{1}{2}&1&\cdots&0&0\\\vdots&\vdots&\vdots&&\vdots&\vdots\\\frac{1}{n}&\frac{1}{n-1}&\frac{1}{n-2}&\cdots&\frac{1}{2}&1\\\frac{1}{n+1}&\frac{1}{n}&\frac{1}{n-1}&\cdots&\frac{1}{3}&\frac{1}{2}\end{vmatrix}=\Delta.$$

【证】 因为 $\ln(1+x)=x-\frac{1}{2}x^2+\frac{1}{3}x^3-\frac{1}{4}x^4+\cdots+(-1)^{n-1}\frac{x^n}{n}+\cdots$，所以

$$\frac{x}{\ln(1+x)}=\frac{1}{1-\frac{1}{2}x+\frac{1}{3}x^2-\cdots+(-1)^{n-1}\frac{x^{n-1}}{n}+\cdots}.$$

将此式与题设条件比较，得

$$(1+h_1x+\cdots+h_nx^n+\cdots)\left(1-\frac{1}{2}x+\frac{1}{3}x^2+\cdots+(-1)^{n-1}\frac{x^{n-1}}{n}+\cdots\right)=1.$$

比较等式两端 x 同次幂的系数,得

$$\begin{cases}h_1=\dfrac{1}{2},\\ \dfrac{1}{2}h_1-h_2=\dfrac{1}{3},\\ \dfrac{1}{3}h_1-\dfrac{1}{2}h_2+h_3=\dfrac{1}{4},\\ \cdots\cdots\cdots\cdots\\ \dfrac{1}{n}h_1-\dfrac{1}{n-1}h_2+\dfrac{1}{n-2}h_3+\cdots+(-1)^{n-1}h_n=\dfrac{1}{n+1}.\end{cases}$$

这是关于未知数 $h_1,h_2,\cdots,h_n$ 的线性方程组,根据 Cramer 法则,得 $h_n=\dfrac{D_n}{D}$,其中

$$D=\begin{vmatrix}1&0&0&\cdots&0&0\\ \dfrac{1}{2}&-1&0&\cdots&0&0\\ \dfrac{1}{3}&-\dfrac{1}{2}&1&\cdots&0&0\\ \vdots&\vdots&\vdots&&\vdots&\vdots\\ \dfrac{1}{n-1}&-\dfrac{1}{n-2}&\dfrac{1}{n-3}&\cdots&(-1)^{n-2}&0\\ \dfrac{1}{n}&-\dfrac{1}{n-1}&\dfrac{1}{n-2}&\cdots&\dfrac{(-1)^{n-2}}{2}&(-1)^{n-1}\end{vmatrix}=(-1)^{\frac{n(n-1)}{2}},$$

$$D_n=\begin{vmatrix}1&0&0&\cdots&0&\dfrac{1}{2}\\ \dfrac{1}{2}&-1&0&\cdots&0&\dfrac{1}{3}\\ \dfrac{1}{3}&-\dfrac{1}{2}&1&\cdots&0&\dfrac{1}{4}\\ \vdots&\vdots&\vdots&&\vdots&\vdots\\ \dfrac{1}{n-1}&-\dfrac{1}{n-2}&\dfrac{1}{n-3}&\cdots&(-1)^{n-2}&0\\ \dfrac{1}{n}&-\dfrac{1}{n-1}&\dfrac{1}{n-2}&\cdots&\dfrac{(-1)^{n-2}}{2}&\dfrac{1}{n+1}\end{vmatrix}=(-1)^{\frac{n(n-1)}{2}}\Delta,$$

于是 $h_n=\dfrac{(-1)^{\frac{n(n-1)}{2}}\Delta}{(-1)^{\frac{n(n-1)}{2}}}=\Delta$.

【例3.93】(南开大学,2006年)　设 $\boldsymbol{A}$ 是 n 阶方阵,将 $\boldsymbol{A}$ 作分块 $\boldsymbol{A}=\begin{pmatrix}\boldsymbol{A}_1 & \boldsymbol{A}_2\\ \boldsymbol{A}_3 & \boldsymbol{A}_4\end{pmatrix}$,其中 $\boldsymbol{A}_1,\boldsymbol{A}_4$ 分别为 k 阶和 $n-k$ 阶方阵($1\leqslant k<n$),已知 $\boldsymbol{A}_4$ 为可逆矩阵. 又设 $\boldsymbol{B}=(b_1,b_1,\cdots,b_n)^{\mathrm{T}}$ 为一个列矩阵,作线性方程组 $\boldsymbol{AX}=\boldsymbol{B}$,其中 $\boldsymbol{X}=(x_1,x_2,\cdots,x_n)^{\mathrm{T}}$,$x_1,x_2,\cdots,x_n$ 为未知数. 证明:

(1) 若 $\boldsymbol{A}_1-\boldsymbol{A}_2\boldsymbol{A}_4^{-1}\boldsymbol{A}_3$ 可逆,则线性方程组有唯一解;

(2) 设 $\boldsymbol{B}_1=(b_1,b_2,\cdots,b_k)^{\mathrm{T}}$,$\boldsymbol{B}_2=(b_{k+1},b_{k+2},\cdots,b_n)^{\mathrm{T}}$,$\boldsymbol{B}_3=\boldsymbol{B}_1-\boldsymbol{A}_2\boldsymbol{A}_4^{-1}\boldsymbol{B}_2$. 若 $\operatorname{rank}(\boldsymbol{A}_1-\boldsymbol{A}_2\boldsymbol{A}_4^{-1}\boldsymbol{A}_3,\boldsymbol{B}_3)=\operatorname{rank}(\boldsymbol{A}_1-\boldsymbol{A}_2\boldsymbol{A}_4^{-1}\boldsymbol{A}_3)<k$,则线性方程组有无穷多个解;若 $\operatorname{rank}(\boldsymbol{A}_1-\boldsymbol{A}_2\boldsymbol{A}_4^{-1}\boldsymbol{A}_3,\boldsymbol{B}_3)>\operatorname{rank}(\boldsymbol{A}_1-\boldsymbol{A}_2\boldsymbol{A}_4^{-1}\boldsymbol{A}_3)$,则线性方程组无解.

【证】　(1) 对增广矩阵施行初等行变换,把第二行左乘 $-\boldsymbol{A}_2\boldsymbol{A}_4^{-1}$ 加到第一行,得

$$(\boldsymbol{A},\boldsymbol{B})=\left(\begin{array}{cc:c}\boldsymbol{A}_1 & \boldsymbol{A}_2 & \boldsymbol{B}_1\\ \boldsymbol{A}_3 & \boldsymbol{A}_4 & \boldsymbol{B}_2\end{array}\right)\longrightarrow\left(\begin{array}{cc:c}\boldsymbol{A}_1-\boldsymbol{A}_2\boldsymbol{A}_4^{-1}\boldsymbol{A}_3 & \boldsymbol{O} & \boldsymbol{B}_1-\boldsymbol{A}_2\boldsymbol{A}_4^{-1}\boldsymbol{B}_2\\ \boldsymbol{A}_3 & \boldsymbol{A}_4 & \boldsymbol{B}_2\end{array}\right).$$

因为 $\boldsymbol{A}_1-\boldsymbol{A}_2\boldsymbol{A}_4^{-1}\boldsymbol{A}_3$ 和 $\boldsymbol{A}_4$ 均可逆,所以 $|\boldsymbol{A}|=|\boldsymbol{A}_1-\boldsymbol{A}_2\boldsymbol{A}_4^{-1}\boldsymbol{A}_3||\boldsymbol{A}_4|\neq 0$,故 $\boldsymbol{AX}=\boldsymbol{B}$ 有唯一解.

(2) 记 $\boldsymbol{X}_1=(x_1,x_2,\cdots,x_k)^{\mathrm{T}}$,$\boldsymbol{X}_2=(x_{k+1},x_{k+2},\cdots,x_n)^{\mathrm{T}}$,则 $\boldsymbol{AX}=\boldsymbol{B}$ 与如下方程组同解:

$$\begin{pmatrix}\boldsymbol{A}_1-\boldsymbol{A}_2\boldsymbol{A}_4^{-1}\boldsymbol{A}_3 & \boldsymbol{O}\\ \boldsymbol{A}_3 & \boldsymbol{A}_4\end{pmatrix}\begin{pmatrix}\boldsymbol{X}_1\\ \boldsymbol{X}_2\end{pmatrix}=\begin{pmatrix}\boldsymbol{B}_1-\boldsymbol{A}_2\boldsymbol{A}_4^{-1}\boldsymbol{B}_2\\ \boldsymbol{B}_2\end{pmatrix},$$

即

$$\begin{cases}(\boldsymbol{A}_1-\boldsymbol{A}_2\boldsymbol{A}_4^{-1}\boldsymbol{A}_3)\boldsymbol{X}_1=\boldsymbol{B}_3,\\ \boldsymbol{A}_3\boldsymbol{X}_1+\boldsymbol{A}_4\boldsymbol{X}_2=\boldsymbol{B}_2.\end{cases}$$

如果第一个方程有解 $\boldsymbol{X}_1$,代入第二个方程解得 $\boldsymbol{X}_2=\boldsymbol{A}_4^{-1}(\boldsymbol{B}_2-\boldsymbol{A}_3\boldsymbol{X}_1)$,那么原方程组有解 $\boldsymbol{X}$. 于是,若 $\operatorname{rank}(\boldsymbol{A}_1-\boldsymbol{A}_2\boldsymbol{A}_4^{-1}\boldsymbol{A}_3,\boldsymbol{B}_3)=\operatorname{rank}(\boldsymbol{A}_1-\boldsymbol{A}_2\boldsymbol{A}_4^{-1}\boldsymbol{A}_3)<k$,意味着第一个方程有无穷多个解,则原方程组 $\boldsymbol{AX}=\boldsymbol{B}$ 有无穷多个解;若 $\operatorname{rank}(\boldsymbol{A}_1-\boldsymbol{A}_2\boldsymbol{A}_4^{-1}\boldsymbol{A}_3,\boldsymbol{B}_3)>\operatorname{rank}(\boldsymbol{A}_1-\boldsymbol{A}_2\boldsymbol{A}_4^{-1}\boldsymbol{A}_3)$,意味着第一个方程无解,则原方程组 $\boldsymbol{AX}=\boldsymbol{B}$ 无解.

【例3.94】(北京师范大学,1991年)　设有数域 F 上的两个线性方程组

$$(\text{Ⅰ})\quad\begin{cases}a_{11}x_1+a_{12}x_2+\cdots+a_{1n}x_n=b_1,\\ a_{21}x_1+a_{22}x_2+\cdots+a_{2n}x_n=b_2,\\ \cdots\cdots\cdots\cdots\\ a_{m1}x_1+a_{m2}x_2+\cdots+a_{mn}x_n=b_m\end{cases}$$

与

$$(\text{Ⅱ})\quad\begin{cases}b_{11}x_1+b_{12}x_2+\cdots+b_{1n}x_n=c_1,\\ b_{21}x_1+b_{22}x_2+\cdots+b_{2n}x_n=c_2,\\ \cdots\cdots\cdots\cdots\\ b_{s1}x_1+b_{s2}x_2+\cdots+b_{sn}x_n=c_s.\end{cases}$$

若(Ⅰ)有解,则(Ⅱ)与(Ⅰ)同解 $\Leftrightarrow$ F^{n+1} 中的两个向量组

$$\begin{cases}\boldsymbol{\alpha}_1=(a_{11},a_{12},\cdots,a_{1n},b_1),\\ \boldsymbol{\alpha}_2=(a_{21},a_{22},\cdots,a_{2n},b_2),\\ \cdots\cdots\cdots\cdots\\ \boldsymbol{\alpha}_m=(a_{m1},a_{m2},\cdots,a_{mn},b_m)\end{cases}\quad\text{与}\quad\begin{cases}\boldsymbol{\beta}_1=(b_{11},b_{12},\cdots,b_{1n},c_1),\\ \boldsymbol{\beta}_2=(b_{21},b_{22},\cdots,b_{2n},c_2),\\ \cdots\cdots\cdots\cdots\\ \boldsymbol{\beta}_s=(b_{s1},b_{s2},\cdots,b_{sn},c_s)\end{cases}\quad\text{等价.}$$

【证】 记 $\boldsymbol{A}=(a_{ij})_{m\times n}$, $\boldsymbol{B}=(b_{ij})_{s\times n}$, $\boldsymbol{\xi}=(b_1,b_2,\cdots,b_m)^{\mathrm{T}}$, $\boldsymbol{\eta}=(c_1,c_2,\cdots,c_s)^{\mathrm{T}}$, $\boldsymbol{X}=(x_1,x_2,\cdots,x_n)^{\mathrm{T}}$,则线性方程组(Ⅰ)与(Ⅱ)分别为 $\boldsymbol{AX}=\boldsymbol{\xi}$, $\boldsymbol{BX}=\boldsymbol{\eta}$. 又用 W_1, W_2 分别表示(Ⅰ)与(Ⅱ)的导出组 $\boldsymbol{AX}=\boldsymbol{0}$, $\boldsymbol{BX}=\boldsymbol{0}$ 的解空间. 据题设,方程组(Ⅰ)有解,所以

$$\operatorname{rank}\boldsymbol{A}=\operatorname{rank}(\boldsymbol{A},\boldsymbol{\xi})=\operatorname{rank}(\boldsymbol{\alpha}_1,\boldsymbol{\alpha}_2,\cdots,\boldsymbol{\alpha}_m).$$

必要性. 设(Ⅱ)与(Ⅰ)同解,那么 $\begin{pmatrix}\boldsymbol{A}\\ \boldsymbol{B}\end{pmatrix}\boldsymbol{X}=\begin{pmatrix}\boldsymbol{\xi}\\ \boldsymbol{\eta}\end{pmatrix}$ 也与(Ⅰ)同解,且 $W_2=W_1$, $\begin{pmatrix}\boldsymbol{A}\\ \boldsymbol{B}\end{pmatrix}\boldsymbol{X}=\boldsymbol{0}$ 的解空间也等于 W_1. 因此 $\operatorname{rank}\boldsymbol{B}=\operatorname{rank}(\boldsymbol{B},\boldsymbol{\eta})=\operatorname{rank}(\boldsymbol{\beta}_1,\boldsymbol{\beta}_2,\cdots,\boldsymbol{\beta}_s)$,且

$$\operatorname{rank}\left(\begin{array}{c:c}\boldsymbol{A}&\boldsymbol{\xi}\\ \boldsymbol{B}&\boldsymbol{\eta}\end{array}\right)=\operatorname{rank}\begin{pmatrix}\boldsymbol{A}\\ \boldsymbol{B}\end{pmatrix}=n-\dim W_1=\operatorname{rank}\boldsymbol{A}=\operatorname{rank}\boldsymbol{B},$$

即

$$\operatorname{rank}(\boldsymbol{\alpha}_1,\cdots,\boldsymbol{\alpha}_m,\boldsymbol{\beta}_1,\cdots,\boldsymbol{\beta}_s)=\operatorname{rank}(\boldsymbol{\alpha}_1,\boldsymbol{\alpha}_2,\cdots,\boldsymbol{\alpha}_m)=\operatorname{rank}(\boldsymbol{\beta}_1,\boldsymbol{\beta}_2,\cdots,\boldsymbol{\beta}_s).$$

所以向量组 $\boldsymbol{\alpha}_1,\boldsymbol{\alpha}_2,\cdots,\boldsymbol{\alpha}_m$ 与 $\boldsymbol{\beta}_1,\boldsymbol{\beta}_2,\cdots,\boldsymbol{\beta}_s$ 等价.

充分性. 设 $\boldsymbol{X}_0=(x_1,x_2,\cdots,x_n)^{\mathrm{T}}\in F^n$ 是方程组(Ⅰ)的解,即 $\boldsymbol{AX}_0=\boldsymbol{\xi}$,则有

$$\sum_{j=1}^{n}a_{ij}x_j=b_i,\quad \forall i=1,2,\cdots,m. \tag{①}$$

因为 $\boldsymbol{\alpha}_1,\boldsymbol{\alpha}_2,\cdots,\boldsymbol{\alpha}_m$ 与 $\boldsymbol{\beta}_1,\boldsymbol{\beta}_2,\cdots,\boldsymbol{\beta}_s$ 等价,所以任意 $\boldsymbol{\beta}_i$ 都可由 $\boldsymbol{\alpha}_1,\boldsymbol{\alpha}_2,\cdots,\boldsymbol{\alpha}_m$ 线性表示. 特别,对于 $\boldsymbol{\beta}_1$,存在 $k_1,k_2,\cdots,k_m\in F$,使得 $k_1\boldsymbol{\alpha}_1+k_2\boldsymbol{\alpha}_2+\cdots+k_m\boldsymbol{\alpha}_m=\boldsymbol{\beta}_1$,即

$$\begin{cases}a_{11}k_1+a_{21}k_2+\cdots+a_{m1}k_m=b_{11},\\ a_{12}k_1+a_{22}k_2+\cdots+a_{m2}k_m=b_{12},\\ \cdots\cdots\cdots\cdots\\ a_{1n}k_1+a_{2n}k_2+\cdots+a_{mn}k_m=b_{1n},\\ b_1k_1+b_2k_2+\cdots+b_mk_m=c_1.\end{cases} \tag{②}$$

将②式的前 n 个等式依次乘 $x_1,x_2,\cdots,x_n$ 后再相加,并利用①式以及②式的最后一个等式,得

$$b_{11}x_1+b_{12}x_2+\cdots+b_{1n}x_n=c_1.$$

同理,对 $\boldsymbol{\beta}_2,\cdots,\boldsymbol{\beta}_s$ 依次可得

$$\begin{cases}b_{21}x_1+b_{22}x_2+\cdots+b_{2n}x_n=c_2,\\ \cdots\cdots\cdots\cdots\\ b_{s1}x_1+b_{s2}x_2+\cdots+b_{sn}x_n=c_s.\end{cases}$$

因此 $\boldsymbol{X}_0=(x_1,x_2,\cdots,x_n)^{\mathrm{T}}$ 是方程组(Ⅱ)的解.

反之,若 $\boldsymbol{X}_0$ 是方程组(Ⅱ)的解,注意到任意 $\boldsymbol{\alpha}_i$ 都可由 $\boldsymbol{\beta}_1,\boldsymbol{\beta}_2,\cdots,\boldsymbol{\beta}_s$ 线性表示,则利用与上述完全相同的方法可证 $\boldsymbol{X}_0$ 是方程组(Ⅰ)的解. 因此(Ⅱ)与(Ⅰ)同解.

【例 3.95】(RMC 试题,2004 年)　设 a,b,c,d 是相差 1 的正整数,x,y,z,t 是实数,满足 $a^x=bcd$, $b^y=cda$, $c^z=dab$, $d^t=abc$. 证明:行列式

$$\begin{vmatrix}-x&1&1&1\\1&-y&1&1\\1&1&-z&1\\1&1&1&-t\end{vmatrix}=0.$$

【证】 将题设等式都取对数,得

$$\begin{cases}-x\ln a+\ln b+\ln c+\ln d=0,\\ \ln a-y\ln b+\ln c+\ln d=0,\\ \ln a+\ln b-z\ln c+\ln d=0,\\ \ln a+\ln b+\ln c-t\ln d=0.\end{cases}$$

这表明,$(\ln a,\ln b,\ln c,\ln d)^{\mathrm{T}}$ 是相应齐次方程组的一个非零解. 因此,该方程组系数矩阵

$$\begin{pmatrix}-x & 1 & 1 & 1\\ 1 & -y & 1 & 1\\ 1 & 1 & -z & 1\\ 1 & 1 & 1 & -t\end{pmatrix}$$

的行列式为零,即得所证.

【注】 RMC 是 Romania Mathematical Competitions(罗马尼亚数学竞赛)的缩写,在本书中主要包括 Romania National Olympiad 或 District Olympiad 等竞赛.

【例 3.96】(北京大学,2019 年) 设 $\boldsymbol{\alpha}_1,\boldsymbol{\alpha}_2,\cdots,\boldsymbol{\alpha}_m$ 是 $\mathbb{R}^n$ 中线性无关的列向量组,设 $\boldsymbol{\beta}_1,\boldsymbol{\beta}_2,\cdots,\boldsymbol{\beta}_t$ 是 $\mathbb{R}^s$ 中线性无关的列向量组. 证明:若存在实数 $c_{ij},i=1,2,\cdots,m;j=1,2,\cdots,t$,使得

$$\sum_{i=1}^{m}\sum_{j=1}^{t}c_{ij}\boldsymbol{\alpha}_i\boldsymbol{\beta}_j^{\mathrm{T}}=\boldsymbol{O},$$

则系数 c_{ij} 全为零.

【证】 记 $\boldsymbol{A}=(\boldsymbol{\alpha}_1,\boldsymbol{\alpha}_2,\cdots,\boldsymbol{\alpha}_m)\in M_{n,m}(\mathbb{R})$,$\boldsymbol{B}=(\boldsymbol{\beta}_1,\boldsymbol{\beta}_2,\cdots,\boldsymbol{\beta}_t)\in M_{s,t}(\mathbb{R})$,$\boldsymbol{C}=(c_{ij})\in M_{m,t}(\mathbb{R})$,则所给等式可用矩阵表示为 $\boldsymbol{ACB}^{\mathrm{T}}=\boldsymbol{O}$. 左乘 $\boldsymbol{A}^{\mathrm{T}}$ 并右乘 $\boldsymbol{B}$,得

$$(\boldsymbol{A}^{\mathrm{T}}\boldsymbol{A})\boldsymbol{C}(\boldsymbol{B}^{\mathrm{T}}\boldsymbol{B})=\boldsymbol{O}. \qquad ①$$

因为 $\boldsymbol{\alpha}_1,\boldsymbol{\alpha}_2,\cdots,\boldsymbol{\alpha}_m$ 线性无关,所以 $\boldsymbol{A}$ 是列满秩矩阵. 根据本章例 3.87,知 $\operatorname{rank}(\boldsymbol{A}^{\mathrm{T}}\boldsymbol{A})=\operatorname{rank}\boldsymbol{A}=m$,所以 $\boldsymbol{A}^{\mathrm{T}}\boldsymbol{A}$ 是 m 阶可逆矩阵. 同理,$\boldsymbol{B}^{\mathrm{T}}\boldsymbol{B}$ 是 t 阶可逆矩阵.

于是,对①式利用矩阵的消去律可得 $\boldsymbol{C}=\boldsymbol{O}$,即 $c_{ij}=0(1<i<m,1<j<t)$.

【注】 因为 $\boldsymbol{A}$ 列满秩,$\boldsymbol{B}^{\mathrm{T}}$ 行满秩,所以可直接由 $\boldsymbol{ACB}^{\mathrm{T}}=\boldsymbol{O}$ 利用左、右消去律(见第 4 章例 4.85),即得 $\boldsymbol{C}=\boldsymbol{O}$.

【例 3.97】(华东师范大学,2003 年) 设 $f(x),g(x)$ 为数域 K 上互素的多项式,$\boldsymbol{C}$ 为 K 上的 n 阶方阵,$\boldsymbol{A}=f(\boldsymbol{C})$,$\boldsymbol{B}=g(\boldsymbol{C})$. 证明:方程 $\boldsymbol{ABX}=\boldsymbol{O}$ 的每一个解 $\boldsymbol{X}$ 均可唯一地表为 $\boldsymbol{X}=\boldsymbol{Y}+\boldsymbol{Z}$ 的形式,其中 $\boldsymbol{Y},\boldsymbol{Z}$ 分别为方程 $\boldsymbol{BY}=\boldsymbol{O}$ 与 $\boldsymbol{AZ}=\boldsymbol{O}$ 的解.

【证】 首先,根据题设有 $(f(x),g(x))=1$,所以存在 $u(x),v(x)\in K[x]$,使得

$$u(x)f(x)+v(x)g(x)=1.$$

于是,有

$$u(\boldsymbol{C})f(\boldsymbol{C})+v(\boldsymbol{C})g(\boldsymbol{C})=\boldsymbol{E}_n. \qquad ①$$

对于方程 $\boldsymbol{ABX}=\boldsymbol{O}$ 的任一解 $\boldsymbol{X}_0$,将上式两边同时右乘 $\boldsymbol{X}_0$,得

$$\boldsymbol{X}_0=u(\boldsymbol{C})f(\boldsymbol{C})\boldsymbol{X}_0+v(\boldsymbol{C})g(\boldsymbol{C})\boldsymbol{X}_0=\boldsymbol{Y}_0+\boldsymbol{Z}_0,$$

其中 $\boldsymbol{Y}_0=u(\boldsymbol{C})\boldsymbol{AX}_0$,$\boldsymbol{Z}_0=v(\boldsymbol{C})\boldsymbol{BX}_0$.

注意到 $\forall p(x),q(x)\in K[x]$，易知 $p(\boldsymbol{C})q(\boldsymbol{C})=q(\boldsymbol{C})p(\boldsymbol{C})$. 所以

$$\boldsymbol{BY}_0=u(\boldsymbol{C})\boldsymbol{ABX}_0=\boldsymbol{O},$$
$$\boldsymbol{AZ}_0=v(\boldsymbol{C})\boldsymbol{ABX}_0=\boldsymbol{O},$$

即 $\boldsymbol{Y}_0,\boldsymbol{Z}_0$ 分别为 $\boldsymbol{BY}=\boldsymbol{O}$ 与 $\boldsymbol{AZ}=\boldsymbol{O}$ 的解.

下面再证分解的唯一性. 假设 $\boldsymbol{X}_0=\boldsymbol{Y}_1+\boldsymbol{Z}_1$，其中 $\boldsymbol{Y}_1,\boldsymbol{Z}_1$ 分别为 $\boldsymbol{BY}=\boldsymbol{O}$ 与 $\boldsymbol{AZ}=\boldsymbol{O}$ 的解，则 $\boldsymbol{Y}_0-\boldsymbol{Y}_1=\boldsymbol{Z}_1-\boldsymbol{Z}_0$，且 $\boldsymbol{Y}_0-\boldsymbol{Y}_1$ 是 $\boldsymbol{BY}=\boldsymbol{O}$ 的解，而 $\boldsymbol{Z}_1-\boldsymbol{Z}_0$ 是 $\boldsymbol{AZ}=\boldsymbol{O}$ 的解. 令 $\boldsymbol{S}=\boldsymbol{Y}_0-\boldsymbol{Y}_1=\boldsymbol{Z}_1-\boldsymbol{Z}_0$，则 $\boldsymbol{BS}=\boldsymbol{O},\boldsymbol{AS}=\boldsymbol{O}$. 于是，由①式可得

$$\boldsymbol{S}=u(\boldsymbol{C})\boldsymbol{AS}+v(\boldsymbol{C})\boldsymbol{BS}=\boldsymbol{O}.$$

所以 $\boldsymbol{Y}_0=\boldsymbol{Y}_1$ 且 $\boldsymbol{Z}_0=\boldsymbol{Z}_1$. 这就证明了分解的唯一性.

【例 3.98】 设 x_1,x_2,x_3,x_4 是双曲线 $xy=1$ 上互异的 4 点的横坐标，证明：若这 4 点共圆，则 $x_1x_2x_3x_4=1$.

【证】 设 4 点所在圆的方程为 $x^2+y^2+2Ax+2By+C=0$，其中 $A,B,C\in\mathbb{R}$，则

$$x_i^2+\frac{1}{x_i^2}+2Ax_i+2B\frac{1}{x_i}+C=0,\quad i=1,2,3,4.$$

这是以 $(1,2A,2B,C)$ 为非零解的齐次线性方程组，其系数行列式等于 0，即

$$\begin{vmatrix} x_1^2+\dfrac{1}{x_1^2} & x_1 & \dfrac{1}{x_1} & 1\\ x_2^2+\dfrac{1}{x_2^2} & x_2 & \dfrac{1}{x_2} & 1\\ x_3^2+\dfrac{1}{x_3^2} & x_3 & \dfrac{1}{x_3} & 1\\ x_4^2+\dfrac{1}{x_4^2} & x_4 & \dfrac{1}{x_4} & 1\end{vmatrix}=0.$$

将上述行列式按第一列拆项并化简，得

$$\left(-\frac{1}{x_1x_2x_3x_4}+\frac{1}{x_1^2x_2^2x_3^2x_4^2}\right)\begin{vmatrix} x_1^3 & x_1^2 & x_1 & 1\\ x_2^3 & x_2^2 & x_2 & 1\\ x_3^3 & x_3^2 & x_3 & 1\\ x_4^3 & x_4^2 & x_4 & 1\end{vmatrix}=0.$$

注意到 4 阶 Vandermonde 行列式 $\prod\limits_{1\leqslant j<i\leqslant 4}(x_i-x_j)\neq 0$，所以 $-\dfrac{1}{x_1x_2x_3x_4}+\dfrac{1}{x_1^2x_2^2x_3^2x_4^2}=0$. 由此可解得 $x_1x_2x_3x_4=1$.

【注】 本题的另一有效解法：根据上述过程易知，x_1,x_2,x_3,x_4 是 4 次方程

$$t^4+2At^3+Ct^2+2Bt+1=0$$

的所有根，利用根与系数的关系（Vieta 定理），即得 $x_1x_2x_3x_4=1$.

【例 3.99】 设 $\boldsymbol{A}$ 是 $m\times n$ 矩阵，$\boldsymbol{B}$ 是 $s\times n$ 矩阵，$W_{\boldsymbol{A}}$ 与 $W_{\boldsymbol{B}}$ 分别是齐次线性方程组 $\boldsymbol{Ax}=\boldsymbol{0}$ 与 $\boldsymbol{Bx}=\boldsymbol{0}$ 的解空间，则 $W_{\boldsymbol{A}}\subseteq W_{\boldsymbol{B}}$ 的充分必要条件是存在 $s\times m$ 矩阵 $\boldsymbol{P}$ 使得 $\boldsymbol{PA}=\boldsymbol{B}$.

【证】 充分性显然，只证必要性. 因为 $W_{\boldsymbol{A}}\subseteq W_{\boldsymbol{B}}$，即方程组 $\boldsymbol{Ax}=\boldsymbol{0}$ 的解都是 $\boldsymbol{Bx}=\boldsymbol{0}$ 的解，

所以 $Ax=0$ 与 $\begin{pmatrix}A\\B\end{pmatrix}x=0$ 同解,因此 $\operatorname{rank} A=\operatorname{rank}\begin{pmatrix}A\\B\end{pmatrix}$. 令 $\operatorname{rank} A=r$,则存在 m 阶可逆矩阵 P_1,使得 $P_1A=\begin{pmatrix}A_1\\A_2\end{pmatrix}$,其中 A_1 为 $r\times n$ 行满秩矩阵. 由 $\operatorname{rank}\begin{pmatrix}A\\B\end{pmatrix}=r$ 可知,A_1 的行向量是 $\begin{pmatrix}A\\B\end{pmatrix}$ 的行向量组的一个极大无关组,故存在 $s\times r$ 矩阵 C,使得 $B=CA_1$. 取 $s\times m$ 矩阵 $P=(C,O_{s\times(m-r)})P_1$,则

$$PA=(C,O_{s\times(m-r)})\begin{pmatrix}A_1\\A_2\end{pmatrix}=CA_1=B.$$

【注】 本题与第6章例6.36是同一问题的代数特征和几何意义的两种不同表述.

【例3.100】(北京大学,2010年) 设 A,B 是 n 阶实方阵,满足 $A=(B-\frac{1}{110}E)^{\mathrm{T}}(B+\frac{1}{110}E)$. 证明:对任意的 n 维列向量 ξ,线性方程组 $A^{\mathrm{T}}(A^2+A)X=A^{\mathrm{T}}\xi$ 必有解.

【证】 首先,根据本章例3.87(2),对任意 n 维列向量 ξ,线性方程组 $(A^{\mathrm{T}}A)Y=A^{\mathrm{T}}\xi$ 有解. 设 η 是其中一个解,则 $(A^{\mathrm{T}}A)\eta=A^{\mathrm{T}}\xi$. 下证方程组 $(A+E)X=\eta$ 有解. 注意到其系数矩阵

$$A+E=\left[B^{\mathrm{T}}B+\left(1-\frac{1}{110^2}\right)E\right]+\frac{1}{110}(B^{\mathrm{T}}-B),$$

观察等式的右端,第一部分是实对称正定矩阵,第二部分是实反对称矩阵,其和的行列式大于0(见第9章例9.74),即 $|A+E|>0$,因此 $\operatorname{rank}(A+E)=n$,方程组 $(A+E)X=\eta$ 有唯一解,设为 X_0,则 $(A+E)X_0=\eta$. 于是,有

$$A^{\mathrm{T}}(A^2+A)X_0=(A^{\mathrm{T}}A)(A+E)X_0=(A^{\mathrm{T}}A)\eta=A^{\mathrm{T}}\xi,$$

即 X_0 是原方程组的解.

【注】 对于复矩阵,例如 $A=\begin{pmatrix}1&\mathrm{i}\\-\mathrm{i}&1\end{pmatrix}$,$\xi=\begin{pmatrix}1\\0\end{pmatrix}$,则 $A^{\mathrm{T}}A=O$,$A^{\mathrm{T}}\xi=\begin{pmatrix}1\\\mathrm{i}\end{pmatrix}$, 方程组无解.

【例3.101】 设 $a_1,a_2,\cdots,a_n$ 为 $n(n\geqslant4)$ 个互不相同的实数. 求出下面具有 n 个未知元、$n-2$ 个方程的线性方程组的通解:

$$\begin{cases}x_1+x_2+\cdots+x_n=0,\\a_1x_1+a_2x_2+\cdots+a_nx_n=0,\\a_1^2x_1+a_2^2x_2+\cdots+a_n^2x_n=0,\\\cdots\cdots\cdots\cdots\\a_1^{n-3}x_1+a_2^{n-3}x_2+\cdots+a_n^{n-3}x_n=0.\end{cases}\qquad ①$$

【解】 首先,因 $a_1,a_2,\cdots,a_n$ 各不相同,Vandermonde 行列式

$$\begin{vmatrix}1&1&\cdots&1\\a_1&a_2&\cdots&a_{n-2}\\a_1^2&a_2^2&\cdots&a_{n-2}^2\\\vdots&\vdots&&\vdots\\a_1^{n-3}&a_2^{n-3}&\cdots&a_{n-2}^{n-3}\end{vmatrix}=\prod_{1\leqslant j<i\leqslant n-2}(a_i-a_j)\neq0,$$

所以方程组①的系数矩阵的秩为 $n-2$,基础解系含两个解. 为了求方程组①的基础解系,考虑

$$f(x)=(x-a_1)(x-a_2)\cdots(x-a_n).$$

对于 $k=0,1,\cdots,n-1$,$x^k/f(x)$的部分分式展开为

$$\frac{x^k}{f(x)}=\sum_{i=1}^{n}\frac{a_i^k/f'(a_i)}{x-a_i},$$

从而有

$$x^k=\sum_{i=1}^{n}\frac{a_i^k}{f'(a_i)}\frac{f(x)}{x-a_i}.$$

比较两边上式两边的系数,可得

$$\sum_{i=1}^{n}\frac{a_i^k}{f'(a_i)}=\begin{cases}0, & k=0,1,\cdots,n-2,\\ 1, & k=n-1.\end{cases}$$

这就表明,向量

$$\boldsymbol{\eta}_1=\left(\frac{1}{f'(a_1)},\frac{1}{f'(a_2)},\cdots,\frac{1}{f'(a_n)}\right),$$

$$\boldsymbol{\eta}_2=\left(\frac{a_1}{f'(a_1)},\frac{a_2}{f'(a_2)},\cdots,\frac{a_n}{f'(a_n)}\right)$$

都是方程组的解. 下证这两个解是线性无关的,若不然,则存在不全为零的实数 s_1,s_2,使得

$$s_1\boldsymbol{\eta}_1+s_2\boldsymbol{\eta}_2=\mathbf{0},$$

即有

$$s_1+s_2a_i=0,\quad i=1,2,\cdots,n.$$

如果 $s_2=0$,那么 $s_1=0$,矛盾,所以 $s_2\neq0$,于是

$$a_i=-\frac{s_1}{s_2},\quad i=1,2,\cdots,n.$$

此与 $a_1,a_2,\cdots,a_n$ 各不相同的事实矛盾. 所以 $\boldsymbol{\eta}_1,\boldsymbol{\eta}_2$ 线性无关. 于是,方程组的通解为

$$(x_1,x_2,\cdots,x_n)=s\boldsymbol{\eta}_1+t\boldsymbol{\eta}_2=\left(\frac{s+ta_1}{f'(a_1)},\frac{s+ta_2}{f'(a_2)},\cdots,\frac{s+ta_n}{f'(a_n)}\right),$$

其中 s,t 为任意实数.

§3.6　思考与练习

3.1(中国科学院,2006 年)　设向量组 $\boldsymbol{\alpha}_1,\boldsymbol{\alpha}_2,\cdots,\boldsymbol{\alpha}_s(s>2)$线性无关. 试讨论 $\boldsymbol{\alpha}_1+\boldsymbol{\alpha}_2,\boldsymbol{\alpha}_2+\boldsymbol{\alpha}_3,\cdots,\boldsymbol{\alpha}_{s-1}+\boldsymbol{\alpha}_s,\ \boldsymbol{\alpha}_s+\boldsymbol{\alpha}_1$ 的线性相关性.

3.2　设 $\boldsymbol{\alpha}_1,\boldsymbol{\alpha}_2,\cdots,\boldsymbol{\alpha}_m$ 与 $\boldsymbol{\beta}_1,\boldsymbol{\beta}_2,\cdots,\boldsymbol{\beta}_m$ 是 $2m$ 个向量,且 $\boldsymbol{\beta}_j=\boldsymbol{\alpha}_1+\boldsymbol{\alpha}_2+\cdots+\boldsymbol{\alpha}_j(1\leqslant j\leqslant m)$. 证明:向量组 $\boldsymbol{\beta}_1,\boldsymbol{\beta}_2,\cdots,\boldsymbol{\beta}_m$ 线性无关当且仅当 $\boldsymbol{\alpha}_1,\boldsymbol{\alpha}_2,\cdots,\boldsymbol{\alpha}_m$ 线性无关.

3.3(华中科技大学,2012 年)　设 $\boldsymbol{A}$ 为实矩阵,证明 $\operatorname{rank}(\boldsymbol{A}^{\mathrm{T}}\boldsymbol{A})=\operatorname{rank}\boldsymbol{A}=\operatorname{rank}(\boldsymbol{A}\boldsymbol{A}^{\mathrm{T}})$.

3.4　设向量组 $\boldsymbol{\alpha}_1,\boldsymbol{\alpha}_2,\cdots,\boldsymbol{\alpha}_s$ 的秩为 r,在其中任意取 m 个向量:$\boldsymbol{\alpha}_{i_1},\boldsymbol{\alpha}_{i_2},\cdots,\boldsymbol{\alpha}_{i_m}$. 证明:

$$\operatorname{rank}\{\boldsymbol{\alpha}_{i_1},\boldsymbol{\alpha}_{i_2},\cdots,\boldsymbol{\alpha}_{i_m}\}\geqslant r+m-s.$$

3.5(上海大学,2013年)　已知 $\boldsymbol{\alpha}_1=\begin{pmatrix}1\\1\\1\\1\end{pmatrix}$, $\boldsymbol{\alpha}_2=\begin{pmatrix}2\\2\\1\\2\end{pmatrix}$, $\boldsymbol{\alpha}_3=\begin{pmatrix}3\\3\\2\\3\end{pmatrix}$, $\boldsymbol{\alpha}_4=\begin{pmatrix}2\\0\\1\\1\end{pmatrix}$, $\boldsymbol{\alpha}_5=\begin{pmatrix}3\\1\\1\\2\end{pmatrix}$,求此向量组的一个极大无关组，并将其他向量表示为此极大无关组的线性组合.

3.6(厦门大学,2014年)　设向量 $\boldsymbol{\beta}$ 可由向量组 $\boldsymbol{\alpha}_1,\boldsymbol{\alpha}_2,\cdots,\boldsymbol{\alpha}_s$ 线性表出，但不能由向量组 $\boldsymbol{\alpha}_1,\boldsymbol{\alpha}_2,\cdots,\boldsymbol{\alpha}_{s-1}$ 线性表出. 求证:向量组 $\boldsymbol{\alpha}_1,\boldsymbol{\alpha}_2,\cdots,\boldsymbol{\alpha}_{s-1},\boldsymbol{\alpha}_s$ 和 $\boldsymbol{\alpha}_1,\boldsymbol{\alpha}_2,\cdots,\boldsymbol{\alpha}_{s-1},\boldsymbol{\beta}$ 等价.

3.7(大连理工大学,2007年)　设非齐次线性方程组为

$$\begin{pmatrix}a_{11}&a_{12}&\cdots&a_{1n}\\a_{21}&a_{22}&\cdots&a_{2n}\\\vdots&\vdots&&\vdots\\a_{n1}&a_{n2}&\cdots&a_{nn}\end{pmatrix}\begin{pmatrix}x_1\\x_2\\\vdots\\x_n\end{pmatrix}=\begin{pmatrix}b_1\\b_2\\\vdots\\b_n\end{pmatrix},$$

证明:如果

$$\operatorname{rank}\begin{pmatrix}a_{11}&a_{12}&\cdots&a_{1n}\\a_{21}&a_{22}&\cdots&a_{2n}\\\vdots&\vdots&&\vdots\\a_{n1}&a_{n2}&\cdots&a_{nn}\end{pmatrix}=\operatorname{rank}\begin{pmatrix}a_{11}&a_{12}&\cdots&a_{1n}&b_1\\a_{21}&a_{22}&\cdots&a_{2n}&b_2\\\vdots&\vdots&&\vdots&\vdots\\a_{n1}&a_{n2}&\cdots&a_{nn}&b_n\\b_1&b_2&\cdots&b_n&0\end{pmatrix},$$

那么该方程组有解.

3.8(南开大学,2005年)　设齐次线性方程组

$$\begin{cases}x_2+ax_3+bx_4=0,\\-x_1+cx_3+dx_4=0,\\ax_1+cx_2-ex_4=0,\\bx_1+dx_2-ex_3=0\end{cases}$$

的一般解以 x_3,x_4 为自由未知量.

(1)求 a,b,c,d,e 满足的条件;

(2)求齐次线性方程组的基础解系.

3.9　设 $\boldsymbol{A}$ 是数域 F 上秩为 r 的 n 阶对称矩阵,证明: $\boldsymbol{A}$ 中必存在一个非零的 r 阶主子式.

3.10(北京师范大学,2013年)　叙述并证明 Cramer 法则.

3.11(华中科技大学,2007年)　证明:平面上三条不同的直线 $ax+by+c=0$, $bx+cy+a=0$, $cx+ay+b=0$ 相交的充分必要条件为 $a+b+c=0$.

3.12(中国科学院,2001年)　设 a,b,c,d 均为正实数,求出满足 $y\geqslant ax+b$ 与 $y\geqslant -cx+d$ 之 y 的最小值.

3.13(北京师范大学,2004年)　已知线性方程组

$$\begin{cases}x_1+x_2=a_1,\\x_3+x_4=a_2,\\x_1+x_3=b_1,\\x_2+x_4=b_2.\end{cases}$$

(1)求出系数矩阵的秩;

(2)给出方程组有解的充分必要条件.

3.14(东南大学,2011年)　设 $n\geqslant 2$,问:当 a 取什么值时,线性方程组

$$\begin{cases}(1+a)x_1+x_2+\cdots+x_n=1,\\2x_1+(2+a)x_2+\cdots+2x_n=2,\\\cdots\cdots\cdots\cdots\\nx_1+nx_2+\cdots+(n+a)x_n=n\end{cases}$$

没有解,有唯一解,有无穷多解?当线性方程组有无穷多解时,求其通解.

3.15(西安电子科技大学,2010 年) 设 $\boldsymbol{A}=\begin{pmatrix}1&a&a&0\\a&1&0&c\\a&0&1&c\\0&c&c&1\end{pmatrix}$, $\boldsymbol{b}=\begin{pmatrix}1\\0\\0\\1\end{pmatrix}$. 讨论 a 与 c 取何值时,线性方程组 $\boldsymbol{Ax}=\boldsymbol{b}$ 有唯一解,无解,有无穷多解? 并在有无穷多解时,求其通解.

3.16 设 $(1,-1,1,-1)^{\mathrm{T}}$ 是线性方程组 $\begin{cases}x_1+\lambda x_2+\mu x_3+x_4=0,\\2x_1+x_2+x_3+2x_4=0,\\3x_1+(2+\lambda)x_2+(4+\mu)x_3+4x_4=1\end{cases}$ 的一个解.

(1)试求方程组的通解,并用对应的齐次线性方程组的基础解系表示通解;

(2)试求方程组满足 $x_2=x_3$ 的全部解.

3.17(北京大学,2006 年) (1)设 $\boldsymbol{A},\boldsymbol{B}$ 分别是数域 K 上 $s\times n$, $s\times m$ 矩阵,叙述矩阵方程 $\boldsymbol{AX}=\boldsymbol{B}$ 有解的充分必要条件,并且给予证明;

(2)设 $\boldsymbol{A}$ 是数域 K 上 $s\times n$ 列满秩矩阵,试问:矩阵方程 $\boldsymbol{XA}=\boldsymbol{E}_n$ 是否有解? 若有解,则求出它的解集. 要求写出理由;

(3)设 $\boldsymbol{A}$ 是数域 K 上 $s\times n$ 列满秩矩阵,试问:对于数域 K 上任意 $s\times m$ 矩阵 $\boldsymbol{B}$,矩阵方程 $\boldsymbol{AX}=\boldsymbol{B}$ 是否一定有解? 当有解时,它有多少个解? 求出它的解集. 要求写出理由.

3.18(北京大学,2008 年) (1)设 $\boldsymbol{A}$ 是 $s\times n$ 矩阵,非齐次线性方程组 $\boldsymbol{AX}=\boldsymbol{\beta}$ 有解且rank $\boldsymbol{A}=r$,则 $\boldsymbol{AX}=\boldsymbol{\beta}$ 的解向量中线性无关的最多有多少个? 并找出一组个数最多的线性无关解向量;

(2)设方程组 $\boldsymbol{AX}=\boldsymbol{\beta}$ 对于所有的 s 维非零向量 $\boldsymbol{\beta}$ 都有解,求 rank $\boldsymbol{A}$.

3.19(四川大学,2007 年) 叙述并证明线性方程组有解的判别定理;当线性方程组有解时,给出它的通解并证明之.

3.20(四川大学,2009 年) (1)叙述并证明线性方程组的 Cramer 法则;

(2)设 F,K 都是数域且 $F\subseteq K$. 已知 $\boldsymbol{AX}=\boldsymbol{\beta}$ 是数域 F 上的线性方程组. 证明 $\boldsymbol{AX}=\boldsymbol{\beta}$ 在 F 上有解当且仅当 $\boldsymbol{AX}=\boldsymbol{\beta}$ 在 K 上有解.

3.21(南京航空航天大学,2010 年) 设 $\boldsymbol{\alpha}_1,\boldsymbol{\alpha}_2,\cdots,\boldsymbol{\alpha}_m$ 是 $m\times n$ 矩阵 $\boldsymbol{A}$ 的行向量组,$\boldsymbol{\beta}_1,\boldsymbol{\beta}_2,\cdots,\boldsymbol{\beta}_s$ 是 $s\times n$ 矩阵 $\boldsymbol{B}$ 的行向量组,$\boldsymbol{X}=(x_1,x_2,\cdots,x_n)^{\mathrm{T}}$. 证明:

(1)如果 $\boldsymbol{\beta}_1,\boldsymbol{\beta}_2,\cdots,\boldsymbol{\beta}_s$ 是方程组 $\boldsymbol{AX}=\boldsymbol{0}$ 的基础解系,那么方程组 $\boldsymbol{BX}=\boldsymbol{0}$ 的任一解都可由 $\boldsymbol{\alpha}_1,\boldsymbol{\alpha}_2,\cdots,\boldsymbol{\alpha}_m$ 线性表示;

(2)方程组 $\boldsymbol{AX}=\boldsymbol{0}$ 与方程组 $\boldsymbol{BX}=\boldsymbol{0}$ 同解的充分必要条件是向量组 $\boldsymbol{\alpha}_1,\boldsymbol{\alpha}_2,\cdots,\boldsymbol{\alpha}_m$ 与向量组 $\boldsymbol{\beta}_1,\boldsymbol{\beta}_2,\cdots,\boldsymbol{\beta}_s$ 等价.

3.22 设 $\boldsymbol{A},\boldsymbol{B}$ 都是 $m\times n$ 矩阵,$W_{\boldsymbol{A}}$ 与 $W_{\boldsymbol{B}}$ 分别是齐次方程组 $\boldsymbol{Ax}=\boldsymbol{0}$ 与 $\boldsymbol{Bx}=\boldsymbol{0}$ 的解空间.

(1) 证明:$W_{\boldsymbol{A}}\subseteq W_{\boldsymbol{B}}$ 的充分必要条件是存在 m 阶方阵 $\boldsymbol{P}$ 使得 $\boldsymbol{PA}=\boldsymbol{B}$;

(2) 证明:$W_{\boldsymbol{A}}=W_{\boldsymbol{B}}$ 的充分必要条件是存在 m 阶可逆矩阵 $\boldsymbol{T}$ 使得 $\boldsymbol{TA}=\boldsymbol{B}$.

3.23(南开大学,2008 年) 设 $\boldsymbol{A}_1,\boldsymbol{A}_2,\cdots,\boldsymbol{A}_m$ 为 n 阶方阵,且 $\operatorname{rank}(\boldsymbol{A}_1\boldsymbol{A}_2\cdots\boldsymbol{A}_m)=\operatorname{rank}\boldsymbol{A}_m$. 证明:对任何 $1\leqslant j,k\leqslant m$,齐次线性方程组 $\boldsymbol{A}_j\boldsymbol{A}_{j+1}\cdots\boldsymbol{A}_m\boldsymbol{x}=\boldsymbol{0}$ 与 $\boldsymbol{A}_k\boldsymbol{A}_{k+1}\cdots\boldsymbol{A}_m\boldsymbol{x}=\boldsymbol{0}$ 同解.

3.24 求解齐次线性方程组

$$\begin{cases}a_{11}x_1+a_{12}x_2+\cdots+a_{1n}x_n=0,\\a_{21}x_1+a_{22}x_2+\cdots+a_{2n}x_n=0,\\\cdots\cdots\cdots\cdots\\a_{n1}x_1+a_{n2}x_2+\cdots+a_{nn}x_n=0,\end{cases}$$

其中 $a_{ii}=2019,i=1,2,\cdots,n;a_{ij}\in\{2018,610,-2018,-610\},i\neq j,i,j=1,2,\cdots,n$.

3.25 设 $\boldsymbol{A}\in M_{m,n}(K)$, $\boldsymbol{B}\in M_{p,n}(K)$. 证明下列命题相互等价:

(1)齐次线性方程组 $\boldsymbol{Ax}=\boldsymbol{0}$ 与 $\boldsymbol{Bx}=\boldsymbol{0}$ 有非零公共解;

(2)若 $\boldsymbol{\xi}_1,\boldsymbol{\xi}_2,\cdots,\boldsymbol{\xi}_s$ 是 $\boldsymbol{Ax}=\boldsymbol{0}$ 的基础解系,则 $\boldsymbol{B\xi}_1,\boldsymbol{B\xi}_2,\cdots,\boldsymbol{B\xi}_s$ 线性相关;

(3)若 $\boldsymbol{\xi}_1,\boldsymbol{\xi}_2,\cdots,\boldsymbol{\xi}_s$ 是 $\boldsymbol{Ax}=\boldsymbol{0}$ 的基础解系,$\boldsymbol{\eta}_1,\boldsymbol{\eta}_2,\cdots,\boldsymbol{\eta}_t$ 是 $\boldsymbol{Bx}=\boldsymbol{0}$ 的基础解系,则 $\boldsymbol{\xi}_1,\boldsymbol{\xi}_2,\cdots,\boldsymbol{\xi}_s,\boldsymbol{\eta}_1,\boldsymbol{\eta}_2,\cdots,\boldsymbol{\eta}_t$ 线性相关.

3.26 设 $\boldsymbol{A}$ 为方阵,请根据线性方程组(1)$\boldsymbol{AX}=\boldsymbol{\beta}_1$ 和(2)$\boldsymbol{AX}=\boldsymbol{\beta}_2$ 的解的下列三种情形:

(A)(1)和(2)都有解; (B)(1)有解而(2)无解; (C)(1)和(2)都无解,

分别讨论线性方程组(Ⅰ):$(\boldsymbol{A},\boldsymbol{\beta}_1)X=\boldsymbol{\beta}_2$ 和(Ⅱ):$(\boldsymbol{A},\boldsymbol{\beta}_2)X=\boldsymbol{\beta}_1$ 有解,无解还是不能确定.

3.27(北京交通大学,2012年)　已知向量

$$\boldsymbol{\alpha}_1=\begin{pmatrix}1\\0\\3\end{pmatrix},\ \boldsymbol{\alpha}_2=\begin{pmatrix}1\\-1\\a\end{pmatrix},\ \boldsymbol{\alpha}_3=\begin{pmatrix}2\\a+1\\1\end{pmatrix},\ \boldsymbol{\beta}=\begin{pmatrix}1\\1\\b+2\end{pmatrix}.$$

(1)a,b 为何值时,$\boldsymbol{\beta}$ 不能被 $\boldsymbol{\alpha}_1,\boldsymbol{\alpha}_2,\boldsymbol{\alpha}_3$ 线性表出?

(2)a,b 为何值时,$\boldsymbol{\beta}$ 可由 $\boldsymbol{\alpha}_1,\boldsymbol{\alpha}_2,\boldsymbol{\alpha}_3$ 线性表出且表法不唯一?并写出其一般表达式.

3.28(数学二,2005年)　试确定常数 a,使向量组 $\boldsymbol{\alpha}_1=(1,1,a)^{\mathrm{T}},\boldsymbol{\alpha}_2=(1,a,1)^{\mathrm{T}},\boldsymbol{\alpha}_3=(a,1,1)^{\mathrm{T}}$ 可由向量组 $\boldsymbol{\beta}_1=(1,1,a)^{\mathrm{T}},\boldsymbol{\beta}_2=(-2,a,4)^{\mathrm{T}},\boldsymbol{\beta}_3=(-2,a,a)^{\mathrm{T}}$ 线性表示,但向量组 $\boldsymbol{\beta}_1,\boldsymbol{\beta}_2,\boldsymbol{\beta}_3$ 不能由向量组 $\boldsymbol{\alpha}_1,\boldsymbol{\alpha}_2,\boldsymbol{\alpha}_3$ 线性表示.

3.29(数学二,2019年)　已知向量组 $\boldsymbol{\alpha}_1=(1,1,4)^{\mathrm{T}},\boldsymbol{\alpha}_2=(1,0,4)^{\mathrm{T}},\boldsymbol{\alpha}_3=(1,2,a^2+3)^{\mathrm{T}}$ 与向量组 $\boldsymbol{\beta}_1=(1,1,a+3)^{\mathrm{T}},\boldsymbol{\beta}_2=(0,2,1-a)^{\mathrm{T}},\boldsymbol{\beta}_3=(1,3,a^2+3)^{\mathrm{T}}$ 等价,求常数 a 的取值,并将向量 $\boldsymbol{\beta}_3$ 用向量组 $\boldsymbol{\alpha}_1,\boldsymbol{\alpha}_2,\boldsymbol{\alpha}_3$ 线性表示.

3.30(数学一,2014年)　设矩阵 $\boldsymbol{A}=\begin{pmatrix}1&-2&3&-4\\0&1&-1&1\\1&2&0&-3\end{pmatrix}$,$\boldsymbol{E}$ 为三阶单位矩阵.

(1)求齐次方程组 $\boldsymbol{AX}=\boldsymbol{0}$ 的一个基础解系;

(2)求满足 $\boldsymbol{AB}=\boldsymbol{E}$ 的所有矩阵 $\boldsymbol{B}$.

3.31(数学一,2013年)　设矩阵 $\boldsymbol{A}=\begin{pmatrix}1&a\\1&0\end{pmatrix}$,$\boldsymbol{B}=\begin{pmatrix}0&1\\1&b\end{pmatrix}$. 当 a,b 为何值时存在矩阵 $\boldsymbol{C}$ 使得 $\boldsymbol{AC}-\boldsymbol{CA}=\boldsymbol{B}$?并求出所有矩阵 $\boldsymbol{C}$.

3.32　设有线性方程组:

$$\begin{cases}x_1+a_1x_2+a_1^2x_3=a_1^3,\\x_1+a_2x_2+a_2^2x_3=a_2^3,\\x_1+a_3x_2+a_3^2x_3=a_3^3,\\x_1+a_4x_2+a_4^2x_3=a_4^3.\end{cases}$$

(1)证明:若 a_1,a_2,a_3,a_4 两两不相等,则此线性方程组无解;

(2)设 $a_1=a_3=k$, $a_2=a_4=-k\ (k\neq0)$,且已知 $\boldsymbol{\beta}=(-1,1,1)^{\mathrm{T}}$ 是该方程组的解. 试写出此方程组的通解.

3.33　设 $\boldsymbol{A}$ 是 $m\times n$ 矩阵,$\boldsymbol{\beta}_1,\boldsymbol{\beta}_2$ 都是 m 维列向量. 证明:方程组 $\boldsymbol{Ax}=\boldsymbol{\beta}_1$ 与 $\boldsymbol{Ax}=\boldsymbol{\beta}_2$ 同时有解当且仅当 $\operatorname{rank}\boldsymbol{A}=\operatorname{rank}\boldsymbol{B}$,其中 $\boldsymbol{B}=(\boldsymbol{A},\boldsymbol{\beta}_1,\boldsymbol{\beta}_2)$ 是 $m\times(n+2)$ 矩阵.

3.34　设向量组 $\{\boldsymbol{\alpha}_1,\boldsymbol{\alpha}_2,\cdots,\boldsymbol{\alpha}_s\}$,$\{\boldsymbol{\beta}_1,\boldsymbol{\beta}_2,\cdots,\boldsymbol{\beta}_t\}$,$\{\boldsymbol{\alpha}_1,\cdots,\boldsymbol{\alpha}_s,\boldsymbol{\beta}_1,\cdots,\boldsymbol{\beta}_t\}$ 的秩分别为 r_1,r_2,r_3. 证明:$\max\{r_1,r_2\}\leqslant r_3\leqslant r_1+r_2$.

3.35(南京航空航天大学,2013年)　设 $\boldsymbol{A}$ 是秩为 r_1 的 $m\times n$ 矩阵,$\boldsymbol{B}$ 是秩为 r_2 的 $m\times k$ 矩阵,分块矩阵 $\boldsymbol{C}=(\boldsymbol{A},\boldsymbol{B})$ 的秩为 r. 证明:

(1)$\max\{r_1,r_2\}\leqslant r\leqslant r_1+r_2$;

(2)矩阵方程 $\boldsymbol{AX}=\boldsymbol{B}$ 有解的充分必要条件是 $r=r_1$;

(3)齐次线性方程组 $\boldsymbol{A}^{\mathrm{T}}\boldsymbol{Y}=\boldsymbol{0}$ 与 $\boldsymbol{C}^{\mathrm{T}}\boldsymbol{Y}=\boldsymbol{0}$ 同解的充分必要条件是 $\boldsymbol{AX}=\boldsymbol{B}$ 有解.

3.36　设 $\boldsymbol{A}=(a_{ij})$ 为 n 阶实方阵,且 $|a_{ii}a_{jj}|>\sum\limits_{k\neq i}|a_{ik}|\sum\limits_{l\neq j}|a_{jl}|$ 对任意 $i,j(i\neq j)$ 成立,证明:$\det\boldsymbol{A}\neq0$.

3.37(兰州大学,2012年)　设向量组 $\boldsymbol{\alpha}_1,\boldsymbol{\alpha}_2,\cdots,\boldsymbol{\alpha}_r$ 可以由向量组 $\boldsymbol{\beta}_1,\boldsymbol{\beta}_2,\cdots,\boldsymbol{\beta}_s$ 线性表示,且 $r>s$. 证明:向量组 $\boldsymbol{\alpha}_1,\boldsymbol{\alpha}_2,\cdots,\boldsymbol{\alpha}_r$ 必线性相关.

3.38(武汉大学,2010年)　已知非齐次线性方程组

$$(\text{Ⅰ}):\ \begin{cases}x_1+x_2+x_3+x_4=-1,\\3x_1+2x_2+4x_3-x_4=0,\\5x_1+3x_2+7x_3-3x_4=1,\\ax_1+x_2+5x_3+bx_4=3\end{cases}$$

有三个线性无关的解.

(1) 记方程组(Ⅰ)的系数矩阵为 $\boldsymbol{A}$,试证明:$\operatorname{rank}\boldsymbol{A}=2$;

(2) 求 a,b 的值.

(3) 求方程组(Ⅰ)的通解.

3.39(南京大学,2010 年) 设 $\boldsymbol{\alpha},\boldsymbol{\beta}$ 都是实数域上的 n 维列向量,并且 $\boldsymbol{\alpha}\neq\boldsymbol{0}$. 请构造一个 n 阶方阵 $\boldsymbol{A}$ 使得 $\boldsymbol{A}$ 满足下面两个条件:

(1)$\boldsymbol{A\alpha}=\boldsymbol{\beta}$;

(2)对于方程 $\boldsymbol{\alpha}^{\mathrm{T}}\boldsymbol{X}=\boldsymbol{0}$ 的任意一个解 $\boldsymbol{X}$ 都有 $\boldsymbol{AX}=\boldsymbol{X}$.

3.40(中山大学,2016 年) 设 $\boldsymbol{A}=\begin{pmatrix}0&a&b&c\\-a&0&h&-g\\-b&-h&0&f\\-c&g&-f&0\end{pmatrix}\in M_4(\mathbb{R})$.

(1)计算 $\boldsymbol{A}$ 的行列式 $\det\boldsymbol{A}$;

(2)设 $\lambda\in\mathbb{R}$,证明:线性方程组$(\lambda\boldsymbol{I}+\boldsymbol{A})\boldsymbol{x}=\boldsymbol{0}$ 有非零解的充分必要条件是 $\lambda=af+bg+ch=0$.

3.41(中南大学,2013 年) 设 $\boldsymbol{A},\boldsymbol{B}$ 分别为 $m\times n$ 和 $n\times m$ 矩阵,满足 $\boldsymbol{ABA}=\boldsymbol{A}$,又设 $\boldsymbol{b}$ 是 m 维列向量. 证明:线性方程组 $\boldsymbol{AX}=\boldsymbol{b}$ 有解的充分必要条件是 $\boldsymbol{ABb}=\boldsymbol{b}$,且在有解时其通解为

$$\boldsymbol{X}=\boldsymbol{Bb}+(\boldsymbol{E}_n-\boldsymbol{BA})\boldsymbol{Y},$$

其中 $\boldsymbol{E}_n$ 为 n 阶单位矩阵,$\boldsymbol{Y}$ 为任意 n 维列向量.

3.42 设在几何空间$\mathbb{R}^3$中,平面 Π_i 的方程为 $A_ix+B_iy+C_iz+D_i=0(i=1,2,3,4)$.

(1) 给出这 4 个平面可围成四面体的条件,请阐述理由;

(2) 求出这 4 个平面围成的四面体的体积.

3.43 设 $\boldsymbol{A}$ 为 n 阶方阵,$\boldsymbol{\alpha}_1,\boldsymbol{\alpha}_2,\cdots,\boldsymbol{\alpha}_s$ 是齐次线性方程组$(\boldsymbol{A}-\boldsymbol{E})\boldsymbol{x}=\boldsymbol{0}$ 的一个基础解系,$\boldsymbol{\beta}_1,\boldsymbol{\beta}_2,\cdots,\boldsymbol{\beta}_t$ 是齐次线性方程组$(\boldsymbol{A}+\boldsymbol{E})\boldsymbol{x}=\boldsymbol{0}$ 的一个基础解系,证明:$\boldsymbol{\alpha}_1,\boldsymbol{\alpha}_2,\cdots,\boldsymbol{\alpha}_s,\boldsymbol{\beta}_1,\boldsymbol{\beta}_2,\cdots,\boldsymbol{\beta}_t$ 是$(\boldsymbol{A}^2-\boldsymbol{E})\boldsymbol{x}=\boldsymbol{0}$ 的一个基础解系.

第 4 章

矩阵

矩阵概念是从线性方程组和各种各样的实际问题中抽象出来的,已成为代数学特别是线性代数的一个主要研究对象. 矩阵是数学和诸多科学领域的重要工具,有着极为广泛的应用. 有些性质完全不同的、表面上没有丝毫联系的问题,归结成矩阵模型之后却是相同的.

§4.1 矩阵的基本运算

基本理论与要点提示

4.1.1 矩阵乘法

(1) 数域 K 上所有 $m\times n$ 矩阵的集合记为 $M_{m,n}(K)$ 或 $K^{m\times n}$,所有 n 阶方阵的集合记为 $M_n(K)$;

(2) 设矩阵 $\boldsymbol{A}=(a_{ij})\in M_{m,s}(K)$,$\boldsymbol{B}=(b_{ij})\in M_{s,n}(K)$,则 $\boldsymbol{A}$ 与 $\boldsymbol{B}$ 的乘积 $\boldsymbol{AB}=(c_{ij})\in M_{m,n}(K)$,其中 $c_{ij}=\sum\limits_{k=1}^{s}a_{ik}b_{kj}\ (i=1,2,\cdots,m;\ j=1,2,\cdots,n)$;

(3) 若 $\boldsymbol{AB}=\boldsymbol{AC}$,且 $\boldsymbol{A}$ 可逆,则 $\boldsymbol{B}=\boldsymbol{C}$. 一般地,由 $\boldsymbol{AB}=\boldsymbol{AC}$,$\boldsymbol{A}\neq\boldsymbol{O}$ 不能推出 $\boldsymbol{B}=\boldsymbol{C}$.

4.1.2 乘法运算律

设 $\boldsymbol{A},\boldsymbol{B},\boldsymbol{C}$ 为矩阵,λ,μ 为数,m,n 为整数,且假定运算都是有意义的,则

(1) $\lambda(\boldsymbol{AB})=(\lambda\boldsymbol{A})\boldsymbol{B}=\boldsymbol{A}(\lambda\boldsymbol{B})$;　(2) $(\boldsymbol{AB})\boldsymbol{C}=\boldsymbol{A}(\boldsymbol{BC})$;

(3) $\boldsymbol{A}(\boldsymbol{B}+\boldsymbol{C})=\boldsymbol{AB}+\boldsymbol{AC}$;　(4) $(\boldsymbol{B}+\boldsymbol{C})\boldsymbol{A}=\boldsymbol{BA}+\boldsymbol{CA}$;

(5) $(\boldsymbol{AB})^{\mathrm{T}}=\boldsymbol{B}^{\mathrm{T}}\boldsymbol{A}^{\mathrm{T}}$;　(6) $|\boldsymbol{AB}|=|\boldsymbol{A}||\boldsymbol{B}|$;

(7) $\boldsymbol{A}^m\boldsymbol{A}^n=\boldsymbol{A}^{m+n}$;　(8) $(\boldsymbol{A}^m)^n=\boldsymbol{A}^{mn}$.

4.1.3 可交换矩阵

(1) 设 $\boldsymbol{A},\boldsymbol{B}\in M_n(K)$,满足 $\boldsymbol{AB}=\boldsymbol{BA}$,则称 $\boldsymbol{A},\boldsymbol{B}$ 是可交换的;

(2) 一个 n 阶方阵 $\boldsymbol{A}$ 是数量矩阵当且仅当 $\boldsymbol{A}$ 与任意 n 阶方阵可交换;

(3) 设 $\boldsymbol{A}=\mathrm{diag}(d_1,d_2,\cdots,d_n)$,当 $i\neq j$ 时 $d_i\neq d_j(i,j=1,2,\cdots,n)$,则与 $\boldsymbol{A}$ 可交换的矩阵只能是对角矩阵.

4.1.4 方阵的迹

方阵 $\boldsymbol{A}=(a_{ij})\in M_n(K)$ 的迹定义为 $\mathrm{tr}\,\boldsymbol{A}=\sum\limits_{k=1}^{n}a_{kk}$. 又设 $\boldsymbol{B}\in M_n(K)$,$\lambda\in K$,则

(1) $\mathrm{tr}(\boldsymbol{A}+\boldsymbol{B})=\mathrm{tr}\,\boldsymbol{A}+\mathrm{tr}\,\boldsymbol{B}$;　(2) $\mathrm{tr}\,\boldsymbol{A}^{\mathrm{T}}=\mathrm{tr}\,\boldsymbol{A}$;

(3) $\mathrm{tr}(\boldsymbol{AB})=\mathrm{tr}(\boldsymbol{BA})$;　(4) $\mathrm{tr}(\lambda\boldsymbol{A})=\lambda\,\mathrm{tr}\,\boldsymbol{A}$.

典型问题解析

【例 4.1】(南京大学,2010 年) 判断下列陈述是否正确:设 $\boldsymbol{A},\boldsymbol{B}$ 为 n 阶方阵($n>1$),则 $\boldsymbol{A}^3-\boldsymbol{B}^3=(\boldsymbol{A}-\boldsymbol{B})(\boldsymbol{A}^2+\boldsymbol{AB}+\boldsymbol{B}^2)$.

【解】 不正确. 这是因为,易知 $\boldsymbol{A}^3-\boldsymbol{B}^3=(\boldsymbol{A}-\boldsymbol{B})(\boldsymbol{A}^2+\boldsymbol{AB}+\boldsymbol{B}^2)$ 当且仅当

$$\boldsymbol{AAB}+\boldsymbol{ABB}=\boldsymbol{BA}(\boldsymbol{A}+\boldsymbol{B}),\qquad ①$$

但在一般情形下,条件①并不成立.

例如,取 $\boldsymbol{A}=\begin{pmatrix}1&0\\0&0\end{pmatrix}$,$\boldsymbol{B}=\begin{pmatrix}0&1\\0&0\end{pmatrix}$,则 $\boldsymbol{AB}=\begin{pmatrix}0&1\\0&0\end{pmatrix}$,$\boldsymbol{B}^2=\boldsymbol{BA}=\begin{pmatrix}0&0\\0&0\end{pmatrix}$. 所以①式不成立.

【例4.2】(武汉大学,2007年)　已知$A^2=\begin{pmatrix}2&-1&0\\7&-3&0\\0&0&9\end{pmatrix}$,$A^3=\begin{pmatrix}-1&0&0\\0&-1&0\\0&0&-27\end{pmatrix}$,求$A$.

【解】　因为$A^2\cdot A=A^3$,且A^2可逆,所以

$$A=(A^2)^{-1}A^3=\begin{pmatrix}2&-1&0\\7&-3&0\\0&0&9\end{pmatrix}^{-1}\begin{pmatrix}-1&0&0\\0&-1&0\\0&0&-27\end{pmatrix}$$

$$=\begin{pmatrix}-3&1&0\\-7&2&0\\0&0&\frac{1}{9}\end{pmatrix}\begin{pmatrix}-1&0&0\\0&-1&0\\0&0&-27\end{pmatrix}=\begin{pmatrix}3&-1&0\\7&-2&0\\0&0&-3\end{pmatrix}.$$

【注】　若能运用下述结果,则可提高运算速度:

$$\begin{pmatrix}a&b\\c&d\end{pmatrix}^*=\begin{pmatrix}d&-b\\-c&a\end{pmatrix}\quad 与\quad \begin{pmatrix}A&O\\O&B\end{pmatrix}=\begin{pmatrix}A^{-1}&O\\O&B^{-1}\end{pmatrix}.$$

【例4.3】(南开大学,2010年)　试求解矩阵方程:

$$X\begin{pmatrix}1&1&-2\\0&1&3\\1&0&0\end{pmatrix}=\begin{pmatrix}1&-1&1\\0&1&0\\1&0&2\end{pmatrix}.$$

【解】　对于矩阵方程$XA=B$,如果A可逆,那么$X=BA^{-1}$. 因此有

$$X=\begin{pmatrix}1&-1&1\\0&1&0\\1&0&2\end{pmatrix}\begin{pmatrix}1&1&-2\\0&1&3\\1&0&0\end{pmatrix}^{-1}=\begin{pmatrix}1&-1&1\\0&1&0\\1&0&2\end{pmatrix}\begin{pmatrix}0&0&1\\\frac{3}{5}&\frac{2}{5}&-\frac{3}{5}\\-\frac{1}{5}&\frac{1}{5}&\frac{1}{5}\end{pmatrix}$$

$$=\begin{pmatrix}-\frac{4}{5}&-\frac{1}{5}&\frac{9}{5}\\\frac{3}{5}&\frac{2}{5}&-\frac{3}{5}\\-\frac{2}{5}&\frac{2}{5}&\frac{7}{5}\end{pmatrix}.$$

【注】　关于求解矩阵方程的典型方法,又见第7章例7.107和例7.108.

【例4.4】(天津大学,2004年)　已知矩阵A的伴随矩阵$A^*=\begin{pmatrix}1&0&0&0\\0&1&0&0\\1&0&1&0\\0&-3&0&8\end{pmatrix}$,且$ABA^{-1}=BA^{-1}+3E$,其中$E$为4阶单位矩阵,求矩阵$B$.

【解】　易知,$|A^*|=8$,而$|A^*|=|A|^{n-1}$,故$|A|=2$. 又由$ABA^{-1}=BA^{-1}+3E$有$AB=B+3A$,即$(A-E)B=3A$. 所以,有$A^*(A-E)B=3A^*A$. 再由$AA^*=A^*A=|A|E$,得

$$(|A|E-A^*)B=3|A|E,$$

即

$$(2E-A^*)B=6E.$$

又易知 $2E-A^*$ 为可逆矩阵,于是

$$B=6(2E-A^*)^{-1}=6\begin{pmatrix}1&0&0&0\\0&1&0&0\\-1&0&1&0\\0&3&0&-6\end{pmatrix}^{-1}=\begin{pmatrix}6&0&0&0\\0&6&0&0\\6&0&6&0\\0&3&0&-1\end{pmatrix}.$$

【例 4.5】(武汉大学,2014 年) 已知矩阵 $A=\begin{pmatrix}1&2&0&0\\1&3&0&0\\0&0&0&2\\0&0&-1&0\end{pmatrix}$,且 $\left[\left(\frac{1}{2}A\right)^*\right]^{-1}BA^{-1}=2AB+12E$,其中 A^* 是 A 的伴随矩阵,求矩阵 B.

【解】 易知 $|A|=2$. 由 $(kA)^*=k^{n-1}A^*$ 及 $(A^*)^{-1}=\frac{1}{|A|}A$,有

$$\left[\left(\frac{1}{2}A\right)^*\right]^{-1}=\left[\left(\frac{1}{2}\right)^3A^*\right]^{-1}=8(A^*)^{-1}=8\,\frac{1}{|A|}A=4A.$$

原方程可简化为

$$4ABA^{-1}=2AB+12E,$$

即

$$AB(2A^{-1}-E)=6E.$$

两边分别左乘 A^{-1},右乘 A,得 $B(2E-A)=6E$. 于是,有

$$B=6(2E-A)^{-1}=6\begin{pmatrix}1&-2&0&0\\-1&-1&0&0\\0&0&2&-2\\0&0&1&2\end{pmatrix}^{-1}=\begin{pmatrix}2&-4&0&0\\-2&-2&0&0\\0&0&2&2\\0&0&-1&2\end{pmatrix}.$$

【例 4.6】(数学二,2002 年) 已知 A, B 为 3 阶方阵,且满足 $2A^{-1}B=B-4E$, 其中 E 是 3 阶单位矩阵.

(1) 证明:矩阵 $A-2E$ 可逆;

(2) 若 $B=\begin{pmatrix}1&-2&0\\1&2&0\\0&0&2\end{pmatrix}$, 求矩阵 A.

【解】 (1) 由 $2A^{-1}B=B-4E$ 知, $AB-2B-4A=O$, 从而 $(A-2E)(B-4E)=8E$,即

$$(A-2E)\left[\frac{1}{8}(B-4E)\right]=E.$$

因此 $A-2E$ 可逆.

(2) 由(1)知 $A-2E=8(B-4E)^{-1}$,故 $A=2E+8(B-4E)^{-1}$. 而

$$(\boldsymbol{B}-4\boldsymbol{E})^{-1}=\begin{pmatrix}-3&-2&0\\1&-2&0\\0&0&-2\end{pmatrix}^{-1}=\begin{pmatrix}-\frac{1}{4}&\frac{1}{4}&0\\-\frac{1}{8}&-\frac{3}{8}&0\\0&0&-\frac{1}{2}\end{pmatrix},$$

所以

$$\boldsymbol{A}=\begin{pmatrix}0&2&0\\-1&-1&0\\0&0&-2\end{pmatrix}.$$

【例 4.7】(数学二,2001 年)　已知矩阵 $\boldsymbol{A}=\begin{pmatrix}1&0&0\\1&1&0\\1&1&1\end{pmatrix}$, $\boldsymbol{B}=\begin{pmatrix}0&1&1\\1&0&1\\1&1&0\end{pmatrix}$,且满足

$$\boldsymbol{AXA}+\boldsymbol{BXB}=\boldsymbol{AXB}+\boldsymbol{BXA}+\boldsymbol{E},$$

其中 $\boldsymbol{E}$ 是 3 阶单位矩阵,求 $\boldsymbol{X}$.

【解】　据题设条件,有 $(\boldsymbol{A}-\boldsymbol{B})\boldsymbol{X}(\boldsymbol{A}-\boldsymbol{B})=\boldsymbol{E}$. 易知 $|\boldsymbol{A}-\boldsymbol{B}|=\begin{vmatrix}1&-1&-1\\0&1&-1\\0&0&1\end{vmatrix}=1\neq 0$,所以 $\boldsymbol{A}-\boldsymbol{B}$ 可逆. 因此

$$\boldsymbol{X}=[(\boldsymbol{A}-\boldsymbol{B})^{-1}]^2=\begin{pmatrix}1&1&2\\0&1&1\\0&0&1\end{pmatrix}^2=\begin{pmatrix}1&2&5\\0&1&2\\0&0&1\end{pmatrix}.$$

【例 4.8】(华东师范大学,2000 年)　设 n 阶方阵 $\boldsymbol{A},\boldsymbol{B}$ 满足条件 $\boldsymbol{A}+\boldsymbol{B}=\boldsymbol{AB}$.

(1) 证明:$\boldsymbol{A}-\boldsymbol{E}$ 为可逆矩阵,其中 $\boldsymbol{E}$ 为 n 阶单位矩阵;

(2) 证明:$\boldsymbol{AB}=\boldsymbol{BA}$;

(3) 已知 $\boldsymbol{B}=\begin{pmatrix}1&-3&0\\2&1&0\\0&0&2\end{pmatrix}$,求 $\boldsymbol{A}$.

【解】　(1) 据题设条件 $\boldsymbol{A}+\boldsymbol{B}=\boldsymbol{AB}$,有

$$\boldsymbol{E}=\boldsymbol{AB}-\boldsymbol{A}-\boldsymbol{B}+\boldsymbol{E}=(\boldsymbol{A}-\boldsymbol{E})(\boldsymbol{B}-\boldsymbol{E}),\qquad ①$$

所以 $\boldsymbol{A}-\boldsymbol{E}$ 为可逆矩阵,且 $(\boldsymbol{A}-\boldsymbol{E})^{-1}=\boldsymbol{B}-\boldsymbol{E}$.

(2) 由(1)知,$(\boldsymbol{B}-\boldsymbol{E})(\boldsymbol{A}-\boldsymbol{E})=(\boldsymbol{A}-\boldsymbol{E})^{-1}(\boldsymbol{A}-\boldsymbol{E})=\boldsymbol{E}$,因此有 $\boldsymbol{A}+\boldsymbol{B}=\boldsymbol{BA}$. 再结合已知条件,得 $\boldsymbol{AB}=\boldsymbol{BA}$.

(3) 直接由①式得,$(\boldsymbol{B}-\boldsymbol{E})^{-1}=\boldsymbol{A}-\boldsymbol{E}$,所以

$$A=E+(B-E)^{-1}=\begin{pmatrix}1&0&0\\0&1&0\\0&0&1\end{pmatrix}+\begin{pmatrix}0&\frac{1}{2}&0\\-\frac{1}{3}&0&0\\0&0&1\end{pmatrix}=\begin{pmatrix}1&\frac{1}{2}&0\\-\frac{1}{3}&1&0\\0&0&2\end{pmatrix}.$$

【例 4.9】(南开大学,2005 年)　已知 $A=\begin{pmatrix}-2&1&1\\1&-2&1\\1&1&-2\end{pmatrix}$,$B=\begin{pmatrix}1&b\\2&a\\a&2\end{pmatrix}$,且矩阵方程 $AX=B$ 有解,求 a,b,X.

【解】　令 $X=(x_1,x_2)$, $B=(b_1,b_2)$,那么矩阵方程 $AX=B$ 有解当且仅当线性方程组 $Ax_1=b_1$ 和 $Ax_2=b_2$ 均有解. 为简单起见,对两个方程组的增广矩阵同时作初等行变换,有

$$(A,b_1,b_2)=\left(\begin{array}{ccc:cc}-2&1&1&1&b\\1&-2&1&2&a\\1&1&-2&a&2\end{array}\right)\to\left(\begin{array}{ccc:cc}-2&1&1&1&b\\1&-2&1&2&a\\0&0&0&a+3&a+b+2\end{array}\right).$$

所以 $a=-3,b=1$.

进一步,对上述矩阵施行初等行变换,得

$$\left(\begin{array}{ccc:cc}-2&1&1&1&1\\1&-2&1&2&-3\\0&0&0&0&0\end{array}\right)\to\left(\begin{array}{ccc:cc}1&0&-1&-\frac{4}{3}&\frac{1}{3}\\0&1&-1&-\frac{5}{3}&\frac{5}{3}\\0&0&0&0&0\end{array}\right).$$

因此,方程组 $Ax_1=b_1$ 和 $Ax_2=b_2$ 的通解分别为

$$x_1=\left(-\frac{4}{3},-\frac{5}{3},0\right)^{\mathrm T}+c_1(1,1,1)^{\mathrm T},\quad x_2=\left(\frac{1}{3},\frac{5}{3},0\right)^{\mathrm T}+c_2(1,1,1)^{\mathrm T},$$

其中 c_1,c_2 为任意常数. 于是,有

$$X=\begin{pmatrix}-\frac{4}{3}&\frac{1}{3}\\-\frac{5}{3}&\frac{5}{3}\\0&0\end{pmatrix}+c_1\begin{pmatrix}1&0\\1&0\\1&0\end{pmatrix}+c_2\begin{pmatrix}0&1\\0&1\\0&1\end{pmatrix}.$$

【例 4.10】(华中科技大学,2007 年)　设 A 为二阶方阵, 且有方阵 B 使得 $AB-BA=A$. 证明 $A^2=O$.

【证】　据题设 $AB-BA=A$,两边同时取迹,有

$$\operatorname{tr}A=\operatorname{tr}(AB-BA)=\operatorname{tr}(AB)-\operatorname{tr}(BA)=0.$$

注意到 A 为二阶方阵, 故可设 $A=\begin{pmatrix}a&b\\c&-a\end{pmatrix}$,于是有

$$A^2=\begin{pmatrix}a^2+bc&0\\0&a^2+bc\end{pmatrix}=kE_2,$$

其中 $k=a^2+bc$,而 $\boldsymbol{E}_2$ 是二阶单位矩阵. 再由题设 $\boldsymbol{AB}-\boldsymbol{BA}=\boldsymbol{A}$,有

$$\boldsymbol{A}^2\boldsymbol{B}-\boldsymbol{ABA}=\boldsymbol{A}^2,$$
$$\boldsymbol{ABA}-\boldsymbol{BA}^2=\boldsymbol{A}^2,$$

所以 $\boldsymbol{A}^2\boldsymbol{B}-\boldsymbol{BA}^2=2\boldsymbol{A}^2$,从而有 $k\boldsymbol{B}-k\boldsymbol{B}=2k\boldsymbol{E}_2$,故 $k=0$. 这就证得 $\boldsymbol{A}^2=\boldsymbol{O}$.

【例 4.11】(南开大学,2012 年) 证明:对任何二阶复方阵 $\boldsymbol{A},\boldsymbol{B},\boldsymbol{C}$,有

$$\boldsymbol{A}(\boldsymbol{BC}-\boldsymbol{CB})^2-(\boldsymbol{BC}-\boldsymbol{CB})^2\boldsymbol{A}=\boldsymbol{O}.$$

【证】 令 $\boldsymbol{M}=\boldsymbol{BC}-\boldsymbol{CB}$,则 $\operatorname{tr}\boldsymbol{M}=\operatorname{tr}(\boldsymbol{BC})-\operatorname{tr}(\boldsymbol{CB})=0$. 故可设 $\boldsymbol{M}=\begin{pmatrix}a&b\\c&-a\end{pmatrix}$,则

$$\boldsymbol{M}^2=\begin{pmatrix}a&b\\c&-a\end{pmatrix}^2=(a^2+bc)\boldsymbol{E}_2.$$

因此,$\boldsymbol{AM}^2=\boldsymbol{M}^2\boldsymbol{A}$,即 $\boldsymbol{A}(\boldsymbol{BC}-\boldsymbol{CB})^2-(\boldsymbol{BC}-\boldsymbol{CB})^2\boldsymbol{A}=\boldsymbol{O}$.

【注】本题的另一表述:(华东师范大学,2019 年)证明:任意复二阶方阵 $\boldsymbol{A},\boldsymbol{B},\boldsymbol{C}$ 恒满足 $[[\boldsymbol{A},\boldsymbol{B}]^2,\boldsymbol{C}]=\boldsymbol{O}$,其中$[\boldsymbol{X},\boldsymbol{Y}]=\boldsymbol{XY}-\boldsymbol{YX}$.

【例 4.12】(北京大学,2007 年) 设 n 阶方阵 $\boldsymbol{A}$ 的各行元素之和为常数 c,则 $\boldsymbol{A}^3$ 的各行元素之和是否为常数?若是,是多少?说明理由.

【解】 是. 设 $\boldsymbol{\eta}=(1,1,\cdots,1)^{\mathrm{T}}$ 是 n 维列向量,则由 $\boldsymbol{A}$ 的各行元素之和为常数 c 可知,$\boldsymbol{A\eta}=c\boldsymbol{\eta}$,从而 $\boldsymbol{A}^3\boldsymbol{\eta}=c^3\boldsymbol{\eta}$. 所以 $\boldsymbol{A}^3$ 的各行元素之和为常数 c^3.

【例 4.13】(西安电子科技大学,2012 年) 已知 3 阶方阵 $\boldsymbol{A}$ 和 3 维列向量 $\boldsymbol{x}$,满足 $\boldsymbol{A}^3\boldsymbol{x}=3\boldsymbol{Ax}-2\boldsymbol{A}^2\boldsymbol{x}$,且向量组 $\boldsymbol{x},\ \boldsymbol{Ax},\ \boldsymbol{A}^2\boldsymbol{x}$ 线性无关.

(1) 记 $\boldsymbol{P}=(\boldsymbol{x},\ \boldsymbol{Ax},\ \boldsymbol{A}^2\boldsymbol{x})$,求 3 阶方阵 $\boldsymbol{B}$ 使得 $\boldsymbol{A}=\boldsymbol{PBP}^{-1}$;

(2) 计算行列式 $|\boldsymbol{A}+\boldsymbol{E}|$.

【解】 (1) 由 $\boldsymbol{A}=\boldsymbol{PBP}^{-1}$ 得 $\boldsymbol{AP}=\boldsymbol{PB}$. 下面给出 2 种求解方法.

(方法 1) 因为 $\boldsymbol{AP}=\boldsymbol{A}(\boldsymbol{x},\ \boldsymbol{Ax},\ \boldsymbol{A}^2\boldsymbol{x})=(\boldsymbol{Ax},\ \boldsymbol{A}^2\boldsymbol{x},\ \boldsymbol{A}^3\boldsymbol{x})$,而

$$\boldsymbol{Ax}=0\boldsymbol{x}+\boldsymbol{Ax}+0\boldsymbol{A}^2\boldsymbol{x}=(\boldsymbol{x},\ \boldsymbol{Ax},\ \boldsymbol{A}^2\boldsymbol{x})\begin{pmatrix}0\\1\\0\end{pmatrix}\overset{\Delta}{=}\boldsymbol{P\alpha}_1,$$

$$\boldsymbol{A}^2\boldsymbol{x}=0\boldsymbol{x}+0\boldsymbol{Ax}+\boldsymbol{A}^2\boldsymbol{x}=(\boldsymbol{x},\ \boldsymbol{Ax},\ \boldsymbol{A}^2\boldsymbol{x})\begin{pmatrix}0\\0\\1\end{pmatrix}\overset{\Delta}{=}\boldsymbol{P\alpha}_2,$$

$$\boldsymbol{A}^3\boldsymbol{x}=0\boldsymbol{x}+3\boldsymbol{Ax}-2\boldsymbol{A}^2\boldsymbol{x}=(\boldsymbol{x},\ \boldsymbol{Ax},\ \boldsymbol{A}^2\boldsymbol{x})\begin{pmatrix}0\\3\\-2\end{pmatrix}\overset{\Delta}{=}\boldsymbol{P\alpha}_3,$$

故

$$\boldsymbol{AP}=(\boldsymbol{Ax},\ \boldsymbol{A}^2\boldsymbol{x},\ \boldsymbol{A}^3\boldsymbol{x})=(\boldsymbol{P\alpha}_1,\ \boldsymbol{P\alpha}_2,\ \boldsymbol{P\alpha}_3)=\boldsymbol{P}(\boldsymbol{\alpha}_1,\ \boldsymbol{\alpha}_2,\ \boldsymbol{\alpha}_3).$$

令 $\boldsymbol{B}=(\boldsymbol{\alpha}_1,\ \boldsymbol{\alpha}_2,\ \boldsymbol{\alpha}_3)=\begin{pmatrix}0&0&0\\1&0&3\\0&1&-2\end{pmatrix}$, 则 $\boldsymbol{AP}=\boldsymbol{PB}$.

若存在 C,使 $A=PCP^{-1}$,则 $AP=PC$,从而 $PB=PC$. 由 P 可逆,有 $B=C$,所以 B 是唯一满足条件 $A=PBP^{-1}$ 的 3 阶方阵.

（方法 2） 设 $B=\begin{pmatrix} a_1 & a_2 & a_3 \\ b_1 & b_2 & b_3 \\ c_1 & c_2 & c_3 \end{pmatrix}$,则由 $AP=PB$ 得

$$(Ax,\ A^2x,\ A^3x)=(x,\ Ax,\ A^2x)\begin{pmatrix} a_1 & a_2 & a_3 \\ b_1 & b_2 & b_3 \\ c_1 & c_2 & c_3 \end{pmatrix},$$

上式可写为

$$Ax=a_1x+b_1Ax+c_1A^2x \quad 即 \quad a_1x+(b_1-1)Ax+c_1A^2x=0, \qquad ①$$

$$A^2x=a_2x+b_2Ax+c_2A^2x \quad 即 \quad a_2x+b_2Ax+(c_2-1)A^2x=0, \qquad ②$$

$$A^3x=a_3x+b_3Ax+c_3A^2x. \qquad ③$$

将 $A^3x=3Ax-2A^2x$ 代入③式并整理得

$$a_3x+(b_3-3)Ax+(c_3+2)A^2x=0. \qquad ④$$

由于 $x,\ Ax,\ A^2x$ 线性无关,故由 ①、②、④式依次可得

$$a_1=0,\ b_1=1,\ c_1=0,$$
$$a_2=0,\ b_2=0,\ c_2=1,$$
$$a_3=0,\ b_3=3,\ c_3=-2.$$

因此

$$B=\begin{pmatrix} 0 & 0 & 0 \\ 1 & 0 & 3 \\ 0 & 1 & -2 \end{pmatrix}.$$

（2） 由(1)知,$A=PBP^{-1}$,得 $A+E=P(B+E)P^{-1}$, 故

$$|A+E|=|P(B+E)P^{-1}|=|B+E|=\begin{vmatrix} 1 & 0 & 0 \\ 1 & 1 & 3 \\ 0 & 1 & -1 \end{vmatrix}=-4.$$

【例 4.14】(上海交通大学,2006 年) 设 A 是 3 阶实方阵,且存在 $\alpha\in\mathbb{R}^3$ 使得 $\alpha, A\alpha, A^2\alpha$ 线性无关,并且 $A^3\alpha=5A^2\alpha-6A\alpha$. 求矩阵 $2A^2+3I$ 的行列式,其中 I 是 3 阶单位阵.

【解】 详见例 4.13 的解答. 这里,$B=\begin{pmatrix} 0 & 0 & 0 \\ 1 & 0 & -6 \\ 0 & 1 & 5 \end{pmatrix}$. 所以

$$|2A^2+3I|=|P(2B^2+3I)P^{-1}|=|2B^2+3I|=\begin{vmatrix} 3 & 0 & 0 \\ 0 & -9 & -60 \\ 2 & 10 & 41 \end{vmatrix}=693.$$

【例 4.15】 设 $\beta_1,\beta_2,\beta_3\in K^3$ 均为非零列向量,$A\in M_3(K)$,且 $A\beta_1=-\beta_1, A\beta_2=\beta_2, A\beta_3=\beta_2+\beta_3$.

(1) 证明:向量组$\boldsymbol{\beta}_1,\boldsymbol{\beta}_2,\boldsymbol{\beta}_3$是线性无关的;

(2) 令$\boldsymbol{B}=(\boldsymbol{\beta}_1,\boldsymbol{\beta}_2,\boldsymbol{\beta}_3)$,计算$\boldsymbol{B}^{-1}\boldsymbol{A}^6\boldsymbol{B}$.

【解】 (1) 设$k_1,k_2,k_3\in K$,使得

$$k_1\boldsymbol{\beta}_1+k_2\boldsymbol{\beta}_2+k_3\boldsymbol{\beta}_3=\boldsymbol{0},\qquad ①$$

用$\boldsymbol{A}$左乘上式两边,并利用题设条件,得

$$-k_1\boldsymbol{\beta}_1+k_2\boldsymbol{\beta}_2+k_3(\boldsymbol{\beta}_2+\boldsymbol{\beta}_3)=\boldsymbol{0}.$$

将上述两式相减,得

$$2k_1\boldsymbol{\beta}_1-k_3\boldsymbol{\beta}_2=\boldsymbol{0}.\qquad ②$$

再用$\boldsymbol{A}$左乘上式两边,并利用题设条件,得

$$-2k_1\boldsymbol{\beta}_1-k_3\boldsymbol{\beta}_2=\boldsymbol{0}.$$

由此可得$k_3\boldsymbol{\beta}_2=\boldsymbol{0}$. 因为$\boldsymbol{\beta}_2\neq\boldsymbol{0}$,所以$k_3=0$. 再依次由②式和①式分别可得$k_1=0,k_2=0$.

因此,向量组$\boldsymbol{\beta}_1,\boldsymbol{\beta}_2,\boldsymbol{\beta}_3$线性无关.

(2) 据题设知

$$\boldsymbol{A}(\boldsymbol{\beta}_1,\boldsymbol{\beta}_2,\boldsymbol{\beta}_3)=(\boldsymbol{\beta}_1,\boldsymbol{\beta}_2,\boldsymbol{\beta}_3)\left(\begin{array}{c:cc}-1&0&0\\ \hdashline 0&1&1\\0&0&1\end{array}\right).$$

所以

$$\boldsymbol{B}^{-1}\boldsymbol{A}\boldsymbol{B}=\left(\begin{array}{c:cc}-1&0&0\\ \hdashline 0&1&1\\0&0&1\end{array}\right).$$

易知$\begin{pmatrix}1&1\\0&1\end{pmatrix}^6=\begin{pmatrix}1&6\\0&1\end{pmatrix}$,因此,得

$$\boldsymbol{B}^{-1}\boldsymbol{A}^6\boldsymbol{B}=(\boldsymbol{B}^{-1}\boldsymbol{A}\boldsymbol{B})^6=\left(\begin{array}{c:cc}-1&0&0\\ \hdashline 0&1&1\\0&0&1\end{array}\right)^6=\left(\begin{array}{c:cc}1&0&0\\ \hdashline 0&1&6\\0&0&1\end{array}\right).$$

【例4.16】(云南大学,2004年) 设S是一些n阶方阵构成的集合,$\forall\ \boldsymbol{A},\boldsymbol{B}\in S$,都有$\boldsymbol{AB}\in S$,且$(\boldsymbol{AB})^3=\boldsymbol{BA}$,证明:$\boldsymbol{AB}=\boldsymbol{BA}(\forall\ \boldsymbol{A},\boldsymbol{B}\in S)$.

【证】 $\forall\boldsymbol{A},\boldsymbol{B}\in S$,有$\boldsymbol{AB}=(\boldsymbol{BA})^3=[(\boldsymbol{AB})^3]^3=(\boldsymbol{AB})^9$. 另一方面,有

$$\boldsymbol{BA}=(\boldsymbol{AB})^3=(\boldsymbol{AB})(\boldsymbol{AB})^2=[(\boldsymbol{AB})^2(\boldsymbol{AB})]^3=(\boldsymbol{AB})^9,$$

所以$\boldsymbol{AB}=\boldsymbol{BA}$.

【注】类似的问题(华中科技大学,2005年)设Ω是一些n阶方阵组成的集合,其中元素满足$\forall\ \boldsymbol{A},\boldsymbol{B}\in\Omega$,都有$\boldsymbol{AB}\in\Omega$且$(\boldsymbol{AB})^3=\boldsymbol{BA}$,证明:

(1) 交换律在Ω中成立;

(2) 当$\boldsymbol{E}\in\Omega$时,Ω中矩阵的行列式的值只可能为$0,\pm1$.

【例4.17】 设$\boldsymbol{A},\boldsymbol{B}$均为$n$阶方阵,且$\boldsymbol{A}^2=\boldsymbol{E},\boldsymbol{B}^2=\boldsymbol{E}$,$|\boldsymbol{A}|+|\boldsymbol{B}|=0$. 证明:$|\boldsymbol{A}+\boldsymbol{B}|=0$.

【证】 由$\boldsymbol{A}^2=\boldsymbol{E},\boldsymbol{B}^2=\boldsymbol{E}$知,$|\boldsymbol{A}|=\pm1$,$|\boldsymbol{B}|=\pm1$;再由$|\boldsymbol{A}|+|\boldsymbol{B}|=0$知,$|\boldsymbol{A}|=-|\boldsymbol{B}|$,从而$|\boldsymbol{A}||\boldsymbol{B}|=-1$. 故

$$|A+B|=|AE+EB|=|AB^2+A^2B|=|A(B+A)B|=|A||B||A+B|=-|A+B|,$$

于是 $|A+B|=0$.

【例 4.18】(中国科学院,2006 年) 设 a 为实数,$A=\begin{pmatrix} a & 1 & & \\ & a & \ddots & \\ & & \ddots & 1 \\ & & & a \end{pmatrix}\in\mathbb{R}^{100\times100}$,求 A^{50} 的第一行元素之和.

【分析】 计算一个 n 阶方阵 A 的 m 次方幂 A^m,可设法将 A 分解为 $A=B+C$,使得 B,C 可交换,即 $BC=CB$,则有二项式定理 $A^m=(B+C)^m=\sum\limits_{k=0}^{m}\mathrm{C}_m^k B^{m-k}C^k$.

【解】 令 $J=\begin{pmatrix} 0 & 1 & & \\ & 0 & \ddots & \\ & & \ddots & 1 \\ & & & 0 \end{pmatrix}\in\mathbb{R}^{100\times100}$,则 $A=aE+J$,其中 $E\in\mathbb{R}^{100\times100}$是单位矩阵. 由于 aE 与 J 可交换,故由二项式定理可得

$$A^{50}=(aE+J)^{50}=\sum_{k=0}^{50}\mathrm{C}_{50}^k a^{50-k}J^k.$$

注意到 J^k 恰为 J 的每个元素向其正上方移动 k 次所得矩阵,所以 A^{50} 的第一行元素之和为

$$\sum_{k=0}^{50}\mathrm{C}_{50}^k a^{50-k}=(1+a)^{50}.$$

【例 4.19】(复旦大学,2002 年) 证明:

$$\begin{pmatrix} \frac{3}{2} & -\frac{1}{2} \\ \frac{1}{2} & \frac{1}{2} \end{pmatrix}^{100}=\begin{pmatrix} 51 & -50 \\ 50 & -49 \end{pmatrix}.$$

【证】 注意到

$$\begin{pmatrix} \frac{3}{2} & -\frac{1}{2} \\ \frac{1}{2} & \frac{1}{2} \end{pmatrix}=\begin{pmatrix} 1 & 0 \\ 0 & 1 \end{pmatrix}+\begin{pmatrix} \frac{1}{2} & -\frac{1}{2} \\ \frac{1}{2} & -\frac{1}{2} \end{pmatrix}=\begin{pmatrix} 1 & 0 \\ 0 & 1 \end{pmatrix}+\begin{pmatrix} \frac{1}{2} \\ \frac{1}{2} \end{pmatrix}(1,-1)$$

$$=E+\alpha\beta^{\mathrm{T}},$$

其中 E 是 2 阶单位矩阵,$\alpha=\left(\frac{1}{2},\frac{1}{2}\right)^{\mathrm{T}}$,$\beta=(1,-1)^{\mathrm{T}}$. 由于$\beta^{\mathrm{T}}\alpha=0$,所以

$$(\alpha\beta^{\mathrm{T}})^2=(\alpha\beta^{\mathrm{T}})(\alpha\beta^{\mathrm{T}})=\alpha(\beta^{\mathrm{T}}\alpha)\beta^{\mathrm{T}}=O.$$

于是

$$\begin{pmatrix} \frac{3}{2} & -\frac{1}{2} \\ \frac{1}{2} & \frac{1}{2} \end{pmatrix}^{100}=(E+\alpha\beta^{\mathrm{T}})^{100}=\sum_{k=0}^{100}\mathrm{C}_{100}^k(\alpha\beta^{\mathrm{T}})^k=E+100\alpha\beta^{\mathrm{T}}$$

$$=\begin{pmatrix}1&0\\0&1\end{pmatrix}+50\begin{pmatrix}1\\1\end{pmatrix}(1,-1)=\begin{pmatrix}51&-50\\50&-49\end{pmatrix}.$$

【注】 计算矩阵的方幂 A^m，第6章例6.93和第7章§7.4节给出了更有效的方法.

【例4.20】(武汉大学,2013年) 设 $A=\begin{pmatrix}1&2&2\\2&5&4\\2&4&5\end{pmatrix}$，$B=\begin{pmatrix}1&1\\0&1\end{pmatrix}$，$C=\begin{pmatrix}1&1&&&\\&1&1&&\\&&1&1&\\&&&1&1\\&&&&1\end{pmatrix}$，求矩阵 X 使 $X\begin{pmatrix}O&B\\A&O\end{pmatrix}=C$.

【解】 易知，A,B 都可逆，且 $\begin{pmatrix}O&B\\A&O\end{pmatrix}^{-1}=\begin{pmatrix}O&A^{-1}\\B^{-1}&O\end{pmatrix}$. 所以 $X=C\begin{pmatrix}O&A^{-1}\\B^{-1}&O\end{pmatrix}$. 现将矩阵 C 相应分块为 $C=\begin{pmatrix}C_1&C_2\\O&C_3\end{pmatrix}$，其中

$$C_1=\begin{pmatrix}1&1&0\\0&1&1\\0&0&1\end{pmatrix},\quad C_2=\begin{pmatrix}0&0\\0&0\\1&0\end{pmatrix},\quad C_3=\begin{pmatrix}1&1\\0&1\end{pmatrix}.$$

因此，得

$$X=\begin{pmatrix}C_2B^{-1}&C_1A^{-1}\\E&O\end{pmatrix}=\left(\begin{array}{cc:ccc}0&0&7&-1&-2\\0&0&-4&1&1\\1&-1&-2&0&1\\\hdashline 1&0&0&0&0\\0&1&0&0&0\end{array}\right).$$

【例4.21】(武汉大学,2006年;上海交通大学,2018年) 设矩阵 $A=\alpha\alpha^{\mathrm T}$，其中 α 是 n 维列向量，$\alpha^{\mathrm T}$ 是 α 的转置. 又已知 $\alpha^{\mathrm T}\alpha=1$. 证明 $E+A+A^2+\cdots+A^n$ 是可逆矩阵，并求其逆矩阵. 这里 E 是 n 阶单位矩阵.

【解】 因为 $\alpha^{\mathrm T}\alpha=1$，所以 $A^2=(\alpha\alpha^{\mathrm T})(\alpha\alpha^{\mathrm T})=\alpha(\alpha^{\mathrm T}\alpha)\alpha^{\mathrm T}=A$.

易知 $E+A+A^2+\cdots+A^n=E+nA$. 又由 $A^2=A$ 可得

$$(E+nA)\left(E-\frac{n}{n+1}A\right)=E,$$

所以 $E+nA$ 是可逆矩阵，且 $(E+nA)^{-1}=E-\dfrac{n}{n+1}A$.

【例4.22】(四川大学,2006年) 证明：数域 F 上的 n 阶方阵 A 是一个数量矩阵当且仅当 A 与所有 F 上的 n 阶初等矩阵可交换.(数量矩阵是形如 λE 的矩阵，其中 $\lambda\in F$，E 是单位矩阵.)

【证】 必要性显然成立，下证充分性. 考虑对角矩阵

$$D=\operatorname{diag}(d_1,d_2,\cdots,d_n),$$

其中 $d_1,d_2,\cdots,d_n\in F$ 是任意 n 个两两互异的数. 因为 $\boldsymbol{A}$ 与 F 上的所有 n 阶初等矩阵可交换,而 $\boldsymbol{D}$ 是 n 个第二类初等矩阵的乘积,所以 $\boldsymbol{A}$ 与 $\boldsymbol{D}$ 可交换,即 $\boldsymbol{AD}=\boldsymbol{DA}$. 令 $\boldsymbol{A}=(a_{ij})$,比较 $\boldsymbol{AD}=\boldsymbol{DA}$ 的两边对应的元素,得

$$a_{ij}d_j=d_ia_{ij}\quad(i,j=1,2,\cdots,n),$$

因为当 $i\neq j$ 时,$d_i\neq d_j$,此时有 $a_{ij}=0$,所以 $\boldsymbol{A}$ 为对角矩阵,即 $\boldsymbol{A}=\operatorname{diag}(a_{11},a_{22},\cdots,a_{nn})$.

进一步,对于第一类初等矩阵 $\boldsymbol{P}_{ij}(i\neq j)$,有 $\boldsymbol{AP}_{ij}=\boldsymbol{P}_{ij}\boldsymbol{A}$. 比较两边的 (i,j) 元,得 $a_{ii}=a_{jj}$ $(i,j=1,2,\cdots,n)$,因此 $\boldsymbol{A}$ 是一个数量矩阵.

【例 4.23】(中国科学院大学,2016 年) 证明与 n 阶 Jordan 块

$$\boldsymbol{J}=\begin{pmatrix}\lambda & 1 & & \\ & \lambda & \ddots & \\ & & \ddots & 1\\ & & & \lambda\end{pmatrix}$$

可交换的矩阵必为 $\boldsymbol{J}$ 的多项式.

【证】 令 $\boldsymbol{J}=\lambda\boldsymbol{E}_n+\boldsymbol{N}$,其中 $\boldsymbol{E}_n$ 为 n 阶单位矩阵,而

$$\boldsymbol{N}=\begin{pmatrix}0 & 1 & & \\ & 0 & \ddots & \\ & & \ddots & 1\\ & & & 0\end{pmatrix}.$$

设 $\boldsymbol{A}=(a_{ij})$ 是与 $\boldsymbol{J}$ 可交换的任一矩阵,即 $\boldsymbol{AJ}=\boldsymbol{JA}$,则 $\boldsymbol{AN}=\boldsymbol{NA}$. 经直接计算,得

$$\begin{pmatrix}0 & a_{11} & a_{12} & \cdots & a_{1,n-1}\\ 0 & a_{21} & a_{22} & \cdots & a_{2,n-1}\\ \vdots & \vdots & \vdots & & \vdots\\ 0 & a_{n-1,1} & a_{n-1,2} & \cdots & a_{n-1,n-1}\\ 0 & a_{n1} & a_{n2} & \cdots & a_{n,n-1}\end{pmatrix}=\begin{pmatrix}a_{21} & a_{22} & a_{23} & \cdots & a_{2n}\\ a_{31} & a_{32} & a_{33} & \cdots & a_{3n}\\ \vdots & \vdots & \vdots & & \vdots\\ a_{n1} & a_{n2} & a_{n3} & \cdots & a_{nn}\\ 0 & 0 & 0 & \cdots & 0\end{pmatrix},$$

比较上式两边对应的元素,得

$$a_{21}=a_{31}=\cdots=a_{n1}=0;$$
$$a_{ij}=a_{i+1,j+1},\quad i,j=1,2,\cdots,n-1.$$

令 $a_{1j}=c_j,j=1,2,\cdots,n$,其中 c_j 为任意常数. 注意到 $\boldsymbol{N}$ 的方幂的特征,因此有

$$\boldsymbol{A}=\begin{pmatrix}c_1 & c_2 & \cdots & c_n\\ & c_1 & \ddots & \vdots\\ & & \ddots & c_2\\ & & & c_1\end{pmatrix}=c_1\boldsymbol{E}_n+c_2\boldsymbol{N}+\cdots+c_n\boldsymbol{N}^{n-1}$$
$$=c_1\boldsymbol{E}_n+c_2(\boldsymbol{J}-\lambda\boldsymbol{E}_n)+\cdots+c_n(\boldsymbol{J}-\lambda\boldsymbol{E}_n)^{n-1}.$$

将上式右边展开即知,必存在一个次数不超过 $n-1$ 的多项式 $p(x)$,使得 $\boldsymbol{A}=p(\boldsymbol{J})$.

【例 4.24】(西南大学,2009 年) 设 $\boldsymbol{A},\boldsymbol{B}$ 为 n 阶实对称矩阵,$\boldsymbol{C}$ 为 n 阶实反对称矩阵,

且 $A^2+B^2=C^2$. 证明：$A=B=C=O$.

【证】　设 $A=(a_{ij}),B=(b_{ij}),C=(c_{ij})$，易知 A^2+B^2 的 (i,i) 元为 $\sum_{j=1}^{n}(a_{ij}^2+b_{ij}^2)$，而 C^2 的 (i,i) 元为 $-\sum_{j=1}^{n}c_{ij}^2\ (c_{ii}=0)$. 因为 $A^2+B^2=C^2$，所以

$$\sum_{j=1}^{n}(a_{ij}^2+b_{ij}^2+c_{ij}^2)=0,\quad i=1,2,\cdots,n.$$

注意到 A,B,C 都是实矩阵，所以 $a_{ij}=b_{ij}=c_{ij}=0(i,j=1,2,\cdots,n)$，即 $A=B=C=O$.

【注】　本题的几何表述见第9章练习9.34.

【例4.25】　设 $AX=XB$，其中 X 为 $m\times n$ 矩阵，而 A,B 分别为如下的 m 阶，n 阶方阵：

$$A=\begin{pmatrix} a & & & & \\ 1 & a & & & \\ & 1 & \ddots & & \\ & & \ddots & \ddots & \\ & & & 1 & a \end{pmatrix}_{m\times m},\quad B=\begin{pmatrix} b & & & & \\ 1 & b & & & \\ & 1 & \ddots & & \\ & & \ddots & \ddots & \\ & & & 1 & b \end{pmatrix}_{n\times n}.$$

证明：若 $a\neq b$，则 $X=O$.

【证】　令 $X=(x_{ij})_{m\times n}$，则

$$AX=\begin{pmatrix} ax_{11} & ax_{12} & \cdots & ax_{1n} \\ x_{11}+ax_{21} & x_{12}+ax_{22} & \cdots & x_{1n}+ax_{2n} \\ \vdots & \vdots & & \vdots \\ x_{m-1,1}+ax_{m1} & x_{m-1,2}+ax_{m2} & \cdots & x_{m-1,n}+ax_{mn} \end{pmatrix},$$

$$XB=\begin{pmatrix} bx_{11}+x_{12} & bx_{12}+x_{13} & \cdots & bx_{1,n-1}+x_{1n} & bx_{1n} \\ bx_{21}+x_{22} & bx_{22}+x_{23} & \cdots & bx_{2,n-1}+x_{2n} & bx_{2n} \\ \vdots & \vdots & & \vdots & \vdots \\ bx_{m1}+x_{m2} & bx_{m2}+x_{m3} & \cdots & bx_{m,n-1}+x_{mn} & bx_{mn} \end{pmatrix}.$$

根据题设条件 $AX=XB$，先比较等式两边的第一行，得

$$ax_{11}=bx_{11}+x_{12},\ ax_{12}=bx_{12}+x_{13},\ \cdots,\ ax_{1,n-1}=bx_{1,n-1}+x_{1n},\ ax_{1n}=bx_{1n}.$$

利用 $a\neq b$，从上述最后一个等式直至第一个等式，依次可得

$$x_{1n}=0,x_{1,n-1}=0,\cdots,x_{12}=0,x_{11}=0.$$

再比较 $AX=XB$ 两边的第二行，得

$$ax_{21}=bx_{21}+x_{22},ax_{22}=bx_{22}+x_{23},\cdots,ax_{2,n-1}=bx_{2,n-1}+x_{2n},ax_{2n}=bx_{2n}.$$

利用 $a\neq b$，依次可得 $x_{2n}=0,x_{2,n-1}=0,\cdots,x_{22}=0,x_{21}=0$.

如此继续下去，直至比较 $AX=XB$ 两边的最后一行，得

$$ax_{m1}=bx_{m1}+x_{m2},ax_{m2}=bx_{m2}+x_{m3},\cdots,ax_{m,n-1}=bx_{m,n-1}+x_{mn},ax_{mn}=bx_{mn},$$

从而有 $x_{mn}=0,x_{m,n-1}=0,\cdots,x_{m2}=0,x_{m1}=0$. 所以 $X=O$.

【例4.26】（华中师范大学，1995年）　设矩阵 $A=\begin{pmatrix} 1 & \alpha & \beta \\ 0 & 1 & \alpha \\ 0 & 0 & 1 \end{pmatrix}$，试求 A^2,A^3，并进而求 A^n.

【解】 直接作乘法，得 $A^2=\begin{pmatrix}1 & 2\alpha & \alpha^2+2\beta \\ 0 & 1 & 2\alpha \\ 0 & 0 & 1\end{pmatrix}$，$A^3=\begin{pmatrix}1 & 3\alpha & 3\alpha^2+3\beta \\ 0 & 1 & 3\alpha \\ 0 & 0 & 1\end{pmatrix}$. 先猜想，有

$$A^n=\begin{pmatrix}1 & n\alpha & \frac{n(n-1)}{2}\alpha^2+n\beta \\ 0 & 1 & n\alpha \\ 0 & 0 & 1\end{pmatrix}, \qquad ①$$

再用数学归纳法证明. 当 $n=1$ 时结论成立. 假设 $n=k$ 时成立，则当 $n=k+1$ 时，有

$$A^{k+1}=\begin{pmatrix}1 & k\alpha & \frac{k(k-1)}{2}\alpha^2+k\beta \\ 0 & 1 & k\alpha \\ 0 & 0 & 1\end{pmatrix}\begin{pmatrix}1 & \alpha & \beta \\ 0 & 1 & \alpha \\ 0 & 0 & 1\end{pmatrix}=\begin{pmatrix}1 & (k+1)\alpha & \frac{(k+1)k}{2}\alpha^2+(k+1)\beta \\ 0 & 1 & (k+1)\alpha \\ 0 & 0 & 1\end{pmatrix},$$

结论也成立. 因此，①式对一切自然数 n 都成立.

§4.2 伴随矩阵与逆矩阵

基本理论与要点提示

4.2.1 伴随矩阵

设 $A=(a_{ij})$ 是 n 阶方阵($n\geqslant 2$)，A 的伴随矩阵定义为

$$A^*=\begin{pmatrix}A_{11} & A_{21} & \cdots & A_{n1} \\ A_{12} & A_{22} & \cdots & A_{n2} \\ \vdots & \vdots & & \vdots \\ A_{1n} & A_{2n} & \cdots & A_{nn}\end{pmatrix},$$

其中 A_{ij} 为 A 的元素 a_{ij} $(i,j=1,2,\cdots,n)$的代数余子式. 伴随矩阵具有如下性质：

(1) $AA^*=A^*A=|A|E$；

(2) $(\lambda A)^*=\lambda^{n-1}A^*$；

(3) $|A^*|=|A|^{n-1}$；

(4) $(A^*)^{\mathrm T}=(A^{\mathrm T})^*$；

(5) $(AB)^*=B^*A^*$；

(6) 当 A 可逆时，$A^*=|A|A^{-1}$；

(7) 当 A 可逆时，$(A^*)^{-1}=\frac{1}{|A|}A$；

(8) 当 A 可逆时，$(A^*)^{-1}=(A^{-1})^*$；

(9) $(A^*)^*=\begin{cases}|A|^{n-2}A, & n>2, \\ A, & n=2;\end{cases}$

(10) $\operatorname{rank} A^*=\begin{cases}n, & \operatorname{rank} A=n, \\ 1, & \operatorname{rank} A=n-1, \\ 0, & \operatorname{rank} A<n-1.\end{cases}$

4.2.2 可逆矩阵的有关性质

(1) 方阵 A 可逆的充分必要条件是 $|A|\neq 0$；

(2) 若 A 可逆，则 $A^{\mathrm T}$ 亦可逆，且 $(A^{\mathrm T})^{-1}=(A^{-1})^{\mathrm T}$；

(3) 若 A 可逆，则 A^{-1} 亦可逆，且 $(A^{-1})^{-1}=A$；

(4) 若 A 可逆，数 $\lambda\neq 0$，则 λA 亦可逆，且 $(\lambda A)^{-1}=\frac{1}{\lambda}A^{-1}$；

(5) 若 $\boldsymbol{A}$ 可逆，则 $|\boldsymbol{A}^{-1}|=|\boldsymbol{A}|^{-1}$；

(6) 若 $\boldsymbol{A},\boldsymbol{B}$ 为同阶方阵，且均可逆，则 $\boldsymbol{AB}$ 亦可逆，且 $(\boldsymbol{AB})^{-1}=\boldsymbol{B}^{-1}\boldsymbol{A}^{-1}$.

4.2.3　求逆矩阵的方法

(1) 公式法. 利用公式 $\boldsymbol{A}^{-1}=\dfrac{1}{|\boldsymbol{A}|}\boldsymbol{A}^*$，其中 $|\boldsymbol{A}|$ 为 $\boldsymbol{A}$ 的行列式，$\boldsymbol{A}^*$ 为 $\boldsymbol{A}$ 的伴随矩阵；

(2) 初等变换法. 用初等变换求逆矩阵可通过如下两种途径：

(i) 经一些初等行变换把 $(\boldsymbol{A}\,\vdots\,\boldsymbol{E})$ 化为 $(\boldsymbol{E}\,\vdots\,\boldsymbol{B})$，则 $\boldsymbol{A}^{-1}=\boldsymbol{B}$；

(ii) 经一些初等列变换把 $\begin{pmatrix}\boldsymbol{A}\\ \boldsymbol{E}\end{pmatrix}$ 化为 $\begin{pmatrix}\boldsymbol{E}\\ \boldsymbol{C}\end{pmatrix}$，则 $\boldsymbol{A}^{-1}=\boldsymbol{C}$；

(3) 降阶法. 即将求高阶矩阵的逆矩阵转化为求低阶矩阵的逆矩阵；

(4) 和化积法. 将方阵 $\boldsymbol{A}+\boldsymbol{B}$ 直接化为 $(\boldsymbol{A}+\boldsymbol{B})\boldsymbol{C}=\boldsymbol{E}$，则 $(\boldsymbol{A}+\boldsymbol{B})^{-1}=\boldsymbol{C}$. 或将 $\boldsymbol{A}+\boldsymbol{B}$ 表示为若干个已知逆阵的矩阵之积，再利用求乘积阵之逆阵的结论，便可求得 $(\boldsymbol{A}+\boldsymbol{B})^{-1}$.

典型问题解析

【例 4.27】(武汉大学,2010 年)　设 $\boldsymbol{A},\boldsymbol{B}$ 是 n 阶方阵 $(n\geqslant 2)$，$\boldsymbol{A}^*$ 与 $\boldsymbol{B}^*$ 分别是 $\boldsymbol{A},\boldsymbol{B}$ 的伴随矩阵,已知 $\boldsymbol{B}$ 是交换 $\boldsymbol{A}$ 的第 1 行与第 2 行得到的矩阵. 对于下述 4 个选项,若正确则给予证明,若不正确请给出反例：

(A) 交换 $\boldsymbol{A}^*$ 的第 1 列与第 2 列得 $\boldsymbol{B}^*$　　(B) 交换 $\boldsymbol{A}^*$ 的第 1 行与第 2 行得 $\boldsymbol{B}^*$

(C) 交换 $\boldsymbol{A}^*$ 的第 1 列与第 2 列得 $-\boldsymbol{B}^*$　　(D) 交换 $\boldsymbol{A}^*$ 的第 1 行与第 2 行得 $-\boldsymbol{B}^*$

【解】　据题设,有 $\boldsymbol{P}(1,2)\boldsymbol{A}=\boldsymbol{B}$,两边同时求伴随,得 $\boldsymbol{A}^*\boldsymbol{P}(1,2)^*=\boldsymbol{B}^*$. 因为

$$\boldsymbol{P}(1,2)^*=|\boldsymbol{P}(1,2)|\boldsymbol{P}(1,2)^{-1}=-\boldsymbol{P}(1,2),$$

所以 $\boldsymbol{A}^*\boldsymbol{P}(1,2)=-\boldsymbol{B}^*$,即交换 $\boldsymbol{A}^*$ 的第 1 列与第 2 列得 $-\boldsymbol{B}^*$,故(C)是正确选项.

选项(A)(B)(D)都是错误的. 例如,$\boldsymbol{A}=\begin{pmatrix}1&1\\1&0\end{pmatrix}$,交换 $\boldsymbol{A}$ 的第 1,2 行得矩阵 $\boldsymbol{B}=\begin{pmatrix}1&0\\1&1\end{pmatrix}$,而 $\boldsymbol{A}^*=\begin{pmatrix}0&-1\\-1&1\end{pmatrix}$,$\boldsymbol{B}^*=\begin{pmatrix}1&0\\-1&1\end{pmatrix}$. 显然,交换 $\boldsymbol{A}^*$ 的第 1,2 行或 1,2 列都得不到矩阵 $\boldsymbol{B}^*$,交换 $\boldsymbol{A}^*$ 的第 1,2 行也得不到 $-\boldsymbol{B}^*$.

【例 4.28】(RMC 试题,2012 年)　设 $n(n\geqslant 2)$ 阶方阵 $\boldsymbol{A}\in M_n(\mathbb{C})$ 恰有 k 个 $n-1$ 阶子式等于 0,其中 $1\leqslant k\leqslant n-1$. 证明:$\det\boldsymbol{A}\neq 0$.

【分析】　注意到 $\boldsymbol{A}$ 的一个 $n-1$ 阶子式等于零对应于伴随矩阵 $\boldsymbol{A}^*$ 的一个零元素,因此可考虑利用伴随矩阵的相关结论求解.

【证】　用反证法. 假设 $\det\boldsymbol{A}=0$,则 $\operatorname{rank}\boldsymbol{A}\leqslant n-1$. 由于 $k\leqslant n-1$,所以 $\boldsymbol{A}^*\neq\boldsymbol{O}$,且 $\boldsymbol{A}^*$ 的所有行与所有列都是非零向量. 再利用公式

$$\operatorname{rank}\boldsymbol{A}^*=\begin{cases}n, & \text{当 } \operatorname{rank}\boldsymbol{A}=n,\\ 1, & \text{当 } \operatorname{rank}\boldsymbol{A}=n-1,\\ 0, & \text{当 } \operatorname{rank}\boldsymbol{A}<n-1,\end{cases}$$

可得 $\operatorname{rank}\boldsymbol{A}^*=1$. 任选 $\boldsymbol{A}^*$ 的一个含有零元素的列向量,不妨设它的第 i 个元素为零,将 $\boldsymbol{A}^*$ 的其他列都表示成所选列向量的倍数,则 $\boldsymbol{A}^*$ 的第 i 行全为零,矛盾. 所以 $\det\boldsymbol{A}\neq 0$.

【例 4.29】(武汉大学,2011 年) 设 $\boldsymbol{A},\boldsymbol{B}$ 为 n 阶方阵,$\boldsymbol{A}^*,\boldsymbol{B}^*$ 分别为 $\boldsymbol{A},\boldsymbol{B}$ 的伴随矩阵,又设分块矩阵 $\boldsymbol{M}=\begin{pmatrix}\boldsymbol{A}&\boldsymbol{O}\\\boldsymbol{O}&\boldsymbol{B}\end{pmatrix}$. 对于下述 4 个选项,若正确则给予证明,若不正确请给出反例:

(A) $\boldsymbol{M}^*=\begin{pmatrix}|\boldsymbol{A}|\boldsymbol{A}^*&\boldsymbol{O}\\\boldsymbol{O}&|\boldsymbol{B}|\boldsymbol{B}^*\end{pmatrix}$ (B) $\boldsymbol{M}^*=\begin{pmatrix}|\boldsymbol{B}|\boldsymbol{B}^*&\boldsymbol{O}\\\boldsymbol{O}&|\boldsymbol{A}|\boldsymbol{A}^*\end{pmatrix}$

(C) $\boldsymbol{M}^*=\begin{pmatrix}|\boldsymbol{A}|\boldsymbol{B}^*&\boldsymbol{O}\\\boldsymbol{O}&|\boldsymbol{B}|\boldsymbol{A}^*\end{pmatrix}$ (D) $\boldsymbol{M}^*=\begin{pmatrix}|\boldsymbol{B}|\boldsymbol{A}^*&\boldsymbol{O}\\\boldsymbol{O}&|\boldsymbol{A}|\boldsymbol{B}^*\end{pmatrix}$

【解】 通过对 4 个备选项逐一验证"$\boldsymbol{M}\boldsymbol{M}^*=|\boldsymbol{M}|\boldsymbol{E}$"当然可以确定正确答案,但这种做法是很耗时的. 事实上,欲选择的答案既然对一般 n 阶矩阵 $\boldsymbol{A},\boldsymbol{B}$ 正确,则对可逆矩阵 $\boldsymbol{A},\boldsymbol{B}$ 也必正确. 因此,不妨假设矩阵 $\boldsymbol{A},\boldsymbol{B}$ 可逆,则 $\boldsymbol{M}$ 可逆,且 $\boldsymbol{M}^{-1}=\begin{pmatrix}\boldsymbol{A}^{-1}&\boldsymbol{O}\\\boldsymbol{O}&\boldsymbol{B}^{-1}\end{pmatrix}$. 故

$$\boldsymbol{M}^*=|\boldsymbol{M}|\boldsymbol{M}^{-1}=|\boldsymbol{A}||\boldsymbol{B}|\begin{pmatrix}\boldsymbol{A}^{-1}&\boldsymbol{O}\\\boldsymbol{O}&\boldsymbol{B}^{-1}\end{pmatrix}=\begin{pmatrix}|\boldsymbol{A}||\boldsymbol{B}|\boldsymbol{A}^{-1}&\boldsymbol{O}\\\boldsymbol{O}&|\boldsymbol{A}||\boldsymbol{B}|\boldsymbol{B}^{-1}\end{pmatrix}$$
$$=\begin{pmatrix}|\boldsymbol{B}|\boldsymbol{A}^*&\boldsymbol{O}\\\boldsymbol{O}&|\boldsymbol{A}|\boldsymbol{B}^*\end{pmatrix}.$$

可见,(D)为正确选项,其他 3 个选项均不正确,反例略.

【例 4.30】(清华大学,2001 年) 设 $\boldsymbol{A}$ 为数域 F 上的 n 阶方阵($n>2$),试求$(\boldsymbol{A}^*)^*$(用 $\boldsymbol{A}$ 表示,这里 $\boldsymbol{A}^*$ 表示 $\boldsymbol{A}$ 的古典伴随方阵,即 $\boldsymbol{A}^*$ 的(i,j)元是 $\boldsymbol{A}$ 的(j,i)元的代数余子式).

【解】 如果 $\boldsymbol{A}$ 可逆,那么 $\boldsymbol{A}^*$ 也可逆,且 $\boldsymbol{A}^*=|\boldsymbol{A}|\boldsymbol{A}^{-1}$. 因此

$$(\boldsymbol{A}^*)^*=|\boldsymbol{A}^*|(\boldsymbol{A}^*)^{-1}=|\boldsymbol{A}|^{n-1}|\boldsymbol{A}|^{-1}\boldsymbol{A}=|\boldsymbol{A}|^{n-2}\boldsymbol{A}.$$

如果 $\boldsymbol{A}$ 不可逆,即$|\boldsymbol{A}|=0$,那么 $\operatorname{rank}\boldsymbol{A}\leqslant n-1$,从而 $\operatorname{rank}\boldsymbol{A}^*\leqslant 1$. 注意到 $n>2$,所以 $\operatorname{rank}\boldsymbol{A}^*<n-1$. 因此,有 $\operatorname{rank}(\boldsymbol{A}^*)^*=0$,即$(\boldsymbol{A}^*)^*=\boldsymbol{O}$. 此时,仍有$(\boldsymbol{A}^*)^*=|\boldsymbol{A}|^{n-2}\boldsymbol{A}$.

【注】 对于 $n=2$,即 $\boldsymbol{A}$ 为二阶方阵,直接利用伴随矩阵的定义,可得$(\boldsymbol{A}^*)^*=\boldsymbol{A}$.

【例 4.31】(南开大学,2012 年) 设 n 阶行列式 $d=\det((a_{ij})_{n\times n})\neq 0$,$A_{ij}$ 是 a_{ij} 在 d 中的代数余子式,试求行列式

$$\begin{vmatrix}A_{11}&A_{12}&\cdots&A_{1,n-1}\\A_{21}&A_{22}&\cdots&A_{2,n-1}\\\vdots&\vdots&&\vdots\\A_{n-1,1}&A_{n-1,2}&\cdots&A_{n-1,n-1}\end{vmatrix}.$$

【解】 记所求行列式为 D,矩阵 $\boldsymbol{A}=(a_{ij})_{n\times n}$.

(方法 1) 若 $n=2$,则 $D=A_{11}=a_{22}$;当 $n>2$ 时,注意到 $\boldsymbol{A}^*$ 中元素 A_{nn} 的代数余子式为$(-1)^{n+n}D=D$,比较等式$(\boldsymbol{A}^*)^*=(\det\boldsymbol{A})^{n-2}\boldsymbol{A}=d^{n-2}\boldsymbol{A}$ 两边的(n,n)元,得 $D=a_{nn}d^{n-2}$.

(方法 2) 利用行列式按列展开定理及代数余子式的性质,得

$$\begin{pmatrix}a_{11}&\cdots&a_{n-1,1}&a_{n1}\\\vdots&&\vdots&\vdots\\a_{1,n-1}&\cdots&a_{n-1,n-1}&a_{n,n-1}\\a_{1n}&\cdots&a_{n-1,n}&a_{nn}\end{pmatrix}\begin{pmatrix}A_{11}&\cdots&A_{1,n-1}&0\\\vdots&&\vdots&\vdots\\A_{n-1,1}&\cdots&A_{n-1,n-1}&0\\A_{n1}&\cdots&A_{n,n-1}&1\end{pmatrix}=\left(\begin{array}{ccc:c}d&&&a_{n1}\\&\ddots&&\vdots\\&&d&a_{n,n-1}\\\hdashline 0&\cdots&0&a_{nn}\end{array}\right).$$

两边取行列式,得 $dD=d^{n-1}a_{nn}$. 注意到 $d\neq0$,所以 $D=a_{nn}d^{n-2}$.

【例 4.32】(浙江大学,2016 年)　已知 $\boldsymbol{A}$ 是 n 阶不可逆方阵,$\boldsymbol{E}$ 是单位矩阵,$\boldsymbol{A}^*$ 是 $\boldsymbol{A}$ 的伴随矩阵. 证明:至多存在两个非零复数 k,使得 $k\boldsymbol{E}+\boldsymbol{A}^*$ 为不可逆矩阵.

【证】　因为 $\boldsymbol{A}$ 不可逆,所以 $\operatorname{rank}\boldsymbol{A}\leqslant n-1$,从而有 $\operatorname{rank}\boldsymbol{A}^*\leqslant1$.

若 $\operatorname{rank}\boldsymbol{A}^*=0$,则 $\boldsymbol{A}^*=\boldsymbol{O}$, $|k\boldsymbol{E}+\boldsymbol{A}^*|=k^n$. 因此,当且仅当 $k=0$ 时 $k\boldsymbol{E}+\boldsymbol{A}^*$ 不可逆.

若 $\operatorname{rank}\boldsymbol{A}^*=1$,则存在非零的 n 维列向量 $\boldsymbol{\alpha},\boldsymbol{\beta}$,使得 $\boldsymbol{A}^*=\boldsymbol{\alpha}\boldsymbol{\beta}^{\mathrm{T}}$,从而有

$$|k\boldsymbol{E}+\boldsymbol{A}^*|=|k\boldsymbol{E}+\boldsymbol{\alpha}\boldsymbol{\beta}^{\mathrm{T}}|=k^{n-1}(k+\boldsymbol{\beta}^{\mathrm{T}}\boldsymbol{\alpha}).$$

所以,当 $k=0$ 或 $k=-\boldsymbol{\beta}^{\mathrm{T}}\boldsymbol{\alpha}$ 时 $k\boldsymbol{E}+\boldsymbol{A}^*$ 不可逆.

【注】　显然,本题可修改为:如果 $\boldsymbol{A}$ 为 n 阶不可逆方阵,那么至多存在两个相异复数 k,使得 $k\boldsymbol{E}+\boldsymbol{A}^*$ 为不可逆矩阵.

【例 4.33】(中山大学,2003 年;北京邮电大学,2007 年)　设 $\boldsymbol{A}$ 为 n 阶实方阵($n\geqslant3$). 证明:若 $\boldsymbol{A}$ 的每一个元素都等于它的代数余子式,且至少有一个元素不为零,则 $\boldsymbol{A}\boldsymbol{A}^{\mathrm{T}}=\boldsymbol{I}$,其中 $\boldsymbol{I}$ 为 n 阶单位矩阵,$\boldsymbol{A}^{\mathrm{T}}$ 为 $\boldsymbol{A}$ 的转置.

【证】　设 $\boldsymbol{A}=(a_{ij})$,据题设有 $a_{ij}=A_{ij},i,j=1,2,\cdots,n$. 故 $\boldsymbol{A}^{\mathrm{T}}=\boldsymbol{A}^*$,因此

$$\boldsymbol{A}\boldsymbol{A}^{\mathrm{T}}=\boldsymbol{A}\boldsymbol{A}^*=|\boldsymbol{A}|\boldsymbol{I},$$

两边取行列式,得 $|\boldsymbol{A}|^2=|\boldsymbol{A}|^n$. 故 $|\boldsymbol{A}|=0$ 或 ±1. 又存在某个 $a_{ij}\neq0$,再由 $\boldsymbol{A}$ 是实矩阵,有

$$|\boldsymbol{A}|=\sum_{k=1}^{n}a_{ik}A_{ik}=\sum_{k=1}^{n}a_{ik}^2\geqslant a_{ij}^2>0,$$

所以 $|\boldsymbol{A}|=1$. 因此,有 $\boldsymbol{A}\boldsymbol{A}^{\mathrm{T}}=\boldsymbol{I}$.

【例 4.34】(华东师范大学,2007 年)　设 $\boldsymbol{A}=\begin{pmatrix}1&1&1\\1&1&1\\1&1&1\end{pmatrix}$. 试求矩阵 $\boldsymbol{B}$,使 $\boldsymbol{B}^*=\boldsymbol{A}$.

【解】　因为 $\operatorname{rank}\boldsymbol{A}=1$,所以 $\boldsymbol{A}$ 的等价标准形为 $\boldsymbol{D}=\operatorname{diag}(1,0,0)$. 记 $\boldsymbol{E}_{i,-j}$ 表示"把第 j 行的 -1 倍加到第 i 行"对应的初等矩阵,则

$$\boldsymbol{E}_{3,-1}\boldsymbol{E}_{2,-1}\boldsymbol{A}\boldsymbol{E}_{2,-1}^{\mathrm{T}}\boldsymbol{E}_{3,-1}^{\mathrm{T}}=\boldsymbol{D}.$$

因此,可将 $\boldsymbol{A}$ 分解为

$$\boldsymbol{A}=\begin{pmatrix}1&&\\1&1&\\1&&1\end{pmatrix}\begin{pmatrix}1&&\\&0&\\&&0\end{pmatrix}\begin{pmatrix}1&1&1\\&1&\\&&1\end{pmatrix}=\boldsymbol{P}\boldsymbol{D}\boldsymbol{P}^{\mathrm{T}},$$

其中 $\boldsymbol{P}=\boldsymbol{E}_{2,-1}^{-1}\boldsymbol{E}_{3,-1}^{-1}=\begin{pmatrix}1&&\\1&1&\\1&&1\end{pmatrix}$,未写出的元素均为0.

令 $\boldsymbol{B}=\boldsymbol{C}^{\mathrm{T}}\boldsymbol{H}\boldsymbol{C}$,则由伴随矩阵性质得 $\boldsymbol{B}^*=\boldsymbol{C}^*\boldsymbol{H}^*\boldsymbol{C}^{*\mathrm{T}}$. 欲使 $\boldsymbol{B}^*=\boldsymbol{A}$,只需 $\boldsymbol{C}^*=\boldsymbol{P},\boldsymbol{H}^*=\boldsymbol{D}$,这只需取 $\boldsymbol{C}=\boldsymbol{P}^{-1}=\begin{pmatrix}1&&\\-1&1&\\-1&&1\end{pmatrix}$,$\boldsymbol{H}=\begin{pmatrix}0&&\\&1&\\&&1\end{pmatrix}$. 因此

$$B=C^{\mathrm T}HC=\begin{pmatrix}1&-1&-1\\&1&\\&&1\end{pmatrix}\begin{pmatrix}0&&\\&1&\\&&1\end{pmatrix}\begin{pmatrix}1&&\\-1&1&\\-1&&1\end{pmatrix}=\begin{pmatrix}2&-1&-1\\-1&1&0\\-1&0&1\end{pmatrix}.$$

若取 $H=\begin{pmatrix}0&&\\&1&k\\&&1\end{pmatrix}$,其中 k 为任意常数,则仍有 $H^*=D$. 此时 $B=\begin{pmatrix}2+k&-1&-1-k\\-1-k&1&k\\-1&0&1\end{pmatrix}$. 因此,使得 $B^*=A$ 的矩阵 B 有无穷多个.

【注】 对于 rank $A=1$ 的一般情形,也可确定满足 $B^*=A$ 的 B,见本章练习 4.72 题.

【例 4.35】(浙江大学,2003 年) 设有分块矩阵$\begin{pmatrix}A&B\\C&D\end{pmatrix}$,其中 A,D 都可逆,试证:

(1) $\begin{vmatrix}A&B\\C&D\end{vmatrix}=\det(A-BD^{-1}C)\det D$;

(2) $(A-BD^{-1}C)^{-1}=A^{-1}-A^{-1}B(CA^{-1}B-D)^{-1}CA^{-1}$.

【证】 (1)对分块矩阵$\begin{pmatrix}A&B\\C&D\end{pmatrix}$作分块初等行变换,可得如下 Schur 公式:

$$\begin{pmatrix}E&-BD^{-1}\\O&E\end{pmatrix}\begin{pmatrix}A&B\\C&D\end{pmatrix}=\begin{pmatrix}A-BD^{-1}C&O\\C&D\end{pmatrix}.$$

两边同时取行列式,得

$$\begin{vmatrix}E&-BD^{-1}\\O&E\end{vmatrix}\begin{vmatrix}A&B\\C&D\end{vmatrix}=\begin{vmatrix}A-BD^{-1}C&O\\C&D\end{vmatrix},$$

即$\begin{vmatrix}A&B\\C&D\end{vmatrix}=|A-BD^{-1}C||D|$.

(2)为简洁起见,记 $Q=CA^{-1}B-D$. 因为

$$\begin{aligned}&(A-BD^{-1}C)(A^{-1}-A^{-1}B(CA^{-1}B-D)^{-1}CA^{-1})\\=&(A-BD^{-1}C)A^{-1}-(A-BD^{-1}C)A^{-1}BQ^{-1}CA^{-1}\\=&E-BD^{-1}CA^{-1}-AA^{-1}BQ^{-1}CA^{-1}+BD^{-1}CA^{-1}BQ^{-1}CA^{-1}\\=&E-BD^{-1}CA^{-1}-BQ^{-1}CA^{-1}+BD^{-1}(Q+D)Q^{-1}CA^{-1}\\=&E-BD^{-1}CA^{-1}-BQ^{-1}CA^{-1}+BD^{-1}CA^{-1}+BQ^{-1}CA^{-1}\\=&E,\end{aligned}$$

所以 $A-BD^{-1}C$ 可逆,且

$$(A-BD^{-1}C)^{-1}=A^{-1}-A^{-1}B(CA^{-1}B-D)^{-1}CA^{-1}.$$

【注】 对于(1)中的恒等式:$\begin{vmatrix}A&B\\C&D\end{vmatrix}=\det(A-BD^{-1}C)\det D$,显然只需 D 是可逆矩阵. 同理,若 A 可逆,则$\begin{vmatrix}A&B\\C&D\end{vmatrix}=\det A\det(D-CA^{-1}B)$. 这两个恒等式统称为行列式的降阶公式.

【例 4.36】 设$J=\begin{pmatrix}1&1&&&\\&1&1&&\\&&\ddots&\ddots&\\&&&\ddots&1\\&&&&1\end{pmatrix}$为 n 阶方阵($n\geqslant 2$),求解矩阵方程 $3X=XJ+JX$.

【解】 (方法 1) 令 $A=J-E$,则 $A^n=O$. 由题设 $3X=XJ+JX$,得 $X(E-A)=AX$. 从而

$$X(E-A)^n=A^nX=O.$$

因为 $|(E-A)^n|=|E-A|^n=1\neq 0$,所以 $(E-A)^n$ 是可逆矩阵,于是有 $X=O$.

(方法 2) 根据题设 $3X=XJ+JX$,得 $(2E-J)X=X(J-E)$.

将 X 按列分块为 $X=(\alpha_1,\alpha_2,\cdots,\alpha_n)$,代入上式得

$$(2E-J)\alpha_1=0,\ (2E-J)\alpha_2=\alpha_1,\ \cdots,(2E-J)\alpha_n=\alpha_{n-1}.$$

因为 $|2E-J|=1\neq 0$,所以 $2E-J$ 是可逆矩阵,故由上式依次得

$$\alpha_1=0,\ \alpha_2=0,\cdots,\alpha_n=0,$$

因此 $X=O$.

【例 4.37】(河南师范大学,2017 年) (1) 设 A,B 分别为 $m\times n$ 和 $n\times m$ 矩阵, 证明:若矩阵 E_n+BA 可逆,则矩阵 E_m+AB 也可逆, 并且 $(E_m+AB)^{-1}=E_m-A(E_n+BA)^{-1}B$.

(2) 设 A 是 n 阶可逆矩阵,α,β 是 n 维列向量,证明:若矩阵 $A+\alpha\beta^{\mathrm T}$ 可逆,则

$$(A+\alpha\beta^{\mathrm T})^{-1}=A^{-1}-\frac{A^{-1}\alpha\beta^{\mathrm T}A^{-1}}{1+\beta^{\mathrm T}A^{-1}\alpha}.$$

【分析】 欲证 E_m+AB 可逆, 可考虑寻找矩阵 C, 使 $(E_m+AB)C=E_m$ 或 $C(E_m+AB)=E_m$, 这由 E_n+BA 的可逆, 自然会联想到 E_m+AB 与 E_n+BA 的关系式:

$$B(E_m+AB)=(E_n+BA)B,$$

然后据此便可"凑"出所需矩阵 C.

【证】 (1) 由 $B(E_m+AB)=(E_n+BA)B$,得 $B=(E_n+BA)^{-1}B(E_m+AB)$, 于是

$$\begin{aligned}E_m&=(E_m+AB)-AB=(E_m+AB)-A(E_n+BA)^{-1}B(E_m+AB)\\&=[E_m-A(E_n+BA)^{-1}B](E_m+AB).\end{aligned}$$

因此 E_m+AB 可逆, 且 $(E_m+AB)^{-1}=E_m-A(E_n+BA)^{-1}B$.

(2) 注意到 A 可逆及 $A+\alpha\beta^{\mathrm T}=A(E_n+A^{-1}\alpha\beta^{\mathrm T})$,则由(1)的结论,$A+\alpha\beta^{\mathrm T}$ 可逆当且仅当 $1+\beta^{\mathrm T}A^{-1}\alpha\neq 0$,且 $(E_n+A^{-1}\alpha\beta^{\mathrm T})^{-1}=E_n-A^{-1}\alpha(1+\beta^{\mathrm T}A^{-1}\alpha)^{-1}\beta^{\mathrm T}$,所以

$$(A+\alpha\beta^{\mathrm T})^{-1}=(E_n+A^{-1}\alpha\beta^{\mathrm T})^{-1}A^{-1}=A^{-1}-\frac{A^{-1}\alpha\beta^{\mathrm T}A^{-1}}{1+\beta^{\mathrm T}A^{-1}\alpha}.$$

【注 1】 本题(1)和(2)还可用分块矩阵方法证明,分别见本章例 4.52 与例 4.38.

【注 2】 本题(2)的结论即 Sherman-Morrison 公式. 此外,利用本题(1)的结论还可得:设 A 是 n 阶可逆矩阵,U,V 均为 $n\times m$ 矩阵,则 $A+UV^{\mathrm T}$ 可逆当且仅当 $E_m+V^{\mathrm T}A^{-1}U$ 可逆,且有 Sherman-Morrison-Woodbury 公式:

$$(A+UV^{\mathrm T})^{-1}=A^{-1}-A^{-1}U(E_m+V^{\mathrm T}A^{-1}U)^{-1}V^{\mathrm T}A^{-1}.$$

【例 4.38】(中国科学院大学,2012 年) 设 A 是 n 阶可逆矩阵,α,β 均为 n 维列向量,

且 $1+\boldsymbol{\beta}^{\mathrm{T}}\boldsymbol{A}^{-1}\boldsymbol{\alpha}\neq 0$,其中 $\boldsymbol{\beta}^{\mathrm{T}}$ 表示 $\boldsymbol{\beta}$ 的转置.

(1) 证明矩阵 $\boldsymbol{P}=\begin{pmatrix}\boldsymbol{A} & \boldsymbol{\alpha}\\ -\boldsymbol{\beta}^{\mathrm{T}} & 1\end{pmatrix}$ 可逆,并求其逆矩阵;

(2) 证明矩阵 $\boldsymbol{Q}=\boldsymbol{A}+\boldsymbol{\alpha}\boldsymbol{\beta}^{\mathrm{T}}$ 可逆,并求其逆矩阵.

【解】 (1)对 $\boldsymbol{P}$ 作分块初等变换,易知

$$\begin{pmatrix}\boldsymbol{E} & \boldsymbol{0}\\ \boldsymbol{\beta}^{\mathrm{T}}\boldsymbol{A}^{-1} & 1\end{pmatrix}\begin{pmatrix}\boldsymbol{A} & \boldsymbol{\alpha}\\ -\boldsymbol{\beta}^{\mathrm{T}} & 1\end{pmatrix}\begin{pmatrix}\boldsymbol{E} & -\boldsymbol{A}^{-1}\boldsymbol{\alpha}\\ \boldsymbol{0} & 1\end{pmatrix}=\begin{pmatrix}\boldsymbol{A} & \boldsymbol{0}\\ \boldsymbol{0} & 1+\boldsymbol{\beta}^{\mathrm{T}}\boldsymbol{A}^{-1}\boldsymbol{\alpha}\end{pmatrix}.$$

两边取行列式,得 $|\boldsymbol{P}|=|\boldsymbol{A}|(1+\boldsymbol{\beta}^{\mathrm{T}}\boldsymbol{A}^{-1}\boldsymbol{\alpha})\neq 0$,所以 $\boldsymbol{P}$ 是可逆矩阵. 再对上式两边求逆,得

$$\boldsymbol{P}^{-1}=\begin{pmatrix}\boldsymbol{E} & -\boldsymbol{A}^{-1}\boldsymbol{\alpha}\\ \boldsymbol{0} & 1\end{pmatrix}\begin{pmatrix}\boldsymbol{A} & \boldsymbol{0}\\ \boldsymbol{0} & 1+\boldsymbol{\beta}^{\mathrm{T}}\boldsymbol{A}^{-1}\boldsymbol{\alpha}\end{pmatrix}^{-1}\begin{pmatrix}\boldsymbol{E} & \boldsymbol{0}\\ \boldsymbol{\beta}^{\mathrm{T}}\boldsymbol{A}^{-1} & 1\end{pmatrix}$$

$$=\begin{pmatrix}\boldsymbol{A}^{-1}-\dfrac{\boldsymbol{A}^{-1}\boldsymbol{\alpha}\boldsymbol{\beta}^{\mathrm{T}}\boldsymbol{A}^{-1}}{1+\boldsymbol{\beta}^{\mathrm{T}}\boldsymbol{A}^{-1}\boldsymbol{\alpha}} & \dfrac{-\boldsymbol{A}^{-1}\boldsymbol{\alpha}}{1+\boldsymbol{\beta}^{\mathrm{T}}\boldsymbol{A}^{-1}\boldsymbol{\alpha}}\\ \dfrac{\boldsymbol{\beta}^{\mathrm{T}}\boldsymbol{A}^{-1}}{1+\boldsymbol{\beta}^{\mathrm{T}}\boldsymbol{A}^{-1}\boldsymbol{\alpha}} & \dfrac{1}{1+\boldsymbol{\beta}^{\mathrm{T}}\boldsymbol{A}^{-1}\boldsymbol{\alpha}}\end{pmatrix}. \qquad ①$$

(2)再对 $\boldsymbol{P}$ 作分块初等变换(不同于(1)),易知

$$\begin{pmatrix}\boldsymbol{E} & -\boldsymbol{\alpha}\\ \boldsymbol{0} & 1\end{pmatrix}\begin{pmatrix}\boldsymbol{A} & \boldsymbol{\alpha}\\ -\boldsymbol{\beta}^{\mathrm{T}} & 1\end{pmatrix}\begin{pmatrix}\boldsymbol{E} & \boldsymbol{0}\\ \boldsymbol{\beta}^{\mathrm{T}} & 1\end{pmatrix}=\begin{pmatrix}\boldsymbol{A}+\boldsymbol{\alpha}\boldsymbol{\beta}^{\mathrm{T}} & \boldsymbol{0}\\ \boldsymbol{0} & 1\end{pmatrix}=\begin{pmatrix}\boldsymbol{Q} & \boldsymbol{0}\\ \boldsymbol{0} & 1\end{pmatrix}.$$

两边取行列式,得 $|\boldsymbol{P}|=|\boldsymbol{Q}|$. 根据(1)知, $|\boldsymbol{Q}|\neq 0$,所以 $\boldsymbol{Q}$ 是可逆矩阵. 对上式两边求逆,得

$$\boldsymbol{P}^{-1}=\begin{pmatrix}\boldsymbol{E} & \boldsymbol{0}\\ \boldsymbol{\beta}^{\mathrm{T}} & 1\end{pmatrix}\begin{pmatrix}\boldsymbol{Q}^{-1} & \boldsymbol{0}\\ \boldsymbol{0} & 1\end{pmatrix}\begin{pmatrix}\boldsymbol{E} & -\boldsymbol{\alpha}\\ \boldsymbol{0} & 1\end{pmatrix}=\begin{pmatrix}\boldsymbol{Q}^{-1} & -\boldsymbol{Q}^{-1}\boldsymbol{\alpha}\\ \boldsymbol{\beta}^{\mathrm{T}}\boldsymbol{Q}^{-1} & 1-\boldsymbol{\beta}^{\mathrm{T}}\boldsymbol{Q}^{-1}\boldsymbol{\alpha}\end{pmatrix}. \qquad ②$$

比较①式与②式左上角的子块,即得

$$(\boldsymbol{A}+\boldsymbol{\alpha}\boldsymbol{\beta}^{\mathrm{T}})^{-1}=\boldsymbol{A}^{-1}-\frac{\boldsymbol{A}^{-1}\boldsymbol{\alpha}\boldsymbol{\beta}^{\mathrm{T}}\boldsymbol{A}^{-1}}{1+\boldsymbol{\beta}^{\mathrm{T}}\boldsymbol{A}^{-1}\boldsymbol{\alpha}}.$$

【注】 本例第(2)题即推导了 Sherman-Morrison 公式,参见例 4.37 及其附注.

【例 4.39】 设 $\boldsymbol{B}$ 为 n 阶方阵($n\geqslant 3$),$\boldsymbol{B}^3=\boldsymbol{O}$,令 $\boldsymbol{M}=\begin{pmatrix}\boldsymbol{E}_n & \boldsymbol{B}\\ \boldsymbol{B} & \boldsymbol{E}_n\end{pmatrix}$,证明 $\boldsymbol{M}$ 可逆,并求 $\boldsymbol{M}^{-1}$.

【解】 记 $\boldsymbol{P}=\begin{pmatrix}\boldsymbol{E} & \boldsymbol{O}\\ -\boldsymbol{B} & \boldsymbol{E}\end{pmatrix}$,$\boldsymbol{Q}=\begin{pmatrix}\boldsymbol{E} & -\boldsymbol{B}\\ \boldsymbol{O} & \boldsymbol{E}\end{pmatrix}$,则 $\boldsymbol{PMQ}=\begin{pmatrix}\boldsymbol{E} & \boldsymbol{O}\\ \boldsymbol{O} & \boldsymbol{E}-\boldsymbol{B}^2\end{pmatrix}$. 由题设 $\boldsymbol{B}^3=\boldsymbol{O}$,有

$$(\boldsymbol{E}-\boldsymbol{B}^2)(\boldsymbol{E}+\boldsymbol{B}^2)=\boldsymbol{E}-\boldsymbol{B}^4=\boldsymbol{E},$$

所以 $\boldsymbol{E}-\boldsymbol{B}^2$ 是可逆矩阵,且$(\boldsymbol{E}-\boldsymbol{B}^2)^{-1}=\boldsymbol{E}+\boldsymbol{B}^2$. 因此 $\boldsymbol{M}$ 是可逆矩阵,且

$$(\boldsymbol{PMQ})^{-1}=\begin{pmatrix}\boldsymbol{E} & \boldsymbol{O}\\ \boldsymbol{O} & \boldsymbol{E}-\boldsymbol{B}^2\end{pmatrix}^{-1}=\begin{pmatrix}\boldsymbol{E} & \boldsymbol{O}\\ \boldsymbol{O} & (\boldsymbol{E}-\boldsymbol{B}^2)^{-1}\end{pmatrix}=\begin{pmatrix}\boldsymbol{E} & \boldsymbol{O}\\ \boldsymbol{O} & \boldsymbol{E}+\boldsymbol{B}^2\end{pmatrix},$$

从而 $\boldsymbol{M}^{-1}=\boldsymbol{Q}\begin{pmatrix}\boldsymbol{E} & \boldsymbol{O}\\ \boldsymbol{O} & \boldsymbol{E}+\boldsymbol{B}^2\end{pmatrix}\boldsymbol{P}=\begin{pmatrix}\boldsymbol{E}+\boldsymbol{B}^2 & -\boldsymbol{B}\\ -\boldsymbol{B} & \boldsymbol{E}+\boldsymbol{B}^2\end{pmatrix}$.

【例 4.40】(武汉大学,2015 年) 设 $\boldsymbol{A},\boldsymbol{B},\boldsymbol{C}$ 都是数域 F 上的 n 阶方阵,$\boldsymbol{Q}=\begin{pmatrix}\boldsymbol{A} & \boldsymbol{A}\\ \boldsymbol{C}-\boldsymbol{B} & \boldsymbol{C}\end{pmatrix}$.

(1) 证明:Q 为可逆矩阵的充分必要条件是 AB 可逆;

(2) 当 Q 可逆时,求逆矩阵 Q^{-1}.

【解】 (1) 根据分块初等变换,易知

$$\begin{pmatrix} A & A \\ C-B & C \end{pmatrix}\begin{pmatrix} E & -E \\ O & E \end{pmatrix}=\begin{pmatrix} A & O \\ C-B & B \end{pmatrix},$$

所以 Q 可逆的充分必要条件是 $\begin{pmatrix} A & O \\ C-B & B \end{pmatrix}$ 可逆,而 $\begin{pmatrix} A & O \\ C-B & B \end{pmatrix}$ 可逆的充分必要条件是 $|A||B|\neq 0$,即 AB 可逆.

(2) 根据(1),若 Q 可逆,则 AB 可逆,因而 A^{-1},B^{-1} 都存在. 利用分块初等变换,有

$$\left(\begin{array}{cc:cc} A & A & E & O \\ C-B & C & O & E \end{array}\right)\longrightarrow\left(\begin{array}{cc:cc} E & E & A^{-1} & O \\ O & B & (B-C)A^{-1} & E \end{array}\right)$$

$$\longrightarrow\left(\begin{array}{cc:cc} E & E & A^{-1} & O \\ O & E & B^{-1}(B-C)A^{-1} & B^{-1} \end{array}\right)\longrightarrow\left(\begin{array}{cc:cc} E & O & A^{-1}-B^{-1}(B-C)A^{-1} & -B^{-1} \\ O & E & B^{-1}(B-C)A^{-1} & B^{-1} \end{array}\right),$$

因此,有

$$Q^{-1}=\begin{pmatrix} A^{-1}-B^{-1}(B-C)A^{-1} & -B^{-1} \\ B^{-1}(B-C)A^{-1} & B^{-1} \end{pmatrix}.$$

【例 4.41】(华中科技大学,2012 年) 已知 $P=\begin{pmatrix} A & I \\ I & I \end{pmatrix}$,其中 I 是单位矩阵. 证明 P 可逆的充分必要条件是 $I-A$ 可逆,并在 $(I-A)^{-1}$ 已知的情形下求 P^{-1}.

【解】 根据分块初等变换,易知 $\begin{pmatrix} A & I \\ I & I \end{pmatrix}\begin{pmatrix} I & O \\ -I & I \end{pmatrix}=\begin{pmatrix} A-I & I \\ O & I \end{pmatrix}$. 所以 $|P|=|A-I|$,因此 P 可逆 $\Leftrightarrow |P|\neq 0 \Leftrightarrow |A-I|\neq 0 \Leftrightarrow |I-A|\neq 0 \Leftrightarrow I-A$ 可逆.

另一方面,由上式得 $\begin{pmatrix} A & I \\ I & I \end{pmatrix}=\begin{pmatrix} I-A & I \\ O & I \end{pmatrix}\begin{pmatrix} -I & O \\ I & I \end{pmatrix}$. 对此式两边同时求逆,得

$$\begin{aligned} P^{-1}&=\begin{pmatrix} -I & O \\ I & I \end{pmatrix}^{-1}\begin{pmatrix} I-A & I \\ O & I \end{pmatrix}^{-1}=\begin{pmatrix} -I & O \\ I & I \end{pmatrix}\begin{pmatrix} (I-A)^{-1} & -(I-A)^{-1} \\ O & I \end{pmatrix} \\ &=\begin{pmatrix} -(I-A)^{-1} & (I-A)^{-1} \\ (I-A)^{-1} & I-(I-A)^{-1} \end{pmatrix}. \end{aligned}$$

【例 4.42】(武汉大学,2004 年;华东师范大学,1996 年) 设 A 为已知的 n 阶复方阵,且 $A^3=2E$(其中 E 为 n 阶单位矩阵),$B=A^2-2A+2E$,试证 B 为满秩矩阵,并求 B^{-1}.

【解】 (方法1)据题设条件 $A^3=2E$ 知,$B=A^2-2A+A^3=A(A-E)(A+2E)$.

再根据 $A^3=2E$,一方面有 $|A|\neq 0$,A 是可逆矩阵,且 $A^{-1}=\frac{1}{2}A^2$. 另一方面有

$$(A-E)(A^2+A+E)=E,$$

所以 $|A-E|\neq 0$,$A-E$ 是可逆矩阵,且 $(A-E)^{-1}=A^2+A+E$.

又由 $A^3=2E$ 得 $A^3+8E=10E$,从而有

$$(\boldsymbol{A}+2\boldsymbol{E})(\boldsymbol{A}^2-2\boldsymbol{A}+4\boldsymbol{E})=10\boldsymbol{E},$$

所以$|\boldsymbol{A}+2\boldsymbol{E}|\neq 0$,$\boldsymbol{A}+2\boldsymbol{E}$是可逆矩阵,且$(\boldsymbol{A}+2\boldsymbol{E})^{-1}=\frac{1}{10}(\boldsymbol{A}^2-2\boldsymbol{A}+4\boldsymbol{E})$. 于是

$$|\boldsymbol{B}|=|\boldsymbol{A}||\boldsymbol{A}-\boldsymbol{E}||\boldsymbol{A}+2\boldsymbol{E}|\neq 0,$$

故$\boldsymbol{B}$为满秩矩阵,即$\boldsymbol{B}$为可逆矩阵,因此有

$$\begin{aligned}\boldsymbol{B}^{-1}&=(\boldsymbol{A}+2\boldsymbol{E})^{-1}(\boldsymbol{A}-\boldsymbol{E})^{-1}\boldsymbol{A}^{-1}=\frac{1}{20}(\boldsymbol{A}^2-2\boldsymbol{A}+4\boldsymbol{E})(\boldsymbol{A}^2+\boldsymbol{A}+\boldsymbol{E})\boldsymbol{A}^2\\&=\frac{1}{10}(\boldsymbol{A}^2+3\boldsymbol{A}+4\boldsymbol{E}).\end{aligned}$$

(方法 2) 利用题设条件$\boldsymbol{A}^3=2\boldsymbol{E}$,及

$$\boldsymbol{B}=\boldsymbol{A}^2-2\boldsymbol{A}+2\boldsymbol{E}, \quad ①$$

得

$$\boldsymbol{BA}=-2\boldsymbol{A}^2+2\boldsymbol{A}+2\boldsymbol{E}, \quad ②$$

$$\boldsymbol{BA}^2=2\boldsymbol{A}^2+2\boldsymbol{A}-4\boldsymbol{E}. \quad ③$$

由①×2+②,得

$$2\boldsymbol{B}+\boldsymbol{BA}=-2\boldsymbol{A}+6\boldsymbol{E}. \quad ④$$

由②+③,得

$$\boldsymbol{BA}+\boldsymbol{BA}^2=4\boldsymbol{A}-2\boldsymbol{E}. \quad ⑤$$

由④×2+⑤,得

$$\boldsymbol{B}(\boldsymbol{A}^2+3\boldsymbol{A}+4\boldsymbol{E})=10\boldsymbol{E}.$$

所以$\boldsymbol{B}$为满秩矩阵,且$\boldsymbol{B}^{-1}=\frac{1}{10}(\boldsymbol{A}^2+3\boldsymbol{A}+4\boldsymbol{E})$.

(方法 3) 利用待定系数法. 令$\boldsymbol{G}=a\boldsymbol{A}^2+b\boldsymbol{A}+c\boldsymbol{E}$,由$\boldsymbol{BG}=\boldsymbol{E}$,得

$$(2a-2b+c)\boldsymbol{A}^2+2(a+b-c)\boldsymbol{A}+2(-2a+b+c)\boldsymbol{E}=\boldsymbol{E},$$

比较两边的系数,得

$$2a-2b+c=0,\ a+b-c=0,\ 2(-2a+b+c)=1,$$

解得$a=\frac{1}{10}$,$b=\frac{3}{10}$,$c=\frac{2}{5}$. 因此$\boldsymbol{B}$为满秩矩阵,且$\boldsymbol{B}^{-1}=\boldsymbol{G}=\frac{1}{10}(\boldsymbol{A}^2+3\boldsymbol{A}+4\boldsymbol{E})$.

(方法 4) 令$f(x)=x^3-2$,$g(x)=x^2-2x+2$,则$f(x)$,$g(x)\in\mathbb{R}[x]$,且$(f(x),g(x))=1$. 根据辗转相除法,可取$u(x)=-\frac{1}{10}(x+1)$,$v(x)=\frac{1}{10}(x^2+3x+4)$,使得

$$u(x)f(x)+v(x)g(x)=1.$$

于是

$$u(\boldsymbol{A})f(\boldsymbol{A})+v(\boldsymbol{A})g(\boldsymbol{A})=\boldsymbol{E}.$$

因为$f(\boldsymbol{A})=\boldsymbol{O}$,$g(\boldsymbol{A})=\boldsymbol{B}$,所以$v(\boldsymbol{A})\boldsymbol{B}=\boldsymbol{E}$,即$\boldsymbol{B}$可逆,或$\boldsymbol{B}$为满秩矩阵,且

$$\boldsymbol{B}^{-1}=v(\boldsymbol{A})=\frac{1}{10}(\boldsymbol{A}^2+3\boldsymbol{A}+4\boldsymbol{E}).$$

§4.3　初等变换与初等矩阵

基本理论与要点提示

4.3.1　矩阵的初等变换

1. 初等变换　下面的三种变换称为矩阵的初等行变换：

(1)　用一个非零的常数乘矩阵的某一行的所有元素；

(2)　将矩阵的某两行互换位置；

(3)　把矩阵的某一行的所有元素的 k 倍加到另一行对应的元素上去.

如果将上述定义中的"行"换成"列"，则称为矩阵的初等列变换. 矩阵的初等行变换和矩阵的初等列变换统称为矩阵的初等变换.

2. 等价矩阵　如果矩阵 $\boldsymbol{A}$ 经有限次初等变换变成矩阵 $\boldsymbol{B}$，则称矩阵 $\boldsymbol{A}$ 与 $\boldsymbol{B}$ 等价.

若矩阵 $\boldsymbol{A}$ 与 $\boldsymbol{B}$ 等价，则 $\operatorname{rank}\boldsymbol{A}=\operatorname{rank}\boldsymbol{B}$，即等价的矩阵具有相同的秩.

3. 初等矩阵　由单位矩阵经过一次初等变换得到的方阵称为初等矩阵.

(1)　对矩阵 $\boldsymbol{A}$ 施行初等变换的效果可用乘初等矩阵来代替，即：对矩阵 $\boldsymbol{A}$ 作一次初等行(列)变换，相当于在矩阵 $\boldsymbol{A}$ 的左(右)边乘相应的初等矩阵；

(2)　若 $\boldsymbol{A}$ 是可逆矩阵，则存在有限个初等矩阵 $\boldsymbol{P}_1,\boldsymbol{P}_2,\cdots,\boldsymbol{P}_l$，使 $\boldsymbol{A}=\boldsymbol{P}_1\boldsymbol{P}_2\cdots\boldsymbol{P}_l$；

(3)　设 $\boldsymbol{A},\boldsymbol{B}$ 均为 $m\times n$ 矩阵，则 $\boldsymbol{A}$ 与 $\boldsymbol{B}$ 等价的充要条件是存在 m 阶可逆矩阵 $\boldsymbol{P}$ 及 n 阶可逆矩阵 $\boldsymbol{Q}$，使 $\boldsymbol{PAQ}=\boldsymbol{B}$；

(4)　矩阵的等价标准形　$m\times n$ 矩阵 $\boldsymbol{A}$ 的秩为 r 的充要条件是存在 m 阶可逆矩阵 $\boldsymbol{P}$ 及 n 阶可逆矩阵 $\boldsymbol{Q}$，使

$$\boldsymbol{PAQ}=\begin{pmatrix}\boldsymbol{E}_r & \boldsymbol{O}\\ \boldsymbol{O} & \boldsymbol{O}\end{pmatrix},$$

其中 $\boldsymbol{E}_r$ 为 r 阶单位矩阵，称上式右端的分块矩阵为矩阵 $\boldsymbol{A}$ 的等价标准形.

4. 初等变换的应用　初等变换的基本应用主要有 5 个方面：求逆矩阵，求矩阵的秩，解矩阵方程，解线性方程组以及求二次型的标准形.

4.3.2　矩阵分块

1. 分块矩阵概念　把 $m\times n$ 矩阵用横线与竖线分成若干"子块"，从而将原矩阵看作由若干小矩阵构成，称之为分块矩阵.

2. 分块矩阵运算　分块矩阵的运算规则与普通矩阵的运算规则相类似. 例如：

(1)　若将矩阵 $\boldsymbol{A}=(a_{ij})_{m\times n}$ 分块为 $\boldsymbol{A}=(\boldsymbol{A}_{pq})_{s\times t}$，则

$$\boldsymbol{A}^{\mathrm{T}}=(\boldsymbol{A}_{pq}^{\mathrm{T}})_{t\times s};\quad k\boldsymbol{A}=(k\boldsymbol{A}_{pq})_{s\times t};$$

(2)　若将矩阵 $\boldsymbol{A}=(a_{ij})_{m\times n}$，$\boldsymbol{B}=(b_{ij})_{m\times n}$ 分块为 $\boldsymbol{A}=(\boldsymbol{A}_{pq})_{s\times t}$，$\boldsymbol{B}=(\boldsymbol{B}_{pq})_{s\times t}$，且它们的行列分法一致，则 $\boldsymbol{A}\pm\boldsymbol{B}=(\boldsymbol{A}_{pq}\pm\boldsymbol{B}_{pq})_{s\times t}$；

(3)　若将矩阵 $\boldsymbol{A}_{m\times l},\boldsymbol{B}_{l\times n}$ 分块为 $\boldsymbol{A}=(\boldsymbol{A}_{pk})_{s\times r}$，$\boldsymbol{B}=(\boldsymbol{B}_{kq})_{r\times t}$，且矩阵 $\boldsymbol{A}$ 的列的分法与矩阵 $\boldsymbol{B}$ 的行的分法一致，则 $\boldsymbol{AB}=(\boldsymbol{C}_{pq})_{s\times t}$，其中

$$\boldsymbol{C}_{pq}=\sum_{k=1}^{r}\boldsymbol{A}_{pk}\boldsymbol{B}_{kq}=\boldsymbol{A}_{p1}\boldsymbol{B}_{1q}+\boldsymbol{A}_{p2}\boldsymbol{B}_{2q}+\cdots+\boldsymbol{A}_{pr}\boldsymbol{B}_{rq}.$$

3. 分块对角矩阵　若 n 阶方阵 $\boldsymbol{A}$ 的分块矩阵仅在主对角线上有非零子块，其余子块都

是零矩阵，即

$$A=\begin{pmatrix}A_1 & O & \cdots & O\\ O & A_2 & \cdots & O\\ \vdots & \vdots & & \vdots\\ O & O & \cdots & A_s\end{pmatrix},$$

其中 $A_i(i=1,2,\cdots,s)$ 都为方阵，则称 A 为分块对角矩阵(或准对角阵).

(1) 分块对角矩阵的行列式：$|A|=|A_1||A_2|\cdots|A_s|$；

(2) 分块对角矩阵的逆阵：若分块对角矩阵 A 的每个对角子块 A_i 都可逆，则 A 可逆，且

$$A^{-1}=\begin{pmatrix}A_1^{-1} & O & \cdots & O\\ O & A_2^{-1} & \cdots & O\\ \vdots & \vdots & & \vdots\\ O & O & \cdots & A_s^{-1}\end{pmatrix}.$$

典型问题解析

【例 4.43】(数学一,2004 年) 设 A 是 3 阶方阵,将 A 的第 1 列与第 2 列交换得 B,再把 B 的第 2 列加到第 3 列得 C，则满足 $AQ=C$ 的可逆矩阵 Q 为( ).

(A) $\begin{pmatrix}0&1&0\\1&0&0\\1&0&1\end{pmatrix}$ (B) $\begin{pmatrix}0&1&0\\1&0&1\\0&0&1\end{pmatrix}$ (C) $\begin{pmatrix}0&1&0\\1&0&0\\0&1&1\end{pmatrix}$ (D) $\begin{pmatrix}0&1&1\\1&0&0\\0&0&1\end{pmatrix}$

【解】 将所述变换用相应的初等矩阵表示,即 $B=AP_{12}$，$C=BP_{23}(1)=AP_{12}P_{23}(1)$,所以 $Q=P_{12}P_{23}(1)$. 故应选(D).

【例 4.44】(数学一,2006 年) 设 A 为 3 阶方阵,将 A 的第 2 行加到第 1 行得 B,再将 B 的第 1 列的−1 倍加到第 2 列得 C，记 $P=\begin{pmatrix}1&1&0\\0&1&0\\0&0&1\end{pmatrix}$,则有( ).

(A) $C=P^{-1}AP$ (B) $C=PAP^{-1}$ (C) $C=P^{T}AP$ (D) $C=PAP^{T}$

【解】 将所述变换用初等矩阵表示,即 $B=PA$，$C=BP_{12}(-1)=PAP_{12}(-1)=PAP^{-1}$. 故应选(B).

【例 4.45】(南开大学,2006 年) 试将矩阵 $\begin{pmatrix}2&3\\3&5\end{pmatrix}$ 写成若干个形如 $\begin{pmatrix}1&0\\x&1\end{pmatrix}$ 与 $\begin{pmatrix}1&y\\0&1\end{pmatrix}$ 的矩阵的乘积.

【解】 显然,所给矩阵非奇异,故可经一系列初等变换化为单位矩阵. 具体地,有

$$\begin{pmatrix}2&3\\3&5\end{pmatrix}\xrightarrow{r_2-r_1}\begin{pmatrix}2&3\\1&2\end{pmatrix}\xrightarrow{c_2-c_1}\begin{pmatrix}2&1\\1&1\end{pmatrix}\xrightarrow{c_1-c_2}\begin{pmatrix}1&1\\0&1\end{pmatrix}\xrightarrow{c_2-c_1}\begin{pmatrix}1&0\\0&1\end{pmatrix},$$

用初等矩阵表示,即

$$\begin{pmatrix}1&0\\-1&1\end{pmatrix}\begin{pmatrix}2&3\\3&5\end{pmatrix}\begin{pmatrix}1&-1\\0&1\end{pmatrix}\begin{pmatrix}1&0\\-1&1\end{pmatrix}\begin{pmatrix}1&-1\\0&1\end{pmatrix}=\begin{pmatrix}1&0\\0&1\end{pmatrix}.$$

因此,有

$$\begin{aligned}\begin{pmatrix}2&3\\3&5\end{pmatrix}&=\begin{pmatrix}1&0\\-1&1\end{pmatrix}^{-1}\begin{pmatrix}1&-1\\0&1\end{pmatrix}^{-1}\begin{pmatrix}1&0\\-1&1\end{pmatrix}^{-1}\begin{pmatrix}1&-1\\0&1\end{pmatrix}^{-1}\\&=\begin{pmatrix}1&0\\1&1\end{pmatrix}\begin{pmatrix}1&1\\0&1\end{pmatrix}\begin{pmatrix}1&0\\1&1\end{pmatrix}\begin{pmatrix}1&1\\0&1\end{pmatrix}.\end{aligned}$$

【例 4.46】（1）设 $a\neq0$. 把矩阵 $\begin{pmatrix}a&0\\0&a^{-1}\end{pmatrix}$ 表示成一些形如

$$\begin{pmatrix}1&x\\0&1\end{pmatrix}\quad\text{与}\quad\begin{pmatrix}1&0\\y&1\end{pmatrix}\qquad ①$$

的矩阵的乘积;

（2）设 $\boldsymbol{A}=\begin{pmatrix}a&b\\c&d\end{pmatrix}$ 为一复数矩阵, $\det\boldsymbol{A}=1$. 证明: $\boldsymbol{A}$ 可表示成一些形如①的矩阵的乘积.

【解】（1）根据题目的要求,考虑如何用消法变换将 $\begin{pmatrix}a&0\\0&a^{-1}\end{pmatrix}$ 化成单位矩阵.

$$\begin{pmatrix}a&0\\0&a^{-1}\end{pmatrix}\xrightarrow{r_2+r_1}\begin{pmatrix}a&0\\a&a^{-1}\end{pmatrix}\xrightarrow{r_1+\frac{1-a}{a}r_2}\begin{pmatrix}1&\dfrac{1-a}{a^2}\\a&a^{-1}\end{pmatrix}$$

$$\xrightarrow{r_2+(-a)r_1}\begin{pmatrix}1&\dfrac{1-a}{a^2}\\0&1\end{pmatrix}\xrightarrow{r_1+\frac{a-1}{a^2}r_2}\begin{pmatrix}1&0\\0&1\end{pmatrix}.$$

将上述变换过程用初等矩阵表示,即

$$\begin{pmatrix}1&\dfrac{a-1}{a^2}\\0&1\end{pmatrix}\begin{pmatrix}1&0\\-a&1\end{pmatrix}\begin{pmatrix}1&\dfrac{1-a}{a}\\0&1\end{pmatrix}\begin{pmatrix}1&0\\1&1\end{pmatrix}\begin{pmatrix}a&0\\0&a^{-1}\end{pmatrix}=\begin{pmatrix}1&0\\0&1\end{pmatrix}.$$

所以

$$\begin{aligned}\begin{pmatrix}a&0\\0&a^{-1}\end{pmatrix}&=\begin{pmatrix}1&0\\1&1\end{pmatrix}^{-1}\begin{pmatrix}1&\dfrac{1-a}{a}\\0&1\end{pmatrix}^{-1}\begin{pmatrix}1&0\\-a&1\end{pmatrix}^{-1}\begin{pmatrix}1&\dfrac{a-1}{a^2}\\0&1\end{pmatrix}^{-1}\\&=\begin{pmatrix}1&0\\-1&1\end{pmatrix}\begin{pmatrix}1&\dfrac{a-1}{a}\\0&1\end{pmatrix}\begin{pmatrix}1&0\\a&1\end{pmatrix}\begin{pmatrix}1&\dfrac{1-a}{a^2}\\0&1\end{pmatrix}.\end{aligned}$$

（2）先考虑如何用消法变换将矩阵 $\boldsymbol{A}$ 化为形如(1)的矩阵 $\begin{pmatrix}a&0\\0&a^{-1}\end{pmatrix}$.

情形一:若 $a=0$,则 $|\boldsymbol{A}|=ad-bc=-bc=1, c=-\dfrac{1}{b}$. 所以

$$A=\begin{pmatrix}0 & b\\ -\dfrac{1}{b} & d\end{pmatrix}\xrightarrow{c_1+c_2}\begin{pmatrix}b & b\\ d-\dfrac{1}{b} & d\end{pmatrix}\xrightarrow{c_2-c_1}\begin{pmatrix}b & 0\\ \dfrac{bd-1}{b} & \dfrac{1}{b}\end{pmatrix}$$

$$\xrightarrow{c_1+(1-bd)c_2}\begin{pmatrix}b & 0\\ 0 & b^{-1}\end{pmatrix}.$$

将上述变换过程用初等矩阵表示即

$$A\begin{pmatrix}1 & 0\\ 1 & 1\end{pmatrix}\begin{pmatrix}1 & -1\\ 0 & 1\end{pmatrix}\begin{pmatrix}1 & 0\\ 1-bd & 1\end{pmatrix}=\begin{pmatrix}b & 0\\ 0 & b^{-1}\end{pmatrix}.$$

于是得

$$\begin{aligned}A&=\begin{pmatrix}b & 0\\ 0 & b^{-1}\end{pmatrix}\begin{pmatrix}1 & 0\\ 1-bd & 1\end{pmatrix}^{-1}\begin{pmatrix}1 & -1\\ 0 & 1\end{pmatrix}^{-1}\begin{pmatrix}1 & 0\\ 1 & 1\end{pmatrix}^{-1}\\ &=\begin{pmatrix}b & 0\\ 0 & b^{-1}\end{pmatrix}\begin{pmatrix}1 & 0\\ bd-1 & 1\end{pmatrix}\begin{pmatrix}1 & 1\\ 0 & 1\end{pmatrix}\begin{pmatrix}1 & 0\\ -1 & 1\end{pmatrix}.\end{aligned}$$

再由(1)知结论成立.

情形二:若 $a\neq0$,则

$$\begin{pmatrix}a & b\\ c & d\end{pmatrix}\xrightarrow{r_2-\frac{c}{a}r_1}\begin{pmatrix}a & b\\ 0 & d-\dfrac{bc}{a}\end{pmatrix}=\begin{pmatrix}a & b\\ 0 & a^{-1}\end{pmatrix}\xrightarrow{r_1+(-ab)r_2}\begin{pmatrix}a & 0\\ 0 & a^{-1}\end{pmatrix}.$$

所以

$$\begin{pmatrix}1 & -ab\\ 0 & 1\end{pmatrix}\begin{pmatrix}1 & 0\\ -\dfrac{c}{a} & 1\end{pmatrix}\begin{pmatrix}a & b\\ c & d\end{pmatrix}=\begin{pmatrix}a & 0\\ 0 & a^{-1}\end{pmatrix},$$

$$\begin{pmatrix}a & b\\ c & d\end{pmatrix}=\begin{pmatrix}1 & 0\\ \dfrac{c}{a} & 1\end{pmatrix}\begin{pmatrix}1 & ab\\ 0 & 1\end{pmatrix}\begin{pmatrix}a & 0\\ 0 & a^{-1}\end{pmatrix}.$$

再由(1)知结论成立.

【例 4.47】(清华大学,2006 年) 一个行列式为 1 的 n 阶方阵能否写成若干个行列式为 1 的初等矩阵之积? 若能,则给出证明. 若否,则举出反例.

【解】 我们证明:若 A 是 n 阶方阵,且 $\det A=1$,则 A 可以表示成一些形如 $P_{ij}(k)$ 的初等矩阵的乘积. 注意到 $\det(P_{ij}(k))=1$,且 $P_{ij}(k)$ 是对应于消法变换的初等矩阵,故只需证明 A 可经一系列消法变换化为单位矩阵即可. 对矩阵的阶数 n 用归纳法.

当 $n=2$ 时,由上一题的(2)知结论成立. 假设结论对 $n-1$ 阶方阵成立,对于 n 阶方阵 $A=(a_{ij})$,由于 A 可逆,总可以经消法变换使左上角的元素化为 1,因此不妨设 $a_{11}=1$,即

$$A=\begin{pmatrix}1 & a_{12} & \cdots & a_{1n}\\ a_{21} & a_{22} & \cdots & a_{2n}\\ \vdots & \vdots & & \vdots\\ a_{n1} & a_{n2} & \cdots & a_{nn}\end{pmatrix}.$$

显然,A 可经消法变换化为

$$A \longrightarrow \begin{pmatrix} 1 & 0 \\ 0 & A_1 \end{pmatrix},$$

其中 A_1 是 $n-1$ 阶方阵,且 $\det A_1=\det A=1$. 根据归纳假设,A_1 可经消法变换化为 $n-1$ 阶单位矩阵 E_{n-1},从而 A 可经消法变换化为单位矩阵.

【例 4.48】(中国科学技术大学,2008 年) 证明:与任意可逆方阵相乘时可交换的方阵是纯量方阵.

【证】 设 n 阶方阵 $A=(a_{ij})$ 与任意可逆方阵 T 可交换,即 $AT=TA$. 利用初等矩阵,有

$$AP(i(-1))=P(i(-1))A.$$

比较两端对应元素,得

$$a_{ij}=0,\quad i\neq j;\ i,j=1,2,\cdots,n.$$

所以 $A=\mathrm{diag}(a_{11},a_{22},\cdots,a_{nn})$. 进一步,令 $T=P(1,i),i\neq1$,则

$$AP(1,i)=P(1,i)A.$$

比较两端,得 $a_{ii}=a_{11},i=2,\cdots,n$. 因此 $A=a_{11}E$,即 A 为数量矩阵.

【例 4.49】(复旦大学,2001 年) 设矩阵

$$A=\begin{pmatrix} 1 & 0 & 0 & 2 \\ 0 & 0 & 0 & 1 \\ -3 & 0 & 0 & 0 \end{pmatrix},$$

求三阶可逆矩阵 P,四阶可逆矩阵 Q,使得

$$A=P\begin{pmatrix} 1 & 0 & 0 & 0 \\ 0 & 1 & 0 & 0 \\ 0 & 0 & 0 & 0 \end{pmatrix}Q.$$

【解】 对 A 先施行初等行变换:$r_1+(-2)r_2$ 及 r_3+3r_1,再施行初等列变换:$c_2\leftrightarrow c_4$,有

$$A\longrightarrow\begin{pmatrix} 1 & 0 & 0 & 0 \\ 0 & 0 & 0 & 1 \\ -3 & 0 & 0 & 0 \end{pmatrix}\longrightarrow\begin{pmatrix} 1 & 0 & 0 & 0 \\ 0 & 0 & 0 & 1 \\ 0 & 0 & 0 & 0 \end{pmatrix}\longrightarrow\begin{pmatrix} 1 & 0 & 0 & 0 \\ 0 & 1 & 0 & 0 \\ 0 & 0 & 0 & 0 \end{pmatrix}.$$

相应的初等矩阵分别记为

$$P_1=\begin{pmatrix} 1 & -2 & 0 \\ 0 & 1 & 0 \\ 0 & 0 & 1 \end{pmatrix},\quad P_2=\begin{pmatrix} 1 & 0 & 0 \\ 0 & 1 & 0 \\ 3 & 0 & 1 \end{pmatrix},\quad Q_1=\begin{pmatrix} 1 & 0 & 0 & 0 \\ 0 & 0 & 0 & 1 \\ 0 & 0 & 1 & 0 \\ 0 & 1 & 0 & 0 \end{pmatrix},$$

则上述变换过程用初等矩阵表示即

$$P_2P_1AQ_1=\begin{pmatrix} 1 & 0 & 0 & 0 \\ 0 & 1 & 0 & 0 \\ 0 & 0 & 0 & 0 \end{pmatrix},$$

即

$$A=P_1^{-1}P_2^{-1}\begin{pmatrix} 1 & 0 & 0 & 0 \\ 0 & 1 & 0 & 0 \\ 0 & 0 & 0 & 0 \end{pmatrix}Q_1^{-1}.$$

故所求的可逆矩阵

$$P=P_1^{-1}P_2^{-1}=\begin{pmatrix}1&2&0\\0&1&0\\-3&0&1\end{pmatrix},\quad Q=Q_1^{-1}=\begin{pmatrix}1&0&0&0\\0&0&0&1\\0&0&1&0\\0&1&0&0\end{pmatrix}.$$

【例 4.50】（南京航空航天大学，2013 年；安徽大学，2004 年） 设 $\boldsymbol{A},\boldsymbol{B}$ 都是 n 阶方阵. 证明：

$$\begin{vmatrix}\boldsymbol{A}&\boldsymbol{B}\\\boldsymbol{B}&\boldsymbol{A}\end{vmatrix}=|\boldsymbol{A}+\boldsymbol{B}||\boldsymbol{A}-\boldsymbol{B}|.$$

【证】 利用分块初等变换，得

$$\begin{pmatrix}\boldsymbol{A}&\boldsymbol{B}\\\boldsymbol{B}&\boldsymbol{A}\end{pmatrix}\to\begin{pmatrix}\boldsymbol{A}+\boldsymbol{B}&\boldsymbol{A}+\boldsymbol{B}\\\boldsymbol{B}&\boldsymbol{A}\end{pmatrix}\to\begin{pmatrix}\boldsymbol{A}+\boldsymbol{B}&\boldsymbol{O}\\\boldsymbol{B}&\boldsymbol{A}-\boldsymbol{B}\end{pmatrix},$$

用分块初等矩阵表示即

$$\begin{pmatrix}\boldsymbol{E}&\boldsymbol{E}\\\boldsymbol{O}&\boldsymbol{E}\end{pmatrix}\begin{pmatrix}\boldsymbol{A}&\boldsymbol{B}\\\boldsymbol{B}&\boldsymbol{A}\end{pmatrix}\begin{pmatrix}\boldsymbol{E}&-\boldsymbol{E}\\\boldsymbol{O}&\boldsymbol{E}\end{pmatrix}=\begin{pmatrix}\boldsymbol{A}+\boldsymbol{B}&\boldsymbol{O}\\\boldsymbol{B}&\boldsymbol{A}-\boldsymbol{B}\end{pmatrix}.$$

两边取行列式，得

$$\begin{vmatrix}\boldsymbol{A}&\boldsymbol{B}\\\boldsymbol{B}&\boldsymbol{A}\end{vmatrix}=\begin{vmatrix}\boldsymbol{A}+\boldsymbol{B}&\boldsymbol{O}\\\boldsymbol{B}&\boldsymbol{A}-\boldsymbol{B}\end{vmatrix}=|\boldsymbol{A}+\boldsymbol{B}||\boldsymbol{A}-\boldsymbol{B}|.$$

【例 4.51】（清华大学，2003 年） 试判断以下论断是否成立，并证明自己的判断：对任意 n 阶可逆矩阵 $\boldsymbol{A}$，存在方阵 $\boldsymbol{P},\boldsymbol{L},\boldsymbol{U}$ 使得 $\boldsymbol{PA}=\boldsymbol{LU}$，其中 $\boldsymbol{P}$ 为对换矩阵（即对换单位矩阵 $\boldsymbol{E}$ 的某两行所得矩阵）之积，$\boldsymbol{L}$ 为对角元均为 1 的下三角矩阵，$\boldsymbol{U}$ 为上三角矩阵.

【解】 论断成立，兹证明如下. 注意，我们把对换矩阵之积称为置换矩阵.

因为 $\boldsymbol{A}$ 是可逆矩阵，所以 $\boldsymbol{A}$ 的第一列必至少有一个非零元，不妨设 $a_{i1}\neq0$. 把 $\boldsymbol{A}$ 的第 1 行与第 i 行互换使（1,1）元非零，再把第一列的 $(i,1)$ 元都化成零，$i=2,3,\cdots,n$. 这等价于对 $\boldsymbol{A}$ 左乘第一，三类初等方阵，即存在 $\boldsymbol{P}_{1i},\boldsymbol{Q}_1$ 使

$$\boldsymbol{Q}_1\boldsymbol{P}_{1i}\boldsymbol{A}=\begin{pmatrix}a'_{11}&\boldsymbol{\beta}\\\boldsymbol{0}&\boldsymbol{A}_{n-1}\end{pmatrix},$$

其中 $\boldsymbol{P}_{1i}$ 为对换矩阵，而

$$\boldsymbol{Q}_1=\begin{pmatrix}1&\boldsymbol{0}\\\boldsymbol{\alpha}&\boldsymbol{E}_{n-1}\end{pmatrix}.$$

因为 $\boldsymbol{A}_{n-1}$ 是 $n-1$ 阶可逆矩阵，由归纳假设命题对 $\boldsymbol{A}_{n-1}$ 成立，记 $\boldsymbol{P}_{n-1}\boldsymbol{A}_{n-1}=\boldsymbol{L}_{n-1}\boldsymbol{U}_{n-1}$，其中 $\boldsymbol{P}_{n-1}$，$\boldsymbol{L}_{n-1}$，$\boldsymbol{U}_{n-1}$ 满足题设要求，于是有

$$\begin{pmatrix}1&\boldsymbol{0}\\\boldsymbol{0}&\boldsymbol{P}_{n-1}\end{pmatrix}\boldsymbol{Q}_1\boldsymbol{P}_{1i}\boldsymbol{A}=\begin{pmatrix}a'_{11}&\boldsymbol{\beta}\\\boldsymbol{0}&\boldsymbol{P}_{n-1}\boldsymbol{A}_{n-1}\end{pmatrix}=\begin{pmatrix}a'_{11}&\boldsymbol{\beta}\\\boldsymbol{0}&\boldsymbol{L}_{n-1}\boldsymbol{U}_{n-1}\end{pmatrix}=\begin{pmatrix}1&\boldsymbol{0}\\\boldsymbol{0}&\boldsymbol{L}_{n-1}\end{pmatrix}\begin{pmatrix}a'_{11}&\boldsymbol{\beta}\\\boldsymbol{0}&\boldsymbol{U}_{n-1}\end{pmatrix}.$$

因为 $\boldsymbol{L}_{n-1}$ 是对角元均为 1 的下三角矩阵，$\boldsymbol{U}_{n-1}$ 是上三角矩阵，所以上式右边已满足题目要求. 再看等式左边，因为 $\boldsymbol{P}_{n-1}$ 是置换矩阵，所以最左边一个分块矩阵也是置换矩阵. 而 $\boldsymbol{Q}_1$ 是对角元都为 1 的下三角矩阵，$\boldsymbol{P}_{1i}$ 为对换矩阵，若能把 $\boldsymbol{Q}_1$ 换到最左边再把等式两边同时左乘 $\boldsymbol{Q}_1$ 的逆即可得证. 注意到 $\boldsymbol{Q}_1$ 与其左边的矩阵不可交换，但我们有

$$\begin{pmatrix}1&0\\0&P_{n-1}\end{pmatrix}Q_1=\begin{pmatrix}1&0\\P_{n-1}\alpha&P_{n-1}\end{pmatrix}=\begin{pmatrix}1&0\\P_{n-1}\alpha&E_{n-1}\end{pmatrix}\begin{pmatrix}1&0\\0&P_{n-1}\end{pmatrix},$$

于是得

$$\begin{aligned}\begin{pmatrix}1&0\\0&P_{n-1}\end{pmatrix}P_{1i}A&=\begin{pmatrix}1&0\\P_{n-1}\alpha&E_{n-1}\end{pmatrix}^{-1}\begin{pmatrix}1&0\\0&L_{n-1}\end{pmatrix}\begin{pmatrix}a'_{11}&\beta\\0&U_{n-1}\end{pmatrix}\\&=\begin{pmatrix}1&0\\-P_{n-1}\alpha&E_{n-1}\end{pmatrix}\begin{pmatrix}1&0\\0&L_{n-1}\end{pmatrix}\begin{pmatrix}a'_{11}&\beta\\0&U_{n-1}\end{pmatrix}\\&=\begin{pmatrix}1&0\\-P_{n-1}\alpha&L_{n-1}\end{pmatrix}\begin{pmatrix}a'_{11}&\beta\\0&U_{n-1}\end{pmatrix}.\end{aligned}$$

令

$$P=\begin{pmatrix}1&0\\0&P_{n-1}\end{pmatrix}P_{1i},\quad L=\begin{pmatrix}1&0\\-P_{n-1}\alpha&L_{n-1}\end{pmatrix},\quad U=\begin{pmatrix}a'_{11}&\beta\\0&U_{n-1}\end{pmatrix},$$

则 P,L,U 都满足题设要求,且有 $PA=LU$.

【例4.52】 设 A 与 B 分别是 $n\times m$ 与 $m\times n$ 矩阵,且 E_m-BA 是非奇异阵. 证明 E_n-AB 可逆,并求其逆矩阵,其中 E_m,E_n 分别为 m 阶,n 阶单位矩阵.

【证】 对分块矩阵$\begin{pmatrix}E_n&A\\B&E_m\end{pmatrix}$作初等变换,易知

$$\begin{pmatrix}E_n&O\\-B&E_m\end{pmatrix}\begin{pmatrix}E_n&A\\B&E_m\end{pmatrix}\begin{pmatrix}E_n&-A\\O&E_m\end{pmatrix}=\begin{pmatrix}E_n&O\\O&E_m-BA\end{pmatrix},$$

$$\begin{pmatrix}E_n&-A\\O&E_m\end{pmatrix}\begin{pmatrix}E_n&A\\B&E_m\end{pmatrix}\begin{pmatrix}E_n&O\\-B&E_m\end{pmatrix}=\begin{pmatrix}E_n-AB&O\\O&E_m\end{pmatrix}.$$

对上述二式取行列式,可知 E_m-BA 是非奇异的当且仅当 E_n-AB 是非奇异的. 进一步,对二式两边同时求逆,可得

$$\begin{pmatrix}E_n&A\\B&E_m\end{pmatrix}^{-1}=\begin{pmatrix}E_n&-A\\O&E_m\end{pmatrix}\begin{pmatrix}E_n&O\\O&(E_m-BA)^{-1}\end{pmatrix}\begin{pmatrix}E_n&O\\-B&E_m\end{pmatrix},$$

$$\begin{pmatrix}E_n&A\\B&E_m\end{pmatrix}^{-1}=\begin{pmatrix}E_n&O\\-B&E_m\end{pmatrix}\begin{pmatrix}(E_n-AB)^{-1}&O\\O&E_m\end{pmatrix}\begin{pmatrix}E_n&-A\\O&E_m\end{pmatrix}.$$

对右边直接作分块矩阵乘法,再比较对应子块,得

$$(E_n-AB)^{-1}=E_n+A(E_m-BA)^{-1}B.$$

【注】 本题若只需证明 E_n-AB 是可逆的,则还可用反证法. 假设 E_n-AB 不可逆,则齐次方程组 $(E_n-AB)x=0$ 有非零解,设 α 是其非零解,那么 $(E_n-AB)\alpha=0$,故 $AB\alpha=\alpha\neq 0$,因而 $B\alpha\neq 0$. 于是 $(E_m-BA)B\alpha=B\alpha-BAB\alpha=B\alpha-B\alpha=0$,说明齐次方程组 $(E_n-BA)x=0$ 有非零解,此与 E_n-BA 是非奇异矩阵矛盾. 故假设不成立.

§4.4 矩阵的秩

基本理论与要点提示

4.4.1 矩阵秩的概念

(1) 在 $m\times n$ 矩阵 $\boldsymbol{A}$ 中，任选 k 行与 k 列 ($k\leqslant\min\{m,n\}$)，位于这些行列交叉处的 k^2 个元素按原来的次序构成一个 k 阶行列式，称为矩阵 $\boldsymbol{A}$ 的 k 阶子式；

(2) 若矩阵 $\boldsymbol{A}$ 中存在一个不为零的 r 阶子式，而所有的 $r+1$ 阶子式(如果存在的话)全为零，则称矩阵 $\boldsymbol{A}$ 的秩为 r，记为 $\operatorname{rank}(\boldsymbol{A})$ 或 $\operatorname{rank}\boldsymbol{A}=r$；

(3) 若 $\boldsymbol{A}$ 中存在一个 r 阶子式不等于零，则 $\operatorname{rank}\boldsymbol{A}\geqslant r$；若 $\boldsymbol{A}$ 中所有 r 阶子式全为零，则 $\operatorname{rank}\boldsymbol{A}<r$；

(4) 对于任一 $m\times n$ 矩阵 $\boldsymbol{A}$,若 $\boldsymbol{P},\boldsymbol{Q}$ 分别是 m 阶和 n 阶可逆矩阵,则

$$\operatorname{rank}(\boldsymbol{PA})=\operatorname{rank}(\boldsymbol{AQ})=\operatorname{rank}\boldsymbol{A}.$$

4.4.2 满秩方阵 对于 n 阶方阵 $\boldsymbol{A}$，若 $\operatorname{rank}\boldsymbol{A}=n$，则称 $\boldsymbol{A}$ 为满秩(非退化)方阵，否则称为降秩(退化)方阵.

下述 4 种提法互为等价条件：

(1) 方阵 $\boldsymbol{A}$ 是满秩的；

(2) 方阵 $\boldsymbol{A}$ 是非奇异方阵；

(3) 方阵 $\boldsymbol{A}$ 是可逆的；

(4) 方阵 $\boldsymbol{A}$ 的行列式 $|\boldsymbol{A}|\neq 0$.

4.4.3 关于矩阵秩的不等式

(1) 对于 $m\times n$ 矩阵 $\boldsymbol{A}$ 与 $n\times s$ 矩阵 $\boldsymbol{B}$，有 $\operatorname{rank}(\boldsymbol{AB})\leqslant\min\{\operatorname{rank}\boldsymbol{A},\operatorname{rank}\boldsymbol{B}\}$；

(2) 若 $\boldsymbol{A}$ 是 $m\times n$ 矩阵,$\boldsymbol{B}$ 是 $n\times s$ 矩阵,且 $\boldsymbol{AB}=\boldsymbol{O}$,则 $\operatorname{rank}\boldsymbol{A}+\operatorname{rank}\boldsymbol{B}\leqslant n$；

(3) 对于 $m\times n$ 矩阵 $\boldsymbol{A}$ 与 $\boldsymbol{B}$，有 $\operatorname{rank}(\boldsymbol{A}+\boldsymbol{B})\leqslant\operatorname{rank}\boldsymbol{A}+\operatorname{rank}\boldsymbol{B}$；

(4) 对于 $m\times n$ 矩阵 $\boldsymbol{A}$ 与 $m\times s$ 矩阵 $\boldsymbol{B}$，有 $\operatorname{rank}(\boldsymbol{A},\boldsymbol{B})\leqslant\operatorname{rank}\boldsymbol{A}+\operatorname{rank}\boldsymbol{B}$；

(5) 对于 $m\times n$ 矩阵 $\boldsymbol{A}$ 与 $s\times n$ 矩阵 $\boldsymbol{B}$，有 $\operatorname{rank}\begin{pmatrix}\boldsymbol{A}\\ \boldsymbol{B}\end{pmatrix}\leqslant\operatorname{rank}\boldsymbol{A}+\operatorname{rank}\boldsymbol{B}$；

(6) 对于 $m\times n$ 矩阵 $\boldsymbol{A}$ 与 $s\times t$ 矩阵 $\boldsymbol{B}$，有 $\operatorname{rank}\begin{pmatrix}\boldsymbol{A} & \boldsymbol{O}\\ \boldsymbol{O} & \boldsymbol{B}\end{pmatrix}=\operatorname{rank}\boldsymbol{A}+\operatorname{rank}\boldsymbol{B}$；

(7) 对于 $m\times n$ 矩阵 $\boldsymbol{A}$ 与 $s\times t$ 矩阵 $\boldsymbol{B}$，有 $\operatorname{rank}\begin{pmatrix}\boldsymbol{A} & \boldsymbol{O}\\ \boldsymbol{C} & \boldsymbol{B}\end{pmatrix}\geqslant\operatorname{rank}\boldsymbol{A}+\operatorname{rank}\boldsymbol{B}$.

4.4.4 求矩阵的秩常用的方法

(1) 利用向量组的秩；

(2) 利用齐次方程组的理论；

(3) 利用矩阵秩的等式或不等式；

(4) 利用分块矩阵；

(5) 利用子空间的维数,特别是线性变换值域与核的维数.(详见第 5 章,第 6 章.)

典型问题解析

【例 4.53】(东南大学,2003 年) 设 $Q=\begin{pmatrix}1&2&3\\2&4&t\\3&6&9\end{pmatrix}$, P 为 3 阶非零方阵, 且满足 $PQ=O$, 则(　　).

(A) 当 $t=6$ 时,P 的秩必为 1　　(B) 当 $t=6$ 时,P 的秩必为 2

(C) 当 $t\neq6$ 时,P 的秩必为 1　　(D) 当 $t\neq6$ 时,P 的秩必为 2

【解】 因为 $P\neq O$,所以 $\operatorname{rank} P\geqslant1$. 又 $PQ=O$, 所以 $\operatorname{rank} P+\operatorname{rank} Q\leqslant3$.

当 $t=6$ 时,$\operatorname{rank} Q=1$, 于是有 $1\leqslant\operatorname{rank} P\leqslant2$;

当 $t\neq6$ 时,$\operatorname{rank} Q=2$, 于是有 $1\leqslant\operatorname{rank} P\leqslant3-2=1$, 从而 $\operatorname{rank} P=1$.

故应选(C).

【例 4.54】(北京科技大学,2008 年) 设 A,B 均为 n 阶幂等矩阵(即 $A^2=A,B^2=B$),且 $E-A-B$ 可逆,其中 E 为 n 阶单位矩阵. 证明 $\operatorname{rank} A=\operatorname{rank} B$.

【证】 由 $A^2=A$,有 $A(E-A-B)=-AB$. 因为 $E-A-B$ 是可逆矩阵,所以

$$\operatorname{rank} A=\operatorname{rank}(A(E-A-B))=\operatorname{rank}(-AB)=\operatorname{rank}(AB).$$

再由 $B^2=B$,有 $(E-A-B)B=-AB$, 从而

$$\operatorname{rank} B=\operatorname{rank}((E-A-B)B)=\operatorname{rank}(-AB)=\operatorname{rank}(AB).$$

于是,有 $\operatorname{rank} A=\operatorname{rank}(AB)=\operatorname{rank} B$.

【例 4.55】(中国科学院,2001 年) 设 A,B 为 n 阶复方阵,s 为实数,$C=A+sB$. 试证明:若 B 为满秩矩阵,则必存在正实数 a,使得当 $0<s<a$ 时,C 为满秩矩阵.

【证】 因为 B 是满秩的,所以 $C=(AB^{-1}+sE)B$. 令 $f(s)=\det(AB^{-1}+sE)$,易知 $f(s)$ 是复数域上的 n 次多项式.

若 $f(s)$ 没有正实根,则任取正实数 a,当 $0<s<a$ 时,都有 $f(s)\neq0$;若 $f(s)$ 有正实根,则 $f(s)$ 的正实根至多 n 个,取 a 是其中的最小者. 当 $0<s<a$ 时,也有 $f(s)\neq0$.

因此,存在实数 $a>0$,当 $0<s<a$ 时,$|C|=|AB^{-1}+sE||B|\neq0$,即 C 为满秩矩阵.

【例 4.56】(南开大学,2008 年) 设 n 阶实方阵 $A=(a_{ij})_{n\times n}$ 满足条件

(1) $a_{ii}>0\quad(i=1,2,\cdots,n)$;

(2) $a_{ij}<0\quad(i\neq j,i,j=1,2,\cdots,n)$;

(3) $\sum\limits_{i=1}^{n}a_{ij}=0\quad(j=1,2,\cdots,n)$.

试求 A 的秩.

【解】 首先由条件 $\sum\limits_{i=1}^{n}a_{ij}=0(j=1,2,\cdots,n)$ 易知 $|A|=0$,故 $\operatorname{rank} A\leqslant n-1$. 其次考虑 A 中元素 a_{11} 的余子式 M_{11},即 A 的一个 $n-1$ 阶主子式,因为

$$a_{jj}=-\sum_{i\neq j}a_{ij}=\sum_{i\neq j}|a_{ij}|>\sum_{\substack{i=2\\i\neq j}}^{n}|a_{ij}|(j=2,3,\cdots,n),$$

即 M_{11} 的元素是严格对角占优的，所以 $M_{11}>0$，故 rank $\boldsymbol{A}\geqslant n-1$，因此 rank $\boldsymbol{A}=n-1$.

【例 4.57】(武汉大学，2012 年；华南理工大学，2015 年) 设 $\boldsymbol{A},\boldsymbol{B}$ 为 n 阶方阵，证明：

$$\operatorname{rank}(\boldsymbol{AB}-\boldsymbol{I})\leqslant\operatorname{rank}(\boldsymbol{A}-\boldsymbol{I})+\operatorname{rank}(\boldsymbol{B}-\boldsymbol{I}),$$

这里 $\boldsymbol{I}$ 为 n 阶单位矩阵.

【证】 因为 $\boldsymbol{AB}-\boldsymbol{I}=(\boldsymbol{A}-\boldsymbol{I})\boldsymbol{B}+(\boldsymbol{B}-\boldsymbol{I})$，所以

$$\begin{aligned}\operatorname{rank}(\boldsymbol{AB}-\boldsymbol{I})&\leqslant\operatorname{rank}((\boldsymbol{A}-\boldsymbol{I})\boldsymbol{B})+\operatorname{rank}(\boldsymbol{B}-\boldsymbol{I})\\&\leqslant\operatorname{rank}(\boldsymbol{A}-\boldsymbol{I})+\operatorname{rank}(\boldsymbol{B}-\boldsymbol{I}).\end{aligned}$$

【例 4.58】 设 $\boldsymbol{A},\boldsymbol{B}$ 为 n 阶方阵，证明：

(1) $\operatorname{rank}(\boldsymbol{A}-\boldsymbol{B})\geqslant\operatorname{rank}\boldsymbol{A}-\operatorname{rank}\boldsymbol{B}$;

(2) 若 $\boldsymbol{A}$ 是可逆矩阵，则结论(1)中的等号成立当且仅当 $\boldsymbol{BA}^{-1}\boldsymbol{B}=\boldsymbol{B}$.

【证】 (1) 因为 $\boldsymbol{A}=(\boldsymbol{A}-\boldsymbol{B})+\boldsymbol{B}$，所以

$$\operatorname{rank}\boldsymbol{A}=\operatorname{rank}((\boldsymbol{A}-\boldsymbol{B})+\boldsymbol{B})\leqslant\operatorname{rank}(\boldsymbol{A}-\boldsymbol{B})+\operatorname{rank}\boldsymbol{B},$$

即 $\operatorname{rank}(\boldsymbol{A}-\boldsymbol{B})\geqslant\operatorname{rank}\boldsymbol{A}-\operatorname{rank}\boldsymbol{B}$.

(2) 利用分块矩阵的初等变换，得

$$\begin{pmatrix}\boldsymbol{A}-\boldsymbol{B}&\boldsymbol{O}\\\boldsymbol{O}&\boldsymbol{B}\end{pmatrix}\longrightarrow\begin{pmatrix}\boldsymbol{A}&\boldsymbol{B}\\\boldsymbol{B}&\boldsymbol{B}\end{pmatrix}\xrightarrow{\text{行}}\begin{pmatrix}\boldsymbol{A}&\boldsymbol{B}\\\boldsymbol{O}&\boldsymbol{B}-\boldsymbol{BA}^{-1}\boldsymbol{B}\end{pmatrix}\xrightarrow{\text{列}}\begin{pmatrix}\boldsymbol{A}&\boldsymbol{O}\\\boldsymbol{O}&\boldsymbol{B}-\boldsymbol{BA}^{-1}\boldsymbol{B}\end{pmatrix}.$$

因为初等变换不改变矩阵的秩，所以

$$\operatorname{rank}\begin{pmatrix}\boldsymbol{A}-\boldsymbol{B}&\boldsymbol{O}\\\boldsymbol{O}&\boldsymbol{B}\end{pmatrix}=\operatorname{rank}\begin{pmatrix}\boldsymbol{A}&\boldsymbol{O}\\\boldsymbol{O}&\boldsymbol{B}-\boldsymbol{BA}^{-1}\boldsymbol{B}\end{pmatrix},$$

即

$$\operatorname{rank}(\boldsymbol{A}-\boldsymbol{B})+\operatorname{rank}\boldsymbol{B}=\operatorname{rank}\boldsymbol{A}+\operatorname{rank}(\boldsymbol{B}-\boldsymbol{BA}^{-1}\boldsymbol{B}),$$

故 $\operatorname{rank}(\boldsymbol{A}-\boldsymbol{B})=\operatorname{rank}\boldsymbol{A}-\operatorname{rank}\boldsymbol{B}$ 当且仅当 $\operatorname{rank}(\boldsymbol{B}-\boldsymbol{BA}^{-1}\boldsymbol{B})=0$，即 $\boldsymbol{BA}^{-1}\boldsymbol{B}=\boldsymbol{B}$.

【例 4.59】 设 $\boldsymbol{A},\boldsymbol{B},\boldsymbol{C},\boldsymbol{D}$ 均为 n 阶方阵，$\boldsymbol{AC}=\boldsymbol{CA}$，$\boldsymbol{AD}=\boldsymbol{CB}$，且 $\det\boldsymbol{A}\neq0$. 证明

$$\operatorname{rank}\begin{pmatrix}\boldsymbol{A}&\boldsymbol{B}\\\boldsymbol{C}&\boldsymbol{D}\end{pmatrix}=n.$$

【证】 因为 $\det\boldsymbol{A}\neq0$，所以 $\operatorname{rank}\boldsymbol{A}=n$. 易知

$$\begin{pmatrix}\boldsymbol{E}&\boldsymbol{O}\\-\boldsymbol{CA}^{-1}&\boldsymbol{E}\end{pmatrix}\begin{pmatrix}\boldsymbol{A}&\boldsymbol{B}\\\boldsymbol{C}&\boldsymbol{D}\end{pmatrix}\begin{pmatrix}\boldsymbol{E}&-\boldsymbol{A}^{-1}\boldsymbol{B}\\\boldsymbol{O}&\boldsymbol{E}\end{pmatrix}=\begin{pmatrix}\boldsymbol{A}&\boldsymbol{O}\\\boldsymbol{O}&\boldsymbol{D}-\boldsymbol{CA}^{-1}\boldsymbol{B}\end{pmatrix}.$$

因为 $\boldsymbol{AC}=\boldsymbol{CA}$，$\boldsymbol{AD}=\boldsymbol{CB}$，所以 $\operatorname{rank}(\boldsymbol{D}-\boldsymbol{CA}^{-1}\boldsymbol{B})=\operatorname{rank}(\boldsymbol{A}(\boldsymbol{D}-\boldsymbol{CA}^{-1}\boldsymbol{B}))=0$. 于是，有

$$\operatorname{rank}\begin{pmatrix}\boldsymbol{A}&\boldsymbol{B}\\\boldsymbol{C}&\boldsymbol{D}\end{pmatrix}=\operatorname{rank}\begin{pmatrix}\boldsymbol{A}&\boldsymbol{O}\\\boldsymbol{O}&\boldsymbol{D}-\boldsymbol{CA}^{-1}\boldsymbol{B}\end{pmatrix}=\operatorname{rank}\boldsymbol{A}+\operatorname{rank}(\boldsymbol{D}-\boldsymbol{CA}^{-1}\boldsymbol{B})=n.$$

【例 4.60】 设 $\boldsymbol{A},\boldsymbol{D}$ 分别为 m 阶与 n 阶可逆矩阵，$\boldsymbol{B},\boldsymbol{C}$ 分别为 $m\times n$ 与 $n\times m$ 矩阵. 证明：

$$\operatorname{rank}\boldsymbol{A}-\operatorname{rank}(\boldsymbol{A}-\boldsymbol{BD}^{-1}\boldsymbol{C})=\operatorname{rank}\boldsymbol{D}-\operatorname{rank}(\boldsymbol{D}-\boldsymbol{CA}^{-1}\boldsymbol{B}).$$

【证】 利用分块矩阵的初等变换，得

$$\begin{pmatrix} A & O \\ O & D-CA^{-1}B \end{pmatrix} \xrightarrow{\text{行}} \begin{pmatrix} A & O \\ C & D-CA^{-1}B \end{pmatrix} \xrightarrow{\text{列}} \begin{pmatrix} A & B \\ C & D \end{pmatrix},$$

$$\begin{pmatrix} A-BD^{-1}C & O \\ O & D \end{pmatrix} \xrightarrow{\text{行}} \begin{pmatrix} A-BD^{-1}C & B \\ O & D \end{pmatrix} \xrightarrow{\text{列}} \begin{pmatrix} A & B \\ C & D \end{pmatrix}.$$

因为初等变换不改变矩阵的秩,所以

$$\operatorname{rank} A + \operatorname{rank}(D-CA^{-1}B) = \operatorname{rank}\begin{pmatrix} A & O \\ O & D-CA^{-1}B \end{pmatrix} = \operatorname{rank}\begin{pmatrix} A & B \\ C & D \end{pmatrix},$$

$$\operatorname{rank}(A-BD^{-1}C) + \operatorname{rank} D = \operatorname{rank}\begin{pmatrix} A-BD^{-1}C & O \\ O & D \end{pmatrix} = \operatorname{rank}\begin{pmatrix} A & B \\ C & D \end{pmatrix}.$$

于是有

$$\operatorname{rank} A + \operatorname{rank}(D-CA^{-1}B) = \operatorname{rank} D + \operatorname{rank}(A-BD^{-1}C),$$

再移项即得所证.

【注】 特别,令 $A=\lambda_0 E_m, D=E_n$,其中 λ_0 为任意非零常数,则有

$$m-\operatorname{rank}(\lambda_0 E_m - BC) = n - \operatorname{rank}(\lambda_0 E_n - CB).$$

【例 4.61】(河南师范大学,2012 年) 设 $n>2, x_1x_2\cdots x_n \neq 0$,矩阵

$$A = \begin{pmatrix} 0 & x_1+x_2 & x_1+x_3 & \cdots & x_1+x_n \\ x_2+x_1 & 0 & x_2+x_3 & \cdots & x_2+x_n \\ x_3+x_1 & x_3+x_2 & 0 & \cdots & x_3+x_n \\ \vdots & \vdots & \vdots & & \vdots \\ x_n+x_1 & x_n+x_2 & x_n+x_3 & \cdots & 0 \end{pmatrix}.$$

证明: A 的伴随矩阵 A^* 的秩 $\operatorname{rank} A^*=n$ 或 1.

【证】 (方法 1)问题即证: $\operatorname{rank} A=n$ 或 $n-1$. 考虑分块矩阵 $A_1=\left(\begin{array}{c|c} 1 & \\ \hline & A \end{array}\right)$,由于 $\operatorname{rank} A_1=1+\operatorname{rank} A$,故只需证: $\operatorname{rank} A_1 \geqslant n$.

将 A_1 的第 1 列加到其他各列,再将第 1 行乘 $-x_i$ 加到第 $i+1$ 行 $(i=1,2,\cdots,n)$,得

$$A_1 \longrightarrow \left(\begin{array}{c|cccc} 1 & 1 & 1 & \cdots & 1 \\ \hline -x_1 & -x_1 & x_2 & \cdots & x_n \\ -x_2 & x_1 & -x_2 & \cdots & x_n \\ \vdots & \vdots & \vdots & & \vdots \\ -x_n & x_1 & x_2 & \cdots & -x_n \end{array}\right).$$

注意到上述矩阵有一个 n 阶非零子式

$$\begin{vmatrix} -x_1 & x_2 & \cdots & x_n \\ x_1 & -x_2 & \cdots & x_n \\ \vdots & \vdots & & \vdots \\ x_1 & x_2 & \cdots & -x_n \end{vmatrix} = (-2)^{n-1}(n-2)\prod_{i=1}^{n} x_i \neq 0,$$

所以 $\operatorname{rank} A_1 \geqslant n$,从而 $\operatorname{rank} A \geqslant n-1$.

(方法 2)利用本章例 4.60 的结论. 为此,将 A 表示为 $A=BC-D$, 其中

$$B=\begin{pmatrix}x_1 & 1\\ x_2 & 1\\ \vdots & \vdots\\ x_n & 1\end{pmatrix},\quad C=\begin{pmatrix}1 & 1 & \cdots & 1\\ x_1 & x_2 & \cdots & x_n\end{pmatrix},\quad D=\begin{pmatrix}2x_1 & & & \\ & 2x_2 & & \\ & & \ddots & \\ & & & 2x_n\end{pmatrix}.$$

易知，$E_2-CD^{-1}B=\begin{pmatrix}1-\dfrac{n}{2} & -\dfrac{1}{2}\sum\limits_{j=1}^{n}\dfrac{1}{x_j}\\ -\dfrac{1}{2}\sum\limits_{j=1}^{n}x_j & 1-\dfrac{n}{2}\end{pmatrix}$，所以 $\operatorname{rank}(E_2-CD^{-1}B)\geqslant 1$，这里的 E_2 表示 2 阶单位矩阵. 于是

$$\operatorname{rank}D-\operatorname{rank}(D-BE_2^{-1}C)=\operatorname{rank}E_2-\operatorname{rank}(E_2-CD^{-1}B)\leqslant 1,$$

从而有 $\operatorname{rank}A=\operatorname{rank}(D-BC)\geqslant n-1$，故 $\operatorname{rank}A^*=n$ 或 1.

【例 4.62】（重庆大学，2003 年） 设 A 是 $m\times n$ 矩阵，B 是 $n\times s$ 矩阵，且 $\operatorname{rank}(AB)=\operatorname{rank}B$，证明：对任一 $s\times t$ 矩阵 C，有 $\operatorname{rank}(ABC)=\operatorname{rank}(BC)$.

【证】 （方法 1）利用分块矩阵的初等变换，得

$$\begin{pmatrix}ABC & O\\ O & B\end{pmatrix}\xrightarrow{\text{行}}\begin{pmatrix}ABC & AB\\ O & B\end{pmatrix}\xrightarrow{\text{列}}\begin{pmatrix}O & AB\\ -BC & B\end{pmatrix}\xrightarrow{\text{列}}\begin{pmatrix}AB & O\\ B & BC\end{pmatrix}.$$

因为初等变换不改变矩阵的秩，所以

$$\operatorname{rank}(ABC)+\operatorname{rank}B=\operatorname{rank}\begin{pmatrix}ABC & O\\ O & B\end{pmatrix}=\operatorname{rank}\begin{pmatrix}AB & O\\ B & BC\end{pmatrix}\geqslant\operatorname{rank}(AB)+\operatorname{rank}(BC),$$

又已知 $\operatorname{rank}(AB)=\operatorname{rank}B$，所以 $\operatorname{rank}(ABC)\geqslant\operatorname{rank}(BC)$. 又 $\operatorname{rank}(ABC)\leqslant\operatorname{rank}(BC)$，故

$$\operatorname{rank}(ABC)=\operatorname{rank}(BC).$$

（方法 2）据题设 $\operatorname{rank}(AB)=\operatorname{rank}B$ 知，齐次线性方程组 $(AB)x=0$ 与 $Bx=0$ 同解.

设 S_1,S_2 分别是齐次线性方程组 $(ABC)x=0$ 与 $(BC)x=0$ 的解空间，则 $S_1\supseteq S_2$. 另一方面，任取 $x_0\in S_1$，则 $(ABC)x_0=0$. 令 $y_0=Cx_0$，则 $(AB)y_0=0$，即 y_0 是 $(AB)x=0$ 的解，因而是 $Bx=0$ 的解，所以 $(BC)x_0=By_0=0$，故 $x_0\in S_2$. 因此 $S_1=S_2$，$\dim S_1=\dim S_2$.

因为 $\dim S_1=t-\operatorname{rank}(ABC)$，$\dim S_2=t-\operatorname{rank}(BC)$，所以 $\operatorname{rank}(ABC)=\operatorname{rank}(BC)$.

【例 4.63】（南京大学，2007 年） 设 A 是 n 阶可逆矩阵，U,V 是 $n\times m$ 矩阵，E_m 是 m 阶单位矩阵. 证明：若 $\operatorname{rank}(V^{\mathrm T}A^{-1}U+E_m)<m$，则 $\operatorname{rank}(A+UV^{\mathrm T})<n$，其中 $V^{\mathrm T}$ 表示 V 的转置.

【证】 （方法 1）据题设，$V^{\mathrm T}A^{-1}U+E_m$ 不可逆，所以齐次方程组 $(V^{\mathrm T}A^{-1}U+E_m)x=0$ 有非零解，设 α 是其非零解，则 $(V^{\mathrm T}A^{-1}U+E_m)\alpha=0$. 因为 $V^{\mathrm T}A^{-1}U\alpha=-\alpha\neq 0$，所以 $A^{-1}U\alpha\neq 0$. 另一方面，由于

$$(A+UV^{\mathrm T})(A^{-1}U\alpha)=U(E_m+V^{\mathrm T}A^{-1}U)\alpha=0,$$

说明齐次方程组 $(A+UV^{\mathrm T})x=0$ 有非零解，故 $\operatorname{rank}(A+UV^{\mathrm T})<n$.

（方法 2）利用公式 $|\lambda E_n-GH|=\lambda^{n-m}|\lambda E_m-HG|$，其中 G,H 分别为 $n\times m$ 与 $m\times n$ 矩阵，E_n 为 n 阶单位矩阵. 因为

$$|A+UV^{\mathrm T}|=|A||E_n+A^{-1}UV^{\mathrm T}|=|A||E_m+V^{\mathrm T}A^{-1}U|,$$

所以 $\boldsymbol{A}+\boldsymbol{U}\boldsymbol{V}^{\mathrm{T}}$ 是非奇异的，当且仅当 $\boldsymbol{E}_m+\boldsymbol{V}^{\mathrm{T}}\boldsymbol{A}^{-1}\boldsymbol{U}$ 是非奇异的. 故由 $\operatorname{rank}(\boldsymbol{V}^{\mathrm{T}}\boldsymbol{A}^{-1}\boldsymbol{U}+\boldsymbol{E}_m)<m$ 知，$\operatorname{rank}(\boldsymbol{A}+\boldsymbol{U}\boldsymbol{V}^{\mathrm{T}})<n$.

【例 4.64】(武汉大学,2009 年) 设 $\boldsymbol{A}=(a_{ij})$ 是 n 阶实方阵，且满足

(Ⅰ) $\sum\limits_{j=1}^{n} a_{ij}=1,\ \forall i=1,2,\cdots,n$;　　(Ⅱ) $a_{ij}\geqslant 0,\ \forall i,j=1,2,\cdots,n$.

证明：

(1) 存在 $n\times s$ 矩阵 $\boldsymbol{B}\neq\boldsymbol{O}$，使得 $\boldsymbol{AB}=\boldsymbol{B}$，其中 $s>1$；

(2) $\operatorname{rank}(\boldsymbol{E}-\boldsymbol{A})<n$，其中 $\boldsymbol{E}$ 为 n 阶单位矩阵；

(3) 对于 $\lambda\in\mathbb{R}$，若存在 n 维实的列向量 $\boldsymbol{\xi}\neq\boldsymbol{0}$，使得 $\boldsymbol{A\xi}=\lambda\boldsymbol{\xi}$，则 $|\lambda|\leqslant 1$.

【证】 (1) 据题设条件(Ⅰ)可知，$\boldsymbol{A\alpha}=\boldsymbol{\alpha}$，其中 $\boldsymbol{\alpha}=(1,1,\cdots,1)^{\mathrm{T}}$. 现在令 $n\times s$ 矩阵 $\boldsymbol{B}=(\boldsymbol{\alpha},\boldsymbol{\alpha},\cdots,\boldsymbol{\alpha})$，则有 $\boldsymbol{B}\neq\boldsymbol{O}$，且 $\boldsymbol{AB}=\boldsymbol{B}$.

(2) 由(1)知 $(\boldsymbol{E}-\boldsymbol{A})\boldsymbol{B}=\boldsymbol{O}$，且 $\boldsymbol{B}\neq\boldsymbol{O}$，所以 $\operatorname{rank}(\boldsymbol{E}-\boldsymbol{A})<\operatorname{rank}(\boldsymbol{E}-\boldsymbol{A})+\operatorname{rank}\boldsymbol{B}\leqslant n$.

(3) 用反证法. 假设 $|\lambda|>1$，令 $\boldsymbol{\xi}=(b_1,b_2,\cdots,b_n)^{\mathrm{T}}$，并设

$$|b_k|=\max\{|b_1|,|b_2|,\cdots,|b_n|\},$$

因为 $\boldsymbol{\xi}\neq\boldsymbol{0}$，所以 $|b_k|>0$. 取 $\boldsymbol{A\xi}=\lambda\boldsymbol{\xi}$ 的第 k 个等式，得 $\sum\limits_{j=1}^{n} a_{kj}b_j=\lambda b_k$. 于是，有

$$|b_k|<|\lambda||b_k|=|\lambda b_k|\leqslant\sum_{j=1}^{n} a_{kj}|b_j|\leqslant|b_k|\sum_{j=1}^{n} a_{kj}=|b_k|,$$

矛盾. 因此，$|\lambda|\leqslant 1$.

【例 4.65】(上海大学,2000 年) 设 $\boldsymbol{A},\boldsymbol{B}$ 分别是 3×2 和 2×3 矩阵，且

$$\boldsymbol{AB}=\begin{pmatrix} 8 & 2 & -2 \\ 2 & 5 & 4 \\ -2 & 4 & 5 \end{pmatrix}.$$

(1) 求证：$\operatorname{rank}\boldsymbol{A}=\operatorname{rank}\boldsymbol{B}=2$；

(2) 求证：$\boldsymbol{BA}=\begin{pmatrix} 9 & 0 \\ 0 & 9 \end{pmatrix}$.

【证】 (1) 易知 $\operatorname{rank}(\boldsymbol{AB})=2$，又由于 $\operatorname{rank}(\boldsymbol{AB})\leqslant\operatorname{rank}\boldsymbol{A}\leqslant 2$，所以 $\operatorname{rank}\boldsymbol{A}=2$. 同理可得，$\operatorname{rank}\boldsymbol{B}=2$.

(2) 由(1)的结论知，二元齐次线性方程组 $\boldsymbol{Ax}=\boldsymbol{0}$ 及 $\boldsymbol{B}^{\mathrm{T}}\boldsymbol{x}=\boldsymbol{0}$ 都只有零解.

经直接计算，可得 $(\boldsymbol{AB})^2=9\boldsymbol{AB}$，所以

$$\boldsymbol{A}(\boldsymbol{BA}-9\boldsymbol{E})\boldsymbol{B}=(\boldsymbol{AB})^2-9\boldsymbol{AB}=\boldsymbol{O},$$

从而 $(\boldsymbol{BA}-9\boldsymbol{E})\boldsymbol{B}=\boldsymbol{O}$，$\boldsymbol{BA}-9\boldsymbol{E}=\boldsymbol{O}$，即 $\boldsymbol{BA}=9\boldsymbol{E}$.

【注】 这里，也可直接解释为矩阵的左(右)消去律. 详见本章例 4.85 及其附注.

【例 4.66】(武汉大学,2008 年) 设 $\boldsymbol{A},\boldsymbol{B}$ 都是数域 P 上的 n 阶方阵，满足 $\boldsymbol{AB}=\boldsymbol{BA}$，证明：

$$\operatorname{rank}(\boldsymbol{A}+\boldsymbol{B})\leqslant\operatorname{rank}\boldsymbol{A}+\operatorname{rank}\boldsymbol{B}-\operatorname{rank}(\boldsymbol{AB}).$$

【证】 利用分块初等变换，有

$$\begin{pmatrix} A & O \\ O & B \end{pmatrix} \xrightarrow{\text{行}} \begin{pmatrix} A & B \\ O & B \end{pmatrix} \xrightarrow{\text{列}} \begin{pmatrix} A+B & B \\ B & B \end{pmatrix},$$

因为 $AB=BA$,所以

$$\begin{pmatrix} E & O \\ -B & A+B \end{pmatrix}\begin{pmatrix} A+B & B \\ B & B \end{pmatrix} = \begin{pmatrix} A+B & B \\ O & AB \end{pmatrix}.$$

于是,有

$$\operatorname{rank} A + \operatorname{rank} B = \operatorname{rank}\begin{pmatrix} A+B & B \\ B & B \end{pmatrix} \geqslant \operatorname{rank}\begin{pmatrix} A+B & B \\ O & AB \end{pmatrix} \geqslant \operatorname{rank}(A+B) + \operatorname{rank}(AB),$$

即证得不等式.

【注】 第 5 章例 5.80 利用子空间的维数公式给出了本题的 3 种不同的几何证明方法.

【例 4.67】 设 A 为 n 阶实方阵,满足 $AA^{\mathrm{T}}=a^2E_n$,其中 a 为实数. 求证:

$$\operatorname{rank}(aE_n - A) = \operatorname{rank}(aE_n - A)^2.$$

【证】 若 $a=0$,则 $AA^{\mathrm{T}}=O$. 比较等式两边的对角元,并注意到 A 为实矩阵,易知 $A=O$. 此时,结论显然成立.

若 $a\neq 0$,则由题设等式 $AA^{\mathrm{T}}=a^2E_n$ 知,A 是可逆矩阵,且有

$$(aE_n - A)^2 = \left(\frac{1}{a}AA^{\mathrm{T}} - A\right)(aE_n - A) = -\frac{1}{a}A(aE_n - A)^{\mathrm{T}}(aE_n - A).$$

根据第 3 章例 3.87 的结论,得

$$\operatorname{rank}(aE_n - A)^2 = \operatorname{rank}((aE_n - A)^{\mathrm{T}}(aE_n - A)) = \operatorname{rank}(aE_n - A).$$

【例 4.68】 设 A,B 均为 $m\times n$ 实矩阵,满足 $A^{\mathrm{T}}B+B^{\mathrm{T}}A=O$. 证明:

$$\operatorname{rank}(A+B) \geqslant \max\{\operatorname{rank} A, \operatorname{rank} B\}, \qquad ①$$

且等号成立的充分必要条件是存在 m 阶方阵 P,使得 $B=PA$ 或 $A=PB$.

【证】 设 $W_1,W_2,W_3\subseteq\mathbb{R}^n$ 分别是齐次线性方程组 $Ax=0$,$Bx=0$,$(A+B)x=0$ 的解空间,则 $W_1\cap W_2\subseteq W_3$. 另一方面,据题设条件 $A^{\mathrm{T}}B+B^{\mathrm{T}}A=O$,有

$$(A+B)^{\mathrm{T}}(A+B) = A^{\mathrm{T}}A + B^{\mathrm{T}}B.$$

对任意 $\xi\in W_3$,即 $(A+B)\xi=0$,因为

$$0 = \xi^{\mathrm{T}}(A+B)^{\mathrm{T}}(A+B)\xi = (A\xi)^{\mathrm{T}}(A\xi) + (B\xi)^{\mathrm{T}}(B\xi),$$

所以 $A\xi=0$ 且 $B\xi=0$,即 $\xi\in W_1\cap W_2$,因此 $W_3\subseteq W_1\cap W_2$,从而 $W_3=W_1\cap W_2$.

注意到 $W_1\cap W_2\subseteq W_1$,即 $W_3\subseteq W_1$,所以 $\dim W_3\leqslant\dim W_1$,由此得 $\operatorname{rank}(A+B)\geqslant\operatorname{rank} A$.

同理,得 $\operatorname{rank}(A+B)\geqslant\operatorname{rank} B$. 于是,不等式①得证.

进一步,若①式中的等号成立,不妨设 $\operatorname{rank}(A+B)=\operatorname{rank} A\geqslant\operatorname{rank} B$,则 $\dim W_3=\dim W_1$,因此 $W_1\cap W_2=W_1\subseteq W_2$. 根据第 3 章例 3.99,存在 m 阶方阵 P,使得 $B=PA$. 反之,若 $B=PA$,则 $W_1\subseteq W_2$,所以 $W_3=W_1\cap W_2=W_1$,从而有 $\operatorname{rank}(A+B)=\operatorname{rank} A$,即①式中的等号成立.

【例 4.69】(华中师范大学,2008 年) (1) 设 A,B 都是 n 阶方阵,且 $AB=O$. 证明:BA 的秩 $\leqslant\left[\dfrac{n}{2}\right]$,其中 $\left[\dfrac{n}{2}\right]$ 表示不超过 $\dfrac{n}{2}$ 的最大整数;

(2) 证明:对任何正整数 n,都存在 n 阶方阵 $\boldsymbol{A},\boldsymbol{B}$ 满足 $\boldsymbol{AB}=\boldsymbol{O}$ 而 $\boldsymbol{BA}$ 的秩 $=\left[\dfrac{n}{2}\right]$.

【证】 (1) 由题设 $\boldsymbol{AB}=\boldsymbol{O}$ 知,$\operatorname{rank}\boldsymbol{A}+\operatorname{rank}\boldsymbol{B}\leqslant n$,所以 $\operatorname{rank}\boldsymbol{A}$,$\operatorname{rank}\boldsymbol{B}$ 至少有一个不超过 $\left[\dfrac{n}{2}\right]$,不妨设 $\operatorname{rank}\boldsymbol{A}\leqslant\left[\dfrac{n}{2}\right]$,因此,有

$$\operatorname{rank}(\boldsymbol{BA})\leqslant\operatorname{rank}\boldsymbol{A}\leqslant\left[\frac{n}{2}\right].$$

(2) 当 $n=2k$ 时,$\left[\dfrac{n}{2}\right]=k$,取 $\boldsymbol{A}=\begin{pmatrix}\boldsymbol{O}_k & \boldsymbol{O}_k\\ \boldsymbol{E}_k & \boldsymbol{O}_k\end{pmatrix}$,$\boldsymbol{B}=\begin{pmatrix}\boldsymbol{O}_k & \boldsymbol{O}_k\\ \boldsymbol{O}_k & \boldsymbol{E}_k\end{pmatrix}$,其中 $\boldsymbol{O}_k$ 是 k 阶零矩阵,$\boldsymbol{E}_k$ 是 k 阶单位矩阵,显然有 $\boldsymbol{AB}=\boldsymbol{O}$,且 $\boldsymbol{BA}=\begin{pmatrix}\boldsymbol{O}_k & \boldsymbol{O}_k\\ \boldsymbol{E}_k & \boldsymbol{O}_k\end{pmatrix}$,所以 $\operatorname{rank}(\boldsymbol{BA})=k=\left[\dfrac{n}{2}\right]$.

当 $n=2k+1$ 时,仍有 $\left[\dfrac{n}{2}\right]=k$,此时可利用上述 $\boldsymbol{A},\boldsymbol{B}$ 构造 $2k+1$ 阶方阵如下:

$$\boldsymbol{A}_1=\begin{pmatrix}\boldsymbol{0} & 0\\ \boldsymbol{A} & \boldsymbol{0}\end{pmatrix},\quad \boldsymbol{B}_1=\begin{pmatrix}\boldsymbol{0} & \boldsymbol{B}\\ 0 & \boldsymbol{0}\end{pmatrix},$$

这里,零向量 $\boldsymbol{0}$ 是 $2k$ 维行或列向量,根据 $\boldsymbol{A},\boldsymbol{B}$ 的阶数是不言自明的. 显然有

$$\boldsymbol{A}_1\boldsymbol{B}_1=\begin{pmatrix}0 & \boldsymbol{0}\\ \boldsymbol{0} & \boldsymbol{AB}\end{pmatrix}=\boldsymbol{O},\qquad \boldsymbol{B}_1\boldsymbol{A}_1=\begin{pmatrix}\boldsymbol{BA} & \boldsymbol{0}\\ \boldsymbol{0} & 0\end{pmatrix},$$

所以 $\operatorname{rank}(\boldsymbol{B}_1\boldsymbol{A}_1)=\operatorname{rank}(\boldsymbol{BA})=k=\left[\dfrac{n}{2}\right]$.

【例 4.70】(武汉大学,2011 年;北京师范大学,2012 年) 设 $\boldsymbol{A}$ 是 n 阶方阵,证明:

(1) 如果 $\boldsymbol{A}^{k-1}\boldsymbol{\alpha}\neq\boldsymbol{0}$,但 $\boldsymbol{A}^k\boldsymbol{\alpha}=\boldsymbol{0}(k>0)$,那么 $\boldsymbol{\alpha},\ \boldsymbol{A\alpha},\cdots,\boldsymbol{A}^{k-1}\boldsymbol{\alpha}$ 线性无关;

(2) $\operatorname{rank}\boldsymbol{A}^n=\operatorname{rank}\boldsymbol{A}^{n+1}$.

【证】 (1) 设有数 $\lambda_1,\lambda_2,\cdots,\lambda_k$, 使

$$\lambda_1\boldsymbol{\alpha}+\lambda_2\boldsymbol{A\alpha}+\cdots+\lambda_k\boldsymbol{A}^{k-1}\boldsymbol{\alpha}=\boldsymbol{0},\qquad ①$$

因为 $\boldsymbol{A}^k\boldsymbol{\alpha}=\boldsymbol{0}$, 所以 $\boldsymbol{A}^m\boldsymbol{\alpha}=\boldsymbol{0}(m\geqslant k)$. 将上式两边左乘 $\boldsymbol{A}^{k-1}$, 有

$$\boldsymbol{A}^{k-1}(\lambda_1\boldsymbol{\alpha}+\lambda_2\boldsymbol{A\alpha}+\cdots+\lambda_k\boldsymbol{A}^{k-1}\boldsymbol{\alpha})=\boldsymbol{0},$$

得 $\lambda_1\boldsymbol{A}^{k-1}\boldsymbol{\alpha}=\boldsymbol{0}$. 由于 $\boldsymbol{A}^{k-1}\boldsymbol{\alpha}\neq\boldsymbol{0}$,所以 $\lambda_1=0$.

于是,①式变为

$$\lambda_2\boldsymbol{A\alpha}+\lambda_3\boldsymbol{A}^2\boldsymbol{\alpha}+\cdots+\lambda_k\boldsymbol{A}^{k-1}\boldsymbol{\alpha}=\boldsymbol{0}.\qquad ②$$

再将②式两边左乘 $\boldsymbol{A}^{k-2}$,得 $\lambda_2\boldsymbol{A}^{k-1}\boldsymbol{\alpha}=\boldsymbol{0}$,故 $\lambda_2=0$.

依此类推,可得 $\lambda_3=0,\ \lambda_4=0,\ \cdots,\ \lambda_k=0$.

因此,向量组 $\boldsymbol{\alpha},\ \boldsymbol{A\alpha},\cdots,\boldsymbol{A}^{k-1}\boldsymbol{\alpha}$ 线性无关.

(2) 显然 $\boldsymbol{A}^n\boldsymbol{x}=\boldsymbol{0}$ 的解都是 $\boldsymbol{A}^{n+1}\boldsymbol{x}=\boldsymbol{0}$ 的解. 另一方面,若存在 $\boldsymbol{\alpha}$,使 $\boldsymbol{A}^{n+1}\boldsymbol{\alpha}=\boldsymbol{0}$ 但 $\boldsymbol{A}^n\boldsymbol{\alpha}\neq\boldsymbol{0}$,则根据(1)的结论知,向量组 $\boldsymbol{\alpha},\ \boldsymbol{A\alpha},\cdots,\boldsymbol{A}^n\boldsymbol{\alpha}$ 线性无关,此与"个数大于维数的向量组必线性相关"矛盾. 因此 $\boldsymbol{A}^{n+1}\boldsymbol{x}=\boldsymbol{0}$ 的解也都是 $\boldsymbol{A}^n\boldsymbol{x}=\boldsymbol{0}$ 的解,故方程组 $\boldsymbol{A}^n\boldsymbol{x}=\boldsymbol{0}$ 与 $\boldsymbol{A}^{n+1}\boldsymbol{x}=\boldsymbol{0}$ 同解,它们的解空间相同,解空间的维数相等,即 $n-\operatorname{rank}\boldsymbol{A}^n=n-\operatorname{rank}\boldsymbol{A}^{n+1}$. 结论得证.

【例 4.71】(清华大学,2006 年) 设 $\boldsymbol{A}$ 为 $m\times n$ 矩阵, $\boldsymbol{B}$ 为 $n\times m$ 矩阵. 证明存在 $m\times n$ 矩阵 $\boldsymbol{C}$,使得 $\boldsymbol{A}=\boldsymbol{ABC}$ 当且仅当 $\operatorname{rank}\boldsymbol{A}=\operatorname{rank}(\boldsymbol{AB})$.

【证】 必要性. 设有 $m\times n$ 矩阵 $\boldsymbol{C}$ 使得 $\boldsymbol{A}=\boldsymbol{ABC}$,则

$$\operatorname{rank}\boldsymbol{A}=\operatorname{rank}(\boldsymbol{ABC})\leqslant\operatorname{rank}(\boldsymbol{AB})\leqslant\operatorname{rank}\boldsymbol{A},$$

所以 $\operatorname{rank}\boldsymbol{A}=\operatorname{rank}(\boldsymbol{AB})$.

充分性. (方法 1) 将 $\boldsymbol{A}$ 按列分块为 $\boldsymbol{A}=(\boldsymbol{\alpha}_1,\boldsymbol{\alpha}_2,\cdots,\boldsymbol{\alpha}_n)$,任取其中一个列向量 $\boldsymbol{\alpha}_j$,考虑线性方程组 $\boldsymbol{ABx}=\boldsymbol{\alpha}_j$. 因为

$$\operatorname{rank}(\boldsymbol{AB})\leqslant\operatorname{rank}(\boldsymbol{AB},\boldsymbol{\alpha}_j)\leqslant\operatorname{rank}(\boldsymbol{AB},\boldsymbol{A})=\operatorname{rank}(\boldsymbol{A}(\boldsymbol{B},\boldsymbol{E}))\leqslant\operatorname{rank}\boldsymbol{A},$$

而 $\operatorname{rank}\boldsymbol{A}=\operatorname{rank}(\boldsymbol{AB})$,所以 $\operatorname{rank}(\boldsymbol{AB})=\operatorname{rank}(\boldsymbol{AB},\boldsymbol{\alpha}_j)$. 这就表明,方程组 $\boldsymbol{ABx}=\boldsymbol{\alpha}_j$ 有解,设为 $\boldsymbol{\xi}_j$. 令 $\boldsymbol{C}=(\boldsymbol{\xi}_1,\boldsymbol{\xi}_2,\cdots,\boldsymbol{\xi}_n)$,则 $\boldsymbol{C}$ 是 $m\times n$ 矩阵,且

$$\boldsymbol{ABC}=\boldsymbol{AB}(\boldsymbol{\xi}_1,\boldsymbol{\xi}_2,\cdots,\boldsymbol{\xi}_n)=(\boldsymbol{AB\xi}_1,\boldsymbol{AB\xi}_2,\cdots,\boldsymbol{AB\xi}_n)=(\boldsymbol{\alpha}_1,\boldsymbol{\alpha}_2,\cdots,\boldsymbol{\alpha}_n)=\boldsymbol{A}.$$

(方法 2) 将矩阵 $\boldsymbol{A}$ 和 $\boldsymbol{AB}$ 按列分块为 $\boldsymbol{A}=(\boldsymbol{\alpha}_1,\boldsymbol{\alpha}_2,\cdots,\boldsymbol{\alpha}_n)$, $\boldsymbol{AB}=(\boldsymbol{\gamma}_1,\boldsymbol{\gamma}_2,\cdots,\boldsymbol{\gamma}_m)$,又设 $\boldsymbol{B}=(b_{ij})$,则

$$(\boldsymbol{\gamma}_1,\boldsymbol{\gamma}_2,\cdots,\boldsymbol{\gamma}_m)=(\boldsymbol{\alpha}_1,\boldsymbol{\alpha}_2,\cdots,\boldsymbol{\alpha}_n)\boldsymbol{B}=\left(\sum_{k=1}^n b_{k1}\boldsymbol{\alpha}_k,\sum_{k=1}^n b_{k2}\boldsymbol{\alpha}_k,\cdots,\sum_{k=1}^n b_{km}\boldsymbol{\alpha}_k\right),$$

即 $\boldsymbol{AB}$ 的列向量组可由 $\boldsymbol{A}$ 的列向量组线性表示.

现在,令 $W_1=L(\boldsymbol{\alpha}_1,\boldsymbol{\alpha}_2,\cdots,\boldsymbol{\alpha}_n)$, $W_2=L(\boldsymbol{\gamma}_1,\boldsymbol{\gamma}_2,\cdots,\boldsymbol{\gamma}_m)$,那么有 $W_2\subseteq W_1$. 因为 $\operatorname{rank}\boldsymbol{A}=\operatorname{rank}(\boldsymbol{AB})$,即 $\dim W_1=\dim W_2$,所以 $W_1=W_2$. 这表明 $\boldsymbol{A}$ 的列向量组 $\boldsymbol{\alpha}_1,\boldsymbol{\alpha}_2,\cdots,\boldsymbol{\alpha}_n$ 可由 $\boldsymbol{AB}$ 的列向量组 $\boldsymbol{\gamma}_1,\boldsymbol{\gamma}_2,\cdots,\boldsymbol{\gamma}_m$ 线性表示,设为

$$\boldsymbol{\alpha}_j=\sum_{k=1}^m c_{kj}\boldsymbol{\gamma}_k,\quad j=1,2,\cdots,n,$$

再记 $\boldsymbol{C}=(c_{ij})$,则 $\boldsymbol{C}$ 是 $m\times n$ 矩阵,且

$$\boldsymbol{A}=(\boldsymbol{\alpha}_1,\boldsymbol{\alpha}_2,\cdots,\boldsymbol{\alpha}_n)=(\boldsymbol{\gamma}_1,\boldsymbol{\gamma}_2,\cdots,\boldsymbol{\gamma}_m)\boldsymbol{C}=\boldsymbol{ABC}.$$

【注】 同理可证:若 $\boldsymbol{A}$ 为 $m\times n$ 矩阵, $\boldsymbol{B}$ 为 $m\times s$ 矩阵,则矩阵方程 $\boldsymbol{AX}=\boldsymbol{B}$ 有解的充分必要条件是 $\operatorname{rank}\boldsymbol{A}=\operatorname{rank}(\boldsymbol{A},\boldsymbol{B})$. 若直接利用此结论,则上述方法 1 就可写得更简捷:因为

$$\operatorname{rank}(\boldsymbol{AB})\leqslant\operatorname{rank}(\boldsymbol{AB},\boldsymbol{A})=\operatorname{rank}(\boldsymbol{A}(\boldsymbol{B},\boldsymbol{E}))\leqslant\operatorname{rank}\boldsymbol{A}=\operatorname{rank}(\boldsymbol{AB}),$$

所以 $\operatorname{rank}(\boldsymbol{AB})=\operatorname{rank}(\boldsymbol{AB},\boldsymbol{A})$,故矩阵方程 $\boldsymbol{ABX}=\boldsymbol{A}$ 有解,即存在矩阵 $\boldsymbol{C}$ 使得 $\boldsymbol{A}=\boldsymbol{ABC}$.

【例 4.72】(山东大学,2017 年) 设 $\boldsymbol{A}$ 为 n 阶方阵且不可逆, $\boldsymbol{A}^*$ 为 $\boldsymbol{A}$ 的伴随矩阵,满足 $\operatorname{tr}(\boldsymbol{A}^*)=a\neq0$. 求:(1) $\operatorname{rank}\boldsymbol{A}$; (2) $|\lambda\boldsymbol{I}-\boldsymbol{A}^*|$,其中 $\boldsymbol{I}$ 为 n 阶单位矩阵.

【解】 (1) 因为 $\boldsymbol{A}$ 不可逆,所以 $\operatorname{rank}\boldsymbol{A}\leqslant n-1$. 若 $\operatorname{rank}\boldsymbol{A}<n-1$,则 $\boldsymbol{A}^*=\boldsymbol{O}$,与 $\operatorname{tr}(\boldsymbol{A}^*)\neq0$ 矛盾,因此 $\operatorname{rank}\boldsymbol{A}=n-1$.

(2) 根据(1)的结果知, $\operatorname{rank}\boldsymbol{A}^*=1$,所以存在 n 维非零列向量 $\boldsymbol{\alpha},\boldsymbol{\beta}$,使得 $\boldsymbol{A}^*=\boldsymbol{\alpha\beta}^{\mathrm{T}}$,从而有 $\boldsymbol{\beta}^{\mathrm{T}}\boldsymbol{\alpha}=\operatorname{tr}(\boldsymbol{\beta}^{\mathrm{T}}\boldsymbol{\alpha})=\operatorname{tr}(\boldsymbol{\alpha\beta}^{\mathrm{T}})=a$. 根据降阶公式,得

$$|\lambda\boldsymbol{E}-\boldsymbol{A}^*|=|\lambda\boldsymbol{E}-\boldsymbol{\alpha\beta}^{\mathrm{T}}|=\lambda^{n-1}|\lambda-\boldsymbol{\beta}^{\mathrm{T}}\boldsymbol{\alpha}|=\lambda^{n-1}(\lambda-a).$$

【例 4.73】(华中师范大学,1999 年) 设 P 是数域,矩阵 $\boldsymbol{A}\in P^{n\times m}$, $\boldsymbol{B}\in P^{n\times s}$, $\boldsymbol{C}\in P^{m\times t}$, $\boldsymbol{D}\in P^{s\times t}$,且 $\operatorname{rank}\boldsymbol{B}=s$, $\boldsymbol{AC}+\boldsymbol{BD}=\boldsymbol{O}$. 证明: $\operatorname{rank}\begin{pmatrix}\boldsymbol{C}\\\boldsymbol{D}\end{pmatrix}=t$ 的充分必要条件是 $\operatorname{rank}\boldsymbol{C}=t$.

【证】　充分性. 设 rank $\boldsymbol{C}=t$,则 rank$\begin{pmatrix}\boldsymbol{C}\\\boldsymbol{D}\end{pmatrix}\geqslant$rank$\boldsymbol{C}=t$. 注意到$\begin{pmatrix}\boldsymbol{C}\\\boldsymbol{D}\end{pmatrix}\in P^{(m+s)\times t}$,所以 rank$\begin{pmatrix}\boldsymbol{C}\\\boldsymbol{D}\end{pmatrix}\leqslant t$. 故 rank$\begin{pmatrix}\boldsymbol{C}\\\boldsymbol{D}\end{pmatrix}=t$.(或:由 $\boldsymbol{C}$ 的列向量组线性无关,扩充分量后$\begin{pmatrix}\boldsymbol{C}\\\boldsymbol{D}\end{pmatrix}$的列向量组仍线性无关.)

必要性. 用反证法,设 rank $\boldsymbol{C}<t$,则齐次线性方程组 $\boldsymbol{C}\boldsymbol{x}=\boldsymbol{0}$ 有非零解,设为 $\boldsymbol{\alpha}$,即 $\boldsymbol{C}\boldsymbol{\alpha}=\boldsymbol{0}$,且$\boldsymbol{\alpha}\neq\boldsymbol{0}$. 因为$\begin{pmatrix}\boldsymbol{C}\\\boldsymbol{D}\end{pmatrix}$是列满秩矩阵,所以齐次方程组$\begin{pmatrix}\boldsymbol{C}\\\boldsymbol{D}\end{pmatrix}\boldsymbol{x}=\boldsymbol{0}$ 仅有零解,故 $\boldsymbol{D}\boldsymbol{\alpha}\neq\boldsymbol{0}$. 再由 rank $\boldsymbol{B}=s$ 知,齐次方程组 $\boldsymbol{B}\boldsymbol{x}=\boldsymbol{0}$ 只有零解,所以 $\boldsymbol{B}\boldsymbol{D}\boldsymbol{\alpha}\neq\boldsymbol{0}$. 但是

$$\boldsymbol{BD\alpha}=\boldsymbol{AC\alpha}+\boldsymbol{BD\alpha}=(\boldsymbol{AC}+\boldsymbol{BD})\boldsymbol{\alpha}=\boldsymbol{0},$$

矛盾. 因此 rank $\boldsymbol{C}=t$.

【注】　利用矩阵的等价标准形可证更一般情形:设 $\boldsymbol{A}\in P^{n\times m}$,$\boldsymbol{B}\in P^{n\times s}$,$\boldsymbol{C}\in P^{m\times t}$,$\boldsymbol{D}\in P^{s\times t}$,且 rank $\boldsymbol{B}=s$,$\boldsymbol{AC}+\boldsymbol{BD}=\boldsymbol{O}$,则 rank$\begin{pmatrix}\boldsymbol{C}\\\boldsymbol{D}\end{pmatrix}=$rank $\boldsymbol{C}$.

事实上,注意到 $\boldsymbol{B}$ 是列满秩的,存在可逆矩阵 $\boldsymbol{T}$ 使 $\boldsymbol{B}=\boldsymbol{T}\begin{pmatrix}\boldsymbol{E}_s\\\boldsymbol{O}\end{pmatrix}$(见本章例 4.85 及其注).

因此,有 $\boldsymbol{D}=\boldsymbol{QC}$,其中 $\boldsymbol{Q}=-(\boldsymbol{E}_s,\boldsymbol{O})\boldsymbol{T}^{-1}\boldsymbol{AC}$. 由于$\begin{pmatrix}\boldsymbol{C}\\\boldsymbol{D}\end{pmatrix}=\begin{pmatrix}\boldsymbol{E}_m\\\boldsymbol{Q}\end{pmatrix}\boldsymbol{C}$,故 rank$\begin{pmatrix}\boldsymbol{C}\\\boldsymbol{D}\end{pmatrix}=$rank $\boldsymbol{C}$.

【例 4.74】(华中科技大学,2017 年;清华大学,2008 年)　设 $\boldsymbol{A},\boldsymbol{B}$ 都是 n 阶方阵,满足 $\boldsymbol{AB}=\boldsymbol{BA}=\boldsymbol{O}$,且 rank $\boldsymbol{A}^2=$rank $\boldsymbol{A}$,证明:

$$\text{rank}(\boldsymbol{A}+\boldsymbol{B})=\text{rank}\,\boldsymbol{A}+\text{rank}\,\boldsymbol{B}.$$

【证】　(方法 1) 设 rank $\boldsymbol{A}^2=$rank $\boldsymbol{A}=r$,则存在 n 阶可逆矩阵 $\boldsymbol{P},\boldsymbol{Q}$,使

$$\boldsymbol{A}=\boldsymbol{P}\begin{pmatrix}\boldsymbol{E}_r&\boldsymbol{O}\\\boldsymbol{O}&\boldsymbol{O}\end{pmatrix}\boldsymbol{Q}.$$

对矩阵 $\boldsymbol{QBP}$,$\boldsymbol{QP}$ 作相应分块:$\boldsymbol{QBP}=\begin{pmatrix}\boldsymbol{B}_1&\boldsymbol{B}_2\\\boldsymbol{B}_3&\boldsymbol{B}_4\end{pmatrix}$,$\boldsymbol{QP}=\begin{pmatrix}\boldsymbol{X}_1&\boldsymbol{X}_2\\\boldsymbol{X}_3&\boldsymbol{X}_4\end{pmatrix}$. 首先由 $\boldsymbol{AB}=\boldsymbol{BA}=\boldsymbol{O}$,有

$$\begin{pmatrix}\boldsymbol{E}_r&\boldsymbol{O}\\\boldsymbol{O}&\boldsymbol{O}\end{pmatrix}\begin{pmatrix}\boldsymbol{B}_1&\boldsymbol{B}_2\\\boldsymbol{B}_3&\boldsymbol{B}_4\end{pmatrix}=\begin{pmatrix}\boldsymbol{B}_1&\boldsymbol{B}_2\\\boldsymbol{B}_3&\boldsymbol{B}_4\end{pmatrix}\begin{pmatrix}\boldsymbol{E}_r&\boldsymbol{O}\\\boldsymbol{O}&\boldsymbol{O}\end{pmatrix}=\boldsymbol{O},$$

易知 $\boldsymbol{B}_i=\boldsymbol{O}$,$i=1,2,3$,所以rank $\boldsymbol{B}_4=$rank $\boldsymbol{B}$. 又因为

$$\boldsymbol{A}^2=\boldsymbol{P}\begin{pmatrix}\boldsymbol{E}_r&\boldsymbol{O}\\\boldsymbol{O}&\boldsymbol{O}\end{pmatrix}\begin{pmatrix}\boldsymbol{X}_1&\boldsymbol{X}_2\\\boldsymbol{X}_3&\boldsymbol{X}_4\end{pmatrix}\begin{pmatrix}\boldsymbol{E}_r&\boldsymbol{O}\\\boldsymbol{O}&\boldsymbol{O}\end{pmatrix}\boldsymbol{Q}=\boldsymbol{P}\begin{pmatrix}\boldsymbol{X}_1&\boldsymbol{O}\\\boldsymbol{O}&\boldsymbol{O}\end{pmatrix}\boldsymbol{Q},$$

可见 rank $\boldsymbol{X}_1=$rank $\boldsymbol{A}^2=r$,即 $\boldsymbol{X}_1$ 是可逆矩阵. 再由于

$$\begin{aligned}\boldsymbol{Q}(\boldsymbol{A}+\boldsymbol{B})\boldsymbol{P}&=\boldsymbol{QP}\begin{pmatrix}\boldsymbol{E}_r&\boldsymbol{O}\\\boldsymbol{O}&\boldsymbol{O}\end{pmatrix}\boldsymbol{QP}+\begin{pmatrix}\boldsymbol{O}&\boldsymbol{O}\\\boldsymbol{O}&\boldsymbol{B}_4\end{pmatrix}=\begin{pmatrix}\boldsymbol{X}_1^2&\boldsymbol{X}_1\boldsymbol{X}_2\\\boldsymbol{X}_3\boldsymbol{X}_1&\boldsymbol{X}_3\boldsymbol{X}_2+\boldsymbol{B}_4\end{pmatrix}\\&=\begin{pmatrix}\boldsymbol{X}_1&\boldsymbol{O}\\\boldsymbol{X}_3&\boldsymbol{E}\end{pmatrix}\begin{pmatrix}\boldsymbol{X}_1&\boldsymbol{O}\\\boldsymbol{O}&\boldsymbol{B}_4\end{pmatrix}\begin{pmatrix}\boldsymbol{E}&\boldsymbol{X}_1^{-1}\boldsymbol{X}_2\\\boldsymbol{O}&\boldsymbol{E}\end{pmatrix},\end{aligned}$$

因此

$$\operatorname{rank}(\boldsymbol{A}+\boldsymbol{B})=\operatorname{rank}\begin{pmatrix}\boldsymbol{X}_1 & \boldsymbol{O}\\ \boldsymbol{O} & \boldsymbol{B}_4\end{pmatrix}=\operatorname{rank}\boldsymbol{X}_1+\operatorname{rank}\boldsymbol{B}_4=\operatorname{rank}\boldsymbol{A}+\operatorname{rank}\boldsymbol{B}.$$

（方法2）由 $\operatorname{rank}\boldsymbol{A}^2=\operatorname{rank}\boldsymbol{A}$ 可知，$\boldsymbol{A}^2$ 与 $\boldsymbol{A}$ 有相同的行空间，也有相同的列空间，故存在 n 阶方阵 $\boldsymbol{C},\boldsymbol{D}$，使得

$$\boldsymbol{A}^2\boldsymbol{C}=\boldsymbol{A},\quad \boldsymbol{D}\boldsymbol{A}^2=\boldsymbol{A}.$$

又由 $\boldsymbol{AB}=\boldsymbol{BA}=\boldsymbol{O}$ 知，$\boldsymbol{A}^2=\boldsymbol{A}(\boldsymbol{A}+\boldsymbol{B})=(\boldsymbol{A}+\boldsymbol{B})\boldsymbol{A}$.

利用分块初等变换法，并注意条件 $\boldsymbol{AB}=\boldsymbol{BA}=\boldsymbol{O}$，有

$$\begin{pmatrix}\boldsymbol{A} & \boldsymbol{O}\\ \boldsymbol{O} & \boldsymbol{B}\end{pmatrix}\to\begin{pmatrix}\boldsymbol{A} & \boldsymbol{A}+\boldsymbol{B}\\ \boldsymbol{O} & \boldsymbol{B}\end{pmatrix}=\begin{pmatrix}\boldsymbol{A}^2\boldsymbol{C} & \boldsymbol{A}+\boldsymbol{B}\\ \boldsymbol{O} & \boldsymbol{B}\end{pmatrix}\xrightarrow{\text{列}}\begin{pmatrix}\boldsymbol{O} & \boldsymbol{A}+\boldsymbol{B}\\ \boldsymbol{O} & \boldsymbol{B}\end{pmatrix}$$

$$\xrightarrow{\text{行}}\begin{pmatrix}\boldsymbol{O} & \boldsymbol{A}+\boldsymbol{B}\\ \boldsymbol{O} & -\boldsymbol{A}\end{pmatrix}=\begin{pmatrix}\boldsymbol{O} & \boldsymbol{A}+\boldsymbol{B}\\ \boldsymbol{O} & -\boldsymbol{D}\boldsymbol{A}^2\end{pmatrix}\xrightarrow{\text{行}}\begin{pmatrix}\boldsymbol{O} & \boldsymbol{A}+\boldsymbol{B}\\ \boldsymbol{O} & \boldsymbol{O}\end{pmatrix},$$

相应地，上述变换过程可用初等矩阵表示为

$$\begin{pmatrix}\boldsymbol{E} & \boldsymbol{O}\\ \boldsymbol{D}\boldsymbol{A}-\boldsymbol{E} & \boldsymbol{E}\end{pmatrix}\begin{pmatrix}\boldsymbol{E} & \boldsymbol{E}\\ \boldsymbol{O} & \boldsymbol{E}\end{pmatrix}\begin{pmatrix}\boldsymbol{A} & \boldsymbol{O}\\ \boldsymbol{O} & \boldsymbol{B}\end{pmatrix}\begin{pmatrix}\boldsymbol{E} & \boldsymbol{E}\\ \boldsymbol{O} & \boldsymbol{E}\end{pmatrix}\begin{pmatrix}\boldsymbol{E} & \boldsymbol{O}\\ -\boldsymbol{A}\boldsymbol{C} & \boldsymbol{E}\end{pmatrix}=\begin{pmatrix}\boldsymbol{O} & \boldsymbol{A}+\boldsymbol{B}\\ \boldsymbol{O} & \boldsymbol{O}\end{pmatrix}.$$

所以 $\operatorname{rank}(\boldsymbol{A}+\boldsymbol{B})=\operatorname{rank}\boldsymbol{A}+\operatorname{rank}\boldsymbol{B}$.

【例 4.75】(清华大学,2006 年) 设 $\boldsymbol{A}$ 为 n 阶实方阵，$\boldsymbol{I}$ 为 n 阶单位矩阵. 证明：

$$\operatorname{rank}(\boldsymbol{A}-\mathrm{i}\boldsymbol{I})=\operatorname{rank}(\boldsymbol{A}+\mathrm{i}\boldsymbol{I}),$$

其中 $\mathrm{i}=\sqrt{-1}$ 为虚数单位.

【证】 记齐次线性方程组 $(\boldsymbol{A}-\mathrm{i}\boldsymbol{I})\boldsymbol{x}=\boldsymbol{0}$ 的解空间为 U，$(\boldsymbol{A}+\mathrm{i}\boldsymbol{I})\boldsymbol{x}=\boldsymbol{0}$ 的解空间为 W. 如果 $\boldsymbol{\alpha}+\mathrm{i}\boldsymbol{\beta}\in U$，其中 $\boldsymbol{\alpha},\boldsymbol{\beta}$ 均为实的 n 维列向量，那么

$$(\boldsymbol{A}-\mathrm{i}\boldsymbol{I})(\boldsymbol{\alpha}+\mathrm{i}\boldsymbol{\beta})=\boldsymbol{0}.$$

两边同时取共轭，得

$$(\boldsymbol{A}+\mathrm{i}\boldsymbol{I})(\boldsymbol{\alpha}-\mathrm{i}\boldsymbol{\beta})=\boldsymbol{0},$$

即 $\boldsymbol{\alpha}-\mathrm{i}\boldsymbol{\beta}\in W$. 反之，若 $\boldsymbol{\alpha}+\mathrm{i}\boldsymbol{\beta}\in W$，则 $\boldsymbol{\alpha}-\mathrm{i}\boldsymbol{\beta}\in U$.

因此，如果 $\boldsymbol{\alpha}_1+\mathrm{i}\boldsymbol{\beta}_1,\boldsymbol{\alpha}_2+\mathrm{i}\boldsymbol{\beta}_2,\cdots,\boldsymbol{\alpha}_r+\mathrm{i}\boldsymbol{\beta}_r$ 是 U 的基，那么 $\boldsymbol{\alpha}_1-\mathrm{i}\boldsymbol{\beta}_1,\boldsymbol{\alpha}_2-\mathrm{i}\boldsymbol{\beta}_2,\cdots,\boldsymbol{\alpha}_r-\mathrm{i}\boldsymbol{\beta}_r$ 是 W 的一个基. 所以 $\dim U=\dim W$，于是

$$n-\operatorname{rank}(\boldsymbol{A}-\mathrm{i}\boldsymbol{I})=n-\operatorname{rank}(\boldsymbol{A}+\mathrm{i}\boldsymbol{I}),$$

即 $\operatorname{rank}(\boldsymbol{A}-\mathrm{i}\boldsymbol{I})=\operatorname{rank}(\boldsymbol{A}+\mathrm{i}\boldsymbol{I})$.

【注】 也可如下证明：定义 U 到 W 的线性映射为

$$\varphi:\boldsymbol{\alpha}+\mathrm{i}\boldsymbol{\beta}\to\boldsymbol{\alpha}-\mathrm{i}\boldsymbol{\beta},\quad \forall\boldsymbol{\alpha}+\mathrm{i}\boldsymbol{\beta}\in U.$$

显然，$\varphi:U\to W$ 是一一的，因此是同构映射. 所以 $U\cong W$，$\dim U=\dim W$，于是

$$\operatorname{rank}(\boldsymbol{A}-\mathrm{i}\boldsymbol{I})=\operatorname{rank}(\boldsymbol{A}+\mathrm{i}\boldsymbol{I}).$$

【例 4.76】(厦门大学,2006 年) 设 $\boldsymbol{A}$ 是 n 阶方阵，满足 $\boldsymbol{A}^3=\boldsymbol{E}$，其中 $\boldsymbol{E}$ 是单位矩阵. 试证：

$$\operatorname{rank}(\boldsymbol{A}-\boldsymbol{E})+\operatorname{rank}(\boldsymbol{A}^2+\boldsymbol{A}+\boldsymbol{E})=n.$$

【证】 由于 $(x-1,x^2+x+1)=1$，存在 $f(x),g(x)\in\mathbb{R}[x]$，使得

$$f(x)(x-1)+g(x)(x^2+x+1)=1,$$

所以

$$f(\boldsymbol{A})(\boldsymbol{A}-\boldsymbol{E})+g(\boldsymbol{A})(\boldsymbol{A}^2+\boldsymbol{A}+\boldsymbol{E})=\boldsymbol{E}.$$

利用分块初等变换,得(注意矩阵多项式关于矩阵乘法可交换)

$$\begin{pmatrix}\boldsymbol{A}-\boldsymbol{E} & \boldsymbol{O}\\ \boldsymbol{O} & \boldsymbol{A}^2+\boldsymbol{A}+\boldsymbol{E}\end{pmatrix}\xrightarrow{\text{列}}\begin{pmatrix}\boldsymbol{A}-\boldsymbol{E} & f(\boldsymbol{A})(\boldsymbol{A}-\boldsymbol{E})\\ \boldsymbol{O} & \boldsymbol{A}^2+\boldsymbol{A}+\boldsymbol{E}\end{pmatrix}\xrightarrow{\text{行}}\begin{pmatrix}\boldsymbol{A}-\boldsymbol{E} & \boldsymbol{E}\\ \boldsymbol{O} & \boldsymbol{A}^2+\boldsymbol{A}+\boldsymbol{E}\end{pmatrix}$$

$$\xrightarrow{\text{行}}\begin{pmatrix}\boldsymbol{A}-\boldsymbol{E} & \boldsymbol{E}\\ \boldsymbol{E}-\boldsymbol{A}^3 & \boldsymbol{O}\end{pmatrix}\xrightarrow{\text{列}}\begin{pmatrix}\boldsymbol{O} & \boldsymbol{E}\\ \boldsymbol{A}^3-\boldsymbol{E} & \boldsymbol{O}\end{pmatrix}\xrightarrow{\text{行}}\begin{pmatrix}\boldsymbol{A}^3-\boldsymbol{E} & \boldsymbol{O}\\ \boldsymbol{O} & \boldsymbol{E}\end{pmatrix}.$$

于是,有

$$\operatorname{rank}(\boldsymbol{A}-\boldsymbol{E})+\operatorname{rank}(\boldsymbol{A}^2+\boldsymbol{A}+\boldsymbol{E})=\operatorname{rank}(\boldsymbol{A}^3-\boldsymbol{E})+n,$$

因此 $\boldsymbol{A}^3=\boldsymbol{E}\Leftrightarrow\operatorname{rank}(\boldsymbol{A}-\boldsymbol{E})+\operatorname{rank}(\boldsymbol{A}^2+\boldsymbol{A}+\boldsymbol{E})=n$.

【注】 证明矩阵秩的等式与不等式,也可用几何方法,见第5章例5.79,例5.80;本题的几何表述见第6章例6.126.

【例4.77】(上海交通大学,2005年) 对于 n 阶方阵 $\boldsymbol{A}$ 和 n 阶可逆矩阵 $\boldsymbol{B}$,假设

$$\operatorname{rank}(\boldsymbol{E}-\boldsymbol{AB})+\operatorname{rank}(\boldsymbol{E}+\boldsymbol{BA})=n,$$

其中 $\boldsymbol{E}$ 为 n 阶单位矩阵. 求证: $\operatorname{rank}\boldsymbol{A}=n$.

【证】 (方法1) 利用已知结论求解. 因为 $\boldsymbol{B}$ 是可逆矩阵,所以

$$\operatorname{rank}(\boldsymbol{E}+\boldsymbol{BA})=\operatorname{rank}[\boldsymbol{B}(\boldsymbol{E}+\boldsymbol{AB})\boldsymbol{B}^{-1}]=\operatorname{rank}(\boldsymbol{E}+\boldsymbol{AB}).$$

据题设,知

$$\operatorname{rank}(\boldsymbol{E}-\boldsymbol{AB})+\operatorname{rank}(\boldsymbol{E}+\boldsymbol{AB})=n.$$

于是,有 $(\boldsymbol{AB})^2=\boldsymbol{E}$,因此 $\boldsymbol{A}$ 是可逆矩阵, $\operatorname{rank}\boldsymbol{A}=n$.

(方法2) 设 W_1,W_2 分别是齐次线性方程组 $(\boldsymbol{E}+\boldsymbol{AB})\boldsymbol{x}=\boldsymbol{0}$, $(\boldsymbol{E}-\boldsymbol{AB})\boldsymbol{x}=\boldsymbol{0}$ 的解空间,不失一般性,又设 $\boldsymbol{A},\boldsymbol{B}\in P^{n\times n}$,则 $W_1+W_2\subseteq P^n$,且

$$\dim W_1+\dim W_2=[n-\operatorname{rank}(\boldsymbol{E}+\boldsymbol{AB})]+[n-\operatorname{rank}(\boldsymbol{E}-\boldsymbol{AB})]=n.$$

任取 $\boldsymbol{\alpha}\in W_1\cap W_2$,则 $(\boldsymbol{E}+\boldsymbol{AB})\boldsymbol{\alpha}=\boldsymbol{0}$, $(\boldsymbol{E}-\boldsymbol{AB})\boldsymbol{\alpha}=\boldsymbol{0}$,由此可得 $\boldsymbol{\alpha}=\boldsymbol{0}$. 故

$$W_1\oplus W_2=P^n.$$

于是, $\forall\boldsymbol{\eta}\in P^n$,有唯一分解 $\boldsymbol{\eta}=\boldsymbol{\eta}_1+\boldsymbol{\eta}_2$,其中 $\boldsymbol{\eta}_1\in W_1$, $\boldsymbol{\eta}_2\in W_2$. 所以

$$\boldsymbol{AB\eta}=\boldsymbol{AB\eta}_1+\boldsymbol{AB\eta}_2=-\boldsymbol{\eta}_1+\boldsymbol{\eta}_2.$$

若 $\boldsymbol{AB\eta}=\boldsymbol{0}$,并注意到向量分解的唯一性,则 $\boldsymbol{\eta}_1=\boldsymbol{\eta}_2=\boldsymbol{0}$,故 $\boldsymbol{\eta}=\boldsymbol{0}$. 这就证得 $\operatorname{rank}(\boldsymbol{AB})=n$,因此 $\operatorname{rank}\boldsymbol{A}=n$.

【注】 本题的条件"方阵 $\boldsymbol{B}$ 可逆"并非必要. 这是因为,利用分块初等变换,易知

$$\begin{pmatrix}\boldsymbol{E} & \boldsymbol{O}\\ -\boldsymbol{B} & \boldsymbol{E}\end{pmatrix}\begin{pmatrix}\boldsymbol{E} & -\boldsymbol{A}\\ \boldsymbol{B} & \boldsymbol{E}\end{pmatrix}\begin{pmatrix}\boldsymbol{E} & \boldsymbol{A}\\ \boldsymbol{O} & \boldsymbol{E}\end{pmatrix}=\begin{pmatrix}\boldsymbol{E} & \boldsymbol{O}\\ \boldsymbol{O} & \boldsymbol{E}+\boldsymbol{BA}\end{pmatrix},$$

$$\begin{pmatrix}\boldsymbol{E} & \boldsymbol{A}\\ \boldsymbol{O} & \boldsymbol{E}\end{pmatrix}\begin{pmatrix}\boldsymbol{E} & -\boldsymbol{A}\\ \boldsymbol{B} & \boldsymbol{E}\end{pmatrix}\begin{pmatrix}\boldsymbol{E} & \boldsymbol{O}\\ -\boldsymbol{B} & \boldsymbol{E}\end{pmatrix}=\begin{pmatrix}\boldsymbol{E}+\boldsymbol{AB} & \boldsymbol{O}\\ \boldsymbol{O} & \boldsymbol{E}\end{pmatrix}.$$

所以 $\operatorname{rank}(\boldsymbol{E}+\boldsymbol{BA})=\operatorname{rank}(\boldsymbol{E}+\boldsymbol{AB})$.

【例 4.78】(Sylvester 不等式) 设 $\boldsymbol{A}$ 是 $m\times n$ 矩阵,$\boldsymbol{B}$ 是 $n\times s$ 矩阵,证明:

$$\operatorname{rank}(\boldsymbol{AB}) \geqslant \operatorname{rank}\boldsymbol{A} + \operatorname{rank}\boldsymbol{B} - n.$$

【证】 (方法 1) 利用等价标准形. 设 $\operatorname{rank}\boldsymbol{A}=r$, $\operatorname{rank}\boldsymbol{B}=r_1$, $\operatorname{rank}(\boldsymbol{AB})=r_2$, 则存在 m 阶可逆矩阵 $\boldsymbol{P}$ 及 n 阶可逆矩阵 $\boldsymbol{Q}$, 使得 $\boldsymbol{PAQ}=\begin{pmatrix}\boldsymbol{E}_r & \boldsymbol{O}\\ \boldsymbol{O} & \boldsymbol{O}\end{pmatrix}$. 令 $\boldsymbol{Q}^{-1}\boldsymbol{B}=\begin{pmatrix}\boldsymbol{C}\\ \boldsymbol{D}\end{pmatrix}$, 其中 $\boldsymbol{C},\boldsymbol{D}$ 分别为 $r\times s$ 矩阵与 $(n-r)\times s$ 矩阵, 则

$$\boldsymbol{PAB}=(\boldsymbol{PAQ})(\boldsymbol{Q}^{-1}\boldsymbol{B})=\begin{pmatrix}\boldsymbol{E}_r & \boldsymbol{O}\\ \boldsymbol{O} & \boldsymbol{O}\end{pmatrix}\begin{pmatrix}\boldsymbol{C}\\ \boldsymbol{D}\end{pmatrix}=\begin{pmatrix}\boldsymbol{C}\\ \boldsymbol{O}\end{pmatrix},$$

所以 $\operatorname{rank}\boldsymbol{C}=\operatorname{rank}(\boldsymbol{PAB})=\operatorname{rank}(\boldsymbol{AB})=r_2$. 但 $\operatorname{rank}(\boldsymbol{Q}^{-1}\boldsymbol{B})=\operatorname{rank}\boldsymbol{B}=r_1$, 说明子块 $\boldsymbol{D}$ 中线性无关的行向量个数为 r_1-r_2. 而 $\boldsymbol{D}$ 的总行数为 $n-r$, 故 $r_1-r_2\leqslant n-r$, 即得

$$\operatorname{rank}(\boldsymbol{AB}) \geqslant \operatorname{rank}\boldsymbol{A} + \operatorname{rank}\boldsymbol{B} - n.$$

(方法 2) 利用向量组的秩. 若 $\operatorname{rank}(\boldsymbol{AB})=\operatorname{rank}\boldsymbol{B}$, 则不等式显然成立. 不妨设 $\operatorname{rank}(\boldsymbol{AB})<\operatorname{rank}\boldsymbol{B}$. 设 $\boldsymbol{\alpha}_1,\boldsymbol{\alpha}_2,\cdots,\boldsymbol{\alpha}_r$ 是齐次方程组 $\boldsymbol{Bx}=\boldsymbol{0}$ 的基础解系, 并扩充成 $\boldsymbol{ABx}=\boldsymbol{0}$ 的基础解系 $\boldsymbol{\alpha}_1,\boldsymbol{\alpha}_2,\cdots,\boldsymbol{\alpha}_r,\boldsymbol{\beta}_1,\boldsymbol{\beta}_2,\cdots,\boldsymbol{\beta}_t$, 这里 $r=s-\operatorname{rank}\boldsymbol{B}$, $r+t=s-\operatorname{rank}(\boldsymbol{AB})$. 由此可得

$$t=\operatorname{rank}\boldsymbol{B}-\operatorname{rank}(\boldsymbol{AB}). \qquad ①$$

由于 $\boldsymbol{AB\beta}_i=\boldsymbol{0}$, 所以 $\boldsymbol{B\beta}_i$ 是齐次方程组 $\boldsymbol{Ax}=\boldsymbol{0}$ 的解, $i=1,2,\cdots,t$, 因此

$$\operatorname{rank}(\boldsymbol{B\beta}_1,\boldsymbol{B\beta}_2,\cdots,\boldsymbol{B\beta}_t)\leqslant n-\operatorname{rank}\boldsymbol{A}. \qquad ②$$

下证向量组 $\boldsymbol{B\beta}_1,\boldsymbol{B\beta}_2,\cdots,\boldsymbol{B\beta}_t$ 线性无关, 为此令

$$k_1\boldsymbol{B\beta}_1+k_2\boldsymbol{B\beta}_2+\cdots+k_t\boldsymbol{B\beta}_t=\boldsymbol{0},$$

则 $\boldsymbol{B}(k_1\boldsymbol{\beta}_1+k_2\boldsymbol{\beta}_2+\cdots+k_t\boldsymbol{\beta}_t)=\boldsymbol{0}$, 说明 $k_1\boldsymbol{\beta}_1+k_2\boldsymbol{\beta}_2+\cdots+k_t\boldsymbol{\beta}_t$ 是 $\boldsymbol{Bx}=\boldsymbol{0}$ 的解, 因此可由其基础解系 $\boldsymbol{\alpha}_1,\boldsymbol{\alpha}_2,\cdots,\boldsymbol{\alpha}_r$ 线性表示, 设为 $k_1\boldsymbol{\beta}_1+k_2\boldsymbol{\beta}_2+\cdots+k_t\boldsymbol{\beta}_t=\lambda_1\boldsymbol{\alpha}_1+\lambda_2\boldsymbol{\alpha}_2+\cdots+\lambda_r\boldsymbol{\alpha}_r$. 因为 $\boldsymbol{\alpha}_1,\boldsymbol{\alpha}_2,\cdots,\boldsymbol{\alpha}_r,\boldsymbol{\beta}_1,\boldsymbol{\beta}_2,\cdots,\boldsymbol{\beta}_t$ 线性无关, 所以 $k_1=\cdots=k_t=\lambda_1=\cdots=\lambda_r=0$, 于是 $\boldsymbol{B\beta}_1,\boldsymbol{B\beta}_2,\cdots,\boldsymbol{B\beta}_t$ 线性无关, $\operatorname{rank}(\boldsymbol{B\beta}_1,\boldsymbol{B\beta}_2,\cdots,\boldsymbol{B\beta}_t)=t$. 代入②式并与①式比较即得所证不等式.

(方法 3) 利用分块初等变换. 因为

$$\begin{pmatrix}\boldsymbol{E}_n & \boldsymbol{O}\\ \boldsymbol{O} & \boldsymbol{AB}\end{pmatrix}\xrightarrow{\text{行}}\begin{pmatrix}\boldsymbol{E}_n & \boldsymbol{O}\\ \boldsymbol{A} & \boldsymbol{AB}\end{pmatrix}\xrightarrow{\text{列}}\begin{pmatrix}\boldsymbol{E}_n & -\boldsymbol{B}\\ \boldsymbol{A} & \boldsymbol{O}\end{pmatrix}\longrightarrow\begin{pmatrix}\boldsymbol{A} & \boldsymbol{O}\\ \boldsymbol{E}_n & \boldsymbol{B}\end{pmatrix},$$

所以

$$n+\operatorname{rank}(\boldsymbol{AB})=\operatorname{rank}\begin{pmatrix}\boldsymbol{E}_n & \boldsymbol{O}\\ \boldsymbol{O} & \boldsymbol{AB}\end{pmatrix}=\operatorname{rank}\begin{pmatrix}\boldsymbol{A} & \boldsymbol{O}\\ \boldsymbol{E}_n & \boldsymbol{B}\end{pmatrix}\geqslant\operatorname{rank}\boldsymbol{A}+\operatorname{rank}\boldsymbol{B}.$$

移项即得所证.

【注】 进一步可证:Sylvester 不等式中等号成立, 即

$$\operatorname{rank}(\boldsymbol{AB})=\operatorname{rank}\boldsymbol{A}+\operatorname{rank}\boldsymbol{B}-n$$

的充分必要条件是关于 $\boldsymbol{X},\boldsymbol{Y}$ 的矩阵方程 $\boldsymbol{XA}+\boldsymbol{BY}=\boldsymbol{E}_n$ 有解. (参见本章例 4.135.)

【例 4.79】(Frobenius 不等式) 设 $\boldsymbol{A}$ 是 $m\times n$ 矩阵,$\boldsymbol{B}$ 是 $n\times s$ 矩阵,$\boldsymbol{C}$ 是 $s\times t$ 矩阵,证明:

$$\operatorname{rank}(\boldsymbol{ABC})\geqslant\operatorname{rank}(\boldsymbol{AB})+\operatorname{rank}(\boldsymbol{BC})-\operatorname{rank}\boldsymbol{B}.$$

【证】 (方法 1) 利用 Sylvester 不等式. 设 $\operatorname{rank}\boldsymbol{B}=r$, 则存在 n 阶可逆矩阵 $\boldsymbol{P}$, s 阶可逆矩阵 $\boldsymbol{Q}$, 使得 $\boldsymbol{PBQ}=\begin{pmatrix}\boldsymbol{E}_r & \boldsymbol{O}\\ \boldsymbol{O} & \boldsymbol{O}\end{pmatrix}=\begin{pmatrix}\boldsymbol{E}_r\\ \boldsymbol{O}\end{pmatrix}(\boldsymbol{E}_r,\boldsymbol{O})$. 令 $\boldsymbol{G}=\boldsymbol{P}^{-1}\begin{pmatrix}\boldsymbol{E}_r\\ \boldsymbol{O}\end{pmatrix}$, $\boldsymbol{H}=(\boldsymbol{E}_r,\boldsymbol{O})\boldsymbol{Q}^{-1}$, 则 $\boldsymbol{B}=\boldsymbol{GH}$, 其

中 $\boldsymbol{G}$ 为 $n\times r$ 的列满秩矩阵，$\boldsymbol{H}$ 为 $r\times s$ 的行满秩矩阵. 于是

$$\begin{aligned}\operatorname{rank}(\boldsymbol{ABC})&=\operatorname{rank}(\boldsymbol{AGHC})\geqslant\operatorname{rank}(\boldsymbol{AG})+\operatorname{rank}(\boldsymbol{HC})-r\\&\geqslant\operatorname{rank}(\boldsymbol{AB})+\operatorname{rank}(\boldsymbol{BC})-\operatorname{rank}\boldsymbol{B}.\end{aligned}$$

（方法 2）利用分块初等变换. 因为

$$\begin{pmatrix}\boldsymbol{ABC}&\boldsymbol{O}\\\boldsymbol{O}&\boldsymbol{B}\end{pmatrix}\xrightarrow{\text{行}}\begin{pmatrix}\boldsymbol{ABC}&\boldsymbol{AB}\\\boldsymbol{O}&\boldsymbol{B}\end{pmatrix}\xrightarrow{\text{列}}\begin{pmatrix}\boldsymbol{O}&\boldsymbol{AB}\\\boldsymbol{BC}&\boldsymbol{B}\end{pmatrix},$$

所以

$$\operatorname{rank}(\boldsymbol{ABC})+\operatorname{rank}\boldsymbol{B}=\operatorname{rank}\begin{pmatrix}\boldsymbol{ABC}&\boldsymbol{O}\\\boldsymbol{O}&\boldsymbol{B}\end{pmatrix}=\operatorname{rank}\begin{pmatrix}\boldsymbol{O}&\boldsymbol{AB}\\\boldsymbol{BC}&\boldsymbol{B}\end{pmatrix}\geqslant\operatorname{rank}(\boldsymbol{AB})+\operatorname{rank}(\boldsymbol{BC}),$$

即 $\operatorname{rank}(\boldsymbol{ABC})\geqslant\operatorname{rank}(\boldsymbol{AB})+\operatorname{rank}(\boldsymbol{BC})-\operatorname{rank}\boldsymbol{B}$.

【注】 Frobenius 不等式的证明可谓“高频”题，曾被许多学校用作为研究生入学考试题，如：复旦大学（1999 年）、武汉大学（2001 年）、厦门大学（2001 年）、北京理工大学（2003 年）、西安电子科技大学（2004 年）、浙江大学（2007 年）、中南大学（2010 年）、兰州大学（2020 年）. 北京大学 2009 年的考题要求结合子空间的维数证明这个不等式，见第 5 章练习 5.27.

【例 4.80】（武汉大学，2019 年） 设 $\boldsymbol{A}$ 为方阵，且存在正整数 k 使得 $\operatorname{rank}\boldsymbol{A}^k=\operatorname{rank}\boldsymbol{A}^{k+1}$，证明：对任意正整数 n，有 $\operatorname{rank}\boldsymbol{A}^{k+1}=\operatorname{rank}\boldsymbol{A}^{k+n}$.

【证】 （方法 1）根据题设条件 $\operatorname{rank}\boldsymbol{A}^k=\operatorname{rank}\boldsymbol{A}^{k+1}$，可改证 $\operatorname{rank}\boldsymbol{A}^k=\operatorname{rank}\boldsymbol{A}^{k+n}$. 反复利用本章例 4.62 的结论，至多 $n-1$ 次，即得 $\operatorname{rank}\boldsymbol{A}^k=\operatorname{rank}\boldsymbol{A}^{k+n}$.

（方法 2）对 n 作归纳法. 当 $n=1$ 时结论显然成立. 假设 $n-1$ 时结论成立，即

$$\operatorname{rank}\boldsymbol{A}^k=\operatorname{rank}\boldsymbol{A}^{k+n-1}.\qquad ①$$

利用 Frobenius 不等式，有

$$\begin{aligned}\operatorname{rank}\boldsymbol{A}^{k+n}&=\operatorname{rank}(\boldsymbol{A}^{n-1}\boldsymbol{A}^k\boldsymbol{A})\geqslant\operatorname{rank}(\boldsymbol{A}^{n-1}\boldsymbol{A}^k)+\operatorname{rank}(\boldsymbol{A}^k\boldsymbol{A})-\operatorname{rank}\boldsymbol{A}^k\\&=\operatorname{rank}\boldsymbol{A}^{k+n-1}+\operatorname{rank}\boldsymbol{A}^{k+1}-\operatorname{rank}\boldsymbol{A}^k,\end{aligned}$$

根据归纳假设①式及条件 $\operatorname{rank}\boldsymbol{A}^k=\operatorname{rank}\boldsymbol{A}^{k+1}$，得 $\operatorname{rank}\boldsymbol{A}^{k+n}\geqslant\operatorname{rank}\boldsymbol{A}^k$. 另一方面，有

$$\operatorname{rank}\boldsymbol{A}^{k+n}=\operatorname{rank}(\boldsymbol{A}^k\boldsymbol{A}^n)\leqslant\operatorname{rank}\boldsymbol{A}^k.$$

因此 $\operatorname{rank}\boldsymbol{A}^k=\operatorname{rank}\boldsymbol{A}^{k+n}$.

【注】 另一些相关的典型问题与方法可见本章练习 4.26 和第 7 章例 7.78.

【例 4.81】 设 $\boldsymbol{A},\boldsymbol{B}$ 都是 $m\times n$ 矩阵，证明：

$$\operatorname{rank}(\boldsymbol{A}+\boldsymbol{B})\geqslant\operatorname{rank}(\boldsymbol{A},\boldsymbol{B})+\operatorname{rank}\begin{pmatrix}\boldsymbol{A}\\\boldsymbol{B}\end{pmatrix}-\operatorname{rank}\boldsymbol{A}-\operatorname{rank}\boldsymbol{B}.$$

【证】 考虑以下几个矩阵等式：

$$(\boldsymbol{E}_m,\boldsymbol{E}_m)\begin{pmatrix}\boldsymbol{A}&\boldsymbol{O}\\\boldsymbol{O}&\boldsymbol{B}\end{pmatrix}=(\boldsymbol{A},\boldsymbol{B}),\quad\begin{pmatrix}\boldsymbol{A}&\boldsymbol{O}\\\boldsymbol{O}&\boldsymbol{B}\end{pmatrix}\begin{pmatrix}\boldsymbol{E}_n\\\boldsymbol{E}_n\end{pmatrix}=\begin{pmatrix}\boldsymbol{A}\\\boldsymbol{B}\end{pmatrix},$$

$$(\boldsymbol{E}_m,\boldsymbol{E}_m)\begin{pmatrix}\boldsymbol{A}&\boldsymbol{O}\\\boldsymbol{O}&\boldsymbol{B}\end{pmatrix}\begin{pmatrix}\boldsymbol{E}_n\\\boldsymbol{E}_n\end{pmatrix}=\boldsymbol{A}+\boldsymbol{B},$$

令 $\boldsymbol{P}=(\boldsymbol{E}_m,\boldsymbol{E}_m)$，$\boldsymbol{M}=\begin{pmatrix}\boldsymbol{A}&\boldsymbol{O}\\\boldsymbol{O}&\boldsymbol{B}\end{pmatrix}$，$\boldsymbol{Q}=\begin{pmatrix}\boldsymbol{E}_n\\\boldsymbol{E}_n\end{pmatrix}$，利用 Frobenius 不等式，得

$$\mathrm{rank}(\boldsymbol{PMQ}) \geqslant \mathrm{rank}(\boldsymbol{PM}) + \mathrm{rank}(\boldsymbol{MQ}) - \mathrm{rank}\,\boldsymbol{M},$$

即 $\mathrm{rank}(\boldsymbol{A}+\boldsymbol{B}) \geqslant \mathrm{rank}(\boldsymbol{A},\boldsymbol{B})+\mathrm{rank}\begin{pmatrix}\boldsymbol{A}\\ \boldsymbol{B}\end{pmatrix}-\mathrm{rank}\,\boldsymbol{A}-\mathrm{rank}\,\boldsymbol{B}$.

【例 4.82】(北京师范大学,2006 年) 设 $\boldsymbol{A},\boldsymbol{B}$ 是数域 F 上两个 n 阶方阵,证明:

(1) $\mathrm{rank}(\boldsymbol{A}-\boldsymbol{ABA})=\mathrm{rank}\,\boldsymbol{A}+\mathrm{rank}(\boldsymbol{I}_n-\boldsymbol{BA})-n$;(**苏州大学,2013 年**)

(2) 若 $\boldsymbol{A}+\boldsymbol{B}=\boldsymbol{I}_n$ 且 $\mathrm{rank}\,\boldsymbol{A}+\mathrm{rank}\,\boldsymbol{B}=n$,则 $\boldsymbol{A}^2=\boldsymbol{A},\boldsymbol{B}^2=\boldsymbol{B}$,且 $\boldsymbol{AB}=\boldsymbol{O}=\boldsymbol{BA}$.

【证】 (1) 利用分块初等变换,得

$$\begin{pmatrix}\boldsymbol{I}_n & \boldsymbol{O}\\ \boldsymbol{O} & \boldsymbol{A}-\boldsymbol{ABA}\end{pmatrix}\to\begin{pmatrix}\boldsymbol{I}_n & \boldsymbol{BA}\\ \boldsymbol{O} & \boldsymbol{A}-\boldsymbol{ABA}\end{pmatrix}\to\begin{pmatrix}\boldsymbol{I}_n & \boldsymbol{BA}\\ \boldsymbol{A} & \boldsymbol{A}\end{pmatrix}\to\begin{pmatrix}\boldsymbol{I}_n-\boldsymbol{BA} & \boldsymbol{BA}\\ \boldsymbol{O} & \boldsymbol{A}\end{pmatrix}\to\begin{pmatrix}\boldsymbol{I}_n-\boldsymbol{BA} & \boldsymbol{O}\\ \boldsymbol{O} & \boldsymbol{A}\end{pmatrix}.$$

所以

$$\mathrm{rank}\begin{pmatrix}\boldsymbol{I}_n & \boldsymbol{O}\\ \boldsymbol{O} & \boldsymbol{A}-\boldsymbol{ABA}\end{pmatrix}=\mathrm{rank}\begin{pmatrix}\boldsymbol{I}_n-\boldsymbol{BA} & \boldsymbol{O}\\ \boldsymbol{O} & \boldsymbol{A}\end{pmatrix},$$

即

$$n+\mathrm{rank}(\boldsymbol{A}-\boldsymbol{ABA})=\mathrm{rank}(\boldsymbol{I}_n-\boldsymbol{BA})+\mathrm{rank}\,\boldsymbol{A},$$

亦即

$$\mathrm{rank}(\boldsymbol{A}-\boldsymbol{ABA})=\mathrm{rank}\,\boldsymbol{A}+\mathrm{rank}(\boldsymbol{I}_n-\boldsymbol{BA})-n.$$

(2) 利用分块初等变换,得

$$\begin{pmatrix}\boldsymbol{I}_n & \boldsymbol{O}\\ \boldsymbol{O} & \boldsymbol{AB}\end{pmatrix}\to\begin{pmatrix}\boldsymbol{I}_n & \boldsymbol{B}\\ \boldsymbol{O} & \boldsymbol{AB}\end{pmatrix}\to\begin{pmatrix}\boldsymbol{I}_n & \boldsymbol{B}\\ -\boldsymbol{A} & \boldsymbol{O}\end{pmatrix}=\begin{pmatrix}\boldsymbol{A}+\boldsymbol{B} & \boldsymbol{B}\\ -\boldsymbol{A} & \boldsymbol{O}\end{pmatrix}\to\begin{pmatrix}\boldsymbol{B} & \boldsymbol{B}\\ -\boldsymbol{A} & \boldsymbol{O}\end{pmatrix}\to\begin{pmatrix}\boldsymbol{O} & \boldsymbol{B}\\ -\boldsymbol{A} & \boldsymbol{O}\end{pmatrix},$$

所以

$$n+\mathrm{rank}(\boldsymbol{AB})=\mathrm{rank}\begin{pmatrix}\boldsymbol{I}_n & \boldsymbol{O}\\ \boldsymbol{O} & \boldsymbol{AB}\end{pmatrix}=\mathrm{rank}\begin{pmatrix}\boldsymbol{O} & \boldsymbol{B}\\ -\boldsymbol{A} & \boldsymbol{O}\end{pmatrix}=\mathrm{rank}\,\boldsymbol{A}+\mathrm{rank}\,\boldsymbol{B}=n,$$

故 $\mathrm{rank}(\boldsymbol{AB})=0,\boldsymbol{AB}=\boldsymbol{O}$. 同理可得 $\boldsymbol{BA}=\boldsymbol{O}$. 再由 $\boldsymbol{A}+\boldsymbol{B}=\boldsymbol{I}_n$ 即得 $\boldsymbol{A}^2=\boldsymbol{A},\boldsymbol{B}^2=\boldsymbol{B}$.

【注】 本题(2)的一般结论是:设 $\boldsymbol{A},\boldsymbol{A}_1,\cdots,\boldsymbol{A}_s$ 都是数域 F 上的 n 阶方阵,且满足 $\boldsymbol{A}=\sum\limits_{i=1}^{s}\boldsymbol{A}_i$,则 $\boldsymbol{A}^2=\boldsymbol{A}$ 且 $\mathrm{rank}\,\boldsymbol{A}=\sum\limits_{i=1}^{s}\mathrm{rank}\,\boldsymbol{A}_i$ 的充分必要条件是 $\boldsymbol{A}_i^2=\boldsymbol{A}_i$ 且 $\boldsymbol{A}_i\boldsymbol{A}_j=\boldsymbol{O}(i\neq j)$.(本书第 6 章例 6.19 给出了该问题的几何表述及其证明.)

【例 4.83】(上海交通大学,2003 年) 证明:n 阶方阵 $\boldsymbol{A}$ 满足 $\boldsymbol{A}=\boldsymbol{A}^2$,当且仅当

$$n=\mathrm{rank}\,\boldsymbol{A}+\mathrm{rank}(\boldsymbol{E}-\boldsymbol{A}).$$

【证】 (方法 1)利用分块初等变换,有

$$\begin{pmatrix}\boldsymbol{A} & \\ & \boldsymbol{E}-\boldsymbol{A}\end{pmatrix}\to\begin{pmatrix}\boldsymbol{A} & \boldsymbol{O}\\ \boldsymbol{E}-\boldsymbol{A} & \boldsymbol{E}-\boldsymbol{A}\end{pmatrix}\to\begin{pmatrix}\boldsymbol{E} & \boldsymbol{E}-\boldsymbol{A}\\ \boldsymbol{E}-\boldsymbol{A} & \boldsymbol{E}-\boldsymbol{A}\end{pmatrix}\to\begin{pmatrix}\boldsymbol{E} & \boldsymbol{E}-\boldsymbol{A}\\ \boldsymbol{O} & \boldsymbol{A}-\boldsymbol{A}^2\end{pmatrix}\to\begin{pmatrix}\boldsymbol{E} & \\ & \boldsymbol{A}-\boldsymbol{A}^2\end{pmatrix}.$$

由于初等变换不改变矩阵的秩,所以

$$\mathrm{rank}\,\boldsymbol{A}+\mathrm{rank}(\boldsymbol{E}-\boldsymbol{A})=\mathrm{rank}\begin{pmatrix}\boldsymbol{A} & \\ & \boldsymbol{E}-\boldsymbol{A}\end{pmatrix}=\mathrm{rank}\begin{pmatrix}\boldsymbol{E} & \\ & \boldsymbol{A}-\boldsymbol{A}^2\end{pmatrix}=n+\mathrm{rank}(\boldsymbol{A}-\boldsymbol{A}^2),$$

于是 $n=\mathrm{rank}\,\boldsymbol{A}+\mathrm{rank}(\boldsymbol{E}-\boldsymbol{A})\Leftrightarrow\mathrm{rank}(\boldsymbol{A}-\boldsymbol{A}^2)=0\Leftrightarrow\boldsymbol{A}-\boldsymbol{A}^2=\boldsymbol{O}\Leftrightarrow\boldsymbol{A}=\boldsymbol{A}^2$.

(方法 2) 必要性. 由 $\boldsymbol{A}=\boldsymbol{A}^2$,知 $\boldsymbol{A}(\boldsymbol{E}-\boldsymbol{A})=\boldsymbol{O}$,$\mathrm{rank}\,\boldsymbol{A}+\mathrm{rank}(\boldsymbol{E}-\boldsymbol{A})\leqslant n$. 另一方面,有

$$n=\mathrm{rank}[\boldsymbol{A}+(\boldsymbol{E}-\boldsymbol{A})]\leqslant\mathrm{rank}\,\boldsymbol{A}+\mathrm{rank}(\boldsymbol{E}-\boldsymbol{A}).$$

综合起来,即 $n=\text{rank}\,\boldsymbol{A}+\text{rank}(\boldsymbol{E}-\boldsymbol{A})$.

充分性. 设 $\text{rank}\,\boldsymbol{A}=r$,则 $\text{rank}(\boldsymbol{E}-\boldsymbol{A})=n-r$. 当 $r=0$ 或 n 时,$\boldsymbol{A}=\boldsymbol{O}$ 或 $\boldsymbol{E}$,结论成立. 故只需考虑 $0<r<n$ 的情形. 此时,齐次方程组 $(\boldsymbol{E}-\boldsymbol{A})\boldsymbol{X}=\boldsymbol{0}$ 的基础解系含 $n-(n-r)=r$ 个解,设为 $\boldsymbol{\alpha}_1,\boldsymbol{\alpha}_2,\cdots,\boldsymbol{\alpha}_r$,则 $(\boldsymbol{E}-\boldsymbol{A})\boldsymbol{\alpha}_k=\boldsymbol{0}$,即

$$\boldsymbol{A}\boldsymbol{\alpha}_k=\boldsymbol{\alpha}_k,\quad k=1,2,\cdots,r.$$

同理,齐次方程组 $\boldsymbol{AX}=\boldsymbol{0}$ 的基础解系含 $n-r$ 个解,设为 $\boldsymbol{\beta}_1,\boldsymbol{\beta}_2,\cdots,\boldsymbol{\beta}_{n-r}$,则

$$\boldsymbol{A}\boldsymbol{\beta}_k=\boldsymbol{0},\quad k=1,2,\cdots,n-r.$$

下证 $\boldsymbol{\alpha}_1,\boldsymbol{\alpha}_2,\cdots,\boldsymbol{\alpha}_r,\boldsymbol{\beta}_1,\boldsymbol{\beta}_2,\cdots,\boldsymbol{\beta}_{n-r}$ 线性无关,为此,设 n 个数 $k_1,k_2,\cdots,k_r,t_1,t_2,\cdots,t_{n-r}$ 使得

$$k_1\boldsymbol{\alpha}_1+k_2\boldsymbol{\alpha}_2+\cdots+k_r\boldsymbol{\alpha}_r+t_1\boldsymbol{\beta}_1+t_2\boldsymbol{\beta}_2+\cdots+t_{n-r}\boldsymbol{\beta}_{n-r}=\boldsymbol{0}.\qquad ①$$

用 $\boldsymbol{A}$ 左乘①式的两边,有 $k_1\boldsymbol{\alpha}_1+k_2\boldsymbol{\alpha}_2+\cdots+k_r\boldsymbol{\alpha}_r=\boldsymbol{0}$. 由于 $\boldsymbol{\alpha}_1,\boldsymbol{\alpha}_2,\cdots,\boldsymbol{\alpha}_r$ 线性无关,所以 $k_1=k_2=\cdots=k_r=0$. 故由①式得 $t_1\boldsymbol{\beta}_1+t_2\boldsymbol{\beta}_2+\cdots+t_{n-t}\boldsymbol{\beta}_{n-r}=\boldsymbol{0}$. 而 $\boldsymbol{\beta}_1,\boldsymbol{\beta}_2,\cdots,\boldsymbol{\beta}_{n-r}$ 线性无关,知 $t_1=t_2=\cdots=t_{n-t}=0$. 所以 $\boldsymbol{\alpha}_1,\boldsymbol{\alpha}_2,\cdots,\boldsymbol{\alpha}_r,\boldsymbol{\beta}_1,\boldsymbol{\beta}_2,\cdots,\boldsymbol{\beta}_{n-r}$ 线性无关.

记 $\boldsymbol{T}=(\boldsymbol{\alpha}_1,\boldsymbol{\alpha}_2,\cdots,\boldsymbol{\alpha}_r,\boldsymbol{\beta}_1,\boldsymbol{\beta}_2,\cdots,\boldsymbol{\beta}_{n-r})$,则 $\boldsymbol{T}$ 是可逆矩阵,且

$$\boldsymbol{A}(\boldsymbol{\alpha}_1,\boldsymbol{\alpha}_2,\cdots,\boldsymbol{\alpha}_r,\boldsymbol{\beta}_1,\boldsymbol{\beta}_2,\cdots,\boldsymbol{\beta}_{n-r})=(\boldsymbol{\alpha}_1,\boldsymbol{\alpha}_2,\cdots,\boldsymbol{\alpha}_r,\boldsymbol{\beta}_1,\boldsymbol{\beta}_2,\cdots,\boldsymbol{\beta}_{n-r})\begin{pmatrix}\boldsymbol{E}_r&\boldsymbol{O}\\\boldsymbol{O}&\boldsymbol{O}\end{pmatrix},$$

即 $\boldsymbol{AT}=\boldsymbol{T}\begin{pmatrix}\boldsymbol{E}_r&\boldsymbol{O}\\\boldsymbol{O}&\boldsymbol{O}\end{pmatrix}$,从而有

$$\boldsymbol{A}^2\boldsymbol{T}=\boldsymbol{AT}\begin{pmatrix}\boldsymbol{E}_r&\boldsymbol{O}\\\boldsymbol{O}&\boldsymbol{O}\end{pmatrix}=\boldsymbol{T}\begin{pmatrix}\boldsymbol{E}_r&\boldsymbol{O}\\\boldsymbol{O}&\boldsymbol{O}\end{pmatrix}^2=\boldsymbol{T}\begin{pmatrix}\boldsymbol{E}_r&\boldsymbol{O}\\\boldsymbol{O}&\boldsymbol{O}\end{pmatrix}=\boldsymbol{AT},$$

于是 $\boldsymbol{A}=\boldsymbol{A}^2$.

【注】 这里,证明了幂等矩阵的另一重要性质:若 n 阶方阵 $\boldsymbol{A}$ 满足 $\boldsymbol{A}^2=\boldsymbol{A}$,则存在 n 阶可逆矩阵 $\boldsymbol{T}$,使得

$$\boldsymbol{T}^{-1}\boldsymbol{AT}=\begin{pmatrix}\boldsymbol{E}_r&\boldsymbol{O}\\\boldsymbol{O}&\boldsymbol{O}\end{pmatrix},$$

其中 r 为矩阵 $\boldsymbol{A}$ 的秩.(见本章例 4.94 附注、第 7 章例 7.49 还给出了另外两种证明.)

§4.5　矩阵的等价标准形

基本理论与要点提示

4.5.1　矩阵的等价标准形

(1) 设 $\boldsymbol{A}$ 为 $m\times n$ 矩阵,$\text{rank}\,\boldsymbol{A}=r$,则存在 m 阶可逆矩阵 $\boldsymbol{P}$,n 阶可逆矩阵 $\boldsymbol{Q}$,使得

$$\boldsymbol{PAQ}=\begin{pmatrix}\boldsymbol{E}_r&\boldsymbol{O}\\\boldsymbol{O}&\boldsymbol{O}\end{pmatrix};$$

(2) 设 $\boldsymbol{A}$ 为 $m\times n$ 矩阵,$\text{rank}\,\boldsymbol{A}=r$,则存在 $m\times r$ 列满秩矩阵 $\boldsymbol{B}$ 与 $r\times n$ 行满秩矩阵 $\boldsymbol{C}$,使得 $\boldsymbol{A}=\boldsymbol{BC}$;(此即矩阵的满秩分解,又见本章例 4.87.)

(3) 设 $\boldsymbol{A}$ 为 $m\times n$ 矩阵,$\boldsymbol{B}$ 为 $m\times l$ 矩阵,$\boldsymbol{C}$ 为 $p\times n$ 矩阵,则矩阵方程 $\boldsymbol{AX}=\boldsymbol{B}$ 有解当且仅当 $\text{rank}\,\boldsymbol{A}=\text{rank}(\boldsymbol{A},\boldsymbol{B})$,矩阵方程 $\boldsymbol{XA}=\boldsymbol{C}$ 有解当且仅当 $\text{rank}\,\boldsymbol{A}=\text{rank}\begin{pmatrix}\boldsymbol{A}\\\boldsymbol{C}\end{pmatrix}$.

4.5.2　常见的典型问题

(1) 矩阵分解:例 4.84—例 4.89;

(2) 有关矩阵秩的问题:例 4.90—例 4.94;

(3) 求矩阵方程的解:例 4.95—例 4.97,例 4.134,例 4.135 等.

典型问题解析

【例 4.84】(北京师范大学,2013 年;大连理工大学,2004 年) 设 A 是 n 阶方阵,证明:存在一 n 阶可逆矩阵 B 及一个 n 阶幂等矩阵 C(即 $C^2=C$),使得 $A=BC$.

【证】 设 rank $A=r$,则存在 n 阶可逆矩阵 P 和 Q,使得 $A=P\begin{pmatrix}E_r & O\\ O & O\end{pmatrix}Q$. 若令 $B=PQ$,$C=Q^{-1}\begin{pmatrix}E_r & O\\ O & O\end{pmatrix}Q$,则 $A=(PQ)Q^{-1}\begin{pmatrix}E_r & O\\ O & O\end{pmatrix}Q=BC$,其中 B 是可逆矩阵,且

$$C^2=Q^{-1}\begin{pmatrix}E_r & O\\ O & O\end{pmatrix}QQ^{-1}\begin{pmatrix}E_r & O\\ O & O\end{pmatrix}Q=Q^{-1}\begin{pmatrix}E_r & O\\ O & O\end{pmatrix}Q=C.$$

【例 4.85】(浙江大学,1999 年) 设矩阵 $A_{m\times n}$ 是行满秩矩阵(即 rank $A=m$). 证明:

(1) 存在可逆矩阵 Q,使得 $A=(E_m,O)Q$,其中 E_m 是 m 阶单位矩阵;**(中国科技大学,2015 年)**

(2) 存在矩阵 $B_{n\times m}$,使得 $AB=E_m$.

【证】 (1) 因为 rank $A=m$,所以存在 m 阶可逆矩阵 P_1 和 n 阶可逆矩阵 P_2,使得

$$A=P_1(E_m,O)P_2.$$

于是,有

$$A=(P_1,O)P_2=(E_m,O)\begin{pmatrix}P_1 & O\\ O & E_{n-m}\end{pmatrix}P_2.$$

令 $Q=\begin{pmatrix}P_1 & O\\ O & E_{n-m}\end{pmatrix}P_2$,则 Q 是 n 阶可逆矩阵,且 $A=(E_m,O)Q$.

(2) 取 $B=Q^{-1}\begin{pmatrix}E_m\\ O\end{pmatrix}$,则 B 是 $n\times m$ 矩阵,且满足 $AB=E_m$.

【注 1】 同理可证:如果矩阵 $A_{m\times n}$ 是列满秩矩阵(即 rank $A=n$),那么存在可逆矩阵 P,使得 $A=P\begin{pmatrix}E_n\\ O\end{pmatrix}$,且存在矩阵 $C_{n\times m}$,使得 $CA=E_n$,其中 E_n 是 n 阶单位矩阵.

【注 2】 由此易知:(1)行满秩矩阵具有右消去律,即若矩阵 A 行满秩且 $GA=HA$,则 $G=H$;(2)列满秩矩阵具有左消去律,即若矩阵 A 列满秩且 $AG=AH$,则 $G=H$.

【例 4.86】 设 A 是列满秩的 $m\times n$ 实矩阵,$m>n$. 证明:存在 $m\times(m-n)$ 实矩阵 B,使得 $B^{\mathrm T}A=O$,且 (A,B) 是可逆矩阵.

【证】 先证 B 的存在性. 由 A 列满秩,知存在 m 阶可逆实矩阵 P 使得 $A=P\begin{pmatrix}E_n\\ O\end{pmatrix}$.

取 $\boldsymbol{B}^{\mathrm{T}}=(\boldsymbol{O},\boldsymbol{E}_{m-n})\boldsymbol{P}^{-1}$，则 $\boldsymbol{B}$ 为实矩阵，且 $\boldsymbol{B}^{\mathrm{T}}\boldsymbol{A}=(\boldsymbol{O},\boldsymbol{E}_{m-n})\boldsymbol{P}^{-1}\boldsymbol{P}\begin{pmatrix}\boldsymbol{E}_n\\ \boldsymbol{O}\end{pmatrix}=\boldsymbol{O}$.

再证 $(\boldsymbol{A},\boldsymbol{B})$ 可逆. 因为 $\boldsymbol{A},\boldsymbol{B}$ 都是实矩阵，且

$$(\boldsymbol{A},\boldsymbol{B})^{\mathrm{T}}(\boldsymbol{A},\boldsymbol{B})=\begin{pmatrix}\boldsymbol{A}^{\mathrm{T}}\boldsymbol{A} & \boldsymbol{A}^{\mathrm{T}}\boldsymbol{B}\\ \boldsymbol{B}^{\mathrm{T}}\boldsymbol{A} & \boldsymbol{B}^{\mathrm{T}}\boldsymbol{B}\end{pmatrix}=\begin{pmatrix}\boldsymbol{A}^{\mathrm{T}}\boldsymbol{A} & \boldsymbol{O}\\ \boldsymbol{O} & \boldsymbol{B}^{\mathrm{T}}\boldsymbol{B}\end{pmatrix},$$

根据第 3 章例 3.87 的结论，$\operatorname{rank}(\boldsymbol{A}^{\mathrm{T}}\boldsymbol{A})=\operatorname{rank}\boldsymbol{A}=n$，$\operatorname{rank}(\boldsymbol{B}^{\mathrm{T}}\boldsymbol{B})=\operatorname{rank}\boldsymbol{B}=m-n$，所以

$$\operatorname{rank}(\boldsymbol{A},\boldsymbol{B})=\operatorname{rank}((\boldsymbol{A},\boldsymbol{B})^{\mathrm{T}}(\boldsymbol{A},\boldsymbol{B}))=\operatorname{rank}(\boldsymbol{A}^{\mathrm{T}}\boldsymbol{A})+\operatorname{rank}(\boldsymbol{B}^{\mathrm{T}}\boldsymbol{B})=m,$$

因此 $(\boldsymbol{A},\boldsymbol{B})$ 是可逆矩阵.

【注】 也可由齐次方程组 $\boldsymbol{A}^{\mathrm{T}}\boldsymbol{x}=\boldsymbol{0}$ 的基础解系构成 $\boldsymbol{B}$ 的列向量得 $\boldsymbol{A}^{\mathrm{T}}\boldsymbol{B}=\boldsymbol{O}$ 即 $\boldsymbol{B}^{\mathrm{T}}\boldsymbol{A}=\boldsymbol{O}$. 再设 $\boldsymbol{\alpha}_1,\boldsymbol{\alpha}_2,\cdots,\boldsymbol{\alpha}_n$ 与 $\boldsymbol{\beta}_1,\boldsymbol{\beta}_2,\cdots,\boldsymbol{\beta}_{m-n}$ 分别为矩阵 $\boldsymbol{A},\boldsymbol{B}$ 的列向量组，考虑实系数线性组合

$$k_1\boldsymbol{\alpha}_1+k_2\boldsymbol{\alpha}_2+\cdots+k_n\boldsymbol{\alpha}_n+l_1\boldsymbol{\beta}_1+l_2\boldsymbol{\beta}_2+\cdots+l_{m-n}\boldsymbol{\beta}_{m-n}=\boldsymbol{0},$$

用实向量 $(\sum\limits_{i=1}^{n}k_i\boldsymbol{\alpha}_i)^{\mathrm{T}}$ 左乘上式两边，得 $(\sum\limits_{i=1}^{n}k_i\boldsymbol{\alpha}_i)^{\mathrm{T}}(\sum\limits_{i=1}^{n}k_i\boldsymbol{\alpha}_i)=0$，从而有 $\sum\limits_{i=1}^{n}k_i\boldsymbol{\alpha}_i=\boldsymbol{0}$. 由 $\boldsymbol{A}$ 列满秩得 $k_1=k_2=\cdots=k_n=0$. 再由 $\boldsymbol{B}$ 列满秩得 $l_1=l_2=\cdots=l_{m-n}=0$. 因此，矩阵 $(\boldsymbol{A},\boldsymbol{B})$ 的列向量组线性无关，即 $(\boldsymbol{A},\boldsymbol{B})$ 是可逆矩阵.

【例 4.87】(北京理工大学，2005 年) 一个矩阵称为行(列)满秩矩阵，如果它的行(列)向量组是线性无关的.

(1) 证明：如果一个 $m\times n$ 矩阵 $\boldsymbol{A}$ 的秩为 r，那么有 $m\times r$ 的列满秩矩阵 $\boldsymbol{B}$ 和 $r\times n$ 的行满秩矩阵 $\boldsymbol{C}$，使得 $\boldsymbol{A}=\boldsymbol{BC}$. 我们称 $\boldsymbol{A}=\boldsymbol{BC}$ 为矩阵 $\boldsymbol{A}$ 的满秩分解表达式；

(2) 利用(1)求矩阵

$$\boldsymbol{A}=\begin{pmatrix}1&2&0&1&1&10\\3&6&1&4&2&36\\2&4&0&2&2&27\\6&12&1&7&5&73\end{pmatrix}$$

的满秩分解表达式；

(3) 已知一个 $m\times n$ 矩阵 $\boldsymbol{A}$ 的秩为 r，且 $\boldsymbol{A}=\boldsymbol{BC}$ 为其满秩分解表达式，证明：$\boldsymbol{AX}=\boldsymbol{0}$ 与 $\boldsymbol{CX}=\boldsymbol{0}$ 是同解的线性方程组.

【解】 (1) 因为 $\operatorname{rank}\boldsymbol{A}=r$，所以存在 m 阶可逆矩阵 $\boldsymbol{P}$ 和 n 阶可逆矩阵 $\boldsymbol{Q}$，使得

$$\boldsymbol{A}=\boldsymbol{P}\begin{pmatrix}\boldsymbol{E}_r&\boldsymbol{O}\\ \boldsymbol{O}&\boldsymbol{O}\end{pmatrix}\boldsymbol{Q}=\boldsymbol{P}\begin{pmatrix}\boldsymbol{E}_r\\ \boldsymbol{O}\end{pmatrix}(\boldsymbol{E}_r,\boldsymbol{O})\boldsymbol{Q}.$$

令 $\boldsymbol{B}=\boldsymbol{P}\begin{pmatrix}\boldsymbol{E}_r\\ \boldsymbol{O}\end{pmatrix}$，$\boldsymbol{C}=(\boldsymbol{E}_r,\boldsymbol{O})\boldsymbol{Q}$，则 $\boldsymbol{B}$ 是 $m\times r$ 的列满秩矩阵，$\boldsymbol{C}$ 是 $r\times n$ 的行满秩矩阵，且 $\boldsymbol{A}=\boldsymbol{BC}$.

(2) 用初等行变换和初等列变换将矩阵 $\boldsymbol{A}$ 化为等价标准形，然后求逆即可. 具体地，有

$$\boldsymbol{L}_4\boldsymbol{L}_3\boldsymbol{L}_2\boldsymbol{L}_1\boldsymbol{A}\boldsymbol{R}_1\boldsymbol{R}_2\boldsymbol{P}_{23}\boldsymbol{P}_{36}=\begin{pmatrix}\boldsymbol{E}_3&\boldsymbol{O}\\ \boldsymbol{O}&\boldsymbol{O}\end{pmatrix}_{4\times 6}=\begin{pmatrix}\boldsymbol{E}_3\\ \boldsymbol{O}\end{pmatrix}_{4\times 3}(\boldsymbol{E}_3,\boldsymbol{O})_{3\times 6},$$

这里(其中未写出的元素均为 0)

$$L_1=\begin{pmatrix}1&&&\\-3&1&&\\-2&&1&\\-6&&&1\end{pmatrix},L_2=\begin{pmatrix}1&&&\\&1&&\\&&1&\\&-1&&1\end{pmatrix},L_3=\begin{pmatrix}1&&&\\&1&&\\&&1&\\&&-1&1\end{pmatrix},L_4=\begin{pmatrix}1&&&\\&1&&\\&&\frac{1}{7}&\\&&&1\end{pmatrix},$$

$$R_1=\begin{pmatrix}1&-2&0&-1&-1&-10\\&1&&&&\\&&1&&&\\&&&1&&\\&&&&1&\\&&&&&1\end{pmatrix},R_2=\begin{pmatrix}1&&&&&\\&1&&&&\\&&1&-1&1&-6\\&&&1&&\\&&&&1&\\&&&&&1\end{pmatrix},$$

而 P_{23},P_{36} 是对换初等矩阵. 于是,有

$$A=(L_1^{-1}L_2^{-1}L_3^{-1}L_4^{-1}\begin{pmatrix}E_3\\O\end{pmatrix})((E_3,O)P_{36}P_{23}R_2^{-1}R_1^{-1})=BC,$$

其中(所有求逆都用相应初等变换的逆变换实现)

$$B=L_1^{-1}L_2^{-1}L_3^{-1}L_4^{-1}\begin{pmatrix}E_3\\O\end{pmatrix}=\begin{pmatrix}1&0&0\\3&1&0\\2&0&7\\6&1&7\end{pmatrix},\quad C=(E_3,O)P_{36}P_{23}R_2^{-1}R_1^{-1}=\begin{pmatrix}1&2&0&1&1&10\\0&0&1&1&-1&6\\0&0&0&0&0&1\end{pmatrix}.$$

(3) 显然,$CX=0$ 的解是 $AX=0$ 的解. 另一方面,若 $AX_0=0$,则 $B(CX_0)=0$. 注意到 B 是 $m\times r$ 的列满秩矩阵,所以齐次方程组 $BY=0$ 只有零解. 这就表明,由 $B(CX_0)=0$ 只能有 $CX_0=0$,即 X_0 是 $CX=0$ 的解. 故 $AX=0$ 与 $CX=0$ 是同解的线性方程组.

【例 4.88】 设 A,B,U,V 均为 n 阶方阵,满足 $A=BU,B=AV$. 证明:存在可逆矩阵 T,使得 $A=BT$.

【证】 (方法 1) 若 U 可逆,则取 $T=U$ 即可. 下设 U 不可逆,则存在可逆矩阵 P,Q,使

$$U=P\begin{pmatrix}E_r&O\\O&O\end{pmatrix}Q,$$

其中 $r=\operatorname{rank}U<n$. 故由题设 $A=BU$,有

$$A=BP\begin{pmatrix}E_r&O\\O&O\end{pmatrix}Q,\quad 即\quad AQ^{-1}=BP\begin{pmatrix}E_r&O\\O&O\end{pmatrix}.$$

令 $A_1=AQ^{-1},B_1=BP,U_1=\begin{pmatrix}E_r&O\\O&O\end{pmatrix}$,则 $A_1=B_1U_1$,且 $B_1=AVP=A_1V_1$,其中 $V_1=QVP$.

下面先确定可逆矩阵 T_1,使得 $A_1=B_1T_1$. 为此,对 B_1,V_1 作相应于 U_1 的分块:

$$B_1=\begin{pmatrix}C_1&C_2\\C_3&C_4\end{pmatrix},\quad V_1=\begin{pmatrix}X_1&X_2\\X_3&X_4\end{pmatrix}.$$

由于

$$A_1=B_1U_1=\begin{pmatrix}C_1&C_2\\C_3&C_4\end{pmatrix}\begin{pmatrix}E_r&O\\O&O\end{pmatrix}=\begin{pmatrix}C_1&O\\C_3&O\end{pmatrix},$$

故由 $B_1=A_1V_1$，即

$$\begin{pmatrix} C_1 & C_2 \\ C_3 & C_4 \end{pmatrix} = \begin{pmatrix} C_1 & O \\ C_3 & O \end{pmatrix}\begin{pmatrix} X_1 & X_2 \\ X_3 & X_4 \end{pmatrix} = \begin{pmatrix} C_1X_1 & C_1X_2 \\ C_3X_1 & C_3X_2 \end{pmatrix},$$

可得 $C_2=C_1X_2$，$C_4=C_3X_2$. 现在，取可逆矩阵

$$T_1 = \begin{pmatrix} E & -X_2 \\ O & E \end{pmatrix},$$

容易验证：$B_1T_1=A_1$，即 $AQ^{-1}=BPT_1$. 最后，再令 $T=PT_1Q$，则 T 可逆，且 $A=BT$.

（方法2）由题设条件 $A=BU$，$B=AV$ 易知 $\operatorname{rank} A=\operatorname{rank} B$，设 $\operatorname{rank} A=\operatorname{rank} B=r$，故存在 n 阶可逆矩阵 P,Q，使得

$$AP=(A_1,O),\quad BQ=(B_1,O),$$

其中 A_1,B_1 均为 $n\times r$ 的列满秩矩阵. 对 P,Q^{-1} 作相应分块：$P=(P_1,P_2)$，$Q^{-1}=\begin{pmatrix} Q_1 \\ Q_2 \end{pmatrix}$，则

$$AP_1=A_1,\quad B=B_1Q_1,$$

其中 P_1 为 $n\times r$ 的列满秩矩阵，Q_1 为 $r\times n$ 的行满秩矩阵. 于是，有

$$A_1=AP_1=BUP_1=B_1Q_1UP_1=B_1T_1,$$

其中 $T_1=Q_1UP_1$ 为 r 阶方阵. 易知 $\operatorname{rank} T_1=r$，即 T_1 是 r 阶可逆矩阵. 因为

$$A=(A_1,O)P^{-1}=(B_1T_1,O)P^{-1}=(B_1,O)\begin{pmatrix} T_1 & O \\ O & E_{n-r} \end{pmatrix}P^{-1}=BQ\begin{pmatrix} T_1 & O \\ O & E_{n-r} \end{pmatrix}P^{-1},$$

所以取可逆矩阵 $T=Q\begin{pmatrix} T_1 & O \\ O & E_{n-r} \end{pmatrix}P^{-1}$，即得 $A=BT$.

【例 4.89】 设 A，B 均为 $m\times n$ 矩阵，$\operatorname{rank}(A+B)=\operatorname{rank} A+\operatorname{rank} B$. 证明：存在 m 阶可逆矩阵 P 及 n 阶可逆矩阵 Q，使得

$$PAQ=\begin{pmatrix} E_r & O & O \\ O & O & O \\ O & O & O \end{pmatrix},\quad PBQ=\begin{pmatrix} O & O & O \\ O & E_s & O \\ O & O & O \end{pmatrix}, \qquad ①$$

其中 E_r,E_s 分别为 r 阶，s 阶单位矩阵.

【证】 令 $\operatorname{rank} A=r$，$\operatorname{rank} B=s$，则存在 m 阶可逆矩阵 S 和 n 阶可逆矩阵 T，使得

$$SAT=\begin{pmatrix} E_r & O \\ O & O \end{pmatrix}.$$

将 SBT 作相应分块，有

$$SBT=\begin{pmatrix} B_1 & B_2 \\ B_3 & B_4 \end{pmatrix},\quad S(A+B)T=\begin{pmatrix} E_r+B_1 & B_2 \\ B_3 & B_4 \end{pmatrix},$$

其中 B_3 是 $(m-r)\times r$ 矩阵. 注意到 $\operatorname{rank}(S(A+B)T)=r+s$，而 $\operatorname{rank}(E_r+B_1,B_2)\leqslant r$，所以

$$s\leqslant \operatorname{rank}(B_3,B_4)\leqslant \operatorname{rank}(SBT)=\operatorname{rank} B=s,$$

故 $\operatorname{rank}(B_3,B_4)=\operatorname{rank} B=s$. 这就表明，$(B_3,B_4)$ 的行向量组的极大无关组也是 B 的行向量组的极大无关组. 因此，存在分块初等矩阵 $S_1=\begin{pmatrix} E_r & C \\ O & E_{m-r} \end{pmatrix}$，使得 $S_1(SBT)=\begin{pmatrix} O & O \\ B_3 & B_4 \end{pmatrix}$.

同理,存在分块初等矩阵 $T_1=\begin{pmatrix}E_r & O\\ D & E_{m-r}\end{pmatrix}$,使得 $S_1(SBT)T_1=\begin{pmatrix}O & O\\ O & B_4\end{pmatrix}$.

注意到 rank B_4 = rank $B=s$,故存在可逆矩阵 S_0 和 T_0,使得 $S_0B_4T_0=\begin{pmatrix}E_s & O\\ O & O\end{pmatrix}$. 最后,令 $P=\begin{pmatrix}E_r & O\\ O & S_0\end{pmatrix}S_1S$,$Q=TT_1\begin{pmatrix}E_r & O\\ O & T_0\end{pmatrix}$,则 P,Q 可逆,PAQ 和 PBQ 即为形如①式的标准形.

【例 4.90】(汕头大学,2005 年)　设 n 阶方阵 A 的秩为 r,证明:存在秩为 $n-r$ 的 n 阶非零矩阵 B 和 C,使得 $AB=O$ 且 $CA=O$.

【证】　当 $r=0$ 时,$A=O$,结论显然. 下设 $0<r<n$,则存在 n 阶可逆矩阵 P 和 Q,使得 $PAQ=\begin{pmatrix}E_r & O\\ O & O\end{pmatrix}\neq O$,其中 E_r 是 r 阶单位矩阵. 令 $B=Q\begin{pmatrix}O & O\\ O & E_{n-r}\end{pmatrix}$,$C=\begin{pmatrix}O & O\\ O & E_{n-r}\end{pmatrix}P$,则rank B = rank $C=n-r$,因此 B 和 C 都是 n 阶非零矩阵,且满足

$$AB=P^{-1}(PAQ)\begin{pmatrix}O & O\\ O & E_{n-r}\end{pmatrix}=P^{-1}\begin{pmatrix}E_r & O\\ O & O\end{pmatrix}\begin{pmatrix}O & O\\ O & E_{n-r}\end{pmatrix}=O,$$

$$CA=\begin{pmatrix}O & O\\ O & E_{n-r}\end{pmatrix}(PAQ)Q^{-1}=\begin{pmatrix}O & O\\ O & E_{n-r}\end{pmatrix}\begin{pmatrix}E_r & O\\ O & O\end{pmatrix}Q^{-1}=O.$$

【注】　若 $r=n$,则 A 是可逆矩阵,不存在非零矩阵 B 和 C,使得 $AB=O$ 且 $CA=O$.

【例 4.91】(厦门大学,2007 年)　设 A 是 n 阶方阵且 $|A|=0$. 求证:存在 n 阶非零方阵 B 使得 $AB=BA=O$.

【证】　据题设 $|A|=0$ 知,rank $A=r<n$,所以存在 n 阶可逆矩阵 P 和 Q,使得

$$PAQ=\begin{pmatrix}E_r & O\\ O & O\end{pmatrix},$$

其中 E_r 是 r 阶单位矩阵. 令 $B=Q\begin{pmatrix}O & O\\ O & E_{n-r}\end{pmatrix}P$,显然 B 是 n 阶非零矩阵,且满足

$$AB=P^{-1}(PAQ)\begin{pmatrix}O & O\\ O & E_{n-r}\end{pmatrix}P=P^{-1}\begin{pmatrix}E_r & O\\ O & O\end{pmatrix}\begin{pmatrix}O & O\\ O & E_{n-r}\end{pmatrix}P=O,$$

$$BA=Q\begin{pmatrix}O & O\\ O & E_{n-r}\end{pmatrix}(PAQ)Q^{-1}=Q\begin{pmatrix}O & O\\ O & E_{n-r}\end{pmatrix}\begin{pmatrix}E_r & O\\ O & O\end{pmatrix}Q^{-1}=O.$$

【例 4.92】(南开大学,2004 年)　设 A,B 分别为数域 P 上的 $m\times s$ 矩阵和 $s\times n$ 矩阵,令 $AB=C$. 证明:若 rank $A=r$,则存在数域 P 上的一个秩为 $\min\{s-r,n\}$ 的 $s\times n$ 矩阵 D,使得对于数域 P 上的任何 n 阶方阵 Q,都有 $A(DQ+B)=C$.

【证】　由于 $AB=C$,所以 $A(DQ+B)=C\Leftrightarrow ADQ=O$. 注意到 Q 是任意 n 阶方阵,故只需证明:存在秩为 $\min\{s-r,n\}$ 的 $s\times n$ 矩阵 D,使得 $AD=O$.

(方法 1) 据题设 rank $A=r$,则存在可逆矩阵 $P_{m\times m}$,$T_{s\times s}$,使得

$$A=P\begin{pmatrix}E_r & O\\ O & O\end{pmatrix}T.$$

取 $D_{s\times n}=T^{-1}\begin{pmatrix}O_{r\times n}\\ X_{(s-r)\times n}\end{pmatrix}$，这里 X 是任意 $(s-r)\times n$ 矩阵，$\operatorname{rank} X=\min\{s-r,n\}$，则 D 的秩为 $\min\{s-r,n\}$，且对于任何 n 阶方阵 Q，有

$$A(DQ+B)=ADQ+AB=P\begin{pmatrix}E_r & O\\ O & O\end{pmatrix}\begin{pmatrix}O\\ X\end{pmatrix}Q+C=C.$$

（方法2）因为 $\operatorname{rank} A=r$，所以齐次线性方程组 $Ax=0$ 有基础解系 $\eta_1,\eta_2,\cdots,\eta_{s-r}$.

若 $n\leqslant s-r$，则令

$$D_{s\times n}=(\eta_1,\eta_2,\cdots,\eta_n),$$

其中 $\eta_1,\eta_2,\cdots,\eta_n$ 是 $\eta_1,\eta_2,\cdots,\eta_{s-r}$ 的前 n 个向量；若 $n>s-r$，则令

$$D_{s\times n}=(\eta_1,\eta_2,\cdots,\eta_{s-r},0,\cdots,0).$$

显然 $\operatorname{rank} D=\min\{s-r,n\}$，且对于数域 P 上的任何 n 阶方阵 Q，都有 $A(DQ+B)=C$.

【例 4.93】（华中师范大学，1996 年） 设 F 是数域，$A,B,C\in F^{n\times n}$，满足 $AC=CB$，且 $\operatorname{rank} C=r$. 证明：存在可逆矩阵 P,Q，使得 $P^{-1}AP$ 与 QBQ^{-1} 有相同的 r 阶顺序主子式.

【证】 因为 $\operatorname{rank} C=r$，所以存在 n 阶可逆矩阵 P,Q，使得

$$C=P\begin{pmatrix}E_r & O\\ O & O\end{pmatrix}Q.$$

又据题设 $AC=CB$，于是有

$$(P^{-1}AP)\begin{pmatrix}E_r & O\\ O & O\end{pmatrix}=\begin{pmatrix}E_r & O\\ O & O\end{pmatrix}(QBQ^{-1}).\tag{①}$$

对 $P^{-1}AP$ 与 QBQ^{-1} 作相应分块为

$$P^{-1}AP=\begin{pmatrix}A_1 & A_2\\ A_3 & A_4\end{pmatrix},\quad QBQ^{-1}=\begin{pmatrix}B_1 & B_2\\ B_3 & B_4\end{pmatrix},$$

其中 A_1,B_1 都是 r 阶方阵. 代入①式，得

$$\begin{pmatrix}A_1 & O\\ A_3 & O\end{pmatrix}=\begin{pmatrix}B_1 & B_2\\ O & O\end{pmatrix},$$

所以 $A_1=B_1,A_3=O,B_2=O$，故

$$P^{-1}AP=\begin{pmatrix}A_1 & A_2\\ O & A_4\end{pmatrix},\quad QBQ^{-1}=\begin{pmatrix}A_1 & O\\ B_3 & B_4\end{pmatrix}.$$

这就表明，$P^{-1}AP$ 与 QBQ^{-1} 有相同的 r 阶顺序主子式.

【例 4.94】（华南理工大学，2009 年） 设 n 阶方阵 A 满足 $A^2=A$，且 $\operatorname{rank} A=r$.

（1）证明：$\operatorname{tr}(A)=r$，其中 $\operatorname{tr}(A)$ 表示 A 的主对角元之和；**（北京航空航天大学，2008 年）**

（2）求 $|A+E|$ 的值.

【解】 （1）因为 $\operatorname{rank} A=r$，所以存在 n 阶可逆矩阵 P,Q，使得

$$A=P\begin{pmatrix}E_r & O\\ O & O\end{pmatrix}Q.$$

据题设条件 $A^2=A$，可得

$$\begin{pmatrix}E_r & O\\ O & O\end{pmatrix}QP\begin{pmatrix}E_r & O\\ O & O\end{pmatrix}=P^{-1}A^2Q^{-1}=P^{-1}AQ^{-1}=\begin{pmatrix}E_r & O\\ O & O\end{pmatrix}.$$

将 QP 相应分块为 $QP=\begin{pmatrix}Q_1 & Q_2\\ Q_3 & Q_4\end{pmatrix}$，其中 Q_1 为 r 阶方阵. 代入上式，得 $Q_1=E_r$. 于是，有

$$\mathrm{tr}(A)=\mathrm{tr}\left(P\begin{pmatrix}E_r & O\\ O & O\end{pmatrix}Q\right)=\mathrm{tr}\left(\begin{pmatrix}E_r & O\\ O & O\end{pmatrix}QP\right)=\mathrm{tr}\begin{pmatrix}E_r & Q_2\\ O & O\end{pmatrix}=r.$$

（2）根据上述过程，得

$$|A+E|=|P^{-1}(A+E)P|=\begin{vmatrix}2E_r & Q_2\\ O & E_{n-r}\end{vmatrix}=2^r.$$

【注】 进一步，还可证幂等矩阵的另一重要性质（见本章例 4.83 附注）. 事实上，由上述证明过程已有 $P^{-1}AP=\begin{pmatrix}E_r & Q_2\\ O & O\end{pmatrix}$. 根据分块初等列变换，得

$$P^{-1}AP\begin{pmatrix}E_r & -Q_2\\ O & E\end{pmatrix}=\begin{pmatrix}E_r & Q_2\\ O & O\end{pmatrix}\begin{pmatrix}E_r & -Q_2\\ O & E\end{pmatrix}=\begin{pmatrix}E_r & O\\ O & O\end{pmatrix},$$

令 $T=P\begin{pmatrix}E_r & -Q_2\\ O & E\end{pmatrix}$，则 T 是可逆矩阵，且 $T^{-1}AT=\begin{pmatrix}E_r & O\\ O & O\end{pmatrix}$.

【例 4.95】（浙江大学，2004 年；厦门大学，2011 年） 设 $A,B\in P^{n\times n}$，且 rank A+rank $B\leqslant n$. 证明：存在 n 阶可逆矩阵 M 使得 $AMB=O$.

【证】 设 rank $A=r$，rank $B=s$，则 n 阶存在可逆矩阵 P,Q，使

$$PAQ=\begin{pmatrix}E_r & O\\ O & O\end{pmatrix},$$

且存在 n 阶可逆矩阵 C,D，使

$$CBD=\begin{pmatrix}O & O\\ O & E_s\end{pmatrix},$$

其中 E_r,E_s 分别为 r 阶，s 阶单位矩阵.

据题设 rank A+rank $B\leqslant n$ 知，$r+s\leqslant n$，因此 $PAQCBD=O$，得 $AQCB=O$. 令 $M=QC$，则 M 为可逆矩阵，且 $AMB=O$.

【注】 本题的逆命题亦真：设 $A,B\in M_n(\mathbb{R})$，则 rank A+rank $B\leqslant n$ 当且仅当存在可逆矩阵 $X\in M_n(\mathbb{R})$ 使得 $AXB=O$.（RMC **试题，2008 年**）

【例 4.96】（中山大学，2009 年） 证明：

（1）对任意矩阵 A，矩阵方程 $AXA=A$ 都有解；

（2）如果矩阵方程 $AY=C$ 和 $ZB=C$ 有解，那么方程 $AXB=C$ 有解.

【解】 （1）设 rank $A=r$，则存在可逆矩阵 P,Q，使得

$$A = P\begin{pmatrix} E_r & O \\ O & O \end{pmatrix} Q.$$

取 $X_0 = Q^{-1}\begin{pmatrix} E_r & O \\ O & O \end{pmatrix} P^{-1}$，则 $AX_0A = A$.

(2) 由(1)的结论，$CXC = C$ 有解 X_0，即 $CX_0C = C$. 又据题意，可设 $AY_0 = C$，$Z_0B = C$. 于是，有 $AY_0X_0Z_0B = CX_0C = C$. 因此 $X = Y_0X_0Z_0$ 是矩阵方程 $AXB = C$ 的解.

【例 4.97】(复旦大学竞赛试题，2008 年)　设 A 为实数域上的 $m\times n$ 矩阵，证明：必存在实数域上的 $n\times m$ 矩阵 B，使得 $ABA = A$，$BAB = B$. 并请你分析：(1) 这样的 B 唯一吗？(2) 如果再增加要求"乘积 AB 和 BA 均为对称矩阵"，那么这样的 B 是否仍存在？唯一？给出(1)(2)的说明.

【解】　先证存在矩阵 B，使得 $ABA = A$，$BAB = B$. 为此，设 $\operatorname{rank} A = r$，则存在实数域 $\mathbb{R}$ 上的 m 阶可逆矩阵 P 和 n 阶可逆矩阵 Q，使得

$$A = P\begin{pmatrix} E_r & O \\ O & O \end{pmatrix} Q, \qquad ①$$

其中 E_r 为 r 阶单位矩阵. 欲使 $ABA = A$，则有

$$\begin{pmatrix} E_r & O \\ O & O \end{pmatrix}(QBP)\begin{pmatrix} E_r & O \\ O & O \end{pmatrix} = \begin{pmatrix} E_r & O \\ O & O \end{pmatrix}.$$

对 QBP 作相应分块 $QBP = \begin{pmatrix} X_1 & X_2 \\ X_3 & X_4 \end{pmatrix}$，代入上式可解得 $X_1 = E_r$，再由 $BAB = B$ 得，$X_2 = O$，$X_3 = O$. 因此

$$B = Q^{-1}\begin{pmatrix} E_r & O \\ O & X_4 \end{pmatrix} P^{-1}. \qquad ②$$

其中 $X_4 \in \mathbb{R}^{(n-r)\times(m-r)}$ 为任意矩阵. 反之，可直接验证形如②式的 B 满足 $ABA = A$，$BAB = B$.

显然，若 $A \neq O$，则这样的 B 有无穷多个；若 $A = O$，则只能取 $B = O$.

现在考虑问题的后半部分，即证：对于 $m\times n$ 实矩阵 A，存在唯一的 $n\times m$ 实矩阵 B，满足 $ABA = A$，$BAB = B$，$(AB)^{\mathrm{T}} = AB$，$(BA)^{\mathrm{T}} = BA$.（称 B 为 A 的 Moore-Penrose 广义逆.）

事实上，由①式可得 A 的满秩分解 $A = UV$，其中 $U \in \mathbb{R}^{m\times r}$，$V \in \mathbb{R}^{r\times n}$，$\operatorname{rank} U = \operatorname{rank} V = r$. 所以 $U^{\mathrm{T}}U$ 与 VV^{T} 都是可逆矩阵. 令

$$B = V^{\mathrm{T}}(VV^{\mathrm{T}})^{-1}(U^{\mathrm{T}}U)^{-1}U^{\mathrm{T}},$$

容易验证，B 同时满足所述 4 个等式（请读者完成）.

此外，若 B_1 也是同时满足这 4 个等式的 $n\times m$ 实矩阵，则

$$\begin{aligned} B_1 &= B_1AB_1 = B_1ABAB_1 = B_1(AB)^{\mathrm{T}}(AB_1)^{\mathrm{T}} \\ &= B_1B^{\mathrm{T}}A^{\mathrm{T}}B_1^{\mathrm{T}}A^{\mathrm{T}} = B_1B^{\mathrm{T}}A^{\mathrm{T}} = B_1(AB)^{\mathrm{T}} = B_1AB, \\ B &= BAB = BAB_1AB = (BA)^{\mathrm{T}}(B_1A)^{\mathrm{T}}B \\ &= A^{\mathrm{T}}B^{\mathrm{T}}A^{\mathrm{T}}B_1^{\mathrm{T}}B = A^{\mathrm{T}}B_1^{\mathrm{T}}B = (B_1A)^{\mathrm{T}}B = B_1AB, \end{aligned}$$

因此，$B_1 = B$. 唯一性得证.

§4.6 综合性问题

【例 4.98】(浙江大学,2016 年) 设矩阵 $A=\begin{pmatrix}a&b&c\\d&e&f\\h&x&y\end{pmatrix}$ 的逆矩阵 $A^{-1}=\begin{pmatrix}-1&-2&-1\\-2&1&0\\0&-3&-1\end{pmatrix}$,矩阵 $B=\begin{pmatrix}a-2b&b-3&-c\\d-2e&e-3f&-f\\h-2x&x-3y&-y\end{pmatrix}$. 求矩阵 X 使之满足

$$X+(B(A^{\mathrm{T}}B^2)^{-1}A^{\mathrm{T}})^{-1}=X(A^2(B^{\mathrm{T}}A)^{-1}B^{\mathrm{T}})^{-1}(A+B).$$

【解】 先证 B 是可逆矩阵. 为此,对行列式 $|B|$ 依次将第 2 列减去第 3 列的 3 倍,第 1 列加上第 2 列的 2 倍,再按第 1 行拆项,得

$$|B|=\begin{vmatrix}a+6c-6&b+3c-3&-c\\d&e&-f\\h&x&-y\end{vmatrix}=-|A|+3(c-1)\begin{vmatrix}2&1&0\\d&e&-f\\h&x&-y\end{vmatrix}$$
$$=1-3(c-1)(2A_{11}-A_{12}),$$

其中 A_{11},A_{12} 是矩阵 A 的第 1 行的前两个元素的代数余子式.

另一方面,易知 $|A^{-1}|=-1$,所以 $|A|=-1$. 于是,有

$$A^*=|A|A^{-1}=\begin{pmatrix}1&2&1\\2&-1&0\\0&3&1\end{pmatrix}.$$

由此可知,$A_{11}=1,A_{12}=2$. 从而有 $|B|=1$,这就表明 B 是可逆矩阵. 因此

$$(B(A^{\mathrm{T}}B^2)^{-1}A^{\mathrm{T}})^{-1}=B,\quad (A^2(B^{\mathrm{T}}A)^{-1}B^{\mathrm{T}})^{-1}=A^{-1}.$$

原方程可简化为 $X+B=XA^{-1}(A+B)$,即 $X(A^{-1}B)=B$. 所以

$$X=B(A^{-1}B)^{-1}=A=\begin{pmatrix}1&-1&-1\\2&-1&-2\\-6&3&5\end{pmatrix}.$$

【例 4.99】(数学一,1998 年) 设矩阵 $A=\begin{pmatrix}a_1&b_1&c_1\\a_2&b_2&c_2\\a_3&b_3&c_3\end{pmatrix}$ 是满秩的,则直线

$$L_1:\ \frac{x-a_3}{a_1-a_2}=\frac{y-b_3}{b_1-b_2}=\frac{z-c_3}{c_1-c_2}$$

与

$$L_2:\ \frac{x-a_1}{a_2-a_3}=\frac{y-b_1}{b_2-b_3}=\frac{z-c_1}{c_2-c_3}$$

(A) 相交于一点. (B) 重合. (C) 平行但不重合. (D) 异面.

请选择其中的正确答案,并阐述理由.

【解】 应选(A). 分别记 L_1 与 L_2 的方向向量为

$$\boldsymbol{\xi}_1=(a_1-a_2,\ b_1-b_2,\ c_1-c_2)\quad 与\quad \boldsymbol{\xi}_2=(a_2-a_3,\ b_2-b_3,\ c_2-c_3).$$

对矩阵 $\boldsymbol{A}$ 作初等行变换，有

$$\boldsymbol{A}=\begin{pmatrix}a_1&b_1&c_1\\a_2&b_2&c_2\\a_3&b_3&c_3\end{pmatrix}\xrightarrow[r_2-r_3]{r_1-r_2}\begin{pmatrix}a_1-a_2&b_1-b_2&c_1-c_2\\a_2-a_3&b_2-b_3&c_2-c_3\\a_3&b_3&c_3\end{pmatrix}=\boldsymbol{B},$$

因为 $\boldsymbol{A}$ 满秩,故 $\boldsymbol{B}$ 也满秩,所以 $\boldsymbol{B}$ 的前 2 个行向量 $\boldsymbol{\xi}_1$ 与 $\boldsymbol{\xi}_2$ 线性无关,即 $\boldsymbol{\xi}_1$ 与 $\boldsymbol{\xi}_2$ 不共线:

$$(a_1-a_2):(b_1-b_2):(c_1-c_2)\neq(a_2-a_3):(b_2-b_3):(c_2-c_3),$$

故所给两直线不平行. 因此排除(B)(C).

再看是否有公共点, 将 L_1 的各端都减去 1,则 L_1 的方程化为

$$\frac{x-(a_1-a_2+a_3)}{a_1-a_2}=\frac{y-(b_1-b_2+b_3)}{b_1-b_2}=\frac{z-(c_1-c_2+c_3)}{c_1-c_2}.$$

可见,L_1 经过点 $M(a_1-a_2+a_3,\ b_1-b_2+b_3,\ c_1-c_2+c_3)$. 同理,将 L_2 的各端都加上 1,可知 L_2 也经过点 M. 因此,两直线只相交于一点. 故应选(A).

【例 4.100】 设 $\boldsymbol{A},\boldsymbol{B},\boldsymbol{X}_n(n=0,1,2,\cdots)$ 都是 3 阶方阵,满足 $\boldsymbol{X}_0=\boldsymbol{O},\boldsymbol{X}_{n+1}=\boldsymbol{A}\boldsymbol{X}_n+\boldsymbol{B}$. 已知 $\boldsymbol{A}=\begin{pmatrix}0&1&0\\0&0&1\\1&0&0\end{pmatrix},\boldsymbol{B}=\begin{pmatrix}1&0&0\\0&1&0\\0&0&1\end{pmatrix}$,试求 $\boldsymbol{X}_n$.

【解】 据题设,有 $\boldsymbol{X}_n=\boldsymbol{A}\boldsymbol{X}_{n-1}+\boldsymbol{B},\boldsymbol{X}_{n-1}=\boldsymbol{A}\boldsymbol{X}_{n-2}+\boldsymbol{B}$,两式相减得

$$\begin{aligned}\boldsymbol{X}_n-\boldsymbol{X}_{n-1}&=\boldsymbol{A}(\boldsymbol{X}_{n-1}-\boldsymbol{X}_{n-2})=\boldsymbol{A}^2(\boldsymbol{X}_{n-2}-\boldsymbol{X}_{n-3})\\&=\cdots=\boldsymbol{A}^{n-1}(\boldsymbol{X}_1-\boldsymbol{X}_0)=\boldsymbol{A}^{n-1}\boldsymbol{X}_1.\end{aligned}$$

注意到 $\boldsymbol{X}_1=\boldsymbol{A}\boldsymbol{X}_0+\boldsymbol{B}=\boldsymbol{E}$,故由上式得 $\boldsymbol{X}_n=\boldsymbol{X}_{n-1}+\boldsymbol{A}^{n-1}$,从而有

$$\begin{aligned}\boldsymbol{X}_n&=(\boldsymbol{X}_{n-2}+\boldsymbol{A}^{n-2})+\boldsymbol{A}^{n-1}=\cdots\\&=(\boldsymbol{X}_1+\boldsymbol{A})+\boldsymbol{A}^2+\cdots+\boldsymbol{A}^{n-2}+\boldsymbol{A}^{n-1}\\&=\boldsymbol{E}+\boldsymbol{A}+\boldsymbol{A}^2+\cdots+\boldsymbol{A}^{n-1}.\end{aligned}$$

又易知 $\boldsymbol{A}^3=\boldsymbol{E}$,因此,当 $n=3m$ 时,$\boldsymbol{X}_n=m\boldsymbol{J}$;$n=3m+1$ 时,$\boldsymbol{X}_n=m\boldsymbol{J}+\boldsymbol{E}$;$n=3m+2$ 时,$\boldsymbol{X}_n=m\boldsymbol{J}+\boldsymbol{E}+\boldsymbol{A}$,其中 $\boldsymbol{J}$ 是元素全为 1 的 3 阶方阵.

【例 4.101】(中国科学院大学,2013 年) 设 $\boldsymbol{A}=(a_{ij})_{n\times n}$ 是斜对称矩阵,即 $a_{ij}=a_{n-j+1,n-i+1}$ $(1\leqslant i,j\leqslant n)$. 证明:若 $\boldsymbol{A}$ 可逆,则其逆矩阵也是斜对称矩阵.

【证】 令 $\boldsymbol{A}\boldsymbol{S}=\boldsymbol{B}$,其中

$$\boldsymbol{S}=\begin{pmatrix}&&&1\\&&1&\\&\iddots&&\\1&&&\end{pmatrix}.$$

显然,$\boldsymbol{S}$ 是可逆矩阵,且 $\boldsymbol{S}^{-1}=\boldsymbol{S}$,所以 $\boldsymbol{A}=\boldsymbol{B}\boldsymbol{S}$. 下证 $\boldsymbol{B}=(b_{ij})$ 是对称矩阵. 直接计算,可知

$$AS=\begin{pmatrix} a_{1n} & a_{1,n-1} & \cdots & a_{11} \\ a_{2n} & a_{2,n-1} & \cdots & a_{21} \\ \vdots & \vdots & & \vdots \\ a_{nn} & a_{n,n-1} & \cdots & a_{n1} \end{pmatrix},$$

比较 $\boldsymbol{AS}=\boldsymbol{B}$ 的两端对应元素，有

$$b_{ij}=a_{i,n-j+1},\quad 1\leqslant i,j\leqslant n.$$

令 $k=n-j+1$，则 $j=n-k+1$. 故由上式及 $\boldsymbol{A}$ 的斜对称性，得

$$b_{ij}=a_{ik}=a_{n-k+1,n-i+1}=a_{j,n-i+1}=b_{ji}.$$

所以 $\boldsymbol{B}$ 是对称矩阵. 当 $\boldsymbol{A}$ 可逆时，有 $\boldsymbol{A}^{-1}=\boldsymbol{S}^{-1}\boldsymbol{B}^{-1}=\boldsymbol{SB}^{-1}$. 令 $\boldsymbol{A}^{-1}=(a'_{ij})$，$\boldsymbol{B}^{-1}=(b'_{ij})$，经计算 $\boldsymbol{SB}^{-1}$ 再比较 $\boldsymbol{A}^{-1}=\boldsymbol{SB}^{-1}$ 的两端对应元素，得

$$a'_{ij}=b'_{n-i+1,j},\quad 1\leqslant i,j\leqslant n.$$

记 $s=n-i+1$，$k=n-j+1$，则 $j=n-k+1$. 注意到 $\boldsymbol{B}^{-1}$ 也是对称矩阵，所以

$$a'_{ij}=b'_{sj}=b'_{js}=b'_{n-k+1,s}=a'_{ks}=a'_{n-j+1,n-i+1}.$$

因此，$\boldsymbol{A}^{-1}$ 也是斜对称矩阵.

【例 4.102】(重庆大学,2005 年) 设 xOy 平面上 n 个结点 $M_i(x_i,y_i)$，$i=1,2,\cdots,n(n\geqslant3)$. 证明：$M_1,M_2,\cdots,M_n$ 在同一条直线上当且仅当

$$\operatorname{rank}\begin{pmatrix} x_1 & y_1 & 1 \\ x_2 & y_2 & 1 \\ \vdots & \vdots & \vdots \\ x_n & y_n & 1 \end{pmatrix}=2.$$

【证】 必要性. 设 $M_1,M_2,\cdots,M_n$ 都在直线 $ax+by+c=0$ 上，则 (x_i,y_i) 满足方程 $ax+by+c=0$，即 $ax_i+by_i+c=0$，$i=1,2,\cdots,n$. 记矩阵

$$\boldsymbol{A}=\begin{pmatrix} x_1 & y_1 & 1 \\ x_2 & y_2 & 1 \\ \vdots & \vdots & \vdots \\ x_n & y_n & 1 \end{pmatrix},$$

那么齐次线性方程组 $\boldsymbol{AX}=\boldsymbol{0}$ 有非零解 $(a,b,c)^{\mathrm{T}}$，这等价于 $\operatorname{rank}\boldsymbol{A}<3$.

另一方面，注意到点 M_1,M_2 互不相同，所以必有 $\begin{vmatrix} x_1 & 1 \\ x_2 & 1 \end{vmatrix}\neq0$ 或者 $\begin{vmatrix} y_1 & 1 \\ y_2 & 1 \end{vmatrix}\neq0$，即 $\boldsymbol{A}$ 中有一个二阶子式不为零，这表明 $\operatorname{rank}\boldsymbol{A}\geqslant2$. 因此 $\operatorname{rank}\boldsymbol{A}=2$.

充分性. 若 $\operatorname{rank}\boldsymbol{A}=2$，则方程组 $\boldsymbol{AX}=\boldsymbol{0}$ 有非零解，设 $(a,b,c)^{\mathrm{T}}$ 是其中的一个非零解，于是有 $ax_i+by_i+c=0$，$i=1,2,\cdots,n$，亦即点 $M_1,M_2,\cdots,M_n$ 都在直线 $ax+by+c=0$ 上.

【例 4.103】(南开大学,2011 年) 设 $\boldsymbol{A},\boldsymbol{B}$ 为数域 P 上的 n 阶方阵，满足方程 $a\boldsymbol{A}^2+b\boldsymbol{AB}+c\boldsymbol{B}=\boldsymbol{O}$，其中 a,b,c 为非零常数. 证明：$c\boldsymbol{E}+b\boldsymbol{A}$ 为可逆矩阵.

【证】 用反证法. 假设 $c\boldsymbol{E}+b\boldsymbol{A}$ 不可逆，则 $\det(c\boldsymbol{E}+b\boldsymbol{A})^{\mathrm{T}}=\det(c\boldsymbol{E}+b\boldsymbol{A})=0$，故存在非零列

向量 $\boldsymbol{x}_0\in P^n$，使得 $(c\boldsymbol{E}+b\boldsymbol{A})^{\mathrm{T}}\boldsymbol{x}_0=\boldsymbol{0}$，即 $\boldsymbol{x}_0^{\mathrm{T}}(c\boldsymbol{E}+b\boldsymbol{A})=\boldsymbol{0}$. 于是有 $\boldsymbol{x}_0^{\mathrm{T}}\boldsymbol{A}=-\frac{c}{b}\boldsymbol{x}_0^{\mathrm{T}}$.

另一方面，由题设条件有 $(c\boldsymbol{E}+b\boldsymbol{A})\boldsymbol{B}=-a\boldsymbol{A}^2$，所以

$$\boldsymbol{0}=\boldsymbol{x}_0^{\mathrm{T}}(c\boldsymbol{E}+b\boldsymbol{A})\boldsymbol{B}=-a\boldsymbol{x}_0^{\mathrm{T}}\boldsymbol{A}^2=\frac{ac}{b}\boldsymbol{x}_0^{\mathrm{T}}\boldsymbol{A}=-\frac{ac^2}{b^2}\boldsymbol{x}_0^{\mathrm{T}},$$

导致 $\boldsymbol{x}_0=\boldsymbol{0}$，矛盾. 因此，$c\boldsymbol{E}+b\boldsymbol{A}$ 可逆.

【例 4.104】(北京大学,2009 年)　设 $\boldsymbol{A}$ 是 n 阶实方阵，$\boldsymbol{A}^2=\boldsymbol{A}\boldsymbol{A}^{\mathrm{T}}$，求证 $\boldsymbol{A}$ 是对称矩阵.

【证】　(方法 1) 因为 $\boldsymbol{A}^2=\boldsymbol{A}\boldsymbol{A}^{\mathrm{T}}$，所以 $(\boldsymbol{A}^2)^{\mathrm{T}}=\boldsymbol{A}\boldsymbol{A}^{\mathrm{T}}$. 于是

$$(\boldsymbol{A}-\boldsymbol{A}^{\mathrm{T}})^{\mathrm{T}}(\boldsymbol{A}-\boldsymbol{A}^{\mathrm{T}})=\boldsymbol{A}^{\mathrm{T}}\boldsymbol{A}-(\boldsymbol{A}^{\mathrm{T}})^2-\boldsymbol{A}^2+\boldsymbol{A}\boldsymbol{A}^{\mathrm{T}}=\boldsymbol{A}^{\mathrm{T}}\boldsymbol{A}-\boldsymbol{A}\boldsymbol{A}^{\mathrm{T}}.$$

注意到上式左右两边分别是对称矩阵和反对称矩阵，因此

$$(\boldsymbol{A}-\boldsymbol{A}^{\mathrm{T}})^{\mathrm{T}}(\boldsymbol{A}-\boldsymbol{A}^{\mathrm{T}})=\boldsymbol{O}.$$

令 $\boldsymbol{B}=\boldsymbol{A}-\boldsymbol{A}^{\mathrm{T}}$，则 $\boldsymbol{B}$ 是实矩阵，且 $\boldsymbol{B}^{\mathrm{T}}\boldsymbol{B}=\boldsymbol{O}$. 经直接计算可知 $\boldsymbol{B}=\boldsymbol{O}$，即 $\boldsymbol{A}^{\mathrm{T}}=\boldsymbol{A}$.

(方法 2) 因为 $\boldsymbol{A}$ 是实矩阵，且 $\boldsymbol{A}^2=\boldsymbol{A}\boldsymbol{A}^{\mathrm{T}}$，所以齐次线性方程组 $\boldsymbol{A}^2\boldsymbol{x}=\boldsymbol{0}$，$\boldsymbol{A}^{\mathrm{T}}\boldsymbol{x}=\boldsymbol{0}$ 都与 $\boldsymbol{A}\boldsymbol{A}^{\mathrm{T}}\boldsymbol{x}=\boldsymbol{0}$ 同解，于是 $\boldsymbol{A}^2\boldsymbol{x}=\boldsymbol{0}$ 与 $\boldsymbol{A}^{\mathrm{T}}\boldsymbol{x}=\boldsymbol{0}$ 同解. 由此可知，$\boldsymbol{A}\boldsymbol{x}=\boldsymbol{0}$ 的解都是 $\boldsymbol{A}^{\mathrm{T}}\boldsymbol{x}=\boldsymbol{0}$ 的解.

由于 $\boldsymbol{A}(\boldsymbol{A}-\boldsymbol{A}^{\mathrm{T}})=\boldsymbol{O}$，说明 $\boldsymbol{A}-\boldsymbol{A}^{\mathrm{T}}$ 的列向量都是 $\boldsymbol{A}\boldsymbol{x}=\boldsymbol{0}$ 的解，所以 $\boldsymbol{A}^{\mathrm{T}}(\boldsymbol{A}-\boldsymbol{A}^{\mathrm{T}})=\boldsymbol{O}$，从而 $\boldsymbol{A}^{\mathrm{T}}\boldsymbol{A}=(\boldsymbol{A}^{\mathrm{T}})^2=(\boldsymbol{A}^2)^{\mathrm{T}}=\boldsymbol{A}\boldsymbol{A}^{\mathrm{T}}$. 注意到 $\boldsymbol{A}-\boldsymbol{A}^{\mathrm{T}}$ 是实反对称矩阵，又

$$(\boldsymbol{A}-\boldsymbol{A}^{\mathrm{T}})^2=\boldsymbol{A}^2-\boldsymbol{A}\boldsymbol{A}^{\mathrm{T}}-\boldsymbol{A}^{\mathrm{T}}\boldsymbol{A}+(\boldsymbol{A}^{\mathrm{T}})^2=\boldsymbol{O},$$

直接计算 $(\boldsymbol{A}-\boldsymbol{A}^{\mathrm{T}})^2$ 的对角元即知 $\boldsymbol{A}-\boldsymbol{A}^{\mathrm{T}}=\boldsymbol{O}$，即 $\boldsymbol{A}^{\mathrm{T}}=\boldsymbol{A}$.

(方法 3) 先证：对任一实矩阵 $\boldsymbol{B}$，若 $\operatorname{tr}(\boldsymbol{B}\boldsymbol{B}^{\mathrm{T}})=0$，则 $\boldsymbol{B}=\boldsymbol{O}$. 为此，令 $\boldsymbol{B}=(b_{ij})$，易知 $\boldsymbol{B}\boldsymbol{B}^{\mathrm{T}}$ 的 (i,j) 元为 $\sum\limits_{k=1}^{n}b_{ik}b_{jk}$，所以 $\operatorname{tr}(\boldsymbol{B}\boldsymbol{B}^{\mathrm{T}})=0$ 等价于 $\sum\limits_{i=1}^{n}\sum\limits_{k=1}^{n}b_{ik}^2=0$. 注意到 $\boldsymbol{B}$ 的元素均为实数，所以 $b_{ik}=0(i,k=1,2,\cdots,n)$，即 $\boldsymbol{B}=\boldsymbol{O}$.

现在，根据题设 $\boldsymbol{A}^2=\boldsymbol{A}\boldsymbol{A}^{\mathrm{T}}$，有 $(\boldsymbol{A}^{\mathrm{T}})^2=\boldsymbol{A}^2$. 令 $\boldsymbol{B}=\boldsymbol{A}^{\mathrm{T}}-\boldsymbol{A}$，由

$$\boldsymbol{B}\boldsymbol{B}^{\mathrm{T}}=\boldsymbol{A}^{\mathrm{T}}\boldsymbol{A}-(\boldsymbol{A}^{\mathrm{T}})^2-\boldsymbol{A}^2+\boldsymbol{A}\boldsymbol{A}^{\mathrm{T}}=\boldsymbol{A}^{\mathrm{T}}\boldsymbol{A}-\boldsymbol{A}\boldsymbol{A}^{\mathrm{T}},$$

所以 $\operatorname{tr}(\boldsymbol{B}\boldsymbol{B}^{\mathrm{T}})=0$，从而 $\boldsymbol{B}=\boldsymbol{O}$，即 $\boldsymbol{A}^{\mathrm{T}}=\boldsymbol{A}$，故 $\boldsymbol{A}$ 是对称矩阵.

【例 4.105】(中山大学,2013 年)　设 $\boldsymbol{A}\in M_n(f)$，$\operatorname{rank}\boldsymbol{A}<n$，且 $\boldsymbol{A}$ 可表示为 k 个幂等矩阵的乘积. 证明：$\operatorname{rank}(\boldsymbol{I}-\boldsymbol{A})\leqslant k(n-\operatorname{rank}\boldsymbol{A})$，其中 $\boldsymbol{I}$ 为 n 阶单位矩阵.

【证】　据题设，可令 $\boldsymbol{A}=\boldsymbol{B}_1\boldsymbol{B}_2\cdots\boldsymbol{B}_k$，其中 $\boldsymbol{B}_i^2=\boldsymbol{B}_i$，$i=1,2,\cdots,k$. 注意到

$$\boldsymbol{I}-\boldsymbol{A}=\boldsymbol{I}-\boldsymbol{B}_1+\boldsymbol{B}_1(\boldsymbol{I}-\boldsymbol{B}_2)+\cdots+\boldsymbol{B}_1\boldsymbol{B}_2\cdots\boldsymbol{B}_{k-1}(\boldsymbol{I}-\boldsymbol{B}_k),$$

因此，有

$$\operatorname{rank}(\boldsymbol{I}-\boldsymbol{A})\leqslant\operatorname{rank}(\boldsymbol{I}-\boldsymbol{B}_1)+\operatorname{rank}(\boldsymbol{I}-\boldsymbol{B}_2)+\cdots+\operatorname{rank}(\boldsymbol{I}-\boldsymbol{B}_k).$$

根据本章例 4.83 的结论，$\operatorname{rank}(\boldsymbol{I}-\boldsymbol{B}_i)=n-\operatorname{rank}\boldsymbol{B}_i$，又 $\operatorname{rank}\boldsymbol{A}\leqslant\operatorname{rank}\boldsymbol{B}_i$，所以

$$\operatorname{rank}(\boldsymbol{I}-\boldsymbol{A})\leqslant\sum_{i=1}^{k}(n-\operatorname{rank}\boldsymbol{B}_i)\leqslant\sum_{i=1}^{k}(n-\operatorname{rank}\boldsymbol{A})=k(n-\operatorname{rank}\boldsymbol{A}).$$

【例 4.106】(上海大学,2015 年)　考虑数域 F 上齐次线性方程组 $\boldsymbol{X}_{1\times n}\boldsymbol{A}_{n\times m}=\boldsymbol{O}_{1\times m}(*)$，令 $\boldsymbol{C}=(\boldsymbol{A}_{n\times m},\boldsymbol{I}_n)$，对 $\boldsymbol{C}$ 作一系列的初等行变换化为 $\left(\begin{pmatrix}\boldsymbol{D}_{r\times m}\\ \boldsymbol{O}\end{pmatrix},\boldsymbol{P}\right)$，其中 $r=\operatorname{rank}\boldsymbol{A}$，且 $\boldsymbol{D}$ 为行满

秩矩阵，$\boldsymbol{P}$ 为 n 阶可逆矩阵. 证明：$\boldsymbol{P}$ 的最后 $n-r$ 行即为方程组（＊）的一个基础解系.

【证】 据题设，存在可逆矩阵 $\boldsymbol{H}\in M_n(f)$，使得 $\boldsymbol{H}(\boldsymbol{A},\boldsymbol{I}_n)=\left(\begin{pmatrix}\boldsymbol{D}\\\boldsymbol{O}\end{pmatrix},\boldsymbol{P}\right)$，比较对应子块得

$$\boldsymbol{HA}=\begin{pmatrix}\boldsymbol{D}\\\boldsymbol{O}\end{pmatrix},\quad \boldsymbol{H}=\boldsymbol{P}.$$

对 $\boldsymbol{P}$ 作相应分块：$\boldsymbol{P}=\begin{pmatrix}\boldsymbol{P}_1\\\boldsymbol{P}_2\end{pmatrix}$，其中 $\boldsymbol{P}_1,\boldsymbol{P}_2$ 分别为 $r\times n$，$(n-r)\times n$ 矩阵，则 $\boldsymbol{PA}=\begin{pmatrix}\boldsymbol{P}_1\boldsymbol{A}\\\boldsymbol{P}_2\boldsymbol{A}\end{pmatrix}=\begin{pmatrix}\boldsymbol{D}\\\boldsymbol{O}\end{pmatrix}$，从而有 $\boldsymbol{P}_2\boldsymbol{A}=\boldsymbol{O}$. 这表明，$\boldsymbol{P}_2$ 的行向量都是方程组（＊）的解.

因为方程组（＊）的基础解系含 $n-r$ 个线性无关的解，而 $\boldsymbol{P}_2$ 恰有 $n-r$ 个行且线性无关，所以 $\boldsymbol{P}$ 的最后 $n-r$ 个行向量即为方程组（＊）的一个基础解系.

【例 4.107】（北京大学，2007 年） 设 $m\times n$ 矩阵 $\boldsymbol{A}$ 的秩为 r，任取 $\boldsymbol{A}$ 的 r 个线性无关的行向量，再从中任取 r 个线性无关的列向量，组成的 r 阶子式是否一定不为 0？若是，给出证明；若否，举出反例.

【解】 是. 不妨考虑 $\boldsymbol{A}$ 的后 r 个线性无关的行向量及后 r 个线性无关的列向量，所组成的 r 阶子式记为 D. 假设 $D=0$，则仅对 $\boldsymbol{A}$ 的后 r 行施行初等行变换，必有

$$\boldsymbol{A}\longrightarrow\begin{pmatrix}\boldsymbol{B}&\boldsymbol{C}\\\boldsymbol{\alpha}&\boldsymbol{0}\end{pmatrix}=\boldsymbol{H},$$

其中 $\boldsymbol{B}$ 是 $(m-1)\times(n-r)$ 矩阵，$\boldsymbol{C}$ 是 $(m-1)\times r$ 矩阵，$\boldsymbol{\alpha}$ 是 $n-r$ 维行向量. 根据初等行变换不改变矩阵的秩且不改变列向量之间的线性相关性，知 $\operatorname{rank}\boldsymbol{C}=r$，且 $\boldsymbol{\alpha}\neq\boldsymbol{0}$. 于是有

$$\operatorname{rank}\boldsymbol{A}=\operatorname{rank}\boldsymbol{H}\geqslant\operatorname{rank}\boldsymbol{C}+\operatorname{rank}\boldsymbol{\alpha}=r+1,$$

矛盾. 所以 $D\neq0$.

【例 4.108】（首都师范大学，2013 年） 设 a,b,c,d 为非零实数. 求矩阵

$$\boldsymbol{A}=\begin{pmatrix}a&b&c&d\\-b&a&-d&c\\-c&d&a&-b\\-d&-c&b&a\end{pmatrix}$$

的逆矩阵.

【解】 直接计算，得

$$\begin{aligned}\boldsymbol{AA}^{\mathrm{T}}&=\begin{pmatrix}a&b&c&d\\-b&a&-d&c\\-c&d&a&-b\\-d&-c&b&a\end{pmatrix}\begin{pmatrix}a&-b&-c&-d\\b&a&d&-c\\c&-d&a&b\\d&c&-b&a\end{pmatrix}\\&=\begin{pmatrix}a^2+b^2+c^2+d^2&0&0&0\\0&a^2+b^2+c^2+d^2&0&0\\0&0&a^2+b^2+c^2+d^2&0\\0&0&0&a^2+b^2+c^2+d^2\end{pmatrix}\\&=\mu\boldsymbol{E},\end{aligned}$$

其中 $\mu=a^2+b^2+c^2+d^2\neq 0$. 所以 $\boldsymbol{A}$ 可逆,且 $\boldsymbol{A}^{-1}=\dfrac{1}{\mu}\boldsymbol{A}^{\mathrm{T}}$.

【例 4.109】(武汉大学,2007 年)　设 $\boldsymbol{A}=(a_{ij})_{n\times n}$ 为 n 阶方阵,且 $\sum\limits_{j=1}^{n}a_{ij}=0,\ \forall i=1,2,\cdots,n$,求证: $A_{11}=A_{12}=\cdots=A_{1n}$,这里 A_{1j} 为 a_{1j} 的代数余子式.

【证】　根据题设条件 $\sum\limits_{j=1}^{n}a_{ij}=0,\ \forall i=1,2,\cdots,n$,易知 $\det\boldsymbol{A}=0$,所以 $\operatorname{rank}\boldsymbol{A}\leqslant n-1$,且 $\boldsymbol{A}\boldsymbol{A}^{*}=|\boldsymbol{A}|\boldsymbol{E}=\boldsymbol{O}$,即伴随矩阵 $\boldsymbol{A}^{*}$ 的列向量都是齐次线性方程组 $\boldsymbol{A}\boldsymbol{x}=\boldsymbol{0}$ 的解向量.

记 n 维向量 $\boldsymbol{\xi}=(1,1,\cdots,1)^{\mathrm{T}}$,由 $\sum\limits_{j=1}^{n}a_{ij}=0,\ \forall i=1,2,\cdots,n$,知 $\boldsymbol{A}\boldsymbol{\xi}=\boldsymbol{0}$,即 $\boldsymbol{\xi}$ 是方程组 $\boldsymbol{A}\boldsymbol{x}=\boldsymbol{0}$ 的一个非零解.

若 $\operatorname{rank}\boldsymbol{A}<n-1$,则 $\operatorname{rank}\boldsymbol{A}^{*}=0$,$\boldsymbol{A}^{*}=\boldsymbol{O}$,结论显然成立;

若 $\operatorname{rank}\boldsymbol{A}=n-1$,则方程组 $\boldsymbol{A}\boldsymbol{x}=\boldsymbol{0}$ 的基础解系仅含 $n-\operatorname{rank}\boldsymbol{A}=1$ 个解向量. 现在取 $\boldsymbol{\xi}=(1,1,\cdots,1)^{\mathrm{T}}$ 作为 $\boldsymbol{A}\boldsymbol{x}=\boldsymbol{0}$ 的基础解系,则 $\boldsymbol{A}^{*}$ 的任一列向量都可由 $\boldsymbol{\xi}$ 线性表示,特别,对于 $\boldsymbol{A}^{*}$ 的第一列,有 $(A_{11},A_{12},\cdots,A_{1n})^{\mathrm{T}}=k\boldsymbol{\xi}$,故 $A_{11}=A_{12}=\cdots=A_{1n}$.

【例 4.110】(浙江大学,2011 年)　设 $\boldsymbol{e}_i=(0,\cdots,0,1,0,\cdots,0)^{\mathrm{T}},i=1,2,\cdots,n$ 是欧氏空间 $\mathbb{R}^n$ 的自然基. 一个矩阵 $\boldsymbol{P}$ 称为置换矩阵,如果存在 $1,2,\cdots,n$ 的一个全排列 $i_1i_2\cdots i_n$ 使得 $\boldsymbol{P}=(\boldsymbol{e}_{i_1},\boldsymbol{e}_{i_2},\cdots,\boldsymbol{e}_{i_n})$. 例如

$$\begin{pmatrix}0&0&1&0\\1&0&0&0\\0&0&0&1\\0&1&0&0\end{pmatrix}$$

就是一个四阶置换矩阵. 设 n 阶方阵 $\boldsymbol{A}$ 的秩为 r,证明:存在置换矩阵 $\boldsymbol{P}$ 使得 $\boldsymbol{PAP}=\begin{pmatrix}\boldsymbol{A}_1\\\boldsymbol{A}_2\end{pmatrix}$,其中 $\operatorname{rank}\boldsymbol{A}_1=r$.

【证】　据题设 $\operatorname{rank}\boldsymbol{A}=r$,知 $\boldsymbol{A}$ 的行向量组的极大无关组含 r 个向量,设 $\boldsymbol{\alpha}_{i_1},\boldsymbol{\alpha}_{i_2},\cdots,\boldsymbol{\alpha}_{i_r}$ 是一个这样的向量组,相应的行标排列为 $i_1\cdots i_r\cdots i_n$,记

$$\widetilde{\boldsymbol{A}}_1=\begin{pmatrix}\boldsymbol{\alpha}_{i_1}\\\boldsymbol{\alpha}_{i_2}\\\vdots\\\boldsymbol{\alpha}_{i_r}\end{pmatrix},\quad \boldsymbol{P}=\begin{pmatrix}\boldsymbol{e}_{i_1}^{\mathrm{T}}\\\vdots\\\boldsymbol{e}_{i_r}^{\mathrm{T}}\\\vdots\\\boldsymbol{e}_{i_n}^{\mathrm{T}}\end{pmatrix},$$

这里,$\operatorname{rank}\widetilde{\boldsymbol{A}}_1=r$,而 $\boldsymbol{P}$ 显然也是置换矩阵. 于是,有

$$\boldsymbol{PAP}=(\boldsymbol{PA})\boldsymbol{P}=\begin{pmatrix}\widetilde{\boldsymbol{A}}_1\\\widetilde{\boldsymbol{A}}_2\end{pmatrix}\boldsymbol{P}=\begin{pmatrix}\widetilde{\boldsymbol{A}}_1\boldsymbol{P}\\\widetilde{\boldsymbol{A}}_2\boldsymbol{P}\end{pmatrix}=\begin{pmatrix}\boldsymbol{A}_1\\\boldsymbol{A}_2\end{pmatrix},$$

其中 $\operatorname{rank} \boldsymbol{A}_1=\operatorname{rank} \widetilde{\boldsymbol{A}}_1=r$.

【例 4.111】 设 $\boldsymbol{A}$ 是 $n \geqslant 3$ 阶的实对称可逆矩阵,且 $\boldsymbol{A}$ 的所有 $n-1$ 阶主子式均为 0. 证明: $\boldsymbol{A}$ 中必有一个 $n-2$ 阶主子式不为 0,且 $\boldsymbol{A}$ 的所有 $n-2$ 阶非零主子式的符号相同.

【证】 设 $\boldsymbol{A}_1$ 是 $\boldsymbol{A}$ 中删去最后一行与最后一列的子块,由于 $|\boldsymbol{A}_1|=0$,所以 $\operatorname{rank} \boldsymbol{A}_1 \leqslant n-2$. 注意到矩阵删去一行或列其秩至多减少 1,而 $\operatorname{rank} \boldsymbol{A}=n$,故 $\operatorname{rank} \boldsymbol{A}_1 \geqslant n-2$. 因此 $\operatorname{rank} \boldsymbol{A}_1=n-2$.

任取 $\boldsymbol{A}_1$ 的 $n-2$ 个线性无关的行,根据对称性,$\boldsymbol{A}_1$ 中与这些行具有相同下标的 $n-2$ 个列也线性无关. 故由本章例 4.107,$\boldsymbol{A}$ 的这些行与列即构成一个 $n-2$ 阶非零主子式.

进一步,可证 $\boldsymbol{A}$ 的任意一个 $n-2$ 阶非零主子式都与 $\det \boldsymbol{A}$ 异号. 事实上,由于 $\boldsymbol{A}$ 的对称性,互换 $\boldsymbol{A}$ 的行并互换相应列,$\det \boldsymbol{A}$ 的值不变,故只需考虑 $\boldsymbol{A}$ 的左上角的 $n-2$ 阶子块 $\boldsymbol{A}_2$,满足 $|\boldsymbol{A}_2| \neq 0$. 根据题设条件,$n-1$ 阶主子式 $\begin{vmatrix} \boldsymbol{A}_2 & \boldsymbol{\alpha} \\ \boldsymbol{\alpha}^{\mathrm{T}} & a \end{vmatrix}=0$. 对 $\boldsymbol{A}$ 施行分块初等变换,易知

$$\det \boldsymbol{A}=\begin{vmatrix} \boldsymbol{A}_2 & \boldsymbol{\alpha} & \boldsymbol{\beta} \\ \boldsymbol{\alpha}^{\mathrm{T}} & a & b \\ \boldsymbol{\beta}^{\mathrm{T}} & b & c \end{vmatrix}=\begin{vmatrix} \boldsymbol{A}_2 & \mathbf{0} & \mathbf{0} \\ \mathbf{0} & 0 & b \\ \mathbf{0} & b & c \end{vmatrix}=-b^2|\boldsymbol{A}_2|,$$

即 $|\boldsymbol{A}_2|$ 与 $\det \boldsymbol{A}$ 异号. 因此,$\boldsymbol{A}$ 的所有 $n-2$ 阶非零主子式的符号相同.

【例 4.112】 证明 Cauchy-Binet 公式: 设 $\boldsymbol{A} \in F^{m\times n}, \boldsymbol{B} \in F^{n\times m}$,则

$$\det(\boldsymbol{AB})=\begin{cases} 0, & m>n, \\ \det \boldsymbol{A} \det \boldsymbol{B}, & m=n, \\ \displaystyle\sum_{1 \leqslant j_1<\cdots<j_m \leqslant n} \boldsymbol{A}\begin{pmatrix} 12\cdots m \\ j_1 j_2 \cdots j_m \end{pmatrix} \boldsymbol{B}\begin{pmatrix} j_1 j_2 \cdots j_m \\ 12\cdots m \end{pmatrix}, & m<n. \end{cases}$$

【证】 当 $m>n$ 时,因为 $\operatorname{rank}(\boldsymbol{AB}) \leqslant \operatorname{rank} \boldsymbol{A}<m$,所以 $\det(\boldsymbol{AB})=0$. 下设 $m \leqslant n$,考虑分块矩阵 $\boldsymbol{C}=\begin{pmatrix} \boldsymbol{A} & \boldsymbol{O} \\ -\boldsymbol{E}_n & \boldsymbol{B} \end{pmatrix}$,因为 $\begin{pmatrix} \boldsymbol{E}_m & \boldsymbol{A} \\ \boldsymbol{O} & \boldsymbol{E}_n \end{pmatrix}\begin{pmatrix} \boldsymbol{A} & \boldsymbol{O} \\ -\boldsymbol{E}_n & \boldsymbol{B} \end{pmatrix}=\begin{pmatrix} \boldsymbol{O} & \boldsymbol{AB} \\ -\boldsymbol{E}_n & \boldsymbol{B} \end{pmatrix}$,所以

$$|\boldsymbol{C}|=\begin{vmatrix} \boldsymbol{A} & \boldsymbol{O} \\ -\boldsymbol{E}_n & \boldsymbol{B} \end{vmatrix}=\begin{vmatrix} \boldsymbol{O} & \boldsymbol{AB} \\ -\boldsymbol{E}_n & \boldsymbol{B} \end{vmatrix}=(-1)^{n(m+1)}|\boldsymbol{AB}|.$$

另一方面,利用 Laplace 定理,按行列式 $|\boldsymbol{C}|$ 的前 m 行展开,有

$$|\boldsymbol{C}|=\sum_{1 \leqslant j_1<\cdots<j_m \leqslant n} \boldsymbol{A}\begin{pmatrix} 12\cdots m \\ j_1 j_2 \cdots j_m \end{pmatrix} \boldsymbol{G}\begin{pmatrix} 12\cdots m \\ j_1 j_2 \cdots j_m \end{pmatrix},$$

这里,$\boldsymbol{G}\begin{pmatrix} 12\cdots m \\ j_1 j_2 \cdots j_m \end{pmatrix}$ 是 $\boldsymbol{A}\begin{pmatrix} 12\cdots m \\ j_1 j_2 \cdots j_m \end{pmatrix}$ 在矩阵 $\boldsymbol{C}$ 中的代数余子式. 下证 $\boldsymbol{G}\begin{pmatrix} 12\cdots m \\ j_1 j_2 \cdots j_m \end{pmatrix}=\boldsymbol{B}\begin{pmatrix} j_1 j_2 \cdots j_m \\ 12\cdots m \end{pmatrix}$. 为此,记 $\boldsymbol{e}_k$ 是 n 阶单位矩阵 $\boldsymbol{E}_n$ 的第 k 个列向量($k=1,2,\cdots,n$),则

$$\begin{aligned} \boldsymbol{G}\begin{pmatrix} 12\cdots m \\ j_1 j_2 \cdots j_m \end{pmatrix} &=(-1)^{\frac{1}{2}m(m+1)+(j_1+j_2+\cdots+j_m)}|-\boldsymbol{e}_{i_1},-\boldsymbol{e}_{i_2},\cdots,-\boldsymbol{e}_{i_{n-m}},\boldsymbol{B}| \\ &=(-1)^{\frac{1}{2}m(m+1)+(j_1+j_2+\cdots+j_m)} D, \end{aligned} \quad ①$$

其中 $i_1, i_2, \cdots, i_{n-m}$ 是 $\boldsymbol{C}$ 中的前 n 列去掉第 $j_1, j_2, \cdots, j_m$ 列后余下的 $n-m$ 列的下标,而

$$D=|-e_{i_1},-e_{i_2},\cdots,-e_{i_{n-m}},B|.$$

再次利用 Laplace 定理,按行列式 D 的前 $n-m$ 列展开. 此时,只有一个子式非零,其值等于 $|-E_{n-m}|=(-1)^{n-m}$,而这个子式的余子式就是 $B\begin{pmatrix}j_1j_2\cdots j_m\\12\cdots m\end{pmatrix}$. 因此

$$D=(-1)^{(n-m)+(i_1+i_2+\cdots+i_{n-m})+(1+2+\cdots+n-m)}B\begin{pmatrix}j_1j_2\cdots j_m\\12\cdots m\end{pmatrix}. \quad ②$$

将②式代入①式,并注意到$(i_1+i_2+\cdots+i_{n-m})+(j_1+j_2+\cdots+j_m)=1+2+\cdots+n$,即得

$$G\begin{pmatrix}12\cdots m\\j_1j_2\cdots j_m\end{pmatrix}=B\begin{pmatrix}j_1j_2\cdots j_m\\12\cdots m\end{pmatrix}.$$

因此,当 $m\leqslant n$ 时,有

$$\det(AB)=\sum_{1\leqslant j_1<\cdots<j_m\leqslant n}A\begin{pmatrix}12\cdots m\\j_1j_2\cdots j_m\end{pmatrix}B\begin{pmatrix}j_1j_2\cdots j_m\\12\cdots m\end{pmatrix}.$$

特别,当 $m=n$ 时,上式右端只有一项,即 $\det(AB)=\det A\det B$.

【例 4.113】(上海大学,2013 年;兰州大学,2009 年,2006 年;东北大学,2002 年)

设 A,B,C,D 都是 n 阶方阵,且满足 $AC=CA$. 证明:$\begin{vmatrix}A&B\\C&D\end{vmatrix}=|AD-CB|$.

【证】 先考虑 A 可逆的情形. 对分块矩阵$\begin{pmatrix}A&B\\C&D\end{pmatrix}$作分块初等行变换,有

$$\begin{pmatrix}E&O\\-CA^{-1}&E\end{pmatrix}\begin{pmatrix}A&B\\C&D\end{pmatrix}=\begin{pmatrix}A&B\\O&D-CA^{-1}B\end{pmatrix}.$$

两边同时取行列式,并利用条件 $AC=CA$,得

$$\begin{vmatrix}A&B\\C&D\end{vmatrix}=|A||D-CA^{-1}B|=|AD-ACA^{-1}B|=|AD-CB|.$$

再考虑 A 不可逆的情形,用扰动法. 取 $\lambda_0\in\mathbb{R}$,使得当 $\lambda>\lambda_0$ 时,$A+\lambda E$ 是可逆矩阵. 显然$(A+\lambda E)C=C(A+\lambda E)$. 根据已证得的情形,有

$$\begin{vmatrix}A+\lambda E&B\\C&D\end{vmatrix}=|(A+\lambda E)D-CB|. \quad ①$$

在上述恒等式中,令 $\lambda=0$,即得 $\begin{vmatrix}A&B\\C&D\end{vmatrix}=|AD-CB|$.

【注】 "扰动法"的原理主要是两点:一是存在 $\lambda_0\in\mathbb{R}$,当 $\lambda>\lambda_0$ 时 $A+\lambda E$ 是可逆矩阵,参见第 3 章例 3.85;二是①式两边的行列式展开后都是 λ 的 n 次多项式,且至少在 $n+1$ 个不同的点 λ 处(都大于 λ_0)具有相同的值,所以①式是关于 λ 的恒等式.

【例 4.114】 设 $A,B,C,D\in F^{n\times n}$,且 $AB^{\mathrm T}=BA^{\mathrm T}$,证明:$\det\begin{pmatrix}A&B\\C&D\end{pmatrix}=\det(AD^{\mathrm T}-BC^{\mathrm T})$.

【证】 先考虑 A 可逆的情形. 利用分块初等变换,易知

$$\begin{pmatrix}E_n&O\\-CA^{-1}&E_n\end{pmatrix}\begin{pmatrix}A&B\\C&D\end{pmatrix}=\begin{pmatrix}A&B\\O&D-CA^{-1}B\end{pmatrix}.$$

因为 $AB^{\mathrm{T}}=BA^{\mathrm{T}}$，所以

$$\begin{vmatrix} A & B \\ C & D \end{vmatrix}=\begin{vmatrix} A & B \\ O & D-CA^{-1}B \end{vmatrix}=|A||D-CA^{-1}B|=|A||(D-CA^{-1}B)^{\mathrm{T}}|$$
$$=|AD^{\mathrm{T}}-AB^{\mathrm{T}}(A^{\mathrm{T}})^{-1}C^{\mathrm{T}}|=|AD^{\mathrm{T}}-BC^{\mathrm{T}}|.$$

再考虑 A 为一般方阵的情形，用扰动法. 设 $\operatorname{rank} B=r$，则存在可逆矩阵 $P,Q\in F^{n\times n}$，使得 $PBQ=\begin{pmatrix} E_r & O \\ O & O \end{pmatrix}$. 取 $\lambda_0\in\mathbb{R}$，使当 $\lambda>\lambda_0$ 时，$A+\lambda P^{-1}Q^{\mathrm{T}}$ 是可逆矩阵. 因为

$$BQ(P^{-1})^{\mathrm{T}}=P^{-1}\begin{pmatrix} E_r & O \\ O & O \end{pmatrix}(P^{-1})^{\mathrm{T}}$$

是对称矩阵，即 $P^{-1}Q^{\mathrm{T}}B^{\mathrm{T}}=(BQ(P^{-1})^{\mathrm{T}})^{\mathrm{T}}=BQ(P^{-1})^{\mathrm{T}}$，所以

$$(A+\lambda P^{-1}Q^{\mathrm{T}})B^{\mathrm{T}}=B(A+\lambda P^{-1}Q^{\mathrm{T}})^{\mathrm{T}}.$$

根据已证得的情形，有

$$\begin{vmatrix} A+\lambda P^{-1}Q^{\mathrm{T}} & B \\ C & D \end{vmatrix}=|(A+\lambda P^{-1}Q^{\mathrm{T}})D^{\mathrm{T}}-BC^{\mathrm{T}}|.$$

在上述恒等式中，令 $\lambda=0$，即得 $\begin{vmatrix} A & B \\ C & D \end{vmatrix}=|AD^{\mathrm{T}}-BC^{\mathrm{T}}|$.

【例 4.115】（浙江大学，2012 年；北京工业大学，2018 年） 设 E 是 n 阶单位矩阵，$M=\begin{pmatrix} O & E \\ -E & O \end{pmatrix}$，矩阵 A 满足 $A^{\mathrm{T}}MA=M$. 证明 A 的行列式等于 1.

【证】 将 A^{T} 分块为 $A^{\mathrm{T}}=\begin{pmatrix} B & C \\ G & H \end{pmatrix}$，其中 $B,C,G,H\in F^{n\times n}$，代入等式 $A^{\mathrm{T}}MA=M$，可得

$$BC^{\mathrm{T}}=CB^{\mathrm{T}},\quad BH^{\mathrm{T}}-CG^{\mathrm{T}}=E.$$

直接利用上一题的结论，即得 $\det A=1$.

【注】 对于 $A\in\mathbb{R}^{2n\times 2n}$ 的情形，第 8 章例 8.106 给出了另外两种有效方法.

【例 4.116】 设实数域上的 n 阶方阵 A 的各阶顺序主子式均大于零，而 A 的非对角元均小于零. 证明：A 是可逆矩阵，且 A^{-1} 的每个元素均大于零.（注：方阵 A 的前 k 行前 k 列的 k^2 个元素构成的行列式称为 A 的第 k 阶顺序主子式.）

【证】 第一个结论显然，第二个结论的证明可对矩阵的阶数 n 用数学归纳法.

当 $n=2$ 时，据题设，有 $A=\begin{pmatrix} a & b \\ c & d \end{pmatrix}$ 的各阶顺序主子式 $a>0$，$|A|=ad-bc>0$，非对角元 $b<0$，$c<0$，可知 $d>0$. 所以 $A^{-1}=\dfrac{1}{ad-bc}\begin{pmatrix} d & -b \\ -c & a \end{pmatrix}$ 的每个元素均大于零. 命题成立.

假设 $n-1$ 时命题成立，下证对于 n 阶实方阵 A 命题成立. 为此，将 A 分块为

$$A=\begin{pmatrix} C & \boldsymbol{\alpha} \\ \boldsymbol{\beta} & \lambda \end{pmatrix},$$

其中 C 为 $n-1$ 阶实方阵，其各阶顺序主子式（即 A 的前 $n-1$ 阶顺序主子式）均大于零，非对角元均小于零；$\boldsymbol{\alpha},\boldsymbol{\beta}^{\mathrm{T}}$ 都是 $n-1$ 维列向量，其分量均小于零；而 λ 是实数.

据题设，$\det C>0$，所以 C 是可逆矩阵. 对 A 施行分块初等变换，易知

$$\begin{pmatrix} E & 0 \\ -\beta C^{-1} & 1 \end{pmatrix}\begin{pmatrix} C & \alpha \\ \beta & \lambda \end{pmatrix}\begin{pmatrix} E & -C^{-1}\alpha \\ 0 & 1 \end{pmatrix}=\begin{pmatrix} C & 0 \\ 0 & \lambda-\beta C^{-1}\alpha \end{pmatrix}.$$

令 $P=\begin{pmatrix} E & 0 \\ -\beta C^{-1} & 1 \end{pmatrix}$，$Q=\begin{pmatrix} E & -C^{-1}\alpha \\ 0 & 1 \end{pmatrix}$，$D=\begin{pmatrix} C & 0 \\ 0 & \lambda-\beta C^{-1}\alpha \end{pmatrix}$，则上式即 $PAQ=D$. 注意到

$$\det A=\det D=(\lambda-\beta C^{-1}\alpha)\det C>0,$$

所以 $\lambda-\beta C^{-1}\alpha>0$. 由于

$$\begin{aligned} A^{-1}=QD^{-1}P&=\begin{pmatrix} E & -C^{-1}\alpha \\ 0 & 1 \end{pmatrix}\begin{pmatrix} C^{-1} & 0 \\ 0 & \dfrac{1}{\lambda-\beta C^{-1}\alpha} \end{pmatrix}\begin{pmatrix} E & 0 \\ -\beta C^{-1} & 1 \end{pmatrix}\\ &=\frac{1}{\lambda-\beta C^{-1}\alpha}\begin{pmatrix} (\lambda-\beta C^{-1}\alpha)C^{-1}+C^{-1}\alpha\beta C^{-1} & -C^{-1}\alpha \\ -\beta C^{-1} & 1 \end{pmatrix}. \end{aligned}$$

根据归纳假设，C^{-1} 的元素全为正实数，故由上式即知 A^{-1} 的每个元素均大于零. 命题得证.

【例 4.117】（南开大学，2003 年）　设 $A=(a_{ij})_{n\times n}$ 为数域 P 上的 n 阶可逆矩阵，$A^{-1}=(b_{ij})_{n\times n}$，$c_i\in P$，$i=1,2,\cdots,n$. 令 $C=(a_{ij}+c_ic_j)_{n\times n}$，$d_i=\sum\limits_{j=1}^{n}b_{ij}c_j$，$i=1,2,\cdots,n$. 试证明：

$$\det C=\left(1+\sum_{i=1}^{n}c_id_i\right)\det A.$$

【证】　利用公式 $|\lambda E_n-GH|=\lambda^{n-m}|\lambda E_m-HG|$，其中 G,H 分别为 $n\times m$ 与 $m\times n$ 矩阵，E_n 为 n 阶单位矩阵.

令 $\beta=(c_1,c_2,\cdots,c_n)^{\mathrm T}$，则 $\sum\limits_{i=1}^{n}c_id_i=\sum\limits_{i=1}^{n}\sum\limits_{j=1}^{n}b_{ij}c_ic_j=\beta^{\mathrm T}A^{-1}\beta$. 因此

$$\begin{aligned} \det C&=|A+\beta\beta^{\mathrm T}|=|A||E_n+A^{-1}\beta\beta^{\mathrm T}|=|A||E_1+\beta^{\mathrm T}A^{-1}\beta|\\ &=\left(1+\sum_{i=1}^{n}c_id_i\right)\det A. \end{aligned}$$

【例 4.118】　设 A 是 n 阶方阵（$n\geqslant 2$），且存在 n 阶方阵 B，使 $A^*B-BA^*=A^*$，其中 A^* 是 A 的伴随矩阵. 证明：(1) $\det A=0$；　(2) $(A^*)^2=O$.

【证】　(1) 用反证法. 设 $\det A\neq 0$，则 A 是可逆矩阵，故 A^* 也是可逆矩阵. 从而有

$$B-(A^*)^{-1}BA^*=E,$$

$$n=\operatorname{tr}E=\operatorname{tr}B-\operatorname{tr}[(A^*)^{-1}BA^*]=0,$$

导致矛盾. 因此 $\det A=0$.

(2) 由(1)知，$\operatorname{rank}A\leqslant n-1$，所以 $\operatorname{rank}A^*\leqslant 1$. 故存在列向量 x,y，使 $A^*=xy^{\mathrm T}$，从而 $(A^*)^2=(xy^{\mathrm T})(xy^{\mathrm T})=x(y^{\mathrm T}x)y^{\mathrm T}=kA^*$，其中 $k=y^{\mathrm T}x$. 因为 $\operatorname{tr}(A^*B)=\operatorname{tr}(BA^*)$，所以

$$k=\operatorname{tr}(y^{\mathrm T}x)=\operatorname{tr}(xy^{\mathrm T})=\operatorname{tr}(A^*)=0.$$

于是，有 $(A^*)^2=O$.

【例 4.119】（浙江大学，2004 年）　设 $A,B\in P^{n\times n}$，求证：$(AB)^*=B^*A^*$.

【证】 (方法1) 若$|AB|\neq 0$,则$|A|\neq 0$且$|B|\neq 0$. 利用公式$A^*=|A|A^{-1}$即得

$$(AB)^*=|AB|(AB)^{-1}=(|B|B^{-1})(|A|A^{-1})=B^*A^*.$$

当$|AB|=0$时,利用扰动法. 考虑矩阵

$$A(\lambda)=A+\lambda E,\quad B(\lambda)=B+\lambda E,$$

存在$\lambda_0\in\mathbb{R}$使得当$\lambda>\lambda_0$时,有$|A(\lambda)|\neq 0$且$|B(\lambda)|\neq 0$. 根据已证得的结论,有

$$(A(\lambda)B(\lambda))^*=B(\lambda)^*A(\lambda)^*. \qquad ①$$

令$(A(\lambda)B(\lambda))^*=(g_{ij}(\lambda))$,$B(\lambda)^*A(\lambda)^*=(h_{ij}(\lambda))$,则有关于$\lambda$的恒等式

$$g_{ij}(\lambda)=h_{ij}(\lambda),\quad i,j=1,2,\cdots,n.$$

所以①式是关于λ的恒等式. 特别,令$\lambda=0$,得

$$(AB)^*=(A(0)B(0))^*=B(0)^*A(0)^*=B^*A^*.$$

(方法2) 若$\operatorname{rank}A=\operatorname{rank}B=n$,则$A,B$都是可逆矩阵,所以

$$(AB)^*=|AB|(AB)^{-1}=(|B|B^{-1})(|A|A^{-1})=B^*A^*.$$

若$\operatorname{rank}A<n-1$,则显然有$(AB)^*=O=B^*A^*$. 若$\operatorname{rank}A=n-1$,则存在初等矩阵$P_1,P_2,\cdots,P_s,Q_1,Q_2,\cdots,Q_t$,使得

$$A=P_1P_2\cdots P_sA_1Q_1Q_2\cdots Q_t,$$

其中$A_1=\operatorname{diag}(E_{n-1},0)$. 直接计算可知,若$P$是任意初等矩阵,$C$是任意方阵,则

$$(PC)^*=C^*P^*,\quad (A_1C)^*=C^*A_1^*.$$

于是,反复利用以上二式,有

$$\begin{aligned}(AB)^*&=[P_1(P_2\cdots P_sA_1Q_1Q_2\cdots Q_tB)]^*=(P_2\cdots P_sA_1Q_1Q_2\cdots Q_tB)^*P_1^*\\&=\cdots\\&=(A_1Q_1Q_2\cdots Q_tB)^*P_1^*P_2^*\cdots P_s^*=(Q_1Q_2\cdots Q_tB)^*A_1^*P_1^*P_2^*\cdots P_s^*\\&=\cdots\\&=B^*Q_t^*\cdots Q_2{}^*Q_1{}^*A_1^*P_1^*P_2^*\cdots P_s^*.\end{aligned}$$

同理,有

$$A^*=(P_1P_2\cdots P_sA_1Q_1Q_2\cdots Q_t)^*=Q_t^*\cdots Q_2{}^*Q_1{}^*A_1^*P_1^*P_2^*\cdots P_s^*.$$

因此$(AB)^*=B^*A^*$.

(方法3) 利用 Cauchy-Binet 公式. 记$A=(a_{ij})_{n\times n}$,$B=(b_{ij})_{n\times n}$,则$AB=(c_{ij})_{n\times n}$,其中

$$c_{ij}=\sum_{k=1}^n a_{ik}b_{kj},\quad i,j=1,2,\cdots,n.$$

因为

$$A^*=\begin{pmatrix}A_{11}&A_{21}&\cdots&A_{n1}\\A_{12}&A_{22}&\cdots&A_{n2}\\\vdots&\vdots&&\vdots\\A_{1n}&A_{2n}&\cdots&A_{nn}\end{pmatrix},\quad B^*=\begin{pmatrix}B_{11}&B_{21}&\cdots&B_{n1}\\B_{12}&B_{22}&\cdots&B_{n2}\\\vdots&\vdots&&\vdots\\B_{1n}&B_{2n}&\cdots&B_{nn}\end{pmatrix},$$

其中A_{ij},B_{ij}分别是A,B中元素a_{ij},b_{ij}的代数余子式,所以B^*A^*的(j,i)元是

$$\sum_{k=1}^n B_{kj}A_{ik},\quad i,j=1,2,\cdots,n.$$

再看$(AB)^*$的(j,i)元D_{ij}(注意这里的下标),有

$$D_{ij}=(-1)^{i+j}\begin{vmatrix} c_{11} & \cdots & c_{1,j-1} & c_{1,j+1} & \cdots & c_{1n}\\ \vdots & & \vdots & \vdots & & \vdots\\ c_{i-1,1} & \cdots & c_{i-1,j-1} & c_{i-1,j+1} & \cdots & c_{i-1,n}\\ c_{i+1,1} & \cdots & c_{i+1,j-1} & c_{i+1,j+1} & \cdots & c_{i+1,n}\\ \vdots & & \vdots & \vdots & & \vdots\\ c_{n1} & \cdots & c_{n,j-1} & c_{n,j+1} & \cdots & c_{nn}\end{vmatrix}$$

$$=(-1)^{i+j}\begin{vmatrix}\begin{pmatrix} a_{11} & a_{12} & \cdots & a_{1n}\\ \vdots & \vdots & & \vdots\\ a_{i-1,1} & a_{i-1,2} & \cdots & a_{i-1,n}\\ a_{i+1,1} & a_{i+1,2} & \cdots & a_{i+1,n}\\ \vdots & \vdots & & \vdots\\ a_{n1} & a_{n2} & \cdots & a_{nn}\end{pmatrix}\begin{pmatrix} b_{11} & \cdots & b_{1,j-1} & b_{1,j+1} & \cdots & b_{1n}\\ b_{21} & \cdots & b_{2,j-1} & b_{2,j+1} & \cdots & b_{2n}\\ \vdots & & \vdots & \vdots & & \vdots\\ b_{n1} & \cdots & b_{n,j-1} & b_{n,j+1} & \cdots & b_{nn}\end{pmatrix}\end{vmatrix}.$$

利用 Cauchy-Binet 公式,上式即

$$D_{ij}=\sum_{k=1}^{n}(-1)^{i+k}\begin{vmatrix} a_{11} & \cdots & a_{1,k-1} & a_{1,k+1} & \cdots & a_{1n}\\ \vdots & & \vdots & \vdots & & \vdots\\ a_{i-1,1} & \cdots & a_{i-1,k-1} & a_{i-1,k+1} & \cdots & a_{i-1,n}\\ a_{i+1,1} & \cdots & a_{i+1,k-1} & a_{i+1,k+1} & \cdots & a_{i+1,n}\\ \vdots & & \vdots & \vdots & & \vdots\\ a_{n1} & \cdots & a_{n,k-1} & a_{n,k+1} & \cdots & a_{nn}\end{vmatrix}(-1)^{k+j}\begin{vmatrix} b_{11} & \cdots & b_{1,j-1} & b_{1,j+1} & \cdots & b_{1n}\\ \vdots & & \vdots & \vdots & & \vdots\\ b_{k-1,1} & \cdots & b_{k-1,j-1} & b_{k-1,j+1} & \cdots & b_{k-1,n}\\ b_{k+1,1} & \cdots & b_{k+1,j-1} & b_{k+1,j+1} & \cdots & b_{k+1,n}\\ \vdots & & \vdots & \vdots & & \vdots\\ b_{n1} & \cdots & b_{n,j-1} & b_{n,j+1} & \cdots & b_{nn}\end{vmatrix}$$

$$=\sum_{k=1}^{n}B_{kj}A_{ik}.$$

这就证明了$(\boldsymbol{AB})^*=\boldsymbol{B}^*\boldsymbol{A}^*$.

【例 4.120】(中国科学技术大学,2007 年)　设 $n\geqslant 2$,$\boldsymbol{I}$ 为 n 阶单位矩阵,$\boldsymbol{J}=\begin{pmatrix} & & 1\\ & 1 & \\ \cdot^{\cdot^{\cdot}} & & \\ 1 & & \end{pmatrix}_{n\times n}$,$\boldsymbol{a}=\begin{pmatrix}1\\1\\\vdots\\1\end{pmatrix}_{2n\times 1}$,$\boldsymbol{b}=(1,2,3,\cdots,2n)^{\mathrm{T}}_{1\times 2n}$,求行列式 $\det\left(\begin{pmatrix}\boldsymbol{O} & \boldsymbol{I}\\ \boldsymbol{J} & \boldsymbol{O}\end{pmatrix}+\boldsymbol{ab}^{\mathrm{T}}\right)$ 的值.

【解】　记 $\boldsymbol{c}=(1,1,\cdots,1)^{\mathrm{T}}\in\mathbb{R}^n$,$\boldsymbol{d}=(1,2,\cdots,n)^{\mathrm{T}}\in\mathbb{R}^n$,则 $\boldsymbol{a}=\begin{pmatrix}\boldsymbol{c}\\\boldsymbol{c}\end{pmatrix}$,$\boldsymbol{b}=\begin{pmatrix}\boldsymbol{d}\\ n\boldsymbol{c}+\boldsymbol{d}\end{pmatrix}$. 故

$$\begin{aligned}\det\left(\begin{pmatrix}\boldsymbol{O} & \boldsymbol{I}\\ \boldsymbol{J} & \boldsymbol{O}\end{pmatrix}+\boldsymbol{ab}^{\mathrm{T}}\right)&=\begin{vmatrix}\boldsymbol{cd}^{\mathrm{T}} & \boldsymbol{I}+n\boldsymbol{cc}^{\mathrm{T}}+\boldsymbol{cd}^{\mathrm{T}}\\ \boldsymbol{J}+\boldsymbol{cd}^{\mathrm{T}} & n\boldsymbol{cc}^{\mathrm{T}}+\boldsymbol{cd}^{\mathrm{T}}\end{vmatrix}=\begin{vmatrix}-\boldsymbol{J} & \boldsymbol{I}\\ \boldsymbol{J}+\boldsymbol{cd}^{\mathrm{T}} & n\boldsymbol{cc}^{\mathrm{T}}+\boldsymbol{cd}^{\mathrm{T}}\end{vmatrix}\\&=\begin{vmatrix}-\boldsymbol{J} & \boldsymbol{I}\\ \boldsymbol{J}+\boldsymbol{cd}^{\mathrm{T}}+(n\boldsymbol{cc}^{\mathrm{T}}+\boldsymbol{cd}^{\mathrm{T}})\boldsymbol{J} & \boldsymbol{O}\end{vmatrix}\\&=(-1)^n\left|\boldsymbol{J}+\boldsymbol{cd}^{\mathrm{T}}+(n\boldsymbol{cc}^{\mathrm{T}}+\boldsymbol{cd}^{\mathrm{T}})\boldsymbol{J}\right|\\&=(-1)^n\left|\boldsymbol{J}+\boldsymbol{cd}^{\mathrm{T}}+n\boldsymbol{cc}^{\mathrm{T}}+\boldsymbol{cd}^{\mathrm{T}}\boldsymbol{J}\right|\end{aligned}$$

$$= (-1)^n \begin{vmatrix} 2n+1 & \cdots & 2n+1 & 2n+2 \\ \vdots & \iddots & 2n+2 & 2n+1 \\ 2n+1 & \iddots & \iddots & \vdots \\ 2n+2 & 2n+1 & \cdots & 2n+1 \end{vmatrix}$$

$$= (-1)^n \begin{vmatrix} 2n+1 & 2n+1 & \cdots & 2n+1 & 2n+2 \\ 0 & \cdots & 0 & 1 & -1 \\ \vdots & \iddots & \iddots & \iddots & 0 \\ 0 & 1 & -1 & \iddots & \vdots \\ 1 & -1 & 0 & \cdots & 0 \end{vmatrix}$$

$$= (-1)^{\frac{1}{2}n(n+1)}(2n^2+n+1).$$

【例 4.121】(武汉大学,1997 年) 设 n 为正整数且 $n\geqslant 2$,x 为整数,矩阵

$$\boldsymbol{A}=\begin{pmatrix} 1 & 2 & 3 & \cdots & n \\ x & 1 & 2 & \cdots & n-1 \\ x & x & 1 & \cdots & n-2 \\ \vdots & \vdots & \vdots & & \vdots \\ x & x & x & \cdots & 1 \end{pmatrix},$$

试证明:$\boldsymbol{A}$ 是可逆矩阵;又问:何时 $\boldsymbol{A}^{-1}$ 也是整数矩阵(即每个元素都是整数的矩阵)?

【解】 直接计算可得,$\boldsymbol{A}$ 的行列式

$$|\boldsymbol{A}| = (-1)^{n-1}[x^n-(x-1)^n].$$

显然,$|\boldsymbol{A}|\neq 0$,所以 $\boldsymbol{A}$ 是可逆矩阵.

当 $x=1$ 时,$|\boldsymbol{A}|=(-1)^{n-1}$,所以 $\boldsymbol{A}^{-1}=(-1)^{n-1}\boldsymbol{A}^*$ 是整数矩阵;当 $x=0$ 时,$|\boldsymbol{A}|=1$,所以 $\boldsymbol{A}^{-1}=\boldsymbol{A}^*$ 也是整数矩阵. 下设 $x\neq 0,1$. 考虑 $\boldsymbol{A}^*$ 的 (n,n) 元,即代数余子式

$$A_{nn} = \begin{vmatrix} 1 & 2 & \cdots & n-1 \\ x & 1 & \cdots & n-2 \\ \vdots & \ddots & \ddots & \vdots \\ x & \cdots & x & 1 \end{vmatrix} = (-1)^{n-2}[x^{n-1}-(x-1)^{n-1}],$$

注意到 $\boldsymbol{A}^{-1}=\dfrac{1}{|\boldsymbol{A}|}\boldsymbol{A}^*$,若能证明当 $x\neq 0,1$ 时,$\left|\dfrac{A_{nn}}{|\boldsymbol{A}|}\right|<1$,即 $\boldsymbol{A}^{-1}$ 的 (n,n) 元为分数,则 $\boldsymbol{A}^{-1}$ 不是整数矩阵. 事实上,当 $x>1$ 时,有

$$\left|\frac{A_{nn}}{|\boldsymbol{A}|}\right| = \frac{x^{n-1}-(x-1)^{n-1}}{x^n-(x-1)^n} < \frac{x^{n-1}-(x-1)^{n-1}}{x^n-x(x-1)^{n-1}} = \frac{1}{x} < 1;$$

当 $x\leqslant -1$ 时,设 $x=-k(k\geqslant 1)$,有

$$\left|\frac{A_{nn}}{|\boldsymbol{A}|}\right| = \frac{(k+1)^{n-1}-k^{n-1}}{(k+1)^n-k^n} < \frac{(k+1)^{n-1}-k^{n-1}}{k(k+1)^{n-1}-k^n} = \frac{1}{k} \leqslant 1.$$

故当 $x\neq 0,1$ 时,$\boldsymbol{A}^{-1}$ 不是整数矩阵. 因此,当且仅当 $x=0,1$ 时,$\boldsymbol{A}^{-1}$ 是整数矩阵.

【例 4.122】 设 n 阶方阵 $\boldsymbol{A}$ 的每一行都恰有 2 个元素为 1 而其余元素均为 0,又设 $\boldsymbol{J}$ 是元素全为 1 的 n 阶方阵. 求出所有适合 $\boldsymbol{A}^2+2\boldsymbol{A}=2\boldsymbol{J}$ 的 n 阶方阵.

【解】 记 n 维列向量 $\boldsymbol{\alpha}=(1,1,\cdots,1)^{\mathrm{T}}$，则 $\boldsymbol{J}=\boldsymbol{\alpha}\boldsymbol{\alpha}^{\mathrm{T}}$，且 $\boldsymbol{\alpha}^{\mathrm{T}}\boldsymbol{\alpha}=n$，$\boldsymbol{A}\boldsymbol{\alpha}=2\boldsymbol{\alpha}$. 对 $\boldsymbol{A}^2+2\boldsymbol{A}=2\boldsymbol{J}$ 的两边同时左乘 $\boldsymbol{\alpha}^{\mathrm{T}}$，右乘 $\boldsymbol{\alpha}$，得 $8n=2n^2$，故 $n=4$.

令 $\boldsymbol{A}=(a_{ij})$，$\boldsymbol{A}^2=(b_{ij})$，根据题设条件，对于任意固定的 $i(1\leqslant i\leqslant 4)$，若

$$a_{ij}=a_{ik}=1,\text{其中 } 1\leqslant j<k\leqslant 4, \tag{①}$$

则 $a_{il}=0(l\neq j,k)$. 比较 $\boldsymbol{A}^2+2\boldsymbol{A}=2\boldsymbol{J}$ 的第 i 行，得

$$b_{il}=\begin{cases}2, & l\neq j,k,\\ 0, & l=j,k.\end{cases}$$

另一方面，因为 $b_{il}=\sum\limits_{m=1}^{4}a_{im}a_{ml}=a_{jl}+a_{kl}$，且 $a_{ij}\geqslant 0$，所以当 $l\neq j,k$ 时，$a_{jl}=a_{kl}=1$，而

$$a_{jj}=a_{kj}=a_{jk}=a_{kk}=0. \tag{②}$$

特别地，取 $i=1$，则 $j\neq 1$，不然就与①，②式矛盾. 于是，只能有三种可能性，即

$$j=2,k=3;\quad j=2,k=4;\quad j=3,k=4.$$

对于上述每一种情形，由①，②式都可确定矩阵 $\boldsymbol{A}$ 的三行元素. 进一步，再取 $i=2$，$i=2$，及 $i=3$，并结合①，②式，又依次可相应地确定 $\boldsymbol{A}$ 的第四行、第三行、第二行的元素. 因此，所有满足 $\boldsymbol{A}^2+2\boldsymbol{A}=2\boldsymbol{J}$ 的矩阵 $\boldsymbol{A}$ 只能是

$$\boldsymbol{A}=\begin{pmatrix}0&1&1&0\\1&0&0&1\\1&0&0&1\\0&1&1&0\end{pmatrix}\text{ 或 }\begin{pmatrix}0&1&0&1\\1&0&1&0\\0&1&0&1\\1&0&1&0\end{pmatrix}\text{ 或 }\begin{pmatrix}0&0&1&1\\0&0&1&1\\1&1&0&0\\1&1&0&0\end{pmatrix}.$$

【例 4.123】（上海大学，2005 年） 设 $\boldsymbol{A}$ 是秩为 r 的 n 阶方阵，证明 $\boldsymbol{A}^2=\boldsymbol{A}$ 的充分必要条件是存在秩为 r 的 $r\times n$ 矩阵 $\boldsymbol{B}$ 和秩为 r 的 $n\times r$ 矩阵 $\boldsymbol{C}$，使 $\boldsymbol{A}=\boldsymbol{C}\boldsymbol{B}$ 且 $\boldsymbol{B}\boldsymbol{C}=\boldsymbol{E}_r$.

【证】 当 $r=0$ 或 $r=n$ 时，结论显然成立. 下设 $0<r<n$，我们证明下述命题相互等价：

(1) $\boldsymbol{A}^2=\boldsymbol{A}$；

(2) $\operatorname{rank}(\boldsymbol{A}-\boldsymbol{E}_n)=n-r$，其中 $\boldsymbol{E}_n$ 是 n 阶单位矩阵；

(3) 存在秩为 r 的 $r\times n$ 矩阵 $\boldsymbol{B}$ 和秩为 r 的 $n\times r$ 矩阵 $\boldsymbol{C}$，使得 $\boldsymbol{A}=\boldsymbol{C}\boldsymbol{B}$，且 $\boldsymbol{B}\boldsymbol{C}=\boldsymbol{E}_r$.

采用循环证法：(1)⇒(2)⇒(3)⇒(1).

(1)⇒(2) 因为 $\boldsymbol{A}^2=\boldsymbol{A}$，所以 $\boldsymbol{A}(\boldsymbol{E}_n-\boldsymbol{A})=\boldsymbol{O}$，$\operatorname{rank}\boldsymbol{A}+\operatorname{rank}(\boldsymbol{E}_n-\boldsymbol{A})\leqslant n$. 另一方面，有

$$n=\operatorname{rank}[\boldsymbol{A}+(\boldsymbol{E}_n-\boldsymbol{A})]\leqslant\operatorname{rank}\boldsymbol{A}+\operatorname{rank}(\boldsymbol{E}_n-\boldsymbol{A}).$$

综合起来，可得 $\operatorname{rank}\boldsymbol{A}+\operatorname{rank}(\boldsymbol{E}_n-\boldsymbol{A})=n$，所以 $\operatorname{rank}(\boldsymbol{A}-\boldsymbol{E}_n)=n-r$.

(2)⇒(3) 由于 $\operatorname{rank}(\boldsymbol{A}-\boldsymbol{E}_n)=n-r$，所以 n 元齐次线性方程组 $(\boldsymbol{A}-\boldsymbol{E}_n)\boldsymbol{x}=\boldsymbol{0}$ 的基础解系含 $n-(n-r)=r$ 个线性无关的解向量，设为 $\boldsymbol{\alpha}_1,\boldsymbol{\alpha}_2,\cdots,\boldsymbol{\alpha}_r$，则 $(\boldsymbol{E}-\boldsymbol{A})\boldsymbol{\alpha}_k=\boldsymbol{0}$，即

$$\boldsymbol{A}\boldsymbol{\alpha}_k=\boldsymbol{\alpha}_k,\quad k=1,2,\cdots,r.$$

同理，n 元齐次方程组 $\boldsymbol{A}\boldsymbol{x}=\boldsymbol{0}$ 的基础解系含 $n-r$ 个线性无关的解，设为 $\boldsymbol{\beta}_1,\boldsymbol{\beta}_2,\cdots,\boldsymbol{\beta}_{n-r}$，则 $\boldsymbol{A}\boldsymbol{\beta}_k=\boldsymbol{0}$，$k=1,2,\cdots,n-r$.

下证 $\boldsymbol{\alpha}_1,\boldsymbol{\alpha}_2,\cdots,\boldsymbol{\alpha}_r,\boldsymbol{\beta}_1,\cdots,\boldsymbol{\beta}_{n-r}$ 线性无关，为此，设有数 $k_1,k_2,\cdots,k_r,t_1,\cdots,t_{n-r}\in P$，使

$$k_1\boldsymbol{\alpha}_1+k_2\boldsymbol{\alpha}_2+\cdots+k_r\boldsymbol{\alpha}_r+t_1\boldsymbol{\beta}_1+t_2\boldsymbol{\beta}_2+\cdots+t_{n-r}\boldsymbol{\beta}_{n-r}=\boldsymbol{0}. \tag{①}$$

用 $\boldsymbol{A}$ 左乘①式的两边，有 $k_1\boldsymbol{\alpha}_1+k_2\boldsymbol{\alpha}_2+\cdots+k_r\boldsymbol{\alpha}_r=\boldsymbol{0}$. 由于 $\boldsymbol{\alpha}_1,\boldsymbol{\alpha}_2,\cdots,\boldsymbol{\alpha}_r$ 线性无关，所以 $k_1=k_2=\cdots=k_r=0$. 故由①式得 $t_1\boldsymbol{\beta}_1+t_2\boldsymbol{\beta}_2+\cdots+t_{n-r}\boldsymbol{\beta}_{n-r}=\boldsymbol{0}$. 而 $\boldsymbol{\beta}_1,\boldsymbol{\beta}_2,\cdots,\boldsymbol{\beta}_{n-r}$ 线性无关，知 $t_1=$

$t_2=\cdots=t_{n-t}=0$. 所以 $\boldsymbol{\alpha}_1,\boldsymbol{\alpha}_2,\cdots,\boldsymbol{\alpha}_r,\boldsymbol{\beta}_1,\boldsymbol{\beta}_2,\cdots,\boldsymbol{\beta}_{n-r}$ 线性无关.

记 $\boldsymbol{T}=(\boldsymbol{\alpha}_1,\boldsymbol{\alpha}_2,\cdots,\boldsymbol{\alpha}_r,\boldsymbol{\beta}_1,\boldsymbol{\beta}_2,\cdots,\boldsymbol{\beta}_{n-r})$，则 $\boldsymbol{T}$ 是可逆矩阵，且

$$\boldsymbol{A}(\boldsymbol{\alpha}_1,\boldsymbol{\alpha}_2,\cdots,\boldsymbol{\alpha}_r,\boldsymbol{\beta}_1,\boldsymbol{\beta}_2,\cdots,\boldsymbol{\beta}_{n-r})=(\boldsymbol{\alpha}_1,\boldsymbol{\alpha}_2,\cdots,\boldsymbol{\alpha}_r,\boldsymbol{\beta}_1,\boldsymbol{\beta}_2,\cdots,\boldsymbol{\beta}_{n-r})\begin{pmatrix}\boldsymbol{E}_r & \boldsymbol{O}\\ \boldsymbol{O} & \boldsymbol{O}\end{pmatrix},$$

即 $\boldsymbol{AT}=\boldsymbol{T}\begin{pmatrix}\boldsymbol{E}_r & \boldsymbol{O}\\ \boldsymbol{O} & \boldsymbol{O}\end{pmatrix}$，从而有

$$\boldsymbol{A}=\boldsymbol{T}\begin{pmatrix}\boldsymbol{E}_r & \boldsymbol{O}\\ \boldsymbol{O} & \boldsymbol{O}\end{pmatrix}\boldsymbol{T}^{-1}=\boldsymbol{T}\begin{pmatrix}\boldsymbol{E}_r\\ \boldsymbol{O}\end{pmatrix}(\boldsymbol{E}_r,\boldsymbol{O})\boldsymbol{T}^{-1}=\boldsymbol{CB},$$

其中 $\boldsymbol{C}=\boldsymbol{T}\begin{pmatrix}\boldsymbol{E}_r\\ \boldsymbol{O}\end{pmatrix}$ 是 $n\times r$ 矩阵，$\boldsymbol{B}=(\boldsymbol{E}_r,\boldsymbol{O})\boldsymbol{T}^{-1}$ 是 $r\times n$ 矩阵，$\operatorname{rank}\boldsymbol{C}=\operatorname{rank}\boldsymbol{B}=r$，且

$$\boldsymbol{BC}=(\boldsymbol{E}_r,\boldsymbol{O})\boldsymbol{T}^{-1}\boldsymbol{T}\begin{pmatrix}\boldsymbol{E}_r\\ \boldsymbol{O}\end{pmatrix}=(\boldsymbol{E}_r,\boldsymbol{O})\begin{pmatrix}\boldsymbol{E}_r\\ \boldsymbol{O}\end{pmatrix}=\boldsymbol{E}_r.$$

(3)⇒(1) 由 $\boldsymbol{A}=\boldsymbol{CB},\boldsymbol{BC}=\boldsymbol{E}_r$，即得 $\boldsymbol{A}^2=(\boldsymbol{CB})(\boldsymbol{CB})=\boldsymbol{C}(\boldsymbol{BC})\boldsymbol{B}=\boldsymbol{CB}=\boldsymbol{A}$.

【注】 本题也可证：若 n 阶方阵 $\boldsymbol{A}$ 的秩为 r，则 $\boldsymbol{A}^2=\boldsymbol{A}$ 当且仅当存在 n 阶可逆矩阵 $\boldsymbol{P}$，使得 $\boldsymbol{A}=\boldsymbol{P}^{-1}\begin{pmatrix}\boldsymbol{E}_r & \boldsymbol{O}\\ \boldsymbol{O} & \boldsymbol{O}\end{pmatrix}\boldsymbol{P}$，其中 $\boldsymbol{E}_r$ 是 r 阶单位矩阵.

【例 4.124】(北京工业大学,2009 年) 设 n 阶方阵 $\boldsymbol{A}$ 的每一行只有一个元素是 1，其余元素是 0，而且每一列的元素之和是 1. 证明：存在自然数 $m>0$，使得 $\boldsymbol{A}^m=\boldsymbol{E}$(单位矩阵).

【证】 据题设，$\boldsymbol{A}$ 的每行每列都恰有一个非零元素为 1，所以 $\boldsymbol{A}$ 是 n 阶置换矩阵. 易知，两个 n 阶置换矩阵的乘积仍是置换矩阵，所有互不相同的 n 阶置换矩阵共 $n!$ 个. 因此

$$\boldsymbol{A},\boldsymbol{A}^2,\boldsymbol{A}^3,\cdots,\boldsymbol{A}^k,\cdots$$

是置换矩阵序列，且存在两个不同的正整数 k_1,k_2，使得 $\boldsymbol{A}^{k_1}=\boldsymbol{A}^{k_2}$，其中 $k_1>k_2$.

另一方面，显然有 $\boldsymbol{AA}^{\mathrm{T}}=\boldsymbol{E}$，所以 $\boldsymbol{A}$ 可逆，且 $\boldsymbol{A}^{-1}=\boldsymbol{A}^{\mathrm{T}}$ 也是 n 阶置换矩阵. 由 $\boldsymbol{A}^{k_1}=\boldsymbol{A}^{k_2}$ 可得 $\boldsymbol{A}^{k_1-k_2}=\boldsymbol{E}$，即 $\boldsymbol{A}^m=\boldsymbol{E}$，其中 $m=k_1-k_2$ 是正整数.

【例 4.125】 设 $\boldsymbol{A}$ 是 n 阶方阵，$\operatorname{rank}\boldsymbol{A}=r$. $\boldsymbol{A}=\boldsymbol{HL}$ 是 $\boldsymbol{A}$ 的满秩分解，即 $\boldsymbol{H},\boldsymbol{L}$ 分别是 $n\times r$，$r\times n$ 矩阵，且 $\operatorname{rank}\boldsymbol{H}=\operatorname{rank}\boldsymbol{L}=r$，证明：若 $\boldsymbol{A}$ 为实对称矩阵，则 $\boldsymbol{LH}$ 是可逆矩阵，且存在可逆矩阵 $\boldsymbol{P}$，使 $\boldsymbol{H}=\boldsymbol{L}^{\mathrm{T}}\boldsymbol{P},\boldsymbol{L}=\boldsymbol{P}^{-1}\boldsymbol{H}^{\mathrm{T}}$.

【证】 因为 $\boldsymbol{A}^{\mathrm{T}}=\boldsymbol{A},\boldsymbol{A}=\boldsymbol{HL}$，所以 $(\boldsymbol{LL}^{\mathrm{T}})(\boldsymbol{H}^{\mathrm{T}}\boldsymbol{H})=(\boldsymbol{LH})^2$. 注意到当 $\boldsymbol{A}$ 是实矩阵时，$\boldsymbol{L}$ 也是实矩阵，所以 $\operatorname{rank}(\boldsymbol{LL}^{\mathrm{T}})=\operatorname{rank}\boldsymbol{L}=r$，即 $\boldsymbol{LL}^{\mathrm{T}}$ 是可逆矩阵.

同理，$\boldsymbol{H}^{\mathrm{T}}\boldsymbol{H}$ 也是可逆矩阵，因此 $\boldsymbol{LH}$ 是可逆矩阵.

又由 $\boldsymbol{L}^{\mathrm{T}}\boldsymbol{H}^{\mathrm{T}}=\boldsymbol{HL}$ 易得 $\boldsymbol{L}^{\mathrm{T}}=\boldsymbol{H}(\boldsymbol{LH})(\boldsymbol{H}^{\mathrm{T}}\boldsymbol{H})^{-1},\boldsymbol{H}^{\mathrm{T}}=(\boldsymbol{LL}^{\mathrm{T}})^{-1}(\boldsymbol{LH})\boldsymbol{L}$. 取 $\boldsymbol{P}=(\boldsymbol{H}^{\mathrm{T}}\boldsymbol{H})(\boldsymbol{LH})^{-1}$，则 $\boldsymbol{P}$ 是可逆矩阵，且 $\boldsymbol{P}^{-1}=(\boldsymbol{LH})(\boldsymbol{H}^{\mathrm{T}}\boldsymbol{H})^{-1}=(\boldsymbol{LH})^{-1}(\boldsymbol{LL}^{\mathrm{T}})$. 于是，有 $\boldsymbol{L}^{\mathrm{T}}\boldsymbol{P}=\boldsymbol{H}$ 且 $\boldsymbol{P}^{-1}\boldsymbol{H}^{\mathrm{T}}=\boldsymbol{L}$.

【例 4.126】(北京大学,2017 年) 设 $\boldsymbol{A},\boldsymbol{B},\boldsymbol{P}\in M_n(f)$，$\boldsymbol{P}$ 是幂零矩阵，且满足

$$(\boldsymbol{A}-\boldsymbol{B})\boldsymbol{P}=\boldsymbol{P}(\boldsymbol{A}-\boldsymbol{B}),\qquad \boldsymbol{BP}-\boldsymbol{PB}=2(\boldsymbol{A}-\boldsymbol{B}).$$

求一个可逆矩阵 $\boldsymbol{Q}$，使得 $\boldsymbol{AQ}=\boldsymbol{QB}$.

【解】 记 $C=A-B, D=\frac{1}{2}P$，则 D 是幂零矩阵，且 $CD=DC, BD-DB=C$.

设 D 的幂零指数为 k，即 $D^{k-1}\neq O$ 而 $D^k=O$，再令

$$Q=E-D+\frac{1}{2!}D^2-\cdots+\frac{(-1)^{k-1}}{(k-1)!}D^{k-1}=\sum_{j=0}^{k-1}\frac{(-1)^j}{j!}D^j,$$

经直接计算，知 $Q\sum_{j=0}^{k-1}\frac{1}{j!}D^j=E$，所以 Q 是可逆的.（又见第7章例7.89.）

对任意正整数 m，有

$$\begin{aligned}BD^m-D^mB&=(BD^m-DBD^{m-1})+(DBD^{m-1}-D^2BD^{m-2})+\cdots+(D^{m-1}BD-D^mB)\\&=CD^{m-1}+DCD^{m-2}+\cdots+D^{m-1}C=mCD^{m-1},\end{aligned}$$

特别地，取 $m=k$，有 $CD^{k-1}=O$. 因此

$$\begin{aligned}(B+C)Q-QB&=\sum_{j=0}^{k-1}\frac{(-1)^j}{j!}(BD^j-D^jB)+C\sum_{j=0}^{k-1}\frac{(-1)^j}{j!}D^j\\&=C\sum_{j=1}^{k-1}\frac{(-1)^j}{(j-1)!}D^{j-1}+C\sum_{j=0}^{k-1}\frac{(-1)^j}{j!}D^j\\&=\frac{(-1)^{k-1}}{(k-1)!}CD^{k-1}=O,\end{aligned}$$

即 $AQ=QB$.

【注】 幂零矩阵与 Jordan 矩阵具有密切联系，第7章还将进行更深入讨论.

【例4.127】（中国科学技术大学，1997年） （1）设 n 阶方阵 $A=\begin{pmatrix}I_k & A_{12}\\ A_{21} & A_{22}\end{pmatrix}$，其中 I_k 是 k 阶单位矩阵，A_{22} 是 $n-k$ 阶方阵. 证明 $k\leqslant\operatorname{rank}A\leqslant n$，并证明：$\operatorname{rank}A=k$ 的充分必要条件是 $A_{22}=A_{21}A_{12}$；

（2）设 A 是 n 阶可逆矩阵，$\boldsymbol{\alpha}$ 和 $\boldsymbol{\beta}$ 都是 n 维列向量. 证明：$n-1\leqslant\operatorname{rank}(A-\boldsymbol{\alpha}\boldsymbol{\beta}^{\mathrm{T}})\leqslant n$，并且 $\operatorname{rank}(A-\boldsymbol{\alpha}\boldsymbol{\beta}^{\mathrm{T}})=n-1$ 的充分必要条件是 $\boldsymbol{\beta}^{\mathrm{T}}A^{-1}\boldsymbol{\alpha}=1$. 这里 $\boldsymbol{\beta}^{\mathrm{T}}$ 表示 $\boldsymbol{\beta}$ 的转置.

【证】 （1）因为 A 是 n 阶方阵，且有一个 k 阶子式不为零，所以 $k\leqslant\operatorname{rank}A\leqslant n$. 此外，利用分块初等变换，有

$$A=\begin{pmatrix}I_k & A_{12}\\ A_{21} & A_{22}\end{pmatrix}\xrightarrow{\text{行}}\begin{pmatrix}I_k & A_{12}\\ O & A_{22}-A_{21}A_{12}\end{pmatrix}\xrightarrow{\text{列}}\begin{pmatrix}I_k & O\\ O & A_{22}-A_{21}A_{12}\end{pmatrix}.$$

由此得 $\operatorname{rank}A=k+\operatorname{rank}(A_{22}-A_{21}A_{12})$，所以 $\operatorname{rank}A=k\Leftrightarrow A_{22}=A_{21}A_{12}$.

（2）$\operatorname{rank}(A-\boldsymbol{\alpha}\boldsymbol{\beta}^{\mathrm{T}})\leqslant n$ 显然成立，故只需证左边的不等式. 因为 A 是 n 阶可逆矩阵，所以 $\operatorname{rank}A=n$. 而 $\operatorname{rank}(\boldsymbol{\alpha}\boldsymbol{\beta}^{\mathrm{T}})\leqslant\operatorname{rank}\boldsymbol{\alpha}\leqslant 1$，于是

$$\operatorname{rank}(A-\boldsymbol{\alpha}\boldsymbol{\beta}^{\mathrm{T}})\geqslant\operatorname{rank}A-\operatorname{rank}(\boldsymbol{\alpha}\boldsymbol{\beta}^{\mathrm{T}})\geqslant n-1.$$

此外，利用分块初等变换，得

$$\begin{pmatrix}A & \boldsymbol{\alpha}\\ \boldsymbol{\beta}^{\mathrm{T}} & 1\end{pmatrix}\xrightarrow{\text{行}}\begin{pmatrix}A-\boldsymbol{\alpha}\boldsymbol{\beta}^{\mathrm{T}} & \mathbf{0}\\ \boldsymbol{\beta}^{\mathrm{T}} & 1\end{pmatrix}\xrightarrow{\text{列}}\begin{pmatrix}A-\boldsymbol{\alpha}\boldsymbol{\beta}^{\mathrm{T}} & \mathbf{0}\\ \mathbf{0} & 1\end{pmatrix},$$

$$\begin{pmatrix}A & \boldsymbol{\alpha}\\ \boldsymbol{\beta}^{\mathrm{T}} & 1\end{pmatrix}\xrightarrow{\text{列}}\begin{pmatrix}A & \mathbf{0}\\ \boldsymbol{\beta}^{\mathrm{T}} & 1-\boldsymbol{\beta}^{\mathrm{T}}A^{-1}\boldsymbol{\alpha}\end{pmatrix}\xrightarrow{\text{行}}\begin{pmatrix}A & \mathbf{0}\\ \mathbf{0} & 1-\boldsymbol{\beta}^{\mathrm{T}}A^{-1}\boldsymbol{\alpha}\end{pmatrix},$$

所以

$$\operatorname{rank}\begin{pmatrix} \boldsymbol{A}-\boldsymbol{\alpha\beta}^{\mathrm{T}} & \boldsymbol{0} \\ \boldsymbol{0} & 1 \end{pmatrix}=\operatorname{rank}\begin{pmatrix} \boldsymbol{A} & \boldsymbol{\alpha} \\ \boldsymbol{\beta}^{\mathrm{T}} & 1 \end{pmatrix}=\operatorname{rank}\begin{pmatrix} \boldsymbol{A} & \boldsymbol{0} \\ \boldsymbol{0} & 1-\boldsymbol{\beta}^{\mathrm{T}}\boldsymbol{A}^{-1}\boldsymbol{\alpha} \end{pmatrix},$$

即

$$\operatorname{rank}(\boldsymbol{A}-\boldsymbol{\alpha\beta}^{\mathrm{T}})+1=\operatorname{rank}\boldsymbol{A}+\operatorname{rank}(1-\boldsymbol{\beta}^{\mathrm{T}}\boldsymbol{A}^{-1}\boldsymbol{\alpha}).$$

由此也证得 $n-1\leqslant\operatorname{rank}(\boldsymbol{A}-\boldsymbol{\alpha\beta}^{\mathrm{T}})\leqslant n$. 进一步,由上式得

$$\operatorname{rank}(\boldsymbol{A}-\boldsymbol{\alpha\beta}^{\mathrm{T}})=n-1 \Leftrightarrow \operatorname{rank}(1-\boldsymbol{\beta}^{\mathrm{T}}\boldsymbol{A}^{-1}\boldsymbol{\alpha})=0 \Leftrightarrow \boldsymbol{\beta}^{\mathrm{T}}\boldsymbol{A}^{-1}\boldsymbol{\alpha}=1.$$

【例 4.128】(浙江大学,2006 年;华中科技大学,2002 年) 设 $\boldsymbol{A}$ 为二阶方阵,且存在正整数 $k\geqslant2$,使得 $\boldsymbol{A}^k=\boldsymbol{O}$,证明 $\boldsymbol{A}^2=\boldsymbol{O}$.

【证】 因为 $\boldsymbol{A}^k=\boldsymbol{O}$,所以 $|\boldsymbol{A}|=0$,故 $\operatorname{rank}\boldsymbol{A}\leqslant1$.

若 $\operatorname{rank}\boldsymbol{A}=0$,则 $\boldsymbol{A}=\boldsymbol{O}$,结论显然成立.

若 $\operatorname{rank}\boldsymbol{A}=1$,则 $\boldsymbol{A}$ 的列向量成比例,不妨设 $\boldsymbol{A}=\begin{pmatrix} a & ka \\ b & kb \end{pmatrix}$,令 $\boldsymbol{\alpha}=\begin{pmatrix} a \\ b \end{pmatrix}$,$\boldsymbol{\beta}=\begin{pmatrix} 1 \\ k \end{pmatrix}$,则 $\boldsymbol{\alpha}\neq\boldsymbol{0}$,$\boldsymbol{\beta}\neq\boldsymbol{0}$,且 $\boldsymbol{A}=\begin{pmatrix} a \\ b \end{pmatrix}(1,k)=\boldsymbol{\alpha\beta}^{\mathrm{T}}$. 记 $c=\boldsymbol{\beta}^{\mathrm{T}}\boldsymbol{\alpha}=a+kb$,因为

$$\boldsymbol{O}=\boldsymbol{A}^k=(\boldsymbol{\alpha\beta}^{\mathrm{T}})(\boldsymbol{\alpha\beta}^{\mathrm{T}})\cdots(\boldsymbol{\alpha\beta}^{\mathrm{T}})=\boldsymbol{\alpha}(\boldsymbol{\beta}^{\mathrm{T}}\boldsymbol{\alpha})\cdots(\boldsymbol{\beta}^{\mathrm{T}}\boldsymbol{\alpha})\boldsymbol{\beta}^{\mathrm{T}}=c^{k-1}\boldsymbol{A},$$

所以 $c=0$,从而 $\boldsymbol{A}^2=(\boldsymbol{\alpha\beta}^{\mathrm{T}})(\boldsymbol{\alpha\beta}^{\mathrm{T}})=\boldsymbol{\alpha}(\boldsymbol{\beta}^{\mathrm{T}}\boldsymbol{\alpha})\boldsymbol{\beta}^{\mathrm{T}}=c\boldsymbol{A}=\boldsymbol{O}$.

【例 4.129】(中国科学院大学,2010 年;上海大学,2012 年) (1) 设 $\boldsymbol{A},\boldsymbol{B}$ 分别是 $n\times m$ 和 $m\times n$ 矩阵($n\geqslant m$),$\lambda\neq0$. 求证:$|\lambda\boldsymbol{I}_n-\boldsymbol{AB}|=\lambda^{n-m}|\lambda\boldsymbol{I}_m-\boldsymbol{BA}|$;(注:中国科学院大学 2010 年的试题为 $\lambda=1$.)

(2) 计算行列式:

$$D_n=\begin{vmatrix} 1+a_1+x_1 & a_1+x_2 & \cdots & a_1+x_n \\ a_2+x_1 & 1+a_2+x_2 & \cdots & a_2+x_n \\ \vdots & \vdots & & \vdots \\ a_n+x_1 & a_n+x_2 & \cdots & 1+a_n+x_n \end{vmatrix}.$$

【解】 (1) 只需证 $n>m$ 的情形. 对分块矩阵 $\begin{pmatrix} \boldsymbol{I}_n & \boldsymbol{A} \\ \boldsymbol{B} & \lambda\boldsymbol{I}_m \end{pmatrix}$ 与 $\begin{pmatrix} \lambda\boldsymbol{I}_n & \boldsymbol{A} \\ \boldsymbol{B} & \boldsymbol{I}_m \end{pmatrix}$ 作初等行变换,有

$$\begin{pmatrix} \boldsymbol{I}_n & -\boldsymbol{A} \\ \boldsymbol{O} & \boldsymbol{I}_m \end{pmatrix}\begin{pmatrix} \lambda\boldsymbol{I}_n & \boldsymbol{A} \\ \boldsymbol{B} & \boldsymbol{I}_m \end{pmatrix}=\begin{pmatrix} \lambda\boldsymbol{I}_n-\boldsymbol{AB} & \boldsymbol{O} \\ \boldsymbol{B} & \boldsymbol{I}_m \end{pmatrix},$$

$$\begin{pmatrix} \boldsymbol{I}_n & \boldsymbol{O} \\ -\boldsymbol{B} & \boldsymbol{I}_m \end{pmatrix}\begin{pmatrix} \boldsymbol{I}_n & \boldsymbol{A} \\ \boldsymbol{B} & \lambda\boldsymbol{I}_m \end{pmatrix}=\begin{pmatrix} \boldsymbol{I}_n & \boldsymbol{A} \\ \boldsymbol{O} & \lambda\boldsymbol{I}_m-\boldsymbol{BA} \end{pmatrix}.$$

对上述二式两边同时取行列式,可得

$$\lambda^m|\lambda\boldsymbol{I}_n-\boldsymbol{AB}|=\lambda^m\begin{vmatrix} \lambda\boldsymbol{I}_n & \boldsymbol{A} \\ \boldsymbol{B} & \boldsymbol{I}_m \end{vmatrix}=\begin{vmatrix} \lambda\boldsymbol{I}_n & \boldsymbol{A} \\ \lambda\boldsymbol{B} & \lambda\boldsymbol{I}_m \end{vmatrix}=\lambda^n\begin{vmatrix} \boldsymbol{I}_n & \boldsymbol{A} \\ \boldsymbol{B} & \lambda\boldsymbol{I}_m \end{vmatrix}=\lambda^n|\lambda\boldsymbol{I}_m-\boldsymbol{BA}|.$$

所以 $|\lambda\boldsymbol{I}_n-\boldsymbol{AB}|=\lambda^{n-m}|\lambda\boldsymbol{I}_m-\boldsymbol{BA}|$.

(2) 令 $\boldsymbol{\xi}=(a_1,a_2,\cdots,a_n)^{\mathrm{T}}$,$\boldsymbol{\eta}=(x_1,x_2,\cdots,x_n)^{\mathrm{T}}$,$\boldsymbol{e}=(1,1,\cdots,1)^{\mathrm{T}}$,则

$$D_n = |\boldsymbol{I}_n + \boldsymbol{\xi}\boldsymbol{e}^{\mathrm{T}} + \boldsymbol{e}\boldsymbol{\eta}^{\mathrm{T}}| = \left|\boldsymbol{I}_n + (\boldsymbol{\xi},\boldsymbol{e})\begin{pmatrix}\boldsymbol{e}^{\mathrm{T}}\\ \boldsymbol{\eta}^{\mathrm{T}}\end{pmatrix}\right|.$$

利用(1)的结论,取 $\lambda=1$,有

$$\begin{aligned} D_n &= \left|\boldsymbol{I}_2 + \begin{pmatrix}\boldsymbol{e}^{\mathrm{T}}\\ \boldsymbol{\eta}^{\mathrm{T}}\end{pmatrix}(\boldsymbol{\xi},\boldsymbol{e})\right| = \left|\boldsymbol{I}_2 + \begin{pmatrix}\boldsymbol{e}^{\mathrm{T}}\boldsymbol{\xi} & \boldsymbol{e}^{\mathrm{T}}\boldsymbol{e}\\ \boldsymbol{\eta}^{\mathrm{T}}\boldsymbol{\xi} & \boldsymbol{\eta}^{\mathrm{T}}\boldsymbol{e}\end{pmatrix}\right| = \begin{vmatrix}1+\boldsymbol{e}^{\mathrm{T}}\boldsymbol{\xi} & \boldsymbol{e}^{\mathrm{T}}\boldsymbol{e}\\ \boldsymbol{\eta}^{\mathrm{T}}\boldsymbol{\xi} & 1+\boldsymbol{\eta}^{\mathrm{T}}\boldsymbol{e}\end{vmatrix} \\ &= (1+\boldsymbol{e}^{\mathrm{T}}\boldsymbol{\xi})(1+\boldsymbol{\eta}^{\mathrm{T}}\boldsymbol{e}) - (\boldsymbol{e}^{\mathrm{T}}\boldsymbol{e})(\boldsymbol{\eta}^{\mathrm{T}}\boldsymbol{\xi}) \\ &= \left(1+\sum_{i=1}^{n} a_i\right)\left(1+\sum_{i=1}^{n} x_i\right) - n\sum_{i=1}^{n} a_i x_i. \end{aligned}$$

【例 4.130】(南开大学,2006 年)　设 M 是 $P^{n\times n}$ 的一个非空子集,且满足下列条件:

(Ⅰ) M 中至少有一个非零矩阵;

(Ⅱ) $\forall \boldsymbol{A},\boldsymbol{B}\in M, \boldsymbol{A}-\boldsymbol{B}\in M$;

(Ⅲ) $\forall \boldsymbol{A}\in M, \boldsymbol{X}\in P^{n\times n}$,有 $\boldsymbol{AX}\in M, \boldsymbol{XA}\in M$.

证明:$M=P^{n\times n}$.

【证】　令 $\boldsymbol{E}_{kk}\in P^{n\times n}$ 表示第 k 个主对角元为 1 其他元素全为 0 的 n 阶方阵,$\boldsymbol{E}(i,j)\in P^{n\times n}$ 表示互换 n 阶单位矩阵的第 i,j 两行或列得到的初等矩阵.

由条件(Ⅰ),存在 $\boldsymbol{A}\in M$,满足 $\boldsymbol{A}\neq\boldsymbol{O}$,不妨设 $\boldsymbol{A}$ 的(i,j)元为 $a\neq 0$,则

$$\left(\frac{1}{a}\boldsymbol{E}_{11}\right)\boldsymbol{E}(1,i)\boldsymbol{A}\boldsymbol{E}(1,j)\boldsymbol{E}_{11} = \boldsymbol{E}_{11}.$$

根据条件(Ⅲ),$\boldsymbol{E}_{11}\in M$,从而有 $\boldsymbol{E}_{kk}=\boldsymbol{E}(1,k)\boldsymbol{E}_{11}\boldsymbol{E}(1,k)\in M, k=2,3,\cdots,n$.

又根据条件(Ⅱ)易知,$\forall \boldsymbol{A},\boldsymbol{B}\in M$,有 $\boldsymbol{O}=\boldsymbol{A}-\boldsymbol{A}\in M$,及 $-\boldsymbol{B}=\boldsymbol{O}-\boldsymbol{B}\in M$,所以 $\boldsymbol{A}+\boldsymbol{B}=\boldsymbol{A}-(-\boldsymbol{B})\in M$.于是,单位矩阵 $\boldsymbol{E}=\boldsymbol{E}_{11}+\boldsymbol{E}_{22}+\cdots+\boldsymbol{E}_{nn}\in M$.

任取 $\boldsymbol{A}\in P^{n\times n}$,则由条件(Ⅲ)知 $\boldsymbol{A}=\boldsymbol{EA}\in M$,所以 $P^{n\times n}\subseteq M$,故 $M=P^{n\times n}$.

【例 4.131】　设 $\boldsymbol{A}$ 是数域 F 上的 n 阶方阵,对任意 $\boldsymbol{\alpha},\boldsymbol{\beta}\in F^n$,有 $\boldsymbol{\alpha}^{\mathrm{T}}\boldsymbol{A}\boldsymbol{\beta}=0\Leftrightarrow\boldsymbol{\beta}^{\mathrm{T}}\boldsymbol{A}\boldsymbol{\alpha}=0$. 求证:$\boldsymbol{A}$ 要么是对称的,要么是反对称的.

【证】　先证命题:如果 $\boldsymbol{\alpha},\boldsymbol{\beta}\in F^n$ 满足 $\boldsymbol{\alpha}^{\mathrm{T}}\boldsymbol{A}\boldsymbol{\beta}=\boldsymbol{\beta}^{\mathrm{T}}\boldsymbol{A}\boldsymbol{\alpha}$,且存在 $\boldsymbol{\gamma}\in F^n$ 使 $\boldsymbol{\alpha}^{\mathrm{T}}\boldsymbol{A}\boldsymbol{\gamma}\neq\boldsymbol{\gamma}^{\mathrm{T}}\boldsymbol{A}\boldsymbol{\alpha}$,那么 $\boldsymbol{\alpha}^{\mathrm{T}}\boldsymbol{A}\boldsymbol{\beta}=0$. 特别地,有 $\boldsymbol{\alpha}^{\mathrm{T}}\boldsymbol{A}\boldsymbol{\alpha}=0$. 证明如下:注意到 $\boldsymbol{\alpha}^{\mathrm{T}}\boldsymbol{A}\boldsymbol{\beta}=0\Leftrightarrow\boldsymbol{\alpha}^{\mathrm{T}}\boldsymbol{A}\boldsymbol{\beta}(\boldsymbol{\alpha}^{\mathrm{T}}\boldsymbol{A}\boldsymbol{\gamma}-\boldsymbol{\gamma}^{\mathrm{T}}\boldsymbol{A}\boldsymbol{\alpha})=0$,而

$$\begin{aligned} \boldsymbol{\alpha}^{\mathrm{T}}\boldsymbol{A}\boldsymbol{\beta}(\boldsymbol{\alpha}^{\mathrm{T}}\boldsymbol{A}\boldsymbol{\gamma}-\boldsymbol{\gamma}^{\mathrm{T}}\boldsymbol{A}\boldsymbol{\alpha}) &= \boldsymbol{\beta}^{\mathrm{T}}\boldsymbol{A}\boldsymbol{\alpha}(\boldsymbol{\alpha}^{\mathrm{T}}\boldsymbol{A}\boldsymbol{\gamma}) - \boldsymbol{\alpha}^{\mathrm{T}}\boldsymbol{A}\boldsymbol{\beta}(\boldsymbol{\gamma}^{\mathrm{T}}\boldsymbol{A}\boldsymbol{\alpha}) \\ &= \boldsymbol{\alpha}^{\mathrm{T}}\boldsymbol{A}[(\boldsymbol{\beta}^{\mathrm{T}}\boldsymbol{A}\boldsymbol{\alpha})\boldsymbol{\gamma} - (\boldsymbol{\gamma}^{\mathrm{T}}\boldsymbol{A}\boldsymbol{\alpha})\boldsymbol{\beta}], \end{aligned}$$

并且

$$[(\boldsymbol{\beta}^{\mathrm{T}}\boldsymbol{A}\boldsymbol{\alpha})\boldsymbol{\gamma} - (\boldsymbol{\gamma}^{\mathrm{T}}\boldsymbol{A}\boldsymbol{\alpha})\boldsymbol{\beta}]^{\mathrm{T}}\boldsymbol{A}\boldsymbol{\alpha} = (\boldsymbol{\beta}^{\mathrm{T}}\boldsymbol{A}\boldsymbol{\alpha})\boldsymbol{\gamma}^{\mathrm{T}}\boldsymbol{A}\boldsymbol{\alpha} - (\boldsymbol{\gamma}^{\mathrm{T}}\boldsymbol{A}\boldsymbol{\alpha})\boldsymbol{\beta}^{\mathrm{T}}\boldsymbol{A}\boldsymbol{\alpha} = 0,$$

根据题设条件,可知 $\boldsymbol{\alpha}^{\mathrm{T}}\boldsymbol{A}\boldsymbol{\beta}(\boldsymbol{\alpha}^{\mathrm{T}}\boldsymbol{A}\boldsymbol{\gamma}-\boldsymbol{\gamma}^{\mathrm{T}}\boldsymbol{A}\boldsymbol{\alpha})=0$,因此 $\boldsymbol{\alpha}^{\mathrm{T}}\boldsymbol{A}\boldsymbol{\beta}=0$. 命题得证.

现在,设 $\boldsymbol{A}$ 不是对称矩阵,即 $\boldsymbol{A}^{\mathrm{T}}\neq\boldsymbol{A}$,则存在 $\boldsymbol{x},\boldsymbol{y}\in F^n$ 使得 $\boldsymbol{x}^{\mathrm{T}}\boldsymbol{A}\boldsymbol{y}\neq\boldsymbol{y}^{\mathrm{T}}\boldsymbol{A}\boldsymbol{x}$. 根据上述命题,有 $\boldsymbol{x}^{\mathrm{T}}\boldsymbol{A}\boldsymbol{x}=0$ 且 $\boldsymbol{y}^{\mathrm{T}}\boldsymbol{A}\boldsymbol{y}=0$. 进一步,对任意 $\boldsymbol{\alpha}\in F^n, \boldsymbol{\alpha}\neq\boldsymbol{x},\boldsymbol{y}$,也都有 $\boldsymbol{\alpha}^{\mathrm{T}}\boldsymbol{A}\boldsymbol{\alpha}=0$. 这是因为:

若 $\boldsymbol{\alpha}^{\mathrm{T}}\boldsymbol{A}\boldsymbol{x}\neq\boldsymbol{x}^{\mathrm{T}}\boldsymbol{A}\boldsymbol{\alpha}$ 或 $\boldsymbol{\alpha}^{\mathrm{T}}\boldsymbol{A}\boldsymbol{y}\neq\boldsymbol{y}^{\mathrm{T}}\boldsymbol{A}\boldsymbol{\alpha}$,则 $\boldsymbol{\alpha}^{\mathrm{T}}\boldsymbol{A}\boldsymbol{\alpha}=0$;对于相反的情形,必有 $\boldsymbol{\alpha}^{\mathrm{T}}\boldsymbol{A}\boldsymbol{x}=0$,以及

$$(\boldsymbol{\alpha}+\boldsymbol{x})^{\mathrm{T}}\boldsymbol{A}\boldsymbol{y} = \boldsymbol{x}^{\mathrm{T}}\boldsymbol{A}\boldsymbol{y} \neq \boldsymbol{y}^{\mathrm{T}}\boldsymbol{A}\boldsymbol{x} = \boldsymbol{y}^{\mathrm{T}}\boldsymbol{A}(\boldsymbol{\alpha}+\boldsymbol{x}).$$

仍由上述命题,得 $(\boldsymbol{\alpha}+\boldsymbol{x})^{\mathrm{T}}\boldsymbol{A}(\boldsymbol{\alpha}+\boldsymbol{x})=0$. 把等式左边展开,即得 $\boldsymbol{\alpha}^{\mathrm{T}}\boldsymbol{A}\boldsymbol{\alpha}=0$.

于是,对于任意 $\boldsymbol{\alpha},\boldsymbol{\beta}\in F^n$,有

$$\boldsymbol{\alpha}^{\mathrm{T}}(\boldsymbol{A}^{\mathrm{T}}+\boldsymbol{A})\boldsymbol{\beta}=(\boldsymbol{\alpha}+\boldsymbol{\beta})^{\mathrm{T}}\boldsymbol{A}(\boldsymbol{\alpha}+\boldsymbol{\beta})-\boldsymbol{\alpha}^{\mathrm{T}}\boldsymbol{A}\boldsymbol{\alpha}-\boldsymbol{\beta}^{\mathrm{T}}\boldsymbol{A}\boldsymbol{\beta}=\boldsymbol{0},$$

因此 $\boldsymbol{A}^{\mathrm{T}}+\boldsymbol{A}=\boldsymbol{O}$，即 $\boldsymbol{A}^{\mathrm{T}}=-\boldsymbol{A}$. 这就证明了 $\boldsymbol{A}$ 是反对称矩阵.

【注】 类似的问题可见第 8 章例 8.7(双线性函数情形)及其附注.

【例 4.132】 设 $\boldsymbol{P}_i,\boldsymbol{Q}_i,i=1,2,\cdots,k$ 都是 n 阶方阵，对 $1\leqslant i,j\leqslant k$，满足 $\boldsymbol{P}_i\boldsymbol{Q}_j=\boldsymbol{Q}_j\boldsymbol{P}_i$，且有 $\operatorname{rank}\boldsymbol{P}_i=\operatorname{rank}(\boldsymbol{P}_i\boldsymbol{Q}_i)$. 证明：

$$\operatorname{rank}(\boldsymbol{P}_1\boldsymbol{P}_2\cdots\boldsymbol{P}_k)=\operatorname{rank}(\boldsymbol{P}_1\boldsymbol{P}_2\cdots\boldsymbol{P}_k\boldsymbol{Q}_1\boldsymbol{Q}_2\cdots\boldsymbol{Q}_k).$$

【证】 对 $\boldsymbol{P}_i,\boldsymbol{Q}_i$ 的个数 k 用归纳法.

当 $k=2$ 时，据题设，有 $\operatorname{rank}(\boldsymbol{Q}_1\boldsymbol{P}_1)=\operatorname{rank}(\boldsymbol{P}_1\boldsymbol{Q}_1)=\operatorname{rank}\boldsymbol{P}_1$. 利用例 4.62 的结论，得

$$\operatorname{rank}(\boldsymbol{P}_1\boldsymbol{P}_2\boldsymbol{Q}_1\boldsymbol{Q}_2)=\operatorname{rank}(\boldsymbol{Q}_1\boldsymbol{P}_1\boldsymbol{P}_2\boldsymbol{Q}_2)=\operatorname{rank}(\boldsymbol{P}_1\boldsymbol{P}_2\boldsymbol{Q}_2).$$

另一方面，由 $\operatorname{rank}(\boldsymbol{P}_2\boldsymbol{Q}_2)=\operatorname{rank}\boldsymbol{P}_2$，得 $\operatorname{rank}(\boldsymbol{Q}_2^{\mathrm{T}}\boldsymbol{P}_2^{\mathrm{T}})=\operatorname{rank}\boldsymbol{P}_2^{\mathrm{T}}$，仍由例 4.62 的结论，所以 $\operatorname{rank}(\boldsymbol{Q}_2^{\mathrm{T}}\boldsymbol{P}_2^{\mathrm{T}}\boldsymbol{P}_1^{\mathrm{T}})=\operatorname{rank}(\boldsymbol{P}_2^{\mathrm{T}}\boldsymbol{P}_1^{\mathrm{T}})$，即 $\operatorname{rank}(\boldsymbol{P}_1\boldsymbol{P}_2\boldsymbol{Q}_2)=\operatorname{rank}(\boldsymbol{P}_1\boldsymbol{P}_2)$，因此

$$\operatorname{rank}(\boldsymbol{P}_1\boldsymbol{P}_2)=\operatorname{rank}(\boldsymbol{P}_1\boldsymbol{P}_2\boldsymbol{Q}_1\boldsymbol{Q}_2).$$

假设 $k=m-1$ 时命题成立，即若对 $1\leqslant i,j\leqslant m-1$，$\boldsymbol{P}_i\boldsymbol{Q}_j=\boldsymbol{Q}_j\boldsymbol{P}_i$，且 $\operatorname{rank}\boldsymbol{P}_i=\operatorname{rank}(\boldsymbol{P}_i\boldsymbol{Q}_i)$，则

$$\operatorname{rank}(\boldsymbol{P}_1\boldsymbol{P}_2\cdots\boldsymbol{P}_{m-1})=\operatorname{rank}(\boldsymbol{P}_1\boldsymbol{P}_2\cdots\boldsymbol{P}_{m-1}\boldsymbol{Q}_1\boldsymbol{Q}_2\cdots\boldsymbol{Q}_{m-1}).\qquad ①$$

下证当 $k=m$ 时命题成立. 为此，令 $\boldsymbol{P}'_{m-1}=\boldsymbol{P}_{m-1}\boldsymbol{P}_m$，$\boldsymbol{Q}'_{m-1}=\boldsymbol{Q}_{m-1}\boldsymbol{Q}_m$，设法对 $\boldsymbol{P}_1,\cdots,\boldsymbol{P}_{m-2},\boldsymbol{P}'_{m-1}$ 与 $\boldsymbol{Q}_1,\cdots,\boldsymbol{Q}_{m-2},\boldsymbol{Q}'_{m-1}$ 利用归纳假设. 首先，利用已证的 $k=2$ 时的结论，有 $\operatorname{rank}(\boldsymbol{P}_{m-1}\boldsymbol{P}_m)=\operatorname{rank}(\boldsymbol{P}_{m-1}\boldsymbol{P}_m\boldsymbol{Q}_{m-1}\boldsymbol{Q}_m)$，即 $\operatorname{rank}\boldsymbol{P}'_{m-1}=\operatorname{rank}(\boldsymbol{P}'_{m-1}\boldsymbol{Q}'_{m-1})$. 其次，显然 $\boldsymbol{P}'_{m-1}\boldsymbol{Q}'_{m-1}=\boldsymbol{Q}'_{m-1}\boldsymbol{P}'_{m-1}$，且对 $1\leqslant i\leqslant m-2$，有 $\boldsymbol{P}_i\boldsymbol{Q}'_{m-1}=\boldsymbol{Q}'_{m-1}\boldsymbol{P}_i$ 及 $\boldsymbol{P}'_{m-1}\boldsymbol{Q}_i=\boldsymbol{Q}_i\boldsymbol{P}'_{m-1}$. 因此，对于 $\boldsymbol{P}_1,\cdots,\boldsymbol{P}_{m-2},\boldsymbol{P}'_{m-1}$ 与 $\boldsymbol{Q}_1,\cdots,\boldsymbol{Q}_{m-2},\boldsymbol{Q}'_{m-1}$，满足归纳假设的条件，从而有①式成立，也就是

$$\operatorname{rank}(\boldsymbol{P}_1\cdots\boldsymbol{P}_{m-2}\boldsymbol{P}_{m-1}\boldsymbol{P}_m)=\operatorname{rank}(\boldsymbol{P}_1\cdots\boldsymbol{P}_{m-2}\boldsymbol{P}_{m-1}\boldsymbol{P}_m\boldsymbol{Q}_1\cdots\boldsymbol{Q}_{m-2}\boldsymbol{Q}_{m-1}\boldsymbol{Q}_m).$$

【例 4.133】(北京大学,2012 年) n 阶方阵 $\boldsymbol{A}=(a_{ij})$ 与 $\boldsymbol{B}=(b_{ij})$ 的“拟乘法”定义为

$$\boldsymbol{A}\circ\boldsymbol{B}=\begin{pmatrix}a_{11}b_{11} & a_{12}b_{12} & \cdots & a_{1n}b_{1n}\\ a_{21}b_{21} & a_{22}b_{22} & \cdots & a_{2n}b_{2n}\\ \vdots & \vdots & & \vdots\\ a_{n1}b_{n1} & a_{n2}b_{n2} & \cdots & a_{nn}b_{nn}\end{pmatrix}.$$

证明：$\operatorname{rank}(\boldsymbol{A}\circ\boldsymbol{B})\leqslant\operatorname{rank}\boldsymbol{A}\operatorname{rank}\boldsymbol{B}$.

【分析】 矩阵 $\boldsymbol{A}$ 与 $\boldsymbol{B}$ 的拟乘积即 Hadamard 乘积或 Schur 乘积. 根据定义，显然有：

(1) 交换律：$\boldsymbol{A}\circ\boldsymbol{B}=\boldsymbol{B}\circ\boldsymbol{A}$；

(2) 结合律：$(\boldsymbol{A}\circ\boldsymbol{B})\circ\boldsymbol{C}=\boldsymbol{A}\circ(\boldsymbol{B}\circ\boldsymbol{C})$；

(3) 分配律：设 $\boldsymbol{B}_1,\boldsymbol{B}_2,\cdots,\boldsymbol{B}_s\in F^{m\times n}$，则 $\boldsymbol{A}\circ\left(\sum\limits_{k=1}^{s}\boldsymbol{B}_k\right)=\sum\limits_{k=1}^{s}(\boldsymbol{A}\circ\boldsymbol{B}_k)$.

(4) 设 $\boldsymbol{\alpha},\boldsymbol{\beta}$ 都是 m 维列向量，$\boldsymbol{\gamma}$ 和 $\boldsymbol{\delta}$ 都是 n 维列向量，则 $(\boldsymbol{\alpha}\circ\boldsymbol{\beta})(\boldsymbol{\gamma}\circ\boldsymbol{\delta})^{\mathrm{T}}=(\boldsymbol{\alpha}\boldsymbol{\gamma}^{\mathrm{T}})\circ(\boldsymbol{\beta}\boldsymbol{\delta}^{\mathrm{T}})$.

【证】 令 $\operatorname{rank}\boldsymbol{A}=r$，$\operatorname{rank}\boldsymbol{B}=s$，根据矩阵的满秩分解，$\boldsymbol{A}$ 与 $\boldsymbol{B}$ 分别可表示为

$$\boldsymbol{A}=\sum_{i=1}^{r}\boldsymbol{\alpha}_i\boldsymbol{\beta}_i^{\mathrm{T}},\quad \boldsymbol{B}=\sum_{j=1}^{s}\boldsymbol{\gamma}_j\boldsymbol{\delta}_j^{\mathrm{T}},$$

其中 $\boldsymbol{\alpha}_1,\boldsymbol{\alpha}_2,\cdots,\boldsymbol{\alpha}_r$ 与 $\boldsymbol{\beta}_1,\boldsymbol{\beta}_2,\cdots,\boldsymbol{\beta}_r$ 均为 n 维线性无关的列向量组，$\boldsymbol{\gamma}_1,\boldsymbol{\gamma}_2,\cdots,\boldsymbol{\gamma}_s$ 与 $\boldsymbol{\delta}_1,\boldsymbol{\delta}_2,\cdots,\boldsymbol{\delta}_s$ 也均为 n 维线性无关的列向量组. 利用上述性质(3)和(4)，可得

$$A\circ B=\Big(\sum_{i=1}^{r}\boldsymbol{\alpha}_i\boldsymbol{\beta}_i^{\mathrm{T}}\Big)\circ\Big(\sum_{j=1}^{s}\boldsymbol{\gamma}_j\boldsymbol{\delta}_j^{\mathrm{T}}\Big)=\sum_{i=1}^{r}\sum_{j=1}^{s}(\boldsymbol{\alpha}_i\boldsymbol{\beta}_i^{\mathrm{T}})\circ(\boldsymbol{\gamma}_j\boldsymbol{\delta}_j^{\mathrm{T}})$$
$$=\sum_{i=1}^{r}\sum_{j=1}^{s}(\boldsymbol{\alpha}_i\circ\boldsymbol{\gamma}_j)(\boldsymbol{\beta}_i\circ\boldsymbol{\delta}_j)^{\mathrm{T}}.$$

注意到$\boldsymbol{\alpha}_i\circ\boldsymbol{\gamma}_j\in F^{n\times1}$是一$n$维向量，所以$\operatorname{rank}[(\boldsymbol{\alpha}_i\circ\boldsymbol{\gamma}_j)(\boldsymbol{\beta}_i\circ\boldsymbol{\delta}_j)^{\mathrm{T}}]\leqslant\operatorname{rank}(\boldsymbol{\alpha}_i\circ\boldsymbol{\gamma}_j)\leqslant1$. 因此
$$\operatorname{rank}(A\circ B)\leqslant rs=\operatorname{rank}A\operatorname{rank}B.$$

【注】 另一有效解法：因为 Hadamard 积 $A\circ B$ 是 Kronecker 积 $A\otimes B$ 的一个子矩阵，所以
$$\operatorname{rank}(A\circ B)\leqslant\operatorname{rank}(A\otimes B)=\operatorname{rank}A\operatorname{rank}B.$$
关于矩阵的 Kronecker 乘积，详见文献[10].

【例 4.134】(厦门大学竞赛试题，2011 年) 设A是$m\times n$矩阵，B是$s\times t$矩阵，C是$m\times t$矩阵.

(1) 求证：若矩阵方程$AXB=C$有解，则$\operatorname{rank}A=\operatorname{rank}(A,C)$且$\operatorname{rank}B=\operatorname{rank}\begin{pmatrix}B\\C\end{pmatrix}$；

(2) 问(1)中逆命题是否成立？若成立，请给予证明；若不成立，请举反例；

(3) 在什么情况下，(1)中的解是唯一的？请证明你的结论.

【解】 (1) 因为$AXB=C$有解，所以$AY=C$有解，故$\operatorname{rank}A=\operatorname{rank}(A,C)$. 同理，由$AXB=C$有解，知$B^{\mathrm{T}}Y=C^{\mathrm{T}}$有解，所以$\operatorname{rank}B^{\mathrm{T}}=\operatorname{rank}(B^{\mathrm{T}},C^{\mathrm{T}})$，即$\operatorname{rank}B=\operatorname{rank}\begin{pmatrix}B\\C\end{pmatrix}$.

(2) (1)的逆命题成立，即$\operatorname{rank}A=\operatorname{rank}(A,C)$且$\operatorname{rank}B=\operatorname{rank}\begin{pmatrix}B\\C\end{pmatrix}$时，$AXB=C$有解.

兹证明如下：根据本章例 4.96，$CXC=C$有解X_0，即$CX_0C=C$. 由$\operatorname{rank}A=\operatorname{rank}(A,C)$，知$AY=C$有解，设为$Y_0$，即$AY_0=C$. 又由$\operatorname{rank}B=\operatorname{rank}\begin{pmatrix}B\\C\end{pmatrix}$，知$ZB=C$有解，设为$Z_0$，即$Z_0B=C$. 于是，有$AY_0X_0Z_0B=CX_0C=C$. 因此$X=Y_0X_0Z_0$是方程$AXB=C$的解.

(3) 进一步，当A列满秩，B行满秩时，(1)中的解是唯一的. 这是因为：

若X_1,X_2都是方程$AXB=C$的解，则$AX_1B=C$且$AX_2B=C$，所以$A(X_1-X_2)B=O$.

根据本章例 4.85 及其附注，若A是列满秩的，则左消去律成立，可得$(X_1-X_2)B=O$. 又因为B是行满秩的，所以右消去律成立，因此$X_1=X_2$，即方程$AXB=C$的解是唯一的.

【例 4.135】(Roth 定理) 设$A\in F^{m\times n}$，$B\in F^{p\times q}$，$C\in F^{m\times q}$，证明：矩阵方程
$$AX-YB=C \qquad ①$$
有解X,Y的充分必要条件是
$$\operatorname{rank}\begin{pmatrix}A&O\\O&B\end{pmatrix}=\operatorname{rank}\begin{pmatrix}A&C\\O&B\end{pmatrix}. \qquad ②$$

【证】 必要性. 设$X\in F^{n\times q}$，$Y\in F^{m\times p}$是矩阵方程①的解，则
$$\begin{pmatrix}E_m&-Y\\O&E_p\end{pmatrix}\begin{pmatrix}A&O\\O&B\end{pmatrix}\begin{pmatrix}E_n&X\\O&E_q\end{pmatrix}=\begin{pmatrix}A&AX-YB\\O&B\end{pmatrix}=\begin{pmatrix}A&C\\O&B\end{pmatrix},$$
所以②式成立.

下证充分性,设②式成立,我们设法找出方程①的解 $\boldsymbol{X},\boldsymbol{Y}$.

设 rank $\boldsymbol{A}=r$,则存在可逆矩阵 $\boldsymbol{P}\in F^{m\times m}$ 和 $\boldsymbol{Q}\in F^{n\times n}$,使得 $\boldsymbol{PAQ}=\begin{pmatrix}\boldsymbol{E}_r & \boldsymbol{O}\\ \boldsymbol{O} & \boldsymbol{O}\end{pmatrix}$. 因此

$$\begin{pmatrix}\boldsymbol{P} & \boldsymbol{O}\\ \boldsymbol{O} & \boldsymbol{E}_p\end{pmatrix}\begin{pmatrix}\boldsymbol{A} & \boldsymbol{C}\\ \boldsymbol{O} & \boldsymbol{B}\end{pmatrix}\begin{pmatrix}\boldsymbol{Q} & \boldsymbol{O}\\ \boldsymbol{O} & \boldsymbol{E}_q\end{pmatrix}=\begin{pmatrix}\boldsymbol{PAQ} & \boldsymbol{PC}\\ \boldsymbol{O} & \boldsymbol{B}\end{pmatrix}=\left(\begin{array}{cc:c}\boldsymbol{E}_r & \boldsymbol{O} & \boldsymbol{C}_1\\ \boldsymbol{O} & \boldsymbol{O} & \boldsymbol{C}_2\\ \hdashline \boldsymbol{O} & \boldsymbol{O} & \boldsymbol{B}\end{array}\right)\xrightarrow{\text{列}}\left(\begin{array}{cc:c}\boldsymbol{E}_r & \boldsymbol{O} & \boldsymbol{O}\\ \hdashline \boldsymbol{O} & \boldsymbol{O} & \boldsymbol{C}_2\\ \boldsymbol{O} & \boldsymbol{O} & \boldsymbol{B}\end{array}\right),\qquad ③$$

其中 $\boldsymbol{PC}=\begin{pmatrix}\boldsymbol{C}_1\\ \boldsymbol{C}_2\end{pmatrix}$,而 $\boldsymbol{C}_1\in F^{r\times q}$,$\boldsymbol{C}_2\in F^{(m-r)\times q}$. 比较②式和③式,得 rank $\boldsymbol{B}=\operatorname{rank}\begin{pmatrix}\boldsymbol{C}_2\\ \boldsymbol{B}\end{pmatrix}$,故存在 $\boldsymbol{G}\in F^{(m-r)\times p}$ 使得 $\boldsymbol{GB}=\boldsymbol{C}_2$. 注意到 $\begin{pmatrix}\boldsymbol{C}_1\\ \boldsymbol{O}\end{pmatrix}=\begin{pmatrix}\boldsymbol{E}_r & \boldsymbol{O}\\ \boldsymbol{O} & \boldsymbol{O}\end{pmatrix}\begin{pmatrix}\boldsymbol{C}_1\\ \boldsymbol{O}\end{pmatrix}=\boldsymbol{PAQ}\begin{pmatrix}\boldsymbol{C}_1\\ \boldsymbol{O}\end{pmatrix}$,所以

$$\boldsymbol{C}=\boldsymbol{P}^{-1}\begin{pmatrix}\boldsymbol{C}_1\\ \boldsymbol{C}_2\end{pmatrix}=\boldsymbol{P}^{-1}\begin{pmatrix}\boldsymbol{C}_1\\ \boldsymbol{O}\end{pmatrix}+\boldsymbol{P}^{-1}\begin{pmatrix}\boldsymbol{O}\\ \boldsymbol{C}_2\end{pmatrix}=\boldsymbol{AQ}\begin{pmatrix}\boldsymbol{C}_1\\ \boldsymbol{O}\end{pmatrix}+\boldsymbol{P}^{-1}\begin{pmatrix}\boldsymbol{O}\\ \boldsymbol{G}\end{pmatrix}\boldsymbol{B}.$$

这就表明,$\boldsymbol{X}=\boldsymbol{Q}\begin{pmatrix}\boldsymbol{C}_1\\ \boldsymbol{O}\end{pmatrix}$,$\boldsymbol{Y}=-\boldsymbol{P}^{-1}\begin{pmatrix}\boldsymbol{O}\\ \boldsymbol{G}\end{pmatrix}$ 是方程 $\boldsymbol{AX}-\boldsymbol{YB}=\boldsymbol{C}$ 的解.

【注】 Roth 定理刻画了"矩阵方程 $\boldsymbol{AX}-\boldsymbol{YB}=\boldsymbol{C}$ 与 $\boldsymbol{AX}-\boldsymbol{XB}=\boldsymbol{C}$ 有解的条件",其中第二个矩阵方程有解的条件与矩阵的相似性有关,见第 6 章例 6.141. 对 Roth 定理的进一步讨论或推广可见[3]及其所引文献.

§4.7 思考与练习

4.1(上海大学,2003 年) 设 $\boldsymbol{A},\boldsymbol{B}$ 为 n 阶整数方阵(即 $\boldsymbol{A},\boldsymbol{B}$ 的元素为整数),且 $\boldsymbol{AB}=\boldsymbol{E}-\boldsymbol{A}$(其中 $\boldsymbol{E}$ 为单位矩阵).

(1)求证 $|\boldsymbol{A}|=\pm1$;

(2)设 $\boldsymbol{B}=\begin{pmatrix}-2 & 0 & 0\\ 1 & -2 & 0\\ 2 & 3 & -2\end{pmatrix}$,求 $\boldsymbol{A}$.

4.2(中国科学院大学,2007 年) 设 $\boldsymbol{A}$ 是 n 阶实方阵,$\boldsymbol{A}\neq\boldsymbol{O}$,而且 $\boldsymbol{A}$ 的每个元素都和它的代数余子式相等. 证明:$\boldsymbol{A}$ 是可逆矩阵.(可证:对于满足条件的复矩阵结论也成立.)

4.3(山东大学,1999 年) 设 $\boldsymbol{A},\boldsymbol{B}$ 为 n 阶方阵且 $\boldsymbol{AB}=\boldsymbol{A}+\boldsymbol{B}$. 证明:(1)$\boldsymbol{A}-\boldsymbol{I}$ 为可逆矩阵,其中 $\boldsymbol{I}$ 为 n 阶单位矩阵;(2)$\boldsymbol{AB}=\boldsymbol{BA}$.

4.4 设 $\boldsymbol{A},\boldsymbol{B}$ 为 n 阶方阵,满足 $\boldsymbol{AB}=\boldsymbol{A}+\boldsymbol{B}$. 证明:rank $\boldsymbol{A}$ = rank $\boldsymbol{B}$.

4.5(南京大学,1997 年) 设 $\boldsymbol{A}$ 为 2 阶方阵,且存在矩阵 $\boldsymbol{B}$ 使 $\boldsymbol{A}+\boldsymbol{AB}=\boldsymbol{BA}$. 证明 $\boldsymbol{A}^2=\boldsymbol{O}$.

4.6(上海大学,2003 年) 设 $\boldsymbol{A}$ 为 n 阶可逆矩阵,且 $\boldsymbol{A}$ 的每行元素之和为 a,求证:$\boldsymbol{A}^{-k}$ 的每行元素之和为 a^{-k}(k 为正整数).

4.7(湖南师范大学,2004 年) 设 $\boldsymbol{A}$ 是 n 阶行等和矩阵(即 $\boldsymbol{A}$ 中各行元素之和相等). 证明:

(1)对于正整数 k,$\boldsymbol{A}^k$ 也是行等和矩阵;

(2)若 $\boldsymbol{A}$ 可逆,则 $\boldsymbol{A}^{-1}$ 也是行等和矩阵.

4.8 设 $\boldsymbol{A}$ 为 n 阶非奇异矩阵,$\boldsymbol{\alpha}$ 为 n 维列向量,b 为常数. 记分块矩阵

$$\boldsymbol{P}=\begin{pmatrix}\boldsymbol{E} & \boldsymbol{0}\\ -\boldsymbol{\alpha}^{\mathrm{T}}\boldsymbol{A}^* & |\boldsymbol{A}|\end{pmatrix},\quad \boldsymbol{Q}=\begin{pmatrix}\boldsymbol{A} & \boldsymbol{\alpha}\\ \boldsymbol{\alpha}^{\mathrm{T}} & b\end{pmatrix},$$

其中 $\boldsymbol{A}^*$ 是矩阵 $\boldsymbol{A}$ 的伴随矩阵,$\boldsymbol{E}$ 为 n 阶单位矩阵.

(1)计算并化简 $\boldsymbol{PQ}$;

(2)证明:矩阵 $\boldsymbol{Q}$ 可逆的充分必要条件是 $\boldsymbol{\alpha}^{\mathrm{T}}\boldsymbol{A}^{-1}\boldsymbol{\alpha}\neq b$.

4.9(南开大学,2007 年)　求 3 阶实方阵 $\begin{pmatrix} a & -1 & ax-y \\ 1 & a & x+ay \\ b & c & bx+cy \end{pmatrix}$ 的秩.

4.10　设 $\boldsymbol{A}\in\mathbb{C}^{n\times n}$, $\boldsymbol{X}=(\boldsymbol{x}_1,\boldsymbol{x}_2,\cdots,\boldsymbol{x}_s)\in\mathbb{C}^{n\times s}$,而

$$\boldsymbol{B}=\begin{pmatrix} b & 1 & & \\ & b & \ddots & \\ & & \ddots & 1 \\ & & & b \end{pmatrix}\in\mathbb{C}^{s\times s},$$

满足 $\boldsymbol{AX}=\boldsymbol{XB}$. 证明:对任意 $1\leqslant k\leqslant s$,有 $(\boldsymbol{A}-b\boldsymbol{E})^k\boldsymbol{x}_k=\boldsymbol{0}$.

4.11(华南理工大学,2011 年)　设 $\boldsymbol{A},\boldsymbol{B},\boldsymbol{C},\boldsymbol{D}$ 为 n 阶方阵,若 $\begin{pmatrix} \boldsymbol{A} & \boldsymbol{B} \\ \boldsymbol{C} & \boldsymbol{D} \end{pmatrix}$ 的秩为 n,证明:

$$\begin{vmatrix} |\boldsymbol{A}| & |\boldsymbol{B}| \\ |\boldsymbol{C}| & |\boldsymbol{D}| \end{vmatrix}=0.$$

而且,若 $\boldsymbol{A}$ 是可逆的,则 $\boldsymbol{D}=\boldsymbol{CA}^{-1}\boldsymbol{B}$.

4.12(天津大学,2019 年)　设 $\boldsymbol{A},\boldsymbol{B},\boldsymbol{C},\boldsymbol{D}$ 为 n 阶方阵,$\operatorname{rank}\begin{pmatrix} \boldsymbol{A} & \boldsymbol{B} \\ \boldsymbol{C} & \boldsymbol{D} \end{pmatrix}=2n$,问 $\begin{pmatrix} |\boldsymbol{A}| & |\boldsymbol{B}| \\ |\boldsymbol{C}| & |\boldsymbol{D}| \end{pmatrix}$ 是否满秩?若是,则给予证明;若否,则给出反例.

4.13(北京航空航天大学,2008 年)　设分块矩阵 $\boldsymbol{R}=\begin{pmatrix} \boldsymbol{A} & \boldsymbol{B} \\ \boldsymbol{C} & \boldsymbol{D} \end{pmatrix}$,其中 $\boldsymbol{A}$ 是 n 阶可逆矩阵. 证明:$\operatorname{rank}\boldsymbol{R}=n$ 当且仅当 $\boldsymbol{D}=\boldsymbol{CA}^{-1}\boldsymbol{B}$.

4.14(北京大学,2008 年)　设 $\boldsymbol{A}$ 是 $s\times n$ 矩阵,$\boldsymbol{B}$ 是 $n\times m$ 矩阵,$\operatorname{rank}(\boldsymbol{AB})=\operatorname{rank}\boldsymbol{B}$. 试问:对于所有 $m\times l$ 矩阵 $\boldsymbol{C}$ 是否有 $\operatorname{rank}(\boldsymbol{ABC})=\operatorname{rank}(\boldsymbol{BC})$? 请给出理由.

4.15(武汉大学,2007 年)　设 $\boldsymbol{A},\boldsymbol{B}$ 都是 n 阶方阵, 且 $\operatorname{rank}(\boldsymbol{AB})=\operatorname{rank}\boldsymbol{B}$,证明:

$$\operatorname{rank}(\boldsymbol{AB}^2)=\operatorname{rank}\boldsymbol{B}^2.$$

4.16(南开大学,2011 年)　设 $\boldsymbol{A},\boldsymbol{B}$ 为数域 P 上的 n 阶方阵, 且 $\operatorname{rank}\boldsymbol{A}=\operatorname{rank}(\boldsymbol{BA})$,证明:对任何自然数 l,有 $\operatorname{rank}\boldsymbol{A}^l=\operatorname{rank}(\boldsymbol{BA}^l)$.

4.17(厦门大学,2019 年)　设 $\boldsymbol{A}$ 是 n 阶方阵,求证:存在唯一的 $\boldsymbol{B},\boldsymbol{C}$,使得 $\boldsymbol{A}=\boldsymbol{B}+\boldsymbol{C}$,其中 $\operatorname{tr}\boldsymbol{B}=0$,$\boldsymbol{C}$ 是数量矩阵 $a\boldsymbol{E}$,这里 $\boldsymbol{E}$ 是 n 阶单位矩阵,a 是一个数,$\operatorname{tr}\boldsymbol{B}$ 表示 $\boldsymbol{B}$ 的迹.

4.18(北京科技大学,2010 年)　设 $\boldsymbol{A}$ 是 n 阶方阵, 证明:$\operatorname{rank}\boldsymbol{A}=1$ 的充分必要条件是存在 n 维非零列向量 $\boldsymbol{\alpha},\boldsymbol{\beta}$ 使得 $\boldsymbol{A}=\boldsymbol{\alpha\beta}^{\mathrm{T}}$.

4.19　设 $f_k(x)=a_{k1}+a_{k2}x+\cdots+a_{kn}x^{n-1}$,$1\leqslant k\leqslant n$. 计算行列式:

$$\begin{vmatrix} f_1(x_1) & f_1(x_2) & \cdots & f_1(x_n) \\ f_2(x_1) & f_2(x_2) & \cdots & f_2(x_n) \\ \vdots & \vdots & & \vdots \\ f_n(x_1) & f_n(x_2) & \cdots & f_n(x_n) \end{vmatrix}.$$

4.20(浙江大学,2012 年)　令 $\boldsymbol{A}=\begin{pmatrix} 1 & 0 & -1 & 2 & 1 \\ -1 & 1 & 3 & -1 & 0 \\ -2 & 1 & 4 & -1 & 3 \\ 3 & -1 & -5 & 1 & -6 \end{pmatrix}$.

(Ⅰ)求秩为 2 的 5 阶方阵 $\boldsymbol{M}$,使得 $\boldsymbol{AM}=\boldsymbol{O}$(零矩阵);

(Ⅱ)假设 $\boldsymbol{B}$ 是满足 $\boldsymbol{AB}=\boldsymbol{O}$ 的 5 阶方阵,证明:$\operatorname{rank}\boldsymbol{B}\leqslant 2$.

4.21(北京化工大学,2004 年)　设 $\boldsymbol{A}$ 是复数矩阵, $\overline{\boldsymbol{A}}^{\mathrm{T}}$ 是 $\boldsymbol{A}$ 的共轭转置矩阵,即 $\overline{\boldsymbol{A}}^{\mathrm{T}}$ 的 (i,j) 元等于 $\boldsymbol{A}$ 的 (j,i) 元的共轭复数. 证明:$\operatorname{rank}(\overline{\boldsymbol{A}}^{\mathrm{T}}\boldsymbol{A})=\operatorname{rank}\boldsymbol{A}$.

4.22(北京师范大学,2016 年;北京科技大学,2013 年)　设 $\boldsymbol{A}$ 是 n 阶方阵$(n\geqslant 2)$,证明:

$$\operatorname{rank}\boldsymbol{A}^*=\begin{cases} n, & \operatorname{rank}\boldsymbol{A}=n, \\ 1, & \operatorname{rank}\boldsymbol{A}=n-1, \\ 0, & \operatorname{rank}\boldsymbol{A}<n-1. \end{cases}$$

4.23(北京航空航天大学,2007 年)　设 $\boldsymbol{A}$ 为 n 阶方阵,且 $\boldsymbol{A}$ 的行列式 $|\boldsymbol{A}|=a\neq 0$. 计算 $((\boldsymbol{A}^*)^*)^*$ 的行列式 $|((\boldsymbol{A}^*)^*)^*|$,此处 $\boldsymbol{A}^*$ 指 $\boldsymbol{A}$ 的伴随矩阵.

4.24(华东师范大学,2007 年)　设 $\boldsymbol{A}$ 为 n 阶方阵.

(1)证明:如果 $\boldsymbol{A}$ 是实矩阵,那么非齐次线性方程组 $\boldsymbol{A}^{\mathrm{T}}\boldsymbol{A}\boldsymbol{X}=\boldsymbol{A}^{\mathrm{T}}\boldsymbol{B}$ 有解;

(2)对任意复矩阵 $\boldsymbol{A}$,非齐次线性方程组 $\boldsymbol{A}^{\mathrm{T}}\boldsymbol{A}\boldsymbol{X}=\boldsymbol{A}^{\mathrm{T}}\boldsymbol{B}$ 是否一定有解? 请说明理由.

4.25(厦门大学,2012 年)　设 $\boldsymbol{A}$ 为 $m\times n$ 矩阵, $\boldsymbol{B}$ 为 $n\times s$ 矩阵,且 $\operatorname{rank}\boldsymbol{A}=\operatorname{rank}(\boldsymbol{AB})$. 证明:存在 $s\times n$ 矩阵 $\boldsymbol{C}$,使得 $\boldsymbol{A}=\boldsymbol{ABC}$.

4.26(北京邮电大学,2009 年)　设 $\boldsymbol{A}$ 是 n 阶方阵. 试证:存在正整数 $k(1\leqslant k\leqslant n)$,使得

$$\operatorname{rank}\boldsymbol{A}^{k}=\operatorname{rank}\boldsymbol{A}^{k+m}(m\in\mathbb{N}).$$

4.27(北京大学,2006 年)　设 $\boldsymbol{A},\boldsymbol{B}$ 分别是数域 K 上 $s\times n,n\times s$ 矩阵. 证明:

$$\operatorname{rank}(\boldsymbol{A}-\boldsymbol{ABA})=\operatorname{rank}\boldsymbol{A}+\operatorname{rank}(\boldsymbol{I}_n-\boldsymbol{BA})-n.$$

4.28(南开大学,2014 年)　设 $\boldsymbol{A}$ 是 $s\times n$ 矩阵. 证明:

$$s-\operatorname{rank}(\boldsymbol{E}_s-\boldsymbol{A}\boldsymbol{A}^{\mathrm{T}})=n-\operatorname{rank}(\boldsymbol{E}_n-\boldsymbol{A}^{\mathrm{T}}\boldsymbol{A}).$$

4.29(厦门大学,2004 年)　设 $\boldsymbol{A},\boldsymbol{B}$ 都是 n 阶方阵,$\boldsymbol{E}$ 是 n 阶单位矩阵. 求证: $\boldsymbol{ABA}=\boldsymbol{B}^{-1}$ 的充分必要条件是 $\operatorname{rank}(\boldsymbol{E}+\boldsymbol{AB})+\operatorname{rank}(\boldsymbol{E}-\boldsymbol{AB})=n$.

4.30(南京大学,2003 年)　设 $\boldsymbol{A}$ 是 n 阶方阵,$\boldsymbol{E}$ 是 n 阶单位矩阵,证明: $\boldsymbol{A}^2+\boldsymbol{A}=\boldsymbol{O}\Leftrightarrow\operatorname{rank}\boldsymbol{A}+\operatorname{rank}(\boldsymbol{A}+\boldsymbol{E})=n$,其中 $\operatorname{rank}\boldsymbol{X}$ 表示矩阵 $\boldsymbol{X}$ 的秩.

4.31(四川大学,2000 年)　设 $\boldsymbol{A}$ 是 n 阶方阵,证明: $\boldsymbol{A}^2+3\boldsymbol{A}-4\boldsymbol{E}=\boldsymbol{O}$ 的充分必要条件是 $\operatorname{rank}(\boldsymbol{A}-\boldsymbol{E})+\operatorname{rank}(\boldsymbol{A}+4\boldsymbol{E})=n$.

4.32(北京交通大学,2007 年)　设 $\boldsymbol{A}$ 是秩为 r 的 n 阶方阵. 证明:存在 n 阶方阵 $\boldsymbol{B}$ 使得 $\operatorname{rank}\boldsymbol{B}=n-r$,且 $\boldsymbol{AB}=\boldsymbol{BA}=\boldsymbol{O}$.

4.33(武汉大学,2004 年;北京邮电大学,2000 年)　设 $\boldsymbol{A}$ 为 $m\times n$ 矩阵,$\operatorname{rank}\boldsymbol{A}=r$. 证明:存在 $m\times r$ 矩阵 $\boldsymbol{B}$ 和 $r\times n$ 矩阵 $\boldsymbol{C}$,$\operatorname{rank}\boldsymbol{B}=\operatorname{rank}\boldsymbol{C}=r$,使得 $\boldsymbol{A}=\boldsymbol{BC}$.

4.34　称方阵 $\boldsymbol{A}$ 为一个幂等矩阵,如果 $\boldsymbol{A}^2=\boldsymbol{A}$. 证明:任一方阵均可表示为一个非奇异矩阵与一个幂等矩阵的乘积.

4.35(首都师范大学,2013 年)　求 $\boldsymbol{A}=\begin{pmatrix}a&b&c&d\\-b&a&-d&c\\-c&d&a&-b\\-d&-c&b&a\end{pmatrix}$的逆矩阵,其中 a,b,c,d 为非零实数.

4.36　设 $\boldsymbol{A}$ 为 $m\times n$ 矩阵,试证明:

(1)若 $\boldsymbol{A}$ 是行满秩矩阵,即 $\operatorname{rank}\boldsymbol{A}=m$,则存在 $n\times m$ 矩阵 $\boldsymbol{B}$ 使得 $\boldsymbol{AB}=\boldsymbol{E}_m$;

(2)若 $\boldsymbol{A}$ 是列满秩矩阵,即 $\operatorname{rank}\boldsymbol{A}=n$,则存在 $n\times m$ 矩阵 $\boldsymbol{C}$ 使得 $\boldsymbol{CA}=\boldsymbol{E}_n$.

4.37(清华大学,2002 年)　设 $\boldsymbol{A}$ 为数域 F 上的 $m\times n$ 矩阵,其秩为 r,试求满足下式的所有矩阵 $\boldsymbol{X}$(给出公式): $\boldsymbol{AXA}=\boldsymbol{A}$.

4.38(武汉大学,2001 年)　设 $m\times n$ 矩阵 $\boldsymbol{A}$ 的秩为 r,且 $\boldsymbol{A}$ 的前 r 行线性无关,前 r 列也线性无关. 请证明: $\boldsymbol{A}$ 的左上角的 r 阶子式 D 必不为零.

4.39　设 $\boldsymbol{A},\boldsymbol{B}\in M_n(\mathbb{C})$,满足 $\boldsymbol{A}^2+\boldsymbol{B}^2=2\boldsymbol{AB}$. 证明:

(1) $\det(\boldsymbol{AB}-\boldsymbol{BA})=0$;

(2) 若 $\operatorname{rank}(\boldsymbol{A}-\boldsymbol{B})=1$,则 $\boldsymbol{AB}=\boldsymbol{BA}$.

4.40(中国科学院大学,2016 年;北京大学,2012 年)　设 n 阶方阵 $\boldsymbol{A}$ 的每行每列恰有一个元素为 1 或 −1,其余元素均为 0. 证明:存在正整数 k 使得 $\boldsymbol{A}^k=\boldsymbol{E}$,其中 $\boldsymbol{E}$ 为单位矩阵.

4.41(上海大学,2001 年)　设 $\boldsymbol{A}$ 为 $n\times m$ 实矩阵,$\operatorname{rank}\boldsymbol{A}=m(n\geqslant m)$,且 $(\boldsymbol{A}\boldsymbol{A}^{\mathrm{T}})^2=a\boldsymbol{A}\boldsymbol{A}^{\mathrm{T}}$. 求证: $\boldsymbol{A}^{\mathrm{T}}\boldsymbol{A}=a\boldsymbol{E}_m$,其中 $\boldsymbol{E}_m$ 为 m 阶单位矩阵.

4.42　设 $\boldsymbol{A}\in\mathbb{R}^{n\times n}$满足 $\boldsymbol{A}^3+4\boldsymbol{A}=\boldsymbol{E}$. 求证:对任意正实数 λ,矩阵 $\boldsymbol{A}^2+\lambda\boldsymbol{A}$ 是可逆的.

4.43(华东师范大学,2011 年)　设矩阵 $\boldsymbol{A}\in M_m(K)$,$\boldsymbol{C}\in M_n(K)$,且对任意 $\boldsymbol{B}\in M_{m\times n}(K)$总有

$$\operatorname{rank}\begin{pmatrix}\boldsymbol{A}&\boldsymbol{B}\\\boldsymbol{O}&\boldsymbol{C}\end{pmatrix}=\operatorname{rank}\boldsymbol{A}+\operatorname{rank}\boldsymbol{C}.$$

证明: $\boldsymbol{A}$ 或 $\boldsymbol{C}$ 可逆.

4.44　设 $\boldsymbol{A}$ 是数域 F 上的 n 阶方阵,$\boldsymbol{A}^2=\boldsymbol{O}$,$\operatorname{rank}\boldsymbol{A}=r$. 求证:若 $1\leqslant r<\dfrac{n}{2}$,则存在 n 阶可逆矩阵 $\boldsymbol{P}$,使得$\boldsymbol{P}^{-1}\boldsymbol{AP}=\begin{pmatrix}\boldsymbol{O}&\boldsymbol{E}_r&\boldsymbol{O}\\\boldsymbol{O}&\boldsymbol{O}&\boldsymbol{O}\end{pmatrix}$,其中 $\boldsymbol{E}_r$ 为 r 阶单位矩阵.

4.45　设A是n阶复方阵，$A^3=E$（单位矩阵），计算$\begin{pmatrix}\frac{1}{2}A & -\frac{\sqrt{3}}{2}A\\ \frac{\sqrt{3}}{2}A & \frac{1}{2}A\end{pmatrix}^{2015}$.

4.46（北京大学，2013年）　(1)设A是n阶可逆矩阵，$AB=BA$. 证明：

$$\det\begin{pmatrix}A & B\\ B & A\end{pmatrix}=\det(A^2-B^2);$$

(2)如果A不可逆，$AB=BA$，那么结论是否成立？

(3)如果A可逆，但$AB\neq BA$，那么结论是否成立？

4.47　计算$2n$阶行列式

$$D_{2n}=\begin{vmatrix}-3 & 1 & 1 & \cdots & 1\\ 1 & 2 & 1 & \cdots & 1\\ 1 & 1 & -3 & \cdots & 1\\ \vdots & \vdots & \vdots & & \vdots\\ 1 & 1 & 1 & \cdots & 2\end{vmatrix}.$$

4.48　设$A\in F^{n\times n}$，$P=A^3-2E$，$Q=A^2+2A-E$，其中E是n阶单位矩阵. 证明：

(1)若$P=O$，则Q是可逆矩阵，并求Q^{-1}；

(2)若$Q=O$，则P是可逆矩阵，并求P^{-1}.（提示：参考本章例4.42的方法4.）

4.49　设分块矩阵$M=\begin{pmatrix}A & E\\ -E & O\end{pmatrix}$，其中$A$是$n$阶可逆矩阵，$E$是$n$阶单位矩阵.

(1)证明：如果仅对M的前n行施行初等行变换，并且施行若干次把前n行中某一行的倍数加到后n行某一行上的初等行变换，可将M化为分块矩阵$\begin{pmatrix}B & C\\ O & X\end{pmatrix}$，那么$X=A^{-1}$；

(2)利用(1)的方法求$A=\begin{pmatrix}2 & 3 & 5\\ 1 & 2 & 7\\ 3 & 4 & 4\end{pmatrix}$的逆矩阵.

4.50（浙江大学，2014年）　设A,B均为$m\times n$矩阵，齐次方程组$Ax=0$和$Bx=0$同解，求证A,B等价. 若A,B等价，问是否有$Ax=0$和$Bx=0$同解？请证明或举反例否定.

4.51（北京工业大学，2012年）　求两对3×2和2×3矩阵$(A_{3\times2},B_{2\times3})$与$(C_{3\times2},D_{2\times3})$使得它们具有相同的乘积$AB=CD=\begin{pmatrix}8 & 2 & -2\\ 2 & 5 & 4\\ -2 & 4 & 5\end{pmatrix}$.

4.52　证明：对于任一可逆矩阵A，如果A的各行元素之和都相等，那么A中各列元素的代数余子式之和也相等.

4.53　证明：如果方阵A的每一行、每一列的元素之和都为零，那么A的每个元素的代数余子式都相等.

4.54（厦门大学，2016年）　证明：对任一n阶方阵A，总存在可逆矩阵P和上三角矩阵U，使得$A=PU$，且P可表示为若干形如

$$\begin{pmatrix}1 & & & & \\ & \ddots & & & \\ & & 1 & & \\ & & \vdots & \ddots & \\ & & a & \cdots & 1 & \\ & & & & & \ddots & \\ & & & & & & 1\end{pmatrix}\quad\text{或}\quad\begin{pmatrix}1 & & & & \\ & \ddots & & & \\ & & 1 & \cdots & a & \\ & & & \ddots & \vdots & \\ & & & & 1 & \\ & & & & & \ddots & \\ & & & & & & 1\end{pmatrix}$$

的矩阵的乘积.

4.55（浙江大学，2005年）　设A是$n\times s$矩阵. 证明：$\operatorname{rank}A=r$的充分必要条件是存在两个列满秩的矩阵$B_{n\times r}$和$C_{s\times r}$，使得$A=BC^{\mathrm{T}}$.

4.56　设A,B分别为实数域上的3×4和4×3矩阵，且满足

$$AB=\begin{pmatrix}-9&2&2\\-20&5&4\\-35&7&8\end{pmatrix},\quad BA=\begin{pmatrix}-14&2x-5&2&6\\0&1&0&0\\-15&3x-3&3&6\\-32&6x-7&4&14\end{pmatrix}.$$

求 x 的值.

4.57　设 A 为 $m\times n$ 矩阵，B 为 $n\times m$ 矩阵，$\operatorname{rank}(AB)=\operatorname{rank}A$.

(1) 证明：如果 $(AB)^2=AB$，那么 $(BA)^2=BA$；

(2) 举例说明(1)的逆命题不成立.

4.58(山东大学，2015 年)　求 n 阶方阵 $A=\begin{pmatrix}a&b&\cdots&b&b\\b&a&\cdots&b&b\\\vdots&\vdots&&\vdots&\vdots\\b&b&\cdots&a&b\\b&b&\cdots&b&a\end{pmatrix}$ 的秩.

4.59(华东师范大学竞赛试题，2017 年)　设 A,B 都是 n 阶方阵，$AB=BA=O$. 证明：存在正整数 k，使得 $\operatorname{rank}(A^k+B^k)=\operatorname{rank}A^k+\operatorname{rank}B^k$.

4.60　设 A 是数域 K 上的 n 阶方阵，其所有顺序主子式均不为 0. 证明：存在数域 K 上的 n 阶下三角矩阵 B 使得 BA 为上三角矩阵.

4.61(中山大学，2016 年)　设 $A\in M_n(f)$，$\alpha,\beta\in F^{n\times 1}$. 证明：

$$\det(A+\alpha\beta^{\mathrm T})=\det A+\beta^{\mathrm T}A^*\alpha,$$

这里 A^* 表示矩阵 A 的伴随矩阵.

4.62　设 A,B 是数域 K 上的 n 阶已知方阵，$\det A=\dfrac{1}{2}$，$\det B=\dfrac{1}{3}$. 求解关于 X 的矩阵方程：

$$X+((A^{\mathrm T}B)^*A^{\mathrm T})^{-1}+BA^{-1}B=X(B^{\mathrm T}(AB^{\mathrm T})^{-1}A^2)^{-1}(A+2B),$$

其中 $(A^{\mathrm T}B)^*$ 是 $A^{\mathrm T}B$ 的伴随矩阵.

4.63　设 A 是数域 K 上的 n 阶对称矩阵，即 $A^{\mathrm T}=A$，且 $\operatorname{rank}A=r\geqslant 1$. 试证明：$A$ 必可分解为 $A=HSH^{\mathrm T}$，其中 $H\in M_{n,r}(K)$ 为列满秩矩阵，$S\in M_{r,r}(K)$ 为可逆对称矩阵.

4.64(中国科学院大学，2013 年)　设 $A=(a_{ij})_{1\leqslant i,j\leqslant n}$ 是 n 阶斜对称矩阵，即 $a_{ij}=a_{n-j+1,n-i+1}(i,j=1,2,\cdots,n)$. 证明：若 A 可逆，则其逆阵 A^{-1} 也是斜对称矩阵.

4.65　证明：任意可逆矩阵 A 都可分解为 $A=LPU$，其中 P 为置换矩阵(即各行各列恰有一个元素为 1 其余元素均为 0 的方阵)，L 和 U 均为上三角矩阵，且 L 的对角元均为 1；并证明这种分解是唯一的.(提示：参考本章例 4.51)

4.66　设 $A\in M_n(\mathbb C)$，$f(x),g(x)\in\mathbb C[x]$，且 $(f(x),g(x))=1$. 证明：

$$\operatorname{rank}f(A)+\operatorname{rank}g(A)-\operatorname{rank}(f(A)g(A))=n.$$

4.67(上海大学，2011 年)　(1) 设 $X,Y\in F^{n\times 1}$，$A\in F^{n\times n}$，求证 $\det(A+XY^{\mathrm T})=\det A+Y^{\mathrm T}A^*X$.

(2) 利用(1)的结论证明：如果 n 阶方阵 A 的行列式为 1，而 $\det(A+J)=2$，其中 J 是元素均为 1 的 n 阶方阵，那么伴随矩阵 A^* 的所有元素之和为 1.

4.68(中国科学院，2007 年)　设 A 是方阵，I 是单位阵，且 $A^2+A-3I=O$.

(1) 证明：$A-2I$ 可逆；

(2) 求满足下列方程的方阵 X：

$$AX+3(A-2I)^{-1}A=5X+8I.$$

4.69(厦门大学，2018 年)　设 A,B 是 n 阶复方阵，且 $A^2=A$，$B^2=B$. 证明：

$$\operatorname{rank}(A-B)=\operatorname{rank}(A-AB)+\operatorname{rank}(B-AB).$$

4.70(华东师范大学，2018 年)　设 $M_{k,n}(\mathbb C)$ 是所有 $k\times n$ 复矩阵的集合，N_k^- 是所有 k 阶下三角幂幺矩阵

的集合，N_n^+ 是所有 n 阶上三角幂幺矩阵的集合，这里的幂幺矩阵是指主对角元全为1的上三角或下三角方阵. 在 $M_{k,n}(\mathbb{C})$ 中定义如下关系：

$$\boldsymbol{A} \sim \boldsymbol{B} \Leftrightarrow \exists \boldsymbol{P} \in N_k^-, \boldsymbol{Q} \in N_n^+ \text{ 使得 } \boldsymbol{A} = \boldsymbol{PBQ}.$$

(1)证明：$\sim$ 是 $M_{k,n}(\mathbb{C})$ 中的等价关系；

(2)设 $r=\min\{k,n\}$，证明：$\Delta_1,\Delta_2,\cdots,\Delta_r$ 是上述等价关系的不变量，也就是说两个满足该等价关系的矩阵具有相同的 $\Delta_1,\Delta_2,\cdots,\Delta_r$，这里 $\Delta_i(i=1,2,\cdots,r)$ 是矩阵的第 i 个顺序主子式.

4.71(中山大学,2014年)　设 $\boldsymbol{A},\boldsymbol{B},\boldsymbol{C}$ 是数域 F 上的2阶方阵，记 $[\boldsymbol{A},\boldsymbol{B}]=\boldsymbol{AB}-\boldsymbol{BA}$. 证明：$[[\boldsymbol{A},\boldsymbol{B}]^2,\boldsymbol{C}]=\boldsymbol{O}$.

4.72　设 $\boldsymbol{A},\boldsymbol{B}$ 是 n 阶方阵 $(n>2)$，$\boldsymbol{A}$ 可分解为 $\boldsymbol{A}=\boldsymbol{P}\begin{pmatrix}1&\boldsymbol{0}\\ \boldsymbol{0}&\boldsymbol{O}\end{pmatrix}\boldsymbol{Q}$，其中 $\boldsymbol{P},\boldsymbol{Q}$ 是可逆矩阵. 证明：$\boldsymbol{B}^*=\boldsymbol{A}$ 的充分必要条件是 $\boldsymbol{B}=\boldsymbol{Q}^{-1}\begin{pmatrix}0&\boldsymbol{0}\\ \boldsymbol{0}&\boldsymbol{U}\end{pmatrix}\boldsymbol{P}^{-1}$，其中 $\boldsymbol{U}$ 是 $n-1$ 阶方阵，且 $\det \boldsymbol{U}=\det(\boldsymbol{PQ})$.

4.73　形如

$$\begin{pmatrix} c_0 & c_1 & c_2 & \cdots & c_{n-1} \\ \mu c_{n-1} & c_0 & c_1 & \cdots & c_{n-2} \\ \mu c_{n-2} & \mu c_{n-1} & c_0 & \ddots & \vdots \\ \vdots & \vdots & \ddots & \ddots & c_1 \\ \mu c_1 & \mu c_2 & \cdots & \mu c_{n-1} & c_0 \end{pmatrix}$$

的方阵称为广义循环矩阵. 证明：广义循环矩阵的逆矩阵仍为广义循环矩阵.

4.74(SEEMOUS*,2019)　设 $n\geqslant 2$，$\boldsymbol{A},\boldsymbol{B}\in M_n(\mathbb{C})$，且 $\boldsymbol{B}^2=\boldsymbol{B}$. 证明：$\operatorname{rank}(\boldsymbol{AB}-\boldsymbol{BA})\leqslant\operatorname{rank}(\boldsymbol{AB}+\boldsymbol{BA})$.

4.75(武汉大学夏令营试题,2013年)　设 $\boldsymbol{F}$ 是复数域上的 n 阶 Frobenius 矩阵，即

$$\boldsymbol{F}=\begin{pmatrix} 0 & & & & -c_0 \\ 1 & 0 & & & -c_1 \\ & 1 & \ddots & & \vdots \\ & & \ddots & 0 & -c_{n-2} \\ & & & 1 & -c_{n-1} \end{pmatrix}.$$

(1)求 $\boldsymbol{F}$ 的 k 次幂 $\boldsymbol{F}^k(2\leqslant k\leqslant n)$；

(2)证明：对于任意 $k+1$ 个不全为零的复数 $b_0,b_1,\cdots,b_k(1\leqslant k\leqslant n-1)$，必有

$$b_k\boldsymbol{F}^k+b_{k-1}\boldsymbol{F}^{k-1}+\cdots+b_1\boldsymbol{F}+b_0\boldsymbol{E}\neq\boldsymbol{O}.$$

* SEEMOUS，即 the South Eeastern European Mathematical Olympiad for University Students 的首字母缩写.

第 5 章

线性空间

线性空间是线性代数最基本的概念之一，是描述现实世界中线性关系的抽象模型，是对几何空间中仿射性质的最本质推广. 线性空间的子空间、维数、基、同构等以及相关的理论与方法是研究各种无穷维抽象空间的重要基础.

§5.1 线性空间与子空间

基本理论与要点提示

5.1.1 线性空间的定义

设 V 是一个非空集合，K 是一个数域. 如果在 V 中定义有加法运算，在 K 与 V 之间定义有数乘运算，并且这两种运算还满足下述 8 条运算规则，那么称 V 为数域 K 上的线性空间. 线性空间中的元素称为向量.

(1) $\boldsymbol{\alpha}+\boldsymbol{\beta}=\boldsymbol{\beta}+\boldsymbol{\alpha}$;

(2) $(\boldsymbol{\alpha}+\boldsymbol{\beta})+\boldsymbol{\gamma}=\boldsymbol{\alpha}+(\boldsymbol{\beta}+\boldsymbol{\gamma})$;

(3) 在 V 中有一个向量 $\mathbf{0}$(称为 V 的零向量)，对于任意的 $\boldsymbol{\alpha}\in V$，都有 $\boldsymbol{\alpha}+\mathbf{0}=\boldsymbol{\alpha}$;

(4) 对于 V 中的任一向量 $\boldsymbol{\alpha}$ 都存在一个向量 $\boldsymbol{\beta}\in V$(称为 $\boldsymbol{\alpha}$ 的负向量)满足 $\boldsymbol{\alpha}+\boldsymbol{\beta}=\mathbf{0}$;

(5) $(kl)\boldsymbol{\alpha}=k(l\boldsymbol{\alpha})$;

(6) $(k+l)\boldsymbol{\alpha}=k\boldsymbol{\alpha}+l\boldsymbol{\alpha}$;

(7) $k(\boldsymbol{\alpha}+\boldsymbol{\beta})=k\boldsymbol{\alpha}+k\boldsymbol{\beta}$;

(8) $1\boldsymbol{\alpha}=\boldsymbol{\alpha}$.

在上述规则中，$\boldsymbol{\alpha},\boldsymbol{\beta},\boldsymbol{\gamma}$ 都是 V 中的任意向量，而 k,l 是数域 K 中的任意数.

5.1.2 基、维数、坐标

(1) 如果线性空间 V 中的向量组 $\boldsymbol{\alpha}_1,\boldsymbol{\alpha}_2,\cdots,\boldsymbol{\alpha}_n$ 线性无关，且 V 中任一向量都可由它们线性表示，那么称 $\boldsymbol{\alpha}_1,\boldsymbol{\alpha}_2,\cdots,\boldsymbol{\alpha}_n$ 是 V 的一个基，称基向量的个数 n 为 V 的维数，记为 $\dim V$;

(2) 设 $\boldsymbol{\alpha}_1,\boldsymbol{\alpha}_2,\cdots,\boldsymbol{\alpha}_n$ 是数域 K 上 n 维线性空间 V 的一个基，向量 $\boldsymbol{\xi}\in V$ 被表示为

$$\boldsymbol{\xi}=x_1\boldsymbol{\alpha}_1+x_2\boldsymbol{\alpha}_2+\cdots+x_n\boldsymbol{\alpha}_n,$$

其中 $x_1,x_2,\cdots,x_n\in K$，则称这组数为 $\boldsymbol{\xi}$ 在基 $\boldsymbol{\alpha}_1,\boldsymbol{\alpha}_2,\cdots,\boldsymbol{\alpha}_n$ 下的坐标，记为 $(x_1,x_2,\cdots,x_n)$.

5.1.3 几个典型的线性空间

(1) 向量空间 K^n：数域 K 上全体 n 维向量按向量的加法与数乘运算构成的线性空间；

(2) 矩阵空间 $M_{m,n}(K)$：数域 K 上全体 $m\times n$ 矩阵按矩阵的加法与数乘运算构成的线性空间，也记为 $K^{m\times n}$，维数 $\dim M_{m,n}(K)=mn$;

(3) 映射空间 $\mathrm{Hom}_K(V,V')$：由数域 K 上线性空间 V 到 V' 的所有线性映射按映射的加法与数乘运算构成的 mn 维线性空间，其中 $\dim V=n$，$\dim V'=m$.（参见本章例 5.92.）

5.1.4 线性子空间

(1) 子空间的定义 数域 K 上线性空间 V 的一个非空子集 W 称为 V 的一个线性子空间(或简称子空间)，如果 W 对于 V 的两种运算也构成数域 K 上的线性空间(即 W 对于 V 的两种运算是封闭的)；

(2) 生成子空间 设 V 是数域 K 上线性空间 V，向量 $\boldsymbol{\alpha}_1,\boldsymbol{\alpha}_2,\cdots,\boldsymbol{\alpha}_s\in V$，则称

$$L(\boldsymbol{\alpha}_1,\boldsymbol{\alpha}_2,\cdots,\boldsymbol{\alpha}_s)=\left\{\sum_{i=1}^{s}k_i\boldsymbol{\alpha}_i\in V\,\middle|\,k_1,k_2,\cdots,k_s\in K\right\}$$

是 V 中由向量组 $\boldsymbol{\alpha}_1,\boldsymbol{\alpha}_2,\cdots,\boldsymbol{\alpha}_s$ 生成的子空间. $\dim L(\boldsymbol{\alpha}_1,\boldsymbol{\alpha}_2,\cdots,\boldsymbol{\alpha}_s)=\operatorname{rank}\{\boldsymbol{\alpha}_1,\boldsymbol{\alpha}_2,\cdots,\boldsymbol{\alpha}_s\}$.

典型问题解析

【例 5.1】(武汉大学,2014 年) 证明:在线性空间定义中,第(3),(4)两条公理,即

(3)在 V 中存在零元素 $\mathbf{0}$,即对所有的 $\boldsymbol{\alpha}\in V$,都有 $\boldsymbol{\alpha}+\mathbf{0}=\mathbf{0}+\boldsymbol{\alpha}=\boldsymbol{\alpha}$;

(4)对所有的 $\boldsymbol{\alpha}\in V$, 都存在负元素 $\boldsymbol{\beta}\in V$,使得 $\boldsymbol{\alpha}+\boldsymbol{\beta}=\boldsymbol{\beta}+\boldsymbol{\alpha}=\mathbf{0}$,

可换成等价条件:对 V 中任意两个元素 $\boldsymbol{\alpha},\boldsymbol{\beta}$,一定存在 $\boldsymbol{x}\in V$,使得 $\boldsymbol{\alpha}+\boldsymbol{x}=\boldsymbol{\beta}$.

【证】 记(Ⅰ):对 V 中任意两个元素 $\boldsymbol{\alpha},\boldsymbol{\beta}$,一定存在 $\boldsymbol{x}\in V$,使得 $\boldsymbol{\alpha}+\boldsymbol{x}=\boldsymbol{\beta}$.

先证(3)(4)⇒(Ⅰ). $\forall\boldsymbol{\alpha},\boldsymbol{\beta}\in V$,设 $\boldsymbol{\alpha}$ 的负元为 $\boldsymbol{\gamma}$,令 $\boldsymbol{x}=\boldsymbol{\gamma}+\boldsymbol{\beta}$,则 $\boldsymbol{x}\in V$,且

$$\boldsymbol{\alpha}+\boldsymbol{x}=\boldsymbol{\alpha}+(\boldsymbol{\gamma}+\boldsymbol{\beta})=(\boldsymbol{\alpha}+\boldsymbol{\gamma})+\boldsymbol{\beta}=\mathbf{0}+\boldsymbol{\beta}=\boldsymbol{\beta}.$$

再证(Ⅰ)⇒(3)(4). 由于 $V\neq\varnothing$,故可取到 $\boldsymbol{\alpha}_0\in V$,并设 $\boldsymbol{\theta}$ 是 $\boldsymbol{\alpha}_0+\boldsymbol{x}=\boldsymbol{\alpha}_0$ 在 V 中的解,即 $\boldsymbol{\alpha}_0+\boldsymbol{\theta}=\boldsymbol{\alpha}_0$. 对任意 $\boldsymbol{\alpha}\in V$,设 $\boldsymbol{\beta}$ 是 $\boldsymbol{\alpha}_0+\boldsymbol{x}=\boldsymbol{\alpha}$ 在 V 中的解,即 $\boldsymbol{\alpha}_0+\boldsymbol{\beta}=\boldsymbol{\alpha}$,因此

$$\boldsymbol{\alpha}+\boldsymbol{\theta}=(\boldsymbol{\alpha}_0+\boldsymbol{\beta})+\boldsymbol{\theta}\overset{(1)(2)}{=\!=\!=}(\boldsymbol{\alpha}_0+\boldsymbol{\theta})+\boldsymbol{\beta}=\boldsymbol{\alpha}_0+\boldsymbol{\beta}=\boldsymbol{\alpha}.$$

再由交换律知 $\boldsymbol{\theta}+\boldsymbol{\alpha}=\boldsymbol{\alpha}$. 这就证得(3),即 V 中存在零元 $\boldsymbol{\theta}$.

又由 $\boldsymbol{\alpha}+\boldsymbol{x}=\boldsymbol{\theta}$ 在 V 中有解,设为 $\boldsymbol{\beta}$,即 $\boldsymbol{\alpha}+\boldsymbol{\beta}=\boldsymbol{\theta}$. 再由交换律知 $\boldsymbol{\beta}+\boldsymbol{\alpha}=\boldsymbol{\theta}$. 即(4)得证.

【例 5.2】 试证明:线性空间定义中 8 条公理的第(1)条可由其余 7 条推出,即加法满足交换律不是独立的.

【证】 我们把证明分为三步,即依次证明下述三个命题:

(Ⅰ)任一 $\boldsymbol{\alpha}\in V$ 与其负元 $\boldsymbol{\beta}$ 满足交换律,即 $\boldsymbol{\alpha}+\boldsymbol{\beta}=\boldsymbol{\beta}+\boldsymbol{\alpha}=\mathbf{0}$.

(Ⅱ)任一 $\boldsymbol{\alpha}\in V$ 与 V 中的零元满足交换律,即 $\boldsymbol{\alpha}+\mathbf{0}=\mathbf{0}+\boldsymbol{\alpha}=\boldsymbol{\alpha}$.

(Ⅲ)任意两个元素 $\boldsymbol{\alpha},\boldsymbol{\beta}\in V$ 满足交换律,即 $\boldsymbol{\alpha}+\boldsymbol{\beta}=\boldsymbol{\beta}+\boldsymbol{\alpha}$.

下面先证(Ⅰ). 由 $\boldsymbol{\beta}$ 是 $\boldsymbol{\alpha}$ 的负元,有 $\boldsymbol{\alpha}+\boldsymbol{\beta}=\mathbf{0}$. 又设 $\boldsymbol{\eta}$ 是 $\boldsymbol{\beta}$ 的负元,则 $\boldsymbol{\beta}+\boldsymbol{\eta}=\mathbf{0}$. 所以

$$\begin{aligned}\boldsymbol{\beta}+\boldsymbol{\alpha}&=(\boldsymbol{\beta}+\boldsymbol{\alpha})+\mathbf{0}=\boldsymbol{\beta}+\boldsymbol{\alpha}+(\boldsymbol{\beta}+\boldsymbol{\eta})=\boldsymbol{\beta}+(\boldsymbol{\alpha}+\boldsymbol{\beta})+\boldsymbol{\eta}\\&=(\boldsymbol{\beta}+\mathbf{0})+\boldsymbol{\eta}=\boldsymbol{\beta}+\boldsymbol{\eta}=\mathbf{0}.\end{aligned}$$

因此,$\boldsymbol{\alpha}+\boldsymbol{\beta}=\boldsymbol{\beta}+\boldsymbol{\alpha}=\mathbf{0}$.

再证(Ⅱ). 由于 $\boldsymbol{\alpha}+\mathbf{0}=\boldsymbol{\alpha}$,故只需证 $\mathbf{0}+\boldsymbol{\alpha}=\boldsymbol{\alpha}$. 事实上,若 $\boldsymbol{\beta}$ 是 $\boldsymbol{\alpha}$ 的负元,则由(Ⅰ)可得

$$\mathbf{0}+\boldsymbol{\alpha}=(\boldsymbol{\alpha}+\boldsymbol{\beta})+\boldsymbol{\alpha}=\boldsymbol{\alpha}+(\boldsymbol{\beta}+\boldsymbol{\alpha})=\boldsymbol{\alpha}+\mathbf{0}=\boldsymbol{\alpha}.$$

所以 $\boldsymbol{\alpha}+\mathbf{0}=\mathbf{0}+\boldsymbol{\alpha}=\boldsymbol{\alpha}$.

最后证(Ⅲ). $\forall\boldsymbol{\alpha},\boldsymbol{\beta}\in V$,因为

$$(1+1)(\boldsymbol{\alpha}+\boldsymbol{\beta})=1(\boldsymbol{\alpha}+\boldsymbol{\beta})+1(\boldsymbol{\alpha}+\boldsymbol{\beta})=\boldsymbol{\alpha}+\boldsymbol{\beta}+\boldsymbol{\alpha}+\boldsymbol{\beta},$$

$$(1+1)(\boldsymbol{\alpha}+\boldsymbol{\beta})=2(\boldsymbol{\alpha}+\boldsymbol{\beta})=2\boldsymbol{\alpha}+2\boldsymbol{\beta}=\boldsymbol{\alpha}+\boldsymbol{\alpha}+\boldsymbol{\beta}+\boldsymbol{\beta},$$

所以

$$\boldsymbol{\alpha}+\boldsymbol{\beta}+\boldsymbol{\alpha}+\boldsymbol{\beta}=\boldsymbol{\alpha}+\boldsymbol{\alpha}+\boldsymbol{\beta}+\boldsymbol{\beta}.$$

在上式两端先左加 $\boldsymbol{\alpha}$ 的负元,再右加 $\boldsymbol{\beta}$ 的负元,并利用(Ⅰ)和(Ⅱ),即得 $\boldsymbol{\alpha}+\boldsymbol{\beta}=\boldsymbol{\beta}+\boldsymbol{\alpha}$.

【例 5.3】 (1) 设非空集合 $V=\{(a+\mathrm{i}b,c+\mathrm{i}d)\mid a,b,c,d\in\mathbb{R}\}$ 对于通常的加法和数乘运

算在复数域$\mathbb{C}$和实数域$\mathbb{R}$上构成的线性空间分别记为$V_{\mathbb{C}}$和$V_{\mathbb{R}}$，试求$\dim V_{\mathbb{C}}$，$\dim V_{\mathbb{R}}$；

（2）设复数域上的二阶方阵集合$M_2(\mathbb{C})$对于通常的加法和数乘运算在复数域$\mathbb{C}$和实数域$\mathbb{R}$上构成的线性空间分别记为$U_{\mathbb{C}}$和$U_{\mathbb{R}}$，试求$\dim U_{\mathbb{C}}$，$\dim U_{\mathbb{R}}$.

【解】（1）因为$\boldsymbol{\varepsilon}_1=(1,0)$，$\boldsymbol{\varepsilon}_2=(0,1)$是$V_{\mathbb{C}}$的一个基，所以$\dim V_{\mathbb{C}}=2$.

容易验证$\boldsymbol{\eta}_1=(1,0)$，$\boldsymbol{\eta}_2=(\mathrm{i},0)$，$\boldsymbol{\eta}_3=(0,1)$，$\boldsymbol{\eta}_4=(0,\mathrm{i})$是$V_{\mathbb{R}}$的一个基，故$\dim V_{\mathbb{R}}=4$.

（2）易知$\boldsymbol{E}_{11}=\begin{pmatrix}1&0\\0&0\end{pmatrix}$，$\boldsymbol{E}_{12}=\begin{pmatrix}0&1\\0&0\end{pmatrix}$，$\boldsymbol{E}_{21}=\begin{pmatrix}0&0\\1&0\end{pmatrix}$，$\boldsymbol{E}_{22}=\begin{pmatrix}0&0\\0&1\end{pmatrix}$是$U_{\mathbb{C}}$的一个基，所以$\dim U_{\mathbb{C}}=4$. 容易验证$\boldsymbol{E}_{11}$，$\mathrm{i}\boldsymbol{E}_{11}$，$\boldsymbol{E}_{12}$，$\mathrm{i}\boldsymbol{E}_{12}$，$\boldsymbol{E}_{21}$，$\mathrm{i}\boldsymbol{E}_{21}$，$\boldsymbol{E}_{22}$，$\mathrm{i}\boldsymbol{E}_{22}$是$U_{\mathbb{R}}$的一个基，所以$\dim U_{\mathbb{R}}=8$.

【例5.4】（华中师范大学，2001年）　设V_1，V_2是数域P上的线性空间，记

$$V_1\times V_2=\{(\boldsymbol{\alpha}_1,\boldsymbol{\alpha}_2)\mid \boldsymbol{\alpha}_1\in V_1,\boldsymbol{\alpha}_2\in V_2\}.$$

$\forall(\boldsymbol{\alpha}_1,\boldsymbol{\alpha}_2)$，$(\boldsymbol{\beta}_1,\boldsymbol{\beta}_2)\in V_1\times V_2$，$\forall k\in P$，规定

$$(\boldsymbol{\alpha}_1,\boldsymbol{\alpha}_2)+(\boldsymbol{\beta}_1,\boldsymbol{\beta}_2)=(\boldsymbol{\alpha}_1+\boldsymbol{\beta}_1,\boldsymbol{\alpha}_2+\boldsymbol{\beta}_2), \qquad ①$$

$$k(\boldsymbol{\alpha}_1,\boldsymbol{\alpha}_2)=(k\boldsymbol{\alpha}_1,k\boldsymbol{\alpha}_2). \qquad ②$$

（1）证明：$V_1\times V_2$关于以上运算构成数域P上的线性空间；

（2）已知$\dim V_1=m$，$\dim V_2=n$，求$\dim(V_1\times V_2)$.

【解】（1）首先$V_1\times V_2$非空且关于加法①封闭，容易验证加法满足交换律与结合律. 设$\boldsymbol{0}_1$，$\boldsymbol{0}_2$分别为V_1，V_2中的零元，则$(\boldsymbol{0}_1,\boldsymbol{0}_2)$是$V_1\times V_2$的零元. 又对$\forall(\boldsymbol{\alpha}_1,\boldsymbol{\alpha}_2)\in V_1\times V_2$，存在$(-\boldsymbol{\alpha}_1,-\boldsymbol{\alpha}_2)\in V_1\times V_2$，使得$(\boldsymbol{\alpha}_1,\boldsymbol{\alpha}_2)+(-\boldsymbol{\alpha}_1,-\boldsymbol{\alpha}_2)=(\boldsymbol{0}_1,\boldsymbol{0}_2)$.

其次，由②式知$V_1\times V_2$关于数量乘法封闭，且

$$k[l(\boldsymbol{\alpha}_1,\boldsymbol{\alpha}_2)]=(kl)(\boldsymbol{\alpha}_1,\boldsymbol{\alpha}_2),\quad (k+l)(\boldsymbol{\alpha}_1,\boldsymbol{\alpha}_2)=k(\boldsymbol{\alpha}_1,\boldsymbol{\alpha}_2)+l(\boldsymbol{\alpha}_1,\boldsymbol{\alpha}_2),$$

$$1\cdot(\boldsymbol{\alpha}_1,\boldsymbol{\alpha}_2)=(\boldsymbol{\alpha}_1,\boldsymbol{\alpha}_2),\qquad k[(\boldsymbol{\alpha}_1,\boldsymbol{\alpha}_2)+(\boldsymbol{\beta}_1,\boldsymbol{\beta}_2)]=k(\boldsymbol{\alpha}_1,\boldsymbol{\alpha}_2)+k(\boldsymbol{\beta}_1,\boldsymbol{\beta}_2)$$

都成立. 因此$V_1\times V_2$构成数域P上的线性空间.

（2）设$\boldsymbol{\alpha}_1,\boldsymbol{\alpha}_2,\cdots,\boldsymbol{\alpha}_m$是$V_1$的一个基，$\boldsymbol{\beta}_1,\boldsymbol{\beta}_2,\cdots,\boldsymbol{\beta}_n$是$V_2$的一个基，令

$$\boldsymbol{\gamma}_1=(\boldsymbol{\alpha}_1,\boldsymbol{0}_2),\boldsymbol{\gamma}_2=(\boldsymbol{\alpha}_2,\boldsymbol{0}_2),\cdots,\boldsymbol{\gamma}_m=(\boldsymbol{\alpha}_m,\boldsymbol{0}_2),$$

$$\boldsymbol{\delta}_1=(\boldsymbol{0}_1,\boldsymbol{\beta}_1),\boldsymbol{\delta}_2=(\boldsymbol{0}_1,\boldsymbol{\beta}_2),\cdots,\boldsymbol{\delta}_n=(\boldsymbol{0}_1,\boldsymbol{\beta}_n),$$

可以证明，这$m+n$个向量是$V_1\times V_2$的一个基. 事实上，若设

$$x_1\boldsymbol{\gamma}_1+x_2\boldsymbol{\gamma}_2+\cdots+x_m\boldsymbol{\gamma}_m+y_1\boldsymbol{\delta}_1+y_2\boldsymbol{\delta}_2+\cdots+y_n\boldsymbol{\delta}_n=\boldsymbol{0},$$

即

$$(x_1\boldsymbol{\alpha}_1+x_2\boldsymbol{\alpha}_2+\cdots+x_m\boldsymbol{\alpha}_m,y_1\boldsymbol{\beta}_1+y_2\boldsymbol{\beta}_2+\cdots+y_n\boldsymbol{\beta}_n)=(\boldsymbol{0}_1,\boldsymbol{0}_2),$$

所以$x_1=x_2=\cdots=x_m=y_1=y_2=\cdots=y_n=0$. 故向量组$\boldsymbol{\gamma}_1,\boldsymbol{\gamma}_2,\cdots,\boldsymbol{\gamma}_m,\boldsymbol{\delta}_1,\boldsymbol{\delta}_2,\cdots,\boldsymbol{\delta}_n$线性无关.

又$\forall\boldsymbol{\eta}=(\boldsymbol{\alpha},\boldsymbol{\beta})\in V_1\times V_2$，其中$\boldsymbol{\alpha}\in V_1$，$\boldsymbol{\beta}\in V_2$，则

$$\boldsymbol{\alpha}=s_1\boldsymbol{\alpha}_1+s_2\boldsymbol{\alpha}_2+\cdots+s_m\boldsymbol{\alpha}_m,\quad \boldsymbol{\beta}=t_1\boldsymbol{\beta}_1+t_2\boldsymbol{\beta}_2+\cdots+t_n\boldsymbol{\beta}_n,$$

$$\boldsymbol{\eta}=(\boldsymbol{\alpha},\boldsymbol{0}_2)+(\boldsymbol{0}_1,\boldsymbol{\beta})=s_1\boldsymbol{\gamma}_1+s_2\boldsymbol{\gamma}_2+\cdots+s_m\boldsymbol{\gamma}_m+t_1\boldsymbol{\delta}_1+t_2\boldsymbol{\delta}_2+\cdots+t_n\boldsymbol{\delta}_n,$$

即$\boldsymbol{\eta}$可由$\boldsymbol{\gamma}_1,\boldsymbol{\gamma}_2,\cdots,\boldsymbol{\gamma}_m,\boldsymbol{\delta}_1,\boldsymbol{\delta}_2,\cdots,\boldsymbol{\delta}_n$线性表示，所以这个向量组为$V_1\times V_2$的一个基.

因此$\dim(V_1\times V_2)=m+n$.

【例5.5】（北京大学，1996年）　设线性空间V中的向量组$\boldsymbol{\alpha}_1,\boldsymbol{\alpha}_2,\boldsymbol{\alpha}_3,\boldsymbol{\alpha}_4$线性无关.

（1）试问：向量组$\boldsymbol{\alpha}_1+\boldsymbol{\alpha}_2,\boldsymbol{\alpha}_2+\boldsymbol{\alpha}_3,\boldsymbol{\alpha}_3+\boldsymbol{\alpha}_4,\boldsymbol{\alpha}_4+\boldsymbol{\alpha}_1$是否线性无关？要求说明理由.

(2) 求由向量组 $\boldsymbol{\alpha}_1+\boldsymbol{\alpha}_2,\boldsymbol{\alpha}_2+\boldsymbol{\alpha}_3,\boldsymbol{\alpha}_3+\boldsymbol{\alpha}_4,\boldsymbol{\alpha}_4+\boldsymbol{\alpha}_1$ 生成的线性子空间 W 的一个基以及 W 的维数.

【解】 (1) 向量组 $\boldsymbol{\alpha}_1+\boldsymbol{\alpha}_2,\boldsymbol{\alpha}_2+\boldsymbol{\alpha}_3,\boldsymbol{\alpha}_3+\boldsymbol{\alpha}_4,\boldsymbol{\alpha}_4+\boldsymbol{\alpha}_1$ 线性相关. 兹证明如下:

令 $\boldsymbol{\beta}_1=\boldsymbol{\alpha}_1+\boldsymbol{\alpha}_2,\boldsymbol{\beta}_2=\boldsymbol{\alpha}_2+\boldsymbol{\alpha}_3,\boldsymbol{\beta}_3=\boldsymbol{\alpha}_3+\boldsymbol{\alpha}_4,\boldsymbol{\beta}_4=\boldsymbol{\alpha}_4+\boldsymbol{\alpha}_1$,则

$$(\boldsymbol{\beta}_1,\boldsymbol{\beta}_2,\boldsymbol{\beta}_3,\boldsymbol{\beta}_4)=(\boldsymbol{\alpha}_1,\boldsymbol{\alpha}_2,\boldsymbol{\alpha}_3,\boldsymbol{\alpha}_4)\begin{pmatrix}1&0&0&1\\1&1&0&0\\0&1&1&0\\0&0&1&1\end{pmatrix}\overset{\text{记}}{=\!=}(\boldsymbol{\alpha}_1,\boldsymbol{\alpha}_2,\boldsymbol{\alpha}_3,\boldsymbol{\alpha}_4)\boldsymbol{A}.$$

易知,$\operatorname{rank}\boldsymbol{A}=3$. 因为 $\boldsymbol{\alpha}_1,\boldsymbol{\alpha}_2,\boldsymbol{\alpha}_3,\boldsymbol{\alpha}_4$ 线性无关,所以 $\operatorname{rank}\{\boldsymbol{\beta}_1,\boldsymbol{\beta}_2,\boldsymbol{\beta}_3,\boldsymbol{\beta}_4\}=\operatorname{rank}\boldsymbol{A}=3$,由此可知 $\boldsymbol{\beta}_1,\boldsymbol{\beta}_2,\boldsymbol{\beta}_3,\boldsymbol{\beta}_4$ 是线性相关的.

(2) 可以证明,$\boldsymbol{\beta}_1,\boldsymbol{\beta}_2,\boldsymbol{\beta}_3$ 是线性无关的,因而是 $\boldsymbol{\beta}_1,\boldsymbol{\beta}_2,\boldsymbol{\beta}_3,\boldsymbol{\beta}_4$ 的一个极大线性无关组. 于是,向量组 $\boldsymbol{\beta}_1,\boldsymbol{\beta}_2,\boldsymbol{\beta}_3$ 即 $\boldsymbol{\alpha}_1+\boldsymbol{\alpha}_2,\boldsymbol{\alpha}_2+\boldsymbol{\alpha}_3,\boldsymbol{\alpha}_3+\boldsymbol{\alpha}_4$ 构成 $W=L(\boldsymbol{\beta}_1,\boldsymbol{\beta}_2,\boldsymbol{\beta}_3,\boldsymbol{\beta}_4)$ 的一个基,且 W 的维数 $\dim W=3$.

【例 5.6】(中山大学,2006 年) 设 $\boldsymbol{\alpha}_1,\boldsymbol{\alpha}_2,\boldsymbol{\alpha}_3$ 是实数域上三维向量空间 V 的一个基,$\boldsymbol{\beta}_1=2\boldsymbol{\alpha}_1-\boldsymbol{\alpha}_2-\boldsymbol{\alpha}_3,\boldsymbol{\beta}_2=-\boldsymbol{\alpha}_2,\boldsymbol{\beta}_3=2\boldsymbol{\alpha}_2+\boldsymbol{\alpha}_3$. 证明:$\boldsymbol{\beta}_1,\boldsymbol{\beta}_2,\boldsymbol{\beta}_3$ 也是 V 的一个基,并求 V 中在这两个基下坐标相同的所有向量.

【解】 只需证 $\boldsymbol{\beta}_1,\boldsymbol{\beta}_2,\boldsymbol{\beta}_3$ 线性无关,这利用定义易证. 或者有

$$(\boldsymbol{\beta}_1,\boldsymbol{\beta}_2,\boldsymbol{\beta}_3)=(\boldsymbol{\alpha}_1,\boldsymbol{\alpha}_2,\boldsymbol{\alpha}_3)\begin{pmatrix}2&0&0\\-1&-1&2\\-1&0&1\end{pmatrix}\overset{\text{记}}{=\!=}(\boldsymbol{\alpha}_1,\boldsymbol{\alpha}_2,\boldsymbol{\alpha}_3)\boldsymbol{A}.$$

因为 $\boldsymbol{\alpha}_1,\boldsymbol{\alpha}_2,\boldsymbol{\alpha}_3$ 线性无关,所以 $\operatorname{rank}\{\boldsymbol{\beta}_1,\boldsymbol{\beta}_2,\boldsymbol{\beta}_3\}=\operatorname{rank}\boldsymbol{A}=3$,因此 $\boldsymbol{\beta}_1,\boldsymbol{\beta}_2,\boldsymbol{\beta}_3$ 线性无关.

设 $\boldsymbol{\eta}\in V$ 在基 $\boldsymbol{\alpha}_1,\boldsymbol{\alpha}_2,\boldsymbol{\alpha}_3$ 和基 $\boldsymbol{\beta}_1,\boldsymbol{\beta}_2,\boldsymbol{\beta}_3$ 下的坐标同为 $\boldsymbol{x}$,由于 $\boldsymbol{A}$ 是这两个基的过渡矩阵,所以 $\boldsymbol{x}=\boldsymbol{A}\boldsymbol{x}$,即 $(\boldsymbol{A}-\boldsymbol{E})\boldsymbol{x}=\boldsymbol{0}$. 解得其通解为 $\boldsymbol{x}=k(0,1,1)^{\mathrm{T}}$,其中 $k\in\mathbb{R}$. 因此,V 中在这两个基下坐标相同的所有向量为 $k(\boldsymbol{\alpha}_2+\boldsymbol{\alpha}_3)$.

【例 5.7】 在全体二维实向量集合 V 按如下规定的加法与数量乘法运算

$$(a,b)\oplus(c,d)=(a+c,b+d+ac),$$

$$k\circ(a,b)=\left(ka,kb+\frac{k(k-1)}{2}a^2\right)$$

构成的实数域 $\mathbb{R}$ 上的线性空间中,试讨论向量组 $\boldsymbol{\alpha}_1=(1,1),\boldsymbol{\alpha}_2=(a,b)$ 的线性相关性.

【解】 设 $k_1,k_2\in\mathbb{R}$,使得 $k_1\circ\boldsymbol{\alpha}_1\oplus k_2\circ\boldsymbol{\alpha}_2=\boldsymbol{0}$,即

$$\left(k_1,k_1+\frac{k_1(k_1-1)}{2}\right)\oplus\left(k_2a,k_2b+\frac{k_2(k_2-1)}{2}a^2\right)=(0,0),$$

亦即

$$\left(k_1+k_2a,k_1+\frac{k_1(k_1-1)}{2}+k_2b+\frac{k_2(k_2-1)}{2}a^2+k_1k_2a\right)=(0,0),$$

因此有

$$k_1+k_2a=0,\qquad k_1+\frac{k_1(k_1-1)}{2}+k_2b+\frac{k_2(k_2-1)}{2}a^2+k_1k_2a=0.$$

由第一个方程解出 $k_1=-k_2a$,代入第二个方程并整理得

$$\left(b-\frac{a(a+1)}{2}\right)k_2=0.$$

因此,当 $b\neq\frac{a(a+1)}{2}$ 时,必有 $k_2=0,k_1=0$,从而 $\boldsymbol{\alpha}_1,\boldsymbol{\alpha}_2$ 线性无关;当 $b=\frac{a(a+1)}{2}$ 时,取 $k_2=1,k_1=-a$ 不全为零,有 $(-a)\circ\boldsymbol{\alpha}_1\oplus 1\circ\boldsymbol{\alpha}_2=\mathbf{0}$,故 $\boldsymbol{\alpha}_1,\boldsymbol{\alpha}_2$ 线性相关.

【注】 按照本题结论,向量组 $\boldsymbol{\alpha}_1=(1,1),\boldsymbol{\alpha}_2=(2,2)$ 是线性无关的,这是因为取 $a=2,b=2$ 时,有 $b\neq\frac{a(a+1)}{2}$;而 $\boldsymbol{\alpha}_1=(1,1),\boldsymbol{\alpha}_2=(2,3)$ 是线性相关的,这是因为 $a=2,b=3$ 时,有 $b=\frac{a(a+1)}{2}$. 但在通常的线性空间 $\mathbb{R}^2$ 中,其结论恰好相反.

【例5.8】(厦门大学,2001年) 令 $F[x]_n$ 表示数域 F 上所有次数 $<n$ 的多项式及零多项式作成的线性空间,$a_1,a_2,\cdots,a_n\in F$ 两两互异. 令

$$f_i(x)=\prod_{\substack{j=1\\ j\neq i}}^{n}(x-a_j),\quad i=1,2,\cdots,n.$$

证明:$f_1(x),f_2(x),\cdots,f_n(x)$ 是 $F[x]_n$ 的一个基.

【证】 注意到 $\dim(F[x]_n)=n$,故只需证 $f_1(x),f_2(x),\cdots,f_n(x)$ 线性无关即可. 为此,设 $k_1,k_2,\cdots,k_n\in F$,使得

$$k_1f_1(x)+k_2f_2(x)+\cdots+k_nf_n(x)=0.$$

根据 $f_i(x)$ 的构造,显然有 $f_i(a_i)\neq 0$ 而 $f_i(a_j)=0\ (i\neq j)$. 依次将 $a_1,a_2,\cdots,a_n$ 代入上式,即得 $k_1=k_2=\cdots=k_n=0$. 所以 $f_1(x),f_2(x),\cdots,f_n(x)$ 线性无关. 因此 $f_1(x),f_2(x),\cdots,f_n(x)$ 是 $F[x]_n$ 的一个基.

【例5.9】 所谓 n 阶**幻方**,是指其各行各列以及主对角和次对角元素之和都相等的 n 阶方阵,例如

$$\begin{pmatrix}6&1&8\\7&5&3\\2&9&4\end{pmatrix}$$

就是一个三阶幻方.

(1) 证明:实数域 $\mathbb{R}$ 上全体 n 阶幻方的集合 M_n 按矩阵的加法与数量乘法构成 $\mathbb{R}$ 上的一个线性空间;

(2) 求 M_3 的维数.

【解】 (1) 考虑实数域 $\mathbb{R}$ 上的所有 n 阶方阵按矩阵的加法以及实数与矩阵的数量乘法构成的 $\mathbb{R}$ 上的线性空间 $\mathbb{R}^{n\times n}$,易知 M_n 构成 $\mathbb{R}^{n\times n}$ 的一个线性子空间. 因此,M_n 按矩阵的加法以及实数与矩阵的数量乘法构成 $\mathbb{R}$ 上的线性空间.

(2) 任取 $\boldsymbol{A}=(a_{ij})\in M_3$,则依题意,有

$$a_{11}+a_{12}+a_{13}=x,\quad a_{21}+a_{22}+a_{23}=x,\quad a_{31}+a_{32}+a_{33}=x,$$
$$a_{11}+a_{21}+a_{31}=x,\quad a_{12}+a_{22}+a_{32}=x,\quad a_{13}+a_{23}+a_{33}=x,$$
$$a_{11}+a_{22}+a_{33}=x,\quad a_{13}+a_{22}+a_{31}=x.$$

这是 10 个未知量 8 个方程的齐次线性方程组. 先求出其通解再代入 $\boldsymbol{A}$. 实际上,也可简单地令 $a_{22}=\frac{x}{3}$,由上述第 7 式得 $a_{11}=\frac{x}{3}+y, a_{33}=\frac{x}{3}-y$,由第 8 式得 $a_{31}=\frac{x}{3}+z, a_{13}=\frac{x}{3}-z$;再依次由第 1,4,2,3 诸式得 $a_{12}=\frac{x}{3}-y+z, a_{21}=\frac{x}{3}-y-z, a_{23}=\frac{x}{3}+y+z, a_{32}=\frac{x}{3}+y-z$;最后验证第 5,6 式成立. 因此

$$\begin{aligned}\boldsymbol{A}&=\begin{pmatrix}\frac{x}{3}+y & \frac{x}{3}-y+z & \frac{x}{3}-z\\ \frac{x}{3}-y-z & \frac{x}{3} & \frac{x}{3}+y+z\\ \frac{x}{3}+z & \frac{x}{3}+y-z & \frac{x}{3}-y\end{pmatrix}\\ &=\frac{x}{3}\begin{pmatrix}1&1&1\\1&1&1\\1&1&1\end{pmatrix}+y\begin{pmatrix}1&-1&0\\-1&0&1\\0&1&-1\end{pmatrix}+z\begin{pmatrix}0&1&-1\\-1&0&1\\1&-1&0\end{pmatrix}\\ &=x\boldsymbol{B}_1+y\boldsymbol{B}_2+z\boldsymbol{B}_3,\end{aligned}$$

其中 $x,y,z\in\mathbb{R}$ 可任意取值,而

$$\boldsymbol{B}_1=\frac{1}{3}\begin{pmatrix}1&1&1\\1&1&1\\1&1&1\end{pmatrix},\ \boldsymbol{B}_2=\begin{pmatrix}1&-1&0\\-1&0&1\\0&1&-1\end{pmatrix},\ \boldsymbol{B}_3=\begin{pmatrix}0&1&-1\\-1&0&1\\1&-1&0\end{pmatrix}.$$

易知,$\boldsymbol{B}_1,\boldsymbol{B}_2,\boldsymbol{B}_3\in M_3$ 是线性无关的,因而构成 M_3 的一个基,所以 $\dim M_3=3$.

【注】 可以证明:若 $\boldsymbol{A}$ 是可逆的三阶幻方,则 $\boldsymbol{A}^{-1}$ 也是幻方. 留给读者作为练习. 此外,幻方具有许多奇妙的性质,蕴涵着丰富的数学文化,仍存在不少未解之谜. 参见文献[20]及"方开泰,郑妍珣,数学与文化交融的奇迹——幻方,数学文化,4(3),pp. 52-65,2013".

【例 5.10】 设 S 为全体满足条件 $x_n=x_{n-1}+x_{n-2}(n\geqslant 3)$ 的实数列

$$(x_1,x_2,x_3,\cdots,x_n,\cdots)$$

所构成的集合,已知 S 按照如下定义的加法与数量乘法

$$(x_1,x_2,\cdots,x_n,\cdots)+(y_1,y_2,\cdots,y_n,\cdots)=(x_1+y_1,x_2+y_2,\cdots,x_n+y_n,\cdots)$$
$$k(x_1,x_2,\cdots,x_n,\cdots)=(kx_1,kx_2,\cdots,kx_n,\cdots)$$

构成实数域$\mathbb{R}$ 上的线性空间.

(1) 求 S 的一个基与维数 $\dim S$;

(2) 给出 S 的一个由等比数列所组成的基;

(3) 求斐波那契(Fibonacci)数列$(0,1,1,2,3,5,8,\cdots)$的通项公式.

【解】 (1) 任取$\boldsymbol{\beta}=(a_1,a_2,a_3,\cdots,a_n,\cdots)\in S$,则由定义易知

$$\boldsymbol{\beta}=(a_1,a_2,a_1+a_2,a_1+2a_2,2a_1+3a_2,3a_1+5a_2,\cdots)$$

$$= a_1(1,0,1,1,2,3,5,\cdots) + a_2(0,1,1,2,3,5,8,\cdots)$$
$$= a_1\boldsymbol{\xi}_1 + a_2\boldsymbol{\xi}_2,$$

其中

$$\boldsymbol{\xi}_1 = (1,0,1,1,2,3,5,\cdots),\quad \boldsymbol{\xi}_2 = (0,1,1,2,3,5,8,\cdots),$$

显然 $\boldsymbol{\xi}_1,\boldsymbol{\xi}_2 \in S$. 另一方面,设 $k_1\boldsymbol{\xi}_1+k_2\boldsymbol{\xi}_2=\mathbf{0}$,则

$$(k_1,k_2,k_1+k_2,k_1+2k_2,2k_1+3k_2,3k_1+5k_2,\cdots)=\mathbf{0},$$

所以 $k_1=0,k_2=0$. 这说明 $\boldsymbol{\xi}_1,\boldsymbol{\xi}_2$ 线性无关. 因此 $\boldsymbol{\xi}_1,\boldsymbol{\xi}_2$ 构成 S 的一个基,$\dim S=2$.

（2）设有等比数列

$$(a,aq,aq^2,\cdots,aq^{n-1},\cdots)\in S,\quad a\neq 0,$$

则对 $n\geqslant 2$ 有 $aq^n=aq^{n-1}+aq^{n-2}$,从而 $q^2=q+1$,得到 $q=\frac{1\pm\sqrt{5}}{2}$. 易知

$$\boldsymbol{\eta}_1=\left(1,\frac{1+\sqrt{5}}{2},\left(\frac{1+\sqrt{5}}{2}\right)^2,\cdots\right)\in S,$$

$$\boldsymbol{\eta}_2=\left(1,\frac{1-\sqrt{5}}{2},\left(\frac{1-\sqrt{5}}{2}\right)^2,\cdots\right)\in S,$$

又 $\boldsymbol{\eta}_1,\boldsymbol{\eta}_2$ 线性无关,而 $\dim S=2$,所以 $\boldsymbol{\eta}_1,\boldsymbol{\eta}_2$ 构成 S 的一个基.

（3）注意到斐波那契数列 $\boldsymbol{\psi}=(0,1,1,2,3,5,8,\cdots)\in S$,故存在 $c_1,c_2\in\mathbb{R}$,使

$$\boldsymbol{\psi}=c_1\boldsymbol{\eta}_1+c_2\boldsymbol{\eta}_2.$$

从而

$$\begin{cases}0=c_1+c_2,\\ 1=c_1\dfrac{1+\sqrt{5}}{2}+c_2\dfrac{1-\sqrt{5}}{2},\end{cases}$$

解得

$$c_1=\frac{\sqrt{5}}{5},c_2=-\frac{\sqrt{5}}{5},$$

因此可得斐波那契数列的通项公式是

$$F_n=\frac{\sqrt{5}}{5}\left[\left(\frac{1+\sqrt{5}}{2}\right)^{n-1}-\left(\frac{1-\sqrt{5}}{2}\right)^{n-1}\right].$$

【例 5.11】(武汉大学,2006 年)　已知向量

$$\boldsymbol{\alpha}_1=\begin{pmatrix}1\\2\\4\\3\end{pmatrix},\ \boldsymbol{\alpha}_2=\begin{pmatrix}1\\-1\\-6\\6\end{pmatrix},\ \boldsymbol{\alpha}_3=\begin{pmatrix}-2\\-1\\2\\-9\end{pmatrix},\ \boldsymbol{\alpha}_4=\begin{pmatrix}1\\1\\-2\\7\end{pmatrix},\ \boldsymbol{\beta}=\begin{pmatrix}4\\2\\4\\a\end{pmatrix},$$

（1）求线性子空间 $W=L(\boldsymbol{\alpha}_1,\boldsymbol{\alpha}_2,\boldsymbol{\alpha}_3,\boldsymbol{\alpha}_4)$ 的维数与一个基;

（2）求 a 的值,使得 $\boldsymbol{\beta}\in W$, 并求 $\boldsymbol{\beta}$ 在(1)所选基下的坐标.

【解】　对矩阵 $\boldsymbol{A}=(\boldsymbol{\alpha}_1,\boldsymbol{\alpha}_2,\boldsymbol{\alpha}_3,\boldsymbol{\alpha}_4,\boldsymbol{\beta})$ 施行初等行变换化为简化行阶梯矩阵,有

$$A\xrightarrow{\text{初等行变换}}\left(\begin{array}{cccc:c}1&1&-2&1&4\\0&1&-1&1&0\\0&0&0&1&-3\\0&0&0&0&a-9\end{array}\right)\xrightarrow{\text{初等行变换}}\left(\begin{array}{cccc:c}1&0&-1&0&4\\0&1&-1&0&3\\0&0&0&1&-3\\0&0&0&0&a-9\end{array}\right).$$

(1) $\dim W=\operatorname{rank}(\boldsymbol{\alpha}_1,\boldsymbol{\alpha}_2,\boldsymbol{\alpha}_3,\boldsymbol{\alpha}_4)=3$，且 $\boldsymbol{\alpha}_1,\boldsymbol{\alpha}_2,\boldsymbol{\alpha}_4$ 是 W 的一个基；

(2) 当 $a=9$ 时，$\boldsymbol{\beta}\in W$，$\boldsymbol{\beta}=4\boldsymbol{\alpha}_1+3\boldsymbol{\alpha}_2-3\boldsymbol{\alpha}_4$，即 $\boldsymbol{\beta}$ 在(1)所选基下的坐标为$(4,3,-3)$.

【例 5.12】(华南理工大学，2014 年) 设 $W=\{f(x)\mid f(1)=0,f(x)\in\mathbb{R}[x]_n\}$，这里$\mathbb{R}[x]_n$ 表示实数域$\mathbb{R}$ 上的次数小于 n 的多项式添上零多项式构成的线性空间.

(1) 证明 W 是$\mathbb{R}[x]_n$ 的线性子空间；

(2) 求 W 的维数与一个基.

【解】 (1) 显然 $x-1\in W$，故 W 是$\mathbb{R}[x]_n$ 的非空子集.

对于任意$f(x),g(x)\in W$，则$f(1)=0,g(1)=0$. 于是，$\forall a,b\in\mathbb{R}$，有

$$af(1)+bg(1)=0,$$

故 $af(x)+bg(x)\in W$，即 W 对$\mathbb{R}[x]_n$ 的线性运算封闭. 因此 W 是$\mathbb{R}[x]_n$ 的子空间.

(2) 对于任意$f(x)\in W$，令$f(x)=a_0+a_1x+\cdots+a_{n-1}x^{n-1}$. 由于$f(1)=0$，有

$$a_0+a_1+\cdots+a_{n-1}=0.$$

所以

$$f(x)=a_1(x-1)+a_2(x^2-1)+\cdots+a_{n-1}(x^{n-1}-1).$$

下面证明：$x-1,x^2-1,\cdots,x^{n-1}-1$ 就是 W 的一个基，而这只需证 $x-1,x^2-1,\cdots,x^{n-1}-1$ 线性无关即可. 为此，设 $k_1,k_2,\cdots,k_{n-1}\in\mathbb{R}$，使得

$$k_1(x-1)+k_2(x^2-1)+\cdots+k_{n-1}(x^{n-1}-1)=0,$$

则有

$$-(k_1+k_2+\cdots+k_{n-1})+k_1x+k_2x^2+\cdots+k_{n-1}x^{n-1}=0.$$

注意到 $1,x,\cdots,x^{n-1}$ 线性无关，由此可得 $k_1=k_2=\cdots=k_{n-1}=0$. 表明 $x-1,x^2-1,\cdots,x^{n-1}-1$ 线性无关，因而构成 W 的一个基，所以 $\dim W=n-1$.

【例 5.13】(上海交通大学，2003 年) 以 $P^{2\times2}$ 表示数域 P 上的 2 阶方阵的集合，假设 a_1,a_2,a_3,a_4 为 P 中的两两互异的数而且它们的和不等于零. 试证明：

$$\boldsymbol{A}_1=\begin{pmatrix}1&a_1\\a_1^2&a_1^4\end{pmatrix},\quad \boldsymbol{A}_2=\begin{pmatrix}1&a_2\\a_2^2&a_2^4\end{pmatrix},\quad \boldsymbol{A}_3=\begin{pmatrix}1&a_3\\a_3^2&a_3^4\end{pmatrix},\quad \boldsymbol{A}_4=\begin{pmatrix}1&a_4\\a_4^2&a_4^4\end{pmatrix}$$

是 P 上线性空间 $P^{2\times2}$ 的一个基.

【证】 因为 $\dim(P^{2\times2})=4$，而 $\boldsymbol{E}_{11},\boldsymbol{E}_{12},\boldsymbol{E}_{21},\boldsymbol{E}_{22}$ 是 $P^{2\times2}$ 的自然基，所以

$$(\boldsymbol{A}_1,\boldsymbol{A}_2,\boldsymbol{A}_3,\boldsymbol{A}_4)=(\boldsymbol{E}_{11},\boldsymbol{E}_{12},\boldsymbol{E}_{21},\boldsymbol{E}_{22})\begin{pmatrix}1&1&1&1\\a_1&a_2&a_3&a_4\\a_1^2&a_2^2&a_3^2&a_4^2\\a_1^4&a_2^4&a_3^4&a_4^4\end{pmatrix}.$$

易知(可参考第 2 章例 2.45 的结果)

$$\begin{vmatrix} 1 & 1 & 1 & 1 \\ a_1 & a_2 & a_3 & a_4 \\ a_1^2 & a_2^2 & a_3^2 & a_4^2 \\ a_1^4 & a_2^4 & a_3^4 & a_4^4 \end{vmatrix} = \sum_{k=1}^{4} a_k \prod_{1\leqslant j<i\leqslant 4} (a_i - a_j) \neq 0.$$

所以 $\boldsymbol{A}_1,\boldsymbol{A}_2,\boldsymbol{A}_3,\boldsymbol{A}_4$ 线性无关,因而构成 $P^{2\times 2}$ 的一个基.

【例 5.14】(北京大学,2005 年)　用 $M_n(K)$ 表示数域 K 上所有 n 阶方阵组成的集合,它对于矩阵的加法和数量乘法构成 K 上的线性空间. 数域 K 上 n 阶方阵

$$\boldsymbol{A} = \begin{pmatrix} a_1 & a_2 & \cdots & a_n \\ a_n & a_1 & \ddots & \vdots \\ \vdots & \ddots & \ddots & a_2 \\ a_2 & \cdots & a_n & a_1 \end{pmatrix}$$

称为循环矩阵. 用 U 表示 K 上所有 n 阶循环矩阵组成的集合. 证明 U 是 $M_n(K)$ 的一个子空间,并求 U 的一个基和维数.

【解】　考虑 n 阶方阵 $\boldsymbol{P} = \begin{pmatrix} \boldsymbol{0} & \boldsymbol{E}_{n-1} \\ \boldsymbol{E}_1 & \boldsymbol{0} \end{pmatrix}$,其中 $\boldsymbol{E}_j$ 为 j 阶单位矩阵,因为 $\boldsymbol{P}^k = \begin{pmatrix} \boldsymbol{O} & \boldsymbol{E}_{n-k} \\ \boldsymbol{E}_k & \boldsymbol{O} \end{pmatrix}$,$k=1,2,\cdots,n-1$,所以

$$\boldsymbol{A} = \begin{pmatrix} a_1 & a_2 & \cdots & a_n \\ a_n & a_1 & \ddots & \vdots \\ \vdots & \ddots & \ddots & a_2 \\ a_2 & \cdots & a_n & a_1 \end{pmatrix} = a_1\boldsymbol{E} + a_2\boldsymbol{P} + \cdots + a_n\boldsymbol{P}^{n-1} = \sum_{i=1}^{n} a_i\boldsymbol{P}^{i-1}. \qquad ①$$

显然,U 是非空集合. 对任意 $\boldsymbol{A},\boldsymbol{B}\in U,k\in K$,因为 $\boldsymbol{B}$ 可表示为 $\boldsymbol{B} = \sum_{i=1}^{n} b_i\boldsymbol{P}^{i-1}$, 所以

$$\boldsymbol{A} + \boldsymbol{B} = \sum_{i=1}^{n} a_i\boldsymbol{P}^{i-1} + \sum_{i=1}^{n} b_i\boldsymbol{P}^{i-1} = \sum_{i=1}^{n} (a_i + b_i)\boldsymbol{P}^{i-1} \in U,$$

$$k\boldsymbol{A} = k\sum_{i=1}^{n} a_i\boldsymbol{P}^{i-1} = \sum_{i=1}^{n} (ka_i)\boldsymbol{P}^{i-1} \in U,$$

因此 U 是 $M_n(K)$ 的一个子空间.

另一方面,对于任意 $\boldsymbol{A}\in U$,注意到表示式①,且容易验证 $\boldsymbol{E},\boldsymbol{P},\cdots,\boldsymbol{P}^{n-1}$ 是线性无关的,所以 $\boldsymbol{E},\boldsymbol{P},\cdots,\boldsymbol{P}^{n-1}$ 是 U 的一个基,且 $\dim U=n$.

【注】　关于循环矩阵的命题,另见第 6 章例 6.60,例 6.133 及其附注.

【例 5.15】(中国科学院,2002 年)　设 $\boldsymbol{A}$ 为 n 阶方阵

$$\begin{pmatrix} \lambda & 1 & 0 & \cdots & 0 \\ 0 & \lambda & 1 & \ddots & \vdots \\ \vdots & & & \ddots & 0 \\ & \ddots & \ddots & & 1 \\ 0 & \cdots & \cdots & 0 & \lambda \end{pmatrix},$$

而 V 是所有与 $\boldsymbol{A}$ 可交换的 n 阶实方阵全体,即 $V=\{\boldsymbol{B}\mid \boldsymbol{BA}=\boldsymbol{AB},\boldsymbol{B}$ 为 n 阶实方阵$\}$. 证明:

(1) V 是线性空间;

(2) V 的维数 $\dim V=n$.

【证】 (1) 只需证明 V 是 $M_n(\mathbb{R})$ 的一个子空间. 首先,V 显然包含零矩阵,所以 V 是非空集. 其次,$\forall \boldsymbol{B},\boldsymbol{C}\in V,k\in\mathbb{R}$,有

$$(\boldsymbol{B}+\boldsymbol{C})\boldsymbol{A}=\boldsymbol{BA}+\boldsymbol{CA}=\boldsymbol{AB}+\boldsymbol{AC}=\boldsymbol{A}(\boldsymbol{B}+\boldsymbol{C}),$$
$$(k\boldsymbol{B})\boldsymbol{A}=k(\boldsymbol{BA})=k(\boldsymbol{AB})=\boldsymbol{A}(k\boldsymbol{B}),$$

所以 V 对 $M_n(\mathbb{R})$ 的加法与数乘运算封闭. 因此 V 是 $M_n(\mathbb{R})$ 的子空间,故 V 是线性空间.

(2) $\forall \boldsymbol{B}\in V$,注意到 $\boldsymbol{A}=\lambda\boldsymbol{E}+\boldsymbol{J}$,其中

$$\boldsymbol{J}=\begin{pmatrix}0 & 1 & & \\ & 0 & \ddots & \\ & & \ddots & 1\\ & & & 0\end{pmatrix},$$

所以 $\boldsymbol{B}$ 与 $\boldsymbol{A}$ 可交换当且仅当 $\boldsymbol{B}$ 与 $\boldsymbol{J}$ 可交换,即 $\boldsymbol{BJ}=\boldsymbol{JB}$. 由此可知,$\boldsymbol{B}$ 可以表示成如下形式(详见第 4 章例 4.23):

$$\boldsymbol{B}=\begin{pmatrix}b_1 & b_2 & \cdots & b_n\\ & b_1 & \ddots & \vdots\\ & & \ddots & b_2\\ & & & b_1\end{pmatrix}=b_1\boldsymbol{E}+b_2\boldsymbol{J}+\cdots+b_n\boldsymbol{J}^{n-1}.$$

显然 $\boldsymbol{E},\boldsymbol{J},\cdots,\boldsymbol{J}^{n-1}$ 是线性无关的,因而构成 V 的一个基,因此 $\dim V=n$.

【例 5.16】(浙江大学,2009 年) 设 $\boldsymbol{A}=\begin{pmatrix}1 & -1 & 0 & -1 & -2\\ -1 & 2 & 1 & 3 & 6\\ 0 & 1 & 1 & 2 & 4\\ 0 & -1 & -1 & 1 & 2\end{pmatrix}$,$\mathbb{R}^{5\times2}$ 表示实数域 $\mathbb{R}$ 上所有 5×2 矩阵组成的线性空间,$W=\left\{\boldsymbol{B}\in\mathbb{R}^{5\times2}\,\middle|\,\boldsymbol{AB}=\boldsymbol{O}\right\}$. 证明 W 是 $\mathbb{R}^{5\times2}$ 的子空间,并求出它在 $\mathbb{R}$ 上的维数.

【解】 (1) 因为 $\boldsymbol{O}\in W$,所以 W 非空. 又 $\forall \boldsymbol{B}_1,\boldsymbol{B}_2\in W,k\in\mathbb{R}$,有 $\boldsymbol{AB}_1=\boldsymbol{O},\boldsymbol{AB}_2=\boldsymbol{O}$,所以 $\boldsymbol{A}(\boldsymbol{B}_1+\boldsymbol{B}_2)=\boldsymbol{O},\boldsymbol{A}(k\boldsymbol{B}_1)=\boldsymbol{O}$,即 $\boldsymbol{B}_1+\boldsymbol{B}_2\in W,k\boldsymbol{B}_1\in W$,故 W 是 $\mathbb{R}^{5\times2}$ 的子空间.

(2) 首先,容易求得齐次方程组 $\boldsymbol{Ax}=\boldsymbol{0}$ 的基础解系为

$$\boldsymbol{\xi}_1=(1,1,-1,0,0)^{\mathrm{T}},\quad \boldsymbol{\xi}_2=(0,0,0,2,-1)^{\mathrm{T}}.$$

令 $\boldsymbol{B}_{11}=(\boldsymbol{\xi}_1,\boldsymbol{0}),\boldsymbol{B}_{12}=(\boldsymbol{0},\boldsymbol{\xi}_1),\boldsymbol{B}_{21}=(\boldsymbol{\xi}_2,\boldsymbol{0}),\boldsymbol{B}_{22}=(\boldsymbol{0},\boldsymbol{\xi}_2)$,则 $\boldsymbol{AB}_{ij}=\boldsymbol{O}$,即 $\boldsymbol{AB}_{ij}\in W,i,j=1,2$.

设 $k_{11}\boldsymbol{B}_{11}+k_{12}\boldsymbol{B}_{12}+k_{21}\boldsymbol{B}_{21}+k_{22}\boldsymbol{B}_{22}=\boldsymbol{O}$,则有 $(k_{11}\boldsymbol{\xi}_1+k_{21}\boldsymbol{\xi}_2,k_{12}\boldsymbol{\xi}_1+k_{22}\boldsymbol{\xi}_2)=(\boldsymbol{0},\boldsymbol{0})$,从而有 $k_{11}\boldsymbol{\xi}_1+k_{21}\boldsymbol{\xi}_2=\boldsymbol{0},k_{12}\boldsymbol{\xi}_1+k_{22}\boldsymbol{\xi}_2=\boldsymbol{0}$. 因为 $\boldsymbol{\xi}_1,\boldsymbol{\xi}_2$ 线性无关,所以 $k_{ij}=0,i,j=1,2$. 这就证明了 $\boldsymbol{B}_{11},\boldsymbol{B}_{12},\boldsymbol{B}_{21},\boldsymbol{B}_{22}$ 线性无关.

又 $\forall \boldsymbol{C}\in W$,则 $\boldsymbol{AC}=\boldsymbol{O}$. 将 $\boldsymbol{C}$ 按列分块为 $\boldsymbol{C}=(\boldsymbol{\gamma}_1,\boldsymbol{\gamma}_2)$,则 $\boldsymbol{A\gamma}_i=\boldsymbol{0},i=1,2$. 于是,可令

$$\boldsymbol{\gamma}_1=c_{11}\boldsymbol{\xi}_1+c_{21}\boldsymbol{\xi}_2,\quad \boldsymbol{\gamma}_2=c_{12}\boldsymbol{\xi}_1+c_{22}\boldsymbol{\xi}_2,$$

故

$$C=(c_{11}\xi_1+c_{21}\xi_2,c_{12}\xi_1+c_{22}\xi_2)=c_{11}B_{11}+c_{12}B_{12}+c_{21}B_{21}+c_{22}B_{22}.$$

这表明 C 可由 $B_{11},B_{12},B_{21},B_{22}$ 线性表示.

因此,$B_{11},B_{12},B_{21},B_{22}$ 是 W 的一个基,且 $\dim W=4$.

【例 5.17】(华中师范大学,1991 年)　设 $S(A)=\left\{B\in P^{n\times n}\,\middle|\,A\in P^{n\times n}\text{ 且 }AB=O\right\}$.

(1) 证明:$S(A)$ 是 $P^{n\times n}$ 的子空间;

(2) 设 $\operatorname{rank} A=r$,求 $S(A)$ 的一个基和维数.

【解】　(1) 因为 $O\in S(A)$,所以 $S(A)$ 非空. 又 $\forall B_1,B_2\in S(A),k\in P$,有 $AB_1=O$, $AB_2=O$,所以 $A(B_1+B_2)=O,A(kB_1)=O$,即 $B_1+B_2\in S(A),kB_1\in S(A)$,故 $S(A)$ 是 $P^{n\times n}$ 的子空间.

(2) 设 $\xi_1,\xi_2,\cdots,\xi_{n-r}$ 是 $Ax=0$ 的一个基础解系,令

$$\begin{aligned}
&B_{11}=(\xi_1,0,\cdots,0),B_{12}=(0,\xi_1,0,\cdots,0),\cdots,B_{1n}=(0,\cdots,0,\xi_1),\\
&B_{21}=(\xi_2,0,\cdots,0),B_{22}=(0,\xi_2,0,\cdots,0),\cdots,B_{2n}=(0,\cdots,0,\xi_2),\\
&\cdots\\
&B_{n-r,1}=(\xi_{n-r},0,\cdots,0),B_{n-r,2}=(0,\xi_{n-r},0,\cdots,0),\cdots,B_{n-r,n}=(0,\cdots,0,\xi_{n-r}),
\end{aligned}\qquad ①$$

显然 $AB_{ij}=O(i=1,2,\cdots,n-r;j=1,2,\cdots,n)$,即 $B_{ij}\in S(A)$,并且可以证明它们线性无关,又 $\forall C\in S(A)$,可证 C 可由它们线性表示. 因此,①式给出的所有矩阵 $\{B_{ij}\}$ 构成 $S(A)$ 的一个基,且 $\dim S(A)=n(n-r)$.

【例 5.18】　设 V 是数域 K 上的 n 维线性空间,$\alpha_1,\alpha_2,\cdots,\alpha_n$ 是 V 中的向量,$\alpha_1\neq 0$. 又设多项式 $p(x)=x^n+a_1x^{n-1}+\cdots+a_{n-1}x+a_n\in K[x]$ 在 K 上不可约. 证明:若 V 的线性变换 φ 使得

$$\varphi(\alpha_j)=\alpha_{j+1},j=1,2,\cdots,n-1;\quad \varphi(\alpha_n)=-a_n\alpha_1-a_{n-1}\alpha_2-\cdots-a_1\alpha_n,$$

则 $\alpha_1,\alpha_2,\cdots,\alpha_n$ 是 V 的一个基.

【证】　只需证 $\alpha_1,\alpha_2,\cdots,\alpha_n$ 线性无关. 用反证法,设 $k_1,k_2,\cdots,k_n\in K$ 不全为 0,使得

$$k_1\alpha_1+k_2\alpha_2+\cdots+k_n\alpha_n=0,$$

将 $\varphi(\alpha_j)=\alpha_{j+1}$ 代入上式,得

$$k_1\alpha_1+k_2\varphi(\alpha_1)+\cdots+k_n\varphi^{n-1}(\alpha_1)=f(\varphi)\alpha_1=0,$$

其中 $f(x)=k_nx^{n-1}+k_{n-1}x^{n-2}+\cdots+k_2x+k_1\in K[x]$. 显然 $f(x)\neq 0$,且 $\deg f(x)\leqslant n-1$.

另一方面,由 $\varphi(\alpha_n)=-a_n\alpha_1-a_{n-1}\alpha_2-\cdots-a_1\alpha_n$ 得

$$\varphi^n(\alpha_1)+a_1\varphi^{n-1}(\alpha_1)+\cdots+a_{n-1}\varphi(\alpha_1)+a_n\alpha_1=p(\varphi)\alpha_1=0.$$

因为 $\deg p(x)=n$,且 $p(x)$ 在 K 上不可约,所以 $(p(x),f(x))=1$,故存在 $u(x),v(x)\in K[x]$ 使得

$$u(x)p(x)+v(x)f(x)=1.$$

将上式中的 x 用 φ 替换,两边同时作用于 α_1,得

$$\alpha_1=u(\varphi)p(\varphi)\alpha_1+v(\varphi)f(\varphi)\alpha_1=0.$$

此与题设条件矛盾. 因此,$\alpha_1,\alpha_2,\cdots,\alpha_n$ 是 V 的一个基.

【例 5.19】(华南理工大学,2009 年;北京航空航天大学,2004 年)　设 A,B 分别为数域 P 上的 $m\times n$ 与 $n\times s$ 矩阵,又 $W=\{B\alpha\mid AB\alpha=0,\alpha\in P^{s\times 1}\}$ 是 n 维列向量空间 $P^{n\times 1}$ 的子空间. 证

明:$\dim W=\operatorname{rank}\boldsymbol{B}-\operatorname{rank}(\boldsymbol{AB})$.

【证】 设齐次方程组 $\boldsymbol{ABx}=\boldsymbol{0}$ 的解空间为 U,即 $U=\{\boldsymbol{x}\in P^{n\times 1}\mid \boldsymbol{ABx}=\boldsymbol{0}\}$,则

$$\dim U=t=n-\operatorname{rank}(\boldsymbol{AB}).$$

又设 $\boldsymbol{Bx}=\boldsymbol{0}$ 的解空间为 V,即 $V=\{\boldsymbol{x}\in P^{n\times 1}\mid \boldsymbol{Bx}=\boldsymbol{0}\}$,则 $\dim V=r=n-\operatorname{rank}\boldsymbol{B}$.

显然 $V\subseteq U$. 现在取 V 的一个基 $\boldsymbol{x}_1,\cdots,\boldsymbol{x}_s$,并扩充成 U 的一个基 $\boldsymbol{x}_1,\cdots,\boldsymbol{x}_s,\boldsymbol{x}_{s+1},\cdots,\boldsymbol{x}_t$,注意到 $\boldsymbol{x}\in U\Leftrightarrow \boldsymbol{ABx}=\boldsymbol{0}\Leftrightarrow \boldsymbol{Bx}\in W$,所以

$$W=L(\boldsymbol{Bx}_1,\cdots,\boldsymbol{Bx}_s,\boldsymbol{Bx}_{s+1},\cdots,\boldsymbol{Bx}_t)=L(\boldsymbol{Bx}_{s+1},\boldsymbol{Bx}_{s+2},\cdots,\boldsymbol{Bx}_t).$$

下证 $\boldsymbol{Bx}_{s+1},\boldsymbol{Bx}_{s+2},\cdots,\boldsymbol{Bx}_t$ 是线性无关的. 为此,设

$$k_{s+1}\boldsymbol{Bx}_{s+1}+k_{s+2}\boldsymbol{Bx}_{s+2}+\cdots+k_t\boldsymbol{Bx}_t=\boldsymbol{0},$$

则 $\boldsymbol{B}(k_{s+1}\boldsymbol{x}_{s+1}+k_{s+2}\boldsymbol{x}_{s+2}+\cdots+k_t\boldsymbol{x}_t)=\boldsymbol{0}$,即 $k_{s+1}\boldsymbol{x}_{s+1}+k_{s+2}\boldsymbol{x}_{s+2}+\cdots+k_t\boldsymbol{x}_t\in V$,因此可设

$$k_{s+1}\boldsymbol{x}_{s+1}+k_{s+2}\boldsymbol{x}_{s+2}+\cdots+k_t\boldsymbol{x}_t=l_1\boldsymbol{x}_1+l_2\boldsymbol{x}_2+\cdots+l_s\boldsymbol{x}_s,$$

因为 $\boldsymbol{x}_1,\cdots,\boldsymbol{x}_s,\boldsymbol{x}_{s+1},\cdots,\boldsymbol{x}_t$ 线性无关,所以 $k_{s+1}=k_{s+2}=\cdots=k_t=0$. 故 $\boldsymbol{Bx}_{s+1},\boldsymbol{Bx}_{s+2},\cdots,\boldsymbol{Bx}_t$ 是线性无关的. 于是有

$$\dim W=t-r=n-\operatorname{rank}(\boldsymbol{AB})-(n-\operatorname{rank}\boldsymbol{B})=\operatorname{rank}\boldsymbol{B}-\operatorname{rank}(\boldsymbol{AB}).$$

【例 5.20】(复旦大学,2002 年) 设 K,f,E 都是数域,满足 $K\subseteq F\subseteq E$,则在通常的运算下 F 和 E 是数域 K 上的向量空间,E 又是数域 F 上的向量空间. 假定作为 K 上的向量空间 F 是有限维的,作为 F 上的向量空间 E 是有限维的,求证:作为 K 上的向量空间 E 是有限维的.

【证】 设 E 作为 F 上的向量空间的基为 $\boldsymbol{\alpha}_1,\boldsymbol{\alpha}_2,\cdots,\boldsymbol{\alpha}_n$,而 F 作为 K 上的向量空间的基为 $\boldsymbol{\beta}_1,\boldsymbol{\beta}_2,\cdots,\boldsymbol{\beta}_m$. 任取 $\boldsymbol{x}\in E$,则存在 $\lambda_1,\lambda_2,\cdots,\lambda_n\in F$,使得

$$\boldsymbol{x}=\sum_{i=1}^{n}\lambda_i\boldsymbol{\alpha}_i.$$

对每个 $\lambda_i\in F$,存在 $k_{i1},k_{i2},\cdots,k_{im}\in K$,使得

$$\lambda_i=\sum_{j=1}^{m}k_{ij}\boldsymbol{\beta}_j.$$

因此,有

$$\boldsymbol{x}=\sum_{i=1}^{n}\Big(\sum_{j=1}^{m}k_{ij}\boldsymbol{\beta}_j\Big)\boldsymbol{\alpha}_i=\sum_{i=1}^{n}\sum_{j=1}^{m}k_{ij}\boldsymbol{\alpha}_i\boldsymbol{\beta}_j.$$

这表明 E 作为数域 K 上的向量空间时 E 中的每一个向量都可表示为

$$\left\{\boldsymbol{\alpha}_i\boldsymbol{\beta}_j\in E\;\middle|\;1\leqslant i\leqslant n;1\leqslant j\leqslant m\right\}$$

的线性组合,所以 $\dim_K E\leqslant mn$(有限数),即作为 K 上的向量空间 E 是有限维的.

【注】 进一步可证:$\dim_K E=mn$. 一般地有

(北京师范大学,2016 年) 设 V 是域 F 上的 n 维向量空间,域 F 包含域 E,并且 F 可以看作域 E 上的向量空间(其加法是域 F 的加法,数乘是 E 中元素与 F 中元素在域 F 中作乘法). 设 $\dim_E F=m$.

(1) 证明:V 可以成为域 E 上的向量空间;

(2) 求 V 作为域 E 上的向量空间的维数.

事实上,只需把域 F 和 E 看作为数域进行讨论,且 $\dim_E V=mn$,其证明留给读者.

【例5.21】(北京大学,2010年)　设向量组$\boldsymbol{\alpha}_1,\boldsymbol{\alpha}_2,\cdots,\boldsymbol{\alpha}_s$线性无关,并且可由向量组$\boldsymbol{\beta}_1,\boldsymbol{\beta}_2,\cdots,\boldsymbol{\beta}_t$线性表示. 证明:必存在某个向量$\boldsymbol{\beta}_j(j=1,2,\cdots,t)$使得向量组$\boldsymbol{\beta}_j,\boldsymbol{\alpha}_2,\cdots,\boldsymbol{\alpha}_s$线性无关.

【证】　用反证法. 假设对任意向量$\boldsymbol{\beta}_j(j=1,2,\cdots,t)$,向量组$\boldsymbol{\beta}_j,\boldsymbol{\alpha}_2,\cdots,\boldsymbol{\alpha}_s$线性相关,因为$\boldsymbol{\alpha}_1,\boldsymbol{\alpha}_2,\cdots,\boldsymbol{\alpha}_s$线性无关,所以$\boldsymbol{\alpha}_2,\cdots,\boldsymbol{\alpha}_s$线性无关,可知$\boldsymbol{\beta}_j$可由$\boldsymbol{\alpha}_2,\cdots,\boldsymbol{\alpha}_s$线性表示,从而$\boldsymbol{\beta}_j$可由$\boldsymbol{\alpha}_1,\boldsymbol{\alpha}_2,\cdots,\boldsymbol{\alpha}_s$线性表示. 又据题设,向量组$\boldsymbol{\alpha}_1,\boldsymbol{\alpha}_2,\cdots,\boldsymbol{\alpha}_s$可由向量组$\boldsymbol{\beta}_1,\boldsymbol{\beta}_2,\cdots,\boldsymbol{\beta}_t$线性表示,因此,向量组$\boldsymbol{\beta}_1,\boldsymbol{\beta}_2,\cdots,\boldsymbol{\beta}_t$既与向量组$\boldsymbol{\alpha}_1,\boldsymbol{\alpha}_2,\cdots,\boldsymbol{\alpha}_s$等价,又与$\boldsymbol{\alpha}_2,\cdots,\boldsymbol{\alpha}_s$等价. 这就表明,$\operatorname{rank}\{\boldsymbol{\beta}_1,\boldsymbol{\beta}_2,\cdots,\boldsymbol{\beta}_t\}=s$,且$\operatorname{rank}\{\boldsymbol{\beta}_1,\boldsymbol{\beta}_2,\cdots,\boldsymbol{\beta}_t\}=s-1$. 矛盾.

【例5.22】(华南理工大学,2011年;兰州大学,2016年)　设$\boldsymbol{\alpha}_1,\boldsymbol{\alpha}_2,\cdots,\boldsymbol{\alpha}_n$为数域$P$上$n$维线性空间$V$的一组基,$\boldsymbol{A}$为$P$上的一个$n\times s$矩阵. 若

$$(\boldsymbol{\beta}_1,\boldsymbol{\beta}_2,\cdots,\boldsymbol{\beta}_s)=(\boldsymbol{\alpha}_1,\boldsymbol{\alpha}_2,\cdots,\boldsymbol{\alpha}_n)\boldsymbol{A},$$

则$L(\boldsymbol{\beta}_1,\boldsymbol{\beta}_2,\cdots,\boldsymbol{\beta}_s)$的维数$=\operatorname{rank}\boldsymbol{A}$.

【证】　(方法1) 先设$\boldsymbol{\beta}_{j_1},\boldsymbol{\beta}_{j_2},\cdots,\boldsymbol{\beta}_{j_t}$是$\boldsymbol{\beta}_1,\boldsymbol{\beta}_2,\cdots,\boldsymbol{\beta}_s$的一个极大无关组. 考察$\boldsymbol{A}$的列向量组$\boldsymbol{\gamma}_1,\boldsymbol{\gamma}_2,\cdots,\boldsymbol{\gamma}_s$中相应的部分组$\boldsymbol{\gamma}_{j_1},\boldsymbol{\gamma}_{j_2},\cdots,\boldsymbol{\gamma}_{j_t}$,并设$\sum\limits_{i=1}^{t}k_i\boldsymbol{\gamma}_{j_i}=\boldsymbol{0}$. 注意到

$$(\boldsymbol{\beta}_{j_1},\boldsymbol{\beta}_{j_2},\cdots,\boldsymbol{\beta}_{j_t})=(\boldsymbol{\alpha}_1,\boldsymbol{\alpha}_2,\cdots,\boldsymbol{\alpha}_n)(\boldsymbol{\gamma}_{j_1},\boldsymbol{\gamma}_{j_2},\cdots,\boldsymbol{\gamma}_{j_t}),$$

那么

$$\sum_{i=1}^{t}k_i\boldsymbol{\beta}_{j_i}=(\boldsymbol{\beta}_{j_1},\boldsymbol{\beta}_{j_2},\cdots,\boldsymbol{\beta}_{j_t})\begin{pmatrix}k_1\\k_2\\\vdots\\k_t\end{pmatrix}=(\boldsymbol{\alpha}_1,\boldsymbol{\alpha}_2,\cdots,\boldsymbol{\alpha}_n)(\boldsymbol{\gamma}_{j_1},\boldsymbol{\gamma}_{j_2},\cdots,\boldsymbol{\gamma}_{j_t})\begin{pmatrix}k_1\\k_2\\\vdots\\k_t\end{pmatrix}$$

$$=(\boldsymbol{\alpha}_1,\boldsymbol{\alpha}_2,\cdots,\boldsymbol{\alpha}_n)\sum_{i=1}^{t}k_i\boldsymbol{\gamma}_{j_i}=\boldsymbol{0}.$$

由于$\boldsymbol{\beta}_{j_1},\boldsymbol{\beta}_{j_2},\cdots,\boldsymbol{\beta}_{j_t}$线性无关,所以$k_1=k_2=\cdots=k_t=0$,即$\boldsymbol{\gamma}_{j_1},\boldsymbol{\gamma}_{j_2},\cdots,\boldsymbol{\gamma}_{j_t}$线性无关. 故

$$\operatorname{rank}\boldsymbol{A}\geqslant t=\operatorname{rank}\{\boldsymbol{\beta}_1,\boldsymbol{\beta}_2,\cdots,\boldsymbol{\beta}_s\}.$$

再设$\boldsymbol{\gamma}_{j_1},\boldsymbol{\gamma}_{j_2},\cdots,\boldsymbol{\gamma}_{j_r}$是$\boldsymbol{A}$的列向量组的一个极大无关组,并设$\sum\limits_{i=1}^{r}k_i\boldsymbol{\beta}_{j_i}=\boldsymbol{0}$. 那么

$$(\boldsymbol{\alpha}_1,\boldsymbol{\alpha}_2,\cdots,\boldsymbol{\alpha}_n)(\boldsymbol{\gamma}_{j_1},\boldsymbol{\gamma}_{j_2},\cdots,\boldsymbol{\gamma}_{j_r})\begin{pmatrix}k_1\\k_2\\\vdots\\k_r\end{pmatrix}=(\boldsymbol{\beta}_{j_1},\boldsymbol{\beta}_{j_2},\cdots,\boldsymbol{\beta}_{j_r})\begin{pmatrix}k_1\\k_2\\\vdots\\k_r\end{pmatrix}=\boldsymbol{0},$$

由于$\boldsymbol{\alpha}_1,\boldsymbol{\alpha}_2,\cdots,\boldsymbol{\alpha}_n$线性无关,必须有

$$(\boldsymbol{\gamma}_{j_1},\boldsymbol{\gamma}_{j_2},\cdots,\boldsymbol{\gamma}_{j_r})\begin{pmatrix}k_1\\k_2\\\vdots\\k_r\end{pmatrix}=\boldsymbol{0},$$

因为$\boldsymbol{\gamma}_{j_1},\boldsymbol{\gamma}_{j_2},\cdots,\boldsymbol{\gamma}_{j_r}$线性无关,所以$k_1=k_2=\cdots=k_r=0$,即$\boldsymbol{\beta}_{j_1},\boldsymbol{\beta}_{j_2},\cdots,\boldsymbol{\beta}_{j_r}$线性无关,因而

$$\operatorname{rank}\{\boldsymbol{\beta}_1,\boldsymbol{\beta}_2,\cdots,\boldsymbol{\beta}_s\}\geqslant r=\operatorname{rank}\boldsymbol{A}.$$

因此得 $\operatorname{rank}\{\boldsymbol{\beta}_1,\boldsymbol{\beta}_2,\cdots,\boldsymbol{\beta}_s\}=\operatorname{rank}\boldsymbol{A}$，亦即

$$\dim L(\boldsymbol{\beta}_1,\boldsymbol{\beta}_2,\cdots,\boldsymbol{\beta}_s)=\operatorname{rank}\boldsymbol{A}.$$

（方法 2）首先易证：如果 V 中的向量组 $\boldsymbol{\xi}_1,\boldsymbol{\xi}_2,\cdots,\boldsymbol{\xi}_m$ 可由向量组 $\boldsymbol{\eta}_1,\boldsymbol{\eta}_2,\cdots,\boldsymbol{\eta}_m$ 表示为

$$(\boldsymbol{\xi}_1,\boldsymbol{\xi}_2,\cdots,\boldsymbol{\xi}_m)=(\boldsymbol{\eta}_1,\boldsymbol{\eta}_2,\cdots,\boldsymbol{\eta}_m)\boldsymbol{C},$$

其中 $\boldsymbol{C}$ 是数域 P 上一个 m 阶可逆矩阵，那么这两个向量组等价，从而有

$$\operatorname{rank}(\boldsymbol{\xi}_1,\boldsymbol{\xi}_2,\cdots,\boldsymbol{\xi}_m)=\operatorname{rank}(\boldsymbol{\eta}_1,\boldsymbol{\eta}_2,\cdots,\boldsymbol{\eta}_m).$$

现在设 $\operatorname{rank}\boldsymbol{A}=r$，则存在 n 阶可逆矩阵 $\boldsymbol{P}$ 和 s 阶可逆矩阵 $\boldsymbol{Q}$，使得

$$\boldsymbol{A}=\boldsymbol{P}\begin{pmatrix}\boldsymbol{E}_r & \boldsymbol{O}\\ \boldsymbol{O} & \boldsymbol{O}\end{pmatrix}\boldsymbol{Q},$$

其中 $\boldsymbol{E}_r$ 是 r 阶单位矩阵. 故由题设有

$$(\boldsymbol{\beta}_1,\boldsymbol{\beta}_2,\cdots,\boldsymbol{\beta}_s)=(\boldsymbol{\alpha}_1,\boldsymbol{\alpha}_2,\cdots,\boldsymbol{\alpha}_n)\boldsymbol{P}\begin{pmatrix}\boldsymbol{E}_r & \boldsymbol{O}\\ \boldsymbol{O} & \boldsymbol{O}\end{pmatrix}\boldsymbol{Q},$$

若令 $(\boldsymbol{\varepsilon}_1,\boldsymbol{\varepsilon}_2,\cdots,\boldsymbol{\varepsilon}_n)=(\boldsymbol{\alpha}_1,\boldsymbol{\alpha}_2,\cdots,\boldsymbol{\alpha}_n)\boldsymbol{P}$，则上式即

$$(\boldsymbol{\beta}_1,\boldsymbol{\beta}_2,\cdots,\boldsymbol{\beta}_s)=(\boldsymbol{\varepsilon}_1,\boldsymbol{\varepsilon}_2,\cdots,\boldsymbol{\varepsilon}_n)\begin{pmatrix}\boldsymbol{E}_r & \boldsymbol{O}\\ \boldsymbol{O} & \boldsymbol{O}\end{pmatrix}\boldsymbol{Q}=(\boldsymbol{\varepsilon}_1,\cdots,\boldsymbol{\varepsilon}_r,\boldsymbol{0},\cdots,\boldsymbol{0})\boldsymbol{Q}.$$

据题设 $\boldsymbol{\alpha}_1,\boldsymbol{\alpha}_2,\cdots,\boldsymbol{\alpha}_n$ 线性无关，所以 $\operatorname{rank}(\boldsymbol{\varepsilon}_1,\boldsymbol{\varepsilon}_2,\cdots,\boldsymbol{\varepsilon}_n)=\operatorname{rank}(\boldsymbol{\alpha}_1,\boldsymbol{\alpha}_2,\cdots,\boldsymbol{\alpha}_n)=n$，于是

$$\operatorname{rank}(\boldsymbol{\beta}_1,\boldsymbol{\beta}_2,\cdots,\boldsymbol{\beta}_s)=\operatorname{rank}(\boldsymbol{\varepsilon}_1,\boldsymbol{\varepsilon}_2,\cdots,\boldsymbol{\varepsilon}_r)=r.$$

这就证得 $\dim L(\boldsymbol{\beta}_1,\boldsymbol{\beta}_2,\cdots,\boldsymbol{\beta}_s)=\operatorname{rank}\boldsymbol{A}$.

【注】 注意到 $\boldsymbol{A}$ 的列向量即向量组 $\boldsymbol{\beta}_1,\boldsymbol{\beta}_2,\cdots,\boldsymbol{\beta}_s$ 在 V 的基 $\boldsymbol{\alpha}_1,\boldsymbol{\alpha}_2,\cdots,\boldsymbol{\alpha}_n$ 下的坐标，根据同构对应，也易证得 $\operatorname{rank}(\boldsymbol{\beta}_1,\boldsymbol{\beta}_2,\cdots,\boldsymbol{\beta}_s)=\operatorname{rank}\boldsymbol{A}$.

【例 5.23】（浙江大学，2003 年；上海交通大学，2015 年） 设 V 是数域 P 上的 n 维线性空间，$\boldsymbol{\alpha}_1,\boldsymbol{\alpha}_2,\boldsymbol{\alpha}_3,\boldsymbol{\alpha}_4\in V$，$W=L(\boldsymbol{\alpha}_1,\boldsymbol{\alpha}_2,\boldsymbol{\alpha}_3,\boldsymbol{\alpha}_4)$，又有 $\boldsymbol{\beta}_1,\boldsymbol{\beta}_2\in W$ 且 $\boldsymbol{\beta}_1,\boldsymbol{\beta}_2$ 线性无关. 求证：可用 $\boldsymbol{\beta}_1,\boldsymbol{\beta}_2$ 替换 $\boldsymbol{\alpha}_1,\boldsymbol{\alpha}_2,\boldsymbol{\alpha}_3,\boldsymbol{\alpha}_4$ 中的两个向量 $\boldsymbol{\alpha}_{i_1},\boldsymbol{\alpha}_{i_2}$，使得剩下的两个向量 $\boldsymbol{\alpha}_{i_3},\boldsymbol{\alpha}_{i_4}$ 与 $\boldsymbol{\beta}_1,\boldsymbol{\beta}_2$ 仍然生成子空间 W，也即 $W=L(\boldsymbol{\beta}_1,\boldsymbol{\beta}_2,\boldsymbol{\alpha}_{i_3},\boldsymbol{\alpha}_{i_4})$.

【证】 （方法 1）据题设，$\boldsymbol{\beta}_1$ 可由 $\boldsymbol{\alpha}_1,\boldsymbol{\alpha}_2,\boldsymbol{\alpha}_3,\boldsymbol{\alpha}_4$ 线性表示，则存在 $x_1,x_2,x_3,x_4\in P$，使得

$$\boldsymbol{\beta}_1=x_1\boldsymbol{\alpha}_1+x_2\boldsymbol{\alpha}_2+x_3\boldsymbol{\alpha}_3+x_4\boldsymbol{\alpha}_4.$$

因为 $\boldsymbol{\beta}_1,\boldsymbol{\beta}_2$ 线性无关，所以 $\boldsymbol{\beta}_1\neq\boldsymbol{0}$，必存在 $x_i\neq0(1\leqslant i\leqslant4)$. 不妨设 $x_1\neq0$，则

$$\boldsymbol{\alpha}_1=\frac{1}{x_1}(\boldsymbol{\beta}_1-x_2\boldsymbol{\alpha}_2-x_3\boldsymbol{\alpha}_3-x_4\boldsymbol{\alpha}_4). \qquad ①$$

再由题设，$\boldsymbol{\beta}_2$ 可由 $\boldsymbol{\alpha}_1,\boldsymbol{\alpha}_2,\boldsymbol{\alpha}_3,\boldsymbol{\alpha}_4$ 线性表示，则存在 $y_1,y_2,y_3,y_4\in P$，使得

$$\boldsymbol{\beta}_2=y_1\boldsymbol{\alpha}_1+y_2\boldsymbol{\alpha}_2+y_3\boldsymbol{\alpha}_3+y_4\boldsymbol{\alpha}_4. \qquad ②$$

把①式代入②式并整理，得

$$\boldsymbol{\beta}_2=z_1\boldsymbol{\beta}_1+z_2\boldsymbol{\alpha}_2+z_3\boldsymbol{\alpha}_3+z_4\boldsymbol{\alpha}_4,$$

其中 $z_1=\dfrac{y_1}{x_1}$，$z_i=y_i-\dfrac{x_i}{x_1}(i=2,3,4)$. 因为 $\boldsymbol{\beta}_1,\boldsymbol{\beta}_2$ 线性无关，所以必存在 $z_j\neq0(2\leqslant j\leqslant4)$. 不妨设 $z_2\neq0$，则

$$\boldsymbol{\alpha}_2=\frac{1}{z_2}(-z_1\boldsymbol{\beta}_1+\boldsymbol{\beta}_2-z_3\boldsymbol{\alpha}_3-z_4\boldsymbol{\alpha}_4). \qquad ③$$

把③式代入①式可知,$\boldsymbol{\alpha}_1$ 可由$\boldsymbol{\beta}_1,\boldsymbol{\beta}_2,\boldsymbol{\alpha}_3,\boldsymbol{\alpha}_4$ 线性表示. 因此,向量组 $\boldsymbol{\alpha}_1,\boldsymbol{\alpha}_2,\boldsymbol{\alpha}_3,\boldsymbol{\alpha}_4$ 与向量组 $\boldsymbol{\beta}_1,\boldsymbol{\beta}_2,\boldsymbol{\alpha}_3,\boldsymbol{\alpha}_4$ 等价. 故 $W=L(\boldsymbol{\beta}_1,\boldsymbol{\beta}_2,\boldsymbol{\alpha}_3,\boldsymbol{\alpha}_4)$.

(方法2) 如果任一 $\boldsymbol{\alpha}_k$ 都可由$\boldsymbol{\beta}_1,\boldsymbol{\beta}_2$ 线性表示,那么任取 $\boldsymbol{\alpha}_1,\boldsymbol{\alpha}_2,\boldsymbol{\alpha}_3,\boldsymbol{\alpha}_4$ 中的两个向量,记为 $\boldsymbol{\alpha}_{i_3},\boldsymbol{\alpha}_{i_4}$,易知$\boldsymbol{\beta}_1,\boldsymbol{\beta}_2,\boldsymbol{\alpha}_{i_3},\boldsymbol{\alpha}_{i_4}$ 与 $\boldsymbol{\alpha}_1,\boldsymbol{\alpha}_2,\boldsymbol{\alpha}_3,\boldsymbol{\alpha}_4$ 等价,从而有 $W=L(\boldsymbol{\beta}_1,\boldsymbol{\beta}_2,\boldsymbol{\alpha}_{i_3},\boldsymbol{\alpha}_{i_4})$.

如果 $\boldsymbol{\alpha}_1,\boldsymbol{\alpha}_2,\boldsymbol{\alpha}_3,\boldsymbol{\alpha}_4$ 中存在某个 $\boldsymbol{\alpha}_k$ 不能由$\boldsymbol{\beta}_1,\boldsymbol{\beta}_2$ 线性表示,那么$\boldsymbol{\beta}_1,\boldsymbol{\beta}_2,\boldsymbol{\alpha}_k$ 线性无关. 记 $U=L(\boldsymbol{\beta}_1,\boldsymbol{\beta}_2,\boldsymbol{\alpha}_k)$,则 $U\subseteq W$. 分两种情形讨论:

若 $U=W$,则任取 $\boldsymbol{\alpha}_j\in W(j\neq k)$,并记 $\boldsymbol{\alpha}_{i_3}=\boldsymbol{\alpha}_k,\boldsymbol{\alpha}_{i_4}=\boldsymbol{\alpha}_j$,易知$\boldsymbol{\beta}_1,\boldsymbol{\beta}_2,\boldsymbol{\alpha}_{i_3},\boldsymbol{\alpha}_{i_4}$ 与 $\boldsymbol{\alpha}_1,\boldsymbol{\alpha}_2,\boldsymbol{\alpha}_3,\boldsymbol{\alpha}_4$ 等价,所以 $W=L(\boldsymbol{\beta}_1,\boldsymbol{\beta}_2,\boldsymbol{\alpha}_{i_3},\boldsymbol{\alpha}_{i_4})$;

若 $U\neq W$,则存在 $\boldsymbol{\alpha}_j\in W$ 但 $\boldsymbol{\alpha}_j\notin U$,此时 $j\neq k$. 所以$\boldsymbol{\beta}_1,\boldsymbol{\beta}_2,\boldsymbol{\alpha}_k,\boldsymbol{\alpha}_j$ 线性无关. 记 $\boldsymbol{\alpha}_{i_3}=\boldsymbol{\alpha}_k$, $\boldsymbol{\alpha}_{i_4}=\boldsymbol{\alpha}_j$,则 $L(\boldsymbol{\beta}_1,\boldsymbol{\beta}_2,\boldsymbol{\alpha}_{i_3},\boldsymbol{\alpha}_{i_4})\subseteq W$. 注意到 $4=\dim L(\boldsymbol{\beta}_1,\boldsymbol{\beta}_2,\boldsymbol{\alpha}_{i_3},\boldsymbol{\alpha}_{i_4})\leqslant\dim W\leqslant 4$,因此 $\dim W=4$,且 $W=L(\boldsymbol{\beta}_1,\boldsymbol{\beta}_2,\boldsymbol{\alpha}_{i_3},\boldsymbol{\alpha}_{i_4})$.

【例5.24】(东南大学,2004年) 设线性空间 V 的两个基为 $\boldsymbol{\alpha}_1,\boldsymbol{\alpha}_2,\cdots,\boldsymbol{\alpha}_n$; $\boldsymbol{\beta}_1,\boldsymbol{\beta}_2,\cdots,\boldsymbol{\beta}_n$.

(1) 求证:$\forall i\in\{1,2,\cdots,n\}$, $\exists\boldsymbol{\alpha}_{j_i}\in\{\boldsymbol{\alpha}_1,\boldsymbol{\alpha}_2,\cdots,\boldsymbol{\alpha}_n\}$,使$\boldsymbol{\beta}_1,\boldsymbol{\beta}_2,\cdots,\boldsymbol{\beta}_{i-1},\boldsymbol{\alpha}_{j_i},\boldsymbol{\beta}_{i+1},\cdots,\boldsymbol{\beta}_n$ 为 V 的基;

(2) 设 $n=3$. 问 $\forall i\in\{1,2,3\}$,是否存在 $j,k\in\{1,2,3\}$, $j\neq k$,使$\boldsymbol{\beta}_i,\boldsymbol{\alpha}_j,\boldsymbol{\alpha}_k$ 为 V 的基,为什么?

【解】 (1) 因为 $\boldsymbol{\alpha}_1,\boldsymbol{\alpha}_2,\cdots,\boldsymbol{\alpha}_n$ 可由 $\boldsymbol{\beta}_1,\boldsymbol{\beta}_2,\cdots,\boldsymbol{\beta}_n$ 线性表示,所以存在可逆矩阵 $\boldsymbol{A}=(a_{ij})$使

$$(\boldsymbol{\alpha}_1,\boldsymbol{\alpha}_2,\cdots,\boldsymbol{\alpha}_n)=(\boldsymbol{\beta}_1,\boldsymbol{\beta}_2,\cdots,\boldsymbol{\beta}_n)\boldsymbol{A}.$$

注意到 $\boldsymbol{A}$ 的任一行的元素不全为0,因此 $\forall i\in\{1,2,\cdots,n\}$, $\boldsymbol{A}$ 中存在(i,j_i)元 $a_{i,j_i}\neq 0$,即存在 $\boldsymbol{\alpha}_{j_i}\in\{\boldsymbol{\alpha}_1,\boldsymbol{\alpha}_2,\cdots,\boldsymbol{\alpha}_n\}$,使 $\boldsymbol{\alpha}_{j_i}$ 关于基$\boldsymbol{\beta}_1,\boldsymbol{\beta}_2,\cdots,\boldsymbol{\beta}_n$ 的第 i 个坐标 $a_{i,j_i}\neq 0$. 现在,用 $\boldsymbol{\alpha}_{j_i}$ 替换 $\boldsymbol{\beta}_i$,则

$$(\boldsymbol{\beta}_1,\cdots,\boldsymbol{\beta}_{i-1},\boldsymbol{\alpha}_{j_i},\boldsymbol{\beta}_{i+1},\cdots,\boldsymbol{\beta}_n)=(\boldsymbol{\beta}_1,\boldsymbol{\beta}_2,\cdots,\boldsymbol{\beta}_n)\boldsymbol{B},$$

其中

$$\boldsymbol{B}=\begin{pmatrix}1 & & a_{1,j_i} & & \\ & \ddots & \vdots & & \\ & & a_{i,j_i} & & \\ & & \vdots & \ddots & \\ & & a_{n,j_i} & & 1\end{pmatrix}.$$

显然,$\det\boldsymbol{B}=a_{i,j_i}\neq 0$. 所以$\boldsymbol{\beta}_1,\boldsymbol{\beta}_2,\cdots,\boldsymbol{\beta}_{i-1},\boldsymbol{\alpha}_{j_i},\boldsymbol{\beta}_{i+1},\cdots,\boldsymbol{\beta}_n$ 线性无关,因而构成 V 的一个基.

(2) 当 $n=3$ 时,将(1)的结论用于基 $\boldsymbol{\beta}_1,\boldsymbol{\beta}_2,\boldsymbol{\beta}_3$ 与 $\boldsymbol{\alpha}_1,\boldsymbol{\alpha}_2,\boldsymbol{\alpha}_3$ 即知:$\forall i\in\{1,2,3\}$,存在 $j,k\in\{1,2,3\}$, $j\neq k$,使$\boldsymbol{\beta}_i,\boldsymbol{\alpha}_j,\boldsymbol{\alpha}_k$ 为 V 的基.

【例5.25】(大连理工大学,2005年) 设 $\boldsymbol{\varepsilon}_1,\boldsymbol{\varepsilon}_2,\cdots,\boldsymbol{\varepsilon}_n$ 是数域 P 上的 n 维线性空间 V 的

一个基，W 是 V 的非平凡子空间，$\boldsymbol{\alpha}_1,\boldsymbol{\alpha}_2,\cdots,\boldsymbol{\alpha}_r$ 是 W 的一个基. 证明：在 $\boldsymbol{\varepsilon}_1,\boldsymbol{\varepsilon}_2,\cdots,\boldsymbol{\varepsilon}_n$ 中可找到 $n-r$ 个向量 $\boldsymbol{\varepsilon}_{i_1},\boldsymbol{\varepsilon}_{i_2},\cdots,\boldsymbol{\varepsilon}_{i_{n-r}}$，使得 $\boldsymbol{\alpha}_1,\boldsymbol{\alpha}_2,\cdots,\boldsymbol{\alpha}_r,\boldsymbol{\varepsilon}_{i_1},\boldsymbol{\varepsilon}_{i_2},\cdots,\boldsymbol{\varepsilon}_{i_{n-r}}$ 为 $\boldsymbol{V}$ 的一个基.

【证】 因为 $\boldsymbol{\varepsilon}_1,\boldsymbol{\varepsilon}_2,\cdots,\boldsymbol{\varepsilon}_n$ 是 V 的基，所以 $\boldsymbol{\alpha}_1,\boldsymbol{\alpha}_2,\cdots,\boldsymbol{\alpha}_r$ 可由这个基线性表示，故存在矩阵 $\boldsymbol{T}=(t_{ij})\in P^{n\times r}$，使得

$$\begin{cases}\boldsymbol{\alpha}_1 = t_{11}\boldsymbol{\varepsilon}_1 + t_{21}\boldsymbol{\varepsilon}_2 + \cdots + t_{n1}\boldsymbol{\varepsilon}_n,\\ \boldsymbol{\alpha}_2 = t_{12}\boldsymbol{\varepsilon}_1 + t_{22}\boldsymbol{\varepsilon}_2 + \cdots + t_{n2}\boldsymbol{\varepsilon}_n,\\ \cdots\cdots\cdots\cdots\\ \boldsymbol{\alpha}_r = t_{1r}\boldsymbol{\varepsilon}_1 + t_{2r}\boldsymbol{\varepsilon}_2 + \cdots + t_{nr}\boldsymbol{\varepsilon}_n,\end{cases}$$

或记为

$$(\boldsymbol{\alpha}_1,\boldsymbol{\alpha}_2,\cdots,\boldsymbol{\alpha}_r)=(\boldsymbol{\varepsilon}_1,\boldsymbol{\varepsilon}_2,\cdots,\boldsymbol{\varepsilon}_n)\boldsymbol{T}. \qquad ①$$

据题设，$\boldsymbol{\alpha}_1,\boldsymbol{\alpha}_2,\cdots,\boldsymbol{\alpha}_r$ 是线性无关组，所以 $\operatorname{rank}\boldsymbol{T}=r$. 因若不然，则齐次线性方程组 $\boldsymbol{TX}=\boldsymbol{0}$ 存在非零解 $\boldsymbol{X}=(x_1,x_2,\cdots,x_r)^{\mathrm{T}}\in P^{r\times 1}$. 从而有

$$x_1\boldsymbol{\alpha}_1+x_2\boldsymbol{\alpha}_2+\cdots+x_r\boldsymbol{\alpha}_r=(\boldsymbol{\alpha}_1,\boldsymbol{\alpha}_2,\cdots,\boldsymbol{\alpha}_r)\boldsymbol{X}=(\boldsymbol{\varepsilon}_1,\boldsymbol{\varepsilon}_2,\cdots,\boldsymbol{\varepsilon}_n)\boldsymbol{TX}=\boldsymbol{0},$$

矛盾. 故 $\operatorname{rank}\boldsymbol{T}=r$. 于是 $\boldsymbol{T}$ 中有 r 个行向量线性无关，设为第 $j_1,j_2,\cdots,j_r$ 行，并构成矩阵 $\boldsymbol{T}_1$. 把 $\boldsymbol{T}$ 中其余的行记为 $i_1,i_2,\cdots,i_{n-r}$，并构成矩阵 $\boldsymbol{T}_2$. 那么①式可改写为

$$(\boldsymbol{\alpha}_1,\boldsymbol{\alpha}_2,\cdots,\boldsymbol{\alpha}_r)=(\boldsymbol{\varepsilon}_{j_1},\boldsymbol{\varepsilon}_{j_2},\cdots,\boldsymbol{\varepsilon}_{j_r})\boldsymbol{T}_1+(\boldsymbol{\varepsilon}_{i_1},\boldsymbol{\varepsilon}_{i_2},\cdots,\boldsymbol{\varepsilon}_{i_{n-r}})\boldsymbol{T}_2.$$

因为 $\boldsymbol{T}_1$ 是 r 阶可逆矩阵，所以

$$(\boldsymbol{\varepsilon}_{j_1},\boldsymbol{\varepsilon}_{j_2},\cdots,\boldsymbol{\varepsilon}_{j_r})=(\boldsymbol{\alpha}_1,\boldsymbol{\alpha}_2,\cdots,\boldsymbol{\alpha}_r)\boldsymbol{T}_1^{-1}-(\boldsymbol{\varepsilon}_{i_1},\boldsymbol{\varepsilon}_{i_2},\cdots,\boldsymbol{\varepsilon}_{i_{n-r}})\boldsymbol{T}_2\boldsymbol{T}_1^{-1}.$$

因此，向量组 $\boldsymbol{\varepsilon}_{j_1},\boldsymbol{\varepsilon}_{j_2},\cdots,\boldsymbol{\varepsilon}_{j_r},\boldsymbol{\varepsilon}_{i_1},\boldsymbol{\varepsilon}_{i_2},\cdots,\boldsymbol{\varepsilon}_{i_{n-r}}$ 亦即 $\boldsymbol{\varepsilon}_1,\boldsymbol{\varepsilon}_2,\cdots,\boldsymbol{\varepsilon}_n$ 与向量组 $\boldsymbol{\alpha}_1,\boldsymbol{\alpha}_2,\cdots,\boldsymbol{\alpha}_r,\boldsymbol{\varepsilon}_{i_1},\boldsymbol{\varepsilon}_{i_2},\cdots,\boldsymbol{\varepsilon}_{i_{n-r}}$ 等价. 故 $\boldsymbol{\alpha}_1,\boldsymbol{\alpha}_2,\cdots,\boldsymbol{\alpha}_r,\boldsymbol{\varepsilon}_{i_1},\boldsymbol{\varepsilon}_{i_2},\cdots,\boldsymbol{\varepsilon}_{i_{n-r}}$ 为 $\boldsymbol{V}$ 的一个基.

【例 5.26】(哈尔滨工业大学，2009 年) 设向量组 $\boldsymbol{\alpha}_1,\boldsymbol{\alpha}_2,\cdots,\boldsymbol{\alpha}_s$ 线性无关，且可由向量组 $\boldsymbol{\beta}_1,\boldsymbol{\beta}_2,\cdots,\boldsymbol{\beta}_t$ 线性表示. 证明：存在 $\boldsymbol{\beta}_1,\boldsymbol{\beta}_2,\cdots,\boldsymbol{\beta}_t$ 的一个置换 $\boldsymbol{\beta}_{i_1},\boldsymbol{\beta}_{i_2},\cdots,\boldsymbol{\beta}_{i_t}$，使向量组 $\boldsymbol{\alpha}_1,\boldsymbol{\alpha}_2,\cdots,\boldsymbol{\alpha}_r,\boldsymbol{\beta}_{i_{r+1}},\boldsymbol{\beta}_{i_{r+2}},\cdots,\boldsymbol{\beta}_{i_t}$ 与向量组 $\boldsymbol{\beta}_1,\boldsymbol{\beta}_2,\cdots,\boldsymbol{\beta}_t$ 等价 $(r=1,2,\cdots,s)$.

【证】 因为 $\boldsymbol{\alpha}_1,\boldsymbol{\alpha}_2,\cdots,\boldsymbol{\alpha}_s$ 线性无关，且可由向量组 $\boldsymbol{\beta}_1,\boldsymbol{\beta}_2,\cdots,\boldsymbol{\beta}_t$ 线性表示，故 $s\leqslant t$.

下面对 s 用归纳法证明.

当 $s=1$ 时，因为 $\boldsymbol{\alpha}_1$ 可由 $\boldsymbol{\beta}_1,\boldsymbol{\beta}_2,\cdots,\boldsymbol{\beta}_t$ 线性表示，故存在 $k_1,k_2,\cdots,k_t\in\boldsymbol{K}$ 使得 $\alpha_1=\sum\limits_{i=1}^{t}k_i\boldsymbol{\beta}_i$，而 $\boldsymbol{\alpha}_1$ 线性无关，即 $\boldsymbol{\alpha}_1\neq\boldsymbol{0}$，所以 $k_1,k_2,\cdots,k_t$ 不全为零. 必有 $k_l\neq 0(1\leqslant l\leqslant t)$. 则

$$\boldsymbol{\beta}_l=\frac{1}{k_l}\boldsymbol{\alpha}_1-\sum_{\substack{i=1\\ i\neq l}}^{t}\frac{k_i}{k_l}\boldsymbol{\beta}_i,$$

因此，向量组 $\boldsymbol{\alpha}_1,\boldsymbol{\beta}_1,\cdots,\boldsymbol{\beta}_{l-1},\boldsymbol{\beta}_{l+1},\cdots,\boldsymbol{\beta}_t$ 与向量组 $\boldsymbol{\beta}_1,\boldsymbol{\beta}_2,\cdots,\boldsymbol{\beta}_t$ 等价.

令 $\boldsymbol{\beta}_{i_1}=\boldsymbol{\beta}_l,\boldsymbol{\beta}_{i_2}=\boldsymbol{\beta}_1,\cdots,\boldsymbol{\beta}_{i_l}=\boldsymbol{\beta}_{l-1},\boldsymbol{\beta}_{i_{l+1}}=\boldsymbol{\beta}_{l+1},\cdots,\boldsymbol{\beta}_{i_t}=\boldsymbol{\beta}_t$，即得结论.

假设结论对 $s-1$ 成立. 考察 s 个线性无关的向量 $\boldsymbol{\alpha}_1,\boldsymbol{\alpha}_2,\cdots,\boldsymbol{\alpha}_s$.

因为 $\boldsymbol{\alpha}_1,\boldsymbol{\alpha}_2,\cdots,\boldsymbol{\alpha}_{s-1}$ 线性无关，由归纳假设，存在 $\boldsymbol{\beta}_1,\boldsymbol{\beta}_2,\cdots,\boldsymbol{\beta}_t$ 的一个置换 $\boldsymbol{\beta}_{j_1},\boldsymbol{\beta}_{j_2},\cdots,\boldsymbol{\beta}_{j_t}$，使得对任意 $r=1,2,\cdots,s-1$，向量组

$$\boldsymbol{\alpha}_1,\boldsymbol{\alpha}_2,\cdots,\boldsymbol{\alpha}_r,\boldsymbol{\beta}_{j_{r+1}},\boldsymbol{\beta}_{j_{r+2}},\cdots,\boldsymbol{\beta}_{j_t}$$

都与向量组 $\boldsymbol{\beta}_1,\boldsymbol{\beta}_2,\cdots,\boldsymbol{\beta}_t$ 等价. 又 $\boldsymbol{\alpha}_s$ 可由 $\boldsymbol{\beta}_1,\boldsymbol{\beta}_2,\cdots,\boldsymbol{\beta}_t$ 线性表示，所以 $\boldsymbol{\alpha}_s$ 可由 $\boldsymbol{\alpha}_1,\cdots,\boldsymbol{\alpha}_{s-1}$，

$\boldsymbol{\beta}_{j_s},\boldsymbol{\beta}_{j_{s+1}},\cdots,\boldsymbol{\beta}_{j_t}$ 线性表示. 故存在 $\lambda_i,\mu_k\in\boldsymbol{K},i=1,2,\cdots,s-1,k=s,s+1,\cdots,t$,使得

$$\boldsymbol{\alpha}_s=\sum_{i=1}^{s-1}\lambda_i\boldsymbol{\alpha}_i+\sum_{k=s}^{t}\mu_k\boldsymbol{\beta}_{j_k}.$$

由于 $\boldsymbol{\alpha}_1,\boldsymbol{\alpha}_2,\cdots,\boldsymbol{\alpha}_s$ 线性无关,故 $\mu_s,\mu_{s+1},\cdots,\mu_t$ 不全为零. 设第一个不为零的是 μ_h,则 $h\geqslant s$. 所以 $\boldsymbol{\beta}_{j_h}$ 可由 $\boldsymbol{\alpha}_1,\boldsymbol{\alpha}_2,\cdots,\boldsymbol{\alpha}_s,\boldsymbol{\beta}_{j_{h+1}},\cdots,\boldsymbol{\beta}_{j_t}$ 线性表示. 令 $\boldsymbol{\beta}_{i_k}=\boldsymbol{\beta}_{j_k}(1\leqslant k\leqslant s-1)$,$\boldsymbol{\beta}_{i_s}=\boldsymbol{\beta}_{j_h}$,及

$$\boldsymbol{\beta}_{i_{s+1}}=\boldsymbol{\beta}_{j_s},\cdots,\boldsymbol{\beta}_{i_h}=\boldsymbol{\beta}_{j_{h-1}},\boldsymbol{\beta}_{i_{h+1}}=\boldsymbol{\beta}_{j_{h+1}},\cdots,\boldsymbol{\beta}_{i_t}=\boldsymbol{\beta}_{j_t},$$

则向量组 $\boldsymbol{\alpha}_1,\boldsymbol{\alpha}_2,\cdots,\boldsymbol{\alpha}_s,\boldsymbol{\beta}_{i_{s+1}},\cdots,\boldsymbol{\beta}_{i_t}$ 与向量组 $\boldsymbol{\beta}_1,\boldsymbol{\beta}_2,\cdots,\boldsymbol{\beta}_t$ 等价.

根据归纳法原理可知结论成立.

【注】 本题即**替换原理**,前面的例 5.23,例 5.24,例 5.25 都是其特别情形.

【例 5.27】(武汉大学,1993 年) 设 $\boldsymbol{e}_1,\boldsymbol{e}_2,\cdots,\boldsymbol{e}_n$ 为 n 维实线性空间 V 的一个基,令 $\boldsymbol{e}_{n+1}=-\boldsymbol{e}_1-\boldsymbol{e}_2-\cdots-\boldsymbol{e}_n$. 证明:

(1) $\boldsymbol{e}_1,\boldsymbol{e}_2,\cdots,\boldsymbol{e}_n,\boldsymbol{e}_{n+1}$ 中任意去掉一个,余下的 n 个总组成 V 的一个基;

(2) $\forall\boldsymbol{x}\in V$,在(1)中的 $n+1$ 个基中必存在一个基,使 $\boldsymbol{x}$ 在此基下的坐标全是非负的;

(3) $\boldsymbol{x}$ 的这种非负坐标表达式是唯一的.

【证】 (1) 将 $\boldsymbol{e}_1,\boldsymbol{e}_2,\cdots,\boldsymbol{e}_n,\boldsymbol{e}_{n+1}$ 去掉 $\boldsymbol{e}_i$,显然只需考虑 $1\leqslant i\leqslant n$. 令

$$k_1\boldsymbol{e}_1+\cdots+k_{i-1}\boldsymbol{e}_{i-1}+k_{i+1}\boldsymbol{e}_{i+1}+\cdots+k_n\boldsymbol{e}_n+k_{n+1}\boldsymbol{e}_{n+1}=\boldsymbol{0},$$

则

$$(k_1-k_{n+1})\boldsymbol{e}_1+\cdots+(k_{i-1}-k_{n+1})\boldsymbol{e}_{i-1}-k_{n+1}\boldsymbol{e}_i+(k_{i+1}-k_{n+1})\boldsymbol{e}_{i+1}+\cdots+(k_n-k_{n+1})\boldsymbol{e}_n=\boldsymbol{0}.$$

由于 $\boldsymbol{e}_1,\boldsymbol{e}_2,\cdots,\boldsymbol{e}_n$ 线性无关,所以

$$k_1-k_{n+1}=\cdots=k_{i-1}-k_{n+1}=-k_{n+1}=k_{i+1}-k_{n+1}=\cdots=k_n-k_{n+1}=0,$$

从而有 $k_j=0(j=1,\cdots,i-1,i+1,\cdots,n,n+1)$,因此 $\boldsymbol{e}_1,\cdots,\boldsymbol{e}_{i-1},\boldsymbol{e}_{i+1},\cdots,\boldsymbol{e}_n,\boldsymbol{e}_{n+1}$ 线性无关.

(2) 对任意 $\boldsymbol{x}\in V$,设 $\boldsymbol{x}=a_1\boldsymbol{e}_1+a_2\boldsymbol{e}_2+\cdots+a_n\boldsymbol{e}_n$,若 $a_1,a_2,\cdots,a_n\geqslant 0$,则结论成立,否则令 a_i 是负坐标中绝对值最大者. 此时,由于 $\boldsymbol{e}_{n+1}=-\boldsymbol{e}_1-\boldsymbol{e}_2-\cdots-\boldsymbol{e}_n$,所以有

$$(\boldsymbol{e}_1,\cdots,\boldsymbol{e}_{i-1},\boldsymbol{e}_i,\boldsymbol{e}_{i+1},\cdots,\boldsymbol{e}_n)=(\boldsymbol{e}_1,\cdots,\boldsymbol{e}_{i-1},\boldsymbol{e}_{i+1},\cdots,\boldsymbol{e}_n,\boldsymbol{e}_{n+1})\begin{pmatrix}1 & & & -1 & & & \\ & \ddots & & \vdots & & & \\ & & 1 & -1 & & & \\ & & & -1 & 1 & & \\ & & & \vdots & & \ddots & \\ & & & -1 & & & 1\\ & & & -1 & & & 0\end{pmatrix}.$$

将上式两边右乘列向量 $(a_1,a_2,\cdots,a_n)^{\mathrm{T}}$,得

$$\boldsymbol{x}=(\boldsymbol{e}_1,\boldsymbol{e}_2,\cdots,\boldsymbol{e}_n)\begin{pmatrix}a_1\\a_2\\\vdots\\a_n\end{pmatrix}=(\boldsymbol{e}_1,\cdots,\boldsymbol{e}_{i-1},\boldsymbol{e}_{i+1},\cdots,\boldsymbol{e}_n,\boldsymbol{e}_{n+1})\begin{pmatrix}1 & & & -1 & & & \\ & \ddots & & \vdots & & & \\ & & 1 & -1 & & & \\ & & & -1 & 1 & & \\ & & & \vdots & & \ddots & \\ & & & -1 & & & 1\\ & & & -1 & & & 0\end{pmatrix}\begin{pmatrix}a_1\\\vdots\\a_{i-1}\\a_i\\\vdots\\a_{n-1}\\a_n\end{pmatrix}$$

$$= (\boldsymbol{e}_1,\cdots,\boldsymbol{e}_{i-1},\boldsymbol{e}_{i+1},\cdots,\boldsymbol{e}_n,\boldsymbol{e}_{n+1})\begin{pmatrix} a_1-a_i\\ \vdots \\ a_{i-1}-a_i\\ a_{i+1}-a_i\\ \vdots\\ a_n-a_i\\ -a_i\end{pmatrix}.$$

因此,$\boldsymbol{e}_1,\cdots,\boldsymbol{e}_{i-1},\boldsymbol{e}_{i+1},\cdots,\boldsymbol{e}_n,\boldsymbol{e}_{n+1}$ 就是使 $\boldsymbol{x}$ 的坐标均非负的一个基.

(3) 设 $\boldsymbol{x}=a_1\boldsymbol{e}_1+\cdots+a_i\boldsymbol{e}_i+\cdots+a_n\boldsymbol{e}_n$,其中 $a_i<0$,且 a_i 是负坐标中绝对值最大者. 下证在除去(2)中的基以外的其余 n 个基中,$\boldsymbol{x}$ 无论用哪一个基表示都有负坐标. $\forall k\neq i$,有

$$\boldsymbol{x}=(\boldsymbol{e}_1,\boldsymbol{e}_2,\cdots,\boldsymbol{e}_n)\begin{pmatrix}a_1\\ a_2\\ \vdots\\ a_n\end{pmatrix}=(\boldsymbol{e}_1,\cdots,\boldsymbol{e}_{k-1},\boldsymbol{e}_{k+1},\cdots,\boldsymbol{e}_n,\boldsymbol{e}_{n+1})\begin{pmatrix}a_1-a_k\\ \vdots\\ a_i-a_k\\ \vdots\\ a_n-a_k\\ -a_k\end{pmatrix},$$

其中 $a_i-a_k<0$,于是结论成立.

§5.2 子空间的和与交

基本理论与要点提示

5.2.1 子空间的和

(1) 设 W_1,W_2 是数域 K 上 n 维线性空间 V 的两个子空间,则 V 的子空间

$$\{\boldsymbol{\alpha}_1+\boldsymbol{\alpha}_2\in V\mid \boldsymbol{\alpha}_1\in W_1,\boldsymbol{\alpha}_2\in W_2\}$$

称为 W_1 与 W_2 的和,记为 W_1+W_2.

(2) 设 $\boldsymbol{\alpha}_1,\boldsymbol{\alpha}_2,\cdots,\boldsymbol{\alpha}_r$ 和 $\boldsymbol{\beta}_1,\boldsymbol{\beta}_2,\cdots,\boldsymbol{\beta}_s$ 是线性空间 V 中的任意两个向量组,$W_1=L(\boldsymbol{\alpha}_1,\boldsymbol{\alpha}_2,\cdots,\boldsymbol{\alpha}_r)$,$W_2=L(\boldsymbol{\beta}_1,\boldsymbol{\beta}_2,\cdots,\boldsymbol{\beta}_s)$,则 $W_1+W_2=L(\boldsymbol{\alpha}_1,\boldsymbol{\alpha}_2,\cdots,\boldsymbol{\alpha}_r,\boldsymbol{\beta}_1,\boldsymbol{\beta}_2,\cdots,\boldsymbol{\beta}_s)$.

5.2.2 子空间的交

设 W_1,W_2 是线性空间 V 的子空间,则 W_1 与 W_2 的交 $W_1\cap W_2$ 也是 V 的子空间.

5.2.3 维数公式

设 W_1,W_2 是数域 K 上 n 维线性空间 V 的两个子空间,则有维数公式:

$$\dim W_1+\dim W_2=\dim(W_1+W_2)+\dim(W_1\cap W_2).$$

典型问题解析

【例 5.28】(北京航空航天大学,2005 年) 设 $\boldsymbol{\alpha}_1,\boldsymbol{\alpha}_2,\cdots,\boldsymbol{\alpha}_r$ 和 $\boldsymbol{\beta}_1,\boldsymbol{\beta}_2,\cdots,\boldsymbol{\beta}_s$ 是 K^n 中的两个线性无关向量组,证明:子空间

$$L(\boldsymbol{\alpha}_1,\boldsymbol{\alpha}_2,\cdots,\boldsymbol{\alpha}_r)\cap L(\boldsymbol{\beta}_1,\boldsymbol{\beta}_2,\cdots,\boldsymbol{\beta}_s)$$

的维数等于齐次线性方程组

$$x_1\boldsymbol{\alpha}_1+x_2\boldsymbol{\alpha}_2+\cdots+x_r\boldsymbol{\alpha}_r+y_1\boldsymbol{\beta}_1+y_2\boldsymbol{\beta}_2+\cdots+y_s\boldsymbol{\beta}_s=\boldsymbol{0}$$

的解空间的维数.

【证】　若令 $V_1=L(\boldsymbol{\alpha}_1,\boldsymbol{\alpha}_2,\cdots,\boldsymbol{\alpha}_r)$，$V_2=L(\boldsymbol{\beta}_1,\boldsymbol{\beta}_2,\cdots,\boldsymbol{\beta}_s)$，则 $\dim V_1=r$，$\dim V_2=s$.

再设 W 是所给齐次线性方程组

$$x_1\boldsymbol{\alpha}_1+x_2\boldsymbol{\alpha}_2+\cdots+x_r\boldsymbol{\alpha}_r+y_1\boldsymbol{\beta}_1+y_2\boldsymbol{\beta}_2+\cdots+y_s\boldsymbol{\beta}_s=\boldsymbol{0}$$

的解空间，则由于

$$V_1+V_2=L(\boldsymbol{\alpha}_1,\boldsymbol{\alpha}_2,\cdots,\boldsymbol{\alpha}_r)+L(\boldsymbol{\beta}_1,\boldsymbol{\beta}_2,\cdots,\boldsymbol{\beta}_s)=L(\boldsymbol{\alpha}_1,\boldsymbol{\alpha}_2,\cdots,\boldsymbol{\alpha}_r,\boldsymbol{\beta}_1,\boldsymbol{\beta}_2,\cdots,\boldsymbol{\beta}_s),$$

所以

$$\begin{aligned}\dim W&=(r+s)-\operatorname{rank}(\boldsymbol{\alpha}_1,\boldsymbol{\alpha}_2,\cdots,\boldsymbol{\alpha}_r,\boldsymbol{\beta}_1,\boldsymbol{\beta}_2,\cdots,\boldsymbol{\beta}_s)\\&=(r+s)-\dim(L(\boldsymbol{\alpha}_1,\boldsymbol{\alpha}_2,\cdots,\boldsymbol{\alpha}_r,\boldsymbol{\beta}_1,\boldsymbol{\beta}_2,\cdots,\boldsymbol{\beta}_s))\\&=(r+s)-\dim(V_1+V_2).\end{aligned}$$

利用维数公式 $\dim(V_1+V_2)=\dim V_1+\dim V_2-\dim(V_1\cap V_2)$，于是有

$$\begin{aligned}\dim W&=r+s-\dim V_1-\dim V_2+\dim(V_1\cap V_2)\\&=\dim(L(\boldsymbol{\alpha}_1,\boldsymbol{\alpha}_2,\cdots,\boldsymbol{\alpha}_r)\cap L(\boldsymbol{\beta}_1,\boldsymbol{\beta}_2,\cdots,\boldsymbol{\beta}_s)).\end{aligned}$$

【例 5.29】(中山大学,2006 年)　设$\mathbb{R}^4$中，$\boldsymbol{\alpha}_1=(1,2,1,0)$，$\boldsymbol{\alpha}_2=(-1,1,1,1)$，$\boldsymbol{\alpha}_3=(0,3,2,1)$生成的子空间为 V_1，$\boldsymbol{\beta}_1=(2,-1,0,1)$，$\boldsymbol{\beta}_2=(1,-1,3,7)$生成的子空间为 V_2. 试求 V_1+V_2，$V_1\cap V_2$ 的一个基.

【解】　因为

$$V_1+V_2=L(\boldsymbol{\alpha}_1,\boldsymbol{\alpha}_2,\boldsymbol{\alpha}_3)+L(\boldsymbol{\beta}_1,\boldsymbol{\beta}_2)=L(\boldsymbol{\alpha}_1,\boldsymbol{\alpha}_2,\boldsymbol{\alpha}_3,\boldsymbol{\beta}_1,\boldsymbol{\beta}_2),$$

所以向量组 $\boldsymbol{\alpha}_1,\boldsymbol{\alpha}_2,\boldsymbol{\alpha}_3,\boldsymbol{\beta}_1,\boldsymbol{\beta}_2$ 的一个极大无关组就是 V_1+V_2 的一个基. 把 $\boldsymbol{\alpha}_1,\boldsymbol{\alpha}_2,\boldsymbol{\alpha}_3,\boldsymbol{\beta}_1,\boldsymbol{\beta}_2$ 写成列向量，构成矩阵 $\boldsymbol{A}$，对 $\boldsymbol{A}$ 作一系列初等行变换，化成简化行阶梯形矩阵：

$$\boldsymbol{A}=\left(\begin{array}{ccc:cc}1&-1&0&2&1\\2&1&3&-1&-1\\1&1&2&0&3\\0&1&1&1&7\end{array}\right)\to\left(\begin{array}{ccc:cc}1&0&1&0&-1\\0&1&1&0&4\\0&0&0&1&3\\0&0&0&0&0\end{array}\right).$$

因此 $\boldsymbol{\alpha}_1,\boldsymbol{\alpha}_2,\boldsymbol{\beta}_1$ 是 V_1+V_2 的一个基，$\dim(V_1+V_2)=3$. 同时，可以看出 $\dim V_1=2$，$\dim V_2=2$，并且$\boldsymbol{\beta}_2$ 可由 $\boldsymbol{\alpha}_1,\boldsymbol{\alpha}_2,\boldsymbol{\beta}_1$ 线性表示为$\boldsymbol{\beta}_2=-\boldsymbol{\alpha}_1+4\boldsymbol{\alpha}_2+3\boldsymbol{\beta}_1$，从而

$$\boldsymbol{\alpha}_1-4\boldsymbol{\alpha}_2+0\boldsymbol{\alpha}_3=3\boldsymbol{\beta}_1-\boldsymbol{\beta}_2\in V_1\cap V_2.$$

利用维数公式，有

$$\dim(V_1\cap V_2)=\dim V_1+\dim V_2-\dim(V_1+V_2)=2+2-3=1.$$

于是 $\boldsymbol{\alpha}_1-4\boldsymbol{\alpha}_2=(5,-2,-3,-4)$是 $V_1\cap V_2$ 的一个基.

【例 5.30】　设 W_1,W_2 是线性空间 $M_2(K)$的子空间，$W_1=L(\boldsymbol{A}_1,\boldsymbol{A}_2)$，$W_2=L(\boldsymbol{B}_1,\boldsymbol{B}_2)$，其中

$$\boldsymbol{A}_1=\begin{pmatrix}1&1\\0&0\end{pmatrix},\quad\boldsymbol{A}_2=\begin{pmatrix}1&0\\1&1\end{pmatrix},\quad\boldsymbol{B}_1=\begin{pmatrix}0&0\\1&1\end{pmatrix},\quad\boldsymbol{B}_2=\begin{pmatrix}0&1\\1&0\end{pmatrix}.$$

(1) 求 W_1+W_2 的一个基与维数；

(2) 求 $W_1\cap W_2$ 的一个基与维数；

(3) 问 $M_2(K)=W_1\oplus W_2$ 是否成立？为什么？

【解】　(1) $W_1+W_2=L(\boldsymbol{A}_1,\boldsymbol{A}_2,\boldsymbol{B}_1,\boldsymbol{B}_2)$，取 $M_2(K)$的基

$$E_{11}=\begin{pmatrix}1&0\\0&0\end{pmatrix},\quad E_{12}=\begin{pmatrix}0&1\\0&0\end{pmatrix},\quad E_{21}=\begin{pmatrix}0&0\\1&0\end{pmatrix},\quad E_{22}=\begin{pmatrix}0&0\\0&1\end{pmatrix},$$

则 $\boldsymbol{A}_1,\boldsymbol{A}_2,\boldsymbol{B}_1,\boldsymbol{B}_2$ 在这个基下的坐标分别为

$$(1,1,0,0)^{\mathrm{T}},\quad (1,0,1,1)^{\mathrm{T}},\quad (0,0,1,1)^{\mathrm{T}},\quad (0,1,1,0)^{\mathrm{T}}.$$

将其按列构成矩阵 $\boldsymbol{Q}$,易知

$$\det \boldsymbol{Q}=1,$$

所以 $\boldsymbol{A}_1,\boldsymbol{A}_2,\boldsymbol{B}_1,\boldsymbol{B}_2$ 是线性无关的,因而是 W_1+W_2 的一个基,且 $\dim(W_1+W_2)=4$.

(2) 易知 $\dim W_1=\dim W_2=2$. 利用维数公式得

$$\dim(W_1\cap W_2)=\dim W_1+\dim W_2-\dim(W_1+W_2)=2+2-4=0,$$

故 $W_1\cap W_2$ 是零空间,因而不存在基.

(3) $M_2(K)=W_1\oplus W_2$ 成立. 其理由如下:

由(1)知,$M_2(K)=W_1+W_2$. 再由(2),$W_1\cap W_2=\{\boldsymbol{O}\}$. 所以 $M_2(K)=W_1\oplus W_2$.

【例 5.31】 设线性空间 $M_2(K)$ 的两个基为

$$(\mathrm{I}):\ \boldsymbol{A}_1=\begin{pmatrix}1&0\\0&0\end{pmatrix},\ \boldsymbol{A}_2=\begin{pmatrix}1&1\\0&0\end{pmatrix},\ \boldsymbol{A}_3=\begin{pmatrix}1&1\\1&0\end{pmatrix},\ \boldsymbol{A}_4=\begin{pmatrix}1&1\\1&1\end{pmatrix},$$

$$(\mathrm{II}):\ \boldsymbol{B}_1=\begin{pmatrix}1&0\\1&1\end{pmatrix},\ \boldsymbol{B}_2=\begin{pmatrix}0&1\\1&1\end{pmatrix},\ \boldsymbol{B}_3=\begin{pmatrix}1&1\\1&0\end{pmatrix},\ \boldsymbol{B}_4=\begin{pmatrix}1&1\\0&1\end{pmatrix}.$$

(1) 求由基(Ⅰ)到基(Ⅱ)的过渡矩阵;

(2) 求 $M_2(K)$ 中在基(Ⅰ)与基(Ⅱ)下有相同坐标的矩阵.

【解】 (1) 记 $M_2(K)$ 的自然基 $\boldsymbol{E}_{11},\boldsymbol{E}_{12},\boldsymbol{E}_{21},\boldsymbol{E}_{22}$ 为(Ⅲ),再记由基(Ⅲ)到基(Ⅰ)的过渡矩阵为 $\boldsymbol{Q}_1$,由基(Ⅲ)到基(Ⅱ)的过渡矩阵为 $\boldsymbol{Q}_2$,即

$$(\boldsymbol{A}_1,\boldsymbol{A}_2,\boldsymbol{A}_3,\boldsymbol{A}_4)=(\boldsymbol{E}_{11},\boldsymbol{E}_{12},\boldsymbol{E}_{21},\boldsymbol{E}_{22})\boldsymbol{Q}_1,$$
$$(\boldsymbol{B}_1,\boldsymbol{B}_2,\boldsymbol{B}_3,\boldsymbol{B}_4)=(\boldsymbol{E}_{11},\boldsymbol{E}_{12},\boldsymbol{E}_{21},\boldsymbol{E}_{22})\boldsymbol{Q}_2,$$

其中

$$\boldsymbol{Q}_1=\begin{pmatrix}1&1&1&1\\0&1&1&1\\0&0&1&1\\0&0&0&1\end{pmatrix},\quad \boldsymbol{Q}_2=\begin{pmatrix}1&0&1&1\\0&1&1&1\\1&1&1&0\\1&1&0&1\end{pmatrix}.$$

因为 $(\boldsymbol{B}_1,\boldsymbol{B}_2,\boldsymbol{B}_3,\boldsymbol{B}_4)=(\boldsymbol{A}_1,\boldsymbol{A}_2,\boldsymbol{A}_3,\boldsymbol{A}_4)\boldsymbol{Q}_1^{-1}\boldsymbol{Q}_2$,所以,由基(Ⅰ)到基(Ⅱ)的过渡矩阵为

$$\boldsymbol{T}=\boldsymbol{Q}_1^{-1}\boldsymbol{Q}_2=\begin{pmatrix}1&-1&0&0\\-1&0&0&1\\0&0&1&-1\\1&1&0&1\end{pmatrix}.$$

(2) 设矩阵 $\boldsymbol{A}\in M_2(K)$ 在基(Ⅰ)与基(Ⅱ)下有相同坐标 $\boldsymbol{X}=(x_1,x_2,x_3,x_4)^{\mathrm{T}}$,则由坐标变换公式得

$$\boldsymbol{X}=\boldsymbol{T}\boldsymbol{X},\quad \text{即}\quad (\boldsymbol{T}-\boldsymbol{E})\boldsymbol{X}=\boldsymbol{0}.$$

解这个齐次线性方程组,求得其通解为 $\boldsymbol{X}=k(0,0,1,0)^{\mathrm{T}}$,其中 $k\in K$. 因此

$$A=(A_1,A_2,A_3,A_4)X=kA_3=k\begin{pmatrix}1&1\\1&0\end{pmatrix}.$$

【例5.32】(南京大学,2016年) 设 W 为实 n 维向量空间 $\mathbb{R}^n$ 的子空间,且 W 中的每个非零向量 $\boldsymbol{\alpha}=(a_1,a_2,\cdots,a_n)$ 的零分量的个数不超过 r. 证明:$\dim W\leqslant r+1$.

【证】 (方法1) 取 $\mathbb{R}^n$ 的自然基 $\boldsymbol{e}_1,\boldsymbol{e}_2,\cdots,\boldsymbol{e}_n$,其中 $\boldsymbol{e}_i$ 的第 i 个分量为1其他分量均为0,$i=1,2,\cdots,n$. 令 $U=L(\boldsymbol{e}_1,\boldsymbol{e}_2,\cdots,\boldsymbol{e}_{n-r-1})$,则 $\dim U=n-r-1$,且 $U\cap W=\{\boldsymbol{0}\}$. 利用维数公式,得

$$\dim U+\dim W=\dim(U+W)\leqslant n,$$

所以 $\dim W\leqslant r+1$.

(方法2) 用反证法. 假设 $\dim W=s\geqslant r+2$,取 W 的一个基

$$\boldsymbol{\eta}_1=\begin{pmatrix}a_{11}\\a_{21}\\\vdots\\a_{n1}\end{pmatrix},\boldsymbol{\eta}_2=\begin{pmatrix}a_{12}\\a_{22}\\\vdots\\a_{n2}\end{pmatrix},\cdots,\boldsymbol{\eta}_s=\begin{pmatrix}a_{1s}\\a_{2s}\\\vdots\\a_{ns}\end{pmatrix},$$

考虑它们的前 $s-1$ 个分量构成的 s 元齐次线性方程组

$$\begin{cases}a_{11}x_1+a_{12}x_2+\cdots+a_{1s}x_s=0,\\a_{21}x_1+a_{22}x_2+\cdots+a_{2s}x_s=0,\\\cdots\cdots\cdots\cdots\\a_{s-1,1}x_1+a_{s-1,2}x_2+\cdots+a_{s-1,s}x_s=0,\end{cases}$$

其系数矩阵的秩 $\leqslant s-1<s$,方程组必有非零解,设 $(k_1,k_2,\cdots,k_s)^{\mathrm{T}}\neq\boldsymbol{0}$ 是这样一个解,令

$$\boldsymbol{\beta}=k_1\boldsymbol{\eta}_1+k_2\boldsymbol{\eta}_2+\cdots+k_s\boldsymbol{\eta}_s,$$

则 $\boldsymbol{\beta}=(0,\cdots,0,b_s,\cdots,b_n)^{\mathrm{T}}\in W$,且 $\boldsymbol{\beta}\neq\boldsymbol{0}$. 这表明 $\boldsymbol{\beta}$ 至少有 $s-1(\geqslant r+1)$ 个分量为零,矛盾. 因此 $\dim W\leqslant r+1$.

【例5.33】(中国科学院大学,2017年) 设 n 维线性空间 V 有两个子空间 U_1 和 U_2,$\dim U_1\leqslant m$,$\dim U_2\leqslant m$,且 $m<n$. 证明:V 中必存在子空间 W,满足 $\dim W=n-m$,且 $W\cap U_1=W\cap U_2=\{\boldsymbol{0}\}$.

【证】 因为 U_1,U_2 是 V 的真子空间,所以存在 $\boldsymbol{\alpha}_1\in V$,使得 $\boldsymbol{\alpha}_1\notin U_1$ 且 $\boldsymbol{\alpha}_1\notin U_2$.(参见本题附注)记 $W'_1=U_1+L(\boldsymbol{\alpha}_1)$,$W''_1=U_2+L(\boldsymbol{\alpha}_1)$,若 $\dim W'_1<n$ 且 $\dim W''_1<n$,所以又存在 $\boldsymbol{\alpha}_2\in V$,使得 $\boldsymbol{\alpha}_2\notin W'_1$ 且 $\boldsymbol{\alpha}_2\notin W''_2$. 显然,$\boldsymbol{\alpha}_1,\boldsymbol{\alpha}_2$ 线性无关.

又记 $W'_2=U_1+L(\boldsymbol{\alpha}_1,\boldsymbol{\alpha}_2)$,$W''_2=U_2+L(\boldsymbol{\alpha}_1,\boldsymbol{\alpha}_2)$,若 $\dim W'_2<n$ 且 $\dim W''_2<n$,所以又存在 $\boldsymbol{\alpha}_3\in V$,使得 $\boldsymbol{\alpha}_3\notin W'_2$ 且 $\boldsymbol{\alpha}_3\notin W''_2$,而 $\boldsymbol{\alpha}_1,\boldsymbol{\alpha}_2,\boldsymbol{\alpha}_3$ 线性无关.

如此继续下去,可得两个子空间列

$$\begin{cases}W'_k=U_1+L(\boldsymbol{\alpha}_1,\boldsymbol{\alpha}_2,\cdots,\boldsymbol{\alpha}_k),\\W''_k=U_2+L(\boldsymbol{\alpha}_1,\boldsymbol{\alpha}_2,\cdots,\boldsymbol{\alpha}_k),\end{cases}\quad k=1,2,\cdots,n-m-1,$$

其中向量组 $\boldsymbol{\alpha}_1,\boldsymbol{\alpha}_2,\cdots,\boldsymbol{\alpha}_{n-m-1}$ 是线性无关的. 根据维数公式,有

$$\dim(W'_k)\leqslant\dim U_1+\dim(L(\boldsymbol{\alpha}_1,\boldsymbol{\alpha}_2,\cdots,\boldsymbol{\alpha}_k))\leqslant m+k,$$

所以 $\dim(W'_{n-m-1})<n$. 同理,有 $\dim(W''_{n-m-1})<n$. 因此,存在 $\boldsymbol{\alpha}_{n-m}\in V$,使得 $\boldsymbol{\alpha}_{n-m}\notin W'_{n-m-1}$ 且 $\boldsymbol{\alpha}_{n-m}\notin W''_{n-m-1}$. 易知 $\boldsymbol{\alpha}_1,\boldsymbol{\alpha}_2,\cdots,\boldsymbol{\alpha}_{n-m}$ 线性无关.

最后,令 $W=L(\boldsymbol{\alpha}_1,\boldsymbol{\alpha}_2,\cdots,\boldsymbol{\alpha}_{n-m})$,则 $\dim W=n-m$,且 $W\cap U_1=W\cap U_2=\{\boldsymbol{0}\}$.

【注】(复旦大学,2002 年) 设 V 是数域 K 上的 n 维线性空间,W_1 与 W_2 都是 V 的真子空间,则在 V 中必存在向量 $\boldsymbol{\alpha}$,使得 $\boldsymbol{\alpha}\notin W_1$ 与 $\boldsymbol{\alpha}\notin W_2$ 同时成立.

兹证明如下:若 $W_1\subseteq W_2$ 或 $W_2\subseteq W_1$,则结论显然成立. 若 $W_1\not\subseteq W_2$ 且 $W_2\not\subseteq W_1$,则 V 中存在向量 $\boldsymbol{\xi},\boldsymbol{\eta}$,使得 $\boldsymbol{\xi}\in W_1,\boldsymbol{\xi}\notin W_2$,而 $\boldsymbol{\eta}\notin W_1,\boldsymbol{\eta}\in W_2$. 令 $\boldsymbol{\alpha}=\boldsymbol{\xi}+\boldsymbol{\eta}$,则 $\boldsymbol{\alpha}\notin W_1$ 且 $\boldsymbol{\alpha}\notin W_2$.

【例 5.34】(北京大学,2002 年) 设 V 是数域 K 上的 n 维线性空间,$V_1,V_2,\cdots,V_s$ 是 V 的 s 个真子空间. 证明:

(1) 存在 $\boldsymbol{\alpha}\in V$,使得 $\boldsymbol{\alpha}\notin V_1\cup V_2\cup\cdots\cup V_s$;

(2) 存在 V 的一个基 $\boldsymbol{\varepsilon}_1,\boldsymbol{\varepsilon}_2,\cdots,\boldsymbol{\varepsilon}_n$,使得$\{\boldsymbol{\varepsilon}_1,\boldsymbol{\varepsilon}_2,\cdots,\boldsymbol{\varepsilon}_n\}\cap(V_1\cup V_2\cup\cdots\cup V_s)=\varnothing$.

【证】 (1) 对 s 利用归纳法. 当 $s=1$ 时结论显然成立;假设 $s-1$ 时结论成立,即 V 中存在 $\boldsymbol{\alpha}\notin V_1\cup V_2\cup\cdots\cup V_{s-1}$. 若 $\boldsymbol{\alpha}\notin V_s$,则结论已成立. 若 $\boldsymbol{\alpha}\in V_s$,则在 V 中取$\boldsymbol{\beta}\notin V_s$.

因为在 s 个向量 $\boldsymbol{\alpha}+\boldsymbol{\beta},2\boldsymbol{\alpha}+\boldsymbol{\beta},\cdots,s\boldsymbol{\alpha}+\boldsymbol{\beta}$ 中,必有一个向量 $l\boldsymbol{\alpha}+\boldsymbol{\beta}\,(1\leqslant l\leqslant s)\notin V_1\cup V_2\cup\cdots\cup V_{s-1}$. 否则,至少有两个向量 $i\boldsymbol{\alpha}+\boldsymbol{\beta}$ 与 $j\boldsymbol{\alpha}+\boldsymbol{\beta}\,(1\leqslant i,j\leqslant s;i\neq j)$ 同属于某个 $V_k\,(1\leqslant k\leqslant s-1)$,则 $(i\boldsymbol{\alpha}+\boldsymbol{\beta})-(j\boldsymbol{\alpha}+\boldsymbol{\beta})=(i-j)\boldsymbol{\alpha}\in V_k$,矛盾. 下证 $l\boldsymbol{\alpha}+\boldsymbol{\beta}\notin V_s$. 若不然,则$\boldsymbol{\beta}=(l\boldsymbol{\alpha}+\boldsymbol{\beta})-l\boldsymbol{\alpha}\in V_s$,矛盾. 于是 $l\boldsymbol{\alpha}+\boldsymbol{\beta}\notin V_1\cup\cdots\cup V_{s-1}\cup V_s$.

(2) 由(1)知,存在 $\boldsymbol{\varepsilon}_1\in V$,使得 $\boldsymbol{\varepsilon}_1\notin V_1\cup V_2\cup\cdots\cup V_s$. 显然 $\boldsymbol{\varepsilon}_1\neq\boldsymbol{0}$,且 $V_{s+1}=L(\boldsymbol{\varepsilon}_1)$ 是 V 的真子空间. 再由(1),存在 $\boldsymbol{\varepsilon}_2\in V$,使得 $\boldsymbol{\varepsilon}_2\notin V_1\cup\cdots\cup V_s\cup V_{s+1}$,则 $\boldsymbol{\varepsilon}_1,\boldsymbol{\varepsilon}_2$ 线性无关. 这是因为,若线性相关,则 $\boldsymbol{\varepsilon}_2\in L(\boldsymbol{\varepsilon}_1)$,矛盾. 再令 $V_{s+2}=L(\boldsymbol{\varepsilon}_1,\boldsymbol{\varepsilon}_2)$,并利用(1)的结论,存在 $\boldsymbol{\varepsilon}_3\in V$,使得 $\boldsymbol{\varepsilon}_3\notin V_1\cup\cdots\cup V_s\cup V_{s+2}$,则 $\boldsymbol{\varepsilon}_1,\boldsymbol{\varepsilon}_2,\boldsymbol{\varepsilon}_3$ 线性无关,否则 $\boldsymbol{\varepsilon}_3\in L(\boldsymbol{\varepsilon}_1,\boldsymbol{\varepsilon}_2)$,矛盾. 如此继续下去,存在 V 中的线性无关向量组 $\boldsymbol{\varepsilon}_1,\boldsymbol{\varepsilon}_2,\cdots,\boldsymbol{\varepsilon}_{n-1}$,使得

$$\boldsymbol{\varepsilon}_1,\boldsymbol{\varepsilon}_2,\cdots,\boldsymbol{\varepsilon}_{n-1}\notin V_1\cup\cdots\cup V_s\cup V_{s+n-2}.$$

再令 $V_{s+n-1}=L(\boldsymbol{\varepsilon}_1,\boldsymbol{\varepsilon}_2,\cdots,\boldsymbol{\varepsilon}_{n-1})$,并利用(1),存在 $\boldsymbol{\varepsilon}_n\in V$,使得 $\boldsymbol{\varepsilon}_n\notin V_1\cup\cdots\cup V_s\cup V_{s+n-1}$,则 $\boldsymbol{\varepsilon}_1,\boldsymbol{\varepsilon}_2,\cdots,\boldsymbol{\varepsilon}_{n-1},\boldsymbol{\varepsilon}_n$ 线性无关,因而是 V 的一个基,且

$$\{\boldsymbol{\varepsilon}_1,\boldsymbol{\varepsilon}_2,\cdots,\boldsymbol{\varepsilon}_n\}\cap(V_1\cup V_2\cup\cdots\cup V_s)=\varnothing.$$

【注】 本题结论称为“非完全覆盖原理”:线性空间不能被其任意有限个真子空间覆盖.

【例 5.35】(北京师范大学,2007 年) 设 V 是数域 F 上的 n 维线性空间. 证明:

(1) V 的任意一个真子空间均可表为若干个 $n-1$ 维子空间的交.

(2) 存在 V 的 $n-1$ 维子空间 V_1,V_2,V_3 使得$(V_1+V_2)\cap V_3\neq(V_1\cap V_3)+(V_2\cap V_3)$.

【证】 (1) 设 W 是 V 的一个真子空间,$\dim W=r$. 分为三种情形:

若 $r=0$,即 $W=\{\boldsymbol{0}\}$,任取 V 的一个基 $\boldsymbol{\alpha}_1,\boldsymbol{\alpha}_2,\cdots,\boldsymbol{\alpha}_n$,令

$$W_i=L(\boldsymbol{\alpha}_1,\cdots,\boldsymbol{\alpha}_{i-1},\boldsymbol{\alpha}_{i+1},\cdots,\boldsymbol{\alpha}_n),\quad i=1,2,\cdots,n,$$

则每个 W_i 都是 V 的 $n-1$ 维子空间,且 $W_1\cap W_2\cap\cdots\cap W_n=\{\boldsymbol{0}\}=W$.

若 $r=n-1$,则 $W=W\cap W$,结论成立.

若 $0<r<n-1$,取 W 的一个基$\boldsymbol{\beta}_1,\boldsymbol{\beta}_2,\cdots,\boldsymbol{\beta}_r$,并扩充成 V 的基$\boldsymbol{\beta}_1,\boldsymbol{\beta}_2,\cdots,\boldsymbol{\beta}_r,\boldsymbol{\beta}_{r+1},\cdots,\boldsymbol{\beta}_n$,令

$$W_i=L(\boldsymbol{\beta}_1,\cdots,\boldsymbol{\beta}_r,\boldsymbol{\beta}_{r+1},\cdots,\boldsymbol{\beta}_{i-1},\boldsymbol{\beta}_{i+1},\cdots,\boldsymbol{\beta}_n),\quad i=r+1,\cdots,n,$$

则 $\dim W_i=n-1$，且 $W=W_{r+1}\cap W_{r+2}\cap\cdots\cap W_n$.

(2) 任取 V 的一个基 $\boldsymbol{\alpha}_1,\boldsymbol{\alpha}_2,\cdots,\boldsymbol{\alpha}_n$，并令 $V_1=L(\boldsymbol{\alpha}_2,\boldsymbol{\alpha}_3,\cdots,\boldsymbol{\alpha}_n)$，$V_2=L(\boldsymbol{\alpha}_1,\boldsymbol{\alpha}_3,\cdots,\boldsymbol{\alpha}_n)$，$V_3=L(\boldsymbol{\alpha}_1+\boldsymbol{\alpha}_2,\boldsymbol{\alpha}_3,\cdots,\boldsymbol{\alpha}_n)$，则 $\dim V_i=n-1(i=1,2,3)$，且

$$(V_1+V_2)\cap V_3=L(\boldsymbol{\alpha}_1,\boldsymbol{\alpha}_2,\cdots,\boldsymbol{\alpha}_n)\cap V_3=V\cap V_3=V_3,$$

$$(V_1\cap V_3)+(V_2\cap V_3)=L(\boldsymbol{\alpha}_3,\cdots,\boldsymbol{\alpha}_n)+L(\boldsymbol{\alpha}_3,\cdots,\boldsymbol{\alpha}_n)=L(\boldsymbol{\alpha}_3,\cdots,\boldsymbol{\alpha}_n),$$

所以 $(V_1+V_2)\cap V_3\neq(V_1\cap V_3)+(V_2\cap V_3)$.

【例5.36】(北京师范大学,2000年) 设 $W_1,W_2,\cdots,W_s$ 是数域 F 上 n 维线性空间 V 的子空间且 $W_i\neq V,i=1,2,\cdots,s$. 证明：

(1) 每个 W_i 都是 V 的若干个 $n-1$ 维子空间的交；

(2) $W_1\cup W_2\cup\cdots\cup W_s\neq V$.

【证】 (1),(2)的证明分别见本章例5.35(1),例5.34. 下面再对(1)给出另一证法.

(1) 注意到 V 与 F^n 同构，所以只需在 F^n 中证明相应的结论即可. 设 W_i 是 F^n 的真子空间，$\dim W_i=r$，则 $0\leqslant r<n$.

任取 W_i 的一个基 $\boldsymbol{\xi}_1,\boldsymbol{\xi}_2,\cdots,\boldsymbol{\xi}_r$，并以此为行向量构造 $r\times n$ 矩阵 $\boldsymbol{A}$，显然，$\operatorname{rank}\boldsymbol{A}=r$. 再设 $\boldsymbol{\eta}_1,\boldsymbol{\eta}_2,\cdots,\boldsymbol{\eta}_{n-r}$ 是齐次线性方程组 $\boldsymbol{Ax}=\boldsymbol{0}$ 的一个基础解系，并以此为列向量构造 $n\times(n-r)$ 矩阵 $\boldsymbol{B}=(\boldsymbol{\eta}_1,\boldsymbol{\eta}_2,\cdots,\boldsymbol{\eta}_{n-r})$，则 $\boldsymbol{AB}=\boldsymbol{O}$，从而 $\boldsymbol{B}^{\mathrm T}\boldsymbol{A}^{\mathrm T}=\boldsymbol{O}$. 这就是说，$\boldsymbol{\xi}_1^{\mathrm T},\boldsymbol{\xi}_2^{\mathrm T},\cdots,\boldsymbol{\xi}_r^{\mathrm T}$ 恰为齐次方程组 $\boldsymbol{B}^{\mathrm T}\boldsymbol{x}=\boldsymbol{0}$ 的一个基础解系，所以 W_i 为 $\boldsymbol{B}^{\mathrm T}\boldsymbol{x}=\boldsymbol{0}$ 的解空间(若 $r=0$，即 $W=\{\boldsymbol{0}\}$，则只需任取 n 阶可逆矩阵 $\boldsymbol{B}$ 即可).

最后，再令 S_k 是 $\boldsymbol{B}^{\mathrm T}\boldsymbol{x}=\boldsymbol{0}$ 的第 k 个方程 $\boldsymbol{\eta}_k^{\mathrm T}\boldsymbol{x}=\boldsymbol{0}$ 的解空间，$k=1,2,\cdots,n-r$，注意到 $\boldsymbol{\eta}_k\neq\boldsymbol{0}$，所以 $\dim S_k=n-1$. 显然，有 $W_i=\bigcap\limits_{k=1}^{n-r}S_k$.

【例5.37】(中国科学院大学,2016年;上海交通大学,2001年) 设 V 是 n 维线性空间，V_1,V_2 是 V 的子空间，且 $\dim(V_1+V_2)=\dim(V_1\cap V_2)+1$. 求证：$V_1+V_2=V_1$，$V_1\cap V_2=V_2$ 或者 $V_1+V_2=V_2$，$V_1\cap V_2=V_1$.

【证】 因为 $V_1\cap V_2\subseteq V_1\subseteq V_1+V_2$，所以

$$\dim(V_1\cap V_2)\leqslant\dim V_1\leqslant\dim(V_1+V_2)=\dim(V_1\cap V_2)+1,$$

于是，有

$$\dim V_1=\dim(V_1\cap V_2)\quad\text{或}\quad\dim V_1=\dim(V_1+V_2).$$

如果 $\dim V_1=\dim(V_1\cap V_2)$，那么 $V_1=V_1\cap V_2$. 又根据维数公式

$$\dim(V_1+V_2)+\dim(V_1\cap V_2)=\dim V_1+\dim V_2,$$

得 $\dim V_2=\dim(V_1+V_2)$. 注意到 $V_2\subseteq V_1+V_2$，所以 $V_2=V_1+V_2$.

如果 $\dim V_1=\dim(V_1+V_2)$，那么 $V_1=V_1+V_2$. 再由维数公式得 $\dim(V_1\cap V_2)=\dim V_2$，而 $V_1\cap V_2\subseteq V_2$，所以 $V_1\cap V_2=V_2$.

【例5.38】(浙江大学,2006年) 设 W_1,W_2,W 都是数域 P 上 n 维线性空间 V 的子空间，其中 $W_1\subseteq W_2$，且 $W_1\cap W=W_2\cap W$，$W_1+W=W_2+W$. 求证：$W_1=W_2$.

【证】 (方法1) 任取 $\boldsymbol{\alpha}_2\in W_2$，则由 $W_1+W=W_2+W$，可将 $\boldsymbol{\alpha}_2$ 表示为 $\boldsymbol{\alpha}_2=\boldsymbol{\alpha}_1+\boldsymbol{\alpha}$，其中 $\boldsymbol{\alpha}_1\in$

W_1，$\boldsymbol{\alpha}\in W$. 因为 $W_1\subseteq W_2$，所以

$$\boldsymbol{\alpha}=\boldsymbol{\alpha}_2-\boldsymbol{\alpha}_1\in W_2\cap W=W_1\cap W.$$

于是 $\boldsymbol{\alpha}_2-\boldsymbol{\alpha}_1\in W_1$. 又 $\boldsymbol{\alpha}_1\in W_1$，所以 $\boldsymbol{\alpha}_2=(\boldsymbol{\alpha}_2-\boldsymbol{\alpha}_1)+\boldsymbol{\alpha}_1\in W_1$，即 $W_2\subseteq W_1$. 因此 $W_1=W_2$.

（方法 2）利用维数公式，有 $\dim(W_i+W)=\dim W_i+\dim W-\dim(W_i\cap W)$，$i=1,2$. 据此以及题设条件，可得 $\dim W_1=\dim W_2$. 又 $W_1\subseteq W_2$，所以 $W_1=W_2$.

【例 5.39】（大连理工大学，1998 年）　证明：对 n 维线性空间 V 的任二子空间 V_1，V_2，它们的并 $V_1\cup V_2$ 是 V 的子空间的充分必要条件是 $V_1\subseteq V_2$ 或者 $V_2\subseteq V_1$.

【证】　充分性显然，故只需证必要性.

用反证法. 假定结论不成立，即 $V_1\not\subseteq V_2$ 且 $V_2\not\subseteq V_1$，则存在 $\boldsymbol{\alpha}\in V_1$ 且 $\boldsymbol{\alpha}\notin V_2$，存在 $\boldsymbol{\beta}\in V_2$ 且 $\boldsymbol{\beta}\notin V_1$. 于是，有 $\boldsymbol{\alpha},\boldsymbol{\beta}\in V_1\cup V_2$. 又由题设条件 $V_1\cup V_2$ 是 V 的子空间，知 $\boldsymbol{\alpha}+\boldsymbol{\beta}\in V_1\cup V_2$，从而 $\boldsymbol{\alpha}+\boldsymbol{\beta}\in V_1$ 或者 $\boldsymbol{\alpha}+\boldsymbol{\beta}\in V_2$.

若 $\boldsymbol{\alpha}+\boldsymbol{\beta}\in V_1$，则 $\boldsymbol{\beta}=(\boldsymbol{\alpha}+\boldsymbol{\beta})-\boldsymbol{\alpha}\in V_1$，矛盾；若 $\boldsymbol{\alpha}+\boldsymbol{\beta}\in V_2$，则 $\boldsymbol{\alpha}=(\boldsymbol{\alpha}+\boldsymbol{\beta})-\boldsymbol{\beta}\in V_2$，矛盾. 因此 $V_1\subseteq V_2$ 或者 $V_2\subseteq V_1$.

【例 5.40】（北京大学，2002 年；上海交通大学，2013 年）　用 $\mathbb{R}$ 表示实数域，定义 $\mathbb{R}^n$ 到 $\mathbb{R}$ 的映射 f 如下：

$$f(\boldsymbol{X})=|x_1|+\cdots+|x_r|-|x_{r+1}|-\cdots-|x_{r+s}|,\ \forall\boldsymbol{X}=(x_1,x_2,\cdots,x_n)^{\mathrm{T}}\in\mathbb{R}^n,$$

其中 $r\geqslant s\geqslant 0$. 证明：

（1）存在 $\mathbb{R}^n$ 的一个 $n-r$ 维子空间 W，使得 $f(\boldsymbol{X})=0$，$\forall\boldsymbol{X}\in W$；

（2）若 W_1，W_2 是 $\mathbb{R}^n$ 的两个 $n-r$ 维子空间，且满足 $f(\boldsymbol{X})=0$，$\forall\boldsymbol{X}\in W_1\cup W_2$，则一定有

$$\dim(W_1\cap W_2)\geqslant n-(r+s).$$

【证】　（1）取 $\mathbb{R}^n$ 的自然基 $\boldsymbol{e}_1,\boldsymbol{e}_2,\cdots,\boldsymbol{e}_n$，其中 $\boldsymbol{e}_i$ 的第 i 个分量为 1 其他分量均为 0，$i=1,2,\cdots,n$. 令 $W=L(\boldsymbol{e}_1+\boldsymbol{e}_{r+1},\cdots,\boldsymbol{e}_s+\boldsymbol{e}_{r+s},\boldsymbol{e}_{r+s+1},\cdots,\boldsymbol{e}_n)$，则 W 即为满足要求的子空间.

（2）首先，我们证明：若 W 是 $\mathbb{R}^n$ 的子空间，满足 $f(W)=0$，则 $\dim W\leqslant n-r$. 为此，只需证明 W 中任意 $n-r+1$ 个向量 $\boldsymbol{\alpha}_1,\boldsymbol{\alpha}_2,\cdots,\boldsymbol{\alpha}_{n-r+1}$ 线性相关即可. 事实上，设

$$\boldsymbol{\alpha}_j=(a_{1j},a_{2j},\cdots,a_{nj})^{\mathrm{T}},\quad 1\leqslant j\leqslant n-r+1,$$

则对任意的 $k_1,k_2,\cdots,k_{n-r+1}\in\mathbb{R}$，都有 $f\left(\sum\limits_{j=1}^{n-r+1}k_j\boldsymbol{\alpha}_j\right)=0$，即

$$\sum_{i=1}^{r}\left|\sum_{j=1}^{n-r+1}k_ja_{ij}\right|-\sum_{i=r+1}^{r+s}\left|\sum_{j=1}^{n-r+1}k_ja_{ij}\right|=0.\qquad①$$

考虑齐次线性方程组

$$\sum_{j=1}^{n-r+1}a_{ij}x_j=0,\quad r+1\leqslant i\leqslant n,$$

其方程个数 $n-r$ 小于未知量个数 $n-r+1$，因此必有非零解，记之为 $(\lambda_1,\lambda_2,\cdots,\lambda_{n-r+1})$，其中 $\lambda_j\in\mathbb{R}$，$1\leqslant j\leqslant n-r+1$. 由此代入①式，得

$$\sum_{i=1}^{r}\left|\sum_{j=1}^{n-r+1}\lambda_ja_{ij}\right|=0\ \Rightarrow\ \sum_{j=1}^{n-r+1}\lambda_ja_{ij}=0,1\leqslant i\leqslant r\ \Rightarrow\ \sum_{j=1}^{n-r+1}\lambda_ja_{ij}=0,1\leqslant i\leqslant n.$$

于是有 $\sum\limits_{j=1}^{n-r+1}\lambda_j\boldsymbol{\alpha}_j=\boldsymbol{0}$，因此 $\boldsymbol{\alpha}_1,\boldsymbol{\alpha}_2,\cdots,\boldsymbol{\alpha}_{n-r+1}$ 线性相关. 这就证明了 $\dim W\leqslant n-r$.

其次，记 $U=\left\{(a_1,a_2,\cdots,a_n)^{\mathrm{T}}\in\mathbb{R}^n \,\middle|\, a_i=0,1\leqslant i\leqslant r+s\right\}$，显然 U 是 $\mathbb{R}^n$ 的子空间，满足 $f(U)=0$ 且 $\dim U=n-r-s$. 我们断言，若 W 是 $\mathbb{R}^n$ 的 $n-r$ 维子空间，满足 $f(W)=0$，则必有 $U\subseteq W$. 事实上，假设 $U\not\subseteq W$，则存在 $\boldsymbol{\beta}_0\in U$ 但 $\boldsymbol{\beta}_0\notin W$. 取 W 的一个基 $\boldsymbol{\beta}_1,\boldsymbol{\beta}_2,\cdots,\boldsymbol{\beta}_{n-r}$，则 $\boldsymbol{\beta}_0,\boldsymbol{\beta}_1,\cdots,\boldsymbol{\beta}_{n-r}$ 线性无关. 考虑 $W_0=L(\boldsymbol{\beta}_0,\boldsymbol{\beta}_1,\cdots,\boldsymbol{\beta}_{n-r})$，则 $\dim W_0=n-r+1>n-r$. 注意到向量 $\boldsymbol{\beta}_0$ 的特征及 f 的定义，易知 $f(W_0)=0$，此与上述已证事实矛盾. 因此 $U\subseteq W$.

现在，若 W_1,W_2 是 $\mathbb{R}^n$ 的两个 $n-r$ 维子空间，且满足 $f(W_i)=0,i=1,2$，则由上述断言可知 $U\subseteq W_1\cap W_2$，因此 $\dim(W_1\cap W_2)\geqslant\dim U=n-(r+s)$.

【注】 由证明过程可知，本题(2)中“两个 $n-r$ 维子空间”可改为“任意有限个 $n-r$ 维子空间”结论仍成立.

【例 5.41】(武汉大学,2010 年) 设 V 是数域 F 上的 n 维线性空间，$W_1,W_2,\cdots,W_s$ 为 V 的 s 个子空间，$W=W_1\cup W_2\cup\cdots\cup W_s$. 证明：$W$ 为 V 的子空间的充分必要条件是存在某个 $i(1\leqslant i\leqslant s)$，使得 $W=W_i$.

【证】 充分性显然，故只需证必要性. 下面给出两种方法.

(方法1) 对 s 用数学归纳法.

当 $s=1$ 时，结论显然成立.

假定结论对 $s=k$ 成立，即 $W=W_1\cup W_2\cup\cdots\cup W_k$，若 W 为 V 的子空间，则存在某个 $i(1\leqslant i\leqslant k)$，使得 $W=W_i$.

下证结论对 $s=k+1$ 成立. 为此，考察 $W=W_1\cup\cdots\cup W_k\cup W_{k+1}$，且 W 为 V 的子空间. 如果 $W=W_{k+1}$，那么结论得证. 如果 $W\neq W_{k+1}$，那么可取 $\boldsymbol{\beta}\in W\setminus W_{k+1}$. 对于任意 $\boldsymbol{\alpha}\in W_{k+1}$ 以及任意 $\lambda\in F$，记 $\boldsymbol{\eta}_\lambda=\boldsymbol{\beta}+\lambda\boldsymbol{\alpha}$，则 $\boldsymbol{\eta}_\lambda\in W\setminus W_{k+1}$ (若 $\boldsymbol{\eta}_\lambda\in W_{k+1}$，则 $\boldsymbol{\beta}=\boldsymbol{\eta}_\lambda-\lambda\boldsymbol{\alpha}\in W_{k+1}$，矛盾). 取 $\lambda=1,2,\cdots,k+1$，则这 $k+1$ 个向量中必有两个向量 $\boldsymbol{\eta}_\lambda,\boldsymbol{\eta}_\mu$ 属于同一个 $W_i(1\leqslant i\leqslant k)$. 于是

$$\boldsymbol{\alpha}=\frac{1}{\lambda-\mu}(\boldsymbol{\eta}_\lambda-\boldsymbol{\eta}_\mu)\in W_i,$$

从而有 $W_{k+1}\subseteq W_i$. 因此 $W=W_1\cup W_2\cup\cdots\cup W_k$. 根据归纳假设，存在某个 $i(1\leqslant i\leqslant k)$，使得 $W=W_i$，结论成立.

(方法2) 若 W_i 均为零空间，则 $W=\{\mathbf{0}\}$，结论成立；下设至少有一个 $W_i\neq 0$.

采用反证法. 假设每一个 W_i 都是 W 的真子集，即 $W_i\subseteq W$ 且 $W_i\neq W(1\leqslant i\leqslant s)$，则 $\dim W=r\geqslant 2$. 取 W 的一个基 $\boldsymbol{\alpha}_1,\boldsymbol{\alpha}_2,\cdots,\boldsymbol{\alpha}_r$，并构造 W 的子集合

$$U=\{\boldsymbol{\alpha}_1+x\boldsymbol{\alpha}_2+x^2\boldsymbol{\alpha}_3+\cdots+x^{r-1}\boldsymbol{\alpha}_r \mid x\in F\}.$$

下面证明每一个 W_i 至多包含 U 中的 $r-1$ 个向量. 事实上，如果某个 W_i 包含 U 中至少 r 个向量，设为 $\boldsymbol{\beta}_1,\boldsymbol{\beta}_2,\cdots,\boldsymbol{\beta}_r$，那么存在 r 个互异的数 $x_1,x_2,\cdots,x_r\in F$，使得

$$\begin{cases}\boldsymbol{\beta}_1=\boldsymbol{\alpha}_1+x_1\boldsymbol{\alpha}_2+x_1^2\boldsymbol{\alpha}_3+\cdots+x_1^{r-1}\boldsymbol{\alpha}_r,\\ \boldsymbol{\beta}_2=\boldsymbol{\alpha}_1+x_2\boldsymbol{\alpha}_2+x_2^2\boldsymbol{\alpha}_3+\cdots+x_2^{r-1}\boldsymbol{\alpha}_r,\\ \cdots\cdots\cdots\cdots\\ \boldsymbol{\beta}_r=\boldsymbol{\alpha}_1+x_r\boldsymbol{\alpha}_2+x_r^2\boldsymbol{\alpha}_3+\cdots+x_r^{r-1}\boldsymbol{\alpha}_r.\end{cases}$$

根据本章例 5.22，因为行列式

$$\begin{vmatrix} 1 & x_1 & x_1^2 & \cdots & x_1^{r-1} \\ 1 & x_2 & x_2^2 & \cdots & x_2^{r-1} \\ \vdots & \vdots & \vdots & & \vdots \\ 1 & x_r & x_r^2 & \cdots & x_r^{r-1} \end{vmatrix} = \prod_{1\leqslant j<i\leqslant r}(x_i - x_j) \neq 0,$$

所以$\boldsymbol{\beta}_1,\boldsymbol{\beta}_2,\cdots,\boldsymbol{\beta}_r$线性无关. 故 $\dim W_i \geqslant r$,此与 $\dim W_i < \dim W = r$ 矛盾.

于是,$W_1,W_2,\cdots,W_s$ 中总共包含 U 中的至多 $s(r-1)$ 个向量. 可见,必存在$\boldsymbol{\alpha}\in U\subseteq W$,但$\boldsymbol{\alpha}\notin W_1\cup W_2\cup\cdots\cup W_s$,导致矛盾. 故假设不成立.

【例 5.42】(北京理工大学,2003 年) 设 $W_0,W_1,W_2,\cdots,W_t$ 是 n 维线性空间 V 的 $t+1$ 个子空间,且有 $W_0\subset W_1\cup W_2\cup\cdots\cup W_t$. 试证明:存在 $i(1\leqslant i\leqslant t)$,使得 $W_0\subset W_i$.

【证】 对 t 用数学归纳法.

当 $t=1$ 时,结论显然成立.

假定结论对 $t=k$ 成立,即如果 $W_0\subset W_1\cup W_2\cup\cdots\cup W_k$,那么存在某个 $i(1\leqslant i\leqslant k)$,使得 $W_0\subset W_i$. 下证结论对 $t=k+1$ 成立,即当 $W_0\subset W_1\cup W_2\cup\cdots\cup W_k\cup W_{k+1}$ 时,存在某个 $i(1\leqslant i\leqslant k+1)$,使得 $W_0\subset W_i$.

为方便起见,记 $U_k=W_1\cup W_2\cup\cdots\cup W_k$,那么 $W_0\subset U_k\cup W_{k+1}$.

若 $W_0\subset U_k$,则利用归纳假设,结论成立. 若 $W_0\subset W_{k+1}$,则结论也成立.

下面再考虑 $W_0\not\subset U_k$ 且 $W_0\not\subset W_{k+1}$ 的情形. 此时,必存在$\boldsymbol{\alpha},\boldsymbol{\beta}\in V$,使得$\boldsymbol{\alpha}\in W_0\backslash U_k$,且$\boldsymbol{\beta}\in W_0\backslash W_{k+1}$. 记$\boldsymbol{\alpha},\boldsymbol{\beta}$生成的子空间为 U_0,即 $U_0=L(\boldsymbol{\alpha},\boldsymbol{\beta})$,则 $U_0\subset W_0$.

若 $U_0\subset U_k$,则利用归纳假设,必存在某个 $i(1\leqslant i\leqslant k)$,使得 $U_0\subset W_i$. 此与$\boldsymbol{\alpha}\notin U_k$ 即$\boldsymbol{\alpha}$不属于任何 $W_i(1\leqslant i\leqslant k)$ 矛盾. 所以 $U_0\not\subset U_k$. 另一方面,由$\boldsymbol{\beta}\notin W_{k+1}$ 易知 $U_0\not\subset W_{k+1}$. 于是,必有 $U_0\not\subset U_k\cup W_{k+1}$. 这显然又与条件 $U_0\subset W_0\subset U_k\cup W_{k+1}$ 相矛盾.

综上所述,只能有 $W_0\subset U_k$ 或者 $W_0\subset W_{k+1}$. 这就证明了,当 $t=k+1$ 时,若 $W_0\subset W_1\cup W_2\cup\cdots\cup W_k\cup W_{k+1}$,则存在某个 $i(1\leqslant i\leqslant k+1)$,使得 $W_0\subset W_i$.

【例 5.43】 设 V 为数域 K 上的 n 维线性空间. 证明:对任何大于 n 的自然数 m,一定存在 V 中的 m 个向量,使得其中任何 n 个向量都构成 V 的一个基.

【证】 对 m 用数学归纳法. 当 $m=n+1$ 时,取 V 的一个基$\boldsymbol{\alpha}_1,\boldsymbol{\alpha}_2,\cdots,\boldsymbol{\alpha}_n$,令

$$\boldsymbol{\alpha}_{n+1}=\boldsymbol{\alpha}_1+\boldsymbol{\alpha}_2+\cdots+\boldsymbol{\alpha}_n,$$

显然,在这 $n+1$ 个向量$\boldsymbol{\alpha}_1,\boldsymbol{\alpha}_2,\cdots,\boldsymbol{\alpha}_n,\boldsymbol{\alpha}_{n+1}$中任取 n 个向量都是线性无关的. 故结论成立.

假设 $m=k(>n)$ 时结论成立,即存在 V 中的 k 个向量$\boldsymbol{\alpha}_1,\boldsymbol{\alpha}_2,\cdots,\boldsymbol{\alpha}_k$,任取其中 n 个向量均能构成 V 的一个基. 下证 $m=k+1$ 时结论成立. 为此,把向量$\boldsymbol{\alpha}_1,\boldsymbol{\alpha}_2,\cdots,\boldsymbol{\alpha}_k$中每 $n-1$ 个向量生成的线性子空间记为 $W_i(i=1,2,\cdots,s)$. 因为 $\dim W_i=n-1$,即每个 W_i 都是 V 的真子空间,所以存在 V 中的向量$\boldsymbol{\alpha}_{k+1}\notin \bigcup\limits_{i=1}^{s} W_i$(上一题的结论). 于是,向量组$\boldsymbol{\alpha}_1,\boldsymbol{\alpha}_2,\cdots,\boldsymbol{\alpha}_k,\boldsymbol{\alpha}_{k+1}$中任意 n 个向量都线性无关,因而构成 V 的一个基. 这就证明了 $m=k+1$ 时结论成立.

【例 5.44】(南开大学,2005 年) 设 V 为数域 P 上的 n 维线性空间$(n\geqslant 1)$. 证明:必存在 V 中一个无穷的向量序列$\{\boldsymbol{\alpha}_i\}_{i=1}^{\infty}$使得$\{\boldsymbol{\alpha}_i\}_{i=1}^{\infty}$中任何 n 个向量都是 V 的一个基.

【证】（方法1）参见上一题的解答.

（方法2）考虑无穷数列$\{\lambda_i\}_{i=1}^{\infty}\subset P$,其中$\lambda_i\neq 0(i=1,2,\cdots)$,$\lambda_i\neq\lambda_j(i\neq j)$,取$V$的一个基$\boldsymbol{\eta}_1,\boldsymbol{\eta}_2,\cdots,\boldsymbol{\eta}_n$,令

$$\boldsymbol{\alpha}_i=\lambda_i\boldsymbol{\eta}_1+\lambda_i^2\boldsymbol{\eta}_2+\cdots+\lambda_i^n\boldsymbol{\eta}_n,\quad i=1,2,3,\cdots$$

则$\{\boldsymbol{\alpha}_i\}_{i=1}^{\infty}$是$V$中的一个无穷向量序列. 任取其中$n$个向量$\boldsymbol{\alpha}_{i_1},\boldsymbol{\alpha}_{i_2},\cdots,\boldsymbol{\alpha}_{i_n}$,由于

$$\begin{vmatrix}\lambda_{i_1} & \lambda_{i_1}^2 & \cdots & \lambda_{i_1}^{n-1}\\ \lambda_{i_2} & \lambda_{i_2}^2 & \cdots & \lambda_{i_2}^{n-1}\\ \vdots & \vdots & & \vdots\\ \lambda_{i_n} & \lambda_{i_n}^2 & \cdots & \lambda_{i_n}^{n-1}\end{vmatrix}=\prod_{k=1}^{n}\lambda_{i_k}\cdot\prod_{1\leqslant k<j\leqslant n}(\lambda_{i_k}-\lambda_{i_j})\neq 0,$$

所以$\boldsymbol{\alpha}_{i_1},\boldsymbol{\alpha}_{i_2},\cdots,\boldsymbol{\alpha}_{i_n}$线性无关. 因为$\dim V=n$,所以$\boldsymbol{\alpha}_{i_1},\boldsymbol{\alpha}_{i_2},\cdots,\boldsymbol{\alpha}_{i_n}$是$V$的一个基.

【例5.45】(中国科学技术大学,2012年;武汉大学,2017年) 已知W_1,W_2是数域F上n维线性空间V的两个子空间. 求证:

$$\dim W_1+\dim W_2=\dim(W_1+W_2)+\dim(W_1\cap W_2).$$

【证】 设$W_1\cap W_2,W_1,W_2$的维数分别等于m,n_1,n_2. 取$W_1\cap W_2$的一个基$\boldsymbol{\eta}_1,\boldsymbol{\eta}_2,\cdots,\boldsymbol{\eta}_m$. 由于$W_1\cap W_2\subseteq W_1$,故存在$W_1$中的向量$\boldsymbol{\alpha}_1,\cdots,\boldsymbol{\alpha}_{n_1-m}$使得$\boldsymbol{\eta}_1,\cdots,\boldsymbol{\eta}_m,\boldsymbol{\alpha}_1,\cdots,\boldsymbol{\alpha}_{n_1-m}$成为$W_1$的基. 同理存在$W_2$中的向量$\boldsymbol{\beta}_1,\cdots,\boldsymbol{\beta}_{n_2-m}$,使得$\boldsymbol{\eta}_1,\cdots,\boldsymbol{\eta}_m,\boldsymbol{\beta}_1,\cdots,\boldsymbol{\beta}_{n_2-m}$成为$W_2$的基. 注意到

$$\begin{aligned}W_1+W_2&=L(\boldsymbol{\eta}_1,\cdots,\boldsymbol{\eta}_m,\boldsymbol{\alpha}_1,\cdots,\boldsymbol{\alpha}_{n_1-m})+L(\boldsymbol{\eta}_1,\cdots,\boldsymbol{\eta}_m,\boldsymbol{\beta}_1,\cdots,\boldsymbol{\beta}_{n_2-m})\\&=L(\boldsymbol{\eta}_1,\cdots,\boldsymbol{\eta}_m,\boldsymbol{\alpha}_1,\cdots,\boldsymbol{\alpha}_{n_1-m},\boldsymbol{\beta}_1,\cdots,\boldsymbol{\beta}_{n_2-m}),\end{aligned}$$

故只需证明向量组

$$\boldsymbol{\eta}_1,\cdots,\boldsymbol{\eta}_m,\boldsymbol{\alpha}_1,\cdots,\boldsymbol{\alpha}_{n_1-m},\boldsymbol{\beta}_1,\cdots,\boldsymbol{\beta}_{n_2-m} \qquad ①$$

是子空间W_1+W_2的基,而这又只需证明上述向量组线性无关. 为此,设

$$k_1\boldsymbol{\eta}_1+\cdots+k_m\boldsymbol{\eta}_m+l_1\boldsymbol{\alpha}_1+\cdots+l_{n_1-m}\boldsymbol{\alpha}_{n_1-m}+p_1\boldsymbol{\beta}_1+\cdots+p_{n_2-m}\boldsymbol{\beta}_{n_2-m}=\mathbf{0},$$

则向量

$$\begin{aligned}\boldsymbol{\gamma}&=k_1\boldsymbol{\eta}_1+\cdots+k_m\boldsymbol{\eta}_m+l_1\boldsymbol{\alpha}_1+\cdots+l_{n_1-m}\boldsymbol{\alpha}_{n_1-m}\\&=-(p_1\boldsymbol{\beta}_1+\cdots+p_{n_2-m}\boldsymbol{\beta}_{n_2-m})\end{aligned} \qquad ②$$

既属于W_1(由第一个等式),又属于W_2(由第二个等式),因而$\boldsymbol{\gamma}\in W_1\cap W_2$,故可由$W_1\cap W_2$的基$\boldsymbol{\eta}_1,\boldsymbol{\eta}_2,\cdots,\boldsymbol{\eta}_m$线性表示,设为

$$\boldsymbol{\gamma}=q_1\boldsymbol{\eta}_1+q_2\boldsymbol{\eta}_2+\cdots+q_m\boldsymbol{\eta}_m.$$

由②式的第二个等式可得

$$q_1\boldsymbol{\eta}_1+\cdots+q_m\boldsymbol{\eta}_m+p_1\boldsymbol{\beta}_1+\cdots+p_{n_2-m}\boldsymbol{\beta}_{n_2-m}=\mathbf{0}.$$

由于$\boldsymbol{\eta}_1,\cdots,\boldsymbol{\eta}_m,\boldsymbol{\beta}_1,\cdots,\boldsymbol{\beta}_{n_2-m}$线性无关,所以

$$q_1=\cdots=q_m=p_1=\cdots=p_{n_2-m}=0.$$

从而$\boldsymbol{\gamma}=\mathbf{0}$. 再由②式的第一个等式可得

$$k_1\boldsymbol{\eta}_1+\cdots+k_m\boldsymbol{\eta}_m+l_1\boldsymbol{\alpha}_1+\cdots+l_{n_1-m}\boldsymbol{\alpha}_{n_1-m}=\mathbf{0}.$$

由于$\boldsymbol{\eta}_1,\cdots,\boldsymbol{\eta}_m,\boldsymbol{\alpha}_1,\cdots,\boldsymbol{\alpha}_{n_1-m}$线性无关,所以

$$k_1=\cdots=k_m=l_1=\cdots=l_{n_1-m}=0.$$

这就证明了向量组①线性无关,因此向量组①是子空间 W_1+W_2 的基,故

$$\dim(W_1+W_2)=m+(n_1-m)+(n_2-m)=n_1+n_2-m,$$

亦即

$$\dim W_1+\dim W_2=\dim(W_1+W_2)+\dim(W_1\cap W_2).$$

§5.3 维数公式与直和分解

基本理论与要点提示

5.3.1 维数公式

设 W_1,W_2 是数域 K 上 n 维线性空间 V 的两个子空间,则有维数公式:

$$\dim W_1+\dim W_2=\dim(W_1+W_2)+\dim(W_1\cap W_2).$$

5.3.2 子空间的直和

(1) 设 W_1 与 W_2 是线性空间 V 的子空间,如果任一 $\boldsymbol{\alpha}\in W_1+W_2$ 都能被唯一地表示成

$$\boldsymbol{\alpha}=\boldsymbol{\alpha}_1+\boldsymbol{\alpha}_2,\quad \boldsymbol{\alpha}_1\in W_1,\boldsymbol{\alpha}_2\in W_2,$$

那么称 W_1+W_2 为子空间 W_1 与 W_2 的直和,记为 $W_1\oplus W_2$.

(2) 设 W_1 与 W_2 是 V 的两个子空间,则下列命题两两等价:

a) W_1+W_2 是直和;

b) $W_1\cap W_2=\{\boldsymbol{0}\}$;

c) $\dim(W_1+W_2)=\dim W_1+\dim W_2$;

d) 零向量分解唯一:若 $\boldsymbol{\alpha}_1\in W_1,\boldsymbol{\alpha}_2\in W_2$ 使得 $\boldsymbol{\alpha}_1+\boldsymbol{\alpha}_2=\boldsymbol{0}$,则 $\boldsymbol{\alpha}_i=\boldsymbol{0}(i=1,2)$.

(3) 对于线性空间 V 的子空间 $W_i,i=1,2,\cdots,s$,下列命题两两等价:

a) 任一 $\boldsymbol{\alpha}\in\sum\limits_{i=1}^{s}W_i$ 的分解唯一:$\boldsymbol{\alpha}=\sum\limits_{i=1}^{s}\boldsymbol{\alpha}_i$,其中 $\boldsymbol{\alpha}_i\in W_i,i=1,2,\cdots,s$;

b) 对 $i=1,2,\cdots,s$ 都有 $W_i\cap\sum\limits_{j\neq i}W_j=\{\boldsymbol{0}\}$;

c) $\dim\left(\sum\limits_{i=1}^{s}W_i\right)=\sum\limits_{i=1}^{s}\dim W_i$;

d) 零向量分解唯一,即:若 $\boldsymbol{\alpha}_i\in W_i$ 使得 $\sum\limits_{i=1}^{s}\boldsymbol{\alpha}_i=\boldsymbol{0}$,则 $\boldsymbol{\alpha}_i=\boldsymbol{0}(1\leqslant i\leqslant s)$.

典型问题解析

【例 5.46】(华中师范大学,1993 年) 设 W,W_1,W_2 都是线性空间 V 的子空间,$W_1\subseteq W,V=W_1\oplus W_2$,证明:$\dim W=\dim W_1+\dim(W_2\cap W)$.

【证】 先证 $W=W_1+(W_2\cap W)$.

一方面,因为 $W_1\subseteq W,W_2\cap W\subseteq W$,所以 $W_1+(W_2\cap W)\subseteq W$.

另一方面,$\forall\boldsymbol{\alpha}\in W$,因为 $V=W_1\oplus W_2$,所以 $\boldsymbol{\alpha}=\boldsymbol{\alpha}_1+\boldsymbol{\alpha}_2$,其中 $\boldsymbol{\alpha}_1\in W_1,\boldsymbol{\alpha}_2\in W_2$. 则 $\boldsymbol{\alpha}_2=\boldsymbol{\alpha}-\boldsymbol{\alpha}_1\in W$,故 $\boldsymbol{\alpha}_2\in W_2\cap W$,从而 $W\subseteq W_1+(W_2\cap W)$. 因此 $W=W_1+(W_2\cap W)$.

再证 $W_1\cap(W_2\cap W)=\{\boldsymbol{0}\}$. $\forall\boldsymbol{\beta}\in W_1\cap(W_2\cap W)$,则 $\boldsymbol{\beta}\in W_1,\boldsymbol{\beta}\in W_2$,故 $\boldsymbol{\beta}\in W_1\cap W_2=\{\boldsymbol{0}\}$. 于是有 $\dim W=\dim W_1+\dim(W_2\cap W)$.

【例5.47】(华南理工大学,2000年)　设 $\boldsymbol{\alpha}_1,\boldsymbol{\alpha}_2,\cdots,\boldsymbol{\alpha}_n$ 是线性空间 V 的一个基,证明:

$$V=L(\boldsymbol{\alpha}_1,\boldsymbol{\alpha}_2,\cdots,\boldsymbol{\alpha}_r)\oplus L(\boldsymbol{\alpha}_{r+1},\boldsymbol{\alpha}_{r+2},\cdots,\boldsymbol{\alpha}_n),\quad r=1,2,\cdots,n-1.$$

【证】　令 $V_1=L(\boldsymbol{\alpha}_1,\boldsymbol{\alpha}_2,\cdots,\boldsymbol{\alpha}_r),V_2=L(\boldsymbol{\alpha}_{r+1},\boldsymbol{\alpha}_{r+2},\cdots,\boldsymbol{\alpha}_n)$. 对于任意$\boldsymbol{\beta}\in V$,由于

$$\boldsymbol{\beta}=\sum_{k=1}^{n}c_k\boldsymbol{\alpha}_k=\sum_{k=1}^{r}c_k\boldsymbol{\alpha}_k+\sum_{k=r+1}^{n}c_k\boldsymbol{\alpha}_k=\boldsymbol{\beta}_1+\boldsymbol{\beta}_2,$$

其中$\boldsymbol{\beta}_1=\sum\limits_{k=1}^{r}c_k\boldsymbol{\alpha}_k\in V_1,\boldsymbol{\beta}_2=\sum\limits_{k=r+1}^{n}c_k\boldsymbol{\alpha}_k\in V_2$,所以$\boldsymbol{\beta}\in V_1+V_2$. 因此 $V=V_1+V_2$.

又$\forall\boldsymbol{\beta}\in V_1\cap V_2$,则$\boldsymbol{\beta}\in V_1$ 且$\boldsymbol{\beta}\in V_2$,所以

$$\boldsymbol{\beta}=\sum_{k=1}^{r}c_k\boldsymbol{\alpha}_k=\sum_{j=r+1}^{n}d_j\boldsymbol{\alpha}_j,$$

即

$$c_1\boldsymbol{\alpha}_1+\cdots+c_r\boldsymbol{\alpha}_r-d_{r+1}\boldsymbol{\alpha}_{r+1}-\cdots-d_n\boldsymbol{\alpha}_n=\mathbf{0}.$$

由 $\boldsymbol{\alpha}_1,\boldsymbol{\alpha}_2,\cdots,\boldsymbol{\alpha}_n$ 线性无关,知 $c_1=\cdots=c_r=d_{r+1}=\cdots=d_n=0$,所以$\boldsymbol{\beta}=\mathbf{0}$,$V_1\cap V_2=\{\mathbf{0}\}$. 故

$$V=V_1\oplus V_2.$$

【例5.48】(上海交通大学,2004年;重庆大学,2008年)　设 V_1,V_2 分别表示以下两个关于未知数 x,y,z 的方程组的解空间:

$$\begin{cases}ax+y+z=0,\\x+ay-z=0,\\-y+z=0,\end{cases}\qquad\begin{cases}bx+y+z=0,\\x+by+z=0,\\x+y+bz=0.\end{cases}$$

试确定 a,b 的值,使得 V_1+V_2 为 V_1 与 V_2 的直和.

【解】　欲使 V_1+V_2 为 V_1 与 V_2 的直和,当且仅当 $V_1\cap V_2=\{\mathbf{0}\}$.

先考虑第一个方程组,利用初等变换方法易知:当 $a\neq2$ 且 $a\neq-1$ 时,$V_1=\{\mathbf{0}\}$,此时无论 b 取何值均有 $V_1\cap V_2=\{\mathbf{0}\}$;当 $a=2$ 时,$V_1=L(\boldsymbol{\xi}_1)$,其中 $\boldsymbol{\xi}_1=(-1,1,1)^{\mathrm{T}}$;当 $a=-1$ 时, $V_1=L(\boldsymbol{\xi}_2)$,其中 $\boldsymbol{\xi}_2=(2,1,1)^{\mathrm{T}}$.

再考虑第二个方程组,同样利用初等变换方法可知:当 $b=-2$ 时,$V_2=L(\boldsymbol{\eta}_1)$,其中 $\boldsymbol{\eta}_1=(1,1,1)^{\mathrm{T}}$,此时总有 $V_1\cap V_2=\{\mathbf{0}\}$. 对于 $b\neq-2$,再分为两种情形:当 $b\neq1$ 时,$V_2=\{\mathbf{0}\}$,所以 $V_1\cap V_2=\{\mathbf{0}\}$;当 $b=1$ 时,有 $V_2=L(\boldsymbol{\eta}_2,\boldsymbol{\eta}_3)$,其中 $\boldsymbol{\eta}_2=(-1,1,0)^{\mathrm{T}},\boldsymbol{\eta}_3=(-1,0,1)^{\mathrm{T}}$. 此时,因为 $\boldsymbol{\xi}_1,\boldsymbol{\eta}_2,\boldsymbol{\eta}_3$ 线性无关,$\boldsymbol{\xi}_2,\boldsymbol{\eta}_2,\boldsymbol{\eta}_3$ 也线性无关,所以 $V_1\cap V_2=\{\mathbf{0}\}$.

综上所述,无论 a,b 取何值,均有 $V_1\cap V_2=\{\mathbf{0}\}$,因此 V_1+V_2 均为 V_1 与 V_2 的直和.

【例5.49】(华南理工大学,2017年)　设 V 是数域 P 上的 n 维线性空间,V_1 是 V 的子空间,且 $\dim V_1\geqslant\dfrac{n}{2}$.

(1)证明:存在 V 的子空间 W_1,W_2,使得 $V=V_1\oplus W_1=V_1\oplus W_2$,而 $W_1\cap W_2=\{\mathbf{0}\}$;

(2)问:当 $\dim V_1<\dfrac{n}{2}$时,上述结论是否成立?为什么?

【解】　(1)记 $\dim V_1=r$,取 V_1 的基$\boldsymbol{\alpha}_1,\boldsymbol{\alpha}_2,\cdots,\boldsymbol{\alpha}_r$,并扩充为 V 的基$\boldsymbol{\alpha}_1,\cdots,\boldsymbol{\alpha}_r,\boldsymbol{\alpha}_{r+1},\cdots,\boldsymbol{\alpha}_n$,令

$$W_1=L(\boldsymbol{\alpha}_{r+1},\boldsymbol{\alpha}_{r+2},\cdots,\boldsymbol{\alpha}_n),\quad W_2=L(\boldsymbol{\alpha}_1+\boldsymbol{\alpha}_{r+1},\boldsymbol{\alpha}_2+\boldsymbol{\alpha}_{r+2},\cdots,\boldsymbol{\alpha}_{n-r}+\boldsymbol{\alpha}_n),$$

易知 $V=V_1\oplus W_1$ 且 $V=V_1\oplus W_2$. 现任取 $\boldsymbol{\beta}\in W_1\cap W_2$, 则 $\boldsymbol{\beta}\in W_1$ 且 $\boldsymbol{\beta}\in W_2$. 故可设

$$\boldsymbol{\beta}=k_{r+1}\boldsymbol{\alpha}_{r+1}+\cdots+k_n\boldsymbol{\alpha}_n=l_{r+1}(\boldsymbol{\alpha}_1+\boldsymbol{\alpha}_{r+1})+\cdots+l_n(\boldsymbol{\alpha}_{n-r}+\boldsymbol{\alpha}_n),$$

注意到 $r\geqslant\frac{n}{2}$, 即 $n-r\leqslant r$, 故由上式可得

$$l_{r+1}\boldsymbol{\alpha}_1+\cdots+l_n\boldsymbol{\alpha}_{n-r}+(l_{r+1}-k_{r+1})\boldsymbol{\alpha}_{r+1}+\cdots+(l_n-k_n)\boldsymbol{\alpha}_n=\mathbf{0}.$$

因为 $\boldsymbol{\alpha}_1,\cdots,\boldsymbol{\alpha}_{n-r},\boldsymbol{\alpha}_{r+1},\cdots,\boldsymbol{\alpha}_n$ 线性无关, 所以 $l_{r+1}=l_{r+2}=\cdots=l_n=0$, 从而有 $\boldsymbol{\beta}=\mathbf{0}$, $W_1\cap W_2=\{\mathbf{0}\}$.

(2) 当 $\dim V_1=r<\frac{n}{2}$ 时, 有 $W_1\cap W_2\neq\{\mathbf{0}\}$. 若不然, 则由 $\dim W_i=n-r$ 及维数公式得

$$\dim(W_1+W_2)=\dim W_1+\dim W_2=n+(n-2r)>n.$$

此与 W_1+W_2 是 V 的子空间矛盾.

【例 5.50】 设 W 是数域 F 上 n 维线性空间 V 的非平凡子空间. 证明: 存在 V 的无穷多个子空间 U, 使得 $V=U\oplus W$.

【证】 设 $\dim W=r$, 取 W 的一个基 $\boldsymbol{\alpha}_1,\boldsymbol{\alpha}_2,\cdots,\boldsymbol{\alpha}_r$, 并扩充成 V 的一个基 $\boldsymbol{\alpha}_1,\cdots,\boldsymbol{\alpha}_r,\boldsymbol{\alpha}_{r+1},\cdots,\boldsymbol{\alpha}_n$, 令

$$U_k=L(k\boldsymbol{\alpha}_1+\boldsymbol{\alpha}_{r+1},\boldsymbol{\alpha}_{r+2},\cdots,\boldsymbol{\alpha}_n),\quad k=1,2,\cdots,$$

当 $k\neq s$ 时, $U_k\neq U_s$. 若不然, 则存在 $l_{r+1},l_{r+2},\cdots,l_n\in F$, 使得

$$k\boldsymbol{\alpha}_1+\boldsymbol{\alpha}_{r+1}=l_{r+1}(s\boldsymbol{\alpha}_1+\boldsymbol{\alpha}_{r+1})+l_{r+2}\boldsymbol{\alpha}_{r+2}+\cdots+l_n\boldsymbol{\alpha}_n,$$

即

$$(sl_{r+1}-k)\boldsymbol{\alpha}_1+(l_{r+1}-1)\boldsymbol{\alpha}_{r+1}+l_{r+2}\boldsymbol{\alpha}_{r+2}+\cdots+l_n\boldsymbol{\alpha}_n=\mathbf{0}.$$

因为 $\boldsymbol{\alpha}_1,\boldsymbol{\alpha}_{r+1},\boldsymbol{\alpha}_{r+2}\cdots,\boldsymbol{\alpha}_n$ 线性无关, 所以 $l_{r+1}=1$, $s=k$, 矛盾. 这表明子空间 U_k 确有无穷多个, 并且 $V=U_k\oplus W$.

【例 5.51】(北京师范大学, 2006 年) 设 V 是数域 F 上的 n 维线性空间, V_1,V_2 是 V 的两个子空间, 且 $\dim V_1=\dim V_2$. 证明: 存在 V 的一个子空间 W 使得 $V=V_1\oplus W=V_2\oplus W$.

【证】 (方法 1) 设 $\dim V_1=\dim V_2=m$, $\dim(V_1\cap V_2)=r$, 根据维数公式得

$$\dim(V_1+V_2)=\dim V_1+\dim V_2-\dim(V_1\cap V_2)=2m-r.$$

现任取 $V_1\cap V_2$ 的一个基 $\boldsymbol{\alpha}_1,\boldsymbol{\alpha}_2,\cdots,\boldsymbol{\alpha}_r$, 并扩充为 V_1 的一个基 $\boldsymbol{\alpha}_1,\cdots,\boldsymbol{\alpha}_r,\boldsymbol{\beta}_{r+1},\cdots,\boldsymbol{\beta}_m$, 再扩充为 V_2 的一个基 $\boldsymbol{\alpha}_1,\cdots,\boldsymbol{\alpha}_r,\boldsymbol{\eta}_{r+1},\cdots,\boldsymbol{\eta}_m$, 那么

$$\boldsymbol{\alpha}_1,\cdots,\boldsymbol{\alpha}_r,\boldsymbol{\beta}_{r+1},\cdots,\boldsymbol{\beta}_m,\boldsymbol{\eta}_{r+1},\cdots,\boldsymbol{\eta}_m$$

为 V_1+V_2 的一个基(参见本章例 5.45). 把它扩充成 V 的一个基

$$\boldsymbol{\alpha}_1,\cdots,\boldsymbol{\alpha}_r,\boldsymbol{\beta}_{r+1},\cdots,\boldsymbol{\beta}_m,\boldsymbol{\eta}_{r+1},\cdots,\boldsymbol{\eta}_m,\boldsymbol{\xi}_1,\boldsymbol{\xi}_2,\cdots,\boldsymbol{\xi}_{n-2m+r},$$

由此容易证明

$$\boldsymbol{\beta}_{r+1}+\boldsymbol{\eta}_{r+1},\cdots,\boldsymbol{\beta}_m+\boldsymbol{\eta}_m,\boldsymbol{\xi}_1,\boldsymbol{\xi}_2,\cdots,\boldsymbol{\xi}_{n-2m+r}$$

是线性无关的. 令

$$W=L(\boldsymbol{\beta}_{r+1}+\boldsymbol{\eta}_{r+1},\cdots,\boldsymbol{\beta}_m+\boldsymbol{\eta}_m,\boldsymbol{\xi}_1,\boldsymbol{\xi}_2,\cdots,\boldsymbol{\xi}_{n-2m+r}),$$

则 $\dim W=n-m$, 即 $\dim V_i+\dim W=n\,(i=1,2)$.

进一步, 任取 $\boldsymbol{\gamma}\in V_1\cap W$, 则可令

$$\boldsymbol{\gamma}=k_1\boldsymbol{\alpha}_1+\cdots+k_r\boldsymbol{\alpha}_r+k_{r+1}\boldsymbol{\beta}_{r+1}+\cdots+k_m\boldsymbol{\beta}_m$$

$$=l_{r+1}(\boldsymbol{\beta}_{r+1}+\boldsymbol{\eta}_{r+1})+\cdots+l_m(\boldsymbol{\beta}_m+\boldsymbol{\eta}_m)+l_{m+1}\boldsymbol{\xi}_1+\cdots+l_{n+r-m}\boldsymbol{\xi}_{n-2m+r},$$

即

$$k_1\boldsymbol{\alpha}_1+\cdots+k_r\boldsymbol{\alpha}_r+(k_{r+1}-l_{r+1})\boldsymbol{\beta}_{r+1}+\cdots+(k_m-l_m)\boldsymbol{\beta}_m-$$
$$l_{r+1}\boldsymbol{\eta}_{r+1}-\cdots-l_m\boldsymbol{\eta}_m-l_{m+1}\boldsymbol{\xi}_1-\cdots-l_{n+r-m}\boldsymbol{\xi}_{n-2m+r}=\mathbf{0}.$$

注意到 $\boldsymbol{\alpha}_1,\cdots,\boldsymbol{\alpha}_r,\boldsymbol{\beta}_{r+1},\cdots,\boldsymbol{\beta}_m,\boldsymbol{\eta}_{r+1},\cdots,\boldsymbol{\eta}_m,\boldsymbol{\xi}_1,\cdots,\boldsymbol{\xi}_{n-2m+r}$ 的线性无关性,所以

$$k_i=0(i=1,2,\cdots,m),\quad l_j=0(j=r+1,\cdots,n+r-m),$$

从而有 $\boldsymbol{\gamma}=\mathbf{0}$,故 $V_1\cap W=\{\mathbf{0}\}$. 于是 $\dim(V_1+W)=\dim V_1+\dim W=\dim V$,即 $V=V_1\oplus W$.

同理可证:$V_2\cap W=\{\mathbf{0}\}$, $\dim(V_2+W)=\dim V$,因此 $V=V_2\oplus W$.

(方法2) 设 $\dim V_1=\dim V_2=m$,对 $n-m$ 作数学归纳法.

当 $n-m=1$ 时,则 $n=m+1$. 因为 V_1,V_2 是 V 的真子空间,所以存在 $\boldsymbol{\alpha}\in V$ 但 $\boldsymbol{\alpha}\notin V_i(i=1,2)$. 令 $W=L(\boldsymbol{\alpha})$,则 $V=V_1\oplus W=V_2\oplus W$.

假设命题对 $n-m=k$ 时成立,再证当 $n-m=k+1$ 时也成立. 可取 $\boldsymbol{\xi}\in V$ 但 $\boldsymbol{\xi}\notin V_i(i=1,2)$,令 $V'_1=V_1\oplus L(\boldsymbol{\xi}),V'_2=V_2\oplus L(\boldsymbol{\xi})$,则 $\dim V'_1=\dim V'_2=m+1$. 此时,有 $n-(m+1)=(n-m)-1=k$,利用归纳假设,存在 V 的子空间 W',使得 $V=V'_1\oplus W'=V'_2\oplus W'$,即

$$V=V_1\oplus L(\boldsymbol{\xi})\oplus W'=V_2\oplus L(\boldsymbol{\xi})\oplus W'.$$

令 $W=L(\boldsymbol{\xi})\oplus W'$,则 $V=V_1\oplus W=V_2\oplus W$.

【例5.52】(武汉大学,2006年) 设数域 K 上的 n 阶方阵 $\boldsymbol{A},\boldsymbol{B},\boldsymbol{C},\boldsymbol{D}$ 关于乘法两两可交换,且满足 $\boldsymbol{AC}+\boldsymbol{BD}=\boldsymbol{E}$(其中 $\boldsymbol{E}$ 为 n 阶单位矩阵),又设齐次线性方程组 $\boldsymbol{ABx}=\mathbf{0},\boldsymbol{Bx}=\mathbf{0}$ 与 $\boldsymbol{Ax}=\mathbf{0}$ 的解空间分别为 W,V_1 和 V_2. 证明:$W=V_1\oplus V_2$.

【证】 证明分三步. (1) 证 $V_1\subseteq W,V_2\subseteq W$. $\forall\boldsymbol{\alpha}\in V_1$,则 $\boldsymbol{B\alpha}=\mathbf{0},\boldsymbol{AB\alpha}=\mathbf{0},\boldsymbol{\alpha}\in W$,所以 $V_1\subseteq W$. 又 $\forall\boldsymbol{\beta}\in V_2$,则 $\boldsymbol{A\beta}=\mathbf{0},\boldsymbol{AB\beta}=\boldsymbol{BA\beta}=\mathbf{0}$,所以 $\boldsymbol{\beta}\in W,V_2\subseteq W$,从而 $V_1+V_2\subseteq W$.

(2) 证 $W=V_1+V_2$. 这只需证 $W\subseteq V_1+V_2$. $\forall\boldsymbol{\alpha}\in W$,则 $\boldsymbol{AB\alpha}=\mathbf{0}$. 因为 $\boldsymbol{AC}+\boldsymbol{BD}=\boldsymbol{E}$,所以 $\boldsymbol{\alpha}=\boldsymbol{AC\alpha}+\boldsymbol{BD\alpha}=\boldsymbol{\alpha}_1+\boldsymbol{\alpha}_2$,其中 $\boldsymbol{\alpha}_1=\boldsymbol{AC\alpha},\boldsymbol{\alpha}_2=\boldsymbol{BD\alpha}$. 由于 $\boldsymbol{B\alpha}_1=\boldsymbol{BAC\alpha}=\boldsymbol{CAB\alpha}=\mathbf{0},\boldsymbol{A\alpha}_2=\boldsymbol{ABD\alpha}=\boldsymbol{DAB\alpha}=\mathbf{0}$,所以 $\boldsymbol{\alpha}_1\in V_1,\boldsymbol{\alpha}_2\in V_2,\boldsymbol{\alpha}\in V_1+V_2$,故 $W\subseteq V_1+V_2$. 所以 $W=V_1+V_2$.

(3) 再证 $V_1\cap V_2=\{\mathbf{0}\}$. $\forall\boldsymbol{\alpha}\in V_1\cap V_2$,则 $\boldsymbol{B\alpha}=\mathbf{0},\boldsymbol{A\alpha}=\mathbf{0}$,从而 $\boldsymbol{\alpha}=\boldsymbol{AC\alpha}+\boldsymbol{BD\alpha}=\boldsymbol{CA\alpha}+\boldsymbol{DB\alpha}=\mathbf{0}$. 故 $V_1\cap V_2=\{\mathbf{0}\}$. 因此 $W=V_1\oplus V_2$.

【例5.53】(华中科技大学,2005年) 设 $\boldsymbol{M}\in P^{n\times n}$, $f(x),g(x)\in P[x]$,且 $(f(x),g(x))=1$. 令 $\boldsymbol{A}=f(\boldsymbol{M}),\boldsymbol{B}=g(\boldsymbol{M})$,而 W,W_1,W_2 分别为线性方程组 $\boldsymbol{ABx}=\mathbf{0},\boldsymbol{Ax}=\mathbf{0},\boldsymbol{Bx}=\mathbf{0}$ 的解空间. 证明 $W=W_1\oplus W_2$.

【证】 易知 $f(\boldsymbol{M})g(\boldsymbol{M})=g(\boldsymbol{M})f(\boldsymbol{M})$,即 $\boldsymbol{AB}=\boldsymbol{BA}$. 以下分三步:

(1) 证 $W_1\subseteq W,W_2\subseteq W$. $\forall\boldsymbol{\alpha}\in W_1$,则 $\boldsymbol{A\alpha}=\mathbf{0},\boldsymbol{AB\alpha}=\boldsymbol{BA\alpha}=\mathbf{0},\boldsymbol{\alpha}\in W$,所以 $W_1\subseteq W$. 又 $\forall\boldsymbol{\beta}\in W_2$,则 $\boldsymbol{B\beta}=\mathbf{0},\boldsymbol{AB\beta}=\mathbf{0}$,所以 $\boldsymbol{\beta}\in W,W_2\subseteq W$,从而 $W_1+W_2\subseteq W$.

(2) 证 $W=W_1+W_2$. 这只需证 $W\subseteq W_1+W_2$. 因为 $(f(x),g(x))=1$,所以存在 $u(x),v(x)\in P[x]$,使得 $u(x)f(x)+v(x)g(x)=1$,从而

$$u(\boldsymbol{M})f(\boldsymbol{M})+v(\boldsymbol{M})g(\boldsymbol{M})=\boldsymbol{E}.$$

记 $\boldsymbol{C}=u(\boldsymbol{M}),\boldsymbol{D}=v(\boldsymbol{M})$,则 $\boldsymbol{AC}+\boldsymbol{BD}=\boldsymbol{E}$.

对于任意 $\boldsymbol{\alpha}\in W$,则 $\boldsymbol{AB\alpha}=\mathbf{0}$ 且 $\boldsymbol{\alpha}=\boldsymbol{AC\alpha}+\boldsymbol{BD\alpha}=\boldsymbol{\alpha}_1+\boldsymbol{\alpha}_2$,其中 $\boldsymbol{\alpha}_1=\boldsymbol{AC\alpha},\boldsymbol{\alpha}_2=\boldsymbol{BD\alpha}$. 由于

$\boldsymbol{B\alpha}_1=\boldsymbol{BAC\alpha}=\boldsymbol{CAB\alpha}=\boldsymbol{0}$, $\boldsymbol{A\alpha}_2=\boldsymbol{ABD\alpha}=\boldsymbol{DAB\alpha}=\boldsymbol{0}$,故 $\boldsymbol{\alpha}_2\in W_1$, $\boldsymbol{\alpha}_1\in W_2$, $\boldsymbol{\alpha}\in W_1+W_2$,即 $W\subseteq W_1+W_2$. 因此 $W=W_1+W_2$.

(3) 再证 $W_1\cap W_2=\{\boldsymbol{0}\}$. $\forall\boldsymbol{\alpha}\in W_1\cap W_2$,则 $\boldsymbol{A\alpha}=\boldsymbol{0}$, $\boldsymbol{B\alpha}=\boldsymbol{0}$,从而 $\boldsymbol{\alpha}=\boldsymbol{AC\alpha}+\boldsymbol{BD\alpha}=\boldsymbol{CA\alpha}+\boldsymbol{DB\alpha}=\boldsymbol{0}$. 故 $W_1\cap W_2=\{\boldsymbol{0}\}$. 因此 $W=W_1\oplus W_2$.

【注】 本题的几何表述见第6章例6.38与练习6.19.

【例5.54】(华中师范大学,2001年) 设 P 是数域, $m<n$, $\boldsymbol{A}\in P^{m\times n}$, $\boldsymbol{B}\in P^{(n-m)\times n}$. 又设 V_1 和 V_2 分别是齐次线性方程组 $\boldsymbol{Ax}=\boldsymbol{0}$ 和 $\boldsymbol{Bx}=\boldsymbol{0}$ 的解空间. 证明: $P^n=V_1\oplus V_2$ 的充分必要条件是 $\begin{pmatrix}\boldsymbol{A}\\\boldsymbol{B}\end{pmatrix}\boldsymbol{x}=\boldsymbol{0}$ 只有零解.

【证】 充分性. 若 $\begin{pmatrix}\boldsymbol{A}\\\boldsymbol{B}\end{pmatrix}\boldsymbol{x}=\boldsymbol{0}$ 只有零解,注意到 $\begin{pmatrix}\boldsymbol{A}\\\boldsymbol{B}\end{pmatrix}\in P^{n\times n}$,所以 $\begin{pmatrix}\boldsymbol{A}\\\boldsymbol{B}\end{pmatrix}$ 是满秩矩阵,从而有 $\operatorname{rank}\boldsymbol{A}=m$, $\operatorname{rank}\boldsymbol{B}=n-m$. 任取 $\boldsymbol{\alpha}\in V_1\cap V_2$,则 $\boldsymbol{A\alpha}=\boldsymbol{0}$, $\boldsymbol{B\alpha}=\boldsymbol{0}$,所以 $\begin{pmatrix}\boldsymbol{A}\\\boldsymbol{B}\end{pmatrix}\boldsymbol{\alpha}=\boldsymbol{0}$,从而 $\boldsymbol{\alpha}=\boldsymbol{0}$. 由此可知 $V_1\cap V_2=\{\boldsymbol{0}\}$. 于是

$$\begin{aligned}\dim(V_1+V_2)&=\dim V_1+\dim V_2=(n-\operatorname{rank}\boldsymbol{A})+(n-\operatorname{rank}\boldsymbol{B})\\&=(n-m)+m=n=\dim P^n.\end{aligned}$$

因为 $V_1+V_2\subseteq P^n$,所以 $P^n=V_1\oplus V_2$.

必要性. 用反证法,若 $\begin{pmatrix}\boldsymbol{A}\\\boldsymbol{B}\end{pmatrix}\boldsymbol{x}=\boldsymbol{0}$ 有非零解 $\boldsymbol{\alpha}$,则 $\boldsymbol{A\alpha}=\boldsymbol{0}$, $\boldsymbol{B\alpha}=\boldsymbol{0}$,所以 $\boldsymbol{\alpha}\in V_1\cap V_2\neq\{\boldsymbol{0}\}$,此与 $P^n=V_1\oplus V_2$ 矛盾. 故 $\begin{pmatrix}\boldsymbol{A}\\\boldsymbol{B}\end{pmatrix}\boldsymbol{x}=\boldsymbol{0}$ 只有零解.

【例5.55】(大连理工大学,2002年;西北大学,2015年) 设 V_1, V_2 分别是齐次线性方程组 $x_1+x_2+\cdots+x_n=0$ 与 $x_1=x_2=\cdots=x_n$ 的解空间. 证明 n 维实向量空间 $\mathbb{R}^n$ 是 V_1, V_2 的直和.

【证】 首先, $\forall\boldsymbol{\beta}=(a_1,a_2,\cdots,a_n)^{\mathrm{T}}\in V_1\cap V_2$,则 $\boldsymbol{\beta}\in V_1$ 且 $\boldsymbol{\beta}\in V_2$,所以

$$a_1+a_2+\cdots+a_n=0,\quad a_1=a_2=\cdots=a_n,$$

由此解得 $a_1=a_2=\cdots=a_n=0$,即 $\boldsymbol{\beta}=\boldsymbol{0}$,因此 $V_1\cap V_2=\{\boldsymbol{0}\}$.

另一方面,齐次线性方程组 $x_1+x_2+\cdots+x_n=0$ 系数矩阵的秩为1,所以 $\dim V_1=n-1$. 而齐次方程组 $x_1=x_2=\cdots=x_n$ 系数矩阵的秩为 $n-1$,所以 $\dim V_2=1$. 根据维数公式,得

$$\dim(V_1+V_2)=\dim V_1+\dim V_2=n=\dim\mathbb{R}^n.$$

又因为 $V_1+V_2\subseteq\mathbb{R}^n$,故 $V_1+V_2=\mathbb{R}^n$. 于是,有 $V=V_1\oplus V_2$.

【注】 本题结论显然无需限制在实数域上.

【例5.56】(复旦大学,2002年;北京邮电大学,2003年) 设 V 是由所有 n 阶实方阵构成的 n^2 维实向量空间, U 和 W 分别为由所有 n 阶实对称矩阵和实反对称矩阵构成的子空间. 证明: $V=U\oplus W$,即 V 是 U 与 W 的直和.

【证】 先证 $V=U+W$. 这只需证 $V\subseteq U+W$. 任取 $\boldsymbol{A}\in V$,有

$$A=\frac{1}{2}(A+A^{\mathrm{T}})+\frac{1}{2}(A-A^{\mathrm{T}}).$$

显然$\frac{1}{2}(A+A^{\mathrm{T}})\in U$,$\frac{1}{2}(A-A^{\mathrm{T}})\in W$,所以 $V\subseteq U+W$,因此 $V=U+W$.

进一步,任取 $M\in U\cap W$,则 $M\in U$,且 $M\in W$,所以 $M^{\mathrm{T}}=M$,$M^{\mathrm{T}}=-M$,从而有 $M=O$,即 $U\cap W=\{O\}$. 因此 $V=U\oplus W$.

【注】 显然,本题在一般数域 P 上仍成立:(**北京科技大学,2013 年;南开大学,2018 年**)设 S,A 分别是由 $P^{n\times n}$ 中的对称矩阵和反对矩阵构成的子空间,则 $P^{n\times n}=S\oplus A$.

【例 5.57】(厦门大学,1999 年) 设 V 是数域 F 上所有 n 阶对称矩阵关于矩阵的加法与数乘构成的线性空间,令 $U=\left\{A\in V\,\middle|\,\mathrm{tr}\,A=0\right\}$,$W=\left\{\lambda E\,\middle|\,\lambda\in F\right\}$,这里 E 为单位矩阵,$\mathrm{tr}\,A$ 为 A 的对角元素之和.

(1) 求证 U,W 为 V 的子空间;

(2) 分别求 U,W 的一个基与维数;

(3) 求证:$V=U\oplus W$.

【解】 (1) 证明从略.

(2) 显然 $W=L(E)$,所以 E 是 W 的一个基,$\dim W=1$. 另一方面,设 E_{ij} 是(i,j)元为 1 其余元均为 0 的 n 阶方阵,则

$$\{E_{ii}-E_{nn},i=1,2,\cdots,n-1\},\quad\{E_{ij}+E_{ji},i\neq j,i,j=1,2,\cdots,n\}\qquad①$$

是 U 中的$\frac{1}{2}(n^2+n-2)$个线性无关的向量. 又 $\forall A=(a_{ij})\in U$,则 $a_{11}+a_{22}+\cdots+a_{nn}=0$. 因为 $A^{\mathrm{T}}=A$,所以 $a_{ij}=a_{ji}(i,j=1,2,\cdots,n)$. 所以

$$A=\sum_{i=1}^{n}\sum_{j=1}^{n}a_{ij}E_{ij}=\sum_{i=1}^{n-1}a_{ii}(E_{ii}-E_{nn})+\sum_{j\neq i}a_{ij}(E_{ij}+E_{ji}).$$

因此,向量组①是 U 的一个基,$\dim U=\frac{1}{2}(n^2+n-2)$.

(3) 任取 $A\in U\cap W$,则 $A=\lambda E$ 且 $\mathrm{tr}\,A=0$,于是 $n\lambda=0$,$\lambda=0$,$A=O$,故 $U\cap W=\{0\}$. 因此 $\dim(U+W)=\dim U+\dim W=\frac{1}{2}(n^2+n)=\dim V$,这就证明了 $V=U\oplus W$.

【例 5.58】(厦门大学,2005 年) 设 V_1,V_2 是 n 维线性空间 V 的子空间,且 $V=V_1\oplus V_2$. 设 $L(\alpha)$是 V 中向量 α 生成的子空间,且满足 $V_1\cap L(\alpha)=\{0\}$,$V_2\cap L(\alpha)=\{0\}$. 求$(V_1+L(\alpha))\cap(V_2+L(\alpha))$的维数并证明之.

【解】 令 $W_i=V_i+L(\alpha)$,$i=1,2$,由于 $V_i\cap L(\alpha)=\{0\}$,所以 $\dim W_i=\dim V_i+1$. 又因为

$$W_1+W_2=(V_1+V_2)+L(\alpha)=V+L(\alpha)=V,$$

所以

$$\begin{aligned}\dim(V_1+L(\alpha))\cap(V_2+L(\alpha))&=\dim(W_1\cap W_2)=\dim W_1+\dim W_2-\dim(W_1+W_2)\\&=(\dim V_1+1)+(\dim V_2+1)-\dim V=2.\end{aligned}$$

【例 5.59】(华中师范大学,2008 年) 设 n 维复向量空间 V 的线性变换 $\mathscr{P}$ 满足 $\mathscr{P}^2=\mathscr{P}$. 证明:$V=\operatorname{Im}\mathscr{P}\oplus\ker\mathscr{P}$,其中 $\operatorname{Im}\mathscr{P}$ 表示 $\mathscr{P}$ 的像空间,$\ker\mathscr{P}$ 表示 $\mathscr{P}$ 的核空间.

【证】 任取 $\boldsymbol{\alpha}\in V$, 令 $\boldsymbol{\beta}=\mathscr{P}(\boldsymbol{\alpha})$, $\boldsymbol{\gamma}=\boldsymbol{\alpha}-\mathscr{P}(\boldsymbol{\alpha})$, 则 $\boldsymbol{\alpha}=\boldsymbol{\beta}+\boldsymbol{\gamma}$, 且 $\boldsymbol{\beta}\in\operatorname{Im}\mathscr{P}$. 由于 $\mathscr{P}(\boldsymbol{\gamma})=\mathscr{P}(\boldsymbol{\alpha})-\mathscr{P}^2(\boldsymbol{\alpha})=\mathbf{0}$, 说明 $\boldsymbol{\gamma}\in\ker\mathscr{P}$. 所以 $V\subseteq\operatorname{Im}\mathscr{P}+\ker\mathscr{P}$. 又 $V\supseteq\operatorname{Im}\mathscr{P}+\ker\mathscr{P}$,故 $V=\operatorname{Im}\mathscr{P}+\ker\mathscr{P}$.

另一方面, 若 $\boldsymbol{\alpha}\in\operatorname{Im}\mathscr{P}\cap\ker\mathscr{P}$,则 $\boldsymbol{\alpha}\in\operatorname{Im}\mathscr{P}$ 且 $\boldsymbol{\alpha}\in\ker\mathscr{P}$. 故存在 $\boldsymbol{\xi}\in V$ 使得 $\boldsymbol{\alpha}=\mathscr{P}(\boldsymbol{\xi})$. 因此,$\boldsymbol{\alpha}=\mathscr{P}^2\boldsymbol{\xi}=\mathscr{P}(\mathscr{P}(\boldsymbol{\xi}))=\mathscr{P}(\boldsymbol{\alpha})=\mathbf{0}$,可见 $\operatorname{Im}\mathscr{P}\cap\ker\mathscr{P}=\{\mathbf{0}\}$. 所以 $V=\operatorname{Im}\mathscr{P}\oplus\ker\mathscr{P}$.

【注】 本题的逆命题也正确:若 $V=\operatorname{Im}\mathscr{P}\oplus\ker\mathscr{P}$,则 $\mathscr{P}^2=\mathscr{P}$. 这就是说,线性变换 $\mathscr{P}$ 是幂等变换当且仅当 $\mathscr{P}$ 的值域与核构成 V 的直和分解. 本章例 5.85 还给出了其矩阵特征及其证明,更多关于幂等变换的问题或更深刻的性质详见第 6 章例 6.26、例 6.28 及例 6.113 等题.

【例 5.60】 设 $\boldsymbol{A}\in M_{m,n}(K)$,$\boldsymbol{B}\in M_{l,n}(K)$,$W$ 是齐次线性方程组 $\boldsymbol{Bx}=\mathbf{0}$ 的解空间,$\mathscr{A}\in\operatorname{Hom}_K(K^n,K^m)$ 的定义为:$\mathscr{A}(\boldsymbol{\alpha})=\boldsymbol{A\alpha}$, $\forall\boldsymbol{\alpha}\in K^n$. 证明: $\dim(\mathscr{A}(W))=\operatorname{rank}\begin{pmatrix}\boldsymbol{A}\\\boldsymbol{B}\end{pmatrix}-\operatorname{rank}\boldsymbol{B}$.

【证】 将 $\mathscr{A}$ 限制在 W 上并记为 $\mathscr{A}_1$. 由维数公式得

$$n-\operatorname{rank}\boldsymbol{B}=\dim W=\dim(\operatorname{Im}\mathscr{A}_1)+\dim(\ker\mathscr{A}_1).$$

设 $\begin{pmatrix}\boldsymbol{A}\\\boldsymbol{B}\end{pmatrix}\boldsymbol{x}=\mathbf{0}$ 的解空间为 W_1,则 $W_1\subseteq W$ 且 $n-\operatorname{rank}\begin{pmatrix}\boldsymbol{A}\\\boldsymbol{B}\end{pmatrix}=\dim W_1=\dim(\ker\mathscr{A}_1)$. 故

$$\dim(\mathscr{A}(W))=\dim(\operatorname{Im}\mathscr{A}_1)=\operatorname{rank}\begin{pmatrix}\boldsymbol{A}\\\boldsymbol{B}\end{pmatrix}-\operatorname{rank}\boldsymbol{B}.$$

【例 5.61】(北京航空航天大学,2005 年) 假设 $V_i,i=1,2,\cdots,s$ 为线性子空间,则 $\sum\limits_{i=1}^{s}V_i$ 为直和的充分必要条件是 $V_i\cap\sum\limits_{j\neq i}V_j=\{\mathbf{0}\}$,$i=1,2,\cdots,s$.

【证】 必要性. 任取 $\boldsymbol{\alpha}\in V_i\cap\sum\limits_{j\neq i}V_j$,则 $\boldsymbol{\alpha}\in V_i$ 且 $\boldsymbol{\alpha}\in\sum\limits_{j\neq i}V_j$. 将零向量表示为

$$\mathbf{0}=\boldsymbol{\alpha}+(-\boldsymbol{\alpha}),\quad \text{其中}\ \boldsymbol{\alpha}\in V_i,\ -\boldsymbol{\alpha}\in\sum_{j\neq i}V_j,$$

因为 $\sum\limits_{i=1}^{s}V_i$ 为直和,其中的零向量的表示法唯一,所以 $\boldsymbol{\alpha}=\mathbf{0}$,即 $V_i\cap\sum\limits_{j\neq i}V_j=\{\mathbf{0}\}$.

充分性. 设 $V_i\cap\sum\limits_{j\neq i}V_j=\{\mathbf{0}\}$,$i=1,2,\cdots,s$. 任取 $\boldsymbol{\alpha}\in\sum\limits_{i=1}^{s}V_i$,假设 $\boldsymbol{\alpha}$ 有两种表示法:

$$\boldsymbol{\alpha}=\boldsymbol{\alpha}_1+\boldsymbol{\alpha}_2+\cdots+\boldsymbol{\alpha}_s,\quad \boldsymbol{\alpha}_i\in V_i(i=1,2,\cdots,s),$$
$$\boldsymbol{\alpha}=\boldsymbol{\beta}_1+\boldsymbol{\beta}_2+\cdots+\boldsymbol{\beta}_s,\quad \boldsymbol{\beta}_i\in V_i(i=1,2,\cdots,s),$$

于是有

$$\boldsymbol{\alpha}_i-\boldsymbol{\beta}_i=\sum_{j\neq i}(\boldsymbol{\beta}_j-\boldsymbol{\alpha}_j)\in V_i\cap\sum_{j\neq i}V_j(i=1,2,\cdots,s),$$

从而 $\boldsymbol{\alpha}_i=\boldsymbol{\beta}_i(i=1,2,\cdots,s)$,即 $\boldsymbol{\alpha}$ 的表示法唯一,所以 $\sum\limits_{i=1}^{s}V_i$ 为直和.

【例 5.62】 设 $W_1,W_2,\cdots,W_s$ 为线性空间 V 的子空间,则 $\sum\limits_{i=1}^{s}W_i$ 为直和的充分必要条件

是 $W_i\cap\sum\limits_{k=1}^{i-1}W_k=\{\mathbf{0}\}(2\leqslant i\leqslant s)$.

【证】 必要性. 任取 $\boldsymbol{\alpha}\in W_i\cap\sum\limits_{k=1}^{i-1}W_k$, 则 $\boldsymbol{\alpha}\in W_i$ 且 $\boldsymbol{\alpha}\in\sum\limits_{k=1}^{i-1}W_k$, 从而有 $\boldsymbol{\alpha}=\sum\limits_{k=1}^{i-1}\boldsymbol{\beta}_k$, 其中 $\boldsymbol{\beta}_k\in W_k(1\leqslant k\leqslant i-1)$. 将零向量表示为

$$\mathbf{0}=\boldsymbol{\alpha}+(-\boldsymbol{\alpha})=\boldsymbol{\beta}_1+\boldsymbol{\beta}_2+\cdots+\boldsymbol{\beta}_{i-1}+(-\boldsymbol{\alpha}),$$

因为 $\sum\limits_{i=1}^{s}W_i$ 为直和,零向量的表示法唯一,所以 $\boldsymbol{\alpha}=\mathbf{0}$. 于是有 $W_i\cap\sum\limits_{k=1}^{i-1}W_k=\{\mathbf{0}\}$.

充分性. 设 $W_i\cap\sum\limits_{k=1}^{i-1}W_k=\{\mathbf{0}\}(2\leqslant i\leqslant s)$. 任取 $\boldsymbol{\alpha}\in\sum\limits_{i=1}^{s}W_i$, 假设 $\boldsymbol{\alpha}$ 有两种表示法:

$$\boldsymbol{\alpha}=\boldsymbol{\alpha}_1+\boldsymbol{\alpha}_2+\cdots+\boldsymbol{\alpha}_s,\quad \boldsymbol{\alpha}_i\in W_i(1\leqslant i\leqslant s),$$
$$\boldsymbol{\alpha}=\boldsymbol{\beta}_1+\boldsymbol{\beta}_2+\cdots+\boldsymbol{\beta}_s,\quad \boldsymbol{\beta}_i\in W_i(1\leqslant i\leqslant s),$$

比较上述二式,设 $\boldsymbol{\alpha}_i$ 与 $\boldsymbol{\beta}_i$ 是使得 $\boldsymbol{\alpha}_j\neq\boldsymbol{\beta}_j$ 的下标最大的向量,于是有

$$\boldsymbol{\alpha}_i-\boldsymbol{\beta}_i=\sum_{k=1}^{i-1}(\boldsymbol{\beta}_k-\boldsymbol{\alpha}_k)\in W_i\cap\sum_{k=1}^{i-1}W_k=\{\mathbf{0}\},$$

矛盾,表明 $\boldsymbol{\alpha}$ 的表示法唯一,所以 $\sum\limits_{i=1}^{s}V_i$ 为直和.

§5.4　同构映射与对偶空间

基本理论与要点提示

5.4.1　线性空间的同构

(1) 设 V,V' 是数域 K 上的线性空间, $\mathscr{A}$ 是一个由 V 到 V' 的一一线性映射,则称 $\mathscr{A}$ 是线性空间 V 到 V' 的同构映射,简称同构. V 与 V' 称为同构的线性空间,记为 $V\cong V'$;

(2) 数域 K 上任一 n 维线性空间 V 都与 n 维向量空间 K^n 同构;

(3) 数域 K 上的有限维线性空间 V,V' 是同构的当且仅当 $\dim V=\dim V'$.

5.4.2　对偶空间

(1) 设 V 是数域 K 上的 n 维线性空间,则 V 上全体线性函数构成的线性空间 $L(V,K)$ 称为 V 的对偶空间. $L(V,K)$ 与 V 具有相同的维数,即 $\dim L(V,K)=n$;

(2) 设 $\boldsymbol{\varepsilon}_1,\boldsymbol{\varepsilon}_2,\cdots,\boldsymbol{\varepsilon}_n$ 是数域 K 上 n 维线性空间 V 的一个基,则如下定义的 n 个线性函数 $f_1,f_2,\cdots,f_n$ 构成 $L(V,K)$ 的一个基,称为 $\boldsymbol{\varepsilon}_1,\boldsymbol{\varepsilon}_2,\cdots,\boldsymbol{\varepsilon}_n$ 的对偶基:

$$f_i(\boldsymbol{\varepsilon}_j)=\begin{cases}1, & j=i,\\ 0, & j\neq i,\end{cases}\quad i=1,2,\cdots,n;$$

(3) 设 $\boldsymbol{\varepsilon}_1,\boldsymbol{\varepsilon}_2,\cdots,\boldsymbol{\varepsilon}_n$ 和 $\boldsymbol{\eta}_1,\boldsymbol{\eta}_2,\cdots,\boldsymbol{\eta}_n$ 是线性空间 V 的两个基, $f_1,f_2,\cdots,f_n$ 和 $g_1,g_2,\cdots,g_n$ 分别是它们的对偶基. 如果由 $\boldsymbol{\varepsilon}_1,\boldsymbol{\varepsilon}_2,\cdots,\boldsymbol{\varepsilon}_n$ 到 $\boldsymbol{\eta}_1,\boldsymbol{\eta}_2,\cdots,\boldsymbol{\eta}_n$ 的过渡矩阵为 $\boldsymbol{A}$, 那么由 $f_1,f_2,\cdots,f_n$ 到 $g_1,g_2,\cdots,g_n$ 的过渡矩阵为 $(\boldsymbol{A}^{\mathrm{T}})^{-1}$.

典型问题解析

【例 5.63】 设 $\mathscr{A}$ 是数域 P 上的线性空间 V 到 V' 的一个同构映射, W 是 V 的一个子空

间,证明:$\mathscr{A}(W)$ 是 V' 的子空间.

【证】 注意到 $\mathscr{A}(W)=\{\mathscr{A}(\boldsymbol{\alpha})\in V' \mid \boldsymbol{\alpha}\in W\}$.

显然,V' 中的零向量 $\mathbf{0}=\mathscr{A}(\mathbf{0})\in\mathscr{A}(W)$,说明 $\mathscr{A}(W)$ 是 V' 的非空子集.

对于任意 $\boldsymbol{\alpha}_1,\boldsymbol{\alpha}_2\in\mathscr{A}(W)$,存在 $\boldsymbol{\beta}_1,\boldsymbol{\beta}_2\in W$,使得 $\boldsymbol{\alpha}_i=\mathscr{A}(\boldsymbol{\beta}_i)$,$i=1,2$,所以

$$\boldsymbol{\alpha}_1+\boldsymbol{\alpha}_2=\mathscr{A}(\boldsymbol{\beta}_1)+\mathscr{A}(\boldsymbol{\beta}_2)=\mathscr{A}(\boldsymbol{\beta}_1+\boldsymbol{\beta}_2)\in\mathscr{A}(W).$$

这是因为,W 是 V 的子空间,有 $\boldsymbol{\beta}_1+\boldsymbol{\beta}_2\in W$,所以 $\mathscr{A}(\boldsymbol{\beta}_1+\boldsymbol{\beta}_2)\in\mathscr{A}(W)$.

同理,又对于任意 $k\in P$,有

$$k\boldsymbol{\alpha}_1=k\mathscr{A}(\boldsymbol{\beta}_1)=\mathscr{A}(k\boldsymbol{\beta}_1)\in\mathscr{A}(W).$$

即 $\mathscr{A}(W)$ 对 V' 的线性运算是封闭的. 因此,$\mathscr{A}(W)$ 是 V' 的子空间.

【例 5.64】 设 $a,b\in\mathbb{C}$ 是两个复数,考虑 $\mathbb{C}[x]$ 的子空间

$$V_a=\{f(x)\in\mathbb{C}[x]\mid f(a)=0\},$$
$$V_b=\{g(x)\in\mathbb{C}[x]\mid g(b)=0\}.$$

证明:V_a 与 V_b 同构.

【证】 任取 $f(x)\in V_a$,则 $f(a)=0$,故存在 $h(x)\in\mathbb{C}[x]$ 使得 $f(x)=(x-a)h(x)$. 令 $g(x)=(x-b)h(x)$,则 $g(x)\in V_b$. 因此,构造映射 $\varphi:V_a\to V_b$ 如下:

$$\varphi(f(x))=(x-b)h(x).$$

$\forall f_1(x),f_2(x)\in V_a$,设 $f_1(x)=(x-a)h_1(x)$,$f_2(x)=(x-a)h_2(x)$,$\forall c_1,c_2\in\mathbb{C}$,由于

$$\begin{aligned}\varphi(c_1f_1(x)+c_2f_2(x))&=\varphi((x-a)(c_1h_1(x)+c_2h_2(x)))\\&=(x-b)(c_1h_1(x)+c_2h_2(x))\\&=c_1\varphi(f_1(x))+c_2\varphi(f_2(x)),\end{aligned}$$

所以 φ 是线性映射.

另一方面,若 $\varphi(f_1(x))=\varphi(f_2(x))$,即 $(x-b)h_1(x)=(x-b)h_2(x)$,则 $h_1(x)=h_2(x)$,于是 $f_1(x)=f_2(x)$. 故 φ 是单射.

又 $\forall g(x)\in V_b$,存在 $h(x)\in\mathbb{C}[x]$ 使得 $g(x)=(x-b)h(x)$. 令 $f(x)=(x-a)h(x)$,则 $f(x)\in V_a$,且 $\varphi(f(x))=g(x)$. 故 φ 是满射. 因此,φ 是同构映射,$V_a\cong V_b$.

【例 5.65】(武汉大学,2004 年) 设 $\boldsymbol{A},\boldsymbol{B}$ 是数域 K 上的 $m\times n$ 矩阵,U 与 V 分别是齐次线性方程组 $\boldsymbol{Ax}=\mathbf{0}$ 和 $\boldsymbol{Bx}=\mathbf{0}$ 的解空间. 证明:若 $\operatorname{rank}\boldsymbol{A}=\operatorname{rank}\boldsymbol{B}$,则存在 K 上的 n 阶可逆矩阵 $\boldsymbol{T}$,使得 $f(\boldsymbol{y})=\boldsymbol{Ty}(\forall\boldsymbol{y}\in U)$ 是 U 到 V 的一个同构映射.

【证】 (方法 1) 因为 $\operatorname{rank}\boldsymbol{A}=\operatorname{rank}\boldsymbol{B}$,所以存在数域 K 上的 m 阶可逆矩阵 $\boldsymbol{P}$ 和 n 阶可逆矩阵 $\boldsymbol{Q}$,使得 $\boldsymbol{A}=\boldsymbol{PBQ}$. 令 $\boldsymbol{T}=\boldsymbol{Q}$,则 $\forall\boldsymbol{y}\in U$,有 $\boldsymbol{Ay}=\mathbf{0}$,$\boldsymbol{BTy}=\mathbf{0}$,故 $\boldsymbol{Ty}\in V$.

若定义 $f(\boldsymbol{y})=\boldsymbol{Ty}(\forall\boldsymbol{y}\in U)$,则 $f(\boldsymbol{y})$ 是 U 到 V 上的一一映射.

$\forall\boldsymbol{\alpha},\boldsymbol{\beta}\in U$,$\forall k\in K$,有 $\boldsymbol{T\alpha},\boldsymbol{T\beta}\in V$. 由于 $\boldsymbol{BT}(\boldsymbol{\alpha}+\boldsymbol{\beta})=\boldsymbol{BT\alpha}+\boldsymbol{BT\beta}=\mathbf{0}$,故 $\boldsymbol{T}(\boldsymbol{\alpha}+\boldsymbol{\beta})\in V$. 容易验证:$f(\boldsymbol{\alpha}+\boldsymbol{\beta})=f(\boldsymbol{\alpha})+f(\boldsymbol{\beta})$,且 $f(k\boldsymbol{\alpha})=kf(\boldsymbol{\alpha})$.

因此,$f(\boldsymbol{y})=\boldsymbol{Ty}$ 是 U 到 V 的一个同构映射.

(方法 2) 设 $\operatorname{rank}\boldsymbol{A}=\operatorname{rank}\boldsymbol{B}=r$,则 $\dim U=\dim V=n-r$. 分别取 U 和 V 的一个基 $\boldsymbol{\alpha}_1,\cdots,\boldsymbol{\alpha}_{n-r}$ 和 $\boldsymbol{\beta}_1,\cdots,\boldsymbol{\beta}_{n-r}$,并均扩充成 K^n 的基 $\boldsymbol{\alpha}_1,\cdots,\boldsymbol{\alpha}_{n-r},\cdots,\boldsymbol{\alpha}_n$ 和 $\boldsymbol{\beta}_1,\cdots,\boldsymbol{\beta}_{n-r},\cdots,\boldsymbol{\beta}_n$,令

$$\boldsymbol{P}=(\boldsymbol{\alpha}_1,\cdots,\boldsymbol{\alpha}_{n-r},\cdots,\boldsymbol{\alpha}_n),\quad\boldsymbol{Q}=(\boldsymbol{\beta}_1,\cdots,\boldsymbol{\beta}_{n-r},\cdots,\boldsymbol{\beta}_n),$$

显然，$\boldsymbol{P},\boldsymbol{Q}$ 都是 K 上的可逆矩阵. 记 $\boldsymbol{T}=\boldsymbol{Q}\boldsymbol{P}^{-1}$，则 $\boldsymbol{T}$ 是 K 上的 n 阶可逆矩阵，$\boldsymbol{TP}=\boldsymbol{Q}$，即

$$\boldsymbol{T}(\boldsymbol{\alpha}_1,\cdots,\boldsymbol{\alpha}_{n-r},\cdots,\boldsymbol{\alpha}_n)=(\boldsymbol{\beta}_1,\cdots,\boldsymbol{\beta}_{n-r},\cdots,\boldsymbol{\beta}_n).$$

所以 $f(\boldsymbol{y})=\boldsymbol{T}\boldsymbol{y}(\forall \boldsymbol{y}\in U)$ 是 U 到 V 的一个同构映射.

【例 5.66】(北京大学,2000 年)　设 V 和 V' 都是数域 P 上的有限维线性空间，σ 是 V 到 V' 的一个线性映射，即 σ 满足

$$\sigma(\boldsymbol{\alpha}+\boldsymbol{\beta})=\sigma(\boldsymbol{\alpha})+\sigma(\boldsymbol{\beta}),\quad \forall \boldsymbol{\alpha},\ \boldsymbol{\beta}\in V,$$
$$\sigma(k\boldsymbol{\alpha})=k\sigma(\boldsymbol{\alpha}),\quad \forall k\in P,\ \forall \boldsymbol{\alpha}\in V.$$

证明：存在直和分解

$$V=U\oplus W,\quad V'=M\oplus N,$$

使得 $\ker\sigma=U,\ W\cong M$.

【证】　令 $\ker\sigma=U=\{\boldsymbol{\alpha}\in V\mid\sigma(\boldsymbol{\alpha})=\boldsymbol{0}\}$，则 U 是 V 的子空间，因此存在 V 的子空间 W，使得 $V=U\oplus W$.

再令 $M=\sigma(W)=\{\sigma(\boldsymbol{\beta})\mid\boldsymbol{\beta}\in V\}$，则 M 是 V' 的子空间，所以存在直和分解 $V'=M\oplus N$.

任取 $\boldsymbol{\alpha}_1,\ \boldsymbol{\alpha}_2\in W$，若 $\sigma(\boldsymbol{\alpha}_1)=\sigma(\boldsymbol{\alpha}_2)$，则 $\boldsymbol{\alpha}_1-\boldsymbol{\alpha}_2\in\ker\sigma=U$，从而 $\boldsymbol{\alpha}_1-\boldsymbol{\alpha}_2\in U\cap W=\{\boldsymbol{0}\}$，$\boldsymbol{\alpha}_1-\boldsymbol{\alpha}_2=\boldsymbol{0}$，$\boldsymbol{\alpha}_1=\boldsymbol{\alpha}_2$. 可见 $\sigma|_W$ 是 W 到 M 上的一一线性映射，所以 W 与 M 同构.

因此，存在直和分解 $V=U\oplus W$ 与 $V'=M\oplus N$，使得 $\ker\sigma=U,\ W\cong M$.

【例 5.67】(中国科学技术大学,2014 年)　设 $\mathscr{A}$ 是线性空间 V 上的线性变换. 求证：存在 V 的子空间 W 与 $\operatorname{Im}\mathscr{A}$ 同构，并且 $V=W\oplus\ker\mathscr{A}$.

【证】　因为 $\ker\mathscr{A}$ 是 V 的子空间，所以存在 V 的子空间 W，使得 $V=W\oplus\ker\mathscr{A}$.

任取 $\boldsymbol{\alpha}_1,\boldsymbol{\alpha}_2\in W$，若 $\sigma(\boldsymbol{\alpha}_1)=\sigma(\boldsymbol{\alpha}_2)$，则 $\boldsymbol{\alpha}_1-\boldsymbol{\alpha}_2\in\ker\mathscr{A}$，故 $\boldsymbol{\alpha}_1-\boldsymbol{\alpha}_2\in W\cap\ker\mathscr{A}=\{\boldsymbol{0}\}$，因此 $\boldsymbol{\alpha}_1-\boldsymbol{\alpha}_2=\boldsymbol{0}$，即 $\boldsymbol{\alpha}_1=\boldsymbol{\alpha}_2$. 可见 $\sigma|_W$ 是 W 到 $\operatorname{Im}\mathscr{A}$ 上的一一映射，故 W 与 $\operatorname{Im}\mathscr{A}$ 同构.

这就证明了，存在 V 的子空间 W，使得 $W\cong\operatorname{Im}\mathscr{A}$，且 $V=W\oplus\ker\mathscr{A}$.

【例 5.68】　设 $\mathbb{C}$ 为复数域，令

$$V=\left\{\boldsymbol{A}=\begin{pmatrix}\alpha & \beta\\ -\beta & \alpha\end{pmatrix}\ \middle|\ \alpha,\beta\in\mathbb{C}\right\}.$$

(1) 证明：V 关于矩阵的加法、数与矩阵的乘法构成实数域 $\mathbb{R}$ 上的线性空间；

(2) 求 V 的一个基和维数 $\dim V$；

(3) 记 $\dim V=n$，给出 $V\to\mathbb{R}^n$ 的一个同构映射，请阐述理由.

【解】　(1) 因为 $\mathbb{C}^{2\times2}$ 关于矩阵的加法、数与矩阵的乘法构成实数域 $\mathbb{R}$ 上的线性空间，易证 V 是 $\mathbb{C}^{2\times2}$ 的子空间，所以 V 是实数域 $\mathbb{R}$ 上的线性空间.

(2) 令 $\boldsymbol{B}_1=\begin{pmatrix}1&0\\0&1\end{pmatrix}$，$\boldsymbol{B}_2=\begin{pmatrix}0&1\\-1&0\end{pmatrix}$，$\boldsymbol{B}_3=\begin{pmatrix}\mathrm{i}&0\\0&\mathrm{i}\end{pmatrix}$，$\boldsymbol{B}_4=\begin{pmatrix}0&\mathrm{i}\\-\mathrm{i}&0\end{pmatrix}$，这里 $\mathrm{i}=\sqrt{-1}$ 是虚数单位. 设 $k_1,k_2,k_3,k_4\in\mathbb{R}$，使得 $k_1\boldsymbol{B}_1+k_2\boldsymbol{B}_2+k_3\boldsymbol{B}_3+k_4\boldsymbol{B}_4=\boldsymbol{O}$，则

$$\begin{pmatrix}k_1+k_3\mathrm{i} & k_2+k_4\mathrm{i}\\ -k_2-k_4\mathrm{i} & k_1+k_3\mathrm{i}\end{pmatrix}=\boldsymbol{O}.$$

所以$\begin{cases}k_1+k_3\mathrm{i}=0,\\k_2+k_4\mathrm{i}=0.\end{cases}$从而有 $k_1=k_2=k_3=k_4=0$. 因此 $\boldsymbol{B}_1,\boldsymbol{B}_2,\boldsymbol{B}_3,\boldsymbol{B}_4$ 线性无关.

又对任意 $\boldsymbol{A}\in V$,设 $\boldsymbol{A}=\begin{pmatrix}a+b\mathrm{i} & c+d\mathrm{i}\\-c-d\mathrm{i} & a+b\mathrm{i}\end{pmatrix}$,其中 $a,b,c,d\in\mathbb{R}$,则

$$\boldsymbol{A}=a\boldsymbol{B}_1+c\boldsymbol{B}_2+b\boldsymbol{B}_3+d\boldsymbol{B}_4.$$

因此,$\boldsymbol{B}_1,\boldsymbol{B}_2,\boldsymbol{B}_3,\boldsymbol{B}_4$ 是 V 的一个基,且 $\dim V=4$.

(3) 由(2)知,V 与$\mathbb{R}^4$同构. 现定义 $V\to\mathbb{R}^4$的映射 φ 如下:

$$\varphi:\quad \boldsymbol{A}=\begin{pmatrix}a+b\mathrm{i} & c+d\mathrm{i}\\-c-d\mathrm{i} & a+b\mathrm{i}\end{pmatrix}\to(a,c,b,d).$$

容易验证:φ 是 $V\to\mathbb{R}^4$的 1—1 的线性映射,因而是同构映射.

【例 5.69】 问实数域$\mathbb{R}$ 上的线性空间 $M_{s\times n}(\mathbb{C})$与 $M_{s\times 2n}(\mathbb{R})$是否同构?如果同构,请给出一个同构映射.

【解】 把 $M_{s\times n}(\mathbb{C})$在复数域$\mathbb{C}$ 和实数域$\mathbb{R}$ 上构成的线性空间分别记为 $V_{\mathbb{C}}$ 和 $V_{\mathbb{R}}$,把 $M_{s\times 2n}(\mathbb{R})$在实数域$\mathbb{R}$ 上构成的线性空间记为 $U_{\mathbb{R}}$. 因为 $\dim V_{\mathbb{C}}=sn$,所以 $\dim V_{\mathbb{R}}=2sn$. 又 $\dim U_{\mathbb{R}}=2sn$,因此 $\dim V_{\mathbb{R}}=\dim U_{\mathbb{R}}$,从而 $V_{\mathbb{R}}$ 与 $U_{\mathbb{R}}$ 同构.

现在,取 $V_{\mathbb{C}}$ 的一个基为$\{\boldsymbol{E}_{jk},j=1,2,\cdots,s,k=1,2,\cdots,n\}$,那么 $V_{\mathbb{R}}$ 存在一个对应的基$\{\boldsymbol{E}_{jk}+\mathrm{i}\boldsymbol{E}_{jk},j=1,2,\cdots,s,k=1,2,\cdots,n\}$. 又 $U_{\mathbb{R}}$ 的一个基为$\{\boldsymbol{E}_{jk},j=1,2,\cdots,s,k=1,2,\cdots,2n\}$.

任取 $\boldsymbol{A}=(a_{jk}+\mathrm{i}b_{jk})\in V_{\mathbb{R}}$,定义映射 $\varphi:V_{\mathbb{R}}\to U_{\mathbb{R}}$ 如下:

$$\begin{aligned}\varphi(\boldsymbol{A})&=\varphi[(a_{11}+\mathrm{i}b_{11})\boldsymbol{E}_{11}+\cdots+(a_{sn}+\mathrm{i}b_{sn})\boldsymbol{E}_{sn}]\\&=\varphi(a_{11}\boldsymbol{E}_{11}+b_{11}\mathrm{i}\boldsymbol{E}_{11}+\cdots+a_{sn}\boldsymbol{E}_{sn}+b_{sn}\mathrm{i}\boldsymbol{E}_{sn})\\&=a_{11}\boldsymbol{E}_{11}+b_{11}\boldsymbol{E}_{12}+\cdots+a_{sn}\boldsymbol{E}_{s,2n-1}+b_{sn}\boldsymbol{E}_{s,2n}\\&=\begin{pmatrix}a_{11} & b_{11} & \cdots & a_{1n} & b_{1n}\\\vdots & \vdots & & \vdots & \vdots\\a_{s1} & b_{s1} & \cdots & a_{sn} & b_{sn}\end{pmatrix}.\end{aligned}$$

容易验证,φ 是单射、满射,且保持加法和数量乘法运算,因此 φ 是 $V_{\mathbb{R}}$ 到 $U_{\mathbb{R}}$ 的一个同构映射.

【例 5.70】(华中科技大学,1999 年) 设 $\boldsymbol{\alpha}_1,\boldsymbol{\alpha}_2,\cdots,\boldsymbol{\alpha}_n$ 为数域 K 上 n 维线性空间 V 的基,$x_i=c_i(c_i\in K,i=1,2,\cdots,n)$是方程 $\sum\limits_{i=1}^{n}a_ix_i=0$ 的解($a_1,a_2,\cdots,a_n$ 是 K 中不全为 0 的数). 试证所有 $\sum\limits_{i=1}^{n}c_i\boldsymbol{\alpha}_i$ 组成 V 的一个 $n-1$ 维子空间.

【证】 令 $W=\left\{\sum\limits_{i=1}^{n}c_i\boldsymbol{\alpha}_i\ \middle|\ \sum\limits_{i=1}^{n}a_ic_i=0,a_i,c_i\in K,i=1,2,\cdots,n\right\}$. $\forall\boldsymbol{\xi},\boldsymbol{\eta}\in W,k\in K$, 因为 $\boldsymbol{\xi}=\sum\limits_{i=1}^{n}c_i\boldsymbol{\alpha}_i,\boldsymbol{\eta}=\sum\limits_{i=1}^{n}k_i\boldsymbol{\alpha}_i$,满足 $\sum\limits_{i=1}^{n}a_ic_i=0,\ \sum\limits_{i=1}^{n}a_ik_i=0$, 所以

$$\boldsymbol{\xi}+\boldsymbol{\eta}=\sum_{i=1}^{n}(c_i+k_i)\boldsymbol{\alpha}_i,\quad k\boldsymbol{\xi}=\sum_{i=1}^{n}(kc_i)\boldsymbol{\alpha}_i,$$

并且

$$\sum_{i=1}^{n} a_i(c_i+k_i)=\sum_{i=1}^{n} a_ic_i+\sum_{i=1}^{n} a_ik_i=0,\quad \sum_{i=1}^{n} a_i(kc_i)=k\sum_{i=1}^{n} a_ic_i=0,$$

因此$\boldsymbol{\xi}+\boldsymbol{\eta}\in W,k\boldsymbol{\xi}\in W$,即$W$是$V$的子空间.

考虑方程$\sum_{i=1}^{n} a_ix_i=0$的解空间W',即

$$W'=\left\{(c_1,c_2,\cdots,c_n)\in K^n \,\middle|\, \sum_{i=1}^{n} a_ic_i=0,a_i\in K\right\}.$$

构造映射$T:W\to W'$如下:

$$T\Big(\sum_{i=1}^{n} c_i\boldsymbol{\alpha}_i\Big)=(c_1,c_2,\cdots,c_n),\quad \sum_{i=1}^{n} c_i\boldsymbol{\alpha}_i\in W,$$

容易证明:T是W到W'的一个同构线性映射,因此$\dim W=\dim W'$. 注意到$a_1,a_2,\cdots,a_n$不全为0,所以$\dim W'=n-1$,即$\dim W=n-1$.

【例5.71】 已知$\boldsymbol{\alpha}_1=(1,-1,4),\boldsymbol{\alpha}_2=(1,0,2),\boldsymbol{\alpha}_3=(0,3,-5)$是线性空间$\mathbb{R}^3$的一个基,用$V^*$表示$\mathbb{R}^3$的对偶空间. 求$V^*$的关于$\boldsymbol{\alpha}_1,\boldsymbol{\alpha}_2,\boldsymbol{\alpha}_3$的对偶基.

【解】 设f_1,f_2,f_3是V^*的关于$\boldsymbol{\alpha}_1,\boldsymbol{\alpha}_2,\boldsymbol{\alpha}_3$的对偶基. 对任意$\boldsymbol{\alpha}=(a_1,a_2,a_3)\in\mathbb{R}^3$,令

$$f_1(\boldsymbol{\alpha})=x_1a_1+x_2a_2+x_3a_3.$$

因为$f_1(\boldsymbol{\alpha}_i)=\delta_{i1},i=1,2,3$,所以有

$$x_1-x_2+4x_3=1,\quad x_1+2x_3=0,\quad 3x_2-5x_3=0.$$

解得$x_1=-6,x_2=5,x_3=3$. 因此$f_1(\boldsymbol{\alpha})=-6a_1+5a_2+3a_3$.

同理,由$f_2(\boldsymbol{\alpha}_i)=\delta_{i2}$与$f_3(\boldsymbol{\alpha}_i)=\delta_{i3}$,分别可得

$$f_2(\boldsymbol{\alpha})=7a_1-5a_2-3a_3,\quad f_3(\boldsymbol{\alpha})=-2a_1+2a_2+a_3.$$

【例5.72】(华中师范大学,2002年) 设$\boldsymbol{\varepsilon}_1,\boldsymbol{\varepsilon}_2,\boldsymbol{\varepsilon}_3$是数域$P$上线性空间$V$的一个基,$f_1,f_2,f_3$是$\boldsymbol{\varepsilon}_1,\boldsymbol{\varepsilon}_2,\boldsymbol{\varepsilon}_3$的对偶基,令

$$\boldsymbol{\alpha}_1=\boldsymbol{\varepsilon}_1+\boldsymbol{\varepsilon}_2+\boldsymbol{\varepsilon}_3,\quad \boldsymbol{\alpha}_2=\boldsymbol{\varepsilon}_2+\boldsymbol{\varepsilon}_3,\quad \boldsymbol{\alpha}_3=\boldsymbol{\varepsilon}_3.$$

(1) 证明:$\boldsymbol{\alpha}_1,\boldsymbol{\alpha}_2,\boldsymbol{\alpha}_3$是$V$的基;

(2) 求$\boldsymbol{\alpha}_1,\boldsymbol{\alpha}_2,\boldsymbol{\alpha}_3$的对偶基,并用$f_1,f_2,f_3$表示$\boldsymbol{\alpha}_1,\boldsymbol{\alpha}_2,\boldsymbol{\alpha}_3$的对偶基.

【解】 (1) 据题设,有$(\boldsymbol{\alpha}_1,\boldsymbol{\alpha}_2,\boldsymbol{\alpha}_3)=(\boldsymbol{\varepsilon}_1,\boldsymbol{\varepsilon}_2,\boldsymbol{\varepsilon}_3)\boldsymbol{P}$,其中

$$\boldsymbol{P}=\begin{pmatrix}1&0&0\\1&1&0\\1&1&1\end{pmatrix}.$$

显然,$\det\boldsymbol{P}\neq0$,所以$\boldsymbol{\alpha}_1,\boldsymbol{\alpha}_2,\boldsymbol{\alpha}_3$是$V$的基,且$\boldsymbol{P}$是由基$\boldsymbol{\varepsilon}_1,\boldsymbol{\varepsilon}_2,\boldsymbol{\varepsilon}_3$到基$\boldsymbol{\alpha}_1,\boldsymbol{\alpha}_2,\boldsymbol{\alpha}_3$的过渡矩阵.

(2)设g_1,g_2,g_3是$\boldsymbol{\alpha}_1,\boldsymbol{\alpha}_2,\boldsymbol{\alpha}_3$的对偶基,并设由基$f_1,f_2,f_3$到基$g_1,g_2,g_3$的过渡矩阵为$\boldsymbol{Q}$,即$(g_1,g_2,g_3)=(f_1,f_2,f_3)\boldsymbol{Q}$,则

$$\boldsymbol{Q}=(\boldsymbol{P}^{\mathrm{T}})^{-1}=\begin{pmatrix}1&-1&0\\0&1&-1\\0&0&1\end{pmatrix}.$$

于是,有$g_1=f_1,g_2=f_2-f_1,g_3=f_3-f_2$.

【例 5.73】(中山大学,2007 年) 设 $a_1,a_2,\cdots,a_n\in\mathbb{R}$ 互不相同,令 $f_i(x)=\prod\limits_{j\neq i}(x-a_j)$, $i=1,2,\cdots,n$.

(1) 证明:$f_1,f_2,\cdots,f_n$ 是$\mathbb{R}[x]_n$ 的一组基;

(2) 求由基 $f_1,f_2,\cdots,f_n$ 到基 $1,x,\cdots,x^{n-1}$ 的过渡矩阵;

(3) 求基 $f_1,f_2,\cdots,f_n$ 的对偶基.

【解】 (1)因为 $\dim\mathbb{R}[x]_n=n$,所以 $f_1,f_2,\cdots,f_n$ 是$\mathbb{R}[x]_n$ 的基等价于 $f_1,f_2,\cdots,f_n$ 线性无关. 对于 $k_1,k_2,\cdots,k_n\in\mathbb{R}$,令

$$k_1f_1(x)+k_2f_2(x)+\cdots+k_nf_n(x)=0,$$

取 $x=a_j(j=1,2,\cdots,n)$,得 $k_jf_j(a_j)=0$. 由于 $f_j(a_j)\neq0$,所以 $k_j=0$. 即 $f_1,f_2,\cdots,f_n$ 是$\mathbb{R}[x]_n$ 的基.

(2)对每一个 $f_i(x)$ 求 Taylor 展开式,并注意到 $\deg f_i(x)=n-1$,有

$$f_i(x)=f_i(0)+f_i'(0)x+\frac{f_i''(0)}{2!}x^2+\cdots+\frac{f_i^{(n-1)}(0)}{(n-1)!}x^{n-1}.$$

所以由基 $1,x,\cdots,x^{n-1}$ 到基 $f_1,f_2,\cdots,f_n$ 的过渡矩阵为

$$\boldsymbol{T}=\begin{pmatrix} f_1(0) & f_2(0) & f_3(0) & \cdots & f_n(0)\\ f_1'(0) & f_2'(0) & f_3'(0) & \cdots & f_n'(0)\\ \dfrac{f_1''(0)}{2!} & \dfrac{f_2''(0)}{2!} & \dfrac{f_3''(0)}{2!} & \cdots & \dfrac{f_n''(0)}{2!}\\ \vdots & \vdots & \vdots & & \vdots\\ \dfrac{f_1^{(n-1)}(0)}{(n-1)!} & \dfrac{f_2^{(n-1)}(0)}{(n-1)!} & \dfrac{f_3^{(n-1)}(0)}{(n-1)!} & \cdots & \dfrac{f_n^{(n-1)}(0)}{(n-1)!} \end{pmatrix},$$

于是,由基 $f_1,f_2,\cdots,f_n$ 到基 $1,x,\cdots,x^{n-1}$ 的过渡矩阵为 $\boldsymbol{T}^{-1}$.

(3)设 V^* 是$\mathbb{R}[x]_n$ 的对偶空间,$L_i\in V^*(i=1,2,\cdots,n)$定义如下:

$$L_i(p(x))=\frac{p(a_i)}{\prod\limits_{k\neq i}(a_i-a_k)},\quad \forall p(x)\in\mathbb{R}[x]_n,$$

显然,有 $L_i(f_j(x))=\delta_{ij}$. 所以 $L_1,L_2,\cdots,L_n$ 是基 $f_1,f_2,\cdots,f_n$ 的对偶基.

【例 5.74】(南京理工大学,2009 年) 设线性空间 $V=\mathbb{R}[x]_4$,这里$\mathbb{R}[x]_4=\{a_0+a_1x+a_2x^2+a_3x^3\mid a_0,a_1,a_2,a_3\in\mathbb{R}\}$,对于任意取定的 4 个不同的实数 b_1,b_2,b_3,b_4,令

$$p_i(x)=\frac{(x-b_1)\cdots(x-b_{i-1})(x-b_{i+1})\cdots(x-b_4)}{(b_i-b_1)\cdots(b_i-b_{i-1})(b_i-b_{i+1})\cdots(b_i-b_4)},\quad i=1,2,3,4.$$

证明 $p_1(x),p_2(x),p_3(x),p_4(x)$ 构成 V 的一个基,并求 $p_1(x),p_2(x),p_3(x),p_4(x)$ 的对偶基.

【解】 (1) 令 $n=4$,仿上一题(1)的证明.

(2)设 V^* 是$\mathbb{R}[x]_4$ 的对偶空间,$L_i\in V^*(i=1,2,3,4)$定义如下:

$$L_i(p(x))=p(b_i),\quad \forall p(x)\in\mathbb{R}[x]_4,$$

显然,有 $L_i(p_j(x))=p_j(b_i)=\delta_{ij}$. 所以 L_1,L_2,L_3,L_4 是基 p_1,p_2,p_3,p_4 的对偶基.

【例5.75】(中山大学,2008年) 设 V 为数域 F 上的 n 维线性空间. 证明:V 上的 n 个线性函数 $f_1, f_2, \cdots, f_n$ 构成对偶空间 V^* 的一个基的充分必要条件是:不存在非零向量 $\boldsymbol{x}\in V$ 使得 $f_1(\boldsymbol{x})=f_2(\boldsymbol{x})=\cdots=f_n(\boldsymbol{x})=0$.

【证】 注意到 $\dim V^*=n$,所以 $f_1,f_2,\cdots,f_n$ 构成 V^* 的一个基当且仅当 $f_1,f_2,\cdots,f_n$ 线性无关.

任取 V 的一个基 $\boldsymbol{\eta}_1,\boldsymbol{\eta}_2,\cdots,\boldsymbol{\eta}_n$,设 $\boldsymbol{x}\in V$ 在该基下的坐标为 $\boldsymbol{X}=(x_1,x_2,\cdots,x_n)^{\mathrm{T}}\in F^n$. 由于

$$\sum_{i=1}^{n} y_i f_i(\boldsymbol{x}) = \sum_{i=1}^{n}\sum_{j=1}^{n} y_i x_j f_i(\boldsymbol{\eta}_j) = \boldsymbol{Y}^{\mathrm{T}}\boldsymbol{A}\boldsymbol{X},$$

其中 $\boldsymbol{Y}=(y_1,y_2,\cdots,y_n)^{\mathrm{T}}$,$\boldsymbol{A}=(a_{ij})_{n\times n}$,而 $a_{ij}=f_i(\boldsymbol{\eta}_j)$,所以 $f_1,f_2,\cdots,f_n$ 线性无关的充分必要条件是:$\sum\limits_{i=1}^{n} y_i f_i=0\Rightarrow\boldsymbol{Y}=\mathbf{0}$. 这又等价于"$\forall \boldsymbol{X}\in F^n$,若 $\boldsymbol{Y}^{\mathrm{T}}\boldsymbol{A}\boldsymbol{X}=0$,则 $\boldsymbol{Y}=\mathbf{0}$",等价于:方程组 $\boldsymbol{A}^{\mathrm{T}}\boldsymbol{Y}=\mathbf{0}$ 仅有零解$\Leftrightarrow\det\boldsymbol{A}\neq0\Leftrightarrow\boldsymbol{A}\boldsymbol{X}=\mathbf{0}$ 仅有零解.

综上所述,$f_1,f_2,\cdots,f_n$ 构成 V^* 的一个基的充分必要条件是:不存在非零向量 $\boldsymbol{x}\in V$ 使得 $f_1(\boldsymbol{x})=f_2(\boldsymbol{x})=\cdots=f_n(\boldsymbol{x})=0$.

§5.5 综合性问题

【例5.76】(南开大学,2006年;厦门大学,2015年) 设 M 是 $P^{n\times n}$ 的一个非空子集,假定 M 满足下列条件:

(1) M 中至少有一个非零矩阵;

(2) $\forall \boldsymbol{A},\boldsymbol{B}\in M$,$\boldsymbol{A}-\boldsymbol{B}\in M$;

(3) $\forall \boldsymbol{A}\in M$,$\boldsymbol{X}\in P^{n\times n}$,$\boldsymbol{A}\boldsymbol{X}\in M$,$\boldsymbol{X}\boldsymbol{A}\in M$.

证明:$M=P^{n\times n}$.

【证】 先证 M 是 $P^{n\times n}$ 的子空间. 首先,据题设 M 是 $P^{n\times n}$ 的非空子集. 其次 $\forall \boldsymbol{A},\boldsymbol{B}\in M$,$k\in P$,取 $\boldsymbol{X}=\mathrm{diag}(k,k,\cdots,k)\in P^{n\times n}$,由条件(3)有 $k\boldsymbol{B}=\boldsymbol{X}\boldsymbol{B}\in M$. 特别,$k=-1$ 时,$-\boldsymbol{B}\in M$. 再由条件(2)知,$\boldsymbol{A}+\boldsymbol{B}=\boldsymbol{A}-(-\boldsymbol{B})\in M$. 这表明 M 对 $P^{n\times n}$ 的加法与数乘运算封闭. 因此 M 是 $P^{n\times n}$ 的一个子空间.

再证 n 阶单位矩阵 $\boldsymbol{E}\in M$. 据条件(1),可取非零矩阵 $\boldsymbol{A}\in M$,设 $\mathrm{rank}\,\boldsymbol{A}=r(0<r\leqslant n)$,则存在可逆矩阵 $\boldsymbol{S},\boldsymbol{T}\in P^{n\times n}$,使得 $\boldsymbol{SAT}=\begin{pmatrix}\boldsymbol{E}_r & \boldsymbol{O}\\ \boldsymbol{O} & \boldsymbol{O}\end{pmatrix}$. 由条件(3)知,$\begin{pmatrix}\boldsymbol{E}_r & \boldsymbol{O}\\ \boldsymbol{O} & \boldsymbol{O}\end{pmatrix}\in M$.

取 $\boldsymbol{X}=\mathrm{diag}(1,0,\cdots,0)\in P^{n\times n}$,再由(3)知 $\boldsymbol{E}_{11}=\begin{pmatrix}\boldsymbol{E}_r & \boldsymbol{O}\\ \boldsymbol{O} & \boldsymbol{O}\end{pmatrix}\boldsymbol{X}\in M$. 对 $\boldsymbol{E}_{11}$ 作同步初等行变换与列变换得 $\boldsymbol{E}_{ii}$,对应的置换矩阵记为 $\boldsymbol{P}_{1i}\in P^{n\times n}$,那么 $\boldsymbol{E}_{ii}=\boldsymbol{P}_{1i}\boldsymbol{E}_{11}\boldsymbol{P}_{1i}\in M$,$i=2,3,\cdots,n$. 因此,$\boldsymbol{E}=\sum\limits_{i=1}^{n}\boldsymbol{E}_{ii}\in M$.

最后,$\forall \boldsymbol{X}\in P^{n\times n}$,再由条件(3)知,$\boldsymbol{X}=\boldsymbol{X}\boldsymbol{E}\in M$,即 $P^{n\times n}\subseteq M$. 因此 $M=P^{n\times n}$.

【例 5.77】(武汉大学,2016 年) 设 $\boldsymbol{A},\boldsymbol{B}$ 均为数域 F 上的 n 阶方阵, $\operatorname{rank}\boldsymbol{A}=r$, $\operatorname{rank}\boldsymbol{B}=s$, $\operatorname{rank}\begin{pmatrix}\boldsymbol{A}\\ \boldsymbol{B}\end{pmatrix}=k$. 又设 W_1,W_2 为分别满足 $\boldsymbol{AX}=\boldsymbol{O}$ 和 $\boldsymbol{BX}=\boldsymbol{O}$ 的 n 阶方阵 $\boldsymbol{X}\in M_n(f)$ 构成的解空间. 试求 $\dim(W_1+W_2)$.

【解】 先求 $\dim W_1$. 取齐次方程组 $\boldsymbol{Ax}=\boldsymbol{0}$ 的基础解系 $\boldsymbol{\beta}_1,\boldsymbol{\beta}_2,\cdots,\boldsymbol{\beta}_{n-r}$, 再构造 n 阶方阵

$$\boldsymbol{G}_{1j}=(\boldsymbol{\beta}_j,\boldsymbol{0},\cdots,\boldsymbol{0}),\boldsymbol{G}_{2j}=(\boldsymbol{0},\boldsymbol{\beta}_j,\cdots,\boldsymbol{0}),\cdots,\boldsymbol{G}_{nj}=(\boldsymbol{0},\cdots,\boldsymbol{0},\boldsymbol{\beta}_j),$$

其中 $j=1,2,\cdots,n-r$. 这样的矩阵一共有 $n(n-r)$ 个, 且 $\boldsymbol{AG}_{ij}=\boldsymbol{O}$. 令

$$\sum_{j=1}^{n-r}k_{1j}\boldsymbol{G}_{1j}+\sum_{j=1}^{n-r}k_{2j}\boldsymbol{G}_{2j}+\cdots+\sum_{j=1}^{n-r}k_{nj}\boldsymbol{G}_{nj}=\boldsymbol{O},$$

即

$$\Big(\sum_{j=1}^{n-r}k_{1j}\boldsymbol{\beta}_j,\sum_{j=1}^{n-r}k_{2j}\boldsymbol{\beta}_j,\cdots,\sum_{j=1}^{n-r}k_{nj}\boldsymbol{\beta}_j\Big)=\boldsymbol{O},$$

于是有 $\sum\limits_{j=1}^{n-r}k_{ij}\boldsymbol{\beta}_j=\boldsymbol{0},i=1,2,\cdots,n$. 由于 $\boldsymbol{\beta}_1,\boldsymbol{\beta}_2,\cdots,\boldsymbol{\beta}_{n-r}$ 线性无关, 所以 $k_{ij}=0,j=1,2,\cdots,n-r;$ $i=1,2,\cdots,n$. 因此 $\{\boldsymbol{G}_{ij}\}$ 线性无关.

另一方面, 设 $\boldsymbol{G}\in W_1$, 即 $\boldsymbol{AG}=\boldsymbol{O}$, 则 $\boldsymbol{G}$ 的每一个列向量 $\boldsymbol{g}_i$ 都是齐次方程组 $\boldsymbol{Ax}=\boldsymbol{0}$ 的解, 即 $\boldsymbol{Ag}_i=\boldsymbol{0},i=1,2,\cdots,n$. 所以 $\boldsymbol{g}_1,\boldsymbol{g}_2,\cdots,\boldsymbol{g}_n$ 可由 $\boldsymbol{\beta}_1,\boldsymbol{\beta}_2,\cdots,\boldsymbol{\beta}_{n-r}$ 线性表示, 由此可知 $\boldsymbol{G}$ 可由 $\{\boldsymbol{G}_{ij}\}$ 线性表示. 因此 $\{\boldsymbol{G}_{ij}\}$ 是 W_1 的一个基, $\dim W_1=n(n-r)$.

同理可知, $\dim W_2=n(n-s)$. 又因 $\begin{pmatrix}\boldsymbol{A}\\ \boldsymbol{B}\end{pmatrix}\boldsymbol{X}=\boldsymbol{O}$ 的解空间为 $W_1\cap W_2$, 所以 $\dim(W_1\cap W_2)=n(n-k)$. 最后, 利用维数公式得

$$\dim(W_1+W_2)=\dim W_1+\dim W_2-\dim(W_1\cap W_2)=n(n+k-r-s).$$

【例 5.78】 设 V 是数域 F 上的线性空间. 证明: 不存在 V 的五个子空间 $W_1,W_2,\cdots,W_5$, 使下述四个条件均成立:

(1) $W_1,W_2,\cdots,W_5$ 两两不等;

(2) 任意两个 W_i,W_j 之和 W_i+W_j 与交 $W_i\cap W_j$ 仍属于这五个子空间;

(3) $W_1\subseteq W_2\subseteq W_3\subseteq W_5,W_1\subseteq W_4\subseteq W_5$;

(4) W_2 与 W_4, W_3 与 W_4 之间都没有包含关系.

【证】 用反证法. 假设存在同时满足题设四个条件的五个子空间 $W_1,W_2,\cdots,W_5$, 则由条件(3)知 $W_2+W_4\subseteq W_3+W_4$. 由条件(4)知 $W_4\not\supseteq W_2+W_4,W_4\not\supseteq W_3+W_4$. 再由条件(2)和(3)可知 $W_2+W_4=W_3+W_4=W_5$. 根据维数公式, 得

$$\dim W_2+\dim W_4-\dim(W_2\cap W_4)=\dim W_3+\dim W_4-\dim(W_3\cap W_4).$$

另一方面, 再由条件(4)有

$$W_2\cap W_4\not\supseteq W_2,\quad W_2\cap W_4\not\supseteq W_4;\quad W_3\cap W_4\not\supseteq W_3,\quad W_3\cap W_4\not\supseteq W_4.$$

因此, 由条件(2)知 $W_2\cap W_4=W_3\cap W_4=W_1$, 从而 $\dim W_2=\dim W_3$, $W_2=W_3$, 此与条件(1)矛盾. 故不存在满足题设条件的五个子空间.

【例 5.79】 设 $\boldsymbol{A}\in M_n(f)$, 证明 $\boldsymbol{A}^3=\boldsymbol{A}$ 当且仅当 $\operatorname{rank}\boldsymbol{A}+\operatorname{rank}(\boldsymbol{A}+\boldsymbol{E})+\operatorname{rank}(\boldsymbol{A}-\boldsymbol{E})=2n$.

【证】（$\Leftarrow$）记 n 元齐次线性方程组 $\boldsymbol{Ax}=\boldsymbol{0}$，$(\boldsymbol{A}+\boldsymbol{E})\boldsymbol{x}=\boldsymbol{0}$ 及 $(\boldsymbol{A}-\boldsymbol{E})\boldsymbol{x}=\boldsymbol{0}$ 的解空间分别为 W_1,W_2,W_3，则它们都是 F^n 的子空间，且

$$\dim W_1+\dim W_2+\dim W_3=(n-\operatorname{rank}\boldsymbol{A})+[n-\operatorname{rank}(\boldsymbol{A}+\boldsymbol{E})]+[n-\operatorname{rank}(\boldsymbol{A}-\boldsymbol{E})]=n.$$

显然 $W_i\cap W_j=\{\boldsymbol{0}\}(i\neq j)$，所以 $F^n=W_1\oplus W_2\oplus W_3$.

任取 $\boldsymbol{\alpha}\in F^n$，则 $\boldsymbol{\alpha}=\boldsymbol{\alpha}_1+\boldsymbol{\alpha}_2+\boldsymbol{\alpha}_3$，其中 $\boldsymbol{\alpha}_i\in W_i$，$i=1,2,3$. 由于 $\boldsymbol{A}^3-\boldsymbol{A}=\boldsymbol{A}(\boldsymbol{A}+\boldsymbol{E})(\boldsymbol{A}-\boldsymbol{E})$，所以 $(\boldsymbol{A}^3-\boldsymbol{A})\boldsymbol{\alpha}=\boldsymbol{0}$. 这就证得 $\boldsymbol{A}^3=\boldsymbol{A}$.

（$\Rightarrow$）设 $\boldsymbol{A}^3=\boldsymbol{A}$，考虑多项式 $f(x)=(x+1)(x-1)$，$g(x)=x(x-1)$，$h(x)=x(x+1)$，显然 $(f(x),g(x),h(x))=1$，故存在 $u(x),v(x),w(x)\in F[x]$ 使得

$$f(x)u(x)+g(x)v(x)+h(x)w(x)=1.$$

任取 $\boldsymbol{\alpha}\in F^n$，则由上式可得

$$\boldsymbol{\alpha}=f(\boldsymbol{A})u(\boldsymbol{A})\boldsymbol{\alpha}+g(\boldsymbol{A})v(\boldsymbol{A})\boldsymbol{\alpha}+h(\boldsymbol{A})w(\boldsymbol{A})\boldsymbol{\alpha}=\boldsymbol{\alpha}_1+\boldsymbol{\alpha}_2+\boldsymbol{\alpha}_3,$$

其中 $\boldsymbol{\alpha}_1=f(\boldsymbol{A})u(\boldsymbol{A})\boldsymbol{\alpha}$，$\boldsymbol{\alpha}_2=g(\boldsymbol{A})v(\boldsymbol{A})\boldsymbol{\alpha}$，$\boldsymbol{\alpha}_3=h(\boldsymbol{A})w(\boldsymbol{A})\boldsymbol{\alpha}$. 显然 $\boldsymbol{\alpha}_i\in W_i$，$i=1,2,3$. 因此，可得 $F^n=W_1\oplus W_2\oplus W_3$，故 $\dim W_1+\dim W_2+\dim W_3=\dim(W_1\oplus W_2\oplus W_3)=n$. 所以

$$\operatorname{rank}\boldsymbol{A}+\operatorname{rank}(\boldsymbol{A}+\boldsymbol{E})+\operatorname{rank}(\boldsymbol{A}-\boldsymbol{E})=2n.$$

【注】 请读者参考第4章例4.76给出本题的代数解法.

【例5.80】(武汉大学,2008年) 设 $\boldsymbol{A},\boldsymbol{B}$ 是数域 P 上的 n 阶方阵，满足 $\boldsymbol{AB}=\boldsymbol{BA}$，证明：

$$\operatorname{rank}(\boldsymbol{A}+\boldsymbol{B})\leqslant\operatorname{rank}\boldsymbol{A}+\operatorname{rank}\boldsymbol{B}-\operatorname{rank}(\boldsymbol{AB}).$$

【证】（方法1）考虑矩阵 $\boldsymbol{A},\boldsymbol{B},\boldsymbol{A}+\boldsymbol{B}$ 的列空间 W_1,W_2,W_3. 将 $\boldsymbol{A}=(a_{ij})$，$\boldsymbol{B}=(b_{ij})$ 按列分块为 $\boldsymbol{A}=(\boldsymbol{\alpha}_1,\boldsymbol{\alpha}_2,\cdots,\boldsymbol{\alpha}_n)$，$\boldsymbol{B}=(\boldsymbol{\beta}_1,\boldsymbol{\beta}_2,\cdots,\boldsymbol{\beta}_n)$，则

$$\boldsymbol{A}+\boldsymbol{B}=(\boldsymbol{\alpha}_1+\boldsymbol{\beta}_1,\boldsymbol{\alpha}_2+\boldsymbol{\beta}_2,\cdots,\boldsymbol{\alpha}_n+\boldsymbol{\beta}_n),$$

且 $W_1=L(\boldsymbol{\alpha}_1,\boldsymbol{\alpha}_2,\cdots,\boldsymbol{\alpha}_n)$，$W_2=L(\boldsymbol{\beta}_1,\boldsymbol{\beta}_2,\cdots,\boldsymbol{\beta}_n)$，$W_3=L(\boldsymbol{\alpha}_1+\boldsymbol{\beta}_1,\boldsymbol{\alpha}_2+\boldsymbol{\beta}_2,\cdots,\boldsymbol{\alpha}_n+\boldsymbol{\beta}_n)$. 所以

$$W_3\subseteq L(\boldsymbol{\alpha}_1,\boldsymbol{\alpha}_2,\cdots,\boldsymbol{\alpha}_n)+L(\boldsymbol{\beta}_1,\boldsymbol{\beta}_2,\cdots,\boldsymbol{\beta}_n)=W_1+W_2,$$

$$\dim W_3\leqslant\dim(W_1+W_2)=\dim W_1+\dim W_2-\dim(W_1\cap W_2),$$

即

$$\operatorname{rank}(\boldsymbol{A}+\boldsymbol{B})\leqslant\operatorname{rank}\boldsymbol{A}+\operatorname{rank}\boldsymbol{B}-\dim(W_1\cap W_2).\qquad ①$$

再考虑矩阵 $\boldsymbol{AB}$ 的列空间 W_4. 因为

$$\boldsymbol{AB}=(\boldsymbol{\alpha}_1,\boldsymbol{\alpha}_2,\cdots,\boldsymbol{\alpha}_n)\boldsymbol{B}=\left(\sum_{i=1}^n b_{i1}\boldsymbol{\alpha}_i,\sum_{i=1}^n b_{i2}\boldsymbol{\alpha}_i,\cdots,\sum_{i=1}^n b_{in}\boldsymbol{\alpha}_i\right)=(\boldsymbol{\delta}_1,\boldsymbol{\delta}_2,\cdots,\boldsymbol{\delta}_n),$$

其中 $\boldsymbol{\delta}_j=\sum\limits_{i=1}^n b_{ij}\boldsymbol{\alpha}_i$，$j=1,2,\cdots,n$. 所以 $W_4=L(\boldsymbol{\delta}_1,\boldsymbol{\delta}_2,\cdots,\boldsymbol{\delta}_n)\subseteq L(\boldsymbol{\alpha}_1,\boldsymbol{\alpha}_2,\cdots,\boldsymbol{\alpha}_n)=W_1$. 又由于

$$\boldsymbol{AB}=\boldsymbol{BA}=(\boldsymbol{\beta}_1,\boldsymbol{\beta}_2,\cdots,\boldsymbol{\beta}_n)\boldsymbol{A}=\left(\sum_{i=1}^n a_{i1}\boldsymbol{\beta}_i,\sum_{i=1}^n a_{i2}\boldsymbol{\beta}_i,\cdots,\sum_{i=1}^n a_{in}\boldsymbol{\beta}_i\right),$$

所以 $W_4\subseteq L(\boldsymbol{\beta}_1,\boldsymbol{\beta}_2,\cdots,\boldsymbol{\beta}_n)=W_2$，故 $W_4\subseteq W_1\cap W_2$，从而有

$$\operatorname{rank}(\boldsymbol{AB})=\dim W_4\leqslant\dim(W_1\cap W_2).$$

把上式与①式比较，即得

$$\operatorname{rank}(\boldsymbol{A}+\boldsymbol{B})\leqslant\operatorname{rank}\boldsymbol{A}+\operatorname{rank}\boldsymbol{B}-\operatorname{rank}(\boldsymbol{AB}).$$

（方法2）设 $W_{\boldsymbol{A}},W_{\boldsymbol{B}},W_{\boldsymbol{AB}},W_{\boldsymbol{A}+\boldsymbol{B}}$ 分别为齐次方程组 $\boldsymbol{Ax}=\boldsymbol{0}$，$\boldsymbol{Bx}=\boldsymbol{0}$，$\boldsymbol{ABx}=\boldsymbol{0}$，$(\boldsymbol{A}+\boldsymbol{B})\boldsymbol{x}=\boldsymbol{0}$ 的解空间，则 $W_{\boldsymbol{A}}\cap W_{\boldsymbol{B}}\subseteq W_{\boldsymbol{A}+\boldsymbol{B}}$. 又由题设 $\boldsymbol{AB}=\boldsymbol{BA}$，知 $W_{\boldsymbol{A}}+W_{\boldsymbol{B}}\subseteq W_{\boldsymbol{AB}}$. 因为

$$\dim W_{\boldsymbol{AB}}\geqslant\dim(W_{\boldsymbol{A}}+W_{\boldsymbol{B}})=\dim W_{\boldsymbol{A}}+\dim W_{\boldsymbol{B}}-\dim(W_{\boldsymbol{A}}\cap W_{\boldsymbol{B}})$$

$$\geqslant \dim W_A + \dim W_B - \dim(W_{A+B}),$$

所以

$$n - \operatorname{rank}(\boldsymbol{AB}) \geqslant [n - \operatorname{rank} \boldsymbol{A}] + [n - \operatorname{rank} \boldsymbol{B}] - [n - \operatorname{rank}(\boldsymbol{A} + \boldsymbol{B})],$$

即 $\operatorname{rank}(\boldsymbol{A}+\boldsymbol{B}) \leqslant \operatorname{rank} \boldsymbol{A}+\operatorname{rank} \boldsymbol{B}-\operatorname{rank}(\boldsymbol{AB})$.

（方法3）利用线性变换的像空间. 考虑数域 P 上的 n 维线性空间 V,设 σ,τ 在 V 的某个基下的矩阵为 $\boldsymbol{A},\boldsymbol{B}$,则

$$\operatorname{rank}(\boldsymbol{A} + \boldsymbol{B}) = \dim \operatorname{Im}(\sigma + \tau), \quad \operatorname{rank} \boldsymbol{A} = \dim \operatorname{Im}(\sigma),$$

$$\operatorname{rank} \boldsymbol{B} = \dim \operatorname{Im}(\tau), \quad \operatorname{rank}(\boldsymbol{AB}) = \dim \operatorname{Im}(\sigma\tau).$$

因为 $\operatorname{Im}(\sigma+\tau) \subseteq \operatorname{Im}(\sigma)+\operatorname{Im}(\tau)$,所以

$$\dim \operatorname{Im}(\sigma + \tau) \leqslant \dim(\operatorname{Im} \sigma + \operatorname{Im} \tau) = \dim \operatorname{Im} \sigma + \dim \operatorname{Im} \tau - \dim(\operatorname{Im} \sigma \cap \operatorname{Im} \tau).$$

又由 $\boldsymbol{AB}=\boldsymbol{BA}$,有 $\sigma\tau=\tau\sigma$,所以 $\operatorname{Im} \sigma \cap \operatorname{Im} \tau \supseteq \operatorname{Im}(\sigma\tau)$, $\dim(\operatorname{Im} \sigma \cap \operatorname{Im} \tau) \geqslant \dim \operatorname{Im}(\sigma\tau)$. 因此

$$\operatorname{rank}(\boldsymbol{A} + \boldsymbol{B}) \leqslant \operatorname{rank} \boldsymbol{A} + \operatorname{rank} \boldsymbol{B} - \operatorname{rank}(\boldsymbol{AB}).$$

（方法4）利用矩阵论方法,详见第4章例4.66.

【例5.81】（武汉大学,2014年） 设 $sl_n(F)$ 是 $M_n(F)$ 中由元素 $\boldsymbol{AB}-\boldsymbol{BA}$ 生成的子空间,其中 $\boldsymbol{A},\boldsymbol{B} \in M_n(F)$. 证明:$\dim(sl_n(F))=n^2-1$.

【证】 设 $\boldsymbol{E}_{ij}$ 是 (i, j) 元为1其余元均为0的 n 阶方阵,因为

$$\boldsymbol{E}_{ii} - \boldsymbol{E}_{11} = \boldsymbol{E}_{i1}\boldsymbol{E}_{1i} - \boldsymbol{E}_{1i}\boldsymbol{E}_{i1} \in sl_n(F),$$

当 $i \neq j$ 时,有

$$\boldsymbol{E}_{ij} = \boldsymbol{E}_{i1}\boldsymbol{E}_{1j} - \boldsymbol{E}_{1j}\boldsymbol{E}_{i1} \in sl_n(F),$$

所以 $sl_n(F)$ 中至少包含 (n^2-1) 个线性无关的向量:

$$\{\boldsymbol{E}_{ii} - \boldsymbol{E}_{11}, i = 2,3,\cdots,n\}, \quad \{\boldsymbol{E}_{ij}, i \neq j, i,j = 1,2,\cdots,n\}. \qquad ①$$

又 $\forall \boldsymbol{M}=(a_{ij}) \in sl_n(F)$,易知 $\operatorname{tr} \boldsymbol{M}=0$,即 $a_{11}+a_{22}+\cdots+a_{nn}=0$. 所以

$$\boldsymbol{M} = \sum_{i=1}^{n} \sum_{j=1}^{n} a_{ij}\boldsymbol{E}_{ij} = \sum_{i=2}^{n} a_{ii}(\boldsymbol{E}_{ii} - \boldsymbol{E}_{11}) + \sum_{i \neq j} a_{ij}\boldsymbol{E}_{ij}.$$

因此,向量组①是 $sl_n(F)$ 的一个基,$\dim(sl_n(F))=n^2-1$.

【注1】 近几年,中山大学(2012年)、北京师范大学(2002年)等校的硕士研究生入学考试也用了这道题,北京大学2014年的试题为:设 $\mathbb{C}^{n\times n}$ 是所有 n 阶复方阵所组成的向量空间. 求 $\mathbb{C}^{n\times n}$ 中所有形如 $\boldsymbol{MN}-\boldsymbol{NM}$ 的矩阵所组成的子空间的维数并给予证明.

【注2】 作为练习,试证明:$sl_n(F)$ 是 $M_n(F)$ 的子空间.(参见第6章例6.134.)

【例5.82】（北京大学竞赛试题,2003年） 设 $M_n(K)$ 表示数域 K 上 n 阶方阵的全体所构成的线性空间,W 是 $M_n(K)$ 的一个子空间,且对任意 $\boldsymbol{A} \in M_n(K)$,任意 $\boldsymbol{B} \in W$,有 $\boldsymbol{AB} \in W$. 证明:n 整除 $\dim W$.

【证】 令 $\boldsymbol{E}_{ij}$ 表示 (i, j) 元为1其他元均为0的 n 阶方阵,$i, j=1,2,\cdots,n$.

设 $\boldsymbol{B}$ 是 W 中秩最大的矩阵,$\operatorname{rank} \boldsymbol{B}=r$. 若 $r=0$,则 $W=\{\boldsymbol{0}\}$,结论显然;若 $r=n$,则 $\boldsymbol{B}$ 可逆,此时 $\boldsymbol{E}_{ij}=(\boldsymbol{E}_{ij}\boldsymbol{B}^{-1})\boldsymbol{B} \in W$,故 $W=M_n(K)$,结论成立. 对于 $0<r<n$,不妨设 $\boldsymbol{B}=\begin{pmatrix}\boldsymbol{B}_1\\ \boldsymbol{O}\end{pmatrix}$,其中 $\boldsymbol{B}_1$ 是

$r\times n$ 行满秩矩阵. 不然,可通过适当的初等行变换(这等价于左乘一个可逆矩阵 $\boldsymbol{P}$)使得 $\boldsymbol{PB}=\begin{pmatrix}\boldsymbol{B}_1\\ \boldsymbol{O}\end{pmatrix}\in W$. 对于 $i=1,2,\cdots,n;j=1,2,\cdots,r$,令 $\boldsymbol{Q}_{ij}=\boldsymbol{E}_{ij}\boldsymbol{B}\in W$,易知 $\boldsymbol{Q}_{ij}$ 的第 i 行是 $\boldsymbol{B}$ 的第 j 个行向量 $\boldsymbol{\beta}_j$,其他行均为零向量. 下证这 $n\times r$ 个矩阵 $\boldsymbol{Q}_{ij}$ 是 W 的一个基. 为此,设

$$\sum_{i=1}^{n}\sum_{j=1}^{r}k_{ij}\boldsymbol{Q}_{ij}=\boldsymbol{O},\qquad ①$$

比较等式两端的第 i 行($i=1,2,\cdots,n$),得

$$\sum_{j=1}^{r}k_{ij}\boldsymbol{\beta}_j=\boldsymbol{0}.$$

因为 $\boldsymbol{\beta}_1,\boldsymbol{\beta}_2,\cdots,\boldsymbol{\beta}_r$ 线性无关,所以 $k_{i1}=k_{i2}=\cdots=k_{ir}=0$. 这就证明了 $\{\boldsymbol{Q}_{ij}\}$ 是线性无关的.

进一步,$\forall \boldsymbol{A}\in W$,设 $\boldsymbol{\alpha}_1,\boldsymbol{\alpha}_2,\cdots,\boldsymbol{\alpha}_n$ 是 $\boldsymbol{A}$ 的行向量,固定 i,注意到 $\begin{pmatrix}\boldsymbol{B}_1\\ \boldsymbol{\alpha}_i\\ \boldsymbol{O}\end{pmatrix}=\boldsymbol{E}_{r+1,i}\boldsymbol{A}+\boldsymbol{B}\in W$,以及 $\boldsymbol{B}$ 的取法,易知 $\boldsymbol{\alpha}_i$ 可由 $\boldsymbol{\beta}_1,\boldsymbol{\beta}_2,\cdots,\boldsymbol{\beta}_r$ 线性表示,令 $\boldsymbol{\alpha}_i=\sum\limits_{j=1}^{r}x_{ij}\boldsymbol{\beta}_j$,则有

$$\boldsymbol{A}=\sum_{i=1}^{n}\boldsymbol{E}_{ii}\boldsymbol{A}=\sum_{i=1}^{n}\sum_{j=1}^{r}x_{ij}\boldsymbol{Q}_{ij}.\qquad ②$$

因此,$\{\boldsymbol{Q}_{ij}\}$ 是 W 的一个基,n 整除 $\dim W=n\times r$.

【注1】 (1) 在证 $\{\boldsymbol{Q}_{ij}\}$ 线性无关时,也可对①做如下处理:引进 $n\times r$ 矩阵 $\boldsymbol{X}=(k_{ij})$,则 $\sum\limits_{i=1}^{n}\sum\limits_{j=1}^{r}k_{ij}\boldsymbol{E}_{ij}=(\boldsymbol{X},\boldsymbol{O})$,因此①式即 $\boldsymbol{XB}_1=\boldsymbol{O}$. 所以 $\operatorname{rank}\boldsymbol{X}+\operatorname{rank}\boldsymbol{B}_1\leqslant r$,故 $\operatorname{rank}\boldsymbol{X}=0$,从而 $\boldsymbol{X}=\boldsymbol{O}$,即 $k_{ij}=0(1\leqslant i\leqslant n;1\leqslant j\leqslant r)$.

(2) 本题的另一简捷证明:根据②式可得 W 的直和分解为 $W=U_1\oplus U_2\oplus\cdots\oplus U_n$,其中

$$U_i=\left\{\boldsymbol{E}_{ii}\boldsymbol{B}\,\middle|\,\boldsymbol{B}\in W\right\},\quad i=1,2,\cdots,n.$$

易知,对任意 $i\neq j$,子空间 U_i 与 U_j 同构. 因此,$\dim W=\sum\limits_{i=1}^{n}\dim U_i=n\dim U_1$.

【注2】 本题的子空间 W 称为公共子空间,类似的问题见本章练习5.37及其解答.

【例5.83】(武汉大学,2013年) 设 $M_n(K)$ 表示数域 K 上 n 阶方阵的全体所构成的线性空间,$\boldsymbol{A}\in M_n(K)$,用 $C(\boldsymbol{A})$ 表示 $M_n(K)$ 中所有与 $\boldsymbol{A}$ 可交换的矩阵构成的集合.

(1) 证明:$C(\boldsymbol{A})$ 是 $M_n(K)$ 的一个线性子空间;

(2) 证明:如果 $\boldsymbol{A}$ 有 n 个不同的特征值,那么 $\dim C(\boldsymbol{A})=n$.

【证】 (1) 因为 n 阶单位矩阵 $\boldsymbol{E}$ 与 $\boldsymbol{A}$ 可交换,所以 $C(\boldsymbol{A})$ 是非空集. 又对于任意 $\boldsymbol{B}_1$,$\boldsymbol{B}_2\in C(\boldsymbol{A})$,$k\in K$,由于 $\boldsymbol{B}_1\boldsymbol{A}=\boldsymbol{AB}_1$,$\boldsymbol{B}_2\boldsymbol{A}=\boldsymbol{AB}_2$,所以

$$(\boldsymbol{B}_1+\boldsymbol{B}_2)\boldsymbol{A}=\boldsymbol{B}_1\boldsymbol{A}+\boldsymbol{B}_2\boldsymbol{A}=\boldsymbol{AB}_1+\boldsymbol{AB}_2=\boldsymbol{A}(\boldsymbol{B}_1+\boldsymbol{B}_2),$$
$$(k\boldsymbol{B}_1)\boldsymbol{A}=k(\boldsymbol{B}_1\boldsymbol{A})=k(\boldsymbol{AB}_1)=\boldsymbol{A}(k\boldsymbol{B}_1),$$

这就是说,$C(\boldsymbol{A})$ 对于矩阵的加法和数量乘法封闭. 因此,$C(\boldsymbol{A})$ 是 $M_n(K)$ 的一个子空间.

(2) 设 $\lambda_1,\lambda_2,\cdots,\lambda_n$ 是 $\boldsymbol{A}$ 的 n 个不同的特征值,则 $\boldsymbol{A}$ 可对角化,且存在数域 K 上 n 阶可逆矩阵 $\boldsymbol{P}$ 使得 $\boldsymbol{P}^{-1}\boldsymbol{AP}=\boldsymbol{D}$,其中 $\boldsymbol{D}=\operatorname{diag}(\lambda_1,\lambda_2,\cdots,\lambda_n)$. 于是,$\forall \boldsymbol{X}\in C(\boldsymbol{A})$,由 $\boldsymbol{XA}=\boldsymbol{AX}$,得

$(\boldsymbol{P}^{-1}\boldsymbol{XP})(\boldsymbol{P}^{-1}\boldsymbol{AP})=(\boldsymbol{P}^{-1}\boldsymbol{AP})(\boldsymbol{P}^{-1}\boldsymbol{XP})$,即$(\boldsymbol{P}^{-1}\boldsymbol{XP})\boldsymbol{D}=\boldsymbol{D}(\boldsymbol{P}^{-1}\boldsymbol{XP})$.

注意到$\boldsymbol{D}$的对角元互不相同,因此$\boldsymbol{P}^{-1}\boldsymbol{XP}$是对角矩阵. 设$\boldsymbol{P}^{-1}\boldsymbol{XP}=\mathrm{diag}(x_1,x_2,\cdots,x_n)$,则

$$\begin{aligned}\boldsymbol{X}&=\boldsymbol{P}\mathrm{diag}(x_1,x_2,\cdots,x_n)\boldsymbol{P}^{-1}=\boldsymbol{P}(x_1\boldsymbol{E}_{11}+x_2\boldsymbol{E}_{22}+\cdots+x_n\boldsymbol{E}_{nn})\boldsymbol{P}^{-1}\\&=x_1(\boldsymbol{PE}_{11}\boldsymbol{P}^{-1})+x_2(\boldsymbol{PE}_{22}\boldsymbol{P}^{-1})+\cdots+x_n(\boldsymbol{PE}_{nn}\boldsymbol{P}^{-1}).\end{aligned}$$

显然,$(\boldsymbol{PE}_{ii}\boldsymbol{P}^{-1})\boldsymbol{A}=\boldsymbol{A}(\boldsymbol{PE}_{ii}\boldsymbol{P}^{-1})$,即$\boldsymbol{PE}_{ii}\boldsymbol{P}^{-1}\in C(\boldsymbol{A})$,$i=1,2,\cdots,n$. 由于$\boldsymbol{E}_{11},\boldsymbol{E}_{22},\cdots,\boldsymbol{E}_{nn}$线性无关,所以$\boldsymbol{PE}_{11}\boldsymbol{P}^{-1},\boldsymbol{PE}_{22}\boldsymbol{P}^{-1},\cdots,\boldsymbol{PE}_{nn}\boldsymbol{P}^{-1}$线性无关. 因此$\boldsymbol{PE}_{11}\boldsymbol{P}^{-1},\boldsymbol{PE}_{22}\boldsymbol{P}^{-1},\cdots,\boldsymbol{PE}_{nn}\boldsymbol{P}^{-1}$是$C(\boldsymbol{A})$的一个基,$\dim C(\boldsymbol{A})=n$.

【例 5.84】(北京大学,1999 年;东南大学,2003 年) 设V是数域P上的一个n维线性空间,$\boldsymbol{\alpha}_1,\boldsymbol{\alpha}_2,\cdots,\boldsymbol{\alpha}_n$是$V$的一个基,用$V_1$表示由$\boldsymbol{\alpha}_1+\boldsymbol{\alpha}_2+\cdots+\boldsymbol{\alpha}_n$生成的线性子空间,令

$$V_2=\left\{\sum_{i=1}^{n}k_i\boldsymbol{\alpha}_i\,\middle|\,\sum_{i=1}^{n}k_i=0,k_i\in P\right\}.$$

(1) 证明V_2是V的子空间;

(2) 证明$V=V_1\oplus V_2$;

(3) 设V上的一个线性变换φ在基$\boldsymbol{\alpha}_1,\boldsymbol{\alpha}_2,\cdots,\boldsymbol{\alpha}_n$下的矩阵$\boldsymbol{A}$是置换矩阵(即:$\boldsymbol{A}$的每一行与每一列都只有一个元素是1,其余元素全为0),证明V_1与V_2都是φ的不变子空间.

【证】 (1) $\forall\boldsymbol{\alpha},\boldsymbol{\beta}\in V_2,k\in P$,则$\boldsymbol{\alpha}=\sum\limits_{i=1}^{n}k_i\boldsymbol{\alpha}_i,\boldsymbol{\beta}=\sum\limits_{i=1}^{n}l_i\boldsymbol{\alpha}_i$,其中$\sum\limits_{i=1}^{n}k_i=0,\sum\limits_{i=1}^{n}l_i=0$. 所以

$$\boldsymbol{\alpha}+\boldsymbol{\beta}=\sum_{i=1}^{n}(k_i+l_i)\boldsymbol{\alpha}_i,\quad k\boldsymbol{\alpha}=\sum_{i=1}^{n}(kk_i)\boldsymbol{\alpha}_i,$$

并且

$$\sum_{i=1}^{n}(k_i+l_i)=\sum_{i=1}^{n}k_i+\sum_{i=1}^{n}l_i=0,\quad\sum_{i=1}^{n}(kk_i)=k\sum_{i=1}^{n}k_i=0,$$

因此$\boldsymbol{\alpha}+\boldsymbol{\beta}\in V_2,k\boldsymbol{\alpha}\in V_2$,即$V_2$是$V$的子空间.

(2) 令$\boldsymbol{\beta}=\boldsymbol{\alpha}_1+\boldsymbol{\alpha}_2+\cdots+\boldsymbol{\alpha}_n$,则$\boldsymbol{\beta}\neq\boldsymbol{0}$,$V_1=L(\boldsymbol{\beta})$,且$\dim V_1=1$. 另一方面,显然$\boldsymbol{\alpha}_2-\boldsymbol{\alpha}_1,\boldsymbol{\alpha}_3-\boldsymbol{\alpha}_1,\cdots,\boldsymbol{\alpha}_n-\boldsymbol{\alpha}_1\in V_2$,并且线性无关. 又$\forall\boldsymbol{\xi}\in V_2$,有$\boldsymbol{\xi}=\sum\limits_{i=1}^{n}k_i\boldsymbol{\alpha}_i$,且$\sum\limits_{i=1}^{n}k_i=0$,于是

$$\boldsymbol{\xi}=\sum_{i=1}^{n}k_i\boldsymbol{\alpha}_i=\sum_{i=2}^{n}k_i(\boldsymbol{\alpha}_i-\boldsymbol{\alpha}_1).$$

所以$\boldsymbol{\alpha}_2-\boldsymbol{\alpha}_1,\boldsymbol{\alpha}_3-\boldsymbol{\alpha}_1,\cdots,\boldsymbol{\alpha}_n-\boldsymbol{\alpha}_1$是$V_2$的一个基,$\dim V_2=n-1$.

任取$\boldsymbol{\xi}\in V_1\cap V_2$,由$\boldsymbol{\xi}\in V_1$知,$\boldsymbol{\xi}=k\boldsymbol{\beta}=k\sum\limits_{i=1}^{n}\boldsymbol{\alpha}_i$,由$\boldsymbol{\xi}\in V_2$知,$\boldsymbol{\xi}=\sum\limits_{i=1}^{n}k_i\boldsymbol{\alpha}_i$,且$\sum\limits_{i=1}^{n}k_i=0$,所以$\sum\limits_{i=1}^{n}(k_i-k)\boldsymbol{\alpha}_i=\boldsymbol{0}$. 因为$\boldsymbol{\alpha}_1,\boldsymbol{\alpha}_2,\cdots,\boldsymbol{\alpha}_n$线性无关,所以$k_i=k(i=1,2,\cdots,n)$,故$k=0$. 这就证得$\boldsymbol{\xi}=\boldsymbol{0}$. 因此$V_1\cap V_2=\{\boldsymbol{0}\}$. 于是$\dim(V_1+V_2)=\dim V_1+\dim V_2=\dim V$,故$V=V_1\oplus V_2$.

(3) 据题设,$\varphi(\boldsymbol{\alpha}_1,\boldsymbol{\alpha}_2,\cdots,\boldsymbol{\alpha}_n)=(\boldsymbol{\alpha}_1,\boldsymbol{\alpha}_2,\cdots,\boldsymbol{\alpha}_n)\boldsymbol{A}$,其中$\boldsymbol{A}$是置换矩阵,所以$\varphi(\boldsymbol{\alpha}_j)=\boldsymbol{\alpha}_{i_j}$,$j=1,2,\cdots,n$. 这里$i_1,i_2,\cdots,i_n$是$1,2,\cdots,n$的一个置换. 对任意$\boldsymbol{\xi}\in V_1$,有$\boldsymbol{\xi}=k\boldsymbol{\beta}$,则

$$\varphi(\boldsymbol{\xi})=k\varphi(\boldsymbol{\beta})=k\sum_{j=1}^{n}\varphi(\boldsymbol{\alpha}_j)=k\sum_{j=1}^{n}\boldsymbol{\alpha}_{i_j}=k\boldsymbol{\beta}\in V_1,$$

所以 V_1 是 φ 的不变子空间. 又对任意 $\boldsymbol{\xi}\in V_2$,有 $\boldsymbol{\xi}=\sum_{j=1}^{n}k_j\boldsymbol{\alpha}_j$,其中 $\sum_{j=1}^{n}k_j=0$, 则

$$\varphi(\boldsymbol{\xi})=\sum_{j=1}^{n}k_j\varphi(\boldsymbol{\alpha}_j)=\sum_{j=1}^{n}k_j\boldsymbol{\alpha}_{i_j}=\sum_{j=1}^{n}k_{i_j}\boldsymbol{\alpha}_j.$$

显然 $\sum_{j=1}^{n}k_{i_j}=\sum_{j=1}^{n}k_j=0$,所以 $\varphi(\boldsymbol{\xi})\in V_2$. 因此 V_2 是 φ 的不变子空间.

【例 5.85】(上海大学,2005 年)　设 F 为数域,$\boldsymbol{A}$ 为数域 F 上的 n 阶方阵,已知 $V_1=\left\{\boldsymbol{x}\in F^n\,\middle|\,\boldsymbol{A}\boldsymbol{x}=\boldsymbol{0}\right\}$,$V_2=\left\{\boldsymbol{x}\in F^n\,\middle|\,(\boldsymbol{A}-\boldsymbol{E})\boldsymbol{x}=\boldsymbol{0}\right\}$. 求证:$f^n=V_1\oplus V_2$ 的充分必要条件是$\boldsymbol{A}^2=\boldsymbol{A}$.

【证】　充分性. 设 $\boldsymbol{A}^2=\boldsymbol{A}$,则 $\boldsymbol{A}(\boldsymbol{E}-\boldsymbol{A})=(\boldsymbol{A}-\boldsymbol{E})\boldsymbol{A}=\boldsymbol{O}$. 任取 $\boldsymbol{\alpha}\in F^n$,有

$$\boldsymbol{\alpha}=(\boldsymbol{E}-\boldsymbol{A})\boldsymbol{\alpha}+\boldsymbol{A}\boldsymbol{\alpha}=\boldsymbol{\alpha}_1+\boldsymbol{\alpha}_2,$$

其中 $\boldsymbol{\alpha}_1=(\boldsymbol{E}-\boldsymbol{A})\boldsymbol{\alpha}$,而 $\boldsymbol{\alpha}_2=\boldsymbol{A}\boldsymbol{\alpha}$. 显然有

$$\boldsymbol{A}\boldsymbol{\alpha}_1=\boldsymbol{A}(\boldsymbol{E}-\boldsymbol{A})\boldsymbol{\alpha}=\boldsymbol{0},\quad (\boldsymbol{A}-\boldsymbol{E})\boldsymbol{\alpha}_2=(\boldsymbol{A}-\boldsymbol{E})\boldsymbol{A}\boldsymbol{\alpha}=\boldsymbol{0},$$

即 $\boldsymbol{\alpha}_1\in V_1$,$\boldsymbol{\alpha}_2\in V_2$,所以 $F^n\subseteq V_1+V_2$. 又显然有 $V_1+V_2\subseteq F^n$,因此 $F^n=V_1+V_2$.

对于 $\boldsymbol{x}\in V_1\cap V_2$,由 $\boldsymbol{x}\in V_1$ 得 $\boldsymbol{A}\boldsymbol{x}=\boldsymbol{0}$,由 $\boldsymbol{x}\in V_2$ 得$(\boldsymbol{A}-\boldsymbol{E})\boldsymbol{x}=\boldsymbol{0}$,所以 $\boldsymbol{x}=\boldsymbol{0}$,即 $V_1\cap V_2=\{\boldsymbol{0}\}$. 于是有 $F^n=V_1\oplus V_2$.

必要性. (方法 1) 因为 $F^n=V_1\oplus V_2$,设 $\boldsymbol{\alpha}_1,\boldsymbol{\alpha}_2,\cdots,\boldsymbol{\alpha}_r$ 与$\boldsymbol{\beta}_{r+1},\boldsymbol{\beta}_{r+2},\cdots,\boldsymbol{\beta}_n$ 分别是 V_1 与 V_2 的一个基,所以合起来就构成 F^n 的一个基,且 $\boldsymbol{A}\boldsymbol{\alpha}_i=\boldsymbol{0}(i=1,2,\cdots,r)$,$(\boldsymbol{A}-\boldsymbol{E})\boldsymbol{\beta}_j=\boldsymbol{0}(j=r+1,r+2,\cdots,n)$. 令 $\boldsymbol{T}=(\boldsymbol{\alpha}_1,\cdots,\boldsymbol{\alpha}_r,\boldsymbol{\beta}_{r+1},\cdots,\boldsymbol{\beta}_n)$,则 $\boldsymbol{T}$ 是可逆矩阵,且

$$\boldsymbol{A}\boldsymbol{T}=\boldsymbol{A}(\boldsymbol{\alpha}_1,\cdots,\boldsymbol{\alpha}_r,\boldsymbol{\beta}_{r+1},\cdots,\boldsymbol{\beta}_n)=(\boldsymbol{0},\cdots,\boldsymbol{0},\boldsymbol{\beta}_{r+1},\cdots,\boldsymbol{\beta}_n),$$

$$\boldsymbol{A}^2\boldsymbol{T}=\boldsymbol{A}(\boldsymbol{0},\cdots,\boldsymbol{0},\boldsymbol{\beta}_{r+1},\cdots,\boldsymbol{\beta}_n)=(\boldsymbol{0},\cdots,\boldsymbol{0},\boldsymbol{\beta}_{r+1},\cdots,\boldsymbol{\beta}_n).$$

所以 $\boldsymbol{A}^2\boldsymbol{T}=\boldsymbol{A}\boldsymbol{T}$,于是有 $\boldsymbol{A}^2=\boldsymbol{A}$.

(方法 2) 由 $F^n=V_1\oplus V_2$ 有 $\dim V_1+\dim V_2=\dim F^n=n$. 若设 $\dim V_2=r$,则 $\dim V_1=n-r$. 注意到 V_2,V_1 是 $\boldsymbol{A}$ 的分别属于特征值 1 和 0 的特征子空间,所以存在 n 阶可逆矩阵 $\boldsymbol{P}$,使

$$\boldsymbol{A}=\boldsymbol{P}^{-1}\begin{pmatrix}\boldsymbol{E}_r & \boldsymbol{O}\\ \boldsymbol{O} & \boldsymbol{O}\end{pmatrix}\boldsymbol{P}.$$

于是

$$\boldsymbol{A}^2=\boldsymbol{P}^{-1}\begin{pmatrix}\boldsymbol{E}_r & \boldsymbol{O}\\ \boldsymbol{O} & \boldsymbol{O}\end{pmatrix}\boldsymbol{P}\boldsymbol{P}^{-1}\begin{pmatrix}\boldsymbol{E}_r & \boldsymbol{O}\\ \boldsymbol{O} & \boldsymbol{O}\end{pmatrix}\boldsymbol{P}=\boldsymbol{P}^{-1}\begin{pmatrix}\boldsymbol{E}_r & \boldsymbol{O}\\ \boldsymbol{O} & \boldsymbol{O}\end{pmatrix}\boldsymbol{P}=\boldsymbol{A}.$$

【注】　本题的几何表述见本章例 5.59,更多相关或类似问题详见第 6 章例 6.26 等题.

【例 5.86】(西南大学,2010 年)　设 $\boldsymbol{X},\boldsymbol{B}_0$ 均为 n 阶实方阵,定义矩阵序列

$$\boldsymbol{B}_i=\boldsymbol{B}_{i-1}\boldsymbol{X}-\boldsymbol{X}\boldsymbol{B}_{i-1},\quad i=1,2,\cdots.$$

证明:如果 $\boldsymbol{B}_{n^2}=\boldsymbol{X}$,那么 $\boldsymbol{X}=\boldsymbol{O}$.

【证】　(方法 1)因为 $\dim(\mathbb{R}^{n\times n})=n^2$,所以 $\boldsymbol{B}_0,\boldsymbol{B}_1,\boldsymbol{B}_2,\cdots,\boldsymbol{B}_{n^2}$ 线性相关,故存在不全为零的实数 $k_0,k_1,k_2,\cdots,k_{n^2}$,使得

$$k_0\boldsymbol{B}_0+k_1\boldsymbol{B}_1+k_2\boldsymbol{B}_2+\cdots+k_{n^2}\boldsymbol{B}_{n^2}=\boldsymbol{O}.$$

设 k_i 是第一个不为零的系数,并令 $c_j=-\dfrac{k_{i+j}}{k_i}$,$j=1,2,\cdots$,于是有

$$\boldsymbol{B}_i=c_1\boldsymbol{B}_{i+1}+c_2\boldsymbol{B}_{i+2}+\cdots+c_{n^2-i}\boldsymbol{B}_{n^2}.\qquad①$$

现在,由①×X-X×①,以及题设条件,得

$$\begin{aligned}B_{i+1} &= c_1(B_{i+1}X - XB_{i+1}) + c_2(B_{i+2}X - XB_{i+2}) + \cdots + c_{n^2-i}(B_{n^2}X - XB_{n^2}) \\ &= c_1B_{i+2} + c_2B_{i+3} + \cdots + c_{n^2-i-1}B_{n^2}.\end{aligned} \quad ②$$

再由②×X-X×②,得

$$B_{i+2} = c_1B_{i+3} + c_2B_{i+4} + \cdots + c_{n^2-i-2}B_{n^2}.$$

如此继续下去,可得 $B_{n^2-1}=c_1B_{n^2}$. 最后,再次重复上述做法,得

$$X = B_{n^2} = B_{n^2-1}X - XB_{n^2-1} = c_1(B_{n^2}X - XB_{n^2}) = O.$$

(方法 2) 考虑$\mathbb{R}^{n\times n}$的线性变换:

$$\varphi(A) = AX - XA, \quad \forall A \in \mathbb{R}^{n\times n},$$

根据题设条件,有 $B_i=\varphi(B_{i-1})$,所以 $B_1=\varphi(B_0)$,$B_2=\varphi(B_1)=\varphi^2(B_0)$,$\cdots$,$B_{n^2}=\varphi^{n^2}(B_0)$. 此外,如果 $B_{n^2}=X$,那么还有

$$\varphi^{n^2+1}(B_0) = \varphi(B_{n^2}) = \varphi(X) = X^2 - X^2 = O.$$

可见,B_0 存在形如 λ^k 的关于 φ 的最小零化子,即 $\varphi^k(B_0)=O$.

另一方面,根据 Hamilton-Cayley 定理,存在次数为 n^2 的多项式 $f(\lambda)\in\mathbb{R}[\lambda]$,使得 $f(\varphi)=0$,当然有 $f(\varphi)(B_0)=O$. 因此 $\lambda^k \mid f(\lambda)$,故 $k\leqslant n^2$,从而 $\varphi^{n^2}(B_0)=O$,即 $X=O$.

(方法 3) 考虑 X 的特征多项式 $\Delta(\lambda)$. 根据题设条件,$X=B_{n^2}=B_{n^2-1}X-XB_{n^2-1}$,所以 $\operatorname{tr} X=\operatorname{tr}(B_{n^2-1}X)-\operatorname{tr}(XB_{n^2-1})=0$. 进一步,对任意正整数 $k\geqslant 2$,由于

$$X^k = X^{k-1}(B_{n^2-1}X - XB_{n^2-1}) = X^{k-1}B_{n^2-1}X - X^kB_{n^2-1},$$

所以 $\operatorname{tr}(X^k)=0$. 根据第 1 章例 1.121 知,$\Delta(\lambda)=\lambda^n$. 利用 Hamilton-Cayley 定理,得 $X^n=O$.

另一方面,注意到递推式 $B_i=B_{i-1}X-XB_{i-1}$,并利用归纳法易证: $\forall k\in\mathbb{Z}_+$,有

$$B_k = \sum_{i=0}^{k}(-1)^i C_k^i X^i B_0 X^{k-i}.$$

令 $k=n^2$,得 $X=\sum\limits_{i=0}^{n^2}(-1)^i C_{n^2}^i X^i B_0 X^{n^2-i}$. 而 X^i 和 X^{n^2-i} 至少有一个含因子 X^n,因此 $X=O$.

【例 5.87】(四川大学竞赛试题,2010 年) 设 V 是 $n(>1)$ 维实线性空间,V^* 是 V 的对偶空间,分别取定 V 的一个基 $h_1,h_2,\cdots,h_n$ 和 V^* 的一个基 $\alpha_1,\alpha_2,\cdots,\alpha_n$. 设 $\alpha_i(h_j)=a_{ij}$,$1\leqslant i,j\leqslant n$. 对每个 $1\leqslant i\leqslant n$,定义 V^* 上的线性变换 r_i 为:对任意 $\alpha\in V^*$ 有 $r_i(\alpha)=\alpha-\alpha(h_i)\alpha_i$. 证明:对于 $1\leqslant i\neq j\leqslant n$,如果 $a_{ii}=a_{jj}=2$ 且 $a_{ij}a_{ji}=3$,那么 $(r_ir_j)^6$ 和 $(r_jr_i)^6$ 都是 V^* 上的恒等变换.

【证】 设 $W_1=L(\alpha_i,\alpha_j)$,$W_2=\{\alpha\in V^* \mid \alpha(h_i)=\alpha(h_j)=0\}$,则 W_1,W_2 都分别是 r_i 和 r_j 的不变子空间,且 $\dim W_1=2$,$\dim W_2=n-2$.

任取 $\alpha\in W_1\cap W_2$,则 $\alpha\in W_1$ 且 $\alpha\in W_2$. 令 $\alpha=k_1\alpha_i+k_2\alpha_j$,由 $\alpha(h_i)=\alpha(h_j)=0$ 解得 $k_1=k_2=0$,故 $\alpha=0$. 因此,$V^*=W_1\oplus W_2$.

注意到,r_i 和 r_j 都是限制在 W_2 上的恒等变换,所以 $(r_ir_j)^6$ 限制在 W_2 上是恒等变换. 故只需证明 $(r_ir_j)^6$ 限制在 W_1 上是恒等变换.

根据定义易知,r_i 和 r_j 在 W_1 的基 α_i,α_j 下的矩阵分别为$\begin{pmatrix}-1 & -a_{ji}\\ 0 & 1\end{pmatrix}$和$\begin{pmatrix}1 & 0\\ -a_{ij} & -1\end{pmatrix}$. 因此,$r_ir_j$ 在 W_1 的基 α_i,α_j 下的矩阵为

$$A=\begin{pmatrix}-1 & -a_{ji}\\ 0 & 1\end{pmatrix}\begin{pmatrix}1 & 0\\ -a_{ij} & -1\end{pmatrix}=\begin{pmatrix}2 & a_{ji}\\ -a_{ij} & -1\end{pmatrix}.$$

直接计算得,$A^3=-E_2$,所以 $A^6=E_2$. 这就表明,$(r_ir_j)^6$ 限制在 W_1 上是恒等变换.

因此,$(r_ir_j)^6$ 是 V^* 上的恒等变换. 同理可证,$(r_jr_i)^6$ 也是 V^* 上的恒等变换.

【例 5.88】(华东师范大学, 2020 年) 设二阶复方阵 A, B, C 在 $M_2(\mathbb{C})$ 中是线性无关的. 证明:存在复数 x_1, x_2, x_3, 使得 $x_1A+x_2B+x_3C$ 是可逆矩阵.

【解】 (方法 1) 不妨设 A, B, C, E 线性无关,其中 E 是二阶单位矩阵,这就构成 $M_2(\mathbb{C})$ 的一个基,故存在复数 x_1, x_2, x_3, x 与 y_1, y_2, y_3, y, 使得

$$x_1A+x_2B+x_3C+xE=\begin{pmatrix}1 & 1\\ 0 & 1\end{pmatrix},$$

$$y_1A+y_2B+y_3C+yE=\begin{pmatrix}1 & 0\\ 1 & 1\end{pmatrix}.$$

若 $x\neq1$ 或 $y\neq1$,则结论得证. 若 $x=1$ 且 $y=1$,则将上述二式相减,得

$$(x_1-y_1)A+(x_2-y_2)B+(x_3-y_3)C=\begin{pmatrix}0 & 1\\ -1 & 0\end{pmatrix},$$

也证得结论.

(方法 2) 因为 A, B, C 线性无关,所以 A, B, $C\neq O$. 若 A 可逆, 则取 $x_1=1$, $x_2=x_3=0$, 结论得证. 于是,只需考虑 $\operatorname{rank} A=\operatorname{rank} B=\operatorname{rank} C=1$ 的情形.

设二阶可逆矩阵 P, Q 使得 $PAQ=\begin{pmatrix}1 & 0\\ 0 & 0\end{pmatrix}$,相应的设 $PBQ=\begin{pmatrix}b_1 & b_2\\ b_3 & b_4\end{pmatrix}$,$PCQ=\begin{pmatrix}c_1 & c_2\\ c_3 & c_4\end{pmatrix}$.

若 $b_4\neq0$, 则取 $x_1=x_2=1$, $x_3=0$,有

$$|P(x_1A+x_2B+x_3C)Q|=\begin{vmatrix}1+b_1 & b_2\\ b_3 & b_4\end{vmatrix}=(b_1b_4-b_2b_3)+b_4=b_4\neq0$$

结论得证. 若 $c_4\neq0$,则同理可证. 若 $b_4=0$ 且 $c_4=0$,则 $b_2b_3=0$, $c_2c_3=0$,且 A, B, C 线性无关$\Leftrightarrow$向量组$(1,0,0)$, (b_1,b_2,b_3), (c_1,c_2,c_3)线性无关$\Leftrightarrow b_2c_3-b_3c_2\neq0$. 所以

$$\begin{cases}b_2\neq0, & b_3=0\\ c_2=0, & c_3\neq0\end{cases}\quad\text{或}\quad\begin{cases}b_2=0, & b_3\neq0\\ c_2\neq0, & c_3=0\end{cases},$$

二者必居其一. 此时,取 $x_1=0$, $x_2=1$, $x_3=-1$,则

$$|P(x_1A+x_2B+x_3C)Q|=\begin{vmatrix}b_1-c_1 & b_2-c_2\\ b_3-c_3 & 0\end{vmatrix}=b_2c_3+b_3c_2\neq0,$$

即 $x_1A+x_2B+x_3C$ 是可逆矩阵.

【例 5.89】(复旦大学竞赛试题,2010 年) 设 n 阶循环矩阵

$$A=\begin{pmatrix}1 & 2 & \cdots & n-1 & n\\ n & 1 & \cdots & n-2 & n-1\\ \vdots & \vdots & & \vdots & \vdots\\ 3 & 4 & \cdots & 1 & 2\\ 2 & 3 & \cdots & n & 1\end{pmatrix},\quad A=\begin{pmatrix}A_1\\ A_2\end{pmatrix}\text{ 为其分块,}$$

其中 $\boldsymbol{A}_1$ 为 $k\times n$ 矩阵,$\boldsymbol{A}_2$ 为 $(n-k)\times n$ 矩阵,$1\leqslant k\leqslant n$. 设 V_i 为齐次线性方程组 $\boldsymbol{A}_i\boldsymbol{X}=\boldsymbol{0}$ 的解空间,并将 V_i 看成是有理数域上 n 维列向量空间 $\mathbb{Q}^n$ 的子空间,$i=1,2$. 证明:$\mathbb{Q}^n=V_1\oplus V_2$.

【证】 设 $f(x)=1+2x+3x^2+\cdots+nx^{n-1}$,则 $|\boldsymbol{A}|=\prod\limits_{k=0}^{n-1}f(\omega^k)$,其中 ω 为 n 次单位根.(行列式 $|\boldsymbol{A}|$ 的计算详见第 6 章例 6.60)显然,$f(x)$ 与 x^n-1 互素,所以 $|\boldsymbol{A}|\neq 0$,即 $\boldsymbol{A}$ 是满秩矩阵,从而 $\operatorname{rank}\boldsymbol{A}_1=k$,$\operatorname{rank}\boldsymbol{A}_2=n-k$. 于是,有 $\dim V_1=n-k$,$\dim V_2=k$.

现任取 $\boldsymbol{\xi}\in V_1\cap V_2$,则 $\boldsymbol{A}_1\boldsymbol{\xi}=\boldsymbol{0}$,且 $\boldsymbol{A}_2\boldsymbol{\xi}=\boldsymbol{0}$. 从而

$$\boldsymbol{A\xi}=\begin{pmatrix}\boldsymbol{A}_1\\ \boldsymbol{A}_2\end{pmatrix}\boldsymbol{\xi}=\begin{pmatrix}\boldsymbol{A}_1\boldsymbol{\xi}\\ \boldsymbol{A}_2\boldsymbol{\xi}\end{pmatrix}=\boldsymbol{0}.$$

所以 $\boldsymbol{\xi}$ 是齐次方程组 $\boldsymbol{AX}=\boldsymbol{0}$ 的解,但 $\operatorname{rank}\boldsymbol{A}=n$,因此 $\boldsymbol{\xi}=\boldsymbol{0}$. 这表明 $V_1\cap V_2=\{\boldsymbol{0}\}$.

根据维数公式,有

$$\dim(V_1+V_2)=\dim V_1+\dim V_2-\dim(V_1\cap V_2)=n=\dim(\mathbb{Q}^n).$$

另一方面,显然有 $\mathbb{Q}^n\supseteq V_1+V_2$,所以 $\mathbb{Q}^n=V_1+V_2$,且 $\mathbb{Q}^n=V_1\oplus V_2$.

【例 5.90】(浙江大学,2020 年) 设 V 是复向量空间, U, W 是 V 的子空间, $\boldsymbol{p}$ 和 $\boldsymbol{q}$ 是 V 中的向量,记

$$\boldsymbol{p}+U=\{\boldsymbol{p}+\boldsymbol{u}\mid \boldsymbol{u}\in U\},\quad \boldsymbol{q}+W=\{\boldsymbol{q}+\boldsymbol{w}\mid \boldsymbol{w}\in W\}.$$

证明:若 $\boldsymbol{p}+U=\boldsymbol{q}+W$,则 $U=W$.

【证】 首先,根据题设 $\boldsymbol{p}+U=\boldsymbol{q}+W$ 及 U 是 V 的子空间,可知 $\boldsymbol{p}=\boldsymbol{p}+\boldsymbol{0}\in\boldsymbol{q}+W$,故存在 $w\in W$ 使得 $\boldsymbol{p}=\boldsymbol{q}+\boldsymbol{w}$.

对任意的 $\boldsymbol{\eta}\in U$,由于 $\boldsymbol{p}+\boldsymbol{\eta}=\boldsymbol{q}+\boldsymbol{w}+\boldsymbol{\eta}\in\boldsymbol{p}+U=\boldsymbol{q}+W$,所以 $\boldsymbol{w}+\boldsymbol{\eta}\in W$. 因为 W 是子空间,所以 $\boldsymbol{\eta}=(\boldsymbol{w}+\boldsymbol{\eta})-\boldsymbol{w}\in W$. 这就证明了 $U\subseteq W$.

利用 U 与 W 的对称性,同理可证反向包含 $W\subseteq U$ 成立. 因此 $U=W$.

【注】 称 $\boldsymbol{p}+U$ 为向量空间 V 的一个**线性流形**, U 为线性流形 $\boldsymbol{p}+U$ 的**方向子空间**. 本题的结论即: V 中任一线性流形的方向子空间是唯一确定的. 另外, n 元非齐次线性方程组的通解就是 K^n 中的一个线性流形,对应齐次方程组的解空间是该线性流形的方向子空间.

【例 5.91】 求方程 $\sqrt{x^2+x+1}+\sqrt{2x^2+x+5}=\sqrt{x^2-3x+13}$ 的实数解.

【解】 令 $\alpha=\sqrt{x^2+x+1}$,$\beta=\sqrt{2x^2+x+5}$,$\gamma=\sqrt{x^2-3x+13}$,则

$$\alpha+\beta=\gamma.$$

考虑 $\mathbb{Q}[x]_3$,即有理数域上次数不超过 2 的多项式全体构成的线性空间,多项式 α^2,β^2,γ^2 在 $\mathbb{Q}[x]_3$ 的自然基 $x^2,x,1$ 下的坐标为 $(1,1,1)$,$(2,1,5)$,$(1,-3,13)$. 易知,这 3 个向量是线性相关的,而前两个线性无关,故存在 $k_1,k_2\in\mathbb{Q}$,使得

$$k_1(1,1,1)+k_2(2,1,5)=(1,-3,13).$$

由此可解得 $k_1=-7$,$k_2=4$. 于是,根据同构对应有

$$-7\alpha^2+4\beta^2=\gamma^2=(\alpha+\beta)^2,$$

即 $8\alpha^2+2\alpha\beta-3\beta^2=0$,$(2\alpha-\beta)(4\alpha+3\beta)=0$.

注意到当 x 为实数时 $\alpha>0$,$\beta>0$,所以由上式只能有 $2\alpha=\beta$,即

$$2\sqrt{x^2+x+1}=\sqrt{2x^2+x+5}.$$

两边平方,并整理得 $2x^2+3x-1=0$. 解得

$$x_{1,2}=-\frac{3}{4}\pm\frac{\sqrt{17}}{4}.$$

经检验,$x_{1,2}=-\frac{3}{4}\pm\frac{\sqrt{17}}{4}$确为原方程的解. 因此 x_1,x_2 就是原方程的全部实数解.

【例 5.92】(郑州大学,2009 年;北京邮电大学,2001 年)　设 V 是有理数域$\mathbb{Q}$ 上的 3 维线性空间,σ 是 V 的线性变换,对于 $\boldsymbol{\alpha},\boldsymbol{\beta},\boldsymbol{\gamma}\in V$,有

$$\sigma(\boldsymbol{\alpha})=\boldsymbol{\beta},\quad \sigma(\boldsymbol{\beta})=\boldsymbol{\gamma},\quad \sigma(\boldsymbol{\gamma})=\boldsymbol{\alpha}+\boldsymbol{\beta}.$$

证明:若 $\boldsymbol{\alpha}\neq\boldsymbol{0}$,则 $\boldsymbol{\alpha},\boldsymbol{\beta},\boldsymbol{\gamma}$ 是 V 的一个基.

【证】　只需证 $\boldsymbol{\alpha},\boldsymbol{\beta},\boldsymbol{\gamma}$ 在$\mathbb{Q}$ 上线性无关. 为此,先证 $\boldsymbol{\alpha},\boldsymbol{\beta}$ 线性无关. 若不然,则因 $\boldsymbol{\alpha}\neq\boldsymbol{0}$,有 $\boldsymbol{\beta}=\lambda\boldsymbol{\alpha}$,其中 $\lambda\in\mathbb{Q}$. 因为

$$\boldsymbol{\gamma}=\sigma(\boldsymbol{\beta})=\lambda\sigma(\boldsymbol{\alpha})=\lambda\boldsymbol{\beta}=\lambda^2\boldsymbol{\alpha},$$

所以 $\sigma(\boldsymbol{\gamma})=\lambda^2\sigma(\boldsymbol{\alpha})=\lambda^3\boldsymbol{\alpha}$,从而 $(\lambda^3-\lambda-1)\boldsymbol{\alpha}=\boldsymbol{0}$. 但 $\boldsymbol{\alpha}\neq\boldsymbol{0}$,故 $\lambda^3-\lambda-1=0$. 另一方面,若整系数多项式 $p(x)=x^3-x-1$ 有有理根 λ,则必有 $\lambda=\pm1$. 矛盾. 故 $\boldsymbol{\alpha},\boldsymbol{\beta}$ 线性无关.

再证 $\boldsymbol{\alpha},\boldsymbol{\beta},\boldsymbol{\gamma}$ 线性无关. 若不然,则由 $\boldsymbol{\alpha},\boldsymbol{\beta}$ 线性无关可知,$\boldsymbol{\gamma}=a\boldsymbol{\alpha}+b\boldsymbol{\beta}$,其中 $a,b\in\mathbb{Q}$. 于是有 $\sigma(\boldsymbol{\gamma})=a\boldsymbol{\beta}+b\boldsymbol{\gamma}$,即

$$\boldsymbol{\alpha}+\boldsymbol{\beta}=a\boldsymbol{\beta}+b(a\boldsymbol{\alpha}+b\boldsymbol{\beta}),$$

由此得

$$(ab-1)\boldsymbol{\alpha}+(a+b^2-1)\boldsymbol{\beta}=\boldsymbol{0}.$$

因为 $\boldsymbol{\alpha},\boldsymbol{\beta}$ 线性无关,所以 $ab=1$,且 $a+b^2=1$,于是 $b^3-b+1=0$. 说明多项式 $p(x)=x^3-x+1$ 有有理根 $x=b$,也导致矛盾. 因此 $\boldsymbol{\alpha},\boldsymbol{\beta},\boldsymbol{\gamma}$ 在有理数域上线性无关,因而是 V 的一个基.

【例 5.93】(武汉大学,2014 年)　设 V,V'都是数域 K 上的线性空间,把由 V 到 V'的所有线性映射构成的集合记为 $\mathrm{Hom}_K(V,V')$.

(1) 证明:$\mathrm{Hom}_K(V,V')$构成数域 K 上的线性空间;

(2) 证明:若 $\dim V=n$,$\dim V'=m$,则 $\dim \mathrm{Hom}_K(V,V')=mn$.

【证】　(1) 证明从略.

(2) 设 $M_{m,n}(K)$表示数域 K 上的所有 $m\times n$ 矩阵构成的线性空间,下面证明 $\mathrm{Hom}_K(V,V')$ 与 $M_{m,n}(K)$线性同构. 为此,我们给出由 $\mathrm{Hom}_K(V,V')$到 $M_{m,n}(K)$的一个同构映射.

在 V 中取一个基 $\boldsymbol{\eta}_1,\boldsymbol{\eta}_2,\cdots,\boldsymbol{\eta}_n$,在 V'中取一个基 $\boldsymbol{\eta}'_1,\boldsymbol{\eta}'_2,\cdots,\boldsymbol{\eta}'_m$,线性映射 $\mathscr{A}$: $V\to V'$满足

$$\mathscr{A}(\boldsymbol{\eta}_j)=\sum_{i=1}^{m}a_{ij}\boldsymbol{\eta}'_i,\quad j=1,2,\cdots,n.$$

以基像组 $\mathscr{A}\boldsymbol{\eta}_1,\mathscr{A}\boldsymbol{\eta}_2,\cdots,\mathscr{A}\boldsymbol{\eta}_n$ 对应的坐标向量组

$$\begin{pmatrix}a_{11}\\a_{21}\\\vdots\\a_{m1}\end{pmatrix},\begin{pmatrix}a_{12}\\a_{22}\\\vdots\\a_{m2}\end{pmatrix},\cdots,\begin{pmatrix}a_{1n}\\a_{2n}\\\vdots\\a_{mn}\end{pmatrix}$$

为列向量构造一个 $m\times n$ 矩阵 $\boldsymbol{A}=(a_{ij})$，所以

$$\mathscr{A}(\boldsymbol{\eta}_1,\boldsymbol{\eta}_2,\cdots,\boldsymbol{\eta}_n)=(\boldsymbol{\eta}_1',\boldsymbol{\eta}_2',\cdots,\boldsymbol{\eta}_m')\boldsymbol{A}. \qquad ①$$

于是有 $\mathrm{Hom}_K(V,V')$ 到 $M_{m,n}(K)$ 的一个映射 σ，即

$$\begin{aligned}\mathrm{Hom}_K(V,V') &\rightarrow M_{m,n}(K)\\ \mathscr{A} &\rightarrow \sigma(\mathscr{A})=\boldsymbol{A}\end{aligned}$$

设 $\mathscr{B}\in\mathrm{Hom}_K(V,V')$，且 $\sigma(\mathscr{B})=\boldsymbol{B}$，如果 $\boldsymbol{A}=\boldsymbol{B}$，那么 $\boldsymbol{A}$ 与 $\boldsymbol{B}$ 的任意第 j 列相等，即 $\mathscr{A}\boldsymbol{\eta}_j=\mathscr{B}\boldsymbol{\eta}_j$，$j=1,2,\cdots,n$，所以 $\mathscr{A}=\mathscr{B}$，这表明 σ 是单射. 又 $\forall\boldsymbol{A}\in M_{m,n}(K)$，那么由①就定义了一个线性映射 $\mathscr{A}$，所以 $\sigma(\mathscr{A})=\boldsymbol{A}$，这表明 σ 是满射. 因此 σ 是双射. 另一方面，由于

$$\begin{aligned}(\mathscr{A}+\mathscr{B})(\boldsymbol{\eta}_1,\boldsymbol{\eta}_2,\cdots,\boldsymbol{\eta}_n)&=((\mathscr{A}+\mathscr{B})\boldsymbol{\eta}_1,(\mathscr{A}+\mathscr{B})\boldsymbol{\eta}_2,\cdots,(\mathscr{A}+\mathscr{B})\boldsymbol{\eta}_n)\\&=(\mathscr{A}\boldsymbol{\eta}_1+\mathscr{B}\boldsymbol{\eta}_1,\mathscr{A}\boldsymbol{\eta}_2+\mathscr{B}\boldsymbol{\eta}_2,\cdots,\mathscr{A}\boldsymbol{\eta}_n+\mathscr{B}\boldsymbol{\eta}_n)\\&=(\mathscr{A}\boldsymbol{\eta}_1,\mathscr{A}\boldsymbol{\eta}_2,\cdots,\mathscr{A}\boldsymbol{\eta}_n)+(\mathscr{B}\boldsymbol{\eta}_1,\mathscr{B}\boldsymbol{\eta}_2,\cdots,\mathscr{B}\boldsymbol{\eta}_n)\\&=(\boldsymbol{\eta}_1',\boldsymbol{\eta}_2',\cdots,\boldsymbol{\eta}_m')\boldsymbol{A}+(\boldsymbol{\eta}_1',\boldsymbol{\eta}_2',\cdots,\boldsymbol{\eta}_m')\boldsymbol{B}\\&=(\boldsymbol{\eta}_1',\boldsymbol{\eta}_2',\cdots,\boldsymbol{\eta}_m')(\boldsymbol{A}+\boldsymbol{B}),\end{aligned}$$

即 $\mathscr{A}+\mathscr{B}$ 关于 V 的基 $\boldsymbol{\eta}_1,\boldsymbol{\eta}_2,\cdots,\boldsymbol{\eta}_n$ 和 V' 的基 $\boldsymbol{\eta}_1',\boldsymbol{\eta}_2',\cdots,\boldsymbol{\eta}_m'$ 的矩阵为 $\boldsymbol{A}+\boldsymbol{B}$，所以

$$\sigma(\mathscr{A}+\mathscr{B})=\boldsymbol{A}+\boldsymbol{B}=\sigma(\mathscr{A})+\sigma(\mathscr{B}).$$

对于 $k\in K$，有

$$\begin{aligned}(k\mathscr{A})(\boldsymbol{\eta}_1,\boldsymbol{\eta}_2,\cdots,\boldsymbol{\eta}_n)&=((k\mathscr{A})\boldsymbol{\eta}_1,(k\mathscr{A})\boldsymbol{\eta}_2,\cdots,(k\mathscr{A})\boldsymbol{\eta}_n)\\=k(\mathscr{A}\boldsymbol{\eta}_1,\mathscr{A}\boldsymbol{\eta}_2,\cdots,\mathscr{A}\boldsymbol{\eta}_n)&=k(\boldsymbol{\eta}_1',\boldsymbol{\eta}_2',\cdots,\boldsymbol{\eta}_m')\boldsymbol{A}=(\boldsymbol{\eta}_1',\boldsymbol{\eta}_2',\cdots,\boldsymbol{\eta}_m')(k\boldsymbol{A}),\end{aligned}$$

即 $k\mathscr{A}$ 关于 V 的基 $\boldsymbol{\eta}_1,\boldsymbol{\eta}_2,\cdots,\boldsymbol{\eta}_n$ 和 V' 的基 $\boldsymbol{\eta}_1',\boldsymbol{\eta}_2',\cdots,\boldsymbol{\eta}_m'$ 的矩阵为 $k\boldsymbol{A}$，所以

$$\sigma(k\mathscr{A})=k\boldsymbol{A}=k\sigma(\mathscr{A}).$$

这样，我们就证明了 σ 是数域 K 上线性空间 $\mathrm{Hom}_K(V,V')$ 与 $M_{m,n}(K)$ 之间的一个同构映射. 因此，$\mathrm{Hom}_K(V,V')$ 与 $M_{m,n}(K)$ 同构，$\dim\mathrm{Hom}_K(V,V')=\dim M_{m,n}(K)=mn$.

【注】 事实上，还可构造 $\mathrm{Hom}_K(V,V')$ 的一个基. 对于线性空间 $M_{m,n}(K)$ 的自然基：

$$\{\boldsymbol{E}_{ij}:1\leqslant i\leqslant m;1\leqslant j\leqslant n\},$$

其中 $\boldsymbol{E}_{ij}$ 是 (i,j) 元为 1 其余元素均为 0 的 $m\times n$ 矩阵，我们定义 $\mathrm{Hom}_K(V,V')$ 中的元素 $\mathscr{E}_{ij}(1\leqslant i\leqslant m;1\leqslant j\leqslant n)$ 为：$\mathscr{E}_{ij}(\boldsymbol{\eta}_k)=\delta_{jk}\boldsymbol{\eta}_i'(1\leqslant k\leqslant n)$，即

$$\mathscr{E}_{ij}(\boldsymbol{\eta}_1,\boldsymbol{\eta}_2,\cdots,\boldsymbol{\eta}_n)=(\boldsymbol{\eta}_1',\boldsymbol{\eta}_2',\cdots,\boldsymbol{\eta}_m')\boldsymbol{E}_{ij}.$$

容易验证：$\{\mathscr{E}_{ij}:1\leqslant i\leqslant m;1\leqslant j\leqslant n\}$ 是 $\mathrm{Hom}_K(V,V')$ 的一个基. 因此也有 $\dim\mathrm{Hom}_K(V,V')=mn$.

§5.6 思考与练习

5.1（北京师范大学，2003 年） 设

$$\boldsymbol{J}_n(\lambda)=\begin{pmatrix}\lambda&1&0&\cdots&0\\0&\lambda&1&\ddots&\vdots\\\vdots&\ddots&&\ddots&0\\&&&\ddots&1\\0&&\cdots&0&\lambda\end{pmatrix}$$

是数域 F 上的一个 n 阶 Jordan 块. 试写出与 $\boldsymbol{J}_n(\lambda)$ 可交换的数域 F 上的全体 n 阶方阵.

5.2（厦门大学，2011 年） 设 $\boldsymbol{\beta},\boldsymbol{\alpha}_1,\boldsymbol{\alpha}_2,\cdots,\boldsymbol{\alpha}_m$ 是线性空间 V 中的向量，且 $\boldsymbol{\beta}$ 可由 $\boldsymbol{\alpha}_1,\boldsymbol{\alpha}_2,\cdots,\boldsymbol{\alpha}_m$ 线性表

示. 证明:表示法唯一的充分必要条件是 $\boldsymbol{\alpha}_1,\boldsymbol{\alpha}_2,\cdots,\boldsymbol{\alpha}_m$ 线性无关.

5.3(重庆大学,2001 年)　设 $\boldsymbol{A}$ 为 n 阶实方阵,$W=\{\boldsymbol{y}\in\mathbb{R}^n \mid \boldsymbol{x}^{\mathrm{T}}\boldsymbol{A}\boldsymbol{y}=0,\forall \boldsymbol{x}\in\mathbb{R}^n\}$. 证明:$W$ 是 $\mathbb{R}^n$ 的子空间,且 $\dim W+\operatorname{rank}\boldsymbol{A}=n$.

5.4(四川大学,2017 年)　设 $\boldsymbol{A}$ 是 n 阶实对称矩阵($n>1$),对任意实向量 $\boldsymbol{\alpha}\in\mathbb{R}^n$ 都有 $\boldsymbol{\alpha}^{\mathrm{T}}\boldsymbol{A}\boldsymbol{\alpha}\geqslant 0$. 证明:集合 $W=\{\boldsymbol{X}\in\mathbb{R}^n \mid \boldsymbol{X}^{\mathrm{T}}\boldsymbol{A}\boldsymbol{X}=0\}$ 是 $\mathbb{R}^n$ 的维数为 $n-\operatorname{rank}\boldsymbol{A}$ 的子空间.

5.5(深圳大学,2012 年)　设 V 是数域 F 上的向量空间,V 中的向量组 $\{\boldsymbol{\alpha}_1,\boldsymbol{\alpha}_2,\cdots,\boldsymbol{\alpha}_s\}$, $\{\boldsymbol{\beta}_1,\boldsymbol{\beta}_2,\cdots,\boldsymbol{\beta}_t\}$, $\{\boldsymbol{\alpha}_1,\cdots,\boldsymbol{\alpha}_s,\boldsymbol{\beta}_1,\cdots,\boldsymbol{\beta}_t\}$ 的秩分别为 r_1,r_2,r_3. 证明:$\max\{r_1,r_2\}\leqslant r_3\leqslant r_1+r_2$.

5.6(中山大学,2013 年)　设 E,F 为数域,$F\subset E$,且 E 作为 F 上的线性空间,维数为 m. 设 V 是 E 上的 n 维线性空间. 证明:V 作为 F 上的线性空间的维数为 mn.

5.7(清华大学,1998 年)　设 V_0 是线性方程组 $\boldsymbol{ABx}=\boldsymbol{0}$ 的解空间(即解 $\boldsymbol{x}$ 全体),试求 $\boldsymbol{B}V_0=\{\boldsymbol{Bx} \mid \boldsymbol{x}\in V_0\}$ 的维数(其中 $\boldsymbol{A},\boldsymbol{B}$ 分别为 $m\times n$ 和 $n\times q$ 矩阵).

5.8(上海交通大学,2007 年)　设 $\boldsymbol{A},\boldsymbol{B}$ 分别是数域 F 上的 $n\times m$, $m\times p$ 矩阵,V 是齐次线性方程组 $\boldsymbol{xAB}=\boldsymbol{0}$ 的解空间. 求证 $U=\{\boldsymbol{y}=\boldsymbol{xA} \mid \boldsymbol{x}\in V\}$ 为 F^m 的子空间,并求 U 的维数.

5.9(四川大学,2010 年)　设 $\boldsymbol{A}$ 是数域 F 上的 n 阶方阵,$\operatorname{rank}\boldsymbol{A}=r$. 又设 $\boldsymbol{\alpha}_1,\boldsymbol{\alpha}_2,\cdots,\boldsymbol{\alpha}_n$ 是 F^n 的一个基,令 $(\boldsymbol{\beta}_1,\boldsymbol{\beta}_2,\cdots,\boldsymbol{\beta}_n)=(\boldsymbol{\alpha}_1,\boldsymbol{\alpha}_2,\cdots,\boldsymbol{\alpha}_n)\boldsymbol{A}$. 求向量组 $\boldsymbol{\beta}_1,\boldsymbol{\beta}_2,\cdots,\boldsymbol{\beta}_n$ 的秩,并给出它的一个极大无关组.

5.10(南京理工大学,2001 年)　设 V_1,V_2 是 4 维向量空间 $\mathbb{R}^4$ 的两个子空间,其中 V_1 是由向量

$$\boldsymbol{\alpha}_1=(1,1,-2,1),\ \boldsymbol{\alpha}_2=(2,7,1,4),\ \boldsymbol{\alpha}_3=(-3,2,11,-1)$$

生成的子空间 $L(\boldsymbol{\alpha}_1,\boldsymbol{\alpha}_2,\boldsymbol{\alpha}_3)$,而 V_2 是齐次线性方程组

$$\begin{cases} x_1+x_2+x_3+x_4=0,\\ 2x_1+3x_2-x_3+2x_4=0,\\ x_1+2x_2-2x_3+x_4=0,\\ x_1+3x_2-5x_3+x_4=0 \end{cases}$$

的解空间,求 V_1+V_2 的维数和一个基.

5.11(哈尔滨工业大学,2005 年)　设 V 是数域 F 上的一个 $n(n>1)$ 维线性空间,$\boldsymbol{\alpha}_1,\boldsymbol{\alpha}_2,\cdots,\boldsymbol{\alpha}_m\in V$, 用 $L(\boldsymbol{\alpha}_i)$ 表示由 $\boldsymbol{\alpha}_i$ 生成的 V 的子空间($i=1,2,\cdots,m$). 证明:存在 V 的基 $\boldsymbol{\beta}_1,\boldsymbol{\beta}_2,\cdots,\boldsymbol{\beta}_n$ 使得 $\boldsymbol{\beta}_j\notin L(\boldsymbol{\alpha}_i)$, $i=1,2,\cdots,m;j=1,2,\cdots,n$.

5.12(北京航空航天大学,2003 年)　设 W_1,W_2 是线性空间 V 的子空间. 证明:若 $W_1\cup W_2$ 也是 V 的子空间,则必有 $W_1\subseteq W_2$ 或 $W_2\subseteq W_1$.

5.13(华南理工大学,2013 年)　设 $\boldsymbol{A}$ 是数域 P 上的 n 阶方阵,$f(x),g(x)$ 为数域 P 上的多项式,且 $(f(x),g(x))=1$. 令 $h(x)=f(x)g(x)$,用 V_1,V_2,V 分别表示 n 元齐次线性方程组 $f(\boldsymbol{A})\boldsymbol{X}=\boldsymbol{0}$, $g(\boldsymbol{A})\boldsymbol{X}=\boldsymbol{0}$, $h(\boldsymbol{A})\boldsymbol{X}=\boldsymbol{0}$ 的解空间,这里 $\boldsymbol{X}=(x_1,x_2,\cdots,x_n)^{\mathrm{T}}$. 证明:$V=V_1\oplus V_2$.

5.14(上海大学,2012 年)　设 $\boldsymbol{A}=\begin{pmatrix}\boldsymbol{A}_1\\ \boldsymbol{A}_2\end{pmatrix}$ 为数域 P 上的 n 阶方阵,其中 $\boldsymbol{A}_1,\boldsymbol{A}_2$ 分别为 $k\times n$, $(n-k)\times n$ 矩阵,V_1,V_2 分别为齐次方程组 $\boldsymbol{A}_1\boldsymbol{X}=\boldsymbol{0}$ 与 $\boldsymbol{A}_2\boldsymbol{X}=\boldsymbol{0}$ 的解空间. 证明:$P^n=V_1\oplus V_2$ 当且仅当 $\operatorname{rank}\boldsymbol{A}=\operatorname{rank}\boldsymbol{A}_1+\operatorname{rank}\boldsymbol{A}_2$.

5.15(浙江大学,2014 年)　设 $\boldsymbol{A}=\begin{pmatrix}\boldsymbol{O} & \boldsymbol{E}_n\\ \boldsymbol{E}_n & \boldsymbol{O}\end{pmatrix}$, $W=\left\{\boldsymbol{B}\in M_{2n}(\mathbb{R}) \,\middle|\, \boldsymbol{AB}=\boldsymbol{BA}\right\}$,其中 $\boldsymbol{E}_n$ 为 n 阶单位矩阵. 证明 W 是 $M_{2n}(\mathbb{R})$ 的子空间并求 W 的维数.

5.16　设 U_1,U_2 是数域 K 上线性空间 V 的两个非零子空间,$U_1\not\subseteq U_2$. 证明:可从 U_1 的任一个基中选取若干个向量,使得将它们与 U_2 的任一个基拼在一起均可构成 U_1+U_2 的一个基.

5.17　设 $\boldsymbol{A}=\begin{pmatrix}0 & -1\\ 1 & 0\end{pmatrix}$, V 是由 $\boldsymbol{A}$ 的全体实系数多项式构成的集合. 证明:V 关于矩阵的加法与数乘运算在实数域 $\mathbb{R}$ 上构成的线性空间与复数域 $\mathbb{C}$ 作为 $\mathbb{R}$ 上的线性空间同构.

5.18(南京航空航天大学,2009 年)　设 $\mathbb{R}^{2\times 2}$ 是实数域 $\mathbb{R}$ 上全体 2 阶方阵按照矩阵加法和数乘运算组成的线性空间. 令

$$V_1=\left\{\begin{pmatrix}a & a+b\\ c & c\end{pmatrix} \,\middle|\, a,b,c\in\mathbb{R}\right\},\quad V_2=\left\{\begin{pmatrix}a & b\\ 0 & c\end{pmatrix} \,\middle|\, a,b,c\in\mathbb{R}\right\},$$

则 V_1 和 V_2 是 $\mathbb{R}^{2\times 2}$ 的两个子空间.

(1)求 V_1 的维数和一个基;

(2) 证明 $\dim(V_1\cap V_2)=2$；

(3) 证明 V_1 与 V_2 同构.

5.19 设 $\boldsymbol{A}$ 是 n 阶可逆矩阵，把 $\boldsymbol{A}$ 和 $\boldsymbol{A}^{-1}$ 分块为

$$\boldsymbol{A}=\begin{pmatrix}\boldsymbol{A}_{11} & \boldsymbol{A}_{12}\\ \boldsymbol{A}_{21} & \boldsymbol{A}_{22}\end{pmatrix},\quad \boldsymbol{A}^{-1}=\begin{pmatrix}\boldsymbol{B}_{11} & \boldsymbol{B}_{12}\\ \boldsymbol{B}_{21} & \boldsymbol{B}_{22}\end{pmatrix},$$

其中 $\boldsymbol{A}_{12}$ 是 $k\times l$ 矩阵，$\boldsymbol{B}_{12}$ 是 $(n-l)\times(n-k)$ 矩阵. 证明：齐次方程组 $\boldsymbol{A}_{12}\boldsymbol{x}=\boldsymbol{0}$ 的解空间与 $\boldsymbol{B}_{12}\boldsymbol{y}=\boldsymbol{0}$ 的解空间同构.

5.20（华南理工大学，2015 年） 用 $\mathbb{C}[x]$ 表示复数域 $\mathbb{C}$ 上次数小于 n 的多项式以及零多项式组成的线性空间. 今有 $\mathbb{C}[x]$ 到 $\mathbb{C}^n$ 的映射 $\sigma: f(x)\to(f(0),f(1),f(2),\cdots,f(n-1))$，证明：$\sigma$ 为线性空间 $\mathbb{C}[x]$ 到线性空间 $\mathbb{C}^n$ 的同构映射.

5.21（北京工业大学，2004 年） 证明：数域 P 上迹为 0 的 n 阶方阵全体构成 n 阶方阵空间 $P^{n\times n}$ 的线性子空间，并求这个子空间的维数和一个基.

5.22（上海交通大学，2004 年） 设 $P^{3\times 3}$ 表示数域 P 上所有 3 阶方阵组成的线性空间. 对于 $\boldsymbol{A}=\begin{pmatrix}1&0&1\\0&1&1\\0&2&2\end{pmatrix}$，求所有与 $\boldsymbol{A}$ 可交换（即满足 $\boldsymbol{AB}=\boldsymbol{BA}$）的矩阵 $\boldsymbol{B}$ 组成的线性子空间的维数及一个基.

5.23 设 $K^n=W_1\oplus W_2$，其中 W_1,W_2 均为 K^n 的非平凡子空间. 证明：必存在唯一的幂等矩阵 $\boldsymbol{A}\in M_n(K)$，即 $\boldsymbol{A}^2=\boldsymbol{A}$，使得

$$W_1=\left\{\boldsymbol{x}\in K^n \,\middle|\, \boldsymbol{Ax}=\boldsymbol{0}\right\},\quad W_2=\left\{\boldsymbol{x}\in K^n \,\middle|\, \boldsymbol{Ax}=\boldsymbol{x}\right\}.$$

5.24 设 $P^{n\times n}$ 表示数域 P 上所有 n 阶方阵构成的线性空间. 记

$$P^{n\times n}\boldsymbol{E}_{ii}=\{\boldsymbol{AE}_{ii} \mid \boldsymbol{A}\in P^{n\times n}\},$$

其中 $\boldsymbol{E}_{ii}$ 是第 i 个对角元为 1 其他元素均为零的 n 阶方阵，$i=1,2,\cdots,n$.

(1) 证明：$P^{n\times n}\boldsymbol{E}_{ii}$ 是 $P^{n\times n}$ 的线性子空间；

(2) 证明：$P^{n\times n}=P^{n\times n}\boldsymbol{E}_{11}\oplus P^{n\times n}\boldsymbol{E}_{22}\oplus\cdots\oplus P^{n\times n}\boldsymbol{E}_{nn}$.

5.25（四川大学，2007 年） 设 F 是数域，$gl(n,F)$ 是 F 上的 n 阶方阵的全体. 对任意 $\boldsymbol{A},\boldsymbol{B}\in gl(n,F)$，定义：$[\boldsymbol{A},\boldsymbol{B}]=\boldsymbol{AB}-\boldsymbol{BA}$.

(1) 证明：对任意 $\boldsymbol{A}_1,\boldsymbol{A}_2,\boldsymbol{A}_3\in gl(n,F)$ 都有：

$$[[\boldsymbol{A}_1,\boldsymbol{A}_2],\boldsymbol{A}_3]+[[\boldsymbol{A}_2,\boldsymbol{A}_3],\boldsymbol{A}_1]+[[\boldsymbol{A}_3,\boldsymbol{A}_1],\boldsymbol{A}_2]=0;$$

(2) 设 $sl(n,F)=\{\boldsymbol{A}\in gl(n,F) \mid \operatorname{tr}\boldsymbol{A}=0\}$，其中 $\operatorname{tr}\boldsymbol{A}$ 表示方阵 $\boldsymbol{A}=(a_{ij})_{n\times n}$ 的迹：$\operatorname{tr}\boldsymbol{A}=\sum\limits_{i=1}^{n}a_{ii}$. 证明：$sl(n,F)$ 是 $gl(n,F)$ 的子空间，并写出 $sl(n,F)$ 的一个基；

(3) 设 D_n 是 $gl(n,F)$ 中的数量矩阵组成的子空间. 证明：$gl(n,F)=sl(n,F)\oplus D_n$；

(4) 证明：$sl(n,F)=\left\{\sum\limits_{\text{有限和}}[\boldsymbol{A}_i,\boldsymbol{B}_i] \,\middle|\, \boldsymbol{A}_i,\boldsymbol{B}_i\in gl(n,F)\right\}$.

5.26 设 $M_n(F)$ 是数域 F 上所有 n 阶方阵构成的线性空间，$sl_n(F)$ 是所有形如 $\boldsymbol{AB}-\boldsymbol{BA}$ 的矩阵组成的集合，其中 $\boldsymbol{A},\boldsymbol{B}\in M_n(F)$. 证明：$sl_n(F)$ 是 $M_n(F)$ 的子空间.

5.27（北京大学，2009 年） 设 U 为齐次线性方程组 $\boldsymbol{ABX}=\boldsymbol{0}$ 的解空间，其中 $\boldsymbol{A}$ 为 $n\times m$ 矩阵，$\boldsymbol{B}$ 为 $m\times p$ 矩阵，$\boldsymbol{X}$ 为 $p\times 1$ 矩阵. 证明：m 维向量空间 K^m 中的子集合

$$W=\{\boldsymbol{Y}=\boldsymbol{BX}\in K^m \mid \boldsymbol{X}\in U\}$$

是子空间，且 $\dim W=\operatorname{rank}\boldsymbol{B}-\operatorname{rank}(\boldsymbol{AB})$；并利用此结论证明：对任意 3 个矩阵 $\boldsymbol{A},\boldsymbol{B},\boldsymbol{C}$ 有

$$\operatorname{rank}(\boldsymbol{AB})+\operatorname{rank}(\boldsymbol{BC})\leqslant\operatorname{rank}\boldsymbol{B}+\operatorname{rank}(\boldsymbol{ABC}).$$

5.28 设 V 为 n 维线性空间，$W_1,W_2,\cdots,W_s$ 都是 V 的非平凡的子空间，且维数相等. 证明：存在 V 的子空间 U，使得 $V=U\oplus W_1=U\oplus W_2=\cdots=U\oplus W_s$，且满足条件的 U 有无穷多个.

5.29 设 $\boldsymbol{A},\boldsymbol{B}$ 是 n 阶实方阵，使得 $\boldsymbol{A}^{\mathrm{T}}\boldsymbol{B}$ 是反对称矩阵，证明：

$$\operatorname{rank}(\boldsymbol{A}^{\mathrm{T}}\boldsymbol{B})\leqslant\operatorname{rank}\boldsymbol{A}+\operatorname{rank}\boldsymbol{B}-\operatorname{rank}(\boldsymbol{A}+\boldsymbol{B}),$$

并给出等号成立的充分必要条件.

5.30（武汉大学，2017 年） 设向量组 Ⅰ：$\boldsymbol{\alpha}_1,\boldsymbol{\alpha}_2,\cdots,\boldsymbol{\alpha}_r$ 线性无关，并且可由向量组 Ⅱ：$\boldsymbol{\beta}_1,\boldsymbol{\beta}_2,\cdots,\boldsymbol{\beta}_s$ 线性表示. 证明：

(1) $r\leqslant s$；

(2) 若 $r<s$，则可将向量组 Ⅱ 重新编号为 $\boldsymbol{\beta}_{i_1},\boldsymbol{\beta}_{i_2},\cdots,\boldsymbol{\beta}_{i_s}$，使得用 Ⅰ 替换其前 r 个向量后所得向量组 $\boldsymbol{\alpha}_1$，

$\boldsymbol{\alpha}_2,\cdots,\boldsymbol{\alpha}_r,\boldsymbol{\beta}_{i_{r+1}},\boldsymbol{\beta}_{i_{r+2}},\cdots,\boldsymbol{\beta}_{i_s}$ 与向量组Ⅱ等价.

5.31(四川大学,2013 年) 设 $M_n(\mathbb{R})$ 是所有 n 阶实方阵组成的线性空间,$M_n(\mathbb{R})$ 上的双线性型 $(-,-)$ 定义为:对任意 $\boldsymbol{X},\boldsymbol{Y}\in M_n(\mathbb{R})$,$(\boldsymbol{X},\boldsymbol{Y})=\mathrm{tr}(\boldsymbol{XY})$,其中 tr 表示方阵的迹.

(1)证明:对 $M_n(\mathbb{R})$ 的任意一个基 $\boldsymbol{A}_1,\boldsymbol{A}_2,\cdots,\boldsymbol{A}_{n^2}$,都存在 $M_n(\mathbb{R})$ 的唯一的一个基 $\boldsymbol{B}_1,\boldsymbol{B}_2,\cdots,\boldsymbol{B}_{n^2}$,使得

$$(\boldsymbol{A}_i,\boldsymbol{B}_j)=\delta_{ij}=\begin{cases}1, & 当\ i=j,\\ 0, & 当\ i\neq j.\end{cases}$$

称 $\boldsymbol{B}_1,\boldsymbol{B}_2,\cdots,\boldsymbol{B}_{n^2}$ 是 $\boldsymbol{A}_1,\boldsymbol{A}_2,\cdots,\boldsymbol{A}_{n^2}$ 的对偶基;

(2)对于 $M_n(\mathbb{R})$ 的基 $\boldsymbol{A}_1,\boldsymbol{A}_2,\cdots,\boldsymbol{A}_{n^2}$ 和基 $\boldsymbol{A}_1',\boldsymbol{A}_2',\cdots,\boldsymbol{A}_{n^2}'$,设它们的按(1)给出的对偶基分别为 $\boldsymbol{B}_1,\boldsymbol{B}_2,\cdots,\boldsymbol{B}_{n^2}$ 和 $\boldsymbol{B}_1',\boldsymbol{B}_2',\cdots,\boldsymbol{B}_{n^2}'$,证明:$\sum\limits_{i=1}^{n^2}\boldsymbol{A}_i\boldsymbol{B}_i=\sum\limits_{i=1}^{n^2}\boldsymbol{A}_i'\boldsymbol{B}_i'$.

5.32(中山大学,2012 年) 设 V 是数域 F 上的线性空间,W 是 V 的子空间,V^* 表示 V 的对偶空间,W^0 表示 W 的零化子,即 $W^0=\{f\in V^*\mid f(W)=0\}$. 证明:$W^*\cong V^*/W^0$.

5.33(中山大学,2014 年) 设数域 F 上多项式 $f(x)=x^4+3x^3-x^2-4x-3$,$g(x)=3x^3+10x^2+2x-3$.

(1)求 f 与 g 的首一最大公因式 $d=(f,g)$;

(2)令 $U=\{uf+vg\mid u,v\in F[x]\}$,求商空间 $F[x]/U$ 的维数.

5.34(浙江大学,2016 年) 设有限维线性空间 V 有两个非平凡的子空间 V_1,V_2 使得 $V=V_1\oplus V_2$,W 为 V 的任意子空间. 证明:

(1)$(W\cap V_1)+(W\cap V_2)$ 是 W 的子空间,W 是 $(W+V_1)\cap(W+V_2)$ 的子空间;

(2)商空间 $W/(W\cap V_1+W\cap V_2)$ 的维数等于商空间 $((W+V_1)\cap(W+V_2))/W$ 的维数;

(3)利用上述结论证明 $W=(W\cap V_1)\oplus(W\cap V_2)$ 的充分必要条件是 $W=(W+V_1)\cap(W+V_2)$.

5.35(上海交通大学,2020 年) 设 A,B 是有限维向量空间 V 的两个子空间.

(1)证明:商空间 $A/(A\cap B)$ 与商空间 $(A+B)/B$ 同构;

(2)证明:$(A+B)/(A\cap B)=A/(A\cap B)\oplus B/(A\cap B)$.

5.36(湖南省竞赛试题,2006 年) 设 T 是 n 维线性空间 V 的线性变换,定义子空间

$$V_1=\{\boldsymbol{x}\in V\mid T^n(\boldsymbol{x})=\boldsymbol{0}\}\ 及\ V_2=\{\boldsymbol{x}\in V\mid T^{n+1}(\boldsymbol{x})=\boldsymbol{0}\}.$$

证明:$V_1=V_2$.

5.37(北京大学,2018 年) 考虑线性空间 $M_n(K)$,称 $V\subset M_n(K)$ 是一个公共子空间,如果对每个 $\boldsymbol{A}\in M_n(K)$ 及每个 $\boldsymbol{B}\in V$ 都使得 $\boldsymbol{AB}\in V$.

(1)构造 $n+1$ 个不同的 n 维公共子空间;

(2)证明每个 n 维公共子空间 V 都是极小的,即若有另外的公共子空间 $V'\subset V$,则要么 $V'=V$ 要么 $V'=0$.

5.38 请用几何方法求矩阵 $\boldsymbol{A}$ 的逆矩阵:

$$\boldsymbol{A}=\begin{pmatrix}1 & 0 & 0 & \cdots & 0\\ \mathrm{C}_1^0 & \mathrm{C}_1^1 & 0 & \cdots & 0\\ \mathrm{C}_2^0 & \mathrm{C}_2^1 & \mathrm{C}_2^2 & \cdots & 0\\ \vdots & \vdots & \vdots & & \vdots\\ \mathrm{C}_n^0 & \mathrm{C}_n^1 & \mathrm{C}_n^2 & \cdots & \mathrm{C}_n^n\end{pmatrix},$$

其中 C_r^k 表示组合数.

第 6 章

线性变换

线性变换是线性代数的核心内容，是讨论线性空间中向量间的内在联系和线性结构的重要理论和工具. 另一方面，如果确定了线性空间的一个基，线性变换可用一个矩阵来表示，那么可利用矩阵来研究线性变换.

§6.1　线性变换及其矩阵

基本理论与要点提示

6.1.1　线性变换的定义

设 V 与 V' 是数域 K 上的两个线性空间. $\mathscr{A}: V\to V'$ 是一个映射. 如果 $\mathscr{A}$ 保持线性运算，即对任意的 $\boldsymbol{\alpha},\boldsymbol{\beta}\in V$，及任意的 $k\in K$，满足 $\mathscr{A}(\boldsymbol{\alpha}+\boldsymbol{\beta})=\mathscr{A}(\boldsymbol{\alpha})+\mathscr{A}(\boldsymbol{\beta})$，$\mathscr{A}(k\boldsymbol{\alpha})=k\mathscr{A}(\boldsymbol{\alpha})$，那么称 $\mathscr{A}$ 是一个线性映射. 特别地，若 $V=V'$，则称 $\mathscr{A}$ 为 V 的线性变换；若 $V'=K$，则称 $\mathscr{A}$ 为 V 上的线性函数.

把从线性空间 V 到 V' 的所有线性映射构成的集合记为 $\mathrm{Hom}_K(V,V')$. 特别地，当 $V=V'$ 时，V 的所有线性变换构成的集合记为 $\mathrm{End}_K(V)$.

(1) 线性映射把线性相关的向量组变换成线性相关的向量组，但是线性无关向量组的像不一定仍然线性无关；

(2) 线性映射由它作用在基向量上的像唯一确定. 也就是说，设 $\boldsymbol{\eta}_1,\boldsymbol{\eta}_2,\cdots,\boldsymbol{\eta}_n$ 是线性空间 V 的一个基，则线性映射 $\mathscr{A}$ 由基像组 $\mathscr{A}(\boldsymbol{\eta}_1),\mathscr{A}(\boldsymbol{\eta}_2),\cdots,\mathscr{A}(\boldsymbol{\eta}_n)\in V'$ 唯一确定；

(3) 设 $\boldsymbol{\eta}_1,\boldsymbol{\eta}_2,\cdots,\boldsymbol{\eta}_n$ 是线性空间 V 的一个基，则对于 V' 中任意给定的 n 个向量 $\boldsymbol{\beta}_1,\boldsymbol{\beta}_2,\cdots,\boldsymbol{\beta}_n$，一定存在一个唯一确定的线性映射 $\boldsymbol{A}: V\to V'$，使得 $\boldsymbol{A}(\boldsymbol{\eta}_j)=\boldsymbol{\beta}_j$，$j=1,2,\cdots,n$.

6.1.2　线性变换的矩阵

设 $\boldsymbol{\eta}_1,\boldsymbol{\eta}_2,\cdots,\boldsymbol{\eta}_n$ 是数域 K 上线性空间 V 的一个基，$\mathscr{A}\in\mathrm{End}_K(V)$ 的基像组可由基线性表示为

$$\mathscr{A}(\boldsymbol{\eta}_j)=\sum_{i=1}^{n}a_{ij}\boldsymbol{\eta}_i,\quad j=1,2,\cdots,n.$$

用矩阵表示就是

$$\mathscr{A}(\boldsymbol{\eta}_1,\boldsymbol{\eta}_2,\cdots,\boldsymbol{\eta}_n)=(\mathscr{A}(\boldsymbol{\eta}_1),\mathscr{A}(\boldsymbol{\eta}_2),\cdots,\mathscr{A}(\boldsymbol{\eta}_n))=(\boldsymbol{\eta}_1,\boldsymbol{\eta}_2,\cdots,\boldsymbol{\eta}_n)\boldsymbol{A},$$

其中

$$\boldsymbol{A}=\begin{pmatrix}a_{11}&a_{12}&\cdots&a_{1n}\\a_{21}&a_{22}&\cdots&a_{2n}\\\vdots&\vdots&&\vdots\\a_{n1}&a_{n2}&\cdots&a_{nn}\end{pmatrix}.$$

则称矩阵 $\boldsymbol{A}$ 为线性变换 $\mathscr{A}$ 在基 $\boldsymbol{\eta}_1,\boldsymbol{\eta}_2,\cdots,\boldsymbol{\eta}_n$ 下的矩阵.

(1) 设线性变换 $\mathscr{A},\mathscr{B}\in\mathrm{End}_K(V)$ 在 V 的基 $\boldsymbol{\eta}_1,\boldsymbol{\eta}_2,\cdots,\boldsymbol{\eta}_n$ 下的矩阵分别为 $\boldsymbol{A},\boldsymbol{B}$，则

a) 线性变换 $\mathscr{A}+\mathscr{B}$ 在这个基下的矩阵为 $\boldsymbol{A}+\boldsymbol{B}$；

b) 线性变换 $\mathscr{A}\mathscr{B}$ 在这个基下的矩阵为 $\boldsymbol{AB}$；

c) 线性变换 $k\mathscr{A}$ 在这个基下的矩阵为 $k\boldsymbol{A}$，其中 $k\in K$；

d) 线性变换 $\mathscr{A}$ 可逆当且仅当矩阵 $\boldsymbol{A}$ 可逆，且逆变换 $\mathscr{A}^{-1}$ 在这个基下的矩阵为 $\boldsymbol{A}^{-1}$.

(2) 设线性变换 $\mathscr{A}\in\mathrm{End}_K(V)$ 在 V 的基 $\boldsymbol{\eta}_1,\boldsymbol{\eta}_2,\cdots,\boldsymbol{\eta}_n$ 下的矩阵为 $\boldsymbol{A}$，向量 $\boldsymbol{\alpha}\in V$ 在这个

基下的坐标为 $\boldsymbol{X}$,则 $\mathscr{A}(\boldsymbol{\alpha})$ 在这个基下的坐标为 $\boldsymbol{AX}$.

6.1.3 可逆线性变换

设 σ 是 n 维线性空间 V 的线性变换,如果 σ 在 V 的某个基下的矩阵 $\boldsymbol{A}$ 是非奇异的(即 $\det \boldsymbol{A}\neq 0$),那么称 σ 是非奇异线性变换. 可以证明下述命题相互等价:

(1) σ 是非奇异线性变换;

(2) σ 的核 $\ker\sigma$ 是零子空间,即对任意 $\boldsymbol{\alpha}\in V$,若 $\sigma(\boldsymbol{\alpha})=\boldsymbol{0}$,则 $\boldsymbol{\alpha}=\boldsymbol{0}$;

(3) 若 $\boldsymbol{\eta}_1,\boldsymbol{\eta}_2,\cdots,\boldsymbol{\eta}_n$ 是 V 的一个基,则 $\sigma(\boldsymbol{\eta}_1),\sigma(\boldsymbol{\eta}_2),\cdots,\sigma(\boldsymbol{\eta}_n)$ 也是 V 的一个基;

(4) σ 是单射;

(5) σ 是满射;

(6) σ 是可逆线性变换;

(7) 若 W 和 U 是 V 的两个线性子空间,且 $V=W\oplus U$,则 $V=\sigma(W)\oplus\sigma(U)$.

典型问题解析

【例 6.1】 设 3 维向量空间 $\mathbb{R}^3$ 的线性变换 σ 在基

$$\boldsymbol{\alpha}_1=(1,1,0)^{\mathrm{T}},\ \boldsymbol{\alpha}_2=(1,-1,0)^{\mathrm{T}},\ \boldsymbol{\alpha}_3=(0,2,-1)^{\mathrm{T}}$$

下的矩阵是

$$\boldsymbol{A}=\begin{pmatrix}2&0&3\\0&-2&-1\\1&-1&-4\end{pmatrix},$$

向量 $\boldsymbol{\alpha}$ 在基 $\boldsymbol{\beta}_1=(1,1,3)^{\mathrm{T}},\boldsymbol{\beta}_2=(1,2,5)^{\mathrm{T}},\boldsymbol{\beta}_3=(0,1,-2)^{\mathrm{T}}$ 下的坐标是 $(1,0,-1)^{\mathrm{T}}$,求 $\sigma(\boldsymbol{\alpha})$ 在基 $\boldsymbol{\beta}_1,\boldsymbol{\beta}_2,\boldsymbol{\beta}_3$ 下的坐标.

【解】 易知,由基 $\boldsymbol{\alpha}_1,\boldsymbol{\alpha}_2,\boldsymbol{\alpha}_3$ 到基 $\boldsymbol{\beta}_1,\boldsymbol{\beta}_2,\boldsymbol{\beta}_3$ 的变换公式为

$$(\boldsymbol{\beta}_1,\boldsymbol{\beta}_2,\boldsymbol{\beta}_3)=(\boldsymbol{\alpha}_1,\boldsymbol{\alpha}_2,\boldsymbol{\alpha}_3)\boldsymbol{C}^{-1}\boldsymbol{D},$$

其中 $\boldsymbol{C},\boldsymbol{D}$ 分别为

$$\boldsymbol{C}=(\boldsymbol{\alpha}_1,\boldsymbol{\alpha}_2,\boldsymbol{\alpha}_3)=\begin{pmatrix}1&1&0\\1&-1&2\\0&0&-1\end{pmatrix},\quad \boldsymbol{D}=(\boldsymbol{\beta}_1,\boldsymbol{\beta}_2,\boldsymbol{\beta}_3)=\begin{pmatrix}1&1&0\\1&2&1\\3&5&-2\end{pmatrix}.$$

因为线性变换 σ 在 $\mathbb{R}^3$ 的不同基下的矩阵是相似的,所以 σ 在基 $\boldsymbol{\beta}_1,\boldsymbol{\beta}_2,\boldsymbol{\beta}_3$ 下的矩阵为

$$\boldsymbol{B}=(\boldsymbol{C}^{-1}\boldsymbol{D})^{-1}\boldsymbol{A}(\boldsymbol{C}^{-1}\boldsymbol{D})=\boldsymbol{D}^{-1}\boldsymbol{CAC}^{-1}\boldsymbol{D}.$$

若记 $\boldsymbol{\alpha}$ 在基 $\boldsymbol{\beta}_1,\boldsymbol{\beta}_2,\boldsymbol{\beta}_3$ 下的坐标为 $\boldsymbol{X}=(1,0,-1)^{\mathrm{T}}$,则 $\sigma(\boldsymbol{\alpha})$ 在基 $\boldsymbol{\beta}_1,\boldsymbol{\beta}_2,\boldsymbol{\beta}_3$ 下的坐标为

$$\boldsymbol{Y}=\boldsymbol{BX}=\boldsymbol{D}^{-1}\boldsymbol{CAC}^{-1}\boldsymbol{DX}=\begin{pmatrix}9\\1\\31\end{pmatrix}.$$

【例 6.2】(武汉大学,2006 年) 设 $P[x]_2$ 表示实数域上的次数不超过 2 的多项式构成的线性空间,已知 $f_1=1-x,f_2=1+x^2,f_3=x+2x^2$ 是 $P[x]_2$ 的一个基,$P[x]_2$ 的线性变换 σ 满足

$$\sigma(f_1)=2+x^2,\quad \sigma(f_1)=x,\quad \sigma(f_1)=1+x+x^2.$$

(1) 求由基 $1,x,x^2$ 到基 f_1,f_2,f_3 的过渡矩阵;

(2) 求 σ 在基 f_1,f_2,f_3 下的矩阵;

(3) 设$f=1+2x+3x^2$,求 $\sigma(f)$.

【解】 (1) 易知,由基 $1,x,x^2$ 到基 f_1,f_2,f_3 的过渡矩阵为

$$A=\begin{pmatrix}1&1&0\\-1&0&1\\0&1&2\end{pmatrix}.$$

(2) 因为 $(f_1,f_2,f_3)=(1,x,x^2)A$,所以

$$\sigma(f_1,f_2,f_3)=(1,x,x^2)\begin{pmatrix}2&0&1\\0&1&1\\1&0&1\end{pmatrix}=(f_1,f_2,f_3)A^{-1}\begin{pmatrix}2&0&1\\0&1&1\\1&0&1\end{pmatrix},$$

可见,σ 在基 f_1,f_2,f_3 下的矩阵为

$$A^{-1}\begin{pmatrix}2&0&1\\0&1&1\\1&0&1\end{pmatrix}=\begin{pmatrix}-1&-2&1\\2&2&-1\\-1&-1&1\end{pmatrix}\begin{pmatrix}2&0&1\\0&1&1\\1&0&1\end{pmatrix}=\begin{pmatrix}-1&-2&-2\\3&2&3\\-1&-1&-1\end{pmatrix}.$$

$$(3)\ \sigma(f)=\sigma(1,x,x^2)\begin{pmatrix}1\\2\\3\end{pmatrix}=\sigma(f_1,f_2,f_3)A^{-1}\begin{pmatrix}1\\2\\3\end{pmatrix}=(1,x,x^2)\begin{pmatrix}2&0&1\\0&1&1\\1&0&1\end{pmatrix}A^{-1}\begin{pmatrix}1\\2\\3\end{pmatrix}$$

$$=(1,x,x^2)\begin{pmatrix}-3&-5&3\\1&1&0\\-2&-3&2\end{pmatrix}\begin{pmatrix}1\\2\\3\end{pmatrix}=(1,x,x^2)\begin{pmatrix}-4\\3\\-2\end{pmatrix}=-4+3x-2x^2.$$

【例 6.3】(南京航空航天大学,2003 年) 已知$\mathbb{R}^3$的线性变换 σ 对于基

$$\boldsymbol{\varepsilon}_1=(-1,0,2)^{\mathrm T},\quad \boldsymbol{\varepsilon}_2=(0,1,1)^{\mathrm T},\quad \boldsymbol{\varepsilon}_3=(3,-1,-6)^{\mathrm T}$$

的像为 $\sigma(\boldsymbol{\varepsilon}_1)=(-1,0,1)^{\mathrm T}$, $\sigma(\boldsymbol{\varepsilon}_2)=(0,-1,2)^{\mathrm T}$, $\sigma(\boldsymbol{\varepsilon}_3)=(-1,-1,3)^{\mathrm T}$.

(1) 求 σ 在基 $\boldsymbol{\varepsilon}_1,\boldsymbol{\varepsilon}_2,\boldsymbol{\varepsilon}_3$ 下的矩阵;

(2) 设 $\boldsymbol{x}=(1,1,1)^{\mathrm T}$,求 $\sigma(\boldsymbol{x})$;

(3) 已知 $\sigma(\boldsymbol{x})$ 在基 $\boldsymbol{\varepsilon}_1,\boldsymbol{\varepsilon}_2,\boldsymbol{\varepsilon}_3$ 下的坐标向量为 $(2,-4,-2)^{\mathrm T}$,求 $\boldsymbol{x}$;

(4) 证明:$\boldsymbol{\varepsilon}_1,\boldsymbol{\varepsilon}_1+\boldsymbol{\varepsilon}_2,\boldsymbol{\varepsilon}_1+\boldsymbol{\varepsilon}_2+\boldsymbol{\varepsilon}_3$ 是$\mathbb{R}^3$的基,并求 σ 在该基下的矩阵.

【解】 (1) 考虑$\mathbb{R}^3$的自然基 $\boldsymbol{e}_1=(1,0,0)^{\mathrm T},\boldsymbol{e}_2=(0,1,0)^{\mathrm T},\boldsymbol{e}_3=(0,0,1)^{\mathrm T}$. 显然,由基 $\boldsymbol{e}_1,\boldsymbol{e}_2,\boldsymbol{e}_3$ 到基 $\boldsymbol{\varepsilon}_1,\boldsymbol{\varepsilon}_2,\boldsymbol{\varepsilon}_3$ 的过渡矩阵为

$$P=\begin{pmatrix}-1&0&3\\0&1&-1\\2&1&-6\end{pmatrix},$$

即 $(\boldsymbol{\varepsilon}_1,\boldsymbol{\varepsilon}_2,\boldsymbol{\varepsilon}_3)=(\boldsymbol{e}_1,\boldsymbol{e}_2,\boldsymbol{e}_3)P$,且向量组 $\sigma(\boldsymbol{\varepsilon}_1,\boldsymbol{\varepsilon}_2,\boldsymbol{\varepsilon}_3)$ 在基 $\boldsymbol{e}_1,\boldsymbol{e}_2,\boldsymbol{e}_3$ 下的矩阵表示为

$$A=\begin{pmatrix}-1&0&-1\\0&-1&-1\\1&2&3\end{pmatrix},$$

即 $\sigma(\boldsymbol{\varepsilon}_1,\boldsymbol{\varepsilon}_2,\boldsymbol{\varepsilon}_3)=(\boldsymbol{e}_1,\boldsymbol{e}_2,\boldsymbol{e}_3)A$. 于是,有

$$\sigma(\boldsymbol{\varepsilon}_1,\boldsymbol{\varepsilon}_2,\boldsymbol{\varepsilon}_3)=(\boldsymbol{e}_1,\boldsymbol{e}_2,\boldsymbol{e}_3)A=(\boldsymbol{\varepsilon}_1,\boldsymbol{\varepsilon}_2,\boldsymbol{\varepsilon}_3)P^{-1}A.$$

因此,σ 在基 $\boldsymbol{\varepsilon}_1,\boldsymbol{\varepsilon}_2,\boldsymbol{\varepsilon}_3$ 下的矩阵为

$$B=P^{-1}A=\begin{pmatrix}-1&0&3\\0&1&-1\\2&1&-6\end{pmatrix}^{-1}\begin{pmatrix}-1&0&-1\\0&-1&-1\\1&2&3\end{pmatrix}=\begin{pmatrix}-2&9&7\\-1&2&1\\-1&3&2\end{pmatrix}.$$

(2) $\sigma(\boldsymbol{x})=\sigma(\boldsymbol{e}_1,\boldsymbol{e}_2,\boldsymbol{e}_3)\boldsymbol{x}=\sigma(\boldsymbol{\varepsilon}_1,\boldsymbol{\varepsilon}_2,\boldsymbol{\varepsilon}_3)\boldsymbol{P}^{-1}\boldsymbol{x}=(\boldsymbol{e}_1,\boldsymbol{e}_2,\boldsymbol{e}_3)\boldsymbol{AP}^{-1}\boldsymbol{x}=(-7,-5,17)^{\mathrm{T}}$.

(3) 记 $\boldsymbol{y}=(2,-4,-2)^{\mathrm{T}}$，则 $\sigma(\boldsymbol{x})=(\boldsymbol{\varepsilon}_1,\boldsymbol{\varepsilon}_2,\boldsymbol{\varepsilon}_3)\boldsymbol{y}$. 因为

$$\sigma(\boldsymbol{x})=\sigma(\boldsymbol{\varepsilon}_1,\boldsymbol{\varepsilon}_2,\boldsymbol{\varepsilon}_3)\boldsymbol{P}^{-1}\boldsymbol{x}=(\boldsymbol{\varepsilon}_1,\boldsymbol{\varepsilon}_2,\boldsymbol{\varepsilon}_3)\boldsymbol{BP}^{-1}\boldsymbol{x},$$

所以 $\boldsymbol{BP}^{-1}\boldsymbol{x}=\boldsymbol{y}$，其中 $\boldsymbol{BP}^{-1}=\begin{pmatrix}22&-1&10\\1&2&0\\5&1&2\end{pmatrix}$. 解非齐次线性方程组 $\boldsymbol{BP}^{-1}\boldsymbol{x}=\boldsymbol{y}$，得 $x=\begin{pmatrix}-8\\2\\18\end{pmatrix}+k\begin{pmatrix}4\\-2\\-9\end{pmatrix}$，其中 k 为任意常数.

(4) 记 $\boldsymbol{\alpha}_1=\boldsymbol{\varepsilon}_1,\boldsymbol{\alpha}_2=\boldsymbol{\varepsilon}_1+\boldsymbol{\varepsilon}_2,\boldsymbol{\alpha}_3=\boldsymbol{\varepsilon}_1+\boldsymbol{\varepsilon}_2+\boldsymbol{\varepsilon}_3$，易证 $\boldsymbol{\alpha}_1,\boldsymbol{\alpha}_2,\boldsymbol{\alpha}_3$ 线性无关，所以是 $\mathbb{R}^3$ 的基. 显然，由基 $\boldsymbol{\varepsilon}_1,\boldsymbol{\varepsilon}_2,\boldsymbol{\varepsilon}_3$ 到基 $\boldsymbol{\alpha}_1,\boldsymbol{\alpha}_2,\boldsymbol{\alpha}_3$ 的过渡矩阵为

$$\boldsymbol{Q}=\begin{pmatrix}1&1&1\\0&1&1\\0&0&1\end{pmatrix},$$

因此，σ 在基 $\boldsymbol{\alpha}_1,\boldsymbol{\alpha}_2,\boldsymbol{\alpha}_3$ 下的矩阵为

$$\boldsymbol{Q}^{-1}\boldsymbol{BQ}=\begin{pmatrix}1&1&1\\0&1&1\\0&0&1\end{pmatrix}^{-1}\begin{pmatrix}-2&9&7\\-1&2&1\\-1&3&2\end{pmatrix}\begin{pmatrix}1&1&1\\0&1&1\\0&0&1\end{pmatrix}=\begin{pmatrix}-1&6&12\\0&-1&-2\\-1&2&4\end{pmatrix}.$$

【例 6.4】(武汉大学,2010 年)　设 $M_2(\mathbb{R})$ 表示实数域 $\mathbb{R}$ 上全体二阶方阵构成的线性空间，矩阵

$$\boldsymbol{\eta}_1=\begin{pmatrix}1&0\\0&0\end{pmatrix},\ \boldsymbol{\eta}_2=\begin{pmatrix}1&1\\0&0\end{pmatrix},\ \boldsymbol{\eta}_3=\begin{pmatrix}1&1\\1&0\end{pmatrix},\ \boldsymbol{\eta}_4=\begin{pmatrix}1&1\\1&1\end{pmatrix}$$

是 $M_2(\mathbb{R})$ 的一个基，又设

$$\boldsymbol{\xi}_1=\begin{pmatrix}1&0\\3&0\end{pmatrix},\quad \boldsymbol{\xi}_2=\begin{pmatrix}1&1\\3&3\end{pmatrix},\quad \boldsymbol{\xi}_3=\begin{pmatrix}3&1\\7&3\end{pmatrix},\quad \boldsymbol{\xi}_4=\begin{pmatrix}3&3\\7&7\end{pmatrix}.$$

已知 σ 是 $M_2(\mathbb{R})$ 的一个线性变换，$\sigma(\boldsymbol{\eta}_i)=\boldsymbol{\xi}_i(i=1,2,3,4)$.

(1) 求 $\sigma(\boldsymbol{\xi}_1),\sigma(\boldsymbol{\xi}_2),\sigma(\boldsymbol{\xi}_3),\sigma(\boldsymbol{\xi}_4)$；

(2) 问 $\sigma(\boldsymbol{\xi}_1),\sigma(\boldsymbol{\xi}_2),\sigma(\boldsymbol{\xi}_3),\sigma(\boldsymbol{\xi}_4)$ 能否构成 $M_2(\mathbb{R})$ 的一个基？请阐述理由.

【解】　(1) 取 $M_2(\mathbb{R})$ 的自然基

$$\boldsymbol{\varepsilon}_1=\begin{pmatrix}1&0\\0&0\end{pmatrix},\ \boldsymbol{\varepsilon}_2=\begin{pmatrix}0&1\\0&0\end{pmatrix},\ \boldsymbol{\varepsilon}_3=\begin{pmatrix}0&0\\1&0\end{pmatrix},\ \boldsymbol{\varepsilon}_4=\begin{pmatrix}0&0\\0&1\end{pmatrix},$$

则由 $\boldsymbol{\varepsilon}_1,\boldsymbol{\varepsilon}_2,\boldsymbol{\varepsilon}_3,\boldsymbol{\varepsilon}_4$ 到 $\boldsymbol{\eta}_1,\boldsymbol{\eta}_2,\boldsymbol{\eta}_3,\boldsymbol{\eta}_4$ 的过渡矩阵为

$$\boldsymbol{A}=\begin{pmatrix}1&1&1&1\\0&1&1&1\\0&0&1&1\\0&0&0&1\end{pmatrix},$$

由 $\boldsymbol{\varepsilon}_1,\boldsymbol{\varepsilon}_2,\boldsymbol{\varepsilon}_3,\boldsymbol{\varepsilon}_4$ 到 $\boldsymbol{\xi}_1,\boldsymbol{\xi}_2,\boldsymbol{\xi}_3,\boldsymbol{\xi}_4$ 的过渡矩阵为

$$B=\begin{pmatrix}1&1&3&3\\0&1&1&3\\3&3&7&7\\0&3&3&7\end{pmatrix}.$$

因为$\sigma(\boldsymbol{\eta}_1,\boldsymbol{\eta}_2,\boldsymbol{\eta}_3,\boldsymbol{\eta}_4)=(\boldsymbol{\xi}_1,\boldsymbol{\xi}_2,\boldsymbol{\xi}_3,\boldsymbol{\xi}_4)$,所以

$$(\boldsymbol{\xi}_1,\boldsymbol{\xi}_2,\boldsymbol{\xi}_3,\boldsymbol{\xi}_4)=\sigma(\boldsymbol{\varepsilon}_1,\boldsymbol{\varepsilon}_2,\boldsymbol{\varepsilon}_3,\boldsymbol{\varepsilon}_4)\boldsymbol{A},$$

$$\sigma(\boldsymbol{\xi}_1,\boldsymbol{\xi}_2,\boldsymbol{\xi}_3,\boldsymbol{\xi}_4)=(\boldsymbol{\varepsilon}_1,\boldsymbol{\varepsilon}_2,\boldsymbol{\varepsilon}_3,\boldsymbol{\varepsilon}_4)\boldsymbol{B}\boldsymbol{A}^{-1}\boldsymbol{B}.$$

经计算,得

$$\boldsymbol{B}\boldsymbol{A}^{-1}\boldsymbol{B}=\begin{pmatrix}7&7&17&17\\0&7&7&17\\15&15&37&37\\0&15&15&37\end{pmatrix},$$

即$\sigma(\boldsymbol{\xi}_1),\sigma(\boldsymbol{\xi}_2),\sigma(\boldsymbol{\xi}_3),\sigma(\boldsymbol{\xi}_4)$在自然基下的坐标. 因此

$$\sigma(\boldsymbol{\xi}_1)=\begin{pmatrix}7&0\\15&0\end{pmatrix},\quad\sigma(\boldsymbol{\xi}_2)=\begin{pmatrix}7&7\\15&15\end{pmatrix},$$

$$\sigma(\boldsymbol{\xi}_3)=\begin{pmatrix}17&7\\37&15\end{pmatrix},\quad\sigma(\boldsymbol{\xi}_4)=\begin{pmatrix}17&17\\37&37\end{pmatrix}.$$

(2) 只需考察$\sigma(\boldsymbol{\xi}_1),\sigma(\boldsymbol{\xi}_2),\sigma(\boldsymbol{\xi}_3),\sigma(\boldsymbol{\xi}_4)$是否线性无关. 因为它们的坐标向量构成的行列式

$$\begin{vmatrix}7&7&17&17\\0&7&7&17\\15&15&37&37\\0&15&15&37\end{vmatrix}=16\neq0,$$

所以$\sigma(\boldsymbol{\xi}_1),\sigma(\boldsymbol{\xi}_2),\sigma(\boldsymbol{\xi}_3),\sigma(\boldsymbol{\xi}_4)$线性无关,因而构成$M_2(\mathbb{R})$的一个基.

【例 6.5】(安徽大学,2003 年;首都师范大学,2005 年) 设V是数域P上的n维线性空间,$\boldsymbol{\alpha}_1,\boldsymbol{\alpha}_2,\cdots,\boldsymbol{\alpha}_n$为$V$的一个基,定义$V$的线性变换$\mathscr{A}$使得

$$\mathscr{A}(\boldsymbol{\alpha}_i)=\boldsymbol{\alpha}_{i+1}(i=1,2,\cdots,n-1),\ \mathscr{A}(\boldsymbol{\alpha}_n)=\mathbf{0}.$$

(1) 求$\mathscr{A}$在基$\boldsymbol{\alpha}_1,\boldsymbol{\alpha}_2,\cdots,\boldsymbol{\alpha}_n$下的矩阵$\boldsymbol{A}$;

(2) 证明:$\mathscr{A}^n=0,\mathscr{A}^{n-1}\neq0$;

(3) 设$\mathscr{B}$为V的线性变换且满足$\mathscr{B}^n=0,\mathscr{B}^{n-1}\neq0$,则存在$V$的一个基$\boldsymbol{\beta}_1,\boldsymbol{\beta}_2,\cdots,\boldsymbol{\beta}_n$使得$\mathscr{B}$在这个基下的矩阵也为$\boldsymbol{A}$.

【解】 (1) 易知,$\mathscr{A}$在V的基$\boldsymbol{\alpha}_1,\boldsymbol{\alpha}_2,\cdots,\boldsymbol{\alpha}_n$下的矩阵为

$$\boldsymbol{A}=\begin{pmatrix}0&&&\\1&0&&\\&\ddots&\ddots&\\&&1&0\end{pmatrix}.$$

(2) 因为$\boldsymbol{A}^{n-1}\neq\boldsymbol{O}$,且$\boldsymbol{A}^n=\boldsymbol{O}$,所以$\mathscr{A}^n=0,\mathscr{A}^{n-1}\neq0$.

(3) 因为 $\mathscr{B}^{n-1}\neq 0$, $\mathscr{B}^n=0$，所以存在 $\boldsymbol{\alpha}\in V$，使得 $\mathscr{B}^{n-1}(\boldsymbol{\alpha})\neq\boldsymbol{0}$, $\mathscr{B}^n(\boldsymbol{\alpha})=\boldsymbol{0}$. 记 $\boldsymbol{\beta}_1=\boldsymbol{\alpha}$, $\boldsymbol{\beta}_2=\mathscr{B}(\boldsymbol{\alpha}),\cdots,\boldsymbol{\beta}_n=\mathscr{B}^{n-1}(\boldsymbol{\alpha})$，可以证明：$\boldsymbol{\beta}_1,\boldsymbol{\beta}_2,\cdots,\boldsymbol{\beta}_n$ 线性无关，因而是 V 的一个基. 显然，$\mathscr{B}$ 在基 $\boldsymbol{\beta}_1,\boldsymbol{\beta}_2,\cdots,\boldsymbol{\beta}_n$ 下的矩阵也为 $\boldsymbol{A}$.

【注】 第(2)题也可如下证明：因为

$$\mathscr{A}^{n-1}(\boldsymbol{\alpha}_1)=\mathscr{A}^{n-2}(\boldsymbol{\alpha}_2)=\cdots=\mathscr{A}(\boldsymbol{\alpha}_{n-1})=\boldsymbol{\alpha}_n\neq\boldsymbol{0},$$

所以 $\mathscr{A}^{n-1}\neq 0$. 又对于任意 $\boldsymbol{\alpha}\in V$，令 $\boldsymbol{\alpha}=k_1\boldsymbol{\alpha}_1+k_2\boldsymbol{\alpha}_2+\cdots+k_n\boldsymbol{\alpha}_n$，因为

$$\begin{aligned}\mathscr{A}(\boldsymbol{\alpha})&=k_1\mathscr{A}(\boldsymbol{\alpha}_1)+k_2\mathscr{A}(\boldsymbol{\alpha}_2)+\cdots+k_n\mathscr{A}(\boldsymbol{\alpha}_n)\\&=k_1\boldsymbol{\alpha}_2+k_2\boldsymbol{\alpha}_3+\cdots+k_{n-1}\boldsymbol{\alpha}_n.\end{aligned}$$

同理，$\mathscr{A}^2(\boldsymbol{\alpha})=k_1\boldsymbol{\alpha}_3+k_2\boldsymbol{\alpha}_4+\cdots+k_{n-2}\boldsymbol{\alpha}_n,\cdots,\mathscr{A}^{n-1}(\boldsymbol{\alpha})=k_1\boldsymbol{\alpha}_n$, $\mathscr{A}^n(\boldsymbol{\alpha})=k_1\mathscr{A}(\boldsymbol{\alpha}_n)=\boldsymbol{0}$. 因此 $\mathscr{A}^n=0$.

【例 6.6】 设 σ 是有理数域 $\mathbb{Q}$ 上的 m 维线性空间 V 的线性变换，且满足

$$\sigma^4+2\sigma^3-4\sigma+6\varepsilon=0,$$

其中 ε 表示 V 的恒同变换. 考虑 $\mathrm{End}_{\mathbb{Q}}(V)$ 的子空间 $W=\{f(\sigma)\mid f(x)\in\mathbb{Q}[x]\}$，定义 W 的线性变换 τ 如下：若 $f(\sigma)=a_n\sigma^n+a_{n-1}\sigma^{n-1}+\cdots+a_1\sigma+a_0\varepsilon$，其中 $a_i\in\mathbb{Q}\ (i=0,1,\cdots,n)$，则

$$\tau(f(\sigma))=a_0\sigma^n+a_1\sigma^{n-1}+\cdots+a_{n-1}\sigma+a_n\varepsilon.$$

(1) 证明：$\varepsilon,\sigma,\sigma^2,\sigma^3$ 是 W 中的一个线性无关组；

(2) 求 W 的维数 $\dim W$；

(3) 求 τ 在 W 的一个基下的矩阵.

【解】 (1) 考虑 $g(x)=x^4+2x^3-4x+6$，根据 Eisenstein 判别法，知 $g(x)$ 是有理数域 $\mathbb{Q}$ 上的不可约多项式. 故 $\varepsilon,\sigma,\sigma^2,\sigma^3$ 是线性无关组.

(2) 因为 $\sigma^4+2\sigma^3-4\sigma+6\varepsilon=0$，所以 $\varepsilon,\sigma,\sigma^2,\sigma^3,\sigma^4$ 线性相关. 故 $\varepsilon,\sigma,\sigma^2,\sigma^3$ 是 W 的一个基，$\dim W=4$.

(3) 根据 τ 的定义，显然有

$$\tau(\varepsilon,\sigma,\sigma^2,\sigma^3)=(\varepsilon,\sigma,\sigma^2,\sigma^3)\begin{pmatrix}&&&1\\&&1&\\&1&&\\1&&&\end{pmatrix}.$$

【例 6.7】(中山大学，2009 年) 设 $f:\mathbb{R}^2\to\mathbb{R}$ 是线性映射.

(1) 证明：存在 $a,b\in\mathbb{R}$ 使得对任意 $(x,y)\in\mathbb{R}^2$ 有 $f(x,y)=ax+by$；

(2) 已知 $f(1,1)=3$, $f(1,0)=4$，求 $f(2,1)$.

【解】 (1) 取$\mathbb{R}^2$的自然基$\boldsymbol{\varepsilon}_1=(1,0)$,$\boldsymbol{\varepsilon}_2=(0,1)$,令$f(\boldsymbol{\varepsilon}_1)=a$,$f(\boldsymbol{\varepsilon}_2)=b$,对任意$(x,y)\in\mathbb{R}^2$,有$(x,y)=x\boldsymbol{\varepsilon}_1+y\boldsymbol{\varepsilon}_2$,因此

$$f(x,y)=xf(\boldsymbol{\varepsilon}_1)+yf(\boldsymbol{\varepsilon}_2)=ax+by.$$

(2) 据题设并利用(1)的结论,有$\begin{cases}a+b=3,\\a+0=4.\end{cases}$解得 $a=4,b=-1$. 所以

$$f(2,1)=2a+b=2\times4-1=7.$$

【例 6.8】(南开大学,2008 年) 设$\boldsymbol{A}$为数域P上的n阶方阵,定义$P^{n\times n}$的线性变换T为

$$T(\boldsymbol{X})=\boldsymbol{AX},\quad \forall \boldsymbol{X}\in P^{n\times n}.$$

试求T的迹 tr T和行列式 det T.

【解】 取$P^{n\times n}$的自然基$\{\boldsymbol{E}_{ij}\}$,$i,j=1,2,\cdots,n$, 其中$\boldsymbol{E}_{ij}$是(i,j)元为1,其余元为0的n阶方阵. 注意到$P^{n\times n}$可分解成T的不变子空间的直和当且仅当T可在$P^{n\times n}$的一个基下的矩阵是分块对角矩阵,于是可先将$P^{n\times n}$分解为直和:$P^{n\times n}=W_1\oplus W_2\oplus\cdots\oplus W_n$,其中

$$W_j=L(\boldsymbol{E}_{1j},\boldsymbol{E}_{2j},\cdots,\boldsymbol{E}_{nj}),\quad j=1,2,\cdots,n$$

是T的不变子空间. 对于$j=1,2,\cdots,n$, 考虑限制变换$T|_{W_j}$的矩阵,令$\boldsymbol{A}=(a_{ij})$,易知

$$T(\boldsymbol{E}_{ij})=\boldsymbol{AE}_{ij}=a_{1i}\boldsymbol{E}_{1j}+a_{2i}\boldsymbol{E}_{2j}+\cdots+a_{ni}\boldsymbol{E}_{nj},\quad i=1,2,\cdots,n,$$

所以$T|_{W_j}$在W_j的基$\boldsymbol{E}_{1j},\boldsymbol{E}_{2j},\cdots,\boldsymbol{E}_{nj}$下的矩阵为$\boldsymbol{A}$,从而$T$在$P^{n\times n}$的基(注意排序!)

$$\boldsymbol{E}_{11},\boldsymbol{E}_{21},\cdots,\boldsymbol{E}_{n1},\boldsymbol{E}_{12},\boldsymbol{E}_{22},\cdots,\boldsymbol{E}_{n2},\cdots,\boldsymbol{E}_{1n},\boldsymbol{E}_{2n},\cdots,\boldsymbol{E}_{nn}$$

下的矩阵为 diag$(\boldsymbol{A},\boldsymbol{A},\cdots,\boldsymbol{A})$. 因此 tr $T=n$tr $\boldsymbol{A}=n\sum\limits_{i=1}^{n}a_{ii}$, 且 det $T=|\boldsymbol{A}|^n$.

【例 6.9】 设φ是数域K上n维线性空间V的线性变换. 证明:如果φ在V的任一基下的矩阵都相同,那么$\varphi=c\varepsilon$,其中$c\in K$,ε为恒同变换.

【证】 设φ在V的基$\boldsymbol{\xi}_1,\boldsymbol{\xi}_2,\cdots,\boldsymbol{\xi}_n$下的矩阵为$\boldsymbol{A}=(a_{ij})$,对任一可逆矩阵$\boldsymbol{P}\in M_n(K)$,$(\boldsymbol{\eta}_1,\boldsymbol{\eta}_2,\cdots,\boldsymbol{\eta}_n)=(\boldsymbol{\xi}_1,\boldsymbol{\xi}_2,\cdots,\boldsymbol{\xi}_n)\boldsymbol{P}$也是$V$的一个基,易知$\varphi$在该基下的矩阵为$\boldsymbol{P}^{-1}\boldsymbol{AP}$.

根据题设,$\boldsymbol{P}^{-1}\boldsymbol{AP}=\boldsymbol{A}$,即$\boldsymbol{AP}=\boldsymbol{PA}$. 特别地,对可逆矩阵$\boldsymbol{P}=\mathrm{diag}(1,2,\cdots,n)$,由$\boldsymbol{AP}=\boldsymbol{PA}$比较两边的$(i,j)$元可得$ja_{ij}=ia_{ij}$. 故当$i\neq j$时,$a_{ij}=0$,所以$\boldsymbol{A}=\mathrm{diag}(a_{11},a_{22},\cdots,a_{nn})$.

再取可逆矩阵$\boldsymbol{P}=\begin{pmatrix} & \boldsymbol{E}_{n-1}\\ 1 & \end{pmatrix}$,则$a_{11}=a_{22}=\cdots=a_{nn}$. 所以$\boldsymbol{A}=c\boldsymbol{E}_n$,其中$c\in K$. 从而$\varphi=c\varepsilon$.

【注】 本题的等价形式见本章例 6.89 及第 4 章例 4.48.

【例 6.10】(武汉大学,2009 年) 设$f:\mathbb{R}^{n\times n}\to\mathbb{R}$是由$\mathbb{R}^{n\times n}$到$\mathbb{R}$的线性映射. 证明:

（1）存在唯一的 $C\in\mathbb{R}^{n\times n}$，使得 $f(A)=\mathrm{tr}(AC)$，$\forall A\in\mathbb{R}^{n\times n}$；

（2）若 $\forall A,B\in\mathbb{R}^{n\times n}$，$f(AB)=f(BA)$，则存在 $\lambda\in\mathbb{R}$，使得 $f(A)=\lambda\,\mathrm{tr}\,A$，$\forall A\in\mathbb{R}^{n\times n}$.

这里，$\mathrm{tr}\,A$ 是矩阵 A 的迹，即 $A=(a_{ij})$ 的对角元之和 $\mathrm{tr}\,A=\sum\limits_{i=1}^{n}a_{ii}$.

【证】（1）先证存在性. 取 $\mathbb{R}^{n\times n}$ 的自然基 $\{E_{ij},i,j=1,2,\cdots,n\}$，其中 E_{ij} 是 (i,j) 元等于 1，其他元均为 0 的 n 阶方阵，令 $c_{ji}=f(E_{ij})$，则 $C=(c_{ij})\in\mathbb{R}^{n\times n}$. $\forall A=(a_{ij})\in\mathbb{R}^{n\times n}$，有

$$f(A)=\sum_{i=1}^{n}\sum_{j=1}^{n}a_{ij}f(E_{ij})=\sum_{i=1}^{n}\sum_{j=1}^{n}a_{ij}c_{ji}=\mathrm{tr}(AC).$$

再证唯一性. 若 $C_1\in\mathbb{R}^{n\times n}$，使 $f(A)=\mathrm{tr}(AC_1)$，则 $\mathrm{tr}(A(C-C_1))=0$. 利用 A 的任意性，取 $A=(C-C_1)^{\mathrm{T}}$，得 $\mathrm{tr}(AA^{\mathrm{T}})=0$，故 $A=O$，即 $C=C_1$.

（2）（方法 1）根据题设条件，并利用(1)的结论，$\forall A,B\in\mathbb{R}^{n\times n}$，有

$$\mathrm{tr}(BCA)=\mathrm{tr}(ABC)=\mathrm{tr}(BAC).$$

取 $B=(AC-CA)^{\mathrm{T}}$，并注意到 $\mathrm{tr}(BB^{\mathrm{T}})=0$ 时必有 $B=O$，因此 $AC=CA$. 故由 A 的任意性可知 $C=\lambda E$. 再次利用(1)的结论，$\forall A\in\mathbb{R}^{n\times n}$，有

$$f(A)=\mathrm{tr}(\lambda A)=\lambda\,\mathrm{tr}\,A.$$

（方法 2）设 W 是 $\mathbb{R}^{n\times n}$ 中全体迹为零的矩阵构成的线性子空间，易知 $\dim W=n^2-1$，且

$$\{E_{ij},i\neq j,i,j=1,2,\cdots,n\}\cup\{E_{ii}-E_{nn},i=1,2,\cdots,n-1\}$$

是 W 的一个基. 注意到题设条件 $\forall A,B\in\mathbb{R}^{n\times n}$，$f(AB)=f(BA)$，以及

$$E_{ij}=E_{ij}E_{jj}-E_{jj}E_{ij},\quad i\neq j,$$
$$E_{ii}-E_{nn}=E_{in}E_{ni}-E_{ni}E_{in},\quad i=1,2,\cdots,n-1,$$

可知 $\forall B\in W$，有 $f(B)=0$. 因此，$\forall A\in\mathbb{R}^{n\times n}$，由于 $A-\dfrac{1}{n}\mathrm{tr}(AE)\in W$，所以

$$f\left(A-\frac{1}{n}\mathrm{tr}(AE)\right)=0,\quad 即\quad f(A)=\frac{1}{n}\mathrm{tr}(Af(E))=\lambda\,\mathrm{tr}\,A,$$

其中 $\lambda=\dfrac{1}{n}f(E)\in\mathbb{R}$.

【例 6.11】（武汉大学，2010 年） 设 f 是平面 $\mathbb{R}^2$ 上的线性变换，使得

（1）点(1,0)的像位于第 4 象限内；

（2）点(0,1)的像位于第 2 象限内；

（3）点(1,1)的像位于第 1 象限内.

证明：f 是可逆变换，且 f^{-1} 把第 1 象限内的任意点都映射到第 1 象限内.

【证】 记 $\varepsilon_1=(1,0)^{\mathrm{T}}$，$\varepsilon_2=(0,1)^{\mathrm{T}}$，并设 $f(\varepsilon_1)=(a,b)^{\mathrm{T}}$，$f(\varepsilon_2)=(c,d)^{\mathrm{T}}$，则 f 在基 $\varepsilon_1,\varepsilon_2$

下的矩阵为$\boldsymbol{A}=\begin{pmatrix}a & c\\ b & d\end{pmatrix}$,并且由题设条件(1)和(2)知,$a>0,b<0,c<0,d>0$.

再令$\boldsymbol{\alpha}=(1,1)$,则$f$作用于$\boldsymbol{\alpha}$的像为

$$f(\boldsymbol{\alpha})=(\boldsymbol{\varepsilon}_1,\boldsymbol{\varepsilon}_2)\begin{pmatrix}a & c\\ b & d\end{pmatrix}\begin{pmatrix}1\\ 1\end{pmatrix}=(\boldsymbol{\varepsilon}_1,\boldsymbol{\varepsilon}_2)\begin{pmatrix}a+c\\ b+d\end{pmatrix}=(a+c,b+d)^{\mathrm{T}}.$$

据条件(3)知,$a+c>0,b+d>0$. 故$\det \boldsymbol{A}=ad-bc>0$,即$\boldsymbol{A}$可逆,所以$f$是可逆变换.

另一方面,任取第1象限内的点(x,y),并记$\boldsymbol{\beta}=(x,y)^{\mathrm{T}}$,由于$\boldsymbol{A}^{-1}=\dfrac{1}{ad-bc}\begin{pmatrix}d & -c\\ -b & a\end{pmatrix}$,所以$f^{-1}$作用于$\boldsymbol{\beta}$的像为

$$f^{-1}(\boldsymbol{\beta})=(\boldsymbol{\varepsilon}_1,\boldsymbol{\varepsilon}_2)\frac{1}{ad-bc}\begin{pmatrix}d & -c\\ -b & a\end{pmatrix}\begin{pmatrix}x\\ y\end{pmatrix}=\left(\frac{dx-cy}{ad-bc},\frac{ay-bx}{ad-bc}\right).$$

显然,$\dfrac{dx-cy}{ad-bc}>0,\dfrac{ay-bx}{ad-bc}>0$,所以$\left(\dfrac{dx-cy}{ad-bc},\dfrac{ay-bx}{ad-bc}\right)$是第1象限内的点.

【例6.12】(浙江大学,2004年;云南大学,2008年)　设$P^{n\times n}$是数域P上全体n阶方阵构成的线性空间,取定$\boldsymbol{A},\boldsymbol{B},\boldsymbol{C},\boldsymbol{D}\in P^{n\times n}$,令

$$\sigma(\boldsymbol{X})=\boldsymbol{AXB}+\boldsymbol{CX}+\boldsymbol{XD},\quad \forall \boldsymbol{X}\in P^{n\times n}.$$

(1) 证明:σ是$P^{n\times n}$的线性变换;

(2) 证明:当$\boldsymbol{C}=\boldsymbol{D}=\boldsymbol{O}$时,$\sigma$可逆的充分必要条件是$|\boldsymbol{AB}|\neq 0$.

【证】　(1) 证明从略.

(2) 当$\boldsymbol{C}=\boldsymbol{D}=\boldsymbol{O}$时,$\sigma(\boldsymbol{X})=\boldsymbol{AXB}$. 必要性. 若$\sigma$可逆,则$\sigma\sigma^{-1}=\sigma^{-1}\sigma=\varepsilon$,其中$\varepsilon$为恒同变换. 取$n$阶单位矩阵$\boldsymbol{E}_n$,则有$\boldsymbol{E}_n=\sigma\sigma^{-1}(\boldsymbol{E}_n)=\sigma(\sigma^{-1}\boldsymbol{E}_n)=\boldsymbol{A}(\sigma^{-1}\boldsymbol{E}_n)\boldsymbol{B}$. 两边取行列式,知$|\boldsymbol{A}|\neq 0$且$|\boldsymbol{B}|\neq 0$,从而$|\boldsymbol{AB}|\neq 0$.

充分性. 若$|\boldsymbol{AB}|\neq 0$,则$\boldsymbol{A},\boldsymbol{B}$都是可逆矩阵. 定义$P^{n\times n}$的线性变换$\boldsymbol{\tau}(\boldsymbol{X})=\boldsymbol{A}^{-1}\boldsymbol{XB}^{-1}$,易知$\sigma\boldsymbol{\tau}=\boldsymbol{\tau}\sigma=\varepsilon$,所以$\sigma$是可逆变换.

【例6.13】(上海交通大学,2007年;厦门大学,2006年)　设V为数域F上的n维线性空间.

(1) 证明V的任意有限多个真子空间的并为V的真子集;

(2) 设$\mathscr{A}_1,\mathscr{A}_2,\cdots,\mathscr{A}_s$为$V$上的$s$个两两不同的线性变换. 证明存在$\boldsymbol{\nu}\in V$满足$\mathscr{A}_i(\boldsymbol{\nu}),i=1,2,\cdots,s$互不相同.

【证】　(1) 详见第5章例5.34的解.

(2) 考虑V的子集

$$V_{ij}=\{\boldsymbol{\xi}\in V\mid \mathscr{A}_i(\boldsymbol{\xi})=\mathscr{A}_j(\boldsymbol{\xi})\},\quad 1\leqslant i<j\leqslant s,$$

容易验证,$V_{ij}(1\leqslant i<j\leqslant s)$都是$V$的子空间. 因为$\mathscr{A}_i,i=1,2,\cdots,s$互不相同,所以$V_{ij}$都是$V$的真子空间. 根据第(1)题的结论,可知$V_{ij}(1\leqslant i<j\leqslant s)$的并为$V$的真子集. 于是,存在$\boldsymbol{\nu}\in V$,但

$$\boldsymbol{\nu}\notin\bigcup_{1\leqslant i<j\leqslant s}V_{ij}.$$

这就是说,存在$\boldsymbol{\nu}\in V$满足$\mathscr{A}_i(\boldsymbol{\nu}),i=1,2,\cdots,s$互不相同.

【例 6.14】(西安交通大学,2004 年) 设V与V'为同一数域P上的两个线性空间,T是$V\to V'$的线性映射,且存在$V'\to V$的映射$\widetilde{T}$,满足$\widetilde{T}T=I_V$,这里I_V表示$V\to V'$的恒同映射.

(1) 证明:T是1-1的(即单射),$\widetilde{T}$是映上的(即满射);

(2) 试问T是否为可逆映射? 为什么?

【解】 (1) 任取$\boldsymbol{\alpha},\boldsymbol{\beta}\in V$,若$T(\boldsymbol{\alpha})=T(\boldsymbol{\beta})$,则$\widetilde{T}T(\boldsymbol{\alpha})=\widetilde{T}T(\boldsymbol{\beta})$,而$\widetilde{T}T=I_V$,所以$\boldsymbol{\alpha}=\boldsymbol{\beta}$,故$T$是$V\to V'$的单射.

又$\forall\boldsymbol{\alpha}\in V$,取$\boldsymbol{\beta}=T(\boldsymbol{\alpha})\in V'$,则$\widetilde{T}(\boldsymbol{\beta})=\widetilde{T}T(\boldsymbol{\alpha})=\boldsymbol{\alpha}$,所以$\widetilde{T}$是$V'\to V$的满射.

(2) T不一定为可逆映射. 例如,$T:(a,b)\to(a,b,0)$是$\mathbb{R}^2\to\mathbb{R}^3$的线性映射,$\widetilde{T}:(a,b,0)\to(a,b)$是$\mathbb{R}^3\to\mathbb{R}^2$的映射. 易知$\widetilde{T}T=I_{\mathbb{R}^2}$,但显然$T$不是满射,所以$T$不是可逆映射.

【注】 对于线性变换,单射、满射与可逆映射相互等价. 作为练习,请读者给出其证明.

【例 6.15】(北京科技大学,2004 年) 设σ,τ都是幂等($\sigma^2=\sigma,\tau^2=\tau$)的线性变换. 证明:

(1) 如果$\sigma\tau=\tau\sigma$,那么$\sigma+\tau-\sigma\tau$也是幂等变换;

(2) 如果$\sigma+\tau$是幂等变换,那么$\sigma\tau=0$.

【证】 (1) 根据题设$\sigma\tau=\tau\sigma$,所以

$$(\sigma+\tau-\sigma\tau)^2=\sigma^2+\tau^2+\sigma^2\tau^2+2\sigma\tau-2\sigma^2\tau-2\sigma\tau^2=\sigma+\tau-\sigma\tau.$$

这就证得$\sigma+\tau-\sigma\tau$是幂等变换.

(2) 因为$(\sigma+\tau)^2=\sigma^2+\sigma\tau+\tau\sigma+\tau^2=\sigma+\tau+\sigma\tau+\tau\sigma$,所以$\sigma\tau+\tau\sigma=0$. 两边左乘$\sigma$,右乘$\sigma$,得$\sigma\tau+\sigma\tau\sigma=0,\sigma\tau\sigma+\tau\sigma=0$,所以$\sigma\tau-\tau\sigma=0$. 于是$\sigma\tau=0$.

【例 6.16】(北京大学,2007 年) 问是否存在n阶方阵$\boldsymbol{A},\boldsymbol{B}$,满足$\boldsymbol{AB}-\boldsymbol{BA}=\boldsymbol{E}$(单位矩阵)? 又,是否存在$n$维线性空间$V$上的线性变换$\mathscr{A},\mathscr{B}$,满足$\mathscr{A}\mathscr{B}-\mathscr{B}\mathscr{A}=\mathscr{E}$(恒等变换)? 若是,举出例子;若否,给出证明.

【解】 否,下面给予证明. 对于任意n阶方阵$\boldsymbol{A},\boldsymbol{B}$,若$\boldsymbol{AB}-\boldsymbol{BA}=\boldsymbol{E}$,则两边取矩阵的迹,并利用迹的性质$\mathrm{tr}(\boldsymbol{AB})=\mathrm{tr}(\boldsymbol{BA})$,得$0=n$,矛盾. 所以不存在方阵$\boldsymbol{A},\boldsymbol{B}$,使$\boldsymbol{AB}-\boldsymbol{BA}=\boldsymbol{E}$.

对于线性空间 V 的线性变换 $\mathscr{A},\mathscr{B}$,任取 V 的一个基,并设 $\mathscr{A},\mathscr{B}$ 在这个基下的矩阵分别为 $\boldsymbol{A},\boldsymbol{B}$. 若 $\mathscr{A}\mathscr{B}-\mathscr{B}\mathscr{A}=\mathscr{E}$,则相应的有 $\boldsymbol{AB}-\boldsymbol{BA}=\boldsymbol{E}$,与已证得的事实矛盾. 所以不存在 n 维线性空间 V 上的线性变换 $\mathscr{A},\mathscr{B}$,满足 $\mathscr{A}\mathscr{B}-\mathscr{B}\mathscr{A}=\mathscr{E}$.

【注】 对于无穷维线性空间 V,则存在 V 的线性变换 $\mathscr{A},\mathscr{B}$,满足 $\mathscr{A}\mathscr{B}-\mathscr{B}\mathscr{A}=\mathscr{E}$. 例如:(**华中科技大学,2004 年**)设 $V=P[x]$ 是数域 P 上多项式全体构成的线性空间,定义线性变换

$$\mathscr{A}(f(x))=f'(x),\quad \mathscr{B}(f(x))=xf(x),\quad \forall f(x)\in V,$$

可以验证:$\mathscr{A}\mathscr{B}-\mathscr{B}\mathscr{A}=\mathscr{E}$.(留给读者作为练习.)

【例 6.17】 设 V 是复数域 $\mathbb{C}$ 上的 n 维线性空间,σ 是 V 的一个线性变换. 已知 V 关于其向量加法及与实数的数乘构成实数域 $\mathbb{R}$ 上的 $2n$ 维线性空间,记为 $V_{\mathbb{R}}$,σ 按其原来对 V 中向量的作用也成为 $V_{\mathbb{R}}$ 的线性变换. 又设 σ 在 V 的某个基下的矩阵为 $\boldsymbol{A}_{\mathbb{C}}$,在 $V_{\mathbb{R}}$ 的某个基下的矩阵为 $2n$ 阶实方阵 $\boldsymbol{A}_{\mathbb{R}}$. 证明:$\det \boldsymbol{A}_{\mathbb{R}}=|\det \boldsymbol{A}_{\mathbb{C}}|^2$.

【证】 设 σ 在 V 的基 $\boldsymbol{\xi}_1,\boldsymbol{\xi}_2,\cdots,\boldsymbol{\xi}_n$ 下的矩阵为 $\boldsymbol{A}_{\mathbb{C}}=(a_{st})$,其中 $a_{st}=u_{st}+\mathrm{i}v_{st}\in\mathbb{C}$,$\mathrm{i}=\sqrt{-1}$ 为虚数单位,$u_{st},v_{st}\in\mathbb{R}$. 易知 $\boldsymbol{\xi}_1,\boldsymbol{\xi}_2,\cdots,\boldsymbol{\xi}_n,\mathrm{i}\boldsymbol{\xi}_1,\mathrm{i}\boldsymbol{\xi}_2,\cdots,\mathrm{i}\boldsymbol{\xi}_n$ 是 $V_{\mathbb{R}}$ 的一个基. 由于线性变换在不同基下的矩阵是相似的,而相似矩阵的行列式相等,所以我们就设 σ 在 $V_{\mathbb{R}}$ 的这个基下的矩阵为 $\boldsymbol{A}_{\mathbb{R}}$. 令 $\boldsymbol{U}=(u_{st})$,$\boldsymbol{W}=(v_{st})$,则 $\boldsymbol{A}_{\mathbb{C}}=\boldsymbol{U}+\mathrm{i}\boldsymbol{W}$,且 $\boldsymbol{A}_{\mathbb{R}}=\begin{pmatrix}\boldsymbol{U} & -\boldsymbol{W}\\ \boldsymbol{W} & \boldsymbol{U}\end{pmatrix}$. 注意到

$$|\det \boldsymbol{A}_{\mathbb{C}}|^2=\det \boldsymbol{A}_{\mathbb{C}}\,\overline{\det \boldsymbol{A}_{\mathbb{C}}}=|\boldsymbol{U}+\mathrm{i}\boldsymbol{W}|\,|\boldsymbol{U}-\mathrm{i}\boldsymbol{W}|,$$

故只需证明 $\det \boldsymbol{A}_{\mathbb{R}}=|\boldsymbol{U}+\mathrm{i}\boldsymbol{W}|\,|\boldsymbol{U}-\mathrm{i}\boldsymbol{W}|$. 为此,利用分块初等变换,得

$$\begin{pmatrix}\boldsymbol{U} & -\boldsymbol{W}\\ \boldsymbol{W} & \boldsymbol{U}\end{pmatrix}\xrightarrow{\text{行}}\begin{pmatrix}\boldsymbol{U}+\mathrm{i}\boldsymbol{W} & \mathrm{i}\boldsymbol{U}-\boldsymbol{W}\\ \boldsymbol{W} & \boldsymbol{U}\end{pmatrix}\xrightarrow{\text{列}}\begin{pmatrix}\boldsymbol{U}+\mathrm{i}\boldsymbol{W} & \boldsymbol{O}\\ \boldsymbol{W} & \boldsymbol{U}-\mathrm{i}\boldsymbol{W}\end{pmatrix},$$

用分块初等矩阵表示即

$$\begin{pmatrix}\boldsymbol{E} & \mathrm{i}\boldsymbol{E}\\ \boldsymbol{O} & \boldsymbol{E}\end{pmatrix}\begin{pmatrix}\boldsymbol{U} & -\boldsymbol{W}\\ \boldsymbol{W} & \boldsymbol{U}\end{pmatrix}\begin{pmatrix}\boldsymbol{E} & -\mathrm{i}\boldsymbol{E}\\ \boldsymbol{O} & \boldsymbol{E}\end{pmatrix}=\begin{pmatrix}\boldsymbol{U}+\mathrm{i}\boldsymbol{W} & \boldsymbol{O}\\ \boldsymbol{W} & \boldsymbol{U}-\mathrm{i}\boldsymbol{W}\end{pmatrix}.$$

两边取行列式,得

$$\det \boldsymbol{A}_{\mathbb{R}}=\begin{vmatrix}\boldsymbol{U} & -\boldsymbol{W}\\ \boldsymbol{W} & \boldsymbol{U}\end{vmatrix}=\begin{vmatrix}\boldsymbol{U}+\mathrm{i}\boldsymbol{W} & \boldsymbol{O}\\ \boldsymbol{W} & \boldsymbol{U}-\mathrm{i}\boldsymbol{W}\end{vmatrix}=|\boldsymbol{U}+\mathrm{i}\boldsymbol{W}|\,|\boldsymbol{U}-\mathrm{i}\boldsymbol{W}|.$$

于是,得 $\det \boldsymbol{A}_{\mathbb{R}}=|\det \boldsymbol{A}_{\mathbb{C}}|^2$.

【例 6.18】(南开大学,2001 年) 设 V 是数域 P 上的 n 维线性空间,$\sigma:V\to V$ 是线性变换,且 $\operatorname{rank}\sigma=r$. 证明:存在 V 的一个基 $\boldsymbol{\beta}_1,\boldsymbol{\beta}_2,\cdots,\boldsymbol{\beta}_n$ 及可逆线性变换 $\tau:V\to V$,满足

$$(\tau\sigma)(k_1\boldsymbol{\beta}_1+k_2\boldsymbol{\beta}_2+\cdots+k_r\boldsymbol{\beta}_r+\cdots+k_n\boldsymbol{\beta}_n)=k_1\boldsymbol{\beta}_1+k_2\boldsymbol{\beta}_2+\cdots+k_r\boldsymbol{\beta}_r.$$

【证】 任取 V 的一个基 $\boldsymbol{\alpha}_1,\boldsymbol{\alpha}_2,\cdots,\boldsymbol{\alpha}_n$，设 σ 在这个基下的矩阵为 $\boldsymbol{A}$，则 $\operatorname{rank}\boldsymbol{A}=\operatorname{rank}\sigma=r$. 于是，存在数域 P 上的 n 阶可逆矩阵 $\boldsymbol{B},\boldsymbol{C}$，使得

$$\boldsymbol{BAC}=\begin{pmatrix}\boldsymbol{E}_r & \boldsymbol{O}\\ \boldsymbol{O} & \boldsymbol{O}\end{pmatrix},$$

其中 $\boldsymbol{E}_r$ 为 r 阶单位矩阵. 现在，令

$$(\boldsymbol{\beta}_1,\boldsymbol{\beta}_2,\cdots,\boldsymbol{\beta}_n)=(\boldsymbol{\alpha}_1,\boldsymbol{\alpha}_2,\cdots,\boldsymbol{\alpha}_n)\boldsymbol{C},$$

则 $\boldsymbol{\beta}_1,\boldsymbol{\beta}_2,\cdots,\boldsymbol{\beta}_n$ 也构成 V 的一个基. 又，定义映射 $\tau:V\to V$ 如下：

$$\tau(\boldsymbol{\alpha}_1,\boldsymbol{\alpha}_2,\cdots,\boldsymbol{\alpha}_n)=(\boldsymbol{\alpha}_1,\boldsymbol{\alpha}_2,\cdots,\boldsymbol{\alpha}_n)\boldsymbol{CB},$$

易知，τ 是 V 上的可逆线性变换，且

$$\begin{aligned}(\tau\sigma)(\boldsymbol{\beta}_1,\boldsymbol{\beta}_2,\cdots,\boldsymbol{\beta}_n)&=\tau(\boldsymbol{\alpha}_1,\boldsymbol{\alpha}_2,\cdots,\boldsymbol{\alpha}_n)\boldsymbol{AC}=(\boldsymbol{\alpha}_1,\boldsymbol{\alpha}_2,\cdots,\boldsymbol{\alpha}_n)\boldsymbol{CBAC}\\&=(\boldsymbol{\beta}_1,\boldsymbol{\beta}_2,\cdots,\boldsymbol{\beta}_n)\boldsymbol{BAC}=(\boldsymbol{\beta}_1,\boldsymbol{\beta}_2,\cdots,\boldsymbol{\beta}_n)\begin{pmatrix}\boldsymbol{E}_r & \boldsymbol{O}\\ \boldsymbol{O} & \boldsymbol{O}\end{pmatrix}.\end{aligned}$$

记 $k_1\boldsymbol{\beta}_1+k_2\boldsymbol{\beta}_2+\cdots+k_n\boldsymbol{\beta}_n$ 在基 $\boldsymbol{\beta}_1,\boldsymbol{\beta}_2,\cdots,\boldsymbol{\beta}_n$ 下的坐标向量为 $\boldsymbol{x}=(k_1,k_2,\cdots,k_n)^{\mathrm{T}}$，那么

$$(\tau\sigma)(k_1\boldsymbol{\beta}_1+k_2\boldsymbol{\beta}_2+\cdots+k_r\boldsymbol{\beta}_r+\cdots+k_n\boldsymbol{\beta}_n)=(\tau\sigma)(\boldsymbol{\beta}_1,\boldsymbol{\beta}_2,\cdots,\boldsymbol{\beta}_n)\boldsymbol{x}$$

$$=(\boldsymbol{\beta}_1,\boldsymbol{\beta}_2,\cdots,\boldsymbol{\beta}_n)\begin{pmatrix}\boldsymbol{E}_r & \boldsymbol{O}\\ \boldsymbol{O} & \boldsymbol{O}\end{pmatrix}\boldsymbol{x}=k_1\boldsymbol{\beta}_1+k_2\boldsymbol{\beta}_2+\cdots+k_r\boldsymbol{\beta}_r.$$

【例 6.19】（北京大学，2006 年） 设 V 是数域 K 上的 n 维线性空间，$T_1,T_2,\cdots,T_s$ 都是 V 上的线性变换，令 $T=\sum\limits_{i=1}^{s}T_i$. 证明：$T$ 是幂等变换且 $\operatorname{rank}T=\sum\limits_{i=1}^{s}\operatorname{rank}T_i$ 的充分必要条件是：$T_1,T_2,\cdots,T_s$ 均为幂等变换且 $T_iT_j=0\,(i\neq j)$.

【证】（方法 1）记 $W=\operatorname{Im}T,W_i=\operatorname{Im}T_i$，则 $\operatorname{rank}T=\dim W,\operatorname{rank}T_i=\dim W_i,i=1,2,\cdots,s$. 另一方面，由于 $T=\sum\limits_{i=1}^{s}T_i$，易知 $W\subseteq\sum\limits_{i=1}^{s}W_i$.

充分性. 由 $T_i^2=T_i,T_iT_j=0\,(i\neq j)$，显然有 $T^2=T$，且 $T_i=\left(\sum\limits_{j=1}^{s}T_j\right)T_i=TT_i$，所以 $W_i\subseteq W$，于是 $W=\sum\limits_{i=1}^{s}W_i$. 进一步，设 $\boldsymbol{0}=\sum\limits_{i=1}^{s}\boldsymbol{\alpha}_i$，其中 $\boldsymbol{\alpha}_i=T_i(\boldsymbol{\beta}_i)\in W_i,i=1,2,\cdots,s$. 因为

$$\boldsymbol{0}=\sum_{i=1}^{s}T_k(\boldsymbol{\alpha}_i)=\sum_{i=1}^{s}T_kT_i(\boldsymbol{\beta}_i)=T_k(\boldsymbol{\beta}_k)=\boldsymbol{\alpha}_k,\quad k=1,2,\cdots,s,$$

即零向量的分解是唯一的，所以 $W=W_1\oplus W_2\oplus\cdots\oplus W_s$. 从而有 $\dim W=\sum\limits_{i=1}^{s}\dim W_i$.

必要性. 因为 $W\subseteq\sum\limits_{i=1}^{s}W_i$，所以 $\dim W\leqslant\dim\left(\sum\limits_{i=1}^{s}W_i\right)\leqslant\sum\limits_{i=1}^{s}\dim W_i=\dim W$，这就表明

$\dim W=\dim\left(\sum_{i=1}^{s}W_i\right)$,从而 $W=\sum_{i=1}^{s}W_i$. 因此 $W=W_1\oplus W_2\oplus\cdots\oplus W_s$.

因为 $\operatorname{Im} T_i=W_i\subseteq W=\operatorname{Im} T$,所以对任一 $\boldsymbol{\alpha}\in V$,存在 $\boldsymbol{\beta}\in V$,使得 $T_i(\boldsymbol{\alpha})=T(\boldsymbol{\beta})$. 于是

$$\begin{aligned}T_i(\boldsymbol{\alpha})&=T(\boldsymbol{\beta})=T^2(\boldsymbol{\beta})=\left(\sum_{i=1}^{s}T_i\right)T(\boldsymbol{\beta})=\left(\sum_{i=1}^{s}T_i\right)T_i(\boldsymbol{\alpha})\\&=T_1T_i(\boldsymbol{\alpha})+T_2T_i(\boldsymbol{\alpha})+\cdots+T_sT_i(\boldsymbol{\alpha}).\end{aligned}$$

根据直和分解的唯一性,有

$$T_i^2(\boldsymbol{\alpha})=T_i(\boldsymbol{\alpha}),\quad T_jT_i(\boldsymbol{\alpha})=\boldsymbol{0}(i\neq j).$$

因为 $\boldsymbol{\alpha}\in V$ 的任意性,所以 $T_i^2=T_i$ 且 $T_iT_j=0(i\neq j)$.

(方法 2) 任取 V 的一个基,设 T,T_i 在这个基下的矩阵为 $\boldsymbol{A},\boldsymbol{A}_i$,则 $\boldsymbol{A}=\sum_{i=1}^{s}\boldsymbol{A}_i$. 于是可等价地证明: $\boldsymbol{A}^2=\boldsymbol{A}$ 且 $\operatorname{rank}\boldsymbol{A}=\sum_{i=1}^{s}\operatorname{rank}\boldsymbol{A}_i$ 的充分必要条件是: $\boldsymbol{A}_i^2=\boldsymbol{A}_i$ 且 $\boldsymbol{A}_i\boldsymbol{A}_j=\boldsymbol{O}(i\neq j)$.

充分性. 首先,由 $\boldsymbol{A}_i^2=\boldsymbol{A}_i$ 且 $\boldsymbol{A}_i\boldsymbol{A}_j=\boldsymbol{O}$ 显然有 $\boldsymbol{A}^2=\boldsymbol{A}$. 再根据第 4 章例 4.94 知

$$\operatorname{rank}\boldsymbol{A}=\operatorname{tr}\boldsymbol{A}=\sum_{i=1}^{s}\operatorname{tr}\boldsymbol{A}_i=\sum_{i=1}^{s}\operatorname{rank}\boldsymbol{A}_i.$$

必要性. 设 $\boldsymbol{A}$ 为 n 阶幂等矩阵且 $\operatorname{rank}\boldsymbol{A}=\sum_{i=1}^{s}\operatorname{rank}\boldsymbol{A}_i$. 利用分块初等变换,可得

$$\begin{pmatrix}\boldsymbol{E}_n-\boldsymbol{A}&&&&\\&\boldsymbol{A}_1&&&\\&&\boldsymbol{A}_2&&\\&&&\ddots&\\&&&&\boldsymbol{A}_s\end{pmatrix}\to\begin{pmatrix}\boldsymbol{E}_n&\boldsymbol{A}_1&\boldsymbol{A}_2&\cdots&\boldsymbol{A}_s\\\boldsymbol{A}_1&\boldsymbol{A}_1&&&\\\boldsymbol{A}_2&&\boldsymbol{A}_2&&\\\vdots&&&\ddots&\\\boldsymbol{A}_s&&&&\boldsymbol{A}_s\end{pmatrix}\to\left(\begin{array}{c:cccc}\boldsymbol{E}_n&\boldsymbol{O}&\boldsymbol{O}&\cdots&\boldsymbol{O}\\\hdashline\boldsymbol{O}&\boldsymbol{A}_1-\boldsymbol{A}_1^2&-\boldsymbol{A}_1\boldsymbol{A}_2&\cdots&-\boldsymbol{A}_1\boldsymbol{A}_s\\\boldsymbol{O}&-\boldsymbol{A}_2\boldsymbol{A}_1&\boldsymbol{A}_2-\boldsymbol{A}_2^2&\cdots&-\boldsymbol{A}_2\boldsymbol{A}_s\\\vdots&\vdots&\vdots&&\vdots\\\boldsymbol{O}&-\boldsymbol{A}_s\boldsymbol{A}_1&-\boldsymbol{A}_s\boldsymbol{A}_2&\cdots&\boldsymbol{A}_s-\boldsymbol{A}_s^2\end{array}\right).$$

根据第 4 章例 4.83, $\operatorname{rank}(\boldsymbol{E}_n-\boldsymbol{A})+\operatorname{rank}\boldsymbol{A}=n$,所以 $\operatorname{rank}(\boldsymbol{E}_n-\boldsymbol{A})+\sum_{i=1}^{s}\operatorname{rank}\boldsymbol{A}_i=n$. 由此可见,上述变换最后一个矩阵的右下角部分必为零矩阵,于是有 $\boldsymbol{A}_i^2=\boldsymbol{A}_i$ 且 $\boldsymbol{A}_i\boldsymbol{A}_j=\boldsymbol{O}(i\neq j)$.

§6.2　线性变换的值域与核

基本理论与要点提示

6.2.1　线性变换的值域与核

线性变换 $\mathscr{A}\in\operatorname{End}_K(V)$ 的全体像所成的集合称为 $\mathscr{A}$ 的值域或像,记为 $\mathscr{A}(V)$ 或 $\operatorname{Im}\mathscr{A}$;所有被 $\mathscr{A}$ 变换成零向量的向量所成的集合称为 $\mathscr{A}$ 的核,记为 $\mathscr{A}^{-1}(\boldsymbol{0})$ 或 $\ker\mathscr{A}$.

(1) 线性变换 $\mathscr{A}\in\operatorname{End}_K(V)$ 的值域与核都是线性空间 V 的子空间;

(2) 线性变换 $\mathscr{A}\in\operatorname{End}_K(V)$ 的值域是由基像组生成的子空间,即

$$\operatorname{Im}\mathscr{A}=L(\mathscr{A}(\boldsymbol{\alpha}_1),\mathscr{A}(\boldsymbol{\alpha}_2),\cdots,\mathscr{A}(\boldsymbol{\alpha}_n)),$$

其中 $\boldsymbol{\alpha}_1,\boldsymbol{\alpha}_2,\cdots,\boldsymbol{\alpha}_n$ 是线性空间 V 的任意一个基;

(3) 设线性变换 $\mathscr{A}\in \mathrm{End}_K(V)$ 在 V 的一个基下的矩阵为 $\boldsymbol{A}$,则 $\dim(\mathrm{Im}\ \mathscr{A})=\mathrm{rank}\ \boldsymbol{A}$;

(4) 设线性变换 $\mathscr{A}\in \mathrm{End}_K(V)$ 在 V 的基 $\boldsymbol{\alpha}_1,\boldsymbol{\alpha}_2,\cdots,\boldsymbol{\alpha}_n$ 下的矩阵为 $\boldsymbol{A}$,则

$$\ker \mathscr{A}=\{\boldsymbol{\alpha}=(\boldsymbol{\alpha}_1,\boldsymbol{\alpha}_2,\cdots,\boldsymbol{\alpha}_n)\boldsymbol{X}\in V\mid \boldsymbol{X}\in W\}$$

其中,W 是齐次方程组 $\boldsymbol{AX}=\boldsymbol{0}$ 的解空间;

(5) 设线性变换 $\mathscr{A}\in \mathrm{End}_K(V)$,则 $\dim(\mathrm{Im}\ \mathscr{A})+\dim(\ker \mathscr{A})=\dim V$.

典型问题解析

【例 6.20】(哈尔滨工业大学,2005 年) 设 V 是线性空间$\mathbb{R}^n$的一个真子空间. 问下列结论是否正确? 为什么?

(1) 存在$\mathbb{R}^n$的一个线性变换 σ,使得 σ 的值域等于 V,即 $\sigma(\mathbb{R}^n)=V$;

(2) 存在$\mathbb{R}^n$的一个线性变换 τ,使得 τ 的核等于 V,即 $\ker \tau=V$.

【解】 (1) 若 V 是$\mathbb{R}^n$的零空间,取 σ 为零映射,则 $\sigma(\mathbb{R}^n)=V$. 不妨设 $\dim V=r>0$,取 V 的一个基 $\boldsymbol{\alpha}_1,\boldsymbol{\alpha}_2,\cdots,\boldsymbol{\alpha}_r$,并扩充成$\mathbb{R}^n$的基 $\boldsymbol{\alpha}_1,\boldsymbol{\alpha}_2,\cdots,\boldsymbol{\alpha}_r,\boldsymbol{\alpha}_{r+1},\cdots,\boldsymbol{\alpha}_n$. 定义$\mathbb{R}^n$的线性变换 σ 如下:

$$\sigma(\boldsymbol{\alpha}_i)=\boldsymbol{\alpha}_i,i=1,2,\cdots,r;\quad \sigma(\boldsymbol{\alpha}_j)=\boldsymbol{0},j=r+1,\cdots,n.$$

显然,有 $\sigma(\mathbb{R}^n)=L(\boldsymbol{\alpha}_1,\boldsymbol{\alpha}_2,\cdots,\boldsymbol{\alpha}_r)=V$.

(2) 若 V 是$\mathbb{R}^n$的零空间,取 τ 为恒同映射,则 $\ker \tau=V$. 设 $\dim V=r>0$,对于(1)中确定的 V 的基,定义$\mathbb{R}^n$的线性变换 τ 如下:

$$\tau(\boldsymbol{\alpha}_i)=\boldsymbol{0},i=1,2,\cdots,r;\quad \tau(\boldsymbol{\alpha}_j)=\boldsymbol{\alpha}_j,j=r+1,\cdots,n.$$

显然,有 $\ker \tau=L(\boldsymbol{\alpha}_1,\boldsymbol{\alpha}_2,\cdots,\boldsymbol{\alpha}_r)=V$.

【例 6.21】 设 V 是复数域上的 n 维线性空间,σ 是 V 的线性变换,W_1 与 W_2 是 V 的任意两个子空间. 问 $\sigma(W_1\cap W_2)=\sigma(W_1)\cap\sigma(W_2)$ 是否成立? 若是,则给予证明;若否,则给出反例.

【解】 不一定成立. 例如,考虑 $V=\mathbb{C}^n$,定义 V 的线性变换如下:

$$\sigma(\boldsymbol{X})=\left(0,\cdots,0,\sum_{i=1}^{n}x_i\right),\quad \forall \boldsymbol{X}=(x_1,x_2,\cdots,x_n)\in V,$$

取 V 的两个子空间为

$$W_1=\{(a,\cdots,a,0)\mid a\in\mathbb{C}\},\quad W_2=\{(0,\cdots,0,b)\mid b\in\mathbb{C}\}.$$

显然,$W_1\cap W_2=\{\boldsymbol{0}\}$,所以 $\sigma(W_1\cap W_2)=\{\boldsymbol{0}\}$,但 $\sigma(W_1)\cap\sigma(W_2)\neq\{\boldsymbol{0}\}$.

【注】 一般地,可以证明:$\sigma(W_1\cap W_2)\subseteq\sigma(W_1)\cap\sigma(W_2)$.

【例 6.22】 设 σ,τ 都是 n 维线性空间 V 的线性变换,$\sigma^2=\varepsilon,\tau^2=\varepsilon$(恒等变换). 证明:

$$\mathrm{Im}\ (\sigma\tau-\tau\sigma)=\mathrm{Im}\ (\sigma+\tau)\cap\mathrm{Im}\ (\sigma-\tau).$$

【证】 首先,由 $\sigma^2=\varepsilon,\tau^2=\varepsilon$ 容易验证:$\sigma(\sigma\tau-\tau\sigma)=-(\sigma\tau-\tau\sigma)\sigma$,且

$$\sigma\tau-\tau\sigma=(\sigma-\tau)(\sigma+\tau)=-(\sigma+\tau)(\sigma-\tau).$$

对任意 $\boldsymbol{\xi}\in\mathrm{Im}\ (\sigma\tau-\tau\sigma)$,存在 $\boldsymbol{\eta}\in V$,使得 $\boldsymbol{\xi}=(\sigma\tau-\tau\sigma)\boldsymbol{\eta}$,所以

$$\boldsymbol{\xi}=(\sigma+\tau)(-(\sigma-\tau)\boldsymbol{\eta})=(\sigma-\tau)((\sigma+\tau)\boldsymbol{\eta}).$$

因此 $\mathrm{Im}(\sigma\tau-\tau\sigma)\subseteq\mathrm{Im}(\sigma+\tau)\cap\mathrm{Im}(\sigma-\tau)$.

反之,任取 $\boldsymbol{\xi}\in\mathrm{Im}(\sigma+\tau)\cap\mathrm{Im}(\sigma-\tau)$,则 $\boldsymbol{\xi}\in\mathrm{Im}(\sigma+\tau)$,且 $\boldsymbol{\xi}\in\mathrm{Im}(\sigma-\tau)$,即存在 $\boldsymbol{\alpha},\boldsymbol{\beta}\in V$,使得 $\boldsymbol{\xi}=(\sigma+\tau)(\boldsymbol{\alpha})$,且 $\boldsymbol{\xi}=(\sigma-\tau)(\boldsymbol{\beta})$. 由此得

$$(\sigma-\tau)\boldsymbol{\xi}=(\sigma-\tau)[(\sigma+\tau)\boldsymbol{\alpha}]=(\sigma\tau-\tau\sigma)\boldsymbol{\alpha},$$
$$(\sigma+\tau)\boldsymbol{\xi}=(\sigma+\tau)[(\sigma-\tau)\boldsymbol{\beta}]=-(\sigma\tau-\tau\sigma)\boldsymbol{\beta},$$

将上述二式相加,得 $\sigma\boldsymbol{\xi}=\frac{1}{2}(\sigma\tau-\tau\sigma)(\boldsymbol{\alpha}-\boldsymbol{\beta})$. 所以

$$\boldsymbol{\xi}=\sigma^2\boldsymbol{\xi}=\frac{1}{2}\sigma(\sigma\tau-\tau\sigma)(\boldsymbol{\alpha}-\boldsymbol{\beta})=(\sigma\tau-\tau\sigma)\left(-\frac{1}{2}\sigma(\boldsymbol{\alpha}-\boldsymbol{\beta})\right)\in\mathrm{Im}(\sigma\tau-\tau\sigma).$$

这表明 $\mathrm{Im}(\sigma+\tau)\cap\mathrm{Im}(\sigma-\tau)\subseteq\mathrm{Im}(\sigma\tau-\tau\sigma)$. 因此 $\mathrm{Im}(\sigma\tau-\tau\sigma)=\mathrm{Im}(\sigma+\tau)\cap\mathrm{Im}(\sigma-\tau)$.

【例 6.23】 设 σ,τ 是数域 K 上 n 维线性空间 V 的线性变换,$\sigma\tau=\tau\sigma$,问维数不等式

$$\dim(\sigma^2(V))+\dim(\tau^2(V))\geqslant 2\dim(\sigma\tau(V))$$

是否成立? 请证明或反证你的结论.

【解】 不一定成立. 下面给出反例. 任取 V 的一个基,记 σ,τ 在这个基下的矩阵为 $\boldsymbol{A}$,$\boldsymbol{B}$,所述问题用矩阵表述即:设 $\boldsymbol{A},\boldsymbol{B}\in M_n(K)$,且 $\boldsymbol{AB}=\boldsymbol{BA}$,问不等式

$$\mathrm{rank}\,\boldsymbol{A}^2+\mathrm{rank}\,\boldsymbol{B}^2\geqslant 2\mathrm{rank}(\boldsymbol{AB})$$

是否成立? 这里,考虑 $n=4$,取 $\boldsymbol{A}=\begin{pmatrix}\boldsymbol{J}&\\&\boldsymbol{J}\end{pmatrix}$,$\boldsymbol{B}=\begin{pmatrix}\boldsymbol{J}&\boldsymbol{E}\\\boldsymbol{O}&\boldsymbol{J}\end{pmatrix}$,其中 $\boldsymbol{J}=\begin{pmatrix}0&1\\0&0\end{pmatrix}$,$\boldsymbol{E}$ 为单位矩阵.

注意到 $\boldsymbol{J}^2=\boldsymbol{O}$,易知 $\boldsymbol{A}^2=\boldsymbol{O}$,$\boldsymbol{B}^2=\begin{pmatrix}\boldsymbol{O}&2\boldsymbol{J}\\\boldsymbol{O}&\boldsymbol{O}\end{pmatrix}$,且 $\boldsymbol{AB}=\boldsymbol{BA}=\begin{pmatrix}\boldsymbol{O}&\boldsymbol{J}\\\boldsymbol{O}&\boldsymbol{O}\end{pmatrix}$,可见

$$\mathrm{rank}\,\boldsymbol{A}^2+\mathrm{rank}\,\boldsymbol{B}^2<2\mathrm{rank}(\boldsymbol{AB}).$$

【例 6.24】(中国科学院,2007 年) 设 $A,B:V\to V$ 为线性变换,A 可逆,B 幂零(即存在某个正整数 k 使得 $B^k=0$),且 $AB=BA$. 证明:$A-B$ 的核空间 $\ker(A-B)$ 等于零空间.

【证】 (方法 1) 任取 $\boldsymbol{\alpha}\in\ker(A-B)$,则 $A(\boldsymbol{\alpha})=B(\boldsymbol{\alpha})$. 根据 $AB=BA$,容易知道,对任意正整数 l,$AB^l=B^lA$. 所以

$$B^{k-1}(\boldsymbol{\alpha})=A^{-1}AB^{k-1}(\boldsymbol{\alpha})=A^{-1}B^{k-1}A(\boldsymbol{\alpha})=A^{-1}B^k(\boldsymbol{\alpha})=\boldsymbol{0},$$
$$B^{k-2}(\boldsymbol{\alpha})=A^{-1}AB^{k-2}(\boldsymbol{\alpha})=A^{-1}B^{k-2}A(\boldsymbol{\alpha})=A^{-1}B^{k-1}(\boldsymbol{\alpha})=\boldsymbol{0},$$
$$\cdots$$
$$B(\boldsymbol{\alpha})=A^{-1}AB(\boldsymbol{\alpha})=A^{-1}BA(\boldsymbol{\alpha})=A^{-1}B^2(\boldsymbol{\alpha})=\boldsymbol{0}.$$

从而,有

$$\boldsymbol{\alpha}=A^{-1}A(\boldsymbol{\alpha})=A^{-1}B(\boldsymbol{\alpha})=\boldsymbol{0}.$$

因此 $\ker(A-B)=0$.

(方法 2) 设 V 是数域 K 上的 n 维线性空间,任取 V 的一个基,设 A,B 在这个基下的矩阵分别为 $\boldsymbol{G},\boldsymbol{H}$,则 $\boldsymbol{G},\boldsymbol{H}\in M_n(K)$,$\boldsymbol{G}$ 为可逆矩阵,$\boldsymbol{H}$ 为幂零矩阵,且 $\boldsymbol{GH}=\boldsymbol{HG}$,因此 $\boldsymbol{G},\boldsymbol{H}$ 可同时上三角化(参见本章例 6.88). 注意到幂零矩阵的特征值全为 0,故存在可逆复矩阵 $\boldsymbol{P}$,使得

$$P^{-1}GP=\begin{pmatrix}\lambda_1 & * & \cdots & * \\ & \lambda_2 & \ddots & \vdots \\ & & \ddots & * \\ & & & \lambda_n\end{pmatrix},\quad P^{-1}HP=\begin{pmatrix}0 & * & \cdots & * \\ & 0 & \ddots & \vdots \\ & & \ddots & * \\ & & & 0\end{pmatrix},$$

其中 $\lambda_1,\lambda_2,\cdots,\lambda_n$ 是 $\boldsymbol{G}$ 的全部特征值. 所以

$$|\boldsymbol{G}-\boldsymbol{H}|=|\boldsymbol{P}^{-1}(\boldsymbol{G}-\boldsymbol{H})\boldsymbol{P}|=|\boldsymbol{P}^{-1}\boldsymbol{G}\boldsymbol{P}-\boldsymbol{P}^{-1}\boldsymbol{H}\boldsymbol{P}|=\prod_{i=1}^{n}\lambda_i=|\boldsymbol{G}|\neq 0.$$

这就证明了,$A-B$ 是可逆变换,故 $\ker(A-B)=0$.

【例 6.25】(上海交通大学,2005 年)　(1) 设 V 是数域 P 上的 n 维线性空间,σ_i 是 V 上的线性变换,满足 $\sigma_1\sigma_2+\sigma_3\sigma_4=\varepsilon$($V$ 的恒等变换),且 $\sigma_i\sigma_j=\sigma_j\sigma_i(i,j=1,2,3,4)$. 求证:$(\sigma_1\sigma_3)^{-1}(\mathbf{0})$ 是 $\sigma_1^{-1}(\mathbf{0})$ 与 $\sigma_3^{-1}(\mathbf{0})$ 的直和.

(2) 设 n 阶方阵 $\boldsymbol{A},\boldsymbol{B},\boldsymbol{C},\boldsymbol{D}$ 关于矩阵乘法相互可交换,且 $\boldsymbol{AC}+\boldsymbol{BD}=\boldsymbol{I}_n$. 试证明:

$$\operatorname{rank}(\boldsymbol{AB})=\operatorname{rank}\boldsymbol{A}+\operatorname{rank}\boldsymbol{B}-n.$$

【证】　(1) 任取 $\boldsymbol{\alpha}\in(\sigma_1\sigma_3)^{-1}(\mathbf{0})$,则 $\sigma_1\sigma_3(\boldsymbol{\alpha})=\mathbf{0}$. 据题设,$\sigma_1\sigma_2+\sigma_3\sigma_4=\varepsilon$,有

$$\boldsymbol{\alpha}=\sigma_1\sigma_2(\boldsymbol{\alpha})+\sigma_3\sigma_4(\boldsymbol{\alpha})=\boldsymbol{\beta}+\boldsymbol{\gamma},$$

其中 $\boldsymbol{\beta}=\sigma_1\sigma_2(\boldsymbol{\alpha}),\boldsymbol{\gamma}=\sigma_3\sigma_4(\boldsymbol{\alpha})$. 因为 $\sigma_i\sigma_j=\sigma_j\sigma_i$,所以

$$\sigma_3(\boldsymbol{\beta})=\sigma_2(\sigma_1\sigma_3\boldsymbol{\alpha})=\mathbf{0},\quad \sigma_1(\boldsymbol{\gamma})=\sigma_4(\sigma_1\sigma_3\boldsymbol{\alpha})=\mathbf{0},$$

即 $\boldsymbol{\beta}\in\sigma_3^{-1}(\mathbf{0}),\boldsymbol{\gamma}\in\sigma_1^{-1}(\mathbf{0})$. 因此 $(\sigma_1\sigma_3)^{-1}(\mathbf{0})\subseteq\sigma_1^{-1}(\mathbf{0})+\sigma_3^{-1}(\mathbf{0})$.

反之,任取 $\boldsymbol{\alpha}=\boldsymbol{\beta}+\boldsymbol{\gamma}\in\sigma_1^{-1}(\mathbf{0})+\sigma_3^{-1}(\mathbf{0})$,则 $\sigma_1(\boldsymbol{\beta})=\mathbf{0},\sigma_3(\boldsymbol{\gamma})=\mathbf{0}$,所以

$$\sigma_1\sigma_3(\boldsymbol{\alpha})=\sigma_3\sigma_1(\boldsymbol{\beta})+\sigma_1\sigma_3(\boldsymbol{\gamma})=\mathbf{0},$$

即 $\boldsymbol{\alpha}\in(\sigma_1\sigma_3)^{-1}(\mathbf{0})$. 因此 $\sigma_1^{-1}(\mathbf{0})+\sigma_3^{-1}(\mathbf{0})\subseteq(\sigma_1\sigma_3)^{-1}(\mathbf{0})$. 这就证得

$$(\sigma_1\sigma_3)^{-1}(\mathbf{0})=\sigma_1^{-1}(\mathbf{0})+\sigma_3^{-1}(\mathbf{0}).$$

进一步,任取 $\boldsymbol{\alpha}\in\sigma_1^{-1}(\mathbf{0})\cap\sigma_3^{-1}(\mathbf{0})$,则 $\sigma_1(\boldsymbol{\alpha})=\mathbf{0},\sigma_3(\boldsymbol{\alpha})=\mathbf{0}$,所以

$$\boldsymbol{\alpha}=\sigma_1\sigma_2(\boldsymbol{\alpha})+\sigma_3\sigma_4(\boldsymbol{\alpha})=\sigma_2\sigma_1(\boldsymbol{\alpha})+\sigma_4\sigma_3(\boldsymbol{\alpha})=\mathbf{0},$$

即 $\sigma_1^{-1}(\mathbf{0})\cap\sigma_3^{-1}(\mathbf{0})=\{\mathbf{0}\}$. 于是,有 $(\sigma_1\sigma_3)^{-1}(\mathbf{0})=\sigma_1^{-1}(\mathbf{0})\oplus\sigma_3^{-1}(\mathbf{0})$.

(2) 任取 V 的一个基,并设 $\sigma_1,\sigma_2,\sigma_3,\sigma_4$ 为分别与矩阵 $\boldsymbol{A},\boldsymbol{C},\boldsymbol{B},\boldsymbol{D}$ 相对应的线性变换. 根据同构对应及题设条件,知(1)的结论成立,所以

$$\dim((\sigma_1\sigma_3)^{-1}(\mathbf{0}))=\dim(\sigma_1^{-1}(\mathbf{0}))+\dim(\sigma_3^{-1}(\mathbf{0})).$$

因此 $\dim((\sigma_1\sigma_3)(V))=\dim(\sigma_1(V))+\dim(\sigma_3(V))-n$,即 $\operatorname{rank}(\boldsymbol{AB})=\operatorname{rank}\boldsymbol{A}+\operatorname{rank}\boldsymbol{B}-n$.

【例 6.26】(浙江大学,2004 年)　设 σ 是线性空间 V 的线性变换且 $\sigma^2=\sigma$. 令 $V_1=\sigma(V)$,$V_2=\sigma^{-1}(\mathbf{0})$. 证明:$V=V_1\oplus V_2$,且对每个 $\boldsymbol{\alpha}\in V_1$ 有 $\sigma(\boldsymbol{\alpha})=\boldsymbol{\alpha}$.

【证】　$\forall\boldsymbol{\alpha}\in V$,有 $\boldsymbol{\alpha}=\sigma\boldsymbol{\alpha}+(\boldsymbol{\alpha}-\sigma\boldsymbol{\alpha})=\boldsymbol{\beta}+\boldsymbol{\gamma}$,其中 $\boldsymbol{\beta}=\sigma\boldsymbol{\alpha}\in\sigma(V),\boldsymbol{\gamma}=\boldsymbol{\alpha}-\sigma\boldsymbol{\alpha}$. 由于 $\sigma\boldsymbol{\gamma}=\sigma(\boldsymbol{\alpha}-\sigma\boldsymbol{\alpha})=\mathbf{0}$,所以 $\boldsymbol{\gamma}\in\sigma^{-1}(\mathbf{0})$,故 $V=V_1+V_2$.

又 $\forall\boldsymbol{\alpha}\in V_1\cap V_2$,则 $\sigma(\boldsymbol{\alpha})=\mathbf{0}$,且存在 $\boldsymbol{\beta}\in V$ 使 $\sigma(\boldsymbol{\beta})=\boldsymbol{\alpha}$,所以 $\boldsymbol{\alpha}=\sigma(\boldsymbol{\beta})=\sigma^2(\boldsymbol{\beta})=\sigma(\sigma(\boldsymbol{\beta}))=\sigma(\boldsymbol{\alpha})=\mathbf{0}$,即 $V_1\cap V_2=\{\mathbf{0}\}$. 因此 $V=V_1\oplus V_2$.

此外,对于任意 $\boldsymbol{\alpha}\in V_1$,存在 $\boldsymbol{\beta}\in V$ 使得 $\sigma(\boldsymbol{\beta})=\boldsymbol{\alpha}$. 于是

$$\sigma(\boldsymbol{\alpha})=\sigma(\sigma(\boldsymbol{\beta}))=\sigma^2(\boldsymbol{\beta})=\sigma(\boldsymbol{\beta})=\boldsymbol{\alpha}.$$

【注】 这就证明了,幂等变换是到其值域上的投影变换. 此外,有 $\sigma(V)=\ker(\varepsilon-\sigma)$, $\sigma^{-1}(V)=\mathrm{Im}\,(\varepsilon-\sigma)$,其中 ε 是恒同变换. 实际上,其逆命题显然也成立:投影变换也是幂等变换. 参见本章练习 6.7.

【例 6.27】(浙江大学,2016 年;厦门大学,2011 年) 设 V_1,V_2 是 n 维线性空间 V 的两个子空间,$\dim V_1+\dim V_2=n$. 证明:存在 V 的线性变换 φ,使得 φ 的像 $\mathrm{Im}\,\varphi=V_1$,核 $\ker\varphi=V_2$.

【证】 令 $\dim V_1=r$,则 $\dim V_2=n-r$. 若 $r=0$ 或 n,则结论显然. 下设 $0<r<n$. 任取 V_2 的一个基 $\boldsymbol{\alpha}_{r+1},\cdots,\boldsymbol{\alpha}_n$,并扩充成 V 的基 $\boldsymbol{\alpha}_1,\cdots,\boldsymbol{\alpha}_r,\boldsymbol{\alpha}_{r+1},\cdots,\boldsymbol{\alpha}_n$,即

$$V=L(\boldsymbol{\alpha}_1,\cdots,\boldsymbol{\alpha}_r,\boldsymbol{\alpha}_{r+1},\cdots,\boldsymbol{\alpha}_n),\quad V_2=L(\boldsymbol{\alpha}_{r+1},\cdots,\boldsymbol{\alpha}_n).$$

再取 V_1 的一个基 $\boldsymbol{\beta}_1,\boldsymbol{\beta}_2,\cdots,\boldsymbol{\beta}_r$,则 $V_1=L(\boldsymbol{\beta}_1,\boldsymbol{\beta}_2,\cdots,\boldsymbol{\beta}_r)$. 现定义线性变换 φ 如下:

$$\varphi(\boldsymbol{\alpha}_i)=\boldsymbol{\beta}_i,1\leqslant i\leqslant r;\quad \varphi(\boldsymbol{\alpha}_j)=\mathbf{0},r+1\leqslant j\leqslant n.$$

显然,$\mathrm{Im}\,\varphi=L(\varphi(\boldsymbol{\alpha}_1),\varphi(\boldsymbol{\alpha}_2),\cdots,\varphi(\boldsymbol{\alpha}_n))=L(\boldsymbol{\beta}_1,\boldsymbol{\beta}_2,\cdots,\boldsymbol{\beta}_r)=V_1$.

另一方面,由于 $V_2\subseteq\ker\varphi$,且 $\dim(\ker\varphi)=n-\dim(\mathrm{Im}\,\varphi)=n-r=\dim V_2$,所以 $\ker\varphi=V_2$.

【例 6.28】 设 V 是数域 F 上的 n 维线性空间,V_1,V_2 是 V 的真子空间,并且 $V=V_1\oplus V_2$. 证明:存在唯一的幂等变换 σ(即 $\sigma^2=\sigma$),使得 $\sigma(V)=V_1,\sigma^{-1}(\mathbf{0})=V_2$.

【证】 先证存在性. 因为 $V=V_1\oplus V_2$,所以 $\forall\boldsymbol{\alpha}\in V$,有 $\boldsymbol{\alpha}=\boldsymbol{\beta}+\boldsymbol{\gamma}$,其中 $\boldsymbol{\beta}\in V_1,\boldsymbol{\gamma}\in V_2$,且表示法唯一. 定义 V 的线性变换 σ 如下:

$$\sigma(\boldsymbol{\alpha})=\boldsymbol{\beta},\quad \boldsymbol{\alpha}\in V.$$

注意到 $\boldsymbol{\beta}=\boldsymbol{\beta}+\mathbf{0}$,有 $\sigma(\boldsymbol{\beta})=\boldsymbol{\beta}$,所以 $\sigma^2(\boldsymbol{\alpha})=\sigma(\boldsymbol{\beta})=\boldsymbol{\beta}=\sigma(\boldsymbol{\alpha})$. 因此 $\sigma^2=\sigma$.

显然 $\sigma(V)\subseteq V_1$. 又 $\forall\boldsymbol{\beta}\in V_1$,有 $\sigma(\boldsymbol{\beta})=\boldsymbol{\beta}$,即 $\boldsymbol{\beta}\in\sigma(V)$,故 $V_1\subseteq\sigma(V)$. 因此 $\sigma(V)=V_1$.

另一方面,任取 $\boldsymbol{\gamma}\in V_2$,因为 $\boldsymbol{\gamma}=\mathbf{0}+\boldsymbol{\gamma}\in V$,所以由 σ 的定义,有 $\sigma(\boldsymbol{\gamma})=\mathbf{0}$,即 $\boldsymbol{\gamma}\in\sigma^{-1}(\mathbf{0})$. 于是有 $V_2\subseteq\sigma^{-1}(\mathbf{0})$. 反之,$\forall\boldsymbol{\gamma}\in\sigma^{-1}(\mathbf{0})$,则 $\sigma(\boldsymbol{\gamma})=\mathbf{0}$. 设 $\boldsymbol{\gamma}=\boldsymbol{\beta}+\boldsymbol{\gamma}'$,其中 $\boldsymbol{\beta}\in V_1,\boldsymbol{\gamma}'\in V_2$,则由 σ 的定义,有 $\sigma(\boldsymbol{\gamma})=\boldsymbol{\beta}$,即 $\boldsymbol{\beta}=\mathbf{0}$,所以 $\boldsymbol{\gamma}=\boldsymbol{\gamma}'\in V_2,\sigma^{-1}(\mathbf{0})\subseteq V_2$. 因此 $\sigma^{-1}(\mathbf{0})=V_2$.

再证唯一性. 设 V 的线性变换 $\boldsymbol{\tau}$ 也满足 $\tau^2=\tau,\tau(V)=V_1,\tau^{-1}(\mathbf{0})=V_2$,我们证明 $\tau=\sigma$. 事实上,$\forall\boldsymbol{\alpha}\in V$,存在 $\boldsymbol{\beta}\in V_1,\boldsymbol{\gamma}\in V_2$,使得 $\boldsymbol{\alpha}=\boldsymbol{\beta}+\boldsymbol{\gamma}$,则 $\sigma(\boldsymbol{\alpha})=\boldsymbol{\beta},\tau(\boldsymbol{\alpha})=\tau(\boldsymbol{\beta})+\tau(\boldsymbol{\gamma})=\tau(\boldsymbol{\beta})\in V_1$. 令 $\boldsymbol{\beta}_1=\tau(\boldsymbol{\beta})$,则 $\boldsymbol{\beta}_1-\boldsymbol{\beta}\in V_1$. 另一方面,由 $\tau(\boldsymbol{\beta})=\tau^2(\boldsymbol{\beta})=\tau(\boldsymbol{\beta}_1)$ 知,$\tau(\boldsymbol{\beta}_1-\boldsymbol{\beta})=\mathbf{0}$,即 $\boldsymbol{\beta}_1-\boldsymbol{\beta}\in V_2$,所以 $\boldsymbol{\beta}_1-\boldsymbol{\beta}\in V_1\cap V_2=\{\mathbf{0}\}$. 因此 $\boldsymbol{\beta}_1=\boldsymbol{\beta}$,即 $\sigma(\boldsymbol{\alpha})=\tau(\boldsymbol{\alpha})$. 这就证明了 $\sigma=\tau$.

【例 6.29】(兰州大学,2004 年;南开大学,2007 年) 设 σ 是数域 F 上 n 维线性空间 V 的线性变换,V_1,V_2 是 V 的子空间,并且 $V=V_1\oplus V_2$. 证明:σ 是可逆线性变换的充分必要条件是

$$V=\sigma(V_1)\oplus\sigma(V_2).$$

【证】 因为 $V=V_1\oplus V_2$,所以可取 V_1 与 V_2 的一个基分别为 $\boldsymbol{\alpha}_1,\boldsymbol{\alpha}_2,\cdots,\boldsymbol{\alpha}_r$ 和 $\boldsymbol{\alpha}_{r+1},\boldsymbol{\alpha}_{r+2},\cdots,\boldsymbol{\alpha}_n$,由此得到 V 的一个基为 $\boldsymbol{\alpha}_1,\cdots,\boldsymbol{\alpha}_r,\boldsymbol{\alpha}_{r+1},\cdots,\boldsymbol{\alpha}_n$. 这就是说

$$V_1=L(\boldsymbol{\alpha}_1,\boldsymbol{\alpha}_2,\cdots,\boldsymbol{\alpha}_r),\ V_2=L(\boldsymbol{\alpha}_{r+1},\boldsymbol{\alpha}_{r+2},\cdots,\boldsymbol{\alpha}_n),\ V=L(\boldsymbol{\alpha}_1,\cdots,\boldsymbol{\alpha}_r,\boldsymbol{\alpha}_{r+1},\cdots,\boldsymbol{\alpha}_n).$$

设 σ 在基 $\boldsymbol{\alpha}_1,\boldsymbol{\alpha}_2,\cdots,\boldsymbol{\alpha}_n$ 下的矩阵为 $\boldsymbol{A}$,即

$$\sigma(\boldsymbol{\alpha}_1,\boldsymbol{\alpha}_2,\cdots,\boldsymbol{\alpha}_n)=(\boldsymbol{\alpha}_1,\boldsymbol{\alpha}_2,\cdots,\boldsymbol{\alpha}_n)\boldsymbol{A}.\qquad ①$$

必要性. 若 σ 是可逆变换,则 $\boldsymbol{A}$ 是可逆矩阵,因此向量组 $\sigma(\boldsymbol{\alpha}_1),\sigma(\boldsymbol{\alpha}_2),\cdots,\sigma(\boldsymbol{\alpha}_n)$ 的秩

$$\text{rank}\{\sigma(\boldsymbol{\alpha}_1),\sigma(\boldsymbol{\alpha}_2),\cdots,\sigma(\boldsymbol{\alpha}_n)\}=\text{rank}\,\boldsymbol{A}=n.$$

由此可知 $\sigma(V_1)=L(\sigma(\boldsymbol{\alpha}_1),\sigma(\boldsymbol{\alpha}_2),\cdots,\sigma(\boldsymbol{\alpha}_r))$, $\sigma(V_2)=L(\sigma(\boldsymbol{\alpha}_{r+1}),\sigma(\boldsymbol{\alpha}_{r+2}),\cdots,\sigma(\boldsymbol{\alpha}_n))$. 于是有

$$\begin{aligned}V&=L(\sigma(\boldsymbol{\alpha}_1),\sigma(\boldsymbol{\alpha}_2),\cdots,\sigma(\boldsymbol{\alpha}_n))\\&=L(\sigma(\boldsymbol{\alpha}_1),\sigma(\boldsymbol{\alpha}_2),\cdots,\sigma(\boldsymbol{\alpha}_r))\oplus L(\sigma(\boldsymbol{\alpha}_{r+1}),\sigma(\boldsymbol{\alpha}_{r+2}),\cdots,\sigma(\boldsymbol{\alpha}_n))\\&=\sigma(V_1)\oplus\sigma(V_2).\end{aligned}$$

充分性. 设 $V=\sigma(V_1)\oplus\sigma(V_2)$,则

$$\begin{aligned}V&=L(\sigma(\boldsymbol{\alpha}_1),\sigma(\boldsymbol{\alpha}_2),\cdots,\sigma(\boldsymbol{\alpha}_r))\oplus L(\sigma(\boldsymbol{\alpha}_{r+1}),\sigma(\boldsymbol{\alpha}_{r+2}),\cdots,\sigma(\boldsymbol{\alpha}_n))\\&=L(\sigma(\boldsymbol{\alpha}_1),\sigma(\boldsymbol{\alpha}_2),\cdots,\sigma(\boldsymbol{\alpha}_n)),\end{aligned}$$

所以 $\text{rank}\{\sigma(\boldsymbol{\alpha}_1),\sigma(\boldsymbol{\alpha}_2),\cdots,\sigma(\boldsymbol{\alpha}_n)\}=\dim V=n$,向量组 $\sigma(\boldsymbol{\alpha}_1),\sigma(\boldsymbol{\alpha}_2),\cdots,\sigma(\boldsymbol{\alpha}_n)$ 线性无关,故由①式可知 $\boldsymbol{A}$ 是可逆矩阵,从而 σ 是可逆变换.

【例 6.30】(厦门大学,2003 年) 设 φ 是 n 维线性空间 V 的线性变换,记 $\ker\varphi=\{\boldsymbol{\alpha}\in V\mid\varphi(\boldsymbol{\alpha})=\boldsymbol{0}\}$, $\text{Im}\,\varphi=\{\varphi(\boldsymbol{\alpha})\mid\boldsymbol{\alpha}\in V\}$. 求证下列命题等价:

(1) $V=\ker\varphi\oplus\text{Im}\,\varphi$;

(2) $\ker\varphi\cap\text{Im}\,\varphi=\{\boldsymbol{0}\}$;

(3) $\ker\varphi=\ker\varphi^2$;

(4) $\text{Im}\,\varphi=\text{Im}\,\varphi^2$.

【证】 采用循环证法:(1)⇒(4)⇒(3)⇒(2)⇒(1).

(1)⇒(4). 显然 $\text{Im}\,\varphi^2\subseteq\text{Im}\,\varphi$,下证 $\text{Im}\,\varphi\subseteq\text{Im}\,\varphi^2$.

任取 $\boldsymbol{\alpha}\in\text{Im}\,\varphi$,则存在 $\boldsymbol{\beta}\in V$,使得 $\boldsymbol{\alpha}=\varphi(\boldsymbol{\beta})$. 因为 $V=\ker\varphi\oplus\text{Im}\,\varphi$,所以 $\boldsymbol{\beta}=\boldsymbol{\beta}_1+\boldsymbol{\beta}_2$,其中 $\boldsymbol{\beta}_1\in\ker\varphi$, $\boldsymbol{\beta}_2\in\text{Im}\,\varphi$. 于是 $\varphi(\boldsymbol{\beta}_1)=\boldsymbol{0}$,且存在 $\boldsymbol{\beta}_3\in V$,使得 $\boldsymbol{\beta}_2=\varphi(\boldsymbol{\beta}_3)$. 故

$$\boldsymbol{\alpha}=\varphi(\boldsymbol{\beta})=\varphi(\boldsymbol{\beta}_2)=\varphi^2(\boldsymbol{\beta}_3)\in\text{Im}\,\varphi^2.$$

这就证明了 $\text{Im}\,\varphi=\text{Im}\,\varphi^2$.

(4)⇒(3). 因为 $\ker\varphi\subseteq\ker\varphi^2$,并且

$$\dim(\ker\varphi)=n-\dim(\text{Im}\,\varphi)=n-\dim(\text{Im}\,\varphi^2)=\dim(\ker\varphi^2),$$

所以 $\ker\varphi=\ker\varphi^2$.

(3)⇒(2). 任取 $\boldsymbol{\alpha}\in\ker\varphi\cap\text{Im}\,\varphi$,则 $\varphi(\boldsymbol{\alpha})=\boldsymbol{0}$,且存在 $\boldsymbol{\beta}\in V$,使得 $\boldsymbol{\alpha}=\varphi(\boldsymbol{\beta})$,从而有 $\varphi^2(\boldsymbol{\beta})=\boldsymbol{0}$, $\boldsymbol{\beta}\in\ker\varphi^2=\ker\varphi$,于是 $\boldsymbol{\alpha}=\varphi(\boldsymbol{\beta})=\boldsymbol{0}$. 故 $\ker\varphi\cap\text{Im}\,\varphi=\{\boldsymbol{0}\}$.

(2)⇒(1). 注意到 $\ker\varphi+\text{Im}\,\varphi\subseteq V$,又根据维数公式,得

$$\dim(\ker\varphi+\text{Im}\,\varphi)=\dim(\ker\varphi)+\dim(\text{Im}\,\varphi)-\dim(\ker\varphi\cap\text{Im}\,\varphi)=\dim V.$$

因此 $V=\ker\varphi\oplus\text{Im}\,\varphi$.

【例 6.31】(北京工业大学,2004 年) 设 σ 是 n 维线性空间 V 的线性变换. 证明下列 4 个命题等价:

(1) $V=\sigma(V)\oplus\sigma^{-1}(\boldsymbol{0})$;

(2) $\sigma(V)\cap\sigma^{-1}(\boldsymbol{0})=\{\boldsymbol{0}\}$;

(3) 若 $\boldsymbol{\alpha}_1,\boldsymbol{\alpha}_2,\cdots,\boldsymbol{\alpha}_r$ 是 $\sigma(V)$ 的一个基,则 $\sigma(\boldsymbol{\alpha}_1),\sigma(\boldsymbol{\alpha}_2),\cdots,\sigma(\boldsymbol{\alpha}_r)$ 是 $\sigma^2(V)$ 的一个基;

(4) rank σ^2=rank σ.

【证】 采用循环证法:(1)⇒(3)⇒(4)⇒(2)⇒(1).

(1)⇒(3). 设$\boldsymbol{\alpha}_1,\boldsymbol{\alpha}_2,\cdots,\boldsymbol{\alpha}_r$是$\sigma(V)$的基,令$k_1\sigma(\boldsymbol{\alpha}_1)+k_2\sigma(\boldsymbol{\alpha}_2)+\cdots+k_r\sigma(\boldsymbol{\alpha}_r)=\mathbf{0}$,则$\sigma(k_1\boldsymbol{\alpha}_1+k_2\boldsymbol{\alpha}_2+\cdots+k_r\boldsymbol{\alpha}_r)=\mathbf{0}$. 记$\boldsymbol{\beta}=k_1\boldsymbol{\alpha}_1+k_2\boldsymbol{\alpha}_2+\cdots+k_s\boldsymbol{\alpha}_r$,则$\boldsymbol{\beta}\in\sigma(V)\cap\sigma^{-1}(\mathbf{0})$. 注意到$\boldsymbol{\beta}=\boldsymbol{\beta}+\mathbf{0}=\mathbf{0}+\boldsymbol{\beta}$,而$V$是$\sigma(V)$与$\sigma^{-1}(\mathbf{0})$的直和,所以$\boldsymbol{\beta}=\mathbf{0}$,从而$k_1=k_2=\cdots=k_r=0$. 这就证得$\sigma(\boldsymbol{\alpha}_1)$,$\sigma(\boldsymbol{\alpha}_2),\cdots,\sigma(\boldsymbol{\alpha}_r)$是$\sigma^2(V)$中的$r$个线性无关的向量.

另一方面,任取$\boldsymbol{\beta}\in\sigma^2(V)$,则存在$\boldsymbol{\alpha}\in V$,使得$\boldsymbol{\beta}=\sigma^2(\boldsymbol{\alpha})$. 注意到$\boldsymbol{\alpha}_1,\boldsymbol{\alpha}_2,\cdots,\boldsymbol{\alpha}_r$是$\sigma(V)$的一个基,可令$\sigma(\boldsymbol{\alpha})=x_1\boldsymbol{\alpha}_1+x_2\boldsymbol{\alpha}_2+\cdots+x_r\boldsymbol{\alpha}_r$,所以

$$\boldsymbol{\beta}=\sigma(\sigma(\boldsymbol{\alpha}))=x_1\sigma(\boldsymbol{\alpha}_1)+x_2\sigma(\boldsymbol{\alpha}_2)+\cdots+x_r\sigma(\boldsymbol{\alpha}_r).$$

因此,$\sigma(\boldsymbol{\alpha}_1),\sigma(\boldsymbol{\alpha}_2),\cdots,\sigma(\boldsymbol{\alpha}_r)$是$\sigma^2(V)$的一个基.

(3)⇒(4). 显然.

(4)⇒(2). 由 rank σ^2 = rank σ 知,dim(ker σ^2) = dim(ker σ). 又 ker $\sigma\subseteq$ ker σ^2,故 ker σ=ker σ^2. 现任取$\boldsymbol{\beta}\in\sigma(V)\cap\sigma^{-1}(\mathbf{0})$,则$\sigma(\boldsymbol{\beta})=\mathbf{0}$,且存在$\boldsymbol{\alpha}\in V$使$\sigma(\boldsymbol{\alpha})=\boldsymbol{\beta}$. 所以$\sigma^2(\boldsymbol{\alpha})=\sigma(\boldsymbol{\beta})=\mathbf{0}$,即$\boldsymbol{\alpha}\in$ ker σ^2=ker σ,这就证得$\sigma(\boldsymbol{\alpha})=\mathbf{0}$,即$\boldsymbol{\beta}=\mathbf{0}$. 因此$\sigma(V)\cap\sigma^{-1}(\mathbf{0})=\{\mathbf{0}\}$.

(2)⇒(1). 利用维数公式即可得证.

【例 6.32】(中山大学,2008 年) 设V是数域F上的有限维线性空间,A,B为其上的两个线性变换,满足条件:$A^2=B^2=O$,以及$AB+BA=E$(恒同变换).

(1) 记 ker A,ker B 分别为A,B的核,证明:ker $A=A$(ker B),ker $B=B$(ker A),并且$V=$ ker $A\oplus$ker B;

(2) 证明V的维数是偶数;

(3) 若V的维数是 2,证明V有一个基使A,B在这个基下的矩阵分别为$\begin{pmatrix}0&1\\0&0\end{pmatrix}$和$\begin{pmatrix}0&0\\1&0\end{pmatrix}$.

【证】 (1) 任取$\boldsymbol{\alpha}\in A$(ker B),则存在$\boldsymbol{\beta}\in$ ker B,使$\boldsymbol{\alpha}=A(\boldsymbol{\beta})$,从而$A(\boldsymbol{\alpha})=A^2(\boldsymbol{\beta})=\mathbf{0}$,即$\boldsymbol{\alpha}\in$ ker A. 所以A(ker B)$\subseteq$ ker A. 反之,$\forall\boldsymbol{\alpha}\in$ ker A,由于$\boldsymbol{\alpha}=AB(\boldsymbol{\alpha})+BA(\boldsymbol{\alpha})=AB(\boldsymbol{\alpha})$,而$B(B(\boldsymbol{\alpha}))=B^2(\boldsymbol{\alpha})=\mathbf{0}$,所以$\boldsymbol{\alpha}\in A$(ker B),故 ker $A\subseteq A$(ker B). 这就证得 ker $A=A$(ker B).

同理可证:ker $B=B$(ker A).

又$\forall\boldsymbol{\alpha}\in V$,有$\boldsymbol{\alpha}=AB(\boldsymbol{\alpha})+BA(\boldsymbol{\alpha})$. 注意到$A(AB\boldsymbol{\alpha})=A^2B(\boldsymbol{\alpha})=\mathbf{0}$,且$B(BA\boldsymbol{\alpha})=B^2A(\boldsymbol{\alpha})=\mathbf{0}$,说明$AB(\boldsymbol{\alpha})\in$ ker A,且$BA(\boldsymbol{\alpha})\in$ ker B,所以V=ker A+ker B.

进一步,若$\boldsymbol{\alpha}\in$ ker $A\cap$ ker B,则$\boldsymbol{\alpha}=AB(\boldsymbol{\alpha})+BA(\boldsymbol{\alpha})=\mathbf{0}$,ker $A\cap$ ker $B=\{\mathbf{0}\}$. 因此$V=$ ker $A\oplus$ker B.

(2) 设 dim $V=n$. 因为 ker $A=A$(ker B)$\subseteq A(V)$,利用维数公式有 dim ker $A\leqslant$ dim$(A(V))=n-$dim ker A,所以 dim ker $A\leqslant\frac{n}{2}$. 同理可得 dim ker $B\leqslant\frac{n}{2}$. 又 dim ker A+dim ker B=dim $V=n$,于是有 dim ker A=dim ker $B=\frac{n}{2}$,表明V的维数n为偶数.

(3) 若 dim V=2,则由(2)知 dim ker A=dim ker B=1. 故存在$\boldsymbol{\varepsilon}_1\in$ ker A,且$\boldsymbol{\varepsilon}_1\neq\mathbf{0}$. 令$\boldsymbol{\varepsilon}_2=B(\boldsymbol{\varepsilon}_1)$,则$\boldsymbol{\varepsilon}_2\in$ ker B. 注意到 ker $A\cap$ker $B=\{\mathbf{0}\}$,可知$\boldsymbol{\varepsilon}_2\neq\mathbf{0}$,所以$\boldsymbol{\varepsilon}_1,\boldsymbol{\varepsilon}_2$构成$V$的一个基. 易知$A$,

B 在这个基下的矩阵分别为$\begin{pmatrix}0&1\\0&0\end{pmatrix}$和$\begin{pmatrix}0&0\\1&0\end{pmatrix}$.

【例 6.33】(华中科技大学,2004 年;北京邮电大学,2003 年)　设 σ,τ 是线性空间 V 的线性变换,且 $\sigma^2=\sigma,\tau^2=\tau$. 证明:$\ker\sigma=\ker\tau$ 当且仅当 $\sigma\tau=\sigma,\tau\sigma=\tau$,其中 $\ker\sigma$ 为 σ 的核.

【证】　必要性. 设 $\ker\sigma=\ker\tau$,任取 $\boldsymbol{\alpha}\in V$. 因为 $\sigma(\sigma(\boldsymbol{\alpha})-\boldsymbol{\alpha})=\mathbf{0}$,所以 $\tau(\sigma(\boldsymbol{\alpha})-\boldsymbol{\alpha})=\mathbf{0}$,即 $\tau\sigma(\boldsymbol{\alpha})=\tau(\boldsymbol{\alpha})$,故 $\tau\sigma=\tau$.

同理,$\forall\boldsymbol{\alpha}\in V$,因为 $\tau(\tau\boldsymbol{\alpha}-\boldsymbol{\alpha})=\mathbf{0}$,所以 $\sigma(\tau\boldsymbol{\alpha}-\boldsymbol{\alpha})=\mathbf{0}$,即 $\sigma\tau(\boldsymbol{\alpha})=\sigma(\boldsymbol{\alpha})$,故 $\sigma\tau=\sigma$.

充分性. $\forall\boldsymbol{\alpha}\in\ker\sigma$,则 $\sigma(\boldsymbol{\alpha})=\mathbf{0}$,从而 $\tau(\boldsymbol{\alpha})=\tau(\sigma(\boldsymbol{\alpha}))=\mathbf{0}$,即 $\boldsymbol{\alpha}\in\ker\tau$,所以 $\ker\sigma\subseteq\ker\tau$. 若 $\forall\boldsymbol{\alpha}\in\ker\tau$,则 $\tau\boldsymbol{\alpha}=\mathbf{0}$,从而 $\sigma(\boldsymbol{\alpha})=\sigma(\tau\boldsymbol{\alpha})=\mathbf{0}$,即 $\boldsymbol{\alpha}\in\ker\sigma$,故 $\ker\tau\subseteq\ker\sigma$. 因此 $\ker\tau=\ker\sigma$.

【注】　类似的试题:(**厦门大学,2008 年**)设 σ,τ 是 n 维线性空间 V 的线性变换,$\sigma^2=\sigma$,$\tau^2=\tau$. 证明:$\mathrm{Im}\,\sigma=\mathrm{Im}\,\tau$ 的充分必要条件是 $\sigma\tau=\tau,\tau\sigma=\sigma$.

【例 6.34】(中国科学技术大学,2014 年)　设$\mathbb{R}^{n\times n}$上的线性变换 $\mathscr{A}(\boldsymbol{X})=\boldsymbol{AXA}^{\mathrm{T}}$,其中 $\boldsymbol{A}$ 是 n 阶实方阵,$\operatorname{rank}\boldsymbol{A}=r$. 求 $\mathrm{Im}\,\mathscr{A}$ 的维数及其一组基.

【解】　因为 $\operatorname{rank}\boldsymbol{A}=r$,所以存在可逆矩阵 $\boldsymbol{P},\boldsymbol{Q}\in\mathbb{R}^{n\times n}$,使得 $\boldsymbol{A}=\boldsymbol{P}\begin{pmatrix}\boldsymbol{E}_r&\boldsymbol{O}\\\boldsymbol{O}&\boldsymbol{O}\end{pmatrix}\boldsymbol{Q}$,其中 $\boldsymbol{E}_r$ 为 r 阶单位矩阵. 令 $\boldsymbol{B}_{ij}=\boldsymbol{P}\begin{pmatrix}\boldsymbol{E}_{ij}&\boldsymbol{O}\\\boldsymbol{O}&\boldsymbol{O}\end{pmatrix}\boldsymbol{P}^{\mathrm{T}},\boldsymbol{X}_{ij}=\boldsymbol{Q}^{-1}\begin{pmatrix}\boldsymbol{E}_{ij}&\boldsymbol{O}\\\boldsymbol{O}&\boldsymbol{O}\end{pmatrix}(\boldsymbol{Q}^{\mathrm{T}})^{-1}$,其中 $\boldsymbol{E}_{ij}$ 表示(i,j)元为 1 其他元均为 0 的 r 阶方阵,$0\leqslant i,j\leqslant r$,则

$$\mathscr{A}(\boldsymbol{X}_{ij})=\boldsymbol{P}\begin{pmatrix}\boldsymbol{E}_r&\boldsymbol{O}\\\boldsymbol{O}&\boldsymbol{O}\end{pmatrix}\boldsymbol{Q}\boldsymbol{Q}^{-1}\begin{pmatrix}\boldsymbol{E}_{ij}&\boldsymbol{O}\\\boldsymbol{O}&\boldsymbol{O}\end{pmatrix}(\boldsymbol{Q}^{\mathrm{T}})^{-1}\boldsymbol{Q}^{\mathrm{T}}\begin{pmatrix}\boldsymbol{E}_r&\boldsymbol{O}\\\boldsymbol{O}&\boldsymbol{O}\end{pmatrix}\boldsymbol{P}^{\mathrm{T}}=\boldsymbol{B}_{ij},$$

所以 $\boldsymbol{B}_{ij}\in\mathrm{Im}\,\mathscr{A}$. 显然,$\{\boldsymbol{B}_{ij}:i,j=1,2,\cdots,r\}$是线性无关的. 下证:对任意 $\boldsymbol{Y}\in\mathrm{Im}\,\mathscr{A}$,都可由$\{\boldsymbol{B}_{ij}:i,j=1,2,\cdots,r\}$线性表示.

为此,设 $\boldsymbol{X}\in\mathbb{R}^{n\times n}$使得 $\mathscr{A}(\boldsymbol{X})=\boldsymbol{Y}$. 考虑$\mathbb{R}^{n\times n}$的基$\{\boldsymbol{Q}^{-1}\boldsymbol{E}_{ij}'(\boldsymbol{Q}^{\mathrm{T}})^{-1}:i,j=1,2,\cdots,n\}$,其中 $\boldsymbol{E}_{ij}'$ 表示(i,j)元为 1 其他元均为 0 的 n 阶方阵,令 $\boldsymbol{X}=\sum\limits_{i=1}^{n}\sum\limits_{j=1}^{n}x_{ij}\boldsymbol{Q}^{-1}\boldsymbol{E}_{ij}'(\boldsymbol{Q}^{\mathrm{T}})^{-1}$. 注意到 $1\leqslant i,j\leqslant r$ 时 $\boldsymbol{E}_{ij}'=\begin{pmatrix}\boldsymbol{E}_{ij}&\boldsymbol{O}\\\boldsymbol{O}&\boldsymbol{O}\end{pmatrix}$,而 $r+1\leqslant i\leqslant n$ 或 $r+1\leqslant j\leqslant n$ 时$\begin{pmatrix}\boldsymbol{E}_r&\boldsymbol{O}\\\boldsymbol{O}&\boldsymbol{O}\end{pmatrix}\boldsymbol{E}_{ij}'\begin{pmatrix}\boldsymbol{E}_r&\boldsymbol{O}\\\boldsymbol{O}&\boldsymbol{O}\end{pmatrix}=\boldsymbol{O}$,于是

$$\boldsymbol{Y}=\mathscr{A}(\boldsymbol{X})=\sum_{i=1}^{n}\sum_{j=1}^{n}x_{ij}\boldsymbol{P}\begin{pmatrix}\boldsymbol{E}_r&\boldsymbol{O}\\\boldsymbol{O}&\boldsymbol{O}\end{pmatrix}\boldsymbol{Q}\boldsymbol{Q}^{-1}\boldsymbol{E}_{ij}'(\boldsymbol{Q}^{\mathrm{T}})^{-1}\boldsymbol{Q}^{\mathrm{T}}\begin{pmatrix}\boldsymbol{E}_r&\boldsymbol{O}\\\boldsymbol{O}&\boldsymbol{O}\end{pmatrix}\boldsymbol{P}^{\mathrm{T}}=\sum_{i=1}^{r}\sum_{j=1}^{r}x_{ij}\boldsymbol{B}_{ij}.$$

因此,$\dim(\mathrm{Im}\,\mathscr{A})=r^2$,$\{\boldsymbol{B}_{ij}:i,j=1,2,\cdots,r\}$是 $\mathrm{Im}\,\mathscr{A}$ 的一组基.

【例 6.35】(江苏大学,2004 年)　设 $L(V_n)$表示数域 P 上 n 维线性空间 V 的所有线性变换构成的集合,$\mathscr{A}_1,\mathscr{A}_2\in L(V_n)$. 证明:$\mathscr{A}_1^{-1}(\mathbf{0})\subseteq\mathscr{A}_2^{-1}(\mathbf{0})\Leftrightarrow\exists\mathscr{A}_3\in L(V_n)$,使 $\mathscr{A}_2=\mathscr{A}_3\mathscr{A}_1$.

【证】　充分性. 设存在 $\mathscr{A}_3\in L(V_n)$使 $\mathscr{A}_2=\mathscr{A}_3\mathscr{A}_1$. $\forall\boldsymbol{\alpha}\in\mathscr{A}_1^{-1}(\mathbf{0})$,由于 $\mathscr{A}_1(\boldsymbol{\alpha})=\mathbf{0}$,所以 $\mathscr{A}_2(\boldsymbol{\alpha})=\mathscr{A}_3(\mathscr{A}_1(\boldsymbol{\alpha}))=\mathscr{A}_3(\mathbf{0})=\mathbf{0}$,即 $\boldsymbol{\alpha}\in\mathscr{A}_2^{-1}(\mathbf{0})$. 故 $\mathscr{A}_1^{-1}(\mathbf{0})\subseteq\mathscr{A}_2^{-1}(\mathbf{0})$.

必要性. 设 $\mathscr{A}_1^{-1}(\mathbf{0})\subseteq\mathscr{A}_2^{-1}(\mathbf{0})$，取 $\mathscr{A}_1^{-1}(\mathbf{0})$ 的一个基 $\boldsymbol{\alpha}_1,\boldsymbol{\alpha}_2,\cdots,\boldsymbol{\alpha}_r$，并扩充成 $\mathscr{A}_2^{-1}(\mathbf{0})$ 的一个基 $\boldsymbol{\alpha}_1,\cdots,\boldsymbol{\alpha}_r,\boldsymbol{\beta}_1,\cdots,\boldsymbol{\beta}_s$，再扩充成 V 的一个基 $\boldsymbol{\alpha}_1,\boldsymbol{\alpha}_2,\cdots,\boldsymbol{\alpha}_r,\boldsymbol{\beta}_1,\boldsymbol{\beta}_2,\cdots,\boldsymbol{\beta}_s,\boldsymbol{\eta}_1,\boldsymbol{\eta}_2,\cdots,\boldsymbol{\eta}_t$，其中 $r+s+t=n$.

易知，向量组 $\mathscr{A}_1\boldsymbol{\beta}_1,\mathscr{A}_1\boldsymbol{\beta}_2,\cdots,\mathscr{A}_1\boldsymbol{\beta}_s,\mathscr{A}_1\boldsymbol{\eta}_1,\mathscr{A}_1\boldsymbol{\eta}_2,\cdots,\mathscr{A}_1\boldsymbol{\eta}_t$ 线性无关，将其扩充为 V 的一个基：

$$\boldsymbol{\xi}_1,\boldsymbol{\xi}_2,\cdots,\boldsymbol{\xi}_r,\mathscr{A}_1\boldsymbol{\beta}_1,\mathscr{A}_1\boldsymbol{\beta}_2,\cdots,\mathscr{A}_1\boldsymbol{\beta}_s,\mathscr{A}_1\boldsymbol{\eta}_1,\mathscr{A}_1\boldsymbol{\eta}_2,\cdots,\mathscr{A}_1\boldsymbol{\eta}_t.$$

注意到线性变换由其在 V 的基下的像唯一确定，故可构造线性变换 $\mathscr{A}_3$，使得

$$\mathscr{A}_3(\boldsymbol{\xi}_i)=\mathbf{0},\ i=1,2,\cdots,r;\quad \mathscr{A}_3(\mathscr{A}_1(\boldsymbol{\beta}_j))=\mathbf{0},\ j=1,2,\cdots,s;$$
$$\mathscr{A}_3(\mathscr{A}_1(\boldsymbol{\eta}_k))=\mathscr{A}_2(\boldsymbol{\eta}_k),\ k=1,2,\cdots,t.$$

对于 V 的基 $\boldsymbol{\alpha}_1,\boldsymbol{\alpha}_2,\cdots,\boldsymbol{\alpha}_r,\boldsymbol{\beta}_1,\boldsymbol{\beta}_2,\cdots,\boldsymbol{\beta}_s,\boldsymbol{\eta}_1,\boldsymbol{\eta}_2,\cdots,\boldsymbol{\eta}_t$，经逐一验证：

$$\mathscr{A}_2(\boldsymbol{\alpha}_i)=\mathbf{0}=\mathscr{A}_3\mathscr{A}_1(\boldsymbol{\alpha}_i),\quad i=1,2,\cdots,r;$$
$$\mathscr{A}_2(\boldsymbol{\beta}_j)=\mathbf{0}=\mathscr{A}_3\mathscr{A}_1(\boldsymbol{\beta}_j),\quad j=1,2,\cdots,s;$$
$$\mathscr{A}_2(\boldsymbol{\eta}_k)=\mathscr{A}_3(\boldsymbol{\xi}_{r+s+k})=\mathscr{A}_3\mathscr{A}_1(\boldsymbol{\eta}_k),\quad k=1,2,\cdots,t.$$

于是，对任一 $\boldsymbol{x}\in V$，都有 $\mathscr{A}_2(\boldsymbol{x})=\mathscr{A}_3\mathscr{A}_1(\boldsymbol{x})$. 因此 $\mathscr{A}_2=\mathscr{A}_3\mathscr{A}_1$.

【注】 必要性的另一证法可参考下一题的方法 2.

【例 6.36】（清华大学，2001 年） 设 V_1,V_2,V_3 均为数域 F 上的有限维线性空间，$\varphi:V_1\to V_2$，$\psi:V_1\to V_3$ 是两个线性映射. 试给出 ψ 对 φ 可分解的充分必要条件，并加以证明.（“ψ 对 φ 可分解”是指存在线性映射 $\sigma:V_2\to V_3$，使得 $\psi=\sigma\varphi$ 为 φ 和 σ 的复合.）

【解】 ψ 对 φ 可分解的充分必要条件为 $\ker\varphi\subseteq\ker\psi$. 下面给予证明. 必要性. 若存在线性映射 $\sigma:V_2\to V_3$ 使 $\psi=\sigma\varphi$，则显然有 $\ker\varphi\subseteq\ker\psi$. 充分性. 这里给出两种证明方法.

（方法 1）设 $\ker\varphi\subseteq\ker\psi$，取 $\ker\varphi$ 的一个基 $\boldsymbol{\alpha}_1,\boldsymbol{\alpha}_2,\cdots,\boldsymbol{\alpha}_r$，并扩充为 $\ker\psi$ 的基 $\boldsymbol{\alpha}_1,\boldsymbol{\alpha}_2,\cdots,\boldsymbol{\alpha}_r,\boldsymbol{\beta}_1,\boldsymbol{\beta}_2,\cdots,\boldsymbol{\beta}_s$，再扩充为 V_1 的一个基 $\boldsymbol{\alpha}_1,\boldsymbol{\alpha}_2,\cdots,\boldsymbol{\alpha}_r,\boldsymbol{\beta}_1,\boldsymbol{\beta}_2,\cdots,\boldsymbol{\beta}_s,\boldsymbol{\gamma}_1,\boldsymbol{\gamma}_2,\cdots,\boldsymbol{\gamma}_t$. 不难证明：

$$\varphi(\boldsymbol{\beta}_1),\varphi(\boldsymbol{\beta}_2),\cdots,\varphi(\boldsymbol{\beta}_s),\varphi(\boldsymbol{\gamma}_1),\varphi(\boldsymbol{\gamma}_2),\cdots,\varphi(\boldsymbol{\gamma}_t)$$

是 $\operatorname{Im}\varphi$ 的基. 将其扩充为 V_2 的一个基 $\varphi(\boldsymbol{\beta}_1),\varphi(\boldsymbol{\beta}_2),\cdots,\varphi(\boldsymbol{\beta}_s),\varphi(\boldsymbol{\gamma}_1),\varphi(\boldsymbol{\gamma}_2),\cdots,\varphi(\boldsymbol{\gamma}_t)$，$\boldsymbol{\delta}_1,\boldsymbol{\delta}_2,\cdots,\boldsymbol{\delta}_l$.

现在，对任意 $\boldsymbol{\beta}\in V_2$，存在 $a_1,a_2,\cdots,a_s,b_1,b_2,\cdots,b_t,c_1,c_2,\cdots,c_l\in F$，使得

$$\boldsymbol{\beta}=\sum_{i=1}^{s}a_i\varphi(\boldsymbol{\beta}_i)+\sum_{j=1}^{t}b_j\varphi(\boldsymbol{\gamma}_j)+\sum_{k=1}^{l}c_k\boldsymbol{\delta}_k,$$

且表示法唯一. 令 $\sigma(\boldsymbol{\beta})=\sum\limits_{j=1}^{t}b_j\psi(\boldsymbol{\gamma}_j)$，则 $\sigma:V_2\to V_3$ 是线性映射，且满足 $\psi=\sigma\varphi$.

（方法 2）设 $\boldsymbol{\alpha}_1,\boldsymbol{\alpha}_2,\cdots,\boldsymbol{\alpha}_r$ 是 V_1 的基，$\boldsymbol{\beta}_1,\boldsymbol{\beta}_2,\cdots,\boldsymbol{\beta}_s$ 是 V_2 的基，$\boldsymbol{\gamma}_1,\boldsymbol{\gamma}_2,\cdots,\boldsymbol{\gamma}_t$ 是 V_3 的基，并设 φ,ψ 相应的矩阵分别为 $\boldsymbol{A},\boldsymbol{B}$，即

$$\varphi(\boldsymbol{\alpha}_1,\boldsymbol{\alpha}_2,\cdots,\boldsymbol{\alpha}_r)=(\boldsymbol{\beta}_1,\boldsymbol{\beta}_2,\cdots,\boldsymbol{\beta}_s)\boldsymbol{A}_{s\times r},$$
$$\psi(\boldsymbol{\alpha}_1,\boldsymbol{\alpha}_2,\cdots,\boldsymbol{\alpha}_r)=(\boldsymbol{\gamma}_1,\boldsymbol{\gamma}_2,\cdots,\boldsymbol{\gamma}_t)\boldsymbol{B}_{t\times r}.$$

由 $\ker\varphi\subseteq\ker\psi$ 可知 $\boldsymbol{Ax}=\mathbf{0}$ 的解是 $\boldsymbol{Bx}=\mathbf{0}$ 的解，所以 $\begin{pmatrix}\boldsymbol{A}\\\boldsymbol{B}\end{pmatrix}\boldsymbol{x}=\mathbf{0}$ 与 $\boldsymbol{Ax}=\mathbf{0}$ 同解，表明 $\operatorname{rank}\begin{pmatrix}\boldsymbol{A}\\\boldsymbol{B}\end{pmatrix}=\operatorname{rank}\boldsymbol{A}$，即 $\operatorname{rank}(\boldsymbol{A}^{\mathrm{T}},\boldsymbol{B}^{\mathrm{T}})=\operatorname{rank}\boldsymbol{A}^{\mathrm{T}}$，所以矩阵方程 $\boldsymbol{A}^{\mathrm{T}}\boldsymbol{X}=\boldsymbol{B}^{\mathrm{T}}$ 或 $\boldsymbol{XA}=\boldsymbol{B}$ 有解，故存在矩阵 $\boldsymbol{C}\in$

$M_{t,s}(f)$,使得 $\boldsymbol{B}=\boldsymbol{CA}$.

令 $\sigma:V_2\to V_3$ 满足 $\sigma(\boldsymbol{\beta}_1,\boldsymbol{\beta}_2,\cdots,\boldsymbol{\beta}_s)=(\boldsymbol{\gamma}_1,\boldsymbol{\gamma}_2,\cdots,\boldsymbol{\gamma}_t)\boldsymbol{C}$. 根据 $\boldsymbol{B}=\boldsymbol{CA}$ 及同构对应,有 $\psi=\sigma\varphi$.

【注】 本题与第 3 章例 3.99 本质上是同一个问题,分别对应其几何特征与代数刻画. 同理,第 3 章例 3.48 的几何表述为:

设 V,U 均为数域 F 上的有限维线性空间,$\varphi,\psi:V\to U$ 是两个线性映射,则 $\ker\varphi=\ker\psi$ 的充分必要条件是存在 U 的可逆线性变换 σ,使得 $\psi=\sigma\varphi$.

事实上,充分性显然,只需证必要性. 令 $\dim V=n,\dim U=m,\dim(\ker\varphi)=n-r$,取 $\ker\varphi=\ker\psi$ 的一个基 $\boldsymbol{\alpha}_{r+1},\cdots,\boldsymbol{\alpha}_n$,并扩充成 V 的一个基:$\boldsymbol{\alpha}_1,\cdots,\boldsymbol{\alpha}_r,\boldsymbol{\alpha}_{r+1},\cdots,\boldsymbol{\alpha}_n$. 易知 $\varphi(\boldsymbol{\alpha}_1)$, $\varphi(\boldsymbol{\alpha}_2),\cdots,\varphi(\boldsymbol{\alpha}_r)$ 与 $\psi(\boldsymbol{\alpha}_1),\psi(\boldsymbol{\alpha}_2),\cdots,\psi(\boldsymbol{\alpha}_r)$ 分别是 $\mathrm{Im}\,\varphi$ 与 $\mathrm{Im}\,\psi$ 的一个基,把它们扩充成 U 的两个不同的基:$\varphi(\boldsymbol{\alpha}_1),\varphi(\boldsymbol{\alpha}_2),\cdots,\varphi(\boldsymbol{\alpha}_r),\boldsymbol{\beta}_{r+1},\cdots,\boldsymbol{\beta}_m$ 与 $\psi(\boldsymbol{\alpha}_1),\psi(\boldsymbol{\alpha}_2),\cdots,\psi(\boldsymbol{\alpha}_r)$, $\boldsymbol{\xi}_{r+1},\cdots,\boldsymbol{\xi}_m$. 定义 U 的线性变换 σ 如下:

$$\sigma(\varphi(\boldsymbol{\alpha}_i))=\psi(\boldsymbol{\alpha}_i),i=1,2,\cdots,r;\quad \sigma(\boldsymbol{\beta}_j)=\psi(\boldsymbol{\xi}_j),j=r+1,\cdots,m.$$

因为 σ 把 U 的一个基映射为 U 的另一个基,所以 σ 是可逆的. 注意到 $\sigma(\varphi(\boldsymbol{\alpha}_j))=\boldsymbol{0}=\psi(\boldsymbol{\alpha}_j)$, $j=r+1,\cdots,n$,线性变换由其在 V 的基下的像唯一确定,因此 $\sigma\varphi=\psi$.

【例 6.37】(厦门大学,2009 年) 设 V,U,W 是有限维线性空间,$\varphi:V\to U,\psi:W\to U$ 是线性映射.

(1) 求证:存在线性映射 $\sigma:V\to W$ 使得 $\varphi=\psi\sigma$ 的充分必要条件是 $\mathrm{Im}\,\varphi\subseteq\mathrm{Im}\,\psi$;

(2) 设 $\dim V=\dim W$. 问在什么条件下,(1)中的 σ 可以取成同构映射? 并给出证明.

【解】 (1) 必要性显然,只证充分性. 任取 $\mathrm{Im}\,\varphi$ 的一个基$\boldsymbol{\beta}_1,\boldsymbol{\beta}_2,\cdots,\boldsymbol{\beta}_r$,则存在 $\boldsymbol{\alpha}_i\in V$,使得 $\varphi(\boldsymbol{\alpha}_i)=\boldsymbol{\beta}_i,i=1,2,\cdots,r$. 易知 $\boldsymbol{\alpha}_1,\boldsymbol{\alpha}_2,\cdots,\boldsymbol{\alpha}_r$ 线性无关,把它扩充成 V 的一个基 $\boldsymbol{\alpha}_1$, $\boldsymbol{\alpha}_2,\cdots,\boldsymbol{\alpha}_r,\boldsymbol{\alpha}_{r+1},\cdots,\boldsymbol{\alpha}_n$,这里 $n=\dim V$. 因为 $\varphi(\boldsymbol{\alpha}_i)\in\mathrm{Im}\,\varphi\subseteq\mathrm{Im}\,\psi$,所以存在 $\boldsymbol{\xi}_i\in W$,使得

$$\psi(\boldsymbol{\xi}_i)=\varphi(\boldsymbol{\alpha}_i),i=1,2,\cdots,n.$$

注意到 $\boldsymbol{\alpha}_1,\boldsymbol{\alpha}_2,\cdots,\boldsymbol{\alpha}_n$ 是 V 的基,可构造线性映射 $\sigma:V\to W$ 如下:

$$\sigma(\boldsymbol{\alpha}_i)=\boldsymbol{\xi}_i,i=1,2,\cdots,n.$$

显然,有

$$\psi\sigma(\boldsymbol{\alpha}_i)=\varphi(\boldsymbol{\alpha}_i),i=1,2,\cdots,n.$$

因此 $\varphi=\psi\sigma$.

(2) 设 $\dim V=\dim W$. 如果 $\mathrm{Im}\,\varphi=\mathrm{Im}\,\psi$,且 ψ 是可逆映射,那么 $\sigma:V\to W$ 可以取成同构映射. 事实上,此时再由 $\mathrm{Im}\,\psi\subseteq\mathrm{Im}\,\varphi$ 与(1)同理可证,存在线性映射 $\sigma_1:W\to V$,使得 $\psi=\varphi\sigma_1$,于是 $\psi=\psi\sigma\sigma_1$. 又由 ψ 可逆,所以 $\sigma\sigma_1=\varepsilon$(恒同映射),故 σ 是可逆线性映射,因而是同构映射.

【例 6.38】(上海大学,2007 年) 设 $f(x)=g(x)h(x)$,且 $g(x),h(x)\in P[x]$,其中 $P[x]$ 为数域 P 上的多项式环. 又设 σ 是数域 P 上 n 维线性空间 V 上的线性变换.

(1) 证明:若$(g(x),h(x))=1$,则 $\ker(f(\sigma))=\ker(g(\sigma))\oplus\ker(h(\sigma))$;(**兰州大学,2017 年**)

(2) 利用上述结论证明:$\sigma^3=\varepsilon$(恒等变换)$\Leftrightarrow\mathrm{rank}(\varepsilon-\sigma)+\mathrm{rank}(\varepsilon+\sigma+\sigma^2)=n$.

【证】 (1) 任取 $\boldsymbol{\alpha}\in\ker(g(\sigma))$,则 $g(\sigma)(\boldsymbol{\alpha})=\boldsymbol{0}$. 由于 $f(x)=g(x)h(x)$,所以

$$f(\sigma)(\boldsymbol{\alpha})=g(\sigma)h(\sigma)(\boldsymbol{\alpha})=\mathbf{0},$$

即 $\boldsymbol{\alpha}\in\ker(f(\sigma))$. 因此 $\ker(g(\sigma))\subseteq\ker(f(\sigma))$. 同理可证 $\ker(h(\sigma))\subseteq\ker(f(\sigma))$. 故

$$\ker(g(\sigma))+\ker(h(\sigma))\subseteq\ker(f(\sigma)).$$

又 $\forall\boldsymbol{\alpha}\in\ker(f(\sigma))$,则 $f(\sigma)(\boldsymbol{\alpha})=\mathbf{0}$. 由于 $(g(x),h(x))=1$,所以存在 $u(x),v(x)\in K[x]$,使

$$u(x)g(x)+v(x)h(x)=1,$$

$$u(\sigma)g(\sigma)+v(\sigma)h(\sigma)=\varepsilon(\text{恒等变换}).$$

于是,有

$$\boldsymbol{\alpha}=u(\sigma)g(\sigma)(\boldsymbol{\alpha})+v(\sigma)h(\sigma)(\boldsymbol{\alpha})=\boldsymbol{\alpha}_1+\boldsymbol{\alpha}_2, \quad ①$$

其中 $\boldsymbol{\alpha}_1=v(\sigma)h(\sigma)(\boldsymbol{\alpha}),\boldsymbol{\alpha}_2=u(\sigma)g(\sigma)(\boldsymbol{\alpha})$. 因为

$$g(\sigma)(\boldsymbol{\alpha}_1)=v(\sigma)(f(\sigma)(\boldsymbol{\alpha}))=\mathbf{0},\quad h(\sigma)(\boldsymbol{\alpha}_2)=u(\sigma)(f(\sigma)(\boldsymbol{\alpha}))=\mathbf{0},$$

所以 $\boldsymbol{\alpha}_1\in\ker(g(\sigma)),\boldsymbol{\alpha}_2\in\ker(h(\sigma))$,从而 $\boldsymbol{\alpha}\in\ker(g(\sigma))+\ker(h(\sigma))$. 这就证得

$$\ker(f(\sigma))=\ker(g(\sigma))+\ker(h(\sigma)).$$

进一步,$\forall\boldsymbol{\alpha}\in\ker(g(\sigma))\cap\ker(h(\sigma))$,则 $g(\sigma)(\boldsymbol{\alpha})=\mathbf{0},h(\sigma)(\boldsymbol{\alpha})=\mathbf{0}$. 根据①式得 $\boldsymbol{\alpha}=\mathbf{0}$. 所以

$$\ker(g(\sigma))\cap\ker(h(\sigma))=\{\mathbf{0}\}.$$

因此,有 $\ker(f(\sigma))=\ker(g(\sigma))\oplus\ker(h(\sigma))$.

(2) 注意到 $\operatorname{rank}\sigma=\dim(\operatorname{Im}\sigma)=n-\dim(\ker\sigma)$,因此,可等价地证明:$\sigma^3=\varepsilon$ 当且仅当

$$\dim(\ker(\varepsilon-\sigma))+\dim(\ker(\varepsilon+\sigma+\sigma^2))=n.$$

必要性. 取 $g(x)=1-x,h(x)=1+x+x^2$,则 $f(x)=g(x)h(x)=1-x^3$,且 $(g(x),h(x))=1$. 因为 $\sigma^3=\varepsilon$,所以 $f(\sigma)=0$,此时 $\ker(f(\sigma))=V$,利用(1)的结论即得所证.

充分性. 记 $W_1=\ker(\varepsilon-\sigma),W_2=\ker(\varepsilon+\sigma+\sigma^2)$,则 $\dim W_1+\dim W_2=n$. 由于 $(1-x,1+x+x^2)=1$,所以 $V=W_1\oplus W_2$. 任取 $\boldsymbol{\alpha}\in V$,存在 $\boldsymbol{\alpha}_1\in W_1,\boldsymbol{\alpha}_2\in W_2$,使 $\boldsymbol{\alpha}=\boldsymbol{\alpha}_1+\boldsymbol{\alpha}_2$,从而

$$(\varepsilon-\sigma^3)\boldsymbol{\alpha}=(\varepsilon+\sigma+\sigma^2)(\varepsilon-\sigma)\boldsymbol{\alpha}_1+(\varepsilon-\sigma)(\varepsilon+\sigma+\sigma^2)\boldsymbol{\alpha}_2=\mathbf{0}.$$

故 $\varepsilon-\sigma^3=0$,即 $\sigma^3=\varepsilon$.

【例 6.39】 设 T 为 n 维线性空间 V 的一个线性变换,且存在 V 的子空间 $V_1,V_2,\cdots,V_m$ 使 $T^{-1}(\mathbf{0})=V_1\cap V_2\cap\cdots\cap V_m$. 求证:存在 V 的线性变换 $T_1,T_2,\cdots,T_m$,使得 $T_1+T_2+\cdots+T_m=T$,且

$$V_i\subseteq T_i^{-1}(\mathbf{0}),\quad i=1,2,\cdots,m.$$

【证】 只考虑 $m=2$,一般情形可类似证明. 设 $\dim(T^{-1}(\mathbf{0}))=r,\dim V_1=s,\dim V_2=t$,任取 $T^{-1}(\mathbf{0})$ 的一个基 $\boldsymbol{\alpha}_1,\boldsymbol{\alpha}_2,\cdots,\boldsymbol{\alpha}_r$,分别扩充成 V_1 和 V_2 的基:

$$\boldsymbol{\alpha}_1,\cdots,\boldsymbol{\alpha}_r,\boldsymbol{\eta}_{r+1},\cdots,\boldsymbol{\eta}_s;\qquad \boldsymbol{\alpha}_1,\cdots,\boldsymbol{\alpha}_r,\boldsymbol{\xi}_{r+1},\cdots,\boldsymbol{\xi}_t.$$

可以证明:$\boldsymbol{\alpha}_1,\cdots,\boldsymbol{\alpha}_r,\boldsymbol{\eta}_{r+1},\cdots,\boldsymbol{\eta}_s,\boldsymbol{\xi}_{r+1},\cdots,\boldsymbol{\xi}_t$ 线性无关. 再将其扩充成 V 的基:

$$\boldsymbol{\alpha}_1,\cdots,\boldsymbol{\alpha}_r,\boldsymbol{\eta}_{r+1},\cdots,\boldsymbol{\eta}_s,\boldsymbol{\xi}_{r+1},\cdots,\boldsymbol{\xi}_t,\boldsymbol{\delta}_1,\cdots,\boldsymbol{\delta}_p,$$

其中 $s+t-r+p=n$. 现在,定义 V 的线性变换 T_1,T_2 如下:

$$T_1(\boldsymbol{\alpha}_i)=T_1(\boldsymbol{\eta}_j)=\mathbf{0},\quad T_1(\boldsymbol{\xi}_j)=T(\boldsymbol{\xi}_j),\quad T_1(\boldsymbol{\delta}_k)=\frac{1}{2}T(\boldsymbol{\delta}_k),$$

$$T_2(\boldsymbol{\alpha}_i)=T_2(\boldsymbol{\xi}_j)=\mathbf{0},\quad T_2(\boldsymbol{\eta}_j)=T(\boldsymbol{\eta}_j),\quad T_2(\boldsymbol{\delta}_k)=\frac{1}{2}T(\boldsymbol{\delta}_k).$$

容易验证：$T_1+T_2=T$，且 $V_i\subseteq T_i^{-1}(\mathbf{0})$，$i=1,2$.

【例 6.40】 设 W 是数域 P 上 n 维线性空间 V 的非零子空间，σ 是 V 的线性变换，$\sigma(W)$ 与 $\sigma^{-1}(W)$ 分别表示 W 中全体元素的像与原像构成的子空间. 证明：

(1) $\dim(\sigma(W))+\dim(\ker\sigma\cap W)=\dim W$；(**兰州大学，2008 年**)

(2) $\dim W\leqslant\dim(\sigma^{-1}(W))\leqslant\dim W+\dim(\ker\sigma)$.

【证】 (1) 令 $\dim W=s$，$\dim(\ker\sigma\cap W)=r$，取 $\ker\sigma\cap W$ 的一个基 $\boldsymbol{\alpha}_1,\boldsymbol{\alpha}_2,\cdots,\boldsymbol{\alpha}_r$，再扩充成 W 的一个基 $\boldsymbol{\alpha}_1,\boldsymbol{\alpha}_2,\cdots,\boldsymbol{\alpha}_r,\boldsymbol{\alpha}_{r+1},\cdots,\boldsymbol{\alpha}_s$，则

$$\sigma(W)=L(\sigma(\boldsymbol{\alpha}_1),\cdots,\sigma(\boldsymbol{\alpha}_r),\sigma(\boldsymbol{\alpha}_{r+1}),\cdots,\sigma(\boldsymbol{\alpha}_s))=L(\sigma(\boldsymbol{\alpha}_{r+1}),\cdots,\sigma(\boldsymbol{\alpha}_s)).$$

易证 $\sigma(\boldsymbol{\alpha}_{r+1}),\cdots,\sigma(\boldsymbol{\alpha}_s)$ 线性无关，所以 $\dim(\sigma(W))=s-r$，即得所证等式.

(2) 令 $W_1=\sigma^{-1}(W)$，则 $W=\sigma(W_1)$. 对子空间 W_1 利用(1)的结论，得

$$\dim(\sigma(W_1))\leqslant\dim(W_1)=\dim(\sigma(W_1))+\dim(\ker\sigma\cap W_1).$$

注意到 $\dim(\ker\sigma\cap W_1)\leqslant\dim(\ker\sigma)$，所以

$$\dim W\leqslant\dim(\sigma^{-1}(W))\leqslant\dim W+\dim(\ker\sigma).$$

【例 6.41】(北京科技大学，2002 年) 设 $\mathscr{A},\mathscr{B}$ 是有限维线性空间 V 的线性变换.

(1) 证明：$\dim((\mathscr{A}\mathscr{B})^{-1}(\mathbf{0}))\leqslant\dim(\mathscr{A}^{-1}(\mathbf{0}))+\dim(\mathscr{B}^{-1}(\mathbf{0}))$；(**山东师范大学，2015 年**)

(2) 问等式 $\dim((\mathscr{A}\mathscr{B})^{-1}(\mathbf{0}))=\dim((\mathscr{B}\mathscr{A})^{-1}(\mathbf{0}))$ 是否成立？为什么？

【解】 (1)（方法 1）设 $\dim V=n$，取 V 的一个基，线性变换 $\mathscr{A},\mathscr{B},\mathscr{A}\mathscr{B}$ 在这个基下的矩阵分别为 $\boldsymbol{A},\boldsymbol{B},\boldsymbol{AB}$，则

$$\dim(\mathscr{A}^{-1}(\mathbf{0}))=n-\dim(\mathscr{A}(V))=n-\operatorname{rank}\boldsymbol{A},$$
$$\dim(\mathscr{B}^{-1}(\mathbf{0}))=n-\dim(\mathscr{B}(V))=n-\operatorname{rank}\boldsymbol{B},$$
$$\dim(\mathscr{A}\mathscr{B})^{-1}(\mathbf{0}))=n-\dim((\mathscr{A}\mathscr{B})V)=n-\operatorname{rank}(\boldsymbol{AB}).$$

于是，欲证明的不等式转化为

$$\operatorname{rank}(\boldsymbol{AB})\geqslant\operatorname{rank}\boldsymbol{A}+\operatorname{rank}\boldsymbol{B}-n.$$

这是关于矩阵秩的 Sylvester 不等式，其证明见第 4 章.

（方法 2）设 $\dim V=n$，并设线性变换 $\mathscr{A},\mathscr{B},\mathscr{A}\mathscr{B}$ 的值域的维数分别为

$$\dim(\mathscr{A}(V))=r,\quad\dim(\mathscr{B}(V))=s,\quad\dim((\mathscr{A}\mathscr{B})(V))=t.$$

取 $\mathscr{B}(V)$ 的一个基 $\boldsymbol{\alpha}_1,\boldsymbol{\alpha}_2,\cdots,\boldsymbol{\alpha}_s$，扩充成 V 的一个基 $\boldsymbol{\alpha}_1,\boldsymbol{\alpha}_2,\cdots,\boldsymbol{\alpha}_s,\boldsymbol{\alpha}_{s+1},\cdots,\boldsymbol{\alpha}_n$，则

$$\mathscr{A}(V)=L(\mathscr{A}(\boldsymbol{\alpha}_1),\mathscr{A}(\boldsymbol{\alpha}_2),\cdots,\mathscr{A}(\boldsymbol{\alpha}_n)),$$

所以 $\operatorname{rank}(\mathscr{A}(\boldsymbol{\alpha}_1),\mathscr{A}(\boldsymbol{\alpha}_2),\cdots,\mathscr{A}(\boldsymbol{\alpha}_n))=r$. 注意到

$$(\mathscr{A}\mathscr{B})(V)=\mathscr{A}(\mathscr{B}(V))=L(\mathscr{A}(\boldsymbol{\alpha}_1),\mathscr{A}(\boldsymbol{\alpha}_2),\cdots,\mathscr{A}(\boldsymbol{\alpha}_s)),$$

且 $\mathscr{A}(\boldsymbol{\alpha}_1),\mathscr{A}(\boldsymbol{\alpha}_2),\cdots,\mathscr{A}(\boldsymbol{\alpha}_s)$ 的极大无关组含 t 个向量，又向量 $\mathscr{A}(\boldsymbol{\alpha}_{s+1})$，$\mathscr{A}(\boldsymbol{\alpha}_{s+2}),\cdots,\mathscr{A}(\boldsymbol{\alpha}_n)$ 的个数为 $n-s$，因此 $t+(n-s)\geqslant r$，即 $t\geqslant r+s-n$. 再由值域维数与核的维数之关系式，即得

$$\dim((\mathscr{A}\mathscr{B})^{-1}(\mathbf{0}))\leqslant\dim(\mathscr{A}^{-1}(\mathbf{0}))+\dim(\mathscr{B}^{-1}(\mathbf{0})).$$

（方法 3）因为

$$\dim((\mathscr{A}\mathscr{B})^{-1}(\mathbf{0}))+\dim((\mathscr{A}\mathscr{B})(V))=n,$$
$$\dim(\mathscr{B}^{-1}(\mathbf{0}))+\dim(\mathscr{B}(V))=n,$$

所以

$$\dim((\mathscr{A}\mathscr{B})^{-1}(\mathbf{0}))=\dim(\mathscr{B}^{-1}(\mathbf{0}))+\dim(\mathscr{B}(V))-\dim((\mathscr{A}\mathscr{B})(V)).$$

记 $\mathscr{B}(V)=W_0$，则 $(\mathscr{A}\mathscr{B})(V)=\mathscr{A}(W_0)$，且

$$\dim(\mathscr{B}(V))-\dim((\mathscr{A}\mathscr{B})(V))=\dim W_0-\dim(\mathscr{A}(W_0))\leqslant\dim(\mathscr{A}^{-1}(\mathbf{0})),$$

因此 $\dim((\mathscr{A}\mathscr{B})^{-1}(\mathbf{0}))\leqslant\dim(\mathscr{A}^{-1}(\mathbf{0}))+\dim(\mathscr{B}^{-1}(\mathbf{0}))$.

（2）等式 $\dim((\mathscr{A}\mathscr{B})^{-1}(\mathbf{0}))=\dim((\mathscr{B}\mathscr{A})^{-1}(\mathbf{0}))$ 不一定成立. 这是因为，如果沿用(1)的记号，那么 $\dim((\mathscr{A}\mathscr{B})^{-1}(\mathbf{0}))=\dim((\mathscr{B}\mathscr{A})^{-1}(\mathbf{0}))$ 当且仅当 $\operatorname{rank}(\boldsymbol{AB})=\operatorname{rank}(\boldsymbol{BA})$，而后者未必成立，故前者亦然. 下面举例说明之.

例如：考虑 $\boldsymbol{A}=\begin{pmatrix}1&0\\0&0\end{pmatrix}$，$\boldsymbol{B}=\begin{pmatrix}0&1\\0&0\end{pmatrix}$，则 $\boldsymbol{AB}=\begin{pmatrix}0&1\\0&0\end{pmatrix}$，$\boldsymbol{BA}=\begin{pmatrix}0&0\\0&0\end{pmatrix}$，故 $\operatorname{rank}(\boldsymbol{AB})=1$，但 $\operatorname{rank}(\boldsymbol{BA})=0$.

【例6.42】(厦门大学,2000年) 设 $\mathscr{A}$ 是 n 维线性空间 V 的线性变换，$\ker\mathscr{A}=\{\boldsymbol{\alpha}\in V\mid\mathscr{A}(\boldsymbol{\alpha})=\mathbf{0}\}$. 求证：存在自然数 r，使得 $\ker\mathscr{A}^r=\ker\mathscr{A}^{r+1}$，且对于任意自然数 s，均有 $\ker\mathscr{A}^r=\ker\mathscr{A}^{r+s}$.

【证】 先证第一个结论. 因为 $\ker\mathscr{A}\subseteq\ker\mathscr{A}^2\subseteq\cdots\subseteq\ker\mathscr{A}^k\subseteq\ker\mathscr{A}^{k+1}\subseteq\cdots$，所以

$$\dim(\ker\mathscr{A})\leqslant\dim(\ker\mathscr{A}^2)\leqslant\cdots\leqslant\dim(\ker\mathscr{A}^k)\leqslant\dim(\ker\mathscr{A}^{k+1})\leqslant\cdots.$$

注意到 $0\leqslant\dim(\ker\mathscr{A}^k)\leqslant n$，所以必存在自然数 r，使得 $\dim(\ker\mathscr{A}^r)=\dim(\ker\mathscr{A}^{r+1})$，从而有

$$\ker\mathscr{A}^r=\ker\mathscr{A}^{r+1}.$$

欲证第二个结论，对 s 用数学归纳法. 当 $s=1$ 时，即第一个结论. 假设 $s-1$ 时命题成立，即 $\ker\mathscr{A}^r=\ker\mathscr{A}^{r+(s-1)}$，再证 $\ker\mathscr{A}^r=\ker\mathscr{A}^{r+s}$，这只需证 $\ker\mathscr{A}^{r+s}\subseteq\ker\mathscr{A}^r$. 任取 $\boldsymbol{\alpha}\in\ker\mathscr{A}^{r+s}$，因为

$$\mathscr{A}^{r+(s-1)}(\mathscr{A}(\boldsymbol{\alpha}))=\mathscr{A}^{r+s}(\boldsymbol{\alpha})=\mathbf{0},$$

所以 $\mathscr{A}(\boldsymbol{\alpha})\in\ker\mathscr{A}^{r+(s-1)}=\ker\mathscr{A}^r$，从而 $\mathscr{A}^{r+1}(\boldsymbol{\alpha})=\mathbf{0}$. 因此 $\boldsymbol{\alpha}\in\ker\mathscr{A}^{r+1}=\ker\mathscr{A}^r$，$\ker\mathscr{A}^{r+s}\subseteq\ker\mathscr{A}^r$. 根据归纳法原理，这就证明了对于任意自然数 s，均有 $\ker\mathscr{A}^r=\ker\mathscr{A}^{r+s}$.

【例6.43】 设 V 是数域 P 上的 n 维线性空间，σ 是 V 的线性变换，记 $\sigma(V)$ 的一个基为 $\boldsymbol{\alpha}_1,\boldsymbol{\alpha}_2,\cdots,\boldsymbol{\alpha}_r$，其原像为 $\boldsymbol{\beta}_1,\boldsymbol{\beta}_2,\cdots,\boldsymbol{\beta}_r$. 试判断以下结论是否成立：

（1）$V=\sigma(V)\oplus\ker\sigma$；

（2）$V=L(\boldsymbol{\beta}_1,\boldsymbol{\beta}_2,\cdots,\boldsymbol{\beta}_r)\oplus\ker\sigma$.

若是，则给予证明；若否，则举一反例.

【解】 （1）不一定成立. 例如，设 $\boldsymbol{\eta}_1,\boldsymbol{\eta}_2$ 是2维线性空间 V 的基，定义 V 的线性变换为：

$$\sigma(\boldsymbol{\eta}_1,\boldsymbol{\eta}_2)=(\boldsymbol{\eta}_1,\boldsymbol{\eta}_2)\begin{pmatrix}0&0\\1&0\end{pmatrix},$$

则 $\sigma(V)=\ker\sigma=L(\boldsymbol{\eta}_2)$，所以 $V\neq\sigma(V)\oplus\ker\sigma$.

（2）结论成立，下面给予证明. 首先，由 $\boldsymbol{\alpha}_1,\boldsymbol{\alpha}_2,\cdots,\boldsymbol{\alpha}_r$ 线性无关，易知 $\boldsymbol{\beta}_1,\boldsymbol{\beta}_2,\cdots,\boldsymbol{\beta}_r$ 线性

无关. 注意到 $\dim(\ker\sigma)=n-\dim(\sigma(V))=n-r$,现任取 $\ker\sigma$ 的一个基 $\boldsymbol{\xi}_{r+1},\boldsymbol{\xi}_{r+2},\cdots,\boldsymbol{\xi}_n$,则 $\boldsymbol{\beta}_1,\boldsymbol{\beta}_2,\cdots,\boldsymbol{\beta}_r,\boldsymbol{\xi}_{r+1},\cdots,\boldsymbol{\xi}_n$ 线性无关. 事实上,设

$$x_1\boldsymbol{\beta}_1+x_2\boldsymbol{\beta}_2+\cdots+x_r\boldsymbol{\beta}_r+y_{r+1}\boldsymbol{\xi}_{r+1}+\cdots+y_n\boldsymbol{\xi}_n=\mathbf{0},$$

用 σ 作用于上式两边,并注意到 $\sigma(\boldsymbol{\xi}_i)=\mathbf{0}(i=r+1,r+2,\cdots,n)$,得

$$x_1\boldsymbol{\alpha}_1+x_2\boldsymbol{\alpha}_2+\cdots+x_r\boldsymbol{\alpha}_r=\mathbf{0}.$$

由 $\boldsymbol{\alpha}_1,\boldsymbol{\alpha}_2,\cdots,\boldsymbol{\alpha}_r$ 线性无关得 $x_1=x_2=\cdots=x_r=0$. 再由 $\boldsymbol{\xi}_{r+1},\cdots,\boldsymbol{\xi}_n$ 线性无关得 $y_{r+1}=\cdots=y_n=0$. 因此,$\boldsymbol{\beta}_1,\boldsymbol{\beta}_2,\cdots,\boldsymbol{\beta}_r,\boldsymbol{\xi}_{r+1},\cdots,\boldsymbol{\xi}_n$ 构成 V 的一个基,从而有

$$V=L(\boldsymbol{\beta}_1,\boldsymbol{\beta}_2,\cdots,\boldsymbol{\beta}_r,\boldsymbol{\xi}_{r+1},\cdots,\boldsymbol{\xi}_n)=L(\boldsymbol{\beta}_1,\boldsymbol{\beta}_2,\cdots,\boldsymbol{\beta}_r)\oplus\ker\sigma.$$

【例 6.44】(四川大学,1997 年) 设 V 为数域 P 上的 n 维线性空间,σ 是 V 的线性变换,且 $0<\dim(\sigma(V))=\dim(\sigma^2(V))<n$. 证明:

(1) $V=\sigma(V)\oplus\sigma^{-1}(\mathbf{0})$;

(2) 存在向量 $\boldsymbol{\alpha}\in V$,使得子空间 $W=(\sigma(V)+L(\boldsymbol{\alpha}))\cap(\sigma^{-1}(\mathbf{0})+L(\boldsymbol{\alpha}))$ 的维数大于 1,并求 W 的一个基.

【解】 (方法 1) (1) 因为 $\dim(\sigma^2(V))=\dim(\sigma(V))$,且 $\sigma^2(V)\subseteq\sigma(V)$,所以 $\sigma^2(V)=\sigma(V)$.

任取 $\boldsymbol{\alpha}\in V$,由于 $\sigma(\boldsymbol{\alpha})\in\sigma(V)=\sigma^2(V)$,所以存在 $\boldsymbol{\beta}\in V$,使 $\sigma(\boldsymbol{\alpha})=\sigma^2(\boldsymbol{\beta})$,从而 $\sigma(\boldsymbol{\alpha}-\sigma(\boldsymbol{\beta}))=\mathbf{0}$,即 $\boldsymbol{\alpha}-\sigma(\boldsymbol{\beta})\in\sigma^{-1}(\mathbf{0})$. 故 $\boldsymbol{\alpha}=\sigma(\boldsymbol{\beta})+(\boldsymbol{\alpha}-\sigma(\boldsymbol{\beta}))\in\sigma(V)+\sigma^{-1}(\mathbf{0})$. 因此 $V=\sigma(V)+\sigma^{-1}(\mathbf{0})$. 另一方面,因为

$$\dim(\sigma(V))+\dim(\sigma^{-1}(\mathbf{0}))=n=\dim V=\dim(\sigma(V)+\sigma^{-1}(\mathbf{0})),$$

所以 $V=\sigma(V)\oplus\sigma^{-1}(\mathbf{0})$.

(2) 因为 $0<\dim(\sigma(V))<n$,所以 $\dim(\sigma^{-1}(\mathbf{0}))>0$. 现分别取 $\boldsymbol{\beta}\in\sigma^{-1}(\mathbf{0}),\boldsymbol{\eta}\in\sigma(V)$,使得 $\boldsymbol{\beta}\neq\mathbf{0},\boldsymbol{\eta}\neq\mathbf{0}$. 令 $\boldsymbol{\alpha}=\boldsymbol{\beta}+\boldsymbol{\eta}$,并构造子空间

$$W=(\sigma(V)+L(\boldsymbol{\alpha}))\cap(\sigma^{-1}(\mathbf{0})+L(\boldsymbol{\alpha})).$$

显然,$\boldsymbol{\alpha}\in W$ 且 $\boldsymbol{\beta}=-\boldsymbol{\eta}+\boldsymbol{\alpha}\in W$. 容易验证 $\boldsymbol{\alpha},\boldsymbol{\beta}$ 线性无关,所以 $\dim W>1$. 又根据维数公式,得

$$\begin{aligned}\dim W&=\dim(\sigma(V)+L(\boldsymbol{\alpha}))+\dim(\sigma^{-1}(\mathbf{0})+L(\boldsymbol{\alpha}))-\dim V\\&\leqslant\dim(\sigma(V))+\dim(\sigma^{-1}(\mathbf{0}))+2-\dim V\\&=2,\end{aligned}$$

所以 $\dim W=2$,而 $\boldsymbol{\alpha},\boldsymbol{\beta}$ 是 W 的一个基.

(方法 2) (1) 根据题设,$0<\dim(\sigma(V))=\dim(\sigma^2(V))<n$,所以 $\sigma^{-1}(\mathbf{0})\neq\{\mathbf{0}\}$,且由 $\sigma^2(V)\subseteq\sigma(V)$ 可知 $\sigma^2(V)=\sigma(V)$. 取 $\sigma^{-1}(\mathbf{0})$ 的一个基 $\boldsymbol{\alpha}_1,\boldsymbol{\alpha}_2,\cdots,\boldsymbol{\alpha}_t$,并扩充成 V 的基 $\boldsymbol{\alpha}_1,\boldsymbol{\alpha}_2,\cdots,\boldsymbol{\alpha}_t,\boldsymbol{\alpha}_{t+1},\cdots,\boldsymbol{\alpha}_n$,则

$$\sigma^{-1}(\mathbf{0})=L(\boldsymbol{\alpha}_1,\boldsymbol{\alpha}_2,\cdots,\boldsymbol{\alpha}_t),\quad\sigma(V)=L(\sigma\boldsymbol{\alpha}_{t+1},\sigma\boldsymbol{\alpha}_{t+2},\cdots,\sigma\boldsymbol{\alpha}_n).$$

又 $\dim(\sigma(V))+\dim(\sigma^{-1}(\mathbf{0}))=n$,所以 $\dim(\sigma(V))=n-t$,且 $\sigma\boldsymbol{\alpha}_{t+1},\sigma\boldsymbol{\alpha}_{t+2},\cdots,\sigma\boldsymbol{\alpha}_n$ 线性无关. 因为

$$\sigma^2(V)=L(\sigma^2\boldsymbol{\alpha}_{t+1},\sigma^2\boldsymbol{\alpha}_{t+2},\cdots,\sigma^2\boldsymbol{\alpha}_n),$$

所以 $\sigma^2\boldsymbol{\alpha}_{t+1},\sigma^2\boldsymbol{\alpha}_{t+2},\cdots,\sigma^2\boldsymbol{\alpha}_n$ 也线性无关.

任取 $\boldsymbol{\xi}\in\sigma(V)\cap\sigma^{-1}(\mathbf{0})$,则 $\boldsymbol{\xi}=k_{t+1}\sigma\boldsymbol{\alpha}_{t+1}+k_{t+2}\sigma\boldsymbol{\alpha}_{t+2}+\cdots+k_n\sigma\boldsymbol{\alpha}_n$. 因为 $\sigma(\boldsymbol{\xi})=\mathbf{0}$,所以

$$k_{t+1}\sigma^2\boldsymbol{\alpha}_{t+1}+k_{t+2}\sigma^2\boldsymbol{\alpha}_{t+2}+\cdots+k_n\sigma^2\boldsymbol{\alpha}_n=\mathbf{0},$$

从而 $k_{t+1}=k_{t+2}=\cdots=k_n=0$. 故 $\boldsymbol{\xi}=\mathbf{0}$. 于是 $\sigma(V)\cap\sigma^{-1}(\mathbf{0})=\{\mathbf{0}\}$. 利用维数公式,得

$$\dim(\sigma(V)+\sigma^{-1}(\mathbf{0}))=\dim(\sigma(V))+\dim(\sigma^{-1}(\mathbf{0}))=n,$$

因此 $V=\sigma(V)\oplus\sigma^{-1}(\mathbf{0})$.

(2) 取 $\boldsymbol{\alpha}=\boldsymbol{\alpha}_1+\sigma(\boldsymbol{\alpha}_{t+1})$,并令 $U=L(\boldsymbol{\alpha},\boldsymbol{\alpha}_1)$,易知 $\boldsymbol{\alpha},\boldsymbol{\alpha}_1$ 是 U 的一个基,$\dim U=2$. 下证

$$U=W=(\sigma(V)+L(\boldsymbol{\alpha}))\cap(\sigma^{-1}(\mathbf{0})+L(\boldsymbol{\alpha})). \qquad ①$$

事实上,显然有 $\boldsymbol{\alpha},\boldsymbol{\alpha}_1\in W$,所以 $U\subseteq W$. 另一方面,注意到

$$(\sigma(V)+L(\boldsymbol{\alpha}))+(\sigma^{-1}(\mathbf{0})+L(\boldsymbol{\alpha}))=\sigma(V)+\sigma^{-1}(\mathbf{0})=V,$$

故由维数公式得

$$\dim W=\dim(\sigma(V)+L(\boldsymbol{\alpha}))+\dim(\sigma^{-1}(\mathbf{0})+L(\boldsymbol{\alpha}))-n\leqslant 2.$$

于是 $\dim U=\dim W=2$,从而 $U=W$. 这就证明了①式成立.

【例 6.45】 设 T 是数域 P 上 n 维线性空间 V 的线性变换,$\operatorname{rank}T^2=\operatorname{rank}T$. 证明:存在 V 的一个满秩变换 σ,使得 $T^2=\sigma T$.

【证】 任取 V 的一个基:$\boldsymbol{\alpha}_1,\boldsymbol{\alpha}_2,\cdots,\boldsymbol{\alpha}_n$,又设 $\operatorname{rank}T^2=\operatorname{rank}T=r$,即 $\dim(T^2(V))=\dim(T(V))=r$,不妨设 $T(\boldsymbol{\alpha}_1),T(\boldsymbol{\alpha}_2),\cdots,T(\boldsymbol{\alpha}_n)$ 的前 r 个向量线性无关,则 $T(V)=L(T(\boldsymbol{\alpha}_1),T(\boldsymbol{\alpha}_2),\cdots,T(\boldsymbol{\alpha}_n))=L(T(\boldsymbol{\alpha}_1),T(\boldsymbol{\alpha}_2),\cdots,T(\boldsymbol{\alpha}_r))$. 又

$$T^2(V)=T(T(V))=L(T^2(\boldsymbol{\alpha}_1),T^2(\boldsymbol{\alpha}_2),\cdots,T^2(\boldsymbol{\alpha}_r))\subseteq T(V),$$

所以 $T^2(V)=T(V)$,且 $T^2(\boldsymbol{\alpha}_1),T^2(\boldsymbol{\alpha}_2),\cdots,T^2(\boldsymbol{\alpha}_r)$ 线性无关.

现在,把 $T(\boldsymbol{\alpha}_1),T(\boldsymbol{\alpha}_2),\cdots,T(\boldsymbol{\alpha}_r)$ 扩充为 V 的一个基:$T(\boldsymbol{\alpha}_1),T(\boldsymbol{\alpha}_2),\cdots,T(\boldsymbol{\alpha}_r),\boldsymbol{\beta}_{r+1},\cdots,\boldsymbol{\beta}_n$;再把 $T^2(\boldsymbol{\alpha}_1),T^2(\boldsymbol{\alpha}_2),\cdots,T^2(\boldsymbol{\alpha}_r)$ 扩充为 V 的另一个基:$T^2(\boldsymbol{\alpha}_1),T^2(\boldsymbol{\alpha}_2),\cdots,T^2(\boldsymbol{\alpha}_r),\boldsymbol{\xi}_{r+1},\cdots,\boldsymbol{\xi}_n$. 定义 V 的变换 σ 如下:

$$\sigma(T(\boldsymbol{\alpha}_i))=T^2(\boldsymbol{\alpha}_i),\quad 1\leqslant i\leqslant r;$$
$$\sigma(\boldsymbol{\beta}_j)=\boldsymbol{\xi}_j,\quad r+1\leqslant j\leqslant n.$$

显然,σ 是 V 的满秩(可逆)变换(因为将 V 的一个基变换到另一个基). 任取 $\boldsymbol{\eta}\in V$,可令 $T(\boldsymbol{\eta})=\sum\limits_{k=1}^{r}x_kT(\boldsymbol{\alpha}_k)$,因为 $T^2(\boldsymbol{\eta})=T(T(\boldsymbol{\eta}))=\sum\limits_{k=1}^{r}x_kT^2(\boldsymbol{\alpha}_k)=\sum\limits_{k=1}^{r}x_k\sigma(T(\boldsymbol{\alpha}_k))=\sigma T(\boldsymbol{\eta})$,所以 $T^2=\sigma T$.

【例 6.46】(厦门大学,2018 年) 设 $\varphi_1,\varphi_2,\cdots,\varphi_m$ 是 n 维线性空间 V 的线性变换,满足 $\varphi_i^2=\varphi_i(1\leqslant i\leqslant m)$,且 $\varphi_i\varphi_j=0(i\neq j,1\leqslant i,j\leqslant m)$. 证明:

$$V=\operatorname{Im}\varphi_1\oplus\operatorname{Im}\varphi_2\oplus\cdots\oplus\operatorname{Im}\varphi_m\oplus\bigcap_{i=1}^{m}\ker\varphi_i.$$

【证】 记 $\sigma=\varphi_1+\varphi_2+\cdots+\varphi_m$,对任意 $\boldsymbol{\alpha}\in V$,有

$$\boldsymbol{\alpha}=\varphi_1(\boldsymbol{\alpha})+\varphi_2(\boldsymbol{\alpha})+\cdots+\varphi_m(\boldsymbol{\alpha})+(\varepsilon-\sigma)(\boldsymbol{\alpha}),$$

其中 ε 为恒同变换. 显然 $\varphi_i(\boldsymbol{\alpha})\in\operatorname{Im}\varphi_i,1\leqslant i\leqslant m$. 下证 $(\varepsilon-\sigma)(\boldsymbol{\alpha})\in\bigcap\limits_{i=1}^{m}\ker\varphi_i$. 事实上,据题设可知 $\varphi_i(\varepsilon-\sigma)=0$,所以 $(\varepsilon-\sigma)(\boldsymbol{\alpha})\in\ker\varphi_i$,从而 $(\varepsilon-\sigma)(\boldsymbol{\alpha})\in\bigcap\limits_{i=1}^{m}\ker\varphi_i$. 于是,得

$$V=\operatorname{Im}\varphi_1+\operatorname{Im}\varphi_2+\cdots+\operatorname{Im}\varphi_m+\bigcap_{i=1}^{m}\ker\varphi_i.$$

进一步，设$\boldsymbol{\beta}_1+\boldsymbol{\beta}_2+\cdots+\boldsymbol{\beta}_m+\boldsymbol{\beta}_0=\mathbf{0}$，其中$\boldsymbol{\beta}_0\in\bigcap\limits_{i=1}^{m}\ker\varphi_i$，$\boldsymbol{\beta}_i\in\operatorname{Im}\varphi_i$，则$\varphi_i(\boldsymbol{\beta}_0)=\mathbf{0}$，且存在$\boldsymbol{\alpha}_i\in V$使$\boldsymbol{\beta}_i=\varphi_i(\boldsymbol{\alpha}_i)$，$1\leqslant i\leqslant m$. 用$\varphi_i$作用于$\varphi_1\boldsymbol{\alpha}_1+\varphi_2\boldsymbol{\alpha}_2+\cdots+\varphi_m\boldsymbol{\alpha}_m+\boldsymbol{\beta}_0=\mathbf{0}$的两边，得

$$\varphi_i(\varphi_1\boldsymbol{\alpha}_1+\varphi_2\boldsymbol{\alpha}_2+\cdots+\varphi_m\boldsymbol{\alpha}_m+\boldsymbol{\beta}_0)=\varphi_i(\boldsymbol{\alpha}_i)=\boldsymbol{\beta}_i=\mathbf{0}(1\leqslant i\leqslant m).$$

从而有$\boldsymbol{\beta}_0=\mathbf{0}$，这就证明了$V$中零向量的分解是唯一的. 于是

$$V=\operatorname{Im}\varphi_1\oplus\operatorname{Im}\varphi_2\oplus\cdots\oplus\operatorname{Im}\varphi_m\oplus\bigcap_{i=1}^{m}\ker\varphi_i.$$

§6.3 特征值与特征向量

基本理论与要点提示

6.3.1 特征值与特征向量

(1) 设线性变换$\mathscr{A}\in\operatorname{End}_K(V)$. 如果存在数$\lambda_0\in K$及非零向量$\boldsymbol{\xi}\in V$使得$\mathscr{A}(\boldsymbol{\xi})=\lambda_0\boldsymbol{\xi}$，那么称$\lambda_0$是线性变换$\mathscr{A}$的一个特征值，称$\boldsymbol{\xi}$为$\mathscr{A}$的属于特征值$\lambda_0$的一个特征向量.

(2) 线性变换$\mathscr{A}\in\operatorname{End}_K(V)$的属于特征值$\lambda_0$的全部特征向量再添上零向量所成的集合是$V$的一个子空间，称为线性变换$\mathscr{A}$的属于特征值$\lambda_0$的特征子空间，记为$V_{\lambda_0}$.

(3) 设线性变换$\mathscr{A}\in\operatorname{End}_K(V)$在线性空间$V$的基$\boldsymbol{\alpha}_1,\boldsymbol{\alpha}_2,\cdots,\boldsymbol{\alpha}_n$下的矩阵为$\boldsymbol{A}$，向量$\boldsymbol{\xi}\in V$在这个基下的坐标为$\boldsymbol{X}=(x_1,x_2,\cdots,x_n)^{\mathrm{T}}\in K^n$，即$\boldsymbol{\xi}=(\boldsymbol{\alpha}_1,\boldsymbol{\alpha}_2,\cdots,\boldsymbol{\alpha}_n)\boldsymbol{X}$，则

a) λ_0是线性变换$\mathscr{A}$的特征值当且仅当λ_0是矩阵$\boldsymbol{A}$的特征值；

b) $\boldsymbol{\xi}$是线性变换$\mathscr{A}$的属于λ_0的特征向量当且仅当$\boldsymbol{X}$是矩阵$\boldsymbol{A}$的属于λ_0的特征向量；

c) 线性变换$\mathscr{A}$的特征多项式为

$$f(\lambda)=|\lambda\boldsymbol{E}-\boldsymbol{A}|=\lambda^n-a_1\lambda^{n-1}+\cdots+(-1)^{n-1}a_{n-1}\lambda+(-1)^n a_n,$$

其中$a_i\in K$为$\boldsymbol{A}$的所有i阶主子式之和，$i=1,2,\cdots,n$. 特别地，有$a_1=\operatorname{tr}\boldsymbol{A}$，$a_n=\det\boldsymbol{A}$.

6.3.2 若干重要结论

(1) 线性变换(或矩阵)的任一特征值的几何重数不超过其代数重数.

(2) 线性变换(或矩阵)的属于不同特征值的特征向量是线性无关的.

(3) 设n阶方阵$\boldsymbol{A}$的特征值为$\lambda_1,\lambda_2,\cdots,\lambda_n$，则$\det\boldsymbol{A}=\prod\limits_{i=1}^{n}\lambda_i$，$\operatorname{tr}\boldsymbol{A}=\sum\limits_{i=1}^{n}\lambda_i$.

(4) 矩阵可逆当且仅当其特征值都不等于零. 若λ是可逆矩阵$\boldsymbol{A}$的特征值，则$\dfrac{1}{\lambda}$是逆矩阵$\boldsymbol{A}^{-1}$的特征值.

(5) 设$\boldsymbol{A}\in M_{m,n}(K)$，$\boldsymbol{B}\in M_{n,m}(K)$，其中$m\geqslant n$，则$|\lambda\boldsymbol{E}_m-\boldsymbol{AB}|=\lambda^{m-n}|\lambda\boldsymbol{E}_n-\boldsymbol{BA}|$. 因此，矩阵$\boldsymbol{AB}$与$\boldsymbol{BA}$具有相同的非零特征值，且重数相同.

(6) 设多项式$\varphi(x)\in K[x]$. 如果λ_0是矩阵$\boldsymbol{A}$的特征值，则$\varphi(\lambda_0)$是$\varphi(\boldsymbol{A})$的特征值.

典型问题解析

【例 6.47】(浙江大学,2006 年) 设矩阵$\boldsymbol{A}=\begin{pmatrix}3&2&2\\2&3&2\\2&2&3\end{pmatrix}$，$\boldsymbol{P}=\begin{pmatrix}0&1&0\\1&0&1\\0&0&1\end{pmatrix}$，$\boldsymbol{B}=\boldsymbol{P}^{-1}\boldsymbol{A}^*\boldsymbol{P}$，求

$\boldsymbol{B}+2\boldsymbol{E}$ 的特征值与特征向量,其中 $\boldsymbol{A}^*$ 为 $\boldsymbol{A}$ 的伴随矩阵,$\boldsymbol{E}$ 为3阶单位矩阵.

【解】 设 $\boldsymbol{A}$ 的特征值为 λ,对应的特征向量为 $\boldsymbol{\xi}$,即 $\boldsymbol{A\xi}=\lambda\boldsymbol{\xi}$. 由于 $|\boldsymbol{A}|=7\neq0$,所以 $\lambda\neq0$. 于是有 $\boldsymbol{A}^*\boldsymbol{\xi}=\dfrac{|\boldsymbol{A}|}{\lambda}\boldsymbol{\xi}$, $(\boldsymbol{B}+2\boldsymbol{E})\boldsymbol{P}^{-1}\boldsymbol{\xi}=\left(\dfrac{|\boldsymbol{A}|}{\lambda}+2\right)\boldsymbol{P}^{-1}\boldsymbol{\xi}$. 这就是说,$\dfrac{|\boldsymbol{A}|}{\lambda}+2$ 是 $\boldsymbol{B}+2\boldsymbol{E}$ 的特征值,$\boldsymbol{P}^{-1}\boldsymbol{\xi}$ 为相应的特征向量.

易知,$\boldsymbol{A}$ 的特征值为 $\lambda_1=\lambda_2=1,\lambda_3=7$,属于 $\lambda_1=\lambda_2=1$ 的特征向量为 $\boldsymbol{\xi}_1=(-1,1,0)^{\mathrm{T}}$,$\boldsymbol{\xi}_2=(-1,0,1)^{\mathrm{T}}$,属于 $\lambda_3=7$ 的特征向量为 $\boldsymbol{\xi}_3=(1,1,1)^{\mathrm{T}}$.

因此,$\boldsymbol{B}+2\boldsymbol{E}$ 的三个特征值为9,9,3,属于特征值9的两个线性无关的特征向量为

$$\boldsymbol{P}^{-1}\boldsymbol{\xi}_1=(1,-1,0)^{\mathrm{T}},\quad \boldsymbol{P}^{-1}\boldsymbol{\xi}_2=(-1,-1,1)^{\mathrm{T}},$$

属于特征值3的线性无关的特征向量为 $\boldsymbol{P}^{-1}\boldsymbol{\xi}_3=(0,1,1)^{\mathrm{T}}$.

【注】 对于一般方阵 $\boldsymbol{A}$ 的伴随矩阵 $\boldsymbol{A}^*$ 的特征值,详见本章例6.74,例6.87的注.

【例6.48】(华中科技大学,2006年) 设 $\boldsymbol{A}$ 为 n 阶方阵,$\boldsymbol{A}$ 的各行与各列恰有一个非零元素且为1或-1. 证明:$\boldsymbol{A}$ 的特征值都是单位根.

【证】 据题设条件易知,$\boldsymbol{A}^{\mathrm{T}}\boldsymbol{A}=\boldsymbol{E}$,即 $\boldsymbol{A}$ 是一个正交矩阵.

设 λ 是 $\boldsymbol{A}$ 的任一特征值,$\boldsymbol{\xi}$ 是相应的特征向量,则 $\boldsymbol{A\xi}=\lambda\boldsymbol{\xi}$. 两边同时取共轭转置,再右乘向量 $\boldsymbol{A\xi}$,并注意到 $\boldsymbol{A}$ 是实矩阵,得

$$\overline{\boldsymbol{\xi}}^{\mathrm{T}}\boldsymbol{A}^{\mathrm{T}}\boldsymbol{A\xi}=\overline{\boldsymbol{\xi}}^{\mathrm{T}}\overline{\boldsymbol{A}}^{\mathrm{T}}\boldsymbol{A\xi}=\overline{\lambda}^{\mathrm{T}}\overline{\boldsymbol{\xi}}^{\mathrm{T}}\boldsymbol{A\xi},$$

即 $\overline{\boldsymbol{\xi}}^{\mathrm{T}}\boldsymbol{\xi}=\overline{\lambda}^{\mathrm{T}}\lambda\overline{\boldsymbol{\xi}}^{\mathrm{T}}\boldsymbol{\xi}$,或 $\|\boldsymbol{\xi}\|^2=|\lambda|^2\|\boldsymbol{\xi}\|^2$. 因为 $\|\boldsymbol{\xi}\|\neq0$,所以 $|\lambda|=1$,即 $\boldsymbol{A}$ 的特征值都是单位根.

【例6.49】(南京航空航天大学,2016年) 设矩阵 $\boldsymbol{A}=\begin{pmatrix}0&0&0&6\\1&0&0&b\\0&1&0&-5\\0&0&1&a\end{pmatrix}$,$\boldsymbol{E}$ 为四阶单位矩阵.

(1) 计算多项式 $f(x)=|x\boldsymbol{E}-\boldsymbol{A}|$;

(2) 若 x^2-x-2 能够整除 $f(x)$,求 a,b 的值;

(3) 若-1,2是 $\boldsymbol{A}$ 的两个特征值,求 $\boldsymbol{A}$ 的其余特征值.

【解】 (1) 显然,$\boldsymbol{A}$ 是多项式 $p(x)=x^4-ax^3+5x^2-bx-6$ 的友阵,而 $f(x)$ 是 $\boldsymbol{A}$ 的特征多项式,所以 $f(x)=p(x)$.(详见第7章例7.2.)

(2) 注意到 $x^2-x-2=(x+1)(x-2)$,故 $x^2-x-2\mid f(x)\Leftrightarrow f(-1)=f(2)=0$. 因此,有

$$\begin{cases}1+a+5+b-6=0,\\16-8a+20-2b-6=0.\end{cases}\quad 即\quad \begin{cases}a+b=0,\\4a+b=15.\end{cases}$$

解得 $a=5,b=-5$.

(3) 据题设及(2)的结果,$\boldsymbol{A}$ 的特征多项式 $f(x)=x^4-5x^3+5x^2+5x-6$. 现在,设 $\lambda_1=-1$,$\lambda_2=2$,而 λ_3,λ_4 是 $\boldsymbol{A}$ 的另外两个特征值,根据 Vieta 定理,有 $\sum\limits_{i=1}^{4}\lambda_i=5,\prod\limits_{i=1}^{4}\lambda_i=-6$,亦即 $\lambda_3+\lambda_4=4,\lambda_3\lambda_4=3$. 由此解得 $\lambda_{3,4}=1,3$.

【例6.50】(北京大学,2002年) 设正整数 $n\geqslant2$,用 $M_n(K)$ 表示数域 K 上全体 n 阶方阵

关于矩阵加法和数乘所构成的 K 上的线性空间. 在 $M_n(K)$ 中定义变换 σ 如下:

$$\sigma((a_{ij})_{n\times n})=(a'_{ij})_{n\times n},\quad \forall \boldsymbol{A}=(a_{ij})\in M_n(K),$$

其中

$$a'_{ij}=\begin{cases}a_{ij}, & i\neq j,\\ i\cdot \mathrm{tr}\,\boldsymbol{A}, & i=j.\end{cases}$$

(1) 证明 σ 是 $M_n(K)$ 上的线性变换;

(2) 求出 $\ker\sigma$ 的维数与一个基;

(3) 求出 σ 的全部特征子空间.

【解】 (1) 记 $\boldsymbol{E}_{ij}$ 是 (i,j) 元为 1 其余元均为 0 的 n 阶方阵,易知

$$\sigma(\boldsymbol{A})=\sum_{i\neq j}a_{ij}\boldsymbol{E}_{ij}+\sum_{i=1}^{n}i\cdot\mathrm{tr}\,(\boldsymbol{A})\boldsymbol{E}_{ii}.$$

对于任意 $\boldsymbol{A}=(a_{ij}),\boldsymbol{B}=(b_{ij})\in M_n(K),k\in K$,有

$$\sigma(\boldsymbol{A}+\boldsymbol{B})=\sum_{i\neq j}(a_{ij}+b_{ij})\boldsymbol{E}_{ij}+\sum_{i=1}^{n}i\cdot\mathrm{tr}(\boldsymbol{A}+\boldsymbol{B})\boldsymbol{E}_{ii}=\sigma(\boldsymbol{A})+\sigma(\boldsymbol{B}),$$

$$\sigma(k\boldsymbol{A})=\sum_{i\neq j}(ka_{ij})\boldsymbol{E}_{ij}+\sum_{i=1}^{n}i\cdot\mathrm{tr}(k\boldsymbol{A})\boldsymbol{E}_{ii}=k\sigma(\boldsymbol{A}),$$

所以 σ 是 $M_n(K)$ 上的线性变换.

(2) 令 $\sigma(\boldsymbol{A})=\sum\limits_{i\neq j}a_{ij}\boldsymbol{E}_{ij}+\sum\limits_{i=1}^{n}i\cdot\mathrm{tr}\,(\boldsymbol{A})\boldsymbol{E}_{ii}=\boldsymbol{O}$, 由于 $\boldsymbol{E}_{ij}(1\leqslant i,j\leqslant n)$ 线性无关,所以 $a_{ij}=0(i\neq j)$, $\mathrm{tr}\,(\boldsymbol{A})=0$. 因此 $\boldsymbol{A}=(a_{ij})\in\ker\sigma$ 当且仅当 $a_{ij}=0(i\neq j)$ 而 $(a_{11},a_{22},\cdots,a_{nn})$ 是方程

$$x_1+x_2+\cdots+x_n=0$$

的解. 于是有 $\dim(\ker\sigma)=n-1$, 且 $\boldsymbol{B}_i=\boldsymbol{E}_{11}-\boldsymbol{E}_{ii}(2\leqslant i\leqslant n)$ 是 $\ker\sigma$ 的一个基.

(3) 根据(2)的结果,知 0 是 σ 的特征值,且相应的特征子空间为 $V_0=L(\boldsymbol{B}_2,\boldsymbol{B}_3,\cdots,\boldsymbol{B}_n)$, $\dim V_0=n-1$;又注意到,当 $i\neq j$ 时, $\sigma(\boldsymbol{E}_{ij})=\boldsymbol{E}_{ij}$, 所以 1 是 σ 的一个特征值,且相应的特征子空间 $V_1=L(\boldsymbol{E}_{ij},i\neq j,i,j=1,2,\cdots,n)$, $\dim V_1=n^2-n$;此外,由于 $\sigma(\boldsymbol{E}_{ii})=\mathrm{diag}(1,2,\cdots,n)$, 所以

$$\sigma\Big(\sum_{i=1}^{n}i\boldsymbol{E}_{ii}\Big)=\frac{n(n+1)}{2}\sum_{i=1}^{n}i\boldsymbol{E}_{ii},$$

这表明 $\lambda=\dfrac{n(n+1)}{2}$ 是 σ 的一个特征值, $\sum\limits_{i=1}^{n}i\boldsymbol{E}_{ii}$ 是相应的特征向量,易知 $V_\lambda=L\Big(\sum\limits_{i=1}^{n}i\boldsymbol{E}_{ii}\Big)$.

综上所述, $0,1,\lambda=\dfrac{n(n+1)}{2}$ 是 σ 的全部特征值,而 V_0,V_1,V_λ 是 σ 的全部特征子空间.

【例 6.51】 求 $\begin{pmatrix}\boldsymbol{O} & \boldsymbol{J}_n\\ \boldsymbol{J}_n & \boldsymbol{O}\end{pmatrix}$ 的全部特征值以及 $2n$ 个线性无关的特征向量,其中 $\boldsymbol{J}_n$ 是每个元素均为 1 的 n 阶方阵.

【解】 先求 $\boldsymbol{J}_n$ 的特征值与特征向量. 易知 $\boldsymbol{J}_n$ 的特征值为 $\lambda_1=n,\lambda_2=0(n-1$ 重$)$.

对于 $\lambda_1=n$, 由 $(n\boldsymbol{E}-\boldsymbol{J}_n)\boldsymbol{x}=\boldsymbol{0}$ 可解得 $\boldsymbol{J}_n$ 的对应的线性无关的特征向量为

$$\boldsymbol{\xi}_1=(1,1,\cdots,1)^{\mathrm{T}}.$$

对于 $\lambda_2=0$，由 $(0\boldsymbol{E}-\boldsymbol{J}_n)\boldsymbol{x}=\boldsymbol{0}$ 可解得 $\boldsymbol{J}_n$ 的对应的线性无关的特征向量为

$$\begin{cases}\boldsymbol{\xi}_2=(-1,1,0,\cdots,0)^{\mathrm{T}},\\ \boldsymbol{\xi}_3=(-1,0,1,\cdots,0)^{\mathrm{T}},\\ \cdots\cdots\cdots\cdots\\ \boldsymbol{\xi}_n=(-1,0,\cdots,0,1)^{\mathrm{T}}.\end{cases}$$

现在，求 $\boldsymbol{A}=\begin{pmatrix}\boldsymbol{O}&\boldsymbol{J}_n\\ \boldsymbol{J}_n&\boldsymbol{O}\end{pmatrix}$ 的特征值与特征向量. 令 $\boldsymbol{\eta}_{2k-1}=\begin{pmatrix}\boldsymbol{\xi}_k\\ \boldsymbol{\xi}_k\end{pmatrix}$，$\boldsymbol{\eta}_{2k}=\begin{pmatrix}\boldsymbol{\xi}_k\\ -\boldsymbol{\xi}_k\end{pmatrix}$，$k=1,2,\cdots,n$，则

$$\boldsymbol{A}\boldsymbol{\eta}_1=\begin{pmatrix}\boldsymbol{O}&\boldsymbol{J}_n\\ \boldsymbol{J}_n&\boldsymbol{O}\end{pmatrix}\begin{pmatrix}\boldsymbol{\xi}_1\\ \boldsymbol{\xi}_1\end{pmatrix}=\begin{pmatrix}n\boldsymbol{\xi}_1\\ n\boldsymbol{\xi}_1\end{pmatrix}=n\boldsymbol{\eta}_1,$$

$$\boldsymbol{A}\boldsymbol{\eta}_2=\begin{pmatrix}\boldsymbol{O}&\boldsymbol{J}_n\\ \boldsymbol{J}_n&\boldsymbol{O}\end{pmatrix}\begin{pmatrix}\boldsymbol{\xi}_1\\ -\boldsymbol{\xi}_1\end{pmatrix}=\begin{pmatrix}-n\boldsymbol{\xi}_1\\ n\boldsymbol{\xi}_1\end{pmatrix}=-n\boldsymbol{\eta}_2,$$

$$\left.\begin{aligned}\boldsymbol{A}\boldsymbol{\eta}_{2k-1}&=\begin{pmatrix}\boldsymbol{O}&\boldsymbol{J}_n\\ \boldsymbol{J}_n&\boldsymbol{O}\end{pmatrix}\begin{pmatrix}\boldsymbol{\xi}_k\\ \boldsymbol{\xi}_k\end{pmatrix}=\boldsymbol{0},\\ \boldsymbol{A}\boldsymbol{\eta}_{2k}&=\begin{pmatrix}\boldsymbol{O}&\boldsymbol{J}_n\\ \boldsymbol{J}_n&\boldsymbol{O}\end{pmatrix}\begin{pmatrix}\boldsymbol{\xi}_k\\ -\boldsymbol{\xi}_k\end{pmatrix}=\boldsymbol{0}\end{aligned}\right.\quad(2\leqslant k\leqslant n).$$

容易验证，$\boldsymbol{\eta}_1,\boldsymbol{\eta}_2,\cdots,\boldsymbol{\eta}_{2n}$ 是线性无关的. 因此，$\begin{pmatrix}\boldsymbol{O}&\boldsymbol{J}_n\\ \boldsymbol{J}_n&\boldsymbol{O}\end{pmatrix}$ 的全部特征值为 $n,-n,0(2n-2$ 重) 及 $2n$ 个线性无关的特征向量为 $\boldsymbol{\eta}_1,\boldsymbol{\eta}_2,\cdots,\boldsymbol{\eta}_{2n}$.

【例 6.52】(华东师范大学,2001 年)　已知 $\boldsymbol{A}_1,\boldsymbol{A}_2,\boldsymbol{A}_3$ 都是非零的 3 阶方阵，且 $\boldsymbol{A}_i^2=\boldsymbol{A}_i(i=1,2,3)$，$\boldsymbol{A}_i\boldsymbol{A}_j=\boldsymbol{O}(i\neq j)$. 证明：

(1) $\boldsymbol{A}_1,\boldsymbol{A}_2,\boldsymbol{A}_3$ 都有且仅有特征值 1 和 0；

(2) $\boldsymbol{A}_i$ 的属于特征值 1 的特征向量是 $\boldsymbol{A}_j$ 的属于特征值 0 的特征向量 $(i\neq j)$；

(3) 若 $\boldsymbol{X}_1,\boldsymbol{X}_2,\boldsymbol{X}_3$ 分别是 $\boldsymbol{A}_1,\boldsymbol{A}_2,\boldsymbol{A}_3$ 的属于特征值 1 的特征向量，则 $\boldsymbol{X}_1,\boldsymbol{X}_2,\boldsymbol{X}_3$ 线性无关.

【分析】　求矩阵的特征值，一般有两种方法：一是求解特征方程 $|\lambda\boldsymbol{E}-\boldsymbol{A}|=0$；二是根据定义，满足 $\boldsymbol{A}\boldsymbol{\xi}=\lambda\boldsymbol{\xi}$ 且 $\boldsymbol{\xi}\neq\boldsymbol{0}$ 的 λ 即是 $\boldsymbol{A}$ 的特征值. 对于元素是具体数值的矩阵，通常采用方法一，而对于抽象矩阵的处理，则往往利用方法二.

【证】　(1) 由 $\boldsymbol{A}_i^2=\boldsymbol{A}_i$ 可知 $\boldsymbol{A}_i$ 的特征值 λ 必满足 $\lambda^2=\lambda$，故 $\lambda=1$ 或 0.

下证 $\lambda=1$ 与 0 都是 $\boldsymbol{A}_i$ 的特征值. 因为 $(\boldsymbol{E}-\boldsymbol{A}_i)\boldsymbol{A}_i=\boldsymbol{O}$，$\boldsymbol{A}_i\neq\boldsymbol{O}$，所以 $|\boldsymbol{E}-\boldsymbol{A}_i|=0$，若不然，则 $\boldsymbol{E}-\boldsymbol{A}_i$ 可逆，得 $\boldsymbol{A}_i=\boldsymbol{O}$，矛盾. 故 $\lambda=1$ 是 $\boldsymbol{A}_i$ 的特征值.

又 $\boldsymbol{A}_i\boldsymbol{A}_j=\boldsymbol{O}$，$\boldsymbol{A}_j\neq\boldsymbol{O}(i\neq j)$，知 $|\boldsymbol{A}_i|=0$，因若不然，则 $\boldsymbol{A}_i$ 可逆，得 $\boldsymbol{A}_j=\boldsymbol{O}$，矛盾. 故 $\lambda=0$ 是 $\boldsymbol{A}_i$ 的特征值.

(2) 设 $\boldsymbol{\xi}\neq\boldsymbol{0}$ 是 $\boldsymbol{A}_i$ 的属于特征值 1 的特征向量，则 $\boldsymbol{A}_i\boldsymbol{\xi}=\boldsymbol{\xi}$. 两端左乘 $\boldsymbol{A}_j(j\neq i)$，得

$$(\boldsymbol{A}_j\boldsymbol{A}_i)\boldsymbol{\xi}=\boldsymbol{A}_j(\boldsymbol{A}_i\boldsymbol{\xi})=\boldsymbol{A}_j\boldsymbol{\xi}.$$

由 $\boldsymbol{A}_j\boldsymbol{A}_i=\boldsymbol{O}$ 有 $\boldsymbol{A}_j\boldsymbol{\xi}=\boldsymbol{0}$，即 $\boldsymbol{\xi}$ 是 $\boldsymbol{A}_j$ 的属于特征值 0 的特征向量.

(3) 设 $k_1\boldsymbol{X}_1+k_2\boldsymbol{X}_2+k_3\boldsymbol{X}_3=\boldsymbol{0}$，两端左乘 $\boldsymbol{A}_1$，得 $k_1\boldsymbol{A}_1\boldsymbol{X}_1+k_2\boldsymbol{A}_1\boldsymbol{X}_2+k_3\boldsymbol{A}_1\boldsymbol{X}_3=\boldsymbol{0}$. 据题设，有

$A_1X_1=X_1, A_1X_2=\mathbf{0}, A_1X_3=\mathbf{0}$，所以 $k_1X_1=\mathbf{0}$. 而 $X_1\neq\mathbf{0}$，故 $k_1=0$. 同理 $k_2=0, k_3=0$. 因此 X_1，X_2，X_3 线性无关.

【例 6.53】(浙江大学,1999 年;北京师范大学,2014 年)　设 n 阶方阵 $A=(a_{ij})$ 满足条件:

(Ⅰ) $0\leqslant a_{ij}\leqslant 1$, $\forall i,j=1,2,\cdots,n$;

(Ⅱ) $a_{i1}+a_{i2}+\cdots+a_{in}=1\ (i=1,2,\cdots,n)$.

求证:

(1) $\lambda_0=1$ 为 A 的一个特征值;

(2) 对于 A 的每一个特征值 λ，都有 $|\lambda|\leqslant 1$.

【证】　(1) 根据题设条件(Ⅱ)，易知

$$\begin{pmatrix} a_{11} & a_{12} & \cdots & a_{1n} \\ a_{21} & a_{22} & \cdots & a_{2n} \\ \vdots & \vdots & & \vdots \\ a_{n1} & a_{n2} & \cdots & a_{nn} \end{pmatrix}\begin{pmatrix} 1 \\ 1 \\ \vdots \\ 1 \end{pmatrix}=\begin{pmatrix} 1 \\ 1 \\ \vdots \\ 1 \end{pmatrix}.$$

对于 $\lambda_0=1$，取 $\boldsymbol{\eta}=(1,1,\cdots,1)^{\mathrm{T}}$，则上式即 $A\boldsymbol{\eta}=\lambda_0\boldsymbol{\eta}$，所以 $\lambda_0=1$ 为 A 的一个特征值.

(2) 用反证法. 假设 $A=(a_{ij})$ 的某个特征值 μ_0，使 $|\mu_0|>1$，令 $\boldsymbol{\xi}=(b_1,b_2,\cdots,b_n)^{\mathrm{T}}\neq\mathbf{0}$ 是 A 的属于 μ_0 的特征向量，并设

$$|b_k|=\max\{|b_1|,|b_2|,\cdots,|b_n|\},$$

则 $|b_k|>0$. 考虑 $A\boldsymbol{\xi}=\mu_0\boldsymbol{\xi}$ 的第 k 个等式，即 $\sum\limits_{j=1}^{n}a_{kj}b_j=\mu_0b_k$. 根据题设条件(Ⅰ)，有

$$|b_k|<|\mu_0||b_k|=|\mu_0b_k|\leqslant\sum_{j=1}^{n}a_{kj}|b_j|\leqslant|b_k|\sum_{j=1}^{n}a_{kj}=|b_k|,$$

矛盾. 因此，对于 A 的每一个特征值 λ，都有 $|\lambda|\leqslant 1$.

【注】　称满足条件(Ⅰ)和(Ⅱ)的方阵为概率矩阵或随机矩阵. 类似的见本章例 6.78.

【例 6.54】(深圳大学,2013 年;北京交通大学,2016 年)　设矩阵 $A=\begin{pmatrix} a & -1 & c \\ 5 & b & 3 \\ 1-c & 0 & -a \end{pmatrix}$，行列式 $|A|=-1$，又 A 的伴随矩阵 A^* 有一个特征值 λ_0，属于 λ_0 的一个特征向量为 $\boldsymbol{\alpha}=(-1,-1,1)^{\mathrm{T}}$. 求 a,b,c 及 λ_0 的值.

【解】　因为 $AA^*=|A|E=-E$，$A^*\boldsymbol{\alpha}=\lambda_0\boldsymbol{\alpha}$，两边左乘 A，得 $\lambda_0A\boldsymbol{\alpha}=-\boldsymbol{\alpha}$. 即

$$\lambda_0\begin{pmatrix} a & -1 & c \\ 5 & b & 3 \\ 1-c & 0 & -a \end{pmatrix}\begin{pmatrix} -1 \\ -1 \\ 1 \end{pmatrix}=\begin{pmatrix} 1 \\ 1 \\ -1 \end{pmatrix}.$$

由此得

$$\begin{cases} \lambda_0(-a+1+c)=1. & ① \\ \lambda_0(-5-b+3)=1. & ② \\ \lambda_0(-1+c-a)=-1. & ③ \end{cases}$$

由①式和③式解得 $\lambda_0=1$. 代入②式和①式,得 $a=c$, $b=-3$.

由 $|A|=-1$, $a=c$ 和 $b=-3$, 有

$$\begin{vmatrix} a & -1 & c \\ 5 & b & 3 \\ 1-c & 0 & -a \end{vmatrix} = \begin{vmatrix} a & -1 & a \\ 5 & -3 & 3 \\ 1-a & 0 & -a \end{vmatrix} = a-3=-1,$$

故 $a=c=2$. 综合上述,得 $a=2, b=-3, c=2$, $\lambda_0=1$.

【例 6.55】(西安交通大学,2011 年) 设 $\boldsymbol{A},\boldsymbol{B}$ 为 2 阶实方阵,满足 $\boldsymbol{A}^2+\boldsymbol{B}^2=\boldsymbol{O}$. 求证:

$$\det(\boldsymbol{AB}-\boldsymbol{BA})\leqslant 0.$$

【证】 记 $\mathrm{i}=\sqrt{-1}$ 为虚数单位,注意到

$$(\boldsymbol{A}+\mathrm{i}\boldsymbol{B})(\boldsymbol{A}-\mathrm{i}\boldsymbol{B})=\boldsymbol{A}^2+\boldsymbol{B}^2-\mathrm{i}(\boldsymbol{AB}-\boldsymbol{BA}),$$

及题设条件,所以

$$\det(\boldsymbol{AB}-\boldsymbol{BA})=-\det(\boldsymbol{A}+\mathrm{i}\boldsymbol{B})\det(\boldsymbol{A}-\mathrm{i}\boldsymbol{B}). \qquad ①$$

设 λ_1,λ_2 是 $\boldsymbol{A}+\mathrm{i}\boldsymbol{B}$ 的特征值,则 $\overline{\lambda_1},\overline{\lambda_2}$ 是 $\boldsymbol{A}-\mathrm{i}\boldsymbol{B}$ 的特征值,因此

$$\det(\boldsymbol{AB}-\boldsymbol{BA})=-\lambda_1\lambda_2\overline{\lambda_1}\overline{\lambda_2}=-|\lambda_1\lambda_2|^2\leqslant 0.$$

【注】 本题可不用矩阵特征值求解. 事实上,注意到 $\boldsymbol{A},\boldsymbol{B}$ 为实方阵,直接由①式即得

$$\det(\boldsymbol{AB}-\boldsymbol{BA})=-|\det(\boldsymbol{A}+\mathrm{i}\boldsymbol{B})|^2\leqslant 0.$$

【例 6.56】(武汉大学,2006 年) 已知 3 阶方阵 $\boldsymbol{A}$ 满足 $|\boldsymbol{A}-\boldsymbol{E}|=|\boldsymbol{A}-2\boldsymbol{E}|=|\boldsymbol{A}+\boldsymbol{E}|=\lambda$.

(1) 当 $\lambda=0$ 时,求行列式 $|\boldsymbol{A}+3\boldsymbol{E}|$ 的值;

(2) 当 $\lambda=2$ 时,求行列式 $|\boldsymbol{A}+3\boldsymbol{E}|$ 的值.

【解】 (1)当 $\lambda=0$ 时,由题设知 $\boldsymbol{A}$ 的特征值为 $1,2,-1$,所以 $\boldsymbol{A}+3\boldsymbol{E}$ 的特征值为 $4,5,2$,故

$$|\boldsymbol{A}+3\boldsymbol{E}|=4\times5\times2=40.$$

(2) 当 $\lambda=2$ 时,设 $f(\lambda)=|\lambda\boldsymbol{E}-\boldsymbol{A}|$ 是 $\boldsymbol{A}$ 的特征多项式,$p(\lambda)=f(\lambda)+2$,则

$$p(1)=f(1)+2=|\boldsymbol{E}-\boldsymbol{A}|+2=0,$$
$$p(2)=f(2)+2=|2\boldsymbol{E}-\boldsymbol{A}|+2=0,$$
$$p(-1)=f(-1)+2=|-\boldsymbol{E}-\boldsymbol{A}|+2=0.$$

由此可知 $p(\lambda)=(\lambda-1)(\lambda-2)(\lambda+1)$,因此

$$|\boldsymbol{A}+3\boldsymbol{E}|=-f(-3)=-p(-3)+2=42.$$

【注】 可求出 $f(\lambda)=p(\lambda)-2=\lambda(\lambda^2-2\lambda-1)$,解得 $\boldsymbol{A}$ 的特征值为 $0,1+\sqrt{2},1-\sqrt{2}$,所以 $\boldsymbol{A}+3\boldsymbol{E}$ 的特征值为 $3,4+\sqrt{2},4-\sqrt{2}$,故

$$|\boldsymbol{A}+3\boldsymbol{E}|=3(4+\sqrt{2})(4-\sqrt{2})=42.$$

【例 6.57】(中国科学院大学,2012 年) 已知 n 阶方阵

$$\boldsymbol{A}=\begin{pmatrix} a_1^2 & a_1a_2+1 & \cdots & a_1a_n+1 \\ a_2a_1+1 & a_2^2 & \cdots & a_2a_n+1 \\ \vdots & \vdots & & \vdots \\ a_na_1+1 & a_na_2+1 & \cdots & a_n^2 \end{pmatrix},$$

其中 $\sum_{i=1}^{n} a_i = 1, \sum_{i=1}^{n} a_i^2 = n$. (1)求 $\boldsymbol{A}$ 的全部特征值;(2)求 $\boldsymbol{A}$ 的行列式 $\det \boldsymbol{A}$ 和迹 $\mathrm{tr}\, \boldsymbol{A}$.

【解】 (1)只考虑 $n \geqslant 2$. 注意到 $\boldsymbol{A}=\boldsymbol{B}^{\mathrm{T}}\boldsymbol{B}-\boldsymbol{E}$,其中 $\boldsymbol{B}=\begin{pmatrix} a_1 & a_2 & \cdots & a_n \\ 1 & 1 & \cdots & 1 \end{pmatrix}$. 直接利用恒等式(不妨设 $m \geqslant n$) $|\lambda \boldsymbol{E}_m-\boldsymbol{AB}|=\lambda^{m-n}|\lambda \boldsymbol{E}_n-\boldsymbol{BA}|$,可知 $\boldsymbol{A}$ 的特征多项式为

$$\begin{aligned} |\lambda \boldsymbol{E}_n - \boldsymbol{A}| &= (\lambda+1)^{n-2}|(\lambda+1)\boldsymbol{E}_2 - \boldsymbol{B}\boldsymbol{B}^{\mathrm{T}}| \\ &= (\lambda+1)^{n-2}(\lambda-n)(\lambda-n+2). \end{aligned}$$

因此,$\boldsymbol{A}$ 的全部特征值为 $\lambda_1=-1(n-2$ 重$),\lambda_2=n,\lambda_3=n-2$.

(2)由(1)的结果,得 $\det \boldsymbol{A}=(-1)^{n-2}n(n-2)$, $\mathrm{tr}\, \boldsymbol{A}=n$. (或用迹的定义求 $\mathrm{tr}\, \boldsymbol{A}$.)

【例 6.58】(北京大学,1998 年;华南理工大学,2011 年) 用 $\boldsymbol{J}$ 表示元素全为 1 的 n 阶方阵$(n \geqslant 2)$, $f(x)=a+bx \in \mathbb{Q}[x]$,令 $\boldsymbol{A}=f(\boldsymbol{J})$.

(1) 求 $\boldsymbol{J}$ 的全部特征值和全部特征向量;

(2) 求 $\boldsymbol{A}$ 的所有特征子空间;

(3) 问 $\boldsymbol{A}$ 是否可以对角化? 如可对角化,则求出一个可逆矩阵 $\boldsymbol{P} \in M_n(\mathbb{Q})$,使得 $\boldsymbol{P}^{-1}\boldsymbol{AP}$ 为对角矩阵,并写出这个对角矩阵.

【解】 (1) 易知 $\boldsymbol{J}$ 的全部特征值为 $\lambda_1=n,\lambda_2=0(n-1$ 重$)$.

对于 $\lambda_1=n$,由 $(n\boldsymbol{E}-\boldsymbol{J})\boldsymbol{x}=\boldsymbol{0}$ 可解得 $\boldsymbol{J}$ 的对应的线性无关的特征向量为

$$\boldsymbol{\xi}_1=(1,1,\cdots,1)^{\mathrm{T}},$$

因此,$\boldsymbol{J}$ 的属于 λ_1 的全部特征向量为 $k_1\boldsymbol{\xi}_1$,其中 k_1 为$\mathbb{Q}$ 中的任意非零常数.

对于 $\lambda_2=0$,由 $(0\boldsymbol{E}-\boldsymbol{J})\boldsymbol{x}=\boldsymbol{0}$ 可解得 $\boldsymbol{J}$ 的对应的线性无关的特征向量为

$$\begin{cases} \boldsymbol{\xi}_2=(-1,1,0,\cdots,0)^{\mathrm{T}}, \\ \boldsymbol{\xi}_3=(-1,0,1,\cdots,0)^{\mathrm{T}}, \\ \cdots\cdots\cdots\cdots \\ \boldsymbol{\xi}_n=(-1,0,\cdots,0,1)^{\mathrm{T}}. \end{cases}$$

因此,$\boldsymbol{J}$ 的属于 λ_2 的全部特征向量为

$$k_2\boldsymbol{\xi}_2+k_3\boldsymbol{\xi}_3+\cdots+k_n\boldsymbol{\xi}_n,$$

其中 $k_2,k_3,\cdots,k_n$ 为$\mathbb{Q}$ 中的不全为零的任意常数.

(2) 因为 $\boldsymbol{A}=f(\boldsymbol{J})=a\boldsymbol{E}+b\boldsymbol{J}$,所以 $\boldsymbol{A}$ 的 n 个特征值为

$$\begin{aligned} \mu_1 &= f(\lambda_1)=a+nb, \\ \mu_2 &= f(\lambda_2)=a(n-1\text{ 重}). \end{aligned}$$

易知,$\boldsymbol{A}$ 的属于 μ_1 的特征向量仍为 $\boldsymbol{\xi}_1$,属于 μ_2 的特征向量仍为 $\boldsymbol{\xi}_i(i=2,3,\cdots,n)$.

因此,当 $b \neq 0$ 时, $\boldsymbol{A}$ 有两个特征子空间,即

$$\begin{aligned} V_1 &= L(\boldsymbol{\xi}_1)=\{\boldsymbol{\xi} \in \mathbb{Q}^n \mid \boldsymbol{A\xi}=\mu_1\boldsymbol{\xi}\}, \\ V_2 &= L(\boldsymbol{\xi}_2,\boldsymbol{\xi}_3,\cdots,\boldsymbol{\xi}_n)=\{\boldsymbol{\eta} \in \mathbb{Q}^n \mid \boldsymbol{A\eta}=\mu_2\boldsymbol{\eta}\}. \end{aligned}$$

当 $b=0$ 时,$\boldsymbol{A}$ 为数量矩阵. 显然,$\boldsymbol{A}$ 只有特征值 a,相应的特征子空间即全空间$\mathbb{Q}^n$.

(3) 因为 $\boldsymbol{A}$ 有 n 个线性无关的特征向量,所以 $\boldsymbol{A}$ 可以对角化. 令 $\boldsymbol{P}=(\boldsymbol{\xi}_1,\boldsymbol{\xi}_2,\cdots,\boldsymbol{\xi}_n)$,则 $\boldsymbol{P} \in M_n(\mathbb{Q})$是可逆矩阵,且

$$P^{-1}AP=\begin{pmatrix} a+nb & & & \\ & a & & \\ & & \ddots & \\ & & & a \end{pmatrix}.$$

【例 6.59】 给定前 n 个自然数 $1,2,\cdots,n$ 的一个全排列 $j_1j_2\cdots j_n$，定义复数域上线性空间 $M_n(\mathbb{C})$ 的一个线性变换 φ 如下：

$$\varphi\begin{pmatrix} a_{11} & a_{12} & \cdots & a_{1n} \\ a_{21} & a_{22} & \cdots & a_{2n} \\ \vdots & \vdots & & \vdots \\ a_{n1} & a_{n2} & \cdots & a_{nn} \end{pmatrix}=\begin{pmatrix} a_{1j_1} & a_{1j_2} & \cdots & a_{1j_n} \\ a_{2j_1} & a_{2j_2} & \cdots & a_{2j_n} \\ \vdots & \vdots & & \vdots \\ a_{nj_1} & a_{nj_2} & \cdots & a_{nj_n} \end{pmatrix}.$$

(1)试确定 φ 的 n 个线性无关的特征向量；

(2)证明：存在正整数 k，使对 φ 的任一特征值 λ 都有 $\lambda^k=1$；

(3)证明：如果全排列 $j_1j_2\cdots j_n=23\cdots n1$，那么相应的线性变换 φ 是可对角化的.

【解】 (1) 取 $M_n(\mathbb{C})$ 的自然基 $\{E_{ij}\}$，$i,j=1,2,\cdots,n$，令 $B_i=\sum\limits_{j=1}^{n}E_{ij}$，显然 $\varphi(B_i)=B_i$，所以 $B_1,B_2,\cdots,B_n$ 是 φ 的属于特征值 1 的 n 个线性无关的特征向量.

(2) 注意到 φ 其实是对 $M_n(\mathbb{C})$ 中矩阵的列向量组作重新排列，φ^k 也是如此. 由于 n 元全排列只有有限个，故必有 $\varphi^l=\varphi^m(m>l)$. 又由于 φ 显然可逆，所以 $\varphi^{m-l}=\varepsilon$(恒等变换)，令 $k=m-l$，则 $\varphi^k=\varepsilon$. 于是，对于 φ 的任一特征值 λ，有 $\lambda^k=1$.

(3) 对于由排列 $23\cdots n1$ 确定的线性变换 φ，易知 $\varphi^n=\varepsilon$. 这表明 φ 的最小多项式无重根，因而可对角化.

下面再给出一种方法. 易知，φ 在 $M_n(\mathbb{C})$ 的基 $E_{11},\cdots,E_{1n},E_{21},\cdots,E_{2n},\cdots,E_{n1},\cdots,E_{nn}$ 下的矩阵为 $A=\mathrm{diag}(A_1,A_2,\cdots,A_n)$，其中每个对角子块 A_i 都为同一个 n 阶方阵

$$A_i=\left(\begin{array}{c|ccc} & 1 & & \\ & & \ddots & \\ & & & 1 \\ \hline 1 & & & \end{array}\right).$$

由于 A_i 的特征多项式 λ^n-1 在复数域$\mathbb{C}$ 上有 n 个不同的根，因此 A_i 可对角化，从而矩阵 A 亦即线性变换 φ 可对角化.

【例 6.60】(中国科学院大学，2010 年) 设 n 阶循环矩阵 C 为

$$\begin{pmatrix} c_0 & c_1 & \cdots & c_{n-1} \\ c_{n-1} & c_0 & \cdots & c_{n-2} \\ \vdots & \vdots & & \vdots \\ c_1 & c_2 & \cdots & c_0 \end{pmatrix}.$$

(1) 求 C 的所有特征值及相应的特征向量；

(2) 求 C 的行列式 $\det C$.

【解】 (1) 令 $f(x)=c_0+c_1x+\cdots+c_{n-1}x^{n-1}$，并设 $\boldsymbol{P}$ 是 n 阶初等置换矩阵

$$\boldsymbol{P}=\begin{pmatrix}0 & 1 & & \\ & 0 & \ddots & \\ & & \ddots & 1\\ 1 & & & 0\end{pmatrix},$$

易知，$\boldsymbol{C}=f(\boldsymbol{P})$，且 $\boldsymbol{P}$ 的特征多项式为 $\lambda^n-1=\prod\limits_{k=0}^{n-1}(\lambda-\omega_k)$，其中 $\omega_k=\mathrm{e}^{\mathrm{i}\frac{2k\pi}{n}}(k=0,1,\cdots,n-1)$. 所以 $\boldsymbol{P}$ 的特征值为 $\omega_0,\omega_1,\cdots,\omega_{n-1}$，从而 $\boldsymbol{C}$ 的 n 个特征值为 $f(\omega_0),f(\omega_1),\cdots,f(\omega_{n-1})$.

进一步，令 $\boldsymbol{\xi}_k=(1,\omega_k,\cdots,\omega_k^{n-1})^{\mathrm{T}}$， $k=0,1,\cdots,n-1$，那么

$$\boldsymbol{P}\boldsymbol{\xi}_k=(\omega_k,\omega_k^2,\cdots,\omega_k^{n-1},1)^{\mathrm{T}}=\omega_k\boldsymbol{\xi}_k,$$

所以

$$\boldsymbol{C}\boldsymbol{\xi}_k=f(\boldsymbol{P})\boldsymbol{\xi}_k=f(\omega_k)\boldsymbol{\xi}_k,$$

即 $\boldsymbol{\xi}_k$ 是 $\boldsymbol{C}$ 的属于 $f(\omega_k)$ 的特征向量 $(k=0,1,\cdots,n-1)$.

(2) 利用(1)的结果有

$$\det\boldsymbol{C}=f(1)f(\omega_1)\cdots f(\omega_{n-1})=\prod_{k=0}^{n-1}f(\omega_k).$$

【注】 关于循环矩阵的命题，还有第 5 章例 5.14，本章例 6.133 及其注. 此外，将矩阵 $\boldsymbol{P}$ 作适当修改，则有(见第 2 章练习 2.32)

$$\begin{vmatrix}c_0 & c_1 & \cdots & c_{n-1}\\ c_{n-1}\mu & c_0 & \ddots & \vdots\\ \vdots & \ddots & \ddots & c_1\\ c_1\mu & \cdots & c_{n-1}\mu & c_0\end{vmatrix}=\prod_{k=0}^{n-1}f(\sqrt[n]{\mu}\,\omega_k).$$

【例 6.61】(武汉大学，2010 年) 设三阶实对称矩阵 $\boldsymbol{A}$ 的各行元素之和均为 3，向量 $\boldsymbol{\alpha}_1=(-1,2,-1)^{\mathrm{T}},\boldsymbol{\alpha}_2=(0,-1,1)^{\mathrm{T}}$ 是线性方程组 $\boldsymbol{Ax}=\boldsymbol{0}$ 的两个解.

(1) 求 $\boldsymbol{A}$ 的特征值与特征向量；

(2) 求正交矩阵 $\boldsymbol{Q}$ 和对角矩阵 $\boldsymbol{D}$，使得 $\boldsymbol{Q}^{\mathrm{T}}\boldsymbol{AQ}=\boldsymbol{D}$；

(3) 求行列式 $\left|\left(\dfrac{2}{3}\boldsymbol{B}^2\right)^{-1}+\dfrac{4}{9}\boldsymbol{B}^*+\boldsymbol{B}\right|$，其中 $\boldsymbol{B}$ 是 $\boldsymbol{A}-\dfrac{3}{2}\boldsymbol{E}$ 的相似矩阵，$\boldsymbol{B}^*$ 为 $\boldsymbol{B}$ 的伴随矩阵.

【解】 (1) 因为 $\boldsymbol{A\alpha}_1=\boldsymbol{0}=0\boldsymbol{\alpha}_1,\boldsymbol{A\alpha}_2=\boldsymbol{0}=0\boldsymbol{\alpha}_2$，所以 $\lambda_1=\lambda_2=0$ 是 $\boldsymbol{A}$ 的二重特征值，$\boldsymbol{\alpha}_1,\boldsymbol{\alpha}_2$ 是 $\boldsymbol{A}$ 的属于特征值 0 的两个线性无关的特征向量；又 $\boldsymbol{A}$ 的各行元素之和均为 3，所以

$$\boldsymbol{A}\begin{pmatrix}1\\1\\1\end{pmatrix}=\begin{pmatrix}3\\3\\3\end{pmatrix}=3\begin{pmatrix}1\\1\\1\end{pmatrix},$$

即 $\lambda_3=3$ 是 $\boldsymbol{A}$ 的一个特征值，$\boldsymbol{\alpha}_3=(1,1,1)^{\mathrm{T}}$ 是 $\boldsymbol{A}$ 的属于特征值 3 的特征向量.

总之，$\boldsymbol{A}$ 的特征值为 0,0,3，属于特征值 0 的所有特征向量为 $k_1\boldsymbol{\alpha}_1+k_2\boldsymbol{\alpha}_2$($k_1,k_2$ 不全为零)，属于特征值 3 的所有特征向量为 $k_3\boldsymbol{\alpha}_3(k_3\neq 0)$.

(2) 先将 $\boldsymbol{\alpha}_1,\boldsymbol{\alpha}_2$ 正交化. 令 $\boldsymbol{\xi}_1=\boldsymbol{\alpha}_1=(-1,2,-1)^{\mathrm{T}}$,

$$\boldsymbol{\xi}_2=\boldsymbol{\alpha}_2-\frac{(\boldsymbol{\alpha}_2,\boldsymbol{\xi}_1)}{(\boldsymbol{\xi}_1,\boldsymbol{\xi}_1)}\boldsymbol{\xi}_1=\frac{1}{2}(-1,0,1)^{\mathrm{T}}.$$

再将$\boldsymbol{\xi}_1,\boldsymbol{\xi}_2,\boldsymbol{\alpha}_3$单位化,得

$$\boldsymbol{\beta}_1=\frac{\boldsymbol{\xi}_1}{\|\boldsymbol{\xi}_1\|}=\frac{1}{\sqrt{6}}(-1,2,-1)^{\mathrm{T}},$$

$$\boldsymbol{\beta}_2=\frac{\boldsymbol{\xi}_2}{\|\boldsymbol{\xi}_2\|}=\frac{1}{\sqrt{2}}(-1,0,1)^{\mathrm{T}},$$

$$\boldsymbol{\beta}_3=\frac{\boldsymbol{\xi}_3}{\|\boldsymbol{\xi}_3\|}=\frac{1}{\sqrt{3}}(1,1,1)^{\mathrm{T}}.$$

令

$$\boldsymbol{D}=\begin{pmatrix}0&&\\&0&\\&&3\end{pmatrix},\quad \boldsymbol{Q}=(\boldsymbol{\beta}_1,\boldsymbol{\beta}_2,\boldsymbol{\beta}_3)=\begin{pmatrix}-\frac{1}{\sqrt{6}}&-\frac{1}{\sqrt{2}}&\frac{1}{\sqrt{3}}\\\frac{2}{\sqrt{6}}&0&\frac{1}{\sqrt{3}}\\-\frac{1}{\sqrt{6}}&\frac{1}{\sqrt{2}}&\frac{1}{\sqrt{3}}\end{pmatrix},$$

则$\boldsymbol{Q}$是正交矩阵,且$\boldsymbol{Q}^{\mathrm{T}}\boldsymbol{AQ}=\boldsymbol{D}$.

(3) 因为$\boldsymbol{B}$相似于$\boldsymbol{A}-\frac{3}{2}\boldsymbol{E}$,而$\boldsymbol{A}-\frac{3}{2}\boldsymbol{E}$相似于$\boldsymbol{D}-\frac{3}{2}\boldsymbol{E}$,所以$\boldsymbol{B}$相似于$\boldsymbol{D}-\frac{3}{2}\boldsymbol{E}$. 故$|\boldsymbol{B}|=\left|\boldsymbol{D}-\frac{3}{2}\boldsymbol{E}\right|=\left(-\frac{3}{2}\right)^2\times\frac{3}{2}=\frac{27}{8}$. 故$\boldsymbol{B}^*=|\boldsymbol{B}|\boldsymbol{B}^{-1}=\frac{27}{8}\boldsymbol{B}^{-1}$. 于是有

$$\left(\frac{2}{3}\boldsymbol{B}^2\right)^{-1}+\frac{4}{9}\boldsymbol{B}^*+\boldsymbol{B}=\boldsymbol{B}\left(\frac{3}{2}(\boldsymbol{B}^{-1})^3+\frac{3}{2}(\boldsymbol{B}^{-1})^2+\boldsymbol{E}\right)=\boldsymbol{B}\varphi(\boldsymbol{B}^{-1}),$$

其中$\varphi(x)=\frac{3}{2}x^3+\frac{3}{2}x^2+1$. 因为$\boldsymbol{B}^{-1}$的特征值为$-\frac{2}{3},-\frac{2}{3},\frac{2}{3}$,所以$\varphi(\boldsymbol{B}^{-1})$的特征值为

$$\varphi\left(-\frac{2}{3}\right)=\frac{3}{2}\left(-\frac{2}{3}\right)^3+\frac{3}{2}\left(-\frac{2}{3}\right)^2+1=\frac{11}{9}(\text{二重}),$$

$$\varphi\left(\frac{2}{3}\right)=\frac{3}{2}\left(\frac{2}{3}\right)^3+\frac{3}{2}\left(\frac{2}{3}\right)^2+1=\frac{19}{9},$$

故所求行列式的值为

$$d=|\boldsymbol{B}||\varphi(\boldsymbol{B}^{-1})|=\frac{27}{8}\times\frac{11}{9}\times\frac{11}{9}\times\frac{19}{9}=\frac{2299}{216}.$$

【例 6.62】(四川大学,1999 年) 设$\boldsymbol{A},\boldsymbol{B},\boldsymbol{C}$分别是$n\times n,m\times m$与$n\times m$矩阵,rank $\boldsymbol{C}=m$,且$\boldsymbol{AC}=\boldsymbol{CB}$. 证明:若$n>m$,则$|\lambda\boldsymbol{E}_m-\boldsymbol{B}|$整除$|\lambda\boldsymbol{E}_n-\boldsymbol{A}|$.

【证】 注意到$\boldsymbol{C}$列满秩,故存在n阶可逆矩阵$\boldsymbol{P}$,使得$\boldsymbol{C}=\boldsymbol{P}\begin{pmatrix}\boldsymbol{E}_m\\\boldsymbol{O}\end{pmatrix}$. 因为$\boldsymbol{AC}=\boldsymbol{CB}$,所以

$$(\boldsymbol{P}^{-1}\boldsymbol{AP})(\boldsymbol{P}^{-1}\boldsymbol{C})=(\boldsymbol{P}^{-1}\boldsymbol{C})\boldsymbol{B}.\qquad ①$$

考虑对$\boldsymbol{P}^{-1}\boldsymbol{AP}$的相应分块如下:

$$P^{-1}AP=\begin{pmatrix}A_1 & A_2\\ A_3 & A_4\end{pmatrix},$$

其中 A_1 是 m 阶方阵.

代入①式,并比较等式两端得: $A_1=B,A_3=O$. 于是有

$$|\lambda E_n-A|=|\lambda E_n-P^{-1}AP|=\begin{vmatrix}\lambda E_m-B & -A_2\\ O & \lambda E_{n-m}-A_4\end{vmatrix}$$

$$=|\lambda E_m-B||\lambda E_{n-m}-A_4|,$$

因此 $|\lambda E_m-B|$ 整除 $|\lambda E_n-A|$.

【例 6.63】(复旦大学竞赛试题,2010 年;南京师范大学,2010 年) 设 A 和 B 分别是 m 阶和 n 阶方阵,并且 A 和 B 无公共特征值. 证明:关于 X 的矩阵方程 $AX=XB$ 只有零解.

【证】 (方法 1)用反证法. 设方程 $AX=XB$ 存在非零解 $C\neq O$,则 rank $C=r\geqslant 1$. 因此,存在 m 阶和 n 阶可逆矩阵 P,Q,使得 $PCQ=\begin{pmatrix}E_r & O\\ O & O\end{pmatrix}$.

根据 $AC=CB$,有 $(PAP^{-1})(PCQ)=(PCQ)(Q^{-1}BQ)$. 对 $PAP^{-1},Q^{-1}BQ$ 作相应分块为

$$PAP^{-1}=\begin{pmatrix}A_1 & A_2\\ A_3 & A_4\end{pmatrix},\quad Q^{-1}BQ=\begin{pmatrix}B_1 & B_2\\ B_3 & B_4\end{pmatrix},$$

代入上述等式,并计算得 $A_1=B_1,B_2=O,A_3=O$. 因此,A 和 B 的特征多项式分别为

$$|\lambda E_m-A|=|\lambda E_m-PAP^{-1}|=|\lambda E_r-A_1||\lambda E_{m-r}-A_4|,$$

$$|\lambda E_n-B|=|\lambda E_n-Q^{-1}BQ|=|\lambda E_r-A_1||\lambda E_{n-r}-B_4|.$$

这表明 A,B 至少有 r 个(包括重根)公共特征值,矛盾. 故 $AX=XB$ 只有零解.

(方法 2)详见第 7 章例 7.70 的解.

【注 1】 本题也可叙述为:设 A,B,C 分别是 $m\times m,n\times n$ 与 $m\times n$ 矩阵,满足 $AC=CB$. 证明:如果 rank $C=r$,那么 A 和 B 至少有 r 个(包括重根)相同的特征值.

【注 2】 利用本题易证:若 n 阶方阵 A,B 的特征值全都大于零,且 $A^2=B^2$,则 $A=B$.(事实上,由 $A^2=B^2$ 可得 $A(A-B)=(A-B)(-B)$,而 $AX=X(-B)$ 只有零解.)

【例 6.64】(南开大学,2008 年;IMC 试题,2017 年) 设 n 阶实方阵 P 满足 $P^{\mathrm T}=P^2$,试求出 P 的所有可能的特征值.

【解】 设 λ 是 P 的特征值,则 λ^2 是 $P^2=P^{\mathrm T}$ 的特征值. 注意到 $P^{\mathrm T}$ 与 P 的特征值相同,所以 λ^2 也是 P 的特征值. 重复这一做法,有

$$\lambda,\lambda^2,\lambda^4,\cdots,\lambda^{2^{n-1}},\cdots$$

都是 P 的特征值.

又由 $P^{\mathrm T}=P^2$ 得,$P=(P^2)^{\mathrm T}=(P^{\mathrm T})^2=P^4$. 这表明,若 λ 是 P 的特征值,则 $\lambda=\lambda^4$. 因此

$$\lambda^{2^k}=\lambda^{2^{k+2}},\quad 即\quad \lambda^{2^k}(\lambda^{3\times 2^k}-1)=0,$$

故 P 的所有可能的特征值为 $\lambda=0$ 或 3×2^k 次单位根($0\leqslant k\leqslant n-1$).

【注】 例如,当 $n=4$ 时,矩阵

$$
P=\begin{pmatrix} 0 & & & \\ & 1 & & \\ & & -\frac{1}{2} & \frac{\sqrt{3}}{2} \\ & & -\frac{\sqrt{3}}{2} & -\frac{1}{2} \end{pmatrix}
$$

满足条件 $P^{T}=P^{2}$，其特征值为 $0,1,-\frac{1}{2}\pm\frac{\sqrt{3}}{2}$.

【例 6.65】 设 A 是数域 K 上的 n 阶方阵，$\lambda_1,\lambda_2\in K$ 是 A 的两个不同的特征值，$\xi_1,\xi_2,\cdots,\xi_r$ 是 A 的属于 λ_1 的线性无关特征向量，$\eta_1,\eta_2,\cdots,\eta_s$ 是 A 的属于 λ_2 的线性无关特征向量. 任取 K 中不全为零的数 $k_1,k_2,\cdots,k_r$ 和不全为零的数 $l_1,l_2,\cdots,l_r$，令 $\gamma=k_1\xi_1+k_1\xi_2+\cdots+k_r\xi_r+l_1\eta_1+l_2\eta_2+\cdots+l_s\eta_s$.

（1）证明：$\gamma\neq 0$；

（2）问 γ 是否为 A 的特征向量？请阐述理由.

【解】 （1）令 $\xi=\sum_{i=1}^{r}k_i\xi_i,\eta=\sum_{j=1}^{s}l_j\eta_j$，则 $\xi\neq 0,\eta\neq 0$，且 $\gamma=\xi+\eta$. 易知，ξ,η 分别是 A 的属于 λ_1,λ_2 的特征向量，因而线性无关. 若 $\gamma=0$，则 $\xi+\eta=0$，矛盾. 故 $\gamma\neq 0$.

（2）γ 不是 A 的特征向量. 若不然，则存在 $\mu\in K$ 使得 $A\gamma=\mu\gamma$，即

$$A(\xi+\eta)=\mu(\xi+\eta).$$

注意到 $A\xi=\lambda_1\xi,A\eta=\lambda_2\eta$，故由上式可得

$$(\lambda_1-\mu)\xi+(\lambda_2-\mu)\eta=0.$$

因为 ξ,η 线性无关，所以 $\lambda_1-\mu=\lambda_2-\mu=0$，从而有 $\lambda_1=\lambda_2$，矛盾. 故 γ 不是 A 的特征向量.

【例 6.66】 设 A 是数域 K 上的 n 阶方阵，$\lambda_0\in K$ 是 A 的特征多项式的单根，α 是属于 λ_0 的特征向量. 证明：线性方程组 $(\lambda_0E-A)x=\alpha$ 无解.

【证】 用反证法. 假设方程组 $(\lambda_0E-A)x=\alpha$ 有解，设为 β，则 $(\lambda_0E-A)\beta=\alpha$，即

$$A\beta=\lambda_0\beta-\alpha.$$

注意到 $A\alpha=\lambda_0\alpha$，所以对对任意正整数 k，有 $A^k\alpha=\lambda_0^k\alpha$. 利用归纳法，易证

$$A^k\beta=\lambda_0^k\beta-k\lambda_0^{k-1}\alpha.$$

因此，对任意多项式 $f(\lambda)\in K[\lambda]$，有

$$f(A)\beta=f(\lambda_0)\beta-f'(\lambda_0)\alpha.$$

特别地，取 $f(\lambda)$ 为 A 的特征多项式，则 $f(\lambda_0)=0$，并由 Hamilton-Cayley 定理知 $f(A)=O$，所以 $f'(\lambda_0)\alpha=0$. 因为 λ_0 是 $f(\lambda)$ 的单根，所以 $f'(\lambda_0)\neq 0$，从而有 $\alpha=0$. 此与 α 是特征向量矛盾. 问题得证.

【例 6.67】（上海交通大学，2004 年） 对于数域 P 上的 n 维线性空间 V，假设存在 V 上的线性变换 σ,δ,τ，满足：(1) $\tau\delta=0$；(2) σ 的秩小于 δ 的秩. 试证明：τ 与 σ 至少有一个公共的特征向量.

【证】 (方法 1) 根据线性变换的秩与零度(即核的维数)的关系,并由题设 rank $\sigma<$ rank δ,得

$$\dim(\ker\sigma) > \dim(\ker\delta) = n - \dim(\operatorname{Im}\delta).$$

利用维数公式,得

$$\begin{aligned}\dim(\ker\sigma + \operatorname{Im}\delta) &= \dim(\ker\sigma) + \dim(\operatorname{Im}\delta) - \dim(\ker\sigma \cap \operatorname{Im}\delta)\\ &> n - \dim(\ker\sigma \cap \operatorname{Im}\delta),\end{aligned}$$

所以

$$\dim(\ker\sigma \cap \operatorname{Im}\delta) > n - \dim(\ker\sigma + \operatorname{Im}\delta) \geqslant 0,$$

这就表明 $\ker\sigma\cap\operatorname{Im}\delta\neq\{\mathbf{0}\}$. 任取 $\boldsymbol{\xi}\in\ker\sigma\cap\operatorname{Im}\delta,\boldsymbol{\xi}\neq\mathbf{0}$,则 $\sigma(\boldsymbol{\xi})=\mathbf{0}$,且存在 $\boldsymbol{\eta}\in V$,使 $\delta(\boldsymbol{\eta})=\boldsymbol{\xi}$. 由题设 $\tau\delta=0$,得 $\tau(\boldsymbol{\xi})=\mathbf{0}$. 因此,$\boldsymbol{\xi}$ 是 τ 与 σ 的属于特征值 $\lambda=0$ 的特征向量.

(方法 2) 据题设条件(1)知 $\operatorname{Im}\delta\subseteq\ker\tau$,所以 $\dim(\operatorname{Im}\delta)\leqslant\dim(\ker\tau)=n-\dim(\operatorname{Im}\tau)$,即

$$\operatorname{rank}\tau + \operatorname{rank}\delta \leqslant n.$$

又因为 rank $\sigma<$rank δ,所以 rank τ+rank $\sigma<n$. 因此

$$\dim(\ker\tau) + \dim(\ker\sigma) = 2n - (\operatorname{rank}\tau + \operatorname{rank}\sigma) > n.$$

根据维数公式有

$$\dim(\ker\tau \cap \ker\sigma) = \dim(\ker\tau) + \dim(\ker\sigma) - \dim(\ker\tau + \ker\sigma) > 0,$$

这就表明 $\ker\tau\cap\ker\sigma\neq\{\mathbf{0}\}$. 任取 $\boldsymbol{\xi}\in\ker\tau\cap\ker\sigma,\boldsymbol{\xi}\neq\mathbf{0}$,则 $\tau(\boldsymbol{\xi})=\mathbf{0},\sigma(\boldsymbol{\xi})=\mathbf{0}$. 因此,$\boldsymbol{\xi}$ 是 τ 与 σ 的属于特征值 $\lambda=0$ 的特征向量.

【例 6.68】(中山大学,2016 年) 设线性映射 $\varphi:M_n(F)\to M_k(F)$满足:$\forall\boldsymbol{A},\boldsymbol{B}\in M_n(F)$都有 $\varphi(\boldsymbol{AB})=\varphi(\boldsymbol{A})\varphi(\boldsymbol{B})$及 $\varphi(\boldsymbol{I}_n)=\boldsymbol{I}_k$. 证明:若 λ 是 $\varphi(\boldsymbol{A})$的特征值,则 λ 也是 $\boldsymbol{A}$ 的特征值.

【证】 首先,对任一非奇异矩阵 $\boldsymbol{P}\in M_n(F)$,根据线性映射 φ 的特征,有 $\varphi(\boldsymbol{P})\varphi(\boldsymbol{P}^{-1})=\varphi(\boldsymbol{PP}^{-1})=\varphi(\boldsymbol{I}_n)=\boldsymbol{I}_k$,所以 $\varphi(\boldsymbol{P})$也是非奇异矩阵.

现在,若 λ 是 $\varphi(\boldsymbol{A})$的特征值,则 $|\lambda\boldsymbol{I}_k-\varphi(\boldsymbol{A})|=0$. 注意到 $\varphi(\lambda\boldsymbol{I}_n-\boldsymbol{A})=\lambda\boldsymbol{I}_k-\varphi(\boldsymbol{A})$,所以 $|\lambda\boldsymbol{I}_n-\boldsymbol{A}|=0$,即 λ 也是 $\boldsymbol{A}$ 的特征值.

【注】 相关的问题参见第 7 章例 7.128 与第 10 章例 10.36.

【例 6.69】(重庆大学,2010 年) 设 $\boldsymbol{A}$ 是 n 阶复方阵,且存在 n 维列向量 $\boldsymbol{\alpha}$,使向量组 $\boldsymbol{\alpha},\boldsymbol{A\alpha},\cdots,\boldsymbol{A}^{n-1}\boldsymbol{\alpha}$ 线性无关. 证明:若 λ_0 是 $\boldsymbol{A}$ 的特征值,则 $\boldsymbol{A}$ 的属于 λ_0 的特征子空间的维数 $\dim V_{\lambda_0}=1$.

【证】 由于 $\boldsymbol{\alpha},\boldsymbol{A\alpha},\cdots,\boldsymbol{A}^{n-1}\boldsymbol{\alpha}$ 线性无关,且 $\boldsymbol{\alpha},\boldsymbol{A\alpha},\cdots,\boldsymbol{A}^{n-1}\boldsymbol{\alpha},\boldsymbol{A}^n\boldsymbol{\alpha}$ 线性相关(因向量组所含向量的个数大于向量的维数),所以 $\boldsymbol{A}^n\boldsymbol{\alpha}$ 可由 $\boldsymbol{\alpha},\boldsymbol{A\alpha},\cdots,\boldsymbol{A}^{n-1}\boldsymbol{\alpha}$ 线性表示. 设 $\boldsymbol{A}^n\boldsymbol{\alpha}=k_1\boldsymbol{\alpha}+k_2\boldsymbol{A\alpha}+\cdots+k_n\boldsymbol{A}^{n-1}\boldsymbol{\alpha}$,则

$$\boldsymbol{A}(\boldsymbol{\alpha},\boldsymbol{A\alpha},\cdots,\boldsymbol{A}^{n-1}\boldsymbol{\alpha}) = (\boldsymbol{\alpha},\boldsymbol{A\alpha},\cdots,\boldsymbol{A}^{n-1}\boldsymbol{\alpha})\begin{pmatrix}\mathbf{0} & k_1\\ \boldsymbol{E}_{n-1} & \boldsymbol{K}\end{pmatrix},$$

其中 $\boldsymbol{K}=(k_2,k_3,\cdots,k_n)^{\mathrm{T}}$. 令 $\boldsymbol{P}=(\boldsymbol{\alpha},\boldsymbol{A\alpha},\cdots,\boldsymbol{A}^{n-1}\boldsymbol{\alpha})$,则

$$\boldsymbol{P}^{-1}\boldsymbol{AP} = \begin{pmatrix}\mathbf{0} & k_1\\ \boldsymbol{E}_{n-1} & \boldsymbol{K}\end{pmatrix} = \boldsymbol{B}.$$

因此$P^{-1}(\lambda_0 E-A)P=\lambda_0 E-B$. 注意到$\lambda_0 E-B$的左下角有一个$n-1$阶子式不为零,所以$\operatorname{rank}(\lambda_0 E-B)=n-1$,从而$\operatorname{rank}(\lambda_0 E-A)=n-1$,$(\lambda_0 E-A)x=0$的基础解系只含一个解. 于是$A$的特征子空间$V_{\lambda_0}$的维数等于1,即$A$的属于$\lambda_0$的线性无关的特征向量只有一个.

【例6.70】 设n阶方阵A的每行元素之和都为常数a,求证:

(1) a为A的一个特征值;

(2) 对于任意正整数m, A^m的每行元素之和都为a^m;

(3) 如果A可逆,那么$a\neq 0$,且$\frac{1}{a}$是A^{-1}的一个特征值.

【证】 (1) 设$\alpha_1,\alpha_2,\cdots,\alpha_n$是$A$的$n$个列向量,则$\alpha_1+\alpha_2+\cdots+\alpha_n=(a,a,\cdots,a)^{\mathrm T}$,即

$$(\alpha_1,\alpha_2,\cdots,\alpha_n)(1,1,\cdots,1)^{\mathrm T}=a(1,1,\cdots,1)^{\mathrm T}.$$

亦即$A\xi=a\xi$(其中$\xi=(1,1,\cdots,1)^{\mathrm T}$). 因此$a$是$A$的一个特征值.

(2) 易知$A^m\xi=a^m\xi$. 若记$\beta_1,\beta_2,\cdots,\beta_n$为$A^m$的$n$个列向量,则

$$(\beta_1,\beta_2,\cdots,\beta_n)(1,1,\cdots,1)^{\mathrm T}=a^m(1,1,\cdots,1)^{\mathrm T},$$

即$\beta_1+\beta_2+\cdots+\beta_n=(a^m,a^m,\cdots,a^m)^{\mathrm T}$. 这就是说, A^m的每行元素之和都为a^m.

(3) 若$a=0$,则由A可逆及$A\xi=a\xi$,得$\xi=0$,矛盾. 所以$a\neq 0$,且$A^{-1}\xi=\frac{1}{a}\xi$,即$\frac{1}{a}$是A^{-1}的特征值.

【例6.71】(南开大学,2006年) 设$\mathscr{A}$为数域P上$n(n\geqslant 3)$维线性空间V上的线性变换,$\mathscr{A}$的特征多项式为

$$f(\lambda)=\lambda^n+a_{n-1}\lambda^{n-1}+a_{n-2}\lambda^{n-2}+\cdots+a_1\lambda_1+a_0.$$

试证明:$a_{n-2}=\frac{1}{2}((\operatorname{tr}\mathscr{A})^2-\operatorname{tr}\mathscr{A}^2)$,其中tr表示线性变换的迹.

【证】 设$\lambda_1,\lambda_2,\cdots,\lambda_n$是$\mathscr{A}$在复数域上的所有特征值,则$\lambda_1^2,\lambda_2^2,\cdots,\lambda_n^2$是$\mathscr{A}^2$的所有特征值,于是有

$$\operatorname{tr}\mathscr{A}=\sum_{i=1}^n\lambda_i,\quad \operatorname{tr}\mathscr{A}^2=\sum_{i=1}^n\lambda_i^2.$$

所以

$$(\operatorname{tr}\mathscr{A})^2-\operatorname{tr}\mathscr{A}^2=\left(\sum_{i=1}^n\lambda_i\right)^2-\sum_{i=1}^n\lambda_i^2=2\sum_{1\leqslant i<j\leqslant n}\lambda_i\lambda_j.$$

另一方面,根据Vieta定理知,$f(\lambda)$的系数

$$a_{n-2}=(-1)^2\sum_{1\leqslant i<j\leqslant n}\lambda_i\lambda_j=\sum_{1\leqslant i<j\leqslant n}\lambda_i\lambda_j.$$

因此$a_{n-2}=\frac{1}{2}((\operatorname{tr}\mathscr{A})^2-\operatorname{tr}\mathscr{A}^2)$.

【例6.72】 设$\mathscr{A}$是n维线性空间V的一个线性变换,λ_0是$\mathscr{A}$的一个特征值,V_{λ_0}是$\mathscr{A}$的关于特征值λ_0的特征子空间.

(1) 证明:$\dim V_{\lambda_0}\leqslant\lambda_0$的重数;

（2）试举例说明：可能有 $\dim V_{\lambda_0}<\lambda_0$ 的重数.

【解】（1）设 $\dim V_{\lambda_0}=r$，取 V_{λ_0} 的一个基 $\boldsymbol{\alpha}_1,\boldsymbol{\alpha}_2,\cdots,\boldsymbol{\alpha}_r$，并扩充成 V 的一个基 $\boldsymbol{\alpha}_1,\boldsymbol{\alpha}_2,\cdots,\boldsymbol{\alpha}_r,\boldsymbol{\alpha}_{r+1}\cdots,\boldsymbol{\alpha}_n$，则 $\mathscr{A}(\boldsymbol{\alpha}_i)=\lambda_0\boldsymbol{\alpha}_i,i=1,2,\cdots r$. 因此 $\mathscr{A}$ 在基 $\boldsymbol{\alpha}_1,\boldsymbol{\alpha}_2,\cdots,\boldsymbol{\alpha}_r,\boldsymbol{\alpha}_{r+1},\cdots,\boldsymbol{\alpha}_n$ 下的矩阵为

$$\boldsymbol{A}=\begin{pmatrix}\lambda_0\boldsymbol{E} & \boldsymbol{B}\\ \boldsymbol{O} & \boldsymbol{C}\end{pmatrix},$$

其中 $\boldsymbol{E}$ 是 r 阶单位矩阵，$\boldsymbol{B}$ 是 $r\times(n-r)$ 矩阵，$\boldsymbol{C}$ 是 $n-r$ 阶方阵. 于是 $\boldsymbol{A}$ 的特征多项式为

$$|\lambda\boldsymbol{E}-\boldsymbol{A}|=\begin{vmatrix}(\lambda-\lambda_0)\boldsymbol{E} & -\boldsymbol{B}\\ \boldsymbol{O} & \lambda\boldsymbol{E}-\boldsymbol{C}\end{vmatrix}=|(\lambda-\lambda_0)\boldsymbol{E}||\lambda\boldsymbol{E}-\boldsymbol{C}|=(\lambda-\lambda_0)^r g(\lambda),$$

其中 $g(\lambda)=|\lambda\boldsymbol{E}-\boldsymbol{C}|$. 所以 λ_0 的重数至少是 r，故 $\dim V_{\lambda_0}\leqslant\lambda_0$ 的重数.

（2）例如，若 2 维线性空间 V 的线性变换 $\mathscr{A}$ 在 V 的某一个基下的矩阵为 $\boldsymbol{A}=\begin{pmatrix}0&1\\0&0\end{pmatrix}$，则 $\lambda_0=0$ 显然是 $\mathscr{A}$ 的 2 重特征值，但 $\boldsymbol{A}$ 的属于特征值 λ_0 的全部特征向量为 $k(1,0)^{\mathrm{T}}$，其中 $k\neq 0$. 故 $\mathscr{A}$ 的特征子空间 V_{λ_0} 的维数 $\dim V_{\lambda_0}=1<2$.

【例 6.73】（南京大学，2002 年） 设 $\boldsymbol{A}$ 是 n 阶复方阵，$\boldsymbol{A}^*$ 是 $\boldsymbol{A}$ 的伴随矩阵，λ 是 $\boldsymbol{A}$ 的特征值，$\boldsymbol{\alpha}$ 是 $\boldsymbol{A}$ 的对应于 λ 的一个特征向量. 证明：存在数 μ，使 μ 是 $\boldsymbol{A}^*$ 的一个特征值，且使 $\boldsymbol{\alpha}$ 是 $\boldsymbol{A}^*$ 的对应于 μ 的一个特征向量.（按 $\lambda\neq 0,\lambda=0$，当 $\lambda=0$ 时，按 0 是单根或重根的情况予以讨论.）

【证】 根据题设，有 $\boldsymbol{A\alpha}=\lambda\boldsymbol{\alpha}(\boldsymbol{\alpha}\neq\boldsymbol{0})$.

若 $\lambda\neq 0$，则上式两边同时左乘 $\boldsymbol{A}^*$ 可得 $\boldsymbol{A}^*\boldsymbol{\alpha}=\dfrac{|\boldsymbol{A}|}{\lambda}\boldsymbol{\alpha}$，取 $\mu=\dfrac{|\boldsymbol{A}|}{\lambda}$，即得所证.

若 $\lambda=0$，则 $\boldsymbol{A\alpha}=\boldsymbol{0}$，$|\boldsymbol{A}|=0$，$\operatorname{rank}\boldsymbol{A}\leqslant n-1$. 下面再分为两种情形讨论：

（1）$\operatorname{rank}\boldsymbol{A}<n-1$，此时 $\boldsymbol{A}^*=\boldsymbol{O}$，取 $\mu=0$，得 $\boldsymbol{A}^*\boldsymbol{\alpha}=\mu\boldsymbol{\alpha}$；

（2）$\operatorname{rank}\boldsymbol{A}=n-1$，此时 $\operatorname{rank}\boldsymbol{A}^*=1$，且齐次方程组 $\boldsymbol{Ax}=\boldsymbol{0}$ 的解空间是一维的. 由于 $\boldsymbol{AA}^*=|\boldsymbol{A}|\boldsymbol{E}=\boldsymbol{O}$，所以 $\boldsymbol{A}^*=(\boldsymbol{\eta}_1,\boldsymbol{\eta}_1,\cdots,\boldsymbol{\eta}_n)$ 的列向量 $\boldsymbol{\eta}_j$ 都是 $\boldsymbol{Ax}=\boldsymbol{0}$ 的解，因而都可由 $\boldsymbol{\alpha}$ 线性表示，设为 $\boldsymbol{\eta}_j=k_j\boldsymbol{\alpha}(j=1,2,\cdots,n)$，则

$$\boldsymbol{A}^*=(k_1\boldsymbol{\alpha},k_2\boldsymbol{\alpha},\cdots,k_n\boldsymbol{\alpha})=\boldsymbol{\alpha}(k_1,k_2,\cdots,k_n)=\boldsymbol{\alpha\xi}^{\mathrm{T}},$$

其中 $\boldsymbol{\xi}=(k_1,k_2,\cdots,k_n)^{\mathrm{T}}\neq\boldsymbol{0}$. 令 $\mu=\boldsymbol{\xi}^{\mathrm{T}}\boldsymbol{\alpha}$，则 $\boldsymbol{A}^*\boldsymbol{\alpha}=(\boldsymbol{\alpha\xi}^{\mathrm{T}})\boldsymbol{\alpha}=\boldsymbol{\alpha}(\boldsymbol{\xi}^{\mathrm{T}}\boldsymbol{\alpha})=\mu\boldsymbol{\alpha}$.

【例 6.74】（华中科技大学，2005 年） 设 $\boldsymbol{A}$ 为 n 阶不可逆矩阵，证明：$\boldsymbol{A}$ 的伴随矩阵 $\boldsymbol{A}^*$ 的 n 个特征值至少有 $n-1$ 个为 0，且另一个非零特征值（如果存在）等于 $\operatorname{tr}\boldsymbol{A}^*$.

【证】 因为 $\boldsymbol{A}$ 不可逆，所以 $|\boldsymbol{A}|=0$，说明 $\operatorname{rank}\boldsymbol{A}\leqslant n-1$.

（1）若 $\operatorname{rank}\boldsymbol{A}<n-1$，则 $\boldsymbol{A}^*=\boldsymbol{O}$，所以 $\boldsymbol{A}^*$ 的 n 个特征值都为零；

（2）若 $\operatorname{rank}\boldsymbol{A}=n-1$，则 $\operatorname{rank}\boldsymbol{A}^*=1$，故存在 n 维非零列向量 $\boldsymbol{\alpha},\boldsymbol{\beta}$，使 $\boldsymbol{A}^*=\boldsymbol{\alpha\beta}^{\mathrm{T}}$. 根据公式 $|\lambda\boldsymbol{E}_m-\boldsymbol{AB}|=\lambda^{m-n}|\lambda\boldsymbol{E}_n-\boldsymbol{BA}|$，可知 $\boldsymbol{A}^*$ 的特征多项式为

$$|\lambda\boldsymbol{E}_n-\boldsymbol{A}^*|=|\lambda\boldsymbol{E}_n-\boldsymbol{\alpha\beta}^{\mathrm{T}}|=\lambda^{n-1}(\lambda-\boldsymbol{\beta}^{\mathrm{T}}\boldsymbol{\alpha}),$$

因此，$\boldsymbol{A}^*$ 至少有 $n-1$ 个特征值为 0. 如果 $\boldsymbol{\beta}^{\mathrm{T}}\boldsymbol{\alpha}\neq 0$，那么 $\boldsymbol{A}^*$ 有一个非零特征值

$$\lambda=\boldsymbol{\beta}^{\mathrm{T}}\boldsymbol{\alpha}=\operatorname{tr}(\boldsymbol{\beta}^{\mathrm{T}}\boldsymbol{\alpha})=\operatorname{tr}(\boldsymbol{\alpha}\boldsymbol{\beta}^{\mathrm{T}})=\operatorname{tr}\boldsymbol{A}^{*}.$$

【注】 综合例6.73与例6.74可得：若 $\boldsymbol{A}$ 为 n 阶可逆矩阵，且 $\lambda_1,\lambda_2,\cdots,\lambda_n$ 是 $\boldsymbol{A}$ 的全部特征值，则 $\frac{|\boldsymbol{A}|}{\lambda_1},\frac{|\boldsymbol{A}|}{\lambda_2},\cdots,\frac{|\boldsymbol{A}|}{\lambda_n}$ 是 $\boldsymbol{A}^*$ 的全部特征值；若 $\boldsymbol{A}$ 为 n 阶不可逆矩阵，则 $\boldsymbol{A}^*$ 有 $n-1$ 个特征值为0，另一个特征值为 $\operatorname{tr}\boldsymbol{A}^*$. 更一般的结论，详见本章例6.87的注.

【例6.75】(东南大学，2011年)　设 n 阶实方阵：

$$\boldsymbol{A}=\begin{pmatrix} a_1 & 1 & & \\ 1 & a_2 & \ddots & \\ & \ddots & \ddots & 1 \\ & & 1 & a_n \end{pmatrix},$$

(1) 证明：$\operatorname{rank}\boldsymbol{A}\geqslant n-1$；

(2) 证明：$\boldsymbol{A}$ 有 n 个互不相同的特征值；

(3) 设实矩阵 $\boldsymbol{B}$ 与 $\boldsymbol{A}$ 可交换，即 $\boldsymbol{AB}=\boldsymbol{BA}$，证明：存在实数 $c_0,c_1,\cdots,c_{n-1}$，使得

$$\boldsymbol{B}=c_0\boldsymbol{E}+c_1\boldsymbol{A}+\cdots+c_{n-1}\boldsymbol{A}^{n-1}.$$

【证】 (1) 因为 $\boldsymbol{A}$ 的右上角有一个 $n-1$ 阶子式 $\Delta_{n-1}=1\neq0$，所以 $\operatorname{rank}\boldsymbol{A}\geqslant n-1$.

(2) 把 $\boldsymbol{A}$ 看作为 $\mathbb{R}^n$ 上的线性变换，并设 $\lambda_1,\lambda_2,\cdots,\lambda_s$ 是 $\boldsymbol{A}$ 的所有互不相同的特征值，下证 $s=n$. 事实上，据题设 $\boldsymbol{A}$ 显然可对角化，所以 $\mathbb{R}^n$ 可表示为 $\boldsymbol{A}$ 的所有特征子空间的直和，即

$$\mathbb{R}^n=V_{\lambda_1}\oplus V_{\lambda_2}\oplus\cdots\oplus V_{\lambda_s}.$$

对于每一个 λ_i，因为 $\operatorname{rank}(\lambda_i\boldsymbol{E}-\boldsymbol{A})=n-1$，所以 $(\lambda_i\boldsymbol{E}-\boldsymbol{A})\boldsymbol{x}=\boldsymbol{0}$ 有且仅有一个线性无关的解，故 $\dim V_{\lambda_i}=1$. 因此，有

$$s=\sum_{i=1}^{s}\dim V_{\lambda_i}=\dim\mathbb{R}^n=n.$$

(3) 参见本章例6.99的解答.

【例6.76】(厦门大学，2009年)　设 n 维线性空间 V 上线性变换 φ 有 $n+1$ 个特征向量，且其中的任意 n 个向量都是线性无关的. 求证：φ 为数乘变换.

【证】 设 $\boldsymbol{\eta}_i$ 是 φ 的属于特征值 λ_i 的特征向量，即 $\varphi(\boldsymbol{\eta}_i)=\lambda_i\boldsymbol{\eta}_i(i=0,1,\cdots,n)$，且 $\boldsymbol{\eta}_0,\boldsymbol{\eta}_1,\cdots,\boldsymbol{\eta}_n$ 中的任意 n 个向量都是线性无关的，则 $\boldsymbol{\eta}_1,\boldsymbol{\eta}_2,\cdots,\boldsymbol{\eta}_n$ 是 V 的一个基. 令

$$\boldsymbol{\eta}_0=a_1\boldsymbol{\eta}_1+a_2\boldsymbol{\eta}_2+\cdots+a_n\boldsymbol{\eta}_n,$$

易知，$a_1,a_2,\cdots,a_n$ 均不为零. 用 φ 作用于上式两边并利用 $\varphi(\boldsymbol{\eta}_0)=\lambda_0\boldsymbol{\eta}_0$，得

$$a_1(\lambda_0-\lambda_1)\boldsymbol{\eta}_1+a_2(\lambda_0-\lambda_2)\boldsymbol{\eta}_2+\cdots+a_n(\lambda_0-\lambda_n)\boldsymbol{\eta}_n=\boldsymbol{0}.$$

于是，有 $a_i(\lambda_0-\lambda_i)=0$，从而 $\lambda_0=\lambda_i,i=1,2,\cdots,n$. 现任取 $\boldsymbol{\alpha}\in V$，令 $\boldsymbol{\alpha}=\sum\limits_{i=1}^{n}x_i\boldsymbol{\eta}_i$，则

$$\varphi(\boldsymbol{\alpha})=\sum_{i=1}^{n}x_i\varphi(\boldsymbol{\eta}_i)=\lambda_0\sum_{i=1}^{n}x_i\boldsymbol{\eta}_i=\lambda_0\boldsymbol{\alpha},$$

因此，φ 为数乘变换.

【例6.77】(云南大学，2004年；兰州大学，2008年)　设 V 为数域 P 上的 n 维线性空间，

σ 是 V 的线性变换，且在 P 中有 n 个不同的特征值 $\lambda_1,\lambda_2,\cdots,\lambda_n$，$\boldsymbol{\alpha}\in V$. 证明：$\boldsymbol{\alpha}$，$\sigma(\boldsymbol{\alpha}),\sigma^2(\boldsymbol{\alpha}),\cdots,\sigma^{n-1}(\boldsymbol{\alpha})$ 线性无关的充分必要条件是 $\boldsymbol{\alpha}=\sum\limits_{i=1}^{n}\boldsymbol{\alpha}_i$，其中 $\boldsymbol{\alpha}_i$ 是 σ 的相应于 λ_i 的特征向量，$i=1,2,\cdots,n$.

【证】 设 $\boldsymbol{\xi}_i\in V$ 是 σ 的属于特征值 λ_i 的特征向量，$i=1,2,\cdots,n$. 因为 $\lambda_1,\lambda_2,\cdots,\lambda_n$ 互不相同，所以 $\boldsymbol{\xi}_1,\boldsymbol{\xi}_2,\cdots,\boldsymbol{\xi}_n$ 线性无关，从而构成 V 的一个基. $\forall\boldsymbol{\alpha}\in V$，令 $\boldsymbol{\alpha}=\sum\limits_{i=1}^{n}k_i\boldsymbol{\xi}_i$，有

$$(\boldsymbol{\alpha},\sigma(\boldsymbol{\alpha}),\sigma^2(\boldsymbol{\alpha}),\cdots,\sigma^{n-1}(\boldsymbol{\alpha}))=(\boldsymbol{\xi}_1,\boldsymbol{\xi}_2,\cdots,\boldsymbol{\xi}_n)\begin{pmatrix}k_1 & k_1\lambda_1 & k_1\lambda_1^2 & \cdots & k_1\lambda_1^{n-1}\\ k_2 & k_2\lambda_2 & k_2\lambda_2^2 & \cdots & k_2\lambda_2^{n-1}\\ \vdots & \vdots & \vdots & & \vdots\\ k_n & k_n\lambda_n & k_n\lambda_n^2 & \cdots & k_n\lambda_n^{n-1}\end{pmatrix}$$
$$=(\boldsymbol{\xi}_1,\boldsymbol{\xi}_2,\cdots,\boldsymbol{\xi}_n)\boldsymbol{T},$$

这里，矩阵

$$\boldsymbol{T}=\begin{pmatrix}k_1 & k_1\lambda_1 & k_1\lambda_1^2 & \cdots & k_1\lambda_1^{n-1}\\ k_2 & k_2\lambda_2 & k_2\lambda_2^2 & \cdots & k_2\lambda_2^{n-1}\\ \vdots & \vdots & \vdots & & \vdots\\ k_n & k_n\lambda_n & k_n\lambda_n^2 & \cdots & k_n\lambda_n^{n-1}\end{pmatrix}.$$

因此，$\boldsymbol{\alpha},\sigma(\boldsymbol{\alpha}),\sigma^2(\boldsymbol{\alpha}),\cdots,\sigma^{n-1}(\boldsymbol{\alpha})$ 线性无关 $\Leftrightarrow$ $\boldsymbol{T}$ 是满秩矩阵 $\Leftrightarrow$ $\det\boldsymbol{T}\neq 0$. 易知

$$\det\boldsymbol{T}=\begin{vmatrix}k_1 & k_1\lambda_1 & \cdots & k_1\lambda_1^{n-1}\\ k_2 & k_2\lambda_2 & \cdots & k_2\lambda_2^{n-1}\\ \vdots & \vdots & & \vdots\\ k_n & k_n\lambda_n & \cdots & k_n\lambda_n^{n-1}\end{vmatrix}=\prod_{i=1}^{n}k_i\prod_{1\leqslant j<i\leqslant n}(\lambda_i-\lambda_j),$$

因为 $\lambda_1,\lambda_2,\cdots,\lambda_n$ 互不相同，所以 $\det\boldsymbol{T}\neq 0\Leftrightarrow k_i\neq 0(1\leqslant i\leqslant n)$.

这就证明了，当 $\boldsymbol{\alpha}=\sum\limits_{i=1}^{n}\boldsymbol{\xi}_i$ 时，$\det\boldsymbol{T}\neq 0$，因此 $\boldsymbol{\alpha},\sigma(\boldsymbol{\alpha}),\cdots,\sigma^{n-1}(\boldsymbol{\alpha})$ 线性无关. 反之，若 $\boldsymbol{\alpha},\sigma(\boldsymbol{\alpha}),\cdots,\sigma^{n-1}(\boldsymbol{\alpha})$ 线性无关，则 $k_i\neq 0(1\leqslant i\leqslant n)$. 此时，令 $\boldsymbol{\alpha}_i=k_i\boldsymbol{\xi}_i$，则 $\boldsymbol{\alpha}_i\in V$ 是 σ 的属于特征值 λ_i 的特征向量$(1\leqslant i\leqslant n)$，且 $\boldsymbol{\alpha}=\sum\limits_{i=1}^{n}\boldsymbol{\alpha}_i$.

【例 6.78】(VJIMC 试题，2006 年) 设 n 阶方阵 $\boldsymbol{A}=(a_{ij})$ 的所有元素均为非负实数，且满足 $\sum\limits_{i=1}^{n}\sum\limits_{j=1}^{n}a_{ij}=n$. 证明：

(1) $|\det\boldsymbol{A}|\leqslant 1$；

(2) 如果 $|\det\boldsymbol{A}|=1$，那么对于 $\boldsymbol{A}$ 的任一特征值 $\lambda\in\mathbb{C}$，都有 $|\lambda|=1$.

【证】 (1) 令 $d_i=\sum\limits_{j=1}^{n}a_{ij}$，$i=1,2,\cdots,n$，则 $d_i\geqslant 0$，且 $\sum\limits_{i=1}^{n}d_i=n$. 若某个 $d_i=0$，则 $\boldsymbol{A}$ 的第 i 行元素 $a_{ij}=0(1\leqslant j\leqslant n)$. 此时，显然有 $\det\boldsymbol{A}=0$，结论成立. 下设 $d_1>0,d_2>0,\cdots,d_n>0$.

考虑矩阵分解 $A=DB$,其中 $D=\mathrm{diag}(d_1,d_2,\cdots,d_n)$ 为对角矩阵,$B=(b_{ij})$ 的元素满足

$$b_{ij}=\frac{a_{ij}}{d_i},\quad i,j=1,2,\cdots,n.$$

由于 $0\leqslant b_{ij}\leqslant 1$,且 $\sum\limits_{i=1}^{n} b_{ij}=1$,所以 B 为概率矩阵. 根据本章例 6.53 知,对于 B 的任一特征值 $\lambda\in\mathbb{C}$,都有 $|\lambda|\leqslant 1$,从而 $|\det B|\leqslant 1$. 因此

$$|\det A|\leqslant |\det D|=d_1d_2\cdots d_n\leqslant\left(\frac{d_1+d_2+\cdots+d_n}{n}\right)^n=1.$$

(2) 若 $|\det A|=1$,则上述等号成立. 这表明 $D=E$ 为单位矩阵,而 $A=B$. 设 $\lambda_1,\lambda_2,\cdots,\lambda_n\in\mathbb{C}$ 为 A 的全部特征值,因为 $|\lambda_i|\leqslant 1$,且 $|\lambda_1\lambda_2\cdots\lambda_n|=1$,所以 $|\lambda_i|=1(1\leqslant i\leqslant n)$.

【注】 VJIMC 即以已故捷克数学家 Vojtěch Jarník 的名字冠名的国际大学生数学竞赛,创始于 1991 年,每年 3 月或 4 月在捷克的 Ostrava 大学举行,详见[28].

§6.4 矩阵相似与可对角化(Ⅰ)

基本理论与要点提示

6.4.1 矩阵的相似

设 $A,B\in M_n(K)$,如果存在 n 阶可逆矩阵 P 使得 $P^{-1}AP=B$,那么称 A 与 B 相似. 如果 A 可与一对角矩阵相似,那么称 A 可对角化.

(1) 线性变换 $\mathscr{A}\in\mathrm{End}_K(V)$ 在 V 的不同基下的矩阵是相似的;

(2) 相似矩阵的特征多项式相同,因而特征值相同;

(3) 相似矩阵的秩相等,迹相等,行列式相等.

6.4.2 线性变换可对角化

设线性变换 $\mathscr{A}\in\mathrm{End}_K(V)$,如果线性空间 V 中存在一个基使得 $\mathscr{A}$ 在这个基下的矩阵是对角矩阵,那么称 $\mathscr{A}$ 是可对角化的.

(1) 如果线性变换 $\mathscr{A}\in\mathrm{End}_K(V)$ 在数域 K 上有 n 个不同的特征值,那么 $\mathscr{A}$ 可对角化;

(2) 线性变换 $\mathscr{A}\in\mathrm{End}_K(V)$ 可对角化当且仅当 V 有一个由 $\mathscr{A}$ 的特征向量组成的基;

(3) 线性变换 $\mathscr{A}\in\mathrm{End}_K(V)$ 可对角化当且仅当 V 可分解成 $\mathscr{A}$ 的特征子空间的直和;

(4) 线性变换 $\mathscr{A}\in\mathrm{End}_K(V)$ 可对角化当且仅当 $\mathscr{A}$ 的特征子空间的维数之和等于 $\dim V$;

(5) 线性变换 $\mathscr{A}\in\mathrm{End}_{\mathbb{C}}(V)$ 可对角化当且仅当对 V 的任意 $\mathscr{A}$-不变子空间 U,都存在 V 的 $\mathscr{A}$-不变子空间 W,使得 $V=U\oplus W$.(注:参见本章例 6.121 及练习 6.69.)

对于矩阵的可对角化也有相应的结论,此处从略.

典型问题解析

【例 6.79】(北京科技大学,2004 年) 设 A, B 均为 n 阶方阵.

(1) 若矩阵 A 与矩阵 B 相似,证明: A 与 B 有相同的特征值;

(2) 举例说明,上述命题的逆命题不成立;

(3) 若 A 与 B 均为实对称矩阵,则(1)的逆命题成立.

【解】 (1) 若 $\boldsymbol{A},\boldsymbol{B}$ 相似,则存在可逆矩阵 $\boldsymbol{P}$,使 $\boldsymbol{P}^{-1}\boldsymbol{AP}=\boldsymbol{B}$, 故

$$|\lambda\boldsymbol{E}-\boldsymbol{B}|=|\boldsymbol{P}^{-1}(\lambda\boldsymbol{E}-\boldsymbol{A})\boldsymbol{P}|=|\boldsymbol{P}^{-1}||\lambda\boldsymbol{E}-\boldsymbol{A}||\boldsymbol{P}|=|\lambda\boldsymbol{E}-\boldsymbol{A}|.$$

所以 $\boldsymbol{A}$ 与 $\boldsymbol{B}$ 有相同的特征值.

(2) 令 $\boldsymbol{A}=\begin{pmatrix}0&1\\0&0\end{pmatrix}$, $\boldsymbol{B}=\begin{pmatrix}0&0\\0&0\end{pmatrix}$, 则

$$|\lambda\boldsymbol{E}-\boldsymbol{A}|=\begin{vmatrix}\lambda&-1\\0&\lambda\end{vmatrix}=\lambda^2=\begin{vmatrix}\lambda&0\\0&\lambda\end{vmatrix}=|\lambda\boldsymbol{E}-\boldsymbol{B}|.$$

但由于 $\operatorname{rank}\boldsymbol{A}\neq\operatorname{rank}\boldsymbol{B}$,所以 $\boldsymbol{A},\boldsymbol{B}$ 不相似.

(3) 由题设 $\boldsymbol{A},\boldsymbol{B}$ 有相同的特征值,设为 $\lambda_1,\lambda_2,\cdots,\lambda_n$.

又 $\boldsymbol{A},\boldsymbol{B}$ 均为实对称矩阵,故存在可逆矩阵 $\boldsymbol{P},\boldsymbol{Q}$,使

$$\boldsymbol{P}^{-1}\boldsymbol{AP}=\begin{pmatrix}\lambda_1&&&\\&\lambda_2&&\\&&\ddots&\\&&&\lambda_n\end{pmatrix}=\boldsymbol{Q}^{-1}\boldsymbol{BQ}.$$

于是 $(\boldsymbol{PQ}^{-1})^{-1}\boldsymbol{A}(\boldsymbol{PQ}^{-1})=\boldsymbol{B}$. 由 $\boldsymbol{PQ}^{-1}$ 为可逆矩阵知,$\boldsymbol{A}$ 与 $\boldsymbol{B}$ 相似.

【例 6.80】(兰州大学,2009 年) 已知矩阵 $\boldsymbol{A}=\begin{pmatrix}1&2&2\\2&a&2\\2&2&1\end{pmatrix}$,$\boldsymbol{B}=\begin{pmatrix}-1&0&0\\0&-1&0\\0&0&b\end{pmatrix}$. 问 a,b 取何值时 $\boldsymbol{A}$ 与 $\boldsymbol{B}$ 相似? 并求可逆矩阵 $\boldsymbol{P}$ 使得 $\boldsymbol{P}^{-1}\boldsymbol{AP}=\boldsymbol{B}$.

【解】 由于 $\boldsymbol{A}$ 与 $\boldsymbol{B}$ 相似, 它们的特征多项式相同,所以 $|\lambda\boldsymbol{E}-\boldsymbol{A}|=|\lambda\boldsymbol{E}-\boldsymbol{B}|$, 即

$$\begin{vmatrix}\lambda-1&-2&-2\\-2&\lambda-a&-2\\-2&-2&\lambda-1\end{vmatrix}=\begin{vmatrix}\lambda+1&0&0\\0&\lambda+1&0\\0&0&\lambda-b\end{vmatrix},$$

也即 $(\lambda+1)(\lambda^2-(3+a)\lambda+3a-8)=(\lambda+1)^2(\lambda-b)$. 比较两边的系数, 得 $a=1$, $b=5$.

进一步,容易求得 $\boldsymbol{A}$ 的特征值 -1(二重),5 对应的特征向量依次为

$$\boldsymbol{\xi}_1=(-1,1,0)^{\mathrm{T}},\quad \boldsymbol{\xi}_2=(-1,0,1)^{\mathrm{T}},\quad \boldsymbol{\xi}_3=(1,1,1)^{\mathrm{T}}.$$

从而得可逆矩阵 $\boldsymbol{P}=(\boldsymbol{\xi}_1,\boldsymbol{\xi}_2,\boldsymbol{\xi}_3)=\begin{pmatrix}-1&-1&1\\1&0&1\\0&1&1\end{pmatrix}$. 容易验证有 $\boldsymbol{P}^{-1}\boldsymbol{AP}=\boldsymbol{B}$, 故 $\boldsymbol{P}$ 即为所求.

【注】 也可用矩阵的特征值、相似矩阵的性质求 a 和 b 的值. 下面给出两种方法:

(方法 1)因为 $\boldsymbol{A}$ 与 $\boldsymbol{B}$ 相似,所以具有相同的迹和相同的行列式,即 $\operatorname{tr}\boldsymbol{A}=\operatorname{tr}\boldsymbol{B}$, $\det\boldsymbol{A}=\det\boldsymbol{B}$. 故

$$2+a=-2+b,\quad -3a+8=b.$$

解得 $a=1$, $b=5$.

(方法 2)因为 $\boldsymbol{A}$ 相似于对角矩阵 $\boldsymbol{B}$,即 $\boldsymbol{A}$ 可对角化,所以对于特征值 $\lambda_1=-1$(二重),其几何重数为 2,即 $3-\operatorname{rank}(\lambda_1\boldsymbol{E}-\boldsymbol{A})=2$. 由此解得 $a=1$. 再由 $\operatorname{tr}\boldsymbol{A}=\operatorname{tr}\boldsymbol{B}$ 即可得 $b=5$.

【例 6.81】(武汉大学,1995 年;中国科学院,2009 年) 设 $\boldsymbol{A},\boldsymbol{B}$ 是 n 阶实方阵,且存在 n 阶

复方阵 $\boldsymbol{Q}$ 使得 $\boldsymbol{A}=\boldsymbol{Q}^{-1}\boldsymbol{B}\boldsymbol{Q}$. 证明:必存在 n 阶可逆实方阵 $\boldsymbol{P}$ 使得 $\boldsymbol{A}=\boldsymbol{P}^{-1}\boldsymbol{B}\boldsymbol{P}$.

【证】 设 $\boldsymbol{Q}=\boldsymbol{Q}_1+\mathrm{i}\boldsymbol{Q}_2$,其中 $\boldsymbol{Q}_1,\boldsymbol{Q}_2$ 都是 n 阶实方阵,而 $\mathrm{i}=\sqrt{-1}$ 是虚数单位. 因为 $\boldsymbol{A}=\boldsymbol{Q}^{-1}\boldsymbol{B}\boldsymbol{Q}$ 即 $\boldsymbol{Q}\boldsymbol{A}=\boldsymbol{B}\boldsymbol{Q}$,$(\boldsymbol{Q}_1+\mathrm{i}\boldsymbol{Q}_2)\boldsymbol{A}=\boldsymbol{B}(\boldsymbol{Q}_1+\mathrm{i}\boldsymbol{Q}_2)$,所以 $\boldsymbol{Q}_1\boldsymbol{A}=\boldsymbol{B}\boldsymbol{Q}_1$,$\boldsymbol{Q}_2\boldsymbol{A}=\boldsymbol{B}\boldsymbol{Q}_2$. 于是,有

$$(\boldsymbol{Q}_1+a\boldsymbol{Q}_2)\boldsymbol{A}=\boldsymbol{B}(\boldsymbol{Q}_1+a\boldsymbol{Q}_2),\quad \forall a\in\mathbb{R}.$$

由于 $|\boldsymbol{Q}_1+\mathrm{i}\boldsymbol{Q}_2|\neq 0$,知 $|\boldsymbol{Q}_1+\lambda\boldsymbol{Q}_2|$ 是 λ 的非零实系数多项式,所以必存在 $a_0\in\mathbb{R}$,使得 $|\boldsymbol{Q}_1+a_0\boldsymbol{Q}_2|\neq 0$. 因此,$\boldsymbol{P}=\boldsymbol{Q}_1+a_0\boldsymbol{Q}_2$ 是 n 阶可逆实矩阵,且 $\boldsymbol{A}=\boldsymbol{P}^{-1}\boldsymbol{B}\boldsymbol{P}$.

【例 6.82】(南京大学,2002 年) 设 3 阶方阵 $\boldsymbol{A}$ 的特征值为 $\lambda_1=1$, $\lambda_2=2$, $\lambda_3=3$, 对应的特征向量依次为

$$\boldsymbol{\xi}_1=\begin{pmatrix}1\\1\\1\end{pmatrix},\quad \boldsymbol{\xi}_2=\begin{pmatrix}1\\2\\4\end{pmatrix},\quad \boldsymbol{\xi}_3=\begin{pmatrix}1\\3\\9\end{pmatrix},$$

又设向量 $\boldsymbol{\beta}=\begin{pmatrix}1\\1\\3\end{pmatrix}$.

(1) 将 $\boldsymbol{\beta}$ 用 $\boldsymbol{\xi}_1,\boldsymbol{\xi}_2,\boldsymbol{\xi}_3$ 线性表示;

(2) 求 $\boldsymbol{A}^n\boldsymbol{\beta}$ (n 为自然数).

【解】 (1) 设 $\boldsymbol{\beta}=x_1\boldsymbol{\xi}_1+x_2\boldsymbol{\xi}_2+x_3\boldsymbol{\xi}_3$,则有如下线性方程组

$$\begin{cases}x_1+x_2+x_3=1,\\x_1+2x_2+3x_3=1,\\x_1+4x_2+9x_3=3.\end{cases}$$

解得唯一解为 $(x_1,x_2,x_3)=(2,-2,1)$. 所以 $\boldsymbol{\beta}=2\boldsymbol{\xi}_1-2\boldsymbol{\xi}_2+\boldsymbol{\xi}_3$.

(2) (方法 1) 据题设 $\boldsymbol{A}\boldsymbol{\xi}_i=\lambda_i\boldsymbol{\xi}_i$,有 $\boldsymbol{A}^n\boldsymbol{\xi}_i=\lambda_i^n\boldsymbol{\xi}_i$,$i=1,2,3$. 所以

$$\begin{aligned}\boldsymbol{A}^n\boldsymbol{\beta}&=\boldsymbol{A}^n(2\boldsymbol{\xi}_1-2\boldsymbol{\xi}_2+\boldsymbol{\xi}_3)=2\lambda_1^n\boldsymbol{\xi}_1-2\lambda_2^n\boldsymbol{\xi}_2+\lambda_3^n\boldsymbol{\xi}_3\\&=2\begin{pmatrix}1\\1\\1\end{pmatrix}-2^{n+1}\begin{pmatrix}1\\2\\4\end{pmatrix}+3^n\begin{pmatrix}1\\3\\9\end{pmatrix}=\begin{pmatrix}2-2^{n+1}+3^n\\2-2^{n+2}+3^{n+1}\\2-2^{n+3}+3^{n+2}\end{pmatrix}.\end{aligned}$$

(方法 2) 令 $\boldsymbol{P}=(\boldsymbol{\xi}_1,\boldsymbol{\xi}_2,\boldsymbol{\xi}_3)$,因为属于不同特征值的特征向量是线性无关的,所以 $\boldsymbol{P}$ 为可逆矩阵. 故由 $\boldsymbol{A}\boldsymbol{\xi}_i=\lambda_i\boldsymbol{\xi}_i$,$i=1,2,3$,得

$$\boldsymbol{P}^{-1}\boldsymbol{A}\boldsymbol{P}=\begin{pmatrix}1&&\\&2&\\&&3\end{pmatrix},\quad \boldsymbol{P}^{-1}\boldsymbol{A}^n\boldsymbol{P}=\begin{pmatrix}1&&\\&2^n&\\&&3^n\end{pmatrix}.$$

于是

$$\boldsymbol{A}^n\boldsymbol{\beta}=\boldsymbol{P}\begin{pmatrix}1&&\\&2^n&\\&&3^n\end{pmatrix}\boldsymbol{P}^{-1}\boldsymbol{\beta}=\begin{pmatrix}1&1&1\\1&2&3\\1&4&9\end{pmatrix}\begin{pmatrix}1&&\\&2^n&\\&&3^n\end{pmatrix}\begin{pmatrix}2\\-2\\1\end{pmatrix}=\begin{pmatrix}2-2^{n+1}+3^n\\2-2^{n+2}+3^{n+1}\\2-2^{n+3}+3^{n+2}\end{pmatrix}.$$

【例 6.83】(大连理工大学,2007 年) 设 $\boldsymbol{A},\boldsymbol{B}$ 均为 n 阶方阵,且 $\boldsymbol{A}$ 与 $\boldsymbol{B}$ 有相同的 n 个互异

的特征值. 证明:存在 n 阶方阵 $\boldsymbol{P},\boldsymbol{Q}$ 使 $\boldsymbol{A}=\boldsymbol{PQ},\boldsymbol{B}=\boldsymbol{QP}$,且 $\boldsymbol{P},\boldsymbol{Q}$ 中至少有一个可逆.

【证】 因为 $\boldsymbol{A},\boldsymbol{B}$ 都有 n 个互异的特征值,所以都可对角化,故存在 n 阶可逆矩阵 $\boldsymbol{P}_1$, $\boldsymbol{P}_2$,使

$$\boldsymbol{P}_1^{-1}\boldsymbol{A}\boldsymbol{P}_1=\operatorname{diag}(\lambda_1,\lambda_2,\cdots,\lambda_n),$$
$$\boldsymbol{P}_2^{-1}\boldsymbol{B}\boldsymbol{P}_2=\operatorname{diag}(\lambda_1,\lambda_2,\cdots,\lambda_n),$$

这里 $\lambda_1,\lambda_2,\cdots,\lambda_n$ 是 $\boldsymbol{A}$ 与 $\boldsymbol{B}$ 的公共特征值. 于是有

$$\boldsymbol{P}_2\boldsymbol{P}_1^{-1}\boldsymbol{A}\boldsymbol{P}_1\boldsymbol{P}_2^{-1}=\boldsymbol{B}.$$

令 $\boldsymbol{P}_1\boldsymbol{P}_2^{-1}=\boldsymbol{P},\boldsymbol{P}_2\boldsymbol{P}_1^{-1}\boldsymbol{A}=\boldsymbol{Q}$,则 $\boldsymbol{A}=\boldsymbol{PQ},\boldsymbol{B}=\boldsymbol{QP}$,且 $\boldsymbol{P}$ 是可逆矩阵.

【例 6.84】(西安电子科技大学,2005 年) 设 $\boldsymbol{A}_1,\boldsymbol{A}_2,\boldsymbol{B}_1,\boldsymbol{B}_2$ 是 n 阶方阵,其中 $\boldsymbol{A}_2,\boldsymbol{B}_2$ 是可逆的. 试证:存在可逆矩阵 $\boldsymbol{P},\boldsymbol{Q}$ 使 $\boldsymbol{P}\boldsymbol{A}_i\boldsymbol{Q}=\boldsymbol{B}_i(i=1,2)$成立的充分必要条件是 $\boldsymbol{A}_1\boldsymbol{A}_2^{-1}$ 与 $\boldsymbol{B}_1\boldsymbol{B}_2^{-1}$ 相似.

【证】 必要性. 设可逆矩阵 $\boldsymbol{P},\boldsymbol{Q}$ 使 $\boldsymbol{P}\boldsymbol{A}_1\boldsymbol{Q}=\boldsymbol{B}_1,\boldsymbol{P}\boldsymbol{A}_2\boldsymbol{Q}=\boldsymbol{B}_2$. 对后者两边同时求逆,得

$$\boldsymbol{Q}^{-1}\boldsymbol{A}_2^{-1}\boldsymbol{P}^{-1}=\boldsymbol{B}_2^{-1}.$$

于是有$(\boldsymbol{P}\boldsymbol{A}_1\boldsymbol{Q})(\boldsymbol{Q}^{-1}\boldsymbol{A}_2^{-1}\boldsymbol{P}^{-1})=\boldsymbol{B}_1\boldsymbol{B}_2^{-1}$,即 $\boldsymbol{P}\boldsymbol{A}_1\boldsymbol{A}_2^{-1}\boldsymbol{P}^{-1}=\boldsymbol{B}_1\boldsymbol{B}_2^{-1}$,故 $\boldsymbol{A}_1\boldsymbol{A}_2^{-1}$ 与 $\boldsymbol{B}_1\boldsymbol{B}_2^{-1}$ 相似.

充分性. 设 $\boldsymbol{A}_1\boldsymbol{A}_2^{-1}$ 与 $\boldsymbol{B}_1\boldsymbol{B}_2^{-1}$ 相似,则存在可逆矩阵 $\boldsymbol{P}$,使得 $\boldsymbol{P}\boldsymbol{A}_1\boldsymbol{A}_2^{-1}\boldsymbol{P}^{-1}=\boldsymbol{B}_1\boldsymbol{B}_2^{-1}$,即

$$\boldsymbol{P}\boldsymbol{A}_1\boldsymbol{A}_2^{-1}\boldsymbol{P}^{-1}\boldsymbol{B}_2=\boldsymbol{B}_1.$$

令 $\boldsymbol{Q}=\boldsymbol{A}_2^{-1}\boldsymbol{P}^{-1}\boldsymbol{B}_2$,则 $\boldsymbol{P}\boldsymbol{A}_1\boldsymbol{Q}=\boldsymbol{B}_1,\boldsymbol{P}\boldsymbol{A}_2\boldsymbol{Q}=\boldsymbol{B}_2$.

【例 6.85】(中山大学,2006 年) 设 $\boldsymbol{A}=\begin{pmatrix}a&b\\c&d\end{pmatrix}$,其中 a,b,c,d 是实数,且 $ad-bc=1$. 证明:如果 $|a+d|<2$,那么存在实数 θ 和可逆矩阵 $\boldsymbol{T}$,使得 $\boldsymbol{T}^{-1}\boldsymbol{A}\boldsymbol{T}=\begin{pmatrix}\cos\theta&\sin\theta\\-\sin\theta&\cos\theta\end{pmatrix}$.

【证】 首先,据题设可知,$\boldsymbol{A}$ 的特征值是一对模为 1 的共轭虚数. 设其中一个为

$$\lambda=\cos\theta+\mathrm{i}\sin\theta,$$

对应的一个特征向量为 $\boldsymbol{\xi}_1+\mathrm{i}\boldsymbol{\xi}_2$,其中 $\boldsymbol{\xi}_1,\boldsymbol{\xi}_2\in\mathbb{R}^2$,且不同时为零,不妨设 $\boldsymbol{\xi}_2\neq\boldsymbol{0}$. 于是

$$\boldsymbol{A}(\boldsymbol{\xi}_1+\mathrm{i}\boldsymbol{\xi}_2)=(\cos\theta+\mathrm{i}\sin\theta)(\boldsymbol{\xi}_1+\mathrm{i}\boldsymbol{\xi}_2).$$

比较上式两边的实部和虚部,得

$$\boldsymbol{A}\boldsymbol{\xi}_1=\cos\theta\boldsymbol{\xi}_1-\sin\theta\boldsymbol{\xi}_2,\quad \boldsymbol{A}\boldsymbol{\xi}_2=\sin\theta\boldsymbol{\xi}_1+\cos\theta\boldsymbol{\xi}_2. \qquad ①$$

下证 $\boldsymbol{\xi}_1,\boldsymbol{\xi}_2$ 线性无关. 若不然,则 $\boldsymbol{\xi}_1=k\boldsymbol{\xi}_2$,其中 $k\in\mathbb{R}$. 代入上述第二个式子,有

$$\boldsymbol{A}\boldsymbol{\xi}_2=(k\sin\theta+\cos\theta)\boldsymbol{\xi}_2,$$

这表明$(k\sin\theta+\cos\theta)$是 $\boldsymbol{A}$ 的一个实特征值,矛盾. 令 $\boldsymbol{T}=(\boldsymbol{\xi}_1,\boldsymbol{\xi}_2)$,则 $\boldsymbol{T}$ 可逆,再由①式有

$$\boldsymbol{T}^{-1}\boldsymbol{A}\boldsymbol{T}=\begin{pmatrix}\cos\theta&\sin\theta\\-\sin\theta&\cos\theta\end{pmatrix}.$$

【例 6.86】(四川大学,2011 年;华东师范大学,2015 年) 设 $\boldsymbol{A},\boldsymbol{B}\in M_2(\mathbb{R})$,满足 $\boldsymbol{A}^2=\boldsymbol{B}^2=\boldsymbol{E}$,且 $\boldsymbol{AB}+\boldsymbol{BA}=\boldsymbol{O}$. 证明:存在可逆矩阵 $\boldsymbol{T}\in M_2(\mathbb{R})$使 $\boldsymbol{TAT}^{-1}=\begin{pmatrix}1&0\\0&-1\end{pmatrix}$且 $\boldsymbol{TBT}^{-1}=\begin{pmatrix}0&1\\1&0\end{pmatrix}$.

【证】 据题设 $\boldsymbol{A}^2=\boldsymbol{B}^2=\boldsymbol{E}$,所以 $\boldsymbol{A},\boldsymbol{B}$ 的特征多项式均为 $f(\lambda)=\lambda^2-1$,且 $\boldsymbol{A},\boldsymbol{B}$ 均可对角

化. 又由 $\boldsymbol{AB}+\boldsymbol{BA}=\boldsymbol{O}$ 知, $\boldsymbol{A},\boldsymbol{B}$ 均不等于 $\pm\boldsymbol{E}$, 所以 $\boldsymbol{A},\boldsymbol{B}$ 均有特征值 1 和 -1. 于是, 存在可逆矩阵 $\boldsymbol{P}\in M_2(\mathbb{R})$, 使得 $\boldsymbol{P}^{-1}\boldsymbol{AP}=\begin{pmatrix}1&0\\0&-1\end{pmatrix}$.

令 $\boldsymbol{H}=\boldsymbol{P}^{-1}\boldsymbol{BP}$, 则 $\boldsymbol{H}^2=\boldsymbol{E}$. 再由 $\boldsymbol{AB}+\boldsymbol{BA}=\boldsymbol{O}$ 有, $(\boldsymbol{P}^{-1}\boldsymbol{AP})\boldsymbol{H}+\boldsymbol{H}(\boldsymbol{P}^{-1}\boldsymbol{AP})=\boldsymbol{O}$, 因此

$$\boldsymbol{H}=\begin{pmatrix}0&h\\\dfrac{1}{h}&0\end{pmatrix}\quad(h\neq 0).$$

现在, 取 $\boldsymbol{T}=\begin{pmatrix}1&\\&h\end{pmatrix}\boldsymbol{P}^{-1}$, 则 $\boldsymbol{T}$ 是可逆实矩阵, 且 $\boldsymbol{TAT}^{-1}=\begin{pmatrix}1&0\\0&-1\end{pmatrix}$, $\boldsymbol{TBT}^{-1}=\begin{pmatrix}0&1\\1&0\end{pmatrix}$.

【例 6.87】(北京航空航天大学,2005 年;华南理工大学,2017 年) 设 $\boldsymbol{A}$ 是复数域上的 n 阶方阵, 证明: 存在可逆复矩阵 $\boldsymbol{U}$, 使 $\boldsymbol{U}^{-1}\boldsymbol{AU}$ 为上三角矩阵.

【证】 对矩阵阶数 n 用数学归纳法. 当 $n=1$ 时结论显然成立. 现设结论对 $n-1$ 阶方阵成立, 下证对于 n 阶方阵 $\boldsymbol{A}$ 结论也成立.

设 λ_1 是 $\boldsymbol{A}$ 的一个特征值, 相应的特征向量是 $\boldsymbol{\eta}_1\in\mathbb{C}^n$, 把 $\boldsymbol{\eta}_1$ 扩充成 $\mathbb{C}^n$ 的一个基 $\boldsymbol{\eta}_1,\boldsymbol{\eta}_2,\cdots,\boldsymbol{\eta}_n$, 令 $\boldsymbol{P}=(\boldsymbol{\eta}_1,\boldsymbol{\eta}_2,\cdots,\boldsymbol{\eta}_n)$, 则 $\boldsymbol{P}$ 是可逆矩阵, 且

$$\boldsymbol{AP}=\boldsymbol{P}\begin{pmatrix}\lambda_1&*\\\boldsymbol{0}&\boldsymbol{B}\end{pmatrix},\quad \text{即}\quad \boldsymbol{P}^{-1}\boldsymbol{AP}=\begin{pmatrix}\lambda_1&*\\\boldsymbol{0}&\boldsymbol{B}\end{pmatrix},$$

其中 $\boldsymbol{B}\in M_{n-1}(\mathbb{C})$. 由归纳假设, 存在 $\boldsymbol{Q}\in GL(n-1,\mathbb{C})$, 使得

$$\boldsymbol{Q}^{-1}\boldsymbol{BQ}=\begin{pmatrix}\lambda_2&&*\\&\ddots&\\&&\lambda_n\end{pmatrix}.$$

令 $\boldsymbol{U}=\boldsymbol{P}\begin{pmatrix}1&\boldsymbol{0}\\\boldsymbol{0}&\boldsymbol{Q}\end{pmatrix}$, 则 $\boldsymbol{U}$ 是可逆矩阵(可要求 $\boldsymbol{U}$ 是酉阵, 即 $\overline{\boldsymbol{U}}^{\mathrm{T}}\boldsymbol{U}=\boldsymbol{U}\,\overline{\boldsymbol{U}}^{\mathrm{T}}=\boldsymbol{E}$), 且

$$\boldsymbol{U}^{-1}\boldsymbol{AU}=\begin{pmatrix}\lambda_1&*&\cdots&*\\&\lambda_2&\ddots&\vdots\\&&\ddots&*\\&&&\lambda_n\end{pmatrix}.\tag{①}$$

【注】 本题即著名的 Schur 引理: 任一复方阵都相似于一个上三角矩阵. 由此可证: 设 n 阶方阵 $\boldsymbol{A}$ 的特征值为 $\lambda_1,\lambda_2,\cdots,\lambda_n$, 则 $\boldsymbol{A}^*$ 的 n 个特征值为 $\lambda_i'=\prod\limits_{1\leqslant j\leqslant n,j\neq i}\lambda_j$, $i=1,2,\cdots,n$.

事实上, 对①式两边同时求伴随运算, 并注意到上三角矩阵的伴随矩阵仍是上三角矩阵, 得

$$\boldsymbol{U}^*\boldsymbol{A}^*(\boldsymbol{U}^*)^{-1}=(\boldsymbol{U}^{-1}\boldsymbol{AU})^*=\begin{pmatrix}\prod\limits_{j\neq 1}\lambda_j&*&\cdots&*\\&\prod\limits_{j\neq 2}\lambda_j&\ddots&\vdots\\&&\ddots&*\\&&&\prod\limits_{j\neq n}\lambda_j\end{pmatrix}.$$

所以 A^* 的特征值为 $\lambda_i' = \prod\limits_{1\leqslant j\leqslant n, j\neq i}\lambda_j$，$i=1,2,\cdots,n$.

【例 6.88】（浙江大学，2002 年）　设 A,B 是复数域 $\mathbb{C}$ 上的 n 阶方阵，且 $AB=BA$. 求证：存在一个 n 阶可逆矩阵 P，使得 $P^{-1}AP$ 与 $P^{-1}BP$ 都是上三角矩阵.

【证】　对矩阵的阶数 n 用归纳法. 当 $n=1$ 时，结论显然成立. 假设对于两个可交换的 $n-1$ 阶复方阵结论成立，对于 n 阶复方阵 A,B，由于 $AB=BA$，所以存在公共的复特征向量 ξ_1，即 $A\xi_1=\lambda_1\xi_1$，$B\xi_1=\mu_1\xi_1$，且 $\xi_1\neq 0$. 将 ξ_1 扩充成 n 维线性空间 $\mathbb{C}^n$ 的一个基 $\xi_1,\xi_2,\cdots,\xi_n$，令 $P_1=(\xi_1,\xi_2,\cdots,\xi_n)$，则 P_1 是可逆矩阵，且 $AP_1=P_1\begin{pmatrix}\lambda_1 & \alpha^{\mathrm T}\\ 0 & A_1\end{pmatrix}$，$BP_1=P_1\begin{pmatrix}\mu_1 & \beta^{\mathrm T}\\ 0 & B_1\end{pmatrix}$，其中 A_1,B_1 均为 $n-1$ 阶复方阵. 由 $AB=BA$ 易知 $A_1B_1=B_1A_1$. 根据归纳假设，存在 $n-1$ 阶可逆矩阵 P_2，使

$$P_2^{-1}A_1P_2=\begin{pmatrix}\lambda_2 & \cdots & *\\ & \ddots & \vdots\\ & & \lambda_n\end{pmatrix},\quad P_2^{-1}B_1P_2=\begin{pmatrix}\mu_2 & \cdots & *\\ & \ddots & \vdots\\ & & \mu_n\end{pmatrix}.$$

令 $P=P_1\begin{pmatrix}1 & 0\\ 0 & P_2\end{pmatrix}$，则 P 是 n 阶可逆矩阵，且

$$P^{-1}AP=\begin{pmatrix}\lambda_1 & \alpha^{\mathrm T}P_2\\ 0 & P_2^{-1}A_1P_2\end{pmatrix}=\begin{pmatrix}\lambda_1 & * & \cdots & *\\ & \lambda_2 & \ddots & \vdots\\ & & \ddots & *\\ & & & \lambda_n\end{pmatrix},$$

$$P^{-1}BP=\begin{pmatrix}\mu_1 & \beta^{\mathrm T}P_2\\ 0 & P_2^{-1}B_1P_2\end{pmatrix}=\begin{pmatrix}\mu_1 & * & \cdots & *\\ & \mu_2 & \ddots & \vdots\\ & & \ddots & *\\ & & & \mu_n\end{pmatrix}.$$

【例 6.89】（兰州大学，2008 年）　求所有仅与自身相似的 n 阶方阵.

【解】　设 n 阶方阵 $A=(a_{ij})$ 仅与自身相似，即对任意非奇异矩阵 T，都有 $T^{-1}AT=A$，所以 $AT=TA$. 取 T 为初等矩阵 $P(i(-1))$，有

$$AP(i(-1))=P(i(-1))A.$$

比较上式两端对应元素，得

$$a_{ij}=0,\quad i\neq j;\ i,j=1,2,\cdots,n.$$

所以 $A=\mathrm{diag}(a_{11},a_{22},\cdots,a_{nn})$. 进一步，再取 $T=P(1,i)$，$i\neq 1$，则

$$AP(1,i)=P(1,i)A,$$

比较两端，得 $a_{ii}=a_{11}$，$i=2,3,\cdots,n$. 所以 $A=a_{11}E$ 为数量矩阵.

反之，若 A 为数量矩阵，则 A 与自身相似. 因此，仅与自身相似的方阵为数量矩阵.

【例 6.90】(南京大学,2014 年)　设矩阵 $A=\begin{pmatrix}1&-1&1\\x&4&y\\-3&-3&5\end{pmatrix}$ 有 3 个线性无关的特征向量,且 $\lambda=2$ 是 A 的二重特征值.

(1) 求 x,y 的值;

(2) 求可逆矩阵 P,使得 $P^{-1}AP$ 为对角矩阵.

【解】 (1) 根据题设,A 有 3 个线性无关的特征向量,所以 A 可对角化,A 的任一特征值的几何重数与代数重数相等. 对于特征值 $\lambda=2$(二重),A 有两个线性无关的特征向量,由此可知 $\mathrm{rank}(2E-A)=1$. 利用初等行变换,得

$$2E-A=\begin{pmatrix}1&1&-1\\-x&-2&-y\\3&3&-3\end{pmatrix}\xrightarrow[r_3-3r_1]{r_2+x\times r_1}\begin{pmatrix}1&1&-1\\0&x-2&-x-y\\0&0&0\end{pmatrix},$$

因此,有 $x=2$, $y=-2$.

(2) 此时,矩阵 A 的特征多项式

$$|\lambda E-A|=\begin{vmatrix}\lambda-1&1&-1\\-2&\lambda-4&2\\3&3&\lambda-5\end{vmatrix}=(\lambda-2)^2(\lambda-6),$$

解得特征值 $\lambda_1=\lambda_2=2$, $\lambda_3=6$.

对于特征值 $\lambda_1=\lambda_2=2$, 解齐次线性方程组 $(2E-A)x=0$,对应的特征向量为

$$\alpha_1=(1,-1,0)^{\mathrm T},\quad \alpha_2=(1,0,1)^{\mathrm T};$$

对于 $\lambda_3=6$, 解齐次线性方程组 $(6E-A)x=0$,对应的特征向量为 $\alpha_3=(1,-2,3)^{\mathrm T}$.

令 $P=(\alpha_1,\alpha_2,\alpha_3)=\begin{pmatrix}1&1&1\\-1&0&-2\\0&1&3\end{pmatrix}$,则 $P^{-1}AP=\begin{pmatrix}2&&\\&2&\\&&6\end{pmatrix}$ 为对角矩阵.

【注】 λ_3 也可利用特征值的性质 $\lambda_1+\lambda_2+\lambda_3=1+4+5$ 求得.

【例 6.91】 设 $A\in M_n(K)$,证明:若 $\mathrm{rank}\,A+\mathrm{rank}(A-E)=n$,则 A 可对角化.

【证】 令 $\mathrm{rank}(E-A)=r$,则 $\mathrm{rank}\,A=n-r$. 若 $r=0$ 或 $r=n$,则 $A=E$ 或 $A=O$,结论当然成立. 下设 $0<r<n$,此时有 $|E-A|=0$ 且 $|A|=0$,所以 $\lambda_1=1$ 与 $\lambda_2=0$ 都是 A 的特征值.

对于 $\lambda_1=1$,由 $(E-A)x=0$ 的解空间维数为 $n-\mathrm{rank}(E-A)=n-r$,知 $\dim V_{\lambda_1}=n-r$.

同理,$\dim V_{\lambda_2}=r$. 于是 $\dim V_{\lambda_1}+\dim V_{\lambda_2}=\dim K^n$. 故 A 可对角化.

【注】 或者利用已知结论:$\mathrm{rank}\,A+\mathrm{rank}(A-E)=n\Leftrightarrow A^2=A$. 于是,若 λ 是 A 的特征值,则 $\lambda^2=\lambda$,得 $\lambda_1=1$ 或 $\lambda_2=0$. 再进一步讨论.

此外,相关的问题及解法还可见第 4 章例 4.83 的方法 2 及其注与例 4.94 的注.

【例 6.92】(华东师范大学,2002 年)　设 σ 为数域 K 上 n 维线性空间 V 的一个线性变换,满足 $\sigma^2=\sigma$,A 为 σ 在 V 的某个基下的矩阵,且 $\mathrm{rank}\,A=r$.

(Ⅰ) 证明:(1) $\sigma+\varepsilon$ 为 V 的可逆线性变换; (2) $\mathrm{rank}\,A=\mathrm{tr}\,A$.

(Ⅱ) 试求 $|2E-A|$.

这里 $\boldsymbol{E}$ 为单位矩阵，ε 为恒等变换，rank 与 tr 分别表示秩和迹.

【解】 (Ⅰ)(1)根据同构对应，$\sigma^2=\sigma\Leftrightarrow \boldsymbol{A}^2=\boldsymbol{A}$，所以$(\boldsymbol{A}+\boldsymbol{E})\left(\boldsymbol{E}-\dfrac{1}{2}\boldsymbol{A}\right)=\boldsymbol{E}$，故 $\boldsymbol{A}+\boldsymbol{E}$ 可逆，即 $\sigma+\varepsilon$ 可逆.(2)由 $\boldsymbol{A}^2=\boldsymbol{A}$ 易知，$\boldsymbol{A}$ 的特征值等于 1 或 0，且 rank $\boldsymbol{A}$+rank$(\boldsymbol{E}-\boldsymbol{A})=n$，故存在可逆矩阵 $\boldsymbol{P}$，使得 $\boldsymbol{P}^{-1}\boldsymbol{A}\boldsymbol{P}=\begin{pmatrix}\boldsymbol{E}_r & \boldsymbol{O}\\ \boldsymbol{O} & \boldsymbol{O}\end{pmatrix}$. 因此 tr $\boldsymbol{A}$=tr$(\boldsymbol{P}^{-1}\boldsymbol{A}\boldsymbol{P})=r=$rank $\boldsymbol{A}$.

(Ⅱ)由(Ⅰ)知

$$|2\boldsymbol{E}-\boldsymbol{A}|=|\boldsymbol{P}^{-1}(2\boldsymbol{E}-\boldsymbol{A})\boldsymbol{P}|=\left|2\boldsymbol{E}-\begin{pmatrix}\boldsymbol{E}_r & \boldsymbol{O}\\ \boldsymbol{O} & \boldsymbol{O}\end{pmatrix}\right|=\begin{vmatrix}\boldsymbol{E}_r & \boldsymbol{O}\\ \boldsymbol{O} & 2\boldsymbol{E}_{n-r}\end{vmatrix}=2^{n-r}.$$

【例 6.93】(东南大学，2008 年) 某工厂生产线每年一月份进行熟练工与非熟练工的人数统计，然后将$\dfrac{1}{8}$熟练工支援其他生产部门，其缺额由招收新的非熟练工补齐. 新、老非熟练工经过培训及实践至年终考核有$\dfrac{2}{7}$成为熟练工. 设第 n 年一月份统计的熟练工和非熟练工所占百分比分别为 x_n 和 y_n，记成向量$\begin{pmatrix}x_n\\ y_n\end{pmatrix}$.

(1) 求$\begin{pmatrix}x_{n+1}\\ y_{n+1}\end{pmatrix}$与$\begin{pmatrix}x_n\\ y_n\end{pmatrix}$的关系式并写成矩阵形式：$\begin{pmatrix}x_{n+1}\\ y_{n+1}\end{pmatrix}=\boldsymbol{A}\begin{pmatrix}x_n\\ y_n\end{pmatrix}$；

(2) 验证 $\boldsymbol{\eta}_1=\begin{pmatrix}\dfrac{16}{5}\\ 1\end{pmatrix}$，$\boldsymbol{\eta}_2=\begin{pmatrix}1\\ -1\end{pmatrix}$ 是 $\boldsymbol{A}$ 的两个线性无关的特征向量，并求出相应的特征值；

(3) 当$\begin{pmatrix}x_1\\ y_1\end{pmatrix}=\begin{pmatrix}\dfrac{1}{2}\\ \dfrac{1}{2}\end{pmatrix}$时，求$\begin{pmatrix}x_{n+1}\\ y_{n+1}\end{pmatrix}$.

【解】 (1) 根据题意，得 $x_{n+1}=\dfrac{7}{8}x_n+\dfrac{2}{7}\left(\dfrac{1}{8}x_n+y_n\right)$，$y_{n+1}=\dfrac{5}{7}\left(\dfrac{1}{8}x_n+y_n\right)$. 化简得

$$\begin{cases}x_{n+1}=\dfrac{51}{56}x_n+\dfrac{2}{7}y_n,\\ y_{n+1}=\dfrac{5}{56}x_n+\dfrac{5}{7}y_n.\end{cases}$$

把上式用矩阵表示，即

$$\begin{pmatrix}x_{n+1}\\ y_{n+1}\end{pmatrix}=\begin{pmatrix}\dfrac{51}{56} & \dfrac{2}{7}\\ \dfrac{5}{56} & \dfrac{5}{7}\end{pmatrix}\begin{pmatrix}x_n\\ y_n\end{pmatrix},\quad 所以\ \boldsymbol{A}=\begin{pmatrix}\dfrac{51}{56} & \dfrac{2}{7}\\ \dfrac{5}{56} & \dfrac{5}{7}\end{pmatrix}.$$

(2) 令 $\boldsymbol{P}=(\boldsymbol{\eta}_1,\boldsymbol{\eta}_2)=\begin{pmatrix}\frac{16}{5} & 1\\ 1 & -1\end{pmatrix}$,由于 $|\boldsymbol{P}|=-\frac{21}{5}\neq 0$,故 $\boldsymbol{\eta}_1,\boldsymbol{\eta}_2$ 线性无关.

因为 $\boldsymbol{A}\boldsymbol{\eta}_1=\begin{pmatrix}\frac{16}{5}\\ 1\end{pmatrix}=\boldsymbol{\eta}_1$,所以 $\boldsymbol{\eta}_1$ 为 $\boldsymbol{A}$ 的特征向量,且相应的特征值为 $\lambda_1=1$.

因为 $\boldsymbol{A}\boldsymbol{\eta}_2=\begin{pmatrix}\frac{5}{8}\\ -\frac{5}{8}\end{pmatrix}=\frac{5}{8}\boldsymbol{\eta}_2$,所以 $\boldsymbol{\eta}_2$ 为 $\boldsymbol{A}$ 的特征向量,且相应的特征值为 $\lambda_2=\frac{5}{8}$.

(3) 反复利用(1)的结果,有

$$\begin{pmatrix}x_{n+1}\\ y_{n+1}\end{pmatrix}=\boldsymbol{A}\begin{pmatrix}x_n\\ y_n\end{pmatrix}=\boldsymbol{A}^2\begin{pmatrix}x_{n-1}\\ y_{n-1}\end{pmatrix}=\cdots=\boldsymbol{A}^n\begin{pmatrix}x_1\\ y_1\end{pmatrix}.$$

又由 $\boldsymbol{P}^{-1}\boldsymbol{A}\boldsymbol{P}=\begin{pmatrix}\lambda_1 & 0\\ 0 & \lambda_2\end{pmatrix}$ 有,$\boldsymbol{A}=\boldsymbol{P}\begin{pmatrix}\lambda_1 & 0\\ 0 & \lambda_2\end{pmatrix}\boldsymbol{P}^{-1}$. 所以

$$\boldsymbol{A}^n=\boldsymbol{P}\begin{pmatrix}\lambda_1^n & 0\\ 0 & \lambda_2^n\end{pmatrix}\boldsymbol{P}^{-1}=\frac{5}{21}\begin{pmatrix}\frac{16}{5} & 1\\ 1 & -1\end{pmatrix}\begin{pmatrix}1 & 0\\ 0 & \left(\frac{5}{8}\right)^n\end{pmatrix}\begin{pmatrix}1 & 1\\ 1 & -\frac{16}{5}\end{pmatrix}$$

$$=\frac{5}{21}\begin{pmatrix}\frac{16}{5}+\left(\frac{5}{8}\right)^n & \frac{16}{5}-\frac{16}{5}\left(\frac{5}{8}\right)^n\\ 1-\left(\frac{5}{8}\right)^n & 1+\frac{16}{5}\left(\frac{5}{8}\right)^n\end{pmatrix}.$$

因此

$$\begin{pmatrix}x_{n+1}\\ y_{n+1}\end{pmatrix}=\boldsymbol{A}^n\begin{pmatrix}x_1\\ y_1\end{pmatrix}=\frac{5}{21}\begin{pmatrix}\frac{16}{5}+\left(\frac{5}{8}\right)^n & \frac{16}{5}-\frac{16}{5}\left(\frac{5}{8}\right)^n\\ 1-\left(\frac{5}{8}\right)^n & 1+\frac{16}{5}\left(\frac{5}{8}\right)^n\end{pmatrix}\begin{pmatrix}\frac{1}{2}\\ \frac{1}{2}\end{pmatrix}=\begin{pmatrix}\frac{16}{21}-\frac{11}{42}\left(\frac{5}{8}\right)^n\\ \frac{5}{21}+\frac{11}{42}\left(\frac{5}{8}\right)^n\end{pmatrix}.$$

【例 6.94】 设 n 维向量 $\boldsymbol{\alpha}=(a_1, a_2, \cdots, a_n)^{\mathrm{T}}$, $\boldsymbol{\beta}=(b_1, b_2, \cdots, b_n)^{\mathrm{T}}$, 矩阵 $\boldsymbol{A}=\boldsymbol{\alpha}\boldsymbol{\beta}^{\mathrm{T}}$. 已知 $a_1\neq 0, b_1\neq 0$.

(1) 求矩阵 $\boldsymbol{A}$ 的特征值与特征向量;

(2) 证明矩阵 $\boldsymbol{A}$ 可对角化的充分必要条件是 $\boldsymbol{A}$ 的迹 $\delta\neq 0$.

【解】 (1) 利用恒等式:$|\lambda\boldsymbol{E}_n-\boldsymbol{BC}|=\lambda^{n-m}|\lambda\boldsymbol{E}_m-\boldsymbol{CB}|$,取 $m=1$,可知 $\boldsymbol{A}$ 的特征多项式为 $|\lambda\boldsymbol{E}-\boldsymbol{A}|=\lambda^{n-1}|\lambda-\boldsymbol{\beta}^T\boldsymbol{\alpha}|=\lambda^{n-1}(\lambda-\delta)$,所以 $\boldsymbol{A}$ 的特征值是 $\lambda_1=\delta,\lambda_2=0$($n-1$ 重).

对于 $\lambda_1=\delta$, 齐次线性方程组$(\delta\boldsymbol{E}-\boldsymbol{A})\boldsymbol{x}=\boldsymbol{0}$ 显然有非零解向量 $\boldsymbol{\alpha}$:

$$(\delta\boldsymbol{E}-\boldsymbol{A})\boldsymbol{\alpha}=\delta\boldsymbol{\alpha}-(\boldsymbol{\alpha}\boldsymbol{\beta}^{\mathrm{T}})\boldsymbol{\alpha}=\boldsymbol{0},$$

故 $\boldsymbol{\xi}_1=\boldsymbol{\alpha}$ 是 $\boldsymbol{A}$ 的属于特征值 $\lambda_1=\delta$ 的特征向量.

对于 $\lambda_2=0$,齐次线性方程组$(\lambda_2\boldsymbol{E}-\boldsymbol{A})\boldsymbol{x}=\boldsymbol{0}$ 即 $\boldsymbol{A}\boldsymbol{x}=\boldsymbol{0}$. 因为

$$A=\begin{pmatrix} a_1b_1 & a_1b_2 & \cdots & a_1b_n \\ a_2b_1 & a_2b_2 & \cdots & a_2b_n \\ \vdots & \vdots & & \vdots \\ a_nb_1 & a_nb_2 & \cdots & a_nb_n \end{pmatrix} \to \begin{pmatrix} b_1 & b_2 & \cdots & b_n \\ 0 & 0 & \cdots & 0 \\ \vdots & \vdots & & \vdots \\ 0 & 0 & \cdots & 0 \end{pmatrix},$$

所以 $\boldsymbol{Ax}=\boldsymbol{0}$ 的同解方程组为

$$b_1x_1+b_2x_2+\cdots+b_nx_n=0,$$

由此,可求得方程组 $\boldsymbol{Ax}=\boldsymbol{0}$ 的基础解系为

$$\boldsymbol{\xi}_2=\begin{pmatrix} b_2 \\ -b_1 \\ 0 \\ \vdots \\ 0 \end{pmatrix},\quad \boldsymbol{\xi}_3=\begin{pmatrix} b_3 \\ 0 \\ -b_1 \\ \vdots \\ 0 \end{pmatrix},\quad \cdots,\quad \boldsymbol{\xi}_n=\begin{pmatrix} b_n \\ 0 \\ 0 \\ \vdots \\ -b_1 \end{pmatrix},$$

故 $\boldsymbol{\xi}_2,\boldsymbol{\xi}_3,\cdots,\boldsymbol{\xi}_n$ 是 $\boldsymbol{A}$ 的对应于 $\lambda_2=0$ 的 $n-1$ 个线性无关的特征向量.

(2) 根据(1)的结果知,当 $\delta\neq 0$ 时,$\boldsymbol{A}$ 有 n 个线性无关的特征向量,所以 $\boldsymbol{A}$ 可对角化;当 $\delta=0$ 时,$\boldsymbol{A}$ 只有 $\lambda=0$ 是特征值,$\boldsymbol{A}$ 只有 $n-1$ 个线性无关的特征向量(因 $b_1\boldsymbol{\xi}_1+a_2\boldsymbol{\xi}_2+\cdots+a_n\boldsymbol{\xi}_n=\boldsymbol{0}$),故 $\boldsymbol{A}$ 不可对角化.

【注】 求 $\boldsymbol{A}$ 的特征值的另一方法:设 λ 是 $\boldsymbol{A}$ 的特征值,则 $\boldsymbol{A}^2=\delta\boldsymbol{A}$,有 $\lambda^2=\delta\lambda$,故 $\lambda=0$ 或 δ. 由 $\operatorname{tr}\boldsymbol{A}=\lambda_1+\lambda_2+\cdots+\lambda_n$, 即 $a_1b_1+a_2b_2+\cdots+a_nb_n=\lambda_1+\lambda_2+\cdots+\lambda_n$,知 $\lambda_1=\delta,\lambda_2=0$($n-1$ 重).

【例 6.95】(华南理工大学,2006 年) 设 $V=M_n(F)$ 表示数域 F 上的 n 阶方阵的向量空间. 对于 $\boldsymbol{A}\in V$,定义 $\sigma(\boldsymbol{A})=\boldsymbol{A}^{\mathrm{T}}$. ($\boldsymbol{A}^{\mathrm{T}}$ 是 $\boldsymbol{A}$ 的转置矩阵.)

(1) 证明 σ 是一个线性变换;

(2) 求 σ 的全部特征子空间;

(3) 证明 σ 可以对角化.

【解】 (1) 任取 $\boldsymbol{A},\boldsymbol{B}\in V,k\in F$,有 $\sigma(k\boldsymbol{A})=(k\boldsymbol{A})^{\mathrm{T}}=k\boldsymbol{A}^{\mathrm{T}}=k\sigma(\boldsymbol{A})$,且

$$\sigma(\boldsymbol{A}+\boldsymbol{B})=(\boldsymbol{A}+\boldsymbol{B})^{\mathrm{T}}=\boldsymbol{A}^{\mathrm{T}}+\boldsymbol{B}^{\mathrm{T}}=\sigma(\boldsymbol{A})+\sigma(\boldsymbol{B}),$$

所以 σ 是一个线性变换.

(2) 设 λ 是 σ 的特征值,$\boldsymbol{A}$ 是 σ 的属于 λ 的特征向量,则 $\sigma(\boldsymbol{A})=\lambda\boldsymbol{A}(\boldsymbol{A}\neq\boldsymbol{O})$,于是

$$\sigma^2(\boldsymbol{A})=\lambda^2\boldsymbol{A}=(\boldsymbol{A}^{\mathrm{T}})^{\mathrm{T}}=\boldsymbol{A},$$

所以 $\lambda^2=1$,即 $\lambda=\pm 1$.

对于 $\lambda=1$,$\sigma(\boldsymbol{A})=\lambda\boldsymbol{A}$ 即 $\boldsymbol{A}^{\mathrm{T}}=\boldsymbol{A}$,所以 σ 的属于 $\lambda=1$ 的特征子空间为

$$V_1=L(\boldsymbol{E}_{11},\boldsymbol{E}_{22},\cdots,\boldsymbol{E}_{nn},\boldsymbol{E}_{ij}+\boldsymbol{E}_{ji})(i\neq j,1\leqslant i,j\leqslant n).$$

对于 $\lambda=-1$,$\sigma(\boldsymbol{A})=\lambda\boldsymbol{A}$ 即 $\boldsymbol{A}^{\mathrm{T}}=-\boldsymbol{A}$,所以 σ 的属于 $\lambda=-1$ 的特征子空间为

$$V_{-1}=L(\boldsymbol{E}_{ij}-\boldsymbol{E}_{ji})(i\neq j,1\leqslant i,j\leqslant n).$$

(3) 根据(2)的结果,有

$$\dim V_1+\dim V_{-1}=\frac{1}{2}n(n+1)+\frac{1}{2}n(n-1)=n^2.$$

所以 $V=V_1\oplus V_{-1}$,即 V 可分解为 σ 的特征子空间的直和. 因此,σ 可以对角化.

【例 6.96】(上海交通大学,2002 年)　设 $A,B\in M_n(K)$,且 $AB=BA$. 证明:如果 A,B 都可对角化,那么存在可逆矩阵 $Q\in GL(n,K)$,使 $Q^{-1}AQ$ 与 $Q^{-1}BQ$ 同为对角矩阵.

【证】　因为 A 可对角化,所以存在可逆矩阵 P,使

$$P^{-1}AP=\mathrm{diag}(\lambda_1E_1,\lambda_2E_2,\cdots,\lambda_sE_s),$$

这里 $\lambda_1,\lambda_2,\cdots,\lambda_s$ 是 A 的所有两两互异的特征值,E_i 为 n_i 阶单位矩阵. 由 $AB=BA$,得

$$(P^{-1}AP)(P^{-1}BP)=(P^{-1}BP)(P^{-1}AP).$$

对 $P^{-1}BP$ 作相应分块为 $P^{-1}BP=(B_{ij})_{s\times s}$,代入上式可得 $B_{ij}=0,i\neq j,i,j=1,2,\cdots,s$,所以

$$P^{-1}BP=\mathrm{diag}(B_{11},B_{22},\cdots,B_{ss}).$$

因为 B 可对角化,所以 $P^{-1}BP$ 也可对角化,从而每个对角子块 B_{ii} 都可对角化,故存在 n_i 阶可逆矩阵 P_i,使 $P_i^{-1}B_{ii}P_i=\Lambda_i$ 为对角矩阵,$i=1,2,\cdots,s$. 因此

$$\begin{pmatrix}P_1^{-1}&&&\\&P_2^{-1}&&\\&&\ddots&\\&&&P_s^{-1}\end{pmatrix}P^{-1}BP\begin{pmatrix}P_1&&&\\&P_2&&\\&&\ddots&\\&&&P_s\end{pmatrix}=\begin{pmatrix}\Lambda_1&&&\\&\Lambda_2&&\\&&\ddots&\\&&&\Lambda_s\end{pmatrix},$$

$$\begin{pmatrix}P_1^{-1}&&&\\&P_2^{-1}&&\\&&\ddots&\\&&&P_s^{-1}\end{pmatrix}P^{-1}AP\begin{pmatrix}P_1&&&\\&P_2&&\\&&\ddots&\\&&&P_s\end{pmatrix}=\begin{pmatrix}\lambda_1E_1&&&\\&\lambda_1E_2&&\\&&\ddots&\\&&&\lambda_sE_s\end{pmatrix}.$$

现在,令 $Q=P\mathrm{diag}(P_1,P_2,\cdots,P_s)$,显然,$Q$ 可逆,且 $Q^{-1}AQ$ 与 $Q^{-1}BQ$ 同时为对角矩阵.

【注】　利用归纳法可证明更一般的结论(详见例 6.131):设 $\{A_i\}_{i=1}^{\infty}$ 是数域 K 上的 n 阶方阵构成的序列,两两相乘可交换,且每个 A_i 均可对角化,则 $\{A_i\}_{i=1}^{\infty}$ 可同时对角化,即存在数域 K 上的一个可逆矩阵 Q,使得 $Q^{-1}A_iQ$ 均为对角矩阵($i=1,2,\cdots$).

【例 6.97】　设 A 为数域 P 上的 n 阶方阵,且 A 有 k 个不同的特征值 $\lambda_1,\lambda_2,\cdots,\lambda_k(1\leqslant k\leqslant n)$. 证明: A 可对角化的充分必要条件是存在 k 个 n 阶方阵 $A_1,A_2,\cdots,A_k$,同时满足:

(1) $A=\lambda_1A_1+\lambda_2A_2+\cdots+\lambda_kA_k$;

(2) $A_1+A_2+\cdots+A_k=E_n$,这里 E_n 为 n 阶单位矩阵;

(3) $A_iA_j=\begin{cases}A_i, & i=j,\\ O, & i\neq j.\end{cases}$

【证】　必要性. 设 A 可对角化,即存在可逆矩阵 P,使得

$$P^{-1}AP=\mathrm{diag}(\lambda_1E_{n_1},\lambda_2E_{n_2},\cdots,\lambda_kE_{n_k}),\qquad ①$$

其中 E_{n_i} 为 n_i 阶单位矩阵,$\sum\limits_{i=1}^{k}n_i=n$. 记

$$A_i=P\mathrm{diag}(O,\cdots,O,E_{n_i},O,\cdots,O)P^{-1},\quad i=1,2,\cdots,k\qquad ②$$

那么 $A_1,A_2,\cdots,A_k$ 显然同时满足条件(1)(2)(3).

充分性. 采用两种方法证明.

(方法 1) 由条件(3),$A_1,A_2,\cdots,A_k$ 可同时对角化,且 $r_i=\mathrm{rank}\,A_i=\mathrm{tr}\,A_i$,故由(2)得

$$\sum_{i=1}^{k}r_i=\sum_{i=1}^{k}\mathrm{tr}\,A_i=\mathrm{tr}\Big(\sum_{i=1}^{k}A_i\Big)=\mathrm{tr}\,E_n=n.$$

又由于 $\boldsymbol{A}_i$ 的特征值为 1 或 0,所以存在可逆矩阵 $\boldsymbol{P}$,使得②式成立(n_i 换为 r_i). 再由条件(1)即得①式,因此 $\boldsymbol{A}$ 可对角化.

(方法 2) 由条件(1)和(3)可知,$\boldsymbol{A}\boldsymbol{A}_i=\lambda_i\boldsymbol{A}_i$,所以 $\boldsymbol{A}_i$ 有 r_i 个线性无关的列向量是 $\boldsymbol{A}$ 的属于 λ_i 的特征向量,$i=1,2,\cdots,k$. 再由(2),有

$$\sum_{i=1}^{k} r_i=\sum_{i=1}^{k}\operatorname{rank}\boldsymbol{A}_i\geqslant\operatorname{rank}\Big(\sum_{i=1}^{k}\boldsymbol{A}_i\Big)=\operatorname{rank}\boldsymbol{E}_n=n.$$

这表明 $\boldsymbol{A}$ 有 n 个线性无关的特征向量,因此 $\boldsymbol{A}$ 可对角化.

【例 6.98】 设有 n^2 个 n 阶方阵 $\boldsymbol{A}_{ij}\in M_n(K)\,(i,j=1,2,\cdots,n)$,满足 $\boldsymbol{A}_{ij}\neq\boldsymbol{O}$,且

$$\boldsymbol{A}_{ik}\boldsymbol{A}_{lj}=\begin{cases}\boldsymbol{A}_{ij}, & k=l,\\ \boldsymbol{O}, & k\neq l.\end{cases}$$

证明:存在可逆矩阵 $\boldsymbol{P}$,使得 $\boldsymbol{P}^{-1}\boldsymbol{A}_{ij}\boldsymbol{P}=\boldsymbol{E}_{ij}\,(i,j=1,2,\cdots,n)$,其中 $\boldsymbol{E}_{ij}$ 是 (i,j) 元为 1 其余元素均为 0 的 n 阶方阵.

【分析】 如何找到矩阵 $\boldsymbol{P}$? 作列分块:$\boldsymbol{P}=(\boldsymbol{\alpha}_1,\boldsymbol{\alpha}_2,\cdots,\boldsymbol{\alpha}_n)$,$\boldsymbol{E}_{ij}=(\boldsymbol{0},\cdots,\boldsymbol{0},\boldsymbol{e}_i,\boldsymbol{0},\cdots,\boldsymbol{0})$,其中 $\boldsymbol{e}_i$ 位于第 j 列,那么 $\boldsymbol{P}^{-1}\boldsymbol{A}_{ij}\boldsymbol{P}=\boldsymbol{E}_{ij}$ 即 $\boldsymbol{A}_{ij}\boldsymbol{P}=\boldsymbol{P}\boldsymbol{E}_{ij}$ 等价于

$$(\boldsymbol{A}_{ij}\boldsymbol{\alpha}_1,\boldsymbol{A}_{ij}\boldsymbol{\alpha}_2,\cdots,\boldsymbol{A}_{ij}\boldsymbol{\alpha}_n)=(\boldsymbol{0},\cdots,\boldsymbol{0},\boldsymbol{P}\boldsymbol{e}_i,\boldsymbol{0},\cdots,\boldsymbol{0}).$$

注意到 $\boldsymbol{P}\boldsymbol{e}_i=\boldsymbol{\alpha}_i$,比较上式第 j 列得:$\boldsymbol{A}_{ij}\boldsymbol{\alpha}_j=\boldsymbol{\alpha}_i$. 特别地,有 $\boldsymbol{A}_{i1}\boldsymbol{\alpha}_1=\boldsymbol{\alpha}_i$. 因此,$\boldsymbol{\alpha}_1$ 可取幂等矩阵 $\boldsymbol{A}_{11}$ 的特征值 1 对应的特征向量,而 $\boldsymbol{\alpha}_2,\cdots,\boldsymbol{\alpha}_n$ 都可由 $\boldsymbol{\alpha}_1$ 确定:$\boldsymbol{\alpha}_i=\boldsymbol{A}_{i1}\boldsymbol{\alpha}_1\,(2\leqslant i\leqslant n)$.

【证】 因为 $\boldsymbol{A}_{11}\neq\boldsymbol{O}$ 且 $\boldsymbol{A}_{11}^2=\boldsymbol{A}_{11}$,所以 $\lambda=1$ 是 $\boldsymbol{A}_{11}$ 的特征值. 设 $\boldsymbol{\alpha}_1\in K^n$ 是对应的特征向量,则 $\boldsymbol{A}_{11}\boldsymbol{\alpha}_1=\boldsymbol{\alpha}_1$,且 $\boldsymbol{\alpha}_1\neq\boldsymbol{0}$. 令 $\boldsymbol{\alpha}_i=\boldsymbol{A}_{i1}\boldsymbol{\alpha}_1\,(2\leqslant i\leqslant n)$,根据 $\boldsymbol{A}_{ij}$ 的特征,易知 $\boldsymbol{\alpha}_i\neq\boldsymbol{0}$,并且这 n 个向量 $\boldsymbol{\alpha}_1,\boldsymbol{\alpha}_2,\cdots,\boldsymbol{\alpha}_n$ 满足

$$\boldsymbol{A}_{ij}\boldsymbol{\alpha}_k=\begin{cases}\boldsymbol{\alpha}_i, & k=j,\\ \boldsymbol{0}, & k\neq j,\end{cases}$$

因而是线性无关的. 记 $\boldsymbol{P}=(\boldsymbol{\alpha}_1,\boldsymbol{\alpha}_2,\cdots,\boldsymbol{\alpha}_n)$,则 $\boldsymbol{P}$ 是可逆矩阵,且对任意 $i,j=1,2,\cdots,n$,有

$$\boldsymbol{A}_{ij}\boldsymbol{P}=(\boldsymbol{A}_{ij}\boldsymbol{\alpha}_1,\boldsymbol{A}_{ij}\boldsymbol{\alpha}_2,\cdots,\boldsymbol{A}_{ij}\boldsymbol{\alpha}_n)=(\boldsymbol{0},\cdots,\boldsymbol{0},\boldsymbol{\alpha}_i,\boldsymbol{0},\cdots,\boldsymbol{0}),\qquad ①$$

$$\boldsymbol{P}\boldsymbol{E}_{ij}=(\boldsymbol{0},\cdots,\boldsymbol{0},\boldsymbol{P}\boldsymbol{e}_i,\boldsymbol{0},\cdots,\boldsymbol{0})=(\boldsymbol{0},\cdots,\boldsymbol{0},\boldsymbol{\alpha}_i,\boldsymbol{0},\cdots,\boldsymbol{0}).\qquad ②$$

比较①式与②式,可得 $\boldsymbol{A}_{ij}\boldsymbol{P}=\boldsymbol{P}\boldsymbol{E}_{ij}$,即 $\boldsymbol{P}^{-1}\boldsymbol{A}_{ij}\boldsymbol{P}=\boldsymbol{E}_{ij}$.

【例 6.99】(兰州大学,2005 年) 设 n 阶方阵 $\boldsymbol{A}$ 有 n 个互不相同的特征值. 证明:如果 n 阶方阵 $\boldsymbol{B}$ 满足 $\boldsymbol{A}\boldsymbol{B}=\boldsymbol{B}\boldsymbol{A}$,那么 $\boldsymbol{B}$ 相似于对角矩阵,并且 $\boldsymbol{B}$ 可以表示为 $\boldsymbol{A}$ 的多项式.

【证】 不妨设 $\boldsymbol{A},\boldsymbol{B}\in M_n(K)$. 设 $\boldsymbol{A}$ 的 n 个互异特征值为 $\lambda_1,\lambda_2,\cdots,\lambda_n\in K$,则存在 n 阶可逆矩阵 $\boldsymbol{Q}\in M_n(K)$,使得 $\boldsymbol{Q}^{-1}\boldsymbol{A}\boldsymbol{Q}=\boldsymbol{D}$,这里 $\boldsymbol{D}=\operatorname{diag}(\lambda_1,\lambda_2,\cdots,\lambda_n)$.

由 $\boldsymbol{A}\boldsymbol{B}=\boldsymbol{B}\boldsymbol{A}$,有 $\boldsymbol{D}(\boldsymbol{Q}^{-1}\boldsymbol{B}\boldsymbol{Q})=(\boldsymbol{Q}^{-1}\boldsymbol{B}\boldsymbol{Q})\boldsymbol{D}$. 注意到 $\boldsymbol{D}$ 的对角元互异,所以 $\boldsymbol{Q}^{-1}\boldsymbol{B}\boldsymbol{Q}$ 只能为对角矩阵. 设 $\boldsymbol{Q}^{-1}\boldsymbol{B}\boldsymbol{Q}=\operatorname{diag}(b_1,b_2,\cdots,b_n)$,其中 $b_1,b_2,\cdots,b_n\in K$,这表明 $\boldsymbol{B}$ 相似于对角矩阵.

进一步,令 $\boldsymbol{\Lambda}=\operatorname{diag}(b_1,b_2,\cdots,b_n)$,则 $\boldsymbol{B}$ 表示为 $\boldsymbol{A}$ 的多项式,即 $\boldsymbol{B}=c_1\boldsymbol{E}+c_2\boldsymbol{A}+\cdots+c_n\boldsymbol{A}^{n-1}$ 等价于 $\boldsymbol{\Lambda}=c_1\boldsymbol{E}+c_2\boldsymbol{D}+\cdots+c_n\boldsymbol{D}^{n-1}$,这归结为 $c_1,c_2,\cdots,c_n$ 应是线性方程组

$$\begin{pmatrix}1 & \lambda_1 & \lambda_1^2 & \cdots & \lambda_1^{n-1}\\ 1 & \lambda_2 & \lambda_2^2 & \cdots & \lambda_2^{n-1}\\ \vdots & \vdots & \vdots & & \vdots\\ 1 & \lambda_n & \lambda_n^2 & \cdots & \lambda_n^{n-1}\end{pmatrix}\begin{pmatrix}x_1\\ x_2\\ \vdots\\ x_n\end{pmatrix}=\begin{pmatrix}b_1\\ b_2\\ \vdots\\ b_n\end{pmatrix}$$

的解. 由于这个方程组的系数矩阵的行列式

$$D=\begin{vmatrix}1 & \lambda_1 & \lambda_1^2 & \cdots & \lambda_1^{n-1}\\ 1 & \lambda_2 & \lambda_2^2 & \cdots & \lambda_2^{n-1}\\ \vdots & \vdots & \vdots & & \vdots\\ 1 & \lambda_n & \lambda_n^2 & \cdots & \lambda_n^{n-1}\end{vmatrix}=\prod_{1\leqslant j<i\leqslant n}(\lambda_i-\lambda_j)\neq 0,$$

根据 Cramer 法则,线性方程组有唯一解,设这个解为$(c_1,c_2,\cdots,c_n)\in K^n$,于是有

$$\boldsymbol{B}=c_1\boldsymbol{E}+c_2\boldsymbol{A}+\cdots+c_n\boldsymbol{A}^{n-1}.$$

【例 6.100】(清华大学,2000 年) 试证明:若方阵 $\boldsymbol{A}$ 相似于某个多项式的友阵,则与 $\boldsymbol{A}$ 可交换的方阵只能是 $\boldsymbol{A}$ 的多项式.

注:多项式 $f(x)=x^n-c_{n-1}x^{n-1}-\cdots-c_1x-c_0$ 的友阵定义为

$$\boldsymbol{F}=\begin{pmatrix}0 & \cdots & \cdots & 0 & c_0\\ 1 & 0 & & \vdots & c_1\\ 0 & 1 & \ddots & \vdots & \vdots\\ \vdots & \ddots & \ddots & 0 & c_{n-2}\\ 0 & \cdots & 0 & 1 & c_{n-1}\end{pmatrix}.$$

【证】 设 $\boldsymbol{A}$ 是 n 阶方阵,且 $\boldsymbol{B}$ 与 $\boldsymbol{A}$ 可交换,即 $\boldsymbol{AB}=\boldsymbol{BA}$. 因为 $\boldsymbol{A}$ 相似于 $\boldsymbol{F}$,所以存在可逆矩阵 $\boldsymbol{T}$ 使得 $\boldsymbol{T}^{-1}\boldsymbol{AT}=\boldsymbol{F}$,从而有

$$(\boldsymbol{T}^{-1}\boldsymbol{AT})(\boldsymbol{T}^{-1}\boldsymbol{BT})=(\boldsymbol{T}^{-1}\boldsymbol{BT})(\boldsymbol{T}^{-1}\boldsymbol{AT}).$$

令 $\boldsymbol{G}=\boldsymbol{T}^{-1}\boldsymbol{BT}$,则 $\boldsymbol{FG}=\boldsymbol{GF}$.

显然,对于任一多项式 $p(x)$,$\boldsymbol{G}=p(\boldsymbol{F})$ 当且仅当 $\boldsymbol{B}=p(\boldsymbol{A})$. 因此,只需证明:若 n 阶方阵 $\boldsymbol{G}$ 与友阵 $\boldsymbol{F}$ 可交换,则 $\boldsymbol{G}$ 只能是 $\boldsymbol{F}$ 的多项式. 下面,用两种方法证明之.

(方法 1) 记 n 阶单位矩阵 $\boldsymbol{E}_n$ 的列向量为 $\boldsymbol{e}_1,\boldsymbol{e}_2,\cdots,\boldsymbol{e}_n$,则 $\boldsymbol{F}=(\boldsymbol{e}_2,\boldsymbol{e}_3,\cdots,\boldsymbol{e}_n,\boldsymbol{\alpha})$,其中向量 $\boldsymbol{\alpha}=(c_0,c_1,\cdots,c_{n-1})^{\mathrm{T}}$. 所以 $\boldsymbol{Fe}_i=\boldsymbol{e}_{i+1}$,$1\leqslant i\leqslant n-1$,进一步有 $\boldsymbol{F}^{i-1}\boldsymbol{e}_1=\boldsymbol{e}_i$,$1\leqslant i\leqslant n$. 于是

$$\begin{aligned}\boldsymbol{G}=\boldsymbol{GE}_n&=\boldsymbol{G}(\boldsymbol{e}_1,\boldsymbol{Fe}_1,\cdots,\boldsymbol{F}^{n-1}\boldsymbol{e}_1)\\&=(\boldsymbol{Ge}_1,\boldsymbol{GFe}_1,\cdots,\boldsymbol{GF}^{n-1}\boldsymbol{e}_1)\\&=(\boldsymbol{Ge}_1,\boldsymbol{FGe}_1,\cdots,\boldsymbol{F}^{n-1}\boldsymbol{Ge}_1).\end{aligned}$$

另一方面,令 $\boldsymbol{G}=(a_{ij})$,易知

$$\begin{aligned}\boldsymbol{Ge}_1&=a_{11}\boldsymbol{e}_1+a_{21}\boldsymbol{e}_2+\cdots+a_{n1}\boldsymbol{e}_n=\sum_{i=1}^n a_{i1}\boldsymbol{e}_i\\&=\sum_{i=1}^n a_{i1}\boldsymbol{F}^{i-1}\boldsymbol{e}_1=p(\boldsymbol{F})\boldsymbol{e}_1,\end{aligned}$$

其中 $p(x)=\sum_{i=1}^n a_{i1}x^{i-1}$ 是 x 的一元多项式. 所以

$$\begin{aligned}\boldsymbol{G}&=(p(\boldsymbol{F})\boldsymbol{e}_1,\boldsymbol{F}p(\boldsymbol{F})\boldsymbol{e}_1,\cdots,\boldsymbol{F}^{n-1}p(\boldsymbol{F})\boldsymbol{e}_1)\\&=p(\boldsymbol{F})(\boldsymbol{e}_1,\boldsymbol{Fe}_1,\cdots,\boldsymbol{F}^{n-1}\boldsymbol{e}_1)\\&=p(\boldsymbol{F}),\end{aligned}$$

即 $\boldsymbol{G}$ 是 $\boldsymbol{F}$ 的多项式.

（方法 2）设 V 是 n 维线性空间，$\boldsymbol{\alpha}_1,\boldsymbol{\alpha}_2,\cdots,\boldsymbol{\alpha}_n$ 为 V 的一个基，又设 φ 是 V 的一个线性变换，使得 φ 在基 $\boldsymbol{\alpha}_1,\boldsymbol{\alpha}_2,\cdots,\boldsymbol{\alpha}_n$ 下的矩阵是 $\boldsymbol{F}$，即

$$\varphi(\boldsymbol{\alpha}_1,\boldsymbol{\alpha}_2,\cdots,\boldsymbol{\alpha}_n)=(\boldsymbol{\alpha}_1,\boldsymbol{\alpha}_2,\cdots,\boldsymbol{\alpha}_n)\boldsymbol{F},$$

则由 $\boldsymbol{F}$ 的结构可知 $\boldsymbol{\alpha}_2=\varphi(\boldsymbol{\alpha}_1),\boldsymbol{\alpha}_3=\varphi^2(\boldsymbol{\alpha}_1),\cdots,\boldsymbol{\alpha}_n=\varphi^{n-1}(\boldsymbol{\alpha}_1)$.

设 $\boldsymbol{G}=(a_{ij})$ 是 n 阶方阵，且满足 $\boldsymbol{GF}=\boldsymbol{FG}$，又设 ψ 是 V 的另一个线性变换，使得 ψ 在基 $\boldsymbol{\alpha}_1,\boldsymbol{\alpha}_2,\cdots,\boldsymbol{\alpha}_n$ 下的矩阵是 $\boldsymbol{G}$，即

$$\psi(\boldsymbol{\alpha}_1,\boldsymbol{\alpha}_2,\cdots,\boldsymbol{\alpha}_n)=(\boldsymbol{\alpha}_1,\boldsymbol{\alpha}_2,\cdots,\boldsymbol{\alpha}_n)\boldsymbol{G},$$

则根据同构对应，知 $\psi\varphi=\varphi\psi$，且由上式有

$$\psi(\boldsymbol{\alpha}_1)=\sum_{i=1}^{n}a_{i1}\boldsymbol{\alpha}_i=\sum_{i=1}^{n}a_{i1}\varphi^{i-1}(\boldsymbol{\alpha}_1)=p(\varphi)(\boldsymbol{\alpha}_1),$$

其中 $p(x)=\sum\limits_{i=1}^{n}a_{i1}x^{i-1}$ 是一个关于 x 的次数不超过 $n-1$ 的一元多项式.

现任取 $\boldsymbol{\beta}\in V$，并设 $\boldsymbol{\beta}=\sum\limits_{i=1}^{n}b_i\boldsymbol{\alpha}_i=\sum\limits_{i=1}^{n}b_i\varphi^{i-1}(\boldsymbol{\alpha}_1)$，则

$$\begin{aligned}\psi(\boldsymbol{\beta})&=\sum_{i=1}^{n}b_i\psi\varphi^{i-1}(\boldsymbol{\alpha}_1)=\sum_{i=1}^{n}b_i\varphi^{i-1}\psi(\boldsymbol{\alpha}_1)=\sum_{i=1}^{n}b_i\varphi^{i-1}p(\varphi)(\boldsymbol{\alpha}_1)\\&=p(\varphi)\sum_{i=1}^{n}b_i\varphi^{i-1}(\boldsymbol{\alpha}_1)=p(\varphi)(\boldsymbol{\beta}).\end{aligned}$$

由 $\boldsymbol{\beta}$ 的任意性知，$\psi=p(\varphi)$. 故由同构对应，有 $\boldsymbol{G}=p(\boldsymbol{F})$.

【注】 类似的题还有：第 7 章例 7.20 和第 10 章例 10.19.

【例 6.101】 设 $\boldsymbol{A}$ 是数域 K 上的 n 阶可逆矩阵. 证明：如果 $\boldsymbol{A}$ 与其所有方幂 $\boldsymbol{A}^k$（k 为正整数）相似，那么 $\boldsymbol{A}$ 的特征值全为 1.

【证】 设 $\lambda_1,\lambda_2,\cdots,\lambda_s$ 是 $\boldsymbol{A}$ 的所有互异的特征值，则 $\lambda_1^k,\lambda_2^k,\cdots,\lambda_s^k$ 是 $\boldsymbol{A}^k$ 的所有互异的特征值. 因为 $\boldsymbol{A}^k$ 与 $\boldsymbol{A}$ 相似，所以每个 λ_i^k 也都是 $\boldsymbol{A}$ 的特征值. 因此，对任一固定的 $i(1\leqslant i\leqslant s)$，在 $\boldsymbol{A}$ 的 $s+1$ 个特征值 $\lambda_i,\lambda_i^2,\cdots,\lambda_i^{s+1}$ 中必有两个相等：$\lambda_i^p=\lambda_i^q(1\leqslant p<q\leqslant s+1)$. 因为 $\boldsymbol{A}$ 非奇异，$\lambda_i\neq 0$，所以 $\lambda_i^{m_i}=1$，其中 $m_i=q-p$.

现在，设 m 是所有 $m_1,m_2,\cdots,m_s$ 的最小公倍数，则 $\lambda_i^m=1(1\leqslant i\leqslant s)$，即 $\boldsymbol{A}^m$ 的所有特征值为 1. 因为 $\boldsymbol{A}$ 相似于 $\boldsymbol{A}^m$，所以 $\boldsymbol{A}$ 的所有特征值为 1.

【注】 利用 Jordan 标准形还可证明本题的逆命题，见第 7 章例 7.43 及练习 7.72.

§6.5 不变子空间

基本理论与要点提示

6.5.1 线性变换的不变子空间

(1) 设 $\mathscr{A}$ 是数域 K 上线性空间 V 的线性变换，W 是 V 的子空间. 如果对任意 $\boldsymbol{\alpha}\in W$ 都有 $\mathscr{A}(\boldsymbol{\alpha})\in W$，那么称 W 是线性变换 $\mathscr{A}$ 的不变子空间，简称 $\mathscr{A}$ 子空间；

(2) 零空间，全空间 V，$\mathscr{A}$ 的像 $\mathrm{Im}\mathscr{A}$ 及核 $\ker\mathscr{A}$ 都是 $\mathscr{A}$ 的不变子空间. $\mathscr{A}$ 的属于特征

值 λ_0 的特征子空间 V_{λ_0} 也是 $\mathscr{A}$ 的不变子空间.

6.5.2　限制变换及其矩阵

(1) 设 $\mathscr{A}$ 是数域 K 上线性空间 V 的线性变换,W 是 $\mathscr{A}$ 的不变子空间. 把 $\mathscr{A}$ 限制在 W 上,诱导了线性空间 W 的一个线性变换,记为 $\mathscr{A}|_W$,称为 $\mathscr{A}$ 在不变子空间 W 上的限制变换;

(2) 设 W 是线性变换 $\mathscr{A}$ 的一个不变子空间. 取 W 的一个基 $\boldsymbol{\eta}_1,\boldsymbol{\eta}_2,\cdots,\boldsymbol{\eta}_r$,再扩充成线性空间 V 的一个基 $\boldsymbol{\eta}_1,\boldsymbol{\eta}_2,\cdots,\boldsymbol{\eta}_r,\boldsymbol{\eta}_{r+1},\cdots,\boldsymbol{\eta}_n$. 那么 $\mathscr{A}$ 在这个基下的矩阵为分块上三角阵的形式:

$$\begin{pmatrix}\boldsymbol{A}_1 & \boldsymbol{A}_3\\ \boldsymbol{O} & \boldsymbol{A}_2\end{pmatrix}.$$

这里的 r 阶子方阵 $\boldsymbol{A}_1$ 就是限制变换 $\mathscr{A}|_W$ 在基 $\boldsymbol{\eta}_1,\boldsymbol{\eta}_2,\cdots,\boldsymbol{\eta}_r$ 下的矩阵.

反之,如果线性变换 $\mathscr{A}$ 在基 $\boldsymbol{\eta}_1,\boldsymbol{\eta}_2,\cdots,\boldsymbol{\eta}_n$ 下的矩阵是形如上述的分块上三角矩阵,那么子空间 $W=L(\boldsymbol{\eta}_1,\boldsymbol{\eta}_2,\cdots,\boldsymbol{\eta}_r)$ 是 $\mathscr{A}$ 的不变子空间;

(3) 设 $\mathscr{A}$ 是线性空间 V 的线性变换,则 $\mathscr{A}$ 在 V 的一个基下的矩阵为分块对角矩阵的充分必要条件是 V 可分解成若干个 $\mathscr{A}$ 的不变子空间的直和.

典型问题解析

【例 6.102】　已知线性空间 V 的线性变换 σ 在基 $\boldsymbol{\eta}_1,\boldsymbol{\eta}_2,\boldsymbol{\eta}_3,\boldsymbol{\eta}_4$ 下的矩阵为

$$\boldsymbol{A}=\begin{pmatrix}1 & -1 & -1 & 2\\ 0 & 1 & 0 & 0\\ 2 & 3 & 1 & -1\\ 1 & -2 & -2 & -1\end{pmatrix}.$$

求 σ 的包含向量 $\boldsymbol{\eta}_1$ 的最小不变子空间.

【解】　设 σ 的包含 $\boldsymbol{\eta}_1$ 的最小不变子空间为 W,则 $\sigma(\boldsymbol{\eta}_1),\sigma^2(\boldsymbol{\eta}_1),\sigma^3(\boldsymbol{\eta}_1)\in W$. 因此,只需确定最小正整数 $k(1\leqslant k\leqslant 3)$ 使 $\boldsymbol{\eta}_1,\sigma(\boldsymbol{\eta}_1),\cdots,\sigma^k(\boldsymbol{\eta}_1)$ 构成 W 的基即可.

据题设,$\sigma(\boldsymbol{\eta}_1)=\boldsymbol{\eta}_1+2\boldsymbol{\eta}_3+\boldsymbol{\eta}_4$, $\sigma(\boldsymbol{\eta}_3)=-\boldsymbol{\eta}_1+\boldsymbol{\eta}_3-2\boldsymbol{\eta}_4$, $\sigma(\boldsymbol{\eta}_4)=2\boldsymbol{\eta}_1-\boldsymbol{\eta}_3-\boldsymbol{\eta}_4$. 易知

$$\sigma^2(\boldsymbol{\eta}_1)=\boldsymbol{\eta}_1+3\boldsymbol{\eta}_3-4\boldsymbol{\eta}_4,\quad \sigma^3(\boldsymbol{\eta}_1)=-10\boldsymbol{\eta}_1+9\boldsymbol{\eta}_3-\boldsymbol{\eta}_4.$$

为了确定 $\boldsymbol{\eta}_1,\sigma(\boldsymbol{\eta}_1),\sigma^2(\boldsymbol{\eta}_1),\sigma^3(\boldsymbol{\eta}_1)$ 的线性关系,考查相应的坐标向量

$$(1,0,0,0),\quad (1,0,2,1),\quad (1,0,3,-4),\quad (-10,0,9,-1)$$

的线性关系. 利用初等行变换,有

$$\begin{pmatrix}1 & 1 & 1 & -10\\ 0 & 0 & 0 & 0\\ 0 & 2 & 3 & 9\\ 0 & 1 & -4 & -1\end{pmatrix}\rightarrow\begin{pmatrix}1 & 1 & 1 & -10\\ 0 & 1 & -4 & -1\\ 0 & 0 & 1 & 1\\ 0 & 0 & 0 & 0\end{pmatrix}\rightarrow\begin{pmatrix}1 & 0 & 0 & -14\\ 0 & 1 & 0 & 3\\ 0 & 0 & 1 & 1\\ 0 & 0 & 0 & 0\end{pmatrix}.$$

根据同构对应可知,$\boldsymbol{\eta}_1,\sigma(\boldsymbol{\eta}_1),\sigma^2(\boldsymbol{\eta}_1)$ 线性无关,而 $\sigma^3(\boldsymbol{\eta}_1)=-14\boldsymbol{\eta}_1+3\sigma(\boldsymbol{\eta}_1)+\sigma^2(\boldsymbol{\eta}_1)$. 因此

$$W=L(\boldsymbol{\eta}_1,\sigma(\boldsymbol{\eta}_1),\sigma^2(\boldsymbol{\eta}_1)).$$

【例 6.103】(武汉大学,2009 年)　已知线性空间 $M_2(K)$ 的线性变换

$$\mathscr{A}(\boldsymbol{X})=\boldsymbol{B}^{\mathrm{T}}\boldsymbol{X}-\boldsymbol{X}^{\mathrm{T}}\boldsymbol{B},\quad \forall \boldsymbol{X}\in M_2(K),\text{其中 }\boldsymbol{B}=\begin{pmatrix}1&1\\0&1\end{pmatrix}$$

与线性子空间

$$W=\left\{\begin{pmatrix}x_{11}&x_{12}\\x_{21}&x_{22}\end{pmatrix}\,\middle|\, x_{11}+x_{22}=0,\ x_{ij}\in K\right\}.$$

(1) 求 W 的一个基;

(2) 证明:W 是 $\mathscr{A}$ 的不变子空间;

(3) 将 $\mathscr{A}$ 看成 W 上的线性变换,求 W 的一个基,使 $\mathscr{A}$ 在该基下的矩阵为对角矩阵.

【解】 (1) 易知 W 的一个基为 $\boldsymbol{C}_1=\begin{pmatrix}1&0\\0&-1\end{pmatrix}$,$\boldsymbol{C}_2=\begin{pmatrix}0&1\\0&0\end{pmatrix}$,$\boldsymbol{C}_3=\begin{pmatrix}0&0\\1&0\end{pmatrix}$.

(2) 任取 $\boldsymbol{X}=\begin{pmatrix}x_{11}&x_{12}\\x_{21}&x_{22}\end{pmatrix}\in W$,由于

$$\mathscr{A}(\boldsymbol{X})=\boldsymbol{B}^{\mathrm{T}}\boldsymbol{X}-\boldsymbol{X}^{\mathrm{T}}\boldsymbol{B}=\begin{pmatrix}0&x_{12}-x_{11}-x_{21}\\x_{11}+x_{21}-x_{12}&0\end{pmatrix}\in W,$$

所以 W 是 $\mathscr{A}$ 的不变子空间.

(3) 经计算知

$$\mathscr{A}(\boldsymbol{C}_1)=\begin{pmatrix}0&-1\\1&0\end{pmatrix}=-\boldsymbol{C}_2+\boldsymbol{C}_3,\quad \mathscr{A}(\boldsymbol{C}_2)=\begin{pmatrix}0&1\\-1&0\end{pmatrix}=\boldsymbol{C}_2-\boldsymbol{C}_3,$$

$$\mathscr{A}(\boldsymbol{C}_3)=\begin{pmatrix}0&-1\\1&0\end{pmatrix}=-\boldsymbol{C}_2+\boldsymbol{C}_3,$$

所以,对于 $\mathscr{A}$ 在 W 上的限制变换 $\mathscr{A}\big|_W$,有

$$\mathscr{A}\big|_W(\boldsymbol{C}_1,\boldsymbol{C}_2,\boldsymbol{C}_3)=(\boldsymbol{C}_1,\boldsymbol{C}_2,\boldsymbol{C}_3)\begin{pmatrix}0&0&0\\-1&1&-1\\1&-1&1\end{pmatrix}=(\boldsymbol{C}_1,\boldsymbol{C}_2,\boldsymbol{C}_3)\boldsymbol{A}.$$

矩阵 $\boldsymbol{A}$ 的特征值为 $\lambda=0$(二重),2. 属于 $\lambda=0$ 的线性无关的特征向量为 $\boldsymbol{\xi}_1=(1,1,0)^{\mathrm{T}}$,$\boldsymbol{\xi}_2=(-1,0,1)^{\mathrm{T}}$,属于 $\lambda=2$ 的线性无关的特征向量为 $\boldsymbol{\xi}_3=(0,-1,1)^{\mathrm{T}}$. 令 $\boldsymbol{P}=(\boldsymbol{\xi}_1,\boldsymbol{\xi}_2,\boldsymbol{\xi}_3)$,则 $\boldsymbol{P}^{-1}\boldsymbol{A}\boldsymbol{P}=\mathrm{diag}(0,0,2)=\boldsymbol{\Lambda}$ 是对角矩阵. 故由基变换公式$(\boldsymbol{D}_1,\boldsymbol{D}_2,\boldsymbol{D}_3)=(\boldsymbol{C}_1,\boldsymbol{C}_2,\boldsymbol{C}_3)\boldsymbol{P}$ 可得

$$\boldsymbol{D}_1=\boldsymbol{C}_1+\boldsymbol{C}_2=\begin{pmatrix}1&1\\0&-1\end{pmatrix},\boldsymbol{D}_2=-\boldsymbol{C}_1+\boldsymbol{C}_3=\begin{pmatrix}-1&0\\1&1\end{pmatrix},\boldsymbol{D}_3=-\boldsymbol{C}_2+\boldsymbol{C}_3=\begin{pmatrix}0&-1\\1&0\end{pmatrix},$$

于是 $\mathscr{A}$ 在基 $\boldsymbol{D}_1,\boldsymbol{D}_2,\boldsymbol{D}_3$ 下的矩阵为对角矩阵 $\boldsymbol{\Lambda}$.

【例 6.104】 设 σ 是实数域上 n 维线性空间 V 的线性变换,$\boldsymbol{\alpha}\in V$ 是一个非零向量,W 是 V 中的由向量 $\boldsymbol{\alpha},\sigma(\boldsymbol{\alpha}),\sigma^2(\boldsymbol{\alpha}),\cdots$生成的线性子空间.

(1) 证明:W 是 σ 的不变子空间;

(2) 已知 $\dim W=r$. 试证明 $\boldsymbol{\alpha},\sigma(\boldsymbol{\alpha}),\cdots,\sigma^{r-1}(\boldsymbol{\alpha})$是 W 的一个基,并求 σ 在 W 的这个基下的矩阵.

【解】 (1) 因为 $\boldsymbol{\alpha}\neq\boldsymbol{0}$,所以必存在 $k\leqslant n$,使 $\boldsymbol{\alpha},\sigma(\boldsymbol{\alpha}),\cdots,\sigma^{k-1}(\boldsymbol{\alpha})$线性无关,但 $\boldsymbol{\alpha}$,

$\sigma(\boldsymbol{\alpha}),\cdots,\sigma^{k-1}(\boldsymbol{\alpha}),\sigma^{k}(\boldsymbol{\alpha})$线性相关. 若令 $U=L(\boldsymbol{\alpha},\sigma(\boldsymbol{\alpha}),\cdots,\sigma^{k-1}(\boldsymbol{\alpha}))$,则 $\boldsymbol{\sigma}^{k}(\boldsymbol{\alpha})\in U$. 于是

$$\begin{aligned}\boldsymbol{\sigma}^{k+1}(\boldsymbol{\alpha})&=\sigma(\boldsymbol{\sigma}^{k}(\boldsymbol{\alpha}))=\sigma(l_1\boldsymbol{\alpha}+l_2\sigma(\boldsymbol{\alpha})+\cdots+l_k\boldsymbol{\sigma}^{k-1}(\boldsymbol{\alpha}))\\&=l_1\sigma(\boldsymbol{\alpha})+l_2\sigma^2(\boldsymbol{\alpha})+\cdots+l_k\boldsymbol{\sigma}^{k}(\boldsymbol{\alpha})\in U.\end{aligned}$$

类似地,有 $\boldsymbol{\sigma}^{k+2}(\boldsymbol{\alpha}),\boldsymbol{\sigma}^{k+3}(\boldsymbol{\alpha}),\cdots$都属于 U. 因此 $W=U$. 显然 W 是 $\boldsymbol{\sigma}$ 的不变子空间.

(2) 若 $\dim W=r$,则 $r=k$,且 $\boldsymbol{\alpha},\sigma(\boldsymbol{\alpha}),\cdots,\sigma^{r-1}(\boldsymbol{\alpha})$是 W 的一个基. 进一步,设 $\boldsymbol{\sigma}^{k}(\boldsymbol{\alpha})=l_1\boldsymbol{\alpha}+l_2\sigma(\boldsymbol{\alpha})+\cdots+l_k\boldsymbol{\sigma}^{k-1}(\boldsymbol{\alpha})$,则 σ 在 W 的这个基下的矩阵为

$$\begin{pmatrix}0&0&\cdots&0&0&l_1\\1&0&\cdots&0&0&l_2\\0&1&\cdots&0&0&l_3\\\vdots&\vdots&&\vdots&\vdots&\vdots\\0&0&\cdots&1&0&l_{k-1}\\0&0&\cdots&0&1&l_k\end{pmatrix}.$$

【例 6.105】(武汉大学,1999 年;湘潭大学,2011 年) 设 φ 是 n 维线性空间 V 的可逆的线性变换,V 的子空间 W 是 φ-不变子空间,证明:W 也是逆变换 φ^{-1} 的不变子空间.

【证】 (方法 1) 设 $\dim W=r$,若 $r=0$ 或 n,则结论显然,不妨设 $0<r<n$. 取 W 的一个基 $\boldsymbol{\alpha}_1,\boldsymbol{\alpha}_2,\cdots,\boldsymbol{\alpha}_r$,并扩充成 V 的基 $\boldsymbol{\alpha}_1,\cdots,\boldsymbol{\alpha}_r,\boldsymbol{\alpha}_{r+1}\cdots,\boldsymbol{\alpha}_n$,则 φ 在这个基下的矩阵为

$$\boldsymbol{A}=\begin{pmatrix}\boldsymbol{A}_1&\boldsymbol{B}\\\boldsymbol{O}&\boldsymbol{A}_2\end{pmatrix},$$

其中 $\boldsymbol{A}_1$ 是 r 阶方阵,$\boldsymbol{A}_2$ 是 $n-r$ 阶方阵,$\boldsymbol{B}$ 是 $r\times(n-r)$ 矩阵. 由于 φ^{-1} 在基 $\boldsymbol{\alpha}_1,\cdots,\boldsymbol{\alpha}_r,\boldsymbol{\alpha}_{r+1}\cdots,\boldsymbol{\alpha}_n$ 下的矩阵为

$$\boldsymbol{A}^{-1}=\begin{pmatrix}\boldsymbol{A}_1&\boldsymbol{B}\\\boldsymbol{O}&\boldsymbol{A}_2\end{pmatrix}^{-1}=\begin{pmatrix}\boldsymbol{A}_1^{-1}&-\boldsymbol{A}_1^{-1}\boldsymbol{B}\boldsymbol{A}_2^{-1}\\\boldsymbol{O}&\boldsymbol{A}_2^{-1}\end{pmatrix},$$

因此 W 是 φ^{-1} 的不变子空间.

(方法 2) 注意到限制变换 $\varphi|_W$ 的特征多项式整除 φ 的特征多项式,φ 是可逆变换,所以 $\varphi|_W$ 也是可逆变换,因而是 W 上的满射. 对任意 $\boldsymbol{\alpha}\in W$,存在 $\boldsymbol{\beta}\in W$,使得 $\varphi(\boldsymbol{\beta})=\varphi|_W(\boldsymbol{\beta})=\boldsymbol{\alpha}$,从而有 $\varphi^{-1}(\boldsymbol{\alpha})=\boldsymbol{\beta}\in W$. 因此 W 是 φ^{-1} 的不变子空间.

【例 6.106】(华东理工大学,2002 年) 设 $\mathscr{A},\mathscr{B}$ 都是线性空间 V 的线性变换,并且 $\mathscr{A}\mathscr{B}=\mathscr{B}\mathscr{A}$. 求证:

(1) $\mathscr{A}$ 的特征子空间一定是 $\mathscr{B}$ 的不变子空间;

(2) 如果 V 是复数域上的线性空间,那么 $\mathscr{A},\mathscr{B}$ 一定有公共特征向量.

【证】 (1) 设 V_λ 是 $\mathscr{A}$ 的属于特征值 λ 的特征子空间,即 $V_\lambda=\{\boldsymbol{\alpha}\in V\mid\mathscr{A}(\boldsymbol{\alpha})=\lambda\boldsymbol{\alpha}\}$. 任取 $\boldsymbol{\xi}\in V_\lambda$, 因为 $\mathscr{A}(\mathscr{B}(\boldsymbol{\xi}))=\mathscr{B}(\mathscr{A}(\boldsymbol{\xi}))=\lambda(\mathscr{B}(\boldsymbol{\xi}))$,所以 $\mathscr{B}(\boldsymbol{\xi})\in V_\lambda$. 故 V_λ 是 $\mathscr{B}$ 的不变子空间.

(2) 由(1)知,V_λ 是 $\mathscr{B}$ 的不变子空间,则限制变换 $\mathscr{B}|_{V_\lambda}$ 在复数域 $\mathbb{C}$ 上必有特征值. 设 $\mu\in\mathbb{C}$ 是 $\mathscr{B}|_{V_\lambda}$ 的一个特征值,$\boldsymbol{\xi}\in V_\lambda$ 是相应的特征向量,那么

$$\mathscr{B}(\boldsymbol{\xi}) = \mathscr{B}|_{V_\lambda}(\boldsymbol{\xi}) = \mu\boldsymbol{\xi}, \quad \boldsymbol{\xi} \neq \mathbf{0}.$$

又 $\mathscr{A}(\boldsymbol{\xi}) = \boldsymbol{\lambda\xi}$，所以 $\boldsymbol{\xi}$ 是 $\mathscr{A}$ 与 $\mathscr{B}$ 的一个公共特征向量.

【例 6.107】 设 $\sigma_i(i\in I)$ 是复数域上 n 维线性空间 V 的一组（有限或无限个）两两可交换的线性变换. 证明：所有的 $\sigma_i(i\in I)$ 至少有一个公共的特征向量.

【证】 对线性空间的维数 n 用归纳法. 当 $n=1$ 时，任取 V 中的非零向量 $\boldsymbol{\xi}$，则 $V=L(\boldsymbol{\xi})$. 注意到 $\sigma_i(\boldsymbol{\xi})\in V$，所以存在 $x_i\in\mathbb{C}$ 使得 $\sigma_i(\boldsymbol{\xi})=x_i\boldsymbol{\xi}$，即 $\boldsymbol{\xi}$ 是所有 $\sigma_i(i\in I)$ 的公共特征向量.

假设 $n\leqslant k-1$ 时结论成立，下证对 $n=k$ 即 k 维线性空间 V 结论成立.

如果 V 中的任一非零向量都是所有 $\sigma_i(i\in I)$ 的公共特征向量，那么结论已经成立. 否则，V 中必存在一个非零向量不是 $\{\sigma_i\}$ 中某个线性变换 σ（为方便起见略去其下标）的特征向量. 因此，σ 的属于任一特征值 λ_0 的特征子空间 V_{λ_0} 都是 V 的真子空间，故 $\dim V_{\lambda_0}\leqslant k-1$.

根据题设，任一 $\sigma_i(i\in I)$ 与 σ 可交换，所以 V_{λ_0} 是 σ_i 的不变子空间. 显然，限制变换 $\sigma_i|_{V_{\lambda_0}}(i\in I)$ 仍然两两可交换. 利用归纳假设，它们在 V_{λ_0} 中有公共特征向量 $\boldsymbol{\xi}$，于是存在 $\lambda_i\in\mathbb{C}$ 使得

$$\sigma_i(\boldsymbol{\xi}) = \sigma_i|_{V_{\lambda_0}}(\boldsymbol{\xi}) = \lambda_i\boldsymbol{\xi}, \quad \boldsymbol{\xi}\neq\mathbf{0}.$$

这表明 $\boldsymbol{\xi}$ 是所有 $\sigma_i(i\in I)$ 的公共特征向量.

【例 6.108】 设 σ 是 $n(n>1)$ 维线性空间 V 的线性变换，σ 在 V 的一个基下的矩阵为

$$\boldsymbol{J} = \begin{pmatrix} \lambda & 1 & & \\ & \lambda & \ddots & \\ & & \ddots & 1 \\ & & & \lambda \end{pmatrix}.$$

(1) 证明：V 不能分解成 σ 的任意两个非平凡不变子空间的直和；（**青岛大学**，2013 **年**）

(2) 求 σ 的所有不变子空间.

【解】 (1) 设 σ 在 V 的基 $\boldsymbol{\eta}_1, \boldsymbol{\eta}_2, \cdots, \boldsymbol{\eta}_n$ 下的矩阵为 $\boldsymbol{J}$，则

$$\sigma(\boldsymbol{\eta}_1) = \lambda\boldsymbol{\eta}_1, \quad \sigma(\boldsymbol{\eta}_i) = \boldsymbol{\eta}_{i-1} + \lambda\boldsymbol{\eta}_i(i=2,3,\cdots,n).$$

考虑 σ 的任一非零不变子空间 W，取 $\boldsymbol{\xi}\in W,\boldsymbol{\xi}\neq\mathbf{0}$，令

$$\boldsymbol{\xi} = a_1\boldsymbol{\eta}_1 + a_2\boldsymbol{\eta}_2 + \cdots + a_n\boldsymbol{\eta}_n,$$

不失一般性，设 $a_s\neq 0$，而 $a_{s+1}=\cdots=a_n=0$，则 $\boldsymbol{\xi}=\sum_{i=1}^{s}a_i\boldsymbol{\eta}_i$. 于是有

$$\sigma(\boldsymbol{\xi}) = \lambda a_1\boldsymbol{\eta}_1 + \sum_{i=2}^{s}a_i(\boldsymbol{\eta}_{i-1}+\lambda\boldsymbol{\eta}_i) = \lambda\boldsymbol{\xi} + \sum_{i=2}^{s}a_i\boldsymbol{\eta}_{i-1}.$$

令 $\boldsymbol{\beta}_1=\sum_{i=2}^{s}a_i\boldsymbol{\eta}_{i-1}$，则 $\boldsymbol{\beta}_1=\sigma(\boldsymbol{\xi})-\lambda(\boldsymbol{\xi})$. 因为 $\sigma(\boldsymbol{\xi}),\lambda\boldsymbol{\xi}\in W$，所以 $\boldsymbol{\beta}_1\in W$. 又

$$\sigma(\boldsymbol{\beta}_1) = \sum_{i=2}^{s}a_i\sigma(\boldsymbol{\eta}_{i-1}) = \lambda\boldsymbol{\beta}_1 + \sum_{i=3}^{s}a_i\boldsymbol{\eta}_{i-2},$$

再令 $\boldsymbol{\beta}_2=\sum_{i=3}^{s}a_i\boldsymbol{\eta}_{i-2}$，则 $\boldsymbol{\beta}_2=\sigma(\boldsymbol{\beta}_1)-\lambda\boldsymbol{\beta}_1\in W$.

如此继续下去，可得 $\boldsymbol{\beta}_{s-1}=a_s\boldsymbol{\eta}_1=\sigma(\boldsymbol{\beta}_{s-2})-\lambda\boldsymbol{\beta}_{s-2}\in W$. 因为 $a_s\neq 0$，所以 $\boldsymbol{\eta}_1\in W$.

现设 W_1,W_2 是 σ 的任意两个非平凡的不变子空间,则 $\boldsymbol{\eta}_1\in W_1\cap W_2$,所以 $W_1\cap W_2\neq\{\mathbf{0}\}$. 这就表明,$V$ 不能分解成 W_1 与 W_2 的直和,即 $V\neq W_1\oplus W_2$.

(2) 设 W 是 σ 的任一非零不变子空间,$\dim W=m$,根据上述证明,$\boldsymbol{\eta}_1\in W$. 再返回至倒数第二步,有 $a_{s-1}\boldsymbol{\eta}_1+a_s\boldsymbol{\eta}_2\in W$,从而有 $\boldsymbol{\eta}_2\in W$. 继续反推回去,依次有 $\boldsymbol{\eta}_3\in W,\boldsymbol{\eta}_4\in W,\cdots,\boldsymbol{\eta}_s\in W$. 所以 $s=m$,且 $W=L(\boldsymbol{\eta}_1,\boldsymbol{\eta}_2,\cdots,\boldsymbol{\eta}_m)$. 因此,$\sigma$ 的所有不变子空间一共有 $n+1$ 个:

$$\{\mathbf{0}\},L(\boldsymbol{\eta}_1),L(\boldsymbol{\eta}_1,\boldsymbol{\eta}_2),\cdots,L(\boldsymbol{\eta}_1,\boldsymbol{\eta}_2,\cdots,\boldsymbol{\eta}_{n-1}),V.$$

【例 6.109】 记 $\mathbb{C}^{2\times2}$ 是二阶复方阵全体在通常运算下所构成的复数域上的线性空间,已知 $\boldsymbol{A}=\begin{pmatrix}a&b\\c&d\end{pmatrix}\in\mathbb{C}^{2\times2}$,定义 $\mathbb{C}^{2\times2}$ 的线性变换 f: $f(\boldsymbol{X})=\boldsymbol{XA}$, $\forall\boldsymbol{X}\in\mathbb{C}^{2\times2}$.

(1) 求 f 在 $\mathbb{C}^{2\times2}$ 的基 $\boldsymbol{E}_{11}=\begin{pmatrix}1&0\\0&0\end{pmatrix}$, $\boldsymbol{E}_{12}=\begin{pmatrix}0&1\\0&0\end{pmatrix}$, $\boldsymbol{E}_{21}=\begin{pmatrix}0&0\\1&0\end{pmatrix}$, $\boldsymbol{E}_{22}=\begin{pmatrix}0&0\\0&1\end{pmatrix}$ 下的矩阵 $\boldsymbol{M}$;

(2) 请给出 $\mathbb{C}^{2\times2}$ 的两个非零的 f 不变子空间 V_1 与 V_2,使得 $\mathbb{C}^{2\times2}=V_1\oplus V_2$;

(3) 证明:存在 $\mathbb{C}^{2\times2}$ 的一个基,使得 f 在这一基下的矩阵为对角矩阵当且仅当矩阵 $\boldsymbol{A}$ 与对角矩阵相似.

【解】 (1) 根据 f 的定义,得

$$f(\boldsymbol{E}_{11})=\begin{pmatrix}1&0\\0&0\end{pmatrix}\begin{pmatrix}a&b\\c&d\end{pmatrix}=\begin{pmatrix}a&b\\0&0\end{pmatrix}=a\boldsymbol{E}_{11}+b\boldsymbol{E}_{12}+0\boldsymbol{E}_{21}+0\boldsymbol{E}_{22},$$

$$f(\boldsymbol{E}_{12})=\begin{pmatrix}0&1\\0&0\end{pmatrix}\begin{pmatrix}a&b\\c&d\end{pmatrix}=\begin{pmatrix}c&d\\0&0\end{pmatrix}=c\boldsymbol{E}_{11}+d\boldsymbol{E}_{12}+0\boldsymbol{E}_{21}+0\boldsymbol{E}_{22},$$

$$f(\boldsymbol{E}_{21})=\begin{pmatrix}0&0\\1&0\end{pmatrix}\begin{pmatrix}a&b\\c&d\end{pmatrix}=\begin{pmatrix}0&0\\a&b\end{pmatrix}=0\boldsymbol{E}_{11}+0\boldsymbol{E}_{12}+a\boldsymbol{E}_{21}+b\boldsymbol{E}_{22},$$

$$f(\boldsymbol{E}_{22})=\begin{pmatrix}0&0\\0&1\end{pmatrix}\begin{pmatrix}a&b\\c&d\end{pmatrix}=\begin{pmatrix}0&0\\c&d\end{pmatrix}=0\boldsymbol{E}_{11}+0\boldsymbol{E}_{12}+c\boldsymbol{E}_{21}+d\boldsymbol{E}_{22},$$

于是,f 在 $\mathbb{C}^{2\times2}$ 的基 $\boldsymbol{E}_{11},\boldsymbol{E}_{12},\boldsymbol{E}_{21},\boldsymbol{E}_{22}$ 下的矩阵为

$$\boldsymbol{M}=\begin{pmatrix}a&c&0&0\\b&d&0&0\\0&0&a&c\\0&0&b&d\end{pmatrix}=\begin{pmatrix}\boldsymbol{A}^{\mathrm{T}}&\boldsymbol{O}\\\boldsymbol{O}&\boldsymbol{A}^{\mathrm{T}}\end{pmatrix}.$$

(2) 注意到 $\boldsymbol{M}$ 是一个分块对角矩阵,可令 $V_1=L(\boldsymbol{E}_{11},\boldsymbol{E}_{12})$, $V_2=L(\boldsymbol{E}_{21},\boldsymbol{E}_{22})$,下证 V_1,V_2 都是 $\mathbb{C}^{2\times2}$ 的 f 不变子空间: $\forall\boldsymbol{X}\in V_1$,令 $\boldsymbol{X}=x_1\boldsymbol{E}_{11}+x_2\boldsymbol{E}_{12}$,根据 f 的线性性质,得

$$\begin{aligned}f(\boldsymbol{X})&=x_1f(\boldsymbol{E}_{11})+x_2f(\boldsymbol{E}_{12})=x_1(a\boldsymbol{E}_{11}+b\boldsymbol{E}_{12})+x_2(c\boldsymbol{E}_{11}+d\boldsymbol{E}_{12})\\&=(ax_1+cx_2)\boldsymbol{E}_{11}+(bx_1+dx_2)\boldsymbol{E}_{12},\end{aligned}$$

可见,$f(\boldsymbol{X})\in V_1$,所以 V_1 是一个 f 不变子空间. 同理,V_2 也是一个 f 不变子空间. 又因为

$$\mathbb{C}^{2\times2}=L(\boldsymbol{E}_{11},\boldsymbol{E}_{12},\boldsymbol{E}_{21},\boldsymbol{E}_{22})=L(\boldsymbol{E}_{11},\boldsymbol{E}_{12})+L(\boldsymbol{E}_{21},\boldsymbol{E}_{22})=V_1+V_2,$$

且 $\dim(\mathbb{C}^{2\times2})=4=\dim(V_1)+\dim(V_2)$,因此 $\mathbb{C}^{2\times2}=V_1\oplus V_2$.

(3) 必要性. 设 f 在 V 的基 $\boldsymbol{B}_1,\boldsymbol{B}_2,\boldsymbol{B}_3,\boldsymbol{B}_4$ 下的矩阵为 $\boldsymbol{D}=\mathrm{diag}(d_1,d_2,d_3,d_4)$,由基 $\boldsymbol{E}_{11},\boldsymbol{E}_{12},\boldsymbol{E}_{21},\boldsymbol{E}_{22}$ 到基 $\boldsymbol{B}_1,\boldsymbol{B}_2,\boldsymbol{B}_3,\boldsymbol{B}_4$ 的过渡矩阵为 $\boldsymbol{P}$,则 $\boldsymbol{P}^{-1}\boldsymbol{MP}=\boldsymbol{D}$,即 $\boldsymbol{MP}=\boldsymbol{PD}$. 现将 $\boldsymbol{P}$ 分块为

$\boldsymbol{P}=\begin{pmatrix}\boldsymbol{P}_1\\ \boldsymbol{P}_2\end{pmatrix}$,其中 $\boldsymbol{P}_1,\boldsymbol{P}_2$ 都是 2×4 矩阵,则有 $\boldsymbol{A}^{\mathrm{T}}\boldsymbol{P}_1=\boldsymbol{P}_1\boldsymbol{D}$. 因为 $\boldsymbol{P}$ 的行向量组线性无关,所以 $\boldsymbol{P}_1$ 的行向量组也线性无关,说明 rank $\boldsymbol{P}_1=2$,因此 $\boldsymbol{A}^{\mathrm{T}}$ 有两个线性无关的特征向量,故 $\boldsymbol{A}^{\mathrm{T}}$ 因而 $\boldsymbol{A}$ 可与对角矩阵相似.

充分性. 设 $\boldsymbol{A}$ 与对角矩阵相似,即存在 2 阶可逆矩阵 $\boldsymbol{Q}$,使得 $\boldsymbol{Q}^{-1}\boldsymbol{A}\boldsymbol{Q}=\mathrm{diag}(a_1,a_2)$. 令

$$\boldsymbol{Q}_1^{-1}=\begin{pmatrix}\boldsymbol{Q}^{\mathrm{T}} & \boldsymbol{O}\\ \boldsymbol{O} & \boldsymbol{Q}^{\mathrm{T}}\end{pmatrix},$$

则 $\boldsymbol{Q}_1$ 是可逆矩阵,且 $\boldsymbol{Q}_1^{-1}\boldsymbol{M}\boldsymbol{Q}_1=\mathrm{diag}(a_1,a_2,a_1,a_2)$.

于是,f 在 V 的基 $\boldsymbol{E}_{11}\boldsymbol{Q}^{-1},\boldsymbol{E}_{12}\boldsymbol{Q}^{-1},\boldsymbol{E}_{21}\boldsymbol{Q}^{-1},\boldsymbol{E}_{22}\boldsymbol{Q}^{-1}$ 下的矩阵为 $\mathrm{diag}(a_1,a_2,a_1,a_2)$.

【例 6.110】(北京大学,2016 年) 设 V 是有限维线性空间,A,B 是 V 的线性变换,满足:

(1) $AB=0$,这里 0 是零变换;

(2) A 的任意不变子空间也是 B 的不变子空间;

(3) $A^5+A^4+A^3+A^2+A=0$.

证明 $BA=0$.

【证】 令 $\dim V=n$. 首先,由条件(3)可知,A 的最小多项式无重根,所以 A 是可对角化的. 设 $\lambda_1,\lambda_2,\cdots,\lambda_s$ 是 A 的所有互异的特征值,其重数分别为 $n_1,n_2,\cdots,n_s$,则 $\sum\limits_{i=1}^{s}n_i=n$,且

$$V=W_{\lambda_1}\oplus W_{\lambda_2}\oplus\cdots\oplus W_{\lambda_s},$$

其中 W_{λ_i} 是 A 的属于 λ_i 的特征子空间,$\dim W_{\lambda_i}=n_i$. 取每个子空间 W_{λ_i} 的基 $\boldsymbol{\xi}_{i1},\boldsymbol{\xi}_{i2},\cdots,\boldsymbol{\xi}_{in_i}$,合并起来则构成 V 的一个基:

$$\boldsymbol{\xi}_{11},\boldsymbol{\xi}_{12},\cdots,\boldsymbol{\xi}_{1n_1},\boldsymbol{\xi}_{21},\boldsymbol{\xi}_{22},\cdots,\boldsymbol{\xi}_{2n_2},\cdots,\boldsymbol{\xi}_{s1},\boldsymbol{\xi}_{s2},\cdots,\boldsymbol{\xi}_{sn_s}. \quad ①$$

显然,A 在这个基下的矩阵为对角矩阵

$$\boldsymbol{D}=\mathrm{diag}(\lambda_1\boldsymbol{E}_{n_1},\lambda_2\boldsymbol{E}_{n_2},\cdots,\lambda_s\boldsymbol{E}_{n_s}).$$

再由题设条件(2),所有 W_{λ_i} 也都是 B 的不变子空间. 因此,B 在上述基①下的矩阵为分块对角矩阵,设为 $\boldsymbol{G}=\mathrm{diag}(\boldsymbol{G}_1,\boldsymbol{G}_2,\cdots,\boldsymbol{G}_s)$,其中 $\boldsymbol{G}_i$ 为 n 阶方阵.

进一步,AB 与 BA 在基①下的矩阵分别为 $\boldsymbol{DG},\boldsymbol{GD}$. 根据条件(1)可知,$\boldsymbol{DG}=\boldsymbol{O}$. 注意到

$$\boldsymbol{DG}=\mathrm{diag}(\lambda_1\boldsymbol{G}_1,\lambda_2\boldsymbol{G}_2,\cdots,\lambda_s\boldsymbol{G}_s)=\boldsymbol{GD},$$

于是,有 $\boldsymbol{GD}=\boldsymbol{O}$.

任取 $\boldsymbol{\alpha}\in V$,并设 $\boldsymbol{\alpha}$ 关于基①的坐标为 $\boldsymbol{X}$,则 $BA(\boldsymbol{\alpha})$ 关于基①的坐标为 $\boldsymbol{GDX}=\boldsymbol{0}$,故 $BA(\boldsymbol{\alpha})=\boldsymbol{0}$. 所以 $BA=0$.

【例 6.111】(北京航空航天大学,2005 年) 设 T 为线性空间 V 的线性变换,且 $T^2=T$. 证明:

(1) $T^{-1}(\boldsymbol{0})=\{\boldsymbol{\alpha}-T(\boldsymbol{\alpha})\mid\boldsymbol{\alpha}\in V\}$;

(2) $T^{-1}(\boldsymbol{0}),T(V)$ 对 V 的线性变换 S 不变的充分必要条件是 T 与 S 可交换.

【证】 (1) 令 $W=\{\boldsymbol{\alpha}-T(\boldsymbol{\alpha})\mid\boldsymbol{\alpha}\in V\}$. 任取 $\boldsymbol{\beta}\in W$,则存在 $\boldsymbol{\alpha}\in V$ 使 $\boldsymbol{\beta}=\boldsymbol{\alpha}-T(\boldsymbol{\alpha})$. 因为 $T^2=T$,所以 $T(\boldsymbol{\beta})=T(\boldsymbol{\alpha})-T^2(\boldsymbol{\alpha})=\boldsymbol{0}$,即 $\boldsymbol{\beta}\in T^{-1}(\boldsymbol{0})$,从而 $W\subseteq T^{-1}(\boldsymbol{0})$. 反之,任取 $\boldsymbol{\beta}\in T^{-1}(\boldsymbol{0})$,

有 $T(\boldsymbol{\beta})=\mathbf{0}$,所以$\boldsymbol{\beta}=\boldsymbol{\beta}-T(\boldsymbol{\beta})\in W$,这表明 $T^{-1}(\mathbf{0})\subseteq W$. 因此 $T^{-1}(\mathbf{0})=W$.

(2) 充分性比较容易,只证必要性.

(方法1) 任取$\boldsymbol{\alpha}\in V$,则$\boldsymbol{\alpha}-T(\boldsymbol{\alpha})\in T^{-1}(\mathbf{0})$. 因为$T^{-1}(\mathbf{0})$对$S$不变,即$S(\boldsymbol{\alpha}-T(\boldsymbol{\alpha}))\in T^{-1}(\mathbf{0})$,因此 $TS(\boldsymbol{\alpha})=TST(\boldsymbol{\alpha})$. 另一方面,$T(V)$对 S 不变,所以 $ST(\boldsymbol{\alpha})\in T(V)$,故存在$\boldsymbol{\beta}\in V$,使得 $ST(\boldsymbol{\alpha})=T(\boldsymbol{\beta})$,从而 $TST(\boldsymbol{\alpha})=T^2(\boldsymbol{\beta})=T(\boldsymbol{\beta})=ST(\boldsymbol{\alpha})$. 于是 $ST(\boldsymbol{\alpha})=TS(\boldsymbol{\alpha})$. 由于 $\boldsymbol{\alpha}$ 的任意性,所以 $TS=ST$,即 T 与 S 可交换.

(方法2) 据题设条件 $T^2=T$,及(1)的结论,易证:$V=T^{-1}(\mathbf{0})\oplus(I-T)^{-1}(\mathbf{0})$,其中 I 是 V 的恒等变换. 分别取$(I-T)^{-1}(\mathbf{0})$的一个基 $\boldsymbol{\eta}_1,\boldsymbol{\eta}_2,\cdots,\boldsymbol{\eta}_r$ 和 $T^{-1}(\mathbf{0})$的一个基 $\boldsymbol{\eta}_{r+1},\cdots,\boldsymbol{\eta}_n$,合起来即构成 V 的一个基. 那么

$$T(\boldsymbol{\eta}_1,\boldsymbol{\eta}_2,\cdots,\boldsymbol{\eta}_n)=(\boldsymbol{\eta}_1,\boldsymbol{\eta}_2,\cdots,\boldsymbol{\eta}_n)\begin{pmatrix}\boldsymbol{E}_r & \boldsymbol{O}\\ \boldsymbol{O} & \boldsymbol{O}\end{pmatrix}.$$

对于 V 的线性变换 S,由于 $T^{-1}(\mathbf{0})$和$(I-T)^{-1}(\mathbf{0})$都对 S 是不变的,所以

$$S(\boldsymbol{\eta}_1,\boldsymbol{\eta}_2,\cdots,\boldsymbol{\eta}_n)=(\boldsymbol{\eta}_1,\boldsymbol{\eta}_2,\cdots,\boldsymbol{\eta}_n)\begin{pmatrix}\boldsymbol{A} & \boldsymbol{O}\\ \boldsymbol{O} & \boldsymbol{B}\end{pmatrix},$$

其中 $\boldsymbol{A},\boldsymbol{B}$ 分别为 r 阶和 $n-r$ 阶方阵. 于是

$$TS(\boldsymbol{\eta}_1,\boldsymbol{\eta}_2,\cdots,\boldsymbol{\eta}_n)=(\boldsymbol{\eta}_1,\boldsymbol{\eta}_2,\cdots,\boldsymbol{\eta}_n)\begin{pmatrix}\boldsymbol{A} & \boldsymbol{O}\\ \boldsymbol{O} & \boldsymbol{O}\end{pmatrix},$$

$$ST(\boldsymbol{\eta}_1,\boldsymbol{\eta}_2,\cdots,\boldsymbol{\eta}_n)=(\boldsymbol{\eta}_1,\boldsymbol{\eta}_2,\cdots,\boldsymbol{\eta}_n)\begin{pmatrix}\boldsymbol{A} & \boldsymbol{O}\\ \boldsymbol{O} & \boldsymbol{O}\end{pmatrix}.$$

因此,$\forall\boldsymbol{\alpha}\in V$,有 $TS(\boldsymbol{\alpha})=ST(\boldsymbol{\alpha})$,所以 $TS=ST$,即 T 与 S 可交换.

【例 6.112】 设 W,U 是线性空间 V 的子空间,且 $V=W\oplus U$. 又设 $LT(V)$ 表示 V 的线性变换构成的集合,$\sigma\in LT(V)$,且$\forall\boldsymbol{\xi}=\boldsymbol{\alpha}+\boldsymbol{\beta}\in V$,其中 $\boldsymbol{\alpha}\in W,\boldsymbol{\beta}\in U,\sigma(\boldsymbol{\xi})=\boldsymbol{\alpha}$. 证明:对任意 $\tau\in LT(V)$,$\sigma\tau=\tau\sigma$ 当且仅当 W 与 U 都是关于 τ 的不变子空间.

【证】 必要性. 设 $\sigma\tau=\tau\sigma$,下证 W 与 U 是 τ 的不变子空间.

$\forall\boldsymbol{\xi}\in W$,由于 $\boldsymbol{\xi}=\boldsymbol{\xi}+\mathbf{0}$,所以 $\sigma(\boldsymbol{\xi})=\boldsymbol{\xi}$. 令 $\tau(\boldsymbol{\xi})=\boldsymbol{\alpha}+\boldsymbol{\beta}$,其中 $\boldsymbol{\alpha}\in W,\boldsymbol{\beta}\in U$,则由 $\sigma\tau(\boldsymbol{\xi})=\tau\sigma(\boldsymbol{\xi})$可知 $\boldsymbol{\alpha}=\tau(\boldsymbol{\xi})$,故 $\tau(\boldsymbol{\xi})\in W$,所以 W 是 τ 的不变子空间.

$\forall\boldsymbol{\eta}\in U$,由于 $\boldsymbol{\eta}=\mathbf{0}+\boldsymbol{\eta}$,所以 $\sigma(\boldsymbol{\eta})=\mathbf{0}$. 令 $\tau(\boldsymbol{\eta})=\boldsymbol{\alpha}+\boldsymbol{\beta}$,其中 $\boldsymbol{\alpha}\in W,\boldsymbol{\beta}\in U$,则由 $\sigma\tau(\boldsymbol{\eta})=\tau\sigma(\boldsymbol{\eta})$可知 $\boldsymbol{\alpha}=\mathbf{0}$,故 $\tau(\boldsymbol{\eta})=\boldsymbol{\beta}\in U$,所以 W 是 τ 的不变子空间.

充分性. 设 W 与 U 是 τ 的不变子空间,下证 $\sigma\tau=\tau\sigma$. 为此,任取 $\boldsymbol{\xi}\in V$,令 $\boldsymbol{\xi}=\boldsymbol{\alpha}+\boldsymbol{\beta}$,其中 $\boldsymbol{\alpha}\in W,\boldsymbol{\beta}\in U$,则 $\sigma\tau(\boldsymbol{\xi})=\sigma(\tau(\boldsymbol{\xi}))=\sigma(\tau(\boldsymbol{\alpha})+\tau(\boldsymbol{\beta}))$. 由于 $\tau(\boldsymbol{\alpha})\in W,\tau(\boldsymbol{\beta})\in U$,所以 $\sigma\tau(\boldsymbol{\xi})=\tau(\boldsymbol{\alpha})$. 另一方面,有 $\tau\sigma(\boldsymbol{\xi})=\tau(\sigma(\boldsymbol{\alpha}+\boldsymbol{\beta}))=\tau(\boldsymbol{\alpha})$,所以 $\sigma\tau(\boldsymbol{\xi})=\tau\sigma(\boldsymbol{\xi})$,即 $\sigma\tau=\tau\sigma$.

【例 6.113】(武汉大学,2018 年) 设 σ,τ 是 n 维线性空间 V 的线性变换,$\sigma^2=\sigma$. 证明:

(1) $V=\operatorname{Im}\sigma\oplus\ker\sigma$;

(2) σ 的像 $\operatorname{Im}\sigma$ 与核 $\ker\sigma$ 都是 τ 的不变子空间当且仅当 $\sigma\tau=\tau\sigma$.

【证】 (1)的证明见第 5 章例 5.59.

(2) 先证充分性. $\forall\boldsymbol{\alpha}\in\operatorname{Im}\sigma$,存在$\boldsymbol{\beta}\in V$,使得 $\boldsymbol{\alpha}=\sigma(\boldsymbol{\beta})$. 由于 $\tau\boldsymbol{\alpha}=\tau(\sigma(\boldsymbol{\beta}))=\sigma(\tau(\boldsymbol{\beta}))\in\operatorname{Im}\sigma$. 所以 $\operatorname{Im}\sigma$ 是 τ 的不变子空间.

另一方面，$\forall \boldsymbol{\alpha}\in\ker\sigma$，因为 $\sigma(\boldsymbol{\alpha})=\boldsymbol{0}$，$\sigma(\tau(\boldsymbol{\alpha}))=\tau(\sigma(\boldsymbol{\alpha}))=\boldsymbol{0}$，所以 $\tau(\boldsymbol{\alpha})\in\ker\sigma$，故 $\ker\sigma$ 是 τ 的不变子空间.

再证必要性. $\forall\boldsymbol{\alpha}\in V$，有 $\boldsymbol{\alpha}=\sigma\boldsymbol{\alpha}+(\boldsymbol{\alpha}-\sigma\boldsymbol{\alpha})$，其中 $\sigma\boldsymbol{\alpha}\in\operatorname{Im}\sigma$，$\boldsymbol{\alpha}-\sigma\boldsymbol{\alpha}\in\ker\sigma$（因 $\sigma^2=\sigma$）.

因为 $\operatorname{Im}\sigma$ 是 τ 的不变子空间，有 $\tau(\sigma(\boldsymbol{\alpha}))\in\operatorname{Im}\sigma$，所以存在 $\boldsymbol{\beta}\in V$，使得 $\tau(\sigma(\boldsymbol{\alpha}))=\sigma\boldsymbol{\beta}$.

又 $\ker\sigma$ 也是 τ 的不变子空间，有 $\tau(\boldsymbol{\alpha}-\sigma(\boldsymbol{\alpha}))\in\ker\sigma$，所以 $\sigma\tau(\boldsymbol{\alpha}-\sigma(\boldsymbol{\alpha}))=\boldsymbol{0}$. 故

$$\sigma\tau(\boldsymbol{\alpha})=\sigma\tau(\sigma(\boldsymbol{\alpha}))+\sigma\tau(\boldsymbol{\alpha}-\sigma\boldsymbol{\alpha})=\sigma^2(\boldsymbol{\beta})=\sigma(\boldsymbol{\beta}),$$

于是，有 $\sigma\tau(\boldsymbol{\alpha})=\tau\sigma(\boldsymbol{\alpha})$，所以 $\sigma\tau=\tau\sigma$.

【例 6.114】（云南大学，2011 年；华中科技大学，2015 年；四川大学，2016 年） 设 σ 是 n 维线性空间 V 的线性变换，W 是 V 的 σ 不变子空间，且 $\boldsymbol{\xi}_1,\boldsymbol{\xi}_2,\cdots,\boldsymbol{\xi}_k$ 是 σ 的分别属于 k 个互不相同的特征值 $\lambda_1,\lambda_2,\cdots,\lambda_k$ 的特征向量. 证明：如果 $\boldsymbol{\xi}_1+\boldsymbol{\xi}_2+\cdots+\boldsymbol{\xi}_k\in W$，那么 $\dim W\geqslant k$.

【证】 （方法 1）记 $\boldsymbol{\beta}=\boldsymbol{\xi}_1+\boldsymbol{\xi}_2+\cdots+\boldsymbol{\xi}_k$，因为 W 是 σ 不变的，所以 $\sigma(\boldsymbol{\beta}),\cdots,\sigma^{k-1}(\boldsymbol{\beta})\in W$. 下证 $\boldsymbol{\beta},\sigma(\boldsymbol{\beta}),\cdots,\sigma^{k-1}(\boldsymbol{\beta})$ 是线性无关的. 为此，令

$$x_1\boldsymbol{\beta}+x_2\sigma(\boldsymbol{\beta})+\cdots+x_k\sigma^{k-1}(\boldsymbol{\beta})=\boldsymbol{0}.$$

因为 $\sigma^i(\boldsymbol{\beta})=\lambda_1^i\boldsymbol{\xi}_1+\lambda_2^i\boldsymbol{\xi}_2+\cdots+\lambda_k^i\boldsymbol{\xi}_k$，$i=1,2,\cdots,k-1$，代入上式并整理，得

$$\left(\sum_{i=1}^{k}\lambda_1^{i-1}x_i\right)\boldsymbol{\xi}_1+\left(\sum_{i=1}^{k}\lambda_2^{i-1}x_i\right)\boldsymbol{\xi}_2+\cdots+\left(\sum_{i=1}^{k}\lambda_k^{i-1}x_i\right)\boldsymbol{\xi}_k=\boldsymbol{0}.$$

因为 $\boldsymbol{\xi}_1,\boldsymbol{\xi}_2,\cdots,\boldsymbol{\xi}_k$ 线性无关，所以 $\sum\limits_{i=1}^{k}\lambda_1^{i-1}x_i=0,\sum\limits_{i=1}^{k}\lambda_2^{i-1}x_i=0,\cdots,\sum\limits_{i=1}^{k}\lambda_k^{i-1}x_i=0$，即

$$\begin{pmatrix}1&\lambda_1&\lambda_1^2&\cdots&\lambda_1^{k-1}\\1&\lambda_2&\lambda_2^2&\cdots&\lambda_2^{k-1}\\\vdots&\vdots&\vdots&&\vdots\\1&\lambda_k&\lambda_k^2&\cdots&\lambda_k^{k-1}\end{pmatrix}\begin{pmatrix}x_1\\x_2\\\vdots\\x_k\end{pmatrix}=\boldsymbol{0}.$$

由于系数行列式 $\prod\limits_{1\leqslant j<i\leqslant k}(\lambda_i-\lambda_j)\neq0$，故 $x_1=x_2=\cdots=x_k=0$. 所以 $\boldsymbol{\beta},\sigma(\boldsymbol{\beta}),\cdots,\sigma^{k-1}(\boldsymbol{\beta})$ 是 W 中的 k 个线性无关的向量，从而有

$$\dim W\geqslant\dim L(\boldsymbol{\beta},\sigma(\boldsymbol{\beta}),\cdots,\sigma^{k-1}(\boldsymbol{\beta}))=k.$$

（方法 2）对 k 用归纳法，参见下一例（系本例的一般情形）的方法 1.

【例 6.115】（武汉大学，1999 年） 设 φ 是复线性空间 V 的线性变换，$\lambda_1,\lambda_2,\cdots,\lambda_k$ 是 φ 的 k 个互不相同的特征值，$\boldsymbol{v}_i$ 是 φ 的属于 λ_i 的特征向量，$i=1,2,\cdots,k$. 又设 W 是 V 的 φ-不变子空间，$\boldsymbol{w}\in W$，存在全不为零的复数 $c_1,c_2,\cdots,c_k$ 使 $\boldsymbol{w}=c_1\boldsymbol{v}_1+c_2\boldsymbol{v}_2+\cdots+c_k\boldsymbol{v}_k$. 证明：所有 $\boldsymbol{v}_i\in W$，$i=1,2,\cdots,k$.

【证】 （方法 1）对 k 用归纳法. 当 $k=1$ 时，结论显然成立. 假设结论对 $k-1$ 成立，下证对 k 成立.

由于 $\boldsymbol{w}\in W$，$\varphi(\boldsymbol{v}_i)=\lambda_i\boldsymbol{v}_i$，以及 W 是 φ-不变子空间，所以

$$\varphi(\boldsymbol{w})=\varphi(c_1\boldsymbol{v}_1+c_2\boldsymbol{v}_2+\cdots+c_k\boldsymbol{v}_k)=c_1\lambda_1\boldsymbol{v}_1+c_2\lambda_2\boldsymbol{v}_2+\cdots+c_k\lambda_k\boldsymbol{v}_k\in W.$$

又 $\lambda_k\boldsymbol{w}=\lambda_k(c_1\boldsymbol{v}_1+c_2\boldsymbol{v}_2+\cdots+c_k\boldsymbol{v}_k)\in W$，所以

$$\varphi(\boldsymbol{w})-\lambda_k\boldsymbol{w}=c_1(\lambda_1-\lambda_k)\boldsymbol{v}_1+\cdots+c_{k-1}(\lambda_{k-1}-\lambda_k)\boldsymbol{v}_{k-1}\in W. \qquad ①$$

注意到 $c_i\neq0$ 且 $\lambda_i-\lambda_k\neq0(i=1,2,\cdots,k-1)$，故根据归纳假设有 $\boldsymbol{v}_i\in W,i=1,2,\cdots,k-1$. 因此

$$\boldsymbol{v}_k=\frac{1}{c_k}(\boldsymbol{w}-c_1\boldsymbol{v}_1-\cdots-c_{k-1}\boldsymbol{v}_{k-1})\in W,$$

即所有 $\boldsymbol{v}_i\in W,i=1,2,\cdots,k$.

（方法2）由于 $\boldsymbol{w}\in W$，而 W 是 φ-不变子空间，所以 $\varphi(\boldsymbol{w}),\cdots,\varphi^{k-1}(\boldsymbol{w})\in W$. 由题设，有

$$\begin{aligned}\boldsymbol{w}&=c_1\boldsymbol{v}_1+c_2\boldsymbol{v}_2+\cdots+c_k\boldsymbol{v}_k,\\ \varphi(\boldsymbol{w})&=c_1\boldsymbol{\lambda}_1\boldsymbol{v}_1+c_2\boldsymbol{\lambda}_2\boldsymbol{v}_2+\cdots+c_k\boldsymbol{\lambda}_k\boldsymbol{v}_k,\\ &\cdots\\ \varphi^{k-1}(\boldsymbol{w})&=c_1\boldsymbol{\lambda}_1^{k-1}\boldsymbol{v}_1+c_2\boldsymbol{\lambda}_2^{k-1}\boldsymbol{v}_2+\cdots+c_k\boldsymbol{\lambda}_k^{k-1}\boldsymbol{v}_k,\end{aligned}$$

可用形式的矩阵表示为

$$(\boldsymbol{w},\varphi(\boldsymbol{w}),\cdots,\varphi^{k-1}(\boldsymbol{w}))=(c_1\boldsymbol{v}_1,c_2\boldsymbol{v}_2,\cdots,c_k\boldsymbol{v}_k)\boldsymbol{B},\qquad ①$$

其中

$$\boldsymbol{B}=\begin{pmatrix}1&\boldsymbol{\lambda}_1&\boldsymbol{\lambda}_1^2&\cdots&\boldsymbol{\lambda}_1^{k-1}\\1&\boldsymbol{\lambda}_2&\boldsymbol{\lambda}_2^2&\cdots&\boldsymbol{\lambda}_2^{k-1}\\\vdots&\vdots&\vdots&&\vdots\\1&\boldsymbol{\lambda}_k&\boldsymbol{\lambda}_k^2&\cdots&\boldsymbol{\lambda}_k^{k-1}\end{pmatrix}.$$

注意到 $\boldsymbol{\lambda}_1,\boldsymbol{\lambda}_2,\cdots,\boldsymbol{\lambda}_k$ 互不相同，所以 $\boldsymbol{B}$ 是可逆的，故由①式得

$$(c_1\boldsymbol{v}_1,c_2\boldsymbol{v}_2,\cdots,c_k\boldsymbol{v}_k)=(\boldsymbol{w},\varphi(\boldsymbol{w}),\cdots,\varphi^{k-1}(\boldsymbol{w}))\boldsymbol{B}^{-1}.$$

记 $\boldsymbol{B}^{-1}=(b_{ij})$，则上式即对 $i=1,2,\cdots,k$，有

$$\boldsymbol{v}_i=\frac{1}{c_i}(b_{1i}\boldsymbol{w}+b_{2i}\varphi(\boldsymbol{w})+\cdots+b_{ki}\varphi^{k-1}(\boldsymbol{w}))\in W.$$

【例 6.116】(中国科学院大学,2010 年;苏州大学,2013 年;兰州大学,2017 年)

设 V 是实数域 $\mathbb{R}$ 上的 n 维线性空间，σ 是 V 上的一个线性变换，证明：σ 在 V 中必有 1 维或 2 维不变子空间.

【证】 若 σ 有实特征值，相应的特征向量为 $\boldsymbol{\xi}\in V$，则 $L(\boldsymbol{\xi})$ 是 σ 在 V 的一维不变子空间.

若 σ 没有实特征值，设 σ 在 V 的一个基 $\boldsymbol{\eta}_1,\boldsymbol{\eta}_2,\cdots,\boldsymbol{\eta}_n$ 下的矩阵为 $\boldsymbol{A}$，则 $\boldsymbol{A}$ 没有实特征值. 设 $a+\mathrm{i}b(b\neq0)$ 是 $\boldsymbol{A}$ 的复特征值，$\boldsymbol{X}+\mathrm{i}\boldsymbol{Y}$ 是对应的特征向量，其中 $\boldsymbol{X},\boldsymbol{Y}\in\mathbb{R}^n$，$\boldsymbol{Y}\neq\boldsymbol{0}$，则

$$\boldsymbol{A}(\boldsymbol{X}+\mathrm{i}\boldsymbol{Y})=(a+\mathrm{i}b)(\boldsymbol{X}+\mathrm{i}\boldsymbol{Y}).$$

比较等式两端的实部与虚部，得

$$\boldsymbol{AX}=a\boldsymbol{X}-b\boldsymbol{Y},\quad \boldsymbol{AY}=a\boldsymbol{Y}+b\boldsymbol{X}.$$

若 $\boldsymbol{X}=k\boldsymbol{Y}$，则 $\boldsymbol{AY}=(a+bk)\boldsymbol{Y}$，即 $\boldsymbol{A}$ 有实特征值 $a+bk$，矛盾. 因此，$\boldsymbol{X},\boldsymbol{Y}$ 是线性无关的. 现设 $\boldsymbol{X}=(x_1,x_2,\cdots,x_n)^{\mathrm{T}}$，$\boldsymbol{Y}=(y_1,y_1,\cdots,y_n)^{\mathrm{T}}$，并令

$$\boldsymbol{\alpha}=x_1\boldsymbol{\eta}_1+x_2\boldsymbol{\eta}_2+\cdots+x_n\boldsymbol{\eta}_n,\quad \boldsymbol{\beta}=y_1\boldsymbol{\eta}_1+y_2\boldsymbol{\eta}_2+\cdots+y_n\boldsymbol{\eta}_n,$$

则 $\boldsymbol{\alpha},\boldsymbol{\beta}\in V$ 是线性无关的，且 $\sigma(\boldsymbol{\alpha})=a\boldsymbol{\alpha}-b\boldsymbol{\beta}$，$\sigma(\boldsymbol{\beta})=a\boldsymbol{\beta}+b\boldsymbol{\alpha}$.

令 $W=L(\boldsymbol{\alpha},\boldsymbol{\beta})$，则 W 是 σ 在 V 中的一个 2 维不变子空间.

【例 6.117】 设 V 是实数域$\mathbb{R}$上的 2 维线性空间，$\boldsymbol{\varepsilon}_1,\boldsymbol{\varepsilon}_2$ 为 V 的一个基，$LT(V)$ 表示 V 上的所有线性变换构成的集合，令

$$S=\left\{\sigma\in LT(V)\ \middle|\ \sigma(\boldsymbol{\varepsilon}_1,\boldsymbol{\varepsilon}_2)=(\boldsymbol{\varepsilon}_1,\boldsymbol{\varepsilon}_2)\begin{pmatrix}0 & a\\ 1-a & 0\end{pmatrix},a\in\mathbb{R}\right\}.$$

证明：S 中的线性变换无公共的非平凡不变子空间.

【证】 用反证法. 假设 S 中的线性变换在 V 中存在公共的非平凡不变子空间 W，注意到 $\dim V=2$，所以 $\dim W=1$，从而有 $W=L(\boldsymbol{\alpha})$，且 $\boldsymbol{\alpha}$ 是 S 中的所有线性变换的公共特征向量.

考虑 $a=\dfrac{1}{2},b=\dfrac{1}{3}$，设 $\boldsymbol{A}=\begin{pmatrix}0 & a\\ 1-a & 0\end{pmatrix},\boldsymbol{B}=\begin{pmatrix}0 & b\\ 1-b & 0\end{pmatrix}$ 分别是线性变换 $\sigma,\tau\in S$ 在基 $\boldsymbol{\varepsilon}_1,\boldsymbol{\varepsilon}_2$ 下的矩阵，则 σ,τ 都有两个实特征值$\pm\sqrt{a(1-a)}$与$\pm\sqrt{b(1-b)}$.

因为 $\sigma+\tau$ 在基 $\boldsymbol{\varepsilon}_1,\boldsymbol{\varepsilon}_2$ 下的矩阵为 $\boldsymbol{A}+\boldsymbol{B}=\begin{pmatrix}0 & a+b\\ 2-a-b & 0\end{pmatrix}$，所以 $\sigma+\tau$ 也有两个不同的实特征值$\pm\sqrt{(a+b)(2-a-b)}$.

注意到 $\boldsymbol{\alpha}$ 是 σ,τ 的公共特征向量，若 $\sigma(\boldsymbol{\alpha})=\sqrt{a(1-a)}\,\boldsymbol{\alpha}$，且 $\tau(\boldsymbol{\alpha})=\sqrt{b(1-b)}\,\boldsymbol{\alpha}$，则

$$(\sigma+\tau)(\boldsymbol{\alpha})=(\sqrt{a(1-a)}+\sqrt{b(1-b)})\boldsymbol{\alpha},$$

即 $\boldsymbol{\alpha}$ 是 $\sigma+\tau$ 的属于特征值$\sqrt{a(1-a)}+\sqrt{b(1-b)}$的特征向量，所以有

$$\sqrt{a(1-a)}+\sqrt{b(1-b)}=\sqrt{(a+b)(2-a-b)}.$$

化简可得 $a=b$，矛盾. 对于其他情形，同样可导出矛盾. 命题得证.

【注】 只需证 S 中存在两个线性变换无公共的非平凡不变子空间. 事实上，分别取 $a=0$ 与 1，易知相应的线性变换 σ 和 τ 唯一的非平凡不变子空间分别为 $L(\boldsymbol{\varepsilon}_2)$ 和 $L(\boldsymbol{\varepsilon}_1)$. 因此，$\sigma$，$\tau$ 无公共的非平凡不变子空间.

【例 6.118】 设 V 是数域 P 上的 n 维线性空间，σ 是 V 上的线性变换，且 $\sigma^{n-1}\neq 0,\sigma^n=0$，试证明 σ 只有 $n+1$ 个不变子空间.

【证】 因为 $\sigma^{n-1}\neq 0,\sigma^n=0$，所以 V 中必存在非零向量 $\boldsymbol{\alpha}$，使得 $\sigma^{n-1}(\boldsymbol{\alpha})\neq\mathbf{0},\sigma^n(\boldsymbol{\alpha})=\mathbf{0}$. 为方便计，令 $\boldsymbol{\alpha}_1=\boldsymbol{\alpha},\boldsymbol{\alpha}_2=\sigma(\boldsymbol{\alpha}),\cdots,\boldsymbol{\alpha}_n=\sigma^{n-1}(\boldsymbol{\alpha})$，则 $\sigma(\boldsymbol{\alpha}_i)=\boldsymbol{\alpha}_{i+1}(i=1,2,\cdots,n-1)$，而 $\sigma(\boldsymbol{\alpha}_n)=\mathbf{0}$. 易知 $\boldsymbol{\alpha}_1,\boldsymbol{\alpha}_2,\cdots,\boldsymbol{\alpha}_n$ 是线性无关的，因而构成 V 的一个基. 记 $V_0=\{\mathbf{0}\}$，及

$$V_m=L(\boldsymbol{\alpha}_{n-m+1},\boldsymbol{\alpha}_{n-m+2},\cdots,\boldsymbol{\alpha}_n),\quad m=1,2,\cdots,n.$$

显然 V_m 是 σ 的不变子空间，且 $\dim V_m=m$. 因此 σ 至少有 $n+1$ 个不变子空间.

下面证明：若 W 是 σ 的任一 m 维非零不变子空间，则 $W=V_m$. 事实上，因为 $\boldsymbol{\alpha}_{n-m+2}$，$\boldsymbol{\alpha}_{n-m+3},\cdots,\boldsymbol{\alpha}_n$ 不能表示 W 中的所有向量，所以存在$\boldsymbol{\beta}\in W$，使得$\boldsymbol{\beta}=t_1\boldsymbol{\alpha}_1+t_2\boldsymbol{\alpha}_2+\cdots+t_n\boldsymbol{\alpha}_n$ 中至少存在一个系数 $t_j\neq 0(1\leqslant j\leqslant n-m+1)$. 设 t_s 是非零 t_j 中的最小下标，即 $t_k=0(1\leqslant k<s\leqslant n-m+1)$，而 $t_s\neq 0$，则$\boldsymbol{\beta}=\sum\limits_{k=s}^{n}t_k\boldsymbol{\alpha}_k$. 由于 $\sigma(\boldsymbol{\beta})\in W$，所以 $\sigma^{n-s}(\boldsymbol{\beta})=t_s\boldsymbol{\alpha}_n\in W$，从而有 $\boldsymbol{\alpha}_n\in W$. 同理，因为 $\sigma^{n-s-1}(\boldsymbol{\beta})=t_s\boldsymbol{\alpha}_{n-1}+t_{s+1}\boldsymbol{\alpha}_n\in W$，所以有 $\boldsymbol{\alpha}_{n-1}\in W$. 如此继续下去，可知 $\boldsymbol{\alpha}_{n-m+1},\boldsymbol{\alpha}_{n-m+2},\cdots,\boldsymbol{\alpha}_n\in W$. 所以 $W\supseteq V_m$. 又因为 $\dim W=\dim V_m=m$，所以 $W=V_m$.

因此，σ 的所有不变子空间只能为 $V_0,V_1,V_2,\cdots,V_m$，故 σ 只有 $n+1$ 个不变子空间.

【注】 顺便指出，本章例 6.108，例 6.118，以及练习 6.81(2) 的本质都是证明：若 W 是

σ 的任一非零不变子空间,且 $\dim W=m$,则 $W=V_m$,$m=1,\cdots,n$,且证明过程的核心也相似.

【例 6.119】(厦门大学,2008 年)　设 V 是复数域$\mathbb{C}$ 上 n 维线性空间,φ 是 V 的线性变换.求证:存在 V 的 φ-不变子空间 $V_0,V_1,V_2,\cdots,V_n$,使得 $V_0\subseteq V_1\subseteq\cdots\subseteq V_n$ 且 $\dim V_i=i,1\leqslant i\leqslant n$.

【证】　任取 V 的一个基 $\boldsymbol{\xi}_1,\boldsymbol{\xi}_2,\cdots,\boldsymbol{\xi}_n$,设 φ 在这个基下的矩阵为 $\boldsymbol{A}$,即

$$\varphi(\boldsymbol{\xi}_1,\boldsymbol{\xi}_2,\cdots,\boldsymbol{\xi}_n)=(\boldsymbol{\xi}_1,\boldsymbol{\xi}_2,\cdots,\boldsymbol{\xi}_n)\boldsymbol{A},$$

根据 Schur 引理或利用 Jordan 标准形,$\boldsymbol{A}$ 相似于一个上三角矩阵 $\boldsymbol{U}$,即存在可逆复矩阵 $\boldsymbol{T}$ 使

$$\boldsymbol{T}^{-1}\boldsymbol{A}\boldsymbol{T}=\boldsymbol{U}=\begin{pmatrix} u_{11} & u_{12} & \cdots & u_{1n}\\ & u_{22} & \cdots & u_{2n}\\ & & \ddots & \vdots\\ & & & u_{nn}\end{pmatrix},$$

那么$(\boldsymbol{\eta}_1,\boldsymbol{\eta}_2,\cdots,\boldsymbol{\eta}_n)=(\boldsymbol{\xi}_1,\boldsymbol{\xi}_2,\cdots,\boldsymbol{\xi}_n)\boldsymbol{T}$ 确定 V 的另一个基,并且 φ 在这个基下的矩阵为 $\boldsymbol{U}$.所以

$$\varphi(\boldsymbol{\eta}_j)=u_{1j}\boldsymbol{\eta}_1+u_{2j}\boldsymbol{\eta}_2+\cdots+u_{jj}\boldsymbol{\eta}_j,\quad j=1,2,\cdots,n.$$

现在,令 $V_0=\{\boldsymbol{0}\}$,$V_j=L(\boldsymbol{\eta}_1,\boldsymbol{\eta}_2,\cdots,\boldsymbol{\eta}_j)$,$j=1,2,\cdots,n$. 则 V_j 是 V 的 φ-不变子空间,$\dim V_j=j(j=0,1,2,\cdots,n)$,且 $V_0\subseteq V_1\subseteq V_2\subseteq\cdots\subseteq V_n$.

【例 6.120】(厦门大学,2001 年)　设 σ 是数域 P 上 n 维线性空间 V 的一个线性变换,已知 σ 有 n 个不同的特征值. 证明:V 中有且只有 2^n 个 σ 的不变子空间.

【证】　设 σ 的 n 个不同特征值为 $\lambda_1,\lambda_2,\cdots,\lambda_n$,对应的 n 个特征向量为 $\boldsymbol{\xi}_1,\boldsymbol{\xi}_2,\cdots,\boldsymbol{\xi}_n$,则 $\sigma(\boldsymbol{\xi}_i)=\lambda_i\boldsymbol{\xi}_i(i=1,2,\cdots,n)$,且 $\boldsymbol{\xi}_1,\boldsymbol{\xi}_2,\cdots,\boldsymbol{\xi}_n$ 构成 V 的一个基.

显然,$\boldsymbol{\xi}_1,\boldsymbol{\xi}_2,\cdots,\boldsymbol{\xi}_n$ 中的任意 k 个向量生成的特征子空间($k=1,2,\cdots,n$)以及零空间都是 σ 的不变子空间,所以 σ 至少有 $\mathrm{C}_n^0+\mathrm{C}_n^1+\cdots+\mathrm{C}_n^n=2^n$ 个不变子空间.

反之可证:若 W 是 σ 的任一非零不变子空间,$\dim W=r$,则 W 一定是由 $\boldsymbol{\xi}_1,\boldsymbol{\xi}_2,\cdots,\boldsymbol{\xi}_n$ 中的 r 个向量生成的特征子空间. 事实上,由于限制变换 $\sigma\big|_W$ 是 W 上的线性变换,其 r 个特征值 $\lambda_{i_1},\lambda_{i_2},\cdots,\lambda_{i_r}$ 是 σ 的特征值的一部分,因而也互不相同,设 $\boldsymbol{\eta}_1,\boldsymbol{\eta}_2,\cdots,\boldsymbol{\eta}_r\in W$ 是相应的特征向量,即 $\sigma\big|_W(\boldsymbol{\eta}_j)=\lambda_{i_j}\boldsymbol{\eta}_j(j=1,2,\cdots,r)$. 因为 $\sigma(\boldsymbol{\eta}_j)=\sigma\big|_W(\boldsymbol{\eta}_j)$,所以 $\boldsymbol{\eta}_j$ 是 σ 的属于特征值 λ_{i_j} 的特征向量,故 $\boldsymbol{\eta}_j=k_j\boldsymbol{\xi}_{i_j}$,$k_j\neq 0$. 这就证得 $W=L(\boldsymbol{\xi}_{i_1},\boldsymbol{\xi}_{i_2},\cdots,\boldsymbol{\xi}_{i_r})$.

综合上述,σ 有且只有 $\mathrm{C}_n^0+\mathrm{C}_n^1+\cdots+\mathrm{C}_n^n=2^n$ 个不变子空间.

【例 6.121】(首都师范大学,2002 年)　设 V 是复数域上的有限维线性空间,τ 是 V 的线性变换. 如果对 V 的任意 τ-不变子空间 U(即 $\tau(U)\subset U$),都存在 V 的 τ-不变子空间 W 满足 $V=U\oplus W$,那么称 τ 是完全可约的. 证明:τ 是完全可约的当且仅当 V 有由特征向量组成的基.

【证】　必要性. 设 $\lambda_1,\lambda_2,\cdots,\lambda_s$ 是 τ 的所有互不相同的特征值,V_{λ_i} 是 τ 的属于 λ_i 的特征子空间,令 $U=V_{\lambda_1}\oplus V_{\lambda_2}\oplus\cdots\oplus V_{\lambda_s}$,则 U 是 V 的 τ-不变子空间. 于是有 V 的 τ-不变子空间 W 使 $V=U\oplus W$. 若 $W\neq\{\boldsymbol{0}\}$,则 W 中存在 τ 的特征向量,即存在某个 i 使得 $W\cap V_{\lambda_i}\neq\{\boldsymbol{0}\}$. 此与 $U\cap W=\{\boldsymbol{0}\}$ 矛盾,故 $W=\{\boldsymbol{0}\}$. 因此 $V=V_{\lambda_1}\oplus V_{\lambda_2}\oplus\cdots\oplus V_{\lambda_s}$. 这表明,$V$ 有由特征向量组成的基.

充分性. 设 $\boldsymbol{\xi}_1,\boldsymbol{\xi}_2,\cdots,\boldsymbol{\xi}_n$ 是 τ 的 n 个线性无关的特征向量,构成 V 的一个基,对于 V 的任意 τ-不变子空间 U,若 $U=\{\mathbf{0}\}$,则结论自然成立,下设 $U\neq\{\mathbf{0}\}$. 此时,U 必可由 $\boldsymbol{\xi}_1,\boldsymbol{\xi}_2,\cdots,\boldsymbol{\xi}_n$ 中的某些向量 $\boldsymbol{\xi}_{i_1},\boldsymbol{\xi}_{i_2},\cdots,\boldsymbol{\xi}_{i_r}$ 生成(详见上一例),即 $U=L(\boldsymbol{\xi}_{i_1},\boldsymbol{\xi}_{i_2},\cdots,\boldsymbol{\xi}_{i_r})$. 记 $W=L(\boldsymbol{\xi}_{i_{r+1}},\boldsymbol{\xi}_{i_{r+2}},\cdots,\boldsymbol{\xi}_{i_n})$,则 W 是 V 的 τ-不变子空间,且 $V=U\oplus W$,所以 τ 是完全可约的.

【注】 本题也即:(**北京大学,2016 年**)复数域上有限维线性空间 V 的线性变换 φ 是完全可约的(也称半单的)当且仅当 φ 是可对角化的.(又见本章练习 6.69.)

§6.6 综合性问题

【例 6.122】(西南大学,2006 年) 设 a_{ij} 为整数,$i,j=1,2,\cdots,n$,证明:

$$D_n=\begin{vmatrix} a_{11}-\dfrac{1}{3} & a_{12} & \cdots & a_{1n} \\ a_{21} & a_{22}-\dfrac{1}{3} & \cdots & a_{2n} \\ \vdots & \vdots & & \vdots \\ a_{n1} & a_{n2} & \cdots & a_{nn}-\dfrac{1}{3} \end{vmatrix}\neq 0.$$

【证】 记 n 阶方阵 $\boldsymbol{A}=(a_{ij})$,则 $\boldsymbol{A}$ 的特征多项式

$$f(\lambda)=|\lambda\boldsymbol{E}-\boldsymbol{A}|=\lambda^n+b_{n-1}\lambda^{n-1}+\cdots+b_1\lambda+b_0$$

是整系数多项式,而 $D_n=(-1)^nf\left(\dfrac{1}{3}\right)$. 如果 $f\left(\dfrac{1}{3}\right)=0$,那么 $\dfrac{1}{3^n}+\dfrac{b_{n-1}}{3^{n-1}}+\cdots+\dfrac{b_1}{3}+b_0=0$,即

$$1+3b_{n-1}+\cdots+3^{n-1}b_1+3^nb_0=0.$$

令 $k=b_{n-1}+\cdots+3^{n-2}b_1+3^{n-1}b_0$,则 k 是一个整数,且 $1+3k=0$. 这是不可能的. 因此 $D_n\neq0$.

【例 6.123】(南开大学,2009 年) 设 P 为数域,T 为 $P^{n\times n}$ 上的线性变换,满足条件:对任何固定的 $\boldsymbol{A},\boldsymbol{B}\in P^{n\times n}$,$T(\boldsymbol{AB})=T(\boldsymbol{A})T(\boldsymbol{B})$ 或 $T(\boldsymbol{AB})=T(\boldsymbol{B})T(\boldsymbol{A})$ 至少有一个成立. 证明:要么对所有的 $\boldsymbol{A},\boldsymbol{B}\in P^{n\times n}$,$T(\boldsymbol{AB})=T(\boldsymbol{A})T(\boldsymbol{B})$,要么对所有的 $\boldsymbol{A},\boldsymbol{B}\in P^{n\times n}$,$T(\boldsymbol{AB})=T(\boldsymbol{B})T(\boldsymbol{A})$.

【分析】 利用"非完全覆盖原理",见第 5 章例 5.33,例 5.34.

【证】 用反证法. 假设结论不成立,则存在 $\boldsymbol{A},\boldsymbol{B}\in P^{n\times n}$,使得

$$T(\boldsymbol{AB})=T(\boldsymbol{A})T(\boldsymbol{B})\neq T(\boldsymbol{B})T(\boldsymbol{A}), \qquad ①$$

且存在 $\boldsymbol{C},\boldsymbol{D}\in P^{n\times n}$,使得

$$T(\boldsymbol{CD})=T(\boldsymbol{D})T(\boldsymbol{C})\neq T(\boldsymbol{C})T(\boldsymbol{D}). \qquad ②$$

对于上述 $\boldsymbol{A}$,如果存在 $\boldsymbol{X}_0\in P^{n\times n}$,使 $T(\boldsymbol{AX}_0)=T(\boldsymbol{X}_0)T(\boldsymbol{A})$,那么

$$W_1=\{\boldsymbol{X}\in P^{n\times n}\mid T(\boldsymbol{AX})=T(\boldsymbol{X})T(\boldsymbol{A})\},$$
$$W_2=\{\boldsymbol{X}\in P^{n\times n}\mid T(\boldsymbol{AX})=T(\boldsymbol{A})T(\boldsymbol{X})\}$$

都是 $P^{n\times n}$ 的真子空间. 故存在 $\boldsymbol{G}\in P^{n\times n}$,使 $\boldsymbol{G}\notin W_1$ 且 $\boldsymbol{G}\notin W_2$,与题设矛盾. 于是,有

$$T(\boldsymbol{AX})=T(\boldsymbol{A})T(\boldsymbol{X}),\quad \forall\boldsymbol{X}\in P^{n\times n}. \qquad ③$$

同理,对于上述 $\boldsymbol{B},\boldsymbol{C},\boldsymbol{D}$,以及 $\forall\boldsymbol{X}\in P^{n\times n}$,总有

$$\begin{cases} T(XB)=T(X)T(B), \\ T(CX)=T(X)T(C), \\ T(XD)=T(D)T(X). \end{cases} \qquad ④$$

因此,有

$$T(A)T(D)=T(D)T(A),\quad T(B)T(C)=T(C)T(B). \qquad ⑤$$

现在,对于 $A+C$ 与 $B+D$,由③式和④式,得

$$\begin{aligned} T((A+C)(B+D)) &= T(AB)+T(AD)+T(CB)+T(CD) \\ &= T(A)T(B)+T(A)T(D)+T(B)T(C)+T(D)T(C). \end{aligned} \qquad ⑥$$

根据题设,下列等式

$$T((A+C)(B+D))=T(A+C)T(B+D) \qquad ⑦$$

$$T((A+C)(B+D))=T(B+D)T(A+C) \qquad ⑧$$

至少有一个成立. 但根据⑤式和⑥式,由⑦式易得 $T(C)T(D)=T(D)T(C)$,与②式矛盾;由⑧式可得 $T(A)T(B)=T(B)T(A)$,与①式矛盾. 因此,假设不成立,结论得证.

【例 6.124】(安徽大学,2004 年)　设 n 阶方阵 A 满足 $A^2=E$,证明:对任意正整数 m, k 有

$$\operatorname{rank}(A+E)^m+\operatorname{rank}(A-E)^k=n.$$

【证】　因为 $A^2=E$,所以 A 可与对角矩阵相似,对角元为 A 的特征值 1 或 -1. 不失一般性,设 1 与 -1 的代数重数分别为 s,t,则 $s+t=n$. 于是,存在可逆矩阵 P,使

$$P^{-1}AP=\begin{pmatrix} E_s & \\ & -E_t \end{pmatrix},$$

其中 E_s,E_t 分别为 s,t 阶单位矩阵. 由于

$$\begin{aligned} P^{-1}[(A+E)^m+(A-E)^k]P &= P^{-1}(A+E)^mP+P^{-1}(A-E)^kP \\ &= (P^{-1}AP+E)^m+(P^{-1}AP-E)^k \\ &= \begin{pmatrix} 2^mE_s & \\ & O \end{pmatrix}+\begin{pmatrix} O & \\ & (-2)^kE_t \end{pmatrix} \\ &= \begin{pmatrix} 2^mE_s & \\ & (-2)^kE_t \end{pmatrix}. \end{aligned}$$

因此,有 $\operatorname{rank}[(A+E)^m+(A-E)^k]=n$. 另一方面,易知

$$P^{-1}(A+E)^m(A-E)^kP=(P^{-1}AP+E)^m(P^{-1}AP-E)^k=O,$$

即 $(A+E)^m(A-E)^k=O$,所以

$$\operatorname{rank}(A+E)^m+\operatorname{rank}(A-E)^k\leqslant n,$$

从而有

$$n=\operatorname{rank}[(A+E)^m+(A-E)^k]\leqslant \operatorname{rank}(A+E)^m+\operatorname{rank}(A-E)^k\leqslant n,$$

这就证得 $\operatorname{rank}(A+E)^m+\operatorname{rank}(A-E)^k=n$.

【例 6.125】(上海交通大学,2005 年)　设 A 是 n 阶方阵,B 是 n 阶满秩方阵,且

$$\operatorname{rank}(E-AB)+\operatorname{rank}(E+BA)=n,$$

其中 $\boldsymbol{E}$ 是 n 阶单位矩阵. 证明: $\operatorname{rank}\boldsymbol{A}=n$.

【证】 (方法1) 利用结论:对于 n 阶方阵 $\boldsymbol{A}$, $\operatorname{rank}(\boldsymbol{E}-\boldsymbol{A})+\operatorname{rank}(\boldsymbol{E}+\boldsymbol{A})=n \Leftrightarrow \boldsymbol{A}^2=\boldsymbol{E}$.

因为 $\boldsymbol{B}$ 是满秩矩阵,所以 $\boldsymbol{B}$ 是可逆的,故

$$\operatorname{rank}(\boldsymbol{E}+\boldsymbol{BA})=\operatorname{rank}\boldsymbol{B}(\boldsymbol{B}^{-1}+\boldsymbol{A})=\operatorname{rank}(\boldsymbol{B}^{-1}+\boldsymbol{A})\boldsymbol{B}=\operatorname{rank}(\boldsymbol{E}+\boldsymbol{AB}).$$

根据题设 $\operatorname{rank}(\boldsymbol{E}-\boldsymbol{AB})+\operatorname{rank}(\boldsymbol{E}+\boldsymbol{AB})=n$. 故 $(\boldsymbol{AB})^2=\boldsymbol{E}$, $\det\boldsymbol{A}\neq 0$, 于是 $\operatorname{rank}\boldsymbol{A}=n$.

(方法2) 令 $\operatorname{rank}(\boldsymbol{E}-\boldsymbol{AB})=r$, 则 $\operatorname{rank}(\boldsymbol{E}+\boldsymbol{AB})=n-r$.

若 $r=0$ 或 $r=n$, 则结论显然成立,故不妨设 $0<r<n$, 此时有 $|\boldsymbol{E}+\boldsymbol{AB}|=0$ 及 $|\boldsymbol{E}-\boldsymbol{AB}|=0$, 所以 $\lambda_1=1$ 与 $\lambda_2=-1$ 都是 $\boldsymbol{AB}$ 的特征值,并且对应的特征子空间的维数满足

$$\dim V_{\lambda_1}+\dim V_{\lambda_2}=(n-r)+r=n.$$

因此 $\boldsymbol{AB}$ 可相似对角化,且相似于对角矩阵 $\operatorname{diag}(\boldsymbol{E}_{n-r},-\boldsymbol{E}_r)$.

于是 $\det(\boldsymbol{AB})=\det\boldsymbol{E}_{n-r}\det(-\boldsymbol{E}_r)=1^{n-r}(-1)^r\neq 0$, 从而 $\det\boldsymbol{A}\neq 0$, 故 $\operatorname{rank}\boldsymbol{A}=n$.

(方法3) 记 $\boldsymbol{C}=\boldsymbol{B}^{-1}$, 则 $\operatorname{rank}(\boldsymbol{C}-\boldsymbol{A})+\operatorname{rank}(\boldsymbol{C}+\boldsymbol{A})=n$. 又设 W_1, W_2 分别是齐次线性方程组 $(\boldsymbol{C}-\boldsymbol{A})\boldsymbol{x}=\boldsymbol{0}$, $(\boldsymbol{C}+\boldsymbol{A})\boldsymbol{x}=\boldsymbol{0}$ 的解空间,则 $\dim W_1+\dim W_2=n$.

任取 $\boldsymbol{\alpha}\in W_1\cap W_2$, 则 $(\boldsymbol{C}-\boldsymbol{A})\boldsymbol{\alpha}=\boldsymbol{0}$, $(\boldsymbol{C}+\boldsymbol{A})\boldsymbol{\alpha}=\boldsymbol{0}$, 因此 $\boldsymbol{C\alpha}=\boldsymbol{0}$, 从而 $\boldsymbol{\alpha}=\boldsymbol{0}$. 故

$$K^n=W_1\oplus W_2.$$

于是, $\forall\boldsymbol{\eta}\in K^n$, 有 $\boldsymbol{\eta}=\boldsymbol{\eta}_1+\boldsymbol{\eta}_2$, 其中 $\boldsymbol{\eta}_1\in W_1$, $\boldsymbol{\eta}_2\in W_2$. 由于 $(\boldsymbol{C}-\boldsymbol{A})\boldsymbol{\eta}_1=\boldsymbol{0}$, $(\boldsymbol{C}+\boldsymbol{A})\boldsymbol{\eta}_2=\boldsymbol{0}$, 故

$$\boldsymbol{A\eta}=\boldsymbol{A}(\boldsymbol{\eta}_1+\boldsymbol{\eta}_2)=\boldsymbol{C}(\boldsymbol{\eta}_1-\boldsymbol{\eta}_2).$$

若 $\boldsymbol{A\eta}=\boldsymbol{0}$, 则 $\boldsymbol{\eta}_1=\boldsymbol{\eta}_2$. 再根据 $\boldsymbol{\eta}$ 的直和分解即知 $\boldsymbol{\eta}=\boldsymbol{0}$, 因此 $\operatorname{rank}\boldsymbol{A}=n$.

【例 6.126】(北京大学,2005 年) 设 σ 是实数域 $\mathbb{R}$ 上 n 维线性空间 V 的一个线性变换,用 ε 表示 V 上的恒等变换. 证明: $\sigma^3=\varepsilon$ 当且仅当 $\operatorname{rank}(\varepsilon-\sigma)+\operatorname{rank}(\varepsilon+\sigma+\sigma^2)=n$.

【证】 (方法1) 取 V 的一个基,设 σ 在这个基下的矩阵为 $\boldsymbol{A}$, 则 $\sigma^3=\varepsilon\Leftrightarrow\boldsymbol{A}^3=\boldsymbol{E}$. 因此,可等价地证明: $\boldsymbol{A}^3=\boldsymbol{E}\Leftrightarrow\operatorname{rank}(\boldsymbol{E}-\boldsymbol{A})+\operatorname{rank}(\boldsymbol{E}+\boldsymbol{A}+\boldsymbol{A}^2)=n$.

事实上,由于 $(1-x, 1+x+x^2)=1$, 存在 $f(x), g(x)\in\mathbb{R}[x]$, 使得

$$f(x)(1-x)+g(x)(1+x+x^2)=1,$$

所以

$$f(\boldsymbol{A})(\boldsymbol{E}-\boldsymbol{A})+g(\boldsymbol{A})(\boldsymbol{E}+\boldsymbol{A}+\boldsymbol{A}^2)=\boldsymbol{E}.$$

利用分块初等变换,得(注意矩阵多项式关于矩阵乘法可交换)

$$\begin{pmatrix}\boldsymbol{E}-\boldsymbol{A} & \boldsymbol{O}\\ \boldsymbol{O} & \boldsymbol{E}+\boldsymbol{A}+\boldsymbol{A}^2\end{pmatrix}\xrightarrow{\text{列}}\begin{pmatrix}\boldsymbol{E}-\boldsymbol{A} & f(\boldsymbol{A})(\boldsymbol{E}-\boldsymbol{A})\\ \boldsymbol{O} & \boldsymbol{E}+\boldsymbol{A}+\boldsymbol{A}^2\end{pmatrix}\xrightarrow{\text{行}}\begin{pmatrix}\boldsymbol{E}-\boldsymbol{A} & \boldsymbol{E}\\ \boldsymbol{O} & \boldsymbol{E}+\boldsymbol{A}+\boldsymbol{A}^2\end{pmatrix}$$

$$\xrightarrow{\text{行}}\begin{pmatrix}\boldsymbol{E}-\boldsymbol{A} & \boldsymbol{E}\\ \boldsymbol{A}^3-\boldsymbol{E} & \boldsymbol{O}\end{pmatrix}\xrightarrow{\text{列}}\begin{pmatrix}\boldsymbol{O} & \boldsymbol{E}\\ \boldsymbol{A}^3-\boldsymbol{E} & \boldsymbol{O}\end{pmatrix}\xrightarrow{\text{行}}\begin{pmatrix}\boldsymbol{A}^3-\boldsymbol{E} & \boldsymbol{O}\\ \boldsymbol{O} & \boldsymbol{E}\end{pmatrix}.$$

于是,有

$$\operatorname{rank}(\boldsymbol{E}-\boldsymbol{A})+\operatorname{rank}(\boldsymbol{E}+\boldsymbol{A}+\boldsymbol{A}^2)=\operatorname{rank}(\boldsymbol{A}^3-\boldsymbol{E})+n,$$

因此 $\boldsymbol{A}^3=\boldsymbol{E}\Leftrightarrow\operatorname{rank}(\boldsymbol{E}-\boldsymbol{A})+\operatorname{rank}(\boldsymbol{E}+\boldsymbol{A}+\boldsymbol{A}^2)=n$.

(方法2) 注意到,对于 V 的任意线性变换 $\mathscr{A}$, 有

$$\operatorname{rank}\mathscr{A}=\dim(\operatorname{Im}\mathscr{A})=n-\dim(\ker\mathscr{A}),$$

因此,可等价地证明: $\sigma^3=\varepsilon$ 当且仅当 $\dim(\ker(\varepsilon-\sigma))+\dim(\ker(\varepsilon+\sigma+\sigma^2))=n$.

为便利起见,记 $W_1=\ker(\varepsilon-\sigma)$,$W_2=\ker(\varepsilon+\sigma+\sigma^2)$. 因为$(1-x,1+x+x^2)=1$,所以 $W_1\cap W_2=\{\mathbf{0}\}$,这表明 W_1+W_2 为直和.

充分性. 由 $\dim W_1+\dim W_2=n$ 知 $V=W_1\oplus W_2$. 因此,$\forall \boldsymbol{\alpha}\in V$,存在 $\boldsymbol{\alpha}_1\in W_1$,$\boldsymbol{\alpha}_2\in W_2$,使得 $\boldsymbol{\alpha}=\boldsymbol{\alpha}_1+\boldsymbol{\alpha}_2$. 因为$(\varepsilon-\sigma)\boldsymbol{\alpha}_1=\mathbf{0}$,$(\varepsilon+\sigma+\sigma^2)\boldsymbol{\alpha}_2=\mathbf{0}$,所以

$$(\varepsilon-\sigma^3)\boldsymbol{\alpha}=(\varepsilon+\sigma+\sigma^2)(\varepsilon-\sigma)\boldsymbol{\alpha}_1+(\varepsilon-\sigma)(\varepsilon+\sigma+\sigma^2)\boldsymbol{\alpha}_2=\mathbf{0}.$$

故 $\varepsilon-\sigma^3=0$,即 $\sigma^3=\varepsilon$.

必要性. 由$(1-x,1+x+x^2)=1$,存在$f(x),g(x)\in\mathbb{R}[x]$,使得

$$f(x)(1+x+x^2)+g(x)(1-x)=1.$$

于是,$\forall \boldsymbol{\alpha}\in V$,有

$$\boldsymbol{\alpha}=\varepsilon\boldsymbol{\alpha}=f(\sigma)(\varepsilon+\sigma+\sigma^2)\boldsymbol{\alpha}+g(\sigma)(\varepsilon-\sigma)\boldsymbol{\alpha}=\boldsymbol{\alpha}_1+\boldsymbol{\alpha}_2,$$

其中 $\boldsymbol{\alpha}_1=f(\sigma)(\varepsilon+\sigma+\sigma^2)\boldsymbol{\alpha}$,而 $\boldsymbol{\alpha}_2=g(\sigma)(\varepsilon-\sigma)\boldsymbol{\alpha}$. 因为 $\sigma^3=\varepsilon$,所以

$$(\varepsilon-\sigma)\boldsymbol{\alpha}_1=f(\sigma)(\varepsilon-\sigma^3)\boldsymbol{\alpha}=\mathbf{0},$$

故 $\boldsymbol{\alpha}_1\in W_1$. 同理有 $\boldsymbol{\alpha}_2\in W_2$. 这就证得 $V=W_1\oplus W_2$. 于是 $\dim W_1+\dim W_2=\dim V$,即得

$$\operatorname{rank}(\varepsilon-\sigma)+\operatorname{rank}(\varepsilon+\sigma+\sigma^2)=n.$$

【例6.127】(湖南大学竞赛试题,2012年) 设 σ 是 n 维线性空间 V 的线性变换,W 为 V 的子空间,令 $W_0=W\cap\ker\sigma$. 证明:

(1) $\dim W=\dim(\sigma(W))+\dim W_0$;

(2) $\dim(\sigma^3(V))+\dim(\sigma(V))\geqslant 2\dim(\sigma^2(V))$.

【证】 (1) 详见本章例6.40.

(2)(方法1)利用(1)的结论,分别取 $\sigma(V)$ 和 $\sigma^2(V)$ 作为子空间 W,得

$$\dim(\sigma^2(V))+\dim(\ker\sigma\cap\sigma(V))=\dim(\sigma(V)),$$
$$\dim(\sigma^3(V))+\dim(\ker\sigma\cap\sigma^2(V))=\dim(\sigma^2(V)).$$

令 $r=\dim(\ker\sigma\cap\sigma(V))$,$s=\dim(\ker\sigma\cap\sigma^2(V))$,由于 $\sigma(V)\supseteq\sigma^2(V)$,所以 $r\geqslant s\geqslant 0$. 于是

$$\dim(\sigma^3(V))+\dim(\sigma(V))=2\dim(\sigma^2(V))+(r-s)\geqslant 2\dim(\sigma^2(V)).$$

(方法2)任取 V 的一个基,设 σ 在这个基下的矩阵为 $\boldsymbol{A}$,则可等价地证明:

$$\operatorname{rank}\boldsymbol{A}^3+\operatorname{rank}\boldsymbol{A}\geqslant 2\operatorname{rank}\boldsymbol{A}^2.$$

利用 Frobenius 不等式:$\operatorname{rank}(\boldsymbol{BCD})\geqslant\operatorname{rank}(\boldsymbol{BC})+\operatorname{rank}(\boldsymbol{CD})-\operatorname{rank}\boldsymbol{C}$,取 $\boldsymbol{B}=\boldsymbol{C}=\boldsymbol{D}=\boldsymbol{A}$ 即可.

(方法3)设 σ 在 V 的一个基下的矩阵为 $\boldsymbol{A}$,等价地证:$\operatorname{rank}\boldsymbol{A}^3+\operatorname{rank}\boldsymbol{A}\geqslant 2\operatorname{rank}\boldsymbol{A}^2$. 利用分块初等变换,得

$$\begin{pmatrix}\boldsymbol{A}^3&\boldsymbol{O}\\\boldsymbol{O}&\boldsymbol{A}\end{pmatrix}\xrightarrow{\text{行}}\begin{pmatrix}\boldsymbol{A}^3&\boldsymbol{A}^2\\\boldsymbol{O}&\boldsymbol{A}\end{pmatrix}\xrightarrow{\text{列}}\begin{pmatrix}\boldsymbol{O}&\boldsymbol{A}^2\\-\boldsymbol{A}^2&\boldsymbol{A}\end{pmatrix}\xrightarrow{\text{列}}\begin{pmatrix}\boldsymbol{A}^2&\boldsymbol{O}\\\boldsymbol{A}&\boldsymbol{A}^2\end{pmatrix}.$$

于是,有

$$\operatorname{rank}\boldsymbol{A}^3+\operatorname{rank}\boldsymbol{A}=\operatorname{rank}\begin{pmatrix}\boldsymbol{A}^2&\boldsymbol{O}\\\boldsymbol{A}&\boldsymbol{A}^2\end{pmatrix}\geqslant\operatorname{rank}\boldsymbol{A}^2+\operatorname{rank}\boldsymbol{A}^2=2\operatorname{rank}\boldsymbol{A}^2.$$

【例6.128】(Putnam 数学竞赛试题,2015年) 设 $\boldsymbol{A},\boldsymbol{B},\boldsymbol{M}$ 为 n 阶实方阵,$\boldsymbol{AM}=\boldsymbol{MB}$,且 $\boldsymbol{A}$ 和 $\boldsymbol{B}$ 具有相同的特征多项式. 证明:对任意 n 阶实方阵 $\boldsymbol{X}$,有 $\det(\boldsymbol{A}-\boldsymbol{MX})=\det(\boldsymbol{B}-\boldsymbol{XM})$.

【证】 设 rank $M=r$,则存在可逆实矩阵 P,Q,使得 $PMQ=\begin{pmatrix}E_r & O\\ O & O\end{pmatrix}$. 由 $AM=MB$ 得,

$$(PAP^{-1})\begin{pmatrix}E_r & O\\ O & O\end{pmatrix}=\begin{pmatrix}E_r & O\\ O & O\end{pmatrix}(Q^{-1}BQ).$$

作相应分块 $PAP^{-1}=\begin{pmatrix}A_{11} & A_{12}\\ A_{21} & A_{22}\end{pmatrix}$, $Q^{-1}BQ=\begin{pmatrix}B_{11} & B_{12}\\ B_{21} & B_{22}\end{pmatrix}$,代入上式得$\begin{pmatrix}A_{11} & O\\ A_{21} & O\end{pmatrix}=\begin{pmatrix}B_{11} & B_{12}\\ O & O\end{pmatrix}$. 所以 $A_{11}=B_{11}$, $A_{21}=O$, $B_{12}=O$. 因为

$$|\lambda E-A|=|\lambda E-PAP^{-1}|=\begin{vmatrix}\lambda E-A_{11} & -A_{12}\\ O & \lambda E-A_{22}\end{vmatrix}=|\lambda E-A_{11}||\lambda E-A_{22}|,$$

$$|\lambda E-B|=|\lambda E-Q^{-1}BQ|=\begin{vmatrix}\lambda E-A_{11} & O\\ -B_{21} & \lambda E-B_{22}\end{vmatrix}=|\lambda E-A_{11}||\lambda E-B_{22}|,$$

而 $|\lambda E-A|=|\lambda E-B|$,所以 $|\lambda E-A_{22}|=|\lambda E-B_{22}|$,从而有 $|A_{22}|=|B_{22}|$.

最后,对 $Q^{-1}XP^{-1}$ 作相应分块:$Q^{-1}XP^{-1}=\begin{pmatrix}X_{11} & X_{12}\\ X_{21} & X_{22}\end{pmatrix}$,则

$$|A-MX|=|PAP^{-1}-(PMQ)(Q^{-1}XP^{-1})|=\begin{vmatrix}A_{11}-X_{11} & A_{12}-X_{12}\\ O & A_{22}\end{vmatrix}=|A_{11}-X_{11}||A_{22}|,$$

$$|B-XM|=|Q^{-1}BQ-(Q^{-1}XP^{-1})(PMQ)|=\begin{vmatrix}B_{11}-X_{11} & O\\ B_{21}-X_{21} & B_{22}\end{vmatrix}=|B_{11}-X_{11}||B_{22}|,$$

因此,得 $|A-MX|=|B-XM|$.

【例 6.129】(四川大学,2011 年) 设 V 是数域 F 上的 n 维线性空间,End(V)是 V 上的全体线性变换组成的线性空间,$\mathscr{A}\in$ End(V)的特征多项式为 $f(x)$.

(1) 证明:如果 V 可分解为非平凡的 $\mathscr{A}$-不变子空间的直和,那么 $f(x)$ 在 F 上可约;

(2) 问上述命题的逆命题成立与否? 说明理由.

【解】 (1) 据题设,V 可分解为非平凡的 $\mathscr{A}$-不变子空间的直和,则存在 V 的一个基使得 $\mathscr{A}$ 在这个基下的矩阵是分块对角矩阵 $A=\mathrm{diag}(A_1,A_2,\cdots,A_t)$,其中 A_i 是 F 上的 m_i 阶方阵($i=1,2,\cdots,t$),$m_1+m_2+\cdots+m_t=n$. 于是,$\mathscr{A}$ 的特征多项式

$$f(\lambda)=|\lambda E-A|=\prod_{i=1}^{t}|\lambda E_{m_i}-A_i|,$$

其中 E_{m_i} 为 m_i 阶单位矩阵. 这就表明 $f(x)$ 在数域 F 上可约.

(2) 逆命题不成立. 例如,考虑 $\mathscr{A}\in$ End(V)在 V 的一个基下的矩阵为 $J_n(1)$,即对角元为 1 的 n 阶 Jordan 块,则 $\mathscr{A}$ 的特征多项式 $f(x)=(x-1)^n$ 在 F 上可约,但 V 不能分解为非平凡的 $\mathscr{A}$-不变子空间的直和.

【例 6.130】(西南大学,2009 年) 设 V 是数域 P 上的 n 维线性空间,T 是 V 的可对角化线性变换,W 是 V 的任一 T 不变子空间.

(1)证明:存在 V 的 T 不变子空间 W',使得 $V=W\oplus W'$;

(2)令 $T|_W$ 是 T 在 W 上的限制变换,证明:$T|_W$ 也可对角化.

【证】 (1) 因为 T 可对角化,所以 $V=V_{\lambda_1}\oplus V_{\lambda_2}\oplus\cdots\oplus V_{\lambda_s}$,其中 $\lambda_1,\lambda_2,\cdots,\lambda_s$ 为 T 的所有互异的特征值,V_{λ_i} 是 T 的属于 λ_i 的特征子空间,$i=1,2,\cdots,s$.

对于 V 的任一 T 不变子空间 W,令 $U_i=W\cap V_{\lambda_i}$,$i=1,2,\cdots,s$. 下证 $W=U_1\oplus U_2\oplus\cdots\oplus U_s$.

为此,任取 $\boldsymbol{\alpha}\in W\subseteq V$,则存在 $\boldsymbol{\alpha}_i\in V_{\lambda_i}$,$i=1,2,\cdots,s$,使得

$$\begin{aligned}\boldsymbol{\alpha} &= \boldsymbol{\alpha}_1+\boldsymbol{\alpha}_2+\cdots+\boldsymbol{\alpha}_s,\\ T(\boldsymbol{\alpha}) &= \lambda_1\boldsymbol{\alpha}_1+\lambda_2\boldsymbol{\alpha}_2+\cdots+\lambda_s\boldsymbol{\alpha}_s,\\ &\cdots\\ T^{s-1}(\boldsymbol{\alpha}) &= \lambda_1^{s-1}\boldsymbol{\alpha}_1+\lambda_2^{s-1}\boldsymbol{\alpha}_2+\cdots+\lambda_s^{s-1}\boldsymbol{\alpha}_s,\end{aligned}$$

用矩阵形式表示即

$$(\boldsymbol{\alpha},T(\boldsymbol{\alpha}),\cdots,T^{s-1}(\boldsymbol{\alpha}))=(\boldsymbol{\alpha}_1,\boldsymbol{\alpha}_2,\cdots,\boldsymbol{\alpha}_s)\boldsymbol{A}, \qquad ①$$

其中

$$\boldsymbol{A}=\begin{pmatrix}1 & \lambda_1 & \cdots & \lambda_1^{s-1}\\ 1 & \lambda_2 & \cdots & \lambda_2^{s-1}\\ \vdots & \vdots & & \vdots\\ 1 & \lambda_s & \cdots & \lambda_s^{s-1}\end{pmatrix}.$$

注意到 $\boldsymbol{A}$ 是可逆矩阵,而 W 是 T 不变子空间,所以①式表明

$$L(\boldsymbol{\alpha}_1,\boldsymbol{\alpha}_2,\cdots,\boldsymbol{\alpha}_s)=L(\boldsymbol{\alpha},T(\boldsymbol{\alpha}),\cdots,T^{s-1}(\boldsymbol{\alpha}))\subseteq W.$$

因此 $\boldsymbol{\alpha}_i\in W$,从而 $\boldsymbol{\alpha}_i\in U_i$,$i=1,2,\cdots,s$. 这就证明了 $W=U_1+U_2+\cdots+U_s$.

另一方面,显然有 $U_i\cap\sum\limits_{\substack{1\leqslant j\leqslant s\\ j\neq i}}U_j\subseteq V_{\lambda_i}\cap\sum\limits_{\substack{1\leqslant j\leqslant s\\ j\neq i}}V_{\lambda_j}=\{\boldsymbol{0}\}$. 所以 $W=U_1\oplus U_2\oplus\cdots\oplus U_s$.

取 U_i 的一个基 $\boldsymbol{\xi}_1,\boldsymbol{\xi}_2,\cdots,\boldsymbol{\xi}_{r_i}$,扩充成 V_{λ_i} 的基 $\boldsymbol{\xi}_1,\boldsymbol{\xi}_2,\cdots,\boldsymbol{\xi}_{r_i},\boldsymbol{\xi}_{r_i+1},\cdots,\boldsymbol{\xi}_{n_i}$,则 $U_i=L(\boldsymbol{\xi}_1,\boldsymbol{\xi}_2,\cdots,\boldsymbol{\xi}_{r_i})$,且

$$V_{\lambda_i}=L(\boldsymbol{\xi}_1,\boldsymbol{\xi}_2,\cdots,\boldsymbol{\xi}_{r_i},\boldsymbol{\xi}_{r_i+1},\cdots,\boldsymbol{\xi}_{n_i})=U_i\oplus U'_i,$$

其中 $U'_i=L(\boldsymbol{\xi}_{r_i+1},\cdots,\boldsymbol{\xi}_{n_i})$是 T 不变子空间. 因此 $W'=U'_1\oplus U'_2\oplus\cdots\oplus U'_s$ 是 T 不变子空间,且

$$V=\bigoplus_{i=1}^{s}V_{\lambda_i}=\bigoplus_{i=1}^{s}(U_i\oplus U'_i)=W\oplus W'.$$

(2) 根据 W 的直和分解,在每个 U_i 中取一个基(即 T 的属于 λ_i 的部分线性无关的特征向量),合并成 W 的一个基. 因此,$T|_W$ 在这个基下的矩阵就是对角矩阵.

【注】 这里,(2)的证明也可用最小多项式:设 $m(\lambda)$ 和 $m_1(\lambda)$分别表示 T 和 $T|_W$ 的最小多项式,则 $m_1(\lambda)\mid m(\lambda)$. 若 T 是可对角化的,则 $m(\lambda)$没有重根,因而 $m_1(\lambda)$也没有重根,所以 $T|_W$ 也是可对角化的.

【例 6.131】 设 S 是无穷多个可相似对角化的 n 阶方阵构成的集合,其中任意两个矩阵可交换. 证明:S 中的所有矩阵可同时相似对角化,即存在同一个可逆矩阵 $\boldsymbol{P}$,使得对于 S 中的任一矩阵 $\boldsymbol{X}$ 恒有 $\boldsymbol{P}^{-1}\boldsymbol{XP}$ 为对角矩阵.

【证】 考虑集合 $M=\{\varphi_i\in\mathrm{End}_K(V)\mid\varphi_i\varphi_j=\varphi_j\varphi_i$,且 φ_i 可对角化,$\forall i,j\in I\}$,这里 I 表示指标集,$\mathrm{End}_K(V)$表示数域 K 上 n 维线性空间 V 的线性变换全体构成的集合.

只需证明：M 中的所有线性变换可同时对角化，即存在 V 的一个基，使得 M 中的任一线性变换在这个基下的矩阵都为对角矩阵. 对 V 的维数 n 用归纳法.

当 $n=1,2$ 时，结论显然成立. 假设结论对一切维数小于 n 的线性空间成立，下证对于 n 维线性空间 V 结论正确. 任取 $\varphi_0\in M$，φ_0 不是数乘变换. 设 $\lambda_1,\lambda_2,\cdots,\lambda_s$ 是 φ_0 的所有互不相同的特征值，其重数分别为 $n_1,n_2,\cdots,n_s$，$\sum\limits_{j=1}^{s}n_j=n$. 又设 V_j 表示 φ_0 的属于 λ_j 的特征子空间，即

$$V_j=\{\boldsymbol{\xi}\in V\mid\varphi_0(\boldsymbol{\xi})=\lambda_j\boldsymbol{\xi}\},\quad j=1,2,\cdots,s.$$

显然 $V_j\neq V$. 因为 φ_0 可对角化，所以 $V=V_1\oplus V_2\oplus\cdots\oplus V_s$，且 $\dim V_j=n_j<n$.

对任意 $i\in I-\{0\}$，因为 $\varphi_0\varphi_i=\varphi_i\varphi_0$，所以每一个 V_j 都是 φ_i 的不变子空间. 注意到所有 φ_i 在 V_j 上的限制变换也可对角化并且两两可交换，故根据归纳假设，存在 V_j 的基 $\boldsymbol{\xi}_{j1},\boldsymbol{\xi}_{j2},\cdots,\boldsymbol{\xi}_{j,n_j}$，使得 $\varphi_i\big|_{V_j}$ 在这个基下的矩阵为对角矩阵 $\boldsymbol{D}^i_{n_j}(i\in I)$. 令 $\boldsymbol{D}_i=\operatorname{diag}(\boldsymbol{D}^i_{n_1},\boldsymbol{D}^i_{n_2},\cdots,\boldsymbol{D}^i_{n_s})$，于是 φ_i 在 V 的基 $\boldsymbol{\xi}_{11},\cdots,\boldsymbol{\xi}_{1,n_1},\cdots,\boldsymbol{\xi}_{s1},\cdots,\boldsymbol{\xi}_{s,n_s}$ 下的矩阵为对角矩阵 $\boldsymbol{D}_i(i\in I)$. 因此，所述结论对任意 n 维线性空间成立.

【例 6.132】（兰州大学，2010 年） 设 σ 为 n 维线性空间 V 上的线性变换，并且

$$V_1=\{\boldsymbol{x}\in V\mid\text{存在正整数 }m\text{ 使得 }\sigma^m(\boldsymbol{x})=\boldsymbol{0}\},\quad V_2=\bigcap_{i=1}^{\infty}\sigma^i(V).$$

证明：(1) V_1,V_2 都是 σ 的不变子空间；(2) $V=V_1\oplus V_2$.

【证】 (1) 因为 $V\supseteq\sigma(V)$，所以 $\sigma(V)\supseteq\sigma^2(V)$，从而有

$$V\supseteq\sigma(V)\supseteq\sigma^2(V)\supseteq\cdots,$$

$$n=\dim V\geqslant\dim(\sigma(V))\geqslant\dim(\sigma^2(V))\geqslant\cdots\geqslant 0.$$

故存在正整数 p 使得 $\dim(\sigma^p(V))=\dim(\sigma^{p+1}(V))$，因此 $\sigma^p(V)=\sigma^{p+1}(V)$. 这就证明了 $V_2=\sigma^p(V)$.

又 $\ker\sigma\subseteq\ker\sigma^2\subseteq\cdots\subseteq V$，而 $\dim(\ker\sigma^p)=\dim(\ker\sigma^{p+1})$，故 $\ker\sigma^p=\ker\sigma^{p+1}$. 因此 $V_1=\ker\sigma^p$.

显然，$\sigma(V_1)=V_1$，$\sigma(V_2)=V_2$，所以 V_1,V_2 都是 σ 的不变子空间.

(2) 对任意 $\boldsymbol{x}\in V$，注意到 $\sigma^p(V)=\sigma^{2p}(V)$，则必存在 $\boldsymbol{z}\in V$ 使得 $\sigma^p(\boldsymbol{x})=\sigma^{2p}(\boldsymbol{z})$. 令 $\boldsymbol{y}=\sigma^p(\boldsymbol{z})$，由于 $\boldsymbol{x}=(\boldsymbol{x}-\boldsymbol{y})+\boldsymbol{y}$，且 $\sigma^p(\boldsymbol{x}-\boldsymbol{y})=\sigma^p(\boldsymbol{x})-\sigma^{2p}(\boldsymbol{z})=\boldsymbol{0}$，即 $\boldsymbol{x}-\boldsymbol{y}\in V_1$，而 $\boldsymbol{y}\in V_2$，故 $\boldsymbol{x}\in V_1+V_2$. 因此 $V=V_1+V_2$.

进一步，任取 $\boldsymbol{x}\in V_1\cap V_2$，则 $\sigma^p(\boldsymbol{x})=\boldsymbol{0}$，且存在 $\boldsymbol{y}\in V$ 使 $\sigma^p(\boldsymbol{y})=\boldsymbol{x}$，从而 $\sigma^{2p}(\boldsymbol{y})=(\boldsymbol{0})$. 注意到 $\ker\sigma^p=\ker\sigma^{2p}$，所以 $\boldsymbol{x}=\sigma^p(\boldsymbol{y})=\boldsymbol{0}$. 这就证得 $V_1\cap V_2=\{\boldsymbol{0}\}$. 于是，有 $V=V_1\oplus V_2$.

【注 1】 本题即 Fitting 分解：（**复旦大学，2008 年**）设 V 是数域 K 上的 n 维线性空间，$\varphi:V\to V$ 是线性变换. 证明：存在正整数 m，使得 $V=\operatorname{Im}\varphi^m\oplus\ker\varphi^m$.

【注 2】 若补充条件"σ 是奇异的非幂零变换"，则还可证明：限制变换 $\sigma\big|_{V_1}$ 是幂零变换，$\sigma\big|_{V_2}$ 是可逆变换. 对于矩阵情形，详见第 7 章例 7.40 与第 10 章例 10.28.

【例 6.133】（汕头大学，2005 年） 设 n 阶方阵 $\boldsymbol{A}$ 和循环矩阵 $\boldsymbol{C}$ 分别为

$$A=\begin{pmatrix}0&1&&\\&0&\ddots&\\&&\ddots&1\\1&&&0\end{pmatrix},\quad C=\begin{pmatrix}c_0&c_1&\cdots&c_{n-1}\\c_{n-1}&c_0&\ddots&\vdots\\\vdots&\ddots&\ddots&c_1\\c_1&\cdots&c_{n-1}&c_0\end{pmatrix}$$

(当且仅当 $c_1=1,c_0=c_2=\cdots=c_{n-1}=0$ 时,$\boldsymbol{C}=\boldsymbol{A}$).

(1) 用 n 阶单位矩阵 $\boldsymbol{E}$ 及 $\boldsymbol{A}$ 的幂表示循环矩阵 $\boldsymbol{C}$;

(2) 证明任意两个 n 阶循环矩阵的乘积仍是循环矩阵;

(3) 证明 $\boldsymbol{C}$ 相似于对角矩阵.

【解】 (1) 因为 $\boldsymbol{A}=\begin{pmatrix}\boldsymbol{0}&\boldsymbol{E}_{n-1}\\\boldsymbol{E}_1&\boldsymbol{0}\end{pmatrix}$,其中 $\boldsymbol{E}_j$ 为 j 阶单位矩阵,则 $\boldsymbol{A}^k=\begin{pmatrix}\boldsymbol{O}&\boldsymbol{E}_{n-k}\\\boldsymbol{E}_k&\boldsymbol{O}\end{pmatrix}$,所以

$$C=\begin{pmatrix}c_0&c_1&\cdots&c_{n-1}\\c_{n-1}&c_0&\ddots&\vdots\\\vdots&\ddots&\ddots&c_1\\c_1&\cdots&c_{n-1}&c_0\end{pmatrix}=c_0\boldsymbol{E}+c_1\boldsymbol{A}+\cdots+c_{n-1}\boldsymbol{A}^{n-1}.$$

(2) 设 $\boldsymbol{B},\boldsymbol{C}$ 是两个 n 阶循环矩阵,则由(1)的结论知,$\boldsymbol{B}$ 和 $\boldsymbol{C}$ 可表示为

$$\boldsymbol{B}=\sum_{i=0}^{n-1}b_i\boldsymbol{A}^i,\quad \boldsymbol{C}=\sum_{j=0}^{n-1}c_j\boldsymbol{A}^j.$$

注意到 $\boldsymbol{A}^n=\boldsymbol{E}$,所以有

$$\boldsymbol{BC}=\Big(\sum_{i=0}^{n-1}b_i\boldsymbol{A}^i\Big)\Big(\sum_{j=0}^{n-1}c_j\boldsymbol{A}^j\Big)=\sum_{k=0}^{n-1}a_k\boldsymbol{A}^k,$$

即循环矩阵的乘积也为循环矩阵.

(3) 易知 $\boldsymbol{A}$ 的特征多项式为 λ^n-1,故 $\boldsymbol{A}$ 的特征值是 n 次单位根:$\omega_0,\omega_1,\cdots,\omega_{n-1}$,显然两两不等,因此 $\boldsymbol{A}$ 可相似于对角矩阵,即存在 n 阶可逆矩阵 $\boldsymbol{Q}$,使

$$\boldsymbol{Q}^{-1}\boldsymbol{AQ}=\operatorname{diag}(\omega_0,\omega_1,\cdots,\omega_{n-1}).$$

令 $f(x)=c_0+c_1x+\cdots+c_{n-1}x^{n-1}$,则 $\boldsymbol{C}$ 的特征值为 $f(\omega_0),f(\omega_1),\cdots,f(\omega_{n-1})$,且

$$\boldsymbol{Q}^{-1}\boldsymbol{CQ}=\operatorname{diag}(f(\omega_0),f(\omega_1),\cdots,f(\omega_{n-1})).$$

【注】 关于循环矩阵,还有第5章例5.14,本章例6.60. 对于上述 $\boldsymbol{C}$ 及 $f(x)$,还有:

(1) rank $\boldsymbol{C}=n-k$ 当且仅当 $f(x)$ 的根中有 k 个是 n 次单位根.

这只需令 $\boldsymbol{D}=\operatorname{diag}(f(\omega_0),f(\omega_1),\cdots,f(\omega_{n-1}))$,所以 rank $\boldsymbol{C}=$ rank $\boldsymbol{D}=n-k$ 当且仅当 $\boldsymbol{D}$ 有 $n-k$ 个非零对角元 $f(\omega_j)$,这又等价于有 k 个 $f(\omega_j)=0$,即 $f(x)$ 有 k 个 n 次单位根.

(2) 任一可逆循环矩阵的逆也是循环矩阵.

事实上,对于任意 n 阶可逆矩阵 $\boldsymbol{C}$,根据 Hamilton-Cayley 定理,存在次数不超过 $n-1$ 的多项式 $p(x)$,使得 $\boldsymbol{C}^{-1}=p(\boldsymbol{C})$. 现在,$\boldsymbol{C}$ 是循环矩阵,利用(1)的结论并注意到 $\boldsymbol{A}^n=\boldsymbol{E}$,有 $\boldsymbol{C}^{-1}=p(\boldsymbol{C})=p(f(\boldsymbol{A}))=g(\boldsymbol{A})$,其中多项式 $g(x)$ 的次数 $\leqslant n-1$. 这就表明 $\boldsymbol{C}^{-1}$ 也是一个循环矩阵.

(3) 任一可对角化的 n 阶方阵必相似于某个 n 阶循环矩阵.

兹证明如下:设 n 阶方阵 $\boldsymbol{M}$ 相似于对角矩阵 $\boldsymbol{D}=\operatorname{diag}(\lambda_1,\lambda_2,\cdots,\lambda_n)$,根据 Lagrange 插值定理(参见第1章例1.128的注),存在次数不超过 $n-1$ 的多项式 $f(x)=c_0+c_1x+\cdots+c_{n-1}x^{n-1}$,使得 $f(\omega_{k-1})=\lambda_k,k=1,2,\cdots,n$. 因此,$\boldsymbol{M}$ 与循环矩阵 $\boldsymbol{C}$ 相似.

【例6.134】 设 $\boldsymbol{A}$ 是 n 阶方阵. 证明:

(1) 若 $\operatorname{tr}\boldsymbol{A}=0$,则存在 n 阶可逆矩阵 $\boldsymbol{Q}$,使得 $\boldsymbol{Q}^{-1}\boldsymbol{A}\boldsymbol{Q}$ 的主对角元全为零;

(2) 存在 n 阶方阵 $\boldsymbol{X},\boldsymbol{Y}$,使得 $\boldsymbol{XY}-\boldsymbol{YX}=\boldsymbol{A}$ 当且仅当 $\operatorname{tr}\boldsymbol{A}=0$.

【证】 (1) 对矩阵的阶数 n 用归纳法. 当 $n=1$ 时结论显然成立,假设 $n-1$ 时结论成立,再证对于 n 阶方阵 $\boldsymbol{A}$ 结论成立. 不妨设 $\boldsymbol{A}\neq\boldsymbol{O}$,由 $\operatorname{tr}\boldsymbol{A}=0$ 知,$\boldsymbol{A}$ 不是数量矩阵. 所以存在 n 维列向量 $\boldsymbol{x}$,使 $\boldsymbol{x},\boldsymbol{Ax}$ 线性无关. 由此构造可逆矩阵 $\boldsymbol{P}=(\boldsymbol{x},\boldsymbol{Ax},\boldsymbol{x}_3,\cdots,\boldsymbol{x}_n)$,则有

$$\boldsymbol{P}^{-1}\boldsymbol{A}\boldsymbol{P}=\left(\begin{array}{c:cccc}0 & * & * & \cdots & * \\ \hdashline 1 & & & & \\ 0 & & & & \\ \vdots & & \boldsymbol{A}_1 & & \\ 0 & & & & \end{array}\right),$$

其中 $\boldsymbol{A}_1$ 是 $n-1$ 阶方阵. 显然,$\operatorname{tr}\boldsymbol{A}_1=\operatorname{tr}(\boldsymbol{P}^{-1}\boldsymbol{A}\boldsymbol{P})=\operatorname{tr}\boldsymbol{A}=0$,根据归纳假设,存在 $n-1$ 阶可逆矩阵 $\boldsymbol{Q}_1$,使得 $\boldsymbol{Q}_1^{-1}\boldsymbol{A}_1\boldsymbol{Q}_1$ 的主对角元全为0. 令 $\boldsymbol{Q}=\boldsymbol{P}\begin{pmatrix}1 & \boldsymbol{0}\\ \boldsymbol{0} & \boldsymbol{Q}_1\end{pmatrix}$,则 $\boldsymbol{Q}$ 是可逆矩阵,且

$$\boldsymbol{Q}^{-1}\boldsymbol{A}\boldsymbol{Q}=\begin{pmatrix}1 & \boldsymbol{0}\\ \boldsymbol{0} & \boldsymbol{Q}_1^{-1}\end{pmatrix}(\boldsymbol{P}^{-1}\boldsymbol{A}\boldsymbol{P})\begin{pmatrix}1 & \boldsymbol{0}\\ \boldsymbol{0} & \boldsymbol{Q}_1\end{pmatrix}=\left(\begin{array}{c:c}0 & * \\ \hdashline * & \boldsymbol{Q}_1^{-1}\boldsymbol{A}_1\boldsymbol{Q}_1\end{array}\right)$$

的主对角元全为0.

(2) 必要性显然,只需证充分性. 当 $\operatorname{tr}\boldsymbol{A}=0$ 时,由(1)知,存在可逆矩阵 $\boldsymbol{Q}$,使得 $\boldsymbol{Q}^{-1}\boldsymbol{A}\boldsymbol{Q}=(a_{ij})_{n\times n}$ 的主对角元全为0,即 $a_{11}=a_{22}=\cdots=a_{nn}=0$. 现在,欲 $\boldsymbol{XY}-\boldsymbol{YX}=\boldsymbol{A}$,即

$$(\boldsymbol{Q}^{-1}\boldsymbol{X}\boldsymbol{Q})(\boldsymbol{Q}^{-1}\boldsymbol{Y}\boldsymbol{Q})-(\boldsymbol{Q}^{-1}\boldsymbol{Y}\boldsymbol{Q})(\boldsymbol{Q}^{-1}\boldsymbol{X}\boldsymbol{Q})=\boldsymbol{Q}^{-1}\boldsymbol{A}\boldsymbol{Q},$$

记 $\boldsymbol{X}_1=\boldsymbol{Q}^{-1}\boldsymbol{X}\boldsymbol{Q},\boldsymbol{Y}_1=\boldsymbol{Q}^{-1}\boldsymbol{Y}\boldsymbol{Q}$,那么问题转化为确定 $\boldsymbol{X}_1$ 和 $\boldsymbol{Y}_1$,使

$$\boldsymbol{X}_1\boldsymbol{Y}_1-\boldsymbol{Y}_1\boldsymbol{X}_1=\boldsymbol{Q}^{-1}\boldsymbol{A}\boldsymbol{Q}. \qquad ①$$

为简便起见,先固定其中一个为对角矩阵,例如取 $\boldsymbol{X}_1=\operatorname{diag}(1,2,\cdots,n)$,再令 $\boldsymbol{Y}_1=(y_{ij})_{n\times n}$,代入①式并比较两边对应元素,得 $y_{ij}=\dfrac{a_{ij}}{i-j},i\neq j$,而 y_{ii} 可取任意值.

因此,存在 $\boldsymbol{X}_1$ 和 $\boldsymbol{Y}_1$ 使①式成立. 从而,当 $\boldsymbol{X}=\boldsymbol{Q}\boldsymbol{X}_1\boldsymbol{Q}^{-1},\boldsymbol{Y}=\boldsymbol{Q}\boldsymbol{Y}_1\boldsymbol{Q}^{-1}$ 时,有 $\boldsymbol{XY}-\boldsymbol{YX}=\boldsymbol{A}$.

【注】 利用本题结论可证:$sl_n(F)$ 是 $M_n(F)$ 的子空间. 参见第5章例5.81的附注.

【例6.135】 设 σ 是 n 维线性空间 V 的线性变换,V_1 是 V 的 r 维子空间,令

$$V_2=\left\{\boldsymbol{\alpha}\in V\,\middle|\,\sigma(\boldsymbol{\alpha})\in V_1\right\},$$

已知 $\dim(\ker\sigma)=p,\dim V_2=q$. 求证:$r\leqslant q\leqslant r+p$.

【证】 显然,$\ker\sigma\subseteq V_2$. 设 $\boldsymbol{\xi}_1,\boldsymbol{\xi}_2,\cdots,\boldsymbol{\xi}_p$ 是 $\ker\sigma$ 的一个基,并扩充成 V_2 的基 $\boldsymbol{\xi}_1,\boldsymbol{\xi}_2,\cdots,\boldsymbol{\xi}_p,\boldsymbol{\xi}_{p+1},\boldsymbol{\xi}_{p+2},\cdots,\boldsymbol{\xi}_q$. 根据 V_2 的定义可知,$\sigma(\boldsymbol{\xi}_{p+1}),\sigma(\boldsymbol{\xi}_{p+2}),\cdots,\sigma(\boldsymbol{\xi}_q)\in V_1$. 下证这 $q-p$ 个向量线性无关. 令

$$k_{p+1}\sigma(\boldsymbol{\xi}_{p+1})+k_{p+2}\sigma(\boldsymbol{\xi}_{p+2})+\cdots+k_q\sigma(\boldsymbol{\xi}_q)=\boldsymbol{0},$$

那么 $k_{p+1}\boldsymbol{\xi}_{p+1}+k_{p+2}\boldsymbol{\xi}_{p+2}+\cdots+k_q\boldsymbol{\xi}_q\in\ker\sigma$,故可设

$$k_{p+1}\boldsymbol{\xi}_{p+1}+k_{p+2}\boldsymbol{\xi}_{p+2}+\cdots+k_q\boldsymbol{\xi}_q=x_1\boldsymbol{\xi}_1+x_2\boldsymbol{\xi}_2+\cdots+x_p\boldsymbol{\xi}_p,$$

从而有 $k_{p+1}=k_{p+2}=\cdots=k_q=0$. 因此 $\sigma(\boldsymbol{\xi}_{p+1}),\sigma(\boldsymbol{\xi}_{p+2}),\cdots,\sigma(\boldsymbol{\xi}_q)$ 线性无关. 这就证得 $q-p\leqslant r$, 即 $q\leqslant r+p$.

另一方面,易证 $\sigma(V_2)=V_1\cap\sigma(V)$. 利用维数公式,有

$$\begin{aligned}\dim V_1+\dim(\sigma(V))&=\dim(V_1+\sigma(V))+\dim(V_1\cap\sigma(V))\\&\leqslant n+\dim(\sigma(V_2)).\end{aligned}\qquad ①$$

又由于 $\ker\sigma\subseteq V_2\cap\ker\sigma$, 以及

$$\dim V_2=\dim(\sigma(V_2))+\dim(V_2\cap\ker\sigma),$$

所以 $\dim(\sigma(V_2))=q-\dim(V_2\cap\ker\sigma)\leqslant q-p$. 代入①式,得

$$r+(n-p)\leqslant n+(q-p),\quad 即\ r\leqslant q.$$

【例 6.136】(北京工业大学,2009 年;深圳大学,2011 年) Fibonacci 数列 $\{F_n\}_{n=0}^{\infty}$ 定义为: $F_0=1,F_1=1,F_n=F_{n-1}+F_{n-2}(n\geqslant2)$. 记 $D_n=\begin{pmatrix}F_{n+1}\\F_n\end{pmatrix}$. 从考虑序列 $\boldsymbol{D}_0,\boldsymbol{D}_1,\cdots,\boldsymbol{D}_n,\cdots$ 的递归关系式出发,计算 Fibonacci 数列的通项公式 F_n.

【解】 将 $F_n=F_{n-1}+F_{n-2}$ 用矩阵形式表示为

$$\begin{pmatrix}F_{n+1}\\F_n\end{pmatrix}=\begin{pmatrix}1&1\\1&0\end{pmatrix}\begin{pmatrix}F_n\\F_{n-1}\end{pmatrix}.$$

记 $\boldsymbol{A}=\begin{pmatrix}1&1\\1&0\end{pmatrix}$, 则上式即 $\boldsymbol{D}_n=\boldsymbol{A}\boldsymbol{D}_{n-1}$. 反复运用这一递归关系式,得 $\boldsymbol{D}_n=\boldsymbol{A}^n\boldsymbol{D}_0$. 下面计算 $\boldsymbol{A}^n$.

易知, $\boldsymbol{A}$ 的特征多项式为 $f(\lambda)=\lambda^2-\lambda-1$, 特征值为 $\lambda_1=\dfrac{1-\sqrt5}{2},\lambda_2=\dfrac{1+\sqrt5}{2}$, 相应的特征向量分别为 $\boldsymbol{\xi}_1=(1,-\lambda_2)^{\mathrm T},\boldsymbol{\xi}_2=(1,-\lambda_1)^{\mathrm T}$. 令 $\boldsymbol{T}=(\boldsymbol{\xi}_1,\boldsymbol{\xi}_2)$, 则 $\boldsymbol{A}=\boldsymbol{T}\begin{pmatrix}\lambda_1&\\&\lambda_2\end{pmatrix}\boldsymbol{T}^{-1}$, 于是

$$\begin{aligned}\boldsymbol{A}^n&=\boldsymbol{T}\begin{pmatrix}\lambda_1^n&\\&\lambda_2^n\end{pmatrix}\boldsymbol{T}^{-1}=\begin{pmatrix}1&1\\-\lambda_2&-\lambda_1\end{pmatrix}\begin{pmatrix}\lambda_1^n&\\&\lambda_2^n\end{pmatrix}\begin{pmatrix}1&1\\-\lambda_2&-\lambda_1\end{pmatrix}^{-1}\\&=\frac{1}{\sqrt5}\begin{pmatrix}\lambda_2^{n+1}-\lambda_1^{n+1}&\lambda_2^n-\lambda_1^n\\\lambda_2^n-\lambda_1^n&\lambda_2^{n-1}-\lambda_1^{n-1}\end{pmatrix}.\end{aligned}$$

最后,将 $\boldsymbol{A}^n$ 代入 $D_n=\boldsymbol{A}^n\boldsymbol{D}_0$, 并注意到 $\boldsymbol{D}_0=(1,1)^{\mathrm T}$, 且 λ_1 与 λ_2 是 $\lambda^2=\lambda+1$ 的根,即得

$$F_n=\frac{1}{\sqrt5}\left[\left(\frac{1+\sqrt5}{2}\right)^{n+1}-\left(\frac{1-\sqrt5}{2}\right)^{n+1}\right].$$

【注】 利用矩阵论方法还可证 Fibonacci 数列的其他有关性质,见第 10 章练习 10.4.

【例 6.137】(中山大学,2011 年) 设 V 是数域 F 上的线性空间, S 和 T 是 V 的子空间, f 是 V 的线性变换. V^* 表示 V 的对偶空间, S^0 表示 S 的零化子,即 $S^0=\{f\in V^*\mid f(S)=0\}$, 而 f^* 表示 f 的转置,即 $f^*:V^*\to V^*,g=gf,\forall g\in V^*$. 证明:

(1) $(S\cap T)^0=S^0+T^0$;

(2) $\operatorname{Im}f^*=(\ker f)^0$.

【证】 (1)设 $\dim(S\cap T)=r,\dim S=s,\dim T=t$,取 $S\cap T$ 的一个基 $\boldsymbol{\xi}_1,\boldsymbol{\xi}_2,\cdots,\boldsymbol{\xi}_r$,分别扩充成 S 的一个基 $\boldsymbol{\xi}_1,\cdots,\boldsymbol{\xi}_r,\boldsymbol{\alpha}_1,\cdots,\boldsymbol{\alpha}_{s-r}$ 和 T 的一个基 $\boldsymbol{\xi}_1,\cdots,\boldsymbol{\xi}_r,\boldsymbol{\beta}_1,\cdots,\boldsymbol{\beta}_{t-r}$,则

$$\boldsymbol{\xi}_1,\cdots,\boldsymbol{\xi}_r,\boldsymbol{\alpha}_1,\cdots,\boldsymbol{\alpha}_{s-r},\boldsymbol{\beta}_1,\cdots,\boldsymbol{\beta}_{t-r}$$

是 $S+T$ 的一个基. 再扩充成 V 的一个基

$$\boldsymbol{\xi}_1,\cdots,\boldsymbol{\xi}_r,\boldsymbol{\alpha}_1,\cdots,\boldsymbol{\alpha}_{s-r},\boldsymbol{\beta}_1,\cdots,\boldsymbol{\beta}_{t-r},\boldsymbol{\delta}_1,\cdots,\boldsymbol{\delta}_m,$$

其中 $m=\dim V-(s+t-r)$. 记 V^* 中相应的对偶基为

$$\boldsymbol{\xi}_1^*,\cdots,\boldsymbol{\xi}_r^*,\boldsymbol{\alpha}_1^*,\cdots,\boldsymbol{\alpha}_{s-r}^*,\boldsymbol{\beta}_1^*,\cdots,\boldsymbol{\beta}_{t-r}^*,\boldsymbol{\delta}_1^*,\cdots,\boldsymbol{\delta}_m^*,$$

于是,有(请读者给出证明)

$$\begin{aligned}(S\cap T)^0&=L(\boldsymbol{\alpha}_1^*,\cdots,\boldsymbol{\alpha}_{s-r}^*,\boldsymbol{\beta}_1^*,\cdots,\boldsymbol{\beta}_{t-r}^*,\boldsymbol{\delta}_1^*,\cdots,\boldsymbol{\delta}_m^*),\\ S^0&=L(\boldsymbol{\beta}_1^*,\cdots,\boldsymbol{\beta}_{t-r}^*,\boldsymbol{\delta}_1^*,\cdots,\boldsymbol{\delta}_m^*),\\ T^0&=L(\boldsymbol{\alpha}_1^*,\cdots,\boldsymbol{\alpha}_{s-r}^*,\boldsymbol{\delta}_1^*,\cdots,\boldsymbol{\delta}_m^*),\\ S^0+T^0&=L(\boldsymbol{\alpha}_1^*,\cdots,\boldsymbol{\alpha}_{s-r}^*,\boldsymbol{\beta}_1^*,\cdots,\boldsymbol{\beta}_{t-r}^*,\boldsymbol{\delta}_1^*,\cdots,\boldsymbol{\delta}_m^*).\end{aligned}$$

因此,$(S\cap T)^0=S^0+T^0$. 此外,还可得 $(S+T)^0=S^0\cap T^0$.

(2) 任取 $\sigma\in\operatorname{Im}f^*$,则存在 $\tau\in V^*$ 使得 $f^*(\tau)=\sigma$. 根据 f^* 的定义,$f^*(\tau)=\tau f$,所以 $\sigma=\tau f$. 于是,对任意 $\delta\in\ker f$,有 $f(\delta)=0$,从而

$$\sigma(\delta)=\tau f(\delta)=\tau(f(\delta))=\tau(0)=0.$$

这表明 $\sigma\in(\ker f)^0$. 故 $\operatorname{Im}f^*\subseteq(\ker f)^0$.

反之,任取 $\sigma\in(\ker f)^0$. 对任意 $\delta\in\ker f$,有 $\sigma(\delta)=0$,从而 $\delta\in\ker\sigma$. 于是 $\ker f\subseteq\ker\sigma$. 根据本章例 6.36 的结论,存在 $\tau\in V^*$ 使得 $\tau f=\sigma$. 又 $f^*(\tau)=\tau f$,所以 $\sigma=f^*(\tau)\in\operatorname{Im}f^*$,故 $(\ker f)^0\subseteq\operatorname{Im}f^*$. 因此,$\operatorname{Im}f^*=(\ker f)^0$.

【例 6.138】 设 V 是数域 F 上的 n 维线性空间,U_1,U_2,W 都是 V 的子空间,且 $V=U_1\oplus W$,$V=U_2\oplus W$. 记 P_i 为平行于 W 在 U_i 上的投影,$i=1,2$. 证明:

(1) $P_1=P_1P_2$ 且 $P_2=P_2P_1$;

(2) P_2 把 U_1 的一个基映射成 U_2 的一个基;

(3) 存在 V 的一个基,使得 P_2 在此基下的矩阵是对角矩阵,并写出这个对角矩阵.

【证】 (1)任取 $\boldsymbol{\alpha}\in V$,根据题设,$\boldsymbol{\alpha}$ 有如下分解:

$$\begin{aligned}\boldsymbol{\alpha}&=\boldsymbol{\alpha}_1+\boldsymbol{\beta}, &&\text{其中 }\boldsymbol{\alpha}_1\in U_1,\boldsymbol{\beta}\in W;\\ \boldsymbol{\alpha}&=\boldsymbol{\alpha}_2+\boldsymbol{\gamma}, &&\text{其中 }\boldsymbol{\alpha}_2\in U_2,\boldsymbol{\gamma}\in W;\\ \boldsymbol{\alpha}_2&=\boldsymbol{\xi}_1+\boldsymbol{\eta}, &&\text{其中 }\boldsymbol{\xi}_1\in U_1,\boldsymbol{\eta}\in W.\end{aligned}$$

从而有

$$\boldsymbol{\alpha}=(\boldsymbol{\xi}_1+\boldsymbol{\eta})+\boldsymbol{\gamma}=\boldsymbol{\xi}_1+(\boldsymbol{\gamma}+\boldsymbol{\eta}),\quad\text{其中 }\boldsymbol{\xi}_1\in U_1,\boldsymbol{\gamma}+\boldsymbol{\eta}\in W.$$

利用分解的唯一性,可知 $\boldsymbol{\alpha}_1=\boldsymbol{\xi}_1$. 因此

$$P_1(\boldsymbol{\alpha})=\boldsymbol{\alpha}_1=\boldsymbol{\xi}_1=P_1(\boldsymbol{\alpha}_2)=P_1(P_2(\boldsymbol{\alpha}))=P_1P_2(\boldsymbol{\alpha}),$$

这就证明了 $P_1=P_1P_2$. 同理可证:$P_2=P_2P_1$.

(2)设 $\dim U_1=r$,易知 $\dim U_2=r$. 任取 U_1 的一个基 $\boldsymbol{\varepsilon}_1,\boldsymbol{\varepsilon}_2,\cdots,\boldsymbol{\varepsilon}_r$,设 $k_1,k_2,\cdots,k_r\in F$ 使得

$$k_1P_2(\boldsymbol{\varepsilon}_1)+k_2P_2(\boldsymbol{\varepsilon}_2)+\cdots+k_rP_2(\boldsymbol{\varepsilon}_r)=\mathbf{0},$$

则 $P_2(k_1\boldsymbol{\varepsilon}_1+k_2\boldsymbol{\varepsilon}_2+\cdots+k_r\boldsymbol{\varepsilon}_r)=\mathbf{0}$,即 $k_1\boldsymbol{\varepsilon}_1+k_2\boldsymbol{\varepsilon}_2+\cdots+k_r\boldsymbol{\varepsilon}_r\in\ker P_2=W$,所以 $k_1\boldsymbol{\varepsilon}_1+k_2\boldsymbol{\varepsilon}_2+\cdots+k_r\boldsymbol{\varepsilon}_r\in$

$U_1\cap W$. 故

$$k_1\boldsymbol{\varepsilon}_1+k_2\boldsymbol{\varepsilon}_2+\cdots+k_r\boldsymbol{\varepsilon}_r=\mathbf{0}.$$

由此得 $k_1=k_2=\cdots=k_r=0$. 因此 $P_2(\boldsymbol{\varepsilon}_1),P_2(\boldsymbol{\varepsilon}_2),\cdots,P_2(\boldsymbol{\varepsilon}_r)$线性无关,从而构成 U_2 的一个基.

(3)在 U_2 中取一个基$\boldsymbol{\beta}_1,\boldsymbol{\beta}_2,\cdots,\boldsymbol{\beta}_r$,在 W 中取一个基$\boldsymbol{\delta}_1,\boldsymbol{\delta}_2,\cdots,\boldsymbol{\delta}_{n-r}$,合在一起即 V 的一个基. 因为 $P_2(\boldsymbol{\beta}_i)=\boldsymbol{\beta}_i,1\leqslant i\leqslant r,P_2(\boldsymbol{\delta}_j)=\mathbf{0},1\leqslant j\leqslant n-r$,所以 P_2 在 V 的这个基下的矩阵为对角矩阵

$$\begin{pmatrix}\boldsymbol{E}_r & \boldsymbol{O}\\ \boldsymbol{O} & \boldsymbol{O}\end{pmatrix},$$

其中 $\boldsymbol{E}_r$ 为 r 阶单位矩阵.

【例 6.139】 设 V 是数域 F 上的有限维线性空间,V 上的线性变换 φ 称为半单的,如果对 V 的任意 φ-不变子空间 U,都存在 V 的 φ-不变子空间 W 满足 $V=U\oplus W$. 设 φ 是半单的,$f(\lambda)\in F[\lambda]$. 证明:$f(\varphi)$是幂零变换当且仅当$f(\varphi)=0$.

【证】 充分性显然,只证必要性. 设 $\psi=f(\varphi)$是幂零变换,我们证明 $\psi=0$.

用反证法. 假设 ψ 的幂零指数 $m>1$,则 $\psi^{m-1}\neq 0$,而 $\psi^m=0$. 注意到 $\psi\varphi=\varphi\psi$,因此 $\ker\psi^{m-1}$ 是 V 的 φ-不变子空间,且 $\ker\psi^{m-1}\not\subseteq V$. 因为 φ 是半单的,所以存在 V 的 φ-不变子空间 W,使得

$$V=\ker\psi^{m-1}\oplus W.$$

显然,W 也是 ψ-不变子空间,即 $\psi(W)\subseteq W$. 现任取 $\psi(\boldsymbol{\beta})\in\psi(W)$,易知 $\psi(\boldsymbol{\beta})\in\ker\psi^{m-1}$,所以 $\psi(W)\subseteq\ker\psi^{m-1}$. 这就表明

$$\psi(W)\subseteq\ker\psi^{m-1}\cap W=\{\mathbf{0}\},$$

即 $W\subseteq\ker\psi$. 注意到 $\ker\psi\subseteq\ker\psi^{m-1}$,因此 $W\subseteq\ker\psi^{m-1}$,从而 $W=\{\mathbf{0}\}$,由此可知 $V=\ker\psi^{m-1}$,矛盾. 因此 $m=1$,即 $\psi=f(\varphi)=0$.

【例 6.140】 设 σ 是复数域上 n 维线性空间 V 的线性变换,W 是 V 的 σ-不变子空间,$W\neq V$. 求证:存在一个向量 $\boldsymbol{\alpha}\in V$,使 $\boldsymbol{\alpha}\notin W$ 但$(\sigma-\lambda_0\varepsilon)(\boldsymbol{\alpha})\in W$,其中 λ_0 是 σ 的某个特征值,ε 是 V 的恒等变换.

【证】 设 σ 的特征多项式为$f(\lambda)=(\lambda-\lambda_1)^{r_1}(\lambda-\lambda_2)^{r_2}\cdots(\lambda-\lambda_k)^{r_k}$,其中 $\lambda_1,\lambda_2,\cdots,\lambda_k$ 互不相同. 于是有

$$V=W_1\oplus W_2\oplus\cdots\oplus W_k,$$

其中

$$W_i=\{\boldsymbol{\alpha}\in V\mid(\sigma-\lambda_i\varepsilon)^{r_i}(\boldsymbol{\alpha})=\mathbf{0}\},$$

且 $\dim W_i=r_i(i=1,2,\cdots,k)$.

若 $W=\{\mathbf{0}\}$,则任取 σ 的一个特征向量$\boldsymbol{\xi}$,由于$\boldsymbol{\xi}\neq\mathbf{0}$,所以$\boldsymbol{\xi}\notin W$. 但存在 σ 的某个特征值 λ_0 使得 $\sigma(\boldsymbol{\xi})=\lambda_0\boldsymbol{\xi}$,即$(\sigma-\lambda_0\varepsilon)(\boldsymbol{\xi})=\mathbf{0}\in W$.

现在,设 $\dim W=t,0<t<n$. 取 W 的一个基 $\boldsymbol{u}_1,\boldsymbol{u}_2,\cdots,\boldsymbol{u}_t$,则 $W=L(\boldsymbol{u}_1,\boldsymbol{u}_2,\cdots,\boldsymbol{u}_t)$,且有

$$\boldsymbol{u}_i=\boldsymbol{\beta}_{i1}+\boldsymbol{\beta}_{i2}+\cdots+\boldsymbol{\beta}_{ik},\qquad ①$$

其中$\boldsymbol{\beta}_{ij}\in W_j(i=1,2,\cdots,t;j=1,2,\cdots,k)$. 显然,$\boldsymbol{\beta}_{ij}$ 不全为零. 下面我们证明

$$W=L(\boldsymbol{\beta}_{11},\cdots,\boldsymbol{\beta}_{1k},\boldsymbol{\beta}_{21},\cdots,\boldsymbol{\beta}_{2k},\cdots,\boldsymbol{\beta}_{t1},\cdots,\boldsymbol{\beta}_{tk}).\qquad ②$$

为此,设$f_s(\lambda)=\prod\limits_{j\neq s}(\lambda-\lambda_j)^{r_j}$,将$f_s(\sigma)$作用于①式两边,并注意到 W 是 σ 的不变子空间,得

$$f_s(\sigma)(\boldsymbol{u}_i)=f_s(\sigma)(\boldsymbol{\beta}_{i1})+f_s(\sigma)(\boldsymbol{\beta}_{i2})+\cdots+f_s(\sigma)(\boldsymbol{\beta}_{ik})=f_s(\sigma)(\boldsymbol{\beta}_{is})\in W.$$

因为$(f_s(\lambda),(\lambda-\lambda_s)^{r_s})=1$,所以存在$u(\lambda),v(\lambda)\in P[\lambda]$,使

$$u(\lambda)f_s(\lambda)+v(\lambda)(\lambda-\lambda_s)^{r_s}=1,$$

于是有

$$\boldsymbol{\beta}_{is}=u(\sigma)f_s(\sigma)(\boldsymbol{\beta}_{is})+v(\sigma)(\sigma-\lambda_s\varepsilon)^{r_s}(\boldsymbol{\beta}_{is})=u(\sigma)(f_s(\sigma)(\boldsymbol{\beta}_{is}))\in W.$$

这就证明了②式. 这表明 W 可由 W_i 中一些向量生成,所以

$$W=(W_1\cap W)\oplus(W_2\cap W)\oplus\cdots\oplus(W_k\cap W).$$

由于 $W\neq V$,必有某个 $W_i\cap W\subsetneqq W_i$. 可取 $\boldsymbol{\alpha}_1\in W_i$,而 $\boldsymbol{\alpha}_1\notin W$. 这样,就必存在自然数 $m\leqslant r_i$,使得 $(\sigma-\lambda_i\varepsilon)^{m-1}(\boldsymbol{\alpha}_1)\neq\mathbf{0}$,而$(\sigma-\lambda_i\varepsilon)^m(\boldsymbol{\alpha}_1)=\mathbf{0}$. 对于

$$\boldsymbol{\alpha}_1,(\sigma-\lambda_i\varepsilon)(\boldsymbol{\alpha}_1),\cdots,(\sigma-\lambda_i\varepsilon)^{m-1}(\boldsymbol{\alpha}_1),(\sigma-\lambda_i\varepsilon)^m(\boldsymbol{\alpha}_1)=\mathbf{0}$$

这 $m+1$ 个向量,把从左到右第一个属于 W 的向量记为$(\sigma-\lambda\varepsilon)^l(\boldsymbol{\alpha}_1)(1<l\leqslant m)$,于是只需取 $\boldsymbol{\alpha}=(\sigma-\lambda_i\varepsilon)^{l-1}(\boldsymbol{\alpha}_1)$,就有 $\boldsymbol{\alpha}\notin W$,而$(\sigma-\lambda_i\varepsilon)(\boldsymbol{\alpha})\in W$.

【例 6.141】(Roth 定理) 设 $\boldsymbol{A}\in F^{m\times m}$,$\boldsymbol{B}\in F^{n\times n}$,$\boldsymbol{C}\in F^{m\times n}$,证明:矩阵方程 $\boldsymbol{AX}-\boldsymbol{XB}=\boldsymbol{C}$ 有解的充分必要条件是分块矩阵$\begin{pmatrix}\boldsymbol{A}&\boldsymbol{C}\\\boldsymbol{O}&\boldsymbol{B}\end{pmatrix}$与$\begin{pmatrix}\boldsymbol{A}&\boldsymbol{O}\\\boldsymbol{O}&\boldsymbol{B}\end{pmatrix}$相似.

【证】 必要性. 设 $\boldsymbol{S}\in F^{m\times n}$ 是矩阵方程 $\boldsymbol{AX}-\boldsymbol{XB}=\boldsymbol{C}$ 的解,即 $\boldsymbol{AS}-\boldsymbol{SB}=\boldsymbol{C}$,则

$$\begin{pmatrix}\boldsymbol{E}_m&-\boldsymbol{S}\\\boldsymbol{O}&\boldsymbol{E}_n\end{pmatrix}\begin{pmatrix}\boldsymbol{A}&\boldsymbol{O}\\\boldsymbol{O}&\boldsymbol{B}\end{pmatrix}\begin{pmatrix}\boldsymbol{E}_m&\boldsymbol{S}\\\boldsymbol{O}&\boldsymbol{E}_n\end{pmatrix}=\begin{pmatrix}\boldsymbol{A}&\boldsymbol{AS}-\boldsymbol{SB}\\\boldsymbol{O}&\boldsymbol{B}\end{pmatrix}=\begin{pmatrix}\boldsymbol{A}&\boldsymbol{C}\\\boldsymbol{O}&\boldsymbol{B}\end{pmatrix}.$$

注意到$\begin{pmatrix}\boldsymbol{E}_m&-\boldsymbol{S}\\\boldsymbol{O}&\boldsymbol{E}_n\end{pmatrix}=\begin{pmatrix}\boldsymbol{E}_m&\boldsymbol{S}\\\boldsymbol{O}&\boldsymbol{E}_n\end{pmatrix}^{-1}$,所以$\begin{pmatrix}\boldsymbol{A}&\boldsymbol{C}\\\boldsymbol{O}&\boldsymbol{B}\end{pmatrix}$与$\begin{pmatrix}\boldsymbol{A}&\boldsymbol{O}\\\boldsymbol{O}&\boldsymbol{B}\end{pmatrix}$相似.

充分性. 记 $V=F^{(m+n)\times(m+n)}$,构造 V 的线性变换:

$$\varphi_1(\boldsymbol{Y})=\begin{pmatrix}\boldsymbol{A}&\boldsymbol{O}\\\boldsymbol{O}&\boldsymbol{B}\end{pmatrix}\boldsymbol{Y}-\boldsymbol{Y}\begin{pmatrix}\boldsymbol{A}&\boldsymbol{O}\\\boldsymbol{O}&\boldsymbol{B}\end{pmatrix},\quad \boldsymbol{Y}\in V,$$

$$\varphi_2(\boldsymbol{Y})=\begin{pmatrix}\boldsymbol{A}&\boldsymbol{C}\\\boldsymbol{O}&\boldsymbol{B}\end{pmatrix}\boldsymbol{Y}-\boldsymbol{Y}\begin{pmatrix}\boldsymbol{A}&\boldsymbol{O}\\\boldsymbol{O}&\boldsymbol{B}\end{pmatrix},\quad \boldsymbol{Y}\in V.$$

因为$\begin{pmatrix}\boldsymbol{A}&\boldsymbol{C}\\\boldsymbol{O}&\boldsymbol{B}\end{pmatrix}$相似于$\begin{pmatrix}\boldsymbol{A}&\boldsymbol{O}\\\boldsymbol{O}&\boldsymbol{B}\end{pmatrix}$,所以存在可逆矩阵 $\boldsymbol{T}\in V$ 使得 $\boldsymbol{T}^{-1}\begin{pmatrix}\boldsymbol{A}&\boldsymbol{C}\\\boldsymbol{O}&\boldsymbol{B}\end{pmatrix}\boldsymbol{T}=\begin{pmatrix}\boldsymbol{A}&\boldsymbol{O}\\\boldsymbol{O}&\boldsymbol{B}\end{pmatrix}$,由此可得 $\varphi_2(\boldsymbol{Y})=\boldsymbol{T}\varphi_1(\boldsymbol{T}^{-1}\boldsymbol{Y})$,这表明 $\boldsymbol{Y}\in\ker\varphi_2\Leftrightarrow\boldsymbol{T}^{-1}\boldsymbol{Y}\in\ker\varphi_1$. 因此 $\dim(\ker\varphi_1)=\dim(\ker\varphi_2)$.

将 $\boldsymbol{Y}$ 作相应分块为 $\boldsymbol{Y}=\begin{pmatrix}\boldsymbol{P}&\boldsymbol{Q}\\\boldsymbol{R}&\boldsymbol{S}\end{pmatrix}$,经计算可知

$$\ker\varphi_1=\left\{\begin{pmatrix}\boldsymbol{P}&\boldsymbol{Q}\\\boldsymbol{R}&\boldsymbol{S}\end{pmatrix}\in V\;\middle|\;\boldsymbol{AP}=\boldsymbol{PA},\ \boldsymbol{AQ}=\boldsymbol{QB},\boldsymbol{BR}=\boldsymbol{RA},\boldsymbol{BS}=\boldsymbol{SB}\right\},$$

$$\ker\varphi_2=\left\{\begin{pmatrix}\boldsymbol{P}&\boldsymbol{Q}\\\boldsymbol{R}&\boldsymbol{S}\end{pmatrix}\in V\;\middle|\;\boldsymbol{AP}+\boldsymbol{CR}=\boldsymbol{PA},\ \boldsymbol{AQ}+\boldsymbol{CS}=\boldsymbol{QB},\boldsymbol{BR}=\boldsymbol{RA},\boldsymbol{BS}=\boldsymbol{SB}\right\}.$$

显然,如果能证明 $\ker\varphi_2$ 中存在形如$\begin{pmatrix}\boldsymbol{P}&\boldsymbol{Q}\\\boldsymbol{O}&-\boldsymbol{E}\end{pmatrix}$的矩阵,那么 $\boldsymbol{Q}$ 就是方程 $\boldsymbol{AX}-\boldsymbol{XB}=\boldsymbol{C}$ 的解. 为此,构造线性映射 $\mu_i:\ker\varphi_i\to F^{n\times(m+n)}$ 如下

$$\mu_i\begin{pmatrix}P & Q\\ R & S\end{pmatrix} = (R,S),\quad i = 1,2.$$

下面证明 $\mathrm{Im}\,\mu_1=\mathrm{Im}\,\mu_2$. 事实上,易知

$$\ker\mu_1 = \ker\mu_2 = \left\{\begin{pmatrix}P & Q\\ O & O\end{pmatrix}\ \middle|\ AP = PA, AQ = QB\right\},$$

$$\mathrm{Im}\,\mu_2 \subseteq \mathrm{Im}\,\mu_1 = \left\{(R,S)\ \middle|\ BR = RA, BS = SB\right\}.$$

又根据维数公式(见本章例 6.40)

$$\dim(\mathrm{Im}\,\mu_i) + \dim(\ker\mu_i) = \dim(\ker\varphi_i),\quad i = 1,2$$

可得 $\dim(\mathrm{Im}\,\mu_1)=\dim(\mathrm{Im}\,\mu_2)$,所以 $\mathrm{Im}\,\mu_1=\mathrm{Im}\,\mu_2$.

注意到$\begin{pmatrix}O & O\\ O & -E\end{pmatrix}\in\ker\varphi_1$,所以$(O,-E)\in\mathrm{Im}\,\mu_1=\mathrm{Im}\,\mu_2$,因此必存在$\begin{pmatrix}P & Q\\ O & -E\end{pmatrix}\in\ker\varphi_2$,亦即$\varphi_2\left(\begin{pmatrix}P & Q\\ O & -E\end{pmatrix}\right)=O$. 此时,有 $AQ-QB=C$,这表明 Q 是 $AX-XB=C$ 的解.

【注】 第4章例4.135给出了Roth定理的另一部分:矩阵方程 $AX-YB=C$ 有解的条件. 对Roth定理的更多讨论还可见[3]及其所引文献.

§6.7 思考与练习

6.1(中山大学,2009年) 设 A 为数域 F 上的 $m\times n$ 矩阵,定义 $L_A: F^n\to F^m, x\to Ax$. 证明:L_A 是单射当且仅当 A 的列向量组线性无关;L_A 是满射当且仅当 A 的行向量组线性无关.

6.2(中国科学院大学,2010年;苏州大学,2014年) 设 $M_n(\mathbb{C})$ 是复数域上所有 n 阶方阵构成的线性空间,$T:M_n(\mathbb{C})\to\mathbb{C}$ 是一个线性映射,满足

$$T(AB) = T(BA),\quad \forall A,B\in M_n(\mathbb{C}).$$

证明:存在 $\lambda\in\mathbb{C}$,使得对任意 $A\in M_n(\mathbb{C})$,都有 $T(A)=\lambda\,\mathrm{tr}\,A$, 其中 $\mathrm{tr}\,A$ 表示矩阵 A 的迹.

6.3(北京大学,2012年) 设 $f_1,f_2,\cdots,f_{2012}$ 为数域 F 上 $n(\geqslant 1)$ 维线性空间 V 的 2012 个互不相同的线性变换. 问是否存在向量 $\alpha\in V$ 使得 $f_1(\alpha),f_2(\alpha),\cdots,f_{2012}(\alpha)$ 互不相等? 请证明你的结论.

6.4(中国科学院大学,2012年) 设 $T_1,T_2,\cdots,T_n$ 为数域 F 上线性空间 V 的非零线性变换. 试证明:存在向量 $\alpha\in V$,使得 $T_i(\alpha)\neq 0, i=1,2,\cdots,n$.

6.5(北京航空航天大学,2003年) 设 σ 是线性空间 V 上的线性变换,证明:σ 可逆的充分必要条件为 σ 是单射(即 σ 是1-1的).

6.6(大连理工大学,2007年) 设 σ,τ 是线性变换,且 $\sigma^2=\sigma,\tau^2=\tau$. 证明:如果$(\sigma+\tau)^2=\sigma+\tau$,那么 $\sigma\tau=0$.

6.7(武汉大学,2003年) 设 V_1 和 V_2 是线性空间 V 的子空间,且 $V=V_1\oplus V_2$(即 V 是 V_1 与 V_2 的直和). 定义映射:

$$f_1: \alpha = \alpha_1 + \alpha_2 \mapsto \alpha_1,\quad f_2: \alpha = \alpha_1 + \alpha_2 \mapsto \alpha_2,$$

其中 $\alpha\in V,\alpha_1\in V_1,\alpha_2\in V_2$. 证明:(1) f_1,f_2 是 V 的线性变换;(2) $f_1^2=f_1, f_2^2=f_2$;(3) $f_1f_2=f_2f_1=0$(零变换), $f_1+f_2=\mathrm{id}_V$(V 的恒等变换).

6.8(安徽大学,2008年) 设 $L(V)$ 表示数域 P 上 n 维线性空间 V 的全部线性变换组成的集合. 证明:

(1) $L(V)$ 对于线性变换的加法与数量乘法构成数域 P 上一个线性空间;

(2) $L(V)$ 与数域 P 上 n 阶方阵构成的线性空间 $P^{n\times n}$ 同构.

6.9(浙江大学,2012年) 设 V 和 W 都是数域 K 上的线性空间,$\mathrm{Hom}_K(V,W)$ 表示由 V 到 W 的所有线性映射构成的线性空间. 证明:对于 $f,g\in\mathrm{Hom}_K(V,W)$,若 $\mathrm{Im}\,f\cap\mathrm{Im}\,g=\{0\}$,则 f 和 g 在 $\mathrm{Hom}_K(V,W)$ 中是线性无关的.

6.10(中山大学,2011 年) 设$f(x)=(x-3)^2$,$g(x)=x-1$是$\mathbb{R}$上的两个多项式,定义$\mathbb{R}$上线性空间$\mathbb{R}^3$的线性变换σ为:$\sigma(x,y,z)=(2x+y,x+2y,3z)$. 证明:$\mathbb{R}^3=\ker(f(\sigma))\oplus\ker(g(\sigma))$.

6.11(四川大学,2011 年) 设V是数域F上的n维线性空间,$\mathrm{End}(V)$是V上的全体线性变换组成的线性空间. 求$\dim(\mathrm{End}(V))$及$\mathrm{End}(V)$的一个基.

6.12(华东师范大学,2012 年) 设K^n是数域K上的n维向量空间. 证明:

(1)若$K^n=V_1\oplus V_2$,其中V_1,V_2为K^n的两个非平凡子空间,则存在唯一的幂等矩阵$\boldsymbol{A}\in M_n(K)$,使得$V_1=\{\boldsymbol{X}\in K^n\mid \boldsymbol{AX}=\boldsymbol{0}\}$, $V_2=\{\boldsymbol{X}\in K^n\mid \boldsymbol{AX}=\boldsymbol{X}\}$;

(2)若取子空间

$$V_1=\{\boldsymbol{X}=(a_1,a_2,\cdots,a_n)^{\mathrm{T}}\in K^n\mid a_1+a_2+\cdots+a_n=0\},$$
$$V_2=\{\boldsymbol{X}\in K^n\mid \boldsymbol{X}=(a,a,\cdots,a)^{\mathrm{T}}\},$$

则$K^n=V_1\oplus V_2$,并求(1)小题中所对应的幂等矩阵$\boldsymbol{A}$.

6.13(南京师范大学,2010 年) 设V是数域F上次数小于n的全体多项式再添上零多项式构成的线性空间,定义V的线性变换:$\mathscr{A}(f(x))=xf'(x)-f(x)$,其中$f'(x)$为$f(x)$的导数.

(1)求$\mathscr{A}$的核$\mathscr{A}^{-1}(\boldsymbol{0})$与值域$\mathscr{A}(V)$;

(2)证明:线性空间V是$\mathscr{A}^{-1}(\boldsymbol{0})$与$\mathscr{A}(V)$的直和.

6.14(四川大学,2010 年) 设$\boldsymbol{A}$为数域F上的n阶方阵,$\boldsymbol{A}$的秩为r. 又设V是F上的线性空间,$\boldsymbol{\varepsilon}_1$,$\boldsymbol{\varepsilon}_2,\cdots,\boldsymbol{\varepsilon}_n$是$V$的一个基,$V$上的线性变换$\mathscr{A}$满足$\mathscr{A}(\boldsymbol{\varepsilon}_1,\boldsymbol{\varepsilon}_2,\cdots,\boldsymbol{\varepsilon}_n)=(\boldsymbol{\varepsilon}_1,\boldsymbol{\varepsilon}_2,\cdots,\boldsymbol{\varepsilon}_n)\boldsymbol{A}$且$\mathscr{A}^2=\mathscr{A}$. 证明:$\ker\mathscr{A}+\mathrm{Im}\,\mathscr{A}$是直和,这里$\ker\mathscr{A}$和$\mathrm{Im}\,\mathscr{A}$分别是$\mathscr{A}$的核与像.

6.15(北京理工大学,2011 年) 设φ,ψ是线性空间V的线性变换,且$\varphi^2=\varphi,\psi^2=\psi$. 证明:

(1)$\mathrm{Im}\,\varphi=\mathrm{Im}\,\psi$的充分必要条件是$\varphi\psi=\psi,\psi\varphi=\varphi$;

(2)$\ker\varphi=\ker\psi$的充分必要条件是$\varphi\psi=\varphi,\psi\varphi=\psi$.

6.16(北京科技大学,2005 年) 设σ是n维线性空间V上的一个线性变换. 证明:

(1) $\ker\sigma=\ker\sigma^2$的充分必要条件是$\ker\sigma\cap\mathrm{Im}\,\sigma=\{\boldsymbol{0}\}$;

(2) $\mathrm{Im}\,\sigma=\mathrm{Im}\,\sigma^2$的充分必要条件是$\ker\sigma+\mathrm{Im}\,\sigma=V$.

6.17(湘潭大学,2014 年;兰州大学,2015 年) 设σ为n维线性空间V的线性变换. 证明:$\mathrm{rank}\,\sigma^2=\mathrm{rank}\,\sigma$的充分必要条件是$V=\sigma(V)\oplus\sigma^{-1}(\boldsymbol{0})$.

6.18(浙江大学,2012 年) 令线性空间$V=\mathrm{Im}\,f\oplus W$,其中W是V的线性变换f的不变子空间.

(1)证明:$W\subseteq\ker f$;

(2)证明:若V是有限维线性空间,则$W=\ker f$;

(3)举例说明,对于无限维线性空间V,可能有$W\subseteq\ker f$且$W\neq\ker f$.

6.19(华南理工大学,2009 年;华中科技大学,2007 年) 设$\mathscr{A}$是数域P上的n维线性空间V的线性变换,$f(x),g(x)\in P[x]$. 证明:

(1) $f(\mathscr{A})^{-1}(\boldsymbol{0})+g(\mathscr{A})^{-1}(\boldsymbol{0})\subseteq(f(\mathscr{A})g(\mathscr{A}))^{-1}(\boldsymbol{0})$;

(2) 当$f(x)$与$g(x)$互素时,有$f(\mathscr{A})^{-1}(\boldsymbol{0})\oplus g(\mathscr{A})^{-1}(\boldsymbol{0})=(f(\mathscr{A})g(\mathscr{A}))^{-1}(\boldsymbol{0})$.

6.20(东南大学,2004 年) 设f为数域P上线性空间V的线性变换,多项式$p(x)$与$q(x)$互素,且满足$p(f)q(f)=0$. 求证:$V=W\oplus S$,且W,S为f的不变子空间,这里$W=K(p(f))$,$S=K(q(f))$,其中$K(g)$表示g的核.

6.21(中国科学技术大学,2013 年) 设$\mathscr{A}$是数域F上线性空间V的线性变换,$f_1(x)$和$f_2(x)$是F上的多项式,$g(x)$是$f_1(x)$和$f_2(x)$的最大公因式,$h(x)$是$f_1(x)$和$f_2(x)$的最小公倍式. 求证:$\ker(h(\mathscr{A}))=\ker(f_1(\mathscr{A}))\oplus\ker(f_2(\mathscr{A}))$的充分必要条件是$g(\mathscr{A})$可逆.

6.22(兰州大学,2009 年) 设σ是数域P上n维线性空间V的线性变换,$\sigma(V)$的一个基为$\boldsymbol{\beta}_1,\boldsymbol{\beta}_2,\cdots,\boldsymbol{\beta}_s$,$\boldsymbol{\alpha}_i$是$\boldsymbol{\beta}_i$的原像,即$\sigma(\boldsymbol{\alpha}_i)=\boldsymbol{\beta}_i(i=1,2,\cdots,s)$,$W=L(\boldsymbol{\alpha}_1,\boldsymbol{\alpha}_2,\cdots,\boldsymbol{\alpha}_s)$. 证明:

(1) $V=W\oplus\sigma^{-1}(\boldsymbol{0})$;

(2) $\mathrm{rank}\,\sigma+\dim(\ker\sigma)=n$.

6.23(中国科学技术大学,2013 年) 设$\mathscr{A}$是数域F上有限维线性空间V的线性变换. 求证:

$$\dim(\mathrm{Im}\,\mathscr{A}\cap\ker\mathscr{A})=\mathrm{rank}\,\mathscr{A}-\mathrm{rank}\,\mathscr{A}^2.$$

6.24(华东师范大学,2017 年) 设U,V,W都是数域K上的有限维线性空间,$f:U\to V$是U到V的线性映射,$g:V\to W$是V到W的线性映射. 证明:

$$\dim(\ker f)+\dim(\mathrm{Im}\,f\cap\ker g)=\dim(\ker(gf)).$$

6.25(中国科学院,2015 年) 设f, g是n维线性空间V的线性变换,且$\ker f\subset\ker g$. 求证:

(1)存在 V 的线性变换 h,使得 $g=hf$;(武汉大学, 2013 年)

(2)若 $\ker f=\ker g$,则存在 V 的可逆线性变换 h,使得 $g=hf$.

6.26　设 $\boldsymbol{A}$ 为 $m\times n$ 实矩阵,定义两个线性映射如下:

$$\varphi_{\boldsymbol{A}}:\mathbb{R}^n\to\mathbb{R}^m,\quad \boldsymbol{X}\to\boldsymbol{AX},\quad \forall\boldsymbol{X}\in\mathbb{R}^n;$$
$$\varphi_{\boldsymbol{A}}^*:\mathbb{R}^m\to\mathbb{R}^n,\quad \boldsymbol{Y}\to\boldsymbol{A}^{\mathrm{T}}\boldsymbol{Y},\quad \forall\boldsymbol{Y}\in\mathbb{R}^m.$$

证明:$\mathbb{R}^n=\ker\varphi_{\boldsymbol{A}}\oplus\operatorname{Im}\varphi_{\boldsymbol{A}}^*$.

6.27(中国科学院大学,2013 年)　设 V 是数域 F 上的有限维向量空间,φ 是 V 的线性变换. 证明 V 能够分解成两个子空间的直和 $V=U\oplus W$,其中 U,W 满足:对任意 $\boldsymbol{u}\in U$,存在正整数 k 使得 $\varphi^k(\boldsymbol{u})=\boldsymbol{0}$;对任意 $\boldsymbol{w}\in W$,存在 $\boldsymbol{v}_m\in V$,使得 $\boldsymbol{w}=\varphi^m(\boldsymbol{v}_m)$ 对所有的正整数 m.

6.28(南开大学,2011 年)　设 V 为 4 维实线性空间,$\boldsymbol{\varepsilon}_1,\boldsymbol{\varepsilon}_2,\boldsymbol{\varepsilon}_3,\boldsymbol{\varepsilon}_4$ 是 V 的一个基,已知 V 的线性变换 T 在基 $\boldsymbol{\varepsilon}_1,\boldsymbol{\varepsilon}_2,\boldsymbol{\varepsilon}_3,\boldsymbol{\varepsilon}_4$ 下的矩阵为

$$\begin{pmatrix}0&0&-1&-1\\0&1&2&2\\0&-1&-1&0\\0&0&0&1\end{pmatrix}.$$

(1)试求出 T 的特征值与特征向量;

(2)试分别求出 T 的核 $\ker T$ 与像 $\operatorname{Im} T$ 的一个基与维数.

6.29　设 V 为数域 K 上的 n 维线性空间,$S=\{\boldsymbol{\alpha}_1,\boldsymbol{\alpha}_2,\cdots,\boldsymbol{\alpha}_m\}$ 为 V 中的向量组,定义集合

$$R_S=\{(x_1,x_2,\cdots,x_m)\in K^m\mid x_1\boldsymbol{\alpha}_1+x_2\boldsymbol{\alpha}_2+\cdots+x_m\boldsymbol{\alpha}_m=\boldsymbol{0}\}.$$

再取 V 中的向量组 $T=\{\boldsymbol{\beta}_1,\boldsymbol{\beta}_2,\cdots,\boldsymbol{\beta}_m\}$. 证明:

(1)R_S 是 K^m 的线性子空间;

(2)存在 V 的线性变换 φ 使得 $\varphi(\boldsymbol{\alpha}_i)=\boldsymbol{\beta}_i(1\leqslant i\leqslant m)$ 的充分必要条件是 $R_S\subseteq R_T$;

(3)存在 V 的可逆线性变换 φ 使得 $\varphi(\boldsymbol{\alpha}_i)=\boldsymbol{\beta}_i(1\leqslant i\leqslant m)$ 的充分必要条件是 $R_S=R_T$.

6.30(武汉大学,2011 年;北京科技大学,2011 年)　设 V 是 n 维线性空间,$V_1,V_2,\cdots,V_s(s>1)$ 是 V 的子空间,且 $V=V_1\oplus V_2\oplus\cdots\oplus V_s$. 证明:存在 V 上的线性变换 $\sigma_1,\sigma_2,\cdots,\sigma_s$,使得

(1) $\sigma_i^2=\sigma_i(1\leqslant i\leqslant s)$;

(2) $\sigma_i\sigma_j=0(1\leqslant i,j\leqslant s$ 且 $i\neq j)$;

(3) $\sigma_1+\sigma_2+\cdots+\sigma_s=\varepsilon$ 是恒等变换;

(4) $\sigma_i(V)=V_i(1\leqslant i\leqslant s)$.

6.31　设 $\boldsymbol{A}$ 为 n 阶可逆矩阵,且 $\boldsymbol{A}=\boldsymbol{UDV}^{\mathrm{T}}$,其中 $\boldsymbol{D}=\operatorname{diag}(\lambda_1,\lambda_2,\cdots,\lambda_n)$,而 $\boldsymbol{U}=(\boldsymbol{u}_1,\boldsymbol{u}_2,\cdots,\boldsymbol{u}_n)$ 与 $\boldsymbol{V}=(\boldsymbol{v}_1,\boldsymbol{v}_2,\cdots,\boldsymbol{v}_n)$ 均为正交矩阵. 证明 $\begin{pmatrix}\boldsymbol{O}&\boldsymbol{A}^{\mathrm{T}}\\\boldsymbol{A}&\boldsymbol{O}\end{pmatrix}$ 的特征值为 $\pm\lambda_i(i=1,2,\cdots,n)$,对应的单位特征向量为 $\dfrac{1}{\sqrt{2}}\begin{pmatrix}\boldsymbol{v}_i\\\pm\boldsymbol{u}_i\end{pmatrix}(i=1,2,\cdots,n)$.

6.32(西安交通大学,2005 年)　设 $\boldsymbol{A}=(a_{ij})_{n\times n}$,满足:

(Ⅰ) $a_{ij}\geqslant 0,\ i=1,2,\cdots,n,j=1,2,\cdots,n$;

(Ⅱ) $\sum\limits_{j=1}^{n}a_{ij}=1,i=1,2,\cdots,n$.

证明:(1) $\lambda=1$ 必为 $\boldsymbol{A}$ 的特征值;(2) $\boldsymbol{A}$ 的实特征值的绝对值均不超过 1.

6.33(中国科学技术大学,2011 年)　设 n 阶复方阵 $\boldsymbol{A}$ 的特征值全体为 $\lambda_1,\lambda_2,\cdots,\lambda_n$,$f(x)$ 是任意一个复系数多项式. 求证:$f(\boldsymbol{A})$ 的特征值全体为 $f(\lambda_1),f(\lambda_2),\cdots,f(\lambda_n)$.

6.34(浙江大学,2011 年)　设 $V=\{a+bx+cx^2\mid a,b,c\in\mathbb{R}\}$ 是实数域 $\mathbb{R}$ 上的三维线性空间,定义

$$T(f(x))=2f(x)+xf'(x),\quad \text{对于} f(x)\in V.$$

证明 T 是 V 的线性变换,并求 T 的特征值和特征向量.

6.35　设矩阵 $\boldsymbol{A}=\begin{pmatrix}2&1&1\\1&2&1\\1&1&a\end{pmatrix}$ 可逆,向量 $\boldsymbol{\alpha}=\begin{pmatrix}1\\b\\1\end{pmatrix}$ 是矩阵 $\boldsymbol{A}^*$ 的一个特征向量,λ 是 $\boldsymbol{\alpha}$ 对应的特征值,其中 $\boldsymbol{A}^*$ 是矩阵 $\boldsymbol{A}$ 的伴随矩阵. 试求 a,b 和 λ 的值.

6.36(南京理工大学,2010 年)　设矩阵 $\boldsymbol{A}=\begin{pmatrix}3&2&2\\2&3&2\\2&2&3\end{pmatrix}$,$\boldsymbol{P}=\begin{pmatrix}0&1&0\\1&0&1\\0&0&1\end{pmatrix}$,$\boldsymbol{B}=\boldsymbol{P}^{-1}\boldsymbol{A}^*\boldsymbol{P}$,试求 $\boldsymbol{B}+2\boldsymbol{E}$ 的特

征值与特征向量,其中 A^* 为 A 的伴随矩阵,E 为 3 阶单位矩阵.

6.37(华东师范大学,2003 年)已知矩阵 A 的特征多项式 $f(\lambda)=\lambda^3-7\lambda^2+13\lambda-6$,求矩阵 A^3 的特征多项式 $g(\lambda)$.

6.38(武汉大学,2011 年) 设 A 是 n 阶实方阵,且 $\forall \boldsymbol{\alpha}(\neq \mathbf{0})\in\mathbb{R}^{n\times 1}$ 均有 $\boldsymbol{\alpha}^{\mathrm{T}}A\boldsymbol{\alpha}>0$. 求证:$\det A>0$.

6.39 证明:n 阶方阵 $A=(a_{ij})_{n\times n}$ 的任一特征值 λ_0 满足不等式

$$|\lambda_0|\leqslant \min\left\{\max_{1\leqslant i\leqslant n}\left(\sum_{k=1}^{n}|a_{ik}|\right),\max_{1\leqslant j\leqslant n}\left(\sum_{k=1}^{n}|a_{kj}|\right)\right\}.$$

6.40(中国科学院大学,2010 年) 证明:任意 n 阶实方阵 A 的特征向量也是其伴随矩阵 A^* 的特征向量.

6.41(南京理工大学,2004 年) 设 V 是复数域上的 n 维线性空间,$\mathscr{A},\mathscr{B}$ 是 V 的线性变换,$\mathscr{A}(V)$,$\mathscr{B}(V)$ 分别表示它们的值域,已知 $\dim(\mathscr{A}(V))+\dim(\mathscr{B}(V))<n$. 证明:$\mathscr{A},\mathscr{B}$ 有一公共的特征向量.

6.42(华东师范大学,2016 年) 已知实矩阵

$$A=\begin{pmatrix} a_1 & b_1 & & & \\ c_1 & a_2 & b_2 & & \\ & c_2 & \ddots & \ddots & \\ & & \ddots & \ddots & b_{n-1} \\ & & & c_{n-1} & a_n \end{pmatrix},$$

其中 $b_ic_i>0,i=1,2,\cdots,n-1$. 求证:$A$ 有 n 个两两互异的实特征值.

6.43(中山大学,2011 年) 设 $A,B\in M_n(\mathbb{R})$. 证明:A 与 B 在 $\mathbb{R}$ 上相似当且仅当 A 与 B 在复数域 $\mathbb{C}$ 上相似.

6.44 设 T 是平面 $\mathbb{R}^2$ 上的线性变换,直线 $L:y=kx(k\neq 0)$ 上的任一点都是 T 的不动点,即对 L 上任意点 P 都有 $T(P)=P$,又设 T 将点 $P(1,0)$ 映射到过点 P 且平行于 L 的直线上的点. 证明:T 把平面 $\mathbb{R}^2$ 上的任一点 Q 映射到过点 Q 且平行于 L 的直线上的点.

6.45(华南理工大学,2009 年) 设 n 阶方阵 A 满足 $A^2=A$,且 A 的秩 $\operatorname{rank} A=r$.

(1) 证明:$\operatorname{tr} A=r$,这里 A 的迹 $\operatorname{tr} A$ 定义为 A 的主对角线上的元素之和;

(2) 求 $|A+E|$ 的值.

6.46 设 $n\geqslant 2$,A 是 n 阶非零方阵,满足 $A^2=A$. 证明:对任意 n 阶方阵 B,恒有

$$\operatorname{rank}(AB-BA)\leqslant \operatorname{rank}(AB+BA)$$

6.47(华东理工大学,2000 年) 设 $A\in M_n(K)$ 是一个 n 阶下三角矩阵($n\geqslant 2$). 证明:

(1) 如果当 $i\neq j$ 时 $a_{ii}\neq a_{jj}(i,j=1,2,\cdots,n)$,那么 A 可相似对角化;

(2) 如果 $a_{11}=a_{22}=\cdots=a_{nn}$,且有一个元素 $a_{ij}\neq 0(i<j)$,那么 A 不可相似对角化.

6.48 设 T 是数域 P 上 n 维线性空间 V 的线性变换,T 在 V 的一个基下的矩阵为

$$\begin{pmatrix} & & & 1 \\ & & 1 & \\ & \iddots & & \\ 1 & & & \end{pmatrix}.$$

试问:T 是否可对角化? 若是,则求 V 的一个基使得 T 在此基下的矩阵为对角矩阵,并写出这个对角矩阵.

6.49 设 A 为 n 阶复方阵,$f(x)$ 为任一复系数多项式. 证明:如果 A 可对角化,那么分块矩阵 $\begin{pmatrix} A & f(A) \\ f(A) & A \end{pmatrix}$ 也可对角化.

6.50(数学一,2016 年) 已知矩阵 $A=\begin{pmatrix} 0 & -1 & 1 \\ 2 & -3 & 0 \\ 0 & 0 & 0 \end{pmatrix}$.

(1)求 A^{99};

(2)设 3 阶方阵 $B=(\boldsymbol{\alpha}_1,\boldsymbol{\alpha}_2,\boldsymbol{\alpha}_3)$ 满足 $B^2=BA$. 记 $B^{100}=(\boldsymbol{\beta}_1,\boldsymbol{\beta}_2,\boldsymbol{\beta}_3)$,将 $\boldsymbol{\beta}_1,\boldsymbol{\beta}_2,\boldsymbol{\beta}_3$ 分别表示为 $\boldsymbol{\alpha}_1,\boldsymbol{\alpha}_2,\boldsymbol{\alpha}_3$ 的线性组合.

6.51(华南理工大学,2016 年) 设 A 为 n 阶方阵,满足 $A^2=A$. 证明:

(1)$\operatorname{rank} A+\operatorname{rank}(A-E)=n$;

(2)$\operatorname{rank} A^k+\operatorname{rank}(A-E)^l=n$,这里 k,l 为任意自然数.

6.52(四川大学,2008 年) 设 $M_n(F)$ 是数域 F 上的全体 n 阶方阵组成的集合,$A\in M_n(F)$. 定义映

射 $T:M_n(F)\to M_n(F)$ 为：$X\to AX$，任意 $X\in M_n(F)$.

(1) 证明：T 是 $M_n(F)$ 上的线性变换；

(2) 证明：a 是 A 的一个特征值当且仅当 a 也是 T 的一个特征值；

(3) 设 a 作为 A 的特征值的几何重数为 m，求 a 作为 T 的特征值的几何重数(注：特征值的几何重数就是该特征值的特征子空间的维数).

6.53(浙江大学,2010年)　设 A 是 n 阶实对称矩阵. 证明存在幂等矩阵 $B_i(i=1,2,\cdots,s)$ 使得 $A=\lambda_1B_1+\lambda_2B_2+\cdots+\lambda_sB_s$. (说明：一个矩阵 B 称为幂等的，如果 $B^2=B$.)

6.54(厦门大学,2012年)　设 A,A_1,A_2 为 n 阶方阵，满足 $A^2=A,A=A_1+A_2,\operatorname{rank}A=\operatorname{rank}A_1+\operatorname{rank}A_2$. 求证：$A_i^2=A_i,i=1,2;A_iA_j=O,1\leqslant i\neq j\leqslant 2$.

6.55(浙江大学,2012年)　设 A 是 n 阶幂等矩阵，满足

(1) $A=A_1+A_2+\cdots+A_s$；

(2) $\operatorname{rank}A=\operatorname{rank}A_1+\operatorname{rank}A_2+\cdots+\operatorname{rank}A_s$.

证明：所有的 A_i 都相似于一个对角矩阵，且 A_i 的特征值之和等于矩阵 A_i 的秩.

6.56　设 n 阶循环矩阵为

$$C=\begin{pmatrix} c_0 & c_1 & \cdots & c_{n-1} \\ c_{n-1} & c_0 & \ddots & \vdots \\ \vdots & \ddots & \ddots & c_1 \\ c_1 & \cdots & c_{n-1} & c_0 \end{pmatrix}.$$

(1) 证明：$\operatorname{rank}C=n-k$ 当且仅当 $f(x)=c_0+c_1x+\cdots+c_{n-1}x^{n-1}$ 恰有 k 个 n 次单位根；

(2) 证明：若 C 是可逆矩阵，则 C^{-1} 也是一个循环矩阵；

(3) 证明：任一方阵 A 可对角化当且仅当 A 相似于某个循环矩阵.

6.57(南京师范大学,2010年)　证明：所有的 n 阶循环矩阵在复数域上可以同时对角化.

6.58(华东师范大学,2010年)　设有 n 阶方阵

$$A=\begin{pmatrix} 0 & 1 & \cdots & 1 & 1 \\ 1 & 0 & \cdots & 1 & 1 \\ \vdots & \vdots & & \vdots & \vdots \\ 1 & 1 & \cdots & 0 & 1 \\ 1 & 1 & \cdots & 1 & 0 \end{pmatrix},$$

其中 $n>1$.

(1) 求 A 的逆矩阵；

(2) 求对角矩阵 D 以及可逆矩阵 X，使得 $X^{-1}AX=D$.

6.59(华东师范大学,2014年)　设矩阵 $A\in M_n(\mathbb{C})$ 的特征值互不相同，定义

$$C(A)=\{B\in M_n(\mathbb{C})\mid AB=BA\}.$$

(1) 验证：$C(A)$ 是复线性空间 $M_n(\mathbb{C})$ 的线性子空间；

(2) 证明：对于任意 $B,C\in C(A)$，有 $BC=CB$.

6.60(浙江大学,2000年；中国科学院,2004年)　设 n 维线性空间 V 的线性变换 $\mathscr{A}$ 有 n 个互异的特征值，证明：线性变换 $\mathscr{B}$ 与 $\mathscr{A}$ 可交换的充分必要条件是 $\mathscr{B}$ 是 $\mathscr{E},\mathscr{A},\mathscr{A}^2,\cdots,\mathscr{A}^{n-1}$ 的线性组合，其中 $\mathscr{E}$ 为恒等变换.

6.61(厦门大学,2012年)　设 φ,ψ 是 n 维线性空间 V 的线性变换，且 φ 有 n 个互异的特征值. 证明：

(1) φ 的特征向量都是 ψ 的特征向量的充分必要条件是 $\varphi\psi=\psi\varphi$；

(2) 若 $\varphi\psi=\psi\varphi$，则 ψ 是 $\varepsilon,\varphi,\varphi^2,\cdots,\varphi^{n-1}$ 的线性组合，其中 ε 为 V 的恒等变换.

6.62(上海大学,2011年)　设 A,B 分别为 3×2 和 2×3 实矩阵，且满足

$$AB=\begin{pmatrix} 1 & 1 & 1 \\ -2 & 0 & -6 \\ 0 & 1 & -2 \end{pmatrix}.$$

求证：BA 与矩阵 $\begin{pmatrix} 0 & -6 \\ 1 & -1 \end{pmatrix}$ 在复数域上相似. 进一步，问 BA 与 $\begin{pmatrix} 0 & -6 \\ 1 & -1 \end{pmatrix}$ 在实数域上相似吗？

6.63　已知矩阵 $A=\begin{pmatrix} 1 & 0 \\ 1 & 1 \end{pmatrix},B=\begin{pmatrix} 1 & -1 \\ -1 & 1 \end{pmatrix}$，$\mathbb{R}^{2\times2}$ 表示二阶实方阵全体构成的实数域上的线性空间，定义 $\mathbb{R}^{2\times2}$ 的线性变换 σ：$\sigma(X)=AXB,\ \forall X\in\mathbb{R}^{2\times2}$.

(1)求 σ 的特征值与特征子空间;

(2)求 σ 的一个维数等于3的不变子空间.

6.64(北京师范大学,2007年;西南大学,2008年) 设 V 是复数域 $\mathbb{C}$ 上的一个 n 维向量空间,σ,τ 是 V 的线性变换,且 $\sigma\tau=\tau\sigma$. 证明:

(1)σ 的每一个特征子空间都是 τ 的不变子空间;

(2)σ 与 τ 有一个公共的特征向量.

6.65(中山大学,2007年) 设 V 是数域 F 上 n 维线性空间,φ 是 V 上的线性变换,而且存在向量 $\boldsymbol{\xi}\in V$,使 $V=L(\boldsymbol{\xi},\varphi\boldsymbol{\xi},\cdots,\varphi^{n-1}\boldsymbol{\xi})$. 证明:对于 V 上任意线性变换 ψ,$\varphi\psi=\psi\varphi$ 的充分必要条件是存在多项式 $f(x)$ 使 $\psi=f(\varphi)$.

6.66(中国科学院,2003年) 给定实数域 $\mathbb{R}$ 上二维线性空间 V 的线性变换 φ,已知 φ 在 V 的一个基下的矩阵为 $\begin{pmatrix}0&1\\1-a&0\end{pmatrix}$,$a\neq0$. 求 φ 的不变子空间.

6.67 设 V 是数域 P 上的 n 维线性空间,T 是 V 的线性变换,$\lambda_1,\lambda_2,\cdots,\lambda_k$ 是 T 的互不相同的特征值,$V_{\lambda_i},i=1,2,\cdots,k$ 是 T 的特征子空间,且 $V=V_{\lambda_1}\oplus V_{\lambda_2}\oplus\cdots\oplus V_{\lambda_k}$. 又设 W 是 V 的 T 不变子空间. 证明:W 中的每个向量 $\boldsymbol{\eta}$ 可唯一表成 $\boldsymbol{\eta}=\boldsymbol{\xi}_1+\boldsymbol{\xi}_2+\cdots+\boldsymbol{\xi}_k$,其中 $\boldsymbol{\xi}_i\in V_{\lambda_i}\cap W,i=1,2,\cdots,k$.

6.68(上海交通大学,2004年) 设数域 P 上 n 维线性空间 V 的线性变换 σ 在 P 中有 n 个两两互异的特征值. 试求出 σ 的不变子空间的个数(要求写出详细的解题过程).

6.69(中山大学,2010年) 设 σ 是 n 维复线性空间 V 的一个线性变换. 证明:σ 可对角化当且仅当对 V 的任意 σ-不变子空间 U 都有 V 的 σ-不变子空间 U' 使得 $V=U\oplus U'$.

6.70(中山大学,2013年) 设 σ 是数域 F 上线性空间 V 的线性变换,W 是 σ 的不变子空间,$\lambda_1,\lambda_2,\cdots,\lambda_m$ 是 σ 的两两不同的特征值,而 $\boldsymbol{\alpha}_1,\boldsymbol{\alpha}_2,\cdots,\boldsymbol{\alpha}_m$ 是 σ 的分别属于 $\lambda_1,\lambda_2,\cdots,\lambda_m$ 的根向量. 证明:若 $\boldsymbol{\alpha}=\boldsymbol{\alpha}_1+\boldsymbol{\alpha}_2+\cdots+\boldsymbol{\alpha}_m\in W$,则 $\boldsymbol{\alpha}_i\in W,i=1,2,\cdots,m$.

6.71(中国科学技术大学,2011年) 设 $\mathscr{A}$ 是无穷维线性空间 V 的线性变换,$\mathscr{B}$ 是 $\mathscr{A}$ 在 $\operatorname{Im}\mathscr{A}$ 上的限制变换. 求证:$V=\operatorname{Im}\mathscr{A}\oplus\ker\mathscr{A}$ 的充分必要条件是 $\mathscr{B}$ 可逆.

6.72(华南理工大学,2010年) 设 $\mathscr{A}$ 是实数域 $\mathbb{R}$ 上 n 维线性空间 V 的线性变换,$\mathscr{A}^2=\varepsilon$(恒等变换). 令 $V^+=\{\boldsymbol{x}\in V\mid\mathscr{A}(\boldsymbol{x})=\boldsymbol{x}\}$,$V^-=\{\boldsymbol{x}\in V\mid\mathscr{A}(\boldsymbol{x})=-\boldsymbol{x}\}$. 证明:$V=V^+\oplus V^-$.

6.73 设 φ 是线性空间 V 到线性空间 U 的线性映射,求证:必存在 U 到 V 的线性映射 ψ 使得 $\varphi\psi\varphi=\varphi$.

6.74(中国科学院大学,2013年) 设 V 是实数域 $\mathbb{R}$ 上的 n 维线性空间,φ 是 V 的线性变换,满足 $\varphi^2=-\varepsilon$,其中 ε 是 V 上的恒等变换.

(1)证明 n 为偶数;

(2)设 ψ 是 V 的线性变换,满足 $\psi\varphi=\varphi\psi$,证明 $\det\psi>0$.

6.75(浙江大学,2005年) 设 T_1,T_2 为线性空间 V 的两个线性变换,若有 V 的可逆线性变换 S 使 $T_1=S^{-1}T_2S$,则称 T_1 与 T_2 相似. 证明:T_1 与 T_2 相似的充分必要条件是:存在可逆线性变换 S,使对 V 中任一向量 $\boldsymbol{\alpha}$,由 $T_1(\boldsymbol{\alpha})=\boldsymbol{\beta}$ 可得 $T_2(S(\boldsymbol{\alpha}))=S(\boldsymbol{\beta})$.

6.76(北京大学,2017年) 设 $x_1=x_2=1$,且 $x_n=x_{n-1}+x_{n-2},n=3,4,\cdots$. 试用矩阵论方法给出数列 $\{x_n\}$ 的通项.

6.77(中山大学,2017年) 设 $\boldsymbol{A}$ 是 n 阶实方阵,其特征值均为绝对值小于1的实数. 证明:

$$\ln(\det(\boldsymbol{I}-\boldsymbol{A}))=-\sum_{k=1}^{\infty}\frac{1}{k}\operatorname{tr}\boldsymbol{A}^k,$$

其中 ln 为自然对数,$\boldsymbol{I}$ 表示 n 阶单位矩阵,$\det\boldsymbol{A}$ 表示 $\boldsymbol{A}$ 的行列式,$\operatorname{tr}\boldsymbol{A}$ 表示 $\boldsymbol{A}$ 的迹.

6.78(中国科学院大学,2018年) 设 $V=\mathbb{R}^{n\times n}$ 表示实数域 $\mathbb{R}$ 上所有 $n(n\geqslant2)$ 阶方阵构成的线性空间,线性变换 $f:V\to V$ 定义为

$$f(\boldsymbol{A})=\boldsymbol{A}+\boldsymbol{A}^{\mathrm{T}},\quad\forall\boldsymbol{A}\in V,$$

其中 $\boldsymbol{A}^{\mathrm{T}}$ 为 $\boldsymbol{A}$ 的转置矩阵,求 f 的特征值、特征子空间、极小多项式.

6.79(中山大学,2010年) 设 $f(x),g(x)$ 是数域 F 上的多项式,$m(x)=[f,g]$ 是它们的首一最小公倍式,σ 是 F 上线性空间 V 的线性变换. 证明:$\ker(f(\sigma))+\ker(g(\sigma))=\ker(m(\sigma))$.

6.80 已知4维线性空间 V 的线性变换 σ 在 V 的一个基 $\boldsymbol{\alpha}_1,\boldsymbol{\alpha}_2,\boldsymbol{\alpha}_3,\boldsymbol{\alpha}_4$ 下的矩阵为

$$\boldsymbol{A}=\begin{pmatrix}1&0&2&1\\-1&2&1&3\\1&2&5&5\\2&-2&1&-2\end{pmatrix}.$$

(1)求 σ 的核空间 $\ker\sigma$ 与像空间 $\mathrm{Im}\,\sigma$；

(2)在子空间 $\ker\sigma$ 中取一个基，再扩充成 V 的基，并求 σ 在这个基下的矩阵；

(3)在子空间 $\mathrm{Im}\,\sigma$ 中取一个基，再扩充成 V 的基，并求 σ 在这个基下的矩阵.

6.81(浙江大学,2020 年)　设 V 是 n 维复线性空间，$B=\{\boldsymbol{v}_1,\boldsymbol{v}_2,\cdots,\boldsymbol{v}_n\}$ 是 V 的一个基，$\boldsymbol{J}=(a_{ij})$ 为 n 阶方阵，其中 $a_{ij}=1$ 当且仅当 $j=i+1$，其他 $a_{ij}=0$. 已知 V 的线性变换 $\mathscr{A}$ 关于基 B 的矩阵为 $\lambda\boldsymbol{I}_n+\boldsymbol{J}$，又设 V_s 为 V 的由 B 中的前 s 个向量 $\boldsymbol{v}_1,\boldsymbol{v}_2,\cdots,\boldsymbol{v}_s$ 生成的子空间，$s=1,2,\cdots,n$. 证明：

(1) V_s 为 V 的 $\mathscr{A}$-不变子空间，且 $(\mathscr{A}-\lambda\mathscr{E})^s(\boldsymbol{v})=\boldsymbol{0}$ 当且仅当 $\boldsymbol{v}\in V_s$，其中 $\mathscr{E}$ 为恒等映射；

(2) 若 W 是 V 的 s 维 $\mathscr{A}$-不变子空间 $(s=1,2,\cdots,n)$，则 $W=V_s$.

6.82(西北大学,2017 年)　设 $f_i(x)$，$i=1,2,3,4$ 为数域 P 上的多项式，且满足

$$(x^4+x^3+x^2+x+1)\mid[f_1(x^5)+xf_2(x^5)+x^2f_3(x^5)+x^3f_4(x^5)].$$

又设 $\boldsymbol{A}$ 为 n 阶方阵且有一个特征值为 1. 证明：$f_1(\boldsymbol{A})$，$f_2(\boldsymbol{A})$，$f_3(\boldsymbol{A})$ 和 $f_4(\boldsymbol{A})$ 均不是可逆矩阵.

6.83(北京工业大学,2018 年)　设 V 为实数域上全体 n 阶方阵在通常的运算下构成的线性空间，σ 是 V 的线性变换，且对任意的 $\boldsymbol{A}\in V$，都有 $\sigma(\boldsymbol{A})=\boldsymbol{A}^{\mathrm{T}}$.

(1)求 σ 的特征值；

(2)求 σ 的属于每一个特征值的特征子空间；

(3)证明 V 恰为 σ 的所有特征子空间的直和.

6.84　设 $\boldsymbol{A},\boldsymbol{B}\in M_n(\mathbb{C})$，$\boldsymbol{A}$ 的特征值为 $1,2,\cdots,n$，$\boldsymbol{B}$ 的特征值为 $\sqrt{p_1},\sqrt{p_2},\cdots,\sqrt{p_n}$，其中 $p_1,p_2,\cdots,p_n$ 是前 n 个素数(例如 $p_1=2,p_2=3$，等). 证明：$M_n(\mathbb{C})$ 上的线性变换 $\varphi:\boldsymbol{X}\to\boldsymbol{AXB}$ 是可对角化的.

6.85　设 $\boldsymbol{A},\boldsymbol{B}$ 都是数域 K 上的 n 阶方阵，$\boldsymbol{AB}-\boldsymbol{BA}=\boldsymbol{A}+c\boldsymbol{E}$，其中 $c\in K$ 为常数，$\boldsymbol{E}$ 为单位矩阵，证明：$\boldsymbol{A}$ 的特征多项式为 $(\lambda+c)^n$.

6.86　设 V 是实数域上的 n 维线性空间，W,U 是 V 的子空间，且 $W\subseteq U$，$\dim W=p$，$\dim U=q$；又设 Ω 是所有以 W,U 为不变子空间的线性映射 $T:V\to V$ 构成的实线性空间，求 $\dim\Omega$.

6.87(华东师范大学,2019 年)　设 $GL_2(\mathbb{C})$ 为 2 阶可逆复矩阵集合，V 是迹为 0 的 2 阶复方阵构成的复线性空间. 若 V 的一个线性子空间 W 满足：$\forall\boldsymbol{P}\in GL_2(\mathbb{C})$ 与 $\forall\boldsymbol{A}\in W$，总有 $\boldsymbol{P}^{-1}\boldsymbol{AP}\in W$，则称 W 为 $GL_2(\mathbb{C})$-不变子空间. 求证：V 的 $GL_2(\mathbb{C})$-不变子空间只有零空间和 V.

6.88(南开大学,2020 年)　设 $\boldsymbol{A}\in\mathbb{C}^{n\times n}$ 有 n 个互不相同的特征值 $\lambda_1,\lambda_2,\cdots,\lambda_n$. 定义 $\mathbb{C}^{n\times n}$ 的线性变换 ad_A 为

$$\mathrm{ad}_A(\boldsymbol{B})=\boldsymbol{AB}-\boldsymbol{BA},\quad \boldsymbol{B}\in\mathbb{C}^{n\times n}.$$

证明：$\lambda_i-\lambda_j(1\leqslant i,j\leqslant n,i\neq j)$ 是 ad_A 的特征值.

6.89(北京大学,2020 年)　设 n 阶复方阵 $\boldsymbol{A}=(a_{ij})_{n\times n}$ 可相似对角化$(n\geqslant 2)$，$\boldsymbol{A}$ 的所有互异的特征值为 $\lambda_1,\lambda_2,\cdots,\lambda_s$，属于 λ_i 的特征子空间由线性无关向量组 $\boldsymbol{\alpha}_{i1},\boldsymbol{\alpha}_{i2},\cdots,\boldsymbol{\alpha}_{in_i}$ 张成，$i=1,2,\cdots,s$. 又设 $\boldsymbol{A}^*=(A_{ij})_{n\times n}$，其中 A_{ij} 是 a_{ji} 的代数余子式. 求 $\boldsymbol{A}^*$ 的所有特征值和特征向量.

第 7 章

Jordan 标准形

线性变换的矩阵经过基变换后能化为怎样的最简形式？或者说在相似意义下通常最简单的矩阵是怎样的形式？这是线性代数中的一个核心问题.不变因子,初等因子,最小多项式,Jordan 标准形等对于研究线性变换的最简形式的矩阵起着十分重要的作用.

§7.1　不变因子与初等因子

基本理论与要点提示

7.1.1　Smith 标准形与不变因子

(1) 任一非零 λ 矩阵 $\boldsymbol{A}(\lambda)\in M_{m,n}(K[\lambda])$ 都等价于它的 Smith 标准形:

$$\boldsymbol{D}(\lambda)=\begin{pmatrix} d_1(\lambda) & 0 & \cdots & 0 & 0 & \cdots & 0 \\ 0 & d_2(\lambda) & \cdots & 0 & 0 & \cdots & 0 \\ \vdots & \vdots & & \vdots & \vdots & & \vdots \\ 0 & 0 & \cdots & d_r(\lambda) & 0 & \cdots & 0 \\ 0 & 0 & \cdots & 0 & 0 & \cdots & 0 \\ \vdots & \vdots & & \vdots & \vdots & & \vdots \\ 0 & 0 & \cdots & 0 & 0 & \cdots & 0 \end{pmatrix},$$

其中 $d_1(\lambda),d_2(\lambda),\cdots,d_r(\lambda)$ 都是首一多项式,满足 $d_i(\lambda)\mid d_{i+1}(\lambda),i=1,2,\cdots,r-1$. 称之为 $\boldsymbol{A}(\lambda)$ 的不变因子.

对于数字矩阵 $\boldsymbol{A}\in M_n(K)$,则定义 $\boldsymbol{A}$ 的不变因子为它的特征矩阵 $\lambda\boldsymbol{E}-\boldsymbol{A}$ 的不变因子;

(2) λ 矩阵 $\boldsymbol{A}(\lambda)\in M_{m,n}(K[\lambda])$ 的所有 k 阶子式($0<k\leqslant\min\{m,n\}$)的首一最大公因式 $D_k(\lambda)$ 称为 $\boldsymbol{A}(\lambda)$ 的 k 阶行列式因子. 显然 $D_{k-1}(\lambda)\mid D_k(\lambda),k=2,3,\cdots,n$. 因此,有

$$d_1(\lambda)=D_1(\lambda),\quad d_k(\lambda)=\frac{D_k(\lambda)}{D_{k-1}(\lambda)},\quad 2\leqslant k\leqslant r;$$

(3) 矩阵 $\boldsymbol{A}\in M_n(K)$ 的所有不变因子之积等于 $\boldsymbol{A}$ 的特征多项式,即

$$\chi_{\boldsymbol{A}}(\lambda)=D_n(\lambda)=d_1(\lambda)d_2(\lambda)\cdots d_n(\lambda).$$

7.1.2　初等因子

设矩阵 $\boldsymbol{A}(\lambda)\in M_n(K[\lambda])$ 的不变因子为 $d_1(\lambda),d_2(\lambda),\cdots,d_r(\lambda)$. 如果它们的标准分解式为

$$d_j(\lambda)=p_1(\lambda)^{e_{1j}}p_2(\lambda)^{e_{2j}}\cdots p_s(\lambda)^{e_{sj}},\quad e_{ij}\geqslant 0,i=1,2,\cdots,s,j=1,2,\cdots,r,$$

其中 $p_1(\lambda),p_2(\lambda),\cdots,p_s(\lambda)$ 是 K 上互不相同的首一不可约多项式,那么称分解式中所有 $e_{ij}>0$ 的方幂 $p_i(\lambda)^{e_{ij}}$ 为矩阵 $\boldsymbol{A}(\lambda)$ 的初等因子.

对于数字矩阵 $\boldsymbol{A}\in M_n(K)$,则定义 $\boldsymbol{A}$ 的初等因子为它的特征矩阵 $\lambda\boldsymbol{E}-\boldsymbol{A}$ 的初等因子.

(1) 矩阵 $\boldsymbol{A}\in M_n(K)$ 的最大不变因子 $d_n(\lambda)$ 是 $\boldsymbol{A}$ 的所有初等因子的最小公倍式;

(2) 多项式对角矩阵的初等因子就是它的对角元的标准分解式中的各个不可约多项式的方幂. 具体地说,不妨设

$$\boldsymbol{A}(\lambda)=\mathrm{diag}(f_1(\lambda),f_2(\lambda),\cdots,f_r(\lambda),0,\cdots,0),$$

其中

$$f_j(\lambda)=p_1(\lambda)^{l_{1j}}p_2(\lambda)^{l_{2j}}\cdots p_s(\lambda)^{l_{sj}},\quad l_{ij}\geqslant 0,i=1,2,\cdots,s,j=1,2,\cdots,r,$$

这里的 $p_1(\lambda),p_2(\lambda),\cdots,p_s(\lambda)$ 是 K 上不同的首一不可约多项式,则 $\boldsymbol{A}(\lambda)$ 的初等因子就是

$$p_i(\lambda)^{l_{ij}}(l_{ij}>0),\quad i=1,2,\cdots,s,j=1,2,\cdots,r;$$

(3) 分块对角阵的初等因子就是每个对角子块的初等因子的合并(不去掉重复的因子).

7.1.3 Jordan 标准形

(1) 设 n 阶复方阵 $\boldsymbol{A}$ 在复数域上的初等因子为

$$(\lambda-\lambda_1)^{k_1},(\lambda-\lambda_2)^{k_2},\cdots,(\lambda-\lambda_s)^{k_s},$$

则 $\boldsymbol{A}$ 相似于分块对角矩阵 $\operatorname{diag}(\boldsymbol{J}_1,\boldsymbol{J}_2,\cdots,\boldsymbol{J}_s)$,称之为矩阵 $\boldsymbol{A}$ 的 Jordan 标准形,其中 $\boldsymbol{J}_i$ 是对角元为 λ_i 的 k_i 阶 Jordan 块,即

$$\boldsymbol{J}_i=\begin{pmatrix}\lambda_i & 1 & & \\ & \ddots & \ddots & \\ & & \ddots & 1\\ & & & \lambda_i\end{pmatrix},\quad i=1,2,\cdots,s.$$

把对角元为 c 的 k 阶 Jordan 块记为 $\boldsymbol{J}_k(c)$;

(2) 设 φ 是复数域上 n 维线性空间 V 的线性变换,则存在 V 的一个基,使得 φ 在这个基下的矩阵为上述的 Jordan 标准形;

(3) 矩阵 $\boldsymbol{A}$ 的 Jordan 标准形中属于特征值 λ_0 的 Jordan 块的总个数等于 λ_0 的几何重数,属于 λ_0 的阶数同为 k 的所有 Jordan 块 $\boldsymbol{J}_k(\lambda_0)$ 的个数等于

$$\delta_k=\operatorname{rank}(\lambda_0\boldsymbol{E}-\boldsymbol{A})^{k-1}+\operatorname{rank}(\lambda_0\boldsymbol{E}-\boldsymbol{A})^{k+1}-2\operatorname{rank}(\lambda_0\boldsymbol{E}-\boldsymbol{A})^{k}.$$

典型问题解析

【例 7.1】(武汉大学,2011 年) 设 6 阶实方阵

$$\boldsymbol{A}=\begin{pmatrix}a & -b & & & & \\ b & a & 1 & & & \\ & & a & -b & & \\ & & b & a & 1 & \\ & & & & a & -b\\ & & & & b & a\end{pmatrix},$$

其中 $b\neq 0$, 试求 $\boldsymbol{A}$ 的不变因子与初等因子,并写出 $\boldsymbol{A}$ 的 Jordan 标准形.

【解】 易知,$D_6(\lambda)=|\lambda\boldsymbol{E}-\boldsymbol{A}|=\begin{vmatrix}\lambda-a & b\\ -b & \lambda-a\end{vmatrix}^3=[(\lambda-a)^2+b^2]^3$. 由于矩阵 $\lambda\boldsymbol{E}-\boldsymbol{A}$ 的右上角的一个 5 阶子式 $=b^3\neq 0$,所以 $D_5(\lambda)=1$,故 $\boldsymbol{A}$ 的所有不变因子为

$$d_1(\lambda)=d_2(\lambda)=\cdots=d_5(\lambda)=1,\ d_6(\lambda)=[(\lambda-a)^2+b^2]^3.$$

由此可知,$\boldsymbol{A}$ 的所有初等因子为 $(\lambda-a-\mathrm{i}b)^3$, $(\lambda-a+\mathrm{i}b)^3$. $\boldsymbol{A}$ 的 Jordan 标准形为

$$J=\left(\begin{array}{ccc|ccc} a+\mathrm{i}b & 1 & & & & \\ & a+\mathrm{i}b & 1 & & & \\ & & a+\mathrm{i}b & & & \\ \hline & & & a-\mathrm{i}b & 1 & \\ & & & & a-\mathrm{i}b & 1 \\ & & & & & a-\mathrm{i}b \end{array}\right).$$

【注】 本题的方法具有代表性,在求 n 阶数字矩阵的行列式因子时,通常应根据矩阵的特征,适当选取子式,特别是 $n-1$ 阶子式,即可迅速求出矩阵的所有行列式因子,由此求出不变因子、初等因子,以及 Jordan 标准形.

【例 7.2】(北京交通大学,2017 年) 求下面矩阵的行列式因子与不变因子:

$$A(\lambda)=\begin{pmatrix} \lambda & 0 & 0 & \cdots & 0 & a_n \\ -1 & \lambda & 0 & \cdots & 0 & a_{n-1} \\ 0 & -1 & \lambda & \cdots & 0 & a_{n-2} \\ \vdots & \vdots & \vdots & & \vdots & \vdots \\ 0 & 0 & 0 & \cdots & \lambda & a_2 \\ 0 & 0 & 0 & \cdots & -1 & \lambda+a_1 \end{pmatrix}.$$

【解】 这是多项式 $f(x)=x^n+a_1x^{n-1}+\cdots+a_{n-1}x+a_n$ 的友阵 $\boldsymbol{F}$ 的特征矩阵 $\lambda\boldsymbol{E}-\boldsymbol{F}$,易知

$$D_n(\lambda)=|\lambda \boldsymbol{E}-\boldsymbol{F}|=f(\lambda).$$

注意到矩阵 $\lambda\boldsymbol{E}-\boldsymbol{F}$ 的左下角的 $n-1$ 阶子式 $(-1)^{n-1}\neq0$,所以 $D_{n-1}(\lambda)=1$,从而 $D_1(\lambda)=D_2(\lambda)=\cdots=D_{n-2}(\lambda)=1$. 由此易知 $\boldsymbol{F}$ 的所有不变因子为

$$d_1(\lambda)=d_2(\lambda)=\cdots=d_{n-1}(\lambda)=1,\ d_n(\lambda)=\lambda^n+a_1\lambda^{n-1}+\cdots+a_{n-1}\lambda+a_n.$$

【注】 本题表明:首一多项式 $f(x)$ 的友阵 $\boldsymbol{F}$ 的特征多项式与最小多项式均为 $f(\lambda)$.

【例 7.3】(哈尔滨工业大学,2005 年) 求 n 阶方阵 $\boldsymbol{A}=\begin{pmatrix} \boldsymbol{O} & -1 \\ \boldsymbol{I}_{n-1} & \boldsymbol{\alpha} \end{pmatrix}$ 的特征矩阵 $\lambda\boldsymbol{I}-\boldsymbol{A}$ 的不变因子,其中 $\boldsymbol{\alpha}=(-1,-1,\cdots,-1)^{\mathrm{T}}$ 是 $n-1$ 维列向量.

【解】 这是上一题的特例. $d_1(\lambda)=d_2(\lambda)=\cdots=d_{n-1}(\lambda)=1$, $d_n(\lambda)=\lambda^n+\lambda^{n-1}+\cdots+\lambda+1$.

【例 7.4】(华东师范大学,2004 年) 设 $\boldsymbol{\alpha}=(a_1,a_2,\cdots,a_n)$, $\boldsymbol{\beta}=(b_1,b_2,\cdots,b_n)$ 是两个非零的复向量,且 $\sum\limits_{i=1}^{n}a_ib_i=0$,令 $\boldsymbol{A}=\boldsymbol{\alpha}^{\mathrm{T}}\boldsymbol{\beta}$. 试求 $\boldsymbol{A}$ 的 Jordan 标准形以及不变因子.

【解】 易知 $\boldsymbol{A}\neq\boldsymbol{O}$, $\operatorname{rank}\boldsymbol{A}=1$,且 $\boldsymbol{\alpha}\boldsymbol{\beta}^{\mathrm{T}}=\boldsymbol{\beta}\boldsymbol{\alpha}^{\mathrm{T}}=0$. 由于

$$\boldsymbol{A}^2=(\boldsymbol{\alpha}^{\mathrm{T}}\boldsymbol{\beta})(\boldsymbol{\alpha}^{\mathrm{T}}\boldsymbol{\beta})=\boldsymbol{\alpha}^{\mathrm{T}}(\boldsymbol{\beta}\boldsymbol{\alpha}^{\mathrm{T}})\boldsymbol{\beta}=\boldsymbol{O},$$

所以 $\boldsymbol{A}$ 的最小多项式为 $m(\lambda)=\lambda^2$,因而 $\boldsymbol{A}$ 只有 $\lambda=0$ 是特征值. 若设 $\boldsymbol{A}$ 的 Jordan 标准形为 $\boldsymbol{J}=\operatorname{diag}(\boldsymbol{J}_1,\boldsymbol{J}_2,\cdots,\boldsymbol{J}_s)$,则 $\operatorname{rank}\boldsymbol{J}=1$,所以只有一个 Jordan 块为 $\begin{pmatrix} 0 & 1 \\ 0 & 0 \end{pmatrix}$,其他均为一阶 Jordan 块. 因此 $\boldsymbol{J}=\operatorname{diag}\left(\begin{pmatrix} 0 & 1 \\ 0 & 0 \end{pmatrix},0,\cdots,0\right)$.

注意到 $\boldsymbol{A}$ 的特征多项式 $f(\lambda)=\lambda^n$，且 $d_n(\lambda)=m(\lambda)$，所以 $\boldsymbol{A}$ 的不变因子为

$$d_1(\lambda)=1,\quad d_2(\lambda)=\cdots=d_{n-1}(\lambda)=\lambda,\quad d_n(\lambda)=\lambda^2.$$

【例 7.5】(南京大学,2002 年) 设矩阵 $\boldsymbol{A}$ 的特征多项式为 $f(\lambda)=(\lambda-2)^3(\lambda-3)^2$. 试写出 $\boldsymbol{A}$ 的所有可能的 Jordan 标准形(不计较其中 Jordan 块的排列次序).

【解】 先根据 $f(\lambda)$ 的形式罗列出 $\boldsymbol{A}$ 的所有可能的初等因子组,再对每一种情形给出相应的 Jordan 标准形. 因此,$\boldsymbol{A}$ 的所有可能的 Jordan 标准形(不计 Jordan 块的排列次序)为

$$\left(\begin{array}{ccc:cc} 2 & & & & \\ & 2 & & & \\ & & 2 & & \\ \hdashline & & & 3 & \\ & & & & 3 \end{array}\right),\quad \left(\begin{array}{ccc:cc} 2 & 1 & & & \\ & 2 & 1 & & \\ & & 2 & & \\ \hdashline & & & 3 & \\ & & & & 3 \end{array}\right),\quad \left(\begin{array}{c:cc:cc} 2 & & & & \\ \hdashline & 2 & 1 & & \\ & & 2 & & \\ \hdashline & & & 3 & \\ & & & & 3 \end{array}\right),$$

$$\left(\begin{array}{ccc:cc} 2 & & & & \\ & 2 & & & \\ & & 2 & & \\ \hdashline & & & 3 & 1 \\ & & & & 3 \end{array}\right),\quad \left(\begin{array}{ccc:cc} 2 & 1 & & & \\ & 2 & 1 & & \\ & & 2 & & \\ \hdashline & & & 3 & 1 \\ & & & & 3 \end{array}\right),\quad \left(\begin{array}{c:cc:cc} 2 & & & & \\ \hdashline & 2 & 1 & & \\ & & 2 & & \\ \hdashline & & & 3 & 1 \\ & & & & 3 \end{array}\right).$$

【注】(浙江大学,2014 年) 设矩阵 $\boldsymbol{A}$ 的特征多项式为 $f(\lambda)=(\lambda-2)^3(\lambda+3)^2$. 写出 $\boldsymbol{A}$ 的所有可能的 Jordan 标准形.

【例 7.6】(武汉大学,2016 年;华中师范大学,1999 年) 设 σ 是数域 F 上线性空间 V 的线性变换,已知 σ 的特征多项式和最小多项式分别为

$$f(\lambda)=(\lambda+1)^3(\lambda-2)^2(\lambda+3),$$
$$m(\lambda)=(\lambda+1)^2(\lambda-2)(\lambda+3).$$

(1) 求 σ 的所有不变因子;

(2) 写出 σ 的 Jordan 标准形.

【解】 (1) 因为 $D_6(\lambda)=f(\lambda)$, $d_6(\lambda)=m(\lambda)$,所以

$$D_5(\lambda)=\frac{D_6(\lambda)}{d_6(\lambda)}=\frac{f(\lambda)}{m(\lambda)}=(\lambda+1)(\lambda-2).$$

因为 $d_5(\lambda)\mid D_5(\lambda)$,所以 $d_5(\lambda)=\lambda+1$ 或 $\lambda-2$ 或 $(\lambda+1)(\lambda-2)$.

若 $d_5(\lambda)=\lambda+1$,则 $d_4(\lambda)=\lambda+1$, $d_3(\lambda)=d_2(\lambda)=d_1(\lambda)=1$. 但 $d_6(\lambda)d_5(\lambda)\cdots d_1(\lambda)\neq f(\lambda)$,矛盾. 可见,$d_5(\lambda)\neq\lambda+1$.

同理,$d_5(\lambda)\neq\lambda-2$. 因此 $d_5(\lambda)=(\lambda+1)(\lambda-2)$,从而

$$d_4(\lambda)=d_3(\lambda)=d_2(\lambda)=d_1(\lambda)=1.$$

(2) 根据(1)的结果,知 σ 的所有初等因子为 $\lambda+1,(\lambda+1)^2,\lambda-2,\lambda-2,\lambda+3$,所以 σ 的 Jordan 标准形为

$$J=\left(\begin{array}{c|cc|ccc} -1 & & & & & \\ \hline & -1 & 1 & & & \\ & & -1 & & & \\ \hline & & & -3 & & \\ & & & & 2 & \\ & & & & & 2 \end{array}\right).$$

【例 7.7】(东南大学,2002 年)　设 A 为 4 阶方阵, $\operatorname{rank} A=3$, 且存在正整数 k, 使 $A^k=O$, 试求 A 与 A^2 的 Jordan 标准形.

【解】　由 $A^k=O$ 知, A 的特征值全为 0. 又 $\operatorname{rank} A=3$, 所以 A 的 Jordan 标准形为

$$J=\begin{pmatrix} 0 & 1 & & \\ & 0 & 1 & \\ & & 0 & 1 \\ & & & 0 \end{pmatrix},$$

故存在 4 阶可逆矩阵 P, 使得 $P^{-1}AP=J$, 从而有

$$P^{-1}A^2P=(P^{-1}AP)(P^{-1}AP)=J^2=\begin{pmatrix} 0 & 0 & 1 & 0 \\ & 0 & 0 & 1 \\ & & 0 & 0 \\ & & & 0 \end{pmatrix}.$$

这表明 A^2 与 J^2 有相同的初等因子组: λ^2,λ^2(直接求 $\lambda E-J^2$ 的 Smith 标准形即得). 所以 A^2 的 Jordan 标准形为

$$J=\left(\begin{array}{cc|cc} 0 & 1 & & \\ & 0 & & \\ \hline & & 0 & 1 \\ & & & 0 \end{array}\right).$$

【例 7.8】(苏州大学,2014 年)　设 $A=J_n(a)$ 是一 n 阶 Jordan 块, 求 A^2 的 Jordan 标准形.

【解】　(1) $a\neq 0$ 的情形. $A^2=(aE+J_n(0))^2=a^2E+2aJ_n(0)+J_n(0)^2$. 这是一个主对角元全为 a^2, 次对角元全为 $2a$, 再次对角元全为 1 的上三角矩阵. 易知, $D_n(\lambda)=(\lambda-a^2)^n$.

由于特征矩阵 $\lambda E-A^2$ 的左上角的 $n-1$ 阶子式为 $(\lambda-a^2)^{n-1}$, 而右上角的 $n-1$ 阶子式

$$\Delta_{n-1}\equiv(-2a)^{n-1}\ \Big|\ \operatorname{mod}(\lambda-a^2),$$

(注:只需按第一行展开即得!),

所以 $D_{n-1}(\lambda)=1$, 故 $d_n(\lambda)=(\lambda-a^2)^n$, $d_{n-1}(\lambda)=\cdots=d_1(\lambda)=1$.

因此 A^2 的初等因子为 $(\lambda-a^2)^n$, Jordan 标准形是一个 Jordan 块 $J_n(a^2)$.

(2) $a=0$ 的情形. 此时, A 是幂零矩阵, 幂零指数为 n. 易知, 0 是 A^2 的唯一特征值.

由于 $\operatorname{rank} A^2=n-2$, 所以特征值 0 的几何重数为 $n-(n-2)=2$, 因此 A^2 的 Jordan 标准形含 2 个 Jordan 块, 即 $J=\operatorname{diag}(J_{n_1}(0),J_{n_2}(0))$, 其中 $n_1+n_2=n$. 下面确定 n_1,n_2.

当 $n=2k$ 时, 由于 $(A^2)^k=A^n=O$, 而 $(A^2)^{k-1}=A^{n-2}\neq O$, 因此 A^2 的幂零指数为 k, 故 $n_1=$

$n_2=k$，表明 $\boldsymbol{J}=\mathrm{diag}(\boldsymbol{J}_k(0),\boldsymbol{J}_k(0))$.

当 $n=2k+1$ 时，由于 $(\boldsymbol{A}^2)^{k+1}=\boldsymbol{A}^{n+1}=\boldsymbol{O}$，而 $(\boldsymbol{A}^2)^k=\boldsymbol{A}^{n-1}\neq\boldsymbol{O}$，因此 $\boldsymbol{A}^2$ 的幂零指数为 $k+1$，故可令 $n_1=k+1,n_2=k$，从而 $\boldsymbol{J}=\mathrm{diag}(\boldsymbol{J}_{k+1}(0),\boldsymbol{J}_k(0))$.

【例 7.9】(华东师范大学,2005 年) 已知 $g(\lambda)=(\lambda^2-2\lambda+2)^2(\lambda-1)$ 是 6 阶方阵 $\boldsymbol{A}$ 的最小多项式，且 $\mathrm{tr}\,\boldsymbol{A}=6$. 试求：

(1) $\boldsymbol{A}$ 的特征多项式 $f(\lambda)$ 及其 Jordan 标准形；

(2) $\boldsymbol{A}$ 的伴随矩阵 $\boldsymbol{A}^*$ 的 Jordan 标准形.

【解】 (1) 因为 $g(\lambda)=(\lambda-(1+\mathrm{i}))^2(\lambda-(1-\mathrm{i}))^2(\lambda-1)$，$\boldsymbol{A}$ 的特征值之和等于 $\mathrm{tr}\,\boldsymbol{A}=6$，所以 $\boldsymbol{A}$ 还应有一个特征值 $\lambda=1$. 故 $\boldsymbol{A}$ 的特征多项式 $f(\lambda)=(\lambda^2-2\lambda+2)^2(\lambda-1)^2$.

易知，$\boldsymbol{A}$ 的不变因子 $d_6(\lambda)=g(\lambda)$，$d_5(\lambda)=\lambda-1$，$d_i(\lambda)=1(i=1,2,3,4)$，初等因子为

$$\lambda-1,\lambda-1,(\lambda-(1+\mathrm{i}))^2,(\lambda-(1-\mathrm{i}))^2.$$

因此 $\boldsymbol{A}$ 的 Jordan 标准形为

$$\boldsymbol{J}=\begin{pmatrix}1&&&&&\\&1&&&&\\&&1+\mathrm{i}&1&&\\&&&1+\mathrm{i}&&\\&&&&1-\mathrm{i}&1\\&&&&&1-\mathrm{i}\end{pmatrix}.$$

(2) 因为 $|\boldsymbol{A}|=4$，所以 $\boldsymbol{A}^*=4\boldsymbol{A}^{-1}$. 由 $\boldsymbol{P}^{-1}\boldsymbol{A}\boldsymbol{P}=\boldsymbol{J}$，有 $\boldsymbol{P}^{-1}\boldsymbol{A}^{-1}\boldsymbol{P}=\boldsymbol{J}^{-1}$，于是

$$\boldsymbol{P}^{-1}\boldsymbol{A}^*\boldsymbol{P}=4\boldsymbol{J}^{-1}=\mathrm{diag}\left(\begin{pmatrix}4&\\&4\end{pmatrix},\begin{pmatrix}2-2\mathrm{i}&2\mathrm{i}\\0&2-2\mathrm{i}\end{pmatrix},\begin{pmatrix}2+2\mathrm{i}&-2\mathrm{i}\\0&2+2\mathrm{i}\end{pmatrix}\right).$$

进一步，有

$$\begin{pmatrix}2-2\mathrm{i}&2\mathrm{i}\\0&2-2\mathrm{i}\end{pmatrix}\sim\begin{pmatrix}2-2\mathrm{i}&1\\0&2-2\mathrm{i}\end{pmatrix},\quad\begin{pmatrix}2+2\mathrm{i}&-2\mathrm{i}\\0&2+2\mathrm{i}\end{pmatrix}\sim\begin{pmatrix}2+2\mathrm{i}&1\\0&2+2\mathrm{i}\end{pmatrix},$$

所以 $\boldsymbol{A}^*$ 的 Jordan 标准形为

$$\begin{pmatrix}4&&&&&\\&4&&&&\\&&2(1-\mathrm{i})&1&&\\&&&2(1-\mathrm{i})&&\\&&&&2(1+\mathrm{i})&1\\&&&&&2(1+\mathrm{i})\end{pmatrix}.$$

【例 7.10】(武汉大学,2008 年) 设 $\boldsymbol{A}$ 为 n 阶方阵，$\det\boldsymbol{A}=18$，且 $3\boldsymbol{A}+\boldsymbol{A}^*=15\boldsymbol{E}_n$，其中 $\boldsymbol{A}^*$ 为 $\boldsymbol{A}$ 的伴随矩阵，$\boldsymbol{E}_n$ 为 n 阶单位矩阵. 求 $\boldsymbol{A}$ 的最小多项式与 Jordan 标准形.

【解】 (1) 对等式 $3\boldsymbol{A}+\boldsymbol{A}^*=15\boldsymbol{E}_n$ 两边同乘 $\boldsymbol{A}$，并利用 $\boldsymbol{A}\boldsymbol{A}^*=\det(\boldsymbol{A})\boldsymbol{E}_n=18\boldsymbol{E}_n$，得

$$\boldsymbol{A}^2-5\boldsymbol{A}+6\boldsymbol{E}=\boldsymbol{O},$$

所以 $f(\lambda)=\lambda^2-5\lambda+6$ 是 $\boldsymbol{A}$ 的一个零化多项式. 于是，$\boldsymbol{A}$ 的最小多项式为 $m(\lambda)\mid f(\lambda)$，故

$$m(\lambda)=\lambda-2 \text{ 或 } \lambda-3 \text{ 或 } (\lambda-2)(\lambda-3).$$

若 $m(\lambda)=\lambda-2$，则 $\boldsymbol{A}=2\boldsymbol{E}$，$\det\boldsymbol{A}=2^n\neq 18$；若 $m(\lambda)=\lambda-3$，则 $\boldsymbol{A}=3\boldsymbol{E}$，$\det\boldsymbol{A}=3^n\neq 18$，因此，$m(\lambda)=(\lambda-2)(\lambda-3)$.

(2) 根据(1)的结论，$\boldsymbol{A}$ 的特征值为 $\lambda_1=2$ 与 $\lambda_2=3$. 因为 $\det\boldsymbol{A}=18$，所以 $n=3$，且 $\lambda_2=3$ 是 $\boldsymbol{A}$ 的 2 重特征值.

又 $\boldsymbol{A}$ 的最小多项式 $m(\lambda)$ 无重根，故 $\boldsymbol{A}$ 的 Jordan 标准形是对角矩阵 $\boldsymbol{\Lambda}=\mathrm{diag}(2,3,3)$.

【例 7.11】(上海交通大学，2006 年)　设秩为 $n-1$ 的 n 阶方阵 $\boldsymbol{A}$ 的特征值为 $\lambda_1,\lambda_2,\cdots,\lambda_n$，其中 $\lambda_n=0$. 求 $\boldsymbol{A}^*$ 的 Jordan 标准形.

【解】　首先，对 $\boldsymbol{A}$ 的特征多项式中一次项的系数利用 Vieta 定理，得

$$\sum_{1\leqslant j_1<j_2<\cdots<j_{n-1}\leqslant n}\lambda_{j_1}\lambda_{j_2}\cdots\lambda_{j_{n-1}}=\sum_{1\leqslant j_1<j_2<\cdots<j_{n-1}\leqslant n}\left|\boldsymbol{A}\begin{pmatrix}j_1j_2\cdots j_{n-1}\\ j_1j_2\cdots j_{n-1}\end{pmatrix}\right|.$$

据题设 $\lambda_n=0$，所以上式即

$$\lambda_1\lambda_2\cdots\lambda_{n-1}=\sum_{i=1}^{n}A_{ii},$$

其中 A_{ii} 是 $\boldsymbol{A}$ 中 (i,i) 元的代数余子式，亦即 $\boldsymbol{A}^*$ 的主对角元 $(i=1,2,\cdots,n)$.

现在，由 $\mathrm{rank}\,\boldsymbol{A}=n-1$ 知，$\mathrm{rank}\,\boldsymbol{A}^*=1$，所以 $\boldsymbol{A}^*$ 的所有 $k(k\geqslant 2)$ 阶主子式之和为零，因此 $\boldsymbol{A}^*$ 的特征多项式为

$$|\lambda\boldsymbol{E}-\boldsymbol{A}^*|=\lambda^n-(A_{11}+A_{22}+\cdots+A_{nn})\lambda^{n-1}=\lambda^{n-1}\Big(\lambda-\prod_{j=1}^{n-1}\lambda_j\Big),$$

这表明 $\boldsymbol{A}^*$ 的特征值 $\lambda=0(n-1$ 重$)$ 和 $\prod_{j=1}^{n-1}\lambda_j$ 或 $\lambda=0(n$ 重$)$. 于是，$\boldsymbol{A}^*$ 的 Jordan 标准形为

$$\boldsymbol{J}=\begin{pmatrix}\prod_{j=1}^{n-1}\lambda_j & & & \\ & 0 & & \\ & & \ddots & \\ & & & 0\end{pmatrix} \text{ 或 } \begin{pmatrix}0 & 1 & & & \\ 0 & 0 & & & \\ & & 0 & & \\ & & & \ddots & \\ & & & & 0\end{pmatrix}.$$

【注】　这里，关键是确定 $\boldsymbol{A}^*$ 的全部特征值，又见第 6 章例 6.87 的注.

【例 7.12】(清华大学，2000 年)　设 V 是数域 F 上的 4 维线性空间，$\mathscr{A}$ 是 V 上的线性变换，$\mathscr{A}$ 在 V 的基 $\boldsymbol{\varepsilon}_1,\boldsymbol{\varepsilon}_2,\boldsymbol{\varepsilon}_3,\boldsymbol{\varepsilon}_4$ 下的矩阵为

$$\begin{pmatrix}1&2&0&0\\0&1&0&0\\1&3&1&0\\0&4&2&1\end{pmatrix},$$

(1) 试求 $\mathscr{A}$ 的含 $\boldsymbol{\varepsilon}_1$ 的最小不变子空间 W；

(2) 记 $\mathscr{A}_1$ 为 $\mathscr{A}$ 在 W 上的限制，求 $\mathscr{A}_1$ 在 W 的基下的矩阵 $\boldsymbol{A}_1$ 的 Jordan 标准形 $\boldsymbol{J}_1$.

【解】　(1) 因为 W 是含 $\boldsymbol{\varepsilon}_1$ 的不变子空间，所以 $\boldsymbol{\varepsilon}_1,\mathscr{A}(\boldsymbol{\varepsilon}_1)\in W$. 另据题设，有

$$\mathscr{A}(\boldsymbol{\varepsilon}_1)=\boldsymbol{\varepsilon}_1+\boldsymbol{\varepsilon}_3,\quad \mathscr{A}(\boldsymbol{\varepsilon}_3)=\boldsymbol{\varepsilon}_3+2\boldsymbol{\varepsilon}_4,\quad \mathscr{A}(\boldsymbol{\varepsilon}_4)=\boldsymbol{\varepsilon}_4,$$

由此可知 $\boldsymbol{\varepsilon}_3,\boldsymbol{\varepsilon}_4\in W$,从而 $L(\boldsymbol{\varepsilon}_1,\boldsymbol{\varepsilon}_3,\boldsymbol{\varepsilon}_4)\subset W$.

显然,$L(\boldsymbol{\varepsilon}_1,\boldsymbol{\varepsilon}_3,\boldsymbol{\varepsilon}_4)$是 $\mathscr{A}$ 的不变子空间,因此 $W=L(\boldsymbol{\varepsilon}_1,\boldsymbol{\varepsilon}_3,\boldsymbol{\varepsilon}_4)$.

(2) 因为 $\mathscr{A}_1$ 在 W 的基 $\boldsymbol{\varepsilon}_1,\boldsymbol{\varepsilon}_3,\boldsymbol{\varepsilon}_4$ 下的矩阵为 $\boldsymbol{A}_1=\begin{pmatrix}1&0&0\\1&1&0\\0&2&1\end{pmatrix}$,容易求得 $\boldsymbol{A}_1$ 的初等因子为$(\lambda-1)^3$,所以 $\boldsymbol{A}_1$ 的 Jordan 标准形为

$$\boldsymbol{J}_1=\begin{pmatrix}1&1&0\\0&1&1\\0&0&1\end{pmatrix}.$$

【例 7.13】(东南大学,1999 年) 设 F^3 的线性变换定义为

$$f(\boldsymbol{X})=\begin{pmatrix}2x_1-x_2-x_3\\2x_1-x_2-2x_3\\-x_1+x_2+2x_3\end{pmatrix},\quad\forall\boldsymbol{X}=\begin{pmatrix}x_1\\x_2\\x_3\end{pmatrix}\in F^3.$$

(1) 求 $\boldsymbol{\alpha}=\begin{pmatrix}0\\-3\\2\end{pmatrix}$的像在基 $\boldsymbol{\xi}_1=\begin{pmatrix}3\\0\\-2\end{pmatrix},\boldsymbol{\xi}_2=\begin{pmatrix}0\\-1\\1\end{pmatrix},\boldsymbol{\xi}_3=\begin{pmatrix}-1\\0\\1\end{pmatrix}$下的坐标;

(2) 求一组新基,使得 f 在该基之下的矩阵是 Jordan 标准形.

【解】 (1) 易知 $f(\boldsymbol{\alpha})=(1,-1,1)^{\mathrm{T}}$. 令 $x_1\boldsymbol{\xi}_1+x_2\boldsymbol{\xi}_2+x_3\boldsymbol{\xi}_3=f(\boldsymbol{\alpha})$,解此线性方程组,即得 $f(\boldsymbol{\alpha})$在基 $\boldsymbol{\xi}_1,\boldsymbol{\xi}_2,\boldsymbol{\xi}_3$ 下的坐标为$(1,1,2)$.

(2) 取 F^3 的自然基 $\boldsymbol{e}_1,\boldsymbol{e}_2,\boldsymbol{e}_3$,则 f 在基 $\boldsymbol{e}_1,\boldsymbol{e}_2,\boldsymbol{e}_3$ 下的矩阵为

$$\boldsymbol{A}=\begin{pmatrix}2&-1&-1\\2&-1&-2\\-1&1&2\end{pmatrix}.$$

进一步,可求得 $\boldsymbol{A}$ 的 Jordan 标准形为

$$\boldsymbol{J}=\begin{pmatrix}1&&\\&1&1\\&&1\end{pmatrix}.$$

设可逆矩阵 $\boldsymbol{P}$,使得 $\boldsymbol{P}^{-1}\boldsymbol{A}\boldsymbol{P}=\boldsymbol{J}$,即 $\boldsymbol{A}\boldsymbol{P}=\boldsymbol{P}\boldsymbol{J}$. 把 $\boldsymbol{P}$ 按列分块为 $\boldsymbol{P}=(\boldsymbol{p}_1,\boldsymbol{p}_2,\boldsymbol{p}_3)$,则

$$\begin{cases}\boldsymbol{A}\boldsymbol{p}_1=\boldsymbol{p}_1,\\\boldsymbol{A}\boldsymbol{p}_2=\boldsymbol{p}_2,\\\boldsymbol{A}\boldsymbol{p}_3=\boldsymbol{p}_2+\boldsymbol{p}_3,\end{cases}\quad\text{即}\begin{cases}(\boldsymbol{E}-\boldsymbol{A})\boldsymbol{p}_1=\boldsymbol{0},\\(\boldsymbol{E}-\boldsymbol{A})\boldsymbol{p}_2=\boldsymbol{0},\\(\boldsymbol{E}-\boldsymbol{A})\boldsymbol{p}_3=-\boldsymbol{p}_2.\end{cases}$$

这就是说,$\boldsymbol{p}_1,\boldsymbol{p}_2$ 是 $\boldsymbol{A}$ 的属于特征值 1 的两个线性无关的特征向量,并且 $\boldsymbol{p}_2$ 还应使非齐次线性方程组$(\boldsymbol{E}-\boldsymbol{A})\boldsymbol{x}=-\boldsymbol{p}_2$ 有解 $\boldsymbol{p}_3$. 为此,先求解$(\boldsymbol{E}-\boldsymbol{A})\boldsymbol{x}=\boldsymbol{0}$,得基础解系

$$\boldsymbol{x}_1=(1,1,0)^{\mathrm{T}},\quad\boldsymbol{x}_2=(1,0,1)^{\mathrm{T}}.$$

令 $\boldsymbol{p}_1=\boldsymbol{x}_1,\boldsymbol{p}_2=k_1\boldsymbol{x}_1+k_2\boldsymbol{x}_2$,对增广矩阵$(\boldsymbol{E}-\boldsymbol{A},-\boldsymbol{p}_2)$作初等行变换,得

$$(\boldsymbol{E}-\boldsymbol{A},-\boldsymbol{p}_2)=\begin{pmatrix}-1&1&1&-k_1-k_2\\-2&2&2&-k_1\\1&-1&-1&-k_2\end{pmatrix}\to\begin{pmatrix}-1&1&1&k_2\\0&0&0&k_1+2k_2\\0&0&0&0\end{pmatrix}.$$

可见，$k_1+2k_2=0$. 取$k_1=2,k_2=-1$，则$\boldsymbol{p}_2=2\boldsymbol{x}_1-\boldsymbol{x}_2=(1,2,-1)^{\mathrm{T}}$，并解得$\boldsymbol{p}_3=(0,0,-1)^{\mathrm{T}}$.

最后，令$(\boldsymbol{\eta}_1,\boldsymbol{\eta}_2,\boldsymbol{\eta}_3)=(\boldsymbol{e}_1,\boldsymbol{e}_2,\boldsymbol{e}_3)\boldsymbol{P}$，则

$$\boldsymbol{\eta}_1=(1,1,0)^{\mathrm{T}},\quad \boldsymbol{\eta}_2=(1,2,-1)^{\mathrm{T}},\quad \boldsymbol{\eta}_3=(0,0,-1)^{\mathrm{T}}$$

是F^3的一个基，且f在这个基下的矩阵为$\boldsymbol{J}$.

【例7.14】 设λ_0是n阶方阵$\boldsymbol{A}$的一个特征值，$d_1(\lambda),d_2(\lambda),\cdots,d_n(\lambda)$是$\boldsymbol{A}$的所有不变因子，证明：$\lambda_0\boldsymbol{E}-\boldsymbol{A}$的秩为$r$的充分必要条件是

$$(\lambda-\lambda_0)\mid d_{r+1}(\lambda),\quad (\lambda-\lambda_0)\nmid d_r(\lambda).$$

【证】 据题设，$\lambda\boldsymbol{E}-\boldsymbol{A}$的Smith标准形为

$$D(\lambda)=\begin{pmatrix} d_1(\lambda) & & & \\ & d_2(\lambda) & & \\ & & \ddots & \\ & & & d_n(\lambda)\end{pmatrix}.$$

因为$\lambda_0\boldsymbol{E}-\boldsymbol{A}$与

$$D(\lambda_0)=\begin{pmatrix} d_1(\lambda_0) & & & \\ & d_2(\lambda_0) & & \\ & & \ddots & \\ & & & d_n(\lambda_0)\end{pmatrix}$$

等价，所以$\operatorname{rank}(\lambda_0\boldsymbol{E}-\boldsymbol{A})=\operatorname{rank}(D(\lambda_0))$.

注意到$d_i(\lambda)\mid d_{i+1}(\lambda),i=1,2,\cdots,n-1$，如果$d_i(\lambda_0)=0$，那么$d_{i+1}(\lambda_0)=0$. 因此

$$\begin{aligned}\operatorname{rank}(\lambda_0\boldsymbol{E}-\boldsymbol{A})=r &\Leftrightarrow \operatorname{rank}(D(\lambda_0))=r\\ &\Leftrightarrow d_1(\lambda_0),d_2(\lambda_0),\cdots,d_n(\lambda_0)\text{中有且仅有}r\text{个不为}0\\ &\Leftrightarrow d_r(\lambda_0)\neq 0,\text{且}d_{r+1}(\lambda_0)=0\\ &\Leftrightarrow (\lambda-\lambda_0)\mid d_{r+1}(\lambda),\text{但}(\lambda-\lambda_0)\nmid d_r(\lambda).\end{aligned}$$

§7.2 最小多项式与特征多项式

基本理论与要点提示

7.2.1 零化多项式与最小多项式

设$\boldsymbol{A}\in M_n(K)$是n阶方阵，$f(\lambda)\in K[\lambda]$是非零多项式. 如果$f(\boldsymbol{A})=\boldsymbol{O}$，那么称$f(\lambda)$是$\boldsymbol{A}$的一个零化多项式.

矩阵$\boldsymbol{A}$的次数最小的首一零化多项式称为$\boldsymbol{A}$的最小多项式，记为$m_A(\lambda)$或$m(\lambda)$.

(1) Hamilton-Cayley定理 矩阵$\boldsymbol{A}\in M_n(K)$的特征多项式是$\boldsymbol{A}$的一个零化多项式；

(2) 矩阵$\boldsymbol{A}\in M_n(K)$的最小多项式$m(\lambda)$是$\boldsymbol{A}$的任一零化多项式的因式，因而是$\boldsymbol{A}$的特征多项式$\chi(\lambda)$的因式. 最小多项式$m(\lambda)$包含了特征多项式$\chi(\lambda)$的所有不可约因式；

(3) 分块对角矩阵的最小多项式是每个对角子块的最小多项式的最小公倍式；

(4) 矩阵 $\boldsymbol{A}$ 的最小多项式是其最大不变因子 $d_n(\lambda)$，也是 $\boldsymbol{A}$ 的初等因子的最小公倍式；

(5) 对角元为 c 的 k 阶 Jordan 块的最大不变因子，初等因子，最小多项式均为 $(\lambda-c)^k$；

(6) 矩阵 $\boldsymbol{A}\in M_n(K)$ 可逆的充分必要条件是 $\boldsymbol{A}$ 的最小多项式 $m(\lambda)$ 的常数项不为零.

7.2.2　多项式的友阵及其最小多项式

(1) 多项式 $f(\lambda)=\lambda^n+c_{n-1}\lambda^{n-1}+\cdots+c_1\lambda+c_0\in K[\lambda]$ 的友阵

$$\boldsymbol{F}=\begin{pmatrix}0 & & & & -c_0\\ 1 & \ddots & & & -c_1\\ & \ddots & \ddots & & \vdots\\ & & \ddots & 0 & -c_{n-2}\\ & & & 1 & -c_{n-1}\end{pmatrix}\in M_n(K),$$

又称为 Frobenius 矩阵. 多项式 $f(\lambda)$ 的友阵 $\boldsymbol{F}$ 的最小多项式与特征多项式均为 $f(\lambda)$；

(2) 设 $\boldsymbol{A}\in M_n(K)$ 是 n 阶方阵，$\boldsymbol{A}$ 的不变因子为 $1,\cdots,1,d_1(\lambda),\cdots,d_s(\lambda)$，其中 $\deg d_i(\lambda)=n_i$，且 $d_i(\lambda)\mid d_{i+1}(\lambda)$，$1\leqslant i\leqslant s-1$，则存在数域 K 上的可逆矩阵 $\boldsymbol{P}$，使得

$$\boldsymbol{P}^{-1}\boldsymbol{A}\boldsymbol{P}=\operatorname{diag}(\boldsymbol{F}_1,\boldsymbol{F}_2,\cdots,\boldsymbol{F}_s),$$

其中 $\boldsymbol{F}_i\in M_{n_i}(K)$ 是 $d_i(\lambda)$ 的友阵，$1\leqslant i\leqslant s-1$. 称这个分块对角矩阵为 $\boldsymbol{A}$ 的有理标准形.

7.2.3　几个等价命题

设 $\mathscr{A}$ 是数域 K 上 n 维线性空间 V 的线性变换，则下列 5 个命题相互等价：

(1) 存在非零向量 $\boldsymbol{\alpha}\in V$，使得 $\boldsymbol{\alpha},\mathscr{A}(\boldsymbol{\alpha}),\cdots,\mathscr{A}^{n-1}(\boldsymbol{\alpha})$ 为 V 的一个基；

(2) 任何与 $\mathscr{A}$ 可交换的线性变换，均可表示成 $\mathscr{A}$ 的多项式；

(3) $\mathscr{A}$ 的最小多项式与特征多项式相等；

(4) $\mathscr{A}$ 的属于每个特征值 λ_i 的特征子空间 V_{λ_i} 是一维的；

(5) $\mathscr{A}$ 在 V 的某个基下的矩阵为 Frobenius 矩阵.

典型问题解析

【例 7.15】 求矩阵 $\boldsymbol{A}$ 的最小多项式，其中

$$(1)\ \boldsymbol{A}=\begin{pmatrix}1&2&3&4\\2&3&4&5\\3&4&5&6\\4&5&6&7\end{pmatrix};\qquad (2)\ \boldsymbol{A}=\begin{pmatrix}1&0&0&0\\-1&-1&-1&0\\1&1&1&1\\2&2&2&0\end{pmatrix}.$$

【解】 (1) 对 $\boldsymbol{A}$ 的特征矩阵 $\lambda\boldsymbol{E}-\boldsymbol{A}$ 作初等变换，化为 Smith 标准形.

$$\lambda\boldsymbol{E}-\boldsymbol{A}=\begin{pmatrix}\lambda-1&-2&-3&-4\\-2&\lambda-3&-4&-5\\-3&-4&\lambda-5&-6\\-4&-5&-6&\lambda-7\end{pmatrix}\longrightarrow\begin{pmatrix}1&0&0&0\\0&\lambda&-2\lambda&\lambda\\0&\lambda^2+3\lambda&-\lambda^2&\lambda\\0&-\lambda^2-1&\lambda^2-2\lambda-2&-\lambda-3\end{pmatrix}$$

$$\longrightarrow\begin{pmatrix}1&0&0&0\\0&1&0&0\\0&0&4\lambda&-\lambda^2-2\lambda\\0&0&-3\lambda^2-6\lambda&\lambda^3-\lambda^2-2\lambda\end{pmatrix}\longrightarrow\begin{pmatrix}1&0&0&0\\0&1&0&0\\0&0&\lambda&0\\0&0&0&\lambda^3-16\lambda^2-20\lambda\end{pmatrix}.$$

所以 $\boldsymbol{A}$ 的最小多项式 $m(\lambda)=d_4(\lambda)=\lambda^3-16\lambda^2-20\lambda$.

（2）对矩阵 $\lambda\boldsymbol{E}-\boldsymbol{A}$ 作初等变换，化为 Smith 标准形.

$$\lambda\boldsymbol{E}-\boldsymbol{A}\to\begin{pmatrix}1&1&1-\lambda&0\\0&\lambda&\lambda&0\\0&1-\lambda&(\lambda-1)^2&0\\0&0&-2\lambda&\lambda\end{pmatrix}\to\begin{pmatrix}1&0&0&0\\0&1&\lambda^2-\lambda+1&0\\0&1&\lambda^3-\lambda^2&0\\0&0&-2\lambda&\lambda\end{pmatrix}\to\begin{pmatrix}1&&&\\&1&&\\&&\lambda&\\&&&\lambda^3-\lambda^2\end{pmatrix}.$$

由此可知，$\boldsymbol{A}$ 的不变因子为 $d_1(\lambda)=d_2(\lambda)=1,d_3(\lambda)=\lambda,d_4(\lambda)=\lambda^3-\lambda^2$.

因此 $\boldsymbol{A}$ 的最小多项式 $m(\lambda)=d_4(\lambda)=\lambda^3-\lambda^2$.

【例 7.16】（浙江大学，2010 年）　设 a,b 是任意两个复数，求 n 阶上三角矩阵

$$\boldsymbol{A}=\begin{pmatrix}a&b&\cdots&b&b\\0&a&\cdots&b&b\\\vdots&\vdots&&\vdots&\vdots\\0&0&\cdots&a&b\\0&0&\cdots&0&a\end{pmatrix}$$

的最小多项式和 Jordan 标准形.

【解】　显然，$\boldsymbol{A}$ 的特征多项式为 $f(\lambda)=|\lambda\boldsymbol{E}-\boldsymbol{A}|=(\lambda-a)^n$.

（1）$b\neq0$. 此时，$\operatorname{rank}(a\boldsymbol{E}-\boldsymbol{A})=n-1$，所以 $\boldsymbol{A}$ 的 Jordan 标准形仅由一个 Jordan 块构成，即

$$\boldsymbol{J}=\boldsymbol{J}_n(a)=\begin{pmatrix}a&1&&\\&a&\ddots&\\&&\ddots&1\\&&&a\end{pmatrix}.$$

由此可知，$\boldsymbol{A}$ 的最小多项式 $m(\lambda)=(\lambda-a)^n$.

（2）$b=0$. 此时，$\boldsymbol{A}=a\boldsymbol{E},a\neq0$. 所以 $\boldsymbol{A}$ 的最小多项式 $m(\lambda)=\lambda-a$，Jordan 标准形 $\boldsymbol{J}=\boldsymbol{A}$.

【例 7.17】　求 n 阶方阵 $\boldsymbol{A}$ 的最小多项式与 Jordan 标准形，其中

$$\boldsymbol{A}=\begin{pmatrix}a&0&1&&\\&a&\ddots&\ddots&\\&&\ddots&\ddots&1\\&&&\ddots&0\\&&&&a\end{pmatrix}.$$

【解】　注意到 $\boldsymbol{A}=a\boldsymbol{E}+\boldsymbol{J}_n(0)^2$，可利用本章例 7.8 的结论先求 $\boldsymbol{A}$ 的 Jordan 标准形 $\boldsymbol{J}$.

当 $n=2k$ 时，$\boldsymbol{J}_n(0)^2\sim\operatorname{diag}(\boldsymbol{J}_k(0),\boldsymbol{J}_k(0))$，所以

$$\boldsymbol{A}=a\boldsymbol{E}+\boldsymbol{J}_n(0)^2\sim a\boldsymbol{E}+\operatorname{diag}(\boldsymbol{J}_k(0),\boldsymbol{J}_k(0))=\operatorname{diag}(\boldsymbol{J}_k(a),\boldsymbol{J}_k(a))=\boldsymbol{J}.$$

此时，$\boldsymbol{A}$ 的最小多项式 $m_A(\lambda)=m_J(\lambda)=[(\lambda-a)^k,(\lambda-a)^k]=(\lambda-a)^k$.

当 $n=2k+1$ 时，$\boldsymbol{J}_n(0)^2\sim\operatorname{diag}(\boldsymbol{J}_{k+1}(0),\boldsymbol{J}_k(0))$，所以

$$\boldsymbol{A}=a\boldsymbol{E}+\boldsymbol{J}_n(0)^2\sim a\boldsymbol{E}+\operatorname{diag}(\boldsymbol{J}_{k+1}(0),\boldsymbol{J}_k(0))=\operatorname{diag}(\boldsymbol{J}_{k+1}(a),\boldsymbol{J}_k(a))=\boldsymbol{J}.$$

此时，$\boldsymbol{A}$ 的最小多项式 $m_A(\lambda)=m_J(\lambda)=[(\lambda-a)^{k+1},(\lambda-a)^k]=(\lambda-a)^{k+1}$.

【例 7.18】(南京大学,2002 年) 设 $\boldsymbol{A}=\boldsymbol{e}\boldsymbol{e}^{\mathrm{T}}$,其中 $\boldsymbol{e}$ 是每个分量都为 1 的 n 维列向量,试求:

(1) $\boldsymbol{A}$ 的特征多项式及最小多项式;

(2) $\boldsymbol{A}$ 的全部特征值及与之对应的特征向量.

【解】 (1) 易知 $\boldsymbol{A}$ 的特征多项式为

$$f(\lambda)=|\lambda\boldsymbol{E}-\boldsymbol{A}|=|\lambda\boldsymbol{E}-\boldsymbol{e}\boldsymbol{e}^{\mathrm{T}}|=\lambda^{n-1}(\lambda-\boldsymbol{e}^{\mathrm{T}}\boldsymbol{e})=\lambda^{n-1}(\lambda-n).$$

因为 $\boldsymbol{A}$ 不是数量矩阵,所以 $\boldsymbol{A}$ 的最小多项式的次数大于 1. 又因为

$$\boldsymbol{A}^2=(\boldsymbol{e}\boldsymbol{e}^{\mathrm{T}})(\boldsymbol{e}\boldsymbol{e}^{\mathrm{T}})=\boldsymbol{e}(\boldsymbol{e}^{\mathrm{T}}\boldsymbol{e})\boldsymbol{e}^{\mathrm{T}}=(\boldsymbol{e}^{\mathrm{T}}\boldsymbol{e})\boldsymbol{A}=n\boldsymbol{A},$$

所以 $m(\lambda)=\lambda(\lambda-n)$ 是 $\boldsymbol{A}$ 的零化多项式,因而是 $\boldsymbol{A}$ 的最小多项式.

(2) 由(1)知,$\boldsymbol{A}$ 的特征值为 $\lambda_1=0$($n-1$ 重),$\lambda_2=n$. 具体计算可知,$\boldsymbol{A}$ 的属于 $\lambda_1=0$ 的全部特征向量为 $k_1\boldsymbol{\alpha}_1+k_2\boldsymbol{\alpha}_2+\cdots+k_{n-1}\boldsymbol{\alpha}_{n-1}$,其中 $k_1,k_2,\cdots,k_{n-1}$ 不同时为零,而

$$\boldsymbol{\alpha}_1=(-1,1,0,\cdots,0)^{\mathrm{T}},\boldsymbol{\alpha}_2=(-1,0,1,0,\cdots,0)^{\mathrm{T}},\cdots,\boldsymbol{\alpha}_{n-1}=(-1,0,\cdots,0,1)^{\mathrm{T}};$$

$\boldsymbol{A}$ 的属于 $\lambda_2=n$ 的全部特征向量为 $k_n\boldsymbol{\alpha}_n=k_n(1,1,\cdots,1)^{\mathrm{T}}$,其中 $k_n\neq0$.

【例 7.19】(东南大学,2004 年) 设 $\boldsymbol{A}=\boldsymbol{\alpha}\boldsymbol{\beta}^{\mathrm{T}}$,其中 $\boldsymbol{\alpha},\boldsymbol{\beta}$ 均为 n 维非零列向量.

(1)求 $\boldsymbol{A}$ 的最小多项式;

(2)求 $\boldsymbol{A}$ 的 Jordan 标准形.

【解】 (1) 当 $n=1$ 时,$\boldsymbol{A}$ 的最小多项式为 $m(\lambda)=\lambda-\boldsymbol{\alpha}^{\mathrm{T}}\boldsymbol{\beta}$;当 $n>1$ 时,易知

$$\boldsymbol{A}^2=(\boldsymbol{\alpha}\boldsymbol{\beta}^{\mathrm{T}})(\boldsymbol{\alpha}\boldsymbol{\beta}^{\mathrm{T}})=\boldsymbol{\alpha}(\boldsymbol{\beta}^{\mathrm{T}}\boldsymbol{\alpha})\boldsymbol{\beta}^{\mathrm{T}}=(\boldsymbol{\alpha}^{\mathrm{T}}\boldsymbol{\beta})\boldsymbol{A},$$

所以 $f(\lambda)=\lambda(\lambda-\boldsymbol{\alpha}^{\mathrm{T}}\boldsymbol{\beta})$ 是 $\boldsymbol{A}$ 的零化多项式. 而 λ 与 $(\lambda-\boldsymbol{\alpha}^{\mathrm{T}}\boldsymbol{\beta})$ 都不是 $\boldsymbol{A}$ 的零化多项式,所以 $\boldsymbol{A}$ 的最小多项式为 $m(\lambda)=f(\lambda)$.

(2) 因为 $\boldsymbol{A}$ 的特征多项式为

$$|\lambda\boldsymbol{E}-\boldsymbol{A}|=|\lambda\boldsymbol{E}-\boldsymbol{\alpha}\boldsymbol{\beta}^{\mathrm{T}}|=\lambda^{n-1}(\lambda-\boldsymbol{\alpha}^{\mathrm{T}}\boldsymbol{\beta}).$$

因此,当 $n=1$ 时,$\boldsymbol{A}$ 的 Jordan 标准形为 $\boldsymbol{J}=(\boldsymbol{\alpha}^{\mathrm{T}}\boldsymbol{\beta})$. 当 $n>1$ 时,再分两种情形讨论:

若 $\boldsymbol{\alpha}^{\mathrm{T}}\boldsymbol{\beta}\neq0$,则 $\boldsymbol{A}$ 的最小多项式 $m(\lambda)$ 没有重根,所以 $\boldsymbol{A}$ 可相似对角化,$\boldsymbol{A}$ 的 Jordan 标准形为对角矩阵 $\boldsymbol{J}=\mathrm{diag}(\boldsymbol{\alpha}^{\mathrm{T}}\boldsymbol{\beta},0,\cdots,0)$.

若 $\boldsymbol{\alpha}^{\mathrm{T}}\boldsymbol{\beta}=0$,则 $\boldsymbol{A}$ 的最小多项式 $m(\lambda)=\lambda^2$. 此时 $\boldsymbol{A}$ 的 Jordan 标准形中有一个 2 阶 Jordan 块为 $\begin{pmatrix}0&1\\0&0\end{pmatrix}$,即 $\boldsymbol{J}=\mathrm{diag}\left(\begin{pmatrix}0&1\\0&0\end{pmatrix},0,\cdots,0\right)$.

【注】 更一般地,可证:设 V 是数域 F 上的 n 维线性空间,$n>1$,T 是 V 的线性变换,且 rank $T=1$,则 T 或为可对角化的,或为幂零的,二者必居其一.

【例 7.20】(武汉大学,2014 年;清华大学,2003 年) 设方阵

$$\boldsymbol{F}=\begin{pmatrix}0&&&&-c_0\\1&\ddots&&&-c_1\\&\ddots&\ddots&&\vdots\\&&\ddots&0&-c_{n-2}\\&&&1&-c_{n-1}\end{pmatrix}.$$

(1) 求 $\boldsymbol{F}$ 的特征多项式 $f(x)$ 与最小多项式 $m(x)$;

(2) 求与方阵 $\boldsymbol{F}$ 可交换的方阵全体.

【解】 (1) 参见本章例 7.2,得 $f(x)=m(x)=x^n+c_{n-1}x^{n-1}+\cdots+c_1x+c_0$.

(2) 设 $\boldsymbol{A}$ 与 $\boldsymbol{F}$ 可交换,即 $\boldsymbol{AF}=\boldsymbol{FA}$. 考虑 n 维线性空间 V,取 V 的基 $\boldsymbol{\xi}_1,\boldsymbol{\xi}_2,\cdots,\boldsymbol{\xi}_n$,定义

$$\varphi(\boldsymbol{\xi}_1,\boldsymbol{\xi}_2,\cdots,\boldsymbol{\xi}_n)=(\boldsymbol{\xi}_1,\boldsymbol{\xi}_2,\cdots,\boldsymbol{\xi}_n)\boldsymbol{A},$$
$$\psi(\boldsymbol{\xi}_1,\boldsymbol{\xi}_2,\cdots,\boldsymbol{\xi}_n)=(\boldsymbol{\xi}_1,\boldsymbol{\xi}_2,\cdots,\boldsymbol{\xi}_n)\boldsymbol{F},$$

则 φ,ψ 是 V 上的线性变换,满足 $\varphi\psi=\psi\varphi$,且 $\psi(\boldsymbol{\xi}_1)=\boldsymbol{\xi}_2,\psi(\boldsymbol{\xi}_2)=\boldsymbol{\xi}_3,\cdots,\psi(\boldsymbol{\xi}_{n-1})=\boldsymbol{\xi}_n$,以及

$$\psi(\boldsymbol{\xi}_n)=-c_0\boldsymbol{\xi}_1-c_1\boldsymbol{\xi}_2-\cdots-c_{n-1}\boldsymbol{\xi}_n.$$

令 $\boldsymbol{\alpha}=\boldsymbol{\xi}_1$,则 $V=L(\boldsymbol{\alpha},\psi(\boldsymbol{\alpha}),\cdots,\psi^{n-1}(\boldsymbol{\alpha}))$. 由于 $\varphi(\boldsymbol{\alpha})\in V$,故可设

$$\varphi(\boldsymbol{\alpha})=b_0\boldsymbol{\alpha}+b_1\psi(\boldsymbol{\alpha})+\cdots+b_{n-1}\psi^{n-1}(\boldsymbol{\alpha})=p(\psi)(\boldsymbol{\alpha}),$$

其中 $p(x)=b_0+b_1x+\cdots+b_{n-1}x^{n-1}$. 另一方面,对任意 $\boldsymbol{\eta}\in V$,令

$$\boldsymbol{\eta}=k_0\boldsymbol{\alpha}+k_1\psi(\boldsymbol{\alpha})+\cdots+k_{n-1}\psi^{n-1}(\boldsymbol{\alpha})=u(\psi)(\boldsymbol{\alpha}),$$

其中 $u(x)=k_0+k_1x+\cdots+k_{n-1}x^{n-1}$. 注意到 $\varphi\psi=\psi\varphi$,所以

$$\begin{aligned}\varphi(\boldsymbol{\eta})&=\varphi(u(\psi)(\boldsymbol{\alpha}))=u(\psi)\varphi(\boldsymbol{\alpha})=u(\psi)p(\psi)(\boldsymbol{\alpha})\\&=p(\psi)u(\psi)(\boldsymbol{\alpha})=p(\psi)(\boldsymbol{\eta}),\end{aligned}$$

因此 $\varphi=p(\psi)$. 根据同构对应,有 $\boldsymbol{A}=p(\boldsymbol{F})$. 这就表明,与 $\boldsymbol{F}$ 可交换的方阵全体构成子空间

$$W=L(\boldsymbol{E},\boldsymbol{F},\boldsymbol{F}^2,\cdots,\boldsymbol{F}^{n-1}).$$

【注】 类似的问题还有:第 6 章例 6.100 和第 10 章例 10.19.

【例 7.21】(丘成桐竞赛试题,2011 年) 设 V 是实数域 $\mathbb{R}$ 上的有限维向量空间,$T:V\to V$ 是线性变换,满足

(1) T 的最小多项式在 $\mathbb{R}$ 上不可约;

(2) 存在向量 $\boldsymbol{v}\in V$ 使得 $\left\{T^{i-1}(\boldsymbol{v})\ \middle|\ i\geqslant 0\right\}$ 张成 V.

证明:V 中不存在非平凡的 T 的不变子空间.

【证】 用反证法. 令 $\dim V=n$,假设 W 是 V 中 T 的不变子空间,且 $1\leqslant\dim W=r<n$,取 W 的一个基,并扩充成 V 的基,则 T 在这个基下的矩阵为 $\boldsymbol{A}=\begin{pmatrix}\boldsymbol{A}_1 & \boldsymbol{C}\\ \boldsymbol{O} & \boldsymbol{A}_2\end{pmatrix}$,其中 $\boldsymbol{A}_1$ 为 r 阶实方阵,$\boldsymbol{A}_2$ 为 $n-r$ 阶实方阵. 因此,T 的特征多项式为

$$f(\lambda)=|\lambda\boldsymbol{E}_n-\boldsymbol{A}|=|\lambda\boldsymbol{E}_r-\boldsymbol{A}_1||\lambda\boldsymbol{E}_{n-r}-\boldsymbol{A}_2|.$$

这表明 $f(\lambda)$ 可分解为 $\mathbb{R}$ 上的两个正次数的多项式之积.

另一方面,根据条件(2)可知 $V=L(\boldsymbol{v},T(\boldsymbol{v}),\cdots,T^{n-1}(\boldsymbol{v}))$. 令

$$T^n(\boldsymbol{v})=-c_0\boldsymbol{v}-c_1T(\boldsymbol{v})-\cdots-c_{n-1}T^{n-1}(\boldsymbol{v}),$$

其中 $c_0,c_1,\cdots,c_{n-1}\in\mathbb{R}$,则 T 在基 $\boldsymbol{v},T(\boldsymbol{v}),\cdots,T^{n-1}(\boldsymbol{v})$ 下的矩阵为

$$\boldsymbol{F}=\begin{pmatrix}0 & & & & -c_0\\ 1 & \ddots & & & -c_1\\ & \ddots & \ddots & & \vdots\\ & & \ddots & 0 & -c_{n-2}\\ & & & 1 & -c_{n-1}\end{pmatrix}.$$

于是,T 的特征多项式 $f(\lambda)$ 与最小多项式 $m(\lambda)$ 同为 $\lambda^n+c_{n-1}\lambda^{n-1}+\cdots+c_1\lambda+c_0$. 所以 $f(\lambda)$ 在 $\mathbb{R}$

上不可约,矛盾.

【例 7.22】 设 $f(\lambda),g(\lambda)\in K[\lambda]$ 分别是矩阵 $\boldsymbol{A},\boldsymbol{B}\in M_n(K)$ 的特征多项式,已知 $\boldsymbol{A}$ 与 $\boldsymbol{B}$ 没有公共的特征值,证明

$$\begin{pmatrix} f(\lambda) & \\ & g(\lambda)\end{pmatrix} \cong \begin{pmatrix} 1 & \\ & f(\lambda)g(\lambda)\end{pmatrix}.$$

【证】 因为 $\boldsymbol{A}$ 与 $\boldsymbol{B}$ 没有公共的特征值,特征多项式 $f(\lambda),g(\lambda)$ 互素:$(f(\lambda),g(\lambda))=1$,所以存在 $u(\lambda),v(\lambda)\in K[\lambda]$,使得 $f(\lambda)u(\lambda)+g(\lambda)v(\lambda)=1$. 故

$$\begin{pmatrix} f(\lambda) & \\ & g(\lambda)\end{pmatrix} \to \begin{pmatrix} f(\lambda) & 0 \\ f(\lambda)u(\lambda) & g(\lambda)\end{pmatrix} \to \begin{pmatrix} f(\lambda) & 0 \\ 1 & g(\lambda)\end{pmatrix}$$
$$\to \begin{pmatrix} 1 & g(\lambda) \\ f(\lambda) & 0\end{pmatrix} \to \begin{pmatrix} 1 & 0 \\ f(\lambda) & -f(\lambda)g(\lambda)\end{pmatrix} \to \begin{pmatrix} 1 & \\ & f(\lambda)g(\lambda)\end{pmatrix}.$$

【例 7.23】(北京交通大学,2005 年;河南师范大学,2015 年) 设 $m(\lambda)\in K[\lambda]$ 是矩阵 $\boldsymbol{A}\in M_n(K)$ 的最小多项式,$\varphi(\lambda)\in K[\lambda]$ 是次数大于零的多项式,证明:$|\varphi(\boldsymbol{A})|\neq 0$ 的充分必要条件是 $(m(\lambda),\varphi(\lambda))=1$.

【证】 必要性. 用反证法,若 $(m(\lambda),\varphi(\lambda))=d(\lambda)\neq 1$,则存在 $q_1(\lambda)$, $q_2(\lambda)\in K[\lambda]$,使

$$\varphi(\lambda)=d(\lambda)q_1(\lambda),\quad m(\lambda)=d(\lambda)q_2(\lambda).$$

因为 $\deg d(\lambda)\geqslant 1$,所以 $\deg q_2(\lambda)<\deg d(\lambda)+\deg q_2(\lambda)=\deg m(\lambda)$.

由于 $\varphi(\lambda)q_2(\lambda)=m(\lambda)q_1(\lambda)$,所以 $\varphi(\boldsymbol{A})q_2(\boldsymbol{A})=m(\boldsymbol{A})q_1(\boldsymbol{A})=\boldsymbol{O}$. 又由 $|\varphi(\boldsymbol{A})|\neq 0$ 可知 $\varphi(\boldsymbol{A})$ 是可逆矩阵,得 $q_2(\boldsymbol{A})=\boldsymbol{O}$,即 $q_2(\lambda)$ 是 $\boldsymbol{A}$ 的次数小于 $\deg m(\lambda)$ 的零化多项式,矛盾.

充分性. 因为 $(m(\lambda),\varphi(\lambda))=1$,所以存在 $u(\lambda),v(\lambda)\in K[\lambda]$,使得

$$m(\lambda)u(\lambda)+\varphi(\lambda)v(\lambda)=1,$$

注意到 $m(\boldsymbol{A})=\boldsymbol{O}$,则由上式可得

$$\boldsymbol{E}=m(\boldsymbol{A})u(\boldsymbol{A})+\varphi(\boldsymbol{A})v(\boldsymbol{A})=\varphi(\boldsymbol{A})v(\boldsymbol{A}),$$

故 $\varphi(\boldsymbol{A})$ 是可逆矩阵,即 $|\varphi(\boldsymbol{A})|\neq 0$.

【例 7.24】 设 $\lambda_1,\lambda_2,\lambda_3$ 是多项式 $f(x)=x^3+x^2+x+2$ 的根,$h(x)=x^2+x+1$. 求一个有理系数多项式 $g(x)$,使得 $h(\lambda_1),h(\lambda_2),h(\lambda_3)$ 是 $g(x)$ 的根.

【解】 (方法 1) 若 $f(x)$ 是某个 3 阶方阵 $\boldsymbol{A}$ 的特征多项式,则 $\lambda_1,\lambda_2,\lambda_3$ 是 $\boldsymbol{A}$ 的特征值,且 $h(\lambda_1),h(\lambda_2),h(\lambda_3)$ 是矩阵 $h(\boldsymbol{A})$ 的特征值. 所以,只要 $\boldsymbol{A}$ 是有理数域 $\mathbb{Q}$ 上的矩阵,即 $\boldsymbol{A}\in M_3(\mathbb{Q})$,就有 $h(\boldsymbol{A})\in M_3(\mathbb{Q})$,因而 $h(\boldsymbol{A})$ 的特征多项式 $H(\lambda)\in\mathbb{Q}[\lambda]$. 再取 $g(x)=H(x)$ 即可. 于是,问题就转化为求矩阵 $\boldsymbol{A}\in M_3(\mathbb{Q})$,使 $\boldsymbol{A}$ 的特征多项式为 $f(x)=x^3+x^2+x+2$.

因为 $f(x)$ 的友阵 $\boldsymbol{A}=\begin{pmatrix}0&0&-2\\1&0&-1\\0&1&-1\end{pmatrix}$,其特征多项式为 $f(x)$,易知 $h(\boldsymbol{A})=\begin{pmatrix}1&-2&0\\1&0&-2\\1&0&0\end{pmatrix}$,且 $h(\boldsymbol{A})$ 的特征多项式 $H(\lambda)=|\lambda\boldsymbol{E}-h(\boldsymbol{A})|=\lambda^3-\lambda^2+2\lambda-4$. 因此 $g(x)=H(x)$ 即为所求.

(方法2) 根据 Vieta 定理(即多项式的根与其系数的关系),有

$$\sigma_1=\lambda_1+\lambda_2+\lambda_3=-1,$$
$$\sigma_2=\lambda_1\lambda_2+\lambda_1\lambda_3+\lambda_2\lambda_3=1,$$
$$\sigma_3=\lambda_1\lambda_2\lambda_3=-2\neq 0.$$

因为$f(x)-2=xh(x)$,所以

$$h(\lambda_i)=\frac{f(\lambda_i)-2}{\lambda_i}=-\frac{2}{\lambda_i},\quad i=1,2,3.$$

于是

$$\begin{aligned}g(x)&=(x-h(\lambda_1))(x-h(\lambda_2))(x-h(\lambda_3))\\&=\left(x+\frac{2}{\lambda_1}\right)\left(x+\frac{2}{\lambda_2}\right)\left(x+\frac{2}{\lambda_3}\right)\\&=\frac{1}{\lambda_1\lambda_2\lambda_3}(\lambda_1x+2)(\lambda_2x+2)(\lambda_3x+2)\\&=-\frac{1}{2}(\sigma_3x^3+2\sigma_2x^2+4\sigma_1x+8)\\&=x^3-x^2+2x-4.\end{aligned}$$

【例7.25】(上海交通大学,2002年)　设$f(x)$是方阵$\boldsymbol{A}$的特征多项式,$g(x)$为任一多项式,有$(f(x),g(x))=d(x)$. 证明:$\operatorname{rank}(g(\boldsymbol{A}))=\operatorname{rank}(d(\boldsymbol{A}))$.

【证】　由$(f(x),g(x))=d(x)$知,存在$u(x),v(x)$,使$f(x)u(x)+g(x)v(x)=d(x)$. 根据 Hamilton-Cayley 定理,$f(\boldsymbol{A})=\boldsymbol{O}$,所以

$$d(\boldsymbol{A})=f(\boldsymbol{A})u(\boldsymbol{A})+g(\boldsymbol{A})v(\boldsymbol{A})=g(\boldsymbol{A})v(\boldsymbol{A}).$$

于是有$\operatorname{rank}(d(\boldsymbol{A}))\leqslant\operatorname{rank}(g(\boldsymbol{A}))$.

另一方面,存在$h(x)$,使得$g(x)=d(x)h(x)$,所以$\operatorname{rank}(g(\boldsymbol{A}))=\operatorname{rank}(d(\boldsymbol{A})h(\boldsymbol{A}))\leqslant\operatorname{rank}(d(\boldsymbol{A}))$. 因此$\operatorname{rank}(g(\boldsymbol{A}))=\operatorname{rank}(d(\boldsymbol{A}))$.

【例7.26】　设$\boldsymbol{M}=\begin{pmatrix}\boldsymbol{A}&\boldsymbol{E}\\\boldsymbol{O}&\boldsymbol{A}\end{pmatrix}$,已知$\boldsymbol{A}$的最小多项式$m(\lambda)=\prod_{i=1}^{s}(\lambda-\lambda_i)^{k_i}$,其中$\lambda_1,\lambda_2,\cdots,\lambda_s$两两互异,$k_1,k_2,\cdots,k_s$为正整数. 试求$\boldsymbol{M}$的最小多项式.

【解】　记$\boldsymbol{M}=\boldsymbol{B}+\boldsymbol{C}$,其中$\boldsymbol{B}=\begin{pmatrix}\boldsymbol{A}&\boldsymbol{O}\\\boldsymbol{O}&\boldsymbol{A}\end{pmatrix}$,$\boldsymbol{C}=\begin{pmatrix}\boldsymbol{O}&\boldsymbol{E}\\\boldsymbol{O}&\boldsymbol{O}\end{pmatrix}$,易知$\boldsymbol{BC}=\boldsymbol{CB}$,且$\boldsymbol{C}^2=\boldsymbol{O}$.

一般地,对于任意多项式$f(\lambda)$,利用 Taylor 展开式

$$f(\lambda)=f(\lambda_0)+f'(\lambda_0)(\lambda-\lambda_0)+\frac{f''(\lambda_0)}{2}(\lambda-\lambda_0)^2+\cdots,$$

将λ,λ_0分别换为$\boldsymbol{M},\boldsymbol{B}$,有

$$f(\boldsymbol{M})=f(\boldsymbol{B})+f'(\boldsymbol{B})\boldsymbol{C}=\begin{pmatrix}f(\boldsymbol{A})&f'(\boldsymbol{A})\\\boldsymbol{O}&f(\boldsymbol{A})\end{pmatrix}.$$

由此可知,$f(\boldsymbol{M})=\boldsymbol{O}\Leftrightarrow f(\boldsymbol{A})=\boldsymbol{O}$且$f'(\boldsymbol{A})=\boldsymbol{O}\Leftrightarrow m(\lambda)$整除$f(\lambda)$及$f'(\lambda)$.

现在,设$f(\lambda)$是$\boldsymbol{M}$的最小多项式,即$f(\lambda)$是使得$f(\boldsymbol{M})=\boldsymbol{O}$且次数最低的首一多项式. 由于$m(\lambda)\mid f(\lambda)$,故可设$f(\lambda)=m(\lambda)q(\lambda)$. 注意到$f'(\lambda)=m'(\lambda)q(\lambda)+m(\lambda)q'(\lambda)$,所

以 $m(\lambda)\mid f'(\lambda)\Leftrightarrow m(\lambda)\mid m'(\lambda)q(\lambda)$. 另一方面,易知 $m'(\lambda)=m(\lambda)\sum\limits_{i=1}^{s}\frac{k_i}{\lambda-\lambda_i}$. 欲使 $f(\lambda)$ 的次数最低,只能取 $q(\lambda)=\prod\limits_{i=1}^{s}(\lambda-\lambda_i)$,从而有 $f(\lambda)=\prod\limits_{i=1}^{s}(\lambda-\lambda_i)^{k_i+1}$.

【例 7.27】(北京大学,2007 年;苏州大学,2008 年) 设 n 维线性空间 V 的线性变换 $\mathscr{A}$ 的最小多项式与特征多项式相同. 求证:存在 $\boldsymbol{\alpha}\in V$,使得 $\boldsymbol{\alpha},\mathscr{A}(\boldsymbol{\alpha}),\mathscr{A}^2(\boldsymbol{\alpha}),\cdots,\mathscr{A}^{n-1}(\boldsymbol{\alpha})$ 为 V 的一个基.

【证】 据题设,可设 $\mathscr{A}$ 的最小多项式与特征多项式同为

$$d_n(\lambda)=\lambda^n+c_{n-1}\lambda^{n-1}+\cdots+c_1\lambda+c_0,$$

则 $\mathscr{A}$ 的前 $n-1$ 个不变因子为 $1,1,\cdots,1$,第 n 个不变因子为 $d_n(\lambda)$. 容易知道,矩阵

$$\boldsymbol{A}=\begin{pmatrix}0 & & & & -c_0\\ 1 & \ddots & & & -c_1\\ & \ddots & \ddots & & \vdots\\ & & \ddots & 0 & -c_{n-2}\\ & & & 1 & -c_{n-1}\end{pmatrix}$$

的不变因子也为 $1,1,\cdots,1,d_n(\lambda)$,所以存在 V 的一个基 $\boldsymbol{\xi}_1,\boldsymbol{\xi}_2,\cdots,\boldsymbol{\xi}_n$,使得线性变换 $\mathscr{A}$ 在这个基下的矩阵为 $\boldsymbol{A}$,即

$$\mathscr{A}(\boldsymbol{\xi}_1,\boldsymbol{\xi}_2,\cdots,\boldsymbol{\xi}_n)=(\boldsymbol{\xi}_1,\boldsymbol{\xi}_2,\cdots,\boldsymbol{\xi}_n)\boldsymbol{A}.$$

现在令 $\boldsymbol{\alpha}=\boldsymbol{\xi}_1$,则 $\mathscr{A}(\boldsymbol{\alpha})=\boldsymbol{\xi}_2,\mathscr{A}^2(\boldsymbol{\alpha})=\boldsymbol{\xi}_3,\cdots,\mathscr{A}^{n-1}(\boldsymbol{\alpha})=\boldsymbol{\xi}_n$,因此 $\boldsymbol{\alpha},\mathscr{A}(\boldsymbol{\alpha}),\cdots,\mathscr{A}^{n-1}(\boldsymbol{\alpha})$ 为 V 的一个基.

【例 7.28】(北京大学,2014 年) 设 $\mathscr{A}$ 是 n 维线性空间 V 的线性变换,$\mathscr{A}$ 的最小多项式的次数等于 n. 求证:

(1) 存在非零向量 $\boldsymbol{\alpha}\in V$,使得 $\boldsymbol{\alpha},\mathscr{A}(\boldsymbol{\alpha}),\cdots,\mathscr{A}^{n-1}(\boldsymbol{\alpha})$ 为 V 的一个基;

(2) 任何与 $\mathscr{A}$ 可交换的线性变换,均可表示成 $\mathscr{A}$ 的多项式.

【证】 (1) 设 $\mathscr{A}$ 的特征多项式与最小多项式分别为 $f(\lambda),m(\lambda)$,因为 $m(\lambda)\mid f(\lambda)$, $\deg m(\lambda)=n$,所以 $m(\lambda)=f(\lambda)$. 根据例 7.27 的结论,存在向量 $\boldsymbol{\alpha}\in V$,使得 $\boldsymbol{\alpha},\mathscr{A}(\boldsymbol{\alpha}),\cdots,\mathscr{A}^{n-1}(\boldsymbol{\alpha})$ 为 V 的一个基.

(2) 设线性变换 $\mathscr{B}$ 满足 $\mathscr{A}\mathscr{B}=\mathscr{B}\mathscr{A}$. 任取 $\boldsymbol{\xi}\in V$,由(1)知,$\boldsymbol{\xi}$ 与 $\mathscr{B}(\boldsymbol{\alpha})$ 都可由 $\boldsymbol{\alpha},\mathscr{A}(\boldsymbol{\alpha}),\cdots,\mathscr{A}^{n-1}(\boldsymbol{\alpha})$ 线性表示,即存在多项式 $d(x),g(x)$,使得 $\boldsymbol{\xi}=d(\mathscr{A})(\boldsymbol{\alpha})$, $\mathscr{B}(\boldsymbol{\alpha})=g(\mathscr{A})(\boldsymbol{\alpha})$. 所以

$$\mathscr{B}(\boldsymbol{\xi})=\mathscr{B}d(\mathscr{A})(\boldsymbol{\alpha})=d(\mathscr{A})\mathscr{B}(\boldsymbol{\alpha})=d(\mathscr{A})g(\mathscr{A})(\boldsymbol{\alpha})=g(\mathscr{A})(\boldsymbol{\xi}).$$

由于 $\boldsymbol{\xi}$ 的任意性,即得 $\mathscr{B}=g(\mathscr{A})$.

【注】 相反的结论也成立:如果任何与 $\mathscr{A}$ 可交换的线性变换均可表示成 $\mathscr{A}$ 的多项式,那么 $\mathscr{A}$ 的特征多项式与最小多项式相等.

事实上,若 $\mathscr{A}$ 的特征多项式与最小多项式不相等,则 $\mathscr{A}$ 的不变因子 $d_{n-1}(\lambda),d_n(\lambda)\neq 1$,且 $d_{n-1}(\lambda)\mid d_n(\lambda)$. 因此,必存在 V 的一个基使得 $\mathscr{A}$ 在这个基下的矩阵为有理标准形

$$\boldsymbol{F}=\operatorname{diag}(\boldsymbol{F}_1,\boldsymbol{F}_2,\cdots),$$

其中 $\boldsymbol{F}_1,\boldsymbol{F}_2$ 分别为 $d_n(\lambda),d_{n-1}(\lambda)$ 的友阵. 故 $\boldsymbol{F}_1,\boldsymbol{F}_2$ 的特征多项式分别为 $d_n(\lambda)$ 与 $d_{n-1}(\lambda)$，二者不互素. 根据本章例 7.109 知，存在矩阵 $\boldsymbol{X}\neq\boldsymbol{O}$ 使得 $\boldsymbol{F}_1\boldsymbol{X}=\boldsymbol{X}\boldsymbol{F}_2$. 显然，矩阵

$$\boldsymbol{G}=\begin{pmatrix}\boldsymbol{O} & \boldsymbol{X} & \\ & \boldsymbol{O} & \\ & & *\end{pmatrix}$$

与 $\boldsymbol{F}$ 可交换，但不能表示成 $\boldsymbol{F}$ 的多项式. 因此 $\boldsymbol{G}$ 对应的线性变换 $\mathscr{B}$ 与线性变换 $\mathscr{A}$ 可交换，但不能表示成 $\mathscr{A}$ 的多项式. 矛盾.

【例 7.29】(南京大学,2009 年)　设 $\boldsymbol{A}$ 为 n 阶复方阵. 证明：存在一个 n 维向量 $\boldsymbol{\alpha}$，使得 $\boldsymbol{\alpha},\boldsymbol{A}\boldsymbol{\alpha},\cdots,\boldsymbol{A}^{n-1}\boldsymbol{\alpha}$ 线性无关的充分必要条件是 $\boldsymbol{A}$ 的每一个特征值恰有一个线性无关的特征向量.

【证】　必要性. 由于 $\boldsymbol{\alpha},\boldsymbol{A}\boldsymbol{\alpha},\cdots,\boldsymbol{A}^{n-1}\boldsymbol{\alpha}$ 线性无关，构成 $\mathbb{C}^n$ 的一个基，故存在唯一的一组数 $b_0,b_1,\cdots,b_{n-1}\in\mathbb{C}$，使得

$$\boldsymbol{A}^n\boldsymbol{\alpha}=b_0\boldsymbol{\alpha}+b_1\boldsymbol{A}\boldsymbol{\alpha}+\cdots+b_{n-1}\boldsymbol{A}^{n-1}\boldsymbol{\alpha}.$$

设 λ 是 $\boldsymbol{A}$ 的任一特征值，$\boldsymbol{\xi}$ 是 $\boldsymbol{A}$ 的属于 λ 的特征向量，令 $\boldsymbol{\xi}=x_0\boldsymbol{\alpha}+x_1\boldsymbol{A}\boldsymbol{\alpha}+\cdots+x_{n-1}\boldsymbol{A}^{n-1}\boldsymbol{\alpha}$，则由 $\boldsymbol{A}\boldsymbol{\xi}=\lambda\boldsymbol{\xi}$ 可得

$$\begin{pmatrix}-\lambda & & & & b_0\\ 1 & \ddots & & & b_1\\ & \ddots & \ddots & & \vdots\\ & & \ddots & -\lambda & b_{n-2}\\ & & & 1 & -\lambda+b_{n-1}\end{pmatrix}\begin{pmatrix}x_0\\ x_1\\ \vdots\\ x_{n-2}\\ x_{n-1}\end{pmatrix}=\begin{pmatrix}0\\0\\ \vdots\\0\\0\end{pmatrix}.$$

这就表明，$\boldsymbol{\xi}$ 的坐标向量 $(x_0,x_1,\cdots,x_{n-1})$ 是上述齐次方程组的解，由于这个方程组系数矩阵的秩为 $n-1$，仅有一个线性无关的解，因此 λ 恰好对应唯一的线性无关的特征向量.

充分性. 设 $\lambda_1,\lambda_2,\cdots,\lambda_s$ 是 $\boldsymbol{A}$ 的所有互不相同的特征值，且每一个特征值恰好对应一个线性无关的特征向量，从而对每个 λ_i 恰有一个 Jordan 块，因此 $\boldsymbol{A}$ 的所有初等因子为

$$(\lambda-\lambda_1)^{n_1},\ (\lambda-\lambda_2)^{n_2},\ \cdots,\ (\lambda-\lambda_s)^{n_s},\quad \sum_{k=1}^{s}n_k=n,$$

于是 $\boldsymbol{A}$ 的最小多项式与特征多项式同为

$$g(\lambda)=(\lambda-\lambda_1)^{n_1}(\lambda-\lambda_2)^{n_2}\cdots(\lambda-\lambda_s)^{n_s}.$$

于是，$\boldsymbol{A}$ 的前 $n-1$ 个不变因子均为 1，第 n 个不变因子为 $g(\lambda)$. 把 $g(\lambda)$ 的展开式表示为

$$g(\lambda)=\lambda^n+b_{n-1}\lambda^{n-1}+\cdots+b_1\lambda+b_0,$$

容易知道，矩阵

$$\boldsymbol{B}=\begin{pmatrix}0 & & & & -b_0\\ 1 & \ddots & & & -b_1\\ & \ddots & \ddots & & \vdots\\ & & \ddots & 0 & -b_{n-2}\\ & & & 1 & -b_{n-1}\end{pmatrix}$$

的不变因子也为 $1,1,\cdots,1,g(\lambda)$，所以 $\boldsymbol{A}$ 相似于 $\boldsymbol{B}$，即存在可逆矩阵 $\boldsymbol{Q}$，使得 $\boldsymbol{Q}^{-1}\boldsymbol{A}\boldsymbol{Q}=\boldsymbol{B}$. 将 $\boldsymbol{Q}$ 按列分块为 $\boldsymbol{Q}=(\boldsymbol{\xi}_1,\boldsymbol{\xi}_2,\cdots,\boldsymbol{\xi}_n)$，则

$$\boldsymbol{A}(\boldsymbol{\xi}_1,\boldsymbol{\xi}_2,\cdots,\boldsymbol{\xi}_n)=(\boldsymbol{\xi}_1,\boldsymbol{\xi}_2,\cdots,\boldsymbol{\xi}_n)\boldsymbol{B}.$$

令 $\boldsymbol{\alpha}=\boldsymbol{\xi}_1$，比较上式可得 $\boldsymbol{A}\boldsymbol{\alpha}=\boldsymbol{\xi}_2,\boldsymbol{A}^2\boldsymbol{\alpha}=\boldsymbol{\xi}_3,\cdots,\boldsymbol{A}^{n-1}\boldsymbol{\alpha}=\boldsymbol{\xi}_n$，因此 $\boldsymbol{\alpha},\boldsymbol{A}\boldsymbol{\alpha},\cdots,\boldsymbol{A}^{n-1}\boldsymbol{\alpha}$ 线性无关.

【例 7.30】(中国科学技术大学,1998 年)　证明：复方阵 $\boldsymbol{A}$ 的最小多项式与特征多项式相等的充分必要条件是：$\boldsymbol{A}$ 的特征子空间都是一维的.

【证】　必要性. 设 n 阶方阵 $\boldsymbol{A}$ 的最小多项式 $m(\lambda)$ 与特征多项式 $f(\lambda)$ 相等，将 $m(\lambda)$ 在复数域上分解为互不相同的一次式方幂之积，即

$$m(\lambda)=(\lambda-\lambda_1)^{n_1}(\lambda-\lambda_2)^{n_2}\cdots(\lambda-\lambda_s)^{n_s},$$

其中 $\lambda_1,\lambda_2,\cdots,\lambda_s$ 是 $\boldsymbol{A}$ 的所有互不相同的特征值，$\sum\limits_{k=1}^{s}n_k=n$，则 $\boldsymbol{A}$ 的所有初等因子为

$$(\lambda-\lambda_1)^{n_1},\ (\lambda-\lambda_2)^{n_2},\ \cdots,\ (\lambda-\lambda_s)^{n_s},$$

因此，$\boldsymbol{A}$ 的 Jordan 标准形为 $\boldsymbol{J}=\mathrm{diag}(\boldsymbol{J}_1,\boldsymbol{J}_2,\cdots,\boldsymbol{J}_s)$，其中 $\boldsymbol{J}_k=\boldsymbol{J}_{n_k}(\lambda_k)$ 是主对角线上的元素为 λ_k 的 n_k 阶 Jordan 块，$k=1,2,\cdots,s$.

对于 $\boldsymbol{A}$ 的任一特征值 λ_k，因为 $\boldsymbol{A}$ 相似于 $\boldsymbol{J}$，所以 $\lambda_k\boldsymbol{E}-\boldsymbol{A}$ 相似于 $\lambda_k\boldsymbol{E}-\boldsymbol{J}$，于是

$$\mathrm{rank}(\lambda_k\boldsymbol{E}-\boldsymbol{A})=\mathrm{rank}(\lambda_k\boldsymbol{E}-\boldsymbol{J})=\sum_{j=1}^{s}\mathrm{rank}(\lambda_k\boldsymbol{E}_{n_j}-\boldsymbol{J}_j)=n-1,$$

这表明齐次方程组 $(\lambda_k\boldsymbol{E}-\boldsymbol{A})\boldsymbol{x}=\boldsymbol{0}$ 的解空间是一维的，即特征子空间 V_{λ_k} 的维数 $\dim V_{\lambda_k}=1$.

充分性. 设 $\lambda_1,\lambda_2,\cdots,\lambda_s$ 是 $\boldsymbol{A}$ 的所有互异的特征值，其重数分别为 $n_1,n_2,\cdots,n_s$，$\sum\limits_{k=1}^{s}n_k=n$. 因为 $\dim V_{\lambda_k}=1(k=1,2,\cdots,s)$，所以 $\mathrm{rank}(\lambda_k\boldsymbol{E}-\boldsymbol{J})=\mathrm{rank}(\lambda_k\boldsymbol{E}-\boldsymbol{A})=n-1$. 这表明对应于 λ_k 仅有一个 Jordan 块 $\boldsymbol{J}_k=\boldsymbol{J}_{n_k}(\lambda_k)$. 注意到 $\boldsymbol{J}_k$ 的初等因子为 $(\lambda-\lambda_k)^{n_k}$，因此 $\boldsymbol{A}$ 的最小多项式为

$$\begin{aligned}m(\lambda)=m_{\boldsymbol{J}}(\lambda)&=[m_{\boldsymbol{J}_1}(\lambda),m_{\boldsymbol{J}_2}(\lambda),\cdots,m_{\boldsymbol{J}_s}(\lambda)]\\&=(\lambda-\lambda_1)^{n_1}(\lambda-\lambda_2)^{n_2}\cdots(\lambda-\lambda_s)^{n_s}.\end{aligned}$$

另一方面，$m(\lambda)$ 可整除 $f(\lambda)$，而 $m(\lambda)$ 与 $f(\lambda)$ 都是 n 次首一多项式，所以 $m(\lambda)=f(\lambda)$.

【例 7.31】(武汉大学,2016 年)　设 V 是数域 F 上的 n 维线性空间，T 是 V 的一个可对角化线性变换. 证明下述命题相互等价：

(1) T 在数域 F 上有 n 个互不相同的特征值；

(2) 存在向量 $\boldsymbol{\alpha}\in V$，使得 $\boldsymbol{\alpha},T(\boldsymbol{\alpha}),\cdots,T^{n-1}(\boldsymbol{\alpha})$ 线性无关.

【证】　因为 T 是可对角化的，所以存在 V 的一个基，使得 T 在这个基下的矩阵为

$$\mathrm{diag}(\lambda_1,\lambda_2,\cdots,\lambda_n),$$

其中 $\lambda_1,\lambda_2,\cdots,\lambda_n$ 是 T 在数域 F 上的特征值.

(2)$\Rightarrow$(1). 用反证法. 假设 T 有两个特征值相同，不妨设 $\lambda_1=\lambda_2$，则 T 的最小多项式为

$$m(\lambda)=(\lambda-\lambda_2)(\lambda-\lambda_3)\cdots(\lambda-\lambda_n)=\lambda^{n-1}+b_{n-2}\lambda^{n-2}+\cdots+b_1\lambda+b_0.$$

于是，对任意 $\boldsymbol{\alpha}\in V$，由 $m(T)=0$ 得，$m(T)(\boldsymbol{\alpha})=\boldsymbol{0}$，即

$$T^{n-1}(\boldsymbol{\alpha})+b_{n-2}T^{n-2}(\boldsymbol{\alpha})+\cdots+b_1T(\boldsymbol{\alpha})+b_0\boldsymbol{\alpha}=\boldsymbol{0}.$$

故 $\boldsymbol{\alpha},T(\boldsymbol{\alpha}),\cdots,T^{n-1}(\boldsymbol{\alpha})$ 线性相关. 此与(2)矛盾，所以 T 在数域 F 上有 n 个互不相同的特

征值.

(1)⇒(2). 设$\boldsymbol{\xi}_i$是T的属于λ_i的特征向量,即$T(\boldsymbol{\xi}_i)=\lambda_i\boldsymbol{\xi}_i, i=1,2,\cdots,n$,则$\boldsymbol{\xi}_1,\boldsymbol{\xi}_2,\cdots,\boldsymbol{\xi}_n$构成$V$的一个基. 令$\boldsymbol{\alpha}=\boldsymbol{\xi}_1+\boldsymbol{\xi}_2+\cdots+\boldsymbol{\xi}_n$,由于$\boldsymbol{\alpha},T(\boldsymbol{\alpha}),\cdots,T^{n-1}(\boldsymbol{\alpha})$在基$\boldsymbol{\xi}_1,\boldsymbol{\xi}_2,\cdots,\boldsymbol{\xi}_n$下的坐标向量构成一 Vandermonde 行列式

$$\begin{vmatrix} 1 & \lambda_1 & \cdots & \lambda_1^{n-1} \\ 1 & \lambda_2 & \cdots & \lambda_2^{n-1} \\ \vdots & \vdots & & \vdots \\ 1 & \lambda_n & \cdots & \lambda_n^{n-1} \end{vmatrix} = \prod_{1\leqslant j<i\leqslant n}(\lambda_i-\lambda_j)\neq 0,$$

因此$\boldsymbol{\alpha},T(\boldsymbol{\alpha}),\cdots,T^{n-1}(\boldsymbol{\alpha})$线性无关.

【例 7.32】 设V是数域P上的n维线性空间,σ是V的线性变换,其最小多项式$m(\lambda)$有因式分解$m(\lambda)=p_1(\lambda)p_2(\lambda)\cdots p_s(\lambda)$,其中$p_i(\lambda)$为首一不可约多项式($i=1,2,\cdots,s$),且$i\neq j$时,有$(p_i(\lambda),p_j(\lambda))=1$. 又设$W_i=p_i(\sigma)^{-1}(\mathbf{0})$. 证明:

(1) W_i是σ的不变子空间,且$\dim W_i>0$;

(2) V有直和分解:$V=W_1\oplus W_2\oplus\cdots\oplus W_s$.

【证】 (1) 首先,$\forall\boldsymbol{\alpha}\in W_i$,则$p_i(\sigma)(\boldsymbol{\alpha})=\mathbf{0}$,所以$p_i(\sigma)(\sigma(\boldsymbol{\alpha}))=\sigma(p_i(\sigma)(\boldsymbol{\alpha}))=\mathbf{0}$,即$\sigma(\boldsymbol{\alpha})\in p_i(\sigma)^{-1}(\mathbf{0})$,因此$p_i(\sigma)^{-1}(\mathbf{0})$是$\sigma$的不变子空间. 其次,由于$m(\lambda)$是$\sigma$的最小多项式,故存在$\boldsymbol{\alpha}\in V,\boldsymbol{\alpha}\neq\mathbf{0}$,使$m(\sigma)(\boldsymbol{\alpha})=\mathbf{0}$,且

$$p_1(\sigma)\cdots p_{i-1}(\sigma)p_{i+1}(\sigma)\cdots p_s(\sigma)(\boldsymbol{\alpha})\neq\mathbf{0}.$$

若令$\boldsymbol{\beta}=\prod\limits_{j\neq i}p_j(\sigma)(\boldsymbol{\alpha})$,则$\boldsymbol{\beta}\neq\mathbf{0}$,且$\boldsymbol{\beta}\in p_i(\sigma)^{-1}(\mathbf{0})$,所以$\dim W_i>0$.

(2) 令$d_i(\lambda)=\dfrac{m(\lambda)}{p_i(\lambda)}, i=1,2,\cdots,s$,则$d_1(\lambda),d_2(\lambda),\cdots,d_s(\lambda)$互素,故存在$u_1(\lambda),u_2(\lambda),\cdots,u_s(\lambda)\in P[x]$,使$\sum\limits_{i=1}^{s}u_i(\lambda)d_i(\lambda)=1$. 所以$\forall\boldsymbol{\alpha}\in V$,有

$$\boldsymbol{\alpha}=u_1(\sigma)d_1(\sigma)(\boldsymbol{\alpha})+\cdots+u_s(\sigma)d_s(\sigma)(\boldsymbol{\alpha})=\boldsymbol{\alpha}_1+\boldsymbol{\alpha}_2+\cdots+\boldsymbol{\alpha}_s,$$

其中$\boldsymbol{\alpha}_i=u_i(\sigma)d_i(\sigma)(\boldsymbol{\alpha})$. 于是$p_i(\sigma)(\boldsymbol{\alpha}_i)=u_i(\sigma)m(\sigma)(\boldsymbol{\alpha})=\mathbf{0}$,所以$\boldsymbol{\alpha}_i\in W_i$. 因此

$$V=W_1+W_2+\cdots+W_s.$$

进一步,设$\mathbf{0}=\boldsymbol{\beta}_1+\boldsymbol{\beta}_2+\cdots+\boldsymbol{\beta}_s$,其中$\boldsymbol{\beta}_i\in W_i(i=1,2,\cdots,s)$. 易知$d_i(\sigma)(\boldsymbol{\beta}_i)=\mathbf{0}$. 另一方面,由于$(p_i(\lambda),d_i(\lambda))=1$,有$u(\lambda)d_i(\lambda)+v(\lambda)p_i(\lambda)=1$,所以

$$\boldsymbol{\beta}_i=u(\sigma)d_i(\sigma)(\boldsymbol{\beta}_i)+v(\sigma)p_i(\sigma)(\boldsymbol{\beta}_i)=\mathbf{0},$$

即V中的零向量表示法唯一. 因此$V=W_1\oplus W_2\oplus\cdots\oplus W_s$.

§7.3 矩阵相似与可对角化(Ⅱ)

基本理论与要点提示

7.3.1 矩阵相似(续)

(1) 设矩阵$\boldsymbol{A},\boldsymbol{B}\in M_n(K)$,则

$\boldsymbol{A}\sim\boldsymbol{B}$

$\Leftrightarrow$ $\lambda\boldsymbol{E}-\boldsymbol{A}\cong\lambda\boldsymbol{E}-\boldsymbol{B}$,即 $\boldsymbol{A},\boldsymbol{B}$ 的特征矩阵等价

$\Leftrightarrow$ $\boldsymbol{A},\boldsymbol{B}$ 有相同的行列式因子

$\Leftrightarrow$ $\boldsymbol{A},\boldsymbol{B}$ 有相同的不变因子

$\Leftrightarrow$ $\boldsymbol{A},\boldsymbol{B}$ 有相同的初等因子;

(2) 设矩阵 $\boldsymbol{A},\boldsymbol{B}\in M_n(K)$,则

$\boldsymbol{A}\sim\boldsymbol{B}$

$\Rightarrow$ $\boldsymbol{A},\boldsymbol{B}$ 有相同的秩

$\Rightarrow$ $\boldsymbol{A},\boldsymbol{B}$ 有相同的迹

$\Rightarrow$ $\boldsymbol{A},\boldsymbol{B}$ 有相同的行列式

$\Rightarrow$ $\boldsymbol{A},\boldsymbol{B}$ 有相同的特征值

$\Rightarrow$ $\boldsymbol{A},\boldsymbol{B}$ 有相同的最小多项式

7.3.2 可对角化问题(续)

(1) 设矩阵 $\boldsymbol{A}\in M_n(K)$ 有 n 个互不相同的特征值,则 $\boldsymbol{A}$ 可相似对角化;

(2) 设矩阵 $\boldsymbol{A}\in M_n(K)$,则

$\boldsymbol{A}$ 可相似对角化

$\Leftrightarrow$ $\boldsymbol{A}$ 有 n 个线性无关的特征向量

$\Leftrightarrow$ $\boldsymbol{A}$ 的任一特征值的几何重数等于代数重数

$\Leftrightarrow$ $\boldsymbol{A}$ 的初等因子全是一次式

$\Leftrightarrow$ $\boldsymbol{A}$ 的最小多项式无重根

典型问题解析

【例 7.33】(复旦大学,2001 年) 问下列两个方阵是否相似,说明理由:

$$\begin{pmatrix}1&0&0&0\\0&-1&0&0\\0&0&0&1\\0&0&0&0\end{pmatrix},\quad\begin{pmatrix}-1&0&0&0\\-1&1&1&-1\\-1&0&0&0\\-1&0&1&0\end{pmatrix}.$$

【解】 经计算(过程略),这两个矩阵的 Smith 标准形分别为

$$\begin{pmatrix}1&&&\\&1&&\\&&1&\\&&&\lambda^2(\lambda+1)(\lambda-1)\end{pmatrix},\quad\begin{pmatrix}1&&&\\&1&&\\&&\lambda&\\&&&\lambda(\lambda+1)(\lambda-1)\end{pmatrix}.$$

由此可知,它们的不变因子分别为

$$1,\ 1,\ 1,\ \lambda^2(\lambda+1)(\lambda-1);\quad 1,\ 1,\ \lambda,\ \lambda(\lambda+1)(\lambda-1).$$

因为这两个矩阵的不变因子不同,所以它们不相似.

【例 7.34】(南开大学,2003 年;重庆大学,2008 年) 设 V 是数域 P 上的 3 维线性空间,线性变换 $f:V\to V$ 在 V 的基 $\boldsymbol{e}_1,\boldsymbol{e}_2,\boldsymbol{e}_3$ 下的矩阵为

$$A=\begin{pmatrix}4&6&-15\\1&3&-5\\1&2&-4\end{pmatrix},$$

问 f 可否在 V 的某个基下的矩阵为

$$B=\begin{pmatrix}1&-3&3\\-2&-6&13\\-1&-4&8\end{pmatrix},$$

为什么?

【解】 经直接计算,得 A 的不变因子为

$$d_1(\lambda)=1,\ d_2(\lambda)=\lambda-1,\ d_3(\lambda)=(\lambda-1)^2;$$

B 的不变因子为

$$d_1'(\lambda)=1,\ d_2'(\lambda)=1,\ d_3'(\lambda)=(\lambda-1)^3.$$

因为 A 与 B 的不变因子不同,所以 A 与 B 不相似,因此 f 在 V 的任一基下的矩阵都不可能为 B.

【例 7.35】 设 A 的特征矩阵等价于 $\mathrm{diag}(1,1,1,\lambda^2+2\lambda+3,\lambda^3+\lambda^2+\lambda+1)$,证明:$A$ 相似于分块对角矩阵 $\mathrm{diag}(B_1,B_2)$,其中

$$B_1=\begin{pmatrix}0&-3\\1&-2\end{pmatrix},\quad B_2=\begin{pmatrix}0&0&-1\\1&0&-1\\0&1&-1\end{pmatrix}.$$

【证】 记 $f(\lambda)=\lambda^2+2\lambda+3, g(\lambda)=\lambda^3+\lambda^2+\lambda+1,\ B=\mathrm{diag}(B_1,\ B_2)$.

易知,B_1 的不变因子组为 $1,f(\lambda)$;B_2 的不变因子组为 $1,1,g(\lambda)$. 所以

$$\lambda E_2-B_1\cong\mathrm{diag}(1,f(\lambda)),\quad \lambda E_3-B_2\cong\mathrm{diag}(1,1,g(\lambda)).$$

因此,有

$$\lambda E-B\cong\mathrm{diag}(1,f(\lambda),1,1,g(\lambda))\cong\mathrm{diag}(1,1,1,f(\lambda),g(\lambda))\cong\lambda E-A.$$

故 A 相似于 B.

【例 7.36】(东南大学,2005 年) 设矩阵 $A=\begin{pmatrix}1&a&b\\0&c&d\\0&0&1\end{pmatrix}$, $B=\begin{pmatrix}a&0&0\\1&b&0\\d&1&c\end{pmatrix}$. 问:当参数 a, b,c,d 满足什么条件时,矩阵 A 与 B 是相似的?

【解】 注意到 A,B 都是三角矩阵,且都以参数 c 为主对角元,所以可考虑对 c 的取值进行讨论.

(1) $c=1$. 因为 A 的特征多项式为 $(\lambda-1)^3$,欲 $A\sim B$,B 的特征多项式应为 $(\lambda-1)^3$,所以 $a=b=1$. 此时,B 的最小多项式为 $(\lambda-1)^3$,那么 A 的最小多项式应为 $(\lambda-1)^3$. 经计算,有

$$(A-E)^2=\begin{pmatrix}0&0&d\\0&0&0\\0&0&0\end{pmatrix},$$

由于 $(A-E)^2\neq O$,所以 $d\neq 0$.

反之,当 $a=b=c=1,d\neq 0$ 时,易知 A 和 B 的初等因子都为 $(\lambda-1)^3$,因此 $A\sim B$.

(2) $c\neq1$. 欲 $\boldsymbol{A}\sim\boldsymbol{B}$，$\boldsymbol{A}$ 和 $\boldsymbol{B}$ 的特征多项式应同为$(\lambda-1)^2(\lambda-c)$，仍有 $a=b=1$. 此时 $\boldsymbol{B}$ 的最小多项式为$(\lambda-1)^2(\lambda-c)$，那么 $\boldsymbol{A}$ 的最小多项式也为$(\lambda-1)^2(\lambda-c)$，因此应有

$$(\boldsymbol{A}-\boldsymbol{E})(\boldsymbol{A}-c\boldsymbol{E})=\begin{pmatrix}0&0&1-c+d\\0&0&0\\0&0&0\end{pmatrix}\neq\boldsymbol{O},$$

即 $d\neq c-1$. 反之，若 $a=b=1$，$c\neq1$，$d\neq c-1$，则 $\boldsymbol{A}$，$\boldsymbol{B}$ 的初等因子都为$(\lambda-1)^2$，$\lambda-c$，故 $\boldsymbol{A}\sim\boldsymbol{B}$.

综上所述，如果 $a=b=c=1$，$d\neq0$ 或 $a=b=1$，$c\neq1$，$d\neq c-1$，那么 $\boldsymbol{A}$ 相似于 $\boldsymbol{B}$.

【例 7.37】(浙江大学,2006 年)　设 3 阶方阵 $\boldsymbol{A},\boldsymbol{B},\boldsymbol{C},\boldsymbol{D}\in M_3(\mathbb{C})$ 具有相同的特征多项式，证明其中必有两个矩阵相似.

【证】　因为 $\boldsymbol{A},\boldsymbol{B},\boldsymbol{C},\boldsymbol{D}$ 具有相同的特征多项式，所以有相同的特征值，设为 $\lambda_1,\lambda_2,\lambda_3$，下面分为三种情形讨论：

(1) $\lambda_1,\lambda_2,\lambda_3$ 互不相等，此时 $\boldsymbol{A},\boldsymbol{B},\boldsymbol{C},\boldsymbol{D}$ 具有相同的 Jordan 标准形

$$\boldsymbol{J}=\mathrm{diag}(\lambda_1,\lambda_2,\lambda_3),$$

所以 $\boldsymbol{A},\boldsymbol{B},\boldsymbol{C},\boldsymbol{D}$ 中任意两个矩阵都相似.

(2) $\lambda_1,\lambda_2,\lambda_3$ 仅有两个相等，不妨设 $\lambda_1=\lambda_3$，此时 $\boldsymbol{A},\boldsymbol{B},\boldsymbol{C},\boldsymbol{D}$ 可能的 Jordan 标准形为

$$\boldsymbol{J}_1=\begin{pmatrix}\lambda_1&1&\\&\lambda_1&\\&&\lambda_2\end{pmatrix},\quad \boldsymbol{J}_2=\begin{pmatrix}\lambda_1&&\\&\lambda_1&\\&&\lambda_2\end{pmatrix},$$

所以 $\boldsymbol{A},\boldsymbol{B},\boldsymbol{C},\boldsymbol{D}$ 中至少有两个矩阵或者都与 $\boldsymbol{J}_1$ 相似，或者都与 $\boldsymbol{J}_2$ 相似，故这两个矩阵相似.

(3) $\lambda_1,\lambda_2,\lambda_3$ 三个都相等：$\lambda_1=\lambda_2=\lambda_3$，此时 $\boldsymbol{A},\boldsymbol{B},\boldsymbol{C},\boldsymbol{D}$ 可能的 Jordan 标准形为

$$\boldsymbol{J}_1=\begin{pmatrix}\lambda_1&1&\\&\lambda_1&1\\&&\lambda_1\end{pmatrix},\quad \boldsymbol{J}_2=\begin{pmatrix}\lambda_1&1&\\&\lambda_1&\\&&\lambda_1\end{pmatrix},\quad \boldsymbol{J}_3=\begin{pmatrix}\lambda_1&&\\&\lambda_1&\\&&\lambda_1\end{pmatrix},$$

所以 $\boldsymbol{A},\boldsymbol{B},\boldsymbol{C},\boldsymbol{D}$ 中至少有两个矩阵都与 $\boldsymbol{J}_1,\boldsymbol{J}_2,\boldsymbol{J}_3$ 中的一个相似，故这两个矩阵相似.

【例 7.38】　试举例说明在 $M_4(\mathbb{C})$ 中存在矩阵 $\boldsymbol{A},\boldsymbol{B}$，满足 $\boldsymbol{A},\boldsymbol{B}$ 都只有一个特征值 λ_0 且 $\dim(V_{\lambda_0}(\boldsymbol{A}))=\dim(V_{\lambda_0}(\boldsymbol{B}))$，但 $\boldsymbol{A}$ 与 $\boldsymbol{B}$ 不相似.

【解】　例如，设

$$\boldsymbol{A}=\begin{pmatrix}\lambda_0&1&&\\&\lambda_0&1&\\&&\lambda_0&\\&&&\lambda_0\end{pmatrix},\quad \boldsymbol{B}=\begin{pmatrix}\lambda_0&1&&\\&\lambda_0&&\\&&\lambda_0&1\\&&&\lambda_0\end{pmatrix},$$

则 $\boldsymbol{A},\boldsymbol{B}$ 都只有一个特征值 λ_0，且 $\dim(V_{\lambda_0}(\boldsymbol{A}))=2=\dim(V_{\lambda_0}(\boldsymbol{B}))$，但 $\boldsymbol{A}$ 与 $\boldsymbol{B}$ 不相似.

【例 7.39】　设 $\boldsymbol{A},\boldsymbol{B}\in M_3(\mathbb{C})$ 都只有一个特征值 λ_0. 证明：$\boldsymbol{A}$ 与 $\boldsymbol{B}$ 相似的充分必要条件是

$$\dim(V_{\lambda_0}(\boldsymbol{A}))=\dim(V_{\lambda_0}(\boldsymbol{B})),$$

这里 $V_{\lambda_0}(\boldsymbol{A})$，$V_{\lambda_0}(\boldsymbol{B})$ 分别表示 $\boldsymbol{A},\boldsymbol{B}$ 的属于 λ_0 的特征子空间.

【证】　必要性. 因为 $\boldsymbol{A}$ 与 $\boldsymbol{B}$ 相似,所以 $\lambda_0\boldsymbol{E}-\boldsymbol{A}$ 与 $\lambda_0\boldsymbol{E}-\boldsymbol{B}$ 相似,从而 $\mathrm{rank}(\lambda_0\boldsymbol{E}-\boldsymbol{A})=\mathrm{rank}(\lambda_0\boldsymbol{E}-\boldsymbol{B})$,故

$$\dim(V_{\lambda_0}(\boldsymbol{A}))=3-\mathrm{rank}(\lambda_0\boldsymbol{E}-\boldsymbol{A})=3-\mathrm{rank}(\lambda_0\boldsymbol{E}-\boldsymbol{B})=\dim(V_{\lambda_0}(\boldsymbol{B})).$$

充分性. 记 $\boldsymbol{A},\boldsymbol{B}$ 的 Jordan 标准形分别为 $\boldsymbol{J_A}$ 和 $\boldsymbol{J_B}$. 因为 $\boldsymbol{A},\boldsymbol{B}$ 都只有一个特征值 λ_0,所以 $\boldsymbol{J_A}$ 和 $\boldsymbol{J_B}$ 都只能有以下3种可能性:

$$\begin{pmatrix}\lambda_0 & 1 & \\ & \lambda_0 & 1\\ & & \lambda_0\end{pmatrix},\quad \left(\begin{array}{cc|c}\lambda_0 & 1 & \\ & \lambda_0 & \\ \hline & & \lambda_0\end{array}\right),\quad \begin{pmatrix}\lambda_0 & & \\ & \lambda_0 & \\ & & \lambda_0\end{pmatrix}.$$

现在,由于 $\dim(V_{\lambda_0}(\boldsymbol{A}))=\dim(V_{\lambda_0}(\boldsymbol{B}))$,所以 $\mathrm{rank}(\lambda_0\boldsymbol{E}-\boldsymbol{A})=\mathrm{rank}(\lambda_0\boldsymbol{E}-\boldsymbol{B})$,从而

$$\mathrm{rank}(\lambda_0\boldsymbol{E}-\boldsymbol{J_A})=\mathrm{rank}(\lambda_0\boldsymbol{E}-\boldsymbol{J_B}).$$

因此 $\boldsymbol{J_A}=\boldsymbol{J_B}$,故 $\boldsymbol{A}$ 与 $\boldsymbol{B}$ 相似.

【例7.40】(南开大学,2013年;浙江大学,2003年)　设 $\boldsymbol{A}$ 为 n 阶复方阵. 求证:如果 $\boldsymbol{A}$ 不可逆也不是幂零矩阵,那么存在 n 阶可逆矩阵 $\boldsymbol{P}$,使得 $\boldsymbol{P}^{-1}\boldsymbol{AP}=\begin{pmatrix}\boldsymbol{B} & \boldsymbol{O}\\ \boldsymbol{O} & \boldsymbol{C}\end{pmatrix}$,其中 $\boldsymbol{B}$ 是可逆矩阵,$\boldsymbol{C}$ 是幂零矩阵,即存在正整数 m 使得 $\boldsymbol{C}^m=\boldsymbol{O}$.

【证】　注意到 $\boldsymbol{A}$ 不可逆,至少有一个特征值为0,所以 $\boldsymbol{A}$ 的 Jordan 标准形 $\boldsymbol{J}$ 中必有以0为特征值的 Jordan 块. 又 $\boldsymbol{A}$ 不是幂零矩阵,因此,存在可逆矩阵 $\boldsymbol{P}$ 使得 $\boldsymbol{P}^{-1}\boldsymbol{AP}=\boldsymbol{J}$,其中

$$\boldsymbol{J}=\begin{pmatrix}\boldsymbol{B} & \\ & \boldsymbol{C}\end{pmatrix},$$

这里 $\boldsymbol{B}=\mathrm{diag}(\boldsymbol{J}_1,\boldsymbol{J}_2,\cdots,\boldsymbol{J}_s)$ 是 n_s 阶方阵,其中 Jordan 块 $\boldsymbol{J}_k$ 的特征值都不为 $0(k=1,2,\cdots,s)$,而 $\boldsymbol{C}$ 是 $\boldsymbol{J}$ 中所有以0为特征值的 Jordan 块构成的分块对角矩阵,即

$$\boldsymbol{C}=\begin{pmatrix}\boldsymbol{J}_{n_1}(0) & & & \\ & \boldsymbol{J}_{n_2}(0) & & \\ & & \ddots & \\ & & & \boldsymbol{J}_{n_t}(0)\end{pmatrix},\quad \boldsymbol{J}_{n_k}(0)=\begin{pmatrix}0 & 1 & & \\ & 0 & \ddots & \\ & & \ddots & 1\\ & & & 0\end{pmatrix}_{n_k\times n_k},$$

其中 $n_1+n_2+\cdots+n_t=n-n_s$. 显然 $\boldsymbol{B}$ 是可逆矩阵,$\boldsymbol{C}$ 是幂零矩阵. 因此 $\boldsymbol{P}^{-1}\boldsymbol{AP}=\mathrm{diag}(\boldsymbol{B},\ \boldsymbol{C})$.

【注】　本题即复方阵 $\boldsymbol{A}$ 的 Fitting 分解:$\boldsymbol{A}=\boldsymbol{P}\mathrm{diag}(\boldsymbol{B},\ \boldsymbol{C})\boldsymbol{P}^{-1}$,其中 $\boldsymbol{B}$ 是可逆矩阵,$\boldsymbol{C}$ 是幂零矩阵. 对于一般数域上的情形,详见第10章例10.28.

【例7.41】　设 $\boldsymbol{A},\boldsymbol{B}\in M_n(\mathbb{C})$ 具有相同的特征多项式 $f(\lambda)=(\lambda-\lambda_1)^{k_1}(\lambda-\lambda_2)^{k_2}\cdots(\lambda-\lambda_s)^{k_s}$ 和相同的最小多项式,其中 $\lambda_1,\lambda_2,\cdots,\lambda_s$ 互不相同. 证明:若 $k_i\leqslant 3(i=1,2,\cdots,s)$,则 $\boldsymbol{A}$ 与 $\boldsymbol{B}$ 相似.

【证】　设 $\boldsymbol{A},\boldsymbol{B}$ 的最小多项式为 $m(\lambda)=(\lambda-\lambda_1)^{r_1}(\lambda-\lambda_2)^{r_2}\cdots(\lambda-\lambda_s)^{r_s}$,其中 $r_i\leqslant k_i(i=1,2,\cdots,s)$,并设 $\boldsymbol{A},\boldsymbol{B}$ 的 Jordan 标准形为

$$\boldsymbol{J_A}=\begin{pmatrix}\boldsymbol{J}_{11}(\lambda_1) & & & \\ & \boldsymbol{J}_{12}(\lambda_2) & & \\ & & \ddots & \\ & & & \boldsymbol{J}_{1s}(\lambda_s)\end{pmatrix},\quad \boldsymbol{J_B}=\begin{pmatrix}\boldsymbol{J}_{21}(\lambda_1) & & & \\ & \boldsymbol{J}_{22}(\lambda_2) & & \\ & & \ddots & \\ & & & \boldsymbol{J}_{2s}(\lambda_s)\end{pmatrix},$$

据题设可知,$J_{1i}(\lambda_i)$和$J_{2i}(\lambda_i)$的阶数都为k_i,且特征多项式相同,最小多项式也相同.

当$k_i=3$时,Jordan块有三种:$\begin{pmatrix}\lambda_i & 1 & \\ & \lambda_i & 1\\ & & \lambda_i\end{pmatrix}$,$\begin{pmatrix}\lambda_i & 1 & \\ & \lambda_i & \\ & & \lambda_i\end{pmatrix}$,$\begin{pmatrix}\lambda_i & & \\ & \lambda_i & \\ & & \lambda_i\end{pmatrix}$,对应的最小多项式分别为$(\lambda-\lambda_i)^3$,$(\lambda-\lambda_i)^2$和$\lambda-\lambda_i$,所以$J_{1i}(\lambda_i)$和$J_{2i}(\lambda_i)$相似.

当$k_i=2$时,Jordan块只有两种:$\begin{pmatrix}\lambda_i & 1\\ & \lambda_i\end{pmatrix}$,$\begin{pmatrix}\lambda_i & \\ & \lambda_i\end{pmatrix}$,对应的最小多项式分别为$(\lambda-\lambda_i)^2$和$\lambda-\lambda_i$,所以$J_{1i}(\lambda_i)$和$J_{2i}(\lambda_i)$相似.

当$k_i=1$时,显然有$J_{1i}(\lambda_i)$和$J_{2i}(\lambda_i)$相似.

这就表明,J_A与J_B的所有对应的Jordan块都相似,所以J_A与J_B相似,因此A与B相似.

【例7.42】 设J是特征值为1的n阶Jordan块,试求使得$p(J)$相似于J的多项式$p(\lambda)$应满足的充分必要条件.

【解】 据题设知,J只有一个初等因子$(\lambda-1)^n$. 经直接计算知

$$p(J)=\begin{pmatrix}p(1) & p'(1) & * & \cdots & *\\ & p(1) & p'(1) & \ddots & \vdots\\ & & p(1) & \ddots & *\\ & & & \ddots & p'(1)\\ & & & & p(1)\end{pmatrix},$$

所以$p(J)$的特征值为$p(1)$(n重). 如果$p(J)$相似于J,那么$p(1)=1$,且$p(J)$的属于特征值1的初等因子只能有一个. 利用已知结论:$p(J)$的属于特征值1的初等因子的个数等于$n-\operatorname{rank}(E-p(J))$,于是有$\operatorname{rank}(E-p(J))=n-1$,故$p'(1)\neq 0$.

反之,若$p(1)=1$且$p'(1)\neq 0$,则$|\lambda E-p(J)|=(\lambda-1)^n$,且$p(J)$只有一个初等因子为$(\lambda-1)^n$,所以$p(J)$相似于$J$.

因此,$p(J)$相似于J的充分必要条件是$p(1)=1$且$p'(1)\neq 0$.

【例7.43】(浙江大学,2019年;重庆大学,2006年) 设n阶复方阵A的特征值全为1,证明:对任意正整数k,有A^k相似于A.

【证】 设$J=\operatorname{diag}(J_1,J_2,\cdots,J_s)$是$A$的Jordan标准形,其中$J_i=J_{n_i}(1)$是对角元全为1的$n_i$阶Jordan块,$\sum\limits_{i=1}^{s}n_i=n$. 对任意正整数$k$,由于$J\sim A$,可知$J^k\sim A^k$,所以$A^k\sim A\Leftrightarrow J^k\sim J$. 于是问题归结为对每个Jordan块$J_i$,证明$J_i^k\sim J_i$. 为此,设$H=J_i-E$,则

$$\begin{aligned}J_i^k&=(E+H)^k=E+C_k^1H+C_k^2H^2+\cdots+H^k\\&=\begin{pmatrix}1 & k & & *\\ & 1 & \ddots & \\ & & \ddots & k\\ & & & 1\end{pmatrix}_{n_i\times n_i},\end{aligned}$$

其初等因子为$(\lambda-1)^{n_i}$,所以J_i^k和J_i具有相同的初等因子,$J_i^k\sim J_i$. 因此$J^k\sim J$,$A^k\sim A$.

【例 7.44】(哈尔滨工业大学,2006 年) 设 $\boldsymbol{A}$ 是复数域上的方阵,$\boldsymbol{A}$ 的特征值全为±1. 试证:$\boldsymbol{A}^{\mathrm{T}}$ 相似于 $\boldsymbol{A}^{-1}$.

【证】 设 $\boldsymbol{J}=\operatorname{diag}(\boldsymbol{J}_1,\boldsymbol{J}_2,\cdots,\boldsymbol{J}_s)$ 是 $\boldsymbol{A}$ 的 Jordan 标准形,其中 $\boldsymbol{J}_k=\boldsymbol{J}_{n_k}(1)$ 或 $\boldsymbol{J}_{n_k}(-1)$ 是 $\boldsymbol{A}$ 的特征值 1 或-1 对应的 n_k 阶 Jordan 块, $\sum\limits_{k=1}^{s} n_k = n$. 由于 $\boldsymbol{J}\sim\boldsymbol{A}$,可知 $\boldsymbol{J}^{\mathrm{T}}\sim\boldsymbol{A}^{\mathrm{T}}$,$\boldsymbol{J}^{-1}\sim\boldsymbol{A}^{-1}$,所以 $\boldsymbol{A}^{\mathrm{T}}\sim\boldsymbol{A}^{-1}\Leftrightarrow\boldsymbol{J}^{\mathrm{T}}\sim\boldsymbol{J}^{-1}$. 下面证明对每一个 Jordan 块 $\boldsymbol{J}_k$,有 $\boldsymbol{J}_k^{\mathrm{T}}\sim\boldsymbol{J}_k^{-1}$.

先考虑 $\boldsymbol{J}_k=\boldsymbol{J}_{n_k}(-1)$ 的情形. 为方便起见,记 $p=n_k$. 设 $\boldsymbol{H}=\boldsymbol{J}_k+\boldsymbol{E}$,则 $\boldsymbol{H}^p=\boldsymbol{O}$,从而

$$\boldsymbol{J}_k(\boldsymbol{H}^{p-1}+\boldsymbol{H}^{p-2}+\cdots+\boldsymbol{H}+\boldsymbol{E})=\boldsymbol{H}^p-\boldsymbol{E}=-\boldsymbol{E},$$

所以

$$\boldsymbol{J}_k^{-1}=-\boldsymbol{H}^{p-1}-\boldsymbol{H}^{p-2}-\cdots-\boldsymbol{H}-\boldsymbol{E}.$$

容易求得 $\boldsymbol{J}_k^{-1}$ 的初等因子为 $(\lambda+1)^p$. 另一方面,$\boldsymbol{J}_k^{\mathrm{T}}$ 的初等因子也为 $(\lambda+1)^p$,因此 $\boldsymbol{J}_k^{\mathrm{T}}\sim\boldsymbol{J}_k^{-1}$.

同理,对于 $\boldsymbol{J}_k=\boldsymbol{J}_{n_k}(1)$ 的情形,也有 $\boldsymbol{J}_k^{\mathrm{T}}\sim\boldsymbol{J}_k^{-1}$. 于是 $\boldsymbol{J}^{\mathrm{T}}\sim\boldsymbol{J}^{-1}$,$\boldsymbol{A}^{\mathrm{T}}\sim\boldsymbol{A}^{-1}$.

【例 7.45】(中国科学技术大学,2008 年) 设实方阵 $\boldsymbol{A}$,$\boldsymbol{B}$ 相似且相合,问 $\boldsymbol{A}$,$\boldsymbol{B}$ 是否一定正交相似?请证明你的结论.

【解】 矩阵 $\boldsymbol{A}$ 与 $\boldsymbol{B}$ 不一定正交相似. 例如:对于矩阵

$$\boldsymbol{A}=\begin{pmatrix}0&1\\0&0\end{pmatrix},\quad \boldsymbol{B}=\begin{pmatrix}0&2\\0&0\end{pmatrix},$$

取 $\boldsymbol{C}=\operatorname{diag}(1,2)$,则 $\boldsymbol{C}^{\mathrm{T}}\boldsymbol{A}\boldsymbol{C}=\boldsymbol{B}$,即 $\boldsymbol{A}$ 与 $\boldsymbol{B}$ 相合. 另一方面,$\boldsymbol{A}$ 与 $\boldsymbol{B}$ 显然具有相同的 Jordan 标准形,所以 $\boldsymbol{A}$ 与 $\boldsymbol{B}$ 相似.

但 $\boldsymbol{A}$ 与 $\boldsymbol{B}$ 并非正交相似,即不存在正交矩阵 $\boldsymbol{Q}$ 使得 $\boldsymbol{Q}^{\mathrm{T}}\boldsymbol{A}\boldsymbol{Q}=\boldsymbol{B}$. 若不然,由于二阶正交矩阵只可能为下列两种形式之一:

$$\begin{pmatrix}\cos\varphi&-\sin\varphi\\\sin\varphi&\cos\varphi\end{pmatrix},\quad\begin{pmatrix}\cos\varphi&\sin\varphi\\\sin\varphi&-\cos\varphi\end{pmatrix},$$

其中 $-\pi\leqslant\varphi<\pi$. 如果 $\boldsymbol{Q}$ 取前者,那么

$$\begin{pmatrix}\cos\varphi&-\sin\varphi\\\sin\varphi&\cos\varphi\end{pmatrix}^{\mathrm{T}}\begin{pmatrix}0&1\\0&0\end{pmatrix}\begin{pmatrix}\cos\varphi&-\sin\varphi\\\sin\varphi&\cos\varphi\end{pmatrix}=\begin{pmatrix}0&2\\0&0\end{pmatrix}.$$

比较上式两边,得 $\cos^2\varphi=2$,矛盾. 若 $\boldsymbol{Q}$ 取后者,则也导致矛盾. 因此 $\boldsymbol{A}$ 与 $\boldsymbol{B}$ 不正交相似.

【例 7.46】(北京大学,1990 年) 设矩阵 $\boldsymbol{A}=\begin{pmatrix}1&-3&-1\\2&1&0\\3&1&1\end{pmatrix}$,试证明:

(1) $\boldsymbol{A}$ 在复数域上可对角化;

(2) $\boldsymbol{A}$ 在有理数域上不可对角化.

【证】 (1) 易知 $\boldsymbol{A}$ 的特征多项式 $f(\lambda)=|\lambda\boldsymbol{E}-\boldsymbol{A}|=\lambda^3-3\lambda^2+12\lambda-8$,则 $f'(\lambda)=3\lambda^2-6\lambda+12$. 利用辗转相除法知,$(f(\lambda),f'(\lambda))=1$,说明 $f(\lambda)$ 无重根,故 $\boldsymbol{A}$ 在复数域上有 3 个不同的特征值,因而可对角化.

(2) 用反证法. 假设 $\boldsymbol{A}$ 在有理数域上可对角化,则 $\boldsymbol{A}$ 的特征值必为有理数,即 $f(\lambda)$ 有有理根. 因为 $f(\lambda)$ 是首一多项式,所以 $f(\lambda)$ 有整数根. 而 $f(\lambda)$ 的可能的整数根为±1,±2,

±4，±8. 通过用综合除法一一检验，它们都不是$f(\lambda)$的根. 因此，$\boldsymbol{A}$ 在有理数域上不可对角化.

【例 7.47】(南京大学,2015 年)　设 3 阶复方阵 $\boldsymbol{A}=\begin{pmatrix}2&0&0\\a&2&0\\b&c&-1\end{pmatrix}$.

(1) 求出 $\boldsymbol{A}$ 的所有可能的 Jordan 标准形；

(2) 给出 $\boldsymbol{A}$ 相似于对角矩阵的一个充分必要条件.

【解】　(1) 因为 $\boldsymbol{A}$ 的特征多项式$f(\lambda)=(\lambda-2)^2(\lambda+1)$，所以 $\boldsymbol{A}$ 的初等因子组可能为

$$(\lambda-2)^2,\ \lambda+1 \quad \text{或} \quad \lambda-2,\ \lambda-2\ ,\ \lambda+1.$$

因此，$\boldsymbol{A}$ 的 Jordan 标准形可能有如下两种(不计 Jordan 块的次序)

$$\boldsymbol{J}_1=\left(\begin{array}{cc:c}2&1&0\\0&2&0\\ \hdashline 0&0&-1\end{array}\right),\quad \boldsymbol{J}_2=\begin{pmatrix}2&&\\&2&\\&&-1\end{pmatrix}.$$

(2) 易知 $\boldsymbol{J}_2$ 的不变因子组为 $d_1(\lambda)=1,d_2(\lambda)=\lambda-2\ ,d_3(\lambda)=\ (\lambda-2)(\lambda+1)$.

若$\boldsymbol{A}\ \sim\boldsymbol{J}_2$，则 $\boldsymbol{A}$ 与 $\boldsymbol{J}_2$ 有相同的不变因子组. 对于 $\boldsymbol{A}$，应有 $D_2(\lambda)=d_1(\lambda)d_2(\lambda)=\lambda-2$，但 $\lambda\boldsymbol{E}-\boldsymbol{A}$ 有一个二阶子式$\begin{vmatrix}-a&0\\-b&\lambda+1\end{vmatrix}=-a(\lambda+1)$，故 $a=0$.

反之，若 $a=0$，则可求出 $\boldsymbol{A}$ 的不变因子组也为：$1,\lambda-2\ ,(\lambda-2)(\lambda+1)$. 所以$\boldsymbol{A}\ \sim\boldsymbol{J}_2$.

综上所述，$\boldsymbol{A}$ 相似于对角矩阵 $\Leftrightarrow a=0$.

【例 7.48】　设 $\boldsymbol{A},\boldsymbol{B}\in M_n(K)$，$\boldsymbol{A}^m=\boldsymbol{E}$，($m$ 为正整数)，证明：

(1) $\boldsymbol{A}$ 可相似于一个对角元都为 m 次单位根的对角矩阵；

(2) 若 $\boldsymbol{A}^{m-1}\boldsymbol{B}^{m-1}+\boldsymbol{A}^{m-2}\boldsymbol{B}^{m-2}+\cdots+\boldsymbol{A}\boldsymbol{B}+\boldsymbol{E}=\boldsymbol{O}$，则 $\boldsymbol{B}$ 的特征值都为 m 次单位根.

【证】　(1) 由题设，$f(\lambda)=\lambda^m-1$ 是 $\boldsymbol{A}$ 的零化多项式，且$f(\lambda)$无重根，故 $\boldsymbol{A}$ 的最小多项式无重根，因而可相似于对角矩阵，其对角元是 $\boldsymbol{A}$ 的全部特征值. 若 λ_0 是 $\boldsymbol{A}$ 的任一特征值，则 $\lambda-\lambda_0\mid f(\lambda)$，故 ${\lambda_0}^m=1$，因而 λ_0 是 m 次单位根.

(2) 易知 $\boldsymbol{A},\boldsymbol{B}$ 均为可逆矩阵. 可将 $\boldsymbol{A}^{m-1}\boldsymbol{B}^{m-1}+\boldsymbol{A}^{m-2}\boldsymbol{B}^{m-2}+\cdots+\boldsymbol{A}\boldsymbol{B}+\boldsymbol{E}=\boldsymbol{O}$ 左乘 $\boldsymbol{A}$，右乘 $\boldsymbol{B}$，并注意到 $\boldsymbol{A}^m=\boldsymbol{E}$，得

$$\boldsymbol{B}^m+\boldsymbol{A}^{m-1}\boldsymbol{B}^{m-1}+\boldsymbol{A}^{m-2}\boldsymbol{B}^{m-2}+\cdots+\boldsymbol{A}^2\boldsymbol{B}^2+\boldsymbol{A}\boldsymbol{B}=\boldsymbol{O},$$

再把二式相减，得 $\boldsymbol{B}^m=\boldsymbol{E}$. 则由(1)的证明过程可知，$\boldsymbol{B}$ 的特征值都为 m 次单位根.

【例 7.49】(清华大学,2001 年)　(1) 设方阵 $\boldsymbol{A}$ 满足 $\boldsymbol{A}^2=\boldsymbol{A}$(幂等方阵)，则存在可逆方阵 $\boldsymbol{P}$ 使 $\boldsymbol{P}^{-1}\boldsymbol{A}\boldsymbol{P}=\begin{pmatrix}\boldsymbol{E}_r&\boldsymbol{O}\\\boldsymbol{O}&\boldsymbol{O}\end{pmatrix}$，其中 $\boldsymbol{E}_r$ 是 r 阶单位矩阵.

(2) 设方阵 $\boldsymbol{A}$ 满足 $\boldsymbol{A}^2=\boldsymbol{E}$(对合方阵)，则可取可逆方阵 $\boldsymbol{P}$ 使 $\boldsymbol{P}^{-1}\boldsymbol{A}\boldsymbol{P}$ 为何种最简形式？证明之.

(3) 设方阵 $\boldsymbol{A}$ 满足 $\boldsymbol{A}^2=\boldsymbol{O}$(幂零方阵)，则可取可逆方阵 $\boldsymbol{P}$ 使 $\boldsymbol{P}^{-1}\boldsymbol{A}\boldsymbol{P}$ 为何种最简形式？证明之.

【解】（1）因为 $A^2=A$，所以 A 的最小多项式无重根，A 可对角化．又根据 $A^2=A$ 知，A 的特征值为1或0．因此，存在可逆方阵 P 使 $P^{-1}AP=\begin{pmatrix}E_r & O\\ O & O\end{pmatrix}$，其中 $r=\operatorname{rank}A$．

（2）首先由 $A^2=E$ 易证：$\operatorname{rank}(E+A)+\operatorname{rank}(E-A)=n$．

现令 $\operatorname{rank}(E+A)=r$，则 $\operatorname{rank}(E-A)=n-r$．因此，$A$ 有 r 个线性无关的属于特征值1的特征向量，有 $n-r$ 个线性无关的属于特征值 -1 的特征向量．将这些特征向量合并就构成一个 n 阶可逆方阵 P，且有

$$P^{-1}AP=\begin{pmatrix}E_r & O\\ O & -E_{n-r}\end{pmatrix},$$

即为其最简形式．

（3）设 $\operatorname{rank}A=r$．因为 $A^2=O$，所以 A 的特征值全为0，且 A 的最小多项式 $m(\lambda)\mid\lambda^2$．由此可知，A 的初等因子的次数都不超过2．因此，A 的 Jordan 标准形 J 可分块为

$$J=\begin{pmatrix}B_{2r} & O\\ O & O_{n-2r}\end{pmatrix},$$

其中 B_{2r} 是由 r 个2阶 Jordan 块 $J_2(0)$ 构成的分块对角阵，即

$$B_{2r}=\operatorname{diag}(J_2(0),J_2(0),\cdots,J_2(0)),$$

而 O_{n-2r} 是 $n-2r$ 阶零矩阵．故存在可逆方阵 P 使 $P^{-1}AP=J=\begin{pmatrix}B_{2r} & O\\ O & O_{n-2r}\end{pmatrix}$ 为其最简形式．

【例7.50】 设 A 是 n 阶方阵，$\lambda_1,\lambda_2,\cdots,\lambda_k$ 是 A 的所有特征值且两两互异．证明：如果 A 的最小多项式 $m(\lambda)=\prod\limits_{i=1}^{k}(\lambda-\lambda_i)$，那么一定存在 n 阶幂等矩阵 $A_1,A_2,\cdots,A_k$ 使得

（1）$A_iA_j=O(i\neq j)$；

（2）$\sum\limits_{i=1}^{k}A_i=E_n$；

（3）$A=\sum\limits_{i=1}^{k}\lambda_iA_i$，其中 E_n 是 n 阶单位矩阵．

【证】 据题设，A 的最小多项式 $m(\lambda)$ 无重根，所以 A 可对角化，故存在可逆矩阵 P，使

$$P^{-1}AP=\begin{pmatrix}\lambda_1E_{n_1} & & & \\ & \lambda_2E_{n_2} & & \\ & & \ddots & \\ & & & \lambda_kE_{n_k}\end{pmatrix},$$

其中 E_{n_i} 为 n_i 阶单位矩阵，$\sum\limits_{i=1}^{k}n_i=n$．对于 $i=1,2,\cdots,k$，令

$$A_i=P\operatorname{diag}(O,\cdots,O,E_{n_i},O,\cdots,O)P^{-1},$$

显然 $A_1,A_2,\cdots,A_k$ 都是幂等矩阵，且满足题中要求的条件(1)(2)(3)．

【例7.51】（上海交通大学，2004年） 设 n 阶方阵 A 满足 $A^3-6A^2+11A-6E=O$．试确定

使得 $kE+A$ 可逆的数 k 的范围,其中 E 是 n 阶单位矩阵.

【解】 据题设,$f(\lambda)=\lambda^3-6\lambda^2+11\lambda-6=(\lambda-1)(\lambda-2)(\lambda-3)$ 是 A 的零化多项式并且无重根. 因为 A 的最小多项式 $m(\lambda)\mid f(\lambda)$,所以 $m(\lambda)$ 无重根,表明 A 可相似于对角矩阵

$$D=\mathrm{diag}(\lambda_1,\lambda_2,\cdots,\lambda_n),$$

其中 $\lambda_1,\lambda_2,\cdots,\lambda_n$ 是 A 的全部特征值,且 $\lambda_i\in\{1,2,3\}$. 对任意 $k\in\mathbb{C}$,$kE+A$ 相似于 $kE+D$,故

$$|kE+A|=\prod_{i=1}^{n}(k+\lambda_i).$$

注意到 A 的特征值都是最小多项式 $m(\lambda)$ 的根,所以

(1)若 $m(\lambda)=\lambda-1$,此时 $A=E$,则当 $k\neq-1$ 时,$kE+A$ 是可逆矩阵;

(2)若 $m(\lambda)=\lambda-2$,此时 $A=2E$,则当 $k\neq-2$ 时,$kE+A$ 是可逆矩阵;

(3)若 $m(\lambda)=\lambda-3$,此时 $A=3E$,则当 $k\neq-3$ 时,$kE+A$ 是可逆矩阵;

(4)若 $m(\lambda)=(\lambda-1)(\lambda-2)$,则当 $k\neq-1,-2$ 时,$kE+A$ 是可逆矩阵;

(5)若 $m(\lambda)=(\lambda-1)(\lambda-3)$,则当 $k\neq-1,-3$ 时,$kE+A$ 是可逆矩阵;

(6)若 $m(\lambda)=(\lambda-2)(\lambda-3)$,则当 $k\neq-2,-3$ 时,$kE+A$ 是可逆矩阵;

(7)若 $m(\lambda)=(\lambda-1)(\lambda-2)(\lambda-3)$,则当 $k\neq-1,-2,-3$ 时,$kE+A$ 是可逆矩阵.

【例 7.52】 设 A 为 $n\times s$ 矩阵,B 为 $s\times n$ 矩阵,$n\leqslant s$. 证明:如果 AB 是可逆矩阵,那么 BA 可对角化当且仅当 AB 可对角化.

【证】 设 $m(\lambda)$ 为 AB 的最小多项式,因为 AB 是可逆矩阵,所以 0 不是 $m(\lambda)$ 的根,即 λ 与 $m(\lambda)$ 互素. 又设 $p(\lambda)=\lambda^k+a_1\lambda^{k-1}+\cdots+a_k$ 为 BA 的最小多项式. 考虑 $\lambda p(\lambda)$,注意到

$$(AB)p(AB)=A((BA)^k+a_1(BA)^{k-1}+\cdots+a_kE)B=Ap(BA)B=O,$$

所以 $\lambda p(\lambda)$ 是 AB 的零化多项式,$m(\lambda)\mid\lambda p(\lambda)$,因此 $m(\lambda)\mid p(\lambda)$. 同理有 $p(\lambda)\mid\lambda m(\lambda)$.

若 BA 可对角化,则 $p(\lambda)$ 无重根,因而 $m(\lambda)$ 无重根,AB 可对角化. 反之,若 AB 可对角化,则 $m(\lambda)$ 无重根,$\lambda m(\lambda)$ 无重根,所以 $p(\lambda)$ 无重根,BA 可对角化.

【注】 据题设,$\mathrm{rank}(AB)=n$. 又由 $\mathrm{rank}\,A+\mathrm{rank}\,B-n\leqslant\mathrm{rank}(BA)\leqslant\min\{\mathrm{rank}\,A,\mathrm{rank}\,B\}$,易知 $\mathrm{rank}(BA)=n$. 再根据 $|\lambda E_s-BA|=\lambda^{s-n}|\lambda E_n-AB|$,若 $\lambda_1,\lambda_2,\cdots,\lambda_n$ 是 AB 的特征值,则 $\lambda_i\neq0(1\leqslant i\leqslant n)$,且 BA 的特征值为 $\lambda_1,\lambda_2,\cdots,\lambda_n$ 及 $0(s-n$ 重). 进一步,讨论 AB 与 BA 的线性无关特征向量的个数,即可给出本题的另一证明. 留给读者作为练习.

【例 7.53】(中国科学院,2006 年) 设 f 是有限维向量空间 V 上的线性变换,且 f^n 是 V 上的恒同变换,这里 n 是某个正整数. 设 $W=\left\{v\in V\,\middle|\,f(v)=v\right\}$. 证明 W 是 V 的一个子空间,并且其维数等于线性变换 $\dfrac{f+f^2+\cdots+f^n}{n}$ 的迹.

【证】 显然,W 是 V 的子空间. 下证第二个结论,即:$\dim W=\dfrac{1}{n}\sum\limits_{k=1}^{n}\mathrm{tr}\,f^k$.

设 $\dim V=m$,f 在 V 的一个基下的矩阵为 A,则 $A^n=E$. 设 $\lambda_1,\lambda_2,\cdots,\lambda_m$ 是 A 的所有特征值,则 $\lambda_i^n=1,i=1,2,\cdots,m$. 所以,当 $\lambda_i\neq1$ 时,必有

$$\sum_{k=1}^{n}\lambda_i^k=\lambda_i(1+\lambda_i+\cdots+\lambda_i^{n-1})=0. \qquad ①$$

对任意正整数 k,因为 $\lambda_1^k,\lambda_2^k,\cdots,\lambda_m^k$ 是 $\boldsymbol{A}^k$ 的所有特征值,所以

$$\operatorname{tr}\Big(\sum_{k=1}^{n}\boldsymbol{A}^k\Big)=\sum_{k=1}^{n}\operatorname{tr}(\boldsymbol{A}^k)=\sum_{k=1}^{n}\sum_{i=1}^{m}\lambda_i^k=\sum_{i=1}^{m}\sum_{k=1}^{n}\lambda_i^k. \qquad ②$$

若 1 不是 $\boldsymbol{A}$ 的特征值,则 W 是零空间,$\dim W=0$. 此时,根据①,②式,可得

$$\frac{1}{n}\sum_{k=1}^{n}\operatorname{tr}(f^k)=\frac{1}{n}\sum_{k=1}^{n}\operatorname{tr}(\boldsymbol{A}^k)=0=\dim W;$$

若 1 是 $\boldsymbol{A}$ 的 r 重特征值,则 W 是 f 的属于特征值 1 的特征子空间. 因为 $\varphi(\lambda)=\lambda^n-1$ 是 f 的零化多项式,并且无重根,所以 f 的最小多项式无重根,f 可对角化,因此 $\dim W=r$(几何重数等于代数重数). 此时,和②式中有 $r\times n$ 个 1,其余均为 0, 所以

$$\frac{1}{n}\sum_{k=1}^{n}\operatorname{tr}(f^k)=\frac{1}{n}\sum_{k=1}^{n}\operatorname{tr}(\boldsymbol{A}^k)=\frac{1}{n}\sum_{i=1}^{m}\sum_{k=1}^{n}\lambda_i^k=r=\dim W.$$

【例 7.54】　设矩阵 $\boldsymbol{A}\in M_n(K)$ 的特征多项式 $f(\lambda)=\prod_{i=1}^{s}p_i(\lambda)$,其中 $p_1(\lambda),p_2(\lambda),\cdots,p_s(\lambda)$ 是数域 K 上两两互异的首一不可约多项式. 证明: $\boldsymbol{A}$ 的有理标准形只有一个 Frobenius 块,并且 $\boldsymbol{A}$ 在复数域上可对角化.

【证】　设 $\boldsymbol{A}$ 的不变因子为 $d_1(\lambda),d_2(\lambda),\cdots,d_n(\lambda)$,则 $p_i(\lambda)\mid f(\lambda)=\prod_{j=1}^{n}d_j(\lambda)$. 因此必存在某个 j 使得 $p_i(\lambda)\mid d_j(\lambda)$,从而有 $p_i(\lambda)\mid d_n(\lambda)$,$i=1,2,\cdots,s$. 注意到 $p_1(\lambda),p_2(\lambda),\cdots,p_s(\lambda)$ 是互素的,所以 $\prod_{i=1}^{s}p_i(\lambda)\mid d_n(\lambda)$. 而 $\boldsymbol{A}$ 的最小多项式 $m(\lambda)=d_n(\lambda)$,且 $m(\lambda)\mid f(\lambda)$,所以 $d_n(\lambda)=f(\lambda)$,因此 $d_1(\lambda)=d_2(\lambda)=\cdots=d_{n-1}(\lambda)=1$. 这就意味着 $\boldsymbol{A}$ 的有理标准形只有一个 Frobenius 块.

另一方面,由于 $m(\lambda)=\prod_{i=1}^{s}p_i(\lambda)$ 在数域 K 上无重因式,所以 $(m(\lambda),m'(\lambda))=1$,这也表明 $m(\lambda)$ 在复数域上无重根,因此 $\boldsymbol{A}$ 在复数域上可对角化.

【例 7.55】　设 $V=\mathbb{C}^{n\times n}$ 是 n 阶复方阵全体在通常运算下所构成的复数域上的线性空间,$\boldsymbol{A}\in V$ 是一个已知矩阵,V 的线性变换 σ 定义为: $\sigma(\boldsymbol{X})=\boldsymbol{AX}$, $\forall\boldsymbol{X}\in V$. 证明: $\boldsymbol{A}$ 可与对角矩阵相似的充分必要条件是存在 V 的一个基使得 σ 在这个基下的矩阵为对角矩阵.

【解】　(方法 1) 对于复数域$\mathbb{C}$上的任一多项式 $f(\lambda)=a_k\lambda^k+\cdots+a_1\lambda+a_0$,任取 $\boldsymbol{B}\in V$,由 $\sigma(\boldsymbol{B})=\boldsymbol{AB}$ 易知,对任意正整数 t,有 $\sigma^t(\boldsymbol{B})=\boldsymbol{A}^t\boldsymbol{B}$,所以

$$f(\sigma)(\boldsymbol{B})=a_k\sigma^k(\boldsymbol{B})+\cdots+a_1\sigma(\boldsymbol{B})+a_0\boldsymbol{B}=f(\boldsymbol{A})\boldsymbol{B}.$$

设 $m(\lambda)$ 是 $\boldsymbol{A}$ 的最小多项式,则 $m(\sigma)(\boldsymbol{B})=m(\boldsymbol{A})\boldsymbol{B}=\boldsymbol{O}$. 由于 $\boldsymbol{B}$ 的任意性,$m(\sigma)=0$.

下面,我们证明 $m(\lambda)$ 也是 σ 的最小多项式. 若不然,设 $p(\lambda)$ 是 σ 的最小多项式,则 $p(\lambda)\mid m(\lambda)$ 且 $\deg p(\lambda)<\deg m(\lambda)$. 这时,有

$$p(\sigma)(\boldsymbol{B})=p(\boldsymbol{A})\boldsymbol{B}=\boldsymbol{O},\quad \forall\boldsymbol{B}\in V.$$

对于可逆矩阵 $\boldsymbol{B}$,上式也成立,从而 $p(\boldsymbol{A})=\boldsymbol{O}$. 这与 $m(\lambda)$ 是 $\boldsymbol{A}$ 的最小多项式矛盾. 因

此 $m(\lambda)$ 是 σ 的最小多项式.

于是,$\boldsymbol{A}$ 可与对角矩阵相似当且仅当 $m(\lambda)$ 无重根,这又等价于存在 V 的一个基使得 σ 在这个基下的矩阵为对角矩阵.

(方法 2) 取 V 的基 $\boldsymbol{E}_{11},\boldsymbol{E}_{21},\cdots,\boldsymbol{E}_{n1},\boldsymbol{E}_{12},\cdots,\boldsymbol{E}_{n2},\cdots,\boldsymbol{E}_{1n},\cdots,\boldsymbol{E}_{nn}$,其中 $\boldsymbol{E}_{ij}$ 是(i,j)元为 1 其他元素均为 0 的 n 阶方阵. 易知,σ 在 V 的这个基下的矩阵为 n^2 阶分块对角矩阵

$$\boldsymbol{M}=\operatorname{diag}(\boldsymbol{A},\boldsymbol{A},\cdots,\boldsymbol{A}).$$

因为 $\boldsymbol{M}$ 的最小多项式是每个对角子块的最小多项式的最小公倍式,即

$$m_{\boldsymbol{M}}(\lambda)=[m_{\boldsymbol{A}}(\lambda),m_{\boldsymbol{A}}(\lambda),\cdots,m_{\boldsymbol{A}}(\lambda)]=m_{\boldsymbol{A}}(\lambda),$$

于是,复矩阵 $\boldsymbol{A}$ 可与对角矩阵相似的充分必要条件是 $\boldsymbol{A}$ 的最小多项式 $m_{\boldsymbol{A}}(\lambda)$ 无重根,即 $\boldsymbol{M}$ 的最小多项式 $m_{\boldsymbol{M}}(\lambda)$ 无重根,这又等价于 $\boldsymbol{M}$ 可与对角矩阵相似,即 σ 在 V 的某个基下的矩阵为对角矩阵.

【例 7.56】 设 $\boldsymbol{A}$ 是 n 阶可逆复矩阵,且存在正整数 $m>1$,使得 $\boldsymbol{A}^m$ 可对角化,试证明:$\boldsymbol{A}$ 也可对角化.

【证】 先将本章例 7.8 推广到一般情形:设 $\boldsymbol{B}=\boldsymbol{J}_n(a)$ 是一个 n 阶 Jordan 块,其中 $a\neq 0$. 对于任意正整数 k,求 $\boldsymbol{B}^k$ 的初等因子和 Jordan 标准形.

为此,记 $\boldsymbol{B}=\boldsymbol{D}+\boldsymbol{N}$,其中 $\boldsymbol{D}=a\boldsymbol{E}$,且 $\boldsymbol{N}^n=\boldsymbol{O}$,$\boldsymbol{DN}=\boldsymbol{ND}$. 利用二项式定理,得

$$\boldsymbol{B}^k=\sum_{i=0}^{k}\mathrm{C}_k^i a^{k-i}\boldsymbol{N}^i=\begin{pmatrix} a^k & ka^{k-1} & \cdots & * \\ & a^k & \ddots & \vdots \\ & & \ddots & ka^{k-1} \\ & & & a^k \end{pmatrix}.$$

这是一个上三角矩阵,其主对角元全为 a^k,次对角元全为 ka^{k-1},再次对角元全为 $\mathrm{C}_k^2a^{k-2}$,…….
所以 $D_n(\lambda)=|\lambda\boldsymbol{E}-\boldsymbol{B}^k|=(\lambda-a^k)^n$.

由于特征矩阵 $\lambda\boldsymbol{E}-\boldsymbol{B}^k$ 的左上角的 $n-1$ 阶子式为 $(\lambda-a^k)^{n-1}$, 而右上角的 $n-1$ 阶子式

$$\Delta_{n-1}\equiv(-ka^{k-1})^{n-1}\ \Big|\ \operatorname{mod}(\lambda-a^k),$$

(注:只需按第一行展开即得!)

所以 $D_{n-1}(\lambda)=1$,故 $d_n(\lambda)=(\lambda-a^k)^n$,$d_{n-1}(\lambda)=\cdots=d_1(\lambda)=1$.

因此 $\boldsymbol{B}^k$ 的初等因子为$(\lambda-a^k)^n$,Jordan 标准形是一个 Jordan 块 $\boldsymbol{J}_n(a^k)$.

现在,回到原题,用反证法. 假设 $\boldsymbol{A}$ 的 Jordan 标准形 $\boldsymbol{J}$ 中至少有一个 Jordan 块 $\boldsymbol{J}_0=\boldsymbol{J}_r(\lambda_0)$ 的阶数 $r>1$,即 $\boldsymbol{J}=\operatorname{diag}(\boldsymbol{J}_0,\boldsymbol{D})$,其中 $\lambda_0\neq 0$,$\boldsymbol{D}$ 为对角矩阵(如果 $\boldsymbol{J}$ 中还有其他 Jordan 块,那么 $\boldsymbol{D}$ 为分块对角矩阵),则存在可逆矩阵 $\boldsymbol{P}$ 使得 $\boldsymbol{P}^{-1}\boldsymbol{AP}=\boldsymbol{J}$,从而有

$$\boldsymbol{P}^{-1}\boldsymbol{A}^m\boldsymbol{P}=(\boldsymbol{P}^{-1}\boldsymbol{AP})^m=\begin{pmatrix} \boldsymbol{J}_0^m & \\ & \boldsymbol{D}^m \end{pmatrix}.$$

根据已证明的结论,$\boldsymbol{J}_0^m$ 相似于 Jordan 块 $\boldsymbol{J}_r(\lambda_0^m)$,所以 $\boldsymbol{A}^m$ 有初等因子$(\lambda-\lambda_0^m)^r$,即 $\boldsymbol{A}^m$ 不可对角化,矛盾. 故 $\boldsymbol{A}$ 可对角化.

【例 7.57】(中国科学技术大学,1987 年) 设 $2n$ 阶方阵 $\boldsymbol{A}=\begin{pmatrix} \boldsymbol{I}_n & \boldsymbol{I}_n \\ \boldsymbol{I}_n & \boldsymbol{O} \end{pmatrix}$,其中 $\boldsymbol{I}_n$ 为 n 阶单

位矩阵. 求 $\boldsymbol{A}$ 在相似下的标准形.

【解】（方法 1）因为对 $\boldsymbol{A}$ 施行同步的行置换与列置换得到的方阵与 $\boldsymbol{A}$ 相似,所以将 $\boldsymbol{A}$ 的第 $n+1$ 行与第 2 行对调,第 $n+1$ 列与第 2 列对调,再通过 $n-2$ 次同步的相邻行置换与相邻列置换,得到的矩阵

$$\boldsymbol{A}_1=\left(\begin{array}{cc|cc}1&1&&\\1&0&&\\ \hline &&\boldsymbol{I}_{n-1}&\boldsymbol{I}_{n-1}\\&&\boldsymbol{I}_{n-1}&\boldsymbol{O}\end{array}\right)$$

与 $\boldsymbol{A}$ 相似. 再将 $\boldsymbol{A}_1$ 的第 $n+2$ 行与第 3 行对调,第 $n+2$ 列与第 3 列对调,……,如此继续下去,始终施行同步的行置换与列置换,最后得到一个与 $\boldsymbol{A}$ 相似的分块对角矩阵

$$\boldsymbol{A}_k=\begin{pmatrix}1&1&&&\\1&0&&&\\&&\ddots&&\\&&&1&1\\&&&1&0\end{pmatrix}.$$

注意到$\begin{pmatrix}1&1\\1&0\end{pmatrix}$相似于$\begin{pmatrix}\frac{1}{2}+\frac{\sqrt{5}}{2}&0\\0&\frac{1}{2}-\frac{\sqrt{5}}{2}\end{pmatrix}$,所以 $\boldsymbol{A}$ 在相似下的标准形为对角矩阵

$$\begin{pmatrix}\left(\frac{1}{2}+\frac{\sqrt{5}}{2}\right)\boldsymbol{I}_n&\boldsymbol{O}\\\boldsymbol{O}&\left(\frac{1}{2}-\frac{\sqrt{5}}{2}\right)\boldsymbol{I}_n\end{pmatrix}.$$

（方法 2）易知 $\boldsymbol{A}$ 的特征多项式为 $f(\lambda)=(\lambda^2-\lambda-1)^n=(\lambda-\lambda_1)^n(\lambda-\lambda_2)^n$,其中

$$\lambda_1=\frac{1}{2}+\frac{\sqrt{5}}{2},\quad \lambda_2=\frac{1}{2}-\frac{\sqrt{5}}{2}.$$

经计算可知,$m(\lambda)=\lambda^2-\lambda-1$ 是 $\boldsymbol{A}$ 的最小多项式. 显然,$m(\lambda)$ 无重根,所以 $\boldsymbol{A}$ 可对角化. 注意到 $\boldsymbol{A}$ 的特征值 λ_1,λ_2 都是 n 重的,因此 $\boldsymbol{A}$ 在相似下的标准形为对角矩阵

$$\begin{pmatrix}\left(\frac{1}{2}+\frac{\sqrt{5}}{2}\right)\boldsymbol{I}_n&\boldsymbol{O}\\\boldsymbol{O}&\left(\frac{1}{2}-\frac{\sqrt{5}}{2}\right)\boldsymbol{I}_n\end{pmatrix}.$$

【例 7.58】　设 n 阶可逆复矩阵 $\boldsymbol{A}$ 的最小多项式 $m(\lambda)$ 的次数为 s,且 $\boldsymbol{B}=(b_{ij})_{s\times s}$,其中

$$b_{ij}=\operatorname{tr}\boldsymbol{A}^{i+j},\quad 1\leqslant i,j\leqslant s.$$

证明:$\boldsymbol{A}$ 相似于对角矩阵的充分必要条件是 $\det\boldsymbol{B}\neq 0$.

【证】　设 $\boldsymbol{A}$ 的特征多项式 $f(\lambda)=(\lambda-\lambda_1)^{p_1}(\lambda-\lambda_2)^{p_2}\cdots(\lambda-\lambda_t)^{p_t}$,其中 $\lambda_1,\lambda_2,\cdots,\lambda_t$ 是 $\boldsymbol{A}$ 的全部互异的特征值,则 $\lambda_1^{i+j},\lambda_2^{i+j},\cdots,\lambda_t^{i+j}$ 分别是 $\boldsymbol{A}^{i+j}$ 的 $p_1,p_2,\cdots,p_t$ 重特征值,所以

$$b_{ij}=\operatorname{tr}\boldsymbol{A}^{i+j}=p_1\lambda_1^{i+j}+p_2\lambda_2^{i+j}+\cdots+p_t\lambda_t^{i+j},\quad 1\leqslant i,j\leqslant s,$$

矩阵 $\boldsymbol{B}$ 可表示成一个 $s\times t$ 矩阵 $\boldsymbol{B}_1$ 和一个 $t\times s$ 矩阵 $\boldsymbol{B}_2$ 的乘积 $\boldsymbol{B}=\boldsymbol{B}_1\boldsymbol{B}_2$,其中

$$\boldsymbol{B}_1=\begin{pmatrix}p_1\lambda_1 & p_2\lambda_2 & \cdots & p_t\lambda_t\\ p_1\lambda_1^2 & p_2\lambda_2^2 & \cdots & p_t\lambda_t^2\\ \vdots & \vdots & & \vdots\\ p_1\lambda_1^s & p_2\lambda_2^s & \cdots & p_t\lambda_t^s\end{pmatrix},\quad \boldsymbol{B}_2=\begin{pmatrix}\lambda_1 & \lambda_1^2 & \cdots & \lambda_1^s\\ \lambda_2 & \lambda_2^2 & \cdots & \lambda_2^s\\ \vdots & \vdots & & \vdots\\ \lambda_t & \lambda_t^2 & \cdots & \lambda_t^s\end{pmatrix}.$$

必要性. 设 $\boldsymbol{A}$ 相似于对角矩阵,则 $m(\lambda)$ 无重根,$m(\lambda)=(\lambda-\lambda_1)(\lambda-\lambda_2)\cdots(\lambda-\lambda_t)$,所以 $s=\deg m(\lambda)=t$. 此时 $\boldsymbol{B}_1,\boldsymbol{B}_2$ 都是 $s\times s$ 矩阵. 利用 Vandermonde 行列式,易知

$$\det\boldsymbol{B}_1=p_1p_2\cdots p_s\lambda_1\lambda_2\cdots\lambda_s\prod_{1\leqslant i<j\leqslant s}(\lambda_i-\lambda_j)\neq 0,$$

$$\det\boldsymbol{B}_2=\lambda_1\lambda_2\cdots\lambda_s\prod_{1\leqslant i<j\leqslant s}(\lambda_i-\lambda_j)\neq 0,$$

因此 $\det\boldsymbol{B}=\det\boldsymbol{B}_1\det\boldsymbol{B}_2\neq 0$.

充分性. 若 $\boldsymbol{A}$ 不与对角矩阵相似,则 $\boldsymbol{A}$ 的最小多项式 $m(\lambda)$ 有重根,即

$$m(\lambda)=(\lambda-\lambda_1)^{e_1}(\lambda-\lambda_2)^{e_2}\cdots(\lambda-\lambda_t)^{e_t},$$

其中 $e_i\geqslant 1(i=1,2,\cdots,t)$,且至少有一个 $e_i\geqslant 2$,因此 $s=e_1+e_2+\cdots+e_t>t$. 此时

$$\operatorname{rank}\boldsymbol{B}\leqslant\operatorname{rank}\boldsymbol{B}_1\leqslant t<s,$$

所以 $\boldsymbol{B}$ 不是满秩矩阵,$\det\boldsymbol{B}=0$. 这就证得,若 $\det\boldsymbol{B}\neq 0$,则 $\boldsymbol{A}$ 相似于对角矩阵.

【例 7.59】 设 $\boldsymbol{A},\boldsymbol{B}$ 都是 n 阶实方阵($n\geqslant 2$),$\boldsymbol{AB}=\boldsymbol{BA}$,且 $\boldsymbol{A}^n=\boldsymbol{B}^n=\boldsymbol{E}$. 证明:若 $\operatorname{tr}(\boldsymbol{AB})=n$,则 $\operatorname{tr}\boldsymbol{A}=\operatorname{tr}\boldsymbol{B}$.

【证】 据题设条件易知,$\boldsymbol{A}$ 和 $\boldsymbol{B}$ 都可对角化(详见本章例 7.48). 因为 $\boldsymbol{AB}=\boldsymbol{BA}$,所以 $\boldsymbol{A}$ 和 $\boldsymbol{B}$ 可同时对角化(见第 6 章例 6.96),即存在 n 阶可逆矩阵 $\boldsymbol{P}$ 使得

$$\boldsymbol{P}^{-1}\boldsymbol{AP}=\operatorname{diag}(\lambda_1,\lambda_2,\cdots,\lambda_n),\quad \boldsymbol{P}^{-1}\boldsymbol{BP}=\operatorname{diag}(\mu_1,\mu_2,\cdots,\mu_n),$$

其中 $\lambda_1,\lambda_2,\cdots,\lambda_n$ 与 $\mu_1,\mu_2,\cdots,\mu_n$ 分别是 $\boldsymbol{A}$ 和 $\boldsymbol{B}$ 的全部特征值,且 $|\lambda_k|=|\mu_k|=1(1\leqslant k\leqslant n)$. 由于

$$\boldsymbol{P}^{-1}(\boldsymbol{AB})\boldsymbol{P}=(\boldsymbol{P}^{-1}\boldsymbol{AP})(\boldsymbol{P}^{-1}\boldsymbol{BP})=\operatorname{diag}(\lambda_1\mu_1,\lambda_2\mu_2,\cdots,\lambda_n\mu_n),$$

这表明 $\lambda_1\mu_1,\lambda_2\mu_2,\cdots,\lambda_n\mu_n$ 是 $\boldsymbol{AB}$ 的全部特征值,从而有

$$n=\operatorname{tr}(\boldsymbol{AB})=\sum_{k=1}^{n}\lambda_k\mu_k.$$

注意到 $|\lambda_k\mu_k|=1(1\leqslant k\leqslant n)$,故可设 $\lambda_k\mu_k=\cos\theta_k+\mathrm{i}\sin\theta_k$,代入上式,得

$$\sum_{k=1}^{n}\cos\theta_k=n,\quad \sum_{k=1}^{n}\sin\theta_k=0.$$

由此可知 $\theta_k=0$,所以 $\lambda_k\mu_k=1$,从而有 $\lambda_k=\overline{\mu_k}(1\leqslant k\leqslant n)$. 因此

$$\operatorname{tr}\boldsymbol{A}=\sum_{k=1}^{n}\lambda_k=\sum_{k=1}^{n}\overline{\mu_k}=\overline{\sum_{k=1}^{n}\mu_k}=\overline{\operatorname{tr}\boldsymbol{B}}=\operatorname{tr}\boldsymbol{B}.$$

§7.4 Hamilton-Cayley 定理

基本理论与要点提示

7.4.1 Hamilton-Cayley 定理

(1) Hamilton-Cayley 定理　矩阵 $\boldsymbol{A}\in M_n(K)$ 的特征多项式是 $\boldsymbol{A}$ 的一个零化多项式;

(2) 矩阵 $\boldsymbol{A}\in M_n(K)$ 的最小多项式 $m(\lambda)$ 是 $\boldsymbol{A}$ 的任一零化多项式的因式,因而是 $\boldsymbol{A}$ 的特征多项式 $\chi(\lambda)$ 的因式. 最小多项式 $m(\lambda)$ 包含了特征多项式 $\chi(\lambda)$ 的所有不可约因式.

7.4.2 零化多项式的主要应用

(1) 计算矩阵的方幂或矩阵多项式;

(2) 求可逆矩阵的逆矩阵(已知特征多项式或其他零化多项式的情形);

(3) 若干与特征多项式或最小多项式相关的问题.

典型问题解析

【例 7.60】(华东师范大学,2006 年) 设 $\boldsymbol{A}=\begin{pmatrix}2&1&0\\0&2&1\\0&0&2\end{pmatrix}$, $f(x)=1+x+x^2+x^3+x^4+x^5+x^6+x^7$, 求 $f(\boldsymbol{A})$.

【解】 易知 $\boldsymbol{A}$ 的特征多项式 $g(\lambda)=(\lambda-2)^3$. 对 $f(\lambda)$ 利用带余除法,得

$$f(\lambda)=g(\lambda)h(\lambda)+a\lambda^2+b\lambda+c. \qquad ①$$

从而有

$$f'(\lambda)=g'(\lambda)h(\lambda)+g(\lambda)h'(\lambda)+2a\lambda+b,$$
$$f''(\lambda)=g''(\lambda)h(\lambda)+2g'(\lambda)h'(\lambda)+g(\lambda)h''(\lambda)+2a.$$

令 $\lambda=2$,分别代入上述各式,得

$$\begin{cases}4a+2b+c=f(2)=255,\\4a+b=f'(2)=769,\\a=\dfrac{1}{2}f''(2)=1023.\end{cases}$$

根据 Hamilton-Cayley 定理,可知 $g(\boldsymbol{A})=\boldsymbol{O}$. 注意到 $\boldsymbol{A}=2\boldsymbol{E}+\boldsymbol{J}_3(0)$,故由①式得

$$f(\boldsymbol{A})=a\boldsymbol{A}^2+b\boldsymbol{A}+c\boldsymbol{E}=(4a+2b+c)\boldsymbol{E}+(4a+b)\boldsymbol{J}_3(0)+a\boldsymbol{J}_3^2(0)$$
$$=\begin{pmatrix}255&769&1023\\0&255&769\\0&0&255\end{pmatrix}.$$

【例 7.61】(中国科学院,2005 年) 设矩阵 $\boldsymbol{B}=\begin{pmatrix}4&4.5&-1\\-3&-3.5&1\\-2&-3&1.5\end{pmatrix}$,求 $\boldsymbol{B}^{2005}$(精确到小数点后 4 位).

【解】 易知,$\boldsymbol{B}$ 的特征多项式为 $f(\lambda)=(\lambda-1)(\lambda-\frac{1}{2})^2$. 根据 Hamilton-Cayley 定理,可知 $f(\boldsymbol{B})=\boldsymbol{O}$. 若设 $\varphi(\lambda)=\lambda^{2005}$,则根据带余除法,有

$$\varphi(\lambda)=f(\lambda)q(\lambda)+r(\lambda),\ 其中 \deg r(\lambda)<\deg f(\lambda)=3.$$

于是 $f(\lambda)\mid[\varphi(\lambda)-r(\lambda)]$,且 $\lambda=1$ 是 $\varphi(\lambda)-r(\lambda)$ 的单根,$\lambda=\frac{1}{2}$ 是 $\varphi(\lambda)-r(\lambda)$ 的重根.

现在令 $r(\lambda)=a\lambda^2+b\lambda+c$,其中 a,b,c 是待定系数. 则

$$\begin{cases}\varphi(1)-r(1)=0,\\ \varphi(\frac{1}{2})-r(\frac{1}{2})=0,\\ \varphi'(\frac{1}{2})-r'(\frac{1}{2})=0,\end{cases}\quad 即\quad \begin{cases}a+b+c=1,\\ \frac{a}{4}+\frac{b}{2}+c=\frac{1}{2^{2005}},\\ a+b=\frac{2005}{2^{2004}}.\end{cases}$$

解得 a,b,c 的近似值 $a=4,\ b=-4,\ c=1$(显然符合题设精度要求). 于是,有

$$\boldsymbol{B}^{2005}=\varphi(\boldsymbol{B})=f(\boldsymbol{B})q(\boldsymbol{B})+r(\boldsymbol{B})=4\boldsymbol{B}^2-4\boldsymbol{B}+\boldsymbol{E}=\begin{pmatrix}3&3&0\\-2&-2&0\\0&0&0\end{pmatrix}.$$

【例 7.62】(中国科学院,2005 年) 求矩阵

$$\boldsymbol{A}=\begin{pmatrix}0&1&1&1\\0&0&1&1\\0&0&0&1\\0&0&0&0\end{pmatrix}$$

的 Jordan 标准形,并计算 $e^{\boldsymbol{A}}$(注:按通常定义 $e^{\boldsymbol{A}}=\boldsymbol{E}+\boldsymbol{A}+\frac{\boldsymbol{A}^2}{2!}+\frac{\boldsymbol{A}^3}{3!}+\cdots$).

【解】 先求 $\boldsymbol{A}$ 的 Jordan 标准形. 因为 $D_4(\lambda)=|\lambda\boldsymbol{E}-\boldsymbol{A}|=\lambda^4$,且由于矩阵 $\lambda\boldsymbol{E}-\boldsymbol{A}$ 的左上角的一个 3 阶子式 $=\lambda^3$,右上角的一个 3 阶子式 $=-(\lambda+1)^2$,所以 $D_3(\lambda)=1$,故 $\boldsymbol{A}$ 的不变因子组为

$$d_1(\lambda)=d_2(\lambda)=d_3(\lambda)=1,\ d_4(\lambda)=\lambda^4.$$

由此可知,$\boldsymbol{A}$ 的初等因子为 λ^4. 于是 $\boldsymbol{A}$ 的 Jordan 标准形为

$$\boldsymbol{J}=\begin{pmatrix}0&1&0&0\\0&0&1&0\\0&0&0&1\\0&0&0&0\end{pmatrix}.$$

再计算 $e^{\boldsymbol{A}}$. 因为 $\boldsymbol{A}$ 的特征多项式为 $f(\lambda)=|\lambda\boldsymbol{E}-\boldsymbol{A}|=\lambda^4$,故由 Hamilton-Cayley 定理,知 $f(\boldsymbol{A})=\boldsymbol{A}^4=\boldsymbol{O}$. 于是

$$e^A=E+A+\frac{A^2}{2!}+\frac{A^3}{3!}=\begin{pmatrix}1&1&\frac{3}{2}&\frac{13}{6}\\0&1&1&\frac{3}{2}\\0&0&1&1\\0&0&0&1\end{pmatrix}.$$

【例 7.63】(南开大学,2010 年)　设 $A=\begin{pmatrix}1&4&2\\0&-3&4\\0&4&3\end{pmatrix}$,试求 A^n,其中 n 为正整数.

【解】　(方法 1) 易知,A 的特征多项式为 $f(\lambda)=|\lambda E-A|=(\lambda+5)(\lambda-1)(\lambda-5)$. 对 λ^n 利用带余除法,得

$$\lambda^n=f(\lambda)q(\lambda)+(a\lambda^2+b\lambda+c).$$

分别取 $\lambda=-5,1,5$ 代入上式,解得

$$a=\frac{1}{24}(5^{n-1}(3+2(-1)^n)-1),b=\frac{5^{n-1}}{2}(1-(-1)^n),25a+c=\frac{5^n}{2}(1+(-1)^n).$$

根据 Hamilton-Cayley 定理,可知 $f(A)=O$. 于是,有

$$\begin{aligned}A^n&=f(A)q(A)+aA^2+bA+cE=aA^2+bA+cE\\&=\begin{pmatrix}1&2\cdot5^{n-1}(1-(-1)^n)&5^{n-1}(4+(-1)^n)-1\\0&5^{n-1}(1+4(-1)^n)&2\cdot5^{n-1}(1-(-1)^n)\\0&2\cdot5^{n-1}(1-(-1)^n)&5^{n-1}(4+(-1)^n)\end{pmatrix}.\end{aligned}$$

(方法 2) 易知,A 的特征值为 $\lambda=-5,1,5$,A 的相应的特征向量为

$$\xi_1=(1,-2,1)^T,\quad \xi_2=(1,0,0)^T,\quad \xi_3=(2,1,2)^T.$$

令 $P=(\xi_1,\xi_2,\xi_3)$,$D=\mathrm{diag}(-5,1,5)$,则 $P^{-1}AP=D$. 于是,有

$$A^n=PD^nP^{-1}=\begin{pmatrix}1&1&2\\-2&0&1\\1&0&2\end{pmatrix}\begin{pmatrix}(-5)^n&&\\&1&\\&&5^n\end{pmatrix}\frac{1}{5}\begin{pmatrix}0&-2&1\\5&0&-5\\0&1&2\end{pmatrix}$$

$$=\begin{pmatrix}1&2\cdot5^{n-1}(1-(-1)^n)&5^{n-1}(4+(-1)^n)-1\\0&5^{n-1}(1+4(-1)^n)&2\cdot5^{n-1}(1-(-1)^n)\\0&2\cdot5^{n-1}(1-(-1)^n)&5^{n-1}(4+(-1)^n)\end{pmatrix}.$$

【例 7.64】(东北大学,2004 年)　设 $A\in\mathbb{R}^{n\times n}$ 可逆,证明 A^{-1} 可由 $I,A,\cdots,A^{n-1}$ 线性表示,并用此表达式求 $A=\begin{pmatrix}1&-1&-1\\-3&2&1\\2&0&1\end{pmatrix}$ 的逆 A^{-1}.

【解】　因为 A 可逆,所以 $|A|\neq0$. 设 A 的特征多项式为

$$f(\lambda)=|\lambda E-A|=\lambda^n+a_{n-1}\lambda^{n-1}+\cdots+a_1\lambda+a_0,$$

其中 $a_0=|-A|=(-1)^n|A|\neq0$. 根据 Hamilton-Cayley 定理,$f(A)=O$. 所以

$$A\left(-\frac{1}{a_0}A^{n-1}-\frac{a_{n-1}}{a_0}A^{n-2}-\cdots-\frac{a_1}{a_0}I\right)=I,$$

于是有

$$A^{-1}=-\frac{1}{a_0}A^{n-1}-\frac{a_{n-1}}{a_0}A^{n-2}-\cdots-\frac{a_1}{a_0}I.$$

此外,对于 $A=\begin{pmatrix}1&-1&-1\\-3&2&1\\2&0&1\end{pmatrix}$,易知其特征多项式为 $f(\lambda)=\lambda^3-4\lambda^2+4\lambda-1$. 所以

$$A^{-1}=A^2-4A+4I=(A-2I)^2=\begin{pmatrix}2&1&1\\5&3&2\\-4&-2&-1\end{pmatrix}.$$

【例 7.65】(吉林大学,2010 年) 已知 A,B,C 是 n 阶方阵,A 可逆,并且满足

$$CB=CA^iB=O,\quad i=1,2,\cdots,n.$$

证明 $\begin{pmatrix}A&B\\C&A\end{pmatrix}$ 可逆,并求其逆.

【解】 因为 A 可逆,所以 $|A|\neq0$. 设 A 的特征多项式为

$$f(\lambda)=|\lambda E-A|=\lambda^n+a_{n-1}\lambda^{n-1}+\cdots+a_1\lambda+a_0,$$

其中 $a_0=|-A|=(-1)^n|A|\neq0$. 根据 Hamilton-Cayley 定理,$f(A)=O$. 所以

$$A\left(-\frac{1}{a_0}A^{n-1}-\frac{a_{n-1}}{a_0}A^{n-2}-\cdots-\frac{a_1}{a_0}I\right)=I,$$

由此得 $A^{-1}=-\frac{1}{a_0}A^{n-1}-\frac{a_{n-1}}{a_0}A^{n-2}-\cdots-\frac{a_1}{a_0}I$. 利用题设条件,有

$$CA^{-1}B=-\frac{1}{a_0}CA^{n-1}B-\frac{a_{n-1}}{a_0}CA^{n-2}B-\cdots-\frac{a_1}{a_0}CB=O.$$

根据分块初等变换,并注意到 A 可逆,易知

$$\begin{pmatrix}E&O\\-CA^{-1}&E\end{pmatrix}\begin{pmatrix}A&B\\C&A\end{pmatrix}=\begin{pmatrix}A&B\\O&A-CA^{-1}B\end{pmatrix}=\begin{pmatrix}A&B\\O&A\end{pmatrix},$$

可见 $\begin{vmatrix}A&B\\C&A\end{vmatrix}=|A|^2\neq0$,因此 $\begin{pmatrix}A&B\\C&A\end{pmatrix}$ 可逆. 进一步,容易求得(留给读者完成):

$$\begin{pmatrix}A&B\\C&A\end{pmatrix}^{-1}=\begin{pmatrix}A^{-1}+A^{-1}BA^{-1}CA^{-1}&-A^{-1}BA^{-1}\\-A^{-1}CA^{-1}&A^{-1}\end{pmatrix}.$$

【例 7.66】(浙江大学,2004 年) 设 $A\in P^{n\times n}$,$f(x)\in P[x]$,已知 $f(A)$ 可逆. 求证:存在 $g(x)\in P[x]$ 使 $(f(A))^{-1}=g(A)$.(注:P 是数域,$P^{n\times n}$ 表示元素在 P 中的 n 阶方阵的集合.)

【证】 首先证明:对于 A 的特征多项式 $p(x)\in P[x]$,必有 $(f(x),p(x))=1$.

若不然,可设 $(f(x),p(x))=d(x)\neq1$,其中 $d(x)\in P[x]$,$\deg d(x)\geqslant1$,则 $f(x),p(x)$ 有公共根 $\lambda_0\in\mathbb{C}$. 故存在 $\alpha\in\mathbb{C}^{n\times1}$ 使得 $A\alpha=\lambda_0\alpha$,其中 $\alpha\neq0$. 另一方面,设 $f(x)=q(x)(x-\lambda_0)$,则

$$f(A)\alpha=q(A)(A-\lambda_0E)\alpha=0.$$

因为 $f(\boldsymbol{A})$ 可逆,所以 $\boldsymbol{\alpha}=\mathbf{0}$,矛盾. 这就证得 $(f(x),p(x))=1$.

因此,存在 $g(x),h(x)\in P[x]$ 使 $f(x)g(x)+h(x)p(x)=1$. 将其中的 x 换为矩阵 $\boldsymbol{A}$,可得

$$f(\boldsymbol{A})g(\boldsymbol{A})+h(\boldsymbol{A})p(\boldsymbol{A})=\boldsymbol{E}.$$

根据 Hamilton-Cayley 定理,$p(\boldsymbol{A})=\boldsymbol{O}$. 于是,有 $(f(\boldsymbol{A}))^{-1}=g(\boldsymbol{A})$.

【例 7.67】 设 $a_1,a_2,\cdots,a_n$ 是 n 个复数,矩阵

$$\boldsymbol{A}=\begin{pmatrix} a_1(1-a_1) & -a_1a_2 & \cdots & -a_1a_n \\ -a_2a_1 & a_2(1-a_2) & \cdots & -a_2a_n \\ \vdots & \vdots & & \vdots \\ -a_na_1 & -a_na_2 & \cdots & a_n(1-a_n) \end{pmatrix},$$

问当 $a_1,a_2,\cdots,a_n$ 满足何条件时 $\boldsymbol{A}$ 是可逆矩阵? 并在 $\boldsymbol{A}$ 可逆时求其逆矩阵 $\boldsymbol{A}^{-1}$.

【解】 (方法 1) 先把矩阵 $\boldsymbol{A}$ 分解为

$$\boldsymbol{A}=\begin{pmatrix} a_1 & & & \\ & a_2 & & \\ & & \ddots & \\ & & & a_n \end{pmatrix}\begin{pmatrix} 1-a_1 & -a_2 & \cdots & -a_n \\ -a_1 & 1-a_2 & \cdots & -a_n \\ \vdots & \vdots & & \vdots \\ -a_1 & -a_2 & \cdots & 1-a_n \end{pmatrix}=\boldsymbol{DB},$$

其中 $\boldsymbol{D}=\operatorname{diag}(a_1,a_2,\cdots,a_n)$,$\boldsymbol{B}=\boldsymbol{E}-\boldsymbol{\alpha\beta}^{\mathrm{T}}$,而 $\boldsymbol{\alpha}=(1,2,\cdots,1)^{\mathrm{T}}$,$\boldsymbol{\beta}=(a_1,a_2,\cdots,a_n)^{\mathrm{T}}$.

再考虑矩阵 $\boldsymbol{B}$. 易知 $(\boldsymbol{\alpha\beta}^{\mathrm{T}})^2=c(\boldsymbol{\alpha\beta}^{\mathrm{T}})$,其中 $c=\boldsymbol{\alpha}^{\mathrm{T}}\boldsymbol{\beta}=\sum\limits_{k=1}^{n}a_k$,所以 $\lambda^2-c\lambda$ 是矩阵 $\boldsymbol{\alpha\beta}^{\mathrm{T}}$ 的零化多项式. 根据带余除法,有

$$\lambda^2-c\lambda=(\lambda-1)[\lambda+(1-c)]+(1-c).$$

用矩阵 $\boldsymbol{\alpha\beta}^{\mathrm{T}}$ 代替上式中的 λ,得

$$\boldsymbol{O}=-\boldsymbol{B}[\boldsymbol{\alpha\beta}^{\mathrm{T}}+(1-c)\boldsymbol{E}]+(1-c)\boldsymbol{E}.$$

因此,$\boldsymbol{B}$ 可逆的充分必要条件是 $c\neq1$,且当 $c\neq1$ 时,$\boldsymbol{B}$ 的逆矩阵 $\boldsymbol{B}^{-1}=\boldsymbol{E}+\dfrac{1}{1-c}\boldsymbol{\alpha\beta}^{\mathrm{T}}$.

于是,矩阵 $\boldsymbol{A}$ 可逆当且仅当 $\boldsymbol{D},\boldsymbol{B}$ 都可逆,这等价于 $\prod\limits_{k=1}^{n}a_k\neq0$ 且 $\sum\limits_{k=1}^{n}a_k\neq1$. 此时,有

$$\boldsymbol{A}^{-1}=\boldsymbol{B}^{-1}\boldsymbol{D}^{-1}=\left(\boldsymbol{E}+\frac{1}{1-c}\boldsymbol{\alpha\beta}^{\mathrm{T}}\right)\operatorname{diag}\left(\frac{1}{a_1},\frac{1}{a_2},\cdots,\frac{1}{a_n}\right)$$

$$=\frac{1}{1-c}\begin{pmatrix} \dfrac{1-c+a_1}{a_1} & 1 & \cdots & 1 \\ 1 & \dfrac{1-c+a_2}{a_2} & \cdots & 1 \\ \vdots & \vdots & & \vdots \\ 1 & 1 & \cdots & \dfrac{1-c+a_n}{a_n} \end{pmatrix}.$$

(方法 2) 先求 $\boldsymbol{A}$ 的行列式 $\det\boldsymbol{A}$. 从第 1 列直至第 n 列,依次提取因子 $a_1,a_2,\cdots,a_n$,得

$$\det \boldsymbol{A}=\left(\prod_{k=1}^{n}a_k\right)\begin{vmatrix}1-a_1 & -a_1 & \cdots & -a_1\\ -a_2 & 1-a_2 & \cdots & -a_2\\ \vdots & \vdots & & \vdots\\ -a_n & -a_n & \cdots & 1-a_n\end{vmatrix}.$$

把第 1 列乘-1 加到其他各列,得

$$\det \boldsymbol{A}=\left(\prod_{k=1}^{n}a_k\right)\begin{vmatrix}1-a_1 & -1 & \cdots & -1\\ -a_2 & 1 & \cdots & 0\\ \vdots & \vdots & & \vdots\\ -a_n & 0 & \cdots & 1\end{vmatrix}=\left(\prod_{k=1}^{n}a_k\right)\left(1-\sum_{i=1}^{n}a_i\right).$$

因此,$\boldsymbol{A}$ 可逆的充分必要条件是 $\prod\limits_{k=1}^{n}a_k\neq 0$ 且 $\sum\limits_{i=1}^{n}a_i\neq 1$.

再求 $\boldsymbol{A}$ 的逆 $\boldsymbol{A}^{-1}$. 为此令 $\boldsymbol{D}=\mathrm{diag}(a_1,a_2,\cdots,a_n)$, $\boldsymbol{\alpha}=(a_1,a_2,\cdots,a_n)^{\mathrm{T}}$,则 $\boldsymbol{A}=\boldsymbol{D}-\boldsymbol{\alpha}\boldsymbol{\alpha}^{\mathrm{T}}$. 利用 Sherman-Morrison-Woodbury 公式(见第 4 章例 4.37 的注 2),有

$$\boldsymbol{A}^{-1}=(\boldsymbol{D}-\boldsymbol{\alpha}\boldsymbol{\alpha}^{\mathrm{T}})^{-1}=\boldsymbol{D}^{-1}+\frac{\boldsymbol{D}^{-1}\boldsymbol{\alpha}\boldsymbol{\alpha}^{\mathrm{T}}\boldsymbol{D}^{-1}}{1-\boldsymbol{\alpha}^{\mathrm{T}}\boldsymbol{D}^{-1}\boldsymbol{\alpha}},$$

因为 $\boldsymbol{D}^{-1}=\mathrm{diag}\left(\frac{1}{a_1},\frac{1}{a_2},\cdots,\frac{1}{a_n}\right)$,且 $\boldsymbol{\alpha}^{\mathrm{T}}\boldsymbol{D}^{-1}\boldsymbol{\alpha}=\sum\limits_{i=1}^{n}a_i$,所以

$$\boldsymbol{A}^{-1}=\frac{1}{1-\sum\limits_{i=1}^{n}a_i}\begin{pmatrix}\frac{1}{a_1}\left(1+a_1-\sum\limits_{i=1}^{n}a_i\right) & 1 & \cdots & 1\\ 1 & \frac{1}{a_2}\left(1+a_2-\sum\limits_{i=1}^{n}a_i\right) & \cdots & 1\\ \vdots & \vdots & & \vdots\\ 1 & 1 & \cdots & \frac{1}{a_n}\left(1+a_n-\sum\limits_{i=1}^{n}a_i\right)\end{pmatrix}.$$

【例 7.68】(华东师范大学,2008 年) 设 $\boldsymbol{A}$ 和 $\boldsymbol{B}$ 是两个特征值都为正数的 n 阶实方阵. 证明:如果 $\boldsymbol{A}^2=\boldsymbol{B}^2$,那么 $\boldsymbol{A}=\boldsymbol{B}$.

【证】 (方法 1) 设 $\boldsymbol{A}$ 的特征多项式为

$$f(\lambda)=\prod_{i=1}^{s}(\lambda-\lambda_i)^{k_i},$$

其中 $\lambda_i, 1\leqslant i\leqslant s$ 是互不相同的正实数,且 $\sum\limits_{i=1}^{s}k_i=n$. 利用 Hamilton-Cayley 定理,得

$$f(\boldsymbol{A})=\prod_{i=1}^{s}(\boldsymbol{A}-\lambda_i\boldsymbol{E})^{k_i}=\boldsymbol{O}.$$

据题设 $\boldsymbol{A}^2=\boldsymbol{B}^2$,易知 $\forall\lambda\in\mathbb{R}$,有

$$(\boldsymbol{A}-\boldsymbol{B})(\boldsymbol{B}+\lambda\boldsymbol{E})=-(\boldsymbol{A}-\lambda\boldsymbol{E})(\boldsymbol{A}-\boldsymbol{B}).$$

于是,有

$$(\boldsymbol{A}-\boldsymbol{B})\prod_{i=1}^{s}(\boldsymbol{B}+\lambda_i\boldsymbol{E})^{k_i}=(-1)^n\prod_{i=1}^{s}(\boldsymbol{A}-\lambda_i\boldsymbol{E})^{k_i}(\boldsymbol{A}-\boldsymbol{B})=\boldsymbol{O}.$$

因为 $\boldsymbol{B}$ 的特征值 λ_i 全为正实数,所以 $\boldsymbol{B}+\lambda_i\boldsymbol{E}$ 均为可逆矩阵. 于是 $\boldsymbol{A}-\boldsymbol{B}=\boldsymbol{O}$,即 $\boldsymbol{A}=\boldsymbol{B}$.

（方法 2）设 λ 是 $\boldsymbol{A}$ 的任一特征值，$\boldsymbol{\xi}$ 为 $\boldsymbol{A}$ 的属于 λ 的特征向量，则 $\boldsymbol{A\xi}=\lambda\boldsymbol{\xi}$，$\boldsymbol{A}^2\boldsymbol{\xi}=\lambda^2\boldsymbol{\xi}$. 据题设，$\boldsymbol{A}^2=\boldsymbol{B}^2$，得 $\boldsymbol{B}^2\boldsymbol{\xi}=\lambda^2\boldsymbol{\xi}$，即 $(\lambda\boldsymbol{E}+\boldsymbol{B})(\lambda\boldsymbol{E}-\boldsymbol{B})\boldsymbol{\xi}=\boldsymbol{0}$. 注意到矩阵 $\boldsymbol{A}$，$\boldsymbol{B}$ 的特征值全为正数，所以 $|\lambda\boldsymbol{E}+\boldsymbol{B}|\neq 0$，从而 $(\lambda\boldsymbol{E}-\boldsymbol{B})\boldsymbol{\xi}=\boldsymbol{0}$. 这就表明 λ 也是 $\boldsymbol{B}$ 的特征值.

同理可证：$\boldsymbol{B}$ 的任一特征值也为 $\boldsymbol{A}$ 的特征值. 因此，$\boldsymbol{A}$ 和 $\boldsymbol{B}$ 具有相同的特征值，即它们的特征多项式相同，设为 $f(\lambda)$. 根据 Hamilton-Cayley 定理，有 $f(\boldsymbol{A})=\boldsymbol{O}$.

另一方面，由 $\boldsymbol{A}^2=\boldsymbol{B}^2$ 可得 $(\boldsymbol{A}-\boldsymbol{B})\boldsymbol{A}=-\boldsymbol{B}(\boldsymbol{A}-\boldsymbol{B})$，从而有

$$(\boldsymbol{A}-\boldsymbol{B})f(\boldsymbol{A})=f(-\boldsymbol{B})(\boldsymbol{A}-\boldsymbol{B})=\boldsymbol{O}.$$

又易知 $f(-\boldsymbol{B})$ 是可逆矩阵，因此 $\boldsymbol{A}=\boldsymbol{B}$.

【例 7.69】（华中科技大学，2007 年） 设 $\boldsymbol{A}$，$\boldsymbol{B}$，$\boldsymbol{C}$ 为 n 阶方阵，$\boldsymbol{C}=\boldsymbol{AB}-\boldsymbol{BA}$，且 $\boldsymbol{C}$ 与 $\boldsymbol{A}$，$\boldsymbol{B}$ 都可交换，证明：存在不大于 n 的正整数 m，使得 $\boldsymbol{C}^m=\boldsymbol{O}$.

【证】（方法 1）先证 $\boldsymbol{C}$ 的任一特征值 $\lambda=0$. 不妨设 $\boldsymbol{A}$，$\boldsymbol{B}$，$\boldsymbol{C}$ 都是数域 F 上的 n 阶方阵，考虑 F 上的 n 维线性空间 V，任取 V 的一个基，并设 V 的线性变换 σ,τ,ρ 在这个基下的矩阵分别为 $\boldsymbol{A}$，$\boldsymbol{B}$，$\boldsymbol{C}$，则 $\rho=\sigma\tau-\tau\sigma$，且 $\rho\sigma=\sigma\rho$，$\rho\tau=\tau\rho$.

注意到 λ 也是 ρ 的特征值，设 V_λ 是 ρ 的属于 λ 的特征子空间. 由 $\rho\sigma=\sigma\rho$ 与 $\rho\tau=\tau\rho$ 可知，V_λ 是 σ,τ 的不变子空间. 设 $\dim V_\lambda=d$，并将 σ,τ,ρ 限制在 V_λ 上，于是

$$d\lambda=\operatorname{tr}\rho=\operatorname{tr}(\sigma\tau-\tau\sigma)=\operatorname{tr}(\sigma\tau)-\operatorname{tr}(\tau\sigma)=0,$$

这就证得 $\lambda=0$.

于是，存在 n 阶可逆矩阵 $\boldsymbol{P}$，使得

$$\boldsymbol{P}^{-1}\boldsymbol{CP}=\operatorname{diag}(\boldsymbol{J}_1,\boldsymbol{J}_2,\cdots,\boldsymbol{J}_s),$$

其中 $\boldsymbol{J}_k$ 是对角元均为 0 的 n_k 阶 Jordan 块，$k=1,2,\cdots,s$，且 $n_1+n_2+\cdots+n_s=n$.

取 $m=\max\{n_1,n_2,\cdots,n_s\}$，则 $m\leqslant n$，且 $\boldsymbol{J}_k^m=\boldsymbol{O}$，$k=1,2,\cdots,s$. 从而

$$\boldsymbol{P}^{-1}\boldsymbol{C}^m\boldsymbol{P}=\operatorname{diag}(\boldsymbol{J}_1^m,\boldsymbol{J}_2^m,\cdots,\boldsymbol{J}_s^m)=\boldsymbol{O},$$

因此 $\boldsymbol{C}^m=\boldsymbol{O}$.

（方法 2）先用归纳法证明：对任一正整数 m，都有 $\boldsymbol{A}^m\boldsymbol{B}-\boldsymbol{BA}^m=m\boldsymbol{A}^{m-1}\boldsymbol{C}$. 事实上，当 $m=1$ 时，$\boldsymbol{AB}-\boldsymbol{BA}=\boldsymbol{C}$，结论成立. 假设 $m=k$ 时，有 $\boldsymbol{A}^k\boldsymbol{B}-\boldsymbol{BA}^k=k\boldsymbol{A}^{k-1}\boldsymbol{C}$. 两边右乘 $\boldsymbol{A}$，得

$$\boldsymbol{A}^k\boldsymbol{BA}-\boldsymbol{BA}^{k+1}=k\boldsymbol{A}^{k-1}\boldsymbol{CA},\quad \boldsymbol{A}^k(\boldsymbol{AB}-\boldsymbol{C})-\boldsymbol{BA}^{k+1}=k\boldsymbol{A}^{k-1}\boldsymbol{CA}.$$

移项，并利用 $\boldsymbol{A}$ 与 $\boldsymbol{C}$ 可交换，得

$$\boldsymbol{A}^{k+1}\boldsymbol{B}-\boldsymbol{BA}^{k+1}=(k+1)\boldsymbol{A}^k\boldsymbol{C}.$$

所以当 $m=k+1$ 时等式成立.

再设 $\boldsymbol{A}$ 的特征多项式为 $f(\lambda)=\lambda^n+a_1\lambda^{n-1}+\cdots+a_{n-1}\lambda+a_n$，则

$$f'(\lambda)=n\lambda^{n-1}+(n-1)a_1\lambda^{n-2}+\cdots+2a_{n-2}\lambda+a_{n-1},$$

由此并利用已证明的等式易知

$$f'(\boldsymbol{A})\boldsymbol{C}=f(\boldsymbol{A})\boldsymbol{B}-\boldsymbol{B}f(\boldsymbol{A}).$$

根据 Hamilton-Cayley 定理，$f(\boldsymbol{A})=\boldsymbol{O}$，所以 $f'(\boldsymbol{A})\boldsymbol{C}=\boldsymbol{O}$. 进一步，有

$$\begin{aligned}f''(\boldsymbol{A})\boldsymbol{C}^2&=n(n-1)\boldsymbol{A}^{n-2}\boldsymbol{C}^2+a_1(n-1)(n-2)\boldsymbol{A}^{n-3}\boldsymbol{C}^2+\cdots+2a_{n-2}\boldsymbol{C}^2\\&=n(\boldsymbol{A}^{n-1}\boldsymbol{B}-\boldsymbol{BA}^{n-1})\boldsymbol{C}+a_1(n-1)(\boldsymbol{A}^{n-1}\boldsymbol{B}-\boldsymbol{BA}^{n-1})\boldsymbol{C}+\cdots+2a_{n-2}(\boldsymbol{AB}-\boldsymbol{BA})\boldsymbol{C}\\&=[f'(\boldsymbol{A})\boldsymbol{C}]\boldsymbol{B}-\boldsymbol{B}[f'(\boldsymbol{A})\boldsymbol{C}]=\boldsymbol{O}.\end{aligned}$$

如此继续下去,可得 $f^{(n)}(\boldsymbol{A})\boldsymbol{C}^n=\boldsymbol{O}$.

因为 $f^{(n)}(\lambda)=n!$,所以 $f^{(n)}(\boldsymbol{A})=n!\ \boldsymbol{E}$,于是得 $\boldsymbol{C}^n=\boldsymbol{O}$.

【注】 根据上述解法2,只需 $\boldsymbol{C}$ 与 $\boldsymbol{A},\boldsymbol{B}$ 之一可交换,另一证明见本章例 7.83. 相关的问题还可见第10章例 10.20,例 10.87.

【例 7.70】(中国科学技术大学,2013年) 设 $\boldsymbol{A},\boldsymbol{B}$ 是 n 阶复方阵,$\mathbb{C}^{n\times n}$ 上的线性变换 $\mathscr{A}:\boldsymbol{X}\mapsto\boldsymbol{AX}-\boldsymbol{XB}$. 求证:$\mathscr{A}$ 可逆的充分必要条件是 $\boldsymbol{A}$ 和 $\boldsymbol{B}$ 无公共的特征值.

【分析】 线性变换 $\mathscr{A}$ 可逆等价于 $\mathscr{A}$ 是单射,所以可等价地证明:对于 $\boldsymbol{A},\boldsymbol{B}\in\mathbb{C}^{n\times n}$,矩阵方程 $\boldsymbol{AX}=\boldsymbol{XB}$ 只有零解的充分必要条件是 $\boldsymbol{A}$ 和 $\boldsymbol{B}$ 无公共的特征值.

【证】 必要性. 用反证法. 假设 λ_0 是 $\boldsymbol{A}$ 和 $\boldsymbol{B}$ 公共的特征值,则 λ_0 也是 $\boldsymbol{B}^{\mathrm{T}}$ 的特征值. 设 $\boldsymbol{\alpha}$ 和 $\boldsymbol{\beta}$ 分别是 $\boldsymbol{A}$ 和 $\boldsymbol{B}^{\mathrm{T}}$ 的属于 λ_0 的特征向量,即 $\boldsymbol{A\alpha}=\lambda_0\boldsymbol{\alpha},\boldsymbol{B}^{\mathrm{T}}\boldsymbol{\beta}=\lambda_0\boldsymbol{\beta}$. 令 $\boldsymbol{Q}=\boldsymbol{\alpha\beta}^{\mathrm{T}}$,则 $\boldsymbol{Q}\neq\boldsymbol{O}$,并且容易证明 $\boldsymbol{AQ}=\boldsymbol{QB}=\lambda_0\boldsymbol{Q}$,即 $\boldsymbol{Q}$ 是 $\boldsymbol{AX}=\boldsymbol{XB}$ 的非零解. 矛盾.

充分性. 设 $f(\lambda),g(\lambda)\in\mathbb{C}[\lambda]$ 分别是矩阵 $\boldsymbol{A}$ 和 $\boldsymbol{B}$ 的特征多项式,则由 Hamilton-Cayley 定理,可知 $f(\boldsymbol{A})=\boldsymbol{O},g(\boldsymbol{B})=\boldsymbol{O}$.

因为 $\boldsymbol{A}$ 和 $\boldsymbol{B}$ 无公共的特征值,所以 $\boldsymbol{A}$ 和 $\boldsymbol{B}$ 的特征多项式 $f(\lambda),g(\lambda)\in\mathbb{C}[\lambda]$ 互素,故存在 $u(\lambda),v(\lambda)\in\mathbb{C}[\lambda]$,使得 $f(\lambda)u(\lambda)+g(\lambda)v(\lambda)=1$. 于是有

$$\boldsymbol{E}=f(\boldsymbol{A})u(\boldsymbol{A})+g(\boldsymbol{A})v(\boldsymbol{A})=g(\boldsymbol{A})v(\boldsymbol{A}),$$

说明 $g(\boldsymbol{A})$ 是可逆矩阵. 若 $\boldsymbol{Q}$ 是 $\boldsymbol{AX}=\boldsymbol{XB}$ 的解,即 $\boldsymbol{AQ}=\boldsymbol{QB}$,则对任一正整数 m,都有 $\boldsymbol{A}^m\boldsymbol{Q}=\boldsymbol{QB}^m$, 于是有 $g(\boldsymbol{A})\boldsymbol{Q}=\boldsymbol{Q}g(\boldsymbol{B})=\boldsymbol{O}$, 由此得到 $\boldsymbol{Q}=\boldsymbol{O}$.

【例 7.71】(武汉大学,2013年) 设 $\lambda_1,\lambda_2,\cdots,\lambda_n$ 是 n 阶实方阵 $\boldsymbol{A}$ 的全部特征值,但 $-\lambda_i(i=1,2,\cdots,n)$ 不是 $\boldsymbol{A}$ 的特征值. 定义 $\mathbb{R}^{n\times n}$ 的线性变换

$$\sigma(\boldsymbol{X})=\boldsymbol{A}^{\mathrm{T}}\boldsymbol{X}+\boldsymbol{XA},\quad\forall\boldsymbol{X}\in\mathbb{R}^{n\times n}.$$

证明:(1) σ 是可逆线性变换;

(2) 对任意实对称矩阵 $\boldsymbol{C}$,必存在唯一的实对称矩阵 $\boldsymbol{B}$,使得 $\boldsymbol{A}^{\mathrm{T}}\boldsymbol{B}+\boldsymbol{BA}=\boldsymbol{C}$.

【证】 (1) 据题设,$\boldsymbol{A}$ 的特征多项式 $f(\lambda)=(\lambda-\lambda_1)(\lambda-\lambda_2)\cdots(\lambda-\lambda_n)$. 根据 Hamilton-Cayley 定理,有 $f(\boldsymbol{A})=\boldsymbol{O}$. 由于 $-\lambda_i(i=1,2,\cdots,n)$ 不是 $\boldsymbol{A}$ 的特征值,故 $f(-\lambda_i)\neq0$.

为了证明线性变换 σ 是可逆的,下面证明:若 $\sigma(\boldsymbol{X})=\boldsymbol{O}$,则 $\boldsymbol{X}=\boldsymbol{O}$. 事实上,由

$$\sigma(\boldsymbol{X})=\boldsymbol{A}^{\mathrm{T}}\boldsymbol{X}+\boldsymbol{XA}=\boldsymbol{O}$$

有 $\boldsymbol{XA}=-\boldsymbol{A}^{\mathrm{T}}\boldsymbol{X}$,因而有 $\boldsymbol{XA}^2=(-\boldsymbol{A}^{\mathrm{T}}\boldsymbol{X})\boldsymbol{A}=(-\boldsymbol{A}^{\mathrm{T}})^2\boldsymbol{X}$. 如此继续下去,可得,对任意自然数 m,有 $\boldsymbol{XA}^m=(-\boldsymbol{A}^{\mathrm{T}})^m\boldsymbol{X}$. 因此有

$$f(-\boldsymbol{A}^{\mathrm{T}})\boldsymbol{X}=\boldsymbol{X}f(\boldsymbol{A})=\boldsymbol{O}.\qquad①$$

注意到 $-\boldsymbol{A}^{\mathrm{T}}$ 的所有特征值为 $-\lambda_1,-\lambda_2,\cdots,-\lambda_n$,所以 $f(-\boldsymbol{A}^{\mathrm{T}})$ 的特征值为 $f(-\lambda_1),f(-\lambda_2),\cdots,f(-\lambda_n)$. 故

$$|f(-\boldsymbol{A}^{\mathrm{T}})|=f(-\lambda_1)f(-\lambda_2)\cdots f(-\lambda_n)\neq0.$$

即 $f(-\boldsymbol{A}^{\mathrm{T}})$ 是可逆矩阵. 再由①式知 $\boldsymbol{X}=\boldsymbol{O}$. 所以,$\sigma$ 是可逆线性变换.

(2) 根据(1)的结论,σ 是 $\mathbb{R}^{n\times n}$ 的可逆线性变换,故对任意实对称矩阵 $\boldsymbol{C}$,必存在唯一的实矩阵 $\boldsymbol{B}$,使 $\sigma(\boldsymbol{B})=\boldsymbol{C}$,即 $\boldsymbol{A}^{\mathrm{T}}\boldsymbol{B}+\boldsymbol{BA}=\boldsymbol{C}$. 因为 $\boldsymbol{C}$ 是对称矩阵,所以

$$\sigma(\boldsymbol{B}^{\mathrm{T}})=\boldsymbol{A}^{\mathrm{T}}\boldsymbol{B}^{\mathrm{T}}+\boldsymbol{B}^{\mathrm{T}}\boldsymbol{A}=(\boldsymbol{A}^{\mathrm{T}}\boldsymbol{B}+\boldsymbol{B}\boldsymbol{A})^{\mathrm{T}}=\boldsymbol{C}^{\mathrm{T}}=\boldsymbol{C}.$$

因此,$\boldsymbol{B}^{\mathrm{T}}=\boldsymbol{B}$,即 $\boldsymbol{B}$ 是实对称矩阵.

【注】 与例7.70,例7.71类似或更一般情形,参见本章例7.109.

【例7.72】(重庆大学,2004年) 设 $\boldsymbol{A}\in\mathbb{C}^{n\times n}$,$W=\{f(\boldsymbol{A})\mid f(x)\in P[x]\}$,$m(x)$是 $\boldsymbol{A}$ 的最小多项式. 证明:W 的维数$=\deg m(x)$,其中 $\deg m(x)$表示 $m(x)$的次数.

【证】 设 $\boldsymbol{A}$ 的最小多项式 $m(x)$的次数 $\deg m(x)=k$,下面我们证明:$\boldsymbol{E},\boldsymbol{A},\cdots,\boldsymbol{A}^{k-1}$ 构成 W 的一个基,因而 $\dim W=k$. 事实上,显然有 $\boldsymbol{E},\boldsymbol{A},\cdots,\boldsymbol{A}^{k-1}\in W$. 设 $c_0,c_1,\cdots,c_{k-1}\in P$,使得

$$c_0\boldsymbol{E}+c_1\boldsymbol{A}+\cdots+c_{k-1}\boldsymbol{A}^{k-1}=\boldsymbol{O},$$

若 $c_0,c_1,\cdots,c_{k-1}$ 不全为零,则 $g(x)=c_0+c_1\lambda+\cdots+c_{k-1}\lambda^{k-1}$ 是 $\boldsymbol{A}$ 的次数不超过 $k-1$ 的零化多项式,与 $m(x)$是 $\boldsymbol{A}$ 的最小多项式矛盾,所以 $c_0=c_1=\cdots=c_{k-1}=0$. 这就证得 $\boldsymbol{E},\boldsymbol{A},\cdots,\boldsymbol{A}^{k-1}$ 线性无关.

对于任意 $\boldsymbol{B}\in W$,存在 $f(x)\in P[x]$,使得 $\boldsymbol{B}=f(\boldsymbol{A})$. 若 $\deg f(x)<k$,则 $\boldsymbol{B}$ 是 $\boldsymbol{E},\boldsymbol{A},\cdots,\boldsymbol{A}^{k-1}$ 的线性组合. 若 $\deg f(x)\geqslant k$,则由带余除法,存在 $q(x),r(x)\in P[x]$,其中 $r(x)=0$ 或 $\deg r(x)<k$,使得

$$f(x)=q(x)m(x)+r(x).$$

所以 $\boldsymbol{B}=f(\boldsymbol{A})=r(\boldsymbol{A})$,即 $\boldsymbol{B}$ 可由 $\boldsymbol{E},\boldsymbol{A},\cdots,\boldsymbol{A}^{k-1}$ 线性表示. 因此 $\boldsymbol{E},\boldsymbol{A},\cdots,\boldsymbol{A}^{k-1}$ 是 W 的一个基.

§7.5　Jordan 标准形与幂零矩阵

基本理论与要点提示

7.5.1　Jordan 标准形

(1) 任一复方阵 $\boldsymbol{A}\in M_n(\mathbb{C})$都与一个 Jordan 矩阵相似. 这个 Jordan 矩阵除去其中 Jordan 块的排列次序外是被矩阵 $\boldsymbol{A}$ 唯一确定的. 称这个 Jordan 矩阵为 $\boldsymbol{A}$ 的 Jordan 标准形;

(2) 矩阵 $\boldsymbol{A}$ 的 Jordan 标准形中属于特征值 λ_0 的 Jordan 块的总个数等于 λ_0 的几何重数,属于 λ_0 的阶数同为 k 的所有 Jordan 块 $\boldsymbol{J}_k(\lambda_0)$的个数等于

$$\delta_k=\operatorname{rank}(\lambda_0\boldsymbol{E}-\boldsymbol{A})^{k-1}+\operatorname{rank}(\lambda_0\boldsymbol{E}-\boldsymbol{A})^{k+1}-2\operatorname{rank}(\lambda_0\boldsymbol{E}-\boldsymbol{A})^{k}.$$

7.5.2　幂零矩阵

(1) 设 $\boldsymbol{A}\in M_n(\mathbb{C})$,如果存在正整数 p 使得 $\boldsymbol{A}^p=\boldsymbol{O}$,那么称 $\boldsymbol{A}$ 是幂零矩阵,称使得 $\boldsymbol{A}^p=\boldsymbol{O}$ 的最小正整数 p(即 $\boldsymbol{A}^p=\boldsymbol{O}$ 而 $\boldsymbol{A}^{p-1}\neq\boldsymbol{O}$)为 $\boldsymbol{A}$ 的幂零指数;

(2) 对角元等于0的 k 阶 Jordan 块 $\boldsymbol{J}_k(0)$是一个幂零指数为 k 的幂零矩阵;

(3) 矩阵 $\boldsymbol{A}\in M_n(\mathbb{C})$是幂零矩阵当且仅当 $\boldsymbol{A}$ 的特征值全为0;

(4) 矩阵 $\boldsymbol{A}\in M_n(\mathbb{C})$是幂零矩阵当且仅当对任意正整数 k,有 $\operatorname{tr}\boldsymbol{A}^k=0$.

典型问题解析

【例7.73】(南开大学,2000年) (1) 设 σ 是数域 P 上 n 维线性空间 V 的线性变换. 证明:如果 $\sigma^{n-1}\neq0$,$\sigma^n=0$,那么 V 中存在一个基使得 σ 在这个基下的矩阵为

$$\begin{pmatrix} 0 & 0 & \cdots & 0 & 0 \\ 1 & 0 & \cdots & 0 & 0 \\ 0 & \ddots & \ddots & \vdots & \vdots \\ \vdots & \ddots & 1 & 0 & 0 \\ 0 & \cdots & 0 & 1 & 0 \end{pmatrix};$$

(2) 设$\boldsymbol{M},\boldsymbol{N}$为数域$P$上的$n$阶方阵，且$\boldsymbol{M}^n=\boldsymbol{N}^n=\boldsymbol{O}$,而$\boldsymbol{M}^{n-1}\neq\boldsymbol{O},\boldsymbol{N}^{n-1}\neq\boldsymbol{O}$. 证明:$\boldsymbol{M}$和$\boldsymbol{N}$相似.

【证】 (1) 设σ在V的一个基下的矩阵为$\boldsymbol{A}$,则由$\sigma^n=0$知,$\boldsymbol{A}^n=\boldsymbol{O}$,所以$\boldsymbol{A}$的特征值全为0,因此$\boldsymbol{A}$的Jordan标准形中只有对角元全为0的Jordan块$\boldsymbol{J}_k(0)$,其中$1\leqslant k\leqslant n$.

又由$\sigma^{n-1}\neq 0$知,$\boldsymbol{A}^{n-1}\neq\boldsymbol{O}$. 注意到当$1\leqslant k<n$时,$[\boldsymbol{J}_k(0)]^{n-1}=\boldsymbol{O}$,说明$\boldsymbol{A}$的Jordan标准形只包含一个Jordan块$\boldsymbol{J}_n(0)$. 因为$\boldsymbol{A}$相似于$\boldsymbol{J}_n(0)$,所以$V$中存在一个基使得$\sigma$在这个基下的矩阵为$\boldsymbol{J}_n(0)$.

(2) 根据题设条件以及(1)的证明知,$\boldsymbol{M}$与$\boldsymbol{N}$都相似于$\boldsymbol{J}_n(0)$,所以$\boldsymbol{M}$相似于$\boldsymbol{N}$.

【例7.74】(武汉大学,2005年) 设$\boldsymbol{A}\in M_n(K)$, λ_0是$\boldsymbol{A}$的n重特征值,且$\operatorname{rank}(\lambda_0\boldsymbol{E}-\boldsymbol{A})=n-1$.

(1) 求使$(\lambda_0\boldsymbol{E}-\boldsymbol{A})^m=\boldsymbol{O}$的最小正整数$m$;

(2) 证明:$(\lambda_0\boldsymbol{E}-\boldsymbol{A})^{n-1}$中必存在一个列向量是$\boldsymbol{A}$的属于$\lambda_0$的特征向量.

【解】 设$\boldsymbol{A}$的Jordan标准形为$\boldsymbol{J}$,则存在可逆矩阵$\boldsymbol{P}$,使得$\boldsymbol{P}^{-1}\boldsymbol{AP}=\boldsymbol{J}$, 且$\operatorname{rank}(\lambda_0\boldsymbol{E}-\boldsymbol{J})=\operatorname{rank}(\lambda_0\boldsymbol{E}-\boldsymbol{A})=n-1$. 于是,有

$$\boldsymbol{J}=\begin{pmatrix} \lambda_0 & 1 & 0 & \cdots & 0 \\ 0 & \lambda_0 & 1 & \cdots & 0 \\ \vdots & \vdots & \vdots & & \vdots \\ 0 & 0 & 0 & \cdots & 1 \\ 0 & 0 & 0 & \cdots & \lambda_0 \end{pmatrix},\quad \lambda_0\boldsymbol{E}-\boldsymbol{J}=\begin{pmatrix} 0 & -1 & 0 & \cdots & 0 \\ 0 & 0 & -1 & \cdots & 0 \\ \vdots & \vdots & \vdots & & \vdots \\ 0 & 0 & 0 & \cdots & -1 \\ 0 & 0 & 0 & \cdots & 0 \end{pmatrix}.$$

从而有$(\lambda_0\boldsymbol{E}-\boldsymbol{J})^{n-1}=\begin{pmatrix} 0 & \cdots & 0 & (-1)^{n-1} \\ 0 & \cdots & 0 & 0 \\ \vdots & & \vdots & \vdots \\ 0 & \cdots & 0 & 0 \end{pmatrix}\neq\boldsymbol{O}$, 且$(\lambda_0\boldsymbol{E}-\boldsymbol{J})^n=\boldsymbol{O}$.

(1) 因为对于任一自然数m, 有

$$\boldsymbol{P}^{-1}(\lambda_0\boldsymbol{E}-\boldsymbol{A})^m\boldsymbol{P}=(\lambda_0\boldsymbol{E}-\boldsymbol{J})^m,$$

所以$(\lambda_0\boldsymbol{E}-\boldsymbol{A})^{n-1}\neq\boldsymbol{O}$,且$(\lambda_0\boldsymbol{E}-\boldsymbol{A})^n=\boldsymbol{O}$. 说明使$(\lambda_0\boldsymbol{E}-\boldsymbol{A})^m=\boldsymbol{O}$的最小正整数$m=n$.

(2) 将$(\lambda_0\boldsymbol{E}-\boldsymbol{A})^{n-1}$按列分块为$(\lambda_0\boldsymbol{E}-\boldsymbol{A})^{n-1}=(\boldsymbol{\xi}_1,\boldsymbol{\xi}_2,\cdots,\boldsymbol{\xi}_n)$,则必存在$\boldsymbol{\xi}_j\neq\boldsymbol{0}$,且

$$(\lambda_0\boldsymbol{E}-\boldsymbol{A})(\boldsymbol{\xi}_1,\boldsymbol{\xi}_2,\cdots,\boldsymbol{\xi}_n)=(\lambda_0\boldsymbol{E}-\boldsymbol{A})^n=\boldsymbol{O}.$$

于是,有

$$(\lambda_0\boldsymbol{E}-\boldsymbol{A})\boldsymbol{\xi}_j=\boldsymbol{0},\quad 或\quad \boldsymbol{A}\boldsymbol{\xi}_j=\lambda_0\boldsymbol{\xi}_j.$$

因此, $(\lambda_0\boldsymbol{E}-\boldsymbol{A})^{n-1}$中的非零列向量$\boldsymbol{\xi}_j$就是$\boldsymbol{A}$的属于$\lambda_0$的一个特征向量.

【例 7.75】(浙江大学,2009 年;重庆大学,2010 年;华中师范大学,2014 年) 设 $\boldsymbol{A}$ 是 n 阶复方阵, 0 是 $\boldsymbol{A}$ 的 k 重特征值. 证明:$\operatorname{rank}\boldsymbol{A}^k=n-k$.

【证】 由题设知,$\boldsymbol{A}$ 的 Jordan 标准形为

$$\boldsymbol{J}=\begin{pmatrix}\boldsymbol{J}_1 & \\ & \boldsymbol{J}_2\end{pmatrix},$$

其中 $\boldsymbol{J}_1=\operatorname{diag}(\boldsymbol{J}_{n_1}(0),\boldsymbol{J}_{n_2}(0),\cdots,\boldsymbol{J}_{n_s}(0))$, $n_1+n_2+\cdots+n_s=k$,而 $\boldsymbol{J}_2$ 是 $\boldsymbol{A}$ 的所有非零特征值对应的 Jordan 块构成的 $n-k$ 阶分块对角矩阵. 故存在可逆矩阵 $\boldsymbol{P}$,使得 $\boldsymbol{P}^{-1}\boldsymbol{A}\boldsymbol{P}=\boldsymbol{J}$,从而有 $\boldsymbol{P}^{-1}\boldsymbol{A}^k\boldsymbol{P}=\boldsymbol{J}^k$.

注意到,每个 Jordan 块 $\boldsymbol{J}_{n_i}(0)$ 是幂零指数为 n_i 的幂零矩阵,而 $n_i\leqslant k$,所以

$$\boldsymbol{J}_1^k=\operatorname{diag}(\boldsymbol{J}_{n_1}^k(0),\boldsymbol{J}_{n_2}^k(0),\cdots,\boldsymbol{J}_{n_s}^k(0))=\boldsymbol{O}.$$

又 $\boldsymbol{J}_2^k$ 是可逆的,即满秩矩阵,于是

$$\operatorname{rank}\boldsymbol{A}^k=\operatorname{rank}\boldsymbol{J}^k=\operatorname{rank}\boldsymbol{J}_1^k+\operatorname{rank}\boldsymbol{J}_2^k=n-k.$$

【例 7.76】(武汉大学,2010 年;华中师范大学,2011 年) 设 $\boldsymbol{A}$ 为 n 阶方阵,证明下述命题相互等价:

(1) $\operatorname{rank}\boldsymbol{A}=\operatorname{rank}\boldsymbol{A}^2$;

(2) 存在可逆矩阵 $\boldsymbol{P}$ 与 $\boldsymbol{B}$,使得 $\boldsymbol{A}=\boldsymbol{P}\begin{pmatrix}\boldsymbol{B}&\boldsymbol{O}\\\boldsymbol{O}&\boldsymbol{O}\end{pmatrix}\boldsymbol{P}^{-1}$,其中 $\boldsymbol{O}$ 是零矩阵;

(3) 存在可逆矩阵 $\boldsymbol{C}$,使得 $\boldsymbol{A}=\boldsymbol{A}^2\boldsymbol{C}$.

【证】 采用循环证法. (1)⇒(2). 设 $\lambda_1,\lambda_2,\cdots,\lambda_k$ 是 $\boldsymbol{A}$ 的非零特征值,$\boldsymbol{A}$ 的 Jordan 标准形

$$\boldsymbol{J}=\begin{pmatrix}\boldsymbol{J}_{n_1}(\lambda_1)&&&&&\\&\ddots&&&&\\&&\boldsymbol{J}_{n_k}(\lambda_k)&&&\\&&&\boldsymbol{J}_{n_{k+1}}(0)&&\\&&&&\ddots&\\&&&&&\boldsymbol{J}_{n_s}(0)\end{pmatrix},$$

其中 $\sum\limits_{i=1}^{k}n_i=r$. 由 $\operatorname{rank}\boldsymbol{A}=\operatorname{rank}(\boldsymbol{A}^2)$ 易知,$n_{k+1}=n_{k+2}=\cdots=n_s=1$. 令

$$\boldsymbol{B}=\operatorname{diag}(\boldsymbol{J}_{n_1}(\lambda_1),\boldsymbol{J}_{n_2}(\lambda_2),\cdots,\boldsymbol{J}_{n_k}(\lambda_k)),$$

则 $\boldsymbol{B}$ 是 r 阶可逆矩阵,且存在 n 阶可逆矩阵 $\boldsymbol{P}$,使得

$$\boldsymbol{A}=\boldsymbol{P}\boldsymbol{J}\boldsymbol{P}^{-1}=\boldsymbol{P}\begin{pmatrix}\boldsymbol{B}&\boldsymbol{O}\\\boldsymbol{O}&\boldsymbol{O}\end{pmatrix}\boldsymbol{P}^{-1}.$$

(2)⇒(3). 因为

$$\boldsymbol{A}^2=\boldsymbol{P}\begin{pmatrix}\boldsymbol{B}^2&\boldsymbol{O}\\\boldsymbol{O}&\boldsymbol{O}\end{pmatrix}\boldsymbol{P}^{-1}=\boldsymbol{P}\begin{pmatrix}\boldsymbol{B}&\boldsymbol{O}\\\boldsymbol{O}&\boldsymbol{O}\end{pmatrix}\boldsymbol{P}^{-1}\left(\boldsymbol{P}\begin{pmatrix}\boldsymbol{B}&\boldsymbol{O}\\\boldsymbol{O}&\boldsymbol{E}_{n-r}\end{pmatrix}\boldsymbol{P}^{-1}\right)=\boldsymbol{A}\boldsymbol{C}^{-1},$$

所以 $\boldsymbol{A}=\boldsymbol{A}^2\boldsymbol{C}$,其中 $\boldsymbol{C}=\boldsymbol{P}\begin{pmatrix}\boldsymbol{B}^{-1}&\boldsymbol{O}\\\boldsymbol{O}&\boldsymbol{E}_{n-r}\end{pmatrix}\boldsymbol{P}^{-1}$ 是可逆矩阵.

(3)⇒(1). 由 $A=A^2C$ 知, $\operatorname{rank} A\leqslant\operatorname{rank} A^2\leqslant\operatorname{rank} A$, 所以 $\operatorname{rank} A=\operatorname{rank} A^2$.

【例 7.77】(复旦大学,2000 年) 设 A 为一个 n 阶方阵且 A 的秩等于 A^2 的秩. 证明 A 的秩等于 A^3 的秩.

【证】 若 0 不是 A 的特征值,则 A 可逆,结论成立. 下面设 0 是 A 的特征值.

设 P 是 n 阶可逆矩阵,使得

$$P^{-1}AP=J=\operatorname{diag}(J_1,J_2),$$

其中 J 是 A 的 Jordan 标准形,而 J_1,J_2 分别是 A 的非零特征值和零特征值所对应的 Jordan 块构成的子块. 所以

$$\begin{aligned}\operatorname{rank} A&=\operatorname{rank} J_1+\operatorname{rank} J_2,\\ \operatorname{rank} A^2&=\operatorname{rank} J_1^2+\operatorname{rank} J_2^2,\\ \operatorname{rank} A^3&=\operatorname{rank} J_1^3+\operatorname{rank} J_2^3.\end{aligned}$$

因为 J_1 是可逆矩阵,所以 $\operatorname{rank} J_1=\operatorname{rank} J_1^2=\operatorname{rank} J_1^3$, 故由 $\operatorname{rank} A=\operatorname{rank} A^2$ 知, $\operatorname{rank} J_2=\operatorname{rank} J_2^2$. 这就表明,特征值 0 所对应的每一个 Jordan 块的阶数必为 1,从而 $J_2=O$, $\operatorname{rank} J_2=\operatorname{rank} J_2^3$. 因此 $\operatorname{rank} A=\operatorname{rank} A^3$.

【例 7.78】(东南大学,2004 年) 设 A 为 n 阶方阵,求证存在正整数 m, 使 $\operatorname{rank} A^m=\operatorname{rank} A^{m+1}$, 并证存在 n 阶方阵 B, 使 $A^m=A^{m+1}B$.

【证】 若 0 不是 A 的特征值,则 A 可逆,对任意正整数 m, 都有 $\operatorname{rank} A^m=\operatorname{rank} A^{m+1}$, 并且 $B=A^{-1}$ 时,使得 $A^m=A^{m+1}B$. 下面设 0 是 A 的特征值.

设 J 是 A 的 Jordan 标准形, P 是 n 阶可逆矩阵,使得

$$P^{-1}AP=J=\operatorname{diag}(J_1,J_2),$$

其中 J_1,J_2 分别是 A 的非零特征值和零特征值所对应的 Jordan 块构成的子块.

现在,设 J_2 的所有 Jordan 块的阶数最大值为 m, 则 $J_2^m=O$. 所以

$$P^{-1}A^mP=J^m=\operatorname{diag}(J_1^m,J_2^m)=\operatorname{diag}(J_1^m,O), \tag{①}$$

注意到 J_1 是可逆矩阵,于是有

$$\operatorname{rank} A^m=\operatorname{rank} J_1^m=\operatorname{rank} J_1^{m+1}=\operatorname{rank} A^{m+1}.$$

另一方面,由①式有

$$A^m=P\begin{pmatrix}J_1^m & \\ & O\end{pmatrix}P^{-1},\quad A^{m+1}=P\begin{pmatrix}J_1^{m+1} & \\ & O\end{pmatrix}P^{-1}.$$

取 $B=P\begin{pmatrix}J_1^{-1} & \\ & O\end{pmatrix}P^{-1}$, 即得 $A^m=A^{m+1}B$.

【例 7.79】(西安交通大学,2008 年) 证明: n 阶方阵 A 可与一对角矩阵相似的充分必要条件是对 A 的任一特征值 λ_i, 都有

$$\operatorname{rank}(\lambda_iE-A)=\operatorname{rank}(\lambda_iE-A)^2.$$

【证】 (方法 1) 必要性. 设 A 相似于对角矩阵 $D=\operatorname{diag}(\lambda_1E_{k_1},\lambda_2E_{k_2},\cdots,\lambda_sE_{k_s})$, 其中 $\lambda_1,\lambda_2,\cdots,\lambda_s$ 是 A 的互不相同的特征值,代数重数分别为 $k_1,k_2,\cdots,k_s$, 且 $k_1+k_2+\cdots+k_s=n$.

任取$\lambda_i\in\{\lambda_1,\lambda_2,\cdots,\lambda_s\}$,为方便起见,不妨设$\lambda_i=\lambda_1$,则$\lambda_i\boldsymbol{E}-\boldsymbol{A}$相似于对角矩阵

$$\lambda_i\boldsymbol{E}-\boldsymbol{D}=\mathrm{diag}(\boldsymbol{O}_{k_1},(\lambda_i-\lambda_2)\boldsymbol{E}_{k_2},\cdots,(\lambda_i-\lambda_s)\boldsymbol{E}_{k_s}),$$

并且$(\lambda_i\boldsymbol{E}-\boldsymbol{A})^2$相似于$(\lambda_i\boldsymbol{E}-\boldsymbol{D})^2$,因此

$$\mathrm{rank}(\lambda_i\boldsymbol{E}-\boldsymbol{A})=\mathrm{rank}(\lambda_i\boldsymbol{E}-\boldsymbol{D})=\mathrm{rank}(\lambda_i\boldsymbol{E}-\boldsymbol{D})^2=\mathrm{rank}(\lambda_i\boldsymbol{E}-\boldsymbol{A})^2.$$

充分性. 用反证法,假设$\boldsymbol{A}$不可相似对角化,则$\boldsymbol{A}$的Jordan标准形

$$\boldsymbol{J}=\mathrm{diag}(\boldsymbol{J}_{k_1}(\lambda_1),\boldsymbol{J}_{k_2}(\lambda_2),\cdots,\boldsymbol{J}_{k_s}(\lambda_s))$$

中至少有一个Jordan块$\boldsymbol{J}_{k_i}(\lambda_i)$的阶数$k_i>1$,记这个Jordan块为$\boldsymbol{J}_r(c)$. 显然有

$$\mathrm{rank}(c\boldsymbol{E}_r-\boldsymbol{J}_r(c))=r-1,\quad \mathrm{rank}(c\boldsymbol{E}_r-\boldsymbol{J}_r(c))^2=r-2,$$

以及分块对角阵的秩等于各个对角子块的秩之和,因此有

$$\begin{aligned}\mathrm{rank}(c\boldsymbol{E}_n-\boldsymbol{J})&=\sum_{i=1}^{s}\mathrm{rank}(c\boldsymbol{E}_{k_i}-\boldsymbol{J}_{k_i}(\lambda_i))\\&>\sum_{i=1}^{s}\mathrm{rank}(c\boldsymbol{E}_{k_i}-\boldsymbol{J}_{k_l}(\lambda_i))^2\\&=\mathrm{rank}(c\boldsymbol{E}_n-\boldsymbol{J})^2.\end{aligned}$$

亦即$\mathrm{rank}(c\boldsymbol{E}_n-\boldsymbol{A})>\mathrm{rank}(c\boldsymbol{E}_n-\boldsymbol{A})^2$,此与充分性条件矛盾.

(方法2) 必要性. 设$\boldsymbol{A}$可相似对角化,则$\boldsymbol{A}$的最小多项式$m(\lambda)$无重根,故对$\boldsymbol{A}$的任一特征值λ_i,$(\lambda-\lambda_i)^2$与$m(\lambda)$的最大公因式为$\lambda-\lambda_i$. 于是,存在$u(\lambda)$,$v(\lambda)$,使得

$$u(\lambda)(\lambda-\lambda_i)^2+v(\lambda)m(\lambda)=\lambda-\lambda_i.$$

因为$m(\boldsymbol{A})=\boldsymbol{O}$,所以$u(\boldsymbol{A})(\boldsymbol{A}-\lambda_i\boldsymbol{E})^2=\boldsymbol{A}-\lambda_i\boldsymbol{E}$. 从而$\mathrm{rank}(\boldsymbol{A}-\lambda_i\boldsymbol{E})\leqslant\mathrm{rank}(\boldsymbol{A}-\lambda_i\boldsymbol{E})^2$. 又

$$\mathrm{rank}(\boldsymbol{A}-\lambda_i\boldsymbol{E})\geqslant\mathrm{rank}(\boldsymbol{A}-\lambda_i\boldsymbol{E})^2,$$

所以$\mathrm{rank}(\boldsymbol{A}-\lambda_i\boldsymbol{E})=\mathrm{rank}(\boldsymbol{A}-\lambda_i\boldsymbol{E})^2$,即$\mathrm{rank}(\lambda_i\boldsymbol{E}-\boldsymbol{A})=\mathrm{rank}(\lambda_i\boldsymbol{E}-\boldsymbol{A})^2$.

充分性. 设对$\boldsymbol{A}$的任一特征值λ_i,$\mathrm{rank}(\lambda_i\boldsymbol{E}-\boldsymbol{A})=\mathrm{rank}(\lambda_i\boldsymbol{E}-\boldsymbol{A})^2$,则齐次线性方程组

$$(\lambda_i\boldsymbol{E}-\boldsymbol{A})\boldsymbol{x}=\boldsymbol{0}\quad与\quad(\lambda_i\boldsymbol{E}-\boldsymbol{A})^2\boldsymbol{x}=\boldsymbol{0}$$

同解,下证$\boldsymbol{A}$的最小多项式$m(\lambda)$无重根. 若不然,设$\boldsymbol{A}$的某个特征值λ_k是$m(\lambda)$的重根,则存在多项式$g(\lambda)$使$m(\lambda)=(\lambda-\lambda_k)^2g(\lambda)$,故

$$m(\boldsymbol{A})=(\boldsymbol{A}-\lambda_k\boldsymbol{E})^2g(\boldsymbol{A})=\boldsymbol{O}\quad但\quad(\boldsymbol{A}-\lambda_k\boldsymbol{E})g(\boldsymbol{A})\neq\boldsymbol{O}.$$

这就意味着$g(\boldsymbol{A})$中至少有一个列向量$\boldsymbol{x}_0$,使得$(\lambda_k\boldsymbol{E}-\boldsymbol{A})\boldsymbol{x}_0\neq\boldsymbol{0}$,而$(\lambda_k\boldsymbol{E}-\boldsymbol{A})^2\boldsymbol{x}_0=\boldsymbol{0}$,矛盾. 因此$m(\lambda)$无重根,$\boldsymbol{A}$可对角化.

【例7.80】(Voss分解定理) 证明:任一复方阵都可分解为两个复对称矩阵的乘积,并且可任意指定其中一个是可逆矩阵.

【证】 设$\boldsymbol{A}$是n阶复方阵,$\boldsymbol{A}$的Jordan标准形为$\boldsymbol{J}=\mathrm{diag}(\boldsymbol{J}_1,\boldsymbol{J}_2,\cdots,\boldsymbol{J}_s)$,其中$\boldsymbol{J}_i$是对角元为$\lambda_i$的$n_i$阶Jordan块$(i=1,2,\cdots,s)$,$n_1+n_2+\cdots+n_s=n$,则存在$n$阶可逆矩阵$\boldsymbol{P}$使得$\boldsymbol{A}=\boldsymbol{P}^{-1}\boldsymbol{J}\boldsymbol{P}$. 注意到

$$\boldsymbol{J}_i=\begin{pmatrix}\lambda_i&1&&\\&\lambda_i&\ddots&\\&&\ddots&1\\&&&\lambda_i\end{pmatrix}=\begin{pmatrix}&&1&\lambda_i\\&\iddots&\lambda_i&\\1&\iddots&&\\\lambda_i&&&\end{pmatrix}\begin{pmatrix}&&&1\\&&1&\\&\iddots&&\\1&&&\end{pmatrix}=\boldsymbol{C}_i\boldsymbol{D}_i,$$

令 $\boldsymbol{C}=\mathrm{diag}(\boldsymbol{C}_1,\boldsymbol{C}_2,\cdots,\boldsymbol{C}_s)$，$\boldsymbol{D}=\mathrm{diag}(\boldsymbol{D}_1,\boldsymbol{D}_2,\cdots,\boldsymbol{D}_s)$，所以

$$\boldsymbol{J}=\begin{pmatrix}\boldsymbol{J}_1&&&\\&\boldsymbol{J}_2&&\\&&\ddots&\\&&&\boldsymbol{J}_s\end{pmatrix}=\begin{pmatrix}\boldsymbol{C}_1&&&\\&\boldsymbol{C}_2&&\\&&\ddots&\\&&&\boldsymbol{C}_s\end{pmatrix}\begin{pmatrix}\boldsymbol{D}_1&&&\\&\boldsymbol{D}_2&&\\&&\ddots&\\&&&\boldsymbol{D}_s\end{pmatrix}=\boldsymbol{CD}.$$

于是有

$$\boldsymbol{A}=\boldsymbol{P}^{-1}\boldsymbol{JP}=[\boldsymbol{P}^{-1}\boldsymbol{C}(\boldsymbol{P}^{-1})^{\mathrm{T}}](\boldsymbol{P}^{\mathrm{T}}\boldsymbol{DP})=\boldsymbol{GH},$$

其中 $\boldsymbol{G}=\boldsymbol{P}^{-1}\boldsymbol{C}(\boldsymbol{P}^{-1})^{\mathrm{T}}$，$\boldsymbol{H}=\boldsymbol{P}^{\mathrm{T}}\boldsymbol{DP}$ 都是对称矩阵，并且 $\boldsymbol{H}$ 是可逆矩阵.

另外，如果指定分解中的第一个因子满足可逆矩阵的要求，那么可先对 $\boldsymbol{A}^{\mathrm{T}}$ 用上述结论，得到 $\boldsymbol{A}^{\mathrm{T}}=\boldsymbol{G}_1\boldsymbol{H}_1$，其中 $\boldsymbol{G}_1,\boldsymbol{H}_1$ 是对称矩阵，且 $\boldsymbol{H}_1$ 是可逆矩阵，从而有 $\boldsymbol{A}=\boldsymbol{H}_1\boldsymbol{G}_1$.

【注】 对于实数域或一般数域上的方阵，结论仍成立，详见本章例 7.120.

【例 7.81】 设 $\mathrm{rank}\,\boldsymbol{A}^k=\mathrm{rank}\,\boldsymbol{A}^{k+1}$，证明：如果矩阵 $\boldsymbol{A}$ 有零特征值，那么 $\boldsymbol{A}$ 的零特征值对应的初等因子的次数不超过 k.

【证】 设 $\boldsymbol{A}$ 的 Jordan 标准形为 $\boldsymbol{J}=\mathrm{diag}(\boldsymbol{J}_0,\boldsymbol{J}_1)$，其中 $\boldsymbol{J}_0,\boldsymbol{J}_1$ 分别是 $\boldsymbol{A}$ 的零特征值与非零特征值对应的 Jordan 块构成的分块对角矩阵，那么 $\det\boldsymbol{J}_1\neq0$，且存在可逆矩阵 $\boldsymbol{P}$ 使 $\boldsymbol{P}^{-1}\boldsymbol{AP}=\boldsymbol{J}$. 因此

$$\boldsymbol{P}^{-1}\boldsymbol{A}^k\boldsymbol{P}=\begin{pmatrix}\boldsymbol{J}_0^k&\\&\boldsymbol{J}_1^k\end{pmatrix},\quad \boldsymbol{P}^{-1}\boldsymbol{A}^{k+1}\boldsymbol{P}=\begin{pmatrix}\boldsymbol{J}_0^{k+1}&\\&\boldsymbol{J}_1^{k+1}\end{pmatrix}.$$

现在，设 $\boldsymbol{J}_0$ 中最大 Jordan 块的阶数为 r，则相应的初等因子为 λ^r. 若 $r>k$，则 $\boldsymbol{J}_0^k\neq\boldsymbol{O}$，且

$$\mathrm{rank}\,\boldsymbol{J}_0^k>\mathrm{rank}\,\boldsymbol{J}_0^{k+1}.$$

但 $\boldsymbol{J}_1$ 是非奇异矩阵，所以 $\mathrm{rank}\,\boldsymbol{J}_1^k=\mathrm{rank}\,\boldsymbol{J}_1^{k+1}$，从而有

$$\mathrm{rank}\,\boldsymbol{A}^k=\mathrm{rank}\,\boldsymbol{J}_0^k+\mathrm{rank}\,\boldsymbol{J}_1^k>\mathrm{rank}\,\boldsymbol{J}_0^{k+1}+\mathrm{rank}\,\boldsymbol{J}_1^{k+1}=\mathrm{rank}\,\boldsymbol{A}^{k+1}.$$

这与题设条件矛盾. 因此 $r\leqslant k$，即 $\boldsymbol{A}$ 的零特征值对应的初等因子的次数不超过 k.

【例 7.82】（浙江大学，2005 年） 设 $\boldsymbol{A}$ 是复数域上的方阵，证明：

（1）$\boldsymbol{A}$ 的特征值全为零的充分必要条件是存在正整数 m，使 $\boldsymbol{A}^m=\boldsymbol{O}$；

（2）若存在正整数 m，使 $\boldsymbol{A}^m=\boldsymbol{O}$，则 $\det(\boldsymbol{A}+\boldsymbol{E})=1$，其中 $\boldsymbol{E}$ 表示与 $\boldsymbol{A}$ 同阶的单位矩阵.

【证】（1）充分性. 设 $\boldsymbol{A}^m=\boldsymbol{O}$，则 $g(\lambda)=\lambda^m$ 是 $\boldsymbol{A}$ 的零化多项式，故 $\boldsymbol{A}$ 的特征值全为 0.

必要性. 设 n 阶方阵 $\boldsymbol{A}$ 的特征值全为 0，则存在可逆矩阵 $\boldsymbol{T}\in GL(n,\mathbb{C})$，使得

$$\boldsymbol{T}^{-1}\boldsymbol{AT}=\mathrm{diag}(\boldsymbol{J}_1,\boldsymbol{J}_2,\cdots,\boldsymbol{J}_s),$$

其中 $\boldsymbol{J}_k=\boldsymbol{J}_{n_k}(0)$ 是 n_k 阶 Jordan 块，$k=1,2,\cdots,s$，且 $n_1+n_2+\cdots+n_s=n$.

取 $m=\max\{n_1,n_2,\cdots,n_s\}$，则 $\boldsymbol{J}_k{}^m=\boldsymbol{O}$，$k=1,2,\cdots,s$. 从而

$$\boldsymbol{T}^{-1}\boldsymbol{A}^m\boldsymbol{T}=\mathrm{diag}(\boldsymbol{J}_1{}^m,\boldsymbol{J}_2{}^m,\cdots,\boldsymbol{J}_s{}^m)=\boldsymbol{O},$$

因此 $\boldsymbol{A}^m=\boldsymbol{O}$.

（2）设 $\boldsymbol{A}^m=\boldsymbol{O}$，则由（1）知 $\boldsymbol{A}$ 的特征值全为 0，其 Jordan 标准形 $\boldsymbol{J}$ 的对角元全为 0，所以

$$\det(\boldsymbol{A}+\boldsymbol{E})=\det(\boldsymbol{J}+\boldsymbol{E})=1.$$

【例 7.83】(南开大学,2008 年)　设 $\boldsymbol{A},\boldsymbol{B},\boldsymbol{C}$ 是 n 阶复方阵,满足 $\boldsymbol{C}=\boldsymbol{AB}-\boldsymbol{BA}$,且 $\boldsymbol{AC}=\boldsymbol{CA}$,证明:$\boldsymbol{C}$ 为幂零矩阵.

【证】　据题设 $\boldsymbol{C}=\boldsymbol{AB}-\boldsymbol{BA}$ 有,$\mathrm{tr}\,\boldsymbol{C}=\mathrm{tr}(\boldsymbol{AB})-\mathrm{tr}(\boldsymbol{BA})=0$. 又 $\forall k\geqslant 2$,由 $\boldsymbol{AC}=\boldsymbol{CA}$,知

$$\boldsymbol{C}^k=\boldsymbol{C}^{k-1}(\boldsymbol{AB}-\boldsymbol{BA})=\boldsymbol{A}(\boldsymbol{C}^{k-1}\boldsymbol{B})-(\boldsymbol{C}^{k-1}\boldsymbol{B})\boldsymbol{A},$$

所以 $\mathrm{tr}\,\boldsymbol{C}^k=0$. 根据第 1 章例 1.121 知,$\boldsymbol{C}$ 的特征多项式 $\Delta(\lambda)=\lambda^n$. 利用 Hamilton-Cayley 定理,得 $\boldsymbol{C}^n=\boldsymbol{O}$. 因此,$\boldsymbol{C}$ 为幂零矩阵.

【例 7.84】(武汉大学,2013 年)　设 $\boldsymbol{A}\in M_2(\mathbb{C})$ 不是数量矩阵,令

$$S=\left\{\boldsymbol{B}\in M_2(\mathbb{C})\ \middle|\ \boldsymbol{AB}=\boldsymbol{BA}\right\}.$$

证明:如果 $\boldsymbol{X},\boldsymbol{Y}\in S$,那么 $\boldsymbol{XY}=\boldsymbol{YX}$.

【证】　(方法 1) 因为 $\boldsymbol{A}$ 不是数量矩阵,所以 $\boldsymbol{A}$ 的 Jordan 标准形为

$$\boldsymbol{J}=\begin{pmatrix}\lambda & 1\\ & \lambda\end{pmatrix}\quad 或\quad \begin{pmatrix}\lambda_1 & \\ & \lambda_2\end{pmatrix},$$

其中 $\lambda_1\neq\lambda_2$.

于是,存在可逆复矩阵 $\boldsymbol{P}$,使 $\boldsymbol{P}^{-1}\boldsymbol{AP}=\boldsymbol{J}$. 若 $\boldsymbol{X}\in S$,则 $\boldsymbol{AX}=\boldsymbol{XA}$,故 $\boldsymbol{J}(\boldsymbol{P}^{-1}\boldsymbol{XP})=(\boldsymbol{P}^{-1}\boldsymbol{XP})\boldsymbol{J}$.

下面,分两种情形考虑:

(1) $\boldsymbol{J}=\begin{pmatrix}\lambda & 1\\ & \lambda\end{pmatrix}$. 令 $\boldsymbol{P}^{-1}\boldsymbol{XP}=\begin{pmatrix}x_{11} & x_{12}\\ x_{21} & x_{22}\end{pmatrix}$,代入上式,得 $x_{11}=x_{22}$, $x_{21}=0$,所以 $\boldsymbol{P}^{-1}\boldsymbol{XP}=\begin{pmatrix}x & a\\ 0 & x\end{pmatrix}$. 同理,$\boldsymbol{P}^{-1}\boldsymbol{YP}=\begin{pmatrix}y & b\\ 0 & y\end{pmatrix}$. 直接计算,可知

$$(\boldsymbol{P}^{-1}\boldsymbol{XP})(\boldsymbol{P}^{-1}\boldsymbol{YP})=\begin{pmatrix}xy & ay+bx\\ 0 & xy\end{pmatrix}=(\boldsymbol{P}^{-1}\boldsymbol{YP})(\boldsymbol{P}^{-1}\boldsymbol{XP}),$$

因此,有 $\boldsymbol{XY}=\boldsymbol{YX}$.

(2) $\boldsymbol{J}=\begin{pmatrix}\lambda_1 & \\ & \lambda_2\end{pmatrix}$. 由 $\lambda_1\neq\lambda_2$ 易得 $\boldsymbol{P}^{-1}\boldsymbol{XP}=\begin{pmatrix}x_1 & \\ & x_2\end{pmatrix}$. 同理,有 $\boldsymbol{P}^{-1}\boldsymbol{YP}=\begin{pmatrix}y_1 & \\ & y_2\end{pmatrix}$. 因此,也有 $\boldsymbol{XY}=\boldsymbol{YX}$.

(方法 2) 易知,S 是 $M_2(\mathbb{C})$ 的一个子空间,且 $\boldsymbol{E},\boldsymbol{A}\in S$. 注意到 $\boldsymbol{A}$ 不是数量矩阵,所以

$$2\leqslant\dim S<\dim M_2(\mathbb{C})=4.$$

若不然,$\dim S=4$,则 $S=M_2(\mathbb{C})$,故任意二阶方阵与 $\boldsymbol{A}$ 可交换,表明 $\boldsymbol{A}$ 为数量矩阵,矛盾.

当 $\dim S=2$ 时,若 $\boldsymbol{X},\boldsymbol{Y}\in S$,则 $\boldsymbol{X}=x_1\boldsymbol{E}+x_2\boldsymbol{A}$, $\boldsymbol{Y}=y_1\boldsymbol{E}+y_2\boldsymbol{A}$,所以 $\boldsymbol{XY}=\boldsymbol{YX}$.

当 $\dim S=3$ 时,设 $\boldsymbol{E},\boldsymbol{A},\boldsymbol{B}$ 是 S 的一个基,则 $\boldsymbol{X}=x_1\boldsymbol{E}+x_2\boldsymbol{A}+x_3\boldsymbol{B}$, $\boldsymbol{Y}=y_1\boldsymbol{E}+y_2\boldsymbol{A}+y_3\boldsymbol{B}$. 注意到 $\boldsymbol{AB}=\boldsymbol{BA}$,所以 $\boldsymbol{XY}=\boldsymbol{YX}$.

【例 7.85】　设 σ 是数域 F 上 n 维线性空间 V 的一个幂零变换,其幂零指数为 p. 证明:

(1) $p\leqslant 1+\dim(\sigma(V))$;

(2) 如果 σ 有两个线性无关的特征向量,那么 $p<n$.

【证】　(1) 因为 σ 的特征值全为 0,所以 σ 的 Jordan 标准形为 $\boldsymbol{J}=\mathrm{diag}(\boldsymbol{J}_1,\boldsymbol{J}_2,\cdots,\boldsymbol{J}_s)$,其中 $\boldsymbol{J}_i$ 是对角元等于 0 的 n_i 阶 Jordan 块,即

$$J_i=\begin{pmatrix}0&1&&\\&0&\ddots&\\&&\ddots&1\\&&&0\end{pmatrix},\quad i=1,2,\cdots,s,$$

且 $n_1+n_2+\cdots+n_s=n$. 注意到 $\boldsymbol{J}$ 的幂零指数 $p=\max\{n_1,n_2,\cdots,n_s\}$,所以存在某个 Jordan 块 $\boldsymbol{J}_k$,其阶数 $n_k=p$,因此

$$\dim(\sigma(V))=\operatorname{rank}\boldsymbol{J}=\sum_{i=1}^{s}\operatorname{rank}\boldsymbol{J}_i\geqslant\operatorname{rank}\boldsymbol{J}_k=p-1.$$

(2) 注意到 σ 只有特征值0,设对应的特征子空间为 V_0. 因为 σ 有两个线性无关的特征向量,所以 $\dim V_0\geqslant 2$,σ 至少有两个 Jordan 块,故 $\operatorname{rank}\boldsymbol{J}<n-1$. 再由上述不等式即得 $p<n$.

【注】 本题可用几何方法证明:(1) 因为 σ 的幂零指数为 p,所以存在 $\boldsymbol{\xi}\in V$,使得 $\sigma^{p-1}(\boldsymbol{\xi})\neq\boldsymbol{0}$. 注意到 $\sigma^p=0$,易知 $\sigma(\boldsymbol{\xi}),\sigma^2(\boldsymbol{\xi}),\cdots,\sigma^{p-1}(\boldsymbol{\xi})$ 线性无关. 因为 $L(\sigma(\boldsymbol{\xi}),\sigma^2(\boldsymbol{\xi}),\cdots,\sigma^{p-1}(\boldsymbol{\xi}))\subseteq\sigma(V)$,所以 $\dim(L(\sigma(\boldsymbol{\xi}),\sigma^2(\boldsymbol{\xi}),\cdots,\sigma^{p-1}(\boldsymbol{\xi})))\leqslant\dim(\sigma(V))$,即 $p-1\leqslant\dim(\sigma(V))$.

(2) 若 σ 有两个线性无关的特征向量,则 $\dim(\ker\sigma)\geqslant 2$,因此 $\dim(\sigma(V))=n-\dim(\ker\sigma)\leqslant n-2$. 根据(1)的结论,得 $p-1\leqslant\dim(\sigma(V))\leqslant n-2$,所以 $p<n$.

【例 7.86】(厦门大学,2011 年) 设 $\boldsymbol{A}$ 是 n 阶复方阵,$\boldsymbol{B}$ 是 n 阶幂零矩阵(即有某正整数 k,使得 $\boldsymbol{B}^k=\boldsymbol{O}$),且 $\boldsymbol{AB}=\boldsymbol{BA}$. 求证:行列式 $|\boldsymbol{A}+2011\boldsymbol{B}|=|\boldsymbol{A}|$.

【证】 据题设 $\boldsymbol{AB}=\boldsymbol{BA}$,利用第 6 章例 6.88 的结论,存在 n 阶可逆矩阵 $\boldsymbol{P}$,使得

$$\boldsymbol{P}^{-1}\boldsymbol{AP}=\begin{pmatrix}\lambda_1&*&\cdots&*\\&\lambda_2&\ddots&\vdots\\&&\ddots&*\\&&&\lambda_n\end{pmatrix},\quad \boldsymbol{P}^{-1}\boldsymbol{BP}=\begin{pmatrix}\mu_1&*&\cdots&*\\&\mu_2&\ddots&\vdots\\&&\ddots&*\\&&&\mu_n\end{pmatrix},$$

其中 λ_i 为 $\boldsymbol{A}$ 的特征值,μ_j 为 $\boldsymbol{B}$ 的特征值. 因为 $\boldsymbol{B}^k=\boldsymbol{O}$,所以 $\mu_j=0(1\leqslant j\leqslant n)$. 于是

$$|\boldsymbol{A}+2011\boldsymbol{B}|=|\boldsymbol{P}^{-1}\boldsymbol{AP}+2011\boldsymbol{P}^{-1}\boldsymbol{BP}|=\prod_{i=1}^{n}\lambda_i=|\boldsymbol{A}|.$$

【注】 这里,常数 2011 不是本质的,换为其他任一常数不影响结论;条件"$\boldsymbol{AB}=\boldsymbol{BA}$"不能去掉,否则结论不成立. 例如,$\boldsymbol{A}=\begin{pmatrix}0&0\\1&0\end{pmatrix}$,$\boldsymbol{B}=\begin{pmatrix}0&1\\0&0\end{pmatrix}$,则 $\boldsymbol{B}$ 幂零,$\boldsymbol{AB}\neq\boldsymbol{BA}$,但 $|\boldsymbol{A}+\boldsymbol{B}|\neq|\boldsymbol{A}|$.

【例 7.87】 设 n 阶实方阵 $\boldsymbol{A}$ 的特征值均为实数,且 $\boldsymbol{A}$ 的所有 1 阶主子式之和为 0,所有 2 阶主子式之和也为 0. 求证:$\boldsymbol{A}$ 是一个幂零矩阵.

【证】 记 $\boldsymbol{A}$ 的特征多项式为

$$f(\lambda)=|\lambda\boldsymbol{E}-\boldsymbol{A}|=\lambda^n-b_{n-1}\lambda^{n-1}+b_{n-2}\lambda^{n-2}-\cdots+(-1)^n b_0,$$

其中 b_{n-1} 等于 $\boldsymbol{A}$ 的 1 阶主子式之和,b_{n-2} 等于 $\boldsymbol{A}$ 的 2 阶主子式之和,因此 $b_{n-1}=b_{n-2}=0$.

另一方面,设 $\lambda_1,\lambda_2,\cdots,\lambda_n$ 为 $\boldsymbol{A}$ 的特征值,根据 Vieta 定理,得

$$\sum_{i=1}^{n}\lambda_i=b_{n-1}=0,\quad \sum_{1\leqslant i<j\leqslant n}\lambda_i\lambda_j=b_{n-2}=0.$$

所以

$$\sum_{i=1}^{n}\lambda_i^2=\Big(\sum_{i=1}^{n}\lambda_i\Big)^2-2\sum_{1\leqslant i<j\leqslant n}\lambda_i\lambda_j=0.$$

由于 $\lambda_1,\lambda_2,\cdots,\lambda_n$ 都是实数,故 $\lambda_1=\lambda_2=\cdots=\lambda_n=0$. 于是,存在可逆复矩阵 $\boldsymbol{T}$,使得 $\boldsymbol{A}=\boldsymbol{T}\boldsymbol{J}\boldsymbol{T}^{-1}$,其中 $\boldsymbol{J}=\operatorname{diag}(\boldsymbol{J}_1,\boldsymbol{J}_2,\cdots,\boldsymbol{J}_s)$ 是 $\boldsymbol{A}$ 的 Jordan 标准形,而 $\boldsymbol{J}_i$ 是对角元等于 0 的 n_i 阶 Jordan 块,即

$$\boldsymbol{J}_i=\boldsymbol{J}_{n_i}(0)=\begin{pmatrix}0&1&&\\&0&\ddots&\\&&\ddots&1\\&&&0\end{pmatrix},\quad i=1,2,\cdots,s,$$

且 $n_1+n_2+\cdots+n_s=n$. 令 $p=\max\{n_1,n_2,\cdots,n_s\}$,则 $\boldsymbol{J}^p=\operatorname{diag}(\boldsymbol{J}_1^p,\boldsymbol{J}_2^p,\cdots,\boldsymbol{J}_s^p)=\boldsymbol{O}$. 故 $\boldsymbol{A}^p=\boldsymbol{T}\boldsymbol{J}^p\boldsymbol{T}^{-1}=\boldsymbol{O}$.

【注】 据上述,$\boldsymbol{A}$ 的特征多项式为 $f(\lambda)=\lambda^n$,利用 Hamilton-Cayley 定理,有 $\boldsymbol{A}^n=\boldsymbol{O}$.

【例 7.88】(中国科学院,2006 年) 设 $\boldsymbol{A}\in\mathbb{R}^{2006\times2006}$ 是给定的幂零阵(即:存在正整数 p 使得 $\boldsymbol{A}^p=\boldsymbol{O}$ 而 $\boldsymbol{A}^{p-1}\neq\boldsymbol{O}$),试分析线性方程组 $\boldsymbol{Ax}=\boldsymbol{0}$($\boldsymbol{x}\in\mathbb{R}^{2006}$)非零独立解个数的最大值和最小值.

【解】 为确定起见,不妨设 $\boldsymbol{A}$ 的幂零指数为 p,即 p 满足 $\boldsymbol{A}^{p-1}\neq\boldsymbol{O}$ 但 $\boldsymbol{A}^p=\boldsymbol{O}$.

先分析 $\boldsymbol{Ax}=\boldsymbol{0}$ 的系数矩阵秩 rank $\boldsymbol{A}$ 的最大值和最小值. 因为 $\boldsymbol{A}$ 的特征值全为 0,所以 $\boldsymbol{A}$ 的 Jordan 标准形为 $\boldsymbol{J}=\operatorname{diag}(\boldsymbol{J}_1,\boldsymbol{J}_2,\cdots,\boldsymbol{J}_s)$,其中 $\boldsymbol{J}_i$ 是对角元等于 0 的 n_i 阶 Jordan 块,即

$$\boldsymbol{J}_i=\begin{pmatrix}0&1&&\\&0&\ddots&\\&&\ddots&1\\&&&0\end{pmatrix},\quad i=1,2,\cdots,s,$$

且 $n_1+n_2+\cdots+n_s=2006$. 因此

$$\operatorname{rank}\boldsymbol{A}=\operatorname{rank}\boldsymbol{J}=\sum_{i=1}^{s}\operatorname{rank}\boldsymbol{J}_i=\sum_{i=1}^{s}(n_i-1)=2006-s.$$

注意到 $\boldsymbol{J}^p=\boldsymbol{O}$ 而 $\boldsymbol{J}^{p-1}\neq\boldsymbol{O}$,可知 $p=\max\{n_1,n_2,\cdots,n_s\}\leqslant2006$,所以 $s\geqslant\dfrac{2006}{p}$. 于是,有

$$p-1\leqslant\operatorname{rank}\boldsymbol{A}\leqslant2005-\left[\frac{2005}{p}\right],$$

其中 $[a]$ 表示不大于 a 的最大整数. 显然,若 $\boldsymbol{J}$ 只有一个 p 阶 Jordan 块非零,其他 Jordan 块都等于零,则上式左边的等号成立;若 $\boldsymbol{J}$ 的 Jordan 块均非零,其中有 $s-1$ 个 p 阶,另一个的阶数为 $2006-(s-1)p$,此时 $s=1+\left[\dfrac{2005}{p}\right]$,则上式右边的等号成立.

因为线性方程组 $\boldsymbol{Ax}=\boldsymbol{0}$ 的解空间的维数为 $2006-\operatorname{rank}\boldsymbol{A}$,所以它的最大值和最小值分别为 $2007-p$ 和 $1+\left[\dfrac{2005}{p}\right]$.

【例 7.89】(中国科学院,2007 年) 设 $\boldsymbol{A}$ 为 n 阶方阵,且 $\boldsymbol{A}^k=\boldsymbol{O}$. 证明:

(1)矩阵 $I+A+\frac{A^2}{2!}+\cdots+\frac{A^{k-1}}{(k-1)!}$可逆;

(2)矩阵 $I+A$ 与 $I+A+\frac{A^2}{2!}+\cdots+\frac{A^{k-1}}{(k-1)!}$相似.

【证】 (1)记 $B=I+A+\frac{A^2}{2!}+\cdots+\frac{A^{k-1}}{(k-1)!}=f(A)$,其中 $f(x)=\sum_{j=1}^{k}\frac{x^{j-1}}{(j-1)!}$.

因为 $A^k=O$,所以 A 的特征值都是 0,且 A 的 Jordan 标准形为 $J=\mathrm{diag}(J_1,J_2,\cdots,J_p)$,其中

$$J_i=\begin{pmatrix}0&1&&\\&0&\ddots&\\&&\ddots&1\\&&&0\end{pmatrix}_{n_i\times n_i},$$

是 n_i 阶 Jordan 块,$n_1+n_2+\cdots+n_p=n$. 于是,存在 n 阶可逆复矩阵 T 使 $A=T^{-1}JT$,从而

$$B=f(T^{-1}JT)=T^{-1}f(J)T.$$

显然,$f(J)$是对角元全为 1 的上三角矩阵,因此 $\det B=\det f(J)=1$,说明 B 是可逆矩阵.

(2)欲证 $I+A=T^{-1}(I+J)T$ 与 $B=T^{-1}f(J)T$ 相似,只需证 $I+J$ 与 $f(J)$ 相似,而这只需证 $I+J_i$ 与 $f(J_i)$ 相似. 注意到

$$I+J_i=\begin{pmatrix}1&1&&\\&1&\ddots&\\&&\ddots&1\\&&&1\end{pmatrix},\qquad f(J_i)=\begin{pmatrix}1&1&\frac{1}{2!}&\cdots&*\\&1&1&\ddots&\vdots\\&&\ddots&\ddots&\frac{1}{2!}\\&&&\ddots&1\\&&&&1\end{pmatrix},$$

易知,$I+J_i$ 与 $f(J_i)$的初等因子均为$(\lambda-1)^{n_i}$,所以 $I+J_i\sim f(J_i)$. 因此 $I+A\sim B$.

【例 7.90】(南京大学,2010 年;北京师范大学,1997 年) 设 A 为任意复方阵. 证明:存在可与对角矩阵相似的方阵 S 以及幂零方阵 N 使得 $A=S+N$ 并且 $SN=NS$.

【证】 设复方阵 A 的 Jordan 标准形为 $J=\mathrm{diag}(J_1,J_2,\cdots J_s)$,其中 J_i 是对角元为 λ_i 的 n_i 阶 Jordan 块,$i=1,2,\cdots,s$, 则 $J_i=\lambda_iE_i+(J_i-\lambda_iE_i)$,其中 E_i 表示 n_i 阶单位矩阵. 令 $G_i=\lambda_iE_i$,$H_i=J_i-\lambda_iE_i$,则 G_i 是数量矩阵,H_i 为 n_i 次幂零矩阵,而 $J_i=G_i+H_i$,$i=1,2,\cdots,s$. 再令 $G=\mathrm{diag}(G_1,G_2,\cdots,G_s)$,$H=\mathrm{diag}(H_1,H_2,\cdots,H_s)$,$m=\max(n_1,n_2,\cdots,n_s)$,则 G 为对角矩阵,H 为 m 次幂零矩阵,$J=G+H$,且 $GH=HG$.

因为 A 相似于 J,所以存在可逆矩阵 P,使得 $A=PJP^{-1}$. 取 $S=PGP^{-1}$,$N=PHP^{-1}$,则 S 相似于对角矩阵 G,N 是 m 次幂零矩阵,且

$$A=PJP^{-1}=PGP^{-1}+PHP^{-1}=S+N,$$

因为 $SN=(PGP^{-1})(PHP^{-1})=PGHP^{-1}$,$NS=(PHP^{-1})(PGP^{-1})=PHGP^{-1}$,所以 $SN=NS$.

【注】 这是 Jordan-Chevalley 定理,完整的结论还包括“分解是唯一的”:(**华东师范大学,2013 年**)设 $A\in M_n(\mathbb{C})$,则存在可对角化矩阵 B 以及幂零矩阵 C 使得 $A=B+C$,$BC=CB$,并且这样的分解是唯一的(参见本章练习 7.58 的证明). 另外,本章例 7.113 还给出了该定

理的几何表述及其证明.

【例 7.91】(四川大学,2008 年)　设 $\boldsymbol{A}$ 为数域 F 上的 n 阶幂零矩阵,其幂零指数为 n,即 $\boldsymbol{A}^{n-1}\neq\boldsymbol{O}$ 但 $\boldsymbol{A}^n=\boldsymbol{O}$. 证明:不存在 F 上的 n 阶方阵 $\boldsymbol{B}$ 使得 $\boldsymbol{A}=\boldsymbol{B}^2$.

【证】　用反证法. 假设存在 $\boldsymbol{B}\in F^{n\times n}$ 使得 $\boldsymbol{B}^2=\boldsymbol{A}$,则 $\boldsymbol{B}^{2n}=\boldsymbol{A}^n=\boldsymbol{O}$,即 $\boldsymbol{B}$ 也是幂零矩阵,其特征值全为 0. 因此,$\boldsymbol{B}$ 的 Jordan 标准形为

$$\boldsymbol{J}_{\boldsymbol{B}}=\operatorname{diag}(\boldsymbol{J}_{n_1}(0),\boldsymbol{J}_{n_2}(0),\cdots,\boldsymbol{J}_{n_s}(0)),$$

其中 $s\geqslant1$,$\boldsymbol{J}_{n_i}(0)$ 是对角元为 0 的 n_i 阶 Jordan 块,$n_1+n_2+\cdots+n_s=n$. 所以

$$\operatorname{rank}\boldsymbol{B}^2=\operatorname{rank}\boldsymbol{J}_{\boldsymbol{B}}^2=\sum_{i=1}^{s}\operatorname{rank}\boldsymbol{J}_{n_i}^2(0)=\sum_{i=1}^{s}(n_i-2)=n-2s\leqslant n-2.$$

另一方面,易知 $\boldsymbol{A}$ 的 Jordan 标准形为

$$\boldsymbol{J}_{\boldsymbol{A}}=\begin{pmatrix}0&1&&\\&\ddots&\ddots&\\&&\ddots&1\\&&&0\end{pmatrix}_{n\times n},$$

所以 $\operatorname{rank}\boldsymbol{A}=\operatorname{rank}\boldsymbol{J}_{\boldsymbol{A}}=n-1$,此与 $\operatorname{rank}\boldsymbol{A}=\operatorname{rank}\boldsymbol{B}^2\leqslant n-2$ 矛盾. 因此,不存在 $\boldsymbol{B}$ 使得 $\boldsymbol{A}=\boldsymbol{B}^2$.

【例 7.92】(南开大学,2011 年)　数域 P 上一个 n 阶方阵 $\boldsymbol{A}$ 称为幂零的,如果存在自然数 m 使得 $\boldsymbol{A}^m=\boldsymbol{O}$. 设 $\boldsymbol{A}=(a_{ij})_{n\times n}$ 为一个幂零方阵,且 $a_{12}\neq0$,$a_{13}=0$,$a_{22}=0$,$a_{23}\neq0$. 证明:不存在矩阵 $\boldsymbol{B}$ 使得 $\boldsymbol{B}^{n-1}=\boldsymbol{A}$.

【证】　用反证法. 假设存在 $\boldsymbol{B}$ 使得 $\boldsymbol{B}^{n-1}=\boldsymbol{A}$,则 $\boldsymbol{B}^{m(n-1)}=\boldsymbol{A}^m=\boldsymbol{O}$,所以 $\boldsymbol{B}$ 也是幂零方阵,其特征值全为 0. 因此,$\boldsymbol{B}$ 的 Jordan 标准形为

$$\boldsymbol{J}_{\boldsymbol{B}}=\operatorname{diag}(\boldsymbol{J}_{n_1}(0),\boldsymbol{J}_{n_2}(0),\cdots,\boldsymbol{J}_{n_s}(0)),$$

其中 $s\geqslant1$,$\boldsymbol{J}_{n_i}(0)$ 是对角元为 0 的 n_i 阶 Jordan 块,$n_1+n_2+\cdots+n_s=n$. 注意到 $\boldsymbol{B}^{n-1}=\boldsymbol{A}\neq\boldsymbol{O}$,所以 $\boldsymbol{B}$ 的幂零指数为 n,表明 $\boldsymbol{B}$ 的 Jordan 标准形只有一个 Jordan 块,即

$$\boldsymbol{J}_{\boldsymbol{B}}=\begin{pmatrix}0&1&&\\&\ddots&\ddots&\\&&\ddots&1\\&&&0\end{pmatrix}.$$

因此 $\operatorname{rank}\boldsymbol{B}=\operatorname{rank}\boldsymbol{J}_{\boldsymbol{B}}=n-1$. 注意到 $\boldsymbol{AB}=\boldsymbol{B}^n=\boldsymbol{O}$,所以 $\operatorname{rank}\boldsymbol{B}+\operatorname{rank}\boldsymbol{A}\leqslant n$,即 $\operatorname{rank}\boldsymbol{A}\leqslant1$. 而 $\boldsymbol{A}$ 中有一个二阶子式 $\begin{vmatrix}a_{12}&a_{13}\\a_{22}&a_{23}\end{vmatrix}\neq0$,故 $\operatorname{rank}\boldsymbol{A}\geqslant2$,矛盾. 所以,不存在矩阵 $\boldsymbol{B}$ 使得 $\boldsymbol{B}^{n-1}=\boldsymbol{A}$.

【例 7.93】(北京师范大学,2000 年)　令 $M_n(F)$ 表示数域 F 上一切 n 阶方阵组成的向量空间,$\boldsymbol{A}\in M_n(F)$. 证明:

(1) 映射 $\sigma_{\boldsymbol{A}}:\boldsymbol{B}\to\boldsymbol{AB}-\boldsymbol{BA}$ 是 $M_n(F)$ 上的一个线性变换;

(2) 若 $\boldsymbol{A}$ 是幂零矩阵,则 $\sigma_{\boldsymbol{A}}$ 是一个幂零变换;

(3) 若 $\boldsymbol{A}$ 是一个对角形矩阵,则 $\sigma_{\boldsymbol{A}}$ 是一个可对角化的变换.

【证】　(1) 留给读者完成.

(2) 首先通过观察 $\sigma_A^2,\sigma_A^3,\sigma_A^4$ 对 $\boldsymbol{B}$ 作用的结果,可猜测出如下规律:

$$\sigma_A^m(\boldsymbol{B})=\sum_{k=0}^{m}(-1)^k\mathrm{C}_m^k\boldsymbol{A}^{m-k}\boldsymbol{B}\boldsymbol{A}^k. \qquad ①$$

下证之,对 m 作归纳法. 当 $m=1$ 时,$\sigma_A(\boldsymbol{B})=\boldsymbol{AB}-\boldsymbol{BA}$,①式成立. 假设 $m-1$ 时①式成立,即

$$\sigma_A^{m-1}(\boldsymbol{B})=\sum_{k=0}^{m-1}(-1)^k\mathrm{C}_{m-1}^k\boldsymbol{A}^{m-k-1}\boldsymbol{B}\boldsymbol{A}^k,$$

把 σ_A 作用于上式两边,再合并同类项,并注意到组合公式 $\mathrm{C}_{m-1}^k+\mathrm{C}_{m-1}^{k-1}=\mathrm{C}_m^k$,得

$$\begin{aligned}\sigma_A^m(\boldsymbol{B})&=\sum_{k=0}^{m-1}(-1)^k\mathrm{C}_{m-1}^k\sigma_A(\boldsymbol{A}^{m-k-1}\boldsymbol{B}\boldsymbol{A}^k)=\sum_{k=0}^{m-1}(-1)^k\mathrm{C}_{m-1}^k(\boldsymbol{A}^{m-k}\boldsymbol{B}\boldsymbol{A}^k-\boldsymbol{A}^{m-k-1}\boldsymbol{B}\boldsymbol{A}^{k+1})\\&=\boldsymbol{A}^m\boldsymbol{B}+\sum_{k=1}^{m-1}(-1)^k\mathrm{C}_{m-1}^k\boldsymbol{A}^{m-k}\boldsymbol{B}\boldsymbol{A}^k+\sum_{k=0}^{m-2}(-1)^{k-1}\mathrm{C}_{m-1}^k\boldsymbol{A}^{m-k-1}\boldsymbol{B}\boldsymbol{A}^{k+1}+(-1)^m\boldsymbol{B}\boldsymbol{A}^m\\&=\boldsymbol{A}^m\boldsymbol{B}+\sum_{k=1}^{m-1}(-1)^k(\mathrm{C}_{m-1}^k+\mathrm{C}_{m-1}^{k-1})\boldsymbol{A}^{m-k}\boldsymbol{B}\boldsymbol{A}^k+(-1)^m\boldsymbol{B}\boldsymbol{A}^m\\&=\sum_{k=0}^{m}(-1)^k\mathrm{C}_m^k\boldsymbol{A}^{m-k}\boldsymbol{B}\boldsymbol{A}^k.\end{aligned}$$

这就证明了①式对 m 也成立. 根据归纳法原理,①式对任意正整数 m 都成立.

设 $\boldsymbol{A}$ 的幂零指数为 p,则对任意 $\boldsymbol{B}\in M_n(F)$,有

$$\sigma_A^{2p}(\boldsymbol{B})=\sum_{k=0}^{2p}(-1)^k\mathrm{C}_{2p}^k\boldsymbol{A}^{2p-k}\boldsymbol{B}\boldsymbol{A}^k=\boldsymbol{O}.$$

因此 $\sigma_A^{2p}=0$,即 σ_A 是幂零变换.

(3) 参见本章例 7.118.

【例 7.94】(中国科学院,2011 年) 设 $\boldsymbol{A}$ 是 n 阶实方阵,$\boldsymbol{A}$ 的特征多项式有如下分解:

$$p(\lambda)=\det(\lambda\boldsymbol{E}-\boldsymbol{A})=(\lambda-\lambda_1)^{r_1}(\lambda-\lambda_2)^{r_2}\cdots(\lambda-\lambda_s)^{r_s},$$

其中 $\boldsymbol{E}$ 是 n 阶单位矩阵,诸 λ_i 两两不相等. 试证明 $\boldsymbol{A}$ 的 Jordan 标准形中以 λ_i 为特征值的Jordan 块的个数等于特征子空间 V_{λ_i} 的维数.

【证】 设 $\boldsymbol{J}$ 为 $\boldsymbol{A}$ 的 Jordan 标准形,则存在可逆复矩阵 $\boldsymbol{T}$ 使得 $\boldsymbol{T}^{-1}\boldsymbol{AT}=\boldsymbol{J}$. 令

$$\boldsymbol{J}=\begin{pmatrix}\boldsymbol{J}_0&\\&\boldsymbol{B}\end{pmatrix},$$

这里 $\boldsymbol{B}=\mathrm{diag}(\boldsymbol{J}_1,\boldsymbol{J}_2,\cdots,\boldsymbol{J}_p)$ 是 n_p 阶方阵,其中 Jordan 块 $\boldsymbol{J}_l$ 都不以 λ_i 为特征值($l=1,2,\cdots,p$),而 $\boldsymbol{J}_0$ 是 $\boldsymbol{J}$ 中以 λ_i 为特征值的 t 个 Jordan 块构成的分块对角矩阵,即

$$\boldsymbol{J}_0=\begin{pmatrix}\boldsymbol{J}_{n_1}(\lambda_i)&&&\\&\boldsymbol{J}_{n_2}(\lambda_i)&&\\&&\ddots&\\&&&\boldsymbol{J}_{n_t}(\lambda_i)\end{pmatrix},\quad \boldsymbol{J}_{n_k}(\lambda_i)=\begin{pmatrix}\lambda_i&1&&\\&\lambda_i&\ddots&\\&&\ddots&1\\&&&\lambda_i\end{pmatrix}_{n_k\times n_k},$$

其中 $n_1+n_2+\cdots+n_t=n-n_p$. 另一方面,考虑线性方程组 $(\lambda_i\boldsymbol{E}-\boldsymbol{A})\boldsymbol{x}=\boldsymbol{0}$,其解空间为 V_{λ_i},所以

$$\dim V_{\lambda_i}=n-\mathrm{rank}(\lambda_i\boldsymbol{E}-\boldsymbol{A})=n-\mathrm{rank}(\lambda_i\boldsymbol{E}-\boldsymbol{J}).$$

注意到 $\lambda_i\boldsymbol{E}-\boldsymbol{J}=\begin{pmatrix}\lambda_i\boldsymbol{E}-\boldsymbol{J}_0&\\&\lambda_i\boldsymbol{E}-\boldsymbol{B}\end{pmatrix}$,并且 $\mathrm{rank}(\lambda_i\boldsymbol{E}-\boldsymbol{J}_0)=\sum_{k=1}^{t}(n_k-1)=(n-n_p)-t$,而 $\lambda_i\boldsymbol{E}-\boldsymbol{B}$

是 n_p 阶可逆矩阵,这就有

$$\operatorname{rank}(\lambda_i \boldsymbol{E}-\boldsymbol{J})=\operatorname{rank}(\lambda_i \boldsymbol{E}-\boldsymbol{J}_0)+\operatorname{rank}(\lambda_i \boldsymbol{E}-\boldsymbol{B})=n-t.$$

因此 $\dim V_{\lambda_i}=t$,即 $\boldsymbol{J}$ 中以 λ_i 为特征值的 Jordan 块的个数.

【注】 本章例 7.112 进一步讨论了 $\boldsymbol{A}$ 的属于同一特征值的不同阶数的 Jordan 块的个数.

§7.6　综合性问题

【例 7.95】(中国科学院,2006 年)　设 α 为一实数,试计算 $\lim\limits_{n\to+\infty}\begin{pmatrix}1 & \dfrac{\alpha}{n}\\ -\dfrac{\alpha}{n} & 1\end{pmatrix}^n$.

【解】 记 $\boldsymbol{A}=\begin{pmatrix}1 & \dfrac{\alpha}{n}\\ -\dfrac{\alpha}{n} & 1\end{pmatrix}$,易知 $\boldsymbol{A}$ 的特征值为 $\lambda_1=1+\mathrm{i}\dfrac{\alpha}{n}$ 和 $\lambda_2=1-\mathrm{i}\dfrac{\alpha}{n}$,相应的特征向量为 $\boldsymbol{\xi}_1=(1,\mathrm{i})^{\mathrm{T}}$,$\boldsymbol{\xi}_2=(\mathrm{i},1)^{\mathrm{T}}$. 令 $\boldsymbol{P}=(\boldsymbol{\xi}_1,\boldsymbol{\xi}_2)$,则 $\boldsymbol{P}^{-1}\boldsymbol{A}\boldsymbol{P}=\operatorname{diag}(\lambda_1,\lambda_2)$. 于是

$$\boldsymbol{A}^n=\boldsymbol{P}\operatorname{diag}(\lambda_1^n,\lambda_2^n)\boldsymbol{P}^{-1}=\boldsymbol{P}\begin{pmatrix}\left(1+\mathrm{i}\dfrac{\alpha}{n}\right)^n & 0\\ 0 & \left(1-\mathrm{i}\dfrac{\alpha}{n}\right)^n\end{pmatrix}\boldsymbol{P}^{-1}.$$

易知 $\lim\limits_{n\to+\infty}\left(1+\mathrm{i}\dfrac{\alpha}{n}\right)^n=\mathrm{e}^{\mathrm{i}\alpha}$, $\lim\limits_{n\to+\infty}\left(1-\mathrm{i}\dfrac{\alpha}{n}\right)^n=\mathrm{e}^{-\mathrm{i}\alpha}$,所以

$$\lim_{n\to+\infty}\boldsymbol{A}^n=\boldsymbol{P}\begin{pmatrix}\mathrm{e}^{\mathrm{i}\alpha} & 0\\ 0 & \mathrm{e}^{-\mathrm{i}\alpha}\end{pmatrix}\boldsymbol{P}^{-1}=\frac{1}{2}\begin{pmatrix}1 & \mathrm{i}\\ \mathrm{i} & 1\end{pmatrix}\begin{pmatrix}\mathrm{e}^{\mathrm{i}\alpha} & 0\\ 0 & \mathrm{e}^{-\mathrm{i}\alpha}\end{pmatrix}\begin{pmatrix}1 & -\mathrm{i}\\ -\mathrm{i} & 1\end{pmatrix}=\begin{pmatrix}\cos\alpha & \sin\alpha\\ -\sin\alpha & \cos\alpha\end{pmatrix}.$$

【例 7.96】 设 $a,b\in\mathbb{R}$,且 $a^2>4b$,又设 $\boldsymbol{A}_2=\begin{pmatrix}0 & -b\\ 1 & a\end{pmatrix}$. 求 $2n$ 阶方阵

$$\boldsymbol{A}=\begin{pmatrix}\boldsymbol{A}_2 & \boldsymbol{E}_2 & & \\ & \boldsymbol{A}_2 & \ddots & \\ & & \ddots & \boldsymbol{E}_2\\ & & & \boldsymbol{A}_2\end{pmatrix}$$

的不变因子与初等因子,其中 $\boldsymbol{E}_2$ 为 2 阶单位矩阵.

【解】 易知 $\boldsymbol{A}_2$ 的特征值为 $\lambda_{1,2}=\dfrac{1}{2}\left(a\pm\sqrt{a^2-4b}\right)$. 记 $\boldsymbol{D}_2=\operatorname{diag}(\lambda_1,\lambda_2)$. 因为 $\lambda_1\neq\lambda_2$,所以存在可逆矩阵 $\boldsymbol{Q}_2\in\mathbb{R}^{2\times2}$,使得 $\boldsymbol{Q}_2^{-1}\boldsymbol{A}_2\boldsymbol{Q}_2=\boldsymbol{D}_2$. 令 $\boldsymbol{Q}=\operatorname{diag}(\boldsymbol{Q}_2,\boldsymbol{Q}_2,\cdots,\boldsymbol{Q}_2)$,则 $\boldsymbol{Q}$ 可逆,且

$$\boldsymbol{Q}^{-1}\boldsymbol{A}\boldsymbol{Q}=\begin{pmatrix}\boldsymbol{D}_2 & \boldsymbol{E}_2 & & \\ & \boldsymbol{D}_2 & \ddots & \\ & & \ddots & \boldsymbol{E}_2\\ & & & \boldsymbol{D}_2\end{pmatrix}.$$

对上式右端的矩阵作相似变换:先将列按 $1,3,\cdots,2n-1,2,4,\cdots,2n$ 列排列,再将所得矩阵的行按 $1,3,\cdots,2n-1,2,4,\cdots,2n$ 行排列. 于是,存在可逆矩阵 $\boldsymbol{P}$,使

$$\boldsymbol{P}^{-1}(\boldsymbol{Q}^{-1}\boldsymbol{A}\boldsymbol{Q})\boldsymbol{P}=\operatorname{diag}(\boldsymbol{J}_n(\lambda_1),\boldsymbol{J}_n(\lambda_2)).$$

这表明,$\boldsymbol{A}$ 相似于 $\operatorname{diag}(\boldsymbol{J}_n(\lambda_1),\boldsymbol{J}_n(\lambda_2))$,因而有相同的不变因子

$$d_1(\lambda)=d_2(\lambda)=\cdots=d_{2n-1}(\lambda)=1,d_{2n}(\lambda)=(\lambda^2-a\lambda+b)^n$$

与相同的初等因子 $(\lambda-\lambda_1)^n,(\lambda-\lambda_2)^n$.

【例 7.97】 设 φ 是数域 F 上 n 维线性空间 V 的线性变换,$m(x)=(x-a_1)(x-a_2)\cdots(x-a_s)$ 是 φ 的最小多项式,其中 $a_1,a_2,\cdots,a_s$ 是 F 中 s 个互不相同的数. 证明:

$$\sum_{k=1}^{s}\dim(\operatorname{Im}(\varphi-a_k\varepsilon))=(s-1)n,$$

其中 ε 是恒等变换. 并问,如果 $a_1,a_2,\cdots,a_s$ 中有相同者,那么结论又如何?

【解】 据题设,φ 的最小多项式无重根,因此 φ 可对角化. 注意到 $a_1,a_2,\cdots,a_s$ 是 φ 的所有互不相同的特征值,于是,存在 V 的一个基,使得 φ 在这个基下的矩阵为对角矩阵

$$\boldsymbol{D}=\operatorname{diag}(a_1\boldsymbol{E}_{n_1},a_2\boldsymbol{E}_{n_2},\cdots,a_s\boldsymbol{E}_{n_s}),$$

这里,$\boldsymbol{E}_{n_i}$ 表示 n_i 阶单位矩阵,而 n_i 是特征值 a_i 的代数重数,$i=1,2,\cdots,s$, $\sum_{i=1}^{s}n_i=n$. 因此

$$\sum_{k=1}^{s}\dim(\operatorname{Im}(\varphi-a_k\varepsilon))=\sum_{k=1}^{s}\operatorname{rank}(\boldsymbol{D}-a_k\boldsymbol{E})=\sum_{k=1}^{s}(n-n_k)=(s-1)n.$$

此外,若 $a_1,a_2,\cdots,a_s$ 中有相同者,则结论不一定成立. 例如,考虑 φ 是 3 维线性空间 V 的线性变换,φ 在 V 的一个基下的矩阵为 $\boldsymbol{A}=\begin{pmatrix}1&1&0\\0&1&0\\0&0&1\end{pmatrix}$,则 $(\boldsymbol{A}-\boldsymbol{E})^2=\boldsymbol{O}$,所以有 $(\varphi-\varepsilon)^2=0$,这里 $s=2,a_1=a_2=1$. 但是 $\dim(\operatorname{Im}(\varphi-a_1\varepsilon))+\dim(\operatorname{Im}(\varphi-a_2\varepsilon))=2\operatorname{rank}(\boldsymbol{A}-\boldsymbol{E})=2\neq3$.

【例 7.98】(华中师范大学,1993 年) 设 $\mathscr{A}$ 是数域 P 上 n 维线性空间 V 的线性变换,且 $\operatorname{rank}\mathscr{A}<n$. 证明:$V=\mathscr{A}^{-1}(\boldsymbol{0})\oplus\mathscr{A}(V)$ 的充分必要条件是 $\mathscr{A}$ 的最小多项式以 0 为单根.

【证】 必要性. 设 $V=\mathscr{A}^{-1}(\boldsymbol{0})\oplus\mathscr{A}(V)$. 因为 $\dim\mathscr{A}(V)=\operatorname{rank}\mathscr{A}<n$,所以 $\dim(\mathscr{A}^{-1}(\boldsymbol{0}))=n-\dim(\mathscr{A}(V))\geqslant1$. 可取非零向量 $\boldsymbol{\alpha}\in\mathscr{A}^{-1}(\boldsymbol{0})$,则 $\mathscr{A}(\boldsymbol{\alpha})=\boldsymbol{0}$,说明 0 是 $\mathscr{A}$ 的一个特征值.

假设 0 是 $\mathscr{A}$ 的最小多项式的重根,则 $\mathscr{A}$ 在 V 的任一个基 $\boldsymbol{\xi}_1,\boldsymbol{\xi}_2,\cdots,\boldsymbol{\xi}_n$ 下的矩阵 $\boldsymbol{A}$ 有形如 $\lambda^k(k\geqslant2)$ 的初等因子,$\boldsymbol{A}$ 的 Jordan 标准形 $\boldsymbol{J}=\operatorname{diag}(\boldsymbol{J}_1,\boldsymbol{J}_2,\cdots,\boldsymbol{J}_s)$ 中有一个 k 阶 Jordan 块,不妨设为 $\boldsymbol{J}_1$,具有如下形式

$$\boldsymbol{J}_1=\begin{pmatrix}0&1&&\\&\ddots&\ddots&\\&&\ddots&1\\&&&0\end{pmatrix},$$

那么

$$J_1^2=\begin{pmatrix}0&0&1&&\\&\ddots&\ddots&\ddots&\\&&\ddots&0&1\\&&&0&0\\&&&&0\end{pmatrix}.$$

取 n 维列向量 $Y_0=(1,1,0,\cdots,0)^{\mathrm{T}}$，则 $JY_0\neq\mathbf{0}$，但 $J^2Y_0=\mathbf{0}$.

设 n 阶可逆矩阵 P 使得 $P^{-1}AP=J$，令 $X_0=PY_0$，则 $AX_0\neq\mathbf{0}$，但 $A^2X_0=\mathbf{0}$. 相应的，若记 $\boldsymbol{\beta}=(\boldsymbol{\xi}_1,\boldsymbol{\xi}_2,\cdots,\boldsymbol{\xi}_n)X_0$，那么 $\boldsymbol{\beta}\in V$，且 $\mathscr{A}(\boldsymbol{\beta})\neq\mathbf{0}$，但 $\mathscr{A}^2(\boldsymbol{\beta})=\mathbf{0}$. 此与 $V=\mathscr{A}^{-1}(\mathbf{0})\oplus\mathscr{A}(V)$ 矛盾. 因此 0 是 $\mathscr{A}$ 的最小多项式的单根.

充分性. 设 0 是 $\mathscr{A}$ 的最小多项式的单根(当然，0 不一定是 $\mathscr{A}$ 的特征多项式的单根!)，那么 A 的形如 λ^k 的初等因子都是一次的，设共有 r 个这样的初等因子，于是 A 的 Jordan 标准形 $J=\mathrm{diag}(J_1,J_2,\cdots,J_s)$ 中有 r 个一阶 Jordan 块为零块，而其余 Jordan 块的主对角元都不为零. 不难证明，$\mathrm{rank}\,A=\mathrm{rank}\,A^2$，即 $\mathrm{rank}\,\mathscr{A}=\mathrm{rank}\,\mathscr{A}^2$，因此 $V=\mathscr{A}^{-1}(\mathbf{0})\oplus\mathscr{A}(V)$.

【例 7.99】(苏州大学，2015 年)　设 φ 是复数域上 n 维线性空间 V 的线性变换. 证明：φ 可对角化的充分必要条件是对 φ 的每一个特征值 λ_0 都有

$$\mathrm{Im}\,(\varphi-\lambda_0\varepsilon)\cap\ker(\varphi-\lambda_0\varepsilon)=\{\mathbf{0}\},\qquad ①$$

这里，ε 表示恒等变换.

【证】　必要性. 设 φ 可对角化，则存在 V 的一个基 $\boldsymbol{\xi}_1,\boldsymbol{\xi}_2,\cdots,\boldsymbol{\xi}_n$，使得

$$\varphi(\boldsymbol{\xi}_1,\boldsymbol{\xi}_2,\cdots,\boldsymbol{\xi}_n)=(\boldsymbol{\xi}_1,\boldsymbol{\xi}_2,\cdots,\boldsymbol{\xi}_n)\begin{pmatrix}\lambda_1&&&\\&\lambda_2&&\\&&\ddots&\\&&&\lambda_n\end{pmatrix},$$

其中 $\lambda_1,\lambda_2,\cdots,\lambda_n$ 是 φ 的特征值，且 $\varphi(\boldsymbol{\xi}_i)=\lambda_i\boldsymbol{\xi}_i(1\leqslant i\leqslant n)$. 不妨设 $\lambda_1=\lambda_2=\cdots=\lambda_r\neq\lambda_j$ $(r<j\leqslant n)$. 易知 $\ker(\varphi-\lambda_1\varepsilon)=L(\boldsymbol{\xi}_1,\boldsymbol{\xi}_2,\cdots,\boldsymbol{\xi}_r)$，$\mathrm{Im}\,(\varphi-\lambda_1\varepsilon)=L(\boldsymbol{\xi}_{r+1},\boldsymbol{\xi}_{r+2},\cdots,\boldsymbol{\xi}_n)$. 因此，①式对 λ_1 成立.

同理可证：对于 $\lambda_0=\lambda_i(r<i\leqslant n)$，①式也成立.

充分性. 用反证法. 设 φ 不可对角化，则 φ 的 Jordan 标准形 $J=\mathrm{diag}(J_1,J_2,\cdots,J_s)$ 中至少有一个 Jordan 块，不妨设为 J_1，其阶数 $n_1>1$，即

$$J_1=\begin{pmatrix}\lambda_1&1&&\\&\lambda_1&\ddots&\\&&\ddots&1\\&&&\lambda_1\end{pmatrix}_{n_1\times n_1}.$$

设 φ 在 V 的基 $\boldsymbol{\eta}_1,\boldsymbol{\eta}_2,\cdots,\boldsymbol{\eta}_n$ 下的矩阵为 J，则 $\varphi(\boldsymbol{\eta}_1)=\lambda_1\boldsymbol{\eta}_1$，$\varphi(\boldsymbol{\eta}_2)=\boldsymbol{\eta}_1+\lambda_1\boldsymbol{\eta}_2$. 这就有非零向量 $\boldsymbol{\eta}_1\in\mathrm{Im}\,(\varphi-\lambda_1\varepsilon)\cap\ker(\varphi-\lambda_1\varepsilon)$，此与条件①矛盾. 因此，$\varphi$ 可对角化.

【例 7.100】　设 φ 是数域 P 上 n 维线性空间 V 的线性变换，φ 在 V 的一个基下的矩阵为

$$A=\begin{pmatrix} & & & a_1 \\ & & a_2 & \\ & \iddots & & \\ a_n & & & \end{pmatrix}\neq O.$$

(1) 问 V 是否可以分解成 φ 的 2 维或 1 维不变子空间的直和?

(2) 求 φ 可对角化的充分必要条件.

【解】 (1) 可以,兹证明如下. 设 φ 在 V 的基 $\boldsymbol{\xi}_1,\boldsymbol{\xi}_2,\cdots,\boldsymbol{\xi}_n$ 下的矩阵为 $\boldsymbol{A}$,则

$$\varphi(\boldsymbol{\xi}_1)=a_n\boldsymbol{\xi}_n,\varphi(\boldsymbol{\xi}_2)=a_{n-1}\boldsymbol{\xi}_{n-1},\cdots,\varphi(\boldsymbol{\xi}_n)=a_1\boldsymbol{\xi}_1.$$

当 $n=2s$ 时,$W_i=L(\boldsymbol{\xi}_i,\boldsymbol{\xi}_{n-i+1})$ 显然都是 φ 的 2 维不变子空间,$i=1,2,\cdots,s$,且

$$V=W_1\oplus W_2\oplus\cdots\oplus W_s.$$

当 $n=2s+1$ 时,$W_i=L(\boldsymbol{\xi}_i,\boldsymbol{\xi}_{n-i+1})$ 都是 φ 的 2 维不变子空间,$i=1,2,\cdots,s$,而 $W_{s+1}=L(\boldsymbol{\xi}_{s+1})$ 是 φ 的 1 维不变子空间,且

$$V=W_1\oplus W_2\oplus\cdots\oplus W_s\oplus W_{s+1}.$$

(2) 设限制变换 $\varphi|_{W_i}$ 的最小多项式为 $m_i(\lambda)$,则 φ 的最小多项式 $m(\lambda)$ 为:

$$m(\lambda)=[m_1(\lambda),m_2(\lambda),\cdots,m_s(\lambda)],\quad 当\ n=2s;$$

$$m(\lambda)=[m_1(\lambda),m_2(\lambda),\cdots,m_s(\lambda),m_{s+1}(\lambda)],\quad 当\ n=2s+1.$$

由于 $m_{s+1}(\lambda)=\lambda-a_{s+1}$,所以 φ 可对角化的充分必要条件是 $m_i(\lambda)\,(i=1,2,\cdots,s)$ 在 $P[\lambda]$ 中能分解成不同的一次因式的乘积. 注意到,限制变换 $\varphi|_{W_i}$ 在基 $\boldsymbol{\xi}_i,\boldsymbol{\xi}_{n-i+1}$ 下的矩阵

$$\boldsymbol{A}_i=\begin{pmatrix}0 & a_i\\ a_{n-i+1} & 0\end{pmatrix},$$

$m_i(\lambda)=\lambda^2-a_ia_{n-i+1}$,所以 $\deg m_i(\lambda)>1$. 于是,我们有结论:

φ 可对角化的充分必要条件是:$\lambda^2-a_ia_{n-i+1}$ 在 $P[\lambda]$ 中能分解成不同的一次因式的乘积,其中 $i=1,2,\cdots,s$. 这里 $s=\dfrac{n}{2}$ 或 $\dfrac{n-1}{2}$,视 n 为偶数还是奇数而定.

【例 7.101】(华东师范大学,2006 年) 设 φ 是数域 K 上 n 维线性空间 V 的线性变换. 证明:存在 V 的 φ-不变子空间 $W_1,W_2,\cdots,W_m$,使得 $V=W_1\oplus W_2\oplus\cdots\oplus W_m$,其中每个 W_i 的最小多项式为 $p_i(\lambda)^{k_i}$,而 $p_1(\lambda),p_2(\lambda),\cdots,p_m(\lambda)$ 为互不相同的首一不可约多项式.

【证】 设 $g(\lambda)$ 是 φ 的最小多项式,且 $g(\lambda)$ 有如下标准分解式

$$g(\lambda)=p_1(\lambda)^{k_1}p_2(\lambda)^{k_2}\cdots p_m(\lambda)^{k_m}, \tag{①}$$

其中 $k_i\geqslant1,i=1,2,\cdots,m$. 而 $p_1(\lambda),p_2(\lambda),\cdots,p_m(\lambda)$ 是互不相同的首一不可约多项式.

令 $W_i=\ker p_i(\varphi)^{k_i}$. 对于任意 $\boldsymbol{\alpha}\in W_i$,由于 $p_i(\varphi)^{k_i}(\boldsymbol{\alpha})=\boldsymbol{0}$,所以

$$p_i(\varphi)^{k_i}(\varphi(\boldsymbol{\alpha}))=\varphi(p_i(\varphi)^{k_i}(\boldsymbol{\alpha}))=\boldsymbol{0},$$

即 $\varphi(\boldsymbol{\alpha})\in W_i$,因此 W_i 是 V 的 φ-不变子空间. 下面我们证明:$V=W_1\oplus W_2\oplus\cdots\oplus W_m$.

设 $f_i(\lambda)=\dfrac{g(\lambda)}{p_i(\lambda)^{k_i}}$,$i=1,2,\cdots,m$,则 $f_1(\lambda),f_2(\lambda),\cdots,f_m(\lambda)$ 互素,故存在 $u_1(\lambda),u_2(\lambda),\cdots,u_m(\lambda)\in K[x]$,使 $\sum\limits_{i=1}^{m}u_i(\lambda)f_i(\lambda)=1$. 所以 $\forall\boldsymbol{\alpha}\in V$,有

$$\boldsymbol{\alpha}=u_1(\varphi)f_1(\varphi)(\boldsymbol{\alpha})+u_2(\varphi)f_2(\varphi)(\boldsymbol{\alpha})+\cdots+u_m(\varphi)f_m(\varphi)(\boldsymbol{\alpha})=\boldsymbol{\alpha}_1+\boldsymbol{\alpha}_2+\cdots+\boldsymbol{\alpha}_m,$$

其中 $\boldsymbol{\alpha}_i=u_i(\varphi)f_i(\varphi)(\boldsymbol{\alpha})$. 于是 $p_i(\varphi)^{k_i}(\boldsymbol{\alpha}_i)=u_i(\varphi)g(\varphi)(\boldsymbol{\alpha})=\mathbf{0}$,所以 $\boldsymbol{\alpha}_i\in W_i$. 因此

$$V=W_1+W_2+\cdots+W_m.$$

进一步,设 $\mathbf{0}=\boldsymbol{\beta}_1+\boldsymbol{\beta}_2+\cdots+\boldsymbol{\beta}_m$,其中 $\boldsymbol{\beta}_i\in \boldsymbol{W}_i(i=1,2,\cdots,m)$. 易知 $f_i(\varphi)(\boldsymbol{\beta}_i)=\mathbf{0}$. 另一方面,由于 $(p_i(\lambda)^{k_i},f_i(\lambda))=1$,存在 $u(\lambda),v(\lambda)\in K[x]$,使 $u(\lambda)f_i(\lambda)+v(\lambda)p_i(\lambda)^{k_i}=1$,所以

$$\boldsymbol{\beta}_i=u(\varphi)f_i(\varphi)(\boldsymbol{\beta}_i)+v(\varphi)p_i(\varphi)^{k_i}(\boldsymbol{\beta}_i)=\mathbf{0},$$

即 V 中的零向量表示法唯一. 因此 $V=W_1\oplus W_2\oplus\cdots\oplus W_m$.

现在,设 W_i(即限制变换 $\varphi|_{W_i}$)的最小多项式为 $g_i(\lambda)$,因为 $p_i(\varphi|_{W_i})^{k_i}=0$,所以 $g_i(\lambda)\mid p_i(\lambda)^{k_i}$. 注意到 $p_i(\lambda)$ 是不可约的,故可设 $g_i(\lambda)=p_i(\lambda)^{l_i}$,其中 $0<l_i\leqslant k_i$. 于是

$$g(\lambda)=[g_1(\lambda),g_2(\lambda),\cdots,g_m(\lambda)]=p_1(\lambda)^{l_1}p_2(\lambda)^{l_2}\cdots p_m(\lambda)^{l_m}.\qquad ②$$

比较①式与②式,并注意到标准分解式的唯一性,得 $l_1=k_1,l_2=k_2,\cdots,l_m=k_m$. 因此,$\varphi|_{W_i}$ 的最小多项式为 $g_i(\lambda)=p_i(\lambda)^{k_i},i=1,2,\cdots,m$.

【例 7.102】 设 φ 是复数域 $\mathbb{C}$ 上 n 维线性空间 V 的线性变换,φ 的特征多项式 $f(\lambda)$ 在 $\mathbb{C}[\lambda]$ 中的标准分解式为

$$f(\lambda)=(\lambda-\lambda_1)^{k_1}(\lambda-\lambda_2)^{k_2}\cdots(\lambda-\lambda_s)^{k_s},$$

其中 $\lambda_1,\lambda_2,\cdots,\lambda_s$ 互不相同,$k_1,k_2,\cdots,k_s\geqslant 1,k_1+k_2+\cdots+k_s=n$. 证明:

(1) $V=W_1\oplus W_2\oplus\cdots\oplus W_s$,其中 $W_i=\ker(\varphi-\lambda_i\varepsilon)^{k_i}$,而 ε 为恒等变换,$i=1,2,\cdots,s$;

(2) φ 在 W_i 上的限制变换 $\varphi|_{W_i}$ 的特征多项式为 $(\lambda-\lambda_i)^{k_i},i=1,2,\cdots,s$;

(3) $\dim W_i=k_i$(即 λ_i 的代数重数),$i=1,2,\cdots,s$.

【证】 (1)和(2)的证明仿上例的证法,请读者自己完成. 这里我们只证明(3).

记 $\dim W_i=n_i$,在每个 W_i 中取一个基 $\boldsymbol{\xi}_{i1},\boldsymbol{\xi}_{i2},\cdots,\boldsymbol{\xi}_{in_i},i=1,2,\cdots,s$,合起来构成 V 的一个基,那么 φ 在 V 的这个基下的矩阵是分块对角矩阵 $\boldsymbol{A}=\mathrm{diag}(\boldsymbol{A}_1,\boldsymbol{A}_2,\cdots,\boldsymbol{A}_s)$,其中 $\boldsymbol{A}_i$ 是限制变换 $\varphi|_{W_i}$ 在 W_i 的上述基下的矩阵. 因此 $\boldsymbol{A}_i$ 是 n_i 阶方阵,且

$$\begin{aligned}f(\lambda)&=|\lambda\boldsymbol{E}-\boldsymbol{A}|=|\lambda\boldsymbol{E}_{n_1}-\boldsymbol{A}_1||\lambda\boldsymbol{E}_{n_2}-\boldsymbol{A}_2|\cdots|\lambda\boldsymbol{E}_{n_s}-\boldsymbol{A}_s|\\&=f_1(\lambda)f_2(\lambda)\cdots f_s(\lambda),\end{aligned}$$

其中 $f_i(\lambda)=|\lambda\boldsymbol{E}_{n_i}-\boldsymbol{A}_i|$ 是限制变换 $\varphi|_{W_i}$ 的特征多项式. 根据(2)的结论,$f_i(\lambda)=(\lambda-\lambda_i)^{k_i}$,因此 $n_i=k_i$,即 $\dim W_i=k_i,i=1,2,\cdots,s$.

【例 7.103】(北京理工大学,2005 年) 设 V 是复数域 $\mathbb{C}$ 上的 n 维线性空间,$m(\lambda)$ 为 V 的线性变换 $\mathscr{A}$ 的最小多项式,且有标准分解式 $m(\lambda)=(\lambda-\lambda_1)^{r_1}(\lambda-\lambda_2)^{r_2}\cdots(\lambda-\lambda_s)^{r_s}$,其中 $\lambda_1,\lambda_2,\cdots,\lambda_s\in\mathbb{C}$ 且彼此互异.

(1) 证明:$V=W_1\oplus W_2\oplus\cdots\oplus W_s$,其中

$$W_i=\ker(\mathscr{A}-\lambda_i\mathscr{E})^{r_i}=\{\boldsymbol{\alpha}\in V\mid(\mathscr{A}-\lambda_i\mathscr{E})^{r_i}(\boldsymbol{\alpha})=\mathbf{0}\}$$

称为 $\mathscr{A}$ 的属于 λ_i 的根子空间,$i=1,2,\cdots,s$,而 $\mathscr{E}$ 为恒等变换;

(2) 证明:$\mathscr{A}|_{W_i}$ 的最小多项式为 $(\lambda-\lambda_i)^{r_i},i=1,2,\cdots,s$;

(3) 特别地,设 V 是复数域 $\mathbb{C}$ 上的 3 维线性空间,$\boldsymbol{\alpha}_1,\boldsymbol{\alpha}_2,\boldsymbol{\alpha}_3$ 为 V 的一个基,线性变换 $\mathscr{A}$ 在这个基下的矩阵是

$$A=\begin{pmatrix}1&-3&4\\4&-7&8\\6&-7&7\end{pmatrix},$$

求 $\mathscr{A}$ 的特征值及其根子空间.

【解】　(1)和(2)仿例 7.101 可证,此处从略.

(3) 易知,$\boldsymbol{A}$ 的特征多项式为$(\lambda+1)^2(\lambda-3)$,所以 $\mathscr{A}$ 的特征值 $\lambda_1=\lambda_2=-1,\lambda_3=3$.

经计算知,$(\boldsymbol{A}+\boldsymbol{E})(\boldsymbol{A}-3\boldsymbol{E})\neq\boldsymbol{O}$,所以 $\mathscr{A}$ 的最小多项式为 $m(\lambda)=(\lambda+1)^2(\lambda-3)$. 因此

$$V=\ker(\mathscr{A}+\mathscr{E})^2\oplus\ker(\mathscr{A}-3\mathscr{E}).$$

对于 $\lambda=-1$,求解方程组$(\boldsymbol{A}+\boldsymbol{E})^2\boldsymbol{x}=\boldsymbol{0}$,其基础解系为$(1,1,0),(-1,0,1)$. 故 $\mathscr{A}$ 的属于特征值-1 的根子空间为

$$\ker(\mathscr{A}+\mathscr{E})^2=L(\boldsymbol{\alpha}_1+\boldsymbol{\alpha}_2,-\boldsymbol{\alpha}_1+\boldsymbol{\alpha}_3).$$

对于 $\lambda=3$,求解方程组$(\boldsymbol{A}-3\boldsymbol{E})\boldsymbol{x}=\boldsymbol{0}$,其基础解系为$(1,2,2)$. 故 $\mathscr{A}$ 的属于特征值 3 的根子空间为

$$\ker(\mathscr{A}-3\mathscr{E})=L(\boldsymbol{\alpha}_1+2\boldsymbol{\alpha}_2+2\boldsymbol{\alpha}_3).$$

【注】　请读者证明:例 7.102(1)与例 7.103(1)的空间分解完全相同,即

$$W_i=\ker(\varphi-\lambda_i\varepsilon)^{r_i}=\ker(\varphi-\lambda_i\varepsilon)^{k_i},\quad i=1,2,\cdots,s.$$

【例 7.104】(北京大学,2006 年)　(1) 设 $\boldsymbol{A}$ 是实数域$\mathbb{R}$ 上的 n 阶对称矩阵,它的特征多项式$f(\lambda)$的所有不同的复根为实数 $\lambda_1,\lambda_2,\cdots,\lambda_s$. 把 $\boldsymbol{A}$ 的最小多项式 $m(\lambda)$分解成$\mathbb{R}$ 上不可约多项式的乘积. 要求写出理由;

(2) 设 $\boldsymbol{A}$ 是 n 阶实对称矩阵,令 $\mathscr{A}(\boldsymbol{\alpha})=\boldsymbol{A}\boldsymbol{\alpha},\forall\boldsymbol{\alpha}\in\mathbb{R}^n$. 根据第(1)小题中 $m(\lambda)$的因式分解,把$\mathbb{R}^n$分解成线性变换 $\mathscr{A}$ 的不变子空间的直和. 要求写出理由.

【解】　(1) 因为 $\boldsymbol{A}$ 是实对称矩阵,可相似对角化,所以 $\boldsymbol{A}$ 的最小多项式 $m(\lambda)$无重根. 又由于 $\boldsymbol{A}$ 的所有互异的复特征值 $\lambda_1,\lambda_2,\cdots,\lambda_s$ 也是最小多项式 $m(\lambda)$的所有不同的复根,因此

$$m(\lambda)=(\lambda-\lambda_1)(\lambda-\lambda_2)\cdots(\lambda-\lambda_s).$$

(2) 易知,$\mathscr{A}$ 在$\mathbb{R}^n$的自然基下的矩阵为 $\boldsymbol{A}$,所以 $\boldsymbol{A}$ 的特征值就是 $\mathscr{A}$ 的特征值,$\boldsymbol{A}$ 的最小多项式就是 $\mathscr{A}$ 的最小多项式. 根据(1)中 $m(\lambda)$的分解式(无重根)可知,$\mathscr{A}$ 是可对角化的线性变换. 于是,$\mathbb{R}^n$可分解成 $\mathscr{A}$ 的特征子空间的直和,即

$$\mathbb{R}^n=V_1\oplus V_2\oplus\cdots\oplus V_s,$$

其中

$$V_i=\{\boldsymbol{\xi}\in\mathbb{R}^n\mid\mathscr{A}(\boldsymbol{\xi})=\lambda_i\boldsymbol{\xi}\},\quad i=1,2,\cdots,s$$

是 $\mathscr{A}$ 的属于特征值 λ_i 的特征子空间,因而是 $\mathscr{A}$ 的不变子空间.

【例 7.105】　设 $\boldsymbol{A}$ 是 $2n$ 阶实方阵,且 $\boldsymbol{A}^2+\boldsymbol{E}_{2n}=\boldsymbol{O}$. 证明:存在 $2n$ 阶可逆实矩阵 $\boldsymbol{P}$,使得

$$\boldsymbol{P}^{-1}\boldsymbol{A}\boldsymbol{P}=\begin{pmatrix}\boldsymbol{O}&\boldsymbol{E}_n\\-\boldsymbol{E}_n&\boldsymbol{O}\end{pmatrix}.$$

【证】　显然$f(\lambda)=\lambda^2+1$ 是 $\boldsymbol{A}$ 的零化多项式,所以 $\boldsymbol{A}$ 的最小多项式 $m(\lambda)=\lambda+\mathrm{i}$ 或 $\lambda-\mathrm{i}$

或 λ^2+1,其中 $\mathrm{i}=\sqrt{-1}$. 注意到 $\boldsymbol{A}$ 是实矩阵,因此 $m(\lambda)=\lambda^2+1$. 易知 $\boldsymbol{A}$ 的特征值 $\lambda_1=\mathrm{i}$(n 重),$\lambda_2=-\mathrm{i}$(n 重). 由于 $m(\lambda)$ 无重根,所以 $\boldsymbol{A}$ 可相似对角化,即存在 $2n$ 阶可逆复矩阵 $\boldsymbol{Q}$,使

$$\boldsymbol{Q}^{-1}\boldsymbol{A}\boldsymbol{Q}=\begin{pmatrix}\mathrm{i}\boldsymbol{E}_n & \boldsymbol{O}\\ \boldsymbol{O} & -\mathrm{i}\boldsymbol{E}_n\end{pmatrix}.$$

记 $\boldsymbol{U}=\dfrac{1}{\sqrt{2}}\begin{pmatrix}\boldsymbol{E}_n & -\mathrm{i}\boldsymbol{E}_n\\ \boldsymbol{E}_n & \mathrm{i}\boldsymbol{E}_n\end{pmatrix}$,则 $\boldsymbol{U}^{-1}=\dfrac{1}{\sqrt{2}}\begin{pmatrix}\boldsymbol{E}_n & \boldsymbol{E}_n\\ \mathrm{i}\boldsymbol{E}_n & -\mathrm{i}\boldsymbol{E}_n\end{pmatrix}$,且

$$\boldsymbol{U}^{-1}(\boldsymbol{Q}^{-1}\boldsymbol{A}\boldsymbol{Q})\boldsymbol{U}=\frac{1}{2}\begin{pmatrix}\boldsymbol{E}_n & \boldsymbol{E}_n\\ \mathrm{i}\boldsymbol{E}_n & -\mathrm{i}\boldsymbol{E}_n\end{pmatrix}\begin{pmatrix}\mathrm{i}\boldsymbol{E}_n & \boldsymbol{O}\\ \boldsymbol{O} & -\mathrm{i}\boldsymbol{E}_n\end{pmatrix}\begin{pmatrix}\boldsymbol{E}_n & -\mathrm{i}\boldsymbol{E}_n\\ \boldsymbol{E}_n & \mathrm{i}\boldsymbol{E}_n\end{pmatrix}=\begin{pmatrix}\boldsymbol{O} & \boldsymbol{E}_n\\ -\boldsymbol{E}_n & \boldsymbol{O}\end{pmatrix}.$$

这就表明,实方阵 $\boldsymbol{A}$ 与实方阵 $\begin{pmatrix}\boldsymbol{O} & \boldsymbol{E}_n\\ -\boldsymbol{E}_n & \boldsymbol{O}\end{pmatrix}$ 相似. 注意到两个实矩阵在复数域上相似当且仅当它们在实数域上相似,因此,存在 $2n$ 阶可逆实矩阵 $\boldsymbol{P}$,使得

$$\boldsymbol{P}^{-1}\boldsymbol{A}\boldsymbol{P}=\begin{pmatrix}\boldsymbol{O} & \boldsymbol{E}_n\\ -\boldsymbol{E}_n & \boldsymbol{O}\end{pmatrix}.$$

【例 7.106】(上海交通大学,2018 年;华东师范大学,2002 年) 设 $\boldsymbol{A},\boldsymbol{B}$ 都是 n 阶方阵,$\operatorname{rank}\boldsymbol{A}=n-1$. 证明:如果 $\boldsymbol{AB}=\boldsymbol{BA}=\boldsymbol{O}$,那么存在多项式 $g(x)$,使 $\boldsymbol{B}=g(\boldsymbol{A})$.

【证】 若 $\boldsymbol{B}=\boldsymbol{O}$,则取 $\boldsymbol{A}$ 的任一零化多项式 $g(x)$ 即有 $\boldsymbol{B}=g(\boldsymbol{A})$,故只需考虑 $\boldsymbol{B}\neq\boldsymbol{O}$.

(方法 1) 注意到 $\lambda=0$ 是 $\boldsymbol{A}$ 的特征值,故可设 $\boldsymbol{A}$ 的最小多项式 $m(\lambda)=\lambda f(\lambda)$,其中 $f(\lambda)$ 是一次数不超过 $n-1$ 的多项式. 因此 $f(\boldsymbol{A})\neq\boldsymbol{O}$,且 $\boldsymbol{A}f(\boldsymbol{A})=f(\boldsymbol{A})\boldsymbol{A}=\boldsymbol{O}$. 下证 $\boldsymbol{B}$ 与 $f(\boldsymbol{A})$ 只相差一个非零常数因子.

因为 $\operatorname{rank}\boldsymbol{A}=n-1$,所以方程组 $\boldsymbol{Ax}=\boldsymbol{0}$ 的基础解系只含一个非零解 $\boldsymbol{\xi}$. 由 $\boldsymbol{AB}=\boldsymbol{O}$ 知,$\boldsymbol{B}$ 的列向量都是 $\boldsymbol{Ax}=\boldsymbol{0}$ 的解,因此 $\boldsymbol{B}=(b_1\boldsymbol{\xi},b_2\boldsymbol{\xi},\cdots,b_n\boldsymbol{\xi})=\boldsymbol{\xi}\boldsymbol{\beta}^{\mathrm{T}}$,其中 $\boldsymbol{\beta}=(b_1,b_2,\cdots,b_n)^{\mathrm{T}}\neq\boldsymbol{0}$. 再由 $\boldsymbol{BA}=\boldsymbol{O}$ 知,$\boldsymbol{\xi}\boldsymbol{\beta}^{\mathrm{T}}\boldsymbol{A}=\boldsymbol{O}$,故 $\boldsymbol{\beta}^{\mathrm{T}}\boldsymbol{A}=\boldsymbol{0}$,即 $\boldsymbol{A}^{\mathrm{T}}\boldsymbol{\beta}=\boldsymbol{0}$. 这就是说,$\boldsymbol{\beta}$ 是方程组 $\boldsymbol{A}^{\mathrm{T}}\boldsymbol{x}=\boldsymbol{0}$ 的非零解.

同理,有 $f(\boldsymbol{A})=\boldsymbol{\xi}\boldsymbol{\eta}^{\mathrm{T}}$,其中 $\boldsymbol{\eta}\neq\boldsymbol{0}$ 也是 $\boldsymbol{A}^{\mathrm{T}}\boldsymbol{x}=\boldsymbol{0}$ 的一个非零解.

由于 $\boldsymbol{A}^{\mathrm{T}}\boldsymbol{x}=\boldsymbol{0}$ 的基础解系只含一个非零解,故存在常数 $k\neq0$ 使得 $\boldsymbol{\beta}=k\boldsymbol{\eta}$,所以 $\boldsymbol{B}=kf(\boldsymbol{A})$. 因此,只需取 $g(x)=kf(x)$,即得 $\boldsymbol{B}=g(\boldsymbol{A})$.

(方法 2) 对于 $\boldsymbol{A}$ 的 Jordan 标准形 $\boldsymbol{J}$,存在可逆矩阵 $\boldsymbol{P}$ 使 $\boldsymbol{P}^{-1}\boldsymbol{AP}=\boldsymbol{J}$. 故由 $\boldsymbol{AB}=\boldsymbol{BA}=\boldsymbol{O}$ 得

$$\boldsymbol{J}(\boldsymbol{P}^{-1}\boldsymbol{BP})=(\boldsymbol{P}^{-1}\boldsymbol{BP})\boldsymbol{J}=\boldsymbol{O}. \tag{①}$$

注意到 $\operatorname{rank}\boldsymbol{J}=\operatorname{rank}\boldsymbol{A}=n-1$,所以 $\boldsymbol{J}$ 依特征值 0 是单根或重根有三种可能情形,下面我们据此分别确定多项式 $g(x)$.

情形一. $\boldsymbol{J}=\begin{pmatrix}0 & \\ & \boldsymbol{J}_1\end{pmatrix}$,其中 $\boldsymbol{J}_1$ 是 $\boldsymbol{A}$ 的所有非零特征值对应的 Jordan 块构成的 $n-1$ 阶分块对角矩阵. 对 $\boldsymbol{P}^{-1}\boldsymbol{BP}$ 作相应分块,代入①式可解得 $\boldsymbol{P}^{-1}\boldsymbol{BP}=\begin{pmatrix}b & \\ & \boldsymbol{O}\end{pmatrix}$,其中常数 $b\neq0$. 对于任一多项式 $g(x)$,欲 $\boldsymbol{B}=g(\boldsymbol{A})$,当且仅当

$$\boldsymbol{P}^{-1}g(\boldsymbol{A})\boldsymbol{P}=g(\boldsymbol{P}^{-1}\boldsymbol{AP})=g(\boldsymbol{J})=\begin{pmatrix}g(0) & \\ & g(\boldsymbol{J}_1)\end{pmatrix}=\begin{pmatrix}b & \\ & \boldsymbol{O}\end{pmatrix}=\boldsymbol{P}^{-1}\boldsymbol{BP},$$

这等价于 $g(0)=b$ 且 $g(\boldsymbol{J}_1)=\boldsymbol{O}$,即 $g(x)$ 是 $\boldsymbol{J}_1$ 的常数项等于 b 的零化多项式. 注意到 $\boldsymbol{J}_1$ 是可逆矩阵,其最小多项式 $m(\lambda)$ 的常数项 $a_0\neq 0$,于是,可取 $g(\lambda)=\dfrac{b}{a_0}m(\lambda)$,则有 $g(\boldsymbol{A})=\boldsymbol{B}$.

情形二. $\boldsymbol{J}=\begin{pmatrix}\boldsymbol{J}_0 & \\ & \boldsymbol{J}_1\end{pmatrix}$,其中

$$\boldsymbol{J}_0=\begin{pmatrix}0 & 1 & & \\ & 0 & \ddots & \\ & & \ddots & 1\\ & & & 0\end{pmatrix}$$

是一个 r 阶 Jordan 块($1<r<n$),而 $\boldsymbol{J}_1$ 是 $\boldsymbol{A}$ 的所有非零特征值对应的 Jordan 块构成的 $n-r$ 阶分块对角矩阵. 对 $\boldsymbol{P}^{-1}\boldsymbol{BP}$ 作相应分块,代入①式可解得 $\boldsymbol{P}^{-1}\boldsymbol{BP}=\begin{pmatrix}\boldsymbol{B}_0 & \boldsymbol{O}\\ \boldsymbol{O} & \boldsymbol{O}\end{pmatrix}$,其中

$$\boldsymbol{B}_0=\begin{pmatrix}0 & \cdots & 0 & b\\ 0 & \cdots & 0 & 0\\ \vdots & & \vdots & \vdots\\ 0 & \cdots & 0 & 0\end{pmatrix}$$

是 r 阶矩阵,而常数 $b\neq 0$. 显然,$\boldsymbol{B}_0=b\boldsymbol{J}_0^{r-1}$. 对任意多项式 $g(\lambda)$,欲 $\boldsymbol{B}=g(\boldsymbol{A})$,当且仅当

$$\boldsymbol{P}^{-1}g(\boldsymbol{A})\boldsymbol{P}=g(\boldsymbol{P}^{-1}\boldsymbol{AP})=g(\boldsymbol{J})=\begin{pmatrix}g(\boldsymbol{J}_0) & \\ & g(\boldsymbol{J}_1)\end{pmatrix}=\begin{pmatrix}\boldsymbol{B}_0 & \\ & \boldsymbol{O}\end{pmatrix}=\boldsymbol{P}^{-1}\boldsymbol{BP},$$

这等价于 $g(\boldsymbol{J}_0)=\boldsymbol{B}_0$ 且 $g(\boldsymbol{J}_1)=\boldsymbol{O}$,即 $g(\lambda)$ 是 $\boldsymbol{J}_1$ 的零化多项式且满足 $g(\boldsymbol{J}_0)=b\boldsymbol{J}_0^{r-1}$.

注意到当 $k\geqslant r$ 时 $\boldsymbol{J}_0^k=\boldsymbol{O}$,只需取 $g(\lambda)=\dfrac{b}{a_0}\lambda^{r-1}m(\lambda)$,其中 $m(\lambda)$ 是 $\boldsymbol{J}_1$ 的最小多项式,而 $a_0\neq 0$ 是 $m(\lambda)$ 的常数项,那么 $g(\boldsymbol{J}_0)=\boldsymbol{B}_0$,从而有 $\boldsymbol{B}=g(\boldsymbol{A})$.

情形三. $\boldsymbol{J}=\boldsymbol{J}_n(0)$ 是一个 n 阶 Jordan 块,则仍由①式可知,存在常数 $b\neq 0$,使得

$$\boldsymbol{P}^{-1}\boldsymbol{BP}=\begin{pmatrix}0 & \cdots & 0 & b\\ 0 & \cdots & 0 & 0\\ \vdots & & \vdots & \vdots\\ 0 & \cdots & 0 & 0\end{pmatrix},$$

因此,$\boldsymbol{P}^{-1}\boldsymbol{BP}=b\boldsymbol{J}^{n-1}=b(\boldsymbol{P}^{-1}\boldsymbol{AP})^{n-1}=b\boldsymbol{P}^{-1}\boldsymbol{A}^{n-1}\boldsymbol{P}$,即 $\boldsymbol{B}=b\boldsymbol{A}^{n-1}=g(\boldsymbol{A})$,这里 $g(\lambda)=b\lambda^{n-1}$.

【例 7.107】(西南大学,2011 年) 设 $\boldsymbol{A}=\begin{pmatrix}0 & 2011 & 1\\ 0 & 0 & 2011\\ 0 & 0 & 0\end{pmatrix}$. 证明 $\boldsymbol{X}^2=\boldsymbol{A}$ 无解,这里 $\boldsymbol{X}$ 为三阶未知复方阵.

【证】 (方法 1)反证法. 设 $\boldsymbol{X}^2=\boldsymbol{A}$ 有解,即存在复方阵 $\boldsymbol{B}$ 使得 $\boldsymbol{B}^2=\boldsymbol{A}$. 设 λ 为 $\boldsymbol{B}$ 的任一特征值,则 λ^2 为 $\boldsymbol{B}^2$ 即 $\boldsymbol{A}$ 的特征值,所以 $\lambda=0$. 故 $\boldsymbol{B}$ 的 Jordan 标准形只可能为

$$\boldsymbol{J}_1=\begin{pmatrix}0 & 0 & 0\\ 0 & 0 & 0\\ 0 & 0 & 0\end{pmatrix},\quad \boldsymbol{J}_2=\begin{pmatrix}0 & 1 & 0\\ 0 & 0 & 0\\ 0 & 0 & 0\end{pmatrix},\quad \boldsymbol{J}_3=\begin{pmatrix}0 & 1 & 0\\ 0 & 0 & 1\\ 0 & 0 & 0\end{pmatrix}.$$

因此,$\boldsymbol{B}^2\sim\boldsymbol{J}_1^2=\boldsymbol{O}$,或 $\boldsymbol{J}_2^2=\boldsymbol{O}$,或 $\boldsymbol{J}_3^2$. 这表明 $\operatorname{rank}\boldsymbol{B}^2\leqslant 1$,与 $\operatorname{rank}\boldsymbol{A}=2$ 矛盾. 所以 $\boldsymbol{X}^2=\boldsymbol{A}$ 无解.

（方法2）反证法. 设 $X^2=A$ 有解 B，即 $B^2=A$. 易知 B 的特征值全为0. 故 B 的特征多项式为 $f(\lambda)=\lambda^3$. 根据 Hamilton-Cayley 定理，$f(B)=B^3=O$. 于是 $B^4=A^2=O$. 但经计算，有

$$A^2=\begin{pmatrix}0&2011&1\\0&0&2011\\0&0&0\end{pmatrix}\begin{pmatrix}0&2011&1\\0&0&2011\\0&0&0\end{pmatrix}=\begin{pmatrix}0&0&2011^2\\0&0&0\\0&0&0\end{pmatrix},$$

矛盾，因此 $X^2=A$ 无解.

【例7.108】（四川大学，2011年） 求矩阵 X，使得 $X^4=\begin{pmatrix}3&0&0\\0&3&1\\0&0&0\end{pmatrix}$.

【解】 记 $A=\begin{pmatrix}3&0&0\\0&3&1\\0&0&0\end{pmatrix}$. 设 B 是 $X^4=A$ 的解，则 $B^4=A$，且 B 的特征值为 $0,\pm a$ 或 $\pm ia$，其中 $i=\sqrt{-1}$ 为虚数单位，$a=\sqrt[4]{3}$.

易知，A 的最小多项式为 $m(\lambda)=\lambda(\lambda-3)$，故 A 可对角化，所以 B 也可对角化（用反证法可证）. 于是，存在可逆矩阵 P，使得 $P^{-1}BP=D$，其中 $D=\pm\operatorname{diag}(a,a,0)$ 或 $\operatorname{diag}(a,-a,0)$ 或 $\pm\operatorname{diag}(ia,ia,0)$ 或 $\operatorname{diag}(ia,-ia,0)$ 或 $\operatorname{diag}(\pm ia,a,0)$ 或 $\operatorname{diag}(\pm ia,-a,0)$. 这时，总有

$$P^{-1}AP=(P^{-1}BP)^4=\operatorname{diag}(3,3,0),$$

由此易得 $P=\begin{pmatrix}1&0&0\\0&1&-1\\0&0&3\end{pmatrix}$. 对于 D 的不同情形，由 $B=PDP^{-1}$ 直接计算，得所有可能的解

$$B=k\begin{pmatrix}3&0&0\\0&3&1\\0&0&0\end{pmatrix}\text{ 或 }k\begin{pmatrix}3&0&0\\0&-3&-1\\0&0&0\end{pmatrix}\text{ 或 }k\begin{pmatrix}3i&0&0\\0&3&1\\0&0&0\end{pmatrix}\text{ 或 }k\begin{pmatrix}3i&0&0\\0&-3&-1\\0&0&0\end{pmatrix},$$

其中 $k=\pm\frac{\sqrt[4]{3}}{3}$ 或 $\pm i\frac{\sqrt[4]{3}}{3}$.

【例7.109】 设 A 是 m 阶方阵，B 是 n 阶方阵，C 是 $m\times n$ 矩阵，证明：$AX+XB=C$ 有唯一解当且仅当 $\lambda_i+\mu_j\neq0$，其中 λ_i,μ_j 分别是 A,B 的任一特征值.

【证】（方法1）只需证 $AX+XB=O$ 仅有零解当且仅当 $\lambda_i+\mu_j\neq0$，这等价于 $AX=XB$ 仅有零解当且仅当 A,B 无公共特征值.

设 $J=\operatorname{diag}(J_1,J_2,\cdots,J_s)$ 是 B 的 Jordan 标准形，其中 J_i 为 p_i 阶 Jordan 块（$i=1,2,\cdots,s$），$p_1+p_2+\cdots+p_s=n$. 故存在 n 阶可逆矩阵 Q，使得 $Q^{-1}BQ=J$. 于是 $AX=XB$ 当且仅当

$$A(XQ)=XQ(Q^{-1}BQ)=(XQ)J.$$

对 XQ 作相应于 J 的分块：$XQ=(X_1,X_2,\cdots,X_s)$，其中 X_i 为 $m\times p_i$ 矩阵，代入上式得

$$AX_i=X_iJ_i,\quad i=1,2,\cdots,s.$$

所以 $AX=XB$ 等价于 $AX_i=X_iJ_i$，$1\leqslant i\leqslant s$. 注意到 $X=O$ 等价于 $X_i=O$，$1\leqslant i\leqslant s$，于是问题归结为证明：对于 Jordan 块 $J_n(\lambda_0)$，方程 $AX=XJ_n(\lambda_0)$ 仅有零解当且仅当 λ_0 不是 A 的特征值.

充分性. 将 X 按列分块为 $X=(\alpha_1,\alpha_2,\cdots,\alpha_n)$, 则 $AX=XJ_n(\lambda_0)$ 又等价于

$$A\alpha_1=\lambda_0\alpha_1, A\alpha_2=\alpha_1+\lambda_0\alpha_2,\cdots, A\alpha_n=\alpha_{n-1}+\lambda_0\alpha_n.$$

若 λ_0 不是 A 的特征值, 则依次只能有 $\alpha_1=0,\alpha_2=0,\cdots,\alpha_n=0$, 即 $X=O$.

必要性. 令 $\alpha_1=\alpha_2=\cdots=\alpha_{n-1}=0$, 则 $A\alpha_n=\lambda_0\alpha_n$. 假设 λ_0 是 A 的特征值, 取 $\alpha_n\neq 0$ 是 A 的属于 λ_0 的特征向量, 则 $X=(0,\cdots,0,\alpha_n)$ 是 $AX=XJ_n(\lambda_0)$ 的非零解, 矛盾.

(方法 2) 必要性. 用反证法. 假设对某个 i,j, 有 $\lambda_i+\mu_j=0$, 则 $\lambda_i=-\mu_j$ 是 A 和 $-B$ 公共的特征值, 且 λ_i 也是 $-B^{\mathrm{T}}$ 的特征值. 设 α 和 β 分别是 A 和 $-B^{\mathrm{T}}$ 的属于 λ_i 的特征向量, 即 $A\alpha=\lambda_i\alpha, -B^{\mathrm{T}}\beta=\lambda_i\beta$. 令 $Q=\alpha\beta^{\mathrm{T}}$, 则 $Q\neq O$, 且 $AQ+QB=O$. 此与 $AX+XB=C$ 有唯一解矛盾.

充分性. 设 $\lambda_i+\mu_j\neq 0(1\leqslant i,j\leqslant n)$. 考虑 $\mathbb{C}^{n\times n}$ 的线性变换

$$\sigma(X)=AX+XB,\quad \forall X\in\mathbb{C}^{n\times n},$$

我们证明 σ 是可逆变换, 这可等价地证明: 若 $\sigma(X)=O$, 则 $X=O$. 为此, 设 A 的特征多项式为

$$f(\lambda)=|\lambda E-A|=(\lambda-\lambda_1)(\lambda-\lambda_2)\cdots(\lambda-\lambda_n).$$

由于 $\lambda_i+\mu_j\neq 0$, 所以 $f(-\mu_j)\neq 0$, 这表明 $f(-B)$ 的特征值均不为零, 即 $f(-B)$ 是可逆矩阵.

若 $\sigma(X)=O$, 则 $AX=-XB$, 因而有 $A^2X=A(-XB)=X(-B)^2$. 如此继续下去, 对任意自然数 m, 有 $A^mX=X(-B)^m$. 于是, 有 $f(A)X=Xf(-B)$.

根据 Hamilton-Cayley 定理, $f(A)=O$, 所以 $Xf(-B)=O$, 从而 $X=O$. 这就证明了 σ 是可逆变换. 故对 $m\times n$ 矩阵 C, 必存在唯一的 $H\in\mathbb{C}^{n\times n}$ 使 $\sigma(H)=C$, 即 $AX+XB=C$ 有唯一解.

【例 7.110】 设 φ 是 n 维复线性空间上的线性变换, $f(x)=x^m+a_1x^{m-1}+\cdots+a_m$ 与 $g(x)$ 是两个复多项式, $\sigma=f(\varphi)$, $\tau=g(\varphi)$, 矩阵 F 是 $f(x)$ 的友阵, 即

$$F=\begin{pmatrix}0&0&\cdots&0&-a_m\\1&0&\cdots&0&-a_{m-1}\\0&1&\cdots&0&-a_{m-2}\\\vdots&\vdots&&\vdots&\vdots\\0&0&\cdots&1&-a_1\end{pmatrix},$$

已知 $g(F)$ 是可逆矩阵. 求证: $\ker(\sigma\tau)=\ker\sigma\oplus\ker\tau$.

【证】 先证 $f(x)$ 与 $g(x)$ 互素. 假设 $d(x)=(f(x),g(x))$ 是非常数多项式, 则存在 $u(x),v(x)\in\mathbb{C}[x]$ 使得 $f(x)=d(x)u(x)$, $g(x)=d(x)v(x)$. 因为 F 的最小多项式与特征多项式都是 $f(x)$, 所以 $f(F)=O$, 从而 $g(F)u(F)=O$. 由题设 $g(F)$ 可逆, 知 $u(F)=O$, 此与 F 的最小多项式是 $f(x)$ 矛盾. 因此, $d(x)=1$, 即 $f(x)$ 与 $g(x)$ 互素. 于是有 $p(x),q(x)$, 使

$$f(x)p(x)+g(x)q(x)=1.$$

从而有 $\sigma p(\varphi)+\tau q(\varphi)=\varepsilon$(恒等变换).

任取 $a\in\ker(\sigma\tau)$, 则 $a=\sigma p(\varphi)(a)+\tau q(\varphi)(a)$. 因为 $\sigma\tau=\tau\sigma$, $\sigma p(\varphi)=p(\varphi)\sigma$, $\tau q(\varphi)=q(\varphi)\tau$, 所以 $\sigma p(\varphi)(a)\in\ker\tau$, $\tau q(\varphi)(a)\in\ker\sigma$. 这就证得 $\ker(\sigma\tau)\subseteq\ker\sigma\oplus\ker\tau$. 另一方面, 显然有 $\ker(\sigma\tau)\supseteq\ker\sigma\oplus\ker\tau$, 因此 $\ker(\sigma\tau)=\ker\sigma+\ker\tau$.

进一步, 若 $a\in\ker\sigma\cap\ker\tau$, 则 $\sigma(a)=0$, 且 $\tau(a)=0$, 于是

$$a=\sigma p(\varphi)(a)+\tau q(\varphi)(a)=p(\varphi)\sigma(a)+q(\varphi)\tau(a)=0,$$

即 $\ker\sigma\cap\ker\tau=\{0\}$. 所以 $\ker(\sigma\tau)=\ker\sigma\oplus\ker\tau$.

【例 7.111】(武汉大学,2011 年)　设 $f(\lambda)$, $m(\lambda)$ 分别为数域 F 上矩阵 $\boldsymbol{A}$ 的特征多项式和最小多项式,且有标准分解式

$$f(\lambda)=p_1(\lambda)^{r_1}p_2(\lambda)^{r_2}\cdots p_t(\lambda)^{r_t},\quad m(\lambda)=p_1(\lambda)^{s_1}p_2(\lambda)^{s_2}\cdots p_t(\lambda)^{s_t},$$

其中 $r_i\geqslant 1, s_i\geqslant 1$,而 $p_i(\lambda)$ 是数域 F 上的不可约多项式,$i=1,2,\cdots,t$. 求证:矩阵 $p_i(\boldsymbol{A})^{s_i}$ 的零度即它的核空间的维数等于 $r_i\deg p_i(\lambda)$.

【证】　记 $f_i(\lambda)=\dfrac{m(\lambda)}{p_i(\lambda)^{s_i}}$,则 $f_1(\lambda), f_2(\lambda),\cdots,f_t(\lambda)$ 互素,故存在 $u_i(\lambda)\in F[\lambda]$,使得

$$u_1(\lambda)f_1(\lambda)+u_2(\lambda)f_2(\lambda)+\cdots+u_t(\lambda)f_t(\lambda)=1,$$

所以

$$u_1(\boldsymbol{A})f_1(\boldsymbol{A})+u_2(\boldsymbol{A})f_2(\boldsymbol{A})+\cdots+u_t(\boldsymbol{A})f_t(\boldsymbol{A})=\boldsymbol{E}. \qquad ①$$

记 $V=F^{n\times 1}$,视 $\boldsymbol{A}$ 为 V 的线性变换,记 $W_i=\ker p_i(\boldsymbol{A})^{s_i}$,则 W_i 是 $\boldsymbol{A}$ 的不变子空间. 由上式可知

$$V=W_1+W_2+\cdots+W_t. \qquad ②$$

下面再证②式是 V 的直和分解. 为此,任取 $\boldsymbol{\alpha}\in W_i\cap\Big(\sum\limits_{j\neq i}W_j\Big)$,则由①式可得

$$\boldsymbol{\alpha}=u_i(\boldsymbol{A})f_i(\boldsymbol{A})(\boldsymbol{\alpha})=u_i(\boldsymbol{A})f_i(\boldsymbol{A})\Big(\sum_{j\neq i}\boldsymbol{\alpha}_j\Big)=u_i(\boldsymbol{A})\sum_{j\neq i}f_i(\boldsymbol{A})(\boldsymbol{\alpha}_j)=\boldsymbol{0},$$

其中 $\boldsymbol{\alpha}_j\in W_j$ 是 $\boldsymbol{\alpha}$ 的分量$(j\neq i)$. 故 $W_i\cap\Big(\sum\limits_{j\neq i}W_j\Big)=\{\boldsymbol{0}\}$. 这就证明了 $V=W_1\oplus W_2\oplus\cdots\oplus W_t$.

现在,记 σ_i 为 $\boldsymbol{A}$ 在 W_i 上的限制变换,显然 σ_i 的最小多项式是 $p_i(\lambda)$ 的某个方幂. 因为最小多项式和特征多项式有相同的不可约因式,所以 σ_i 的特征多项式也是 $p_i(\lambda)$ 的某个方幂. 但所有 σ_i 的特征多项式之积为 $f(\lambda)$,因此 σ_i 的特征多项式应为 $p_i(\lambda)^{r_i}$,于是 $\dim W_i=r_i\deg p_i(\lambda)$.

【例 7.112】(湘潭大学,2016 年)　设 λ_0 是 n 阶复方阵 $\boldsymbol{A}$ 的一个特征值,$\boldsymbol{J}_p(\lambda_0)$ 是 $\boldsymbol{A}$ 的 Jordan 标准形中属于特征值 λ_0 的 p 阶 Jordan 块. 证明:

(1) 当 $k\leqslant p$ 时,$\operatorname{rank}(\boldsymbol{J}_p(\lambda_0)-\lambda_0\boldsymbol{E})^{k-1}=\operatorname{rank}(\boldsymbol{J}_p(\lambda_0)-\lambda_0\boldsymbol{E})^{k}+1$;

(2) 矩阵 $\boldsymbol{A}$ 的属于特征值 λ_0 的 k 阶 Jordan 块 $\boldsymbol{J}_k(\lambda_0)$ 的个数等于

$$\delta_k=\operatorname{rank}(\lambda_0\boldsymbol{E}-\boldsymbol{A})^{k-1}-2\operatorname{rank}(\lambda_0\boldsymbol{E}-\boldsymbol{A})^{k}+\operatorname{rank}(\lambda_0\boldsymbol{E}-\boldsymbol{A})^{k+1}.$$

【证】　(1) 对 k 作归纳法,留给读者作为练习.

(2) 记 $a_0=n$, $a_k=\operatorname{rank}(\lambda_0\boldsymbol{E}-\boldsymbol{A})^k$, $b_k=a_{k-1}-a_k$,则 $\delta_k=b_k-b_{k+1}$, $\forall k\geqslant 1$. 设 $\boldsymbol{A}$ 的属于特征值 λ_0 的 k 阶 Jordan 块的个数等于 m_k, $k=1,2,\cdots s$(注意,s 是 $\boldsymbol{A}$ 的最小多项式中 λ_0 的重数.),其中第 p 个 k 阶 Jordan 块记为

$$\boldsymbol{J}_k^p=\begin{pmatrix}\lambda_0 & 1 & & \\ & \ddots & \ddots & \\ & & \ddots & 1\\ & & & \lambda_0\end{pmatrix}_{k\times k},$$

$p=1,2,\cdots,m_k$. 若 k 阶 Jordan 块不存在,则 $m_k=0$. 于是,$\boldsymbol{A}$ 的 Jordan 标准形可记为

$$\boldsymbol{J}=\operatorname{diag}(\boldsymbol{J}_0,\boldsymbol{J}_1^1,\boldsymbol{J}_1^2,\cdots,\boldsymbol{J}_1^{m_1},\boldsymbol{J}_2^1,\boldsymbol{J}_2^2,\cdots,\boldsymbol{J}_2^{m_2},\cdots,\boldsymbol{J}_s^1,\boldsymbol{J}_s^2,\cdots,\boldsymbol{J}_s^{m_s}),$$

其中 $\boldsymbol{J}_0$ 为 $\boldsymbol{A}$ 的不等于 λ_0 的所有其他特征值对应的 Jordan 块构成的分块对角矩阵,其阶数记为 m. 显然,对于任意正整数 r,有 $\operatorname{rank}(\lambda_0\boldsymbol{E}_m-\boldsymbol{J}_0)^r=m$,且

$$\operatorname{rank}(\lambda_0\boldsymbol{E}_k-\boldsymbol{J}_k^p)^r=\begin{cases}k-r, & \text{当 } r\leqslant k \text{ 时},\\ 0, & \text{当 } r>k \text{ 时}.\end{cases}$$

注意到$(\lambda_0\boldsymbol{E}-\boldsymbol{A})^r$与$(\lambda_0\boldsymbol{E}-\boldsymbol{J})^r$相似,所以

$$a_r=\operatorname{rank}(\lambda_0\boldsymbol{E}-\boldsymbol{J})^r=\operatorname{rank}(\lambda_0\boldsymbol{E}_m-\boldsymbol{J}_0)^r+\sum_{k=1}^{s}\sum_{p=1}^{m_k}\operatorname{rank}(\lambda_0\boldsymbol{E}_k-\boldsymbol{J}_k^p)^r$$

$$=m+\sum_{k=r}^{s}m_k(k-r).$$

于是,有

$$b_r=a_{r-1}-a_r=\left[m+\sum_{k=r-1}^{s}m_k(k-r+1)\right]-\left[m+\sum_{k=r}^{s}m_k(k-r)\right]=\sum_{k=r}^{s}m_k,$$

从而

$$\delta_r=b_r-b_{r+1}=\sum_{k=r}^{s}m_k-\sum_{k=r+1}^{s}m_k=m_r,$$

即$\boldsymbol{A}$的属于特征值λ_0的r阶 Jordan 块的个数m_r等于δ_r.

【注】 上述证明过程也得到了本章例 7.94 的结论:如果λ_0是n阶复方阵$\boldsymbol{A}$的一个特征值,那么$\boldsymbol{A}$的属于λ_0的所有 Jordan 块的个数等于$n-\operatorname{rank}(\lambda_0\boldsymbol{E}-\boldsymbol{A})$.

【例 7.113】(Jordan-Chevalley 分解) 设V是复数域上的n维线性空间,$\mathscr{A}$是V上的线性变换,则

(1) 存在V上唯一的线性变换$\mathscr{A}_s$和$\mathscr{A}_n$,使得$\mathscr{A}=\mathscr{A}_s+\mathscr{A}_n$且$\mathscr{A}_s\mathscr{A}_n=\mathscr{A}_n\mathscr{A}_s$,其中$\mathscr{A}_s$是可对角化变换,$\mathscr{A}_n$是幂零变换;

(2) 存在常数项为零的复多项式$p(x),q(x)$,使得$\mathscr{A}_s=p(\mathscr{A})$,而$\mathscr{A}_n=q(\mathscr{A})$.

【分析】 北京大学 2017 年研究生入学试题用的是一般数域F的情形,其代数刻画及其详细证明可见文献[13]. 此外,本题的复矩阵情形见本章例 7.90 及其注,又见本章练习 7.58 与 7.59 及其解答.

【证】 设线性变换$\mathscr{A}$的特征多项式为

$$f(\lambda)=(\lambda-\lambda_1)^{n_1}(\lambda-\lambda_2)^{n_2}\cdots(\lambda-\lambda_t)^{n_t},$$

其中$\lambda_1,\lambda_2,\cdots,\lambda_t$是$\mathscr{A}$的所有互不相同的特征值,$n_1+n_2+\cdots+n_t=n$.

根据中国剩余定理(参见第 1 章例 1.128),关于多项式$p(x)$的同余方程组

$$\begin{cases}p(x)\equiv\lambda_1 & (\operatorname{mod}(\lambda-\lambda_1)^{n_1}),\\ p(x)\equiv\lambda_2 & (\operatorname{mod}(\lambda-\lambda_2)^{n_2}),\\ \quad\cdots\cdots\cdots\cdots & \\ p(x)\equiv\lambda_t & (\operatorname{mod}(\lambda-\lambda_t)^{n_t}),\\ p(x)\equiv 0 & (\operatorname{mod}(\lambda)),\end{cases}$$

有解$p(x)$. 令$q(x)=x-p(x)$,则$p(x),q(x)$的常数项显然都为 0. 这里,若 0 是$\mathscr{A}$的特征值,则去掉最后一个同余式.

令$\mathscr{A}_s=p(\mathscr{A}),\mathscr{A}_n=q(\mathscr{A})=\mathscr{A}-p(\mathscr{A})$,则$\mathscr{A}=\mathscr{A}_s+\mathscr{A}_n$且$\mathscr{A}_s\mathscr{A}_n=\mathscr{A}_n\mathscr{A}_s$. 下证$\mathscr{A}_s$是可对角化的. 为此,考虑$V$的根子空间分解:

$$V=W_1\oplus W_2\oplus\cdots\oplus W_t,$$

其中 $W_i=\ker(\mathscr{A}-\lambda_i\mathscr{E})^{n_i}, i=1,2,\cdots,t$，而 $\mathscr{E}$ 是 V 的恒同变换. 易知，$\mathscr{A}$ 限制在 W_i 上的特征多项式为 $(\lambda-\lambda_i)^{n_i}$.

因为 $p(x)-\lambda_i$ 能被 $(\lambda-\lambda_i)^{n_i}$ 整除，所以 $p(\mathscr{A})-\lambda_i\mathscr{E}$ 是 W_i 上的零变换，即 $p(\mathscr{A})=\lambda_i\mathscr{E}$ 是 W_i 上的数乘变换. 因此，$p(\mathscr{A})$ 是 V 上的可对角化变换.

另一方面，$\mathscr{A}_n=\mathscr{A}-p(\mathscr{A})$ 在每个 W_i 上都是幂零的，因此 $\mathscr{A}_n$ 是 V 上的幂零变换.

最后，我们证明分解是唯一的. 设 $\mathscr{A}=\mathscr{A}'_s+\mathscr{A}'_n$ 是满足条件的另一个分解，则

$$\mathscr{A}_s-\mathscr{A}'_s=\mathscr{A}'_n-\mathscr{A}_n.$$

注意到 $\mathscr{A}'_s$ 与 $\mathscr{A}$ 可交换，因而与 $\mathscr{A}_s$ 可交换. 所以 $\mathscr{A}_s-\mathscr{A}'_s$ 可对角化（因为两个可交换并且可对角化的变换可同时对角化）. 另外，$\mathscr{A}'_n$ 与 $\mathscr{A}_n$ 可交换，所以 $\mathscr{A}'_n-\mathscr{A}_n$ 是幂零的. 容易证明，可对角化的幂零变换必为零变换，这就证明了 $\mathscr{A}'_s=\mathscr{A}_s$，从而 $\mathscr{A}'_n=\mathscr{A}_n$.

【例 7.114】 设 $\boldsymbol{A},\boldsymbol{B}$ 是 n 阶复方阵，满足 $\operatorname{rank}(\boldsymbol{AB}-\boldsymbol{BA})\leqslant 1$. 证明：

(1) $\boldsymbol{A},\boldsymbol{B}$ 有公共的特征向量；

(2) 存在 n 阶酉矩阵 $\boldsymbol{U}$，使得 $\overline{\boldsymbol{U}}^{\mathrm{T}}\boldsymbol{AU}$ 与 $\overline{\boldsymbol{U}}^{\mathrm{T}}\boldsymbol{BU}$ 都是上三角矩阵.

【证】 (1) 若 $\operatorname{rank}(\boldsymbol{AB}-\boldsymbol{BA})=0$，则 $\boldsymbol{AB}=\boldsymbol{BA}$，显然结论成立（见例 6.106），故只需证明 $\operatorname{rank}(\boldsymbol{AB}-\boldsymbol{BA})=1$ 的情形. 为方便起见，我们有时视 $\boldsymbol{A},\boldsymbol{B}$ 为 $\mathbb{C}^n$ 的线性变换.

不妨设 $\boldsymbol{A}$ 是非零不可逆变换，因为对任意常数 $c\in\mathbb{C}$，$c\boldsymbol{E}-\boldsymbol{A}$ 与 $\boldsymbol{A}$ 具有相同的特征向量，且 $\operatorname{rank}[(c\boldsymbol{E}-\boldsymbol{A})\boldsymbol{B}-\boldsymbol{B}(c\boldsymbol{E}-\boldsymbol{A})]=\operatorname{rank}(\boldsymbol{AB}-\boldsymbol{BA})=1$. 于是 $1\leqslant\dim(\operatorname{Im}\boldsymbol{A})<n$. 记

$$W=\ker\boldsymbol{A}=\{\boldsymbol{x}\in\mathbb{C}^n\mid\boldsymbol{Ax}=\boldsymbol{0}\},$$

则 $1\leqslant\dim W<n$. 若 W 是 $\boldsymbol{B}$ 的不变子空间，则结论成立. 下设 W 不是 $\boldsymbol{B}$ 不变的，那么必存在 $\boldsymbol{x}_0\in W$ 使得 $\boldsymbol{ABx}_0\neq\boldsymbol{0}$，因此 $(\boldsymbol{AB}-\boldsymbol{BA})\boldsymbol{x}_0=\boldsymbol{ABx}_0\neq\boldsymbol{0}$.

因为 $\dim(\operatorname{Im}(\boldsymbol{AB}-\boldsymbol{BA}))=1$，所以 $\operatorname{Im}(\boldsymbol{AB}-\boldsymbol{BA})=\operatorname{span}(\boldsymbol{ABx}_0)$. 故对任意 $\boldsymbol{x}\in\mathbb{C}^n$，存在 $k\in\mathbb{C}$ 使 $(\boldsymbol{AB}-\boldsymbol{BA})\boldsymbol{x}=k(\boldsymbol{ABx}_0)$，于是 $\boldsymbol{BAx}=\boldsymbol{ABx}-k(\boldsymbol{ABx}_0)\in\operatorname{Im}\boldsymbol{A}$，即 $\operatorname{Im}\boldsymbol{A}$ 是 $\boldsymbol{B}$ 的不变子空间.

现在，记 $\boldsymbol{A}_1=\boldsymbol{A}|_{\operatorname{Im}\boldsymbol{A}}$，$\boldsymbol{B}_1=\boldsymbol{B}|_{\operatorname{Im}\boldsymbol{A}}$，则 $\operatorname{rank}(\boldsymbol{A}_1\boldsymbol{B}_1-\boldsymbol{B}_1\boldsymbol{A}_1)=1$. 再用 $\operatorname{Im}\boldsymbol{A}$ 代替 $\mathbb{C}^n$，用 $\boldsymbol{A}_1,\boldsymbol{B}_1$ 分别代替 $\boldsymbol{A},\boldsymbol{B}$，重复上述讨论. 因此，可归纳地证得 $\boldsymbol{A},\boldsymbol{B}$ 有公共特征向量.

(2) 对矩阵的阶数 n 用归纳法. 当 $n=1$ 时，结论显然成立. 假设对 $n-1$ 阶复方阵结论成立，对于 n 阶复方阵 $\boldsymbol{A},\boldsymbol{B}$，根据(1)，存在公共特征向量 $\boldsymbol{\xi}_1$（可要求其长度为 1），即 $\boldsymbol{A\xi}_1=\lambda_1\boldsymbol{\xi}_1$，$\boldsymbol{B\xi}_1=\mu_1\boldsymbol{\xi}_1$. 构造酉矩阵 $\boldsymbol{U}_1=(\boldsymbol{\xi}_1,\boldsymbol{\xi}_2,\cdots,\boldsymbol{\xi}_n)$，则 $\overline{\boldsymbol{U}}_1^{\mathrm{T}}\boldsymbol{AU}_1=\begin{pmatrix}\lambda_1 & * \\ \boldsymbol{0} & \boldsymbol{A}_1\end{pmatrix}$，$\overline{\boldsymbol{U}}_1^{\mathrm{T}}\boldsymbol{BU}_1=\begin{pmatrix}\mu_1 & * \\ \boldsymbol{0} & \boldsymbol{B}_1\end{pmatrix}$，其中 $\boldsymbol{A}_1,\boldsymbol{B}_1$ 均为 $n-1$ 阶复方阵. 由 $\operatorname{rank}(\boldsymbol{AB}-\boldsymbol{BA})\leqslant 1$ 易知 $\operatorname{rank}(\boldsymbol{A}_1\boldsymbol{B}_1-\boldsymbol{B}_1\boldsymbol{A}_1)\leqslant 1$. 根据归纳假设，存在 $n-1$ 阶酉矩阵 $\boldsymbol{U}_2$，使

$$\overline{\boldsymbol{U}}_2^{\mathrm{T}}\boldsymbol{A}_1\boldsymbol{U}_2=\begin{pmatrix}\lambda_2 & \cdots & * \\ & \ddots & \vdots \\ & & \lambda_n\end{pmatrix},\quad \overline{\boldsymbol{U}}_2^{\mathrm{T}}\boldsymbol{B}_1\boldsymbol{U}_2=\begin{pmatrix}\mu_2 & \cdots & * \\ & \ddots & \vdots \\ & & \mu_n\end{pmatrix}.$$

令 $\boldsymbol{U}=\boldsymbol{U}_1\begin{pmatrix}1 & \boldsymbol{0} \\ \boldsymbol{0} & \boldsymbol{U}_2\end{pmatrix}$，则 $\boldsymbol{U}$ 是 n 阶酉矩阵，且

$$\overline{U}^{\mathrm{T}}AU=\begin{pmatrix}\lambda_1 & * & \cdots & * \\ & \lambda_2 & \ddots & \vdots \\ & & \ddots & * \\ & & & \lambda_n\end{pmatrix},\quad \overline{U}^{\mathrm{T}}BU=\begin{pmatrix}\mu_1 & * & \cdots & * \\ & \mu_2 & \ddots & \vdots \\ & & \ddots & * \\ & & & \mu_n\end{pmatrix}.$$

【例 7.115】 设 A 是数域 K 上的 n 阶方阵，$\{A_k\}_{k=1}^{\infty}$ 是如下定义的矩阵序列：$A_1=A$，且

$$A_{k+1}=A\left(A_k-\frac{\operatorname{tr}A_k}{k}E_n\right),\quad k=1,2,\cdots.$$

证明：$A_{n+1}=O$.

【证】 设 $\lambda_1,\lambda_2,\cdots,\lambda_n$ 是 A 的所有特征值，$\sigma_1,\sigma_2,\cdots,\sigma_n$ 是关于 $\lambda_1,\lambda_2,\cdots,\lambda_n$ 的初等对称多项式，$s_k=\sum\limits_{i=1}^{n}\lambda_i^k$，$k=1,2,\cdots$. 令 $\mu_k=-\dfrac{1}{k}\operatorname{tr}A_k$，则 $\mu_1=-\sigma_1$，且 $A_{k+1}=A(A_k+\mu_kE_n)$.

直接计算并利用 $s_k=\operatorname{tr}A^k$ 及 Newton 公式，得

$$A_2=A(A_1+\mu_1E_n)=A^2-\sigma_1A,$$

$$\mu_2=-\frac{1}{2}\operatorname{tr}A_2=-\frac{1}{2}(s_2-\sigma_1s_1)=\sigma_2;$$

$$A_3=A(A_2+\mu_2E_n)=A^3-\sigma_1A^2+\sigma_2A,$$

$$\mu_3=-\frac{1}{3}\operatorname{tr}A_3=-\frac{1}{3}(s_3-\sigma_1s_2+\sigma_2s_1)=-\sigma_3.$$

一般地，对任意正整数 $k(\leqslant n)$，有(用归纳法易证，留给读者)

$$\begin{cases}A_k=A^k-\sigma_1A^{k-1}+\cdots+(-1)^{k-1}\sigma_{k-1}A, \\ \mu_k=(-1)^k\sigma_k.\end{cases}\qquad ①$$

注意到 A 的特征多项式为

$$f(\lambda)=\lambda^n-\sigma_1\lambda^{n-1}+\cdots+(-1)^{n-1}\sigma_{n-1}\lambda+(-1)^n\sigma_n,$$

根据 Hamilton-Cayley 定理，有 $f(A)=O$，即

$$A^n-\sigma_1A^{n-1}+\cdots+(-1)^{n-1}\sigma_{n-1}A+(-1)^n\sigma_nE_n=O.\qquad ②$$

比较①式与②式，得 $A_n+\mu_nE_n=O$. 因此 $A_{n+1}=O$.

【例 7.116】(中国科学技术大学，2009 年) 设 A 是 n 阶复方阵，定义 $\mathrm{e}^A=\sum\limits_{k=0}^{\infty}\dfrac{1}{k!}A^k$，试证：$\det \mathrm{e}^A=\mathrm{e}^{\operatorname{tr}A}$，其中 $\operatorname{tr}A$ 为 A 的对角元之和.

【证】 首先，对任意 n 阶非奇异复方阵 P，因为

$$\mathrm{e}^{P^{-1}AP}=\sum_{k=0}^{\infty}\frac{1}{k!}(P^{-1}AP)^k=\sum_{k=0}^{\infty}\frac{1}{k!}P^{-1}A^kP=P^{-1}\mathrm{e}^AP,$$

所以 $\det \mathrm{e}^{P^{-1}AP}=\det \mathrm{e}^A$.

注意到 $\operatorname{tr}(P^{-1}AP)=\operatorname{tr}A$，欲证 $\det \mathrm{e}^A=\mathrm{e}^{\operatorname{tr}A}$，只需证 $\det(\mathrm{e}^{P^{-1}AP})=\mathrm{e}^{\operatorname{tr}(P^{-1}AP)}$. 因此，如果 $J=\operatorname{diag}(J_1,J_2,\cdots,J_s)$ 是 A 的 Jordan 标准形，那么问题转化为证明 $\det \mathrm{e}^J=\mathrm{e}^{\operatorname{tr}J}$ 即可.

其次，对于任意分块对角矩阵 $B=\operatorname{diag}(B_1,B_2,\cdots,B_s)$，由于

$$\mathrm{e}^{\boldsymbol{B}}=\sum_{k=0}^{\infty}\frac{1}{k!}\boldsymbol{B}^{k}=\sum_{k=0}^{\infty}\frac{1}{k!}\begin{pmatrix}\boldsymbol{B}_1^k & & & \\ & \boldsymbol{B}_2^k & & \\ & & \ddots & \\ & & & \boldsymbol{B}_s^k\end{pmatrix}=\begin{pmatrix}\mathrm{e}^{\boldsymbol{B}_1} & & & \\ & \mathrm{e}^{\boldsymbol{B}_2} & & \\ & & \ddots & \\ & & & \mathrm{e}^{\boldsymbol{B}_s}\end{pmatrix},$$

所以

$$\det \mathrm{e}^{\boldsymbol{B}}=\det \mathrm{e}^{\boldsymbol{B}_1}\det \mathrm{e}^{\boldsymbol{B}_2}\cdots\det \mathrm{e}^{\boldsymbol{B}_s}.$$

注意到

$$\mathrm{e}^{\operatorname{tr}\boldsymbol{B}}=\mathrm{e}^{\operatorname{tr}(\operatorname{diag}(\boldsymbol{B}_1,\boldsymbol{B}_2,\cdots,\boldsymbol{B}_s))}=\mathrm{e}^{\operatorname{tr}\boldsymbol{B}_1+\operatorname{tr}\boldsymbol{B}_2+\cdots+\operatorname{tr}\boldsymbol{B}_s}=\mathrm{e}^{\operatorname{tr}\boldsymbol{B}_1}\mathrm{e}^{\operatorname{tr}\boldsymbol{B}_2}\cdots\mathrm{e}^{\operatorname{tr}\boldsymbol{B}_s},$$

如果能够证明对 $\boldsymbol{B}$ 的每一个对角子块 $\boldsymbol{B}_i$，有

$$\det \mathrm{e}^{\boldsymbol{B}_i}=\mathrm{e}^{\operatorname{tr}\boldsymbol{B}_i},(i=1,2,\cdots,s),$$

那么就证得 $\det \mathrm{e}^{\boldsymbol{B}}=\mathrm{e}^{\operatorname{tr}\boldsymbol{B}}$.

因此，欲证 $\det \mathrm{e}^{\boldsymbol{A}}=\mathrm{e}^{\operatorname{tr}\boldsymbol{A}}$，只要对每个 Jordan 块 $\boldsymbol{J}_i$ 证明 $\det \mathrm{e}^{\boldsymbol{J}_i}=\mathrm{e}^{\operatorname{tr}\boldsymbol{J}_i}$ 即可.

现在，考虑一个任意 p 阶 Jordan 块

$$\boldsymbol{J}_i=\begin{pmatrix}\lambda & 1 & & \\ & \lambda & \ddots & \\ & & \ddots & 1 \\ & & & \lambda\end{pmatrix}_{p\times p}.$$

因为

$$\mathrm{e}^{\boldsymbol{J}_i}=\sum_{k=0}^{\infty}\frac{1}{k!}\boldsymbol{J}_i^{k}=\sum_{k=0}^{\infty}\frac{1}{k!}\begin{pmatrix}\lambda^k & * & \cdots & * \\ & \lambda^k & \ddots & \vdots \\ & & \ddots & * \\ & & & \lambda^k\end{pmatrix}=\begin{pmatrix}\mathrm{e}^{\lambda} & * & \cdots & * \\ & \mathrm{e}^{\lambda} & \ddots & \vdots \\ & & \ddots & * \\ & & & \mathrm{e}^{\lambda}\end{pmatrix}.$$

于是，有 $\det \mathrm{e}^{\boldsymbol{J}_i}=\mathrm{e}^{p\lambda}=\mathrm{e}^{\operatorname{tr}\boldsymbol{J}_i}$.

综上所述，对任意的 n 阶复方阵 $\boldsymbol{A}$，有 $\det \mathrm{e}^{\boldsymbol{A}}=\mathrm{e}^{\operatorname{tr}\boldsymbol{A}}$.

【例 7.117】(浙江大学,2011 年)　已知矩阵

$$\boldsymbol{A}=\begin{pmatrix}2 & -4 & 2 & 2 \\ -2 & 0 & 1 & 3 \\ -2 & -2 & 3 & 3 \\ -2 & -6 & 3 & 7\end{pmatrix},$$

求矩阵 $\boldsymbol{P}$，使得 $\boldsymbol{P}^{-1}\boldsymbol{AP}$ 为 Jordan 标准形.

【解】　易知，$\boldsymbol{A}$ 的特征多项式为 $f(\lambda)=|\lambda\boldsymbol{E}-\boldsymbol{A}|=(\lambda-2)^2(\lambda-4)^2$，所以 $\boldsymbol{A}$ 的特征值为 $\lambda_1=2$(二重)，$\lambda_2=4$(二重).

对于 $\lambda_1=2$，方程组 $(\lambda_1\boldsymbol{E}-\boldsymbol{A})\boldsymbol{x}=\boldsymbol{0}$ 的基础解系(即 $\boldsymbol{A}$ 的属于 λ_1 的特征向量)为

$$\boldsymbol{\xi}_1=(1,0,-1,1)^{\mathrm{T}},\quad \boldsymbol{\xi}_2=(0,1,2,0)^{\mathrm{T}}.$$

对于 $\lambda_2=4$，方程组 $(\lambda_2\boldsymbol{E}-\boldsymbol{A})\boldsymbol{x}=\boldsymbol{0}$ 的基础解系(即 $\boldsymbol{A}$ 的属于 λ_2 的特征向量)为

$$\boldsymbol{\xi}_3=(0,1,1,1)^{\mathrm{T}}.$$

这表明，λ_2 对应一个二阶 Jordan 块，即 $\boldsymbol{A}(\boldsymbol{\xi}_3,\boldsymbol{\xi}_4)=(\boldsymbol{\xi}_3,\boldsymbol{\xi}_4)\begin{pmatrix}\lambda_2 & 1 \\ 0 & \lambda_2\end{pmatrix}$，所以还需求解非齐次

方程组$(\lambda_2\boldsymbol{E}-\boldsymbol{A})\boldsymbol{x}=-\boldsymbol{\xi}_3$，得

$$\boldsymbol{\xi}_4=(1,\ -1,\ -1,0)^{\mathrm{T}}.$$

这是$\boldsymbol{A}$的属于λ_2的一个根向量. 令

$$\boldsymbol{P}=(\boldsymbol{\xi}_1,\boldsymbol{\xi}_2,\boldsymbol{\xi}_3,\boldsymbol{\xi}_4)=\begin{pmatrix}1&0&0&1\\0&1&1&-1\\-1&2&1&-1\\1&0&1&0\end{pmatrix},$$

则$\boldsymbol{A}$的Jordan标准形为

$$\boldsymbol{P}^{-1}\boldsymbol{A}\boldsymbol{P}=\left(\begin{array}{cc|cc}2&&&\\&2&&\\\hline&&4&1\\&&&4\end{array}\right).$$

【例7.118】(中国科学技术大学,2009年)　设$V=\mathbb{C}^{n\times n}$是n阶复方阵全体在通常运算下所构成的复数域上的线性空间,已知$\boldsymbol{A}\in V$是一个可对角化的矩阵. V的线性变换σ定义为:

$$\sigma(\boldsymbol{X})=\boldsymbol{AX}+\boldsymbol{XA},\quad \forall \boldsymbol{X}\in V.$$

问σ是否可对角化？为什么？

【解】　(方法1) σ可对角化. 为了证明这一结论,引入V的线性变换σ_1,σ_2如下:

$$\sigma_1(\boldsymbol{X})=\boldsymbol{AX},\quad \sigma_2(\boldsymbol{X})=\boldsymbol{XA},\quad \forall \boldsymbol{X}\in V.$$

显然,$\sigma=\sigma_1+\sigma_2$,且$\sigma_1\sigma_2=\sigma_2\sigma_1$. 根据本章例7.55知,$\sigma_1$可对角化. 下证$\sigma_2$也可对角化.

取V的自然基$\boldsymbol{E}_{11},\boldsymbol{E}_{12},\cdots,\boldsymbol{E}_{1n},\boldsymbol{E}_{21},\cdots,\boldsymbol{E}_{2n},\cdots,\boldsymbol{E}_{n1},\cdots,\boldsymbol{E}_{nn}$,其中$\boldsymbol{E}_{ij}$是$(i,j)$元为1其他元素均为0的$n$阶方阵. 易知,$\sigma_2$在$V$的这个基下的矩阵为$n^2$阶的分块对角矩阵

$$\boldsymbol{M}=\mathrm{diag}(\boldsymbol{A}^{\mathrm{T}},\boldsymbol{A}^{\mathrm{T}},\cdots,\boldsymbol{A}^{\mathrm{T}}).$$

因为$\boldsymbol{M}$的最小多项式是每个对角子块的最小多项式的最小公倍式,即

$$m_{\boldsymbol{M}}(\lambda)=[m_{\boldsymbol{A}^{\mathrm{T}}}(\lambda),\cdots,m_{\boldsymbol{A}^{\mathrm{T}}}(\lambda)]=m_{\boldsymbol{A}^{\mathrm{T}}}(\lambda)=m_{\boldsymbol{A}}(\lambda),$$

所以,矩阵$\boldsymbol{A}$可对角化当且仅当$\boldsymbol{A}$的最小多项式$m_{\boldsymbol{A}}(\lambda)$无重根,当且仅当$m_{\boldsymbol{M}}(\lambda)$无重根,这又等价于$\boldsymbol{M}$可对角化,即$\sigma_2$可对角化.

根据第6章例6.96知,σ_1与σ_2可同时对角化,即σ_1,σ_2在V的同一个基下的矩阵为对角矩阵,设为$\boldsymbol{D}_1,\boldsymbol{D}_2$,于是$\sigma=\sigma_1+\sigma_2$在此基下的矩阵为对角矩阵$\boldsymbol{D}_1+\boldsymbol{D}_2$. 因此$\sigma$可对角化.

(方法2) 欲证σ可对角化,可证V中存在一个由σ的特征向量构成的基. 事实上,因为$\boldsymbol{A}$可对角化,所以存在可逆矩阵$\boldsymbol{P}\in V$使得$\boldsymbol{P}^{-1}\boldsymbol{AP}=\mathrm{diag}(\lambda_1,\lambda_2,\cdots,\lambda_n)$,其中$\lambda_i$是$\boldsymbol{A}$的特征值.

构造V的一个基$\{\boldsymbol{B}_{ij}\mid 1\leqslant i,j\leqslant n\}$,其中每个$\boldsymbol{B}_{ij}=\boldsymbol{PE}_{ij}\boldsymbol{P}^{-1}$. 令$\boldsymbol{D}=\mathrm{diag}(\lambda_1,\lambda_2,\cdots,\lambda_n)$,则

$$\begin{aligned}\sigma(\boldsymbol{B}_{ij})&=\boldsymbol{AB}_{ij}+\boldsymbol{B}_{ij}\boldsymbol{A}=(\boldsymbol{PDP}^{-1})(\boldsymbol{PE}_{ij}\boldsymbol{P}^{-1})+(\boldsymbol{PE}_{ij}\boldsymbol{P}^{-1})(\boldsymbol{PDP}^{-1})\\&=\boldsymbol{P}(\boldsymbol{DE}_{ij}+\boldsymbol{E}_{ij}\boldsymbol{D})\boldsymbol{P}^{-1}=\boldsymbol{P}(\lambda_i\boldsymbol{E}_{ij}+\boldsymbol{E}_{ij}\lambda_j)\boldsymbol{P}^{-1}=(\lambda_i+\lambda_j)\boldsymbol{B}_{ij},\end{aligned}$$

这表明基向量$\boldsymbol{B}_{ij}$是σ的属于特征值$\lambda_i+\lambda_j$的特征向量. 因此σ可对角化.

【例7.119】(首都师范大学,2012年)　设V为有理数域上的线性空间,φ为V的一个非零线性变换,且$\varphi^4=4\varphi^2-2\varphi$. 证明:$V=\varphi(V)\oplus\varphi^{-1}(\boldsymbol{0})$,且$\varphi$有一个3维不变子空间.

【证】 任取 $\boldsymbol{\alpha}\in\varphi(V)\cap\varphi^{-1}(\mathbf{0})$，则 $\varphi(\boldsymbol{\alpha})=\mathbf{0}$，且存在 $\boldsymbol{\beta}\in V$，使得 $\varphi(\boldsymbol{\beta})=\boldsymbol{\alpha}$. 所以

$$2\boldsymbol{\alpha}=2\varphi(\boldsymbol{\beta})=4\varphi^2(\boldsymbol{\beta})-\varphi^4(\boldsymbol{\beta})=\mathbf{0},$$

故 $\varphi(V)\cap\varphi^{-1}(\mathbf{0})=\{\mathbf{0}\}$. 根据维数公式，得

$$\dim V=\dim(\varphi(V))+\dim\varphi^{-1}(\mathbf{0})=\dim(\varphi(V)+\varphi^{-1}(\mathbf{0})).$$

因此 $V=\varphi(V)\oplus\varphi^{-1}(\mathbf{0})$.

欲证 φ 有一个 3 维不变子空间，先求 φ 的最小多项式 $m(\lambda)$，即 φ 的最大不变因子 $d(\lambda)$. 根据题设，φ 有零化多项式 $f(\lambda)=\lambda(\lambda^3-4\lambda+2)$，所以 $m(\lambda)\mid f(\lambda)$. 利用 Eisenstein 判别法，可知 $\lambda^3-4\lambda+2$ 在有理数域上不可约，所以 $m(\lambda)=\lambda^3-4\lambda+2$ 或 $\lambda(\lambda^3-4\lambda+2)$.

若 $d(\lambda)=\lambda^3-4\lambda+2$，则相应的 Frobenius 块 $\boldsymbol{F}=\begin{pmatrix}0&0&-2\\1&0&4\\0&1&0\end{pmatrix}$. 根据 φ 的有理标准形知，V 中存在线性无关的向量 $\boldsymbol{\alpha}_1,\boldsymbol{\alpha}_2,\boldsymbol{\alpha}_3$，使得 $\varphi(\boldsymbol{\alpha}_1,\boldsymbol{\alpha}_2,\boldsymbol{\alpha}_3)=(\boldsymbol{\alpha}_1,\boldsymbol{\alpha}_2,\boldsymbol{\alpha}_3)\boldsymbol{F}$. 令 $W=L(\boldsymbol{\alpha}_1,\boldsymbol{\alpha}_2,\boldsymbol{\alpha}_3)$，则 W 是 φ 的一个 3 维不变子空间.

若 $d(\lambda)=\lambda(\lambda^3-4\lambda+2)$，则相应的 Frobenius 块为 $\boldsymbol{F}=\begin{pmatrix}0&0&0&0\\1&0&0&-2\\0&1&0&4\\0&0&1&0\end{pmatrix}$. 仍由 φ 的有理标准形知，V 中存在线性无关的向量 $\boldsymbol{\alpha}_1,\boldsymbol{\alpha}_2,\boldsymbol{\alpha}_3,\boldsymbol{\alpha}_4$，使得 $\varphi(\boldsymbol{\alpha}_1,\boldsymbol{\alpha}_2,\boldsymbol{\alpha}_3,\boldsymbol{\alpha}_4)=(\boldsymbol{\alpha}_1,\boldsymbol{\alpha}_2,\boldsymbol{\alpha}_3,\boldsymbol{\alpha}_4)\boldsymbol{F}$. 令 $W_1=L(\boldsymbol{\alpha}_2,\boldsymbol{\alpha}_3,\boldsymbol{\alpha}_4)$，则 W_1 也是 φ 的 3 维不变子空间.

【例 7.120】(中国科学院大学,2013 年) 证明：任何一个实方阵均可表示成两个实对称矩阵的乘积，其中至少有一个矩阵可逆.

【证】 (方法 1) 设 $\boldsymbol{A}$ 是 n 阶实方阵，其 Jordan 标准形为 $\boldsymbol{J}=\mathrm{diag}(\boldsymbol{J}_1,\boldsymbol{J}_2,\cdots,\boldsymbol{J}_s)$，其中 $\boldsymbol{J}_i$ 是 $\boldsymbol{A}$ 的属于特征值 λ_i 的 n_i 阶 Jordan 块 $(i=1,2,\cdots,s)$，$\sum\limits_{i=1}^{s}n_i=n$，则存在 n 阶可逆复矩阵 $\boldsymbol{P}$ 使得 $\boldsymbol{P}^{-1}\boldsymbol{AP}=\boldsymbol{J}$. 对每个 Jordan 块 $\boldsymbol{J}_i$，有

$$\boldsymbol{J}_i=\begin{pmatrix}\lambda_i&1&&\\&\lambda_i&\ddots&\\&&\ddots&1\\&&&\lambda_i\end{pmatrix}=\begin{pmatrix}&&1&\lambda_i\\&\iddots&\lambda_i&\\1&\iddots&&\\\lambda_i&&&\end{pmatrix}\begin{pmatrix}&&&1\\&&1&\\&\iddots&&\\1&&&\end{pmatrix}=\boldsymbol{C}_i\boldsymbol{D}_i, \tag{①}$$

所以 $\boldsymbol{J}=\boldsymbol{CD}$，其中 $\boldsymbol{C}=\mathrm{diag}(\boldsymbol{C}_1,\boldsymbol{C}_2,\cdots,\boldsymbol{C}_s)$ 是对称矩阵，$\boldsymbol{D}=\mathrm{diag}(\boldsymbol{D}_1,\boldsymbol{D}_2,\cdots,\boldsymbol{D}_s)$ 是可逆实对称阵. 故

$$\boldsymbol{A}=\boldsymbol{PJP}^{-1}=(\boldsymbol{PCP}^{\mathrm{T}})[(\boldsymbol{P}^{\mathrm{T}})^{-1}\boldsymbol{DP}^{-1}]=\boldsymbol{GH},$$

其中 $\boldsymbol{G}=\boldsymbol{PCP}^{\mathrm{T}}$，$\boldsymbol{H}=(\boldsymbol{P}^{\mathrm{T}})^{-1}\boldsymbol{DP}^{-1}$ 都是对称矩阵，并且 $\boldsymbol{H}$ 是可逆矩阵.

现在，由于 $\boldsymbol{A}$ 为实矩阵，其虚特征值(如果有的话)必成共轭对出现，因此可根据 $\boldsymbol{A}$ 的特征值将 $\boldsymbol{J}$ 的对角子块重排，而 $\boldsymbol{P}$ 的列向量和 $\boldsymbol{D}$ 的子块也作相应重排，使得

$$\boldsymbol{P}=(\boldsymbol{P}_{(1)},\boldsymbol{P}_{(2)},\boldsymbol{P}_{(3)}),\quad \boldsymbol{J}=\begin{pmatrix}\boldsymbol{J}_{(1)}&&\\&\boldsymbol{J}_{(2)}&\\&&\boldsymbol{J}_{(3)}\end{pmatrix},\quad \boldsymbol{D}=\begin{pmatrix}\boldsymbol{D}_{(1)}&&\\&\boldsymbol{D}_{(2)}&\\&&\boldsymbol{D}_{(3)}\end{pmatrix},$$

其中 $\boldsymbol{J}_{(1)}$ 仅由 $\boldsymbol{A}$ 的实特征值对应的 Jordan 块构成，$\boldsymbol{J}_{(2)}$ 与 $\boldsymbol{J}_{(3)}$ 的各个 Jordan 块分别对应 $\boldsymbol{A}$ 的成共轭对的虚特征值，其重数也对应相同，所以 $\boldsymbol{J}_{(3)}=\overline{\boldsymbol{J}}_{(2)}$，从而有 $\boldsymbol{D}_{(2)}=\boldsymbol{D}_{(3)}$，且 $\boldsymbol{P}_{(3)}=\overline{\boldsymbol{P}}_{(2)}$.

比较 $\boldsymbol{AP}=\boldsymbol{PJ}$，可得 $\boldsymbol{AP}_{(1)}=\boldsymbol{P}_{(1)}\boldsymbol{J}_{(1)}$. 因为 $\boldsymbol{A},\boldsymbol{J}_{(1)}$ 都是实矩阵，而 $\boldsymbol{P}_{(1)}$ 的列向量是 $\boldsymbol{A}$ 的根向量，此时可都取实向量，所以 $\boldsymbol{P}_{(1)}$ 为实矩阵. 此外，由于

$$\boldsymbol{H}^{-1}=\boldsymbol{P}\boldsymbol{D}^{-1}\boldsymbol{P}^{\mathrm{T}}=\boldsymbol{P}_{(1)}\boldsymbol{D}_{(1)}^{-1}\boldsymbol{P}_{(1)}^{\mathrm{T}}+[\boldsymbol{P}_{(2)}\boldsymbol{D}_{(2)}^{-1}\boldsymbol{P}_{(2)}^{\mathrm{T}}+\overline{\boldsymbol{P}}_{(2)}\boldsymbol{D}_{(2)}^{-1}\overline{\boldsymbol{P}}_{(2)}^{\mathrm{T}}]$$

是两个实矩阵之和，所以 $\boldsymbol{H}^{-1}$ 因而 $\boldsymbol{H}$ 是实矩阵，从而 $\boldsymbol{G}=\boldsymbol{AH}^{-1}$ 也是实矩阵.

特别，若 $\boldsymbol{A}$ 只有实特征值，则 $\boldsymbol{J}_{(2)}$ 与 $\boldsymbol{J}_{(3)}$ 不出现；若 $\boldsymbol{A}$ 没有实特征值，则 $\boldsymbol{J}_{(1)}$ 不出现. 此时，只需在上述相应地方作适当修改即可，结论成立. 我们留给读者完成.

（方法 2）实矩阵的初等因子只有两种类型：$[(\lambda-a)^2+b^2]^r$，$(\lambda-c)^s$，其中 $a,b,c\in\mathbb{R}$，$b\neq0$. 因为 $(\lambda-c)^s$ 是 Jordan 块 $\boldsymbol{J}_s(c)$ 的初等因子，而 $[(\lambda-a)^2+b^2]^r$ 是 $2r$ 阶实方阵

$$\boldsymbol{B}=\begin{pmatrix} a & -b & & & & & & \\ b & a & 1 & & & & & \\ & & a & -b & & & & \\ & & b & a & 1 & & & \\ & & & & \ddots & & & \\ & & & & & & a & -b \\ & & & & & & b & a \end{pmatrix}$$

的初等因子，所以 $\boldsymbol{A}\sim\boldsymbol{Q}=\operatorname{diag}(\boldsymbol{J}_1,\boldsymbol{J}_2,\cdots,\boldsymbol{J}_l,\boldsymbol{B}_1,\boldsymbol{B}_2,\cdots,\boldsymbol{B}_m)$，其中 $\boldsymbol{J}_i$ 都是形如 $\boldsymbol{J}_s(c)$ 的 Jordan 块，而每一个 $\boldsymbol{B}_k$ 都是形如上述矩阵 $\boldsymbol{B}$ 的子块. 因此，存在可逆实矩阵 $\boldsymbol{P}$ 使得 $\boldsymbol{P}^{-1}\boldsymbol{AP}=\boldsymbol{Q}$.

对每一个 $\boldsymbol{J}_i$，根据①式知，$\boldsymbol{J}_i=\boldsymbol{C}_i\boldsymbol{D}_i$，其中 $\boldsymbol{C}_i,\boldsymbol{D}_i$ 都是实对称矩阵，且 $\boldsymbol{D}_i$ 可逆，$i=1,2,\cdots,l$. 另一方面，对于上述矩阵 $\boldsymbol{B}$，容易验证：

$$\boldsymbol{B}=\begin{pmatrix} & & & & & -b & a \\ & & & & 1 & a & b \\ & & & -b & a & & \\ & & 1 & a & b & & \\ & & \iddots & & & & \\ -b & a & & & & & \\ a & b & & & & & \end{pmatrix}\begin{pmatrix} & & & & & & 1 \\ & & & & & 1 & \\ & & & & 1 & & \\ & & & 1 & & & \\ & & \iddots & & & & \\ & 1 & & & & & \\ 1 & & & & & & \end{pmatrix}.$$

故对每一个 $\boldsymbol{B}_k$，有 $\boldsymbol{B}_k=\boldsymbol{G}_k\boldsymbol{H}_k$，其中 $\boldsymbol{G}_k,\boldsymbol{H}_k$ 都是实对称矩阵，且 $\boldsymbol{H}_k$ 可逆，$k=1,2,\cdots,m$. 所以

$$\boldsymbol{Q}=\begin{pmatrix} \boldsymbol{C}_1 & & & & & \\ & \ddots & & & & \\ & & \boldsymbol{C}_l & & & \\ & & & \boldsymbol{G}_1 & & \\ & & & & \ddots & \\ & & & & & \boldsymbol{G}_m \end{pmatrix}\begin{pmatrix} \boldsymbol{D}_1 & & & & & \\ & \ddots & & & & \\ & & \boldsymbol{D}_l & & & \\ & & & \boldsymbol{H}_1 & & \\ & & & & \ddots & \\ & & & & & \boldsymbol{H}_m \end{pmatrix}=\boldsymbol{Q}_1\boldsymbol{Q}_2,$$

其中 $\boldsymbol{Q}_1=\operatorname{diag}(\boldsymbol{C}_1,\boldsymbol{C}_2,\cdots,\boldsymbol{C}_l,\boldsymbol{G}_1,\boldsymbol{G}_2,\cdots,\boldsymbol{G}_m)$，$\boldsymbol{Q}_2=\operatorname{diag}(\boldsymbol{D}_1,\boldsymbol{D}_2,\cdots,\boldsymbol{D}_l,\boldsymbol{H}_1,\boldsymbol{H}_2,\cdots,\boldsymbol{H}_m)$. 因此，有

$$\boldsymbol{A}=\boldsymbol{PQP}^{-1}=(\boldsymbol{PQ}_1\boldsymbol{P}^{\mathrm{T}})[(\boldsymbol{P}^{-1})^{\mathrm{T}}\boldsymbol{Q}_2\boldsymbol{P}^{-1}]=\boldsymbol{GH},$$

其中 $\boldsymbol{G}=\boldsymbol{P}\boldsymbol{Q}_1\boldsymbol{P}^{\mathrm{T}}$, $\boldsymbol{H}=(\boldsymbol{P}^{-1})^{\mathrm{T}}\boldsymbol{Q}_2\boldsymbol{P}^{-1}$ 均为实对称矩阵,且 $\boldsymbol{H}$ 是可逆的.

(方法 3) 这里,考虑一般数域上的情形. 设 $\boldsymbol{A}$ 是数域 K 上的 n 阶方阵,其有理标准形为 $\boldsymbol{Q}=\mathrm{diag}(\boldsymbol{F}_1,\boldsymbol{F}_2,\cdots,\boldsymbol{F}_s)$,其中 $\boldsymbol{F}_i$ 是数域 K 上的 n_i 阶 Frobenius 矩阵 $(i=1,2,\cdots,s)$, $\sum\limits_{i=1}^{s} n_i = n$,则存在可逆矩阵 $\boldsymbol{P}\in M_n(K)$,使得 $\boldsymbol{P}^{-1}\boldsymbol{A}\boldsymbol{P}=\boldsymbol{Q}$.

对于数域 K 上的一般 m 阶 Frobenius 矩阵 $\boldsymbol{F}$,即

$$\boldsymbol{F}=\begin{pmatrix} 0 & \cdots & \cdots & 0 & -c_0 \\ 1 & 0 & \cdots & 0 & -c_1 \\ & 1 & \ddots & \vdots & \vdots \\ & & \ddots & 0 & -c_{m-2} \\ & & & 1 & -c_{m-1} \end{pmatrix},$$

令 $b_0=1, b_1=-c_{m-1}, b_k=-\sum\limits_{j=0}^{k-1} b_j c_{m-k+j}, k=2,3,\cdots,m$. 经直接计算,得 $\boldsymbol{H}\boldsymbol{F}=\boldsymbol{G}$,其中

$$\boldsymbol{H}=\begin{pmatrix} & & & & 0 & 1 \\ & & & 0 & 1 & b_1 \\ & & \iddots & \iddots & b_1 & b_2 \\ & \iddots & \iddots & \iddots & \iddots & \vdots \\ 0 & 1 & b_1 & b_2 & \cdots & b_{m-2} \\ 1 & b_1 & b_2 & \cdots & b_{m-2} & b_{m-1} \end{pmatrix},\quad \boldsymbol{G}=\begin{pmatrix} & & & & 1 & b_1 \\ & & & 1 & b_1 & b_2 \\ & & \iddots & \iddots & b_2 & b_3 \\ & \iddots & \iddots & \iddots & \iddots & \vdots \\ 1 & b_1 & b_2 & b_3 & \cdots & b_{m-1} \\ b_1 & b_2 & b_3 & \cdots & b_{m-1} & b_m \end{pmatrix}.$$

显然,$\boldsymbol{H},\boldsymbol{G}\in M_n(K)$ 都是对称矩阵,且 $\boldsymbol{H}$ 可逆. 所以 $\boldsymbol{F}=\boldsymbol{H}^{-1}\boldsymbol{G}$,而 $\boldsymbol{H}^{-1}$ 也是对称矩阵.

因此,$\boldsymbol{Q}$ 的任一对角子块 $\boldsymbol{F}_i$ 都可表示为 $\boldsymbol{F}_i=\boldsymbol{B}_i\boldsymbol{C}_i$,其中 $\boldsymbol{B}_i,\boldsymbol{C}_i$ 是对称矩阵,且 $\boldsymbol{B}_i$ 可逆.

现在,令 $\boldsymbol{B}=\boldsymbol{P}\mathrm{diag}(\boldsymbol{B}_1,\boldsymbol{B}_2,\cdots,\boldsymbol{B}_s)\boldsymbol{P}^{\mathrm{T}}$, $\boldsymbol{C}=(\boldsymbol{P}^{-1})^{\mathrm{T}}\mathrm{diag}(\boldsymbol{C}_1,\boldsymbol{C}_2,\cdots,\boldsymbol{C}_s)\boldsymbol{P}^{-1}$,则

$$\boldsymbol{A}=\boldsymbol{P}\mathrm{diag}(\boldsymbol{B}_1\boldsymbol{C}_1,\boldsymbol{B}_2\boldsymbol{C}_2,\cdots,\boldsymbol{B}_s\boldsymbol{C}_s)\boldsymbol{P}^{-1}=\boldsymbol{B}\boldsymbol{C},$$

且 $\boldsymbol{B}$ 和 $\boldsymbol{C}$ 都是数域 K 上的对称矩阵,其中 $\boldsymbol{B}$ 是可逆的.

【注】 本题即矩阵的 Voss 分解定理,复数域情形的证明见本章例 7.80.

【例 7.121】(苏州大学,2015 年) 证明:任一 n 阶可逆复矩阵 $\boldsymbol{A}$ 都有平方根,即存在 n 阶方阵 $\boldsymbol{B}$,使得 $\boldsymbol{A}=\boldsymbol{B}^2$.

【证】 设 $\boldsymbol{A}$ 的 Jordan 标准形为

$$\boldsymbol{J}=\mathrm{diag}(\boldsymbol{J}_{n_1}(\lambda_1),\boldsymbol{J}_{n_2}(\lambda_2),\cdots,\boldsymbol{J}_{n_s}(\lambda_s)),$$

其中 $\lambda_1,\lambda_2,\cdots,\lambda_s$ 是 $\boldsymbol{A}$ 的特征值(可能有相同的). 因为 $\boldsymbol{A}$ 可逆,所以 $\lambda_i\neq 0(i=1,2,\cdots,s)$.

根据本章例 7.8 的结论,$\boldsymbol{J}_{n_i}(\sqrt{\lambda_i})^2\sim\boldsymbol{J}_{n_i}(\lambda_i)$,即存在 n_i 阶可逆复矩阵 $\boldsymbol{T}_i$ 使得

$$\boldsymbol{T}_i^{-1}\boldsymbol{J}_{n_i}(\sqrt{\lambda_i})^2\boldsymbol{T}_i=\boldsymbol{J}_{n_i}(\lambda_i),$$

从而有

$$\boldsymbol{J}_{n_i}(\lambda_i)=[\boldsymbol{T}_i^{-1}\boldsymbol{J}_{n_i}(\sqrt{\lambda_i})\boldsymbol{T}_i]^2=\boldsymbol{Q}_i^2,$$

其中 $\boldsymbol{Q}_i=\boldsymbol{T}_i^{-1}\boldsymbol{J}_{n_i}(\sqrt{\lambda_i})\boldsymbol{T}_i, i=1,2,\cdots,s$. 现在,令 $\boldsymbol{Q}=\mathrm{diag}(\boldsymbol{Q}_1,\boldsymbol{Q}_2,\cdots,\boldsymbol{Q}_s)$,则

$$\boldsymbol{Q}^2=\mathrm{diag}(\boldsymbol{Q}_1^2,\boldsymbol{Q}_2^2,\cdots,\boldsymbol{Q}_s^2)=\boldsymbol{J}.$$

因为 $A\sim J$,所以存在 n 阶可逆复矩阵 P,使得

$$A=P^{-1}JP=P^{-1}Q^2P=(P^{-1}QP)^2=B^2,$$

其中 $B=P^{-1}QP$. 这就证得,A 有平方根 B.

【注】 对于不可逆的 n 阶方阵,不一定有平方根. 若 A 有平方根,则 A 的平方根也不是唯一的. 详见本章例 7.8,例 7.91 和练习 7.66.

【例 7.122】(华中科技大学,2012 年) 设 σ,τ 是实数域 $\mathbb{R}$ 上 $2n+1$ 维线性空间 V 的线性变换,且 $\sigma\tau=\tau\sigma$,求证:存在 $\lambda,\mu\in\mathbb{R}$,$\xi\in V$ 且 $\xi\neq 0$,使得 $\sigma(\xi)=\lambda\xi,\tau(\xi)=\mu\xi$.

【证】 据题设,σ 必有一个奇数重的实特征值(因为复特征值成共轭对出现),设 λ 是 σ 的一个实特征值,其重数为 $2k+1$. 考虑 $(\sigma-\lambda\varepsilon)^{2k+1}$ 的核空间,即 σ 的属于 λ 的根子空间

$$W=\{\alpha\in V\mid(\sigma-\lambda\varepsilon)^{2k+1}(\alpha)=0\},$$

其中 ε 为 V 的恒等变换. 根据本章例 7.102 知,$\dim W=2k+1$.

据题设 $\sigma\tau=\tau\sigma$ 易知,W 是 τ 的不变子空间. 因为 W 是 $\mathbb{R}$ 上的奇数维子空间,所以 τ 在 W 上的限制变换 $\tau|_W$ 具有实特征值,设为 μ,并设 $\xi\in W$ 是相应的特征向量,即

$$\tau(\xi)=\tau|_W(\xi)=\mu\xi.$$

若 $(\sigma-\lambda\varepsilon)(\xi)=0$,即 $\sigma(\xi)=\lambda\xi$,则 ξ 就是 σ,τ 的公共特征向量;否则,必存在正整数 $m(1\leqslant m\leqslant 2k)$,使得 $(\sigma-\lambda\varepsilon)^m(\xi)\neq 0$,但 $(\sigma-\lambda\varepsilon)^{m+1}(\xi)=0$. 令 $\eta=(\sigma-\lambda\varepsilon)^m(\xi)$,则 $\eta\in W$,且 $\sigma(\eta)=\lambda\eta$,即 η 是 σ 的属于特征值 λ 的特征向量. 此时,有

$$\tau(\eta)=\tau(\sigma-\lambda\varepsilon)^m(\xi)=(\sigma-\lambda\varepsilon)^m\tau(\xi)=(\sigma-\lambda\varepsilon)^m(\mu\xi)=\mu\eta.$$

这就证明了,η 是 σ,τ 的公共特征向量.

【例 7.123】 设 $\sigma_i(i\in I)$ 是奇数维实线性空间 V 上一组两两可交换的线性变换. 求证:所有的 $\sigma_i(i\in I)$ 有公共的特征向量,即存在 $\lambda_i\in\mathbb{R}$,非零 $\xi\in V$,使得 $\sigma_i(\xi)=\lambda_i\xi,\forall i\in I$.

【分析】 注意到 n 维实线性空间 V 上的全体线性变换构成的实线性空间 $L(V)$ 的维数为 n^2,所以 $L(V)$ 中的元素 $\sigma_i(i\in I)$ 存在一个极大无关组,不妨设为 $\sigma_1,\sigma_2,\cdots,\sigma_r$,其个数 $r\leqslant n^2$,任意 $\sigma_i(i\in I)$ 都可由 $\sigma_1,\sigma_2,\cdots,\sigma_r$ 线性表示,设为 $\sigma_i=\sum\limits_{k=1}^{r}x_k\sigma_k$. 如果能证明 $\sigma_1,\sigma_2,\cdots,\sigma_r$ 有公共的特征向量 ξ,即 $\sigma_k(\xi)=\lambda_k\xi$,其中 $\lambda_k\in\mathbb{R}$,$k=1,2,\cdots,r$,那么对任意 $\sigma_i(i\in I)$,有

$$\sigma_i(\xi)=\left(\sum_{k=1}^{r}x_k\sigma_k\right)(\xi)=\sum_{k=1}^{r}x_k\sigma_k(\xi)=\left(\sum_{k=1}^{r}x_k\lambda_k\right)\xi,$$

这表明 ξ 是所有 $\sigma_i(i\in I)$ 的公共特征向量,且相应的特征值 $\sum\limits_{k=1}^{r}x_k\lambda_k\in\mathbb{R}$.

【证】 根据上述分析,只需对 $\sigma_1,\sigma_2,\cdots,\sigma_r$ 证明结论成立. 下面对个数 r 用归纳法. 当 $r=2$ 时,即上一例的结论. 假设 $r-1$ 时结论成立,下证对于 r 结论也成立.

据题设,σ_1 必存在奇数重的实特征值(因为复特征值成共轭对出现),设 λ_1 是 σ_1 的一个实特征值,其重数为 $2m+1$. 考虑 $(\sigma_1-\lambda_1\varepsilon)^{2m+1}$ 的核空间 W,即

$$W=\{\alpha\in V\mid(\sigma_1-\lambda_1\varepsilon)^{2m+1}(\alpha)=0\},$$

其中 ε 为 V 的恒等变换. 根据本章例 7.102 知,$\dim W=2m+1$.

由于 $\sigma_k\sigma_1=\sigma_1\sigma_k$,所以 W 是 σ_k 的不变子空间,$k=2,3,\cdots,r$. 根据归纳假设,$r-1$ 个限制

变换 $\sigma_2|_W,\sigma_3|_W,\cdots,\sigma_r|_W$ 在奇数维实线性空间 W 中有公共特征向量 $\boldsymbol{\xi}$，即存在 $\lambda_k\in\mathbb{R}$ 使得

$$\sigma_k(\boldsymbol{\xi})=\sigma_k|_W(\boldsymbol{\xi})=\lambda_k\boldsymbol{\xi},\quad k=2,3,\cdots,r.$$

若 $\sigma_1(\boldsymbol{\xi})=\lambda_1\boldsymbol{\xi}$，则 $\boldsymbol{\xi}$ 就是 $\sigma_1,\sigma_2,\cdots,\sigma_r$ 的公共特征向量；否则，必存在正整数 $p(1\leqslant p\leqslant 2k)$，使得 $(\sigma_1-\lambda_1\varepsilon)^p(\boldsymbol{\xi})\neq\mathbf{0}$，但 $(\sigma_1-\lambda_1\varepsilon)^{p+1}(\boldsymbol{\xi})=\mathbf{0}$. 令 $\boldsymbol{\eta}=(\sigma_1-\lambda_1\varepsilon)^p(\boldsymbol{\xi})$，则 $\boldsymbol{\eta}\in W$，且 $\sigma_1(\boldsymbol{\eta})=\lambda_1\boldsymbol{\eta}$，即 $\boldsymbol{\eta}$ 是 σ_1 的属于特征值 λ_1 的特征向量. 此时，对于 $k=2,3,\cdots,r$，都有

$$\sigma_k(\boldsymbol{\eta})=\sigma_k(\sigma_1-\lambda_1\varepsilon)^p(\boldsymbol{\xi})=(\sigma_1-\lambda_1\varepsilon)^p\sigma_k(\boldsymbol{\xi})=(\sigma_1-\lambda_1\varepsilon)^p(\lambda_k\boldsymbol{\xi})=\lambda_k\boldsymbol{\eta}.$$

这就证明了 $\boldsymbol{\eta}$ 是 $\sigma_1,\sigma_2,\cdots,\sigma_r$ 的公共特征向量，也是所有 $\sigma_i(i\in I)$ 的特征向量.

【例 7.124】(中国科学技术大学，2014 年)　设 $\boldsymbol{A}$ 是数域 F 上的 n 阶方阵，向量 $\boldsymbol{\alpha}_i$ 满足 $(\lambda_i\boldsymbol{I}-\boldsymbol{A})^n\boldsymbol{\alpha}_i=\mathbf{0},i=1,2$. 求证：若 $\lambda_1\neq\lambda_2$，则 $F[\boldsymbol{A}](\boldsymbol{\alpha}_1+\boldsymbol{\alpha}_2)=F[\boldsymbol{A}]\boldsymbol{\alpha}_1\oplus F[\boldsymbol{A}]\boldsymbol{\alpha}_2$.

（注：$F[\boldsymbol{A}]\boldsymbol{\alpha}=\{f(\boldsymbol{A})\boldsymbol{\alpha}\mid f(x)\in F[x]\}$.）

【证】　只需考虑 $\boldsymbol{\alpha}_i\neq\mathbf{0}$ 的情形. 据题设，$\boldsymbol{\alpha}_i$（相对于 $\boldsymbol{A}$）的最小多项式 $m_i(\lambda)=(\lambda-\lambda_i)^{k_i}$，其中 $k_i\leqslant n,i=1,2$. 因为 $\lambda_1\neq\lambda_2$，所以 $m_1(\lambda)$ 与 $m_2(\lambda)$ 互素. 根据中国剩余定理（参见第 1 章例 1.128），对任意 $f_1(x),f_2(x)\in F[x]$，存在 $p(x)\in F[x]$，使得

$$\begin{cases}p(x)\equiv f_1(x)\pmod{m_1(x)},\\ p(x)\equiv f_2(x)\pmod{m_2(x)},\end{cases}$$

即存在 $u_1(x),u_2(x)\in F[x]$，使得

$$p(x)=f_i(x)+u_i(x)m_i(x),\quad i=1,2.$$

注意到 $m_i(\boldsymbol{A})\boldsymbol{\alpha}_i=\mathbf{0}(i=1,2)$，所以

$$f_1(\boldsymbol{A})\boldsymbol{\alpha}_1+f_2(\boldsymbol{A})\boldsymbol{\alpha}_2=p(\boldsymbol{A})(\boldsymbol{\alpha}_1+\boldsymbol{\alpha}_2)\in F[\boldsymbol{A}](\boldsymbol{\alpha}_1+\boldsymbol{\alpha}_2),$$

这表明 $F[\boldsymbol{A}]\boldsymbol{\alpha}_1+F[\boldsymbol{A}]\boldsymbol{\alpha}_2\subseteq F[\boldsymbol{A}](\boldsymbol{\alpha}_1+\boldsymbol{\alpha}_2)$. 另一方面，相反的包含显然成立. 因此

$$F[\boldsymbol{A}](\boldsymbol{\alpha}_1+\boldsymbol{\alpha}_2)=F[\boldsymbol{A}]\boldsymbol{\alpha}_1+F[\boldsymbol{A}]\boldsymbol{\alpha}_2.$$

进一步，任取 $\boldsymbol{\beta}\in F[\boldsymbol{A}]\boldsymbol{\alpha}_1\cap F[\boldsymbol{A}]\boldsymbol{\alpha}_2$，则存在 $f(x),g(x)\in F[x]$ 使 $\boldsymbol{\beta}=f(\boldsymbol{A})\boldsymbol{\alpha}_1=g(\boldsymbol{A})\boldsymbol{\alpha}_2$. 所以 $m_1(\boldsymbol{A})g(\boldsymbol{A})\boldsymbol{\alpha}_2=f(\boldsymbol{A})m_1(\boldsymbol{A})\boldsymbol{\alpha}_1=\mathbf{0}$，可知 $m_2(x)\mid m_1(x)g(x)$，从而 $m_2(x)\mid g(x)$. 于是，有 $\boldsymbol{\beta}=g(\boldsymbol{A})\boldsymbol{\alpha}_2=\mathbf{0}$. 这就证明了 $F[\boldsymbol{A}]\boldsymbol{\alpha}_1\cap F[\boldsymbol{A}]\boldsymbol{\alpha}_2=\{\mathbf{0}\}$. 因此

$$F[\boldsymbol{A}](\boldsymbol{\alpha}_1+\boldsymbol{\alpha}_2)=F[\boldsymbol{A}]\boldsymbol{\alpha}_1\oplus F[\boldsymbol{A}]\boldsymbol{\alpha}_2.$$

【例 7.125】　证明：n 阶复方阵 $\boldsymbol{A},\boldsymbol{B}$ 相似当且仅当 $\operatorname{rank}f(\boldsymbol{A})=\operatorname{rank}f(\boldsymbol{B})$ 对任意复系数多项式 $f(\lambda)$ 成立.

【证】　若 $\boldsymbol{A},\boldsymbol{B}$ 相似，则存在可逆矩阵 $\boldsymbol{T}$ 使得 $\boldsymbol{A}=\boldsymbol{T}^{-1}\boldsymbol{B}\boldsymbol{T}$. 对任意多项式 $f(\lambda)$，有

$$f(\boldsymbol{A})=f(\boldsymbol{T}^{-1}\boldsymbol{B}\boldsymbol{T})=\boldsymbol{T}^{-1}f(\boldsymbol{B})\boldsymbol{T},$$

即 $f(\boldsymbol{A})$ 与 $f(\boldsymbol{B})$ 相似，所以 $\operatorname{rank}f(\boldsymbol{A})=\operatorname{rank}f(\boldsymbol{B})$.

反之，设 $\operatorname{rank}f(\boldsymbol{A})=\operatorname{rank}f(\boldsymbol{B})$ 对任意多项式 $f(\lambda)$ 成立，特别地，对 $f(\lambda)=(c-\lambda)^k$，其中 c 为任意复数，k 为任意正整数，有

$$\operatorname{rank}(c\boldsymbol{E}-\boldsymbol{A})^k=\operatorname{rank}(c\boldsymbol{E}-\boldsymbol{B})^k.\qquad ①$$

取 $k=1$，则上式说明 $\boldsymbol{A},\boldsymbol{B}$ 具有相同的特征值. 进一步，考虑 Jordan 块 $\boldsymbol{J}_k(\lambda_i)$ 的个数：

$$\delta_{ik}(\boldsymbol{A})=\operatorname{rank}(\lambda_i\boldsymbol{E}-\boldsymbol{A})^{k+1}+\operatorname{rank}(\lambda_i\boldsymbol{E}-\boldsymbol{A})^{k-1}-2\operatorname{rank}(\lambda_i\boldsymbol{E}-\boldsymbol{A})^k,$$

仍由等式①知 $\delta_{ik}(\boldsymbol{A})=\delta_{ik}(\boldsymbol{B})$. 根据本章例 7.112 知，在 $\boldsymbol{A},\boldsymbol{B}$ 的 Jordan 标准形 $\boldsymbol{J}_A$ 与 $\boldsymbol{J}_B$ 中，属于每个公共特征值 λ_i 的 k 阶 Jordan 块 $\boldsymbol{J}_k(\lambda_i)$ 的个数对应相同，故 $\boldsymbol{J}_A=\boldsymbol{J}_B$，因此 $\boldsymbol{A}$ 与 $\boldsymbol{B}$ 相似.

【例 7.126】（武汉大学，2014 年） 设 φ 是 n 维复线性空间 V 的线性变换，λ_0 是 φ 的特征值，m_0 是 λ_0 在 φ 的最小多项式中的重数. 证明：

$$m_0=\min_k\left\{k\in\mathbb{Z}_+\ \middle|\ \ker(\lambda_0\varepsilon-\varphi)^k=\ker(\lambda_0\varepsilon-\varphi)^{k+1}\right\},$$

其中 ε 为 V 的恒同变换，而 $\ker\varphi$ 表示线性变换 φ 的核空间.

【证】 因为 $\ker(\lambda_0\varepsilon-\varphi)^k\subseteq\ker(\lambda_0\varepsilon-\varphi)^{k+1}$，所以 $\ker(\lambda_0\varepsilon-\varphi)^k=\ker(\lambda_0\varepsilon-\varphi)^{k+1}$ 当且仅当 $\dim(\ker(\lambda_0\varepsilon-\varphi)^k)=\dim(\ker(\lambda_0\varepsilon-\varphi)^{k+1})$，这等价于 $\operatorname{rank}(\lambda_0\varepsilon-\varphi)^k=\operatorname{rank}(\lambda_0\varepsilon-\varphi)^{k+1}$.

设 φ 在 V 的一个基 $\boldsymbol{\xi}_1,\boldsymbol{\xi}_2,\cdots,\boldsymbol{\xi}_n$ 下的矩阵为 Jordan 标准形 $\boldsymbol{J}=\operatorname{diag}(\boldsymbol{J}_0,\boldsymbol{J}_1)$，其中 $\boldsymbol{J}_0$ 是特征值为 λ_0 的所有 Jordan 块构成的 p 阶分块对角矩阵，而 $\boldsymbol{J}_1$ 是特征值不等于 λ_0 的 Jordan 块构成的 $n-p$ 阶分块对角矩阵. 于是，所证命题等价于

$$m_0=\min_k\left\{k\in\mathbb{Z}_+\ \middle|\ \operatorname{rank}(\lambda_0\boldsymbol{E}-\boldsymbol{J})^k=\operatorname{rank}(\lambda_0\boldsymbol{E}-\boldsymbol{J})^{k+1}\right\}. \qquad ①$$

注意到 $\boldsymbol{J}_0$ 中 Jordan 块的最大阶数为 m_0，有 $(\lambda_0\boldsymbol{E}-\boldsymbol{J}_0)^{m_0}=\boldsymbol{O}$. 此外，当 $k\in\mathbb{Z}_+$ 时，有

$$(\lambda_0\boldsymbol{E}-\boldsymbol{J})^k=\begin{pmatrix}(\lambda_0\boldsymbol{E}-\boldsymbol{J}_0)^k & \\ & (\lambda_0\boldsymbol{E}-\boldsymbol{J}_1)^k\end{pmatrix},$$

而 $(\lambda_0\boldsymbol{E}-\boldsymbol{J}_1)^k$ 为可逆矩阵. 因此，当 $k\geqslant m_0$ 时，$(\lambda_0\boldsymbol{E}-\boldsymbol{J}_0)^k=\boldsymbol{O}$，从而有

$$\operatorname{rank}(\lambda_0\boldsymbol{E}-\boldsymbol{J})^k=\operatorname{rank}(\lambda_0\boldsymbol{E}-\boldsymbol{J}_1)^k=n-p=\operatorname{rank}(\lambda_0\boldsymbol{E}-\boldsymbol{J})^{k+1};$$

当 $k<m_0$ 时，$(\lambda_0\boldsymbol{E}-\boldsymbol{J}_0)^k\neq\boldsymbol{O}$，且 $\operatorname{rank}(\lambda_0\boldsymbol{E}-\boldsymbol{J}_0)^k=1+\operatorname{rank}(\lambda_0\boldsymbol{E}-\boldsymbol{J}_0)^{k+1}$，从而有

$$\begin{aligned}\operatorname{rank}(\lambda_0\boldsymbol{E}-\boldsymbol{J})^k&=\operatorname{rank}(\lambda_0\boldsymbol{E}-\boldsymbol{J}_0)^k+\operatorname{rank}(\lambda_0\boldsymbol{E}-\boldsymbol{J}_1)^k\\&>\operatorname{rank}(\lambda_0\boldsymbol{E}-\boldsymbol{J}_0)^{k+1}+(n-p)\\&=\operatorname{rank}(\lambda_0\boldsymbol{E}-\boldsymbol{J})^{k+1}.\end{aligned}$$

这就证明了①式，命题得证.

【例 7.127】（四川大学竞赛试题，2010 年） 设 2 阶实方阵 $\boldsymbol{A}$ 的特征多项式的判别式小于 0. 证明：对任意正次数的实系数多项式 $f(x)$，都存在实矩阵 $\boldsymbol{B}$ 使得 $f(\boldsymbol{B})=\boldsymbol{A}$.

【证】 根据题意，可设 $\boldsymbol{A}$ 的特征值为 $a\pm\mathrm{i}b$，其中 $a,b\in\mathbb{R}$，$b\neq0$，因此在复数域 $\mathbb{C}$ 上 $\boldsymbol{A}$ 与对角矩阵 $\boldsymbol{D}=\begin{pmatrix}a+\mathrm{i}b & \\ & a-\mathrm{i}b\end{pmatrix}$ 相似.

对任意 $f(x)\in\mathbb{R}[x]$，$\deg f(x)\geqslant1$，由代数基本定理，存在 $z_0\in\mathbb{C}$，使得 $f(z_0)=a+\mathrm{i}b$，且 $z_0\neq\overline{z_0}$，不然，有 $f(z_0)\in\mathbb{R}$，矛盾. 因此，可令 $z_0=u_0+\mathrm{i}v_0$，其中 $u_0,v_0\in\mathbb{R}$，$v_0\neq0$.

令 $\boldsymbol{B}_1=\begin{pmatrix}z_0 & \\ & \overline{z_0}\end{pmatrix}$，则 $f(\boldsymbol{B}_1)=\begin{pmatrix}f(z_0) & \\ & f(\overline{z_0})\end{pmatrix}=\boldsymbol{D}$. 另一方面，因为 $z_0,\overline{z_0}$ 也是 $\begin{pmatrix}u_0 & v_0\\ -v_0 & u_0\end{pmatrix}$ 的特征值，所以存在可逆矩阵 $\boldsymbol{P}\in M_2(\mathbb{C})$，使得 $\boldsymbol{P}^{-1}\boldsymbol{B}_1\boldsymbol{P}=\begin{pmatrix}u_0 & v_0\\ -v_0 & u_0\end{pmatrix}\in M_2(\mathbb{R})$，从而有

$$\boldsymbol{P}^{-1}\boldsymbol{D}\boldsymbol{P}=\boldsymbol{P}^{-1}f(\boldsymbol{B}_1)\boldsymbol{P}=f(\boldsymbol{P}^{-1}\boldsymbol{B}_1\boldsymbol{P})\in M_2(\mathbb{R}).$$

注意到实矩阵若复相似则必然实相似（见第 6 章例 6.81），所以存在可逆实矩阵 $\boldsymbol{Q}$，使得

$$A=Q^{-1}(P^{-1}DP)Q=Q^{-1}f(P^{-1}B_1P)Q=f(Q^{-1}P^{-1}B_1PQ).$$

令 $B=Q^{-1}(P^{-1}B_1P)Q$，则 $B\in M_2(\mathbb{R})$，且 $f(B)=A$.

【例 7.128】(复旦大学竞赛试题，2008 年) 设 $M_n(K)$ 表示数域 K 上的 n 阶方阵全体，$\varphi: M_n(K)\to M_n(K)$ 是一个线性映射，满足：

(1) $\varphi(AB)=\varphi(A)\varphi(B)$，$\forall A,B\in M_n(K)$；

(2) $\varphi(E_n)=E_n$，其中 E_n 是 n 阶单位矩阵.

证明：存在可逆矩阵 $P\in M_n(K)$，使得 $\varphi(A)=P^{-1}AP$，$\forall A\in M_n(K)$.

【证】 先证 φ 的核空间 $\ker\varphi=0$. 用反证法. 假设 $\ker\varphi\neq 0$，则在 $\ker\varphi$ 中取秩最大的矩阵 $X\in M_n(K)$，且 $X\neq O$ 但 $\varphi(X)=O$. 令 $\operatorname{rank}X=r$，注意到对任意可逆矩阵 $A\in M_n(K)$，据题设条件有 $\varphi(A)\varphi(A^{-1})=\varphi(AA^{-1})=\varphi(E_n)=E_n$，即 $\varphi(A)$ 仍是可逆矩阵，所以 $1\leqslant r<n$. 于是，存在可逆矩阵 $H,G\in M_n(K)$ 使得 $HXG=\begin{pmatrix}E_r & O\\ O & O\end{pmatrix}\in\ker\varphi$，从而 $\varphi\begin{pmatrix}O & O\\ O & E_{n-r}\end{pmatrix}=E_n$. 因为分块对角矩阵与交换该矩阵对角子块的位置所得的矩阵相似，所以 $\varphi\begin{pmatrix}E_{n-r} & O\\ O & O\end{pmatrix}=E_n$.

若 $r<\dfrac{n}{2}$，则调换 $\begin{pmatrix}E_r & O\\ O & O\end{pmatrix}$ 中子块 E_r 的位置再与之相加，得到 $\begin{pmatrix}E_{2r} & O\\ O & O\end{pmatrix}\in\ker\varphi$，此与 X 的取法矛盾；若 $r\geqslant\dfrac{n}{2}$，则 $r\geqslant n-r$，此时显然有

$$\begin{pmatrix}E_r & O\\ O & O\end{pmatrix}\begin{pmatrix}E_{n-r} & O\\ O & O\end{pmatrix}=\begin{pmatrix}E_{n-r} & O\\ O & O\end{pmatrix}.$$

将 φ 作用于上式并利用条件(1)得 $O=E_n$，矛盾. 这就证明了 $\ker\varphi=0$，所以 φ 是可逆变换.

现在，设 $D,X\in M_n(K)$，$\lambda\in K$，则方程 $DX=\lambda X$ 有非零解 X 当且仅当 λ 是 D 的特征值. 因此，对于 D 的特征值 λ，可得 $\varphi(D)\varphi(X)=\lambda\varphi(X)$. 因为 $X\neq O$ 及 $\ker\varphi=0$，所以 $\varphi(X)\neq O$. 这表明，λ 是 $\varphi(D)$ 的特征值. 反之，若 λ 是 $\varphi(D)$ 的特征值，则 λ 是 D 的特征值.

特别，取 $D=\operatorname{diag}(d_1,d_2,\cdots,d_n)$，其中 $d_i\neq 0$，且两两互异，则 $\varphi(D)$ 与 D 具有相同的初等因子 $\lambda-d_1,\lambda-d_2,\cdots,\lambda-d_n$，因而相似，即存在可逆矩阵 $T_1\in M_n(K)$，使得 $\varphi(D)=T_1^{-1}DT_1$.

考虑线性变换 $\psi(A)=T_1\varphi(A)T_1^{-1}$，$\forall A\in M_n(K)$，显然有 $\psi(D)=D$，且

$$\psi(AB)=\psi(A)\psi(B),\quad \forall A,B\in M_n(K).$$

对于 $i,j=1,2,\cdots,n$，令 E_{ij} 表示 (i,j) 元为 1 其他元均为 0 的 n 阶方阵，则

$$D\psi(E_{ij})=\psi(DE_{ij})=\psi(d_iE_{ij})=d_i\psi(E_{ij}),$$

$$\psi(E_{ij})D=\psi(E_{ij}D)=\psi(E_{ij}d_j)=d_j\psi(E_{ij}).$$

由此可知，$\psi(E_{ij})=x_{ij}E_{ij}$，其中 $x_{ij}\neq 0$.（注：比较齐次方程组 $(D-d_kE_n)y=0$ 的解，$k=i,j$.）

注意到 $E_{ij}=E_{i1}E_{1j}$ 及 $E_{ii}=E_{ii}^2$，所以 $x_{ij}=x_{i1}x_{1j}$ 且 $x_{ii}=x_{ii}^2$. 从而有 $x_{i1}x_{1i}=x_{ii}=1$，故 $x_{ij}=\dfrac{x_{1j}}{x_{1i}}$. 对于任意 $A=(a_{ij})\in M_n(K)$，由于 $A=\sum\limits_{i=1}^n\sum\limits_{j=1}^n a_{ij}E_{ij}$，于是有

$$\psi(A)=\psi\Big(\sum_{i=1}^n\sum_{j=1}^n a_{ij}E_{ij}\Big)=\sum_{i=1}^n\sum_{j=1}^n a_{ij}\psi(E_{ij})=\sum_{i=1}^n\sum_{j=1}^n a_{ij}x_{ij}E_{ij}=T_2^{-1}AT_2,$$

其中 $T_2=\mathrm{diag}(x_{11},x_{12},\cdots,x_{1n})$. 令 $P=T_2T_1$,则 P 是可逆矩阵,且 $\varphi(A)=P^{-1}AP$.

【注】 相关的问题参见第 6 章例 6.68 与第 10 章例 10.36.

【例 7.129】(南开大学,2010 年) 设 V 为 n 维复线性空间,$\mathrm{End}(V)$ 为 V 上所有线性变换构成的线性空间,又 A,B 为 $\mathrm{End}(V)$ 的子空间,且 $A\subseteq B$. 令

$$M=\{x\in \mathrm{End}(V)\mid xy-yx\in A,\forall y\in B\}.$$

假定 $x_0\in M$ 满足条件 $\mathrm{tr}(x_0y)=0,\forall y\in M$. 证明:$x_0$ 必为幂零线性变换.

【证】 任意取定 $x\in\mathrm{End}(V)$,考虑 $\mathrm{End}(V)$ 上的线性变换

$$\varphi_x(u)=xu-ux,\quad \forall u\in \mathrm{End}(V).$$

显然,$x\in M$ 当且仅当 $\varphi_x(B)\subseteq A$.

设 $x_0\in M$ 的 Jordan-Chevalley 分解为:$x_0=s+t$,其中 s 可对角化,t 为幂零变换,则存在 V 的一个基 $\boldsymbol{\eta}_1,\boldsymbol{\eta}_2,\cdots,\boldsymbol{\eta}_n$,使得 s 在这个基下的矩阵为对角矩阵 $D=\mathrm{diag}(\lambda_1,\lambda_2,\cdots,\lambda_n)$. 易知,$\lambda_1,\lambda_2,\cdots,\lambda_n$ 是 x_0 的所有特征值,φ_s 可对角化,φ_t 为幂零变换,并且构成 φ_{x_0} 的 Jordan-Chevalley 分解:$\varphi_{x_0}=\varphi_s+\varphi_t$,而 φ_s 可用 φ_{x_0} 的一个常数项为 0 的复多项式表示.

设 $y\in\mathrm{End}(V)$,使得 $y(\boldsymbol{\eta}_1,\boldsymbol{\eta}_2,\cdots,\boldsymbol{\eta}_n)=(\boldsymbol{\eta}_1,\boldsymbol{\eta}_2,\cdots,\boldsymbol{\eta}_n)\overline{D}$,其中 $\overline{D}=\mathrm{diag}(\overline{\lambda}_1,\overline{\lambda}_2,\cdots,\overline{\lambda}_n)$,而 $\overline{\lambda}_i$ 为 λ_i 的共轭复数,则 φ_y 可对角化. 又设 $\{\sigma_{ij}\}$ 是 $\mathrm{End}(V)$ 的相应基,则

$$\varphi_s(\sigma_{ij})=(\lambda_i-\lambda_j)\sigma_{ij},\quad \varphi_y(\sigma_{ij})=(\overline{\lambda}_i-\overline{\lambda}_j)\sigma_{ij},\quad \forall i,j=1,2,\cdots,n.$$

根据中国剩余定理,存在常数项为 0 的复多项式 $p(\lambda)$,使得 $p(\lambda_i-\lambda_j)=\overline{\lambda}_i-\overline{\lambda}_j,1\leqslant i,j\leqslant n$. 因此 $\varphi_y=p\varphi_s$. 由此可见,φ_y 也可用 φ_{x_0} 的一个常数项为 0 的复多项式表示.

据题设,$\varphi_{x_0}(B)\subseteq A$,从而 $\varphi_y(B)\subseteq A$,所以 $y\in M$,$\mathrm{tr}(x_0y)=0$,故 $\sum\limits_{i=1}^{n}|\lambda_i|^2=\sum\limits_{i=1}^{n}\lambda_i\overline{\lambda}_i=0$.
于是 $\lambda_1=\lambda_2=\cdots=\lambda_n=0$. 这就证得 $D=O$,可见 $s=0$. 因此,x_0 为幂零变换.

【注】 对于线性变换 φ_x,详见本章例 7.93,例 7.118. 此外,本题的矩阵形式即:

设 $M_n(\mathbb{C})$ 为所有 n 阶复方阵构成的线性空间,A 和 B 为 $M_n(\mathbb{C})$ 的子空间,且 $A\subseteq B$. 令

$$U=\{X\in M_n(\mathbb{C})\mid XY-YX\in A,\forall Y\in B\}.$$

假定 $X_0\in U$ 满足条件 $\mathrm{tr}(X_0Y)=0,\forall Y\in U$. 证明:$X_0$ 必为幂零矩阵.

§7.7 思考与练习

7.1(中山大学,2008 年) 已知 $a,b,c\in F$(数域),求矩阵 $\begin{pmatrix}0&0&a\\1&0&b\\0&1&c\end{pmatrix}$ 的最小多项式.

7.2(浙江大学,2009 年) 设 A 是 n 阶复方阵.
(1)证明 A 的最小多项式等于 A 的特征矩阵 $\lambda E-A$ 的最高次不变因子;
(2)求 3 阶方阵 $A=\begin{pmatrix}-1&-2&6\\-1&0&3\\-1&-1&4\end{pmatrix}$ 的最小多项式.

7.3 求 λ-矩阵 $\begin{pmatrix}-2\lambda^3+3\lambda^2&\lambda^2-2\lambda&\lambda^2\\-2\lambda^4-\lambda^3&\lambda^3&-\lambda\\-2\lambda+1&1&-\lambda\end{pmatrix}$ 的初等因子和不变因子.

7.4　已知 $m(\lambda)=(\lambda^2-2\lambda+2)^2(\lambda-1)$ 是 6 阶方阵 $\boldsymbol{A}\in M_6(\mathbb{R})$ 的最小多项式. 试求：

(1) $\boldsymbol{A}$ 的行列式 $\det \boldsymbol{A}$；

(2) $\boldsymbol{A}$ 的 Jordan 标准形；

(3) $\boldsymbol{A}$ 的伴随矩阵 $\boldsymbol{A}^*$ 的初等因子.

7.5（华中师范大学，2008 年）　设 $2n$ 阶方阵 $\boldsymbol{A}=\begin{pmatrix}-\boldsymbol{E} & \boldsymbol{E}\\ \boldsymbol{E} & \boldsymbol{E}\end{pmatrix}$，其中 $\boldsymbol{E}$ 是 n 阶单位矩阵.

(1) 求 $\boldsymbol{A}$ 的特征多项式；

(2) 求 $\boldsymbol{A}$ 的最小多项式；

(3) 求 $\boldsymbol{A}$ 的 Jordan 标准形.

7.6（南京大学，2005 年；浙江大学，2015 年）　设 $m(\lambda)$ 是数域 P 上 n 阶方阵 $\boldsymbol{A}$ 的最小多项式，$f(\lambda)$ 是数域 P 上的任意多项式，证明：$f(\boldsymbol{A})$ 可逆的充分必要条件是 $(m(\lambda),f(\lambda))=1$.

7.7　设 $\boldsymbol{A}$ 是数域 P 上的 n 阶方阵，$m(\lambda)$ 为 $\boldsymbol{A}$ 的最小多项式，$f(\lambda)\in P[\lambda]$ 为任一次数大于 0 的多项式. 证明：

(1) 若 $(f(\lambda),m(\lambda))=d(\lambda)$，则 $\operatorname{rank} f(\boldsymbol{A})=\operatorname{rank} d(\boldsymbol{A})$；（中山大学，2018 年）

(2) 若 $f(\boldsymbol{A})$ 可逆，则 $f(\boldsymbol{A})$ 的逆矩阵可表示为 $\boldsymbol{A}$ 的多项式.

7.8（四川大学，2005 年）　设 $\boldsymbol{A}=\begin{pmatrix}2 & 0 & 2\\ -1 & 3 & 1\\ 1 & -1 & 3\end{pmatrix}$.

(1) 证明：在任意的数域 F 上，$\boldsymbol{A}$ 都不可能相似于一个对角矩阵；

(2) 设 $f(x)=x^4-10x^3+36x^2-56x+32$，计算 $f(\boldsymbol{A})$.

7.9（中山大学，2007 年）　设 $\boldsymbol{A}=\begin{pmatrix}-1 & -2 & 6\\ -1 & 0 & 3\\ -1 & -1 & 4\end{pmatrix}$，求 $\boldsymbol{A}^{100}$.

7.10（西南大学，2010 年）　设 $\boldsymbol{A}=\begin{pmatrix}1 & 0 & 2\\ 0 & -1 & 1\\ 0 & 1 & 0\end{pmatrix}$，$f(x)=2x^{11}+2x^8-8x^7+3x^5+x^4+17x^2-4$，求 $f(\boldsymbol{A})^{-1}$.

7.11（南京航空航天大学，2014 年）　设 3 维线性空间 V 的线性变换 $\varGamma$ 在 V 的基 $\boldsymbol{\varepsilon}_1,\boldsymbol{\varepsilon}_2,\boldsymbol{\varepsilon}_3$ 下的矩阵是 $\boldsymbol{A}=\begin{pmatrix}-1 & -2 & 6\\ -1 & 0 & a\\ -1 & -1 & b\end{pmatrix}$，且 $\boldsymbol{\alpha}=2\boldsymbol{\varepsilon}_1+\boldsymbol{\varepsilon}_2+\boldsymbol{\varepsilon}_3$ 是 $\varGamma$ 的一个特征向量.

(1) 求参数 a,b 及 $\varGamma$ 对应于 $\boldsymbol{\alpha}$ 的特征值 λ；

(2) 求 $\varGamma$ 在 V 的基 $\boldsymbol{\eta}_1=\boldsymbol{\varepsilon}_1+\boldsymbol{\varepsilon}_2,\boldsymbol{\eta}_2=\boldsymbol{\varepsilon}_2+\boldsymbol{\varepsilon}_3,\boldsymbol{\eta}_3=\boldsymbol{\varepsilon}_1+\boldsymbol{\varepsilon}_2+\boldsymbol{\varepsilon}_3$ 下的矩阵 $\boldsymbol{B}$；

(3) 求矩阵 $\boldsymbol{A}$ 的初等因子和 Jordan 标准形.

7.12（浙江大学，2012 年）　设 $\boldsymbol{A}=\begin{pmatrix}3 & 2 & -2\\ k & -1 & -k\\ 4 & 2 & -3\end{pmatrix}$.

①当 k 为何值时，存在可逆矩阵 $\boldsymbol{P}$ 使得 $\boldsymbol{P}^{-1}\boldsymbol{A}\boldsymbol{P}$ 为对角矩阵？并求出这样的矩阵 $\boldsymbol{P}$ 和对角矩阵；

②求 $k=2$ 时矩阵 $\boldsymbol{A}$ 的 Jordan 标准形.

7.13（南开大学，2005 年）　设 V 为数域 P 上的 n 维线性空间，$\mathscr{A}$ 为 V 的线性变换. 已知 $\mathscr{A}^3=\mathscr{A}^2$ 但 $\mathscr{A}\neq\mathscr{A}^2$. 试问是否存在 V 的一个基使 $\mathscr{A}$ 在这个基下的矩阵为对角矩阵？

7.14（中国科学院大学，2012 年）　证明：任何复方阵 $\boldsymbol{A}$ 都与它的转置矩阵 $\boldsymbol{A}^{\mathrm{T}}$ 相似.

7.15（华东师范大学，2010 年）　设 $\boldsymbol{J}_n(c)=\begin{pmatrix}c & 1 & 0 & \cdots & 0\\ 0 & c & 1 & \cdots & 0\\ 0 & 0 & c & \cdots & 0\\ \vdots & \vdots & \vdots & & \vdots\\ 0 & 0 & 0 & \cdots & c\end{pmatrix}_{x n}$，其中 $c\in\mathbb{C}$. 求 $\boldsymbol{J}_n(c)$ 的伴随矩阵 $\boldsymbol{J}_n(c)^*$ 的 Jordan 标准形.

7.16（上海大学，2000 年）　设 $\boldsymbol{A}$ 为二阶实方阵，$\boldsymbol{A}^2=\begin{pmatrix}-1 & 0\\ 0 & -1\end{pmatrix}$，求证：$\boldsymbol{A}$ 相似于 $\begin{pmatrix}0 & -1\\ 1 & 0\end{pmatrix}$.

7.17　设 $\boldsymbol{A}_2=\begin{pmatrix}a & b\\ -b & a\end{pmatrix}$，其中 $a,b\in\mathbb{R}$，且 $b\neq 0$. 又设 $2n$ 阶方阵

$$A=\begin{pmatrix} A_2 & E_2 & & \\ & A_2 & \ddots & \\ & & \ddots & E_2 \\ & & & A_2 \end{pmatrix},$$

其中 E_2 是 2 阶单位矩阵.

(1)求复数域上的可逆矩阵 P,使得 $P^{-1}A_2P=\mathrm{diag}(a+bi,a-bi)$,其中 i 为虚数单位;

(2)证明 A 的 Jordan 标准形为 $\mathrm{diag}(J_n(a+bi),J_n(a-bi))$.

7.18 设 n 阶方阵 A 和 B 有相同的特征多项式及最小多项式,问 A 与 B 是否相似? 若是,则给予证明;若不是,则举出反例.

7.19 设 A 和 B 都是复数域上的 6 阶幂零矩阵,具有相同的最小多项式和零度(方阵 M 的零度即 $Mx=0$ 的解空间的维数). 证明 A 与 B 相似,并举例说明这个命题对 7 阶方阵不成立.

7.20 设 3 阶实方阵 $A=\begin{pmatrix} a & b & c \\ b & c & a \\ c & a & b \end{pmatrix}$, $B=\begin{pmatrix} c & a & b \\ a & b & c \\ b & c & a \end{pmatrix}$, $C=\begin{pmatrix} b & c & a \\ c & a & b \\ a & b & c \end{pmatrix}$, 证明:

(1) A,B,C 彼此相似;

(2) 若 $AB=BA$,则 C 至少有两个特征值等于 0.

7.21 设 A,B 是 n 阶方阵,且 $\mathrm{diag}(A,A)$ 与 $\mathrm{diag}(B,B)$ 相似. 求证 A 与 B 相似.

7.22(厦门大学,2017 年) 证明:n 阶复方阵 A 和 B 相似的充分必要条件是对任意复数 a 和任意正整数 k,均有

$$\mathrm{rank}(aE_n-A)^k=\mathrm{rank}(aE_n-B)^k.$$

7.23(云南大学,2009 年) 设 A 是数域 P 上的 n 阶可逆矩阵. 证明:存在 P 上的多项式 $f(x)$ 使得 $A^{-1}=f(A)$.

7.24 设 $A_1,A_2,\cdots,A_s$ 都是数域 K 上的可逆矩阵. 证明:存在多项式 $p(x)\in K[x]$,使得 $A_j^{-1}=p(A_j)$,$j=1,2,\cdots,s$.

7.25(北京大学,2008 年) 设 V 是数域 K 上的线性空间,$\mathscr{A},\mathscr{B}$ 是 V 上的线性变换,且 $\mathscr{A},\mathscr{B}$ 的最小多项式互素. 求满足 $\mathscr{A}\mathscr{C}=\mathscr{C}\mathscr{B}$ 的所有线性变换 $\mathscr{C}$.

7.26(中国科学技术大学,2013 年) 证明 Hamilton-Cayley 定理:数域 F 上的任意方阵 A 的特征多项式都是 A 的零化多项式.

7.27(西南大学,2009 年) 设 $A=\mathrm{diag}(\lambda_1E_{k_1},\lambda_2E_{k_2},\cdots,\lambda_sE_{k_s})$,其中 $\lambda_1,\lambda_2,\cdots,\lambda_s$ 是互不相同的实数,E_{k_i} 为 k_i 阶单位矩阵,$i=1,2,\cdots,s$,而 $k_1+k_2+\cdots+k_s=n$. 令

$$W=\left\{f(A)\in\mathbb{R}^{n\times n}\,\middle|\,f(x)\in\mathbb{R}[x]\right\}.$$

证明:W 是 $\mathbb{R}^{n\times n}$ 的子空间,并求 $\dim W$.

7.28(四川大学,2006 年) 已知某个实对称矩阵 A 的特征多项式为

$$f(\lambda)=|\lambda E-A|=\lambda^5+3\lambda^4-6\lambda^3-10\lambda^2+21\lambda-9.$$

(1)求 A 的行列式和极小多项式;

(2)设 $V_A=\left\{g(A)\,\middle|\,g(x)\in\mathbb{R}[x]\right\}$. 证明:$V_A$ 是线性空间,并求 $\dim V_A$;

(3)问 t 取何实数时,$tE+A$ 是正定矩阵? 其中 E 是单位矩阵;

(4)给出一个具体的、不是对角阵的实对称矩阵 A,使其特征多项式为 $f(\lambda)$.

7.29(南开大学,2014 年) 设 $f(x)$ 是方阵 A 的特征多项式,$g(x),h(x)$ 是次数分别为 p,q 的互素的多项式,且满足 $f(x)=g(x)h(x)$. 求证:$\mathrm{rank}\,g(A)=q$,$\mathrm{rank}\,h(A)=p$.

7.30(中国科学技术大学,2012 年) 设 $\mathscr{A}$ 是数域 F 上 n 维线性空间 V 的线性变换. 已知 $\mathscr{A}$ 的特征多项式 $\varphi_{\mathscr{A}}(\lambda)=f(\lambda)g(\lambda)$,其中 $f(\lambda)$ 与 $g(\lambda)$ 是数域 F 上的两个互素的多项式. 求证:

(1) $\mathrm{Im}\,f(\mathscr{A})=\ker g(\mathscr{A})$;

(2) $V=\mathrm{Im}\,f(\mathscr{A})\oplus\mathrm{Im}\,g(\mathscr{A})$.

7.31(浙江大学,2012 年) 设 T 是有限维线性空间 V 的线性变换,W 是 V 的 T-不变子空间. 证明:$T|_W$ 的最小多项式整除 T 的最小多项式.

7.32(南京大学,1997 年) 设 A 为 2 阶方阵,且存在矩阵 B 使得 $A+AB=BA$. 证明:$A^2=O$.(本题可加强为:设 A 为 2 阶方阵,则存在矩阵 B 使得 $A+AB=BA$ 当且仅当 $A^2=O$.)

7.33 设 $\mathrm{End}(V_2)$ 表示复数域上 2 维线性空间 V 的线性变换全体构成的集合,$\varphi\in\mathrm{End}(V_2)$ 不是数乘

变换,记 $S=\{\psi\in\mathrm{End}(V_2)\mid\varphi\psi=\psi\varphi\}$. 证明:如果 $\sigma,\tau\in S$,那么 $\sigma\tau=\tau\sigma$.

7.34(华东师范大学,2012 年)　证明:对每个正整数 n,均存在 $\boldsymbol{A}\in M_n(\mathbb{R})$,使得 $\boldsymbol{A}^3=\boldsymbol{A}+2\boldsymbol{E}_n$. 并证明所有满足条件 $\boldsymbol{A}^3=\boldsymbol{A}+2\boldsymbol{E}_n$ 的矩阵 $\boldsymbol{A}\in M_n(\mathbb{R})$ 必有 $\det\boldsymbol{A}>0$.

7.35　证明:任一复方阵都相似于一个复对称矩阵. 请举例说明:存在实方阵,它不相似于实对称矩阵.

7.36(武汉大学,2012 年)　证明:对任一 n 阶复方阵 $\boldsymbol{A}$ 都存在可逆矩阵 $\boldsymbol{P}$,使得 $\boldsymbol{P}^{-1}\boldsymbol{AP}=\boldsymbol{GS}$,其中 $\boldsymbol{G},\boldsymbol{S}$ 都是对称方阵而且 $\boldsymbol{G}$ 可逆.

7.37(北京大学,2010 年)　设 $\boldsymbol{A}$ 是 n 阶复方阵,$\boldsymbol{B}$ 是 n 阶幂零矩阵,且 $\boldsymbol{AB}=\boldsymbol{BA}$. 证明:$|\boldsymbol{A}+2010\boldsymbol{B}|=|\boldsymbol{A}|$.

7.38(南开大学,2010 年)　设 $\boldsymbol{A},\boldsymbol{B}$ 为 n 阶复方阵,且 $\boldsymbol{A}$ 可逆,$\boldsymbol{B}$ 幂零,且 $\boldsymbol{AB}=\boldsymbol{BA}$. 证明:$\boldsymbol{A}+\boldsymbol{B}$ 为可逆矩阵.

7.39(浙江大学,2010 年)　设 φ,ψ 是某数域上 n 维线性空间的两个线性变换,满足 $\varphi\psi=\psi\varphi$,且存在正整数 N 使得 $\varphi^N=0$ 为零线性变换. 证明:$\varphi+\psi$ 为可逆线性变换的充分必要条件是 ψ 为可逆线性变换.

7.40(中国科学院,2007 年)　设 $\sigma,\tau:V\to V$ 为线性变换,σ 可逆,τ 幂零(即存在某个正整数 k 使得 $\tau^k=0$),且 $\sigma\tau=\tau\sigma$. 证明:$\sigma-\tau$ 的核空间 $\ker(\sigma-\tau)$ 等于零空间.

7.41(中国科学技术大学,2010 年)　设数域 F 上有限维空间的线性变换 $\mathscr{A}$ 和 $\mathscr{B}$ 满足 $\mathscr{A}\mathscr{B}=a\mathscr{B}\mathscr{A}(a\in F,a\neq1)$,且 $\mathscr{A}$ 是可逆线性变换. 证明:

(1) $\mathscr{B}$ 为幂零变换(即存在正整数 n,$\mathscr{B}^n=0$);

(2) $\mathscr{A}$ 和 $\mathscr{B}$ 有一个公共特征向量.

7.42(中国科学院,2003 年)　设 $\boldsymbol{A}$ 是 2003 阶实方阵,且 $\boldsymbol{A}^r=\boldsymbol{O}$,这里 r 是自然数. 问 $\boldsymbol{A}$ 的秩 $\operatorname{rank}\boldsymbol{A}$ 最大是多少?

7.43(中山大学,2014 年)　设 n 阶实方阵 $\boldsymbol{A}$ 的主对角元为 0,其他元均为 1.

(1) 求 $\boldsymbol{A}$ 的行列式 $\det\boldsymbol{A}$ 及 $\boldsymbol{A}$ 的逆 $\boldsymbol{A}^{-1}$;

(2) 求 $\boldsymbol{A}$ 的特征值、特征向量及最小多项式.

7.44　设 $\boldsymbol{M}=\begin{pmatrix}\boldsymbol{A}&\boldsymbol{E}\\\boldsymbol{O}&\boldsymbol{A}\end{pmatrix}$,其中 $\boldsymbol{E}$ 是 n 阶单位矩阵. 已知 $\boldsymbol{A}$ 的最小多项式 $m(\lambda)=(\lambda-c)^p$,其中 p 为正整数,试求 $\boldsymbol{M}$ 的最小多项式.

7.45(华东师范大学,1993 年)　设矩阵 $\boldsymbol{A}$ 的特征多项式为 $f(\lambda)=(\lambda-1)^n$,证明:$\boldsymbol{A}$ 与其伴随矩阵 $\boldsymbol{A}^*$ 相似.

7.46(华中师范大学,2000 年)　设 $\boldsymbol{A}$ 是数域 P 上的 n 阶方阵,$m(\lambda)$,$f(\lambda)$ 分别为 $\boldsymbol{A}$ 的最小多项式与特征多项式. 证明:存在正整数 k,使得 $f(\lambda)\mid m^k(\lambda)$.

7.47(中国科学院大学,2011 年)　已知二阶方阵 $\boldsymbol{A}=\begin{pmatrix}a&b\\c&d\end{pmatrix}$ 的特征多项式为 $(\lambda-1)^2$,试求 $\boldsymbol{A}^{2011}-2011\boldsymbol{A}$.

7.48　设 $\boldsymbol{A},\boldsymbol{B}$ 都是数域 K 上的 n 阶方阵,$\boldsymbol{AB}+\boldsymbol{BA}=\boldsymbol{A}$. 证明:若 $\boldsymbol{B}$ 是幂零矩阵,则 $\boldsymbol{A}=\boldsymbol{O}$.

7.49　设 λ_0 是 n 阶方阵 $\boldsymbol{A}\in M_n(K)$ 的特征值,$\boldsymbol{X}_0$ 是 $\boldsymbol{A}$ 的属于 λ_0 的特征向量. 证明:如果线性方程组 $(\lambda_0\boldsymbol{E}-\boldsymbol{A})\boldsymbol{X}=\boldsymbol{X}_0$ 有解,那么 λ_0 的代数重数不小于 2.

7.50(首都师范大学,2007 年)　(Ⅰ)设 $\boldsymbol{A}$ 为复数域 $\mathbb{C}$ 上的 n 阶方阵,$\boldsymbol{A}$ 的特征多项式 $f(x)=(x-a)^{n-1}\cdot(x-b)$,其中 $a\neq b$. 已知 $\boldsymbol{A}$ 的任意三个特征向量都是线性相关的. 对于复数 $\lambda\in\mathbb{C}$,以及正整数 l,证明:$V_{\lambda,l}=\{\boldsymbol{\alpha}\in\mathbb{C}^n\mid(\boldsymbol{A}-\lambda\boldsymbol{E}_n)^l\boldsymbol{\alpha}=\boldsymbol{0}\}$ 是 $\mathbb{C}$ 上线性空间 $\mathbb{C}^n$ 的 $\boldsymbol{A}$-不变子空间(把 $\boldsymbol{A}$ 看成 $\mathbb{C}^n$ 上的线性变换),并求 $\mathbb{C}$ 上线性空间 $V_{\lambda,l}$ 的维数,其中 $\boldsymbol{E}_n$ 是 n 阶单位矩阵;

(Ⅱ)设 $\boldsymbol{A}=\begin{pmatrix}2&-1&-1&2\\1&-1&-3&3\\0&1&3&-2\\0&0&0&1\end{pmatrix}$.

(1) 证明:$\boldsymbol{A}$ 满足第(Ⅰ)题中矩阵的条件,即 $\boldsymbol{A}$ 的特征多项式为 $f(x)=(x-a)^3(x-b)$,并求出 a 与 b 的值;

(2) 证明:$\boldsymbol{A}$ 的任意三个特征向量都是线性相关的;

(3) 令 $\boldsymbol{\beta}=(0,0,0,1)^{\mathrm{T}}$,求列向量 $\boldsymbol{\alpha}_1,\boldsymbol{\alpha}_2,\boldsymbol{\alpha}_3\in\mathbb{C}^4$ 使得 4 阶方阵 $\boldsymbol{S}=(\boldsymbol{\alpha}_1,\boldsymbol{\alpha}_2,\boldsymbol{\alpha}_3,\boldsymbol{\beta})$ 满足 $\boldsymbol{S}^{-1}\boldsymbol{AS}=\begin{pmatrix}b&0&0&0\\0&a&1&0\\0&0&a&1\\0&0&0&a\end{pmatrix}$,其中 a,b 为(1)中求得的值.

7.51(华南理工大学,2016 年) 设矩阵 $A=\begin{pmatrix}-2&-1&-1&0\\3&1&2&0\\0&1&-1&-1\\3&0&4&1\end{pmatrix}$,求 A^{2016}.

7.52(中国科学院大学,2017 年) 设 $\begin{pmatrix}x_{3n}\\x_{3n+1}\\x_{3n+2}\end{pmatrix}=\begin{pmatrix}3&-2&1\\4&-1&0\\4&-3&2\end{pmatrix}\begin{pmatrix}x_{3n-3}\\x_{3n-2}\\x_{3n-1}\end{pmatrix}$,给定初值 $x_0=5,x_1=7,x_2=8$. 求 x_n 的通项.

7.53 称 n 阶方阵 A 为一个 n 阶置换矩阵,如果 A 的每一行有且只有一个元素等于 1 其余的元素全为 0,并且 A 的每一列也有且只有一个元素等于 1 其余的元素全为 0.

(1)设 A 是 n 阶置换矩阵. 证明:若 A 与任意 n 阶置换矩阵 B 可交换,即 $AB=BA$,则 A 是 n 阶单位矩阵;

(2)证明:任意置换矩阵一定与某个对角矩阵相似.

7.54(浙江大学,2014 年) 设 X,Y 分别为 $m\times n$ 与 $n\times m$ 矩阵,$YX=E_n$. 令 $A=E_m+XY$. 证明 A 相似于对角矩阵.

7.55(四川大学,2008 年) 数域 F 上的方阵 X 称为幂零的,如果存在正整数 k 使得 $X^k=O$.

(1)设 A,B 为可交换的 n 阶幂零矩阵. 证明:$A+B$ 也是幂零的. 举例说明存在 n 阶幂零矩阵 A,B 使得 $A+B$ 不是幂零的;

(2)设 A,B 为 n 阶方阵且 AB 是幂零的. 证明:BA 也是幂零的. 举例说明存在 n 阶幂零矩阵 A,B 使得 AB 不是幂零的;

(3)设数域 F 上的 n 阶方阵 A 满足 $A^{n-1}\neq O$ 但 $A^n=O$. 证明:不存在 F 上的 n 阶方阵 B 使得 $A=B^2$;

(4)设 A 为实对称矩阵,证明:A 是幂零的当且仅当 $A=O$.

7.56(中国科学院大学,2007 年) 设 $\mathscr{A}$ 是复数域上 6 维线性空间 V 的线性变换,$\mathscr{A}$ 的特征多项式为 $(\lambda-1)^3(\lambda+1)^2(\lambda+2)$. 证明:$V$ 能够分解成三个不变子空间的直和,而且它们的维数分别是 1,2,3.

7.57(兰州大学,2011 年) 设 A 是数域 P 上的 n 阶方阵,其特征多项式 $f(\lambda)$ 可分解为一次因式的乘积

$$f(\lambda)=(\lambda-\lambda_1)^{r_1}(\lambda-\lambda_2)^{r_2}\cdots(\lambda-\lambda_s)^{r_s},$$

这里 $\lambda_1,\lambda_2,\cdots,\lambda_s\in P$ 两两互异. 证明:$P^n=V_1\oplus V_2\oplus\cdots\oplus V_s$,其中 $V_i=\{\boldsymbol{\alpha}\in P^n \mid (A-\lambda_iE)^{r_i}\boldsymbol{\alpha}=\mathbf{0}\},i=1,2,\cdots,s$,而 E 为 n 阶单位矩阵.

7.58(浙江大学,2012 年) 设 A 是 n 阶复方阵,证明:存在常数项等于零的多项式 $g(\lambda)$ 和 $h(\lambda)$,使得 $g(A)$ 是可对角化的矩阵,$h(A)$ 是幂零矩阵,且 $A=g(A)+h(A)$.

7.59 设 $A=\begin{pmatrix}-2&1&3\\-2&1&2\\-1&1&2\end{pmatrix}$. 试求可对角化矩阵 B 和幂零矩阵 C,使得 $A=B+C$,且 $BC=CB$.

7.60(兰州大学,2007 年) 设 σ,τ 都是有限维线性空间 V 上的非零线性变换.

(1)若 $(\sigma\tau-\tau\sigma)(V)$ 的维数等于 0,则 σ,τ 必有公共的非零不变子空间;

(2)若 $(\sigma\tau-\tau\sigma)(V)$ 的维数等于 1 并且 σ,τ 都与 $\sigma\tau-\tau\sigma$ 可交换,则 σ 与 τ 也有公共的非零不变子空间.(注:无需条件"σ,τ 都与 $\sigma\tau-\tau\sigma$ 可交换".)

7.61 设 n 阶复方阵 A 的特征多项式与最小多项式相等,方阵 B 与 A 可交换,即 $AB=BA$. 证明:存在多项式 $f(x)\in\mathbb{C}[x]$ 使得 $B=f(A)$.

7.62(中山大学,2014 年) 设 V 是数域 F 上的 n 维线性空间,σ 和 τ 都是 V 上的线性变换,V 是 σ-循环子空间,且 $\sigma\tau=\tau\sigma$. 证明:存在某个多项式 $f(x)$ 使得 $\tau=f(\sigma)$.

7.63(丘成桐竞赛试题,2010 年) 设 V 是有限维复线性空间,A,B 是 V 的两个线性变换,满足 $AB-BA=B$. 证明:A 和 B 有公共特征向量.

7.64(浙江大学,2016 年) 设 T 是复数域上 n 维线性空间 V 的线性变换,满足 $T^k=\mathrm{id}_V$(V 上的恒等线性变换),其中 $1\leqslant k\leqslant n$. 证明 T 必然可以对角化.

7.65 设 A 为 n 阶方阵,证明:A 的伴随矩阵 A^* 可表示为 A 的多项式.

7.66 设三阶方阵 $A=\begin{pmatrix}-2&1&0\\-4&2&0\\-2&1&0\end{pmatrix}$. 问 A 是否有平方根? 若有,则求出 A 的一个平方根.

7.67(华中师范大学,2013 年) 设 n 为正整数,$1\leqslant k,l\leqslant n$,$E$ 为 n 阶单位矩阵,$a_1,\cdots,a_{k-1},a_{k+1},\cdots,a_n$

是 $n-1$ 个不全为 0 的复数，$b_1,\cdots,b_{l-1},b_{l+1},\cdots,b_n$ 也是 $n-1$ 个不全为 0 的复数. 把 $\boldsymbol{E}$ 的第 k 行用行向量 $(a_1,\cdots,a_{k-1},1,a_{k+1},\cdots,a_n)$ 代替得矩阵 $\boldsymbol{A}$，把 $\boldsymbol{E}$ 的第 l 列用列向量 $(b_1,\cdots,b_{l-1},1,b_{l+1},\cdots,b_n)^{\mathrm{T}}$ 代替得矩阵 $\boldsymbol{B}$.

(1) 求 $\boldsymbol{A},\boldsymbol{B}$ 的 Jordan 标准形；

(2) 证明：复矩阵 $\boldsymbol{A}$ 与 $\boldsymbol{B}$ 是相似的.

7.68（中国科学院大学，2013 年）　假设 3 阶实方阵 $\boldsymbol{A}$ 满足：$\boldsymbol{A}^2=\boldsymbol{E}$，但 $\boldsymbol{A}\neq\pm\boldsymbol{E}$. 证明：$(\mathrm{tr}\,\boldsymbol{A})^2=1$，其中 $\boldsymbol{E}$ 是单位矩阵，$\mathrm{tr}\,\boldsymbol{A}$ 表示矩阵 $\boldsymbol{A}$ 的迹.

7.69　设 σ 是复数域 $\mathbb{C}$ 上 n 维线性空间 V 的幂零线性变换，即存在正整数 k 使得 $\sigma^k=0$. 求证：存在 V 的线性变换 φ,ψ 使得 $\varphi^2=e+\sigma$，$\psi(e+\sigma)=e$，其中 e 为恒同变换.

7.70　证明或反证：存在一个 n 阶实方阵 $\boldsymbol{A}$ 满足 $\boldsymbol{A}^2+2\boldsymbol{A}+5\boldsymbol{E}=\boldsymbol{O}$ 的充分必要条件是 n 为偶数.

7.71（中国科学技术大学，2012 年）　设 $n\geqslant 2$，求如下 n 阶实方阵 $\boldsymbol{A}=(a_{ij})_{n\times n}$ 的 Jordan 标准形：

$$\boldsymbol{A}=\begin{pmatrix} \boldsymbol{O} & & 1 & 1 \\ & \iddots & \iddots & \\ 1 & \iddots & & \\ 1 & & & \boldsymbol{O} \end{pmatrix}, \text{即 } a_{ij}=\begin{cases} 1, & i+j\in\{n,n+1\}; \\ 0, & i+j\notin\{n,n+1\}. \end{cases}$$

7.72（复旦大学竞赛试题，2010 年）　设 $\boldsymbol{A}$ 为 n 阶非奇异矩阵，证明：$\boldsymbol{A}$ 与所有 $\boldsymbol{A}^k$（k 为任意正整数）都相似的充分必要条件是 $\boldsymbol{A}$ 的所有特征值都为 1.

7.73（北京大学，2013 年）　对任意方阵 $\boldsymbol{A}$，按通常的幂级数定义 $\boldsymbol{A}$ 的双曲余弦如下：

$$\cosh\boldsymbol{A}=\boldsymbol{E}+\frac{1}{2!}\boldsymbol{A}^2+\frac{1}{4!}\boldsymbol{A}^4+\cdots.$$

问是否存在一个 2 阶复方阵 $\boldsymbol{A}$，使得 $\cosh\boldsymbol{A}=\begin{pmatrix}1 & 2013\\ 0 & 1\end{pmatrix}$.

7.74（华东师范大学，2014 年）　设 $\boldsymbol{A}\in M_n(\mathbb{C})$ 是一个幂零矩阵（即，存在正整数 m，使得 $\boldsymbol{A}^m=\boldsymbol{O}$），定义矩阵 $\exp(\boldsymbol{A})=\displaystyle\sum_{k=0}^{\infty}\frac{\boldsymbol{A}^k}{k!}$. 证明：$\exp(\boldsymbol{A})$ 是可逆矩阵，且 $\exp(\boldsymbol{A})^{-1}=\exp(-\boldsymbol{A})$.

7.75（山东大学，2015 年）　设 $\boldsymbol{A}=\begin{pmatrix}3 & 0 & 8 & 0\\ 3 & -1 & 6 & 0\\ -2 & 0 & -5 & 0\\ 0 & 0 & 0 & 2\end{pmatrix}$，求 $\boldsymbol{A}$ 的 Jordan 标准形 $\boldsymbol{J}$，并求出 $\boldsymbol{P}$，使得 $\boldsymbol{P}^{-1}\boldsymbol{A}\boldsymbol{P}=\boldsymbol{J}$.

7.76（华东师范大学，2017 年）　设 $f(x),g(x)$ 是数域 K 上的非零多项式，$\boldsymbol{A}\in M_n(K)$，$n\geqslant 2$.

(1) 证明：若 $g(\boldsymbol{A})$ 可逆，则 $f(\boldsymbol{A})g(\boldsymbol{A})^*=g(\boldsymbol{A})^*f(\boldsymbol{A})$，其中 $g(\boldsymbol{A})^*$ 为 $g(\boldsymbol{A})$ 的伴随矩阵；

(2) 问：当 $g(\boldsymbol{A})$ 不可逆时，结论是否成立？

7.77　设 $V=\mathbb{R}[x]_{n-1}$ 是所有次数不超过 $n-1$ 的实系数多项式按通常运算构成的实数域上的线性空间，V 的线性变换 φ 定义为

$$\varphi(f(x))=f(x)+f'(x),\quad f(x)\in V,$$

这里，$f'(x)$ 表示 $f(x)$ 的导数. 问 φ 是否完全可约？请证明你的结论.

7.78　求证：任一 n 阶可逆复矩阵 $\boldsymbol{A}$ 均可分解为 $\boldsymbol{A}=\boldsymbol{B}\boldsymbol{C}$，其中 $\boldsymbol{B}$ 可对角化，$\boldsymbol{C}$ 的特征值全为 1，满足 $\boldsymbol{B}\boldsymbol{C}=\boldsymbol{C}\boldsymbol{B}$，并且这种分解是唯一的.（提示：唯一性可利用本章例 7.90 的结论）

7.79　设 n 阶方阵 $\boldsymbol{A}\in M_n(K)$ 满足 $\mathrm{rank}(\boldsymbol{A}-\boldsymbol{E})+\mathrm{rank}(\boldsymbol{A}+2\boldsymbol{E})=n$.

(1) 证明：$\boldsymbol{A}^2+\boldsymbol{A}-2\boldsymbol{E}=\boldsymbol{O}$；

(2) 设 $\lambda=1$ 是 $\boldsymbol{A}$ 的特征值，$\boldsymbol{X}_0$ 是 $\boldsymbol{A}$ 的属于 1 的特征向量. 证明：线性方程组 $(\boldsymbol{E}-\boldsymbol{A})\boldsymbol{X}=\boldsymbol{X}_0$ 无解.

7.80（南开大学，2019 年）　设 $\boldsymbol{A}=\begin{pmatrix}0 & 1 & 0\\ 0 & 0 & 0\\ 0 & 0 & 0\end{pmatrix}$，$\boldsymbol{B}=\begin{pmatrix}0 & 0 & 1\\ 0 & 0 & 0\\ 0 & 0 & 0\end{pmatrix}$，问是否存在 3 阶复方阵 $\boldsymbol{X}$，及复系数多项式 $f(x),g(x)\in\mathbb{C}[x]$，使得 $\boldsymbol{A}=f(\boldsymbol{X})$，$\boldsymbol{B}=g(\boldsymbol{X})$？并说明理由.

7.81（北京大学，2019 年）　设 $\boldsymbol{A}$ 是复数域上的 n 阶方阵，$\boldsymbol{A}$ 的特征值为 $\lambda_1,\lambda_2,\cdots,\lambda_n$. 定义 $M_n(\mathbb{C})$ 上的线性变换 T 为

$$T:\ M_n(\mathbb{C})\to M_n(\mathbb{C})$$
$$\boldsymbol{B}\to\boldsymbol{A}\boldsymbol{B}-\boldsymbol{B}\boldsymbol{A}$$

(1) 求线性变换 T 的特征值；

(2) 证明：若 $\boldsymbol{A}$ 可对角化，则 T 也可对角化.

7.82（华东师范大学，2020 年）　设 n 为奇数，$\boldsymbol{A},\boldsymbol{B}\in M_n(\mathbb{C})$，且 $\boldsymbol{A}^2=\boldsymbol{O}$. 证明：$\boldsymbol{A}\boldsymbol{B}-\boldsymbol{B}\boldsymbol{A}$ 不可逆.

第 8 章

二次型与实对称矩阵

线性空间上的双线性函数不仅在线性代数中十分重要，而且出现在数学的各个分支中. 由于双线性函数与二次型之间有着一一对应的关系，双线性函数的度量矩阵又与对称矩阵一一对应，因此同一个问题的结论可以表示成三种不同形式. 特别是实对称矩阵，又可从欧氏空间的对称变换的角度研究，利用正交变换将其化为标准形.

§8.1　双线性函数

基本理论与要点提示

8.1.1　双线性函数及其度量矩阵

(1) 数域 K 上线性空间 V 上的二元函数 $f:V\times V\to K$ 称为双线性函数，如果具有性质

① $f(\boldsymbol{\alpha},k_1\boldsymbol{\beta}_1+k_2\boldsymbol{\beta}_2)=k_1f(\boldsymbol{\alpha},\boldsymbol{\beta}_1)+k_2f(\boldsymbol{\alpha},\boldsymbol{\beta}_2)$,　$\forall\boldsymbol{\alpha},\boldsymbol{\beta}_1,\boldsymbol{\beta}_2\in V,k_1,k_2\in K$;

② $f(k_1\boldsymbol{\alpha}_1+k_2\boldsymbol{\alpha}_2,\boldsymbol{\beta})=k_1f(\boldsymbol{\alpha}_1,\boldsymbol{\beta})+k_2f(\boldsymbol{\alpha}_2,\boldsymbol{\beta})$,　$\forall\boldsymbol{\alpha}_1,\boldsymbol{\alpha}_2,\boldsymbol{\beta}\in V,k_1,k_2\in K$.

(2) 数域 K 上线性空间 V 上的双线性函数 f 关于 V 的基 $\boldsymbol{\eta}_1,\boldsymbol{\eta}_2,\cdots,\boldsymbol{\eta}_n$ 的度量矩阵定义为

$$\boldsymbol{G}=\begin{pmatrix} f(\boldsymbol{\eta}_1,\boldsymbol{\eta}_1) & f(\boldsymbol{\eta}_1,\boldsymbol{\eta}_2) & \cdots & f(\boldsymbol{\eta}_1,\boldsymbol{\eta}_n)\\ f(\boldsymbol{\eta}_2,\boldsymbol{\eta}_1) & f(\boldsymbol{\eta}_2,\boldsymbol{\eta}_2) & \cdots & f(\boldsymbol{\eta}_2,\boldsymbol{\eta}_n)\\ \vdots & \vdots & & \vdots\\ f(\boldsymbol{\eta}_n,\boldsymbol{\eta}_1) & f(\boldsymbol{\eta}_n,\boldsymbol{\eta}_2) & \cdots & f(\boldsymbol{\eta}_n,\boldsymbol{\eta}_n)\end{pmatrix}.$$

若向量 $\boldsymbol{\alpha},\boldsymbol{\beta}\in V$ 在基 $\boldsymbol{\eta}_1,\boldsymbol{\eta}_2,\cdots,\boldsymbol{\eta}_n$ 下的坐标为 $\boldsymbol{X}=(x_1,x_2,\cdots,x_n)^{\mathrm{T}}$ 与 $\boldsymbol{Y}=(y_1,y_2,\cdots,y_n)^{\mathrm{T}}$，则

$$f(\boldsymbol{\alpha},\boldsymbol{\beta})=\sum_{i=1}^{n}\sum_{j=1}^{n}x_iy_jf(\boldsymbol{\eta}_i,\boldsymbol{\eta}_j)=\boldsymbol{X}^{\mathrm{T}}\boldsymbol{G}\boldsymbol{Y}.$$

(3) 设线性空间 V 有两个基 $\boldsymbol{\eta}_1,\boldsymbol{\eta}_2,\cdots,\boldsymbol{\eta}_n$ 与 $\boldsymbol{\eta}'_1,\boldsymbol{\eta}'_2,\cdots,\boldsymbol{\eta}'_n$，其变换关系式为

$$(\boldsymbol{\eta}'_1,\boldsymbol{\eta}'_2,\cdots,\boldsymbol{\eta}'_n)=(\boldsymbol{\eta}_1,\boldsymbol{\eta}_2,\cdots,\boldsymbol{\eta}_n)\boldsymbol{P},$$

则 V 上的双线性函数 f 关于这两个基的度量矩阵 $\boldsymbol{G}$ 与 $\boldsymbol{G}'$ 是合同的，即 $\boldsymbol{G}'=\boldsymbol{P}^{\mathrm{T}}\boldsymbol{G}\boldsymbol{P}$.

(4) 设 f 是线性空间 V 上的双线性函数，则 f 是非奇异(或非退化)的当且仅当 f 关于 V 的任一基的度量矩阵 $\boldsymbol{G}$ 是非奇异的.

8.1.2　对称双线性函数

(1) 线性空间 V 上的双线性函数 f 称为是对称的，如果 $\forall\boldsymbol{\alpha},\boldsymbol{\beta}\in V$ 都有 $f(\boldsymbol{\alpha},\boldsymbol{\beta})=f(\boldsymbol{\beta},\boldsymbol{\alpha})$；称 f 是反对称的，如果 $\forall\boldsymbol{\alpha},\boldsymbol{\beta}\in V$ 都有 $f(\boldsymbol{\alpha},\boldsymbol{\beta})=-f(\boldsymbol{\beta},\boldsymbol{\alpha})$.

(2) 线性空间 V 上的双线性函数 f 是对称或反对称的当且仅当 f 关于 V 的任一基的度量矩阵是对称或反对称矩阵.

(3) 设 f 是线性空间 V 上的对称双线性函数，则存在 V 的一个基 $\boldsymbol{\eta}_1,\boldsymbol{\eta}_2,\cdots,\boldsymbol{\eta}_n$，使得 f 关于这个基的度量矩阵是对角矩阵.

典型问题解析

【例 8.1】　设 $\boldsymbol{A}=(a_{ij})_{2\times2}\in M_2(K)$，定义线性空间 $M_2(K)$ 上的一个二元函数

$$f(\boldsymbol{X},\boldsymbol{Y})=\mathrm{tr}(\boldsymbol{X}^{\mathrm{T}}\boldsymbol{A}\boldsymbol{Y}),\quad\forall\boldsymbol{X},\boldsymbol{Y}\in M_2(K).$$

(1) 证明 $f(\boldsymbol{X},\boldsymbol{Y})$ 是 $M_2(K)$ 上的双线性函数;

(2) 求 $f(\boldsymbol{X},\boldsymbol{Y})$ 在 $M_2(K)$ 的基

$$\boldsymbol{E}_{11}=\begin{pmatrix}1&0\\0&0\end{pmatrix},\ \boldsymbol{E}_{12}=\begin{pmatrix}0&1\\0&0\end{pmatrix},\ \boldsymbol{E}_{21}=\begin{pmatrix}0&0\\1&0\end{pmatrix},\ \boldsymbol{E}_{22}=\begin{pmatrix}0&0\\0&1\end{pmatrix}$$

下的度量矩阵;

(3) 问 $f(\boldsymbol{X},\boldsymbol{Y})$ 何时是非奇异的?

【解】 (1) $\forall \boldsymbol{X},\boldsymbol{Y},\boldsymbol{Z}\in M_2(K)$, $k_1,k_2\in K$,有

$$\begin{aligned}f(\boldsymbol{X},k_1\boldsymbol{Y}+k_2\boldsymbol{Z})&=\operatorname{tr}(\boldsymbol{X}^{\mathrm{T}}\boldsymbol{A}(k_1\boldsymbol{Y}+k_2\boldsymbol{Z}))=k_1\operatorname{tr}(\boldsymbol{X}^{\mathrm{T}}\boldsymbol{A}\boldsymbol{Y})+k_2\operatorname{tr}(\boldsymbol{X}^{\mathrm{T}}\boldsymbol{A}\boldsymbol{Z})\\&=k_1f(\boldsymbol{X},\boldsymbol{Y})+k_2f(\boldsymbol{X},\boldsymbol{Z}),\\f(k_1\boldsymbol{X}+k_2\boldsymbol{Y},\boldsymbol{Z})&=\operatorname{tr}((k_1\boldsymbol{X}+k_2\boldsymbol{Y})^{\mathrm{T}}\boldsymbol{A}\boldsymbol{Z})=k_1\operatorname{tr}(\boldsymbol{X}^{\mathrm{T}}\boldsymbol{A}\boldsymbol{Z})+k_2\operatorname{tr}(\boldsymbol{Y}^{\mathrm{T}}\boldsymbol{A}\boldsymbol{Z})\\&=k_1f(\boldsymbol{X},\boldsymbol{Z})+k_2f(\boldsymbol{Y},\boldsymbol{Z}),\end{aligned}$$

故 $f(\boldsymbol{X},\boldsymbol{Y})$ 是 $M_2(K)$ 上的双线性函数.

(2) 根据 f 的定义,有

$$f(\boldsymbol{E}_{11},\boldsymbol{E}_{11})=\operatorname{tr}(\boldsymbol{E}_{11}^{\mathrm{T}}\boldsymbol{A}\boldsymbol{E}_{11})=a_{11},\qquad f(\boldsymbol{E}_{11},\boldsymbol{E}_{12})=\operatorname{tr}(\boldsymbol{E}_{11}^{\mathrm{T}}\boldsymbol{A}\boldsymbol{E}_{12})=0,$$
$$f(\boldsymbol{E}_{11},\boldsymbol{E}_{21})=\operatorname{tr}(\boldsymbol{E}_{11}^{\mathrm{T}}\boldsymbol{A}\boldsymbol{E}_{21})=a_{12},\qquad f(\boldsymbol{E}_{11},\boldsymbol{E}_{22})=\operatorname{tr}(\boldsymbol{E}_{11}^{\mathrm{T}}\boldsymbol{A}\boldsymbol{E}_{22})=0.$$

同理可求得

$$f(\boldsymbol{E}_{12},\boldsymbol{E}_{11})=0,\quad f(\boldsymbol{E}_{12},\boldsymbol{E}_{12})=a_{11},\quad f(\boldsymbol{E}_{12},\boldsymbol{E}_{21})=0,\quad f(\boldsymbol{E}_{12},\boldsymbol{E}_{22})=a_{12},$$
$$f(\boldsymbol{E}_{21},\boldsymbol{E}_{11})=a_{21},\ f(\boldsymbol{E}_{21},\boldsymbol{E}_{12})=0,\quad f(\boldsymbol{E}_{21},\boldsymbol{E}_{21})=a_{22},\ f(\boldsymbol{E}_{21},\boldsymbol{E}_{22})=0,$$
$$f(\boldsymbol{E}_{22},\boldsymbol{E}_{11})=0,\quad f(\boldsymbol{E}_{22},\boldsymbol{E}_{12})=a_{21},\quad f(\boldsymbol{E}_{22},\boldsymbol{E}_{21})=0,\quad f(\boldsymbol{E}_{22},\boldsymbol{E}_{22})=a_{22}.$$

所以 $f(\boldsymbol{X},\boldsymbol{Y})$ 在基 $\boldsymbol{E}_{11},\boldsymbol{E}_{12},\boldsymbol{E}_{21},\boldsymbol{E}_{22}$ 下的度量矩阵为

$$\boldsymbol{Q}=\begin{pmatrix}a_{11}&0&a_{12}&0\\0&a_{11}&0&a_{12}\\a_{21}&0&a_{22}&0\\0&a_{21}&0&a_{22}\end{pmatrix}.$$

(3) 直接计算可知 $|\boldsymbol{Q}|=|\boldsymbol{A}|^2$,故当且仅当 $\boldsymbol{A}$ 非退化时,$f(\boldsymbol{X},\boldsymbol{Y})$ 是非退化的.

【例 8.2】(华南理工大学,2009 年) 设 $f(\boldsymbol{X},\boldsymbol{Y})$ 是数域 P 上的 n 维线性空间 V 上的一个双线性函数,证明:$f(\boldsymbol{X},\boldsymbol{Y})=\boldsymbol{X}^{\mathrm{T}}\boldsymbol{A}\boldsymbol{Y}=\sum\limits_{i=1}^{n}\sum\limits_{j=1}^{n}a_{ij}x_iy_j$ 可以表示为两个线性函数 $f_1(\boldsymbol{X})=\sum\limits_{i=1}^{n}b_ix_i$ 与 $f_2(\boldsymbol{Y})=\sum\limits_{i=1}^{n}c_iy_i$ 之积的充分必要条件是 $f(\boldsymbol{X},\boldsymbol{Y})$ 的度量矩阵 $\boldsymbol{A}$ 的秩 $\operatorname{rank}\boldsymbol{A}\leqslant 1$.

【证】 必要性. 设 $f(\boldsymbol{X},\boldsymbol{Y})=f_1(\boldsymbol{X})f_2(\boldsymbol{Y})$. 因为 $f_1(\boldsymbol{X})=\boldsymbol{X}^{\mathrm{T}}\boldsymbol{B}$, $f_2(\boldsymbol{Y})=\boldsymbol{C}^{\mathrm{T}}\boldsymbol{Y}$,其中 $\boldsymbol{B}=(b_1,b_2,\cdots,b_n)^{\mathrm{T}}$, $\boldsymbol{C}=(c_1,c_2,\cdots,c_n)^{\mathrm{T}}$,所以

$$f(\boldsymbol{X},\boldsymbol{Y})=\boldsymbol{X}^{\mathrm{T}}\boldsymbol{A}\boldsymbol{Y}=\boldsymbol{X}^{\mathrm{T}}(\boldsymbol{B}\boldsymbol{C}^{\mathrm{T}})\boldsymbol{Y}.$$

由此可得 $\boldsymbol{A}=\boldsymbol{B}\boldsymbol{C}^{\mathrm{T}}$. 于是,有 $\operatorname{rank}\boldsymbol{A}\leqslant\operatorname{rank}\boldsymbol{B}\leqslant 1$.

充分性. 设 $\operatorname{rank}\boldsymbol{A}\leqslant 1$,则存在 $\boldsymbol{B}=(b_1,b_2,\cdots,b_n)^{\mathrm{T}}$, $\boldsymbol{C}=(c_1,c_2,\cdots,c_n)^{\mathrm{T}}\in P^{n\times 1}$,使得 $\boldsymbol{A}=\boldsymbol{B}\boldsymbol{C}^{\mathrm{T}}$. 令 $f_1(\boldsymbol{X})=\sum\limits_{i=1}^{n}b_ix_i$, $f_2(\boldsymbol{Y})=\sum\limits_{i=1}^{n}c_iy_i$,则

$$f(\boldsymbol{X},\boldsymbol{Y})=\boldsymbol{X}^{\mathrm{T}}\boldsymbol{A}\boldsymbol{Y}=(\boldsymbol{X}^{\mathrm{T}}\boldsymbol{B})(\boldsymbol{C}^{\mathrm{T}}\boldsymbol{Y})=f_1(\boldsymbol{X})f_2(\boldsymbol{Y}).$$

【例8.3】(武汉大学,2014年;南开大学,2008年)　设 V 是数域 K 上的 n 维线性空间, $f(\boldsymbol{\alpha},\boldsymbol{\beta})$ 是 V 上的非退化双线性函数. 证明:对任何 $g\in V^*$,存在唯一的 $\boldsymbol{\alpha}\in V$,使得

$$g(\boldsymbol{\beta})=f(\boldsymbol{\alpha},\boldsymbol{\beta}),\quad \forall\boldsymbol{\beta}\in V.$$

【证】　$g\in V^*$ 表明 g 是 V 的线性函数. 取 V 的一个基 $\boldsymbol{\xi}_1,\boldsymbol{\xi}_2,\cdots,\boldsymbol{\xi}_n$,设 f 在这个基下的度量矩阵为 $\boldsymbol{A}$,g 在这个基下的矩阵为行向量 $\boldsymbol{B}$,又设 $\boldsymbol{\alpha},\boldsymbol{\beta}$ 在这个基下的坐标为 $\boldsymbol{X},\boldsymbol{Y}$,则 $f(\boldsymbol{\alpha},\boldsymbol{\beta})=\boldsymbol{X}^{\mathrm{T}}\boldsymbol{AY}$,$g(\boldsymbol{\beta})=\boldsymbol{BY}$. 故

$$g(\boldsymbol{\beta})=f(\boldsymbol{\alpha},\boldsymbol{\beta})\Leftrightarrow \boldsymbol{BY}=\boldsymbol{X}^{\mathrm{T}}\boldsymbol{AY}.$$

因为 f 非退化,所以矩阵 $\boldsymbol{A}$ 可逆. 取 $\boldsymbol{X}^{\mathrm{T}}=\boldsymbol{BA}^{-1}$,令 $\boldsymbol{\alpha}=(\boldsymbol{\xi}_1,\boldsymbol{\xi}_2,\cdots,\boldsymbol{\xi}_n)\boldsymbol{X}$,则 $g(\boldsymbol{\beta})=f(\boldsymbol{\alpha},\boldsymbol{\beta})$.

再证唯一性. 设 $\boldsymbol{\alpha}_1=(\boldsymbol{\xi}_1,\boldsymbol{\xi}_2,\cdots,\boldsymbol{\xi}_n)\boldsymbol{X}_1\in V$ 也满足 $g(\boldsymbol{\beta})=f(\boldsymbol{\alpha}_1,\boldsymbol{\beta})$, $\forall\boldsymbol{\beta}\in V$,则

$$f(\boldsymbol{\alpha}-\boldsymbol{\alpha}_1,\boldsymbol{\beta})=(\boldsymbol{X}-\boldsymbol{X}_1)^{\mathrm{T}}\boldsymbol{AY}=0.$$

由于 $\boldsymbol{Y}$ 的任意性,所以 $(\boldsymbol{X}-\boldsymbol{X}_1)^{\mathrm{T}}\boldsymbol{A}=\boldsymbol{0}$. 又 $\boldsymbol{A}$ 可逆,所以 $\boldsymbol{X}_1=\boldsymbol{X}$,即 $\boldsymbol{\alpha}_1=\boldsymbol{\alpha}$.

【例8.4】(北京大学,2012年)　设 $f(\boldsymbol{\alpha},\boldsymbol{\beta})$ 是数域 K 上线性空间 V 上的对称双线性函数,已知 f 能分解成 V 上的两个线性函数 f_1 与 f_2 之积:

$$f(\boldsymbol{\alpha},\boldsymbol{\beta})=f_1(\boldsymbol{\alpha})f_2(\boldsymbol{\beta}),\quad \forall\boldsymbol{\alpha},\boldsymbol{\beta}\in V.$$

证明:存在非零常数 $k\in K$ 及线性函数 g,使

$$f(\boldsymbol{\alpha},\boldsymbol{\beta})=kg(\boldsymbol{\alpha})g(\boldsymbol{\beta}).$$

【证】　若 $f=0$,只需取 $g=0$,$k\neq0$ 即可. 故只需考虑 $f\neq0$.

(方法1)设 $\boldsymbol{\varepsilon}_1,\boldsymbol{\varepsilon}_2,\cdots,\boldsymbol{\varepsilon}_n$ 为 V 的一个基, $\forall\boldsymbol{\alpha},\boldsymbol{\beta}\in V$,令 $\boldsymbol{\alpha}=\sum\limits_{i=1}^{n}x_i\boldsymbol{\varepsilon}_i$,$\boldsymbol{\beta}=\sum\limits_{i=1}^{n}y_i\boldsymbol{\varepsilon}_i$,则

$$f_1(\boldsymbol{\alpha})=\sum_{i=1}^{n}x_if_1(\boldsymbol{\varepsilon}_i)=\sum_{i=1}^{n}a_ix_i,\quad f_2(\boldsymbol{\alpha})=\sum_{i=1}^{n}x_if_2(\boldsymbol{\varepsilon}_i)=\sum_{i=1}^{n}b_ix_i,$$

其中 $a_i=f_1(\boldsymbol{\varepsilon}_i)\in K$, $b_i=f_2(\boldsymbol{\varepsilon}_i)\in K$, $i=1,2,\cdots,n$.

由于 $f(\boldsymbol{\alpha},\boldsymbol{\beta})=f(\boldsymbol{\beta},\boldsymbol{\alpha})$,所以 $f_1(\boldsymbol{\alpha})f_2(\boldsymbol{\beta})=f_1(\boldsymbol{\beta})f_2(\boldsymbol{\alpha})$,即

$$\sum_{i=1}^{n}a_ix_i\sum_{j=1}^{n}b_jy_j=\sum_{j=1}^{n}a_jy_j\sum_{i=1}^{n}b_ix_i.$$

由 $\boldsymbol{\alpha},\boldsymbol{\beta}$ 的任意性,故上式对 K 中任意数 $x_1,x_2,\cdots,x_n$ 及 $y_1,y_2,\cdots,y_n$ 均成立. 比较 x_iy_j 的系数,得

$$a_ib_j=b_ia_j,\quad i,j=1,2,\cdots,n,$$

由此可知 $(a_1,a_2,\cdots,a_n)$ 与 $(b_1,b_2,\cdots,b_n)$ 成比例.

因为 $f\neq0$,所以 f_1 或 $f_2\neq0$. 不妨设 $f_1\neq0$,则存在非零的 $k\in K$,使 $f_2=kf_1$. 取 $g=f_1$,于是

$$f(\boldsymbol{\alpha},\boldsymbol{\beta})=kg(\boldsymbol{\alpha})g(\boldsymbol{\beta}).$$

(方法2)因为 $f\neq0$,所以存在 $\boldsymbol{\alpha}_0,\boldsymbol{\beta}_0\in V$,使 $f(\boldsymbol{\alpha}_0,\boldsymbol{\beta}_0)\neq0$,即 $f_1(\boldsymbol{\alpha}_0)f_2(\boldsymbol{\beta}_0)\neq0$. 对任意 $\boldsymbol{\beta}\in V$,由于 f 的对称性,$f(\boldsymbol{\alpha}_0,\boldsymbol{\beta})=f(\boldsymbol{\beta},\boldsymbol{\alpha}_0)$,所以 $f_1(\boldsymbol{\alpha}_0)f_2(\boldsymbol{\beta})=f_1(\boldsymbol{\beta})f_2(\boldsymbol{\alpha}_0)$,由此得

$$f_2(\boldsymbol{\beta})=\frac{f_2(\boldsymbol{\alpha}_0)}{f_1(\boldsymbol{\alpha}_0)}f_1(\boldsymbol{\beta}).$$

取 $k=\dfrac{f_2(\boldsymbol{\alpha}_0)}{f_1(\boldsymbol{\alpha}_0)}$,$g=f_1$,则 $k\neq0$,且 $f_2=kg$. 因此 $f(\boldsymbol{\alpha},\boldsymbol{\beta})=kg(\boldsymbol{\alpha})g(\boldsymbol{\beta})$.

【例 8.5】 设$f(\boldsymbol{\alpha},\boldsymbol{\beta})$是实数域上 n 维线性空间 V 上的对称双线性函数,f 关于 V 的一个基的度量矩阵为 $\boldsymbol{A}$. 已知 n 元实二次型 $g(\boldsymbol{x})=\boldsymbol{x}^{\mathrm{T}}\boldsymbol{A}\boldsymbol{x}$ 的负惯性指数等于0. 证明:

$$W=\{\boldsymbol{\alpha}\in V \mid f(\boldsymbol{\alpha},\boldsymbol{\alpha})=0\}$$

是 V 的一个子空间,并求 W 的维数 $\dim W$.

【证】 显然,W 包含 V 的零元,所以 W 是 V 的非空子集.

另一方面,对任意 $\boldsymbol{\alpha},\boldsymbol{\beta}\in W$,由于$f(\boldsymbol{\alpha},\boldsymbol{\alpha})=0$,$f(\boldsymbol{\beta},\boldsymbol{\beta})=0$,所以

$$f(\boldsymbol{\alpha}+\boldsymbol{\beta},\boldsymbol{\alpha}+\boldsymbol{\beta})=f(\boldsymbol{\alpha},\boldsymbol{\alpha})+f(\boldsymbol{\beta},\boldsymbol{\beta})+2f(\boldsymbol{\alpha},\boldsymbol{\beta})=2f(\boldsymbol{\alpha},\boldsymbol{\beta}).$$

下证$f(\boldsymbol{\alpha},\boldsymbol{\beta})=0$. 为此,设 $\boldsymbol{A}$ 是 f 关于 V 的基 $\boldsymbol{\xi}_1,\boldsymbol{\xi}_2,\cdots,\boldsymbol{\xi}_n$ 的度量矩阵,$\boldsymbol{\alpha},\boldsymbol{\beta}$ 在这个基下的坐标分别为 $\boldsymbol{x},\boldsymbol{y}$,则$f(\boldsymbol{\alpha},\boldsymbol{\beta})=\boldsymbol{x}^{\mathrm{T}}\boldsymbol{A}\boldsymbol{y}$,其中 $\boldsymbol{x},\boldsymbol{y}\in\mathbb{R}^n$. 据题设,$\boldsymbol{A}$ 是半正定矩阵,所以存在 n 阶实方阵 $\boldsymbol{C}$ 使得 $\boldsymbol{A}=\boldsymbol{C}^{\mathrm{T}}\boldsymbol{C}$. 利用 Cauchy 不等式,得

$$|f(\boldsymbol{\alpha},\boldsymbol{\beta})|^2=|(\boldsymbol{C}\boldsymbol{x})^{\mathrm{T}}(\boldsymbol{C}\boldsymbol{y})|^2\leqslant|\boldsymbol{C}\boldsymbol{x}|^2|\boldsymbol{C}\boldsymbol{y}|^2=f(\boldsymbol{\alpha},\boldsymbol{\alpha})f(\boldsymbol{\beta},\boldsymbol{\beta})=0.$$

于是,有 $f(\boldsymbol{\alpha}+\boldsymbol{\beta},\boldsymbol{\alpha}+\boldsymbol{\beta})=0$,故 $\boldsymbol{\alpha}+\boldsymbol{\beta}\in W$.

又对任意 $\boldsymbol{\alpha}\in W,k\in\mathbb{R}$,有 $f(k\boldsymbol{\alpha},k\boldsymbol{\alpha})=k^2f(\boldsymbol{\alpha},\boldsymbol{\alpha})=0$,所以 $k\boldsymbol{\alpha}\in W$. 因此 W 是 V 的子空间.

进一步,设 $\operatorname{rank}\boldsymbol{A}=r$,则 $\operatorname{rank}\boldsymbol{C}=\operatorname{rank}(\boldsymbol{C}^{\mathrm{T}}\boldsymbol{C})=r$. 因为$f(\boldsymbol{\alpha},\boldsymbol{\alpha})=(\boldsymbol{C}\boldsymbol{x})^{\mathrm{T}}(\boldsymbol{C}\boldsymbol{x})=0$ 当且仅当 $\boldsymbol{C}\boldsymbol{x}=\boldsymbol{0}$,而齐次方程组 $\boldsymbol{C}\boldsymbol{x}=\boldsymbol{0}$ 的解空间维数等于 $n-r$,所以 $\dim W=n-\operatorname{rank}\boldsymbol{A}$.

【例 8.6】(南京理工大学,2011 年) 证明:线性空间 V 上的双线性函数$f(\boldsymbol{\alpha},\boldsymbol{\beta})$为反对称的充分必要条件是:对任意 $\boldsymbol{\alpha}\in V$,都有$f(\boldsymbol{\alpha},\boldsymbol{\alpha})=0$.

【证】 必要性. 因为f是反对称的,所以$\forall\boldsymbol{\alpha},\boldsymbol{\beta}\in V$,有$f(\boldsymbol{\alpha},\boldsymbol{\beta})=-f(\boldsymbol{\beta},\boldsymbol{\alpha})$. 取$\boldsymbol{\beta}=\boldsymbol{\alpha}$,得$f(\boldsymbol{\alpha},\boldsymbol{\alpha})=-f(\boldsymbol{\alpha},\boldsymbol{\alpha})$,故$f(\boldsymbol{\alpha},\boldsymbol{\alpha})=0$.

充分性. 设$\forall\boldsymbol{\alpha}\in V$,有$f(\boldsymbol{\alpha},\boldsymbol{\alpha})=0$,则$\forall\boldsymbol{\alpha},\boldsymbol{\beta}\in V$,有

$$f(\boldsymbol{\alpha},\boldsymbol{\beta})+f(\boldsymbol{\beta},\boldsymbol{\alpha})=f(\boldsymbol{\alpha}+\boldsymbol{\beta},\boldsymbol{\alpha}+\boldsymbol{\beta})-f(\boldsymbol{\alpha},\boldsymbol{\alpha})-f(\boldsymbol{\beta},\boldsymbol{\beta})=0,$$

即$f(\boldsymbol{\alpha},\boldsymbol{\beta})=-f(\boldsymbol{\beta},\boldsymbol{\alpha})$,故$f$是反对称的.

【例 8.7】(北京大学,2007 年) 设f为线性空间 V 上的双线性函数,且对任意的$\boldsymbol{\alpha},\boldsymbol{\beta},\boldsymbol{\gamma}\in V$,都有

$$f(\boldsymbol{\alpha},\boldsymbol{\beta})f(\boldsymbol{\gamma},\boldsymbol{\alpha})=f(\boldsymbol{\beta},\boldsymbol{\alpha})f(\boldsymbol{\alpha},\boldsymbol{\gamma}). \qquad ①$$

求证:f为对称的或反对称的.

【证】 分两种情形考虑:

(1) $\forall\boldsymbol{\eta}\in V$,都有$f(\boldsymbol{\eta},\boldsymbol{\eta})=0$,则$f$是反对称的.

(2) 存在 $\boldsymbol{\eta}_0\in V$,使得$f(\boldsymbol{\eta}_0,\boldsymbol{\eta}_0)\neq0$,下证$f$是对称的. 首先在①式中取$\boldsymbol{\alpha}=\boldsymbol{\beta}=\boldsymbol{\eta}_0$,得

$$f(\boldsymbol{\gamma},\boldsymbol{\eta}_0)=f(\boldsymbol{\eta}_0,\boldsymbol{\gamma}),\quad\forall\boldsymbol{\gamma}\in V. \qquad ②$$

现$\forall\boldsymbol{\alpha},\boldsymbol{\beta}\in V$,若$f(\boldsymbol{\alpha},\boldsymbol{\eta}_0)\neq0$,则在条件①中取$\boldsymbol{\gamma}=\boldsymbol{\eta}_0$,并结合②式,有$f(\boldsymbol{\alpha},\boldsymbol{\beta})=f(\boldsymbol{\beta},\boldsymbol{\alpha})$;若$f(\boldsymbol{\alpha},\boldsymbol{\eta}_0)=0$,则

$$f(\boldsymbol{\alpha}+\boldsymbol{\eta}_0,\boldsymbol{\eta}_0)=f(\boldsymbol{\alpha},\boldsymbol{\eta}_0)+f(\boldsymbol{\eta}_0,\boldsymbol{\eta}_0)=f(\boldsymbol{\eta}_0,\boldsymbol{\eta}_0)\neq0.$$

根据已证得的事实,得$f(\boldsymbol{\alpha}+\boldsymbol{\eta}_0,\boldsymbol{\beta})=f(\boldsymbol{\beta},\boldsymbol{\alpha}+\boldsymbol{\eta}_0)$,即$f(\boldsymbol{\alpha},\boldsymbol{\beta})+f(\boldsymbol{\eta}_0,\boldsymbol{\beta})=f(\boldsymbol{\beta},\boldsymbol{\alpha})+f(\boldsymbol{\beta},\eta_0)$. 再由②式,有$f(\boldsymbol{\alpha},\boldsymbol{\beta})=f(\boldsymbol{\beta},\boldsymbol{\alpha})$. 因此$f$为对称双线性函数.

【注】 本题用矩阵形式表述即:设$\boldsymbol{A}\in F^{n\times n}$为 n 阶方阵,且对任意 n 维列向量 $\boldsymbol{x},\boldsymbol{y},z\in F^n$,都有$(\boldsymbol{x}^{\mathrm{T}}\boldsymbol{A}\boldsymbol{y})(z^{\mathrm{T}}\boldsymbol{A}\boldsymbol{x})=(\boldsymbol{y}^{\mathrm{T}}\boldsymbol{A}\boldsymbol{x})(\boldsymbol{x}^{\mathrm{T}}\boldsymbol{A}z)$,则 $\boldsymbol{A}$ 是对称或反对称矩阵.(参见第 4 章例 4.131.)

【例8.8】(北京大学,2000年)　(Ⅰ)设V是实数域上的线性空间,f是V上的正定的对称双线性函数,U是V的有限维子空间.证明:

$$V=U\oplus U^{\perp},$$

其中$U^{\perp}=\{\boldsymbol{\alpha}\in V\mid f(\boldsymbol{\alpha},\boldsymbol{\beta})=0,\forall\boldsymbol{\beta}\in U\}$.

(Ⅱ)设V是数域K上的n维线性空间,g是V上的非退化的对称双线性函数,W是V的子空间,令

$$W^{\perp}=\{\boldsymbol{\alpha}\in V\mid g(\boldsymbol{\alpha},\boldsymbol{\beta})=0,\forall\boldsymbol{\beta}\in W\}.$$

证明:

(1) $\dim V=\dim W+\dim(W^{\perp})$;

(2) $(W^{\perp})^{\perp}=W$.

【证】　(Ⅰ)在V上定义二元实函数

$$(\boldsymbol{\alpha},\boldsymbol{\beta})=f(\boldsymbol{\alpha},\boldsymbol{\beta}),\quad\forall\boldsymbol{\alpha},\boldsymbol{\beta}\in V.$$

因为f为V上正定的对称双线性函数,容易证明$(\boldsymbol{\alpha},\boldsymbol{\beta})$为$V$上的内积,所以$V$对于此内积构成欧氏空间.对于$V$的子空间$U$,存在唯一的正交补

$$\begin{aligned}U^{\perp}&=\{\boldsymbol{\alpha}\in V\mid(\boldsymbol{\alpha},\boldsymbol{\beta})=0,\forall\boldsymbol{\beta}\in U\}\\&=\{\boldsymbol{\alpha}\in V\mid f(\boldsymbol{\alpha},\boldsymbol{\beta})=0,\forall\boldsymbol{\beta}\in U\}.\end{aligned}$$

于是有$V=U\oplus U^{\perp}$.

(Ⅱ)(1)令$\dim W=r$,取W的一个基$\boldsymbol{\xi}_1,\boldsymbol{\xi}_2,\cdots,\boldsymbol{\xi}_r$,并扩充成$V$的基$\boldsymbol{\xi}_1,\boldsymbol{\xi}_2,\cdots,\boldsymbol{\xi}_r,\cdots,\boldsymbol{\xi}_n$,设$g$在这个基下的度量矩阵为$\boldsymbol{A}=(a_{ij})_{n\times n}$,则$\boldsymbol{A}$为满秩对称矩阵.又设$\boldsymbol{\alpha},\boldsymbol{\beta}$在$V$的这个基下的坐标分别为$\boldsymbol{X}$与$\boldsymbol{Y}$,则$g(\boldsymbol{\alpha},\boldsymbol{\beta})=g(\boldsymbol{\beta},\boldsymbol{\alpha})=\boldsymbol{Y}^{\mathrm{T}}\boldsymbol{A}\boldsymbol{X}$.因此,$\boldsymbol{\alpha}\in W^{\perp}$当且仅当

$$g(\boldsymbol{\xi}_i,\boldsymbol{\alpha})=\boldsymbol{e}_i^{\mathrm{T}}\boldsymbol{A}\boldsymbol{X}=0,\quad i=1,2,\cdots,r,$$

其中$\boldsymbol{e}_i$是第i个分量为1其余分量为0的n维列向量.令$\boldsymbol{A}_1$是$\boldsymbol{A}$的前r行构成的子矩阵,则$\boldsymbol{\alpha}\in W^{\perp}$当且仅当其坐标向量$\boldsymbol{X}\in N(\boldsymbol{A}_1)$即方程组$\boldsymbol{A}_1\boldsymbol{X}=\boldsymbol{0}$的解空间.利用$W^{\perp}$与$N(\boldsymbol{A}_1)$的同构性,并注意到$\operatorname{rank}\boldsymbol{A}_1=r$,于是$\dim(W^{\perp})=n-\operatorname{rank}\boldsymbol{A}_1=n-\dim W$,即得所证.

(2)令$U=W^{\perp}$,利用(1)的结果,得$\dim(W^{\perp})^{\perp}=\dim(U^{\perp})=n-\dim(W^{\perp})=\dim W$.另一方面,显然有$(W^{\perp})^{\perp}\supseteq W$,所以$(W^{\perp})^{\perp}=W$.

【例8.9】(北京大学,1999年)　设V是实数域$\mathbb{R}$上的n维线性空间,V上的所有复值函数组成的集合,对于函数的加法以及复数与函数的数量乘法,构成复数域$\mathbb{C}$上的一个线性空间,记为$\mathbb{C}^V$.证明:如果$f_1,f_2,\cdots,f_{n+1}$是$\mathbb{C}^V$中$n+1$个不同的函数,并且它们满足

$$f_i(\boldsymbol{\alpha}+\boldsymbol{\beta})=f_i(\boldsymbol{\alpha})+f_i(\boldsymbol{\beta}),\quad\forall\boldsymbol{\alpha},\boldsymbol{\beta}\in V,$$
$$f_i(k\boldsymbol{\alpha})=kf_i(\boldsymbol{\alpha}),\quad\forall k\in\mathbb{R},\boldsymbol{\alpha}\in V,$$

则$f_1,f_2,\cdots,f_{n+1}$是$\mathbb{C}^V$中线性相关的向量组.

【证】　令

$$W=\{f\in\mathbb{C}^V\mid f(\boldsymbol{\alpha}+\boldsymbol{\beta})=f(\boldsymbol{\alpha})+f(\boldsymbol{\beta}),f(k\boldsymbol{\alpha})=kf(\boldsymbol{\alpha}),\forall\boldsymbol{\alpha},\boldsymbol{\beta}\in V,k\in\mathbb{R}\},$$

显然,零函数在W中,任取$f,g\in W,\boldsymbol{\alpha},\boldsymbol{\beta}\in V,k\in\mathbb{R}$,有

$$\begin{aligned}(f+g)(\boldsymbol{\alpha}+\boldsymbol{\beta})&=f(\boldsymbol{\alpha}+\boldsymbol{\beta})+g(\boldsymbol{\alpha}+\boldsymbol{\beta})=f(\boldsymbol{\alpha})+f(\boldsymbol{\beta})+g(\boldsymbol{\alpha})+g(\boldsymbol{\beta})\\&=(f+g)(\boldsymbol{\alpha})+(f+g)(\boldsymbol{\beta}),\end{aligned}$$

$$(f+g)(k\boldsymbol{\alpha})=f(k\boldsymbol{\alpha})+g(k\boldsymbol{\alpha})=kf(\boldsymbol{\alpha})+kg(\boldsymbol{\alpha})=k(f(\boldsymbol{\alpha})+g(\boldsymbol{\alpha}))$$
$$=k(f+g)(\boldsymbol{\alpha}).$$

因此$f+g\in W$,同理可证$cf\in W,c\in\mathbb{C}$,即W构成$\mathbb{C}^V$的子空间.

设$\boldsymbol{\varepsilon}_1,\boldsymbol{\varepsilon}_2,\cdots,\boldsymbol{\varepsilon}_n$是$V$的一个基,对于$V$中的任一向量$\boldsymbol{\alpha}$,令

$$\boldsymbol{\alpha}=a_1\boldsymbol{\varepsilon}_1+a_2\boldsymbol{\varepsilon}_2+\cdots+a_n\boldsymbol{\varepsilon}_n,$$

定义

$$e_i(\boldsymbol{\alpha})=a_i,\quad i=1,2,\cdots,n$$

容易验证,$e_i\in W,i=1,2,\cdots,n$,且$e_1,e_2,\cdots,e_n$构成W的一个基.

事实上,任取$f\in W$,对于V中的任一向量$\boldsymbol{\alpha}=a_1\boldsymbol{\varepsilon}_1+a_2\boldsymbol{\varepsilon}_2+\cdots+a_n\boldsymbol{\varepsilon}_n$,则

$$f(\boldsymbol{\alpha})=a_1f(\boldsymbol{\varepsilon}_1)+a_2f(\boldsymbol{\varepsilon}_2)+\cdots+a_nf(\boldsymbol{\varepsilon}_n)=(f(\boldsymbol{\varepsilon}_1)e_1+f(\boldsymbol{\varepsilon}_2)e_2+\cdots+f(\boldsymbol{\varepsilon}_n)e_n)(\boldsymbol{\alpha}),$$

从而得

$$f=f(\boldsymbol{\varepsilon}_1)e_1+f(\boldsymbol{\varepsilon}_2)e_2+\cdots+f(\boldsymbol{\varepsilon}_n)e_n.$$

即W中任一元素可由$e_1,e_2,\cdots,e_n$线性表示.

另一方面,设

$$\lambda_1e_1+\lambda_2e_2+\cdots+\lambda_ne_n=0,\quad \lambda_i\in\mathbb{C},i=1,2,\cdots,n,$$

考虑两边作用在$\boldsymbol{\varepsilon}_i(i=1,2,\cdots,n)$上的函数值,并注意到

$$e_i(\boldsymbol{\varepsilon}_j)=\begin{cases}1, & i=j,\\0, & i\neq j,\end{cases}$$

得$\lambda_1=\lambda_2=\cdots=\lambda_n=0$,故$e_1,e_2,\cdots,e_n$在$\mathbb{C}$上是线性无关的,从而$e_1,e_2,\cdots,e_n$为$W$的一个基,$W$是$\mathbb{C}$上的$n$维线性空间.又$f_1,f_2,\cdots,f_{n+1}\in W$,故$f_1,f_2,\cdots,f_{n+1}$是线性相关的.

【例 8.10】(北京大学,1999 年)　设实数域上的矩阵$\boldsymbol{A}$为

$$\boldsymbol{A}=\begin{pmatrix}1&0&1\\0&6&-2\\1&-2&2\end{pmatrix}.$$

(1) 判断$\boldsymbol{A}$是否为正定矩阵,要求写出理由;

(2) 设V是实数域上的3维线性空间,V上的一个双线性函数$f(\boldsymbol{\alpha},\boldsymbol{\beta})$在$V$的一个基$\boldsymbol{\alpha}_1,\boldsymbol{\alpha}_2,\boldsymbol{\alpha}_3$下的度量矩阵为$\boldsymbol{A}$.证明$f(\boldsymbol{\alpha},\boldsymbol{\beta})$是$V$的一个内积,并且求出$V$对于这个内积所成的欧氏空间的一个标准正交基.

【解】　(1) 易知$\boldsymbol{A}$的各级顺序主子式

$$\Delta_1=1>0,\quad \Delta_2=6>0,\quad \Delta_3=|\boldsymbol{A}|=2>0,$$

所以$\boldsymbol{A}$为正定矩阵.

(2) 对V中任意的向量$\boldsymbol{\alpha}=(\boldsymbol{\alpha}_1,\boldsymbol{\alpha}_2,\boldsymbol{\alpha}_3)\boldsymbol{X}$, $\boldsymbol{\beta}=(\boldsymbol{\alpha}_1,\boldsymbol{\alpha}_2,\boldsymbol{\alpha}_3)\boldsymbol{Y}$,由题意,得$f(\boldsymbol{\alpha},\boldsymbol{\beta})=\boldsymbol{X}^{\mathrm{T}}\boldsymbol{A}\boldsymbol{Y}$.定义$V$的二元函数为

$$(\boldsymbol{\alpha},\boldsymbol{\beta})=f(\boldsymbol{\alpha},\boldsymbol{\beta})=\boldsymbol{X}^{\mathrm{T}}\boldsymbol{A}\boldsymbol{Y},$$

由于$\boldsymbol{A}$是正定矩阵,故$(\boldsymbol{\alpha},\boldsymbol{\beta})=f(\boldsymbol{\alpha},\boldsymbol{\beta})=\boldsymbol{X}^{\mathrm{T}}\boldsymbol{A}\boldsymbol{Y}$是$V$上的内积,设$\boldsymbol{\varepsilon}_1,\boldsymbol{\varepsilon}_2,\boldsymbol{\varepsilon}_3$是$V$对这个内积所成欧氏空间的规范正交基,且有基变换公式

$$(\boldsymbol{\varepsilon}_1,\boldsymbol{\varepsilon}_2,\boldsymbol{\varepsilon}_3)=(\boldsymbol{\alpha}_1,\boldsymbol{\alpha}_2,\boldsymbol{\alpha}_3)\boldsymbol{P},$$

因此有$\boldsymbol{P}^{\mathrm{T}}\boldsymbol{A}\boldsymbol{P}=\boldsymbol{E}$.由于

$$\begin{pmatrix}A\\E\end{pmatrix}=\begin{pmatrix}1&0&1\\0&6&-2\\1&-2&2\\1&0&0\\0&1&0\\0&0&1\end{pmatrix}\xrightarrow[c_3-c_1]{r_3-r_1}\begin{pmatrix}1&0&0\\0&6&-2\\0&-2&1\\1&0&-1\\0&1&0\\0&0&1\end{pmatrix}\xrightarrow[c_3+\frac{1}{3}c_2]{r_3+\frac{1}{3}r_2}\begin{pmatrix}1&0&0\\0&6&0\\0&0&\frac{1}{3}\\1&0&-1\\0&1&\frac{1}{3}\\0&0&1\end{pmatrix}\xrightarrow[\substack{c_2\times\frac{1}{\sqrt6}\\c_3\times\sqrt3}]{\substack{r_3\times\sqrt3\\r_2\times\frac{1}{\sqrt6}}}\begin{pmatrix}1&0&0\\0&1&0\\0&0&1\\1&0&-\sqrt3\\0&\frac{1}{\sqrt6}&\frac{\sqrt3}{3}\\0&0&\sqrt3\end{pmatrix}$$

所以 $\boldsymbol{P}=\begin{pmatrix}1&0&-\sqrt3\\0&\frac{1}{\sqrt6}&\frac{\sqrt3}{3}\\0&0&\sqrt3\end{pmatrix}$，即 $\boldsymbol{\varepsilon}_1=\boldsymbol{\alpha}_1,\boldsymbol{\varepsilon}_2=\frac{1}{\sqrt6}\boldsymbol{\alpha}_2,\boldsymbol{\varepsilon}_3=-\sqrt3\boldsymbol{\alpha}_1+\frac{\sqrt3}{3}\boldsymbol{\alpha}_2+\sqrt3\boldsymbol{\alpha}_3$ 是一个规范正交基.

【例 8.11】 证明:线性空间 $M_n(K)$ 上的双线性函数

$$f(\boldsymbol{X},\boldsymbol{Y})=\operatorname{tr}(\boldsymbol{XY}),\quad \forall \boldsymbol{X},\boldsymbol{Y}\in M_n(K)$$

是非退化的.

【证】 （方法1）直接用定义证明. 设 $\boldsymbol{X}=(x_{ij})\in M_n(K)$，且 $\forall \boldsymbol{Y}\in M_n(K)$，都有 $f(\boldsymbol{X},\boldsymbol{Y})=0$. 下证 $\boldsymbol{X}=\boldsymbol{O}$.

取 $\boldsymbol{Y}=\boldsymbol{E}_{kl}$，注意到 $\boldsymbol{X}=\sum\limits_{i=1}^{n}\sum\limits_{j=1}^{n}x_{ij}\boldsymbol{E}_{ij}$，且

$$\boldsymbol{E}_{ij}\boldsymbol{E}_{kl}=\begin{cases}\boldsymbol{E}_{il}, & j=k,\\ \boldsymbol{O}, & j\neq k,\end{cases}\qquad ①$$

则有

$$\boldsymbol{XY}=\Big(\sum_{i=1}^{n}\sum_{j=1}^{n}x_{ij}\boldsymbol{E}_{ij}\Big)\boldsymbol{E}_{kl}=\sum_{i=1}^{n}\sum_{j=1}^{n}x_{ij}\boldsymbol{E}_{ij}\boldsymbol{E}_{kl}=\sum_{i=1}^{n}x_{ik}\boldsymbol{E}_{il}.$$

于是

$$0=f(\boldsymbol{X},\boldsymbol{Y})=\operatorname{tr}(\boldsymbol{XY})=\operatorname{tr}\Big(\sum_{i=1}^{n}x_{ik}\boldsymbol{E}_{il}\Big)=\sum_{i=1}^{n}x_{ik}\operatorname{tr}\boldsymbol{E}_{il}=x_{lk}\quad(k,l=1,2,\cdots,n).$$

故 $\boldsymbol{X}=\boldsymbol{O}$，即 f 非退化.

（方法2）　利用 f 在某一个基下的度量矩阵可逆.

设 f 在 $M_n(K)$ 的基 $\boldsymbol{E}_{ij}(i,j=1,2,\cdots,n)$ 下的度量矩阵为 $\boldsymbol{A}$. 考虑 $\boldsymbol{A}$ 的任一行的元素

$$f(\boldsymbol{E}_{ij},\boldsymbol{E}_{11}),\cdots,f(\boldsymbol{E}_{ij},\boldsymbol{E}_{1n}),\cdots,f(\boldsymbol{E}_{ij},\boldsymbol{E}_{n1}),\cdots,f(\boldsymbol{E}_{ij},\boldsymbol{E}_{nn}).$$

利用①式的结果知

$$f(\boldsymbol{E}_{ij},\boldsymbol{E}_{kl})=\operatorname{tr}(\boldsymbol{E}_{ij}\boldsymbol{E}_{kl})=\begin{cases}\operatorname{tr}\boldsymbol{E}_{il}, & j=k,\\ \operatorname{tr}\boldsymbol{O}, & j\neq k\end{cases}=\begin{cases}1, & i=l,\\ 0, & i\neq l.\end{cases}$$

即 $\boldsymbol{A}$ 的这一行中除 $f(\boldsymbol{E}_{ij},\boldsymbol{E}_{ji})=\operatorname{tr}\boldsymbol{E}_{ii}=1$ 外其余均为0. 同理，考察 $\boldsymbol{A}$ 的列发现，$\boldsymbol{A}$ 的每一列也都只有一个元素为1，其余均为0. 这表明 $\boldsymbol{A}$ 是这样的矩阵，其每行每列只有一个元素为1，其余均为0. 因此，由行列式的性质知 $|\boldsymbol{A}|=\pm1\neq0$，于是 f 是非退化的.

【例 8.12】 设 $V=P[x]_n$，定义 V 上的二元函数如下：

$$\varphi(f(x),g(x))=\int_{-1}^{1}f(x)g(x)\mathrm{d}x,\quad \forall f(x),g(x)\in V.$$

(1) 证明 φ 是 V 上的一个双线性函数；

(2) 当 $n=4$ 时，求 φ 在基 $1,x,\cdots,x^{n-1}$ 下的度量矩阵；

(3) 证明 φ 是非退化的.

【解】 (1) 对任意 $f_1(x),f_2(x),f(x),g_1(x),g_2(x),g(x)\in P[x]_n,k,l\in P$，有

$$\begin{aligned}\varphi(f(x),kg_1(x)+lg_2(x))&=\int_{-1}^{1}f(x)[kg_1(x)+lg_2(x)]\mathrm{d}x\\&=k\int_{-1}^{1}f(x)g_1(x)\mathrm{d}x+l\int_{-1}^{1}f(x)g_2(x)\mathrm{d}x\\&=k\varphi(f(x),g_1(x))+l\varphi(f(x),g_2(x)),\\\varphi(kf_1(x)+lf_2(x),g(x))&=\int_{-1}^{1}[kf_1(x)+lf_2(x)]g(x)\mathrm{d}x\\&=k\int_{-1}^{1}f_1(x)g(x)\mathrm{d}x+l\int_{-1}^{1}f_2(x)g(x)\mathrm{d}x\\&=k\varphi(f_1(x),g(x))+l\varphi(f_2(x),g(x)).\end{aligned}$$

所以 φ 是 V 上的一个双线性函数.

(2) 由于

$$\varphi(x^i,x^j)=\int_{-1}^{1}x^ix^j\mathrm{d}x=\begin{cases}\dfrac{2}{i+j+1}, & i+j\text{ 为偶数},\\0, & i+j\text{ 为奇数},\end{cases}$$

所以 $n=4$ 时，φ 在基 $1,x,x^2,x^3$ 下的度量矩阵为

$$\boldsymbol{A}=\begin{pmatrix}2&0&\dfrac{2}{3}&0\\0&\dfrac{2}{3}&0&\dfrac{2}{5}\\\dfrac{2}{3}&0&\dfrac{2}{5}&0\\0&\dfrac{2}{5}&0&\dfrac{2}{7}\end{pmatrix}.$$

(3) 若对任意 $g(x)\in P[x]_n$ 有 $\varphi(f(x),g(x))=0$，取 $g(x)=f(x)$，则有

$$0=\varphi(f(x),f(x))=\int_{-1}^{1}[f(x)]^2\mathrm{d}x,$$

由于 $f(x)\in P[x]_n$，故 $[f(x)]^2$ 仍为多项式，它在 $[-1,1]$ 上连续，因此 $[f(x)]^2=0$，即 $f(x)=0$，从而 φ 是非退化的.

【注】 为了证明 φ 是非退化的，也可根据(2)的结果，证明行列式 $\det\boldsymbol{A}\neq 0$.

【例 8.13】(武汉大学，2008 年) 设 $\mathbb{R}^{2\times2}$ 表示实数域 $\mathbb{R}$ 上全体 2 阶方阵按矩阵加法与数乘构成的 $\mathbb{R}$ 上的线性空间，定义 $\mathbb{R}^{2\times2}$ 上的一个双线性函数为

$$f(\boldsymbol{A},\boldsymbol{B})=a_1b_2+a_2b_1-a_3b_4-a_4b_3,$$

其中 $\boldsymbol{A}=\begin{pmatrix}a_1 & a_2\\ a_3 & a_4\end{pmatrix}$，$\boldsymbol{B}=\begin{pmatrix}b_1 & b_2\\ b_3 & b_4\end{pmatrix}$.

（1）证明 f 是 $\mathbb{R}^{2\times2}$ 上的一个对称双线性函数；

（2）求 f 在 $\mathbb{R}^{2\times2}$ 的基

$$\boldsymbol{C}_1=\begin{pmatrix}1 & -1\\ -1 & -1\end{pmatrix},\boldsymbol{C}_2=\begin{pmatrix}0 & 1\\ -1 & -1\end{pmatrix},\boldsymbol{C}_3=\begin{pmatrix}0 & 0\\ 1 & -1\end{pmatrix},\boldsymbol{C}_4=\begin{pmatrix}0 & 0\\ 0 & 1\end{pmatrix}$$

下的度量矩阵；

（3）求 $\mathbb{R}^{2\times2}$ 的一个基，使 f 在该基下的度量矩阵为对角矩阵 $\operatorname{diag}(1,1,-1,-1)$.

【解】（1）对任意的 $\boldsymbol{A}=\begin{pmatrix}a_1 & a_2\\ a_3 & a_4\end{pmatrix}$，$\boldsymbol{B}=\begin{pmatrix}b_1 & b_2\\ b_3 & b_4\end{pmatrix}\in\mathbb{R}^{2\times2}$，根据定义有

$$f(\boldsymbol{B},\boldsymbol{A})=b_1a_2+b_2a_1-b_3a_4-b_4a_3,$$

所以 $f(\boldsymbol{A},\boldsymbol{B})=f(\boldsymbol{B},\boldsymbol{A})$. 因此 f 是对称的.

（2）易知，f 在 $\mathbb{R}^{2\times2}$ 的基

$$\boldsymbol{E}_{11}=\begin{pmatrix}1 & 0\\ 0 & 0\end{pmatrix},\boldsymbol{E}_{12}=\begin{pmatrix}0 & 1\\ 0 & 0\end{pmatrix},\boldsymbol{E}_{21}=\begin{pmatrix}0 & 0\\ 1 & 0\end{pmatrix},\boldsymbol{E}_{22}=\begin{pmatrix}0 & 0\\ 0 & 1\end{pmatrix}$$

下的度量矩阵为

$$\boldsymbol{M}=\begin{pmatrix}0 & 1 & 0 & 0\\ 1 & 0 & 0 & 0\\ 0 & 0 & 0 & -1\\ 0 & 0 & -1 & 0\end{pmatrix}.$$

对于 $\mathbb{R}^{2\times2}$ 的基 $\boldsymbol{C}_1,\boldsymbol{C}_2,\boldsymbol{C}_3,\boldsymbol{C}_4$，由于 $(\boldsymbol{C}_1,\boldsymbol{C}_2,\boldsymbol{C}_3,\boldsymbol{C}_4)=(\boldsymbol{E}_{11},\boldsymbol{E}_{12},\boldsymbol{E}_{21},\boldsymbol{E}_{22})\boldsymbol{T}$，其中

$$\boldsymbol{T}=\begin{pmatrix}1 & 0 & 0 & 0\\ -1 & 1 & 0 & 0\\ -1 & -1 & 1 & 0\\ -1 & -1 & -1 & 1\end{pmatrix},$$

所以 f 在基 $\boldsymbol{C}_1,\boldsymbol{C}_2,\boldsymbol{C}_3,\boldsymbol{C}_4$ 下的度量矩阵为

$$\boldsymbol{G}=\boldsymbol{T}^{\mathrm{T}}\boldsymbol{M}\boldsymbol{T}=\begin{pmatrix}-4 & -1 & 0 & 1\\ -1 & -2 & 0 & 1\\ 0 & 0 & 2 & -1\\ 1 & 1 & -1 & 0\end{pmatrix}.$$

（3）容易求得 $\boldsymbol{M}$ 的特征值为 $\lambda_1=1$（二重），$\lambda_2=-1$（二重），相应的正交化的特征向量为

$$\boldsymbol{\eta}_1=\left(\frac{1}{\sqrt2},\frac{1}{\sqrt2},0,0\right)^{\mathrm{T}},\boldsymbol{\eta}_2=\left(0,0,-\frac{1}{\sqrt2},\frac{1}{\sqrt2}\right)^{\mathrm{T}},\boldsymbol{\eta}_3=\left(0,0,\frac{1}{\sqrt2},\frac{1}{\sqrt2}\right)^{\mathrm{T}},\boldsymbol{\eta}_4=\left(-\frac{1}{\sqrt2},\frac{1}{\sqrt2},0,0\right)^{\mathrm{T}}.$$

现在，取正交矩阵

$$\boldsymbol{Q}=(\boldsymbol{\eta}_1,\boldsymbol{\eta}_2,\boldsymbol{\eta}_3,\boldsymbol{\eta}_4)=\frac{1}{\sqrt2}\begin{pmatrix}1 & 0 & 0 & -1\\ 1 & 0 & 0 & 1\\ 0 & -1 & 1 & 0\\ 0 & 1 & 1 & 0\end{pmatrix},$$

则 $\boldsymbol{Q}^{\mathrm{T}}\boldsymbol{MQ}=\boldsymbol{Q}^{-1}\boldsymbol{MQ}=\mathrm{diag}(1,1,-1,-1)$. 于是,所求的基 $\boldsymbol{D}_1,\boldsymbol{D}_2,\boldsymbol{D}_3,\boldsymbol{D}_4$ 满足

$$(\boldsymbol{D}_1,\boldsymbol{D}_2,\boldsymbol{D}_3,\boldsymbol{D}_4)=(\boldsymbol{E}_{11},\boldsymbol{E}_{12},\boldsymbol{E}_{21},\boldsymbol{E}_{22})\boldsymbol{Q},$$

由此即得

$$\boldsymbol{D}_1=\frac{1}{\sqrt{2}}\begin{pmatrix}1&1\\0&0\end{pmatrix},\quad \boldsymbol{D}_2=\frac{1}{\sqrt{2}}\begin{pmatrix}0&0\\-1&1\end{pmatrix},\quad \boldsymbol{D}_3=\frac{1}{\sqrt{2}}\begin{pmatrix}0&0\\1&1\end{pmatrix},\quad \boldsymbol{D}_4=\frac{1}{\sqrt{2}}\begin{pmatrix}-1&1\\0&0\end{pmatrix}.$$

因此,f 在该基下的度量矩阵为对角矩阵 $\mathrm{diag}(1,1,-1,-1)$.

【例 8.14】 设 $f(\boldsymbol{\alpha},\boldsymbol{\beta})$ 是 n 维线性空间 V 上的对称或反对称双线性函数,W 是 V 的一个真子空间. 证明:$\forall\boldsymbol{\xi}\notin W$,必有 $\boldsymbol{\eta}\in W+L(\boldsymbol{\xi})$,使 $\forall\boldsymbol{\alpha}\in W$ 都有 $f(\boldsymbol{\eta},\boldsymbol{\alpha})=0$.

【证】 (1) 设 $f(\boldsymbol{\alpha},\boldsymbol{\beta})$ 是 V 上的对称双线性函数,则 f 限制在 W 上也是对称双线性函数,故存在 W 的一个基 $\boldsymbol{\varepsilon}_1,\boldsymbol{\varepsilon}_2,\cdots,\boldsymbol{\varepsilon}_m$,这里 $m=\dim W$,使 f 在该基下的度量矩阵为对角矩阵,其对角元为 $f(\boldsymbol{\varepsilon}_i,\boldsymbol{\varepsilon}_i),i=1,2,\cdots,m$.

若 f 限制在 W 上是非退化的,则 $f(\boldsymbol{\varepsilon}_i,\boldsymbol{\varepsilon}_i)\neq0,i=1,2,\cdots,m$. 取

$$\boldsymbol{\eta}=\boldsymbol{\xi}-\frac{f(\boldsymbol{\xi},\boldsymbol{\varepsilon}_1)}{f(\boldsymbol{\varepsilon}_1,\boldsymbol{\varepsilon}_1)}\boldsymbol{\varepsilon}_1-\frac{f(\boldsymbol{\xi},\boldsymbol{\varepsilon}_2)}{f(\boldsymbol{\varepsilon}_2,\boldsymbol{\varepsilon}_2)}\boldsymbol{\varepsilon}_2-\cdots-\frac{f(\boldsymbol{\xi},\boldsymbol{\varepsilon}_m)}{f(\boldsymbol{\varepsilon}_m,\boldsymbol{\varepsilon}_m)}\boldsymbol{\varepsilon}_m,$$

显然有 $\boldsymbol{\eta}\in W+L(\boldsymbol{\xi})$. 对于任一 $\boldsymbol{\alpha}\in W$,令 $\boldsymbol{\alpha}=\sum\limits_{i=1}^{m}k_i\boldsymbol{\varepsilon}_i$,易知 $f(\boldsymbol{\eta},\boldsymbol{\alpha})=0$.

若 f 限制在 W 上是退化的,则经适当排序后必有 $f(\boldsymbol{\varepsilon}_m,\boldsymbol{\varepsilon}_m)=0$,故只需取 $\boldsymbol{\eta}=\boldsymbol{\varepsilon}_m$ 即可.

(2) 考虑 $f(\boldsymbol{\alpha},\boldsymbol{\beta})$ 是 V 上的反对称双线性函数. 若 f 限制在 W 上是非退化的,则 $m=2k$ 为偶数,且存在 W 的一个基 $\boldsymbol{\alpha}_1,\boldsymbol{\varepsilon}_1,\boldsymbol{\alpha}_2,\boldsymbol{\varepsilon}_2,\cdots,\boldsymbol{\alpha}_k,\boldsymbol{\varepsilon}_k$,使 f 在这个基下的度量矩阵为

$$\begin{pmatrix}0&1&&&&&\\-1&0&&&&&\\&&0&1&&&\\&&-1&0&&&\\&&&&\ddots&&\\&&&&&0&1\\&&&&&-1&0\end{pmatrix}.$$

取 $\boldsymbol{\eta}=\boldsymbol{\xi}-\frac{f(\boldsymbol{\xi},\boldsymbol{\alpha}_1)}{f(\boldsymbol{\alpha}_1,\boldsymbol{\varepsilon}_1)}\boldsymbol{\varepsilon}_1+\frac{f(\boldsymbol{\xi},\boldsymbol{\varepsilon}_1)}{f(\boldsymbol{\alpha}_1,\boldsymbol{\varepsilon}_1)}\boldsymbol{\alpha}_1-\cdots-\frac{f(\boldsymbol{\xi},\boldsymbol{\alpha}_k)}{f(\boldsymbol{\alpha}_k,\boldsymbol{\varepsilon}_k)}\boldsymbol{\varepsilon}_k+\frac{f(\boldsymbol{\xi},\boldsymbol{\varepsilon}_k)}{f(\boldsymbol{\alpha}_k,\boldsymbol{\varepsilon}_k)}\boldsymbol{\alpha}_k$,$\forall\boldsymbol{\alpha}\in W$,有 $f(\boldsymbol{\eta},\boldsymbol{\alpha})=0$.

若 f 限制在 W 上是退化的,则 W 中存在 $\boldsymbol{\beta}\neq\boldsymbol{0}$,使 $\forall\boldsymbol{\alpha}\in W$ 都有 $f(\boldsymbol{\beta},\boldsymbol{\alpha})=0$,取 $\boldsymbol{\eta}=\boldsymbol{\alpha}$ 即可.

【例 8.15】(南京理工大学,2007 年) 设 V 是复数域上的线性空间,其维数 $n\geqslant2$,$f(\boldsymbol{\alpha},\boldsymbol{\beta})$ 是 V 上的一个对称双线性函数.

(1) 证明 V 中有非零向量 $\boldsymbol{\xi}$,使 $f(\boldsymbol{\xi},\boldsymbol{\xi})=0$;

(2) 如果 $f(\boldsymbol{\alpha},\boldsymbol{\beta})$ 是非退化的,那么必有线性无关的向量 $\boldsymbol{\xi},\boldsymbol{\eta}\in V$,满足

$$f(\boldsymbol{\xi},\boldsymbol{\eta})=1,\quad f(\boldsymbol{\xi},\boldsymbol{\xi})=f(\boldsymbol{\eta},\boldsymbol{\eta})=0.$$

【证】 (1) 因为 V 的维数 $n\geqslant2$,所以 V 中必存在 2 个线性无关的向量 $\boldsymbol{\alpha},\boldsymbol{\beta}$.

若 $f(\boldsymbol{\alpha},\boldsymbol{\alpha})=0$,则取 $\boldsymbol{\xi}=\boldsymbol{\alpha}$ 即可. 否则,令 $\boldsymbol{\xi}=t\boldsymbol{\alpha}+\boldsymbol{\beta}$,其中 $t\in\mathbb{C}$,则 $\boldsymbol{\xi}\neq\boldsymbol{0}$,且

$$f(\boldsymbol{\xi},\boldsymbol{\xi})=f(\boldsymbol{\alpha},\boldsymbol{\alpha})t^2+2f(\boldsymbol{\alpha},\boldsymbol{\beta})t+f(\boldsymbol{\beta},\boldsymbol{\beta}).$$

这是 t 的二次三项式，在复数域 $\mathbb{C}$ 上必有根 t_0，将 $t=t_0$ 代入上式即得 $f(\boldsymbol{\xi},\boldsymbol{\xi})=0$.

(2) 由(1)知存在 $\boldsymbol{\xi}\neq\mathbf{0}$，使 $f(\boldsymbol{\xi},\boldsymbol{\xi})=0$. 因为 f 非退化，所以存在 $\boldsymbol{\beta}\in V$，使 $f(\boldsymbol{\xi},\boldsymbol{\beta})=a\neq 0$. 令 $\boldsymbol{\delta}=\dfrac{1}{a}\boldsymbol{\beta}$，则 $f(\boldsymbol{\xi},\boldsymbol{\delta})=1$. 若 $f(\boldsymbol{\delta},\boldsymbol{\delta})=0$，则取 $\boldsymbol{\eta}=\boldsymbol{\delta}$ 即可；若 $f(\boldsymbol{\delta},\boldsymbol{\delta})=b\neq 0$，令 $\boldsymbol{\eta}=\boldsymbol{\delta}-\dfrac{b}{2}\boldsymbol{\xi}$，则向量 $\boldsymbol{\xi},\boldsymbol{\eta}$ 线性无关，且 $f(\boldsymbol{\xi},\boldsymbol{\eta})=f(\boldsymbol{\xi},\boldsymbol{\delta})=1$，以及

$$f(\boldsymbol{\eta},\boldsymbol{\eta})=f(\boldsymbol{\delta},\boldsymbol{\delta})-2\cdot\frac{b}{2}\cdot f(\boldsymbol{\xi},\boldsymbol{\delta})+\frac{b^2}{4}f(\boldsymbol{\xi},\boldsymbol{\xi})=0.$$

【例 8.16】（安徽大学竞赛试题，2009 年） 设 $f(\boldsymbol{x},\boldsymbol{y})=\boldsymbol{x}^{\mathrm{T}}\boldsymbol{A}\boldsymbol{y},\boldsymbol{x},\boldsymbol{y}\in\mathbb{R}^{2n+1}$ 为 $\mathbb{R}^{2n+1}$ 上的非退化对称双线性函数，这里

$$\boldsymbol{A}=\begin{pmatrix}1 & \mathbf{0} & \mathbf{0}\\ \mathbf{0} & \boldsymbol{O} & \boldsymbol{E}_n\\ \mathbf{0} & \boldsymbol{E}_n & \boldsymbol{O}\end{pmatrix},$$

其中 $\boldsymbol{E}_n$ 为 n 阶单位矩阵. 用 gl_{2n+1} 表示 $\mathbb{R}^{2n+1}$ 上全体线性变换按照通常加法与数乘构成的线性空间，集合

$$C=\{\boldsymbol{\sigma}\in \mathrm{gl}_{2n+1}\mid f(\boldsymbol{\sigma}(\boldsymbol{v}),\boldsymbol{w})=-f(\boldsymbol{v},\boldsymbol{\sigma}(\boldsymbol{w})),\ \forall\,\boldsymbol{v},\boldsymbol{w}\in\mathbb{R}^{2n+1}\}.$$

试证明 C 为 gl_{2n+1} 的 $2n^2+n$ 维线性子空间，并给出 C 的一个基.

【证】 显然，C 为 gl_{2n+1} 的一个线性子空间，证明从略.

取定 $\mathbb{R}^{2n+1}$ 的一个标准正交基 $\boldsymbol{\alpha}_1,\boldsymbol{\alpha}_2,\cdots,\boldsymbol{\alpha}_{2n+1}$，对任意 $\sigma\in C$，设 σ 在这个基下的矩阵为 $\boldsymbol{P}$，而 $\boldsymbol{v},\boldsymbol{w}$ 在这个基下的坐标分别为 $\boldsymbol{X},\boldsymbol{Y}$. 由于 $f(\sigma(\boldsymbol{v}),\boldsymbol{w})=-f(\boldsymbol{v},\sigma(\boldsymbol{w}))$，有 $\boldsymbol{X}^{\mathrm{T}}\boldsymbol{P}^{\mathrm{T}}\boldsymbol{A}\boldsymbol{Y}=-\boldsymbol{X}^{\mathrm{T}}\boldsymbol{A}\boldsymbol{P}\boldsymbol{Y}$. 注意到 $\boldsymbol{v},\boldsymbol{w}$ 的任意性，故 $\boldsymbol{P}^{\mathrm{T}}\boldsymbol{A}=-\boldsymbol{A}\boldsymbol{P}$. 考虑 $M_{2n+1}(\mathbb{R})$ 的如下子空间

$$S=\{\boldsymbol{P}\in M_{2n+1}(\mathbb{R})\mid \boldsymbol{P}^{\mathrm{T}}\boldsymbol{A}=-\boldsymbol{A}\boldsymbol{P}\},$$

易知，C 与 S 同构，所以 $\dim C=\dim S$. 因此，只需确定 S 的维数并给出 S 的一个基即可.

任取 $\boldsymbol{P}\in S$，按 $\boldsymbol{A}$ 作分块为 $\boldsymbol{P}=\begin{pmatrix}a & \boldsymbol{\alpha}^{\mathrm{T}} & \boldsymbol{\beta}^{\mathrm{T}}\\ \boldsymbol{\alpha}_1 & \boldsymbol{P}_1 & \boldsymbol{P}_2\\ \boldsymbol{\beta}_1 & \boldsymbol{P}_3 & \boldsymbol{P}_4\end{pmatrix}$，代入 $\boldsymbol{P}^{\mathrm{T}}\boldsymbol{A}=-\boldsymbol{A}\boldsymbol{P}$，得 $\boldsymbol{P}=\begin{pmatrix}0 & \boldsymbol{\alpha}^{\mathrm{T}} & \boldsymbol{\beta}^{\mathrm{T}}\\ -\boldsymbol{\beta} & \boldsymbol{P}_1 & \boldsymbol{P}_2\\ -\boldsymbol{\alpha} & \boldsymbol{P}_3 & -\boldsymbol{P}_1^{\mathrm{T}}\end{pmatrix}$，其中 $\boldsymbol{\alpha},\boldsymbol{\beta}\in\mathbb{R}^{n\times 1},\boldsymbol{P}_1,\boldsymbol{P}_2,\boldsymbol{P}_3\in\mathbb{R}^{n\times n}$，且 $\boldsymbol{P}_2^{\mathrm{T}}=-\boldsymbol{P}_2,\boldsymbol{P}_3^{\mathrm{T}}=-\boldsymbol{P}_3$. 因此，可取 S 的一个基如下：

$$\begin{pmatrix}0 & \boldsymbol{e}_i^{\mathrm{T}} & \mathbf{0}\\ \mathbf{0} & \boldsymbol{O} & \boldsymbol{O}\\ -\boldsymbol{e}_i & \boldsymbol{O} & \boldsymbol{O}\end{pmatrix},\begin{pmatrix}0 & \mathbf{0} & \boldsymbol{e}_i^{\mathrm{T}}\\ -\boldsymbol{e}_i & \boldsymbol{O} & \boldsymbol{O}\\ \mathbf{0} & \boldsymbol{O} & \boldsymbol{O}\end{pmatrix},1\leqslant i\leqslant n,\quad \begin{pmatrix}0 & \mathbf{0} & \mathbf{0}\\ \mathbf{0} & \boldsymbol{E}_{ij} & \boldsymbol{O}\\ \mathbf{0} & \boldsymbol{O} & -\boldsymbol{E}_{ji}\end{pmatrix},1\leqslant i,j\leqslant n,$$

$$\begin{pmatrix}0 & \mathbf{0} & \mathbf{0}\\ \mathbf{0} & \boldsymbol{O} & \boldsymbol{E}_{ij}-\boldsymbol{E}_{ji}\\ \mathbf{0} & \boldsymbol{O} & \boldsymbol{O}\end{pmatrix},\begin{pmatrix}0 & \mathbf{0} & \mathbf{0}\\ \mathbf{0} & \boldsymbol{O} & \boldsymbol{O}\\ \mathbf{0} & \boldsymbol{E}_{ij}-\boldsymbol{E}_{ji} & \boldsymbol{O}\end{pmatrix},i=1,2,\cdots,n-1;i<j\leqslant n,$$

其中，$\boldsymbol{e}_i$ 为 n 维单位坐标向量，$\boldsymbol{E}_{ij}$ 表示 (i,j) 元为 1 其余元素全为 0 的 n 阶方阵. 于是，有

$$\dim C=\dim S=2n+n^2+2\times\frac{1}{2}n(n-1)=2n^2+n.$$

最后，将 S 的上述基重新编号为 $\boldsymbol{B}_1,\boldsymbol{B}_2,\cdots,\boldsymbol{B}_r$，其中 $r=2n^2+n$，定义如下线性变换：

$$\sigma_k(\boldsymbol{\alpha}_1,\boldsymbol{\alpha}_2,\cdots,\boldsymbol{\alpha}_{2n+1})=(\boldsymbol{\alpha}_1,\boldsymbol{\alpha}_2,\cdots,\boldsymbol{\alpha}_{2n+1})\boldsymbol{B}_k,\quad k=1,2,\cdots,r,$$

根据同构对应,故 $\sigma_1,\sigma_2,\cdots,\sigma_r$ 就是 C 的一个基.

§8.2 二次型的标准形

基本理论与要点提示

8.2.1 二次型的标准形

(1) 系数在数域 K 中的变量 $x_1,x_2,\cdots,x_n$ 的二次齐次多项式 $f(x_1,x_2,\cdots,x_n)=\sum_{i=1}^{n}\sum_{j=1}^{n}a_{ij}x_ix_j$ 称为数域 K 上的 n 元二次型,其系数确定一个数域 K 上的对称矩阵

$$Q=\begin{pmatrix}a_{11}&a_{12}&\cdots&a_{1n}\\a_{21}&a_{22}&\cdots&a_{2n}\\\vdots&\vdots&&\vdots\\a_{n1}&a_{n2}&\cdots&a_{nn}\end{pmatrix},\quad a_{ij}=a_{ji},$$

称为二次型 f 的矩阵. 若记 $\boldsymbol{x}=(x_1,x_2,\cdots,x_n)^{\mathrm{T}}$,则上述二次型可用矩阵表示为 $f(\boldsymbol{x})=\boldsymbol{x}^{\mathrm{T}}\boldsymbol{Q}\boldsymbol{x}$;

(2) 数域 K 上的二次型 f 可经数域 K 上非退化线性替换 $\boldsymbol{x}=\boldsymbol{C}\boldsymbol{y}$ 化为平方和的形式

$$f(x_1,x_2,\cdots,x_n)=d_1y_1^2+d_2y_2^2+\cdots+d_ry_r^2,$$

这里,$d_i\neq0$,$r=\operatorname{rank}\boldsymbol{Q}$ 称为二次型 f 的秩($1\leqslant r\leqslant n$). 称上述平方和形式为 f 的标准形;

(3) 复二次型 f 可经非退化复线性替换 $\boldsymbol{x}=\boldsymbol{C}\boldsymbol{y}$ 化为标准形

$$f(x_1,x_2,\cdots,x_n)=y_1^2+y_2^2+\cdots+y_r^2;$$

(4) 实二次型 f 可经非退化实线性替换 $\boldsymbol{x}=\boldsymbol{C}\boldsymbol{y}$ 化为标准形(此时也称之为规范形)

$$f(x_1,x_2,\cdots,x_n)=y_1^2+y_2^2+\cdots+y_p^2-y_{p+1}^2-\cdots-y_r^2. \qquad ①$$

8.2.2 实二次型的惯性定理

(1) 惯性定理:实二次型 f 的规范形①中正系数项的个数 p 是唯一确定的. 这就是说,如果另一个实数域 $\mathbb{R}$ 上非退化线性替换 $\boldsymbol{x}=\boldsymbol{C}\boldsymbol{z}$ 可将 f 化为

$$f(x_1,x_2,\cdots,x_n)=z_1^2+z_2^2+\cdots+z_q^2-z_{p+1}^2-\cdots-z_r^2,$$

那么 $p=q$. 称 p 为 f 的正惯性指数,$r-p$ 为 f 的负惯性指数,$p-(r-p)=2p-r$ 为 f 的符号差;

(2) 设 $\boldsymbol{A}$ 是实对称矩阵,则存在可逆实矩阵 $\boldsymbol{C}$,使得

$$\boldsymbol{A}=\boldsymbol{C}^{\mathrm{T}}\begin{pmatrix}\boldsymbol{E}_p&&\\&-\boldsymbol{E}_{r-p}&\\&&\boldsymbol{O}\end{pmatrix}\boldsymbol{C},$$

其中 $p=p(\boldsymbol{A})$,$r=\operatorname{rank}\boldsymbol{A}$,其中 $p(\boldsymbol{A})$ 表示实对称矩阵 $\boldsymbol{A}$ 的正惯性指数;

(3) n 阶实对称矩阵 $\boldsymbol{A}$ 与 $\boldsymbol{B}$ 合同当且仅当 $p(\boldsymbol{A})=p(\boldsymbol{B})$ 且 $\operatorname{rank}\boldsymbol{A}=\operatorname{rank}\boldsymbol{B}$;

(4) 实对称矩阵的正、负惯性指数分别是其正、负特征值的个数.

8.2.3 化二次型为标准形的方法

1. 配方法

可分为两种情形:

(1) 若二次型含有某变量 x_i 的平方项, 则先把所有含 x_i 的项集中起来, 按 x_i 配成一个

完全平方项. 然后再按其他变量配方，直到都配成平方项为止；

（2）若二次型不含有平方项，但 $a_{ij}\neq 0$ $(i\neq j)$，则先作可逆线性变换

$$\begin{cases} x_i = y_i + y_j, \\ x_j = y_i - y_j, \\ x_k = y_k \quad (k=1,2,\cdots,n \text{ 且 } k\neq i,j) \end{cases}$$

化二次型为含平方项的二次型，然后再按(1)中所述方法配方.

2. 初等变换法

（1）施行一系列成对的初等变换（即一次列（行）变换和一次相应的行（列）变换），将分块矩阵$\begin{pmatrix} \boldsymbol{Q} \\ \boldsymbol{E} \end{pmatrix}$化为$\begin{pmatrix} \boldsymbol{\Lambda} \\ \boldsymbol{C} \end{pmatrix}$，即

$$\begin{pmatrix} \boldsymbol{Q} \\ \boldsymbol{E} \end{pmatrix} \xrightarrow[\boldsymbol{E}\boldsymbol{P}_1\cdots\boldsymbol{P}_m]{\boldsymbol{P}_m^{\mathrm{T}}\cdots\boldsymbol{P}_1^{\mathrm{T}}\boldsymbol{Q}\boldsymbol{P}_1\cdots\boldsymbol{P}_m} \begin{pmatrix} \boldsymbol{\Lambda} \\ \boldsymbol{C} \end{pmatrix},$$

其中 $\boldsymbol{\Lambda}$ 为对角矩阵，$\boldsymbol{C}$ 为可逆矩阵，$\boldsymbol{P}_i(i=1,2,\cdots,m)$为初等矩阵；

（2）作可逆变换 $\boldsymbol{x}=\boldsymbol{C}\boldsymbol{y}$，则二次型

$$f(\boldsymbol{x}) = f(\boldsymbol{C}\boldsymbol{y}) = \boldsymbol{y}^{\mathrm{T}}\boldsymbol{\Lambda}\boldsymbol{y} = \sum_{i=1}^{n} \lambda_i y_i^2$$

成为标准形，其中 $\lambda_1,\lambda_2,\cdots,\lambda_n$ 是矩阵 $\boldsymbol{\Lambda}$ 的对角元.

3. 正交变换法

（1）写出实二次型 $f(\boldsymbol{x})=\boldsymbol{x}^{\mathrm{T}}\boldsymbol{Q}\boldsymbol{x}$ 的矩阵 $\boldsymbol{Q}$；

（2）求正交矩阵 $\boldsymbol{P}$，使

$$\boldsymbol{P}^{-1}\boldsymbol{Q}\boldsymbol{P} = \boldsymbol{P}^{\mathrm{T}}\boldsymbol{Q}\boldsymbol{P} = \begin{pmatrix} \lambda_1 & & & \\ & \lambda_2 & & \\ & & \ddots & \\ & & & \lambda_n \end{pmatrix},$$

其中 $\lambda_1,\lambda_2,\cdots,\lambda_n$ 是矩阵 $\boldsymbol{Q}$ 的特征值，矩阵 $\boldsymbol{P}$ 的列向量是对应的正交规范化的特征向量；

（3）作正交变换 $\boldsymbol{x}=\boldsymbol{P}\boldsymbol{y}$，则二次型 $f(\boldsymbol{x})=f(\boldsymbol{P}\boldsymbol{y})=\sum\limits_{i=1}^{n}\lambda_i y_i^2$ 成为标准形.

典型问题解析

【例 8.17】 设 3 阶方阵

$$\boldsymbol{A}=\begin{pmatrix} 1 & & \\ & -1 & \\ & & 2 \end{pmatrix},\ \boldsymbol{B}=\begin{pmatrix} 1 & & \\ & 1 & \\ & & -2 \end{pmatrix},\ \boldsymbol{C}=\begin{pmatrix} 1 & 1 & \\ 1 & 1 & \\ & & 2 \end{pmatrix},\ \boldsymbol{D}=\begin{pmatrix} 0 & 1 & \\ 1 & 0 & \\ & & 2 \end{pmatrix}.$$

问在矩阵 $\boldsymbol{B},\boldsymbol{C},\boldsymbol{D}$ 中哪些与 $\boldsymbol{A}$ 等价？哪些与 $\boldsymbol{A}$ 合同？哪些与 $\boldsymbol{A}$ 相似？请阐述理由.

【分析】 同阶矩阵等价的充分必要条件是秩相等. 同阶矩阵相似的必要条件是特征值相同,但不是充分条件. 同阶实对称矩阵合同的充分必要条件是正、负惯性指数分别相等,即对应的二次型有相同的规范形.

【解】 (1) 因为 rank $\boldsymbol{A}$ = rank $\boldsymbol{B}$ = rank $\boldsymbol{D}$ = 3,但 rank $\boldsymbol{C}$ = 2,所以 $\boldsymbol{B},\boldsymbol{D}$ 与 $\boldsymbol{A}$ 等价,但 $\boldsymbol{C}$ 不与 $\boldsymbol{A}$ 等价,从而 $\boldsymbol{C}$ 也不与 $\boldsymbol{A}$ 相似,不与 $\boldsymbol{A}$ 合同.

(2) 显然,$\boldsymbol{A}$ 的特征值为 1,-1,2;$\boldsymbol{B}$ 的特征值为 1,1,-2;又易知 $\boldsymbol{D}$ 的特征值为 1,-1,2. 所以 $\boldsymbol{A},\boldsymbol{B},\boldsymbol{D}$ 的正惯性指数都是 2,负惯性指数都是 1,因此 $\boldsymbol{B},\boldsymbol{D}$ 都与 $\boldsymbol{A}$ 合同.

(3) 由于 $\boldsymbol{B}$ 与 $\boldsymbol{A}$ 的特征值不相同,所以 $\boldsymbol{B}$ 不与 $\boldsymbol{A}$ 相似. 又 $\boldsymbol{D}$ 与 $\boldsymbol{A}$ 有相同的特征值,且 $\boldsymbol{D}$ 可相似对角化,所以 $\boldsymbol{D}$ 与 $\boldsymbol{A}$ 相似.

【例 8.18】(北京交通大学,2004 年) 设 $\boldsymbol{A}$ 是 n 阶可逆实矩阵,$\boldsymbol{B}=\begin{pmatrix}\boldsymbol{O} & \boldsymbol{A}\\ \boldsymbol{A}^{\mathrm{T}} & \boldsymbol{O}\end{pmatrix}$. 求 $\boldsymbol{B}$ 的正、负惯性指数.

【解】 对 $\boldsymbol{B}$ 施行分块初等变换,得

$$\begin{pmatrix}\boldsymbol{O} & \boldsymbol{A}\\ \boldsymbol{A}^{\mathrm{T}} & \boldsymbol{O}\end{pmatrix}\to\begin{pmatrix}\frac{1}{2}\boldsymbol{E} & \boldsymbol{A}\\ \boldsymbol{A}^{\mathrm{T}} & \boldsymbol{O}\end{pmatrix}\to\begin{pmatrix}\boldsymbol{E} & \boldsymbol{A}\\ \boldsymbol{A}^{\mathrm{T}} & \boldsymbol{O}\end{pmatrix}\to\begin{pmatrix}\boldsymbol{E} & \boldsymbol{A}\\ \boldsymbol{O} & -\boldsymbol{A}^{\mathrm{T}}\boldsymbol{A}\end{pmatrix}\to\begin{pmatrix}\boldsymbol{E} & \boldsymbol{O}\\ \boldsymbol{O} & -\boldsymbol{A}^{\mathrm{T}}\boldsymbol{A}\end{pmatrix},$$

相应地,用矩阵等式表示即

$$\begin{pmatrix}\boldsymbol{E} & \boldsymbol{O}\\ -\boldsymbol{A}^{\mathrm{T}} & \boldsymbol{O}\end{pmatrix}\begin{pmatrix}\boldsymbol{E} & \frac{1}{2}(\boldsymbol{A}^{-1})^{\mathrm{T}}\\ \boldsymbol{O} & \boldsymbol{E}\end{pmatrix}\begin{pmatrix}\boldsymbol{O} & \boldsymbol{A}\\ \boldsymbol{A}^{\mathrm{T}} & \boldsymbol{O}\end{pmatrix}\begin{pmatrix}\boldsymbol{E} & \boldsymbol{O}\\ \frac{1}{2}\boldsymbol{A}^{-1} & \boldsymbol{E}\end{pmatrix}\begin{pmatrix}\boldsymbol{E} & -\boldsymbol{A}\\ \boldsymbol{O} & \boldsymbol{E}\end{pmatrix}=\begin{pmatrix}\boldsymbol{E} & \boldsymbol{O}\\ \boldsymbol{O} & -\boldsymbol{A}^{\mathrm{T}}\boldsymbol{A}\end{pmatrix}.$$

令 $\boldsymbol{P}=\begin{pmatrix}\boldsymbol{E} & \boldsymbol{O}\\ \frac{1}{2}\boldsymbol{A}^{-1} & \boldsymbol{E}\end{pmatrix}\begin{pmatrix}\boldsymbol{E} & -\boldsymbol{A}\\ \boldsymbol{O} & \boldsymbol{E}\end{pmatrix}$,则 $\boldsymbol{P}$ 是可逆实矩阵,且 $\boldsymbol{P}^{\mathrm{T}}\boldsymbol{B}\boldsymbol{P}=\begin{pmatrix}\boldsymbol{E} & \boldsymbol{O}\\ \boldsymbol{O} & -\boldsymbol{A}^{\mathrm{T}}\boldsymbol{A}\end{pmatrix}$. 注意到相合变换不改变矩阵的正、负惯性指数,且 $\boldsymbol{A}^{\mathrm{T}}\boldsymbol{A}$ 为正定矩阵,所以 $\boldsymbol{B}$ 的正、负惯性指数均等于 n.

【例 8.19】 试确定二次型 $ayz+bzx+cxy$ 的秩与符号差.

【解】 可等价地考虑 $f(x,y,z)=2ayz+2bzx+2cxy=\boldsymbol{x}^{\mathrm{T}}\boldsymbol{A}\boldsymbol{x}$,其中 $\boldsymbol{x}=(x,y,z)^{\mathrm{T}}$,而

$$\boldsymbol{A}=\begin{pmatrix}0 & c & b\\ c & 0 & a\\ b & a & 0\end{pmatrix}.$$

当 $c\neq0$ 时,$\boldsymbol{A}$ 合同于对角矩阵 $\mathrm{diag}\left(c,-c,-\frac{ab}{c}\right)$. 此时,$f$ 的秩与符号差可列入下表:

c	ab	秩	符号差
>0	>0	3	−1
>0	<0	3	1
>0	=0	2	0
<0	>0	3	1
<0	<0	3	−1
<0	=0	2	0

当 $c=0,ab\neq0$ 时,$\boldsymbol{A}$ 合同于 $\mathrm{diag}\left(b,-\frac{a^2}{b},0\right)$. 此时,$f$ 的秩与符号差分别为 2 和 0;

当 $c=0,a\neq0,b=0$ 时,$\boldsymbol{A}$ 合同于 $\mathrm{diag}(a,-a,0)$. 当 $c=0,a=0,b\neq0$ 时同理讨论. 此时,f 的秩与符号差可列入下表:

c	a	b	秩	符号差
=0	=0	=0	0	0
=0	≠0	=0	2	0
=0	=0	≠0	2	0

综上所述,可得如下结论:

(1) 当 a,b,c 均为零时,f 的秩与符号差均为 0;

(2) 当 $abc=0$ 但 a,b,c 不全为零时,f 的秩为 2,符号差为 0;

(3) 当 $abc>0$ 时,f 的秩为 3,符号差为 -1;

(4) 当 $abc<0$ 时,f 的秩为 3,符号差为 1.

【例 8.20】(武汉大学,2003 年) 求实二次型

$$f(x_1,x_2,\cdots,x_n)=n\sum_{i=1}^{n}x_i^2-\left(\sum_{i=1}^{n}x_i\right)^2$$

的秩和正、负惯性指数($n\geqslant 2$).

【解】 (方法 1) 因为 $\forall(x_1,x_2,\cdots,x_n)\in\mathbb{R}^n$,都有

$$f=\sum_{1\leqslant i<j\leqslant n}(x_i-x_j)^2\geqslant 0,$$

所以 f 是半正定二次型,f 的秩与正惯性指数相等,而负惯性指数等于 0. 易知,f 的矩阵为

$$\boldsymbol{A}=\begin{pmatrix} n-1 & -1 & \cdots & -1 \\ -1 & n-1 & \cdots & -1 \\ \vdots & \vdots & & \vdots \\ -1 & -1 & \cdots & n-1 \end{pmatrix},$$

其左上角的 $n-1$ 阶子式

$$\begin{vmatrix} n-1 & -1 & \cdots & -1 \\ -1 & n-1 & \cdots & -1 \\ \vdots & \vdots & & \vdots \\ -1 & -1 & \cdots & n-1 \end{vmatrix}_{n-1}=n^{n-2}>0,$$

而 $\det\boldsymbol{A}=0$,所以 $\operatorname{rank}\boldsymbol{A}$ 即 f 的秩等于 $n-1$,f 的正惯性指数也等于 $n-1$.

(方法 2) 将矩阵 $\boldsymbol{A}$ 表示为 $\boldsymbol{A}=n\boldsymbol{E}-\boldsymbol{\alpha}\boldsymbol{\alpha}^{\mathrm{T}}$,其中 $\boldsymbol{\alpha}=(1,1,\cdots,1)^{\mathrm{T}}\in\mathbb{R}^n$. 因为

$$|\lambda\boldsymbol{E}-\boldsymbol{A}|=|(\lambda-n)\boldsymbol{E}+\boldsymbol{\alpha}\boldsymbol{\alpha}^{\mathrm{T}}|=\lambda(\lambda-n)^{n-1},$$

所以 $\boldsymbol{A}$ 的特征值为 $\lambda_1=n$($n-1$ 重),$\lambda_2=0$(单根).

因此,f 的秩与正惯性指数都等于 $\boldsymbol{A}$ 的正特征值个数 $n-1$,而 f 的负惯性指数等于 0.

【注】 若将二次型 f 的正常数因子 n 约去,则得到下面的二次型

$$g(x_1,x_2,\cdots,x_n)=\sum_{i=1}^{n}\left(x_i-\frac{x_1+x_2+\cdots+x_n}{n}\right)^2,$$

所以 g 的秩与正惯性指数也均为 $n-1$,负惯性指数为 0. 因此 f 和 g 具有相同的规范形

$$y_1^2+y_2^2+\cdots+y_{n-1}^2.$$

【例 8.21】(华东师范大学,2006 年) 用正交线性替换化 n 元实二次型 $q(x_1,x_2,\cdots,x_n)=\sum_{i=1}^{n}x_ix_{n-i+1}$ 为规范形,并求其符号差.

【解】 二次型 q 的矩阵为 n 阶对称矩阵:

$$A=\begin{pmatrix} & & & 1\\ & & 1 & \\ & \iddots & & \\ 1 & & & \end{pmatrix}.$$

下面按 n 为偶数与奇数两种情形讨论:

(1) $n=2m$(m 为正整数). 易知 A 的特征值为 $\lambda_1=1$(m 重),$\lambda_2=-1$(m 重),符号差为0.

A 的对应于 λ_1 的 m 个两两正交的特征向量为 $\varepsilon_k=e_k+e_{n-k+1}(k=1,2,\cdots,m)$,对应于 λ_2 的 m 个两两正交的特征向量为 $\eta_k=e_{m+1-k}-e_{m+k}(k=1,2,\cdots,m)$,这里 e_k 是第 k 个分量为 1 其余分量均为 0 的 n 维列向量,$k=1,2,\cdots,n$.

作正交矩阵 $Q=\frac{1}{\sqrt{2}}(\varepsilon_1,\cdots,\varepsilon_m,\eta_1,\cdots,\eta_m)$,则在正交变换 $x=Qy$ 下 q 的规范形为

$$q=y_1^2+y_2^2+\cdots+y_m^2-y_{m+1}^2-\cdots-y_n^2.$$

(2) $n=2m+1$. 易知 A 的特征值为 $\lambda_1=1$($m+1$ 重),$\lambda_2=-1$(m 重),所以符号差为 1.

A 的对应于 λ_1 的 $m+1$ 个两两正交的特征向量为 $\varepsilon_k=e_k+e_{n-k+1}(k=1,2,\cdots,m)$, $\varepsilon_{m+1}=\sqrt{2}e_{m+1}$,对应于 λ_2 的 m 个两两正交的特征向量为 $\eta_k=e_{m+1-k}-e_{m+k+1}(k=1,2,\cdots,m)$.

作正交矩阵 $Q=\frac{1}{\sqrt{2}}(\varepsilon_1,\cdots,\varepsilon_m,\varepsilon_{m+1},\eta_1,\cdots,\eta_m)$,则在正交变换 $x=Qy$ 下 q 的规范形为

$$q=y_1^2+y_2^2+\cdots+y_{m+1}^2-y_{m+2}^2-\cdots-y_n^2.$$

【例 8.22】(中南大学,2004 年) 设实二次型 $f=\sum_{i=1}^{s}(a_{i1}x_1+a_{i2}x_2+\cdots+a_{in}x_n)^2$,证明: f 的秩等于如下矩阵 A 的秩:

$$A=\begin{pmatrix} a_{11} & a_{12} & \cdots & a_{1n}\\ a_{21} & a_{22} & \cdots & a_{2n}\\ \vdots & \vdots & & \vdots\\ a_{s1} & a_{s2} & \cdots & a_{sn}\end{pmatrix}.$$

【证】 令 $y=Ax$,其中 $y=(y_1,y_2,\cdots,y_s)^{\mathrm T}$, $x=(x_1,x_2,\cdots,x_n)^{\mathrm T}$,则 $f=y^{\mathrm T}y=x^{\mathrm T}(A^{\mathrm T}A)x$,所以 f 的矩阵为 $A^{\mathrm T}A$. 注意到 A 是实矩阵,所以 $\operatorname{rank}(A^{\mathrm T}A)=\operatorname{rank}A$,即 f 的秩等于 $\operatorname{rank}A$.

【注】 等式 $\operatorname{rank}(A^{\mathrm T}A)=\operatorname{rank}A$ 的证明可见第 3 章例 3.87,下面是另一有效证法:

设 $\operatorname{rank}A=r$,则存在可逆实矩阵 P,Q 使得 $A=P\begin{pmatrix}E_r & O\\ O & O\end{pmatrix}Q$,所以

$$A^{\mathrm T}A=Q^{\mathrm T}\begin{pmatrix}E_r & O\\ O & O\end{pmatrix}P^{\mathrm T}P\begin{pmatrix}E_r & O\\ O & O\end{pmatrix}Q.$$

设 $P^{\mathrm T}P=\begin{pmatrix}P_1 & P_2\\ P_3 & P_4\end{pmatrix}$ 是相应分块,其中 P_1 是 r 阶方阵,代入上式得 $A^{\mathrm T}A=Q^{\mathrm T}\begin{pmatrix}P_1 & O\\ O & O\end{pmatrix}Q$. 注意到

$P^{\mathrm{T}}P$ 是正定矩阵，$\det P_1>0$，表明 P_1 是满秩的，所以 $\operatorname{rank}(A^{\mathrm{T}}A)=\operatorname{rank}P_1=r$.

【例 8.23】(上海大学，2007 年)　设二次型 $f(x)=2x_1^2+2x_2^2+ax_3^2+2x_1x_2+2bx_1x_3+2x_2x_3$ 经过正交变换 $x=Py$ 化为标准形 $f=y_1^2+y_2^2+4y_3^2$. 求参数 a,b 及正交矩阵 P.

【解】　二次型 f 及其标准形的矩阵分别为

$$A=\begin{pmatrix}2&1&b\\1&2&1\\b&1&a\end{pmatrix},\quad D=\begin{pmatrix}1&&\\&1&\\&&4\end{pmatrix}.$$

因为 A 与 D 相似，所以 A 与 D 具有相同的特征值 $\lambda=1$(二重)，$\lambda=4$. 由此易知 $a=2$，$b=1$.

对于 $\lambda=1$，方程组 $(\lambda E-A)x=0$ 的同解方程组为 $x_1+x_2+x_3=0$. 由此可得对应的特征向量 $\xi_1=(-1,1,0)^{\mathrm{T}}$ 及与 ξ_1 正交的另一特征向量 $\xi_2=(-1,-1,2)^{\mathrm{T}}$.

对于 $\lambda=4$，因为在初等行变换下，有

$$\lambda E-A=\begin{pmatrix}2&-1&-1\\-1&2&-1\\-1&-1&2\end{pmatrix}\to\begin{pmatrix}1&1&-2\\1&-2&1\\0&0&0\end{pmatrix}.$$

所以，方程组 $(\lambda E-A)x=0$ 的同解方程组为 $\begin{cases}x_1+x_2-2x_3=0,\\x_1-2x_2+x_3=0,\end{cases}$ 其基础解系 $\xi_3=(1,1,1)^{\mathrm{T}}$ 即为对应的特征向量.

将 ξ_1,ξ_2,ξ_3 单位化，即得所求正交变换矩阵

$$P=\left(\frac{1}{\|\xi_1\|}\xi_1,\frac{1}{\|\xi_2\|}\xi_2,\frac{1}{\|\xi_3\|}\xi_3\right)=\begin{pmatrix}-\frac{1}{\sqrt2}&-\frac{1}{\sqrt6}&\frac{1}{\sqrt3}\\\frac{1}{\sqrt2}&-\frac{1}{\sqrt6}&\frac{1}{\sqrt3}\\0&\frac{2}{\sqrt6}&\frac{1}{\sqrt3}\end{pmatrix}.$$

【例 8.24】(华东师范大学，2000 年)　求一可逆线性替换，把二次型

$$2x_1^2-2x_1x_2+5x_2^2-4x_1x_3+4x_3^2$$

与

$$\frac{3}{2}x_1^2-2x_1x_3+3x_2^2-4x_2x_3+2x_3^2$$

同时化为标准形.

【解】　分别用 $f(x_1,x_2,x_3)$ 和 $g(x_1,x_2,x_3)$ 记所给二次型，则 f 与 g 的矩阵分别为

$$A=\begin{pmatrix}2&-1&-2\\-1&5&0\\-2&0&4\end{pmatrix},\quad B=\begin{pmatrix}\frac{3}{2}&0&-1\\0&3&-2\\-1&-2&2\end{pmatrix}.$$

先通过初等变换确定 A 的合同标准形 $P_1^{\mathrm{T}}AP_1=\operatorname{diag}(1,1,1)$，并计算 $C=P_1^{\mathrm{T}}BP_1$，其中

$$P_1=\begin{pmatrix}1 & \frac{1}{2} & 0\\ 0 & \frac{1}{2} & 0\\ \frac{1}{2} & \frac{1}{4} & -\frac{1}{2}\end{pmatrix},\quad C=\begin{pmatrix}1 & 0 & 0\\ 0 & \frac{1}{2} & \frac{1}{2}\\ 0 & \frac{1}{2} & \frac{1}{2}\end{pmatrix}.$$

再求出 $\boldsymbol{C}$ 的特征值 $\lambda_1=1$(二重),$\lambda_2=0$,并确定相应的正交矩阵

$$P_2=\begin{pmatrix}1 & 0 & 0\\ 0 & \frac{\sqrt{2}}{2} & \frac{\sqrt{2}}{2}\\ 0 & \frac{\sqrt{2}}{2} & -\frac{\sqrt{2}}{2}\end{pmatrix},$$

所以 $\boldsymbol{P}_2^{\mathrm{T}}\boldsymbol{C}\boldsymbol{P}_2=\boldsymbol{P}_2^{-1}\boldsymbol{C}\boldsymbol{P}_2=\operatorname{diag}(1,1,0)$.

最后,令 $\boldsymbol{P}=\boldsymbol{P}_1\boldsymbol{P}_2$,则 $\boldsymbol{P}$ 是可逆的实矩阵,且 $\boldsymbol{P}^{\mathrm{T}}\boldsymbol{A}\boldsymbol{P}=\operatorname{diag}(1,1,1)$,$\boldsymbol{P}^{\mathrm{T}}\boldsymbol{B}\boldsymbol{P}=\operatorname{diag}(1,1,0)$. 于是,在可逆线性替换 $\boldsymbol{x}=\boldsymbol{P}\boldsymbol{y}$ 之下,有标准形

$$f=y_1^2+y_2^2+y_3^2,\quad g=y_1^2+y_2^2.$$

【注】 请读者与本章例 8.67 的一般情形结合起来.

【例 8.25】(北京交通大学,2015 年) 设 $\boldsymbol{A}=(a_{ij})_{n\times n}$ 为 n 阶实对称矩阵,rank $\boldsymbol{A}=n$,作实二次型

$$f(x_1,x_2,\cdots,x_n)=\sum_{i=1}^{n}\sum_{j=1}^{n}a_{ij}x_ix_j,\quad g(x_1,x_2,\cdots,x_n)=\sum_{i=1}^{n}\sum_{j=1}^{n}\frac{A_{ij}}{|\boldsymbol{A}|}x_ix_j,$$

其中 A_{ij} 是 a_{ij} 的代数余子式$(i,j=1,2,\cdots,n)$. 证明:f 与 g 具有相同的正、负惯性指数.

【证】 因为 rank $\boldsymbol{A}=n$,所以 $\boldsymbol{A}$ 可逆,且 $\boldsymbol{A}^{-1}=\frac{1}{|\boldsymbol{A}|}\boldsymbol{A}^*$. 又 $\boldsymbol{A}$ 是实对称矩阵,所以$(\boldsymbol{A}^{-1})^{\mathrm{T}}=(\boldsymbol{A}^{\mathrm{T}})^{-1}=\boldsymbol{A}^{-1}$,即 $\boldsymbol{A}^{-1}$ 也是实对称矩阵.

记 $\boldsymbol{x}=(x_1,x_2,\cdots,x_n)^{\mathrm{T}}$,则实二次型 f,g 可表示为 $f(\boldsymbol{x})=\boldsymbol{x}^{\mathrm{T}}\boldsymbol{A}\boldsymbol{x}$,$g(\boldsymbol{x})=\boldsymbol{x}^{\mathrm{T}}\boldsymbol{A}^{-1}\boldsymbol{x}$. 因为

$$(\boldsymbol{A}^{-1})^{\mathrm{T}}\boldsymbol{A}\boldsymbol{A}^{-1}=(\boldsymbol{A}^{\mathrm{T}})^{-1}=\boldsymbol{A}^{-1},$$

所以 $\boldsymbol{A}$ 与 $\boldsymbol{A}^{-1}$ 合同,于是 f 与 g 有相同的规范形,即 f 与 g 具有相同的正、负惯性指数.

【例 8.26】(上海交通大学,2005 年;云南大学,2005 年) 设 $f(x_1,x_2,\cdots,x_n)=\boldsymbol{x}^{\mathrm{T}}\boldsymbol{A}\boldsymbol{x}$ 是一 n 元实二次型,且存在向量 $\boldsymbol{x}_1,\boldsymbol{x}_2\in\mathbb{R}^n$,使得 $\boldsymbol{x}_1^{\mathrm{T}}\boldsymbol{A}\boldsymbol{x}_1>0$ 而 $\boldsymbol{x}_2^{\mathrm{T}}\boldsymbol{A}\boldsymbol{x}_2<0$. 证明:必存在 $\boldsymbol{x}_0\in\mathbb{R}^n$,$\boldsymbol{x}_0\neq\boldsymbol{0}$,使 $f(\boldsymbol{x}_0)=\boldsymbol{x}_0^{\mathrm{T}}\boldsymbol{A}\boldsymbol{x}_0=0$.

【证】 (方法 1) 根据题设,二次型 f 可经非退化线性替换 $\boldsymbol{x}=\boldsymbol{C}\boldsymbol{y}$,化为规范形

$$f=y_1^2+y_2^2+\cdots+y_p^2-y_{p+1}^2-y_{p+2}^2-\cdots-y_{p+q}^2,$$

其中正惯性指数 $p\geqslant1$,负惯性指数 $q\geqslant1$,而 $p+q\leqslant n$.

取 $\boldsymbol{y}$ 的第 $1,p+1$ 个分量为 1,其他分量为 0,令 $\boldsymbol{x}_0=\boldsymbol{C}\boldsymbol{y}$,则 $\boldsymbol{x}_0\neq\boldsymbol{0}$,且 $f(\boldsymbol{x}_0)=\boldsymbol{x}_0^{\mathrm{T}}\boldsymbol{A}\boldsymbol{x}_0=0$.

(方法 2) 考虑 λ 的二次三项式

$$p(\lambda)=(\boldsymbol{x}_1+\lambda\boldsymbol{x}_2)^{\mathrm{T}}\boldsymbol{A}(\boldsymbol{x}_1+\lambda\boldsymbol{x}_2)$$

$$=\boldsymbol{x}_1^{\mathrm{T}}\boldsymbol{A}\boldsymbol{x}_1+2\lambda(\boldsymbol{x}_1^{\mathrm{T}}\boldsymbol{A}\boldsymbol{x}_2)+\lambda^2(\boldsymbol{x}_2^{\mathrm{T}}\boldsymbol{A}\boldsymbol{x}_2).$$

据题设,$p(\lambda)$的判别式

$$\Delta=4(\boldsymbol{x}_1^{\mathrm{T}}\boldsymbol{A}\boldsymbol{x}_2)^2-4(\boldsymbol{x}_1^{\mathrm{T}}\boldsymbol{A}\boldsymbol{x}_1)(\boldsymbol{x}_2^{\mathrm{T}}\boldsymbol{A}\boldsymbol{x}_2)>0,$$

所以 $p(\lambda)$有两个不同的实根 λ_1,λ_2,因此 $\boldsymbol{x}_1+\lambda_1\boldsymbol{x}_2\neq\boldsymbol{x}_1+\lambda_2\boldsymbol{x}_2$,其中至少有一个不为 $\boldsymbol{0}$,不妨设 $\boldsymbol{x}_1+\lambda_1\boldsymbol{x}_2\neq\boldsymbol{0}$(事实上,二个都不为零,且线性无关). 取 $\boldsymbol{x}_0=\boldsymbol{x}_1+\lambda_1\boldsymbol{x}_2$,则 $\boldsymbol{x}_0^{\mathrm{T}}\boldsymbol{A}\boldsymbol{x}_0=0$.

【注】 根据上述解法可证:(**南开大学,2014 年**) 设 $\boldsymbol{A}$ 是 n 阶实对称矩阵,且存在 $\boldsymbol{x}_1$, $\boldsymbol{x}_2\in\mathbb{R}^{n\times1}$ 使得 $\boldsymbol{x}_1^{\mathrm{T}}\boldsymbol{A}\boldsymbol{x}_1>0$ 而 $\boldsymbol{x}_2^{\mathrm{T}}\boldsymbol{A}\boldsymbol{x}_2<0$. 证明:必存在线性无关的 $\boldsymbol{x}_3,\boldsymbol{x}_4\in\mathbb{R}^{n\times1}$,使得 $\boldsymbol{x}_3^{\mathrm{T}}\boldsymbol{A}\boldsymbol{x}_3=\boldsymbol{x}_4^{\mathrm{T}}\boldsymbol{A}\boldsymbol{x}_4=0$,且 $\boldsymbol{x}_1,\boldsymbol{x}_2,\boldsymbol{x}_3,\boldsymbol{x}_4$ 线性相关.

【例 8.27】 设 $f(x_1,x_2,\cdots,x_n)=\boldsymbol{x}^{\mathrm{T}}\boldsymbol{A}\boldsymbol{x}$ 是一 n 元实二次型,其中 $\boldsymbol{A}^{\mathrm{T}}=\boldsymbol{A}$,且存在向量 $\boldsymbol{x}_1$, $\boldsymbol{x}_2\in\mathbb{R}^n$,使得 $\boldsymbol{x}_1^{\mathrm{T}}\boldsymbol{A}\boldsymbol{x}_1>0$ 而 $\boldsymbol{x}_2^{\mathrm{T}}\boldsymbol{A}\boldsymbol{x}_2<0$. 令 $W=\left\{\boldsymbol{x}\in\mathbb{R}^n\ \middle|\ f(\boldsymbol{x})=0\right\}$.

(1) 证明:$W\cap\mathbb{R}^n\neq\{\boldsymbol{0}\}$;

(2) 试确定 W 中的一个极大线性无关组;

(3) 问 W 是否构成$\mathbb{R}^n$的一个线性子空间? 为什么?

【解】 (1) 即证存在 $\boldsymbol{x}_0\in\mathbb{R}^n$,$\boldsymbol{x}_0\neq\boldsymbol{0}$,使 $f(\boldsymbol{x}_0)=\boldsymbol{x}_0^{\mathrm{T}}\boldsymbol{A}\boldsymbol{x}_0=0$. 参见上一题的证明.

(2) 根据题设,二次型 f 可经非退化线性替换 $\boldsymbol{x}=\boldsymbol{C}\boldsymbol{y}$, 化为规范形

$$f=y_1^2+y_2^2+\cdots+y_p^2-y_{p+1}^2-y_{p+2}^2-\cdots-y_{p+q}^2,$$

其中正惯性指数 $p\geqslant1$, 负惯性指数 $q\geqslant1$,而 $p+q=\operatorname{rank}\boldsymbol{A}\leqslant n$.

取$\mathbb{R}^n$的自然基 $\boldsymbol{\varepsilon}_1,\boldsymbol{\varepsilon}_2,\cdots,\boldsymbol{\varepsilon}_n$,即 $\boldsymbol{\varepsilon}_i$ 是第 i 个分量为 1 其他分量均为 0 的 n 维列向量,令

$$\begin{aligned}\boldsymbol{\alpha}_{ij}&=\boldsymbol{\varepsilon}_i+\boldsymbol{\varepsilon}_j,\quad i=1,2,\cdots,p;\ j=p+1,p+2,\cdots,p+q,\\ \boldsymbol{\beta}_{ij}&=\boldsymbol{\varepsilon}_i-\boldsymbol{\varepsilon}_j,\quad i=1,2,\cdots,p;\ j=p+1,p+2,\cdots,p+q,\\ \boldsymbol{\gamma}_k&=\boldsymbol{\varepsilon}_k,\quad k=p+q+1,p+q+2,\cdots,n.\end{aligned}$$

显然,向量组$\{\boldsymbol{\alpha}_{ij},\boldsymbol{\beta}_{ij},\boldsymbol{\gamma}_k\}$与 $\boldsymbol{\varepsilon}_1,\boldsymbol{\varepsilon}_2,\cdots,\boldsymbol{\varepsilon}_n$ 等价,取前者的一个极大无关组,记为 $\boldsymbol{\eta}_1,\boldsymbol{\eta}_2,\cdots,\boldsymbol{\eta}_n$,再令 $\boldsymbol{\xi}_j=\boldsymbol{C}\boldsymbol{\eta}_j$,则 $f(\boldsymbol{\xi}_j)=\boldsymbol{\xi}_j^{\mathrm{T}}\boldsymbol{A}\boldsymbol{\xi}_j=0$,即 $\boldsymbol{\xi}_j\in W(j=1,2,\cdots,n)$. 因此 $\boldsymbol{\xi}_1,\boldsymbol{\xi}_2,\cdots,\boldsymbol{\xi}_n$ 是 W 中的一个极大无关组.

(3) W 不构成$\mathbb{R}^n$的子空间. 这是因为:若取向量

$$\boldsymbol{Y}_1=\boldsymbol{\varepsilon}_1+\boldsymbol{\varepsilon}_{p+1},\quad \boldsymbol{Y}_2=\boldsymbol{\varepsilon}_1-\boldsymbol{\varepsilon}_{p+1},$$

再令 $\boldsymbol{X}_i=\boldsymbol{C}\boldsymbol{Y}_i$,则 $\boldsymbol{X}_i\in W(i=1,2)$,但

$$f(\boldsymbol{X}_1+\boldsymbol{X}_2)=f(2\boldsymbol{C}\boldsymbol{\varepsilon}_1)=4,$$

即 $\boldsymbol{X}_1+\boldsymbol{X}_2\notin W$,所以 W 不是$\mathbb{R}^n$的子空间.

【例 8.28】(**中山大学,2014 年**) 设 $q(\boldsymbol{X})=\boldsymbol{X}^{\mathrm{T}}\boldsymbol{A}\boldsymbol{X}$ 为 n 元实二次型,令 $V=\{\boldsymbol{X}\in\mathbb{R}^n:q(\boldsymbol{X})=0\}$. 证明:二次型 $q(\boldsymbol{X})$是半正定或半负定的充分必要条件为 V 是$\mathbb{R}^n$的子空间.

【证】 这里证明: $\boldsymbol{A}$ 为半正定或半负定矩阵的充分必要条件为 V 是$\mathbb{R}^n$的子空间.

设 $\operatorname{rank}\boldsymbol{A}=p+s$,其中 p,s 分别为 $\boldsymbol{A}$ 的正、负惯性指数,则存在 n 阶可逆实矩阵 $\boldsymbol{Q}$,使得

$$\boldsymbol{A}=\boldsymbol{Q}^{\mathrm{T}}\begin{pmatrix}\boldsymbol{E}_p&&\\&-\boldsymbol{E}_s&\\&&\boldsymbol{O}\end{pmatrix}\boldsymbol{Q}.$$

令 $Qx=(y_1,y_2,\cdots,y_n)^{\mathrm T}$，则 $x^{\mathrm T}Ax=y_1^2+\cdots+y_p^2-y_{p+1}^2-\cdots-y_{p+s}^2$.

（1）当 $s=0$ 时，$x^{\mathrm T}Ax=0\Leftrightarrow y_1=y_2=\cdots=y_p=0\Leftrightarrow x=Q^{-1}(0,\cdots,0,y_{p+1},y_{p+2},\cdots,y_n)^{\mathrm T}\in V$，故 V 是 $n-p$ 维子空间；

（2）当 $p=0$ 时，$x^{\mathrm T}Ax=0\Leftrightarrow y_{p+1}=y_{p+2}=\cdots=y_{p+s}=0\Leftrightarrow x=Q^{-1}(y_1,\cdots,y_p,0,\cdots,0,y_{p+s+1},\cdots,y_n)^{\mathrm T}\in V$，故 V 是 $n-s$ 维子空间；

（3）当 $p\neq 0$ 且 $s\neq 0$ 时，V 不是子空间. 这是因为此时 V 对加法不封闭. 例如，考虑 ε_i 是第 i 个分量为 1 其他分量为 0 的 n 维列向量，$i=1,p+1$，取

$$x=Q^{-1}(\varepsilon_1+\varepsilon_{p+1}),\quad y=Q^{-1}(\varepsilon_1-\varepsilon_{p+1}),$$

则 $x,y\in V$，但 $x+y\notin V$，这是因为 $(x+y)^{\mathrm T}A(x+y)=4\neq 0$.

综上所述，A 为半正定或半负定矩阵的充分必要条件为 V 是 $\mathbb{R}^n$ 的子空间，且当 V 是子空间时 $\dim V=n-\operatorname{rank}A$.

【注】（**重庆大学，2003 年**）设 A 为 n 阶实对称矩阵，记 $S=\{x\in\mathbb{R}^n \mid x^{\mathrm T}Ax=0\}$. 试给出 S 为 $\mathbb{R}^n$ 的子空间的充分必要条件，并证明你的结论.

【例 8.29】（武汉大学，2011 年；北京师范大学，1995 年） 设 n 元实二次型 $f(x)=x^{\mathrm T}Ax$ 的秩为 n，正、负惯性指数分别为 p,q，且 $p\geqslant q>0$.

（1）证明存在 $\mathbb{R}^n$ 的一个 q 维子空间 W，使 $\forall x_0\in W$，$f(x_0)=0$；

（2）令 $T=\{x\in\mathbb{R}^n \mid f(x)=0\}$，问 T 是否与 W 相等？为什么？

【解】（1）根据题设，二次型 f 可经非退化线性替换 $x=Cy$，化为规范形

$$f=y_1^2+y_2^2+\cdots+y_p^2-y_{p+1}^2-y_{p+2}^2-\cdots-y_{p+q}^2,$$

其中正惯性指数 $p\geqslant 1$，负惯性指数 $q\geqslant 1$，$p+q=n$.

取 $\mathbb{R}^n$ 的自然基 $e_1,e_2,\cdots,e_n$，考虑 $\mathbb{R}^n$ 的子空间 $W=L(\eta_1,\eta_2,\cdots,\eta_q)$，其中

$$\eta_i=C(e_i+e_{p+i}),\quad i=1,2,\cdots,q.$$

显然，$\eta_1,\eta_2,\cdots,\eta_q$ 线性无关，且 $f(\eta_j)=\eta_j^{\mathrm T}A\eta_j=0\,(j=1,2,\cdots,q)$. 因此 $\dim W=q$，且 $\forall x_0\in W$，都有 $f(x_0)=0$.

（2）$T\neq W$，这是因为 T 不构成 $\mathbb{R}^n$ 的子空间（T 对向量的加法不封闭）.

【例 8.30】（四川大学，2010 年） 设 A 为实数域 $\mathbb{R}$ 上的 n 阶实对称矩阵，$\operatorname{rank}A=r$. 又设 $V=\{X\in\mathbb{R}^n \mid X^{\mathrm T}AX=0\}$. 证明：$V$ 中包含 $\mathbb{R}^n$ 的一个维数为 $n-r$ 的子空间. 问 V 是 $\mathbb{R}^n$ 的子空间吗？说明你的理由.

【分析】 先证另一试题：（**黑龙江大学，1987 年**）设 $\mathbb{R}$ 为实数域，$A\in\mathbb{R}^{n\times n}$ 为对称矩阵. 令

$$\Gamma_1=\{X\in\mathbb{R}^n \mid X^{\mathrm T}AX=0\},\quad \Gamma_2=\{X\in\mathbb{R}^n \mid AX=\mathbf{0}\}.$$

试证明：$\Gamma_1=\Gamma_2$ 的充分必要条件是 Γ_1 是 $\mathbb{R}^n$ 的线性子空间.

【证】 必要性. 设 $\Gamma_1=\Gamma_2$，因为 Γ_2 为齐次方程组 $AX=\mathbf{0}$ 的解空间，所以 Γ_1 是 $\mathbb{R}^n$ 的线性子空间.

充分性. 显然有 $\Gamma_2\subset\Gamma_1$. 下证 $\Gamma_1\subset\Gamma_2$. 首先由 Γ_1 是 $\mathbb{R}^n$ 的子空间，可知 A 必为半正定或半负定矩阵. 如若不然，则存在 n 阶可逆实矩阵 Q，使得

$$A = Q^{\mathrm{T}}\begin{pmatrix} 1 & & \\ & -1 & \\ & & aE_{n-2} \end{pmatrix}Q,$$

其中 $a=\pm1$ 或 0. 取 n 维列向量

$$X_1 = Q^{-1}(1,1,0,\cdots,0)^{\mathrm{T}},\quad X_2 = Q^{-1}(1,-1,0,\cdots,0)^{\mathrm{T}},$$

则 $X_i \in \Gamma_1(i=1,2)$,但 $X_1+X_2=Q^{-1}(2,0,\cdots,0)^{\mathrm{T}} \notin \Gamma_1$,矛盾.

所以,存在 n 阶实方阵 C,使得 $A=C^{\mathrm{T}}C$ 或 $A=-C^{\mathrm{T}}C$. 任取 $X\in\Gamma_1$,则 $(CX)^{\mathrm{T}}(CX)=0$,从而 $CX=0, AX=0$. 故 $X\in\Gamma_2$. 因此 $\Gamma_1=\Gamma_2$.

最后,再回到我们的问题上来. 显然,V 中包含子空间 Γ_2,且 $\dim \Gamma_2=n-r$. 一般地,V 不是 $\mathbb{R}^n$ 的子空间,参见本章例 8.27 第(3)问的解答.

【例 8.31】(厦门大学,2002 年;南京理工大学,2006 年) 设 A 是实数域上的 n 阶对称矩阵,求证:存在实常数 c,使得对实数域上任何 n 维列向量 X,都有 $|X^{\mathrm{T}}AX| \leqslant cX^{\mathrm{T}}X$,这里 X^{T} 是 X 的转置矩阵.

【证】 因为 A 是实对称矩阵,所以 A 的特征值 $\lambda_1,\lambda_2,\cdots,\lambda_n$ 都是实数,且存在正交矩阵 Q,使得

$$Q^{\mathrm{T}}AQ = \mathrm{diag}(\lambda_1,\lambda_2,\cdots,\lambda_n).$$

令 $X=QY$,则 $\forall X\in\mathbb{R}^n$,有

$$X^{\mathrm{T}}AX = Y^{\mathrm{T}}(Q^{\mathrm{T}}AQ)Y = \lambda_1 y_1^2 + \lambda_2 y_2^2 + \cdots + \lambda_n y_n^2.$$

令 $c=\max\limits_{1\leqslant k\leqslant n}\{\lambda_k\}$,则

$$|X^{\mathrm{T}}AX| \leqslant c(y_1^2+y_2^2+\cdots+y_n^2) = cY^{\mathrm{T}}Y = cX^{\mathrm{T}}X.$$

【注】 **(中山大学,2007 年)** 特别,取 $X=(1,1,\cdots,1)^{\mathrm{T}}\in\mathbb{R}^n$,即证得:设 $A=(a_{ij})$ 是一个 n 阶实对称矩阵,λ 是 A 的最大特征值,则 $\dfrac{1}{n}\sum\limits_{i=1}^{n}\sum\limits_{j=1}^{n}a_{ij} \leqslant \lambda$.

【例 8.32】(南开大学,2006 年) 设 $f=X^{\mathrm{T}}AX$ 是一个非退化的二次型,其中 A 为对称矩阵. 证明:f 可用正交变换化为规范形当且仅当 A 是正交矩阵.

【证】 充分性. 设 A 是 n 阶正交矩阵,则 A 的特征值的模必为 1. 又 A 是实对称矩阵,其特征值为实数,所以 A 的特征值为 1 或 -1. 故存在正交矩阵 P,使得 $P^{\mathrm{T}}AP=\mathrm{diag}(E_p, -E_{n-p})$. 令 $X=PY$,其中 $Y=(y_1,y_2,\cdots,y_n)^{\mathrm{T}}$,则

$$f = y_1^2 + y_2^2 + \cdots + y_p^2 - y_{p+1}^2 - \cdots - y_n^2. \qquad ①$$

必要性. 设 f 可用正交变换 $X=PY$ 化为规范形①,则 $P^{\mathrm{T}}AP=D$,其中 $D=\mathrm{diag}(E_p, -E_{n-p})$,则 $A=PDP^{\mathrm{T}}$. 显然 A 是实矩阵,且

$$A^{\mathrm{T}}A = (PD^{\mathrm{T}}P^{\mathrm{T}})(PDP^{\mathrm{T}}) = PD^2P^{\mathrm{T}} = E_n.$$

所以 A 是正交矩阵.

【例 8.33】(中国科学院,2005 年) 证明:非零实二次型 $f(x_1,x_2,\cdots,x_n)$ 可以写成

$$f(x_1,x_2,\cdots,x_n) = (u_1x_1+u_2x_2+\cdots+u_nx_n)(v_1x_1+v_2x_2+\cdots+v_nx_n)$$

的充分必要条件是：或者它的秩为 1，或者它的秩为 2 且符号差为 0.

【证】 必要性. 设 $f=(u_1x_1+u_2x_2+\cdots+u_nx_n)(v_1x_1+v_2x_2+\cdots+v_nx_n)\neq 0$，其中 $u_i,v_i\in\mathbb{R}$.

若向量 $(u_1,u_2,\cdots,u_n)$ 与 $(v_1,v_2,\cdots,v_n)$ 线性相关，则存在 $k\in\mathbb{R}$，$k\neq 0$，使得 $u_i=kv_i$. 不妨设 $v_1\neq 0$，作非退化线性替换 $y_1=v_1x_1+v_2x_2+\cdots+v_nx_n$，$y_i=x_i(i=2,3,\cdots,n)$，得 $f=ky_1^2$，所以 f 的秩为 1；

若 $(u_1,u_2,\cdots,u_n)$ 与 $(v_1,v_2,\cdots,v_n)$ 线性无关，不妨设 $\frac{u_1}{v_1}\neq\frac{u_2}{v_2}$，则先后作非退化线性替换

$$\begin{cases}y_1=u_1x_1+u_2x_2+\cdots+u_nx_n,\\ y_2=v_1x_1+v_2x_2+\cdots+v_nx_n,\\ y_i=x_i,\quad i=3,4,\cdots,n\end{cases}\quad\text{及}\quad\begin{cases}y_1=z_1+z_2,\\ y_2=z_1-z_2,\\ y_i=z_i,\quad i=3,4,\cdots,n\end{cases}$$

把 f 化为标准形 $f=y_1y_2=z_1^2-z_2^2$，所以二次型 f 的秩为 2 且符号差为 0.

充分性. 若 f 的秩为 1，则 f 可经非退化线性替换 $\boldsymbol{X}=\boldsymbol{CY}$ 化为标准形 $f=d_1y_1^2$，其中 $d_1\neq 0$. 令 $\boldsymbol{C}^{-1}=(c_{ij})$，则 $y_1=c_{11}x_1+c_{12}x_2+\cdots+c_{1n}x_n$，从而

$$f=d_1(c_{11}x_1+c_{12}x_2+\cdots+c_{1n}x_n)^2=(u_1x_1+u_2x_2+\cdots+u_nx_n)(v_1x_1+v_2x_2+\cdots+v_nx_n),$$

其中 $u_j=d_1c_{1j}$，$v_j=c_{1j}$，$j=1,2,\cdots,n$.

若 f 的秩为 2 且符号差为 0，则 f 可经非退化线性替换 $\boldsymbol{X}=\boldsymbol{CY}$ 化为标准形 $f=y_1^2-y_2^2$. 令 $\boldsymbol{C}^{-1}=(c_{ij})$，则 $y_i=c_{i1}x_1+c_{i2}x_2+\cdots+c_{in}x_n$，$i=1,2$，因此

$$f=(y_1+y_2)(y_1-y_2)=(u_1x_1+u_2x_2+\cdots+u_nx_n)(v_1x_1+v_2x_2+\cdots+v_nx_n),$$

其中 $u_j=c_{1j}+c_{2j}$，$v_j=c_{1j}-c_{2j}$，$j=1,2,\cdots,n$.

【例 8.34】(华南理工大学，2009 年) 已知 n 阶实对称矩阵 $\boldsymbol{A}$ 的各阶顺序主子式 $\Delta_1,\Delta_2,\cdots,\Delta_n$ 都不为零. 证明：二次型 $f(\boldsymbol{X})=\boldsymbol{X}^{\mathrm{T}}\boldsymbol{AX}$ 可经非退化线性替换 $\boldsymbol{X}=\boldsymbol{CY}$ 化为下述标准形

$$f=\lambda_1y_1^2+\lambda_2y_2^2+\cdots+\lambda_ny_n^2,$$

其中 $\lambda_k=\frac{\Delta_k}{\Delta_{k-1}}$，$k=1,2,\cdots,n$，而 $\Delta_0=1$.

【证】 这里，等价地证明：存在可逆实矩阵 $\boldsymbol{C}$，使得 $\boldsymbol{C}^{\mathrm{T}}\boldsymbol{AC}=\mathrm{diag}(\lambda_1,\lambda_2,\cdots,\lambda_n)$.

对 $\boldsymbol{A}$ 的阶数 n 作归纳法. 当 $n=1$ 时，结论显然成立. 假设对于 $n-1$ 阶实对称矩阵结论成立. 对于 n 阶实对称矩阵 $\boldsymbol{A}$，将它分块为

$$\boldsymbol{A}=\begin{pmatrix}\boldsymbol{A}_{n-1} & \boldsymbol{B}\\ \boldsymbol{B}^{\mathrm{T}} & a_{nn}\end{pmatrix},$$

其中 $\boldsymbol{A}_{n-1}\in\boldsymbol{M}_{n-1}(\mathbb{R})$，$\boldsymbol{B}\in\boldsymbol{M}_{n-1,1}(\mathbb{R})$. 由于 $\boldsymbol{A}_{n-1}$ 是实对称矩阵，其顺序主子式是 $\boldsymbol{A}$ 的前 $n-1$ 阶顺序主子式 $\Delta_1,\Delta_2,\cdots,\Delta_{n-1}$，故都不为零，根据归纳假设，存在 $\boldsymbol{S}\in GL(n-1,\mathbb{R})$ 使得

$$\boldsymbol{S}^{\mathrm{T}}\boldsymbol{A}_{n-1}\boldsymbol{S}=\boldsymbol{D}_{n-1}=\mathrm{diag}(\lambda_1,\lambda_2,\cdots,\lambda_{n-1}),$$

其中 $\lambda_k=\frac{\Delta_k}{\Delta_{k-1}}$，$k=1,2,\cdots,n-1$，而 $\Delta_0=1$. 令 $\boldsymbol{P}=\begin{pmatrix}\boldsymbol{S} & \boldsymbol{0}\\ \boldsymbol{0} & 1\end{pmatrix}$，则

$$\boldsymbol{P}^{\mathrm{T}}\boldsymbol{AP}=\begin{pmatrix}\boldsymbol{S}^{\mathrm{T}} & \boldsymbol{0}\\ \boldsymbol{0} & 1\end{pmatrix}\begin{pmatrix}\boldsymbol{A}_{n-1} & \boldsymbol{B}\\ \boldsymbol{B}^{\mathrm{T}} & a_{nn}\end{pmatrix}\begin{pmatrix}\boldsymbol{S} & \boldsymbol{0}\\ \boldsymbol{0} & 1\end{pmatrix}=\begin{pmatrix}\boldsymbol{D}_{n-1} & \boldsymbol{S}^{\mathrm{T}}\boldsymbol{B}\\ \boldsymbol{B}^{\mathrm{T}}\boldsymbol{S} & a_{nn}\end{pmatrix}.$$

注意到 $\boldsymbol{D}_{n-1}$ 是可逆矩阵,再令 $\boldsymbol{Q}=\begin{pmatrix}\boldsymbol{E}_{n-1} & -\boldsymbol{D}_{n-1}^{-1}\boldsymbol{S}^{\mathrm{T}}\boldsymbol{B}\\ \boldsymbol{0} & 1\end{pmatrix}$,则

$$\boldsymbol{Q}^{\mathrm{T}}\boldsymbol{P}^{\mathrm{T}}\boldsymbol{APQ}=\begin{pmatrix}\boldsymbol{E}_{n-1} & \boldsymbol{0}\\ -\boldsymbol{B}^{\mathrm{T}}\boldsymbol{SD}_{n-1}^{-1} & 1\end{pmatrix}\begin{pmatrix}\boldsymbol{D}_{n-1} & \boldsymbol{S}^{\mathrm{T}}\boldsymbol{B}\\ \boldsymbol{B}^{\mathrm{T}}\boldsymbol{S} & a_{nn}\end{pmatrix}\begin{pmatrix}\boldsymbol{E}_{n-1} & -\boldsymbol{D}_{n-1}^{-1}\boldsymbol{S}^{\mathrm{T}}\boldsymbol{B}\\ \boldsymbol{0} & 1\end{pmatrix}$$
$$=\begin{pmatrix}\boldsymbol{D}_{n-1} & \boldsymbol{0}\\ \boldsymbol{0} & a_{nn}-\boldsymbol{B}^{\mathrm{T}}\boldsymbol{SD}_{n-1}^{-1}\boldsymbol{S}^{\mathrm{T}}\boldsymbol{B}\end{pmatrix}.$$

对上式两边取行列式,得

$$a_{nn}-\boldsymbol{B}^{\mathrm{T}}\boldsymbol{SD}_{n-1}^{-1}\boldsymbol{S}^{\mathrm{T}}\boldsymbol{B}=\frac{|\boldsymbol{P}^{\mathrm{T}}\boldsymbol{AP}|}{|\boldsymbol{D}_{n-1}|}=\frac{|\boldsymbol{P}^{\mathrm{T}}\boldsymbol{AP}|}{|\boldsymbol{S}^{\mathrm{T}}\boldsymbol{A}_{n-1}\boldsymbol{S}|}=\frac{|\boldsymbol{A}|}{|\boldsymbol{A}_{n-1}|}=\frac{\Delta_n}{\Delta_{n-1}}=\lambda_n.$$

于是,令 $\boldsymbol{C}=\boldsymbol{PQ}$,就有

$$\boldsymbol{C}^{\mathrm{T}}\boldsymbol{AC}=\begin{pmatrix}\boldsymbol{D}_{n-1} & \boldsymbol{0}\\ \boldsymbol{0} & \lambda_n\end{pmatrix}=\mathrm{diag}(\lambda_1,\cdots,\lambda_{n-1},\lambda_n).$$

【注】　显然,还可要求 $\boldsymbol{C}$ 是单位上三角矩阵,见本章练习 8.62(2).

【例 8.35】(武汉大学,2016 年)　设 $\boldsymbol{A},\boldsymbol{B}$ 均为 n 阶实对称矩阵,且 $\boldsymbol{B}$ 是可逆的. 证明:如果 $|\boldsymbol{A}-\lambda\boldsymbol{B}|=0$ 有 n 个两两互异的实根,那么存在非退化线性替换 $\boldsymbol{X}=\boldsymbol{CY}$ 使二次型 $f(\boldsymbol{X})=\boldsymbol{X}^{\mathrm{T}}\boldsymbol{AX}$ 与 $g(\boldsymbol{X})=\boldsymbol{X}^{\mathrm{T}}\boldsymbol{BX}$ 同时化为标准形.

【证】　因为 $\boldsymbol{B}$ 可逆,且 $|\boldsymbol{A}-\lambda\boldsymbol{B}|=0$ 有 n 个互异实根,所以 $|\lambda\boldsymbol{E}-\boldsymbol{B}^{-1}\boldsymbol{A}|=0$ 有 n 个互异实根,即 $\boldsymbol{B}^{-1}\boldsymbol{A}$ 有 n 个互异的实特征值,故可对角化. 于是,存在实可逆矩阵 $\boldsymbol{C}$,使得

$$\boldsymbol{C}^{-1}(\boldsymbol{B}^{-1}\boldsymbol{A})\boldsymbol{C}=\mathrm{diag}(\lambda_1,\lambda_2,\cdots,\lambda_n)=\boldsymbol{D},\qquad ①$$

其中 $\lambda_1,\lambda_2,\cdots,\lambda_n$ 是 $\boldsymbol{B}^{-1}\boldsymbol{A}$ 的 n 个互异的特征值.

根据①式得 $\boldsymbol{C}^{\mathrm{T}}\boldsymbol{AC}=(\boldsymbol{C}^{\mathrm{T}}\boldsymbol{BC})\boldsymbol{D}$. 两边取转置,得 $\boldsymbol{C}^{\mathrm{T}}\boldsymbol{AC}=\boldsymbol{D}(\boldsymbol{C}^{\mathrm{T}}\boldsymbol{BC})$. 从而有 $(\boldsymbol{C}^{\mathrm{T}}\boldsymbol{BC})\boldsymbol{D}=\boldsymbol{D}(\boldsymbol{C}^{\mathrm{T}}\boldsymbol{BC})$,即 $\boldsymbol{C}^{\mathrm{T}}\boldsymbol{BC}$ 与对角矩阵 $\boldsymbol{D}$ 可交换. 注意到 $\boldsymbol{D}$ 的对角元两两互异,所以 $\boldsymbol{C}^{\mathrm{T}}\boldsymbol{BC}$ 必为对角矩阵,设 $\boldsymbol{C}^{\mathrm{T}}\boldsymbol{BC}=\mathrm{diag}(\mu_1,\mu_2,\cdots,\mu_n)$,则 $\boldsymbol{C}^{\mathrm{T}}\boldsymbol{AC}=\mathrm{diag}(\lambda_1\mu_1,\lambda_2\mu_2,\cdots,\lambda_n\mu_n)$.

作非退化线性替换 $\boldsymbol{X}=\boldsymbol{CY}$,其中 $\boldsymbol{Y}=(y_1,y_2,\cdots,y_n)^{\mathrm{T}}$,则有

$$f(\boldsymbol{X})=\boldsymbol{X}^{\mathrm{T}}\boldsymbol{AX}=\lambda_1\mu_1y_1^2+\lambda_2\mu_2y_2^2+\cdots+\lambda_n\mu_ny_n^2,$$
$$g(\boldsymbol{X})=\boldsymbol{X}^{\mathrm{T}}\boldsymbol{BX}=\mu_1y_1^2+\mu_2y_2^2+\cdots+\mu_ny_n^2.$$

【例 8.36】(华南理工大学,2016 年)　设 $l_i=c_{i1}x_1+c_{i2}x_2+\cdots+c_{in}x_n,i=1,2,\cdots,p+q$,这里 $c_{ij}\in\mathbb{R}$. 试证明:n 元实二次型 $f(x_1,x_2,\cdots,x_n)=l_1^2+l_2^2+\cdots+l_p^2-l_{p+1}^2-\cdots-l_{p+q}^2$ 的正惯性指数 $\leqslant p$,负惯性指数 $\leqslant q$.

【证】　设 f 的正、负惯性指数分别为 r,s,令 $\boldsymbol{Y}=(y_1,y_2,\cdots,y_n)^{\mathrm{T}}$,则 f 可经实的非退化线性替换 $\boldsymbol{X}=\boldsymbol{TY}$ 化为标准形

$$f=l_1^2+l_2^2+\cdots+l_p^2-l_{p+1}^2-\cdots-l_{p+q}^2=y_1^2+y_2^2+\cdots+y_r^2-y_{r+1}^2-\cdots-y_{r+s}^2.$$

记 $\boldsymbol{T}^{-1}=(t_{ij})\in\mathbb{R}^{n\times n}$,则 $\boldsymbol{Y}=\boldsymbol{T}^{-1}\boldsymbol{X}$ 可表示为

$$\begin{cases}y_1=t_{11}x_1+t_{12}x_1+\cdots+t_{1n}x_n,\\ y_2=t_{21}x_1+t_{22}x_1+\cdots+t_{2n}x_n,\\ \cdots\cdots\cdots\cdots\\ y_n=t_{n1}x_1+t_{n2}x_1+\cdots+t_{nn}x_n.\end{cases}$$

先证明 $r\leqslant p$,用反证法. 假设 $r>p$,那么考虑 n 元齐次线性方程组

$$\begin{cases}c_{11}x_1+c_{12}x_2+\cdots+c_{1n}x_n=0,\\ \cdots\cdots\cdots\cdots\\ c_{p1}x_1+c_{p2}x_2+\cdots+c_{pn}x_n=0,\\ t_{r+1,1}x_1+t_{r+1,2}x_2+\cdots+t_{r+1,n}x_n=0,\\ \cdots\cdots\cdots\cdots\\ t_{n1}x_1+c_{n2}x_2+\cdots+t_{nn}x_n=0,\end{cases}$$

由于方程的个数 $n-r+p=n-(r-p)<n$,所以方程组有非零解,任取一个记为 $\boldsymbol{X}_0$. 在这个非零解处有 $l_i=0(i=1,2,\cdots,p)$, $y_j=0(j=r+1,r+2,\cdots,n)$,于是

$$f(\boldsymbol{X}_0)=-l_{p+1}^2-l_{p+2}^2-\cdots-l_{p+q}^2=y_1^2+y_2^2+\cdots+y_r^2,$$

这又必然有 $y_1=y_2=\cdots=y_r=0$,从而有 $\boldsymbol{Y}_0=\boldsymbol{0}$,所以 $\boldsymbol{X}_0=\boldsymbol{T}\boldsymbol{Y}_0=\boldsymbol{0}$. 矛盾. 因此 $r\leqslant p$.

同理可证 $s\leqslant q$.

【例 8.37】(南开大学,2005 年)　设 $f(x_1,x_2,\cdots,x_n)=\boldsymbol{X}^{\mathrm{T}}\boldsymbol{A}\boldsymbol{X}$ 和 $g(y_1,y_2,\cdots,y_n)=\boldsymbol{Y}^{\mathrm{T}}\boldsymbol{B}\boldsymbol{Y}$ 均为实数域上的 n 元二次型,且存在实数域上的 n 阶方阵 $\boldsymbol{C}$ 和 $\boldsymbol{D}$ 使得 $\boldsymbol{A}=\boldsymbol{D}^{\mathrm{T}}\boldsymbol{B}\boldsymbol{D}$, $\boldsymbol{B}=\boldsymbol{C}^{\mathrm{T}}\boldsymbol{A}\boldsymbol{C}$,证明: $f(x_1,x_2,\cdots,x_n)$ 和 $g(y_1,y_2,\cdots,y_n)$ 具有相同的规范形.

【证】　首先由矩阵乘积的秩不超过各因子的秩,及题设条件 $\boldsymbol{A}=\boldsymbol{D}^{\mathrm{T}}\boldsymbol{B}\boldsymbol{D}$, $\boldsymbol{B}=\boldsymbol{C}^{\mathrm{T}}\boldsymbol{A}\boldsymbol{C}$,得

$$\operatorname{rank}\boldsymbol{A}\leqslant\operatorname{rank}\boldsymbol{B},\quad \operatorname{rank}\boldsymbol{B}\leqslant\operatorname{rank}\boldsymbol{A},$$

所以 $\operatorname{rank}\boldsymbol{A}=\operatorname{rank}\boldsymbol{B}=r$. 故存在可逆实矩阵 $\boldsymbol{M},\boldsymbol{N}\in GL(n,\mathbb{R})$,使得

$$\boldsymbol{A}=\boldsymbol{M}^{\mathrm{T}}\begin{pmatrix}\boldsymbol{E}_p&&\\&-\boldsymbol{E}_{r-p}&\\&&\boldsymbol{O}\end{pmatrix}\boldsymbol{M},\quad \boldsymbol{B}=\boldsymbol{N}^{\mathrm{T}}\begin{pmatrix}\boldsymbol{E}_q&&\\&-\boldsymbol{E}_{r-q}&\\&&\boldsymbol{O}\end{pmatrix}\boldsymbol{N},$$

其中 p,q 分别是 $\boldsymbol{A},\boldsymbol{B}$ 的正惯性指数, $\boldsymbol{E}_k$ 是 k 阶单位矩阵.

下面,利用例 8.36 的结论证明 $p=q$. 为此,令 $\boldsymbol{NDX}=\boldsymbol{Z}=(z_1,z_2,\cdots,z_n)^{\mathrm{T}}$,则

$$\begin{aligned}f=\boldsymbol{X}^{\mathrm{T}}\boldsymbol{A}\boldsymbol{X}=\boldsymbol{X}^{\mathrm{T}}\boldsymbol{D}^{\mathrm{T}}\boldsymbol{B}\boldsymbol{D}\boldsymbol{X}&=(\boldsymbol{NDX})^{\mathrm{T}}\begin{pmatrix}\boldsymbol{E}_q&&\\&-\boldsymbol{E}_{r-q}&\\&&\boldsymbol{O}\end{pmatrix}(\boldsymbol{NDX})\\&=z_1^2+z_2^2+\cdots+z_q^2-z_{q+1}^2-z_{q+2}^2-\cdots-z_r^2.\end{aligned}$$

注意到任意 z_i 均为 $x_1,x_2,\cdots,x_n$ 的实系数一次齐次函数,所以 f 的正惯性指数 $p\leqslant q$.

同理,若令 $\boldsymbol{MCY}=\boldsymbol{Z}=(z_1,z_2,\cdots,z_n)^{\mathrm{T}}$,则

$$g=\boldsymbol{Y}^{\mathrm{T}}\boldsymbol{B}\boldsymbol{Y}=z_1^2+z_2^2+\cdots+z_p^2-z_{p+1}^2-z_{p+2}^2-\cdots-z_r^2.$$

这表明 g 的正惯性指数 $q\leqslant p$. 因此 $p=q$.

这就是说,实对称矩阵 $\boldsymbol{A},\boldsymbol{B}$ 的秩、正惯性指数及负惯性指数都对应相等,因而具有相同

的规范形,也即实二次型$f(x_1,x_2,\cdots,x_n)$和$g(y_1,y_2,\cdots,y_n)$具有相同的规范形.

【例 8.38】(武汉大学,2015 年)　设$\boldsymbol{A}$为n阶实对称矩阵,实二次型$f(\boldsymbol{x})=\boldsymbol{x}^{\mathrm{T}}\boldsymbol{A}\boldsymbol{x}$的正、负惯性指数分别为$p$和$q$.

(1) 令$N_f=\left\{\boldsymbol{x}\in\mathbb{R}^n\,\middle|\,f(\boldsymbol{x})=0\right\}$. 证明:包含于$N_f$内的线性子空间的最大维数为$n-\max\{p,q\}$;

(2) 设W为$\mathbb{R}^n$的一个线性子空间,将f限制在W上得到的新的二次型记为$\tilde{f}$,即$\tilde{f}(\boldsymbol{x})=\boldsymbol{x}^{\mathrm{T}}\boldsymbol{A}\boldsymbol{x},\forall\boldsymbol{x}\in W$. 证明:$\tilde{f}$的正、负惯性指数$p_1,q_1$满足$p_1\leqslant p$和$q_1\leqslant q$.

【证】　(1) 据题设,f可经非退化实线性替换$\boldsymbol{x}=\boldsymbol{C}\boldsymbol{y}$化为规范形
$$f=y_1^2+y_2^2+\cdots+y_p^2-y_{p+1}^2-y_{p+2}^2-\cdots-y_{p+q}^2,$$
其中$p+q=r=\operatorname{rank}\boldsymbol{A}$. 取$\mathbb{R}^n$的自然基$\boldsymbol{e}_1,\boldsymbol{e}_2,\cdots,\boldsymbol{e}_n$,记$\boldsymbol{\varepsilon}_i=\boldsymbol{C}\boldsymbol{e}_i,i=1,2,\cdots,n$. 若$p\geqslant q$,令
$$U=L(\boldsymbol{\varepsilon}_1+\boldsymbol{\varepsilon}_{p+1},\boldsymbol{\varepsilon}_2+\boldsymbol{\varepsilon}_{p+2},\cdots,\boldsymbol{\varepsilon}_q+\boldsymbol{\varepsilon}_{p+q},\boldsymbol{\varepsilon}_{r+1},\cdots,\boldsymbol{\varepsilon}_n),$$
则$U\subseteq N_f$,且$\dim U=q+(n-r)=n-p$. 同理,若$p\leqslant q$,则N_f中包含一个$n-q$维子空间.

现在,设U_0是含于N_f内且维数最大的子空间. 若$p\geqslant q$,令$S=L(\boldsymbol{\varepsilon}_1,\boldsymbol{\varepsilon}_2,\cdots,\boldsymbol{\varepsilon}_p)$,则$\forall\boldsymbol{\alpha}\in S,\boldsymbol{\alpha}\neq\boldsymbol{0}$,有$\boldsymbol{\alpha}=\sum\limits_{i=1}^{p}x_i\boldsymbol{\varepsilon}_i$,从而$f(\boldsymbol{\alpha})=\sum\limits_{i=1}^{p}x_i^2>0$. 这就表明$U_0\cap S=\{\boldsymbol{0}\}$. 利用维数公式,有
$$n-p\leqslant\dim U_0=\dim(U_0+S)-\dim S\leqslant n-p,$$
故$\dim U_0=n-p$. 若$p<q$,令$S_1=L(\boldsymbol{\varepsilon}_{p+1},\boldsymbol{\varepsilon}_{p+2},\cdots,\boldsymbol{\varepsilon}_{p+q})$,则$\forall\boldsymbol{\alpha}\in S_1,\boldsymbol{\alpha}\neq\boldsymbol{0}$,有$\boldsymbol{\alpha}=\sum\limits_{i=1}^{q}x_{p+i}\boldsymbol{\varepsilon}_{p+i}$,于是$f(\boldsymbol{\alpha})=-\sum\limits_{i=1}^{q}x_{p+i}^2<0$,这就表明$U_0\cap S_1=\{\boldsymbol{0}\}$. 所以
$$n-q\leqslant\dim U_0=\dim(U_0+S_1)-\dim S_1\leqslant n-q,$$
故$\dim U_0=n-q$. 于是,有$\dim U_0=n-\max\{p,q\}$.

(2) 令$N_f^+=\left\{\boldsymbol{x}\in\mathbb{R}^n\,\middle|\,f(\boldsymbol{x})>0\right\}\cup\{\boldsymbol{0}\}$,则$S\subseteq N_f^+$. 再令$G=L(\boldsymbol{\varepsilon}_{p+1},\cdots,\boldsymbol{\varepsilon}_{p+q},\cdots,\boldsymbol{\varepsilon}_n)$,显然$\dim G=n-p$,且$\forall\boldsymbol{x}\in G$,有$f(\boldsymbol{x})\leqslant0$. 因此$G\cap N_f^+=\{\boldsymbol{0}\}$. 对于$N_f^+$中的维数最大的子空间$S_0$,则$G\cap S_0=\{\boldsymbol{0}\}$. 利用维数公式,有
$$p\leqslant\dim S_0=\dim(G+S_0)-\dim G\leqslant n-(n-p)=p,$$
所以$\dim S_0=p$. 同理可证,$N_{\tilde{f}}^+$中所包含的子空间的最大维数为p_1. 由于$N_{\tilde{f}}^+\subseteq N_f^+$,所以$p_1\leqslant p$.

类似地,有$q_1\leqslant q$.

【例 8.39】(中国科学技术大学,2008 年)　设$\boldsymbol{A},\boldsymbol{B}$是$n$阶实对称矩阵,证明:$\boldsymbol{A},\boldsymbol{B}$及$\boldsymbol{A}+\boldsymbol{B}$的正惯性指数$p(\boldsymbol{A}),p(\boldsymbol{B})$与$p(\boldsymbol{A}+\boldsymbol{B})$满足关系式:$p(\boldsymbol{A})+p(\boldsymbol{B})\geqslant p(\boldsymbol{A}+\boldsymbol{B})$.

【证】　(方法 1) 若$\boldsymbol{A},\boldsymbol{B}$都是半正定矩阵,则$\boldsymbol{A}+\boldsymbol{B}$也是半正定或正定矩阵. 所以
$$p(\boldsymbol{A}+\boldsymbol{B})=\operatorname{rank}(\boldsymbol{A}+\boldsymbol{B})\leqslant\operatorname{rank}\boldsymbol{A}+\operatorname{rank}\boldsymbol{B}=p(\boldsymbol{A})+p(\boldsymbol{B}).$$
下面再考虑一般情形. 因为$\boldsymbol{A}$是实对称矩阵,所以存在可逆实矩阵$\boldsymbol{C}$,使得
$$\boldsymbol{A}=\boldsymbol{C}^{\mathrm{T}}\begin{pmatrix}\boldsymbol{E}_p&&\\&-\boldsymbol{E}_{r-p}&\\&&\boldsymbol{O}\end{pmatrix}\boldsymbol{C},$$

其中 $p=p(\boldsymbol{A}), r=\operatorname{rank}\boldsymbol{A}$. 记

$$\boldsymbol{A}_1=\boldsymbol{C}^{\mathrm{T}}\begin{pmatrix}\boldsymbol{E}_p&&\\&\boldsymbol{O}&\\&&\boldsymbol{O}\end{pmatrix}\boldsymbol{C},\quad \boldsymbol{A}_2=\boldsymbol{C}^{\mathrm{T}}\begin{pmatrix}\boldsymbol{O}&&\\&-\boldsymbol{E}_{r-p}&\\&&\boldsymbol{O}\end{pmatrix}\boldsymbol{C},$$

则 $\boldsymbol{A}_1,\boldsymbol{A}_2$ 分别为实对称半正定和半负定矩阵,且 $\boldsymbol{A}=\boldsymbol{A}_1+\boldsymbol{A}_2$,以及 $p(\boldsymbol{A})=p(\boldsymbol{A}_1)$.

同理可证:存在半正定矩阵 $\boldsymbol{B}_1$ 和半负定矩阵 $\boldsymbol{B}_2$,使 $\boldsymbol{B}=\boldsymbol{B}_1+\boldsymbol{B}_2$,且 $p(\boldsymbol{B})=p(\boldsymbol{B}_1)$. 于是

$$\boldsymbol{A}+\boldsymbol{B}=(\boldsymbol{A}_1+\boldsymbol{B}_1)+(\boldsymbol{A}_2+\boldsymbol{B}_2),$$

显然,$\boldsymbol{A}_1+\boldsymbol{B}_1$ 为实对称半正定或正定矩阵,而 $\boldsymbol{A}_2+\boldsymbol{B}_2$ 为实对称半负定或负定矩阵,从而有

$$p(\boldsymbol{A}+\boldsymbol{B})\leqslant p(\boldsymbol{A}_1+\boldsymbol{B}_1).$$

最后,利用上述已证得的事实,即得

$$p(\boldsymbol{A}+\boldsymbol{B})\leqslant p(\boldsymbol{A}_1)+p(\boldsymbol{B}_1)=p(\boldsymbol{A})+p(\boldsymbol{B}).$$

(方法 2) 记 $p(\boldsymbol{A})=a, p(\boldsymbol{B})=b, p(\boldsymbol{A}+\boldsymbol{B})=c$,又令 $\operatorname{rank}\boldsymbol{A}=r, \operatorname{rank}\boldsymbol{B}=s, \operatorname{rank}(\boldsymbol{A}+\boldsymbol{B})=t$,则存在实的非退化线性替换 $\boldsymbol{X}=\boldsymbol{PY}, \boldsymbol{X}=\boldsymbol{QZ}, \boldsymbol{X}=\boldsymbol{TU}$,分别使得

$$f(\boldsymbol{X})=\boldsymbol{X}^{\mathrm{T}}\boldsymbol{AX}=y_1^2+y_2^2+\cdots+y_a^2-y_{a+1}^2-\cdots-y_r^2,$$
$$g(\boldsymbol{X})=\boldsymbol{X}^{\mathrm{T}}\boldsymbol{BX}=z_1^2+z_2^2+\cdots+z_b^2-z_{b+1}^2-\cdots-z_s^2,$$
$$h(\boldsymbol{X})=\boldsymbol{X}^{\mathrm{T}}(\boldsymbol{A}+\boldsymbol{B})\boldsymbol{X}=u_1^2+u_2^2+\cdots+u_c^2-u_{c+1}^2-\cdots-u_t^2.$$

假设 $a+b<c$,令 $\boldsymbol{P}^{-1}=(p_{ij}), \boldsymbol{Q}^{-1}=(q_{ij}), \boldsymbol{T}^{-1}=(t_{ij})$,考虑 n 元齐次线性方程组

$$\begin{cases}p_{i1}x_1+p_{i2}x_2+\cdots+p_{in}x_n=0, & i=1,2,\cdots,a,\\ q_{j1}x_1+q_{j2}x_2+\cdots+q_{jn}x_n=0, & j=1,2,\cdots,b,\\ t_{k1}x_1+t_{k2}x_2+\cdots+t_{kn}x_n=0, & k=c+1,c+2,\cdots,n.\end{cases}$$

由于方程的个数 $a+b+(n-c)=n-(c-a-b)<n$,所以方程组有非零解,记为 $\boldsymbol{X}_0$. 相应地,有 $\boldsymbol{Y}=\boldsymbol{P}^{-1}\boldsymbol{X}_0$ 的分量 $y_i=0(1\leqslant i\leqslant a)$,而 $\boldsymbol{Z}=\boldsymbol{Q}^{-1}\boldsymbol{X}_0$ 的分量 $z_j=0(1\leqslant j\leqslant b)$,于是

$$f(\boldsymbol{X}_0)+g(\boldsymbol{X}_0)=-y_{a+1}^2-\cdots-y_r^2-z_{b+1}^2-\cdots-z_s^2\leqslant 0.$$

另一方面,注意到 $\boldsymbol{U}=\boldsymbol{T}^{-1}\boldsymbol{X}_0\neq\boldsymbol{0}$,其前 c 个分量 $u_1,u_2,\cdots,u_c$ 中至少有一个不为 0,所以

$$f(\boldsymbol{X}_0)+g(\boldsymbol{X}_0)=h(\boldsymbol{X}_0)=u_1^2+u_2^2+\cdots+u_c^2>0,$$

导致矛盾. 因此 $a+b\geqslant c$,即 $p(\boldsymbol{A})+p(\boldsymbol{B})\geqslant p(\boldsymbol{A}+\boldsymbol{B})$.

(方法 3) 利用本章练习 8.10,以及如下恒等式:

$$\boldsymbol{A}+\boldsymbol{B}=(\boldsymbol{E}_n,\boldsymbol{E}_n)\begin{pmatrix}\boldsymbol{A}&\\&\boldsymbol{B}\end{pmatrix}\begin{pmatrix}\boldsymbol{E}_n\\\boldsymbol{E}_n\end{pmatrix},$$

即得 $p(\boldsymbol{A}+\boldsymbol{B})\leqslant p\begin{pmatrix}\boldsymbol{A}&\\&\boldsymbol{B}\end{pmatrix}=p(\boldsymbol{A})+p(\boldsymbol{B})$.

§8.3 正定性与半正定性

基本理论与要点提示

8.3.1 正定二次型

(1) 实二次型 $f(\boldsymbol{x})=\boldsymbol{x}^{\mathrm{T}}\boldsymbol{Qx}$ 称为是正定的,如果 $\forall\,\boldsymbol{x}\in\mathbb{R}^n$ 且 $\boldsymbol{x}\neq\boldsymbol{0}$ 使得 $f(\boldsymbol{x})>0$. 相应地,

也称实对称矩阵 $\boldsymbol{Q}$ 是正定的.

(2) n 元实二次型 $f=\boldsymbol{x}^{\mathrm{T}}\boldsymbol{Q}\boldsymbol{x}$（或 n 阶实对称矩阵 $\boldsymbol{Q}$）正定等价于下列条件之一成立:

a) f 的标准形中 n 个系数全为正;

b) f 或 $\boldsymbol{Q}$ 的正惯性指数 $p=n$;

c) $\boldsymbol{Q}=(a_{ij})$ 的各阶顺序主子式都大于零，即

$$a_{11}>0,\quad \begin{vmatrix} a_{11} & a_{11} \\ a_{21} & a_{22} \end{vmatrix}>0,\quad \cdots,\quad |\boldsymbol{Q}|>0;$$

d) $\boldsymbol{Q}$ 的特征值均大于零;

e) $\boldsymbol{Q}$ 可表示为 $\boldsymbol{Q}=\boldsymbol{C}^{\mathrm{T}}\boldsymbol{C}$,其中 $\boldsymbol{C}\in M_n(\mathbb{R})$ 为可逆矩阵.

8.3.2　半正定二次型

(1) 实二次型 $f(\boldsymbol{x})=\boldsymbol{x}^{\mathrm{T}}\boldsymbol{Q}\boldsymbol{x}$ 称为是半正定的,如果 $\forall\boldsymbol{x}\in\mathbb{R}^n$ 且 $\boldsymbol{x}\neq\boldsymbol{0}$ 使得 $f(\boldsymbol{x})\geqslant 0$. 相应地,也称实对称矩阵 $\boldsymbol{Q}$ 是半正定的.

(2) n 元实二次型 $f=\boldsymbol{x}^{\mathrm{T}}\boldsymbol{Q}\boldsymbol{x}$（或 n 阶实对称矩阵 $\boldsymbol{Q}$）半正定等价于下列条件之一成立:

a) f 的标准形中 r 个系数全为正,其中 $r=\operatorname{rank}\boldsymbol{Q}<n$;

b) f 或 $\boldsymbol{Q}$ 的正惯性指数 $p=r$;

c) $\boldsymbol{Q}$ 可表示为 $\boldsymbol{Q}=\boldsymbol{C}^{\mathrm{T}}\begin{pmatrix} \boldsymbol{E}_r & \boldsymbol{O} \\ \boldsymbol{O} & \boldsymbol{O} \end{pmatrix}\boldsymbol{C}$,其中 $\boldsymbol{C}\in M_n(\mathbb{R})$ 为可逆矩阵,$\boldsymbol{E}_r$ 为 r 阶单位矩阵;

d) $\boldsymbol{Q}$ 可表示为 $\boldsymbol{Q}=\boldsymbol{P}^{\mathrm{T}}\boldsymbol{P}$,其中 $\boldsymbol{P}\in M_n(\mathbb{R})$;

e) $\boldsymbol{Q}$ 的所有主子式都是非负的.

(3) 实二次型 $f(\boldsymbol{x})=\boldsymbol{x}^{\mathrm{T}}\boldsymbol{Q}\boldsymbol{x}$ 称为是负定的或半负定的,如果 $\forall\boldsymbol{x}\in\mathbb{R}^n$ 且 $\boldsymbol{x}\neq\boldsymbol{0}$ 使得 $f(\boldsymbol{x})<0$ 或 $f(\boldsymbol{x})\leqslant 0$. 相应地,也称实对称矩阵 $\boldsymbol{Q}$ 是负定的或半负定的.

典型问题解析

【例 8.40】(武汉大学,2005 年)　已知实二次型 $f=x_1^2+x_2^2+x_3^2+9x_4^2+2a(x_1x_2+x_2x_3+x_3x_1)$,问当 a 取何值时,f 是正定的、半正定的以及不定的二次型?

【解】　二次型 f 的矩阵为

$$\boldsymbol{A}=\begin{pmatrix} 1 & a & a & 0 \\ a & 1 & a & 0 \\ a & a & 1 & 0 \\ 0 & 0 & 0 & 9 \end{pmatrix}.$$

易知 $\boldsymbol{A}$ 的各阶顺序主子式为

$$\Delta_1=1,\ \Delta_2=(1-a)(1+a),\ \Delta_3=(1-a)^2(1+2a),\ \Delta_4=9\Delta_3.$$

由此可见,

(1) 当 $-\frac{1}{2}<a<1$ 时,f 为正定二次型;

(2) 当 $a=-\frac{1}{2}$ 或 $a=1$ 时,f 为半正定二次型(所有主子式非负);

(3) 当 $a<-\frac{1}{2}$ 或 $a>1$ 时,f 为不定二次型.

【例 8.41】　设二次型$f(x_1,x_2,x_3)=a(x_1^2+x_2^2+x_3^2)+2x_1x_2-2x_2x_3+2x_3x_1$.

(1) 问当 a 取何值时,f 为正定二次型?

(2) 取 $a=1$,试用非退化线性替换把 f 化为规范形,并写出所用线性替换;

(3) 取 $a=1$,问当 b 取何值时,矩阵 $\boldsymbol{B}=\begin{pmatrix}1&0&0\\0&-1&2\\0&2&b\end{pmatrix}$ 与 f 的矩阵 $\boldsymbol{A}$ 合同?

【解】　(1) 二次型 f 的矩阵 $\boldsymbol{A}=\begin{pmatrix}a&1&1\\1&a&-1\\1&-1&a\end{pmatrix}$,因为 $\boldsymbol{A}$ 的各阶顺序主子式为

$$\Delta_1=a,\quad \Delta_2=\begin{vmatrix}a&1\\1&a\end{vmatrix}=a^2-1,\quad \Delta_3=|\boldsymbol{A}|=(a+1)^2(a-2),$$

所以当 $a>2$ 时,二次型 f 是正定的.

(2) 当 $a=1$ 时,二次型$f=(x_1+x_2+x_3)^2-4x_2x_3$. 令

$$\begin{cases}y_1=x_1+x_2+x_3,\\ y_2=x_2,\\ y_3=x_3,\end{cases}\quad 即\quad \begin{cases}x_1=y_1-y_2-y_3,\\ x_2=y_2,\\ x_3=y_3,\end{cases}$$

得 $f=y_1^2-4y_2y_3$.

再令 $\begin{cases}y_1=z_1,\\ y_2=\dfrac{1}{2}(z_2+z_3),\\ y_3=\dfrac{1}{2}(z_2-z_3),\end{cases}$ 则有非退化线性替换 $\begin{cases}x_1=z_1-z_2,\\ x_2=\dfrac{1}{2}(z_2+z_3),\\ x_3=\dfrac{1}{2}(z_2-z_3),\end{cases}$ 及规范形 $f=z_1^2-z_2^2+z_3^2$.

(3) 矩阵 $\boldsymbol{B}$ 所对应的二次型为

$$\begin{aligned}g(x_1,x_2,x_3)&=\boldsymbol{x}^{\mathrm{T}}\boldsymbol{B}\boldsymbol{x}=x_1{}^2-x_2{}^2+bx_3{}^2+4x_2x_3\\&=x_1{}^2-(x_2-2x_3)^2+(b+4)x_3{}^2.\end{aligned}$$

根据(2),f 的秩为 3,正惯性指数为 2. 所以当 $b>-4$ 时,g 的秩为 3,正惯性指数为 2,于是矩阵 $\boldsymbol{B}$ 与 $\boldsymbol{A}$ 合同.

【例 8.42】(东南大学,2003 年;山东师范大学,2013 年)　设有 n 元实二次型

$$f(x_1,x_2,\cdots,x_n)=(x_1+a_1x_2)^2+(x_2+a_2x_3)^2+\cdots+(x_{n-1}+a_{n-1}x_n)^2+(x_n+a_nx_1)^2,$$

其中 $a_i(i=1,2,\cdots,n)$ 为实数. 试问:当 $a_1,\ a_2,\ \cdots,\ a_n$ 满足何种条件时,二次型 $f(x_1,x_2,\cdots,x_n)$ 为正定二次型?

【解】　(方法 1) 用线性替换

$$y_1=x_1+a_1x_2,\ y_2=x_2+a_2x_3,\ \cdots,\ y_n=x_n+a_nx_1$$

把二次型化为

$$f=y_1{}^2+y_2{}^2+\cdots+y_{n-1}{}^2+y_n{}^2.$$

将上述线性替换写成矩阵形式 $\boldsymbol{y}=\boldsymbol{C}\boldsymbol{x}$,即

$$\begin{pmatrix} y_1 \\ y_2 \\ \vdots \\ y_{n-1} \\ y_n \end{pmatrix} = \begin{pmatrix} 1 & a_1 & 0 & \cdots & 0 & 0 \\ 0 & 1 & a_2 & \cdots & 0 & 0 \\ \vdots & \vdots & \vdots & & \vdots & \vdots \\ 0 & 0 & 0 & \cdots & 1 & a_{n-1} \\ a_n & 0 & 0 & \cdots & 0 & 1 \end{pmatrix} \begin{pmatrix} x_1 \\ x_2 \\ \vdots \\ x_{n-1} \\ x_n \end{pmatrix}.$$

因为

$$|\boldsymbol{C}| \xlongequal{\text{按 } c_1 \text{ 展开}} 1+(-1)^{n+1} a_1 a_2 \cdots a_n ,$$

所以,当 $a_1 a_2 \cdots a_n \neq (-1)^n$ 时,$|\boldsymbol{C}| \neq 0$,$y=\boldsymbol{C}\boldsymbol{x}$ 是非退化线性替换. 此时,二次型 $f(x_1, x_2, \cdots, x_n)$ 的正惯性指数等于 n,因而是正定二次型.

（方法 2）　上述解法启发我们,可将二次型用矩阵表示为

$$f(\boldsymbol{x}) = \boldsymbol{y}^{\mathrm{T}}\boldsymbol{y} = \boldsymbol{x}^{\mathrm{T}}(\boldsymbol{C}^{\mathrm{T}}\boldsymbol{C})\boldsymbol{x},$$

当 $a_1 a_2 \cdots a_n \neq (-1)^n$ 时,$\boldsymbol{C}$ 是可逆的实矩阵,故 $\boldsymbol{C}^{\mathrm{T}}\boldsymbol{C}$ 是正定矩阵,因而 $f(x_1, x_2, \cdots, x_n)$ 是正定二次型.

【例 8.43】(清华大学,2000 年)　设 n 阶实方阵($n \geqslant 2$)

$$\boldsymbol{A} = \begin{pmatrix} b+8 & 3 & 3 & \cdots & 3 \\ 3 & b & 1 & 3 & 1 \\ 3 & 1 & b & \ddots & \vdots \\ \vdots & \vdots & \ddots & \ddots & 1 \\ 3 & 1 & \cdots & 1 & b \end{pmatrix}.$$

试求 b 的取值范围,使 $\boldsymbol{A}$ 是正定矩阵.

【解】　（方法 1）记 k 维列向量 $\boldsymbol{\alpha}=(3,1,\cdots,1)^{\mathrm{T}}$,则 $\boldsymbol{A}$ 的 k 阶顺序主子式为

$$|\boldsymbol{A}_k| = \left| \begin{pmatrix} b-1 & & & \\ & b-1 & & \\ & & \ddots & \\ & & & b-1 \end{pmatrix} + \begin{pmatrix} 3 \\ 1 \\ \vdots \\ 1 \end{pmatrix} (3,1,\cdots,1) \right| = |(b-1)\boldsymbol{E}_k + \boldsymbol{\alpha}\boldsymbol{\alpha}^{\mathrm{T}}|$$

$$= (b-1)^{k-1} |(b-1)\boldsymbol{E}_1 + \boldsymbol{\alpha}^{\mathrm{T}}\boldsymbol{\alpha}| = (b-1)^{k-1}(b+k+7).$$

因为 $\boldsymbol{A}$ 正定的充分必要条件是

$$|\boldsymbol{A}_k| > 0 \Leftrightarrow b > 1 \text{ 且 } b > -(k+7), k=1,2,\cdots,n,$$

所以,当 $b>1$ 时 $\boldsymbol{A}$ 是正定矩阵.

（方法 2）根据解法 1,矩阵 $\boldsymbol{A}$ 可以表示为

$$\boldsymbol{A} = (b-1)\boldsymbol{E}_n + \boldsymbol{\alpha}\boldsymbol{\alpha}^{\mathrm{T}},$$

其中 $\boldsymbol{\alpha}=(3,1,\cdots,1)^{\mathrm{T}}$ 是 n 维列向量. 当 $b>1$ 时,因为 $\forall \boldsymbol{x} \in \mathbb{R}^n, \boldsymbol{x} \neq \boldsymbol{0}$,有

$$\boldsymbol{x}^{\mathrm{T}}\boldsymbol{A}\boldsymbol{x} = (b-1)\boldsymbol{x}^{\mathrm{T}}\boldsymbol{x} + (\boldsymbol{\alpha}^{\mathrm{T}}\boldsymbol{x})^{\mathrm{T}}(\boldsymbol{\alpha}^{\mathrm{T}}\boldsymbol{x}) > 0,$$

所以 $\boldsymbol{A}$ 是正定矩阵. 若 $b \leqslant 1$,则取 $\boldsymbol{x}=(1,-3,0,\cdots,0)^{\mathrm{T}}$,有

$$\boldsymbol{x}^{\mathrm{T}}\boldsymbol{A}\boldsymbol{x} \leqslant (\boldsymbol{\alpha}^{\mathrm{T}}\boldsymbol{x})^{\mathrm{T}}(\boldsymbol{\alpha}^{\mathrm{T}}\boldsymbol{x}) = 0,$$

所以 $\boldsymbol{A}$ 不是正定矩阵. 因此,当且仅当 $b>1$ 时 $\boldsymbol{A}$ 是正定矩阵.

【例 8.44】　设 $f = a\sum\limits_{i=1}^{n} x_i^2 + b\sum\limits_{i=1}^{n} x_i x_{n-i+1}$,其中 $a, b \in \mathbb{R}$. 问 a, b 满足什么条件时 f 是正定二次型?

【解】 当 $n=2k+1$ 为奇数时，f 的矩阵为

$$A=\begin{pmatrix} a & & & & & & b \\ & \ddots & & & & \iddots & \\ & & a & & b & & \\ & & & a+b & & & \\ & & b & & a & & \\ & \iddots & & & & \ddots & \\ b & & & & & & a \end{pmatrix},$$

其各阶顺序主子式为 $\Delta_j=a^j(1\leqslant j\leqslant k)$，$\Delta_{k+1}=(a+b)a^k$，$\Delta_{k+1+j}=(a+b)a^{k-j}(a^2-b^2)^j(1\leqslant j\leqslant k)$，故当 $a>0$，$a+b>0$ 且 $a-b>0$ 时，f 是正定二次型.

当 $n=2k$ 为偶数时，f 的矩阵为

$$A=\begin{pmatrix} a & & & & & b \\ & \ddots & & & \iddots & \\ & & a & b & & \\ & & b & a & & \\ & \iddots & & & \ddots & \\ b & & & & & a \end{pmatrix},$$

其各阶顺序主子式为 $\Delta_j=a^j(1\leqslant j\leqslant k)$，$\Delta_{k+j}=a^{k-j}(a^2-b^2)^j(1\leqslant j\leqslant k)$，故当 $a>0$ 且 $a^2-b^2>0$ 时，f 是正定二次型.

【例 8.45】(中国科学院，2004 年) 设 $\boldsymbol{A},\boldsymbol{B}$ 为同阶实对称正定矩阵，且 $\boldsymbol{A}>\boldsymbol{B}$（即 $\boldsymbol{A}-\boldsymbol{B}$ 为正定矩阵），试问是否一定有 $\boldsymbol{A}^2>\boldsymbol{B}^2$？为什么？

【解】 不一定. 例如，设 $\boldsymbol{A}=\begin{pmatrix}2&1\\1&7\end{pmatrix}$，$\boldsymbol{B}=\begin{pmatrix}1&2\\2&5\end{pmatrix}$，则 $\boldsymbol{A},\boldsymbol{B}$ 都是正定矩阵，并且 $\boldsymbol{A}-\boldsymbol{B}=\begin{pmatrix}1&-1\\-1&2\end{pmatrix}$ 也是正定矩阵，但 $\boldsymbol{A}^2-\boldsymbol{B}^2=\begin{pmatrix}0&-3\\-3&21\end{pmatrix}$ 不是正定矩阵.

如果 $\boldsymbol{A},\boldsymbol{B}$ 均为正定矩阵，且 $\boldsymbol{A}-\boldsymbol{B}$ 为半正定矩阵，那么 $\boldsymbol{A}^2-\boldsymbol{B}^2$ 也不一定为半正定矩阵. 例如，$\boldsymbol{A}=\begin{pmatrix}2&a\\a&1\end{pmatrix}$，$\boldsymbol{B}=\begin{pmatrix}2-a&\\&1-a\end{pmatrix}$，则当 $0<a<1$ 时，$\boldsymbol{A}+\boldsymbol{B}=\begin{pmatrix}4-a&a\\a&2-a\end{pmatrix}$ 是正定矩阵，且 $\boldsymbol{A}-\boldsymbol{B}=\begin{pmatrix}a&a\\a&a\end{pmatrix}$ 是半正定矩阵. 但 $\boldsymbol{A}^2-\boldsymbol{B}^2=\begin{pmatrix}4a&3a\\3a&2a\end{pmatrix}$，但 $|\boldsymbol{A}^2-\boldsymbol{B}^2|=-a^2<0$，所以 $\boldsymbol{A}^2-\boldsymbol{B}^2$ 不是半正定矩阵.

【注】 反之，若 $\boldsymbol{A}+\boldsymbol{B}$ 为正定矩阵，且 $\boldsymbol{A}^2-\boldsymbol{B}^2$ 为半正定矩阵，则 $\boldsymbol{A}-\boldsymbol{B}$ 必为半正定矩阵. 详见本章例 8.81，那里给出了三种不同的证明方法.

【例 8.46】 设 $\boldsymbol{A},\boldsymbol{B}$ 为 n 阶实对称正定矩阵，$\boldsymbol{A}-\boldsymbol{B}$ 也为正定矩阵，且 $\boldsymbol{AB}=\boldsymbol{BA}$，证明 $\boldsymbol{A}^2-\boldsymbol{B}^2$ 为正定矩阵，并举例说明条件“$\boldsymbol{AB}=\boldsymbol{BA}$”是不可缺少的.

【解】 首先，易知 $\boldsymbol{A}^2-\boldsymbol{B}^2$ 是实对称矩阵.

因为 $\boldsymbol{A},\boldsymbol{B}$ 是正定矩阵，所以 $\boldsymbol{A}+\boldsymbol{B}$ 正定. 因此存在可逆实矩阵 $\boldsymbol{C}$，使得 $\boldsymbol{A}+\boldsymbol{B}=\boldsymbol{C}^{\mathrm{T}}\boldsymbol{C}$. 由于

$AB=BA$,所以

$$A^2-B^2=(A-B)(A+B)=C^{-1}[C(A-B)C^{\mathrm T}]C,$$

因此 A^2-B^2 与 $C(A-B)C^{\mathrm T}$ 相似,因而具有相同的特征值. 而 $C(A-B)C^{\mathrm T}$ 与 $A-B$ 具有相同的正惯性指数,且 $A-B$ 正定,所以 $C(A-B)C^{\mathrm T}$ 的特征值都大于零. 因此 A^2-B^2 正定.

本题若缺少条件"$AB=BA$",则 A^2-B^2 不一定为正定矩阵. 详见上一例.

【例 8.47】(武汉大学,2013 年)　设 $a_1,a_2,\cdots,a_s$ 是互不相等的实数,矩阵

$$B=\begin{pmatrix}1&1&\cdots&1\\a_1&a_2&\cdots&a_s\\a_1^2&a_2^2&\cdots&a_s^2\\\vdots&\vdots&&\vdots\\a_1^{n-1}&a_2^{n-1}&\cdots&a_s^{n-1}\end{pmatrix}.$$

讨论矩阵 $A=B^{\mathrm T}B$ 的正定性.

【解】　显然 A 是 s 阶实对称矩阵,且 $\forall x\in\mathbb{R}^s$,有 $x^{\mathrm T}Ax=(Bx)^{\mathrm T}(Bx)\geqslant 0$. 下面分三种情形讨论之:

(1) 当 $s>n$ 时,$\operatorname{rank}B\leqslant n<s$,故存在 s 维列向量 $x_0\neq 0$,使得 $Bx_0=0$,从而有 $x_0^{\mathrm T}B^{\mathrm T}Bx_0=(Bx_0)^{\mathrm T}Bx_0=0$,所以 $A=B^{\mathrm T}B$ 是半正定矩阵.

(2) 当 $s=n$ 时,B 是 n 阶 Vandermonde 矩阵,$\det B=\prod\limits_{1\leqslant j<i\leqslant n}(a_i-a_j)\neq 0$,所以 B 是可逆矩阵. 故 $\forall x\neq 0$,有 $Bx\neq 0$,从而 $x^{\mathrm T}Ax=(Bx)^{\mathrm T}(Bx)>0$. 因此 $A=B^{\mathrm T}B$ 是正定矩阵.

(3) 当 $s<n$ 时,因为 B 的前 s 行组成的 s 阶子式是 Vandermonde 行列式

$$\begin{vmatrix}1&1&\cdots&1\\a_1&a_2&\cdots&a_s\\a_1^2&a_2^2&\cdots&a_s^2\\\vdots&\vdots&&\vdots\\a_1^{s-1}&a_2^{s-1}&\cdots&a_s^{s-1}\end{vmatrix}=\prod_{1\leqslant j<i\leqslant s}(a_i-a_j)\neq 0.$$

所以 B 是列满秩的. 于是,$\forall x\in\mathbb{R}^s,x\neq 0$,均有 $Bx=(y_1,y_2,\cdots,y_n)^{\mathrm T}\neq 0$,从而有

$$x^{\mathrm T}Ax=(Bx)^{\mathrm T}(Bx)=\sum_{i=1}^n y_i^2>0,$$

因此 $A=B^{\mathrm T}B$ 是正定矩阵.

【例 8.48】(上海大学,2013 年;南京大学,2009 年;武汉大学,2002 年)　设 A,C 是 n 阶实对称矩阵,B 是矩阵方程 $AX+XA=C$ 的唯一解. 证明:

(1) B 是实对称矩阵;

(2) 若 A,C 都是正定矩阵,则 B 也是正定矩阵.

【证】　(1) 由 $AB+BA=C$,两边取转置得 $C=C^{\mathrm T}=(AB+BA)^{\mathrm T}=AB^{\mathrm T}+B^{\mathrm T}A$,即 $B^{\mathrm T}$ 也是矩阵方程 $AX+XA=C$ 的解. 根据解的唯一性知 $B^{\mathrm T}=B$,即 B 是对称矩阵.

同理可证:$\overline{B}=B$,即 B 是实矩阵.

(2) 设 λ 是 $\boldsymbol{B}$ 的任一特征值,$\boldsymbol{\xi}\neq\boldsymbol{0}$ 是 $\boldsymbol{B}$ 的属于 λ 的特征向量(可取实向量),则

$$\begin{aligned}\boldsymbol{\xi}^{\mathrm{T}}\boldsymbol{C}\boldsymbol{\xi}&=\boldsymbol{\xi}^{\mathrm{T}}(\boldsymbol{AB}+\boldsymbol{BA})\boldsymbol{\xi}=\boldsymbol{\xi}^{\mathrm{T}}\boldsymbol{AB}\boldsymbol{\xi}+\boldsymbol{\xi}^{\mathrm{T}}\boldsymbol{BA}\boldsymbol{\xi}=\boldsymbol{\xi}^{\mathrm{T}}\boldsymbol{A}\lambda\boldsymbol{\xi}+(\boldsymbol{B}\boldsymbol{\xi})^{\mathrm{T}}\boldsymbol{A}\boldsymbol{\xi}\\&=\lambda\boldsymbol{\xi}^{\mathrm{T}}\boldsymbol{A}\boldsymbol{\xi}+\lambda\boldsymbol{\xi}^{\mathrm{T}}\boldsymbol{A}\boldsymbol{\xi}=2\lambda\boldsymbol{\xi}^{\mathrm{T}}\boldsymbol{A}\boldsymbol{\xi}.\end{aligned}$$

因为 $\boldsymbol{A},\boldsymbol{C}$ 都是正定矩阵,所以 $\boldsymbol{\xi}^{\mathrm{T}}\boldsymbol{A}\boldsymbol{\xi}>0$ 且 $\boldsymbol{\xi}^{\mathrm{T}}\boldsymbol{C}\boldsymbol{\xi}>0$,因而 $\lambda>0$. 因此 $\boldsymbol{B}$ 是正定矩阵.

【例 8.49】(武汉大学,2004 年) 设 $\boldsymbol{A},\boldsymbol{B}$ 均为 n 阶正定矩阵,证明:

(1) $\boldsymbol{AB}$ 的特征值全大于零;**(东南大学,2011 年)**

(2) 若 $\boldsymbol{A}$ 与 $\boldsymbol{B}$ 可交换,即 $\boldsymbol{AB}=\boldsymbol{BA}$,则 $\boldsymbol{AB}$ 为正定矩阵. **(南京航空航天大学,2014 年)**

【证】 (1) 因为 $\boldsymbol{A},\boldsymbol{B}$ 均正定,所以存在 $\boldsymbol{C},\boldsymbol{D}\in GL(n,\mathbb{R})$ 使得 $\boldsymbol{A}=\boldsymbol{C}^{\mathrm{T}}\boldsymbol{C},\boldsymbol{B}=\boldsymbol{D}^{\mathrm{T}}\boldsymbol{D}$. 注意到

$$\boldsymbol{AB}=\boldsymbol{C}^{\mathrm{T}}(\boldsymbol{C}\boldsymbol{D}^{\mathrm{T}}\boldsymbol{D}),$$

而 $\boldsymbol{C}^{\mathrm{T}}(\boldsymbol{C}\boldsymbol{D}^{\mathrm{T}}\boldsymbol{D})$ 与 $(\boldsymbol{C}\boldsymbol{D}^{\mathrm{T}}\boldsymbol{D})\boldsymbol{C}^{\mathrm{T}}=(\boldsymbol{D}\boldsymbol{C}^{\mathrm{T}})^{\mathrm{T}}(\boldsymbol{D}\boldsymbol{C}^{\mathrm{T}})$ 具有相同的特征值,后者显然是正定矩阵,其特征值全大于零,所以 $\boldsymbol{AB}$ 的特征值也全大于零.

(2) 因为 $\boldsymbol{AB}=\boldsymbol{BA}$,所以 $(\boldsymbol{AB})^{\mathrm{T}}=\boldsymbol{B}^{\mathrm{T}}\boldsymbol{A}^{\mathrm{T}}=\boldsymbol{BA}=\boldsymbol{AB}$,即 $\boldsymbol{AB}$ 是实对称矩阵. 故由(1)的结论可知 $\boldsymbol{AB}$ 是正定矩阵.

【例 8.50】(武汉大学,2006 年;华中师范大学,1993 年) 设 $\boldsymbol{A}$ 为 m 阶实对称矩阵且正定, $\boldsymbol{B}$ 为 $m\times n$ 实矩阵. 试证 $\boldsymbol{B}^{\mathrm{T}}\boldsymbol{AB}$ 为正定矩阵的充分必要条件是 $\operatorname{rank}\boldsymbol{B}=n$.

【证】 必要性. 设 $\boldsymbol{B}^{\mathrm{T}}\boldsymbol{AB}$ 为正定矩阵,则对任意实的 n 维向量 $\boldsymbol{x}\neq\boldsymbol{0}$,有

$$\boldsymbol{x}^{\mathrm{T}}(\boldsymbol{B}^{\mathrm{T}}\boldsymbol{AB})\boldsymbol{x}>0,\quad 即\quad (\boldsymbol{Bx})^{\mathrm{T}}\boldsymbol{A}(\boldsymbol{Bx})>0.$$

于是 $\boldsymbol{Bx}\neq\boldsymbol{0}$. 因此,齐次线性方程组 $\boldsymbol{Bx}=\boldsymbol{0}$ 只有零解,从而 $\operatorname{rank}\boldsymbol{B}=n$.

充分性. 因 $(\boldsymbol{B}^{\mathrm{T}}\boldsymbol{AB})^{\mathrm{T}}=\boldsymbol{B}^{\mathrm{T}}\boldsymbol{A}^{\mathrm{T}}(\boldsymbol{B}^{\mathrm{T}})^{\mathrm{T}}=\boldsymbol{B}^{\mathrm{T}}\boldsymbol{AB}$, 故 $\boldsymbol{B}^{\mathrm{T}}\boldsymbol{AB}$ 为实对称矩阵.

若 $\operatorname{rank}\boldsymbol{B}=n$, 则方程组 $\boldsymbol{Bx}=\boldsymbol{0}$ 只有零解,从而对任意实的 n 维向量 $\boldsymbol{x}\neq\boldsymbol{0}$, $\boldsymbol{Bx}\neq\boldsymbol{0}$.

又 $\boldsymbol{A}$ 为正定矩阵,所以对于 $\boldsymbol{Bx}\neq\boldsymbol{0}$ 有 $(\boldsymbol{Bx})^{\mathrm{T}}\boldsymbol{A}(\boldsymbol{Bx})>0$.

于是当 $\boldsymbol{x}\neq\boldsymbol{0}$ 时, $\boldsymbol{x}^{\mathrm{T}}(\boldsymbol{B}^{\mathrm{T}}\boldsymbol{AB})\boldsymbol{x}>0$,故 $\boldsymbol{B}^{\mathrm{T}}\boldsymbol{AB}$ 为正定矩阵.

【例 8.51】(厦门大学,2006 年) 设 $\boldsymbol{A}$ 是 n 阶实对称矩阵,证明 $\boldsymbol{A}$ 可逆的充分必要条件是存在矩阵 $\boldsymbol{B}$ 使 $\boldsymbol{AB}+\boldsymbol{B}^{\mathrm{T}}\boldsymbol{A}$ 为正定矩阵,其中 $\boldsymbol{B}^{\mathrm{T}}$ 为 $\boldsymbol{B}$ 的转置矩阵.

【证】 必要性. 设 $\boldsymbol{A}$ 可逆,取 $\boldsymbol{B}=\boldsymbol{A}$,则 $\boldsymbol{AB}+\boldsymbol{B}^{\mathrm{T}}\boldsymbol{A}=2\boldsymbol{A}^2$ 为实对称正定矩阵.

充分性. 因为 $\boldsymbol{AB}+\boldsymbol{B}^{\mathrm{T}}\boldsymbol{A}$ 正定,所以对任意 $\boldsymbol{x}\neq\boldsymbol{0}$, 总有 $\boldsymbol{x}^{\mathrm{T}}(\boldsymbol{AB}+\boldsymbol{B}^{\mathrm{T}}\boldsymbol{A})\boldsymbol{x}>0$, 即

$$(\boldsymbol{Ax})^{\mathrm{T}}(\boldsymbol{Bx})+(\boldsymbol{Bx})^{\mathrm{T}}(\boldsymbol{Ax})>0,\quad 亦即\quad 2(\boldsymbol{Ax})^{\mathrm{T}}(\boldsymbol{Bx})>0,$$

因而 $\boldsymbol{Ax}\neq\boldsymbol{0}$. 这就是说, $\forall\,\boldsymbol{x}\neq\boldsymbol{0}$,都有 $\boldsymbol{Ax}\neq\boldsymbol{0}$,故方程组 $\boldsymbol{Ax}=\boldsymbol{0}$ 只有零解,因此矩阵 $\boldsymbol{A}$ 可逆.

【例 8.52】 设 $\boldsymbol{A}$ 是 n 阶实对称半正定矩阵,$\boldsymbol{B}$ 是 n 阶实方阵,且 $\boldsymbol{AB}+\boldsymbol{BA}=\boldsymbol{O}$. 证明:

(1) $\boldsymbol{AB}=\boldsymbol{BA}=\boldsymbol{O}$;

(2) 若矩阵 $\boldsymbol{B}$ 还是对称的,则存在正交矩阵 $\boldsymbol{P}$,使得 $\boldsymbol{P}^{\mathrm{T}}\boldsymbol{AP}=\begin{pmatrix}\boldsymbol{\Lambda}&\boldsymbol{O}\\\boldsymbol{O}&\boldsymbol{O}\end{pmatrix}$,$\boldsymbol{P}^{\mathrm{T}}\boldsymbol{BP}=\begin{pmatrix}\boldsymbol{O}&\boldsymbol{O}\\\boldsymbol{O}&\boldsymbol{D}\end{pmatrix}$,

其中 $\boldsymbol{\Lambda}$ 是 r 阶正定的对角矩阵,$\boldsymbol{D}$ 是 $n-r$ 阶对角矩阵,而 $r=\operatorname{rank}\boldsymbol{A}$.

【证】 (1) 首先,对于半正定矩阵 $\boldsymbol{A}$,存在正交矩阵 $\boldsymbol{Q}$,使得 $\boldsymbol{Q}^{\mathrm{T}}\boldsymbol{AQ}=\begin{pmatrix}\boldsymbol{\Lambda}&\boldsymbol{O}\\\boldsymbol{O}&\boldsymbol{O}\end{pmatrix}$,其中 $\boldsymbol{\Lambda}=$

$\operatorname{diag}(\lambda_1,\lambda_2,\cdots,\lambda_r)$，$\lambda_i>0$，$r=\operatorname{rank}\boldsymbol{A}$. 根据题设 $\boldsymbol{AB}+\boldsymbol{BA}=\boldsymbol{O}$，有

$$(\boldsymbol{Q}^{\mathrm{T}}\boldsymbol{AQ})(\boldsymbol{Q}^{\mathrm{T}}\boldsymbol{BQ})+(\boldsymbol{Q}^{\mathrm{T}}\boldsymbol{BQ})(\boldsymbol{Q}^{\mathrm{T}}\boldsymbol{AQ})=\boldsymbol{O}.$$

作相应分块 $\boldsymbol{Q}^{\mathrm{T}}\boldsymbol{BQ}=\begin{pmatrix}\boldsymbol{B}_1 & \boldsymbol{B}_2\\ \boldsymbol{B}_3 & \boldsymbol{B}_4\end{pmatrix}$，代入上式可得$\begin{pmatrix}\boldsymbol{\Lambda B}_1+\boldsymbol{B}_1\boldsymbol{\Lambda} & \boldsymbol{\Lambda B}_2\\ \boldsymbol{B}_3\boldsymbol{\Lambda} & \boldsymbol{O}\end{pmatrix}=\boldsymbol{O}$. 所以 $\boldsymbol{\Lambda B}_1+\boldsymbol{B}_1\boldsymbol{\Lambda}=\boldsymbol{O}$，$\boldsymbol{\Lambda B}_2=\boldsymbol{O}$，$\boldsymbol{B}_3\boldsymbol{\Lambda}=\boldsymbol{O}$. 记 $\boldsymbol{B}_1=(b_{ij})_{r\times r}$，则由 $\boldsymbol{\Lambda B}_1+\boldsymbol{B}_1\boldsymbol{\Lambda}=\boldsymbol{O}$ 得

$$(\lambda_i+\lambda_j)b_{ij}=0,\quad i,j=1,2,\cdots,r.$$

从而有 $b_{ij}=0$，即 $\boldsymbol{B}_1=\boldsymbol{O}$. 又 $\boldsymbol{\Lambda}$ 可逆，所以 $\boldsymbol{B}_2=\boldsymbol{O}$，$\boldsymbol{B}_3=\boldsymbol{O}$. 于是 $\boldsymbol{AB}=\boldsymbol{BA}=\boldsymbol{O}$.

(2) 若 $\boldsymbol{B}$ 是实对称的，则上述 $\boldsymbol{B}_4$ 是实对称矩阵，故存在正交矩阵 $\boldsymbol{Q}_1$，使得 $\boldsymbol{Q}_1^{\mathrm{T}}\boldsymbol{B}_4\boldsymbol{Q}_1=\boldsymbol{D}$. 令 $\boldsymbol{P}=\boldsymbol{Q}\begin{pmatrix}\boldsymbol{E} & \boldsymbol{O}\\ \boldsymbol{O} & \boldsymbol{Q}_1\end{pmatrix}$，则 $\boldsymbol{P}$ 是正交矩阵，且 $\boldsymbol{P}^{\mathrm{T}}\boldsymbol{AP}=\begin{pmatrix}\boldsymbol{\Lambda} & \boldsymbol{O}\\ \boldsymbol{O} & \boldsymbol{O}\end{pmatrix}$，$\boldsymbol{P}^{\mathrm{T}}\boldsymbol{BP}=\begin{pmatrix}\boldsymbol{O} & \boldsymbol{O}\\ \boldsymbol{O} & \boldsymbol{D}\end{pmatrix}$.

【例 8.53】(中国科学院,2004 年) 设 $\boldsymbol{S}$ 为 n 阶实对称正定矩阵，证明：

(1) 存在唯一的实对称正定矩阵 $\boldsymbol{S}_1$，使得 $\boldsymbol{S}=\boldsymbol{S}_1^2$；**(上海大学,2008 年)**

(2) 若 $\boldsymbol{A}$ 是 n 阶实对称矩阵，则 $\boldsymbol{AS}$ 的特征值是实数.

【证】 (1) 先证存在性. 因为 $\boldsymbol{S}$ 是正定矩阵，所以 $\boldsymbol{S}$ 的所有特征值 $\lambda_1,\lambda_2,\cdots,\lambda_n$ 都大于零，且存在正交矩阵 $\boldsymbol{P}$，使

$$\boldsymbol{P}^{\mathrm{T}}\boldsymbol{SP}=\begin{pmatrix}\lambda_1 & & & \\ & \lambda_2 & & \\ & & \ddots & \\ & & & \lambda_n\end{pmatrix}=\begin{pmatrix}\sqrt{\lambda_1} & & & \\ & \sqrt{\lambda_2} & & \\ & & \ddots & \\ & & & \sqrt{\lambda_n}\end{pmatrix}\begin{pmatrix}\sqrt{\lambda_1} & & & \\ & \sqrt{\lambda_2} & & \\ & & \ddots & \\ & & & \sqrt{\lambda_n}\end{pmatrix}.$$

从而

$$\boldsymbol{S}=\boldsymbol{P}\begin{pmatrix}\sqrt{\lambda_1} & & & \\ & \sqrt{\lambda_2} & & \\ & & \ddots & \\ & & & \sqrt{\lambda_n}\end{pmatrix}\boldsymbol{P}^{\mathrm{T}}\boldsymbol{P}\begin{pmatrix}\sqrt{\lambda_1} & & & \\ & \sqrt{\lambda_2} & & \\ & & \ddots & \\ & & & \sqrt{\lambda_n}\end{pmatrix}\boldsymbol{P}^{\mathrm{T}}=\boldsymbol{S}_1^2,$$

其中 $\boldsymbol{S}_1=\boldsymbol{P}\begin{pmatrix}\sqrt{\lambda_1} & & & \\ & \sqrt{\lambda_2} & & \\ & & \ddots & \\ & & & \sqrt{\lambda_n}\end{pmatrix}\boldsymbol{P}^{\mathrm{T}}$ 为实对称正定矩阵.

再证唯一性. 设存在另一个实对称正定矩阵 $\boldsymbol{S}_2$，使得 $\boldsymbol{S}=\boldsymbol{S}_2^2$. 下证 $\boldsymbol{S}_1=\boldsymbol{S}_2$.

显然 $\boldsymbol{S}_1$ 与 $\boldsymbol{S}_2$ 有相同的特征值 $\sqrt{\lambda_1},\sqrt{\lambda_2},\cdots,\sqrt{\lambda_n}$. 记 $\boldsymbol{D}=\operatorname{diag}(\sqrt{\lambda_1},\sqrt{\lambda_2},\cdots,\sqrt{\lambda_n})$，则存在正交矩阵 $\boldsymbol{P}_1$ 与 $\boldsymbol{P}_2$，使得 $\boldsymbol{S}_1=\boldsymbol{P}_1\boldsymbol{D}\boldsymbol{P}_1^{\mathrm{T}}$ 及 $\boldsymbol{S}_2=\boldsymbol{P}_2\boldsymbol{D}\boldsymbol{P}_2^{\mathrm{T}}$. 由于 $\boldsymbol{S}_1^2=\boldsymbol{S}_2^2$，所以 $\boldsymbol{D}^2\boldsymbol{P}=\boldsymbol{P}\boldsymbol{D}^2$，其中 $\boldsymbol{P}=\boldsymbol{P}_1^{\mathrm{T}}\boldsymbol{P}_2=(p_{ij})$ 也是正交矩阵. 比较 $\boldsymbol{D}^2\boldsymbol{P}$ 与 $\boldsymbol{P}\boldsymbol{D}^2$ 的 (i,j) 元($\forall i,j=1,2,\cdots,n$)，有

$$\lambda_i p_{ij}=p_{ij}\lambda_j，\text{即}(\lambda_i-\lambda_j)p_{ij}=0，\text{或}(\sqrt{\lambda_i}+\sqrt{\lambda_j})(\sqrt{\lambda_i}-\sqrt{\lambda_j})p_{ij}=0.$$

从而有 $\sqrt{\lambda_i}\,p_{ij}=p_{ij}\sqrt{\lambda_j}$. 由此得 $\boldsymbol{DP}=\boldsymbol{PD}$，故 $\boldsymbol{S}_1=\boldsymbol{S}_2$.

(2) 利用(1)的结论，注意到 $\boldsymbol{AS}=\boldsymbol{AS}_1^2$ 与 $\boldsymbol{S}_1\boldsymbol{AS}_1$ 有相同的特征值，而 $\boldsymbol{S}_1\boldsymbol{AS}_1$ 为实对称矩阵，其特征值为实数，所以 $\boldsymbol{AS}$ 的特征值为实数.

【注】 将(1)的证明稍作修改即有:设 $\boldsymbol{S}$ 为实对称半正定矩阵,则存在唯一的实对称半正定矩阵 $\boldsymbol{S}_1$ 使得 $\boldsymbol{S}=\boldsymbol{S}_1^2$,且与 $\boldsymbol{S}$ 可交换的矩阵与 $\boldsymbol{S}_1$ 也可交换.(见文献[14])

【例 8.54】(武汉大学,2007 年;兰州大学,2004 年) 设 $\boldsymbol{A}$ 是 n 阶正定矩阵,$\boldsymbol{B}$ 是 n 阶半正定矩阵,并且满足 $\boldsymbol{A}^2=\boldsymbol{B}^2$. 证明:

(1) $\boldsymbol{B}$ 是正定矩阵;

(2) $\boldsymbol{A}$ 与 $\boldsymbol{B}$ 相似.

【证】 (1)设 $\lambda_1,\lambda_2,\cdots,\lambda_n$ 是 $\boldsymbol{A}$ 的特征值,$\mu_1,\mu_2,\cdots,\mu_n$ 是 $\boldsymbol{B}$ 的特征值. 由于 $\boldsymbol{A}$ 是正定矩阵,$\boldsymbol{B}$ 是半正定矩阵,所以 $\lambda_i>0,\mu_i\geqslant 0,i=1,2,\cdots,n$.

据题设 $\boldsymbol{A}^2=\boldsymbol{B}^2$,得 $|\boldsymbol{A}|^2=|\boldsymbol{B}|^2$,由此并利用特征值的性质可得

$$\left(\prod_{i=1}^{n}\mu_i\right)^2=\left(\prod_{i=1}^{n}\lambda_i\right)^2>0,$$

所以,$\mu_i>0,i=1,2,\cdots,n$. 因此 $\boldsymbol{B}$ 是正定矩阵.

(2) (方法 1) 因为 $\boldsymbol{A}^2$ 与 $\boldsymbol{B}^2$ 的特征值为 $\lambda_1^2,\lambda_2^2,\cdots,\lambda_n^2$ 与 $\mu_1^2,\mu_2^2,\cdots,\mu_n^2$,而 $\boldsymbol{A}^2=\boldsymbol{B}^2$,所以经适当排序,有 $\lambda_i^2=\mu_i^2$,从而 $\lambda_i=\mu_i,i=1,2,\cdots,n$,即 $\boldsymbol{A}$ 与 $\boldsymbol{B}$ 的特征值相同. 因此,存在 n 阶正交矩阵 $\boldsymbol{P},\boldsymbol{Q}$,使得

$$\boldsymbol{P}^{-1}\boldsymbol{A}\boldsymbol{P}=\operatorname{diag}(\lambda_1,\lambda_2,\cdots,\lambda_n)=\boldsymbol{Q}^{-1}\boldsymbol{B}\boldsymbol{Q}.$$

令 $\boldsymbol{T}=\boldsymbol{P}\boldsymbol{Q}^{-1}$,则 $\boldsymbol{T}$ 是可逆矩阵,且 $\boldsymbol{T}^{-1}\boldsymbol{A}\boldsymbol{T}=\boldsymbol{B}$,所以 $\boldsymbol{A}$ 与 $\boldsymbol{B}$ 相似.

(方法 2) 由 $\boldsymbol{A}^2=\boldsymbol{B}^2$ 得,$(\boldsymbol{A}+\boldsymbol{B})\boldsymbol{A}=\boldsymbol{B}(\boldsymbol{A}+\boldsymbol{B})$. 因为 $\boldsymbol{A},\boldsymbol{B}$ 正定,所以 $\boldsymbol{A}+\boldsymbol{B}$ 正定,故

$$(\boldsymbol{A}+\boldsymbol{B})\boldsymbol{A}(\boldsymbol{A}+\boldsymbol{B})^{-1}=\boldsymbol{B}.$$

这就表明 $\boldsymbol{A}$ 与 $\boldsymbol{B}$ 相似.

(方法 3) 由(1)知,$\boldsymbol{B}$ 正定,故由 $\boldsymbol{A}^2=\boldsymbol{B}^2$ 及上例的(1),可得更强的结论:$\boldsymbol{A}=\boldsymbol{B}$.

【例 8.55】(首都师范大学,2008 年) (1)设 $\boldsymbol{A}\in M_n(\mathbb{R})$ 是一个正定对称矩阵. 证明:存在正定对称矩阵 $\boldsymbol{B}$ 使得 $\boldsymbol{A}=\boldsymbol{B}^2$;

(2)设 $\boldsymbol{A}\in M_n(\mathbb{R})$ 是一个 n 阶可逆矩阵. 证明:存在正定对称矩阵 $\boldsymbol{P}$ 以及正交矩阵 $\boldsymbol{U}$ 使得 $\boldsymbol{A}=\boldsymbol{P}\boldsymbol{U}$.

【证】 (1) 详见本章例 8.53 题.

(2) 因为 $\boldsymbol{A}$ 为实矩阵,所以 $\boldsymbol{A}\boldsymbol{A}^{\mathrm{T}}$ 为实对称矩阵. 由于 $|\boldsymbol{A}|\neq 0$,故 $\forall\boldsymbol{x}\neq\boldsymbol{0}$,有 $\boldsymbol{A}^{\mathrm{T}}\boldsymbol{x}\neq\boldsymbol{0}$,从而

$$\boldsymbol{x}^{\mathrm{T}}(\boldsymbol{A}\boldsymbol{A}^{\mathrm{T}})\boldsymbol{x}=(\boldsymbol{A}^{\mathrm{T}}\boldsymbol{x})^{\mathrm{T}}(\boldsymbol{A}^{\mathrm{T}}\boldsymbol{x})>0.$$

所以 $\boldsymbol{A}\boldsymbol{A}^{\mathrm{T}}$ 是正定矩阵. 于是存在正定对称矩阵 $\boldsymbol{P}$,使 $\boldsymbol{A}\boldsymbol{A}^{\mathrm{T}}=\boldsymbol{P}^2$. 取 $\boldsymbol{U}=\boldsymbol{P}(\boldsymbol{A}^{\mathrm{T}})^{-1}$,则 $\boldsymbol{A}=\boldsymbol{P}\boldsymbol{U}$. 容易验证:$\boldsymbol{U}^{\mathrm{T}}\boldsymbol{U}=\boldsymbol{E}$,即 $\boldsymbol{U}$ 是正交矩阵.

【注】 本例(2)即矩阵的极分解:任一实方阵 $\boldsymbol{A}$ 均可表示为 $\boldsymbol{A}=\boldsymbol{S}\boldsymbol{Q}=\boldsymbol{Q}\boldsymbol{S}_1$,其中 $\boldsymbol{Q}$ 为正交矩阵,$\boldsymbol{S},\boldsymbol{S}_1$ 为半正定矩阵. 若 $\boldsymbol{A}$ 可逆,则 $\boldsymbol{S},\boldsymbol{S}_1$ 为正定的,且分解是唯一的.(见文献[12])

【例 8.56】(华东师范大学,2002 年;山东大学,1987 年) 设 $\boldsymbol{B}$ 是 n 阶正定矩阵,$\boldsymbol{C}$ 是秩为 m 的 $n\times m$ 实矩阵,$n>m$. 令

$$A=\begin{pmatrix}B & C\\ C^{\mathrm T} & O\end{pmatrix}.$$

证明：A 有 n 个正的特征值，m 个负的特征值.

【证】 因为 B 是正定矩阵，所以 B 是可逆矩阵，且 B^{-1} 也是正定矩阵. 又 rank $C=m$，即 C 列满秩，故 $\forall x\in\mathbb{R}^{n\times 1}$，$x\neq 0$，有 $Cx\neq 0$，从而

$$x^{\mathrm T}(C^{\mathrm T}B^{-1}C)x=(Cx)^{\mathrm T}B^{-1}(Cx)>0.$$

所以 $C^{\mathrm T}B^{-1}C$ 是 m 阶正定矩阵. 故存在 n 阶正交矩阵 U_1 与 m 阶正交矩阵 U_2，使得

$$U_1^{\mathrm T}BU_1=D_1=\mathrm{diag}(\lambda_1,\lambda_2,\cdots,\lambda_n),$$

$$U_2^{\mathrm T}(C^{\mathrm T}B^{-1}C)U_2=D_2=\mathrm{diag}(\mu_1,\mu_2,\cdots,\mu_m),$$

其中 $\lambda_i>0$ 是 B 的特征值$(i=1,2,\cdots,n)$；$\mu_j>0$ 是 $C^{\mathrm T}B^{-1}C$ 的特征值$(j=1,2,\cdots,m)$. 易知

$$\begin{pmatrix}E & O\\ -C^{\mathrm T}B^{-1} & E\end{pmatrix}\begin{pmatrix}B & C\\ C^{\mathrm T} & O\end{pmatrix}\begin{pmatrix}E & -B^{-1}C\\ O & E\end{pmatrix}=\begin{pmatrix}B & O\\ O & -C^{\mathrm T}B^{-1}C\end{pmatrix}.$$

令 $U=\begin{pmatrix}E & -B^{-1}C\\ O & E\end{pmatrix}\begin{pmatrix}U_1 & O\\ O & U_2\end{pmatrix}$，则

$$U^{\mathrm T}AU=\begin{pmatrix}U_1 & O\\ O & U_2\end{pmatrix}^{\mathrm T}\begin{pmatrix}B & O\\ O & -C^{\mathrm T}B^{-1}C\end{pmatrix}\begin{pmatrix}U_1 & O\\ O & U_2\end{pmatrix}=\begin{pmatrix}D_1 & O\\ O & -D_2\end{pmatrix}.$$

根据惯性定律，A 的正、负惯性指数分别为 n,m. 所以 A 有 n 个正的特征值，m 个负的特征值.

【例 8.57】（武汉大学，2008 年） 设 $D=\begin{pmatrix}A & C\\ C^{\mathrm T} & B\end{pmatrix}$ 是正定矩阵，其中 A,B 分别为 m 阶，n 阶实对称矩阵，而 C 为 $m\times n$ 实矩阵.

（1）证明：A 是可逆矩阵；

（2）证明：D 合同于分块对角矩阵 $\begin{pmatrix}A & O\\ O & B-C^{\mathrm T}A^{-1}C\end{pmatrix}$；

（3）试判断矩阵 $B-C^{\mathrm T}A^{-1}C$ 是否为正定矩阵？并证明你的结论.

【解】（1）因为 D 正定，所以 A 正定，故 A 是可逆矩阵.

（2）对矩阵 D 施行分块初等变换，易知

$$\begin{pmatrix}E & O\\ -C^{\mathrm T}A^{-1} & E\end{pmatrix}\begin{pmatrix}A & C\\ C^{\mathrm T} & B\end{pmatrix}\begin{pmatrix}E & -A^{-1}C\\ O & E\end{pmatrix}=\begin{pmatrix}A & O\\ O & B-C^{\mathrm T}A^{-1}C\end{pmatrix},$$

所以 D 合同于分块对角矩阵 $\mathrm{diag}(A,B-C^{\mathrm T}A^{-1}C)$.

（3）因为矩阵的正定具有合同不变性，所以 $\begin{pmatrix}A & O\\ O & B-C^{\mathrm T}A^{-1}C\end{pmatrix}$ 是正定的，故 $B-C^{\mathrm T}A^{-1}C$ 也是正定矩阵.

【例 8.58】 设 A 为 n 阶正定矩阵，α 为 n 维实的列向量. 证明：若 $|A-\alpha\alpha^{\mathrm T}|=|A|$，则 $\alpha=0$.

【证】（方法 1）因为 A 正定，所以 A 可逆，且 A^{-1} 也是正定矩阵. 利用降阶公式，得

$$|A-\alpha\alpha^{\mathrm T}|=|A||E_n-A^{-1}\alpha\alpha^{\mathrm T}|=|A|(1-\alpha^{\mathrm T}A^{-1}\alpha).$$

由题设条件 $|A-\alpha\alpha^{\mathrm T}|=|A|$，得 $\alpha^{\mathrm T}A^{-1}\alpha=0$，于是 $\alpha=0$.

(方法 2)记 $\boldsymbol{B}=\boldsymbol{\alpha}\boldsymbol{\alpha}^{\mathrm{T}}$,易知 $\boldsymbol{B}$ 半正定. 利用本章例 8.67 的结论,存在可逆实矩阵 $\boldsymbol{G}$,使得

$$\boldsymbol{G}^{\mathrm{T}}\boldsymbol{A}\boldsymbol{G}=\boldsymbol{E},\quad \boldsymbol{G}^{\mathrm{T}}\boldsymbol{B}\boldsymbol{G}=\operatorname{diag}(\mu_1,\mu_2,\cdots,\mu_n),$$

其中 $\boldsymbol{E}$ 是 n 阶单位矩阵,而 $\mu_1,\mu_2,\cdots,\mu_n$ 是 $|\lambda\boldsymbol{A}-\boldsymbol{B}|=0$ 的 n 个正实根. 注意到

$$\operatorname{rank}\,(\operatorname{diag}(\mu_1,\mu_2,\cdots,\mu_n))=\operatorname{rank}\boldsymbol{B}\leqslant 1,$$

所以,至多有一个 $\mu_i\neq 0$. 令 $\boldsymbol{P}=\boldsymbol{G}^{-1}$,则 $\boldsymbol{A}=\boldsymbol{P}^{\mathrm{T}}\boldsymbol{P}$,且 $\boldsymbol{B}=\boldsymbol{P}^{\mathrm{T}}\operatorname{diag}(\mu_1,\mu_2,\cdots,\mu_n)\boldsymbol{P}$. 于是

$$|\boldsymbol{A}-\boldsymbol{\alpha}\boldsymbol{\alpha}^{\mathrm{T}}|=|\boldsymbol{P}^{\mathrm{T}}|\,|\boldsymbol{E}-\operatorname{diag}(\mu_1,\mu_2,\cdots,\mu_n)|\,|\boldsymbol{P}|=(1-\mu_i)|\boldsymbol{A}|.$$

据题设 $|\boldsymbol{A}-\boldsymbol{\alpha}\boldsymbol{\alpha}^{\mathrm{T}}|=|\boldsymbol{A}|$,得 $1-\mu_i=1$,即 $\mu_i=0$. 故 $\mu_1=\mu_2=\cdots=\mu_n=0$,因此 $\boldsymbol{\alpha}=\boldsymbol{0}$.

【例 8.59】(北京大学,2005 年;西安电子科技大学,2013 年) 设 $\boldsymbol{A}$ 是 n 阶正定矩阵($n>1$),$\boldsymbol{\alpha}\in\mathbb{R}^n$,且 $\boldsymbol{\alpha}$ 是非零列向量. 又设 $\boldsymbol{B}=\boldsymbol{A}\boldsymbol{\alpha}\boldsymbol{\alpha}^{\mathrm{T}}$(其中 $\boldsymbol{\alpha}^{\mathrm{T}}$ 表示 $\boldsymbol{\alpha}$ 的转置). 求 $\boldsymbol{B}$ 的最大特征值以及 $\boldsymbol{B}$ 的属于这个特征值的特征子空间的维数和一个基.

【解】 易知,$\boldsymbol{B}$ 的特征多项式为

$$|\lambda\boldsymbol{E}_n-\boldsymbol{B}|=|\lambda\boldsymbol{E}_n-\boldsymbol{A}\boldsymbol{\alpha}\boldsymbol{\alpha}^{\mathrm{T}}|=\lambda^{n-1}(\lambda-\boldsymbol{\alpha}^{\mathrm{T}}\boldsymbol{A}\boldsymbol{\alpha}),$$

所以 $\boldsymbol{B}$ 的特征值为 $\lambda_1=0$($n-1$ 重),$\lambda_2=\boldsymbol{\alpha}^{\mathrm{T}}\boldsymbol{A}\boldsymbol{\alpha}$.

根据题设,$\boldsymbol{A}$ 是正定矩阵,$\boldsymbol{\alpha}\neq\boldsymbol{0}$,所以 $\boldsymbol{\alpha}^{\mathrm{T}}\boldsymbol{A}\boldsymbol{\alpha}>0$,因此 $\boldsymbol{B}$ 的最大特征值为 $\lambda_2=\boldsymbol{\alpha}^{\mathrm{T}}\boldsymbol{A}\boldsymbol{\alpha}$. 又

$$\boldsymbol{B}(\boldsymbol{A}\boldsymbol{\alpha})=\boldsymbol{A}\boldsymbol{\alpha}(\boldsymbol{\alpha}^{\mathrm{T}}\boldsymbol{A}\boldsymbol{\alpha})=\lambda_2(\boldsymbol{A}\boldsymbol{\alpha}),$$

而 $\boldsymbol{A}\boldsymbol{\alpha}\neq\boldsymbol{0}$,所以 $\boldsymbol{A}\boldsymbol{\alpha}$ 是 $\boldsymbol{B}$ 的属于特征值 $\lambda_2=\boldsymbol{\alpha}^{\mathrm{T}}\boldsymbol{A}\boldsymbol{\alpha}$ 的特征向量.

设 W 表示 $\boldsymbol{B}$ 的属于特征值 λ_2 的特征子空间,则 $\dim W\geqslant 1$. 又 λ_2 是 $\boldsymbol{B}$ 的单特征值,所以 $\dim W\leqslant 1$,故 $\dim W=1$,$\boldsymbol{A}\boldsymbol{\alpha}$ 为 W 的一个基.

【例 8.60】(厦门大学,2010 年;湘潭大学,2008 年) 设 $\boldsymbol{A}$ 是 n 阶可逆实对称矩阵,证明:$\boldsymbol{A}$ 为正定矩阵 $\Leftrightarrow$ 对所有 n 阶正定矩阵 $\boldsymbol{B}$ 均有 $\operatorname{tr}(\boldsymbol{A}\boldsymbol{B})>0$.

【证】 必要性. 因为 $\boldsymbol{A},\boldsymbol{B}$ 为正定矩阵,所以存在 $\boldsymbol{C},\boldsymbol{D}\in GL(n,\mathbb{R})$,使 $\boldsymbol{A}=\boldsymbol{C}^{\mathrm{T}}\boldsymbol{C}$,$\boldsymbol{B}=\boldsymbol{D}^{\mathrm{T}}\boldsymbol{D}$. 注意到 $\boldsymbol{A}\boldsymbol{B}=\boldsymbol{C}^{\mathrm{T}}(\boldsymbol{C}\boldsymbol{D}^{\mathrm{T}}\boldsymbol{D})$ 与 $(\boldsymbol{C}\boldsymbol{D}^{\mathrm{T}}\boldsymbol{D})\boldsymbol{C}^{\mathrm{T}}=(\boldsymbol{D}\boldsymbol{C}^{\mathrm{T}})^{\mathrm{T}}(\boldsymbol{D}\boldsymbol{C}^{\mathrm{T}})$ 具有相同的特征值,设为 $\lambda_1,\lambda_2,\cdots,\lambda_n$,由于 $(\boldsymbol{D}\boldsymbol{C}^{\mathrm{T}})^{\mathrm{T}}(\boldsymbol{D}\boldsymbol{C}^{\mathrm{T}})$ 是正定矩阵,其特征值全大于零,所以

$$\operatorname{tr}(\boldsymbol{A}\boldsymbol{B})=\lambda_1+\lambda_2+\cdots+\lambda_n>0.$$

充分性. 假设 $\boldsymbol{A}$ 不是正定的,因为 $\boldsymbol{A}$ 可逆且为实对称矩阵,所以 $\boldsymbol{A}$ 的特征值 $\lambda_1,\lambda_2,\cdots,\lambda_n$ 均为非零实数,且必有负特征值,不失一般性,设

$$\lambda_1\leqslant\cdots\leqslant\lambda_k<0<\lambda_{k+1}\leqslant\cdots\leqslant\lambda_n.$$

又设正交矩阵 $\boldsymbol{P}$,使得 $\boldsymbol{P}^{\mathrm{T}}\boldsymbol{A}\boldsymbol{P}=\operatorname{diag}(\lambda_1,\lambda_2,\cdots,\lambda_n)$. 考虑正定矩阵

$$\boldsymbol{P}^{\mathrm{T}}\boldsymbol{B}\boldsymbol{P}=\operatorname{diag}\left(-\frac{1}{\lambda_1},\cdots,-\frac{1}{\lambda_k},\frac{1}{n\lambda_{k+1}},\cdots,\frac{1}{n\lambda_n}\right),$$

则 $\boldsymbol{B}$ 也是正定矩阵,且

$$\operatorname{tr}(\boldsymbol{A}\boldsymbol{B})=\operatorname{tr}(\boldsymbol{P}^{\mathrm{T}}\boldsymbol{A}\boldsymbol{P})(\boldsymbol{P}^{\mathrm{T}}\boldsymbol{B}\boldsymbol{P})=-k+\frac{n-k}{n}<0,$$

矛盾. 因此,$\boldsymbol{A}$ 为正定矩阵.

【例 8.61】(北京大学,2008 年) 设 $\boldsymbol{M}=\begin{pmatrix}\boldsymbol{A} & \boldsymbol{B}\\ \boldsymbol{B}^{\mathrm{T}} & \boldsymbol{C}\end{pmatrix}$ 是正定矩阵,其中 $\boldsymbol{A},\boldsymbol{C}$ 分别为 m 阶和

n 阶实对称矩阵,$\boldsymbol{B}$ 为 $m\times n$ 实矩阵. 证明:$\begin{vmatrix}\boldsymbol{A} & \boldsymbol{B}\\ \boldsymbol{B}^{\mathrm{T}} & \boldsymbol{C}\end{vmatrix}\leqslant|\boldsymbol{A}||\boldsymbol{C}|$,等号成立当且仅当 $\boldsymbol{B}=\boldsymbol{O}$.

【证】 因为 $\boldsymbol{M}$ 正定,所以 $\boldsymbol{A}$ 正定,从而 $\boldsymbol{A}$ 可逆,且 $\boldsymbol{M}$ 与$\begin{pmatrix}\boldsymbol{A} & \boldsymbol{O}\\ \boldsymbol{O} & \boldsymbol{C}-\boldsymbol{B}^{\mathrm{T}}\boldsymbol{A}^{-1}\boldsymbol{B}\end{pmatrix}$合同,即

$$\begin{pmatrix}\boldsymbol{E} & \boldsymbol{O}\\ -\boldsymbol{B}^{\mathrm{T}}\boldsymbol{A}^{-1} & \boldsymbol{E}\end{pmatrix}\begin{pmatrix}\boldsymbol{A} & \boldsymbol{B}\\ \boldsymbol{B}^{\mathrm{T}} & \boldsymbol{C}\end{pmatrix}\begin{pmatrix}\boldsymbol{E} & -\boldsymbol{A}^{-1}\boldsymbol{B}\\ \boldsymbol{O} & \boldsymbol{E}\end{pmatrix}=\begin{pmatrix}\boldsymbol{A} & \boldsymbol{O}\\ \boldsymbol{O} & \boldsymbol{C}-\boldsymbol{B}^{\mathrm{T}}\boldsymbol{A}^{-1}\boldsymbol{B}\end{pmatrix}.$$

令 $\boldsymbol{D}=\boldsymbol{C}-\boldsymbol{B}^{\mathrm{T}}\boldsymbol{A}^{-1}\boldsymbol{B}$,则 $\boldsymbol{C}-\boldsymbol{D}=\boldsymbol{B}^{\mathrm{T}}\boldsymbol{A}^{-1}\boldsymbol{B}$ 半正定. 又由 $\boldsymbol{M}$ 正定可知 $\boldsymbol{D}$ 正定,故根据前面的结论,有 $|\boldsymbol{C}-\boldsymbol{B}^{\mathrm{T}}\boldsymbol{A}^{-1}\boldsymbol{B}|=|\boldsymbol{D}|\leqslant|\boldsymbol{C}|$. 于是

$$\begin{vmatrix}\boldsymbol{A} & \boldsymbol{B}\\ \boldsymbol{B}^{\mathrm{T}} & \boldsymbol{C}\end{vmatrix}=\begin{vmatrix}\boldsymbol{A} & \boldsymbol{O}\\ \boldsymbol{O} & \boldsymbol{C}-\boldsymbol{B}^{\mathrm{T}}\boldsymbol{A}^{-1}\boldsymbol{B}\end{vmatrix}=|\boldsymbol{A}||\boldsymbol{C}-\boldsymbol{B}^{\mathrm{T}}\boldsymbol{A}^{-1}\boldsymbol{B}|\leqslant|\boldsymbol{A}||\boldsymbol{C}|.$$

显然,当且仅当 $\boldsymbol{B}=\boldsymbol{O}$ 时等号成立.

【注】 若 $\boldsymbol{M}$ 半正定,则本题结论也成立. 这是因为,此时 $\boldsymbol{A}$ 也半正定. 若 $|\boldsymbol{A}|=0$,则 $\boldsymbol{M}$ 不可能正定,其特征值至少有一个为 0,所以 $|\boldsymbol{M}|=0$,等号成立;若 $|\boldsymbol{A}|\neq 0$,则重复上述证明即可.

【例 8.62】(中国科学院,2003 年) 设 $\boldsymbol{Q}$ 为 n 阶实对称正定矩阵,$\boldsymbol{x}$ 是 n 维实列向量. 证明:

$$0\leqslant\boldsymbol{x}^{\mathrm{T}}(\boldsymbol{Q}+\boldsymbol{x}\boldsymbol{x}^{\mathrm{T}})^{-1}\boldsymbol{x}<1.$$

这里 $\boldsymbol{x}^{\mathrm{T}}$ 表示 $\boldsymbol{x}$ 的转置.

【证】 令 $\boldsymbol{A}=\boldsymbol{Q}+\boldsymbol{x}\boldsymbol{x}^{\mathrm{T}}$,因为 $\boldsymbol{Q}$ 为正定矩阵,而 $\boldsymbol{x}\boldsymbol{x}^{\mathrm{T}}$ 为半正定矩阵,所以 $\boldsymbol{A}$ 是正定矩阵,并且其逆矩阵 $\boldsymbol{A}^{-1}$ 也是正定矩阵. 因此,所证不等式左边的不等号显然成立. 下证右边的不等号成立(只需考虑 $\boldsymbol{x}\neq\boldsymbol{0}$). 根据分块矩阵的初等变换,易知

$$\begin{pmatrix}\boldsymbol{E} & -\boldsymbol{x}\\ \boldsymbol{0} & 1\end{pmatrix}\begin{pmatrix}\boldsymbol{A} & \boldsymbol{x}\\ \boldsymbol{x}^{\mathrm{T}} & 1\end{pmatrix}\begin{pmatrix}\boldsymbol{E} & \boldsymbol{0}\\ -\boldsymbol{x}^{\mathrm{T}} & 1\end{pmatrix}=\begin{pmatrix}\boldsymbol{A}-\boldsymbol{x}\boldsymbol{x}^{\mathrm{T}} & \boldsymbol{0}\\ \boldsymbol{0} & 1\end{pmatrix}=\begin{pmatrix}\boldsymbol{Q} & \boldsymbol{0}\\ \boldsymbol{0} & 1\end{pmatrix},$$

$$\begin{pmatrix}\boldsymbol{E} & \boldsymbol{0}\\ -\boldsymbol{x}^{\mathrm{T}}\boldsymbol{A}^{-1} & 1\end{pmatrix}\begin{pmatrix}\boldsymbol{A} & \boldsymbol{x}\\ \boldsymbol{x}^{\mathrm{T}} & 1\end{pmatrix}\begin{pmatrix}\boldsymbol{E} & -\boldsymbol{A}^{-1}\boldsymbol{x}\\ \boldsymbol{0} & 1\end{pmatrix}=\begin{pmatrix}\boldsymbol{A} & \boldsymbol{0}\\ \boldsymbol{0} & 1-\boldsymbol{x}^{\mathrm{T}}\boldsymbol{A}^{-1}\boldsymbol{x}\end{pmatrix}.$$

根据矩阵合同的对称性与传递性,可知$\begin{pmatrix}\boldsymbol{Q} & \boldsymbol{0}\\ \boldsymbol{0} & 1\end{pmatrix}$合同于$\begin{pmatrix}\boldsymbol{A} & \boldsymbol{0}\\ \boldsymbol{0} & 1-\boldsymbol{x}^{\mathrm{T}}\boldsymbol{A}^{-1}\boldsymbol{x}\end{pmatrix}$,因而具有相同的正定性. 由于正定矩阵的行列式大于零,故

$$\begin{vmatrix}\boldsymbol{A} & \boldsymbol{0}\\ \boldsymbol{0} & 1-\boldsymbol{x}^{\mathrm{T}}\boldsymbol{A}^{-1}\boldsymbol{x}\end{vmatrix}=|\boldsymbol{A}|(1-\boldsymbol{x}^{\mathrm{T}}\boldsymbol{A}^{-1}\boldsymbol{x})>0,$$

因此 $\boldsymbol{x}^{\mathrm{T}}\boldsymbol{A}^{-1}\boldsymbol{x}<1$,即 $\boldsymbol{x}^{\mathrm{T}}(\boldsymbol{Q}+\boldsymbol{x}\boldsymbol{x}^{\mathrm{T}})^{-1}\boldsymbol{x}<1$.

【例 8.63】(南开大学,2010 年;南京大学,2007 年;中山大学,2005 年) 设 $\boldsymbol{A}$ 为实对称正定矩阵,证明:$\boldsymbol{A}$ 中元素之最大者必位于 $\boldsymbol{A}$ 的主对角线上.

【证】 因为 $\boldsymbol{A}=(a_{ij})$ 正定,所以 $\boldsymbol{A}$ 的各阶主子式大于 0. 特别,$\boldsymbol{A}$ 的所有二阶主子式及主对角元 a_{ii} 均大于 0. 现任取 $\boldsymbol{A}$ 的 (i,j) 元 $a_{ij}(i\neq j)$,对于 a_{ij} 所在的二阶主子式,有

$$\begin{vmatrix}a_{ii} & a_{ij}\\ a_{ij} & a_{jj}\end{vmatrix}=a_{ii}a_{jj}-a_{ij}^2>0,\quad\text{即}\ |a_{ij}|<\sqrt{a_{ii}a_{jj}}\leqslant a_{kk},$$

其中 $a_{kk}=\max\{a_{11},a_{22},\cdots,a_{nn}\}$. 于是 $a_{ij}\leqslant|a_{ij}|<a_{kk}$,这就表明 $\boldsymbol{A}$ 的最大元位于主对角线上.

【例 8.64】(北京交通大学,2005 年) 设 $\boldsymbol{A},\boldsymbol{B}$ 都是 n 阶实对称正定矩阵. 证明:

(1) 方程 $|\lambda\boldsymbol{A}-\boldsymbol{B}|=0$ 的根全大于零;

(2) 方程 $|\lambda\boldsymbol{A}-\boldsymbol{B}|=0$ 的所有根都等于 1 当且仅当 $\boldsymbol{A}=\boldsymbol{B}$.

【证】 (1) 因为 $\boldsymbol{A}$ 是正定矩阵,所以存在实的可逆矩阵 $\boldsymbol{Q}$,使得 $\boldsymbol{A}=\boldsymbol{Q}\boldsymbol{Q}^{\mathrm{T}}$. 故

$$|\lambda\boldsymbol{A}-\boldsymbol{B}|=|\boldsymbol{Q}(\lambda\boldsymbol{E}-\boldsymbol{Q}^{-1}\boldsymbol{B}(\boldsymbol{Q}^{\mathrm{T}})^{-1})\boldsymbol{Q}^{\mathrm{T}}|=|\boldsymbol{A}||\lambda\boldsymbol{E}-\boldsymbol{C}|, \quad ①$$

其中 $\boldsymbol{C}=\boldsymbol{Q}^{-1}\boldsymbol{B}(\boldsymbol{Q}^{\mathrm{T}})^{-1}$ 为正定矩阵. 所以,方程 $|\lambda\boldsymbol{A}-\boldsymbol{B}|=0$ 的根即 $\boldsymbol{C}$ 的特征值都大于 0.

(2) 只需证必要性. 首先注意到,对于一般实对称矩阵 $\boldsymbol{C}$,若 $\boldsymbol{C}$ 的所有特征值全为 1,则存在正交矩阵 $\boldsymbol{P}$,使 $\boldsymbol{P}^{-1}\boldsymbol{C}\boldsymbol{P}=\boldsymbol{E}$,即 $\boldsymbol{C}=\boldsymbol{E}$.

现在,据题设 $|\lambda\boldsymbol{A}-\boldsymbol{B}|=0$ 的根全等于 1,所以①式中的实对称矩阵 $\boldsymbol{C}$ 的特征值都等于 1,因此 $\boldsymbol{C}=\boldsymbol{E}$,即 $\boldsymbol{Q}^{-1}\boldsymbol{B}(\boldsymbol{Q}^{\mathrm{T}})^{-1}=\boldsymbol{E}$,亦即 $\boldsymbol{A}=\boldsymbol{B}$.

【例 8.65】 设 $\boldsymbol{A}$ 为 n 阶实对称矩阵. 证明:$\boldsymbol{A}$ 为半正定矩阵或半负定矩阵的充分必要条件是对任意满足 $\boldsymbol{\alpha}^{\mathrm{T}}\boldsymbol{A}\boldsymbol{\alpha}=0$ 的 n 维实列向量 $\boldsymbol{\alpha}$,均有 $\boldsymbol{A}\boldsymbol{\alpha}=\boldsymbol{0}$.

【证】 必要性. 只需证 $\boldsymbol{A}$ 为半正定矩阵的情形. 设实矩阵 $\boldsymbol{C}$ 使得 $\boldsymbol{A}=\boldsymbol{C}^{\mathrm{T}}\boldsymbol{C}$,则 $\boldsymbol{\alpha}^{\mathrm{T}}\boldsymbol{A}\boldsymbol{\alpha}=0$ 即 $(\boldsymbol{C}\boldsymbol{\alpha})^{\mathrm{T}}\boldsymbol{C}\boldsymbol{\alpha}=0$,所以 $\boldsymbol{C}\boldsymbol{\alpha}=\boldsymbol{0}$,从而有 $\boldsymbol{A}\boldsymbol{\alpha}=\boldsymbol{C}^{\mathrm{T}}\boldsymbol{C}\boldsymbol{\alpha}=\boldsymbol{0}$.

充分性. 用反证法,假设 $\boldsymbol{A}$ 既不是半正定的也不是半负定的,则 $\boldsymbol{A}$ 的正惯性指数 $p\geqslant 1$,负惯性指数 $q\geqslant 1$. 因此,存在可逆实矩阵 $\boldsymbol{C}$ 使得

$$\boldsymbol{C}^{\mathrm{T}}\boldsymbol{A}\boldsymbol{C}=\mathrm{diag}(\boldsymbol{E}_p,-\boldsymbol{E}_q,\boldsymbol{O}).$$

取 $\boldsymbol{X}=(x_1,x_2,\cdots,x_n)^{\mathrm{T}}\neq\boldsymbol{0}$,其中 $x_1=x_{p+1}=1$,其他 $x_i=0$,则 $\boldsymbol{X}^{\mathrm{T}}(\boldsymbol{C}^{\mathrm{T}}\boldsymbol{A}\boldsymbol{C})\boldsymbol{X}=0$,但 $(\boldsymbol{C}^{\mathrm{T}}\boldsymbol{A}\boldsymbol{C})\boldsymbol{X}\neq\boldsymbol{0}$. 令 $\boldsymbol{\alpha}=\boldsymbol{C}\boldsymbol{X}$,则 $\boldsymbol{\alpha}^{\mathrm{T}}\boldsymbol{A}\boldsymbol{\alpha}=0$,但 $\boldsymbol{A}\boldsymbol{\alpha}\neq\boldsymbol{0}$,矛盾. 所以 $\boldsymbol{A}$ 为半正定或半负定矩阵.

【例 8.66】 设 $\boldsymbol{A},\boldsymbol{B}$ 均为 n 阶实对称矩阵,且 $\boldsymbol{B}$ 为正定矩阵. 又设 $\lambda_1,\lambda_2,\cdots,\lambda_n$ 为多项式 $f(\lambda)=\det(\lambda\boldsymbol{B}-\boldsymbol{A})$ 的全部根. 证明:

(1) $\lambda_1,\lambda_2,\cdots,\lambda_n$ 均为实数;

(2) 存在 $\mathbb{R}^n$ 的一个基 $\boldsymbol{\varepsilon}_1,\boldsymbol{\varepsilon}_2,\cdots,\boldsymbol{\varepsilon}_n$,使得 $\boldsymbol{A}\boldsymbol{\varepsilon}_i=\lambda_i\boldsymbol{B}\boldsymbol{\varepsilon}_i$ 且 $\boldsymbol{\varepsilon}_i^{\mathrm{T}}\boldsymbol{B}\boldsymbol{\varepsilon}_j=\delta_{ij}$,其中 δ_{ij} 为 Kronecker 符号,$i,j=1,2,\cdots,n$.

【证】 (1)因为 $\boldsymbol{B}$ 正定,所以存在可逆实矩阵 $\boldsymbol{P}$,使得 $\boldsymbol{B}=\boldsymbol{P}^{\mathrm{T}}\boldsymbol{P}$. 因此,有

$$f(\lambda)=|\lambda\boldsymbol{B}-\boldsymbol{A}|=|\boldsymbol{P}|^2|\lambda\boldsymbol{E}-\boldsymbol{A}_1|,$$

其中 $\boldsymbol{A}_1=(\boldsymbol{P}^{-1})^{\mathrm{T}}\boldsymbol{A}\boldsymbol{P}^{-1}$ 是实对称矩阵. 因为 $f(\lambda)$ 的根为 $\boldsymbol{A}_1$ 的特征值,所以 $\lambda_1,\lambda_2,\cdots,\lambda_n$ 为实数.

(2) 设 $\boldsymbol{X}_1,\boldsymbol{X}_2,\cdots,\boldsymbol{X}_n$ 是 $\boldsymbol{A}_1$ 的属于特征值 $\lambda_1,\lambda_2,\cdots,\lambda_n$ 的正交规范化的特征向量,则

$$\boldsymbol{A}_1\boldsymbol{X}_i=\lambda_i\boldsymbol{X}_i,\quad i=1,2,\cdots,n.$$

所以 $\boldsymbol{A}\boldsymbol{P}^{-1}\boldsymbol{X}_i=\lambda_i\boldsymbol{P}^{\mathrm{T}}\boldsymbol{X}_i=\lambda_i\boldsymbol{B}\boldsymbol{P}^{-1}\boldsymbol{X}_i$. 令 $\boldsymbol{\varepsilon}_i=\boldsymbol{P}^{-1}\boldsymbol{X}_i$,则 $\boldsymbol{\varepsilon}_1,\boldsymbol{\varepsilon}_2,\cdots,\boldsymbol{\varepsilon}_n$ 是 $\mathbb{R}^n$ 的一个基,$\boldsymbol{A}\boldsymbol{\varepsilon}_i=\lambda_i\boldsymbol{B}\boldsymbol{\varepsilon}_i$,且

$$\boldsymbol{\varepsilon}_i^{\mathrm{T}}\boldsymbol{B}\boldsymbol{\varepsilon}_j=(\boldsymbol{P}\boldsymbol{\varepsilon}_i)^{\mathrm{T}}(\boldsymbol{P}\boldsymbol{\varepsilon}_j)=\boldsymbol{X}_i^{\mathrm{T}}\boldsymbol{X}_j=\delta_{ij},\quad i,j=1,2,\cdots,n.$$

【例 8.67】(南开大学,2018 年;山东大学,2016 年;浙江大学,2000 年) 设 $\boldsymbol{A},\boldsymbol{B}$ 为 n 阶实对称矩阵,且 $\boldsymbol{A}$ 是正定矩阵, 证明:存在 n 阶可逆矩阵 $\boldsymbol{P}$,使得 $\boldsymbol{P}^{\mathrm{T}}\boldsymbol{A}\boldsymbol{P},\boldsymbol{P}^{\mathrm{T}}\boldsymbol{B}\boldsymbol{P}$ 同时为对角矩阵.

【分析】 可证更强的结论:设 $\boldsymbol{A},\boldsymbol{B}$ 为 n 阶实对称矩阵,且 $\boldsymbol{A}$ 是正定矩阵, 则存在 n 阶

可逆实矩阵 $\boldsymbol{P}$,使得 $\boldsymbol{P}^{\mathrm{T}}\boldsymbol{A}\boldsymbol{P}=\boldsymbol{E}$,且 $\boldsymbol{P}^{\mathrm{T}}\boldsymbol{B}\boldsymbol{P}=\mathrm{diag}(\mu_1,\mu_2,\cdots,\mu_n)$,其中 $\boldsymbol{E}$ 是 n 阶单位矩阵,而 $\mu_1,\mu_2,\cdots,\mu_n$ 是 $|\lambda\boldsymbol{A}-\boldsymbol{B}|=0$ 的 n 个实根.

【证】 因为 $\boldsymbol{A}$ 是 n 阶正定矩阵,所以存在 n 阶可逆实矩阵 $\boldsymbol{C}$,使 $\boldsymbol{C}^{\mathrm{T}}\boldsymbol{A}\boldsymbol{C}=\boldsymbol{E}$. 由于 $\boldsymbol{B}$ 是 n 阶实对称矩阵,所以 $\boldsymbol{C}^{\mathrm{T}}\boldsymbol{B}\boldsymbol{C}$ 也是 n 阶实对称矩阵,故存在 n 阶正交矩阵 $\boldsymbol{Q}$,使

$$\boldsymbol{Q}^{\mathrm{T}}(\boldsymbol{C}^{\mathrm{T}}\boldsymbol{B}\boldsymbol{C})\boldsymbol{Q}=\mathrm{diag}(\mu_1,\mu_2,\cdots,\mu_n),$$

其中 $\mu_1,\mu_2,\cdots,\mu_n\in\mathbb{R}$ 是 $\boldsymbol{C}^{\mathrm{T}}\boldsymbol{B}\boldsymbol{C}$ 的 n 个特征值. 令 $\boldsymbol{P}=\boldsymbol{C}\boldsymbol{Q}$,则 $\boldsymbol{P}$ 是可逆实矩阵,且

$$\boldsymbol{P}^{\mathrm{T}}\boldsymbol{A}\boldsymbol{P}=\boldsymbol{E},\quad \boldsymbol{P}^{\mathrm{T}}\boldsymbol{B}\boldsymbol{P}=\mathrm{diag}(\mu_1,\mu_2,\cdots,\mu_n).$$

注意到

$$\boldsymbol{P}^{\mathrm{T}}(\lambda\boldsymbol{A}-\boldsymbol{B})\boldsymbol{P}=\mathrm{diag}(\lambda-\mu_1,\lambda-\mu_2,\cdots,\lambda-\mu_n),$$

两边取行列式,得

$$|\boldsymbol{P}|^2|\lambda\boldsymbol{A}-\boldsymbol{B}|=(\lambda-\mu_1)(\lambda-\mu_2)\cdots(\lambda-\mu_n).$$

因此 $\mu_1,\mu_2,\cdots,\mu_n$ 是 $|\lambda\boldsymbol{A}-\boldsymbol{B}|=0$ 的 n 个实根.

【注】 (**南开大学,2002年**)设 $f(x_1,x_2,\cdots,x_n)$ 是正定二次型,$g(x_1,x_2,\cdots,x_n)$ 是实二次型. 证明:存在一个非退化线性变换把 $f(x_1,x_2,\cdots,x_n)$ 化为规范形,同时把 $g(x_1,x_2,\cdots,x_n)$ 化为标准形.

【例8.68】(云南大学,2005年) 设 $f(x_1,x_2,\cdots,x_n)$ 和 $g(x_1,x_2,\cdots,x_n)$ 为实二次型,且 $f(x_1,x_2,\cdots,x_n)$ 正定. 证明:在 $\mathbb{R}^n$ 中,方程组 $\begin{cases}f(x_1,x_2,\cdots,x_n)=1,\\g(x_1,x_2,\cdots,x_n)=1\end{cases}$ 无解的充分必要条件是 $f(x_1,x_2,\cdots,x_n)-g(x_1,x_2,\cdots,x_n)$ 为正定或负定二次型.

【证】 设二次型 $f(x_1,x_2,\cdots,x_n)$ 和 $g(x_1,x_2,\cdots,x_n)$ 的矩阵分别为 $\boldsymbol{A},\boldsymbol{B}$,即

$$f(x_1,x_2,\cdots,x_n)=\boldsymbol{x}^{\mathrm{T}}\boldsymbol{A}\boldsymbol{x},\quad g(x_1,x_2,\cdots,x_n)=\boldsymbol{x}^{\mathrm{T}}\boldsymbol{B}\boldsymbol{x},$$

其中 $\boldsymbol{x}=(x_1,x_2,\cdots,x_n)^{\mathrm{T}}$,则 $\boldsymbol{A},\boldsymbol{B}$ 均为实对称矩阵,且 $\boldsymbol{A}$ 正定. 故存在可逆实矩阵 $\boldsymbol{P}$,使得

$$\boldsymbol{P}^{\mathrm{T}}\boldsymbol{A}\boldsymbol{P}=\boldsymbol{E},\quad \boldsymbol{P}^{\mathrm{T}}\boldsymbol{B}\boldsymbol{P}=\mathrm{diag}(\lambda_1,\lambda_2,\cdots,\lambda_n).$$

作非退化实的线性替换 $\boldsymbol{x}=\boldsymbol{P}\boldsymbol{y}$,其中 $\boldsymbol{y}=(y_1,y_2,\cdots,y_n)^{\mathrm{T}}$,可得

$$f=\boldsymbol{x}^{\mathrm{T}}\boldsymbol{A}\boldsymbol{x}=\boldsymbol{y}^{\mathrm{T}}(\boldsymbol{P}^{\mathrm{T}}\boldsymbol{A}\boldsymbol{P})\boldsymbol{y}=\boldsymbol{y}^{\mathrm{T}}\boldsymbol{y}=y_1^2+y_2^2+\cdots+y_n^2,$$
$$g=\boldsymbol{x}^{\mathrm{T}}\boldsymbol{B}\boldsymbol{x}=\boldsymbol{y}^{\mathrm{T}}(\boldsymbol{P}^{\mathrm{T}}\boldsymbol{B}\boldsymbol{P})\boldsymbol{y}=\lambda_1y_1^2+\lambda_2y_2^2+\cdots+\lambda_ny_n^2.$$

因此,问题归结为证明:方程组 $\begin{cases}y_1^2+y_2^2+\cdots+y_n^2=1,\\\lambda_1y_1^2+\lambda_2y_2^2+\cdots+\lambda_ny_n^2=1\end{cases}$ 无解的充分必要条件是

$$f-g=\sum_{i=1}^{n}(1-\lambda_i)y_i^2 \qquad ①$$

为正定或负定二次型.

充分性. 设二次型①正定(负定情形同理可证),则对任意向量 $(y_1,y_2,\cdots,y_n)^{\mathrm{T}}\neq\boldsymbol{0}$,恒有

$$\sum_{i=1}^{n}(1-\lambda_i)y_i^2>0,$$

即 $\sum\limits_{i=1}^{n}y_i^2>\sum\limits_{i=1}^{n}\lambda_iy_i^2$,所以方程组 $\begin{cases}y_1^2+y_2^2+\cdots+y_n^2=1,\\\lambda_1y_1^2+\lambda_2y_2^2+\cdots+\lambda_ny_n^2=1\end{cases}$ 无解.

必要性. 用反证法,假设二次型①既非正定也非负定,则它的正、负惯性指数都大于1,不

妨设 $\lambda_1-1>0,\lambda_2-1<0$,注意到 $\lambda_1-\lambda_2>0$,取 $y_1=\sqrt{\dfrac{1-\lambda_2}{\lambda_1-\lambda_2}}$,$y_2=\sqrt{\dfrac{\lambda_1-1}{\lambda_1-\lambda_2}}$,容易验证,向量$(y_1,y_2,0,\cdots,0)\in\mathbb{R}^n$是方程组$\begin{cases}y_1^2+y_2^2+\cdots+y_n^2=1,\\ \lambda_1y_1^2+\cdots+\lambda_ny_n^2=1\end{cases}$的解. 矛盾. 结论得证.

【例 8.69】(华中师范大学,1993 年) 设 $\boldsymbol{A},\boldsymbol{B}$ 都是 n 阶正定矩阵,证明:

$$|\boldsymbol{A}+\boldsymbol{B}|\geqslant|\boldsymbol{A}|+|\boldsymbol{B}|.$$

【证】 根据本章例 8.67,存在 n 阶可逆实矩阵 $\boldsymbol{P}$ 及正交矩阵 $\boldsymbol{Q}$,使

$$\boldsymbol{P}^{\mathrm{T}}\boldsymbol{AP}=\boldsymbol{E},\quad \boldsymbol{Q}^{\mathrm{T}}(\boldsymbol{P}^{\mathrm{T}}\boldsymbol{BP})\boldsymbol{Q}=\operatorname{diag}(\mu_1,\mu_2,\cdots,\mu_n),$$

其中 $\mu_1,\mu_2,\cdots,\mu_n$ 是正定矩阵 $\boldsymbol{P}^{\mathrm{T}}\boldsymbol{BP}$ 的特征值,因而全大于零. 令 $\boldsymbol{G}=\boldsymbol{PQ}$,则

$$\boldsymbol{G}^{\mathrm{T}}(\boldsymbol{A}+\boldsymbol{B})\boldsymbol{G}=\operatorname{diag}(1+\mu_1,1+\mu_2,\cdots,1+\mu_n).$$

对上式两边取行列式,有

$$|\boldsymbol{A}+\boldsymbol{B}||\boldsymbol{P}|^2=(1+\mu_1)(1+\mu_2)\cdots(1+\mu_n)\geqslant1+\mu_1\mu_2\cdots\mu_n,$$

即

$$|\boldsymbol{A}+\boldsymbol{B}|\geqslant(1+\mu_1\mu_2\cdots\mu_n)|\boldsymbol{P}|^{-2}=|\boldsymbol{A}|+|\boldsymbol{B}|.$$

【注】 (中国科学院大学,2019 年) 设 $\boldsymbol{A},\boldsymbol{B}$ 都是 $n(\geqslant2)$ 阶实对称正定矩阵,$\det\boldsymbol{A}$ 表示 $\boldsymbol{A}$ 的行列式. 证明:$\det(\boldsymbol{A}+\boldsymbol{B})>\det\boldsymbol{A}+\det\boldsymbol{B}$.

【例 8.70】(华中科技大学,2008 年;南京航空航天大学,2014 年) 假设 n 阶实对称矩阵 $\boldsymbol{A},\boldsymbol{B}$ 以及 $\boldsymbol{A}-\boldsymbol{B}$ 都是正定矩阵,证明:$\boldsymbol{B}^{-1}-\boldsymbol{A}^{-1}$ 也是正定矩阵.

【证】 易知 $\boldsymbol{B}^{-1}-\boldsymbol{A}^{-1}$ 是实对称矩阵. 又根据本章例 8.67 题,存在 n 阶可逆实矩阵 $\boldsymbol{P}$,使

$$\boldsymbol{P}^{\mathrm{T}}\boldsymbol{AP}=\boldsymbol{E},\quad \boldsymbol{P}^{\mathrm{T}}\boldsymbol{BP}=\operatorname{diag}(\mu_1,\mu_2,\cdots,\mu_n),$$

其中 $\mu_1,\mu_2,\cdots,\mu_n$ 是正定矩阵 $\boldsymbol{P}^{\mathrm{T}}\boldsymbol{BP}$ 的特征值,因而全大于零. 因为

$$\boldsymbol{P}^{\mathrm{T}}(\boldsymbol{A}-\boldsymbol{B})\boldsymbol{P}=\operatorname{diag}(1-\mu_1,1-\mu_2,\cdots,1-\mu_n),$$

据题设 $\boldsymbol{A}-\boldsymbol{B}$ 正定,所以 $1-\mu_i>0$,即 $\mu_i<1(i=1,2,\cdots,n)$. 又易知

$$\boldsymbol{P}^{-1}(\boldsymbol{B}^{-1}-\boldsymbol{A}^{-1})(\boldsymbol{P}^{-1})^{\mathrm{T}}=\begin{pmatrix}\dfrac{1}{\mu_1}-1&&&\\&\dfrac{1}{\mu_2}-1&&\\&&\ddots&\\&&&\dfrac{1}{\mu_n}-1\end{pmatrix},$$

且$\dfrac{1}{\mu_i}-1>0(i=1,2,\cdots,n)$,即 $\boldsymbol{B}^{-1}-\boldsymbol{A}^{-1}$ 的正惯性指数为 n,所以 $\boldsymbol{B}^{-1}-\boldsymbol{A}^{-1}$ 是正定矩阵.

【例 8.71】(上海交通大学,2004 年) 对于阶数分别为 n,m 的实对称方阵 $\boldsymbol{A}$ 与 $\boldsymbol{B}$,假设 m 阶方阵 $\boldsymbol{B}$ 是正定矩阵. 试证明:存在非零矩阵 $\boldsymbol{H}$,使得 $\boldsymbol{B}-\boldsymbol{HAH}^{\mathrm{T}}$ 成为正定矩阵.($\boldsymbol{H}^{\mathrm{T}}$ 表示矩阵 $\boldsymbol{H}$ 的转置.)

【证】 任取一个 $m\times n$ 非零实矩阵 $\boldsymbol{C}$,使得 $\boldsymbol{CAC}^{\mathrm{T}}$ 是 m 阶实对称矩阵. 根据本章例 8.67,存在 m 阶可逆实矩阵 $\boldsymbol{P}$,使得 $\boldsymbol{B}=\boldsymbol{P}^{\mathrm{T}}\boldsymbol{P}$,且

$$CAC^{\mathrm{T}}=P^{\mathrm{T}}\mathrm{diag}(\lambda_1,\lambda_2,\cdots,\lambda_m)P,$$

其中 $\lambda_1,\lambda_2,\cdots,\lambda_m$ 为实数. 令 $\mu=\max\{|\lambda_1|,|\lambda_2|,\cdots,|\lambda_n|\}$，若 $\mu=0$，则 $CAC^{\mathrm{T}}=O$，取 $H=C$ 即可. 若 $\mu\neq 0$，则 $1-\dfrac{\lambda_i}{2\mu}>0,i=1,2,\cdots,m$，所以

$$B-\frac{1}{2\mu}CAC^{\mathrm{T}}=P^{\mathrm{T}}\begin{pmatrix}1-\frac{\lambda_1}{2\mu} & & & \\ & 1-\frac{\lambda_2}{2\mu} & & \\ & & \ddots & \\ & & & 1-\frac{\lambda_m}{2\mu}\end{pmatrix}P$$

是正定矩阵. 取 $H=\dfrac{1}{\sqrt{2\mu}}C$，则 $H\neq O$，且 $B-HAH^{\mathrm{T}}$ 是正定矩阵.

【例 8.72】(南京大学,2014 年)　设 A,B 都是 n 阶实对称矩阵，B 正定，且 $A-B$ 半正定.

(1) 证明：若 λ 是 $|A-\lambda B|=0$ 的根，则 $\lambda\geqslant 1$；

(2) 证明：$|A|\geqslant|B|$.

【证】　(1) 因为 B 正定，所以存在可逆实矩阵 P，使得 $P^{\mathrm{T}}BP=E$. 注意到 $P^{\mathrm{T}}AP$ 仍是实对称矩阵，故存在正交矩阵 Q，使得

$$Q^{\mathrm{T}}(P^{\mathrm{T}}AP)Q=\mathrm{diag}(\lambda_1,\lambda_2,\cdots,\lambda_n),$$

其中 $\lambda_1,\lambda_2,\cdots,\lambda_n$ 是 $P^{\mathrm{T}}AP$ 的特征值. 由于

$$|\lambda E-P^{\mathrm{T}}AP|=|P|^2|\lambda B-A|=|B||P|^2|\lambda E-AB^{-1}|,$$

而 $|B||P|^2>0$，所以 $\lambda_1,\lambda_2,\cdots,\lambda_n$ 是 $|A-\lambda B|=0$ 的所有根，也是 AB^{-1} 的全部特征值.

又因为 $P^{\mathrm{T}}(A-B)P$ 是实对称矩阵，其特征值为 $\lambda_1-1,\lambda_2-1,\cdots,\lambda_n-1$，所以 $A-B$ 半正定当且仅当 $P^{\mathrm{T}}(A-B)P$ 半正定，这又等价于 $\lambda_k-1\geqslant 0,k=1,2,\cdots,n$，即 $|A-\lambda B|=0$ 的任一根 $\lambda\geqslant 1$.

(2) 根据(1)的证明过程知，λ_k 是 AB^{-1} 的特征值当且仅当 λ_k 是 $|A-\lambda B|=0$ 的根. 因此，$\det(AB^{-1})=\prod\limits_{k=1}^{r}\lambda_k\geqslant 1$，即 $\det A\geqslant\det B$.

【例 8.73】(华中师范大学,1994 年)　设 A,B 分别是 $m\times n$ 和 $s\times n$ 的行满秩实矩阵，$Q=AB^{\mathrm{T}}(BB^{\mathrm{T}})^{-1}BA^{\mathrm{T}}$. 证明：

(1) $AA^{\mathrm{T}}-Q$ 是半正定矩阵；

(2) $0\leqslant\det Q\leqslant\det(AA^{\mathrm{T}})$.

【证】　(1) 因为 $\mathrm{rank}(AA^{\mathrm{T}})=\mathrm{rank}\,A=m,\mathrm{rank}(BB^{\mathrm{T}})=\mathrm{rank}\,B=s$，所以 AA^{T} 和 BB^{T} 都是可逆矩阵. 易知，分块矩阵 $\begin{pmatrix}AA^{\mathrm{T}} & AB^{\mathrm{T}}\\ BA^{\mathrm{T}} & BB^{\mathrm{T}}\end{pmatrix}=\begin{pmatrix}A\\ B\end{pmatrix}\begin{pmatrix}A\\ B\end{pmatrix}^{\mathrm{T}}$ 是半正定的，且与 $\begin{pmatrix}AA^{\mathrm{T}}-Q & O\\ O & BB^{\mathrm{T}}\end{pmatrix}$ 合同，所以 $AA^{\mathrm{T}}-Q$ 是半正定矩阵.

(2) 易知，AA^{T} 是正定的，Q 是半正定的. 所以存在实的可逆矩阵 P，使 $P^{\mathrm{T}}(AA^{\mathrm{T}})P=E$ 且 $P^{\mathrm{T}}QP=\mathrm{diag}(\lambda_1,\lambda_2,\cdots,\lambda_n)$. 由(1)知，$AA^{\mathrm{T}}-Q$ 是半正定的，故 $0\leqslant\lambda_k\leqslant 1,k=1,2,\cdots,n$.

于是

$$|\boldsymbol{P}|^2|\boldsymbol{Q}|=\prod_{k=1}^{r}\lambda_k\leqslant 1=|\boldsymbol{P}|^2|\boldsymbol{A}\boldsymbol{A}^{\mathrm{T}}|,\quad 即\quad 0\leqslant|\boldsymbol{Q}|\leqslant|\boldsymbol{A}\boldsymbol{A}^{\mathrm{T}}|.$$

【注】 综合上述例 8.72,例 8.73 易知,矩阵的行列式关于半正定矩阵具有某种单调性,即:设 $\boldsymbol{A},\boldsymbol{B},\boldsymbol{A}-\boldsymbol{B}$ 都是 n 阶实对称半正定矩阵,即 $\boldsymbol{A}\geqslant\boldsymbol{B}\geqslant 0$,则 $\det\boldsymbol{A}\geqslant\det\boldsymbol{B}\geqslant 0$.

【例 8.74】(中国科学院,2005 年) 证明函数 $\log\det(\cdot)$ 在对称正定矩阵集上是凹函数,即:对于任意两个 n 阶对称正定矩阵 $\boldsymbol{A},\boldsymbol{B}$,及 $\forall\lambda\in[0,1]$,有

$$\log\det(\lambda\boldsymbol{A}+(1-\lambda)\boldsymbol{B})\geqslant\lambda\log\det(\boldsymbol{A})+(1-\lambda)\log\det(\boldsymbol{B}),\qquad ①$$

其中,函数 $\log\det(\boldsymbol{A})$ 表示先对矩阵 $\boldsymbol{A}$ 取行列式再取自然对数.

【证】 根据本章例 8.67 题,存在 n 阶可逆实矩阵 $\boldsymbol{P}$,使得 $\boldsymbol{A}=\boldsymbol{P}\boldsymbol{P}^{\mathrm{T}}$,且 $\boldsymbol{B}=\boldsymbol{P}\boldsymbol{D}\boldsymbol{P}^{\mathrm{T}}$,其中 $\boldsymbol{D}=\mathrm{diag}(\mu_1,\mu_2,\cdots,\mu_n)$,$\mu_i>0$,$i=1,2,\cdots,n$. 于是

$$\log\det(\lambda\boldsymbol{A}+(1-\lambda)\boldsymbol{B})=\log\det(\boldsymbol{P}\boldsymbol{P}^{\mathrm{T}})+\log\det(\lambda\boldsymbol{E}+(1-\lambda)\boldsymbol{D}),\qquad ②$$

$$\lambda\log\det(\boldsymbol{A})+(1-\lambda)\log\det(\boldsymbol{B})=\log\det(\boldsymbol{A})+(1-\lambda)\log\det(\boldsymbol{D})).\qquad ③$$

比较②式与③式,我们只需说明

$$\log\det(\lambda\boldsymbol{E}+(1-\lambda)\boldsymbol{D})\geqslant(1-\lambda)\log\det(\boldsymbol{D}).\qquad ④$$

因为对数函数是严格凹函数,所以

$$\begin{aligned}\log\det(\lambda\boldsymbol{E}+(1-\lambda)\boldsymbol{D})&=\log\prod_{i=1}^{n}(\lambda+(1-\lambda)\mu_i)=\sum_{i=1}^{n}\log(\lambda+(1-\lambda)\mu_i)\\&\geqslant\sum_{i=1}^{n}[\lambda\log 1+(1-\lambda)\log\mu_i]\\&=(1-\lambda)\sum_{i=1}^{n}\log\mu_i\\&=(1-\lambda)\log\det(\boldsymbol{D}).\end{aligned}\qquad ⑤$$

这就证得④式,因此①式得证.

【注】 由于对数函数 $\log x$ 的严格凹性,根据⑤式知,等号成立的充分必要条件是 $\lambda=0$ 或 1 或 $\mu_i=1(i=1,2,\cdots,n)$. 因此,①式中的等号成立的充分必要条件是 $\lambda=0$ 或 1 或 $\boldsymbol{A}=\boldsymbol{B}$.

【例 8.75】(上海理工大学,2002 年) 证明:

(1) 如果 $f=\sum_{i=1}^{n}\sum_{j=1}^{n}a_{ij}x_ix_j\ (a_{ij}=a_{ji})$ 是正定二次型,那么行列式

$$g(y_1,y_2,\cdots,y_n)=\begin{vmatrix}a_{11}&a_{12}&\cdots&a_{1n}&y_1\\a_{21}&a_{22}&\cdots&a_{2n}&y_2\\\vdots&\vdots&&\vdots&\vdots\\a_{n1}&a_{n2}&\cdots&a_{nn}&y_n\\y_1&y_2&\cdots&y_n&0\end{vmatrix}$$

是负定二次型;

(2) 如果 $\boldsymbol{A}=(a_{ij})$ 是正定矩阵,那么 $|\boldsymbol{A}|\leqslant a_{nn}P_{n-1}$,其中 P_{n-1} 是 $\boldsymbol{A}$ 的 $n-1$ 阶顺序主子式;

(3) 如果 $\boldsymbol{A}=(a_{ij})$ 是正定矩阵,那么 $|\boldsymbol{A}|\leqslant a_{11}a_{22}\cdots a_{nn}$;

（4）如果 $\boldsymbol{T}=(t_{ij})$ 是 n 阶可逆实矩阵，那么 $|\boldsymbol{T}|^2\leqslant\prod_{i=1}^{n}(t_{1i}^2+t_{2i}^2+\cdots+t_{ni}^2)$.

【证】 （1）记 $\boldsymbol{A}=(a_{ij})$，$\boldsymbol{Y}=(y_1,y_2,\cdots,y_n)^{\mathrm{T}}$，则 $\boldsymbol{A}$ 是正定矩阵，且

$$g=\begin{vmatrix}\boldsymbol{A} & \boldsymbol{Y}\\ \boldsymbol{Y}^{\mathrm{T}} & 0\end{vmatrix}=\begin{vmatrix}\boldsymbol{A} & \boldsymbol{Y}\\ \boldsymbol{0} & -\boldsymbol{Y}^{\mathrm{T}}\boldsymbol{A}^{-1}\boldsymbol{Y}\end{vmatrix}=-|\boldsymbol{A}|(\boldsymbol{Y}^{\mathrm{T}}\boldsymbol{A}^{-1}\boldsymbol{Y})=-\boldsymbol{Y}^{\mathrm{T}}\boldsymbol{A}^{*}\boldsymbol{Y}.$$

因为 $\boldsymbol{A}^*$ 也是正定矩阵，所以 $g=-\boldsymbol{Y}^{\mathrm{T}}\boldsymbol{A}^*\boldsymbol{Y}$ 是负定二次型.

（2）将矩阵 $\boldsymbol{A}$ 分块为

$$\boldsymbol{A}=\begin{pmatrix}\boldsymbol{A}_{n-1} & \boldsymbol{\beta}\\ \boldsymbol{\beta}^{\mathrm{T}} & a_{nn}\end{pmatrix},$$

其中 $\boldsymbol{A}_{n-1}$ 是 $\boldsymbol{A}$ 的 $n-1$ 阶子矩阵. 由 $\boldsymbol{A}$ 正定，知 $\boldsymbol{A}_{n-1}$ 也正定. 根据分块初等变换易知

$$\begin{pmatrix}\boldsymbol{E}_{n-1} & \boldsymbol{0}\\ -\boldsymbol{\beta}^{\mathrm{T}}\boldsymbol{A}_{n-1}^{-1} & 1\end{pmatrix}\begin{pmatrix}\boldsymbol{A}_{n-1} & \boldsymbol{\beta}\\ \boldsymbol{\beta}^{\mathrm{T}} & a_{nn}\end{pmatrix}\begin{pmatrix}\boldsymbol{E}_{n-1} & -\boldsymbol{A}_{n-1}^{-1}\boldsymbol{\beta}\\ \boldsymbol{0} & 1\end{pmatrix}=\begin{pmatrix}\boldsymbol{A}_{n-1} & \boldsymbol{0}\\ \boldsymbol{0} & a_{nn}-\boldsymbol{\beta}^{\mathrm{T}}\boldsymbol{A}_{n-1}^{-1}\boldsymbol{\beta}\end{pmatrix}.$$

对上式两边同时取行列式，得

$$|\boldsymbol{A}|=\begin{vmatrix}\boldsymbol{A}_{n-1} & \boldsymbol{\beta}\\ \boldsymbol{\beta}^{\mathrm{T}} & a_{nn}\end{vmatrix}=\begin{vmatrix}\boldsymbol{A}_{n-1} & \boldsymbol{0}\\ \boldsymbol{0} & a_{nn}-\boldsymbol{\beta}^{\mathrm{T}}\boldsymbol{A}_{n-1}^{-1}\boldsymbol{\beta}\end{vmatrix}=|\boldsymbol{A}_{n-1}|(a_{nn}-\boldsymbol{\beta}^{\mathrm{T}}\boldsymbol{A}_{n-1}^{-1}\boldsymbol{\beta}).$$

注意到 $\boldsymbol{A}_{n-1}^{-1}$ 也是正定矩阵，那么 $\forall\boldsymbol{\beta}\in\mathbb{R}^n$，若 $\boldsymbol{\beta}\neq\boldsymbol{0}$，则 $\boldsymbol{\beta}^{\mathrm{T}}\boldsymbol{A}_{n-1}^{-1}\boldsymbol{\beta}>0$；若 $\boldsymbol{\beta}=\boldsymbol{0}$，则 $\boldsymbol{\beta}^{\mathrm{T}}\boldsymbol{A}_{n-1}^{-1}\boldsymbol{\beta}=0$，即 $\boldsymbol{\beta}^{\mathrm{T}}\boldsymbol{A}_{n-1}^{-1}\boldsymbol{\beta}\geqslant0$. 于是有 $|\boldsymbol{A}|\leqslant a_{nn}|\boldsymbol{A}_{n-1}|=a_{nn}P_{n-1}$.

（3）由于 $\boldsymbol{A}_{n-1}$ 正定，利用(2)的结论得 $P_{n-1}=|\boldsymbol{A}_{n-1}|\leqslant a_{n-1,n-1}P_{n-2}$. 重复这个过程即得 $|\boldsymbol{A}|\leqslant a_{nn}a_{n-1,n-1}\cdots a_{11}$，即 $|\boldsymbol{A}|\leqslant a_{11}a_{22}\cdots a_{nn}$.

（4）因为 $\boldsymbol{T}$ 是可逆实矩阵，所以 $\boldsymbol{T}^{\mathrm{T}}\boldsymbol{T}$ 正定. 而 $\boldsymbol{T}^{\mathrm{T}}\boldsymbol{T}$ 的主对角元为 $t_{1i}^2+t_{2i}^2+\cdots+t_{ni}^2$，$i=1,2,\cdots,n$. 于是，由(3)的结论知

$$|\boldsymbol{T}|^2=|\boldsymbol{T}^{\mathrm{T}}\boldsymbol{T}|\leqslant\prod_{i=1}^{n}(t_{1i}^2+t_{2i}^2+\cdots+t_{ni}^2).$$

【注1】 **（中国科学院，2007年）**第(1)(3)(4)题相同，第(2)题为：

证明二次型 $g(y_1,y_2,\cdots,y_n)$ 的表示矩阵是 $\boldsymbol{A}$ 的负伴随阵 $-\boldsymbol{A}^*$.

【注2】 这里，(3)与(4)即 Hadamard 不等式，在半正定条件下仍成立，见本章例 8.103. 关于 Hadamard 不等式，迄今已有上百种不同证法，感兴趣的读者请参考[10]及其所附文献.

【例 8.76】（浙江大学，1999年） 设 $\mathbb{R}^n$ 是 n 维欧氏空间，$\boldsymbol{A}$ 是 n 阶正定矩阵，$\boldsymbol{\alpha}=(x_1,x_2,\cdots,x_n)^{\mathrm{T}}$，$\boldsymbol{\beta}=(y_1,y_2,\cdots,y_n)^{\mathrm{T}}\in\mathbb{R}^n$，求证：

$$(\boldsymbol{\alpha}^{\mathrm{T}}\boldsymbol{A}\boldsymbol{\beta})^2\leqslant(\boldsymbol{\alpha}^{\mathrm{T}}\boldsymbol{A}\boldsymbol{\alpha})(\boldsymbol{\beta}^{\mathrm{T}}\boldsymbol{A}\boldsymbol{\beta}),$$

其中等号成立当且仅当 $\boldsymbol{\alpha},\boldsymbol{\beta}$ 线性相关.

【证】 利用关于内积的 Cauchy 不等式：$|(\boldsymbol{x},\boldsymbol{y})|\leqslant|\boldsymbol{x}||\boldsymbol{y}|$，等号成立当且仅当 $\boldsymbol{x},\boldsymbol{y}$ 线性相关.

因为 $\boldsymbol{A}$ 是 n 阶正定矩阵，所以存在 n 阶可逆实矩阵 $\boldsymbol{Q}$ 使 $\boldsymbol{A}=\boldsymbol{Q}^{\mathrm{T}}\boldsymbol{Q}$. 于是有

$$\begin{aligned}(\boldsymbol{\alpha}^{\mathrm{T}}\boldsymbol{A}\boldsymbol{\beta})^2&=((\boldsymbol{Q}\boldsymbol{\alpha})^{\mathrm{T}}\boldsymbol{Q}\boldsymbol{\beta})^2=(\boldsymbol{Q}\boldsymbol{\alpha},\boldsymbol{Q}\boldsymbol{\beta})^2\leqslant|\boldsymbol{Q}\boldsymbol{\alpha}|^2|\boldsymbol{Q}\boldsymbol{\beta}|^2\\&=((\boldsymbol{Q}\boldsymbol{\alpha})^{\mathrm{T}}\boldsymbol{Q}\boldsymbol{\alpha})((\boldsymbol{Q}\boldsymbol{\beta})^{\mathrm{T}}\boldsymbol{Q}\boldsymbol{\beta})\\&=(\boldsymbol{\alpha}^{\mathrm{T}}\boldsymbol{A}\boldsymbol{\alpha})(\boldsymbol{\beta}^{\mathrm{T}}\boldsymbol{A}\boldsymbol{\beta}).\end{aligned}$$

这里,等号成立当且仅当 $Q\boldsymbol{\alpha},Q\boldsymbol{\beta}$ 线性相关,这等价于 $\boldsymbol{\alpha},\boldsymbol{\beta}$ 线性相关.

【例 8.77】 设 $f(\boldsymbol{x})=\boldsymbol{x}^{\mathrm{T}}\boldsymbol{A}\boldsymbol{x}$ 是关于 $\boldsymbol{x}=(x_1,x_2,\cdots,x_n)^{\mathrm{T}}$ 的 n 元正定二次型,试证:对任意 n 维实列向量 $\boldsymbol{x},\boldsymbol{y}\in\mathbb{R}^n$,有

(1) $(\boldsymbol{x}^{\mathrm{T}}\boldsymbol{y})^2\leqslant(\boldsymbol{x}^{\mathrm{T}}\boldsymbol{A}\boldsymbol{x})(\boldsymbol{y}^{\mathrm{T}}\boldsymbol{A}^{-1}\boldsymbol{y})$;(**湘潭大学,2008 年**)

(2) $\boldsymbol{x}^{\mathrm{T}}\boldsymbol{y}\leqslant\frac{1}{2}(\boldsymbol{x}^{\mathrm{T}}\boldsymbol{A}\boldsymbol{x}+\boldsymbol{y}^{\mathrm{T}}\boldsymbol{A}^{-1}\boldsymbol{y})$.

【证】 (1) 因为 $\boldsymbol{A}$ 是 n 阶正定矩阵,所以存在 n 阶可逆实矩阵 $\boldsymbol{Q}$ 使 $\boldsymbol{A}=\boldsymbol{Q}^{\mathrm{T}}\boldsymbol{Q}$. 于是有

$$\begin{aligned}(\boldsymbol{x}^{\mathrm{T}}\boldsymbol{y})^2&=((\boldsymbol{Q}\boldsymbol{x})^{\mathrm{T}}(\boldsymbol{Q}^{\mathrm{T}})^{-1}\boldsymbol{y})^2=(\boldsymbol{Q}\boldsymbol{x},(\boldsymbol{Q}^{\mathrm{T}})^{-1}\boldsymbol{y})^2\leqslant|\boldsymbol{Q}\boldsymbol{x}|^2|(\boldsymbol{Q}^{\mathrm{T}})^{-1}\boldsymbol{y}|^2\\&=((\boldsymbol{Q}\boldsymbol{x})^{\mathrm{T}}\boldsymbol{Q}\boldsymbol{x})(((\boldsymbol{Q}^{\mathrm{T}})^{-1}\boldsymbol{y})^{\mathrm{T}}(\boldsymbol{Q}^{\mathrm{T}})^{-1}\boldsymbol{y})\\&=(\boldsymbol{x}^{\mathrm{T}}\boldsymbol{A}\boldsymbol{x})(\boldsymbol{y}^{\mathrm{T}}\boldsymbol{A}^{-1}\boldsymbol{y}).\end{aligned}$$

(2) 因为 $\boldsymbol{A}$ 正定,所以 $\boldsymbol{A}$ 可逆,且 $(\boldsymbol{x}-\boldsymbol{A}^{-1}\boldsymbol{y})^{\mathrm{T}}\boldsymbol{A}(\boldsymbol{x}-\boldsymbol{A}^{-1}\boldsymbol{y})\geqslant0$. 将不等式左边展开并注意到 $\boldsymbol{y}^{\mathrm{T}}\boldsymbol{x}=\boldsymbol{x}^{\mathrm{T}}\boldsymbol{y}$,得 $\boldsymbol{x}^{\mathrm{T}}\boldsymbol{A}\boldsymbol{x}+\boldsymbol{y}^{\mathrm{T}}\boldsymbol{A}^{-1}\boldsymbol{y}-2\boldsymbol{x}^{\mathrm{T}}\boldsymbol{y}\geqslant0$. 所以

$$\boldsymbol{x}^{\mathrm{T}}\boldsymbol{y}\leqslant\frac{1}{2}(\boldsymbol{x}^{\mathrm{T}}\boldsymbol{A}\boldsymbol{x}+\boldsymbol{y}^{\mathrm{T}}\boldsymbol{A}^{-1}\boldsymbol{y}).$$

这里,等号成立的充分必要条件为 $\boldsymbol{x}=\boldsymbol{A}^{-1}\boldsymbol{y}$,即 $\boldsymbol{y}=\boldsymbol{A}\boldsymbol{x}$.

【例 8.78】(中国科学院,2014 年;华南理工大学,2011 年) 设 $\boldsymbol{A}=(a_{ij})_{n\times n}$,$\boldsymbol{B}=(b_{kl})_{n\times n}$ 为两个半正定的实对称矩阵. 证明:n 阶实方阵

$$\boldsymbol{C}=\begin{pmatrix}a_{11}b_{11}&a_{12}b_{12}&\cdots&a_{1n}b_{1n}\\a_{21}b_{21}&a_{22}b_{22}&\cdots&a_{2n}b_{2n}\\\vdots&\vdots&&\vdots\\a_{n1}b_{n1}&a_{n2}b_{n2}&\cdots&a_{nn}b_{nn}\end{pmatrix}$$

也是半正定的.

【证】 因为 $\boldsymbol{B}$ 是半正定矩阵,所以存在 n 阶实矩阵 $\boldsymbol{G}$ 使 $\boldsymbol{B}=\boldsymbol{G}^{\mathrm{T}}\boldsymbol{G}$. 令 $\boldsymbol{G}=(g_{ij})$,则

$$b_{ij}=\sum_{k=1}^{n}g_{ki}g_{kj}.$$

于是,$\forall\,\boldsymbol{x}=(x_1,x_2,\cdots,x_n)^{\mathrm{T}}\in\mathbb{R}^n$,都有

$$\boldsymbol{x}^{\mathrm{T}}\boldsymbol{C}\boldsymbol{x}=\sum_{i=1}^{n}\sum_{j=1}^{n}a_{ij}b_{ij}x_ix_j=\sum_{k=1}^{n}\Big(\sum_{i=1}^{n}\sum_{j=1}^{n}a_{ij}(g_{ki}x_i)(g_{kj}x_j)\Big)=\sum_{k=1}^{n}\boldsymbol{\alpha}_k^{\mathrm{T}}\boldsymbol{A}\boldsymbol{\alpha}_k,$$

其中 $\boldsymbol{\alpha}_k=(g_{k1}x_1,g_{k2}x_2,\cdots,g_{kn}x_n)^{\mathrm{T}}$. 因为 $\boldsymbol{A}$ 是半正定矩阵,所以 $\boldsymbol{\alpha}_k^{\mathrm{T}}\boldsymbol{A}\boldsymbol{\alpha}_k\geqslant0$,从而 $\boldsymbol{x}^{\mathrm{T}}\boldsymbol{C}\boldsymbol{x}\geqslant0$.

另一方面,$\boldsymbol{C}$ 显然是实对称矩阵,故 $\boldsymbol{C}$ 是半正定矩阵.

【注 1】 进一步,还可证:若 $\boldsymbol{A},\boldsymbol{B}$ 都是正定矩阵,则 $\boldsymbol{C}$ 也是正定矩阵.

事实上,当 $\boldsymbol{A},\boldsymbol{B}$ 都是正定矩阵时,则上述分解式 $\boldsymbol{B}=\boldsymbol{G}^{\mathrm{T}}\boldsymbol{G}$ 中的 $\boldsymbol{G}$ 是可逆矩阵. 如果

$$\boldsymbol{x}^{\mathrm{T}}\boldsymbol{C}\boldsymbol{x}=\sum_{k=1}^{n}\boldsymbol{\alpha}_k^{\mathrm{T}}\boldsymbol{A}\boldsymbol{\alpha}_k=0,\quad\forall\,\boldsymbol{x}\in\mathbb{R}^n,$$

那么 $\boldsymbol{\alpha}_k^{\mathrm{T}}\boldsymbol{A}\boldsymbol{\alpha}_k=0$,从而 $\boldsymbol{\alpha}_k=\boldsymbol{0}$,即 $g_{k1}x_1=g_{k2}x_2=\cdots=g_{kn}x_n=0,k=1,2,\cdots,n$,亦即 $\boldsymbol{G}\boldsymbol{x}=\boldsymbol{0}$,故 $\boldsymbol{x}=\boldsymbol{0}$.

这就是说,由 $\boldsymbol{x}^{\mathrm{T}}\boldsymbol{C}\boldsymbol{x}=0$ 可推出 $\boldsymbol{x}=\boldsymbol{0}$,因此 $\boldsymbol{C}$ 是正定矩阵.

【注 2】 这里,$\boldsymbol{C}$ 即矩阵 $\boldsymbol{A},\boldsymbol{B}$ 的 Hadamard 乘积 $\boldsymbol{A}\circ\boldsymbol{B}$(参见第 4 章例 4.133),本题即著

名的 Schur 乘积定理:两个 n 阶半正定矩阵的 Hadamard 乘积也是半正定矩阵.

关于 Hadamard 乘积,还有:若 $\boldsymbol{A},\boldsymbol{B}$ 半正定,则 $\det(\boldsymbol{A}\circ\boldsymbol{B})\geqslant\det\boldsymbol{A}\det\boldsymbol{B}$. 详见文献[10].

【例 8.79】(四川大学,2010 年) 设 $\boldsymbol{A},\boldsymbol{B}$ 都是 n 阶实对称矩阵,$\boldsymbol{A}$ 正定,$\boldsymbol{B}$ 负定. 证明:对于 n 阶实方阵 $\boldsymbol{C}$,如果 $\boldsymbol{AC}=\boldsymbol{CB}$,那么必然有 $\boldsymbol{C}=\boldsymbol{O}$.

【证】 因为 $\boldsymbol{B}$ 是 n 阶负定矩阵,所以 $\boldsymbol{B}$ 的任一特征值 $\lambda_i<0$,并且 $\boldsymbol{B}$ 有 n 个线性无关的特征向量 $\boldsymbol{\xi}_1,\boldsymbol{\xi}_2,\cdots,\boldsymbol{\xi}_n$. 设 $\boldsymbol{B\xi}_i=\lambda_i\boldsymbol{\xi}_i$,则

$$\boldsymbol{A}(\boldsymbol{C\xi}_i)=\boldsymbol{CB\xi}_i=\lambda_i(\boldsymbol{C\xi}_i).$$

若 $\boldsymbol{C\xi}_i\neq\boldsymbol{0}$,则上式说明 λ_i 是正定矩阵 $\boldsymbol{A}$ 的特征值,矛盾. 所以 $\boldsymbol{C\xi}_i=\boldsymbol{0}$. 这表明 $\mathbb{R}^n$ 中的任一向量都是齐次方程组 $\boldsymbol{Cx}=\boldsymbol{0}$ 的解,因此 $\boldsymbol{C}=\boldsymbol{O}$.

【注】 若利用第 6 章例 6.63 或第 7 章例 7.70 的结论,则有更简捷的解法:因为 $\boldsymbol{A}$ 正定,$\boldsymbol{B}$ 负定,表明 $\boldsymbol{A},\boldsymbol{B}$ 无公共特征值,所以 $\boldsymbol{AC}=\boldsymbol{CB}$ 只有零解 $\boldsymbol{C}=\boldsymbol{O}$.

【例 8.80】(吉林大学,1987 年) 设 $\boldsymbol{A}$ 为 n 阶半正定矩阵,$\boldsymbol{B}$ 为 n 阶实方阵,证明:若有自然数 r 使得 $\boldsymbol{A}^r\boldsymbol{B}=\boldsymbol{BA}^r$,则必有 $\boldsymbol{AB}=\boldsymbol{BA}$.

【证】 (方法 1) 因为 $\boldsymbol{A}$ 为半正定矩阵,所以存在正交矩阵 $\boldsymbol{U}$,使得

$$\boldsymbol{U}^{-1}\boldsymbol{AU}=\mathrm{diag}(\lambda_1,\lambda_2,\cdots,\lambda_n),$$

其中 $\lambda_1,\lambda_2,\cdots,\lambda_n$ 是 $\boldsymbol{A}$ 的特征值,且 $\lambda_i\geqslant0,i=1,2,\cdots,n$.

因为 $\boldsymbol{A}^r\boldsymbol{B}=\boldsymbol{BA}^r$,所以 $(\boldsymbol{U}^{-1}\boldsymbol{A}^r\boldsymbol{U})(\boldsymbol{U}^{-1}\boldsymbol{BU})=(\boldsymbol{U}^{-1}\boldsymbol{BU})(\boldsymbol{U}^{-1}\boldsymbol{A}^r\boldsymbol{U})$,即

$$\mathrm{diag}(\lambda_1^r,\lambda_2^r,\cdots,\lambda_n^r)\boldsymbol{U}^{-1}\boldsymbol{BU}=\boldsymbol{U}^{-1}\boldsymbol{BU}\mathrm{diag}(\lambda_1^r,\lambda_2^r,\cdots,\lambda_n^r).$$

记 $\boldsymbol{U}^{-1}\boldsymbol{BU}=(b_{ij})$,则由上式可得

$$b_{ij}\lambda_i^r=b_{ij}\lambda_j^r,\quad i,j=1,2,\cdots,n.$$

若 $\lambda_i^r=\lambda_j^r$,则 $\lambda_i=\lambda_j$,从而有 $b_{ij}\lambda_i=b_{ij}\lambda_j$;若 $\lambda_i^r\neq\lambda_j^r$,则 $b_{ij}=0$,故也有 $b_{ij}\lambda_i=b_{ij}\lambda_j$. 因此,有

$$\mathrm{diag}(\lambda_1,\lambda_2,\cdots,\lambda_n)\boldsymbol{U}^{-1}\boldsymbol{BU}=\boldsymbol{U}^{-1}\boldsymbol{BU}\mathrm{diag}(\lambda_1,\lambda_2,\cdots,\lambda_n),$$

此即 $\boldsymbol{AB}=\boldsymbol{BA}$.

(方法 2) 因为 $\boldsymbol{A}$ 为半正定矩阵,所以存在正交矩阵 $\boldsymbol{U}$,使得

$$\boldsymbol{U}^{-1}\boldsymbol{AU}=\mathrm{diag}(\lambda_1\boldsymbol{E}_{k_1},\lambda_2\boldsymbol{E}_{k_2},\cdots,\lambda_s\boldsymbol{E}_{k_s}),$$

其中 $\lambda_1,\lambda_2,\cdots,\lambda_s$ 是 $\boldsymbol{A}$ 的互异的特征值,$\lambda_i\geqslant0$,$\boldsymbol{E}_{k_i}$ 为 k_i 阶单位矩阵,$i=1,2,\cdots,s$, $\sum\limits_{i=1}^{s}k_i=n$.

因为 $\boldsymbol{A}^r\boldsymbol{B}=\boldsymbol{BA}^r$,所以 $(\boldsymbol{U}^{-1}\boldsymbol{A}^r\boldsymbol{U})(\boldsymbol{U}^{-1}\boldsymbol{BU})=(\boldsymbol{U}^{-1}\boldsymbol{BU})(\boldsymbol{U}^{-1}\boldsymbol{A}^r\boldsymbol{U})$,即

$$\mathrm{diag}(\lambda_1^r\boldsymbol{E}_{k_1},\lambda_2^r\boldsymbol{E}_{k_2},\cdots,\lambda_s^r\boldsymbol{E}_{k_s})\boldsymbol{U}^{-1}\boldsymbol{BU}=\boldsymbol{U}^{-1}\boldsymbol{BU}\mathrm{diag}(\lambda_1^r\boldsymbol{E}_{k_1},\lambda_2^r\boldsymbol{E}_{k_2},\cdots,\lambda_s^r\boldsymbol{E}_{k_s}).$$

把 $\boldsymbol{U}^{-1}\boldsymbol{BU}=(\boldsymbol{B}_{ij})$ 作相应的分块,代入上式并比较等式两边对应的子块,得

$$\lambda_i^r\boldsymbol{B}_{ij}=\lambda_j^r\boldsymbol{B}_{ij},\quad i,j=1,2,\cdots,s.$$

注意到 $i\neq j$ 时,$\lambda_i\neq\lambda_j$,所以 $\boldsymbol{B}_{ij}=\boldsymbol{O}$,这表明

$$\boldsymbol{U}^{-1}\boldsymbol{BU}=\mathrm{diag}(\boldsymbol{B}_{11},\boldsymbol{B}_{22},\cdots,\boldsymbol{B}_{ss}).$$

因此 $(\boldsymbol{U}^{-1}\boldsymbol{AU})(\boldsymbol{U}^{-1}\boldsymbol{BU})=(\boldsymbol{U}^{-1}\boldsymbol{BU})(\boldsymbol{U}^{-1}\boldsymbol{AU})$,即 $\boldsymbol{AB}=\boldsymbol{BA}$.

【例 8.81】 设 $\boldsymbol{A},\boldsymbol{B}$ 均为 n 阶实对称矩阵,且 $\boldsymbol{A}+\boldsymbol{B}$ 为正定矩阵. 证明:若 $\boldsymbol{A}^2-\boldsymbol{B}^2$ 为半正

定矩阵,则 $A-B$ 为半正定矩阵.

【证】　(方法1)设 $\lambda_1,\lambda_2,\cdots,\lambda_n$ 为实对称矩阵 $A-B$ 的特征值,则存在正交矩阵 Q 使得

$$Q^{T}(A-B)Q=\operatorname{diag}(\lambda_1,\lambda_2,\cdots,\lambda_n).$$

下证所有 $\lambda_i\geqslant 0$. 为此,记 $Q^{T}AQ=(a_{ij})$, $Q^{T}BQ=(b_{ij})$. 比较上式两边的对应元素,有

$$a_{ij}=b_{ij}\quad(1\leqslant i\neq j\leqslant n),$$
$$a_{ii}-b_{ii}=\lambda_i\quad(1\leqslant i\leqslant n).$$

另一方面,因为 $Q^{T}(A^2-B^2)Q=(Q^{T}AQ)^2-(Q^{T}BQ)^2$ 是半正定的,对角元非负,所以

$$\sum_{j=1}^{n}a_{ij}^2-\sum_{j=1}^{n}b_{ij}^2=a_{ii}^2-b_{ii}^2=\lambda_i(a_{ii}+b_{ii})\geqslant 0.$$

又 $Q^{T}(A+B)Q$ 为正定矩阵,其所有对角元 $a_{ii}+b_{ii}>0$,所以 $\lambda_i\geqslant 0$. 结论得证.

(方法2)设 λ 是实对称矩阵 $A-B$ 的任一特征值,则 λ 是实数. 取 $\alpha\in\mathbb{R}^n$是对应的特征向量,则$(A-B)\alpha=\lambda\alpha$,即 $A\alpha=(B+\lambda E)\alpha$,且 $\alpha\neq 0$. 由此可得 $\alpha^{T}A^2\alpha=\alpha^{T}(B+\lambda E)^2\alpha$,即

$$\alpha^{T}(A^2-B^2)\alpha=2\lambda\alpha^{T}B\alpha+\lambda^2\alpha^{T}\alpha.$$

同理,仍由$(A-B)\alpha=\lambda\alpha$ 即 $B\alpha=(A-\lambda E)\alpha$ 可得,$\alpha^{T}(A^2-B^2)\alpha=2\lambda\alpha^{T}A\alpha-\lambda^2\alpha^{T}\alpha$. 由此得

$$\alpha^{T}(A^2-B^2)\alpha=\lambda\alpha^{T}(A+B)\alpha.$$

因为 A^2-B^2 是半正定的,$A+B$ 是正定的,所以 $\lambda\geqslant 0$. 这就证明了 $A-B$ 是半正定矩阵.

(方法3)记正定矩阵 $A+B=C$,利用本章例 8.67 题,存在可逆实矩阵 P,使得 $P^{T}CP=E$,且 $P^{T}BP=\operatorname{diag}(\lambda_1,\lambda_2,\cdots,\lambda_n)$,其中 $\lambda_1,\lambda_2,\cdots,\lambda_n$ 是 $C^{-1}B$ 的特征值,且均为实数. 于是有

$$P^{T}(A-B)P=P^{T}(C-2B)P=\operatorname{diag}(1-2\lambda_1,1-2\lambda_2,\cdots,1-2\lambda_n).$$

由此可见,欲证 $A-B$ 为半正定矩阵,可等价地证明所有的 $1-2\lambda_i\geqslant 0$.

记 $Q=P^{-1}(P^{-1})^{T}=(q_{ij})$, $D=\operatorname{diag}(\lambda_1,\lambda_2,\cdots,\lambda_n)$,因为 A^2-B^2 半正定,所以

$$P^{T}(A^2-B^2)P=P^{T}(C^2-BC-CB)P=Q-DQ-QD$$

也是半正定矩阵,其所有对角元 $q_{ii}-\lambda_i q_{ii}-q_{ii}\lambda_i=q_{ii}(1-2\lambda_i)\geqslant 0$. 由于 Q 是正定矩阵,$q_{ii}>0$,所以 $1-2\lambda_i\geqslant 0$. 因此 $A-B$ 为半正定矩阵.

【注】　若 $A+B$ 为正定矩阵,且 $A-B$ 为半正定矩阵,则 A^2-B^2 不一定为半正定矩阵. 详见本章例 8.45 给出的反例.

【例 8.82】(中山大学,2009 年)　证明:n 元实二次型 $q(X)=X^{T}AX$ 是半正定的当且仅当矩阵 A 的任意主子式大于或等于 0.

【证】　必要性. 设 $A=(a_{ij})$是半正定的,任取 A 的 k 阶主子式 $\left|A\begin{pmatrix}i_1 i_2\cdots i_k\\ i_1 i_2\cdots i_k\end{pmatrix}\right|$,相应的矩阵

$$A_k=\begin{pmatrix}a_{i_1i_1} & a_{i_1i_2} & \cdots & a_{i_1i_k}\\ a_{i_2i_1} & a_{i_2i_2} & \cdots & a_{i_2i_k}\\ \vdots & \vdots & & \vdots\\ a_{i_ki_1} & a_{i_ki_2} & \cdots & a_{i_ki_k}\end{pmatrix}.$$

显然,A_k 是实对称矩阵. 对任意 $X=(x_{i_1},x_{i_2},\cdots,x_{i_k})^{T}\in\mathbb{R}^k$,令 $Y=(y_1,y_2,\cdots,y_n)^{T}\in\mathbb{R}^n$,其中

$$y_j=\begin{cases}x_j, & j=i_1,i_2,\cdots,i_k,\\ 0, & \text{其他},\end{cases}$$

则 $X^{\mathrm{T}}A_kX=Y^{\mathrm{T}}AY\geqslant 0$,所以 A_k 是半正定的,其行列式 $|A_k|\geqslant 0$,即 A 的 k 阶主子式非负.

充分性. 将 A 的特征多项式 $f(\lambda)$ 表示为

$$f(\lambda)=\lambda^n-a_1\lambda^{n-1}+a_2\lambda^{n-2}-\cdots+(-1)^na_n,$$

其中 a_k 等于 A 的所有 k 阶主子式之和,$k=1,2,\cdots,n$.(见本题附注.)

因为 A 的任意主子式都非负,所以上式中的所有系数 $a_k\geqslant 0$. 此时,$f(\lambda)$ 显然没有负实根. 注意到实对称矩阵的特征值均为实数,故 A 的特征值均非负,所以 A 是半正定的.

【注】 对于一般数域上的 n 阶方阵 A,如果 A 的特征多项式为

$$f(\lambda)=\lambda^n-a_1\lambda^{n-1}+a_2\lambda^{n-2}-\cdots+(-1)^na_n, \qquad ①$$

那么 a_k 等于 A 的所有 k 阶主子式之和,即

$$a_k=\sum_{1\leqslant j_1<j_2<\cdots<j_k\leqslant n}\left|A\begin{pmatrix}j_1j_2\cdots j_k\\ j_1j_2\cdots j_k\end{pmatrix}\right|,\quad k=1,2,\cdots,n.$$

兹证明如下:将 E,A 都按列分块为 $E=(e_1,e_2,\cdots,e_n)$,$A=(\alpha_1,\alpha_2,\cdots,\alpha_n)$,则

$$f(\lambda)=|\lambda E-A|=|\lambda e_1-\alpha_1,\lambda e_2-\alpha_2,\cdots,\lambda e_n-\alpha_n|.$$

利用行列式性质将上式右端拆成 2^n 个行列相加,得

$$\begin{aligned}f(\lambda)=&|\lambda e_1,\lambda e_2,\cdots,\lambda e_n|-\sum_{j=1}^{n}|\lambda e_1,\cdots,\lambda e_{j-1},\alpha_j,\lambda e_{j+1},\cdots,\lambda e_n|+\\&\sum_{1\leqslant j_1<j_2\leqslant n}|\lambda e_1,\cdots,\lambda e_{j_1-1},\alpha_{j_1},\lambda e_{j_1+1},\cdots,\lambda e_{j_2-1},\alpha_{j_2},\lambda e_{j_2+1},\cdots,\lambda e_n|+\cdots+\\&(-1)^n|\alpha_1,\alpha_2,\cdots,\alpha_n|.\end{aligned}$$

再利用 Laplace 展开定理将上式右端和号中的行列式依次按第 j 列,第 j_1,j_2 列,……,展开即得①式.

§8.4　实对称矩阵

基本理论与要点提示

8.4.1　对称变换

(1) 欧氏空间 V 的线性变换 $\mathscr{A}$ 称为对称变换,如果 $(\mathscr{A}\alpha,\beta)=(\alpha,\mathscr{A}\beta)$,$\forall\alpha,\beta\in V$;

(2) 线性变换 $\mathscr{A}$ 为对称变换当且仅当 $\mathscr{A}$ 在 V 的标准正交基下的矩阵为实对称矩阵;

(3) 线性变换 $\mathscr{A}$ 为对称变换当且仅当 $\mathscr{A}$ 的共轭变换 $\mathscr{A}^*=\mathscr{A}$;

(4) 对称变换 $\mathscr{A}$ 的不变子空间的正交补也是 $\mathscr{A}$ 的不变子空间;

(5) 对称变换 $\mathscr{A}$ 的属于不同特征值的特征向量必正交.

8.4.2　实对称矩阵

(1) 实对称矩阵的特征值均为实数;

(2) 实对称矩阵的属于不同特征值的特征子空间相互正交;

(3) 设 A 为 n 阶实对称矩阵,则存在正交矩阵 P,使得

$$P^{-1}AP=P^{\mathrm{T}}AP=\begin{pmatrix}\lambda_1&&&\\&\lambda_2&&\\&&\ddots&\\&&&\lambda_n\end{pmatrix},$$

其中 $\lambda_1,\lambda_2,\cdots,\lambda_n$ 是 $\boldsymbol{A}$ 的特征值，矩阵 $\boldsymbol{P}$ 的列向量是对应的正交规范化的特征向量.

典型问题解析

【例 8.83】(南京大学,2014 年;浙江大学,2008 年) 已知 $\boldsymbol{A}=\begin{pmatrix}0&1&1&-1\\1&0&-1&1\\1&-1&0&1\\-1&1&1&0\end{pmatrix}$,求正交矩阵 $\boldsymbol{P}$,使 $\boldsymbol{P}^{\mathrm{T}}\boldsymbol{AP}$ 成为对角矩阵.

【解】 易知 $\boldsymbol{A}$ 的特征值为 $\lambda_1=1$(三重),$\lambda_2=-3$.

对于 $\lambda_1=1$,可求得 $\boldsymbol{A}$ 的相应的 3 个线性无关的特征向量为

$$\boldsymbol{\alpha}_1=(1,1,0,0),\quad \boldsymbol{\alpha}_2=(1,0,1,0),\quad \boldsymbol{\alpha}_3=(-1,0,0,1).$$

利用 Schmidt 正交化方法,得

$$\boldsymbol{\xi}_1=\frac{1}{\sqrt{2}}(1,1,0,0),\quad \boldsymbol{\xi}_2=\frac{1}{\sqrt{6}}(1,-1,2,0),\quad \boldsymbol{\xi}_3=\frac{1}{\sqrt{12}}(-1,1,1,3).$$

对于 $\lambda_2=-3$,可求得 $\boldsymbol{A}$ 的相应的一个线性无关的特征向量为 $\boldsymbol{\alpha}_4=(1,-1,-1,1)$. 把它单位化,得 $\boldsymbol{\xi}_4=\frac{1}{2}(1,-1,-1,1)$.

于是,有 $\boldsymbol{P}^{\mathrm{T}}\boldsymbol{AP}=\operatorname{diag}(1,1,1,-3)$,其中正交矩阵 $\boldsymbol{P}$ 为

$$\boldsymbol{P}=(\boldsymbol{\xi}_1^{\mathrm{T}},\boldsymbol{\xi}_2^{\mathrm{T}},\boldsymbol{\xi}_3^{\mathrm{T}},\boldsymbol{\xi}_4^{\mathrm{T}})=\begin{pmatrix}\frac{1}{\sqrt{2}}&\frac{1}{\sqrt{6}}&-\frac{1}{\sqrt{12}}&\frac{1}{2}\\ \frac{1}{\sqrt{2}}&-\frac{1}{\sqrt{6}}&\frac{1}{\sqrt{12}}&-\frac{1}{2}\\ 0&\frac{2}{\sqrt{6}}&\frac{1}{\sqrt{12}}&-\frac{1}{2}\\ 0&0&\frac{3}{\sqrt{12}}&\frac{1}{2}\end{pmatrix}.$$

【例 8.84】(东南大学,2005 年) 假设 3 阶实对称矩阵 $\boldsymbol{A}$ 的秩为 2,并且 $\boldsymbol{AB}=\boldsymbol{C}$,其中 $\boldsymbol{B}=\begin{pmatrix}1&1\\0&0\\-1&1\end{pmatrix}$,$\boldsymbol{C}=\begin{pmatrix}-1&1\\0&0\\1&1\end{pmatrix}$,求 $\boldsymbol{A}$ 的所有特征值及相应的特征向量,并求矩阵 $\boldsymbol{A}$ 及 $\boldsymbol{A}^{9999}$.

【解】 令 $\boldsymbol{\xi}_1=(1,0,-1)^{\mathrm{T}}$,$\boldsymbol{\xi}_2=(1,0,1)^{\mathrm{T}}$,则 $\boldsymbol{B}=(\boldsymbol{\xi}_1,\boldsymbol{\xi}_2)$,$\boldsymbol{C}=(-\boldsymbol{\xi}_1,\boldsymbol{\xi}_2)$. 由 $\boldsymbol{AB}=\boldsymbol{C}$ 得

$$\boldsymbol{A\xi}_1=-\boldsymbol{\xi}_1,\quad \boldsymbol{A\xi}_2=\boldsymbol{\xi}_2.$$

因此,$\lambda_1=-1$,$\lambda_2=1$ 是 $\boldsymbol{A}$ 的特征值,$\boldsymbol{\xi}_1,\boldsymbol{\xi}_2$ 是 $\boldsymbol{A}$ 的分别属于 λ_1,λ_2 的特征向量.

又 $\operatorname{rank}\boldsymbol{A}=2$,所以 $\boldsymbol{A}$ 必有特征值 $\lambda_3=0$. 设 $\boldsymbol{A}$ 的属于 λ_3 的特征向量为 $\boldsymbol{\xi}_3=(x_1,x_2,x_3)^{\mathrm{T}}$,注意到 $\boldsymbol{A}$ 是实对称矩阵,属于不同特征值的特征向量必正交,所以 $(\boldsymbol{\xi}_i,\boldsymbol{\xi}_3)=0$,$i=1,2$. 即

$$\begin{cases}x_1+0x_2-x_3=0,\\x_1+0x_2+x_3=0.\end{cases}$$

解得 $\boldsymbol{\xi}_3=(0,1,0)^{\mathrm{T}}$. 于是 $\boldsymbol{A}$ 的所有特征值为 $-1,1,0$,相应的特征子空间为 $L(\boldsymbol{\xi}_i)$, $i=1,2,3$.

现在,令 $\boldsymbol{P}=\left(\frac{1}{\sqrt{2}}\boldsymbol{\xi}_1,\frac{1}{\sqrt{2}}\boldsymbol{\xi}_2,\boldsymbol{\xi}_3\right)$,则 $\boldsymbol{P}$ 为正交矩阵,且 $\boldsymbol{P}^{\mathrm{T}}\boldsymbol{AP}=\boldsymbol{P}^{-1}\boldsymbol{AP}=\mathrm{diag}(-1,1,0)$,故

$$\boldsymbol{A}=\boldsymbol{P}\mathrm{diag}(-1,1,0)\boldsymbol{P}^{\mathrm{T}}=\frac{1}{2}\begin{pmatrix}1&1&0\\0&0&\sqrt{2}\\-1&1&0\end{pmatrix}\begin{pmatrix}-1&&\\&1&\\&&0\end{pmatrix}\begin{pmatrix}1&0&-1\\1&0&1\\0&\sqrt{2}&0\end{pmatrix}=\begin{pmatrix}0&0&1\\0&0&0\\1&0&0\end{pmatrix},$$

$$\boldsymbol{A}^{9999}=\boldsymbol{P}\begin{pmatrix}-1&&\\&1&\\&&0\end{pmatrix}^{9999}\boldsymbol{P}^{\mathrm{T}}=\boldsymbol{P}\begin{pmatrix}-1&&\\&1&\\&&0\end{pmatrix}\boldsymbol{P}^{\mathrm{T}}=\boldsymbol{A}=\begin{pmatrix}0&0&1\\0&0&0\\1&0&0\end{pmatrix}.$$

【例 8.85】(天津大学,1999 年) 设三阶实对称矩阵 $\boldsymbol{A}=\begin{pmatrix}2&2&-2\\2&5&-4\\-2&-4&5\end{pmatrix}$.

(1) 求一个正交矩阵 $\boldsymbol{C}$ 及对角矩阵 $\boldsymbol{\Lambda}$,使 $\boldsymbol{C}^{\mathrm{T}}\boldsymbol{AC}=\boldsymbol{\Lambda}$;

(2) 求一个对称矩阵 $\boldsymbol{B}$,使 $\boldsymbol{A}=\boldsymbol{B}^2$.

【解】 (1) 易知 $\boldsymbol{A}$ 的特征值为 10,1(二重),相应的特征向量为

$$(1,2,-2)^{\mathrm{T}},\quad (0,1,1)^{\mathrm{T}},\quad (2,0,1)^{\mathrm{T}}.$$

利用 Schmidt 正交化方法,求得 $\boldsymbol{A}$ 的标准正交化特征向量. 于是,有 $\boldsymbol{C}^{\mathrm{T}}\boldsymbol{AC}=\boldsymbol{\Lambda}$,其中

$$\boldsymbol{C}=\begin{pmatrix}\frac{1}{3}&0&\frac{2\sqrt{2}}{3}\\\frac{2}{3}&\frac{\sqrt{2}}{2}&-\frac{\sqrt{2}}{6}\\-\frac{2}{3}&\frac{\sqrt{2}}{2}&\frac{\sqrt{2}}{6}\end{pmatrix},\quad \boldsymbol{\Lambda}=\begin{pmatrix}10&&\\&1&\\&&1\end{pmatrix}.$$

(2) 显然有

$$\boldsymbol{A}=\boldsymbol{C\Lambda C}^{\mathrm{T}}=\boldsymbol{C}\begin{pmatrix}\sqrt{10}&&\\&1&\\&&1\end{pmatrix}\boldsymbol{C}^{\mathrm{T}}\boldsymbol{C}\begin{pmatrix}\sqrt{10}&&\\&1&\\&&1\end{pmatrix}\boldsymbol{C}^{\mathrm{T}}=\boldsymbol{B}^2,$$

这里,对称矩阵 $\boldsymbol{B}$ 为

$$\boldsymbol{B}=\boldsymbol{C}\begin{pmatrix}\sqrt{10}&&\\&1&\\&&1\end{pmatrix}\boldsymbol{C}^{\mathrm{T}}=\begin{pmatrix}\frac{8+\sqrt{10}}{9}&\frac{-2+2\sqrt{10}}{9}&\frac{2-2\sqrt{10}}{9}\\\frac{-2+2\sqrt{10}}{9}&\frac{5+4\sqrt{10}}{9}&\frac{4-4\sqrt{10}}{9}\\\frac{2-2\sqrt{10}}{9}&\frac{4-4\sqrt{10}}{9}&\frac{5+4\sqrt{10}}{9}\end{pmatrix}.$$

【注】 注意到 $\boldsymbol{A}$ 正定,所以 $\boldsymbol{B}$ 是满足 $\boldsymbol{A}=\boldsymbol{B}^2$ 且正定的唯一解(参见本章例 8.53).

【例 8.86】(复旦大学,2016 年) 设 $\boldsymbol{A}=(a_{ij})$ 为三阶实对称矩阵,$\det \boldsymbol{A}=-2$, $\mathrm{tr}\,\boldsymbol{A}=0$. 记

$$f(x_1,x_2,x_3,x_4)=\begin{vmatrix} x_1^2 & x_2 & x_3 & x_4 \\ x_2 & a_{11} & a_{12} & a_{13} \\ x_3 & a_{21} & a_{22} & a_{23} \\ x_4 & a_{31} & a_{32} & a_{33} \end{vmatrix}.$$

已知$(1,1,1)^{\mathrm{T}}$为线性方程组$(\boldsymbol{A}^*-\boldsymbol{E})\boldsymbol{x}=0$的解,其中$\boldsymbol{A}^*$为$\boldsymbol{A}$的伴随矩阵. 试给出正交变换$\boldsymbol{x}=\boldsymbol{Q}\boldsymbol{y}$,使得$f(x_1,x_2,x_3,x_4)$化为标准形.

【解】 记$\boldsymbol{x}=(x_2,x_3,x_4)^{\mathrm{T}}$,并利用行列式的降阶公式(见第4章例4.35),得

$$f=\begin{vmatrix} x_1^2 & \boldsymbol{x}^{\mathrm{T}} \\ \boldsymbol{x} & \boldsymbol{A} \end{vmatrix}=|\boldsymbol{A}|(x_1^2-\boldsymbol{x}^{\mathrm{T}}\boldsymbol{A}^{-1}\boldsymbol{x})=-2x_1^2-\boldsymbol{x}^{\mathrm{T}}\boldsymbol{A}^*\boldsymbol{x}.$$

这就归结为求正交变换$\boldsymbol{x}=\boldsymbol{P}\boldsymbol{y}$使得$g(\boldsymbol{x})=\boldsymbol{x}^{\mathrm{T}}\boldsymbol{A}^*\boldsymbol{x}$化为标准形.

令$\boldsymbol{\alpha}_1=(1,1,1)^{\mathrm{T}}$,则$\boldsymbol{A}^*\boldsymbol{\alpha}_1=\boldsymbol{\alpha}_1$. 两边同时左乘$\boldsymbol{A}$,并利用$\boldsymbol{A}\boldsymbol{A}^*=|\boldsymbol{A}|\boldsymbol{E}$,得$\boldsymbol{A}\boldsymbol{\alpha}_1=-2\boldsymbol{\alpha}_1$,即$\lambda_1=-2$是$\boldsymbol{A}$的特征值,$\boldsymbol{\alpha}_1$是$\boldsymbol{A}$的属于$-2$的特征向量. 设$\lambda_2,\lambda_3$是$\boldsymbol{A}$的另外两个特征值,则$\lambda_1+\lambda_2+\lambda_3=\operatorname{tr}\boldsymbol{A}$,$\lambda_1\lambda_2\lambda_3=\det\boldsymbol{A}$,即$\lambda_2+\lambda_3=2$,$\lambda_2\lambda_3=1$. 解得$\lambda_2=\lambda_3=1$.

设$\boldsymbol{A}$的属于特征值1的特征向量为$(t_1,t_2,t_3)^{\mathrm{T}}$,注意到实对称矩阵属于不同特征值的特征向量是正交的,所以$t_1+t_2+t_3=0$. 由此解得$\boldsymbol{A}$的属于特征值1的两个相互正交的特征向量$\boldsymbol{\alpha}_2=(-1,1,0)^{\mathrm{T}}$及$\boldsymbol{\alpha}_3=(-1,-1,2)^{\mathrm{T}}$. 取正交矩阵

$$\boldsymbol{P}=\left(\frac{\boldsymbol{\alpha}_1}{\|\boldsymbol{\alpha}_1\|},\frac{\boldsymbol{\alpha}_2}{\|\boldsymbol{\alpha}_2\|},\frac{\boldsymbol{\alpha}_3}{\|\boldsymbol{\alpha}_3\|}\right)=\begin{pmatrix} \frac{1}{\sqrt{3}} & -\frac{1}{\sqrt{2}} & -\frac{1}{\sqrt{6}} \\ \frac{1}{\sqrt{3}} & \frac{1}{\sqrt{2}} & -\frac{1}{\sqrt{6}} \\ \frac{1}{\sqrt{3}} & 0 & \frac{2}{\sqrt{6}} \end{pmatrix},$$

则$\boldsymbol{P}^{\mathrm{T}}\boldsymbol{A}\boldsymbol{P}=\operatorname{diag}(-2,1,1)$,因此$\boldsymbol{P}^{\mathrm{T}}\boldsymbol{A}^*\boldsymbol{P}=|\boldsymbol{A}|(\boldsymbol{P}^{\mathrm{T}}\boldsymbol{A}\boldsymbol{P})^{-1}=\operatorname{diag}(1,-2,-2)$. 于是,可取正交变换$\boldsymbol{x}=\boldsymbol{P}\boldsymbol{y}$,其中$\boldsymbol{y}=(y_2,y_3,y_4)^{\mathrm{T}}$,使得$g=\boldsymbol{y}^{\mathrm{T}}(\boldsymbol{P}^{\mathrm{T}}\boldsymbol{A}^*\boldsymbol{P})\boldsymbol{y}=y_2^2-2y_3^2-2y_4^2$. 最后,再令$x_1=y_1$,以及$\boldsymbol{Q}=\begin{pmatrix} 1 & \\ & \boldsymbol{P} \end{pmatrix}$,则正交变换$\begin{pmatrix} x_1 \\ \boldsymbol{x} \end{pmatrix}=\boldsymbol{Q}\begin{pmatrix} y_1 \\ \boldsymbol{y} \end{pmatrix}$可使$f$化为标准形$f=-2y_1^2-y_2^2+2y_3^2+2y_4^2$.

【例8.87】(中国科学院,2001年;湖南大学,2002年) 设$\boldsymbol{A},\boldsymbol{B}$为$n$阶实对称矩阵,试证明:

$$\operatorname{tr}(\boldsymbol{ABAB})\leqslant\operatorname{tr}(\boldsymbol{AABB}),$$

其中$\operatorname{tr}\boldsymbol{A}$表示方阵$\boldsymbol{A}$的迹(即$\boldsymbol{A}$的对角元素之和).

【分析】 根据实矩阵的 Frobenius 内积及其性质,容易得到如下解法.

【证】 对任意$m\times n$实矩阵$\boldsymbol{C}$,矩阵$\boldsymbol{C}^{\mathrm{T}}\boldsymbol{C}$是半正定的,其特征值$\lambda_i\geqslant 0(i=1,2,\cdots,n)$,故

$$\operatorname{tr}(\boldsymbol{C}^{\mathrm{T}}\boldsymbol{C})=\sum_{i=1}^{n}\lambda_i\geqslant 0.$$

令$\boldsymbol{C}=\boldsymbol{AB}-\boldsymbol{BA}$,注意到$\boldsymbol{A},\boldsymbol{B}$是实对称矩阵,所以

$$\begin{aligned}\operatorname{tr}(\boldsymbol{C}^{\mathrm{T}}\boldsymbol{C})&=\operatorname{tr}((\boldsymbol{AB}-\boldsymbol{BA})^{\mathrm{T}}(\boldsymbol{AB}-\boldsymbol{BA}))\\&=2\operatorname{tr}(\boldsymbol{AABB})-2\operatorname{tr}(\boldsymbol{ABAB})\geqslant 0.\end{aligned}$$

于是，有 $\mathrm{tr}(\boldsymbol{ABAB})\leqslant\mathrm{tr}(\boldsymbol{AABB})$，且等号成立的充分必要条件是 $\boldsymbol{AB}=\boldsymbol{BA}$.

【注】 这里，“实矩阵”的条件不能少. 例如，$\boldsymbol{A}=\begin{pmatrix}0&1\\1&0\end{pmatrix}$，$\boldsymbol{B}=\begin{pmatrix}0&0\\0&\mathrm{i}\end{pmatrix}$，其中 $\mathrm{i}=\sqrt{-1}$ 是虚数单位. 易知 $\mathrm{tr}(\boldsymbol{ABAB})=0$，而 $\mathrm{tr}(\boldsymbol{AABB})=-1$，结论不成立.

【例 8.88】(东南大学，2006 年) 设 $\boldsymbol{A}$ 是 n 阶实对称矩阵，λ_0 是 $\boldsymbol{A}$ 的最大特征值. 证明：

$$\lambda_0=\max_{\boldsymbol{x}(\neq\boldsymbol{0})\in\mathbb{R}^n}\frac{\boldsymbol{x}^{\mathrm{T}}\boldsymbol{A}\boldsymbol{x}}{\boldsymbol{x}^{\mathrm{T}}\boldsymbol{x}},$$

其中 $\mathbb{R}^n$ 表示实 n 维列向量全体之集.

【证】 这是实对称矩阵 $\boldsymbol{A}$ 关于向量 $\boldsymbol{x}$ 的 Rayleigh 商的极值问题. 我们证更一般的结论：设 $\boldsymbol{A}$ 是 n 阶实对称矩阵，$\boldsymbol{B}$ 是 n 阶正定矩阵，λ_0 是方程 $|\boldsymbol{A}-\lambda\boldsymbol{B}|=0$ 的最大根，则

$$\lambda_0=\max_{\boldsymbol{x}(\neq\boldsymbol{0})\in\mathbb{R}^n}\frac{\boldsymbol{x}^{\mathrm{T}}\boldsymbol{A}\boldsymbol{x}}{\boldsymbol{x}^{\mathrm{T}}\boldsymbol{B}\boldsymbol{x}}.$$

事实上，根据对 $\boldsymbol{A},\boldsymbol{B}$ 的假设，存在可逆矩阵 $\boldsymbol{P}$，使

$$\boldsymbol{P}^{\mathrm{T}}\boldsymbol{B}\boldsymbol{P}=\boldsymbol{E},\quad \boldsymbol{P}^{\mathrm{T}}\boldsymbol{A}\boldsymbol{P}=\begin{pmatrix}\lambda_1&&&\\&\lambda_2&&\\&&\ddots&\\&&&\lambda_n\end{pmatrix},$$

其中 $\lambda_1,\lambda_2,\cdots,\lambda_n$ 是方程 $|\boldsymbol{A}-\lambda\boldsymbol{B}|=0$ 的所有根. 令 $\boldsymbol{x}=\boldsymbol{P}\boldsymbol{y}(\neq\boldsymbol{0})$，$\boldsymbol{y}=(y_1,y_2,\cdots,y_n)^{\mathrm{T}}$，则

$$\frac{\boldsymbol{x}^{\mathrm{T}}\boldsymbol{A}\boldsymbol{x}}{\boldsymbol{x}^{\mathrm{T}}\boldsymbol{B}\boldsymbol{x}}=\frac{\lambda_1y_1^2+\lambda_2y_2^2+\cdots+\lambda_ny_n^2}{y_1^2+y_2^2+\cdots+y_n^2}, \tag{①}$$

不妨设 $\lambda_1\leqslant\lambda_2\leqslant\cdots\leqslant\lambda_n$，于是

$$\lambda_1\leqslant\frac{\boldsymbol{x}^{\mathrm{T}}\boldsymbol{A}\boldsymbol{x}}{\boldsymbol{x}^{\mathrm{T}}\boldsymbol{B}\boldsymbol{x}}\leqslant\lambda_n. \tag{②}$$

分别取 $\boldsymbol{y}=(1,0,\cdots,0)^{\mathrm{T}}$ 与 $\boldsymbol{y}=(0,0,\cdots,1)^{\mathrm{T}}\in\mathbb{R}^n$，代入①式，表明②式中等号成立. 这就证得

$$\lambda_1=\min_{\boldsymbol{x}(\neq\boldsymbol{0})\in\mathbb{R}^n}\frac{\boldsymbol{x}^{\mathrm{T}}\boldsymbol{A}\boldsymbol{x}}{\boldsymbol{x}^{\mathrm{T}}\boldsymbol{B}\boldsymbol{x}},\quad \lambda_n=\max_{\boldsymbol{x}(\neq\boldsymbol{0})\in\mathbb{R}^n}\frac{\boldsymbol{x}^{\mathrm{T}}\boldsymbol{A}\boldsymbol{x}}{\boldsymbol{x}^{\mathrm{T}}\boldsymbol{B}\boldsymbol{x}}.$$

【注】 若取 $\boldsymbol{B}=\boldsymbol{E}$(单位矩阵)，则②式即 Courant-Fischer 不等式. 特别地，有

$$\lambda_1=\min_{\boldsymbol{x}(\neq\boldsymbol{0})\in\mathbb{R}^n}\frac{\boldsymbol{x}^{\mathrm{T}}\boldsymbol{A}\boldsymbol{x}}{\boldsymbol{x}^{\mathrm{T}}\boldsymbol{x}},\quad \lambda_n=\max_{\boldsymbol{x}(\neq\boldsymbol{0})\in\mathbb{R}^n}\frac{\boldsymbol{x}^{\mathrm{T}}\boldsymbol{A}\boldsymbol{x}}{\boldsymbol{x}^{\mathrm{T}}\boldsymbol{x}}.$$

【例 8.89】(中国科学院，2006 年) 设有实二次型 $f(\boldsymbol{x})=\boldsymbol{x}^{\mathrm{T}}\boldsymbol{A}\boldsymbol{x}$，其中 $\boldsymbol{x}^{\mathrm{T}}$ 是 $\boldsymbol{x}$ 的转置，$\boldsymbol{A}$ 是 3 阶实对称矩阵并满足以下方程：

$$\boldsymbol{A}^3-6\boldsymbol{A}^2+11\boldsymbol{A}-6\boldsymbol{I}=\boldsymbol{O}.$$

试计算

$$\max_{\boldsymbol{A}}\max_{\|\boldsymbol{x}\|=1}f(\boldsymbol{x}),$$

其中 $\|\boldsymbol{x}\|^2=x_1^2+x_2^2+x_3^2$，第一个极大值是对满足以上方程的所有实对称矩阵 $\boldsymbol{A}$ 来求.

【解】 设 λ 是 $\boldsymbol{A}$ 的特征值，则 $\lambda^3-6\lambda^2+11\lambda-6=0$，即 $(\lambda-1)(\lambda-2)(\lambda-3)=0$，所以 $\lambda=1$ 或 2 或 3.

因为 $\boldsymbol{A}$ 是实对称矩阵,所以存在正交矩阵 $\boldsymbol{Q}$,使得 $\boldsymbol{Q}^{\mathrm{T}}\boldsymbol{A}\boldsymbol{Q}=\operatorname{diag}(\lambda_1,\lambda_2,\lambda_3)$,其中 $\lambda_1,\lambda_2,\lambda_3$ 是 $\boldsymbol{A}$ 的特征值. 令 $\boldsymbol{x}=\boldsymbol{Q}\boldsymbol{y}$,则 $\|\boldsymbol{x}\|^2=\boldsymbol{x}^{\mathrm{T}}\boldsymbol{x}=\boldsymbol{y}^{\mathrm{T}}\boldsymbol{Q}^{\mathrm{T}}\boldsymbol{Q}\boldsymbol{y}=\|\boldsymbol{y}\|^2$. 于是

$$\max_{A}\max_{\|\boldsymbol{x}\|=1}f(\boldsymbol{x})=\max_{A}\max_{\|\boldsymbol{y}\|=1}f(\boldsymbol{y})=\max_{\lambda_i\in\{1,2,3\}}\sum_{i=1}^{3}\lambda_i y_i^2=3.$$

【例 8.90】(东北大学,2003 年) 设 $\boldsymbol{A}$ 为 n 阶实对称矩阵,$\boldsymbol{x}$ 为任一 n 维非零实向量. 证明:存在 $\boldsymbol{A}$ 的一个特征向量 $\boldsymbol{\xi}$,使 $\boldsymbol{\xi}\in L(\boldsymbol{x},\boldsymbol{A}\boldsymbol{x},\boldsymbol{A}^2\boldsymbol{x},\cdots)$,这里 $L(\boldsymbol{x},\boldsymbol{A}\boldsymbol{x},\boldsymbol{A}^2\boldsymbol{x},\cdots)$ 表示由 $\boldsymbol{x}$, $\boldsymbol{A}\boldsymbol{x},\boldsymbol{A}^2\boldsymbol{x},\cdots$ 生成的子空间.

【证】 设 $\lambda_1,\lambda_2,\cdots,\lambda_s$ 是 $\boldsymbol{A}$ 的所有互不相同的特征值,$V_{\lambda_1},V_{\lambda_2},\cdots,V_{\lambda_s}$ 是 $\boldsymbol{A}$ 的对应的特征子空间. 因为 $\boldsymbol{A}$ 为实对称矩阵,所以 $\boldsymbol{A}$ 可对角化,于是有

$$\mathbb{R}^{n\times 1}=V_{\lambda_1}\oplus V_{\lambda_2}\oplus\cdots\oplus V_{\lambda_s}.$$

对于任一非零向量 $\boldsymbol{x}\in\mathbb{R}^n$,存在唯一的 $\boldsymbol{\beta}_i\in V_{\lambda_i}$,即 $\boldsymbol{A}\boldsymbol{\beta}_i=\lambda_i\boldsymbol{\beta}_i$,$i=1,2,\cdots,s$,使得

$$\boldsymbol{x}=\boldsymbol{\beta}_1+\boldsymbol{\beta}_2+\cdots+\boldsymbol{\beta}_s.$$

显然,$\boldsymbol{\beta}_1,\boldsymbol{\beta}_2,\cdots,\boldsymbol{\beta}_s$ 不全为零,不妨设 $\boldsymbol{\beta}_k\neq\boldsymbol{0}(1\leqslant k\leqslant s)$. 令 $\boldsymbol{\xi}=\boldsymbol{\beta}_k$,则 $\boldsymbol{\xi}$ 是 $\boldsymbol{A}$ 的一个特征向量.

另一方面,令

$$f(\lambda)=(\lambda-\lambda_1)\cdots(\lambda-\lambda_{k-1})(\lambda-\lambda_{k+1})\cdots(\lambda-\lambda_s),$$

则 $f(\lambda_k)\neq 0$,且 $f(\boldsymbol{A})\boldsymbol{\beta}_i=f(\lambda_i)\boldsymbol{\beta}_i=\boldsymbol{0}(i\neq k)$. 因此

$$f(\boldsymbol{A})\boldsymbol{x}=\sum_{i=1}^{s}f(\boldsymbol{A})\boldsymbol{\beta}_i=f(\boldsymbol{A})\boldsymbol{\beta}_k=f(\lambda_k)\boldsymbol{\beta}_k=f(\lambda_k)\boldsymbol{\xi},$$

从而有

$$\boldsymbol{\xi}=\frac{1}{f(\lambda_k)}f(\boldsymbol{A})\boldsymbol{x}\in L(\boldsymbol{x},\boldsymbol{A}\boldsymbol{x},\boldsymbol{A}^2\boldsymbol{x},\cdots).$$

【例 8.91】(武汉大学,2006 年) 设 n 阶方阵 $\boldsymbol{A},\boldsymbol{B}$ 满足 $\boldsymbol{A}+\boldsymbol{B}\boldsymbol{A}=\boldsymbol{B}$,且 $\lambda_1,\lambda_2,\cdots,\lambda_n$ 是 $\boldsymbol{A}$ 的特征值.

(1) 证明:$\lambda_i\neq 1$,$(i=1,2,\cdots,n)$;

(2) 证明:若 $\boldsymbol{A}$ 是实对称矩阵,则存在正交矩阵 $\boldsymbol{P}$,使得

$$\boldsymbol{P}^{-1}\boldsymbol{B}\boldsymbol{P}=\operatorname{diag}\left(\frac{\lambda_1}{1-\lambda_1},\frac{\lambda_2}{1-\lambda_2},\cdots,\frac{\lambda_n}{1-\lambda_n}\right).$$

【证】 (方法 1) (1) 用反证法. 假设某个 $\lambda_i=1$,则存在 $\boldsymbol{\xi}\in\mathbb{C}^n$,且 $\boldsymbol{\xi}\neq\boldsymbol{0}$,使 $\boldsymbol{A}\boldsymbol{\xi}=\boldsymbol{\xi}$. 据题设 $\boldsymbol{A}+\boldsymbol{B}\boldsymbol{A}=\boldsymbol{B}$,两边同时右乘 $\boldsymbol{\xi}$,即得 $\boldsymbol{\xi}=\boldsymbol{0}$,矛盾. 所以 $\lambda_i\neq 1(i=1,2,\cdots,n)$.

(2) 因为 $\boldsymbol{A}$ 是实对称矩阵,$\lambda_1,\lambda_2,\cdots,\lambda_n$ 是 $\boldsymbol{A}$ 的特征值,所以存在正交矩阵 $\boldsymbol{P}$,使得

$$\boldsymbol{P}^{-1}\boldsymbol{A}\boldsymbol{P}=\begin{pmatrix}\lambda_1&&&\\&\lambda_2&&\\&&\ddots&\\&&&\lambda_n\end{pmatrix}.$$

又由 $\boldsymbol{B}-\boldsymbol{A}=\boldsymbol{B}\boldsymbol{A}$,得 $\boldsymbol{B}(\boldsymbol{E}-\boldsymbol{A})=\boldsymbol{A}$,从而有 $(\boldsymbol{P}^{-1}\boldsymbol{B}\boldsymbol{P})(\boldsymbol{P}^{-1}(\boldsymbol{E}-\boldsymbol{A})\boldsymbol{P})=\boldsymbol{P}^{-1}\boldsymbol{A}\boldsymbol{P}$. 于是,有

$$\boldsymbol{P}^{-1}\boldsymbol{B}\boldsymbol{P}=(\boldsymbol{P}^{-1}\boldsymbol{A}\boldsymbol{P})(\boldsymbol{P}^{-1}(\boldsymbol{E}-\boldsymbol{A})\boldsymbol{P})^{-1}.$$

因此

$$P^{-1}BP=\begin{pmatrix}\lambda_1 & & & \\ & \lambda_2 & & \\ & & \ddots & \\ & & & \lambda_n\end{pmatrix}\begin{pmatrix}\frac{1}{1-\lambda_1} & & & \\ & \frac{1}{1-\lambda_2} & & \\ & & \ddots & \\ & & & \frac{1}{1-\lambda_n}\end{pmatrix}=\begin{pmatrix}\frac{\lambda_1}{1-\lambda_1} & & & \\ & \frac{\lambda_2}{1-\lambda_2} & & \\ & & \ddots & \\ & & & \frac{\lambda_n}{1-\lambda_n}\end{pmatrix}.$$

（方法 2）先由题设 $\boldsymbol{A}+\boldsymbol{BA}=\boldsymbol{B}$ 易得

$$(\boldsymbol{B}+\boldsymbol{E})(\boldsymbol{E}-\boldsymbol{A})=\boldsymbol{E},$$

因此 $\boldsymbol{E}-\boldsymbol{A}$ 可逆，且 $\boldsymbol{B}+\boldsymbol{E}=(\boldsymbol{E}-\boldsymbol{A})^{-1}$.

（1）由 $|\boldsymbol{E}-\boldsymbol{A}|\neq 0$ 可知，$\boldsymbol{A}$ 的特征值 $\lambda_i\neq 1,(i=1,2,\cdots,n)$.

（2）因为 $\boldsymbol{A}$ 是实对称矩阵，所以 $\boldsymbol{B}=(\boldsymbol{E}-\boldsymbol{A})^{-1}-\boldsymbol{E}$ 也是实对称矩阵. 容易验证 $\frac{\lambda_i}{1-\lambda_i}$ 是 $\boldsymbol{B}$ 的特征值 $(i=1,2,\cdots,n)$，因此存在正交矩阵 $\boldsymbol{P}$，使得

$$P^{-1}BP=\mathrm{diag}\left(\frac{\lambda_1}{1-\lambda_1},\frac{\lambda_2}{1-\lambda_2},\cdots,\frac{\lambda_n}{1-\lambda_n}\right).$$

【例 8.92】（南京大学，2014 年） 设 n 阶实对称矩阵 $\boldsymbol{A}$ 的所有一阶主子式之和与所有二阶主子式之和均为零. 试证明：$\boldsymbol{A}$ 为零矩阵.

【证】 设 $\lambda_1,\lambda_2,\cdots,\lambda_n$ 是 $\boldsymbol{A}$ 的特征值，则 λ_i 均为实数，且存在正交矩阵 $\boldsymbol{Q}$，使得

$$Q^{-1}AQ=\mathrm{diag}(\lambda_1,\lambda_2,\cdots,\lambda_n).$$

此时，$\boldsymbol{A}$ 的特征多项式为

$$f(\lambda)=(\lambda-\lambda_1)(\lambda-\lambda_2)\cdots(\lambda-\lambda_n)=\lambda^n-\sigma_1\lambda^{n-1}+\cdots+(-1)^n\sigma_n,$$

其中 σ_j 是 $\lambda_1,\lambda_2,\cdots,\lambda_n$ 的 j 次初等对称多项式 $(1\leqslant j\leqslant n)$.

另一方面，若 n 阶方阵 $\boldsymbol{A}$ 的特征多项式表示为

$$f(\lambda)=\lambda^n-a_1\lambda^{n-1}+a_2\lambda^{n-2}-\cdots+(-1)^n a_n,$$

则 a_k 等于 $\boldsymbol{A}$ 的所有 k 阶主子式之和 $(1\leqslant k\leqslant n)$. 又据题设，$a_1=a_2=0$，所以

$$\sum_{i=1}^n\lambda_i=\sigma_1=a_1=0,$$

$$\sum_{i=1}^n\lambda_i^2=\sigma_1^2-2\sigma_2=a_1^2-2a_2=0,$$

因此，$\lambda_1=\lambda_2=\cdots=\lambda_n=0$，从而 $\boldsymbol{A}=\boldsymbol{O}$.

【例 8.93】 设实对称矩阵 $\boldsymbol{A},\boldsymbol{B}$ 的特征值都分别位于 (a,b) 与 (c,d) 内，证明：$\boldsymbol{A}+\boldsymbol{B}$ 的特征值位于 $(a+c,b+d)$ 内.

【证】 易知，$\boldsymbol{A}-a\boldsymbol{E},\boldsymbol{B}-c\boldsymbol{E}$ 都是正定矩阵，所以

$$(A-aE)+(B-cE)=(A+B)-(a+c)E$$

也是正定矩阵. 设 λ 是 $\boldsymbol{A}+\boldsymbol{B}$ 的任一特征值，则

$$|\lambda E-(A+B)|=|[\lambda-(a+c)]E-[(A-aE)+(B-cE)]|=0,$$

这表明 $\lambda-(a+c)$ 是 $(\boldsymbol{A}-a\boldsymbol{E})+(\boldsymbol{B}-c\boldsymbol{E})$ 的特征值，因此 $\lambda-(a+c)>0$，即 $\lambda>a+c$.

同理可证:对于 $\boldsymbol{A}+\boldsymbol{B}$ 的任一特征值 λ,有 $\lambda<b+d$. 故 $\lambda\in(a+c,b+d)$.

【例 8.94】(汕头大学,2004 年) 设 $\boldsymbol{A}$ 是 n 阶实对称矩阵,$\boldsymbol{B}=(\boldsymbol{b}_1,\boldsymbol{b}_2,\cdots,\boldsymbol{b}_m)$,$\boldsymbol{b}_j$ 都是 n 维列向量,$m<n$,$\boldsymbol{b}_i^{\mathrm{T}}\boldsymbol{b}_j=\begin{cases}1, & i=j,\\ 0, & i\neq j.\end{cases}$ 证明存在$(c_{ij})_{n\times m}$,使得 $\sum\limits_{k=1}^{n}c_{kr}c_{ks}=\begin{cases}1, & r=s,\\ 0, & r\neq s,\end{cases}$ 且 $\sum\limits_{i=1}^{n}\lambda_i c_{ij}^2$ $(j=1,2,\cdots,m)$ 为 $\boldsymbol{B}^{\mathrm{T}}\boldsymbol{A}\boldsymbol{B}$ 的特征值($\lambda_1,\lambda_2,\cdots,\lambda_n$ 是 $\boldsymbol{A}$ 的特征值).

【证】 因为 $\boldsymbol{A}$ 是 n 阶实对称矩阵,所以存在正交矩阵 $\boldsymbol{P}$,使得 $\boldsymbol{A}=\boldsymbol{P}^{\mathrm{T}}\boldsymbol{D}\boldsymbol{P}$,其中对角矩阵 $\boldsymbol{D}=\mathrm{diag}(\lambda_1,\lambda_2,\cdots,\lambda_n)$. 注意到 $\boldsymbol{B}^{\mathrm{T}}\boldsymbol{A}\boldsymbol{B}$ 是 m 阶实对称矩阵,所以存在 m 阶正交矩阵 $\boldsymbol{Q}$,使

$$\boldsymbol{Q}^{\mathrm{T}}(\boldsymbol{B}^{\mathrm{T}}\boldsymbol{A}\boldsymbol{B})\boldsymbol{Q}=\boldsymbol{Q}^{\mathrm{T}}\boldsymbol{B}^{\mathrm{T}}\boldsymbol{P}^{\mathrm{T}}\boldsymbol{D}\boldsymbol{P}\boldsymbol{B}\boldsymbol{Q}=\boldsymbol{D}_1,$$

其中 $\boldsymbol{D}_1$ 为对角矩阵,其对角元是 $\boldsymbol{B}^{\mathrm{T}}\boldsymbol{A}\boldsymbol{B}$ 的全部特征值.

令 $\boldsymbol{C}=\boldsymbol{P}\boldsymbol{B}\boldsymbol{Q}$,则 $\boldsymbol{C}=(c_{ij})$ 是 $n\times m$ 矩阵,且 $\boldsymbol{C}^{\mathrm{T}}\boldsymbol{D}\boldsymbol{C}=\boldsymbol{D}_1$. 容易验证:$\boldsymbol{C}^{\mathrm{T}}\boldsymbol{C}=\boldsymbol{E}_m$,即

$$\sum_{k=1}^{n}c_{kr}c_{ks}=\begin{cases}1, & r=s,\\ 0, & r\neq s,\end{cases}\quad r,s=1,2,\cdots,m,$$

且 $\boldsymbol{C}^{\mathrm{T}}\boldsymbol{D}\boldsymbol{C}$ 的第 j 个对角元为 $\sum\limits_{i=1}^{n}\lambda_i c_{ij}^2(j=1,2,\cdots,m)$,因而就是 $\boldsymbol{B}^{\mathrm{T}}\boldsymbol{A}\boldsymbol{B}$ 的特征值.

【例 8.95】 设 $\boldsymbol{A}$ 是 n 阶实对称矩阵,且 $\boldsymbol{A}$ 有 n 个互不相同的特征值. 证明:如果 λ 是 $\boldsymbol{A}$ 的任一特征值,$\boldsymbol{\alpha}\in\mathbb{R}^n$是 $\boldsymbol{A}$ 的属于 λ 的特征向量,那么$\begin{pmatrix}\lambda\boldsymbol{E}-\boldsymbol{A} & \boldsymbol{\alpha}\\ \boldsymbol{\alpha}^{\mathrm{T}} & 0\end{pmatrix}$是非奇异矩阵.

【证】 设 $\lambda_1,\lambda_2,\cdots,\lambda_n$ 是 $\boldsymbol{A}$ 的 n 个互不相同的特征值,$\boldsymbol{\xi}_1,\boldsymbol{\xi}_2,\cdots,\boldsymbol{\xi}_n$ 是对应的两两正交的单位特征向量,其中 $\lambda=\lambda_1$,$\boldsymbol{\alpha}=\|\boldsymbol{\alpha}\|\boldsymbol{\xi}_1$. 记 $\boldsymbol{Q}=(\boldsymbol{\xi}_1,\boldsymbol{\xi}_2,\cdots,\boldsymbol{\xi}_n)$,则 $\boldsymbol{Q}$ 是正交矩阵,且

$$\boldsymbol{Q}^{\mathrm{T}}\boldsymbol{A}\boldsymbol{Q}=\mathrm{diag}(\lambda_1,\lambda_2,\cdots,\lambda_n).$$

于是有

$$\begin{pmatrix}\boldsymbol{Q}^{\mathrm{T}} & \boldsymbol{0}\\ \boldsymbol{0} & 1\end{pmatrix}\begin{pmatrix}\lambda\boldsymbol{E}-\boldsymbol{A} & \boldsymbol{\alpha}\\ \boldsymbol{\alpha}^{\mathrm{T}} & 0\end{pmatrix}\begin{pmatrix}\boldsymbol{Q} & \boldsymbol{0}\\ \boldsymbol{0} & 1\end{pmatrix}=\begin{pmatrix}\boldsymbol{Q}^{\mathrm{T}}(\lambda\boldsymbol{E}-\boldsymbol{A})\boldsymbol{Q} & \boldsymbol{Q}^{\mathrm{T}}\boldsymbol{\alpha}\\ \boldsymbol{\alpha}^{\mathrm{T}}\boldsymbol{Q} & 0\end{pmatrix}$$

$$=\left(\begin{array}{cccc|c}0 & & & & \|\boldsymbol{\alpha}\|\\ & \lambda-\lambda_2 & & & 0\\ & & \ddots & & \vdots\\ & & & \lambda-\lambda_n & 0\\ \hline \|\boldsymbol{\alpha}\| & 0 & \cdots & 0 & 0\end{array}\right).$$

两边取行列式,得$\begin{vmatrix}\lambda\boldsymbol{E}-\boldsymbol{A} & \boldsymbol{\alpha}\\ \boldsymbol{\alpha}^{\mathrm{T}} & 0\end{vmatrix}=-\|\boldsymbol{\alpha}\|^2\prod\limits_{i=2}^{n}(\lambda-\lambda_i)\neq0$,所以$\begin{pmatrix}\lambda\boldsymbol{E}-\boldsymbol{A} & \boldsymbol{\alpha}\\ \boldsymbol{\alpha}^{\mathrm{T}} & 0\end{pmatrix}$是非奇异矩阵.

【例 8.96】(华南理工大学,2010 年;四川师范大学,2016 年;) 设 $\boldsymbol{A},\boldsymbol{B}$ 均为 n 阶实对称矩阵,证明:存在正交矩阵 $\boldsymbol{Q}$,使得 $\boldsymbol{Q}^{-1}\boldsymbol{A}\boldsymbol{Q}$ 与 $\boldsymbol{Q}^{-1}\boldsymbol{B}\boldsymbol{Q}$ 同时为对角矩阵当且仅当 $\boldsymbol{A}\boldsymbol{B}=\boldsymbol{B}\boldsymbol{A}$.

【证】 必要性显然,下证充分性. 对于实对称矩阵 $\boldsymbol{A}$,存在正交矩阵 $\boldsymbol{P}$,使

$$\boldsymbol{P}^{\mathrm{T}}\boldsymbol{A}\boldsymbol{P}=\mathrm{diag}(\lambda_1\boldsymbol{E}_1,\lambda_2\boldsymbol{E}_2,\cdots,\lambda_s\boldsymbol{E}_s),$$

这里 $\lambda_1,\lambda_2,\cdots,\lambda_s$ 是 $\boldsymbol{A}$ 的两两互异的特征值,$\boldsymbol{E}_i$ 为 n_i 阶单位矩阵. 由 $\boldsymbol{A}\boldsymbol{B}=\boldsymbol{B}\boldsymbol{A}$,得

$$(\boldsymbol{P}^{\mathrm{T}}\boldsymbol{AP})(\boldsymbol{P}^{\mathrm{T}}\boldsymbol{BP})=(\boldsymbol{P}^{\mathrm{T}}\boldsymbol{BP})(\boldsymbol{P}^{\mathrm{T}}\boldsymbol{AP}).$$

对 $\boldsymbol{P}^{\mathrm{T}}\boldsymbol{BP}$ 作相应分块为 $\boldsymbol{P}^{\mathrm{T}}\boldsymbol{BP}=(\boldsymbol{B}_{ij})_{s\times s}$，代入上式得

$$\begin{pmatrix}\lambda_1\boldsymbol{E}_1&&\\&\ddots&\\&&\lambda_s\boldsymbol{E}_s\end{pmatrix}\begin{pmatrix}\boldsymbol{B}_{11}&\cdots&\boldsymbol{B}_{1s}\\\vdots&&\vdots\\\boldsymbol{B}_{s1}&\cdots&\boldsymbol{B}_{ss}\end{pmatrix}=\begin{pmatrix}\boldsymbol{B}_{11}&\cdots&\boldsymbol{B}_{1s}\\\vdots&&\vdots\\\boldsymbol{B}_{s1}&\cdots&\boldsymbol{B}_{ss}\end{pmatrix}\begin{pmatrix}\lambda_1\boldsymbol{E}_1&&\\&\ddots&\\&&\lambda_s\boldsymbol{E}_s\end{pmatrix},$$

两边分别作乘法并比较对应的子块，有 $\boldsymbol{B}_{ij}=0,i\neq j,i,j=1,2,\cdots,s$，所以

$$\boldsymbol{P}^{\mathrm{T}}\boldsymbol{BP}=\begin{pmatrix}\boldsymbol{B}_{11}&&&\\&\boldsymbol{B}_{22}&&\\&&\ddots&\\&&&\boldsymbol{B}_{ss}\end{pmatrix}.$$

注意到 $\boldsymbol{B}_{ii}$ 为 n_i 阶实对称矩阵，存在正交阵 $\boldsymbol{P}_i$，使 $\boldsymbol{P}_i^{\mathrm{T}}\boldsymbol{B}_{ii}\boldsymbol{P}_i=\boldsymbol{\Lambda}_i$ 为对角矩阵，$i=1,2,\cdots,s$. 因此

$$\begin{pmatrix}\boldsymbol{P}_1^{\mathrm{T}}&&&\\&\boldsymbol{P}_2^{\mathrm{T}}&&\\&&\ddots&\\&&&\boldsymbol{P}_s^{\mathrm{T}}\end{pmatrix}\boldsymbol{P}^{\mathrm{T}}\boldsymbol{BP}\begin{pmatrix}\boldsymbol{P}_1&&&\\&\boldsymbol{P}_2&&\\&&\ddots&\\&&&\boldsymbol{P}_s\end{pmatrix}=\begin{pmatrix}\boldsymbol{\Lambda}_1&&&\\&\boldsymbol{\Lambda}_2&&\\&&\ddots&\\&&&\boldsymbol{\Lambda}_s\end{pmatrix},$$

$$\begin{pmatrix}\boldsymbol{P}_1^{\mathrm{T}}&&&\\&\boldsymbol{P}_2^{\mathrm{T}}&&\\&&\ddots&\\&&&\boldsymbol{P}_s^{\mathrm{T}}\end{pmatrix}\boldsymbol{P}^{\mathrm{T}}\boldsymbol{AP}\begin{pmatrix}\boldsymbol{P}_1&&&\\&\boldsymbol{P}_2&&\\&&\ddots&\\&&&\boldsymbol{P}_s\end{pmatrix}=\begin{pmatrix}\lambda_1\boldsymbol{E}_1&&&\\&\lambda_2\boldsymbol{E}_2&&\\&&\ddots&\\&&&\lambda_s\boldsymbol{E}_s\end{pmatrix}.$$

现在，令 $\boldsymbol{Q}=\boldsymbol{P}\mathrm{diag}(\boldsymbol{P}_1,\boldsymbol{P}_2,\cdots,\boldsymbol{P}_s)$，显然，$\boldsymbol{Q}$ 为正交矩阵，且 $\boldsymbol{Q}^{-1}\boldsymbol{AQ}$ 与 $\boldsymbol{Q}^{-1}\boldsymbol{BQ}$ 同时为对角矩阵.

【例 8.97】(杭州师范大学,2010 年;华中科技大学,2003 年)　设 $\boldsymbol{A},\boldsymbol{B}$ 与 $\boldsymbol{AB}$ 均为 n 阶实对称矩阵，λ 是 $\boldsymbol{AB}$ 的任一特征值. 求证：存在 $\boldsymbol{A}$ 的一个特征值 s 和 $\boldsymbol{B}$ 的一个特征值 t 使得 $\lambda=st$.

【证】　(方法 1)据题设知，$\boldsymbol{A},\boldsymbol{B}$ 可正交对角化，且 $\boldsymbol{AB}=(\boldsymbol{AB})^{\mathrm{T}}=\boldsymbol{B}^{\mathrm{T}}\boldsymbol{A}^{\mathrm{T}}=\boldsymbol{BA}$. 所以 $\boldsymbol{A},\boldsymbol{B}$ 可同时对角化，即存在可逆(可要求正交)矩阵 $\boldsymbol{Q}$，使得 $\boldsymbol{Q}^{-1}\boldsymbol{AQ}$ 与 $\boldsymbol{Q}^{-1}\boldsymbol{BQ}$ 同为对角矩阵：

$$\boldsymbol{Q}^{-1}\boldsymbol{AQ}=\mathrm{diag}(s_1,s_2,\cdots,s_n),\quad \boldsymbol{Q}^{-1}\boldsymbol{BQ}=\mathrm{diag}(t_1,t_2,\cdots,t_n),$$

其中 $s_1,s_2,\cdots,s_n$ 为 $\boldsymbol{A}$ 的特征值，$t_1,t_2,\cdots,t_n$ 为 $\boldsymbol{B}$ 的特征值. 于是

$$\boldsymbol{Q}^{-1}\boldsymbol{ABQ}=(\boldsymbol{Q}^{-1}\boldsymbol{AQ})(\boldsymbol{Q}^{-1}\boldsymbol{BQ})=\mathrm{diag}(s_1t_1,s_2t_2,\cdots,s_nt_n).$$

因为相似矩阵具有相同的特征值，所以 $s_1t_1,s_2t_2,\cdots,s_nt_n$ 是 $\boldsymbol{AB}$ 的特征值，从而 $\lambda=s_it_i$(某个 i).

(方法 2)易知，$\boldsymbol{AB}=\boldsymbol{BA}$ 且 $\boldsymbol{A}(\boldsymbol{AB})=(\boldsymbol{AB})\boldsymbol{A}$. 考虑 n 维欧氏空间 V，设在 V 的任一取定的标准正交基下与 $\boldsymbol{A},\boldsymbol{B}$ 对应的对称变换为 σ,τ，则 σ 与 τ 可交换，σ 与 $\sigma\tau$ 也可交换. 设 V_λ 是 $\sigma\tau$ 的属于特征值 λ 的特征子空间，则 V_λ 是 σ 的不变子空间. 因为限制变换 $\sigma|_{V_\lambda}$ 仍是对称的，所以存在特征值 s. 考虑 $\sigma|_{V_\lambda}$ 的属于 s 的特征子空间 V_s，由于 V_s 是 τ 的不变子空间，且限制变换 $\tau|_{V_s}$ 仍是对称的，所以存在特征值 t，记 $\tau|_{V_s}$ 的属于 t 的特征子空间为 V_t. 显然，$V_t\subseteq V_s\subseteq V_\lambda$. 现任取非零 $\boldsymbol{\xi}\in V_t$，则 $\tau(\boldsymbol{\xi})=\tau|_{V_\lambda}(\boldsymbol{\xi})=t\boldsymbol{\xi}$. 于是 $\lambda\boldsymbol{\xi}=\sigma\tau(\boldsymbol{\xi})=t\sigma(\boldsymbol{\xi})=st\boldsymbol{\xi}$. 而 $\boldsymbol{\xi}\neq\boldsymbol{0}$，故 $\lambda=st$.

【例 8.98】(北京大学,2020 年)　设 $\boldsymbol{A}$ 是 n 阶实对称矩阵，$\mathrm{rank}\,\boldsymbol{A}=r$，证明：$\boldsymbol{A}$ 中必存在一个非零的 r 阶主子式，且 $\boldsymbol{A}$ 的所有 r 阶非零主子式的符号都相同.

【证】　前一部分的证明见第 10 章例 10.14，这里只证后一部分.

任取 $\boldsymbol{A}$ 的一个 r 阶非零主子式,对应的 r 阶子矩阵记为 $\boldsymbol{A}_0$,用行与行、列与列的互换(相应的变换矩阵是正交矩阵),把 $\boldsymbol{A}_0$ 调换到 $\boldsymbol{A}$ 的左上角. 因此,存在正交矩阵 $\boldsymbol{Q}_1$,使得

$$\boldsymbol{Q}_1^{\mathrm{T}}\boldsymbol{A}\boldsymbol{Q}_1=\begin{pmatrix}\boldsymbol{A}_0 & \boldsymbol{A}_1\\ \boldsymbol{A}_2 & \boldsymbol{A}_3\end{pmatrix}.$$

注意到 $\boldsymbol{Q}_1^{\mathrm{T}}\boldsymbol{A}\boldsymbol{Q}_1$ 仍为实对称矩阵,所以存在正交矩阵 $\boldsymbol{Q}_2$,使得

$$\boldsymbol{Q}_2^{\mathrm{T}}\begin{pmatrix}\boldsymbol{A}_0 & \boldsymbol{A}_1\\ \boldsymbol{A}_2 & \boldsymbol{A}_3\end{pmatrix}\boldsymbol{Q}_2=\mathrm{diag}(\lambda_1,\lambda_2,\cdots,\lambda_r,0,\cdots,0)=\begin{pmatrix}\boldsymbol{D} & \boldsymbol{O}\\ \boldsymbol{O} & \boldsymbol{O}\end{pmatrix},$$

其中 $\lambda_1,\lambda_2,\cdots,\lambda_r$ 是 $\boldsymbol{A}$ 的 r 个非零特征值,$\boldsymbol{D}=\mathrm{diag}(\lambda_1,\lambda_2,\cdots,\lambda_r)$. 记 $\boldsymbol{Q}_2=\begin{pmatrix}\boldsymbol{P}_1 & \boldsymbol{P}_2\\ \boldsymbol{P}_3 & \boldsymbol{P}_4\end{pmatrix}$,则

$$\begin{pmatrix}\boldsymbol{A}_0 & \boldsymbol{A}_1\\ \boldsymbol{A}_2 & \boldsymbol{A}_3\end{pmatrix}=\begin{pmatrix}\boldsymbol{P}_1 & \boldsymbol{P}_2\\ \boldsymbol{P}_3 & \boldsymbol{P}_4\end{pmatrix}\begin{pmatrix}\boldsymbol{D} & \boldsymbol{O}\\ \boldsymbol{O} & \boldsymbol{O}\end{pmatrix}\begin{pmatrix}\boldsymbol{P}_1^{\mathrm{T}} & \boldsymbol{P}_3^{\mathrm{T}}\\ \boldsymbol{P}_2^{\mathrm{T}} & \boldsymbol{P}_4^{\mathrm{T}}\end{pmatrix}=\begin{pmatrix}\boldsymbol{P}_1\boldsymbol{D}\boldsymbol{P}_1^{\mathrm{T}} & \boldsymbol{P}_1\boldsymbol{D}\boldsymbol{P}_3^{\mathrm{T}}\\ \boldsymbol{P}_3\boldsymbol{D}\boldsymbol{P}_1^{\mathrm{T}} & \boldsymbol{P}_3\boldsymbol{D}\boldsymbol{P}_3^{\mathrm{T}}\end{pmatrix}.$$

于是,有 $|\boldsymbol{A}_0|=|\boldsymbol{P}_1\boldsymbol{D}\boldsymbol{P}_1^{\mathrm{T}}|=|\boldsymbol{D}|\,|\boldsymbol{P}_1|^2$,即 $|\boldsymbol{A}_0|$ 与 $|\boldsymbol{D}|$ 有相同的符号.

【例 8.99】(厦门大学,2008 年) 设 $\boldsymbol{A}$ 是 n 阶实对称矩阵,求证:存在 n 阶方阵 $\boldsymbol{B}$,使得 $\boldsymbol{A}=\boldsymbol{ABA}$ 且 $\boldsymbol{B}=\boldsymbol{BAB}$.

【证】 若 $\boldsymbol{A}$ 可逆,则取 $\boldsymbol{B}=\boldsymbol{A}^{-1}$ 即可. 对于一般实对称矩阵 $\boldsymbol{A}$,存在正交矩阵 $\boldsymbol{Q}$,使得

$$\boldsymbol{Q}^{\mathrm{T}}\boldsymbol{A}\boldsymbol{Q}=\begin{pmatrix}\boldsymbol{D} & \\ & \boldsymbol{O}\end{pmatrix},$$

其中 $\boldsymbol{D}=\mathrm{diag}(\lambda_1,\lambda_2,\cdots,\lambda_r)$,而 $\lambda_1,\lambda_2,\cdots,\lambda_r$ 是 $\boldsymbol{A}$ 的非零特征值,所以 $\boldsymbol{D}$ 是可逆矩阵. 令

$$\boldsymbol{B}=\boldsymbol{Q}^{\mathrm{T}}\begin{pmatrix}\boldsymbol{D}^{-1} & \\ & \boldsymbol{O}\end{pmatrix}\boldsymbol{Q},$$

于是,有

$$\boldsymbol{A}=\boldsymbol{Q}\begin{pmatrix}\boldsymbol{D} & \\ & \boldsymbol{O}\end{pmatrix}\boldsymbol{Q}^{\mathrm{T}}=\boldsymbol{Q}\begin{pmatrix}\boldsymbol{D} & \\ & \boldsymbol{O}\end{pmatrix}\boldsymbol{Q}^{\mathrm{T}}\boldsymbol{Q}\begin{pmatrix}\boldsymbol{D}^{-1} & \\ & \boldsymbol{O}\end{pmatrix}\boldsymbol{Q}^{\mathrm{T}}\boldsymbol{Q}\begin{pmatrix}\boldsymbol{D} & \\ & \boldsymbol{O}\end{pmatrix}\boldsymbol{Q}^{\mathrm{T}}=\boldsymbol{ABA},$$

$$\boldsymbol{B}=\boldsymbol{Q}\begin{pmatrix}\boldsymbol{D}^{-1} & \\ & \boldsymbol{O}\end{pmatrix}\boldsymbol{Q}^{\mathrm{T}}=\boldsymbol{Q}\begin{pmatrix}\boldsymbol{D}^{-1} & \\ & \boldsymbol{O}\end{pmatrix}\boldsymbol{Q}^{\mathrm{T}}\boldsymbol{Q}\begin{pmatrix}\boldsymbol{D} & \\ & \boldsymbol{O}\end{pmatrix}\boldsymbol{Q}^{\mathrm{T}}\boldsymbol{Q}\begin{pmatrix}\boldsymbol{D}^{-1} & \\ & \boldsymbol{O}\end{pmatrix}\boldsymbol{Q}^{\mathrm{T}}=\boldsymbol{BAB}.$$

【例 8.100】(南开大学,2003 年) 设 $\boldsymbol{A}\in\mathbb{R}^{n\times n}$,已知 $\boldsymbol{A}$ 在 $\mathbb{R}^{n\times n}$ 中的中心化子

$$C(\boldsymbol{A})=\left\{\boldsymbol{X}\in\mathbb{R}^{n\times n}\,\middle|\,\boldsymbol{AX}=\boldsymbol{XA}\right\}$$

是 $\mathbb{R}^{n\times n}$ 的子空间. 证明:当 $\boldsymbol{A}$ 为实对称矩阵时,$C(\boldsymbol{A})$ 的维数 $\dim(C(\boldsymbol{A}))\geqslant n$,且等号成立当且仅当 $\boldsymbol{A}$ 有 n 个不同的特征值.

【证】 由于 $\boldsymbol{A}$ 是实对称矩阵,故存在正交矩阵 $\boldsymbol{Q}$,使得

$$\boldsymbol{Q}^{\mathrm{T}}\boldsymbol{A}\boldsymbol{Q}=\mathrm{diag}(\lambda_1\boldsymbol{E}_{n_1},\lambda_2\boldsymbol{E}_{n_2},\cdots,\lambda_s\boldsymbol{E}_{n_s}),$$

其中 $\lambda_1,\lambda_2,\cdots,\lambda_s$ 是 $\boldsymbol{A}$ 的所有互不相同的特征值,且 $\sum\limits_{i=1}^{s}n_i=n$. 任取 $\boldsymbol{X}\in C(\boldsymbol{A})$,则 $\boldsymbol{AX}=\boldsymbol{XA}$,故

$$(\boldsymbol{Q}^{\mathrm{T}}\boldsymbol{A}\boldsymbol{Q})(\boldsymbol{Q}^{\mathrm{T}}\boldsymbol{X}\boldsymbol{Q})=(\boldsymbol{Q}^{\mathrm{T}}\boldsymbol{X}\boldsymbol{Q})(\boldsymbol{Q}^{\mathrm{T}}\boldsymbol{A}\boldsymbol{Q}),$$

由此可得 $Q^{T}XQ=\mathrm{diag}(X_1,X_2,\cdots,X_s)$，其中 X_i 是 n_i 阶方阵($i=1,2,\cdots,s$)，即

$$X=Q\mathrm{diag}(X_1,X_2,\cdots,X_s)Q^{T}.$$

反之，若 X 取形如上式的矩阵，则显然有 $AX=XA$，所以 $X\in C(A)$. 于是

$$C(A)=\left\{X=Q\mathrm{diag}(X_1,X_2,\cdots,X_s)Q^{T}\,\middle|\,X_i\in\mathbb{R}^{n_i\times n_i},i=1,2,\cdots,s\right\}.$$

注意到 $n_i\geqslant1$，因此有

$$\dim(C(A))=\sum_{i=1}^{s}n_i^2\geqslant\sum_{i=1}^{s}n_i=n,$$

其中等号成立当且仅当 $n_i=1,i=1,2,\cdots,s=n$，即 $\dim(C(A))=n$ 当且仅当 A 有 n 个互不相同的特征值.

【注】 本例的几何表述及其证明过程详见第9章例9.126.

【例8.101】 设 $A_1,A_2,\cdots,A_s$ 都是 n 阶实对称矩阵，$1\leqslant s\leqslant n$，且 $A_1+A_2+\cdots+A_s=E$. 证明下述两个条件等价：

(1) $A_i^2=A_i,1\leqslant i\leqslant s$;

(2) $\mathrm{rank}\,A_1+\mathrm{rank}\,A_2+\cdots+\mathrm{rank}\,A_s=n$.

【证】 (1)⇒(2). 设 $A_i^2=A_i$，则 A_i 相似于分块对角矩阵 $\mathrm{diag}(E_r,O)$，其中 E_r 为 r 阶单位矩阵，所以 $\mathrm{rank}\,A_i=\mathrm{tr}\,A_i$. 于是

$$\sum_{i=1}^{s}\mathrm{rank}\,A_i=\sum_{i=1}^{s}\mathrm{tr}\,A_i=\mathrm{tr}\Big(\sum_{i=1}^{s}A_i\Big)=\mathrm{tr}\,E=n.$$

(2)⇒(1). 若 $s=1$，则结论显然成立. 下设 $s\geqslant2$，令 $B_i=\sum\limits_{j\neq i}A_j$，则 $A_i+B_i=E$. 因为 A_i 是实对称矩阵，所以存在正交矩阵 Q，使得

$$Q^{T}A_iQ=\begin{pmatrix}D_i&O\\O&O\end{pmatrix},$$

其中 $D_i=\mathrm{diag}(\lambda_1,\lambda_2,\cdots,\lambda_{r_i})$，且 $\lambda_j\neq0(j=1,2,\cdots,r_i)$，而 $r_i=\mathrm{rank}\,A_i$. 于是

$$Q^{T}B_iQ=E-Q^{T}A_iQ=\mathrm{diag}(1-\lambda_1,1-\lambda_2,\cdots,1-\lambda_{r_i},1,\cdots,1),$$

由此可知 $\mathrm{rank}(Q^{T}B_iQ)\geqslant n-r_i$. 另一方面，由于

$$\mathrm{rank}(Q^{T}B_iQ)=\mathrm{rank}\,B_i\leqslant\sum_{j\neq i}\mathrm{rank}\,A_j=n-\mathrm{rank}\,A_i=n-r_i,$$

因此 $\mathrm{rank}(Q^{T}B_iQ)=n-r_i$. 这表明 $\lambda_1=\lambda_2=\cdots=\lambda_{r_i}=1$，故 $A_i=Q\begin{pmatrix}E_{r_i}&O\\O&O\end{pmatrix}Q^{T}$，从而 $A_i^2=A_i$.

【例8.102】(中山大学,2015年) 设 $A_1,A_2,\cdots,A_m$ 为 m 个两两可交换的互不相同的 n 阶实对称矩阵，且满足 $\mathrm{tr}(A_iA_j)=\delta_{ij},1\leqslant i,j\leqslant n$. 试证明：$m\leqslant n$.

【证】 因为每个 A_i 均为实对称矩阵，所以 A_i 都可相似对角化. 又 $A_1,A_2,\cdots,A_m$ 两两可交换，因而可同时对角化(见第6章例6.131)，即存在可逆实矩阵 P，使得

$$P^{-1}A_iP=\mathrm{diag}(\lambda_{i1},\lambda_{i2},\cdots,\lambda_{in}),$$

其中 $\lambda_{i1},\lambda_{i2},\cdots,\lambda_{in}$ 为 A_i 的所有特征值，因而均为实数，$i=1,2,\cdots,m$. 于是，有

$$\mathrm{tr}(A_iA_j)=\mathrm{tr}((P^{-1}A_iP)(P^{-1}A_jP))=\sum_{k=1}^{n}\lambda_{ik}\lambda_{jk}=\delta_{ij}.$$

考虑 $m\times n$ 实矩阵 $\boldsymbol{B}=(\lambda_{ik})$，则上式即 $\boldsymbol{B}\boldsymbol{B}^{\mathrm{T}}=\boldsymbol{E}_m$. 因此(见第 3 章例 3.87)，有

$$m=\operatorname{rank}(\boldsymbol{B}\boldsymbol{B}^{\mathrm{T}})=\operatorname{rank}\boldsymbol{B}\leqslant n.$$

§8.5 综合性问题

【例 8.103】 (1)(**重庆大学,2012 年**) 设 $\boldsymbol{A}$ 是 n 阶实对称半正定矩阵，a_{ii} 是 $\boldsymbol{A}$ 的第 i 个对角元. 证明：$\det\boldsymbol{A}\leqslant a_{11}a_{22}\cdots a_{nn}$，且等号成立当且仅当 $\boldsymbol{A}$ 为对角矩阵；

(2)(**北京师范大学,2007 年**) 设 $\boldsymbol{A}=(a_{ij})$ 是一个任意 n 阶实方阵，证明

$$(\det\boldsymbol{A})^2\leqslant\prod_{i=1}^{n}(a_{1i}^2+a_{2i}^2+\cdots+a_{ni}^2).$$

【证】 (1) 因为 $\boldsymbol{A}$ 半正定，所以 $a_{11},a_{22},\cdots,a_{nn}\geqslant 0$. 若 $\det\boldsymbol{A}=0$，则不等式成立. 下设 $\det\boldsymbol{A}\neq 0$，此时 $a_{ii}>0,i=1,2,\cdots,n$. 记 $\boldsymbol{D}=\operatorname{diag}(a_{11}^{-\frac{1}{2}},a_{22}^{-\frac{1}{2}},\cdots,a_{nn}^{-\frac{1}{2}})$，$\boldsymbol{B}=\boldsymbol{D}\boldsymbol{A}\boldsymbol{D}$，下证 $\det\boldsymbol{B}\leqslant 1$ 即可.

事实上，注意到 $\boldsymbol{B}$ 正定，其特征值 $\lambda_1,\lambda_2,\cdots,\lambda_n>0$，又 $\boldsymbol{B}$ 的主对角元全为 1，因此

$$0<\det\boldsymbol{B}=\lambda_1\lambda_2\cdots\lambda_n\leqslant\left(\frac{1}{n}\sum_{i=1}^{n}\lambda_i\right)^n=\left(\frac{1}{n}\operatorname{tr}\boldsymbol{B}\right)^n=1.$$

显然，等号成立当且仅当 $\boldsymbol{B}=\boldsymbol{E}$，这等价于 $\boldsymbol{A}=\operatorname{diag}(a_{11},a_{22},\cdots,a_{nn})$.

(2) 注意到半正定矩阵 $\boldsymbol{A}^{\mathrm{T}}\boldsymbol{A}$ 的主对角元为 $a_{1i}^2+a_{2i}^2+\cdots+a_{ni}^2,i=1,2,\cdots,n$，故由(1)得

$$(\det\boldsymbol{A})^2=\det(\boldsymbol{A}^{\mathrm{T}}\boldsymbol{A})\leqslant\prod_{i=1}^{n}(a_{1i}^2+a_{2i}^2+\cdots+a_{ni}^2).$$

【例 8.104】(南京大学,2008 年) 设 $\boldsymbol{E}$ 是 n 阶单位矩阵，$\boldsymbol{a},\boldsymbol{b}$ 为给定的 n 维实列向量并有 $\boldsymbol{a}^{\mathrm{T}}\boldsymbol{b}>0$. 证明：$\boldsymbol{H}=\boldsymbol{E}-\dfrac{\boldsymbol{b}\boldsymbol{b}^{\mathrm{T}}}{\boldsymbol{b}^{\mathrm{T}}\boldsymbol{b}}+\dfrac{\boldsymbol{a}\boldsymbol{a}^{\mathrm{T}}}{\boldsymbol{a}^{\mathrm{T}}\boldsymbol{b}}$是正定矩阵.

【证】 记 $\boldsymbol{H}_1=\boldsymbol{E}-\dfrac{\boldsymbol{b}\boldsymbol{b}^{\mathrm{T}}}{\boldsymbol{b}^{\mathrm{T}}\boldsymbol{b}}$，则 $\boldsymbol{H}_1$ 为实对称矩阵，且 $\boldsymbol{H}=\boldsymbol{H}_1+\dfrac{\boldsymbol{a}\boldsymbol{a}^{\mathrm{T}}}{\boldsymbol{a}^{\mathrm{T}}\boldsymbol{b}}$. 根据行列式降阶公式，有

$$|\lambda\boldsymbol{E}-\boldsymbol{H}_1|=\left|(\lambda-1)\boldsymbol{E}+\frac{\boldsymbol{b}\boldsymbol{b}^{\mathrm{T}}}{\boldsymbol{b}^{\mathrm{T}}\boldsymbol{b}}\right|=(\lambda-1)^{n-1}\left|(\lambda-1)\boldsymbol{E}_1+\frac{\boldsymbol{b}^{\mathrm{T}}\boldsymbol{b}}{\boldsymbol{b}^{\mathrm{T}}\boldsymbol{b}}\right|=\lambda(\lambda-1)^{n-1},$$

所以 $\boldsymbol{H}_1$ 的特征值为 $\lambda_1=0,\lambda_2=1(n-1\text{ 重})$，$\boldsymbol{H}_1$ 是半正定的，因此 $\boldsymbol{H}$ 是半正定的.

欲证 $\boldsymbol{H}$ 正定，还需证对 $\boldsymbol{x}\in\mathbb{R}^n$，若 $\boldsymbol{x}^{\mathrm{T}}\boldsymbol{H}\boldsymbol{x}=0$，则必有 $\boldsymbol{x}=\boldsymbol{0}$. 事实上，由 $\boldsymbol{x}^{\mathrm{T}}\boldsymbol{H}\boldsymbol{x}=0$，有

$$(\boldsymbol{x}^{\mathrm{T}}\boldsymbol{x}\boldsymbol{b}^{\mathrm{T}}\boldsymbol{b}-(\boldsymbol{b}^{\mathrm{T}}\boldsymbol{x})^2)\boldsymbol{a}^{\mathrm{T}}\boldsymbol{b}+(\boldsymbol{a}^{\mathrm{T}}\boldsymbol{x})^2\boldsymbol{b}^{\mathrm{T}}\boldsymbol{b}=0. \qquad ①$$

根据 Cauchy 不等式，$\boldsymbol{x}^{\mathrm{T}}\boldsymbol{x}\boldsymbol{b}^{\mathrm{T}}\boldsymbol{b}-(\boldsymbol{b}^{\mathrm{T}}\boldsymbol{x})^2\geqslant 0$. 又 $\boldsymbol{b}^{\mathrm{T}}\boldsymbol{b}>0$ 及题设 $\boldsymbol{a}^{\mathrm{T}}\boldsymbol{b}>0$，故由上式得

$$\boldsymbol{x}^{\mathrm{T}}\boldsymbol{x}\boldsymbol{b}^{\mathrm{T}}\boldsymbol{b}-(\boldsymbol{b}^{\mathrm{T}}\boldsymbol{x})^2=0,\quad \boldsymbol{a}^{\mathrm{T}}\boldsymbol{x}=0.$$

这里，第一式等价于 $\boldsymbol{b},\boldsymbol{x}$ 线性相关，即 $\boldsymbol{x}=k\boldsymbol{b}$，代入第二式得 $k=0$，所以 $\boldsymbol{x}=\boldsymbol{0}$. 因此，$\boldsymbol{H}$ 正定.

【注】 根据 Cauchy 不等式及①式，对任意 $\boldsymbol{x}\in\mathbb{R}^n$，有 $\boldsymbol{x}^{\mathrm{T}}\boldsymbol{H}\boldsymbol{x}\geqslant 0$，也可证得 $\boldsymbol{H}$ 半正定.

【例 8.105】(武汉大学,2007 年) 设 n 维欧氏空间 V 的两个线性变换 σ,τ 在 V 的一个基 $\boldsymbol{\eta}_1,\boldsymbol{\eta}_2,\cdots,\boldsymbol{\eta}_n$ 下的矩阵分别是 $\boldsymbol{A}$ 和 $\boldsymbol{B}$. 证明：若 $\forall\boldsymbol{\alpha}\in V$，都有 $\|\sigma(\boldsymbol{\alpha})\|=\|\tau(\boldsymbol{\alpha})\|$，则存在正定矩阵 $\boldsymbol{P}$，使 $\boldsymbol{A}^{\mathrm{T}}\boldsymbol{P}\boldsymbol{A}=\boldsymbol{B}^{\mathrm{T}}\boldsymbol{P}\boldsymbol{B}$.

【证】 据题设,有

$$\sigma(\boldsymbol{\eta}_1,\boldsymbol{\eta}_2,\cdots,\boldsymbol{\eta}_n)=(\boldsymbol{\eta}_1,\boldsymbol{\eta}_2,\cdots,\boldsymbol{\eta}_n)\boldsymbol{A},$$
$$\tau(\boldsymbol{\eta}_1,\boldsymbol{\eta}_2,\cdots,\boldsymbol{\eta}_n)=(\boldsymbol{\eta}_1,\boldsymbol{\eta}_2,\cdots,\boldsymbol{\eta}_n)\boldsymbol{B}.$$

对于任意 $\boldsymbol{\alpha}\in V$,设 $\boldsymbol{\alpha}$ 在基 $\boldsymbol{\eta}_1,\boldsymbol{\eta}_2,\cdots,\boldsymbol{\eta}_n$ 下的坐标向量为 $\boldsymbol{X}$,即 $\boldsymbol{\alpha}=(\boldsymbol{\eta}_1,\boldsymbol{\eta}_2,\cdots,\boldsymbol{\eta}_n)\boldsymbol{X}$,则

$$\sigma(\boldsymbol{\alpha})=(\boldsymbol{\eta}_1,\boldsymbol{\eta}_2,\cdots,\boldsymbol{\eta}_n)\boldsymbol{AX},$$
$$\tau(\boldsymbol{\alpha})=(\boldsymbol{\eta}_1,\boldsymbol{\eta}_2,\cdots,\boldsymbol{\eta}_n)\boldsymbol{BX}.$$

因为 $\|\sigma(\boldsymbol{\alpha})\|=\|\tau(\boldsymbol{\alpha})\|$,所以 $(\sigma(\boldsymbol{\alpha}),\sigma(\boldsymbol{\alpha}))=(\tau(\boldsymbol{\alpha}),\tau(\boldsymbol{\alpha}))$. 而

$$(\sigma(\boldsymbol{\alpha}),\sigma(\boldsymbol{\alpha}))=(\boldsymbol{AX})^{\mathrm{T}}\boldsymbol{P}(\boldsymbol{AX})=\boldsymbol{X}^{\mathrm{T}}(\boldsymbol{A}^{\mathrm{T}}\boldsymbol{PA})\boldsymbol{X},$$
$$(\tau(\boldsymbol{\alpha}),\tau(\boldsymbol{\alpha}))=(\boldsymbol{BX})^{\mathrm{T}}\boldsymbol{P}(\boldsymbol{BX})=\boldsymbol{X}^{\mathrm{T}}(\boldsymbol{B}^{\mathrm{T}}\boldsymbol{PB})\boldsymbol{X},$$

其中 $\boldsymbol{P}$ 是关于基 $\boldsymbol{\eta}_1,\boldsymbol{\eta}_2,\cdots,\boldsymbol{\eta}_n$ 的度量矩阵,因而是实对称正定矩阵(见第 9 章例 9.96). 于是,有

$$\boldsymbol{X}^{\mathrm{T}}(\boldsymbol{A}^{\mathrm{T}}\boldsymbol{PA})\boldsymbol{X}=\boldsymbol{X}^{\mathrm{T}}(\boldsymbol{B}^{\mathrm{T}}\boldsymbol{PB})\boldsymbol{X}.$$

注意到向量 $\boldsymbol{X}$ 的任意性,因此 $\boldsymbol{A}^{\mathrm{T}}\boldsymbol{PA}=\boldsymbol{B}^{\mathrm{T}}\boldsymbol{PB}$.

【例 8.106】 设 $\boldsymbol{S}\in\mathbb{R}^{2n\times 2n}$,且满足

$$\boldsymbol{S}\begin{pmatrix}\boldsymbol{O}&\boldsymbol{E}_n\\-\boldsymbol{E}_n&\boldsymbol{O}\end{pmatrix}\boldsymbol{S}^{\mathrm{T}}=\begin{pmatrix}\boldsymbol{O}&\boldsymbol{E}_n\\-\boldsymbol{E}_n&\boldsymbol{O}\end{pmatrix},\qquad ①$$

其中 $\boldsymbol{E}_n$ 为 n 阶单位矩阵. 证明:$\det\boldsymbol{S}=1$.

【证】 (方法 1)引入复矩阵 $\boldsymbol{U}=\dfrac{1}{\sqrt{2}}\begin{pmatrix}\boldsymbol{E}_n&\mathrm{i}\boldsymbol{E}_n\\\boldsymbol{E}_n&-\mathrm{i}\boldsymbol{E}_n\end{pmatrix}$,易知 $\boldsymbol{U}$ 是酉矩阵,即 $\overline{\boldsymbol{U}}^{\mathrm{T}}\boldsymbol{U}=\boldsymbol{E}_{2n}$,且

$$\boldsymbol{U}\begin{pmatrix}\boldsymbol{O}&\boldsymbol{E}_n\\-\boldsymbol{E}_n&\boldsymbol{O}\end{pmatrix}\overline{\boldsymbol{U}}^{\mathrm{T}}=\begin{pmatrix}-\mathrm{i}\boldsymbol{E}_n&\boldsymbol{O}\\\boldsymbol{O}&\mathrm{i}\boldsymbol{E}_n\end{pmatrix}.$$

现对 $\boldsymbol{S}$ 作相应于 $\boldsymbol{U}$ 的分块,直接计算 $\boldsymbol{US}^{\mathrm{T}}\overline{\boldsymbol{U}}^{\mathrm{T}}$ 可知,存在 $\boldsymbol{G},\boldsymbol{H}\in\mathbb{C}^{n\times n}$,使得

$$\boldsymbol{US}^{\mathrm{T}}\overline{\boldsymbol{U}}^{\mathrm{T}}=\begin{pmatrix}\boldsymbol{G}&\overline{\boldsymbol{H}}\\\boldsymbol{H}&\overline{\boldsymbol{G}}\end{pmatrix}.$$

根据题设等式,并注意到 $\boldsymbol{S}\in\mathbb{R}^{2n\times 2n}$ 是实矩阵,有

$$\overline{\begin{pmatrix}\boldsymbol{G}&\overline{\boldsymbol{H}}\\\boldsymbol{H}&\overline{\boldsymbol{G}}\end{pmatrix}}^{\mathrm{T}}\begin{pmatrix}-\mathrm{i}\boldsymbol{E}_n&\boldsymbol{O}\\\boldsymbol{O}&\mathrm{i}\boldsymbol{E}_n\end{pmatrix}\begin{pmatrix}\boldsymbol{G}&\overline{\boldsymbol{H}}\\\boldsymbol{H}&\overline{\boldsymbol{G}}\end{pmatrix}=\begin{pmatrix}-\mathrm{i}\boldsymbol{E}_n&\boldsymbol{O}\\\boldsymbol{O}&\mathrm{i}\boldsymbol{E}_n\end{pmatrix}.$$

由此可得

$$\boldsymbol{G}^{\mathrm{T}}\boldsymbol{H}=\boldsymbol{H}^{\mathrm{T}}\boldsymbol{G},\qquad 且\quad \overline{\boldsymbol{G}}^{\mathrm{T}}\boldsymbol{G}-\overline{\boldsymbol{H}}^{\mathrm{T}}\boldsymbol{H}=\boldsymbol{E}_n.$$

因为 $\overline{\boldsymbol{G}}^{\mathrm{T}}\boldsymbol{G}=\boldsymbol{E}_n+\overline{\boldsymbol{H}}^{\mathrm{T}}\boldsymbol{H}$ 是正定矩阵,所以 $\boldsymbol{G}$ 是可逆矩阵. 于是,有

$$\begin{aligned}\det\boldsymbol{S}&=\det(\boldsymbol{US}^{\mathrm{T}}\overline{\boldsymbol{U}}^{\mathrm{T}})=\begin{vmatrix}\boldsymbol{G}&\overline{\boldsymbol{H}}\\\boldsymbol{H}&\overline{\boldsymbol{G}}\end{vmatrix}=\begin{vmatrix}\boldsymbol{G}&\overline{\boldsymbol{H}}\\\boldsymbol{O}&\overline{\boldsymbol{G}}-\boldsymbol{HG}^{-1}\overline{\boldsymbol{H}}\end{vmatrix}\\&=|\boldsymbol{G}|\,|\overline{\boldsymbol{G}}-\boldsymbol{HG}^{-1}\overline{\boldsymbol{H}}|=|(\overline{\boldsymbol{G}}-\boldsymbol{HG}^{-1}\overline{\boldsymbol{H}})^{\mathrm{T}}|\,|\boldsymbol{G}|\\&=|\overline{\boldsymbol{G}}^{\mathrm{T}}\boldsymbol{G}-\overline{\boldsymbol{H}}^{\mathrm{T}}(\boldsymbol{G}^{-1})^{\mathrm{T}}\boldsymbol{H}^{\mathrm{T}}\boldsymbol{G}|=|\overline{\boldsymbol{G}}^{\mathrm{T}}\boldsymbol{G}-\overline{\boldsymbol{H}}^{\mathrm{T}}\boldsymbol{H}|\\&=1.\end{aligned}$$

（方法 2）对条件①两边取行列式，知 $\det S=\pm1$. 再令 $S_0=SJ+JS$，其中 $J=\begin{pmatrix}O & E_n\\ -E_n & O\end{pmatrix}$，将 S 相应分块为 $S=\begin{pmatrix}A & B\\ C & D\end{pmatrix}$，则 $S_0=SJ+JS=\begin{pmatrix}C-B & A+D\\ -A-D & C-B\end{pmatrix}=\begin{pmatrix}P & Q\\ -Q & P\end{pmatrix}$，其中 $P=C-B, Q=A+D$. 利用分块初等变换，得

$$S_0=\begin{pmatrix}P & Q\\ -Q & P\end{pmatrix}\to\begin{pmatrix}P+\mathrm{i}Q & Q\\ \mathrm{i}P-Q & P\end{pmatrix}\to\begin{pmatrix}P+\mathrm{i}Q & Q\\ O & P-\mathrm{i}Q\end{pmatrix}.$$

注意到 $P,Q\in\mathbb{R}^{n\times n}$ 都是实矩阵，故由上式得

$$\det S_0=\det(P+\mathrm{i}Q)\det(P-\mathrm{i}Q)=|\det(P+\mathrm{i}Q)|^2\geqslant 0.$$

另一方面，由于

$$S_0S^{\mathrm{T}}=(SJ+JS)S^{\mathrm{T}}=J(E_n+SS^{\mathrm{T}}),$$

而 E_n+SS^{T} 是正定矩阵，所以 $\det S_0\det S=\det(E_n+SS^{\mathrm{T}})>0$，从而 $\det S>0$. 因此 $\det S=1$.

【注】 称满足①式的矩阵 S 为辛矩阵，文献[19]给出了较深入的讨论.

【例 8.107】（南开大学，2008 年） 设 S,T 均为 n 阶实对称半正定矩阵. 证明：

$$\det(S+T)\geqslant\frac{1}{2}(\det S+\det T).$$

【证】 我们先证明：$\det(S+T)\geqslant\det S$. 当 $\det S=0$ 时，因为 $S+T$ 是半正定矩阵，所以

$$\det(S+T)\geqslant 0=\det S.$$

当 $\det S\neq0$ 时，S 是正定矩阵，所以存在可逆实矩阵 P，使得 $P^{\mathrm{T}}SP=E$. 注意到 $P^{\mathrm{T}}TP$ 仍为半正定矩阵，所以存在正交矩阵 U，使

$$U^{\mathrm{T}}(P^{\mathrm{T}}TP)U=\mathrm{diag}(\lambda_1,\lambda_2,\cdots,\lambda_n),$$

其中 $\lambda_1,\lambda_2,\cdots,\lambda_n\geqslant0$. 于是有

$$U^{\mathrm{T}}P^{\mathrm{T}}(S+T)PU=\mathrm{diag}(1+\lambda_1,1+\lambda_2,\cdots,1+\lambda_n),$$

$$(\det P)^2\det(S+T)=\prod_{i=1}^{n}(1+\lambda_i)\geqslant1,$$

即 $\det(S+T)\geqslant\dfrac{1}{(\det P)^2}=\det S$. 同理可证：$\det(S+T)\geqslant\det T$. 因此

$$\det(S+T)\geqslant\frac{1}{2}(\det S+\det T).$$

【注】 事实上还可证：若 S,T 都是 n 阶半正定矩阵，则 $\det(S+T)\geqslant\det S+\det T$.

【例 8.108】（大连市竞赛试题，2012 年） 设 A,B 都是 n 阶实对称半正定矩阵，求证：存在 n 阶实的可逆矩阵 T，使得 $T^{\mathrm{T}}AT$ 和 $T^{\mathrm{T}}BT$ 都是对角矩阵.

【证】 先证结论"如果实对称半正定矩阵 G 的一个对角元为 0，那么 G 中该对角元所在行与列的元素全都为 0."用反证法.

假设 $G=(g_{ij})$ 的第 j 个对角元 $g_{jj}=0$ 但存在某个 $g_{ij}\neq0\ (i<j)$，则 G 的二阶主子式

$$\begin{vmatrix}g_{ii} & g_{ij}\\ g_{ij} & g_{jj}\end{vmatrix}=\begin{vmatrix}g_{ii} & g_{ij}\\ g_{ij} & 0\end{vmatrix}=-g_{ij}^2<0,$$

此与 $\boldsymbol{G}$ 的各阶主子式非负矛盾. 这就证明了所述结论的正确性.

现在,由于 $\boldsymbol{A},\boldsymbol{B}$ 是半正定矩阵,所以 $\boldsymbol{A}+\boldsymbol{B}$ 也是半正定矩阵,故存在 n 阶可逆实矩阵 $\boldsymbol{C}$,使

$$\boldsymbol{C}^{\mathrm{T}}(\boldsymbol{A}+\boldsymbol{B})\boldsymbol{C}=\begin{pmatrix}\boldsymbol{E}_r & \boldsymbol{O}\\ \boldsymbol{O} & \boldsymbol{O}\end{pmatrix},$$

其中 $\boldsymbol{E}_r$ 为 r 阶单位矩阵. 注意到 $\boldsymbol{C}^{\mathrm{T}}\boldsymbol{AC}$ 和 $\boldsymbol{C}^{\mathrm{T}}\boldsymbol{BC}$ 都是半正定矩阵,所以 $\boldsymbol{C}^{\mathrm{T}}\boldsymbol{AC}$ 的每一个对角元都是非负的且小于等于 $\boldsymbol{C}^{\mathrm{T}}(\boldsymbol{A}+\boldsymbol{B})\boldsymbol{C}$ 的对应的对角元. 故 $\boldsymbol{C}^{\mathrm{T}}\boldsymbol{AC}$ 的后 $n-r$ 个对角元均为零. 利用上述结论,这 $n-r$ 个对角元所在行与列的元素全都为0. 于是,有

$$\boldsymbol{C}^{\mathrm{T}}\boldsymbol{AC}=\begin{pmatrix}\boldsymbol{H}_r & \boldsymbol{O}\\ \boldsymbol{O} & \boldsymbol{O}\end{pmatrix},$$

其中 $\boldsymbol{H}_r$ 为 r 阶实对称矩阵. 现设 $\boldsymbol{Q}_r$ 为 r 阶正交矩阵 ,使 $\boldsymbol{Q}_r^{\mathrm{T}}\boldsymbol{H}_r\boldsymbol{Q}_r=\mathrm{diag}(d_1,d_2,\cdots,d_r)$. 令

$$\boldsymbol{Q}=\begin{pmatrix}\boldsymbol{Q}_r & \boldsymbol{O}\\ \boldsymbol{O} & \boldsymbol{E}_{n-r}\end{pmatrix},$$

$\boldsymbol{D}_r=\mathrm{diag}(d_1,d_2,\cdots,d_r)$,则 $\boldsymbol{Q}$ 是 n 阶正交矩阵,且

$$\boldsymbol{Q}^{\mathrm{T}}(\boldsymbol{C}^{\mathrm{T}}\boldsymbol{AC})\boldsymbol{Q}=\begin{pmatrix}\boldsymbol{Q}_r & \boldsymbol{O}\\ \boldsymbol{O} & \boldsymbol{E}_{n-r}\end{pmatrix}^{\mathrm{T}}\begin{pmatrix}\boldsymbol{H}_r & \boldsymbol{O}\\ \boldsymbol{O} & \boldsymbol{O}\end{pmatrix}\begin{pmatrix}\boldsymbol{Q}_r & \boldsymbol{O}\\ \boldsymbol{O} & \boldsymbol{E}_{n-r}\end{pmatrix}=\begin{pmatrix}\boldsymbol{D}_r & \boldsymbol{O}\\ \boldsymbol{O} & \boldsymbol{O}\end{pmatrix}.$$

最后,令 $\boldsymbol{T}=\boldsymbol{CQ}$,则 $\boldsymbol{T}$ 是可逆实矩阵, $\boldsymbol{T}^{\mathrm{T}}\boldsymbol{AT}=\mathrm{diag}(\boldsymbol{D}_r,\boldsymbol{O})$,且

$$\boldsymbol{T}^{\mathrm{T}}(\boldsymbol{A}+\boldsymbol{B})\boldsymbol{T}=\begin{pmatrix}\boldsymbol{Q}_r^{\mathrm{T}} & \boldsymbol{O}\\ \boldsymbol{O} & \boldsymbol{E}_{n-r}\end{pmatrix}\begin{pmatrix}\boldsymbol{E}_r & \boldsymbol{O}\\ \boldsymbol{O} & \boldsymbol{O}\end{pmatrix}\begin{pmatrix}\boldsymbol{Q}_r & \boldsymbol{O}\\ \boldsymbol{O} & \boldsymbol{E}_{n-r}\end{pmatrix}=\begin{pmatrix}\boldsymbol{E}_r & \boldsymbol{O}\\ \boldsymbol{O} & \boldsymbol{O}\end{pmatrix}.$$

因此, $\boldsymbol{T}^{\mathrm{T}}\boldsymbol{BT}=\mathrm{diag}(1-d_1,1-d_2,\cdots,1-d_r,0,\cdots,0)$ 也为对角矩阵.

【注】（**全国竞赛试题,2010年**）设 $\boldsymbol{A},\boldsymbol{B}$ 均为 n 阶半正定实对称矩阵,且满足 $n-1\leqslant \mathrm{rank}\,\boldsymbol{A}\leqslant n$. 证明存在实可逆矩阵 $\boldsymbol{C}$ 使得 $\boldsymbol{C}^{\mathrm{T}}\boldsymbol{AC}$ 和 $\boldsymbol{C}^{\mathrm{T}}\boldsymbol{BC}$ 均为对角矩阵.

【例8.109】 设 $\boldsymbol{A}$ 是已知的 n 阶实对称正定矩阵,证明: $\min\limits_{\boldsymbol{B}>0,\det\boldsymbol{B}=1}\dfrac{\mathrm{tr}(\boldsymbol{AB})}{n}=(\det\boldsymbol{A})^{\frac{1}{n}}$.

【证】 设 $\lambda_i(i=1,2,\cdots,n)$ 是正定矩阵 $\boldsymbol{A}$ 的特征值,则 $\lambda_i>0$,且存在正交矩阵 $\boldsymbol{Q}$ 使得

$$\boldsymbol{A}=\boldsymbol{Q}^{\mathrm{T}}\mathrm{diag}(\lambda_1,\lambda_2,\cdots,\lambda_n)\boldsymbol{Q}=\boldsymbol{Q}^{\mathrm{T}}\boldsymbol{DQ},$$

其中 $\boldsymbol{D}=\mathrm{diag}(\lambda_1,\lambda_2,\cdots,\lambda_n)$. 所以

$$\mathrm{tr}(\boldsymbol{AB})=\mathrm{tr}(\boldsymbol{Q}^{\mathrm{T}}\boldsymbol{DQB})=\mathrm{tr}(\boldsymbol{DQBQ}^{\mathrm{T}})=\sum_{i=1}^{n}b_i\lambda_i,$$

这里, $b_1,b_2,\cdots,b_n$ 是 $\boldsymbol{QBQ}^{\mathrm{T}}$ 的对角元. 因为 $\boldsymbol{QBQ}^{\mathrm{T}}$ 正定,所以 $b_i>0(i=1,2,\cdots,n)$. 根据本章例8.103(1),即Hadamard不等式,有 $\det(\boldsymbol{QBQ}^{\mathrm{T}})\leqslant b_1b_2\cdots b_n$,其中等号成立当且仅当 $\boldsymbol{QBQ}^{\mathrm{T}}$ 为对角阵 $\mathrm{diag}(b_1,b_2,\cdots,b_n)$. 注意到 $\det\boldsymbol{B}=1$,于是

$$\begin{aligned}\frac{\mathrm{tr}(\boldsymbol{AB})}{n}&=\frac{1}{n}\sum_{i=1}^{n}b_i\lambda_i\geqslant\sqrt[n]{\prod_{i=1}^{n}(b_i\lambda_i)}=\sqrt[n]{\det\boldsymbol{D}\cdot\prod_{i=1}^{n}b_i}\\&\geqslant\sqrt[n]{\det\boldsymbol{D}\cdot\det(\boldsymbol{QBQ}^{\mathrm{T}})}=(\det\boldsymbol{A})^{\frac{1}{n}},\end{aligned}$$

当 $b_1\lambda_1=b_2\lambda_2=\cdots=b_n\lambda_n$ 且 $\boldsymbol{QBQ}^{\mathrm{T}}$ 为对角阵时等号成立. 这就是说,取正定矩阵 $\boldsymbol{B}$ 满足 $\det \boldsymbol{B}=1$,且

$$\boldsymbol{QBQ}^{\mathrm{T}}=(\det \boldsymbol{A})^{\frac{1}{n}}\cdot \mathrm{diag}\left(\frac{1}{\lambda_1},\frac{1}{\lambda_2},\cdots,\frac{1}{\lambda_n}\right)$$

时等号成立. 问题得证.

【例 8.110】(华中师范大学,2009 年) 设 $\boldsymbol{A}$ 为 n 阶实方阵,$\lambda=a+b\mathrm{i}$ 是 $\boldsymbol{A}$ 的任一特征值,其中 $a,b\in\mathbb{R}$,$\mathrm{i}=\sqrt{-1}$ 是虚数单位.

(1) 证明:$\frac{1}{2}(\boldsymbol{A}+\boldsymbol{A}^{\mathrm{T}})$ 的特征值都是实数;

(2) 设 $\mu_1\leqslant\mu_2\leqslant\cdots\leqslant\mu_n$ 是 $\frac{1}{2}(\boldsymbol{A}+\boldsymbol{A}^{\mathrm{T}})$ 的全部特征值,证明:$\mu_1\leqslant a\leqslant\mu_n$;

(3) 你有类似的估计 b 的办法吗?

【证】 (1) 易知,$\frac{1}{2}(\boldsymbol{A}+\boldsymbol{A}^{\mathrm{T}})$ 是实对称矩阵,所以其特征值都是实数. 证明过程从略.

(2) 设 $\boldsymbol{\beta}\in\mathbb{C}^n$ 是 $\boldsymbol{A}$ 的属于特征值 $\lambda=a+b\mathrm{i}$ 的特征向量,即 $\boldsymbol{A\beta}=\lambda\boldsymbol{\beta}(\boldsymbol{\beta}\neq\boldsymbol{0})$,则

$$\overline{\boldsymbol{\beta}}^{\mathrm{T}}\left(\frac{1}{2}(\boldsymbol{A}+\boldsymbol{A}^{\mathrm{T}})\right)\boldsymbol{\beta}=\frac{1}{2}(\lambda+\overline{\lambda})\overline{\boldsymbol{\beta}}^{\mathrm{T}}\boldsymbol{\beta}=a\overline{\boldsymbol{\beta}}^{\mathrm{T}}\boldsymbol{\beta}. \qquad ①$$

另一方面,根据主轴定理,存在正交矩阵 $\boldsymbol{Q}$,使得

$$\boldsymbol{Q}^{\mathrm{T}}\left(\frac{1}{2}(\boldsymbol{A}+\boldsymbol{A}^{\mathrm{T}})\right)\boldsymbol{Q}=\mathrm{diag}(\mu_1,\mu_2,\cdots,\mu_n). \qquad ②$$

将②式代入①式,得

$$\overline{\boldsymbol{\beta}}^{\mathrm{T}}\boldsymbol{Q}\mathrm{diag}(\mu_1,\mu_2,\cdots,\mu_n)\boldsymbol{Q}^{\mathrm{T}}\boldsymbol{\beta}=a\overline{\boldsymbol{\beta}}^{\mathrm{T}}\boldsymbol{\beta}.$$

记 $\boldsymbol{Q}^{\mathrm{T}}\boldsymbol{\beta}=(x_1,x_2,\cdots,x_n)^{\mathrm{T}}$,其中 $x_k\in\mathbb{C}$,则上式即 $\sum\limits_{k=1}^{n}\mu_k|x_k|^2=a\sum\limits_{k=1}^{n}|x_k|^2$,于是有

$$\mu_1\sum_{k=1}^{n}|x_k|^2\leqslant a\sum_{k=1}^{n}|x_k|^2\leqslant\mu_n\sum_{k=1}^{n}|x_k|^2.$$

注意到 $\sum\limits_{k=1}^{n}|x_k|^2=\overline{\boldsymbol{\beta}}^{\mathrm{T}}\boldsymbol{\beta}\neq 0$,即得 $\mu_1\leqslant a\leqslant\mu_n$.

(3) 类似地可估计 b. 首先,易知

$$\overline{\boldsymbol{\beta}}^{\mathrm{T}}\left(\frac{1}{2}(\boldsymbol{A}-\boldsymbol{A}^{\mathrm{T}})\right)\boldsymbol{\beta}=\frac{1}{2}(\lambda-\overline{\lambda})\overline{\boldsymbol{\beta}}^{\mathrm{T}}\boldsymbol{\beta}=\mathrm{i}b\overline{\boldsymbol{\beta}}^{\mathrm{T}}\boldsymbol{\beta}.$$

令 $\boldsymbol{H}=-\frac{\mathrm{i}}{2}(\boldsymbol{A}-\boldsymbol{A}^{\mathrm{T}})$,则上式即 $\overline{\boldsymbol{\beta}}^{\mathrm{T}}\boldsymbol{H\beta}=b\overline{\boldsymbol{\beta}}^{\mathrm{T}}\boldsymbol{\beta}$. 因为 $\overline{\boldsymbol{H}}^{\mathrm{T}}=\boldsymbol{H}$,即 $\boldsymbol{H}$ 是 Hermite 矩阵,所以 $\boldsymbol{H}$ 的特征值 $\lambda_1,\lambda_2,\cdots,\lambda_n$ 为实数,且存在酉矩阵 $\boldsymbol{U}$,使得

$$\boldsymbol{U}^{-1}\boldsymbol{HU}=\overline{\boldsymbol{U}}^{\mathrm{T}}\boldsymbol{HU}=\mathrm{diag}(\lambda_1,\lambda_2,\cdots,\lambda_n).$$

注意到 $\overline{\boldsymbol{\beta}}^{\mathrm{T}}\boldsymbol{H\beta}=\overline{\boldsymbol{\beta}}^{\mathrm{T}}\boldsymbol{U}(\overline{\boldsymbol{U}}^{\mathrm{T}}\boldsymbol{HU})\overline{\boldsymbol{U}}^{\mathrm{T}}\boldsymbol{\beta}$,重复(2)的做法,即可得:$\min\limits_{1\leqslant k\leqslant n}\{\lambda_k\}\leqslant b\leqslant\max\limits_{1\leqslant k\leqslant n}\{\lambda_k\}$.

【例 8.111】(华东理工大学,2004 年) (1)证明:对任一实正定对称矩阵 $\boldsymbol{B}$,存在实可逆矩阵 $\boldsymbol{C}$,使 $\boldsymbol{B}=\boldsymbol{C}\boldsymbol{C}^{\mathrm{T}}$;

(2)设 $\boldsymbol{B}_1,\boldsymbol{B}_2$ 均为实对称矩阵,且 $\boldsymbol{B}_2$ 是正定的,则矩阵 $\boldsymbol{A}=\boldsymbol{B}_1\boldsymbol{B}_2$ 的特征值均为实数,并且可相似于对角矩阵.

【证】 我们只证(2). 因为 $\boldsymbol{B}_2$ 正定,所以存在可逆实矩阵 $\boldsymbol{C}$ 使得 $\boldsymbol{B}_2=\boldsymbol{C}^{\mathrm{T}}\boldsymbol{C}$.

又 $\boldsymbol{A}=\boldsymbol{B}_1\boldsymbol{B}_2=\boldsymbol{B}_1\boldsymbol{C}^{\mathrm{T}}\boldsymbol{C}$ 与 $\boldsymbol{C}\boldsymbol{B}_1\boldsymbol{C}^{\mathrm{T}}$ 具有相同的特征值,而 $\boldsymbol{C}\boldsymbol{B}_1\boldsymbol{C}^{\mathrm{T}}$ 是实对称矩阵,特征值为实数,所以 $\boldsymbol{A}$ 的特征值均为实数.

另一方面,对于实对称矩阵 $\boldsymbol{B}_1$,存在正交矩阵 $\boldsymbol{Q}$ 使得 $\boldsymbol{Q}^{\mathrm{T}}\boldsymbol{B}_1\boldsymbol{Q}=\boldsymbol{D}=\mathrm{diag}(\lambda_1,\lambda_2,\cdots,\lambda_n)$,其中 $\lambda_1,\lambda_2,\cdots,\lambda_n$ 是 $\boldsymbol{B}_1$ 的特征值. 注意到 $\boldsymbol{C}\boldsymbol{A}\boldsymbol{C}^{-1}=(\boldsymbol{Q}^{-1}\boldsymbol{C}^{\mathrm{T}})^{\mathrm{T}}\boldsymbol{D}(\boldsymbol{Q}^{-1}\boldsymbol{C}^{\mathrm{T}})$ 是实对称矩阵,所以存在正交矩阵 $\boldsymbol{P}$ 使得 $\boldsymbol{P}^{-1}(\boldsymbol{C}\boldsymbol{A}\boldsymbol{C}^{-1})\boldsymbol{P}$ 为对角矩阵,即 $\boldsymbol{A}$ 相似于对角矩阵.

【例 8.112】 设 $\boldsymbol{A}=(a_{ij})$ 是 n 阶实对称矩阵,满足对所有 $i=1,2,\cdots,n$,都有

$$a_{ii}=1,\quad \sum_{j=1}^{n}|a_{ij}|<2.$$

求证:$0\leqslant\det\boldsymbol{A}\leqslant1$.

【证】 设 λ 为 $\boldsymbol{A}$ 的任一特征值,$\boldsymbol{\xi}(\neq\boldsymbol{0})$ 为 $\boldsymbol{A}$ 的属于 λ 的一个特征向量,则

$$\boldsymbol{A}\boldsymbol{\xi}=\lambda\boldsymbol{\xi}. \qquad ①$$

记 $\boldsymbol{\xi}=(x_1,x_2,\cdots,x_n)^{\mathrm{T}}$ 并选取 $i(1\leqslant i\leqslant n)$,使得

$$|x_i|=\max_{1\leqslant j\leqslant n}|x_j|,$$

则 $|x_i|\neq0$. 考虑①式的第 i 个等式

$$\sum_{j=1}^{n}a_{ij}x_j=\lambda x_i,$$

即 $(\lambda-1)x_i=\sum\limits_{\substack{j=1\\j\neq i}}^{n}a_{ij}x_j$. 于是

$$|\lambda-1||x_i|=\Big|\sum_{\substack{j=1\\j\neq i}}^{n}a_{ij}x_j\Big|\leqslant\sum_{\substack{j=1\\j\neq i}}^{n}|a_{ij}||x_j|\leqslant|x_i|\sum_{\substack{j=1\\j\neq i}}^{n}|a_{ij}|\leqslant|x_i|,$$

这表明 $|\lambda-1|\leqslant1$. 注意到 $\boldsymbol{A}$ 是实对称矩阵,λ 是实数,所以 $0\leqslant\lambda\leqslant2$.

令 $\lambda_1,\lambda_2,\cdots,\lambda_n$ 为 $\boldsymbol{A}$ 的 n 个特征值,则由上述结论可知,每个 λ_i 都是非负的,从而有

$$0\leqslant\det\boldsymbol{A}=\lambda_1\lambda_2\cdots\lambda_n\leqslant\left(\frac{1}{n}\sum_{i=1}^{n}\lambda_i\right)^n=\left(\frac{1}{n}\mathrm{tr}\,\boldsymbol{A}\right)^n=1.$$

【例 8.113】 设 $\boldsymbol{A},\boldsymbol{B}$ 都是 n 阶正定矩阵. 证明:$\dfrac{2^{n+1}}{|\boldsymbol{A}+\boldsymbol{B}|}\leqslant\dfrac{1}{|\boldsymbol{A}|}+\dfrac{1}{|\boldsymbol{B}|}$,且等号成立的充分必要条件为 $\boldsymbol{A}=\boldsymbol{B}$.

【证】 根据本章例 8.67 的结论,必存在 n 阶可逆实矩阵 $\boldsymbol{G}$,使得

$$\boldsymbol{G}^{\mathrm{T}}\boldsymbol{A}\boldsymbol{G}=\boldsymbol{E},\quad \boldsymbol{G}^{\mathrm{T}}\boldsymbol{B}\boldsymbol{G}=\mathrm{diag}(\mu_1,\mu_2,\cdots,\mu_n),$$

其中 $\boldsymbol{E}$ 是单位矩阵,$\mu_1,\mu_2,\cdots,\mu_n$ 是 $|\lambda\boldsymbol{A}-\boldsymbol{B}|=0$ 的 n 个实根. 进一步,因为 $\boldsymbol{G}^{\mathrm{T}}\boldsymbol{B}\boldsymbol{G}$ 正定,所以 $\mu_i>0,i=1,2,\cdots,n$. 于是,所证不等式成立当且仅当

$$\frac{2^{n+1}}{(1+\mu_1)(1+\mu_2)\cdots(1+\mu_n)} \leqslant 1+\frac{1}{\mu_1\mu_2\cdots\mu_n}. \qquad ①$$

利用平均值不等式：$\frac{1+\mu_i}{2} \geqslant \sqrt{\mu_i}$，则只需证：

$$\frac{2}{\sqrt{\mu_1\mu_2\cdots\mu_n}} \leqslant 1+\frac{1}{\mu_1\mu_2\cdots\mu_n}.$$

令 $g=\sqrt{\mu_1\mu_2\cdots\mu_n}$，则上式即 $\frac{2}{g} \leqslant 1+\frac{1}{g^2}$，而这等价于 $(g-1)^2 \geqslant 0$.

显然，①式取等号当且仅当 $\frac{1+\mu_i}{2}=\sqrt{\mu_i}$ 即 $\mu_i=1$ 对于 $i=1,2,\cdots,n$ 都成立. 这等价于 $\boldsymbol{A}=\boldsymbol{B}$.

【例 8.114】(南京大学,2008 年) 设 $\boldsymbol{A}$ 是一个 n 阶方阵，$\operatorname{tr}\boldsymbol{A}=\sum_{i=1}^{n} a_{ii}$ 称为 $\boldsymbol{A}$ 的迹.

(1) 请证明相似变换下矩阵的迹不变；

(2) 设 $\boldsymbol{A},\boldsymbol{B}$ 为对称半正定矩阵，请证明 $\operatorname{tr}(\boldsymbol{AB}) \geqslant 0$；

(3) 如果 $\boldsymbol{A},\boldsymbol{B}$ 为对称半正定矩阵，且 $\operatorname{tr}(\boldsymbol{AB})=0$，那么 $\boldsymbol{AB}$ 为零矩阵.

【证】 (1) 设 $\boldsymbol{A}$ 相似于 $\boldsymbol{B}$，则存在可逆矩阵 $\boldsymbol{P}$，使得 $\boldsymbol{P}^{-1}\boldsymbol{AP}=\boldsymbol{B}$. 所以

$$\operatorname{tr}\boldsymbol{B}=\operatorname{tr}(\boldsymbol{P}^{-1}\boldsymbol{AP})=\operatorname{tr}(\boldsymbol{PP}^{-1}\boldsymbol{A})=\operatorname{tr}\boldsymbol{A}.$$

(2) 因为 $\boldsymbol{A},\boldsymbol{B}$ 是半正定的，所以存在 $\boldsymbol{G},\boldsymbol{H} \in M_n(\mathbb{R})$，使得 $\boldsymbol{A}=\boldsymbol{G}^{\mathrm{T}}\boldsymbol{G}$，$\boldsymbol{B}=\boldsymbol{H}^{\mathrm{T}}\boldsymbol{H}$. 注意到 $\boldsymbol{AB}=\boldsymbol{G}^{\mathrm{T}}(\boldsymbol{GH}^{\mathrm{T}}\boldsymbol{H})$ 与 $(\boldsymbol{GH}^{\mathrm{T}}\boldsymbol{H})\boldsymbol{G}^{\mathrm{T}}=(\boldsymbol{HG}^{\mathrm{T}})^{\mathrm{T}}(\boldsymbol{HG}^{\mathrm{T}})$ 具有相同的特征值，而 $(\boldsymbol{HG}^{\mathrm{T}})^{\mathrm{T}}(\boldsymbol{HG}^{\mathrm{T}})$ 是半正定矩阵，其特征值 $\lambda_1,\lambda_2,\cdots,\lambda_n$ 均为非负实数，所以 $\operatorname{tr}(\boldsymbol{AB})=\sum_{i=1}^{n}\lambda_i \geqslant 0$.

(3) 因为 $\boldsymbol{A}$ 半正定，所以存在正交矩阵 $\boldsymbol{Q}$ 使 $\boldsymbol{Q}^{\mathrm{T}}\boldsymbol{AQ}=\begin{pmatrix}\boldsymbol{D} & \boldsymbol{O}\\ \boldsymbol{O} & \boldsymbol{O}\end{pmatrix}$，其中 $\boldsymbol{D}=\operatorname{diag}(\lambda_1,\lambda_2,\cdots,\lambda_r)$ 是 $\boldsymbol{A}$ 的 r 个正特征值构成的对角矩阵. 令 $\boldsymbol{Q}^{\mathrm{T}}\boldsymbol{BQ}=(b_{ij})=\begin{pmatrix}\boldsymbol{B}_1 & \boldsymbol{B}_2\\ \boldsymbol{B}_3 & \boldsymbol{B}_4\end{pmatrix}$，其中 $\boldsymbol{B}_1$ 是 r 阶方阵，则

$$\boldsymbol{Q}^{\mathrm{T}}\boldsymbol{ABQ}=\begin{pmatrix}\boldsymbol{D} & \boldsymbol{O}\\ \boldsymbol{O} & \boldsymbol{O}\end{pmatrix}\begin{pmatrix}\boldsymbol{B}_1 & \boldsymbol{B}_2\\ \boldsymbol{B}_3 & \boldsymbol{B}_4\end{pmatrix}=\begin{pmatrix}\boldsymbol{DB}_1 & \boldsymbol{DB}_2\\ \boldsymbol{O} & \boldsymbol{O}\end{pmatrix},$$

$$0=\operatorname{tr}(\boldsymbol{AB})=\operatorname{tr}(\boldsymbol{Q}^{\mathrm{T}}\boldsymbol{ABQ})=\operatorname{tr}(\boldsymbol{DB}_1)=\sum_{i=1}^{r}\lambda_i b_{ii}.$$

由 $\boldsymbol{Q}^{\mathrm{T}}\boldsymbol{BQ}$ 半正定知 $b_{ii} \geqslant 0$，故上式表明 $b_{11}=b_{22}=\cdots=b_{rr}=0$. 注意到半正定矩阵若有一个对角元为 0，则该元素所在行与列的元素全为 0，于是 $\boldsymbol{B}_1=\boldsymbol{B}_2=\boldsymbol{B}_3=\boldsymbol{O}$，从而有 $\boldsymbol{AB}=\boldsymbol{O}$.

【例 8.115】 设 $\boldsymbol{M}=\begin{pmatrix}\boldsymbol{A} & \boldsymbol{B}\\ \boldsymbol{B}^{\mathrm{T}} & \boldsymbol{C}\end{pmatrix}$ 是 n 阶实对称矩阵，其中 $\boldsymbol{A},\boldsymbol{C}$ 分别是 s 阶、t 阶方阵. 又设 λ_1,λ_2 是 $\boldsymbol{M}$ 的最小、最大特征值，μ_1,μ_2 分别是 $\boldsymbol{A},\boldsymbol{C}$ 的最大特征值. 证明：$\lambda_1+\lambda_2 \leqslant \mu_1+\mu_2$.

【证】 设 $\boldsymbol{\alpha}=\begin{pmatrix}\boldsymbol{\xi}\\ \boldsymbol{\eta}\end{pmatrix}$ 是 $\boldsymbol{M}$ 的属于特征值 λ_2 的特征向量，其中 $\boldsymbol{\xi} \in \mathbb{R}^s$，$\boldsymbol{\eta} \in \mathbb{R}^t$，且 $\|\boldsymbol{\alpha}\|=1$，则

$$\lambda_2=\boldsymbol{\alpha}^{\mathrm T}\boldsymbol{M}\boldsymbol{\alpha}=\boldsymbol{\xi}^{\mathrm T}\boldsymbol{A}\boldsymbol{\xi}+\boldsymbol{\eta}^{\mathrm T}\boldsymbol{C}\boldsymbol{\eta}+2\boldsymbol{\xi}^{\mathrm T}\boldsymbol{B}\boldsymbol{\eta}\leqslant\mu_1\boldsymbol{\xi}^{\mathrm T}\boldsymbol{\xi}+\mu_2\boldsymbol{\eta}^{\mathrm T}\boldsymbol{\eta}+2\boldsymbol{\xi}^{\mathrm T}\boldsymbol{B}\boldsymbol{\eta}.$$

另一方面,对任一$\boldsymbol{\beta}=\begin{pmatrix}\boldsymbol{X}\\\boldsymbol{Y}\end{pmatrix}\in\mathbb{R}^{s+t}$,只要$\|\boldsymbol{\beta}\|=1$,有

$$\lambda_1\leqslant\boldsymbol{\beta}^{\mathrm T}\boldsymbol{M}\boldsymbol{\beta}=\boldsymbol{X}^{\mathrm T}\boldsymbol{A}\boldsymbol{X}+\boldsymbol{Y}^{\mathrm T}\boldsymbol{C}\boldsymbol{Y}+2\boldsymbol{X}^{\mathrm T}\boldsymbol{B}\boldsymbol{Y}\leqslant\mu_1\boldsymbol{X}^{\mathrm T}\boldsymbol{X}+\mu_2\boldsymbol{Y}^{\mathrm T}\boldsymbol{Y}+2\boldsymbol{X}^{\mathrm T}\boldsymbol{B}\boldsymbol{Y}.$$

比较上述两个不等式的右端,不难发现,只要$\boldsymbol{X}\in\mathbb{R}^s$,$\boldsymbol{Y}\in\mathbb{R}^t$同时满足

$$\boldsymbol{X}^{\mathrm T}\boldsymbol{X}=\boldsymbol{\eta}^{\mathrm T}\boldsymbol{\eta},\quad \boldsymbol{Y}^{\mathrm T}\boldsymbol{Y}=\boldsymbol{\xi}^{\mathrm T}\boldsymbol{\xi},\quad \boldsymbol{X}^{\mathrm T}\boldsymbol{B}\boldsymbol{Y}=-\boldsymbol{\xi}^{\mathrm T}\boldsymbol{B}\boldsymbol{\eta},\tag{①}$$

就有$\|\boldsymbol{\beta}\|=\|\boldsymbol{\alpha}\|=1$,且$\lambda_1+\lambda_2\leqslant\mu_1+\mu_2$. 因此,问题归结为证明:存在同时满足①式的向量$\boldsymbol{X},\boldsymbol{Y}$.

若$\boldsymbol{\xi}=\boldsymbol{0}$,则取$\boldsymbol{X}\in\mathbb{R}^s$为单位向量,$\boldsymbol{Y}=\boldsymbol{0}$;若$\boldsymbol{\eta}=\boldsymbol{0}$,则取$\boldsymbol{X}=\boldsymbol{0}$,$\boldsymbol{Y}\in\mathbb{R}^t$为单位向量即可. 若$\boldsymbol{\xi}\neq\boldsymbol{0}$且$\boldsymbol{\eta}\neq\boldsymbol{0}$,可令$\boldsymbol{X}=x\boldsymbol{\xi}$,$\boldsymbol{Y}=y\boldsymbol{\eta}$,则$\boldsymbol{X}^{\mathrm T}\boldsymbol{B}\boldsymbol{Y}=xy\boldsymbol{\xi}^{\mathrm T}\boldsymbol{B}\boldsymbol{\eta}$. 欲使①式成立,只需取$x=\dfrac{\|\boldsymbol{\eta}\|}{\|\boldsymbol{\xi}\|}$,$y=-\dfrac{\|\boldsymbol{\xi}\|}{\|\boldsymbol{\eta}\|}$即可,问题得证.

【注】 这里,运用了一个基本事实(留给读者作为练习):设$\boldsymbol{A}$是n阶实对称矩阵,λ_1,λ_2分别是$\boldsymbol{A}$的最小和最大特征值,则对任意列向量$\boldsymbol{\alpha}\in\mathbb{R}^n$,都有$\lambda_1\boldsymbol{\alpha}^{\mathrm T}\boldsymbol{\alpha}\leqslant\boldsymbol{\alpha}^{\mathrm T}\boldsymbol{A}\boldsymbol{\alpha}\leqslant\lambda_2\boldsymbol{\alpha}^{\mathrm T}\boldsymbol{\alpha}$.

【例 8.116】(北京理工大学,2003 年) 设$\boldsymbol{A}$是n阶正定矩阵,构造方阵序列$\boldsymbol{X}_0=\boldsymbol{I}$,$\boldsymbol{X}_{k+1}=\dfrac{1}{2}(\boldsymbol{X}_k+\boldsymbol{A}\boldsymbol{X}_k^{-1})$,$k=0,1,2,\cdots$. 试证:$\lim\limits_{k\to\infty}\boldsymbol{X}_k$存在($\lim\limits_{k\to\infty}\boldsymbol{X}_k$存在定义为:设$\boldsymbol{X}_k=(x_{ij}^k)_{n\times n}$,则对任意$(1\leqslant i,j\leqslant n)$均有$\lim\limits_{k\to\infty}x_{ij}^k$存在).

【证】 设$\lambda_i(i=1,2,\cdots,n)$是正定矩阵$\boldsymbol{A}$的特征值,则$\lambda_i>0$,且存在正交矩阵$\boldsymbol{Q}$使得

$$\boldsymbol{A}=\boldsymbol{Q}^{\mathrm T}\mathrm{diag}(\lambda_1,\lambda_2,\cdots,\lambda_n)\boldsymbol{Q}.$$

记$\boldsymbol{D}=\mathrm{diag}(\lambda_1,\lambda_2,\cdots,\lambda_n)$,$\boldsymbol{Y}_k=\boldsymbol{Q}\boldsymbol{X}_k\boldsymbol{Q}^{\mathrm T}$,则由方阵序列$\{\boldsymbol{X}_k\}$的定义有$\boldsymbol{Y}_0=\boldsymbol{I}$,且

$$\boldsymbol{Y}_{k+1}=\frac{1}{2}(\boldsymbol{Y}_k+\boldsymbol{D}\boldsymbol{Y}_k^{-1}),\quad k=0,1,2,\cdots.\tag{①}$$

利用归纳法易证,所有$\boldsymbol{Y}_k$均为对角矩阵,且对角元均大于零. 下证$\lim\limits_{k\to\infty}\boldsymbol{Y}_k$存在,即证对$\boldsymbol{Y}_k$的每一个对角元$y_i^k(i=1,2,\cdots,n)$,极限$\lim\limits_{k\to\infty}y_i^k$存在.

对于固定的i,为简单起见,记$y_k=y_i^k$,$\lambda=\lambda_i$. 比较①式两边对应分量,得

$$y_{k+1}=\frac{1}{2}\left(y_k+\frac{\lambda}{y_k}\right).$$

易知,序列$\{y_k\}$单调减有下界,所以$\lim\limits_{k\to\infty}y_k$存在,因此$\lim\limits_{k\to\infty}\boldsymbol{Y}_k$存在.

最后,由$\boldsymbol{X}_k=\boldsymbol{Q}^{\mathrm T}\boldsymbol{Y}_k\boldsymbol{Q}$即知,$\lim\limits_{k\to\infty}\boldsymbol{X}_k$存在.

【例 8.117】 设$\boldsymbol{A}=(a_{ij})$为n阶实对称矩阵,满足对于$k=2,3,\cdots,n$,总有

$$\begin{vmatrix}a_{kk}&a_{k,k+1}&\cdots&a_{kn}\\a_{k+1,k}&a_{k+1,k+1}&\cdots&a_{k+1,n}\\\vdots&\vdots&&\vdots\\a_{nk}&a_{n,k+1}&\cdots&a_{nn}\end{vmatrix}>0,\tag{①}$$

且存在n阶非零实方阵$\boldsymbol{B}$,使得$\boldsymbol{A}\boldsymbol{B}=\boldsymbol{O}$. 证明:$\boldsymbol{A}$是半正定矩阵.

【证】　由 $AB=O,B\neq O$，知 A 不可逆，故 $|A|=0$. 注意到

$$\begin{pmatrix} & & & 1\\ & & 1 & \\ & \iddots & & \\ 1 & & & \end{pmatrix} A \begin{pmatrix} & & & 1\\ & & 1 & \\ & \iddots & & \\ 1 & & & \end{pmatrix} = \begin{pmatrix} a_{nn} & a_{n,n-1} & \cdots & a_{n1}\\ a_{n-1,n} & a_{n-1,n-1} & \cdots & a_{n-1,1}\\ \vdots & \vdots & & \vdots\\ a_{1n} & a_{1,n-1} & \cdots & a_{11} \end{pmatrix}$$

$$= C = \begin{pmatrix} C_1 & \alpha\\ \alpha^{\mathrm{T}} & a_{11} \end{pmatrix},$$

所以 $|A|=|C|=0$. 又据题设条件①可知，C 中的子块 C_1 为 $n-1$ 阶正定矩阵，于是有

$$\begin{pmatrix} C_1 & \alpha\\ \alpha^{\mathrm{T}} & a_{11} \end{pmatrix} \to \begin{pmatrix} C_1 & 0\\ 0 & a_{11}-\alpha^{\mathrm{T}}C_1^{-1}\alpha \end{pmatrix},$$

所以 $a_{11}-\alpha^{\mathrm{T}}C_1^{-1}\alpha=0$，表明 A 的正惯性指数 $p(A)=\operatorname{rank} A=n-1$，因此 A 是半正定矩阵.

【例 8.118】　设 A 为 n 阶实对称正定矩阵，$\beta_1,\beta_2,\cdots,\beta_n\in\mathbb{R}^n$ 是 n 个关于 A 共轭的非零列向量，即 $\beta_i\neq 0(i=1,2,\cdots,n)$，且 $\beta_i^{\mathrm{T}}A\beta_j=0(i\neq j;i,j=1,2,\cdots,n)$. 证明：

$$A=\sum_{i=1}^{n}\frac{A\beta_i\beta_i^{\mathrm{T}}A}{\beta_i^{\mathrm{T}}A\beta_i},\quad A^{-1}=\sum_{i=1}^{n}\frac{\beta_i\beta_i^{\mathrm{T}}}{\beta_i^{\mathrm{T}}A\beta_i}.$$

【证】　引入 n 阶实方阵 $B=(\beta_1,\beta_2,\cdots,\beta_n)$，则

$$B^{\mathrm{T}}AB=\begin{pmatrix}\beta_1^{\mathrm{T}}\\ \beta_2^{\mathrm{T}}\\ \vdots\\ \beta_n^{\mathrm{T}}\end{pmatrix}A(\beta_1,\beta_2,\cdots,\beta_n)=\begin{pmatrix} \beta_1^{\mathrm{T}}A\beta_1 & \beta_1^{\mathrm{T}}A\beta_2 & \cdots & \beta_1^{\mathrm{T}}A\beta_n\\ \beta_2^{\mathrm{T}}A\beta_1 & \beta_2^{\mathrm{T}}A\beta_2 & \cdots & \beta_2^{\mathrm{T}}A\beta_n\\ \vdots & \vdots & & \vdots\\ \beta_n^{\mathrm{T}}A\beta_1 & \beta_n^{\mathrm{T}}A\beta_2 & \cdots & \beta_n^{\mathrm{T}}A\beta_n \end{pmatrix},$$

据题设可知，$B^{\mathrm{T}}AB=\operatorname{diag}(\beta_1^{\mathrm{T}}A\beta_1,\beta_2^{\mathrm{T}}A\beta_2,\cdots,\beta_n^{\mathrm{T}}A\beta_n)$，且对角元 $\beta_i^{\mathrm{T}}A\beta_i>0,i=1,2,\cdots,n$. 因此

$$|A||B|^2=\prod_{i=1}^{n}(\beta_i^{\mathrm{T}}A\beta_i)>0,$$

这就表明 $|B|\neq 0$，即 B 是可逆矩阵. 仍由题设的“共轭”条件易知

$$\sum_{i=1}^{n}\frac{\beta_i\beta_i^{\mathrm{T}}}{\beta_i^{\mathrm{T}}A\beta_i}A(\beta_1,\beta_2,\cdots,\beta_n)=(\beta_1,\beta_2,\cdots,\beta_n),$$

即 $\displaystyle\sum_{i=1}^{n}\frac{\beta_i\beta_i^{\mathrm{T}}}{\beta_i^{\mathrm{T}}A\beta_i}AB=B$，从而有 $\displaystyle\sum_{i=1}^{n}\frac{\beta_i\beta_i^{\mathrm{T}}}{\beta_i^{\mathrm{T}}A\beta_i}A=E$. 因此 $\displaystyle A^{-1}=\sum_{i=1}^{n}\frac{\beta_i\beta_i^{\mathrm{T}}}{\beta_i^{\mathrm{T}}A\beta_i}$. 进一步，有

$$A=AE=A\sum_{i=1}^{n}\frac{\beta_i\beta_i^{\mathrm{T}}}{\beta_i^{\mathrm{T}}A\beta_i}A=\sum_{i=1}^{n}\frac{A\beta_i\beta_i^{\mathrm{T}}A}{\beta_i^{\mathrm{T}}A\beta_i}.$$

【例 8.119】　设 A 为 n 阶半正定矩阵(或正定矩阵)，$\lambda_1,\lambda_2,\cdots,\lambda_n$ 是 A 的 n 个特征值. 证明：若正交矩阵 Q 使得 $Q^{\mathrm{T}}AQ=\operatorname{diag}(\lambda_1,\lambda_2,\cdots,\lambda_n)$，则存在一个仅与 λ_i 有关的实系数多项式 $f(x)$，满足

$$Q\operatorname{diag}(\sqrt{\lambda_1},\sqrt{\lambda_2},\cdots,\sqrt{\lambda_n})Q^{\mathrm{T}}=f(A). \qquad ①$$

【证】　对任意实系数多项式 $f(x)$，由题设有

$$\begin{aligned}f(\boldsymbol{A})&=f(\boldsymbol{Q}\mathrm{diag}(\lambda_1,\lambda_2,\cdots,\lambda_n)\boldsymbol{Q}^{\mathrm{T}})\\&=\boldsymbol{Q}f(\mathrm{diag}(\lambda_1,\lambda_2,\cdots,\lambda_n))\boldsymbol{Q}^{\mathrm{T}}\\&=\boldsymbol{Q}\mathrm{diag}(f(\lambda_1),f(\lambda_2),\cdots,f(\lambda_n))\boldsymbol{Q}^{\mathrm{T}},\end{aligned}$$

欲使$f(\boldsymbol{A})$满足①式,当且仅当$f(\lambda_i)=\sqrt{\lambda_i}$, $i=1,2,\cdots,n$.

现在,不妨设$\boldsymbol{A}$的所有互不相同的特征值为$\lambda_1,\lambda_2,\cdots,\lambda_r$,作 Lagrange 插值多项式

$$f(x)=\sum_{i=1}^{r}\sqrt{\lambda_i}\,\frac{(x-\lambda_1)\cdots(x-\lambda_{i-1})(x-\lambda_{i+1})\cdots(x-\lambda_r)}{(\lambda_i-\lambda_1)\cdots(\lambda_i-\lambda_{i-1})(\lambda_i-\lambda_{i+1})\cdots(\lambda_i-\lambda_r)},$$

显然,$f(x)$是实系数多项式,且满足$f(\lambda_i)=\sqrt{\lambda_i}$, $i=1,2,\cdots,n$. 从而①式成立.

【例8.120】(中国科学院,2007年;华中科技大学,2016年) 设$\boldsymbol{A}$是n阶正定实对称矩阵,$\boldsymbol{y}\in\mathbb{R}^n$,且$\boldsymbol{y}\neq\boldsymbol{0}$. 证明极限

$$\lim_{m\to\infty}\frac{\boldsymbol{y}^{\mathrm{T}}\boldsymbol{A}^{m+1}\boldsymbol{y}}{\boldsymbol{y}^{\mathrm{T}}\boldsymbol{A}^{m}\boldsymbol{y}}$$

存在且等于$\boldsymbol{A}$的一个特征值(其中$\mathbb{R}^n$表示实数域上的n维向量空间).

【证】 设$\lambda_1,\lambda_2,\cdots,\lambda_n$是$\boldsymbol{A}$的$n$个特征值,$\boldsymbol{\xi}_1,\boldsymbol{\xi}_2,\cdots,\boldsymbol{\xi}_n$是$\boldsymbol{A}$的对应的两两正交的单位特征向量,不失一般性,设$\lambda_1>\lambda_2>\cdots>\lambda_n>0$. 记$\boldsymbol{Q}=(\boldsymbol{\xi}_1,\boldsymbol{\xi}_2,\cdots,\boldsymbol{\xi}_n)$,则$\boldsymbol{Q}$是正交矩阵,且

$$\boldsymbol{Q}^{\mathrm{T}}\boldsymbol{A}\boldsymbol{Q}=\boldsymbol{Q}^{-1}\boldsymbol{A}\boldsymbol{Q}=\mathrm{diag}(\lambda_1,\lambda_2,\cdots,\lambda_n).$$

令$\boldsymbol{Q}^{\mathrm{T}}\boldsymbol{y}=(y_1,y_2,\cdots,y_n)^{\mathrm{T}}$,并设第一个非零分量为$y_k\neq0\quad(1\leqslant k\leqslant n)$. 于是,有

$$\frac{\boldsymbol{y}^{\mathrm{T}}\boldsymbol{A}^{m+1}\boldsymbol{y}}{\boldsymbol{y}^{\mathrm{T}}\boldsymbol{A}^{m}\boldsymbol{y}}=\frac{(\boldsymbol{Q}^{\mathrm{T}}\boldsymbol{y})^{\mathrm{T}}(\boldsymbol{Q}^{\mathrm{T}}\boldsymbol{A}\boldsymbol{Q})^{m+1}\boldsymbol{Q}^{\mathrm{T}}\boldsymbol{y}}{(\boldsymbol{Q}^{\mathrm{T}}\boldsymbol{y})^{\mathrm{T}}(\boldsymbol{Q}^{\mathrm{T}}\boldsymbol{A}\boldsymbol{Q})^{m}\boldsymbol{Q}^{\mathrm{T}}\boldsymbol{y}}=\frac{y_k^2\lambda_k^{m+1}+y_{k+1}^2\lambda_{k+1}^{m+1}+\cdots+y_n^2\lambda_n^{m+1}}{y_k^2\lambda_k^{m}+y_{k+1}^2\lambda_{k+1}^{m}+\cdots+y_n^2\lambda_n^{m}}.$$

因为$\lim\limits_{m\to\infty}\left(\dfrac{\lambda_i}{\lambda_k}\right)^m=0\quad(k<i\leqslant n)$,所以

$$\lim_{m\to\infty}\frac{\boldsymbol{y}^{\mathrm{T}}\boldsymbol{A}^{m+1}\boldsymbol{y}}{\boldsymbol{y}^{\mathrm{T}}\boldsymbol{A}^{m}\boldsymbol{y}}=\lambda_k\lim_{m\to\infty}\frac{y_k^2+y_{k+1}^2\left(\dfrac{\lambda_{k+1}}{\lambda_k}\right)^{m+1}+\cdots+y_n^2\left(\dfrac{\lambda_n}{\lambda_k}\right)^{m+1}}{y_k^2+y_{k+1}^2\left(\dfrac{\lambda_{k+1}}{\lambda_k}\right)^{m}+\cdots+y_n^2\left(\dfrac{\lambda_n}{\lambda_k}\right)^{m}}=\lambda_k.$$

【例8.121】 设$\boldsymbol{A},\boldsymbol{B},\boldsymbol{C}$均为$n$阶实对称正定矩阵,$\boldsymbol{A}\neq\boldsymbol{B}$. 证明:

$$\mathrm{tr}((\boldsymbol{ACA}-\boldsymbol{BCB})(\boldsymbol{A}^{-1}-\boldsymbol{B}^{-1}))<0.$$

【证】 据题设并利用本章例8.67的结论,存在可逆实矩阵$\boldsymbol{Q}$,使得$\boldsymbol{A}=\boldsymbol{Q}^{\mathrm{T}}\boldsymbol{Q}$, $\boldsymbol{B}=\boldsymbol{Q}^{\mathrm{T}}\boldsymbol{D}\boldsymbol{Q}$,其中$\boldsymbol{D}=\mathrm{diag}(\lambda_1,\lambda_2,\cdots,\lambda_n)$,而$\lambda_1,\lambda_2,\cdots,\lambda_n>0$是$|\lambda\boldsymbol{A}-\boldsymbol{B}|=0$的$n$个正实根. 于是

$$\mathrm{tr}((\boldsymbol{ACA}-\boldsymbol{BCB})(\boldsymbol{A}^{-1}-\boldsymbol{B}^{-1}))=\mathrm{tr}(\boldsymbol{QCQ}^{\mathrm{T}}-\boldsymbol{DQCQ}^{\mathrm{T}}\boldsymbol{D})(\boldsymbol{E}-\boldsymbol{D}^{-1}).$$

令$\boldsymbol{H}=\boldsymbol{QCQ}^{\mathrm{T}}=(h_{ij})$,则$\boldsymbol{H}$是正定矩阵. 代入上式右端,得

$$\begin{aligned}\mathrm{tr}((\boldsymbol{ACA}-\boldsymbol{BCB})(\boldsymbol{A}^{-1}-\boldsymbol{B}^{-1}))&=\mathrm{tr}(\boldsymbol{H}-\boldsymbol{DHD}-\boldsymbol{HD}^{-1}+\boldsymbol{DH})\\&=\sum_{i=1}^{n}h_{ii}-\sum_{i=1}^{n}\lambda_i^2h_{ii}-\sum_{i=1}^{n}\frac{1}{\lambda_i}h_{ii}+\sum_{i=1}^{n}\lambda_ih_{ii}\\&=-\sum_{i=1}^{n}\frac{h_{ii}}{\lambda_i}(1+\lambda_i)(1-\lambda_i)^2\leqslant0.\end{aligned}$$

又必存在 i,使 $1-\lambda_i\neq 0$,否则任意 $\lambda_i=1$,有 $\boldsymbol{A}=\boldsymbol{B}$,矛盾. 这就证明了所给不等式.

【例 8.122】 设 $\boldsymbol{A}$ 为 n 阶半正定矩阵,且 $\boldsymbol{A}=\begin{pmatrix}\boldsymbol{B} & \boldsymbol{C}\\ \boldsymbol{C}^{\mathrm{T}} & \boldsymbol{D}\end{pmatrix}$,其中 $\boldsymbol{B}$ 为 m 阶方阵. 证明:

$$\operatorname{rank}(\boldsymbol{B},\boldsymbol{C})=\operatorname{rank}\boldsymbol{B}.$$

【证】 (方法 1) 设 $\operatorname{rank}\boldsymbol{B}=r$,若 $r=0$ 或 m,则结论显然成立. 下设 $1\leqslant r<m$,由于 $\boldsymbol{A}$ 半正定,因而 $\boldsymbol{B}$ 半正定,故存在 m 阶可逆实矩阵 $\boldsymbol{Q}$,使得

$$\boldsymbol{Q}^{\mathrm{T}}\boldsymbol{B}\boldsymbol{Q}=\begin{pmatrix}\boldsymbol{E}_r & \boldsymbol{O}\\ \boldsymbol{O} & \boldsymbol{O}\end{pmatrix},$$

这里,$\boldsymbol{E}_r$为 r 阶单位矩阵. 于是

$$\begin{pmatrix}\boldsymbol{Q}^{\mathrm{T}} & \boldsymbol{O}\\ \boldsymbol{O} & \boldsymbol{E}_{n-m}\end{pmatrix}\begin{pmatrix}\boldsymbol{B} & \boldsymbol{C}\\ \boldsymbol{C}^{\mathrm{T}} & \boldsymbol{D}\end{pmatrix}\begin{pmatrix}\boldsymbol{Q} & \boldsymbol{O}\\ \boldsymbol{O} & \boldsymbol{E}_{n-m}\end{pmatrix}=\begin{pmatrix}\boldsymbol{Q}^{\mathrm{T}}\boldsymbol{B}\boldsymbol{Q} & \boldsymbol{Q}^{\mathrm{T}}\boldsymbol{C}\\ \boldsymbol{C}^{\mathrm{T}}\boldsymbol{Q} & \boldsymbol{D}\end{pmatrix}.$$

因为$(\boldsymbol{B}\boldsymbol{Q},\boldsymbol{C})=(\boldsymbol{B},\boldsymbol{C})\begin{pmatrix}\boldsymbol{Q} & \boldsymbol{O}\\ \boldsymbol{O} & \boldsymbol{E}_{n-m}\end{pmatrix}$,所以

$$\operatorname{rank}(\boldsymbol{Q}^{\mathrm{T}}\boldsymbol{B}\boldsymbol{Q},\boldsymbol{Q}^{\mathrm{T}}\boldsymbol{C})=\operatorname{rank}(\boldsymbol{B}\boldsymbol{Q},\boldsymbol{C})=\operatorname{rank}(\boldsymbol{B},\boldsymbol{C}).$$

将 $\boldsymbol{C}^{\mathrm{T}}\boldsymbol{Q}$ 相应分块为 $\boldsymbol{C}^{\mathrm{T}}\boldsymbol{Q}=(\boldsymbol{Q}^{\mathrm{T}}\boldsymbol{C})^{\mathrm{T}}=(\boldsymbol{C}_1^{\mathrm{T}},\boldsymbol{C}_2^{\mathrm{T}})$,那么

$$\begin{pmatrix}\boldsymbol{Q}^{\mathrm{T}}\boldsymbol{B}\boldsymbol{Q} & \boldsymbol{Q}^{\mathrm{T}}\boldsymbol{C}\\ \boldsymbol{C}^{\mathrm{T}}\boldsymbol{Q} & \boldsymbol{D}\end{pmatrix}=\begin{pmatrix}\boldsymbol{E}_r & \boldsymbol{O} & \boldsymbol{C}_1\\ \boldsymbol{O} & \boldsymbol{O} & \boldsymbol{C}_2\\ \hdashline \boldsymbol{C}_1^{\mathrm{T}} & \boldsymbol{C}_2^{\mathrm{T}} & \boldsymbol{D}\end{pmatrix}=\begin{pmatrix}\boldsymbol{E}_r & \boldsymbol{O} & \boldsymbol{C}_1\\ \boldsymbol{O} & \boldsymbol{O} & \boldsymbol{O}\\ \hdashline \boldsymbol{C}_1^{\mathrm{T}} & \boldsymbol{O} & \boldsymbol{D}\end{pmatrix}.$$

这里,$\boldsymbol{C}_2=\boldsymbol{O}$ 是因为(见本章例 8.108):若半正定矩阵的主对角元素为 0,则这个元素所在行与列的元素全为 0. 注意到$(\boldsymbol{Q}^{\mathrm{T}}\boldsymbol{B}\boldsymbol{Q},\boldsymbol{Q}^{\mathrm{T}}\boldsymbol{C})=\begin{pmatrix}\boldsymbol{E}_r & \boldsymbol{O} & \boldsymbol{C}_1\\ \boldsymbol{O} & \boldsymbol{O} & \boldsymbol{O}\end{pmatrix}$,因此得

$$\operatorname{rank}(\boldsymbol{B},\boldsymbol{C})=\operatorname{rank}(\boldsymbol{Q}^{\mathrm{T}}\boldsymbol{B}\boldsymbol{Q},\boldsymbol{Q}^{\mathrm{T}}\boldsymbol{C})=r=\operatorname{rank}\boldsymbol{B}.$$

(方法 2) 注意到 $\boldsymbol{B}$ 是对称矩阵,所以 $\operatorname{rank}(\boldsymbol{B},\boldsymbol{C})=\operatorname{rank}\boldsymbol{B}$ 即 $\operatorname{rank}\begin{pmatrix}\boldsymbol{B}\\ \boldsymbol{C}^{\mathrm{T}}\end{pmatrix}=\operatorname{rank}\boldsymbol{B}\Leftrightarrow$齐次方程组$\begin{pmatrix}\boldsymbol{B}\\ \boldsymbol{C}^{\mathrm{T}}\end{pmatrix}\boldsymbol{x}=\boldsymbol{0}$ 与 $\boldsymbol{B}\boldsymbol{x}=\boldsymbol{0}$ 同解,这只需 $\boldsymbol{B}\boldsymbol{x}=\boldsymbol{0}$ 的解 $\boldsymbol{x}_0$ 必为$\begin{pmatrix}\boldsymbol{B}\\ \boldsymbol{C}^{\mathrm{T}}\end{pmatrix}\boldsymbol{x}=\boldsymbol{0}$ 的解. 事实上,由于

$$\begin{pmatrix}\boldsymbol{x}_0\\ \boldsymbol{0}\end{pmatrix}^{\mathrm{T}}\begin{pmatrix}\boldsymbol{B} & \boldsymbol{C}\\ \boldsymbol{C}^{\mathrm{T}} & \boldsymbol{D}\end{pmatrix}\begin{pmatrix}\boldsymbol{x}_0\\ \boldsymbol{0}\end{pmatrix}=\boldsymbol{x}_0^{\mathrm{T}}\boldsymbol{B}\boldsymbol{x}_0=0,$$

及$\begin{pmatrix}\boldsymbol{B} & \boldsymbol{C}\\ \boldsymbol{C}^{\mathrm{T}} & \boldsymbol{D}\end{pmatrix}$半正定,所以$\begin{pmatrix}\boldsymbol{B} & \boldsymbol{C}\\ \boldsymbol{C}^{\mathrm{T}} & \boldsymbol{D}\end{pmatrix}\begin{pmatrix}\boldsymbol{x}_0\\ \boldsymbol{0}\end{pmatrix}=\boldsymbol{0}$(见本章例 8.65),从而有$\begin{pmatrix}\boldsymbol{B}\\ \boldsymbol{C}^{\mathrm{T}}\end{pmatrix}\boldsymbol{x}_0=\boldsymbol{0}$. 结论得证.

(方法 3) 因为 $\boldsymbol{A}$ 为 n 阶半正定矩阵,所以存在 n 阶实矩阵 $\boldsymbol{U}$,使得 $\boldsymbol{A}=\boldsymbol{U}^{\mathrm{T}}\boldsymbol{U}$. 对 $\boldsymbol{U}$ 作分块:$\boldsymbol{U}=(\boldsymbol{P},\boldsymbol{Q})$,其中 $\boldsymbol{P}$ 为 $n\times m$ 矩阵,$\boldsymbol{Q}$ 为 $n\times(n-m)$矩阵,则

$$\begin{pmatrix}\boldsymbol{B} & \boldsymbol{C}\\ \boldsymbol{C}^{\mathrm{T}} & \boldsymbol{D}\end{pmatrix}=\begin{pmatrix}\boldsymbol{P}^{\mathrm{T}}\\ \boldsymbol{Q}^{\mathrm{T}}\end{pmatrix}(\boldsymbol{P},\boldsymbol{Q})=\begin{pmatrix}\boldsymbol{P}^{\mathrm{T}}\boldsymbol{P} & \boldsymbol{P}^{\mathrm{T}}\boldsymbol{Q}\\ \boldsymbol{Q}^{\mathrm{T}}\boldsymbol{P} & \boldsymbol{Q}^{\mathrm{T}}\boldsymbol{Q}\end{pmatrix}.$$

比较等式两边对应子块,得 $\boldsymbol{B}=\boldsymbol{P}^{\mathrm{T}}\boldsymbol{P},\boldsymbol{C}=\boldsymbol{P}^{\mathrm{T}}\boldsymbol{Q}$,所以$(\boldsymbol{B},\boldsymbol{C})=\boldsymbol{P}^{\mathrm{T}}(\boldsymbol{P},\boldsymbol{Q})$.

利用关于实矩阵的秩的结论(见第 3 章例 3.87),得

$$\operatorname{rank}\boldsymbol{B}\leqslant\operatorname{rank}(\boldsymbol{B},\boldsymbol{C})\leqslant\operatorname{rank}\boldsymbol{P}^{\mathrm{T}}=\operatorname{rank}(\boldsymbol{P}^{\mathrm{T}}\boldsymbol{P})=\operatorname{rank}\boldsymbol{B}.$$

因此,得 $\operatorname{rank}(\boldsymbol{B},\boldsymbol{C})=\operatorname{rank}\boldsymbol{B}$.

【例 8.123】(丘成桐竞赛试题,2014 年) 设 $a_1,a_2,\cdots,a_n$ 是 n 个非负实数.

(1) 证明 n 阶方阵 $\boldsymbol{A}=(t^{a_i+a_j})$ 对任意实数 $t>0$ 是半正定的,并求 $\operatorname{rank}\boldsymbol{A}$;

(2) 设 $\boldsymbol{B}=(b_{ij})$,其中 $b_{ij}=\dfrac{1}{1+a_i+a_j}$,$1\leqslant i,j\leqslant n$. 证明:$\boldsymbol{B}$ 是半正定矩阵;

(3) 证明:$\boldsymbol{B}$ 是正定矩阵当且仅当 $a_1,a_2,\cdots,a_n$ 是两两互异的.

【证】 (1) 令 $\boldsymbol{\alpha}=(t^{a_1},t^{a_2},\cdots,t^{a_n})^{\mathrm{T}}$,则 $\boldsymbol{A}=\boldsymbol{\alpha}\boldsymbol{\alpha}^{\mathrm{T}}$. 所以 $\boldsymbol{A}$ 是半正定的,且 $\operatorname{rank}\boldsymbol{A}=1$.

(2) 显然,$\boldsymbol{B}$ 是实对称矩阵. 对任意 $\boldsymbol{x}=(x_1,x_2,\cdots,x_n)^{\mathrm{T}}\in\mathbb{R}^n$,考虑实数域上的连续函数

$$f(t)=\sum_{i=1}^{n}x_i t^{a_i}=\boldsymbol{x}^{\mathrm{T}}\boldsymbol{\alpha},\quad \forall t\in\mathbb{R}.$$

显然有 $\int_0^1[f(t)]^2\mathrm{d}t\geqslant 0$,其中等号成立当且仅当 $f(t)=0$. 另一方面,直接计算可得

$$\begin{aligned}\int_0^1[f(t)]^2\mathrm{d}t&=\int_0^1\Big(\sum_{i=1}^{n}x_i t^{a_i}\Big)\Big(\sum_{j=1}^{n}x_j t^{a_j}\Big)\,\mathrm{d}t=\sum_{i=1}^{n}\sum_{j=1}^{n}x_i x_j\int_0^1 t^{a_i+a_j}\mathrm{d}t\\&=\sum_{i=1}^{n}\sum_{j=1}^{n}\frac{1}{1+a_i+a_j}x_i x_j=\boldsymbol{x}^{\mathrm{T}}\boldsymbol{B}\boldsymbol{x}.\end{aligned}$$

由此可见,实二次型 $q(\boldsymbol{x})=\boldsymbol{x}^{\mathrm{T}}\boldsymbol{B}\boldsymbol{x}$ 是半正定的,因此 $\boldsymbol{B}$ 是半正定矩阵.

(3) 设 $\lambda_1,\lambda_2,\cdots,\lambda_n$ 是 $\boldsymbol{B}$ 的特征值,则 $\lambda_i\geqslant 0,i=1,2,\cdots,n$,且 $|\boldsymbol{B}|=\prod\limits_{i=1}^{n}\lambda_i\geqslant 0$. 所以 $\boldsymbol{B}$ 正定当且仅当 λ_i 全为正,即 $|\boldsymbol{B}|>0$. 另一方面,根据第 2 章例 2.40 易知

$$|\boldsymbol{B}|=\frac{\prod\limits_{1\leqslant j<i\leqslant n}(a_i-a_j)^2}{\prod\limits_{i=1}^{n}\prod\limits_{j=1}^{n}(1+a_i+a_j)}.$$

因此,$\boldsymbol{B}$ 是正定矩阵当且仅当 $a_1,a_2,\cdots,a_n$ 两两互异.

【注】 对于(3),直接用 $\boldsymbol{B}$ 正定当且仅当 $\boldsymbol{B}$ 的各阶顺序主子式均大于零也不难证明.

【例 8.124】(上海大学,2005 年) 设 $\boldsymbol{A}$ 是 n 阶实对称矩阵,证明:$\boldsymbol{A}$ 正定的充分必要条件是存在实 n 阶上三角矩阵 $\boldsymbol{L}$,且 $\boldsymbol{L}$ 的主对角线上的元素均不为零,使 $\boldsymbol{A}=\boldsymbol{L}\boldsymbol{L}^{\mathrm{T}}$.

【证】 充分性显然. 下证必要性,对 n 用归纳法.

当 $n=1$ 时,结论显然成立. 设 $n\geqslant 2$,并假设 $n-1$ 时结论成立,下证对于 n 阶正定矩阵 $\boldsymbol{A}$ 结论也成立. 将 $\boldsymbol{A}$ 分块为 $\boldsymbol{A}=\begin{pmatrix}a_{11}&\boldsymbol{\beta}^{\mathrm{T}}\\\boldsymbol{\beta}&\boldsymbol{A}_1\end{pmatrix}$,其中 $\boldsymbol{\beta}$ 是 $n-1$ 维实列向量,$\boldsymbol{A}_1$ 为 $n-1$ 阶实对称矩阵. 因为 $\boldsymbol{A}$ 正定,所以 $\boldsymbol{A}_1$ 也是正定的,从而是可逆的. 于是有

$$\begin{pmatrix}1&-\boldsymbol{\beta}^{\mathrm{T}}\boldsymbol{A}_1^{-1}\\\boldsymbol{0}&\boldsymbol{E}_{n-1}\end{pmatrix}\begin{pmatrix}a_{11}&\boldsymbol{\beta}^{\mathrm{T}}\\\boldsymbol{\beta}&\boldsymbol{A}_1\end{pmatrix}\begin{pmatrix}1&\boldsymbol{0}\\-\boldsymbol{A}_1^{-1}\boldsymbol{\beta}&\boldsymbol{E}_{n-1}\end{pmatrix}=\begin{pmatrix}a_{11}-\boldsymbol{\beta}^{\mathrm{T}}\boldsymbol{A}_1^{-1}\boldsymbol{\beta}&\boldsymbol{0}\\\boldsymbol{0}&\boldsymbol{A}_1\end{pmatrix}.\qquad ①$$

令 $b=a_{11}-\boldsymbol{\beta}^{\mathrm{T}}\boldsymbol{A}_1^{-1}\boldsymbol{\beta}$,对上式两边取行列式,可知 $b>0$. 又根据归纳假设,存在主对角元均不为零的实 $n-1$ 阶上三角矩阵 $\boldsymbol{L}_1$ 使得 $\boldsymbol{A}_1=\boldsymbol{L}_1\boldsymbol{L}_1^{\mathrm{T}}$. 因此,①式可表述为

$$\begin{pmatrix}a_{11}&\boldsymbol{\beta}^{\mathrm{T}}\\\boldsymbol{\beta}&\boldsymbol{A}_1\end{pmatrix}=\begin{pmatrix}1&-\boldsymbol{\beta}^{\mathrm{T}}\boldsymbol{A}_1^{-1}\\\boldsymbol{0}&\boldsymbol{E}_{n-1}\end{pmatrix}^{-1}\begin{pmatrix}\sqrt{b}&\boldsymbol{0}\\\boldsymbol{0}&\boldsymbol{L}_1\end{pmatrix}\begin{pmatrix}\sqrt{b}&\boldsymbol{0}\\\boldsymbol{0}&\boldsymbol{L}_1^{\mathrm{T}}\end{pmatrix}\begin{pmatrix}1&\boldsymbol{0}\\-\boldsymbol{A}_1^{-1}\boldsymbol{\beta}&\boldsymbol{E}_{n-1}\end{pmatrix}^{-1}.$$

令 $\boldsymbol{L}=\begin{pmatrix}1&-\boldsymbol{\beta}^{\mathrm{T}}\boldsymbol{A}_1^{-1}\\\boldsymbol{0}&\boldsymbol{E}_{n-1}\end{pmatrix}^{-1}\begin{pmatrix}\sqrt{b}&\boldsymbol{0}\\\boldsymbol{0}&\boldsymbol{L}_1\end{pmatrix}$,则 $\boldsymbol{L}$ 是主对角元均不为零的实 n 阶上三角矩阵,且 $\boldsymbol{A}=\boldsymbol{L}\boldsymbol{L}^{\mathrm{T}}$.

【注】 类似可证:对于 n 阶正定矩阵 $\boldsymbol{A}$,存在唯一的 n 阶主对角元均大于零的实上三角矩阵 $\boldsymbol{U}$,使得 $\boldsymbol{A}=\boldsymbol{U}^{\mathrm{T}}\boldsymbol{U}$. 此即正定矩阵的 Cholesky 分解(见文献[17]). 由此易得可逆实矩阵的正交三角分解(见第 9 章例 9.42).(事实上,若 $\boldsymbol{A}$ 为可逆实矩阵,则对正定矩阵 $\boldsymbol{A}^{\mathrm{T}}\boldsymbol{A}$ 有Cholesky 分解 $\boldsymbol{A}^{\mathrm{T}}\boldsymbol{A}=\boldsymbol{U}^{\mathrm{T}}\boldsymbol{U}$. 再令 $\boldsymbol{P}=(\boldsymbol{A}^{\mathrm{T}})^{-1}\boldsymbol{U}^{\mathrm{T}}$,则 $\boldsymbol{P}$ 为正交矩阵,且 $\boldsymbol{A}=\boldsymbol{P}\boldsymbol{U}$.)

【例 8.125】(中国科学技术大学,2011 年) 已知$\mathbb{R}^2$的线性变换 $\mathscr{A}$ 把(1,0)映射到(0,1),把(0,1)映射到(2,1),并且把圆 $C:x^2+y^2=1$ 映射成椭圆 E. 求:(1)E 的方程;(2)E 的长轴所在直线的方程;(3)E 的面积.

【解】 (1)令 $\boldsymbol{e}_1=(1,0)$,$\boldsymbol{e}_2=(0,1)$,根据题设知,$\mathscr{A}$ 在基 $\boldsymbol{e}_1,\boldsymbol{e}_2$ 下的矩阵为

$$\boldsymbol{A}=\begin{pmatrix}0&2\\1&1\end{pmatrix}.$$

显然 $\boldsymbol{A}$ 是可逆矩阵. 任取 $\boldsymbol{\alpha}=(x,y)\in C$,记 $\boldsymbol{\beta}=(u,v)$ 是 $\mathscr{A}$ 作用于 $\boldsymbol{\alpha}$ 的像,即 $\mathscr{A}(\boldsymbol{\alpha})=\boldsymbol{\beta}$. 因此,有 $\boldsymbol{A}\boldsymbol{X}=\boldsymbol{Y}$,其中 $\boldsymbol{X}=\begin{pmatrix}x\\y\end{pmatrix}$,$\boldsymbol{Y}=\begin{pmatrix}u\\v\end{pmatrix}$ 分别是 $\boldsymbol{\alpha},\boldsymbol{\beta}$ 在基 $\boldsymbol{e}_1,\boldsymbol{e}_2$ 下的坐标向量. 于是

$$\boldsymbol{\beta}\in E\Leftrightarrow\boldsymbol{\alpha}\in C\Leftrightarrow\boldsymbol{X}^{\mathrm{T}}\boldsymbol{X}=1\Leftrightarrow\boldsymbol{Y}^{\mathrm{T}}(\boldsymbol{A}\boldsymbol{A}^{\mathrm{T}})^{-1}\boldsymbol{Y}=1.$$

令 $\boldsymbol{B}=(\boldsymbol{A}\boldsymbol{A}^{\mathrm{T}})^{-1}$,则 $\boldsymbol{Y}^{\mathrm{T}}\boldsymbol{B}\boldsymbol{Y}=1$. 由此得 $u^2+2v^2-2uv=2$,即所求椭圆 E 的方程.

(2)将椭圆方程改记为 $\boldsymbol{X}^{\mathrm{T}}\boldsymbol{B}\boldsymbol{X}=1$,并化为标准形. 注意 $\boldsymbol{B}=(\boldsymbol{A}\boldsymbol{A}^{\mathrm{T}})^{-1}$ 是实对称矩阵:

$$\boldsymbol{B}=\frac{1}{2}\begin{pmatrix}1&-1\\-1&2\end{pmatrix}.$$

易知,$\boldsymbol{B}$ 的特征值为 $\lambda_{1,2}=\frac{3\pm\sqrt{5}}{4}$,对应相互正交的特征向量为$\left(-1,\frac{\sqrt{5}+1}{2}\right)^{\mathrm{T}}$,$\left(1,\frac{\sqrt{5}-1}{2}\right)^{\mathrm{T}}$,再单位化后作为正交矩阵 $\boldsymbol{P}$ 的列向量,即

$$\boldsymbol{P}=\begin{pmatrix}-a&b\\\frac{\sqrt{5}+1}{2}a&\frac{\sqrt{5}-1}{2}b\end{pmatrix},$$

其中 $a=\sqrt{\frac{2}{5+\sqrt{5}}}$,$b=\sqrt{\frac{2}{5-\sqrt{5}}}$.

现在,记 $\boldsymbol{Z}=(x',y')^{\mathrm{T}}$,则正交变换 $\boldsymbol{X}=\boldsymbol{P}\boldsymbol{Z}$ 将椭圆方程化为标准形

$$\lambda_1x'^2+\lambda_2y'^2=1. \qquad ①$$

显然,椭圆的长轴为 y'轴即 $x'=0$. 由 $\boldsymbol{Z}=\boldsymbol{P}^{\mathrm{T}}\boldsymbol{X}$ 得 $x'=-ax+a\frac{\sqrt{5}+1}{2}y$,因此,有 $y=\frac{\sqrt{5}-1}{2}x$.

(3)根据①式所给出的椭圆 E 的方程,易知其面积为$\frac{\pi}{\sqrt{\lambda_1\lambda_2}}=2\pi$.

【例 8.126】 设 $\boldsymbol{A}$ 是 n 阶可逆实对称矩阵,$\boldsymbol{\beta}$ 是 n 维实的列向量. 证明:矩阵 $\boldsymbol{A}$ 的符号差 $\delta(\boldsymbol{A})$满足:

$$\delta(\boldsymbol{A})-\delta(\boldsymbol{A}-\boldsymbol{\beta}\boldsymbol{\beta}^{\mathrm{T}})=\begin{cases}0, & \text{当}\boldsymbol{\beta}^{\mathrm{T}}\boldsymbol{A}^{-1}\boldsymbol{\beta}<1\text{时},\\1, & \text{当}\boldsymbol{\beta}^{\mathrm{T}}\boldsymbol{A}^{-1}\boldsymbol{\beta}=1\text{时},\\2, & \text{当}\boldsymbol{\beta}^{\mathrm{T}}\boldsymbol{A}^{-1}\boldsymbol{\beta}>1\text{时}.\end{cases}$$

【证】 对 $n+1$ 阶实对称矩阵$\begin{pmatrix}1 & \boldsymbol{\beta}^{\mathrm{T}}\\ \boldsymbol{\beta} & \boldsymbol{A}\end{pmatrix}$施行分块初等变换，得

$$\begin{pmatrix}1 & \mathbf{0}\\ -\boldsymbol{\beta} & \boldsymbol{E}\end{pmatrix}\begin{pmatrix}1 & \boldsymbol{\beta}^{\mathrm{T}}\\ \boldsymbol{\beta} & \boldsymbol{A}\end{pmatrix}\begin{pmatrix}1 & -\boldsymbol{\beta}^{\mathrm{T}}\\ \mathbf{0} & \boldsymbol{E}\end{pmatrix}=\begin{pmatrix}1 & \\ & \boldsymbol{A}-\boldsymbol{\beta}\boldsymbol{\beta}^{\mathrm{T}}\end{pmatrix},$$

$$\begin{pmatrix}1 & -\boldsymbol{\beta}^{\mathrm{T}}\boldsymbol{A}^{-1}\\ \mathbf{0} & \boldsymbol{E}\end{pmatrix}\begin{pmatrix}1 & \boldsymbol{\beta}^{\mathrm{T}}\\ \boldsymbol{\beta} & \boldsymbol{A}\end{pmatrix}\begin{pmatrix}1 & \mathbf{0}\\ -\boldsymbol{A}^{-1}\boldsymbol{\beta} & \boldsymbol{E}\end{pmatrix}=\begin{pmatrix}1-\boldsymbol{\beta}^{\mathrm{T}}\boldsymbol{A}^{-1}\boldsymbol{\beta} & \\ & \boldsymbol{A}\end{pmatrix}.$$

所以，上述右端两个分块对角矩阵合同，因而有相同的符号差. 由此，可得

$$1+\delta(\boldsymbol{A}-\boldsymbol{\beta}\boldsymbol{\beta}^{\mathrm{T}})=\Delta(1-\boldsymbol{\beta}^{\mathrm{T}}\boldsymbol{A}^{-1}\boldsymbol{\beta})+\delta(\boldsymbol{A}),$$

其中 $\Delta(x)$ 是 Kronecker 符号. 再比较 1 与$\boldsymbol{\beta}^{\mathrm{T}}\boldsymbol{A}^{-1}\boldsymbol{\beta}$ 的大小即得所证关系式.

【例 8.127】(北京大学,2009 年) 设 $\boldsymbol{S}$ 是 n 阶实对称矩阵，$\boldsymbol{S}_1,\boldsymbol{S}_2$ 都是 m 阶实对称矩阵，且$\begin{pmatrix}\boldsymbol{S} & \\ & \boldsymbol{S}_1\end{pmatrix}$合同于$\begin{pmatrix}\boldsymbol{S} & \\ & \boldsymbol{S}_2\end{pmatrix}$，求证：$\boldsymbol{S}_1$ 与 $\boldsymbol{S}_2$ 是合同的.

【证】 设 $p(\boldsymbol{S})$表示 $\boldsymbol{S}$ 的正惯性指数. 易知，$p\begin{pmatrix}\boldsymbol{S} & \\ & \boldsymbol{S}_1\end{pmatrix}=p(\boldsymbol{S})+p(\boldsymbol{S}_1)$. 事实上，若令 $p(\boldsymbol{S})=p$，$p(\boldsymbol{S}_1)=p_1$，则存在可逆实矩阵 $\boldsymbol{C},\boldsymbol{C}_1$，使得(为着方便，这里不妨设 $\boldsymbol{S}$，$\boldsymbol{S}_1$ 都是满秩的.)

$$\boldsymbol{C}^{\mathrm{T}}\boldsymbol{S}\boldsymbol{C}=\begin{pmatrix}\boldsymbol{E}_p & \\ & -\boldsymbol{E}_{n-p}\end{pmatrix},\quad \boldsymbol{C}_1^{\mathrm{T}}\boldsymbol{S}_1\boldsymbol{C}_1=\begin{pmatrix}\boldsymbol{E}_{p_1} & \\ & -\boldsymbol{E}_{m-p_1}\end{pmatrix}.$$

于是，有

$$\begin{pmatrix}\boldsymbol{C} & \\ & \boldsymbol{C}_1\end{pmatrix}^{\mathrm{T}}\begin{pmatrix}\boldsymbol{S} & \\ & \boldsymbol{S}_1\end{pmatrix}\begin{pmatrix}\boldsymbol{C} & \\ & \boldsymbol{C}_1\end{pmatrix}=\mathrm{diag}(\boldsymbol{E}_p,-\boldsymbol{E}_{n-p},\boldsymbol{E}_{p_1},-\boldsymbol{E}_{m-p_1}).$$

这就表明

$$p\begin{pmatrix}\boldsymbol{S} & \\ & \boldsymbol{S}_1\end{pmatrix}=p+p_1=p(\boldsymbol{S})+p(\boldsymbol{S}_1).$$

现在，根据题设并利用惯性定理，有

$$\mathrm{rank}\begin{pmatrix}\boldsymbol{S} & \\ & \boldsymbol{S}_1\end{pmatrix}=\mathrm{rank}\begin{pmatrix}\boldsymbol{S} & \\ & \boldsymbol{S}_2\end{pmatrix},\quad p\begin{pmatrix}\boldsymbol{S} & \\ & \boldsymbol{S}_1\end{pmatrix}=p\begin{pmatrix}\boldsymbol{S} & \\ & \boldsymbol{S}_2\end{pmatrix}.$$

由此即得 $\mathrm{rank}\,\boldsymbol{S}_1=\mathrm{rank}\,\boldsymbol{S}_2$，$p(\boldsymbol{S}_1)=p(\boldsymbol{S}_2)$. 仍由惯性定理知，$\boldsymbol{S}_1$ 合同于 $\boldsymbol{S}_2$.

【注】 本题即 Witt 消去定理，其一般情形为：设 $\boldsymbol{R}_1,\boldsymbol{R}_2$ 均为 n 阶实对称矩阵，$\boldsymbol{S}_1,\boldsymbol{S}_2$ 均为 m 阶实对称矩阵，$\begin{pmatrix}\boldsymbol{R}_1 & \\ & \boldsymbol{S}_1\end{pmatrix}$合同于$\begin{pmatrix}\boldsymbol{R}_2 & \\ & \boldsymbol{S}_2\end{pmatrix}$，且 $\boldsymbol{R}_1$ 合同于 $\boldsymbol{R}_2$，则 $\boldsymbol{S}_1$ 合同于 $\boldsymbol{S}_2$.

顺便指出，利用主轴定理并结合归纳法也可证明 Witt 消去定理，并由此证明惯性定理，详见文献[12]或[14].

【例 8.128】(北京航空航天大学,2000 年) 设 $\boldsymbol{A}$ 为 n 阶实对称正定矩阵，λ_1,λ_n 分别为 $\boldsymbol{A}$ 的最小特征值与最大特征值. 证明：对任意 n 维实的非零列向量 $\boldsymbol{\alpha}$，都有

$$\frac{\boldsymbol{\alpha}^{\mathrm{T}}\boldsymbol{A}\boldsymbol{\alpha}\boldsymbol{\alpha}^{\mathrm{T}}\boldsymbol{A}^{-1}\boldsymbol{\alpha}}{(\boldsymbol{\alpha}^{\mathrm{T}}\boldsymbol{\alpha})^2}\leqslant\frac{(\lambda_1+\lambda_n)^2}{4\lambda_1\lambda_n}.$$

【证】 设$0<\lambda_1\leqslant\lambda_2\leqslant\cdots\leqslant\lambda_n$是$\boldsymbol{A}$的特征值，则存在正交矩阵$\boldsymbol{U}$，使得

$$\boldsymbol{U}^{\mathrm{T}}\boldsymbol{A}\boldsymbol{U}=\boldsymbol{U}^{-1}\boldsymbol{A}\boldsymbol{U}=\operatorname{diag}(\lambda_1,\lambda_2,\cdots,\lambda_n),$$

于是，有

$$\boldsymbol{U}^{\mathrm{T}}\boldsymbol{A}^{-1}\boldsymbol{U}=\operatorname{diag}\left(\frac{1}{\lambda_1},\frac{1}{\lambda_2},\cdots,\frac{1}{\lambda_n}\right).$$

令$\boldsymbol{\beta}=\boldsymbol{U}^{\mathrm{T}}\boldsymbol{\alpha}=(b_1,b_2,\cdots,b_n)^{\mathrm{T}}$，则$\boldsymbol{\alpha}^{\mathrm{T}}\boldsymbol{\alpha}=\boldsymbol{\beta}^{\mathrm{T}}\boldsymbol{\beta}$，且

$$\frac{\boldsymbol{\alpha}^{\mathrm{T}}\boldsymbol{A}\boldsymbol{\alpha}\boldsymbol{\alpha}^{\mathrm{T}}\boldsymbol{A}^{-1}\boldsymbol{\alpha}}{(\boldsymbol{\alpha}^{\mathrm{T}}\boldsymbol{\alpha})^2}=\left(\frac{1}{\sum\limits_{k=1}^{n}b_k^2}\sum_{i=1}^{n}\lambda_i b_i^2\right)\left(\frac{1}{\sum\limits_{k=1}^{n}b_k^2}\sum_{i=1}^{n}\frac{b_i^2}{\lambda_i}\right).$$

记$c_i=\dfrac{1}{\sqrt{\sum\limits_{k=1}^{n}b_k^2}}b_i(i=1,2,\cdots,n)$，于是，问题转化为证明：

若$0<\lambda_1\leqslant\lambda_2\leqslant\cdots\leqslant\lambda_n$，且$c_1^2+c_2^2+\cdots+c_n^2=1$，其中$c_i\in\mathbb{R}\,(i=1,2,\cdots,n)$，则

$$(\lambda_1c_1^2+\lambda_2c_2^2+\cdots+\lambda_nc_n^2)\left(\frac{c_1^2}{\lambda_1}+\frac{c_2^2}{\lambda_2}+\cdots+\frac{c_n^2}{\lambda_n}\right)\leqslant\frac{(\lambda_1+\lambda_n)^2}{4\lambda_1\lambda_n}. \quad ①$$

为此，任取$\mu>0$，有

$$\begin{aligned}\left(\sum_{i=1}^{n}\lambda_ic_i^2\right)\left(\sum_{i=1}^{n}\frac{c_i^2}{\lambda_i}\right)&=\left(\sum_{i=1}^{n}\frac{\lambda_ic_i^2}{\mu}\right)\left(\sum_{i=1}^{n}\frac{\mu c_i^2}{\lambda_i}\right)\leqslant\frac{1}{4}\left(\sum_{i=1}^{n}\frac{\lambda_ic_i^2}{\mu}+\sum_{i=1}^{n}\frac{\mu c_i^2}{\lambda_i}\right)^2\\&=\frac{1}{4}\left[\sum_{i=1}^{n}c_i^2\left(\frac{\lambda_i}{\mu}+\frac{\mu}{\lambda_i}\right)\right]^2.\end{aligned} \quad ②$$

现在，取$\mu=\sqrt{\lambda_1\lambda_n}$，易证$\dfrac{\lambda_i}{\sqrt{\lambda_1\lambda_n}}+\dfrac{\sqrt{\lambda_1\lambda_n}}{\lambda_i}\leqslant\dfrac{\lambda_1}{\sqrt{\lambda_1\lambda_n}}+\dfrac{\sqrt{\lambda_1\lambda_n}}{\lambda_1}$，所以

$$\sum_{i=1}^{n}c_i^2\left(\frac{\lambda_i}{\mu}+\frac{\mu}{\lambda_i}\right)=\sum_{i=1}^{n}c_i^2\left(\frac{\lambda_i}{\sqrt{\lambda_1\lambda_n}}+\frac{\sqrt{\lambda_1\lambda_n}}{\lambda_i}\right)\leqslant\sum_{i=1}^{n}c_i^2\left(\frac{\lambda_1}{\sqrt{\lambda_1\lambda_n}}+\frac{\sqrt{\lambda_1\lambda_n}}{\lambda_1}\right)=\frac{\lambda_1+\lambda_n}{\sqrt{\lambda_1\lambda_n}}. \quad ③$$

将③式代入②式即证得①式.

【注】 本题即著名的 Kantorovich 不等式，其证明方法较多，可参见文献[10].

【例 8.129】 证明：对于n阶实方阵$\boldsymbol{A},\boldsymbol{B}$，若$\boldsymbol{E}-\boldsymbol{A}^{\mathrm{T}}\boldsymbol{A}$与$\boldsymbol{E}-\boldsymbol{B}^{\mathrm{T}}\boldsymbol{B}$是半正定矩阵，则

$$|\boldsymbol{E}-\boldsymbol{A}^{\mathrm{T}}\boldsymbol{B}|^2\geqslant|\boldsymbol{E}-\boldsymbol{A}^{\mathrm{T}}\boldsymbol{A}||\boldsymbol{E}-\boldsymbol{B}^{\mathrm{T}}\boldsymbol{B}|.$$

【证】 若$|\boldsymbol{E}-\boldsymbol{A}^{\mathrm{T}}\boldsymbol{A}|=0$，则不等式成立. 下设$\boldsymbol{E}-\boldsymbol{A}^{\mathrm{T}}\boldsymbol{A}$正定，并证明更强的结论：

$$|\boldsymbol{E}-\boldsymbol{A}^{\mathrm{T}}\boldsymbol{B}|^2\geqslant|\boldsymbol{A}-\boldsymbol{B}|^2+|\boldsymbol{E}-\boldsymbol{A}^{\mathrm{T}}\boldsymbol{A}||\boldsymbol{E}-\boldsymbol{B}^{\mathrm{T}}\boldsymbol{B}|,$$

其中等号成立当且仅当$\boldsymbol{A}=\boldsymbol{B}$.

根据 Sherman-Morrison-Woodbury 公式（详见第 4 章例 4.37）：

$$(\boldsymbol{E}-\boldsymbol{A}\boldsymbol{A}^{\mathrm{T}})^{-1}=\boldsymbol{E}+\boldsymbol{A}(\boldsymbol{E}-\boldsymbol{A}^{\mathrm{T}}\boldsymbol{A})^{-1}\boldsymbol{A}^{\mathrm{T}},$$

$$(\boldsymbol{E}-\boldsymbol{A}^{\mathrm{T}}\boldsymbol{A})^{-1}=\boldsymbol{E}+\boldsymbol{A}^{\mathrm{T}}(\boldsymbol{E}-\boldsymbol{A}\boldsymbol{A}^{\mathrm{T}})^{-1}\boldsymbol{A},$$

易得

$$\begin{aligned}&(\boldsymbol{E}-\boldsymbol{A}^{\mathrm{T}}\boldsymbol{B})^{\mathrm{T}}(\boldsymbol{E}-\boldsymbol{A}^{\mathrm{T}}\boldsymbol{A})^{-1}(\boldsymbol{E}-\boldsymbol{A}^{\mathrm{T}}\boldsymbol{B})-(\boldsymbol{E}-\boldsymbol{B}^{\mathrm{T}}\boldsymbol{B})\\&=(\boldsymbol{E}-\boldsymbol{A}^{\mathrm{T}}\boldsymbol{A})^{-1}-\boldsymbol{E}+\boldsymbol{B}^{\mathrm{T}}[\boldsymbol{E}+\boldsymbol{A}(\boldsymbol{E}-\boldsymbol{A}^{\mathrm{T}}\boldsymbol{A})^{-1}\boldsymbol{A}^{\mathrm{T}}]\boldsymbol{B}-\\&\quad\boldsymbol{B}^{\mathrm{T}}\boldsymbol{A}(\boldsymbol{E}-\boldsymbol{A}^{\mathrm{T}}\boldsymbol{A})^{-1}-(\boldsymbol{E}-\boldsymbol{A}^{\mathrm{T}}\boldsymbol{A})^{-1}\boldsymbol{A}^{\mathrm{T}}\boldsymbol{B}\end{aligned}$$

$$=(\boldsymbol{A}-\boldsymbol{B})^{\mathrm{T}}(\boldsymbol{E}-\boldsymbol{A}\boldsymbol{A}^{\mathrm{T}})^{-1}(\boldsymbol{A}-\boldsymbol{B}),$$

令 $\boldsymbol{M}_1=(\boldsymbol{A}-\boldsymbol{B})^{\mathrm{T}}(\boldsymbol{E}-\boldsymbol{A}\boldsymbol{A}^{\mathrm{T}})^{-1}(\boldsymbol{A}-\boldsymbol{B})$，$\boldsymbol{M}_2=\boldsymbol{E}-\boldsymbol{B}^{\mathrm{T}}\boldsymbol{B}$，则上式即

$$(\boldsymbol{E}-\boldsymbol{A}^{\mathrm{T}}\boldsymbol{B})^{\mathrm{T}}(\boldsymbol{E}-\boldsymbol{A}^{\mathrm{T}}\boldsymbol{A})^{-1}(\boldsymbol{E}-\boldsymbol{A}^{\mathrm{T}}\boldsymbol{B})=\boldsymbol{M}_1+\boldsymbol{M}_2.$$

因为 $\boldsymbol{M}_1$ 和 $\boldsymbol{M}_2$ 都是半正定矩阵，所以 $|\boldsymbol{M}_1+\boldsymbol{M}_2|\geqslant|\boldsymbol{M}_1|+|\boldsymbol{M}_2|$. 上式两边取行列式，并注意到 $|\boldsymbol{E}-\boldsymbol{A}\boldsymbol{A}^{\mathrm{T}}|=|\boldsymbol{E}-\boldsymbol{A}^{\mathrm{T}}\boldsymbol{A}|$，即得所证.

【例 8.130】 设 $\alpha_1,\alpha_2,\cdots,\alpha_n$ 是实系数 n 次多项式 $f(x)$ 的根且两两互异，实二次型

$$\varphi(x_0,x_1,\cdots,x_{n-1})=\sum_{i=0}^{n-1}\sum_{j=0}^{n-1}s_{i+j}x_ix_j,$$

其中 $s_t=\sum_{k=1}^{n}\alpha_k^t$. 证明：$f(x)$ 的实根的个数等于二次型 φ 的符号差. 特别，当且仅当 φ 为正定二次型时 $f(x)$ 的根全为实数.

【证】 根据 Vieta 定理，关于 $f(x)$ 的 n 个根的初等对称多项式 $\sigma_1,\sigma_2,\cdots,\sigma_n$ 均为实数. 再由 Newton 公式知，$\{s_i\}$ 为实数列，所以 φ 为实二次型. 易知，φ 的矩阵可表示为 $\boldsymbol{A}=\boldsymbol{C}^{\mathrm{T}}\boldsymbol{C}$，其中

$$\boldsymbol{C}=\begin{pmatrix}1&\alpha_1&\cdots&\alpha_1^{n-1}\\1&\alpha_2&\cdots&\alpha_2^{n-1}\\\vdots&\vdots&&\vdots\\1&\alpha_n&\cdots&\alpha_n^{n-1}\end{pmatrix}.$$

若记 $\boldsymbol{x}=(x_0,x_1,\cdots,x_{n-1})^{\mathrm{T}}$，则 $\varphi(\boldsymbol{x})=\boldsymbol{x}^{\mathrm{T}}\boldsymbol{A}\boldsymbol{x}=\boldsymbol{x}^{\mathrm{T}}\boldsymbol{C}^{\mathrm{T}}\boldsymbol{C}\boldsymbol{x}$. 考虑线性替换 $\boldsymbol{y}=\boldsymbol{C}\boldsymbol{x}$，即

$$\begin{cases}y_1=x_0+\alpha_1x_1+\cdots+\alpha_1^{n-1}x_{n-1},\\y_2=x_0+\alpha_2x_1+\cdots+\alpha_2^{n-1}x_{n-1},\\\cdots\cdots\cdots\cdots\\y_n=x_0+\alpha_nx_1+\cdots+\alpha_n^{n-1}x_{n-1},\end{cases}\qquad ①$$

因为 $\alpha_1,\alpha_2,\cdots,\alpha_n$ 是两两互异的，$|\boldsymbol{C}|=\prod_{1\leqslant j<i\leqslant n}(\alpha_i-\alpha_j)\neq0$，所以上述线性替换是非退化的，并且把二次型 φ 化为 n 个系数均不为零的标准形：

$$\varphi=y_1^2+y_2^2+\cdots+y_n^2.\qquad ②$$

如果 $f(x)$ 的根全为实数，那么①式为实系数非退化线性替换. 于是 φ 是正定二次型.

如果 $f(x)$ 有复根 α_k，那么可将 y_k 写成 $y_k=z_k+\mathrm{i}t_k$，其中 z_k 与 t_k 都是 $x_0,x_1,\cdots,x_{n-1}$ 的实系数线性型. 因为 $f(x)$ 是实系数多项式，其复根必成对出现，所以存在 α_l，使得 $\alpha_l=\overline{\alpha}_k$，于是 $y_l=z_k-\mathrm{i}t_k$，从而有 $y_k^2+y_l^2=2z_k^2-2t_k^2$. 这就是说，当 $f(x)$ 的根不全为实数时，每一对共轭复根恰好对应②式中的一个负平方项.

现在设 φ 的正惯性指数为 p，则 φ 的负惯性指数为 $n-p$，符号差 $t=p-(n-p)=2p-n$. 因此，$f(x)$ 复根的个数为 $2(n-p)$，实根的个数为 $n-(2n-2p)=2p-n$，即 $f(x)$ 的实根的个数等于二次型 φ 的符号差.

【注1】 显然，将二次型 φ 表示成矩阵形式并非必要. 也可直接将 $s_{i+j}=\sum_{k=1}^{n}\alpha_k^{i+j}$ 代入，得

$$\varphi=\sum_{k=1}^{n}\left(\sum_{i=0}^{n-1}\sum_{j=0}^{n-1}\alpha_k^i x_i\alpha_k^j x_j\right)=\sum_{k=1}^{n}\left(x_0+\alpha_k x_1+\cdots+\alpha_k^{n-1}x_{n-1}\right)^2.$$

由此也可用非退化线性替换①式得到 φ 的标准形.

【注 2】 作为练习,请读者考虑多项式 $f(x)=x^3+5x^2+x-2$,写出相应二次型 φ 的矩阵 $\boldsymbol{A}$,并由 φ 的正、负惯性指数确定 $f(x)$ 的实根的个数.

【例 8.131】(南开大学,2019 年) 设整数 $n\geqslant 3$,实数 $x_1,x_2,\cdots,x_n$ 满足 $x_1+x_2+\cdots+x_n=0$,且 $x_1^2+x_2^2+\cdots+x_n^2=1$,证明:

$$x_1x_2+x_2x_3+\cdots+x_{n-1}x_n+x_nx_1\leqslant\cos\frac{2\pi}{n}.$$

【证】 令 $x=(x_1,x_2,\cdots,x_n)^{\mathrm T}$,将 $x_1x_2+x_2x_3+\cdots+x_{n-1}x_n+x_nx_1$ 表示为 $f(x)=x^{\mathrm T}\boldsymbol{A}x$,其中

$$\boldsymbol{A}=\frac{1}{2}\begin{pmatrix}0&1&&&&1\\1&0&1&&&\\&1&0&1&&\\&&\ddots&\ddots&\ddots&\\&&&1&0&1\\1&&&&1&0\end{pmatrix}.$$

记 $P=\begin{pmatrix}&\boldsymbol{E}_{n-1}\\1&\end{pmatrix}$,其中 $\boldsymbol{E}_{n-1}$ 是 $n-1$ 阶单位矩阵,则对任意正整数 k,有 $\boldsymbol{P}^k=\begin{pmatrix}&\boldsymbol{E}_{n-k}\\\boldsymbol{E}_k&\end{pmatrix}$,因此 $\boldsymbol{A}=\frac{1}{2}(\boldsymbol{P}+\boldsymbol{P}^{n-1})$. 易知, $\boldsymbol{P}$ 的特征值为 $1,\omega,\omega^2,\cdots,\omega^{n-1}$,其中,$\omega=\cos\frac{2\pi}{n}+\mathrm{i}\sin\frac{2\pi}{n}$所以 $\boldsymbol{A}$ 的特征值为 $1,\cos\frac{2\pi}{n},\cos\frac{4\pi}{n},\cdots,\cos\frac{2(n-1)\pi}{n}$,且 $\boldsymbol{A}$ 的属于特征值 1 的特征向量为 $(1,1,\cdots,1)^{\mathrm T}$. 记 $\boldsymbol{\xi}_1=\frac{1}{\sqrt{n}}(1,1,\cdots,1)^{\mathrm T}$,则存在正交矩阵 $\boldsymbol{Q}=(\boldsymbol{\xi}_1,\boldsymbol{\xi}_2,\cdots,\boldsymbol{\xi}_n)$,使得

$$\boldsymbol{Q}^{-1}\boldsymbol{AQ}=\boldsymbol{Q}^{\mathrm T}\boldsymbol{AQ}=\mathrm{diag}\left(1,\cos\frac{2\pi}{n},\cos\frac{4\pi}{n},\cdots,\cos\frac{2(n-1)\pi}{n}\right).$$

记 $\boldsymbol{y}=(y_1,y_2,\cdots,y_n)^{\mathrm T}$,令 $\boldsymbol{x}=\boldsymbol{Qy}$,或 $\boldsymbol{y}=\boldsymbol{Q}^{\mathrm T}\boldsymbol{x}$,则 $\boldsymbol{y}^{\mathrm T}\boldsymbol{y}=\boldsymbol{x}^{\mathrm T}\boldsymbol{x}=1$,二次型化为标准形

$$f(\boldsymbol{x})=\boldsymbol{y}^{\mathrm T}(\boldsymbol{Q}^{\mathrm T}\boldsymbol{AQ})\boldsymbol{y}=y_1^2+y_2^2\cos\frac{2\pi}{n}+y_3^2\cos\frac{4\pi}{n}+\cdots+y_n^2\cos\frac{2(n-1)\pi}{n}.$$

注意到 $y_1=\boldsymbol{\xi}_1^T\boldsymbol{x}=0$,所以

$$x_1x_2+x_2x_3+\cdots+x_{n-1}x_n+x_nx_1=f(\boldsymbol{x})\leqslant(y_2^2+\cdots+y_n^2)\cos\frac{2\pi}{n}=\cos\frac{2\pi}{n}.$$

§8.6　思考与练习

8.1(南京航空航天大学,2011 年)　设二次型

$$f(x_1,x_2,x_3)=a(x_1^2+x_2^2+x_3^2)+2b(x_1x_2+x_1x_3+x_2x_3)$$

经过正交变换 $\boldsymbol{X}=\boldsymbol{CY}$ 化为二次型 $3y_2^2+3y_3^2$. 求参数 a,b 的值及正交矩阵 $\boldsymbol{C}$.

8.2(华东师范大学,2005 年)　求实二次型

$$f(x_1,x_2,\cdots,x_n)=2\sum_{i=1}^{n}x_i^2-2(x_1x_2+x_2x_3+\cdots+x_{n-1}x_n+x_nx_1)$$

的正惯性指数、负惯性指数、符号差以及秩.

8.3(华中科技大学,2012年)　用正交变换把 $xy+yz+zx=1$ 化为标准方程,并指出曲面类型.

8.4(北京航空航天大学,2008年)　在空间直角坐标系中,方程 $3x^2+3y^2+3z^2-xy-yz-zx=3$ 的图像是什么形状?并说明理由.

8.5(浙江大学,2011年)　设 $\boldsymbol{A}=(a_{ij})_{n\times n}$ 是半正定矩阵. 证明:满足 $\boldsymbol{x}^{\mathrm{T}}\boldsymbol{A}\boldsymbol{x}=0$ 的所有 $\boldsymbol{x}$ 组成 $\mathbb{R}^n$ 的一个 $n-\operatorname{rank}\boldsymbol{A}$ 维子空间.

8.6(北京科技大学,2010年)　设 $f(x_1,x_2,\cdots,x_n)$ 是秩为 n 的二次型. 证明:存在 $\mathbb{R}^n$ 的一个 $\frac{1}{2}(n-|s|)$ 维子空间 V_1(s 是符号差),使对任一 $(x_1,x_2,\cdots,x_n)\in V_1$ 都有 $f(x_1,x_2,\cdots,x_n)=0$.

8.7(兰州大学,2008年)　已知任意实二次型可以经过适当的非退化线性替换化为规范形. 证明:实二次型的规范形是唯一的.

8.8(哈尔滨工业大学,2005年)　设 $\boldsymbol{A}$ 为实对称可逆矩阵,$f=\boldsymbol{X}^{\mathrm{T}}\boldsymbol{A}\boldsymbol{X}$ 为实二次型,证明:$\boldsymbol{A}$ 为正交矩阵的充分必要条件是可用正交变换将 f 化成规范形.

8.9(大连理工大学,2005年)　证明:一个实二次型可以分解成两个实系数的一次齐次多项式的乘积的充分必要条件是:它的秩等于2且符号差为0,或者它的秩等于1.

8.10　设 $\boldsymbol{A},\boldsymbol{B}$ 都是 n 阶实对称方阵,且 $\boldsymbol{A}=\boldsymbol{C}^{\mathrm{T}}\boldsymbol{B}\boldsymbol{C}$,其中 $\boldsymbol{C}$ 是 n 阶实方阵. 证明:$\boldsymbol{A}$ 的正惯性指数 $p(\boldsymbol{A})\leqslant p(\boldsymbol{B})$,$\boldsymbol{A}$ 的负惯性指数 $q(\boldsymbol{A})\leqslant q(\boldsymbol{B})$.

8.11　设 $\boldsymbol{A}$ 是 n 阶可逆实对称矩阵. 证明:$\boldsymbol{A}$ 必合同于下列两种形式之一的矩阵:

$$\begin{pmatrix}\boldsymbol{O}&\boldsymbol{E}_p&\boldsymbol{O}\\\boldsymbol{E}_p&\boldsymbol{O}&\boldsymbol{O}\\\boldsymbol{O}&\boldsymbol{O}&-\boldsymbol{E}_{n-2p}\end{pmatrix},\quad\begin{pmatrix}\boldsymbol{O}&\boldsymbol{E}_q&\boldsymbol{O}\\\boldsymbol{E}_q&\boldsymbol{O}&\boldsymbol{O}\\\boldsymbol{O}&\boldsymbol{O}&\boldsymbol{E}_{n-2q}\end{pmatrix},$$

其中 p,q 分别为 $\boldsymbol{A}$ 的正、负惯性指数.

8.12(北京航空航天大学,2006年)　设 $f(x_1,x_2,\cdots,x_n)$ 是数域 F 上的二次型,$\boldsymbol{A}$ 是这个二次型的矩阵,$\lambda\in F$ 是 $\boldsymbol{A}$ 的一个特征值. 证明:存在不全为零的一组数 $c_1,c_2,\cdots,c_n\in F$ 使得 $f(c_1,c_2,\cdots,c_n)=\lambda(c_1^2+c_2^2+\cdots+c_n^2)$.

8.13(中山大学,2010年;北京大学,2012年)　设 $\boldsymbol{A},\boldsymbol{B}$ 为 n 阶实对称矩阵,且 $\boldsymbol{B}$ 是正定矩阵. 证明:存在实可逆矩阵 $\boldsymbol{C}$ 使得 $\boldsymbol{C}^{\mathrm{T}}\boldsymbol{A}\boldsymbol{C}$ 和 $\boldsymbol{C}^{\mathrm{T}}\boldsymbol{B}\boldsymbol{C}$ 都是实对角矩阵.($\boldsymbol{C}^{\mathrm{T}}$ 表示 $\boldsymbol{C}$ 的转置.)

8.14(兰州大学,2010年)　设 $\boldsymbol{A}$ 是 n 阶实对称矩阵. 证明:$\boldsymbol{A}$ 正定的充分必要条件是 $\boldsymbol{A}$ 的所有顺序主子式都大于零.

8.15　设 $\boldsymbol{A},\boldsymbol{B}$ 都是 n 阶半正定矩阵,证明:$|\boldsymbol{A}+\boldsymbol{B}|\geqslant|\boldsymbol{A}|+|\boldsymbol{B}|$,并给出等号成立的条件.

8.16(南京大学,2001年)　设 $\boldsymbol{E}$ 是 n 阶单位矩阵,$\boldsymbol{A}$ 是 n 阶正定矩阵,证明:$|\boldsymbol{E}+\boldsymbol{A}|>1$.

8.17(四川大学,2004年)　设 $\boldsymbol{A},\boldsymbol{B}$ 是实数域上的 n 阶方阵且 $\boldsymbol{A}\boldsymbol{B}+\boldsymbol{B}\boldsymbol{A}=\boldsymbol{O}$. 证明:如果 $\boldsymbol{A}$ 是对称矩阵且半正定,那么 $\boldsymbol{A}\boldsymbol{B}=\boldsymbol{B}\boldsymbol{A}=\boldsymbol{O}$.

8.18(复旦大学,2002年)　问 n 元二次型 $2\sum\limits_{i=1}^{n}x_i^2+\prod\limits_{1\leqslant i<j\leqslant n}x_ix_j$ 是否正定?说明理由.

8.19(浙江大学,2012年)　设二次型 $f(x_1,x_2,\cdots,x_n)=\sum\limits_{i=1}^{m}(a_{i1}x_1+a_{i2}x_2+\cdots+a_{in}x_n)^2$.

(1)求此二次型的矩阵;

(2)当 a_{ij} 均为实数时,给出此二次型为正定的条件.

8.20(华东师范大学,2005年)　设 $f(\lambda)=\lambda^n+a_1\lambda^{n-1}+\cdots+a_{n-1}\lambda+a_n$ 是实对称矩阵 $\boldsymbol{A}$ 的特征多项式. 证明:$\boldsymbol{A}$ 是负定矩阵的充分必要条件是 $a_1,\cdots,a_{n-1},a_n$ 均大于零.

8.21(曲阜师范大学,2009年)　设 $\boldsymbol{A}$ 为 n 阶方阵,$\boldsymbol{B}$ 为 n 阶正定矩阵,且 $\boldsymbol{A}\boldsymbol{B}^2=\boldsymbol{B}^2\boldsymbol{A}$. 证明:$\boldsymbol{A}\boldsymbol{B}=\boldsymbol{B}\boldsymbol{A}$.

8.22(厦门大学,2002年)　设 $\boldsymbol{A}$ 是可逆的 n 阶实方阵. 求证:存在正交矩阵 $\boldsymbol{U}$、正定矩阵 $\boldsymbol{T}$,使得 $\boldsymbol{A}=\boldsymbol{U}\boldsymbol{T}$,并且这个表达式是唯一的.

8.23(上海大学,2006年)　设 $\boldsymbol{A}$ 是 n 阶实对称矩阵且可逆,$\boldsymbol{X}=(x_1,x_2,\cdots,x_n)^{\mathrm{T}}$ 是 n 维实列向量,λ 是实数. 对于实二次型 $f(x_1,x_2,\cdots,x_n)=\begin{vmatrix}\lambda\boldsymbol{X}^{\mathrm{T}}\boldsymbol{X}&\boldsymbol{X}^{\mathrm{T}}\\\boldsymbol{X}&\boldsymbol{A}\end{vmatrix}$,求证:

(1)$f(x_1,x_2,\cdots,x_n)$ 是正定二次型的充分必要条件是矩阵 $\lambda|\boldsymbol{A}|\boldsymbol{E}-\boldsymbol{A}^*$ 为正定矩阵;

(2)当 $\lambda=0$ 且 n 是偶数时,$f(x_1,x_2,\cdots,x_n)$ 是负定二次型的充分必要条件是 $\boldsymbol{A}$ 为正定矩阵.

8.24(北京航空航天大学,2004 年) 已知 $\boldsymbol{A}=\begin{pmatrix}13&14&4\\14&24&18\\4&18&29\end{pmatrix}$,求满足关系 $\boldsymbol{X}^2=\boldsymbol{A}$ 的实对称矩阵 $\boldsymbol{X}$.

8.25(南京理工大学,2011 年) 设 $\boldsymbol{A}=(a_{ij})$ 和 $\boldsymbol{B}=(b_{ij})$ 是 n 阶正定矩阵,则 $\sum\limits_{i,j=1}^{n}a_{ij}b_{ij}>0$.

8.26(华南理工大学,2013 年;南京大学,2003 年) 设 n 阶实对称矩阵 $\boldsymbol{A}=(a_{ij})$ 是正定的,$b_1,b_2,\cdots,b_n$ 是任意 n 个非零的实数. 证明:矩阵 $\boldsymbol{B}=(a_{ij}b_ib_j)$ 也是正定的.

8.27 设 $\boldsymbol{A}=(a_{ij})_{n\times n}$ 是正定矩阵,证明:对于任意正整数 k,如下定义的矩阵也是正定的:

$$\boldsymbol{A}_k=\begin{pmatrix}a_{11}^k&a_{12}^k&\cdots&a_{1n}^k\\a_{21}^k&a_{22}^k&\cdots&a_{2n}^k\\\vdots&\vdots&&\vdots\\a_{n1}^k&a_{n2}^k&\cdots&a_{nn}^k\end{pmatrix}.$$

8.28(四川大学,2007 年) 证明下述 $n+1$ 阶实方阵 $\boldsymbol{A}$ 是正定矩阵:

$$\boldsymbol{A}=\begin{pmatrix}2&\dfrac{2^2}{2}&\dfrac{2^3}{3}&\cdots&\dfrac{2^{n+1}}{n+1}\\\dfrac{2^2}{2}&\dfrac{2^3}{3}&\dfrac{2^4}{4}&\cdots&\dfrac{2^{n+2}}{n+2}\\\vdots&\vdots&\vdots&&\vdots\\\dfrac{2^{n+1}}{n+1}&\dfrac{2^{n+2}}{n+2}&\dfrac{2^{n+3}}{n+3}&\cdots&\dfrac{2^{2n+1}}{2n+1}\end{pmatrix}.$$

8.29(南京航空航天大学,2012 年) 设 $\boldsymbol{A},\boldsymbol{B}$ 是两个 n 阶实对称矩阵,且 $\boldsymbol{A}=\boldsymbol{B}^3$. 证明:

(1)方程组 $\boldsymbol{AX}=\boldsymbol{0}$ 与 $\boldsymbol{BX}=\boldsymbol{0}$ 同解;

(2)对任意实数 $c\neq0$,矩阵 $\boldsymbol{P}=c^2\boldsymbol{E}_n+c\boldsymbol{B}+\boldsymbol{B}^2$ 是正定矩阵;

(3)$\boldsymbol{A}$ 的特征向量都是 $\boldsymbol{B}$ 的特征向量.

8.30(上海大学,2009 年) 设 n 阶实对称矩阵 $\boldsymbol{A},\boldsymbol{B}$ 的特征值都是正数,$\boldsymbol{C}$ 为正定矩阵, $\boldsymbol{A}$ 的特征向量都是 $\boldsymbol{B}$ 的特征向量. 证明:(1)$\boldsymbol{AB}$ 为正定矩阵;(2)$\operatorname{tr}(\boldsymbol{ABC})>0$.

8.31(中国科学院,2004 年) 设 $\boldsymbol{A}$ 为 n 阶实对称矩阵,$\boldsymbol{b}$ 为 n 维实向量. 证明: $\boldsymbol{A}-\boldsymbol{b}\boldsymbol{b}^{\mathrm{T}}>0$ 的充分必要条件是 $\boldsymbol{A}>0$ 且 $\boldsymbol{b}^{\mathrm{T}}\boldsymbol{A}^{-1}\boldsymbol{b}<1$,其中 $\boldsymbol{b}^{\mathrm{T}}$ 表示 $\boldsymbol{b}$ 的转置.

8.32(华东师范大学,2005 年) 证明:每个秩为 r 的 n 阶($r<n$)实对称矩阵均可表示为 $n-r$ 个秩为 $n-1$ 的实对称矩阵的乘积.

8.33 设 $\boldsymbol{A}$ 是 n 阶实方阵,且对任意非零 $\boldsymbol{\alpha}\in\mathbb{R}^n$,都有 $\boldsymbol{\alpha}^{\mathrm{T}}\boldsymbol{A}\boldsymbol{\alpha}>0$. 证明:存在正定矩阵 $\boldsymbol{B}$ 及反对称矩阵 $\boldsymbol{C}$,使得 $\boldsymbol{A}=\boldsymbol{B}+\boldsymbol{C}$,并且对任意 $\boldsymbol{\alpha}\in\mathbb{R}^n$,都有 $\boldsymbol{\alpha}^{\mathrm{T}}\boldsymbol{A}\boldsymbol{\alpha}=\boldsymbol{\alpha}^{\mathrm{T}}\boldsymbol{B}\boldsymbol{\alpha},\boldsymbol{\alpha}^{\mathrm{T}}\boldsymbol{C}\boldsymbol{\alpha}=0$.

8.34 设 $\boldsymbol{A},\boldsymbol{B}$ 均为 n 阶半正定矩阵,$\operatorname{rank}\boldsymbol{A}\leqslant p$,$\operatorname{rank}\boldsymbol{B}\leqslant q$. 证明:矩阵 $\boldsymbol{A}-\boldsymbol{B}$ 的正惯性指数 $\leqslant p$,负惯性指数 $\leqslant q$.

8.35(西南大学,2009 年) 设 α,β,γ 为一个三角形的三个内角. 证明:对任意实数 x,y,z 有

$$x^2+y^2+z^2\geqslant 2xy\cos\alpha+2xz\cos\beta+2yz\cos\gamma.$$

8.36 设 V 是数域 K 上的 n 维线性空间,$\boldsymbol{\varepsilon}_1,\boldsymbol{\varepsilon}_2,\cdots,\boldsymbol{\varepsilon}_n$ 是 V 的一个基,$a_1,a_2,\cdots,a_n$ 是 K 中任意 n 个数. 证明:存在 V 上唯一的线性函数 f,使得 $f(\boldsymbol{\varepsilon}_i)=a_i,i=1,2,\cdots,n$.

8.37(中山大学,2009 年) 设 V 是数域 F 上的 n 维线性空间,f 是 V 上的一个非零线性函数. 证明:存在 V 的一个基 $\boldsymbol{e}_1,\boldsymbol{e}_2,\cdots,\boldsymbol{e}_n$,使得对任意向量 $\boldsymbol{x}=\sum\limits_{i=1}^{n}x_i\boldsymbol{e}_i\in V$,有 $f(\boldsymbol{x})=x_1$.

8.38 证明:数域 F 上 n 维线性空间 V 上的反对称双线性函数 f 为非退化的充分必要条件是:

(1)n 为偶数;

(2)f 关于 V 的某个基的度量矩阵为 $\begin{pmatrix}\boldsymbol{O}&\boldsymbol{E}_r\\-\boldsymbol{E}_r&\boldsymbol{O}\end{pmatrix}$,其中 $r=\dfrac{n}{2}$,而 $\boldsymbol{E}_r$ 为 r 阶单位矩阵.

8.39 设数域 K 上 n 维线性空间 V 上的双线性函数 f 具有正交对称性,即满足 $f(\boldsymbol{\alpha},\boldsymbol{\beta})=0\Leftrightarrow f(\boldsymbol{\beta},\boldsymbol{\alpha})=0$,$\forall\boldsymbol{\alpha},\boldsymbol{\beta}\in V$. 证明:$f$ 为对称的或反对称的.

8.40 设 $\boldsymbol{A}$ 为 n 阶实方阵,求证:二次型 $f(\boldsymbol{x})=\boldsymbol{x}^{\mathrm{T}}(\boldsymbol{A}^{\mathrm{T}}\boldsymbol{A})\boldsymbol{x}$ 的符号差不小于 $2\operatorname{rank}\boldsymbol{A}-n$.

8.41(华东师范大学,2010 年) 设 $\boldsymbol{A}$ 是一个秩等于 r 的 n 阶方阵($0<r<n$). 证明:

(1)存在秩等于 1 的方阵 $\boldsymbol{B}_1,\boldsymbol{B}_2,\cdots,\boldsymbol{B}_r$,使得 $\boldsymbol{A}=\boldsymbol{B}_1+\boldsymbol{B}_2+\cdots+\boldsymbol{B}_r$;

(2)存在秩等于 $n-1$ 的方阵 $\boldsymbol{C}_1,\boldsymbol{C}_2,\cdots,\boldsymbol{C}_{n-r}$,使得 $\boldsymbol{A}=\boldsymbol{C}_1\boldsymbol{C}_2\cdots\boldsymbol{C}_{n-r}$;

(3)若 $\boldsymbol{A}$ 是对称矩阵,则存在秩等于 1 的对称矩阵 $\boldsymbol{D}_1,\boldsymbol{D}_2,\cdots,\boldsymbol{D}_r$,使得 $\boldsymbol{A}=\boldsymbol{D}_1+\boldsymbol{D}_2+\cdots+\boldsymbol{D}_r$.

8.42(南开大学,2008 年)　设 $\boldsymbol{A},\boldsymbol{A}-\boldsymbol{I}_n$ 都是 n 阶实对称正定矩阵,证明:$\boldsymbol{I}_n-\boldsymbol{A}^{-1}$ 也是正定矩阵,其中 $\boldsymbol{I}_n$ 是 n 阶单位矩阵.

8.43(首都师范大学,2011 年)　设 $\boldsymbol{A},\boldsymbol{B}$ 是 n 阶正定矩阵,证明: $\boldsymbol{A}^2-\boldsymbol{A}+\boldsymbol{E}+\boldsymbol{B}^{-1}+\boldsymbol{B}$ 也是正定矩阵,其中 $\boldsymbol{E}$ 是 n 阶单位矩阵.

8.44　设 $\boldsymbol{A}$ 为 n 阶实方阵,且 $\boldsymbol{A}^{\mathrm{T}}+\boldsymbol{A}$ 为正定矩阵. 证明:$\det \boldsymbol{A}>0$.

8.45(华南理工大学,2012 年)　设 $\boldsymbol{A},\boldsymbol{B}$ 为 n 阶实方阵,且 $\boldsymbol{A}$ 为非零半正定矩阵,$\boldsymbol{B}$ 为正定矩阵. 证明: $|\boldsymbol{A}+\boldsymbol{B}|>|\boldsymbol{B}|$.

8.46(中南大学,2011 年)　设 $\boldsymbol{A},\boldsymbol{B}$ 为同阶正定矩阵,且 $|x\boldsymbol{A}-\boldsymbol{B}|=0$ 的根全为 1,证明 $\boldsymbol{A}=\boldsymbol{B}$.

8.47(首都师范大学,2005 年)　设 $\boldsymbol{C}$ 与 $\boldsymbol{D}$ 为 n 阶实方阵,$\boldsymbol{A}=\boldsymbol{C}^{\mathrm{T}}\boldsymbol{C},\boldsymbol{B}=\boldsymbol{D}^{\mathrm{T}}\boldsymbol{D},\lambda,\mu$ 为正实数.

(1)证明:存在方阵 $\boldsymbol{P}$,使得 $\lambda\boldsymbol{A}+\mu\boldsymbol{B}=\boldsymbol{P}^{\mathrm{T}}\boldsymbol{P}$;

(2)若 $\boldsymbol{C}$ 与 $\boldsymbol{D}$ 之一为可逆矩阵,则上述矩阵 $\boldsymbol{P}$ 可逆.

8.48(华中师范大学,2006 年)　设 $\boldsymbol{A}\in\mathbb{R}^{n\times n}$ 是实对称矩阵.

(1)证明 $\boldsymbol{A}$ 的伴随矩阵 $\boldsymbol{A}^*$ 也是实对称矩阵;

(2)试问 $\boldsymbol{A}$ 与 $\boldsymbol{A}^*$ 合同的充分条件是什么? 并证明你的结论.

8.49(南京大学,2010 年)　设 3 阶实对称矩阵 $\boldsymbol{A}$ 的秩为 2,$\lambda_1=\lambda_2=6$ 是 $\boldsymbol{A}$ 的二重特征值,$\boldsymbol{\alpha}_1=(1,1,0)^{\mathrm{T}},\boldsymbol{\alpha}_2=(2,1,1)^{\mathrm{T}}$ 都是 $\boldsymbol{A}$ 的属于特征值 6 的特征向量.

(1)求 $\boldsymbol{A}$ 的另一特征值及其全部特征向量;

(2)求矩阵 $\boldsymbol{A}$.

8.50(北京科技大学,2008 年)　已知 $\boldsymbol{A}$ 为 3 阶实对称矩阵,$\operatorname{rank}\boldsymbol{A}=2,\boldsymbol{\alpha}_1=(0,1,0)^{\mathrm{T}},\boldsymbol{\alpha}_2=(-1,0,1)^{\mathrm{T}}$ 是 $\boldsymbol{A}$ 的对应于特征值 $\lambda_1=\lambda_2=3$ 的特征向量. 试求:

(1) $\boldsymbol{A}$ 的另一个特征值 λ_3 及其对应的特征向量 $\boldsymbol{\alpha}_3$;

(2)矩阵 $\boldsymbol{A}$,矩阵 $\boldsymbol{A}^n$.

8.51(兰州大学,2010 年)　已知 3 维列向量 $(2,0,1)^{\mathrm{T}}$ 是 3 阶实对称矩阵

$$\boldsymbol{A}=\begin{pmatrix}2&2&-2\\2&5&b\\-2&b&a\end{pmatrix}$$

的特征向量.

(1)求 a,b 的值;

(2)求正交矩阵 $\boldsymbol{P}$ 使得 $\boldsymbol{P}^{-1}\boldsymbol{A}\boldsymbol{P}$ 为对角矩阵,并给出这个对角矩阵.

8.52　设二次型 $f(x_1,x_2,x_3)=2(a_1x_1+a_2x_2+a_3x_3)^2+(b_1x_1+b_2x_2+b_3x_3)^2$.

(1)证明:二次型 f 的矩阵为 $2\boldsymbol{\alpha}\boldsymbol{\alpha}^{\mathrm{T}}+\boldsymbol{\beta}\boldsymbol{\beta}^{\mathrm{T}}$,其中 $\boldsymbol{\alpha}=(a_1,a_2,a_3)^{\mathrm{T}},\boldsymbol{\beta}=(b_1,b_2,b_3)^{\mathrm{T}}$;

(2)证明:若 $\boldsymbol{\alpha},\boldsymbol{\beta}$ 为实的单位向量且正交,则 f 在正交变换下的标准形为 $2y_1^2+y_2^2$;

(3)若 $\boldsymbol{\alpha},\boldsymbol{\beta}$ 为复向量,则上述(2)是否仍成立? 请阐述理由.

8.53(中南大学,2010 年)　设 $\boldsymbol{A}\in\mathbb{R}^{m\times n}$. 证明:$\max\limits_{\substack{\boldsymbol{x}\in\mathbb{R}^n\\ \boldsymbol{x}\neq\boldsymbol{0}}}\dfrac{\boldsymbol{x}^{\mathrm{T}}\boldsymbol{A}^{\mathrm{T}}\boldsymbol{A}\boldsymbol{x}}{\boldsymbol{x}^{\mathrm{T}}\boldsymbol{x}}=\lambda_1(\boldsymbol{A}^{\mathrm{T}}\boldsymbol{A}$ 的最大特征值$)$.

8.54　设 $\boldsymbol{A}$ 是 n 阶实方阵,$\operatorname{tr}[(\boldsymbol{A}-\boldsymbol{E})^{\mathrm{T}}(\boldsymbol{A}-\boldsymbol{E})]<1$,其中 $\boldsymbol{E}$ 是单位矩阵. 证明 $\boldsymbol{A}$ 是可逆矩阵.

8.55(中国科学院大学,2011 年)　设 $\boldsymbol{A}$ 是 n 阶实方阵,证明 $\boldsymbol{A}$ 为对称矩阵当且仅当 $\boldsymbol{A}\boldsymbol{A}^{\mathrm{T}}=\boldsymbol{A}^2$,其中 $\boldsymbol{A}^{\mathrm{T}}$ 表示矩阵 $\boldsymbol{A}$ 的转置.

8.56(大连市竞赛试题,2011 年)　设 $\boldsymbol{A},\boldsymbol{B}$ 是两个实对称矩阵,证明:

(1) $\operatorname{tr}(\boldsymbol{ABAB})\leqslant\operatorname{tr}(\boldsymbol{A}^2\boldsymbol{B}^2)$;

(2)给出等号成立的充分必要条件.

8.57(浙江大学,2008 年)　设 $\boldsymbol{A}=(a_{ij})_{n\times n}$ 是 n 阶正定矩阵,证明: $|\boldsymbol{A}|\leqslant a_{11}a_{22}\cdots a_{nn}$,且等号成立当且仅当 $\boldsymbol{A}$ 为对角矩阵.

8.58(北京大学,2008 年)　设 $\boldsymbol{A}=(a_{ij})$ 为 n 阶实方阵且它的每一个元素的绝对值 $|a_{ij}|\leqslant 1$,证明: $|\boldsymbol{A}|^2\leqslant n^n$.

8.59(北京大学,2010 年)　设 $\boldsymbol{A}$ 为 n 阶正定矩阵,非零向量组 $\boldsymbol{\beta}_1,\boldsymbol{\beta}_2,\cdots,\boldsymbol{\beta}_s$ 满足 $\boldsymbol{\beta}_i^{\mathrm{T}}\boldsymbol{A}\boldsymbol{\beta}_j=0(1\leqslant i<j\leqslant s)$. 问向量组 $\boldsymbol{\beta}_1,\boldsymbol{\beta}_2,\cdots,\boldsymbol{\beta}_s$ 的秩可能是多少? 证明你的结论.

8.60(华东师范大学,2010 年) 设有实系数二次函数

$$f(x_1,x_2,\cdots,x_n)=\sum_{i=1}^{n}\sum_{j=1}^{n}a_{ij}x_ix_j+2\sum_{i=1}^{n}b_ix_i+c,$$

其中 $a_{ij}=a_{ji}$. 记 $\boldsymbol{A}=(a_{ij})_{n\times n}$, $\boldsymbol{D}=\begin{pmatrix}\boldsymbol{A} & \boldsymbol{B}^{\mathrm{T}}\\ \boldsymbol{B} & c\end{pmatrix}$,其中 $\boldsymbol{B}=(b_1,b_2,\cdots,b_n)_{1\times n}$.

(1)证明:当 $\boldsymbol{A}$ 为负定矩阵时,f 有最大值,且 $f_{\max}=\dfrac{|\boldsymbol{D}|}{|\boldsymbol{A}|}$;

(2)设 $\boldsymbol{A}$ 负定,试确定当 $x_1,x_2,\cdots,x_n$ 为何值时,f 取得最大值,并说明理由.

8.61 设 $\boldsymbol{A}$ 为 n 阶实对称正定矩阵,$\boldsymbol{\beta}$ 为 n 维实列向量. 问 c 为何值时方程 $\boldsymbol{x}^{\mathrm{T}}\boldsymbol{A}\boldsymbol{x}+2\boldsymbol{\beta}^{\mathrm{T}}\boldsymbol{x}=c$ 有解? 并将解用 $\boldsymbol{A}$ 和 $\boldsymbol{\beta}$ 表示之.

8.62 主对角元素全是 1 的上三角矩阵称为单位上三角矩阵. 设 $\boldsymbol{A}$ 是 n 阶对称矩阵,证明:

(1)如果 $\boldsymbol{P}$ 是 n 阶单位上三角矩阵,那么 $\boldsymbol{P}^{\mathrm{T}}\boldsymbol{A}\boldsymbol{P}$ 与 $\boldsymbol{A}$ 的对应顺序主子式有相同的值;

(2)如果 $\boldsymbol{A}$ 的顺序主子式均不为零,那么存在一单位上三角矩阵 $\boldsymbol{P}$,使 $\boldsymbol{P}^{\mathrm{T}}\boldsymbol{A}\boldsymbol{P}$ 为对角矩阵.

8.63(华东师范大学,1998 年) 设 $\lambda=a+b\sqrt{-1}$(其中 $a,b\in\mathbb{R}$)是 n 阶实方阵 $\boldsymbol{A}$ 的任一特征值,证明:若 $\mu_1,\mu_2,\cdots,\mu_n$ 是 $\boldsymbol{A}+\boldsymbol{A}^{\mathrm{T}}$ 的 n 个特征值,则有

$$\frac{1}{2}\min_{1\leqslant k\leqslant n}\{\mu_k\}\leqslant a\leqslant\frac{1}{2}\max_{1\leqslant k\leqslant n}\{\mu_k\}.$$

8.64(中山大学,2014 年) 设 V 为数域 F 上的 n 维线性空间,f 为 V 上的双线性函数,令

$$V_1=\{\boldsymbol{x}\in V\mid f(\boldsymbol{x},\boldsymbol{y})=0,\forall\boldsymbol{y}\in V\},$$
$$V_2=\{\boldsymbol{y}\in V\mid f(\boldsymbol{x},\boldsymbol{y})=0,\forall\boldsymbol{x}\in V\}.$$

证明:V_1 和 V_2 都是 V 的子空间,且维数相等,即 $\dim V_1=\dim V_2$.

8.65(上海交通大学,2008 年) 称数域 F 上 n 维线性空间 V 的双线性型 $g:V\times V\to F$ 为 V 的一个交错型,如果对任意 $\boldsymbol{\alpha}\in V$ 都有 $g(\boldsymbol{\alpha},\boldsymbol{\alpha})=0$. 证明:若 g 是 V 的一个交错型,则存在 V 的一个基 $\boldsymbol{\alpha}_1,\boldsymbol{\alpha}_2,\cdots,\boldsymbol{\alpha}_n$,使对任意的 $\boldsymbol{\alpha},\boldsymbol{\beta}\in V$,有

$$g(\boldsymbol{\alpha},\boldsymbol{\beta})=(x_1y_2-x_2y_1)+(x_3y_4-x_4y_3)+\cdots+(x_{2s-1}y_{2s}-x_{2s}y_{2s-1}),$$

其中 $2s=\operatorname{rank}g$, $\boldsymbol{x}=(x_1,x_2,\cdots,x_n)^{\mathrm{T}}$, $\boldsymbol{y}=(y_1,y_2,\cdots,y_n)^{\mathrm{T}}$ 分别为 $\boldsymbol{\alpha}$ 和 $\boldsymbol{\beta}$ 在基 $\boldsymbol{\alpha}_1,\boldsymbol{\alpha}_2,\cdots,\boldsymbol{\alpha}_n$ 下的坐标.

8.66 设 $\boldsymbol{A},\boldsymbol{B},\boldsymbol{C}$ 均为 n 阶实方阵,且 $\boldsymbol{B},\boldsymbol{C}$ 正定. 又设 $\boldsymbol{x},\boldsymbol{y}$ 均为 n 维复列向量. 令

$$\boldsymbol{M}=\begin{pmatrix}\boldsymbol{A} & \boldsymbol{B}\\ \boldsymbol{C} & -\boldsymbol{A}^{\mathrm{T}}\end{pmatrix},\quad \boldsymbol{z}=\begin{pmatrix}\boldsymbol{x}\\ \boldsymbol{y}\end{pmatrix}.$$

证明:若 $\boldsymbol{z}$ 是 $\boldsymbol{M}$ 的属于特征值 λ 的特征向量,则 λ 的实部 $\operatorname{Re}\lambda\neq0$,且 $\overline{\boldsymbol{x}}^{\mathrm{T}}\boldsymbol{y}$ 是非零实数.

8.67(华中科技大学,2010 年) 设 $\boldsymbol{A},\boldsymbol{B}$ 都是 n 阶实对称矩阵,并且 $\boldsymbol{A}$ 是正定的. 证明存在实数 c,使 $c\boldsymbol{A}+\boldsymbol{B}$ 是正定的.

8.68 设 $\boldsymbol{A}$ 是 n 阶正定矩阵,$\boldsymbol{x},\boldsymbol{y}$ 为 n 维实列向量满足 $\boldsymbol{x}^{\mathrm{T}}\boldsymbol{y}>0$. 证明:$\boldsymbol{M}=\boldsymbol{A}+\dfrac{\boldsymbol{x}\boldsymbol{x}^{\mathrm{T}}}{\boldsymbol{x}^{\mathrm{T}}\boldsymbol{y}}-\dfrac{\boldsymbol{A}\boldsymbol{y}\boldsymbol{y}^{\mathrm{T}}\boldsymbol{A}}{\boldsymbol{y}^{\mathrm{T}}\boldsymbol{A}\boldsymbol{y}}$也是正定矩阵.

8.69 证明:若 n 阶实对称矩阵 $\boldsymbol{A}$ 是半正定的,则伴随矩阵 $\boldsymbol{A}^*$ 也是半正定的.

8.70 设 $\boldsymbol{A},\boldsymbol{B}$ 都是 n 阶实对称矩阵,且 $\boldsymbol{B}$ 和 $\boldsymbol{A}-\boldsymbol{B}$ 均为半正定. 证明:$\det\boldsymbol{A}\geqslant\det\boldsymbol{B}$.

8.71(南京航空航天大学,2016 年) 设 $\boldsymbol{A},\boldsymbol{B}$ 是两个 n 阶正定矩阵,实可逆矩阵 $\boldsymbol{P}$ 使得

$$\boldsymbol{P}^{\mathrm{T}}\boldsymbol{A}\boldsymbol{P}=\boldsymbol{E},\quad \boldsymbol{P}^{\mathrm{T}}\boldsymbol{B}\boldsymbol{P}=\begin{pmatrix}\lambda_1 & & & \\ & \lambda_2 & & \\ & & \ddots & \\ & & & \lambda_n\end{pmatrix},$$

这里 $\boldsymbol{E}$ 表示 n 阶单位矩阵. 证明:

(1)$\lambda_1,\lambda_2,\cdots,\lambda_n$ 是矩阵 $\boldsymbol{B}\boldsymbol{A}^{-1}$ 的全部特征值;

(2)$\boldsymbol{A}-\boldsymbol{B}$ 为正定矩阵的充分必要条件是对 $\boldsymbol{B}\boldsymbol{A}^{-1}$ 的每一个特征值 λ,有 $|\lambda|<1$;

(3)若 $\boldsymbol{A}^2-\boldsymbol{B}^2$ 是正定矩阵,则 $\boldsymbol{A}-\boldsymbol{B}$ 也是正定矩阵.

8.72(西南交通大学,2009 年) 设 $\boldsymbol{A}_1,\boldsymbol{A}_2,\cdots,\boldsymbol{A}_m$ 为 n 阶实对称矩阵,且 $\sum\limits_{i=1}^{m}\boldsymbol{A}_i^2=\boldsymbol{O}$. 证明:对 $1\leqslant i\leqslant m$,有 $\boldsymbol{A}_i=\boldsymbol{O}$.

8.73 求分块矩阵 $\boldsymbol{A}=\begin{pmatrix}\boldsymbol{O} & \boldsymbol{E}_n\\ \boldsymbol{E}_n & \boldsymbol{C}\end{pmatrix}$ 的正、负惯性指数,其中 $\boldsymbol{C}$ 为任一 n 阶实对称矩阵,$\boldsymbol{E}_n$ 为 n 阶单位

矩阵.

8.74(南京师范大学,2008年)　设分块实对称矩阵 $A=\begin{pmatrix} a & \boldsymbol{\beta}^{\mathrm{T}} & 0 \\ \boldsymbol{\beta} & A_1 & \boldsymbol{\gamma} \\ 0 & \boldsymbol{\gamma}^{\mathrm{T}} & b \end{pmatrix}$,其中 $a,b\in\mathbb{R}$,$\boldsymbol{\beta},\boldsymbol{\gamma}\in\mathbb{R}^n$,$A_1\in\mathbb{R}^{n\times n}$. 证明:$A$ 正定的充分必要条件是 $a>0,b>0$ 且矩阵 $A_1-\frac{1}{a}\boldsymbol{\beta\beta}^{\mathrm{T}}-\frac{1}{b}\boldsymbol{\gamma\gamma}^{\mathrm{T}}$ 正定.

8.75　设 A 是 n 阶实矩阵,$S=\frac{1}{2}(A^{\mathrm{T}}+A)$,且对任意非零实向量 $x\in\mathbb{R}^n$ 都有 $x^{\mathrm{T}}Ax>0$. 证明:$\det A\geqslant\det S$,等号成立当且仅当 A 是对称矩阵.

8.76　设 A 是 n 阶实方阵. 证明:$\operatorname{tr}A\leqslant\operatorname{tr}(AA^{\mathrm{T}})^{\frac{1}{2}}$,其中等号成立当且仅当 A 为半正定矩阵.

8.77　设 $A=(B,C)$ 是 n 阶实方阵,其中 B,C 分别是 A 的前 m 列与后 $n-m$ 列构成的子块. 证明:$|A|^2\leqslant|B^{\mathrm{T}}B||C^{\mathrm{T}}C|$.

8.78(中山大学,2016年)　我们称一个 n 阶复方阵 A 为半正定的,如果 $\forall X\in\mathbb{C}^n$,$X^*AX\geqslant0$;称一个线性映射 $\varphi:M_n(\mathbb{C})\to M_k(\mathbb{C})$ 为非负的,若 A 半正定可推出 $\varphi(A)$ 半正定. 证明:

(1)若 A 半正定,则 $A^*=A$,且 A 的特征值为非负实数;

(2)若 $\varphi:M_n(\mathbb{C})\to M_k(\mathbb{C})$ 为非负的,则 $\forall A\in M_n(\mathbb{C})$,$\varphi(A^*)=\varphi(A)^*$.

注:这里 A^* 表示复矩阵 A 的共轭转置,即 A^* 的 (i,j) 元等于 A 的 (j,i) 元的共轭.

8.79(中国科学院大学,2017年)　设 n 阶实对称矩阵

$$A=\begin{pmatrix} a_1 & b_1 & & & \\ b_1 & a_2 & b_2 & & \\ & b_2 & a_3 & \ddots & \\ & & \ddots & \ddots & b_{n-1} \\ & & & b_{n-1} & a_n \end{pmatrix},$$

其中 $b_j\neq0,j=1,2,\cdots,n-1$. 证明:

(1)$\operatorname{rank}A\geqslant n-1$;

(2)A 有 n 个互异的特征值.

8.80　设 a,b,c 为实数,满足 $a>0,ac-b^2>0$,求由平面曲线 $ax^2+2bxy+cy^2=1$ 所围区域的面积.

8.81　设多项式 $f(x)=x^3+5x^2+x-2$,已知 $\alpha_1,\alpha_2,\alpha_3$ 是 $f(x)$ 的根,二次型

$$\varphi(x_0,x_1,x_2)=\sum_{i=0}^{2}\sum_{j=0}^{2}s_{i+j}x_ix_j,$$

其中 $s_k=\alpha_1^k+\alpha_2^k+\alpha_3^k,k=0,1,2,\cdots$.

(1) 证明 $\alpha_1,\alpha_2,\alpha_3$ 是两两互异的;

(2) 写出二次型 φ 的矩阵 A;

(3) 问 $\alpha_1,\alpha_2,\alpha_3$ 中有几个实数? 请阐述理由.

8.82(武汉大学,2019年)　设 $x_1,x_2,\cdots,x_n$ 是 n 次实系数多项式 $f(x)$ 的根,$S_k=x_1^k+x_2^k+\cdots+x_n^k,k=0,1,2,\cdots$. 令

$$A=\begin{pmatrix} S_0 & S_1 & \cdots & S_{n-1} \\ S_1 & S_2 & \cdots & S_n \\ \vdots & \vdots & & \vdots \\ S_{n-1} & S_n & \cdots & S_{2n-2} \end{pmatrix}.$$

证明:A 正定当且仅当 $x_1,x_2,\cdots,x_n$ 是 n 个两两互异的实根.

8.83(北京大学,2019年)　设 A 为 n 阶实对称矩阵,令

$$S=\left\{X\,\middle|\,X^{\mathrm{T}}AX=0,X\in\mathbb{R}^n\right\}.$$

(1)确定 S 为 $\mathbb{R}^n$ 的一个子空间的充分必要条件并给予证明;

(2)设 S 为 $\mathbb{R}^n$ 的一个子空间,试求 S 的维数 $\dim S$.

8.84(南开大学,2020年)　设 B,C 为 n 阶实对称矩阵,且 $\det B\neq0$. 证明:存在 n 阶实方阵 A,使得

$$AB+BA^{\mathrm{T}}=C.$$

第 9 章

欧氏空间

为了推广几何空间中向量的长度与向量间的夹角等度量性质,需要在一般实线性空间中引入一个具有对称性、线性性和正定性等基本性质的实函数即向量的内积,这样就得到了欧氏空间. 正交变换把几何空间中保持点与点之间的距离不变的旋转与镜像反射等变换推广到欧氏空间. 因此,欧氏空间的理论和方法往往具有明确的几何特征.

§9.1 内积与欧氏空间

基本理论与要点提示

9.1.1 欧氏空间的定义

设 V 是实数域上的有限维线性空间,存在 V 上的一个二元实函数 $(\boldsymbol{\alpha},\boldsymbol{\beta})$,满足:

(1) 对称性:$(\boldsymbol{\alpha},\boldsymbol{\beta})=(\boldsymbol{\beta},\boldsymbol{\alpha})$;

(2) 可加性:$(\boldsymbol{\alpha}+\boldsymbol{\beta},\boldsymbol{\gamma})=(\boldsymbol{\alpha},\boldsymbol{\gamma})+(\boldsymbol{\beta},\boldsymbol{\gamma})$;

(3) 齐次性:$(k\boldsymbol{\alpha},\boldsymbol{\beta})=k(\boldsymbol{\alpha},\boldsymbol{\beta})$;

(4) 正定性:$(\boldsymbol{\alpha},\boldsymbol{\alpha})\geqslant 0$,等号成立当且仅当 $\boldsymbol{\alpha}=\mathbf{0}$,

这里 $\boldsymbol{\alpha},\boldsymbol{\beta},\boldsymbol{\gamma}$ 是 V 的任意向量,k 是任意实数,则称在 V 上定义了一个内积,称实数 $(\boldsymbol{\alpha},\boldsymbol{\beta})$ 为 $\boldsymbol{\alpha}$ 与 $\boldsymbol{\beta}$ 的内积,而称线性空间 V 为欧氏空间.

9.1.2 内积的性质

对于欧氏空间 V 中的任意向量 $\boldsymbol{\alpha},\boldsymbol{\beta}$,有

(1) Cauchy-Schwarz 不等式:$|(\boldsymbol{\alpha},\boldsymbol{\beta})|\leqslant|\boldsymbol{\alpha}||\boldsymbol{\beta}|$,等号成立当且仅当 $\boldsymbol{\alpha}$ 与 $\boldsymbol{\beta}$ 线性相关;

(2) 三角不等式:$|\boldsymbol{\alpha}+\boldsymbol{\beta}|\leqslant|\boldsymbol{\alpha}|+|\boldsymbol{\beta}|$;

(3) 勾股定理:$|\boldsymbol{\alpha}+\boldsymbol{\beta}|^2=|\boldsymbol{\alpha}|^2+|\boldsymbol{\beta}|^2$ 当且仅当 $\boldsymbol{\alpha}\perp\boldsymbol{\beta}$.

9.1.3 几个典型的欧氏空间

(1) 向量空间 $\mathbb{R}^n$:向量 $\boldsymbol{\alpha}=(a_1,a_2,\cdots,a_n)^{\mathrm{T}}$,$\boldsymbol{\beta}=(b_1,b_2,\cdots,b_n)^{\mathrm{T}}$ 的内积 $(\boldsymbol{\alpha},\boldsymbol{\beta})=\sum\limits_{i=1}^{n}a_ib_i$,称之为 $\mathbb{R}^n$ 的标准内积;

(2) 矩阵空间 $M_n(\mathbb{R})$:矩阵 $\boldsymbol{A}=(a_{ij})$,$\boldsymbol{B}=(b_{ij})$ 的内积 $(\boldsymbol{A},\boldsymbol{B})=\mathrm{tr}(\boldsymbol{A}^{\mathrm{T}}\boldsymbol{B})=\sum\limits_{i=1}^{n}\sum\limits_{j=1}^{n}a_{ij}b_{ij}$,称之为 $M_n(\mathbb{R})$ 的 Frobenius 内积.

9.1.4 标准正交基

(1) 在 n 维欧氏空间 V 中,称满足 $(\boldsymbol{\eta}_i,\boldsymbol{\eta}_j)=\delta_{ij}$ 的向量组 $\boldsymbol{\eta}_1,\boldsymbol{\eta}_2,\cdots,\boldsymbol{\eta}_n$ 为 V 的一个标准正交基或规范正交基. 从一个标准正交基到另一个标准正交基的过渡矩阵为正交矩阵;

(2) 设 $\boldsymbol{\eta}_1,\boldsymbol{\eta}_2,\cdots,\boldsymbol{\eta}_n$ 为 V 的任一标准正交基,$\boldsymbol{\alpha}\in V$,则 $\boldsymbol{\alpha}=\sum\limits_{i=1}^{n}(\boldsymbol{\alpha},\boldsymbol{\eta}_i)\boldsymbol{\eta}_i$;

(3) 设 $\boldsymbol{\varepsilon}_1,\boldsymbol{\varepsilon}_2,\cdots,\boldsymbol{\varepsilon}_n$ 为 V 的任意一个基,则存在 V 的一个标准正交基 $\boldsymbol{\eta}_1,\boldsymbol{\eta}_2,\cdots,\boldsymbol{\eta}_n$ 满足

$$L(\boldsymbol{\varepsilon}_1,\boldsymbol{\varepsilon}_2,\cdots,\boldsymbol{\varepsilon}_i)=L(\boldsymbol{\eta}_1,\boldsymbol{\eta}_2,\cdots,\boldsymbol{\eta}_i),\quad 1\leqslant i\leqslant n;$$

并且可用 Schmidt 方法由 $\boldsymbol{\varepsilon}_1,\boldsymbol{\varepsilon}_2,\cdots,\boldsymbol{\varepsilon}_n$ 求出 $\boldsymbol{\eta}_1,\boldsymbol{\eta}_2,\cdots,\boldsymbol{\eta}_n$;

(4) 欧氏空间 V 的任一非零子空间的标准正交基均可扩充成 V 的一个标准正交基.

9.1.5 欧氏空间同构

(1) 设 V,U 是欧氏空间，$\varphi:V\to U$ 是线性同构映射，且保持内积不变，即
$$(\varphi(\boldsymbol{\alpha}),\varphi(\boldsymbol{\beta}))=(\boldsymbol{\alpha},\boldsymbol{\beta}),\quad \forall \boldsymbol{\alpha},\boldsymbol{\beta}\in V,$$
则称欧氏空间 V 与 U 同构，而称 φ 是 V 到 U 上的保积同构；

(2) 欧氏空间 V 与 U 同构当且仅当 V 与 U 的维数相等；

(3) 设 V,U 是欧氏空间，$\varphi:V\to U$ 是线性映射，则 φ 是保积同构当且仅当 φ 将 V 的任一标准正交基变成 U 的一个标准正交基.

典型问题解析

【例 9.1】(武汉大学,2011 年) 设在 n 维欧氏空间 V 中，向量 $\boldsymbol{\alpha},\boldsymbol{\beta}$ 的内积记为 $(\boldsymbol{\alpha},\boldsymbol{\beta})$，$T$ 为 V 的线性变换. 对于 $\boldsymbol{\alpha},\boldsymbol{\beta}\in V$，定义二元函数 $f(\boldsymbol{\alpha},\boldsymbol{\beta})=(T(\boldsymbol{\alpha}),T(\boldsymbol{\beta}))$. 问 $f(\boldsymbol{\alpha},\boldsymbol{\beta})$ 是否为 V 的内积？请阐述理由.

【解】 f 不一定是 V 的内积. 分为两种情形：

(1) T 不是可逆线性变换. 此时，V 中存在 $\boldsymbol{\alpha}\neq\mathbf{0}$，使得 $T(\boldsymbol{\alpha})=\mathbf{0}$，从而有 $f(\boldsymbol{\alpha},\boldsymbol{\alpha})=(T(\boldsymbol{\alpha}),T(\boldsymbol{\alpha}))=0$，所以 f 不是 V 的内积.

(2) T 是 V 的可逆线性变换. 此时，$\forall\boldsymbol{\alpha}\in V$，有 $f(\boldsymbol{\alpha},\boldsymbol{\alpha})=(T(\boldsymbol{\alpha}),T(\boldsymbol{\alpha}))\geqslant 0$，且
$$f(\boldsymbol{\alpha},\boldsymbol{\alpha})=0\Leftrightarrow(T(\boldsymbol{\alpha}),T(\boldsymbol{\alpha}))=0\Leftrightarrow T(\boldsymbol{\alpha})=\mathbf{0}\Leftrightarrow\boldsymbol{\alpha}=\mathbf{0}.$$
又 $\forall\boldsymbol{\alpha}_1,\boldsymbol{\alpha}_2,\boldsymbol{\beta}\in V,k\in\mathbb{R}$，易知 $f(\boldsymbol{\alpha}_1,\boldsymbol{\alpha}_2)=f(\boldsymbol{\alpha}_2,\boldsymbol{\alpha}_1)$，且
$$\begin{aligned}f(\boldsymbol{\alpha}_1+\boldsymbol{\alpha}_2,\boldsymbol{\beta})&=(T(\boldsymbol{\alpha}_1+\boldsymbol{\alpha}_2),T(\boldsymbol{\beta}))=(T(\boldsymbol{\alpha}_1)+T(\boldsymbol{\alpha}_2),T(\boldsymbol{\beta}))\\&=(T(\boldsymbol{\alpha}_1),T(\boldsymbol{\beta}))+(T(\boldsymbol{\alpha}_2),T(\boldsymbol{\beta}))\\&=f(\boldsymbol{\alpha}_1,\boldsymbol{\beta})+f(\boldsymbol{\alpha}_2,\boldsymbol{\beta}),\end{aligned}$$
$$f(k\boldsymbol{\alpha},\boldsymbol{\beta})=(T(k\boldsymbol{\alpha}),T(\boldsymbol{\beta}))=(kT(\boldsymbol{\alpha}),T(\boldsymbol{\beta}))=k(T(\boldsymbol{\alpha}),T(\boldsymbol{\beta}))=kf(\boldsymbol{\alpha},\boldsymbol{\beta}),$$
所以 $f(\boldsymbol{\alpha},\boldsymbol{\beta})$ 构成 V 的内积.

【例 9.2】(北京大学,2005 年) 设实数域 $\mathbb{R}$ 上 n 阶方阵 $\boldsymbol{H}$ 的 (i,j) 元为 $\dfrac{1}{i+j-1}(n>1)$. 在实数域上 n 维线性空间 $\mathbb{R}^n$ 中，对于 $\boldsymbol{\alpha},\boldsymbol{\beta}\in\mathbb{R}^n$，令 $f(\boldsymbol{\alpha},\boldsymbol{\beta})=\boldsymbol{\alpha}^{\mathrm{T}}\boldsymbol{H}\boldsymbol{\beta}$. 试问：$f$ 是不是 $\mathbb{R}^n$ 上的一个内积？写出理由.

【解】 要说明 f 是否 $\mathbb{R}^n$ 上的内积，只需考察实对称矩阵 $\boldsymbol{H}$ 是否正定即可.

对于任意 $\boldsymbol{x}=(x_1,x_2,\cdots,x_n)^{\mathrm{T}}\in\mathbb{R}^n$，考虑实数域上的 $n-1$ 次多项式
$$P_n(t)=x_1+x_2t+\cdots+x_nt^{n-1},$$
显然有 $\int_0^1[P_n(t)]^2\mathrm{d}t\geqslant 0$，其中等号成立当且仅当 $\boldsymbol{x}=\mathbf{0}$. 另一方面，直接计算可得
$$\begin{aligned}\int_0^1[P_n(t)]^2\mathrm{d}t&=\int_0^1\Big(\sum_{i=1}^n x_it^{i-1}\Big)\Big(\sum_{j=1}^n x_jt^{j-1}\Big)\,\mathrm{d}t=\sum_{i,j=1}^n x_ix_j\int_0^1 t^{i+j-2}\mathrm{d}t\\&=\sum_{i,j=1}^n\frac{1}{i+j-1}x_ix_j=\boldsymbol{x}^{\mathrm{T}}\boldsymbol{H}\boldsymbol{x}.\end{aligned}$$
由此可见，实二次型 $Q(\boldsymbol{x})=\boldsymbol{x}^{\mathrm{T}}\boldsymbol{H}\boldsymbol{x}$ 是正定二次型，因此 $\boldsymbol{H}$ 是正定矩阵.

【注】 这里的 $\boldsymbol{H}=\left(\dfrac{1}{i+j-1}\right)$ 称为 n 阶 Hilbert 矩阵. 另见第 8 章例 8.123 及其附注.

【例 9.3】(安徽大学,2007 年)　设 V 是 n 维欧氏空间,W_1,W_2 是 V 的子空间,且 $\dim W_1=s<\dim W_2=t$. 证明:

(1) 存在 $\boldsymbol{\beta}\in W_2,\boldsymbol{\beta}\neq\mathbf{0}$,而 $(\boldsymbol{\beta},W_1)=0$,且 $\dim(W_1^{\perp}\cap W_2)\geqslant t-s$;

(2) $\dim(W_1+W_2^{\perp})\leqslant n-t+s$.

【证】　(1) 因为 $V=W_1\oplus W_1^{\perp}$,所以 $\dim W_1^{\perp}=n-\dim W_1=n-s$. 利用维数公式得

$$\begin{aligned}\dim(W_2\cap W_1^{\perp})&=\dim W_2+\dim W_1^{\perp}-\dim(W_2+W_1^{\perp})\\&=t+(n-s)-\dim(W_2+W_1^{\perp})\geqslant t+(n-s)-n\\&=t-s\geqslant 1.\end{aligned}$$

所以 $W_2\cap W_1^{\perp}\neq 0$,故存在非零向量 $\boldsymbol{\beta}\in W_2\cap W_1^{\perp}$,即 $\boldsymbol{\beta}\in W_2$ 且 $\boldsymbol{\beta}\perp W_1$,所以 $(\boldsymbol{\beta},W_1)=0$.

(2) 利用维数公式及 $V=W_2\oplus W_2^{\perp}$,得

$$\begin{aligned}\dim(W_1+W_2^{\perp})&=\dim W_1+\dim W_2^{\perp}-\dim(W_1\cap W_2^{\perp})\\&=s+(n-t)-\dim(W_1\cap W_2^{\perp})\leqslant s+(n-t)=n-t+s.\end{aligned}$$

【例 9.4】(曲阜师范大学,2008 年;湘潭大学,2009 年)　设 $\boldsymbol{\alpha}$ 是欧氏空间 V 中的一个非零向量,$\boldsymbol{\alpha}_1,\boldsymbol{\alpha}_2,\cdots,\boldsymbol{\alpha}_m\in V$ 满足条件:

$$(\boldsymbol{\alpha},\boldsymbol{\alpha}_i)>0\ (i=1,2,\cdots,m),\quad (\boldsymbol{\alpha}_i,\boldsymbol{\alpha}_j)\leqslant 0\ (i,j=1,2,\cdots,m;i\neq j).$$

证明:$\boldsymbol{\alpha}_1,\boldsymbol{\alpha}_2,\cdots,\boldsymbol{\alpha}_m$ 线性无关.

【证】　设有实数 $k_1,k_2,\cdots,k_m$,使得 $k_1\boldsymbol{\alpha}_1+k_2\boldsymbol{\alpha}_2+\cdots+k_m\boldsymbol{\alpha}_m=\mathbf{0}$ 且假定 $k_1,k_2,\cdots,k_r\geqslant 0$, $k_{r+1},k_{r+2},\cdots,k_m\leqslant 0$(否则可重新编号,使之成立). 令

$$\boldsymbol{\beta}=k_1\boldsymbol{\alpha}_1+k_2\boldsymbol{\alpha}_2+\cdots+k_r\boldsymbol{\alpha}_r=-k_{r+1}\boldsymbol{\alpha}_{r+1}-k_{r+2}\boldsymbol{\alpha}_{r+2}-\cdots-k_m\boldsymbol{\alpha}_m,$$

则

$$(\boldsymbol{\beta},\boldsymbol{\beta})=\Big(\sum_{i=1}^{r}k_i\boldsymbol{\alpha}_i,\ -\sum_{j=r+1}^{m}k_j\boldsymbol{\alpha}_j\Big)=\sum_{i=1}^{r}\sum_{j=r+1}^{m}k_i(-k_j)(\boldsymbol{\alpha}_i,\boldsymbol{\alpha}_j).$$

据题设条件及假定,上式右端非正,即 $(\boldsymbol{\beta},\boldsymbol{\beta})\leqslant 0$,但由内积定义知 $(\boldsymbol{\beta},\boldsymbol{\beta})\geqslant 0$,故 $(\boldsymbol{\beta},\boldsymbol{\beta})=0$,从而 $\boldsymbol{\beta}=\mathbf{0}$,即有

$$k_1\boldsymbol{\alpha}_1+k_2\boldsymbol{\alpha}_2+\cdots+k_r\boldsymbol{\alpha}_r=\mathbf{0},\quad k_{r+1}\boldsymbol{\alpha}_{r+1}+k_{r+2}\boldsymbol{\alpha}_{r+2}+\cdots+k_m\boldsymbol{\alpha}_m=\mathbf{0}.$$

上述二式两边都用 $\boldsymbol{\alpha}$ 作内积,得

$$\sum_{i=1}^{r}k_i(\boldsymbol{\alpha},\boldsymbol{\alpha}_i)=0,\quad \sum_{j=r+1}^{m}k_j(\boldsymbol{\alpha},\boldsymbol{\alpha}_j)=0.$$

利用已知条件及假定,有

$$k_i(\boldsymbol{\alpha},\boldsymbol{\alpha}_i)\geqslant 0\ (1\leqslant i\leqslant r),\quad k_j(\boldsymbol{\alpha},\boldsymbol{\alpha}_j)\leqslant 0\ (r+1\leqslant j\leqslant m).$$

从而有 $k_i(\boldsymbol{\alpha},\boldsymbol{\alpha}_i)=0\ (1\leqslant i\leqslant r)$,$k_j(\boldsymbol{\alpha},\boldsymbol{\alpha}_j)=0\ (r+1\leqslant j\leqslant m)$,因此 $k_i=0(i=1,2,\cdots,m)$. 这就证明了 $\boldsymbol{\alpha}_1,\boldsymbol{\alpha}_2,\cdots,\boldsymbol{\alpha}_m$ 线性无关.

【注】　设 $\boldsymbol{\alpha}$ 是欧氏空间 $\mathbb{R}^n$ 中的一个非零向量,我们称 $\mathbb{R}^n$ 的 $n-1$ 维线性子空间

$$P_{\boldsymbol{\alpha}}=\{\boldsymbol{\xi}\in\mathbb{R}^n\mid(\boldsymbol{\xi},\boldsymbol{\alpha})=0\}$$

为 $\mathbb{R}^n$ 中垂直于 $\boldsymbol{\alpha}$ 的超平面. 对于 $\boldsymbol{\xi},\boldsymbol{\eta}\in\mathbb{R}^n$,若 $(\boldsymbol{\xi},\boldsymbol{\alpha})(\boldsymbol{\eta},\boldsymbol{\alpha})>0$,则称 $\boldsymbol{\xi},\boldsymbol{\eta}$ 位于 $P_{\boldsymbol{\alpha}}$ 的同侧. 因此,本题的结论具有几何意义:欧氏空间 V 中一组位于超平面 $P_{\boldsymbol{\alpha}}$ 的同侧且两两夹角都不小于 $\dfrac{\pi}{2}$ 的非零向量一定线性无关.

【例 9.5】(北京交通大学,1999 年;湘潭大学,2005 年)　已知 n 维欧氏空间 V 中的 $n+1$ 个向量 $\boldsymbol{\alpha}_0,\boldsymbol{\alpha}_1,\cdots,\boldsymbol{\alpha}_n$ 的两两间距离均为 $\delta>0$,令 $\boldsymbol{\beta}_i=\boldsymbol{\alpha}_i-\boldsymbol{\alpha}_0,i=1,2,\cdots,n$. 求证:

(1) $(\boldsymbol{\beta}_i,\boldsymbol{\beta}_j)=\frac{1}{2}\delta^2$,其中 $i\neq j,i,j=1,2,\cdots,n$;

(2) 向量组 $\boldsymbol{\beta}_1,\boldsymbol{\beta}_2,\cdots,\boldsymbol{\beta}_n$ 线性无关.

【证】　(1) 易知 $(\boldsymbol{\beta}_i,\boldsymbol{\beta}_i)=(\boldsymbol{\alpha}_i-\boldsymbol{\alpha}_0,\boldsymbol{\alpha}_i-\boldsymbol{\alpha}_0)=|\boldsymbol{\alpha}_i-\boldsymbol{\alpha}_0|^2=\delta^2$,而

$$\boldsymbol{\beta}_i-\boldsymbol{\beta}_j=(\boldsymbol{\alpha}_i-\boldsymbol{\alpha}_0)-(\boldsymbol{\alpha}_j-\boldsymbol{\alpha}_0)=\boldsymbol{\alpha}_i-\boldsymbol{\alpha}_j,$$

所以

$$\begin{aligned}\delta^2&=|\boldsymbol{\alpha}_i-\boldsymbol{\alpha}_j|^2=(\boldsymbol{\alpha}_i-\boldsymbol{\alpha}_j,\boldsymbol{\alpha}_i-\boldsymbol{\alpha}_j)=(\boldsymbol{\beta}_i-\boldsymbol{\beta}_j,\boldsymbol{\beta}_i-\boldsymbol{\beta}_j)\\&=(\boldsymbol{\beta}_i,\boldsymbol{\beta}_i)-2(\boldsymbol{\beta}_i,\boldsymbol{\beta}_j)+(\boldsymbol{\beta}_j,\boldsymbol{\beta}_j)\\&=2\delta^2-2(\boldsymbol{\beta}_i,\boldsymbol{\beta}_j),\end{aligned}$$

故 $(\boldsymbol{\beta}_i,\boldsymbol{\beta}_j)=\frac{1}{2}\delta^2$.

(2) 设有实数 $k_1,k_2,\cdots,k_n$,使得

$$k_1\boldsymbol{\beta}_1+k_2\boldsymbol{\beta}_2+\cdots+k_n\boldsymbol{\beta}_n=\mathbf{0},$$

用 $\boldsymbol{\beta}_1,\boldsymbol{\beta}_2,\cdots,\boldsymbol{\beta}_n$ 分别与上式两边作内积,并利用(1)的结果,得如下齐次线性方程组:

$$\begin{cases}k_1+\frac{1}{2}k_2+\cdots+\frac{1}{2}k_n=0,\\ \frac{1}{2}k_1+k_2+\cdots+\frac{1}{2}k_n=0,\\ \cdots\cdots\cdots\cdots\\ \frac{1}{2}k_1+\frac{1}{2}k_2+\cdots+k_n=0.\end{cases}$$

其系数行列式

$$D=\begin{vmatrix}1&\frac{1}{2}&\cdots&\frac{1}{2}\\ \frac{1}{2}&1&\cdots&\frac{1}{2}\\ \vdots&\vdots&&\vdots\\ \frac{1}{2}&\frac{1}{2}&\cdots&1\end{vmatrix}=\frac{n+1}{2^n}>0,$$

所以该方程组仅有零解 $k_1=k_2=\cdots=k_n=0$,故 $\boldsymbol{\beta}_1,\boldsymbol{\beta}_2,\cdots,\boldsymbol{\beta}_n$ 线性无关.

【例 9.6】　设 V_1,V_2 是 4 维欧氏空间 $\mathbb{R}^4$ 的两个线性子空间,其中 V_1 是由向量

$$\boldsymbol{\alpha}_1=(1,0,1,-2),\ \boldsymbol{\alpha}_2=(1,2,-1,0),\ \boldsymbol{\alpha}_3=(1,1,0,-1)$$

生成的子空间,V_2 是由向量

$$\boldsymbol{\beta}_1=(0,-2,2,-2),\ \boldsymbol{\beta}_2=(-1,3,0,4),\ \boldsymbol{\beta}_3=(1,5,0,2),\ \boldsymbol{\beta}_4=(-1,1,2,2)$$

生成的子空间,求 V_1 与 V_2 的和空间的正交补.

【解】　根题设知,$V_1+V_2=L(\boldsymbol{\alpha}_1,\boldsymbol{\alpha}_2,\boldsymbol{\alpha}_3,\boldsymbol{\beta}_1,\boldsymbol{\beta}_2,\boldsymbol{\beta}_3,\boldsymbol{\beta}_4)$. 易知 $\boldsymbol{\alpha}_1,\boldsymbol{\alpha}_2,\boldsymbol{\beta}_2$ 线性无关,且

$$\boldsymbol{\alpha}_3=\frac{1}{2}\boldsymbol{\alpha}_1+\frac{1}{2}\boldsymbol{\alpha}_2,\ \boldsymbol{\beta}_1=\boldsymbol{\alpha}_1-\boldsymbol{\alpha}_2,\ \boldsymbol{\beta}_3=\boldsymbol{\alpha}_1+\boldsymbol{\alpha}_2+\boldsymbol{\beta}_2,\ \boldsymbol{\beta}_4=\boldsymbol{\alpha}_1-\boldsymbol{\alpha}_2+\boldsymbol{\beta}_2,$$

所以 $\boldsymbol{\alpha}_1,\boldsymbol{\alpha}_2,\boldsymbol{\beta}_2$ 是 V_1+V_2 的一个基,因此$(V_1+V_2)^{\perp}$是一维子空间. 设 $\boldsymbol{\xi}=(x_1,x_2,x_3,x_4)$是它的一个基,则 $\boldsymbol{\xi}^{\mathrm{T}}\boldsymbol{\alpha}_1=\mathbf{0},\boldsymbol{\xi}^{\mathrm{T}}\boldsymbol{\alpha}_2=\mathbf{0},\boldsymbol{\xi}^{\mathrm{T}}\boldsymbol{\beta}_2=\mathbf{0}$,即

$$\begin{cases} x_1 \qquad + x_3-2x_4=0, \\ x_1+2x_2-x_3 \qquad =0, \\ -x_1+3x_2 \qquad +4x_4=0. \end{cases}$$

解得基础解系为 $\boldsymbol{\xi}_0=(7,-3,1,4)$. 因此$(V_1+V_2)^{\perp}=L(\boldsymbol{\xi}_0)$.

【例 9.7】(华南理工大学,2006 年) 设 V 是欧氏空间而 W 是 V 的有限维子空间,证明 W 在 V 中一定有正交补.

【证】 不妨设 $\dim W=r,\dim V=n$. 取 W 的一个规范正交基 $\boldsymbol{\eta}_1,\boldsymbol{\eta}_2,\cdots,\boldsymbol{\eta}_r$,并扩充成 V 的一个规范正交基

$$\boldsymbol{\eta}_1,\boldsymbol{\eta}_2,\cdots,\boldsymbol{\eta}_r,\boldsymbol{\eta}_{r+1},\cdots,\boldsymbol{\eta}_n.$$

令 $U=L(\boldsymbol{\eta}_{r+1},\cdots,\boldsymbol{\eta}_n)$,则

$$V=L(\boldsymbol{\eta}_1,\cdots,\boldsymbol{\eta}_r,\boldsymbol{\eta}_{r+1},\cdots,\boldsymbol{\eta}_n)=L(\boldsymbol{\eta}_1,\cdots,\boldsymbol{\eta}_r)+L(\boldsymbol{\eta}_{r+1},\cdots,\boldsymbol{\eta}_n)=W+U.$$

显然,$\forall \boldsymbol{\beta}\in U$,有$\boldsymbol{\beta}\perp W$. 另一方面,对于任意 $\boldsymbol{\alpha}\in V$,有

$$\boldsymbol{\alpha}=(\boldsymbol{\alpha},\boldsymbol{\eta}_1)\boldsymbol{\eta}_1+(\boldsymbol{\alpha},\boldsymbol{\eta}_2)\boldsymbol{\eta}_2+\cdots+(\boldsymbol{\alpha},\boldsymbol{\eta}_n)\boldsymbol{\eta}_n.$$

如果 $\boldsymbol{\alpha}\perp W$,那么

$$(\boldsymbol{\alpha},\boldsymbol{\eta}_i)=0,\quad i=1,2,\cdots,r.$$

于是

$$\boldsymbol{\alpha}=(\boldsymbol{\alpha},\boldsymbol{\eta}_{r+1})\boldsymbol{\eta}_{r+1}+\cdots+(\boldsymbol{\alpha},\boldsymbol{\eta}_n)\boldsymbol{\eta}_n\in U.$$

根据正交补的定义,可知 U 就是 W 在 V 中的正交补.

【例 9.8】 设 $\boldsymbol{\alpha}_1,\boldsymbol{\alpha}_2,\boldsymbol{\alpha}_3$ 是 3 维欧氏空间 V 的一个基,$\boldsymbol{\alpha}_1,\boldsymbol{\alpha}_2,\boldsymbol{\alpha}_3$ 的度量矩阵为 $\begin{pmatrix} 2 & -2 & 1 \\ -2 & 3 & -1 \\ 1 & -1 & 2 \end{pmatrix}$,令 $W=L(\boldsymbol{\alpha}_1+\boldsymbol{\alpha}_2,\boldsymbol{\alpha}_2+\boldsymbol{\alpha}_3)$.

(1) 求 W 的一个规范正交基;

(2) 求 $W^{\perp}$,并求 $W^{\perp}$ 的维数及一个规范正交基.

【解】 据题设,有

$$\begin{pmatrix} (\boldsymbol{\alpha}_1,\boldsymbol{\alpha}_1) & (\boldsymbol{\alpha}_1,\boldsymbol{\alpha}_2) & (\boldsymbol{\alpha}_1,\boldsymbol{\alpha}_3) \\ (\boldsymbol{\alpha}_2,\boldsymbol{\alpha}_1) & (\boldsymbol{\alpha}_2,\boldsymbol{\alpha}_2) & (\boldsymbol{\alpha}_2,\boldsymbol{\alpha}_3) \\ (\boldsymbol{\alpha}_3,\boldsymbol{\alpha}_1) & (\boldsymbol{\alpha}_3,\boldsymbol{\alpha}_2) & (\boldsymbol{\alpha}_3,\boldsymbol{\alpha}_3) \end{pmatrix}=\begin{pmatrix} 2 & -2 & 1 \\ -2 & 3 & -1 \\ 1 & -1 & 2 \end{pmatrix}.$$

(1) 易知:$\boldsymbol{\alpha}_1+\boldsymbol{\alpha}_2,\boldsymbol{\alpha}_2+\boldsymbol{\alpha}_3$ 线性无关,且$\boldsymbol{\beta}_1=\boldsymbol{\alpha}_1+\boldsymbol{\alpha}_2$ 是单位向量. 利用 Schmidt 正交化方法,先正交化,这只需令

$$\begin{aligned}\boldsymbol{\beta}_2&=(\boldsymbol{\alpha}_2+\boldsymbol{\alpha}_3)-\frac{(\boldsymbol{\alpha}_2+\boldsymbol{\alpha}_3,\boldsymbol{\beta}_1)}{(\boldsymbol{\beta}_1,\boldsymbol{\beta}_1)}\boldsymbol{\beta}_1=(\boldsymbol{\alpha}_2+\boldsymbol{\alpha}_3)-(\boldsymbol{\alpha}_1+\boldsymbol{\alpha}_2)\\&=-\boldsymbol{\alpha}_1+\boldsymbol{\alpha}_3.\end{aligned}$$

再单位化. 令 $\boldsymbol{\eta}_1=\boldsymbol{\beta}_1=\boldsymbol{\alpha}_1+\boldsymbol{\alpha}_2,\boldsymbol{\eta}_2=\dfrac{\boldsymbol{\beta}_2}{|\boldsymbol{\beta}_2|}=\dfrac{1}{\sqrt{2}}(-\boldsymbol{\alpha}_1+\boldsymbol{\alpha}_3)$,则 $\boldsymbol{\eta}_1,\boldsymbol{\eta}_2$ 是 W 的一个规范正交基.

(2) 任取 $\boldsymbol{\alpha}=x_1\boldsymbol{\alpha}_1+x_2\boldsymbol{\alpha}_2+x_3\boldsymbol{\alpha}_3\in W^{\perp}$，则 $(\boldsymbol{\alpha},\boldsymbol{\beta}_1)=0,(\boldsymbol{\alpha},\boldsymbol{\beta}_2)=0$，由此解得一个线性无关的解 $(x_1,x_2,x_3)=(1,0,1)$，所以 $W^{\perp}=L(\boldsymbol{\alpha}_1+\boldsymbol{\alpha}_3)$，$\dim(W^{\perp})=1$，且 $\boldsymbol{\alpha}_1+\boldsymbol{\alpha}_3$ 是 $W^{\perp}$ 的一个基，再单位化

$$\boldsymbol{\eta}=\frac{\boldsymbol{\alpha}}{|\boldsymbol{\alpha}|}=\frac{\boldsymbol{\alpha}_1+\boldsymbol{\alpha}_3}{|\boldsymbol{\alpha}_1+\boldsymbol{\alpha}_3|}=\frac{1}{\sqrt{6}}(\boldsymbol{\alpha}_1+\boldsymbol{\alpha}_3),$$

即为 $W^{\perp}$ 的一个规范正交基.

【例 9.9】(中国科学院大学,2012 年) 在二阶实方阵构成的线性空间 $\mathbb{R}^{2\times 2}$ 中定义：

$$(\boldsymbol{A},\boldsymbol{B})=\operatorname{tr}(\boldsymbol{A}^{\mathrm{T}}\boldsymbol{B}),\quad \forall \boldsymbol{A},\boldsymbol{B}\in\mathbb{R}^{2\times 2},$$

其中 $\boldsymbol{A}^{\mathrm{T}}$ 表示矩阵 $\boldsymbol{A}$ 的转置，$\operatorname{tr}\boldsymbol{X}$ 表示矩阵 $\boldsymbol{X}$ 的迹.

(1) 证明：$(\boldsymbol{A},\boldsymbol{B})$ 是线性空间 $\mathbb{R}^{2\times 2}$ 的内积；

(2) 设 W 是由 $\boldsymbol{A}_1=\begin{pmatrix}1&1\\0&0\end{pmatrix}$，$\boldsymbol{A}_2=\begin{pmatrix}0&1\\1&1\end{pmatrix}$ 生成的子空间，试求 $W^{\perp}$ 的一个标准正交基.

【解】 这里只给出(2)的解. 设 $\boldsymbol{X}=\begin{pmatrix}x_1&x_2\\x_3&x_4\end{pmatrix}\in W^{\perp}$，则 $(\boldsymbol{A}_1,\boldsymbol{X})=0,(\boldsymbol{A}_2,\boldsymbol{X})=0$，由此得

$$\begin{cases}x_1+x_2=0,\\ x_2+x_3+x_4=0.\end{cases}$$

解得上述齐次线性方程组的基础解系为 $(1,-1,1,0)^{\mathrm{T}},(1,-1,0,1)^{\mathrm{T}}$，所以 $W^{\perp}$ 的一个基为

$$\boldsymbol{X}_1=\boldsymbol{E}_{11}-\boldsymbol{E}_{12}+\boldsymbol{E}_{21}+0\boldsymbol{E}_{22}=\begin{pmatrix}1&-1\\1&0\end{pmatrix},$$

$$\boldsymbol{X}_2=\boldsymbol{E}_{11}-\boldsymbol{E}_{12}+0\boldsymbol{E}_{21}+\boldsymbol{E}_{22}=\begin{pmatrix}1&-1\\0&1\end{pmatrix}.$$

将 $\boldsymbol{X}_1,\boldsymbol{X}_2$ 正交化，得

$$\boldsymbol{Y}_1=\boldsymbol{X}_1=\begin{pmatrix}1&-1\\1&0\end{pmatrix},\quad \boldsymbol{Y}_2=\boldsymbol{X}_2-\frac{(\boldsymbol{X}_2,\boldsymbol{Y}_1)}{(\boldsymbol{Y}_1,\boldsymbol{Y}_1)}\boldsymbol{Y}_1=\begin{pmatrix}\frac{1}{3}&-\frac{1}{3}\\-\frac{2}{3}&1\end{pmatrix}.$$

再单位化即得 $W^{\perp}$ 的一个规范正交基为

$$\boldsymbol{B}_1=\begin{pmatrix}\frac{1}{\sqrt{3}}&-\frac{1}{\sqrt{3}}\\\frac{1}{\sqrt{3}}&0\end{pmatrix},\quad \boldsymbol{B}_2=\begin{pmatrix}\frac{1}{\sqrt{15}}&-\frac{1}{\sqrt{15}}\\-\frac{2}{\sqrt{15}}&\frac{3}{\sqrt{15}}\end{pmatrix}.$$

【例 9.10】(北京科技大学,2005 年) 在 $\mathbb{R}^4$ 中，$\boldsymbol{\alpha}=(1,1,-1,1)$，$\boldsymbol{\beta}=(1,-1,-1,1)$，$\boldsymbol{\gamma}=(1,0,-1,1)$，令 $W=L(\boldsymbol{\alpha},\boldsymbol{\beta},\boldsymbol{\gamma})$.

(1) 计算向量 $\boldsymbol{\alpha}$ 与向量 $\boldsymbol{\beta}$ 的长度及夹角；

(2) 计算向量 $\boldsymbol{\alpha}$ 在向量 $\boldsymbol{\beta}$ 上的投影；

(3) 计算 $W^{\perp}$，并给出 $W^{\perp}$ 的一个标准正交基；

(4) 求出$(W^{\perp})^{\perp}$.

【解】 (1) 向量$\boldsymbol{\alpha}$与向量$\boldsymbol{\beta}$的长度$|\boldsymbol{\alpha}|=|\boldsymbol{\beta}|=2$,夹角$\langle\boldsymbol{\alpha},\boldsymbol{\beta}\rangle=\arccos\dfrac{(\boldsymbol{\alpha},\boldsymbol{\beta})}{|\boldsymbol{\alpha}||\boldsymbol{\beta}|}=\dfrac{\pi}{3}$.

(2) 向量$\boldsymbol{\alpha}$在$\boldsymbol{\beta}$上的投影

$$\mathrm{Pr}_{\boldsymbol{\beta}}\boldsymbol{\alpha}=\left(\boldsymbol{\alpha},\frac{\boldsymbol{\beta}}{|\boldsymbol{\beta}|}\right)\frac{\boldsymbol{\beta}}{|\boldsymbol{\beta}|}=\frac{(\boldsymbol{\alpha},\boldsymbol{\beta})}{(\boldsymbol{\beta},\boldsymbol{\beta})}\boldsymbol{\beta}=\left(\frac{1}{2},-\frac{1}{2},-\frac{1}{2},\frac{1}{2}\right).$$

(3) 设$\boldsymbol{x}\in W^{\perp}$,则$(\boldsymbol{\alpha},\boldsymbol{x})=0,(\boldsymbol{\beta},\boldsymbol{x})=0,(\boldsymbol{\gamma},\boldsymbol{x})=0$. 解得$W^{\perp}=L(\boldsymbol{\varepsilon}_1,\boldsymbol{\varepsilon}_2)$,其中

$$\boldsymbol{\varepsilon}_1=\left(\frac{1}{\sqrt{2}},0,\frac{1}{\sqrt{2}},0\right),\quad \boldsymbol{\varepsilon}_2=\left(-\frac{1}{\sqrt{6}},0,\frac{1}{\sqrt{6}},\frac{2}{\sqrt{6}}\right)$$

是$W^{\perp}$的一个标准正交基.

(4) 注意到$(W^{\perp})^{\perp}=W$, $\dim W=4-\dim W^{\perp}=2$,而$\boldsymbol{\alpha},\boldsymbol{\beta}$线性无关,所以

$$(W^{\perp})^{\perp}=W=L(\boldsymbol{\alpha},\boldsymbol{\beta}).$$

【例 9.11】(华南理工大学,2007 年) 设线性方程组$\begin{cases}x_1+x_2=0,\\x_3+x_4=0\end{cases}$的解空间为$W$,求向量$(2,3,4,5)\in\mathbb{R}^4$在$W$上的内射影以及到$W$的距离.

【解】 易知,方程组的一个基础解系为$\boldsymbol{\varepsilon}_1=(1,-1,0,0)$,$\boldsymbol{\varepsilon}_2=(0,0,1,-1)$. 注意到$\boldsymbol{\varepsilon}_1$,$\boldsymbol{\varepsilon}_2$已正交,再单位化即可得$W$的一个标准正交基

$$\boldsymbol{\eta}_1=\left(\frac{1}{\sqrt{2}},-\frac{1}{\sqrt{2}},0,0\right),\qquad \boldsymbol{\eta}_2=\left(0,0,\frac{1}{\sqrt{2}},-\frac{1}{\sqrt{2}}\right).$$

取$W^{\perp}$的标准正交基$\boldsymbol{\eta}_3,\boldsymbol{\eta}_4$,则$\boldsymbol{\eta}_1,\boldsymbol{\eta}_2,\boldsymbol{\eta}_3,\boldsymbol{\eta}_4$是$\mathbb{R}^4$的一个标准正交基. 于是,$\forall\boldsymbol{\alpha}\in\mathbb{R}^4$,有

$$\boldsymbol{\alpha}=\sum_{i=1}^{4}(\boldsymbol{\alpha},\boldsymbol{\eta}_i)\boldsymbol{\eta}_i\xlongequal{\text{记}}\boldsymbol{\beta}+\boldsymbol{\gamma},$$

其中$\boldsymbol{\beta}=(\boldsymbol{\alpha},\boldsymbol{\eta}_1)\boldsymbol{\eta}_1+(\boldsymbol{\alpha},\boldsymbol{\eta}_2)\boldsymbol{\eta}_2\in W$,$\boldsymbol{\gamma}=(\boldsymbol{\alpha},\boldsymbol{\eta}_3)\boldsymbol{\eta}_3+(\boldsymbol{\alpha},\boldsymbol{\eta}_4)\boldsymbol{\eta}_4\in W^{\perp}$.

现在,取$\boldsymbol{\alpha}=(2,3,4,5)$代入上式,那么向量$\boldsymbol{\alpha}$在$W$上的内射影为

$$\boldsymbol{\beta}=(\boldsymbol{\alpha},\boldsymbol{\eta}_1)\boldsymbol{\eta}_1+(\boldsymbol{\alpha},\boldsymbol{\eta}_2)\boldsymbol{\eta}_2=\left(-\frac{1}{2},\frac{1}{2},-\frac{1}{2},\frac{1}{2}\right),$$

而$\boldsymbol{\alpha}$到W的距离为$|\boldsymbol{\gamma}|=\sqrt{|\boldsymbol{\alpha}|^2-|\boldsymbol{\beta}|^2}=\sqrt{53}$.

【例 9.12】(武汉大学,2003 年) 设T是n维欧氏空间V的对称变换(即T是V的线性变换,且对任意$\boldsymbol{\alpha},\boldsymbol{\beta}\in V$,都有$(T(\boldsymbol{\alpha}),\boldsymbol{\beta})=(\boldsymbol{\alpha},T(\boldsymbol{\beta}))$,证明:$T$的像空间$\mathrm{Im}\,T$是$T$的核空间$\ker T$的正交补空间.

【证】 $\forall T(\boldsymbol{\alpha})\in\mathrm{Im}\,T$, $\forall\boldsymbol{\beta}\in\ker T$,则$T\boldsymbol{\beta}=\mathbf{0}$,且$(T(\boldsymbol{\alpha}),\boldsymbol{\beta})=(\boldsymbol{\alpha},T(\boldsymbol{\beta}))=0$. 所以$T(\boldsymbol{\alpha})\perp\ker T$,即$T(\boldsymbol{\alpha})\in(\ker T)^{\perp}$,故$\mathrm{Im}\,T\subseteq(\ker T)^{\perp}$.

又$\dim(\mathrm{Im}\,T)=n-\dim(\ker T)=\dim(\ker T)^{\perp}$,因此$\mathrm{Im}\,T=(\ker T)^{\perp}$.

【例 9.13】(南开大学,2002 年;浙江大学,2004 年;厦门大学,2013 年) 设V是n维欧氏空间,V_1,V_2是V的子空间,且$\dim V_1<\dim V_2$. 证明:V_2中存在一个非零向量,它与V_1中的任一向量均正交.

【证】（方法 1）因为 $V=V_1\oplus V_1^{\perp}$，所以 $\dim V_1^{\perp}=n-\dim V_1$. 利用维数公式，得

$$\begin{aligned}\dim(V_2\cap V_1^{\perp})&=\dim V_2+\dim V_1^{\perp}-\dim(V_2+V_1^{\perp})\\&=\dim V_2-\dim V_1+n-\dim(V_2+V_1^{\perp})\\&\geqslant 1.\end{aligned}$$

所以 $V_2\cap V_1^{\perp}\neq 0$，存在非零向量 $\boldsymbol{\alpha}\in V_2\cap V_1^{\perp}$，即 $\boldsymbol{\alpha}\in V_2$ 且 $\boldsymbol{\alpha}\perp V_1$，因此 $(\boldsymbol{\alpha},\boldsymbol{\beta})=0,\ \forall\boldsymbol{\beta}\in V_1$.

（方法 2）若 $\dim V_1=0$，则结论显然. 下设 $\dim V_1=r>0$. 取 V_1 的基 $\boldsymbol{\alpha}_1,\boldsymbol{\alpha}_2,\cdots,\boldsymbol{\alpha}_r$，$V_2$ 的基 $\boldsymbol{\beta}_1,\boldsymbol{\beta}_2,\cdots,\boldsymbol{\beta}_s(s>r)$，对于 $\boldsymbol{\xi}\in V_2$，令

$$\boldsymbol{\xi}=x_1\boldsymbol{\beta}_1+x_2\boldsymbol{\beta}_2+\cdots+x_s\boldsymbol{\beta}_s.$$

欲 $\boldsymbol{\xi}$ 与 V_1 中的任一向量正交，只需 $\boldsymbol{\xi}$ 与 $\boldsymbol{\alpha}_i$ 都正交，即 $(\boldsymbol{\xi},\boldsymbol{\alpha}_i)=0,i=1,2,\cdots,r$. 这等价于

$$\begin{cases}(\boldsymbol{\alpha}_1,\boldsymbol{\beta}_1)x_1+(\boldsymbol{\alpha}_1,\boldsymbol{\beta}_2)x_2+\cdots+(\boldsymbol{\alpha}_1,\boldsymbol{\beta}_s)x_s=0,\\(\boldsymbol{\alpha}_2,\boldsymbol{\beta}_1)x_1+(\boldsymbol{\alpha}_2,\boldsymbol{\beta}_2)x_2+\cdots+(\boldsymbol{\alpha}_2,\boldsymbol{\beta}_s)x_s=0,\\\cdots\cdots\cdots\cdots\\(\boldsymbol{\alpha}_r,\boldsymbol{\beta}_1)x_1+(\boldsymbol{\alpha}_r,\boldsymbol{\beta}_2)x_2+\cdots+(\boldsymbol{\alpha}_r,\boldsymbol{\beta}_s)x_s=0.\end{cases}$$

上述方程组中方程个数小于未知量个数，因而有非零解. 故存在 $\boldsymbol{\xi}\in V_2,\boldsymbol{\xi}\neq\mathbf{0}$，使 $\boldsymbol{\xi}\perp V_1$.

【例 9.14】 设 W 是 n 维欧氏空间 V 的非平凡子空间，$\boldsymbol{\alpha}\in V$. 证明在 W 中必存在唯一的向量 $\boldsymbol{\beta}$，使得 $\boldsymbol{\alpha}-\boldsymbol{\beta}$ 与 W 中的任意向量都正交.

【证】先证存在性. 因为 $V=W\oplus W^{\perp}$，$\boldsymbol{\alpha}\in V$，所以存在 $\boldsymbol{\beta}\in W,\boldsymbol{\eta}\in W^{\perp}$，使得 $\boldsymbol{\alpha}=\boldsymbol{\beta}+\boldsymbol{\eta}$. 于是 $\boldsymbol{\alpha}-\boldsymbol{\beta}=\boldsymbol{\eta}\in W^{\perp}$，即 $\boldsymbol{\alpha}-\boldsymbol{\beta}$ 与 W 中的任意向量都正交.

再证唯一性. 若存在 $\boldsymbol{\beta}_1\in W$，使 $\boldsymbol{\alpha}-\boldsymbol{\beta}_1$ 与 W 中的任意向量正交，则

$$(\boldsymbol{\alpha}-\boldsymbol{\beta})-(\boldsymbol{\alpha}-\boldsymbol{\beta}_1)=\boldsymbol{\beta}_1-\boldsymbol{\beta}$$

也与 W 中的任意向量都正交. 而 $\boldsymbol{\beta}_1-\boldsymbol{\beta}\in W$，所以 $(\boldsymbol{\beta}_1-\boldsymbol{\beta},\boldsymbol{\beta}_1-\boldsymbol{\beta})=0$，故 $\boldsymbol{\beta}_1-\boldsymbol{\beta}=\mathbf{0}$，$\boldsymbol{\beta}_1=\boldsymbol{\beta}$.

【例 9.15】 设 V 是 n 维欧氏空间，$\boldsymbol{\alpha}_1,\boldsymbol{\alpha}_2,\cdots,\boldsymbol{\alpha}_{n-1}$ 是 V 中的 $n-1$ 个线性无关的向量，$\boldsymbol{\beta}_1,\boldsymbol{\beta}_2$ 是 V 中的非零向量，且都与 $\boldsymbol{\alpha}_1,\boldsymbol{\alpha}_2,\cdots,\boldsymbol{\alpha}_{n-1}$ 正交. 证明：

（1）$\boldsymbol{\beta}_1,\boldsymbol{\beta}_2$ 线性相关；

（2）$\boldsymbol{\alpha}_1,\boldsymbol{\alpha}_2,\cdots,\boldsymbol{\alpha}_{n-1},\boldsymbol{\beta}_1$ 线性无关.

【证】（1）由于 $\dim V=n$，所以 $n+1$ 个向量 $\boldsymbol{\beta}_1,\boldsymbol{\beta}_2,\boldsymbol{\alpha}_1,\cdots,\boldsymbol{\alpha}_{n-1}$ 必线性相关，故存在不全为零的实数 $l_1,l_2,k_1,k_2,\cdots,k_{n-1}$，使得

$$l_1\boldsymbol{\beta}_1+l_2\boldsymbol{\beta}_2+k_1\boldsymbol{\alpha}_1+\cdots+k_{n-1}\boldsymbol{\alpha}_{n-1}=\mathbf{0}.\qquad ①$$

因为 $\boldsymbol{\alpha}_1,\boldsymbol{\alpha}_2,\cdots,\boldsymbol{\alpha}_{n-1}$ 线性无关，所以 l_1,l_2 不全为零（若 $l_1=l_2=0$，则 $k_1=k_2=\cdots=k_{n-1}=0$，与 $l_1,l_2,k_1,\cdots,k_{n-1}$ 不全为零矛盾）. 将 $\boldsymbol{\beta}_1,\boldsymbol{\beta}_2$ 分别与①式两边作内积，并利用题设正交条件，得

$$l_1(\boldsymbol{\beta}_1,\boldsymbol{\beta}_1)+l_2(\boldsymbol{\beta}_1,\boldsymbol{\beta}_2)=0,\quad 即\quad(\boldsymbol{\beta}_1,l_1\boldsymbol{\beta}_1+l_2\boldsymbol{\beta}_2)=0,\qquad ②$$

$$l_1(\boldsymbol{\beta}_2,\boldsymbol{\beta}_1)+l_2(\boldsymbol{\beta}_2,\boldsymbol{\beta}_2)=0,\quad 即\quad(\boldsymbol{\beta}_2,l_1\boldsymbol{\beta}_1+l_2\boldsymbol{\beta}_2)=0.\qquad ③$$

由②$\times l_1$+③$\times l_2$ 以及内积的运算性质，可得

$$(l_1\boldsymbol{\beta}_1+l_2\boldsymbol{\beta}_2,l_1\boldsymbol{\beta}_1+l_2\boldsymbol{\beta}_2)=0.$$

从而 $l_1\boldsymbol{\beta}_1+l_2\boldsymbol{\beta}_2=\mathbf{0}$，即 $\boldsymbol{\beta}_1,\boldsymbol{\beta}_2$ 线性相关.

（2）设有实数 $k_1, k_2, \cdots, k_{n-1}, k_n$，使得

$$k_1\boldsymbol{\alpha}_1+k_2\boldsymbol{\alpha}_2+\cdots+k_{n-1}\boldsymbol{\alpha}_{n-1}+k_n\boldsymbol{\beta}_1=\mathbf{0},$$

用 $\boldsymbol{\beta}_1$ 与上式两边作内积并利用题设正交条件，得

$$k_n(\boldsymbol{\beta}_1,\boldsymbol{\beta}_1)=\mathbf{0},$$

由于 $\boldsymbol{\beta}_1\neq\mathbf{0}$，则 $(\boldsymbol{\beta}_1,\boldsymbol{\beta}_1)>0$，故 $k_n=0$. 于是，有

$$k_1\boldsymbol{\alpha}_1+k_2\boldsymbol{\alpha}_2+\cdots+k_{n-1}\boldsymbol{\alpha}_{n-1}=\mathbf{0}.$$

由于 $\boldsymbol{\alpha}_1,\boldsymbol{\alpha}_2,\cdots,\boldsymbol{\alpha}_{n-1}$ 线性无关，所以 $k_1=k_2=\cdots k_{n-1}=0$. 因此 $\boldsymbol{\alpha}_1,\boldsymbol{\alpha}_2,\cdots,\boldsymbol{\alpha}_{n-1},\boldsymbol{\beta}_1$ 线性无关.

【注】　本题的简捷证法：考虑 V 的子空间 $W=L(\boldsymbol{\alpha}_1,\boldsymbol{\alpha}_2,\cdots,\boldsymbol{\alpha}_{n-1})$，则 $\dim W=n-1$，因此 $\dim W^{\perp}=1$. 据题设，$\boldsymbol{\beta}_1,\boldsymbol{\beta}_2\in W^{\perp}$，所以 $\boldsymbol{\beta}_1,\boldsymbol{\beta}_2$ 线性相关. 另一方面，因为 $\boldsymbol{\alpha}_1,\boldsymbol{\alpha}_2,\cdots,\boldsymbol{\alpha}_{n-1}$ 是 W 的一个基，而 $\boldsymbol{\beta}_1\neq\mathbf{0}$ 是 $W^{\perp}$ 的基，所以 $\boldsymbol{\alpha}_1,\boldsymbol{\alpha}_2,\cdots,\boldsymbol{\alpha}_{n-1},\boldsymbol{\beta}_1$ 构成 V 的一个基，因而线性无关.

【例 9.16】（安徽大学，2006 年；湘潭大学，2010 年）　设 $\boldsymbol{\alpha}_1,\boldsymbol{\alpha}_2,\cdots,\boldsymbol{\alpha}_n$ 是 n 维欧氏空间 V 的一个基. 证明：这个基是 V 的标准正交基当且仅当对 V 中的任意向量 $\boldsymbol{\alpha}$，有

$$\boldsymbol{\alpha}=(\boldsymbol{\alpha},\boldsymbol{\alpha}_1)\boldsymbol{\alpha}_1+(\boldsymbol{\alpha},\boldsymbol{\alpha}_2)\boldsymbol{\alpha}_2+\cdots+(\boldsymbol{\alpha},\boldsymbol{\alpha}_n)\boldsymbol{\alpha}_n.$$

【证】　必要性. 注意到 $\boldsymbol{\alpha}_1,\boldsymbol{\alpha}_2,\cdots,\boldsymbol{\alpha}_n$ 是 V 的标准正交基当且仅当

$$(\boldsymbol{\alpha}_i,\boldsymbol{\alpha}_j)=\begin{cases}0, & i\neq j,\\ 1, & i=j.\end{cases} \qquad ①$$

对任意 $\boldsymbol{\alpha}\in V$，令 $\boldsymbol{\alpha}=x_1\boldsymbol{\alpha}_1+x_2\boldsymbol{\alpha}_2+\cdots+x_n\boldsymbol{\alpha}_n$，两边用 $\boldsymbol{\alpha}_i$ 作内积，得 $x_i=(\boldsymbol{\alpha},\boldsymbol{\alpha}_i)$，$i=1,2,\cdots,n$.

充分性. $\forall\boldsymbol{\alpha}\in V$，有 $\boldsymbol{\alpha}=(\boldsymbol{\alpha},\boldsymbol{\alpha}_1)\boldsymbol{\alpha}_1+(\boldsymbol{\alpha},\boldsymbol{\alpha}_2)\boldsymbol{\alpha}_2+\cdots+(\boldsymbol{\alpha},\boldsymbol{\alpha}_n)\boldsymbol{\alpha}_n$. 特别地，取 $\boldsymbol{\alpha}=\boldsymbol{\alpha}_i$，得

$$\sum_{\substack{j=1\\ j\neq i}}^{n}(\boldsymbol{\alpha}_i,\boldsymbol{\alpha}_j)\boldsymbol{\alpha}_j+[(\boldsymbol{\alpha}_i,\boldsymbol{\alpha}_i)-1]\boldsymbol{\alpha}_i=\mathbf{0}.$$

因为 $\boldsymbol{\alpha}_1,\boldsymbol{\alpha}_2,\cdots,\boldsymbol{\alpha}_n$ 线性无关，上式中的组合系数全为零，所以①式成立，故 $\boldsymbol{\alpha}_1,\boldsymbol{\alpha}_2,\cdots,\boldsymbol{\alpha}_n$ 是 V 的标准正交基.

【例 9.17】（曲阜师范大学，2008 年）　设 $\boldsymbol{w}_1,\boldsymbol{w}_2,\boldsymbol{w}_3$ 是欧氏空间 V 中两两正交的向量，V 中的向量 $\boldsymbol{v}$ 不能由 $\boldsymbol{w}_1,\boldsymbol{w}_2,\boldsymbol{w}_3$ 线性表示. 设 $\theta_1,\theta_2,\theta_3$ 分别为 $\boldsymbol{v}$ 与 $\boldsymbol{w}_1,\boldsymbol{w}_2,\boldsymbol{w}_3$ 的夹角，证明：$\cos^2\theta_1+\cos^2\theta_2+\cos^2\theta_3<1$.

【证】　设 $\dim V=n$，因为 $\boldsymbol{v}$ 不能由 $\boldsymbol{w}_1,\boldsymbol{w}_2,\boldsymbol{w}_3$ 线性表示，所以 $\boldsymbol{v}\neq\mathbf{0}$ 且 $n>3$.

现将 $\boldsymbol{\eta}_1=\dfrac{\boldsymbol{w}_1}{|\boldsymbol{w}_1|},\boldsymbol{\eta}_2=\dfrac{\boldsymbol{w}_2}{|\boldsymbol{w}_2|},\boldsymbol{\eta}_3=\dfrac{\boldsymbol{w}_3}{|\boldsymbol{w}_3|}$ 扩充成 V 的标准正交基 $\boldsymbol{\eta}_1,\boldsymbol{\eta}_2,\cdots,\boldsymbol{\eta}_n$，并设 $\boldsymbol{v}=x_1\boldsymbol{\eta}_1+x_2\boldsymbol{\eta}_2+\cdots+x_n\boldsymbol{\eta}_n$，则 $(\boldsymbol{v},\boldsymbol{\eta}_j)=x_j(j=1,2,\cdots,n)$，且 $|\boldsymbol{v}|^2=\sum\limits_{j=1}^{n}x_j^2\neq0$.

再令 θ_j 为 $\boldsymbol{v}$ 与 $\boldsymbol{\eta}_j$ 的夹角 $(j=4,\cdots,n)$，注意到 $\boldsymbol{v}$ 不能由 $\boldsymbol{\eta}_1,\boldsymbol{\eta}_2,\boldsymbol{\eta}_3$ 线性表示，所以存在某个 $x_k\neq0(4\leqslant k\leqslant n)$，即 $\cos\theta_k\neq0$. 于是

$$\cos^2\theta_1+\cos^2\theta_2+\cos^2\theta_3<\sum_{j=1}^{n}\cos^2\theta_j=\sum_{j=1}^{n}\left(\frac{(\boldsymbol{v},\boldsymbol{\eta}_j)}{|\boldsymbol{v}||\boldsymbol{\eta}_j|}\right)^2=\frac{1}{|\boldsymbol{v}|^2}\sum_{j=1}^{n}x_j^2=1.$$

【例 9.18】（哈尔滨工业大学，2006 年）　设 $\boldsymbol{\varepsilon}_1,\boldsymbol{\varepsilon}_2,\cdots,\boldsymbol{\varepsilon}_n$ 是欧氏空间 $\mathbb{R}^n$ 的一个标准正交基，$\boldsymbol{\alpha}_1,\boldsymbol{\alpha}_2,\cdots,\boldsymbol{\alpha}_k$ 是 $\mathbb{R}^n$ 中的任意 k 个向量. 试证：$\boldsymbol{\alpha}_1,\boldsymbol{\alpha}_2,\cdots,\boldsymbol{\alpha}_k$ 为标准正交向量组的充分必要

条件是

$$\sum_{s=1}^{n}(\boldsymbol{\alpha}_i,\boldsymbol{\varepsilon}_s)(\boldsymbol{\alpha}_j,\boldsymbol{\varepsilon}_s)=\begin{cases}0, & i\neq j,\\ 1, & i=j.\end{cases}$$

【证】　注意到$\boldsymbol{\varepsilon}_1,\boldsymbol{\varepsilon}_2,\cdots,\boldsymbol{\varepsilon}_n$是$\mathbb{R}^n$的标准正交基，$(\boldsymbol{\varepsilon}_i,\boldsymbol{\varepsilon}_j)=\delta_{ij}(1\leqslant i,j\leqslant n)$，且$\forall\boldsymbol{\alpha}\in\mathbb{R}^n$，有$\boldsymbol{\alpha}=\sum\limits_{s=1}^{n}(\boldsymbol{\alpha},\boldsymbol{\varepsilon}_s)\boldsymbol{\varepsilon}_s$，所以

$$\begin{aligned}(\boldsymbol{\alpha}_i,\boldsymbol{\alpha}_j)&=\Big(\sum_{s=1}^{n}(\boldsymbol{\alpha}_i,\boldsymbol{\varepsilon}_s)\boldsymbol{\varepsilon}_s,\sum_{t=1}^{n}(\boldsymbol{\alpha}_j,\boldsymbol{\varepsilon}_t)\boldsymbol{\varepsilon}_t\Big)\\&=\sum_{s=1}^{n}\sum_{t=1}^{n}(\boldsymbol{\alpha}_i,\boldsymbol{\varepsilon}_s)(\boldsymbol{\alpha}_j,\boldsymbol{\varepsilon}_t)(\boldsymbol{\varepsilon}_s,\boldsymbol{\varepsilon}_t)\\&=\sum_{s=1}^{n}(\boldsymbol{\alpha}_i,\boldsymbol{\varepsilon}_s)(\boldsymbol{\alpha}_j,\boldsymbol{\varepsilon}_s).\end{aligned}$$

于是，$\boldsymbol{\alpha}_1,\boldsymbol{\alpha}_2,\cdots,\boldsymbol{\alpha}_k$为$\mathbb{R}^n$中的标准正交向量组$\Leftrightarrow\sum\limits_{s=1}^{n}(\boldsymbol{\alpha}_i,\boldsymbol{\varepsilon}_s)(\boldsymbol{\alpha}_j,\boldsymbol{\varepsilon}_s)=\delta_{ij}(1\leqslant i,j\leqslant k)$.

【例9.19】(安徽大学,2008年;云南大学,2009年)　试证：欧氏空间中的两个向量$\boldsymbol{\alpha},\boldsymbol{\beta}$正交的充分必要条件是：对任意实数$t$都有$|\boldsymbol{\alpha}+t\boldsymbol{\beta}|\geqslant|\boldsymbol{\alpha}|$.

【证】　不失一般性，设$\boldsymbol{\alpha},\boldsymbol{\beta}$均不为零. $\forall t\in\mathbb{R}$，有

$$|\boldsymbol{\alpha}+t\boldsymbol{\beta}|^2=(\boldsymbol{\alpha}+t\boldsymbol{\beta},\boldsymbol{\alpha}+t\boldsymbol{\beta})=(\boldsymbol{\alpha},\boldsymbol{\alpha})+t^2(\boldsymbol{\beta},\boldsymbol{\beta})+2t(\boldsymbol{\alpha},\boldsymbol{\beta}).\qquad ①$$

必要性. 设$\boldsymbol{\alpha},\boldsymbol{\beta}$正交，即$(\boldsymbol{\alpha},\boldsymbol{\beta})=0$，所以$\forall t\in\mathbb{R}$，有

$$|\boldsymbol{\alpha}+t\boldsymbol{\beta}|^2=(\boldsymbol{\alpha},\boldsymbol{\alpha})+t^2(\boldsymbol{\beta},\boldsymbol{\beta})\geqslant(\boldsymbol{\alpha},\boldsymbol{\alpha})=|\boldsymbol{\alpha}|^2,$$

即$|\boldsymbol{\alpha}+t\boldsymbol{\beta}|\geqslant|\boldsymbol{\alpha}|$.

充分性. 设$\forall t\in\mathbb{R}$都有$|\boldsymbol{\alpha}+t\boldsymbol{\beta}|\geqslant|\boldsymbol{\alpha}|$. 用反证法证明$(\boldsymbol{\alpha},\boldsymbol{\beta})=0$. 若不然，则由①式得

$$|\boldsymbol{\alpha}+t\boldsymbol{\beta}|^2=(\boldsymbol{\alpha},\boldsymbol{\alpha})+(\boldsymbol{\beta},\boldsymbol{\beta})\left[t+\frac{(\boldsymbol{\alpha},\boldsymbol{\beta})}{(\boldsymbol{\beta},\boldsymbol{\beta})}\right]^2-\frac{(\boldsymbol{\alpha},\boldsymbol{\beta})^2}{(\boldsymbol{\beta},\boldsymbol{\beta})}.$$

取$t_0=-\dfrac{(\boldsymbol{\alpha},\boldsymbol{\beta})}{(\boldsymbol{\beta},\boldsymbol{\beta})}\in\mathbb{R}$代入上式，则$|\boldsymbol{\alpha}+t_0\boldsymbol{\beta}|^2<|\boldsymbol{\alpha}|^2$，矛盾. 因此$(\boldsymbol{\alpha},\boldsymbol{\beta})=0$，即$\boldsymbol{\alpha},\boldsymbol{\beta}$正交.

【例9.20】(南京航空航天大学,2004年)　设V是n维欧氏空间，W是V的m维子空间，$m<n$，又$\boldsymbol{\alpha}_1,\boldsymbol{\alpha}_2,\cdots,\boldsymbol{\alpha}_m$是$W$中的非零正交向量组. 证明：

(1) $\boldsymbol{\alpha}_1,\boldsymbol{\alpha}_2,\cdots,\boldsymbol{\alpha}_m$线性无关；

(2) 若$\boldsymbol{\beta}\in W$满足$(\boldsymbol{\beta},\boldsymbol{\alpha}_i)=0,i=1,2,\cdots,m$，则$\boldsymbol{\beta}=\mathbf{0}$；

(3) 对任何$\boldsymbol{\beta}\in V$恒有$\sum\limits_{i=1}^{m}\dfrac{(\boldsymbol{\beta},\boldsymbol{\alpha}_i)^2}{(\boldsymbol{\alpha}_i,\boldsymbol{\alpha}_i)}\leqslant\|\boldsymbol{\beta}\|^2$.

【证】　(1) 设$k_1\boldsymbol{\alpha}_1+k_2\boldsymbol{\alpha}_2+\cdots+k_m\boldsymbol{\alpha}_m=\mathbf{0}$，两边用$\boldsymbol{\alpha}_i$作内积，并注意到$(\boldsymbol{\alpha}_i,\boldsymbol{\alpha}_j)=0(i\neq j)$，得$k_i(\boldsymbol{\alpha}_i,\boldsymbol{\alpha}_i)=0$. 因为$\boldsymbol{\alpha}_i\neq\mathbf{0}$，所以$(\boldsymbol{\alpha}_i,\boldsymbol{\alpha}_i)>0$，故$k_i=0$. 因此$\boldsymbol{\alpha}_1,\boldsymbol{\alpha}_2,\cdots,\boldsymbol{\alpha}_m$线性无关.

(2) 据题设$\dim W=m$，所以$\boldsymbol{\alpha}_1,\boldsymbol{\alpha}_2,\cdots,\boldsymbol{\alpha}_m$是$W$的一个基. 现设$\boldsymbol{\beta}=x_1\boldsymbol{\alpha}_1+x_2\boldsymbol{\alpha}_2+\cdots+x_m\boldsymbol{\alpha}_m$，两边用$\boldsymbol{\beta}$作内积，并注意到$(\boldsymbol{\beta},\boldsymbol{\alpha}_i)=0$，得

$$(\boldsymbol{\beta},\boldsymbol{\beta})=x_1(\boldsymbol{\beta},\boldsymbol{\alpha}_1)+x_2(\boldsymbol{\beta},\boldsymbol{\alpha}_2)+\cdots+x_m(\boldsymbol{\beta},\boldsymbol{\alpha}_m)=0,$$

所以$\boldsymbol{\beta}=\mathbf{0}$.

(3) 令$\boldsymbol{\eta}_i=\dfrac{\boldsymbol{\alpha}_i}{|\boldsymbol{\alpha}_i|}, i=1,2,\cdots,m$,则$\boldsymbol{\eta}_1,\boldsymbol{\eta}_2,\cdots,\boldsymbol{\eta}_m$是$V$中的标准正交向量组,再扩充成$V$的一个标准正交基$\boldsymbol{\eta}_1,\cdots,\boldsymbol{\eta}_m,\boldsymbol{\eta}_{m+1},\cdots,\boldsymbol{\eta}_n$. 对任意$\boldsymbol{\beta}\in V$有$\boldsymbol{\beta}=(\boldsymbol{\beta},\boldsymbol{\eta}_1)\boldsymbol{\eta}_1+(\boldsymbol{\beta},\boldsymbol{\eta}_2)\boldsymbol{\eta}_2+\cdots+(\boldsymbol{\beta},\boldsymbol{\eta}_n)\boldsymbol{\eta}_n$,所以

$$\|\boldsymbol{\beta}\|^2=\sum_{i=1}^{n}(\boldsymbol{\beta},\boldsymbol{\eta}_i)^2\geqslant\sum_{i=1}^{m}(\boldsymbol{\beta},\boldsymbol{\eta}_i)^2=\sum_{i=1}^{m}\frac{(\boldsymbol{\beta},\boldsymbol{\alpha}_i)^2}{(\boldsymbol{\alpha}_i,\boldsymbol{\alpha}_i)}.$$

【例 9.21】(南开大学,2005 年;中国科学院大学,2019 年)　设$\boldsymbol{A}$为n阶实对称正定矩阵,$\boldsymbol{\alpha}_1,\boldsymbol{\alpha}_2,\cdots,\boldsymbol{\alpha}_n,\boldsymbol{\beta}$为$n$维欧氏空间$\mathbb{R}^n$(标准度量)中的$n+1$个向量. 已知

(1) $\boldsymbol{\alpha}_i\neq\mathbf{0}\quad(i=1,2,\cdots,n)$;

(2) $\boldsymbol{\alpha}_i^{\mathrm{T}}\boldsymbol{A}\boldsymbol{\alpha}_j=0\quad(i\neq j;i,j=1,2,\cdots,n)$;

(3) $\boldsymbol{\beta}$与$\boldsymbol{\alpha}_i$正交　$(i=1,2,\cdots,n)$.

证明:$\boldsymbol{\beta}=\mathbf{0}$.

【证】　先证$\boldsymbol{\alpha}_1,\boldsymbol{\alpha}_2,\cdots,\boldsymbol{\alpha}_n$线性无关. 设$\sum\limits_{j=1}^{n}k_j\boldsymbol{\alpha}_j=\mathbf{0}$,两边同时左乘$\boldsymbol{\alpha}_i^{\mathrm{T}}\boldsymbol{A}$,得$k_i\boldsymbol{\alpha}_i^{\mathrm{T}}\boldsymbol{A}\boldsymbol{\alpha}_i=0$. 因为$\boldsymbol{A}$正定,而$\boldsymbol{\alpha}_i\neq\mathbf{0}$,所以$\boldsymbol{\alpha}_i^{\mathrm{T}}\boldsymbol{A}\boldsymbol{\alpha}_i>0$,故$k_i=0$. 因此$\boldsymbol{\alpha}_1,\boldsymbol{\alpha}_2,\cdots,\boldsymbol{\alpha}_n$线性无关,因而是$\mathbb{R}^n$的基.

现设$\boldsymbol{\beta}=x_1\boldsymbol{\alpha}_1+x_2\boldsymbol{\alpha}_2+\cdots+x_n\boldsymbol{\alpha}_n$,两边用$\boldsymbol{\beta}$作内积,并注意到题设条件(3),得

$$(\boldsymbol{\beta},\boldsymbol{\beta})=x_1(\boldsymbol{\beta},\boldsymbol{\alpha}_1)+x_2(\boldsymbol{\beta},\boldsymbol{\alpha}_2)+\cdots+x_n(\boldsymbol{\beta},\boldsymbol{\alpha}_n)=0,$$

于是$\boldsymbol{\beta}=\mathbf{0}$.

【例 9.22】(华中科技大学,2007 年)　设V是实数域上所有n阶对称矩阵构成的线性空间,对任意$\boldsymbol{A},\boldsymbol{B}\in V$,定义$(\boldsymbol{A},\boldsymbol{B})=\operatorname{tr}(\boldsymbol{AB})$,其中$\operatorname{tr}(\boldsymbol{AB})$表示$\boldsymbol{AB}$的迹.

(1) 证明:V构成一欧氏空间;

(2) 求使$\operatorname{tr}\boldsymbol{A}=0$的子空间$S$的维数.

(3) 求S的正交补$S^{\perp}$的维数.

【解】　(1) 容易验证$(\boldsymbol{A},\boldsymbol{B})=\operatorname{tr}(\boldsymbol{AB})$满足内积的对称性、线性性. 设$\boldsymbol{A}=(a_{ij})$,则

$$(\boldsymbol{A},\boldsymbol{A})=\operatorname{tr}(\boldsymbol{AA})=\operatorname{tr}(\boldsymbol{A}^{\mathrm{T}}\boldsymbol{A})=\sum_{i=1}^{n}\sum_{j=1}^{n}a_{ij}^2\geqslant 0,$$

且$(\boldsymbol{A},\boldsymbol{A})=0\Leftrightarrow a_{ij}=0(1\leqslant i,j\leqslant n)\Leftrightarrow\boldsymbol{A}=\boldsymbol{O}$,所以$(\boldsymbol{A},\boldsymbol{B})$是$V$的一个内积,$V$构成欧氏空间.

(2) 设$\boldsymbol{E}_{ij}$是(i,j)元为1其余元均为0的n阶方阵,注意到$\operatorname{tr}\boldsymbol{A}=0$,易知

$$\boldsymbol{E}_{ij}+\boldsymbol{E}_{ji}(1\leqslant i<j\leqslant n),\quad\boldsymbol{E}_{ii}-\boldsymbol{E}_{nn}(1\leqslant i\leqslant n-1)$$

构成子空间S的一个基,所以

$$\dim S=\frac{n(n-1)}{2}+(n-1)=\frac{n^2+n-2}{2}.$$

(3) 易知$\dim V=\dfrac{n(n+1)}{2}$,所以$\dim S^{\perp}=\dim V-\dim S=\dfrac{n(n+1)}{2}-\dfrac{n^2+n-2}{2}=1$.

【例 9.23】(中山大学,2016 年)　记 $V=M_n(\mathbb{R})$, $U=\{A\in V\mid A^{\mathrm{T}}=A\}$, $W=\{B\in V\mid B^{\mathrm{T}}=-B\}$. 在 V 上定义二元函数 $f:V\times V\to\mathbb{R}$, $f(A,B)=\mathrm{tr}(AB^{\mathrm{T}})$, $\forall A,B\in V$.

(1) 证明:(V,f) 是欧氏空间;

(2) 证明:$U\perp W$, $V=U\oplus W$;

(3) 设 $A\in V$,试求 $B\in U$ 使 A 与 B 的距离最短,即 $\forall D\in U$,有 $d(A,B)\leqslant d(A,D)$.

【解】 (1) 参见上一题,证明从略.

(2) 首先,$\forall A\in V$,有 $A=\frac{1}{2}(A+A^{\mathrm{T}})+\frac{1}{2}(A-A^{\mathrm{T}})\overset{\text{记}}{=\!=}B+C$,显然 $B=\frac{1}{2}(A+A^{\mathrm{T}})\in U$,而 $C=\frac{1}{2}(A-A^{\mathrm{T}})\in W$,所以 $V=U+W$.

再证 $U\perp W$. 注意到 V 中的内积为 Frobenius 内积:$(A,B)=\mathrm{tr}(AB^{\mathrm{T}})$. 任取 $A\in U,B\in W$,因为 $A^{\mathrm{T}}=A,B^{\mathrm{T}}=-B$,所以

$$(A,B)=\mathrm{tr}(AB^{\mathrm{T}})=-\mathrm{tr}(AB)=-\mathrm{tr}(BA)=-\mathrm{tr}(AB^{\mathrm{T}})=-(A,B),$$

即 $(A,B)=0$,这就证得 $U\perp W$. 于是 $V=U\oplus W$,并且 U 和 W 互为正交补.

(3) 根据(2)的过程知,对于 $A\in V$,取 $B=\frac{1}{2}(A+A^{\mathrm{T}})\in U$,则 B 是 A 在 U 上的正交投影,所以 A 与 B 的距离最短,即 $\forall D\in U$,有 $d(A,B)\leqslant d(A,D)$.

【例 9.24】(南开大学,2003 年)　设 V 是实数域 $\mathbb{R}$ 上的 n 维线性空间,W_1,W_2 是 V 的子空间,且 $W_1\cap W_2=\{\mathbf{0}\}$.

(1) 如 $(\cdot,\cdot)_1,(\cdot,\cdot)_2$ 分别是 W_1 和 W_2 上的内积,证明:存在 V 上的内积 $(\cdot,\cdot)$ 满足 $(\cdot,\cdot)\big|_{W_i}=(\cdot,\cdot)_i, i=1,2$;

(2) 问满足(1)中的内积 $(\cdot,\cdot)$ 是否唯一? 为什么?

【解】 (1) 令 $W_3=(W_1+W_2)^{\perp}$. 根据题设,$W_1\cap W_2=\{\mathbf{0}\}$,可知 W_1+W_2 是直和,所以 $V=W_1\oplus W_2\oplus W_3$. 定义 V 上的二元函数 $(\cdot,\cdot)$ 如下:

$$(\boldsymbol{\alpha},\boldsymbol{\beta})=(\boldsymbol{\alpha}_1,\boldsymbol{\beta}_1)_1+(\boldsymbol{\alpha}_2,\boldsymbol{\beta}_2)_2+(\boldsymbol{\alpha}_3,\boldsymbol{\beta}_3)_3,\quad \boldsymbol{\alpha},\boldsymbol{\beta}\in V,$$

其中 $(\cdot,\cdot)_3$ 表示 W_3 上的内积. $\boldsymbol{\alpha}=\sum_{i=1}^{3}\boldsymbol{\alpha}_i,\boldsymbol{\beta}=\sum_{i=1}^{3}\boldsymbol{\beta}_i$,而 $\boldsymbol{\alpha}_i,\boldsymbol{\beta}_i\in W_i, i=1,2,3$.

我们证明 $(\cdot,\cdot)$ 是 V 上的内积. 事实上,由于 $(\cdot,\cdot)_i$ 是 W_i 上的内积,所以

$$\begin{aligned}(\boldsymbol{\alpha},\boldsymbol{\beta})&=(\boldsymbol{\alpha}_1,\boldsymbol{\beta}_1)_1+(\boldsymbol{\alpha}_2,\boldsymbol{\beta}_2)_2+(\boldsymbol{\alpha}_3,\boldsymbol{\beta}_3)_3\\&=(\boldsymbol{\beta}_1,\boldsymbol{\alpha}_1)_1+(\boldsymbol{\beta}_2,\boldsymbol{\alpha}_2)_2+(\boldsymbol{\beta}_3,\boldsymbol{\alpha}_3)_3=(\boldsymbol{\beta},\boldsymbol{\alpha});\end{aligned}$$

$$\begin{aligned}(\boldsymbol{\alpha}+\boldsymbol{\beta},\boldsymbol{\xi})&=(\boldsymbol{\alpha}_1+\boldsymbol{\beta}_1,\boldsymbol{\xi}_1)_1+(\boldsymbol{\alpha}_2+\boldsymbol{\beta}_2,\boldsymbol{\xi}_2)_2+(\boldsymbol{\alpha}_3+\boldsymbol{\beta}_3,\boldsymbol{\xi}_3)_3\\&=(\boldsymbol{\alpha}_1,\boldsymbol{\xi}_1)_1+(\boldsymbol{\alpha}_2,\boldsymbol{\xi}_2)_2+(\boldsymbol{\alpha}_3,\boldsymbol{\xi}_3)_3+\\&\quad(\boldsymbol{\beta}_1,\boldsymbol{\xi}_1)_1+(\boldsymbol{\beta}_2,\boldsymbol{\xi}_2)_2+(\boldsymbol{\beta}_3,\boldsymbol{\xi}_3)_3\\&=(\boldsymbol{\alpha},\boldsymbol{\xi})+(\boldsymbol{\beta},\boldsymbol{\xi});\end{aligned}$$

$$\begin{aligned}(k\boldsymbol{\alpha},\boldsymbol{\beta})&=(k\boldsymbol{\alpha}_1,\boldsymbol{\beta}_1)_1+(k\boldsymbol{\alpha}_2,\boldsymbol{\beta}_2)_2+(k\boldsymbol{\alpha}_3,\boldsymbol{\beta}_3)_3\\&=k(\boldsymbol{\alpha}_1,\boldsymbol{\beta}_1)_1+k(\boldsymbol{\alpha}_2,\boldsymbol{\beta}_2)_2+k(\boldsymbol{\alpha}_3,\boldsymbol{\beta}_3)_3=k(\boldsymbol{\alpha},\boldsymbol{\beta});\end{aligned}$$

$$(\boldsymbol{\alpha},\boldsymbol{\alpha})=(\boldsymbol{\alpha}_1,\boldsymbol{\alpha}_1)_1+(\boldsymbol{\alpha}_2,\boldsymbol{\alpha}_2)_2+(\boldsymbol{\alpha}_3,\boldsymbol{\alpha}_3)_3\geqslant 0,$$

且$(\boldsymbol{\alpha},\boldsymbol{\alpha})=0 \Leftrightarrow (\boldsymbol{\alpha}_i,\boldsymbol{\alpha}_i)_i=0, i=1,2,3 \Leftrightarrow \boldsymbol{\alpha}_i=\mathbf{0}, i=1,2,3 \Leftrightarrow \boldsymbol{\alpha}=\mathbf{0}$.

这就证明了$(\cdot,\cdot)$是 V 上的内积. 显然满足 $(\cdot,\cdot)\Big|_{W_i}=(\cdot,\cdot)_i, i=1,2$.

(2) 满足(1)中的内积不是唯一的. 这是因为,由(1)的证明过程可知,只要取 W_3 上不同的内积$(\cdot,\cdot)_3$,那么就得到 V 上的不同内积$(\cdot,\cdot)$.

【例 9.25】(北京大学,1998 年)　用 $M_2(\mathbb{C})$表示复数域$\mathbb{C}$上所有 2 阶方阵组成的集合,令

$$V=\left\{\boldsymbol{A}\in M_2(\mathbb{C})\ \middle|\ \operatorname{tr}\boldsymbol{A}=0, \text{且}\overline{\boldsymbol{A}}^{\mathrm{T}}=\boldsymbol{A}\right\},$$

其中 tr $\boldsymbol{A}$ 表示 $\boldsymbol{A}$ 的迹,$\overline{\boldsymbol{A}}^{\mathrm{T}}$ 表示 $\boldsymbol{A}$ 的共轭转置矩阵.

(1) 证明 V 对于矩阵的加法与数乘成为实数域上的线性空间,并且说明 V 中元素形如

$$\begin{pmatrix} a_1 & a_2+\mathrm{i}a_3 \\ a_2-\mathrm{i}a_3 & -a_1 \end{pmatrix},$$

其中 a_1,a_2,a_3 都是实数,$\mathrm{i}=\sqrt{-1}$.

(2) 设$\boldsymbol{A}=\begin{pmatrix} a_1 & a_2+\mathrm{i}a_3 \\ a_2-\mathrm{i}a_3 & -a_1 \end{pmatrix}$, $\boldsymbol{B}=\begin{pmatrix} b_1 & b_2+\mathrm{i}b_3 \\ b_2-\mathrm{i}b_3 & -b_1 \end{pmatrix}$,考虑 V 上的一个二元函数:

$$(\boldsymbol{A},\boldsymbol{B})=a_1b_1+a_2b_2+a_3b_3.$$

证明这个二元函数是 V 上的一个内积,从而 V 成为欧氏空间;并求出 V 的一个标准正交基.

(3) 设 $\boldsymbol{T}$ 是一个酉矩阵(即,$\boldsymbol{T}$ 满足$\overline{\boldsymbol{T}}^{\mathrm{T}}\boldsymbol{T}=\boldsymbol{E}$),对任意 $\boldsymbol{A}\in V$,规定 $\psi_{\boldsymbol{T}}(\boldsymbol{A})=\boldsymbol{TAT}^{-1}$. 证明 $\psi_{\boldsymbol{T}}$ 是 V 上的正交变换.

(4) $\psi_{\boldsymbol{T}}$ 的意义同第(3)小题,求下述集合

$$S=\left\{\boldsymbol{T}\ \middle|\ \det\boldsymbol{T}=1, \text{且}\ \psi_{\boldsymbol{T}}=1_V\right\},$$

其中 det $\boldsymbol{T}$ 表示 $\boldsymbol{T}$ 的行列式,1_V 表示 V 上的恒等变换.

【解】　(1),(2)的证明从略,对于(2)的后一部分,取

$$\boldsymbol{B}_1=\begin{pmatrix}1&0\\0&-1\end{pmatrix},\quad \boldsymbol{B}_2=\begin{pmatrix}0&1\\1&0\end{pmatrix},\quad \boldsymbol{B}_3=\begin{pmatrix}0&\mathrm{i}\\-\mathrm{i}&0\end{pmatrix},$$

易知$(\boldsymbol{B}_k,\boldsymbol{B}_j)=\begin{cases}1, & k=j,\\ 0, & k\neq j,\end{cases}$ 且 V 中任意元$\boldsymbol{A}=\begin{pmatrix} a_1 & a_2+\mathrm{i}a_3 \\ a_2-\mathrm{i}a_3 & -a_1 \end{pmatrix}=a_1\boldsymbol{B}_1+a_2\boldsymbol{B}_2+a_3\boldsymbol{B}_3$,所以 $\boldsymbol{B}_1$, $\boldsymbol{B}_2$, $\boldsymbol{B}_3$ 是 V 的一个标准正交基.

(3) 由于 $\operatorname{tr}(\boldsymbol{TAT}^{-1})=0$,且$\overline{(\boldsymbol{TAT}^{-1})}^{\mathrm{T}}=\boldsymbol{TAT}^{-1}$,即 $\psi_{\boldsymbol{T}}(\boldsymbol{A})\in V$,故 $\psi_{\boldsymbol{T}}$ 是 V 的一个变换.

又对任意 $\boldsymbol{A},\boldsymbol{B}\in V, k\in\mathbb{R}$,有

$$\psi_{\boldsymbol{T}}(\boldsymbol{A}+\boldsymbol{B})=\boldsymbol{T}(\boldsymbol{A}+\boldsymbol{B})\boldsymbol{T}^{-1}=\boldsymbol{TAT}^{-1}+\boldsymbol{TBT}^{-1}=\psi_{\boldsymbol{T}}(\boldsymbol{A})+\psi_{\boldsymbol{T}}(\boldsymbol{B}),$$

$$\psi_{\boldsymbol{T}}(k\boldsymbol{A})=\boldsymbol{T}(k\boldsymbol{A})\boldsymbol{T}^{-1}=k\boldsymbol{TAT}^{-1}=k\psi_{\boldsymbol{T}}(\boldsymbol{A}),$$

所以 $\psi_{\boldsymbol{T}}$ 是 V 的线性变换. 进一步,因为$(\boldsymbol{A},\boldsymbol{A})=a_1^2+a_2^2+a_3^2=-|\boldsymbol{A}|$,且

$$(\psi_{\boldsymbol{T}}(\boldsymbol{A}),\psi_{\boldsymbol{T}}(\boldsymbol{A}))=(\boldsymbol{TAT}^{-1},\boldsymbol{TAT}^{-1})=-|\boldsymbol{TAT}^{-1}|=-|\boldsymbol{A}|,$$

即$(\psi_{\boldsymbol{T}}(\boldsymbol{A}),\psi_{\boldsymbol{T}}(\boldsymbol{A}))=(\boldsymbol{A},\boldsymbol{A})$,因此 $\psi_{\boldsymbol{T}}$ 是 V 的正交变换.

(4) 任取 $\boldsymbol{T}\in S$,由于 $\psi_{\boldsymbol{T}}=1_V$,所以 $\psi_{\boldsymbol{T}}(\boldsymbol{A})=\boldsymbol{A}$,即 $\boldsymbol{TAT}^{-1}=\boldsymbol{A}$ 或 $\boldsymbol{TA}=\boldsymbol{AT}$, $\forall \boldsymbol{A}\in V$. 特别地,令 $\boldsymbol{A}=\boldsymbol{B}_1,\boldsymbol{B}_2,\boldsymbol{B}_3$,可解得 $\boldsymbol{T}=\begin{pmatrix}c&0\\0&c\end{pmatrix}$,再由 det $\boldsymbol{T}=1$ 得 $c=\pm1$. 于是

$$S=\left\{\begin{pmatrix}1&0\\0&1\end{pmatrix},\begin{pmatrix}-1&0\\0&-1\end{pmatrix}\right\}.$$

【例 9.26】(上海交通大学,1997 年;四川大学,2002 年) 已知线性无关向量组 $\boldsymbol{e}_1,\boldsymbol{e}_2,\cdots,\boldsymbol{e}_s$ 和两个非零正交向量组 $\boldsymbol{f}_1,\boldsymbol{f}_2,\cdots,\boldsymbol{f}_s$;$\boldsymbol{g}_1,\boldsymbol{g}_2,\cdots,\boldsymbol{g}_s$,使 $\boldsymbol{f}_k$ 与 $\boldsymbol{g}_k(k=1,2,\cdots,s)$ 可由 $\boldsymbol{e}_1,\boldsymbol{e}_2,\cdots,\boldsymbol{e}_k$ 线性表出. 求证:$\boldsymbol{g}_k=a_k\boldsymbol{f}_k(k=1,2,\cdots,s$,其中 $a_k\neq0)$.

【证】 令 $W=L(\boldsymbol{e}_1,\boldsymbol{e}_2,\cdots,\boldsymbol{e}_s)$,则 $\dim W=s$. 再令 $\boldsymbol{\xi}_i=\dfrac{\boldsymbol{f}_i}{|\boldsymbol{f}_i|},\boldsymbol{\eta}_i=\dfrac{\boldsymbol{g}_i}{|\boldsymbol{g}_i|}(k=1,2,\cdots,s)$,据题设可知,$\boldsymbol{\xi}_1,\boldsymbol{\xi}_2,\cdots,\boldsymbol{\xi}_s$ 与 $\boldsymbol{\eta}_1,\boldsymbol{\eta}_2,\cdots,\boldsymbol{\eta}_s$ 是 W 的两个标准正交基,且存在可逆上三角阵 $\boldsymbol{U}_1,\boldsymbol{U}_2$,使

$$(\boldsymbol{\xi}_1,\boldsymbol{\xi}_2,\cdots,\boldsymbol{\xi}_s)=(\boldsymbol{e}_1,\boldsymbol{e}_2,\cdots,\boldsymbol{e}_s)\boldsymbol{U}_1,$$
$$(\boldsymbol{\eta}_1,\boldsymbol{\eta}_2,\cdots,\boldsymbol{\eta}_s)=(\boldsymbol{e}_1,\boldsymbol{e}_2,\cdots,\boldsymbol{e}_s)\boldsymbol{U}_2,$$

所以

$$(\boldsymbol{\eta}_1,\boldsymbol{\eta}_2,\cdots,\boldsymbol{\eta}_s)=(\boldsymbol{\xi}_1,\boldsymbol{\xi}_2,\cdots,\boldsymbol{\xi}_s)\boldsymbol{U}_1^{-1}\boldsymbol{U}_2.$$

这就表明 $\boldsymbol{U}_1^{-1}\boldsymbol{U}_2$ 是正交矩阵. 注意到 $\boldsymbol{U}_1^{-1}\boldsymbol{U}_2$ 又是上三角矩阵,因此 $\boldsymbol{U}_1^{-1}\boldsymbol{U}_2$ 必为对角矩阵,且对角元为 1 或−1. 所以 $\boldsymbol{\eta}_k=\pm\boldsymbol{\xi}_k$,即 $\boldsymbol{g}_k=a_k\boldsymbol{f}_k$,其中 $a_k=\pm\dfrac{|\boldsymbol{g}_i|}{|\boldsymbol{f}_i|}\neq0(k=1,2,\cdots,s)$

【注】 亦可由题设直接得$(\boldsymbol{f}_1,\boldsymbol{f}_2,\cdots,\boldsymbol{f}_s)=(\boldsymbol{g}_1,\boldsymbol{g}_2,\cdots,\boldsymbol{g}_s)\boldsymbol{B}^{-1}\boldsymbol{A}$,其中 $\boldsymbol{A},\boldsymbol{B}$ 均为上三角矩阵,从而 $\boldsymbol{B}^{-1}\boldsymbol{A}$ 仍是上三角矩阵,设为

$$\boldsymbol{B}^{-1}\boldsymbol{A}=\begin{pmatrix}c_{11}&c_{12}&\cdots&c_{1s}\\0&c_{22}&\cdots&c_{2s}\\\vdots&\vdots&&\vdots\\0&0&\cdots&c_{ss}\end{pmatrix},$$

其中 $c_{ii}\neq0(k=1,2,\cdots,s)$. 于是,有

$$\begin{aligned}\boldsymbol{f}_1&=c_{11}\boldsymbol{g}_1,\\\boldsymbol{f}_2&=c_{12}\boldsymbol{g}_1+c_{22}\boldsymbol{g}_2,\\&\cdots\\\boldsymbol{f}_s&=c_{1s}\boldsymbol{g}_1+c_{2s}\boldsymbol{g}_2+\cdots+c_{ss}\boldsymbol{g}_s.\end{aligned}$$

注意到$\boldsymbol{f}_1,\boldsymbol{f}_2,\cdots,\boldsymbol{f}_s$ 和 $\boldsymbol{g}_1,\boldsymbol{g}_2,\cdots,\boldsymbol{g}_s$ 都是正交向量组,所以

$$0=(\boldsymbol{f}_1,\boldsymbol{f}_j)=(c_{11}\boldsymbol{g}_1,c_{1j}\boldsymbol{g}_1+c_{2j}\boldsymbol{g}_2+\cdots+c_{jj}\boldsymbol{g}_j)=c_{11}c_{1j}(\boldsymbol{g}_1,\boldsymbol{g}_1),$$

所以 $c_{1j}=0,j=2,3,\cdots,s$. 同理可得 $c_{ij}=0(i<j)$,因此$\boldsymbol{f}_k=c_{kk}\boldsymbol{g}_k,k=1,2,\cdots,s$.

【例 9.27】 设 $\boldsymbol{\alpha}_1,\boldsymbol{\alpha}_2,\cdots,\boldsymbol{\alpha}_n$ 是 n 维欧氏空间 V 的一个基,σ 是 V 的线性变换,$\sigma^5+2\sigma=\varepsilon$(恒等变换). 试证明:对于 $\boldsymbol{\gamma}_1,\boldsymbol{\gamma}_2\in V$,如果$(\boldsymbol{\gamma}_1,\sigma(\boldsymbol{\alpha}_i))=(\boldsymbol{\gamma}_2,\sigma(\boldsymbol{\alpha}_i)),i=1,2,\cdots,n$,那么 $\boldsymbol{\gamma}_1=\boldsymbol{\gamma}_2$.

【证】 由 $\sigma^5+2\sigma=\varepsilon$ 知,σ 是可逆线性变换,所以 $\sigma(\boldsymbol{\alpha}_1),\sigma(\boldsymbol{\alpha}_2),\cdots,\sigma(\boldsymbol{\alpha}_n)$ 也是 V 的一个基. 令 $\boldsymbol{\gamma}=\boldsymbol{\gamma}_1-\boldsymbol{\gamma}_2$,则$(\boldsymbol{\gamma},\sigma(\boldsymbol{\alpha}_i))=0,i=1,2,\cdots,n$.

任取 $\boldsymbol{\xi}\in V$,并设 $\boldsymbol{\xi}=\sum\limits_{i=1}^{n}x_i\sigma(\boldsymbol{\alpha}_i)$,两边用 $\boldsymbol{\gamma}$ 作内积,得

$$(\boldsymbol{\gamma},\boldsymbol{\xi})=(\boldsymbol{\gamma},\sum_{i=1}^{n}x_i\boldsymbol{\sigma}(\boldsymbol{\alpha}_i))=\sum_{i=1}^{n}x_i(\boldsymbol{\gamma},\boldsymbol{\sigma}(\boldsymbol{\alpha}_i))=0.$$

于是 $\boldsymbol{\gamma}=\mathbf{0}$，即 $\boldsymbol{\gamma}_1=\boldsymbol{\gamma}_2$.

【例 9.28】(重庆大学,2005 年)　在 $P[x]_4$ 中定义内积：$(f(x),g(x))=\int_{-1}^{1}f(x)g(x)\mathrm{d}x$，$f(x),g(x)\in P[x]_4$，并定义线性变换 $\varphi:\varphi(\boldsymbol{\varepsilon}_i)=\boldsymbol{\eta}_i,i=1,2,3,4$. 其中

$$\boldsymbol{\varepsilon}_1=\frac{1}{2}(1+x+x^2+x^3),\qquad \boldsymbol{\eta}_1=2x+x^2-x^3,$$

$$\boldsymbol{\varepsilon}_2=\frac{1}{2}(-1-x+x^2+x^3),\qquad \boldsymbol{\eta}_2=-1-x^2-2x^3,$$

$$\boldsymbol{\varepsilon}_3=\frac{1}{2}(-1+x-x^2+x^3),\qquad \boldsymbol{\eta}_3=-2x-x^2+x^3,$$

$$\boldsymbol{\varepsilon}_4=\frac{1}{2}(-1+x+x^2-x^3),\qquad \boldsymbol{\eta}_4=1-4x-x^2.$$

求 φ 的核空间的一个标准正交基.

【解】　首先求 φ 的核空间 $\ker\varphi=\{\boldsymbol{\alpha}\in P[x]_4\mid\varphi(\boldsymbol{\alpha})=\mathbf{0}\}$. 为此，任取 $\boldsymbol{\alpha}\in\ker\varphi$，注意到 $\boldsymbol{\varepsilon}_1,\boldsymbol{\varepsilon}_2,\boldsymbol{\varepsilon}_3,\boldsymbol{\varepsilon}_4$ 是 $P[x]_4$ 的一个基，可令 $\boldsymbol{\alpha}=x_1\boldsymbol{\varepsilon}_1+x_2\boldsymbol{\varepsilon}_2+x_3\boldsymbol{\varepsilon}_3+x_4\boldsymbol{\varepsilon}_4$，则 $\varphi(\boldsymbol{\alpha})=\mathbf{0}$ 即

$$x_1\boldsymbol{\eta}_1+x_2\boldsymbol{\eta}_2+x_3\boldsymbol{\eta}_3+x_4\boldsymbol{\eta}_4=\mathbf{0}.$$

把 $\boldsymbol{\eta}_1,\boldsymbol{\eta}_2,\boldsymbol{\eta}_3,\boldsymbol{\eta}_4$ 的表达式代入上式并用矩阵表示，有

$$(1,x,x^2,x^3)\begin{pmatrix}0&-1&0&1\\2&0&-2&-4\\1&-1&-1&-1\\-1&-2&1&0\end{pmatrix}\begin{pmatrix}x_1\\x_2\\x_3\\x_4\end{pmatrix}=\mathbf{0}.$$

因为 $1,x,x^2,x^3$ 是 $P[x]_4$ 的一个基，所以

$$\begin{pmatrix}0&-1&0&1\\2&0&-2&-4\\1&-1&-1&-1\\-1&-2&1&0\end{pmatrix}\begin{pmatrix}x_1\\x_2\\x_3\\x_4\end{pmatrix}=\mathbf{0}.$$

求解上述方程组，其基础解系为 $(x_1,x_2,x_3,x_4)=(1,0,1,0)$. 因此 $\dim(\ker\varphi)=1$，且

$$\ker\varphi=L(\boldsymbol{\alpha})=L(\boldsymbol{\varepsilon}_1+\boldsymbol{\varepsilon}_3)=L(x+x^3).$$

现在，利用 $P[x]_4$ 中内积的定义将 $\boldsymbol{\alpha}$ 单位化. 因为

$$|\boldsymbol{\alpha}|^2=\int_{-1}^{1}(x+x^3)^2\mathrm{d}x=\frac{184}{105},$$

所以 $\boldsymbol{\alpha}_0=\dfrac{\boldsymbol{\alpha}}{|\boldsymbol{\alpha}|}=\sqrt{\dfrac{105}{184}}(x+x^3)$，即为核空间 $\ker\varphi$ 的一个标准正交基.

【注】　本题定义的 $(f(x),g(x))$ 应明确为在 $\mathbb{R}[x]_4$ 中才成为内积.

§9.2　正交矩阵与正交变换

基本理论与要点提示

9.2.1　正交矩阵

设 $\boldsymbol{A}=(a_{ij})\in M_n(\mathbb{R})$,那么下列条件是等价的:

(1) $\boldsymbol{A}$ 是正交矩阵,即满足 $\boldsymbol{A}^{\mathrm{T}}\boldsymbol{A}=\boldsymbol{A}\boldsymbol{A}^{\mathrm{T}}=\boldsymbol{E}$;

(2) $\boldsymbol{A}^{\mathrm{T}}=\boldsymbol{A}^{-1}$;

(3) $\boldsymbol{A}$ 的列向量组是规范正交组,即 $\sum\limits_{i=1}^{n} a_{ij}a_{ik}=\delta_{jk},\quad j,k=1,2,\cdots,n$;

(4) $\boldsymbol{A}$ 的行向量组是规范正交组,即 $\sum\limits_{k=1}^{n} a_{ik}a_{jk}=\delta_{ij},\quad i,j=1,2,\cdots,n.$

9.2.2　正交变换

对于欧氏空间 V 的线性变换 $\mathscr{A}$,下列命题相互等价:

(1) $\mathscr{A}$ 为 V 的正交变换,即 $\mathscr{A}$ 保持内积: $\forall\,\boldsymbol{\alpha},\boldsymbol{\beta}\in V$,有 $(\mathscr{A}(\boldsymbol{\alpha}),\mathscr{A}(\boldsymbol{\beta}))=(\boldsymbol{\alpha},\boldsymbol{\beta})$;

(2) $\mathscr{A}$ 在 V 的任一标准正交基下的矩阵为正交矩阵;

(3) $\mathscr{A}$ 将 V 的标准正交基变为标准正交基;

(4) $\mathscr{A}$ 保持 V 的所有向量的长度,即 $\forall\,\boldsymbol{\alpha}\in V$,都有 $|\mathscr{A}(\boldsymbol{\alpha})|=|\boldsymbol{\alpha}|$;

(5) $\mathscr{A}$ 在 V 的一个标准正交基下的矩阵为 $\mathrm{diag}(\boldsymbol{E}_r,-\boldsymbol{E}_s,\boldsymbol{A}_1,\boldsymbol{A}_2,\cdots,\boldsymbol{A}_t)$,其中

$$\boldsymbol{A}_i=\begin{pmatrix}\cos\theta_i & -\sin\theta_i\\ \sin\theta_i & \cos\theta_i\end{pmatrix},\quad i=1,2,\cdots,t.$$

典型问题解析

【例 9.29】(南京大学,2000 年)　(1) 设 $\boldsymbol{A}$ 是 n 阶正交矩阵且 $|\boldsymbol{A}|=-1$,证明:-1 是 $\boldsymbol{A}$ 的特征值;

(2) 设 $\boldsymbol{A},\boldsymbol{B}$ 都是正交矩阵,且 $|\boldsymbol{A}|+|\boldsymbol{B}|=0$,证明: $|\boldsymbol{A}+\boldsymbol{B}|=0$.(**华南理工大学,2016 年**)

【证】　(1) 即证 $|\boldsymbol{E}+\boldsymbol{A}|=0$. 事实上,因为 $\boldsymbol{A}\boldsymbol{A}^{\mathrm{T}}=\boldsymbol{E}$,所以

$$|\boldsymbol{E}+\boldsymbol{A}|=|\boldsymbol{A}\boldsymbol{A}^{\mathrm{T}}+\boldsymbol{A}|=|\boldsymbol{A}||(\boldsymbol{A}+\boldsymbol{E})^{\mathrm{T}}|=-|\boldsymbol{E}+\boldsymbol{A}|,$$

于是有 $|\boldsymbol{E}+\boldsymbol{A}|=0$.

(2) 据题设, $|\boldsymbol{A}|^2=1$, $|\boldsymbol{B}|^2=1$, $|\boldsymbol{A}|+|\boldsymbol{B}|=0$,得 $|\boldsymbol{A}\boldsymbol{B}|=-1$. 于是

$$|\boldsymbol{A}+\boldsymbol{B}|=|\boldsymbol{A}\boldsymbol{B}^{\mathrm{T}}\boldsymbol{B}+\boldsymbol{B}\boldsymbol{A}^{\mathrm{T}}\boldsymbol{B}|=|\boldsymbol{A}||(\boldsymbol{A}+\boldsymbol{B})^{\mathrm{T}}||\boldsymbol{B}|=-|\boldsymbol{A}+\boldsymbol{B}|,$$

故 $|\boldsymbol{A}+\boldsymbol{B}|=0$.

【例 9.30】(中国科学院,2005 年)　给定两个 4 维向量 $\boldsymbol{\alpha}_1=\left(\frac{1}{3},-\frac{2}{3},0,\frac{2}{3}\right)^{\mathrm{T}}$, $\boldsymbol{\alpha}_2=\left(-\frac{2}{\sqrt{6}},0,\frac{1}{\sqrt{6}},\frac{1}{\sqrt{6}}\right)^{\mathrm{T}}$,求作一个 4 阶正交矩阵 $\boldsymbol{Q}$,以 $\boldsymbol{\alpha}_1,\boldsymbol{\alpha}_2$ 作为 $\boldsymbol{Q}$ 的前两个列向量.

【解】　令 $\boldsymbol{Q}=(\boldsymbol{\alpha}_1,\boldsymbol{\alpha}_2,\boldsymbol{\alpha}_3,\boldsymbol{\alpha}_4)$, $\boldsymbol{A}=\begin{pmatrix}\boldsymbol{\alpha}_1^{\mathrm{T}}\\ \boldsymbol{\alpha}_2^{\mathrm{T}}\end{pmatrix}$,则 $\boldsymbol{A}\boldsymbol{\alpha}_i=\boldsymbol{0}$, $i=3,4$. 这就表明 $\boldsymbol{\alpha}_3,\boldsymbol{\alpha}_4$ 是方程组

$\boldsymbol{Ax}=\mathbf{0}$ 解空间中的标准正交向量组. 对系数矩阵 $\boldsymbol{A}$ 作初等行变换,有

$$\boldsymbol{A}\longrightarrow\begin{pmatrix}1&-2&0&2\\0&-4&1&5\end{pmatrix}.$$

由此可得 $\boldsymbol{Ax}=\mathbf{0}$ 的一个基础解系为 $\boldsymbol{x}_1=(2,1,4,0)^{\mathrm{T}},\boldsymbol{x}_2=(-2,0,-5,1)^{\mathrm{T}}$.

利用 Schmidt 正交化方法,将 $\boldsymbol{x}_1,\boldsymbol{x}_2$ 正交化,再单位化,得

$$\boldsymbol{\alpha}_3=\frac{1}{\sqrt{21}}(2,1,4,0)^{\mathrm{T}},\quad \boldsymbol{\alpha}_4=\frac{1}{\sqrt{126}}(2,8,-3,7)^{\mathrm{T}}.$$

因此 $\boldsymbol{Q}=(\boldsymbol{\alpha}_1,\boldsymbol{\alpha}_2,\boldsymbol{\alpha}_3,\boldsymbol{\alpha}_4)$ 即为所求的一个正交矩阵.

【例 9.31】(浙江大学,2006 年) 证明如下(Ⅰ)和(Ⅱ)是等价的:

(Ⅰ)方阵 $\boldsymbol{A}$ 是正交矩阵;

(Ⅱ)实方阵 $\boldsymbol{A}$ 的行列式等于±1,并且当 $|\boldsymbol{A}|=1$ 时,$\boldsymbol{A}$ 的每一个元素等于该元素的代数余子式,当 $|\boldsymbol{A}|=-1$ 时,$\boldsymbol{A}$ 的每一个元素等于该元素的代数余子式乘-1.

【证】 (Ⅰ)⇒(Ⅱ). 设 $\boldsymbol{A}$ 是正交矩阵,则 $\boldsymbol{AA}^{\mathrm{T}}=\boldsymbol{E}$. 所以 $|\boldsymbol{A}|^2=1$,即 $|\boldsymbol{A}|=\pm1$.

若 $|\boldsymbol{A}|=1$,则 $\boldsymbol{A}^*=|\boldsymbol{A}|\boldsymbol{A}^{-1}=\boldsymbol{A}^{\mathrm{T}}$. 比较等式两边对应的元素,得 $a_{ij}=A_{ij}(1\leqslant i,j\leqslant n)$;若 $|\boldsymbol{A}|=-1$,则 $\boldsymbol{A}^*=|\boldsymbol{A}|\boldsymbol{A}^{-1}=-\boldsymbol{A}^{\mathrm{T}}$. 所以 $a_{ij}=-A_{ij}(1\leqslant i,j\leqslant n)$.

(Ⅱ)⇒(Ⅰ). 当 $|\boldsymbol{A}|=1$ 时,由 $a_{ij}=A_{ij}(1\leqslant i,j\leqslant n)$,有 $\boldsymbol{A}^{-1}=\dfrac{1}{|\boldsymbol{A}|}\boldsymbol{A}^*=\boldsymbol{A}^{\mathrm{T}}$;当 $|\boldsymbol{A}|=-1$ 时,由 $a_{ij}=-A_{ij}(1\leqslant i,j\leqslant n)$,有 $\boldsymbol{A}^{-1}=\dfrac{1}{|\boldsymbol{A}|}\boldsymbol{A}^*=-(-\boldsymbol{A})^{\mathrm{T}}=\boldsymbol{A}^{\mathrm{T}}$. 所以 $\boldsymbol{A}$ 是正交矩阵.

【例 9.32】(华中科技大学,2005 年;西北大学,2012 年) 证明:不存在正交矩阵 $\boldsymbol{A},\boldsymbol{B}$,使得 $\boldsymbol{A}^2=\boldsymbol{AB}+\boldsymbol{B}^2$.

【证】 (方法 1)用反证法. 若存在 n 阶正交矩阵 $\boldsymbol{A},\boldsymbol{B}$,使得 $\boldsymbol{A}^2=\boldsymbol{AB}+\boldsymbol{B}^2$,则

$$\boldsymbol{A}+\boldsymbol{B}=\boldsymbol{A}^2\boldsymbol{B}^{-1},$$
$$\boldsymbol{A}-\boldsymbol{B}=\boldsymbol{A}^{-1}\boldsymbol{B}^2.$$

因为 $\boldsymbol{A}^2,\boldsymbol{B}^2,\boldsymbol{A}^{-1},\boldsymbol{B}^{-1}$ 都是正交矩阵,所以 $\boldsymbol{A}^2\boldsymbol{B}^{-1}$ 与 $\boldsymbol{A}^{-1}\boldsymbol{B}^2$ 都是正交矩阵,即 $\boldsymbol{A}+\boldsymbol{B}$ 与 $\boldsymbol{A}-\boldsymbol{B}$ 也都是正交矩阵,于是有

$$\boldsymbol{E}=(\boldsymbol{A}+\boldsymbol{B})^{\mathrm{T}}(\boldsymbol{A}+\boldsymbol{B})=2\boldsymbol{E}+\boldsymbol{A}^{\mathrm{T}}\boldsymbol{B}+\boldsymbol{B}^{\mathrm{T}}\boldsymbol{A},$$
$$\boldsymbol{E}=(\boldsymbol{A}-\boldsymbol{B})^{\mathrm{T}}(\boldsymbol{A}-\boldsymbol{B})=2\boldsymbol{E}-\boldsymbol{A}^{\mathrm{T}}\boldsymbol{B}-\boldsymbol{B}^{\mathrm{T}}\boldsymbol{A}.$$

把上述二式相加,得 $2\boldsymbol{E}=4\boldsymbol{E}$,矛盾. 故假设不成立,结论得证.

(方法 2)用反证法. 若存在 n 阶正交矩阵 $\boldsymbol{A},\boldsymbol{B}$,使得 $\boldsymbol{A}^2=\boldsymbol{AB}+\boldsymbol{B}^2$,则

$$\boldsymbol{AB}=\boldsymbol{A}^2-\boldsymbol{B}^2.$$

对上式两边分别左乘 $\boldsymbol{A}^{\mathrm{T}}$,右乘 $\boldsymbol{B}^{\mathrm{T}}$,得

$$\boldsymbol{E}=\boldsymbol{AB}^{\mathrm{T}}-\boldsymbol{A}^{\mathrm{T}}\boldsymbol{B}.$$

上式两边同时求迹,得

$$n=\operatorname{tr}(\boldsymbol{AB}^{\mathrm{T}})-\operatorname{tr}(\boldsymbol{A}^{\mathrm{T}}\boldsymbol{B})=\operatorname{tr}((\boldsymbol{BA}^{\mathrm{T}})^{\mathrm{T}})-\operatorname{tr}(\boldsymbol{A}^{\mathrm{T}}\boldsymbol{B})=\operatorname{tr}(\boldsymbol{BA}^{\mathrm{T}})-\operatorname{tr}(\boldsymbol{A}^{\mathrm{T}}\boldsymbol{B})=0,$$

矛盾. 故假设不成立,结论得证.

【例 9.33】(南京大学,2015 年;南京师范大学,2014 年;复旦大学竞赛试题,2009 年)

设 $\boldsymbol{A}$ 是 n 阶非奇异实矩阵,证明:存在正交矩阵 $\boldsymbol{P},\boldsymbol{Q}$,使得 $\boldsymbol{PAQ}=\mathrm{diag}(a_1,a_2,\cdots,a_n)$,其中 $a_i>0,i=1,2,\cdots,n$.

【证】 因为 $\boldsymbol{A}$ 非奇异,所以 $\boldsymbol{A}^{\mathrm{T}}\boldsymbol{A}$ 是实对称正定矩阵,其特征值 $\lambda_i>0(i=1,2,\cdots,n)$. 于是,存在正交矩阵 $\boldsymbol{Q}$,使得 $\boldsymbol{Q}^{\mathrm{T}}(\boldsymbol{A}^{\mathrm{T}}\boldsymbol{A})\boldsymbol{Q}=\mathrm{diag}(\lambda_1,\lambda_2,\cdots,\lambda_n)$. 记 $\boldsymbol{D}=\mathrm{diag}(a_1,a_2,\cdots,a_n)$,其中 $a_i=\sqrt{\lambda_i}>0,i=1,2,\cdots,n$,则 $\boldsymbol{Q}^{\mathrm{T}}(\boldsymbol{A}^{\mathrm{T}}\boldsymbol{A})\boldsymbol{Q}=\boldsymbol{D}^2$. 再令 $\boldsymbol{P}=\boldsymbol{D}^{-1}\boldsymbol{Q}^{\mathrm{T}}\boldsymbol{A}^{\mathrm{T}}$,因为

$$\boldsymbol{PP}^{\mathrm{T}}=(\boldsymbol{D}^{-1}\boldsymbol{Q}^{\mathrm{T}}\boldsymbol{A}^{\mathrm{T}})(\boldsymbol{AQD}^{-1})=\boldsymbol{D}^{-1}(\boldsymbol{Q}^{\mathrm{T}}\boldsymbol{A}^{\mathrm{T}}\boldsymbol{AQ})\boldsymbol{D}^{-1}=\boldsymbol{E},$$

所以 $\boldsymbol{P}$ 是正交矩阵. 最后,由 $\boldsymbol{P}$ 的表达式易知,$\boldsymbol{PAQ}=\boldsymbol{D}=\mathrm{diag}(a_1,a_2,\cdots,a_n)$.

【注】 本例的一般情形即矩阵的奇异值分解:对于 $m\times n$ 实矩阵 $\boldsymbol{A}$,若 $\mathrm{rank}\,\boldsymbol{A}=r$,则存在 m 阶正交矩阵 $\boldsymbol{U}$ 与 n 阶正交矩阵 $\boldsymbol{V}$,使得 $\boldsymbol{A}=\boldsymbol{U}\begin{pmatrix}\boldsymbol{D}&\boldsymbol{O}\\\boldsymbol{O}&\boldsymbol{O}\end{pmatrix}\boldsymbol{V}^{\mathrm{T}}$,其中 $\boldsymbol{D}=\mathrm{diag}(\sigma_1,\sigma_2,\cdots,\sigma_r)$,而 $\sigma_1\geqslant\sigma_2\geqslant\cdots\geqslant\sigma_r>0$.(其证明详见本章例 9.113.)

【例 9.34】(上海交通大学,2007 年) 设 λ 为 n 阶正交矩阵 $\boldsymbol{A}$ 的特征值,$\boldsymbol{\alpha}$ 是 $\boldsymbol{A}$ 的属于特征值 λ 的特征向量. 试证 $|\lambda|=1$. 当 λ 为复数时,将 $\boldsymbol{\alpha}$ 的实部与虚部分开,记 $\boldsymbol{\alpha}=\boldsymbol{\beta}+\mathrm{i}\boldsymbol{\gamma}$,其中 $\boldsymbol{\beta},\boldsymbol{\gamma}\in\mathbb{R}^n$. 试证 $\boldsymbol{\beta}$ 与 $\boldsymbol{\gamma}$ 正交且长度相同.

【证】 由于 $\boldsymbol{A\alpha}=\lambda\boldsymbol{\alpha}$,得 $\overline{\boldsymbol{\alpha}}^{\mathrm{T}}\boldsymbol{\alpha}=\overline{\boldsymbol{\alpha}}^{\mathrm{T}}\boldsymbol{A}^{\mathrm{T}}\boldsymbol{A\alpha}=|\lambda|^2\overline{\boldsymbol{\alpha}}^{\mathrm{T}}\boldsymbol{\alpha}$. 而 $\overline{\boldsymbol{\alpha}}^{\mathrm{T}}\boldsymbol{\alpha}\neq0$,故 $|\lambda|^2=1$,即 $|\lambda|=1$.

另一方面,因为 $\lambda=x+\mathrm{i}y$ 是 $\boldsymbol{A}$ 的复特征值$(y\neq0)$,$\boldsymbol{A}$ 为实方阵,其特征多项式的根必成共轭对出现,所以 $\bar{\lambda}=x-\mathrm{i}y$ 也是 $\boldsymbol{A}$ 的特征值.

又由 $\boldsymbol{A\alpha}=\lambda\boldsymbol{\alpha}$,知 $\boldsymbol{A}\overline{\boldsymbol{\alpha}}=\overline{\boldsymbol{A\alpha}}=\overline{\lambda\boldsymbol{\alpha}}=\bar{\lambda}\overline{\boldsymbol{\alpha}}$,即 $\overline{\boldsymbol{\alpha}}$ 是 $\boldsymbol{A}$ 的属于特征值 $\bar{\lambda}$ 的特征向量. 注意到正交矩阵的属于不同特征值的特征向量相互正交(在酉空间 $\mathbb{C}^n$ 中),所以 $(\boldsymbol{\alpha},\overline{\boldsymbol{\alpha}})=0$,即有

$$(\boldsymbol{\beta}+\mathrm{i}\boldsymbol{\gamma},\boldsymbol{\beta}-\mathrm{i}\boldsymbol{\gamma})=(\boldsymbol{\beta},\boldsymbol{\beta})-(\boldsymbol{\gamma},\boldsymbol{\gamma})+2\mathrm{i}(\boldsymbol{\beta},\boldsymbol{\gamma})=0.$$

由实部、虚部分别等于 0,知 $(\boldsymbol{\beta},\boldsymbol{\beta})=(\boldsymbol{\gamma},\boldsymbol{\gamma})$,$(\boldsymbol{\beta},\boldsymbol{\gamma})=0$,所以 $|\boldsymbol{\beta}|=|\boldsymbol{\gamma}|$,且 $\boldsymbol{\beta}$ 与 $\boldsymbol{\gamma}$ 正交.

【注】 若仅限于在 $\mathbb{R}^n$ 中讨论,则比较等式 $\boldsymbol{A\alpha}=\lambda\boldsymbol{\alpha}$ 即

$$\boldsymbol{A\beta}+\mathrm{i}\boldsymbol{A\gamma}=(x+\mathrm{i}y)(\boldsymbol{\beta}+\mathrm{i}\boldsymbol{\gamma})=(x\boldsymbol{\beta}-y\boldsymbol{\gamma})+\mathrm{i}(y\boldsymbol{\beta}+x\boldsymbol{\gamma})$$

的两边,可得 $\begin{cases}\boldsymbol{A\beta}=x\boldsymbol{\beta}-y\boldsymbol{\gamma},\\\boldsymbol{A\gamma}=y\boldsymbol{\beta}+x\boldsymbol{\gamma}.\end{cases}$ 注意到 $\boldsymbol{A}^{\mathrm{T}}\boldsymbol{A}=\boldsymbol{E}$,$x^2+y^2=1$ 及 $y\neq0$,有 $\begin{cases}2x\boldsymbol{\beta}^{\mathrm{T}}\boldsymbol{\gamma}=y(\boldsymbol{\gamma}^{\mathrm{T}}\boldsymbol{\gamma}-\boldsymbol{\beta}^{\mathrm{T}}\boldsymbol{\beta}),\\2y\boldsymbol{\beta}^{\mathrm{T}}\boldsymbol{\gamma}=x(\boldsymbol{\beta}^{\mathrm{T}}\boldsymbol{\beta}-\boldsymbol{\gamma}^{\mathrm{T}}\boldsymbol{\gamma}).\end{cases}$ 由此解得 $\boldsymbol{\beta}^{\mathrm{T}}\boldsymbol{\gamma}=0$,$\boldsymbol{\beta}^{\mathrm{T}}\boldsymbol{\beta}=\boldsymbol{\gamma}^{\mathrm{T}}\boldsymbol{\gamma}$,即 $\boldsymbol{\beta}$ 与 $\boldsymbol{\gamma}$ 正交且长度相同.

【例 9.35】(北京理工大学,2005 年) 设 $\boldsymbol{A}$ 是一个三阶正交矩阵,且 $\det\boldsymbol{A}=1$.

(1) 证明:$\lambda_0=1$ 必为 $\boldsymbol{A}$ 的特征值;

(2) 证明:存在正交矩阵 $\boldsymbol{Q}$,使 $\boldsymbol{Q}^{\mathrm{T}}\boldsymbol{AQ}=\begin{pmatrix}1&0&0\\0&\cos\varphi&\sin\varphi\\0&-\sin\varphi&\cos\varphi\end{pmatrix}$.

【证】 (1) 因为 $\boldsymbol{A}$ 是正交矩阵,所以 $\boldsymbol{A}^{\mathrm{T}}\boldsymbol{A}=\boldsymbol{E}$. 又 $\det\boldsymbol{A}=1$,故

$$\begin{aligned}|\boldsymbol{E}-\boldsymbol{A}|&=|(\boldsymbol{E}-\boldsymbol{A})^{\mathrm{T}}||\boldsymbol{A}|=|\boldsymbol{A}-\boldsymbol{A}^{\mathrm{T}}\boldsymbol{A}|=|\boldsymbol{A}-\boldsymbol{E}|\\&=(-1)^3|\boldsymbol{E}-\boldsymbol{A}|=-|\boldsymbol{E}-\boldsymbol{A}|,\end{aligned}$$

所以 $|\boldsymbol{E}-\boldsymbol{A}|=0$,故 $\lambda_0=1$ 是 $\boldsymbol{A}$ 的特征值.

(2) 对于 $\lambda_0=1$，存在 $\boldsymbol{\xi}\neq\mathbf{0}$ 使 $\boldsymbol{A\xi}=\lambda_0\boldsymbol{\xi}=\boldsymbol{\xi}$，把 $\boldsymbol{\xi}$ 单位化得 $\boldsymbol{\varepsilon}_1$，当然 $\boldsymbol{A\varepsilon}_1=\boldsymbol{\varepsilon}_1$，再把 $\boldsymbol{\varepsilon}_1$ 扩充成$\mathbb{R}^3$的标准正交基 $\boldsymbol{\varepsilon}_1,\boldsymbol{\varepsilon}_2,\boldsymbol{\varepsilon}_3$. 令 $\boldsymbol{Q}=(\boldsymbol{\varepsilon}_1,\boldsymbol{\varepsilon}_2,\boldsymbol{\varepsilon}_3)$，则 $\boldsymbol{Q}$ 是正交矩阵，且

$$\boldsymbol{Q}^{\mathrm{T}}\boldsymbol{AQ}=\boldsymbol{Q}^{-1}\boldsymbol{AQ}=\begin{pmatrix}1&\boldsymbol{\alpha}\\\mathbf{0}&\boldsymbol{A}_1\end{pmatrix}=\boldsymbol{B},$$

其中 $\boldsymbol{A}_1$ 为二阶方阵，$\boldsymbol{\alpha}$ 为行向量. 因为

$$\boldsymbol{B}^{\mathrm{T}}\boldsymbol{B}=(\boldsymbol{Q}^{\mathrm{T}}\boldsymbol{AQ})^{\mathrm{T}}(\boldsymbol{Q}^{\mathrm{T}}\boldsymbol{AQ})=\boldsymbol{Q}^{\mathrm{T}}\boldsymbol{A}^{\mathrm{T}}\boldsymbol{QQ}^{\mathrm{T}}\boldsymbol{AQ}=\boldsymbol{E},$$

即 $\boldsymbol{B}$ 仍为正交矩阵，所以

$$\boldsymbol{E}=\boldsymbol{B}^{\mathrm{T}}\boldsymbol{B}=\begin{pmatrix}1&\mathbf{0}\\\boldsymbol{\alpha}^{\mathrm{T}}&\boldsymbol{A}_1^{\mathrm{T}}\end{pmatrix}\begin{pmatrix}1&\boldsymbol{\alpha}\\\mathbf{0}&\boldsymbol{A}_1\end{pmatrix}=\begin{pmatrix}1&\boldsymbol{\alpha}\\\boldsymbol{\alpha}^{\mathrm{T}}&\boldsymbol{\alpha}^{\mathrm{T}}\boldsymbol{\alpha}+\boldsymbol{A}_1^{\mathrm{T}}\boldsymbol{A}_1\end{pmatrix},$$

所以 $\boldsymbol{\alpha}=\mathbf{0}$，$\boldsymbol{A}_1^{\mathrm{T}}\boldsymbol{A}_1=\boldsymbol{E}_2$，故 $\boldsymbol{A}_1$ 为正交矩阵. 又 $\det\boldsymbol{A}_1=\det\boldsymbol{A}=1$，由此可知

$$\boldsymbol{A}_1=\begin{pmatrix}\cos\varphi&\sin\varphi\\-\sin\varphi&\cos\varphi\end{pmatrix}.$$

【注1】 进一步，若 $\boldsymbol{A}=(a_{ij})$ 是三阶正交矩阵，$\det\boldsymbol{A}=1$，则 $\varphi=\arccos\dfrac{a_{11}+a_{22}+a_{33}-1}{2}$.

【注2】 本题的几何意义：如果 $\mathscr{A}$ 是$\mathbb{R}^3$上的第一类正交变换，那么 $\mathscr{A}$ 必为绕某一过原点的直线的旋转. 事实上，注意到正交变换 $\mathscr{A}:\boldsymbol{X}\to\boldsymbol{AX}$ 在$\mathbb{R}^3$的标准正交基 $\boldsymbol{\varepsilon}_1,\boldsymbol{\varepsilon}_2,\boldsymbol{\varepsilon}_3$ 下的矩阵为 $\boldsymbol{B}$，建立$\mathbb{R}^3$中新的直角坐标系 $Ox'y'z'$，使向量 $\boldsymbol{\varepsilon}_1,\boldsymbol{\varepsilon}_2,\boldsymbol{\varepsilon}_3$ 分别代表 x'轴、y'轴、z'轴的正向. 在变换 $\mathscr{A}$ 的作用下，$\mathscr{A}(\boldsymbol{\varepsilon}_1)=\boldsymbol{\varepsilon}_1$ 表明 x'轴上的任一点均为不动点，而 $\boldsymbol{A}_1$ 则表示坐标面 $Oy'z'$ 上的点绕原点 O 顺时针旋转同一个角 φ. 因此，$\mathscr{A}$ 是绕 x'轴的旋转，旋转角为 φ.

【例 9.36】(南京大学,2007 年) 设 $\boldsymbol{A}$ 是三阶正交矩阵，并且 $|\boldsymbol{A}|=1$. 求证：

(1) 1 是 $\boldsymbol{A}$ 的一个特征值；

(2) $\boldsymbol{A}$ 的特征多项式 $f(\lambda)$ 可表示为 $f(\lambda)=\lambda^3-a\lambda^2+a\lambda-1$，其中 a 是某个实数；

(3) 若 $\boldsymbol{A}$ 的特征值全为实数，并且 $|\boldsymbol{A}+\boldsymbol{E}|\neq0$，则 $\boldsymbol{A}$ 的转置矩阵 $\boldsymbol{A}^{\mathrm{T}}=\boldsymbol{A}^2-3\boldsymbol{A}+3\boldsymbol{E}$，其中 $\boldsymbol{E}$ 为三阶单位矩阵.

【证】 (1) 详见上一题(1)的解答.

(2) 因为 $\boldsymbol{A}$ 是三阶正交矩阵，所以 $\boldsymbol{A}$ 的特征多项式为

$$f(\lambda)=|\lambda\boldsymbol{E}-\boldsymbol{A}|=\lambda^3+c_1\lambda^2+c_2\lambda+c_3,$$

其中 c_1,c_2,c_3 均为实数. 于是

$$c_3=f(0)=|-\boldsymbol{A}|=(-1)^3|\boldsymbol{A}|=-1.$$

又由(1)已证得的结论，$\lambda=1$ 是 $\boldsymbol{A}$ 的一个特征值，所以

$$f(1)=1+c_1+c_2+c_3=0,\quad 即\quad c_1+c_2=0.$$

令 $c_2=a$，则 $c_1=-a$. 因此 $f(\lambda)=\lambda^3-a\lambda^2+a\lambda-1$，其中 $a\in\mathbb{R}$.

(3) 因为正交矩阵特征值的模为 1，而 $\boldsymbol{A}$ 的特征值全为实数，所以 $\boldsymbol{A}$ 的特征值只有 1 或 -1. 又 $|\boldsymbol{A}+\boldsymbol{E}|\neq0$，故 -1 不是 $\boldsymbol{A}$ 的特征值. 这就表明，$\lambda=1$ 是 $\boldsymbol{A}$ 的三重特征值. 于是

$$f'(1)=3\times1^2-2a\times1+a=0.$$

由此解得 $a=3$. 故 $f(\lambda)=\lambda^3-3\lambda^2+3\lambda-1$.

根据 Hamilton-Cayley 定理，有 $f(\boldsymbol{A})=\boldsymbol{O}$，即

$$A^3-3A^2+3A-E=O.$$

对上式两边左乘矩阵 A^T，并注意到 $A^TA=E$，即得

$$A^T=A^2-3A+3E.$$

【注】 可以证明，(2)中特征多项式 $f(\lambda)$ 的系数 a 满足：$-1\leqslant a\leqslant 3$. 事实上，设 λ_2,λ_3 是 A 的另外两个特征值，则由根与系数的关系(Vieta 定理)，知

$$a=\lambda_1+\lambda_2+\lambda_3=1+\lambda_2+\lambda_3.$$

注意到 $|\lambda_2|=1,|\lambda_3|=1$，所以 $|\lambda_2+\lambda_3|\leqslant|\lambda_2|+|\lambda_3|=2$，于是有 $-1\leqslant a\leqslant 3$.

【例 9.37】(中国科学院大学,2013 年) 设 A 是三阶正交矩阵，证明 A 可以写成 CR，其中 C 对应于 $\mathbb{R}^3$ 中的旋转变换，R 对应于 $\mathbb{R}^3$ 的恒等变换或对应于 $\mathbb{R}^3$ 中的镜面反射变换.

【证】 因为 A 是三阶实方阵，所以必有实特征值 λ. 利用正交矩阵特征，易知 $\lambda=\pm 1$. 类似于本章例 9.35 可知，存在正交矩阵 Q，使 $Q^TAQ=\begin{pmatrix}\lambda & 0\\ 0 & A_1\end{pmatrix}$，其中 A_1 是二阶正交矩阵，即

$$A_1=\begin{pmatrix}\cos\varphi & -\sin\varphi\\ \sin\varphi & \cos\varphi\end{pmatrix}\quad 或\quad \begin{pmatrix}\cos\varphi & \sin\varphi\\ \sin\varphi & -\cos\varphi\end{pmatrix}.$$

若 $\lambda=1,A_1=\begin{pmatrix}\cos\varphi & -\sin\varphi\\ \sin\varphi & \cos\varphi\end{pmatrix}$，则 $A=CR$，其中 $C=Q\begin{pmatrix}1 & 0\\ 0 & A_1\end{pmatrix}Q^T$，$R=E_3$ 是三阶单位矩阵. 显然，$|C|=1$. 因此，C 对应于 $\mathbb{R}^3$ 中的旋转变换，R 对应于 $\mathbb{R}^3$ 的恒等变换.

若 $\lambda=1,A_1=\begin{pmatrix}\cos\varphi & \sin\varphi\\ \sin\varphi & -\cos\varphi\end{pmatrix}$，则 $A=CR$，其中 $C=Q\begin{pmatrix}-1 & 0\\ 0 & A_1\end{pmatrix}Q^T$，$R=Q\begin{pmatrix}-1 & 0\\ 0 & E_2\end{pmatrix}Q^T$，而 E_2 是二阶单位矩阵. 显然，$|C|=1,|R|=-1$. 因此，C 和 R 分别对应于 $\mathbb{R}^3$ 中的旋转变换与镜面反射变换.

同理，当 $\lambda=-1$ 时，也可对 A_1 的两种情形作类似的推断. 请读者自行完成.

【例 9.38】(北京理工大学,2003 年) 设 A 是 n 阶实方阵，且特征值不等于 -1. 证明：

(1) $A+I$ 与 A^T+I 都是可逆矩阵；

(2) A 是正交矩阵的充分必要条件为 $(A+I)^{-1}+(A^T+I)^{-1}=I$，这里 I 表示单位矩阵，A^T 表示 A 的转置.

【证】 (1) 因为 -1 不是 A 的特征值，所以

$$|-I-A|=(-1)^n|I+A|\neq 0,$$
$$|A^T+I|=|(A+I)^T|=|A+I|\neq 0,$$

因此 $A+I$ 与 A^T+I 都是可逆矩阵.

(2) 充分性. 设 A 满足 $(A+I)^{-1}+(A^T+I)^{-1}=I$，两边同时左乘 $A+I$，得

$$I+(A+I)(A^T+I)^{-1}=A+I,$$

即 $(A+I)(A^T+I)^{-1}=A$. 对此式两边同时右乘 A^T+I，得

$$A+I=A(A^T+I),$$

即得 $AA^T=I$. 所以 A 是正交矩阵.

必要性. 设 A 是正交矩阵，则 $AA^T=I$. 将上述充分性的证明过程逆推，即得

$$(\boldsymbol{A}+\boldsymbol{I})^{-1}+(\boldsymbol{A}^{\mathrm{T}}+\boldsymbol{I})^{-1}=\boldsymbol{I}.$$

【例 9.39】（武汉大学,1996 年） 设$\boldsymbol{A}=\begin{pmatrix}0&b&-c\\-b&0&a\\c&-a&0\end{pmatrix}$为实矩阵，令 $\boldsymbol{B}=\boldsymbol{A}^2+q\boldsymbol{A}+\boldsymbol{E}$，这里 $q=a^2+b^2+c^2$，$\boldsymbol{E}$ 为三阶单位矩阵. 问:当且仅当 q 为何值时,矩阵 $\boldsymbol{B}$ 是正交矩阵?

【解】 易知 $\boldsymbol{A}$ 的特征值为 λ：$\mathrm{i}\sqrt{q},-\mathrm{i}\sqrt{q},0$,则 $\boldsymbol{B}$ 的特征值为 $\lambda^2+q\lambda+1$,即

$$1-q+\mathrm{i}q\sqrt{q},\quad 1-q-\mathrm{i}q\sqrt{q},\quad 1.$$

若 $\boldsymbol{B}$ 是正交矩阵,则 $\boldsymbol{B}$ 的特征值的模等于 1,即$(1-q)^2+(q\sqrt{q})^2=1$，解得 $q=0$ 或 1(其中 $q=-2<0$,舍去).

反之,当 $q=0$ 时,$a=b=c=0$,$\boldsymbol{B}=\boldsymbol{E}$ 是正交矩阵. 当 $q=1$ 时，经计算知 $\boldsymbol{A}^4+\boldsymbol{A}^2=\boldsymbol{O}$. 于是

$$\boldsymbol{B}^{\mathrm{T}}\boldsymbol{B}=(\boldsymbol{A}^2-\boldsymbol{A}+\boldsymbol{E})(\boldsymbol{A}^2+\boldsymbol{A}+\boldsymbol{E})=\boldsymbol{A}^4+\boldsymbol{A}^2+\boldsymbol{E}=\boldsymbol{E},$$

所以 $\boldsymbol{B}$ 是正交矩阵.

因此,当且仅当 $q=0$ 或 1 时,$\boldsymbol{B}$ 是正交矩阵.

【例 9.40】 设 $\boldsymbol{A}$ 是三阶正交矩阵,且 $\det\boldsymbol{A}=-1$,证明:$\operatorname{tr}\boldsymbol{A}^2=2\operatorname{tr}\boldsymbol{A}+(\operatorname{tr}\boldsymbol{A})^2$.

【证】 (方法 1)设 $\boldsymbol{A}$ 的特征值为 $\lambda_1,\lambda_2,\lambda_3$,则 $\boldsymbol{A}^2$ 的特征值为 $\lambda_1^2,\lambda_2^2,\lambda_3^2$,且

$$\operatorname{tr}\boldsymbol{A}=\sum_{i=1}^{3}\lambda_i,\quad \operatorname{tr}\boldsymbol{A}^2=\sum_{i=1}^{3}\lambda_i^2.$$

因为 $\boldsymbol{A}$ 是正交矩阵,$\boldsymbol{A}^{-1}=\boldsymbol{A}^{\mathrm{T}}$,所以 $\operatorname{tr}\boldsymbol{A}^{-1}=\operatorname{tr}\boldsymbol{A}$. 又$\frac{1}{\lambda_1},\frac{1}{\lambda_2},\frac{1}{\lambda_3}$是 $\boldsymbol{A}^{-1}$ 的特征值,故

$$\sum_{i=1}^{3}\frac{1}{\lambda_i}=\operatorname{tr}\boldsymbol{A}^{-1}=\sum_{i=1}^{3}\lambda_i.$$

注意到 $\lambda_1\lambda_2\lambda_3=\det\boldsymbol{A}=-1$,而

$$\lambda_1\lambda_2+\lambda_2\lambda_3+\lambda_3\lambda_1=\lambda_1\lambda_2\lambda_3\left(\frac{1}{\lambda_3}+\frac{1}{\lambda_1}+\frac{1}{\lambda_2}\right)=-\sum_{i=1}^{3}\lambda_i,$$

于是有

$$2\operatorname{tr}\boldsymbol{A}+(\operatorname{tr}\boldsymbol{A})^2=2\sum_{i=1}^{3}\lambda_i+\left(\sum_{i=1}^{3}\lambda_i\right)^2=\sum_{i=1}^{3}\lambda_i^2=\operatorname{tr}\boldsymbol{A}^2.$$

(方法 2)因为 $\det\boldsymbol{A}=-1$,所以-1 是 $\boldsymbol{A}$ 的特征值. 类似于本章例 9.35 知,存在正交矩阵 $\boldsymbol{Q}$,使 $\boldsymbol{Q}^{\mathrm{T}}\boldsymbol{A}\boldsymbol{Q}=\begin{pmatrix}-1&0&0\\0&\cos\varphi&-\sin\varphi\\0&\sin\varphi&\cos\varphi\end{pmatrix}$. 易知,$\boldsymbol{Q}^{\mathrm{T}}\boldsymbol{A}^2\boldsymbol{Q}=\begin{pmatrix}1&0&0\\0&\cos2\varphi&-\sin2\varphi\\0&\sin2\varphi&\cos2\varphi\end{pmatrix}$. 所以

$$\operatorname{tr}\boldsymbol{A}=-1+2\cos\varphi,\quad \operatorname{tr}\boldsymbol{A}^2=1+2\cos2\varphi.$$

由此即可验证所证等式成立.

【例 9.41】（青岛大学,2012 年） 证明:任一上三角正交矩阵必为对角矩阵,且对角线上的元素为 1 或-1.

【证】 (方法 1) 设 $\boldsymbol{A}$ 是任一上三角矩阵,则 $\boldsymbol{A}^{\mathrm{T}}$ 是下三角矩阵. 又 $\boldsymbol{A}$ 为正交矩阵当且

仅当$A^{\mathrm{T}}=A^{-1}$,而A^{-1}也是上三角矩阵,故A^{T}是对角矩阵. 最后,再由$A^{\mathrm{T}}A=E$即知A的对角元为1或-1.

(方法2) 对矩阵的阶数n作归纳法.

当$n=1$时,结论显然成立. 假设对$n-1$阶的上三角正交矩阵,结论成立,下证对n阶上三角正交矩阵A,结论亦成立. 为此,将A分块为

$$A=\begin{pmatrix} a_{11} & \boldsymbol{\alpha} \\ \mathbf{0} & B \end{pmatrix},$$

其中$\boldsymbol{\alpha}$为$1\times(n-1)$矩阵,B为$n-1$阶上三角矩阵. 由于A是正交矩阵,即

$$A^{\mathrm{T}}A=\begin{pmatrix} a_{11} & \mathbf{0} \\ \boldsymbol{\alpha}^{\mathrm{T}} & B^{\mathrm{T}} \end{pmatrix}\begin{pmatrix} a_{11} & \boldsymbol{\alpha} \\ \mathbf{0} & B \end{pmatrix}=\begin{pmatrix} a_{11}^2 & a_{11}\boldsymbol{\alpha} \\ a_{11}\boldsymbol{\alpha}^{\mathrm{T}} & \boldsymbol{\alpha}^{\mathrm{T}}\boldsymbol{\alpha}+B^{\mathrm{T}}B \end{pmatrix}=E,$$

所以$a_{11}^2=1,a_{11}\boldsymbol{\alpha}=\mathbf{0},\boldsymbol{\alpha}^{\mathrm{T}}\boldsymbol{\alpha}+B^{\mathrm{T}}B=E_{n-1}$. 于是得$a_{11}=\pm1,\boldsymbol{\alpha}=\mathbf{0},B^{\mathrm{T}}B=E_{n-1}$. 可见,$B$为$n-1$阶上三角的正交矩阵,由归纳假设知$B$必为对角矩阵,且对角线上的元素为1或-1,从而得$A$必为对角矩阵,且对角线上的元素为1或-1.

【例9.42】(华南理工大学,2008年;北京邮电大学,2002年) 设A是n阶实可逆矩阵. 证明:存在正交矩阵Q和主对角元全为正实数的上三角矩阵R,使得$A=QR$,并且这个表达式是唯一的.

【证】 (方法1) 存在性. 把A按列分块为$A=(\boldsymbol{\alpha}_1,\boldsymbol{\alpha}_2,\cdots,\boldsymbol{\alpha}_n)$,由于$\det A\neq0$,所以向量组$\boldsymbol{\alpha}_1,\boldsymbol{\alpha}_2,\cdots,\boldsymbol{\alpha}_n$线性无关. 根据Schmidt正交化方法,可得到与$\boldsymbol{\alpha}_1,\boldsymbol{\alpha}_2,\cdots,\boldsymbol{\alpha}_n$等价的正交向量组$\boldsymbol{\beta}_1,\boldsymbol{\beta}_2,\cdots,\boldsymbol{\beta}_n$. 即

$$\begin{aligned}
\boldsymbol{\beta}_1&=\boldsymbol{\alpha}_1,\\
\boldsymbol{\beta}_2&=\boldsymbol{\alpha}_2-\frac{(\boldsymbol{\alpha}_2,\boldsymbol{\beta}_1)}{(\boldsymbol{\beta}_1,\boldsymbol{\beta}_1)}\boldsymbol{\beta}_1,\\
&\cdots\\
\boldsymbol{\beta}_n&=\boldsymbol{\alpha}_n-\sum_{j=1}^{n-1}\frac{(\boldsymbol{\alpha}_n,\boldsymbol{\beta}_j)}{(\boldsymbol{\beta}_j,\boldsymbol{\beta}_j)}\boldsymbol{\beta}_j.
\end{aligned}$$

再单位化,得$\boldsymbol{\eta}_j=\dfrac{1}{|\boldsymbol{\beta}_j|}\boldsymbol{\beta}_j,j=1,2,\cdots,n$. 因此$\boldsymbol{\eta}_1,\boldsymbol{\eta}_2,\cdots,\boldsymbol{\eta}_n$是标准正交向量组,且

$$\begin{aligned}
\boldsymbol{\alpha}_1&=\boldsymbol{\beta}_1=|\boldsymbol{\beta}_1|\boldsymbol{\eta}_1,\\
\boldsymbol{\alpha}_2&=\frac{(\boldsymbol{\alpha}_2,\boldsymbol{\beta}_1)}{(\boldsymbol{\beta}_1,\boldsymbol{\beta}_1)}\boldsymbol{\beta}_1+\boldsymbol{\beta}_2=\frac{(\boldsymbol{\alpha}_2,\boldsymbol{\beta}_1)}{|\boldsymbol{\beta}_1|}\boldsymbol{\eta}_1+|\boldsymbol{\beta}_2|\boldsymbol{\eta}_2,\\
&\cdots\\
\boldsymbol{\alpha}_n&=\sum_{j=1}^{n-1}\frac{(\boldsymbol{\alpha}_n,\boldsymbol{\beta}_j)}{(\boldsymbol{\beta}_j,\boldsymbol{\beta}_j)}\boldsymbol{\beta}_j+\boldsymbol{\beta}_n=\sum_{j=1}^{n-1}\frac{(\boldsymbol{\alpha}_n,\boldsymbol{\beta}_j)}{|\boldsymbol{\beta}_j|}\boldsymbol{\eta}_j+|\boldsymbol{\beta}_n|\boldsymbol{\eta}_n.
\end{aligned}$$

令$t_{jj}=|\boldsymbol{\beta}_j|,j=1,2,\cdots,n$; $t_{ji}=\dfrac{(\boldsymbol{\alpha}_i,\boldsymbol{\beta}_j)}{|\boldsymbol{\beta}_j|},i=2,3,\cdots,n,j=1,2,\cdots,i-1$,则

$$A=(\boldsymbol{\alpha}_1,\boldsymbol{\alpha}_2,\cdots,\boldsymbol{\alpha}_n)=(\boldsymbol{\eta}_1,\boldsymbol{\eta}_2,\cdots,\boldsymbol{\eta}_n)\begin{pmatrix}t_{11}&t_{12}&\cdots&t_{1n}\\0&t_{22}&\cdots&t_{2n}\\\vdots&\vdots&&\vdots\\0&0&\cdots&t_{nn}\end{pmatrix}=QR,$$

其中 $Q=(\boldsymbol{\eta}_1,\boldsymbol{\eta}_2,\cdots,\boldsymbol{\eta}_n)$ 是正交矩阵，R 是主对角元 t_{jj} 全大于零的实上三角矩阵.

再证唯一性. 设 $A=Q_1R_1$ 是满足要求的另一个分解，则 $Q_1R_1=QR$，即 $Q_1^{-1}Q=R_1R^{-1}$. 可见 $Q_1^{-1}Q=R_1R^{-1}$ 既是正交矩阵又是上三角矩阵，因而必为对角矩阵，且主对角元等于 1 或−1. 但 R_1 和 R^{-1} 的主对角元都为正，故 $R_1R^{-1}=E$，即 $R_1=R$，从而 $Q_1=Q$.

（方法 2）只证存在性. 对 n 作归纳法. 当 $n=1$ 时，结论成立. 这是因为 $A=(a_{11})$，而

$$a_{11}=\begin{cases}1\cdot a_{11}, & a_{11}>0,\\(-1)(-a_{11}), & a_{11}<0.\end{cases}$$

假设 $n-1$ 时结论成立，对于 n 阶可逆实矩阵 A，设 A 的第一列为 $\boldsymbol{\alpha}$，则 $\boldsymbol{\alpha}\neq\mathbf{0}$. 取 $\boldsymbol{\eta}_1=\dfrac{\boldsymbol{\alpha}}{|\boldsymbol{\alpha}|}$，并扩充成 $\mathbb{R}^n$ 的一个标准正交基 $\boldsymbol{\eta}_1,\boldsymbol{\eta}_2,\cdots,\boldsymbol{\eta}_n$. 于是，对于正交矩阵 $H=(\boldsymbol{\eta}_1,\boldsymbol{\eta}_2,\cdots,\boldsymbol{\eta}_n)$，有

$$A=H\begin{pmatrix}|\boldsymbol{\alpha}|&*\\\mathbf{0}&A_1\end{pmatrix},$$

其中 A_1 是 $n-1$ 阶可逆实矩阵. 利用归纳假设，$A_1=Q_1R_1$，其中 Q_1 是 $n-1$ 阶正交矩阵，R_1 是主对角元全为正数的 $n-1$ 阶实上三角矩阵. 因此

$$A=H\begin{pmatrix}|\boldsymbol{\alpha}|&*\\\mathbf{0}&Q_1R_1\end{pmatrix}=H\begin{pmatrix}1&\mathbf{0}\\\mathbf{0}&Q_1\end{pmatrix}\begin{pmatrix}|\boldsymbol{\alpha}|&*\\\mathbf{0}&R_1\end{pmatrix}=QR,$$

其中 $Q=H\begin{pmatrix}1&\mathbf{0}\\\mathbf{0}&Q_1\end{pmatrix}$ 是正交矩阵，$R=\begin{pmatrix}|\boldsymbol{\alpha}|&*\\\mathbf{0}&R_1\end{pmatrix}$ 是主对角元为正数的实上三角矩阵.

【注】 本题即“可逆实矩阵的正交三角分解”，由此可得：正定矩阵 A 的 Cholesky 分解. 事实上，A 可表示为 $A=B^{\mathrm{T}}B$，其中 B 是可逆实矩阵，故存在正交矩阵 Q 和主对角元均大于零的实上三角矩阵 U 使得 $B=QU$. 于是 $A=(QU)^{\mathrm{T}}(QU)=U^{\mathrm{T}}U$. 至此，结合第 8 章例 8.124 还可知，正定矩阵的 Cholesky 分解与可逆实矩阵的正交三角分解在某种意义上是等价的.

【例 9.43】（南开大学，2011 年） 设实矩阵

$$A=\begin{pmatrix}1&2&1&1\\1&0&0&1\\0&1&1&1\\0&0&0&1\end{pmatrix},$$

试将 A 写成一个正交矩阵 Q 与一个上三角矩阵 T 的乘积.

【解】 欲实现 $A=QT$ 的分解，当然可用上例的做法. 这里，给出另一解法，本质上是矩阵计算问题. 我们注意到 $A^{\mathrm{T}}A=T^{\mathrm{T}}Q^{\mathrm{T}}QT=T^{\mathrm{T}}T$，而 $T=(t_{ij})$ 是上三角矩阵，所以

$$\begin{pmatrix}t_{11}&&&\\t_{12}&t_{22}&&\\t_{13}&t_{23}&t_{33}&\\t_{14}&t_{24}&t_{34}&t_{44}\end{pmatrix}\begin{pmatrix}t_{11}&t_{12}&t_{13}&t_{14}\\&t_{22}&t_{23}&t_{24}\\&&t_{33}&t_{34}\\&&&t_{44}\end{pmatrix}=A^{\mathrm{T}}A=\begin{pmatrix}2&2&1&2\\2&5&3&3\\1&3&2&2\\2&3&2&4\end{pmatrix}.$$

解得 $t_{11}=\sqrt{2}$，$t_{12}=\sqrt{2}$，…，如此继续下去，逐个求出 $\boldsymbol{T}$ 的元素，最后得

$$\boldsymbol{T}=\begin{pmatrix}\sqrt{2} & \sqrt{2} & \frac{\sqrt{2}}{2} & \sqrt{2}\\ & \sqrt{3} & \frac{2\sqrt{3}}{3} & \frac{\sqrt{3}}{3}\\ & & \frac{\sqrt{6}}{6} & \frac{\sqrt{6}}{3}\\ & & & 1\end{pmatrix}.$$

因此，有

$$\boldsymbol{Q}=\boldsymbol{A}\boldsymbol{T}^{-1}=\begin{pmatrix}1&2&1&1\\1&0&0&1\\0&1&1&1\\0&0&0&1\end{pmatrix}\begin{pmatrix}\frac{\sqrt{2}}{2} & -\frac{\sqrt{3}}{3} & \frac{\sqrt{6}}{6} & -1\\ & \frac{\sqrt{3}}{3} & -\frac{2\sqrt{6}}{3} & 1\\ & & \sqrt{6} & -2\\ & & & 1\end{pmatrix}=\begin{pmatrix}\frac{\sqrt{2}}{2} & \frac{\sqrt{3}}{3} & -\frac{\sqrt{6}}{6} & 0\\ \frac{\sqrt{2}}{2} & -\frac{\sqrt{3}}{3} & \frac{\sqrt{6}}{6} & 0\\ 0 & \frac{\sqrt{3}}{3} & \frac{\sqrt{6}}{3} & 0\\ 0&0&0&1\end{pmatrix}.$$

【例 9.44】(兰州大学，2009 年；华南理工大学，2005 年)　设 $\boldsymbol{A}$ 是 n 阶正交矩阵，其特征值均为实数. 证明：$\boldsymbol{A}$ 是对称矩阵.

【证】　利用正交矩阵的标准形：n 阶实方阵 $\boldsymbol{A}$ 为正交矩阵当且仅当存在正交矩阵 $\boldsymbol{Q}$，使

$$\boldsymbol{Q}^{\mathrm{T}}\boldsymbol{A}\boldsymbol{Q}=\operatorname{diag}(\boldsymbol{E}_r,-\boldsymbol{E}_s,\boldsymbol{A}_1,\boldsymbol{A}_2,\cdots,\boldsymbol{A}_t),$$

其中 $\boldsymbol{E}_r,\boldsymbol{E}_s$ 分别为 r 阶和 s 阶单位矩阵；而 $\boldsymbol{A}_j=\begin{pmatrix}\cos\theta_j & -\sin\theta_j\\ \sin\theta_j & \cos\theta_j\end{pmatrix}(j=1,2,\cdots,t)$.

现题设 $\boldsymbol{A}$ 的特征值全为实数，那么每个 $\boldsymbol{A}_j$ 的特征值全为实数. 注意到 $\boldsymbol{A}_j$ 的特征多项式

$$|\lambda\boldsymbol{E}-\boldsymbol{A}_j|=(\lambda-\cos\theta_j)^2+\sin^2\theta_j,$$

所以 $\sin\theta_j=0(j=1,2,\cdots,t)$. 这就表明 $\boldsymbol{Q}^{\mathrm{T}}\boldsymbol{A}\boldsymbol{Q}=\boldsymbol{D}$ 为对角矩阵，因此 $\boldsymbol{A}=\boldsymbol{Q}\boldsymbol{D}\boldsymbol{Q}^{\mathrm{T}}$ 为对称矩阵.

【注】　事实上，经过适当的行列对调，上述对角矩阵 $\boldsymbol{D}=\operatorname{diag}(\boldsymbol{E}_p,-\boldsymbol{E}_{n-p})$.

【例 9.45】(北京工业大学，2004 年)　设 $\boldsymbol{A}=(a_{ij})$ 为 n 阶实方阵，把 $\boldsymbol{A}$ 的全体元素的平方和记为 $\sigma(\boldsymbol{A})$，即 $\sigma(\boldsymbol{A})=\sum_{i=1}^{n}\sum_{j=1}^{n}a_{ij}^2$. 证明：

(1) $\sigma(\boldsymbol{A})=\operatorname{tr}(\boldsymbol{A}^{\mathrm{T}}\boldsymbol{A})$；

(2) $\sigma(\boldsymbol{A}^{\mathrm{T}}\boldsymbol{A})=\sigma(\boldsymbol{A}\boldsymbol{A}^{\mathrm{T}})$；

(3) $\boldsymbol{A}$ 为正交矩阵的充分必要条件是：对任意 n 阶实方阵 $\boldsymbol{B}$，都有 $\sigma(\boldsymbol{A}^{\mathrm{T}}\boldsymbol{B}\boldsymbol{A})=\sigma(\boldsymbol{B})$，这里 $\operatorname{tr}(\boldsymbol{A}^{\mathrm{T}}\boldsymbol{A})$ 表示矩阵 $\boldsymbol{A}^{\mathrm{T}}\boldsymbol{A}$ 的迹.

【证】　(1) 直接验证即可.

(2) 利用(1)的结论及矩阵迹的性质 $\operatorname{tr}(\boldsymbol{G}\boldsymbol{H})=\operatorname{tr}(\boldsymbol{H}\boldsymbol{G})$，得

$$\sigma(\boldsymbol{A}^{\mathrm{T}}\boldsymbol{A})=\operatorname{tr}((\boldsymbol{A}^{\mathrm{T}}\boldsymbol{A})^{\mathrm{T}}(\boldsymbol{A}^{\mathrm{T}}\boldsymbol{A}))=\operatorname{tr}((\boldsymbol{A}\boldsymbol{A}^{\mathrm{T}})^{\mathrm{T}}(\boldsymbol{A}\boldsymbol{A}^{\mathrm{T}}))=\sigma(\boldsymbol{A}\boldsymbol{A}^{\mathrm{T}}).$$

(3) 必要性. 设 $\boldsymbol{A}$ 为正交矩阵，则 $\boldsymbol{A}^{\mathrm{T}}\boldsymbol{A}=\boldsymbol{A}\boldsymbol{A}^{\mathrm{T}}=\boldsymbol{E}$，则对任意 n 阶实方阵 $\boldsymbol{B}$，都有

$$\sigma(\boldsymbol{A}^{\mathrm{T}}\boldsymbol{B}\boldsymbol{A})=\operatorname{tr}((\boldsymbol{A}^{\mathrm{T}}\boldsymbol{B}\boldsymbol{A})^{\mathrm{T}}(\boldsymbol{A}^{\mathrm{T}}\boldsymbol{B}\boldsymbol{A}))=\operatorname{tr}(\boldsymbol{A}^{\mathrm{T}}\boldsymbol{B}^{\mathrm{T}}\boldsymbol{B}\boldsymbol{A})=\operatorname{tr}(\boldsymbol{B}^{\mathrm{T}}\boldsymbol{B})=\sigma(\boldsymbol{B}).$$

充分性. 先取 $\boldsymbol{B}=\boldsymbol{E}_{ii}$,即第 i 个主对角元为 1 其他元均为 0 的 n 阶方阵,得

$$\sigma(\boldsymbol{A}^{\mathrm{T}}\boldsymbol{E}_{ii}\boldsymbol{A})=\sigma(\boldsymbol{E}_{ii})=1,\quad i=1,2,\cdots,n.$$

经直接计算,可知

$$\boldsymbol{A}^{\mathrm{T}}\boldsymbol{E}_{ii}\boldsymbol{A}=\boldsymbol{A}^{\mathrm{T}}\boldsymbol{E}_{ii}\boldsymbol{E}_{ii}\boldsymbol{A}=(\boldsymbol{E}_{ii}\boldsymbol{A})^{\mathrm{T}}(\boldsymbol{E}_{ii}\boldsymbol{A})=\boldsymbol{\alpha}_i\boldsymbol{\alpha}_i^{\mathrm{T}},$$

这里 $\boldsymbol{\alpha}_i^{\mathrm{T}}$ 为 $\boldsymbol{A}$ 的第 i 个行向量. 利用(1)的结论,得

$$\sigma(\boldsymbol{A}^{\mathrm{T}}\boldsymbol{E}_{ii}\boldsymbol{A})=\sigma(\boldsymbol{\alpha}_i\boldsymbol{\alpha}_i^{\mathrm{T}})=\mathrm{tr}((\boldsymbol{\alpha}_i\boldsymbol{\alpha}_i^{\mathrm{T}})^{\mathrm{T}}(\boldsymbol{\alpha}_i\boldsymbol{\alpha}_i^{\mathrm{T}}))=(\boldsymbol{\alpha}_i^{\mathrm{T}}\boldsymbol{\alpha}_i)\mathrm{tr}(\boldsymbol{\alpha}_i\boldsymbol{\alpha}_i^{\mathrm{T}})=(\boldsymbol{\alpha}_i^{\mathrm{T}}\boldsymbol{\alpha}_i)^2.$$

于是 $|\boldsymbol{\alpha}_i|^4=1$. 注意到 $\boldsymbol{\alpha}_i\in\mathbb{R}^n$,所以 $|\boldsymbol{\alpha}_i|=1(i=1,2,\cdots,n)$.

再取 $\boldsymbol{B}=\boldsymbol{E}$($n$ 阶单位矩阵),并利用(2)的结论,得 $\sigma(\boldsymbol{A}\boldsymbol{A}^{\mathrm{T}})=n$. 所以 $\sum\limits_{i=1}^{n}\sum\limits_{j=1}^{n}(\boldsymbol{\alpha}_i^{\mathrm{T}}\boldsymbol{\alpha}_j)^2=n$. 于是,有 $\boldsymbol{\alpha}_i^{\mathrm{T}}\boldsymbol{\alpha}_j=0(i\neq j;i,j=1,2,\cdots,n)$. 这就证得 $\boldsymbol{A}\boldsymbol{A}^{\mathrm{T}}=\boldsymbol{E}$.

【例 9.46】　设 $\boldsymbol{A}$ 是 n 阶正交矩阵且 $|\boldsymbol{A}|=1$,证明 $\boldsymbol{A}$ 可表为形如以下矩阵之积:

$$\begin{pmatrix}1&&&&&&\\&\ddots&&&&&\\&&1&&&&\\&&&\cos\varphi&\sin\varphi&&\\&&&-\sin\varphi&\cos\varphi&&\\&&&&&1&\\&&&&&&\ddots\\&&&&&&&1\end{pmatrix}.$$

若 $|\boldsymbol{A}|=-1$,则需另外增加一个因子 $\mathrm{diag}(\boldsymbol{E}_{n-1},-1)$,其中 $\boldsymbol{E}_{n-1}$ 是 $n-1$ 阶单位矩阵.

【证】　只需证明 $|\boldsymbol{A}|=1$ 的情形. 考虑一般的 n 阶 Givens 旋转矩阵(见文献[17]):

$$\boldsymbol{G}_{ij}=\begin{pmatrix}1&&&&&&&&\\&\ddots&&&&&&&\\&&1&&&&&&\\&&&\cos\varphi&&&\sin\varphi&&\\&&&&1&&&&\\&&&&&\ddots&&&\\&&&&&&1&&\\&&&-\sin\varphi&&&\cos\varphi&&\\&&&&&&&1&\\&&&&&&&&\ddots\\&&&&&&&&&1\end{pmatrix},$$

这是将 n 阶单位矩阵的 (i,i) 元,(j,j) 元换为 $\cos\varphi$,而 (i,j) 元换为 $\sin\varphi$,(j,i) 元换为 $-\sin\varphi$ 得到的矩阵,其中 $i<j$,$0<\varphi\leqslant 2\pi$. 显然,$\boldsymbol{G}_{ij}$ 是一个 n 阶正交矩阵,所以 $\boldsymbol{G}_{ij}^{-1}=\boldsymbol{G}_{ij}^{\mathrm{T}}$. 下面先证:任一非奇异实矩阵 $\boldsymbol{A}=(a_{ij})$ 可通过左乘一系列 Givens 旋转矩阵 $\boldsymbol{G}_{ij}$ 化为上三角矩阵.

设 $\widetilde{\boldsymbol{A}}=\boldsymbol{G}_{ij}\boldsymbol{A}$,易知 $\widetilde{\boldsymbol{A}}=(\widetilde{a}_{ij})$ 仅第 i 行,第 j 行的元素不同于 $\boldsymbol{A}$,且

$$\begin{pmatrix}\widetilde{a}_{il}\\ \widetilde{a}_{jl}\end{pmatrix}=\begin{pmatrix}\cos\varphi&\sin\varphi\\-\sin\varphi&\cos\varphi\end{pmatrix}\begin{pmatrix}a_{il}\\a_{jl}\end{pmatrix},\quad l=1,2,\cdots,n.$$

考虑$\widetilde{A}$的第l_0列，欲$\widetilde{a}_{jl_0}=0$，只要a_{il_0},a_{jl_0}不同时为零，并取

$$\cos\varphi=\frac{a_{il_0}}{\sqrt{a_{il_0}^2+a_{jl_0}^2}},\quad \sin\varphi=\frac{a_{jl_0}}{\sqrt{a_{il_0}^2+a_{jl_0}^2}},$$

此时，$\widetilde{a}_{il_0}=\sqrt{a_{il_0}^2+a_{jl_0}^2}>0$，并且其余元都不变.

（1）若$a_{11}\neq0$，取$l_0=1$，则可按上述方法确定$\boldsymbol{G}_{12},\boldsymbol{G}_{13},\cdots,\boldsymbol{G}_{1n}$，并依次左乘$\boldsymbol{A}$，所得乘积矩阵的第1列仅(1,1)元$a_{11}^{(1)}>0$，而其余元均为0，即

$$\boldsymbol{G}_{1n}\cdots\boldsymbol{G}_{13}\boldsymbol{G}_{12}\boldsymbol{A}=\left(\begin{array}{c|ccc}a_{11}^{(1)}&a_{12}^{(1)}&\cdots&a_{1n}^{(1)}\\\hline 0&&&\\\vdots&&\boldsymbol{A}_{n-1}&\\0&&&\end{array}\right).\tag{①}$$

（2）若$a_{11}=0$，由于$\boldsymbol{A}$可逆，则必存在最小$i_0(i_0\geqslant2)$，使得$a_{i_01}\neq0$. 那么$\boldsymbol{G}_{1i_0}\boldsymbol{A}$仍是可逆矩阵，而(1,1)元不等于0，即化为情形(1).

（3）显然，①式中右下角的子块$\boldsymbol{A}_{n-1}$是可逆的，按照上述同样的理由可以认为$a_{22}^{(1)}\neq0$，再取$l_0=2$，确定$\boldsymbol{G}_{23},\boldsymbol{G}_{24},\cdots,\boldsymbol{G}_{2n}$，于是有

$$\boldsymbol{G}_{2n}\cdots\boldsymbol{G}_{24}\boldsymbol{G}_{23}(\boldsymbol{G}_{1n}\cdots\boldsymbol{G}_{12}\boldsymbol{A})=\begin{pmatrix}a_{11}^{(1)}&a_{12}^{(1)}&\cdots&a_{1n}^{(1)}\\0&a_{22}^{(2)}&\cdots&a_{2n}^{(2)}\\0&0&&\\\vdots&\vdots&\boldsymbol{A}_{n-2}&\\0&0&&\end{pmatrix},$$

其中$a_{22}^{(2)}>0$. 如此继续下去，即可得

$$\boldsymbol{G}_{n-1,n}\cdots\boldsymbol{G}_{1n}\cdots\boldsymbol{G}_{12}\boldsymbol{A}=\boldsymbol{U},\tag{②}$$

其中$\boldsymbol{U}$是上三角矩阵，其对角元除最后一个元素外均大于0.

现在，对于正交矩阵$\boldsymbol{A}$，也能得到②式，并且，因为$\boldsymbol{G}_{ij}$都是行列式为1的正交矩阵，所以$\boldsymbol{U}$也是正交矩阵且$|\boldsymbol{U}|=1$，这就表明$\boldsymbol{U}$是单位矩阵（见本章例9.41）. 于是，有

$$\boldsymbol{A}=\boldsymbol{G}_{12}^{-1}\cdots\boldsymbol{G}_{1n}^{-1}\cdots\boldsymbol{G}_{n-1,n}^{-1}=\boldsymbol{G}_{12}^{\mathrm{T}}\cdots\boldsymbol{G}_{1n}^{\mathrm{T}}\cdots\boldsymbol{G}_{n-1,n}^{\mathrm{T}}.$$

【注】 显然，有些$\boldsymbol{G}_{ij}$还需进一步变换才符合要求. 不失一般性，这里给出变换示例：

$$\begin{pmatrix}\cos\varphi&0&\sin\varphi\\0&1&0\\-\sin\varphi&0&\cos\varphi\end{pmatrix}=\left(\begin{array}{c|cc}1&0&0\\\hline0&0&-1\\0&1&0\end{array}\right)\left(\begin{array}{cc|c}\cos\varphi&\sin\varphi&0\\-\sin\varphi&\cos\varphi&0\\\hline0&0&1\end{array}\right)\left(\begin{array}{c|cc}1&0&0\\\hline0&0&1\\0&-1&0\end{array}\right),$$

且对任意正整数k，有递推变换式

$$\begin{pmatrix}\cos\varphi&0&\sin\varphi\\0&\boldsymbol{E}_{k+1}&0\\-\sin\varphi&0&\cos\varphi\end{pmatrix}=\left(\begin{array}{c|cc}\boldsymbol{E}_{k+1}&&\\\hline&0&-1\\&1&0\end{array}\right)\left(\begin{array}{ccc|c}\cos\varphi&&\sin\varphi&\\&\boldsymbol{E}_k&&\\-\sin\varphi&&\cos\varphi&\\\hline&&&1\end{array}\right)\left(\begin{array}{c|cc}\boldsymbol{E}_{k+1}&&\\\hline&0&1\\&-1&0\end{array}\right).$$

【例 9.47】（中国科学院，2003 年） 设 σ 是 n 维欧氏空间 V 的一个变换，证明：如果 σ 保持内积不变，即对于任意 $\boldsymbol{\alpha},\boldsymbol{\beta}\in V$，$(\sigma\boldsymbol{\alpha},\sigma\boldsymbol{\beta})=(\boldsymbol{\alpha},\boldsymbol{\beta})$，那么 σ 一定是线性的，因而是正交变换.

【证】 先证 $\sigma(\boldsymbol{\alpha}+\boldsymbol{\beta})=\sigma(\boldsymbol{\alpha})+\sigma(\boldsymbol{\beta})$. 因为

$$
\begin{aligned}
&(\sigma(\boldsymbol{\alpha}+\boldsymbol{\beta})-\sigma(\boldsymbol{\alpha})-\sigma(\boldsymbol{\beta}),\sigma(\boldsymbol{\alpha}+\boldsymbol{\beta})-\sigma(\boldsymbol{\alpha})-\sigma(\boldsymbol{\beta}))\\
={}&(\sigma(\boldsymbol{\alpha}+\boldsymbol{\beta}),\sigma(\boldsymbol{\alpha}+\boldsymbol{\beta}))-2(\sigma(\boldsymbol{\alpha}+\boldsymbol{\beta}),\sigma(\boldsymbol{\alpha}))-2(\sigma(\boldsymbol{\alpha}+\boldsymbol{\beta}),\sigma(\boldsymbol{\beta}))+\\
&(\sigma(\boldsymbol{\alpha}),\sigma(\boldsymbol{\alpha}))+(\sigma(\boldsymbol{\beta}),\sigma(\boldsymbol{\beta}))+2(\sigma(\boldsymbol{\alpha}),\sigma(\boldsymbol{\beta}))\\
={}&(\boldsymbol{\alpha}+\boldsymbol{\beta},\boldsymbol{\alpha}+\boldsymbol{\beta})-2(\boldsymbol{\alpha}+\boldsymbol{\beta},\boldsymbol{\alpha})-2(\boldsymbol{\alpha}+\boldsymbol{\beta},\boldsymbol{\beta})+(\boldsymbol{\alpha},\boldsymbol{\alpha})+(\boldsymbol{\beta},\boldsymbol{\beta})+2(\boldsymbol{\alpha},\boldsymbol{\beta})=0,
\end{aligned}
$$

所以 $\sigma(\boldsymbol{\alpha}+\boldsymbol{\beta})-\sigma(\boldsymbol{\alpha})-\sigma(\boldsymbol{\beta})=\mathbf{0}$，即 $\sigma(\boldsymbol{\alpha}+\boldsymbol{\beta})=\sigma(\boldsymbol{\alpha})+\sigma(\boldsymbol{\beta})$.

再证 $\sigma(k\boldsymbol{\alpha})=k(\sigma(\boldsymbol{\alpha}))$. 因为

$$
\begin{aligned}
&(\sigma(k\boldsymbol{\alpha})-k(\sigma(\boldsymbol{\alpha})),\sigma(k\boldsymbol{\alpha})-k(\sigma(\boldsymbol{\alpha})))\\
={}&(\sigma(k\boldsymbol{\alpha}),\sigma(k\boldsymbol{\alpha}))-2(\sigma(k\boldsymbol{\alpha}),k(\sigma(\boldsymbol{\alpha})))+(k(\sigma(\boldsymbol{\alpha})),k(\sigma(\boldsymbol{\alpha})))\\
={}&(k\boldsymbol{\alpha},k\boldsymbol{\alpha})-2k(k\boldsymbol{\alpha},\boldsymbol{\alpha})+k^2(\boldsymbol{\alpha},\boldsymbol{\alpha})=0,
\end{aligned}
$$

所以 $\sigma(k\boldsymbol{\alpha})=k(\sigma(\boldsymbol{\alpha}))$. 故 σ 是线性变换，因而是正交变换.

【例 9.48】（安徽大学竞赛试题，2009 年） 设 σ 是 n 维欧氏空间 V 的保距变换，即

$$|\sigma(\boldsymbol{\alpha})-\sigma(\boldsymbol{\beta})|=|\boldsymbol{\alpha}-\boldsymbol{\beta}|,\quad \forall\boldsymbol{\alpha},\boldsymbol{\beta}\in V.$$

证明：使得 $\sigma(\mathbf{0})=\mathbf{0}$ 的保距变换是正交变换，并说明条件"$\sigma(\mathbf{0})=\mathbf{0}$"不能省略.

【证】 由定义可知，$\forall\boldsymbol{\alpha}\in V$，有

$$|\sigma(\boldsymbol{\alpha})|=|\sigma(\boldsymbol{\alpha})-\mathbf{0}|=|\sigma(\boldsymbol{\alpha})-\sigma(\mathbf{0})|=|\boldsymbol{\alpha}-\mathbf{0}|=|\boldsymbol{\alpha}|,$$

即 σ 保持向量长度不变. 所以，要证 σ 是正交变换只需证 σ 是线性变换，这只需证 σ 保持内积不变. $\forall\boldsymbol{\alpha},\boldsymbol{\beta}\in V$，再由保距变换的定义，有 $|\sigma(\boldsymbol{\alpha})-\sigma(\boldsymbol{\beta})|=|\boldsymbol{\alpha}-\boldsymbol{\beta}|$，即

$$(\sigma(\boldsymbol{\alpha})-\sigma(\boldsymbol{\beta}),\sigma(\boldsymbol{\alpha})-\sigma(\boldsymbol{\beta}))=(\boldsymbol{\alpha}-\boldsymbol{\beta},\boldsymbol{\alpha}-\boldsymbol{\beta}),$$

$$(\sigma(\boldsymbol{\alpha}),\sigma(\boldsymbol{\alpha}))-2(\sigma(\boldsymbol{\alpha}),\sigma(\boldsymbol{\beta}))+(\sigma(\boldsymbol{\beta}),\sigma(\boldsymbol{\beta}))=(\boldsymbol{\alpha},\boldsymbol{\alpha})-2(\boldsymbol{\alpha},\boldsymbol{\beta})+(\boldsymbol{\beta},\boldsymbol{\beta}),$$

所以 $(\sigma(\boldsymbol{\alpha}),\sigma(\boldsymbol{\beta}))=(\boldsymbol{\alpha},\boldsymbol{\beta})$. 因此，$\sigma$ 是正交变换.

条件"$\sigma(\mathbf{0})=\mathbf{0}$"不能省略. 事实上，令 $\boldsymbol{\xi}\neq\mathbf{0}$ 是 V 中的任一固定向量，定义 V 的变换为

$$\sigma(\boldsymbol{\alpha})=\boldsymbol{\alpha}+\boldsymbol{\xi},\quad \forall\boldsymbol{\alpha}\in V$$

显然，σ 不是线性变换，因而不是正交变换，但 σ 是 V 的保距变换，即

$$|\sigma(\boldsymbol{\alpha})-\sigma(\boldsymbol{\beta})|=|\boldsymbol{\alpha}-\boldsymbol{\beta}|,\quad \forall\boldsymbol{\alpha},\boldsymbol{\beta}\in V.$$

【例 9.49】（武汉大学，2008 年；首都师范大学，2016 年） 设 $\boldsymbol{\eta}_1,\boldsymbol{\eta}_2,\boldsymbol{\eta}_3$ 是 3 维欧氏空间 V 的一个规范正交基，试求正交变换 σ，使

$$\sigma(\boldsymbol{\eta}_1)=\frac{2}{3}\boldsymbol{\eta}_1+\frac{2}{3}\boldsymbol{\eta}_2-\frac{1}{3}\boldsymbol{\eta}_3,$$

$$\sigma(\boldsymbol{\eta}_2)=\frac{2}{3}\boldsymbol{\eta}_1-\frac{1}{3}\boldsymbol{\eta}_2+\frac{2}{3}\boldsymbol{\eta}_3.$$

【解】 令 $\sigma(\boldsymbol{\eta}_3)=x_1\boldsymbol{\eta}_1+x_2\boldsymbol{\eta}_2+x_3\boldsymbol{\eta}_3$，则 σ 在基 $\boldsymbol{\eta}_1,\boldsymbol{\eta}_2,\boldsymbol{\eta}_3$ 下的矩阵为

$$A=\begin{pmatrix}\frac{2}{3} & \frac{2}{3} & x_1\\ \frac{2}{3} & -\frac{1}{3} & x_2\\ -\frac{1}{3} & \frac{2}{3} & x_3\end{pmatrix}.$$

欲使 σ 为正交变换,当且仅当 A 为正交矩阵,所以有$\begin{cases}2x_1+2x_2-x_3=0,\\ 2x_1-x_2+2x_3=0.\end{cases}$可以求得该方程组的一个非零解为$\left(-\frac{1}{3},\frac{2}{3},\frac{2}{3}\right)$或$\left(\frac{1}{3},-\frac{2}{3},-\frac{2}{3}\right)$. 即

$$\sigma(\boldsymbol{\eta}_3)=-\frac{1}{3}\boldsymbol{\eta}_1+\frac{2}{3}\boldsymbol{\eta}_2+\frac{2}{3}\boldsymbol{\eta}_3\quad 或\quad \sigma(\boldsymbol{\eta}_3)=\frac{1}{3}\boldsymbol{\eta}_1-\frac{2}{3}\boldsymbol{\eta}_2-\frac{2}{3}\boldsymbol{\eta}_3.$$

相应的正交矩阵为

$$A=\begin{pmatrix}\frac{2}{3} & \frac{2}{3} & -\frac{1}{3}\\ \frac{2}{3} & -\frac{1}{3} & \frac{2}{3}\\ -\frac{1}{3} & \frac{2}{3} & \frac{2}{3}\end{pmatrix}\quad 或\quad A=\begin{pmatrix}\frac{2}{3} & \frac{2}{3} & \frac{1}{3}\\ \frac{2}{3} & -\frac{1}{3} & -\frac{2}{3}\\ -\frac{1}{3} & \frac{2}{3} & -\frac{2}{3}\end{pmatrix}.$$

【例 9.50】(东南大学,2004 年)　设 $\boldsymbol{\varepsilon}_1,\boldsymbol{\varepsilon}_2,\boldsymbol{\varepsilon}_3$ 是 3 维欧氏空间 V 的一个标准正交基,$\boldsymbol{\alpha}=\boldsymbol{\varepsilon}_1-2\boldsymbol{\varepsilon}_2$,$\boldsymbol{\beta}=2\boldsymbol{\varepsilon}_1+\boldsymbol{\varepsilon}_3$,求 V 的正交变换 H,使得 $H(\boldsymbol{\alpha})=\boldsymbol{\beta}$.

【解】　(方法 1) 注意到 $\boldsymbol{\alpha}\neq\boldsymbol{\beta}$,且 $|\boldsymbol{\alpha}|=|\boldsymbol{\beta}|=\sqrt{5}$. 取单位向量 $\boldsymbol{\eta}=\frac{\boldsymbol{\alpha}-\boldsymbol{\beta}}{|\boldsymbol{\alpha}-\boldsymbol{\beta}|}$,定义 V 的线性变换:$\forall\boldsymbol{\alpha}\in V$,规定 $H(\boldsymbol{\alpha})=\boldsymbol{\alpha}-2(\boldsymbol{\alpha},\boldsymbol{\eta})\boldsymbol{\eta}$. 可以验证:$H$ 是正交变换,且 $H(\boldsymbol{\alpha})=\boldsymbol{\beta}$.

(方法 2) 设 H 在基 $\boldsymbol{\varepsilon}_1,\boldsymbol{\varepsilon}_2,\boldsymbol{\varepsilon}_3$ 下的矩阵为 $\boldsymbol{A}$,即 $H(\boldsymbol{\varepsilon}_1,\boldsymbol{\varepsilon}_2,\boldsymbol{\varepsilon}_3)=(\boldsymbol{\varepsilon}_1,\boldsymbol{\varepsilon}_2,\boldsymbol{\varepsilon}_3)\boldsymbol{A}$,则 H 为正交变换$\Leftrightarrow\boldsymbol{A}^{\mathrm{T}}\boldsymbol{A}=\boldsymbol{E}$. 又向量 $\boldsymbol{\alpha},\boldsymbol{\beta}$ 在基 $\boldsymbol{\varepsilon}_1,\boldsymbol{\varepsilon}_2,\boldsymbol{\varepsilon}_3$ 下的坐标为 $\boldsymbol{x}=(1,-2,0)^{\mathrm{T}}$,$\boldsymbol{y}=(2,0,1)^{\mathrm{T}}$,所以 $H(\boldsymbol{\alpha})=\boldsymbol{\beta}\Leftrightarrow\boldsymbol{A}\boldsymbol{x}=\boldsymbol{y}$. 联立 $\boldsymbol{A}\boldsymbol{x}=\boldsymbol{y}$ 与 $\boldsymbol{A}^{\mathrm{T}}\boldsymbol{A}=\boldsymbol{E}$,可解得

$$A=\begin{pmatrix}0 & -1 & 0\\ 0 & 0 & 1\\ 1 & 0 & 0\end{pmatrix}.$$

于是,有 $H(\boldsymbol{\varepsilon}_1)=\boldsymbol{\varepsilon}_3$,$H(\boldsymbol{\varepsilon}_2)=-\boldsymbol{\varepsilon}_1$,$H(\boldsymbol{\varepsilon}_3)=\boldsymbol{\varepsilon}_2$. 由此定义的正交变换 H 即为所求.

(方法 3) 显然,$\boldsymbol{\varepsilon}_1-2\boldsymbol{\varepsilon}_2,\boldsymbol{\varepsilon}_2,\boldsymbol{\varepsilon}_3$ 与 $2\boldsymbol{\varepsilon}_1+\boldsymbol{\varepsilon}_3,\boldsymbol{\varepsilon}_2,\boldsymbol{\varepsilon}_3$ 均为 V 的基. 利用 Schmidt 正交化方法,得到 V 的两个标准正交基:

$$\begin{cases}\boldsymbol{\xi}_1=\frac{1}{\sqrt{5}}(\boldsymbol{\varepsilon}_1-2\boldsymbol{\varepsilon}_2),\\ \boldsymbol{\xi}_2=\frac{1}{\sqrt{5}}(2\boldsymbol{\varepsilon}_1+\boldsymbol{\varepsilon}_2),\\ \boldsymbol{\xi}_3=\boldsymbol{\varepsilon}_3,\end{cases}\qquad \begin{cases}\boldsymbol{\eta}_1=\frac{1}{\sqrt{5}}(2\boldsymbol{\varepsilon}_1+\boldsymbol{\varepsilon}_3),\\ \boldsymbol{\eta}_2=\boldsymbol{\varepsilon}_2,\\ \boldsymbol{\eta}_3=\frac{1}{\sqrt{5}}(-\boldsymbol{\varepsilon}_1+2\boldsymbol{\varepsilon}_3).\end{cases}$$

定义 V 的线性变换 $H(\boldsymbol{\xi}_i)=\boldsymbol{\eta}_i(i=1,2,3)$,则 H 是正交变换,且 $H(\boldsymbol{\alpha})=\boldsymbol{\beta}$.

【例 9.51】(中山大学,2004 年) 设$\boldsymbol{\beta}$是 n 维欧氏空间 V 中的一个单位向量,定义 V 的线性变换 σ 如下:

$$\sigma(\boldsymbol{\alpha})=\boldsymbol{\alpha}-2(\boldsymbol{\beta},\boldsymbol{\alpha})\boldsymbol{\beta},\quad \forall\boldsymbol{\alpha}\in V.$$

证明:

(1) σ 为 V 的第二类的正交变换(称为镜面反射);

(2) V 的正交变换 τ 是镜面反射的充分必要条件为 1 是 τ 的特征值,且对应的特征子空间的维数为 $n-1$.

【证】 (1) 因为$\boldsymbol{\beta}$是单位向量,所以$(\boldsymbol{\beta},\boldsymbol{\beta})=1$. $\forall\boldsymbol{\xi},\boldsymbol{\eta}\in V$,由于

$$\begin{aligned}(\sigma(\boldsymbol{\xi}),\sigma(\boldsymbol{\eta}))&=(\boldsymbol{\xi}-2(\boldsymbol{\beta},\boldsymbol{\xi})\boldsymbol{\beta},\boldsymbol{\eta}-2(\boldsymbol{\beta},\boldsymbol{\eta})\boldsymbol{\beta})\\&=(\boldsymbol{\xi},\boldsymbol{\eta})-4(\boldsymbol{\beta},\boldsymbol{\xi})(\boldsymbol{\beta},\boldsymbol{\eta})+4(\boldsymbol{\beta},\boldsymbol{\xi})(\boldsymbol{\beta},\boldsymbol{\eta})(\boldsymbol{\beta},\boldsymbol{\beta})\\&=(\boldsymbol{\xi},\boldsymbol{\eta}),\end{aligned}$$

所以 σ 是 V 的正交变换.

现把 $\boldsymbol{\eta}_1=\boldsymbol{\beta}$ 扩充成 V 的一个规范正交基 $\boldsymbol{\eta}_1,\boldsymbol{\eta}_2,\cdots,\boldsymbol{\eta}_n$,由于

$$\sigma(\boldsymbol{\eta}_1)=\boldsymbol{\eta}_1-2(\boldsymbol{\eta}_1,\boldsymbol{\eta}_1)\boldsymbol{\eta}_1=-\boldsymbol{\eta}_1,$$
$$\sigma(\boldsymbol{\eta}_i)=\boldsymbol{\eta}_i-2(\boldsymbol{\beta},\boldsymbol{\eta}_i)\boldsymbol{\beta}=\boldsymbol{\eta}_i,\quad i=2,3,\cdots,n,$$

所以 σ 在规范正交基 $\boldsymbol{\eta}_1,\boldsymbol{\eta}_2,\cdots,\boldsymbol{\eta}_n$ 下的矩阵为

$$\boldsymbol{A}=\begin{pmatrix}-1&\\&\boldsymbol{E}_{n-1}\end{pmatrix}.$$

因为 $\det\boldsymbol{A}=-1$,所以 σ 是 V 的第二类的正交变换.

(2) 必要性. 若 τ 为镜面反射,则由(1)的证明知,$\lambda=1$ 是 τ 的特征值,且对应的特征子空间的维数等于 $n-1$.

充分性. 设 W 是 τ 的属于特征值 1 的特征子空间,则 $\dim W=n-1$,且 $\dim W^{\perp}=1$. 现分别取 $W^{\perp}$ 与 W 的一个标准正交基 $\boldsymbol{\eta}_1$ 和 $\boldsymbol{\eta}_2,\cdots,\boldsymbol{\eta}_n$,则 $\boldsymbol{\eta}_1,\boldsymbol{\eta}_2,\cdots,\boldsymbol{\eta}_n$ 为 V 的一个标准正交基.

因为 τ 是正交变换,W 是 τ 的不变子空间,所以 $W^{\perp}$ 也是 τ 的不变子空间,故存在 $\lambda_0\in\mathbb{R}$ 使得 $\tau(\boldsymbol{\eta}_1)=\lambda_0\boldsymbol{\eta}_1$. 注意到 $|\tau(\boldsymbol{\eta}_1)|=|\boldsymbol{\eta}_1|=1$,有 $\lambda_0=\pm1$. 又 $\boldsymbol{\eta}_1\notin W$,所以 $\lambda_0=-1$,即 $\tau(\boldsymbol{\eta}_1)=-\boldsymbol{\eta}_1$. 于是,$\forall\boldsymbol{\alpha}=\sum\limits_{i=1}^{n}a_i\boldsymbol{\eta}_i\in V$,有

$$\tau(\boldsymbol{\alpha})=-a_1\boldsymbol{\eta}_1+\sum_{i=2}^{n}a_i\boldsymbol{\eta}_i=-2a_1\boldsymbol{\eta}_1+\sum_{i=1}^{n}a_i\boldsymbol{\eta}_i=\boldsymbol{\alpha}-2(\boldsymbol{\eta}_1,\boldsymbol{\alpha})\boldsymbol{\eta}_1.$$

因此,τ 为镜面反射.

【例 9.52】(浙江大学,2009 年) 对于 n 维欧氏空间 V 上的线性变换 ψ,若存在固定的单位向量 $\boldsymbol{\eta}\in V$,使对 $\boldsymbol{\alpha}\in V$,有 $\psi(\boldsymbol{\alpha})=\boldsymbol{\alpha}-2(\boldsymbol{\alpha},\boldsymbol{\eta})\boldsymbol{\eta}$,则称 ψ 是 V 上的镜面反射, ψ 在 V 的标准正交基下的矩阵称为实镜像矩阵. 证明:n 阶实方阵 $\boldsymbol{A}$ 是镜像矩阵当且仅当存在单位向量 $\boldsymbol{w}=(w_1,w_2,\cdots,w_n)^{\mathrm{T}}\in\mathbb{R}^n$,使得 $\boldsymbol{A}=\boldsymbol{E}_n-2\boldsymbol{w}\boldsymbol{w}^{\mathrm{T}}$,其中 $\boldsymbol{E}_n$ 为 n 阶单位矩阵.

【证】 取 $\boldsymbol{e}_1=\boldsymbol{\eta}$,并扩充成 V 的标准正交基 $\boldsymbol{e}_1,\boldsymbol{e}_2,\cdots,\boldsymbol{e}_n$. 根据 ψ 的定义,易知 $\psi(\boldsymbol{e}_1)=-\boldsymbol{e}_1$,$\psi(\boldsymbol{e}_i)=\boldsymbol{e}_i$,$i=2,\cdots,n$,所以 ψ 在基 $\boldsymbol{e}_1,\boldsymbol{e}_2,\cdots,\boldsymbol{e}_n$ 下的矩阵为

$$\boldsymbol{H}=\mathrm{diag}(-1,1,\cdots,1)=\boldsymbol{E}_n-2\boldsymbol{u}\boldsymbol{u}^{\mathrm{T}},$$

其中 $\boldsymbol{u}=(1,0,\cdots,0)^{\mathrm{T}}\in\mathbb{R}^n$.

必要性. 设 $\boldsymbol{A}$ 是镜像矩阵,则存在 V 的标准正交基 $\boldsymbol{\xi}_1,\boldsymbol{\xi}_2,\cdots,\boldsymbol{\xi}_n$ 使 ψ 在该基下的矩阵为 $\boldsymbol{A}$. 又设 $\boldsymbol{P}$ 是由基 $\boldsymbol{\xi}_1,\boldsymbol{\xi}_2,\cdots,\boldsymbol{\xi}_n$ 到基 $\boldsymbol{e}_1,\boldsymbol{e}_2,\cdots,\boldsymbol{e}_n$ 的过渡矩阵,则 $\boldsymbol{P}$ 是正交矩阵,且 $\boldsymbol{P}^{\mathrm{T}}\boldsymbol{A}\boldsymbol{P}=\boldsymbol{H}$,即

$$\boldsymbol{A}=\boldsymbol{P}(\boldsymbol{E}_n-2\boldsymbol{u}\boldsymbol{u}^{\mathrm{T}})\boldsymbol{P}^{\mathrm{T}}=\boldsymbol{E}_n-2(\boldsymbol{P}\boldsymbol{u})(\boldsymbol{P}\boldsymbol{u})^{\mathrm{T}}=\boldsymbol{E}_n-2\boldsymbol{w}\boldsymbol{w}^{\mathrm{T}},$$

其中 $\boldsymbol{w}=\boldsymbol{P}\boldsymbol{u}$, $|\boldsymbol{w}|^2=(\boldsymbol{P}\boldsymbol{u})^{\mathrm{T}}(\boldsymbol{P}\boldsymbol{u})=1$,即 $\boldsymbol{w}\in\mathbb{R}^n$是单位向量.

充分性. 设 $\boldsymbol{A}=\boldsymbol{E}_n-2\boldsymbol{w}\boldsymbol{w}^{\mathrm{T}}$,其中 $\boldsymbol{w}\in\mathbb{R}^n$是单位向量. 若 $\boldsymbol{w}=\boldsymbol{u}$,则 $\boldsymbol{A}=\boldsymbol{H}$ 是 ψ 在标准正交基 $\boldsymbol{e}_1,\boldsymbol{e}_2,\cdots,\boldsymbol{e}_n$ 下的矩阵. 若 $\boldsymbol{w}\neq\boldsymbol{u}$,取 $\boldsymbol{v}=\dfrac{\boldsymbol{u}-\boldsymbol{w}}{|\boldsymbol{u}-\boldsymbol{w}|}$,则 $|\boldsymbol{v}|=1$, $\boldsymbol{P}=\boldsymbol{E}_n-2\boldsymbol{v}\boldsymbol{v}^{\mathrm{T}}$ 是对称的正交矩阵,且 $\boldsymbol{P}\boldsymbol{u}=\boldsymbol{w}$,从而由 $(\boldsymbol{\xi}_1,\boldsymbol{\xi}_2,\cdots,\boldsymbol{\xi}_n)=(\boldsymbol{e}_1,\boldsymbol{e}_2,\cdots,\boldsymbol{e}_n)\boldsymbol{P}$ 确定 V 的一个标准正交基 $\boldsymbol{\xi}_1,\boldsymbol{\xi}_2,\cdots,\boldsymbol{\xi}_n$. 于是, ψ 在基 $\boldsymbol{\xi}_1,\boldsymbol{\xi}_2,\cdots,\boldsymbol{\xi}_n$ 下的矩阵为

$$\boldsymbol{P}^{\mathrm{T}}\boldsymbol{H}\boldsymbol{P}=\boldsymbol{P}(\boldsymbol{E}_n-2\boldsymbol{u}\boldsymbol{u}^{\mathrm{T}})\boldsymbol{P}^{\mathrm{T}}=\boldsymbol{E}_n-2\boldsymbol{w}\boldsymbol{w}^{\mathrm{T}}=\boldsymbol{A}.$$

所以 $\boldsymbol{A}$ 是镜像矩阵.

【注】 充分性也可如下证明:因为 $\boldsymbol{A}$ 的特征多项式

$$\begin{aligned}|\lambda\boldsymbol{E}_n-\boldsymbol{A}|&=|(\lambda-1)\boldsymbol{E}_n+2\boldsymbol{w}\boldsymbol{w}^{\mathrm{T}}|=(\lambda-1)^{n-1}|(\lambda-1)\boldsymbol{E}_1+2\boldsymbol{w}^{\mathrm{T}}\boldsymbol{w}|\\&=(\lambda-1)^{n-1}(\lambda+1),\end{aligned}$$

所以 $\boldsymbol{A}$ 的特征值为 $\lambda_1=1$($n-1$ 重), $\lambda_2=-1$. 又 $\boldsymbol{A}$ 是实对称矩阵,所以 $\boldsymbol{A}$ 正交相似于对角矩阵 $\boldsymbol{H}$,即存在正交矩阵 $\boldsymbol{P}$ 使得 $\boldsymbol{P}^{\mathrm{T}}\boldsymbol{H}\boldsymbol{P}=\boldsymbol{A}$. 令 $(\boldsymbol{\xi}_1,\boldsymbol{\xi}_2,\cdots,\boldsymbol{\xi}_n)=(\boldsymbol{e}_1,\boldsymbol{e}_2,\cdots,\boldsymbol{e}_n)\boldsymbol{P}$,则 ψ 在 V 的标准正交基 $\boldsymbol{\xi}_1,\boldsymbol{\xi}_2,\cdots,\boldsymbol{\xi}_n$ 下的矩阵为 $\boldsymbol{A}$. 所以 $\boldsymbol{A}$ 是镜像矩阵.

【例 9.53】(北京大学,2010 年,2017 年) 设 $\boldsymbol{\xi},\boldsymbol{\eta}$ 是 n 维欧氏空间 V 中长度相等的两个向量,证明:必存在 V 的一个正交变换 σ,使 $\sigma(\boldsymbol{\xi})=\boldsymbol{\eta}$.

【证】 若 $\boldsymbol{\xi}=\boldsymbol{\eta}$,则取 σ 为恒同变换. 若 $\boldsymbol{\xi}\neq\boldsymbol{\eta}$,令 $\boldsymbol{\delta}=\dfrac{\boldsymbol{\xi}-\boldsymbol{\eta}}{|\boldsymbol{\xi}-\boldsymbol{\eta}|}$,则 $|\boldsymbol{\delta}|=1$. 定义 V 的线性变换 σ 如下:

$$\sigma(\boldsymbol{\alpha})=\boldsymbol{\alpha}-2(\boldsymbol{\delta},\boldsymbol{\alpha})\boldsymbol{\delta},\quad \forall\boldsymbol{\alpha}\in V.$$

易知(见例 9.51), σ 是 V 的一个镜面反射,即第二类的正交变换. 因为 $(\boldsymbol{\xi},\boldsymbol{\xi})=(\boldsymbol{\eta},\boldsymbol{\eta})$,所以

$$|\boldsymbol{\xi}-\boldsymbol{\eta}|^2=(\boldsymbol{\xi}-\boldsymbol{\eta},\boldsymbol{\xi}-\boldsymbol{\eta})=2(\boldsymbol{\xi},\boldsymbol{\xi})-2(\boldsymbol{\xi},\boldsymbol{\eta})=2(\boldsymbol{\xi},\boldsymbol{\xi}-\boldsymbol{\eta}),$$

$$\sigma(\boldsymbol{\xi})=\boldsymbol{\xi}-2(\boldsymbol{\delta},\boldsymbol{\xi})\boldsymbol{\delta}=\boldsymbol{\xi}-\frac{2(\boldsymbol{\xi},\boldsymbol{\xi}-\boldsymbol{\eta})}{|\boldsymbol{\xi}-\boldsymbol{\eta}|^2}(\boldsymbol{\xi}-\boldsymbol{\eta})=\boldsymbol{\eta}.$$

【注】 本题用矩阵表述即:设 $\boldsymbol{\alpha},\boldsymbol{\beta}\in\mathbb{R}^n$是两个不同的且长度相等的 n 维实列向量,证明:必存在 n 阶实镜像阵 $\boldsymbol{H}$,使得 $\boldsymbol{H}\boldsymbol{\alpha}=\boldsymbol{\beta}$.

【例 9.54】(南开大学,2009 年,2017 年) 设 $\boldsymbol{\alpha}\in\mathbb{R}^n$,且在$\mathbb{R}^n$的标准度量下 $\boldsymbol{\alpha}$ 为单位向量. 证明:必存在一个 n 阶实对称正交矩阵 $\boldsymbol{A}$ 使得 $\boldsymbol{\alpha}$ 为 $\boldsymbol{A}$ 的第一列.

【证】 取$\mathbb{R}^n$的标准正交基 $\boldsymbol{\varepsilon}_1,\boldsymbol{\varepsilon}_2,\cdots,\boldsymbol{\varepsilon}_n$,其中 $\boldsymbol{\varepsilon}_i$ 是单位矩阵 $\boldsymbol{E}_n$ 的第 i 个列向量.

若 $\boldsymbol{\alpha}=\boldsymbol{\varepsilon}_1$,则取 $\boldsymbol{A}=\boldsymbol{E}_n$ 即可. 下设 $\boldsymbol{\alpha}\neq\boldsymbol{\varepsilon}_1$,定义: $\forall\boldsymbol{\xi}\in\mathbb{R}^n$,令 $\sigma(\boldsymbol{\xi})=\boldsymbol{\xi}-2(\boldsymbol{\xi},\boldsymbol{\eta})\boldsymbol{\eta}$,其中 $\boldsymbol{\eta}=\dfrac{\boldsymbol{\varepsilon}_1-\boldsymbol{\alpha}}{|\boldsymbol{\varepsilon}_1-\boldsymbol{\alpha}|}$是单位向量. 易知 σ 是对称正交变换且 $\sigma(\boldsymbol{\varepsilon}_1)=\boldsymbol{\alpha}$.

设 σ 在基 $\boldsymbol{\varepsilon}_1,\boldsymbol{\varepsilon}_2,\cdots,\boldsymbol{\varepsilon}_n$ 下的矩阵为 $\boldsymbol{A}$，即 $\sigma(\boldsymbol{\varepsilon}_1,\boldsymbol{\varepsilon}_2,\cdots,\boldsymbol{\varepsilon}_n)=(\boldsymbol{\varepsilon}_1,\boldsymbol{\varepsilon}_2,\cdots,\boldsymbol{\varepsilon}_n)\boldsymbol{A}$，那么 $\boldsymbol{A}$ 是 n 阶实对称正交矩阵，且 $\boldsymbol{\alpha}$ 是 $\boldsymbol{A}$ 的第一列.

【注】 根据证明过程，σ 是镜面反射，表明 $\boldsymbol{A}$ 是实镜像阵. 因此，$\boldsymbol{A}$ 是实对称正交矩阵.

【例 9.55】(武汉大学,2006 年) 设 V 是 n 维欧氏空间，$\boldsymbol{\eta}_1,\boldsymbol{\eta}_2,\cdots,\boldsymbol{\eta}_n$ 是 V 的一个标准正交基，$(\boldsymbol{\alpha},\boldsymbol{\beta})$ 表示向量 $\boldsymbol{\alpha},\boldsymbol{\beta}\in V$ 的内积. 令 $\boldsymbol{\xi}=a_1\boldsymbol{\eta}_1+a_2\boldsymbol{\eta}_2+\cdots+a_n\boldsymbol{\eta}_n$，其中 $a_1,a_2,\cdots,a_n$ 是 n 个不全为零的实数. 对于给定的非零实数 k，定义 V 的线性变换为

$$\sigma(\boldsymbol{\alpha})=\boldsymbol{\alpha}+k(\boldsymbol{\alpha},\boldsymbol{\xi})\boldsymbol{\xi},\quad \forall\boldsymbol{\alpha}\in V.$$

(1) 求 σ 在基 $\boldsymbol{\eta}_1,\boldsymbol{\eta}_2,\cdots,\boldsymbol{\eta}_n$ 下的矩阵 $\boldsymbol{A}$；

(2) 求 $\boldsymbol{A}$ 的行列式 $\det\boldsymbol{A}$；

(3) 证明：σ 为正交变换的充分必要条件是 $k=-\dfrac{2}{a_1^2+a_2^2+\cdots+a_n^2}$.

【解】 (1) 因为 $\boldsymbol{\eta}_1,\boldsymbol{\eta}_2,\cdots,\boldsymbol{\eta}_n$ 是 V 的标准正交基，所以

$$(\boldsymbol{\eta}_i,\boldsymbol{\xi})=(\boldsymbol{\eta}_i,a_1\boldsymbol{\eta}_1+a_2\boldsymbol{\eta}_2+\cdots+a_n\boldsymbol{\eta}_n)=a_i,\quad i=1,2,\cdots,n.$$

根据 σ 的定义，得

$$\begin{aligned}\sigma(\boldsymbol{\eta}_i)&=\boldsymbol{\eta}_i+k(\boldsymbol{\eta}_i,\boldsymbol{\xi})\boldsymbol{\xi}=\boldsymbol{\eta}_i+ka_i(a_1\boldsymbol{\eta}_1+a_2\boldsymbol{\eta}_2+\cdots+a_n\boldsymbol{\eta}_n)\\&=ka_1a_i\boldsymbol{\eta}_1+\cdots+(1+ka_i^2)\boldsymbol{\eta}_i+\cdots+ka_na_i\boldsymbol{\eta}_n,\end{aligned}$$

故 σ 在基 $\boldsymbol{\eta}_1,\boldsymbol{\eta}_2,\cdots,\boldsymbol{\eta}_n$ 下的矩阵为

$$\boldsymbol{A}=\begin{pmatrix}1+ka_1^2 & ka_1a_2 & \cdots & ka_1a_n\\ ka_2a_1 & 1+ka_2^2 & \cdots & ka_2a_n\\ \vdots & \vdots & & \vdots\\ ka_na_1 & ka_na_2 & \cdots & 1+ka_n^2\end{pmatrix}.$$

(2) 记 $\boldsymbol{\alpha}=(a_1,a_2,\cdots,a_n)^{\mathrm{T}}$，则 $\boldsymbol{A}=\boldsymbol{E}+k\boldsymbol{\alpha}\boldsymbol{\alpha}^{\mathrm{T}}$. 利用公式

$$|\lambda\boldsymbol{E}-\boldsymbol{B}_{m\times n}\boldsymbol{C}_{n\times m}|=\lambda^{m-n}|\lambda\boldsymbol{E}-\boldsymbol{C}_{n\times m}\boldsymbol{B}_{m\times n}|\quad(m\geqslant n),$$

即得 $\det\boldsymbol{A}=1+k\sum\limits_{i=1}^{n}a_i^2$.

(3) 因为 σ 为正交变换等价于 $\boldsymbol{A}$ 是正交矩阵，而

$$\boldsymbol{A}^{\mathrm{T}}\boldsymbol{A}=(\boldsymbol{E}+k\boldsymbol{\alpha}\boldsymbol{\alpha}^{\mathrm{T}})^{\mathrm{T}}(\boldsymbol{E}+k\boldsymbol{\alpha}\boldsymbol{\alpha}^{\mathrm{T}})=\boldsymbol{E}+2k\boldsymbol{\alpha}\boldsymbol{\alpha}^{\mathrm{T}}+k^2(\boldsymbol{\alpha}^{\mathrm{T}}\boldsymbol{\alpha})\boldsymbol{\alpha}\boldsymbol{\alpha}^{\mathrm{T}},$$

所以，当且仅当 $k=-\dfrac{2}{\boldsymbol{\alpha}^{\mathrm{T}}\boldsymbol{\alpha}}$ 时，$\boldsymbol{A}$ 是正交矩阵.

因此 σ 为正交变换的充分必要条件是 $k=-\dfrac{2}{a_1^2+a_2^2+\cdots+a_n^2}$.

【例 9.56】(浙江大学,2003 年) 设 V 是 n 维欧氏空间，σ 是 V 的正交变换，$V_1=\{\boldsymbol{\alpha}\in V\mid\sigma(\boldsymbol{\alpha})=\boldsymbol{\alpha}\}$，$V_2=\{\boldsymbol{\alpha}-\sigma(\boldsymbol{\alpha})\mid\boldsymbol{\alpha}\in V\}$. 试证明：

(1) V_1,V_2 都是 V 的子空间；

(2) $V=V_1\oplus V_2$.

【解】 (1) 显然 V_1,V_2 都是 V 的子空间(证明略).

(2) $\forall \boldsymbol{\alpha}\in V_1\cap V_2$,则 $\boldsymbol{\alpha}\in V_1$ 且 $\boldsymbol{\alpha}\in V_2$,故 $\sigma(\boldsymbol{\alpha})=\boldsymbol{\alpha}$,且存在 $\boldsymbol{\beta}\in V$,使 $\boldsymbol{\alpha}=\boldsymbol{\beta}-\sigma(\boldsymbol{\beta})$. 于是

$$(\boldsymbol{\alpha},\boldsymbol{\alpha})=(\boldsymbol{\alpha},\boldsymbol{\beta}-\sigma(\boldsymbol{\beta}))=(\boldsymbol{\alpha},\boldsymbol{\beta})-(\boldsymbol{\alpha},\sigma(\boldsymbol{\beta}))=(\boldsymbol{\alpha},\boldsymbol{\beta})-(\sigma(\boldsymbol{\alpha}),\sigma(\boldsymbol{\beta}))=0,$$

所以 $\boldsymbol{\alpha}=\mathbf{0}$,即 $V_1\cap V_2=\{\mathbf{0}\}$. 若令 I 表示 V 上的恒同变换,则 V_1,V_2 分别是线性变换 $I-\sigma$ 的核 $\ker(I-\sigma)$ 与像 $\mathrm{Im}\,(I-\sigma)$,所以

$$\dim(V_1+V_2)=\dim V_1+\dim V_2=\dim(\ker(I-\sigma))+\dim(\mathrm{Im}\,(I-\sigma))=n=\dim V,$$

因此 $V=V_1+V_2$,且 $V=V_1\oplus V_2$.

【例 9.57】(重庆大学,2010 年) 设 W_1,W_2 分别是 n 维欧氏空间 V 的两个 m 维子空间. 证明:存在 V 的正交变换 φ,使得 $\varphi(W_1)=W_2$.

【证】 设 $\boldsymbol{\eta}_1,\boldsymbol{\eta}_2,\cdots,\boldsymbol{\eta}_m$ 与 $\boldsymbol{\xi}_1,\boldsymbol{\xi}_2,\cdots,\boldsymbol{\xi}_m$ 分别是 W_1,W_2 的标准正交基,分别扩充成 V 的标准正交基 $\boldsymbol{\eta}_1,\cdots,\boldsymbol{\eta}_m,\boldsymbol{\eta}_{m+1},\cdots,\boldsymbol{\eta}_n$ 和 $\boldsymbol{\xi}_1,\cdots,\boldsymbol{\xi}_m,\boldsymbol{\xi}_{m+1},\cdots,\boldsymbol{\xi}_n$,则存在唯一的 V 的线性变换 φ,使 $\varphi(\boldsymbol{\eta}_i)=\boldsymbol{\xi}_i,i=1,2,\cdots,n$,因而 φ 是正交变换,且

$$\varphi(W_1)=L(\varphi(\boldsymbol{\eta}_1),\varphi(\boldsymbol{\eta}_2),\cdots,\varphi(\boldsymbol{\eta}_m))=L(\boldsymbol{\xi}_1,\boldsymbol{\xi}_2,\cdots,\boldsymbol{\xi}_m)=W_2.$$

【例 9.58】(武汉大学,2009 年) 设 σ 是欧氏空间 V 的线性变换,τ 是 V 的一个变换,且 $\forall \boldsymbol{\alpha},\boldsymbol{\beta}\in V$,都有 $(\sigma(\boldsymbol{\alpha}),\boldsymbol{\beta})=(\boldsymbol{\alpha},\tau(\boldsymbol{\beta}))$. 证明:

(1) τ 是 V 的线性变换;

(2) τ 的值域 $\mathrm{Im}\,\tau$ 等于 σ 的核 $\ker\sigma$ 的正交补.

【证】 (1) $\forall \boldsymbol{\alpha},\boldsymbol{\xi},\boldsymbol{\eta}\in V$,有

$$\begin{aligned}(\boldsymbol{\alpha},\tau(\boldsymbol{\xi}+\boldsymbol{\eta}))&=(\sigma(\boldsymbol{\alpha}),\boldsymbol{\xi}+\boldsymbol{\eta})=(\sigma(\boldsymbol{\alpha}),\boldsymbol{\xi})+(\sigma(\boldsymbol{\alpha}),\boldsymbol{\eta})\\&=(\boldsymbol{\alpha},\tau(\boldsymbol{\xi}))+(\boldsymbol{\alpha},\tau(\boldsymbol{\eta}))=(\boldsymbol{\alpha},\tau(\boldsymbol{\xi})+\tau(\boldsymbol{\eta})),\end{aligned}$$

于是,有 $\tau(\boldsymbol{\xi}+\boldsymbol{\eta})=\tau(\boldsymbol{\xi})+\tau(\boldsymbol{\eta})$.

同理可证:$\forall\lambda\in\mathbb{R}$,$\forall \boldsymbol{\alpha}\in V$,有 $\tau(\lambda\boldsymbol{\alpha})=\lambda\tau(\boldsymbol{\alpha})$. 因此 τ 是 V 的线性变换.

(2) 欲证 $\mathrm{Im}\,\tau=(\ker\sigma)^{\perp}$,可等价地证明 $\ker\sigma=(\mathrm{Im}\,\tau)^{\perp}$.

$\forall \boldsymbol{\alpha}\in\ker\sigma,\boldsymbol{\beta}\in\mathrm{Im}\,\tau$,则 $\sigma(\boldsymbol{\alpha})=\mathbf{0}$,且存在 $\boldsymbol{\xi}\in V$,使得 $\boldsymbol{\beta}=\tau(\boldsymbol{\xi})$,所以

$$(\boldsymbol{\alpha},\boldsymbol{\beta})=(\boldsymbol{\alpha},\tau(\boldsymbol{\xi}))=(\sigma(\boldsymbol{\alpha}),\boldsymbol{\xi})=0,$$

故 $\boldsymbol{\alpha}\perp\mathrm{Im}\,\tau$,即 $\boldsymbol{\alpha}\in(\mathrm{Im}\,\tau)^{\perp}$, 因此 $\ker\sigma\subseteq(\mathrm{Im}\,\tau)^{\perp}$.

另一方面,$\forall \boldsymbol{\alpha}\in(\mathrm{Im}\,\tau)^{\perp}$,记 $\boldsymbol{\beta}=\tau(\sigma(\boldsymbol{\alpha}))$,则 $\boldsymbol{\beta}\in\mathrm{Im}\,\tau$,故有 $(\boldsymbol{\alpha},\boldsymbol{\beta})=0$. 因为

$$(\sigma(\boldsymbol{\alpha}),\sigma(\boldsymbol{\alpha}))=(\boldsymbol{\alpha},\tau(\sigma(\boldsymbol{\alpha})))=(\boldsymbol{\alpha},\boldsymbol{\beta})=0$$

所以 $\sigma(\boldsymbol{\alpha})=\mathbf{0}$,$\boldsymbol{\alpha}\in\ker\sigma$,故 $(\mathrm{Im}\,\tau)^{\perp}\subseteq\ker\sigma$. 因此 $\ker\sigma=(\mathrm{Im}\,\tau)^{\perp}$.

【例 9.59】(南开大学,2001 年) 设 V 是 n 维欧氏空间,$\boldsymbol{\alpha}_1,\boldsymbol{\alpha}_2$ 和 $\boldsymbol{\beta}_1,\boldsymbol{\beta}_2$ 是 V 中的两对向量,$|\boldsymbol{\alpha}_i|=|\boldsymbol{\beta}_i|,i=1,2$,且 $\boldsymbol{\alpha}_1$ 与 $\boldsymbol{\alpha}_2$ 的夹角等于 $\boldsymbol{\beta}_1$ 与 $\boldsymbol{\beta}_2$ 的夹角. 证明:存在一个正交变换 $\sigma:V\to V$ 满足 $\sigma(\boldsymbol{\alpha}_i)=\boldsymbol{\beta}_i,i=1,2$.

【证】 利用 Schmidt 正交化方法,先由 $\boldsymbol{\alpha}_1,\boldsymbol{\alpha}_2$ 得到标准正交向量组 $\boldsymbol{\xi}_1,\boldsymbol{\xi}_2$ 并扩充成 V 的标准正交基 $\boldsymbol{\xi}_1,\boldsymbol{\xi}_2,\cdots,\boldsymbol{\xi}_n$,再由 $\boldsymbol{\beta}_1,\boldsymbol{\beta}_2$ 得到标准正交组 $\boldsymbol{\eta}_1,\boldsymbol{\eta}_2$ 并扩充成 V 的标准正交基 $\boldsymbol{\eta}_1,\boldsymbol{\eta}_2,\cdots,\boldsymbol{\eta}_n$. 于是,存在唯一的正交变换 $\sigma:V\to V$ 使得 $\sigma(\boldsymbol{\xi}_i)=\boldsymbol{\eta}_i(1\leqslant i\leqslant n)$.

根据 Schmidt 正交化过程，$\boldsymbol{\xi}_1=\dfrac{\boldsymbol{\alpha}_1}{|\boldsymbol{\alpha}_1|}$，$\boldsymbol{\eta}_1=\dfrac{\boldsymbol{\beta}_1}{|\boldsymbol{\beta}_1|}$，而 $|\boldsymbol{\alpha}_1|=|\boldsymbol{\beta}_1|$，所以 $\sigma(\boldsymbol{\alpha}_1)=\boldsymbol{\beta}_1$.

又因为 $\boldsymbol{\xi}_2=\dfrac{\boldsymbol{\alpha}_2-x\boldsymbol{\alpha}_1}{|\boldsymbol{\alpha}_2-x\boldsymbol{\alpha}_1|}$，$\boldsymbol{\eta}_2=\dfrac{\boldsymbol{\beta}_2-y\boldsymbol{\beta}_1}{|\boldsymbol{\beta}_2-y\boldsymbol{\beta}_1|}$，其中 $x=\dfrac{(\boldsymbol{\alpha}_2,\boldsymbol{\alpha}_1)}{(\boldsymbol{\alpha}_1,\boldsymbol{\alpha}_1)}$，$y=\dfrac{(\boldsymbol{\beta}_2,\boldsymbol{\beta}_1)}{(\boldsymbol{\beta}_1,\boldsymbol{\beta}_1)}$，据题设条件易知 $x=y$，由此可得 $|\boldsymbol{\alpha}_2-x\boldsymbol{\alpha}_1|=|\boldsymbol{\beta}_2-y\boldsymbol{\beta}_1|$，所以 $\sigma(\boldsymbol{\alpha}_2)=\boldsymbol{\beta}_2$.

【例 9.60】（同济大学，1999 年） 设 V 是 n 维欧氏空间，对任意向量 $\boldsymbol{v},\boldsymbol{w}\in V$，$(\boldsymbol{v},\boldsymbol{w})$ 表示 $\boldsymbol{v}$ 和 $\boldsymbol{w}$ 的内积，$\|\boldsymbol{v}\|=\sqrt{(\boldsymbol{v},\boldsymbol{v})}$ 表示 $\boldsymbol{v}$ 的长度.

（1）设 n 是奇数，$\sigma:V\to V$ 是 V 的正交变换，证明：存在 V 中的非零向量 $\boldsymbol{v}$，使 $\sigma(\boldsymbol{v})=\boldsymbol{v}$ 或 $\sigma(\boldsymbol{v})=-\boldsymbol{v}$；

（2）举例说明：当 n 为偶数时，(1) 的结论不一定成立；

（3）设变换 $\tau:V\to V$ 满足（Ⅰ）$\tau(\boldsymbol{0})=\boldsymbol{0}$；（Ⅱ）$\|\tau(\boldsymbol{v})-\tau(\boldsymbol{w})\|=\|\boldsymbol{v}-\boldsymbol{w}\|$，$\forall\,\boldsymbol{v},\boldsymbol{w}\in V$. 证明：$\tau$ 一定是 V 的线性变换.

【解】 （1）设 σ 在 V 的标准正交基 $\boldsymbol{\eta}_1,\boldsymbol{\eta}_2,\cdots,\boldsymbol{\eta}_n$ 下的矩阵为 $\boldsymbol{A}$，则 $\boldsymbol{A}$ 是正交矩阵，其特征值的模为 1. 因为 n 为奇数，实矩阵 $\boldsymbol{A}$ 的虚特征值必成共轭对出现，所以 $\boldsymbol{A}$ 必有实特征值 λ_0，而 $\lambda_0=\pm1$.

取 $\boldsymbol{X}=(x_1,x_2,\cdots,x_n)^{\mathrm{T}}\in\mathbb{R}^n$ 是 $\boldsymbol{A}$ 的属于特征值 λ_0 的特征向量，则 $\boldsymbol{X}\neq\boldsymbol{0}$，$\boldsymbol{AX}=\pm\boldsymbol{X}$. 令

$$\boldsymbol{v}=x_1\boldsymbol{\eta}_1+x_2\boldsymbol{\eta}_2+\cdots+x_n\boldsymbol{\eta}_n,$$

那么 $\boldsymbol{v}\in V$ 且 $\boldsymbol{v}\neq\boldsymbol{0}$. 当 $\boldsymbol{AX}=\boldsymbol{X}$ 时，$\sigma(\boldsymbol{v})=\boldsymbol{v}$；当 $\boldsymbol{AX}=-\boldsymbol{X}$ 时，$\sigma(\boldsymbol{v})=-\boldsymbol{v}$.

（2）考虑 2 维欧氏空间 V，σ 是 V 上的正交变换，设 σ 在 V 的一个标准正交基下的矩阵为 $\boldsymbol{A}=\begin{pmatrix}\cos\theta & -\sin\theta\\ \sin\theta & \cos\theta\end{pmatrix}$，$\theta\neq k\pi$. 则 σ 没有实特征值，$\forall\,\boldsymbol{v}\in V,\boldsymbol{v}\neq\boldsymbol{0}$，都不可能有 $\sigma(\boldsymbol{v})=\pm\boldsymbol{v}$.

（3）详见本章例 9.48 的解答.

【例 9.61】（大连理工大学，2003 年） 设 V 是 n 维欧氏空间，σ 是 V 的正交变换，σ 在 V 的一个标准正交基下的矩阵为 $\boldsymbol{A}$. 证明：

（1）若 $u+\mathrm{i}v\,(u,v\in\mathbb{R},v\neq0)$ 是 $\boldsymbol{A}$ 的一个虚特征值，则存在 $\boldsymbol{\alpha},\boldsymbol{\beta}\in V$，使得

$$\sigma(\boldsymbol{\alpha})=u\boldsymbol{\alpha}+v\boldsymbol{\beta},\qquad \sigma(\boldsymbol{\beta})=-v\boldsymbol{\alpha}+u\boldsymbol{\beta};$$

（2）若 $\boldsymbol{A}$ 的特征值皆为实数，则 V 可分解为一些两两正交的一维不变子空间的直和；

（3）若 $\boldsymbol{A}$ 的特征值皆为实数，则 $\boldsymbol{A}$ 是对称矩阵.

【证】 （1）注意到 $\boldsymbol{A}$ 是实矩阵，其虚特征值必成共轭对出现. 设 $\boldsymbol{X}+\mathrm{i}\boldsymbol{Y}$ 是 $\boldsymbol{A}$ 的属于特征值 $u-\mathrm{i}v$ 的复特征向量，其中 $\boldsymbol{X}=(x_1,x_2,\cdots,x_n)^{\mathrm{T}}$，$\boldsymbol{Y}=(y_1,y_2,\cdots,y_n)^{\mathrm{T}}\in\mathbb{R}^n$，则

$$\boldsymbol{A}(\boldsymbol{X}+\mathrm{i}\boldsymbol{Y})=(u-\mathrm{i}v)(\boldsymbol{X}+\mathrm{i}\boldsymbol{Y}).$$

比较上式两端的实部和虚部，得

$$\boldsymbol{AX}=u\boldsymbol{X}+v\boldsymbol{Y},\quad \boldsymbol{AY}=-v\boldsymbol{X}+u\boldsymbol{Y}.$$

现在，设 $\boldsymbol{A}$ 是 σ 在 V 的标准正交基 $\boldsymbol{\eta}_1,\boldsymbol{\eta}_2,\cdots,\boldsymbol{\eta}_n$ 下的矩阵，再令

$$\boldsymbol{\alpha}=x_1\boldsymbol{\eta}_1+x_2\boldsymbol{\eta}_2+\cdots+x_n\boldsymbol{\eta}_n,\quad \boldsymbol{\beta}=y_1\boldsymbol{\eta}_1+y_2\boldsymbol{\eta}_2+\cdots+y_n\boldsymbol{\eta}_n,$$

那么 $\boldsymbol{\alpha},\boldsymbol{\beta}\in V$，并且容易验证：

$$\sigma(\boldsymbol{\alpha})=u\boldsymbol{\alpha}+v\boldsymbol{\beta},\quad \sigma(\boldsymbol{\beta})=-v\boldsymbol{\alpha}+u\boldsymbol{\beta}.$$

（2）对 V 的维数 n 作归纳法. 当 $n=1$ 时,结论显然成立. 假设对 $n-1$ 维欧氏空间结论成立,下证对 n 维欧氏空间结论也成立.

注意到矩阵 $\boldsymbol{A}$ 的亦即正交变换 σ 的特征值全为实数,设 λ 为 σ 的一个特征值, $\boldsymbol{\alpha}\in V$ 是 σ 的属于 λ 的特征向量,令 $W_1=L(\boldsymbol{\alpha})$,那么 W_1 是 σ 的一维不变子空间,且 $V=W_1\oplus W_1^{\perp}$, 其中 $W_1^{\perp}$ 是 W_1 在 V 中的正交补,并且 $W_1^{\perp}$ 也是 σ 的不变子空间.

现在,σ 在 $W_1^{\perp}$ 上的限制仍是 $W_1^{\perp}$ 的正交变换,其特征值全为实数,$\dim(W_1^{\perp})=n-1$. 根据归纳假设,有 $W_1^{\perp}=W_2\oplus W_3\oplus\cdots\oplus W_n$,其中 W_i 是 σ 的一维不变子空间,且 $W_i\perp W_j(i\neq j;i,j=2,3,\cdots,n)$. 于是,有 $V=W_1\oplus W_2\oplus\cdots\oplus W_n$,其中 W_i 是 σ 的一维不变子空间,且两两正交.

（3）利用(2)的结果,取 $\boldsymbol{\varepsilon}_i\in W_i$, $|\boldsymbol{\varepsilon}_i|=1,i=1,2,\cdots,n$,则 $\boldsymbol{\varepsilon}_1,\boldsymbol{\varepsilon}_2,\cdots,\boldsymbol{\varepsilon}_n$ 为 V 的标准正交基,σ 在这个基下的矩阵 $\boldsymbol{D}$ 为对角矩阵. 令 $\boldsymbol{P}$ 是由基 $\boldsymbol{\eta}_1,\boldsymbol{\eta}_2,\cdots,\boldsymbol{\eta}_n$ 到 $\boldsymbol{\varepsilon}_1,\boldsymbol{\varepsilon}_2,\cdots,\boldsymbol{\varepsilon}_n$ 的过渡矩阵,则 $\boldsymbol{P}$ 为正交矩阵,且 $\boldsymbol{P}^{\mathrm{T}}\boldsymbol{AP}=\boldsymbol{D}$. 因此 $\boldsymbol{A}=\boldsymbol{PDP}^{\mathrm{T}}$ 是对称矩阵.

【例 9.62】(南京大学,2000 年;大连理工大学,2004 年) 设 V 是 4 维欧氏空间,φ 是 V 的正交变换,且 φ 没有实特征值. 求证:V 可分解为两个正交的 2 维 φ-不变子空间的直和.

【证】 设 φ 在 V 的标准正交基 $\boldsymbol{\eta}_1,\boldsymbol{\eta}_2,\boldsymbol{\eta}_3,\boldsymbol{\eta}_4$ 下的矩阵为 $\boldsymbol{A}$,则 $\boldsymbol{A}$ 是正交矩阵,且 $\boldsymbol{A}$ 没有实特征值. 设 $a+\mathrm{i}b(b\neq 0)$ 是 $\boldsymbol{A}$ 的复特征值,$\boldsymbol{X}+\mathrm{i}\boldsymbol{Y}$ 是对应的复特征向量,其中 $\boldsymbol{X},\boldsymbol{Y}\in\mathbb{R}^4$,且 $\boldsymbol{Y}\neq\boldsymbol{0}$,即 $\boldsymbol{A}(\boldsymbol{X}+\mathrm{i}\boldsymbol{Y})=(a+\mathrm{i}b)(\boldsymbol{X}+\mathrm{i}\boldsymbol{Y})$. 比较等式两端的实部和虚部,得

$$\boldsymbol{AX}=a\boldsymbol{X}-b\boldsymbol{Y},\quad \boldsymbol{AY}=a\boldsymbol{Y}+b\boldsymbol{X}.$$

若 $\boldsymbol{X}=k\boldsymbol{Y},k\in\mathbb{R}$,则 $\boldsymbol{AY}=(a+bk)\boldsymbol{Y}$,即 $\boldsymbol{A}$ 有实特征值,矛盾. 因此, $\boldsymbol{X},\boldsymbol{Y}$ 线性无关.

设 $\boldsymbol{X}=(x_1,x_2,x_3,x_4)^{\mathrm{T}},\boldsymbol{Y}=(y_1,y_2,y_3,y_4)^{\mathrm{T}}$ 是 $\boldsymbol{\alpha},\boldsymbol{\beta}\in V$ 在基 $\boldsymbol{\eta}_1,\boldsymbol{\eta}_2,\boldsymbol{\eta}_3,\boldsymbol{\eta}_4$ 下的坐标,即

$$\boldsymbol{\alpha}=x_1\boldsymbol{\eta}_1+x_2\boldsymbol{\eta}_2+x_3\boldsymbol{\eta}_3+x_4\boldsymbol{\eta}_4,\quad \boldsymbol{\beta}=y_1\boldsymbol{\eta}_1+y_2\boldsymbol{\eta}_2+y_3\boldsymbol{\eta}_3+y_4\boldsymbol{\eta}_4,$$

那么 $\boldsymbol{\alpha},\boldsymbol{\beta}$ 是 V 中的线性无关向量组,且

$$\varphi(\boldsymbol{\alpha})=a\boldsymbol{\alpha}-b\boldsymbol{\beta},\quad \varphi(\boldsymbol{\beta})=a\boldsymbol{\beta}+b\boldsymbol{\alpha}.$$

于是,$W=L(\boldsymbol{\alpha},\boldsymbol{\beta})$ 是 V 的一个 2 维 φ-不变子空间,且 $V=W\oplus W^{\perp}$,其中 $W^{\perp}$ 是 W 的正交补,也是 V 的一个 2 维 φ-不变子空间.

【例 9.63】(华中师范大学,1993 年) 设 σ_1,σ_2 是 n 维欧氏空间 V 的两个线性变换,且对 V 中任意向量 $\boldsymbol{\alpha}$ 均有 $(\sigma_1\boldsymbol{\alpha},\sigma_1\boldsymbol{\alpha})=(\sigma_2\boldsymbol{\alpha},\sigma_2\boldsymbol{\alpha})$. 证明:存在 V 的正交变换 τ,使 $\tau\sigma_1=\sigma_2$.

【证】 考虑 σ_1,σ_2 的像空间 $W_1=\mathrm{Im}\,\sigma_1$ 和 $W_2=\mathrm{Im}\,\sigma_2$,下证 W_1 与 W_2 同构. 为此,构造 W_1 到 W_2 的映射 τ_1 如下:$\forall\boldsymbol{x}\in W_1$,令 $\tau_1(\boldsymbol{x})=\sigma_2(\boldsymbol{y})\in W_2$,其中 $\boldsymbol{y}\in V$ 使得 $\sigma_1(\boldsymbol{y})=\boldsymbol{x}$. 显然,$\tau_1$ 是映上的. 又因为

$$\begin{aligned}\sigma_1(\boldsymbol{x})=\sigma_1(\boldsymbol{y})&\Leftrightarrow(\sigma_1(\boldsymbol{x}-\boldsymbol{y}),\sigma_1(\boldsymbol{x}-\boldsymbol{y}))=0\\&\Leftrightarrow(\sigma_2(\boldsymbol{x}-\boldsymbol{y}),\sigma_2(\boldsymbol{x}-\boldsymbol{y}))=0\Leftrightarrow\sigma_2(\boldsymbol{x})=\sigma_2(\boldsymbol{y}),\end{aligned}$$

$$\begin{aligned}\tau_1(a\sigma_1(\boldsymbol{x})+b\sigma_1(\boldsymbol{y}))&=\tau_1(\sigma_1(a\boldsymbol{x}+b\boldsymbol{y}))=\sigma_2(a\boldsymbol{x}+b\boldsymbol{y})\\&=a\sigma_2(\boldsymbol{x})+b\sigma_2(\boldsymbol{y})=a\tau_1(\sigma_1(\boldsymbol{x}))+b\tau_1(\sigma_1(\boldsymbol{y})),\end{aligned}$$

$$(\tau_1(\sigma_1(\boldsymbol{x})),\tau_1(\sigma_1(\boldsymbol{y})))=(\sigma_2(\boldsymbol{x}),\sigma_2(\boldsymbol{y}))=(\sigma_1(\boldsymbol{x}),\sigma_1(\boldsymbol{y})),$$

所以 τ_1 是 W_1 到 W_2 的一个同构映射. 所以 $\dim W_1=\dim W_2$.

对 V 作正交分解 $V=W_1\oplus W_1^{\perp}=W_2\oplus W_2^{\perp}$,则 $\dim W_1^{\perp}=\dim W_2^{\perp}$. 于是存在 $W_1^{\perp}$ 到 $W_2^{\perp}$ 的一

个同构映射 τ_2. 现构造 V 的变换 $\boldsymbol{\tau}$ 如下:任取 $\boldsymbol{\alpha}\in V$,设 $\boldsymbol{\alpha}=\boldsymbol{\xi}+\boldsymbol{\eta}$,其中 $\boldsymbol{\xi}\in W_1,\boldsymbol{\eta}\in W_1^{\perp}$,令

$$\tau(\boldsymbol{\alpha})=\tau_1(\boldsymbol{\xi})+\tau_2(\boldsymbol{\eta}),$$

易证 τ 是 V 的线性变换,并且

$$\begin{aligned}(\tau(\boldsymbol{\alpha}),\tau(\boldsymbol{\alpha}))&=(\tau_1(\boldsymbol{\xi})+\tau_2(\boldsymbol{\eta}),\tau_1(\boldsymbol{\xi})+\tau_2(\boldsymbol{\eta}))=(\tau_1(\boldsymbol{\xi}),\tau_1(\boldsymbol{\xi}))+(\tau_2(\boldsymbol{\eta}),\tau_2(\boldsymbol{\eta}))\\&=(\boldsymbol{\xi},\boldsymbol{\xi})+(\boldsymbol{\eta},\boldsymbol{\eta})=(\boldsymbol{\xi}+\boldsymbol{\eta},\boldsymbol{\xi}+\boldsymbol{\eta})=(\boldsymbol{\alpha},\boldsymbol{\alpha}),\end{aligned}$$

即 τ 保持向量的内积不变,所以 τ 是正交变换.

对任意 $\boldsymbol{\alpha}\in V$,则 $\sigma_1(\boldsymbol{\alpha})\in W_1,\sigma_2(\boldsymbol{\alpha})\in W_2$. 记 $\boldsymbol{\xi}=\sigma_1(\boldsymbol{\alpha})$. 由于 $\boldsymbol{\xi}=\boldsymbol{\xi}+\boldsymbol{0}$,所以

$$\tau\sigma_1(\boldsymbol{\alpha})=\tau_1(\boldsymbol{\xi})+\tau_2(\boldsymbol{0})=\tau_1(\boldsymbol{\xi})=\sigma_2(\boldsymbol{\alpha}).$$

由 $\boldsymbol{\alpha}$ 的任意性知 $\tau\sigma_1=\sigma_2$.

【例 9.64】(中山大学,2017 年) 设 σ 为 n 维欧氏空间 V 的线性变换. 若有单位向量 $\boldsymbol{\eta}\in V$,使得对任意 $\boldsymbol{\alpha}\in V$,有 $\sigma(\boldsymbol{\alpha})=\boldsymbol{\alpha}-2(\boldsymbol{\eta},\boldsymbol{\alpha})\boldsymbol{\eta}$,则称 σ 为 V 上的镜面反射.

(1) 证明:若 σ 是 V 上的镜面反射,则 V 有正交分解:$V=\ker(\mathrm{id}_V+\sigma)\oplus\ker(\mathrm{id}_V-\sigma)$,其中 id_V 是 V 上的恒等变换;

(2) 设 $\boldsymbol{\alpha},\boldsymbol{\beta}$ 为 V 中两个线性无关的单位向量,求 V 的一个镜面反射 τ 使得 $\tau(\boldsymbol{\alpha})=\boldsymbol{\beta}$.

【解】 (1) 易知 σ 为 V 的正交变换,且 $\sigma(\boldsymbol{\eta})=-\boldsymbol{\eta}$.(见本章例 9.51.)

任取 $\boldsymbol{\alpha}\in\ker(\mathrm{id}_V+\sigma),\boldsymbol{\beta}\in\ker(\mathrm{id}_V-\sigma)$,则 $\sigma(\boldsymbol{\alpha})=-\boldsymbol{\alpha},\sigma(\boldsymbol{\beta})=\boldsymbol{\beta}$. 因为

$$(\boldsymbol{\alpha},\boldsymbol{\beta})=(\sigma(\boldsymbol{\alpha}),\sigma(\boldsymbol{\beta}))=(-\boldsymbol{\alpha},\boldsymbol{\beta})=-(\boldsymbol{\alpha},\boldsymbol{\beta}),$$

所以$(\boldsymbol{\alpha},\boldsymbol{\beta})=0$. 这表明 $\ker(\mathrm{id}_V+\sigma)$ 与 $\ker(\mathrm{id}_V-\sigma)$ 正交.

又对任意 $\boldsymbol{\alpha}\in V$,作分解 $\boldsymbol{\alpha}=k\boldsymbol{\eta}+(\boldsymbol{\alpha}-k\boldsymbol{\eta})$,其中 $k=(\boldsymbol{\eta},\boldsymbol{\alpha})$,因为

$$(\mathrm{id}_V+\sigma)(k\boldsymbol{\eta})=k(\mathrm{id}_V+\sigma)(\boldsymbol{\eta})=k(\boldsymbol{\eta}+\sigma(\boldsymbol{\eta}))=\boldsymbol{0},$$
$$(\mathrm{id}_V-\sigma)(\boldsymbol{\alpha}-k\boldsymbol{\eta})=\boldsymbol{\alpha}-\sigma(\boldsymbol{\alpha})-k\boldsymbol{\eta}+k\sigma(\boldsymbol{\eta})=\boldsymbol{0},$$

所以 $k\boldsymbol{\eta}\in\ker(\mathrm{id}_V+\sigma),\boldsymbol{\alpha}-k\boldsymbol{\eta}\in\ker(\mathrm{id}_V-\sigma)$. 于是有正交分解 $V=\ker(\mathrm{id}_V+\sigma)\oplus\ker(\mathrm{id}_V-\sigma)$.

(2) 参见本章例 9.53.

【注】 注意到镜面反射 σ 满足 $\sigma^2=\mathrm{id}_V$,所以直和分解 $V=\ker(\mathrm{id}_V+\sigma)\oplus\ker(\mathrm{id}_V-\sigma)$ 也可由第 6 章例 6.38(1)或练习 6.72 即得.

【例 9.65】 设 $\boldsymbol{A}=(a_{ij})\in M_n(\mathbb{R})$ 为 n 阶实方阵,定义 $M_n(\mathbb{R})$ 上的函数为:

$$f(\boldsymbol{A})=\sum_{i=1}^{n}\sum_{j=1}^{n}a_{ij}^2.$$

已知 n 阶非奇异实矩阵 $\boldsymbol{P}\in M_n(\mathbb{R})$ 满足:对任意 $\boldsymbol{A}\in M_n(\mathbb{R})$ 都有 $f(\boldsymbol{PAP}^{-1})=f(\boldsymbol{A})$. 证明:存在正实数 c,使得 $\boldsymbol{P}^{\mathrm{T}}\boldsymbol{P}=c\boldsymbol{E}_n$,其中 $\boldsymbol{E}_n$ 为 n 阶单位矩阵.

【证】 (方法 1) 考虑欧氏空间 $M_n(\mathbb{R})$,其内积为$(\boldsymbol{A},\boldsymbol{B})=\mathrm{tr}(\boldsymbol{A}^{\mathrm{T}}\boldsymbol{B})$,则 $f(\boldsymbol{A})=\|\boldsymbol{A}\|^2$. 定义 $M_n(\mathbb{R})$ 上的线性映射:$\varphi(\boldsymbol{A})=\boldsymbol{PAP}^{-1}$,由题设条件知,$\|\varphi(\boldsymbol{A})\|=\|\boldsymbol{A}\|$,即 φ 保持范数不变,因而是正交变换,故 φ^{-1} 也是正交变换. 于是,对任意 $\boldsymbol{A},\boldsymbol{B}$ 都有

$$(\varphi(\boldsymbol{A}),\boldsymbol{B})=(\varphi^{-1}\varphi(\boldsymbol{A}),\varphi^{-1}(\boldsymbol{B}))=(\boldsymbol{A},\varphi^{-1}(\boldsymbol{B}))=(\boldsymbol{A},\boldsymbol{P}^{-1}\boldsymbol{BP}),$$

即 $\mathrm{tr}((\boldsymbol{PAP}^{-1})^{\mathrm{T}}\boldsymbol{B})=\mathrm{tr}(\boldsymbol{A}^{\mathrm{T}}\boldsymbol{P}^{-1}\boldsymbol{BP})$,所以

$$\mathrm{tr}([\boldsymbol{PAP}^{-1}-(\boldsymbol{P}^{-1})^{\mathrm{T}}\boldsymbol{AP}^{\mathrm{T}}]^{\mathrm{T}}\boldsymbol{B})=0.$$

取 $\boldsymbol{B}=\boldsymbol{PAP}^{-1}-(\boldsymbol{P}^{-1})^{\mathrm{T}}\boldsymbol{AP}^{\mathrm{T}}$,则上式即 $\mathrm{tr}(\boldsymbol{B}^{\mathrm{T}}\boldsymbol{B})=0$. 所以 $\boldsymbol{B}=\boldsymbol{O}$,即 $\boldsymbol{PAP}^{-1}=(\boldsymbol{P}^{-1})^{\mathrm{T}}\boldsymbol{AP}^{\mathrm{T}}$. 由此可

得$(\boldsymbol{P}^{\mathrm{T}}\boldsymbol{P})\boldsymbol{A}=\boldsymbol{A}(\boldsymbol{P}^{\mathrm{T}}\boldsymbol{P})$. 最后,由 $\boldsymbol{A}$ 的任意性,可知 $\boldsymbol{P}^{\mathrm{T}}\boldsymbol{P}=c\boldsymbol{E}_n$,其中 $c>0$.

(方法 2) 因为 $\boldsymbol{P}^{\mathrm{T}}\boldsymbol{P}$ 是正定矩阵,故存在正交矩阵 $\boldsymbol{Q}$,使得 $\boldsymbol{Q}^{\mathrm{T}}(\boldsymbol{P}^{\mathrm{T}}\boldsymbol{P})\boldsymbol{Q}=\boldsymbol{D}$,其中

$$\boldsymbol{D}=\begin{pmatrix}\lambda_1 & & & \\ & \lambda_2 & & \\ & & \ddots & \\ & & & \lambda_n\end{pmatrix},$$

而 $\lambda_i>0,i=1,2,\cdots,n$. 注意到 $f(\boldsymbol{A})=\operatorname{tr}(\boldsymbol{A}^{\mathrm{T}}\boldsymbol{A})$,所以

$$f(\boldsymbol{PAP}^{-1})=\operatorname{tr}((\boldsymbol{PAP}^{-1})^{\mathrm{T}}(\boldsymbol{PAP}^{-1}))=\operatorname{tr}(\boldsymbol{A}^{\mathrm{T}}\boldsymbol{P}^{\mathrm{T}}\boldsymbol{PA}(\boldsymbol{P}^{\mathrm{T}}\boldsymbol{P})^{-1})=\operatorname{tr}(\boldsymbol{B}^{\mathrm{T}}\boldsymbol{DBD}^{-1}),$$

其中 $\boldsymbol{B}=\boldsymbol{Q}^{\mathrm{T}}\boldsymbol{AQ}$. 又 $f(\boldsymbol{A})=\operatorname{tr}(\boldsymbol{Q}^{\mathrm{T}}\boldsymbol{A}^{\mathrm{T}}\boldsymbol{QQ}^{\mathrm{T}}\boldsymbol{AQ})=\operatorname{tr}(\boldsymbol{B}^{\mathrm{T}}\boldsymbol{B})$,因此,对任意 $\boldsymbol{B}\in M_n(\mathbb{R})$ 都有

$$\operatorname{tr}(\boldsymbol{B}^{\mathrm{T}}\boldsymbol{DBD}^{-1})=\operatorname{tr}(\boldsymbol{B}^{\mathrm{T}}\boldsymbol{B}). \tag{①}$$

取 $\boldsymbol{B}^{\mathrm{T}}=\boldsymbol{E}_{1i}$,即$(1,i)$元为 1 其他元均为 0 的 n 阶方阵,则 $\operatorname{tr}(\boldsymbol{B}^{\mathrm{T}}\boldsymbol{B})=\operatorname{tr}(\boldsymbol{E}_{11})=1$,而

$$\boldsymbol{B}^{\mathrm{T}}\boldsymbol{DBD}^{-1}=\boldsymbol{E}_{1i}\begin{pmatrix}\lambda_1 & & & \\ & \lambda_2 & & \\ & & \ddots & \\ & & & \lambda_n\end{pmatrix}\boldsymbol{E}_{i1}\begin{pmatrix}\frac{1}{\lambda_1} & & & \\ & \frac{1}{\lambda_2} & & \\ & & \ddots & \\ & & & \frac{1}{\lambda_n}\end{pmatrix}=\begin{pmatrix}\frac{\lambda_i}{\lambda_1} & & & \\ & 0 & & \\ & & \ddots & \\ & & & 0\end{pmatrix}.$$

代入①式得$\dfrac{\lambda_i}{\lambda_1}=1$,即 $\lambda_i=\lambda_1,i=2,\cdots,n$. 因此,$\boldsymbol{P}^{\mathrm{T}}\boldsymbol{P}=\boldsymbol{QDQ}^{\mathrm{T}}=\lambda_1\boldsymbol{E}_n$.

【例 9.66】(北京大学,2008 年) 设 $\mathscr{A}$ 是 n 维欧氏空间 V 上的正交变换. 证明:$\mathscr{A}$ 是第一类的当且仅当存在 V 上的正交变换 $\mathscr{B}$ 满足 $\mathscr{A}=\mathscr{B}^2$.

【证】 根据正交变换与正交矩阵的同构对应,可等价地证明:n 阶正交矩阵 $\boldsymbol{A}$ 是第一类的当且仅当存在正交矩阵 $\boldsymbol{B}$ 使得 $\boldsymbol{A}=\boldsymbol{B}^2$.

充分性显然,只需证必要性. 利用正交矩阵的标准形:n 阶实方阵 $\boldsymbol{A}$ 为正交矩阵当且仅当存在正交矩阵 $\boldsymbol{Q}$,使

$$\boldsymbol{Q}^{\mathrm{T}}\boldsymbol{AQ}=\operatorname{diag}(\boldsymbol{E}_r,-\boldsymbol{E}_s,\boldsymbol{A}_1,\boldsymbol{A}_2,\cdots,\boldsymbol{A}_t), \tag{①}$$

其中 $\boldsymbol{E}_r,\boldsymbol{E}_s$ 分别为 r 阶和 s 阶单位矩阵,而

$$\boldsymbol{A}_j=\begin{pmatrix}\cos\theta_j & -\sin\theta_j\\ \sin\theta_j & \cos\theta_j\end{pmatrix},\quad j=1,2,\cdots,t.$$

现题设 $\boldsymbol{A}$ 是第一类的,即 $|\boldsymbol{A}|=1$,所以 $s=2p$ 为偶数. 注意到$\begin{pmatrix}-1 & 0\\ 0 & -1\end{pmatrix}=\begin{pmatrix}0 & 1\\ -1 & 0\end{pmatrix}^2$,且

$$\begin{pmatrix}\cos\theta_j & -\sin\theta_j\\ \sin\theta_j & \cos\theta_j\end{pmatrix}=\begin{pmatrix}\cos\frac{\theta_j}{2} & -\sin\frac{\theta_j}{2}\\ \sin\frac{\theta_j}{2} & \cos\frac{\theta_j}{2}\end{pmatrix}^2,$$

令 $\boldsymbol{D}=\operatorname{diag}(\boldsymbol{E}_r,\boldsymbol{C}_1,\cdots,\boldsymbol{C}_p,\boldsymbol{D}_1,\cdots,\boldsymbol{D}_t)$,其中 $\boldsymbol{C}_k=\begin{pmatrix}0 & 1\\ -1 & 0\end{pmatrix},k=1,2,\cdots,p$;而

$$D_j=\begin{pmatrix}\cos\frac{\theta_j}{2} & -\sin\frac{\theta_j}{2}\\ \sin\frac{\theta_j}{2} & \cos\frac{\theta_j}{2}\end{pmatrix},\quad j=1,2,\cdots,t,$$

则 $\boldsymbol{D}$ 是正交矩阵，且 $\boldsymbol{Q}^{\mathrm{T}}\boldsymbol{A}\boldsymbol{Q}=\boldsymbol{D}^2$. 因此 $\boldsymbol{A}=\boldsymbol{B}^2$，其中 $\boldsymbol{B}=\boldsymbol{Q}\boldsymbol{D}\boldsymbol{Q}^{\mathrm{T}}$ 是正交矩阵.

§9.3 反对称矩阵

基本理论与要点提示

9.3.1 欧氏空间的反对称变换

(1) 欧氏空间 V 的线性变换 $\mathscr{A}$ 称为反对称变换，如果 $(\mathscr{A}(\boldsymbol{\alpha}),\boldsymbol{\beta})=-(\boldsymbol{\alpha},\mathscr{A}(\boldsymbol{\beta}))$，$\forall\boldsymbol{\alpha},\boldsymbol{\beta}\in V$；

(2) 欧氏空间 V 的反对称变换 $\mathscr{A}$ 的特征值为零或纯虚数；

(3) 欧氏空间 V 的反对称变换 $\mathscr{A}$ 在 V 的一个标准正交基下的矩阵为

$$\boldsymbol{A}=\operatorname{diag}(\boldsymbol{S}_1,\boldsymbol{S}_2,\cdots,\boldsymbol{S}_t,0,\cdots,0),$$

其中 $\boldsymbol{S}_i=\begin{pmatrix}0 & b_i\\ -b_i & 0\end{pmatrix}$，$i=1,2,\cdots,t$；

(4) 欧氏空间 V 的线性变换 $\mathscr{A}$ 为反对称变换当且仅当 $\mathscr{A}$ 的共轭变换 $\mathscr{A}^*=-\mathscr{A}$；

(5) 欧氏空间 V 的线性变换 $\mathscr{A}$ 为反对称变换当且仅当 $\mathscr{A}$ 在 V 的标准正交基下的矩阵 $\boldsymbol{A}$ 为反对称矩阵，即 $\boldsymbol{A}^{\mathrm{T}}=-\boldsymbol{A}$.

9.3.2 反对称矩阵的合同标准形

(1) 实反对称矩阵的特征值为零或纯虚数；

(2) 设 $\boldsymbol{A}$ 是数域 K 上的 n 阶非零反对称矩阵，则存在可逆矩阵 $\boldsymbol{Q}\in M_n(K)$，使得

$$\boldsymbol{Q}^{\mathrm{T}}\boldsymbol{A}\boldsymbol{Q}=\operatorname{diag}(\boldsymbol{S}_1,\boldsymbol{S}_2,\cdots,\boldsymbol{S}_t,\boldsymbol{O}),$$

其中 $\boldsymbol{S}_i=\begin{pmatrix}0 & 1\\ -1 & 0\end{pmatrix}$，$i=1,2,\cdots,t$，而 $\boldsymbol{O}$ 是 $n-2t$ 阶零方阵；

(3) 奇数阶反对称矩阵的行列式为零；非奇异反对称矩阵的行列式为一个平方数；

(4) 任一反对称矩阵的秩必为偶数；

(5) 可逆反对称矩阵的逆矩阵仍为反对称矩阵；

(6) 设 $\boldsymbol{A},\boldsymbol{B}\in M_n(K)$ 都是反对称矩阵，则 $\boldsymbol{A}$ 与 $\boldsymbol{B}$ 合同当且仅当 $\operatorname{rank}\boldsymbol{A}=\operatorname{rank}\boldsymbol{B}$.

典型问题解析

【例 9.67】(北京邮电大学,2004 年;青岛大学,2013 年) 证明：n 阶方阵 $\boldsymbol{A}$ 是反对称矩阵的充分必要条件是：对任意 n 维列向量 $\boldsymbol{x}$ 都有 $\boldsymbol{x}^{\mathrm{T}}\boldsymbol{A}\boldsymbol{x}=0$.

【证】 必要性. 设 $\boldsymbol{A}$ 是反对称矩阵，即 $\boldsymbol{A}^{\mathrm{T}}=-\boldsymbol{A}$，对任意 n 维列向量 $\boldsymbol{x}$，因为 $\boldsymbol{x}^{\mathrm{T}}\boldsymbol{A}\boldsymbol{x}=(\boldsymbol{x}^{\mathrm{T}}\boldsymbol{A}\boldsymbol{x})^{\mathrm{T}}=-\boldsymbol{x}^{\mathrm{T}}\boldsymbol{A}\boldsymbol{x}$，所以 $\boldsymbol{x}^{\mathrm{T}}\boldsymbol{A}\boldsymbol{x}=0$.

充分性. 设 $\boldsymbol{A}=(a_{ij})$，取 $\boldsymbol{x}=\boldsymbol{e}_i$，即第 i 个分量为 1 其余分量为 0 的 n 维列向量，则由 $\boldsymbol{x}^{\mathrm{T}}\boldsymbol{A}\boldsymbol{x}=0$ 可得 $a_{ii}=0(i=1,2,\cdots,n)$.

若取 $\boldsymbol{x}=\boldsymbol{e}_i+\boldsymbol{e}_j(i\neq j)$ 代入 $\boldsymbol{x}^{\mathrm{T}}\boldsymbol{A}\boldsymbol{x}=0$，得 $\boldsymbol{e}_i^{\mathrm{T}}\boldsymbol{A}\boldsymbol{e}_i+\boldsymbol{e}_i^{\mathrm{T}}\boldsymbol{A}\boldsymbol{e}_j+\boldsymbol{e}_j^{\mathrm{T}}\boldsymbol{A}\boldsymbol{e}_i+\boldsymbol{e}_j^{\mathrm{T}}\boldsymbol{A}\boldsymbol{e}_j=0$，有 $a_{ii}+a_{ij}+a_{ji}+a_{jj}=0$，所以 $a_{ij}=-a_{ji}$. 这就表明 $\boldsymbol{A}^{\mathrm{T}}=-\boldsymbol{A}$.

【注】 对于非零向量 $\boldsymbol{x}\in F^n$，若 $\boldsymbol{x}^{\mathrm{T}}\boldsymbol{A}\boldsymbol{x}=\boldsymbol{0}$，则称 $\boldsymbol{x}$ 关于矩阵 $\boldsymbol{A}$ 是迷向的. 因此，$\boldsymbol{A}\in F^{n\times n}$ 是反对称矩阵当且仅当 F^n 中的任一非零向量关于 $\boldsymbol{A}$ 都是迷向的.

【例 9.68】(中山大学，2008 年；华中科技大学，2004 年) 设 $\boldsymbol{A}$ 为实对称矩阵，$\boldsymbol{B}$ 为实反对称矩阵，$\boldsymbol{A}-\boldsymbol{B}$ 可逆，且 $\boldsymbol{AB}=\boldsymbol{BA}$. 证明：$(\boldsymbol{A}+\boldsymbol{B})(\boldsymbol{A}-\boldsymbol{B})^{-1}$ 是正交矩阵.

【证】 记 $\boldsymbol{M}=(\boldsymbol{A}+\boldsymbol{B})(\boldsymbol{A}-\boldsymbol{B})^{-1}$. 据题设，$\boldsymbol{A}^{\mathrm{T}}=\boldsymbol{A}$，$\boldsymbol{B}^{\mathrm{T}}=-\boldsymbol{B}$，所以

$$((\boldsymbol{A}-\boldsymbol{B})^{-1})^{\mathrm{T}}=((\boldsymbol{A}-\boldsymbol{B})^{\mathrm{T}})^{-1}=(\boldsymbol{A}^{\mathrm{T}}-\boldsymbol{B}^{\mathrm{T}})^{-1}=(\boldsymbol{A}+\boldsymbol{B})^{-1}.$$

又由 $\boldsymbol{AB}=\boldsymbol{BA}$，得 $(\boldsymbol{A}+\boldsymbol{B})(\boldsymbol{A}-\boldsymbol{B})=\boldsymbol{A}^2-\boldsymbol{B}^2=(\boldsymbol{A}-\boldsymbol{B})(\boldsymbol{A}+\boldsymbol{B})$，从而有

$$\begin{aligned}\boldsymbol{M}^{\mathrm{T}}\boldsymbol{M}&=((\boldsymbol{A}-\boldsymbol{B})^{-1})^{\mathrm{T}}(\boldsymbol{A}+\boldsymbol{B})^{\mathrm{T}}(\boldsymbol{A}+\boldsymbol{B})(\boldsymbol{A}-\boldsymbol{B})^{-1}\\&=(\boldsymbol{A}+\boldsymbol{B})^{-1}(\boldsymbol{A}-\boldsymbol{B})(\boldsymbol{A}+\boldsymbol{B})(\boldsymbol{A}-\boldsymbol{B})^{-1}\\&=(\boldsymbol{A}+\boldsymbol{B})^{-1}(\boldsymbol{A}+\boldsymbol{B})(\boldsymbol{A}-\boldsymbol{B})(\boldsymbol{A}-\boldsymbol{B})^{-1}\\&=\boldsymbol{E}.\end{aligned}$$

因此，$\boldsymbol{M}=(\boldsymbol{A}+\boldsymbol{B})(\boldsymbol{A}-\boldsymbol{B})^{-1}$ 为正交矩阵.

【例 9.69】(北京师范大学，1996 年) 设 $\boldsymbol{A}$ 是实反对称矩阵. 证明：

(1) $\boldsymbol{A}$ 的非零特征值为纯虚数；

(2) 若 $\boldsymbol{A}$ 可逆，则 $\boldsymbol{A}^2+\boldsymbol{A}^{-1}$ 可逆，且 $\boldsymbol{B}=(\boldsymbol{A}^2-\boldsymbol{A}^{-1})(\boldsymbol{A}^2+\boldsymbol{A}^{-1})^{-1}$ 是正交矩阵.

【证】 (1) 设 $\lambda\neq0$ 是 $\boldsymbol{A}$ 的非零特征值，$\boldsymbol{\xi}$ 是相应的特征向量，则 $\boldsymbol{A\xi}=\lambda\boldsymbol{\xi}$，且 $\boldsymbol{\xi}\neq\boldsymbol{0}$. 两边取共轭转置后再右乘 $\boldsymbol{\xi}$，得 $\overline{\boldsymbol{\xi}}^{\mathrm{T}}\boldsymbol{A}^{\mathrm{T}}\boldsymbol{\xi}=\overline{\lambda}\,|\boldsymbol{\xi}|^2$，即 $-\lambda\,|\boldsymbol{\xi}|^2=\overline{\lambda}\,|\boldsymbol{\xi}|^2$，$-\lambda=\overline{\lambda}$. 因此 λ 为纯虚数.

(2) 不妨设 $\boldsymbol{A}$ 是 n 阶方阵. 注意到 $\boldsymbol{A}^2+\boldsymbol{A}^{-1}=\boldsymbol{A}^{-1}(\boldsymbol{A}^3+\boldsymbol{E})$，而 $\boldsymbol{A}^3$ 也是实反对称矩阵，其非零特征值为纯虚数，故

$$|\boldsymbol{A}^3+\boldsymbol{E}|=(-1)^n|-\boldsymbol{E}-\boldsymbol{A}^3|\neq0,$$

所以 $\boldsymbol{A}^2+\boldsymbol{A}^{-1}$ 是可逆矩阵. 又因为

$$\begin{aligned}\boldsymbol{B}\boldsymbol{B}^{\mathrm{T}}&=(\boldsymbol{A}^2-\boldsymbol{A}^{-1})(\boldsymbol{A}^2+\boldsymbol{A}^{-1})^{-1}(\boldsymbol{A}^2-\boldsymbol{A}^{-1})^{-1}(\boldsymbol{A}^2+\boldsymbol{A}^{-1})\\&=(\boldsymbol{A}^2-\boldsymbol{A}^{-1})[(\boldsymbol{A}^2-\boldsymbol{A}^{-1})(\boldsymbol{A}^2+\boldsymbol{A}^{-1})]^{-1}(\boldsymbol{A}^2+\boldsymbol{A}^{-1})\\&=(\boldsymbol{A}^2-\boldsymbol{A}^{-1})[(\boldsymbol{A}^2+\boldsymbol{A}^{-1})(\boldsymbol{A}^2-\boldsymbol{A}^{-1})]^{-1}(\boldsymbol{A}^2+\boldsymbol{A}^{-1})\\&=(\boldsymbol{A}^2-\boldsymbol{A}^{-1})(\boldsymbol{A}^2-\boldsymbol{A}^{-1})^{-1}(\boldsymbol{A}^2+\boldsymbol{A}^{-1})^{-1}(\boldsymbol{A}^2+\boldsymbol{A}^{-1})\\&=\boldsymbol{E}.\end{aligned}$$

因此，$\boldsymbol{B}$ 为正交矩阵.

【例 9.70】 (1) 设 $\boldsymbol{A}$ 为实反对称矩阵，$\boldsymbol{B}$ 为正定矩阵，则 $\boldsymbol{AB}$ 的特征值之实部均为零；

(2) 若 $\lambda_0\neq0$ 是 n 阶实反对称矩阵 $\boldsymbol{A}$ 的特征值，则存在两个正交的单位向量 $\boldsymbol{\alpha},\boldsymbol{\beta}\in\mathbb{R}^n$，使得 $\boldsymbol{\alpha}+\mathrm{i}\boldsymbol{\beta}$ 是 $\boldsymbol{A}$ 的属于特征值 λ_0 的特征向量.

【证】 (1) 因为 $\boldsymbol{B}$ 为正定矩阵，所以存在可逆实矩阵 $\boldsymbol{P}$，使得 $\boldsymbol{B}=\boldsymbol{P}^{\mathrm{T}}\boldsymbol{P}$，故 $\boldsymbol{AB}=(\boldsymbol{AP}^{\mathrm{T}})\boldsymbol{P}$ 与 $\boldsymbol{P}(\boldsymbol{AP}^{\mathrm{T}})$ 具有相同的特征值. 注意到 $\boldsymbol{PAP}^{\mathrm{T}}$ 仍为实反对称矩阵，其特征值的实部均为 0，因此 $\boldsymbol{AB}$ 的特征值实部均为零.

（2）设 $\lambda_0=a\mathrm{i}(a\in\mathbb{R}$，且 $a\neq0)$，$\boldsymbol{A}$ 的属于 λ_0 的特征向量为 $\boldsymbol{\xi}+\mathrm{i}\boldsymbol{\eta}$，其中 $\boldsymbol{\xi},\boldsymbol{\eta}\in\mathbb{R}^n$，则

$$\boldsymbol{A}(\boldsymbol{\xi}+\mathrm{i}\boldsymbol{\eta})=a\mathrm{i}(\boldsymbol{\xi}+\mathrm{i}\boldsymbol{\eta}),$$

由此得 $\boldsymbol{A\xi}=-a\boldsymbol{\eta},\boldsymbol{A\eta}=a\boldsymbol{\xi}$. 所以

$$\boldsymbol{\eta}^{\mathrm{T}}\boldsymbol{A\xi}=-a\boldsymbol{\eta}^{\mathrm{T}}\boldsymbol{\eta},\quad \boldsymbol{\xi}^{\mathrm{T}}\boldsymbol{A\eta}=a\boldsymbol{\xi}^{\mathrm{T}}\boldsymbol{\xi}.$$

注意到 $\boldsymbol{\eta}^{\mathrm{T}}\boldsymbol{A\xi}=(\boldsymbol{\eta}^{\mathrm{T}}\boldsymbol{A\xi})^{\mathrm{T}}=-\boldsymbol{\xi}^{\mathrm{T}}\boldsymbol{A\eta}$，所以 $-a\boldsymbol{\eta}^{\mathrm{T}}\boldsymbol{\eta}=-a\boldsymbol{\xi}^{\mathrm{T}}\boldsymbol{\xi}$. 因此 $\boldsymbol{\eta}^{\mathrm{T}}\boldsymbol{\eta}=\boldsymbol{\xi}^{\mathrm{T}}\boldsymbol{\xi}$，即 $|\boldsymbol{\xi}|=|\boldsymbol{\eta}|$.

另一方面，$\boldsymbol{\xi}^{\mathrm{T}}\boldsymbol{A\xi}=-a\boldsymbol{\xi}^{\mathrm{T}}\boldsymbol{\eta}$，而

$$\boldsymbol{\xi}^{\mathrm{T}}\boldsymbol{A\xi}=(\boldsymbol{\xi}^{\mathrm{T}}\boldsymbol{A\xi})^{\mathrm{T}}=-\boldsymbol{\xi}^{\mathrm{T}}\boldsymbol{A\xi},$$

所以 $\boldsymbol{\xi}^{\mathrm{T}}\boldsymbol{A\xi}=0$，故 $\boldsymbol{\xi}^{\mathrm{T}}\boldsymbol{\eta}=0$，即 $\boldsymbol{\xi}$ 与 $\boldsymbol{\eta}$ 正交.

现在，令 $\boldsymbol{\alpha}=\dfrac{\boldsymbol{\xi}}{|\boldsymbol{\eta}|},\boldsymbol{\beta}=\dfrac{\boldsymbol{\eta}}{|\boldsymbol{\eta}|}$，则 $\boldsymbol{\alpha},\boldsymbol{\beta}\in\mathbb{R}^n$ 是相互正交的单位列向量，且有

$$\boldsymbol{A}(\boldsymbol{\alpha}+\mathrm{i}\boldsymbol{\beta})=\lambda_0(\boldsymbol{\alpha}+\mathrm{i}\boldsymbol{\beta}),$$

即 $\boldsymbol{\alpha}+\mathrm{i}\boldsymbol{\beta}$ 是 $\boldsymbol{A}$ 的属于特征值 λ_0 的特征向量.

【例 9.71】（武汉大学，2019 年；华东理工大学，2000 年） 证明：任一非零反对称矩阵必合同于如下形式的矩阵

$$\begin{pmatrix} 0 & 1 & & & & & & \\ -1 & 0 & & & & & & \\ & & \ddots & & & & & \\ & & & 0 & 1 & & & \\ & & & -1 & 0 & & & \\ & & & & & 0 & & \\ & & & & & & \ddots & \\ & & & & & & & 0 \end{pmatrix}.$$

【证】 设 $\boldsymbol{A}$ 为 n 阶非零反对称矩阵，则 $n\geqslant2$. 对矩阵的阶数 n 用归纳法.

当 $n=2$ 时，$\boldsymbol{A}=\begin{pmatrix}0 & a\\ -a & 0\end{pmatrix}$，其中 $a\neq0$，易知

$$\begin{pmatrix}\dfrac{1}{a} & 0\\ 0 & 1\end{pmatrix}\begin{pmatrix}0 & a\\ -a & 0\end{pmatrix}\begin{pmatrix}\dfrac{1}{a} & 0\\ 0 & 1\end{pmatrix}=\begin{pmatrix}0 & 1\\ -1 & 0\end{pmatrix},$$

结论成立. 假设对于一切阶数小于 n 的反对称矩阵结论成立，下证阶数等于 $n(\geqslant3)$ 的反对称矩阵 $\boldsymbol{A}=(a_{ij})$ 结论成立，先考虑 $a_{12}\neq0$ 的情形.

把 $\boldsymbol{A}$ 分块为 $\boldsymbol{A}=\begin{pmatrix}\boldsymbol{A}_1 & \boldsymbol{A}_{12}\\ -\boldsymbol{A}_{12}^{\mathrm{T}} & \boldsymbol{A}_{22}\end{pmatrix}$，其中 $\boldsymbol{A}_1=\begin{pmatrix}0 & a_{12}\\ -a_{12} & 0\end{pmatrix}$ 是可逆矩阵. 易知

$$\begin{pmatrix}\boldsymbol{E}_2 & \boldsymbol{O}\\ \boldsymbol{A}_{12}^{\mathrm{T}}\boldsymbol{A}_1^{-1} & \boldsymbol{E}_{n-2}\end{pmatrix}\begin{pmatrix}\boldsymbol{A}_1 & \boldsymbol{A}_{12}\\ -\boldsymbol{A}_{12}^{\mathrm{T}} & \boldsymbol{A}_{22}\end{pmatrix}\begin{pmatrix}\boldsymbol{E}_2 & -\boldsymbol{A}_1^{-1}\boldsymbol{A}_{12}\\ \boldsymbol{O} & \boldsymbol{E}_{n-2}\end{pmatrix}=\begin{pmatrix}\boldsymbol{A}_1 & \boldsymbol{O}\\ \boldsymbol{O} & \boldsymbol{A}_2\end{pmatrix},$$

这里，$\boldsymbol{A}_2=\boldsymbol{A}_{22}+\boldsymbol{A}_{12}^{\mathrm{T}}\boldsymbol{A}_1^{-1}\boldsymbol{A}_{12}$ 为 $n-2$ 阶反对称矩阵. 根据归纳假设，存在可逆矩阵 $\boldsymbol{C}_2$，使得

$$\boldsymbol{C}_2^{\mathrm{T}}\boldsymbol{A}_2\boldsymbol{C}_2=\mathrm{diag}\left(\begin{pmatrix}0 & 1\\ -1 & 0\end{pmatrix},\cdots,\begin{pmatrix}0 & 1\\ -1 & 0\end{pmatrix},0,\cdots,0\right).$$

令 $C_1=\begin{pmatrix}\frac{1}{a_{12}} & 0\\ 0 & 1\end{pmatrix}$，再取 $C=\begin{pmatrix}E_2 & -A_1^{-1}A_{12}\\ O & E_{n-2}\end{pmatrix}\begin{pmatrix}C_1 & O\\ O & C_2\end{pmatrix}$，则 C 为可逆矩阵，且

$$C^{\mathrm{T}}AC=\begin{pmatrix}C_1^{\mathrm{T}} & O\\ O & C_2^{\mathrm{T}}\end{pmatrix}\begin{pmatrix}A_1 & O\\ O & A_2\end{pmatrix}\begin{pmatrix}C_1 & O\\ O & C_2\end{pmatrix}=\begin{pmatrix}C_1^{\mathrm{T}}A_1C_1 & O\\ O & C_2^{\mathrm{T}}A_2C_2\end{pmatrix}$$

$$=\mathrm{diag}\left(\begin{pmatrix}0 & 1\\ -1 & 0\end{pmatrix},\begin{pmatrix}0 & 1\\ -1 & 0\end{pmatrix},\cdots,\begin{pmatrix}0 & 1\\ -1 & 0\end{pmatrix},0,\cdots,0\right).$$

若 $a_{12}=0$，则必存在 $a_{ij}\neq 0(2\leqslant i<j\leqslant n)$. 记 P_{ij} 表示对换初等方阵，则有

$$P_{2j}^{\mathrm{T}}P_{1i}AP_{1i}^{\mathrm{T}}P_{2j}=\begin{pmatrix}0 & a_{ij} & \cdots & *\\ -a_{ij} & 0 & \cdots & *\\ \vdots & \vdots & & \vdots\\ * & * & \cdots & 0\end{pmatrix}.$$

再用上述方法可证结论成立.

【注】 同理可证：设 A 是 $2n$ 阶反对称矩阵，且 $\det A\neq 0$，则存在 $2n$ 阶可逆矩阵 C，使得

$$C^{\mathrm{T}}AC=\begin{pmatrix}O & E_n\\ -E_n & O\end{pmatrix}.$$

【例 9.72】(北京师范大学，1980 年) 设 A 是 n 阶实反对称矩阵(即 $A^{\mathrm{T}}=-A$)，证明：存在 n 阶正交矩阵 U，使得

$$U^{\mathrm{T}}AU=\begin{pmatrix}0 & a_1 & & & & & & \\ -a_1 & 0 & & & & & & \\ & & \ddots & & & & & \\ & & & 0 & a_p & & & \\ & & & -a_p & 0 & & & \\ & & & & & 0 & & \\ & & & & & & \ddots & \\ & & & & & & & 0\end{pmatrix},$$

其中 $a_i>0, i=1,2,\cdots,p$.

【证】 对矩阵的阶数 n 用数学归纳法.

当 $n=1$ 时，$A=O$；当 $n=2$ 时，$A=\begin{pmatrix}0 & b\\ -b & 0\end{pmatrix}$. 显然结论成立.

假设对于阶数小于 n 的实反对称矩阵结论成立，下证阶数等于 n 的实反对称矩阵 A 结论成立，不妨设 $A\neq O$. 由 A 的特征值为 0 或纯虚数，知 A 必有特征值 $\lambda_1=\mathrm{i}a_1$，其中 $a_1>0$.

设 $X=\xi_1+\mathrm{i}\xi_2$ 是 A 的属于特征值 λ_1 的特征向量，$\xi_1,\xi_2\in\mathbb{R}^n$，即

$$A(\xi_1+\mathrm{i}\xi_2)=\mathrm{i}a_1(\xi_1+\mathrm{i}\xi_2).$$

则 $\xi_1\neq 0$，且 $A\xi_1=-a_1\xi_2, A\xi_2=a_1\xi_1$. 对于任意 $t\in\mathbb{R}$，$t\neq 0$，仍有 $A(tX)=\mathrm{i}a_1(tX)$，即 tX 仍是相应的特征向量，故可设 ξ_1 是单位向量，进而可证得 ξ_2 也是单位向量，且与 ξ_1 正交.

现将 ξ_1,ξ_2 扩充为 $\mathbb{R}^n$ 的一个规范正交基：$\xi_1,\xi_2,\cdots,\xi_n$，并记 $Q_1=(\xi_1,\xi_2,\cdots,\xi_n)$，则 Q_1

是正交矩阵,且

$$Q_1^{\mathrm{T}}AQ_1=\begin{pmatrix}0 & a_1 & \\ -a_1 & 0 & \\ & & A_1\end{pmatrix},$$

其中 A_1 是 $n-2$ 阶实反对称矩阵. 根据归纳假设,存在 $n-2$ 阶正交矩阵 Q_2,使得

$$Q_2^{\mathrm{T}}A_1Q_2=\begin{pmatrix}0 & a_2 & & & & & & \\ -a_2 & 0 & & & & & & \\ & & \ddots & & & & & \\ & & & 0 & a_p & & & \\ & & & -a_p & 0 & & & \\ & & & & & 0 & & \\ & & & & & & \ddots & \\ & & & & & & & 0\end{pmatrix},$$

其中 $a_2,\cdots,a_p>0$. 令

$$U=Q_1\begin{pmatrix}E_2 & \\ & Q_2\end{pmatrix},$$

其中 E_2 是 2 阶单位矩阵,则 U 是正交矩阵,且

$$U^{\mathrm{T}}AU=\begin{pmatrix}1 & & \\ & 1 & \\ & & Q_2\end{pmatrix}^{\mathrm{T}}\begin{pmatrix}0 & a_1 & \\ -a_1 & 0 & \\ & & A_1\end{pmatrix}\begin{pmatrix}1 & & \\ & 1 & \\ & & Q_2\end{pmatrix}=\begin{pmatrix}0 & a_1 & \\ -a_1 & 0 & \\ & & Q_2^{\mathrm{T}}A_1Q_2\end{pmatrix}$$

$$=\mathrm{diag}\left(\begin{pmatrix}0 & a_1\\ -a_1 & 0\end{pmatrix},\begin{pmatrix}0 & a_2\\ -a_2 & 0\end{pmatrix},\cdots,\begin{pmatrix}0 & a_p\\ -a_p & 0\end{pmatrix},0,\cdots,0\right).$$

【例 9.73】(上海交通大学,2003 年)　设 A 为 n 阶实反对称矩阵,$B=\mathrm{diag}(a_1,a_2,\cdots,a_n)$,其中 $a_i>0,i=1,2,\cdots,n$. 证明:$|A+B|>0$.

【证】　先证行列式 $|A+B|\neq0$. 若不然,则齐次线性方程组 $(A+B)x=\mathbf{0}$ 有非零解,记为 $x_0=(x_1,x_2,\cdots,x_n)^{\mathrm{T}}\in\mathbb{R}^n$,因此

$$x_0^{\mathrm{T}}(A+B)x_0=0.$$

因为 $x_0^{\mathrm{T}}Ax_0=(x_0^{\mathrm{T}}Ax_0)^{\mathrm{T}}=-x_0^{\mathrm{T}}Ax_0$,所以 $x_0^{\mathrm{T}}Ax_0=0$,从而 $x_0^{\mathrm{T}}Bx_0=0$. 但

$$x_0^{\mathrm{T}}Bx_0=a_1x_1^2+a_2x_2^2+\cdots+a_nx_n^2>0,$$

矛盾. 故 $|A+B|\neq0$.

再证 $|A+B|>0$,用反证法. 若 $|A+B|<0$,注意到 $A+B$ 是实矩阵,虚特征值必成共轭对出现,所以 $A+B$ 一定有负的实特征值,设为 λ_0,对应的特征向量为 $\xi\in\mathbb{R}^n$,即

$$(A+B)\xi=\lambda_0\xi.$$

由于 $\xi\neq\mathbf{0}$,$\xi^{\mathrm{T}}\xi=|\xi|^2>0$,从而

$$\xi^{\mathrm{T}}B\xi=\xi^{\mathrm{T}}A\xi+\xi^{\mathrm{T}}B\xi=\xi^{\mathrm{T}}(A+B)\xi=\lambda_0\xi^{\mathrm{T}}\xi<0.$$

但 $\xi^{\mathrm{T}}B\xi>0$,矛盾. 因此 $|A+B|>0$.

【例 9.74】(南开大学,2007 年;汕头大学,2005 年) 设 $\boldsymbol{A}$ 为 n 阶实对称正定矩阵,$\boldsymbol{B}$ 为 n 阶实反对称矩阵,证明:$\det(\boldsymbol{A}+\boldsymbol{B})>0$.

【证】 (方法 1) 因为 $\boldsymbol{A}$ 正定,所以 $\boldsymbol{A}$ 的特征值 $\lambda_1,\lambda_2,\cdots,\lambda_n$ 均为正实数,且存在正交矩阵 $\boldsymbol{P}$,使得 $\boldsymbol{P}^{\mathrm{T}}\boldsymbol{AP}=\mathrm{diag}(\lambda_1,\lambda_2,\cdots,\lambda_n)$. 注意到 $\boldsymbol{P}^{\mathrm{T}}\boldsymbol{BP}$ 仍是实反对称矩阵,利用例 9.73 的结论,有 $|\boldsymbol{P}^{\mathrm{T}}(\boldsymbol{A}+\boldsymbol{B})\boldsymbol{P}|=|\boldsymbol{P}^{\mathrm{T}}\boldsymbol{AP}+\boldsymbol{P}^{\mathrm{T}}\boldsymbol{BP}|>0$. 因为 $|\boldsymbol{P}|^2>0$,所以 $|\boldsymbol{A}+\boldsymbol{B}|>0$.

(方法 2) 因为 $\boldsymbol{A}$ 正定,所以存在可逆的实矩阵 $\boldsymbol{P}$,使得 $\boldsymbol{P}^{\mathrm{T}}\boldsymbol{AP}=\boldsymbol{E}$. 于是有

$$\boldsymbol{P}^{\mathrm{T}}(\boldsymbol{A}+\boldsymbol{B})\boldsymbol{P}=\boldsymbol{E}+\boldsymbol{P}^{\mathrm{T}}\boldsymbol{BP}.$$

故只需证 $\det(\boldsymbol{E}+\boldsymbol{P}^{\mathrm{T}}\boldsymbol{BP})>0$. 注意到 $\boldsymbol{P}^{\mathrm{T}}\boldsymbol{BP}$ 仍是实反对称矩阵,其特征值为零或纯虚数,而虚特征值成共轭对出现,设为 $\pm \mathrm{i}a_k, a_k>0, k=1,2,\cdots,r$. 因此

$$\det(\boldsymbol{E}+\boldsymbol{P}^{\mathrm{T}}\boldsymbol{BP})=\prod_{k=1}^{r}(1+a_k^2)>0.$$

从而有 $\det(\boldsymbol{A}+\boldsymbol{B})>0$.

(方法 3) 因为 $\boldsymbol{A}$ 为正定矩阵,所以存在实的可逆矩阵 $\boldsymbol{P}$,使得 $\boldsymbol{P}^{\mathrm{T}}\boldsymbol{AP}=\boldsymbol{E}$. 注意到 $\boldsymbol{P}^{\mathrm{T}}\boldsymbol{BP}$ 仍是实反对称矩阵,故存在正交矩阵 $\boldsymbol{Q}$,使得

$$\boldsymbol{Q}^{\mathrm{T}}(\boldsymbol{P}^{\mathrm{T}}\boldsymbol{BP})\boldsymbol{Q}=\mathrm{diag}\left(\begin{pmatrix}0 & a_1\\ -a_1 & 0\end{pmatrix},\cdots,\begin{pmatrix}0 & a_r\\ -a_r & 0\end{pmatrix},0,\cdots,0\right),$$

其中 $a_k>0, k=1,2,\cdots,r$. 于是

$$\det(\boldsymbol{A}+\boldsymbol{B})=\frac{1}{|\boldsymbol{P}|^2}|\boldsymbol{Q}^{\mathrm{T}}\boldsymbol{P}^{\mathrm{T}}(\boldsymbol{A}+\boldsymbol{B})\boldsymbol{PQ}|=\frac{1}{|\boldsymbol{P}|^2}\prod_{k=1}^{r}(1+a_k^2)>0.$$

(方法 4) 先证 $\det(\boldsymbol{A}+\boldsymbol{B})\neq 0$. 若不然,则齐次线性方程组 $(\boldsymbol{A}+\boldsymbol{B})\boldsymbol{x}=\boldsymbol{0}$ 有非零解,设为 $\boldsymbol{x}_0\in\mathbb{R}^n$,即 $(\boldsymbol{A}+\boldsymbol{B})\boldsymbol{x}_0=\boldsymbol{0}, \boldsymbol{x}_0\neq\boldsymbol{0}$. 于是有

$$\boldsymbol{x}_0^{\mathrm{T}}\boldsymbol{A}\boldsymbol{x}_0+\boldsymbol{x}_0^{\mathrm{T}}\boldsymbol{B}\boldsymbol{x}_0=\boldsymbol{x}_0^{\mathrm{T}}(\boldsymbol{A}+\boldsymbol{B})\boldsymbol{x}_0=0.$$

因为 $\boldsymbol{B}$ 为实反对称矩阵,所以 $\boldsymbol{x}_0^{\mathrm{T}}\boldsymbol{B}\boldsymbol{x}_0=(\boldsymbol{x}_0^{\mathrm{T}}\boldsymbol{B}\boldsymbol{x}_0)^{\mathrm{T}}=-\boldsymbol{x}_0^{\mathrm{T}}\boldsymbol{B}\boldsymbol{x}_0$,故 $\boldsymbol{x}_0^{\mathrm{T}}\boldsymbol{B}\boldsymbol{x}_0=0$,从而 $\boldsymbol{x}_0^{\mathrm{T}}\boldsymbol{A}\boldsymbol{x}_0=0$,此与 $\boldsymbol{A}$ 是正定矩阵矛盾. 这就证得 $\det(\boldsymbol{A}+\boldsymbol{B})\neq 0$.

再证 $\det(\boldsymbol{A}+\boldsymbol{B})>0$. 考虑 $[0,1]$ 上的连续函数 $f(t)=\det(\boldsymbol{A}+t\boldsymbol{B})$. 对于任意 $t_0\in\mathbb{R}$,因为 $t_0\boldsymbol{B}$ 仍是实反对称矩阵,所以 $f(t_0)\neq 0$. 如果 $f(1)=\det(\boldsymbol{A}+\boldsymbol{B})<0$,而由 $\boldsymbol{A}$ 的正定性可知 $f(0)=\det \boldsymbol{A}>0$,那么存在 $c\in(0,1)$,使得 $f(c)=0$,矛盾. 因此 $\det(\boldsymbol{A}+\boldsymbol{B})>0$.

【例 9.75】(苏州大学,2011 年) 设 $\boldsymbol{A}$ 是 n 阶可逆实对称矩阵,$\boldsymbol{S}$ 是实反对称矩阵,且 $\boldsymbol{AS}=\boldsymbol{SA}$. 证明:$\boldsymbol{A}+\boldsymbol{S}$ 是可逆矩阵.

【证】 (方法 1)因为 $|\boldsymbol{A}+\boldsymbol{S}|=|\boldsymbol{A}||\boldsymbol{E}+\boldsymbol{A}^{-1}\boldsymbol{S}|$,而由 $\boldsymbol{AS}=\boldsymbol{SA}$ 可得 $\boldsymbol{A}^{-1}\boldsymbol{S}=\boldsymbol{S}\boldsymbol{A}^{-1}$,且

$$(\boldsymbol{A}^{-1}\boldsymbol{S})^{\mathrm{T}}=\boldsymbol{S}^{\mathrm{T}}(\boldsymbol{A}^{-1})^{\mathrm{T}}=-\boldsymbol{S}\boldsymbol{A}^{-1}=-\boldsymbol{A}^{-1}\boldsymbol{S},$$

所以 $\boldsymbol{A}^{-1}\boldsymbol{S}$ 为实反对称矩阵,其特征值为零或纯虚数,故 $|\boldsymbol{E}+\boldsymbol{A}^{-1}\boldsymbol{S}|\neq 0$. 注意到 $|\boldsymbol{A}|\neq 0$,因此,有 $|\boldsymbol{A}+\boldsymbol{S}|\neq 0$,即 $\boldsymbol{A}+\boldsymbol{S}$ 为可逆矩阵.

(方法 2) 显然,$(\boldsymbol{A}+\boldsymbol{S})^{\mathrm{T}}(\boldsymbol{A}+\boldsymbol{S})$ 是实对称矩阵. 注意到 $\boldsymbol{A}^{\mathrm{T}}\boldsymbol{S}+\boldsymbol{S}^{\mathrm{T}}\boldsymbol{A}=\boldsymbol{AS}-\boldsymbol{SA}=\boldsymbol{O}$,所以

$$(\boldsymbol{A}+\boldsymbol{S})^{\mathrm{T}}(\boldsymbol{A}+\boldsymbol{S})=\boldsymbol{A}^{\mathrm{T}}\boldsymbol{A}+\boldsymbol{S}^{\mathrm{T}}\boldsymbol{S}.$$

易知,$\boldsymbol{A}^{\mathrm{T}}\boldsymbol{A}$ 为正定矩阵,$\boldsymbol{S}^{\mathrm{T}}\boldsymbol{S}$ 为半正定矩阵,因此 $(\boldsymbol{A}+\boldsymbol{S})^{\mathrm{T}}(\boldsymbol{A}+\boldsymbol{S})$ 为正定矩阵,$|\boldsymbol{A}+\boldsymbol{S}|\neq 0$.

(方法 3) 对于可逆实对称矩阵 $\boldsymbol{A}$,存在正交矩阵 $\boldsymbol{P}$,使

$$P^{\mathrm{T}}AP=\mathrm{diag}(\lambda_1E_1,\lambda_2E_2,\cdots,\lambda_sE_s),$$

其中 $\lambda_1,\lambda_2,\cdots,\lambda_s$ 是 A 的所有互异的特征值,而 E_i 为 n_i 阶单位矩阵, $\sum\limits_{i=1}^{s}n_i=n$.

根据第8章例8.96,由 $AS=SA$ 可知,$P^{\mathrm{T}}SP=\mathrm{diag}(B_1,B_2,\cdots,B_s)$,其中 B_i 为 n_i 阶实矩阵,$i=1,2,\cdots,s$. 因为 $\lambda_i\neq0$ 均为实数,而 B_i 为实反对称的,特征值为零或纯虚数,所以

$$|A+S|=|P^{\mathrm{T}}(A+S)P|=\sum_{i=1}^{s}|\lambda_iE_{n_i}+B_i|\neq0.$$

【例9.76】 设 A 为 n 阶实矩阵,b 为实数,证明:对任意 n 维实列向量 $\alpha\neq0$,均有

$$\frac{\alpha^{\mathrm{T}}A\alpha}{\alpha^{\mathrm{T}}\alpha}=b$$

的充分必要条件是:存在实反对称矩阵 B,使 $A=bE+B$.

【证】 充分性. 设 B 是实反对称矩阵,使 $A=bE+B$,则对任意实向量 $\alpha\neq0$,有

$$\alpha^{\mathrm{T}}A\alpha=b\alpha^{\mathrm{T}}\alpha+\alpha^{\mathrm{T}}B\alpha.$$

因为 $\alpha^{\mathrm{T}}B\alpha=0,\alpha^{\mathrm{T}}\alpha>0$,所以$\dfrac{\alpha^{\mathrm{T}}A\alpha}{\alpha^{\mathrm{T}}\alpha}=b$.

必要性. 注意到

$$A=\frac{1}{2}(A+A^{\mathrm{T}})+\frac{1}{2}(A-A^{\mathrm{T}})\overset{\text{记}}{=\!=}S+B,$$

其中 $S=\dfrac{1}{2}(A+A^{\mathrm{T}}),B=\dfrac{1}{2}(A-A^{\mathrm{T}})$分别为实对称矩阵和实反对称矩阵. 于是,对任意实列向量 $\alpha\neq0,|\alpha|=1$,有

$$b=\alpha^{\mathrm{T}}A\alpha=\alpha^{\mathrm{T}}S\alpha+\alpha^{\mathrm{T}}B\alpha=\alpha^{\mathrm{T}}S\alpha.$$

设 Q 是 n 阶正交矩阵,使得

$$Q^{\mathrm{T}}SQ=\begin{pmatrix}\lambda_1&&&\\&\lambda_2&&\\&&\ddots&\\&&&\lambda_n\end{pmatrix}.$$

又设 $e_1,e_2,\cdots,e_n$ 是标准单位列向量,令 $\alpha_i=Qe_i$,则 α_i 是单位向量,且

$$b=\alpha_i^{\mathrm{T}}S\alpha_i=e_i^{\mathrm{T}}(Q^{\mathrm{T}}SQ)e_i=e_i^{\mathrm{T}}\begin{pmatrix}\lambda_1&&&\\&\lambda_2&&\\&&\ddots&\\&&&\lambda_n\end{pmatrix}e_i=\lambda_i.$$

于是有 $\lambda_1=\lambda_2=\cdots=\lambda_n=b$. 故 $Q^{\mathrm{T}}SQ=bE$,即 $S=bE$,从而 $A=bE+B$.

【注】 必要性也可简单获证:因为 $\forall\alpha\neq0$,均有$\dfrac{\alpha^{\mathrm{T}}A\alpha}{\alpha^{\mathrm{T}}\alpha}=b$,所以 $\alpha^{\mathrm{T}}(A-bE)\alpha=0$. 注意到 α 的任意性,可知 $A-bE$ 是实反对称矩阵. 令 $A-bE=B$,则 $A=bE+B$.

【例9.77】 设 A 是 n 阶实反对称矩阵,证明:

(1) 存在正交矩阵 Q,使

$$Q^{\mathrm{T}}A^2Q = \mathrm{diag}(-a_1^2, -a_1^2, \cdots, -a_r^2, -a_r^2, 0, \cdots, 0), \quad ①$$

其中 a_j 为正实数，$j=1,2,\cdots,r$；

(2) $E-A^2$ 是可逆矩阵.

【证】 (1) 易知 A^2 为实对称矩阵，所以存在正交矩阵 Q，使

$$Q^{\mathrm{T}}A^2Q = \mathrm{diag}(\lambda_1, \lambda_2, \cdots, \lambda_n), \quad ②$$

其中 $\lambda_1, \lambda_2, \cdots, \lambda_n$ 是 A^2 的特征值.

因为 A 是实反对称矩阵，其特征值只能是零或纯虚数，且非零特征值必成对出现，设为 $\pm a_j\mathrm{i}(j=1,2,\cdots,r)$，$0(n-2r$ 重$)$，其中 $a_j>0(j=1,2,\cdots,r)$，$\mathrm{i}=\sqrt{-1}$ 为虚数单位，而 A^2 的特征值为 A 的特征值的平方，所以

$$\begin{cases} \lambda_{2j-1} = (a_j\mathrm{i})^2 = -a_j^2, \\ \lambda_{2j} = (-a_j\mathrm{i})^2 = -a_j^2, \end{cases} (j=1,2,\cdots,r) \\ \lambda_k = 0. \quad (k=2r+1,\cdots,n) \quad ③$$

把③式代入②式即得①式.

(2)（方法 1）利用(1)的结果，有

$$Q^{\mathrm{T}}(E-A^2)Q = \mathrm{diag}(1+a_1^2, 1+a_1^2, \cdots, 1+a_r^2, 1+a_r^2, 1, \cdots, 1),$$

所以

$$|E-A^2| = |Q^{\mathrm{T}}(E-A^2)Q| = \prod_{j=1}^{r}(1+a_j^2) > 0.$$

故 $E-A^2$ 是可逆矩阵.

（方法 2） 利用已知结论：若 M 为实矩阵，则 $\mathrm{rank}(MM^{\mathrm{T}}) = \mathrm{rank}\, M = \mathrm{rank}\, M^{\mathrm{T}}$.

因为 $E-A^2=(E+A)(E+A)^{\mathrm{T}}$，所以 $\mathrm{rank}(E-A^2)=\mathrm{rank}(E+A)=\mathrm{rank}(E-A)$. 而

$$\begin{pmatrix} E-A & \\ & E+A \end{pmatrix} \to \begin{pmatrix} 2E & \\ & \frac{1}{2}(E-A^2) \end{pmatrix},$$

故

$$2\mathrm{rank}(E+A) = \mathrm{rank}(E-A) + \mathrm{rank}(E+A) = n + \mathrm{rank}(E-A^2).$$

因此 $\mathrm{rank}(E-A^2)=n$，即 $E-A^2$ 是可逆矩阵.

（方法 3） 首先，$E-A^2=(E+A)(E+A)^{\mathrm{T}}$ 是实对称矩阵. 其次，对于任意 n 维实列向量 $x\neq 0$，因为 $\|x\|>0$，所以

$$x^{\mathrm{T}}(E-A^2)x = x^{\mathrm{T}}x + x^{\mathrm{T}}(A^{\mathrm{T}}A)x = \|x\|^2 + \|Ax\|^2 > 0.$$

故 $E-A^2$ 是正定矩阵，$|E-A^2|>0$，即 $E-A^2$ 是可逆矩阵.

（方法 4） 设 λ 是 $E-A^2$ 的任一特征值，则 $|\lambda E-(E-A^2)|=0$ 即 $|(1-\lambda)E-A^2|=0$. 因为实反对称矩阵 A 的特征值只能是零或纯虚数 $\pm\mathrm{i}a$，其中 $a>0$，所以 A^2 的特征值只能是零或 $-a^2$，故 $1-\lambda=0$ 或 $-a^2$. 因此，$\lambda=1$ 或 $1+a^2$. 这就证明了 $E-A^2$ 是可逆矩阵.

【例 9.78】（南开大学，2010 年） 设 A 为 n 阶实反对称矩阵，证明：

(1) $\det A\geqslant 0$；

(2) 如果 A 的元素全为整数，那么 $\det A$ 必为某个整数的平方.

【证】 (1) 设 $\lambda_1, \lambda_2, \cdots, \lambda_n$ 是 n 阶方阵 A 的特征值，则 $\det A=\lambda_1\lambda_2\cdots\lambda_n$.

对于实反对称矩阵，λ_j 必为 0 或纯虚数，若存在 $\lambda_j=0$，则 $\det \boldsymbol{A}=0$. 下设 $\lambda_j\neq 0$.

注意到实矩阵的虚数特征值必成共轭对出现，设为 $\pm \mathrm{i}a_j$，其中 $a_j>0\ (j=1,2,\cdots,k;n=2k)$，而 $\mathrm{i}=\sqrt{-1}$ 为虚数单位，所以 $\det \boldsymbol{A}=(a_1a_2\cdots a_k)^2>0$. 综合起来，有 $\det \boldsymbol{A}\geqslant 0$.

(2) 若 $\det \boldsymbol{A}=0$，则结论显然，下设 $\det \boldsymbol{A}>0$. 此时 $n=2k$ 为偶数，根据本章例 9.71，且存在可逆矩阵 $\boldsymbol{C}\in M_n(\mathbb{Q})$ 使得

$$\boldsymbol{A}=\boldsymbol{C}^{\mathrm{T}}\mathrm{diag}(\boldsymbol{S}_1,\boldsymbol{S}_2,\cdots,\boldsymbol{S}_k)\boldsymbol{C},$$

其中 $\boldsymbol{S}_i=\begin{pmatrix}0&1\\-1&0\end{pmatrix}$，$i=1,2,\cdots,k$. 所以 $\det \boldsymbol{A}=(\det \boldsymbol{C})^2$. 因为 $\det \boldsymbol{A}$ 为整数，而 $\det \boldsymbol{C}$ 为有理数，欲使等式成立，只能有 $\det \boldsymbol{C}$ 为整数. 因此结论成立.

【例 9.79】 设 $\boldsymbol{A}$ 是 n 阶实反对称矩阵，证明：

(1) $\det(\boldsymbol{E}+\boldsymbol{A})\geqslant 1$，且等号成立当且仅当 $\boldsymbol{A}=\boldsymbol{O}$；

(2) $\boldsymbol{Q}=(\boldsymbol{E}-\boldsymbol{A})(\boldsymbol{E}+\boldsymbol{A})^{-1}$ 是正交矩阵.

【证】 (1) 根据 Schur 引理，存在 n 阶酉矩阵 $\boldsymbol{U}$，使

$$\overline{\boldsymbol{U}}^{\mathrm{T}}\boldsymbol{A}\boldsymbol{U}=\begin{pmatrix}\lambda_1&*&\cdots&*\\&\lambda_2&\ddots&\vdots\\&&\ddots&*\\&&&\lambda_n\end{pmatrix},$$

其中 $\lambda_1,\lambda_2,\cdots,\lambda_n$ 是 $\boldsymbol{A}$ 的特征值. 因为 $\boldsymbol{A}$ 是实反对称矩阵，其特征值为零或纯虚数，不妨令

$$\lambda_1=a_1\mathrm{i},\lambda_2=-a_1\mathrm{i},\cdots,\lambda_{2p-1}=a_p\mathrm{i},\lambda_{2p}=-a_p\mathrm{i},$$
$$\lambda_{2p+1}=\cdots=\lambda_n=0,$$

其中 $a_j>0\ (j=1,2,\cdots,p)$，所以

$$|\boldsymbol{E}+\boldsymbol{A}|=|\overline{\boldsymbol{U}}^{\mathrm{T}}(\boldsymbol{E}+\boldsymbol{A})\boldsymbol{U}|=(1+a_1^2)(1+a_2^2)\cdots(1+a_p^2)\geqslant 1.$$

显然，$|\boldsymbol{E}+\boldsymbol{A}|=1$ 当且仅当 $\boldsymbol{A}$ 的特征值全为 0，这又等价于 $\boldsymbol{A}=\boldsymbol{O}$.

(2) 类似于本章例 9.68，留给读者完成.

【例 9.80】(北京师范大学，2000 年) 设 $\boldsymbol{A}$ 为 n 阶正定矩阵，$\boldsymbol{B}$ 为 n 阶实反对称矩阵. 证明矩阵 $\boldsymbol{B}^{\mathrm{T}}\boldsymbol{A}\boldsymbol{B}$ 的秩为偶数.

【证】 因为 $\boldsymbol{A}$ 正定，所以存在 n 阶实可逆矩阵 $\boldsymbol{Q}$，使得 $\boldsymbol{A}=\boldsymbol{Q}^{\mathrm{T}}\boldsymbol{Q}$. 故

$$\boldsymbol{B}^{\mathrm{T}}\boldsymbol{A}\boldsymbol{B}=\boldsymbol{B}^{\mathrm{T}}\boldsymbol{Q}^{\mathrm{T}}\boldsymbol{Q}\boldsymbol{B}=(\boldsymbol{Q}\boldsymbol{B})^{\mathrm{T}}(\boldsymbol{Q}\boldsymbol{B}).$$

因为 $\boldsymbol{B}$ 为实反对称矩阵，其秩为偶数，所以

$$\mathrm{rank}(\boldsymbol{B}^{\mathrm{T}}\boldsymbol{A}\boldsymbol{B})=\mathrm{rank}(\boldsymbol{Q}\boldsymbol{B})=\mathrm{rank}\,\boldsymbol{B}.$$

即 $\boldsymbol{B}^{\mathrm{T}}\boldsymbol{A}\boldsymbol{B}$ 的秩为偶数.

【例 9.81】(云南大学，2008 年；山东师范大学，2011 年；山东大学，2016 年) 设 $\boldsymbol{A}$ 为 n 阶可逆的反对称矩阵，$\boldsymbol{b}$ 为 n 维列向量，求矩阵 $\begin{pmatrix}\boldsymbol{A}&\boldsymbol{b}\\\boldsymbol{b}^{\mathrm{T}}&0\end{pmatrix}$ 的秩.

【解】 (方法 1) 因为 $\boldsymbol{A}$ 可逆，所以

$$\begin{pmatrix} \boldsymbol{E} & \boldsymbol{0} \\ -\boldsymbol{b}^{\mathrm{T}}\boldsymbol{A}^{-1} & 1 \end{pmatrix}\begin{pmatrix} \boldsymbol{A} & \boldsymbol{b} \\ \boldsymbol{b}^{\mathrm{T}} & 0 \end{pmatrix}=\begin{pmatrix} \boldsymbol{A} & \boldsymbol{b} \\ \boldsymbol{0} & -\boldsymbol{b}^{\mathrm{T}}\boldsymbol{A}^{-1}\boldsymbol{b} \end{pmatrix}.$$

注意到 $\boldsymbol{A}^{-1}$ 也是反对称矩阵，有 $\boldsymbol{b}^{\mathrm{T}}\boldsymbol{A}^{-1}\boldsymbol{b}=0$. 于是

$$\begin{vmatrix} \boldsymbol{A} & \boldsymbol{b} \\ \boldsymbol{b}^{\mathrm{T}} & 0 \end{vmatrix}=\begin{vmatrix} \boldsymbol{A} & \boldsymbol{b} \\ \boldsymbol{0} & -\boldsymbol{b}^{\mathrm{T}}\boldsymbol{A}^{-1}\boldsymbol{b} \end{vmatrix}=-|\boldsymbol{A}|(\boldsymbol{b}^{\mathrm{T}}\boldsymbol{A}^{-1}\boldsymbol{b})=0,$$

而 $|\boldsymbol{A}|\neq 0$，所以 $\operatorname{rank}\begin{pmatrix} \boldsymbol{A} & \boldsymbol{b} \\ \boldsymbol{b}^{\mathrm{T}} & 0 \end{pmatrix}=n$.

（方法 2）因为 $\boldsymbol{A}$ 是可逆的反对称矩阵，所以 $\det \boldsymbol{A}\neq 0$，且 $\boldsymbol{A}$ 为偶数阶方阵. 对于奇数阶反对称矩阵 $\begin{pmatrix} \boldsymbol{A} & -\boldsymbol{b} \\ \boldsymbol{b}^{\mathrm{T}} & 0 \end{pmatrix}$，其行列式 $\begin{vmatrix} \boldsymbol{A} & -\boldsymbol{b} \\ \boldsymbol{b}^{\mathrm{T}} & 0 \end{vmatrix}=0$，所以 $\begin{vmatrix} \boldsymbol{A} & \boldsymbol{b} \\ \boldsymbol{b}^{\mathrm{T}} & 0 \end{vmatrix}=(-1)^n\begin{vmatrix} \boldsymbol{A} & -\boldsymbol{b} \\ \boldsymbol{b}^{\mathrm{T}} & 0 \end{vmatrix}=0$. 这表明 n 是 $\begin{pmatrix} \boldsymbol{A} & \boldsymbol{b} \\ \boldsymbol{b}^{\mathrm{T}} & 0 \end{pmatrix}$ 中非零子式的最高阶数，因此 $\operatorname{rank}\begin{pmatrix} \boldsymbol{A} & \boldsymbol{b} \\ \boldsymbol{b}^{\mathrm{T}} & 0 \end{pmatrix}=n$.

【例 9.82】（武汉大学，2010 年） 设 $\boldsymbol{A}$ 是 n 阶反对称矩阵，$\boldsymbol{b}$ 为 n 维列向量，$\operatorname{rank}\boldsymbol{A}=\operatorname{rank}(\boldsymbol{A},\boldsymbol{b})$. 求证：

$$\operatorname{rank}\begin{pmatrix} \boldsymbol{A} & \boldsymbol{b} \\ -\boldsymbol{b}^{\mathrm{T}} & 0 \end{pmatrix}=\operatorname{rank}\boldsymbol{A}.$$

【证】 据题设 $\operatorname{rank}\boldsymbol{A}=\operatorname{rank}(\boldsymbol{A},\boldsymbol{b})$，有

$$\operatorname{rank}\boldsymbol{A}=\operatorname{rank}\begin{pmatrix} \boldsymbol{A}^{\mathrm{T}} \\ \boldsymbol{b}^{\mathrm{T}} \end{pmatrix}=\operatorname{rank}\begin{pmatrix} -\boldsymbol{A} \\ \boldsymbol{b}^{\mathrm{T}} \end{pmatrix}=\operatorname{rank}\begin{pmatrix} \boldsymbol{A} \\ -\boldsymbol{b}^{\mathrm{T}} \end{pmatrix},$$

且线性方程组 $\boldsymbol{A}\boldsymbol{x}=\boldsymbol{b}$ 有解，设为 $\boldsymbol{x}_0$，即 $\boldsymbol{A}\boldsymbol{x}_0=\boldsymbol{b}$. 于是

$$\boldsymbol{b}^{\mathrm{T}}\boldsymbol{x}_0=\boldsymbol{x}_0^{\mathrm{T}}\boldsymbol{b}=\boldsymbol{x}_0^{\mathrm{T}}\boldsymbol{A}\boldsymbol{x}_0=0.$$

可见，线性方程组 $\begin{pmatrix} \boldsymbol{A} \\ -\boldsymbol{b}^{\mathrm{T}} \end{pmatrix}\boldsymbol{x}=\begin{pmatrix} \boldsymbol{b} \\ 0 \end{pmatrix}$ 有解 $\boldsymbol{x}_0$，因此

$$\operatorname{rank}\begin{pmatrix} \boldsymbol{A} & \boldsymbol{b} \\ -\boldsymbol{b}^{\mathrm{T}} & 0 \end{pmatrix}=\operatorname{rank}\begin{pmatrix} \boldsymbol{A} \\ -\boldsymbol{b}^{\mathrm{T}} \end{pmatrix}=\operatorname{rank}\boldsymbol{A}.$$

【例 9.83】（厦门大学，2004 年） 证明：

（1）设 $\boldsymbol{A}$ 是 n 阶实方阵，则 $\operatorname{tr}(\boldsymbol{A}\boldsymbol{A}^{\mathrm{T}})=0$ 的充分必要条件是 $\boldsymbol{A}=\boldsymbol{O}$；

（2）设 $\boldsymbol{A}$ 是 n 阶实反对称矩阵，若 n 阶方阵 $\boldsymbol{B}$ 使得 $\boldsymbol{A}\boldsymbol{B}=\boldsymbol{B}$，则 $\boldsymbol{B}=\boldsymbol{O}$.

【证】 （1）充分性显然，下证必要性，设 $\boldsymbol{A}=(a_{ij})$. 则 $\boldsymbol{A}\boldsymbol{A}^{\mathrm{T}}$ 的对角元为

$$\sum_{k=1}^{n} a_{ik}^2, \quad i=1,2,\cdots,n.$$

所以 $\operatorname{tr}(\boldsymbol{A}\boldsymbol{A}^{\mathrm{T}})=\sum\limits_{i=1}^{n}\sum\limits_{k=1}^{n} a_{ik}^2$.

因为 $\boldsymbol{A}$ 是实矩阵，所以由 $\operatorname{tr}(\boldsymbol{A}\boldsymbol{A}^{\mathrm{T}})=0$ 知，$a_{ik}=0\,(i,k=1,2,\cdots,n)$，即 $\boldsymbol{A}=\boldsymbol{O}$.

（2）（方法 1）因为 $\boldsymbol{A}^{\mathrm{T}}=-\boldsymbol{A}$，$\boldsymbol{A}\boldsymbol{B}=\boldsymbol{B}$，所以

$$\operatorname{tr}(\boldsymbol{B}\boldsymbol{B}^{\mathrm{T}})=\operatorname{tr}(\boldsymbol{B}(\boldsymbol{A}\boldsymbol{B})^{\mathrm{T}})=-\operatorname{tr}(\boldsymbol{B}\boldsymbol{B}^{\mathrm{T}}\boldsymbol{A})=-\operatorname{tr}(\boldsymbol{B}^{\mathrm{T}}\boldsymbol{A}\boldsymbol{B}).$$

而 $\boldsymbol{B}^{\mathrm{T}}\boldsymbol{A}\boldsymbol{B}$ 仍是反对称矩阵，其对角元均为零，所以 $\operatorname{tr}(\boldsymbol{B}\boldsymbol{B}^{\mathrm{T}})=0$，故由（1）知 $\boldsymbol{B}=\boldsymbol{O}$.

（方法2）由 $\boldsymbol{AB}=\boldsymbol{B}$，得$(\boldsymbol{E}-\boldsymbol{A})\boldsymbol{B}=\boldsymbol{O}$. 因为$\boldsymbol{A}$是实反对称矩阵，其特征值只能为0或纯虚数，所以$|\boldsymbol{E}-\boldsymbol{A}|\neq 0$，即$\boldsymbol{E}-\boldsymbol{A}$可逆. 因此，$\boldsymbol{B}=\boldsymbol{O}$.

【例 9.84】 给定实数域上的齐次线性方程组

$$\begin{cases} ax_1+b_{12}x_2+\cdots+b_{1,n-1}x_{n-1}+b_{1n}x_n=0, \\ b_{21}x_1+ax_2+\cdots+b_{2,n-1}x_{n-1}+b_{2n}x_n=0, \\ \cdots\cdots\cdots\cdots \\ b_{n1}x_1+b_{n2}x_2+\cdots+b_{n,n-1}x_{n-1}+ax_n=0, \end{cases}$$

其中$b_{ij}=-b_{ji}$（当$i\neq j$时）. 已知该方程组在复数域上有非零解. 试证明：$a=0$.

【证】 （方法1）易知，实数域上的齐次方程组如有非零复数解则必有非零实数解.

记$\boldsymbol{x}=(x_1,x_2,\cdots,x_n)^{\mathrm{T}}$，$\boldsymbol{A}=(b_{ij})$为$n$阶实反对称矩阵，所给方程组可表示为

$$(a\boldsymbol{E}+\boldsymbol{A})\boldsymbol{x}=\boldsymbol{0}.$$

设$\boldsymbol{x}_0$为方程组在实数域上的非零解，即$(a\boldsymbol{E}+\boldsymbol{A})\boldsymbol{x}_0=\boldsymbol{0}$，则$\boldsymbol{x}_0^{\mathrm{T}}(a\boldsymbol{E}+\boldsymbol{A})\boldsymbol{x}_0=0$. 于是，有

$$a\boldsymbol{x}_0^{\mathrm{T}}\boldsymbol{x}_0=-\boldsymbol{x}_0^{\mathrm{T}}\boldsymbol{A}\boldsymbol{x}_0.$$

由$\boldsymbol{A}$为实反对称矩阵，知$\boldsymbol{x}_0^{\mathrm{T}}\boldsymbol{A}\boldsymbol{x}_0=0$，所以$a\boldsymbol{x}_0^{\mathrm{T}}\boldsymbol{x}_0=0$. 而$\boldsymbol{x}_0^{\mathrm{T}}\boldsymbol{x}_0>0$，故$a=0$.

（方法2）因为方程组$(a\boldsymbol{E}+\boldsymbol{A})\boldsymbol{x}=\boldsymbol{0}$在实数域上有非零解，所以系数行列式为零，故

$$|-a\boldsymbol{E}-\boldsymbol{A}|=(-1)^n|a\boldsymbol{E}+\boldsymbol{A}|=0,$$

即$-a$是$\boldsymbol{A}$的特征值. 注意到实反对称矩阵的特征值只能为零或纯虚数，因此$a=0$.

【例 9.85】 设n阶方阵$\boldsymbol{M}=\boldsymbol{A}+\boldsymbol{B}$，其中$\boldsymbol{A}$是实对称矩阵，$\boldsymbol{B}$是实反对称矩阵，且满足$\boldsymbol{AB}=\boldsymbol{O}$. 证明：若$\boldsymbol{M}^2=\boldsymbol{O}$，则$\boldsymbol{M}=\boldsymbol{O}$.

【证】 显然，$\boldsymbol{A}$不可逆. 因为$\boldsymbol{A}$是实对称矩阵，所以存在正交矩阵$\boldsymbol{P}$，使得

$$\boldsymbol{P}^{-1}\boldsymbol{AP}=\boldsymbol{P}^{\mathrm{T}}\boldsymbol{AP}=\operatorname{diag}(\lambda_1\boldsymbol{E}_1,\lambda_2\boldsymbol{E}_2,\cdots,\lambda_s\boldsymbol{E}_s),$$

其中$\lambda_1=0,\lambda_2,\cdots,\lambda_s$是$\boldsymbol{A}$的所有互异的特征值，$\boldsymbol{E}_j$为$n_j$阶单位矩阵，$j=1,2,\cdots,s$，$\sum\limits_{j=1}^{s}n_j=n$.

据题设易知$\boldsymbol{AB}=\boldsymbol{BA}=\boldsymbol{O}$，所以$(\boldsymbol{P}^{-1}\boldsymbol{AP})(\boldsymbol{P}^{-1}\boldsymbol{BP})=(\boldsymbol{P}^{-1}\boldsymbol{BP})(\boldsymbol{P}^{-1}\boldsymbol{AP})=\boldsymbol{O}$.

对$\boldsymbol{P}^{-1}\boldsymbol{BP}$作相应分块$\boldsymbol{P}^{-1}\boldsymbol{BP}=(\boldsymbol{B}_{ij})$，代入上式并比较对应的子块，得$(\lambda_i-\lambda_j)\boldsymbol{B}_{ij}=\boldsymbol{O}$. 当$i\neq j$时，$\boldsymbol{B}_{ij}=\boldsymbol{O}$. 所以

$$(\boldsymbol{P}^{-1}\boldsymbol{AP})(\boldsymbol{P}^{-1}\boldsymbol{BP})=\operatorname{diag}(\boldsymbol{O},\lambda_2\boldsymbol{B}_{22},\cdots,\lambda_s\boldsymbol{B}_{ss})=\boldsymbol{O},$$

从而有$\boldsymbol{B}_{22}=\boldsymbol{O},\cdots,\boldsymbol{B}_{ss}=\boldsymbol{O}$. 另一方面，由$\boldsymbol{M}^2=\boldsymbol{O}$，有

$$(\boldsymbol{P}^{-1}\boldsymbol{MP})^2=(\boldsymbol{P}^{-1}\boldsymbol{AP}+\boldsymbol{P}^{-1}\boldsymbol{BP})^2=\begin{pmatrix} \boldsymbol{B}_{11}^2 & & & \\ & \lambda_2^2\boldsymbol{E}_2 & & \\ & & \ddots & \\ & & & \lambda_s^2\boldsymbol{E}_s \end{pmatrix}=\boldsymbol{O},$$

由此可得$\boldsymbol{B}_{11}^2=\boldsymbol{O},\lambda_2=0,\cdots,\lambda_s=0$.

最后，注意到$\boldsymbol{B}_{11}$也是实反对称矩阵，所以$\boldsymbol{B}_{11}^{\mathrm{T}}\boldsymbol{B}_{11}=\boldsymbol{O}$，故$\boldsymbol{B}_{11}=\boldsymbol{O}$.（参见本章例 9.83）因此$\boldsymbol{P}^{-1}\boldsymbol{MP}=\boldsymbol{O}$，从而有$\boldsymbol{M}=\boldsymbol{O}$.

【例 9.86】 设 $A\in M_n(K)$ 是 n 阶反对称矩阵,证明:存在非零列向量 $\boldsymbol{\alpha}\in K^n$,使得

$$|A+\lambda\boldsymbol{\alpha}\boldsymbol{\alpha}^{\mathrm{T}}|=|A|,$$

其中 λ 为任意常数.

【证】 若 n 为偶数,则对任意向量 $\boldsymbol{\alpha}\in K^n$,且 $\boldsymbol{\alpha}\neq\mathbf{0}$,都有

$$|A+\lambda\boldsymbol{\alpha}\boldsymbol{\alpha}^{\mathrm{T}}|=\begin{vmatrix}A+\lambda\boldsymbol{\alpha}\boldsymbol{\alpha}^{\mathrm{T}} & \mathbf{0}\\ \boldsymbol{\alpha}^{\mathrm{T}} & 1\end{vmatrix}=\begin{vmatrix}A & -\lambda\boldsymbol{\alpha}\\ \boldsymbol{\alpha}^{\mathrm{T}} & 1\end{vmatrix}=\begin{vmatrix}A & -\lambda\boldsymbol{\alpha}+\mathbf{0}\\ \boldsymbol{\alpha}^{\mathrm{T}} & 0+1\end{vmatrix}$$
$$=\lambda\begin{vmatrix}A & -\boldsymbol{\alpha}\\ \boldsymbol{\alpha}^{\mathrm{T}} & 0\end{vmatrix}+\begin{vmatrix}A & \mathbf{0}\\ \boldsymbol{\alpha}^{\mathrm{T}} & 1\end{vmatrix}.$$

注意到$\begin{pmatrix}A & -\boldsymbol{\alpha}\\ \boldsymbol{\alpha}^{\mathrm{T}} & 0\end{pmatrix}$是奇数阶反对称矩阵,其行列式为 0,因此 $|A+\lambda\boldsymbol{\alpha}\boldsymbol{\alpha}^{\mathrm{T}}|=\begin{vmatrix}A & \mathbf{0}\\ \boldsymbol{\alpha}^{\mathrm{T}} & 1\end{vmatrix}=|A|$.

若 n 为奇数,则 $|A|=0$. 故只需证存在 $\boldsymbol{\alpha}\neq\mathbf{0}$,使得 $|A+\lambda\boldsymbol{\alpha}\boldsymbol{\alpha}^{\mathrm{T}}|=0$. 利用反对称矩阵的合同标准形,存在 n 阶可逆矩阵 Q,使得 $A=Q^{\mathrm{T}}\begin{pmatrix}S & \\ & 0\end{pmatrix}Q$,其中 S 是如下 $n-1$ 阶分块对角矩阵:

$$S=\mathrm{diag}\left(\begin{pmatrix}0 & 1\\ -1 & 0\end{pmatrix},\cdots,\begin{pmatrix}0 & 1\\ -1 & 0\end{pmatrix},0,\cdots,0\right).$$

对任意 $n-1$ 维列向量$\boldsymbol{\beta}\neq\mathbf{0}$,取向量 $\boldsymbol{\alpha}=Q^{\mathrm{T}}\begin{pmatrix}\boldsymbol{\beta}\\ 0\end{pmatrix}$,则 $\boldsymbol{\alpha}\neq\mathbf{0}$,并且有

$$|A+\lambda\boldsymbol{\alpha}\boldsymbol{\alpha}^{\mathrm{T}}|=|Q^{\mathrm{T}}|\left|\begin{pmatrix}S & \\ & 0\end{pmatrix}+\lambda\begin{pmatrix}\boldsymbol{\beta}\\ 0\end{pmatrix}(\boldsymbol{\beta}^{\mathrm{T}},0)\right||Q|=|Q|^2\begin{vmatrix}S+\lambda\boldsymbol{\beta}\boldsymbol{\beta}^{\mathrm{T}} & \\ & 0\end{vmatrix}=0.$$

因此 $|A+\lambda\boldsymbol{\alpha}\boldsymbol{\alpha}^{\mathrm{T}}|=|A|$.

【例 9.87】(南开大学,2008 年) 设 T 为欧氏空间 V 上的线性变换,满足

$$\boldsymbol{x},\boldsymbol{y}\in V\Rightarrow(T\boldsymbol{x},\boldsymbol{y})=(\boldsymbol{x},T\boldsymbol{y})\text{ 或 }(T\boldsymbol{x},\boldsymbol{y})=-(\boldsymbol{x},T\boldsymbol{y}).$$

证明:要么 T 是对称变换,要么 T 是反对称变换.

【证】 用反证法. 假设结论不成立,则存在 $\boldsymbol{x},\boldsymbol{y}\in V$,使得

$$(T\boldsymbol{x},\boldsymbol{y})=(\boldsymbol{x},T\boldsymbol{y})\neq-(\boldsymbol{x},T\boldsymbol{y}), \qquad ①$$

且存在 $\boldsymbol{u},\boldsymbol{v}\in V$,使得

$$(T\boldsymbol{u},\boldsymbol{v})=-(\boldsymbol{u},T\boldsymbol{v})\neq(\boldsymbol{u},T\boldsymbol{v}). \qquad ②$$

对于上述 $\boldsymbol{x}$,如果存在 $\boldsymbol{y}_0\in V$,使$(T\boldsymbol{x},\boldsymbol{y}_0)=-(\boldsymbol{x},T\boldsymbol{y}_0)$,那么

$$W_1=\{\boldsymbol{z}\in V\mid(T\boldsymbol{x},\boldsymbol{z})=(\boldsymbol{x},T\boldsymbol{z})\},$$
$$W_2=\{\boldsymbol{z}\in V\mid(T\boldsymbol{x},\boldsymbol{z})=-(\boldsymbol{x},T\boldsymbol{z})\}$$

都是 V 的真子空间. 故存在 $\boldsymbol{z}_0\in V$,使 $\boldsymbol{z}_0\notin W_1$ 且 $\boldsymbol{z}_0\notin W_2$,与题设矛盾. 于是,有

$$(T\boldsymbol{x},\boldsymbol{z})=(\boldsymbol{x},T\boldsymbol{z}),\quad\forall\boldsymbol{z}\in V.$$

同理,对于上述 $\boldsymbol{y},\boldsymbol{u},\boldsymbol{v}$,以及 $\forall\boldsymbol{z}\in V$,总有

$$\begin{cases}(T\boldsymbol{z},\boldsymbol{y})=(\boldsymbol{z},T\boldsymbol{y}),\\ (T\boldsymbol{u},\boldsymbol{z})=-(\boldsymbol{u},T\boldsymbol{z}),\\ (T\boldsymbol{z},\boldsymbol{v})=-(\boldsymbol{z},T\boldsymbol{v}).\end{cases}$$

于是,有

$$(T\boldsymbol{x},\boldsymbol{v})=(\boldsymbol{x},T\boldsymbol{v})=0,\quad(T\boldsymbol{u},\boldsymbol{y})=(\boldsymbol{u},T\boldsymbol{y})=0. \qquad ③$$

另一方面,对于$\boldsymbol{x}+\boldsymbol{u},\boldsymbol{y}+\boldsymbol{v}\in V$,据题设,下列等式

$$(T(\boldsymbol{x}+\boldsymbol{u}),\boldsymbol{y}+\boldsymbol{v})=(\boldsymbol{x}+\boldsymbol{u},\boldsymbol{T}(\boldsymbol{y}+\boldsymbol{v})) \quad ④$$

$$(T(\boldsymbol{x}+\boldsymbol{u}),\boldsymbol{y}+\boldsymbol{v})=-(\boldsymbol{x}+\boldsymbol{u},\boldsymbol{T}(\boldsymbol{y}+\boldsymbol{v})) \quad ⑤$$

必有一个成立. 但由③式和④式易得$(T\boldsymbol{u},\boldsymbol{v})=(\boldsymbol{u},T\boldsymbol{v})$,与②式矛盾;由③式和⑤式可得$(T\boldsymbol{x},\boldsymbol{y})=-(\boldsymbol{x},T\boldsymbol{y})$,与①式矛盾. 因此,假设不成立. 这就证得了所述结论.

§9.4 Gram 矩阵

基本理论与要点提示

9.4.1 Gram 矩阵

(1) 欧氏空间 V 中向量组 $\boldsymbol{\alpha}_1,\boldsymbol{\alpha}_2,\cdots,\boldsymbol{\alpha}_m$ 的 Gram 矩阵定义为

$$\boldsymbol{G}(\boldsymbol{\alpha}_1,\boldsymbol{\alpha}_2,\cdots,\boldsymbol{\alpha}_m)=\begin{pmatrix}(\boldsymbol{\alpha}_1,\boldsymbol{\alpha}_1) & (\boldsymbol{\alpha}_1,\boldsymbol{\alpha}_2) & \cdots & (\boldsymbol{\alpha}_1,\boldsymbol{\alpha}_m)\\(\boldsymbol{\alpha}_2,\boldsymbol{\alpha}_1) & (\boldsymbol{\alpha}_2,\boldsymbol{\alpha}_2) & \cdots & (\boldsymbol{\alpha}_2,\boldsymbol{\alpha}_m)\\ \vdots & \vdots & & \vdots\\(\boldsymbol{\alpha}_m,\boldsymbol{\alpha}_1) & (\boldsymbol{\alpha}_m,\boldsymbol{\alpha}_2) & \cdots & (\boldsymbol{\alpha}_m,\boldsymbol{\alpha}_m)\end{pmatrix};$$

(2) 欧氏空间 V 中关于基 $\boldsymbol{\alpha}_1,\boldsymbol{\alpha}_2,\cdots,\boldsymbol{\alpha}_n$ 的度量矩阵就是 Gram 矩阵 $\boldsymbol{G}(\boldsymbol{\alpha}_1,\boldsymbol{\alpha}_2,\cdots,\boldsymbol{\alpha}_n)$. 特别地,关于 V 的任一标准正交基的度量矩阵为单位矩阵;

(3) 若 n 维欧氏空间 V 中向量组 $\boldsymbol{\alpha}_1,\boldsymbol{\alpha}_2,\cdots,\boldsymbol{\alpha}_n$ 在 V 的标准正交基下的坐标分别为方阵 $\boldsymbol{A}$ 的列向量,则 $\boldsymbol{G}(\boldsymbol{\alpha}_1,\boldsymbol{\alpha}_2,\cdots,\boldsymbol{\alpha}_m)=\boldsymbol{A}^{\mathrm{T}}\boldsymbol{A}$.

典型问题解析

【例 9.88】(兰州大学,2011 年;江苏大学,2009 年) 证明:欧氏空间 V 中的向量组 $\boldsymbol{\alpha}_1,\boldsymbol{\alpha}_2,\cdots,\boldsymbol{\alpha}_m$ 线性无关的充分必要条件是它们的 Gram 矩阵非奇异.

【证】 充分性. 设有实数 $k_1,k_2,\cdots,k_m$,使

$$k_1\boldsymbol{\alpha}_1+k_2\boldsymbol{\alpha}_2+\cdots+k_m\boldsymbol{\alpha}_m=\boldsymbol{0}.$$

对于 $i=1,2,\cdots,m$,依次用 $\boldsymbol{\alpha}_i$ 与上式两端作内积,得

$$\begin{cases}(\boldsymbol{\alpha}_1,\boldsymbol{\alpha}_1)k_1+(\boldsymbol{\alpha}_1,\boldsymbol{\alpha}_2)k_2+\cdots+(\boldsymbol{\alpha}_1,\boldsymbol{\alpha}_m)k_m=0,\\(\boldsymbol{\alpha}_2,\boldsymbol{\alpha}_1)k_1+(\boldsymbol{\alpha}_2,\boldsymbol{\alpha}_2)k_2+\cdots+(\boldsymbol{\alpha}_2,\boldsymbol{\alpha}_m)k_m=0,\\ \cdots\cdots\cdots\cdots\\(\boldsymbol{\alpha}_m,\boldsymbol{\alpha}_1)k_1+(\boldsymbol{\alpha}_m,\boldsymbol{\alpha}_2)k_2+\cdots+(\boldsymbol{\alpha}_m,\boldsymbol{\alpha}_m)k_m=0.\end{cases}$$

若 $\boldsymbol{G}(\boldsymbol{\alpha}_1,\boldsymbol{\alpha}_2,\cdots,\boldsymbol{\alpha}_m)$ 非奇异,则上述齐次线性方程组只有零解 $k_1=k_2=\cdots=k_m=0$. 故向量组 $\boldsymbol{\alpha}_1,\boldsymbol{\alpha}_2,\cdots,\boldsymbol{\alpha}_m$ 线性无关.

必要性. 用反证法. 假设 $|\boldsymbol{G}(\boldsymbol{\alpha}_1,\boldsymbol{\alpha}_2,\cdots,\boldsymbol{\alpha}_m)|=0$,则上述齐次线性方程组有非零解,记为 $(x_1,x_2,\cdots,x_m)^{\mathrm{T}}$,故对于 $i=1,2,\cdots,m$,有

$$\left(\boldsymbol{\alpha}_i,\sum_{k=1}^{m}x_k\boldsymbol{\alpha}_k\right)=(\boldsymbol{\alpha}_i,\boldsymbol{\alpha}_1)x_1+(\boldsymbol{\alpha}_i,\boldsymbol{\alpha}_2)x_2+\cdots+(\boldsymbol{\alpha}_i,\boldsymbol{\alpha}_m)x_m=0.$$

用 x_i 乘上述第 i 个等式并把 m 个等式相加,再利用内积的线性性质,有

$$\left(\sum_{k=1}^{m} x_k\boldsymbol{\alpha}_k, \sum_{k=1}^{m} x_k\boldsymbol{\alpha}_k\right)=0.$$

因此 $x_1\boldsymbol{\alpha}_1+x_2\boldsymbol{\alpha}_2+\cdots+x_m\boldsymbol{\alpha}_m=\mathbf{0}$,由此说明 $\boldsymbol{\alpha}_1,\boldsymbol{\alpha}_2,\cdots,\boldsymbol{\alpha}_m$ 线性相关. 矛盾.

【例 9.89】 设 $\boldsymbol{A}$ 是 n 维欧氏空间 V 中向量组 $\boldsymbol{\alpha}_1,\boldsymbol{\alpha}_2,\cdots,\boldsymbol{\alpha}_m$ 的 Gram 矩阵,证明:rank $\boldsymbol{A}$=rank$(\boldsymbol{\alpha}_1,\boldsymbol{\alpha}_2,\cdots,\boldsymbol{\alpha}_m)$. 特别地,$\boldsymbol{\alpha}_1,\boldsymbol{\alpha}_2,\cdots,\boldsymbol{\alpha}_m$ 线性无关当且仅当 $\boldsymbol{A}$ 是满秩矩阵.

【证】 (方法 1) 设 $\boldsymbol{\eta}_1,\boldsymbol{\eta}_2,\cdots,\boldsymbol{\eta}_n$ 是 V 的任一标准正交基,则 $\boldsymbol{\alpha}_j$ 可用这个基表示为

$$\boldsymbol{\alpha}_j=b_{1j}\boldsymbol{\eta}_1+b_{2j}\boldsymbol{\eta}_2+\cdots+b_{nj}\boldsymbol{\eta}_n,\quad j=1,2,\cdots,m.$$

所以

$$(\boldsymbol{\alpha}_i,\boldsymbol{\alpha}_j)=\left(\sum_{k=1}^{n} b_{ki}\boldsymbol{\eta}_k, \sum_{s=1}^{n} b_{sj}\boldsymbol{\eta}_s\right)=\sum_{k=1}^{n} b_{ki}b_{kj}.$$

记 $\boldsymbol{B}=(b_{ij})_{n\times m}$,则 $\boldsymbol{A}=\boldsymbol{B}^{\mathrm{T}}\boldsymbol{B}$. 注意到 $\boldsymbol{B}$ 是实矩阵,所以 rank $\boldsymbol{A}$=rank$(\boldsymbol{B}^{\mathrm{T}}\boldsymbol{B})$= rank $\boldsymbol{B}$. 根据同构对应,向量组 $\boldsymbol{\alpha}_1,\boldsymbol{\alpha}_2,\cdots,\boldsymbol{\alpha}_m$ 的秩与其坐标向量组即 $\boldsymbol{B}$ 的列向量组的秩相等,因此

$$\operatorname{rank}(\boldsymbol{\alpha}_1,\boldsymbol{\alpha}_2,\cdots,\boldsymbol{\alpha}_m)=\operatorname{rank}\boldsymbol{A}.$$

(方法 2) 设 rank$(\boldsymbol{\alpha}_1,\boldsymbol{\alpha}_2,\cdots,\boldsymbol{\alpha}_m)=r$,下面先证明存在 m 阶可逆实矩阵 $\boldsymbol{P}$,使得

$$(\boldsymbol{\alpha}_1,\boldsymbol{\alpha}_2,\cdots,\boldsymbol{\alpha}_m)\boldsymbol{P}=(\boldsymbol{\xi}_1,\boldsymbol{\xi}_2,\cdots,\boldsymbol{\xi}_r,\boldsymbol{\xi}_{r+1},\cdots,\boldsymbol{\xi}_m),\qquad ①$$

其中 $\boldsymbol{\xi}_1,\boldsymbol{\xi}_2,\cdots,\boldsymbol{\xi}_r$ 是标准正交向量组,而 $\boldsymbol{\xi}_{r+1},\cdots,\boldsymbol{\xi}_m$ 均为零向量. 可分三步实现.

第一步,通过一个置换把 $\boldsymbol{\alpha}_1,\boldsymbol{\alpha}_2,\cdots,\boldsymbol{\alpha}_m$ 的极大无关组排列到前 r 个位置,即$(\boldsymbol{\alpha}_1,\boldsymbol{\alpha}_2,\cdots,\boldsymbol{\alpha}_m)\boldsymbol{P}_1=(\boldsymbol{\beta}_1,\boldsymbol{\beta}_2,\cdots,\boldsymbol{\beta}_m)$,其中 $\boldsymbol{P}_1$ 是置换矩阵,$\boldsymbol{\beta}_1,\boldsymbol{\beta}_2,\cdots,\boldsymbol{\beta}_r$ 线性无关而其他$\boldsymbol{\beta}_j$ 都是它们的线性组合.

第二步,利用 Schmidt 正交化方法,由$\boldsymbol{\beta}_1,\boldsymbol{\beta}_2,\cdots,\boldsymbol{\beta}_r$ 可得到一个与之等价的标准正交向量组 $\boldsymbol{\xi}_1,\boldsymbol{\xi}_2,\cdots,\boldsymbol{\xi}_r$,即存在 r 阶可逆实矩阵 $\boldsymbol{Q}$ 使$(\boldsymbol{\beta}_1,\boldsymbol{\beta}_2,\cdots,\boldsymbol{\beta}_r)\boldsymbol{Q}=(\boldsymbol{\xi}_1,\boldsymbol{\xi}_2,\cdots,\boldsymbol{\xi}_r)$. 令 $\boldsymbol{P}_2=\operatorname{diag}(\boldsymbol{Q},\boldsymbol{E}_{m-r})$,其中 $\boldsymbol{E}_{m-r}$ 为 $m-r$ 阶单位矩阵,则$(\boldsymbol{\beta}_1,\boldsymbol{\beta}_2,\cdots,\boldsymbol{\beta}_r,\boldsymbol{\beta}_{r+1},\cdots,\boldsymbol{\beta}_m)\boldsymbol{P}_2=(\boldsymbol{\xi}_1,\boldsymbol{\xi}_2,\cdots,\boldsymbol{\xi}_r,\boldsymbol{\beta}_{r+1},\cdots,\boldsymbol{\beta}_m)$.

第三步,因为$\boldsymbol{\beta}_{r+1},\cdots,\boldsymbol{\beta}_m$ 可由 $\boldsymbol{\xi}_1,\boldsymbol{\xi}_2,\cdots,\boldsymbol{\xi}_r$ 线性表示,设$\boldsymbol{\beta}_j=\sum\limits_{i=1}^{r} b_{ij}\boldsymbol{\xi}_i$, $j=r+1,\cdots,m$,记 $\boldsymbol{B}=(b_{ij})_{r\times(m-r)}$及 $\boldsymbol{P}_3=\begin{pmatrix}\boldsymbol{E}_r & -\boldsymbol{B}\\ \boldsymbol{O} & \boldsymbol{E}_{m-r}\end{pmatrix}$,所以$(\boldsymbol{\xi}_1,\boldsymbol{\xi}_2,\cdots,\boldsymbol{\xi}_r,\boldsymbol{\beta}_{r+1},\cdots,\boldsymbol{\beta}_m)\boldsymbol{P}_3=(\boldsymbol{\xi}_1,\boldsymbol{\xi}_2,\cdots,\boldsymbol{\xi}_r,\mathbf{0},\cdots,\mathbf{0})$. 最后取 $\boldsymbol{P}=\boldsymbol{P}_1\boldsymbol{P}_2\boldsymbol{P}_3$,即得①式.

现在,设 $\boldsymbol{P}=(p_{ij})_{m\times m}$,则由①式有 $\boldsymbol{\xi}_j=\sum\limits_{k=1}^{m} p_{kj}\boldsymbol{\alpha}_k$, $j=1,2,\cdots,m$,于是有

$$(\boldsymbol{\xi}_i,\boldsymbol{\xi}_j)=\left(\sum_{k=1}^{m} p_{ki}\boldsymbol{\alpha}_k, \sum_{s=1}^{m} p_{sj}\boldsymbol{\alpha}_s\right)=\sum_{k=1}^{m}\sum_{s=1}^{m} p_{ki}p_{sj}(\boldsymbol{\alpha}_k,\boldsymbol{\alpha}_s),$$

这就表明 $\boldsymbol{\xi}_1,\boldsymbol{\xi}_2,\cdots,\boldsymbol{\xi}_m$ 的 Gram 矩阵为 $\boldsymbol{G}(\boldsymbol{\xi}_1,\boldsymbol{\xi}_2,\cdots,\boldsymbol{\xi}_m)=\boldsymbol{P}^{\mathrm{T}}\boldsymbol{A}\boldsymbol{P}$. 另一方面,根据 $\boldsymbol{\xi}_1,\boldsymbol{\xi}_2,\cdots,\boldsymbol{\xi}_m$ 的特征直接可得 $\boldsymbol{G}(\boldsymbol{\xi}_1,\boldsymbol{\xi}_2,\cdots,\boldsymbol{\xi}_m)=\begin{pmatrix}\boldsymbol{E}_r & \boldsymbol{O}\\ \boldsymbol{O} & \boldsymbol{O}\end{pmatrix}$,即 $\boldsymbol{P}^{\mathrm{T}}\boldsymbol{A}\boldsymbol{P}=\begin{pmatrix}\boldsymbol{E}_r & \boldsymbol{O}\\ \boldsymbol{O} & \boldsymbol{O}\end{pmatrix}$. 因此 rank $\boldsymbol{A}=r=$ rank$(\boldsymbol{\alpha}_1,\boldsymbol{\alpha}_2,\cdots,\boldsymbol{\alpha}_m)$.

【例 9.90】 设 $\boldsymbol{\alpha}_1,\boldsymbol{\alpha}_2,\cdots,\boldsymbol{\alpha}_n$ 是 n 维欧氏空间 V 的一个基,求证:对任意一组实数 b_1, $b_2,\cdots,b_n$,在 V 中有且仅有一个向量 $\boldsymbol{\beta}$,使得 $(\boldsymbol{\beta},\boldsymbol{\alpha}_i)=b_i,i=1,2,\cdots,n$.

【证】 设 $\boldsymbol{\beta}=k_1\boldsymbol{\alpha}_1+k_2\boldsymbol{\alpha}_2+\cdots+k_n\boldsymbol{\alpha}_n\in V$,两边用 $\boldsymbol{\alpha}_i$ 作内积,并利用 $(\boldsymbol{\beta},\boldsymbol{\alpha}_i)=b_i$,有

$$\begin{pmatrix}(\boldsymbol{\alpha}_1,\boldsymbol{\alpha}_1) & (\boldsymbol{\alpha}_1,\boldsymbol{\alpha}_2) & \cdots & (\boldsymbol{\alpha}_1,\boldsymbol{\alpha}_n)\\ (\boldsymbol{\alpha}_2,\boldsymbol{\alpha}_1) & (\boldsymbol{\alpha}_2,\boldsymbol{\alpha}_2) & \cdots & (\boldsymbol{\alpha}_2,\boldsymbol{\alpha}_n)\\ \vdots & \vdots & & \vdots\\ (\boldsymbol{\alpha}_n,\boldsymbol{\alpha}_1) & (\boldsymbol{\alpha}_n,\boldsymbol{\alpha}_2) & \cdots & (\boldsymbol{\alpha}_n,\boldsymbol{\alpha}_n)\end{pmatrix}\begin{pmatrix}k_1\\ k_2\\ \vdots\\ k_n\end{pmatrix}=\begin{pmatrix}b_1\\ b_2\\ \vdots\\ b_n\end{pmatrix},$$

其系数矩阵是线性无关向量组 $\boldsymbol{\alpha}_1,\boldsymbol{\alpha}_2,\cdots,\boldsymbol{\alpha}_n$ 的 Gram 矩阵,因而可逆,所以上述方程组有唯一解 $(k_1,k_2,\cdots,k_n)\in\mathbb{R}^n$. 因此,$V$ 中存在唯一 $\boldsymbol{\beta}$ 使 $(\boldsymbol{\beta},\boldsymbol{\alpha}_i)=b_i,i=1,2,\cdots,n$.

【例 9.91】(北京大学,2000 年) 设实数域上的 $s\times n$ 矩阵 $\boldsymbol{A}$ 的元素只有 0 和 1,并且 $\boldsymbol{A}$ 的每一行元素的和是常数 r,$\boldsymbol{A}$ 的每两个行向量的内积为常数 m,其中 $m<r$.

(1) 求行列式 $|\boldsymbol{A}\boldsymbol{A}^{\mathrm{T}}|$;

(2) 证明 $s\leqslant n$;

(3) 证明 $\boldsymbol{A}\boldsymbol{A}^{\mathrm{T}}$ 的特征值全为正实数.

【解】 (1) 考虑取标准内积的欧氏空间 $\mathbb{R}^n$,则 $\boldsymbol{A}\boldsymbol{A}^{\mathrm{T}}$ 是 $\boldsymbol{A}$ 的行向量组的 Gram 矩阵,所以

$$|\boldsymbol{A}\boldsymbol{A}^{\mathrm{T}}|=\begin{vmatrix}r & m & \cdots & m\\ m & r & \cdots & m\\ \vdots & \vdots & & \vdots\\ m & m & \cdots & r\end{vmatrix}=[r+(s-1)m](r-m)^{s-1}.$$

(2) 根据(1)的结果,$|\boldsymbol{A}\boldsymbol{A}^{\mathrm{T}}|>0$. 注意到 $\boldsymbol{A}\boldsymbol{A}^{\mathrm{T}}$ 是 s 阶方阵,故 $\operatorname{rank}\boldsymbol{A}=\operatorname{rank}(\boldsymbol{A}\boldsymbol{A}^{\mathrm{T}})=s\leqslant n$.

(3) 显然 $\boldsymbol{A}\boldsymbol{A}^{\mathrm{T}}$ 是实对称矩阵,同样由(1)的结果,$\boldsymbol{A}\boldsymbol{A}^{\mathrm{T}}$ 的任意 k 阶顺序主子式

$$\Delta_k=[r+(k-1)m](r-m)^{k-1}>0,\quad k=1,2,\cdots,n,$$

所以 $\boldsymbol{A}\boldsymbol{A}^{\mathrm{T}}$ 是正定矩阵,其特征值全为正实数.

【例 9.92】 设线性无关向量组 $\boldsymbol{\alpha}_1,\boldsymbol{\alpha}_2,\cdots,\boldsymbol{\alpha}_m$ 经 Schmidt 方法化成正交向量组 $\boldsymbol{\beta}_1$, $\boldsymbol{\beta}_2,\cdots,\boldsymbol{\beta}_m$,证明:两向量组的 Gram 矩阵的行列式都等于 $|\boldsymbol{\beta}_1|^2|\boldsymbol{\beta}_2|^2\cdots|\boldsymbol{\beta}_m|^2$,即

$$|\boldsymbol{G}(\boldsymbol{\alpha}_1,\boldsymbol{\alpha}_2,\cdots,\boldsymbol{\alpha}_m)|=|\boldsymbol{G}(\boldsymbol{\beta}_1,\boldsymbol{\beta}_2,\cdots,\boldsymbol{\beta}_m)|=|\boldsymbol{\beta}_1|^2|\boldsymbol{\beta}_2|^2\cdots|\boldsymbol{\beta}_m|^2.$$

【证】 将 Schmidt 正交化过程用形式的矩阵表示为

$$(\boldsymbol{\beta}_1,\boldsymbol{\beta}_2,\cdots,\boldsymbol{\beta}_m)=(\boldsymbol{\alpha}_1,\boldsymbol{\alpha}_2,\cdots,\boldsymbol{\alpha}_m)\boldsymbol{Q},$$

其中 $\boldsymbol{Q}$ 是主对角元全为 1 的上三角矩阵. 由于

$$\begin{aligned}\boldsymbol{G}(\boldsymbol{\beta}_1,\boldsymbol{\beta}_2,\cdots,\boldsymbol{\beta}_m)&=\begin{pmatrix}\boldsymbol{\beta}_1^{\mathrm{T}}\\ \boldsymbol{\beta}_2^{\mathrm{T}}\\ \vdots\\ \boldsymbol{\beta}_m^{\mathrm{T}}\end{pmatrix}(\boldsymbol{\beta}_1,\boldsymbol{\beta}_2,\cdots,\boldsymbol{\beta}_m)=\boldsymbol{Q}^{\mathrm{T}}\begin{pmatrix}\boldsymbol{\alpha}_1^{\mathrm{T}}\\ \boldsymbol{\alpha}_2^{\mathrm{T}}\\ \vdots\\ \boldsymbol{\alpha}_m^{\mathrm{T}}\end{pmatrix}(\boldsymbol{\alpha}_1,\boldsymbol{\alpha}_2,\cdots,\boldsymbol{\alpha}_m)\boldsymbol{Q}\\ &=\boldsymbol{Q}^{\mathrm{T}}\boldsymbol{G}(\boldsymbol{\alpha}_1,\boldsymbol{\alpha}_2,\cdots,\boldsymbol{\alpha}_m)\boldsymbol{Q},\end{aligned}$$

所以 $|\boldsymbol{G}(\boldsymbol{\beta}_1,\boldsymbol{\beta}_2,\cdots,\boldsymbol{\beta}_m)|=|\boldsymbol{G}(\boldsymbol{\alpha}_1,\boldsymbol{\alpha}_2,\cdots,\boldsymbol{\alpha}_m)|$.

另一方面,因为 $\boldsymbol{\beta}_1,\boldsymbol{\beta}_2,\cdots,\boldsymbol{\beta}_m$ 两两正交,所以 $\boldsymbol{G}(\boldsymbol{\beta}_1,\boldsymbol{\beta}_2,\cdots,\boldsymbol{\beta}_m)$ 是对角矩阵,故

$$|G(\boldsymbol{\beta}_1,\boldsymbol{\beta}_2,\cdots,\boldsymbol{\beta}_m)| = |\boldsymbol{\beta}_1|^2|\boldsymbol{\beta}_2|^2\cdots|\boldsymbol{\beta}_m|^2.$$

【例 9.93】 设 $\boldsymbol{\alpha}_1,\boldsymbol{\alpha}_2,\cdots,\boldsymbol{\alpha}_m$ 是欧氏空间 V 中的任一非零向量组,证明不等式:

$$0 \leqslant |G(\boldsymbol{\alpha}_1,\boldsymbol{\alpha}_2,\cdots,\boldsymbol{\alpha}_m)| \leqslant |\boldsymbol{\alpha}_1|^2|\boldsymbol{\alpha}_2|^2\cdots|\boldsymbol{\alpha}_m|^2, \qquad ①$$

其中右边等号成立当且仅当 $\boldsymbol{\alpha}_1,\boldsymbol{\alpha}_2,\cdots,\boldsymbol{\alpha}_m$ 为正交向量组. 问两个等号能否同时成立? 为什么?

【解】 若向量组 $\boldsymbol{\alpha}_1,\boldsymbol{\alpha}_2,\cdots,\boldsymbol{\alpha}_m$ 线性相关,则①式显然成立. 下设 $\boldsymbol{\alpha}_1,\boldsymbol{\alpha}_2,\cdots,\boldsymbol{\alpha}_m$ 线性无关. 根据 Schmidt 正交化方法,存在正交向量组 $\boldsymbol{\beta}_1,\boldsymbol{\beta}_2,\cdots,\boldsymbol{\beta}_m$,使得 $\boldsymbol{\alpha}_1=\boldsymbol{\beta}_1$,及

$$\boldsymbol{\alpha}_j = \frac{(\boldsymbol{\alpha}_j,\boldsymbol{\beta}_1)}{(\boldsymbol{\beta}_1,\boldsymbol{\beta}_1)}\boldsymbol{\beta}_1 + \frac{(\boldsymbol{\alpha}_j,\boldsymbol{\beta}_2)}{(\boldsymbol{\beta}_2,\boldsymbol{\beta}_2)}\boldsymbol{\beta}_2 + \cdots + \frac{(\boldsymbol{\alpha}_j,\boldsymbol{\beta}_{j-1})}{(\boldsymbol{\beta}_{j-1},\boldsymbol{\beta}_{j-1})}\boldsymbol{\beta}_{j-1} + \boldsymbol{\beta}_j,\quad j=2,3,\cdots,m.$$

利用勾股定理,有

$$|\boldsymbol{\alpha}_j|^2 = \left|\frac{(\boldsymbol{\alpha}_j,\boldsymbol{\beta}_1)}{(\boldsymbol{\beta}_1,\boldsymbol{\beta}_1)}\boldsymbol{\beta}_1\right|^2 + \left|\frac{(\boldsymbol{\alpha}_j,\boldsymbol{\beta}_2)}{(\boldsymbol{\beta}_2,\boldsymbol{\beta}_2)}\boldsymbol{\beta}_2\right|^2 + \cdots + \left|\frac{(\boldsymbol{\alpha}_j,\boldsymbol{\beta}_{j-1})}{(\boldsymbol{\beta}_{j-1},\boldsymbol{\beta}_{j-1})}\boldsymbol{\beta}_{j-1}\right|^2 + |\boldsymbol{\beta}_j|^2$$
$$\geqslant |\boldsymbol{\beta}_j|^2,\quad j=2,3,\cdots,m.$$

再利用上一题的结论即得证.

此外,①式中的两个等号不可能同时成立. 若不然,则前一个等号成立⇔$\boldsymbol{\alpha}_1,\boldsymbol{\alpha}_2,\cdots,\boldsymbol{\alpha}_m$ 线性相关,后一个等号成立⇔$\boldsymbol{\alpha}_1,\boldsymbol{\alpha}_2,\cdots,\boldsymbol{\alpha}_m$ 两两正交,而正交向量组是线性无关组. 矛盾.

【例 9.94】 设 $\boldsymbol{A}=(a_{ij})\in M_n(\mathbb{R})$,证明 Hadamard 不等式: $|\det \boldsymbol{A}| \leqslant \prod_{j=1}^{n}\sqrt{\sum_{i=1}^{n}a_{ij}^2}$,其中等号成立当且仅当 $\sum_{k=1}^{n}a_{ki}a_{kj}=0$ 对所有 $i\neq j$ 成立.

【证】 设 $\boldsymbol{\alpha}_1,\boldsymbol{\alpha}_2,\cdots,\boldsymbol{\alpha}_n$ 是 $\boldsymbol{A}$ 的列向量组,其 Gram 矩阵记为 $\boldsymbol{G}(\boldsymbol{\alpha}_1,\boldsymbol{\alpha}_2,\cdots,\boldsymbol{\alpha}_n)$,则

$$(\det \boldsymbol{A})^2 = \det(\boldsymbol{A}^{\mathrm{T}}\boldsymbol{A}) = |\boldsymbol{G}(\boldsymbol{\alpha}_1,\boldsymbol{\alpha}_2,\cdots,\boldsymbol{\alpha}_n)| \leqslant \prod_{j=1}^{n}|\boldsymbol{\alpha}_j|^2 = \prod_{j=1}^{n}\sum_{i=1}^{n}a_{ij}^2,$$

其中等号成立当且仅当 $\boldsymbol{\alpha}_1,\boldsymbol{\alpha}_2,\cdots,\boldsymbol{\alpha}_m$ 两两正交即 $\sum_{k=1}^{n}a_{ki}a_{kj}=0$ 对所有 $i\neq j$ 成立.

【注】 Hadamard 不等式的证明另见第 8 章例 8.75 或例 8.103. 此外,Hadamard 不等式的几何意义:在几何空间 $\mathbb{R}^3$ 中,三阶行列式 $\det \boldsymbol{A}$ 的绝对值等于以其三个列向量 $\boldsymbol{\alpha}_1,\boldsymbol{\alpha}_2,\boldsymbol{\alpha}_3$ 为棱所张成的平行六面体的体积 V. 显然,V 的值小于或等于这 3 条棱的长度的乘积,即

$$V \leqslant |\boldsymbol{\alpha}_1|\cdot|\boldsymbol{\alpha}_2|\cdot|\boldsymbol{\alpha}_3|,$$

其中的等号成立当且仅当平行六面体为长方体或正方体,这等价于 $\boldsymbol{\alpha}_1,\boldsymbol{\alpha}_2,\boldsymbol{\alpha}_3$ 两两正交.

【例 9.95】 在欧氏空间 $\mathbb{R}^n$ 中,向量 $\boldsymbol{\alpha}=(a_1,a_2,\cdots,a_n)$ 和 $\boldsymbol{\beta}=(b_1,b_2,\cdots,b_n)$ 的内积为

$$(\boldsymbol{\alpha},\boldsymbol{\beta}) = a_1b_1 + a_2b_2 + \cdots + a_nb_n.$$

(1) 求 $\mathbb{R}^n$ 中的向量组 $\boldsymbol{\alpha}_1,\boldsymbol{\alpha}_2,\cdots,\boldsymbol{\alpha}_n$,使

$$G(\boldsymbol{\alpha}_1,\boldsymbol{\alpha}_2,\cdots,\boldsymbol{\alpha}_n)=\begin{pmatrix}1&1&1&\cdots&1&1\\1&2&2&\cdots&2&2\\1&2&3&\cdots&3&3\\\vdots&\vdots&\vdots&&\vdots&\vdots\\1&2&3&\cdots&n-1&n-1\\1&2&3&\cdots&n-1&n\end{pmatrix};$$

(2) 设 σ 是 $\mathbb{R}^n$ 的正交变换,对于(1)中的 $\boldsymbol{\alpha}_1,\boldsymbol{\alpha}_2,\cdots,\boldsymbol{\alpha}_n$,记 $\boldsymbol{\beta}_i=\sigma(\boldsymbol{\alpha}_i),i=1,2,\cdots,n$. 试求 $G(\boldsymbol{\beta}_1,\boldsymbol{\beta}_2,\cdots,\boldsymbol{\beta}_n)$ 的行列式的值.

【解】 (1) 设 $\boldsymbol{e}_1,\boldsymbol{e}_2,\cdots,\boldsymbol{e}_n$ 是 n 阶单位矩阵的列向量,令 $\boldsymbol{\alpha}_i=\boldsymbol{e}_1+\boldsymbol{e}_2+\cdots+\boldsymbol{e}_i$,则 $(\boldsymbol{\alpha}_i,\boldsymbol{\alpha}_j)=i(i\leqslant j)$. 因此 $\boldsymbol{\alpha}_1,\boldsymbol{\alpha}_2,\cdots,\boldsymbol{\alpha}_n$ 即为所求向量组.

(2) 因为 σ 是正交变换,所以 $(\boldsymbol{\beta}_i,\boldsymbol{\beta}_j)=(\sigma(\boldsymbol{\alpha}_i),\sigma(\boldsymbol{\alpha}_j))=(\boldsymbol{\alpha}_i,\boldsymbol{\alpha}_j)$. 可见,两组向量的 Gram 矩阵相等. 易知,$|G(\boldsymbol{\alpha}_1,\boldsymbol{\alpha}_2,\cdots,\boldsymbol{\alpha}_n)|=1$,所以 $|G(\boldsymbol{\beta}_1,\boldsymbol{\beta}_2,\cdots,\boldsymbol{\beta}_n)|=1$.

【例 9.96】(四川大学,2011 年) 设 V 是 n 维欧氏空间,V 的内积为 $(\cdot,\cdot)$.

(1) 设 $\boldsymbol{\alpha}_1,\boldsymbol{\alpha}_2,\cdots,\boldsymbol{\alpha}_s$ 是 V 中的一个线性无关组. 证明:V 中存在两两正交的 $\boldsymbol{\beta}_1,\boldsymbol{\beta}_2\cdots,\boldsymbol{\beta}_s$ 使对任意 $1\leqslant k\leqslant s$,都有 $\boldsymbol{\alpha}_1,\boldsymbol{\alpha}_2,\cdots,\boldsymbol{\alpha}_k$ 与 $\boldsymbol{\beta}_1,\boldsymbol{\beta}_2,\cdots,\boldsymbol{\beta}_k$ 等价;

(2) 设 $\boldsymbol{\gamma}_i\in V(1\leqslant i\leqslant t)$. 证明:$\boldsymbol{\gamma}_1,\boldsymbol{\gamma}_2,\cdots,\boldsymbol{\gamma}_t$ 线性无关的充分必要条件是

$$\begin{pmatrix}(\boldsymbol{\gamma}_1,\boldsymbol{\gamma}_1)&\cdots&(\boldsymbol{\gamma}_1,\boldsymbol{\gamma}_t)\\\vdots&&\vdots\\(\boldsymbol{\gamma}_t,\boldsymbol{\gamma}_1)&\cdots&(\boldsymbol{\gamma}_t,\boldsymbol{\gamma}_t)\end{pmatrix}$$

为正定矩阵.(**中国科学技术大学,2011 年**)

【证】 (1) 利用 Schmidt 正交化方法,构造两两正交的 $\boldsymbol{\beta}_1,\boldsymbol{\beta}_2,\cdots,\boldsymbol{\beta}_s$ 如下:

$$\boldsymbol{\beta}_1=\boldsymbol{\alpha}_1,$$

$$\boldsymbol{\beta}_2=\boldsymbol{\alpha}_2-\frac{(\boldsymbol{\alpha}_2,\boldsymbol{\beta}_1)}{(\boldsymbol{\beta}_1,\boldsymbol{\beta}_1)}\boldsymbol{\beta}_1,$$

$$\cdots$$

$$\boldsymbol{\beta}_s=\boldsymbol{\alpha}_s-\sum_{i=1}^{s-1}\frac{(\boldsymbol{\alpha}_s,\boldsymbol{\beta}_i)}{(\boldsymbol{\beta}_i,\boldsymbol{\beta}_i)}\boldsymbol{\beta}_i.$$

对任意 $1\leqslant k\leqslant s$,显然 $\boldsymbol{\alpha}_1,\boldsymbol{\alpha}_2,\cdots,\boldsymbol{\alpha}_k$ 可由 $\boldsymbol{\beta}_1,\boldsymbol{\beta}_2,\cdots,\boldsymbol{\beta}_k$ 线性表示,同时也可递归地用 $\boldsymbol{\alpha}_1,\boldsymbol{\alpha}_2,\cdots,\boldsymbol{\alpha}_k$ 表示 $\boldsymbol{\beta}_1,\boldsymbol{\beta}_2,\cdots,\boldsymbol{\beta}_k$. 因此,$\boldsymbol{\alpha}_1,\boldsymbol{\alpha}_2,\cdots,\boldsymbol{\alpha}_k$ 与 $\boldsymbol{\beta}_1,\boldsymbol{\beta}_2,\cdots,\boldsymbol{\beta}_k$ 等价.

(2) 必要性. 设 $\boldsymbol{\gamma}_1,\boldsymbol{\gamma}_2,\cdots,\boldsymbol{\gamma}_t$ 是 V 中的线性无关组, 则 $W=L(\boldsymbol{\gamma}_1,\boldsymbol{\gamma}_2,\cdots,\boldsymbol{\gamma}_t)$ 是 V 的一个 t 维子空间,且 $\boldsymbol{\gamma}_1,\boldsymbol{\gamma}_2,\cdots,\boldsymbol{\gamma}_t$ 是 W 的一个基. 对于实对称矩阵 $\boldsymbol{A}=\boldsymbol{G}(\boldsymbol{\gamma}_1,\boldsymbol{\gamma}_2,\cdots,\boldsymbol{\gamma}_t)$,及 $\forall\boldsymbol{x}\in\mathbb{R}^t$,且 $\boldsymbol{x}\neq\boldsymbol{0}$,令 $\boldsymbol{\xi}=(\boldsymbol{\gamma}_1,\boldsymbol{\gamma}_2,\cdots,\boldsymbol{\gamma}_t)\boldsymbol{x}$,则 $\boldsymbol{\xi}\in W$ 且 $\boldsymbol{\xi}\neq\boldsymbol{0}$,所以 $\boldsymbol{x}^{\mathrm{T}}\boldsymbol{A}\boldsymbol{x}=(\boldsymbol{\xi},\boldsymbol{\xi})>0$,故 $\boldsymbol{A}$ 是正定矩阵.

充分性. 令 $\boldsymbol{\eta}=(\boldsymbol{\gamma}_1,\boldsymbol{\gamma}_2,\cdots,\boldsymbol{\gamma}_t)\boldsymbol{x}$,因为 $\boldsymbol{A}$ 正定,所以 $\forall\boldsymbol{x}\in\mathbb{R}^t$,有 $\boldsymbol{x}^{\mathrm{T}}\boldsymbol{A}\boldsymbol{x}=(\boldsymbol{\eta},\boldsymbol{\eta})\geqslant 0$. 若 $\boldsymbol{\eta}=\boldsymbol{0}$,则 $\boldsymbol{x}^{\mathrm{T}}\boldsymbol{A}\boldsymbol{x}=0$,从而 $\boldsymbol{x}=\boldsymbol{0}$. 所以 $\boldsymbol{\gamma}_1,\boldsymbol{\gamma}_2,\cdots,\boldsymbol{\gamma}_t$ 线性无关.

【注】 上述证明还表明:欧氏空间中的任一向量组的 Gram 矩阵是半正定的.

【例 9.97】(武汉大学,2013 年) 设 W 为 n 维欧氏空间 V 的子空间,$\boldsymbol{\alpha}\in V$. 定义 $\boldsymbol{\alpha}$ 到 W

的距离

$$d(\boldsymbol{\alpha},\ W)=|\boldsymbol{\alpha}-\boldsymbol{\alpha}'|,$$

其中 $\boldsymbol{\alpha}'$ 为 $\boldsymbol{\alpha}$ 在子空间 W 上的正交投影. 证明:若 $\boldsymbol{\alpha}_1,\boldsymbol{\alpha}_2,\cdots,\boldsymbol{\alpha}_m$ 为 W 的一个基,则

$$d(\boldsymbol{\alpha},\ W)=\sqrt{\frac{|\boldsymbol{G}(\boldsymbol{\alpha}_1,\boldsymbol{\alpha}_2,\cdots,\boldsymbol{\alpha}_m,\boldsymbol{\alpha})|}{|\boldsymbol{G}(\boldsymbol{\alpha}_1,\boldsymbol{\alpha}_2,\cdots,\boldsymbol{\alpha}_m)|}},$$

其中 $\boldsymbol{G}(\boldsymbol{\alpha}_1,\boldsymbol{\alpha}_2,\cdots,\boldsymbol{\alpha}_m)$ 为向量组 $\boldsymbol{\alpha}_1,\boldsymbol{\alpha}_2,\cdots,\boldsymbol{\alpha}_m$ 的 Gram 矩阵.

【证】 根据同构对应,只需对标准欧氏空间$\mathbb{R}^n$的 m 维子空间 W 讨论即可.

令 $\boldsymbol{A}=(\boldsymbol{\alpha}_1,\boldsymbol{\alpha}_2,\cdots,\boldsymbol{\alpha}_m)$, $\boldsymbol{B}=(\boldsymbol{\alpha}_1,\boldsymbol{\alpha}_2,\cdots,\boldsymbol{\alpha}_m,\ \boldsymbol{\alpha})$, 则 $\boldsymbol{G}(\boldsymbol{\alpha}_1,\boldsymbol{\alpha}_2,\cdots,\boldsymbol{\alpha}_m)=\boldsymbol{A}^{\mathrm{T}}\boldsymbol{A}$, 且

$$\boldsymbol{G}(\boldsymbol{\alpha}_1,\boldsymbol{\alpha}_2,\cdots,\boldsymbol{\alpha}_m,\boldsymbol{\alpha})=\boldsymbol{B}^{\mathrm{T}}\boldsymbol{B}=\begin{pmatrix}\boldsymbol{A}^{\mathrm{T}}\\ \boldsymbol{\alpha}^{\mathrm{T}}\end{pmatrix}(\boldsymbol{A},\ \boldsymbol{\alpha})=\begin{pmatrix}\boldsymbol{A}^{\mathrm{T}}\boldsymbol{A} & \boldsymbol{A}^{\mathrm{T}}\boldsymbol{\alpha}\\ \boldsymbol{\alpha}^{\mathrm{T}}\boldsymbol{A} & \boldsymbol{\alpha}^{\mathrm{T}}\boldsymbol{\alpha}\end{pmatrix}.$$

因为 $\boldsymbol{\alpha}_1,\boldsymbol{\alpha}_2,\cdots,\boldsymbol{\alpha}_m$ 线性无关,所以 Gram 矩阵 $\boldsymbol{A}^{\mathrm{T}}\boldsymbol{A}$ 是可逆的. 利用分块初等变换,有

$$\begin{pmatrix}\boldsymbol{A}^{\mathrm{T}}\boldsymbol{A} & \boldsymbol{A}^{\mathrm{T}}\boldsymbol{\alpha}\\ \boldsymbol{\alpha}^{\mathrm{T}}\boldsymbol{A} & \boldsymbol{\alpha}^{\mathrm{T}}\boldsymbol{\alpha}\end{pmatrix}\longrightarrow\begin{pmatrix}\boldsymbol{A}^{\mathrm{T}}\boldsymbol{A} & \boldsymbol{A}^{\mathrm{T}}\boldsymbol{\alpha}\\ \boldsymbol{0} & \boldsymbol{\alpha}^{\mathrm{T}}\boldsymbol{\alpha}-\boldsymbol{\alpha}^{\mathrm{T}}\boldsymbol{A}(\boldsymbol{A}^{\mathrm{T}}\boldsymbol{A})^{-1}\boldsymbol{A}^{\mathrm{T}}\boldsymbol{\alpha}\end{pmatrix},$$

所以

$$|\boldsymbol{B}^{\mathrm{T}}\boldsymbol{B}|=\begin{vmatrix}\boldsymbol{A}^{\mathrm{T}}\boldsymbol{A} & \boldsymbol{A}^{\mathrm{T}}\boldsymbol{\alpha}\\ \boldsymbol{\alpha}^{\mathrm{T}}\boldsymbol{A} & \boldsymbol{\alpha}^{\mathrm{T}}\boldsymbol{\alpha}\end{vmatrix}=|\boldsymbol{A}^{\mathrm{T}}\boldsymbol{A}|(\boldsymbol{\alpha}^{\mathrm{T}}\boldsymbol{\alpha}-\boldsymbol{\alpha}^{\mathrm{T}}\boldsymbol{A}(\boldsymbol{A}^{\mathrm{T}}\boldsymbol{A})^{-1}\boldsymbol{A}^{\mathrm{T}}\boldsymbol{\alpha}).\qquad ①$$

另一方面,因为$(\boldsymbol{\alpha}-\boldsymbol{\alpha}')\perp\boldsymbol{\alpha}_j(j=1,2,\cdots,m)$, 所以 $\boldsymbol{A}^{\mathrm{T}}(\boldsymbol{\alpha}-\boldsymbol{\alpha}')=0$,即 $\boldsymbol{A}^{\mathrm{T}}\boldsymbol{\alpha}'=\boldsymbol{A}^{\mathrm{T}}\boldsymbol{\alpha}$. 注意到 $\boldsymbol{\alpha}'=\sum_{i=1}^{m}x_i\boldsymbol{\alpha}_i=\boldsymbol{A}\boldsymbol{X}$,其中 $\boldsymbol{X}=(x_1,x_2,\cdots,x_m)^{\mathrm{T}}\in\mathbb{R}^m$,有$(\boldsymbol{A}^{\mathrm{T}}\boldsymbol{A})\boldsymbol{X}=\boldsymbol{A}^{\mathrm{T}}\boldsymbol{\alpha}$,故 $\boldsymbol{\alpha}'=\boldsymbol{A}(\boldsymbol{A}^{\mathrm{T}}\boldsymbol{A})^{-1}\boldsymbol{A}^{\mathrm{T}}\boldsymbol{\alpha}$. 利用勾股定理,得

$$d(\boldsymbol{\alpha},\ W)^2=|\boldsymbol{\alpha}|^2-|\boldsymbol{\alpha}'|^2=\boldsymbol{\alpha}^{\mathrm{T}}\boldsymbol{\alpha}-\boldsymbol{\alpha}^{\mathrm{T}}\boldsymbol{A}(\boldsymbol{A}^{\mathrm{T}}\boldsymbol{A})^{-1}\boldsymbol{A}^{\mathrm{T}}\boldsymbol{\alpha}.\qquad ②$$

比较①式与②式,即得所证.

【例 9.98】(上海交通大学,2004 年;大连理工大学,2000 年) 假设 $\boldsymbol{\alpha}_1,\boldsymbol{\alpha}_2,\cdots,\boldsymbol{\alpha}_m$ 与 $\boldsymbol{\beta}_1,\boldsymbol{\beta}_2,\cdots,\boldsymbol{\beta}_m$ 是 n 维欧氏空间 V 中的两组向量. 证明:存在 V 的正交变换 τ 使得 $\tau(\boldsymbol{\alpha}_i)=\boldsymbol{\beta}_i$ 对于所有的 $i=1,2,\cdots,m$ 成立当且仅当内积$(\boldsymbol{\alpha}_i,\boldsymbol{\alpha}_j)=(\boldsymbol{\beta}_i,\boldsymbol{\beta}_j)$, $\forall\, i,j=1,2,\cdots,m$.

【证】 必要性. 如果正交变换 τ 使得 $\tau(\boldsymbol{\alpha}_i)=\boldsymbol{\beta}_i$ 对于任意 $i=1,2,\cdots,m$ 均成立,那么

$$(\boldsymbol{\alpha}_i,\boldsymbol{\alpha}_j)=(\tau(\boldsymbol{\alpha}_i),\tau(\boldsymbol{\alpha}_j))=(\boldsymbol{\beta}_i,\boldsymbol{\beta}_j).$$

充分性. (方法 1) 对 m 利用数学归纳法.

当 $m=1$ 时,令 $\boldsymbol{e}=\dfrac{\boldsymbol{\alpha}_1-\boldsymbol{\beta}_1}{\|\boldsymbol{\alpha}_1-\boldsymbol{\beta}_1\|}$,则 $\boldsymbol{e}$ 是 V 中的单位向量. 对于 V 中的任意向量 $\boldsymbol{\xi}$,作变换 $\tau(\boldsymbol{\xi})=\boldsymbol{\xi}-2(\boldsymbol{\xi},\boldsymbol{e})\boldsymbol{e}$,易知 τ 是正交变换且 $\tau(\boldsymbol{\alpha}_1)=\boldsymbol{\beta}_1$,结论成立.

假设当 $m-1$ 时结论成立,现在证明 m 个向量时结论成立. 分为两种情形:

若 $\boldsymbol{\alpha}_1,\boldsymbol{\alpha}_2,\cdots,\boldsymbol{\alpha}_m$ 线性相关,不妨设

$$\boldsymbol{\alpha}_m=c_1\boldsymbol{\alpha}_1+c_2\boldsymbol{\alpha}_2+\cdots+c_{m-1}\boldsymbol{\alpha}_{m-1},$$

由归纳假设,存在 V 的一个正交变换 τ,使

$$\tau(\boldsymbol{\alpha}_i)=\boldsymbol{\beta}_i,\quad i=1,2,\cdots,m-1,$$

注意到$(\tau(\boldsymbol{\alpha}),\tau(\boldsymbol{\alpha}))=(\boldsymbol{\alpha},\boldsymbol{\alpha})$, $\forall\,\boldsymbol{\alpha}\in V$,并利用充分性条件$(\boldsymbol{\alpha}_i,\boldsymbol{\alpha}_j)=(\boldsymbol{\beta}_i,\boldsymbol{\beta}_j)$,于是有

$$\begin{aligned}(\tau(\boldsymbol{\alpha}_m)-\boldsymbol{\beta}_m,\tau(\boldsymbol{\alpha}_m)-\boldsymbol{\beta}_m)&=(\tau(\boldsymbol{\alpha}_m),\tau(\boldsymbol{\alpha}_m))+(\boldsymbol{\beta}_m,\boldsymbol{\beta}_m)-2(\tau(\boldsymbol{\alpha}_m),\boldsymbol{\beta}_m)\\&=2(\boldsymbol{\alpha}_m,\boldsymbol{\alpha}_m)-2\Big(\sum_{i=1}^{m-1}c_i\boldsymbol{\beta}_i,\boldsymbol{\beta}_m\Big)\\&=2(\boldsymbol{\alpha}_m,\boldsymbol{\alpha}_m)-2\sum_{i=1}^{m-1}c_i(\boldsymbol{\alpha}_i,\boldsymbol{\alpha}_m)\\&=2\Big(\boldsymbol{\alpha}_m-\sum_{i=1}^{m-1}c_i\boldsymbol{\alpha}_i,\boldsymbol{\alpha}_m\Big)=0,\end{aligned}$$

所以 $\tau(\boldsymbol{\alpha}_m)=\boldsymbol{\beta}_m$,结论成立.

若 $\boldsymbol{\alpha}_1,\boldsymbol{\alpha}_2,\cdots,\boldsymbol{\alpha}_m$ 线性无关,令 $W_1=L(\boldsymbol{\alpha}_1,\boldsymbol{\alpha}_2,\cdots,\boldsymbol{\alpha}_m)$ 和 $W_2=L(\boldsymbol{\beta}_1,\boldsymbol{\beta}_2,\cdots,\boldsymbol{\beta}_m)$,由于

$$\boldsymbol{G}(\boldsymbol{\alpha}_1,\boldsymbol{\alpha}_2,\cdots,\boldsymbol{\alpha}_m)=\boldsymbol{G}(\boldsymbol{\beta}_1,\boldsymbol{\beta}_2,\cdots,\boldsymbol{\beta}_m)$$

是 m 阶非奇异矩阵,所以 $\boldsymbol{\beta}_1,\boldsymbol{\beta}_2,\cdots,\boldsymbol{\beta}_m$ 线性无关. 故 $\dim W_1=\dim W_2=m$. 作正交直和分解:

$$V=W_1\perp W_1^{\perp}=W_2\perp W_2^{\perp},$$

设 $\boldsymbol{\xi}_1,\boldsymbol{\xi}_2,\cdots,\boldsymbol{\xi}_{n-m}$ 是 $W_1^{\perp}$ 的一组标准正交基,$\boldsymbol{\eta}_1,\boldsymbol{\eta}_2,\cdots,\boldsymbol{\eta}_{n-m}$ 是 $W_2^{\perp}$ 的一组标准正交基,注意到 $\boldsymbol{\alpha}_1,\boldsymbol{\alpha}_2,\cdots,\boldsymbol{\alpha}_m$ 是 W_1 的基,$\boldsymbol{\beta}_1,\boldsymbol{\beta}_2,\cdots,\boldsymbol{\beta}_m$ 是 W_2 的基,现定义 V 的线性变换 τ 如下:$\forall\boldsymbol{\alpha}\in V$,设

$$\boldsymbol{\alpha}=x_1\boldsymbol{\alpha}_1+x_2\boldsymbol{\alpha}_2+\cdots+x_m\boldsymbol{\alpha}_m+y_1\boldsymbol{\xi}_1+\cdots+y_{n-m}\boldsymbol{\xi}_{n-m},$$

令

$$\tau(\boldsymbol{\alpha})=x_1\boldsymbol{\beta}_1+x_2\boldsymbol{\beta}_2+\cdots+x_m\boldsymbol{\beta}_m+y_1\boldsymbol{\eta}_1+\cdots+y_{n-m}\boldsymbol{\eta}_{n-m},$$

显然 $\tau(\boldsymbol{\alpha}_i)=\boldsymbol{\beta}_i,i=1,2,\cdots,m$,并且

$$\begin{aligned}(\tau(\boldsymbol{\alpha}),\tau(\boldsymbol{\alpha}))&=\Big(\sum_{i=1}^{m}x_i\boldsymbol{\beta}_i+\sum_{j=1}^{n-m}y_j\boldsymbol{\eta}_j,\sum_{i=1}^{m}x_i\boldsymbol{\beta}_i+\sum_{j=1}^{n-m}y_j\boldsymbol{\eta}_j\Big)\\&=\Big(\sum_{i=1}^{m}x_i\boldsymbol{\beta}_i,\sum_{i=1}^{m}x_i\boldsymbol{\beta}_i\Big)+\Big(\sum_{j=1}^{n-m}y_j\boldsymbol{\eta}_j,\sum_{j=1}^{n-m}y_j\boldsymbol{\eta}_j\Big)\\&=\Big(\sum_{i=1}^{m}x_i\boldsymbol{\alpha}_i,\sum_{i=1}^{m}x_i\boldsymbol{\alpha}_i\Big)+\Big(\sum_{j=1}^{n-m}y_j\boldsymbol{\xi}_j,\sum_{j=1}^{n-m}y_j\boldsymbol{\xi}_j\Big)\\&=\Big(\sum_{i=1}^{m}x_i\boldsymbol{\alpha}_i+\sum_{j=1}^{n-m}y_j\boldsymbol{\xi}_j,\sum_{i=1}^{m}x_i\boldsymbol{\alpha}_i+\sum_{j=1}^{n-m}y_j\boldsymbol{\xi}_j\Big)\\&=(\boldsymbol{\alpha},\boldsymbol{\alpha}),\end{aligned}$$

因此,τ 是 V 的一个正交变换. 结论成立.

(方法2)令 $W_1=L(\boldsymbol{\alpha}_1,\boldsymbol{\alpha}_2,\cdots,\boldsymbol{\alpha}_m)$ 和 $W_2=L(\boldsymbol{\beta}_1,\boldsymbol{\beta}_2,\cdots,\boldsymbol{\beta}_m)$,对 V 作正交直和分解

$$V=W_1\oplus W_1^{\perp}=W_2\oplus W_2^{\perp},$$

构造 W_1 到 W_2 的映射 τ_1 如下:$\forall\boldsymbol{\alpha}\in W_1$,记 $\boldsymbol{\alpha}=\sum\limits_{i=1}^{m}k_i\boldsymbol{\alpha}_i$,令 $\tau_1(\boldsymbol{\alpha})=\sum\limits_{i=1}^{m}k_i\boldsymbol{\beta}_i$,则根据充分性条件 $(\boldsymbol{\alpha}_i,\boldsymbol{\alpha}_j)=(\boldsymbol{\beta}_i,\boldsymbol{\beta}_j)$,$\forall i,j=1,2,\cdots,m$. 不难证明 τ_1 是 W_1 到 W_2 的一个同构映射. 所以 $\dim W_1=\dim W_2$,从而 $\dim W_1^{\perp}=\dim W_2^{\perp}$. 于是可建立 $W_1^{\perp}$ 到 $W_2^{\perp}$ 的同构映射 τ_2.

现在,构造 V 上的变换 τ 如下:任取 $\boldsymbol{\alpha}\in V$,设 $\boldsymbol{\alpha}=\boldsymbol{\alpha}_1+\boldsymbol{\alpha}'_1$,其中 $\boldsymbol{\alpha}_1\in W_1$,$\boldsymbol{\alpha}'_1\in W_1^{\perp}$,令

$$\tau(\boldsymbol{\alpha})=\tau_1(\boldsymbol{\alpha}_1)+\tau_2(\boldsymbol{\alpha}'_1),$$

易证 τ 是 V 的线性变换,并且保持向量的内积不变,所以 τ 是正交变换. 又 $\boldsymbol{\alpha}_i=\boldsymbol{\alpha}_i+\boldsymbol{0}$,所以

$$\tau(\boldsymbol{\alpha}_i)=\tau_1(\boldsymbol{\alpha}_i)+\tau_2(\boldsymbol{0})=\tau_1(\boldsymbol{\alpha}_i)=\boldsymbol{\beta}_i,\quad i=1,2,\cdots,m.$$

【注】　注意到$(\boldsymbol{\alpha}_i,\boldsymbol{\alpha}_j)=(\boldsymbol{\beta}_i,\boldsymbol{\beta}_j),i,j=1,2,\cdots,m$ 等价于两组向量的 Gram 矩阵相等,因此本例用代数方法叙述即:设 $\boldsymbol{A},\boldsymbol{B}$ 为 $n\times m$ 实矩阵,则 $\boldsymbol{A}^{\mathrm{T}}\boldsymbol{A}=\boldsymbol{B}^{\mathrm{T}}\boldsymbol{B}$ 当且仅当存在正交矩阵 $\boldsymbol{Q}$ 使得 $\boldsymbol{B}=\boldsymbol{Q}\boldsymbol{A}$.

§9.5　正规矩阵与正规变换

基本理论与要点提示

9.5.1　正规变换

(1) 设 $\mathscr{A}$ 是欧氏空间 V 的线性变换,V 的线性变换 $\mathscr{A}^*$ 称为 $\mathscr{A}$ 的共轭变换或伴随变换,如果$(\mathscr{A}(\boldsymbol{\alpha}),\boldsymbol{\beta})=(\boldsymbol{\alpha},\mathscr{A}^*(\boldsymbol{\beta})),\forall\boldsymbol{\alpha},\boldsymbol{\beta}\in V$. 欧氏空间 V 的任一线性变换存在唯一的共轭变换;

(2) 设 $\mathscr{A}$ 是欧氏空间 V 的线性变换,$\mathscr{A}$ 在 V 的一个标准正交基下的矩阵为 $\boldsymbol{A}$,则共轭变换 $\mathscr{A}^*$ 在这个标准正交基下的矩阵为 $\boldsymbol{A}^{\mathrm{T}}$;

(3) 设 $\mathscr{A}$ 是欧氏空间 V 的线性变换,$\mathscr{A}^*$ 为 $\mathscr{A}$ 的共轭变换,如果 $\mathscr{A}^*\mathscr{A}=\mathscr{A}\mathscr{A}^*$,那么称 $\mathscr{A}$ 为 V 的正规变换. 欧氏空间的正交变换、对称变换和反对称变换都是正规变换;

(4) 设 $\mathscr{A}$ 是欧氏空间 V 的正规变换,$f(x)$ 是任一实多项式,则 $f(\mathscr{A})$ 也是 V 的正规变换;

(5) 设 $\mathscr{A}$ 是欧氏空间 V 的正规变换,$f(x)$ 与 $g(x)$ 是互素的实多项式. 如果 $\boldsymbol{\alpha}\in\ker(f(\mathscr{A})),\boldsymbol{\beta}\in\ker(g(\mathscr{A}))$,那么$(\boldsymbol{\alpha},\boldsymbol{\beta})=0$.

9.5.2　正规矩阵

(1) 设 $\boldsymbol{A}\in M_n(\mathbb{R})$ 满足 $\boldsymbol{A}^{\mathrm{T}}\boldsymbol{A}=\boldsymbol{A}\boldsymbol{A}^{\mathrm{T}}$,则称 $\boldsymbol{A}$ 为正规矩阵;

(2) 欧氏空间 V 的线性变换 $\mathscr{A}$ 为正规变换当且仅当 $\mathscr{A}$ 在 V 的标准正交基下的矩阵为正规矩阵;

(3) 设 $\mathscr{A}$ 是 n 维欧氏空间 V 的正规变换,则 V 可分解成 $\mathscr{A}$ 的一些两两正交的一维或二维不变子空间的直和;

(4) 设 $\mathscr{A}$ 是 n 维欧氏空间 V 的正规变换,则 $\mathscr{A}$ 在 V 的一个标准正交基下的矩阵为

$$\boldsymbol{D}=\mathrm{diag}(\lambda_1,\lambda_2,\cdots,\lambda_r,\boldsymbol{A}_1,\boldsymbol{A}_2,\cdots,\boldsymbol{A}_s),$$

其中 $\lambda_1,\lambda_2,\cdots,\lambda_r\in\mathbb{R}$,$\boldsymbol{A}_i=\rho_i\begin{pmatrix}\cos\theta_i & -\sin\theta_i\\ \sin\theta_i & \cos\theta_i\end{pmatrix}$,$\rho_i>0,\theta_i\neq k\pi,k\in\mathbb{Z}\ (i=1,2,\cdots,s)$,而 $r+2s=n$;

(5) $\boldsymbol{A}\in M_n(\mathbb{R})$ 为正规矩阵当且仅当存在正交矩阵 $\boldsymbol{Q}$ 使 $\boldsymbol{Q}^{\mathrm{T}}\boldsymbol{A}\boldsymbol{Q}=\boldsymbol{D}$(上述分块对角矩阵).

典型问题解析

【例 9.99】(重庆大学,2012 年)　设 $\mathscr{A}$ 是 n 维欧氏空间 V 的线性变换,V 的线性变换 $\mathscr{A}^*$ 称为 $\mathscr{A}$ 的伴随变换,如果$(\mathscr{A}(\boldsymbol{\alpha}),\boldsymbol{\beta})=(\boldsymbol{\alpha},\mathscr{A}^*(\boldsymbol{\beta})),\forall\boldsymbol{\alpha},\boldsymbol{\beta}\in V$.

(1) 设 $\mathscr{A}$ 在 V 的一个标准正交基下的矩阵为 $\boldsymbol{A}$,证明:$\mathscr{A}^*$ 在这个标准正交基下的矩阵为 $\boldsymbol{A}^{\mathrm{T}}$;

(2) 证明:$\mathscr{A}^*(V)=(\mathscr{A}^{-1}(\boldsymbol{0}))^{\perp}$,其中 $\mathscr{A}^*(V)$ 为 $\mathscr{A}^*$ 的值域,$\mathscr{A}^{-1}(\boldsymbol{0})$ 为 $\mathscr{A}$ 的核.

【解】　(1) 设 $\mathscr{A}$ 在 V 的标准正交基 $\boldsymbol{\eta}_1,\boldsymbol{\eta}_2,\cdots,\boldsymbol{\eta}_n$ 下的矩阵为 $\boldsymbol{A}=(a_{ij})_{n\times n}$,即

$$\mathscr{A}(\boldsymbol{\eta}_1,\boldsymbol{\eta}_2,\cdots,\boldsymbol{\eta}_n)=(\boldsymbol{\eta}_1,\boldsymbol{\eta}_2,\cdots,\boldsymbol{\eta}_n)\boldsymbol{A},$$

又设 $\mathscr{A}^*$ 在这个基 $\boldsymbol{\eta}_1,\boldsymbol{\eta}_2,\cdots,\boldsymbol{\eta}_n$ 下的矩阵为 $\boldsymbol{B}=(b_{ij})_{n\times n}$，即

$$\mathscr{A}^*(\boldsymbol{\eta}_1,\boldsymbol{\eta}_2,\cdots,\boldsymbol{\eta}_n)=(\boldsymbol{\eta}_1,\boldsymbol{\eta}_2,\cdots,\boldsymbol{\eta}_n)\boldsymbol{B},$$

则 $\forall i,j=1,2,\cdots,n$，有

$$(\mathscr{A}(\boldsymbol{\eta}_i),\boldsymbol{\eta}_j)=(a_{1i}\boldsymbol{\eta}_1+a_{2i}\boldsymbol{\eta}_2+\cdots+a_{ni}\boldsymbol{\eta}_n,\boldsymbol{\eta}_j)=a_{ji},$$
$$(\boldsymbol{\eta}_i,\mathscr{A}^*(\boldsymbol{\eta}_j))=(\boldsymbol{\eta}_i,b_{1j}\boldsymbol{\eta}_1+b_{2j}\boldsymbol{\eta}_2+\cdots+b_{nj}\boldsymbol{\eta}_n)=b_{ij}.$$

因为 $(\mathscr{A}(\boldsymbol{\eta}_i),\boldsymbol{\eta}_j)=(\boldsymbol{\eta}_i,\mathscr{A}^*(\boldsymbol{\eta}_j))$，所以 $a_{ji}=b_{ij}$. 故 $\boldsymbol{B}=\boldsymbol{A}^{\mathrm{T}}$.

(2) 任取 $\mathscr{A}^*(\boldsymbol{\alpha})\in\mathscr{A}^*(V)$，$\boldsymbol{\beta}\in\mathscr{A}^{-1}(\boldsymbol{0})$，则 $\mathscr{A}(\boldsymbol{\beta})=\boldsymbol{0}$，于是

$$(\boldsymbol{\beta},\mathscr{A}^*(\boldsymbol{\alpha}))=(\mathscr{A}(\boldsymbol{\beta}),\boldsymbol{\alpha})=0,$$

即 $\mathscr{A}^*(\boldsymbol{\alpha})\in(\mathscr{A}^{-1}(\boldsymbol{0}))^{\perp}$，故 $\mathscr{A}^*(V)\subseteq(\mathscr{A}^{-1}(\boldsymbol{0}))^{\perp}$. 而

$$\begin{aligned}\dim\,(\mathscr{A}^*(V))&=\operatorname{rank}\boldsymbol{A}^{\mathrm{T}}=\operatorname{rank}\boldsymbol{A}=\dim(\mathscr{A}(V))=n-\dim(\mathscr{A}^{-1}(\boldsymbol{0}))\\&=\dim(\mathscr{A}^{-1}(\boldsymbol{0}))^{\perp},\end{aligned}$$

因此 $\mathscr{A}^*(V)=(\mathscr{A}^{-1}(\boldsymbol{0}))^{\perp}$.

【例 9.100】(重庆大学,2013 年) 设 V 是 n 维欧氏空间. 求证：

(1) V 的任一线性变换 $\mathscr{A}$ 都存在唯一的共轭变换 $\mathscr{A}^*$，即存在唯一的线性变换 $\mathscr{A}^*$，使得对任意 $\boldsymbol{\alpha},\boldsymbol{\beta}\in V$，有 $(\mathscr{A}(\boldsymbol{\alpha}),\boldsymbol{\beta})=(\boldsymbol{\alpha},\mathscr{A}^*(\boldsymbol{\beta}))$；

(2) $\mathscr{A}$ 为对称变换当且仅当 $\mathscr{A}^*=\mathscr{A}$；

(3) $\mathscr{A}$ 为正交变换当且仅当 $\mathscr{A}\mathscr{A}^*=\mathscr{A}^*\mathscr{A}=\mathscr{E}$，其中 $\mathscr{E}$ 为 V 上的恒等变换.

【证】 (1) 设 $\boldsymbol{\eta}_1,\boldsymbol{\eta}_2,\cdots,\boldsymbol{\eta}_n$ 是 V 的一个标准正交基，定义 V 的线性变换

$$\mathscr{A}^*(\boldsymbol{\alpha})=\sum_{i=1}^{n}(\mathscr{A}(\boldsymbol{\eta}_i),\boldsymbol{\alpha})\boldsymbol{\eta}_i,\quad\forall\boldsymbol{\alpha}\in V.$$

因为 $\mathscr{A}^*(\boldsymbol{\alpha})\in V$，所以又可表示为

$$\mathscr{A}^*(\boldsymbol{\alpha})=\sum_{i=1}^{n}(\mathscr{A}^*(\boldsymbol{\alpha}),\boldsymbol{\eta}_i)\boldsymbol{\eta}_i,$$

于是，有 $(\mathscr{A}(\boldsymbol{\eta}_i),\boldsymbol{\alpha})=(\mathscr{A}^*(\boldsymbol{\alpha}),\boldsymbol{\eta}_i)$，$i=1,2,\cdots,n$. 任取 $\boldsymbol{\beta}\in V$，令 $\boldsymbol{\beta}=\sum\limits_{i=1}^{n}x_i\boldsymbol{\eta}_i$，则

$$(\mathscr{A}(\boldsymbol{\beta}),\boldsymbol{\alpha})=\sum_{i=1}^{n}x_i(\mathscr{A}(\boldsymbol{\eta}_i),\boldsymbol{\alpha})=\sum_{i=1}^{n}x_i(\mathscr{A}^*(\boldsymbol{\alpha}),\boldsymbol{\eta}_i)=(\boldsymbol{\beta},\mathscr{A}^*(\boldsymbol{\alpha})).$$

这就表明，$\mathscr{A}^*$ 是 $\mathscr{A}$ 的一个共轭变换. 又设 $\mathscr{A}_1^*$ 是 $\mathscr{A}$ 的另一个共轭变换，即

$$(\mathscr{A}(\boldsymbol{\alpha}),\boldsymbol{\beta})=(\boldsymbol{\alpha},\mathscr{A}_1^*(\boldsymbol{\beta})),\quad\forall\boldsymbol{\alpha},\boldsymbol{\beta}\in V,$$

则有 $(\boldsymbol{\alpha},\mathscr{A}^*(\boldsymbol{\beta}))=(\boldsymbol{\alpha},\mathscr{A}_1^*(\boldsymbol{\beta}))$，即 $(\boldsymbol{\alpha},(\mathscr{A}^*-\mathscr{A}_1^*)(\boldsymbol{\beta}))=0$. 因为 $\boldsymbol{\alpha}$ 任意，所以 $(\mathscr{A}^*-\mathscr{A}_1^*)(\boldsymbol{\beta})=\boldsymbol{0}$. 又 $\boldsymbol{\beta}$ 任意，所以 $\mathscr{A}^*=\mathscr{A}_1^*$. 唯一性得证.

(2) 只证必要性. 设 $\mathscr{A}$ 为对称变换，则 $(\mathscr{A}(\boldsymbol{\alpha}),\boldsymbol{\beta})=(\boldsymbol{\alpha},\mathscr{A}(\boldsymbol{\beta}))$，$\forall\boldsymbol{\alpha},\boldsymbol{\beta}\in V$，从而有

$$(\boldsymbol{\alpha},\mathscr{A}^*(\boldsymbol{\beta}))=(\boldsymbol{\alpha},\mathscr{A}(\boldsymbol{\beta})),\ \forall\boldsymbol{\alpha},\boldsymbol{\beta}\in V,$$

即 $(\boldsymbol{\alpha},(\mathscr{A}^*-\mathscr{A})(\boldsymbol{\beta}))=0$. 因为 $\boldsymbol{\alpha}$ 任意，所以 $(\mathscr{A}^*-\mathscr{A})(\boldsymbol{\beta})=\boldsymbol{0}$. 又 $\boldsymbol{\beta}$ 任意，所以 $\mathscr{A}^*=\mathscr{A}$.

(3) 设 $\mathscr{A}$ 在 V 的一个标准正交基下的矩阵为 $\boldsymbol{A}$，则 $\mathscr{A}^*$ 在这个标准正交基下的矩阵为 $\boldsymbol{A}^{\mathrm{T}}$. 因此，$\mathscr{A}$ 为正交变换 $\Leftrightarrow\boldsymbol{A}$ 为正交矩阵 $\Leftrightarrow\boldsymbol{A}\boldsymbol{A}^{\mathrm{T}}=\boldsymbol{A}^{\mathrm{T}}\boldsymbol{A}=\boldsymbol{E}$，这又等价于 $\mathscr{A}\mathscr{A}^*=\mathscr{A}^*\mathscr{A}=\mathscr{E}$.

【例 9.101】 设 φ 是欧氏空间 V 的线性变换，φ^* 是 φ 的共轭变换. 证明：

(1) φ 是正规变换当且仅当 $(\varphi^*(\boldsymbol{\alpha}),\varphi^*(\boldsymbol{\beta}))=(\varphi(\boldsymbol{\alpha}),\varphi(\boldsymbol{\beta}))$，$\forall\boldsymbol{\alpha},\boldsymbol{\beta}\in V$；

(2) 若 φ 是正规变换，$\boldsymbol{\alpha}$ 是 φ 的属于特征值 λ 的特征向量，则 $\boldsymbol{\alpha}$ 也是 φ^* 的属于特征值 $\overline{\lambda}$ 的特征向量.

【证】 (1) 必要性. 设 $\varphi^*\varphi=\varphi\varphi^*$，则对任意 $\boldsymbol{\alpha},\boldsymbol{\beta}\in V$，有

$$(\varphi^*(\boldsymbol{\alpha}),\varphi^*(\boldsymbol{\beta}))=(\varphi\varphi^*(\boldsymbol{\alpha}),\boldsymbol{\beta})=(\varphi^*\varphi(\boldsymbol{\alpha}),\boldsymbol{\beta})=(\varphi(\boldsymbol{\alpha}),\varphi(\boldsymbol{\beta})).$$

充分性. 设对任意 $\boldsymbol{\alpha},\boldsymbol{\beta}\in V$，恒有 $(\varphi^*(\boldsymbol{\alpha}),\varphi^*(\boldsymbol{\beta}))=(\varphi(\boldsymbol{\alpha}),\varphi(\boldsymbol{\beta}))$，则

$$(\varphi^*\varphi(\boldsymbol{\alpha}),\boldsymbol{\beta})=(\varphi(\boldsymbol{\alpha}),\varphi(\boldsymbol{\beta}))=(\varphi^*(\boldsymbol{\alpha}),\varphi^*(\boldsymbol{\beta}))=(\varphi\varphi^*(\boldsymbol{\alpha}),\boldsymbol{\beta}).$$

由于 $\boldsymbol{\beta}$ 的任意性，所以 $\varphi^*\varphi(\boldsymbol{\alpha})=\varphi\varphi^*(\boldsymbol{\alpha})$. 再由 $\boldsymbol{\alpha}$ 的任意性，有 $\varphi^*\varphi=\varphi\varphi^*$.

(2) 根据题设，$\varphi(\boldsymbol{\alpha})=\lambda\boldsymbol{\alpha}$，下证：$\varphi^*(\boldsymbol{\alpha})=\overline{\lambda}\boldsymbol{\alpha}$，这等价于证：$|\varphi^*(\boldsymbol{\alpha})-\overline{\lambda}\boldsymbol{\alpha}|=0$. 事实上，由于

$$\begin{aligned}|\varphi^*(\boldsymbol{\alpha})-\overline{\lambda}\boldsymbol{\alpha}|^2&=(\varphi^*(\boldsymbol{\alpha})-\overline{\lambda}\boldsymbol{\alpha},\varphi^*(\boldsymbol{\alpha})-\overline{\lambda}\boldsymbol{\alpha})\\&=(\varphi^*(\boldsymbol{\alpha}),\varphi^*(\boldsymbol{\alpha}))-\lambda(\varphi^*(\boldsymbol{\alpha}),\boldsymbol{\alpha})-\overline{\lambda}(\boldsymbol{\alpha},\varphi^*(\boldsymbol{\alpha}))+|\lambda|^2(\boldsymbol{\alpha},\boldsymbol{\alpha})\\&=(\varphi(\boldsymbol{\alpha}),\varphi(\boldsymbol{\alpha}))-\lambda(\boldsymbol{\alpha},\varphi(\boldsymbol{\alpha}))-\overline{\lambda}(\varphi(\boldsymbol{\alpha}),\boldsymbol{\alpha})+|\lambda|^2(\boldsymbol{\alpha},\boldsymbol{\alpha})\\&=(\varphi(\boldsymbol{\alpha})-\lambda\boldsymbol{\alpha},\varphi(\boldsymbol{\alpha})-\lambda\boldsymbol{\alpha})\\&=|\varphi(\boldsymbol{\alpha})-\lambda\boldsymbol{\alpha}|^2=0,\end{aligned}$$

因此，$\boldsymbol{\alpha}$ 也是 φ^* 的属于特征值 $\overline{\lambda}$ 的特征向量.

【例 9.102】 设 φ 是 n 维欧氏空间 V 的正规变换，φ^* 是 φ 的共轭变换，W 是 V 的 φ-不变子空间. 证明：$W^{\perp}$ 也是 φ 的不变子空间，且 W 与 $W^{\perp}$ 都是 φ^* 的不变子空间.

【证】 设 $\dim W=r$，取 W 的标准正交基 $\boldsymbol{\xi}_1,\boldsymbol{\xi}_2,\cdots,\boldsymbol{\xi}_r$，扩充成 V 的标准正交基 $\boldsymbol{\xi}_1,\boldsymbol{\xi}_2,\cdots,\boldsymbol{\xi}_n$，则 φ 在这个基下的矩阵为 $\boldsymbol{A}=\begin{pmatrix}\boldsymbol{A}_1&\boldsymbol{A}_2\\\boldsymbol{O}&\boldsymbol{A}_3\end{pmatrix}$，其中 $\boldsymbol{A}_1\in\mathbb{R}^{r\times r}$. 因为 $\boldsymbol{A}^{\mathrm{T}}\boldsymbol{A}=\boldsymbol{A}\boldsymbol{A}^{\mathrm{T}}$，所以

$$\begin{pmatrix}\boldsymbol{A}_1^{\mathrm{T}}&\boldsymbol{O}\\\boldsymbol{A}_2^{\mathrm{T}}&\boldsymbol{A}_3^{\mathrm{T}}\end{pmatrix}\begin{pmatrix}\boldsymbol{A}_1&\boldsymbol{A}_2\\\boldsymbol{O}&\boldsymbol{A}_3\end{pmatrix}=\begin{pmatrix}\boldsymbol{A}_1&\boldsymbol{A}_2\\\boldsymbol{O}&\boldsymbol{A}_3\end{pmatrix}\begin{pmatrix}\boldsymbol{A}_1^{\mathrm{T}}&\boldsymbol{O}\\\boldsymbol{A}_2^{\mathrm{T}}&\boldsymbol{A}_3^{\mathrm{T}}\end{pmatrix}.$$

比较上式两边左上角子块，得 $\boldsymbol{A}_1^{\mathrm{T}}\boldsymbol{A}_1=\boldsymbol{A}_1\boldsymbol{A}_1^{\mathrm{T}}+\boldsymbol{A}_2\boldsymbol{A}_2^{\mathrm{T}}$. 于是，有 $\mathrm{tr}(\boldsymbol{A}_2\boldsymbol{A}_2^{\mathrm{T}})=0$，故 $\boldsymbol{A}_2=\boldsymbol{O}$. 因此

$$\boldsymbol{A}=\begin{pmatrix}\boldsymbol{A}_1&\\&\boldsymbol{A}_3\end{pmatrix},\quad \boldsymbol{A}^{\mathrm{T}}=\begin{pmatrix}\boldsymbol{A}_1^{\mathrm{T}}&\\&\boldsymbol{A}_3^{\mathrm{T}}\end{pmatrix}.$$

所以 $W^{\perp}$ 是 φ-不变子空间，且 W 与 $W^{\perp}$ 都是 φ^*-不变子空间.

【注】 由此也证明了：如果 W 是正规变换 φ 的不变子空间，那么 $\varphi|_W$ 是 W 的正规变换，且 $(\varphi|_W)^*=\varphi^*|_W$.

【例 9.103】(苏州大学，2020 年；兰州大学，2020 年；浙江大学，2006 年) 证明：n 阶实方阵 $\boldsymbol{A}$ 的特征值均为实数当且仅当存在正交矩阵 $\boldsymbol{Q}$，使得 $\boldsymbol{Q}^{-1}\boldsymbol{A}\boldsymbol{Q}$ 为上三角矩阵.

【证】 充分性. 设存在正交矩阵 $\boldsymbol{G}$，使 $\boldsymbol{G}^{-1}\boldsymbol{A}\boldsymbol{G}=\boldsymbol{U}$ 为上三角矩阵，则 $\boldsymbol{U}$ 是实矩阵. 由于 $\boldsymbol{U}$ 与 $\boldsymbol{A}$ 相似，$\boldsymbol{U}$ 的主对角元是 $\boldsymbol{A}$ 的全部特征值，所以 $\boldsymbol{A}$ 的特征值都是实数.

必要性. 首先说明:若 λ_0 是 $\boldsymbol{A}$ 的实特征值,则 $\boldsymbol{A}$ 必存在一个属于 λ_0 的实特征向量. 事实上,如果 $\boldsymbol{\xi}\neq\boldsymbol{0}$ 是 $\boldsymbol{A}$ 的属于 λ_0 的特征向量,那么 $\overline{\boldsymbol{\xi}}$($\boldsymbol{\xi}$ 的共轭向量)也是 $\boldsymbol{A}$ 的属于 λ_0 的特征向量,因而 $\boldsymbol{\xi}+\overline{\boldsymbol{\xi}}$ 或 $\mathrm{i}(\boldsymbol{\xi}-\overline{\boldsymbol{\xi}})$(其中至少有一个非零)就是 $\boldsymbol{A}$ 的属于 λ_0 的实特征向量.

现在,对 $\boldsymbol{A}$ 的阶数 n 用数学归纳法. 当 $n=1$ 时,结论显然成立. 假设对于 $n-1$ 阶实矩阵结论成立,当 $\boldsymbol{A}$ 为 n 阶实方阵时,由于其特征值全为实数,故可取其中一个特征值 λ_1 及相应的单位实特征向量 $\boldsymbol{\xi}_1$,并扩充成 n 维欧氏空间 $\mathbb{R}^n$ 的一个标准正交基 $\boldsymbol{\xi}_1,\boldsymbol{\xi}_2,\cdots,\boldsymbol{\xi}_n$,令 $\boldsymbol{P}=(\boldsymbol{\xi}_1,\boldsymbol{\xi}_2,\cdots,\boldsymbol{\xi}_n)$,则 $\boldsymbol{P}$ 是正交矩阵,且 $\boldsymbol{AP}=\boldsymbol{P}\begin{pmatrix}\lambda_1 & \boldsymbol{\alpha}^{\mathrm{T}}\\ \boldsymbol{0} & \boldsymbol{A}_1\end{pmatrix}$,其中 $\boldsymbol{A}_1$ 为 $n-1$ 阶实方阵.

根据归纳假设,存在 $n-1$ 阶正交矩阵 $\boldsymbol{G}$,使得 $\boldsymbol{G}^{-1}\boldsymbol{A}_1\boldsymbol{G}=\boldsymbol{U}_1$ 是一个上三角矩阵. 令 $\boldsymbol{Q}=\boldsymbol{P}\begin{pmatrix}1 & \boldsymbol{0}\\ \boldsymbol{0} & \boldsymbol{G}\end{pmatrix}$,则 $\boldsymbol{Q}$ 是正交矩阵,且 $\boldsymbol{Q}^{-1}\boldsymbol{AQ}=\begin{pmatrix}\lambda_1 & \boldsymbol{\alpha}^{\mathrm{T}}\boldsymbol{G}\\ \boldsymbol{0} & \boldsymbol{G}^{-1}\boldsymbol{A}_1\boldsymbol{G}\end{pmatrix}=\begin{pmatrix}\lambda_1 & \boldsymbol{\alpha}^{\mathrm{T}}\boldsymbol{G}\\ \boldsymbol{0} & \boldsymbol{U}_1\end{pmatrix}$ 是上三角矩阵.

【例 9.104】 设 $\boldsymbol{A}$ 是 n 阶实方阵,证明:存在正交矩阵 $\boldsymbol{Q}$,使得 $\boldsymbol{Q}^{\mathrm{T}}\boldsymbol{AQ}$ 为对角矩阵的充分必要条件是 $\boldsymbol{A}$ 的特征值全为实数且 $\boldsymbol{A}^{\mathrm{T}}\boldsymbol{A}=\boldsymbol{AA}^{\mathrm{T}}$(其中 $\boldsymbol{A}^{\mathrm{T}}$ 表示 $\boldsymbol{A}$ 的转置矩阵).

【证】 必要性. 若正交矩阵 $\boldsymbol{Q}$ 使得 $\boldsymbol{Q}^{-1}\boldsymbol{AQ}=\boldsymbol{Q}^{\mathrm{T}}\boldsymbol{AQ}=\boldsymbol{D}$ 为对角矩阵,则 $\boldsymbol{D}$ 为实矩阵,其对角元是 $\boldsymbol{A}$ 的特征值,所以 $\boldsymbol{A}$ 的特征值都是实数. 再由 $\boldsymbol{D}^{\mathrm{T}}\boldsymbol{D}=\boldsymbol{DD}^{\mathrm{T}}$ 即可得 $\boldsymbol{A}^{\mathrm{T}}\boldsymbol{A}=\boldsymbol{AA}^{\mathrm{T}}$.

充分性. 对矩阵阶数 n 用归纳法. 当 $n=1$ 时,结论显然成立. 假设满足条件的 $n-1$ 阶实方阵结论成立,下证当 n 阶实方阵 $\boldsymbol{A}$ 满足条件时结论成立. 由于 $\boldsymbol{A}$ 的特征值全为实数,故可取其中任一特征值 λ_1 及相应的单位实特征向量 $\boldsymbol{\xi}_1$,并扩充成 n 维欧氏空间 $\mathbb{R}^n$ 的一个标准正交基 $\boldsymbol{\xi}_1,\boldsymbol{\xi}_2,\cdots,\boldsymbol{\xi}_n$,令 $\boldsymbol{P}=(\boldsymbol{\xi}_1,\boldsymbol{\xi}_2,\cdots,\boldsymbol{\xi}_n)$,则 $\boldsymbol{P}$ 是正交矩阵,且 $\boldsymbol{P}^{\mathrm{T}}\boldsymbol{AP}=\begin{pmatrix}\lambda_1 & \boldsymbol{\alpha}^{\mathrm{T}}\\ \boldsymbol{0} & \boldsymbol{A}_1\end{pmatrix}$,其中 $\boldsymbol{A}_1$ 为 $n-1$ 阶实方阵. 显然 $\boldsymbol{A}_1$ 的特征值都是 $\boldsymbol{A}$ 的特征值,因而都是实数. 又 $\boldsymbol{A}^{\mathrm{T}}\boldsymbol{A}=\boldsymbol{AA}^{\mathrm{T}}$,有

$$\begin{pmatrix}\lambda_1 & \boldsymbol{\alpha}^{\mathrm{T}}\\ \boldsymbol{0} & \boldsymbol{A}_1\end{pmatrix}^{\mathrm{T}}\begin{pmatrix}\lambda_1 & \boldsymbol{\alpha}^{\mathrm{T}}\\ \boldsymbol{0} & \boldsymbol{A}_1\end{pmatrix}=\begin{pmatrix}\lambda_1 & \boldsymbol{\alpha}^{\mathrm{T}}\\ \boldsymbol{0} & \boldsymbol{A}_1\end{pmatrix}\begin{pmatrix}\lambda_1 & \boldsymbol{\alpha}^{\mathrm{T}}\\ \boldsymbol{0} & \boldsymbol{A}_1\end{pmatrix}^{\mathrm{T}}.$$

比较上式两边的(1,1)元,得 $\lambda_1^2=\lambda_1^2+\boldsymbol{\alpha}^{\mathrm{T}}\boldsymbol{\alpha}$,故 $\boldsymbol{\alpha}=\boldsymbol{0}$,从而 $\boldsymbol{A}_1^{\mathrm{T}}\boldsymbol{A}_1=\boldsymbol{A}_1\boldsymbol{A}_1^{\mathrm{T}}$.

根据归纳假设,存在 $n-1$ 阶正交矩阵 $\boldsymbol{Q}_1$,使得 $\boldsymbol{Q}_1^{\mathrm{T}}\boldsymbol{A}_1\boldsymbol{Q}_1=\boldsymbol{D}_1$ 是对角矩阵. 现在,令 $\boldsymbol{Q}=\boldsymbol{P}\begin{pmatrix}1 & \boldsymbol{0}\\ \boldsymbol{0} & \boldsymbol{Q}_1\end{pmatrix}$,则 $\boldsymbol{Q}$ 是正交矩阵,且 $\boldsymbol{Q}^{\mathrm{T}}\boldsymbol{AQ}=\begin{pmatrix}\lambda_1 & \\ & \boldsymbol{Q}_1^{\mathrm{T}}\boldsymbol{A}_1\boldsymbol{Q}_1\end{pmatrix}=\begin{pmatrix}\lambda_1 & \\ & \boldsymbol{D}_1\end{pmatrix}$ 是对角矩阵.

【注】 在证充分性时,也可直接用上一题的结论. 因为 $\boldsymbol{A}$ 是实矩阵且特征值全为实数,所以存在正交矩阵 $\boldsymbol{Q}$,使得 $\boldsymbol{Q}^{\mathrm{T}}\boldsymbol{AQ}=\boldsymbol{U}$ 为上三角矩阵. 又由条件 $\boldsymbol{A}^{\mathrm{T}}\boldsymbol{A}=\boldsymbol{AA}^{\mathrm{T}}$,知 $\boldsymbol{U}^{\mathrm{T}}\boldsymbol{U}=\boldsymbol{UU}^{\mathrm{T}}$. 再依次比较 $\boldsymbol{U}^{\mathrm{T}}\boldsymbol{U}=\boldsymbol{UU}^{\mathrm{T}}$ 的(1,1)元,(2,2)元,…,直接解得 $\boldsymbol{U}$ 为对角矩阵.

【例 9.105】(南开大学,2010 年,首都师范大学,2009 年) 设 $\boldsymbol{A}$ 为 n 阶实方阵,$\boldsymbol{A}$ 的特征值全为实数,且 $\boldsymbol{AA}^{\mathrm{T}}=\boldsymbol{A}^{\mathrm{T}}\boldsymbol{A}$. 证明:$\boldsymbol{A}$ 必为对称方阵.

【证】 (方法 1) 对 n 用归纳法,参见上一题的充分性证明.

(方法 2)利用正规矩阵的标准形:n 阶实方阵 $\boldsymbol{A}$ 为正规矩阵当且仅当存在正交矩阵 $\boldsymbol{Q}$ 使

$$Q^{\mathrm{T}}AQ=\mathrm{diag}(\lambda_1,\lambda_2,\cdots,\lambda_s,A_1,A_2,\cdots,A_t),$$

其中 λ_i 为实数($i=1,2,\cdots,s$);$A_j=r_j\begin{pmatrix}\cos\theta_j & -\sin\theta_j\\ \sin\theta_j & \cos\theta_j\end{pmatrix}$,而 $r_j>0(j=1,2,\cdots,t)$.

现题设 A 的特征值全为实数,那么每个 A_j 的特征值全为实数. 注意到 A_j 的特征多项式

$$|\lambda E-A_j|=\lambda^2-2r_j\lambda\cos\theta_j+r_j^2,$$

所以 $\sin\theta_j=0(j=1,2,\cdots,t)$. 这就表明 $Q^{\mathrm{T}}AQ=D$ 为对角矩阵,因此 $A=QDQ^{\mathrm{T}}$ 为对称矩阵.

【注】（苏州大学,2014 年）设正交矩阵 A 的特征值全为实数. 证明 A 为对称矩阵.

【例 9.106】(中山大学,2010 年) 设 σ 是 n 维欧氏空间 V 的一个正规变换,且满足条件:$\sigma^2+\mathrm{id}_V=0$. 证明:对任意 $x\in V$,有 $|x|=|\sigma(x)|=|\sigma^*(x)|$.（$\sigma^*$ 表示 σ 的伴随变换,$|x|$表示 x 的长度.）

【证】 据题设,σ 是 V 的正规变换,即 $\sigma^*\sigma=\sigma\sigma^*$,所以 $\forall x\in V$,有

$$\begin{aligned}|\sigma(x)|^2&=(\sigma(x),\sigma(x))=(x,\sigma^*\sigma(x))=(x,\sigma\sigma^*(x))\\&=(\sigma\sigma^*(x),x)=(\sigma^*(x),\sigma^*(x))=|\sigma^*(x)|^2,\end{aligned}$$

故 $|\sigma(x)|=|\sigma^*(x)|$. 另一方面,正规变换 σ 在 V 的一个规范正交基下的矩阵为

$$A=\mathrm{diag}(\lambda_1,\lambda_2,\cdots,\lambda_s,C_1,C_2,\cdots,C_t),$$

其中 $C_i=r_i\begin{pmatrix}\cos\varphi_i & -\sin\varphi_i\\ \sin\varphi_i & \cos\varphi_i\end{pmatrix}$,$r_i>0,i=1,2,\cdots,t$. 又由 $\sigma^2+\mathrm{id}_V=0$ 及同构对应,有 $A^2+E=O$,所以 $s=0,C_i=\pm\begin{pmatrix}0 & -1\\ 1 & 0\end{pmatrix}$ 是正交矩阵,因此 A 是正交矩阵,这就表明 σ 是正交变换. 于是,$\forall x\in V$,有 $|x|=|\sigma(x)|=|\sigma^*(x)|$.

【例 9.107】 设 φ 是 n 维欧氏空间 V 的正规变换,$a+\mathrm{i}b(a,b\in\mathbb{R},b\neq0)$ 是 φ 的复特征值. 求证:存在单位向量 $\xi,\eta\in V$,且 $\xi\perp\eta$,使得 $\varphi(\xi)=a\xi+b\eta,\varphi(\eta)=-b\xi+a\eta$.

【证】 设 φ 在 V 的标准正交基 $\alpha_1,\alpha_2,\cdots,\alpha_n$ 下的矩阵为 A,则 A 是实正规矩阵. 注意到实矩阵的虚特征值必成共轭对出现,所以 $a-\mathrm{i}b$ 也是 A 的特征值. 设 $X+\mathrm{i}Y$ 是 A 的属于 $a-\mathrm{i}b$ 的复特征向量,其中 $X,Y\in\mathbb{R}^n$,则

$$A(X+\mathrm{i}Y)=(a-\mathrm{i}b)(X+\mathrm{i}Y).$$

比较上式两端的实部和虚部,得

$$AX=aX+bY,\quad AY=-bX+aY. \qquad ①$$

另一方面,对任一复数 λ 及复向量 $\alpha\in\mathbb{C}^n$,利用 $A^{\mathrm{T}}A=AA^{\mathrm{T}}$ 可得 $|A^{\mathrm{T}}\alpha-\overline{\lambda}\alpha|^2=|A\alpha-\lambda\alpha|^2$. 所以 $X+\mathrm{i}Y$ 也是 A^{T} 的属于 $a+\mathrm{i}b$ 的复特征向量,即 $A^{\mathrm{T}}(X+\mathrm{i}Y)=(a+\mathrm{i}b)(X+\mathrm{i}Y)$. 由此可得

$$A^{\mathrm{T}}X=aX-bY,\quad A^{\mathrm{T}}Y=bX+aY. \qquad ②$$

在①式与②式中,都用前一个等式,得

$$X^{\mathrm{T}}(aX+bY)=X^{\mathrm{T}}(AX)=(A^{\mathrm{T}}X)^{\mathrm{T}}X=(aX-bY)^{\mathrm{T}}X,$$

即 $bX^{\mathrm{T}}Y=-bX^{\mathrm{T}}Y$. 因为 $b\neq0$,所以 $X^{\mathrm{T}}Y=0$. 同理,由于 $Y^{\mathrm{T}}(aX+bY)=(bX+aY)^{\mathrm{T}}X$,可得 $X^{\mathrm{T}}X=Y^{\mathrm{T}}Y$,即 $|X|=|Y|$.

现在,令 $\xi=\dfrac{1}{|X|}(\alpha_1,\alpha_2,\cdots,\alpha_n)X,\eta=\dfrac{1}{|Y|}(\alpha_1,\alpha_2,\cdots,\alpha_n)Y$,则 $\xi,\eta\in V$ 是单位向量,且

$\boldsymbol{\xi}\perp\boldsymbol{\eta}$. 进一步,可以验证:$\varphi(\boldsymbol{\xi})=a\boldsymbol{\xi}+b\boldsymbol{\eta},\varphi(\boldsymbol{\eta})=-b\boldsymbol{\xi}+a\boldsymbol{\eta}$.

【例 9.108】 设 T 是 n 维欧氏空间 V 的正规变换,T 在 V 的标准正交基 $\boldsymbol{\eta}_1,\boldsymbol{\eta}_2,\cdots,\boldsymbol{\eta}_n$ 下的矩阵为 $\boldsymbol{A}$. 证明:

(1) V 可以分解成 T 的一些两两正交的一维或二维不变子空间的直和;

(2) 若 T 的特征值为 $\lambda_i\in\mathbb{R}\ (1\leqslant i\leqslant r),a_k\pm\mathrm{i}b_k(b_k\neq 0,1\leqslant k\leqslant s)$,则存在正交矩阵 $\boldsymbol{P}$,使得

$$\boldsymbol{P}^{-1}\boldsymbol{A}\boldsymbol{P}=\operatorname{diag}\left(\lambda_1,\lambda_2,\cdots,\lambda_r,\begin{pmatrix}a_1&-b_1\\b_1&a_1\end{pmatrix},\cdots,\begin{pmatrix}a_s&-b_s\\b_s&a_s\end{pmatrix}\right).\qquad ①$$

【证】 (1) 对 V 的维数 n 作归纳法. 当 $n=1$ 时,显然;当 $n=2$ 时,若 T 有特征值 λ 为实数,$\boldsymbol{\xi}$ 是 T 的属于 λ 的特征向量,则 $V=L(\boldsymbol{\xi})\oplus L(\boldsymbol{\xi})^{\perp}$,结论成立. 若 T 的特征值是复数 $a+\mathrm{i}b$ $(a,b\in\mathbb{R},b\neq 0)$,则由上例知,存在 $\boldsymbol{\xi},\boldsymbol{\eta}\in V$ 使得 $T(\boldsymbol{\xi})=a\boldsymbol{\xi}+b\boldsymbol{\eta},T(\boldsymbol{\eta})=-b\boldsymbol{\xi}+a\boldsymbol{\eta}$,且 $\boldsymbol{\xi}$ 与 $\boldsymbol{\eta}$ 正交,因而线性无关,$V=L(\boldsymbol{\xi},\boldsymbol{\eta})$. 结论也成立.

假设 V 的维数 $\leqslant k$ 时结论成立,对于 $k+1$ 维欧氏空间 V,分两种情形讨论.

情形一:T 有实特征值 λ,$\boldsymbol{\xi}$ 是 T 的属于 λ 的特征向量,则 $V=L(\boldsymbol{\xi})\oplus W$,其中 $W=L(\boldsymbol{\xi})^{\perp}$. 注意到 W 是 T 的 k 维不变子空间,且 T 限制在 W 上仍是正规变换,所以根据归纳假设,W 可分解成 T 的一些两两正交的一维或二维不变子空间的直和,因此对 V 结论也成立.

情形二:T 没有实特征值,$a+\mathrm{i}b(a,b\in\mathbb{R},b\neq 0)$ 是 T 的复特征值,则存在相互正交的向量 $\boldsymbol{\xi},\boldsymbol{\eta}\in V$ 使得 $T(\boldsymbol{\xi})=a\boldsymbol{\xi}+b\boldsymbol{\eta},T(\boldsymbol{\eta})=-b\boldsymbol{\xi}+a\boldsymbol{\eta}$. 所以 $W_1=L(\boldsymbol{\xi},\boldsymbol{\eta})$ 是 T 的一个二维不变子空间. 因为 $W_1^{\perp}$ 是 T 的 $k-1$ 维不变子空间,T 限制在 $W_1^{\perp}$ 上仍是正规变换,所以由归纳假设,$W_1^{\perp}$ 可分解成 T 的一些两两正交的一维或二维不变子空间的直和,因此对 $V=W_1\oplus W_1^{\perp}$ 结论也成立.

根据归纳法原理,对于任意 n 维欧氏空间结论成立.

(2) 根据(1),可对 V 作正交分解 $V=L(\boldsymbol{\xi}_1)\oplus\cdots\oplus L(\boldsymbol{\xi}_r)\oplus L(\boldsymbol{\alpha}_1,\boldsymbol{\beta}_1)\oplus\cdots\oplus L(\boldsymbol{\alpha}_s,\boldsymbol{\beta}_s)$,其中 $\boldsymbol{\xi}_i$ 是 T 的属于实特征值 $\lambda_i(1\leqslant i\leqslant r)$ 的单位特征向量,而 $\boldsymbol{\alpha}_k,\boldsymbol{\beta}_k$ 是由 T 的复特征值 $a_k\pm\mathrm{i}b_k(b_k\neq 0,1\leqslant k\leqslant s)$ 对应的特征向量所确定且满足 $T(\boldsymbol{\alpha}_k)=a_k\boldsymbol{\alpha}_k+b_k\boldsymbol{\beta}_k,T(\boldsymbol{\beta}_k)=-b_k\boldsymbol{\alpha}_k+a_k\boldsymbol{\beta}_k$ 的正交单位化向量. 因此(Ⅰ):$\boldsymbol{\xi}_1,\cdots,\boldsymbol{\xi}_r,\boldsymbol{\alpha}_1,\boldsymbol{\beta}_1,\cdots,\boldsymbol{\alpha}_s,\boldsymbol{\beta}_s$ 是 V 的一个标准正交基,T 在这个基下的矩阵即①式的形式,而①式中的正交矩阵 $\boldsymbol{P}$ 就是由基 $\boldsymbol{\eta}_1,\boldsymbol{\eta}_2,\cdots,\boldsymbol{\eta}_n$ 到基(Ⅰ)的过渡矩阵.

§9.6　综合性问题

【例 9.109】 已知欧氏空间 $M_2(\mathbb{R})$ 的内积为

$$(\boldsymbol{A},\boldsymbol{B})=\sum_{i=1}^{2}\sum_{j=1}^{2}a_{ij}b_{ij},\quad\forall\boldsymbol{A}=(a_{ij}),\boldsymbol{B}=(b_{ij})\in M_2(\mathbb{R});$$

$M_2(\mathbb{R})$ 的线性变换为

$$\sigma(\boldsymbol{X})=\boldsymbol{X}\boldsymbol{C},\quad\forall\boldsymbol{X}\in M_2(\mathbb{R}),\quad 其中\ \boldsymbol{C}=\begin{pmatrix}1&2\\2&1\end{pmatrix};$$

$M_2(\mathbb{R})$的子空间 $W=\left\{X=\begin{pmatrix}x_1 & x_2\\ x_3 & x_3\end{pmatrix}\in M_2(\mathbb{R})\;\middle|\; x_1,x_2,x_3\in\mathbb{R}\right\}$.

(1) 证明 W 是 σ 的不变子空间；

(2) 求 W 的一个标准正交基,并求限制变换 $\sigma|_W$ 在这个基下的矩阵 $\boldsymbol{A}$；

(3) 求 W 的一个标准正交基,使得限制变换 $\sigma|_W$ 在这个基下的矩阵为对角矩阵.

【解】 (1) 任取 $X=\begin{pmatrix}x_1 & x_2\\ x_3 & x_3\end{pmatrix}\in W$,因为

$$\sigma(X)=\begin{pmatrix}x_1 & x_2\\ x_3 & x_3\end{pmatrix}\begin{pmatrix}1 & 2\\ 2 & 1\end{pmatrix}=\begin{pmatrix}x_1+2x_2 & 2x_1+x_2\\ 3x_3 & 3x_3\end{pmatrix}\in W,$$

所以 W 是 σ 的不变子空间.

(2) 易知,W 的一个基为

$$\boldsymbol{A}_1=\begin{pmatrix}1 & 0\\ 0 & 0\end{pmatrix},\quad \boldsymbol{A}_2=\begin{pmatrix}0 & 1\\ 0 & 0\end{pmatrix},\quad \boldsymbol{A}_3=\begin{pmatrix}0 & 0\\ 1 & 1\end{pmatrix},$$

根据内积的定义,$\boldsymbol{A}_1,\boldsymbol{A}_2,\boldsymbol{A}_3$ 已正交,再单位化,即得 W 的一个标准正交基为

$$\boldsymbol{B}_1=\begin{pmatrix}1 & 0\\ 0 & 0\end{pmatrix},\quad \boldsymbol{B}_2=\begin{pmatrix}0 & 1\\ 0 & 0\end{pmatrix},\quad \boldsymbol{B}_3=\frac{1}{\sqrt{2}}\begin{pmatrix}0 & 0\\ 1 & 1\end{pmatrix}.$$

进一步,有

$$\sigma(\boldsymbol{B}_1)=\begin{pmatrix}1 & 2\\ 0 & 0\end{pmatrix}=\boldsymbol{B}_1+2\boldsymbol{B}_2,\ \sigma(\boldsymbol{B}_2)=\begin{pmatrix}2 & 1\\ 0 & 0\end{pmatrix}=2\boldsymbol{B}_1+\boldsymbol{B}_2,\ \sigma(\boldsymbol{B}_3)=\begin{pmatrix}0 & 0\\ \frac{3}{\sqrt{2}} & \frac{3}{\sqrt{2}}\end{pmatrix}=3\boldsymbol{B}_3,$$

所以,限制变换 $\sigma|_W$ 在标准正交基 $\boldsymbol{B}_1,\boldsymbol{B}_2,\boldsymbol{B}_3$ 下的矩阵

$$\boldsymbol{A}=\begin{pmatrix}1 & 2 & 0\\ 2 & 1 & 0\\ 0 & 0 & 3\end{pmatrix}.$$

(3) 可求得 $\boldsymbol{A}$ 的特征值为 $\lambda_1=\lambda_2=3,\lambda_3=-1$.

对于 $\lambda_1=\lambda_2=3$,相应的特征向量为 $\boldsymbol{\xi}_1=(1,1,0)$, $\boldsymbol{\xi}_2=(0,0,1)$ (已正交)；

对于 $\lambda_3=-1$,相应的特征向量为 $\boldsymbol{\xi}_3=(-1,1,0)$,把 $\boldsymbol{\xi}_1,\boldsymbol{\xi}_2,\boldsymbol{\xi}_3$ 单位化,得标准正交向量组 $\boldsymbol{\eta}_1,\boldsymbol{\eta}_2,\boldsymbol{\eta}_3$,从而得正交矩阵

$$\boldsymbol{Q}=(\boldsymbol{\eta}_1,\boldsymbol{\eta}_2,\boldsymbol{\eta}_3)=\begin{pmatrix}\frac{1}{\sqrt{2}} & 0 & -\frac{1}{\sqrt{2}}\\ \frac{1}{\sqrt{2}} & 0 & \frac{1}{\sqrt{2}}\\ 0 & 1 & 0\end{pmatrix},$$

使得 $\boldsymbol{Q}^{-1}\boldsymbol{A}\boldsymbol{Q}=\boldsymbol{\Lambda}=\mathrm{diag}(3,3,-1)$.

现在,令$(\boldsymbol{D}_1,\boldsymbol{D}_2,\boldsymbol{D}_3)=(\boldsymbol{B}_1,\boldsymbol{B}_2,\boldsymbol{B}_3)\boldsymbol{Q}$,其中

$$\boldsymbol{D}_1=\frac{1}{\sqrt{2}}\boldsymbol{B}_1+\frac{1}{\sqrt{2}}\boldsymbol{B}_2=\frac{1}{\sqrt{2}}\begin{pmatrix}1 & 1\\ 0 & 0\end{pmatrix},$$

$$D_2 = B_3 = \frac{1}{\sqrt{2}}\begin{pmatrix} 0 & 0 \\ 1 & 1 \end{pmatrix},$$

$$D_3 = -\frac{1}{\sqrt{2}}B_1 + \frac{1}{\sqrt{2}}B_2 = \frac{1}{\sqrt{2}}\begin{pmatrix} -1 & 1 \\ 0 & 0 \end{pmatrix},$$

则限制变换 $\sigma|_W$ 在基 D_1, D_2, D_3 下的矩阵为对角矩阵 Λ.

【例 9.110】 欧氏空间$\mathbb{R}^n$中的非零向量$\alpha=(x_1,x_2,\cdots,x_n)^{\mathrm{T}}$称为正(负)向量,如果 α 的第一个非零分量是正(负)数. 证明:如果 $\alpha_1,\alpha_2,\cdots,\alpha_p$ 都是$\mathbb{R}^n$中的正向量,且 $i\neq j$ 时,$(\alpha_i,\alpha_j)\leqslant 0$,那么 $\alpha_1,\alpha_2,\cdots,\alpha_p$ 线性无关.

【证】 显然,正向量之和、正向量与正数之积仍为正向量,正向量与负数之积为负向量.

现对 p 作归纳法. $p=1$ 时自然成立,假设 $p=k-1$ 时结论成立,再证 $p=k$ 时结论成立. 用反证法,假设结论不成立,注意到 $\alpha_1,\alpha_2,\cdots,\alpha_k$ 满足条件时,前 $k-1$ 个向量 $\alpha_1,\alpha_2,\cdots,\alpha_{k-1}$ 也满足条件,故根据归纳假设,$\alpha_1,\alpha_2,\cdots,\alpha_{k-1}$ 线性无关,所以 α_k 可由它们唯一地线性表示,设为

$$\alpha_k = x_1\alpha_1 + x_2\alpha_2 + \cdots + x_{k-1}\alpha_{k-1}.$$

令$\beta=\sum\limits_{x_i>0} x_i\alpha_i$,$\gamma=\sum\limits_{x_j<0} x_j\alpha_j$,则 $\alpha_k=\beta+\gamma$. 注意到 γ 是负向量,所以$\beta\neq 0$. 据题设条件,有

$$(\beta,\alpha_k)=(\beta,\beta)+(\beta,\gamma)=(\beta,\beta)+\sum_{x_i>0}\sum_{x_j<0}x_ix_j(\alpha_i,\alpha_j)>0,$$

$$(\beta,\alpha_k)=\sum_{x_i>0}x_i(\alpha_i,\alpha_k)\leqslant 0,$$

这就导致矛盾. 于是 $\alpha_1,\alpha_2,\cdots,\alpha_k$ 线性无关.

【注】 对于任意欧氏空间,任取其一个基,按向量在此基下的坐标,也可用本题的方式定义正、负向量,结论仍然成立. 此外,本题的几何意义及另一证法见本章例 9.4 及其附注.

【例 9.111】 设 A 是 n 阶实对称矩阵,α 是 n 维欧氏空间$\mathbb{R}^n$中的非零向量,且对$\mathbb{R}^n$中与 α 正交的任一非零向量 x 均有 $x^{\mathrm{T}}Ax>0$. 证明:存在正数 λ_0,使得 $\lambda>\lambda_0$ 时 $A+\lambda\alpha\alpha^{\mathrm{T}}$ 是正定矩阵.

【证】 显然,$\alpha\alpha^{\mathrm{T}}$ 是 n 阶半正定矩阵,且 $\mathrm{rank}(\alpha\alpha^{\mathrm{T}})=1$,故存在正交矩阵 Q,使

$$Q^{\mathrm{T}}(\alpha\alpha^{\mathrm{T}})Q=\begin{pmatrix} O_{n-1} & \\ & a \end{pmatrix}=\begin{pmatrix} 0 \\ \vdots \\ 0 \\ \sqrt{a} \end{pmatrix}(0,\cdots,0,\sqrt{a})=\xi\xi^{\mathrm{T}}, \qquad ①$$

其中 O_{n-1} 是 $n-1$ 阶零方阵,$a>0$,$\xi=(0,\cdots,0,\sqrt{a})^{\mathrm{T}}\in\mathbb{R}^n$. 对 $Q^{\mathrm{T}}AQ$ 作相应分块为

$$Q^{\mathrm{T}}AQ=\begin{pmatrix} B & \beta \\ \beta^{\mathrm{T}} & b \end{pmatrix},$$

其中 B 是 $n-1$ 阶实对称矩阵. 任取 $y\in\mathbb{R}^{n-1}$,$y\neq 0$,则 $x=\begin{pmatrix} y \\ 0 \end{pmatrix}\in\mathbb{R}^n$,$\xi^{\mathrm{T}}x=0$. 故由①式得

$$(\alpha^{\mathrm{T}}Qx)^{\mathrm{T}}(\alpha^{\mathrm{T}}Qx)=x^{\mathrm{T}}(\xi\xi^{\mathrm{T}})x=0,$$

这就表明 $\alpha^{\mathrm{T}}Qx=0$,即$(\alpha,Qx)=0$. 据题设,有$(Qx)^{\mathrm{T}}A(Qx)>0$,即

$$y^{\mathrm{T}}By = x^{\mathrm{T}}(Q^{\mathrm{T}}AQ)x > 0,$$

所以 B 是正定矩阵. 现在,考虑

$$Q^{\mathrm{T}}(A+\lambda\alpha\alpha^{\mathrm{T}})Q = Q^{\mathrm{T}}AQ + \lambda\xi\xi^{\mathrm{T}} = \begin{pmatrix} B & \beta \\ \beta^{\mathrm{T}} & a\lambda+b \end{pmatrix},$$

易知 $\begin{vmatrix} B & \beta \\ \beta^{\mathrm{T}} & a\lambda+b \end{vmatrix} = |B|(a\lambda+b-\beta^{\mathrm{T}}B^{-1}\beta)$. 令 $a\lambda_0+b-\beta^{\mathrm{T}}B^{-1}\beta=0$,得 $\lambda_0=\dfrac{\beta^{\mathrm{T}}B^{-1}\beta-b}{a}$. 因此,当 $\lambda>\lambda_0$ 时,$a\lambda+b-\beta^{\mathrm{T}}B^{-1}\beta>0$,故 $\begin{pmatrix} B & \beta \\ \beta^{\mathrm{T}} & a\lambda+b \end{pmatrix}$ 正定,亦即 $Q^{\mathrm{T}}(A+\lambda\alpha\alpha^{\mathrm{T}})Q$ 正定,从而 $A+\lambda\alpha\alpha^{\mathrm{T}}$ 正定.

【例 9.112】(北京大学,2007 年)　设 V 是欧氏空间,U 是 V 的子空间,$\beta\in U$,求证:β 是 $\alpha\in V$ 在 U 上的正交投影的充分必要条件为:对所有的 $\gamma\in U$,都有 $|\alpha-\beta|\leqslant|\alpha-\gamma|$.

【证】　必要性. 设 β 是 α 在 U 上的正交投影,则存在 $\xi\in U^{\perp}$,使 $\alpha=\beta+\xi$. 对于所有的 $\gamma\in U$,因为 $\beta-\gamma\in U$,所以

$$(\alpha-\beta,\beta-\gamma)=(\xi,\beta-\gamma)=0,$$

故由勾股定理,得

$$|\alpha-\beta|^2\leqslant|\alpha-\beta|^2+|\beta-\gamma|^2=|\alpha-\gamma|^2.$$

充分性. 设 $\forall\gamma\in U$,都有 $|\alpha-\beta|\leqslant|\alpha-\gamma|$,下证 $\beta\in U$ 是 α 在 U 上的正交投影. 为此,设 β_1 是 α 在 U 上的正交投影,则由已证得的必要性及题设条件知

$$|\alpha-\beta_1|\leqslant|\alpha-\beta|\leqslant|\alpha-\beta_1|.$$

所以 $|\alpha-\beta|=|\alpha-\beta_1|$. 注意到 $\alpha-\beta_1\in U^{\perp}$,$\beta_1-\beta\in U$,根据勾股定理得

$$|\alpha-\beta|^2=|\alpha-\beta_1|^2+|\beta_1-\beta|^2.$$

因此,$|\beta_1-\beta|=0$,即 $\beta=\beta_1$ 是 α 在 U 上的正交投影.

【例 9.113】(丘成桐竞赛试题,2010 年)　设 A 是 $m\times n$ 实矩阵. 证明:存在 m 阶正交矩阵 U 与 n 阶正交矩阵 V,使得 $U^{\mathrm{T}}AV=\mathrm{diag}(\sigma_1,\sigma_2,\cdots,\sigma_p)$,其中 $p=\min\{m,n\}$,而 $\sigma_1\geqslant\sigma_2\geqslant\cdots\geqslant\sigma_p\geqslant0$.

【分析】　本题即矩阵的奇异值分解,可表述为:设 A 是 $m\times n$ 实矩阵,$\mathrm{rank}\,A=r$,则存在 m 阶正交矩阵 U 与 n 阶正交矩阵 V,使得 $A=U\begin{pmatrix} D & O \\ O & O \end{pmatrix}V^{\mathrm{T}}$,其中 $D=\mathrm{diag}(\sigma_1,\sigma_2,\cdots,\sigma_r)$,而 $\sigma_1\geqslant\sigma_2\geqslant\cdots\geqslant\sigma_r>0$.

【证】　设 $\lambda_1\geqslant\lambda_2\geqslant\cdots\geqslant\lambda_r>0$ 是半正定矩阵 AA^{T} 的非零特征值,$u_1,u_2,\cdots,u_r$ 是对应的标准正交化特征向量,则 $AA^{\mathrm{T}}u_j=\lambda_ju_j,j=1,2,\cdots,r$. 记 $v_j=\dfrac{1}{\sigma_j}A^{\mathrm{T}}u_j$,其中 $\sigma_j=\sqrt{\lambda_j},j=1,2,\cdots,r$,可以验证:$v_1,v_2,\cdots,v_r$ 是 $A^{\mathrm{T}}A$ 的属于特征值 $\lambda_1,\lambda_2,\cdots,\lambda_r$ 的标准正交化特征向量.

又设 $u_{r+1},\cdots,u_m$ 是 AA^{T} 的属于特征值 0 的标准正交化特征向量,$v_{r+1},\cdots,v_n$ 是 $A^{\mathrm{T}}A$ 的属于特征值 0 的标准正交化特征向量,令

$$U=(u_1,\cdots,u_r,u_{r+1},\cdots,u_m),$$
$$V=(v_1,\cdots,v_r,v_{r+1},\cdots,v_n),$$

则 $\boldsymbol{U}$ 与 $\boldsymbol{V}$ 分别是 m 阶和 n 阶正交矩阵. 注意到 $\boldsymbol{u}_j^{\mathrm{T}}\boldsymbol{A}=\boldsymbol{0}, j=r+1,\cdots,m$,所以

$$\begin{aligned}\boldsymbol{A} &= \boldsymbol{U}\boldsymbol{U}^{\mathrm{T}}\boldsymbol{A} = (\boldsymbol{u}_1\boldsymbol{u}_1^{\mathrm{T}} + \boldsymbol{u}_2\boldsymbol{u}_2^{\mathrm{T}} + \cdots + \boldsymbol{u}_m\boldsymbol{u}_m^{\mathrm{T}})\boldsymbol{A} \\ &= \sigma_1\boldsymbol{u}_1\boldsymbol{v}_1^{\mathrm{T}} + \sigma_2\boldsymbol{u}_2\boldsymbol{v}_2^{\mathrm{T}} + \cdots + \sigma_r\boldsymbol{u}_r\boldsymbol{v}_r^{\mathrm{T}} \\ &= \boldsymbol{U}\begin{pmatrix}\boldsymbol{D} & \boldsymbol{O}\\ \boldsymbol{O} & \boldsymbol{O}\end{pmatrix}\boldsymbol{V}^{\mathrm{T}}.\end{aligned}$$

【例 9.114】(中国科学技术大学,2014 年)　已知欧氏空间 V 上的非零线性变换 $\mathscr{A}$ 保持向量的夹角不变. 求证:存在正实数 λ 使得 $\lambda\mathscr{A}$ 是正交变换.

【证】　任取 V 的一个标准正交基 $\boldsymbol{\xi}_1,\boldsymbol{\xi}_2,\cdots,\boldsymbol{\xi}_n$,由于 $\mathscr{A}$ 保持向量的夹角不变,所以向量组 $\mathscr{A}(\boldsymbol{\xi}_1),\mathscr{A}(\boldsymbol{\xi}_2),\cdots,\mathscr{A}(\boldsymbol{\xi}_n)$ 是两两正交的. 对任意 $i\neq j(i,j=1,2,\cdots,n)$,因为夹角

$$\langle\mathscr{A}(\boldsymbol{\xi}_i+\boldsymbol{\xi}_j),\mathscr{A}(\boldsymbol{\xi}_i)\rangle = \langle\boldsymbol{\xi}_i+\boldsymbol{\xi}_j,\boldsymbol{\xi}_i\rangle = \frac{\pi}{4},$$

注意到 $\|\mathscr{A}(\boldsymbol{\xi}_i+\boldsymbol{\xi}_j)\|\neq 0, \|\mathscr{A}(\boldsymbol{\xi}_i)\|\neq 0$,所以

$$\frac{(\mathscr{A}(\boldsymbol{\xi}_i+\boldsymbol{\xi}_j),\mathscr{A}(\boldsymbol{\xi}_i))}{\|\mathscr{A}(\boldsymbol{\xi}_i+\boldsymbol{\xi}_j)\|\|\mathscr{A}(\boldsymbol{\xi}_i)\|} = \cos\frac{\pi}{4} = \frac{1}{\sqrt{2}},$$

即 $\dfrac{\|\mathscr{A}(\boldsymbol{\xi}_i)\|}{\|\mathscr{A}(\boldsymbol{\xi}_i+\boldsymbol{\xi}_j)\|}=\dfrac{1}{\sqrt{2}}$. 同理,由 $\langle\mathscr{A}(\boldsymbol{\xi}_i+\boldsymbol{\xi}_j),\mathscr{A}(\boldsymbol{\xi}_j)\rangle$ 可得 $\dfrac{\|\mathscr{A}(\boldsymbol{\xi}_j)\|}{\|\mathscr{A}(\boldsymbol{\xi}_i+\boldsymbol{\xi}_j)\|}=\dfrac{1}{\sqrt{2}}$.

因此,$\|\mathscr{A}(\boldsymbol{\xi}_i)\| = \|\mathscr{A}(\boldsymbol{\xi}_j)\|$,从而有 $\|\mathscr{A}(\boldsymbol{\xi}_1)\| = \|\mathscr{A}(\boldsymbol{\xi}_2)\| = \cdots = \|\mathscr{A}(\boldsymbol{\xi}_n)\|$.

取 $\lambda=\dfrac{1}{\|\mathscr{A}(\boldsymbol{\xi}_1)\|}$,则 $\lambda\mathscr{A}(\boldsymbol{\xi}_1),\lambda\mathscr{A}(\boldsymbol{\xi}_2),\cdots,\lambda\mathscr{A}(\boldsymbol{\xi}_n)$ 是 V 的标准正交基. 因此 $\lambda\mathscr{A}$ 是正交变换.

【例 9.115】(吉林大学,2011 年)　在 $\mathbb{R}^3$ 中,由椭球面 $S:\dfrac{x^2}{a^2}+\dfrac{y^2}{b^2}+\dfrac{z^2}{c^2}=1$ 的中心 O 任意引三条相互垂直的射线,与 S 分别交于点 P_1,P_2,P_3,设 $|\overrightarrow{OP_i}|=r_i, i=1,2,3$. 证明:

$$\frac{1}{r_1^2}+\frac{1}{r_2^2}+\frac{1}{r_3^2}=\frac{1}{a^2}+\frac{1}{b^2}+\frac{1}{c^2}.$$

【证】　设 (u_i,v_i,w_i) 是 $\overrightarrow{OP_i}$ 的单位化向量,则 $\overrightarrow{OP_i}=(r_iu_i,r_iv_i,r_iw_i)$. 因为点 P_i 在椭球面上,所以

$$\frac{(r_iu_i)^2}{a^2}+\frac{(r_iv_i)^2}{b^2}+\frac{(r_iw_i)^2}{c^2}=1,\ \text{即}\ \frac{1}{r_i^2}=\frac{u_i^2}{a^2}+\frac{v_i^2}{b^2}+\frac{w_i^2}{c^2},\ i=1,2,3.$$

将上述三式相加,并注意到 $\begin{pmatrix}u_1 & v_1 & w_1\\ u_2 & v_2 & w_2\\ u_3 & v_3 & w_3\end{pmatrix}$ 是正交矩阵,其列向量也都是单位向量,于是

$$\frac{1}{r_1^2}+\frac{1}{r_2^2}+\frac{1}{r_3^2}=\left(\frac{u_1^2}{a^2}+\frac{v_1^2}{b^2}+\frac{w_1^2}{c^2}\right)+\left(\frac{u_2^2}{a^2}+\frac{v_2^2}{b^2}+\frac{w_2^2}{c^2}\right)+\left(\frac{u_3^2}{a^2}+\frac{v_3^2}{b^2}+\frac{w_3^2}{c^2}\right)$$

$$= \frac{u_1^2 + u_2^2 + u_3^2}{a^2} + \frac{v_1^2 + v_2^2 + v_3^2}{b^2} + \frac{w_1^2 + w_2^2 + w_3^2}{c^2}$$
$$= \frac{1}{a^2} + \frac{1}{b^2} + \frac{1}{c^2}.$$

【例 9.116】 设 σ 为 3 维欧氏空间 V 上的正交变换，σ 在 V 的一个标准正交基 $\boldsymbol{\xi}_1, \boldsymbol{\xi}_2, \boldsymbol{\xi}_3$ 下的矩阵为

$$\boldsymbol{A} = \begin{pmatrix} \frac{\sqrt{2}}{2} & 0 & -\frac{\sqrt{2}}{2} \\ \frac{\sqrt{2}}{6} & \frac{2\sqrt{2}}{3} & \frac{\sqrt{2}}{6} \\ \frac{2}{3} & -\frac{1}{3} & \frac{2}{3} \end{pmatrix}.$$

试求 V 的标准正交基 $\boldsymbol{e}_1, \boldsymbol{e}_2, \boldsymbol{e}_3$ 使得 V 分解为 1 维和 2 维不变子空间的直和，且 σ 在其中的二维子空间上的限制变换为一个旋转.

【解】 易知，$\boldsymbol{A}$ 的特征值为 $\lambda_1 = 1, \lambda_{2,3} = x \pm \mathrm{i}y$，其中 $x = \frac{-2+7\sqrt{2}}{12}, y = \frac{\sqrt{42+28\sqrt{2}}}{12}$，相应的特征向量依次为 $\boldsymbol{\eta}_1 = (1+\sqrt{2}, 3+2\sqrt{2}, -1)^{\mathrm{T}}, \boldsymbol{\eta}_2 = \boldsymbol{\alpha} + \mathrm{i}\boldsymbol{\beta}, \boldsymbol{\eta}_3 = \boldsymbol{\alpha} - \mathrm{i}\boldsymbol{\beta}$，其中 $\boldsymbol{\alpha}, \boldsymbol{\beta}$ 是 $\boldsymbol{\eta}_2$ 的实部和虚部对应的单位向量：

$$\boldsymbol{\alpha} = \frac{1}{\sqrt{42}}(6, -\sqrt{2} - 1, \sqrt{2} - 1)^{\mathrm{T}}, \quad \boldsymbol{\beta} = \frac{1}{\sqrt{6}}(0, \sqrt{2} - 1, \sqrt{2} + 1)^{\mathrm{T}}.$$

注意到 $\boldsymbol{\alpha}, \boldsymbol{\beta}$ 正交（见本章例 9.34），因此取 $\boldsymbol{p}_1 = \frac{\boldsymbol{\eta}_1}{|\boldsymbol{\eta}_1|} = \frac{\sqrt{2}-1}{\sqrt{7}}\boldsymbol{\eta}_1, \boldsymbol{p}_2 = \boldsymbol{\alpha}, \boldsymbol{p}_3 = \boldsymbol{\beta}$. 再令

$$\boldsymbol{e}_1 = (\boldsymbol{\xi}_1, \boldsymbol{\xi}_2, \boldsymbol{\xi}_3)\boldsymbol{p}_1 = \frac{1}{\sqrt{7}}[\boldsymbol{\xi}_1 + (1 + \sqrt{2})\boldsymbol{\xi}_2 + (1 - \sqrt{2})\boldsymbol{\xi}_3],$$

$$\boldsymbol{e}_2 = (\boldsymbol{\xi}_1, \boldsymbol{\xi}_2, \boldsymbol{\xi}_3)\boldsymbol{p}_2 = \frac{1}{\sqrt{42}}[6\boldsymbol{\xi}_1 - (1 + \sqrt{2})\boldsymbol{\xi}_2 + (\sqrt{2} - 1)\boldsymbol{\xi}_3],$$

$$\boldsymbol{e}_3 = (\boldsymbol{\xi}_1, \boldsymbol{\xi}_2, \boldsymbol{\xi}_3)\boldsymbol{p}_3 = \frac{1}{\sqrt{6}}[(\sqrt{2} - 1)\boldsymbol{\xi}_2 + (\sqrt{2} + 1)\boldsymbol{\xi}_3],$$

因为 $\boldsymbol{\xi}_1, \boldsymbol{\xi}_2, \boldsymbol{\xi}_3$ 是标准正交基，过渡矩阵 $\boldsymbol{P} = (\boldsymbol{p}_1, \boldsymbol{p}_2, \boldsymbol{p}_3)$ 是正交矩阵，所以 $\boldsymbol{e}_1, \boldsymbol{e}_2, \boldsymbol{e}_3$ 也是 V 的一个标准正交基. 注意到 $\boldsymbol{A\alpha} = x\boldsymbol{\alpha} - y\boldsymbol{\beta}, \boldsymbol{A\beta} = y\boldsymbol{\alpha} + x\boldsymbol{\beta}$，所以 σ 在基 $\boldsymbol{e}_1, \boldsymbol{e}_2, \boldsymbol{e}_3$ 下的矩阵为

$$\boldsymbol{P}^{-1}\boldsymbol{AP} = \boldsymbol{P}^{\mathrm{T}}\boldsymbol{AP} = \left(\begin{array}{c|cc} 1 & & \\ \hline & x & y \\ & -y & x \end{array}\right).$$

设 $W = L(\boldsymbol{e}_1), U = L(\boldsymbol{e}_2, \boldsymbol{e}_3)$，则 $V = W \oplus U$，且 W 和 U 分别是 σ 的 1 维和 2 维不变子空间，限制变换 $\boldsymbol{\sigma}|_U$ 在 U 的标准正交基 $\boldsymbol{e}_2, \boldsymbol{e}_3$ 下的矩阵为 $\begin{pmatrix} x & y \\ -y & x \end{pmatrix}$. 因为 $\begin{pmatrix} x & y \\ -y & x \end{pmatrix}$ 是行列式等于 1 的正交矩阵，所以 σ 限制在 U 上为旋转变换.

【注】 本题可作为第6章例6.116,本章例9.35,例9.62,例9.108等题的具体例子.

【例9.117】(北京大学,2012年) 已知$\mathbb{R}^3$中的正交变换

$$\begin{pmatrix}x'\\y'\\z'\end{pmatrix}=\begin{pmatrix}\frac{11}{15}&\frac{2}{15}&\frac{2}{3}\\\frac{2}{15}&\frac{14}{15}&-\frac{1}{3}\\-\frac{2}{3}&\frac{1}{3}&\frac{2}{3}\end{pmatrix}\begin{pmatrix}x\\y\\z\end{pmatrix}$$

是旋转变换,试求旋转轴的方向向量以及旋转角.

【解】 记上述正交变换为T,系数矩阵为$\boldsymbol{A}$,$\boldsymbol{\alpha}=(x,y,z)^{\mathrm{T}}$,则$T(\boldsymbol{\alpha})=\boldsymbol{A\alpha}$. 设旋转轴的方向向量为$\boldsymbol{\xi}$,对于旋转变换$T$,显然有$T(\boldsymbol{\xi})=\boldsymbol{\xi}$,所以$\boldsymbol{A\xi}=\boldsymbol{\xi}$. 解这个方程组,可得

$$\boldsymbol{\xi}=(1,2,0)^{\mathrm{T}}.$$

为了求旋转角φ,在以$\boldsymbol{\xi}$为法向量且过原点的平面上任取一向量$\boldsymbol{\eta}$,即$\boldsymbol{\eta}\perp\boldsymbol{\xi}$,例如可取$\boldsymbol{\eta}=(2,-1,0)^{\mathrm{T}}$,则$\boldsymbol{A\eta}=(\frac{4}{3},-\frac{2}{3},-\frac{5}{3})^{\mathrm{T}}$. 令$\varphi_0=\langle\boldsymbol{\eta},\boldsymbol{A\eta}\rangle$,由于

$$\cos\varphi_0=\frac{(\boldsymbol{\eta},\boldsymbol{A\eta})}{\|\boldsymbol{\eta}\|\cdot\|\boldsymbol{A\eta}\|}=\frac{2}{3},$$

即$\varphi_0=\arccos\frac{2}{3}$,且$\varphi$是由$\boldsymbol{\eta}$到$\boldsymbol{A\eta}$的转角,所以$\varphi=\varphi_0$或$2\pi-\varphi_0$. 进一步,由混合积

$$(\boldsymbol{\xi},\boldsymbol{\eta},\boldsymbol{A\eta})=\begin{vmatrix}1&2&0\\2&-1&0\\\frac{4}{3}&-\frac{2}{3}&-\frac{5}{3}\end{vmatrix}=\frac{25}{3}>0,$$

表明$\boldsymbol{\xi},\boldsymbol{\eta},\boldsymbol{A\eta}$构成按这个顺序的右手系,因此$\varphi=\varphi_0$.

【注】 若利用本章例9.35的结论,也可得到φ_0,但需进一步确定旋转的方向.

【例9.118】(中山大学,2016年) 设σ为n维欧氏空间V上的投影变换,即$\sigma^2=\sigma$. 证明:若$\forall\boldsymbol{\alpha}\in V$,都有$|\sigma(\boldsymbol{\alpha})|\leqslant|\boldsymbol{\alpha}|$,则$\ker\sigma\perp\operatorname{Im}\sigma$.

【证】 (方法1) 用反证法. 假设$\ker\sigma\perp\operatorname{Im}\sigma$不成立,则存在$\boldsymbol{\alpha}\in\operatorname{Im}\sigma$及$\boldsymbol{\beta}\in\ker\sigma$,使得$(\boldsymbol{\alpha},\boldsymbol{\beta})\neq0$. 作与$\boldsymbol{\beta}$正交的向量$\boldsymbol{\xi}=\boldsymbol{\alpha}-\frac{(\boldsymbol{\alpha},\boldsymbol{\beta})}{(\boldsymbol{\beta},\boldsymbol{\beta})}\boldsymbol{\beta}$,易知

$$(\boldsymbol{\xi},\boldsymbol{\xi})=(\boldsymbol{\alpha},\boldsymbol{\alpha})-\frac{(\boldsymbol{\alpha},\boldsymbol{\beta})^2}{(\boldsymbol{\beta},\boldsymbol{\beta})}<(\boldsymbol{\alpha},\boldsymbol{\alpha}).$$

此外,设$\boldsymbol{\eta}\in V$使得$\boldsymbol{\alpha}=\sigma(\boldsymbol{\eta})$,利用$\sigma^2=\sigma$,可知$\sigma(\boldsymbol{\alpha})=\boldsymbol{\alpha}$. 又$\sigma(\boldsymbol{\beta})=\mathbf{0}$,所以$\sigma(\boldsymbol{\xi})=\boldsymbol{\alpha}$,从而有$(\sigma(\boldsymbol{\xi}),\sigma(\boldsymbol{\xi}))>(\boldsymbol{\xi},\boldsymbol{\xi})$. 此与题设矛盾. 因此$\ker\sigma\perp\operatorname{Im}\sigma$.

(方法2) 任取$\boldsymbol{\alpha}\in\ker\sigma$及$\boldsymbol{\beta}\in\operatorname{Im}\sigma$,则$\sigma(\boldsymbol{\alpha})=\mathbf{0}$,且存在$\boldsymbol{\gamma}\in V$使得$\boldsymbol{\beta}=\sigma(\boldsymbol{\gamma})$. 对任意实数$x\in\mathbb{R}$,令$\boldsymbol{\xi}=\boldsymbol{\alpha}+x\boldsymbol{\beta}$,则由$\sigma^2=\sigma$得$\sigma(\boldsymbol{\xi})=x\sigma(\boldsymbol{\beta})=x\sigma(\boldsymbol{\gamma})=x\boldsymbol{\beta}$. 对$\boldsymbol{\xi}$利用题设条件,有

$$x^2|\boldsymbol{\beta}|^2\leqslant|\boldsymbol{\alpha}+x\boldsymbol{\beta}|^2=|\boldsymbol{\alpha}|^2+x^2|\boldsymbol{\beta}|^2+2x(\boldsymbol{\alpha},\boldsymbol{\beta}),$$

所以$|\boldsymbol{\alpha}|^2+2x(\boldsymbol{\alpha},\boldsymbol{\beta})\geqslant0$. 注意到$x\in\mathbb{R}$的任意性,于是有$(\boldsymbol{\alpha},\boldsymbol{\beta})=0$. 因此$\ker\sigma\perp\operatorname{Im}\sigma$.

【注 1】 本题具有明显的几何意义：首先由 $\sigma^2=\sigma$，知 $V=\operatorname{Im}\sigma\oplus\ker\sigma$（见第 6 章例 6.26），且 σ 是由 V 到 $\operatorname{Im}\sigma$ 的投影变换. 注意到 $\forall\boldsymbol{\alpha}\in V$，都有 $|\sigma(\boldsymbol{\alpha})|\leqslant|\boldsymbol{\alpha}|$，即像 $\sigma(\boldsymbol{\alpha})$ 的长度不超过原像 $\boldsymbol{\alpha}$ 的长度，这表明 σ 是沿 $\ker\sigma$ 到 $\operatorname{Im}\sigma$ 上的正（垂直）投影，所以 $\operatorname{Im}\sigma\perp\ker\sigma$.

【注 2】 一般地，容易证明：欧氏空间 V 上的线性变换 φ 是在 V 的一个子空间上的正交投影当且仅当 φ 是幂等的对称变换.

【例 9.119】 证明：n 阶正交矩阵 $\boldsymbol{A}$ 的任一子方阵的特征值 λ 的绝对值或模 $|\lambda|\leqslant 1$.

【证】 先证结论对 $\boldsymbol{A}$ 的左上角的子方块成立. 设 $\boldsymbol{A}=\begin{pmatrix}\boldsymbol{A}_1 & \boldsymbol{A}_2\\ \boldsymbol{A}_3 & \boldsymbol{A}_4\end{pmatrix}$，其中 $\boldsymbol{A}_1\in\mathbb{R}^{r\times r}$，$\lambda$ 是 $\boldsymbol{A}_1$ 的任一特征值，欲证 $|\lambda|\leqslant 1$. 取 $\boldsymbol{Q}=\begin{pmatrix}\boldsymbol{E}_r & \boldsymbol{O}\\ \boldsymbol{O} & \boldsymbol{O}\end{pmatrix}$，其中 $\boldsymbol{E}_r$ 为 r 阶单位矩阵，则 $\boldsymbol{AQ}=\begin{pmatrix}\boldsymbol{A}_1 & \boldsymbol{O}\\ \boldsymbol{A}_3 & \boldsymbol{O}\end{pmatrix}$. 因为 $\boldsymbol{AQ}$ 的特征多项式为

$$f(\lambda)=|\lambda\boldsymbol{E}_n-\boldsymbol{AQ}|=\lambda^{n-r}|\lambda\boldsymbol{E}_r-\boldsymbol{A}_1|,$$

所以 $\boldsymbol{A}_1$ 的特征值都是 $\boldsymbol{AQ}$ 的特征值. 故只需对 $\boldsymbol{AQ}$ 的任一特征值 λ 证明 $|\lambda|\leqslant 1$. 为此，设 $\boldsymbol{X}=(x_1,x_2,\cdots,x_n)^{\mathrm{T}}\in\mathbb{C}^n$ 是 $\boldsymbol{AQ}$ 的属于 λ 的特征向量，即 $\boldsymbol{AQX}=\lambda\boldsymbol{X}$. 于是，有

$$|\lambda|^2\overline{\boldsymbol{X}}^{\mathrm{T}}\boldsymbol{X}=\overline{(\lambda\boldsymbol{X})}^{\mathrm{T}}(\lambda\boldsymbol{X})=\overline{(\boldsymbol{AQX})}^{\mathrm{T}}(\boldsymbol{AQX})=\overline{\boldsymbol{X}}^{\mathrm{T}}\boldsymbol{QX}=\sum_{i=1}^{r}|x_i|^2\leqslant\overline{\boldsymbol{X}}^{\mathrm{T}}\boldsymbol{X}.$$

注意到 $\boldsymbol{X}\neq\boldsymbol{0}$，所以 $\overline{\boldsymbol{X}}^{\mathrm{T}}\boldsymbol{X}>0$. 因此 $|\lambda|\leqslant 1$.

现在，考虑 $\boldsymbol{A}$ 的任一 r 阶子方阵，可通过一系列行的对换和列的对换把所考虑的子方阵换到左上角，而任一对换矩阵显然是正交矩阵，正交矩阵之积仍是正交矩阵，因此存在正交矩阵 $\boldsymbol{Q}_1,\boldsymbol{Q}_2$，使得 $\boldsymbol{Q}_1\boldsymbol{A}\boldsymbol{Q}_2$ 的左上角的 r 阶子块就是 $\boldsymbol{A}$ 中原来要考虑的子方阵. 根据上面已经证明了的结论，这个子方阵的任意特征值 λ 的绝对值 $|\lambda|\leqslant 1$.

【例 9.120】（上海交通大学，2005 年） 对于实数域上的 n^2 维线性空间 $V=\mathbb{R}^{n\times n}$（n 阶方阵全体），如下定义 V 上的一个二元函数 $[-,-]$：$[\boldsymbol{P},\boldsymbol{Q}]=\operatorname{tr}(\boldsymbol{P}^{\mathrm{T}}\boldsymbol{Q})$，并记 $\|\boldsymbol{P}\|^2=[\boldsymbol{P},\boldsymbol{P}]$.（其中，$\operatorname{tr}\boldsymbol{C}$ 为方阵 $\boldsymbol{C}$ 的对角线元素之和.）

（1）证明：V 关于 $[-,-]$ 成为一个欧氏空间；

（2）对于半正定矩阵 $\boldsymbol{P},\boldsymbol{Q}$，令 $\boldsymbol{P}+\boldsymbol{Q}=\boldsymbol{R}$，求证：$\|\boldsymbol{PQ}\|\leqslant\dfrac{1}{\sqrt{2}}\|\boldsymbol{R}\|^2$.

【证】 （1）这里，$[\boldsymbol{P},\boldsymbol{Q}]=\operatorname{tr}(\boldsymbol{P}^{\mathrm{T}}\boldsymbol{Q})$ 为 $\mathbb{R}^{n\times n}$ 的 Frobenius 内积. 证明从略.

（2）根据定义，有 $\|\boldsymbol{PQ}\|^2=\operatorname{tr}((\boldsymbol{PQ})^{\mathrm{T}}(\boldsymbol{PQ}))=\operatorname{tr}((\boldsymbol{P}^{\mathrm{T}}\boldsymbol{P})(\boldsymbol{QQ}^{\mathrm{T}}))=\operatorname{tr}(\boldsymbol{P}^2\boldsymbol{Q}^2)$，而

$$\|\boldsymbol{R}\|^2=\operatorname{tr}((\boldsymbol{P}+\boldsymbol{Q})^{\mathrm{T}}(\boldsymbol{P}+\boldsymbol{Q}))=\operatorname{tr}\boldsymbol{P}^2+\operatorname{tr}\boldsymbol{Q}^2+2\operatorname{tr}(\boldsymbol{PQ}).$$

注意到 $\operatorname{tr}(\boldsymbol{PQ})\geqslant 0$，故只需证：$\sqrt{\operatorname{tr}(\boldsymbol{P}^2\boldsymbol{Q}^2)}\leqslant\dfrac{1}{\sqrt{2}}(\operatorname{tr}\boldsymbol{P}^2+\operatorname{tr}\boldsymbol{Q}^2)$. 这归结为：$\operatorname{tr}(\boldsymbol{AB})\leqslant\operatorname{tr}\boldsymbol{A}\operatorname{tr}\boldsymbol{B}$，其中 $\boldsymbol{A}$ 与 $\boldsymbol{B}$ 为 n 阶半正定矩阵. 兹证明如下：

设 $\lambda_1,\lambda_2,\cdots,\lambda_n$ 为 $\boldsymbol{A}$ 的特征值，则存在正交矩阵 $\boldsymbol{Q}$，使得 $\boldsymbol{Q}^{\mathrm{T}}\boldsymbol{AQ}=\operatorname{diag}(\lambda_1,\lambda_2,\cdots,\lambda_n)$. 记 $\boldsymbol{D}=\operatorname{diag}(\lambda_1,\lambda_2,\cdots,\lambda_n)$，$\boldsymbol{Q}^{\mathrm{T}}\boldsymbol{BQ}=(b_{ij})$，并设 $\lambda_1=\max\limits_{1\leqslant i\leqslant n}\{\lambda_i\}$，注意到 $\lambda_i\geqslant 0$，$b_{ii}\geqslant 0$，$i=1$，

$2,\cdots,n$,所以

$$0 \leqslant \operatorname{tr}(\boldsymbol{AB})=\operatorname{tr}(\boldsymbol{DQ}^{\mathrm{T}}\boldsymbol{BQ})=\sum_{i=1}^{n}\lambda_i b_{ii} \leqslant \lambda_1 \operatorname{tr}\boldsymbol{B} \leqslant \sum_{i=1}^{n}\lambda_i \operatorname{tr}\boldsymbol{B}=\operatorname{tr}\boldsymbol{A}\operatorname{tr}\boldsymbol{B}.$$

(注:若 $\lambda_1=0$,则 $\boldsymbol{A}=\boldsymbol{O}$,显然有 $\operatorname{tr}(\boldsymbol{AB})=\operatorname{tr}\boldsymbol{A}\operatorname{tr}\boldsymbol{B}$.)于是,有

$$\sqrt{\operatorname{tr}(\boldsymbol{AB})} \leqslant \frac{1}{2}(\operatorname{tr}\boldsymbol{A}+\operatorname{tr}\boldsymbol{B}) \leqslant \frac{1}{\sqrt{2}}(\operatorname{tr}\boldsymbol{A}+\operatorname{tr}\boldsymbol{B}).$$

令 $\boldsymbol{A}=\boldsymbol{P}^2,\boldsymbol{B}=\boldsymbol{Q}^2$,代入上式,即得所证不等式.

【例 9.121】 设 φ 为 n 维欧氏空间 V 的对称变换,$\lambda_1,\lambda_2,\cdots,\lambda_n$ 为 φ 的特征值,且满足 $|\lambda_1|>|\lambda_2|\geqslant\cdots\geqslant|\lambda_n|$;又设 $\boldsymbol{\xi}_1$ 是 φ 的属于 λ_1 的特征向量,$\boldsymbol{x}$ 是 V 中使 $(\boldsymbol{x},\boldsymbol{\xi}_1)\neq 0$ 的任一向量;令 $\boldsymbol{x}_0=\boldsymbol{x},\boldsymbol{x}_{k+1}=\varphi(\boldsymbol{x}_k)$,如下定义序列 $\{a_k\}$:

$$a_k=\frac{(\boldsymbol{x}_k,\boldsymbol{x}_{k+1})}{(\boldsymbol{x}_k,\boldsymbol{x}_k)},\quad k=0,1,2,\cdots.$$

试证:$\lim\limits_{k\to\infty}a_k=\lambda_1$,其中$(\boldsymbol{\alpha},\boldsymbol{\beta})$表示 $\boldsymbol{\alpha}$ 与 $\boldsymbol{\beta}$ 的内积.

【证】 因为 φ 是 V 的对称变换,所以 φ 有 n 个相互正交的单位特征向量 $\boldsymbol{\xi}_1,\boldsymbol{\xi}_2,\cdots,\boldsymbol{\xi}_n$,不妨设 $\boldsymbol{\xi}_i$ 是 φ 的属于特征值 λ_i 的特征向量,则 $\boldsymbol{\xi}_1,\boldsymbol{\xi}_2,\cdots,\boldsymbol{\xi}_n$ 是 V 的一个标准正交基.

设 $\boldsymbol{x}=c_1\boldsymbol{\xi}_1+c_2\boldsymbol{\xi}_2+\cdots+c_n\boldsymbol{\xi}_n$,其中 $c_1=(\boldsymbol{x},\boldsymbol{\xi}_1)\neq 0$. 易知,对于任意正整数 r,有

$$\varphi^r(\boldsymbol{x})=c_1\lambda_1^r\boldsymbol{\xi}_1+c_2\lambda_2^r\boldsymbol{\xi}_2+\cdots+c_n\lambda_n^r\boldsymbol{\xi}_n.$$

于是,有

$$a_k=\frac{(\varphi^k(\boldsymbol{x}),\varphi^{k+1}(\boldsymbol{x}))}{(\varphi^k(\boldsymbol{x}),\varphi^k(\boldsymbol{x}))}=\frac{c_1^2\lambda_1^{2k+1}+c_2^2\lambda_2^{2k+1}+\cdots+c_n^2\lambda_n^{2k+1}}{c_1^2\lambda_1^{2k}+c_2^2\lambda_2^{2k}+\cdots+c_n^2\lambda_n^{2k}}.$$

注意到 $\lambda_1\neq 0$,将分子分母同除以 λ_1^{2k},得

$$a_k=\frac{c_1^2\lambda_1+c_2^2\lambda_2\left(\dfrac{\lambda_2}{\lambda_1}\right)^{2k}+\cdots+c_n^2\lambda_n\left(\dfrac{\lambda_n}{\lambda_1}\right)^{2k}}{c_1^2+c_2^2\left(\dfrac{\lambda_2}{\lambda_1}\right)^{2k}+\cdots+c_n^2\left(\dfrac{\lambda_n}{\lambda_1}\right)^{2k}}.$$

因为 $|\lambda_1|>|\lambda_2|\geqslant\cdots\geqslant|\lambda_n|$,所以 $\lim\limits_{k\to\infty}\left(\dfrac{\lambda_i}{\lambda_1}\right)^{2k}=0\,(1<i\leqslant n)$,从而 $\lim\limits_{k\to\infty}a_k=\lim\limits_{k\to\infty}\dfrac{c_1^2\lambda_1}{c_1^2}=\lambda_1$.

【例 9.122】(北京大学,2012 年;武汉大学,1996 年) 证明:任一 n 维欧氏空间中至多有 $n+1$ 个向量,其两两间的夹角都大于 $\dfrac{\pi}{2}$.

【证】 向量 $\boldsymbol{\alpha}$ 与 $\boldsymbol{\beta}$ 的夹角大于 $\dfrac{\pi}{2}$,等价于内积 $(\boldsymbol{\alpha},\boldsymbol{\beta})<0$.

(方法 1) 对欧氏空间 E_n 的维数 n 用归纳法.

当 $n=1$ 时,令 $E_1=L(\boldsymbol{\eta})$,其中 $\|\boldsymbol{\eta}\|=1$. 如果 E_1 中有 3 个向量 $\boldsymbol{\alpha}_1,\boldsymbol{\alpha}_2,\boldsymbol{\alpha}_3$,其两两间的夹角都大于 $\dfrac{\pi}{2}$, $\boldsymbol{\alpha}_i=x_i\boldsymbol{\eta}$,其中 $x_i\in\mathbb{R}\ (i=1,2,3)$,那么

$$(\boldsymbol{\alpha}_1,\boldsymbol{\alpha}_2)=x_1x_2<0,(\boldsymbol{\alpha}_1,\boldsymbol{\alpha}_3)=x_1x_3<0,(\boldsymbol{\alpha}_2,\boldsymbol{\alpha}_3)=x_2x_3<0.$$

说明 x_1,x_2,x_3 两两异号,这是不可能的. 因此,当 $n=1$ 时结论成立.

假设 $n=k-1$ 时结论成立,下证 $n=k$ 时结论成立. 用反证法,假设 k 维欧氏空间 E_k 中存在 $k+2$ 个向量 $\boldsymbol{\alpha}_1,\boldsymbol{\alpha}_2,\cdots,\boldsymbol{\alpha}_{k+1},\boldsymbol{\alpha}_{k+2}$ 使 $(\boldsymbol{\alpha}_i,\boldsymbol{\alpha}_j)<0(i\neq j)$. 令 $\boldsymbol{e}_1=\dfrac{\boldsymbol{\alpha}_1}{\|\boldsymbol{\alpha}_1\|}$,将 $\boldsymbol{e}_1$ 扩充成 E_k 的一个标准正交基 $\boldsymbol{e}_1,\boldsymbol{e}_2,\cdots,\boldsymbol{e}_k$,并设 $\boldsymbol{\alpha}_1,\boldsymbol{\alpha}_2,\cdots,\boldsymbol{\alpha}_{k+1},\boldsymbol{\alpha}_{k+2}$ 在此基下的坐标为

$$\boldsymbol{\alpha}_1=(\|\boldsymbol{\alpha}_1\|,0,\cdots,0),\boldsymbol{\alpha}_i=(x_{i1},x_{i2},\cdots,x_{ik}),i=2,3,\cdots,k+2.$$

由于 $(\boldsymbol{\alpha}_i,\boldsymbol{\alpha}_1)=\|\boldsymbol{\alpha}_1\|x_{i1}<0$,所以 $x_{i1}<0\ (i=2,3,\cdots,k+2)$.

考虑向量 $\boldsymbol{\beta}_i=\boldsymbol{\alpha}_i-x_{i1}\boldsymbol{e}_1(i=2,3,\cdots,k+2)$,显然 $\boldsymbol{\beta}_i\in L(\boldsymbol{e}_2,\boldsymbol{e}_3,\cdots,\boldsymbol{e}_k)$,且

$$(\boldsymbol{\beta}_i,\boldsymbol{\beta}_j)=(\boldsymbol{\alpha}_i,\boldsymbol{\alpha}_j)-x_{i1}x_{j1}<0(i,j=2,3,\cdots,k+2,i\neq j).$$

由此说明,$k-1$ 维欧氏空间 $L(\boldsymbol{e}_2,\boldsymbol{e}_3,\cdots,\boldsymbol{e}_k)$ 中存在 $k+1$ 个向量 $\boldsymbol{\beta}_2,\boldsymbol{\beta}_3,\cdots,\boldsymbol{\beta}_{k+2}$,其两两间的夹角都大于 $\dfrac{\pi}{2}$,这与归纳假设矛盾. 因此 $n=k$ 时结论成立.

(方法 2)用反证法. 假设 E_n 中存在 $n+2$ 个向量 $\boldsymbol{\alpha}_1,\boldsymbol{\alpha}_2,\cdots,\boldsymbol{\alpha}_{n+2}$ 使得 $(\boldsymbol{\alpha}_i,\boldsymbol{\alpha}_j)<0(i\neq j)$,可以证明其中任意 $n+1$ 个向量线性无关. 这里,我们只证 $\boldsymbol{\alpha}_1,\boldsymbol{\alpha}_2,\cdots,\boldsymbol{\alpha}_{n+1}$ 线性无关. 为此,设存在不全为零的 $k_1,k_2,\cdots,k_{n+1}\in\mathbb{R}$,使得 $\sum\limits_{i=1}^{n+1}k_i\boldsymbol{\alpha}_i=\mathbf{0}$,则

$$\sum_{i=1}^{n+1}k_i(\boldsymbol{\alpha}_i,\boldsymbol{\alpha}_{n+2})=\mathbf{0}.$$

注意到 $(\boldsymbol{\alpha}_i,\boldsymbol{\alpha}_{n+2})<0$,所以必存在 k_r 与 $k_s(1\leqslant r<s\leqslant n+1)$,具有不同的符号. 不妨设前 m 个 $k_i\geqslant 0$,且 $k_r>0(1\leqslant r\leqslant m)$,后 $n-m+1$ 个 $k_j\leqslant 0$,而 $k_s<0(m+1\leqslant s\leqslant n+1)$,记

$$\boldsymbol{\xi}=\sum_{i=1}^{m}k_i\boldsymbol{\alpha}_i=-\sum_{j=m+1}^{n+1}k_j\boldsymbol{\alpha}_j,$$

从而有

$$(\boldsymbol{\xi},\boldsymbol{\xi})=-\sum_{i=1}^{m}\sum_{j=m+1}^{n+1}k_ik_j(\boldsymbol{\alpha}_i,\boldsymbol{\alpha}_j)\leqslant -k_rk_s(\boldsymbol{\alpha}_r,\boldsymbol{\alpha}_s)<0,$$

矛盾. 所以 $\boldsymbol{\alpha}_1,\boldsymbol{\alpha}_2,\cdots,\boldsymbol{\alpha}_{n+1}$ 线性无关,这又与 $\dim E_n=n$ 矛盾. 因此,所述结论得证.

【例 9.123】(南开大学竞赛试题,2006 年;华东师范大学竞赛试题,2017 年) 设 $\boldsymbol{A}$ 为 n 阶实方阵,$\boldsymbol{A}^2=\boldsymbol{A}$,且对任意 n 维实的列向量 $\boldsymbol{x}$,有 $\boldsymbol{x}^{\mathrm{T}}\boldsymbol{A}^{\mathrm{T}}\boldsymbol{A}\boldsymbol{x}\leqslant\boldsymbol{x}^{\mathrm{T}}\boldsymbol{x}$,证明: $\boldsymbol{A}^{\mathrm{T}}=\boldsymbol{A}$.

【证】 (方法 1) 根据题设,对任意 $\boldsymbol{x}\in\mathbb{R}^n$,有 $\boldsymbol{x}^{\mathrm{T}}(\boldsymbol{E}-\boldsymbol{A}^{\mathrm{T}}\boldsymbol{A})\boldsymbol{x}\geqslant 0$,所以 $\boldsymbol{E}-\boldsymbol{A}^{\mathrm{T}}\boldsymbol{A}$ 是半正定矩阵. 故存在 n 阶实方阵 $\boldsymbol{C}$ 使得 $\boldsymbol{E}-\boldsymbol{A}^{\mathrm{T}}\boldsymbol{A}=\boldsymbol{C}^{\mathrm{T}}\boldsymbol{C}$. 因为 $\boldsymbol{A}^2=\boldsymbol{A}$,所以

$$(\boldsymbol{CA})^{\mathrm{T}}(\boldsymbol{CA})=\boldsymbol{A}^{\mathrm{T}}(\boldsymbol{C}^{\mathrm{T}}\boldsymbol{C})\boldsymbol{A}=\boldsymbol{A}^{\mathrm{T}}(\boldsymbol{E}-\boldsymbol{A}^{\mathrm{T}}\boldsymbol{A})\boldsymbol{A}=\boldsymbol{O}.$$

由此可得 $\boldsymbol{CA}=\boldsymbol{O}$,从而有 $(\boldsymbol{E}-\boldsymbol{A}^{\mathrm{T}}\boldsymbol{A})\boldsymbol{A}=\boldsymbol{C}^{\mathrm{T}}\boldsymbol{CA}=\boldsymbol{O}$,即 $\boldsymbol{A}=\boldsymbol{A}^{\mathrm{T}}\boldsymbol{A}$. 这就证得 $\boldsymbol{A}^{\mathrm{T}}=\boldsymbol{A}$.

(方法 2) 考虑标准欧氏空间 $\mathbb{R}^n$ 及线性变换 $\sigma(\boldsymbol{x})=\boldsymbol{Ax},\boldsymbol{x}\in\mathbb{R}^n$,则 σ 在 $\mathbb{R}^n$ 的自然基 $\boldsymbol{e}_1$, $\boldsymbol{e}_2,\cdots,\boldsymbol{e}_n$ 下的矩阵为 $\boldsymbol{A}$. 所以 $\boldsymbol{A}^2=\boldsymbol{A}$ 等价于 $\sigma^2=\sigma$,且有 $\mathbb{R}^n=\mathrm{Im}\,\sigma\oplus\ker\sigma$(见第 6 章例 6.26). 因此 σ 是由 $\mathbb{R}^n$ 到 $\mathrm{Im}\,\sigma$ 的一个投影变换. 注意到 $\forall\boldsymbol{x}\in\mathbb{R}^n$,都有 $\boldsymbol{x}^{\mathrm{T}}\boldsymbol{A}^{\mathrm{T}}\boldsymbol{A}\boldsymbol{x}\leqslant\boldsymbol{x}^{\mathrm{T}}\boldsymbol{x}$,即像 $\sigma(\boldsymbol{x})$ 的长度不超过原像 $\boldsymbol{x}$ 的长度,所以 $\mathrm{Im}\,\sigma\perp\ker\sigma$(详见本章例 9.118).

现分别取 $\mathrm{Im}\,\sigma$ 的规范正交基 $\boldsymbol{\xi}_1,\boldsymbol{\xi}_2,\cdots,\boldsymbol{\xi}_r$ 与 $\ker\sigma$ 的规范正交基 $\boldsymbol{\xi}_{r+1},\boldsymbol{\xi}_{r+2},\cdots,\boldsymbol{\xi}_n$,其中 $r=\mathrm{rank}\,\boldsymbol{A}=\dim(\mathrm{Im}\,\sigma)$,则 $\boldsymbol{\xi}_1,\boldsymbol{\xi}_2,\cdots,\boldsymbol{\xi}_r,\boldsymbol{\xi}_{r+1},\cdots,\boldsymbol{\xi}_n$ 是 V 的规范正交基. 易知 σ 在基 $\boldsymbol{\xi}_1$, $\boldsymbol{\xi}_2,\cdots,\boldsymbol{\xi}_n$ 下的矩阵为对角矩阵

$$D=\begin{pmatrix}E_r & O\\ O & O\end{pmatrix}.$$

设 P 是由基 $e_1,e_2,\cdots,e_n$ 到基 $\xi_1,\xi_2,\cdots,\xi_n$ 的过渡矩阵,则 P 是正交矩阵,且 $P^TAP=D$,即 $A=PDP^T$. 这就证明了 $A^T=A$.

【例 9.124】(中国科学院,2005 年) 证明:对迹(对角元之和)为 0 的 n 阶实方阵 G,存在实正交矩阵 H,使得 H^TGH 的主对角元全为零.(注:这里 H^T 分别表示 H 的转置.)

【证】 (方法 1) 对矩阵的阶数 n 作归纳法.

当 $n=1$ 时,结论显然成立. 假设 $n-1$ 时结论成立,对于 n 阶实方阵 G,分为两种情形:

(Ⅰ)设 G 的左上角元素为 0,即 $G=\begin{pmatrix}0 & \alpha^T\\ \beta & G_1\end{pmatrix}$,其中列向量 $\alpha,\beta\in\mathbb{R}^{n-1}$,$G_1\in M_{n-1}(\mathbb{R})$.

此时,$\mathrm{tr}\,G_1=\mathrm{tr}\,G=0$,根据归纳假设,存在 $n-1$ 阶实正交矩阵 H_1,使得 $H_1^TG_1H_1$ 的主对角元全为 0. 令 $H=\begin{pmatrix}1 & \\ & H_1\end{pmatrix}$,则 H 是实正交矩阵,且

$$H^TGH=\begin{pmatrix}1 & \\ & H_1^T\end{pmatrix}\begin{pmatrix}0 & \alpha^T\\ \beta & G_1\end{pmatrix}\begin{pmatrix}1 & \\ & H_1\end{pmatrix}=\begin{pmatrix}0 & \alpha^TH_1\\ H_1^T\beta & H_1^TG_1H_1\end{pmatrix}$$

的主对角元全为 0,结论成立.

(Ⅱ)一般情形,由于 $\mathrm{tr}(G+G^T)=0$,如果 $G+G^T\neq O$,那么 $G+G^T$ 既非正定也非负定. 根据第 8 章例 8.26 知,存在单位列向量 $\xi\in\mathbb{R}^n$,使得 $\xi^T(G+G^T)\xi=0$,因此 $\xi^TG\xi=0$. 显然,这对 $G+G^T=O$,即 G 为实反对称矩阵时也成立.

现将 ξ 扩充成正交矩阵 $P=(\xi,P_1)$,其中 P_1 为 $n\times(n-1)$ 实矩阵,则

$$P^TAP=\begin{pmatrix}\xi^T\\ P_1^T\end{pmatrix}G(\xi,P_1)=\begin{pmatrix}0 & \xi^TGP_1\\ P_1^TG\xi & P_1^TGP_1\end{pmatrix}.$$

根据情形(Ⅰ),存在正交矩阵 Q,使得 $Q^T(P^TGP)Q$ 的主对角元全为 0. 令 $H=PQ$,则 H 是正交矩阵,且 H^TGH 的主对角元全为 0,结论成立.

(方法 2) 记 $S=\frac{1}{2}(G+G^T)$,$T=\frac{1}{2}(G-G^T)$,则 $G=S+T$,且 $\mathrm{tr}\,S=\mathrm{tr}\,G=0$,其中 S 为实对称矩阵,T 为实反对称矩阵. 注意到对任意实正交矩阵 H,H^TTH 仍为实反对称矩阵,其主对角元全为 0,故只需证明:

对于实对称矩阵 S,若 $\mathrm{tr}\,S=0$,则存在实正交矩阵 H,使 H^TSH 的主对角元全为 0.

对矩阵的阶数 n 用归纳法. 当 $n=1$ 时结论显然成立,假设 $n-1$ 时结论成立,再证对于 n 阶矩阵 S 结论成立. 不妨设 $S\neq O$,则 S 的特征值 $\lambda_1,\lambda_2,\cdots,\lambda_n$ 不全为 0,但 $\sum\limits_{i=1}^n\lambda_i=\mathrm{tr}\,S=0$. 此时,存在 n 阶实正交矩阵 H_1,使得

$$H_1^TSH_1=\mathrm{diag}(\lambda_1,\lambda_2,\cdots,\lambda_n)=\Lambda.$$

取 n 维列向量 $\eta_1=\left(\frac{1}{\sqrt{n}},\frac{1}{\sqrt{n}},\cdots,\frac{1}{\sqrt{n}}\right)^T$,$\eta_2=\frac{1}{k}\Lambda\eta_1$,其中 $k=\sqrt{\frac{1}{n}\sum\limits_{i=1}^n\lambda_i^2}\neq 0$. 易知,$\eta_1,\eta_2$ 是相互正交的单位向量. 把 η_1,η_2 扩充成 n 阶实正交矩阵 $H_2=(\eta_1,\eta_2,\cdots,\eta_n)$,则

$$\boldsymbol{\Lambda H}_2=\boldsymbol{\Lambda}(\boldsymbol{\eta}_1,\boldsymbol{\eta}_2,\cdots,\boldsymbol{\eta}_n)=(\boldsymbol{\eta}_1,\boldsymbol{\eta}_2,\cdots,\boldsymbol{\eta}_n)\begin{pmatrix}0&\boldsymbol{\alpha}^{\mathrm{T}}\\\boldsymbol{\beta}&\boldsymbol{S}_1\end{pmatrix},$$

即 $\boldsymbol{H}_2^{\mathrm{T}}\boldsymbol{\Lambda H}_2=\begin{pmatrix}0&\boldsymbol{\alpha}^{\mathrm{T}}\\\boldsymbol{\beta}&\boldsymbol{S}_1\end{pmatrix}$，所以 $\boldsymbol{S}_1$ 是 $n-1$ 阶实对称矩阵，且 $\operatorname{tr}\boldsymbol{S}_1=\operatorname{tr}(\boldsymbol{H}_2^{\mathrm{T}}\boldsymbol{\Lambda H}_2)=\operatorname{tr}\boldsymbol{\Lambda}=0$. 根据归纳假设，存在 $n-1$ 阶正交矩阵 $\boldsymbol{Q}$，使得 $\boldsymbol{Q}^{\mathrm{T}}\boldsymbol{S}_1\boldsymbol{Q}$ 的主对角元全为 0. 令 $\boldsymbol{H}=\boldsymbol{H}_1\boldsymbol{H}_2\begin{pmatrix}1&\boldsymbol{0}\\\boldsymbol{0}&\boldsymbol{Q}\end{pmatrix}$，则 $\boldsymbol{H}$ 是实正交矩阵，且

$$\boldsymbol{H}^{\mathrm{T}}\boldsymbol{SH}=\begin{pmatrix}1&\boldsymbol{0}\\\boldsymbol{0}&\boldsymbol{Q}^{\mathrm{T}}\end{pmatrix}\begin{pmatrix}0&\boldsymbol{\alpha}^{\mathrm{T}}\\\boldsymbol{\beta}&\boldsymbol{S}_1\end{pmatrix}\begin{pmatrix}1&\boldsymbol{0}\\\boldsymbol{0}&\boldsymbol{Q}\end{pmatrix}=\begin{pmatrix}0&\boldsymbol{\alpha}^{\mathrm{T}}\boldsymbol{Q}\\\boldsymbol{Q}^{\mathrm{T}}\boldsymbol{\beta}&\boldsymbol{Q}^{\mathrm{T}}\boldsymbol{S}_1\boldsymbol{Q}\end{pmatrix}$$

的主对角元全为 0. 于是 $\boldsymbol{H}^{\mathrm{T}}\boldsymbol{GH}=\boldsymbol{H}^{\mathrm{T}}\boldsymbol{SH}+\boldsymbol{H}^{\mathrm{T}}\boldsymbol{TH}$ 的主对角元全为 0.

【例 9.125】(四川大学,2010 年) 设 V 是 n 维欧氏空间，其内积为 $(\cdot,\cdot)$. 又设向量组 $\boldsymbol{\alpha}_1,\boldsymbol{\alpha}_2,\cdots,\boldsymbol{\alpha}_m\in V$ 满足如下条件：如果非负实数 $\lambda_1,\lambda_2,\cdots,\lambda_m$ 使得 $\lambda_1\boldsymbol{\alpha}_1+\lambda_2\boldsymbol{\alpha}_2+\cdots+\lambda_m\boldsymbol{\alpha}_m=\boldsymbol{0}$，那么必有 $\lambda_1=\lambda_2=\cdots=\lambda_m=0$. 证明：存在向量 $\boldsymbol{\alpha}\in V$ 使得 $(\boldsymbol{\alpha},\boldsymbol{\alpha}_i)>0,i=1,2,\cdots,m$.

【分析】 显然，题设条件等价于：如果非负实数 $\lambda_1,\lambda_2,\cdots,\lambda_m$ 使得对于 V 中的任一非零向量 $\boldsymbol{\eta}$ 都有 $\sum\limits_{i=1}^{m}\lambda_i(\boldsymbol{\eta},\boldsymbol{\alpha}_i)=0$，那么必有 $\lambda_1=\lambda_2=\cdots=\lambda_m=0$.

此外，所有 $\boldsymbol{\alpha}_i\neq\boldsymbol{0}$. 因若某个 $\boldsymbol{\alpha}_k=\boldsymbol{0}$，则取 $\lambda_k=1,\lambda_j=0(j\neq k)$，使 $\sum\limits_{i=1}^{m}\lambda_i\boldsymbol{\alpha}_i=\boldsymbol{0}$，矛盾.

【证】 当 $n=1$ 时，可设 $V=L(\boldsymbol{\alpha}_1)$，并令 $\boldsymbol{\alpha}_i=x_i\boldsymbol{\alpha}_1$，其中 $x_i\in\mathbb{R}\ (i=2,3,\cdots,m)$. 据题设易知，$x_2,x_3,\cdots,x_m>0$. 此时，取 $\boldsymbol{\alpha}=\boldsymbol{\alpha}_1$，就有 $(\boldsymbol{\alpha},\boldsymbol{\alpha}_i)>0,i=1,2,\cdots,m$. 下设 $n>1$.

容易证明，必存在 V 的一个正交分解 $V=W\oplus W^{\perp}$，其中 $\dim W=n-1$，使得对于分解

$$\boldsymbol{\alpha}_i=\boldsymbol{\beta}_i+\boldsymbol{\gamma}_i,\quad i=1,2,\cdots,m,$$

其中 $\boldsymbol{\beta}_i\in W,\boldsymbol{\gamma}_i\in W^{\perp}$，向量组 $\boldsymbol{\gamma}_1,\boldsymbol{\gamma}_2,\cdots,\boldsymbol{\gamma}_m$ 也满足题设条件. 若不然，则对于非负实数 $\lambda_1,\lambda_2,\cdots,\lambda_m$ 以及 V 中的任一非零向量 $\boldsymbol{\eta}$，令 $\boldsymbol{\gamma}_i=(\boldsymbol{\eta},\boldsymbol{\alpha}_i)\boldsymbol{\eta}$，都有 $\sum\limits_{i=1}^{m}\lambda_i\boldsymbol{\gamma}_i=\boldsymbol{0}$，即 $\sum\limits_{i=1}^{m}\lambda_i(\boldsymbol{\eta},\boldsymbol{\alpha}_i)=0$，但 $\lambda_1,\lambda_2,\cdots,\lambda_m$ 不全为零，导致矛盾.

现在，对于 $\boldsymbol{\gamma}_1,\boldsymbol{\gamma}_2,\cdots,\boldsymbol{\gamma}_m$ 利用上述 $n=1$ 的情形，必有 $\boldsymbol{\alpha}\in W^{\perp}$，使得 $(\boldsymbol{\alpha},\boldsymbol{\gamma}_i)>0,i=1,2,\cdots,m$，从而 $(\boldsymbol{\alpha},\boldsymbol{\alpha}_i)=(\boldsymbol{\alpha},\boldsymbol{\gamma}_i)>0,i=1,2,\cdots,m$. 这就证得所述结论.

【例 9.126】(吉林大学,2010 年) 设 V 是 n 维欧氏空间，$L(V)$ 是 V 的所有线性变换构成的向量空间，σ 是 V 的对称变换，$k_1,k_2,\cdots,k_s$ 是 σ 的特征子空间的维数. 令

$$C=\{\tau\in L(V)\mid\sigma\tau=\tau\sigma\}.$$

证明：(1) C 是 $L(V)$ 的子空间；(2) $\dim C=k_1^2+k_2^2+\cdots+k_s^2$.

【证】 (1)的证明留给读者.

(2) 因为 σ 是对称变换，所以存在 V 的一个标准正交基 $\boldsymbol{\eta}_1,\boldsymbol{\eta}_2,\cdots,\boldsymbol{\eta}_n$，使得 σ 在这个基下的矩阵是对角矩阵

$$\boldsymbol{D}=\operatorname{diag}(\lambda_1\boldsymbol{E}_{k_1},\lambda_2\boldsymbol{E}_{k_2},\cdots,\lambda_s\boldsymbol{E}_{k_s}),$$

其中 $\lambda_1,\lambda_2,\cdots,\lambda_s$ 是 σ 的两两互异的特征值,其重数分别为 $k_1,k_2,\cdots,k_s$.

任取 $\tau\in C$,设 τ 在基 $\boldsymbol{\eta}_1,\boldsymbol{\eta}_2,\cdots,\boldsymbol{\eta}_n$ 下的矩阵为 $\boldsymbol{A}$,由 $\sigma\tau=\tau\sigma$,知 $\boldsymbol{DA}=\boldsymbol{AD}$. 对 $\boldsymbol{A}$ 作相应分块,并比较对应子块得 $\boldsymbol{A}=\operatorname{diag}(\boldsymbol{A}_1,\boldsymbol{A}_2,\cdots,\boldsymbol{A}_s)$,这里 $\boldsymbol{A}_i$ 是 $\boldsymbol{A}=(a_{lm})$ 的 $k_i\times k_i$ 子块,$i=1,2,\cdots,s$.

考虑矩阵空间 $M_n(\mathbb{R})$ 的自然基:$\{\boldsymbol{E}_{ij}:i,j=1,2,\cdots,n\}$,其中 $\boldsymbol{E}_{ij}$ 表示(i,j)元为 1 其余元素均为 0 的 n 阶方阵. 定义 $L(V)$ 的自然基 $\mathscr{E}_{ij}(1\leqslant i,j\leqslant n)$ 为:$\mathscr{E}_{ij}(\boldsymbol{\eta}_k)=\delta_{jk}\boldsymbol{\eta}_i(1\leqslant k\leqslant n)$,即

$$\mathscr{E}_{ij}(\boldsymbol{\eta}_1,\boldsymbol{\eta}_2,\cdots,\boldsymbol{\eta}_n)=(\boldsymbol{\eta}_1,\boldsymbol{\eta}_2,\cdots,\boldsymbol{\eta}_n)\boldsymbol{E}_{ij}.$$

现在,令 $n_0=0,n_i=k_1+k_2+\cdots+k_i,i=1,2,\cdots,s$,则

$$\boldsymbol{A}=\sum_{i=1}^{s}\sum_{l=n_{i-1}+1}^{n_i}\sum_{m=n_{i-1}+1}^{n_i}a_{lm}\boldsymbol{E}_{lm},$$

相应的,有

$$\tau=\sum_{i=1}^{s}\sum_{l=n_{i-1}+1}^{n_i}\sum_{m=n_{i-1}+1}^{n_i}a_{lm}\mathscr{E}_{lm},$$

显然,$\{\mathscr{E}_{lm}:n_{i-1}+1\leqslant l,m\leqslant n_i;1\leqslant i\leqslant s\}\subseteq C$,且线性无关,故构成 C 的一个基,$\dim C=\sum\limits_{i=1}^{s}k_i^2$.

【注】 本例的矩阵表述及其证明过程详见第 8 章例 8.100.

【例 9.127】(武汉大学,2014 年) 设 φ 是欧氏空间 V 的正交变换,且 $\varphi^m=\varepsilon$(恒等变换),这里 $m>1$. 记

$$W_\varphi=\left\{\boldsymbol{x}\in V\,\middle|\,\varphi(\boldsymbol{x})=\boldsymbol{x}\right\},$$

并设 $W_\varphi^{\perp}$ 为 W_φ 的正交补. 证明:对任意 $\boldsymbol{\alpha}\in V$,如果有分解 $\boldsymbol{\alpha}=\boldsymbol{\beta}+\boldsymbol{\gamma}$,其中 $\boldsymbol{\beta}\in W_\varphi,\boldsymbol{\gamma}\in W_\varphi^{\perp}$,那么必有 $\boldsymbol{\beta}=\dfrac{1}{m}\sum\limits_{i=1}^{m}\varphi^{i-1}(\boldsymbol{\alpha})$.

【证】 易知,W_φ 是 V 的一个子空间,所以 W_φ 有唯一的正交补 $W_\varphi^{\perp}$(也是 V 的子空间).

记 $U=\ker\left(\sum\limits_{i=1}^{m}\varphi^{i-1}\right)$,下证:$W_\varphi^{\perp}=U$. 为此,记 $f(x)=x-1,g(x)=x^{m-1}+\cdots+x+1$,显然,$(f(x),g(x))=1$,故存在 $u(x),v(x)\in\mathbb{R}[x]$,使得 $u(x)f(x)+v(x)g(x)=1$. 因此,有

$$\boldsymbol{\alpha}=u(\varphi)f(\varphi)(\boldsymbol{\alpha})+v(\varphi)g(\varphi)(\boldsymbol{\alpha}),\quad\forall\boldsymbol{\alpha}\in V.$$

注意到 $f(\varphi)g(\varphi)=0$,有 $v(\varphi)g(\varphi)(\boldsymbol{\alpha})\in W_\varphi,u(\varphi)f(\varphi)(\boldsymbol{\alpha})\in U$,所以 $V=W_\varphi+U$.

进一步,任取 $\boldsymbol{x}\in W_\varphi,\boldsymbol{y}\in U$,则 $\varphi(\boldsymbol{x})=\boldsymbol{x},\ \sum\limits_{i=1}^{m}\varphi^{i-1}(\boldsymbol{y})=\boldsymbol{0}$,从而

$$\begin{aligned}(\boldsymbol{x},\boldsymbol{y})&=(\varphi(\boldsymbol{x}),\varphi(\boldsymbol{y}))=(\boldsymbol{x},\varphi(\boldsymbol{y}))\\&=(\varphi(\boldsymbol{x}),\varphi^2(\boldsymbol{y}))=(\boldsymbol{x},\varphi^2(\boldsymbol{y}))\\&=\cdots\\&=(\varphi(\boldsymbol{x}),\varphi^{m-1}(\boldsymbol{y}))=(\boldsymbol{x},\varphi^{m-1}(\boldsymbol{y})),\\(\boldsymbol{x},\boldsymbol{y})&=(\boldsymbol{x},\boldsymbol{y}),\end{aligned}$$

两端分别相加,得 $m(\boldsymbol{x},\boldsymbol{y})=\left(\boldsymbol{x},\sum\limits_{i=1}^{m}\varphi^{i-1}(\boldsymbol{y})\right)=0$,即$(\boldsymbol{x},\boldsymbol{y})=0$. 所以 $W_\varphi\perp U$,即 $U=W_\varphi^{\perp}$.

任取 $\boldsymbol{\alpha}\in V$，使 $\boldsymbol{\alpha}=\boldsymbol{\beta}+\boldsymbol{\gamma}$，而 $\boldsymbol{\beta}\in W_{\varphi}$，$\boldsymbol{\gamma}\in W_{\varphi}^{\perp}$，依次用 $\varphi,\varphi^2,\cdots,\varphi^{m-1}$ 作用于分解式并相加，得

$$\boldsymbol{\beta}=\frac{1}{m}\sum_{i=1}^{m}\varphi^{i-1}(\boldsymbol{\alpha}).$$

【例 9.128】(南京大学,2009 年)　设 $\boldsymbol{\alpha},\boldsymbol{\beta}$ 是欧氏空间 $\mathbb{R}^n$ 中的两个非零列向量. 求证：$\boldsymbol{\alpha}^{\mathrm{T}}\boldsymbol{\beta}>0$ 的充分必要条件是存在正定矩阵 $\boldsymbol{A}$ 使得 $\boldsymbol{\beta}=\boldsymbol{A}\boldsymbol{\alpha}$.

【分析】　只需证必要性. 考虑构造一个简单的正定矩阵 $\boldsymbol{B}$，使得 $\boldsymbol{A}$ 与 $\boldsymbol{B}$ 正交合同，则 $\boldsymbol{A}$ 是正定矩阵. 将 $\boldsymbol{A}$ 视为 $\mathbb{R}^n$ 的线性变换，欲使 $\boldsymbol{\beta}=\boldsymbol{A}\boldsymbol{\alpha}$，则 $W=L(\boldsymbol{\alpha},\boldsymbol{\beta})$ 是 $\mathbb{R}^n$ 中的 $\boldsymbol{A}$ 不变子空间，故只需 $\boldsymbol{B}=\mathrm{diag}(\boldsymbol{B}_1,\boldsymbol{E}_{n-2})$ 是分块对角矩阵，其中 $\boldsymbol{B}_1$ 是二阶正定矩阵. 于是，问题归结为：根据 $\boldsymbol{\alpha},\boldsymbol{\beta}$ 确定 W 的标准正交基 $\boldsymbol{\xi}_1,\boldsymbol{\xi}_2$ 以及正定矩阵 $\boldsymbol{B}_1$，使得限制变换 $\boldsymbol{A}|_W$ 在基 $\boldsymbol{\xi}_1,\boldsymbol{\xi}_2$ 下的矩阵为 $\boldsymbol{B}_1$，即 $\boldsymbol{A}(\boldsymbol{\xi}_1,\boldsymbol{\xi}_2)=(\boldsymbol{\xi}_1,\boldsymbol{\xi}_2)\boldsymbol{B}_1$. 因此，有如下解法：

【证】　只证必要性. 若 $\boldsymbol{\alpha},\boldsymbol{\beta}$ 线性相关，则 $\boldsymbol{\beta}=k\boldsymbol{\alpha}$. 由于 $\boldsymbol{\alpha}^{\mathrm{T}}\boldsymbol{\beta}>0$，知 $k>0$. 取 $\boldsymbol{A}=k\boldsymbol{E}$ 即可. 下设 $\boldsymbol{\alpha},\boldsymbol{\beta}$ 线性无关，考虑 $\mathbb{R}^n$ 的子空间 $W=L(\boldsymbol{\alpha},\boldsymbol{\beta})$. 根据 Schmidt 正交化方法，取非零向量

$$\boldsymbol{\gamma}=\boldsymbol{\beta}-\frac{(\boldsymbol{\alpha},\boldsymbol{\beta})}{(\boldsymbol{\alpha},\boldsymbol{\alpha})}\boldsymbol{\alpha},$$

则向量组 $\boldsymbol{\xi}_1=\dfrac{\boldsymbol{\alpha}}{|\boldsymbol{\alpha}|}$，$\boldsymbol{\xi}_2=\dfrac{\boldsymbol{\gamma}}{|\boldsymbol{\gamma}|}$ 是 W 的一个标准正交基，且 $\boldsymbol{\beta}=\dfrac{(\boldsymbol{\alpha},\boldsymbol{\beta})}{|\boldsymbol{\alpha}|}\boldsymbol{\xi}_1+|\boldsymbol{\gamma}|\boldsymbol{\xi}_2$. 因此，$\boldsymbol{A}\boldsymbol{\alpha}=\boldsymbol{\beta}$ 当且仅当 $\boldsymbol{A}\boldsymbol{\xi}_1=\dfrac{(\boldsymbol{\alpha},\boldsymbol{\beta})}{(\boldsymbol{\alpha},\boldsymbol{\alpha})}\boldsymbol{\xi}_1+\dfrac{|\boldsymbol{\gamma}|}{|\boldsymbol{\alpha}|}\boldsymbol{\xi}_2$.

欲使 $\boldsymbol{A}(\boldsymbol{\xi}_1,\boldsymbol{\xi}_2)=(\boldsymbol{\xi}_1,\boldsymbol{\xi}_2)\boldsymbol{B}_1$，且 $\boldsymbol{B}_1$ 为二阶实对称正定矩阵，只需 $\boldsymbol{A}\boldsymbol{\xi}_2=\dfrac{|\boldsymbol{\gamma}|}{|\boldsymbol{\alpha}|}\boldsymbol{\xi}_1+k\boldsymbol{\xi}_2$，即

$$\boldsymbol{B}_1=\begin{pmatrix}\dfrac{(\boldsymbol{\alpha},\boldsymbol{\beta})}{(\boldsymbol{\alpha},\boldsymbol{\alpha})} & \dfrac{|\boldsymbol{\gamma}|}{|\boldsymbol{\alpha}|}\\ \dfrac{|\boldsymbol{\gamma}|}{|\boldsymbol{\alpha}|} & k\end{pmatrix},$$

其中 $k>\dfrac{(\boldsymbol{\gamma},\boldsymbol{\gamma})}{(\boldsymbol{\alpha},\boldsymbol{\beta})}>0$ 即可. 这就得到了正定矩阵 $\boldsymbol{B}=\begin{pmatrix}\boldsymbol{B}_1 & \\ & \boldsymbol{E}_{n-2}\end{pmatrix}$.

最后，任取 $W^{\perp}$ 的一个标准正交基 $\boldsymbol{\xi}_3,\boldsymbol{\xi}_4,\cdots,\boldsymbol{\xi}_n$，并构造正交矩阵 $\boldsymbol{P}=(\boldsymbol{\xi}_1,\boldsymbol{\xi}_2,\boldsymbol{\xi}_3,\cdots,\boldsymbol{\xi}_n)$. 再令 $\boldsymbol{A}=\boldsymbol{P}\boldsymbol{B}\boldsymbol{P}^{\mathrm{T}}$，即 $\boldsymbol{A}\boldsymbol{P}=\boldsymbol{P}\boldsymbol{B}$. 显然，$\boldsymbol{A}$ 是正定矩阵，且 $\boldsymbol{A}\boldsymbol{\alpha}=\boldsymbol{\beta}$.

【注】　必要性的证明也可直接利用第 8 章例 8.104 的结论. 令 $\boldsymbol{A}=\boldsymbol{E}_n-\dfrac{\boldsymbol{\alpha}\boldsymbol{\alpha}^{\mathrm{T}}}{\boldsymbol{\alpha}^{\mathrm{T}}\boldsymbol{\alpha}}+\dfrac{\boldsymbol{\beta}\boldsymbol{\beta}^{\mathrm{T}}}{\boldsymbol{\beta}^{\mathrm{T}}\boldsymbol{\alpha}}$，其中 $\boldsymbol{E}_n$ 是 n 阶单位矩阵，则 $\boldsymbol{A}$ 是正定矩阵，且 $\boldsymbol{A}\boldsymbol{\alpha}=\boldsymbol{\beta}$.

【例 9.129】(浙江大学,2012 年;北京师范大学,2005 年)　证明：n 维欧氏空间的任一正交变换都可表示成不超过 $n+1$ 个镜面反射之积.

【证】　(方法 1) 设 σ 是欧氏空间 V 的正交变换，对 V 的维数 n 用数学归纳法.

当 $n=1$ 时，$\sigma(\boldsymbol{\xi})=\pm\boldsymbol{\xi}$，$\forall\boldsymbol{\xi}\in V$. 结论显然成立.

假设结论对 $n-1$ 成立，下证对于 n 维欧氏空间 V 结论成立. 若 $\sigma=\varepsilon$（恒等变换），则对于 V 的任一镜面反射 ρ，都有 $\sigma=\rho^2$. 下面考虑 $\sigma\neq\varepsilon$. 此时，必存在非零 $\boldsymbol{\alpha}\in V$ 使 $\sigma(\boldsymbol{\alpha})\neq\boldsymbol{\alpha}$. 记 $\boldsymbol{\beta}=$

$\sigma(\boldsymbol{\alpha})$，令 $\boldsymbol{\eta}=\dfrac{\boldsymbol{\alpha}-\boldsymbol{\beta}}{|\boldsymbol{\alpha}-\boldsymbol{\beta}|}$，则 $|\boldsymbol{\eta}|=1$. 定义镜面反射：$\tau(\boldsymbol{\xi})=\boldsymbol{\xi}-2(\boldsymbol{\eta},\boldsymbol{\xi})\boldsymbol{\eta}$，$\forall\boldsymbol{\xi}\in V$. 易知 $\tau(\boldsymbol{\alpha})=\boldsymbol{\beta}$. 记 $\varphi=\tau^{-1}\sigma$，则 φ 是 V 的正交变换，且 $\varphi(\boldsymbol{\alpha})=\boldsymbol{\alpha}$.

现在，令 $W=L(\boldsymbol{\alpha})^{\perp}$，则 $\dim W=n-1$，且 W 是 φ 的不变子空间. 因此，φ 在 W 上的限制 $\varphi|_W$ 仍是正交变换. 根据归纳假设，$\varphi|_W$ 可表示为 $\varphi|_W=\tau_1\tau_2\cdots\tau_s(s\leqslant n)$，其中 τ_i 是 W 上的由单位向量 $\boldsymbol{\eta}_i$ 确定的镜面反射，即对于 $i=1,2,\cdots,s$，有

$$\tau_i(\boldsymbol{\xi})=\boldsymbol{\xi}-2(\boldsymbol{\eta}_i,\boldsymbol{\xi})\boldsymbol{\eta}_i,\ \forall\boldsymbol{\xi}\in W.$$

最后，将 τ_i 的定义扩充到 V 上，这只需补充定义：$\tau_i(\boldsymbol{\alpha})=\boldsymbol{\alpha}$，那么 τ_i 即为 V 上的也是由单位向量 $\boldsymbol{\eta}_i$ 确定的镜面反射. 容易验证 $\varphi=\tau_1\tau_2\cdots\tau_s$. 因此 $\sigma=\tau\varphi=\tau\tau_1\tau_2\cdots\tau_s$ 为 V 的 $s+1$（不超过 $n+1$）个镜面反射之积.

（方法2）取定 V 的一个标准正交基，则 V 的正交变换在这个基下的矩阵为 n 阶正交矩阵，并且镜面反射对应一个 n 阶镜面反射矩阵. 因此，所给问题等价于如下命题：任一 n 阶正交矩阵 $\boldsymbol{A}$ 都可表示成不超过 $n+1$ 个 n 阶镜面反射矩阵之积. 对 $\boldsymbol{A}$ 的阶数 n 作归纳法.

当 $n=1$ 时，结论显然. 假设 $n-1$ 时结论成立，对于 n 阶正交矩阵 $\boldsymbol{A}$，设 $\boldsymbol{\eta}$ 是 $\boldsymbol{A}$ 的第一列（因而是单位向量），$\boldsymbol{e}=(1,0,\cdots,0)^{\mathrm{T}}\in\mathbb{R}^n$，则存在 n 阶镜面反射矩阵 $\boldsymbol{B}_0$，使得 $\boldsymbol{B}_0\boldsymbol{\eta}=\boldsymbol{e}$，故

$$\boldsymbol{B}_0\boldsymbol{A}=\begin{pmatrix}1 & \boldsymbol{\alpha}^{\mathrm{T}}\\ \boldsymbol{0} & \boldsymbol{A}_1\end{pmatrix}.$$

注意到 $\boldsymbol{B}_0\boldsymbol{A}$ 是正交矩阵，易知 $\boldsymbol{\alpha}=\boldsymbol{0}$，且 $\boldsymbol{A}_1$ 是 $n-1$ 阶正交矩阵. 根据归纳假设，存在 $s(\leqslant n)$ 个 $n-1$ 阶镜面反射矩阵 $\boldsymbol{B}_1,\boldsymbol{B}_2,\cdots,\boldsymbol{B}_s$，使得 $\boldsymbol{A}_1=\boldsymbol{B}_1\boldsymbol{B}_2\cdots\boldsymbol{B}_s$. 因此，有

$$\boldsymbol{A}=\boldsymbol{B}_0\begin{pmatrix}1 & \\ & \boldsymbol{B}_1\end{pmatrix}\begin{pmatrix}1 & \\ & \boldsymbol{B}_2\end{pmatrix}\cdots\begin{pmatrix}1 & \\ & \boldsymbol{B}_s\end{pmatrix}.$$

易知，上式右边的每一个因子都是 n 阶镜面反射矩阵，且个数 $s+1$ 不超过 $n+1$. 命题得证.

【注1】　本题即 Cartan-Dieudonné 定理. 若正交变换 $\sigma\neq\varepsilon$（恒等变换），则 σ 可分解为至多 n 个镜面反射之积. 详见文献[16]，pp. 235-239.

【注2】　至此，本书已介绍矩阵的9种分解（包括对应的几何特征）：满秩分解（例4.87），Fitting 分解（例6.132，例7.40，例10.28），Voss 分解（例7.80，例7.120），Jordan-Chevalley 分解（例7.90，例7.113），极分解（例8.55），Cholesky 分解（例8.124），QR 分解（例9.42），奇异值分解（例9.113），Cartan-Dieudonné 分解（例9.129）. 更多的矩阵分解及其数值实现的算例可见文献[17]和[26].

【例9.130】　设 $\boldsymbol{A}$ 是 n 阶实对称矩阵，$\boldsymbol{B}$ 是 n 阶实正交矩阵. 证明：

（1）若 $\lambda_1,\lambda_2,\cdots,\lambda_n$ 是 $\boldsymbol{A}$ 的特征值，而 μ 是 $\boldsymbol{AB}$ 的特征值，则 $\min\limits_{1\leqslant i\leqslant n}|\lambda_i|\leqslant|\mu|\leqslant\max\limits_{1\leqslant i\leqslant n}|\lambda_i|$；

（2）若 $\boldsymbol{A}$ 和 $\boldsymbol{E}-\boldsymbol{A}$ 均为半正定矩阵，则 $\det(\boldsymbol{E}-\boldsymbol{AB})\geqslant\det(\boldsymbol{E}-\boldsymbol{A})$.

【证】　（1）根据题设，存在正交矩阵 $\boldsymbol{Q}$，使得 $\boldsymbol{Q}^{\mathrm{T}}\boldsymbol{AQ}=\mathrm{diag}(\lambda_1,\lambda_2,\cdots,\lambda_n)$.

另一方面，易知 μ 也是 $\boldsymbol{BA}$ 的特征值，设 $\boldsymbol{\xi}$ 是相应的特征向量，则 $\boldsymbol{BA\xi}=\mu\boldsymbol{\xi}$，且 $\boldsymbol{\xi}\neq\boldsymbol{0}$. 两边取共轭转置后再分别相乘，得 $\overline{\boldsymbol{\xi}}^{\mathrm{T}}\boldsymbol{A}^2\boldsymbol{\xi}=|\mu|^2|\boldsymbol{\xi}|^2$，即 $(\overline{\boldsymbol{Q}^{\mathrm{T}}\boldsymbol{\xi}})^{\mathrm{T}}(\boldsymbol{Q}^{\mathrm{T}}\boldsymbol{AQ})^2(\boldsymbol{Q}^{\mathrm{T}}\boldsymbol{\xi})=|\mu|^2|\boldsymbol{\xi}|^2$.

记 $\boldsymbol{Q}^{\mathrm{T}}\boldsymbol{\xi}=(x_1,x_2,\cdots,x_n)^{\mathrm{T}}$，其中 $x_k\in\mathbb{C}$，代入上式，得 $\sum\limits_{k=1}^{n}\lambda_k^2|x_k|^2=|\mu|^2\sum\limits_{k=1}^{n}|x_k|^2$. 现在，

令 $m=\min\limits_{1\leqslant i\leqslant n}|\lambda_i|, M=\max\limits_{1\leqslant i\leqslant n}|\lambda_i|$，于是有

$$m^2\sum_{k=1}^{n}|x_k|^2\leqslant|\mu|^2\sum_{k=1}^{n}|x_k|^2\leqslant M^2\sum_{k=1}^{n}|x_k|^2.$$

注意到 $\sum\limits_{k=1}^{n}|x_k|^2\neq 0$，即得 $\min\limits_{1\leqslant i\leqslant n}|\lambda_i|\leqslant|\mu|\leqslant\max\limits_{1\leqslant i\leqslant n}|\lambda_i|$.

(2) 由 $\boldsymbol{A}$ 和 $\boldsymbol{E}-\boldsymbol{A}$ 半正定易知，$0\leqslant\lambda_i\leqslant 1, i=1,2,\cdots,n$. 故根据(1)的结论，$\boldsymbol{AB}$ 的所有特征值 μ_i 的模 $|\mu_i|\leqslant 1, i=1,2,\cdots,n$. 因为实矩阵的复特征值必成共轭对出现，所以

$$|\boldsymbol{E}-\boldsymbol{AB}|=\prod_{i=1}^{n}(1-\mu_i)\geqslant 0.$$

根据第 8 章例 8.129，对于 n 阶实方阵 $\boldsymbol{X},\boldsymbol{Y}$，若 $\boldsymbol{E}-\boldsymbol{X}^{\mathrm{T}}\boldsymbol{X}$ 与 $\boldsymbol{E}-\boldsymbol{Y}^{\mathrm{T}}\boldsymbol{Y}$ 是半正定矩阵，则

$$|\boldsymbol{E}-\boldsymbol{X}^{\mathrm{T}}\boldsymbol{Y}|^2\geqslant|\boldsymbol{E}-\boldsymbol{X}^{\mathrm{T}}\boldsymbol{X}||\boldsymbol{E}-\boldsymbol{Y}^{\mathrm{T}}\boldsymbol{Y}|.$$

现在，因为 $\boldsymbol{A}$ 半正定，所以存在 n 阶实方阵 $\boldsymbol{X}$，使得 $\boldsymbol{A}=\boldsymbol{X}^{\mathrm{T}}\boldsymbol{X}$. 取 $\boldsymbol{Y}=\boldsymbol{XB}$，代入上式得

$$|\boldsymbol{E}-\boldsymbol{AB}|^2\geqslant|\boldsymbol{E}-\boldsymbol{A}||\boldsymbol{E}-\boldsymbol{B}^{\mathrm{T}}\boldsymbol{AB}|=|\boldsymbol{E}-\boldsymbol{A}|^2.$$

于是，有 $|\boldsymbol{E}-\boldsymbol{AB}|\geqslant|\boldsymbol{E}-\boldsymbol{A}|$.

【例 9.131】(丘成桐竞赛试题，2017 年) 设 $\boldsymbol{U},\boldsymbol{V}$ 为 n 阶复方阵，$\boldsymbol{U}$ 可对角化，$\boldsymbol{V}$ 可逆，$\boldsymbol{UV}\neq\boldsymbol{VU}$，且 $\boldsymbol{U}$ 与 $\boldsymbol{VUV}^{-1}$ 可交换.

(1) 对于 $\lambda,\mu\in\mathbb{C}$，令 $E_{\lambda,\mu}=\{\boldsymbol{x}\in\mathbb{C}^n\mid\boldsymbol{Ux}=\lambda\boldsymbol{x},\boldsymbol{VUV}^{-1}\boldsymbol{x}=\mu\boldsymbol{x}\}$. 证明：存在复数对 $(\lambda_1,\mu_1)\neq(\lambda_2,\mu_2)$，使得 $\lambda_i\neq\mu_i, E_{\lambda_i,\mu_i}\neq\{\boldsymbol{0}\}, i=1,2$；

(2) 对于复矩阵 $\boldsymbol{A}$，定义 $\mathrm{N}(\boldsymbol{A})=\mathrm{tr}(\boldsymbol{A}^*\boldsymbol{A})$，其中 $\boldsymbol{A}^*=\overline{\boldsymbol{A}}^{\mathrm{T}}$ 表示 $\boldsymbol{A}$ 的共轭转置，设 $\boldsymbol{U},\boldsymbol{V}$ 都是酉矩阵，即 $\boldsymbol{U}^*\boldsymbol{U}=\boldsymbol{V}^*\boldsymbol{V}=\boldsymbol{I}$(单位矩阵)，证明：$\mathrm{N}(\boldsymbol{I}+\boldsymbol{V})\geqslant 4$.

【证】 (1) 令 $\boldsymbol{P}=\boldsymbol{VUV}^{-1}$，则 $\boldsymbol{P}$ 也可对角化，且 $\boldsymbol{UP}=\boldsymbol{PU}$，所以 $\boldsymbol{U},\boldsymbol{P}$ 可同时对角化(见第 6 章例 6.96)，即存在可逆矩阵 $\boldsymbol{T}$，使得

$$\boldsymbol{T}^{-1}\boldsymbol{UT}=\mathrm{diag}(\lambda_1,\lambda_2,\cdots,\lambda_n),\quad \boldsymbol{T}^{-1}\boldsymbol{PT}=\mathrm{diag}(\mu_1,\mu_2,\cdots,\mu_n).$$

因为 $\boldsymbol{U}$ 与 $\boldsymbol{P}$ 相似，所以它们的特征值相同，包括重数，即 $\{\lambda_i:i=1,2,\cdots,n\}=\{\mu_j:j=1,2,\cdots,n\}$. 由于 $\boldsymbol{U}\neq\boldsymbol{P}$，知 $\mathrm{diag}(\lambda_1,\lambda_2,\cdots,\lambda_n)\neq\mathrm{diag}(\mu_1,\mu_2,\cdots,\mu_n)$. 因此，必存在 $i\neq j$，使得 $\lambda_i\neq\mu_i$，$\lambda_j\neq\mu_j$. 分别取 $\boldsymbol{T}$ 的第 i 列 $\boldsymbol{t}_i$ 与第 j 列 $\boldsymbol{t}_j$，则对 $k=i,j$，有 $\boldsymbol{Ut}_k=\lambda_k\boldsymbol{t}_k$，且 $\boldsymbol{Pt}_k=\mu_k\boldsymbol{t}_k$，因此 $E_{\lambda_k,\mu_k}\neq\{\boldsymbol{0}\}$.

(2) 若 $\boldsymbol{U},\boldsymbol{V}$ 都是酉矩阵，则上述的 $\boldsymbol{T}$ 是酉矩阵. 令 $\boldsymbol{Q}=\boldsymbol{T}^{-1}\boldsymbol{VT}=(q_{ij})$，则 $\boldsymbol{Q}$ 也是酉矩阵，且

$$\boldsymbol{Q}\begin{pmatrix}\lambda_1 & & & \\ & \lambda_2 & & \\ & & \ddots & \\ & & & \lambda_n\end{pmatrix}=\begin{pmatrix}\mu_1 & & & \\ & \mu_2 & & \\ & & \ddots & \\ & & & \mu_n\end{pmatrix}\boldsymbol{Q}.$$

对于 $k=i,j$，比较等式两边的第 k 个对角元，得 $\lambda_k q_{kk}=\mu_k q_{kk}$. 利用(1)的结论，可知 $q_{kk}=0$. 因为对任意 k 都有 $|\mathrm{Re}\,q_{kk}|\leqslant|q_{kk}|\leqslant 1$，所以 $\mathrm{Re}(\mathrm{tr}\,\boldsymbol{Q})\geqslant-(n-2)$. 因此

$$\mathrm{N}(\boldsymbol{I}+\boldsymbol{V})=2n+2\mathrm{Re}(\mathrm{tr}\,\boldsymbol{V})=2n+2\mathrm{Re}(\mathrm{tr}\,\boldsymbol{Q})\geqslant 2n-2(n-2)=4.$$

§9.7 思考与练习

9.1(浙江大学,2011年) 设$\boldsymbol{B}$是实数域上的n阶方阵,$\boldsymbol{A}=\boldsymbol{B}^{\mathrm{T}}\boldsymbol{B}$,对任一正常数$a$,证明:
$$(\boldsymbol{\alpha},\boldsymbol{\beta})=\boldsymbol{\alpha}^{\mathrm{T}}(\boldsymbol{A}+a\boldsymbol{E}_n)\boldsymbol{\beta}$$
定义了$\mathbb{R}^n$的一个内积使得$\mathbb{R}^n$成为欧氏空间.

9.2(南开大学,2012年) 设$\mathscr{A}$为n维欧氏空间V上的对称线性变换,证明对V中的任何单位向量$\boldsymbol{x}$,有$|\mathscr{A}(\boldsymbol{x})|^2\leqslant|\mathscr{A}^2(\boldsymbol{x})|$.

9.3 设n维欧氏空间$\mathbb{R}^n$中的内积为$(\boldsymbol{X},\boldsymbol{Y})=\boldsymbol{X}^{\mathrm{T}}\boldsymbol{Y}$,又设$\boldsymbol{A},\boldsymbol{B}$分别是$m\times n$和$n\times k$非零实矩阵,$L(\boldsymbol{B})$表示由$\boldsymbol{B}$的列向量组生成的子空间.证明:

(1)齐次方程组$\boldsymbol{Ax}=\boldsymbol{0}$的解空间是$L(\boldsymbol{A}^{\mathrm{T}})$的正交补空间;

(2)方程组$\boldsymbol{Ax}=\boldsymbol{b}$有解当且仅当$\boldsymbol{b}$与$\boldsymbol{A}^{\mathrm{T}}\boldsymbol{y}=\boldsymbol{0}$的解空间正交;

(3)若$m=n$,则$L(\boldsymbol{A})$与$L(\boldsymbol{B})$正交的充分必要条件是$\boldsymbol{A}^{\mathrm{T}}\boldsymbol{B}=\boldsymbol{O}$.

9.4(中山大学,2009年) 设σ是n维欧氏空间V上的一个对称变换.证明:σ的核$\ker\sigma$的正交补等于σ的像$\operatorname{Im}\sigma$.

9.5(浙江大学,2010年) 设$\boldsymbol{\alpha}_1,\boldsymbol{\alpha}_2,\cdots,\boldsymbol{\alpha}_k$是欧氏空间$V$中一组两两正交的单位向量,$\boldsymbol{\alpha}$是$V$中的任意一个向量.证明Bessel不等式:$\sum\limits_{i=1}^{k}(\boldsymbol{\alpha},\boldsymbol{\alpha}_i)^2\leqslant|\boldsymbol{\alpha}|^2$,并证明向量$\boldsymbol{\beta}=\boldsymbol{\alpha}-\sum\limits_{i=1}^{k}(\boldsymbol{\alpha},\boldsymbol{\alpha}_i)\boldsymbol{\alpha}_i$与每个$\boldsymbol{\alpha}_i$都正交.

9.6 设T是n维欧氏空间V的一个变换.证明:

(1)如果存在V的变换T^*,使对任意$\boldsymbol{\alpha},\boldsymbol{\beta}\in V$均有
$$(T(\boldsymbol{\alpha}),T(\boldsymbol{\beta}))=(\boldsymbol{\alpha},T^*(\boldsymbol{\beta}))+(T^*(\boldsymbol{\alpha}),\boldsymbol{\beta}),$$
那么T是V的一个线性变换;

(2)如果对任意$\boldsymbol{\alpha},\boldsymbol{\beta}\in V$均有
$$(T(\boldsymbol{\alpha}),T(\boldsymbol{\beta}))=c_1(\boldsymbol{\alpha},\boldsymbol{\beta})+c_2(\boldsymbol{\alpha},T(\boldsymbol{\beta}))+c_2(T(\boldsymbol{\alpha}),\boldsymbol{\beta}),$$
其中c_1,c_2为实数,那么T是V的一个线性变换.

9.7(华南理工大学,2009年) 设$\boldsymbol{\varepsilon}_1,\boldsymbol{\varepsilon}_2,\boldsymbol{\varepsilon}_3$是欧氏空间$V$的一个标准正交基,设$\boldsymbol{\alpha}_1=\boldsymbol{\varepsilon}_1+\boldsymbol{\varepsilon}_2-\boldsymbol{\varepsilon}_3,\boldsymbol{\alpha}_2=\boldsymbol{\varepsilon}_1-\boldsymbol{\varepsilon}_2-\boldsymbol{\varepsilon}_3,W=L(\boldsymbol{\alpha}_1,\boldsymbol{\alpha}_2)$.

(1)求W的一个标准正交基;

(2)求$W^{\perp}$的一个标准正交基;

(3)求$\boldsymbol{\alpha}=\boldsymbol{\varepsilon}_2+2\boldsymbol{\varepsilon}_3$在$W$中的内射影(即求$\boldsymbol{\beta}\in W$,使$\boldsymbol{\alpha}=\boldsymbol{\beta}+\boldsymbol{\gamma}$,而$\boldsymbol{\gamma}\in W^{\perp}$),并求$\boldsymbol{\alpha}$到$W$的距离.

9.8(中山大学,2014年) 给定4维标准欧氏空间$\mathbb{R}^4$的一个基$\boldsymbol{e}_1,\boldsymbol{e}_2,\boldsymbol{e}_3,\boldsymbol{e}_4$,以此基作为列向量组的矩阵记为$\boldsymbol{A}$,其中$\boldsymbol{e}_1=(1,1,0,0),\boldsymbol{e}_2=(1,0,1,0),\boldsymbol{e}_3=(-1,0,0,1),\boldsymbol{e}_4=(1,-1,-1,1)$.

(1)用正交化方法求$\mathbb{R}^4$的一个标准正交基$\boldsymbol{e}'_1,\boldsymbol{e}'_2,\boldsymbol{e}'_3,\boldsymbol{e}'_4$;

(2)求正交矩阵$\boldsymbol{Q}$及主对角元全大于零的上三角矩阵$\boldsymbol{T}$使得$\boldsymbol{A}=\boldsymbol{QT}$.

9.9 设$\boldsymbol{A}$是$m\times n$列满秩实矩阵$(m>n)$,W是$\boldsymbol{A}$的列空间,$\boldsymbol{P}=\boldsymbol{A}(\boldsymbol{A}^{\mathrm{T}}\boldsymbol{A})^{-1}\boldsymbol{A}^{\mathrm{T}}$.令
$$\varphi(\boldsymbol{x})=\boldsymbol{Px},\quad\forall\boldsymbol{x}\in\mathbb{R}^m.$$
证明:φ是$\mathbb{R}^m$在W上的一个正交投影.

9.10(南开大学,2011年) 设V为一个欧氏空间,T为V到V的一个映射,满足条件:$|T(\boldsymbol{\alpha})|=|\boldsymbol{\alpha}|$,$\forall\boldsymbol{\alpha}\in V$.试问$T$是否一定是$V$上的正交变换?说明理由.

9.11 设M是正交矩阵$\boldsymbol{A}$的任一r阶子式,N是M的代数余子式,证明:$M=N\det\boldsymbol{A}$

9.12(复旦大学,1998年) 实方阵$\boldsymbol{H}$是初等反射阵(即$\boldsymbol{H}=\boldsymbol{E}_n-2\boldsymbol{u}\boldsymbol{u}^{\mathrm{T}},\boldsymbol{u}\in\mathbb{R}^n,\boldsymbol{u}^{\mathrm{T}}\boldsymbol{u}=1$)当且仅当$\boldsymbol{H}$正交相似于$\begin{pmatrix}1&&&\\&\ddots&&\\&&1&\\&&&-1\end{pmatrix}$,证明之.

9.13(南京大学,2006年) 设$\mathscr{A}$是n维欧氏空间V的正交变换,$\mathscr{B}$是V的线性变换,并且对于任意的$\boldsymbol{\alpha},\boldsymbol{\beta}\in V$都有$(\mathscr{A}(\boldsymbol{\alpha}),\boldsymbol{\beta})=(\boldsymbol{\alpha},\mathscr{B}(\boldsymbol{\beta}))$.证明:$\mathscr{B}=\mathscr{A}^{-1}$.

9.14(清华大学,2006年) 设$\boldsymbol{\alpha},\boldsymbol{\beta}$是$n$维欧氏空间$V$中的单位向量,证明:存在$V$的一个正交变换$\sigma$,使$\sigma(\boldsymbol{\alpha})=\boldsymbol{\beta}$.

9.15(北京大学,2010年) 设n维欧氏空间V的正交变换φ是对称变换.证明φ是某个对合,即满足

$\varphi^2=\varepsilon$(单位变换).

9.16 证明:若 φ 是2维欧氏空间 V 的第一类正交变换,且 $\varphi\neq\pm\varepsilon$(恒同变换),则必存在 V 的两个第二类正交变换 σ,τ,使得 $\varphi=\sigma\tau$.

9.17(厦门大学,2001年) 设 $\boldsymbol{A}$ 是一个 n 阶正交矩阵,且 $|\boldsymbol{A}|=1$. 证明:存在 n 阶正交矩阵 $\boldsymbol{B}$,使得 $\boldsymbol{B}^2=\boldsymbol{A}$.

9.18(华中科技大学,2003年;中国科学院大学,2010年) 设 $\boldsymbol{A}$ 为3阶正交矩阵,$|\boldsymbol{A}|=1$. 证明: $\boldsymbol{A}$ 的特征多项式为 $f(\lambda)=\lambda^3-t\lambda^2+t\lambda-1$,其中 $-1\leqslant t\leqslant 3$.

9.19(南开大学,2011年) 设 $\boldsymbol{A}$ 为实反对称矩阵,证明: $\boldsymbol{E}-\boldsymbol{A}^{10}$ 一定是正定矩阵.

9.20 设 A,B,C 是三角形 ABC 的三个内角. 证明: $\tan^2\dfrac{A}{2}+\tan^2\dfrac{B}{2}+\tan^2\dfrac{C}{2}\geqslant 1$.

9.21(东南大学,2006年) 假设 $\boldsymbol{A}$ 是 $s\times n$ 实矩阵,在通常的内积下,$\boldsymbol{A}$ 的每个行向量的长度为 a,任意两个不同的行向量的内积为 b,其中 a,b 是两个固定的实数.

(1)求矩阵 $\boldsymbol{A}\boldsymbol{A}^{\mathrm{T}}$ 的行列式;

(2)若 $a^2>b\geqslant 0$,证明: $\boldsymbol{A}\boldsymbol{A}^{\mathrm{T}}$ 的特征值均大于零.

9.22(中国科学院,2001年) 设 $\boldsymbol{\alpha}_i=(a_{i1},a_{i2},\cdots,a_{in})^{\mathrm{T}},i=1,2,\cdots,m(\leqslant n)$ 为 n 维欧氏空间 $\mathbb{R}^n$ 中的 m 个向量. 又设 $\boldsymbol{P}=(p_{ij})_{m\times m}$,其中 $p_{ij}=\sum\limits_{k=1}^{n}a_{ik}a_{jk}$. 试证明: $\boldsymbol{\alpha}_1,\boldsymbol{\alpha}_2,\cdots,\boldsymbol{\alpha}_m$ 线性无关当且仅当 $\boldsymbol{P}$ 是满秩矩阵.

9.23(兰州大学,2008年) 设 $\boldsymbol{A},\boldsymbol{B}$ 都是 n 阶正交矩阵,且 $|\boldsymbol{A}|+|\boldsymbol{B}|=0$. 证明存在实 n 维列向量 $\boldsymbol{\xi}\neq\boldsymbol{0}$ 使得 $\boldsymbol{A}\boldsymbol{\xi}=-\boldsymbol{B}\boldsymbol{\xi}$.

9.24(北京航空航天大学,2001年) 设 f 是 n 维欧氏空间 E^n 上的一个线性函数. 试证:存在唯一的向量 $\boldsymbol{\beta}\in E^n$,使对任意 $\boldsymbol{\alpha}\in E^n$,都有 $f(\boldsymbol{\alpha})=(\boldsymbol{\alpha},\boldsymbol{\beta})$,其中 $(\cdot,\cdot)$ 表示内积.

9.25(四川大学,2002年) 设 $\boldsymbol{A},\boldsymbol{B}$ 是 n 阶实正交矩阵,t 为矩阵 $\boldsymbol{A}^{-1}\boldsymbol{B}$ 的特征值 -1 的重数. 证明:

(1) $\det(\boldsymbol{A}\boldsymbol{B})=1$ 的充分必要条件是 t 为偶数;

(2) $\operatorname{rank}(\boldsymbol{A}+\boldsymbol{B})=n-t$.

9.26 设 $\boldsymbol{B}$ 为 n 阶可逆实反对称矩阵,证明:

(1) $\boldsymbol{B}$ 的行列式 $|\boldsymbol{B}|>0$;

(2)设 $\varphi(\lambda)=|\lambda\boldsymbol{E}-\boldsymbol{B}|$ 是 $\boldsymbol{B}$ 的特征多项式,则对任意实数 b,恒有 $\varphi(b)>0$.

9.27(北京理工大学,2005年) 设 V_1,V_2 是两个欧氏空间,$\mathscr{A}$ 是 V_1 到 V_2 的一个线性映射. 如果 $\mathscr{A}$ 满足:(1)对任意 $\boldsymbol{\alpha},\boldsymbol{\beta}\in V_1$ 都有 $(\mathscr{A}(\boldsymbol{\alpha}),\mathscr{A}(\boldsymbol{\beta}))=(\boldsymbol{\alpha},\boldsymbol{\beta})$;(2) $\mathscr{A}$ 是一个双射,那么称 $\mathscr{A}$ 是 V_1 到 V_2 的一个等距映射.

(1)请你作出等距映射的几何解释;

(2)设 $V_1=\mathbb{R}^3$ 按照标准内积定义构成欧氏空间,$\mathbb{R}$ 上的3阶反对称矩阵全体 V_2 按照如下定义也构成欧氏空间: $(\boldsymbol{A},\boldsymbol{B})=\dfrac{1}{2}\operatorname{tr}(\boldsymbol{A}^{\mathrm{T}}\boldsymbol{B})$. 现在定义映射 $\mathscr{A}:\boldsymbol{V}_1\to\boldsymbol{V}_2$ 如下

$$\mathscr{A}\begin{pmatrix}x_1\\x_2\\x_3\end{pmatrix}=\begin{pmatrix}0&-x_3&x_2\\x_3&0&-x_1\\-x_2&x_1&0\end{pmatrix},$$

证明: $\mathscr{A}$ 是 V_1 到 V_2 的一个等距映射.

9.28(重庆大学,2011年) 设 φ 与 ψ 为 n 维欧氏空间 V 上的两个线性变换,对任意的 $\boldsymbol{\alpha}\in V$,都有 $(\varphi(\boldsymbol{\alpha}),\varphi(\boldsymbol{\alpha}))=(\psi(\boldsymbol{\alpha}),\psi(\boldsymbol{\alpha}))$. 求证: $\operatorname{Im}\varphi$ 与 $\operatorname{Im}\psi$ 作为欧氏空间是同构的.

9.29 已知正交变换 $T(\boldsymbol{\alpha})=\boldsymbol{A}\boldsymbol{\alpha},\boldsymbol{\alpha}\in\mathbb{R}^3$,其中

$$\boldsymbol{A}=\begin{pmatrix}\dfrac{\sqrt{2}}{2}&\dfrac{\sqrt{2}}{2}&0\\\dfrac{1}{2}&-\dfrac{1}{2}&\dfrac{\sqrt{2}}{2}\\\dfrac{1}{2}&-\dfrac{1}{2}&-\dfrac{\sqrt{2}}{2}\end{pmatrix}.$$

证明 T 是旋转变换,并求 T 的旋转轴与旋转角.

9.30 设 σ 是 n 维实的线性空间 V 的线性变换. 证明:可在 V 上引入内积使得 σ 为 V 的对称变换的充分必要条件是 σ 有 n 个线性无关的特征向量.

9.31(中山大学,2011年)　设$A=\begin{pmatrix}1&1&1\\-1&0&1\\0&-1&1\end{pmatrix}$.

(1)求正交矩阵Q及主对角元全大于零的上三角矩阵T使得$A=QT$;

(2)求正定矩阵P及正交矩阵O使得$A=PO$;

(3)求正交矩阵U及正交矩阵V使得UAV为对角矩阵.

9.32(中山大学,2014年)　设$A=\begin{pmatrix}1&1&1\\-1&0&1\\0&-1&1\end{pmatrix}$,$A^{\mathrm{T}}$表示$A$的转置.

(1)求正定矩阵B使得$AA^{\mathrm{T}}=B^2$;

(2)求正定矩阵C及正交矩阵D使得$A=CD$;

(3)求正交矩阵P及正交矩阵Q使得PAQ为对角矩阵.

9.33(武汉大学,2015年)　设$A=\begin{pmatrix}1&1&1\\1&1&0\\1&0&1\end{pmatrix}$,求实正交矩阵$Q$及主对角元均为负数的上三角矩阵$T$,使得$A=QT$.

9.34(四川大学,2000年)　设V是n维欧氏空间,φ_1,φ_2是V上的两个对称变换,φ_3是V上的一个反对称变换,即$\varphi_1,\varphi_2,\varphi_3$是$V$上的线性变换,且对$V$中的任意向量$\boldsymbol{\alpha},\boldsymbol{\beta}$,有$(\varphi_1(\boldsymbol{\alpha}),\boldsymbol{\beta})=(\boldsymbol{\alpha},\varphi_1(\boldsymbol{\beta}))$,$(\varphi_2(\boldsymbol{\alpha}),\boldsymbol{\beta})=(\boldsymbol{\alpha},\varphi_2(\boldsymbol{\beta}))$,$(\varphi_3(\boldsymbol{\alpha}),\boldsymbol{\beta})=-(\boldsymbol{\alpha},\varphi_3(\boldsymbol{\beta}))$. 证明:$\varphi_1^2+\varphi_2^2=\varphi_3^2$当且仅当$\varphi_1=\varphi_2=\varphi_3=0$.

9.35(复旦大学,2016年)　设A为n阶实对称正定矩阵,B为n阶实反对称矩阵,试证明:$\det(A+B)\geqslant\det A$,其中的等号成立当且仅当$B=O$.

9.36(南开大学,2007年)　设A是n阶正交矩阵且-1不是A的特征值. 证明$B=(A-I_n)(A+I_n)^{-1}$是反对称矩阵且$A=(I_n+B)(I_n-B)^{-1}$.

9.37(重庆大学,2008年)　在线性空间$M_n(\mathbb{R})$(实数域$\mathbb{R}$上所有n阶方阵构成的集合)中定义一个二元实函数$(A,B)=\mathrm{tr}(A^{\mathrm{T}}B)$, $\forall A,B\in M_n(\mathbb{R})$.

(1)验证上述定义是$M_n(\mathbb{R})$的一个内积,从而$M_n(\mathbb{R})$是一个欧氏空间;

(2)设$A\in M_n(\mathbb{R})$,定义$M_n(\mathbb{R})$的一个线性变换$\mathscr{A}: X\to AX$, $\forall X\in M_n(\mathbb{R})$. 证明:$\mathscr{A}$为欧氏空间$M_n(\mathbb{R})$的正交变换的充分必要条件是$A$为正交矩阵.

9.38　设V是区间$[-1,1]$上所有次数不超过n的实系数多项式构成的线性空间,在V中定义二元函数:$(f(x),g(x))=\int_{-1}^{1}f(x)g(x)\mathrm{d}x$, $\forall f(x),g(x)\in V$. 证明:V是$n+1$维欧氏空间,且下述Legendre多项式

$$P_0(x)=1,\ P_k(x)=\frac{1}{2^k k!}\cdot\frac{\mathrm{d}^k}{\mathrm{d}x^k}[(x^2-1)^k]\quad(k=1,2,\cdots,n)$$

为V的一个正交基.

9.39(南京大学,2009年)　n维欧氏空间V的两组基$\boldsymbol{e}_1,\boldsymbol{e}_2,\cdots,\boldsymbol{e}_n$和$\boldsymbol{f}_1,\boldsymbol{f}_2,\cdots,\boldsymbol{f}_n$称为对偶基,如果

$$(\boldsymbol{e}_i,\boldsymbol{f}_j)=\begin{cases}1, & i=j,\\0, & i\neq j.\end{cases}$$

(1)证明:对V的任一组基$\boldsymbol{e}_1,\boldsymbol{e}_2,\cdots,\boldsymbol{e}_n$,其对偶基存在并且唯一确定;

(2)设$\boldsymbol{e}_1=(1,0,0)$,$\boldsymbol{e}_2=(1,1,0)$,$\boldsymbol{e}_3=(1,1,1)$为$\mathbb{R}^3$的一组基,试求$\boldsymbol{e}_1,\boldsymbol{e}_2,\boldsymbol{e}_3$的对偶基.

9.40　设$\boldsymbol{\alpha},\boldsymbol{\beta},\boldsymbol{\gamma}$是欧氏空间$V$中的向量.

(1)证明:$|\boldsymbol{\alpha}-\boldsymbol{\beta}||\boldsymbol{\gamma}|\leqslant|\boldsymbol{\alpha}-\boldsymbol{\gamma}||\boldsymbol{\beta}|+|\boldsymbol{\gamma}-\boldsymbol{\beta}||\boldsymbol{\alpha}|$,并讨论等号成立的条件;

(2)说明上述不等式的几何意义.

9.41　设σ是2维欧氏空间V的一个旋转,σ在V的一个标准正交基下的矩阵为

$$A=\frac{1}{\sqrt{10}}\begin{pmatrix}1&-3\\3&1\end{pmatrix},$$

将σ表示成2个镜面反射的乘积.

9.42(东南大学,2011年)　设V是n维欧氏空间,$\boldsymbol{\omega}\in V$是单位向量,V上的变换f定义如下:对任意$\boldsymbol{\eta}\in V$,$f(\boldsymbol{\eta})=\boldsymbol{\eta}-2(\boldsymbol{\eta},\boldsymbol{\omega})\boldsymbol{\omega}$.

(1)证明:f是V上的正交变换;

(2)在$\mathbb{R}[x]_3$中定义内积:对$\varphi(x),\psi(x)\in\mathbb{R}[x]_3$,$(\varphi(x),\psi(x))=\int_0^1\varphi(x)\psi(x)\mathrm{d}x$. 于是,$\mathbb{R}[x]_3$成为

欧氏空间. 假设 $\boldsymbol{\alpha}=1,\boldsymbol{\beta}=x$. 分别求正实数 k 及单位向量 $\boldsymbol{\omega}\in\mathbb{R}[x]_3$,使得如上的正交变换 f 满足 $f(\boldsymbol{\alpha})=k\boldsymbol{\beta}$.

9.43(中国科学技术大学,2010 年) 设 V 是 n 维欧氏空间,$(\cdot,\cdot)$ 为其内积,V^* 为其对偶空间. 证明:

(1) 对于每个给定的 $\boldsymbol{\alpha}\in V$,映射 $f_{\boldsymbol{\alpha}}:V\to\mathbb{R}$,$\boldsymbol{\beta}\to(\boldsymbol{\alpha},\boldsymbol{\beta})$ 是 V^* 中的一个元素;

(2) 映射 $f:V\to V^*$,$\boldsymbol{\alpha}\to f_{\boldsymbol{\alpha}}$ 是 n 维线性空间 V 到 V^* 的同构映射.

9.44 设 T_1,T_2 是 3 维欧氏空间 V 的反对称变换,且 $T_1\neq 0$. 证明:如果 $\ker T_1=\ker T_2$,那么 $T_2=aT_1$,其中 $a\in\mathbb{R}$.

9.45(上海大学,2004 年) 设 V 是 n 维欧氏空间,$\mathscr{A}$ 为 V 的线性变换,$\boldsymbol{\alpha}_1,\boldsymbol{\alpha}_2,\cdots,\boldsymbol{\alpha}_{n-1}$ 是 V 中的 $n-1$ 个线性无关的向量,$\boldsymbol{\beta}$ 是 V 中的非零向量,且 $\mathscr{A}(\boldsymbol{\beta})$ 和 $\boldsymbol{\beta}$ 分别与 $\boldsymbol{\alpha}_1,\boldsymbol{\alpha}_2,\cdots,\boldsymbol{\alpha}_{n-1}$ 都正交 $(\boldsymbol{\beta}\neq\mathbf{0})$. 求证: $\boldsymbol{\beta}$ 为 $\mathscr{A}$ 的特征向量.

9.46(华东理工大学,2006 年) 设 $O(n,\mathbb{Z})$ 为 n 阶的整系数正交矩阵全体,试确定集合 $O(n,\mathbb{Z})$ 中的矩阵个数.

9.47(华南理工大学,2010 年) 在欧氏空间中有三组向量:$\boldsymbol{\alpha}_1,\boldsymbol{\alpha}_2,\cdots,\boldsymbol{\alpha}_s;\boldsymbol{\beta}_1,\boldsymbol{\beta}_2,\cdots,\boldsymbol{\beta}_s$ 和 $\boldsymbol{\gamma}_1,\boldsymbol{\gamma}_2,\cdots,\boldsymbol{\gamma}_s$. 已知 $\boldsymbol{\alpha}_1,\boldsymbol{\alpha}_2,\cdots,\boldsymbol{\alpha}_s$ 线性无关,$\boldsymbol{\beta}_1,\boldsymbol{\beta}_2,\cdots,\boldsymbol{\beta}_s$ 和 $\boldsymbol{\gamma}_1,\boldsymbol{\gamma}_2,\cdots,\boldsymbol{\gamma}_s$ 都是两两正交的单位向量,并且对一切 $i(1\leqslant i\leqslant s)$,均有

$$L(\boldsymbol{\alpha}_1,\boldsymbol{\alpha}_2,\cdots,\boldsymbol{\alpha}_i)=L(\boldsymbol{\beta}_1,\boldsymbol{\beta}_2,\cdots,\boldsymbol{\beta}_i)=L(\boldsymbol{\gamma}_1,\boldsymbol{\gamma}_2,\cdots,\boldsymbol{\gamma}_i).$$

证明:对每个 i,有 $\boldsymbol{\beta}_i=\pm\boldsymbol{\gamma}_i$.

9.48(湘潭大学,2016 年) 设 $\boldsymbol{A}$ 是 n 阶可逆的实矩阵. 证明:

(1) 存在 n 阶正交矩阵 $\boldsymbol{Q}$ 和上三角矩阵 $\boldsymbol{R}$,使得 $\boldsymbol{A}=\boldsymbol{Q}\boldsymbol{R}$;

(2) 记 $\boldsymbol{A}_1=\boldsymbol{A}$,作变换 $\begin{cases}\boldsymbol{A}_k=\boldsymbol{Q}_k\boldsymbol{R}_k,\\ \boldsymbol{A}_{k+1}=\boldsymbol{R}_k\boldsymbol{Q}_k,\end{cases}$ $k=1,2,\cdots$,其中 $\boldsymbol{Q}_k$ 为 n 阶正交矩阵,$\boldsymbol{R}_k$ 为 n 阶上三角矩阵,则 $\boldsymbol{A}_k(k=1,2,\cdots)$ 正交相似于 $\boldsymbol{A}$.

9.49(杭州师范大学,2012 年) 设 σ 是 n 维欧氏空间 V 上的线性变换且满足内积等式

$$(\sigma(\boldsymbol{\alpha}),\boldsymbol{\beta})=-(\boldsymbol{\alpha},\sigma(\boldsymbol{\beta})),\quad\forall\boldsymbol{\alpha},\boldsymbol{\beta}\in V.$$

(1) 求证:σ 的特征值为零或纯虚数;

(2) 求证:存在 V 的一个规范正交基,使得 σ^2 在此基下的矩阵是对角阵.

9.50 设 n 元实二次型 $f(x_1,x_2,\cdots,x_n)$ 的正、负惯性指数分别为 p,q. 证明:$\mathbb{R}^n$ 可表示成两两正交且维数分别为 p,q 及 $n-p-q$ 的子空间 W_1,W_2,W_3 的直和:$\mathbb{R}^n=W_1\oplus W_2\oplus W_3$,并且对 W_1 中任意非零向量 $\boldsymbol{\alpha}$ 都有 $f(\boldsymbol{\alpha})>0$,对 W_2 中任意非零向量 $\boldsymbol{\alpha}$ 都有 $f(\boldsymbol{\alpha})<0$,而对 W_3 中任意向量 $\boldsymbol{\alpha}$ 都有 $f(\boldsymbol{\alpha})=0$.

9.51 设 φ 是 n 维欧氏空间 V 上的任一正交变换. 求证:$|\operatorname{tr}\varphi|\leqslant n$.

9.52 设 $\boldsymbol{A},\boldsymbol{B}$ 为 $n\times m$ 实矩阵,满足 $\boldsymbol{A}^{\mathrm{T}}\boldsymbol{A}=\boldsymbol{B}^{\mathrm{T}}\boldsymbol{B}$. 证明:存在正交矩阵 $\boldsymbol{Q}$,使得 $\boldsymbol{A}=\boldsymbol{Q}\boldsymbol{B}$.

9.53 设 $\boldsymbol{A}$ 是 n 阶正交矩阵. 证明:任意取定 $\boldsymbol{A}$ 的 k 行(或 k 列),由这 k 行(或 k 列)的元素组成的所有 k 阶子式的平方和等于 1.

9.54(首都师范大学,2012 年) 设 $\boldsymbol{T}$ 为 n 阶实对称矩阵,且为正交矩阵. 证明:存在整数 $m(0\leqslant m\leqslant n)$ 使得 $\operatorname{tr}\boldsymbol{T}=n-2m$;此外,若 $m=0$,则 $\boldsymbol{T}=\boldsymbol{I}$(单位矩阵);若 $m=n$,则 $\boldsymbol{T}=-\boldsymbol{I}$.

9.55 设 σ 是 n 维欧氏空间 V 的对称变换,$\boldsymbol{\alpha}_1,\boldsymbol{\alpha}_2,\cdots,\boldsymbol{\alpha}_n$ 是 V 的一个基,其度量矩阵为 $\boldsymbol{G}$. 证明:若 σ 在基 $\boldsymbol{\alpha}_1,\boldsymbol{\alpha}_2,\cdots,\boldsymbol{\alpha}_n$ 下的矩阵为 $\boldsymbol{A}$,则 $\boldsymbol{A}^{\mathrm{T}}\boldsymbol{G}=\boldsymbol{G}\boldsymbol{A}$.

9.56(南开大学,2013 年) 设 $\boldsymbol{A},\boldsymbol{B}$ 都是 n 阶实正交方阵,证明:$n-\operatorname{rank}(\boldsymbol{A}+\boldsymbol{B})$ 为偶数当且仅当 $\det\boldsymbol{A}=\det\boldsymbol{B}$.

9.57(中国科学技术大学,2012 年) 设 $\mathbb{R}^{2\times2}$ 上的线性变换 $\mathscr{A}(\boldsymbol{X})=\boldsymbol{A}\boldsymbol{X}-\boldsymbol{X}\boldsymbol{A}$,其中 $\boldsymbol{A}=\begin{pmatrix}1&1\\1&2\end{pmatrix}$.

(1) 求证 $f(\boldsymbol{X},\boldsymbol{Y})=\operatorname{tr}(\boldsymbol{X}^{\mathrm{T}}\boldsymbol{A}\boldsymbol{Y})$ 是 $\mathbb{R}^{2\times2}$ 上的内积;

(2) 求 $\operatorname{Im}\mathscr{A}$ 在 f 下的一组标准正交基.

9.58 设 $\boldsymbol{A},\boldsymbol{B}$ 都是 n 阶实方阵,$\mu(\boldsymbol{A}\boldsymbol{B})$ 是 $\boldsymbol{A}\boldsymbol{B}$ 的任一特征值. 证明:

$$\lambda_{\min}(\boldsymbol{A}^{\mathrm{T}}\boldsymbol{A})\lambda_{\min}(\boldsymbol{B}^{\mathrm{T}}\boldsymbol{B})\leqslant|\mu(\boldsymbol{A}\boldsymbol{B})|^2\leqslant\lambda_{\max}(\boldsymbol{A}^{\mathrm{T}}\boldsymbol{A})\lambda_{\max}(\boldsymbol{B}^{\mathrm{T}}\boldsymbol{B}),$$

这里,$\lambda_{\min}(\boldsymbol{X}),\lambda_{\max}(\boldsymbol{X})$ 分别表示方阵 $\boldsymbol{X}$ 的最小与最大特征值.

9.59 设 $\mathbb{R}^{2n}$ 为 $2n$ 维实空间,$\boldsymbol{S}=\begin{pmatrix}\boldsymbol{O}&\boldsymbol{E}_n\\-\boldsymbol{E}_n&\boldsymbol{O}\end{pmatrix}$,定义映射 $f:\mathbb{R}^{2n}\times\mathbb{R}^{2n}\to\mathbb{R}$ 为

$$f(\boldsymbol{x},\boldsymbol{y})=(\boldsymbol{S}\boldsymbol{x},\boldsymbol{y}),\quad\forall\boldsymbol{x},\boldsymbol{y}\in\mathbb{R}^{2n},$$

其中 $(\cdot,\cdot)$ 为 $\mathbb{R}^{2n}$ 中的欧氏内积. 又记 M_{2n} 为 $2n$ 阶实方阵全体,再定义

$$SP(\mathbb{R}^{2n})=\{\boldsymbol{A}\in M_{2n}\,|\,f(\boldsymbol{A}\boldsymbol{x},\boldsymbol{y})=-f(\boldsymbol{x},\boldsymbol{A}\boldsymbol{y})\}.$$

(1)证明 $SP(\mathbb{R}^{2n})=\{\boldsymbol{A}\in M_{2n}\mid \boldsymbol{SA}=-\boldsymbol{A}^{\mathrm{T}}\boldsymbol{S}\}$,其中 $\boldsymbol{A}^{\mathrm{T}}$ 为 $\boldsymbol{A}$ 的转置;

(2)试求 $SP(\mathbb{R}^{2n})$ 的维数和一个基.

9.60(兰州大学,2014年) 设 σ 为 n 维欧氏空间 V 的对称变换,σ 的特征多项式为

$$f(x)=(x-\lambda_1)^{r_1}(x-\lambda_2)^{r_2}\cdots(x-\lambda_m)^{r_m},$$

其中 $\lambda_1,\lambda_2,\cdots,\lambda_m$ 互不相同,$r_i\geqslant 1,i=1,2,\cdots,m$. 证明:对 $i=1,2,\cdots,m$,均有

$$\ker(\sigma-\lambda_i\varepsilon)=\ker(\sigma-\lambda_i\varepsilon)^{r_i},$$

其中 ε 表示 V 的恒等变换.

9.61(北京大学,2014年) 设 $\mathscr{A}$ 是欧氏空间 V 的对称线性变换. 称 $\mathscr{A}$ 为"正的",若 $\forall\boldsymbol{\alpha}\in V$ 恒有 $(\boldsymbol{\alpha},\mathscr{A}(\boldsymbol{\alpha}))\geqslant 0$,且等号当且仅当 $\boldsymbol{\alpha}=\boldsymbol{0}$ 时成立. 证明:

(1)若线性变换 $\mathscr{A}$ 是正的,则 $\mathscr{A}$ 是可逆的;

(2)若线性变换 $\mathscr{A},\mathscr{B}$ 都是正的,且 $\mathscr{A}-\mathscr{B}$ 也是正的,则 $\mathscr{B}^{-1}-\mathscr{A}^{-1}$ 是正的;

(3)若线性变换 $\mathscr{A}$ 是正的,则存在正的线性变换 $\mathscr{B}$,满足 $\mathscr{A}=\mathscr{B}^2$.

9.62 试证明:行列式等于1的3阶正交方阵 $\boldsymbol{A}$ 必有分解式:

$$\boldsymbol{A}=\begin{pmatrix}\cos\varphi & \sin\varphi & 0\\ -\sin\varphi & \cos\varphi & 0\\ 0 & 0 & 1\end{pmatrix}\begin{pmatrix}1 & 0 & 0\\ 0 & \cos\theta & \sin\theta\\ 0 & -\sin\theta & \cos\theta\end{pmatrix}\begin{pmatrix}\cos\psi & \sin\psi & 0\\ -\sin\psi & \cos\psi & 0\\ 0 & 0 & 1\end{pmatrix},$$

其中 φ,θ,ψ 为 Euler 角.

9.63(清华大学,2003年) 设 g,h 是 n 维欧氏空间 V 上两个对称双线性型,h 非退化,由下式定义 V 的线性变换 φ: $g(\boldsymbol{\alpha},\boldsymbol{\beta})=h(\boldsymbol{\alpha},\varphi(\boldsymbol{\beta}))$,对任意 $\boldsymbol{\alpha},\boldsymbol{\beta}\in V$. 如果 φ 有 n 个线性无关的特征向量,那么能否断定 g, h 可同时对角化(即存在 V 的基使 g,h 的方阵均为对角形)? 反之呢? 均证明之.

9.64(华东师范大学,2014年) 设 V 是 n 维欧氏空间,$\boldsymbol{e}_1,\boldsymbol{e}_2,\cdots,\boldsymbol{e}_n$ 是 V 的一个基,满足内积 $(\boldsymbol{e}_i,\boldsymbol{e}_j)\leqslant 0(i\neq j)$.

(1)证明:存在一个非零向量 $\boldsymbol{v}\in V$,使得 $(\boldsymbol{v},\boldsymbol{e}_i)\geqslant 0,\ \forall i\in\{1,2,\cdots,n\}$;

(2)假设 $\boldsymbol{v}=a_1\boldsymbol{e}_1+a_2\boldsymbol{e}_2+\cdots+a_n\boldsymbol{e}_n\in V$ 是任何满足(1)的向量,证明:$a_i\geqslant 0,i=1,2,\cdots,n$;

(3)设 $\boldsymbol{u}=b_1\boldsymbol{e}_1+b_2\boldsymbol{e}_2+\cdots+b_n\boldsymbol{e}_n\in V$ 是另一个满足(1)的向量,并定义 $\boldsymbol{w}=c_1\boldsymbol{e}_1+c_2\boldsymbol{e}_2+\cdots+c_n\boldsymbol{e}_n\in V$,其中 $c_i=\min\{a_i,b_i\},i=1,2,\cdots,n$. 证明:向量 $\boldsymbol{w}$ 也满足(1).

9.65(四川大学,2005年) 问是否存在非零的反对称实矩阵 $\boldsymbol{A}$,使得 $\boldsymbol{A}$ 相似于一个实对角矩阵? 证明你的结论.

9.66(南京航空航天大学,2015年) 设 n 阶实方阵 $\boldsymbol{A}$ 的 n 个特征值均为实数,且 $\boldsymbol{AA}^{\mathrm{T}}=\boldsymbol{A}^{\mathrm{T}}\boldsymbol{A}$,证明:

(1)若 $\boldsymbol{\alpha}$ 是 $\boldsymbol{A}$ 的属于特征值 λ 的特征向量,则 $\boldsymbol{\alpha}$ 也是 $\boldsymbol{A}^{\mathrm{T}}$ 的属于特征值 λ 的特征向量;

(2)若 λ 是 $\boldsymbol{A}$ 的任一特征值,则 λ^2 也是 $\boldsymbol{AA}^{\mathrm{T}}$ 的特征值;

(3)$\boldsymbol{A}$ 的属于不同特征值的特征向量一定正交.

9.67 设 $\boldsymbol{A}$ 为 n 阶半正定矩阵,$\boldsymbol{S}$ 为 n 阶实反对称矩阵,$\boldsymbol{AS}+\boldsymbol{SA}=\boldsymbol{O}$. 证明:$\det(\boldsymbol{A}+\boldsymbol{S})>0$ 的充分必要条件是 $\operatorname{rank}\boldsymbol{A}+\operatorname{rank}\boldsymbol{S}=n$.

9.68 设 $\boldsymbol{A}$ 是 n 阶实正规矩阵. 证明:存在实多项式 $p(x)$,使得 $\boldsymbol{A}$ 的转置矩阵 $\boldsymbol{A}^{\mathrm{T}}=p(\boldsymbol{A})$.

9.69 证明:任一非零实正规矩阵均可表示为两个实对称矩阵之积,且其中一个是可逆的.

9.70(北京大学,2019年) 设3阶实方阵 $\boldsymbol{A}$ 满足 $\boldsymbol{AA}^{\mathrm{T}}=\boldsymbol{A}^{\mathrm{T}}\boldsymbol{A}$,且 $\boldsymbol{A}^{\mathrm{T}}\neq\boldsymbol{A}$.

(1)证明:存在正交矩阵 $\boldsymbol{P}$,使得 $\boldsymbol{P}^{\mathrm{T}}\boldsymbol{AP}=\begin{pmatrix}a & 0 & 0\\ 0 & b & c\\ 0 & -c & b\end{pmatrix}$,其中 a,b,c 都是实数;

(2)若 $\boldsymbol{AA}^{\mathrm{T}}=\boldsymbol{A}^{\mathrm{T}}\boldsymbol{A}=\boldsymbol{I}_3$,且 $\det\boldsymbol{A}=1$,证明1是 $\boldsymbol{A}$ 的一个特征值,并求 $\boldsymbol{A}$ 的属于特征值1的特征向量.

9.71 设 n 阶实矩阵 $\boldsymbol{A}$ 的复特征值为 $\lambda_1,\lambda_2,\cdots,\lambda_n$,则 $\operatorname{tr}(\boldsymbol{A}^{\mathrm{T}}\boldsymbol{A})\geqslant\sum\limits_{k=1}^{n}|\lambda_k|^2$,其中等号成立当且仅当 $\boldsymbol{A}$ 为正规矩阵,即满足 $\boldsymbol{A}^{\mathrm{T}}\boldsymbol{A}=\boldsymbol{AA}^{\mathrm{T}}$.

9.72(浙江大学,2019年) 设 $\boldsymbol{A}=(a_{ij})$ 是 n 阶复方阵,$\lambda_1,\lambda_2,\cdots,\lambda_n$ 是 $\boldsymbol{A}$ 的所有特征值,证明: $\boldsymbol{A}$ 是正规矩阵当且仅当 $\sum\limits_{k=1}^{n}|\lambda_k|^2=\sum\limits_{i=1}^{n}\sum\limits_{j=1}^{n}|a_{ij}|^2$.

9.73 设 φ 是 n 维欧氏空间 V 的正规变换,ψ 是 V 的线性变换,满足 $\varphi\psi=\psi\varphi$. 证明:对于 φ 的共轭变换 φ^*,有 $\varphi^*\psi=\psi\varphi^*$.

9.74 设 φ 是 n 维欧氏空间 V 的可逆线性变换,且保持 V 中向量的正交性不变. 求证:

(1) φ 是 V 的正规变换；

(2) 存在正实数 k，使得 $\varphi^*\varphi=k\varepsilon$，其中 ε 是 V 的恒等变换.

9.75 设 φ 是 n 维欧氏空间 V 的正规变换，φ 的最小多项式 $m(x)$ 在实数域上有分解式：

$$m(x)=p_1(x)p_2(x)\cdots p_s(x),$$

其中 $p_i(x)$ 是互异的首一不可约多项式，$\deg p_i(x)\leqslant 2, i=1,2,\cdots,s$. 记 $W_i=\ker(p_i(\varphi))$. 证明：

(1) $W_i(i=1,2,\cdots,s)$ 是 φ 的两两正交的不变子空间；

(2) $V=W_1\oplus W_2\oplus\cdots\oplus W_s$；

(3) 限制变换 $\varphi|_{W_i}$ 是 W_i 上的正规变换，且 $p_i(x)$ 是 $\varphi|_{W_i}$ 的最小多项式.

9.76 设 φ 是 n 维欧氏空间 V 的正规变换，$p(x)=x^2+1$ 是 φ 的零化多项式，φ^* 是 φ 的共轭变换. 证明：存在长度相等且正交的向量 $\boldsymbol{\alpha},\boldsymbol{\beta}\in V$，使得 $\varphi^*(\boldsymbol{\alpha})=\boldsymbol{\beta},\varphi^*(\boldsymbol{\beta})=-\boldsymbol{\alpha}$.

9.77 设 V,U 分别是 n 维，m 维欧氏空间，φ,ψ 是 $V\to U$ 的线性映射，φ^* 和 ψ^* 分别是 φ,ψ 的共轭变换，满足 $\varphi^*\varphi=\psi^*\psi$. 证明：存在 U 上的正交变换 ω 使得 $\varphi=\omega\psi$.

9.78（上海交通大学，2008 年） (1) 证明：若 n 阶复方阵 $\boldsymbol{A}$ 满足 $\boldsymbol{A}^*\boldsymbol{A}=\boldsymbol{A}\boldsymbol{A}^*$，则 $\boldsymbol{A}$ 有 n 个相互正交的复特征向量；

(2) 证明：对任一 n 阶复方阵 $\boldsymbol{A}$，$\boldsymbol{A}^*\boldsymbol{A}$ 与 $\boldsymbol{A}\boldsymbol{A}^*$ 有相同的特征值，且均为非负实数；

(3) 证明：任一 n 阶复方阵均可写成一个酉矩阵和一个半正定的 Hermite 矩阵之乘积.

注：一个方阵 $\boldsymbol{A}$ 称为酉矩阵，若满足 $\boldsymbol{A}^*\boldsymbol{A}=\boldsymbol{I}$；一个方阵 $\boldsymbol{A}$ 称为半正定的 Hermite 矩阵，若 $\boldsymbol{A}^*=\boldsymbol{A}$，且对任意的 $\boldsymbol{x}\in\mathbb{C}^n$，都有 $\boldsymbol{x}^*\boldsymbol{A}\boldsymbol{x}\geqslant 0$；对任意 $\boldsymbol{\alpha},\boldsymbol{\beta}\in\mathbb{C}^n$，内积 $(\boldsymbol{\alpha},\boldsymbol{\beta})$ 定义为 $\boldsymbol{\beta}^*\boldsymbol{\alpha}$；以上 * 均指共轭转置.

9.79（华东师范大学，2009 年） 已知 $W=\mathbb{R}^3$ 是 3 维标准的欧氏空间.

(1) 设 V 是由 W 中的向量 $\boldsymbol{\alpha},\boldsymbol{\beta},\boldsymbol{\gamma}$ 所张成的平行六面体的体积. 证明：$V=\sqrt{|\boldsymbol{G}(\boldsymbol{\alpha},\boldsymbol{\beta},\boldsymbol{\gamma})|}$，其中矩阵

$$\boldsymbol{G}(\boldsymbol{\alpha},\boldsymbol{\beta},\boldsymbol{\gamma})=\begin{pmatrix}(\boldsymbol{\alpha},\boldsymbol{\alpha}) & (\boldsymbol{\alpha},\boldsymbol{\beta}) & (\boldsymbol{\alpha},\boldsymbol{\gamma})\\(\boldsymbol{\beta},\boldsymbol{\alpha}) & (\boldsymbol{\beta},\boldsymbol{\beta}) & (\boldsymbol{\beta},\boldsymbol{\gamma})\\(\boldsymbol{\gamma},\boldsymbol{\alpha}) & (\boldsymbol{\gamma},\boldsymbol{\beta}) & (\boldsymbol{\gamma},\boldsymbol{\gamma})\end{pmatrix}.$$

(2) 设 $ABCD$ 是一个对棱长度均相等的四面体，已知其 3 对对棱长度分别为 4，5，6，试求该四面体的体积.

9.80 设 n 维欧氏空间 V 的基 $\boldsymbol{\alpha}_1,\boldsymbol{\alpha}_2,\cdots,\boldsymbol{\alpha}_n$ 的度量矩阵为 $\boldsymbol{G}$，且 V 的正交变换 σ 在这一基下的矩阵为 $\boldsymbol{A}$，证明：$\boldsymbol{A}^{\mathrm{T}}\boldsymbol{G}\boldsymbol{A}=\boldsymbol{G}$.

9.81（北京大学，2017 年） 证明 n 阶 Hermite 矩阵 $\boldsymbol{A}$ 有 n 个实特征值（考虑重数）.

9.82（浙江大学，2016 年） 令 T 是欧氏空间 V 的线性变换，而 T^* 是 T 的伴随线性变换，即对任意 $\boldsymbol{v},\boldsymbol{w}\in V$，有 $(T(\boldsymbol{v}),\boldsymbol{w})=(\boldsymbol{v},T^*(\boldsymbol{w}))$.

(1) 当 V 为有限维欧氏空间，且 T 在 V 的一个单位正交基（或称为标准正交基）下的矩阵为 $\boldsymbol{A}$ 时，求 T^* 在这个基下的矩阵；

(2) 证明：$(\mathrm{Im}\,(T^*))^{\perp}=\ker(T)$.

9.83（华南理工大学，2017 年） 设 $\mathscr{A}$ 是 n 维欧氏空间 V 的对称变换. 证明：对任意 $\boldsymbol{\alpha}\in V$ 都有 $(\mathscr{A}(\boldsymbol{\alpha}),\boldsymbol{\alpha})\geqslant 0$ 的充分必要条件是 $\mathscr{A}$ 的特征值全是非负实数.

9.84（四川大学，2018 年） 设 V 为欧氏空间，$\boldsymbol{\alpha}_1,\boldsymbol{\alpha}_2,\cdots,\boldsymbol{\alpha}_n$ 是 V 的一个基. 证明：

(1) 存在 V 的唯一的一个基 $\boldsymbol{\beta}_1,\boldsymbol{\beta}_2,\cdots,\boldsymbol{\beta}_n$ 使得 $(\boldsymbol{\alpha}_i,\boldsymbol{\beta}_j)=\delta_{ij}=\begin{cases}1, & i=j,\\0, & i\neq j\end{cases}(1\leqslant i,j\leqslant n)$；

(2) 设 $\boldsymbol{\alpha}=\sum\limits_{i=1}^{n}k_i\boldsymbol{\alpha}_i\in V$ 满足 $(\boldsymbol{\alpha},\boldsymbol{\alpha}_i)\geqslant 0, i=1,2,\cdots,n$，若 $(\boldsymbol{\alpha}_i,\boldsymbol{\alpha}_j)\leqslant 0, 1\leqslant i\neq j\leqslant n$，则 $k_i\geqslant 0(1\leqslant i\leqslant n)$.

9.85 在几何空间 $\mathbb{R}^3$ 的右手直角坐标系 $Oxyz$ 中，已知两两垂直的平面 $\Pi_1: x-y+z+1=0$，$\Pi_2: x-z-3=0$ 及 $\Pi_3: x+2y+z-5=0$. 试确定 $\mathbb{R}^3$ 新的右手直角坐标系 $O'x'y'z'$，使得 Π_1,Π_2,Π_3 依次为坐标平面 $y'O'z'$，$z'O'x'$，$x'O'y'$，且 O 位于新坐标系的第一卦限内.

9.86 设 V 为有限维欧氏空间，$\boldsymbol{\alpha}_1,\boldsymbol{\alpha}_2,\cdots,\boldsymbol{\alpha}_s,\boldsymbol{\beta}_1,\boldsymbol{\beta}_2,\cdots,\boldsymbol{\beta}_s\in V$. 证明：如果存在非零向量 $\boldsymbol{\alpha}\in V$ 使得 $\sum\limits_{k=1}^{s}(\boldsymbol{\alpha},\boldsymbol{\alpha}_k)\boldsymbol{\beta}_k=\boldsymbol{0}$，那么存在非零向量 $\boldsymbol{\beta}\in V$ 使得 $\sum\limits_{k=1}^{s}(\boldsymbol{\beta},\boldsymbol{\beta}_k)\boldsymbol{\alpha}_k=\boldsymbol{0}$.

9.87（浙江大学，2020 年） 设 $\boldsymbol{e}_1,\boldsymbol{e}_2,\cdots,\boldsymbol{e}_n$ 是欧氏空间 V 的一个标准正交基（即这 n 个向量两两正交，且每个 $\boldsymbol{e}_i$ 的长度为 1）. 证明：对于 V 中的 n 个向量 $\boldsymbol{v}_1,\boldsymbol{v}_2,\cdots,\boldsymbol{v}_n$，如果满足 $\|\boldsymbol{e}_i-\boldsymbol{v}_i\|<\dfrac{1}{\sqrt{n}}(i=1,2,\cdots,n)$，那么 $\boldsymbol{v}_1,\boldsymbol{v}_2,\cdots,\boldsymbol{v}_n$ 是 V 的一个基.

第 10 章

国内外竞赛试题集萃

§10.1　全国大学生数学竞赛题

§10.2　Putnam 数学竞赛题

§10.3　国际大学生数学竞赛题

§10.4　思考与练习

部分习题解答与提示

参考文献

[1] 陈志杰. 高等代数与解析几何:上册. 2 版. 北京:高等教育出版社,2009.
[2] 陈志杰. 高等代数与解析几何:下册. 2 版. 北京:高等教育出版社,2009.
[3] Flanders H, Wimmer H K. On matrix equations AX - XB = C and AX - YB = C. SIAM Journal on Applied Mathematics, 1977, 32(4): 707-710.
[4] Horn R A, Johnson C R. Topics in Matrix Analysis. Cambridge: Cambridge University Press, 1991.
[5] 李炯生,查建国,王新茂. 线性代数. 2 版. 合肥:中国科学技术大学出版社,2010.
[6] 李尚志. 线性代数学习指导. 合肥:中国科学技术大学出版社,2019.
[7] 刘培杰. 历届 PTN 美国大学生数学竞赛试题集(1938—2007). 哈尔滨:哈尔滨工业大学出版社,2009.
[8] 丘维声. 高等代数学习指导书:上册. 2 版. 北京:清华大学出版社,2017.
[9] 丘维声. 高等代数学习指导书:下册. 2 版. 北京:清华大学出版社,2016.
[10] 王松桂,吴密霞,贾忠贞. 矩阵不等式. 2 版. 北京:科学出版社,2006.
[11] 许以超,陆柱家. 全国大学生数学夏令营数学竞赛试题及解答. 哈尔滨:哈尔滨工业大学出版社,2007.
[12] 许以超. 线性代数与矩阵论. 2 版. 北京:高等教育出版社,2011.
[13] 姚慕生,吴泉水,谢启鸿. 高等代数学. 3 版. 上海:复旦大学出版社,2014.
[14] 张贤科,许甫华. 高等代数学. 2 版. 北京:清华大学出版社,2004.
[15] Bosch A J. The factorization of a square matrix into two symmetric matrices. The American Mathematical Monthly, 1986, 93(6): 462-464.
[16] Gallier J. Geometric Methods and Applications. 2nd ed. New York: Springer, 2011.
[17] Golub G H, Van Loan C F. Matrix Computations. 4th ed. Johns Hopkins University Press, 2012. (第 3 版中译本:Golub G H, Van Loan C F. 矩阵计算. 袁亚湘等,译. 北京:人民邮电出版社,2011.)
[18] Humphreys J E. Introduction to Lie Algebras and Representation Theory. New York: Springer, 1973.
[19] Lax P D. Linear Algebra and Its Applications. 2nd ed. Wiley Blackwell, 2007. (中译本:Lax P D. 线性代数及其应用:傅莺莺,沈复兴,译. 北京:人民邮电出版社,2009.)
[20] Pickover C A. The Zen of Magic Squares, Circles and Stars Princeton University Press, 2011.

[21] Rosen K H. Elementary Number Theory and Its Applications. 6th ed. Pearson Addison Wesley,2010.
[22] Souza P N, Silva J N. Berkeley Problems in Mathematics. 3rd ed. New York: Springer,2004.
[23] 丘成桐. 丘成桐大学生数学竞赛试题及解答(2010—2013). 北京:高等教育出版社,2015.
[24] Gallian J A. Seventy-Five Years of the Putnam Mathematical Competition. The American Mathematical Monthly 2017, 124(1): 54-59.
[25] Gelca R, Andreescu T. Putnam and Beyond,2nd ed. Berlin: Springer International Publishing, 2017.
[26] Horn R A, Johnson C R. Matrix Analysis. 2nd ed. Cambridge: Cambridge University Press, 2012.
[27] 张禾瑞,郝鈵新. 高等代数. 5 版. 北京:高等教育出版社,2007.
[28] A. И. 柯斯特利金. 代数学习题集. 4 版. 丘维声,译. 北京:高等教育出版社,2018.